Modern Drying Technology

现代干燥技术

第三版

上册

刘相东　李占勇　主编

化学工业出版社

·北京·

内 容 简 介

本书是一本全面介绍干燥原理与技术的工具书，全书分为上、下册，共四篇53章。第一篇介绍干燥过程基础（1～4章）；第二篇介绍干燥方法和干燥器（5～27章）；第三篇介绍干燥过程的应用技术（28～46章）；第四篇介绍干燥过程相关技术与装置（47～53章）。此外，本书在序和绪论中介绍了国内外干燥技术的发展历史及最新进展。

本书的宗旨是理论基础和工程实践相结合。参考本书可进行干燥方法、工艺、设备选型以及试验和设计。

本书全面、系统、实用，可供工厂技术人员、研究设计人员参考及作为研究生和本科生的参考书。

图书在版编目（CIP）数据

现代干燥技术/刘相东，李占勇主编. —3版. —北京：
化学工业出版社，2021.8
ISBN 978-7-122-39118-6

Ⅰ.①现… Ⅱ.①刘…②李… Ⅲ.①干燥-工业技术
Ⅳ.①TQ028.6

中国版本图书馆CIP数据核字（2021）第087636号

责任编辑：戴燕红　　　　　　　　　　　文字编辑：师明远
责任校对：王素芹　　　　　　　　　　　装帧设计：韩　飞

出版发行：化学工业出版社（北京市东城区青年湖南街13号　邮政编码100011）
印　　装：北京新华印刷有限公司
787mm×1092mm　1/16　印张148¾　字数3941千字　　2022年2月北京第3版第1次印刷

购书咨询：010-64518888　　　　　　　　售后服务：010-64518899
网　　址：http://www.cip.com.cn
凡购买本书，如有缺损质量问题，本社销售中心负责调换。

定　　价：980.00元（含上、下册）　　　　　　　　　版权所有　违者必究
京化广临字2021-09

《现代干燥技术》第三版参编人员

(以汉语拼音为序)

序号	编者	单位	e-mail	参编章节
1	Arun S. Mujumdar	麦吉尔大学（McGill University）	arunmujumdar123@gmail.com	序，第25章
2	Tadeusz Kudra	达尔豪斯大学（Dalhousie University）	tadeusz.kudra@gmail.com	第24章
3	班华	华南农业大学	banhua@21cn.com	第51章
4	曹崇文	（原）中国农业大学		第17、30章（30.3.10和30.3.4节之外的其余部分）
5	查文浩	常州一步干燥设备有限公司	zhawenhao@yibu.com	第39章
6	陈国华	香港理工大学	guohua.chen@polyu.edu.hk	第15、45章
7	陈晓彬	衢州学院	xbchen24264@163.com	第43章
8	陈晓东	苏州大学	xdchen@mail.suda.edu.cn	第14章
9	褚治德	天津大学	chuzhide@126.com	第18章
10	代爱妮	青岛农业大学	dan20023@163.com	第30章（30.4）
11	戴衍朋	山东省中医药研究院	daiyanpeng@gmail.com	第38章
12	邓利珍	中国农业大学	denglz@cau.edu.cn	第15章（15.1.3.3~15.1.4.3节）
13	丁昌江	内蒙古工业大学	ding9713@163.com	第23章
14	董伟志	河北工业大学		第7章
15	范琪	常州市范群干燥设备有限公司	fanqi@fanqun.com	第9章（9.3.6）
16	傅楠	苏州大学	nan.fu@suda.edu.cn	第14章
17	高建民	北京林业大学	gaojm@bjfu.edu.cn	第42章
18	高振江	中国农业大学	zjgao@cau.edu.cn	第15章（15.1.3.3~15.1.4.3节）
19	郭超凡	江南大学	guochaofanfan@outlook.com	第29章
20	韩磊	中国林业科学研究院林产化学工业研究所		第31章
21	郝亮	天津科技大学	haoliang@tust.edu.cn	第47章（47.2.1、47.2.4、47.2.5.1、47.2.5.5、47.5、47.6.1）
22	何兆红	中国科学院广州能源研究所	hezh@ms.giec.ac.cn	第20章（20.1、20.3节）
23	何正斌	北京林业大学	hzbcailiao@bjfu.edu.cn	第42章
24	胡景川	杭州机械科学研究院		第33章
25	黄德春	中国药科大学	cpuhdc@cpu.edu.cn	第6章
26	黄宏宇	中国科学院广州能源研究所	huanghy@ms.giec.ac.cn	第20章（20.1、20.3节）
27	黄立新	中国林业科学研究院林产化学工业研究所	l_x_huang@163.com	第32、41章

序号	编者	单位	e-mail	参编章节
28	焦昆鹏	河南科技大学	120410580@qq.com	第 17、50 章
29	焦士龙	天津理工大学	jsl0509@163.com	第 18 章
30	孔令波	陕西科技大学	lbkong@foxmail.com	第 43 章
31	李建国	天津科技大学	lijg@tust.edu.cn	第 12 章
32	李世岩	中国农业机械化科学研究院	lishiyan07@163.com	第 5 章（5.3 节）
33	李文军	北京林业大学	liwenjun@bjfu.edu.cn	第 42 章
34	李贤军	中南林业科技大学	lxjmu@163.com	第 42 章
35	李占勇	天津科技大学	zylitust@163.com	第三版前言，绪论，第 1、19、21、24、40、44、45、46、49、53 章，附录 D
36	李长友	华南农业大学	lichyx@scau.edu.cn	第 4、51 章
37	李桢	（原）上海医药工业设计院		第 37 章
38	梁运章	内蒙古大学	yunzhangliang@tom.com	第 23 章
39	刘登瀛	中国科学院工程热物理研究所	dengyingliu@sina.com	第 16 章
40	刘军	沈阳大学	sdsylj@163.com	第 26 章
41	刘洪彬	天津科技大学	hongbin@tust.edu.cn	第 43 章（43.3.6、43.5.1～43.5.3 节）
42	刘建波	天津农学院	qingzhoujianbo@126.com	第 21、33 章
43	刘相东	中国农业大学	xdliu@cau.edu.cn	第三版前言，第 3、25、39 章，附录 C
44	刘志军	河北农业大学	mckxxl@126.com	第 42 章
45	罗乔军	广东省现代农业装备研究所	qiaojunluo122@sina.com	第 2 章
46	潘永康	（原）天津科技大学		第 1、2、12、28 章，附录 A、B
47	钱树德	天津大学	qianshude@126.com	第 11 章
48	秦建锋	中华全国供销合作总社郑州棉麻工程技术设计研究所	jefon1988@163.com	第 34 章
49	石典花	山东省中医药研究院	shidianhua81@163.com	第 38 章
50	史勇春	山东天力能源股份有限公司	15066979555@163.com	第 25 章
51	苏伟光	齐鲁工业大学	wgsuper@hotmail.com	第 2、52 章（52.3.3～52.3.5 节、52.4.3、52.5 节、图 52-2、图 52-3）
52	孙立立	山东省中医药研究院	xingerx@163.com	第 38 章
53	孙卿	江南大学	airen0007@163.com	第 29 章
54	孙亚男	江南大学	18351573738@163.com	第 29 章
55	孙中心	天华化工机械及自动化研究设计院	szx@cthkj.com.cn	第 8、48、49 章
56	田玮	天津科技大学	weitian@tust.edu.cn	第 53 章
57	王宝和	大连理工大学	wbaohe@163.com	第 13、22、41、52 章（52.1、52.2、52.3.1、52.3.2、52.4.1、52.4.2 节）
58	王瑞芳	天津科技大学	wangruifang@tust.edu.cn	第 19 章
59	王维	大连理工大学	dwwang@dlut.edu.cn	第 27 章
60	王喜忠	大连理工大学	wxzh2013421@163.com	第 13 章
61	王宗濂	中国林业科学研究院林产化学工业研究所		第 31 章

序号	编者	单位	e-mail	参编章节
62	翁颐庆	上海化工研究院	yq_weng@163.com	第5、6、9、47章
63	吴　龙	天津科技大学	wulong@tust.edu.cn	第45章
64	吴晓菲	江南大学	wuxiaofei0609@163.com	第29章
65	吴中华	天津科技大学	wuzhonghua@tust.edu.cn	第25、44章
66	肖　波	广东省现代农业装备研究所	bo.xiao@188.com	第3章
67	肖红伟	中国农业大学	xhwcaugxy@163.com	第15章（15.1.3.3~15.1.4.3节）、28章（28.5.17节）
68	肖宏儒	南京农业机械化研究所	xhr2712@sina.com	第33章
69	肖志峰	江西农业大学	cauxiao@126.com	第39章
70	萧成基	（原）北京化工研究院		第一版前言
71	谢普军	中国林业科学研究院林产化学工业研究所	pujunxie@caf.ac.cn	第32章
72	谢拥群	福建农林大学	fafuxieyq@aliyun.com	第42章
73	徐成海	东北大学	xch1940@126.com	第26章
74	徐凤英	华南农业大学	xu_fy@scau.edu.cn	第51章
75	徐　庆	天津科技大学	xuqing@tust.edu.cn	第11章（11.6、11.10节）、24、49章（49.3.5~49.3.7、49.4节）
76	杨彬彬	优合集团有限公司	yang_binbin@126.com	第3章
77	杨大成	石家庄工大化工设备有限公司		第12章
78	伊松林	北京林业大学	ysonglin@bjfu.edu.cn	第42章
79	于才渊	大连理工大学	yucaiyuan@dlut.edu.cn	第10、13章
80	于贤龙	中国农业大学	2293687856@qq.com	第15章（15.1.3.3~15.1.4.3节）
81	臧利涛	中华全国供销合作总社郑州棉麻工程技术设计研究所	656620649@qq.com	第34章
82	张璧光	北京林业大学	zhangbg@bjfu.edu.cn	第42章
83	张　帆	天津科技大学	23106799@qq.com	第49章（49.3.5~49.3.7、49.4节）
84	张　慜	江南大学	min@jiangnan.edu.cn	第29章
85	张继军	河北工业大学	zhangjj2888@163.com	第7章
86	张振涛	中国科学院理化技术研究所	zzth1@163.com	第20章（20.2、20.4节）
87	张志军	东北大学	zhjzhang@mail.neu.edu.cn	第30章（30.3.10节）
88	赵丽娟	天津科技大学	zhaolj@tust.edu.cn	第12、28章（28.5.17节之外其余部分）
89	郑先哲	东北农业大学	zhengxz2013@163.com	第36章
90	郑兆启	天津科技大学	zhengzhaoqi@tust.edu.cn	第47章（47.2.1、47.2.4、47.2.5.1、47.2.5.5、47.5、47.6.1节）
91	周永东	中国林业科学院木材工业研究所	zhouyd@caf.ac.cn	第42章
92	朱文魁	中国烟草总公司郑州烟草研究院	wkzhu79@163.com	第35章
93	朱文学	河南工业大学	zwx@haut.edu.cn	第17、50章

序

 《现代干燥技术》作为干燥专业工具书，在世界汉语区已经服务了近 30 年；能为此书第三版作序，是我人生一大荣幸。事实上，我亲自参与了这本书第一版的前期工作。那个版本中的一些章节也是由我撰写的。我感到高兴的是，这项努力最终取得了巨大成功，并以一种有效和独特的方式促进了工业干燥技术的发展。我衷心感激主编和参编者无私地分享他们的知识，以造福于干燥技术行业。

 作为国际期刊《干燥技术》（Drying Technology）主编，《工业干燥手册》（Handbook of Industrial Drying, 现在是第四版）主编，以及国际干燥会议和亚太国际干燥会议主席、创始人，我充分意识到中国在干燥科学和技术领域近 30 年来已取得巨大进步。近十多年来，中国研究人员发表的干燥技术论文比其他任何国家都要多。中国干燥设备现已出口到几十个国家，以较好的性价比获得认可，在干燥设备方面出现了许多创新。我相信未来几年还会出现更多的技术进步和创新。

 干燥技术应用于大多数工业部门。干燥作为一种对产品质量有决定性影响的能量密集型操作，需要更多的研发来寻求创新的方法，以便有效地处理各种传统产品和新产品。我认为，农业和食品的干燥技术，将在确保全球人口不断增加的粮食安全方面发挥重要作用。

 像它的先前版本一样，我相信第三版将提供现代干燥技术的快速概览，并协助工业人员选型、设计、优化和操作工业干燥器。这确实是一个独特的、重大的工作，必将在中国和世界其他汉语区获得好评。

《Drying Technology》主编
Arun S. Mujumdar

（吴中华译）

前　言

　　《现代干燥技术》综合了干燥的基础与技术发展，成为干燥领域研究者和技术人员的案头工具书，在业内享有很高的声誉，第一版曾荣获中国石油和化工协会科技进步奖。十几年来，多学科融合的干燥技术研发和应用很活跃，国内也出版了一些关于干燥的书籍，中英文文献也更容易获得，但是学术界和工业界的读者期待《现代干燥技术》进一步更新和丰富内容。

　　《现代干燥技术》第三版基于前两版的基础和成功经验，力求能较完整地反映干燥技术的最新成果和发展趋势。在章节结构和内容上做了必要的调整，分为干燥过程基础、干燥方法和干燥器、干燥过程的应用技术以及干燥过程相关技术与装置共四篇 53 章。新增"冷冻干燥过程强化""单液滴干燥""生鲜食品保质干燥""植物提取物的干燥""棉花干燥""烟草干燥""牧草干燥"共 7 章，除了"药品干燥"等 5 个经典章节之外，其他章节都做了不同程度的修订，字数较第二版增加近 50%。

　　我们邀请了活跃在高校、科研院所和企业的近百名干燥领域的学者和技术工作者参与第三版的修订，既有知名学者也有后起之秀，其中近 60% 是首次参编《现代干燥技术》。感谢参编者的热情与倾力投入，才有可能为读者奉上这部厚重的干燥技术工具手册。

　　作为《现代干燥技术》的编者，尤其是第三版的主编，深深感到编写这部书的不容易，在互联网还不发达的 20 世纪末更是可想而知。潘永康教授作为前两版的主编，付出了很多的心血。他曾担任国际期刊 Drying Technology 和国际干燥会议（IDS）的咨询委员会成员，架起我国干燥界与国际同行学者之间交流合作的桥梁，并积极组织与推动全国干燥会议。鉴于上述成就，潘教授在 2008 年国际干燥会议上获得终身成就奖。第三版的前期准备工作也得到他的悉心指导。借本书出版之际，向潘永康教授以及所有参编前两版的已故前辈：李桢研究员、曹崇文教授、萧成基教授、童景山教授、C. Strumillo 教授致敬！

　　本次再版，出于承延前两版风格以及尊重不同行业习惯的考虑，保留了各章符号说明及参考文献。

　　最后，感谢王喜忠教授的关心与鼓励，感谢化学工业出版社戴燕红编辑的支持、帮助与耐心合作，感谢徐庆博士、代爱妮博士的积极协助和细致周到的服务。

主编

2021 年夏

第一版序

  干燥是一种古老而通用的操作。从农业、食品、化工、陶瓷、医药、矿产加工到制浆造纸、木材加工,几乎所有的产业都有干燥。干燥是一种高能耗的操作,在各种工业部门总能耗中,干燥耗能从 4%(化学工业)到 35%(造纸工业)。发达国家,如法国、英国、瑞典等,据资料记载高达 12% 的工业能耗用于干燥方面。发展中国家目前的干燥耗能较低,但今后势必迅猛增长。我认为用于干燥的能量与一个国家的生活水平存在一定的关系。

  最近,对产品质量方面的要求促使人们对干燥技术产生兴趣。由于许多产品的质量取决于干燥,而获得优质产品常需要采用昂贵的干燥工艺。此外,还需考虑高产率、新工艺、安全操作、环境影响等。新"碳税"(根据矿物燃料燃烧释放到大气中的 CO_2 量而定)将进一步促进干燥能效的提高。

  国际上开始关注并认识到干燥的重要性,大概始于 1978 年在加拿大麦吉尔大学召开的每两年一次的国际干燥会议(IDS)。在这以前,除苏联以外,几乎没有哪一个国家试图将干燥发展成为一门真正的多学科领域。直到开始召开国际干燥会议(IDS),人们才知道跨越工业界限的构想与技术的相互交融。实际上,目前已成功地运用纸干燥的知识解决了食品生产中的一些主要干燥问题。同样可以认为,产品及工艺的根本界限消失了,或者说至少是变得模糊了。因此,一个领域的知识和经验可以运用于另一个领域。这样,人们就避免了"重新发明"。

  我很荣幸能成为这项宏大、有价值的工程的名誉编辑。通过国内的研究和发展及国际上的有益交往的途径发展干燥技术,对于像中国这样一个经济迅速发展的国家来说是一条正确的道路。这种研究和发展的投资回报必定是显著的。遗憾的是,西方国家认为干燥技术已发展"成熟",他们已开始逐步地缩减研究和发展的开支,这在今后 10 年无疑具有消极影响。随着全球经济的竞争愈加激烈,各国有必要增加而不是缩减研究和发展的投资。革新、降低成本、提高能效以及保护环境的技术均需开发,这不仅仅对干燥而言,对其他工业过程也如此。

  作为编辑和《工业干燥手册》(Handbook of Industrial Drying)的主要撰稿人,我深知成功编撰《现代干燥技术》这样一流出版物,需要努力、时间、奉献、热情、牺牲和责任心。我恭贺编者和撰稿人,因为他们做了一项出色的工作。我很高兴地看到此书包括了极为广泛的文献资料,而且作者主要是中国人,从而又恰当地着重于本国所关心的方面。本书不仅包括了今后几十年仍将应用的传统干燥方法,而且为未来新技术的发展指出了方向。新技术的发展必然是以适应性设计和逐步改进现今的主要设计方法为基础。这不是一件容易的工作,它是以对当代干燥技术的全面了解为基础的。我希望在将来我们也能看到一些"革命性"的干燥技术——不是基于传统的干燥方法，而是基于与干燥几乎不相干的技术，如脉冲燃烧干燥器、运用超临界流体使气溶胶脱湿。此书为读者洞悉当今干燥技术状况和今后需要做的工作提供了有益的帮助。

我热切希望这本书将促进中国干燥技术的进一步发展。此书对工科学生、研究人员、教授、干燥器设计者和工业干燥设备的使用者等均适用。它有助于评价国际干燥技术及帮助革新者构思新工艺。

我向所有参与此项工作的人员，包括书籍出版者表示祝贺，因为它是中国同类书籍中的第一次重大的尝试。我本人确实为能参与此项工作而万分喜悦。

Arun S. Mujumdar
1996 年 10 月
（李占勇译）

第一版前言

干燥是许多工业生产中的重要工艺过程之一，它直接影响到产品的性能、形态、质量以及过程的能耗等。干燥技术的覆盖面较广，既涉及复杂的热、质传递机理，又与物系的特性、处理规模等密切相关，最后体现在各种不同的设备结构及工艺上。

我国的干燥技术，可以远溯到 6000 年前原始陶器制造及沿海晒盐等的干燥过程中。新中国成立以来，一些现代的干燥技术（如喷雾干燥、气流干燥及流化床干燥等），在国内有关的工业生产中得到应用；但迄今尚有在运行的干燥装置有待于技术更新。自 20 世纪 70 年代以来，国内干燥技术的研究开发、设备制造及生产应用有了很大进展。随着科学技术迅猛发展以及学科和技术领域之间的交叉、渗透和生长，干燥技术亦出现了日新月异的不断进展，广大的科技工作者热切希望有一本能较全面反映现代干燥技术的专著，作为工作中的参考和启发。

经过多年的酝酿和组织，终于编撰出版了这本《现代干燥技术》的宏著。本书的内容覆盖了干燥过程的基本原理；各种不同的干燥方法及相应的设备装置；对一些有前景的新型干燥技术做了较全面的介绍；在各个主要行业中的专用干燥过程；干燥装置及系统中有关的一些工程设计问题等。内容丰富全面，既有具体的实际内容，又反映了干燥技术的新进展。对于广大的科技人员及高等院校的师生无疑是一本十分有益的工具书。

本书是在潘永康教授和王喜忠教授的热心牵头下，花费了极大的精力，耗时数年，组织了全国 30 多位资深的干燥专家，还邀请了几位国际上著名的专家，共同编撰而成，此外还得到国内各有关方面的大力支持，得以完成。本书的出版，是我国干燥领域中的一件大事，相信这将有助于进一步推动我国干燥技术及其工业生产的发展提高，立足于世界之林，并准备迎接第 13 届国际干燥会议（IDS 2002 年）在中国的举行。

萧成基
1996 年 11 月于北京

目　　录

第二篇　干燥方法和干燥器

第三篇 干燥过程的应用技术

第四篇　干燥过程相关技术与装置

绪　　论

干燥是从物料中除去液体（水分或其他挥发成分，也可称为湿分）的操作或过程，广泛应用于农业、食品、医药、化工、造纸、木材加工、固体燃料提质等领域。机械脱水不涉及物料内水分形态变化，而热力脱水或狭义上的干燥（有时也称为热力干燥）一般需要提供能量使液体（冰）相变而以蒸汽形式从物料表面排出，往往又通过载气对流或真空抽吸等方式从干燥器中移走。干燥区别于蒸发和共沸蒸馏操作，其最终产品为固体颗粒或粉体。接触吸附干燥是利用两种物料的物质迁移势差实现高水分物料的干燥，即在操作前需要另一种物料具有低的湿含量（吸附剂或干物料）。热力干燥被认为是典型的非稳态不可逆过程，对物料理化性质、生化特性等会有影响，涉及耗能和环境问题。干燥虽然是最古老的单元操作之一，但是由于物料体系固有的复杂性以及与热力学、传递过程的耦合作用，我们对干燥的许多方面还处于"知其然，而不知其所以然"的状态，而新的挑战又不断呈现，比如制备新材料、设备的大型化等。

1. 干燥的历史

干燥与人类的生活，特别是与衣、食、住密切相关。据文献报道[1]，早在 100000～40000 年之前人类就开始使用火缓慢地干燥兽皮。在旧石器时代，人类利用太阳能干燥粮食、豆类，以防止发芽，以及干燥肉、鱼和蒸发海水制盐；也发现干燥陶土片用于房屋搭建，烧制人和动物的黏土塑像。公元前 2500 年，中国古代神农氏干燥药用植物作为药物，公元前 1500 年开始干燥蚕丝，西汉时期干燥高丽人参、茶，制作各种中药材，东汉时期蔡伦造纸，北魏时期在《齐民要术》中有鱼翅、肉、粉丝等干燥食品的记载，在唐代干燥陶瓷等。

公元 1450 年，中欧的匠人们首次用保温墙砖封闭火炉以产生循环热空气，他们却不知这可能是世上首台循环空气干燥器。16 世纪，初步使用热（温）风干燥器，实现人工干燥。1780 年，英国人格拉弗（Graefer）获得蔬菜的人工干燥新方法的专利。在这个年代，中国干燥鲍鱼、鱼翅、海参等宫廷食材，可参见表 0-1 和相关文献[2]。

冷冻干燥，最早可追溯到 1811 年，莱斯利（John Leslie）爵士首次演示了冰的升华过程[3]。1813 年，沃尔拉斯顿（William H. Wollaston）在伦敦皇家学会的演讲中定义了这一过程，即固体（冰）完全不经过液态而转化为气态（减压低温汽化），产生固体产品。然而，他们似乎没有应用升华干燥，这被认为只是冷冻干燥的萌芽。1890 年，奥尔特曼（Richard Altman）在莱比锡首次测试了实际的冷冻干燥过程，将冷冻组织放在 −20℃ 的真空干燥器中进行干燥。1906 年，达松瓦尔（Jacques Arsene d'Arsonval）提交给巴黎科学院的论文中第一次证明了可以在真空下干燥冷冻状态的产品。1934 年，艾尔瑟（William Elser）获得了一项冻干设备的专利，使用干冰冷阱进行升华。1935 年，弗洛斯多夫（Earl W. Flosdorf）和同事取得重要的研究成果，他们称之为冻干（lyophilization）——目前与

freeze-drying 并行使用，大规模生产冻干人类血浆，实现了临床及在美国商业应用[4]。冷冻干燥最终可保存人类血清、血浆、疫苗和许多其他生物物质，也开始应用于干燥果汁和牛奶等。Maister 等[5]报道了连续冷冻干燥黏质沙雷氏菌，格雷夫斯（Ronald I. N. Greaves）在1960 年最终开发出一种连续的冷冻干燥工艺。冷冻干燥技术几个世纪前印加人就已经开始使用，在高原稀薄的大气中，在太阳辐射下冷冻干燥肉。

对于喷雾干燥，早在 1865 年拉蒙特（Charles A. La Mont）提出喷雾干燥蛋液[6]，1872 年珀西（Samuel R. Percy）获得了通过雾化过程改善液体物质雾化和干燥方法的专利[7]。1901 年斯塔夫（Robert Stauf）发明喷嘴，1906 年贝思（Wilhelm F. L. Beth）获得了粉体收集的专利。喷雾干燥的实质性突破是 1913 年美国人格雷（Grey）和丹麦人简森（Jensen）开发了喷嘴式喷雾干燥，并商业化。旋转雾化器虽然于 1912 年由德国人克劳斯（Kraus）率先开发，但直到 1933 年才由丹麦工程师尼罗普（Nyrop）取得突破性进展[8]。

流态化技术最早可追溯至明代宋应星的《天工开物》。1922 年，温克勒（Fritz Winkler）对煤的流化床气化可能是其第一次应用。直到 1942 年，第一台使用流化床概念的石油催化裂化生产设施才投入使用。此后，流化床在石化、材料加工、食品和医药等众多行业都有广泛的应用。1911 年左右，德国使用气流干燥淀粉、鱼粉，也采用转鼓干燥淀粉、糯米纸[2]。

通过文献调研（基于中国知网、百度学术、Sciencedirect 等数据库）发现，早在 1742 年就有关于干燥鱼皮制作鱼标本的报道[9]，在 19 世纪也有同心筒管干燥粮食（芯管通入加热的空气，粮食螺旋式流经倾斜的外筒）[10]、用无烟煤干燥烟叶[11]以及蚕丝干燥[12]、真空干燥[13]等的报道，虽然有的只是一些想法或专利介绍。直到 19 世纪末，自然科学才开始影响实际的干燥技术。20 世纪上半叶，我们会发现干燥的物料包括牛奶[14,15]、鱼[16-18]、面粉[19]、肉[20]、热敏性材料[21]、蔬菜[22]及压缩蔬菜块[23]、全蛋液[24]、血浆和血清[25]、橘汁[26]等食品以及木材[27]、煤[28]、泥煤[29]、铬革[30]、纺织品[31]和纤维[32]、污泥[33]、漆膜[34]等，也专门研究一些干燥技术，比如真空干燥[35-37]、喷雾干燥[25,38]、红外干燥[39]、介电干燥[40]、气流干燥[21]、转鼓干燥[41]、转筒干燥[42,43]、隧道干燥器[44]等。上述文献已基本上类似于现在的学术论文。干燥应用的历史见表 0-1。

表 0-1 干燥应用的历史[1]

时期	干燥应用
100000～40000 年之前	用火缓慢干燥兽皮
27000 年前	干燥、烧制湿黏土人和动物像
20000 年前	太阳下干燥肉条；动物排泄物干燥后用作引火物
12000 年前	干燥屋顶用的陶土片；太阳下晾晒粮食
10000 年前	干燥、储藏豆类、粮食；蒸发海水制盐；干燥鱼
公元前 8000～6000 年	干燥野生植物种子、果实，便于后续消费
公元前 6000 年	干燥石膏制艺术品
7000 年前	太阳干燥砖等建筑材料
公元前 4500～4000 年	窑式干燥收获的粮食；织物染后干燥
公元前 4000 年	干燥、烧制陶器和雕像
公元前 3500 年	交替冻融法干燥土豆
公元前 2500 年	粮食通风储藏（印度哈拉帕）；干燥棉花纤维；干燥药用植物（中国）

续表

时期	干燥应用
公元前 2200 年	干燥羊皮纸
公元前 1750 年	干燥苹果片串;谷物就地干燥;豆科作物的太阳干燥、储藏
公元前 1500 年	蚕丝干燥(中国);干燥木材以制作家具(埃及);在石窟内,温空气下干燥兽皮(克里特岛)
公元 105 年	蔡伦造纸
公元 300~400 年	干燥茶(印度)
公元 590 年	干燥木版画(中国)
公元 621 年	陶器干燥(中国)
公元 1450 年	第一次使用循环热空气干燥(中欧)
公元 1524 年	干燥印刷织品(古腾堡)
公元 1775 年	粮食竖井(shaft-like)干燥器:交错的屋顶状结构,卸料时粮食从上部滑下,烟气从竖井壁面小孔排出,干燥粮食

文献检索发现,我国学者曹本熹等于 1948 年发表喷雾干燥牛奶和豆奶的研究,使用二流体喷嘴 (图 0-1),热效率可以达到 60%[45]。

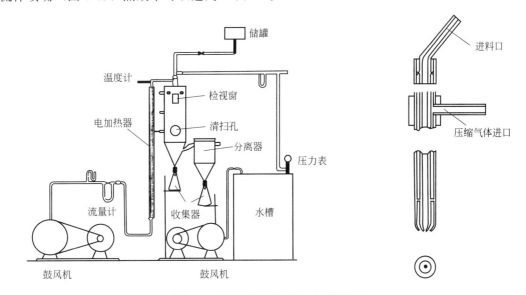

图 0-1 喷雾干燥流程及压力喷嘴结构

20 世纪 20 年代,科学家才开始对干燥过程进行更深入的研究。在化工领域,美国的路易斯教授 (W. K. Lewis) 最早尝试将干燥速率作为含水率的函数[46]。美国的舍伍德教授 (T. K. Sherwood) 根据木材、黏土等的干燥实验结果,提出干燥过程存在恒速、降速 (Ⅰ & Ⅱ) 三个阶段,首次从工程角度讨论了"干燥"[47]。他将干燥现象看作是固体材料内部的水分移动过程,相比于表面蒸发阻力,内部液体扩散控制的情况下,傅里叶热传导方程适用于固体板块的干燥,第一次用 Fick 扩散模型描述该物理现象,对后来的研究发展起到了很大的作用。日本的龟井三郎教授针对黏土、木材、纸浆、肥皂等的实际干燥问题,测定了干燥速率曲线以及材料内含水率分布,根据分布曲线应用 Fick 方程,确定了许多材料的水扩散系数,发表了"固体干燥的研究"的 24 篇系列论文[48],为日本干燥技术研究发展打下基础。美国的霍根教授 (O. A. Hougen) 及同事提出,在颗粒固体的干燥过程中,水的流速是由毛细管力（capillary forces）发挥作用，而非由水分浓度梯度决定，因为水流也可能是朝着浓度增加的方向流动[49]。德国的克里舍尔等人（O. Krischer）干燥砖类材料，将多孔体作为多个粗细不同的直毛管束进行模型化（Krischer model），内部水的移动以毛细管吸引力梯度为驱动力，但需要通过实验确定弯曲系数[50]。他们的工作为 Sherwood 定义的水分移动系数提供了物理依据。苏联的雷科夫（A. V. Luikov）[51,52]最初提出温度曲线，发展了毛细管-多孔体的传热传质机理，建立了热质耦合传递微分方程，包括由不可逆过程热力学定义的所有项，应用于毛细管-多孔体的干燥，为现代湿材料干燥理论提供了基础，但由于大多数材料为非均质，传递特性随水分变化大，实际运用此方法分析干燥现象不见得适合。此外，雷科夫数（Lu）是材料有效热导率与空隙中蒸汽的有效扩散率之比，在毛细管-多孔体干燥过程中，它决定了干湿区移动界面的温度，该温度被称为干燥降速阶段的假湿球温度或渐近温度。英国的纽伊特教授（D. M. Newitt）也发表了固体干燥机理的系列论文[53]。惠特克（S. Whitaker）发展了多孔介质湿材料内热量、质量及动量同步传递或多组分系统耦合传递的干燥理论，提出了"体积平均法"[54]。此外，像 J. Crank 关于扩散的数学表达[55]、R. B. Bird 等关于传递现象理论的探索都促进了干燥科学理论的发展[56]。

国际上开始关注并认识到干燥的重要性，大概始于 1978 年在加拿大麦吉尔大学召开的每两年一次的国际干燥会议（IDS）。在这以前，除苏联以外，几乎没有哪一个国家试图将干燥发展成为一门真正的多学科领域。召开国际干燥会议（IDS）促进了学术界与企业界之间学术思想与技术的相互交融。

2. 中国干燥技术的发展

我国虽然有较早的干燥操作实践，但干燥技术的学术研究比较晚。在 20 世纪 50～80 年代，关于干燥技术的中文文献多以情报研究室或设计单位的选编资料以及翻译苏联、日本、美国的书籍为主，比如桐荣良三的《干燥装置手册》、金兹布尔格的《食品干燥原理与技术基础》、K. Masters 的《喷雾干燥手册》、R. B. Keey 的《干燥原理及其应用》等，具体可参阅附录 D。1957 年，苏联专家 B. T. 季玛托夫在一机部第一设计分局的讲稿被整理发表[57]。1984 年，Mujumdar 教授应天津轻工业学院（天津科技大学）邀请，首次访华，访问期间，他就造纸及其他行业干燥技术、不同类型干燥器等做了为期 4 天的讲座，国内相关企业的技术人员和高等院校的教授聆听了他的报告。1986 年，他再次访问，带来大量其编著的干燥书籍和学术期刊，并就干燥技术进行了为期 7 天的系列讲座，国内学术和工业界约 100 人参加[58]。

2.1 干燥会议的视角

1965 年 6 月由上海化学工业学会组织了华东六省一市干燥-过滤技术会议，出席代表180 人，宣读论文及报告 48 篇，这是我国召开的第一次大型干燥学术会议，会上印发了《化学世界》已发表的干燥技术方面的文章 10 篇[59]。1975 年 5 月由化学工业部在南京组织召开了第一届全国干燥会议，2019 年 9 月同样在南京召开了第 17 届全国干燥会议。值得一提的是，在第 16 届全国干燥会议上，常州范群干燥设备有限公司首次设立"常州范群杯"优秀论文奖。表 0-2 介绍了历届会议的一些情况。此外，农林业等领域举办过多届全国性干燥技术会议，一些学术或协会也举办过红外干燥、冷冻干燥等专业性研讨会。

进入 21 世纪，我国在国际干燥领域也很活跃。2002 年 8 月 27～30 日在北京召开第 13届国际干燥会议（IDS2002），由北京化工大学和中国农业大学承办，曹崇文教授为会议主席。会议代表 296 人，来自 43 个国家，共收到论文摘要 314 篇，最后录用 236 篇论文，中国作者提交论文最多（60 篇），第二位是巴西（35 篇），涉及工业干燥过程和设备类 63 篇、食品干燥类 37 篇、农产品干燥类 34 篇、模拟和模型类 27 篇、基础理论类 27 篇。其中 25%的论文由企业界贡献或参与，国际合作的论文占 16%。

表 0-2 我国历届干燥会议情况

届次	时间	地点	承办单位	出席人数	论文数	简介
1	1975年6月	江苏南京	石油化工部第六设计院、南京化学工业公司设计院	80	33	论文、报告选刊于1975年和1976年的《化学工程》，涉及流态化、气流、喷雾干燥等领域。鉴于当时适用的干燥专著稀缺，组织编写了《干燥技术进展》以及《喷雾干燥》等资料，对推广与促进干燥技术起了重要作用
2	1986年10月30日～11月4日	上海	上海化工设计院、上海华元干燥工程公司	216	45	论文涉及喷雾干燥数学模型、高速离心雾化器研制、计算机辅助设计干燥机、振动流化床等
3	1989年9月21～23日	辽宁大连	大连理工大学、辽宁铁岭精工机器厂	199	67	论文涉及干燥过程的基础研究、计算机辅助设计、新机型研制、振动流化的流体力学及其流化干燥数学模型等
4	1992年11月6～8日	湖北武汉	武汉化工学院	171	36	论文涉及谷物、木材、食品、中草药等多种物料的干燥问题，以及干燥动力学、干燥过程的模拟和系统分析、干燥过程的传热传质等，在重视干燥设备及应用的同时，基础理论研究也有较大发展。首次有农业部门的干燥专家参加会议。A. S. Mujumdar（加拿大）、R. B. Keey（新西兰）、冈崎守男（日本）三位教授作了报告。会上流化床和振动流化床的研究比较集中，这同国际研究趋向基本吻合
5	1995年10月	江苏太仓	太仓凯灵干燥设备厂	136	61	论文涉及基础研究、干燥器及相关设备、物料干燥工艺，其中有不少新的干燥机型和重要元件。本届会议还征集到了食品和果蔬干燥方面的论文多篇。A. S. Mujumdar、C. Strumillo（波兰）、T. Kudra（加拿大）和 R. B. Keey 四位专家参加会议，并就干燥中的传热问题、干燥理论的发展、国际干燥技术的交流和合作做了精辟的论述
6	1997年10月14～17日	江苏无锡	锡山市林洲干燥机厂、中国林业科学研究院南京林产化工研究所	135	65	论文反映了国际干燥界的"热门"课题，如过热蒸汽干燥、撞击流干燥及脉冲燃烧干燥等，还有多篇介绍利用微波、红外、声助、太阳能等新技术开发的干燥方法的论文。A. S. Mujumdar、T. Kudra、Z. Pakowski、I. Zbicinski（波兰）出席会议并提供了论文
7	1999年10月	山东济南	山东天力干燥设备有限公司	149	77	国际干燥会议主席发来贺电并提交了书面论文。本届会议是中国化工学会干燥组机构调整后的首次学术交流会，会议决定将专业组的挂靠单位调整为山东天力干燥设备有限公司
8	2002年1月8～10日	黑龙江哈尔滨	哈尔滨东宇农业机械工程公司	185	79	A. S. Mujumdar 教授提交了《干燥技术现状和发展趋势》的书面发言稿。Marzouk Benali 博士（加拿大）和 I. Zbicinski 教授参加了会议并作了关于"顺流喷雾干燥的喷雾行为分析"和"黏稠物料的先进处理技术"等专题发言
9	2003年10月13～16日	浙江杭州	杭州钱江干燥设备有限公司	156	86	会议特别增设了基础和模型模拟、喷雾干燥、流化床干燥、粮食干燥四个专题讨论会，与会代表对微波干燥、热泵干燥及干燥过程控制技术等很感兴趣并听取了第十三届国际干燥会议（IDS 2002）简介等报告，调整了干燥专业组成员，吸收了一批年轻的干燥专家
10	2005年9月21～24日	江苏南京	南京工业大学	162	116	论文主要包括应用基础理论研究，各种干燥过程的实际应用及计算方法，干燥过程附属设备的开发，自动化技术，测试技术等。欧阳平凯院士及屈一新、萧成基、朱跃钊、施力田等教授参加会议，本次会议上，嘉奖了为中国干燥技术和发展干燥专业学术活动作出重要贡献的12位老教授、老专家

届次	时间	地点	承办单位	出席人数	论文数	简介
11	2007 年 8 月 17～18 日	北京	石家庄工大化工设备有限公司、中国化工报社	219	112	会议的主题是"产学研结合,推动中国干燥事业的健康快速发展,推动干燥技术的国际交流",论文涉及节能减排等领域。I. Zbicinsk、W. J. M. Douglas(加拿大)、Julien Andrieu(法国)、陈晓东等教授也应邀参加了学术交流
12	2009 年 8 月 14～16 日	甘肃兰州	兰州瑞德干燥技术有限公司	200	77	会议的主题是"节能减排和可再生能源"。蔡睿贤院士、曹湘洪院士、马重芳教授作特邀报告。J. Stawczyk 教授(波兰)介绍了最新的国际干燥前沿技术。会上专家指出,石油和化工装备将向着大型化、高效化、节能降耗方向发展。在这个过程中,干燥设备厂家应积极参与新工艺及新技术的研究与开发,使其成为降低能耗的重要环节。《化工机械》作为本次会议专刊选录 25 篇论文
13	2011 年 8 月 5～7 日	辽宁葫芦岛	中航黎明锦西化工机械有限责任公司	107	97	会议以"低碳经济时代的先进节能减排干燥技术"为主题,着重探讨了前沿的干燥技术和产业界普遍关注的新型干燥技术。评出了 8 篇优秀论文
14	2013 年 10 月 11～13 日	江苏常州	常州一步干燥设备有限公司	230	60	本次大会的主题是"绿色干燥,节能减排"。会议邀请 A. S. Mujumdar 教授等 7 位国内外著名学者做大会报告。9 篇论文成为优秀论文
15	2015 年 10 月 23～24 日	四川成都	四川望昌干燥设备有限公司	148	70	会议以"创新、高效、节能、环保、跨行业合作"为主题。会议邀请了俞昌铭、孙奉仲、王维、张慜、孙中心、朱文学、柴本银等专家进行专题报告。大会评选出优秀论文 7 篇
16	2017 年 10 月 26～28 日	江苏常州	常州范群干燥设备有限公司	120	50	论文内容包括干燥过程基础理论、干燥工艺与装备、新型干燥技术、生产部门的干燥过程、干燥相关技术等。大会报告 6 篇,评选出优秀论文 6 篇。首次颁发"常州范群杯"优秀论文奖
17	2019 年 9 月 26～29 日	江苏南京	天华化工机械及自动化研究设计院有限公司	207	94	会议邀中国石化催化剂有限公司殷喜平处长、蒋文春(中国石油大学)、黄立新、陈स峰(陕西科技大学)、李占勇做大会主题报告。会议分别对"干燥工艺及设备""干燥学科理论研究·模拟分析""干燥产品质量分析·试验研究""试验研究·综述"等专业方向的论文进行交流和专题讨论,并分为四个主题录入《化工机械》增刊发表,其中有 11 篇论文获得"常州范群杯"优秀论文奖
18	2021 年 9 月 26 日至 28 日	河南洛阳	河南科技大学	150	92	会议主题:面向"智能、优质、低耗"的干燥技术。Arun S. Mujumdar 教授通过视频致辞。李占勇、王海、陈晓东等做了大会报告,Sakamon Devahastin、郑先通通过视频做了主题报告;同期举办了首届干燥领域研究生学术论坛,10 篇论文获得"范群杯"优秀论文奖

注:整理自文献[59,60]及一些会议报道。

　　十年之后,第 18 届国际干燥会议(IDS2012)于 2012 年 11 月 11～15 日在厦门大学召开,陈晓东教授为会议主席,来自 32 个国家的 261 位代表参加,其中有 100 多名研究生。会议论文集(CD-ROM)收录了 240 篇论文以及一些扩展的摘要。会议还首次举办青年干燥科学家论坛。

　　此外,在香港、天津、无锡还举办了第五、七、九届亚太国际干燥会议(ADC),陈国华、李占勇、张慜教授分别担任会议主席。ADC2007(2007 年 8 月 13～15 日),来自 29 个国家和地区的 166 名代表,出版论文集收录论文全文 195 篇。Mujumdar 教授的学生及同事设立 Arun S. Mujumdar Medal,会上首次颁授给波兰科学家 Czeslaw Strumillo 教授。ADC2011(2011 年 9 月 18～20 日),来自 30 个国家和地区的近 200 人参加,会议主题是"可持续发展时代的干燥技术"。ADC2017(2017 年 9 月 24～26 日),来自 20 多个国家的专家学者、企业界人士 250 多人参加，会议主题是"架起学术界与工业界的桥梁，迎接干燥领域的最新挑战"。

上述国际性会议均遴选论文发表于《Drying Technology》等国际期刊。

2.2 学术论文的视角

通过中国知网检索，在中文核心期刊以上期刊发表的篇名含有"干燥"（不含有"地区"）且全文不含"综合症"或"综合征"的学术论文，平均每年有 500 篇；硕士及博士学位论文每年近 180 篇。对论文的关键词进行比较，可以发现：学术论文中"喷雾干燥""冷冻干燥""热风干燥"出现的频次比较多，学位论文中"热风干燥""微波干燥""联合干燥"相对较多，二者对"模型和模拟""干燥特性""品质"等也比较关注（图 0-2）。相对而言，从关键词使用频次看，学术论文涉及的研究内容比较丰富。从学术论文分属的学科（非严格意义，可认为是行业）看（图 0-3），"食品"遥遥领先，其次是"化学工程""中药与方剂"，也主要是在《食品工业科技》《食品科学》《农业工程学报》等与食品和农业相关的期刊上。学术和学位论文标注各类政府基金支持的分别有 2300 余次、近 240 次，不排除一篇论文基于多个基金项目，而且一些期刊要求投稿论文需有基金标注。可喜的是，来自国家级基金资助的占 70% 之多。

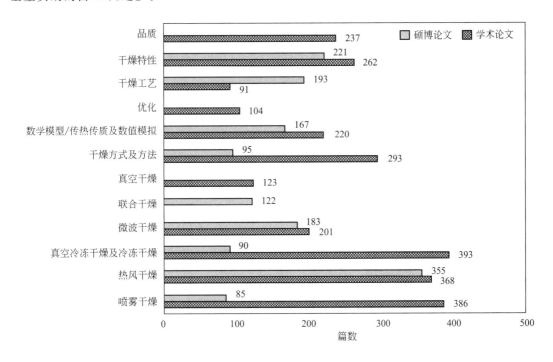

图 0-2　我国硕士和博士学位论文及在中文核心期刊以上发表
学术论文的关键词频次比较（2010～2019 年）

1993 年之前，在专业刊物 Drying Technology 上发表论文的主要是发达国家的作者，而不到 20 年间我国发表的论文数已位居第三，巴西、新加坡、泰国也取得进步（表 0-3）。近 10 年来，我国在 Drying Technology 和 Scopus 检索期刊（排除其中的中文文献 2243 篇）中发表的篇名为 drying 或者 dryer 的干燥领域论文数跃居第一，名列前 20 的其他国家在两种比较情况下位次虽然有一些变化，总体上，中国、美国、印度、巴西、德国的学者发表的论文名列前茅。在这些排名中，鲜见俄罗斯，不过其在 Scopus 检索期刊论文中位于第 19 位。

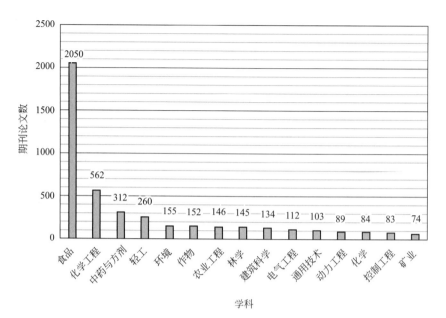

图 0-3 在中文核心期刊以上发表学术论文的分属学科情况（2010～2019 年）

表 0-3 各国在学术期刊发表干燥方面的论文情况

排名	Drying Technology						Scopus 检索期刊	
	1983～1993 年①		1983 年～2011 年 10 月 29 日①		2010～2019 年②		2010～2019 年②	
	来源国	论文数	来源国	论文数	来源国	论文数	来源国	论文数
1	美国	79	加拿大	319	中国	507	中国	3392
2	加拿大	45	美国	270	加拿大	173	美国	1890
3	日本	40	中国	226	澳大利亚	166	印度	1488
4	法国	34	法国	213	巴西	148	巴西	1195
5	波兰	19	巴西	181	法国	111	德国	889
6	英国	17	日本	175	美国	104	伊朗	818
7	苏联	13	波兰	174	印度	99	日本	783
8	澳大利亚	12	澳大利亚	155	泰国	99	法国	774
9	芬兰	11	新加坡	151	德国	87	澳大利亚	766
10	希腊	11	泰国	110	波兰	82	韩国	698

① 源自：ISI Web of Science[61]。

② 源自：Scopus。

在英文期刊上发表的与干燥领域相关的论文（篇名为"drying"或者"dryer"，排除一些与本领域不相关的关键词选项），合并类似的词汇，除去特征不显著的关键词（比如关键词为 drying 和 moisture，虽然二者词频分列第一、第二位），最后英文期刊论文的典型关键词词频云图见图 0-4。高频关键词有："模型和模拟（mathematical model & modeling）""喷雾干燥（spray drying）""干燥器（dryer）""湿分测定（moisture determination）""微波干燥（microwave drying）""冷冻干燥（freeze drying）""干燥动力学（drying kinetic）""流化床（fluidized beds）""能源利用和效率（energy utilization & efficiency）""低温干燥（low temperature drying）""水果（fruits）"等。单独在 Drying Technology 上发表的论文则"脱水（dewatering & dehydration）"和"多孔材料（porous materials）"

作为关键词也出现得比较多，而整体上，则"扫描电镜（scanning electron microscopy）" "太阳能干燥器（solar dryers）""二氧化碳（carbon dioxide）"等出现得也相对较多。显而易见，发表这些学术论文的期刊除了 Drying Technology（1242 篇）之外，也主要是 Journal of Food Engineering（论文数约是 Drying Technology 的 1/4，排第二位）等与食品相关的期刊。不过，Construction and Building Materials 和 Applied Thermal Engineering 期刊分别排第 4、6 位。

图 0-4　学术刊物的英文论文的典型关键词词频云图（Scopus）

21 世纪以来，据不完全统计，我国出版的干燥书籍有 100 多部，主要涉及木材、食品、果蔬、粮食、药品、设备及一些专门干燥技术（附录 D）。从被引率看（截至 2020 年 3 月 20 日），《现代干燥技术》（第一版）位于第一，遥遥领先，第二版位于第五，这与国内同行合作参编是分不开的。

3. 干燥器的选型

干燥器可根据传热方式、物料移动方式以及停留时间等进行分类。表 0-4 给出了干燥器分类的主要规则。

表 0-4　干燥器分类[62]

分类原则	干燥器类型
操作模式	间歇,连续①
热输入类型	对流①,传导,辐射,电磁场,联合传热方式
	间断式或者连续式①
	绝热或者非绝热
物料在干燥器内的状态	静止的,移动的,搅拌的,分散的
操作压力	真空,常压①

续表

分类原则	干燥器类型
干燥介质(对流)	空气[①],过热蒸汽,烟气
干燥温度	沸点之下[①],沸点之上,凝固点之下
干燥介质和干燥固体的相对运动	并流,逆流,混合流
操作级数	单级[①],多级
停留时间	短(<1min),中等(1~60min),长(>60min)

① 在实践中最为普遍。

应当指出,对一些新型干燥器的分类不很容易。比如,流化床对颗粒干燥具有许多优良特性而应用广泛。其操作条件的变化,可导致多种形式的流化床干燥器,目前不仅适合颗粒物料,而且对浆料、膏糊状物料、连续网状和片状物料也可适用,对流化不容易的物料也可在小颗粒流化床中进行干燥。表0-5显示了流化床干燥器设计和操作以及技术应用的多样性。

表 0-5 流化床干燥器分类[63]

分类原则	干燥器类型(应用型)
操作压力	低压(如干燥热敏性物料);近常压(大多数情况如此);高压(0.5MPa,蒸汽干燥)
颗粒流化状态	良好混合;活塞流;混合型(活塞流之后发生良好混合)
操作模式	间歇或连续
气流供给方式	连续或脉动
气体温度	恒定或是随时间变化
供热模式	对流或对流/传导;连续或脉动式
流化方式	气流(气动力);向下冲击喷射的流体(射流区);机械力辅助(如:振动或搅拌,用于干燥黏性或多组分颗粒)
物料类型	颗粒;膏糊状物料(喷洒到惰性粒子上);连续网状物;双组分颗粒(颗粒大小不同)
流化介质	空气/烟道气/燃烧的直接产物;过热蒸汽(或二次蒸汽)
其他类型	喷动床;离心流化床;振动床(有几种形式);搅拌流化床;冲击射流流化床
操作级数	单级;多级
操作过程	干燥;循环;冷却;附聚;涂层;分级;混合

工业用干燥器大约有40多种不同类型、100多个子类型[64],正确选择干燥器并不容易。大多数的选择规则是定性的,而不能定量。做出错误选择的后果除了增加了调试的麻烦,也会反复出现操作问题,影响产品的稳定和质量,甚至造成经济损失。但干燥器的选择往往不被重视,实际上我们还需要考虑整个干燥系统,因为其上、下游处理过程和设备会影响干燥器的选择及其操作条件。而且,需要基于理论和实践经验,正确选择干燥器。表0-6是选择工业干燥器的清单[62]。

表 0-6 工业干燥器选择的一般清单

原料形态	粒状,微粒状,污泥,晶体,液体,膏状物,悬浮液,溶液,连续片状物,厚板,不规则形状物(小/大)
	黏性的,多块状的
平均处理量	kg/h(干/湿物料)——连续;每批 kg(干/湿)
处理量所期望的变化(调节比)	小,高

能源选择	燃油,燃气,电	
干燥操作的前、后处理(必要时)	预成型,返混,研磨,制粉,筛分,标准化	
颗粒进料	平均颗粒大小,粒径分布,颗粒密度,堆积密度,复水性	
进出口的湿含量	干基,湿基	
化学/生化/微生物活性	活性的,非活性的	
热敏感性	熔点,玻璃化转变温度	
吸附/脱附等温线	形状,滞后现象	
	平衡湿含量	
干燥时间	干燥曲线	
	过程变量的影响	
特殊要求	建筑材料,腐蚀,有毒性,非水溶液,易燃极限,着火危险,颜色/质地/芳香的技术要求(必要时)	
干燥系统的占地面积	干燥器及附属设备的可用空间	

原料形态是选择干燥器的基础。在处理液态物料时所选择的设备通常限于：a. 喷雾干燥器；b. 转鼓干燥器（常压或真空）；c. 间歇式真空搅拌干燥器。对于膏状物和污泥的连续干燥，通常选择旋转闪蒸（气流）干燥器。转鼓干燥器干燥时间（停留时间）较短，但平均温度较高；喷雾干燥器具有较短的接触时间且操作温度范围较宽，这两种干燥器适用于含有细小颗粒的可泵送悬浮液，但不包括膏状物料。对于细颗粒分散物料，尘埃问题是一种主要的考虑，通常采用间歇常压或真空托盘干燥器、间歇常压或真空搅拌干燥器、常压或真空转筒干燥器。涉及溶剂回收、起火、有致毒危险或物料热敏性时，真空操作更可取。有时，干燥前可以对原料分散、破碎或者混入干燥的产品，便于操作；滤饼成糊状物料重新加水，变为可泵送的物料，再进行雾化或喷雾干燥，或造粒后，流化床干燥[65]。表0-7 简单介绍了基于湿物料形态可选用的干燥器。这些干燥器的性能特点请参考后续有关章节。

表 0-7 以原料形态选择干燥器

干燥器	典型的停留时间	液态			滤饼		可自由流动的固体物料					成型物件
		溶液	泥浆	膏状物	离心分离	过滤	粉	颗粒	易碎结晶	片料	纤维	
对流干燥器												
带式干燥器	10~60min							○	○	○	○	○
闪急干燥器	0~10s				○	○	○	○		○		
流化床干燥器	10~60min	○	○		○	○		○		○		
转筒干燥器	10~60min				○	○		○		○	○	
喷雾干燥器	10~30s	○	○	○								
托盘干燥器(间歇)	1~6h				○	○	○	○	○			○
托盘干燥器(连续)	10~60min				○	○	○	○				
传导干燥器												
转鼓干燥器	10~30s	○	○	○								
蒸汽夹套转筒干燥器	10~60min				○	○	○	○		○	○	
蒸汽管式转筒干燥器	10~60min				○	○	○	○		○	○	
托盘干燥器(间歇)	1~6h				○	○	○	○	○			
托盘干燥器(连续)	1~6h				○	○	○	○				

注：改编自文献［65，66］。

某些干燥器通过组合不同的供热方式，适用不同的物料。例如振动流化床可以单纯对流传热的方式干燥茶叶，以热传导的方式真空干燥药物颗粒，或者附加浸没加热管干燥碎煤，而且干燥介质可用蒸汽。完成同样的热敏性聚合物或松香片干燥作业，装有浸没加热管组的流化床干燥器的尺寸仅为单纯对流式流化床干燥器的1/3[65]。当物料性质（比如热敏性）在干燥时显著变化，采用两种或多种不同类型干燥器的组合可能是最佳的选择方案。

　　大多数干燥器在接近大气压下操作，微弱的正压可避免外界向内部泄漏，如果不允许向外界泄漏则采用微负压操作。真空操作是昂贵的，仅仅当物料必须在低温、无氧或在操作时产生异味的情况下才推荐采用。进一步的选择，建议通过针对性的试验或者经验，了解以下情况[65]：a. 工艺流程参数，如湿物料的来源、处理量或蒸发水量。b. 物料供给方法，湿物料中颗粒尺寸分布，易处理性，磨蚀性能。c. 物料的物理和化学性质及其变化，如毒性、异味、生成气体（含有二氧化碳、二氧化硫、氮的氧化物和微量烃类化合物）；起火和爆炸的危险性、温度极限与相变相关的温度以及腐蚀性。d. 产品的规格和性质，如湿含量、颗粒尺寸分布、堆积密度、颗粒化或结晶形式、流动性，以及包装冷却温度等。虽然做大型试验是建立可靠设计和操作数据的唯一方法，在某些情况下由实验室试验获取的试验数据也是可行的，但需注意，在小型实验设备上获得的数据，在工业化设备操作时会不一样。

　　干燥器的最终选择通常还将综合考虑产品质量、设备价格、操作费用（能源价格）、安全操作、环境因素安全以及安装便利等方面，提出一个折中或优化方案，并初步查明设计和操作数据及对特殊操作的适应性。比如高温操作是更为有效的，相同单位蒸发量下，可采用较低的气体流量和较小的设备；选择低温操作，从太阳能收集器或其他低温热源可获得热能，但这些干燥器的尺寸较大。水分升华比蒸发干燥所需热量低很多，但真空操作是昂贵的，例如咖啡的冷冻干燥其价格为喷雾干燥的2～3倍[65]，虽然产品质量和香味的保存则较佳。以现时现地条件为依据选择干燥器时，应考虑使用地区和国家的能源价格和未来便利性。

　　逐渐上升的能源价格、防止污染、改善工作条件和安全性方面日益严格的法规，对设计和选择工业干燥器具有直接的影响，也是必须考虑的。对某一干燥系统，需要针对预处理（如机械脱水、离心分离、蒸发、成型）和后处理（产品收集、冷却、附聚、造粒及清洗），作出几种节能流程图。气体再循环、闭环运行、惰性环境下操作、多级操作、排气无可燃气等要求，在环境法规、卫生要求和能量利用率之间可能有冲突。有时，非必要地提高产品的技术要求，会显著提高干燥价格，对投资和操作费用都是不合适的。征收碳税和严格限制温室气体排放（特别是CO_2）将促使工业界在可行之处考虑过热蒸汽干燥。表0-8为一些工业干燥器典型的蒸发能力和能量消耗[66]，表0-9为实际的热效率。显然，采用排气循环，可提高热效率。

表 0-8　某些干燥器典型的蒸发能力和能量消耗

干燥器类型	典型的蒸发能力/[kg 水/(h·m²)或 kg 水/(h·m³)]	典型的能量消耗/(kJ/kg 水)
隧道干燥器	—	5500～6000
带式干燥器	—	4000～6000
冲击干燥器	50/m²	5500～7000
转筒干燥器	30～80/m³	4600～9200
流化床干燥器		4000～6000
气流干燥器	5～100/m³(取决于颗粒尺寸)	4500～9000
喷雾干燥器	1～30/m³	4500～11500
转鼓干燥器(对膏状物料)	6～20/m²	3200～6500

注：上列数字基于目前实践，是近似值。通过优化操作条件和采用先进技术改造设计，可获得更好的结果。

表 0-9　实际干燥器的热效率　　　　　　　　　　　　　单位：%

项目	热源温度/℃											
	50		80		100		200		400		600 以上	
平行流	15～30	30～50	20～40	35～55	30～45	40～60						
通气	20～45	40～55	30～50	40～60	40～55	45～70	45～60	50～70				
流化床	30～50	40～55	35～60	40～60	40～65	45～70	50～65	50～70	55～70	60～80		
气流			30～50	40～60	35～55	45～65	40～60	50～70	50～70	55～75		
回转(热风)					35～55	45～60	45～65	50～70	55～75	65～75	65～80	
喷雾			20～40	35～45	30～50	45～55	40～60	45～60	45～65	50～65		
传导	40～60		45～65		50～70		50～80					
辐射					25～45		30～50		40～60			

注：数值下限为不进行排气循环，数值上限为进行排气循环（改编自文献［67］）。

　　干燥操作会因尘埃和气体的排放而造成空气污染，在某些情况下，甚至洁净的水蒸气产生的白雾也会受到抵制。在排气中颗粒物含量应低于 $20\sim50mg/m^3$，因而应采用高效收尘装置或采用多级除尘。旋风分离器、袋式过滤器和静电除尘器通常用于颗粒收集和浆状、片状物料干燥的气体净化。为消除有害气体的污染，可采用吸收、吸附或焚烧。空气悬浮物料干燥时必须小心防火，降低氧含量（作再循环），可抑制爆炸危险。但为稳妥起见，一定要设置相应的爆炸排气通道，以避免在系统中形成极高的压力。必须避免在干燥器或收集器内滞留堆积产品。另外，在选择和设计阶段必须考虑噪声问题。若噪声要求严格，防噪设施的价格可达总系统价格的 20%[65]。对空气悬浮干燥器而言，风机是主要噪声源，泵、变速箱、压缩机、雾化设备、燃烧器及混合器也都会产生噪声。要使风机噪声较低，就应使系统的压降较低，但达到较高的收尘效率则要求较高的压降，虽矛盾但要权衡。

　　工业上优先选择传统干燥器，因为其已成熟且已熟悉。干燥器制造厂也偏爱传统技术，因为在设计和放大方面风险低。新的干燥技术和设备必须提供比现有技术更为显著的优势，才能在工业上被接受，比如已实际应用的热泵、多级操作、优化控制等。选择新技术或新设备，要加强对风险的管理。在风险因子降低的情况下，这些新技术将成为主流。

　　最后，选取一个合适的干燥器，至少需要考虑下列定量信息[62]：

①　干燥器生产量：生产方式（间歇/连续）。

②　湿物料的物理、生化特性以及产品规格：处理过程中物料特性的变化。

③　上、下游操作。

④　进料及产品的湿含量。

⑤　干燥动力学，吸附等温线。

⑥　品质参数（物理、化学、生化的）。

⑦　安全因素，如火灾、爆炸性、生物危害性。

⑧　产品价值。

⑨　自动控制要求。

⑩　产品的毒理特性。

⑪　生产能力要求上的弹性变化范围（调节比）。

⑫　燃料类型及成本，电费。

⑬　环境方面的法规。

⑭　厂房空间。

Kemp 介绍了一种干燥器选择的算法和专家系统,将影响干燥器选择的因素分为三类[64]:

① 设备。使用设备树对干燥器进行分类,可包括根据操作模式、加热模式、原料和产品的处理方式,还可以添加搅拌类型等其他特性。

② 物料。即所处理材料的特性,例如黏性、流动性或液体黏度、硬度、燃烧性、毒性、干燥动力学和平衡含水量。

③ 流程。包括整个过程的细节,例如物料处理量(或质量流量)、初始和最终含水量。

该算法分为五个阶段:

① 定义问题。提供相关物料和流程数据。

② 基本选择。进料和产品形式、操作模式(分批/连续)、加热模式(接触/对流/其他)、双级选择。

③ 评估每个干燥器的优点系数(merit factors,或称为权重),并进行近似尺寸估算。每种类型都会根据某条规则赋予一个优点系数,通常为 1,但如果在该特定规则下存在缺陷,则酌情减分。

④ 研究干燥器的组成部件和选定干燥器类型。

⑤ 评估所有可能的干燥器并做出最终选择。每条规则中获得的优点因子相乘,以获得整体的优点因子。

Baker 和 Lababidi[68]介绍了计算机辅助的食品干燥器选型的模块化模糊专家系统,由知识库和推理工具两部分组成,知识库包含人类专家的特定决策所依据的逻辑,推理工具利用知识库中的事实和规则得出结论。该方法是迭代的,包括以下步骤:制定工艺要求,进行初步选择,规划和进行小型试验,对备选方案进行经济比较,进行中试,最后选择最合适的干燥器类型。将模糊逻辑与专家系统相结合,形成了一个更加灵活的知识库推理系统,其中选择"限定符"被表示为语言变量(例如温度高、低、非常低),系统内部将知识转换为模糊表示,执行推理过程,最后将结果转换为适当的输出格式。他们的选择基于以下考虑:首先,选择通常难以定量的过程变量,比如进料的黏性。出于实际考虑,将其定义为 0(非黏性)~1(非常黏性)的范围就足够了,从而将黏性科学测量为 0~1 间的适当值,这样使得选择相对容易。其次,由于干燥器的选择不是一门精确科学,确切的数值规则不太适用。布尔输出"真"或"假"虽然还不能满足,不过,"可能"或"很可能"更适用。

4. 干燥技术革新

"创新"是当今社会各个领域的热词,而"革新"却淡出了人们的视野。20 多年前,在准备"干燥技术的革新和未来发展趋势"(《现代干燥技术》第一版)时,对"innovation"的翻译,其实也是在"革新"和"创新"间掂量过,最后选择了"革新"。

Webster 词典上对 innovation 的诠释为"新事物的引进;新的想法、方法或装置",似乎将其翻译为"创新"更合适,也切合我国古籍中的"创新"之义,即"创立或创造新的",通俗讲就是"无中生有",需要"奇思妙想"。

众所周知,干燥是源于史前的一种操作,不论什么物料都可以利用现有技术进行干燥,干燥技术半衰期长(10~20 年),所以技术的新颖性和原创性并不具有市场吸引力,虽然每年冠以"干燥器(dryer or drier)"或者"干燥(drying)"的美国专利大约有 250 多个,而其他主要单元操作(如膜分离、结晶、吸附、蒸馏)的美国专利数目每年却只有其 10%或更少一些[63]。缺乏技术经济性,似乎干燥技术创新的必要性就局限于论文发表。"革新"来源于"革故鼎新",在中文的语境下,更能够体现新技术与实际应用的结合,即通过改进产品、过程和服务获得社会经济价值。很显然,往往根据市场需求,对传统干燥器做适应性的改进设计(如表 0-10),可认为是一种技术的进化,改进过程为线性模式,孕育期较短,容易被企业较快地接受。而另一些干燥技术（如表0-11）是技术的"异化"，可能会有较大的市场阻力，具有一定的风险，通常需要大量研究和开发资金，并且需要不懈的努力去开拓市场，其技术投入的回报率不如已有技术，企业通常没有更替新技术的动力。当然也有某些干燥新技术，从概念到市场应用经历的时间非常长。比如使用过热蒸汽作为干燥介质在100年前便发表了论文，但其商业潜力在约50年前才第一次被认识到，但还不够全面；冷凝带式（condebelt）干燥，由芬兰Valmet公司Jukka Lehtinen博士开发，整整经过20年耐心、费用昂贵和高水平的研究开发，才第一次被成功地应用[69]。目前，已存在的许多先进干燥技术和新型干燥器，极有条件取代现有的。因此，这里选择使用"干燥技术革新"，接近于下述的"可持续创新"。但"革新"要区别于"翻新（renovation）"，更不能白费力气做重复工作（reinvent the wheel）。

表0-10　传统干燥器与新型干燥器的特征比较

传统干燥器	新型干燥器
稳定的热能输入	能量间歇输入
恒定的气流	变化的气流
热单一输入模式	热组合式输入模式
单一类型的干燥器——单级	多级（每级可以是不同干燥器类型）
空气/燃气作为干燥介质	过热蒸汽作为干燥介质
常压操作	低压或高压操作

表0-11　传统的与革新的干燥技术的比较

原料类型	传统技术	新技术[①]
液体悬浮液	烘缸	载体流化床/喷动床干燥
	喷雾	喷雾/流化床组合干燥
		真空带式干燥
		脉动燃烧干燥
膏状物/污泥	喷雾	惰性粒子喷动床干燥
	转鼓	流化床（固体颗粒返混）干燥
	桨叶搅拌	过热蒸汽干燥
颗粒	回转	过热蒸汽流化干燥
	气流	振动床干燥
	流化床干燥（热空气或燃烧气体）	环形气流干燥
		脉动流化床干燥
		射流区干燥
		YAMATO回转干燥
连续片（涂布纸,纸张,织物）	多缸接触干燥冲击（空气）干燥	冲击/辐射联合干燥
		冲击和穿透联合干燥（织物,低基重的纸）
		冲击和微波/高频联合干燥

① 新干燥器未必对所有的产品提供好的技术经济特性。

　　现在，大家习惯于使用"创新"。克里斯坦森[70]将创新分为两种（图0-5），即可持续创新（sustaining innovation），包括了渐近性创新（incremental innovation）和突破性创新

(radical innovation)；颠覆性创新（disruptive innovation）。后者通过给市场带来更简单、更便宜的产品或服务而取得优势，或许所提供的产品或服务没有传统的那么好，但是，原有技术通过持续性创新所带来的持续增强的功能，可能对一些用户不是刚需，甚至是负担，这样新技术就异军突起。因此，对颠覆性技术的效能应另眼相看。

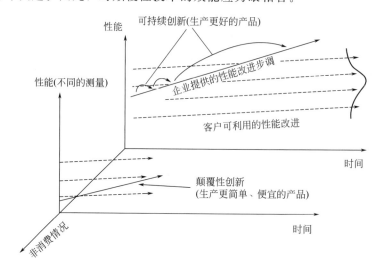

图 0-5　创新模型

檀润华等[71]根据设计结果的差异化和技术系统进化原理，将创新设计分为 3 类：渐近性创新设计、突破性创新设计和破坏性创新设计，后者也翻译为颠覆性创新。

① 渐近性创新设计。通过不断地、渐近地、连续地改进已有技术系统或产品而实现的一类创新，通常表现为产品技术进化过程中在同一条 S 曲线上不断递增的过程，其核心是不断地发现冲突并解决冲突，设计结果与已有产品的差异性程度较低。渐近性创新设计通过快速拓展相关新技术、应用新理念，可以实现产品和服务的多样化，对促进市场繁荣和满足人们差异化需求方面具有极其重要的意义。

② 突破性创新设计。以全新的产品、新型的产品生产制造方式或工艺过程产生新型的竞争形态，而对市场和产业带来革命性变革的一类创新。通常表现为原始创新或产品技术进化过程中两条 S 曲线间的自然更迭，其结果可大幅提升产品的性能和企业的生产效率，与已有设计存在显著差异性。突破性创新设计强调在已知的人类知识领域内，寻找已有技术的合适替代原理。由于替代原理极有可能来自其他领域，这就造成了设计过程具有高度的不确定性，失败的风险更高，所以突破性创新所占创新比例很低。但是，突破性创新能够显著地推动技术的进步乃至产业升级，成功的突破性创新产品能够帮助企业获取巨大的商业利润并实现跨越性增长。

③ 破坏性创新设计。上述两种创新之外的一类非常规创新类型。破坏性创新设计是用低于主流市场上定型产品性能的产品取代主流产品，是实现跨越的一类创新。通常表现为产品进化过程中位于成熟期的分支点，分为低端破坏和新市场破坏，其创新设计结果反映在对市场结构带来颠覆性变化。从核心技术的突破和发展的角度看，破坏性创新远不及突破性创新，但破坏性创新所带来的市场回报和社会效应远高于渐近性创新。因此，破坏性创新也是一种实现产业模式转型和提高效率的重要途径。

确定技术更新的合适时机很重要。当已有技术发展到一定阶段，其性能的增长开始放缓步伐，新技术可能导致原有技术的过时，或者需要及时获取或开发新技术超越已有性能，就促成新旧技术的顺利更替。但是，已有技术并不一定都有机会一直发展到其饱和极限。企业技术进步的理想路径是沿着由一系列技术发展 S 形曲线更迭形成的包络虚线发展（如图 0-6）。

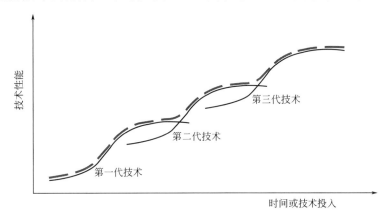

图 0-6　Foster 的指导性 S 形曲线战略

Rothwell 介绍了 5 种创新过程模型[72]。表 0-12 列出一些经过"技术推动"及"市场牵引"而发展起来的新干燥技术的案例[62]。某些情况下，明确划分这两种类型不可能，需要技术与市场的耦合推动，即第三代模型。

表 0-12　通过"技术推动"和"市场牵引"而发展起来的新干燥技术的案例

技术推动①	市场牵引②
微波/高频/感应/超声波干燥	过热蒸汽干燥——能量效率提高、产品质量提高、环境影响减小、更安全等
脉冲燃烧干燥——脉冲燃烧技术首先用于推进装置,随后应用于燃烧	脉冲干燥(impulse drying)/纸的冷凝带式(condebelt)干燥(同样需要技术推动)
振动床干燥——起初用于颗粒物料的输送	喷雾-流化床组合干燥——以提高喷雾干燥的经济性
对撞流(相对喷射)——最早应用于混合、燃烧	间断性的干燥(提高效率)

① 开发该技术是为了其他方面的应用，但后来运用于干燥。

② 开发该技术是为了迎合目前和未来的市场要求。

随着世界人口的增长及人们生活水平的日益提高，对干燥技术的要求也在增大。干燥技术要适应新的要求，即热效率高、环境影响低（符合法规）、产品质量高、安全操作、整体成本低。基于品质、节能与低碳等"市场牵引"的要求，可着重于[73]：

① 运行中的干燥器或过程系统的升级改造，工艺优化，以及再设计。热风干燥器仍是应用的主流，根据产品要求，研发多级分区变温热风干燥工艺，合理利用热能，降低低品位废热排放或利用热泵技术回收干燥介质中的热量。

② 基于先进干燥技术，推动"非传统"干燥器的研发与工业化应用。

③ 针对产品质量要求，实现多种干燥技术组合（如喷雾-流化床干燥），耦合各自优势；或者，几种单元操作集成于一台装置（如过滤干燥器），达到节能和低碳的目的。

④ 利用可再生清洁能源替代传统化石能源。

⑤ 加强能量审计，构建基于能耗及碳足迹的绿色装备评价体系。基于全生命周期，采用不确定性分析方法，评估绿色低碳干燥装备的能效及碳排放情况，深入了解并比较不同类型的干燥装备的整体性能，提升干燥装备的节能低碳技术水平，建立干燥过程中碳足迹管理体系。

从技术推动的路径，干燥器的设计往往基于传递过程衡算和一些经验公式，但是很难有统一的方法适用于这么多类型的干燥器，而且我们对干燥以及物料特性的认识还不全面，虽然有少量文献介绍过程规模放大的方法[74]，但从实验室数据到工业化过程实现仍然不容易。

数字化设计为理解过程中热量、动量和质量传递之间的相互影响，装置结构的优化和计算机辅助工程（CAE）分析，以及为基于网络的产品开发和定制等提供了有效的技术手段，也便于为用户提供综合解决方案。过程装置的数字化设计是由 CAD 技术制作模型样机，进行机械调试、机构的干涉检验以及虚拟现实（VR）、快速成型（RP），再运用计算流体力学（CFD）等技术，进行过程模拟或仿真模拟实验。对一个过程系统，需要耦合其他子系统，模拟整个流程，实现整体设计和优化。对过程控制策略的设计，既可实现设计目标要求，又可提高干燥器对类似物料干燥的适用性，以及故障解决能力。数字化设计对干燥器的大型化设计提供了有力保障，也促进其原始创新。目前，在干燥器数字化设计的应用中，过程数值模拟研究较为广泛，而对干燥器以及整个过程系统的数字化设计还有待加强，尤其是全过程工艺优化和经济技术性评价[73]。

在智能化控制方面，可以考虑如下措施[73]：

① 采用电容法、声发射、机器视觉、图像识别等新型检测技术，建立快速可靠的在线检测和实时反馈的干燥系统智能检测平台，以实现对干燥过程中水分、品质变化等多参数、多目标量的实时检测。

② 采用集成和深度人工智能算法，并耦合干燥过程简化模型，建立基于干燥过程机理和复杂机器学习模型相结合的集成模型预测控制技术，对新型和联合干燥过程中的温度、湿度及品质等关键参数进行精准控制。

③ 采用现场总线、ZIGBEE 网络、物联网等技术集成，实现干燥器控制系统的界面友好和远程监控，同时为干燥系统节能减排提供必要的数据支持。

5. 结束语

干燥技术的发展需要产学研、各领域之间加强交流合作、开放共享。Mujumdar 教授在《Drying Technology》期刊的主编评论中多次强调产学合作的重要性[75,76]。但从近些年来出版的书籍看，中英文书籍的作者多数来自高校，日文书籍则企业界的专家参与较积极。图0-7 可有助于明确干燥研究和研发活动的定位。基于服务社会的愿景，结果导向的应用研发

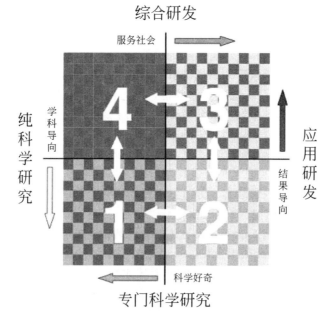

图 0-7 研发活动的定位示意图（改编自 ［77］）

可导致新型干燥器、更佳的控制或提质的产品（区域3），而学科导向的专门科学研究可导致新型传感器等仪器开发或运用模糊逻辑算法（区域2）以提高各种干燥器的控制水平，优化干燥操作；基于科学好奇心，学科导向的科学研究可形成干燥科学理论（区域1），而结果导向的综合研发可形成如多物理场耦合的干燥过程模拟（区域4）。可见，我们需要积极地将数学模拟用于优化干燥过程或数字化设计新型干燥器，即区域4与区域3要紧密携手，不然模拟就成了"纸上谈兵"；另外，没有实践的检验，也发展不了数学模型。我国干燥器的自动化水平有所提高，但新一代信息技术下仪器及控制的进步，无疑会促进干燥器的发展，企业需要拥抱智能产品。

参考文献

[1] Kroll K, Mujumdar A S, Menon A S. Drying since the millenniums. Mujumdar A S Drying' 80（Proceedings of the Second International Drying Symposium）,1980: 485-494.

[2] 石谷孝佑，土田茂，林弘通. 食品と乾燥. 木村進，亀和田光男監修，光琳,2008: 8-12.

[3] Devahastin S, Jinorose M A. Concise History of Drying. Ohtake. Drying Technologies for Biotechnology and Pharmaceutical Applications（Ed S）New York: Wliey-VCH Inc, 2020.

[4] Rey L. Freeze Drying/Lyophilization of Pharmaceutical Biological Products. 3rd ed. Florida: CRC Press, 2010.

[5] Maister H G, Heger E N, Bogart W M. Continuous Freeze-Drying of Serratia marcescens. Industrial & Engineering Chemistry, 1958, 50（4）: 623-626.

[6] La Mont C A. Improvement in preserving eggs: US5, 263. 1865-11-28.

[7] Percy S R. Improvement in drying and concentrating liquid substances by atomizing: US125, 406. 1872.

[8] Westergaard V. Milk Powder Technology——Evaporation and Spray Drying. Copenhagen: Niro A/S, 2004.

[9] Gronovius J F A. Method of Preparing Specimens of Fish, by Drying Their Skins. Philosophical Transactions of the Royal Society of London, 1742, 42（462-471）: 57-58.

[10] New invented apparatus for expeditiously drying mildewed grain. Journal of the Franklin Institute, 1827, 4（5）: 355-358.

[11] Hazard E. On the application of anthracite coal to the drying of tobacco. Journal of the Franklin Institute, 1831, 12（1）: 5-6.

[12] Ryan J. Instrument for drying silk in the loom. Journal of the Franklin Institute, 1839, 27（3）: 195-196.

[13] Vacuum drying. Journal of the Franklin Institute, 1899, 147（2）: 167.

[14] Millard C K. The use of dried milk at infants' milk depots. Public Health, 1909, 23: 325-328.

[15] Macy H. Some observations on the bacterial content of dried milk. Journal of Dairy Science, 1928, 11（6）: 516-526.

[16] Maynard L A, Tunison A V. Influence of drying temperature upon digestibility and biological value of fish proteins. Industrial & Engineering Chemistry, 1932, 24（10）: 1168-1171.

[17] Hasebe A. Drying of the Frozen and Melted Fish. Nippon Suisan Gakkaishi, 1938, 7（1）: 1-3.

[18] Kawakami T. Physical influence of the solar radiation upon the drying of fish I. Nippon Suisan Gakkaishi, 1938, 6（6）: 283-286.

[19] Smith E R, Mitchell L C. Observations on the drying of flour, with notes on its hygroscopic properties. Industrial & Engineering Chemistry, 1925, 17（2）: 180-183.

[20] Ritchell E C, Piret E L, Halvorson H O. Drying of meats [J]. Industrial & Engineering Chemistry, 1943, 35（11）: 1189-1195.

[21] Rongsted W C, Gottfried J B, Swallen L C. Drying Heat-Sensitive Substances. Industrial & Engineering Chemistry, 1941, 33（12）: 1544-1546.

[22] James R, Allen L, Barker J, et al. The drying of vegetables I cabbage. Journal of the Society of Chemical In-

dustry, 1943, 62（10）: 145-160.

[23] Dunlap W C. Vacuum drying of compressed vegetable blocks. Industrial & Engineering Chemistry, 1946, 38（12）: 1250-1253.

[24] Klose A A, Jones G I, Fevold H L. Vitamin Content of Spray-Dried Whole Egg. Industrial & Engineering Chemistry, 1943, 35（11）: 1203-1205.

[25] Wilkinson J, Bullock K, Cowen W. Continuous method of drying plasma and serum. The Lancet, 1942, 239（6184）: 281-284.

[26] Schroeder A L, Cotton R H. Dehydration of orange juice. Industrial & Engineering Chemistry, 1948, 40（5）: 803-807.

[27] Tiemann H D. An analysis of the internal stresses which occur in wood during the progress of drying from the green condition, with a brief discussion of the physical properties which affect these stresses. Journal of the Franklin Institute, 1919, 188（1）: 27-50.

[28] Davis J D, Byne J F. Influence of moisture on the spontaneous heating of coal. Industrial & Engineering Chemistry, 1926, 18（3）: 233-236.

[29] Luikov A V. The drying of peat. Industrial & Engineering Chemistry, 1935, 27（4）: 406-409.

[30] Hougen O A. Rate of drying chrome leather. Industrial & Engineering Chemistry, 1934, 26（3）: 333-339.

[31] Hunter J T. Textile drying apparatus. Textile Research, 1936, 6（8）: 369-373.

[32] Hawkins A W, Beuschlein W L. Drying characteristics of regenerated cellulose cylinders. Industrial & Engineering Chemistry, 1940, 32（7）: 944-946.

[33] Heukelekian H. Losses caused by heating liquefied sewage solids. Industrial & Engineering Chemistry, 1929, 21（4）: 324-325.

[34] Bogin C, Wampner H L. Interpretations of evaporation data. Based on the behavior of solvents in lacquer films. Industrial & Engineering Chemistry, 1937, 29（9）: 1012-1018.

[35] Lavett C O, Van Marle D J. Vacuum drying. Journal of Industrial & Engineering Chemistry, 1921, 13（7）: 600-605.

[36] Smith G F, Rees O W. Design and construction of special vaccum-drying apparatus for dehydration of products with low vapor pressure. Industrial & Engineering Chemistry, 1931, 23（12）: 1328-1330.

[37] Bailey L H. Rotary vacuum drying. Industrial & Engineering Chemistry, 1938, 30（9）: 1008-1010.

[38] Fleming R S. The spray process of drying. Journal of Industrial & Engineering Chemistry, 1921, 13（5）: 447-449.

[39] Patel B N, Jenkins G L, Dekay H G. Infrared drying of tablet granulations I. Journal of the American Pharmaceutical Association（Scientific Ed.）, 1949, 38（5）: 247-250.

[40] Mann C A, Ceaglske N H, Olson A C. Mechanism of dielectric drying. Industrial & Engineering Chemistry, 1949, 41（8）: 1686-1694.

[41] Marle D J V. Drum drying. Industrial & Engineering Chemistry, 1938, 30（9）: 1006-1008.

[42] Merz R G. Direct heat rotary drying apparatus. Journal of Industrial & Engineering Chemistry, 1921, 13（5）: 449-452.

[43] Bill C E. Rotary steam tube dryer. Industrial & Engineering Chemistry, 1938, 30（9）: 997-999.

[44] Ridley G B. Tunnel dryers. Journal of Industrial & Engineering Chemistry, 1921, 13（5）: 453-460.

[45] 曹本熹, 沈复, 戴衡. Studies on spray drying. 清华大学学报（自然科学版）, 1948, S2: 115-126.

[46] Lewis W K. The rate of drying of solid materials. Journal of Industrial & Engineering Chemistry, 1921, 13（5）: 427-432.

[47] Sherwood T K. The drying of solids-I. Industrial & Engineering Chemistry, 1929, 21（1）: 12-16.

[48] 龜井三郎, 後原保. 固體乾燥の研究（第 1 報）. 工業化学雑誌, 1933, 36（12）: 1561-1574.

[49] Ceaglske N H, Hougen O A. Drying granular solids. Industrial & Engineering Chemistry, 1937, 29（7）: 805-813.

[50] Krischer O. Trocknungstechnik: Die Wissenschaftlichen Grundlagen der Trocknungstechnik（干燥技术: 干燥技术的科学基础）. Berlin: Springer, 1956.

[51] Martynenko O G. On the centennial of A V Luikov. Journal of Engineering Physics and Thermophysics, 2010, 83（4）: 625-631.

［52］ Luikov A V. Heat and mass transfer in capillary-porous bodies. Advances in Heat Transfer, 1964, 1: 123-184.

［53］ Pearse J F, Oliver T R, Newitt D M. The mechanism of the drying of solids. Part I The forces giving rise to movement of water in granular beds, during drying. Trans Inst Chem Eng, 1949, 27（1）: 9-18.

［54］ Whitaker S. Simultaneous heat, mass, and momentum transfer in porous media: a theory of drying. Advances in Heat Transfer, 1977, 13（08）: 119-203.

［55］ Crank J. The Mathematics of Diffusion. Oxford: Clarendon Press, 1956.

［56］ Bird R B, Stewart W E, Lightfoot E N. Transport Phenomena. New York: Wiley & Sons, Inc, 1960.

［57］ 江体乾. 对"干燥原理"一文的一点补充意见. 机械工厂设计（现刊: 工程建设与设计）, 1957, 12: 21-24.

［58］ 宫振祥, 刘玲, 黄颖, 等. Mujumdar 教授与中国干燥技术的研究与发展. 干燥技术与设备, 2005, 3（3）: 103-106.

［59］ 曹崇文. 我国干燥技术学术交流活动纪事. 干燥技术与设备, 2003, 1（1）: 52-54.

［60］ 王喜忠, 萧成基. 近三十年我国干燥技术的发展概括. 干燥技术与设备, 2005, 3（4）: 155-156.

［61］ Jangam S. Guest editorial: drying technology——some facts and figures. Drying Technology, 2012, 30: 328-329.

［62］ 库德（Kudra T）, 牟久大（Mujumdar A S）. 先进干燥技术. 李占勇, 译. 北京: 化学工业出版社, 2005.

［63］ 潘永康, 王喜忠. 现代干燥技术. 北京: 化学工业出版社, 1998.

［64］ Kemp I C. Progress in dryer selection techniques. Drying Technology, 1999, 17（7-8）: 1667-1680.

［65］ 潘永康, 王喜忠, 刘相东. 现代干燥技术. 2 版. 北京: 化学工业出版社, 2007.

［66］ Mujumdar A S. Principles, Classification, and Selection of Dryers［M］.// Handbook of Industrial Drying. 4th ed. Florida: CRC Press, 2014.

［67］ 化学工学会. 最近の化学工学 52: 乾燥工学の進展. 化学工業社, 2000: 94.

［68］ Baker C G J, Lababidi H M S. Developments in computer-aided dryer selection. Drying Technology, 2001, 19（8）: 1851-1873.

［69］ Lehtinen J. Condebelt board and paper drying. Drying Technology, 1998, 16（6）: 1047-1073.

［70］ Christensen C M, Grossman J H, Hwang J. The Innovator's Prescription: A Disruptive Solution for Health Care. New York: McGraw-Hill Companies Inc, 2009: 5.

［71］ 檀润华, 曹国忠, 刘伟. 创新设计概念与方法. 机械设计, 2019, 36（9）: 1-6.

［72］ Rothwell R. Towards the fifth-generation innovation process. International Marketing Review, 1994, 11（1）: 7-31.

［73］ 李占勇, 等. 食品机械通用技术发展展望. 食品与包装机械技术路线图. 北京: 中国科学技术出版社, 2019: 49-53.

［74］ Genskow L R. Dryer scale-up methodology for the process industries. Drying Technology, 1994, 12: 1-2, 47-58.

［75］ Mujumdar A S. Editorial on industry-academia collaboration in R&D. Drying Technology, 2010, 28（4）: 431-432.

［76］ Mujumdar A S. Role of academia in industrial developments. Drying Technology, 2019, 37（6）: 679.

［77］ Kerkhof P J A M. Drying, growth towards a unit operation. Drying Technology, 2001, 19（8）: 1505-1541.

（李占勇）

第一篇

干燥过程基础

第1章

干燥的基本原理及过程计算

1.1 湿空气

含有一定量水蒸气的空气，称为湿空气，若不含水蒸气则称为干空气。多数工业干燥过程采用预热后的空气作为干燥介质，在与湿物料接触时其热量传递给湿物料，同时又从湿物料中带走逸出的水蒸气，从而使湿物料干燥。在干燥过程计算中必须知道湿空气的基本热力学性质。

一般地，设定湿空气的总压为常压（1atm），从湿物料中逸出的是水蒸气。下述各种计算湿空气性质的关系式，对于总压大于或小于常压的系统，以及由其他挥发性组分和惰性气体组成的混合气系统也是适用的。后者在工业干燥系统中也有应用。

1.1.1 空气的湿度

1.1.1.1 蒸气压

对于理想气体，气体的压力 p（Pa）、温度 T（K）和体积 V（m^3）的关系，可由理想气体的状态方程给出，即

$$pV = nRT = (m/M)RT \tag{1-1}$$

式中，n、m 及 M 分别为气体的物质的量、质量和摩尔质量，mol、kg、kg/mol；R 是气体常数，8.314J/（K·mol）。标准状态（273.15K，101.3kPa）下，1mol 理想气体的体积为 $0.0224m^3$。

把湿空气作为理想气体对待（下同），其中的水蒸气压力（即蒸气压）也是总压 p 与水蒸气的摩尔分数或体积分数 $x_{v(A)}$ 之积，即

$$p_A = x_{v(A)} p \tag{1-2}$$

为了区分，用下标 A 和 g 分别表示水蒸气和干空气。

1.1.1.2 饱和蒸气压

在任一温度下，水蒸气压力 p_A 可能达到的最大值是饱和蒸气压。

纯液体（水）的压力-温度三相图如图 1-1 所示，汽-液平衡线（汽化线）上与每一点压

力对应的温度即为沸点。在此图上也可作出固-液平衡线（熔化线）和固-汽平衡线（升华线）。图中三相点（0.01℃，0.6112kPa）即气、液、固三相能共存，其比体积分别为 $206m^3/kg$、$1000m^3/kg$ 和 $1091m^3/kg$。临界点为 374.1℃ 和 22.1MPa。

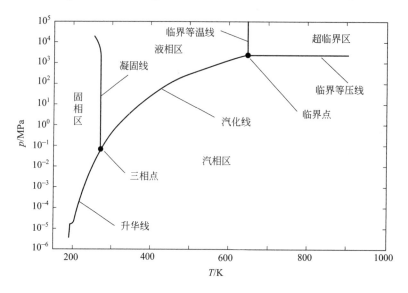

图 1-1　纯液体（水）的压力-温度三相图

纯液体（如水）的饱和蒸气压数据可在文献中查到（见附录B）。一些经验公式更方便应用，如 Antoine 蒸气压方程

$$\ln p_s = A - \frac{B}{T_s + C} \tag{1-3}$$

式中，p_s 为饱和蒸气压，mmHg（1mmHg=133.322Pa）；T_s 为饱和温度，K；A、B、C 为与物质有关的常数，表 1-1 中列出水及几种纯液体的常数值，其他纯液体的有关数据可参考相关文献。

表 1-1　几种纯液体的 Antoine 方程常数值

常数	水（H_2O）	丙酮（C_3H_6O）	乙醇（C_2H_6O）	苯（C_6H_6）
A	18.3036	16.6513	18.9119	15.9008
B	3816.44	2928.20	6022.18	3490.89
C	−46.44	−85.15	−28.25	−98.59

也可根据 Clausius-Clapeyron 方程，求取已知温度 T 对应的饱和蒸气压 p_s。该方程关联了蒸气压-温度曲线的斜率和蒸发潜热的关系

$$\frac{dp_s}{dT} = -\frac{\Delta H_w}{T(V_V - V_L)} \tag{1-4}$$

式中，V_V 和 V_L 分别为饱和蒸气和饱和液体的摩尔体积，m^3/mol；ΔH_w 为摩尔蒸发潜热，J/mol；p_s 为饱和蒸气压，Pa。

液体的摩尔体积 V_L 比蒸气小得多，可忽略，故而可得

$$\frac{dp_s}{dT} = -\frac{\Delta H_w}{RT^2}dT \tag{1-5}$$

在较窄的温度范围内可假设 ΔH_w 为常量，式(1-5)可积分为

$$\ln p_s = -\frac{\Delta H_w}{RT} + 常数 \tag{1-6}$$

1.1.1.3　相对湿度 φ

气体中含有水蒸气的量称为湿度。含有水蒸气的 $1m^3$ 湿空气的湿度（kg 水蒸气/ m^3 湿空气）与同温度下的饱和湿度之比，称为相对湿度。若将湿空气当作理想气体，相对湿度即实际蒸气压与相同温度下的饱和蒸气压之比。

$$\varphi = p_A/p_s \tag{1-7}$$

由于 p_s 随温度升高而增大，故当 p_A 一定时，相对湿度 φ（或 RH）随温度升高而减小。通常，湿空气的湿度多指"相对湿度"，但在干燥器的设计或操作中，使用不随温度而变化的"绝对湿度"更加便利。

$$y = 0.622 \frac{\varphi p_s}{p - \varphi p_s} \tag{1-8}$$

1.1.1.4　绝对湿度 y

1kg 干空气中含有水蒸气的质量，称为湿空气的绝对湿度（kg 水蒸气/kg 干空气），在较低温度下（0～100℃）使用质量基准，高温下使用摩尔基准（mol 水蒸气/mol 干空气）。

在一定体积 V 和温度 T_g 时，湿空气中水蒸气和干空气的质量可由气体状态方程得出，从而

$$y = \frac{M_A}{M_g} \times \frac{p_A}{p_g} \tag{1-9}$$

式中，p_A、p_g 分别为水蒸气和干空气的分压，总压 $p = p_A + p_g$，Pa；M_A、M_g 分别为水蒸气和干空气的摩尔质量，kg/mol。

已知 $M_A = 18.016g/mol$，$M_g = 28.96g/mol$，则

$$y = 0.622 \frac{p_A}{p - p_A} \tag{1-10}$$

当水蒸气分压 p_A 达到给定温度下的饱和蒸气压 p_s 时，则有

$$y_s = 0.622 \frac{p_s}{p - p_s} \tag{1-11}$$

式中，y_s 是饱和空气的绝对湿度。饱和湿空气含有的水蒸气量最多。如果 $y > y_s$ 就会有水珠凝结析出，因此空气作为干燥介质，其绝对湿度不能大于 y_s。

1.1.2　湿空气的其他物性

1.1.2.1　比体积 v_H

湿空气的比体积是在一定温度和压力下 1kg 干空气及其携带的水蒸气量（kg）所占有的体积（ m^3 湿空气/kg 干空气）。其一般表达式为

$$v_H = 0.0224 \left(\frac{1}{M_g} + \frac{y}{M_v} \right) \frac{T_g}{273} \times \frac{101.3}{p} \tag{1-12}$$

对于常压下的湿空气

$$v_H = (0.773 + 1.244y) \frac{t_g + 273}{273} \tag{1-13}$$

1.1.2.2　密度 ρ_H

湿空气的密度是单位体积的湿空气所对应的质量（即干空气及其中水蒸气的质量），即

$$\rho_H = \frac{1+y}{v_H} \tag{1-14}$$

1.1.2.3　比热容 c_H

在一定压力下，1kg 干空气及其含有的水蒸气所组成的湿空气温度上升 1K 所必需的热量，称为湿比热容 c_H[J/(K·kg 干空气)]，又称湿热。

$$c_H = c_g + c_A y \tag{1-15}$$

在常压和 0～200℃ 的温度范围内，可近似地把干空气和水蒸气的比热容 c_g 和 c_A 视为常数，其值分别为 1.01kJ/(K·kg 干空气) 和 1.88kJ/(K·kg 水蒸气)。因此，湿空气的湿比热容仅随湿度 y 而变为

$$c_H = 1.01 + 1.88y \tag{1-16}$$

水蒸气的比热容近似为空气的 2 倍，其作为干燥热源的使用量就比空气要少，故而实际中也使用过热蒸汽进行干燥。

1.1.2.4　湿焓 i

湿空气的焓是 1kg 干空气及其携带的水蒸气焓值之和（kJ），即 $i_H = i_g + i_A y$。在对干燥过程做热力学计算时，为方便起见，常取 0℃ 的水作为基准。故当温度 T_g(K) 时，湿空气的焓值为

$$i_H = c_g T_g + (c_A T_g + r_0)y = c_H T_g + r_0 y \tag{1-17}$$

对于湿空气

$$i_H = (1.01 + 1.88y)T_g + 2500y \tag{1-18}$$

式中，r_0 为 0℃ 时水的汽化潜热，$r_0 = 2500$kJ/kg。

1.1.2.5　露点 t_s

不饱和的湿空气在总压和绝对湿度不变的情况下，冷却达到饱和状态时的温度，称为该湿空气的露点 t_s，也称饱和温度。处于露点温度的湿空气的相对湿度 φ 为 100%。此时，湿空气如果继续冷却，则饱和湿度以上的过剩水蒸气就会凝结，从而有水珠析出。热风干燥时，要注意热空气的湿度，以防止经过干燥系统被冷却而结露。

1.1.2.6　湿球温度 t_w

在普通温度计的感温部位（如水银温度计的水银球处）包上一层疏松的湿布（毛细吸水性强），如图 1-2 所示，纱布在毛细作用下常处于润湿状态，在热湿交换达到平衡时，此时湿纱布的温度处于动态平衡，所测得的读数称为空气的湿球温度。湿球温度计的湿球周围的空气并非是在绝热情况下（即等焓）达到饱和的，通常是一个焓增过程。而用温度计直接测得的温度称为干球温度 t_g，通常用摄氏温标（℃）表示，但在国际单位制（SI）中采用热力学温度 T_g(K)，$T_g = t_g + 273.15$。

空气温度高于湿纱布的表面温度时，通过空气的对流传热，湿纱布温度提升并会伴有水分蒸发；空气与湿纱布温度相差较小甚至相同时，由于湿空气处于不饱和状态，也会发生水分蒸发，导致湿纱布的水分温度降低。描述上述平衡关系的湿球温度方程可由传热和传质关

系求出。达到稳定状态时，空气对湿纱布的传热速率为

$$q = h(T_g - T_w) \tag{1-19}$$

式中，q 为传热速率，W/m^2；h 为对流传热系数，$W/(m^2 \cdot K)$。

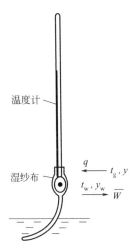

温度计

湿纱布

$\leftarrow q$　t_g, y
$t_w, y_w \quad \rightarrow$
$\overline{W}$

图 1-2　湿球温度计

湿纱布中水分蒸发所需热量（汽化潜热）为

$$Q = k_y(y_w - y)r_w \tag{1-20}$$

式中，k_y 为气相传质系数，kg 水/$(m^2 \cdot s)$；y_w 为湿球温度（t_w）下空气的饱和湿度，kg 水蒸气/kg 干空气；r_w 为湿球温度下水的汽化潜热，J/kg。

由此得湿球温度方程

$$t_w = t_g - \frac{k_y r_w}{h}(y_w - y) \tag{1-21}$$

此式可作为含有可凝组分的混合气的湿球温度通用方程。对于一定的气体，当干球温度 t_g 一定时，气体中可凝组分的含量越高（y 越大），湿球温度也越高。饱和气体（$y = y_w$）的湿球温度 t_w 与干球温度 t_g 相等。求湿球温度时，除了湿气体的状态参数外，还需要知道对流传热系数 h 与传质系数 k_y 之比（h/k_y）。

根据 Chilton-Colburn 类比关联式（一般的气液系统）

$$\frac{h}{k_y} \approx c_p \left(\frac{Sc}{Pr}\right)^{2/3} \tag{1-22}$$

式中，Sc 为施密特数；Pr 为普朗特数。

对于含水蒸气的湿空气，$Sc \approx 0.62$、$Pr \approx 0.7$，从各种实测值也反映出：$h/k_y = 2.6 \sim 2.9$，此值约等于湿比热容 c_H，即 $h/k_y \approx c_H$，称其为 Lewis 关联式。故

$$t_w \approx t_g - \frac{r_w}{c_H}(y_w - y) \tag{1-23}$$

已知"湿球温降"$t_g - t_w$ 后，可用式(1-23)确定空气的绝对湿度 y。

1.1.2.7　绝热饱和温度 t_{as}

在一个绝热系统中，湿空气与足量液体（一般指水）充分接触，当系统中空气达饱和状态且系统达到热平衡时，系统的温度称为绝热饱和温度 t_{as}（图 1-3）。此时，气相和液相为同一温度，液体汽化所需的潜热完全来自气相温度降低所放出的显热，因而湿空气在饱和过

程中的焓保持不变。此平衡温度绝热饱和方程可通过焓衡算来建立。

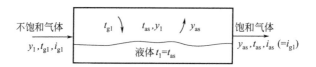

图 1-3 绝热饱和温度

进入绝热系统时不饱和湿空气的焓为

$$i_{g1} = (c_g + c_{AV} y_1) t_{g1} + r_0 y_1 = c_{H1} t_{g1} + r_0 y_1 \quad (1-24)$$

式中，c_{AV} 为液态水的比热容。

从绝热系统排出的饱和湿空气的焓为

$$i_{as} = (c_g + c_{AV} y_{as}) t_{as} + r_0 y_{as} = c_{as} t_{as} + r_0 y_{as} \quad (1-25)$$

对于绝热系统

$$i_{g1} = i_{as} \quad (1-26)$$

将式(1-24)和式(1-25)代入式(1-26)中，并设湿空气的比热容随温度的变化可忽略（无视蒸发的水蒸气的显热变化），$c_{H1} = c_{as} = c_H$，故有

$$t_{as} = t_{g1} - \frac{r_0}{c_H}(y_{as} - y_1) \quad (1-27)$$

式(1-27)便是湿空气的绝热饱和方程。

比较式(1-23)和式(1-27)可见，湿球温度方程和绝热饱和方程相类似。对空气-水蒸气混合气而言，湿球温度近似等于绝热饱和温度，故可用绝热饱和方程求湿球温度，但这种关系对其他蒸气-气体混合气系统并不适合。其他系统的不饱和混合气的湿球温度通常高于相应的绝热饱和温度。

用湿球温度计测量湿球温度时，湿球内的空气达到稳定的饱和状态过程是非等焓过程，即水蒸发到空气中时为空气带来汽化潜热和水本身的液体热，所以空气焓值略有增加，增量为水本身的液体热。于是，湿球温度时的焓 i_w 与绝热饱和时的焓 i_{as} 之间有如下关系

$$i_w = i_{as} + c_1 t_w (y_w - y) \quad (1-28)$$

式中，c_1 为水的比热容。

1.1.3　湿度图

1.1.3.1　蒸汽-空气湿度图

常见的湿度图有两种：一种是温度-湿度图（psychrometric chart）；另一种是焓-湿度图（mollier chart）。

在温度-湿度图上，横坐标为温度 t，纵坐标为绝对湿度 y。此外，还有辅助纵坐标，如汽化潜热 r、湿比容 v_H 等，如图 1-4 所示。图 1-4 上诸线是根据前面所述各参数之间的关系和补充某些参数之间的热力学关系而绘制的，其作图关系式如表 1-2 所列。使用该图时，由任意两个参数便可确定湿空气的状态点，进而可查出其他参数。

湿空气的焓-湿度图的纵坐标是焓，横坐标是绝对湿度，此图可用于热力干燥过程的计算。为了使湿空气的不饱和蒸汽区的线条不太密，采用与水平线倾斜 135°的等焓线，使此区扩大。横坐标上的湿度则是斜坐标的投影，如图 1-5 所示。

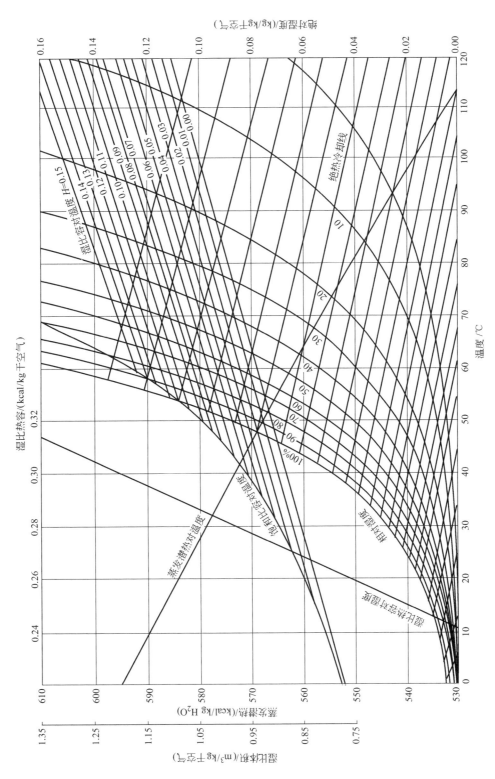

图 1-4　湿空气的温度-湿度 (t-y) 图

表 1-2　湿空气的温度-湿度图的作图关系式[1]

名称	基本关系式		辅助关系	作图关系式
	通用关系式	总压为 101.3kPa 的湿空气		
等温线				横坐标为温度坐标,等温线即为与纵坐标平行的直线
等绝对湿度线				纵坐标为绝对湿度坐标,等绝对湿度线即为与横坐标平行的直线
相对湿度线	$y = \dfrac{M_A}{M_B} \times \dfrac{\varphi p_w}{p - \varphi p_w}$	$y = 0.622 \dfrac{\varphi p_w}{p - \varphi p_w}$	1. 表格: $p_w = f(T_s)$ 2. 经验方程如 Aniton 方程: $\ln p_s = 18.3036 - \dfrac{3816.44}{T_s - 46.44}$	$y = 0.622 \dfrac{\varphi f(T_s)}{101.3 - \varphi f(T_s)}$ 每取一个 φ 值,由此式可在湿度-温度图上作一条等 φ 线
等焓线[①]	$i_H = i_g + i_v y$ $= c_g t_g + (c_A t_g + r_0) y$ $= (c_g + c_A) t_g + r_0 y$	在 0~200℃ 范围内可近似认为 c_g 和 c_A 为常数 $i_H = (1.01 + 1.88y) t_g + 2500y$	如要求很精确,需确定 c_g 和 c_A 随温度的变化关系[①]	$t_g = \dfrac{i_H - 2500y}{1.01 + 1.88y}$ 或 $y = \dfrac{i_H - 1.01 t_g}{1.88 t_g + 2500}$ 每取一个 i_H 值,由上式可在湿度-温度图上作一条等 i_H 线
绝热冷却线	$c_{H1} t_{g1} + r_0 y_1$ $= c_{Has} t_{as} + r_0 y_{as}$	假设 $c_{H1} = c_{Has} = c_H$ $t_{as} = t_{g1} - \dfrac{r_0}{c_H}(y_{as} - y_1)$	$r_0 = f_1(t_g)$ $c_H = f_2(y)$	由 t_{as} 和 y_{as} 在 $\varphi = 100\%$ 线上确定一点,通过此点由下式作一条绝热冷却线 $t_g = t_{as} - \dfrac{r_0}{c_H}(y_{as} - y)$
湿比容线(饱和湿比容线)	$v_H = v_g + v_A y$ $= \dfrac{RT}{pM_B} + \dfrac{RT}{pM_A} y$	$v_H = (0.773 + 1.244y) \dfrac{T_g}{273}$ 饱和湿比容 $v_{Hs} = (0.773 + 1.244 y_s) \dfrac{T_g}{273}$ 干空气比容 $v_g = 0.773 \dfrac{T_g}{273}$	需先求出对应温度 T_g 的水蒸气分压 p_w,进而求出 y 及 y_s——采用相对湿度线的关系式	由 $t_g = T_g - 273$ 确定对应的 y_s(在 $\varphi = 100\%$ 线上),然后由 $v_{Hs} = (0.773 + 1.244 y_s) \dfrac{T_g}{273}$ 作一条饱和湿比容线。定一个 y 值,由 $v_H = (0.773 + 1.244y) \dfrac{T_g}{273}$ 可作一系列定混比容线

① 此外,根据蒸发潜热 r 与温度的关系,湿比热容 $c_H = c_g + c_A y$ 与绝对湿度的关系,加辅助坐标后分别作蒸发潜热-温度线及湿比热容-湿度线等。在湿度-温度线图上通常不作等焓线。需要时,近似用绝热冷却线。

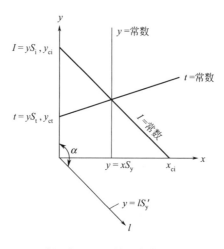

图 1-5　I-y 斜坐标、x-y 辅助直角坐标及比例标尺

在 I-y 图上包括如下图线：

① 等焓线是一组与水平线倾斜 135°的斜线。

② 等湿度线是一组与纵坐标平行的垂直线。

③ 干球温度线是一组向右上方倾斜的直线，相互不平行。温度越高，其斜率越大。

④ 相对湿度线（等 φ 线）是一组向右上方延伸的曲线。在 $\varphi=100\%$ 线上方为不饱和区。

⑤ 水蒸气分压线是从坐标原点向右上方延伸、接近于直线的一条曲线。

⑥ 绝热饱和温度线（近似与湿球温度线重合）是一组与等焓线倾斜度略不同的斜线，图上用虚线表示。

焓-湿度图也是根据描述湿空气性质的那些基本关系绘制出的。但由于作焓线时采用了斜坐标，因此作图时应采用一个辅助 x-y 坐标（图 1-5），并对参数采用相应的比例标尺 S_i、S_y 及 S_t 等。例如，此比例标尺表示图上的单位长度 $S_i=1\text{kJ/mm}$ 等。焓-湿度图（图 1-6）的作图关系式如表 1-3 所列。

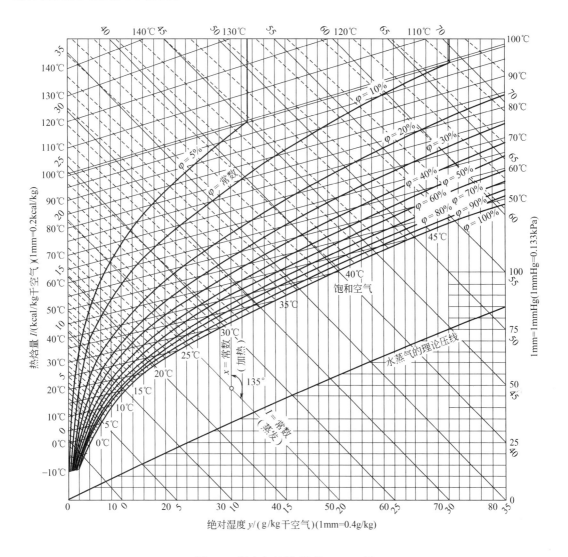

图 1-6　湿空气的焓-湿度（I-y）图

表 1-3 在 x-y 辅助坐标系统中，湿空气焓-湿（I-y）图的作图关系式[1]

名称	基本关系式	比例标尺	在 x-y 辅助坐标中的作图关系式
等湿线（y）		S_y	横坐标为湿度 y，等湿线为 $x = y/S_y$
等焓线（I）		S_i	纵坐标为焓 i，但等焓线为平行于斜轴的直线。$y = A_i x + \dfrac{i}{S_i}$，截距 $y_{ci} = \dfrac{i}{S_i}$ 斜率 $A_i = \dfrac{-i}{y} \times \dfrac{S_y}{S_i}$，如忽略显焓则 $\dfrac{i}{y} = r_0$ $A_i = -r_0 \dfrac{S_y}{S_i}$
等温线（t）	$i = c_g t_g + (c_A t_g + r_0)y$，或 $i = (c_g + c_A y)t_g + r_0 y$ （$y=0$ 时，$i = c_g t_g$，$t_g = \dfrac{1}{c_g} = y S_t$）	S_t	$y S_i = (c_g + c_A x S_y)t_g + r_0 x S_y$ $y = [(c_g + c_A x S_y)t_g + r_0 x S_y]/S_i$ 确定一个 t 值后，可由上式作一条 x-y 线，即等温线
等相对湿度线（φ）	$y = \dfrac{M_A}{M_B} \times \dfrac{\varphi p_s}{p - \varphi p_s}$ $p_s = f(t_g)$ —— 表格 或用经验方程 Aniton 方程 $\ln p_s = 18.3036 - \dfrac{3816.44}{(273 + t_g) - 46.44}$		$x S_y = 0.622 \dfrac{\varphi f(t_g)}{p - \varphi f(t_g)}$ 总压 p 取 101.3kPa，则由上式对应一个 φ 值，可作一条 x-t_g 线，即等 φ 线
绝热饱和温度线（虚线），与湿球温度线近似	$\dfrac{t_g - t_{as}}{y - y_{as}} = -\dfrac{r_0}{c_H}$		由 $t_g = y S_t$ $\dfrac{y S_t - t_{as}}{x S_y - y_{as}} = \dfrac{-r_0}{c_H}$ $y = -\dfrac{r_0}{c_H S_t}(x S_y - y_{as}) + \dfrac{t_{as}}{S_t}$ 由对应的 t_{as}、y_{as} 为起点（在 $\varphi = 100\%$ 线上），按上式作 y-x 线，即绝热饱和温度线（虚线）
蒸汽压线	$p_s = f(t_g)$ —— 表格		由 t_g 找到对应的 y_{as}，作 y_{as}-p_s 线，p_s 为辅助坐标

对于水蒸气-空气系统，Pakowski[2] 提供了低温、中温和高温时的焓-湿图，作图时某些物性用经验公式计算。高温下，水蒸气-空气系统的焓-湿度图见图 1-7。

1.1.3.2 其他系统的湿度图

在工业操作中，也用到非水蒸气-空气系统的 Mollier 图，比如图 1-8 是丙酮-氮气系统的焓-湿度图，氮气与其他有机蒸气，如甲醇、乙醇、正丙醇、异丙醇、正丁醇、异丁醇及 CCl_4 等混合气的 I-y 图，参见文献 [2]。绘图时，可参考表 1-3，注意使用通用关系式和实际参数值。比如，为了绘制湿球温度，需要已知 Lewis 数及其相关参数、蒸发潜热等与温度的关系。理论湿球温度方程为

$$\frac{T_g - T_w}{y - y_{weq}} = -\frac{r_w}{c_H} Le^{-2/3} \frac{M_A/M_B}{M_A/M_B + y_{weq}}(1 + y_{weq}) \tag{1-29}$$

式中，Le 是 Lewis 数，$Le = \dfrac{Sc}{Pr}$。

对于水-空气系统，$Le^{-2/3} \dfrac{M_A/M_B}{M_A/M_B + y_{weq}}(1 + y_{weq}) \approx 1$；四氯化碳、苯、甲苯-空气系统，其数值分别为 0.51、0.54、0.47。对于空气或氮气等其他惰性气体与水蒸气、有机溶剂气体系统的特性参数的计算，也可使用宫振祥博士开发的 Simprosys 3.0 软件（http://www.simprotek.com/Default.aspx）[3]。

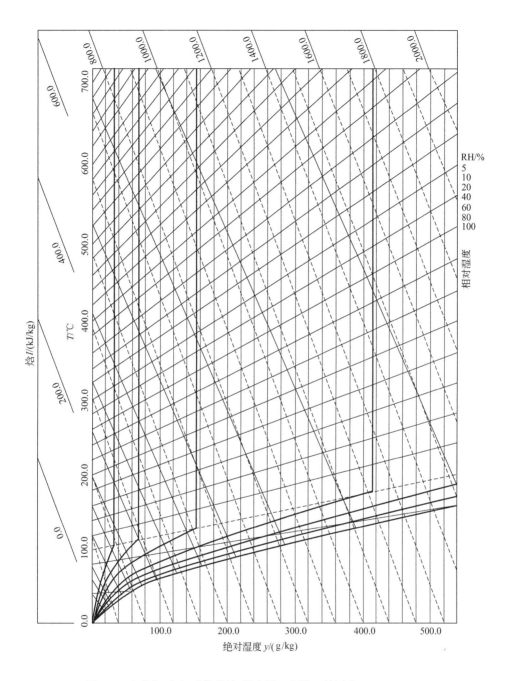

图 1-7　水蒸气-空气系统的焓-湿度图（高温，总压力 101.325kPa）

作图常数：

蒸汽比热容：$c_A = 1.8830 - 1.6737 \times 10^{-4} T + 8.4386 \times 10^{-7} T^2 - 2.6966 \times 10^{-10} T^3$

水的比热容：$c_w = 2.8223 + 1.1828 \times 10^{-2} T - 3.5043 \times 10^{-5} T^2 + 3.6010 \times 10^{-8} T^3$

空气比热容：$c_g = 0.9774 + 0.1124 \times 10^{-3} T + 0.19035 \times 10^{-7} T^2$

饱和蒸汽压：$p_s = \exp \left(23.1964 - \dfrac{3816.44}{t + 227.02} \right)$

水的沸点：$t_b = 100.00$

汽化潜热：$r = 2500.8$

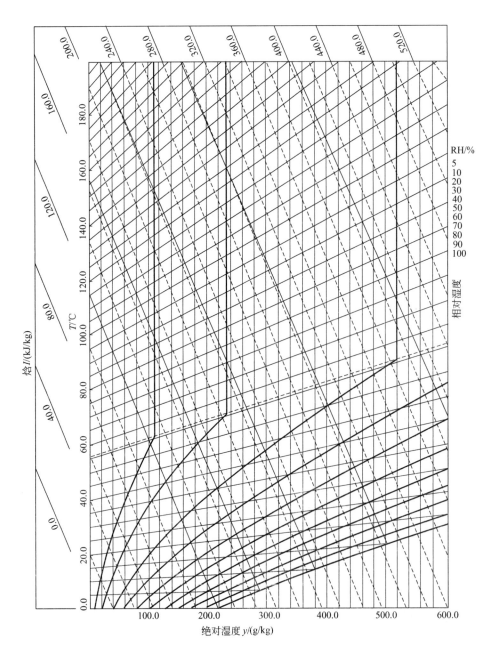

图 1-8　丙酮-氮气系统的焓-湿图（总压 101.33kPa）

作图常数：

丙酮蒸气比热容：$c_A = 0.1350 + 5.1912 \times 10^{-3}T - 4.2119 \times 10^{-6}T^2 - 1.8685 \times 10^{-9}T^3$

液态丙酮比热容：$c_{AL} = 1.457 + 3.7567 \times 10^{-3}T - 1.1352 \times 10^{-5}T^2 + 2.3333 \times 10^{-8}T^3$

氮气比热容：$c_B = 1.05679 - 1.973 \times 10^{-4}T + 4.9476 \times 10^{-7}T^2 - 1.8833 \times 10^{-10}T^3$

丙酮的饱和蒸气压：$\lg \dfrac{p_s}{133.322} = 7.15853 - \dfrac{1231.232}{t + 231.76}$

丙酮沸点：$t_b = 56.058$

丙酮的汽化潜热：$r = 568$

1.2　湿物料

湿物料通常是由各种类型的干骨架（固态）和湿分（液态，有时也有气态）组成。不同的湿物料具有不同的物理、化学、结构力学、生物化学等性质。虽然所有参数都会对干燥过程产生影响，但最重要的因素是湿分的类型及其与骨架的结合方式。

1.2.1　湿含量

物料的湿含量可按两种方法定义：
干基湿含量

$$x = \frac{m_w}{m_d} \quad (\%) \tag{1-30}$$

湿基湿含量

$$w = \frac{m_w}{m_d + m_w} \quad (\%) \tag{1-31}$$

式中，m_w 和 m_d 分别为湿物料中湿分质量和绝干物料质量，其和（$m_d + m_w = m_m$）为湿物料的质量。干基、湿基湿含量之间的关系为

$$x = \frac{w}{1 - w} \tag{1-32}$$

$$w = \frac{x}{1 + x} \tag{1-33}$$

有时，也采用物料中水分的体积（v_m）与总体积（V）之比，即容积湿含量 ω（volumertric moisture content），ω 与物料的孔隙率 ε 关联。

$$\omega = v_m / V = s\varepsilon \tag{1-34}$$

式中，s 为饱和分数，$s \leqslant 1$。若容积湿含量 ω 大于孔隙率 ε，则存在多余的表面水分。

1.2.2　平衡湿含量

一般地，物料都具有一定程度的吸湿性。Brunauer、Emmett 和 Teller 提出多分子吸附模型（BET 方程），即在相对湿度小于 0.2 时，湿分的吸附取决于水分子在孔壁上的单分子结构；对于较高的相对湿度（$0.2 < \varphi < 0.6$），在单分子层上相继形成水的多分子层；当 $\varphi > 0.6$ 时，形成毛细孔凝聚过程。在一定温度和湿度的空气中放置物料（假设在放置过程中其物性不变），物料会吸湿或脱湿（解吸），最终其湿含量将不再变化，从而达到平衡湿含量。平衡湿含量随物料而不同，即使同一物料也受空气的湿度和温度的影响，高湿度下一般温度的影响较弱。物料干燥和产品保藏时，要考虑其平衡湿含量（参见图 1-9）。比如，干燥产品的湿含量只能达到对应干燥热风温度、湿度下的平衡湿含量，为了达到产品湿含量要求，需要调节热风条件，主要考虑热风的相对湿度。

1.2.3　物料的分类

通常按照物料的吸水特征可以分成如下种类[4]。
（1）非吸湿毛细孔物料
如砂粒层、某些瓷料等多孔性物料，由于水的表面张力作用，通过毛细管力吸取水分。

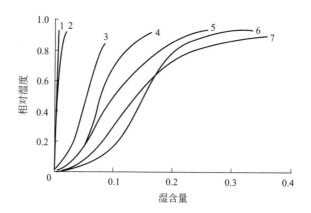

图 1-9　某些物料在室温下的平衡湿含量（吸附等温线）

1—石棉纤维；2—PVC 粉末（50℃）；3—木质活性炭；4—牛皮纸；5—黄麻；6—麦；7—马铃薯

其特征为：具有明显可辨的孔隙，当完全被液体饱和时，孔隙被液体充满，而当完全干燥时，孔隙中充满空气；可以忽略物理结合湿分，即物料是非吸水的；物料在干燥期间不收缩。

（2）吸湿多孔物料

如黏土、分子筛、木材和织物等。其特征为：具有明显可辨的孔隙；具有大量物理结合水；在初始干燥阶段经常出现收缩。这种物料可进一步分为：吸水毛细孔物料（半径大于 10^{-7} m 的大毛细孔和半径小于 10^{-7} m 的微毛细孔同时存在），如木材、黏土和织物等；严格的吸水物料（仅有微孔），如硅胶、氧化铝和沸石等。

（3）胶体（无孔）物料

如肥皂、胶、某些聚合物（高分子溶液）和各种食品等。其特征为：无孔隙，湿分只能在表面汽化；所有液体均为物理结合。

1.2.4　物料和湿分的结合形式

物料和湿分的结合形式因物料结构而异。根据一定温度下空气相对湿度及物料湿含量的

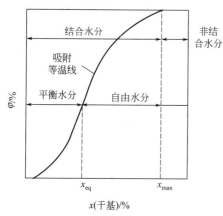

图 1-10　与平衡水分相关的几种水分的定义

关系，可分为：结合水分和非结合水分；平衡水分和自由水分。结合水分是空气相对湿度为 100% 时物料的平衡水分，此时物料湿含量又称为最大吸湿湿含量，在图 1-10 上记为 x_{max}，物料中超过此湿含量的水分称为非结合水分。对应于吸附等温线上任意点的湿含量称平衡水分，超过此湿含量的水分称为自由水分。

Strumillo 和 Kudra[5] 将湿物料根据其干燥行为分为三类：胶体材料、毛细管多孔材料和胶体毛细管多孔材料。在干燥过程中，胶体材料（如明胶、琼脂）会改变大小，但保持弹性；毛细管多孔材料（如沙子、木炭、咖啡）变得易碎，稍有收缩。实际上，在干燥过程中，孔隙半径小于 10^{-5} m 的可被视为具有不同孔径分布的毛细孔隙。需注意，这些物体中的水分主要由表面张力维持。如果毛细孔尺寸大于 10^{-5} m，那么除了毛细管力外，重力也起作用，这

些物体被称为"多孔的"。胶体毛细管多孔材料（如食物、木材、纸张、皮革）具有以上两种类型的特性，毛细管壁有弹性，干燥时会膨胀。这些材料就结构而言是毛细管多孔的，而就其性质而言是胶体状的。

根据水分和物料结合能的大小，以从物料中排除 1mol 水所耗能量为基准，可区分水分和物料的不同结合形式，并以此作为分类依据。

恒温下自物料中排除 1mol 水，除需汽化潜热外，需附加的能量为

$$\Delta G = -RT\ln\varphi \qquad (1\text{-}35)$$

式中，ΔG 为排除 1mol 水的附加能量，J/mol；R 为气体常数；T 为物料温度；$\varphi = \dfrac{p}{p_s}$ 为相对湿度，其中 p 为湿物料上方的平衡蒸汽压，p_s 为该温度下游离水的饱和蒸气压。

由上式可见，对于游离水，因 $p = p_s$，$\varphi = 1$，故 $\Delta G = 0$。对于和物料结合较牢固的水，因 $p < p_s$，故需附加能量 L 才能将水从物料中排除。

列宾杰尔（P. A. Rebinder）提出的胶体毛细管多孔物料中水结合形式的分类，既考虑各种形式的形成性质，也考虑了水分与物料的结合能。物料和水分的不同结合形式，导致排除水分耗费的能量不同[6,7]，但这种分类方法并未指明水分从物料中排除的机理。

（1）化学结合水分

这种水分与物料的结合有准确的数量关系，结合得非常牢固，只有在化学作用或非常强烈的热处理（如煅烧）时才能将其除去。通常干燥时不能排除化学结合水。例如 $CuSO_4 \cdot H_2O$ 在 25℃时 $p = 0.11\text{kPa}$，$p_s = 3.2\text{kPa}$，则 $\Delta G = 8.4 \times 10^3\,\text{J/mol}$，即化学结合水的结合能大于 5000J/mol。

（2）物理-化学结合水分

这种水分与物料的结合无严格的数量关系，又分为吸附结合水和渗透压保持水。胶体有巨大的内表面积，因而靠这种极大的表面自由能对水吸附结合。这种水分只有变成蒸汽后，才能从物料中排除。其蒸气压可根据物料湿含量 x 在吸附等温线上查取。这种水分的结合能大约为 3000J/mol。由于细胞内外的浓度差，保持渗透压的水以液体形式经细胞壁在物体内扩散。

（3）物理-机械结合水分

毛细管中的水分属于此类。毛细管弯月面上方的蒸气压 p_r 可用 Kelvin 定律计算

$$\frac{p_r}{p_s} = \exp\left(-\frac{2\sigma\cos\theta}{RT} \times \frac{v_1}{r}\right) \qquad (1\text{-}36)$$

式中，σ 为液体的表面张力，N/m；r 为毛细管的半径，m；R 为气体常数，8.314J/(mol·K)；T 为液体温度，K；v_1 为液体的摩尔体积，m^3/mol；θ 为弯月面与固体壁的接触角，在液体可润湿表面时取值为 0。

排除毛细管水分所需的能量为

$$\Delta G = \frac{2\sigma}{r}v_1 \qquad (1\text{-}37)$$

当 $2r = 10^{-10}\,\text{m}$ 时，$\Delta G = 5.3 \times 10^2\,\text{J/mol}$，即排除这类水分的能量级为 100J/mol。

对于大毛细管（$r > 10^{-7}\,\text{m}$），p_r 与 p_s 几乎相等（只差 1%），这种毛细管只有直接与水接触才能充满。

对于微毛细管（$r < 10^{-7}\,\text{m}$），可通过吸附湿空气中的水蒸气使微毛细管充满液体，但这种水分仍属游离水。水在毛细管中既可以液体形式，也可以蒸汽形式移动（水蒸气分子的自

由行程平均为 10^{-7} m）。

此外，留在物料细小容积骨架中的水分是生产过程中保留下来的水分，可用机械方法（如过滤）除去，脱除这种水分只需克服流体流经物料骨架的流体阻力即可。

可用机械方法脱除的水分和存在于物料表面的大量水分属于自由水分。物理-化学结合水分和物理-机械结合水分中有一部分难于脱除的属于结合水分。

1.2.5　湿物料的结构特性和力学性质

1.2.5.1　湿物料的结构特性

如果湿物料为多孔结构，则常用以下参数表示其结构特征。

（1）空隙率 ε

空隙率是物料中的空隙体积与物料总体积之比

$$\varepsilon = \frac{V_\varepsilon}{V_m} \tag{1-38}$$

式中，V_ε 为物料中总的空隙体积，m^3；V_m 为物料的总体积，m^3。

（2）弯曲率 ξ

它是物料在组分传递方向的外形尺寸 L 与组分在扩散过程中传递轨迹的长度 L_D 之比

$$\xi = \frac{L}{L_D} \tag{1-39}$$

（3）空隙形状系数 δ

它表示扩散通道形状和圆管相比的偏差。

（4）孔径分布

可以微分或积分方式表示物体内孔径的分布情况，如图 1-11 所示，制备的二氧化硅颗粒内部空隙为中孔径（mesopores），孔径分布可使用气体吸附装置测量获得。

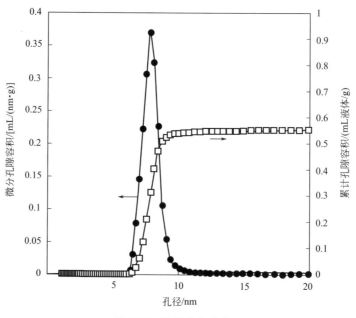

图 1-11　孔径分布曲线

微孔孔径分布可由 Kelvin 方程求取[8]。

$$r = \frac{v_1\sigma}{RT\ln(p_s/p)} \qquad \text{（对于冷凝）} \tag{1-40a}$$

$$r = \frac{2v_1\sigma\cos\theta}{RT\ln(p_s/p)} \qquad \text{（对于蒸发）} \tag{1-40b}$$

在一定相对湿度的环境中，与之平衡的物料湿含量 x 可在解吸等温线上查得，而被液体充满的半径为 r 的空隙体积 $V_r = x/\rho$，其中 ρ 为液体的密度。

由此可用式(1-40)计算相应微孔的半径 r。选取不同的 p_s/p 值，可计算出相应的 V_r 值及 r 值。由此可得 $V_r = f_v(r)$ 函数，并利用图解求导可得孔隙尺寸分布的微分曲线。

1.2.5.2　干燥收缩及干燥应力

（1）干燥收缩

在干燥时湿物料的体积会收缩，在物料收缩区域，物料的体积（V）一般随平均含水量而线性变化。

$$V = V_o(1 + \beta x) \tag{1-41}$$

式中，β 为体积收缩系数；V_o 为绝干物料的体积。

注意，物料的收缩行为可能发生在干燥一开始至某一湿含量，即达到此湿含量将不再收缩、体积保持不变，比如雾化的无机材料；而另一种情况可能是，物料干燥至某一湿含量才开始收缩，比如生物胶体材料。

若收缩是各向异性的，则被干燥物料可能因收缩而卷曲或开裂，常表达为线性收缩。

$$L = L_o(1 + \gamma x) \tag{1-42}$$

式中，L_o 为绝干物料在某方向的线性尺寸；γ 为线性收缩系数，对于食品颗粒，Luikov 给定其值介于 0.34～0.46 之间。

若收缩为各向同性的，则式(1-42)可写为

$$V = V_o(1 + \gamma x)^3 \approx V_o(1 + 3\gamma x) \tag{1-43}$$

物料的线性收缩系数在不同方向常有不同的值。例如，含复合纤维的毛细管物料（如木材），在干燥时顺其木纹方向、切线方向或半径方向收缩率不同；顺木纹方向的收缩可以忽略，而切线方向的收缩是半径方向的两倍；又如皮革在干燥时，其厚度方向的收缩系数是长度方向的 3 倍。表 1-4 列举了一些物料的线性收缩系数。

表 1-4　几种物料的线性收缩系数 γ

物料	γ	物料	γ
生通心粉制品	0.91	磨碎的泥煤	0.12
黏土(Kotly)	0.70	铬鞣小牛皮(法向)	0.23
黏土(Kuchino)	0.48	（长度方向）	0.07
小麦粉	0.47		

线性收缩系数与物料种类、湿含量及干燥温度及速率有关，常呈现不同的规律性。

（2）干燥应力

材料可简单地分为脆性材料和塑性材料。脆性材料在加载到断裂时无明显的残余变形，而塑性材料加载到弹性极限后会出现较大的塑性变形，直到断裂极限。湿物料一般在弹性与塑性变形之间无明显的分界，其应力-应变曲线不断延伸到极限载荷，直至试件断裂为止。对此可用两条直线近似地表示其应力-应变的全过程。一条表示弹性变形，另一条表示塑性变形，如图 1-12 所示，于是可得：

$$\sigma = E\varepsilon; \quad \varepsilon < \varepsilon_e \tag{1-44}$$

$$\sigma - \sigma_0 = E_1 \varepsilon; \quad \varepsilon > \varepsilon_e \tag{1-45}$$

式中，E 为弹性变形的弹性模数，kPa；E_1 为弹-塑性变形的相当弹性模数，kPa；σ 和 σ_0 为干燥应力。

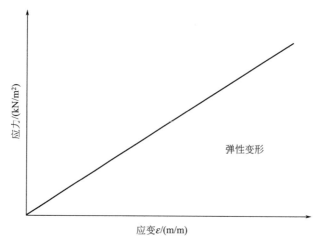

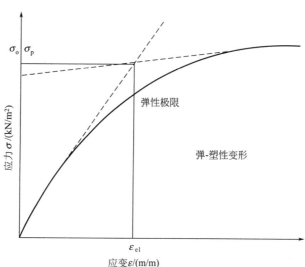

图 1-12　湿物料的应力-应变关系[9]

弹性限度与湿含量有关，水分的存在有增塑作用。例如，高岭土在湿含量大于 30% 时具有弹-塑性质，但较干的高岭土是脆性的。由于物料在干燥时会收缩，限制收缩会产生应力，称为干燥应力。

$$\sigma - \sigma_0 = E_1(\gamma x) \tag{1-46}$$

干燥应力显然和物料中的湿含量梯度变化有关，现以一无限大的湿物料薄板为例说明干燥应力的计算方法。

该薄板在两面干燥时，在板厚方向的湿含量曲线呈抛物线形。

$$x = x_{max} - \left(\frac{y}{R}\right)^2 (x_{max} - x_1) \tag{1-47}$$

式中，R 为薄板厚度；y 为该点距中性面的距离；x_{max} 为板对称面（即中心面）上的最大湿含量；x_1 为板表面的湿含量。

此时的自由收缩 δ(m/m) 可由线性收缩系数 γ 计算

$$\delta = \frac{\gamma}{1 + \gamma x_o}\left[x_o + x_{max} + \left(\frac{y}{R}\right)^2 (x_{max} - x_s)\right] \tag{1-48}$$

式中，x_o 为干燥前薄板的平均湿含量；x_s 为与 y 对应处的湿含量。

假设此无限大薄板不发生弯曲，则因薄板表面至中心（$y=R$ 至 $y=0$）湿含量差别的增大，其自由收缩逐渐变小；由于板截面上各点的自由变形不同，就会产生干燥应力。

$$\sigma = E(\zeta - \delta) \tag{1-49}$$

式中，σ 为干燥应力；δ 为自由收缩率；ζ 为各点的实际收缩率。

由于干燥应力为内应力，而内应力之和必须为零，故有

$$\int_o^R E(\zeta - \delta)\mathrm{d}y = 0 \tag{1-50}$$

假设 $x_{max} - x_s$ 值较小时，弹性模量为常量，则将式(1-48) 代入式(1-50) 积分可得

$$\zeta = \frac{x}{1 + \gamma x_o}\left[x_o - x_{max} + \frac{1}{3}(x_{max} - x_1)\right] \tag{1-51}$$

将式(1-51) 代入式(1-49) 中可得薄板内任意一点的干燥应力

板表面处

$$\sigma_1 = -\frac{2}{3} \times \frac{\gamma E}{1 + \gamma x_o}\Delta x \tag{1-52}$$

板中心处

$$\sigma_o = \frac{1}{3} \times \frac{\gamma E}{1 + \gamma x_o}\Delta x \tag{1-53}$$

式中，$\Delta x = x_{max} - x_1$。

由此可见，板表面应力的绝对值比板中心处大 1 倍，此应力超过弹性极限就会引起永久变形。如果应力超过强度极限，则物料将在表面开裂。

物料在干燥时的表面开裂也可能是由剪应力造成，剪应力与剪应变的关系为

$$\tau_s = E_s \frac{\mathrm{d}L}{\mathrm{d}y} \tag{1-54}$$

式中，E_s 为湿物料的剪切弹性模量，kPa。

由此可得表面开裂的条件为

$$\tau_s = \frac{\gamma_s E_s L_o}{1 + \gamma_s x_o} \times \left(\frac{\mathrm{d}x}{\mathrm{d}y}\right)_{y=R} \geqslant \tau_b \tag{1-55}$$

式中，γ_s 为线性剪切系数（与线性收缩系数类似）；E_s 为剪切弹性模量；$\frac{\mathrm{d}x}{\mathrm{d}y}$ 为湿度梯度；τ_b 为极限断裂剪应力；其他符号和前面相同。

由式(1-55) 可知，表面湿度梯度是产生剪应力的决定性因素。表 1-5 和表 1-6 列出了黏土和通心粉的变形特性数据。由表可见，物料的湿含量较低时，其弹性模量和断裂应力较高，能承受较强烈的干燥条件。

表 1-5　黏土干燥时的变形特性（Chergomushky 矿）

湿含量 x/(kg/kg)	极限断裂应力 /kPa	剪切弹性模量 E_s/kPa	弹性模量 E/kPa	湿含量 x/(kg/kg)	极限断裂应力 /kPa	剪切弹性模量 E_s/kPa	弹性模量 E/kPa
0.39	1.3	14.9	40	0.286	11	80	219
0.35	3.2	38.6	105	0.227	37	120	325
0.297	11	66.9	182	0.215	40	122	330

弹性物料彻底干燥后没有残余应力。弹-塑性物料如变形超过屈服点，则存在残余应力，此时一部分物料中有拉力，另一部分物料中有压力，而截面中拉应力、压应力的总和应为零。

表 1-6　通心粉干燥时的变形特性

湿含量 x/(kg/kg)	弹-塑性弹性模量 E_1/kPa	弹性极限应变/(m/m)	屈服应力/kPa	断裂应力/kPa
0.40	690	0.0085	56	5.1
0.37	770	0.0085	56	5.1
0.35	800	0.0085	56	5.1
0.33	830	0.0085	56	5.1
0.31	860	0.0085	56	5.1
0.30	880	0.0085	56	5.1
0.29	1030	0.0093	60	5.9
0.28	1470	0.0124	82	7.8
0.27	2700	0.0210	157	39

　　研究大件成型湿物料在干燥过程中可能产生的应力非常重要，研究结果可以用于寻找适宜的干燥条件以防止产品出现裂纹，这对干燥产品的质量至关重要。以上只是以无限大平板为例说明湿物料因干燥收缩引起的应力。对其他不规则形状的大型湿物料的应力-应变分析是一个较困难的力学问题，通常需采用有限元方法来求解；一般不考虑散粒状物料干燥中的应力-应变问题。

1.3　干燥动力学

1.3.1　概述

　　可通过蒸发和汽化的方式除去物料中的一些水分。当物料表面水分的蒸气压等于大气压时发生蒸发，这种现象在湿分的温度升高到沸点时发生。对于热敏性物料可降低干燥时的操作压力（真空干燥）来降低蒸发的温度。如果压力降至三相点以下，则无液相存在，物料中的湿分被冻结，加热引起冰直接升华为水蒸气，即冷冻干燥。

　　水分在物料中的结合形式影响其干燥过程的迁移方式（表 1-7）。干燥操作时，我们习惯将物料分类为非吸湿材料、部分吸湿材料和吸湿材料。非吸湿材料为无孔或孔径大于 10^{-7} m 的多孔体，不含有结合（或束缚）水，材料中水的分压等于水的蒸气压。部分吸湿材料包括大孔体，尽管也有结合水，但其蒸汽压力略低于自由水表面的蒸气压。吸湿材料内主要为微孔体，含有结合水，在给定温度下其蒸汽压小于纯水的蒸气压。在吸湿材料中，由于水含量降低，通过毛细管和孔隙的水分输送主要以气相方式。如果吸湿材料中的含水量超过吸湿含水量，它就含有非结合水，在除去非结合水分之前，它的干燥行为如同非吸湿材料。表面水也是一种非结合水，是由于表面张力效应而在材料上形成的一层外部薄膜。

表 1-7　物料中水分的结合形式及移动机理[10]

水分的种类		作用力	水分移动机理	蒸气压 p	材料示例
表面附着水		界面张力	蒸汽扩散	$p = p_w$	粗颗粒表面
毛细管水	索状水	毛细管吸引力	液体移动	$p = p_w (>100nm)$	颗粒床层，多孔固体材料
	悬吊水	界面张力	蒸汽扩散	$p < p_w (<100nm)$	
渗透水		渗透吸引力	液体移动 (收缩量＝水分蒸发量)	$p = p_w$	极微细颗粒床层，滤渣，高含水率的黏土
吸附水		吸附力	蒸汽扩散 表面扩散	$p = p_w$	活性氧化铝，硅胶
结合水		亲和力	水分扩散	$p < p_w$	高分子溶液

续表

水分的种类	作用力	水分移动机理	蒸气压 p	材料示例
溶液		水分扩散	$p < p_w$	有机物质溶液,盐溶液
冰		蒸汽扩散 (蒸汽流动)	$p = p_{ice}$	

注：p_w 为自由水的蒸气压；p_{ice} 为冰的蒸气压。

物料中的非结合水分可能处于连续状态（索状），或在离散颗粒周围和离散颗粒之间由于气泡散布而处于不连续状态（悬吊）。在索状形态下，液体通过毛细管作用向材料外表面运动；当水分被去除时，吸入的空气中断了液相的连续性而使得水分孤立（悬吊形态），毛细管流仅在局部尺度上是可能的。当材料接近绝干状态时，水分被保持为孔壁上的单层分子，主要以蒸汽流被除去。

当对湿物料进行热力干燥时，热量传递至物料表面，使表面湿分蒸发，并以蒸汽形式从物料表面排除，此过程水分的蒸发速率取决于环境温度、压力、空气湿度和流速、接触面积等外部条件，此过程称外部条件控制过程。在物料内部，湿分需传递到物料表面，随之再蒸发；物料内部湿分的迁移受物料特性（温度、湿含量、内部结构）的制约，此过程称内部条件控制过程。对于介电干燥，在物料内部（有湿分处）产生热量，然后传至外表面，但表面水分的排除也受外部环境条件的影响。

（1）外部条件控制的干燥过程

在干燥过程中基本的外部变量为温度、湿度、空气的流速和方向、物料的物理形态、搅动状况，以及在干燥操作时干燥器的持料方法。外部干燥条件在干燥的初始阶段，即在排除非结合表面湿分时特别重要，因为物料表面的水分以蒸汽形式通过物料表面的气膜向周围扩散，这种传质过程伴随传热进行，故强化传热便可加速干燥。但在某些情况下，应对干燥速率加以控制，例如瓷器和原木类物料在自由湿分排除后，从内部到表面产生很大的湿度梯度，过快的表面蒸发将导致显著的收缩，即过度干燥和过度收缩。这会在物料内部造成很高的应力，致使物料皲裂或弯曲。在这种情况下，应采用相对湿度较高的空气，既保持较高的干燥速率又防止出现质量缺陷。此外，根茎类蔬菜和水果切片如在外部条件控制的干燥过程中干燥过快，会形成表面结壳导致临界含水量的提高而不利于干燥全过程速率的提高。

（2）内部条件控制的干燥过程

在物料表面没有充足的自由水分时，热量传至湿物料后，物料就开始升温而在其内部形成温度梯度，使热量从外部传入内部，而湿分从物料内部向表面迁移，这种过程的机理因物料结构特征而异，主要为扩散、毛细管流和由于干燥过程的收缩而产生的内部压力。从临界湿含量至物料的最终湿含量，内部湿分迁移成为控制因素，了解湿分的这种内部迁移是很重要的。一些外部可变量，如空气流量，通常会提高表面蒸发速率，但此时其重要性降低。如物料允许在较高的温度下停留较长的时间就有利于此过程的进行。这可使物料内部温度较高从而造成蒸气压梯度，使湿分扩散到表面并会同时使液体湿分迁移。对内部条件控制的干燥过程，其过程的强化手段有限，在允许的情况下减小物料的尺寸，可以有效降低湿分（或气体）的扩散阻力；施加振动、脉冲、超声波有利于内部水分的扩散；而微波提供的能量则可有效地使内部水分汽化，此时如辅以对流或抽真空则有利于水蒸气的排除。

1.3.2　物料的干燥特性

物料的干燥特性与采用的干燥方法有关，这种特性通常用湿含量和时间函数表示，即干燥曲线或干燥速率曲线表示。如图 1-13 所示，随着干燥过程的进行，物料湿含量逐渐减小（由右边向左边进行），湿物料干燥过程可大致分为 3 个干燥阶段。

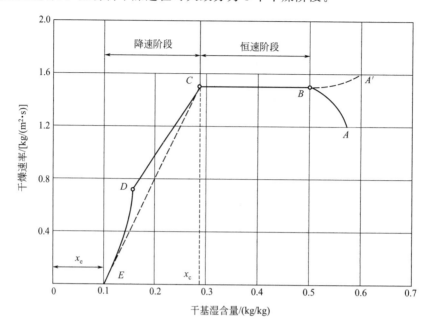

图 1-13 典型干燥速率曲线

阶段 I 为湿物料的预热阶段。在干燥过程初期，物料的温度逐渐升高，直到物料温度达到干燥的第 II 阶段（恒速干燥阶段）时的温度。这个过程中，干燥速率也迅速增大，然后达到一个最大值。之后，干燥过程进入恒速干燥阶段（干燥的第 II 阶段），物料温度和干燥速率保持恒定，此时表面含有自由水分，当其完全汽化后，湿表面则从物料表面退缩，此时可能发生一些收缩。在此阶段，控制速率的是水蒸气穿过空气-湿分界面（气膜）的扩散，在此阶段的后期，湿分界面可能内移，湿分将从物料内部因毛细管力迁移到表面，而干燥速率仍可能为常数。当平均湿含量达到临界湿含量时，进一步干燥会使表面出现干点，由于以总的物料表面积来计算干燥速率，故干燥速率下降，虽然每单位湿物料表面的干燥速率仍为常数。这样就进入第 III 干燥阶段（降速干燥阶段），即不饱和表面干燥阶段。此阶段进行到液体的表面液膜全部蒸发掉，这部分曲线为整个降速阶段的一部分。在进一步干燥时，由于内部和表面的湿度梯度，湿分通过物料扩散至表面然后排除，干燥速率受到限制。此时热量先传到表面，再向物料内部传递。由于干湿界面的深度逐渐增大，而外部干区的热导率非常小，故干燥速率受热传导的影响加大。但是，如果干物料具有相当高的密度和小的微孔空隙体积，则干燥受导热的影响就不那么严重，而是受物料内部相当高的扩散阻力影响，干燥速率受湿分从内部扩散到表面，然后由表面的传质所控制。在此阶段，某些由吸附而结合的湿分被排除，最后由于干燥降低了内部湿分的浓度，湿分的内部迁移速率降低，干燥速率下降比以前更快。在物料的湿含量降至与气相湿度相应的平衡值时，干燥就停止了。

在实践中，最初的原料可能具有很高的湿含量，而产品可能也要求较高的残留湿含量，那么整个干燥过程可能均处于恒速阶段。然而在大多数情况下，两种阶段均存在。并对难干物料而言，大部分干燥是在降速阶段进行的。如物料的初始湿含量相当低且要求最终湿含量极低，则降速阶段就很重要，干燥时间就很长。空气速度、温度、湿度、物料大小及料层厚度对传热速率（也即对恒速干燥阶段）全都很重要。当扩散速率是控制因素时，即在降速阶段，干燥速率则随物料层厚度的平方变化，特别当需要很长的干燥时间以获得低的湿含量时，用搅拌、振动等方法，使湿粉料颗粒化、降低切片厚度或在穿流干燥器中采用薄层将有利于降速干燥过程。

物料的干燥动力学可用经验模型、热质传递机理模型以及规则状态曲线（regular regime，RR）、特征干燥曲线（characteristic drying curve，CDC）、基于液体蒸发与冷凝过程的反应工程方法（reaction engineering approach，REA）表示，这些模型的介绍可参考本书相应章节。

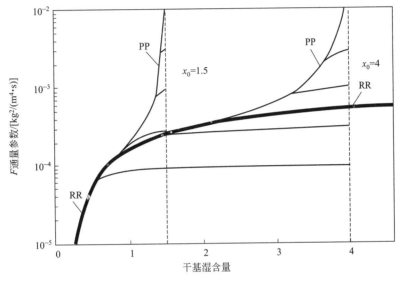

图 1-14　葡萄糖的等温干燥曲线（30℃）

Schoeber 和 Thijssen[11] 研究均相液体得出，干燥过程由恒速阶段（物料表面水活度恒定）、渗透阶段（penetration period，PP）和规则状态阶段（RR）组成，从而提出了规则状态阶段干燥理论。如图 1-14 所示，横坐标 x_0 为初始平均湿含量（kg 水/kg 葡萄糖），纵坐标 F 为通量参数。$F=J_w \rho_s L_s$。J_w 为水分迁移速度，kg/(m² · s)；ρ_s 为葡萄糖密度，kg/m³；L_s 为绝干固体的厚度，m。该理论反映不同初始条件的等温干燥速率曲线收敛于同一条曲线（图中的粗线，RR）。此外，在一定初始湿含量下，虽然初始干燥速度不同，但干燥进程均逼近 PP（图中的细线），所有 PP 线逼近于 RR 线。湿含量较小时，F 曲线收缩于一条曲线。通过两条等温干燥曲线，能够估算任何干燥条件下的速率曲线，也可确定水分扩散系数与湿含量的关系。具体计算方法可参考 P. J. A. M. Kerkhof[12]。

类似地，特征干燥曲线定义为下述两个无量纲参数的函数关系[13]，如图 1-15 所示。其中，$f(\varPhi)=R_D/R_{Dc}$，$\varPhi=(x-x_e)/(x_c-x_e)$。$R_D=-dm/(A dt)$ 为干燥速率，kg/(m² · s)；R_{Dc} 为恒速干燥速率；x 为干燥过程任一阶段物料的平均湿含量；x_e 为平衡湿含量，x_c 为临界湿含量（干基）。

Keey[9] 通过大量数据说明，可以找到一条特征曲线以描述工业干燥通常条件下直径小于 20mm 分散颗粒的干燥。

REA 模型是一个简单而有效的机理性数学模型，可实际应用于各种干燥过程。通过一个精确的干燥实验，原则上可以得到干燥现象的内在"指纹"——活化能与湿含量的特征关系，进而可准确描述不同干燥条件下的干燥动力学[14]。

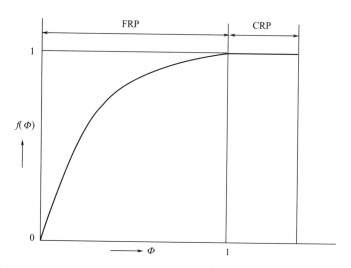

图 1-15　特征干燥曲线（CRP：恒速干燥阶段；FRP：降速干燥阶段）

1.4　干燥过程的基本计算

通过干燥过程的计算，可确定以下数值：

① 干燥设备的尺寸；

② 干燥介质和被干燥物料进出口的参数值；

③ 干燥介质和热量的需要量。

在此基础上，确定热交换器、风机、除尘器以及各种预处理设备等辅助设备的性能参数。在干燥设备设计中涉及的最重要的参数如图 1-16 所示。通常已知下列数据：

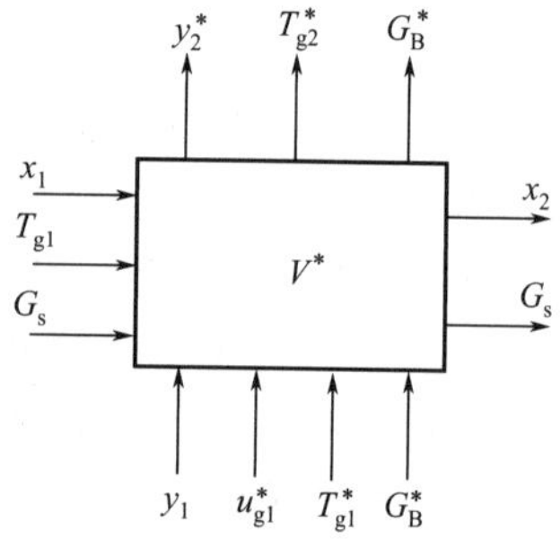

① 干燥器的形式已选定；

② 以绝干物料计的产量 G_s；

③ 物料的进、出口湿含量 x_1 和 x_2；

④ 物料的进、出口温度 T_{m1} 和 T_{m2}；

⑤ 干燥介质（空气）进入干燥器时的湿度 y_1。

图 1-16 中带 * 号的参数是未知量。干燥器的设计是基于选定"目标函数"的一个复杂的寻优过程，以获得主要参数的最佳值，如单位产品的干燥价格为最低等，或者进行多目标优化。实际上，常假设气流速度 u_g、进口气体温度 T_{g1}、惰性气体流量 G_B 这些参数的先验值，而省略了优化。

图 1-16　干燥过程计算的基本参数

干燥器的设计过程通常包括下列计算步骤：

① 由热质衡算确定出口空气的温度 T_{g2} 和湿度 y_2；

② 由 T_{g2}、y_2 及其他有关参数确定干燥操作的平均推动力；

③ 确定热质传递系数；

④ 以热质传递动力学方程为基础，确定传递面积，进而确定干燥器操作室的尺寸。

基于干燥曲线直接计算时，采用试验时的参数值做放大的设计步骤与上述步骤不同，较为简单。

干燥过程的能量消耗对干燥器的设计和操作影响很大。有多种技术经济指标可作依据，

常用的指标为

$$能量利用率(EE) = \frac{用于蒸发湿分的能量}{供给干燥器的总能量}(\%) \tag{1-56}$$

$$比气耗(SGC) = \frac{干空气流量}{干物料产量(或蒸发的总水分)}(kg/kg) \tag{1-57}$$

1.4.1 总体热质衡算

以进入和输出干燥器的物料和干燥介质作为衡算对象，对稳态下干燥过程进行总体热质衡算，即 I/O 模型。

1.4.1.1 热质衡算

（1）质量（物料）衡算

在干燥过程中保持恒定值的量为湿空气流量（G_g）中的绝干空气量（G_B），以及进出干燥器的绝干物料质量（G_s）。进入和排出连续式干燥器的湿分不变，可得

$$G_s(x_1 - x_2) = G_B(y_2 - y_1) \tag{1-58}$$

式中等号的左右项是从物料中蒸发的或进入气体中的水分质量（G_A），故干空气的质量可由下式计算

$$G_B = \frac{G_A}{y_2 - y_1} \tag{1-59}$$

干燥器中蒸发 1kg 水分的干空气消耗量（比气耗）为

$$\frac{G_B}{G_A} = \frac{1}{y_2 - y_1} \tag{1-60}$$

（2）热量衡算

连续式干燥器的热量衡算均以单位时间为基准，间歇式干燥器则以一次干燥周期为基准。在热量衡算时，应考虑各种可能性，根据实际情况予以简化。

在干燥过程中进入和排出干燥器的各项热量如图 1-17 所示，热量衡算应包括下列诸项：

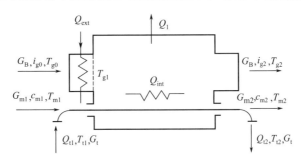

图 1-17 实际干燥过程的热量衡算

① Q_{ext}，外加热器供给的热量。

② Q_{int}，内加热器供给的热量。

③ $Q_B = G_B(i_{g2} - i_{g0})$，干燥过程中空气增加的热量。

④ $Q_m = G_{m2}(c_{m2}T_{m2} - c_{m1}T_{m1})$，加热物料消耗的热量。

⑤ $Q_t = G_t c_t(T_{t2} - T_{t1})$，加热输料装置消耗的热量。

⑥ $Q_w = G_A T_{m1} c_{A1}$，湿物料中的湿分带入干燥器的热量。

⑦ $Q_1 = \sum K_i A_i \Delta T_i$，热损失与干燥器表面积、干燥器表面和环境的温度差成正比。

A_i 为干燥器外壳的面积；K_i 为此面积的总传热系数；ΔT_i 为干燥器各处与环境的温度差。

由此可列出热量衡算方程

$$Q_{\text{ext}} = Q_B + Q_m + Q_t + Q_1 - Q_{\text{int}} - Q_w \tag{1-61}$$

或者写为

$$G_s(i_{m2} - i_{m1}) = G_B(i_{g1} - i_{g2}) + \Sigma Q \tag{1-62}$$

式中，ΣQ 为干燥器内的附加热量。若损失的热量大于净增的热量，则其值为负。

对于绝热干燥过程，总体热量衡算或焓衡算方程为：

$$G_s(i_{m2} - i_{m1}) = G_B(i_{g1} - i_{g2}) \tag{1-63}$$

对于理论上的干燥器，则有

$$Q_{\text{ext}} = Q_B \tag{1-64}$$

在比较实际干燥器（式1-61）与理论上的干燥器（式1-64）后，设

$$\Delta' = -(Q_m + Q_t + Q_1 - Q_{\text{int}} - Q_w) \tag{1-65}$$

则实际干燥器的热量衡算方程可写为

$$Q_{\text{ext}} = Q_B - \Delta' = G_B(i_{g2} - i_{g0}) - \Delta' \tag{1-66}$$

式中，Δ' 为实际干燥器中除外加热器加入的热量之外输入干燥器的热量和消耗热量之差。若基于蒸发 1kg 水，则表示为 $\Delta = \Delta'/G_A$。

除外加热器输入热量之外，在式（1-66）中输入的热量主要由内加热器提供。因此有内加热器时 Δ' 可能为正值，无内加热器时 Δ' 为负值。

若对外加热器作热衡算，则有

$$Q_{\text{ext}} = G_B(i_{g1} - i_{g0}) \tag{1-67}$$

与理论上的干燥器的式（1-64）相比，可知

$$G_B(i_{g2} - i_{g0}) = G_B(i_{g1} - i_{g0}) \tag{1-68}$$

故有

$$i_{g1} = i_{g2} \tag{1-69}$$

即在理论上的干燥器中，气体具有恒定的焓值，该干燥过程是一个等焓过程。

对于实际干燥器，比较式（1-66）和式（1-67），可得

$$i_{g2} = i_{g1} + \Delta'/G_B \tag{1-70}$$

在已知 G_s、G_B、i_{m1}、i_{g1}、x_1、y_1 和 ΣQ 的前提下，热质衡算方程 [式（1-58）和式（1-62）] 剩有 4 个变量 i_{m2}、i_{g2}、x_2、y_2，还需要设定其他两个过程参数。设计中，一般确定了产品的湿含量 x_2，剩余的另一个参数如果假设为恒速干燥阶段操作，则可通过湿球温度计算出 i_{m2}。否则，我们需要寻找其他的方程，即传质、传热动力学方程：

$$G_s(x_1 - x_2) = R_D A \tag{1-71}$$

$$G_s(i_{m2} - i_{m1}) = hA\,\overline{\Delta t} - r_w R_D A \tag{1-72}$$

式中，A 为物料与空气的接触面积，m^2；$R_D = k_y \Delta y$ 为平均干燥速率，$\text{kg/(m}^2 \cdot \text{s)}$；$\overline{\Delta t}$ 为平均温度差，K；h 为传热系数，$\text{W/(m}^2 \cdot \text{K)}$；$k_y$ 为传质系数，$\text{kg/(m}^2 \cdot \text{K)}$。

1.4.1.2　在焓-湿图上表示干燥过程

（1）理论上的干燥器

在理论上的干燥器中空气状态的变化可分为两个阶段。第一阶段中，空气在外部加热器中被加热（由 T_{g0} 至 T_{g1}），其绝对湿度 y 保持不变。第二阶段中，空气的焓保持不变，干

燥器中物料中水分汽化，直至空气被冷却到预定的排气温度 T_{g2}。此过程如图 1-18 所示（AB 加热，BC 汽化）。

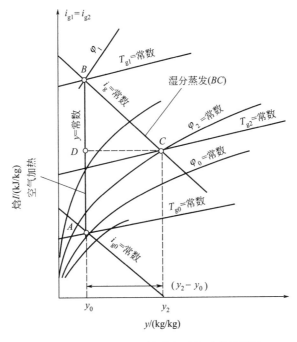

图 1-18　理论上的干燥器中干燥过程的图示

（2）实际干燥器

式(1-70)可改写为

$$\Delta = \frac{G_B}{G_A}(i_{g2} - i_{g1}) \tag{1-73}$$

$\Delta = 0$ 时，则有 $i_{g2} = i_{g1}$。此种情况和理论上的干燥器一样，为等焓干燥过程。

$\Delta < 0$ 时，$i_{g1} > i_{g2}$，即排气焓低于进气焓，焓差（线段 CD）为 $i_{g2} - i_{g1} = \Delta(y_2 - y_1)$，如图 1-19(a) 所示。

$\Delta > 0$ 时，$i_{g2} > i_{g1}$，即排气焓大于进气焓，如图 1-19(b) 所示。

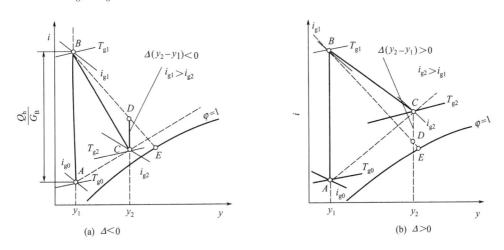

(a) $\Delta < 0$ 　　　　　　　　　　　　(b) $\Delta > 0$

图 1-19　实际干燥过程中干燥过程的图示

在实际干燥器中，干燥过程的终止点为 i_{g2} 线和排气温度 T_{g2} 线的交点 C（理论上的干燥器则为交点 D）。

（3）部分气体再循环（或混合气体）的干燥器

此种情况下存在两种湿空气的混合问题。

根据湿分和焓衡算可得

$$G_{B1} y_1 + G_{B2} y_2 = (G_{B1} + G_{B2}) y_M \tag{1-74}$$

$$G_{B1} i_{g1} + G_{B2} i_{g2} = (G_{B1} + G_{B2}) i_{gM} \tag{1-75}$$

由此可推得

$$y_M = \frac{G_{B1} y_1 + G_{B2} y_2}{G_{B1} + G_{B2}} \tag{1-76}$$

$$i_{gM} = \frac{G_{B1} i_{g1} + G_{B2} i_{g2}}{G_{B1} + G_{B2}} \tag{1-77}$$

且

$$G_M = G_{B1} + G_{B2} \tag{1-78}$$

由以上三式可求得混合气体的量和参数 y_M 和 i_{gM}。

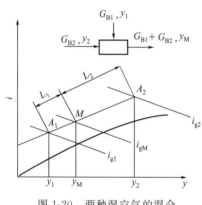

图 1-20　两种湿空气的混合

在 i-y 图上可简捷地确定混合湿气体的参数，见图 1-20。由以上关系经推导可得

$$G_{B1} L_1 = G_{B2} L_2 \tag{1-79}$$

此式称为"杠杆定律"。由此可确定混合气在 i-y 图上 M 点位置。M 点落在 A_1、A_2 两点的连线上，距离为 $A_1 M = L_1$；$M A_2 = L_2$。

图 1-21 表示部分废气再循环的流程。进口空气的流量 G_B（A 点）与部分废气 $r G_B$（D 点）混合，这里 r 为再循环废气量与排气量的比率，根据杠杆定律则有

$$\frac{AB}{AD} = \frac{r G_B}{G_B + r G_B} = \frac{r}{r+1} \tag{1-80}$$

$$\frac{BD}{AD} = \frac{G_B}{G_B + r G_B} = \frac{1}{r+1} \tag{1-81}$$

混合后的 $(1+r)G_B$ 气体加热到 C 点状态，然后在 CD 过程中与湿物料接触。

（4）有内加热器的干燥器

在干燥器内放置若干内加热器，使干燥过程在较低的空气温度下进行，它与一次性地将空气加热到 B_0 点时的情况一样，达到同样的最终气体湿度 C 点，如图 1-22 所示。

（5）闭循环干燥器

当湿分需要回收或采用昂贵的惰性气体时，适用闭循环干燥。图 1-23 表示开始时 A 点处的气体被加热到 B 点，然后与干燥器中的湿物料接触，气体被增湿和冷却到 C 点。排出的气体在冷凝器中被冷却到它的露点 D，继续冷凝沿饱和线（$\varphi = 100\%$）DA 进行。冷凝液被排出，气体湿度降至 A 点。重复此循环，连续进行闭循环干燥过程。也可采用一台热泵来冷凝和加热气体。有时蒸汽可在除湿器中用液态溶剂除去，如图 1-24 所示。

（6）燃气加热干燥器

液体或气体燃料在干燥器中直接燃烧，不仅提高了气体的温度，燃烧产生的水汽也增加了气体的湿度。这使加热段的 AB 线增加一点正斜率（见图 1-25）。此斜率可由燃料燃烧增加的水汽来确定。A' 点为等焓线 AA' 和 B 点的湿度线 y_B 的交点。

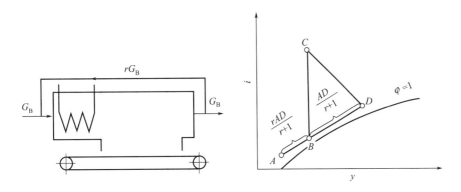

图 1-21　部分废气再循环连续干燥过程的图示

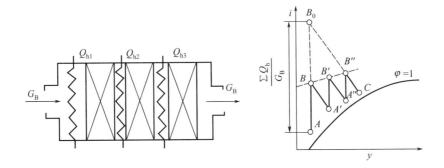

图 1-22　有内加热器的过程轨迹

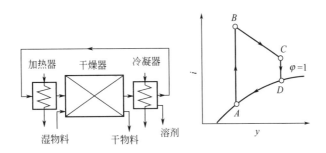

图 1-23　闭循环干燥过程的轨迹

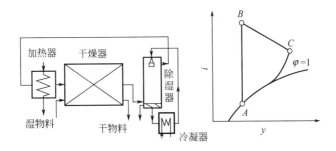

图 1-24　带排气除湿器的闭循环干燥过程的轨迹

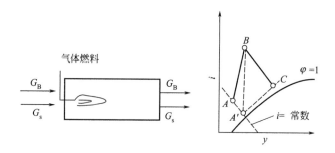

图 1-25　由烃类燃料燃烧气直接加热的干燥过程的轨迹

1.4.2　微分热质衡算

1.4.2.1　微分热质衡算

总体热质衡算以干燥器进出口参数作基准进行，它不能反映干燥器内部的参数变化情况。如要知道干燥器内部任意点的参数变化，就需采用微分热质衡算方法。此法适用于湿度和温度连续变化的干燥器。而对于有物料返混的干燥器应采用总体衡算法。

在连续干燥器中物流的垂直面上截取一微元，微元的高度为 $\mathrm{d}z$，横截面积为 S，在体积为 $\mathrm{d}V = S\mathrm{d}z$ 的微元中物料的质量为 $\mathrm{d}m$。$\mathrm{d}m$ 质量的湿物料与空气接触的表面积为 $\mathrm{d}A$。单位质量绝干物料的热损失为 $\mathrm{d}q_1$（kJ/kg 干物料）。在稳定状态下，物料与空气的参数如图 1-26所示。由此对微元作热质衡算

$$G_s(i_m + \mathrm{d}i_m) + G_B(i_g + \mathrm{d}i_g) + G_s\mathrm{d}q_1 = G_s i_m + G_B i_g \tag{1-82}$$

$$G_s(x + \mathrm{d}x) + G_B(y + \mathrm{d}y) = G_s x + G_B y \tag{1-83}$$

上式经化简后可得

$$\mathrm{d}i_m + \frac{G_B}{G_s}\mathrm{d}i_g + \mathrm{d}q_1 = 0 \tag{1-84}$$

$$\mathrm{d}x + \frac{G_B}{G_s}\mathrm{d}y = 0 \tag{1-85}$$

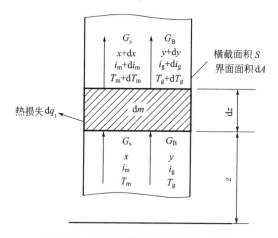

图 1-26　连续干燥器的微元物流参数

$\dfrac{G_B}{G_s}$ 是基于单位干物料的干空气耗量。在忽略热损失 $\mathrm{d}q_1$ 后，此两方程中共有 4 个未知

数，即 T_m、x、T_g 和 y。式中的 i_m 及 i_g 分别可由 T_m、x 及 T_g、y 计算。要解此方程组必须补充两个独立的方程，可由热质传递动力学关系列出：

$$q\,\mathrm{d}A = G_s \mathrm{d}i_m + R_D i_{AV} \mathrm{d}A \tag{1-86}$$

$$G_s \mathrm{d}x = -R_D \mathrm{d}A \tag{1-87}$$

式中，q 为干燥介质传递给物料的传热速率，kW/m^2；R_D 为干燥速率，$kg/(m^2 \cdot s)$；i_{AV} 为水蒸气的焓，$i_{AV} = r_0 + c_{Al} T_m$，$kJ/kg$；$r_0$ 为 0℃时的汽化潜热，kJ/kg；c_{Al} 为水的比热容，$kJ/(kg \cdot K)$。

对于最常见的对流干燥，$q = h(T_g - T_s)$；$R_D = k_y(y_{eq} - y)$。式中，T_s 为物料表面温度，或与物料表面热力学平衡的气膜温度；y_{eq} 为物料表面温度下气膜的平衡气体湿度；h、k_y 分别为传热和传质系数。若物料内部的热质传递阻力小（$Bi < 0.1$），我们可以假设物料表面温度等于其平均温度，即 $T_s = T_m$，则 $y_{eq} = f(T_m, x)$。

非结合水分的 $i_m = (c_s + c_{Al} x) T_m$。结合水分的 i_m 值，还需附加吸附热，即 $i_m = (c_s + c_{Al} x) T_m + \Delta H_s$。式中，吸附热 ΔH_s（或称解析热）的值，与温度、湿含量有关。湿气体的焓为 $i_g = c_H T_g + r_0 y$，c_H 为湿气体的比热容。

至此，虽然已对 4 个未知数列出了 4 个方程，但此方程组是非线性的，难以作解析解。通常将此微分方程组改变为差分方程组作数值解，或在 i-y 图上作近似的图解。

1.4.2.2　在焓-湿图上表示微分衡算（外部条件控制过程）

如果传热和传质阻力主要存在于气相侧，则为外部控制干燥。等速干燥阶段即为外部控制干燥过程。在 Biot（毕渥）数小于 0.1 时，传热传质的内部阻力较小，用外部控制干燥过程来描述整个干燥过程是合理的。对于具有大孔或细颗粒（<1mm）的多孔物料，经常可满足 $Bi_D < 0.1$。

干燥过程的传热、传质 Biot（毕渥）数定义为

$$Bi_H = \frac{h \dfrac{d}{2}}{\lambda} \tag{1-88}$$

$$Bi_D = \frac{k_y \dfrac{d}{2}}{\rho_s D_{AS} A^*} \tag{1-89}$$

式中，h 为传热系数，$W/(m^2 \cdot K)$；k_y 为传质系数，$kg/(m^2 \cdot K)$；d 为定性尺寸，对颗粒物料为颗粒直径；λ 为热导率，$W/(m \cdot K)$；ρ_s 为干物料密度，kg/m^3；D_{AS} 为湿分在物料中的扩散系数；A^* 为平衡等温线 $y_{eq} = f(x)$ 的局部斜率。

（1）并流干燥过程

绘制干燥过程轨迹前应做一些准备工作，包括以下内容：

① 将式(1-85)写成有限差分形式

$$\Delta x + \frac{G_B}{G_s} \Delta y = 0 \tag{1-90}$$

则有

$$x_2 = x_1 + \Delta y \frac{G_B}{G_s} \tag{1-91}$$

可推广至中间任意微元 i，则有

$$x_i = x_{(i-1)} + \Delta y \frac{G_B}{G_s} \tag{1-92}$$

② 在无热损失时将式(1-84) 写成有限差分形式后，将 i_m 表示式代入，经整理可得

$$T_{mi} = \frac{(c_s + c_{A1} x_{(i-1)}) T_{m(i-1)} + \Delta H_s \Delta x + \Delta i_g \dfrac{G_B}{G_s}}{c_s + c_{A1} x_{(i)}} \tag{1-93}$$

式中，ΔH_s 为吸附热。对于非结合水分（在初始和恒速干燥阶段），吸附热 $\Delta H_s = 0$（图 1-27 等温线水平段 $S_1 S_5$）。

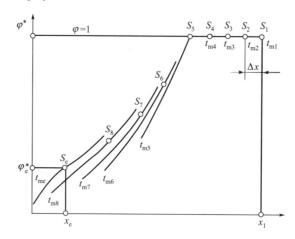

图 1-27　在吸附等温线上表示连续变化的湿物料状态

③ 根据总体衡算计算出物流和气流进出干燥器的参数：T_{m1}、x_1、T_{g1}、y_1、T_{me}、x_e、T_{ge}、y_e。此处，下标 1 表示进口处参数，下标 e 表示出口处参数，并预先假设 $\dfrac{G_B}{G_s}$ 值。

④ 计算时应准备湿物料的解吸等温线或关系式，$\varphi = \varphi(T, x)$，以及饱和水蒸气压和温度的表格或关系式，并由式 $y_{eq} = 0.622 \dfrac{\varphi p_s}{p - \varphi p_s}$ 计算 y_{eq} 值。

在 i-y 图上表示的干燥过程，实际上是表示干燥介质状态和对应的湿物料表面空气膜状态的变化过程，空气膜中的空气被认为是和对应物料温度处于平衡的。

并流干燥过程轨迹图示步骤如下：

① 在 i-y 图上，由干燥器进口的空气状态 (y_1，T_{g1}) 确定 A_1 点，而由物料温度 t_{m1} 及湿含量 x_1 在吸附等温线上确定其表面空气膜中气体的相对湿度（图 1-27）。对应 S_1 点的相对湿度为 100%。

再由 t_{m1} 查出对应的饱和蒸气压 p_{s1}，然后由 $y_{eq1} = 0.622 \dfrac{\varphi p_{s1}}{p - \varphi p_{s1}}$ 算出 y_{eq1}（图 1-28 上记为 y_1^*）。由 t_{m1} 和 y_1^* 在 i-y 图上确定 E_1 点，A_1 和 E_1 点即为干燥器进口处对应的空气状态和物料状态（实际是物料表面空气膜的状态）。

② 连接 A_1 和 E_1 点，任取一增量 Δy（Δy 越小作出的轨迹图越精确），并据 Δy 引垂线与 $A_1 E_1$ 线相交确定 A_2 点。由式(1-91) 算出 x_2 值，并由式(1-93) 算出 t_{m2}。由 x_2 和 t_{m2} 在等温吸附线上查到 S_2 点，并确定相应的 φ_2（此处 $\varphi_2 = 100\%$）。由 t_{m2} 查出对应的饱和蒸汽压 p_{s2}，然后由 $y_{eq2} = 0.622 \dfrac{\varphi p_{s2}}{p - \varphi p_{s2}}$ 算出 y_{eq2}（图上记为 y_2^*）。由 t_{m2} 和 y_2^* 在 i-y 图上确定 E_2 点，A_2 和 E_2 点即为第一个微元出口处对应的空气状态和物料状态（表面空气膜）。

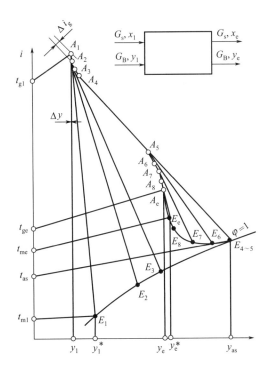

图 1-28 在 $i\text{-}y$ 图上并流干燥过程的轨迹

③ 重复上述步骤，如图 1-28 所示，一直进行到 A_4 点，而 A_4E_4 连线正好是绝热饱和线。$A_1 \sim A_4$（相应的 A_1 和 A_4）为干燥的升温升速阶段，而从 A_4 开始进行等焓过程，即为等速干燥阶段。此阶段结束于 A_5，E_4 和 E_5 为同一点，这是因为在等速干燥阶段中物料的温度不变，保持为与空气条件相应的湿球温度。

④ 在点 A_5 之后，进入降速干燥阶段，物料表面的水分不饱和。因此当重复上述步骤，由 x_6 和 t_{m6} 在等温吸附线上查 φ 值时，可见 $\varphi < 1$。且随后各点对应的 φ 值越来越小，直至达到相应于干燥器出口状态的 A_e 和 E_e 点。

（2）逆流干燥过程

逆流干燥时，引入的空气与排出的物料首先接触。逆流干燥过程在 $i\text{-}y$ 图上的轨迹如图 1-29 所示。A_1 点表示进口空气状态，E_e 点表示排出物料表面空气层状态，A_e 点表示排气状态，E_1 点表示进入干燥器的物料表面空气层状态。作图时，同样应先由总体热质衡算计算空气和物料进出干燥器的参数，中间各点的计算方法和并流干燥过程相同。最后要作试差运算以校核由总体热质衡算提供的出口参数。

在焓-湿图上表示微分衡算可直观地提供干燥器内部各点的传热传质推动力值。但此图不提供时间参数坐标，不能反映速率。此外，如图 1-29 所示，在干燥的降速阶段由于图中各点密集，影响图解精度。

（3）穿流干燥

在并流和逆流干燥器中，空气和物料在离开一个微元后又进入另一个微元。在穿流干燥时，气流同时穿过所有的干燥器微元，而物料流则是相继通过干燥器的各微元（见图 1-30）。穿流式带式干燥器、纸和织物的穿流干燥器及槽形流化床干燥器等均属穿流干燥。在穿流干燥器中，沿干燥器的长度和床层高度干燥推动力均是变化的；故对此种情况难以确定整个干燥器的平均推动力。为了回避确定推动力，穿流干燥器的计算目标为确定单位空气消耗量。

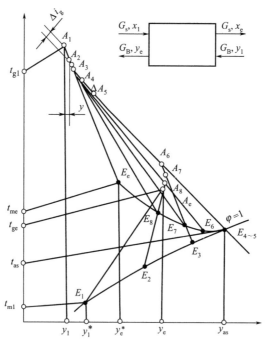

图 1-29 在 $i\text{-}y$ 图上逆流干燥过程的轨迹

在穿流干燥器中，假设物料以活塞流通过干燥器，即沿干燥器纵向没有返混。在床层的每一个微元中，物料则充分混合，同时假设气体也以活塞流通过微元；穿流干燥器的示意图见图 1-30。从穿流干燥器长度方向切出的微单元如图 1-31 所示。

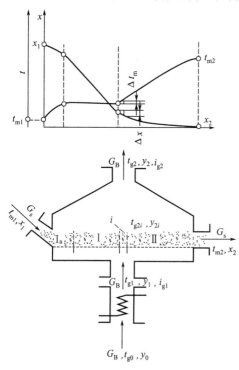

图 1-30 穿流干燥器

I_a—加热区；I—等速干燥区；II—降速干燥区

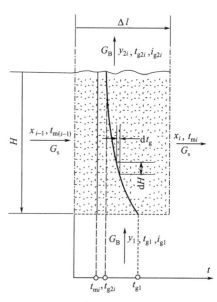

图 1-31 穿流干燥器的微单元

若穿流干燥器为绝热干燥器，则可写出微元的衡算和动力学方程（见图 1-31）。

$$G_s \mathrm{d}x + \mathrm{d}G_B \Delta y = 0 \tag{1-94}$$

$$G_s \mathrm{d}i_m + \mathrm{d}G_B \Delta i_g = 0 \tag{1-95}$$

$$G_s \mathrm{d}x = -\mathrm{d}G_B \Delta y = k_y \Delta y a\, \mathrm{d}V \tag{1-96}$$

$$G_s \mathrm{d}i_m = -\mathrm{d}G_B \Delta i_g = (a\Delta t - rk_y \Delta y)a\, \mathrm{d}V \tag{1-97}$$

式中，$\mathrm{d}V$ 为微元的体积。

或写成差分形式

$$G_s(x_{i-1} - x_i) = -\Delta G_B(y_1 - y_{2i}) \tag{1-98}$$

$$G_s(i_{m(i-1)} - i_{mi}) = -\Delta G_B(i_{gi} - i_{g2i}) \tag{1-99}$$

$$G_s(x_{i-1} - x_i) = k_y \overline{\Delta ya}\, \Delta V \tag{1-100}$$

$$G_s(i_{m(i-1)} - i_{mi}) = [h\,\overline{\Delta t} - rk_y \overline{\Delta y}]a\, \Delta V \tag{1-101}$$

方程组中的 $\overline{\Delta t}$ 及 $\overline{\Delta y}$ 为微元的平均传热、传质推动力，可用对数平均值计算

$$\overline{\Delta t} = \frac{t_{g1} - t_{g2i}}{\ln \dfrac{t_{g1} - t_{mi}}{t_{g2i} - t_{mi}}} \tag{1-102}$$

及

$$\overline{\Delta y} = \frac{y_{2i} - y_1}{\ln \dfrac{y_{eqi} - y_1}{y_{eqi} - y_{2i}}} \tag{1-103}$$

对图 1-31 中微元取的微段 $\mathrm{d}H$ 列出动力学传质方程

$$G_B \mathrm{d}y = (k_y a)\Delta lB(y_{eq} - y)\mathrm{d}H \tag{1-104}$$

式中，B 为床层宽度；Δl 为微元长度；a 为单位体积的界面面积。

对上式积分可得

$$\frac{y_{eqi} - y_{2i}}{y_{eqi} - y_1} = -\exp\left(\frac{k_y a}{\rho_{g1} u_{g1}}H\right) \tag{1-105}$$

式中，$k_y a$ 为体积传质系数；ρ_{g1} 及 u_{g1} 为空气进入床层时的密度和流速，$\rho_{g1} u_{g1} = G_B/\Delta lB$；$H$ 为床层高度，m。

通常假设床层出口处的推动力（$y_{eq} - y_{2i}$）达到进口处（$y_{eq} - y_1$）的 1%，则认为已达到热力学平衡。由此可知，要达到热力学平衡的床层高度应为

$$H \geqslant -\frac{u_{g1}\rho_{g1}}{k_y a}\ln 0.01 \tag{1-106}$$

此高度也可由试验确定。由此可确定排气的湿度 y_{2i}。一般情况下排气温度 t_{g2i} 均高于对应微元的物料温度，即 $t_{g2i} > t_{mi}$，其差值在降速干燥阶段会加大。分段以不同温度进气时，情况更为复杂。

当床层高度足够使得气体与物料充分接触，则可简化计算：

$$y_{2i} = y_{eqi} \tag{1-107}$$

及

$$t_{g2i} = t_{mi} \tag{1-108}$$

式中，平衡湿度 y_{eqi} 是温度 t_{mi} 和湿含量 x_i 的函数。

在假设步长 ΔG_B 后，由方程组计算第一个微元排出气流和物料的参数，用这些参数再计算下一个微元，依此类推，直至物料达到出口最终湿含量（或温度）。干燥过程所需的气体总量即为

$$G_B = \sum \Delta G_B \tag{1-109}$$

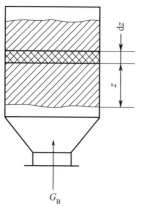

图 1-32　间歇式绝热干燥器

有返混时，应对方程组进行修正。

1.4.3　间歇式干燥

在间歇式干燥时，湿物料一次性投入干燥器，干燥到要求的最终湿含量时再全部从干燥器中取出，而干燥介质则连续进入和排出干燥器。间歇干燥中的传热传质推动力是连续变化的。对于 Biot 数较低的情况仍可以按前述方法建立一组微分方程；但用差分方程改写微分方程作数值解时，可用时间增量 $\Delta\tau$ 为步长进行计算。在间歇干燥时，物料的湿含量是时间 τ 和坐标（x，y，z）的函数，在某些情况下可简化为时间 τ 和层高 z 的函数。图 1-32 表示一台间歇式绝热干燥器。

取垂直于气流方向的微元（高为 dz）作热质衡算，可得湿分衡算

$$-\rho_{\mathrm{m}}(1-\varepsilon)S\,\mathrm{d}z\,\mathrm{d}x-\rho_{\mathrm{g}}\varepsilon S\,\mathrm{d}z\,\mathrm{d}y=G_{\mathrm{B}}\,\mathrm{d}y\,\mathrm{d}z \qquad (1\text{-}110)$$

改写此式

$$-\rho_{\mathrm{m}}(1-\varepsilon)\frac{\partial x}{\partial\tau}-\rho_{\mathrm{g}}\varepsilon\frac{\partial y}{\partial\tau}=\frac{G_{\mathrm{B}}}{S}\frac{\partial y}{\partial\tau} \qquad (1\text{-}111)$$

用相同的方法得热量衡算

$$-\rho_{\mathrm{m}}(1-\varepsilon)\frac{\partial i_{\mathrm{m}}}{\partial\tau}-\rho_{\mathrm{g}}\varepsilon\frac{\partial i_{\mathrm{g}}}{\partial\tau}=\frac{G_{\mathrm{B}}}{S}\frac{\partial i_{\mathrm{g}}}{\partial\tau} \qquad (1\text{-}112)$$

此时的传热、传质动力学方程为

$$-\rho_{\mathrm{m}}(1-\varepsilon)\frac{\partial i_{\mathrm{m}}}{\partial\tau}=ha(T_{\mathrm{g}}-T_{\mathrm{m}})-rk_{y}a(y_{\mathrm{eq}}-y) \qquad (1\text{-}113)$$

$$-\rho_{\mathrm{m}}(1-\varepsilon)\frac{\partial x}{\partial\tau}=k_{y}a(y_{\mathrm{eq}}-y) \qquad (1\text{-}114)$$

式中，ρ_{m}、ρ_{g} 为物料和空气的密度；ε 为床层空隙率；S 为床层横截面面积；h 和 k_{y} 为传热系数和传质系数；a 为物料的比表面积。

上述方程在给定边界条件时可作数值解。

1.4.4　内部控制的干燥过程计算

当湿物料的尺寸较大或物料内的湿分扩散率较低时，Bi_{D} 和 Bi_{H} 均大于1，即为内部条件控制的干燥过程。在此情况下，提高气速或湍动来强化气相侧的传热传质条件都无助于缩短干燥时间，此时常用的物料内传热传质的分析模型有两种。

（1）纯扩散模型

在大多数情况下，物料内部传质阻力比传热阻力大得多。这时降速干燥阶段湿分扩散是控制干燥速率的主要因素。可用 Fick 扩散定律描述的模型来计算干燥过程。

$$\frac{\partial x}{\partial\tau}=D_{\mathrm{AS}}\frac{\partial^{2}x}{\partial z^{2}} \qquad (1\text{-}115)$$

式中，D_{AS} 为湿分在物料中的扩散系数，$\mathrm{m^{2}/s}$。

非稳态导热方程为

一维导热

$$\frac{\partial T}{\partial t}=\alpha\frac{\partial^{2}T}{\partial x^{2}} \qquad (1\text{-}116)$$

式中，$\alpha = \dfrac{\lambda}{\rho c_p}$，为热扩散系数，$m^2/s$；$\lambda$ 为热导率，$W/(m^2 \cdot K)$；ρ 为密度，kg/m^3；c_p 为比定压热容，$J/(kg \cdot K)$。

对于不均匀物料，从微观角度上看，其由固相、液相和气相组成，物料内的物质传递有：固相表面吸附湿分的表面扩散、液相流动、气相流动、气相扩散。

（2）退缩面模型

在试验中可见，某些多孔体干燥时有一个明显的蒸发面，该面把多孔体分成干区和湿区两部分。随着干燥的进行，湿区逐渐退缩，如图 1-33 所示。非吸水物料可用以下方法分析。

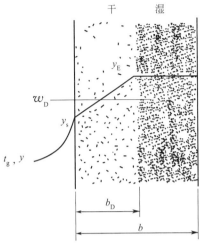

图 1-33　退缩面模型简图

在物料表面和蒸发面上的干燥速率分别为

$$R_D = k_0 \, \varphi_s (y_s - y) \qquad (1\text{-}117)$$

式中，$\varphi_s \approx \left(\dfrac{M_A}{M_B}\right) \Big/ \left(\dfrac{M_A}{M_B} + y_s\right)$。

$$R_D = k_s \, \varphi_E (y_E - y_s) \qquad (1\text{-}118)$$

物料中的传质系数 k_s 可用 Krisher（克里舍）扩散阻力系数 μ_D 表示

$$k_s = \frac{c D_{AS}}{b_D} \mu_D M_B \qquad (1\text{-}119)$$

式中，c 为物料空隙中总的气体分子浓度；μ_D 为物料空隙率与空隙的弯曲度之比，为物料的结构性质参数，μ_D 在 $3 \sim 30$ 之间变动；b_D 为干区厚度；M_A，M_B 为 A 物质和 B 物质的分子量。

蒸发速率可用一个总传质系数 k_T 表示

$$R_D = k_T \, \varphi_E (y_E - y) \qquad (1\text{-}120)$$

通常取 $\varphi_E \approx \varphi_s$，则得

$$k_T = \frac{k_0}{1 + Bi_M} \qquad (1\text{-}121)$$

式中，$Bi_M = k_0/k_s$。

与此类似，对于传热，总的传热系数为

$$U = \frac{h}{1 + Bi_H} \qquad (1\text{-}122)$$

式中，$Bi_H = \dfrac{h b_D}{\lambda}$。

假设全部输入的热量均用于湿分蒸发，则有

$$\frac{y_E - y}{t_E - t_g} = \frac{U}{k_T \varphi_E r} \qquad (1\text{-}123)$$

或由式（1-121）和式（1-122）得

$$\frac{y_E - y}{t_E - t_g} = \frac{h}{k_0} \times \frac{\lambda}{c D_{AS} M_B} \times \frac{1}{\mu_D} \qquad (1\text{-}124)$$

上式为直线的斜率（图 1-33）。此直线连接气流的点和与蒸发面平衡的气体的点。对于传热和

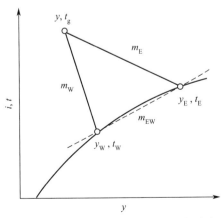

图 1-34　退缩面模型在湿度图上的图示

传质时没有内阻的物料（即 $Bi_M=0$、$Bi_H=0$），此斜率等于绝热饱和线的斜率 m_W。于是有

$$\frac{m_E}{m_W}=\frac{k_0}{h}\times\frac{\lambda}{cD_{AS}M_B}\times\frac{1}{\mu_D} \tag{1-125}$$

用切尔顿-考尔勃轮（Chilton-Colbran）类似律表示传质系数

$$K_0=\frac{\beta h}{c_p}L_e^{-2/3} \tag{1-126}$$

由于空气-水系统的 $\beta L_e^{-1/3}\approx1$，故有

$$\frac{m_E}{m_W}=\frac{1}{\mu_D} \tag{1-127}$$

由图 1-34 可得

$$y_E-y=(y_E-y_W)+(y_W-y) \tag{1-128}$$

或

$$m_E(t_E-t_g)=m_E[(t_E-t_g)-(t_H-t_g)]+m_W(t_H-t_g) \tag{1-129}$$

降速和等速干燥阶段干燥速率之比可由下式计算

$$\frac{R_{DⅡ}}{R_{DI}}=\frac{1}{1+Bi_M\dfrac{\dfrac{Bi_H}{Bi_M}-\dfrac{m_W}{m_{EW}}}{1-\dfrac{m_W}{m_{EW}}}} \tag{1-130}$$

应当注意，干燥速率与湿含量的关系如同物料内 Bi_M 与干区厚度的关系。用物体总厚度表示 Biot 数 Bi_M，则有

$$Bi_M=Bi_{Mt}\frac{b_D}{b} \tag{1-131}$$

干区的实际厚度可能与湿含量有关

$$\frac{x-x^*}{x_{cr}-x^*}=1-\frac{b_D}{b} \tag{1-132}$$

将式(1-131)和式(1-132)代入式(1-130)中，可得降速干燥阶段干燥速率的表达式。退缩蒸发面模型的局限性在于它仅适用于非吸水性多孔物料。Przesmycki 和 Strumiłło[15] 对吸水性多孔物料已提出一个类似的模型。退缩面模型已成功地用于冷冻干燥和喷雾干燥。

1.5　干燥器设计计算

1.5.1　间歇干燥器干燥时间计算

间歇干燥操作如图 1-35 所示。假设：物料与热空气在干燥器内完全混合；不考虑物料内的温度、湿含量分布；干燥器无热损；临界湿含量（x_c）和平衡湿含量（x_e）一定；湿空气比热容（c_H）、水分蒸发潜热（r_m）一定；干燥速率（R_D）与恒速干燥速率（R_{Dc}）之间的关系为

$$R_D=f(x)R_{DC} \tag{1-133}$$

在加热阶段，$f(x)=0$；在恒速干燥阶段，$f(x)=1$；在降速干燥阶段，可近似为

$$f(x)=\frac{x-x_e}{x_c-x_e} \tag{1-134}$$

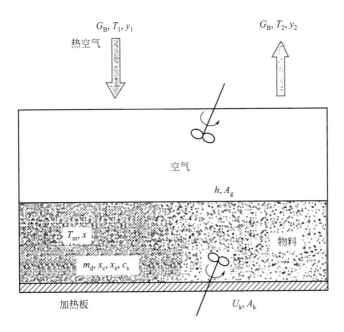

图 1-35　热空气完全混合型间歇干燥器

对于该操作，物料与热风间的热质衡算为

热量衡算：

$$-m_\mathrm{d} r_\mathrm{m} \frac{\mathrm{d}x}{\mathrm{d}\theta} + m_\mathrm{d}(c_\mathrm{s} + x c_\mathrm{w}) \frac{\mathrm{d}T_\mathrm{m}}{\mathrm{d}\theta} = h A_\mathrm{g}(T_2 - T_\mathrm{m}) + U_\mathrm{k} A_\mathrm{k}(T_\mathrm{k} - T_\mathrm{m}) \tag{1-135}$$

$$h A_\mathrm{g}(T_2 - T_\mathrm{m}) = G_\mathrm{B} c_\mathrm{H}(T_1 - T_2) \tag{1-136}$$

式中，m_d 是干物料的质量，kg；r_m 是温度 T_m 下的蒸发潜热，J/kg；θ 是时间，s；c_s 和 c_w 是物料和水的比热容，J/(kg·K)；T_m 是物料温度，K；G_B 是干空气的质量流量，kg/s；c_H 是湿比热容，kg/(kg 干空气·K)；h 是空气与物料间的对流传热系数，W/(m²·K)；A_g 是空气与物料间的接触面积，m²；U_k 是加热板与物料的总括热传导系数，W/(m²·K)；A_k 是加热板与物料的接触面积，m²。

式(1-135) 和式(1-136) 可整理为

$$-m_\mathrm{d} r_\mathrm{m} \frac{\mathrm{d}x}{\mathrm{d}\theta} + m_\mathrm{d}(c_\mathrm{s} + x c_\mathrm{w}) \frac{\mathrm{d}T_\mathrm{m}}{\mathrm{d}\theta} = \frac{G_\mathrm{B} c_\mathrm{H} h A_\mathrm{g}}{G_\mathrm{B} c_\mathrm{H} + h A_\mathrm{g}}(T_1 - T_\mathrm{m}) + U_\mathrm{k} A_\mathrm{k}(T_\mathrm{k} - T_\mathrm{m})$$

$$\tag{1-137}$$

质量衡算：

$$-m_\mathrm{d} \frac{\mathrm{d}x}{\mathrm{d}\theta} = R_\mathrm{D} = f(x) k_\mathrm{g} A_\mathrm{g}(y_\mathrm{m}^* - y_2) \tag{1-138}$$

$$-m_\mathrm{d} \frac{\mathrm{d}x}{\mathrm{d}\theta} = G_\mathrm{B}(y_2 - y_1) \tag{1-139}$$

式中，y_m^* 是温度 T_m^* 下的假定饱和湿度，kg 水蒸气/kg 干空气，可以通过温度 T_m^* 下的饱和压力进行估算；k_g 是传质系数，kg/(m²·s)。

式(1-138) 和式(1-139) 可整理为

$$-m_\mathrm{d} \frac{\mathrm{d}x}{\mathrm{d}\theta} = \frac{f(x) k_\mathrm{g} A_\mathrm{g} G_\mathrm{B}}{f(x) k_\mathrm{g} A_\mathrm{g} + G_\mathrm{B}}(y_\mathrm{m}^* - y_1) \tag{1-140}$$

将 $\dfrac{\mathrm{d}T_\mathrm{m}}{\mathrm{d}\theta}=0$，$T_\mathrm{m}=T_\mathrm{m}^*$，$r_\mathrm{m}=r_\mathrm{m}^*$（温度 T_m^* 下的蒸发潜热）代入式(1-137) 和式(1-140)，整理后可得

$$\frac{G_\mathrm{B}c_\mathrm{H}hA_\mathrm{g}}{G_\mathrm{B}c_\mathrm{H}+hA_\mathrm{g}}(T_1-T_\mathrm{m}^*)+U_\mathrm{k}A_\mathrm{k}(T_\mathrm{k}-T_\mathrm{m}^*)=\frac{f(x)k_\mathrm{g}A_\mathrm{g}G_\mathrm{B}r_\mathrm{m}^*}{f(x)k_\mathrm{g}A_\mathrm{g}+G_\mathrm{B}}(y_\mathrm{m}^*-y_1) \qquad (1\text{-}141)$$

根据干燥器入口的热空气条件，可通过式(1-141) 计算 y_m^* 和 T_m^*。在降速干燥阶段，y_m^* 还与物料的湿含量有关。

恒速干燥阶段，$f(x)=1$。把 $T_\mathrm{m}^*=T_\mathrm{mc}$，$y_\mathrm{m}^*=y_\mathrm{mc}$ 以及 $h/k_\mathrm{g}\approx c_\mathrm{H}$ 代入式(1-141)，可得恒速干燥阶段物料温度（T_mc）与临界湿含量（y_mc）之间的关系：

$$\frac{G_\mathrm{B}c_\mathrm{H}hA_\mathrm{g}}{G_\mathrm{B}c_\mathrm{H}+hA_\mathrm{g}}(T_1-T_\mathrm{mc})+U_\mathrm{k}A_\mathrm{k}(T_\mathrm{k}-T_\mathrm{mc})=\frac{hA_\mathrm{g}G_\mathrm{B}r_\mathrm{m}}{hA_\mathrm{g}+G_\mathrm{B}c_\mathrm{H}}(y_\mathrm{mc}-y_1) \qquad (1\text{-}142)$$

从而，可计算不同阶段的干燥时间。

预热阶段：

$$\theta_\mathrm{I}=\frac{m_\mathrm{d}(c_\mathrm{s}+x_\mathrm{f}c_\mathrm{w})}{\alpha+\beta}\ln\left[\frac{\alpha T_1+\beta T_\mathrm{k}-(\alpha+\beta)T_\mathrm{mf}}{\alpha T_1+\beta T_\mathrm{k}-(\alpha+\beta)T_\mathrm{mc}}\right] \qquad (1\text{-}143)$$

其中

$$\alpha=\frac{hA_\mathrm{g}G_\mathrm{B}c_\mathrm{H}}{hA_\mathrm{g}+G_\mathrm{B}c_\mathrm{H}} \qquad (1\text{-}144)$$

$$\beta=U_\mathrm{k}A_\mathrm{k} \qquad (1\text{-}145)$$

恒速干燥阶段：

$$\theta_\mathrm{II}=\frac{m_\mathrm{d}r_\mathrm{m}(x_\mathrm{f}-x_\mathrm{c})}{\alpha(T_1-T_\mathrm{mc})+\beta(T_\mathrm{k}-T_\mathrm{mc})} \qquad (1\text{-}146)$$

如无导热，T_mc 即热空气对应的湿球温度。

降速干燥阶段：

$$\theta_\mathrm{III}=\frac{m_\mathrm{d}(c_\mathrm{s}+x_\mathrm{p}c_\mathrm{w})}{\alpha+\beta}\ln\left[\frac{\alpha T_1+\beta T_\mathrm{k}-(\alpha+\beta)T_\mathrm{mc}}{\alpha T_1+\beta T_\mathrm{k}-(\alpha+\beta)T_\mathrm{mp}}\right] \qquad (1\text{-}147)$$

物料的最终温度 T_mp 可由下式计算

$$\frac{T^*-T_\mathrm{mp}}{T^*-T_\mathrm{mc}}=\frac{r_\mathrm{m}(x_\mathrm{p}-x_\mathrm{e})-c_\mathrm{s}(T^*-T_\mathrm{mc})\left(\dfrac{x_\mathrm{p}-x_\mathrm{e}}{x_\mathrm{c}-x_\mathrm{e}}\right)^{\eta}}{r_\mathrm{m}(x_\mathrm{p}-x_\mathrm{e})-c_\mathrm{s}(T^*-T_\mathrm{mc})} \qquad (1\text{-}148)$$

其中

$$T^*=\frac{hA_\mathrm{g}T'+U_\mathrm{k}A_\mathrm{k}T_\mathrm{k}}{hA_\mathrm{g}+U_\mathrm{k}A_\mathrm{k}} \qquad (1\text{-}149)$$

$$\eta=\frac{r_\mathrm{m}(x_\mathrm{c}-x_\mathrm{e})}{c_\mathrm{s}(T^*-T_\mathrm{mc})} \qquad (1\text{-}150)$$

$$T'=T_\mathrm{mp}+\frac{\alpha(T_1-T_\mathrm{mp})}{hA_\mathrm{g}} \qquad (1\text{-}151)$$

式中，x_c、x_p 分别是物料初始和最终湿含量；T_mc、T_mp 分别是物料的初始和最终温度。

上述公式，若令 $\beta=0$，则只针对对流传热的情形。

1.5.2　连续干燥器容积的计算

连续干燥器内热空气和物料的状态变化如图 1-36 所示。假设：物料和热空气沿干燥器

长度方向为柱塞流动；在与干燥器长度垂直的方向，物料完全混合；其他与上述间歇干燥相同。干燥器长度方向微小单元 dz 的热质衡算如下。

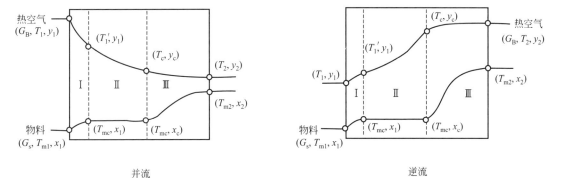

并流　　　　　　　　　　　　　逆流

图 1-36　连续干燥器内热空气和物料的状态变化

热量衡算：

$$-G_s r_m \frac{\mathrm{d}x}{\mathrm{d}z} + G_s(c_s + x c_w)\frac{\mathrm{d}T_m}{\mathrm{d}z} = ha A_D(T_1 - T_m) + U_k L_k(T_k - T_m) \tag{1-152}$$

$$\pm G_B c_H \frac{\mathrm{d}T}{\mathrm{d}z} = -ha A_D(T_1 - T_m) \tag{1-153}$$

式中，G_s 是干物料供给速度，kg/s；z 是干燥器长度方向的坐标，m；ha 是传热容积系数，$W/(m^3 \cdot K)$；A_D 是干燥器横截面积，m^2；L_k 是与物料接触的加热板宽度，m。

对于"±"，并流为"正"、逆流为"负"（下同）。

质量衡算：

$$-G_s \frac{\mathrm{d}x}{\mathrm{d}z} = R_{Dc} f(x) \tag{1-154}$$

$$\pm G_B c_H \frac{\mathrm{d}y}{\mathrm{d}z} = -G_s \frac{\mathrm{d}x}{\mathrm{d}z} \tag{1-155}$$

这里定义恒速干燥速率为

$$R_{Dc} = \frac{ha A_D(y_m^* - y)}{h/k_g} \tag{1-156}$$

将 $\frac{\mathrm{d}T_m}{\mathrm{d}z} = 0$，$T_m = T_m^*$，式（1-154）和式（1-156）代入式（1-152），可得假定的饱和湿度 y_m^*。

$$ha A_D(T - T_m^*) + U_k L_k(T_k - T_m^*) = ha A_D \frac{r_m(y_m^* - y)f(x)}{c_H} \tag{1-157}$$

同样地，可以得到恒速干燥阶段物料温度（T_{mc}）与临界湿含量（y_{mc}）之间的关系：

$$ha A_D(T - T_{mc}) + U_k L_k(T_k - T_{mc}) = ha A_D \frac{r_m(y_{mc} - y)}{c_H} \tag{1-158}$$

从而，干燥器的容积可如下进行计算。这里，没有考虑导热的影响。

预热阶段：

假设空气湿度不发生变化，将 $\frac{\mathrm{d}x}{\mathrm{d}z} = 0$，代入式（1-152）和式（1-153），可得物料温度从 T_{m1} 提升至 T_{mc} 所需热量为

$$Q_{\mathrm{I}} = \pm G_{\mathrm{B}} c_{\mathrm{H}} (T_1 - T_1') = G_s (c_s + x_1 c_w)(T_{mc} - T_{m1}) = ha V_{\mathrm{I}} \frac{(T_1 - T_{m1}) - (T_1' - T_{mc})}{\ln\left(\dfrac{T_1 - T_{m1}}{T_1' - T_{mc}}\right)}$$

$$(1\text{-}159)$$

式中，T_{mc} 是热空气（T_1'，y_1）的湿球温度 T_w。如果 ha 已知，上式的未知参数为 T_1'、T_{mc} 和 V_{I}。联合式(1-158)，便可以确定 V_{I}。

恒速干燥阶段：

不考虑导热作用，T_{mc} 等于湿球温度，物料温度不变。联合式（1-152）～式（1-155），可得

$$Q_{\mathrm{II}} = \pm G_{\mathrm{B}} c_{\mathrm{H}} (T_1' - T_c) = G_s r_w (x_1 - x_c) = ha V_{\mathrm{II}} \frac{T_1' - T_c}{\ln\left(\dfrac{T_1' - T_{mc}}{T_c - T_{mc}}\right)} \qquad (1\text{-}160)$$

上式的未知参数为 T_c 和 V_{II}，便可以确定 V_{II}。这里，将 $x_2 = x_c$、y_2（逆流为 y_1）$= y_c$ 代入下式

$$\pm G_{\mathrm{B}} (y_2 - y_1) = G_s (x_1 - x_2) \qquad (1\text{-}161)$$

降速干燥阶段：

如果忽略此阶段的水分蒸发过程，则其类似于预热阶段（物料从 T_{mc} 加热至 T_{m2}），V_{III} 可通过下式获得。

$$Q_{\mathrm{III}} = \pm G_{\mathrm{B}} c_{\mathrm{H}} (T_c - T_2) = G_s (c_s + x_2 c_w)(T_{m2} - T_{mc}) = ha V_{\mathrm{III}} \frac{(T_c - T_{mc}) - (T_2 - T_{m2})}{\ln\left(\dfrac{T_c - T_{mc}}{T_2 - T_{m2}}\right)}$$

$$(1\text{-}162)$$

关于干燥器的设计计算，读者可进一步参考 Toei、Okazaki 和 Tamon[16]、田门[17]、中村和立元[18]（http://ntechx.o.oo7.jp/sub9.html）以及 Pakowski 和 Mujumdar[19] 的研究成果。表 1-8 给出一些典型干燥器的传热容积系数（ha）及总括传导传热系数（U_{k}）的范围[18]。

表 1-8 典型干燥器的传热容积系数（ha）及总括传导传热系数（U_{k}）

间歇式热风干燥器

形式	传热容积系数 ha /[W/(m³·K)]	临界含水率 /(kg/kg 干重)	热风与材料的温度差 $(T_G - T_m)_{av}$/℃	热风温度 T_G /℃
箱型（平行气流）	200～350	>0.25	30～100	100～150
箱型（穿行气流）	3000～9000（粒状） 1000～3500（泥状）	>0.25	50	100～150

连续式热风干燥器

形式	传热容积系数 ha /[W/(m³·K)]	临界含水率 /(kg/kg 干重)	热风与材料的温度差 $(T_G - T_m)_{lm}$/℃	热风温度 T_G /℃
带式（平行气流）	50～100	>0.25	30～60（逆流） 50～70（并流）	100～200
带式（穿行气流）	800～2300	>0.25	40～60	100～200
隧道	200～350	>0.25	30～60（逆流） 50～70（并流）	100～200 100～200
冲击（喷射流）	80～180	>0.25	30～80	100～150
移动床	6000～15000	0.02～0.25	100～150（逆流）	200～300

连续式热风干燥器

形式	传热容积系数 ha /[W/(m³·K)]	临界含水率 /(kg/kg 干重)	热风与材料的温度差 $(T_G-T_m)_{lm}$/℃	热风温度 T_G /℃
转筒	100~230	0.02~0.1	80~150(逆流) 100~180(并流)	200~600 300~600
通气转筒	1000~3000	0.02~0.1	80~100	100~250
流化床	2000~7000	0.01~0.1	50~150(卧室及一室) 80~100(多段逆流)	100~600 200~350
气流	(投入口附近)35000~600000 (终速区)500~2000	0.01~0.05	100~180(并流)	400~600
喷雾	(喷雾器附近)100~200 (喷雾器 2m 以外)20~50	0.4~1.0	80~90(逆流) 70~170(并流)	200~300 200~450

连续式传导传热干燥器

形式	总括传导传热系数 U_k /[W/(m²·K)]	临界含水率 /(kg/kg 干重)	热媒体与材料的温度差 $(T_h-T_m)_{lm}$/℃
转鼓	100~250	0.1	50~80
卧室搅拌(带蒸汽加热管)	60~150	0.02~0.05	50~100

注：下标 av—算数平均；下标 lm—对数平均。

符号说明

A——物质常数 [式(1-3)]；

A^*——平衡等温线 $y_{eq}=f(x)$ 的局部斜率；

A_g——空气与物料间的接触面积，m²；

A_k——加热板与物料的接触面积，m²；

a——比表面积，m²/m³；

B——物质常数 [式(1-3)]；

Bi——毕渥数；

C——物质常数 [式(1-3)]；

c_A——湿空气的比热容，J/(kg·K)；

c_g——干空气的比热容，J/(kg·K)；

c_H——湿比热容，kg/(kg 干空气·K)；

c_i——液体的比热容，J/(kg·K)；

c_p——空气的比定压热容，J/(kg·K)；

c_s——绝干物料的比热容，kJ/(kg·K)；

c_w——水的比热容，J/(kg·K)；

D——扩散系数，m²/s；

D_{AS}——湿分在物料中的扩散系数，m²/s；

d——颗粒直径，m；

E——弹性模量，kN/m²；

E_s——剪切弹性模量，kN/m²；

G_A——水分蒸发量，kg/s；

G_B——干空气流量，kg/s；

G_g——湿空气流量，kg/s；

G_m——湿物料流量，kg/s；

G_s——绝干物料流量，kg/s；

H——床层高度，m；

ΔH_s——吸附热或解吸热，kJ/kg；

ΔH_w——摩尔蒸发潜热，J/kg；

h——空气与物料间的对流传热系数，W/(m²·K)；

I,i——焓，J/kg；

i_H——湿空气的焓，J/kg；

i_g——气体的焓，kJ/kg；

i_m——物料的焓，kJ/kg；

i_{AV}——水蒸气的焓，kJ/kg；

K——总传热系数，W/(m²·K)；

k_g——传质系数，kg/(m²·s)；

k_y——气相传质系数，kg/(m²·s)；

k_s——物料中的传质系数，kg/(m² · s)；

L——长度，m；

L_k——与物料接触的加热板宽度，m；

M——分子量；

M_g——干空气的分子量；

M_w——水的分子量；

m_A——水或水蒸气的质量，kg；

m_d——绝干物料的质量，kg；

m_g——干空气的质量，kg；

m_m——湿物料的质量，kg；

m_w——水或水蒸气的质量，kg；

n——物质的量，mol；

n_A——水的物质的量，mol；

n_g——空气的物质的量，mol；

p——压力，Pa；

p_A——水蒸气分压，Pa；

p_r——毛细管弯月面上方的蒸汽压，Pa；

p_w——蒸汽压，Pa；

p_s——饱和蒸气压，Pa；

Q——热流量，W/m²；

Q_{ext}——外加热器供应的热量，kJ/s；

Q_{int}——内加热器供应的热量，kJ/s；

q——以蒸发1kg水分计的热量，kJ/(kg · s)；

R——气体常数，J/(mol · K)；

R_D——干燥速率，kg/(m² · s)；

r——汽化潜热，kJ/kg；空隙半径，m；

r_0——0℃时水的汽化潜热，J/kg；

r_m——温度 T_m 下的蒸发潜热，J/kg；

r_w——湿球温度时水的汽化潜热，J/kg；

S_i, S_y, S_t——熵、绝对湿度和温度的比例尺（图 1-5）；

T——热力学温度，K；

T_g——空气温度，K；

T_m——物料温度，K；

T_{mc}——物料的初始温度，K；

T_{mp}——物料的最终温度，K；

T_s——饱和温度，K；

t——温度，℃；

t_{as}——湿气体的绝热饱和温度，℃；

t_g——气体温度，℃；

t_w——气体的湿球温度，℃；

U——总传热系数，W/(m² · K)；

U_k——加热板与物料的总括热传导系数，

W/(m² · K)；

u_g——空气流速，m/s；

V——体积，m³；

V_l——饱和液体的摩尔体积，m³/mol；

V_v——蒸汽的摩尔体积，m³/mol；

v——比体积，m³/kg；

v_A——水蒸气的比体积，m³/kg；

v_g——干空气的比体积，m³/kg；

v_H——湿空气的比体积，m³/kg；

v_l——液体的比体积，m³/kg；

w——湿基含水量，%；

x——干基湿含量，kg/kg；

x^*——平衡干基湿含量，kg/kg；

x_e——出口处物料干基湿含量或平衡湿含量，kg/kg；

x_c、x_p——物料初始和最终湿含量，kg/kg；

y——空气的绝对湿度，kg 水汽/kg 干空气；

y_e——出口处空气的绝对湿度或平衡湿度，kg/kg；

y_{eqm}——物料表面温度下的平衡气体绝对湿度，kg/kg；

y_s——空气饱和时的绝对湿度，kg 水汽/kg 干空气；

y_{weq}——与湿球温度平衡时的绝对湿度，kg 水汽/kg 干空气

α——热扩散系数，m²/s；

β——体积收缩率；

γ——线性收缩系数；

Δ'——干燥介质在干燥器中获得热量之和 [式(1-65)]，kJ/(kg · s)；

ΔG——排除1mol水的附加能量，J/mol；

δ——自由收缩率；

ε——空隙率或应变；

ζ——实际收缩率；

λ——热导率，kcal/(K · m) 或 W/(m · K)；

ξ——弯曲率；

θ——干燥时间，s；

ρ——密度，kg/m³；

ρ_H——湿空气的密度，kg/m³；

σ——表面张力、应力，kPa；

τ——剪应力，kN/m²；

φ——相对湿度，%。

参考文献

［1］　潘永康，王喜忠，刘相东. 现代干燥技术. 2版. 北京：化学工业出版社，2007.

［2］　Pakowski Z. Appendix A: Enthalpy-Humidity Charts In: Handbook of Industrial Drying. 2nd edition. Mujumdar AS ed New York: Marcel Dekker Inc, 1995: 1369-1384.

［3］　Gong Z X, Jangam S V, Mujumdar A S. Simprosys-software for dryer calculations In Handbook of Industrial Drying. 4th edition. Mujumdar A S, ed CRC Press, Taylor & Francis Group, 2014: 1209-1228.

［4］　Mujumdar A S. Principles, Classification, and Selection of Dryers In: Handbook of Industrial Drying: 4th edition. Mujumdar AS ed CRC Press, Taylor & Francis Group, 2014: 13.

［5］　Strumillo C, Kudra T. Drying: Principles, Applications and Design. New York: Gordon and Breach Science Publishers, 1986.

［6］　金兹布尔格 А С. 食品干燥原理与技术基础. 高奎元，译. 北京：中国轻工业出版社，1986.

［7］　Dinçer I, Zamfirescu C. Drying Phenomena: Theory and Applications. John Wiley & Sons, Ltd, 2016: 76-79.

［8］　Do D D. Adsorption Analysis: Equilibria and Kinetics. Imperial College Press, 1998: 120.

［9］　Keey R B. Drying of Losse and Particulate Materials. New York: Hemisphere Publishing Corporation, 1992.

［10］　化学工学会. 最近の化学工学 52：乾燥工学の進展. 化学工業社，2000.

［11］　Schoeber W J A H, Thijssen H A C. A short-cut method for the calculation of drying rates for slabs with concentration-dependent diffusion coefficient. AICHE Symposium Series, 1977, 73: 12-24.

［12］　Kerkhof P J A M. The role of theoretical and mathematical modelling in scale-up. Drying Technology, 1994, 12: 1-46.

［13］　Coumans W J. Models for drying kinetics based on drying curves of slabs. Chemical Engineering and Processing, 2000, 39: 53-68.

［14］　Chen X D, Putranto A. Modelling Drying Processes: A Reaction Engineering Approach. Cambridge University Press, 2013.

［15］　Przesmycki Z, Strumiłło C. The Mathematical Modelling of Drying Process Based on Moisture Transfer Mechanism. Drying ' 85, R Toei and AS Mujumdar（eds.）. 1985: 126-134.

［16］　Toei R, Okazaki M, Tamon H. Conventional basic design for convection or conduction dryers. Drying Technology, 1994, 12（1&2）: 59-98.

［17］　田門肇. 乾燥技術実務入門：現場の疑問を解決する. 日刊工業新聞社，2012.

［18］　中村正秋，立元雄治. 初歩から学ぶ乾燥技術：基礎と実践. 第2版. 丸善出版，2013.

［19］　Pakowski Z, Mujumdar A S. Basic Process Calculations and Simulations in Drying. 4th edition. In: Handbook of Industrial Drying Mujumdar A S, ed CRC Press, Taylor & Francis Group, 2014: 50-75.

（李占勇，潘永康）

第 2 章

干燥中的试验技术和测量方法

干燥过程的计算需要许多干燥工艺参数，如物料的特性、干燥动力学数据、传递系数等。在大多数情况下，这些参数不能由分析得到，而需由试验来测定。

干燥试验的目的一般包括：

① 选择适宜的干燥设备；

② 确定设计所需的数据；

③ 考察已有干燥设备的有效性和处理能力；

④ 考察操作条件对产品性状和质量的影响；

⑤ 研究干燥机理。

当试验的目的是选择适宜的干燥设备和确定设计所需的数据时，需在试验设备上做一系列试验。试验设备应与实际设备为同一类型，并在相同的热力条件和物料处理状态下做试验。参数变动的范围要宽一些，最好在已有的工业设备上进行[1]。

由于试验研究的目的及干燥特性测定的多样性，本章只介绍一些常用的参数及其测量方法[2,3]。其他参数的测量可参考本书相关章节或文献。

2.1 物料的物性参数测量

干燥过程是干燥介质（空气等）与物料特性共同作用的结果，本节将介绍物料的物理参数和热物理参数的测量方法。

2.1.1 颗粒性物料的物性参数

干燥过程中颗粒性物料较多，其填充与堆积特性与干燥过程中的力学、传热以及流体透过等性质密切相关。

2.1.1.1 颗粒堆积密度（ρ_B）和真密度（ρ_P）

堆积密度或堆密度，是单位体积粉体的质量，kg/m^3。粉体可以是自然堆积而成，或者按一定方法（比如振荡 5min）充填到已知的容器中。所以，堆积密度与物料的填充方式有关，需要考虑构成粉体层的颗粒排列状态、颗粒形状以及颗粒间的相互作用力等。

颗粒的真密度是指在某一标准温度下，密实的物料其单位体积所具有的质量或固体物料的质量除以不包括内外孔在内的物料体积，也即材料密度。注意，颗粒密度一般是包含颗粒内孔而计算的[4]。

2.1.1.2　填充率（ψ）和孔隙率（ε）

填充率是指在一定填充状况下，颗粒体积占粉体床层体积的比率。孔隙率是指颗粒床层中的空隙在填充体积中所占比率，也叫空隙率[4]。对于气固体系，一般气体密度远低于颗粒密度，所以孔隙率和填充率可计算为：

$$\varepsilon = 1 - \psi = 1 - \frac{\rho_B}{\rho_P} \tag{2-1}$$

2.1.1.3　颗粒的粒径

（1）单颗粒的当量直径

对于单一的球形颗粒，直径即为粒径。一般地，初始物料和干燥所得产品并非呈球形，可由颗粒不同方向上的尺寸，按照一定的计算方法加以平均，得到单个颗粒的平均直径。或者基于面积、体积、比表面积等，表示为颗粒的当量直径（见表 2-1）。比如，设颗粒的表面积为 S_p，其粒径为 d_s，则：

$$d_s = \sqrt{\frac{S_p}{\pi}} \tag{2-2}$$

在实际生产中，单个颗粒并不能完全代表颗粒群的特征，在许多情况下，需要了解颗粒群的粒径频率分布和累积分布。

表 2-1　颗粒当量直径的定义[4]

序号	名称	定义	公式
d_v	体积直径	与颗粒具有相同体积的圆球直径	$V = \frac{\pi}{6} d_v^3$
d_s	面积直径	与颗粒具有相同表面积的圆球直径	$S = \pi d_s^2$
d_{sv}	面积体积直径	与颗粒具有相同的外表面和体积比的圆球直径	$d_{sv} = \frac{d_v^3}{d_s^2}$
d_{st}	Stokes 直径	与颗粒具有相同密度且在同样介质中具有相同自由沉降速度（层流区）的直径	
d_a	投影面直径	与置于稳定的颗粒的投影面相同的圆的直径	$A = \frac{\pi}{4} d_a^2$
d_L	周长直径	与颗粒的投影外形周长相等的圆的直径	$L = \pi d_L$
d_A	筛分直径	颗粒可以通过的最小方筛孔的宽度	

（2）颗粒群的粒径频率分布和累积分布

在粉粒体样品中，某一粒径（D_p）或某一粒径范围（ΔD_p）的颗粒（所对应的颗粒个数为 n_p）在样品中所占的百分含量（%），即为频率，用 $f(D_p)$ 或 $f(\Delta D_p)$ 表示[4]。若样品中的颗粒总数用 N 表示，则有如下关系：

$$f(D_p) = \frac{n_p}{N} \times 100\% \tag{2-3}$$

或

$$f(\Delta D_p) = \frac{n_p}{N} \times 100\% \tag{2-4}$$

这样就形成了粒径的频率分布关系，可以用直方图的形式表示。

将粒径的频率分布按一定方式累积，得到颗粒相应的累积分布关系。一般地，按颗粒从小到大进行累积，称为筛下累积。筛下累积分布 $D(D_p)$，表示小于某一粒径的颗粒数（或质量，也可是其他特性参数）的百分数。

频率分布 $f(D_p)$ 和累积分布 $D(D_p)$ 之间的关系，是微分和积分的关系：

$$D(D_p) = \int_{D_{min}}^{D_p} f(D_p)dD_p \tag{2-5}$$

$$f(D_p) = \frac{dD(D_p)}{dD_p} \tag{2-6}$$

因此，$f(D_p)$ 和 $D(D_p)$ 又称为颗粒粒径分布微分和积分函数。

（3）平均粒径

在粉体粒径的测定中，根据需要有各式各样的平均粒径，来定量地表达颗粒群（多分散体）的粒度大小。以颗粒个数和质量为基准的平均粒径计算公式见表 2-2。

表 2-2　平均粒径计算公式

序号	平均粒径名称	符号	个体基准平均径	质量基准平均径
1	个体长度平均径	D_{nl}	$D_{nl} = \dfrac{\sum(nd)}{\sum n}$	$D_{nl} = \dfrac{\sum(w/d^2)}{\sum(w/d^3)}$
2	长度表面积平均径	D_{Ls}	$D_{Ls} = \dfrac{\sum(nd^2)}{\sum(nd)}$	$D_{Ls} = \dfrac{\sum(w/d)}{\sum(w/d^2)}$
3	表面积体积平均径	D_{sv}	$D_{sv} = \dfrac{\sum(nd^3)}{\sum(nd^2)}$	$D_{sv} = \dfrac{\sum w}{\sum(w/d)}$
4	体积四次矩平均径	D_{vm}	$D_{vm} = \dfrac{\sum(nd^4)}{\sum(nd^3)}$	$D_{vm} = \dfrac{\sum(w/d)}{\sum w}$
5	个数表面积平均径	D_{ns}	$D_{ns} = \sqrt{\dfrac{\sum(nd^2)}{\sum n}}$	$D_{ns} = \sqrt{\dfrac{\sum(w/d)}{\sum(w/d^3)}}$
6	个数体积平均径	D_{nv}	$D_{nv} = \sqrt[3]{\dfrac{\sum(nd^3)}{\sum n}}$	$D_{nv} = \sqrt[3]{\dfrac{\sum(w)}{\sum(w/d^3)}}$
7	长度体积平均径	D_{Lv}	$D_{Lv} = \sqrt{\dfrac{\sum(nd^3)}{\sum(nd)}}$	$D_{Lv} = \sqrt{\dfrac{\sum w}{\sum(w/d^2)}}$
8	调和平均径	D_h	$D_h = \dfrac{\sum n}{\sum(n/d)}$	$D_h = \dfrac{\sum(w/d^3)}{\sum(w/d^4)}$
9	几何平均径	D_g	$D_g = \left(\prod_{i=1}^{n} d_i^{n_i}\right)^{\frac{1}{N}} = \prod_{i=1}^{n} d_i^{f_i}$，式中 $\prod_{i=1}^{n}$ 代表 n 个 $d_i^{f_i}$（或 $d_i^{n_i}$）的连乘	

平均粒径表达式的通式归纳如下：

以个数为基准：
$$D = \left(\frac{\sum nd^\alpha}{\sum nd^\beta}\right)^{\frac{1}{\alpha-\beta}} = \left(\frac{\sum f_n d^\alpha}{\sum f_n d^\beta}\right)^{\frac{1}{\alpha-\beta}} \tag{2-7}$$

以质量为基准：
$$D = \left(\frac{\sum wd^{\alpha-3}}{\sum wd^{\beta-3}}\right)^{\frac{1}{\alpha-\beta}} = \left(\frac{\sum f_w d^{\alpha-3}}{\sum f_w d^{\beta-3}}\right)^{\frac{1}{\alpha-\beta}} \tag{2-8}$$

式中，f_n，f_w 分别为个数基准与质量基准的频率分布。

在工程技术上，最常用的平均粒径是 D_{nl} 和 D_{sv}，前者主要用光学显微镜和电子显微镜测得，后者则主要用比表面积测定仪测得。需要注意的是，即使同样的粉体物料，各种平均粒径有时相差也很大。

（4）粒径的测量技术

表 2-3 列出了粉体粒径测量的主要方法，详见粉体技术相关文献[4]。

表 2-3 粉体粒径测量的方法

测量方法		测量仪器	测量结果
直接观察法		放大投影仪、图像分析仪(与光学显微镜或电子显微镜相连)、能谱仪(与电子显微镜相连)	粒度分布、形状参数
筛分法		电磁振动式,声波振动式	粒度分布直方图
沉降法	重力	密度计、密度天平、沉降天平、光透过式、X 射线透过式	粒度分布
	离心力	光透过式、X 射线透过式	粒度分布
激光法	光衍射	激光粒度仪	粒度分布
	光子相干	光子相干粒度仪	粒度分布
小孔透过法		库尔特粒度仪	粒度分布、个数计量
流体透过法		气体透过粒度仪	比表面积、平均粒度
吸附法		BET 吸附仪	比表面积

2.1.2 物料的比热容

在定压下测量湿物料的比热容方法包括冰热法、混合物法、间接法等。本节仅讨论最常用的方法——混合物法和示差扫描量热仪(DSC)测量比热容[5]。

混合物法是将已知质量的物料加入另一温度下已知质量的水中,然后测量平衡温度,其温度变化如图 2-1 所示。

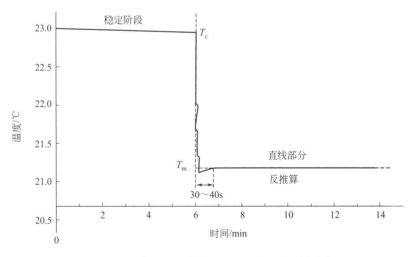

图 2-1 混合物法比热容测试的温度-时间特性[5]

通过水和样品的温度变化,根据能量守恒,通过下式可求出物料的比热容。实验结果证明混合法的测量误差在 4% 以内。

$$c_p m_s (T_m - T_s) = (m_w + E) c_{pw} (T_c - T_m) \qquad (2-9)$$

式中,m_s 是物料的质量;m_w 是水的质量;E 是实验容器中传感器等器件等热容换算成水的质量;T_m 是平衡后的温度;T_s 是物料初始温度;T_c 是水的初始温度;c_p、c_{pw} 是物料、水的比热容,J/(kg·K)。

DSC 法基于热过程中微小变化的测量,因此可以测量随温度变化对比热容的影响。在 DSC 测量过程中以恒定的升温速度加热,可以精准记录物料热能变化,但仅能测量 5~15mg 的物料。另外,DSC 测量比热容是基于温度在物料和物料盘中的均一性假设,但对于低热导率的物料而言，热滞后性会导致比热容的测量误差。

2.1.3　物料的热导率（K）和热扩散率

对于内部条件控制的干燥过程，计算物料内部传热过程时需要获知热扩散率，即 $\dfrac{K}{\rho c_{\mathrm{p}}}$，其中 K 为热导率，反映物质的热传导能力，按傅里叶定律，其定义为单位温度梯度下（在 1m 长度内温度降低 1K）在单位时间内经单位导热面所传递的热量，单位为 kW/(m·K)。根据热导率的大小将物体分为优良的热导体，热的不良导体或热绝缘体。热导率一般受温度的影响较大，还与物料的含水量、结构和孔隙度有关。传热计算时，通常取物料平均温度下的数值；对于非均质物料，采用有效热导率的概念。表 2-4 列出一些物料的有效热导率。

表 2-4　某些物料的有效热导率[1]

物料	温度/℃	热导率/[W/(m·K)]	物料	温度/℃	热导率/[W/(m·K)]
气溶胶、硅石	38	0.022	袋装玻璃绒	38	0.038
石棉	427	0.225	冰	0	2.21
胶木	20	0.232	氧化镁	38	0.067
牛肉(含水 69.5%)	−18	0.622	大理石	20	2.77
牛脂(含水 9%)	−10	0.311	纸		0.130
普通砖	20	0.173~0.346	桃	18~27	1.12
烧结黏土砖	800	1.37	豌豆	18~27	1.05
胡萝卜	−19~−15	0.622	豌豆	−20~−12	0.501
混凝土	20	0.813~1.40	梅子、李子	−17~−13	0.294
软木板	38	0.043	马铃薯	−15~−10	1.09
硅藻土	38	0.052	马铃薯(去皮)	18~27	1.05
纤维绝缘板	38	0.042	石棉纤维	38	0.040
鱼	−20	1.50	硬橡胶	0	0.150
鳕鱼和黑绒鳕	−20	1.83	草莓	18~27	1.35
鱼肉	−23	1.82	火鸡胸肉	−25	0.167
窗玻璃	20	0.882	火鸡腿	−25	1.51
细玻璃绒	38	0.054	橡木	21	0.207

热导率的测量技术分为稳态法和瞬态祛。瞬态法可在 10s 内完成，在如此短的时间内湿分迁移和其他性质的变化较小。

（1）稳态法

试样放在热源和散热片之间，在稳定状态下测量试样中的温度分布。试样可采用不同形状的几何体。

纵向热流（防护热板）法适用于不良热导体热导率的测量。试样为板块状物料。

辐射热流法适用于松散、粉状和颗粒状物料。

（2）瞬态法

也称非稳态法，采用线状热源或板状热源。将稳定热源加在试样外，在试样受热的过程中，测量试样中几个预定点的温度。在用线状热源时，采用一根良导热性的探针。其上带有加热丝，并在中点处装置测温元件。探针插入试样，测量探针的温度。并用傅里叶定律的瞬态解估算热导率。

目前已经测定了大量热导率数据，但主要是均质物料的数据，这些数据也可在手册中查取。均质物料的热导率与温度和组分有关，可用经验方程估算。常用一阶或高阶多项式函数表示温度对热导率的影响。在文献中也有大量以温度和湿含量为函数的经验公式，用于计算热导率。对于非均质物料，采用结构模型来考虑几何结构的影响。表 2-5 列出了几种非均质物料热导率的结构模型。

表 2-5　非均质物料热导率的结构模型

模型	方程	模型	方程
垂直	$\dfrac{1}{K}=\dfrac{1-\varepsilon}{K_1}+\dfrac{\varepsilon}{K_2}$	有效介质理论	$K=K_1\left[b+\left(\dfrac{b^2+2K_1/K_2}{z-2}\right)^{\frac{1}{2}}\right]$
平行	$K=\dfrac{1-\varepsilon}{K_1}+\varepsilon K_2$		$b=\dfrac{\dfrac{z(1-\varepsilon)}{2}-1+\left(\dfrac{K_2}{K_1}\right)\left(\dfrac{\varepsilon z}{2}-1\right)}{(z-2)}$
混合	$\dfrac{1}{K}=\dfrac{1-F}{(1-\varepsilon)K_1+\varepsilon K_2}+F\left(\dfrac{1-\varepsilon}{K_1}+\dfrac{\varepsilon}{K_2}\right)$	Maxwell	$K=\dfrac{K_2[K_1+2K_2-2(1-\varepsilon)(K_2-K_1)]}{K_1+2K_2+(1-\varepsilon)(K_2-K_1)}$
随机	$K=K_1^{1-\varepsilon}K_2^{\varepsilon}$		

注：K 为有效热导率；K_i 为 i 相的热导率；ε 为相 2 的空隙率；F 和 z 为参数。

垂直模型假设导热方向垂直于两相（固液或固气）界面；平行模型则假设导热方向平行于两相界面；混合模型假设导热方向上既有平行层又有垂直层；随机模型假设两相是随机混合的；Maxwell（麦克斯韦）模型假设一个连续介质相（基材）中随机混合了一定体积分数的球形颗粒。用这些假设的结构模型对多孔物料的热导率的计算结果表明，平行模型算出的有效热导率最大，而垂直模型算出的值最小，其他模型得出的值在两者之间。许多物料特别是食品的结构在干燥过程中是变化的，因此湿固体的热导率的理论计算较为困难。对某些特定物料得出的经验方程与实际情况比较符合。

2.1.4　物料中水分的汽化潜热

在干燥过程中，为了克服吸附的水分子和物料内表面之间的吸引力，除了将水从液体变为蒸汽所需的热量之外，还需要额外的能量；随着物料湿含量的降低，物料中水分的蒸发能耗增加，其增加量在恒定温度下与压力的关系可由 Clapeyron 公式描述[5]。

$$\ln P_v=\dfrac{h'_{fg}}{h_{fg}}\ln P_{vs}+C \tag{2-10}$$

式中，P_v 为蒸汽分压；P_{vs} 为饱和蒸汽压；h_{fg} 为自由水的汽化潜热；h'_{fg} 为物料中水的汽化潜热；C 为常数。

$$h'_{fg}=h_{fg}[1+a\exp(bM)] \tag{2-11}$$

根据实验可确定式中的参数 a 和 b，从而建立物料中水的汽化潜热（h'_{fg}）与湿含量（M）的关系，见图 2-2。

2.1.5　物料湿含量的测定

干燥过程中物料的湿含量，特别是最终湿含量的测定非常重要。干燥不足可能导致物料后期的霉变、细菌繁殖、颗粒团聚等，而过度干燥会导致产品质量下降和能量的浪费。另外，物料内部的水分分布影响其干燥质量、加工特性、干燥效率等，无论是从学术研究还是工业需求，干燥过程中物料内部水分分布及其结构变化的可视化研究都很重要。

就技术可行性而言，测量物料湿含量的方法很多，通常分为两类：一类是直接测量法，此法用各种办法把湿分从湿物料中排除掉，然后测量其质量或体积；另一类是间接测量法，此法依据某种参数值与湿含量变化的相关性而间接获得物料的湿含量。

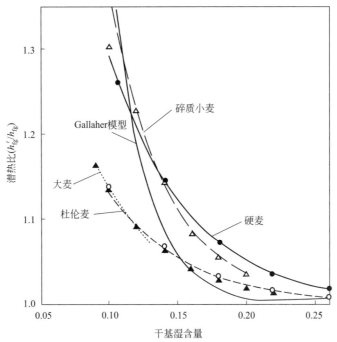

图 2-2 谷物湿含量与汽化潜热比的关系[6,7]

2.1.5.1 直接测量法

（1）物料加热法

把一个已知质量的物料样品放在称量皿中，然后在烘箱中恒温加热，直至恒定的质量。加热温度取决于物料的耐热性，要满足在排出水分时物料不致发生化学变化（氧化或分解等）。对于耐热的物料可在微波炉里加热以排除水分，使测量时间大为缩短，而对于热敏性物料，需在真空干燥箱中低温加热脱水。

（2）化学干燥法

用五氧化二磷、氧化钡、过氯酸镁、无水氯化钙或浓硫酸作湿分吸附剂，把物料试样和适量的吸附剂一起放在干燥器中，经过很长的时间后，试样达到恒重即可算出原湿物料的湿含量，对于含有易氧化组分或芳香物质的物料（如茶叶），宜用此类方法。

（3）共沸蒸馏法

在物料试样中添加与水形成共沸的溶剂，在共沸蒸馏后的收集物中溶剂和水有明显的分层。此法适宜于燃料湿分的测定，采用的溶剂有甲苯、三氯乙烷等。

（4）化学滴定法

最常用的滴定剂是碘，碘与物料中的水起化学反应。

$$I_2 + SO_2 + 2H_2O \Longrightarrow 2HI + H_2SO_4$$

试剂为溶解在甲醇中的二氧化硫、吡啶和碘（称 Karl-Fischer 试剂）的混合物。当游离碘的特殊棕色出现时，达到滴定终点。由上述反应式可计算出水的含量。

其他如气相色谱等方法也可测定物料湿含量。

2.1.5.2 间接测量法

（1）电导率法

物料的电阻是湿含量的函数，但也受电极的几何形状、物料的填装密度、颗粒大小、温度以及电极和散装物料间的接触电阻的影响。假如这些参数保持恒定，则电阻通常呈非线性关系随湿含量的增加而降低。采用的电极与物料有关，通常是平行板或圆棍，但此法的精度不高。

（2）电容法

水的介电常数比大多数物料高，约为 80F/m，据此可通过测量物料的电容变化来测定物料的湿含量，含水率与相对介电常数之间有较好的线性相关性，可以建立两者之间的数学模型[8]。测量时，湿物料试样放在两块平行板之间，或在其边缘放两个电容探针。电容法测量物料的湿含量时，需事先知晓物料湿含量对应的电容值。

（3）微波法

微波是频率介于电波和红外线之间的电磁辐射波，当微波定向穿透物料时，其衰减程度便能定量揭示湿含量，如纺织面料的屏蔽效能与含水率的变化符合指数规律[9]。本方法所用的基本仪器一般包括：一台频率恒定的微波能发生器及一台包括探测器、定标衰减器及读数回路的接收器。测量结果受物料温度的影响，为了抵消这种影响，需要加以校正。

（4）远红外吸收法

该技术在许多工业中采用，测量时不需要接触物料而且反应迅速。用于固体湿分测定的远红外辐射波长范围为 1～3μm，有反射式和透射式两种。为了抵消其他因素的影响，取参照波波长接近于水的吸收波。由测量波长和参照波长之比及检测的能量可知湿含量。由于这种仪器的远红外线多被物料表面吸收，穿透深度浅，故只测得物料表层的湿含量，需注意表面湿含量是否能代表堆积物料的湿含量。目前这种仪器通常安装在操作线上做在线测量，已用于沙子、织物、谷物、食品和纸的湿含量的测量。

（5）近红外光谱成像（NIR）

近红外光谱区域是指波长在 780～2526nm 范围内的电磁波，主要是由 C—H、N—H 和 O—H 等含氢基团的倍频与组合频的吸收谱带组成。该谱区信号容易提取，信息量相对丰富，绝大多数的物质在近红外区都有响应。近红外光谱技术[10]具有分析速度快（采集时间为毫秒级），不破坏样品，操作简单，可定性和定量准确分析等特点，满足了过程分析技术快速、无损、可靠、简便的要求[11]。同时，光纤的应用使近红外光谱分析技术极大地增加了光谱测量的灵活性，尤其适合在线分析。

但单点的 NIR 测量不能描述物料内部的湿含量，因此利用 NIR 光谱成像技术将单点测量扩展成为 2D 或 3D 的测量，结合了近红外光谱技术和传统光学成像技术，通过测量样品空间各点在近红外波段区内的反射（或吸收）光谱，能够得到空间各点的组成和结构信息，可以反映不同组分在不均匀混合样品中的空间及浓度分布。在近红外显微成像中，样品空间各点的光谱可反映出样品的不均匀性和异质性。此外，近红外显微成像技术结合化学计量学分析方法，能够提供化学组分，比如水果中的糖分、蔬菜中的花青素、水果材料中的异物等的空间浓度分布图，实现可视化检测。同时，近红外成像技术相对于其他光谱成像技术（红外光谱、拉曼光谱、荧光光谱等），具有范围更大的检测视野以及对样品表面形状的低限制等特点。与核磁共振（MRI）相比，NIR 设备成本相对较低，不同的组分（水和冰）可以同时实现可视化，因而 NIR 光谱成像在物料内部湿分分布可视化方面比 MRI 应用更广。

NIR 成像设备如图 2-3 所示，由微切片机（AST-024s，日本东芝机械有限公司）、光谱照明器（S-10，日本索玛光电股份有限公司）和近红外相机（XEVA-USB-FP，比利时 XenICs）组成。微切片机含有旋转切片机和进给电机，样品可以以 1～30μm 的精度进给，通过旋转切片机反复切割样品的顶部，连续暴露不同深度的横截面，样品架通过浸没式冷却器可以保持在 −15℃，以便可以测量冷冻样品。光谱照明器可以实现 400～1600nm 任意波长的照明。近红外相机配有 5 倍的放大镜头，对 900～1600nm 的光谱非常敏感。

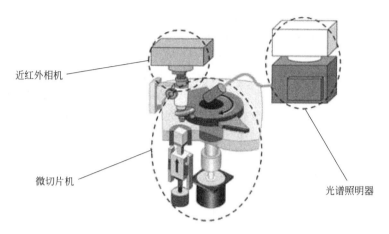

图 2-3　NIR 成像设备[10]

（6）核磁共振成像（MRI）

核磁共振是指具有固定磁矩的原子核，如 ^1H、^{13}C 等，在恒定磁场与交变磁场的作用下，与交变磁场发生能量交换的现象，其本质是一种能级间跃迁的量子效应。1973 年纽约州立大学石溪分校的 Lauterbur 发明了用线性梯度磁场进行空间编码，首次从实验上得到核磁共振图像，产生了核磁共振成像学（MRI）[10]。目前，核磁共振成像已经发展成为科学研究方面的强有力的工具。

20 世纪 90 年代人们用核磁共振技术研究食品在加工储藏过程中水分的迁移，建立食品传质和传热的动力学模型，研究食品的玻璃态转变温度等。在干燥过程中水分的分布状态不断发生改变，由于大部分食品和生物体系都属于非均相体系，利用传统的方法只测量出它们的平均含水量，并不能反映样品中水分的空间分布信息，而核磁共振成像技术恰好能弥补这个缺陷[12]。因此，利用 MRI 技术研究物料在干燥加工过程中传热和传质，建立其数学模型是核磁共振技术应用在干燥操作的一大优势。另外，MRI 可以实现实时在线、非破坏性和无侵入地检测食品中水分的变化，从而在保证干燥产品品质的情况下很好地改进和控制这个工艺[13]。但是，如果需要获得高分辨率的物料内部信息，必须使用小样本量，且需要很长的测试时间，这种情况下就难以保证样品的水分不发生变化。此外，为了获得定量数据，还需要对液态水或与固体基质结合的水进行校准工作。MRI 技术只能探测液态水和相关分子，不能检测冰晶，设备及运行费用昂贵。

2.1.6　气体湿度与排气成分的测定

2.1.6.1　气体湿度测定方法

测定气体湿度的方法很多，如重量分析法及气压测定法可直接测定绝对湿度，测量气体干湿球温度和露点温度也可获得气体的湿度[14]。还可以测定与湿度有关的气体性质，如其对红外线和其他电磁波的吸收率，来间接测定气体湿度。选择湿度测量方法时应考虑湿度范围、精度、传感器灵敏度、传感器寿命、维修等因素[15]。

（1）重量分析法

根据水分吸附剂 ［如 $Mg(ClO_4)_2$、P_2O_5、$CaCl_2$、H_2SO_4 等］ 在与定量的湿空气接触后增加的重量而测定。此法精度很高，但测定时比较复杂，故用于校正其他湿度计。

（2）石英微量天平测量气体中的绝对湿度

石英具有固定的频率振荡，在石英表面涂上吸湿层，表层吸收来自气体中的水分子，会改变石英的质量，从而导致其振荡频率相对于干态频率失谐。因此，振荡频率是气体绝对含水量的函数。当已知气体流速和气体压力时，石英微量天平可以进行气体绝对含水量的精确测量。

（3）湿度计

以测量湿球温度为基础，测得的干、湿球温度可由湿度图或湿球温度方程式确定气体的湿度。在测定湿球温度时，气体应以足够高的速度（约 5m/s）掠过湿球表面。为使测量精确，吸至湿球表面疏松覆盖物的水分的温度应接近湿球温度。湿度计的使用范围相应于空气温度为 0～50℃。对于较高的温度，测量结果应予校正。

在干燥器控制方面，湿度计的应用是有限的。当排气处于高温时，适用的湿度计相当少。很多情况下，要求适宜的抽气取样系统，使送入湿度计的气体温度、湿度和净化程度在湿度计的使用范围内。图 2-4 表示各种湿度传感器的有效操作区。

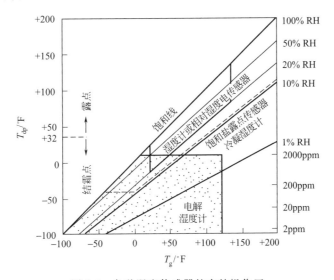

图 2-4　各种湿度传感器的有效操作区

RH 为相对湿度；$t/℃=(t/°F-32)\times 5/9$；$1ppm=10^{-6}$

湿度计、相对湿度计、饱和盐露点传感器主要在中等湿度区应用；冷凝湿度计可以在一个较大的湿度范围和低于 1% 湿度时有效；电解湿度计应用于低露点时的整个湿度区。

（4）电容式传感器

金属氧化物传感器可以测量气体中微量的水含量，其中氧化铝是最常用的材料。如图 2-5 所示，铝基电极上覆盖一层多孔氧化铝，其毛细管空隙的直径仅略大于水分子的大小，而其他气体分子（CO_2 和 N_2）都大于 H_2O，这导致 Al_2O_3 相对于气体分子有明显的选择性；且毛细管中的水含量可以改变铝电极的电容特性，因此测量电容可以确定气体绝对湿度的变化。

聚合物传感器（见图 2-6）将吸湿聚合物置于电容器电极之间，该材料从环境中吸收水分，其数量取决于环境湿度和温度。这导致电容器的介电常数的变化，从而导致电容的变化。将测量值与干态电容进行比较，可得到相对湿度。

（5）电阻式传感器

陶瓷的电阻率随环境湿度而变化，直接测量其电阻率可求得相应的相对湿度。但不同的陶瓷材料的内部结构、成分和形态差别很大，因此关于敏感层中的传导机制存在不同的理论

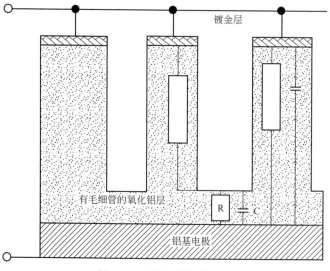

图 2-5 金属氧化物传感器

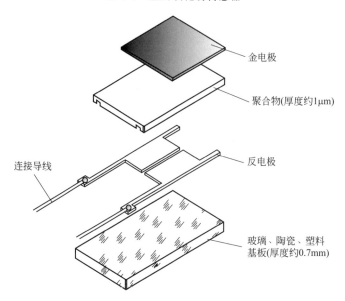

图 2-6 电容式聚合物传感器的原理图

描述。电阻式湿度传感器的典型特征是它们不能覆盖从 $0\sim100\%$RH 的完整相对湿度范围，但可以设计特定范围（如 $5\%\sim30\%$ 和 $50\%\sim95\%$RH）的湿度传感器。

2.1.6.2 气体成分的测定

气相色谱分析（GC）是一种非常可靠的测定气体中组分的方法。水之外还有其他组分需要测定时，气相色谱分析才具有实际应用价值[5]。气相色谱仪测量气体成分时，需要使用密封针和注射器，使其在转移到 GC 期间不能发生污染，通过注射器取样并注入气相色谱仪进行分析，测量持续时间长达半个小时。另一种方法是采用配备自动采样泵的微型 GC，气体样本可以同时通过 $2\sim4$ 个模块进行检测[2]。Robert 等人[16]利用气相色谱-质谱（GC-MS）分析了在 105℃下生物质物料干燥过程中挥发性有机物（VOC）的产生，并成功回收了超过 98% 的水蒸气和 VOC。挥发分收集装置如图 2-7 所示，利用冷凝器、碳吸收管收集挥发分，而后进行分析。

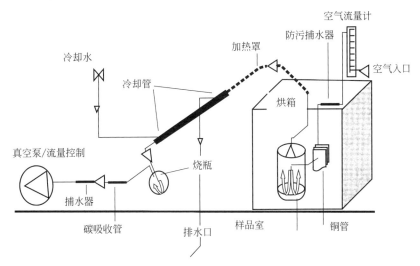

图 2-7 烘箱干燥过程中挥发分收集装置[16]

物料中许多的醇类、酯类、萜类、酮类等芳香物质以及一些挥发性的酚类物质会伴随干燥过程而挥发，研究芳香气体对产品的风味、干燥过程及应用成分有重要的意义。芳香物质的检测也可用上述 GC-MS 方法[17]。1964 年 Wilkens 等对人的嗅觉系统进行了电子模拟，20 世纪 90 年代电子鼻这种模仿人的嗅觉系统快速发展了起来，该电子鼻检测系统主要由信号处理、模式识别和多组气敏传感器组成[18]；气体采样系统是其最主要的组成部分，采样方法为微量注射法、静态顶空法和动态顶空法。德国 Aisense 公司的 PEN 型便携式电子鼻气体检测仪器，由金属氧化物传感器阵列和信号处理的软件组成。

另外，氧气的浓度测量对于防止干燥过程中物料的氧化是十分必要的。氧气是一种强顺磁性气体，而空气中的其他气体不产生磁影响，因此可借助顺磁式氧传感器进行氧浓度的测量，或用克拉克型电流型氧含量传感器来测量；光纤传感器配合荧光技术也可以用来测量绝对氧浓度，特别适合测量低浓度氧含量[2]。氧化锆氧含量测量装置（图 2-8）中被测气体通过传感器进入氧化锆管的内侧，参比气体（空气）通过自然对流进入传感器的外侧，当锆管内外侧的氧浓度不同时，在氧化锆管内外侧产生氧浓差电势，这个电势直接反映出气体中含氧浓度值[15]。

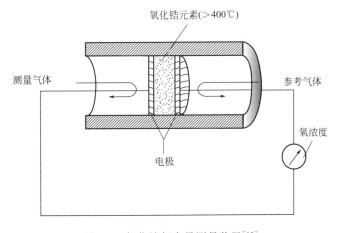

图 2-8 氧化锆氧含量测量装置[15]

2.1.7　温度的测定

干燥过程中的温度直接影响物料干燥品质。接触式测温仪比较简单、可靠，测量精度较高，但因测温元件与被测介质需要进行充分的热交换，所以存在测温的延迟，同时受耐高温材料的限制，不能应用于很高的温度测量。在干燥生产过程中常采用金属热电阻、金属热电偶等温度计。非接触式测温仪一般是基于热辐射原理来测量温度的，虽然不介入被测介质，响应速度一般也比较快，但受到物体的发射率、测量距离、尘埃和水汽等外界因素的影响，其测量误差较大。

高于绝对零度（−273K）的物体都会发出红外辐射。红外热像仪利用红外探测器和光学成像物镜接收被测物体的红外辐射能量，并反映到红外探测器的光敏元件上，获得红外热像图，其与物体表面的热分布场相对应，从而建立了红外辐射与表面温度之间的相互联系，热图像的上面的不同颜色代表被测物体各处的不同温度。也即通过热图像，可以获知被测物体的整体温度分布状况[19]。

光纤对温度具有敏感性，分析可直接测量的光谱信号可实时了解温度变化。光纤温度传感器按其工作原理可分为功能型和传输型两种。功能型光纤温度传感器是利用光纤特性（相位、偏振、强度等）随温度变换的特点，进行温度测定；传输型光纤温度传感器在光纤端面或在发射接收光纤之间设置温敏材料，这种材料受温度影响，折射率发生变化，因此输出的光功率与温度呈函数关系，光纤只起传输光的作用。光纤温度计可不受电磁、微波、射频等干扰[20]。

2.2　物料吸附等温线的测定

湿物料在一定环境条件（温度和气体相对湿度）下可达到的最小湿含量称为平衡湿含量，物料的平衡湿含量是大多数干燥模型的一个重要参数。物料平衡湿含量和一定温度下环境的相对湿度的关系称为吸附等温线[5]。对于食品，一般表达为在一定温度下物料平衡湿含量与水分活度（A_w）之间的关系。水分活度反映产品中自由水的量，因为自由水对酶和微生物生长、产品稳定性和物化特性等都有重要影响，也即影响食品的营养、色泽、风味、质构以及保藏性等的重要参数。一般地，食品的水分活度越低，其保藏期就越长，但也有例外，如果脂肪中的水分活度过低则会加快其酸败。水分活度的严格定义是：

$$A_w = f/f_0 \approx p/p_0 \tag{2-12}$$

式中，f 为溶剂的逸度（逸度是溶剂从溶液逃脱的趋势）；f_0 为纯溶剂的逸度；p 为食品中的水蒸气分压力；p_0 为在相同情况下的纯水的蒸气压。

物料在环境中达到既不脱湿也不吸湿时的大气相对湿度称为平衡相对湿度（equilibrium relative humidity），所以水分活度和与平衡相对湿度并不是一回事，水分活度是物料固有的一种特性，而平衡相对湿度是空气与物料的水蒸气达到平衡时大气所具有的一种特性，对于理想溶液且存在热力学平衡的前提下，二者相等。建立物料湿含量与大气相对湿度之间的平衡关系，实际操作方便，也有实用性。等温线有吸附等温线和解吸等温线（两条线往往有滞后），解吸等温线更适用于干燥过程。

Brunauer 等人[21]把吸附等温线分为 6 种不同的类型（见图 2-9）。有些水分被限制在物料的不同成分（如蛋白质、盐、糖）或结构中，难以蒸发为水汽，所以其含水量多，并不等于它表面的水汽分压就一定高，平衡相对湿度就一定大。亲水聚合物，如天然纤维和食品的等温线为Ⅱ型；吸水性差的橡胶、塑料、人造纤维和富含可溶组分的食品的等温线为Ⅲ型；含无机物（如氧化铝）物料的等温线为Ⅳ型。许多物料的吸附等温线不能作适当的分类，因为它们属于多种类型。

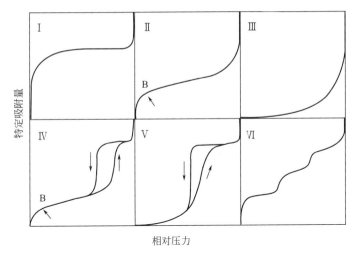

图 2-9　等温线的 6 种类型[21]

吸附等温线的测定方法有两种：

（1）重量测定法（等蒸汽压测量法）

在测量时将少量（一般为 1g）的物料试样置于由标准饱和盐溶液（5.0mL）形成的环境中，保持气相的温度和相对湿度恒定，直到试样的湿含量达到平衡值。从而，可获得一定温度下，该相对湿度对应的物料平衡湿含量。类似的试验在若干气相相对湿度下（改变饱和盐溶液的浓度）重复进行，便可得到很多对应的平衡湿含量，这些点连成的曲线便是等温吸附线（或等温解吸线），空气可以是静止的（静态法，图 2-10）或强制循环（动态法，图 2-11）。此法也称康维氏微量扩散器测定法。利用气体和水蒸气吸附仪，可以自动获得等温线[22]。

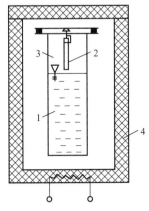

图 2-10　静态测量装置简图

1—硫酸或盐溶液；2—试样；
3—测量空间；4—恒温器

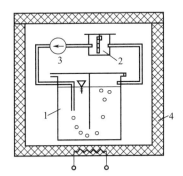

图 2-11　动态测量系统简图

1—硫酸或盐溶液鼓泡容器；2—试样；
3—气泵；4—恒温器

用于测量物料平衡湿含量的饱和盐溶液在一定温度下其上方空间保持一定的平衡蒸气压，平衡相对湿度见表 2-6。硫酸溶液也可产生不同蒸气压的气相空间环境，其相对湿度是浓度和温度的函数，可按下式计算：

$$\lg \frac{p_v}{p_{av}^e} = \left(a_1 - \frac{a_2}{T} \right) + \lg \frac{1}{p_{av}^e} \tag{2-13}$$

式中，p_v 为对应气体温度时的蒸汽分压；p_{av}^e 为相应温度时水的饱和蒸气压；a_1 和 a_2 为常数，见表 2-7。

表 2-6　饱和盐溶液上方产生的平衡相对湿度

盐	$T/℃$	$\varphi=\dfrac{p_v}{p_{av}^*}$	盐	$T/℃$	$\varphi=\dfrac{p_v}{p_{av}^*}$
$BaCl_2 \cdot 2H_2O$	24.5	0.88	$Mg(NO_3)_2 \cdot 6H_2O$	42.6	0.472
$CaCl_2 \cdot 6H_2O$	2	0.398		54.8	0.428
	10	0.38		76.3	0.3275
	18.5	0.35	$MgSO_4$	30	0.942
	20.0	0.323		40.8	0.865
	24.5	0.31		55.1	0.843
$CaHPO_4 \cdot H_2O$	22.8	0.952		95.4	0.776
	30.1	0.94	NH_4Cl	20.0	0.792
	39.0	0.954		25.0	0.793
$Ca(NO_3)_2 \cdot 4H_2O$	18.5	0.56		30.0	0.795
	24.5	0.51	$NH_4Cl+KNO_3$	20	0.726
$CaSO_4 \cdot 5H_2O$	20	0.98		25	0.716
$GdBr_2$	24	0.896		30	0.686
	31.6	0.857	$NH_4H_2PO_4$	20	0.931
	41.5	0.835		25	0.93
$CdSO_4$	23.9	0.906		30	0.929
	31.4	0.865		40	0.9048
$CuCl_2 \cdot 2H_2O$	28.9	0.67	CH_4N_2O	26.6	0.77
	36.1	0.669		34.8	0.719
$CuSO_4$	22.6	0.974		46.1	0.658
	29.5	0.97	$C_4H_6O_6$	24.25	0.877
	38.7	0.964		32.43	0.818
	91.74	0.888		43.27	0.760
$LiCl \cdot H_2O$	20	0.15	CrO_3	20	0.35
	73.06	0.112	$H_2C_2O_4 \cdot 2H_2O$	20	0.76
	88.96	0.0994	KCl	24.5	0.866
$LiSO_4$	24.7	0.865		32.3	0.825
$MgCl_2$	41.7	0.33		41.8	0.833
	50.8	0.311		55.4	0.832
	62.3	0.301		95.5	0.773
	79.5	0.287	KBr	20	0.84
$Mg(C_2H_3O_2)_2 \cdot 4H_2O$	20	0.65		10	0.692
$Mg(NO_3)_2 \cdot 6H_2O$	18.5	0.56	$KC_2H_3O_2$	168.0	0.13
	24.5	0.52		20	0.20
	33.9	0.505	$K_2CO_3 \cdot 2H_2O$	18.5	0.44

续表

盐	$T/℃$	$\varphi=\dfrac{p_{\mathrm{v}}}{p_{\mathrm{av}}^{*}}$	盐	$T/℃$	$\varphi=\dfrac{p_{\mathrm{v}}}{p_{\mathrm{av}}^{*}}$
$K_2CO_3 \cdot 2H_2O$	24.5	0.43	$NaSO_3 \cdot 7H_2O$	23.5	0.9215
KI	100	0.562		30.9	0.894
K_2S	100	0.562	$(NH_4)_2SO_4$	25	0.811
KNO_2	20	0.45		30	0.811
K_2HPO_4	20	0.92		108.2	0.75
$KHSO_4$	20	0.86	NH_4Br	95.6	0.772
$NaCl+KNO_3$	16.4	0.326	NH_4NO_3	28	0.706
$NaCl+KNO_3+NaNO_3$	16.4	0.305		42	0.488
$NaC_2H_3O_2 \cdot 3H_2O$	20	0.76		52.9	0.469
$Na_2CO_3 \cdot 10H_2O$	18.5	0.92		76	0.332
	24.5	0.87			0.229
$NaClO_3$	20	0.75	NaBr	100	
	100	0.54	$NaBr \cdot 2H_2O$	20	0.58
$Na_2Cr_2O_7 \cdot 2H_2O$	20	0.52	KCNS	20	0.47
NaF	100	0.966	K_2CrO_4	20	0.88
$Na_2HPO_4 \cdot 2H_2O$	20	0.95	KF	100	0.229
$NaHSO_4 \cdot 2H_2O$	20	0.52		40.8	0.867
NaI	100	0.504		55.4	0.83
$NaNO_2$	20	0.66		94.9	0.785
$NaNO_3$	27.4	0.7295	$NaS_2O_3 \cdot 5H_2O$	20	0.93
	35.1	0.708	$NaS_2O_3 \cdot 10H_2O$	20	0.93
	59.0	0.702		31.3	0.8746
	102.0	0.654	$Pb(NO_3)_2$	20	0.98
$NaBrO_3$	20	0.92		103.5	0.884
$NaC_2H_3O_2 \cdot H_2O$	20	0.76	TiCl	100.1	0.997
NaCl	26.82	0.758	Ti_2SO_4	104.7	0.848
	34.2	0.743	$ZnCl_2 \cdot 1/2H_2O$	20	0.10
	96.8	0.738	$Zn(NO_3)_2 \cdot 6H_2O$	20	0.42
$NaCl+KClO_3$	16.4	0.366	$ZnSO_4$	5	0.947
NaP_2O_7	22.6	0.973	$ZnSO_4 \cdot 7H_2O$	20	0.90
$NaSO_3 \cdot 7H_2O$	20	0.95			

表 2-7　和 H_2SO_4 浓度 c 对应的 a_1 和 a_2 值[1]

$c/\%$	a_1	a_2	$c/\%$	a_1	a_2
10	8.925	2259	60	8.841	2457
20	8.922	2268	70	9.032	2688
30	8.864	2271	80	9.293	3040
40	8.84	2299	90	9.265	3390
50	8.832	2357	95	9.79	3888

（2）平衡蒸汽压测量法

在测量期间将大量湿物料置于较小的空间中，直到其周围环境中的空气达到恒定的平衡值。此时，对应的空气相对湿度用湿度计或压力计测定。

物料的平衡湿含量与水分活度（相对湿度）的关系有理论的、半经验的和经验的表达方程，然而它们之中没有一个能描述滞后现象，且很难适用于整个水分活度区域。物料的吸附等温线受温度的影响，Li 等[23]为了将各温度下的吸附等温线（如图 2-12 所示）归为一条特征曲线，引入一个参数（α_w），表示为相对湿度和温度的函数。

$$\alpha_w = -\frac{T}{273.15}\ln\frac{p}{p_s} \qquad (2\text{-}14)$$

对于硅胶和大豆，相应的等温线方程如下

$$x_e = \frac{0.4563}{1+\alpha_w^{1.752}}（吸附等温线，p/p_s = 10\%\sim90\%） \qquad (2\text{-}15)$$

$$x_e = 0.08007\alpha_w^{-0.6}（解吸等温线，p/p_s < 90\%） \qquad (2\text{-}16)$$

式(2-15) 可认为是 Langmuir 方程的改型，而式(2-16) 通过转化则具有 Halsey 方程的形式。

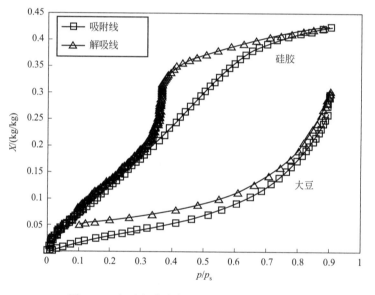

图 2-12　大豆和硅胶在 303K 下的吸附等温线

表 2-8 列出了一些最著名的等温线方程。表 2-9 列出了某些食品的 GAB 方程的参数值。

表 2-8　等温线方程

方程名称	方程	适用对象
Langmuir	$a_w\left(\dfrac{1}{x} - \dfrac{1}{b_0}\right) = \dfrac{1}{b_0 b_1}$	I
BET（Brunauer-Emmet-Tetter）	$\dfrac{a_w}{(1-a_w)x} = \dfrac{1}{b_0 b_1} + \dfrac{b_1-1}{b_0 b_1}a_w$	I，II，III，IV
Halsey	$a_w = \exp\left[-\dfrac{b_1}{RT}\left(\dfrac{x}{b_2}\right)^{b_3}\right]$	I，II，III
Henderson	$1-a_w = \exp(-b_1 T x^{b_2})$	谷物和农作物
Chang 和 Pfost	$\ln a_w = \dfrac{b_1}{RT}\exp(-b_2 x)$	

续表

方程名称	方程	适用对象
Chen 和 Clayton	$\ln a_w = -b_1 T^{b_2} \exp(-b_3 T^{b_4} x)$	
Iglesias 和 Chirife	$\ln a_w = -\exp[(b_1 T + b_2)x^{b_3}]$	Ⅲ
GAB(Guggenheim-Anderson-deBoer)	$x = \dfrac{b_0 b_1 b_2 a_w}{(1 - b_1 a_w)(1 - b_1 a_w + b_1 b_2 a_w)}$ $b_1 = b_{10} \exp\left(\dfrac{b_{11}}{RT}\right), b_2 = b_{20} \exp\left(\dfrac{b_{21}}{RT}\right)$	Ⅰ，Ⅱ，Ⅲ，Ⅳ

注：x 为物料的平衡湿含量；a_w 为水分活度；T 为温度；b_i 为参数。

表 2-9　GAB 方程应用于某些食品时的参数值

物料	b_0	$b_{10} \times 10^5$	b_{11}	b_{20}	b_{21}	物料	b_0	$b_{10} \times 10^5$	b_{11}	b_{20}	b_{21}
马铃薯	8.7	1.86	34.1	5.68	6.75	无核葡萄干	12.5	0.17	22.4	1.77	−1.53
胡萝卜	21.2	5.94	28.9	8.03	5.49	无花果	11.7	0.05	25.2	1.77	−1.55
西红柿	18.2	1.99	34.5	5.52	6.70	梅脯	13.3	0.07	23.9	1.82	−1.65
胡椒	21.1	1.46	33.4	5.56	6.56	杏	15.1	0.11	21.1	2.13	−2.05
葱头	20.2	2.30	32.5	5.79	6.43						

2.3　湿分扩散系数

在干燥期间，物料中湿分扩散是一个复杂的过程，此过程可能包括分子扩散、毛细管流、Knudsen（努森）流、吸水动力学流和表面扩散。如果将所有这些现象结合起来，可由非稳态 Fick 第二定律定义为有效扩散率：

$$\frac{\partial x}{\partial \tau} = D \nabla^2 x \qquad (2-17)$$

式中，D 为有效扩散系数（或有效扩散率），m^2/s；x 为物料的干基湿含量，kg/kg；τ 为时间，s。

此方程表示物料湿分分布随时间的变化，它描述了湿分在物料内部的迁移，适用于干燥的控制机理为湿分扩散控制的情况。de Vries 根据水分吸附机理，给出湿分扩散系数随湿含量的变化，如图 2-13 所示。

从基本的热物理或分子性质预测气体的扩散系数是可能的，也可估算稀薄溶液中气体的扩散率，但气体、蒸汽和液体在固体中扩散的情况比较复杂，扩散机理的研究尚不成熟，还难以推出固体中扩散的有效理论。不过，可参考吸附中的扩散问题[25]。根据传递现象的相似性，有效扩散系数的理论关系式可按固体中的热传导方式处理。试验测定扩散系数也没有标准方法，在文献中报道的有效扩散率，通常是基于干燥或吸附数据，假定湿分的扩散符合 Fick 第二定律，然后计算出有效扩散系数，其数值受一些因素的影响，比如边界条件、模型假设、颗粒形状[26,27]等，Li 提出在非等温条件下测定湿分扩散系数的一种方法[28]。

表 2-10 列出了某些物料的有效湿分扩散率。由表 2-10 看出，食品中的湿分扩散率范围为 $10^{-13} \sim 10^{-6} \, m^2/s$，大多数食品的湿分扩散率在 $10^{-11} \sim 10^{-8} \, m^2/s$ 范围内。其他物料中的湿分扩散率在 $10^{-12} \sim 10^{-5} \, m^2/s$ 范围内。

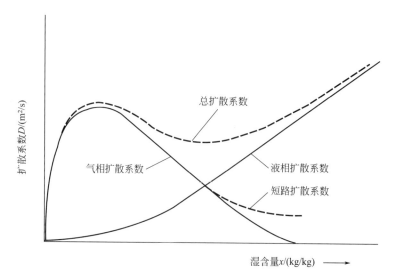

图 2-13　湿分扩散系数随湿含量的变化[24]

表 2-10　某些物料的有效湿分扩散率

分类	物料	干基湿含量/(kg/kg)	温度/℃	扩散率/(m²/s)
食品类物料				
1	苣蓿茎	<3.7	26	$2.6\times10^{-12}\sim2.6\times10^{-9}$
2	苹果	0.12	60	$6.5\times10^{-12}\sim1.2\times10^{-10}$
		0.15～7.00	30～76	$1.2\times10^{-10}\sim2.6\times10^{-10}$
3	油梨		31～56	$1.1\times10^{-10}\sim3.3\times10^{-10}$
4	甜菜		65	1.5×10^{-9}
5	饼干	0.10～0.65	20～100	$9.4\times10^{-10}\sim9.7\times10^{-8}$
6	面包	0.10～0.70	20～100	$2.5\times10^{-9}\sim5.5\times10^{-7}$
7	胡萝卜	0.03～11.6	42～80	$9.0\times10^{-10}\sim3.63\times10^{-9}$
8	玉米	0.05～0.23	40	$1.0\times10^{-12}\sim1.0\times10^{-10}$
		0.19～0.27	36～62	$7.2\times10^{-11}\sim3.3\times10^{-10}$
9	鱼肉	0.05～0.30	30	$8.1\times10^{-11}\sim3.4\times10^{-10}$
10	蒜	0.20～1.60	22～58	$1.1\times10^{-11}\sim2.0\times10^{-10}$
11	全脂奶	0.20	40	1.1×10^{-9}
	脱脂奶	0.25～0.80	30～70	$1.5\times10^{-11}\sim2.5\times10^{-10}$
12	脆皮松饼	0.10～0.65	20～100	$8.4\times10^{-10}\sim1.5\times10^{-7}$
13	洋葱	0.05～18.7	47～81	$7.0\times10^{-10}\sim4.9\times10^{-9}$
14	面条(粗面粉制)	0.01～0.25	40～125	$3.0\times10^{-13}\sim1.5\times10^{-10}$
	玉米基	0.10～0.40	40～80	$5.0\times10^{-11}\sim1.3\times10^{-10}$
	硬质小麦	0.16～0.35	50～90	$2.5\times10^{-12}\sim5.6\times10^{-11}$
15	青辣椒	0.04～16.2	47～81	$5.0\times10^{-10}\sim9.2\times10^{-9}$
16	红辣椒	0.19	12	$4.7\times10^{-11}\sim5.7\times10^{-11}$
17	马铃薯	0.60	54	2.6×10^{-10}

续表

分类	物料	干基湿含量/(kg/kg)	温度/℃	扩散率/(m²/s)
食品类物料				
17	马铃薯	<4.00	65	4.0×10^{-10}
		0.15~3.50	65	1.7×10^{-9}
		0.01~7.20	39~82	$5.0\times10^{-11}\sim2.7\times10^{-9}$
18	稻米	0.18~0.36	60	$1.3\times10^{-11}\sim2.3\times10^{-11}$
		0.28~0.64	40~56	$1.0\times10^{-11}\sim6.9\times10^{-11}$
19	脱脂大豆	0.05	30	$2.0\times10^{-12}\sim5.4\times10^{-11}$
20	淀粉胶	0.10~0.30	25	$1.0\times10^{-12}\sim2.3\times10^{-11}$
		0.20~3.00	30~50	$1.0\times10^{-10}\sim1.2\times10^{-9}$
		0.75	25~140	$1.0\times10^{-10}\sim1.5\times10^{-9}$
	淀粉颗粒	0.10~0.50	25~140	$5.0\times10^{-10}\sim3.0\times10^{-9}$
21	制糖甜菜	2.50~3.60	40~80	$4.0\times10^{-10}\sim1.3\times10^{-9}$
22	木薯根茎	0.16~1.95	97	9.0×10^{-10}
23	火鸡	0.04	22	8.0×10^{-15}
24	麦	0.12~0.30	21~80	$6.9\times10^{-12}\sim2.8\times10^{-10}$
		0.13~0.20	20	$3.3\times10^{-10}\sim3.7\times10^{-9}$
25	石棉水泥	0.10~0.60	20	$2.0\times10^{-9}\sim5.0\times10^{-9}$
26	Avicel(FMC Corp)		37	$5.0\times10^{-9}\sim5.0\times10^{-8}$
27	砖粉	0.08~0.16	60	$2.5\times10^{-8}\sim2.5\times10^{-6}$
28	活性炭		25	1.6×10^{-5}
29	醋酸纤维素	0.05~0.12	25	$2.0\times10^{-12}\sim3.2\times10^{-12}$
30	泥砖	0.20	25	$1.3\times10^{-8}\sim1.4\times10^{-8}$
31	混凝土	0.10~0.40	20	$5.0\times10^{-10}\sim1.2\times10^{-8}$
	浮石混凝土	0.20	25	1.8×10^{-8}
32	硅藻土	0.05~0.50	20	$3.0\times10^{-9}\sim5.0\times10^{-9}$
33	玻璃绒	0.10~1.80	20	$2.0\times10^{-9}\sim1.5\times10^{-8}$
	玻璃珠 10μm	0.10~0.22	60	$1.84\times10^{-8}\pm0.94\times10^{-8}$
34	Hyde 黏土	0.10~0.40		$5.0\times10^{-9}\sim1.0\times10^{-8}$
35	高岭土	<0.05	45	$1.5\times10^{-8}\sim1.5\times10^{-7}$
36	模型系统		68	3.1×10^{-9}
37	泥煤	0.30~2.50	45	$4.0\times10^{-8}\sim5.0\times10^{-8}$
38	砂子	<0.15	45	$8.0\times10^{-8}\sim1.5\times10^{-7}$
	海砂	0.07~0.13	60	$2.5\times10^{-8}\sim2.5\times10^{-6}$
	砂子	0.05~0.10		$1.0\times10^{-7}\sim1.0\times10^{-6}$
39	硅铝化物	0.59~1.18	60	$2.5\times10^{-8}\sim2.5\times10^{-6}$
40	硅胶		25	$3.0\times10^{-6}\sim5.6\times10^{-6}$
41	烟叶		30~50	$3.2\times10^{-11}\sim8.1\times10^{-11}$
42	软木		40~90	$5.0\times10^{-10}\sim2.5\times10^{-9}$
43	黄杨木	1.00	100~150	$1.0\times10^{-8}\sim2.5\times10^{-8}$

湿分扩散率受温度和湿含量的显著影响。在多孔物料中，空隙率及孔的结构和分布也显著影响扩散率。扩散率与温度的关系通常可由 Arrhenius（阿伦尼乌斯）方程描述，见式(2-18)。也可用其他经验方程描述扩散率和温度的关系。

$$D = D_0 \exp\left(\frac{-E}{RT}\right) \tag{2-18}$$

式中，D_0 为阿伦尼乌斯因数，m^2/s；E 为扩散活化能，$kJ/kmol$。

Li[23] 利用硅胶吸附干燥大豆，得出其有效湿分扩散率为

$$D_{\text{eff}} = 5.003 \times 10^{-5} \exp\left(-\frac{3.825 \times 10^4}{RT}\right) \tag{2-19}$$

湿分扩散率是物料温度和湿含量的一个递增函数，但在某些聚合物中也有例外，如几种吸水性差的聚合物（如聚甲基丙烯酸酯），其湿分扩散率随含水量的增加而降低。此外，某些吸水聚合物中的湿分扩散率似乎与含水量无关，而是常数。表 2-11 列出了一些物料中湿分扩散率与温度和湿含量的关系及相应的参数值。

表 2-11　一些物料的湿分扩散率

物料	方程	参数值
黏土砖、烧结黏土	$D = D_0 \left(\dfrac{T}{T_0}\right)^{a_T} \left(\dfrac{x}{x_0}\right)^{a_x}$	$D_0 = 7.36 \times 10^{-9}\,m^2/s$，$T_0 = 273K$
		$a_T = 9.5$，$x_0 = 0.35kg/kg(db)$
		$a_x = 0.5$（黏土砖）
		$D_0 = 1.11 \times 10^{-9}\,m^2/s$，$T_0 = 273K$
		$a_T = 6.5$，$x_0 = 0.40kg/kg(db)$
		$a_x = 0.5$（烧结黏土）
聚乙烯醇	$D = D_0 \exp\left[-\dfrac{E}{R}\left(\dfrac{1}{T} - \dfrac{1}{T_0}\right)\right]$ $D_0 = \sum a_i x_i$	$T_0 = 298K$，$E = 3.05 \times 10^4 J/mol$
		$R = 8.34 J/(mol \cdot K)$，$a_0 = -0.104015 \times 10^2$
		$a_1 = 0.363457 \times 10^2$，$a_2 = -0.469291 \times 10^3$
		$a_3 = 0.634869 \times 10^4$，$a_4 = -0.517559 \times 10^5$
		$a_5 = 0.250188 \times 10^6$，$a_6 = -0.747613 \times 10^6$
		$a_7 = 0.139929 \times 10^7$，$a_8 = -0.159715 \times 10^7$
		$a_9 = 0.101503 \times 10^7$，$a_{10} = -0.274672 \times 10^6$
马铃薯、胡萝卜	$D = D_0 \exp\left(-\dfrac{x_0}{x}\right) \exp\left(-\dfrac{T_0}{T}\right)$	$D_0 = 2.41 \times 10^{-7}\,m^2/s$，$x_0 = 7.62 \times 10^{-2}kg/kg(db)$
		$T_0 = 1.49 \times 10$（马铃薯）
		$D_0 = 2.68 \times 10^{-4}\,m^2/s$，$x_0 = 8.92 \times 10^{-2}kg/kg(db)$
		$T_0 = 3.68 \times 10$（胡萝卜）
硅胶	$D = D_0 \exp\left(\dfrac{E_0 - E_1 x}{T}\right)$	$D_0 = 5.71 \times 10^{-7}\,m^2/s$，$E_0 = 2450K$
		$E_1 = 1400K/(kg \cdot kg)(db)$

注：db 表示干基湿含量。

图 2-14 给出马铃薯和黏土砖中湿分扩散率与湿含量和温度的关系。

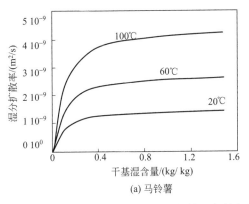

(a) 马铃薯

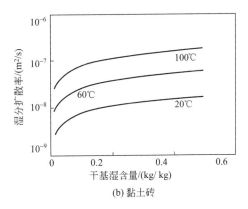

(b) 黏土砖

图 2-14　物料湿含量和温度对湿分扩散率的影响

2.4　相间传热系数和传质系数

流体与固体之间通过固体表面的滞流（层流）边界层进行相间传热时，传热系数可由牛顿定律定义：

$$Q = h_H A (T_A - T) \tag{2-20}$$

式中，h_H 为物料和空气界面的对流传热系数，$kW/(m^2 \cdot K)$；Q 为传热速率，kW；A 为有效表面积，m^2；T 为界面上的物料温度，K；T_A 为空气温度，K。

根据类比法，可用下面的方程定义表面传质系数：

$$J = h_M A (y_A - y_{AS}) \tag{2-21}$$

式中，h_M 为物料和空气界面的表面传质系数，$kg/(m^2 \cdot s)$；J 为传质速率，kg/s；y_{AS} 和 y_A 分别为物料界面和空气流中的空气湿度，kg/kg。

当传热和传质的 Biot（毕涅）数小于 0.1 时，上述方程用于外部条件控制的干燥过程。

对于流化床、喷动床、回转圆筒干燥器等散状物料干燥器，由于参与传热和传质的实际界面面积不易准确计算，有时采用体积传热系数（h_{VH}）和体积传质系数（h_{VM}）计算比较方便。确定体积传递系数可按总体衡算的方法确定。比如：

$$Q = h_{VH} V (T_A - T) \tag{2-22}$$

这样，体积传递系数为：

$$h_{VH} = h_H a \tag{2-23}$$

$$h_{VM} = h_M a \tag{2-24}$$

$$a = \frac{A}{V} \tag{2-25}$$

式中，a 为单位体积的物料有效表面积，也可称为比表面积，m^{-1}；A 为有效表面积，m^2；V 为物料体积，m^3。

相间传递系数可采用稳态加热、非稳态加热、干燥试验等方法确定。等速干燥阶段，干燥速率是单位界面面积的传质速率，物料界面的温度和湿度是干燥介质的湿球温度及其对应的饱和绝对湿度，稳定状态气相侧的传热系数和传质系数为常数；在降速干燥阶段，干燥速率受内部条件控制，干燥速率逐渐降低，物料温度不断升高，因而气相的传热系数和传质系数也在变化[29]。文献中，估算相间传递系数的经验方程如表 2-12 所示，应注意各个方程的适用场合和条件。通过颗粒群（床层）与气体间的传热传质实验所得的相间传递系数，是一个集总的传递系数，也即与气固接触情况有关。当缺乏传质关联式时，可按 Chilton-Colburn 类似律估算传质系数。

表 2-13 为几种干燥器的体积传热系数。表 2-14 中定义了无量纲数群。

表 2-12　相间传热和传质系数的方程

方程编号	几何条件	方程[①]
1	填充床(传热)	$j_H = 1.06Re^{-0.41}$　　$350 < Re < 4000$
2	填充床(传质)	$j_M = 1.82Re^{-0.51}$　　$40 < Re < 350$
3	平板(传热,平行流)	$j_H = 0.036Re^{-0.2}$　　$500000 < Re$
4	平板(传热,平行流)	$h_H = 0.0204G^{0.8}$　　$0.68 < G < 8.1, 45 < T < 150$
5	平板(传热,垂直流)	$h_H = 1.17G^{0.37}$　　$1.1 < G < 5.4$
6	平板(传热,平行流)	$Nu = 0.036(Re^{0.8} - 9200)Pr^{0.43}$　　$1.0 \times 10^5 < Re < 5.5 \times 10^6$
7	填充床(传热)	$Nu' = (0.5Re'^{1/2} + 0.2Re'^{2/3})Pr^{1/3}$　　$2 \times 10^3 < Re' < 8 \times 10^3$
8	回转圆筒干燥器(传热)	$j_H = 1.0Re^{-0.5}Pr^{1/3}$
9	回转圆筒干燥器(传热)	$Nu = 0.33Re^{0.6}$
10	回转圆筒干燥器	$h_{VH} = 0.52G^{0.8}$
11.1	流化床(传热)	$Nu = 0.0133Re^{1.6}$　　$0 < Re < 80$
11.2	流化床(传热)	$Nu = 0.316Re^{0.8}$　　$80 < Re < 500$
12.1	流化床(传质)	$Sh = 0.374Re^{1.18}$　　$0.1 < Re < 15$
12.2	流化床(传质)	$Sh = 2.01Re^{0.5}$　　$15 < Re < 250$
13	喷雾干燥器中的液滴(传热)	$Nu = 2 + 0.6Re^{1/2}Pr^{1/3}$　　$2 < Re < 200$
14	喷雾干燥器中的液滴(传质)	$Sh = 2 + 0.6Re^{1/2}Sc^{1/3}$　　$2 < Re < 200$
15	喷动床(传热)	$Nu = 5.0 \times 10^{-4} Re_s^{1.46} \left(\dfrac{u}{u_s} \right)^{1/3}$
16	喷动床(传质)	$Sh = 2.2 \times 10^{-4} Re^{1.45} \left(\dfrac{D}{H_0} \right)^{1/3}$
17	气流干燥器(传热)	$Nu = 2 + 1.05Re^{1/2}Pr^{1/3}Gu^{0.175}$　　$Re < 1000$
18	气流干燥器(传质)	$Sh = 2 + 1.05Re^{1/2}Pr^{1/3}Gu^{0.175}$　　$Re < 1000$
19	冲击干燥	圆喷嘴：$\dfrac{y}{d} \leqslant 5$　$Nu = 0.075Re^{0.745}$ $\dfrac{y}{d} > 5$　$Nu = 0.320Re^{0.745} \left(\dfrac{y}{d} \right)^{-0.351}$ 矩形喷嘴：$\dfrac{y}{w} \leqslant 5$　$Nu = 0.901Re^{0.437}$ $\dfrac{y}{w} > 5$　$Nu = 0.135Re^{0.697} \left(\dfrac{y}{w} \right)^{-0.351}$

注：d 为圆喷嘴直径；w 为矩形喷嘴宽度；y 为喷嘴口与平面的距离。

[①] 表中无量纲数群定义式见表 2-14。

表 2-13　几种干燥器的体积传热系数[30]

干燥器形式	体积传热系数 /[W/(m³·K)]	干基湿含量 /(kg/kg)	热风与物料温差 /℃	热风温度 /℃
平流式热风干燥箱	200~350	>0.25	30~100	100~150
穿流式热风干燥箱	3000~9000(粒状) 1000~3500(泥状)	>0.25	50	100~150
平流连续式干燥机	50~100	>0.25	30~60(逆流) 50~70(并流)	100~200
穿流连续式干燥机	800~2300	>0.25	40~60	100~200
喷动连续式干燥机	80~180	>0.25	30~80	100~150

续表

干燥器形式	体积传热系数 /[W/(m³·K)]	干基湿含量 /(kg/kg)	热风与物料温差 /℃	热风温度 /℃
垂直流化床	6000~15000	0.02~0.25	100~150(逆流)	200~300
回转干燥机	100~2230	0.02~0.1	80~150(逆流) 100~180(并流)	200~600 300~600
气流回转干燥机	1000~3000	0.02~0.1	80~100	100~250
流化床干燥机	2000~7000	0.01~0.1	50~150(一段式) 80~100(多段逆流)	100~600 200~350
气流干燥	35000~60000(入口) 500~2000(出口)	0.01~0.05	100~180(并流)	400~600
喷雾干燥	100~200(喷头附近) 20~50(距离喷头 2m 以上)	0.4~1.0	80~90(逆流) 70~170(并流)	200~300 200~450

表 2-14　无量纲数群

名　　称	定义式	名　　称	定义式
传热毕渥(Biot)数	$Bi_H = \dfrac{h_H d}{2K}$	普朗特(Prandtl)数	$Pr = \dfrac{c_p \mu}{K_A}$
传质毕渥(Biot)数	$Bi_M = \dfrac{h_M d}{2\rho D}$	雷诺(Reynolds)数	$Re = \dfrac{u_A \rho_A d}{\mu}$
古赫曼(Gukhman)数	$Gu = \dfrac{T_A - T}{T_A}$	施密特(Schmidt)数	$Sc = \dfrac{\mu}{\rho_A D_A}$
传热因子	$J_H = St \cdot Pr^{2/3}$	舍伍德(Sherwood)数	$Sh = \dfrac{h_M d}{\rho_A D_A}$
传质因子	$J_M = \left(\dfrac{h_M}{\mu_A \rho_A}\right) Sc^{2/3}$	斯坦顿(Stanton)数	$St = \dfrac{h_H}{u_A \rho_A c_p}$
努塞尔(Nuselt)数	$Nu = \dfrac{h_H d}{K_A}$		

注：表 2-12 和表 2-14 中的物理量：c_p 为比定压热容，kJ/(kg·K)；d 为颗粒直径，m；D 为物料中的扩散系数，m²/s；D_A 为空气中蒸汽的扩散系数，m²/s；G 为空气的质量流量，kg/(m²·s)；h_H 为传热系数，kW/(m²·K)；h_M 为传质系数，kg/(m²·s)；K 为物料的热导率，kW/(m·K)；K_A 为空气的热导率，kW/(m·K)；μ 为空气的动力黏度，kg/(m·s)；$Nu' = Nu \dfrac{\varepsilon}{1-\varepsilon}$；$\rho_A$ 为空气的密度，kg/m³；$Re' = Re(1-\varepsilon)$；Re_s 为用 u_s 代替 u 的雷诺数；T_A 为空气的温度，℃；T 为物料温度，℃；u_A 为空气速度 m/s；u_s 为初始喷动空气速度，m/s。

2.5　干燥常数

干燥常数是对传递性质的一种综合描述。Lewis 提出在多孔吸水物料干燥期间的降速阶段，物料湿含量的变化速率与当时物料湿含量和物料平衡湿含量之差成正比，即一阶动力学模型。在物料层足够薄或空气速度很大时，整个物料层中干燥空气的湿度和温度保持恒定[1]。薄层方程具有以下形式：

$$-\frac{\mathrm{d}x}{\mathrm{d}\tau} = K(x - x_e) \tag{2-26}$$

式中，K 为干燥常数，s⁻¹；x 为物料湿含量，kg/kg(湿基)；x_e 为与干燥空气相对应的物料平衡湿含量（干基），kg/kg；τ 为时间，s。

干燥常数与物料和空气性质均有关，通过式(2-26)与干燥试验数据拟合而获得干燥常数[31]，表示为某些实验参数（温度、空气速度和相对湿度等）的函数关系[1]。如果在某些

干燥条件下,湿分扩散成为干燥过程的控制因素时,干燥常数可表示为湿分扩散率的函数。对于板块状物料,可近似为

$$K = \frac{\pi^2 D}{L^2} \tag{2-27}$$

式中,D 为有效扩散率,m^2/s;L 为板块厚度,m。

2.6　干燥动力学实验

2.6.1　概述

对于某种未知干燥特性的物料,在设计工业化干燥设备前,有必要进行干燥动力学试验。在工业化干燥器上进行干燥动力学试验一般难以实现。在实验室规模的小型试验上进行试验,只需较少量的物料,干燥条件也较易调节。把试验结果与有关知识相结合,就可以放大设计干燥器。但将小试结果直接用于工业化尤其是大型的干燥器设计也会有风险,因为干燥器类型众多和干燥过程比较复杂,干燥设备的模拟放大设计尚无统一可靠的准则可依据。

大多数情况下,根据经验提出下列建议[32]:对于托盘或厢式干燥器,只要试验时物料层厚度、流体力学和热力条件相同,便可将小试结果用于工业型托盘或厢式干燥器的设计。对于穿透式干燥器,只要物料的颗粒度分布及床层深度相同,便可在相同热力条件下获得相近结果。对于颗粒物料搅拌的干燥器,小试结果可直接放大。对于气流干燥器的小试装置,其管径小于 7.5cm 是不适宜的。对于回转圆筒(rotary dryer)的小试设备,其筒径应大于 30cm,而对停留时间和翻料装置应另行试验。对于转鼓干燥器(drum dryer),试验转鼓的直径不应小于 30cm,长度不小于 30cm,且应注意小试设备端部情况可能与工业设备不同。对于流化床,其试验设备的多孔板面积不宜小于 0.1m²,而试验时难以评价大型设备中的加料情况。对于喷雾干燥器,难以从小试结果设计大型设备,其小试设备通常较大,蒸发能力也应达到 200~500kg/h。

2.6.2　干燥动力学试验

干燥试验的目的主要是测定物料平均湿含量和平均温度(通常是测定物料的表面温度)随时间而变化的数据。物料湿含量变化可取试样测定或由排气湿度的变化来测定[14]。物料的干燥特性在不同类型的干燥设备中有时差异很大,因此,需依照上述要求尽量在与工业干燥器类型相同的小试设备上做干燥动力学试验。

试验设备要考虑对干燥介质一些参数的调节,比如温度、湿度和速度等,可选择性地设置相应关键参数在线或离线测量的仪器以及物料供给和尾气处理装置等;可根据需要采用不同类型的干燥单元装置,如图 2-15、图 2-16 所示。

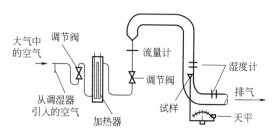

图 2-15　穿流干燥实验设备

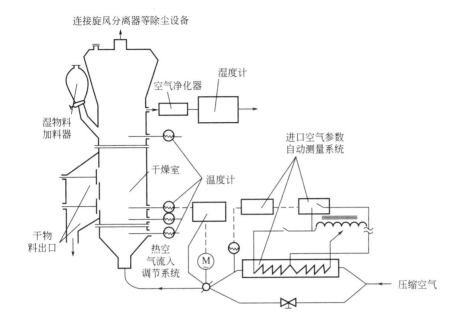

图 2-16　流化床试验设备

根据试验结果获得一组数据，由此绘制下列曲线：物料湿含量-干燥时间（干燥曲线），干燥速率-物料湿含量（干燥速率曲线），物料温度-物料湿含量（温度曲线）。这些曲线是设计和运行干燥器的重要依据。

2.6.3　单颗粒（液滴）的干燥动力学测定

2.6.3.1　微重天平

将单个湿颗粒放在微重天平（比如 TGA）上并记录其干燥过程中重量变化，同时为了阻止热量在天平托盘上的传递，可以将颗粒固定在微型支架上，在各个方向上实现均匀的热量和质量传递，但需注意环境变化对测量的影响[10]。

2.6.3.2　玻璃纤维单液滴颗粒分析仪

陈晓东等人[33]设计了利用测量玻璃纤维偏转角度记录液滴重量变化的单液滴颗粒分析仪，如图 2-17 所示，将液滴通过细丝悬挂到玻璃纤维上，测量干燥过程中液滴失重所致偏转角度变化，同时可以记录颗粒形貌的变化。通过玻璃纤维偏转角度与相应空气阻力系数的矫正，可以得到颗粒的重量变化。

2.6.3.3　磁悬浮平衡

磁悬浮平衡（MSB）装置可以实现以非接触的方式将样品的重量传递到称重天平[10]，其原理如图 2-18 所示，MSB 装置通过电磁铁和永磁铁组成磁力耦合，实现测量装置与样品室分离，使得称重天平能够始终保持在室温环境条件下，而在样品室中可以实现高温（最高350℃）和高压（最大压力 500kPa）。目前 Rubotherm（Bochum，Germany）的 MSB 装置可以用于干燥动力学、各种化学反应（聚合、分解、燃烧、腐蚀）和配方工艺等方面的研究。

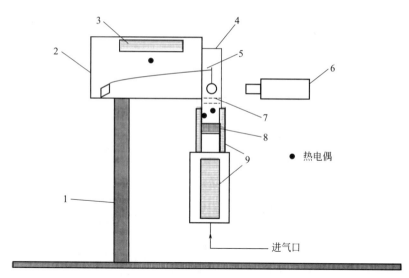

图 2-17　单液滴颗粒分析仪[33]

1—支架；2—玻璃纤维腔；3—玻璃纤维腔温控；4—干燥室；5—玻璃纤维；6—摄像机；
7—旁通开关；8—布风板；9—加热器

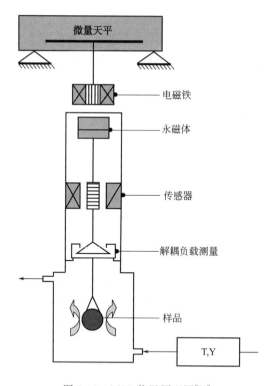

图 2-18　MSB 装置原理图[10]

2.6.3.4　超声悬浮

超声悬浮也是一种可以使颗粒稳定地悬浮在流场中并间接测量重量的装置[34]。其原理如图 2-19 所示：超声悬浮器固定在有机玻璃悬浮室内，压电传感器位于悬浮室顶部，反射器位于其底座。使用时首先将湿颗粒悬浮到悬浮室中；干燥气体通过反射器的中心孔进入悬浮室，并通过气体混合器进行调节湿度、流量、温度等，干燥过程中使用数码相机持续记录悬浮液滴的变化，而后通过计算机软件记录和分析图像。另外，为了确定蒸发速率，可以施加少量空气吹扫，并且通过高精度露点仪测量出口空气湿度的变化。

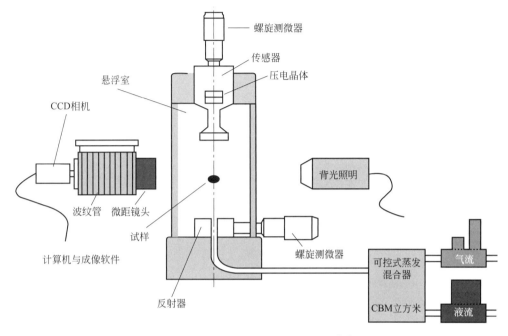

图 2-19　超声悬浮干燥系统示意图[10]

符号说明

a——比表面积，m^2/m^3；

A_w——水分活度；

A——面积，m^2；

d_s——面积直径，m；

d_V——体积直径，m；

D——有效扩散率，m^2/s；

D_0——阿伦尼乌斯因数，m^2/s；

E——扩散活化能，kJ/kmol；

h_M——传质系数，$kg/(m^2 \cdot s)$；

h'_M——振动传质系数，$kg/(m^2 \cdot K)$；

h_{VH}——体积传热系数，$kW/(m^3 \cdot K)$；

h_{VM}——体积传质系数，$kW/(m^3 \cdot K)$；

j_H——传热因子；

j_M——传质因子；

J——传质速率，kg/s；

K——热导率，$kW/(m \cdot K)$；

L——厚度，m；

m_s——绝干物料质量，kg；

N——干燥强度，$kg/(kg \cdot s)$；

p_{AV}——气体温度 T_g 时的蒸汽分压，Pa；

$p_{AV,eq}$——气体温度 T_g 时的饱和蒸气压，Pa；

p_{vs}——饱和蒸气压，Pa；

$p_{AV,dp,eq}$——露点温度 T_{dp} 时的饱和蒸气压，Pa；

Q——传热速率，kW；

r——汽化潜热，kJ/kg；

R——气体常数，$kJ/(kmol \cdot K)$；

T——温度，K；

u_A——空气速度，m/s；

V——体积，m^3；

W_D——干燥速率，$kg/(m^2 \cdot s)$；

x——物料的干基湿含量，kg/kg；

x_e——物料的平衡干基湿含量，kg/kg；

y_G——空气的绝对湿度，kg/kg；

y_w——湿球温度下饱和空气绝对湿度，kg/kg；

ε——孔隙率；

ρ——密度，kg/m^3；

ρ_a——含气堆密度，kg/m^3；

ρ_b——填充堆密度，kg/m^3；

ρ_p——均堆密度，kg/m^3；

τ——时间，s，h；

φ——相对湿度；

ξ——压缩系数。

参考文献

[1] 潘永康，王喜忠，刘相东. 现代干燥技术. 2版. 北京：化学工业出版社，2007：42-61.

[2] Rao M A, Rizvi S S H, Datta A K, et al. Engineering Properties of Foods. Taylor & Francis Group, 2014.

[3] Figura L O, Teixeira A A. Food Physics: Physical Properties-Measurement and Applications. New York: Springer Berlin Heidelberg. 2007.

[4] 陶珍东，郑少华. 粉体工程与设备 [M]. 3版. 北京：化学工业出版社，2015.

[5] Mujumdar A S. Handbook of Industrial Drying (Fourth Edition). Taylor & Francis Group, LLC, 2015.

[6] Cenkowski S, Jayas D, Hao D. Latent heat of vaporization for selected foods and crops. Canadian Agricultural Engineering, 1992, 34 (3): 281-6.

[7] Gallaher G L. A method of determining the latent heat of agricultural crops. Agricultural Engineering, 1951, 32 (1): 34-8.

[8] 罗承铭，师帅兵. 电容法粮食物料含水率与介电常数关系研究. 农机化研究，2011，33（4）：149-51.

[9] 查安霞，孙少云，来侃. 含水率对微波屏蔽效能的影响. 西安工程大学学报，2008，22（2）：136-8.

[10] Tsotsas E, Mujumdar A S. Modern Drying Technology Volume 2: Experimental Techniques. 2009 WILEY-VCH Verlag GmbH & Co KGaA, 2009.

[11] Phetpan K, Udompetaikul Vasu, Sirisomboon P. In-line near infrared spectroscopy for the prediction of moisture content in the tapioca starch drying process. Powder technology, 2019, 345: 608-615.

[12] 李占勇，刘建波，徐庆，史亚彭. 低压过热蒸汽干燥青萝卜片的逆转点温度研究. 农业工程学报，2018，34（1）：279-86.

[13] Xu Fangfang, JIN Xin, Zhang Lu, et al. Investigation on water status and distribution in broccoli and the effects of drying on water status using NMR and MRI methods. Food research international, 2017, 96: 191-197.

[14] Li Z Y, Kobayashi N, Deguchi S, et al. Investigation on the drying kinetics in a pulsed fluidized bed. Journal of Chemical Engineering of Japan, 2004, 37 (9): 1179-82.

[15] Wernecke R, Wernecke J. Industrial Moisture and Humidity Measurement A Practical Guide. Boschstr. 12, 69469Weinheim, Germany: Wiley-VCH Verlag GmbH & Co KGaA, 2014.

[16] Samuelsson R, Nilsson C, Burvall J. Sampling and GC-MS as a method for analysis of volatile organic compounds (VOC) emitted during oven drying of biomass materials. Biomass and Bioenergy, 2006, 30 (11): 923-8.

[17] Chen M H, Wang C, Li L, et al. Retention of Volatile Constituents in Dried Toona sinensis by GC-MS Analysis. International journal of food engineering, 2010, 6 (2).

[18] 马刘正. 电化学传感器水果释放芳烃气体成熟度评价方法研究 [D]. 河南农业大学，2017.

[19] Wang R, Li Z Y, Wu L, et al. Effects of MW-Hot Air Parameters on Drying Soybeans in the Rotating Drum [J]. Transactions of the TSTU, 2012, 18 (1):115-127.

[20] Wang R, Huo H, Dou R, et al. Effect of the inside placement of electrically conductive beads on electric field uniformity in a microwave applicator. Drying technology, 2014, 32 (16): 1997-2004.

[21] Brunauer S, Deming L S, Deming W E, et al. On a Theory of the van der Waals Adsorption of Gases. Jamchemsoc, 1940, 62 (7): 1723-32.

[22] Li Z Y, Wang K, Song J, et al. Preparation of activated carbons from polycarbonate with chemical activation using response surface methodology. Journal of Material Cycles and Waste Management, 2014, 16 (2): 359-66.

[23] Li Z Y, Kobayashi N, Watanabe F, et al. Sorption drying of soybean seeds with silical gel. Drying Technology, 2002, 20（1）: 223-33.

[24] Keey R B. 干燥原理及其应用. 王士璠等, 译, 1986: 85-87.

[25] Ruthven D M. Principles of Adsorption and Adsorption Processes. John Wiley & Sons, 1984: 124-165.

[26] Li Z Y, Kobayashi N, Hasatani M. Modeling of diffusion in ellipsoidal solids: a comparative study. Drying Technology, 2004, 22（4）: 649-75.

[27] Li Z Y, Ye J, Kobayashi N, et al. Modeling of diffusion in ellipsoidal solids: A simplified approach. Drying technology, 2004, 22（10）: 2219-30.

[28] Li Z Y, Kobayashi N. Determination of moisture diffusivity by thermo-gravimetric analysis under non-isothermal condition. Drying technology, 2005, 23（6）: 1331-42.

[29] Pan K, Li Z Y, Mujumdar A, et al. Analogy of Heat and Mass Transfer for Drying Hygroscopic Particles in Vibrated Fluid Beds. Bulletin of the Polish Academy of Sciences: Technical Sciences, 2000, 48（3）: 463-74.

[30] 中村正秋, 立元雄治. 初歩から学ぶ乾燥技術. 工業調査会, 2005.

[31] Krokida M K, Karathanos V, Maroulis Z, et al. Drying kinetics of some vegetables. Journal of Food engineering, 2003, 59（4）: 391-403.

[32] Strumillo C, Kudra T. Drying: Principles, Applications, and Design. Gordon and Breach Science Publishers, NY, 1986.

[33] Chen X D, Lin S X Q. Air drying of milk droplet under constant and time-dependent conditions. AIChE Journal, 2005, 51（6）: 1790-9.

[34] Yarin A, Brenn G, Kastner O, et al. Evaporation of acoustically levitated droplets. Journal of Fluid Mechanics, 1999, 399: 151-204.

（苏伟光，李占勇，罗乔军）

第3章

干燥过程的模型和模拟

3.1 绪论

3.1.1 模型与模拟

每个模型都对应一个真实系统，它必须与所对应的系统相似，并结合了其大部分的显著特征。但它不应该太复杂以至于不可能理解或不可试验重现，而是更简单。简要说，模型就是："在讨论时空域内，任一时间或空间点上的真实系统的简化表示，旨在提供对系统的理解。"模型的一个作用是使研究者能够预测系统更改的影响。一个好模型应该既能"逼近复杂的真实"，又具有"简单明了"的形式。评价模型的最重要的指标是"有效性"，因此所建模型需要对照真实系统加以"验证"。验证的方法一般是在已知输入条件下对"模型"进行数值模拟，并将模型输出与真实系统输出进行比较。本章所述"模型"是指"数学模型"，数学模型大致可分为四类：确定性静态模型、确定性动态模型、随机性静态模型及随机性动态模型。用于干燥过程模拟的数学模型大多是确定性或随机性动态模型。

模拟（simulation），又称仿真。模拟过程就是针对模型的操作过程，此时模型可以重复配置操作条件对过程进行反复试验观察。绝大多数情况下，要对模型所对应的真实系统进行反复的操作、观察和试验是不大可能的，因为这太昂贵且不切实际，而模拟可以轻而易举实现这样的操作。从最广泛的意义上讲，模拟是一种工具，它可以在感兴趣的不同条件配置下、长期的实时状态下评估现有系统的性能。在由真实系统向可执行操作的模拟模型（如数学模型）转化的过程中，还有一个重要的中间步骤，即"概念化"。通过对真实系统的"概念化"，可形成一个完整的"概念模型"。譬如，当我们研究的真实系统是毛细多孔介质内部的水分传输问题时，通过对传递过程原理与多孔介质传递理论等相关理论的分析，我们应该对所研究的问题有个基本判断。假如问题的本质是液态水分在毛细孔空间的毛细运动与水蒸气在毛细孔空间的扩散，借此判断我们就可以确定反映该真实系统的概念模型为"毛细多孔介质内气-液两相的毛细运动与扩散过程"。进一步我们可将该"概念"运用适当理论转化为"数学模型"。上述过程中，如果我们将其"概念化"为"气-液两相的对流运动"，则据此机理建立的数学模型就会完全不同。在工程领域"模拟"则常被视为"数值实验"，即"用数值的变化来描述和呈现某一特定的过程"。显然，"干燥过程的模型与模拟"所需"描述"与

"数值化重现"的就是"干燥过程"。

图 3-1 是模型模拟过程的示意图。在模拟研究中，尽管我们常称为"计算机模拟"，但却需要在所有阶段进行人为决策，如模型建立、实验设计、输出分析、结论制定以及做出更改研究系统的决策等。其中唯一不需要人工干预的阶段是"模拟计算"操作，大多数模拟软件平台都可以高效地执行这些操作。需要指出的是，功能强大的模拟软件平台并不能确保模拟研究的成功，成功的模拟研究必须依赖经验丰富的问题制定者、建模者和研究分析人员。

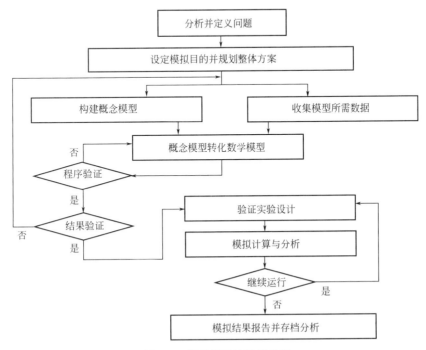

图 3-1　模型模拟过程示意图

计算机计算能力和数值方法的飞速发展使得模型模拟在科学研究中占有越来越重要的地位。目前，数值模拟已发展成为一种科学研究的"第三种方法"（三种方法即理论研究、实验研究、数值模拟），广泛应用于各学科领域[1]。

3.1.2　干燥过程的模型

干燥过程同时涉及热量、质量和动量传递过程，需用一组高度非线性控制方程加以描述，且其中许多参数的变化还会反过来影响干燥过程的自身。影响干燥过程的因素有很多，其中影响最大的是：①被干燥物质的自身材料特性；②干燥器所提供的干燥环境条件。考虑到上述两个因素在干燥实践中的多样性与复杂性，干燥过程无论在理论分析或生产实践中都是十分复杂且难以预测的。譬如，干燥过程最基本的问题，湿分在湿固体内部的迁移问题，就涉及湿固体材料（多孔介质）内部的孔隙结构、湿分迁移过程的路径、迁移的机理与驱动力、湿分的相变等诸多问题。清晰地回答上述问题并不容易，因此在模型的建立过程中引入了许多不同的假设，建立了许多基于不同原理的理论模型，譬如，基于材料结构的"连续介质假设""孔道网络假设"，基于湿分迁移过程的"蒸发前沿退缩假设""蒸发冷凝假设""液态扩散假设""蒸汽扩散假设""纽德逊扩散假设"等很多模型。由于模型众多，每个模型还针对不同的机理引入一些有关材料特性与传递特性的特定参数。因此，应用中稍有不慎就会出现模型或参数选用错误，导致预测的结果与实践结果相差甚远。对于实践性更强的设备设计问题，模型的引用更容易出现问题。如对于 90% 的液体处理设备设计，安装后经一年的初步调试一般都可以达到预定设计能力；但只要一涉及固体对象（如干燥），这个数字就会下降到 67%。因此，许多经严谨的理论分析后建立的干燥模型不经反复的实验验证与修正则很难保证其可靠性。这种现状导致许多设计师往往宁可采用基于中试的经验公式（或模型参数）进行干燥器设计，而不采用各种理论模型。

无论是理论研究还是设备设计，针对干燥过程的理论和模型和其他过程单元操作的理论与模型比较具有更大的挑战性。I. C. Kemp 和 D. E. Oakley 甚至说："干燥领域是理论研究的墓地"[2]。因此，本章只是希望在众多描述干燥过程的理论与模型中筛选出一些大家认可度较高的"干燥理论模型"，并将这些模型的使用条件及推导背景介绍给读者。

3.1.3　干燥过程模型的种类

一个完整的干燥系统通常包括被干燥物料和干燥设备（干燥器），以及供热、控制、物料（产品）输运、气固（液）分离、污染物处理等辅助系统。本章讨论的干燥过程模型主要是指主干燥系统，即被干燥"物料"与干燥"设备"的模型。"物料模型"描述被干燥物料的各种"特性（如物理、化学、生物学、热力学等特性）"在干燥过程中的变化以及对干燥过程的影响；而"设备模型"则描述物料的"环境条件（如热、湿、运动、边界等条件）"对干燥过程的影响。后者在干燥过程中又称为"干燥条件"。显然，任何一个描述完整干燥过程的模型必须同时描述物料与设备两部分模型内容，且相互影响、相互耦合。干燥过程模型种类见图 3-2。

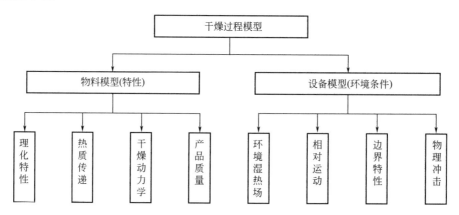

图 3-2　干燥过程模型的种类

3.1.4　模型与模拟过程的检验与验证

检验与验证（verification and validation）是模型与模拟过程必不可少的环节，但由于在干燥过程的模拟中经常选用合适的计算机商业软件作为工具，所以在检验（verification）环节可以省去"编码与概念模型的一致性"检验，但其他检验项目都是需要的。相对于检验环节，验证（validation）环节更重要，三个重要的验证指标分别是：模拟结果的正确性、模拟结果的精确性（误差）和模拟结果的可拓展与可推广性。

（1）检验

在模型开发的各特定阶段对系统进行测试、检验，以证明阶段性与局部性成果满足其所有指定要求。检验需要回答："我建立的模型正确吗？"例如，在模型开发的各环节，检验

"相对于真实过程，适用机理的合理性""编码与概念模型的一致性""计算软件选择的正确性"等。

（2）验证

在模型开发的最终阶段确保最终模型能够满足模型与模拟的初衷。验证需要回答："我建立的模型能实现最初的目的吗？"例如，"模型的计算机模拟结果是否与真实过程结果或实验记录结果一致？""误差如何？""是否可预测相同系统在不同条件下的过程结果？""将概念模型推广到实际系统中的可行性与可靠性如何？"等。

3.1.5　干燥过程模型与模拟的目的

干燥过程模型与模拟研究的主要目的有三个：过程机理研究，过程结果预测研究，干燥工艺优化、设备设计与系统控制研究。

（1）过程机理研究

过程机理研究的目的是揭示干燥现象背后的作用原理。譬如，对植物多孔介质（具有细胞结构）的干燥过程，很难通过实验手段观察细胞组织内部多相传递的优势通道、相变时刻与传递现象。由于多孔介质中流体的传递规律多已知，针对具体的干燥对象，结合已知植物材料的生物组织特性、结构特性和理化特性，通过对传递规律的理论分析，进而建立其干燥过程的数学模型，就可实现对植物多孔介质干燥过程中内部多相流体热质传递现象的数值研究。由于数学模型的建立是基于物理现象背后的过程机理（理论模型），且经过实验验证，那么这些模型就可以超越实验数据的局限，适应比实验条件更宽泛的干燥过程[3]。上述研究过程可能会经历反复的分析、建模与模拟验证，直至得到满意的结果。

（2）过程结果预测研究

从应用方面来说，通过建立准确的数学模型对干燥过程进行数值重现，可预知干燥的结果，实现对新物料、新工艺、新设备的应用结果预测，进而实现对生产实践的指导。实际生产中，面对新工艺、新设备和新物料时，往往需要对干燥过程参数进行优化。若能通过干燥过程的数学模型对未知干燥过程进行预测，进而指导新设备的设计、新过程的优化与新物料的干燥工艺等问题，可节约大量的时间、人力和资金。然而由于干燥对象、干燥器种类与干燥条件的多样性和复杂性，对于大多数涉及新物料、新设备与新工艺的干燥过程，这仍然是一个较难实现的目标。对于超过实验数据范围的过程，将失去预测能力[3]。

（3）干燥工艺优化、设备设计与系统控制研究

利用干燥过程的热量与质量平衡方程、热质传递方程、动力学方程等数学模型可以有效地进行干燥器的结构与工艺设计、工艺参数优化、系统控制以及干燥器选型与操作故障分析等工作。由于计算机模型与模拟技术及专家系统软件的发展与逐渐成熟，干燥工作者建立了用于多种干燥过程的模型与计算模块可供参考。

本章从干燥技术研究与应用的角度重点讨论建立各类干燥过程模型的基本数学方法，同时也对干燥过程中多孔介质和多相流系统的传热传质过程机理与模型加以简单介绍。

3.2　物料干燥模型

3.2.1　多孔介质

在日常生活中，无论在工程技术领域还是在自然界，多孔材料几乎无处不在。除了金属、一些致密的岩石和某些塑料外，几乎所有固体和半固体材料在不同程度上都是"多孔"

的。但一种材料或结构必须具有以下两个属性我们才称之为多孔介质。①固体或半固体基质（骨架）中必须包含无固体的空间，即所谓的空隙或孔。孔内充盈流体，例如空气、水、蒸汽或不同流体的混合物。②必须对各种流体都具有渗透性，即流体应能够在一侧穿透材料并从另一侧流出。此外，颗粒物质的堆积体也满足上述条件，也称之为多孔介质。

多孔介质按其来源可分为两类：①天然多孔介质。这类多孔介质又分为地下多孔介质（如土壤、裂隙岩、胶结砂岩等地质构造多孔介质）和生物多孔介质（如植物组织、动物器官等）。②人造多孔介质。如陶瓷、过滤芯、纸张、泡沫橡胶等。天然多孔介质是高度异质的，且大多具有各向异性特征；而人造多孔介质则大多是均匀的。作为共性，整个"多孔介质域"都是由两部分子域空间构成，一部分为固相域（允许其变形），称为固体基质；剩余部分为空隙空间域，空隙空间内被单相或多相流体（气体或液体）所填充。要说明的是，在本章考虑的所有情况下，假定多孔介质域的固体部分是相互连接的连续体，但允许其变形；同样，空隙子域（或内部的饱和流体相）也假设为统一的连续体。

绝大多数被干燥物料，如矿物、陶瓷、建筑材料、化工材料、医药原料，以及各种农产品、食品等均满足上述多孔介质的条件。多孔介质骨架内部存在大量相互连通的孔隙，而且大多具有孔隙尺度小、比表面积大的特点。干燥过程的主要目的就是除去这些多孔介质孔隙中的湿组分。

由于多孔介质孔隙的结构、形状、尺度各异，结构也极为复杂，加上干燥过程中内部流体（气、汽、液）的特性也不相同，流体在多孔介质内传递的机制也不相同。例如大孔中气体可被视为连续介质，而小孔中气体则可能是离散体系；流体在孔隙内的运动可能遵循主要由浓度梯度驱动的扩散定律，也可能遵循压差驱动的达西定律，甚至可能是以黏性力为主的斯托克斯流动。多孔介质内传递模型的形式取决于具体的多孔介质特性、流体特性以及干燥条件（如扩散、毛细流动、对流流动等）[4-7]。

描述多孔介质的结构与理化特性的参数很多，本节主要介绍与多孔介质干燥过程相关的结构特性（孔隙特性、孔径分布）、流体结合特性（润湿性、饱和度、表面和界面张力）以及传递特性（渗透、扩散、毛细管现象）等一组参数。

3.2.1.1　多孔介质的结构特性

（1）同质性

多孔介质的同质性是指：空间任意点上都具有相同的属性。换句话说，属性不会随空间的位置变化，而同质性也是针对"宏观系统"的"宏观属性"。譬如，一块较大体积的沙粒黏结多孔介质就构成了一个"宏观体系"，而从该黏结沙块上掉落的只有几粒沙粒的边角样本就不能称之为"宏观系统"。因为微观样品的特性不能代表从中移除的宏观多孔介质特性。假设从一个大的多孔样品中，切割出一系列体积不断增加的样品，逐一测定它们的宏观结构参数（如渗透率），并绘出测试结果与样本的体积关系（图3-3），可以看出，样本的属性（渗透率）随样本体积而变化，并且测试结果随着样本的体积增加最终获得一条平滑线。

我们定义："当样本体积不断增大，而宏观测量特性（如孔隙率和渗透率）不再波动，该样品就具有宏观代表性"，等于或大于该体积就称为"宏观代表性体积"，即存在代表性单元体（REV）。当多孔介质的性质不随宏观代表性样品尺度的变化而变化时，则称该介质在宏观上是均匀的。

（2）各向异性

各向异性是指多孔介质的某些特性在不同方向上取值不同。在各向异性多孔介质中，孔

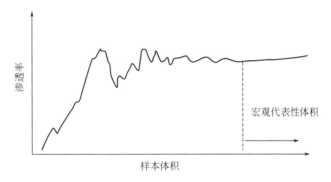

图 3-3　渗透率与样本体积的关系

隙率、孔径分布、渗透率等取决于方向，在大多数情况下，这些属性是介质位置和方向的函数。因此，每个属性的概率密度函数可以通过位置的五个独立变量，三个位置坐标 (x, y, z) 和两个角坐标 (θ, ϕ) 来描述。如果概率密度分布与角坐标无关，则介质为各向同性，否则为各向异性。如前所述，许多"自然构造多孔介质"是高度异质的；而大多被干燥材料中的"人造多孔介质"与"有机多孔介质"具有各向同性的特征。具有各向异性特征的多孔介质由于其几何描述的复杂性，大大提高了建立数学模型的难度。

（3）孔隙特性

① 孔隙率　由多孔介质的基本几何构成（固体骨架＋空隙空间）可知，骨架与空间体积的分配比例是多孔介质最重要几何特性，通常用孔隙率来表达。孔隙率表达式为：

$$\varepsilon = \frac{V_p}{V} \tag{3-1}$$

式中，V_p 为多孔介质孔隙体积；V 为表观体积（多孔介质总体积）。该孔隙率也称为体孔隙率。

根据孔隙的流体可通过性，孔隙率有有效孔隙率和总孔隙率之分。上述定义即为总孔隙率。连通孔隙称为有效孔隙，而不连通孔隙或虽然连通但属于死端孔隙的空间是无效孔隙。对于流体通过孔隙的流动而言，无效孔隙实际上可视为固体骨架[7]。干燥模型中的孔隙率通常指有效孔隙率。吸湿性多孔介质干燥或吸湿过程中存在干缩或湿胀现象，固体骨架和总体积都会发生变化，孔隙率可能会发生变化；而非吸湿性多孔介质，其骨架为刚性骨架，孔隙率不变。当多孔介质每一点孔隙率都相等时，多孔介质对于孔隙率来说是同质的。

截面孔隙率定义为多孔介质某一截面上孔隙面积占截面总面积的比例。均匀多孔介质的截面孔隙率等于体孔隙率；但当多孔介质各向异性时，面孔隙率随着方向的不同而不同，不一定等于体孔隙率。

② 比表面积　比表面积指多孔介质内部孔隙表面积与多孔介质体质量或体积之比，即质量比表面积或体积比表面积（a）。

$$a = \frac{A}{V} \quad \text{或} \quad a = \frac{A}{m_v} \tag{3-2}$$

式中，A 为孔隙或固体骨架的表面积；V 为多孔介质体积；m_v 为多孔介质质量。在已知密度的情况下，两种比表面积可互相转换。通常认为多孔介质具有比表面积大的特征。孔隙率不变的情况下，随着孔隙缩小，比表面积迅速增加。例如边长为 1cm 的小立方体内，孔隙由一个或多个等大小的空心圆球构成，孔隙率为 0.5，则随着圆球缩小（孔隙缩小），孔隙的表面积从 $3 \times 10^{-4} \text{m}^2$ 增长到 3000m^2 [6]。

③ 迁曲度　多孔介质中孔道形状复杂，流体在其中的流动不是沿直线前进，而是迂回曲折地向前流动。显然，流动的迂回曲折程度将对多孔介质中的传递过程产生影响。将这种迂回曲折程度定义为多孔介质孔隙迂曲度（tortuosity），表示为：

$$\xi = \frac{L_e}{L} \tag{3-3}$$

式中，L_e、L 为多孔介质中流动路径的长度、单元体的直线长度。按此定义，ξ 必不小于 1。关于迂曲度，不同的作者曾给过不同的定义，如 ξ 的倒数或 ξ 的平方[7]。而实际上，在各向异性多孔介质中迂曲度是二阶张量[8]。对于定义 ξ，有些作者对其数值估算为 2.0～2.5[8]。

上述结构参数均与多孔介质骨架尺寸及其分布、孔隙尺寸及其分布有关，故常把骨架与孔隙尺寸及其分布也列为多孔介质的基本结构参数。

④ 孔径分布　在绝大多数的多孔介质中，孔道尺度分布的数值范围很宽，称为"孔径分布"。孔径分布是概率密度函数，通过特征孔径给出孔径的分布。如果孔是分离的物体，那么可以根据一些一致的定义为每个孔分配尺寸，并且孔尺寸分布将变得类似于通过筛分分析获得的粒径分布。

⑤ 孔隙级别　多孔介质中存在不同级别尺度的孔隙，导致其中的气体传递机制也不同。标准状态下，各种气体分子的平均自由程量级约为 10^{-8}～10^{-7} m。当孔隙大小接近于气体分子自由程时，气体分子与固体壁面的碰撞效应就不能忽略，此时气体不能再视为连续介质，气体的扩散也由费克型扩散转变为 Knudsen 扩散，气体流动的非滑移边界假设不再成立。因此孔道半径大于 10^{-7} m 量级的孔隙应与接近或小于 10^{-7} m 量级的孔隙区别对待。

⑥ 骨架吸湿性　液态水在不饱和毛细孔隙中形成凹状弯曲气液界面（meniscus）。根据开尔文效应（Kelvin effect），弯液面上方水的饱和蒸气压低于平直液面上的饱和蒸气压，且随着孔径的缩小而下降。如表 3-1，半径大于 10^{-7} m 孔隙中，弯液面上的水蒸气压降在 1%左右，孔隙中的水分在接近饱和的环境中仍然能够蒸发。这种孔隙中的水被称为自由水（free water）。小于 10^{-7} m 的毛细孔中，饱和蒸气压随着孔径的缩小快速下降，环境相对湿度必须显著低于 100%时，孔隙中水分才会蒸发，这种孔隙中的水称为吸着水（bound water）。当环境蒸气分压高于弯液面上饱和蒸气压，但低于平直液面上的饱和蒸气压时，小于 10^{-7} m 的毛细孔会吸附环境中水分，称为吸湿性孔隙。

表 3-1　微小毛细管半径对饱和水蒸气压力的影响（20℃）

$r/\mu m$	0.001	0.005	0.01	0.1	1
p_r/p_s	0.3410	0.8064	0.8980	0.9893	0.9989

注：Kelvin 公式对于直径大于 1nm 的孔隙仍然适用（水分子直径在 2.75Å 左右）[9,10]。

根据开尔文定律，半径为 r 的弯液面处的蒸气压为

$$p(r) = p_s \exp\left(-\frac{2\sigma}{r} \times \frac{\overline{V}_w}{RT}\right) \tag{3-4}$$

式中，σ 是表面张力；$\overline{V}_w$ 是水的摩尔体积。

因此，Luikov 根据孔隙级别将多孔介质中等效半径小于 10^{-7} m 的孔称为微毛细孔（micro-capillaries），并将微毛细孔空间计入骨架体积，更大孔隙计为多孔介质孔隙空间[11]。微毛细孔导致的容水性称为骨架的吸湿性，相应的骨架材料称为"吸湿性"物质（hygroscopic materials）；而将没有微毛细孔的骨架材料称为"非吸湿性材料"，如玻璃纤维。根据

上述定义，最小孔隙半径大于或等于微毛细孔半径（$r_0 \geqslant 10^{-7}$m）的多孔介质称为"非吸湿性多孔介质"，否则称为"吸湿性多孔介质"。

实际上大孔和小孔的区分并没有绝对的界限，影响物料吸湿性的因素也不仅仅是孔隙的大小，还有渗透势、衬质势等[12]，因而其他作者将多孔物料分为非吸湿性多孔物料、部分吸湿性多孔物料、吸湿性多孔物料[13]。天然多孔介质中的有机多孔介质大都是吸湿性材料，非有机多孔介质多为非吸湿性材料；人造多孔介质，可以是非吸湿性多孔材料，也可以是吸湿性多孔材料（如各种人造木板、纺织品、纸张、食品）[4]。动物组织和植物薄壁组织为一类特殊的吸湿性多孔物料，其吸湿性主要是由细胞腔内物质决定的[14]。

3.2.1.2 骨架与流体结合特性

（1）骨架与液体间的结合方式

根据结合力的大小与结合性质，多孔介质骨架与水的结合方式可分为四种形式。

① 化学结合水　以羟基离子形式存在的水和以晶体水合物形式存在的分子化合物中的水是有区别的，后者的结合比前者要松散得多。根据水的饱和蒸气压与温度的关系，水合物的温度决定水的结合自由能和键的断裂热。化学结合水通常需要高于一般干燥的温度才能去除，经常用焙烧的方法。离子或分子结合能的量级为 5kJ/mol。

② 吸附结合水　主要表现为在毛细管多孔体的内外表面上聚集的单分子层水分子。吸附能力的大小除了与多孔体的比表面积大小有关外，还与材料的亲水性能有关。不同材料的水蒸气吸附等温线表明，在同样的相对湿度环境下，亲水与疏水材料表面的平衡水分含量值相差很大。这种差异主要与接触角的形成有关，或与单分子吸附层向液体（自由水）膜的连续转移有关。

③ 毛细管束缚水　毛细管中由自由弯液面包围的水即毛细管束缚水。在存在弯液面的情况下，由于毛细管中的蒸气压低于水平液面上方的蒸气压，会增加这部分自由水的脱水难度。这种蒸气压降低的现象表明：毛细管与水的结合能，并不是由于固体表面与水的相互作用，而是弯液面作用的结果。因此，在充分润湿的条件下，毛细管的结合能不取决于壁的性质，而是取决于毛细管半径。

此外，毛细管结合能与管半径成反比：

$$W(r) = -\frac{2\sigma \overline{V}_w}{r} \tag{3-5}$$

表 3-2 给出了毛细管结合能与毛细管径的关系。

表 3-2　毛细管结合能与毛细管径的关系（20℃）

$2r/$m	10^{-5}	10^{-6}	10^{-7}	10^{-8}
$W(r)/$(J/mol)	-5.25×10^{-1}	-5.25×10^{0}	-5.25×10^{1}	-5.25×10^{2}

④ 渗透结合水　因渗透而产生的毛细管壁内外水分浓度差和渗透压差所持有的水。与前述三种结合水相比其结合强度较弱，在干燥过程中形成的传质阻力较小，甚至可以忽略。

（2）表面张力

在处理多相体系时，要考虑两种不互溶流体接触时界面力的影响。液体具有内聚性和吸附性，这两者都是分子引力的表现形式。内聚性使液体能抵抗拉伸应力，而吸附性则使液体可以黏附在其他物体表面。在液体和气体的分界处，即液体表面及两种不能混合的液体之间的界面处，由于分子之间的吸引力，产生了极其微小的拉力。假想在表面处存在一个薄膜

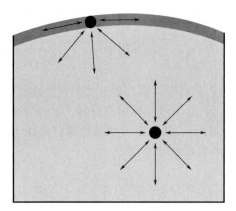

图 3-4　表面分子被液体侧分子
吸引导致表面张力

层，它承受着此表面的拉伸力，液体的这一拉力称为表面张力。由于表面张力仅在液体自由表面或两种不能混合的液体之间的界面处存在，用表面张力系数 σ 来衡量其大小。σ 表示表面上单位长度所受拉力的数值，单位为 N/m。表面张力会对内部流体产生压力，迫使液体表面收缩到最小面积（图 3-4）。

液体的表面张力是液体本身的一种性质，主要由液体本身决定。无机液体的表面张力比有机液体的表面张力大得多，也就是说液体表面张力跟液体的种类有关。水的表面张力为 72.8mN/m（20℃），有机液体的表面张力都小于水，含氮、氧等元素的有机液体的表面张力较大，含 F、Si 的液体表面张力最小。水溶液如果含有无机盐，表面张力比水大；含有有机物，表面张力比水小。

（3）湿分含量与饱和度

① 湿分含量　干燥过程中，多孔介质中含有湿分（水分）的多少是人们最为关心的。除冷冻干燥外，多孔介质中湿分有两种状态，即液态水和蒸汽。通常情况下，蒸汽质量相比于液态水的质量可忽略不计。冷冻干燥中，物料湿分包括冰。描述多孔介质中湿分多少的量主要有含水率、饱和度和水分质量浓度等。

多孔介质的干基含水率 X 定义如下：

$$X = \frac{m_w}{m_d} \tag{3-6}$$

式中，m_w 为多孔介质中蒸汽、液态或固态水的质量；m_d 为多孔介质中绝干物质的质量（完全除去水分后的质量）。

② 饱和度　多孔介质中液态水分体积占孔隙空间体积的比例称为饱和度，即

$$S = \frac{V_w}{V_p} \tag{3-7}$$

式中，V_w 为孔隙中液态水的体积；V_p 为孔隙的体积。当多孔介质所有孔隙都充满水分时，$S=1$，称为饱和多孔介质，否则为不饱和多孔介质。

饱和度的定义只考虑了孔隙空间中的水分，对于非吸湿性多孔介质，孔隙中的水分即物料中的全部水分，此时饱和度 S 与物料干基含水率 X 有明确的关系：

$$S = \frac{\rho_s(1-\varepsilon)}{\rho_w \varepsilon} X \tag{3-8}$$

式中，ρ_w 为液态水的密度；ρ_s 为固相骨架的密度。对于吸湿性多孔介质，固相骨架会吸收部分水分，含水率和孔隙空间液态水的饱和度之间的关系并不明显。

液相水容积密度为物料中水分的质量密度或浓度，定义如下：

$$\rho_l = \frac{m_w}{V} \tag{3-9}$$

式中，V 为多孔介质体积。对于非吸湿性多孔介质有：

$$\rho_l = \rho_w \varepsilon S \tag{3-10}$$

对于吸湿性多孔材料，可得：

$$\rho_l = \rho_d X \tag{3-11}$$

式中，ρ_d 为多孔介质中干物质的容积密度。

3.2.1.3 多孔介质中的流体运动

多孔介质干燥时，按照 Keey 教授的分析，内部水分运动可分为四个阶段[9]。在第一阶段，水分以液体的形式在水力梯度下做斯托克斯流动。最初毛细孔是饱和的，但逐渐出现气穴取代流失的水分。第二阶段，水分已经撤退到毛孔的腰部（见图 3-5），水分可以沿着毛细管壁爬行或通过液体桥之间的连续蒸发和冷凝而迁移。这一过程可描述为蒸汽扩散加液体毛细流渗透流动。进一步干燥时（第三阶段），这些液体桥完全蒸发，只留下吸附的水分，水分通过不受阻碍的蒸汽扩散而移动。第四阶段是解吸吸附阶段，任何蒸发的水分都会凝结，多孔介质与环境处于湿热平衡状态。

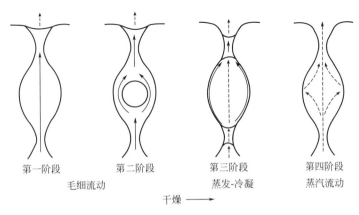

第一阶段　　　第二阶段　　　　第三阶段　　　第四阶段

毛细流动　　　　　　　　　　蒸发-冷凝　　　蒸汽流动

干燥 ⟶

图 3-5　多孔物料不同干燥阶段孔隙中湿分的运动[9]

质传递包括"斯托克斯方程控制的液体流动""费克定律控制的蒸汽扩散""达西定律控制的液体渗流""渗透力控制的液体微流动"。Keey 教授说过："显然，没有一个单一的传质理论能涵盖所有这些传递模式。[9]"干燥理论与技术研究实践中最常用的是扩散理论，这是因为大多数研究者均假设干燥过程中湿分在多孔物料中主要是毛细流动或蒸汽迁移，如四个阶段理论、蒸发前沿退缩理论等主流假设。选择一种传质方法来描述整个干燥过程显然是选择主流方法的一种近似。具体适用理论取决于多孔介质骨架材料的理化与几何特性、孔隙内流体特性、两者的结合特性以及干燥条件的综合情况。干燥理论模型建立的最关键环节是确定多孔介质内水分传递模式，而正确选择的基础是大量的实际过程与实验室观察、测试与数据分析。

3.2.2 基于连续介质假设的模型

3.2.2.1 多孔介质的连续体假设

"连续体"可定义为：如果可以将某个属性（如密度）的值分配给该域内的每个质点，则该空间域即被视为对于所述属性的连续体。

（1）混合物理论

作为连续体方法的基础，首先介绍一下"混合物理论"。混合物理论是研究由两种以上物质组成的混合物系统以及各个组分的表征、质能守恒定律以及运动的理论。多孔介质干燥过程涉及固体孔隙空间内的多相流体运动，需要有简单的混合物理论基础。考虑一个被流体（例如气相）占据的空间域 Ω，且假设这种流体是多种气体（如 A、B 和 C 三种气体）的混合物。其中每个 A 分子都有其性质，如质量、能量等。我们无法对组分 A 中每个分子的行为逐一进行建模和预测，但可以在域内任选一个"质点"，该质点所占据的空间域为 $\Delta\Omega$，相对于 A 分子体积，空间足够大，始终包含足够数量的分子，使其动态下的平均属性（如密度）保持不变。然后将该平均值指定作为该质点气体 A 的平均密度 ρ_A，且可以认为域 Ω 是组分 A 的密度 ρ_A 的连续体，其中每个质点的密度为 $\rho_A(x,t)$。对同一域 Ω，再对 B 分子和 C 分子重复上述过程，有 $\rho_B(x,t)$ 和 $\rho_C(x,t)$，相同的域也将被视为连续体。这三个连续体是重叠的，实际上，该域也是混合物密度 $\rho(=\rho_A+\rho_B+\rho_C)$ 的连续体。这就是混合物理论，虽然我们以密度为例，但该理论也适用于物质的其他性质。除质量密度外，混合物理论的概念也适用于其他密度（如动量密度）。

多孔介质的另一个基本特征是：①多孔介质应包含固体基质和空隙空间两个子域；②两个子域在空间上相互交叠，构成多孔介质域。定义多孔介质连续体的目的是：①在将多孔介质域视为连续体的基础上，建立多孔介质域中的传输现象模型；②应用修正的"连续介质力学"（固体和流体）来描述此类域中的传输现象。

（2）相、组分和化学物质

"相"意为"物质占据的空间区域"，因此，用一组状态方程（例如密度、组成、压力和温度之间的关系方程）即可描述该域内所有点的行为。因此，物理性质在单一相所占据的区域上是连续的。

"相"的另一个定义是空间的一部分，该空间通过确定的物理边界（界面或相间边界）与其他部分分开。根据第二个定义，每个被水包围的油球均会被视为独立的相，因为它们都有明确的油-水相界面。此外，系统中只能存在单一气相，因为所有气相都可以完全混溶并且它们之间没有明显的相界面。但是，多孔介质的空隙中可以存在不止一种流体相，例如油和水或水和空气。这样的多相流体通常被称为不混溶流体。实际上，所有相在某种程度上都是可混溶的，但只要有可见界面将相邻的流体分开（在观察的时间范围内）即将它们称为"不混溶流体"。

"化学物质"是指可识别的化合物（原子、分子或离子），可作为一个实体参与相内的化学反应。化学物质可以通过其化学成分和存在的阶段来区分。因此，"化学物质"一词又指分子、离子或一组分子以某种"相"存在的形式。例如，氧气可以以氧分子的形式存在于空气中，以溶解氧的形式存在于水中或以离子氧的形式存在。同样，从严格的化学意义上讲，存在于不同流体相中的同一化合物被视为不同的物质。单一相可以由多种不同的化学物质组成，也可以仅由一种物质组成。例如，水作为单一相，由氢离子和羟基组成，而有机相（如石油），则可能涉及 100 多种不同的化学物质。

"组分"或"化学成分"被用来表示一组化学物质，这些化学物质属于在平衡条件下完全定义"某相"化学组成所需的最少物质。在交互过程中，某单一组分在整个过程中都包含同一组化学物质。因此，分子 CO_2、H_2O、CH_4 是组分，但是液相水不是组分，因为它可能包含水分子与各种溶解气体或其他溶解物质。如果在装有液态水的密闭容器中通过改变温度和/或压力使水蒸发或冻结，则可能产生两相或三相的物质水，即液体水、蒸汽和冰。此时，虽然仍只有一种组分水，但是该组分可能以液相、汽相或固相两或三种相态存在。

3.2.2.2　守恒方程

物料干燥过程是热量、质量和动量传递的过程。干燥过程中热量从物料外部传递到内部，提供水分蒸发和物料升温等所需的能量，因此除描述物料水分变化过程的模型外，热量传递过程模型也是干燥模型的重要部分。

描述干燥过程的模型，无论是基于连续介质假设的模型、体积平均模型还是孔道级模型，都必须满足守恒定律。基于连续介质假设的干燥过程模型，描述的是多孔介质域内温度、含水率参量在空间连续分布的变化，因此其守恒定律可表达为积分或微分方程。本节将针对多孔介质骨架固体与内部多相流体热质传递过程建立其热质平衡与传递模型。

在介绍守恒方程前先介绍一下热质传递的基本概念：传递势与传递通量。

（1）传递势

热质传递过程的研究是建立在能量与质量守恒定律的基础上的。在热力学平衡状态下，一个系统的势在不同位置都是相等的。一旦打破平衡，能量和质量的传递由高势位到低势位的方向进行。"等压热比容"定义为等压条件下焓随"温度 T（单位为℃）"的变化率。受此启发，可类似定义"等温质比容"为等温条件下的含水量随"潮湿度 W（单位为°M）"的变化率（潮湿度不等于水分含量，只是一个人为规定的含水量标度）。由于热传递的势为温度 T，类似地，质传递的势应为潮湿度 W。

热比容与质比容计算：

$$C_p = \left(\frac{\partial H}{\partial T}\right)_p \quad \text{J/(kg·℃)} \tag{3-12}$$

$$C_M = \left(\frac{\partial X}{\partial W}\right)_T \quad \text{kg/(kg·°M)} \tag{3-13}$$

定义了质比容的概念后，就可以像定量计算物质热量一样很方便地计算物质的水分含量。假如某湿物质在潮湿度 $W_2 \sim W_1$ 区间，其"平均等温质比容"为 $\overline{C}_M$，且 $W_2 > W_1$，则其水分传递量可由下式给出：

$$X = \overline{C}_M(W_2 - W_1) \quad \text{kg/kg} \tag{3-14}$$

为确定潮湿度的标度，Luikov 使用高吸湿性材料纤维素作为标准体，建立了一个潮湿度标度系统。选择纤维素作为一种类似于量热液体的标准物质，是因为它具有高吸湿性（25℃时的最大吸附水分含量可达 0.28kg/kg），并且具有良好的润湿性。所有湿物体内构成湿结合的主要形式，如物理化学结合和物理机械结合的形式，纤维素都有，所以选择它作为标准材料。

选定标准体材料后，规定在标准体的最大吸湿含水量 $X^\circ_{\max}$（$\phi = 1$）时，对应潮湿度为 100°M。标准材料（纤维素）的质比容 $\overline{C}_{M0}$ 取最大吸湿含水量 $X^\circ_{\max}$ 的 1/100。这样，在任意含水量 X° 下，标准体的潮湿度为：

$$W = \frac{X^\circ}{X_{M^\circ}} = \left(\frac{X^\circ}{X^\circ_{\max}}\right) \times 100 \quad °\text{M} \tag{3-15}$$

如果标准体与另一种材料密切接触，并处于湿热平衡状态下，那么在接合处其潮湿度值相同（注意，不是含水量 X 相同），第二种材料的质比容可由其含水量计算：

$$\overline{C}_M = \frac{X}{W} \quad \text{kg/(kg·°M)} \tag{3-16}$$

有趣的是，当两个物体处于热接触状态时，热含量或比焓较小的物体可能并不能得到热量：传递的势是温度。同样，当两个湿物体接触时，较小水分含量的物体可能会失去水分。热质传递的方向取决于势，即温度与潮湿度的方向，而不是焓值高低与水分含量高低。传递势的概念很清楚地解释了这种现象。潮湿度与温度的类比见图 3-6。

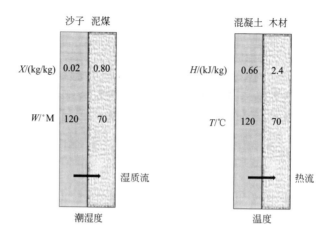

图 3-6 潮湿度与温度的类比

（2）传递通量

一般来说，任何传递现象都受热力学力所控制。假设所有通量都与所作用的力线性相关[15]，即

$$J_i = \sum_{k=1}^{k=n} L_{ik} \Phi_k \tag{3-17}$$

式中，Φ_k 为传递量 k 的热力学驱动力；J_i 为传递量 i 的通量；L_{ik} 为"唯象系数"，因为由所观察现象的结果所决定，下标 ik 表示传递量 k 对于传递量 i 的影响。

根据"Onsager 倒易关系"，当力与流的选择满足一定的条件时，这些系数是对称的，因此交叉系数是相同的：

$$L_{ik} = L_{ki} \tag{3-18}$$

当热量和质量通过一个固定物体以分子传热与分子传质的方式同时传递时，热质传递过程的热质通量式（对于热通量，忽略了质量浓度对热量传递的影响，即 Dufour 效应）为：

$$J_M = -\rho_M D(\nabla X - \delta \nabla T) \tag{3-19}$$

$$J_Q = -\lambda_Q \nabla T \tag{3-20}$$

式中，下标 M 和 Q 分别表示传质和传热过程；D 为扩散系数，$D = \dfrac{\lambda_M}{C_M \rho_M}$，$\text{m}^2/\text{h}$；$\delta$ 为温度梯度系数，$\delta = C_M \left(\dfrac{\partial W}{\partial T}\right)_M + C_M \dfrac{\lambda_{MQ}}{\lambda_M}$，$\text{℃}^{-1}$；$\lambda_Q$ 为热导率，W/(m·℃)；λ_M 为质传导系数，kg/(m·℃)。

温度梯度系数 δ 是温度梯度对传质速率影响的度量。例如，对于石英砂，在潮湿度 $200\sim300\,\text{℃M}$ 时，传质势 $\left(\dfrac{\partial W}{\partial T}\right)_M$ 约为 $0\sim6\,\text{℃M/℃}$，而 λ_{MQ} 相比 λ_M 小几个数量级。因此，温度梯度对传质的影响主要取决于潮湿度势随温度的变化率。

（3）质量守恒方程

含湿多孔介质可视为多组分物质，即固体骨架物质与孔隙内流体物质（水分，部分不凝气体视为与水蒸气的混合物）。孔隙内的湿分流体，水与不凝气，其可能存在的状态分别为：冻结状态、液体状态、蒸气状态、气体状态，以下分别由下标 1、2、3、4 指定。干燥过程可以看作是一系列的水分相迁移过程（包括不凝气，下同）。由于过程中伴有相变发生，这些水分相互转化会导致各相水分的累积或消耗（I_i）。

多孔介质内每一组分的质量守恒方程为：

$$\frac{\partial \rho_i}{\partial t} + \nabla \cdot (\rho_i v) = -\nabla \cdot J_i + I_i \tag{3-21}$$

式中，ρ_i 为组分 i 的质量浓度，kg/m^3；t 为时间，s；v 为各组分平均运动速度；J_i 为组分 i 相对参考运动速度的传递通量，$kg/(m^2 \cdot s)$；I_i 为组分 i 的累积速率，$kg/(m^3 \cdot s)$。

物料完全干燥后保留下来的物质称为干物质。若将物料中湿分表述为与干物质的质量比（如干基含水率），则可以将物料看作是由湿分（包括水、冰和蒸汽）与干物质组成的体系。

多孔介质整体质量守恒方程为：

$$\rho_d \frac{dX}{dt} = -\nabla \cdot \sum_{i=1}^{i=4} J_i \tag{3-22}$$

由于干燥过程水分守恒，所以 $\sum_1^4 I_i = 0$。

考虑到不凝气体的数量相对很少，没有冻结的水分或无相变，并且没有发生化学变化，只考虑液态水和水蒸气的扩散，忽略收缩。由式（3-19）和式（3-20）给出热质传递通量（$J_1 = J_4 = 0$），经过一些代数运算，式（3-22）变成：

$$\frac{\partial X}{\partial t} = D_e \nabla^2 X + D_e \delta \nabla^2 T \tag{3-23}$$

$$D_e = D_2 + D_3 \tag{3-24}$$

式中，D_e 为有效扩散系数；D_2 为水的扩散系数；D_3 为水蒸气扩散系数。

（4）能量守恒方程

干燥过程中物料内部质量流速度很慢，可以认为代表性单元体中各相温度近似相等，孔隙中的蒸气与流体处于热力学平衡态，于是能量守恒方程具有如下以焓为变量的形式：

$$\bar{c}_p \rho \frac{dT}{dt} = -\mathrm{div} J_Q - \sum_1^3 H_i I_i \tag{3-25}$$

式中，$\bar{c}_p$ 是湿固体的平均比热容；H_i 是指定状态下湿固体的比焓；J_Q 为热通量，J/m^2。

忽略对流，对于热量传递有：

$$\frac{\partial T}{\partial t} = \alpha \nabla^2 T + \frac{\Delta H_{23}}{\bar{c}_p} \times \frac{\partial X}{\partial t} \tag{3-26}$$

式中，ΔH_{23} 是液态和气态变化的焓差；α 为热扩散系数，$\alpha = \lambda_Q / \bar{c}_{p_s}$。

上述守恒方程是物料干燥过程所遵循的普遍性关系，建立干燥模型，还需要根据实际物料和过程的特点，确定质量通量、热通量等的具体表达式。在确定后，为使方程组封闭，往往还需补充描述方程变量之间关系的状态方程，如物料的吸附特性关系式等。

3.2.2.3　干燥过程热质传递理论

20 世纪初，就已经开始对多孔介质内部的热质传递过程进行研究[16]。干燥过程中多孔介质为非饱和的，实际湿分和热量的迁移可以在气液固三相介质中进行，因此物料内部热质迁移方式可能多种并存，迁移驱动力也有多种。人们相继提出了湿分梯度驱动的集总参数模型和单场扩散模型[17,18]，湿分梯度和温度梯度驱动的 Philip 与 de Vries 双场模型[19]，以及湿分梯度、温度梯度和压力梯度驱动的 Luikov 三场模型[20] 等。这些模型对干燥过程湿分传递动力的描述越来越全面，尤其是 Luikov 模型全面概括干燥过程热质传递的驱动力，完善了基于连续介质假设的唯象干燥过程模型。这些模型用于干燥过程时应根据模型成立条件和具体过程的特点选取。

（1）热量传递机理

热量的三种基本传递方式为导热、对流和辐射[21]。对于物料的干燥过程来说，导热是物料内部热量传递的主要方式，骨架、孔隙中流体都能够通过导热方式传递热量；而对流和辐射主要作用于物料表面，是外界加热物料的方式。普通热风干燥温度不高，内部辐射换热通常可忽略不计。毛细多孔介质干燥过程中，孔隙流体运动通常较缓慢，相间局部近似热平衡，对流和分散效应相对于扩散和热传导效应可忽略[11,22]。因此热传导主要出现于能量守恒方程中，其余两种主要出现于物料加热的边界条件之中。干燥过程中质量传输也可能引起能量的传递，包括质量流携带的能量和 Dufour 效应。但当热扩散系数 α 远大于质扩散系数 D 时，质量迁移引起的能量迁移相比于热传导传输的能量可忽略。

热传导（heat conduction）规律由傅里叶（Fourier）定律描述，即

$$J_q = -k_{eff} \nabla T \tag{3-27}$$

式中，k_{eff} 为有效热导率（thermal conductivity），其与多孔介质的含水率、孔隙和骨架结构等密切相关。

（2）湿分传递机理

① 湿分梯度驱动的质量传递　干燥过程中物料内部湿分迁移驱动力有多种，实际中常常是一种占据主要地位。在大多数干燥过程中，湿分梯度是占据主要地位的。湿分梯度驱动的水分传输包括分子扩散和毛细流。

分子扩散是分子在浓度梯度驱动下的运动，本质上是分子无规则运动的宏观表现，包括固体、液体和气体中的扩散。多孔介质干燥过程中，孔隙中存在气态水分扩散，液相（可能并非为纯水）和骨架中也存在水分扩散。例如植物薄壁组织干燥过程中，气态水分扩散主要发生在细胞间隙之中，液态水分扩散现象则主要发生在细胞质和液泡中[14]。干燥过程中，孔隙中流体的流速通常很小，分散效应可忽略，因此多孔介质孔隙中二元体系的等物质的量逆扩散本构方程为 Fick 第一定律：

$$J = -\rho \frac{\varepsilon'}{\xi'} D_0 \nabla \omega = -\rho D_{eff} \nabla \omega \tag{3-28}$$

式中，J 为质量通量；ρ 为孔隙相中介质密度；ω 为孔隙相中组分的质量分数；ε'、ξ' 为液相、气相空间的体积分数（孔隙率）和迁曲度；D_0 为孔隙相中组分的扩散系数；D_{eff} 为多孔介质的等效扩散系数。D_0 显著依赖于介质，例如，分子在空气中的扩散系数大概是水溶液中小分子扩散系数的 10^4 倍[21]。D_{eff} 与多孔介质孔隙结构有关，如 ε' 和 ξ'。

当吸湿性多孔介质孔隙中不存在液态水分，且蒸汽与吸着水处于近似平衡时，孔隙中的质量传输为蒸汽扩散[23]，且 $\omega = \omega(X, T)$。若忽略温度梯度的影响，则有：

$$J = -\rho D_{eff} \nabla \omega = -\rho D_{eff} \frac{\partial \omega}{\partial X} \nabla X \tag{3-29}$$

毛细流动已成为多孔介质干燥领域湿分迁移的基本机理，主要适用于湿物质高水分段的水分运动。Buckingham 首先分析了多孔介质中液态水分的毛细流动[16]。Ceaglske 和 Hougen 提出了干燥过程的水分毛细迁移机理[24]。

非饱和毛细多孔物料中的毛细流是压力（界面张力）作用下的流动，遵循渗流规律：

$$J = -\rho_w \frac{k_s k_r(s)}{\mu} \nabla \psi \tag{3-30}$$

式中，k_s 为多孔介质的渗透率，m^2；$k_r(s)$ 是多孔介质的相对渗透率。

在实际应用中，ψ 随物料含水率变化（或饱和度变化）过于剧烈，将上式改写为：

$$J = -\rho_w \frac{k_s k_r(s)}{\mu} \times \frac{\partial \psi}{\partial X} \nabla X = -\rho_d D_H \nabla X \tag{3-31}$$

水分流动是相对于固体骨架的，D_H 为毛细流动的等效扩散系数。该式具有扩散方程的形式，因此毛细流动的驱动力也是物料的含水率梯度。

多孔介质的饱和渗透率 k_s 是由多孔介质孔隙空间几何结构唯一确定的常数，而相对渗透率 $k_r(s)$ 则是孔隙空间几何结构和饱和度的函数，测定比较困难。基于管中流动规律，已经提出了很多利用毛细势与饱和度关系计算非饱和多孔介质的渗透率模型[25,26]，以及孔道网络模型[27]。

被干燥物料中存在着大量接近或小于分子平均自由程的微小孔隙，如多孔介质骨架中的细孔隙、细胞膜水通道蛋白、植物薄壁细胞壁间隙等，干燥过程中必定有水分流过这些微小孔隙。微小孔隙效应对水分运动有重要影响。例如，当孔隙尺度与气体分子自由程相当时，分子扩散不再是 Fick 扩散，而为 Knudsen 扩散[11,28]。计算纳米级孔隙的渗透率时，需减去间隙表面吸附的一层厚度约为 0.6nm 的不动水分子层[10,29]。水通道蛋白横贯于生物膜中，直径约为 0.3~0.4nm，和水分子大小相当，是具有选择性的通道，所有比水分子直径大的分子都不能通过[30]。

毛细力驱动的水分迁移实验表明，单纯靠毛细力并不能将毛细管材料内的自由水完全排除出材料，残留的水分只能依靠蒸发来驱散，其饱和度称为残余饱和度或临界饱和度 $S_{1,c}$，其含水率称为临界含水率 $X_{1,c}$[6]。

② 温度梯度驱动的质量传递　除湿分梯度外，干燥过程中温度梯度也是驱动水分迁移的动力。Luikov 提出了毛细多孔介质中温度梯度驱动的水分传递，即热扩散效应，也称 Luikov 效应[31]。

Henry 提出了多孔介质中蒸汽在温度梯度驱动下传输的机理[32]。假设孔隙中水分为纯水，且孔隙中气相蒸汽分压与附近孔隙中液态水分处于热力学平衡态，则蒸汽分压为饱和蒸气压，完全是温度的函数，即 Clausius-Clapeyron 方程[15]。当不饱和多孔介质内部存在着温度梯度且气相连续时，水蒸气浓度梯度与温度梯度同向，可以认为水分在温度梯度的驱动下迁移：

$$J_v = -\frac{\varepsilon}{\xi} D_v \nabla \rho_v = -\frac{\varepsilon}{\xi} D_v \frac{d\rho_v}{dT} \nabla T \tag{3-32}$$

式中，D_v 为蒸汽在空气中的扩散系数；ρ_v 为孔隙中蒸汽的质量浓度。该方程本质上仍然是 Fick 扩散定律。

热传导引起质量的热扩散，即 Soret 效应。Soret 效应是分子动能（温度）分布所引起的质量迁移，而上述温度梯度驱动的质量传输是浓度梯度引起的，二者有本质不同。干燥过程中，一般不考虑 Soret 效应。

毛细流动本质上是表面张力引起的，而表面张力系数受温度影响明显，可见干燥过程中毛细流动部分受温度梯度驱动。

③ 蒸发冷凝　非等温水汽传输过程中，当多孔介质含水率度低于临界含水率 X_{1c}（土壤自由水体积分数约在 0.1~0.3 之间）时，孔隙中仍然存在自由水，但这时液体吸附在固体颗粒表面，在孔隙颈部形成鞍状体，形成如图 3-7 所示的液体"岛"（或"桥"），液体不能连续流动。Philip 和 de Veries 指出，水汽会在液体桥的一边凝聚，同时在另一边蒸发，由此充液孔隙形成一个短路通道，也可扩散水汽，这增加了物料中水汽传输通路的数量，缩小

了水汽传输通路的迂曲度，因此极大地增加了水汽在温度梯度下传输的通量[19]：

$$J_v = -\xi' D_v \frac{d\rho_v}{dT} \eta \nabla T \tag{3-33}$$

式中，ξ' 为体积分数和迂曲度影响系数；η 为温度梯度修正系数[33]。

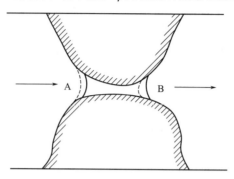

图 3-7 水汽穿过一个液态孤岛，箭头表明了水分传输方向

④ 压力梯度驱动的质量传递。

⑤ 渗流 渗流是压差驱动下多孔介质内部的流体运动[7]。干燥过程中，当物料内部有剧烈水分蒸发时，存在渗流，如微波干燥和热传导干燥过程中。孔隙中的流动为层流，且孔隙尺寸远大于流体的分子自由程时，渗流规律由 Darcy-Buckingham 公式描述：

$$J = -\rho_w K \nabla p = -\rho_w \frac{k_s k_r(s)}{\mu} \nabla p \tag{3-34}$$

式中，K 为水导，是流体饱和度的函数；μ 为流体的动力黏度。

当干燥比较剧烈（温度较高）或容积加热（微波和射频干燥）时就必须考虑压力驱动的气态或液态渗流。压力梯度驱动的渗流不仅带来质量的传递，同时也是动量传递的一种。

（3）干燥过程的热质传递模型

① 集总参数模型 在 20 世纪 20 年代，Lewis 引入扩散理论描述固体物料干燥过程中的水分传输规律[17]。假设降速段干燥过程中薄板状物料内部水分线性分布，水分扩散速率与斜率成正比，获得了类似于牛顿冷却定律的 Lewis 模型，即干燥动力学（drying kinetics）模型：

$$\frac{d\overline{X}}{dt} = -K(\overline{X} - X_e) \tag{3-35}$$

式中，K 为干燥动力学常数，由物料特性和干燥条件共同决定；X_e 为给定干燥条件下的物料平衡含水率。该式的具体表达一般通过拟合恒定干燥条件下的实验数据获得。

忽略物料内部的温度梯度，则对应的温度方程应为：

$$\rho c_p \frac{dT}{dt} = -\alpha h_T(T - T_\infty) + \rho_s L_H \frac{d\overline{X}}{dt} \tag{3-36}$$

式中，T 为物料平均温度；c_p 为物料的比热容；α 为物料比表面积；L_H 为蒸发潜热。

由式（3-35）可得薄层干燥方程：

$$\frac{\overline{X} - X_e}{X_{cr} - X_e} = \exp(-Kt) \tag{3-37}$$

式中，X_{cr} 为干燥速率由恒速段转变为降速段的临界含水率。

1949 年，Purdue 大学的硕士研究生 G. E. Page 在他的硕士学位论文中将上述方程修正为[34]：

$$\frac{\overline{X} - X_e}{X_{cr} - X_e} = \exp(-Kt^n) \tag{3-38}$$

这就是我们现在所熟知的通用干燥方程。与式(3-37)不同，式(3-38)不是由理论推导获得的，它仅仅是一个"幂律"拟合式。但经 Page 修正后的式(3-38)适用范围不再局限于降速段，在常速干燥段也适用。当式(3-38)中的指数 n 取不同数值时，所对应的干燥过程也不相同（见图 3-8）：

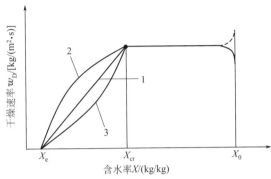

图 3-8　薄层干燥速率曲线

a. 当 $X_0 \geqslant X \geqslant X_{cr}$ 时，为常速干燥段，则 $n=0$；

b. 当 $X_{cr} \geqslant X \geqslant X_e$ 时，若干燥速率下降为直线 1，则 $n=1$；

c. 当 $X_{cr} \geqslant X \geqslant X_e$ 时，若干燥速率下降为凸形曲线 2，则 $n>1$；

d. 当 $X_{cr} \geqslant X \geqslant X_e$ 时，若干燥速率下降为凹形曲线 3，则 $n<1$。

在应用式(3-38)时，需注意的是：

a. 由于方程涉及的是物料的平均水分含量 $\overline{X}$ 为集总参数，没有考虑物料内部的湿度分布问题，所以被干燥物料应满足"完全暴露于干燥环境"的条件；

b. 如需应用式(3-38)于同时存在常速与降速干燥段的过程时，应按上述原则分段进行每段的干燥动力学计算；

c. 图 3-8 中 4 类不同干燥速率曲线（常速、直线降速、凸曲线降速与凹曲线降速）的形成，主要与被干燥物料的理化特性及其与水分的结合形式有关。

为适应各种干燥特性的物料，已提出了大量其他类型的干燥动力学方程，例如 Henderson 和 Pabis（单项）模型、两项模型等[35]。这些模型形式简单，能满足很多实际需求，得到了广泛的应用。然而薄层干燥方程模型不能反映物料内部各场对干燥条件变化的响应，无法适应变化条件下的干燥过程，也不能反映物料内部传质机理。

② 单场扩散模型　Sherwood 注意到 Lewis 模型中物料水分线性分布假设成立的极限特性——物料厚度无限小，并假设干燥时固体物质内的湿分以液态形式扩散至物料表面，然后在物料表面蒸发，并且认为扩散系数为常数，不考虑物料收缩，建立了描述物料内部湿分场变化的微分方程[18]：

$$\frac{\partial \rho_1}{\partial t} = D \frac{\partial^2 \rho_1}{\partial x^2} \tag{3-39}$$

式中，ρ_1 为物料中湿分的质量浓度；D 为扩散系数。

更一般的情况，干燥过程中不只有液态扩散，还有气态扩散和毛细流动等湿分迁移，同时还伴随着物料收缩、传输参数变化等。文献中通常将物料等效为水分、气体和干物质组成的体系，水分相对于干物质扩散运动，忽略气体的运动。采用干基含水率来描述物料内部的水分含量，水分扩散本构方程形式：

$$J=-\rho D_{\text{eff}}\frac{1}{1-\omega}\nabla\omega=-\rho_d D_{\text{eff}}\nabla X \tag{3-40}$$

式中，ω 为含水率，$\omega=\dfrac{X}{1+X}$，kg/kg；ρ_d 为干物质的密度，kg/m³；D_{eff} 为等效扩散系数，m²/s。

若假设物料内部存在部分湿分通过蒸汽扩散传递，不考虑热辐射以及湿分扩散所引起的能量传递，则有如下的湿分和热量传递模型：

$$\rho_d\frac{dX}{dt}=\nabla\cdot(\rho_d D_{\text{eff}}\nabla X) \tag{3-41}$$

$$\rho_d c_p\frac{dT}{dt}=\nabla\cdot(k_{\text{eff}}\nabla T)-L_H I_i \tag{3-42}$$

式中，ρ_d 为干物质的密度，随干燥过程不断变化；c_p 为单位干物质对应的物料比热容；I_i 为内部水分蒸发的速率；L_H 为水的蒸发潜热。

此时物料的边界条件为：

$$-\rho_d D_{\text{eff}}\nabla X\cdot\boldsymbol{n}=-h_m(\rho_{v,\text{surf}}-\rho_{v,\infty}) \tag{3-43}$$

$$-k\nabla T\cdot\boldsymbol{n}=-h_T(T_{\text{surf}}-T_\infty)-L_H I_e \tag{3-44}$$

式中，$\rho_{v,\text{surf}}$ 为物料表面的蒸汽质量浓度；$\rho_{v,\infty}$ 为热风来流中蒸汽质量浓度；I_e 为部分在表面蒸发的水分的蒸发速率。

当假设物料中湿分全部为液态扩散时，能量方程［式(3-42)］中 $I_i=0$，其温度边界条件为：

$$-k\nabla T\cdot\boldsymbol{n}=-h_T(T_{\text{surf}}-T_\infty)-L_H h_m(\rho_{v,\text{surf}}-\rho_{v,\infty}) \tag{3-45}$$

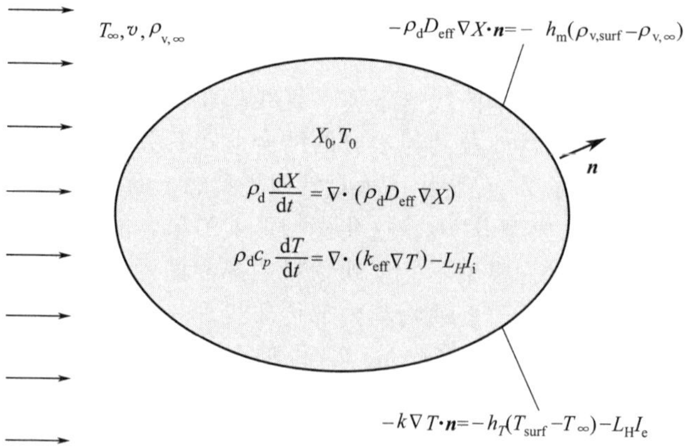

$$T_\infty,v,\rho_{v,\infty}$$

$$-\rho_d D_{\text{eff}}\nabla X\cdot\boldsymbol{n}=-h_m(\rho_{v,\text{surf}}-\rho_{v,\infty})$$

$$X_0,T_0$$

$$\rho_d\frac{dX}{dt}=\nabla\cdot(\rho_d D_{\text{eff}}\nabla X)$$

$$\rho_d c_p\frac{dT}{dt}=\nabla\cdot(k_{\text{eff}}\nabla T)-L_H I_i$$

$$-k\nabla T\cdot\boldsymbol{n}=-h_T(T_{\text{surf}}-T_\infty)-L_H I_e$$

图 3-9　物料干燥的单场扩散模型

边界条件［式(3-43)］为对流边界条件，运用该边界条件，需要知道 $\rho_{v,\text{surf}}$。若干燥过程中物料表面保持局部平衡成立，$\rho_{v,\text{surf}}$ 可通过空气湿度与物料平衡含水率的关系确定，即 $\rho_{v,\text{surf}}$ 与物料表面含水率 $X_{v,\text{surf}}$ 的关系，但是这增加了模型的复杂性。文献中多数扩散干燥模型都采用 Dirichlet 边界条件，即假设物料表面的含水率等于干燥条件下的物料的平衡含水率，$X_{\mathrm{v,surf}} = X_{\mathrm{e}}$。实际计算结果表明，该假设对整个干燥过程的影响通常很小（风速较高或物料内部水分传输阻力远高于边界阻力时才能成立）。

干燥过程中，当物料收缩比较剧烈时，不能忽略收缩的影响。被干燥物料的热扩散系数通常比水分扩散系数大几个数量级，对于较小的颗粒，内部的温度分布较均匀，可用集总参数温度方程描述，即式(3-36)。

湿分梯度驱动的单场扩散模型在实际干燥过程模拟中得到了广泛的应用，这主要是因为该理论表达简单，计算方便，依靠实验的等效扩散系数一定程度上补偿了模型的理论偏差。物料干燥的单场扩散模型如图 3-9。

③ Philip 和 de Veries 模型　在提出多孔介质蒸发冷凝水分传输机理的基础上，Philip 和 de Veries 建立了同时考虑液态水分毛细流动和蒸汽扩散传输的多孔介质热质传递模型，即湿分梯度和温度梯度同时作用的模型：

$$\frac{\partial X}{\partial t} = \nabla \cdot (D_T \nabla T) + \nabla \cdot (D_{\mathrm{w}} \nabla X) + \frac{\partial u}{\partial z} \tag{3-46}$$

$$\rho c \frac{\partial T}{\partial t} = \nabla \cdot (K \nabla T) + L_{\mathrm{v}} \nabla \cdot (D_{\mathrm{v}} \nabla X) \tag{3-47}$$

式中，D_T 为温度梯度导致的湿（包括液、汽两相）扩散系数；D_{w} 为湿（包括液、汽两相）扩散系数；D_{v} 为蒸汽扩散系数；ρ 为介质密度；c 为介质比热容；L_{v} 为固体的吸附/解吸热；u 为液相的重力流率；z 为平行于重力方向的坐标。毛细多孔介质干燥过程一般不考虑重力影响。

热风干燥过程中，温度梯度驱动的水分迁移使得湿分向物料内部迁移，这与干燥的目的相反。热风干燥过程一般不考虑温度梯度引起的湿分传递。Philip 和 de Veries 模型将湿分传递的动力从单一的湿分梯度拓展到湿分梯度与温度梯度共同作用，充分体现了热质传递过程的耦合，后来大量多孔介质干燥的热质传递模型都与该模型具有类似的形式[36]。

④ Luikov 模型　单场扩散模型与 Philip 和 de Veries 模型针对的都是单一多孔介质内部的热质传递，不能完全涵盖多孔介质中质量传递的动力，例如等温条件下，当两个不同类型的湿多孔介质接触时，湿分可能从含水率低的物体迁移到含水率高的物体，单一的水分梯度驱动就不能解释（见图 3-6）。为综合描述干燥过程中湿分传递的动力，Luikov 根据不可逆热力学，类比温度，提出了湿分迁移的潮湿度（moistness）概念，认为传质驱动力是潮湿度差[20]。对于均匀多孔介质，潮湿度是介质含水率和温度的函数，即 $W = W(X, T)$。

在考虑了总的压力、浓度、温度和湿度梯度等多种因素的影响后，Luikov 提出了三参数模型：

$$\frac{\partial T}{\partial t} = K_{11} \nabla^2 T + K_{12} \nabla^2 W + K_{13} \nabla^2 p \tag{3-48}$$

$$\frac{\partial W}{\partial t} = K_{21} \nabla^2 T + K_{22} \nabla^2 W + K_{23} \nabla^2 p \tag{3-49}$$

$$\frac{\partial p}{\partial t} = K_{31} \nabla^2 T + K_{32} \nabla^2 W + K_{33} \nabla^2 p \tag{3-50}$$

式中，W 为潮湿度；p 为压力；$K_{11} \sim K_{33}$ 为唯象系数，反映非饱和多孔介质内部的多种输运机制[20]。模型中潮湿度 W 若替换为含水率，对应参数随之发生变化。

Luikov 模型具有对称、理论性强的特点，压力驱动机制和潮湿度概念的引入，使得干燥过程中湿分迁移动力的描述更为全面。然而 Luikov 模型中 9 个唯象系数难以通过实验测定，实际应用中必须对其进行简化或变形。扩散模型及 Philip 和 de Veries 模型均可看作是

Luikov 模型的特殊形式及变形。需要注意的是 Luikov 模型中温度梯度相关的质量传递与 Soret 效应相关，而非与毛细势对温度的依赖相关。

⑤ 恒定条件下的物料干燥过程模型——蒸发前沿后退理论 恒定条件下物料干燥的典型过程可划分为恒速干燥阶段、第一降速阶段和第二降速阶段，如图 3-10 所示。

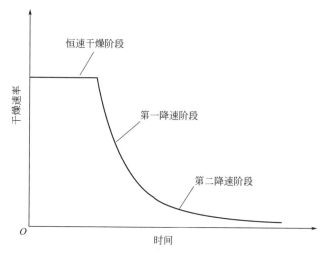

图 3-10 恒定干燥条件下典型干燥速率曲线

经 Luikov[20]、Szentgyorgyi 和 Molnar[37]、Przesmycki 和 Strumillo[38]、Chen 和 Pei[36] 等人持续研究，考虑到吸湿性多孔介质内部水分传递方式随水分变化、骨架中吸附水也可以移动的实际，以及物料表面对流传热和传质系数随物料表面水分含量变化的事实，建立了能够涵盖非吸湿性和吸湿性多孔介质干燥过程的后退蒸发前沿理论，较完善地解释了干燥过程中的三个阶段[36]。

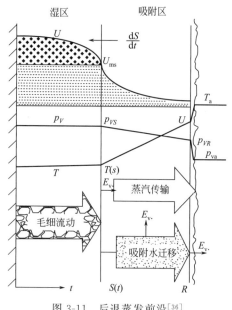

图 3-11 后退蒸发前沿[36]

该理论认为多孔介质干燥过程中内部存在一个由外向内不断后退的蒸发前沿，如图 3-11 所示。在干燥初始阶段，若介质接近于饱和，自由水（不考虑溶质）充满孔隙，物料表面形成连续的液膜。此时多孔介质内部湿分的运动主要为液态连续流体的毛细流。随着干燥继续进行，介质中水分持续减少，外界空气将侵入多孔介质孔隙中，形成液相和气相均为连续相的状态，此时气体的连续运动成为可能，例如蒸汽的连续扩散。这时候，内部水分向表面的迁移供给量与表面水分蒸发量处于平衡状态，表面蒸发得以稳定持续地进行，物料温度逐渐升高，干燥速率恒定，物料处于恒速干燥阶段。

随着干燥的进一步进行，表面水分不断蒸发，当表面饱和度小于某一临界值 s_c（对应临界含水率 X_c）时（根据渗流理论，对于二维多孔介质，这一值约 0.5；对于三维多孔介质，这一值约为 0.3[36]），表面水层将不再保持其连续性，连续的液膜层将变为一块块不连续的湿区，表面的传质系数降低，蒸发减弱，干燥速率下降，物料进入降速干燥阶段。降速段开始时，介质的表面及内部温度维持恒定，表面水分蒸发依然存在，属于第一降速阶段。此时表面的对流传热和传质系数将是表面水分含量的函数，Nisan 等人的实验表明，此时的传热、传质系数与表面水含量有如下关系式[39]：

$$h = h_0 \left[\eta_h + (1 - \eta_h) \frac{X_{surf} - X_{ms}}{X_c - X_{ms}} \right] \quad X_{ms} < X_{surf} < X_c \tag{3-51}$$

$$h_m = h_{m0} \left[\eta_m + (1 - \eta_m) \frac{X_{surf} - X_{ms}}{X_c - X_{ms}} \right] \quad X_{ms} < X_{surf} < X_c \tag{3-52}$$

式中，X_c 为临界水分含量；X_{ms} 为最大吸湿含水率；系数 η_m 对于给定的材料为常数，它们的值由实验确定。

当表面含水率达到最大吸湿含水率 X_{ms}（孔隙饱和度 $s = 0$）时，不再有自由水存在。介质表面温度将快速上升，表明第二降速段开始，这期间通常出现后退的蒸发前沿，将介质分为湿区和吸附区两个区域。蒸发前沿以内，物料为湿区，即孔隙中存在自由水，且湿分传递的主要机制是毛细流。蒸发前沿以外，不存在自由水，所有的水以吸附水或束缚水（bound water）的状态存在，且湿分传递的主要机制为束缚水的运动（如图 3-12 所示）和蒸汽传递。蒸发发生于蒸发前沿以及整个吸附区，同时蒸汽穿过蒸发区到达物料表面。

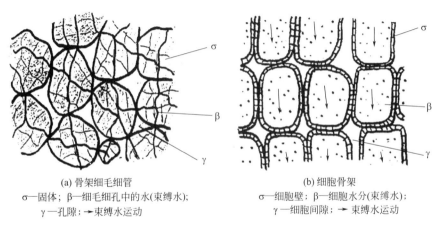

(a) 骨架细毛细管　　　　　　　　　　　(b) 细胞骨架
σ—固体；β—细毛细孔中的水(束缚水)；　　σ—细胞壁；β—细胞水分(束缚水)；
γ—孔隙；→束缚水运动　　　　　　　　γ—细胞间隙；→束缚水运动

图 3-12　骨架中束缚水的运动

通过以上恒速段、第一降速段和第二降速段的定义，多数干燥过程的特征能够得到数学描述。

⑥ 湿区方程　孔隙中液态水分传递的方程为：

$$\rho_s \frac{\partial X_1}{\partial t} = \rho_s \nabla \cdot (D_L \nabla X_1) - I_v \tag{3-53}$$

式中，I_v 为湿区水分蒸发速率。

孔隙中蒸汽传递方程为：

$$\frac{\partial(\varepsilon_g \rho_v)}{\partial t} = \nabla \cdot \left(\frac{D'_{v1} M_w}{RT} \nabla p_v \right) + I_v \tag{3-54}$$

式中，等号左边项通常可忽略；D'_{v1} 为蒸汽的等效扩散系数；p_v 为蒸汽分压，若假设孔隙中液态水为纯水，则湿区 p_v 为水的饱和蒸气压，由 Clausius-Clapeyron 方程计算。

能量方程为：

$$(\rho c_p)_1 \frac{\partial T_1}{\partial t} = \nabla \cdot (k_1 \nabla T_1) - L_H I_v \tag{3-55}$$

⑦ 吸附区方程　骨架中吸附水传递方程为：

$$\rho_s \frac{\partial X_2}{\partial t} = \rho_s \nabla \cdot (D_b \nabla X_2) - I_v \tag{3-56}$$

式中，D_b 为束缚水的传输系数（对于细毛孔，为毛细渗流；对于植物细胞物料，为细胞阵列的跨膜传输）。孔隙中蒸汽传递方程为：

$$\frac{\partial(\varepsilon_g \rho_v)}{\partial t} = \nabla \cdot \left(\frac{D'_{v2} M_w}{RT} \nabla p_v \right) + I_v \tag{3-57}$$

吸附区 p_v 与吸附水处于局部平衡，由物料的解吸等温线确定。

能量方程为：

$$(\rho c_p)_2 \frac{\partial T_2}{\partial t} = \nabla \cdot (k_2 \nabla T_1) - L_H I_v \tag{3-58}$$

式中，蒸发项 I_v 由蒸汽传输方程算得。

⑧ 边界条件　物料表面为对流传热和传质条件，但是在第一干燥段，其传热传质系数随表面含水率减小而减小，由式（3-51）和式（3-52）描述。在第二干燥段，物料内部出现了移动的蒸发前沿边界条件，界面上除满足守恒定律外，还需给出界面的移动速度 $dS(t)/dt$，有：

$$\frac{dS(t)}{dt} = \frac{\left(\frac{\partial X_1}{\partial t} \right)_S}{\left(\frac{\partial X_1}{\partial r} \right)_S} \approx \frac{\nabla \cdot (D_L \nabla X_1)_S}{\left(\frac{\partial X_1}{\partial r} \right)_S} \tag{3-59}$$

其他边界条件都是常规边界条件。

张浙在上述模型的基础之上，考虑了干燥过程中气相运动对水分传输的重要性，建立了描述多孔介质在恒速段及降速段热质传递规律的"三耦合-六场量"混合理论模型[40]。

退缩蒸发前沿模型基于连续介质假设，蒸发前沿具有连续的规则形状，与实际观察到的破碎前沿不符[41]。物料表面的干湿斑现象通过连续介质的模型也很难准确描述，而基于侵入渗流算法的三维孔道网络模型可清楚地描述物料表面的干湿斑现象[42]。

3.2.3　体积平均模型

体积平均方法是一种可以用于严格推导多相系统连续方程的技术。这意味着可以对在特定相位内（如多孔介质孔隙内流体相）有效的方程式进行空间平滑处理，以生成在任何地方（如多孔介质整体域"固＋流"相）都有效的方程式。例如，在干燥多孔介质的过程中，需要知道孔内流体相是如何通过孔隙通道传输到外表面，达到干燥的目的。由于多孔介质结构复杂，根据孔内有效的传递方程式对这一过程进行直接分析基本上是不可能的。因此可以用孔隙尺度信息来导出在任何地方都有效的局部体积平均方程，而不是用在孔隙中有效的方程和边界条件来解决这个问题。应用这种方法，可以使用宏观方法解决水分输送问题，同时又可以考虑孔道微观结构参数对传递过程的影响。

以多孔介质孔隙内单相流动问题为例，在这种情况下，孔隙空间中的速度场由斯托克斯方程、连续性方程和无滑移边界条件确定（仅适用于孔隙内的流体相 β）：

$$0 = -\nabla p_\beta + \rho_\beta \boldsymbol{g} + \mu \nabla^2 \boldsymbol{v}_\beta \quad \beta \text{ 相中} \tag{3-60}$$

$$\nabla \boldsymbol{v}_\beta = 0 \quad \beta \text{ 相中} \tag{3-61}$$

$$\boldsymbol{v}_\beta = 0 \quad \beta\text{-}\sigma \text{ 界面上} \tag{3-62}$$

显然，直接求解上述孔隙内流动问题极其困难，困难主要在于很难用数学方法给出孔隙空间的微观结构与边界。但通过体积平均方法可以实现尺度变化，由微观尺度问题转化得到宏观尺度的达西定律。处理后的"体积平均连续性方程"可适用于整个多孔体区域，而不再局限于微观孔隙域。边界条件也由微观孔隙边界转化为多孔介质整体边界，将微观尺度问题转化成了宏观尺度问题。具体方程形式如下：

$$\langle \boldsymbol{v}_\beta \rangle = -\frac{\boldsymbol{K}_\beta}{\mu_\beta} \cdot \left(\nabla \langle p_\beta \rangle^\beta - \rho_\beta \boldsymbol{g} \right) \quad \text{多孔介质中} \tag{3-63}$$

$$\nabla \cdot \langle \boldsymbol{v}_\beta \rangle = 0 \quad \text{多孔介质中} \tag{3-64}$$

图 3-13 给出了多孔介质的尺度转换。图中表明：斯托克斯方程仅在占据孔隙的 β 相中有效（右侧），而达西定律则在多孔介质中的任何地方均有效，包括孔隙固相 σ 占据的位置（左侧）。欲将式(3-60)~式(3-62)转化为体积平均方程 [式(3-63)]，需对斯托克斯方程进行局部"体积平均"。这将得到一个平均方程，该方程包含压力和速度的空间偏差。该空间偏差必须提出一个闭合问题求解。在达西定律的情况下，该闭合问题控制了宏观体积平均方程的形式，并且提供了一种预测渗透率张量 $\boldsymbol{K}_\beta$ 的方法。连续性方程 [式(3-64)] 则直接从式(3-61) 获得，不需要求解闭合问题。

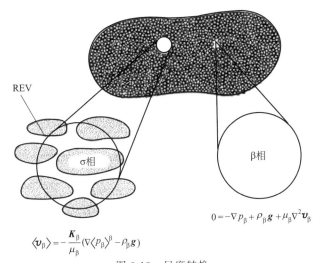

图 3-13　尺度转换

大多数多孔介质本质上是"分层次"的，即它们的特征是具有多个级别的尺度。当这些尺度比例不同时，可以通过体积平均方法分析"层次结构"。图 3-14 所示的填充床催化反应器是该类型的例子。反应器的基本宏观特性是从入口到出口的浓度变化，并且这种变化是由不均匀催化表面（不均匀是由吸附岛或"吸湿性固体骨架"不均匀吸附导致的，见图 3-14）上发生的异质化学反应所引起的。催化反应器的有效设计要求必须准确掌握有关催化表面反应速率的信息，进行催化反应器的不同尺度设计。

由上述例子可知，组成多孔介质的颗粒本身通常也是多孔的。颗粒内可能会发生大量的化学物质吸附（吸湿性材料，孔径 $\leqslant 10^{-7}$m）。这意味着必须推导体积平均传输方程，以便在多孔颗粒中进行扩散和吸附计算。

在平均化过程的每个级别上，都有三个主要目标：①开发空间平滑方程，并确定必须满足的约束条件；②推导、建立封闭问题，这些问题对于预测出现在空间平滑传输方程中的有效传输系数是必需的；③理论模型与实验之间的比较分析，优化模型。

3.2.3.1　体积平均方法

体积平均法推导过程复杂，代表性单元体限制严格，但具有概念清晰、推导严谨、理论

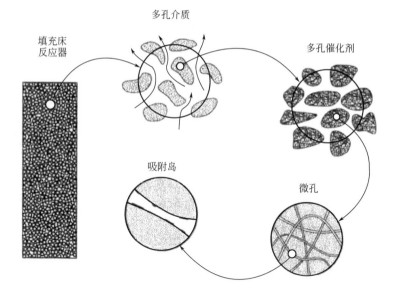

图 3-14 催化反应器的不同尺度与平均体积

催化剂吸湿性材料的吸附能力→催化剂材料的微孔尺度、分布密度、孔隙率→

颗粒的结构特性，包括颗粒微孔尺度、分布密度、孔隙率等→颗粒床的堆积特性

REV、粒度、堆积密度、孔隙率等→填充堆积床反应器整体结构与尺寸

化程度高的优点。本书仅对其基本原理做简单介绍。

（1）体积平均量定义及体积平均定理

作为推导宏观输运方程的起点，首先定义体积平均量，并给出体积平均定理。多孔介质及介质空间内任意位置的代表性体积单元（REV），如图 3-15 所示。REV 包含固体骨架κ相和孔隙内含湿气体γ相。体积平均量即多孔介质连续介质假设模型中多相体系每一相各量对 REV 体积的体积平均量。REV 即平均体积。

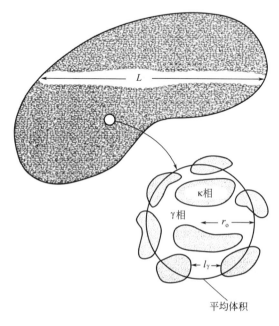

图 3-15 宏观区域和平均体积

①　表观平均量　多相体系中单一相某参数量对平均体积整体区域的平均量称为表观平均量。任意相 α 中物理量 φ_α 的表观平均定义如下：

$$\langle \varphi_\alpha \rangle = \frac{1}{V} \int_{V_\alpha} \varphi_\alpha \mathrm{d}V \tag{3-65}$$

式中，α 可以是固相 κ 或流体 γ，也可以是更复杂的情形下的其他相；V_α 为体积 V 中 α 相的体积；φ_α 表示 α 相中的物理量，如速度、压力、温度、浓度等，在其他相中认为 $\varphi_\alpha =0$；$\langle \varphi_\alpha \rangle$ 即 φ_α 在平均体积 V 上的体积平均量，如 Darcy 速度、表观密度等。

②　原相平均　与表观平均对应的是原相平均，单一相某参数量对平均体积中本相区域的平均量称为原相平均量，其定义如下：

$$\langle \varphi_\alpha \rangle^\alpha = \frac{1}{V_\alpha} \int_{V_\alpha} \varphi_\alpha \mathrm{d}V \tag{3-66}$$

式中，$\langle \varphi_\alpha \rangle^\alpha$ 即 φ_α 在 α 相中的体积平均，如实验中测得的压力、温度、相密度等。

有：

$$\langle \varphi_\alpha \rangle = \varepsilon_\alpha \langle \varphi_\alpha \rangle^\alpha \quad \varepsilon_\alpha = \frac{V_\alpha}{V} \tag{3-67}$$

③　雷诺输运定理　给出了体积平均过程中交换时间微分符号和空间积分符号的规则，即 α 相中微观量 φ_α 随时间变化率的体积平均等于该体积平均量的变化率减去因 α 相边界运动造成的该量的变化：

$$\left\langle \frac{\partial \varphi_\alpha}{\partial t} \right\rangle = \frac{\partial}{\partial t} \langle \varphi_\alpha \rangle - \sum_{\beta \neq \alpha} \frac{1}{V} \int_{A_{\alpha\beta}} \varphi_\alpha \, \boldsymbol{w} \cdot \boldsymbol{n} \mathrm{d}A \tag{3-68}$$

式中，$A_{\alpha\beta}$ 为 α 相的边界；$\boldsymbol{w}$ 为边界的运动速度；$\boldsymbol{n}$ 为边界的法向矢量。该式描述了平均体积 V 中 φ_α 的守恒关系。

④　空间平均定理[43]给出了体积平均过程中交换空间微分符号和积分符号的规则：

$$\langle \nabla \cdot \boldsymbol{\varphi}_\alpha \rangle = \nabla \cdot \langle \boldsymbol{\varphi}_\alpha \rangle + \sum_{\beta \neq \alpha} \frac{1}{V} \int_{A_{\alpha\beta}} \boldsymbol{n} \cdot \boldsymbol{\varphi}_\alpha \mathrm{d}A \tag{3-69}$$

式中，$\boldsymbol{\varphi}_\alpha$ 是矢量。上式对于标量 φ_α 仍然成立。

（2）建立孔隙尺度的边值问题

多孔介质干燥过程中，孔隙中普遍存在蒸气扩散传递。例如，随着蒸发前沿后退至介质内部，蒸发前沿至表面的介质内部质量传递方式主要是蒸气扩散。以蒸气在非吸湿性多孔介质中的扩散问题为例，建立描述该过程的体积平均方程。非吸湿性多孔介质内任意位置的平均体积如图 3-15 所示。

对于平均体积，孔隙（尺度为 l_γ）中蒸气扩散过程的边值问题为：

$$\begin{cases} \dfrac{\partial c_{A\gamma}}{\partial t} = \nabla \cdot (D_\gamma \nabla c_{A\gamma}) & \text{在 } \gamma \text{ 相中} \\ \text{B. C. 1} \quad -\boldsymbol{n}_{\gamma\kappa} \cdot D_\gamma \nabla c_{A\gamma} = 0 & \text{在 } A_{\gamma\kappa} \text{界面} \\ \text{B. C. 2} \quad c_{A\gamma} = F(\boldsymbol{r}, t) & \text{在 } A_{\gamma e} \text{边界} \\ \text{I. C.} \quad c_{A\gamma} = G(\boldsymbol{r}, t) & \text{当 } t = 0 \text{ 时} \end{cases} \tag{3-70}$$

式中，$c_{A\gamma}$ 为 γ 相中的组分 A 的浓度；D_γ 为扩散系数；$A_{\gamma\kappa}$ 为 γ 相和 κ 相的界面；$A_{\gamma e}$ 为 γ 相在平均体积中的边界。

（3）空间平滑

体积平均方法将孔隙尺度过程的模型转化为由体积平均量 $\langle c_{A\gamma} \rangle^\gamma$ 描述的宏观输运方程，即体积平均模型，其形式既依赖于孔隙尺度的点控制方程，也依赖于平均体积内部各相边界条件。首先对孔隙尺度控制方程进行体积平均（积分），即空间平滑：

$$\frac{1}{V}\int_{V_\gamma}\frac{\partial c_{A\gamma}}{\partial t}dV=\frac{1}{V}\int_{V_\gamma}\nabla\cdot(D_\gamma\,\nabla c_{A\gamma})dV \tag{3-71}$$

应用体积平均定理和边界条件 B.C.1，并认为 D_γ 在平均体积内的变化可忽略，得：

$$\varepsilon_\gamma\frac{\partial\langle c_{A\gamma}\rangle^\gamma}{\partial t}=\nabla\cdot\left[D_\gamma\left(\varepsilon_\gamma\,\nabla\langle c_{A\gamma}\rangle^\gamma+\langle c_{A\gamma}\rangle^\gamma\,\nabla\varepsilon_\gamma+\frac{1}{V}\int_{A_{\gamma\kappa}}\boldsymbol{n}_{\gamma\kappa}c_{A\gamma}dA\right)\right] \tag{3-72}$$

为建立最终由体积平均量描述的宏观输运方程，需要分析考察上式中的面积积分 $\frac{1}{V}\int_{A_{\gamma\kappa}}\boldsymbol{n}_{\gamma\kappa}c_{A\gamma}dA$。该问题是体积平均方法中的典型问题。

（4）尺度分解和数量级估计

如同连续介质假设对代表性单元体（REV）尺度的要求，选取平均体积要求其尺度 r_0 远大于孔隙尺度 l_γ，又远小于介质尺度 L，即平均体积的尺度限制：

$$l_\gamma\ll r_0\ll L \tag{3-73}$$

在该尺度限制下，将 $c_{A\gamma}$ 分解为体积平均量与空间偏差量之和，即尺度分解：

$$c_{A\gamma}=\langle c_{A\gamma}\rangle^\gamma+\tilde{c}_{A\gamma} \tag{3-74}$$

该分解最重要的性质是将多孔介质某相中的某一点的量 φ 分解为两个不同尺度量之和，体积平均量 $\langle c_{A\gamma}\rangle^\gamma$ 在物料尺度 L 上才会有显著变化，而空间偏差量 $\tilde{c}_{A\gamma}$ 的变化则由孔隙尺度 l_γ 控制。这类似于湍流研究中采用的局部分解方法。

则：

$$\varepsilon_\gamma\frac{\partial\langle c_{A\gamma}\rangle^\gamma}{\partial t}=\nabla\cdot\left[D_\gamma\left(\varepsilon_\gamma\,\nabla\langle c_{A\gamma}\rangle^\gamma+\langle c_{A\gamma}\rangle^\gamma\,\nabla\varepsilon_\gamma+\frac{1}{V}\int_{A_{\gamma\kappa}}\boldsymbol{n}_{\gamma\kappa}\langle c_{A\gamma}\rangle^\gamma dA+\frac{1}{V}\int_{A_{\gamma\kappa}}\boldsymbol{n}_{\gamma\kappa}\tilde{c}_{A\gamma}dA\right)\right] \tag{3-75}$$

面积积分 $\frac{1}{V}\int_{A_{\gamma\kappa}}\boldsymbol{n}_{\gamma\kappa}\langle c_{A\gamma}\rangle^\gamma dA$ 是平均值的再平均；$\langle c_{A\gamma}\rangle^\gamma$ 并不只在平均体积中心取值，因而是非局部问题。非局部问题的分析可能会非常复杂，应尽量避免。为此，将 $\langle c_{A\gamma}\rangle^\gamma$ 在平均体积 V 的中心 Taylor 展开，在尺度限制 $l_\gamma\ll r_0\ll L$ 下，进行数量级估计：

$$\langle c_{A\gamma}\rangle^\gamma|_{x+y_\gamma}=\langle c_{A\gamma}\rangle^\gamma|_x+\boldsymbol{y}_\gamma\cdot\nabla\langle c_{A\gamma}\rangle^\gamma|_x+\frac{1}{2}\boldsymbol{y}_\gamma\boldsymbol{y}_\gamma:\nabla\nabla\langle c_{A\gamma}\rangle^\gamma|_x+\cdots \tag{3-76}$$

假设介质孔隙是杂乱的（disordered），根据 Taylor 公式，将式（3-75）展开，略去相对小量项，得到包含空间偏差量的体积平均方程：

$$\varepsilon_\gamma\frac{\partial\langle c_{A\gamma}\rangle^\gamma}{\partial t}=\nabla\cdot\left[D_\gamma\left(\varepsilon_\gamma\,\nabla\langle c_{A\gamma}\rangle^\gamma+\frac{1}{V}\int_{A_{\gamma\kappa}}\boldsymbol{n}_{\gamma\kappa}\tilde{c}_{A\gamma}dA\right)\right] \tag{3-77}$$

面积积分：

$$\frac{1}{V}\int_{A_{\gamma\kappa}}\boldsymbol{n}_{\gamma\kappa}\tilde{c}_{A\gamma}dA=\begin{Bmatrix}空间偏差\\过滤器\end{Bmatrix} \tag{3-78}$$

相当于一个空间偏差的过滤器（filter），将孔隙尺度关于 $c_{A\gamma}$ 的边值问题的部分信息过渡（pass）到关于 $\langle c_{A\gamma}\rangle^\gamma$ 的体积平均输运方程中，反映了孔隙中 γ 相的空间偏差（局部波动）对宏观输运方程的影响，求解该积分是使体积平均方程封闭的关键。关于 $\tilde{c}_{A\gamma}$ 解的问题即为封闭问题。

（5）封闭问题及其求解

因为对 $\tilde{c}_{A\gamma}$ 的求解需要在代表性区域进行，采用图 3-16 所示具有周期性的代表性区域作为问题的定义域。对于孔隙 γ 相中一点，应用尺度分解 $c_{A\gamma}=\langle c_{A\gamma}\rangle^\gamma+\tilde{c}_{A\gamma}$，结合式（3-

77）和边值问题式(3-70)，可得 $\widetilde{c}_{A\gamma}$ 的定解问题。根据 $l_\gamma \ll r_0 \ll L$ 约束，孔隙过程相对于宏观过程的准稳态假设，以及数量级估计，$\widetilde{c}_{A\gamma}$ 的定解问题进行简化，获得图 3-16 所示的代表性体积的封闭问题。

$$\begin{cases} \nabla^2 \widetilde{c}_{A\gamma} = 0 \\ \text{B. C. } 1 - \boldsymbol{n}_{\gamma\kappa} \cdot \nabla \widetilde{c}_{A\gamma} = -\boldsymbol{n}_{\gamma\kappa} \cdot \nabla \langle c_{A\gamma} \rangle^\gamma |_x \quad 在 A_{\gamma\kappa} 界面 \\ \text{Periodicity: } \widetilde{c}_{A\gamma}(\boldsymbol{r}+l_i) = \widetilde{c}_{A\gamma}(\boldsymbol{r}) \quad i=x,y,z \quad 在 A_{\gamma e} 边界 \end{cases} \tag{3-79}$$

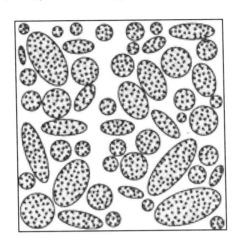

图 3-16 代表性区域

① 封闭变量 根据叠加法，由 $\widetilde{c}_{A\gamma}$ 边值问题的线性特性，提出由造成 $\widetilde{c}_{A\gamma}$ 的源相组成的线性形式解：

$$\widetilde{c}_{A\gamma} = \boldsymbol{b}_\gamma \cdot \nabla \langle \widetilde{c}_{A\gamma} \rangle^\gamma |_x + \psi_\gamma \tag{3-80}$$

式中，矢量 $\boldsymbol{b}_\gamma$ 称为封闭变量；任意函数 ψ_γ 使得可以按照需要确定矢量 $\boldsymbol{b}_\gamma$。

有了上述线性形式解，则可得 $\boldsymbol{b}_\gamma$ 和 ψ_γ 的定解问题：

$$\begin{cases} \nabla^2 \boldsymbol{b}_\gamma = 0 \\ -\boldsymbol{n}_{\gamma\kappa} \cdot \nabla \boldsymbol{b}_\gamma = \boldsymbol{n}_{\gamma\kappa} \quad 在 A_{\gamma\kappa} 界面 \\ \boldsymbol{b}_\gamma(\boldsymbol{r}+l_i) = \boldsymbol{b}_\gamma(\boldsymbol{r}) \quad i=x,y,z \quad 在 A_{\gamma e} 边界 \end{cases} \tag{3-81}$$

$$\begin{cases} \nabla^2 \psi_\gamma = 0 \\ -\boldsymbol{n}_{\gamma\kappa} \cdot \nabla \psi_\gamma = 0 \quad 在 A_{\gamma\kappa} 界面 \\ \psi_\gamma(\boldsymbol{r}+l_i) = \psi_\gamma(\boldsymbol{r}) \quad i=x,y,z \quad 在 A_{\gamma e} 边界 \end{cases} \tag{3-82}$$

$\psi_\gamma =$ 常数是上述 ψ_γ 边值问题的唯一解，该结果不会对体积平均量描述的扩散方程的封闭形式产生影响。

② 封闭的由体积平均量描述的控制方程 将上述 $\widetilde{c}_{A\gamma}$ 的解代入式(3-77)，即得到由体积平均量 $\langle \widetilde{c}_{A\gamma} \rangle^\gamma$ 描述的蒸汽在非吸湿性多孔介质中扩散的体积平均控制方程：

$$\varepsilon_\gamma \frac{\partial \langle c_{A\gamma} \rangle^\gamma}{\partial t} = \nabla \cdot (\varepsilon_\gamma D_{\text{eff}} \cdot \nabla \langle c_{A\gamma} \rangle^\gamma) \tag{3-83}$$

该方程与基于连续介质假设的扩散方程具有相同的形式，但该方程中等效扩散系数 $\boldsymbol{D}_{\text{eff}}$ 为二阶张量：

$$\boldsymbol{D}_{\text{eff}} = D_\gamma \left(\boldsymbol{I} + \frac{1}{V_\gamma} \int_{A_{\gamma\kappa}} \boldsymbol{n}_{\gamma\kappa} \boldsymbol{b}_\gamma \mathrm{d}A \right) \tag{3-84}$$

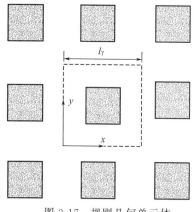

图 3-17　规则几何单元体

考察等效扩散系数 D_{eff}，它是孔隙相中分子扩散系数的函数，并且通过 b_γ 场依赖于多孔介质孔隙空间的几何结构，反映了内部边界条件 $-n_{\gamma\kappa} \cdot D_\gamma \nabla c_{A\gamma}=0$ 在 $A_{\gamma\kappa}$ 界面的影响。b_γ 的边值问题纯粹是一个几何问题，从该边值问题还可证明 D_{eff} 为对称张量。

实际计算时，由于多孔介质的几何结构复杂且不易获得，多数情况下使用相对简单的规则几何单元体来求解上述封闭问题，如图 3-17 所示。实际多孔介质为各向同性，但为了简化计算，仍然采用图 3-17 所示的非旋转对称结构几何单元计算，且只对一个单元体进行计算。由此可见体积平均方法的局限性。

3.2.3.2　非吸湿性刚性多孔介质干燥的体积平均模型

上述蒸汽在非吸湿性多孔介质中扩散过程，孔隙中为单相流体，流固界面固定；而多孔介质干燥过程，孔隙为汽液两相流，且相界面不断变化，如图 3-18 所示；因此，建立多孔介质干燥过程的体积平均模型十分困难。Whitaker 对该问题进行了研究，建立了非饱和刚性多孔介质干燥过程的体积平均模型，模型同时考虑毛细流动和蒸汽扩散两种传质方式，由于假设局部质量平衡和温度平衡，蒸汽浓度是温度的函数，因此该模型中质量传递的驱动力为湿分梯度和温度梯度，为双场模型。此处仅对建立模型所依赖的基本假设和最终模型进行简单介绍，描述各相热质传递的基本边值问题及具体空间平滑过程可参考文献（Whitaker，1998 年）[44]。

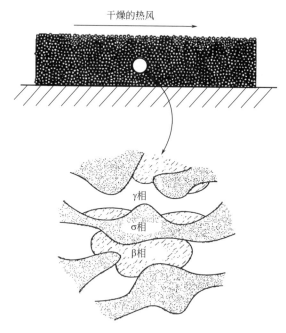

图 3-18　非饱和多孔介质干燥的平均体积

如图 3-18 所示，研究的多孔介质为非饱和非吸湿性多孔介质，骨架为刚性，干燥过程中介质不收缩，σ 相为刚性非吸湿性固相，假设 β 相为纯水，γ 相为水蒸气和空气组成的伪二元体系，为理想气体。

体积平均过程所依据的基本控制方程主要有各相的质量、动量、能量守恒方程，以及气固、液固和气液界面跳跃性条件，其中气液界面的条件尤其复杂。对每一相的质量、动量和能量守恒方程进行空间平滑，构建封闭问题，并假设局部质量和热平衡，最终获得了如下关于多孔介质干燥的热质传递模型：

$$\frac{\partial S}{\partial t}=\underbrace{\nabla\cdot(\boldsymbol{K}_S\cdot\nabla S)}_{\text{毛细流}}+\underbrace{\nabla\cdot(\boldsymbol{K}_g\cdot\rho_\beta\boldsymbol{g})}_{\text{重力流}}+\nabla\cdot\left\{\frac{\partial\mathscr{F}}{\partial\langle T\rangle}\left[\underbrace{\frac{\varepsilon_\gamma\boldsymbol{D}_{\text{eff}}^0}{\rho_\beta(1-\varepsilon_\sigma)}}_{\text{被动扩散}}+\underbrace{\frac{\varepsilon_\gamma\boldsymbol{D}_{\text{eff}}^*}{\rho_\beta(1-\varepsilon_\sigma)}}_{\text{增强扩散}}-\underbrace{\frac{\varepsilon_\gamma\boldsymbol{D}_T^*}{\rho_\beta(1-\varepsilon_\sigma)}}_{\text{多相热扩散}}\right]\cdot\nabla\langle T\rangle\right\}$$

$$(3\text{-}85)$$

式中，S 是饱和度；等号右边第一项代表毛细力引起的液态传输；$\boldsymbol{K}_S$ 为不饱和渗透率张量，通过封闭问题求解；等号右边第二项代表重力流动，此项毛细多孔介质中可以忽略；等号右边第三项代表气相传递，包括三种不同的扩散过程：被动扩散、增强扩散与多相热扩散。在推导上式的过程中，采用了如下的关系式：

$$\langle\rho_{v\gamma}\rangle^\gamma=\mathscr{F}(\langle T\rangle)\nabla\langle\rho_{v\gamma}\rangle^\gamma=\frac{\partial\mathscr{F}}{\partial\langle T\rangle}\nabla\langle T\rangle \tag{3-86}$$

式中，$\langle T\rangle$ 是空间平均温度；函数 $\mathscr{F}(\langle T\rangle)$ 为 Clausius-Clapeyron 方程，具体如下：

$$\mathscr{F}(\langle T\rangle)=\frac{M_w\dot{p}_{v\gamma}^0}{R\langle T\rangle}\exp\left[-\frac{M_w\Delta h_{vap}}{R}\left(\frac{1}{\langle T\rangle}-\frac{1}{T_0}\right)\right] \tag{3-87}$$

式中，R 为气体常数；M_w 为水的摩尔质量。

式（3-86）和式（3-87）成立的前提是局部质量平衡和热平衡。质量平衡用来确定内部水蒸气质量密度；热量平衡允许采用单一温度来描述三相温度。式（3-85）中的三种扩散系数在 40℃ 等温条件下由以下方程式估算：

$$\frac{\varepsilon_\gamma\boldsymbol{D}_{\text{eff}}^0}{D_v}\approx\frac{1}{2}\varepsilon_\gamma\quad\frac{\varepsilon_\gamma\boldsymbol{D}_{\text{eff}}^*}{D_v}\approx\boldsymbol{O}(10\varepsilon_\beta\varepsilon_\gamma)\quad\frac{\varepsilon_\gamma\boldsymbol{D}_T^*}{D_v}\approx\boldsymbol{O}(\varepsilon_\beta\varepsilon_\gamma) \tag{3-88}$$

式中，$\boldsymbol{D}_{\text{eff}}^0$ 和 $\boldsymbol{D}_T^*$ 与温度相关性较小，而 $\boldsymbol{D}_{\text{eff}}^*$ 随温度的增加而增长。

当液相和气相中的对流传热都可以忽略时，能量传输方程如下：

$$\langle\rho\rangle C_p\frac{\partial\langle T\rangle}{\partial t}=\underbrace{\nabla\cdot(\boldsymbol{K}_{\text{eff}}^0\cdot\nabla\langle T\rangle)}_{\text{被动传导}}+\underbrace{\nabla\cdot\left[(\Delta h_{vap}\varepsilon_\gamma\boldsymbol{D}_{\text{eff}})\frac{\partial\mathscr{F}}{\partial\langle T\rangle}\cdot\nabla\langle T\rangle\right]}_{\text{宏观尺度耦合}}\underbrace{\nabla\cdot(\boldsymbol{K}_{\text{eff}}^{**}\cdot\nabla\langle T\rangle)}_{\text{封闭尺度耦合}}$$

$$(3\text{-}89)$$

上式中：

$$\boldsymbol{K}_{\text{eff}}^{**}=\boldsymbol{K}_{\text{eff}}^*+\boldsymbol{K}_A\frac{\partial\mathscr{F}}{\partial\langle T\rangle}-(\Delta h_{vap}\varepsilon_\gamma\boldsymbol{D}_T^*)\frac{\partial\mathscr{F}}{\partial\langle T\rangle} \tag{3-90}$$

对于处于 40℃ 的蒸气-水-固体系统，有：

$$\boldsymbol{K}_{\text{eff}}^*=\boldsymbol{O}\left[K_A\frac{\partial\mathscr{F}}{\partial\langle T\rangle}\right]=\boldsymbol{O}\left[\frac{(1-\varepsilon_\sigma)\varepsilon_\beta\varepsilon_\gamma(k_\sigma/k_\gamma)}{\varepsilon_\gamma+10\varepsilon_\beta}\boldsymbol{K}_{\text{eff}}^0\right] \tag{3-91}$$

该式意味着 $\boldsymbol{K}_{\text{eff}}^{**}$ 表达式的前两项可能对总等效热导率有重要贡献。最后一项有：

$$(\Delta h_{vap}\varepsilon_\gamma\boldsymbol{D}_T^*)\frac{\partial\mathscr{F}}{\partial\langle T\rangle}=\boldsymbol{O}\left[\frac{(1-\varepsilon_\sigma)\varepsilon_\beta\varepsilon_\gamma}{\varepsilon_\gamma+10\varepsilon_\beta}\boldsymbol{K}_{\text{eff}}^0\right] \tag{3-92}$$

所有这些项都是在 40℃ 下做出的估计。由于 $\boldsymbol{K}_{\text{eff}}^{**}$ 的组成项依赖于 $\partial\mathscr{F}/\partial\langle T\rangle$，所以它们将随温度的增加而增长。

式(3-89) 中对蒸发冷凝项的估计值由被动等效扩散系数张量描述，如下式：

$$\left(\Delta h_{\text{vap}}\varepsilon_{\gamma}\boldsymbol{D}_{\text{eff}}^{0}\right)\frac{\partial\mathscr{F}}{\partial\langle T\rangle}=\boldsymbol{O}\left[\frac{(1-\varepsilon_{\sigma})\varepsilon_{\gamma}}{\varepsilon_{\gamma}+10\varepsilon_{\beta}}\boldsymbol{K}_{\text{eff}}^{0}\right] \tag{3-93}$$

该结果表明蒸发冷凝效应在 40℃ 时并不显著。然而在宏观水平上蒸发冷凝控制能量传输的等效扩散系数不是 $\boldsymbol{D}_{\text{eff}}^{0}$，而是总等效扩散系数 $\boldsymbol{D}_{\text{eff}}$。该系数比 $\boldsymbol{D}_{\text{eff}}^{0}$ 大，且随着温度升高而增加，因此式(3-93) 低估了蒸发冷凝的重要性。

3.2.3.3　植物细胞物料干燥的体积平均模型

大量需要干燥的农产品或食品为植物细胞物料。植物细胞物料是一类特殊的吸湿性多孔介质，其所含绝大部分湿分——自由水和吸附水存于细胞（骨架）中，细胞间隙（孔隙）中充满气体，几乎没有液态水分。干燥过程中细胞结构（细胞质、细胞膜和细胞壁等）对湿分传输具有重要影响，且湿分减少导致细胞结构发生剧烈变化。

Crapiste 和 Whitaker 等人将植物细胞结构看作是多相结构，建立了植物细胞物料干燥的体积平均模型[45]。如图 3-19 所示，研究将植物细胞组织划分为液泡相 υ、细胞质相 η、细胞壁相 κ 和连通的细胞气相间隙相 γ，液泡相与细胞质相由液泡膜 t 分隔、细胞质相与细胞壁相由原生质体膜 p 分隔。代表性单元体 V 的选择要求：$l_{\beta}\ll r_0\ll L$，l_{β} 为细胞内某一相的特征尺度，r_0 为代表性单元体的特征尺度，L 为组织的特征尺度。

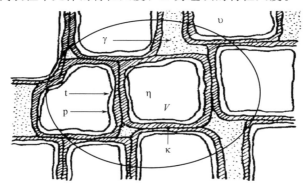

图 3-19　植物细胞组织结构[45]

研究限定于多数细胞膜仍然完整，细胞结构仍然占据主导地位的阶段，干燥过程中组织中的水分主要是在这个阶段被除去的。假设：①忽略化学反应产生的水分；忽略水分迁移的分散效应；忽略重力和温度影响。②湿分传输的动力为水势差，液泡膜、细胞质中湿分传递为水分液态扩散，细胞间隙为蒸汽分子扩散，细胞壁中为毛细渗流。③细胞膜为理想渗透膜，跨膜水分传输动力为膜两侧水势差。④干燥过程中平均体积内各相处于局部水势平衡。

基于各相湿分输运过程的基本守恒控制方程和界面交互条件，结合上述基本假设，经过守恒方程空间平滑，封闭问题求解，最终获得如下关于植物细胞物料干燥的体积平均模型：

$$\langle\rho_{\text{d}}\rangle\left(\frac{\partial X}{\partial t}+\boldsymbol{v}\cdot\nabla X\right)=\nabla\cdot\left(\boldsymbol{K}_{\text{eff}}^{\mu}\cdot\nabla\mu_{\text{w}}\right) \tag{3-94}$$

式中，$\boldsymbol{v}$ 为除湿分以外的其他物质（干物质）的加权平均运动速度，即

$$\boldsymbol{v}=\frac{1}{\langle\rho_{\text{d}}\rangle}\sum_{\beta}\varepsilon_{\beta}\langle\rho_{\text{d}\beta}\boldsymbol{v}_{\text{d}\beta}\rangle^{\beta}\quad\beta=\nu,\mu,\kappa\text{ 或 }\gamma \tag{3-95}$$

式中，$\boldsymbol{K}_{\text{eff}}^{\mu}$ 为等效湿分传输水导张量，有

$$\boldsymbol{K}_{\text{eff}}^{\mu}=\sum_{\beta}K_{\beta}^{\mu}\left(\varepsilon_{\beta}\boldsymbol{I}+\sum_{\substack{\sigma\\\sigma\neq\beta}}\frac{1}{V}\int_{A_{\beta\sigma}}\boldsymbol{n}_{\beta\gamma}\boldsymbol{f}_{\beta}\text{d}A\right)$$

$$\beta, \sigma = \upsilon, \mu, \kappa \text{ 或 } \gamma \tag{3-96}$$

式中，f_β 反映了相界面几何结构以及湿分跨界面传质的影响，有：

$$f_\beta = \sum_\lambda f_{\beta\lambda}, \quad \lambda = \upsilon, \mu, \kappa \text{ 或 } \gamma \tag{3-97}$$

K_{eff}^{μ} 完全由理论预测获得，即通过给定适当的植物细胞组织几何模型，如图 3-20，求解关于 f_β 的封闭问题获得[46]。

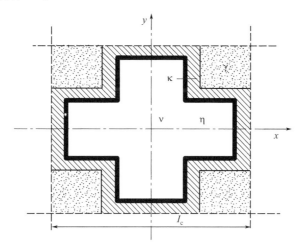

图 3-20　二维空间周期模型的单元细胞

因为局部平衡，水势有：

$$\mu_w = \mu_w(X, T) \tag{3-98}$$

若不考虑物料内部温度梯度对湿分传输的影响，则：

$$\langle \rho_d \rangle \left(\frac{\partial X}{\partial t} + \boldsymbol{\upsilon} \cdot \nabla X \right) = \nabla \cdot (\boldsymbol{D}_{\text{eff}}^{\mu} \cdot \nabla X) \tag{3-99}$$

$$\boldsymbol{D}_{\text{eff}} = \boldsymbol{K}_{\text{eff}}^{\mu} \frac{\partial \mu_w}{\partial X} \tag{3-100}$$

要求干物质守恒，则：

$$\frac{\partial \langle \rho_d \rangle}{\partial t} + \nabla \cdot (\langle \rho_d \rangle \boldsymbol{\upsilon}) = 0 \tag{3-101}$$

可以看出该模型与基于虚拟连续介质假设的模型有相同的形式，不同之处在于此模型中等效扩散系数张量 $\boldsymbol{D}_{\text{eff}}$ 是理论预测值。

3.2.4　孔道网络干燥模型

在基于连续介质假设的唯象方法中，多孔介质干燥过程的描述是：含水量等因变量是体积平均量；通量与势的关系依赖经验系数。这种方法基本上不考虑孔隙微结构对干燥过程的影响。而孔隙微结构对于定量理解这一过程至关重要。实际上，干燥是一个孔隙多尺度机制的两相流动过程，涉及气液弯液面在孔隙内的运动、蒸汽在气/汽相中的扩散、液气两相的黏性流动、毛细作用和通过连接的液体膜流动等多种复杂的质传递现象。所有这些传递机制都需要在孔隙尺度上加以解释。因此，忽略了孔隙微结构的质传递模型基本就降级为半理论半经验模型。另外，传统连续介质假设中代表性单元体（REV）存在的条件并不总是能够被很好地满足，例如纸张和其他薄膜物料干燥。

孔道网络方法是将相互连通的空隙空间作为连续流体运动空间，建立流体运动模型进行模拟计算的一种方法，与宏观连续介质模型相比能更好地描述这些过程所涉及的物理现象及对干燥过程的影响。显然这就是我们前述介绍过的在孔道内建立流体运动方程，直接求解的方法，也称为孔道级模型方法。我们以前说过，由于孔隙空间模型边界的数学描述极其困难，很难直接应用。孔道网络模型方法中是如何解决这个问题的呢？

　　为了绕过孔道级模型需要数字化描述微孔道结构的困难，大多数情况下孔道网络模型方法将多孔介质孔隙空间网络划分为功能不同的各个单元，将狭长的孔隙空间作为喉道（throats），喉道交接处相对较大的孔隙空间作为孔（pores），喉道和孔被设定为一些理想的几何体，其中的流体运动可以获得解析的代数方程描述，进而避免依赖于实际复杂的多孔介质孔隙空间网络。这是由孔道级模型论迈向解决实际问题的重要一步。二维不规则孔道网络模型基本结构见图 3-21。

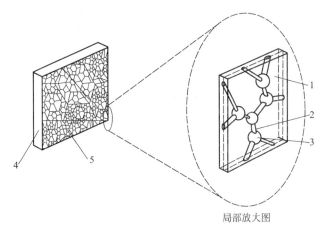

图 3-21　二维不规则孔道网络模型基本结构[47]

1—骨架；2—喉道；3—孔；4—侧面；5—正面

　　Fatt 于 1956 年提出多孔介质渗流过程的孔道网络模型，之后该方法获得了广泛应用[27]。Nowicki（1992 年）[48]和 Prat（1993 年）[41]等人将孔道网络方法引入干燥领域中。孔道网络干燥模型可在两个尺度上对干燥过程进行计算：①代表性单元体尺度，可由微观结构信息获得宏观传输参数，如相对渗透率的计算式；②物料尺度，可预测干燥过程中相分布，研究干燥速率的演化以及二者之间的联系。预测干燥速率是干燥模型重要目的之一。

　　孔道网络干燥模型的提出，揭示了很多传统方法所不能展现的干燥过程热质传递现象，加深了人们对干燥过程的认识，完善了干燥理论。目前已成功建立 3D 非等温孔道网络干燥模型[49]，不规则孔道网络干燥模型[50,51]，过热蒸汽干燥孔道网络模型[52]等，模型中可考虑骨架与水分的接触角、液膜、孔径分布、孔隙连通性（配位数）等诸多因素对干燥过程的影响[53,54]。本章对建立孔道网络模型的基本过程和一些结果做简单介绍。

3.2.4.1　孔隙空间的孔道网络模型

　　孔隙空间的孔道网络模型有统计模型和图像重构模型：

　　① 统计模型根据获得的实际多孔介质性质的统计规律限定模型中孔和喉道数量以及孔喉大小分布，进而确定拓扑结构和几何结构，与真实的孔隙空间网络具有良好的统计相似性，但相同的统计规律可能存在多个不同的孔道网络模型，因而存在多解性。

　　② 图像重构模型利用断层扫描技术或切片技术，构建多孔介质孔隙结构的三维图像，

然后直接在孔隙空间网络中划分出孔和喉,并获取结构参数,进而重构出与介质孔隙空间网络唯一对应的孔道网络模型。如何在孔隙空间网络中划分孔和喉,目前已经提出中轴线算法[55]和最大球算法[56],但还没有确定的准则。图像重构孔道网络模型是最接近实际孔隙结构的一类模型,具有高精度和不破坏样品等特点,是孔隙模型发展的主要方向之一。

如图 3-22 孔道网络模型构建步骤所示,图 3-22(a) 为多孔介质一截面示意图,将宽度较小且狭长的空隙识别为喉,将相对较大且为多个喉交点的空隙作为孔;孔通过喉互相连接构成了不规则的网络,如图 3-22(b)。在这个网络中,每一个孔具有配位数特征,即与之相连的相邻孔的数量。在不规则网络中,各节点的配位数并不一致。根据配位数分布规律,存在均匀网络与非均匀网络。在均匀网络中,配位数分布有一个峰值,配位数远大于峰值的节点很难存在;而在非均匀网络中,绝大部分节点的配位数相对较小,但却存在少量配位数相对很大的节点。实际多孔介质形成的孔道网络多为均匀孔道网络,非均匀孔道网络很少。

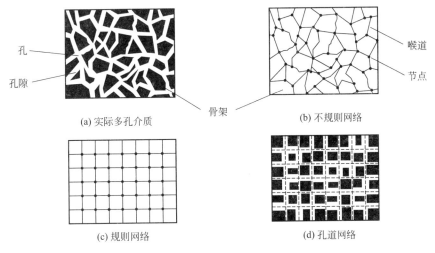

(a) 实际多孔介质   (b) 不规则网络

(c) 规则网络   (d) 孔道网络

图 3-22　孔道网络模型构建步骤

为在孔道网络上进行计算,需要将不规则网络规则化。规则化包括两方面:

① 将孔和喉简化为规则的结构,以适应不同的多相流及润湿性问题,如用球、凸多面体等作为孔,用圆柱、正六面体、六棱柱等作为喉。孔的体积和喉宽度等尺寸满足一定的分布律,如实际多孔介质等效孔径分布,或者对应于图像重构孔隙空间网络的结构。这些特点与毛细效应和黏性效应有重要联系。孔喉规则化的目的是获得孔隙过程的代数解,以减少计算量,因此是必需的。

② 围绕着配位数(拓扑关系)的正则化,即将不规则网络简化为规则网络,如二维正方网络,图 3-22(c),或三维立方体网络。在孔喉规则化基础上建立的规则网络是目前应用最多的孔隙网络模型。采用规则网络的基础在于孔隙网络的一些基本性质,如指数放大规律独立于配位数[42,57]。不规则网络的正则化并不是必需的,例如不规则图像重构孔道网络模型,已有基于不规则网络的干燥模型[51]。

根据孔和喉在模拟过程中的作用,应用于实际干燥过程计算的孔喉模型可划分为三种:

① 孔和喉都具有体积,但是由于 Haines 跳跃,孔的传质阻力往往可忽略,传质阻力主要存在于狭窄的喉中[41,58,59]。

② 孔具有体积,而喉没有体积,其宽度只代表阻力,水分的蒸发发生于孔中[60]。

③ 孔为虚拟球体,没有体积,只用于记录状态;而喉具有体积,其不仅代表传质阻力,也是容纳水分和气体的空间[54]。

3.2.4.2 缓慢干燥过程的孔道网络干燥模型

以一维对流缓慢干燥为例，介绍孔道网络中质量传递过程的数学描述，即建立缓慢干燥过程（不考虑传热过程）的孔道网络干燥模型。以图 3-23 所示的第三类二维规则孔道网络干燥模型[54]为基础。忽略孔隙空间信息提取过程，不考虑收缩。

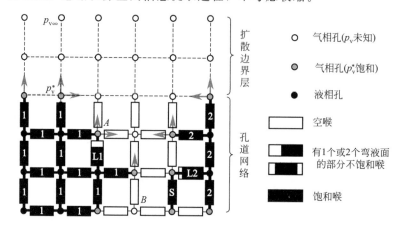

图 3-23 孔道网络干燥模型示意图[54]

① 如图 3-23 所示，孔与喉互相连接，构成直角四边形规则网络。孔没有体积，但是流体可以自由通过，具有坐标 $(x, y, \cdots)$，编号为 $i = 1, 2, 3, \cdots$。喉用其两端孔的编号表示，即 (i, j)，具有横截面积 A_{ij} 和长度 L_{ij}，若为圆柱体则具有半径 r_{ij}。喉的截面大小服从一定的分布律，且喉足够大，气体为连续介质，Kelvin 效应也可忽略。当忽略温度影响时，可不考虑骨架（如果考虑传热，则不能忽略骨架）。

② 干燥过程中，只有一个侧面为对流传质界面。为表示边界层传质，将孔道网络扩展到传质边界外部（原因见后叙），图中以虚线代表虚拟喉，虚线所连孔组成的网格代表边界层空间区域的离散化。边界层网络的厚度根据理论平均边界层厚度确定。

③ 随着孔道中液态水的减少，孔先被液体占据，后被气体占据，根据其中流体状态，可以有压力 p_i、蒸汽分压 $p_{v,i}$ 等状态参数。当与气相孔相连的任一喉中存在液态水分时，则该孔中蒸汽的浓度为当地温度下液态水的饱和蒸气压 p_v^*，由 Clausius-Clapeyron 方程确定。喉存在完全被液体或气体占据、被液体部分填充且存在一个或两个弯液面等情况。

④ 初始时刻边界层网格中所有的孔和喉充满气体，而孔道网络中孔和喉都被液态水占据，液态水分形成连续的整体。干燥开始后，边界层网格中的蒸汽向外扩散，与边界层相连的喉中水分开始蒸发，并向边界层网格中扩散，同时相连喉中的液态水分开始在毛细力的作用下运动。随着水分不断蒸发，气体开始由孔隙网络的外部向内部侵入，占据蒸发的液态水的体积。由于不同大小喉中，气体和液体的运动阻力不同，大小随机分布的喉以不同的顺序被气体占据，初始时刻连续的液相可能被分隔成多个连续液相区域，称为液团，如图 3-23中所示的液团 1 （L1）和液团 2 （L2），以及由单个喉组成的液团 S 等。随着各液团气液界面边界上蒸发的继续，各个液团最终完全被气相所替代（而侵入渗流过程中形成的孤立液团很难消失），干燥完毕。

为对上述孔隙网络模型中的干燥过程进行数学描述，建立孔道网络干燥模型，需要给出干燥过程中质量在孔道单元（孔和喉）上传递的整体规律（代数方程描述）。这些规律建立的基础是以孔道内部空间为定义域的质量传递微分或积分方程模型。

（1）边界层传质

对流干燥过程中，多孔介质表面附近的干燥介质中存在温度和浓度边界层，多孔介质与干燥介质之间的热质交换通常采用对流传热和传质方程描述。低速的对流干燥，边界层区域为层流，热量和质量以传导和扩散的方式传递。早期的孔道网络干燥模型对这种情况，只考虑边界层内垂直于表面方向的蒸汽扩散，给每一个表面孔赋予一个平行于介质表面的代表性面积，如图 3-24(a) 所示，蒸汽扩散通量与表面孔和干燥介质的蒸汽浓度差成正比，即

$$\dot{M}_{i,\text{surf}} = -A_i h_\text{m} (\rho_{i,\text{v,surf}} - \rho_{\text{v},\infty}) \tag{3-102}$$

式中，$\dot{M}_{i,\text{surf}}$ 为表面孔 i 的蒸汽扩散通量；A_i 为代表性面积；h_m 为对流扩散系数；$\rho_{i,\text{v,surf}}$ 为表面孔的蒸汽浓度；$\rho_{\text{v},\infty}$ 为干燥介质来流的蒸汽浓度。

然而采用式(3-102)这种边界条件的二维孔道网络干燥模型不能计算得到恒速干燥段，原因在于随着表面孔的干燥，喉中蒸汽扩散的阻力很快就表现出来，式(3-102)忽略了蒸汽在边界层内的侧向扩散，使得开始时干燥速率就下降。因此必须在模型中包含这种效应，这是图 3-23 在孔道网络模型中加入扩散边界层孔道网络的原因。图 3-24(b) 中 A_{ij} 和 A_{ik} 分别代表了垂直于表面和侧向扩散面积，即虚拟喉的截面积；L 为边界层喉长；在多孔介质表层节点，侧向扩散面积为 $A_{ik}/2$。通过加入边界层的侧向扩散效应，就可以在孔道网络干燥模型中重现恒速干燥段。

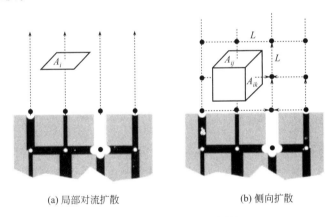

(a) 局部对流扩散　　　　　　(b) 侧向扩散

图 3-24　边界层蒸汽扩散模拟

（2）孔道中的蒸汽扩散

缓慢干燥过程中，孔隙中蒸汽通过分子扩散传递，遵循 Fick 扩散定律。由于蒸发过程中蒸汽体积急剧膨胀，液面的移动速度相对于蒸汽扩散速度来说可忽略，不溶性气体的运动速度也可忽略，蒸汽的扩散不再是二元等摩尔逆扩散，而是单向扩散。当喉（i,j）中充满气体，则喉两端孔 i，j 也充满气体，将单个喉作为整体，其中蒸汽扩散的代数解析解为：

$$\dot{M}_{ij} = \frac{A_{ij}}{L_{ij}} \times \frac{p M_\text{w} D_\text{v}}{RT} \ln\left(\frac{p - p_{\text{v},i}}{p - p_{\text{v},j}}\right) \tag{3-103}$$

式中，p 为物体外部环境气压，一般为大气压。

干燥过程中，气相只能由外部连续侵入连续液相内部，因此气相所占据孔喉必定为连续区域。蒸汽压为饱和蒸汽压的气相孔及距传质边界最远的边界层气相节点为蒸汽相传质的边界。若假设蒸汽传递为准稳态，气相孔体积为零，则每一个非边界气相节孔 i 的蒸汽累积量为零，即

$$\sum_j \dot{M}_{ij} = 0 \tag{3-104}$$

式中，下标 j 表示所有与 i 节点相邻的气相节点。所有气相孔 i 的守恒方程构成的代数方程组以及边界孔的状态，一起构成了缓慢干燥过程中蒸汽扩散过程的定解问题。

（3）孔道中液态水的毛细流动

假设缓慢干燥过程中可忽略黏性力和重力的作用，则液态水分运动由毛细力控制。对于半径为 r_{ij}，且内部存在弯液面的喉来说，弯液面两侧的压力差即为毛细力：

$$p_c(r_{ij}) = p_1 - p_g = -\frac{2\sigma\cos\theta}{r_{ij}} \tag{3-105}$$

式中，p_1 为弯液面液体侧压力；p_g 为气体侧压力；θ 为喉中弯液面的接触角，假设水为完全浸润性流体，对于完全发展的弯液面有 $\theta = 0$，此时喉中的毛细力最大（绝对值）。以下若无特殊说明均默认 $\theta = 0$。

① Haines 跳跃　随着蒸发的进行，喉中的弯液面逐渐退缩到孔喉交界处。此时，由于孔中弯液面毛细力较小，弯液面处于不稳定状态，因而快速退缩到其他孔喉交界面处，该过程称为 Haines 跳跃。如图 3-25 所示，当弯液面由弯液面 A 退缩到孔和喉交界 C 处后，D 迅速扩大到界面 E；当液面到达 E 处后，由于喉的半径小于 E 的曲率半径，各液面将稳定在位置 E 处。当液面 D 向 E 快速推进时，液相内压力突然降低；当液面稳定在 E 位置时，整个连通的液相区域内的压力重新达到平衡，液面处的毛细力恢复到 Haines 跳跃前的水平[47]。

由 Haines 跳跃可知，影响液面位置的因素是喉的大小（更一般地说是喉毛细力的大小），因此很多模型忽略孔中传质阻力。根据式(3-105)，只有当孔喉交界处气液界面两侧的压力差大于喉的最大毛细力时，液面才能进入喉中，即

$$p_g - p_1 \geqslant \frac{2\sigma\cos\theta}{r_{ij}} \tag{3-106}$$

因此式(3-105) 所计算的毛细力也称为毛细管能够被侵入的阈值毛细力。

② 弯液面退缩距离的计算　图 3-26 为孔道网络中的一个液团示意图。因为最大喉 T_1 中的弯液面处毛细力最小，液体侧压力最大，因此随着液团各边界弯液面上水分的蒸发，最大喉 T_1 中的液体水分总是流向其他弯液面处，以补偿这些液面上蒸发的水分，如图 3-26 中箭头所示。这种效应称为毛细管泵送（capillary pumping）。因此随着蒸发的进行，连续液相边界喉总是按照由大到小的顺序被清空，而由于喉径是按照一定的分布率随机分布的，连续的液相逐渐被侵入的空气分隔成多个液团。

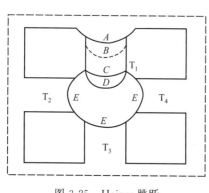

图 3-25　Haines 跳跃

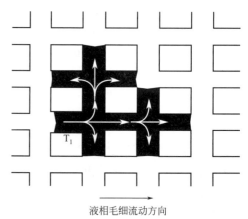

液相毛细流动方向

图 3-26　液团内毛细力的作用

计算图 3-23 所示液团气液界面的水分蒸发量时，认为与之相邻的最近气相节点，如节点 A，处于饱和状态，则与该气相节点相邻的所有气液界面的蒸发量等于该节点到其相邻的气相节点的蒸汽流量的和，由式(3-103)计算。把总的蒸发流量按照喉的横截面积比例分配给每个喉，即得每个喉的液面的蒸发速率。

　　设液团 i 边界喉 j 的弯液面的蒸发速率为 M'_{ij}，Δt_i 时间内每个界面的蒸发速率不变（Δt_i 不大于边界最大喉液面完全退缩所需时间），则边界上最大的喉液面退缩距离为：

$$\Delta l_i = \frac{\sum\limits_{j} M'_{ij} / \rho_{\mathrm{w}}}{A_{i,\max}} \Delta t_i \tag{3-107}$$

式中，$A_{i,\max}$ 为液团 i 边界最大喉的横截面积。

　　由上式可以得到时刻 t，液团 i 边界最大喉液面完全退缩所需时间为：

$$\Delta t_i = \frac{A_{i,\max}}{\sum\limits_{j} M'_{ij} / \rho_{\mathrm{w}}} \Delta l_{i,\max} \tag{3-108}$$

式中，$l_{i,\max}$ 为液团 i 边界最大喉的长度。

（4）孔道网络干燥模型模拟算法

　　孔道网络干燥模型在对非稳态干燥过程进行模拟时，由于涉及离散喉中液面位置的追踪，必须针对每个孔喉进行计算，每一个时间步长只能有一个喉或孔被干燥。类似于侵入渗流过程的孔道网络模拟算法，上述简单干燥模型的模拟算法如下：

　　① 初始化所有喉和节点；

　　② 标记网络中的每个液团和气相节点；

　　③ 求解式(3-104)，得到每一个气相节点的蒸汽压；

　　④ 计算每个液团边界喉弯液面的蒸发速率；

　　⑤ 根据式(3-108)，计算每一个液团边界最大喉液面完全退缩所需时间，选取所有时间的最小值作为当前计算液面退缩距离的时间步长；

　　⑥ 以此时间步长和式(3-105) 更新所有液团边界最大喉的液面位置；

　　⑦ 如果有新的液团生成，则更新液团记录；

　　⑧ 更新所有气相节点记录；

　　⑨ 回到步骤③，重复上述过程，直至所有喉中都不再有水分。

　　若在孔道网络干燥模型中考虑其他传递效应，上述算法还需针对具体问题作出修改，但总体流程不变，都需要跟踪液面位置，记录液团形成和消失的过程。

（5）模拟结果

　　图 3-27 为上述缓慢干燥过程在 50×50 的正方形网络上的模拟结果[54]，其中喉径为正态分布（平均喉径为 $r_0 = 50 \mu m$，标准偏差 $\sigma = 10 \mu m$），喉长均为 $L = 500 \mu m$，网格边长 $L_{\text{network}} = 25 mm$。空气为绝干，$p_{\mathrm{v},\infty} = 0$，温度 $T = 20\,℃$，环境压力为大气压，对流传质系数为 $0.5 mm/s$。边界层厚度 $s = 50 mm$，垂直方向离散为 10 层节点（为更好反映孔道网络内部质量传递现象，边界层厚度取值较大）。

　　可以看到，类似于侵入渗流过程，干燥过程中多孔介质内部形成了不规则气液相边界，除了主液团，还形成了很多独立的小液团。然而与侵入渗流过程不同的是，这些独立液团，只会存在一定的时间，最终被蒸发。这些现象是基于连续介质假设的模型所不能重现的。由于考虑了边界层的侧向扩散，第一阶段的干燥速率接近于初始干燥速率。还可以看出周期性边界条件对干燥过程的模拟结果也有重要影响，因为消除了孔道网络左右两侧面的边界效应，增大了有效的孔道网络尺寸，毛细管泵送（capillary pumping）作用持续时间更长。

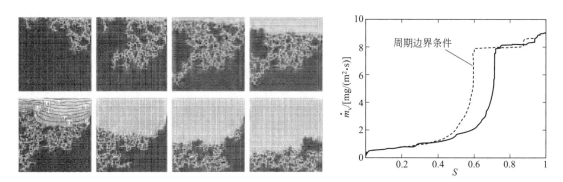

图 3-27　相分布和干燥速率[54]

相分布图中液态喉为黑色，气相喉为白色，对应的饱和度分别为 $S=0.9,0.8,\cdots,0.2$

3.2.4.3　其他干燥问题的孔道网络模型

（1）重力影响

上述缓慢干燥过程模型，忽略了重力的影响；而地球上的物质无时无刻不受重力作用，对于较大的孔隙或较高的物料有必要考虑重力效应。若孔隙中存在弯液面，则毛细力与重力互为反作用力，喉中的液态水可以克服一定的重力，因而毛细力有维持孔隙中液态水分的效果。若喉中的液体是垂直的，毛细力与重力平衡。若是等径喉组成的网络，则在重力的作用下，喉将严格以从高处到低处的顺序被侵入。如果喉径是随机分布的，引入如下的水势是方便的：

$$\Phi(r_{ij},z)=-\frac{2\sigma\cos\theta}{r_{ij}}+(\rho_{\text{w}}-\rho_{\text{g}})gz \tag{3-109}$$

式中，g 为重力加速度；z 为喉在重力场中的高度。

因此，当考虑重力时，液团中首先被侵入的是水势高的孔喉，而不一定再是最大孔径的喉了。此时孔道网络模拟算法中的最大喉就需要替换为最大水势喉。

根据式(3-109)可知，随着孔道网络高度 L 的增加，会出现孔中毛细势和重力势相当的孔喉。将此高度定义为重力稳定前沿（gravity stablising front）的特征长度 L_{g}，即

$$\frac{L_{\text{g}}}{\bar{r}}\approx B^{-1} \tag{3-110}$$

式中，$\bar{r}$ 为多孔介质中孔隙的平均半径；$B=\dfrac{\bar{r}^2\rho_{\text{w}}g}{2\sigma\cos\theta}$，称为 Bond 数，描述了重力相对于毛细力的重要性。该式也适用于一般多孔介质。

（2）黏性流动

当喉的两端存在压力差时，喉中存在液体或气体流动。喉中液体流动用 Hagen-Poiseuille 公式描述：

$$\dot{M}_{\text{w},ij}=-\frac{\rho_{\text{w}}}{\eta_{\text{w}}}\times\frac{\pi r_{ij}^4}{8L_{ij}}(p_{\text{w},i}-p_{\text{w},j}) \tag{3-111}$$

式中，$\dfrac{\pi r_{ij}^4}{8L_{ij}}$ 是圆柱喉几何结构对流动的影响，不同的截面形状，该式有不同的形式；$p_{\text{w},i}-p_{\text{w},j}$ 表示喉两端孔中液态水的压力。该式也适用于气体的流动，此时下标 w 替换为 g。

当在模型中考虑黏性流动时，气相和液相中每一个非边界孔（不与弯液面相邻）都有：

$$\sum_j \dot{M}_{w,ij} = 0 \quad \text{和} \quad \sum_j \dot{M}_{g,ij} = 0 \tag{3-112}$$

式(3-112)和式(3-104)是考虑黏性流动时，孔道网络干燥模型中气液各相运动的描述。式(3-105)是气液界面上的压力边界条件。气液界面上还遵守质量守恒定律。当考虑黏性力作用时，孔道网络干燥模型模拟算法中需根据算得的压力场分布以及界面蒸发速率确定气液界面的运动速度，进而判断每一个时间步长内被清空的喉。

根据多孔介质中流体运动的 Darcy 定律定义黏性力作用的特征长度：

$$\frac{L_{cap}}{\bar{r}} \approx \frac{k}{\bar{r}^2} Ca^{-1} \tag{3-113}$$

式中，k 为多孔介质渗透率；$Ca = \dfrac{\mu_w v}{2\sigma\cos\theta}$，称为毛细数，描述了黏性力和毛细力对流体运动的重要性；v 为过程启动时流体渗透速度。

根据上述 L_g 和 L_{cap} 的定义以及孔道网络模型的尺寸，可将重力和黏性力作用对相分布的影响分类，如图 3-28 干燥相图所示。当 L 远小于 L_g 和 L_{cap} 时，重力和黏性力对液态水分运动的作用可忽略，液态水的运动由毛细力控制，相分布表现出毛细指进的模式；当 L 大于或与 L_g 和 L_{cap} 相当时，重力和黏性力的作用显著，不能忽略。需要注意的是，干燥过程中随着液相分布范围或高度的缩小，即有效的 L 缩小，相分布的模式也会改变。

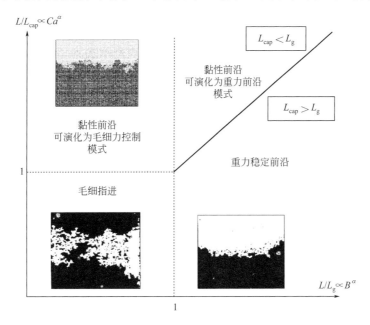

图 3-28　干燥相图（重力作用下不稳定模式没有考虑）[42]

（3）液膜影响

由于实际孔隙并非光滑的球和圆柱，采用其他形状的孔和喉会更接近于实际，而这样的喉中可能存在着液膜现象，例如采用矩形横截面的喉。干燥过程中，随着管中液体的蒸发，主弯液面（bulk meniscus）退缩，矩形毛细管的四个棱角内部会形成如图 3-29 所示的液膜。这种在不光滑孔隙角落中形成的液膜称为毛细液膜或厚液膜，而在平坦的表面因吸附而形成的液膜称为薄液膜。研究表明，厚液膜对干燥现象具有重要的影响，而薄液膜的区域范围相对于干燥物料的区域来说可以忽略。

图 3-29(a) 为气体侵入毛细管内部，但液膜的尖端仍然延伸到毛细管入口处的状态。液

膜在后退的主弯液面（bulk meniscus）和管的入口之间提供了液体传输的通道。液膜中流体的传输由管角弯液面曲率变化所引起的压力梯度驱动，这种效应因此也称为毛细泵送。于是，只要管角液膜和管口保持连接，相变优先发生于管的入口处。这种十分有效的液体传输机理在光滑的圆柱管中自然缺失。在圆柱管中，主弯液面与管口之间的传输机理仅仅是气相中的等效分子扩散。这解释了为什么具有棱角的管中蒸发速率要比光滑圆柱管中的快几个数量级[61]。图 3-29(b) 为液膜的顶部也退入管内的状态，此时主弯液面与管口之间的主要传输机理演变为气相中的等效分子扩散。

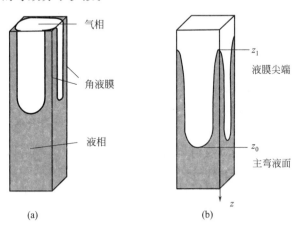

图 3-29　矩形截面管干燥的液膜

　　在孔道网络干燥模型中考虑液膜的影响，增强了模型中液态水在毛细力作用下向介质表面的运动，缩短了干燥时间，尤其是增加了恒速段的持续时间，结果更符合实际。单个矩形截面管中液态水分蒸发与多孔介质干燥类似，也表现出明显的三个阶段，即恒速段、降速段和退缩前沿阶段，如图 3-30 所示，因此很好地体现了液膜在干燥过程中的作用。

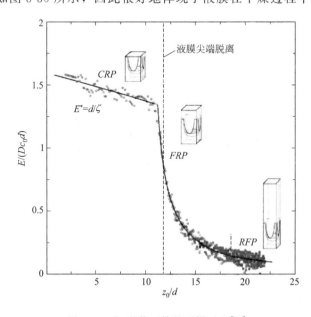

图 3-30　矩形截面管的干燥过程[53]

CRP 为恒速段；FRP 为降速段；RFP 为退缩前阶段；d 为管的内部边长；E 为蒸发通量；
c_0 为气液界面上平衡蒸汽浓度；D 为蒸汽分子扩散系数；无穷远处蒸汽浓度假设为 0

存在液膜情况下模拟获得的干燥过程中物料内部相分布，可见明显的液膜区域，如图 3-31 所示；干燥过程中物料内部可划分为干区、液膜区和湿区（毛细流动）。

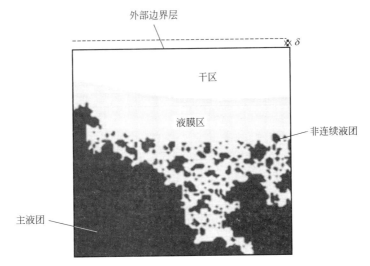

图 3-31　存在液膜情况下模拟获得的干燥过程中物料内部相分布示意图

（4）其他一些效应

孔道网络干燥模型除可对上述传质机理进行研究外，还可研究温度场、孔隙截面形状、接触角、孔径双峰分布、孔隙连通性（配位数）、微尺度"微观效应"（如开尔文效应）[47]等因素对干燥过程的影响，以及物料表面干湿斑干燥现象等，限于篇幅，此处不一一介绍，读者可参考文献（Metzger，Tsotsas 等，2007 年；Prat，2011 年）[53,54]。

3.3　基于干燥过程的模型

上一节介绍了描述干燥过程中物料内部热量和湿分传递的数学模型。这些模型研究的定义域是物料边界的内部，而外部（即干燥器内部）的情况只是作为内部热质传递方程的边界条件。任何工业干燥过程都是在一定的干燥器中完成的，物料内部的干燥过程不可避免地要受到干燥器类型、干燥介质状态、物料所处状态等一系列条件的影响。而这些条件彼此之间也可能存在着相互影响。以人们所关心的干燥时物料的状态（包括运动状态等）为例，不同种类的干燥器内，物料状态各不相同。常见的物料状态有：固定床（如厢式干燥器和谷物干燥塔）、流化床（如流化床和振动流化床干燥器）、两相流状态（如气流干燥器）等。

图 3-32 为吴中华等对脉动燃烧喷雾干燥过程进行模拟的结果，从图中可以看出，气流和物料颗粒在干燥室内的状态复杂，气体的运动还存在漩涡[62]。图 3-32（b）中，由于干燥气流为脉动燃烧器的尾气，因而干燥过程为非稳态过程，干燥器内的物料和气流状态具有周期特点。物料在干燥器中的状态还与干燥器的操作条件、物料的性质、干燥介质的性质等诸多因素相关。因此，物料的状态可能会十分复杂。此外，干燥介质的温度和湿度等状态参数也是人们所关心的。所以，干燥过程的模拟只针对物料本身是不够的，必须同时考虑物料和干燥环境的因素。本节介绍了几种典型的干燥过程的模型，这些模型既关注物料本身，也考虑了干燥器内相关因素的影响。

由于物料在干燥过程中的状态复杂，必须做一些假设使问题简化，以便于模拟。本节所列的几种干燥器模型在建立过程中均做了一定的简化。在实际建模和模拟过程中，若有更为

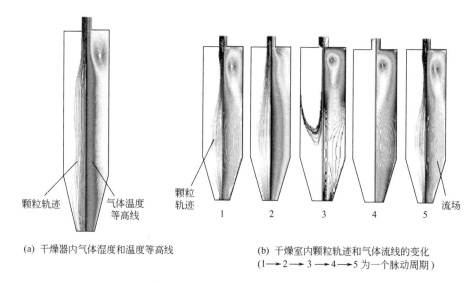

颗粒轨迹　气体温度
　　　　　等高线

(a) 干燥器内气体湿度和温度等高线

颗粒
轨迹

1　　2　　3　　4　　5　流场

(b) 干燥室内颗粒轨迹和气体流线的变化
(1→2→3→4→5 为一个脉动周期)

图 3-32　脉动燃烧喷雾干燥过程模拟结果

复杂的情形，则必须在这些模型的基础上，考虑更多的细节，对模型进行适当的修改，以便更好地模拟具体的干燥过程。

3.3.1　固定床干燥模型

干燥介质（通常为热空气）穿过较厚的固定颗粒堆积床对颗粒物料进行干燥称为固定床干燥，大多谷物干燥器都采用这类干燥方式。由于在连续的干燥过程中热空气与颗粒物料的状态参数（温度、湿度）在干燥器内的空间分布并不均匀，但稳定后即不再随时间而变化，因此经常将其处理为稳态的热、质传递过程，从而选用稳态模型。

下面以谷物为例来建立颗粒固定床干燥过程的热质传递模型。为了简化计算，做如下假设：

① 忽略干燥过程中的固定床体积收缩；
② 忽略单个颗粒内部的温度梯度；
③ 忽略颗粒之间的热传导；
④ 气体流动为活塞流；
⑤ 器壁绝热，并忽略其热容；
⑥ 湿空气和颗粒物料的热容视为常量；
⑦ 已有准确的薄层干燥方程。

在深床中取一厚度为 dx、横截面积为 S 的水平薄层（图 3-33），并认为在该水平方向各参数均保持不变。下面以该薄层为考察对象，进行热质传递分析。干燥模拟中，通常感兴趣的参数有 4 个，即颗粒物料平均湿含量（$\overline{X}$），热空气湿含量（Y），通过床层的热空气温度（T）和颗粒物料温度（T_p），因此只要能根据热质传递的基本理论推导出 4 个方程，便可以解得上述 4 个未知量。这 4 个方程是：空气的质平衡方程、空气的热平衡方程、物料的热平衡方程和物料的质平衡方程。

3.3.1.1　空气质平衡方程

在干燥器内：从物料中蒸发的水分量＝湿空气增加的水分量。

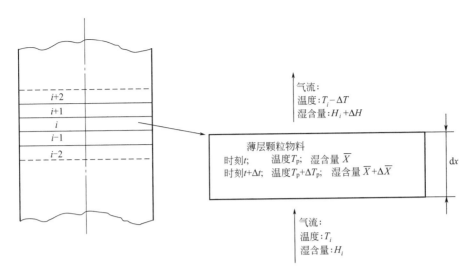

图 3-33　深床干燥示意图

薄层颗粒物料干物质的质量为：$S\mathrm{d}x\,\rho_\mathrm{p}$，则 $\mathrm{d}t$ 时间内薄层颗粒物料失去的水分为：$S\mathrm{d}x\,\rho_\mathrm{p}\dfrac{\partial \overline{X}}{\partial t}\mathrm{d}t$（$\rho_\mathrm{p}$——颗粒的密度，kg/m³）。$\mathrm{d}t$ 时间通过薄层的空气质量为 $j_\mathrm{a}S\mathrm{d}t$［j_a——空气流量，kg/(m²·s)］，则在 $\mathrm{d}x$ 距离空气湿含量的变化为 $j_\mathrm{a}S\mathrm{d}t\dfrac{\partial Y}{\partial x}\mathrm{d}x$。根据质量平衡有：

$$S\mathrm{d}x\,\rho_\mathrm{p}\frac{\partial \overline{X}}{\partial t}\mathrm{d}t = -j_\mathrm{a}S\mathrm{d}t\frac{\partial Y}{\partial x}\mathrm{d}x \tag{3-114}$$

即

$$\rho_\mathrm{p}\frac{\partial \overline{X}}{\partial t} = -j_\mathrm{a}\frac{\partial Y}{\partial x}$$

或

$$\frac{\partial Y}{\partial x} = -\frac{\rho_\mathrm{p}}{j_\mathrm{a}}\times\frac{\partial \overline{X}}{\partial t} \tag{3-115}$$

式(3-115) 即为空气的质平衡方程。可以看出，空气湿度的变化与风速成反比，与干燥速率成正比。

3.3.1.2　物料热平衡方程

热空气通过对流传给颗粒物料的热量＝从颗粒物料中蒸发水分所需热量＋水分升温所需热量＋固体颗粒物料升温所需热量。

设 m 为 $\mathrm{d}t$ 时间内从颗粒中蒸发的水分（kg），则

$$m = j_\mathrm{a}S\mathrm{d}t\frac{\partial Y}{\partial x}\mathrm{d}x \tag{3-116}$$

从物料中蒸发的水分所需热量：$Q_1 = m\Delta H$，ΔH 为水的汽化热（单位：J/kg）。

水分升温至蒸发温度所需的热量：$Q_2 = mc_\mathrm{v}(T-T_\mathrm{p})$，$c_\mathrm{v}$ 为水蒸气的热容［单位：J/(kg·K)］。

加热物料所需热量：$Q_3 = S\mathrm{d}x(\rho_\mathrm{p}c_\mathrm{p}+\rho_\mathrm{p}\overline{X}c_\mathrm{w})\dfrac{\partial T_\mathrm{p}}{\partial t}\mathrm{d}t$，$c_\mathrm{p}$ 为物料颗粒热容［单位：J/(kg·K)］；c_w 为水的热容［单位：J/(kg·K)］。

热空气通过对流传给颗粒物料的热量：$Q=h_H A_p(T-T_p)S\mathrm{d}t\mathrm{d}x$，$h_H$ 为对流传热系数［单位：$\mathrm{W/(m^2 \cdot K)}$］；A_p 为颗粒比表面积（单位：$\mathrm{m^2/m^3}$）。

根据热平衡原理，有：$Q=Q_1+Q_2+Q_3$，即

$$\frac{\partial T_p}{\partial t}=\frac{h_H A_p(T-T_p)}{\rho_p c_p+\rho_p \overline{X}c_w}-\frac{-\Delta H+c_v(T-T_p)}{\rho_p c_p+\rho_p \overline{X}c_w}j_a\frac{\partial Y}{\partial x} \tag{3-117}$$

3.3.1.3　空气热平衡方程

对流传递的热量＝空气通过薄层前后焓的差值＋床层空隙内气体在 $\mathrm{d}t$ 时间焓的变化。

流过薄层的空气焓的变化为：$j_a S\mathrm{d}t(c_a+Yc_v)\dfrac{\partial T}{\partial x}\mathrm{d}x$，$c_a$ 为空气热容［单位：$\mathrm{J/(kg \cdot K)}$］。

$\mathrm{d}t$ 时间空隙内空气的显热变化为：$S\mathrm{d}x\varepsilon\rho_a(c_a+Yc_v)\dfrac{\partial T}{\partial t}\mathrm{d}t$，$\varepsilon$ 为床层空隙率。

对流传递的热量＝$h_H A_p S\mathrm{d}x(T-T_p)\mathrm{d}t$。

根据传热的原理，有：

$$(c_a+Yc_v)\Big(j_a\frac{\partial T}{\partial x}+\rho_a\varepsilon\frac{\partial T}{\partial t}\Big)S\mathrm{d}t\mathrm{d}x=-h_H A_p S\mathrm{d}x(T-T_p)\mathrm{d}t \tag{3-118}$$

因 $\varepsilon\dfrac{\partial T}{\partial t}$ 值较小，可以忽略不计，则：

$$\frac{\partial T}{\partial x}=\frac{-h_H A_p(T-T_p)}{j_a c_a+j_a Yc_v} \tag{3-119}$$

3.3.1.4　物料的质平衡方程(或称薄层干燥方程)

$$\frac{\partial \overline{X}}{\partial t}=-K(\overline{X}-X_e) \tag{3-120}$$

式中，K 为干燥常数，$\mathrm{s^{-1}}$。

通过对上述四个偏微分方程联立求解，即可得到颗粒物料温度、颗粒物料湿含量、热空气温度和热空气湿度 4 个未知量。

模拟计算时，同样将床层看成是由许多薄层组成。从床层下部入口处开始，依次计算出不同高度处每个薄层的颗粒物料温度、颗粒物料湿含量、热空气温度和湿含量。将结果作为当前时刻的各变量值，再接着计算下一个时刻（Δt 以后）的各变量值。直到整个床层的平均湿含量达到预定值为止。具体有关薄层方程的介绍详见本章 3.2.2.3 节中（3）"干燥过程的热质传递模型"。

3.3.2　流化床干燥模型

流化床干燥模拟的目的不同，所建立的模型形式也不相同。通常大致可分为两类模型：床层内颗粒运动学模型与床层内物料的干燥动力学模型。前者关注颗粒速度、床层压降、颗粒密度等参数变化；后者则主要关注干燥器物料的湿含量和温度分布。如果需要，也可以建立同时描述床层运动学与物料干燥动力学的综合模型，不过其形式会更加复杂。

下面以常见的连续式流化床干燥器为例建立其干燥过程动力学模型。已知参数：干燥器尺寸（长度、宽度、高度）、床层空隙率、气流量、物料流量以及入口参数（物料温度、物料湿含量、空气温度和空气湿度）。物料的吸附等温线已知。当前条件下的 Peclet 数 $Pe=5$。

在床层内取一微单元，如图 3-34 所示。

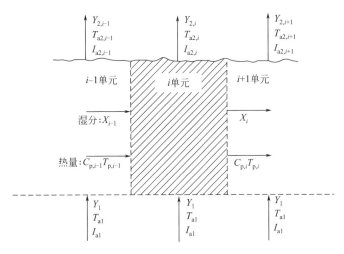

图 3-34　流化床干燥中的床层微单元

干燥器内散物料床的颗粒参数可用连续的温度和湿含量场描述：

$$T_p = f(x, y, z, t); \quad X = f(x, y, z, t) \tag{3-121}$$

式中，x, y, z 为流化床内三维坐标。上述方程的形式取决于物料流经干燥器的模型以及床层和空气之间的热质传递。本节建立描述上述颗粒参数的数学模型。

3.3.2.1　物料质平衡模型

床层内颗粒湿含量的一般方程为：

$$\rho_p \frac{\mathrm{d}X}{\mathrm{d}t} = \rho_p D_M \nabla^2 X + \sum Q \tag{3-122}$$

式中，D_M 为床内质量扩散率，$\mathrm{m^2/s}$；ρ_p 为颗粒密度，$\mathrm{kg/m^3}$；$\sum Q$ 为源项。

D_M 与床层空隙率、温度、物料特性以及床层内气流速度等参数有关。

随着物料的水平运动，逐渐沿其运动方向形成一个稳定的床层颗粒湿含量和温度梯度。在床层中，物料存在垂直的对流循环，这将使得垂直平面内物料的性质（温度和湿分）趋于平均。因此，我们假设床层在垂直方向（床的高度方向）无湿分梯度和温度梯度，只在水平运动方向存在参数梯度。此外，由于随干燥过程的进行，床层颗粒的湿分不断传递至干燥介质中，式(3-122)中的源项即应为单位体积固体颗粒的干燥速率（R）。因此，基于上述假设，式(3-122)可简化为：

$$\frac{\partial X}{\partial t} + u_p \frac{\partial X}{\partial x} = D_M \frac{\partial^2 X}{\partial x^2} - \frac{Ra}{\rho_p} \tag{3-123}$$

式中，a 为颗粒的比表面积，$\mathrm{m^2/m^3}$；u_p 为颗粒速度，$\mathrm{m/s}$；R 为干燥速率，$\mathrm{kg/(m^2 \cdot s)}$；$x$ 为水平方向坐标。

在本例中，由于床层内颗粒湿含量分布不随时间变化，式(3-123)中的非定常项$\partial X / \partial t = 0$。

3.3.2.2　物料热平衡方程

类似地，颗粒热焓的平衡方程为：

$$\frac{\partial I_p}{\partial t} + u_p \frac{\partial I_p}{\partial x} = D_H \frac{\partial^2 I_p}{\partial x^2} + \frac{a(q - \Delta H R)}{\rho_p} \tag{3-124}$$

式中，I_p 为颗粒的热焓，$\mathrm{J/kg}$；q 为热量通量，$\mathrm{W/m^2}$；D_H 为热量扩散率，$\mathrm{m^2/s}$。

在没有内热源的情况下，式(3-124)中的源项为通过气相对流传递过来的净热。

3.3.2.3　空气质平衡方程

单位时间内，该单元内固体颗粒床逸出的水蒸气量与干燥介质中增加的水蒸气量应相等；同理，它们之间损失和获得的湿质量也应相等，即

$$\mathrm{d}J_{\mathrm{a}}(Y_{2,i}-Y_1)=Ra\,\mathrm{d}V \tag{3-125}$$

式中，J_{a} 为干燥介质的质量流量，kg/s；Y_1 为干燥介质的进口湿度，kg/kg；$Y_{2,i}$ 为单元 i 处干燥介质离开床层时的湿度，kg/kg。

3.3.2.4　空气热平衡方程

$$\mathrm{d}J_{\mathrm{a}}(I_{\mathrm{a}2,i}-I_{\mathrm{a}1})=(q-\Delta HR)a\,\mathrm{d}V \tag{3-126}$$

式中，$I_{\mathrm{a}1}$ 为干燥介质的进口热焓，J/kg；$I_{\mathrm{a}2,i}$ 为单元 i 处干燥介质离开床层时的热焓，J/kg。

按照对流热质传递原理，式(3-125)、式(3-126)中的质量通量（干燥速率）R 和热量通量 q 分别为：

$$R=k(Y_i-Y_{\mathrm{e},i})_m \tag{3-127}$$

$$q=h_H(T_{\mathrm{a},i}-T_{\mathrm{p},i})_m \tag{3-128}$$

式中，k 为传质系数，m/s；Y_i 为单元 i 内的空气平均湿度，kg/kg；$Y_{\mathrm{e},i}$ 为单元 i 内的空气平衡湿度，kg/kg；$T_{\mathrm{a},i}$ 为单元 i 内的空气温度，K；$T_{\mathrm{p},i}$ 为单元 i 内的物料温度，K。

式(3-127)中的 $(Y_i-Y_{\mathrm{e},i})_m$、$(T_{\mathrm{a},i}-T_{\mathrm{p},i})_m$ 分别表示 $Y_i-Y_{\mathrm{e},i}$ 以及 $T_{\mathrm{a},i}-T_{\mathrm{p},i}$ 的对数平均值：

$$(Y_i-Y_{\mathrm{e},i})_m=\frac{Y_{2,i}-Y_1}{\ln\dfrac{Y_{\mathrm{e},i}-Y_1}{Y_{\mathrm{e},i}-Y_{2,i}}} \tag{3-129}$$

$$(T_{\mathrm{a},i}-T_{\mathrm{p},i})_m=\frac{T_{\mathrm{a}1}-T_{\mathrm{a}2,i}}{\ln\dfrac{T_{\mathrm{a}1}-T_{\mathrm{p},i}}{T_{\mathrm{a}2,i}-T_{\mathrm{p},i}}} \tag{3-130}$$

式(3-127)中：

$$Y_{\mathrm{e}}=f(T_{\mathrm{p}},X) \tag{3-131}$$

上述方程中的 Y_{e} 和 T_{p} 分别为颗粒表面处空气的绝对湿度和固体温度值。当对流热质传递速率决定整个床层的热质传递速率时（即外部阻力起决定作用的传递过程），整个颗粒的 T_{p} 和 X 的平均值即等于颗粒表面的 T_{p}、X 值。此时，将式(3-127)、式(3-128)和式(3-131)代入式(3-125)、式(3-126)，可计算出式(3-123)、式(3-124)中的源项，即干燥过程的热质传递速率，接着可求出物料湿含量（X）、物料温度（T_{p}）、空气穿过床层后的湿度（Y_2）以及温度（$T_{\mathrm{a}2}$）等参数。

3.3.3　气流干燥模型

各种散状物料干燥器中，对气流干燥器最早进行了数学模型与模拟研究。这是因为气流干燥器中物料和干燥介质做同向、直线运动，空气动力学系统较易描述。此外，假设气相和固相均为活塞流，干燥管横截面上物料的浓度一致时，为一维问题，气固两相的所有参数都只是单一变量（时间或者干燥器高度方向物料颗粒的位置）的函数。下面对此做一简单介绍。

3.3.3.1　颗粒运动学模型

在气流干燥器的干燥管中截取一个单元（图 3-35），其内径为 d。距离喂料口高度 z 处的空气流速为 u_a，物料速度为 u_p。在气流中运送的颗粒受重力 F_g、空气浮力 F_b、空气阻力 F_r 和惯性力 F_m 的作用。假设颗粒的运动不受其他颗粒的影响，根据受力分析，有：

$$F_m = F_r - (F_g - F_b) \tag{3-132}$$

而：

$$F_m = m_p a = \frac{\pi d_p^3}{6} \rho_p \frac{\mathrm{d}u_p}{\mathrm{d}t} \tag{3-133}$$

式中，m_p 为颗粒质量，kg；a 为颗粒的加速度，$\mathrm{m/s^2}$；d_p 为颗粒直径，m；ρ_p 为颗粒密度，$\mathrm{kg/m^3}$。

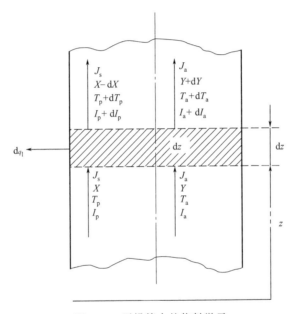

图 3-35　干燥管内的物料微元

F_r、F_g 和 F_b 分别为：

$$F_r = S \Delta P = \frac{\pi d_p^2}{4} \zeta \frac{(u_a - u_p)^2}{2} \rho_a \tag{3-134}$$

$$F_g = m_p g = \frac{\pi d_p^3}{6} \rho_p g \tag{3-135}$$

$$F_b = V_p \rho_a g = \frac{\pi d_p^3}{6} \rho_a g \tag{3-136}$$

式中，S 为颗粒在垂直于运动方向上的投影面积，$\mathrm{m^2}$；P 为压力，N；ζ 为空气阻力系数；ρ_a 为干燥介质密度，$\mathrm{kg/m^3}$；V_p 为颗粒体积，$\mathrm{m^3}$。

将式(3-133)～式(3-136) 代入式(3-132)，得：

$$\frac{\mathrm{d}u_p}{\mathrm{d}t} = \frac{3}{4} \xi \frac{\rho_a}{\rho_p d_p} (u_a - u_p)^2 - \frac{\rho_p - \rho_a}{\rho_p} g \tag{3-137}$$

式中，u_p 为颗粒速度，$\mathrm{m/s}$；u_a 为干燥介质流速，$\mathrm{m/s}$。

上式建立了颗粒运动速度和时间的关系。而：

$$u_p = \frac{dz}{dt} \tag{3-138}$$

因此，式(3-137) 可化为：

$$\frac{du_p}{dz} = \frac{3}{4}\xi \frac{\rho_a (u_a - u_p)^2}{\rho_p d_p u_p} - \frac{\rho_p - \rho_a}{\rho_p u_p} g \tag{3-139}$$

式(3-138) 给出了颗粒速度与颗粒位置的关系。

3.3.3.2　气/固相热质微分方程

在与流动方向垂直的干燥管横截面上，物料和空气的参数不变，则有平衡方程：

$$J_s(I_p + dI_p) + J_a(I_a + dI_a) + J_s dq_1 = J_s I_p + J_a I_a \tag{3-140}$$

$$J_s(X + dX) + J_a(Y + dY) = J_s X + J_a Y \tag{3-141}$$

式中，q_1 为热损失，J/kg；J_s 为干物质的质量流量，kg/s；J_a 为干空气的质量流量，kg/s；I_p 为物料颗粒的热焓，J/kg；I_a 为干燥介质的热焓，J/kg；X 为物料湿含量，kg/kg；Y 为干燥介质湿含量，kg/kg。

式(3-140) 整理得：

$$J_s dI_p + J_a dI_a + J_s dq_1 = 0 \tag{3-142}$$

式(3-141) 整理得：

$$J_s dX + J_a dY = 0 \tag{3-143}$$

即

$$dX + \frac{J_a}{J_s} dY = 0 \tag{3-144}$$

根据固相的能量守恒，有：

$$q dA = J_s dI_p + R I_v dA \tag{3-145}$$

式中，I_v 为水蒸气热焓，J/kg；R 为干燥速率，kg/(m²·s)；dA 为具有 dV 体积的湿颗粒的总表面积，m²。

$$J_s dX + R dA = 0 \tag{3-146}$$

式(3-145) 为热平衡方程，式(3-143)、式(3-146) 为质平衡方程。dA 等于该体积中的颗粒数 dn 与单个颗粒面积 A_p 之积：

$$dA = A_p dn = \pi d_p^2 dn \tag{3-147}$$

式中：

$$dn = \frac{C_p dV}{m_p} \tag{3-148}$$

$$dV = \frac{\pi d^2}{4} dz \tag{3-149}$$

$$m_p = \frac{\pi d_p^3}{6} \rho_s (1 + X) \tag{3-150}$$

式中，ρ_s 为干物质的密度，kg/m³；C_p 为干燥器内单位体积的湿物料质量，kg/m³。C_p 可由连续性方程获得：

$$J_s(1 + X) = \frac{\pi d^2}{6} u_p C_p \tag{3-151}$$

则：

$$C_p = \frac{4 J_s(1 + X)}{\pi d^2 u_p} \tag{3-152}$$

$$dA = \frac{6J_s}{\rho_s u_p d_p} dz \qquad (3-153)$$

对于对流干燥，对流换热量 q 和对流传质量 j 分别为：

$$q = h_H(T_a - T_p) \qquad (3-154)$$

$$j = h_M(Y_e - Y) \qquad (3-155)$$

式中，T_a 为干燥介质温度，K；T_p 为颗粒温度，K；h_H 为对流传热系数，$W/(m^2 \cdot K)$；j 为质量流量，$kg/(m^2 \cdot s)$；Y 为干燥介质湿含量；h_M 为对流质传递系数，$kg/(m^2 \cdot s)$；Y_e 为物料表面温度下的空气平衡湿含量，kg/kg。

将式(3-153)、式(3-155) 代入式(3-146)，得到物料湿含量沿干燥管高度方向变化的方程：

$$\frac{dX}{dz} = -\frac{6h_M(Y_e - Y)}{\rho_s u_p d_p} \qquad (3-156)$$

由式(3-144) 得：

$$dX = -\frac{J_a}{J_s} dY \qquad (3-157)$$

将式(3-157) 代入式(3-156)，得到干燥器内空气湿度方程：

$$\frac{dY}{dz} = \frac{6h_M(Y_e - Y)J_s}{\rho_s u_p J_a d_p} \qquad (3-158)$$

为了确定热平衡方程 [式(3-145)] 中的湿物料温度，我们引入物料热焓 [式(3-142)]、物料对流换热量 [式(3-154)]、对流传质量 [式(3-155)] 以及物料表面积 [式(3-153)] 的相互关系式：

$$J_s d[(c_s + c_1 X)T_p + \Delta H_w X] = [h_H(T_a - T_p) - h_M(Y_e - Y)(\Delta H_o + c_1 T_p)]\frac{6J_s}{\rho_s u_p d_p} dz \qquad (3-159)$$

式中，c_s 为干物质比热容，$J/(kg \cdot K)$；c_1 为液态水的比热容，$J/(kg \cdot K)$；ΔH_w 为湿分吸收的热量，J/kg；ΔH_o 为初始温度下的蒸发潜热，J/kg。

由式(3-158) 整理得物料温度和物料在干燥器中位置的关系式：

$$\frac{dT_p}{dt} = \frac{6[h_H(T_a - T_p) - h_M(Y_e - Y)(\Delta H_o + c_1 T_p)]}{(c_s + c_1 X)\rho_s u_p d_p} - \frac{c_1 T_p + \Delta H_w}{c_s + c_1 X} \times \frac{dX}{dz} \qquad (3-160)$$

厚度为 dz 的干燥管的微元向管外周围介质散热的面积 dA_{amb} 为：

$$dA_{amb} = \pi d \, dz \qquad (3-161)$$

损失的热量 q_1 可由下式计算：

$$dq_1 = \frac{\pi d \lambda(T_a - T_{amb})}{J_s} dz \qquad (3-162)$$

式中，λ 为干燥介质向周围介质的总传热系数，$W/(m \cdot K)$；T_{amb} 为周围介质的温度，K。

式(3-142) 可写为：

$$dI_p + \frac{J_a}{J_s} dI_a + dq_1 = 0 \qquad (3-163)$$

综合式(3-163)、式(3-159) 及式(3-162)，有：

$$\frac{6[h_H(T_a - T_p) - h_M(Y_e - Y)(\Delta H_o + c_1 T_p)]}{\rho_s u_p d_p} dz +$$

$$\frac{J_a}{J_s}d[(c_a+c_vY)T_a+\Delta H_0Y]+\frac{\pi d\lambda(T_a-T_{amb})}{J_s}dz=0 \tag{3-164}$$

式中，c_a 为干空气比热容，J/(kg·K)；c_v 为水蒸气比热容，J/(kg·K)。

整理式(3-163)，得干燥介质（空气）温度沿干燥器长度方向的分布：

$$\frac{dT_a}{dz}=\frac{6J_s[h_M(Y_e-Y)(\Delta H_0+c_1T_p)-h_H(T_a-T_p)]}{J_a(c_a+c_vY)\rho_su_pd_p}-$$
$$\frac{c_1T_a+\Delta H_0}{c_a+c_vY}\times\frac{dY}{dz}-\frac{\pi d\lambda(T_a-T_{amb})}{J_a(c_a+c_vY)}=0 \tag{3-165}$$

为求出压降，根据干燥器内的空气动力学条件，对气流中的固相进行分析。本例中，压降的来源有：

① 气流摩擦力：

$$dP_1=-\xi\frac{\rho_au_a^2}{2d}dz \tag{3-166}$$

② 重力：

$$dP_2=-C_pg\frac{\rho_p-\rho_a}{\rho_p}dz \tag{3-167}$$

③ 物料颗粒与管壁的摩擦力：

$$dP_3=-\lambda_t\frac{C_pu_p^2}{2d}dz \tag{3-168}$$

式中，λ_t 为颗粒与管壁间的摩擦系数。

④ 物料颗粒动量的变化：

$$dP_4=-C_p\frac{du_p}{dt}dz=-C_pu_p\frac{du_p}{dz}dz \tag{3-169}$$

总压降为以上 4 项之和：

$$\frac{dP}{dz}=\sum_{i=1}^{4}\frac{dP_i}{dz}=\xi\frac{\rho_au_a^2}{2d}+\frac{4J_s(1+X)}{\pi d^2u_p}\times\left[\frac{(\rho_p-\rho_a)g}{\rho_p}+\lambda_t\frac{u_p^2}{2d}+u_p\frac{du_p}{dz}\right] \tag{3-170}$$

上述微分方程组还需补充球体在气流中运动的动量、热量和质量传递的经验方程：

$$\xi=f(Re_p) \tag{3-171}$$
$$Nu=f(Re_p)\quad 或\quad Sh=f(Re_p) \tag{3-172}$$

式中：

$$Re_p=\frac{(u_a-u_p)d_p\rho_a}{\mu_a} \tag{3-173}$$

给定初始条件（喂料口处的物料、热空气的状态），由这些方程可以计算得到空气和物料的参数沿干燥管的变化情况。一般来说，上述数学模型无法求得解析解，必须进行数值计算。

上述模型也适用于多分散相物料，但必须按颗粒的各种组分改写所有方程。根据模拟得出的温度、湿含量和湿度分布，可为新型干燥器设计、干燥器的性能优化以及干燥过程控制和自动化提供依据。在实际应用中，模拟能否成功取决于是否准确地描述了干燥器内的所有过程。要得到较好的模拟效果，应该考虑：①物料的浓度对气固两相系统的空气动力学和热质传递过程的影响；②物料颗粒的粒度分布；③加速区对热质传递的影响。

3.3.4 喷雾干燥模型

喷雾干燥是一个典型的具有动量、热量和质量耦合传递的多相流问题。其内部的气、液两相速度，温度、浓度场分布复杂，很难通过观察或实验测量手段获得。通过数值模拟进行上述两相流场的分析、计算，被证实是一种有效的手段。本节将通过一个比较简单的一维流动流为例，建立过程的数学模型。

模拟的目的是确定空气和被干燥物料的温度、空气湿度和物料的湿含量变化过程，以及干燥过程中物料颗粒的尺寸。

为简便计，首先做如下假设：

① 在干燥器的水平横截面上，颗粒直径和物理参数相同；

② 颗粒运动方向平行于干燥器壁；

③ 无颗粒结团现象；

④ 颗粒内部无温度和湿含量梯度；

⑤ 干燥器中物料喷雾均匀、均质，所有颗粒初始直径相同。

已知：干燥器横截面积、喂料流量、空气的空塔速度、被干燥物料的临界湿含量、干燥终了湿含量、固相物质特性参数（密度、热容）。假设固体物料的密度和热容在干燥过程中保持不变。干燥物料在稳态条件下的干燥动力学已知。

初始条件：进口空气温度、湿度，物料初始温度、初始湿含量。

对于单个液滴，垂直方向的湿分平衡为：

$$\frac{\mathrm{d}m_p}{\mathrm{d}t} = -\gamma A_p k \rho_{a1}(Y_e - Y) \tag{3-174}$$

式中，γ 为降速干燥段蒸发率下降系数，是溶液的蒸发率与纯溶剂蒸发率之比，γ 与 X 有关，$\gamma = f(X)$；A_p 为总传热传质面积，$A_p = \pi d_p^2$，m^2；ρ_{a1} 为干燥介质的初始密度，kg/m^3；k 为质量传递系数，m/s；ρ_{a1} 为干燥介质初始密度，kg/m^3；Y_e 为平衡湿含量，kg/kg。

h_M 由下式确定：

$$Sh = 2 + 0.9Re_p^{0.5}Sc^{0.33}Gu^{0.135} \tag{3-175}$$

基于总热焓平衡，有：

$$-\frac{\mathrm{d}m_p}{\mathrm{d}t}[\Delta H_o + c_v(T_a - T_p)] + m_p c_p \frac{\mathrm{d}T_p}{\mathrm{d}t} = A_p h_H(T_a - T_p) \tag{3-176}$$

$$-\frac{\mathrm{d}m_p}{\mathrm{d}t}[\Delta H_o + c_v(T_a - T_p)] + m_p c_p \frac{\mathrm{d}T_p}{\mathrm{d}t} = -V \rho_a c_H \frac{\mathrm{d}T_a}{\mathrm{d}t} \tag{3-177}$$

式中，m_p 为颗粒质量，kg；c_p 为液体颗粒的比热容，$J/(kg \cdot K)$；c_v 为水蒸气比热容，$J/(kg \cdot K)$；c_H 为湿空气比热容，$J/(kg \cdot K)$；ΔH_o 为初始温度下的蒸发潜热，J/kg；T_a 为干燥介质温度，K；T_p 为颗粒温度，K；h_H 为对流传热系数，$W/(m^2 \cdot K)$；V 为颗粒周围区域的体积，m^3；ρ_a 为干燥介质密度，kg/m^3。

假设液滴的收缩由常速段和降速段水分的蒸发引起，则有：

$$\frac{\mathrm{d}m_p}{\mathrm{d}t} = \frac{\pi}{6}\rho_p \frac{\mathrm{d}d_p^3}{\mathrm{d}t} \tag{3-178}$$

式中，ρ_p 为颗粒密度，kg/m^3；d_p 为颗粒直径，m。

热平衡方程中：$V = \frac{A}{N}(u_{a1} + u_p)$。式中，$N$ 为单位时间干燥器内的颗粒数；u_{a1} 为空气的空塔速度；u_p 为颗粒的沉降速度。N 由下式计算：

$$N = G/(\pi d_{p0}^3 \rho_p/6) \tag{3-179}$$

式中，G 为喂料流量，kg/s；d_{p0} 为颗粒的初始直径，m。

假设干燥器内流动为层流，颗粒的沉降速度为：

$$u_p = \frac{9.81 d_p^2 (\rho_p - \rho_a)}{18\mu}$$ (3-180)

式（3-176）中的 h_H 为对流换热系数，可由下式计算：

$$Nu = 2 + 1.05 Re^{0.5} Pr^{0.33} Gu^{0.175}$$ (3-181)

干燥结束后的物料参数如下：

颗粒密度：

$$\rho_p = \rho_{ms}(1 - X') + \rho_{water} X'$$ (3-182)

颗粒质量：

$$m_p = \pi d_p^3 \rho_p / 6$$ (3-183)

颗粒比热容：

$$c_p = c_{ps}(1 - X') + c_{p\,water} X'$$ (3-184)

绝干物料质量：

$$m_s = \pi d_p^3 \rho_p (1 - X') / 6$$ (3-185)

物料中水分的质量分数：

$$X' = \frac{X}{1 + X}$$ (3-186)

空气湿度的变化由下式计算：

$$\frac{dY}{dt} = -\frac{1}{V \rho_a}(1 + Y)\frac{dm_p}{dt}$$ (3-187)

物料湿分变化：

$$\frac{dX}{dt} = \frac{1}{m_s} \times \frac{dm_p}{dt}$$ (3-188)

$$dt = \frac{dh_i}{u_{a0} + u_p}$$ (3-189)

式中，u_{a0} 为干燥介质的初始速度，m/s；h_i 为与干燥器有关的积分步长。

3.3.5　转筒干燥模型

本节将根据动量、热量以及质量守恒原理导出转筒干燥的数学模型。模型中考虑了气、固两相沿转筒径向的运动，气体到固体的热传递，固体到气体的质量传递，以及固相颗粒间的相互作用。模型中，不仅模拟了转筒内气体和固体颗粒的热、质传递及分布，同时还将球形固体颗粒分成内、中、外三层，模拟了颗粒内部的热质传递过程及各层的温度和湿含量。干燥器为顺流式转筒干燥器，内部装有抄板，使湿物料与热空气间充分接触。当物料从抄板上飘落时，被气流裹挟，在干燥器轴向移动一定距离，与此同时，物料中的水分被蒸发。入口的气体温度、湿度、物料体积已知。

首先沿转筒径向将整个干燥区域分成 N 个虚拟的体积单元，单元之间发生热质传递（图 3-36），并假设：

① 热空气与物料颗粒之间的热质传递发生在物料从抄板上飘落下来与热空气接触的过程中（图 3-37）；

② 物料颗粒大小一致；

③ 各体积单元内部无温度梯度，无湿分梯度；

④ 物料和空气的热物理参数均为它们的温度和湿含量（湿度）的函数；

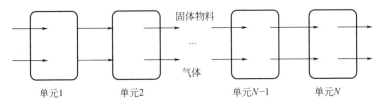

图 3-36 体积单元

⑤ 物料与空气进行热质交换的区域面积等于全部悬浮颗粒的总表面积。

为考虑颗粒内部的水分扩散和热传导,将颗粒分为三层(图 3-38),热量和质量逐层传递。热空气通过对流和辐射向颗粒外层传热,同时带走外层蒸发的水分。各单元的状态变量如表 3-3 所示。

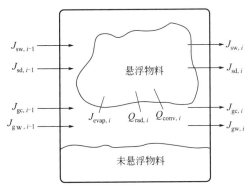

图 3-37 单个单元的热质传递

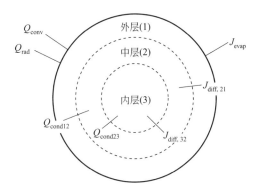

图 3-38 单个颗粒的热质传递

表 3-3 单元中的状态变量

固相	气相	固相	气相
外层水分质量,$m_{sw,1}$	蒸汽质量,m_{gw}	外层温度,$T_{s,1}$	
中层水分质量,$m_{sw,2}$	气相温度,T_g	中层温度,$T_{s,2}$	
内层水分质量,$m_{sw,3}$		内层温度,$T_{s,3}$	
干物料总质量,$m_{s,d}$			

气相的总摩尔数也是状态变量,而干空气质量在整个干燥过程中不变,所以不是状态变量。

根据每个单元固相、气相的质量、热量平衡,可得常微分方程组。

初始条件有:

热空气参数:入口温度、绝对湿度、风速。

物料参数:初始温度、初始湿含量、流量、物料类型。

3.3.5.1 湿度方程

考查单元 i 内颗粒外层(外层用 1 表示;本节中如无特殊说明,下标 1、2、3 分别表示颗粒外层、中层和内层)固相所含水分的平衡条件,可知该层满足:

水分变化率(i)=水分输入−水分输出−蒸发损失+扩散输入

$$\frac{\mathrm{d}m_{sw,1,i}}{\mathrm{d}t} = J_{sw,1,i-1} - J_{sw,1,i} - J_{evap,i} + J_{diff,21,i} \tag{3-190}$$

式中,$m_{sw,1,i}$ 为水分质量(注:下标 i 表示第 i 单元,$i-1$ 表示第 $i-1$ 单元,下同),

kg；$J_{sw,1,i-1}$ 为前单元（$i-1$）水分质量流量，kg/s；$J_{evap,i}$ 为颗粒外层的蒸发量，kg/s；$J_{diff,21,i}$ 为中层向外层扩散的水分质量流量，kg/s。

同理，根据单元 i 内任一颗粒中间层以及内层固相所含水分的平衡条件，可得：

$$\frac{\mathrm{d}m_{sw,2,i}}{\mathrm{d}t}=J_{sw,2,i-1}-J_{sw,2,i}-J_{diff,21,i}+J_{diff,32,i} \tag{3-191}$$

$$\frac{\mathrm{d}m_{sw,3,i}}{\mathrm{d}t}=J_{sw,3,i-1}-J_{sw,3,i}-J_{diff,32,i} \tag{3-192}$$

式中，$J_{diff,32,i}$ 为内层向中层扩散的水分质量流量，kg/s。

$$\frac{\mathrm{d}m_{sd,i}}{\mathrm{d}t}=J_{sd,i-1}-J_{sd,i} \tag{3-193}$$

式中，$m_{sd,i}$ 为干物质质量，kg；$J_{sd,i}$ 为干物质质量流量，kg/s。

单元 i 水蒸气质量变化率＝流入蒸汽量－流出蒸汽量＋蒸发的蒸汽量，即

$$\frac{\mathrm{d}m_{gw,i}}{\mathrm{d}t}=J_{gw,i-1}-J_{gw,i}+J_{evap,i} \tag{3-194}$$

式中，$m_{gw,i}$ 为蒸汽质量，kg；$J_{gw,i}$ 为流出的蒸汽流量，kg/s。

其中，水分蒸发的驱动力是颗粒表面和空气中水蒸气分压差。颗粒表面的水分蒸发量可由下式计算：

$$w_{evap,i}=h_{M,i}A_{s,i}(p_{ws,1,i}-p_{wg,i})\theta_k \tag{3-195}$$

式中，$h_{M,i}$ 为传质系数，kg/(s·m^2)；$A_{s,i}$ 为颗粒表面积，m^2；$p_{ws,1,i}$ 为颗粒表面的水蒸气分压，Pa；$p_{wg,i}$ 为空气中的水蒸气分压，Pa；θ_k 为调节参数。

在上式中：

$$p_{ws,1,i}=\exp\left(27.486-\frac{6580}{314+T_{s,1,i}}\right) \tag{3-196}$$

式中，$T_{s,1,i}$ 为颗粒外层温度，K。

颗粒内部的湿分扩散：

$$J_{diff,21,i}=D_{21,i}(X_{2,i}-X_{1,i}) \tag{3-197}$$

$$J_{diff,32,i}=D_{32,i}(X_{3,i}-X_{2,i}) \tag{3-198}$$

式中，$D_{21,i}$ 为中层到外层的水分扩散系数，kg/s；$D_{32,i}$ 为内层到中层的水分扩散系数，kg/s；$X_{1,i}$、$X_{2,i}$、$X_{3,i}$ 为湿含量，kg/kg。

扩散系数 $D_{21,i}$、$D_{32,i}$ 是温度和含水率的函数：

$$D(X,T)=D_0\exp\left(-\frac{X_0}{X}\right)\exp\left(-\frac{T_0}{\beta+T}\right) \tag{3-199}$$

式中，X_0 为初始湿含量，kg/kg；T_0 为初始温度，K；D_0 为扩散系数；β 为系数。

3.3.5.2　温度方程

对于单元 i 的气相（包括干空气和水蒸气），有：

能量的变化率＝进入该单元的气相的能量－离开该单元的气相的能量＋颗粒蒸发的水分的能量－颗粒对流吸热量－颗粒辐射吸热量，即

$$\frac{\mathrm{d}U_{g,i}}{\mathrm{d}t}=(J_{gc,i-1}c_{p,gc}+J_{gw,i-1}c_{p,gw})T_{g,i-1}-(J_{gc,i}c_{p,gc}+J_{gw,i}c_{p,gw})$$
$$T_{g,i}+J_{evap,i}c_{p,gw}T_{g,i}-Q_{conv,i}-Q_{rad,i} \tag{3-200}$$

式中，$J_{gc,i}$ 为流出的干空气质量流量，kg/s；$J_{gw,i}$ 为流出的水蒸气质量流量，kg/s；

$c_{p,\mathrm{gw}}$ 为水蒸气比定压热容，J/(kg·K)；$c_{p,\mathrm{gc}}$ 为干空气比定压热容，J/(kg·K)；$T_{g,i}$ 为空气温度，K；$Q_{\mathrm{conv},i}$ 为颗粒的对流吸热量，W；$Q_{\mathrm{rad},i}$ 为颗粒的辐射吸热量，W。

对于单元 i 的颗粒外层的固相（包括干物质和湿分），有：

能量变化率＝输入固相能量－输出固相能量＋由中层输入的湿分能量－蒸发水分能量＋颗粒对流传入热量＋颗粒辐射传入热量－外层向中层导热量，即：

$$\frac{\mathrm{d}U_{\mathrm{s},1,i}}{\mathrm{d}t} = (J_{\mathrm{sd},1,i-1}c_{p,\mathrm{d}} + J_{\mathrm{sw},1,i-1}c_{p,\mathrm{w}})T_{\mathrm{s},1,i-1} - (J_{\mathrm{sd},1,i}c_{p,\mathrm{d}} +$$
$$J_{\mathrm{sw},1,i}c_{p,\mathrm{w}})T_{\mathrm{s},1,i} + J_{\mathrm{diff},21,i}c_{p,\mathrm{w}}T_{\mathrm{s},2,i} - J_{\mathrm{evap},i}h_{\mathrm{Hevap}} +$$
$$Q_{\mathrm{conv},i} + Q_{\mathrm{rad},i} - Q_{\mathrm{cond},12,i} \tag{3-201}$$

式中，$J_{\mathrm{sd},1,i-1}$ 为第 $i-1$ 单元流出的干物质质量流量，kg/s；$c_{p,\mathrm{d}}$ 为干物质比定压热容，J/(kg·K)；$c_{p,\mathrm{w}}$ 为湿分比定压热容，J/(kg·K)；h_{Hevap} 为对流传热系数，W/(m²·K)；$Q_{\mathrm{cond},12,i}$ 为第 i 单元外层到中层的导热量，W。

同理，对于单元 i 的颗粒中层和内层的固相可建立式(3-202)和式(3-203)：

$$\frac{\mathrm{d}U_{\mathrm{s},2,i}}{\mathrm{d}t} = (J_{\mathrm{sd},2,i-1}c_{p,\mathrm{d}} + J_{\mathrm{sw},2,i-1}c_{p,\mathrm{w}})T_{\mathrm{s},2,i-1} - (J_{\mathrm{sd},2,i}c_{p,\mathrm{d}} +$$
$$J_{\mathrm{sw},2,i}c_{p,\mathrm{w}})T_{\mathrm{s},2,i} - J_{\mathrm{diff},21,i}c_{p,\mathrm{w}}T_{\mathrm{s},2,i} +$$
$$J_{\mathrm{diff},32,i}c_{p,\mathrm{w}}T_{\mathrm{s},3,i} + Q_{\mathrm{cond},12,i} - Q_{\mathrm{cond},23,i} \tag{3-202}$$

$$\frac{\mathrm{d}U_{\mathrm{s},3,i}}{\mathrm{d}t} = (J_{\mathrm{sd},3,i-1}c_{p,\mathrm{d}} + J_{\mathrm{sw},3,i-1}c_{p,\mathrm{w}})T_{\mathrm{s},3,i-1} - (J_{\mathrm{sd},3,i}c_{p,\mathrm{d}} +$$
$$J_{\mathrm{sw},3,i}c_{p,\mathrm{w}})T_{\mathrm{s},3,i} - J_{\mathrm{diff},32,i}c_{p,\mathrm{w}}T_{\mathrm{s},3,i} +$$
$$J_{\mathrm{diff},32,i}c_{p,\mathrm{w}}T_{\mathrm{s},3,i} + Q_{\mathrm{cond},23,i} \tag{3-203}$$

由于 $U = c_v T$，有：

$$\frac{\mathrm{d}U}{\mathrm{d}t} = \frac{\mathrm{d}}{\mathrm{d}t}(c_v T) = \frac{\mathrm{d}c_v}{\mathrm{d}t}T + \frac{\mathrm{d}T}{\mathrm{d}t}c_v \tag{3-204}$$

式中，c_v 为单元中所有物质的热容。

由式(3-204)得温度的微分为：

$$\frac{\mathrm{d}T}{\mathrm{d}t} = \frac{\mathrm{d}U/\mathrm{d}t - (\mathrm{d}c_v/\mathrm{d}t)T}{c_v} \tag{3-205}$$

$(\mathrm{d}c_v/\mathrm{d}t)$ 可根据单元的质量守恒直接计算。

将式(3-205)代入式(3-200)～式(3-203)即可得到各单元内各层固体以及气体的温度变化速率。

气体通过辐射和对流向颗粒传递热量。其中对流换热量为：

$$Q_{\mathrm{conv},i} = h_{H\,\mathrm{conv},i}A_{\mathrm{s},i}(T_{g,i} - T_{\mathrm{s},1,i})\theta_{\mathrm{c}} \tag{3-206}$$

式中，$h_{H\,\mathrm{conv},i}$ 为对流传热系数，W/(m²·K)；θ_{c} 为调节参数。

辐射换热量为：

$$Q_{\mathrm{rad},i} = \varepsilon_i \sigma A_{\mathrm{s},i}(T_{g,i}^4 - T_{\mathrm{s},1,i}^4)\theta_{\mathrm{r}} \tag{3-207}$$

式中，ε_i 为发射率；σ 为 Stefan-Boltzmann 常数，W/(m²·K⁴)；θ_{r} 为调节参数。

颗粒内部各层导热量为：

$$Q_{\mathrm{cond},12,i} = \lambda_{\mathrm{s},12,i}A\frac{T_{\mathrm{s},1,i} - T_{\mathrm{s},2,i}}{s} \tag{3-208}$$

$$Q_{\mathrm{cond},23,i} = \lambda_{\mathrm{s},23,i}A\frac{T_{\mathrm{s},2,i} - T_{\mathrm{s},3,i}}{s} \tag{3-209}$$

式中，$\lambda_{s,12,i}$ 为外层与中层之间的热导率，W/(m·K)；$\lambda_{s,23,i}$ 为中层与内层之间的热导率，W/(m·K)；A 为导热面积，m^2；s 为距离，m。

3.3.5.3　气固运动

根据干燥器内的气体摩尔数的整体平衡，有：

$$\frac{dn}{dt}=j_{in}-j_{out}+\sum_{i=1}^{N}\frac{w_{evap,i}}{M_{H_2O}} \tag{3-210}$$

式中，M_{H_2O} 为水分子摩尔质量，kg/mol；j_{in} 为进入干燥器的气体摩尔流量，mol/s；j_{out} 为流出干燥器的气体摩尔流量，mol/s；N 为干燥包含的单元数。

根据气相的温度梯度以及气体总摩尔数，可求得最后一个单元的压力值。再根据式(3-211)、式(3-212) 可求出最后一个单元流出的气体质量：

$$u_{g,i}=\frac{\sqrt{2(p_i-p_{i+1})}}{\rho_{g,i}} \tag{3-211}$$

$$J_{g,i}=u_{g,i}\rho_{g,i}A_g \tag{3-212}$$

式中，$u_{g,i}$ 为气体流速，m/s；p_i、p_{i+1} 为进、出单元 i 的气体压力，Pa；$\rho_{g,i}$ 为气体密度，kg/m^3；A_g 为单元横截面积，m^2。

对于其他的单元，流出气体的摩尔数等于流入气体的摩尔数与该单元内物料蒸发的水分摩尔数之和：

$$j_{g,i}=j_{g,i-1}+\frac{J_{evap,i}}{M_{H_2O}} \tag{3-213}$$

$$J_{gw,i}=j_{g,i}\frac{p_{w,i}}{p_i}M_{H_2O} \tag{3-214}$$

$$J_{gc,i}=j_{g,i}\frac{p_i-p_{w,i}}{p_i}M_{g,d} \tag{3-215}$$

式中，$j_{g,i}$ 为单元 i 的气体摩尔通量，mol/s；$p_{w,i}$ 为水蒸气分压，Pa；$M_{g,d}$ 为干空气平均摩尔质量，kg/mol。

在热空气的裹挟作用以及抄板的机械作用下，物料沿干燥器轴向移动。本例中倾斜度 $\alpha=0$，忽略抄板对物料轴向移动的作用（如物料颗粒密度较大，不会在气流作用下沿径向漂移，则需考虑采用具有一定倾斜度的转筒）。

悬浮颗粒的平均下落速度为：

$$u_s=\frac{s_{fall}}{t_{fall}} \tag{3-216}$$

式中，s_{fall} 为下落距离，m；t_{fall} 为下落时间，s；u_s 为颗粒下落速度，m/s。两者计算方法如下：

$$t_{fall}=\sqrt{\frac{2H}{g}} \tag{3-217}$$

$$s_{fall}=\frac{1}{2}at_{fall}^2 \tag{3-218}$$

式中，H 为下落高度，$H=\dfrac{2d_1}{\pi\cos\alpha}$，m；$d_1$ 为干燥器内径，m；a 为颗粒的加速度，$a=\dfrac{F}{m}$，m/s^2；m 为颗粒质量，kg。

F 为颗粒受到的气流阻力：

$$F = \frac{\zeta_s A_p \rho_g v_g^2}{2} \theta_D \tag{3-219}$$

式中，ζ_s 为球体的空气阻力系数，$\zeta_s = \frac{1}{3}\left[\left(\frac{72}{Re}\right)^{1/2} + 1\right]^2$；$A_p$ 为颗粒迎风面积，m^2；v_g 为颗粒与气流的相对运动速度，m/s；θ_D 为调节参数。

3.3.5.4　热质传递系数计算

（1）对流换热系数

对于转筒内的气固两相间的对流换热，换热系数可由下式计算：

$$Nu = 0.33 Re^{0.6} \tag{3-220}$$

将 Nu 和 Re 表达式代入式(3-220)，得：

$$h_{conv} = 0.33 \left(\frac{v_g \rho_g d_p}{\mu_g}\right)^{0.6} \frac{\lambda_g}{d_{part}} \tag{3-221}$$

式中，d_p 为颗粒直径，m；λ_g 为空气热导率，$W/(m \cdot K)$；μ_g 为动力黏度，$kg/(m \cdot s)$。

（2）对流传质系数

传热因数和传质因数分别为：

$$j_H = St \cdot Pr^{2/3} \tag{3-222}$$

$$j_M = \left(\frac{k_{evap}}{v_g \rho_g}\right) Sc^{2/3} \tag{3-223}$$

根据三传类比有 $j_M = j_H$，并将 St、Pr、Sc 等算式代入式(3-222)、式(3-223)，即可求出质量传递系数。

利用上面建立的模型进行模拟计算，便可得到整个干燥器内部气体的温度和湿度、物料的温度和水分。

3.4　模型中热质传递参数的确定

实际多孔介质孔隙结构复杂，通常采用具有等效大小的规则细管模型来表示。规则细管大小可采用几何法或力学等效法确定。干燥模型中一般采用力学等效法，如压汞法、吸附法等。对于非固结多孔介质，也可通过骨架颗粒大小估计孔隙大小。

3.4.1　有效湿分扩散系数

干燥时固体物料内部的扩散是一个复杂的过程，可能涉及分子扩散、毛细流动、Knudesn 流动、水力学流动或者表面扩散等现象。基于不同的现象理论，发展出许多固体内湿分扩散模型。其中干燥中最常用的是基于液体扩散理论的 Lewis 扩散方程。为弥补该方程只考虑单一驱动因素的不足，通常会将原方程中的液相扩散系数代之以"有效扩散系数，D_{eff}"。有效扩散系数综合考虑了所有这些现象的影响，是一个依赖试验数据的参数。该方程常被称为"费克第二定律"：

$$\frac{\partial X}{\partial t} = D_{eff} \nabla^2 X \tag{3-224}$$

式中，D_{eff} 为有效扩散系数，m^2/s；X 为物料的湿含量（干基），kg/kg；t 为时间，s。

根据有效扩散系数，可将费克定律扩展到不均匀介质的湿分传递分析。上述提到 D_{eff} 是一个由试验确定的参数，下面介绍一些常用的试验测定方法。

3.4.1.1　测定方法

目前尚无实验测量扩散系数的标准方法。文献常提及的测定方法如表 3-4 所示。

表 3-4　有效湿分扩散系数测定方法

常用方法	其他方法
吸附动力学法	放射性示踪法
渗透法	
浓度距离曲线法	核磁共振法（NMR）
干燥方法:简化法	顺磁共振法（ESR）
regular regime 法	
数值解法-回归分析法	

（1）吸附动力学法

该方法的理论依据为费克扩散方程（忽略传质表面阻力），只能用于常扩散系数的测定。测试时，将固体试样置于等温等浓度扩散物质环境中（图 3-39）。等浓度环境可通过测吸附等温线的办法获得。每隔一定的时间测量试样的重量，直至试样达到其平衡湿分。重量通过一精密天平（弹簧天平或者电子天平）在线测定。

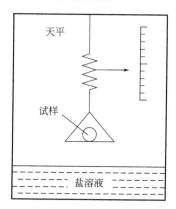

图 3-39　吸附动力学法测定扩散系数装置

对于厚度为 δ 的平板试样（D_{eff} 为常数，忽略通过板周边的扩散），假定最初试样不含扩散物质（绝干），将其突然置于一个等相对湿度的环境中，试样将逐渐吸附环境湿分。根据费克第二定律的解，湿含量与时间的关系满足下式：

$$\frac{m_t}{m_\infty}=1-\frac{8}{\pi^2}\sum_{n=0}^{\infty}\frac{1}{(2n+1)^2}\exp\left[-(2n+1)^2\frac{\pi^2 D_{\text{eff}}t}{\delta^2}\right] \tag{3-225}$$

式中，δ 为板厚，m；m_t 为 t 时刻试样吸收的扩散物质质量，kg；m_∞ 为平衡后（$t\rightarrow\infty$）试样吸收的扩散物质总质量，kg。

而：

$$\frac{m_t}{m_\infty}=1-\frac{\overline{X}-X_e}{X_0-X_e} \tag{3-226}$$

式中，$\overline{X}$ 为平均湿含量，kg/kg；X_0 为初始湿含量，kg/kg；X_e 为平衡湿含量，kg/kg。

在任意时刻 t，已知 X_e，并测得 $\overline{X}$ 后，便可应用式（3-225）和式（3-226）计算扩散系数 D_{eff}。本方法需要制备厚度尺寸精度较高的试样以及较高精度的称重仪器。

（2）渗透法

实验测试装置如图 3-40 所示。将被测试的制备好的片状试样置于相对湿度不同的两个环境（φ_1，φ_2）之中，经过一定时间，试样达到平衡状态。此时，试样内扩散物质的浓度梯度达到稳定。应用费克第一定律（由于试样厚度较薄，可认为 $\dfrac{\partial C}{\partial X} \approx \dfrac{\nabla C}{\nabla X}$）

$$j = D_{\text{eff}} \frac{C_1 - C_2}{\delta} \tag{3-227}$$

式中，j 为质量通量（常数），$\text{kg}/(\text{m}^2 \cdot \text{s})$；$D_{\text{eff}}$ 为有效扩散系数（与扩散物质浓度无关），m^2/s；C_1，C_2 为试样两侧表面浓度，kg/m^3；δ 为厚度，m。

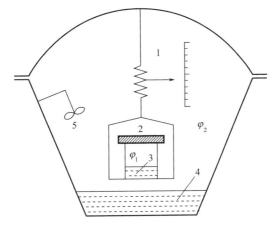

图 3-40　渗透法测量扩散系数装置
1—天平；2—物料；3,4—缓冲溶液；5—风扇

扩散通量 j 可以通过测量图 3-40 中缓冲溶液 3 的重量得到，而表面浓度 C_1、C_2 则可以通过该试样分别在当前温度下具有相对湿度 φ_1 和 φ_2 环境下的吸附等温线获得。已知 j、C_1、C_2 以及 δ 后即可由式（3-227）计算得到 D_{eff}。式（3-227）同样也可用于计算柱状和球状物料的扩散系数，甚至还可用于计算随物料湿含量变化的扩散系数 $D_{\text{eff}}(X)$，具体方法参见文献［63］。

渗透法原理较为简单，但在实际应用中却受到一些限制，主要原因是：

① 制备厚度均匀一致、结构各向同性的较薄的试样难度较大。

② 试样周边的密封较难：要确保扩散物质只从薄片试样渗过，而无周边泄漏。

③ 扩散物质的扩散通量的测量误差一定要小，否则会影响计算精度。

（3）浓度距离曲线法

其依据是测量扩散物质浓度分布随时间的变化，再根据费克定律计算出扩散系数，该方法可直接测出随物料湿分浓度变化的有效扩散系数。取两根具有相同尺寸及材质的圆柱形试样。其中之一使其达到特定温度和相对湿度环境下的平衡浓度 C_e，另一段为零浓度。在 $t = 0$ 时刻，将两个圆柱体紧密相接在一起，外部进行不渗透处理（包裹或喷涂，图 3-41）。经过一定时间 t 后，将两圆柱分开以一定距离切成圆片，分别测定其湿分浓度。并据测量结果绘制浓度-距离曲线，如图 3-41。

某一浓度 C_1 下的有效扩散系数可经由下式计算：

$$D_{\text{eff}}(C_1) = -\frac{1}{2t} \times \frac{\mathrm{d}x}{\mathrm{d}c} \int_0^{c_1} x \, \mathrm{d}c \tag{3-228}$$

式中，x 为距两柱结合处的坐标，m；$D_{\text{eff}}(C_1)$ 为扩散物质在某一浓度 C_1 下的扩散系数。$\dfrac{\mathrm{d}x}{\mathrm{d}c}$ 和积分 $\displaystyle\int_{0}^{c_1} x\,\mathrm{d}c$ 可根据图形用数值法或图形积分法求出。

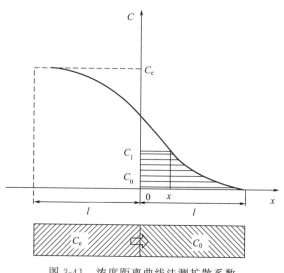

图 3-41　浓度距离曲线法测扩散系数

（4）干燥法

干燥法是根据样品的干燥实验中实测的数据来估算湿分有效扩散系数。所有干燥方法的理论基础都是费克定律，但求解方法各不相同。干燥法具有如下优点：

① 求出的 D_{eff} 应用于干燥过程的模型，优化以及模拟放大等应用时更为可靠；

② 实验装置较易建造和控制；

③ 使用风洞式干燥装置，其风速较高，扩散的外部阻力较小，因而可将干燥过程视为主要是湿扩散过程，这样测试的结果较为准确。

由于具有以上优点，干燥法已成为使用最广泛的有效扩散系数测定方法。干燥实验装置如图 3-42 所示。装置中数据采集、处理以及工况控制均由预设的计算机程序自动完成。

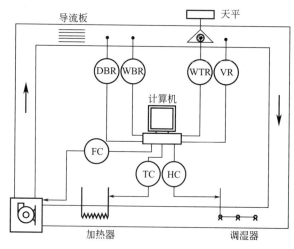

图 3-42　干燥实验装置

DBR—干球温度记录；FC—风机速度控制；WBR—湿球温度记录；TC—加热器控制；
WTR—物料重量及温度记录；HC—调湿器控制；VR—风速记录

下面以简化法为例，介绍干燥法的原理。简化法较为简便，数据处理容易，应用较广泛。该方法假定扩散系数为常数，与物料本身的湿含量变化无关。在干燥过程中，以一定的时间间隔测定物料平均湿含量 $\overline{X}$，从而得到函数：

$$\frac{\overline{X} - X_e}{X_0 - X_e} = f(t) \tag{3-229}$$

式中，$\overline{X}$ 为平均湿含量，kg/kg；X_0 为初始湿含量，kg/kg；X_e 为平衡湿含量，kg/kg。

对无限大平板有：

$$\frac{\overline{X} - X_e}{X_0 - X_e} = \frac{8}{\pi^2} \sum_{n=0}^{\infty} \frac{1}{(2n+1)^2} \exp\left[-(2n+1)^2 \frac{\pi^2 Dt}{\delta^2} \right] \tag{3-230}$$

式中，δ 为板厚，m。

对无限长圆柱有：

$$\frac{\overline{X} - X_e}{X_0 - X_e} = \sum_{n=1}^{\infty} \frac{4}{b_n^2} \exp\left(-\frac{b_n^2 Dt}{r^2} \right) \tag{3-231}$$

式中，b_n 为常数数列；r 为圆柱体半径，m。

对球体（颗粒）有：

$$\frac{\overline{X} - X_e}{X_0 - X_e} = \frac{6}{\pi^2} \sum_{n=1}^{\infty} \frac{1}{n^2} \exp\left(-n^2 \frac{\pi^2 Dt}{r^2} \right) \tag{3-232}$$

式中，r 为球体半径，m。

取上述方程右侧数列的第一项作为级数的近似，可得：

$$\ln \frac{\overline{X} - X_e}{X_0 - X_e} = A - Kt \tag{3-233}$$

式中，$K = \dfrac{\pi^2 D_{eff}}{L^2}$，为式（3-233）所代表的直线的斜率；$A$ 为截距。因此，可根据 K 求出 D_{eff}：$D_{eff} = \dfrac{KL^2}{\pi^2}$。

简化法存在两个问题：

① 当 D_{eff} 不是常数，而是随湿含量变化的函数时，需在此基础上依据实验结果进行修正；

② 式（3-230）～式（3-232）的简化处理可能会一定程度上降低计算精度。

（5）其他方法

测量物料剖面湿分分布的现代技术，如放射性示踪法、核磁共振法（NMR）和顺磁共振法（ESR）等，都可以用于测定扩散系数。

3.4.1.2　影响有效扩散系数的因素

有效湿分扩散系数通常与物料本身的温度和湿含量有关。多孔材料的孔隙率对扩散系数有显著的影响，但通常认为特定物料具有特定的不变孔隙结构和孔隙分布，因此该影响均计入不同物质的影响。如某种被干燥物料在干燥过程中由于其体积的变化导致明显的孔隙率变化，则在过程计算或模拟中就必须计入孔隙率对有效扩散系数的影响。

扩散系数与温度的关系通常可用 Arrhenius 关系式描述：

$$D_{eff} = D_0 e^{\frac{-E}{RT}} \tag{3-234}$$

式中，D_0 为指前因子，m²/s；E 为扩散活化能，J/mol；R 为气体常数，J/(mol·

K）；T 为温度，K。

式（3-234）中的指前因子和扩散活化能还可以是湿含量的函数，这样就可以用式（3-234）来描述有效扩散系数与物料自身温度和湿含量间的关系。

一般情况下有效扩散系数随着温度的上升和湿含量的增加而增大。但对某些聚合物（如聚甲基丙烯酸酯等几种吸水性差的材料）其有效扩散系数随着湿含量的增加而减小。此外，某些疏水的聚烯烃等物质的有效扩散系数为常数，与湿含量无关。

3.4.2　热导率

热导率反映了物料本身的热传导能力，与物质的构成、结构、温度等许多因素有关，在固体物质的导热方程中正比于热扩散系数：

$$\frac{\partial T}{\partial t} = \frac{\lambda}{\rho c_p} \nabla^2 T \tag{3-235}$$

式中，λ 为热导率，W/(m・K)；ρ 为密度，kg/m³；c_p 为物料的比定压热容，J/(kg・K)；T 为温度，K；$\dfrac{\lambda}{\rho c_p}$ 为热扩散系数，m²/s。

大多均质物质的热导率都已准确测出，可以在相关的手册中查到。对于非均质、复合材料的有效热导率可依据材料的组成、复合方式等进行计算求得（参见文献［13］）。个别文献中查不到的材料的热导率，我们可以自行测定。

3.4.2.1　测定方法

对于不同的物质，不同的物质形状其热导率的测定方法不同。很多文献给出了这些测定方法及它们的原理。表 3-5 列出了一些测量有效热导率的方法及原理。这些方法可以分为稳态方法和非稳态方法。非稳态方法简洁、快速，可在 10s 之内完成测定，将测量过程中的结构、湿含量、温度等影响热导率的参数变化降到了最低，因而应用广泛。

稳态法测试时是在稳定导热状态下测出试样的温度分布，进而计算其热导率值。稳态法适用于不同几何形状试样的测量。其中纵向热流法最适用于厚板状均质不良热导体热导率的测量，应用很广泛，具体测试方法参见文献［64］。径向热流法适用于松散的粉末状或颗粒状物料热导率的测量，具体方法参见文献［65］。

表 3-5　热导率测定方法

方法	方法
稳态法	非稳态法（瞬态法）
纵向热流法	Fitch 法
	平板热源法
径向热流法	探针法

非稳态法（瞬态法）常采用线热源或平板热源加热，在试样达到热平衡时测得试样中某处的温度上升值。Fitch 法是测量不良热导体热导率的最普遍的瞬态法之一（参见文献［66］）。探针法是采用最多的瞬态法之一，采用线热源，测试方法简单、快速。探针热导率较高，在探针的全长上附有加热元件，探针中间位置装有温度测量元件。将试样插入试样中，当热源发生突变时，测得探针的温度响应，即可根据傅里叶定律的瞬态解估算出热导率。国内外许多测量仪器公司生产现成的测量仪器供选用。各种方法的详细操作及所需仪器、设备详见文献［67］。

3.4.2.2　热导率影响因素

均质材料的热导率取决于温度和材料成分，可根据经验方程估算。对于非均质材料，必须利用结构模型考虑材料形状的影响。Luikov 最先根据 Maxwell 和 Euchen 在电学领域的成果，采用基本单元的概念，建立了材料的结构模型，以计算粉状材料和固体多孔材料的有效热导率。Luikov 还提出了估测粉状材料与固体多孔材料混合物的有效热导率的方法。

此后，出现了很多热导率的结构模型，表 3-6 中列出了其中的几种。垂直模型假定导热方向垂直于两相界面，平行模型则假设导热方向平行于两相界面。在混合模型中，既有平行层，又有垂直层。而随机模型中的两种组分是随机混合在一起的。Maxwell 模型假设一相为连续相，而另一相为大小相同的球体，散布在连续组分中。

表 3-6　非均质材料热导率的结构模型

模型	方程
垂直模型	$\dfrac{1}{K}=\dfrac{1-\varepsilon}{K_1}+\dfrac{\varepsilon}{K_2}$
平行模型	$K=(1-\varepsilon)K_1+\varepsilon K_2$
混合模型	$\dfrac{1}{K}=\dfrac{1-\theta}{(1-\varepsilon)K_1+\varepsilon K_2}+\theta\left(\dfrac{1-\varepsilon}{K_1}+\dfrac{\varepsilon}{K_2}\right)$
随机模型	$K=K_1^{1-\varepsilon}K_2^{\varepsilon}$
有效介质理论	$K=K_1\left[b+\sqrt{b^2+2\dfrac{K_1}{K_2(\beta-2)}}\right]$ $b=\dfrac{\beta(1-\varepsilon)/2-1+(K_2/K_1)(\varepsilon\beta/2-1)}{\beta-2}$
Maxwell	$K=\dfrac{K_2[K_1+2K_2-2(1-\varepsilon)(K_2-K_1)]}{K_1+2K_2+(1-\varepsilon)(K_2-K_1)}$

注：K 为有效热导率；K_i 为组分 i 的热导率；ε 为组分 2 的孔隙率；θ,β 为参数。

有学者提出了合理选择结构模型的一般方法。该方法基于模型识别程序。若试样中的某种组分的热导率未知，根据该方法可以估计出该组分的热导率与温度的关系，并同时预测出适合试样的结构模型。

3.4.3　对流换热系数与对流传质系数

对流换热是指通过固体物料表面和该表面流体边界层间的热量传递现象。牛顿定律给出了对流换热量的定量模型：

$$Q=h_H A(T_\infty-T_w) \tag{3-236}$$

式中，h_H 为表面对流换热系数，$W/(m^2 \cdot K)$；Q 为热流量，W；A 为有效换热表面积，m^2；T_w 为物料表面的温度，K；T_∞ 为空气主流温度，K。

类似地，可定义对流传质系数：

$$J=h_M A(Y_\infty-Y_w) \tag{3-237}$$

式中，h_M 为对流传质系数，$kg/(m^2 \cdot s)$；J 为传质速率，kg/s；Y_w 为物料表面的空气湿度，kg/kg；Y_∞ 为空气主流湿度，kg/kg。

式(3-236) 和式(3-237) 用于干燥过程中物料表面与干燥空气间的对流换热与传质计算。

体积对流传热系数和体积对流传质系数为：

$$h_{HV} = \alpha h_H \tag{3-238}$$

$$h_{MV} = \alpha h_M \tag{3-239}$$

式中，$\alpha = A/V$；A 为有效表面积；V 为物料体积。

采用不同的推动力时，上述方程中的传递系数的数值和单位都会不同。

3.4.3.1　测量方法

实验测量对流传热系数和对流传质系数的方法见表 3-7，主要通过对物料的热质传递研究得出。这些方法分为稳态法和非稳态法。稳态法通过测得热流量和温度，再根据牛顿换热公式得到对流传热系数。稳态法有三种加热方式（表 3-7），具体方法见参考文献［68］。非稳态法则通过测量出气口温度对进气口温度变化（突变、脉冲或者循环变化）的响应，利用对流换热系数的瞬态模型进行分析得出，具体方法参见参考文献［69］。干燥实验法则是通过相关形式的干燥实验，测出干燥动力学数据（温度-时间，湿含量-时间），再根据过程的热、质传递数学模型，将各传递特性参数（D_{eff}、λ、h_H、h_M）作为模型的参数，对模型求解。最后通过干燥实验数据和模型计算值之间的拟合求出各传递特性系数。

表 3-7　对流传热系数和对流传质系数的实验测量方法

测量方法	测量方法
稳态加热法	非稳态加热方法
物料加热	进口空气温度突变
壁面加热	进口空气温度脉冲变化
微波加热	进口空气温度循环变化
	干燥实验法

3.4.3.2　理论预测

目前还没有根据基本的热物理性质预测对流传热、传质系数的理论。但是可以通过传热和传质的过程类比，由传热系数获得传质系数，或者由传质系数获得传热系数。此外，还可根据边界层理论求解对流换热系数。

（1）热质传递类比

Chilton-Colburn 比拟为：

$$j_M = j_H = f/2 \tag{3-240}$$

式中，f 为流体的范宁摩擦因子；j_M、j_H 为传热、传质因子。

在空气调节过程中，热质传递的比拟通常用 Lewis 的方程表示：

$$h/k = c_p \tag{3-241}$$

式中，c_p 为空气比热容，J/(kg·K)。

对流传热系数和对流传质系数估算方程见表 3-8。

表 3-8　对流传热系数和对流传质系数估算方程

形状	估算方程
填充床	传热系数：$j_H = 1.06 Re^{-0.41}$　　$350 < Re < 4000$
填充床	传质系数：$j_M = 1.82 Re^{-0.51}$　　$40 < Re < 350$
平板（平行流）	传热系数：$j_H = 0.036 Re^{-0.2}$　　$500000 < Re$
平板（平行流）	传热系数：$h = 0.0204 G^{0.8}$　　$0.68 < G < 8.1$　　$45℃ < T < 150℃$
平板（垂直流）	传热系数：$h = 1.17 G^{0.37}$　　$1.1 < G < 5.4$
平板（平行流）	传热系数：$Nu = 0.036(Re^{0.8} - 9200) Pr^{0.43}$　　$1.0 × 10^5 < Re < 5.5 × 10^6$

形状	估算方程
填充床	传热系数：$Nu' = (0.5Re'^{1/2} + 0.2Re'^{2/3})Pr^{1/3}$ $2 \times 10^3 < Re' < 8 \times 10^3$
转筒干燥器	传热系数：$j_H = 1.0Re^{-0.5}Pr^{1/3}$
	传热系数：$Nu = 0.33Re^{0.6}$
	传热系数：$h_V = 0.52G^{0.8}$
流化床	传热系数：$Nu = 0.0133Re^{1.6}$ $0 < Re < 80$
	传热系数：$Nu = 0.316Re^{0.8}$ $80 < Re < 500$
	传质系数：$Sh = 0.374Re^{1.18}$ $0.1 < Re < 15$
	传质系数：$Sh = 2.01Re^{0.5}$ $15 < Re < 250$
喷雾干燥器中的液滴	传热系数：$Nu = 2 + 0.6Re^{1/2}Pr^{1/3}$ $2 < Re < 200$
	传质系数：$Nu = 2 + 0.6Re^{1/2}Sc^{1/3}$ $2 < Re < 200$
喷动床	传热系数：$Nu = 5.0 \times 10^{-4}Re_s^{1.46}(u/u_s)^{1/3}$
	传质系数：$Sh = 2.2 \times 10^{-4}Re^{1.45}(D/H_0)^{1/3}$
气流干燥器	传热系数：$Nu = 2 + 1.05Re^{1/2}Pr^{1/3}Gu^{0.175}$ $Re < 1000$
	传质系数：$Sh = 2 + 1.05Re^{1/2}Pr^{1/3}Gu^{0.175}$ $Re < 1000$

（2）对流换热系数的解析解

考虑平板的稳态对流换热（图 3-43），n 为板面的法线方向。

根据热量平衡，固体壁面的导热热通量应等于边界层内的流体对流传热量：

$$\lambda \left. \frac{\partial T}{\partial n} \right|_{n=0} = h_H(T_\infty - T_w) \qquad (3\text{-}242)$$

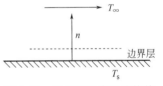

图 3-43 平板的稳态对流换热

式中，λ 为固体的热导率，$W/(m \cdot K)$；h_H 为对流换热系数，$W/(m^2 \cdot K)$；T_∞ 为远离边界层的流体温度，K；T_w 为壁面温度，K；$\frac{\partial T}{\partial n}$ 为固体表面的法向温度梯度，K/m。

由式（3-242）可得：

$$h_H = \frac{\lambda}{T_\infty - T_w} \times \left. \frac{\partial T}{\partial n} \right|_{n=0} \qquad (3\text{-}243)$$

因此，测得 T_∞、T_w 以及壁面处的法向温度梯度，便可根据式（3-243）求出对流传热系数。

3.5 干燥过程模拟

干燥模拟主要包括如下几个方面的内容。

① 干燥动力学模拟。包括两类：第一类是模拟干燥过程中物料的平均湿含量和平均温度随时间的变化，可计算出水分蒸发量、干燥时间和能耗等参数；另一类则模拟物料内部温度和湿含量分布的变化。

② 物料干燥特性参数的模拟。如对物料平衡水分、汽化潜热和比热容、气流穿过物料层的压降、湿分扩散系数和对流热质传递系数等干燥过程参数的模拟。

③ 模拟干燥过程对物料品质的影响。物料在干燥时，由于受到温度变化和机械力等因

素的作用，其品质将发生变化。包括：生化品质变化（如微生物和细胞的衰退、霉变、酶活性降低）、化学品质变化（如营养价值和有效成分降低、褐变、蛋白质变性）和物理品质变化（如收缩、龟裂和玻璃化、香味损失、溶解度和复水性变化）。

④ 通过模拟估算出干燥的能耗、成本等经济指标，为干燥器的优化设计和合理使用提供依据。

3.5.1　偏微分方程类型

干燥动力学模型主要是偏微分方程类型的数学模型，下面对其类型做一简单分析。

对于二阶偏微分方程：

$$A\frac{\partial^2 \Phi}{\partial x^2}+B\frac{\partial^2 \Phi}{\partial x \partial y}+C\frac{\partial^2 \Phi}{\partial y^2}+D\frac{\partial \Phi}{\partial x}+E\frac{\partial \Phi}{\partial y}+F\Phi+G=0 \tag{3-244}$$

式中，A、B、C、D、E、F 和 G 均为系数，为常数或者 x、y、Φ 的函数。若在定义域中，有 $B^2-4AC<0$，则上述方程为椭圆型偏微分方程，如二维 Poisson 方程 ［式(3-245)］、Laplace 方程 ［式(3-246)］ 和二维稳态导热微分方程 ［式(3-247)］：

$$\frac{\partial^2 u}{\partial x^2}+\frac{\partial^2 u}{\partial y^2}=f(x,y) \tag{3-245}$$

$$\Delta u=0 \tag{3-246}$$

式中，Δ 为 Laplace 算子。

$$\frac{\partial^2 T}{\partial x^2}+\frac{\partial^2 T}{\partial y^2}=0 \tag{3-247}$$

若 $B^2-4AC=0$，则为抛物型偏微分方程，如常系数扩散方程和线性导热方程：

$$\frac{\partial T}{\partial t}=\alpha\frac{\partial^2 T}{\partial x^2} \tag{3-248}$$

式中，α 为热扩散系数，m^2/s。

若 $B^2-4AC>0$，为双曲型偏微分方程，如波动方程：

$$\frac{\partial^2 u}{\partial t^2}=a^2\frac{\partial^2 u}{\partial x^2} \quad x\in R, \quad t\in(0,T) \tag{3-249}$$

值得注意的是，在不同的子区域内，微分方程可以表现为不同的类型。如非稳态 Navier-Stokes 方程在非黏性区域为双曲型，在黏性区域为抛物型；而稳态 Navier-Stokes 方程在非黏性、黏性区域则分别为双曲型、椭圆型。

若偏微分方程中的所有微分项的系数都是常数，或者是在整个方程中没有微分项的变量，则方程为守恒形式。如连续性方程的非守恒形式为：

$$\rho\frac{\partial u}{\partial x}+\rho\frac{\partial v}{\partial y}+u\frac{\partial \rho}{\partial x}+v\frac{\partial \rho}{\partial y}=0 \tag{3-250}$$

守恒形式为：

$$\frac{\partial}{\partial x}(\rho u)+\frac{\partial}{\partial y}(\rho v)=0 \quad 或 \quad \nabla\cdot(\rho V)=0 \tag{3-251}$$

① 平衡问题　若某问题中的偏微分方程必须在封闭的区域内，根据给定的边界条件才能求解，则该问题为平衡问题。平衡问题是边值问题，其控制方程为椭圆型。

② 步进式问题　步进式问题为瞬时问题。其偏微分方程必须给定初始条件和边界条件，在非封闭区域内求解。这类问题为初值问题或者初值边值问题。步进式问题的控制方程为双曲型或抛物型。

3.5.2　偏微分方程数值求解

微分方程的求解方法有解析解法和数值解法。解析解也叫精确解，解析解法的优点是求解过程中的物理概念和逻辑推理比较清晰，所依据的数学基础大都已有严格的证明，求解的最后结果能比较清楚地表示出各种因素对过程的影响；缺点是只能用于求解比较简单的问题，对于稍微复杂一些的问题，分析求解几乎无能为力。较为复杂的微分方程则只能通过数值方法求解（求近似解）。数值解法是以离散数学为基础，以计算机为工具的一种求解方法。尽管其理论不如解析解严谨，但是在实际应用方面显示出了很好的适用性。用解析解法不能解决的问题，用数值方法都能较好的得到解决。

3.5.2.1　建立差分格式

数值求解的第一步是对连续的微分方程进行离散化，得到连续偏微分方程的离散形式。根据离散方法的不同，如有限差分法、有限元法和有限体积法等，可得到不同形式的离散方程。干燥中应用最广泛的是有限差分法。

有限差分法还可进一步分为不同的差分格式。采用何种差分格式与方程的种类有关。各类差分格式都有显式和隐式，前者较简单，但有计算量大、不稳定的缺点。各类方程常采用的差分格式有：

抛物型方程：显式格式有 Richardson 格式、DuFort-Frankel 格式等；隐式格式有 Laasonen 格式、Crank-Nicolson 格式等。

椭圆型方程：五点差分格式和九点差分格式。

双曲型方程：欧拉 FTFS 格式、欧拉 FTCS 格式、Lax 格式和 Cank-Nicolson 格式等。

多步法：Richtmyer 格式、Lax-Wendroff 格式和 Warming-Beam 格式。

3.5.2.2　生成网格

为了求解描述物理问题的偏微分方程，必须将求解区域进行网格剖分。网格可以分为结构网格和非结构网格。非结构网格较为复杂，但具有能适应不规则、多连通区域的优点。二维几何图形最常用的非结构网格生成方法是三角形划分（如前沿推进法和 Delaunay 剖分法），该法对各种边界具有很强的适应能力。

网格系统可以采用正交坐标系（笛卡尔、圆柱或球坐标系）或者非正交坐标系（如三角坐标系）。当求解区域的几何图形较为复杂、边界处网格数较多时，可将物理区域变换为矩形网格的计算区域。

网格生成方法包括：代数法、插值法、多面法和微分方程法。网格分为固定网格和自适应网格。固定网格：求解问题之前完成网格划分，求解时网格大小和布局固定不变。自适应网格：根据几何形状、物理特征等特点，自动调节网格大小和布局。

3.5.2.3　确定边界条件

边界条件可分为 Dirichlet 边界条件和 Neumann 边界条件等类型。Dirichlet 边界条件指给定边界处变量的值。Neumann 边界条件则给定边界处变量的微分值。若边界条件为 Dirichlet 和 Neumann 边界条件的线性组合，则称为 Robin 边界条件。若部分边界的边界条件为 Dirichlet 型，而另一部分为 Neumann 型，则称为混合边界条件。对于用微分表示的边界条件，必须将微分转化为差分，才能进行数值计算。

3.5.2.4　验证差分格式的相容性、稳定性及收敛性

微分方程数值求解的误差包括舍入误差、截断误差和离散误差。舍入误差：计算中数字的舍入造成的误差。截断误差：有限差分过程中舍弃某些项造成的误差，反映了有限差分格式和偏微分方程之间的差别。离散误差：将连续问题转化为离散问题造成的误差，反映偏微分方程精确解（不计舍入误差）和有限差分格式精确解（不计舍入误差）之间的差别。

由于这些误差的存在，为保证差分格式足够逼近微分方程，保证差分方程的解与微分方程的解足够相近，同时也为了尽量缩短计算过程，必须检查差分格式的兼容性、稳定性及收敛性。

兼容性：有限差分格式和偏微分方程近似程度。若网格尺寸趋于零时，截断误差也趋向零，则称该差分格式是兼容的。

稳定性：对于步进式问题，若误差（舍入误差、截断误差等）在逐步计算时不增大，则称该差分格式为稳定的。求解有限差分方程时，存在两种误差：离散误差和舍入误差。必须对这些误差进行控制，才能使解稳定。常采用 Fourier 方法进行稳定性分析。

收敛性：一般地，具有兼容性、稳定性的差分格式是收敛的。根据 Lax 等价定理，"对于一个适定的初值问题和与其兼容的差分格式，差分格式稳定性是差分格式收敛性的充分必要条件。"

差分格式的兼容性容易验证。根据 Lax 等价定理，只要满足了稳定性条件，差分格式也就具备了收敛性。因此只需考察差分格式的稳定性即可。有的差分格式在任何条件下都是稳定的，称为绝对稳定；有些差分格式需一定条件才能稳定，称为条件稳定；而有些则无论什么情况都不稳定，称为绝对不稳定。在实际应用中，要排除不稳定的差分格式，选择稳定性限制较弱的差分格式。

3.5.2.5　有限差分方程的求解

建立了满足稳定性条件的有限差分方程后，接下来求解有限差分方程组。下面介绍几种解有限差分方程的直接法和迭代法。

（1）直接法

直接法包括克莱姆法、高斯消元法和 LU 分解法等。克莱姆法较为简单，但非常耗时，求解 N 个未知数需 $(N+1)!$ 次计算。高斯消元法是求解代数方程，特别是三对角线方程组的有效方法。该法解 N 个方程需 N^3 次乘法计算。为提高精度，可采用选主元高斯消去法。LU 分解法：利用矩阵的 LU 分解（将矩阵分解为一个单位下三角阵和一个上三角阵 U 的乘积）求解方程。直接法的运算量很大，常受坐标系类型、区域种类、系数矩阵大小以及边界条件等的制约。

（2）迭代法

迭代法求解的过程为：根据估计的初始值进行迭代计算，直到结果收敛为止。若差分格式只有一个未知数，称为点迭代法。若有多个未知数（通常为三个未知数，形成三对角线系数矩阵），称为线迭代法。常用的迭代方法如下。

交替方向迭代法（ADI）：属于近似因子分解法的一种，用于二维和三维抛物型方程。

分数步法：将多维问题分解成一系列一维问题，并顺序求解。用于抛物型方程。

交替方向隐式迭代（ADE）法：该法无须对三对角线矩阵求逆，用于一维抛物型方程的求解。

此外，还有雅可比法、高斯-塞德尔法、逐次超松弛迭代法（SOR）等方法。

3.5.3　有限元法简介

有限元法是根据变分原理求解数学物理问题的一种数值方法。自 20 世纪 50 年代提出该方法以来，随着矩阵理论、数值分析方法，特别是计算机科学与技术的发展，有限元法在理论研究和应用上都取得了巨大的成功。它已经从最初的固体力学领域拓展到了电磁学、流体力学、传热学以及声学等领域，从简单的静力分析发展到了动态分析、非线性分析、多物理场耦合分析等复杂问题的计算。有限元法已成为目前最为有效、应用最广泛的数值方法之一，成为计算机数值模拟中的一种主要手段。

有限元法的基本思想是将连续的求解域划分为一定数量的单元（网格），同时也将原来具有无限自由度的连续变量微分方程和边界条件转换为只包含有限个节点变量的代数方程组，最后通过计算机求解该代数方程组，得出问题的数值解。下面以二维导热问题为例，介绍有限元法的基本过程。

① 结构离散：将导热物体的连续几何区域（也是求解域）分割为一定形状和数量的单元，从而使连续区域转换成有限个单元组成的组合体。离散过程也称划分网格。网格形状可以多样，如平面网格有三角形、矩形和任意四边形，同一形状单元的节点数量也可以不同。在划分网格时要注意温度场的特点，在温度梯度较大的区域应适当加大网格密度。

② 单元分析：单元分析的任务是形成单元矩阵，建立单元特性方程。首先，确定单元的温度分布规律，即建立温度函数；然后，得到单元温度刚度矩阵。边界单元的单元温度刚度矩阵引入了导热边界条件。

③ 总刚度集成：将各个单元的温度刚度矩阵经过扩阶、叠加，集成为总温度刚度矩阵（为对称阵和稀疏阵，具有带状分布的特点）。

④ 求解温度方程：温度方程是一个以节点温度为变量的线性方程组，求解该方程组就可求出各节点的温度。再根据插值函数可求得整个物体内部的温度分布。

⑤ 后处理和结果显示、分析：显示物体内部的温度分布和热流量，研究分析结果的合理性、可靠度和精度。

上述过程未考虑物体因温度变化而产生的热变形和热应力。若涉及热应变和热应力，则应在上述第④步之后另外计算温度载荷并计算热变形和热应力。

3.5.4　干燥过程与设备软件

对于干燥过程模拟中的微分方程的求解，研究者可自行开发软件或者利用现有的商业软件。前者具有灵活、针对性强的优点，但开发软件本身耗时较多，对研究者的计算机水平要求较高；后者则使用方便、计算能力强，许多软件都可以直接进行热质传递过程的计算，但对具体问题的适应性有限制。

干燥软件可大致分为四类：

① 计算程序软件，包括干燥过程与干燥设备的数值模型计算，如流体动力学模型计算与干燥物料与设备的多场模型计算等。计算程序软件主要用于干燥机设计、性能评定与放大、干燥动力学数据处理、湿度图的绘制等。用户可以自行编写特定软件，也可以使用通用商业程序，如电子表格、数学求解器、计算流体力学（CFD）、多场物理计算等软件。

② 干燥系统辅助计算软件，如湿空气系统计算、加热设备计算、供风系统计算、过程能耗计算等计算软件。

③ 过程模拟器，如 Aspen Plus、HYSYS、Prosim 和 Batch Plus 等，过程模拟器在整

个过程流程表中根据其上下过程设置干燥器，并显示其与一般热量和质量平衡的关系。该类软件不仅干燥系统自身设计，还兼顾上下游工艺的兼容与平衡。

④ 专家系统和其他决策工具，专家系统可以帮助干燥机的选型与工艺流程的确定，一般不适合做数值计算。

干燥过程的模型与模拟主要用到的是第一类计算程序软件与第二类干燥系统辅助计算软件。干燥机设计与干燥性能预测最常用的通用计算软件有如下几种：

① COMSOL-MultipalPhysics COMSOL 是一款大型的高级数值仿真软件，广泛应用于各个领域的科学研究以及工程计算，模拟科学和工程领域的各种物理过程。它以有限元法为基础，通过求解偏微分方程（单场）或偏微分方程组（多场）来实现真实物理现象的仿真，即用数学方法求解真实世界的物理现象。COMSOL 包含一个基本模块和八个专业模块。干燥过程模拟常选用的有热传递模块（heat transfer module）用于基于连续介质假设的固体物料干燥过程的湿热场计算；多孔介质流模块（subsurface flow module）用于颗粒床类物料的干燥过程计算。

② Ansys Fluent，Fluent 主要用于计算流体力学过程的模拟（computational fluid dynamics，CFD）。软件涵盖各种物理建模功能，可对工业应用中的流动、湍流、热交换和各类反应进行建模与模拟。干燥过程应用主要包括各类干燥设备内部的动量、热量与质量耦合传递过程，各类对流干燥过程的多相流传递问题，流场内各物理量的分布问题以及多孔介质内的传递问题等。与 COMSOL 比较，Fluent 主要针对流体动力学过程，而 COMSOL 主要针对固体内场分布与传递过程。

③ EDEM 离散元方法（discrete element method）是一种处理非连续介质问题的数值模拟方法，被广泛地应用于涉及颗粒系统的各个领域。通过求解系统中每个颗粒的受力不断地更新位置和速度信息，从而描述整个颗粒系统。EDEM 是基于离散元技术的通用 CAE 软件，通过模拟散状物料加工处理过程中颗粒体系的行为特征，协助设计人员对各类散料处理设备进行设计、测试和优化。许多干燥问题涉及颗粒系统，如各类化工产品、谷物、医药等颗粒物料的干燥过程，因此 EDEM 在干燥过程的模型与模拟中有很重要的地位。EDEM 提供的基于 C++语言的二次开发接口 API（application programming interface）允许用户根据所研究问题的特殊性自定义子模型，如特定颗粒的干燥速率模型等。

除上述通用型、大型商业软件外，很多干燥技术研究者还针对特殊干燥设备、物料、工艺等需求开发了许多专业软件，用于干燥设备设计与选型、工艺优化、性能预测、过程优化等专门用途。下面简要介绍一些近年开发的专业干燥软件与功能。

① ERGUNCAD——该软件由 Do Loop International Ltd. 开发，用于流化床的计算机辅助设计。该程序比较了流态化过程中使用的不同方法。数据库存储一些常见气体和固体的物理性质，作为温度和压力的函数。

② WinMetric v.3.0——该软件是一个完整的参考程序，供在干燥领域工作的科学家和工程师使用。允许用户友好地计算干燥过程中使用的基本数据。此外，它还包含一个方程、常数和性质的科学数据库，并为定制数据库提供了一个选项。

③ Dryer 3——该程序由 Cook 开发，用于设计和评估在任何压力下将水或其他液体蒸发到空气或其他气体中的干燥系统。Dryers 3 用于确定对流式干燥机的操作条件，如喷雾式、闪蒸式、流化床和转筒式干燥机。

④ DryerDesigner——该程序包括一个模块化稳态模拟器和脱水装置典型操作的优化器。它允许用户指定和绘制流程图，并对其执行多个计算任务。该程序可用于质量和能量平衡的解决方案和通过调节过程变量来优化总运行成本。

⑤ Compudry——由 Shiri & Alkoby Ltd 公司开发，是一个用户友好的计算机化操作系统，用于流化床操控器及其辅助系统。它是一个完全集成的模块化系统，由人机界面软件、PC 和触摸屏、通信软件、PLC、控制板和仪表等组成。

⑥ DryPak v. 3——该程序用于进行干燥过程计算和湿空气计算。

⑦ Vector v. 1——该软件可用于计算单个固体颗粒或团簇的速度，例如：流化床、化学反应器、气力输送等。

⑧ U-Max Dryer——程序由 Processall，Inc. 开发，用于流化床干燥机的工艺设计和计算。

⑨ Recycle——半封闭系统的回收的软件，可回收部分气流。基于 DRYER 3 软件的输出数据计算输入和扩展输出量。通过某些气体组分的回收可降低污染问题。

⑩ Cycle——完全封闭系统回收软件，用于蒸发非水溶剂并需使用氮气作为干燥气体的系统。

⑪ CRDRY——用于分析水性涂层干燥的程序。

⑫ DryInf——用于干燥设备或工艺方法的选择软件包。DryInf 使用专家评估来选择最适合被处理物质的干燥设备。

⑬ PSY CHART——该程序可计算任何压力（或海拔）下，不同气体中蒸汽的湿度数据。程序中嵌入了空气、氮气等 14 种常见非水液体和水的基础性质数据。

⑭ CONSERV——电子表格式计算程序，具有分析和优化干燥系统热量和能量成本的功能。

⑮ CONVEYOR——用于直接式或其他间接式加热干燥机的传送带设计程序。

⑯ DRYSEL——用于干燥机选型的专家系统。

参考文献

［1］ Anderson J D. 计算流体力学及其应用. 国外高校优秀教材精选. 北京：机械工业出版社，2007.

［2］ Kemp I C, Oakley D E. Modelling of particulate drying in theory and practice. Drying Technology, 2002, 20（9）: 1699-1750.

［3］ Pinder G F, Gray W G. Eessential multiphase flow and transport in porous media. Hoboken, New Jersey: John Wiley & Sons, Inc, 2008.

［4］ 刘相东，杨彬彬. 多孔介质干燥理论的回顾与展望. 中国农业大学学报，2005，10（4）: 12.

［5］ 刘伟，范爱武，黄晓明. 多孔介质传热传质理论与应用. 北京：科学出版社，2006.

［6］ 俞昌铭. 多孔材料传热传质及其数值分析. 北京：清华大学出版社，2011: 348.

［7］ 孔祥言. 高等渗流力学. 合肥：中国科学技术大学出版社，2010.

［8］ Guo P. Dependency of tortuosity and permeability of porous media on directional distribution of pore voids. Transport in Porous Media, 2012, 95（2）: 285-303.

［9］ Keey R B. Drying principles and practice. International series of monographs in chemical engineering. Pergamon Press, 1972: 358.

［10］ Carman P C. Physical adsorption of gases on porous solids Ii Calculation of pore-size distributions. Proceedings of the Royal Society of London A: Mathematical, Physical and Engineering Sciences, 1951, 209（1096）: 69-81.

［11］ Luikov A V. Heat and mass transfer in capillary-porous bodies 1ed. Oxford, New York: Pergamon Press, 1966.

［12］ Nobel P S. Physicochemical and environmental plant physiology. 4th Edition. Oxford, UK: Elsevier Academic Press, 2009.

［13］ Strumillo C, Kudra T. Drying: Principles, applications and design. Topics in chemical engineering Vol 3

New York: Gordon and Breach Science Publishers, 1986.

［14］　肖波，负弘祥，杨德勇，等. 马铃薯薄壁细胞组织一维等温干燥模型. 农业工程学报，2019，35（16）：309-319.

［15］　林宗涵. 热力学与统计物理学. 北京大学物理学丛书. 北京：北京大学出版社，2007.

［16］　Buckingham E. Studies on the movement of soil moisture. Washington, DC: US Department of Agriculture, Bureau of Soils, 1907.

［17］　Lewis W K. The rate of drying of solid materials. Journal of Industrial & Engineering Chemistry, 1921, 13（5）：427-432.

［18］　Sherwood T K. The drying of solids—i. Industrial & Engineering Chemistry, 1929, 21（1）：12-16.

［19］　Philip J R, De Vries D A. Moisture movement in porous materials under temperature gradients. Eos, Transactions American Geophysical Union, 1957, 38（2）：222-232.

［20］　Luikov A V. Systems of differential equations of heat and mass transfer in capillary-porous bodies（review）. International Journal of Heat & Mass Transfer, 1975, 18（1）：1-14.

［21］　威尔特，威克斯，威尔逊，等. 动量、热量和质量传递原理. 北京：化学工业出版社，2005.

［22］　Delgado J M P Q. Longitudinal and transverse dispersion in porous media. Chemical Engineering Research and Design, 2007, 85（9）：1245-1252.

［23］　King C J. Rates of moisture sorption and desorption in porous, dried foodstuffs. Food Technology, 1968, 22: 7.

［24］　Ceaglske N H, Hougen O A. Drying granular solids. Industrial & Engineering Chemistry, 1937, 29（7）：805-813.

［25］　Millington R J, Quirk J P. Permeability of porous solids. Transactions of the Faraday Society, 1961, 57（0）：1200-1207.

［26］　Mualem Y. A new model for predicting the hydraulic conductivity of unsaturated porous media. Water Resources Research, 1976, 12（3）：513-522.

［27］　Fatt I. The network model of porous media. Society of Petroleum Engineers, 1956.

［28］　Bird R B, Lightfoot E N, Stewart W E. Transport phenomena. Wiley, 2002.

［29］　Xu S, Simmons G C, Mahadevan T S, et al. Transport of water in small pores. Langmuir, 2009, 25（9）：5084-5090.

［30］　肖波. 基于细胞结构的植物物料干燥过程模拟及实验研究［D］. 北京：中国农业大学，2016.

［31］　Mikhailov M D. Luikovis contribution to drying. Drying Technology, 1983, 2（4）：517-520.

［32］　Henry P S H. Diffusion in absorbing media. Proceedings of the Royal Society of London Series A. Mathematical and Physical Sciences, 1939, 171（945）：215.

［33］　秦耀东. 土壤物理学. 北京：高等教育出版社，2003.

［34］　Page G E. Factors influencing the maximum rates of air drying shelled corn in thin layers. 1949.

［35］　Erbay Z, Icier F. A review of thin layer drying of foods: Theory, modeling, and experimental results. Critical Reviews in Food Science and Nutrition, 2010, 50（5）：441-464.

［36］　Peishi C, Pei D C T. A mathematical model of drying processes. International Journal of Heat and Mass Transfer, 1989, 32（2）：297-310.

［37］　Szentgyorgyi S, Molnar K. Calculation of drying parameters for the penetrating evaporation front, 1984: 76-82.

［38］　Przesmycki Z, Strumiffo C. The mathematical modelling of drying process based on moisture transfer mechanism in Drying' 85. Berlin, Heidelberg: Springer Berlin Heidelberg, 1985.

［39］　Nissan A H, Kaye W G, Bell J R. Mechanism of drying thick porous bodies during the falling rate period: I The pseudo-wet-bulb temperature. AIChE Journal, 1959, 5（1）：103-110.

［40］　张浙，杨世铭. 多孔介质对流干燥机理及其模型. 化工学报，1997（01）：52-59.

［41］　Prat M. Percolation model of drying under isothermal conditions in porous media. International Journal of Multiphase Flow, 1993, 19（4）：691-704.

［42］　Prat M. Recent advances in pore-scale models for drying of porous media. Chemical Engineering Journal, 2002, 86（1）：153-164.

［43］　Whitaker S. The method of volume averaging. Springer, 1998.

［44］　Whitaker S. Coupled transport in multiphase systems: A theory of drying. Advances in heat transfer, 1998

（31）：1-104.

[45]　Crapiste G H, Whitaker S, Rotstein E. Drying of cellular material—i A mass transfer theory. Chemical Engineering Science, 1988, 43（11）：2919-2928.

[46]　Crapiste G H, Whitaker S, Rotstein E. Drying of cellular material—ii Experimental and numerical results. Chemical Engineering Science, 1988, 43（11）：2929-2936.

[47]　杨彬彬. 多孔介质干燥分形孔道网络模拟及实验研究［D］. 北京：中国农业大学，2006.

[48]　Nowicki S C, Davis H T, Scriven L E. Microscopic determination of transport paraheters in drying porous media. Drying Technology, 1992, 10（4）：925-946.

[49]　Surasani V K, Metzger T, Tsotsas E. Drying simulations of various 3d pore structures by a nonisothermal pore network model. Drying Technology, 2010, 28（5）：615-623.

[50]　Wang Y, Kharaghani A, Metzger T, et al. Pore network drying model for particle aggregates: Assessment by x-ray microtomography. Drying Technology, 2012, 30（15）：1800-1809.

[51]　Kharaghani A, Metzger T, Tsotsas E. An irregular pore network model for convective drying and resulting damage of particle aggregates. Chemical Engineering Science, 2012, 75: 267-278.

[52]　Le K H, Kharaghani A, Kirsch C, et al. Discrete pore network modeling of superheated steam drying. Drying Technology, 2016.

[53]　Prat M. Pore network models of drying, contact angle, and film flows. Chemical Engineering & Technology, 2011, 34（7）：1029-1038.

[54]　Metzger T, Tsotsas E, Prat M. Pore-network models: A powerful tool to study drying at the pore level and understand the influence of structure on drying kinetics, in Modern drying technology. Wiley-VCH Verlag GmbH & Co KGaA, 2007: 57-102.

[55]　Alleva K, Chara O, Amodeo G. Aquaporins: Another piece in the osmotic puzzle. FEBS Letters, 2012, 586（19）：2991-2999.

[56]　Al-Kharusi A S, Blunt M J. Network extraction from sandstone and carbonate pore space images. Journal of Petroleum Science and Engineering, 2007, 56（4）：219-231.

[57]　Stauffer D, Aharony A. Introduction to percolation theory. Taylor & Francis, 1994.

[58]　Segura L A, Toledo P G. Pore-level modeling of isothermal drying of pore networks: Effects of gravity and pore shape and size distributions on saturation and transport parameters. Chemical Engineering Journal, 2005, 111（2-3）：237-252.

[59]　Xiao Z, Yang D, Yuan Y, et al. Fractal pore network simulation on the drying of porous media. Drying Technology, 2008, 26（6）：651-665.

[60]　Yiotis A G, Stubos A K, Boudouvis A G, et al. A 2-d pore-network model of the drying of single-component liquids in porous media. Advances in Water Resources, 2001, 24（3-4）：439-460.

[61]　Prat M. On the influence of pore shape, contact angle and film flows on drying of capillary porous media. International Journal of Heat and Mass Transfer, 2007, 50（7）：1455-1468.

[62]　吴中华，刘相东. 喷雾干燥过程的 cfd 模型. 中国农业大学学报，2002（02）：41-46.

[63]　Crank J, Park G S. Diffusion in polymers. London; New York: Academic Press, 1968.

[64]　C-177 A S. Thermal conductivity of materials by means of the guarded hot plate. Annual ASTM Standards, 1970, 1（14）：17.

[65]　Mohsenin N N. Thermal properties of foods and agricultural materials. New York USA, 1980.

[66]　Fitch A L. A new thermal conductivity apparatus. American Journal of Physics, 1935, 3（3）：135-136.

[67]　Murakami E G, Okos M R. Measurement and prediction of thermal properties of foods, in Food properties and computer-aided engineering of food processing systems. Singh R P, Medina A G, Editors. Dordrecht: Springer Netherlands, 1989: 3-48.

[68]　Balakrishnan A R, Pei D C T. Heat transfer in gas-solid packed bed systems 1 A critical review. Industrial & Engineering Chemistry Process Design and Development, 1979, 18（1）：30-40.

[69]　Bradshaw R D, Myers J E. Heat and mass transfer in fixed and fluidized beds of large particles. AIChE Journal, 1963, 9（5）：590-595.

（刘相东、肖波、杨彬彬）

第4章

干燥过程的能量分析

干燥物系是在物料与其周围介质的势差作用下，发生水分汽化迁移的过程，水分汽化消耗的是系统中的热能，水分迁移、运动消耗的是机械功，迁出物料后由干燥介质带走。物系的状态变化具有大惯性、非线性、多变量、连续变化的过程特征。自然空气是干燥的介质源，由于其本身具有接纳水分的能力，所以，自然环境态的空气也是干燥重要的能量源，这是进行干燥㶲与一般热力系统㶲分析时的不同之处。但在任何过程中，物系的相互作用，实际上都体现在能量传递和转换，而能量的传递与转换以物系的状态变化为标志，状态变化又以外部的约束为条件。度量这个条件的共同尺度，就是表征物系能量可转换能力的㶲，即㶲是推动过程进行的条件。正确表达系统中的㶲，揭示其性质和变化特征是实现高效节能干燥的关键。为此，本章围绕㶲概念的提出和㶲分析法及其在干燥系统中的应用进行分析和讨论。

4.1 能量转换的差异性

热力学第一定律从不同形态的能量之间的数量关系，即"量"的角度描述了能量的价值，而热力学第二定律则说明了不同形态的能量相互转换时具有方向性。机械能可以无条件地、百分之百地转换为热能，而热能转换为机械能时转换能力受到热力学第二定律的制约，在环境条件下，只能部分地转换为机械能，这说明机械能的品质高于热能；热能的温度越高，转换为机械能的比例越高。说明热能本身也有质量的差别，热能的温度越高则其品质越高。因此，热力学第二定律从"质"的角度描述了能量的价值。

按照热力学第二定律，并以能量的可转换能力为衡量尺度，可有以下三种不同质的能量。

① 可无限转换的能量。如机械能、电能、水能、风能等。它们是"有序运动"，所具有的能量，在转换时不受热力学第二定律的制约，理论上，可以毫无保留地转换为任何形式的能量。它们的"量"和"质"完全一致，称其为"高级位能量"。

② 可有限转换的能量。如焓、热力学能、化学能等，它们是"无序运动"，所具有的能量，转换时要受热力学第二定律的制约，只能将其中的一部分转换为其他形式的能量，它们的"量"和"质"不统一，称其为"低级位能量"。

③ 不可转换能量。如地球表面的大气、海洋是一个温度基本恒定（处于环境温度下）的大热库，有着巨大的热力学能，但由于任何热机都是以环境为低温源工作的，所以，无法

利用环境蕴含的热能获得机械功，从机械动力学角度讲，属于不可用能，即全是废热。

可见，能量具有"量"和"质"的双重属性，能量在转换及传递时具有"量的守恒性"和"质的差异性"。比较能量的价值不能只讲数量，还必须考虑能量转换的能力，即"质"。评价各种形态能量的"量"与"质"的共同尺度就是"㶲"。

㶲是热力学第一定律和第二定律相结合的产物，它代表了能量中可无限转换的部分，是能量中"量"和"质"完全统一的部分，即可以相互比较的部分，是衡量系统在某一状态下最大做功能力的共同尺度，被用来评价过程的能量利用效率和寻求改进过程的技术途径。

在热力学中，把热力系统由任意状态可逆地变化到与环境状态相平衡时所做的最大有用功，称为㶲，用 E_x 表示。这里所说的环境是抽象的概念，它是㶲的自然零点，是起算㶲的基准状态点。携带能量的系统之所以能做功，是因为它所处的状态与起算㶲的基准状态存在不平衡势差，这种势差能够驱动系统对外做功。如果过程是可逆的，则所做的功量最大，这个最大的功量，就是系统所包含的㶲，而所提到的基准状态即环境。环境状态是指在静止的条件下，系统与环境处于热力平衡的状态，包括热平衡、力平衡、化学平衡等各项指标在内的完全平衡。环境状态具有稳定的状态参数（压力 p_0、温度 T_0、比体积 V_0 等）及确定的物质组分，是一个处于静止和热力学平衡状态的庞大物系，即便是与其他热力系统交换热量、功和物质时，它自身的状态都不会改变。

在环境条件下，能量中不可能转化为有用功的部分称为炕（anergy），用 A_n 表示。

任何能量 E 都是由㶲和炕两部分组成，即

$$E = E_x + A_n \tag{4-1}$$

对于某种形式的能量，其㶲或炕可能为零，如电能、机械能是可无限转换的能量，其炕为零，全部是㶲；而环境介质所储存的热能是不可转换为对外做功的能量，全部为炕，其㶲为零。所以，不能以系统的环境作为对外输出机械功的能源，所谓的能源实际上指的是㶲源。能量中含有的㶲值越大，其转换为有用功或"可无限转换能量"的能力则越大，动力利用的价值也越高。每单位能量中所含的㶲值可以定量地用一个无量纲"能质系数 λ"来表示：

$$\lambda \equiv \frac{E_x}{E} \tag{4-2}$$

4.2　不同形式㶲的计算

4.2.1　闭口系统的㶲

热力学第二定律告诉我们，热能不可能连续地全部转变为机械能。在给定的热源与环境温度（T_1 与 T_0）之间，一切可逆热机的热效率相等，都等于卡诺循环热效率，基于热力学第一定律，存在式(4-3)的能量平衡关系。

$$\delta Q = dU + p_0 dV + \delta W_{u,max} \tag{4-3}$$

式中，δQ 是可逆微元过程中系统与环境交换的热量；dU 是工作介质在微元过程中内能的微增量；$p_0 V$ 是系统推挤环境介质所做的膨胀功，此功无法利用；$\delta W_{u,max}$ 是工作介质在微元过程中向外输出的最大有用功。

取系统与环境构成扩大的孤立系，根据热力学第二定律，对于可逆过程，系统熵变与环境熵变的代数和应为零，用 dS_{ios} 表示孤立系的熵变，用 dS_0 表示环境的熵变，用 dS 表示系统的熵变，则有：

$$dS_{ios} = dS + dS_0 = \frac{\delta Q}{T} + \frac{-\delta Q}{T_0} = 0$$

$$dS_0 = -\frac{\delta Q}{T_0} \quad (Q \text{ 取绝对值})$$

$$dS = \frac{\delta Q}{T} = \frac{\delta Q}{T_0} \quad (\text{可逆过程，系统温度与环境温度相等})$$

代入式（4-3）得：

$$\delta W_{u,max} = -dU - p_0 dV + T_0 dS$$

对系统从任意状态变到环境状态的有限过程，积分得：

$$W_{u,max} = -\int_U^{U_0} dU - p_0 \int_V^{V_0} dV + T_0 \int_S^{S_0} dS = (U + p_0 V - T_0 S) - (U_0 + p_0 V_0 - T_0 S_0)$$

由此可见，在闭口系统中，$\delta W_{u,max}$ 在数值上等于系统可逆地变化到环境态时，系统减少内能对外输出的最大有用功。在此，称其为内能㶲并用符号 $E_{x,u}$ 表示，于是，得到式（4-4）：

$$E_{x,u} = (U + p_0 V - T_0 S) - (U_0 + p_0 V_0 - T_0 S_0) \tag{4-4}$$

在此，用小写字母表示 1kg 工质在热力过程中的㶲、内能、熵等状态参数，即写成比㶲的形式，式（4-4）则被改写成

$$e_{x,u} = (u + p_0 v - T_0 s) - (u_0 + p_0 v_0 - T_0 s_0) \tag{4-5}$$

式（4-5）表明，当环境一定时，闭口系统的热力学㶲是状态参数，它只取决于系统状态，即闭口系统从一个状态可逆地变化到另一个状态所能完成的最大有用功等于变化前后的热力学内能㶲之差，它与系统经历的路径无关。

4.2.2 开口系统的焓㶲

对于开口系统，在温度为 T_0、压力为 p_0 和熵为 S_0 的环境中，处于任意状态的进口 (p, T, H, S) 稳态，稳定流至与环境相平衡的出口 (p_0, T_0, H_0, S_0) 所能完成的最大有用功，称为焓㶲，用 $E_{x,h}$ 表示。忽略重力位能差及工作介质宏观动能差，根据稳定流动能量方程有：

$$\delta W_{u,max} = \delta Q - dH \tag{4-6}$$

取系统与环境构成扩大的孤立系，对于任意可逆过程，系统熵变与环境熵变的代数和应为零，则有 $dS_{ios} = dS + dS_0 = \frac{\delta Q}{T} + \frac{-\delta Q}{T_0} = 0$，$dS_0 = -\frac{\delta Q}{T_0}$；$Q$ 取绝对值时 $dS = \frac{\delta Q}{T_0}$，代入式（4-6）后，积分得 $W_{u,max} = T_0(S_0 - S) - (H_0 - H) = (H - T_0 S) - (H_0 - T_0 S_0)$，即焓㶲为：

$$E_{x,h} = (H - T_0 S) - (H_0 - T_0 S_0) \tag{4-7}$$

写成比㶲的形式，即

$$e_{x,h} = (h - T_0 s) - (h_0 - T_0 s_0) \tag{4-8}$$

式（4-8）表明，当环境一定时，开口系统的焓㶲是状态参数，它只取决于系统状态，即开口系统从一个状态可逆地变化到另一个状态所能完成的最大有用功等于系统状态变化前后的焓㶲之差，它与系统经历的路径无关。

4.2.3 热量㶲

如图 4-1 所示，在温度为 T_0 的环境条件下，热源所提供的热量中可以转化为最大有用

功的部分称为热量㶲，用 $E_{X,Q}$ 表示。那么，热源通过系统边界传递 δQ 的热量，所能获得的最大有用功，用 $\delta W_{u,max}$ 表示，根据卡诺定理，得 $\delta W_{u,max}$ 计算式：

$$\delta W_{u,max} = \left(1 - \frac{T_0}{T} \right) \delta Q \tag{4-9}$$

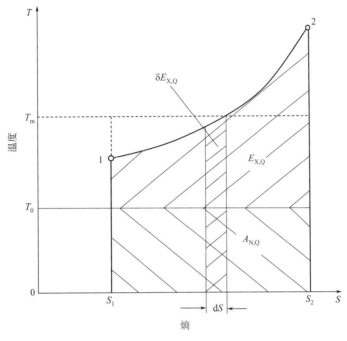

图 4-1　热量㶲

注：$E_{X,Q}$ 是㶲，kJ；$A_{N,Q}$ 是㶀，kJ；1 是系统的初态点；2 是系统的终态点；T_0 是环境温度，K

这个最大有用功就是热量㶲 $E_{X,Q}$，积分式(4-9) 得

$$E_{X,Q} = \int_1^2 \left(1 - \frac{T_0}{T} \right) \delta Q = \int_1^2 \delta Q - T_0 \int_1^2 \frac{\delta Q}{T} = Q_{12} - T_0(S_2 - S_1) \tag{4-10}$$

图 4-1 中，热量㶲与系统所处的环境状态有关，也与热源放热过程的特征有关，温度越高，系统从热源获得的热量中㶲所占的比例越大。热力学第二定律告诉我们，㶀不可能转化为㶲，在可逆过程中㶲守恒；工作在两个恒温源之间的一切可逆热机的热效率都相等，都等于卡诺循环的热效率。那么，系统从状态 1 变化到状态 2 的过程中，由于热源温度是连续函数，根据积分中值定理，温度函数对变量熵 S 的积分就等价于温度函数的平均值与变化前后的熵差之积，所以，只要平均放热温度 T_m 相同，无论系统经历怎样的可逆过程，放热量相等时热量㶲也相等，亦即热量㶲的能质系数 $\lambda_q \equiv \dfrac{T_m - T_0}{T_m}$。

由图 4-1 知，热源的平均放热温度 T_m 是评价热量传递的定性温度，系统从平均放热温度为 T_m 的热源吸热，可逆地变化到环境状态所能完成的最大有用功等于该放热温度下的卡诺循环完成的最大有用功。

由于 $Q_{12} = \int_1^2 \delta Q = \int_1^2 T dS = T_m \int_1^2 dS = T_m(S_2 - S_1)$，所以，$E_{X,Q}$ 的计算式可表示为

$$E_{X,Q} = \int_1^2 \left(1 - \frac{T_0}{T_m} \right) \delta Q = \left(1 - \frac{T_0}{T_m} \right) Q_{12} = (T_m - T_0)(S_2 - S_1) \tag{4-11}$$

式中，T_m 是热源平均放热温度，K；T_0 是环境温度，K；$E_{X,Q}$ 是热量㶲，kJ。

可见，㶲是衡量系统在某一状态下最大做功能力的共同尺度，被用来评价过程的能量利用效率和寻求改进过程的技术途径。

㶲概念的引入，解决了利用一个单独的物理量来揭示系统中的能量价值问题，改变了人们对能的性质、损失、转换效率等传统的看法，提供了用能分析的科学基础，能够全面深刻地揭示系统内部损失、能量的价值以及在各环节上损耗的特征。

4.3　㶲平衡方程及㶲效率

㶲是能量本身的特性，系统具有能量的同时具有了㶲，工作介质携带或传递能量的同时也携带或传递㶲。任何可逆过程都不会发生㶲向炕的转变，没有㶲损失，而任何不可逆过程都伴随着㶲损，过程的不可逆性越大，㶲损失也越大。这是㶲平衡分析与能量平衡分析的不同之处。依照热力学第一定律建立的能量利用效率，没有考虑系统输入和输出能量的品质对效率的影响，如果输入的能量品质高，则系统的能量效率自然也高，如果系统排出的能量品质较高，则说明系统的性能较差，㶲没有被充分利用。显然，只有建立㶲平衡方程，引入㶲效率的概念才能反映系统的真实性能。

由于㶲的概念涉及能量的可用性，具有能的量纲和属性，所以，建立㶲平衡方程可以参照能量平衡方程的建立方法，但需增加一个支出项——㶲损失，即输入系统的㶲减去输出系统的㶲，再减去㶲损失才等于系统的㶲增量。

4.3.1　闭口系统㶲平衡方程

如图 4-2 所示，假设一闭口系统热力设备，工作介质从温度为 T 的热源获得热量 Q，对外做出膨胀功 W，并使系统的内能从最初的 U_1 状态变化到 U_2。在此过程中热量㶲 $E_{X,Q}$ 随 Q 传入系统，由于能量传递与转换过程的不可逆性，而在系统内部产生了㶲损 I（如果热源与工作介质是不可逆传热，则㶲损还要包括热源与系统换热的不可逆㶲损），使得㶲的总量随着不可逆过程的进行不断减小。系统的状态从最初的 U_1 状态变化到 U_2 的过程中，系统的㶲增量为 $E_{X,U_2} - E_{X,U_1}$，此部分㶲增量含在做完功的工作介质内。系统实际做出的有用功 W_a 才是系统输出的净㶲 E_{X,w_a}，它等于过程功 W 与排斥大气所做的无用功 $p_0(V_2 - V_1)$ 之差。

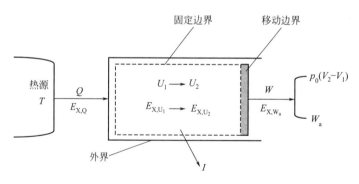

图 4-2　闭口系统热力系统示意图

此时，得到闭口系统的能量平衡方程为：

$$Q = W + U_2 - U_1 = W_a + p_0(V_2 - V_1) + U_2 - U_1 \tag{4-12}$$

闭口系统的㶲平衡方程为：

$$E_{X,Q}=E_{X,U_2}-E_{X,U_1}+E_{X,w_a}+I \tag{4-13}$$

写成比㶲的形式，即

$$e_{x,q}=e_{x,u_2}-e_{x,u_1}+e_{x,w_a}+i \tag{4-14}$$

4.3.2　开口系统㶲平衡方程

如图 4-3 所示，假设一开口系统热力设备，工作介质一元稳定流动过程中，从温度为 T 的热源获得热量 Q，对外输出轴功 W_s 并使系统的焓从最初的状态 H_1 变化到 H_2，在此过程中热量㶲 $E_{X,q}$ 随 Q 传入系统，能量传递与转换过程的不可逆性，而在系统内部产生了㶲损 I，使得㶲总量随着不可逆过程的进行不断减小。系统从最初的状态变化到 H_2 的㶲增量为 $E_{X,H_2}-E_{X,in}$，此部分㶲增量将随工作介质被作为废物排出热力设备，即排气㶲损。系统实际热力过程做出的轴功 W_s 是系统输出的净㶲 E_{X,w_s}。

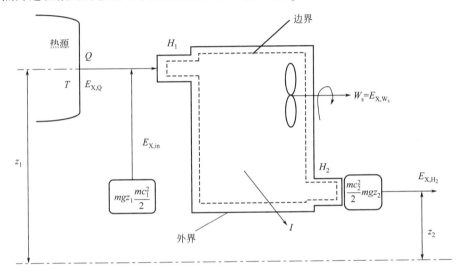

图 4-3　开口系统示意图

此时，得到开口系统的能量平衡方程为：

$$Q=(H_2-H_1)+\frac{m(c_2^2-c_1^2)}{2}+mg(z_2-z_1)+W_s \tag{4-15}$$

开口系统的㶲平衡方程为：

$$E_{X,Q}=E_{X,H_2}-E_{X,in}+E_{X,w_s}+I+\frac{m(c_2^2-c_1^2)}{2}+mg(z_2-z_1) \tag{4-16}$$

写成比㶲的形式，即

$$e_{x,q}=e_{x,h_2}-e_{x,in}+e_{x,w_s}+i+\frac{c_2^2-c_1^2}{2}+g(z_2-z_1) \tag{4-17}$$

4.3.3　㶲效率

对于给定环境条件下进行的过程，㶲损的大小能够用来衡量该过程的热力学完善程度。㶲损失大，表明过程的不可逆性大。通常用㶲效率 η_{e_x} 来表达热力系统或热工设备的㶲利用程度或系统的热力学完善程度。

系统的㶲效率：

$$\eta_{e_x} = \frac{E_{\mathrm{X,gain}}}{E_{\mathrm{X,pay}}} \tag{4-18}$$

式中，$E_{\mathrm{X,gain}}$为系统在热力过程中被利用或收益的㶲；$E_{\mathrm{X,pay}}$为支付或耗费的㶲。

闭口系统的㶲效率　　$\eta_{e_x} = \dfrac{E_{\mathrm{X,gain}}}{E_{\mathrm{X,pay}}} = \dfrac{E_{\mathrm{X,W_a}}}{E_{\mathrm{X,U_1}} + E_{\mathrm{X,Q}}} = 1 - \dfrac{E_{\mathrm{X,U_2}} + I}{E_{\mathrm{X,U_1}} + E_{\mathrm{X,Q}}}$

开口系统㶲效率　　$\eta_{e_x} = \dfrac{E_{\mathrm{X,gain}}}{E_{\mathrm{X,pay}}} = \dfrac{E_{\mathrm{X,W_s}}}{E_{\mathrm{X,in}} + E_{\mathrm{X,Q}}} = 1 - \dfrac{E_{\mathrm{X,H_2}} + I}{E_{\mathrm{X,in}} + E_{\mathrm{X,Q}}}$

㶲效率是收益㶲与支付㶲的比值。㶲效率与能效率相比，它多了一个因系统内部的不可逆性造成的损失项I，而此项损失才是真正意义上的热力学损失，反映了系统的热力学完善度。因此，建立热力系统㶲平衡关系式，采用㶲分析法，能够定量计算能量㶲的各项收支、利用和损失的情况。在㶲收支平衡的基础，把握能流的去向，考察包括收益项和各种损失项，根据各项的分配比例可以分清其主次；通过计算效率，确定能量转换的效果和有效利用程度，揭示各种损失大小和影响因素，进而评价能量利用的合理性，提出改进的可能性及其技术途径，并预测改进后的节能效果，对研究能源的合理利用和实现高效节能具有重要现实意义。

一切系统的宏观过程都是自发地向着㶲减少的方向进行，直到㶲值等于零为止，㶲也可以作为预测过程进行方向、深度，以及衡量由于过程不可逆所引起的能量贬值程度。因此，可以说㶲在孤立系统中的作用与熵在孤立系统中的作用相当，只不过它们是从两个方向来说明热力学第二定律的。熵在孤立系统中只增不减，而㶲在孤立系统中只减不增，但应当注意的是，孤立系统的熵增在任何情况下均等于功损，而㶲损却不一定等于功损。如果因功损而变成的热量温度高于环境温度，则这部分热量对环境而言仍有一定的做功能力，在这种情况下的㶲损小于功损。

4.4 物料水分结合能

结合能是决定分子状态变化、物系运动、能效评价和得到干燥物系数学解的关键量。对于定量物系的理想过程，可以由 Boltzmann 常数、解离常数和温度建立其理论表达式，但实际物系并不一定服从这些常数，且实际过程的比体积无法直接测量，这是困扰试验测定，客观评价实际过程的重大难题之一。为了确立干燥系起算干燥㶲基准点，讨论其传递规律及转换特征，本节基于不可逆热力学分析方法，把水分迁移的现象看作是一定数量的能量迁移，讨论水分结合能解析模型，给出水分结合能随温度、含水率变化规律。说明物料干燥动力，给出解析模型和定量评价的解析方法，为深一步研究物料干燥㶲传递，质㶲驱动机制，过程动力与过程阻力之间的关系和高效节能干燥工艺及装备设计提供理论基础。

4.4.1 湿物料的物质结构特征

水分在物料中的结合形式，在干燥技术领域被普遍接受的说法是化学结合水、物理化学结合水、物理机械结合水三种形式。化学结合水具有严格的数量关系，而没有严格数量关系的物理化学结合水又被区分为：①吸附结合水，它是"胶囊"外表和内表面上的力场所束缚的液体。②渗透压保持水（膨胀水和结构水），被封闭在细胞内，它既是复合胶囊通过渗透吸附的水，又是固定的结构水，由于其结合能很小，可以归属为游离水。物理机械结合水是保持不定量的水，存在于物料的大毛细管和微毛细管中。无论水分以何种形式存在于物料中，就干燥工程而言，所关心的是能从湿物料中去除多少水分，消耗多少能量。基于平衡特征，按照空气相对湿度及湿含量的大小，可将水分与干物质的结合形式分别定义为结合水分和非结合水分或者平衡水分和自由水分，如图 4-4 所示。

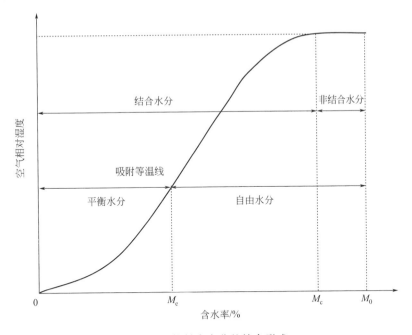

图 4-4　物料中水分的结合形式

注：M_0 是初始含水率，%；M_e 是平衡含水率，%；M_c 是最大吸湿含水率，%

对应于吸附等温线上任意点的物料含水率即为平衡水分 M_e（%），超过此湿含量的水分，称为自由水分，即在干燥过程中能够从物料中去除的水分。

结合水分是空气相对湿度为 100% 时物料的平衡含水率，称为最大吸附含水率 M_c（%），超过此湿含量的水分称为非结合水分，此部分水分相当于完全的自由液体。

由图 4-4 所示的干燥介质条件和物料含水率间的关系得知，物料水分能否汽化迁移，取决于介质条件和物料水分的活度，干燥的条件是物料与其在对应介质条件下的平衡态时要存在水分活度差，没有这个水分活度差，则意味着没有干燥现象。水分活度是一切干燥物系的共同属性，是状态函数，可以在平衡态下精确测量并得到它与外部条件间确切的对应关系，依此，按照实际过程物系状态参数变化规律，便可客观地解析出实际干燥过程。

4.4.2　干燥系统及其状态参数变化

干燥是湿物料与外部介质，通过边界进行能量和质量传递与转换的开口系统，系统及其状态参数变化如图 4-5 所示。在此，用符号 p_e 和 p 分别表示介质和物料中的水蒸气分压，用 p_s、p_v 和 φ 分别表示饱和蒸汽压、汽化后的水蒸气在物料内部的分压力和水分活度，用 T 和 μ 分别表示汽化温度和物料水分的结合能。在图 4-5 所示等温过程中，物料内部水分蒸发经历由相界面蒸发、扩散到系统边界，然后进入介质的过程。在相界面内部及相界面上的水蒸气压是饱和蒸汽压 p_s，p_s 与物料无关，它是温度 T 的单值函数，是水蒸气的最大动力极限。物料水分蒸发受结合能的影响，结合能降低了蒸发面上方的水蒸气分压力，使水蒸气迁出的动力减小，从而在相界面的上方呈现的压力是 p，转变的位置发生在相界面上方，所以，p 可以蒸发份数迁移的动力。

由于气体压力波传播的速度很快，物料含水率的变化速率远远小于气体分子的压力波传播速率，所以，干燥过程中系统外部的水蒸气分压力恒定不变，物料内部的水蒸气分压力则是经历无数中间状态，由初始的水蒸气分压力 $p_c \rightarrow p_e$ 的准平衡过程。

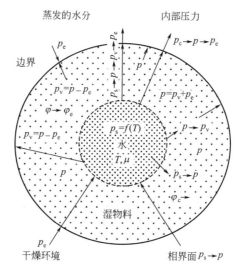

图 4-5　干燥系统及其状态参数变化

注：φ、φ_c 和 φ_e 分别是水分活度、初始水分活度和终态水分活度（小数），是介质相对湿度（小数）；p_s 是
饱和蒸汽压，Pa；p、p_c 和 p_e 分别是对应 φ、φ_c 和 φ_e 的水蒸气分压力，Pa；
p_v 是蒸发份数的水蒸气分压力，Pa；T 是温度，K；μ 是结合能，kJ/kg

当介质中存在水蒸气在压力 p_e 时，这个压力直接作用在系统的内外。那么，汽化份数，在物料内部与介质中的水蒸气相混合的过程中，则会使其压力由 p 状态变成了 p_v 状态。变化的幅度则是取决于 p_e 的大小，即 $p_v = p - p_e$，p_v 是蒸发份数迁出物料的最终动力。

由此可见，物料蒸发出的水蒸气状态变化是 $p_s \rightarrow p \rightarrow p_v \rightarrow p_e$ 的过程。$p_s \rightarrow p$ 的状态变化发生在相界面上。$p \rightarrow p_v$ 的状态变化过程是由相界面到系统的边界，即物料的内表面。迁出物料后，趋向于 p_e。

当 $p_e = 0$ 时，干燥则没有外部水蒸气分压的影响，干燥过程完全取决于物料自身，所以，在 $p_e = 0$ 的条件下，便可完整地解析出物料水分的结合能。

由于 p 的值取决于物料水分的活度，它是一切物料水分的共同属性。在干燥过程中水分活度随含水率的降低而减小且是连续变化的。变化的规律体现在水分结合能大小和混合后的 p_v 值。基于活度 $p_s \rightarrow p$，和 $p \rightarrow p_v$ 的压力状态变化及其发生的位置和区域，按照活度 $\varphi = p / p_s$，即可解析出物料内部的水分活度分布，进而，由实际去水的广度和任意一个对应活度为 φ 状态点的去水强度，即可得到实际干燥过程的理论解。

4.4.3　水分汽化迁移过程的自由能平衡方程

自由能是物系自身能够对外输出技术功的那部分能量，它可以由分子的微观运动来呈现，也可以用过程中各种因素综合作用结果来表征，所以，它是度量一切过程能量传递和转换的共同尺度，是状态函数。当物系处于热力平衡态时，状态参数不随时间发生变化，质量变化率为 0。把质量迁移现象看作是一定数量的能量迁移，结合能在数值上则等同于质量迁移时的自由能减少量。无论水以何种方式存在于物料中，也无论汽化过程的一切机理参数如何变化，汽化过程的任一状态点的能量消耗都可依据该状态点的焓来计算。对于一切自发过程，以下热力学方程式恒成立：

$$T\mathrm{d}S = \mathrm{d}H - \mathrm{d}F \tag{4-19}$$

$$T\mathrm{d}S = \mathrm{d}U + p\mathrm{d}V + V\mathrm{d}p - \mathrm{d}F \tag{4-20}$$

式中，T 是热力学温度，K；S 是熵，kJ/K；H 是焓，kJ；p 是压力，Pa；V 是体积，m^3；U 是内能，kJ；F 是自由能。在任何过程的任意状态点，热量的变化率和焓的变化率始终服从 $T\mathrm{d}S$ 和 $\mathrm{d}H$，$p\mathrm{d}V$ 是膨胀功变化率，$-V\mathrm{d}p$ 是输出的技术功变化率，$\mathrm{d}F$ 是自由能变化率。

连续汽化过程服从定压汽化。水在自由态下定压汽化时，式(4-20) 中的 $V\mathrm{d}p$ 项等于 0。当水从物料中汽化时，结合能降低了汽化面上方的水蒸气压力，相应地增加了自由能消耗，增加的量在数值上等于汽化过程所做出的技术功，此时，式(4-20) 中的 $V\mathrm{d}p$ 项不等于 0，在此，用符号 F_g 表示汽化分数的自由能消耗，得到汽化过程的自由能消耗表达式(4-21)。

$$\mathrm{d}F_g = -V\mathrm{d}p \tag{4-21}$$

汽化现象可以看作是一定数量的能量迁移，把具有普遍意义的迁移势 $\varPi$ 用一个特征函数 ψ 对综合坐标的偏导数表示，迁移势则可表达为式(4-22)。

$$\varPi = \left(\frac{\partial \psi}{\partial K}\right)_{i,j} \tag{4-22}$$

式中的下标 i 和 j 表示物料与周围介质各部位之间的相关条件。基于态函数可以清晰地表示体系完整的热力学特性，即任何物质的质量迁移势都等于任意一个特征函数对该物质的质量的偏导数。于是得到具有普遍意义的物系迁移组分的自由能消耗理论表达式：

$$\mathrm{d}\psi = \sum_{i=1}^{n} \mu_i \mathrm{d}M_i \tag{4-23}$$

式中，μ_i 是 i 组分的质量迁移势；$\mathrm{d}M_i$ 是体系内 i 组分的质量变化率。

在平衡条件下，$\mathrm{d}\varPi_i$ 和 $\mathrm{d}K$ 均等于 0，此时的 $\mathrm{d}\psi = 0$，ψ 则为常数，引起系统自由能改变的质量迁移势 μ_i 就是体系中，单位质量的物质的内能或者焓的变化量。质量迁移，沿特性函数减小的方向进行，即 $\mathrm{d}\psi < 0$，$\sum_{i=1}^{n} \mu_i \mathrm{d}M_i < 0$。

对于只有水分（单一组分）迁移的物系，其迁移势取决于它的热力学温度和水蒸气分压力，在此用符号 μ 表示这个迁移势，用 p 和 T 分别表示汽化时的压力和温度，其迁移势则可表达为 $\mu = f(p,T)$。μ 在数值上等于式(4-23) 中的技术功，这个功就是 1kg 水分与物料的结合能，即服从 $\mu = \left(\dfrac{\mathrm{d}F_g}{\mathrm{d}M}\right)_{p,T,M_d}$。式中，$F_g$ 是自由能的减少量，kJ；M_d 是除水分以外的其他物质组分，在此称为绝干物质，kg。基于式(4-21) 得到式(4-24)

$$v\mathrm{d}p = -\mu\mathrm{d}M \tag{4-24}$$

式中，$\mathrm{d}M$ 是质量变化率，负号表示迁移的方向沿质量减小的方向，kg；μ 是水分的质量迁移势，kJ/kg。

水在自由态汽化时，所呈现的压力是饱和蒸汽压 p_s，存在结合能时汽化分数在汽化面上所能呈现的压力是 p，且 p 是随汽化过程连续变化的。那么，在 $[p_s, p]$ 区间上，存在连续函数 $f(p)$ 和 $f(\mu)$ 并且都可导，由式(4-24) 知，$f'(p) = v$，$f'(\mu) = \mu$。在此用分别用 $F_g(p)$ 和 $F_g(\mu)$ 表示汽化分数克服结合能做功消耗的自由能，即 $F_g(p)$ 和 $F_g(\mu)$ 分别是连续函数 $f(p)$ 和 $f(\mu)$ 的原函数。那么，在压力 $[p_s, p]$ 区间和质量区间 $[0, 1]$ 上，消耗的自由能份额则服从 $F(p) = -\displaystyle\int_{p_s}^{p} v\mathrm{d}p + C_1$，$F_g(\mu) = \displaystyle\int_{0}^{1} \mu\mathrm{d}M + C_2$。当 $p = p_s$ 时，水处于自由态，在此状态点上的结合能等于 0，得知 $C_1 = C_2 = 0$，由此得到，$F(p) =$

$-\int_{p_s}^{p} v \mathrm{d}p$，$F(\mu)=\mu$。由式(4-24) 知，$F_g(p)=F_g(\mu)=F_g$，于是得到结合能表达式(4-25)

$$\mu=-\int_{p_s}^{p} v \mathrm{d}p \tag{4-25}$$

式中，v 是比体积，m^3/kg；p 是汽化分数在汽化面上呈现的压力，Pa。

式(4-25) 是水分结合能的理论表达式，由于在许多情况下，v 无法直接测量，这是困扰试验测定，客观评价实际过程的重大困难之一。

4.4.4　水分结合能的理论解

在自发过程中，结合能与自由焓的变化率在数量上相等。焓是相对量，在任何条件焓的变化率都可以表达为 $\mathrm{d}h=c_p \mathrm{d}T$，$c_p$ 是比定压热容，单位为 $\mathrm{kJ/kg}$。对应水蒸气状态变化过程的任意一个状态点，c_p 都有确定的值，它可以在平衡试验条件下精确测量。在 $[0，T]$ 区间，存在区间上 c_p 的平均值，在此用符号 R_{pn} 表示这个平均值，并称 R_{pn} 为区间特征常数。在 $[0，T]$ 区间上对焓求定积分得到 $h=\int_0^T c_p \mathrm{d}T=R_{pn}T$，基于中定理以及连续函数和它的原函数的关系，则存在 $R_{pn}=\dfrac{c_p h'}{h}$。

对应 $[0，p]$ 区间，焓的变化量服从 $h=-\int_0^p v \mathrm{d}p$，由此得到 $\overline{v}=\dfrac{vh'}{h}$，$\overline{v}$ 是 $[0，p]$ 区间比体积的平均值。在同一物系中，焓的变化量相等，$\dfrac{h'}{h}$ 相同，于是，得到 $\dfrac{\overline{v}}{R_{pn}}=\dfrac{T}{p}$ 关系，用 $\overline{v}=\dfrac{vh'}{h}$ 除以 $R_{pn}=\dfrac{c_p h'}{h}$，得到 $\dfrac{\overline{v}}{R_{pn}}=\dfrac{v}{c_p}$，由此得到汽化分数比体积的表达式

$$v=\frac{c_p}{p}T \tag{4-26}$$

把式(4-26) 代入式(4-25) 得到 $\mu=-\int_{p_s}^{p} c_p \dfrac{T}{p} \mathrm{d}p=-\int_{p_s}^{p} c_p T \mathrm{d}(\ln p)$，在等温条件下求积分，得到结合能的理论解

$$\mu=-T\int_{p_s}^{p} c_p \mathrm{d}(\ln p)=-R_{pn}T\ln(\varphi) \tag{4-27}$$

式中，φ 是水分活度，$\varphi=\dfrac{p}{p_s}$；c_p 是温度和压力的函数；R_{pn} 是区间特征常数，它的理论解是 $R_{pn}=\dfrac{\int_{p_s}^{p} c_p \mathrm{d}(\ln p)}{p-p_s}$。在 $[p_s，p]$ 区间，等温试验条件下，$R_{pn}=\dfrac{\sum\limits_{i=1}^{n} c_{pi}}{n}$，$c_{pi}$ 是等温条件下，对应不同压力时的比热容，单位为 $\mathrm{kJ/kg}$。同理，也可以在平衡压力条件下，由试验测定出不同温度下的比定压热容。

水蒸气的性质与理想气体差别很大，其状态参数也不能按理想气体状态方式计算。然而，基于热力学，把与物质内部结构和过程有关的一切具体性质，当作真实存在的区间特征参数 R_{pn} 予以肯定，对物质的微观结构和过程因素不作任何假设，按照国际上公认的水蒸气状态表，基于 1 个大气压下，$0 \leqslant T-273.15 \leqslant 100$ 温度范围的试验数据，得到水蒸气在 $[273.15，T]$ 的状态变化区间特征常数计算式

$$R_{pn}=2\times10^{-9}t^4-4\times10^{-7}t^3+4\times10^{-5}t^2-0.0015t+2.3754 \tag{4-28}$$

式中，$t = T - 273.15$。

4.4.5　物料的水分活度

水分活度是物料含水率和温度的函数，在数值上等于物系处于平衡态时，物料周围介质的相对湿度，可以在平衡态下精确测量。因为在平衡态时，物系中各点的迁移势均相等，质量迁移梯度为 0，系统内外各状态参数都不随时间变化。式(4-29) 是基于国际上应用较为广泛的粮食水分活度模型。无论是静态还是动态过程，或者物料内部水分偏差多大，式(4-29) 都成立。

$$\varphi = \frac{p}{p_s} = 1 - \exp\left[-M^n A(T - 273.15 + B)\right] \tag{4-29}$$

式中，T 是温度，K；φ 是活度；M 是含水率，%；A、B、n 是对应物料的计算系数。

下面介绍基于水分活度状态函数和实际区间的特征常数，获得物料水分汽化时的理论热耗和物系状态变化过程的理论解的方法。

4.4.6　物料水分汽化时的理论热耗

汽化水分时的自由能，表现为水蒸气向外输出功的能力。那么，水在自由态汽化时的自由能变化率服从 $df = p dv$。由于同温度下水蒸气的比体积远远大于水的比体积，二者相比，水的比体积可以忽略不计，于是，得到汽化水分的自由能积分式

$$\int_0^f df = \int_0^v p\, dv \tag{4-30}$$

由式(4-26) 知，$dv = -\dfrac{c_p}{p^2} T dp$，于是式(4-30) 则被改写为 $\displaystyle\int_0^f df = \int_0^p -\frac{c_p}{p} T dp$，积分得到汽化 1kg 水分的自由能表达式

$$f = R_{pn} T \tag{4-31}$$

当水在物料中汽化时，每汽化 1kg 水分需要的自由能是式(4-31) 和式(4-27) 两项之和，在此，用符号 f_g 来表示，于是，得到式(4-32)。

$$f_g = R_{pn} T(1 - \ln\varphi) \tag{4-32}$$

由于水分汽化发生在物系内部，汽化前后的焓差等于克服结合能所做的功，这个功没有输出到物系以外，全部消耗在物料内部，由式(4-20) 知，功转化为热是自发过程，所以它又 100% 地转化为系统的热能。系统的焓差，结合能和克服结合能做功在数量上均等于 μ。在此用 $\gamma(T, \varphi)_g$ 表示物料水分汽化热耗系数，基于能量平衡，得到 $\gamma(T, \varphi)_g$ 的计算式

$$\gamma(T, \varphi)_g = \left(1 + \frac{\mu}{f}\right)\gamma(T) - \mu \tag{4-33}$$

式中，$\gamma(T)$ 是自由态的水，在温度为 T 时的汽化潜热系数，kJ/kg；$\dfrac{\mu}{f}$ 是水分从物料中汽化，与自由态相比多消耗的自由能份额，在数值上它又等于汽化分数的质量比，μ 体现的是克服结合能做功过程自由能转化的热量，kJ/kg。

水在三相点汽化时的汽化潜热系数是确定常数，其值为 2501kJ/kg。在此，用 $\gamma(T)$ 表示水在自由态时的汽化潜热系数，基于式(4-19)，得到 $\gamma(T) = h - \Delta f$ 这一严格的数学关系，那么，以水的三相点为基准，得到自由态的水，在任意温度条件下的汽化潜热系数计算式 $\gamma(T) = 2501 - \Delta f$，基于式(4-31)，在 $[273.15, T]$ 的温度区间积分式，得到 $\Delta f = R_{pn} \Delta T$，于是得到水在自由态时的汽化潜热系数表达式

$$\gamma(T) = 2501 - R_{pn}(T - 273.15) \tag{4-34}$$

把式(4-34)、式(4-31)和式(4-25)代入式(4-33)得到物料水分汽化时的理论热耗量表达式

$$\gamma(T,\varphi)_g = (1 - \ln\varphi)[2501 - R_{pn}(T - 273.15)] + R_{pn}T\ln\varphi \tag{4-35}$$

在 $[273.15, 373.15]$ 温度范围内，式中 R_{pn} 服从式(4-28)，φ 服从式(4-29)。

4.5 干燥系统㶲分析及能效评价

干燥是不同物系间多场协同作用的复合系统，自然既是干燥的介质源，也是干燥重要的能量源之一，这是进行干燥㶲与一般热力系统㶲分析时的不同之处。就干燥的势场来源和性质而言，存在两类形式的㶲及其传递。一类是存在于物料内部因素产生的势场和自然界存在的势场引起的㶲传递，主要体现在水分在物料内部的运动和液态水分汽化时的饱和蒸气压与干燥介质中的水蒸气分压力之差引起的质㶲传递，此类㶲是自然界提供给干燥系统，可以无偿利用的干燥有用能，其传递是客观的，非人之所为，也就是说，高湿物料，放在自然空气中，必然要自发地去水，在保障其安全存放的条件下，最终会自发地到达与环境介质条件对应的平衡含水率状态；另一类是为了强化干燥过程，人为地提高干燥温度、降低介质湿度、增大流速，强化或者弱化干燥势场的操作行为附加的㶲传递，主要体现在向干燥介质输入热能，增大比体积，降低干燥室内的水蒸气分压力，提高介质流动速度等，优化处理工艺、机械结构及操作参数，强化动力系数等行为来提高干燥系的效能，此类属于人为附加给系统的主观㶲，其传递具有确定性、规律性和可控性的特点，受时间和空间的约束。充分认识干燥系的㶲并有效地加以利用，合理地匹配主观㶲，科学、合理地设计干燥工艺装备系统，是实现绿色、优质、高效节能干燥的关键。

4.5.1 干燥工艺系统

干燥是一个输入能量、介质和湿物料，排出废气，得到干燥产品的开口系统，是湿物料流和介质流构成的动态热力学体系，它的任务是去除物料中多余的水分，在干燥体系温度场、压力场、干燥介质中水蒸气和物料水分浓度场和生物化学场共同作用下使水分运动、汽化并由流动的干燥介质带走，其工艺系统及其特征如图 4-6 所示。

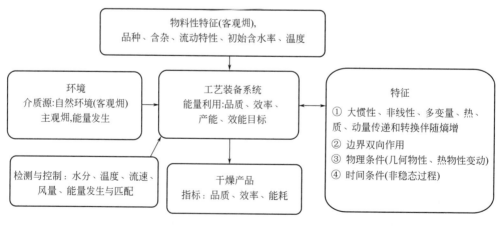

图 4-6 干燥工艺系统及其特征

系统的外界是由物料和空气构成的无穷大的物质源和能量源。基于物料的物理成分，可

以把其表述为由绝干物质、液态水、气态水蒸气构成的多组分物系，或者表述为由平衡状态的含湿物料和自由水（干燥过程所能去除的水分）构成的物系，热风可以被认为是由绝干空气和水蒸气构成的混合气体。那么，物料在干燥室内与介质接触自发交换水分，必然经历的是多组分多相系转换与传递的不可逆热力过程，系统中必然存在表征物料干燥过程的态函数。基于态函数考察物料干燥中各种能够使水分状态发生变化的势场与其干燥行为的关系，就可把干燥归结为㶲及㶲传递的过程。过程发生的主要特征就是以势场为载体的质㶲转换与传递，其中，热㶲以系统中的温差为载体随能流发生转换与传递，流动㶲以气流压差为载体随干燥介质发生转换与传递，湿㶲则以干燥介质中的水蒸气分压力与物料上的水蒸气分压力差为载体，在物料内部及气流和物料之间发生转换与传递。物料和介质在干燥工艺装备系统内部动态变化，其特征有别于一般的机械动力热力过程。下面基于㶲分析法，解析粮食与干燥介质间的㶲传递和转换特征，给出热㶲、流动㶲、扩散㶲及其㶲效率定量评价理论表达式，基于焓-含湿量状态参数图，分析干燥系统状态参数间的内在联系及相互制约关系，为评价干燥系统能量利用水平提供科学的依据，为干燥工艺系统优化指明能量合理利用的技术途径。

4.5.2　干燥系统的状态参数图

干燥系统中，干燥介质中的水蒸气可以是过热状态，也可以是饱和状态，并在一定条件下会发生集态的变化，这些都取决于湿空气的温度和水蒸气的分压力。在此，把物料看作是由绝对干物质和水分构成的物系，其中的水分状态取决于物料的温度和水蒸气分压力。当物料处在无限大的环境介质源中，对应其温度、湿度条件，二者自发地进行热湿交换，过程进行的终点是物料到达平衡含水率状态、干燥介质稳定在环境状态。所以，平衡含水率（用符号 M_e 表示）被表示为物料温度（t_g）和空气相对湿度（φ）的函数，即 $M_e = f(t_g, \varphi)$。

在此，假定物料干燥经历的是由湿到干或者是由干到湿的过程，那么，物料的平衡含水率从状态 1 变化到状态 2 则服从 $\int_1^2 dM_e = M_{e1} - M_{e2}$，即 M_e 的变化量等于初、终状态下该状态参数的差值，与变化过程无关。从而在表征湿空气状态变化的焓-含湿量图上就可绘制出物料的等 M_e 曲线，得到表征物料热风干燥系统状态参数间的关系。图 4-7 中的 M_e 线是依据稻谷的平衡含水率算式：$M_e = \left[\dfrac{-\ln(1-\varphi)}{0.19187 \times 10^{-4}(t_g + 51.161)} \right]^{\frac{1}{2.4451}}$ 绘制出的稻谷热风干燥系统的状态参数坐标图。其中，干燥介质的相对湿度是空气温度和空气湿含量的函数，可由

$$\varphi = \frac{d \times 101325}{(0.622 + d) \times 133.3224 \times \exp\left(18.7509 - \dfrac{4075.16}{236.516 + t}\right)}$$ 计算出。式中，φ 为相对湿度

（小数）；M_e 为物料的平衡含水率，%；t_g 为物料温度，℃；d 为介质湿含量，g/kg；t 为热风温度，℃。

从图 4-7 的曲线看到，等平衡含水率曲线和等相对湿度曲线的变化趋势一致，迎合了物料水分蒸发的驱动力是来自物料和干燥介质中水蒸气分压力差的普遍说法。这样一来，我们就可以依照物料的含水率在 h-d 图上，查出或者通过计算得到物料中的水蒸气分压力 p_g，在 p_g 高于介质处于平衡时的水蒸气分压力 p_{ge} 时，说明物料携带客观的干燥势；反之，物料则被吸湿。同时 $p_g - p_{ge}$ 值既可以定量描述干燥过程进行的强度，也可以确定干燥进行的方向。

由于相对湿度 $\varphi = \dfrac{p_v}{p_s}$，是湿空气中水蒸气的分压力与同温度下的饱和蒸汽压力的比值，

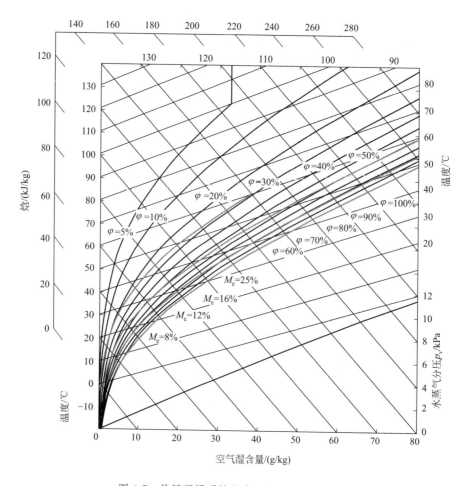

图 4-7 热风干燥系统粮食和介质状态参数图

表征了空气接纳水分的能力或者湿空气距离饱和的程度，驱使水分运动的力来自饱和蒸汽分压力 p_s 与蒸汽分压力 p_v 之差，即 $p_s - p_v$ 或者 $p_s(1-\varphi)$，式中的 1 就是空气在饱和状态时的相对湿度值。由于 p_s 与饱和温度一一对应，所以，在饱和温度恒定时，p_s 是确定的常数。

4.5.3 干燥㶲基准点及基准函数

稳态下的自然环境是物料与干燥介质接触后能够实现的熵的最大点，是过程进行的极限，在此状态点，热量源和质量源都到达了平衡状态，此点可以作为干燥起算㶲的基准点。但物料热风干燥系统的外环境，无论是温度还是压力都会实时变化，输入的物料水分也不能保证其一致性，而这种变化和波动与干燥系统的能量消耗、系统的不可逆程度以及装置处理能力息息相关，所以，既不能采用常态平均大气参数，也不能采用普遍使用的大气平均气象参数或者环境温度下的饱和空气状态参数作为干燥㶲分析参考点。必须获得表征热风干燥过程㶲分析参考点实时变化的基准函数。从图 4-7 所示的干燥系统介质状态变化曲线可知，这一基准函数迎合外界大气条件，在各等平衡含水率曲线之间变化，其规律服从 $M_{e0} = f(t_{g0}, \varphi_0)$。这样，通过实时测定的环境温度 t_0（物料在环境态时温度 t_{g0} 与 t_0 相等）和相对湿度 φ_0，由物料的平衡含水率计算式即可得到干燥系统即时的零㶲点和干燥过程的㶲分析参考基准线。

4.5.4　干燥㶲特征及其理论表达

㶲是能量中能够转化为最大做功能力的部分，从图 4-5 和图 4-7 干燥物系耗能特征看，有水分汽化消耗热能、水分扩散克服外力做功和介质流动功损 3 种情况，经历水分汽化、迁移和被介质带走的过程。水分汽化过程的热能传递取决于温度场，温差是其动力势；水分迁移和介质流动取决于压力场，压差是驱使物质运动的动力势，其中的介质流动消耗的是系统中的流动能，而水分扩散依赖物系中的水蒸气分压力差。物系中的各种动力势相互关联，以去除水分为统一目标，构成了多场协同作用的复合系统。

从温度场源的性质看存在粮食、介质带入系统的热能和系统中的物化热（粮食的生物化学反应热），其中在系统可逆地变化到环境平衡态时，消耗在水分汽化的那部分热能，是干燥系统中的最大有用热，定义为热㶲，用符号 E_r 来表示，单位为 kJ，每蒸发 1kg 水消耗的比热㶲用符号 e_r 来表示，单位为 kJ/kg。扩散和流动分别是水蒸气分压力差和流动压力差做功的表现形式。在此，把系统可逆地扩散到环境态所做的扩散功定义为扩散㶲，用符号 E_k 来表示，单位为 kJ，每蒸发 1kg 水消耗的比热㶲用符号 e_k 来表示，单位为 kJ/kg；把系统可逆地变化到环境平衡态时消耗的最大流动能，定义为流动㶲，用符号 E_d 来表示，单位为 kJ，每蒸发 1kg 水消耗的比流动㶲用符号 e_d 来表示，单位为 kJ/kg。

水分汽化的现象（包含集态变化和扩散）可看作是一定数量的能量迁移，物系中水分状态变化是做功的过程，期间发生的任何形式的传递现象，都可归结为能量和㶲的传递与转换，以㶲驱动为共同尺度，就把干燥系统内复杂的热、质传递和转换统一成单一的干燥㶲传递和转换，通过㶲分析得到干燥系统的理论功，然后，分析实际过程中的㶲消耗，基于㶲效率，就能科学地评价系统能量消耗的情况。

4.5.4.1　热㶲特征及其理论表达

热㶲是干燥系统的温度场由高势位可逆地变化到环境态，所能完成的水分汽化最大有用功。自然空气进入干燥系统，接纳水分后，又被排到无穷大的自然环境中，回归初态，环境介质中蕴含的热能，能够最大限度地转化给水分汽化所做的功，是客观的最大有用功，在此定义为客观热㶲，用符号 E_{rk} 来表示，单位为 kJ，每蒸发 1kg 水消耗的客观比热㶲用符号 e_{rk} 来表示，单位为 kJ/kg。随着环境介质源源不断地流入干燥系统，水分接受其中的热能汽化又源源不断地对外界做功，其过程并不违背热力学平衡态的假设，服从热力学第二定律，这是干燥系不同于一般的工程热力过程的特征之一。与此相应，为强化干燥过程，人为提供给干燥系统的能量中，能够最大限度地转化为水分汽化所做的功，在此定义为主观热㶲，用符号 E_z 来表示，单位为 kJ，每蒸发 1kg 水消耗的主观比热㶲用符号 e_z 来表示，单位为 kJ/kg。生物化学反应热是粮食自身的属性，可以由生物化学能变化特征定量表达。

热㶲传递和转换的标志是水分汽化，其动力势是系统中的温度差，热㶲消耗集中表现在蒸发水分所做出的汽化功，在此，用符号 E_{rs} 来表示，单位为 kJ，每蒸发 1kg 水消耗的汽化功用符号 e_{rs} 来表示，单位为 kJ/kg。实际消耗的水分汽化功可由蒸发出的水分与粮食的结合能（含扩散耗能）和在汽化条件下的汽化潜热之和来定量，系统中的总热量可以由物系的物质量及其状态参数由高势位可逆地变化到环境态来定量，依此，选定自然环境态为起算热㶲的基准点，其热㶲效率 η_r 可以表达为式(4-36)。

$$\eta_r = \frac{e_{rs}}{e_r} \times 100\%　\qquad(4\text{-}36)$$

在干燥系不存在散热损失、粮食升温及其蒸发出的水蒸气升温吸热热损失、惯性流动热损失、机壁升温等热损失的情况下，干燥介质状态则是沿等焓变化的理论过程。在这一过程中无论热源的性质如何，也无论热源之间相互关联还是独立存在，都集中反映在温度场，系统中的热量传递和转换为水分蒸发做功的部分是干燥有用能，即干燥消耗的热㶲 e_{rs}，在数值上等于自由水的汽化潜热与水分和粮食组分的结合能（含粮食内部扩散）两项之和，其值服从式(4-35)。实际过程中消耗的热㶲 e_{rs} 的理论表达为式(4-37)，相对应的系统状态，可逆地变化到自然环境态时的总热㶲为式(4-38)。

$$e_{rs}=(1-\ln\varphi)[2501-R_{pn}(T-273.15)]+R_{pn}T\ln\varphi \tag{4-37}$$

$$e_r=(1-\ln\varphi_0)[2501-R_{pn0}(T_0-273.15)]+R_{pn0}T_0\ln\varphi_0 \tag{4-38}$$

式中，T_0 是自然空气的热力学温度，K；T 是水蒸气的热力学温度，K；φ 是对应 T 时的物料水分活度（小数）；φ_0 是自然空气的相对湿度（小数）；R_{pn} 是与 [273.15，T] 热力学温度区间对应的水分汽化过程特征常数，kJ/(kg·K)；R_{pn0} 是与 [273.15，T_0] 热力学温度区间对应的水分汽化过程特征常数，kJ/(kg·K)。由式(4-37) 式(4-38) 之比得到干燥系统中的热㶲效率表达式

$$\eta_r=\frac{(1-\ln\varphi)[2501-R_{pn}(T-273.15)]+R_{pn}T\ln\varphi}{(1-\ln\varphi_0)[2501-R_{pn0}(T_0-273.15)]+R_{pn0}T_0\ln\varphi_0}\times100\% \tag{4-39}$$

在干燥系统中的总热量等于输入的物料和介质带入的热量与干燥过程中物料产生的生化热三部分之和，是物系中确定的特征量，物料带入的热量等于其比热容与物料和环境温差之积，介质带入的热量等于介质的比热容和介质与其干、湿球温差之积，而生化反应热主要发生在高含水率状态，处于自然环境平衡态的物料，满足长期储存的条件，此状态下的生化反应热可以忽略不计，这样干燥系的热㶲就有了共同的基准点——自然环境态，生化反应热就可由干燥过程中物料的有氧呼吸热来定量表达。在此，用符号 q_r、q_g、q_j 和 q_f 分别来表示每蒸发 1kg 水分消耗的总热量、粮食带入系统的热量、介质带入系统的热量、粮食的生化反应热，单位是 kJ/kg，则有表达式

$$q_r=q_g+q_f+q_j \tag{4-40}$$

q_g+q_f 集中反映在物料的温度变化上，可由物料的比热容与物料和环境介质的温度差之积求得。而介质带入干燥系的热能 q_j 是介质的内能变化量，可由介质的比定容热容与物料和环境介质的温度差之积求得。基于不同热源提供的热能中所含的㶲及其传递和转换特征，就可清楚地找出热能利用的薄弱环节，进而指明节约热能消耗的技术途径和方向。

4.5.4.2 扩散㶲特征及其理论表达

扩散表达的是水分的机械运动。干燥水分扩散经历水分在粮食内部扩散和由粮食外表面向环境介质中扩散两个过程。扩散动力是水分相界面上的水蒸气分压力与环境介质中的水蒸气分压力之差 Δp，其值可表示为式(4-41)。

$$\Delta p=p-p_e \tag{4-41}$$

式中，p 是对应物料水分活度为 φ 时的水蒸气分压力，Pa；p_e 是环境介质中的水蒸气分压力，Pa。

水蒸气的性质与理想气体存在差别，其汽化过程的特征常数并不一定服从理想气体常数。然而，把与物质内部结构和过程有关的一切具体性质，当作真实存在的区间特征参数 R_{pn} 予以肯定，以 0℃ 为基准点，基于式(4-28) 即可得到相对温度变化区间上的水蒸气状态变化过程特征常数 R_{pn} 的值。由此得到总扩散比㶲的理论表达式

$$e_k=R_{pn}(T-T_0) \tag{4-42}$$

式中，e_k 是扩散 1kg 水蒸气消耗的总扩散㶲；R_{pn} 是 [T_0，T] 温度区间上的特征常

数，kJ/(kg·K) 或 kN·m/(kg·K)；T_0 是环境介质的热力学温度，K。

　　在此用符号 e_b 表示水分在物料内部的比扩散㶲，用符号 e_v 表示汽化的水分在环境介质中的比扩散㶲，基于式(4-42)，分别得到水蒸气在物料内部和介质中扩散所消耗的扩散㶲表达式

$$e_b = R_{gv}(T_g - T_v) \tag{4-43}$$
$$e_v = R_{v0}(T_v - T_0) \tag{4-44}$$

　　式中，e_b 是 1kg 水蒸气扩散到物料外表面时消耗的比扩散㶲，kJ/kg；e_v 是汽化的水分在环境介质中的比扩散㶲，kJ/kg；T_g 是汽化点的热力学温度，K；T_v 是物料表面的热力学温度，K；R_{gv} 和 R_{v0} 分别是 [T_g，T_v] 和 [T_v，T_0] 温度区间上的水分汽化过程特征常数，kJ/(kg·K)。

　　e_b 是干燥系的有用扩散㶲，没有 e_b 则不能实现干燥。而 e_v 的传递和转换发生在介质中，与物料自身干燥无关，属于无用扩散㶲。由式(4-43)、式(4-44) 和式(4-45) 得到扩散㶲效率 η_k 表达式

$$\eta_k = \frac{R_{gn}(T_g - T_v)}{R_{gn}(T_g - T_v) + R_{v0}(T_v - T_0)} \times 100\% = \frac{R_{gv}(T_g - T_v)}{R_{g0}(T_g - T_0)} \times 100\% \tag{4-45}$$

　　由式(4-28) 知，过程特征常数随温度区间的变化相对较小，即在一般情况 $\frac{R_{gv}}{R_{g0}}$ 变化很小，所以，由式(4-45) 可以表征出：①扩散㶲效率可以看作是状态函数，取决于水蒸气的温度参数；②增大 T_g，降低 T_v 可提高扩散㶲效率；③自然介质温度越高，其扩散㶲效率相对也越高；④随着干燥系统的温差，即 $T - T_0$ 值的减小，扩散㶲效率则增大。

　　扩散㶲源于物料中多余的水分，扩散㶲效率取决于水蒸气的状态。在扩散过程中，温度场和压力场同时存在，共同构成了干燥场，是两种场同时作用的结果，不能仅仅局限于水蒸气的分压力差，由式(4-43) 看出，在物料的表面温度高于内部水分汽化温度时，温差势导致的扩散㶲及其效率为负值，表明温度梯度与水分扩散方向同向时，温度场给水分扩散运动施加的是反向力，弱化了干燥过程，导致干燥系内部㶲损耗。式(4-43) 和式(4-45) 从理论上定量评价了温度场对水分扩散㶲的作用及其效果。通过扩散㶲分析，为强化干燥工艺设计，实现高效节能干燥提供技术支撑，具有重要的理论价值和现实意义。

4.5.4.3　介质流动㶲特征及其理论表达

　　干燥系统中的流动㶲是干燥介质发生宏观位移消耗的最大有用功，只有介质流动时才存在，是介质进、出干燥系统与外界交换的推动功，它不是介质本身具有的能量，是随着介质的流动向下游介质传递的能量，是介质流动过程中携带的能量。它是由外部的动力设备，如风机提供的，一般消耗的是电能，而电能的能质系数等于 1，所以，理论上介质流动㶲应等于干燥系动力设备消耗的电能。

　　干燥系汽化的水分要由流动的介质带走并维持热㶲和湿㶲传递所需的势差，如果没有流动㶲的存在和消耗，热㶲和湿㶲的传递则不能有效进行，所以，干燥是热㶲、湿㶲和流动㶲同时作用的结果，归属复合系统。介质穿越干燥层时的流动㶲消耗，主要体现在增加其流动动能，克服流动阻力做功，部分转化为热㶲和湿㶲，但流动㶲也是物系的特征量，在稳定流动（介质的状态是位置的单值函数，在确定位置上，介质的状态不随时间发生变化）的条件下，可以由驱使流动的压差势，其实际消耗可按照介质进、出干燥系统的介质状态参数定量评价，比流动㶲的值等于干燥系的单位气耗量 m_d（kg 绝干介质/kg 水），进、出干燥系时的焓差。在此，把每蒸发 1kg 水消耗的流动㶲用符号 e_{ds} 来表示，单位为 kJ/kg 水，可由式

（4-46）计算。

$$e_{ds} = m_d (h_1 - h_2) \qquad (4\text{-}46)$$

同样，绝干介质的比流动㶲 e_d 也可用状态参数焓来表示，可由式（4-47）计算。

$$e_d = m_d (h_1 - h_0) \qquad (4\text{-}47)$$

式中，h_1、h_2 分别是介质进、出干燥系统时的比焓，kJ/kg 干空气；h_0 是环境介质的焓，kJ/kg 干空气；m_d 是单位气耗量，kg 干空气/kg 水。在干燥介质中水蒸气自发地向上浮升，当介质流向与其浮升方向不一致时，浮升力的作用使水蒸气流流出干燥系的速率降低，导致介质的比焓减小，那么，在相同去水目标的前提下，逆向运动必然要增大 m_d，从而导致流动㶲内损耗增加。可见，m_d 反映了风量物料比匹配的合理性以及水蒸气惯性流动的情况，是与工艺方式有关的系统特征常数，其值等于介质进、出干燥系统时的含湿量差的倒数，即可由式（4-48）计算。

$$m_d = \frac{1}{d_2 - d_1} = \frac{(B - p_v)(B - p_0)}{0.622[p_v(B - p_0) - p_0(B - p_v)]} \qquad (4\text{-}48)$$

式中，B 是大气压力，Pa；d_1、d_2 分别是进、出干燥系统的介质含湿量 $d_1 = 0.622 \frac{p_0}{B - p_0}$、$d_2 = 0.622 \frac{p_v}{B - p_v}$，kg 水/kg 绝干空气；$p_v$、$p_0$ 分别是排气介质、环境介质中的水蒸气分压力。

由式（4-46）、式（4-47）得到介质流动㶲效率 η_d 表达式

$$\eta_d = \frac{e_{sd}}{e_d} \times 100\% = \frac{h_1 - h_2}{h_1 - h_0} \times 100\% \qquad (4\text{-}49)$$

式（4-49）表征了以下事实：①流动㶲效率是状态函数，取决于介质的状态参数；②增大 h_1，降低 h_2 可提高流动㶲效率（如可以通过逐渐增大流道面积、合理匹配层厚度，使排气速度降低等技术措施）；③自然介质的焓值越高，其流动㶲效率相对也越高；④减小 $h_1 - h_0$ 值或者使 h_2 尽可能靠近 h_0 是提高流动㶲效率的有效途径。

4.5.4.4　干燥系统㶲效率的理论表达式

温度场和压力场相互关联，且各自独立地存在于干燥系统中。基于式（4-39）、式（4-45）式（4-46）、式（4-47）和式（4-49）得到干燥系统㶲效率理论表达式

$$\eta_e = \frac{(1 - \ln\varphi)[2501 - R_{pn}(T - 273.15)] + R_{pn}T\ln\varphi + R_{gv}(T_g - T_v) + m_d(h_1 - h_2)}{(1 - \ln\varphi_0)[2501 - R_{pn0}(T_0 - 273.15)] + R_{pn0}T_0\ln\varphi_0 + R_{g0}(T_g - T_0) + m_d(h_1 - h_0)} \times 100\%$$

$$(4\text{-}50)$$

式中，R_{pn} 和 R_{pn0} 分别是 $[273.15, T]$ 和 $[273.15, T_0]$ 温度区间的特征常数，kJ/(kg·K)；R_{gv} 和 R_{g0} 分别是 $[T_g, T_v]$ 和 $[T_v, T_0]$ 温度区间的特征常数，kJ/(kg·K)；m_d 是单位气耗量，即每去除 1kg 水消耗的绝干介质量，kg/kg；φ 是物料水分活度（小数）；φ_0 是自然介质的相对湿度（小数）；T 和 T_0 分别是水分汽化时的热力学温度和自然环境温度，K；T_g 和 T_v 分别是物料内部温度和表面温度，K。

η_e 是由干燥介质的状态参数、环境参数、单位气耗量、过程特征参数、水分活度构成的工艺系统特征函数，表征的是热㶲、扩散㶲和流动㶲耦合作用的能量利用效率，反映了实际工艺过程干燥㶲消耗的情况。

在干燥系统中不同形式的㶲，其传递和转换的效率存在差异。温度场、压力场相互关联而又独立存在。含湿物料和干燥介质两种不同的物系相遇时，产生了客观㶲传递和转换。基于㶲分析，不仅可以揭示不同形式干燥㶲的最大利用效率，同时也能够清晰呈现其协同作用

的效果，基于系统和环境的状态参数，以干燥速率为统一目标，优化干燥㶲，合理地匹配相应形式的能量，是实现高效节能干燥，科学地评价系统效能的主要技术途径，应是未来干燥研究领域的重要任务之一。

4.5.5　干燥系统㶲效率图解

实际的干燥系统是有限的物料和有限的介质进行热质交换的过程。假设把初态为 φ_0、t_0、h_0 的自然介质受等湿加热和风机驱动，在 φ_1、t_1、h_1 状态送入干燥系统，与初态为 M_0、t_{g0} 的含湿物料相遇后，在干燥㶲的作用下自发地进行热、质传递和转换。在这一过程中含湿物料消耗内能，使其水分汽化，温度由 t_{g0} 迎着介质的湿球温度 t_w 变化为 t_{gb}，与此同时，汽化后的水分在物料表面与干燥介质中的水蒸气分压力差 $p_v - p_e$ 的作用下，进入干燥介质，而介质中的热能在其介质与物料表面间温差 $t - t_{gb}$ 的作用下传向物料。如果物料排出干燥系统时的含水率是 M_2，温度是 t_{g2}，干燥介质则是由 φ_1、t_1、h_1 状态降温增湿变化到状态点 2 离开干燥系统，然后完全回归到自然环境态，依此，绘制的干燥系统状态参数的状态变化如图 4-8 所示。

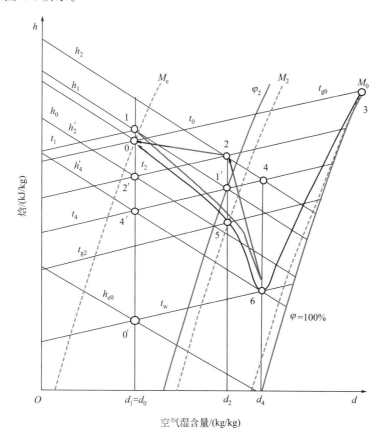

图 4-8　干燥系统状态参数图

注：h、t、d、φ 分别为空气的焓、温度、湿含量、相对湿度；下标 0 表示环境态；t_g、M_e 分别是
粮食温度、平衡含水率；t_w 是空气的湿球温度；h_{e0} 是自然空气在 t_w 状态点等焓线；
$0'$是介质的零㶲效率状态点；d_4 是介质最大等湿含量线；t_{g2} 是排粮温度；
t_4 是最低排气温度；1 和 2 点是进、出干燥系统的介质状态点；3 点是粮食初态点；4 点是最大
排湿状态点；5 点是干粮状态点；6 点是最低粮温和介质最大湿含量状态点

在图 4-8 中，0 点是自然介质的初态点；1 点是干燥介质进入干燥系统的初态点；2 点是介质离开干燥系统的状态点；3 点是含湿粮食的初态点；4 点是最大排湿状态点；即对应干燥介质湿球温度 t_w 下的最大含湿量状态点；5 点是干燥产品的状态点；6 点是最低粮温和自然介质等温增湿条件下的最大湿含量状态点。在介质和湿物料相遇后的干燥过程中，水分汽化消耗的是系统中的热能，其值取决于介质传递给粮食的显热、粮食带入系统的热能及其生化反应热 3 个方面。把充分湿的粮食放置在无穷大的自然环境中时，水分汽化使粮食的温度降低到介质的湿球温度，即沿 3→6 的过程线，在实际干燥过程中其状态变化将是沿 3→6→5→0 的过程线，即从初态点 3，先迎着介质的湿球温度降温、去湿到达状态点 6 后，经历升温、去湿过程到达状态点 5 流出干燥系统，然后，在环境中，完全回归到与环境介质所对应的平衡态点 0，即粮食的含水率经历由 M_0→M_2→M_e 的状态变化过程，与此相应，干燥介质的焓在增湿过程中逐渐增大，离开干燥系后回归到初态，经历从 0→1→2→0 的状态变化过程。

在图 4-8 中所示的干燥系状态变化过程中，每蒸发 1kg 水分，必需的有用能为 h_2-h_2'；干燥系统中的总㶲为 h_2-h_{e0}。其中，自然介质经等湿加热和风机驱动时获得的干燥㶲等于 h_1-h_0；蒸发水分时粮食释放的显热（含生化反应热）和蒸发出的水分的显热之和等于进入干燥系统的介质的焓增量，即 h_2-h_0。对于稳定流动干燥，系统的状态仅仅是位置的函数，其状态不随时间发生变化，此种情况下，式 (4-50) 中的物系状态参数及过程特征常数均有确定的值。基于图 4-8 解析焓㶲，就可把粮食在稳定流动干燥系的㶲效率表示为式 (4-51)。

$$\eta_{ec}=\frac{h_2-h_2'}{h_2-h_{e0}}\times100\%\qquad(4\text{-}51)$$

式中，h_{e0} 是对应自然介质湿含量、最低粮温状态下的干燥介质的比焓，kJ/kg；h_2 是排气的比焓，kJ/kg；h_2' 是对应自然介质湿含量和排气温度的干燥介质的比焓，kJ/kg。

在干燥㶲效率式 (4-27) 中，包含湿粮和自然介质携带的客观㶲，它不同于一般意义上的干燥效率。通过以上分析得知：

① 干燥是热㶲、扩散㶲和流动㶲同时作用的结果，热㶲是水分汽化必需的有用能；扩散㶲源于粮食中多余的水分，扩散㶲效率取决于水蒸气的状态，在扩散过程中，温度场和压力场同时存在，温度梯度与水蒸气分压力差方向相反时，强化㶲效率，一致时则弱化㶲效率；流动㶲维持了热㶲和扩散㶲传递所需的势差，没有流动㶲的存在和消耗，热㶲和湿㶲的传递则不能有效地进行。

② 在通风干燥系统中，含湿粮食和干燥介质是两种不同物系，两种物系之间存在的不平衡势是干燥㶲传递和转换的动力。

③ 干燥可以归结为含湿粮食趋向系统介质状态点的㶲传递和转换的过程，干燥㶲评价理论模型，能够清晰地呈现热㶲、扩散㶲、流动㶲和多势场协同作用及其依存关系。

④ 通过系统的㶲理论表达及其㶲效率分析，可以清晰地预测水分传递的方向、深度以及系统内部㶲损情况，评价出系统中客观㶲和主观㶲的作用效果，为评价干燥系统能量利用水平提供科学的依据，为干燥工艺系统优化指明能量合理利用的技术途径。

⑤ 㶲是状态函数，㶲效率反映了干燥能量利用水平，在工程应用中，评价特定干燥系统的能效时，需要引入时间坐标，依据环境状态参数和粮食在特定系统中的状态变化特性，揭示出㶲流密度及其㶲效率变化特征，进而就可对其能量利用效果做出科学、公平、合理的评价。

4.5.6　干燥系统的能效评价

物料热风干燥是热风与物料接触自发交换水分的多组分、多相系传递的不可逆热力过程。过程发生的机理复杂，影响因素繁多，干燥条件、环境条件、物料条件的变动及处理工艺上的差异，使得系统中的能量在数量和质量上的损失都存在差异，在极端情况下可能还相差很大。由于迄今评价物料干燥系统的用能效果，评定的标准都是基于热能数量守恒关系，来揭示能量转换、传递、利用和损失情况，反映了热量的外部损失，体现了热在数量上的利用程度，但不能反映干燥系统内部损失的情况，评价方法本身存在固有的局限性，也使物料干燥装备技术及精准控制技术的发展受到了影响。

㶲是指热力系统由任意状态可逆地变化到与环境状态相平衡时所做的最大有用功。㶲概念的引入，解决了利用一个单独的物理量来揭示干燥系统能量价值问题，改变了人们对能的性质、损失、转换效率等传统的看法，提供了干燥用能分析的科学基础，能够全面深刻地揭示干燥系统内部损失、能量的价值以及在各环节上损耗的特征。㶲作为一种分析法在能源利用系统优化设计、评价中得到了广泛的应用，但由于起算㶲基准点的选取，对系统状态参数、系统内的㶲结构与特征、转换与传递规律的把握存在很大差异，使得不同学者的评价分析结果也有较大差异。

基于㶲分析法考察多孔介质热风干燥过程发现，干燥速率取决于物料的湿㶲，而能量的利用效率和㶲效率取决于颗粒的大小，指明了多孔介质节能干燥不可忽视干燥层的孔隙率。针对物料干燥机，日本学者基于㶲分析法并把稻谷作为多组分系进行了解析，解算了日本国内的稻谷干燥机能耗，给出了热风干燥仅有 0.5%～1% 的有用能转化给了水分蒸发的分析结果，指出㶲效率低下的主要原因在于干燥室内部的不可逆损失极大，但分析的情况与中国现行的干燥方式还不尽一致，就物料热风干燥系统的㶲传递和转换理论研究而言，大多还是基于㶲概念的直接应用。由于㶲和能都是相对量，㶲分析不能脱离能分析，需要研究两者相同的基准态。㶲是以给定环境为基准的相对量，只有在与给定环境相平衡的状态时，系统的㶲值才为零，况且它还要以可逆条件下最大限度为前提，而能的基准态选取具有任意性，仅以数量多寡来表征，并不需要上述的两个约束条件。为揭示物料干燥系统能量损耗的本质，下面基于㶲分析法，揭示物料热风干燥系统的能量结构及㶲效率，明确了物料的含水率是状态函数，确立了干燥系统起算㶲的基准点，给出了稻谷热风干燥系统状态参数相互制约关系图。为深一步研究能量损耗的原因、部位，探讨高效节能干燥的途径以及工艺设计、制定合理的评价标准，提供了科学的分析方法。

4.5.7　热风干燥工艺系统的㶲流

能量传递的基本规律是能量守恒，㶲传递的基本规则是能质蜕变。度量过程变化、运动和相互作用的量是能量，推动过程进行的条件是㶲。显然，㶲分析要建立在能分析的基础上。在干燥系统，㶲在温度场、压力场、干燥介质和物料中的水蒸气分压力场的关联作用下转换与传递，实现去水目标。从㶲的来源看，有客观㶲和主观㶲两种类型。高湿物料携带有客观的干燥㶲，在物料的含水率高于它与环境条件对应的平衡含水率以上时，常温自然空气对其就具有相当的干燥能力，此时，存在于干燥系统中，能够最大限度地被水分蒸发所利用的那部分能量就是客观㶲，主观㶲则来源于人为提供给干燥介质的焓（包含内能和流动能两个部分），其能流和㶲流如图 4-9 所示。

在图 4-9 中，㶲以势场为载体发生传递，热㶲以系统中的温差为载体随能流发生转换与

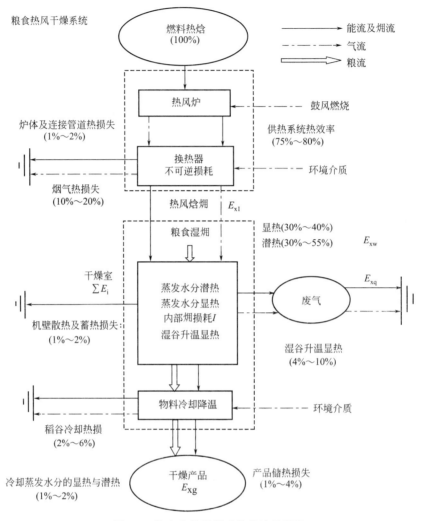

图 4-9　粮食热风干燥系统能流及㶲流

注：E_{x1} 为干燥介质在换热器中获得的焓㶲，kJ；E_{xq} 为排气㶲损，kJ；E_{xw} 为粮食
水分汽化潜热㶲，kJ；E_{xg1}、E_{xg2} 分别为粮食进出干燥室时自身携带的干燥㶲，kJ；
I 为不可逆过程㶲损耗，kJ；$\sum E_i$ 为除水分汽化潜热以外的所有外部㶲损，kJ

传递，流动㶲以气流压差为载体随干燥介质发生转换与传递，湿㶲则以干燥介质与物料上的水蒸气分压力差为载体，在物料内部及气流和物料之间发生转换与传递。

在图 4-9 所示的供热系统中，燃料在通入的自然介质中燃烧产生高温烟气，在燃烧过程中存在节流和流动阻力，有温差传热、混合、摩擦等不可逆损。在此把其提供给干燥室的㶲值作为燃料燃烧热，但就干燥系统而言，可设想其中能够提供给干燥室热量㶲，等价于通入的自然空气的平均升温温度与空气出入热风炉前后的熵差之积。烟气流经热交换器时，将其携带的绝大部分热量传递给干燥机风机吸入的自然空气，转换为干燥介质的焓㶲，被带入干燥室，自身温度降低，蜕变成废烟气后流入环境。烟气在流经热交换器的过程中，自身携带的㶲被分成了四部分：一部分传递给了干燥介质，一部分通过炉体及管道散失到环境中，一部分随废烟气排入环境，其余的在不可逆传热过程中损耗。

干燥介质被风机鼓入干燥室后，携带的热量㶲又被分成了六部分：一部分传递给谷物，用于谷物自身升温和水分汽化；一部分用于机壁蓄热升温；一部分通过机壁散失到环境中；

一部分转化为蒸发出的水蒸气升温；一部分蜕变成废气排放到环境中；其余的在不可逆传热过程中损耗。

物料经热风干燥后，自身携带的热㶲和湿㶲，在冷却段分成两部分：一部分被通入的环境介质接纳后排放到外界，一部分随干燥产品带到外界。物料与干燥介质间的㶲传递过程如图 4-10 所示。输入干燥室热风的焓㶲，包含干燥介质的流动㶲和湿空气的焓㶲两部分。流动㶲可以通过介质进出干燥室的动能差求得。在此仅讨论其中湿空气的焓㶲在干燥室内与物料发生的㶲的转换与传递。

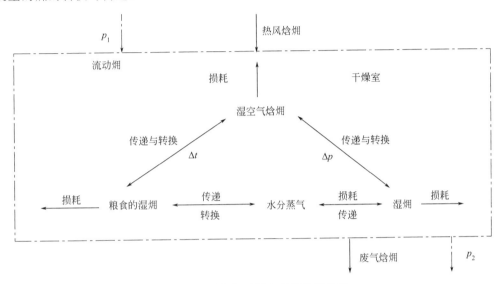

图 4-10　粮食与干燥介质间的㶲传递

注：Δt、Δp 分别为温度差和水蒸气分压力差；p_1、p_2 分别为
干燥介质流入和流出干燥室时的压力，Pa

在物料与干燥介质之间，㶲传递的方向取决于物料的含水率和干燥介质的条件，内能㶲传递的方向与热流方向相同，湿㶲传递的方向则取决于物料含水率与其自身的即时平衡含水率差。在物料含水率高于其即时的平衡含水率时，湿㶲的传递方向是由物料到介质，在物料含水率低于其平衡含水率时，湿㶲的传递方向则是由介质到物料。图 4-10 中，当物料含水率高于其平衡含水率，且介质的温度高于物料温度时，干燥层中，从介质流出的焓㶲被分成两部分，一部分通过㶲传递流入物料，另一部分则在不可逆干燥过程中损耗；从物料流出的湿㶲也被分成两部分，一部分通过㶲传递流入干燥介质，另一部分在不可逆扩散过程中损耗。而当物料含水率较低，湿空气温度和湿度较高，且物料的含水率低于其即时平衡含水率时，物料则被吸湿，湿㶲传递方向是从干燥介质传递到粮层，物料的湿㶲增加。在此种情况下，从干燥介质流出的热㶲被分成了三部分，一部分通过㶲传递流入粮层，一部分转换为物料的湿㶲，一部分在不可逆干燥过程中损耗。从干燥介质流出的湿㶲也被分成两部分，一部分通过㶲传递流入物料，一部分在不可逆扩散过程中损耗。

4.5.8　干燥系统㶲匹配及能效评价法

基于能量守恒，供需相等时，能效率为 100%。供应量不足，则意味着不能满足需要。实际上，由于干燥过程不可避免地要有热量散失、装置及物料升温吸热等外部损失，所以，实际的供应量必须大于需要的量，而使实际的能效率小于 1。但能效率不能反映系统的内部损失，也没有体现干燥系统内的客观势，因而其评价结果并不公平。

烟评价法反映了物料干燥系统的用能效果。烟效率不仅包含了干燥装置和工艺系统的评价因素，也体现了干燥操作参数对用能效果的影响，所以，干燥系统能量利用的程度可以用烟效率的高低来表征，而烟效率的高低可从能量供求"量"与"质"的匹配来评价。能量匹配的合理性，可以通过输入系统的能量的能质系数与系统输出的干燥所需的能量的能质系数比来表征。其能量的"量"与"质"匹配评价如图 4-11 所示。

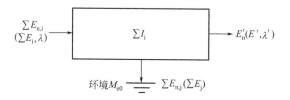

图 4-11　干燥系统的量与质匹配评价

　　在图 4-11 中，设输入系统的净能量为 $\sum E_{n,i}$，其中的烟值为 $\sum E_i$，它包含了燃料燃烧提供的烟和物料携带的客观干燥烟以及通风系统的流动烟，并设其折合能质系数为 λ。干燥系统的净输出能量中，作为干燥所需的"有用"输出能量为 E'_n，其烟值为 E'。此值与干燥蒸发水分的汽化潜热烟相当，设其能质系数为 λ'，其余均为外部损失 $\sum E_{n,j}$（包括工作介质带走的能量、散热损失、物料及机壁吸热损失、蒸发水分升温热损失、流动损失等）。由于环境介质进入和排出系统时的流动烟增量将随热风被作为废气排到环境，所以，把此部分烟增量也包含到外部损失。那么，$\sum E_{n,j}$ 即为除水分汽化潜热以外的所有损失，设其烟值为 $\sum E_j$。能量传递与转换过程的不可逆性，而在系统内部产生了烟损 I，使得烟总量随着不可逆过程的进行不断减小。$\sum I_i$ 表示干燥系统内部各环节烟损失的总和。

　　根据能量平衡和烟平衡得到：$\sum E_{n,i}=E'_n+\sum E_{n,j}$ 和 $\sum E_i=E'+\sum E_j+\sum I_i$，系统的能量利用效率为 $\dfrac{E'_n}{\sum E_{n,i}}$，输入系统的净能量的能质系数 $\lambda\equiv\dfrac{\sum E_i}{\sum E_{n,i}}$，"有用"输出的能质系数 $\lambda'=\dfrac{E'}{E'_n}$。于是，得到基于能质系数的干燥系统的烟效率表达式

$$\eta_{ex}=\frac{E'}{\sum E_i}=\frac{\lambda'}{\lambda}\times\frac{E'_n}{\sum E_{n,i}} \tag{4-52}$$

　　可见，$\dfrac{\lambda'}{\lambda}$ 从质量上反映了能量匹配的情况。而当 $\lambda>\lambda'$ 时，即输入能量的质量高于有用的干燥输出的能量的质量，能质系数的差值 $\Delta\lambda=(\lambda-\lambda')$ 越大，表明匹配性越差，η_{ex} 必然越小。所以，在物料规定了干燥过程的极限温度的前提下，热风干燥系统提高热能利用效果的途径，应是尽可能选用经济的低值燃料，降低燃烧、换热过程的能质内损耗。

　　当 $\lambda<\lambda'$ 时，即输入能量的质量低于有用的干燥输出的能量的质量，能质系数的差值 $\Delta\lambda=(\lambda-\lambda')$ 越大，则意味着从质量较差的能量中提取出了有用的烟，提高了 η_{ex}，就物料干燥系统而言，利用物料携带的客观干燥烟，实现系统温度降低而又使介质的焓增大，其结果必然使系统向环境中释放水分的同时，又不断地从环境中提取水分蒸发所必需的热烟，使得系统的干燥烟效率大幅度提高。

　　烟效率是收益烟与支付烟的比值。烟效率与能效率相比，它多了一个因系统内部的不可逆性造成的损失项 I，而此项损失才是真正意义上的热力学损失，反映了系统的热力学完善度。因此，建立热力系统烟平衡关系式，采用烟分析法，能够定量计算能量烟的各项收支、利用及损失情况。在烟收支平衡的基础上，把握能流的去向，考察包括收益项和各种损失

项，根据各项的分配比例可以分清其主次；通过计算效率，确定能量转换的效果和有效利用程度，进而分析能量利用的合理性，分析各种损失大小和影响因素，提出改进的可能性及改进途径，并预测改进后的节能效果，对研究干燥系统能量的合理利用和实现高效节能，制定公平合理的干燥系统评价标准具有重要意义。

参考文献

[1] 李长友. 粮食干燥㶲传递和转换特征及其理论表达. 农业工程学报，2018，34（19）：1-8.
Li Changyou. Theoretical analysis of exergy transfer and conversion in grain drying process. Transactions of the Chinese Society of Agricultural Engineering, 2018, 34（19）: 1-8.

[2] 李长友，麦智炜，方壮东. 粮食水分结合能与热风干燥动力解析法. 农业工程学报，2014，30（7）：236-242.
Li Changyou, Mai Zhiwei, Fang Zhuangdong. Analytical study of grain moisture binding energy and hot air drying dynamics. Transactions of the Chinese Society of Agricultural Engineering, 2014, 30（7）: 236-242.

[3] Li Changyou. Analytical theory study on latent heat coefficient of grain water vaporization. Drying Technology, 2014: 30（7）: 236-242.

[4] 李长友. 粮食干燥解析法. 北京：科学出版社，2018.

[5] 李长友. 干燥物系的特征函数及其理论解. 农业工程学报，2020，36（12）：286-295.
Li Changyou. The characteristic functions of drying system and it's theoretical solution. Transactions of the Chinese Society of Agricultural Engineering, 2020, 36（12）: 286-295.

[6] Li B, Li C, Li T, et al. Exergetic, Energetic, and Quality Performance Evaluation of Paddy Drying in a Novel Industrial Multi-Field Synergistic Dryer. Energies, 2019, 12.

[7] Li B, Li C, Huang J, et al. Exergoeconomic Analysis of Corn Drying in a Novel Industrial Drying System. Entropy, 2020, 22（6）: 689.

[8] Li B, Li C, Huang J, et al. Application of Artificial Neural Network for Prediction of Key Indexes of Corn Industrial Drying by Considering the Ambient Conditions. Applied Sciences, 2020, 10（16）: 5659.

[9] Li T, Li C, Li B, et al. Characteristic analysis of heat loss in multistage counter-flow paddy drying process. Energy Reports, 2020, 6: 2153-2166.

[10] Li C, Li B, Huang J, et al. Energy and Exergy Analyses of a Combined Infrared Radiation-Counterflow Circulation（IRCC）Corn Dryer. Applied Sciences, 2020, 10（18）: 6289.

[11] Syahrul S, Hamdullahpur F, Dincer I. Energy analysis in fluidized bed drying of wet particles. Int J Energy 2002: 507-525.

[12] Syahrul S, Hamdullahpur F, Dincer I. Exergy analysis of fluidized bed drying of moist particles. Exergy—Int. 2002: 87-98.

[13] 陈群，郝俊红，付荣桓，等. 基于㶲理论的热系统分析和优化的能量流法. 工程热物理学报，2017，38（7）：1376-1383.
Chen qun, Hao Jnn-hong, Fu Rong-heng, et al. Entransy-based power Flow Method for Analysis and Optimization of thermal systems. Journal of Engineering Thermophysics, 2017, 38（7）: 1376-1383.

[14] 陈则韶，李川. 热力学第二定律的量化表述及其应用例. 工程热物理学报，2016，37（1）：1-5.
Chen Ze-shao, Li Chuan. Quantifiable Expression of The Second Law of Yhermodynamics and It's Application. Journal of Engineering Thermophysics, 2016, 37（1）: 1-5.

[15] 李长友，麦智炜，方壮东，等. 高湿稻谷节能干燥工艺系统设计与试验. 农业工程学报，2014，30（10）：1-9.
Li Changyou, Mai Zhiwei, Fang Zhuangdong, et al. Design and test on energy-saving drying system for high moisture content paddy［J］. Transactions of the CSAE, 2014, 30（10）: 1-9.（in Chinese with English abstract）

[16] 李长友. 粮食热风干燥系统㶲评价理论研究. 农业工程学报，2012，28（12）：1-6.
Li Changyou. Exergy evaluation theory of hot air drying system for grains. Transactions of the CSAE, 2012,

28（12）：1-6.

[17]　李长友，马兴灶，方壮东，等. 粮食热风干燥热能结构与解析法. 农业工程学报，2014，30（9）：220-228.
　　　Li Changyou, Ma Xingzao, Fang Zhuangdong, et al. Thermal energy structure of grain hot air drying and analyticalmethod. Transactions of the Chinese Society of Agricultural Engineering（Transactions of the CSAE），2014，30（9）：220-228.

[18]　加藤宏朗. 穀物乾燥機のエネルギ評価法に関する研究（第3報）—乾燥プロセスのエクセルギ解析［J］. 農業機械学会誌，1983，45（1）：85-93.
　　　Koro KATO. Energy Evaluation Method of Grier Drier（3）—Exergy Analysis of Drying Process—. Journal of the Japanese Society of Agricultural Machinery, 1983, 45（1）：85-93（in Japanese with English Summary）.

[19]　Midilli A, Kucuk H. Energy and exergy analyses of solar drying process of pistachio. Energy, 2003, 28（6）：539-556.

[20]　Akpinar E K. Energy and exergy analyses of drying of red pepper slices in a convective type dryer. International Communications in Heat & Mass Transfer, 2004, 31（8）：1165-1176.

（李长友）

第二篇

干燥方法和干燥器

第5章

隧道干燥和厢式干燥

5.1 概述

　　隧道干燥器和厢式干燥器是有悠久历史的干燥设备，适用于有爆炸性和易生碎末的物料，胶黏性、可塑性物料，粒状物料，膏浆状物料，陶瓷制品，棉纱纤维及其他纺织物等，以及无须用盘架的物料。

　　厢式干燥器中，一般用盘架盛放物料。优点是容易装卸、物料损失小、盘易清洗。因此，对于需要经常更换产品、价高的成品或小批量物料，厢式干燥器的优点十分显著。随着新型干燥设备的不断出现，厢式干燥器和隧道干燥器在干燥工业生产中，仍是不可缺少的类型之一。

　　厢式干燥器的主要缺点是：物料得不到分散，干燥时间长；若物料量大，所需的设备容积也大；工人劳动强度大；如需要定时将物料装卸或翻动时，粉尘飞扬，环境污染严重；热效率低，一般在 40% 左右，每干燥 1kg 水分需消耗加热蒸汽约 2.5kg 以上。此外，产品质量不够稳定。因此随着干燥技术的发展将逐渐完善此类型干燥器。

　　厢式干燥器内部主要结构包括逐层存放物料的盘子、框架、蒸汽加热翅片管（无缝钢管）或电热元件加热器。其基本工作原理是由风机产生的循环流动的热风，吹到潮湿物料的表面而达到干燥目的。在大多数设备中，热空气被反复循环通过物料。厢式干燥器的工作原理和结构如图 5-1 所示。厢内空气的工作状态可用湿度-温度图表示，见图 5-2。

　　将某一热力学温度的空气（A 点）在加热管上通过，温度上升到 T_1（B 点），而绝对湿度 y_1 不变。加热过程用 AB 线表示。然后空气通过湿物料层，在达到接近饱和状态

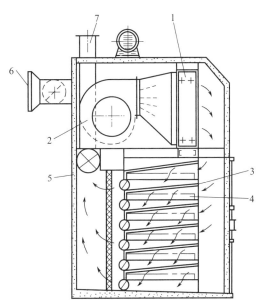

图 5-1　厢式干燥器

1—加热器；2—循环风机；3—干燥板层；4—支架；
5—干燥器主体；6—吸气口；7—排气口

203

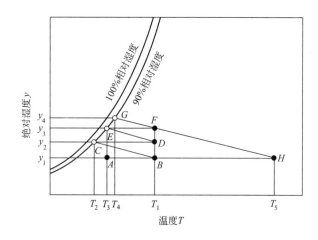

图 5-2　采用空气反复加热方式的干燥操作

（相对湿度为 90%）后流出（C 点），这时它的温度已下降到 T_2 值，空气湿度增加到 y_2。空气吸湿过程用 BC 线表示，可认为 BC 线是一个绝热冷却过程。每 1kg 空气可以除去 (y_2-y_1)kg 水。因此，可以计算除去物料中的一定数量水分所需要的空气量。再将温度为 T_2 的空气加热到温度 T_1（D 点），绝对湿度 y_2 不变。这一过程用 CD 线表示。于是当再度加热的空气通过第二个盘架的湿物料时，将吸取湿分，直到相对湿度升到 90%，而温度下降到 T_3 时（E 点）为止。按照这种过程，1kg 空气所能带出的水分将达到 (y_3-y_1)kg 水。

　　因此，1kg 空气所带走的湿分可比单程加热增加很多。例如空气在物料上通过三次后，1kg 空气所除掉的水分总量为 (y_4-y_1)kg。如果热空气单程通过烘箱内的物料表面，而其他条件基本相同（即排除同样的水分，排出空气相对湿度为 90%），则湿度为 y_1 的空气将开始加热到 T_5，如 GFH 线所示。

　　从图 5-2 可以看出，再加热的方法有两个主要的优点。一是需要的空气量少，因为 1kg 空气带出的水分比在单程加热的多。二是在单程加热中，为了带走同样多的水分，就必须把空气加热到一个较高的温度 T_5。由于空气量的减少和加热温度的下降，使得加热系统设备大为简化，也使箱体内风速降低，减少了细粉尘的逸出。

5.2　厢式干燥器

　　厢式干燥器分为热风沿着物料表面通过的水平气流厢式型干燥器（如图 5-3）和热风垂直穿过物料层的穿流气流厢式干燥器。当干燥室内的空气被抽成真空状态时，就成为真空厢式干燥器。

5.2.1　水平气流厢式干燥器

5.2.1.1　热风的速度

　　为了提高干燥速度，需有较大的传热系数 h，必须加大热风的速度。但是为了防止物料带出，风速应小于物料带出速度。因此，被干燥物料的密度、粒径以及干燥结束时的状态等成为决定热风速度的因素。装料盘单位面积蒸发水量可用传热的一般公式计算：

$$Q=hA(t_g-t_m) \tag{5-1}$$

$$\overline{W}=\frac{Q}{r_wA}[\mathrm{kgH_2O/(h\cdot m^2)}] \tag{5-2}$$

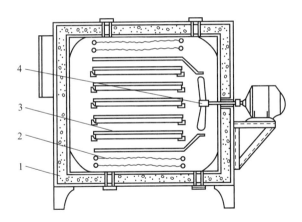

图 5-3 使用轴流风扇的厢式干燥器
1—保温层；2—电加热；3—料盘；4—风扇

考虑由物料表面和料盘底部上下两侧同时传递热量，则有：

$$\overline{W} = \left(h + \frac{1}{1/h + L_1/\lambda_1 + L_2/\lambda_2} \right)(t_g - t_m) \frac{1}{r_w A} \tag{5-3}$$

$$h = 0.0143 G^{0.8} [\text{kJ/(s} \cdot \text{℃} \cdot \text{m}^2)] \tag{5-4}$$

上式的实验条件为

空气流速　$G = 0.68 \sim 8.14 [\text{kg/(m}^2 \cdot \text{s})]$

气温　$t_g = 45 \sim 150℃$

式中，Q 为空气传给物料的热量，kJ/h；$\overline{W}$ 为装料盘单位面积的水分蒸发量，kg/(h·m²)；A 为面积，m²；r_w 为物料在温度 t_m 时的蒸发潜热，kJ/kg；L_1 为装料盘的厚度，mm；λ_1 为装料盘的热导率，kJ/(m·h·℃)；L_2 为物料厚度，m；λ_2 为物料的热导率，kJ/(m·h·℃)；t_g 为空气温度，K；t_m 为物料温度，K；G 为空气速度，kg/(h·m²)；h 为空气对物料的传热系数，kJ/(h·m²·℃)。

一般物料层厚 $L_2 = 20 \sim 30$mm。由表 5-1 可知传热系数的实验值与计算值基本相似。实验条件为气体温度 $T_g = 80 \sim 90℃$。

表 5-1　传热系数实验值与计算值对比

风速/m·s⁻¹	h(计算)	h^1(实验)	风速/m·s⁻¹	h(计算)	h^1(实验)
0.5	7.1	7~9	1.5	16.5	13~15
0.75	9.7	9~11	2.0	21.2	17~22
1.0	12.3	10~13	2.5	25.0	23~28

5.2.1.2　物料层的间距

在干燥器内，空气流动的通道大小，对空气流速影响很大。空气流向和在物料层中的分布与流速有关。因此，适当考虑物料层的间距和控制风向是保证流速的重要因素。

5.2.1.3　物料层的厚度

为了保证干燥物料的质量，常常采取降低烘箱内循环热风的温度和减薄物料层的厚度等措施来达到目的。物料层的厚度由实验确定，通常为 10~100mm。

5.2.1.4 风机的风量

风机的风量根据计算所得的理论值（空气量）和干燥器内泄漏量等因素决定。但是在有小车的厢式干燥器内，干燥室和小车之间有一定的空隙，尤其在空气阻力小、安装车轮的空间内，通过的空气量相对较多。所以在决定风量时，应考虑这些因素。

为了使气流不出现死角，水平气流厢式干燥器的风机应安置在合适的位置。在干燥设备内安装整流板，以调整热风的流向，使热风分布均匀。

目前，效率较高的厢式干燥器的热风速度约为 6700kg/（m² • h）。

5.2.1.5 水平气流厢式干燥器实例

图 5-4 为工业上常用的自然通风厢式干燥器。表 5-2 为热风循环烘箱的主要技术参数。

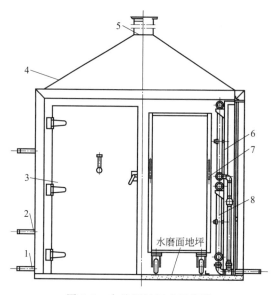

图 5-4　自然通风厢式干燥器

1—冷凝水出口；2—蒸汽进口；3—门；4—锥形罩；5—排风口；6—上部加热管；7—小车；8—下部加热管

表 5-2　热风循环烘箱的主要技术参数

型号规格	每次干燥量/kg	配用功率/kW	耗用蒸汽/kg·h⁻¹	散热面积/m²	风量/m³·h⁻¹	上下温差/℃	配用烘盘	外形尺寸（面宽×深度×高）/mm	配套烘车
XG-Ⅰ	100	11	20	20	1400	±2	48	2430×1200×2375	2
XG-Ⅱ	200	11	40	40	5200	±2	96	2430×2200×2433	4
XG-Ⅲ	300	22	60	80	9800	±2	144	3430×2200×2620	6
XG-Ⅳ	400	22	80	100	9800	±2	192	4380×2200×2620	8
XGK-O	25	0.45	5	5	3450	0	8	1550×1000×2044	0
XGK-Ⅰ	100	0.45	18	20	3450	±2	48	2300×1200×2300	2
XGK-Ⅱ	200	0.9	36	40	6900	±2	96	2300×2200×2300	4
XGK-Ⅲ	300	1.35	54	80	10350	±2	144	2300×3220×2000	6
XGK-Ⅳ	400	1.8	72	100	13800	±2	192	4460×2200×2290	8
XGK-1B	120	0.9	20	25	6900	±1	48	1460×2160×2250	2

续表

型号规格	每次干燥量/kg	配用功率/kW	耗用蒸汽/kg·h⁻¹	散热面积/m²	风量/m³·h⁻¹	上下温差/℃	配用烘盘	外形尺寸（面宽×深度×高）/mm	配套烘车
XDG-1S	专用烘箱	2.2	60	100	6900	±2		1140×6160×3240	6
XGK-1A	高效高温远红外灭菌烘箱							1200×1000×1600	1

注：材质有 Q235、钢、铝合金、不锈钢，除湿度<1%。

图 5-5 为干燥介质循环使用的厢式干燥器，它是传导加热和热风循环的组合。厢内装有两台或多台可移动的盘架式料车。盘架中空管内通以蒸汽、热水和热油。利用传导和水平流动的热风对流，进行传热和传质，达到均匀干燥的目的。烘箱顶部安装循环风扇，不断补充新鲜空气，并从排风口放出等量废气。大部分混合热风在厢内进行加热和循环操作。厢内调风阀可根据产品性状和要求调节进风量和温度，以确保厢内热风温度分布均匀，上下温差小于3℃。移动盘架式料车的尺寸为 1000mm×1300mm×2035mm，共有 18 层。

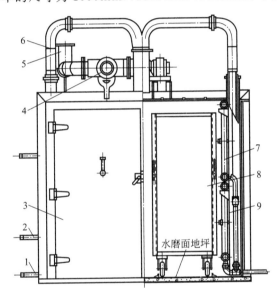

图 5-5　干燥介质循环使用的厢式干燥器

1—冷凝水出口；2—蒸汽进口；3—门；4—调风阀；5—排风口；6—循环风管；7—上部加热管；8—小车；9—下部加热管

图 5-6 为 GH-9 型热风循环式烘箱，装料容积为 0.65m³，有两台料车，每台料车有 72 只料盘，料盘尺寸为 410mm×610mm×40mm。图 5-7 为配有 4 台轴流风扇的双门厢式干燥器，容量为 0.7～1.0m³。图 5-8 为配有轴流风扇的双室带小车装置的高温厢式干燥器，小车两侧的加热器为可拆卸结构，容量为 0.07～0.1m³ 左右。图 5-9 为配有复叶式风扇的双室带小车厢式干燥器，在风机的右侧安放了过滤器。此外，还有 3 门以上大型厢式干燥器，容量在 2m³ 以上。

5.2.2　穿流气流厢式干燥器

在水平气流厢式干燥器中，气流只在物料表面流过。它的缺点是：传热系数较低，热利用率较差，物料干燥时间较长等。为了克服以上缺点，开发了穿流式气流厢式干燥器。为了使热风在料层内形成穿流，必须将物料加工成型。由于物料性质的不同，成型的方法有沟槽成型、泵挤条成型、滚压成型、搓碎成型等。

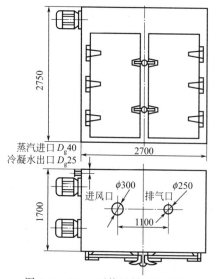

图 5-6　GH-9 型热风循环式烘箱

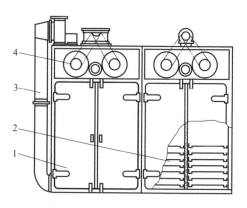

图 5-7　配有 4 台轴流风扇的双门厢式干燥器
1—门；2—料盘；3—风管；4—风扇

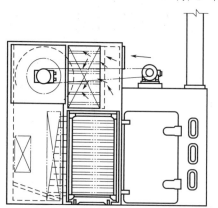

图 5-8　配有轴流风扇的双室带小车装置的高温厢式干燥器

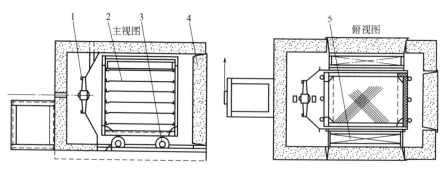

图 5-9　配有复叶式风扇的双室带小车厢式干燥器
1—复叶式风扇；2—盘子；3—小车；4—门；5—过滤器

5.2.2.1　干燥物料的飞散

　　热风形成穿流气流，容易引起物料的飞散，对于小颗粒物料更为明显。必须控制物料盘中的风速，以防止物料的飞散。需要合理选择鼓风机功率及压头损失。一般取风机的静压头为 400～650MPa。穿流气流干燥器最适宜风速见图 5-10。

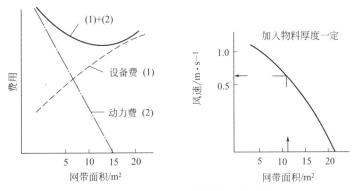

图 5-10　穿流气流干燥器最适宜风速

为了防止物料飞散，在料盘上盖有金属网，见图 5-11。

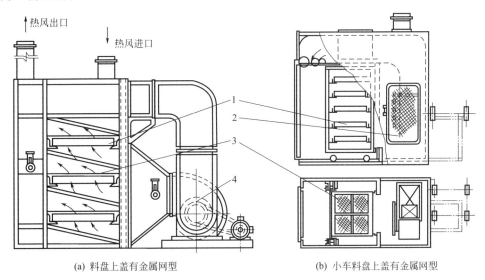

(a) 料盘上盖有金属网型　　　　　　(b) 小车料盘上盖有金属网型

图 5-11　穿流气流厢式干燥器
1—料盘；2—过滤器；3—盖网；4—风机

5.2.2.2　热风的泄漏

热气流穿过物料时的压头损失较大（约 500Pa），泄漏可能性也大。因此，风机的压力要比水平气流时高。为了防止和减少热风的泄漏，对设备的密封结构有较高要求。此外，在选择风机、加热面积时也要考虑热风泄漏问题。

5.2.2.3　物料层的厚度

物料层的铺设厚度由热风通过的速度、物料干燥速度和操作成本以及物料价值等因素确定。物料在干燥器内厚度较大时，风机的功率相应增加。通常物料层厚度取 25～50mm 较适宜。当风速在 0.7～1.0m/s 时，物料层厚度取 45～65mm。

5.2.2.4　热风量的调节

在穿流气流干燥器内，可以安装导流叶片以调节热风量。同时，在各层物料的排风部位上安装调节挡板。

5.2.2.5　穿流和水平气流厢式干燥器的干燥速度比较

图 5-12 和图 5-13 分别为颜料和面筋在两种厢式干燥器中干燥速度的比较。

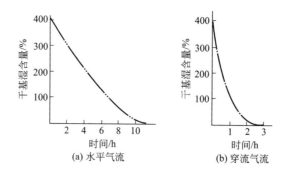

(a) 水平气流　　　　(b) 穿流气流

图 5-12　颜料在穿流气流和水平气流干燥器中干燥速度的比较

气流	水平气流	穿流气流
物料厚	30mm（17kg/m²）	50mm（25kg/m²）
温度/℃	80	80
风速/m·s⁻¹	1.2	0.5

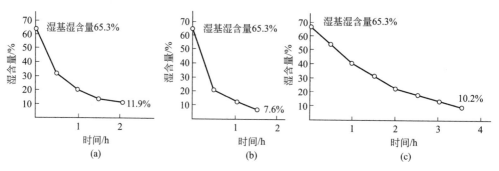

图 5-13　面筋在穿流气流和水平气流干燥器中干燥速度的比较

	气流	物料/mm	物料厚/mm	温度/℃	风速/m·s⁻¹
（a）	穿流气流	25×25×25	40	100	0.5
（b）	穿流气流	10×10×5	50	95	0.5
（c）	水平气流	65×25×5	20	100	1.4

从两图中可看出，干燥物料散布方式对水平气流干燥速度影响不大，而对穿流气流干燥速度影响较大。由于物料放置条件不同，干燥时间和最终湿含量均有较大差异。穿流气流干燥速度比水平气流干燥速度约快 2～4 倍。

5.2.2.6　厢式干燥器应用实例

表 5-3 及表 5-4 分别为平行流厢式干燥器和穿流厢式干燥器的运转实例。

表 5-3　平行流厢式干燥器的运转实例

物料	颜料	染料	医药品	催化剂	铁酸盐	氟硅酸钠	树脂	食品
处理量/kg	2000	850	150	900	3900	1450	200	30
原料水分(湿基)/%	80	75	40	75	40	30	5	15

续表

物料	颜料	染料	医药品	催化剂	铁酸盐	氟硅酸钠	树脂	食品
制品水分(湿基)/%	1	1	0.5	2	0.5	8	0.5	4
原料堆积密度/kg·L^{-1}	0.7	0.7	0.5	1.2	1.3	1.1	0.7	0.5
干燥时间/h	12	6	7	13	7	6	8	3
热风温度/℃	130～90	180～80	80	120	250	110	55	80
干燥面积/m^2	78	35	28	32	80	42	30	46
热源	蒸汽	蒸汽	蒸汽	蒸汽	重油	电力	蒸汽	蒸汽
动力/kW	11	7.5	1.5	6.25	14.7	4.45	1.5	2.2

表 5-4　穿流厢式干燥器的运转实例

物料	颜料	医药品	催化剂	树脂	窑业制品	氨基酸
处理量/kg	200	260	370	35	100	200
原料水分(湿基)/%	60	65	—	35	31	50
制品水分(湿基)/%	0.3	0.5	—	10	3	2
原料堆积密度/kg·L^{-1}	0.56	0.5	0.92	0.8	0.51	0.5
热风温度/℃	60	80	400	150	100	80
干燥时间/h	5	6	—	3	40	1
干燥面积/m^2	6.5	5.8	4.6	0.63	6.6	6.8
热源	蒸汽	蒸汽	气体	蒸汽	电力	蒸汽
动力/kW	11	11	3.7	—	7.5	11

5.2.3　真空厢式干燥器

　　将被干燥物料置于真空条件下进行加热干燥，即利用水环式真空泵或水喷射泵抽气、抽湿，使干燥室内形成真空状态。真空干燥适用于干燥不耐高温、易于氧化的物料或以有机溶剂作为干燥介质的泥状、膏状物料，以及贵重的生物制品。优点是提高干燥速度、缩短干燥时间、保护产品质量。

　　真空厢式干燥器结构见图 5-14。它有一个钢制外壳，断面为长方形或圆筒形，内有许多空心隔板（有 4、6、8 层等几种），在隔板中通入蒸汽或热水。短管 C 连接空心隔板和多支管，总管 A 内通入蒸汽，B 管排出冷凝水，将铺有待干燥物料的料盘放置在隔板上，关闭室门，用真空泵将厢体内抽成真空。隔板内的蒸汽渐渐将盘中物料加热到指定的温度，水分即在室内压力下汽化，并在冷凝器中冷凝。冷凝器安装在干燥器和真空泵之间。如果采用水环式真空泵，则可不用冷凝器。

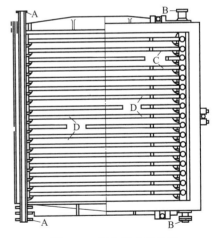

图 5-14　真空厢式干燥器
A—进汽多支管；B—凝液多支管；
C—连接多支管与空心隔板的短管；
D—空心隔板

　　真空厢式干燥器的主要优点是：

　　① 当加热温度恒定时提高真空度能提高干燥速度；

　　② 当真空度恒定时提高加热温度能提高干燥速度；

　　③ 物料中蒸发的溶剂通过冷凝器回收；

④ 热源采用低压蒸汽、废热蒸汽、热水或其他介质（由物料耐热性确定）；

⑤ 干燥器热损耗少，热效率高；

⑥ 干燥操作前厢体可进行预消毒。干燥过程中，无杂物混入，产品不受污染；

⑦ 被干燥的物料处于静止状态，形状不易损坏。

缺点是：

① 操作较复杂，操作费用较高；

② 设备结构较复杂，造价较高。

真空厢式干燥器生产规格和技术数据以及运转实例见表5-5和表5-6。

表5-5　真空（隔板式）厢式干燥器的运转实例

物料	医药品(1)	医药品(2)	染料	铜粉	溶剂	树脂	酵母	糕点、糖果
处理量/kg	200	130	900	500	960	150	70	350
原料水分(湿基)/%	15	40	66	5	92.2	15	80	10
制品水分(湿基)/%	0.5	1	4.5	0	0	0.8	11	4
原料堆积密度/kg·L^{-1}	0.5	0.25	1.2	2.0	1.2	0.55	1.0	—
温度/℃	60	75	132	60	150	95～50	40	80
干燥时间/h	20	16	10	2	3	10	30	2.4
干燥面积/m²	20	17	35	6.4	26	15	7	21
真空度/mmHg	25	5	36	50	—	10～5	60～4	10
热源	温水	温水	蒸汽	温水	蒸汽	温水	温水	温水
动力/kW	11	7.5	7.5	1.5	—	3.7	11	11

注：1mmHg＝133.32Pa。

表5-6　国内真空干燥箱系列规格

名称	YZG-600	YZG-1000	YZG-1400A	FZG-12	FZG-15
干燥箱内尺寸/mm	$\phi 600 \times 976$	$\phi 1000 \times 1527$	$\phi 1400 \times 2054$	1500×1400×1300	1500×1400×1220
干燥箱外尺寸/mm	4135×810×1020	1693×1190×1500	2386×1675×1920	1700×1900×2140	1513×1924×2060
烘架层数	4	6	8	8	8
层间距离/mm	81	102	102	132	122
烘盘尺寸/mm	310×600×45	250×410×45	400×600×45	480×630×45	480×630×45
烘盘数	4	24	32	32	32
烘架管内使用压力/MPa	≤0.784	≤0.784	≤0.784	≤0.784	≤0.784
烘架使用温度/℃	−35～150	−35～150	−35～150	−35～150	−35～150
箱内空载真空度/Pa	1333(10Torr)	1333	1333	6665(50Torr)	1333
在 0.1MPa,加热温度110℃时,水的汽化率/kg·m^{-2}·s^{-1}	7.2	7.2	7.2	7.2	7.2
用冷凝器时,真空泵型号、功率/kW	ZX-15 2kW	ZX-30A 3kW	ZX-70A 5.5kW	ZX-70A 5.5kW	ZX-70A 5.5kW
不用冷凝器时,真空泵型号、功率/kW	JZJS-70 7kW	JZJS-70 7kW	JZJS-70 7kW	JZJS-70 7kW	JZJS-70 7kW
干燥箱质量/kg	250	800	1400	2500	2100

注：1Torr＝133.322Pa。

5.3　隧道干燥器

早在 180 年前，Yule（英国，1845）申请专利 "A preserved provision manufacturer" 时，便有了隧道干燥的概念，但其真正应用于食品领域是在 19 世纪后。1890 年，Allen 研发生产了隧道干燥器，1923 年，Wiegand 利用热风部分再循环方法对隧道干燥进行了改进，此外，在第一次世界大战期间，对此进行了广泛研究，出现了各种类型的隧道式干燥器。随后，经过无数技术人员的不懈努力和多年的持续研究与改进，才发展到现在所使用的隧道式干燥设备。较为著名的是 Eidt（1938）等人研发的加拿大苹果两级隧道干燥器。1946 年，英国食品部又改进了两级隧道式蔬菜脱水装置，并在欧洲和美国开发了类似的隧道式干燥器。

目前，隧道干燥方式被广泛应用于水果、蔬菜等食物，以及农产品加工领域。这种方式适用于规模化生产，可用于生鲜农产品的快速处理，与自然晾晒相比，可免受地域、人员、天气和时间等因素的影响。

5.3.1　隧道干燥类型

隧道干燥除隧道本身外，还包括在隧道内部移动的输送小车和热风机，小车上设有托盘或货架，用于放置被干燥的物料，使其在隧道内移动。按照小车的移动方向不同，可分为逆流型和顺流型两种隧道式干燥器；按照加热方式的不同，可分为直接加热和间接热风加热两种干燥方式。

图 5-15 为逆流型和顺流型两种隧道干燥示意图。隧道内布置小车，数量从 4～5 台到 15～20 台不等，高度在 1.5～2.0m 左右。小车的入口称为入口端或进料口，出口称为出口端或出料口。干燥蔬菜时，干燥能力为 5～15kg/m²；干燥水果时，干燥能力为 5～25kg/m²，热风风速为 5m/s，干燥温度＜90℃，连续干燥时间从几小时到几十小时不等。

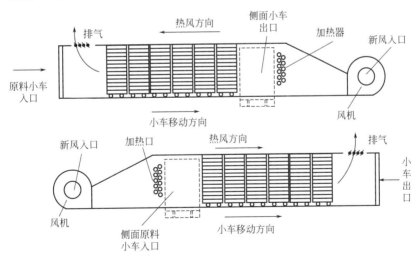

图 5-15　单列逆流/顺流隧道干燥示意图

图 5-16 是在逆流/顺流条件下，干燥温度和含水量随时间的变化曲线。图中显示了切片马铃薯在不同的干燥条件下，干燥温度与干燥过程的对应关系。例如：隧道内设置 12 台车，托盘有效面积为 50m²，干燥物料的填充量为 7.5kg/m²，通过托盘的风速为 5m/s，在逆流

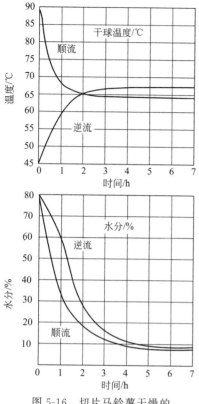

图 5-16　切片马铃薯干燥的
逆流与顺流对比图

情况下，入口处的温度为 65℃（湿球温度 30℃）；在顺流条件下，入口处的温度为 85℃（湿球温度 32℃）。

Arsdel（1951）和 Perry（1946）等人对上述现象进行了分析研究，结果显示，逆流和顺流的根本差异在于：顺流条件下，入口端的热空气温度比较高，由于含水率高的物料首先接触到高温的空气，具有较好的换热效率，但是，物料表面的硬壳化会阻碍其内部水分扩散，从而影响干燥性能及产品品质，另外，在出口端附近由于热空气的低温高湿，最终产品可能会出现干燥不充分现象。与之相反，在逆流的条件下，物料首先接触低温高湿的空气，出口端物料与高温低湿的空气接触，这样就可以避免物料表面硬壳化和干燥不充分的现象发生。对于含水率高的水果、蔬菜等，换热效率也很重要，需综合以上两种干燥方式，结合各自的优点进行设计组合。此外，根据排气热能循环利用方式的不同，也会产生各种类型的干燥设备。一般情况下，需根据干燥物料的类型来决定干燥设备的型式，其中，采用逆流型的干燥方式较多。

图 5-17 为切片马铃薯采用逆流方式干燥时，产品水分与热风温度的关系图。图 5-18 为热风温度、湿球温度与产品温度的关系图。图 5-19 为水果（杏）的干燥曲线。由此可见，被干燥物料的种类不同，干燥的第一阶段和第二阶段之间存在差异，为了保证干燥品质，干燥温度也有所不同。在逆流条件下，入口端的马铃薯表面蒸发速度较快，待品温基本保持一定之后，进入恒定速率干燥阶段，然后进入内部水分扩散变慢的衰减期，可采用低湿和温度稍高的热风进行最终干燥。

如图 5-20 所示，在杏的干燥过程中，由于表面皮层的存在，干燥初期不仅具有表面蒸发阻力，而且品温上升较快，较早进入干燥恒速率期，但后期的干燥衰减期需要很长的干燥时间。

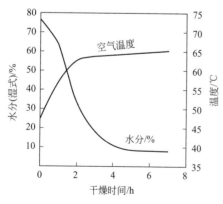

图 5-17　切片马铃薯的水分与热风
温度的变化关系

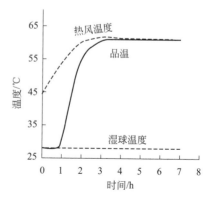

图 5-18　热风温度、湿球温度与
产品温度的关系

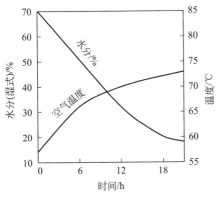

图 5-19　逆流干燥时水果（杏）的
水分与温度的关系

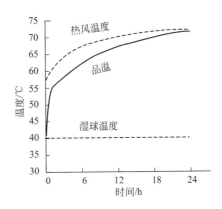

图 5-20　逆流干燥时热风
温度与品温的关系

热风速度对干燥速率有很大影响，但是像苹果或切片苹果，由于存在表面阻力，需要长时间干燥，所以影响不会太大。如表 5-7 所示，以杏为例，当干燥风速为 3.05m/s 时，干燥速率的目标值为 1。表 5-8 以葡萄和杏的干燥为例，表示干燥时间与热风风速的对应关系。

表 5-7　热风速度与干燥速率对应关系表

风速/(m/s)	干燥速率（相对值）	切片蔬菜的干燥速率（对比值）
1.55	0.87	0.70
2.03	0.92	0.80
2.53	0.97	0.90
3.05	1.00	1.00
4.07	1.06	1.15
5.08	1.11	1.30

表 5-8　葡萄、杏的干燥时间、风量、风速对应关系表

干燥机类型	水果种类	风速/(m/s)	全风量/(m³/min)	空气量/(m³/100m² 托盘面积)	干燥时间/h
直火热风	葡萄	2.2	590	88.5	24
直火热风	葡萄	2.5	448	84.0	24
直火热风	杏	2.6	1245	78.0	24
直火隧道（批量式）	葡萄	2.3	496	76.3	18～24
直火隧道	葡萄	1.4	244	76.3	18～30
直火热风	葡萄	1.0	212	71.8	22
热风隧道	杏	1.9	322	61.0	30
多层物料	杏	0.1 以下	127	39.6	30
多层物料	杏	0.1 以下	136	30.5	36
烤箱	葡萄	0.1 以下	170	33.6	60

以上是对近似干燥条件的描述，在实际干燥过程中，需尽量保证隧道内的风速均匀，因此，保证托盘间的间隙非常重要。如表 5-9 所示，适当设置导流板是保证隧道内风速分布均匀稳定的有效手段。

表 5-9　隧道内设置导流板时的风速分布表

检测位置	导流板设置前的风速/(m/s)	导流板设置后的风速/(m/s)
小车顶部托盘间的风速	1.6	3.1
小车底部托盘间的风速	2.0	2.1
小车下部的风速	7.6	2.5
小车顶部上侧的风速	14.3	2.5

如上所述，通过逆流型、顺流型、风速分布、排气热能循环利用等不同的方式方法，可以产生多种形式的隧道干燥。如图 5-21 所示，将小车设置在侧面，是一种考虑热风循环利用的逆流型隧道干燥。

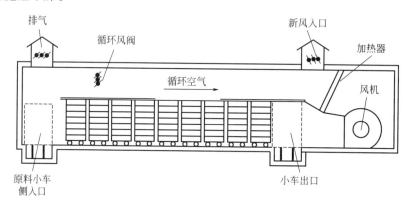

图 5-21　侧面进出逆流型隧道干燥器示意图

如图 5-22 所示，采用两列布置方式，保温效果良好，节能效果显著。

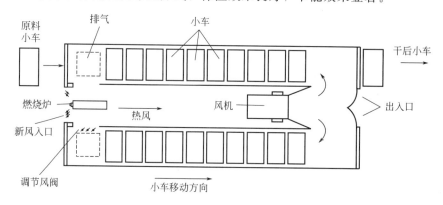

图 5-22　两列逆流型隧道干燥器示意图

如图 5-23 所示，每个单元均设置加热器，从而保证风速的均匀分布，当干燥物料较少时，可以启动部分加热器，有利于节约能耗。

如图 5-24 所示，通过调节导流板的角度，来控制通过小车托盘的风速和温湿度。

如图 5-25 所示，风扇和加热器的特殊设计，使热空气从侧面进入各个单元，效果非常合理，但结构较为复杂。

图 5-26 为二区段式结构，结合逆流和顺流的优缺点进行结构优化。入口端采用顺流布置，使部分热风被循环利用，在出口端采用逆流方式来完成最终干燥。此外，若考虑排气的位置、排气与新风的热交换等因素，也可采用如图 5-27 的布置方式。

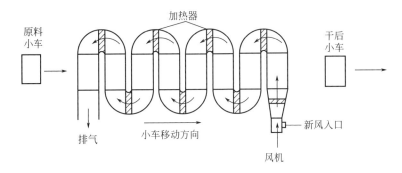

图 5-23　热风侧流型隧道干燥器示意图

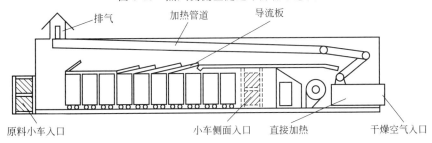

图 5-24　隧道干燥器示意图

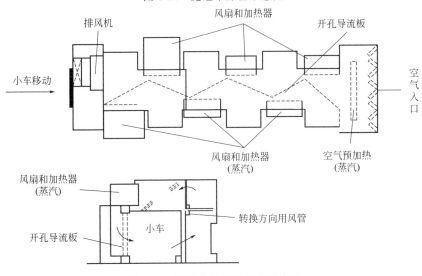

图 5-25　区域分割型干燥器示意图

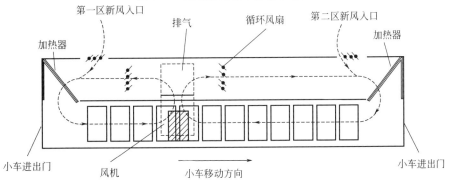

图 5-26　循环利用型隧道干燥器示意图

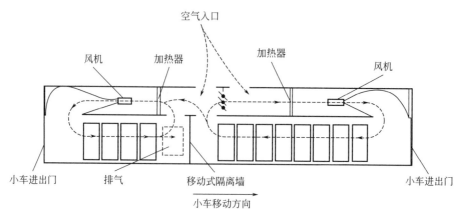

图 5-27 二区单列隧道干燥器示意图

图 5-28 和图 5-29 为二区段式隧道干燥，以切片马铃薯为干燥对象，阐明了干燥温度、品温、干燥时间与含水率之间的变化规律。第一区隧道中有 8 个台车，第二区有 16 个台车，每个台车托盘大小为 $50m^2$，填充量为 $7.5kg/m^2$，托盘之间的风速为 $5m/s$。在入口端，较高含水率的原料直接与高温高湿的空气接触，表面硬壳化较少，脱水速度较快，可减少物料因干燥产生的焦化现象。在第二区隧道内，接触物料的热风相对低温低湿，属于低速率干燥阶段，内部扩散的水分较容易从表面蒸发，可以满足最终干燥的水分要求。

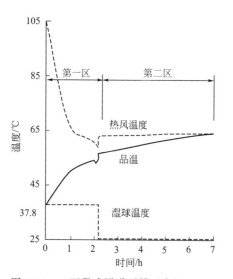

图 5-28 二区段式隧道干燥示意图（一）

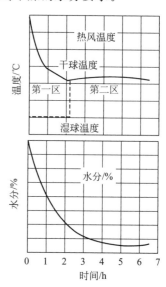

图 5-29 二区段式隧道干燥示意图（二）

5.3.2 隧道干燥理论

近 100 年来，人们对水果、蔬菜的隧道干燥原理与设备开发进行了大量的分析和研究。其中关注度较高的是研究热风的温度、湿度、风速和干燥速率等与产品品质之间的对应关系，而基本的干燥理论变化不大。基于 Lewis（1921）提出的理论，Perry（1944）等成功应用于杏的干燥，也就是说，在干燥过程中存在恒定速率期和衰减期，可根据隧道内的温湿度变化、热风速度、品温等来计算传热传质关系，以确定其运转条件。假设 L_t 为单位传热长度，得出如下计算公式(热辐射和热传导忽略不计)。

$$L_t = 8.16bG^{0.2} \tag{5-5}$$

式中，G 为热风风速（干燥空气），$kg/(m^2 \cdot h)$；b 为托盘间隙，m。

恒速率干燥期的传热效率 $(N_1)_c$：

$$(N_1)_c = \ln \frac{t_1 - t_w}{t_c - t_w} \tag{5-6}$$

式中，t_1 为进入恒速率干燥的热风温度，$^{\circ}F$[❶]；t_w 为进入恒速率干燥的湿球温度，$^{\circ}F$；t_c 为临界湿度时的空气温度，$^{\circ}F$。

减速干燥期的传热效率 $(N_1)_f$：

$$(N_1)_f = \frac{t_c - t_2}{(\Delta t)_m} \tag{5-7}$$

式中，t_2 为因干燥引起的下降温度，$^{\circ}C$；$(\Delta t)_m$ 为 $(t_c - t_w)$ 和 $(t_2 - t_s)$ 的平均温度，$^{\circ}C$；t_s 为干燥后出口处的品温，$^{\circ}C$。

隧道干燥机的全长为上述二区的干燥之和

$$L = 8.16bG^{0.2}\left[\ln\left(\frac{t_1 - t_w}{t_c - t_w}\right) \pm \frac{t_c - t_2}{(\Delta t)_m}\right] \tag{5-8}$$

上式中 t_1 和 t_2 由热量与物料的平衡关系决定，顺流干燥时式(5-8) 为正（＋），逆流干燥时式(5-8) 为负（－）。

van Arsdel（1942）进行了更加实用化的分析，简化了计算公式。发现在蔬菜和水果的干燥过程中，热风的温度降低与干燥物料的含水率成正比，表示如下。

$$\frac{dt}{dx} = b \frac{d\omega}{dx} \tag{5-9}$$

式中，$b = \dfrac{5 \times 1000 S L_0}{60\theta G(\omega_0 + 1)} = \dfrac{83 S L_0}{\theta G(\omega_0 + 1)}$；$t$ 为热风温度，$^{\circ}C$；x 为到隧道入口的距离，m；ω 为含水量，kg/kg。

在此种条件下，隧道不产生绝热湿度变化，热风的湿球温度保持不变。在恒定的湿球温度条件下，热风的温度降低与物料的水分迁移有关。表 5-10 为水果和蔬菜的实际干燥实例。

表 5-10　湿球温度、热风温度、物料水分迁移对应关系表

湿球温度/℃	热风温度/℃	空气温度降低/℃
32.2	49.0	2.38
32.2	82.2	2.42
49.0	60.0	2.12
49.0	93.3	2.20

注：绝对湿度每上升 0.001，热风温度会相应降低。

van Arsdel 提出，绝对湿度每上升 0.001，热风温度降低 2.78℃，可以按下式计算：

$$\frac{dt}{dx} = \pm \frac{83 S L_0}{\theta G(\omega_0 + 1)} \times \frac{d\omega}{dx} \tag{5-10}$$

式中，θ 为小车在隧道内通过的时间，h；G 为空气流量，kg/min；S 为隧道内全部托盘的面积，m^2；L_0 为托盘的装入量，kg/m^2。

上式中（＋）为顺流，（－）为逆流。

该计算式虽然没有太大问题，但是在随后的研究中发现采用绝对湿度每上升 0.001，热

[❶]　$t/^{\circ}C = \dfrac{5}{9}(t/^{\circ}F - 32)$

风温度降低 2.56℃更为合理。

5.3.3　隧道干燥的热效率

表 5-11 为自然晾晒和隧道干燥的对比关系。隧道干燥最节省的是人力，如果劳动力成本较低，燃料成本占比将会增大。表 5-12 表示不同干燥机对应各种物料的燃料效率。

表 5-11　杏的自然晾晒和隧道干燥每吨原料费用（平均）对比表

项目	自然晾晒/美元	隧道干燥/美元
人力	3.68	2.67
燃料	0.18	0.87
光电	0.04	0.79
杂费	0.09	0.08
合计	3.92	4.41

注：费用按每吨原料计算。

表 5-12　各种干燥机热效率对比表

干燥机类型	水果种类	燃料效率/%
热风隧道(间接加热)	杏	58
烤箱	苹果	50
热风隧道(直火)	葡萄	48
烤箱	葡萄	44
热风隧道(间接加热)	桃	43
热风隧道(间接加热)	梨	43
热风隧道(间接加热)	李子	42
热风隧道	李子	39
热风隧道(传导型)	李子	38
热风干燥室	李子	30
热风自然循环	李子	24
小型热风自然循环	杏	14

5.3.4　托盘

为了得到更加有利于干燥品质的托盘面积，需结合干燥量和干燥时间来确定适度的条件。当托盘中装入薄层的物料时，干燥时间短，但加工能力降低。相反，如果装入的物料较厚，就需要更长的干燥时间。因此，需要同时考虑干燥物料种类、干燥时间对干燥品质的影响。图 5-30 和图 5-31 为卷心菜和切片马铃薯的装入量与干燥时间的关系曲线。

假设干燥条件为：使用一般大小的托盘，1 个小车全部托盘的有效面积为 37.2m²，热风流量为 910kg/min，隧道入口处托盘间的风速为 4.63～5.08m/s。干燥物料为卷心菜，采用顺流干燥时，热风入口的温度为 60℃、湿球温度为 32.2℃；采用逆流干燥时，热风入口的温度和湿球温度分别为 65.5℃ 和 32.2℃。干燥物料为切片马铃薯的情况下，采用顺流干燥时，热风入口的温度为 93.5℃、湿球温度为 37.8℃；采用逆流干燥时，热风入口的温度和湿球温度分别为 65.5℃ 和 32.2℃。结果显示，在顺流条件下，卷心菜的最大干燥能力为

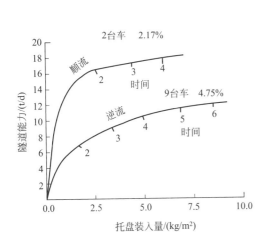

图 5-30　卷心菜的装入量与干燥
能力和时间的关系

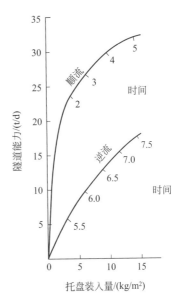

图 5-31　切片马铃薯的装入量
与干燥能力和时间的关系

$7.5 \mathrm{kg/m^2}$，马铃薯的最大干燥能力为 $15 \mathrm{kg/m^2}$。托盘中即使超过这个量，实际处理能力也不会增加，反而会延长干燥时间，降低干燥品质。以上所述，与逆流干燥相比，采用顺流干燥时，物料的最终干燥水分往往不够充分。

5.3.5　空气循环量

关于排气热能循环利用，除了要考虑燃料费用、动力、设备费用、占地面积等因素外，还需要结合干燥时间进行综合判断。一般循环空气需要二次加热（有时需要脱水），目的主要是节约燃料费用。例如李子的干燥，开始后很快进入减速阶段，内部的水分扩散非常慢，表面又较容易干燥，所以湿度较大的热空气更为合理，不一定是较为干燥的热风，这是因为内部水分的扩散速度远远低于表面的蒸发速度，所以一部分排气热风可以循环再利用。

5.3.6　产品温度

在上一节中，已经叙述了产品温度与热风干球、湿球温度之间的关系。但是李子干燥后，体积会减小，在减速干燥过程会聚集较多的内部水分扩散热能，必须特别注意品温的变化。此类干燥物料，干燥初期蒸发的水分会引起原料的体积收缩，逐渐在下一阶段形成固体结构，收缩期结束后，式（5-11）成立。

$$\frac{A}{A_0} = \left(\frac{\omega + \dfrac{1}{d}}{\omega_0 + \dfrac{1}{d}} \right)^{\frac{2}{3}} \tag{5-11}$$

式中，d 为固体物质的密度，$\mathrm{kg/m^3}$；A 为蒸发面积，$\mathrm{m^2}$；ω 为干物质含水率，%；A_0 为初期蒸发面积，$\mathrm{m^2}$；ω_0 为初期干物质含水率，%。

假设在干燥初期，湿球温度保持一定，并忽略热辐射和热传导，热量平衡关系如下式所示。

$$H_w \frac{L_0}{\omega_0+1} \times \frac{d\omega}{d\theta} = h(t-t_\omega) \left(\frac{\omega+\dfrac{1}{d}}{\omega_0+\dfrac{1}{d}} \right)^{\frac{2}{3}} \qquad (5-12)$$

假设通过整个隧道传热系数 h 不变，则品温约为：

$$T = t - \frac{HL_0}{ha(\omega_0+1)} \times \frac{d\omega}{d\theta} \qquad (5-13)$$

式中，H_ω 为蒸发潜热，kcal/kg；h 为传热系数，kcal/(m² · h · c)；t 为热风温度，℃；t_ω 为湿球温度，℃；L_0 为托盘装入量，kg/m²；θ 为时间，h；a 为 $\dfrac{A}{A_0}$。

5.3.7 产品品质

作为工业化生产，由于加工过程需要进行较长时间的干燥，会对维生素的保留、外观颜色等产生不同程度的损伤。由于新鲜水果、蔬菜等难以保存，处理量又非常大，相对做成浸糖的罐头，干燥后的物料具有易保存、输送简单等优点，是一种行之有效的加工手段。表5-13 为新鲜原料和干燥产品的体积比与质量比。

表 5-13 水果干燥前后的体积/质量缩小对比表

水果种类	干燥前鲜果	占干燥前鲜果的比例/%				干燥比	
		清理损失	精选损失	精制损失	干燥后果实	体积比	质量比
杏	100.0	92.3	—	7.7	17.2	5.8∶1	5.4∶1
桃(带皮)	96.4	90.3	—	9.7	20.9	4.8∶1	4.3∶1
梨(带皮)	97.9	91.7	—	8.3	19.5	5.1∶1	4.7∶1
梨(去皮)	97.9	91.7	60.5	39.5	12.9	7.8∶1	4.7∶1
葡萄柚	100.0	100.0	100.0	—	27.5	3.6∶1	—
苹果	100.0	—	75.0	25.0	12.3	8.3∶1	6.1∶1
罗甘莓	100.0	100.0	100.0	—	21.1	4.7∶1	4.7∶1
樱桃(带核)	100.0	100.0	100.0	—	33.5	3.0∶1	3.0∶1
樱桃(去核)	100.0	80.0		20.0	23.7	4.2∶1	3.4∶1

表 5-14 为同一种水果或蔬菜，罐装和干燥制品的质量对比表。表 5-15 为单位质量的营养成分比较表，可看出干燥物品的热量非常高。但是若用水进行复原时，复原速度较慢，风味和维生素也不如新鲜的好。

表 5-14 每 100kg 蔬菜原料罐装和干燥制品的质量对比表

蔬菜种类	罐装/kg	干燥包装/kg
豌豆(带皮)	220.0	20.0
卷心菜	170.0	15.0
胡萝卜	196.0	20.0
玉米	200.0	40.0
洋葱	200.0	18.0
豌豆(去皮)	216.5	25.0

续表

蔬菜种类	罐装/kg	干燥包装/kg
马铃薯	200.0	40.0
菠菜	165.0	15.5
山药	160.0	30.0
西红柿	150.0	8.5

表 5-15 新鲜蔬菜和干燥后的营养对比表

蔬菜种类		水分/%	蛋白质/%	碳水化合物/%	每 kg 含热量/kJ	热量比
卷心菜	新鲜	91.5	1.0	5.6	1,337.8	1:11.1
	干燥	5.0	17.7	62.3	14,882.1	
玉米	新鲜	75.4	3.1	19.7	433.6	1:3.9
	干燥	5.0	11.8	75.7	16,662.8	
桃	新鲜	74.6	7.0	16.9	3,552.1	1:4.5
	干燥	5.0	26.2	62.8	15,943.1	
马铃薯	新鲜	78.3	2.2	18.4	3,552.1	1:4.5
	干燥	5.0	9.5	80.2	15,472.6	
南瓜	新鲜	93.1	1.0	5.2	1,107.2	1:13.7
	干燥	5.0	13.6	71.1	15,158.9	
胡萝卜	新鲜	90	1.1	5.9	1,162.5	1:8.2
	干燥	5.0	9.7	48.0	9,586.2	

5.3.8 其他隧道干燥

针对挂面、米粉等条状类食品，由于市场需求和规模化加工的需要，其干燥技术也在不断发展。20 世纪 80 年代，我国从日本引进了一批挂面干燥设备，面条挂在面杆上，随索道（或链条）移动，依次经过具有温湿度调控功能的各个干燥室，在搅拌风扇的协同下，实现对条状食品的脱水干燥。

挂面是由鲜湿面脱水而成。由于鲜湿面的纤维组织结合力较弱，快速干燥会使面条产生裂纹或断裂。面条的水分是通过其表面进行脱水，如果表面脱水太快，不能与内部水分向表面的扩散速度相匹配，表面与内部之间将产生应力而出现酥条现象。因此，保持面条的表面水分蒸发速度与内部水分向外迁移速度的平衡，是保证面条及其他条状食品干燥品质的关键。除温度外，干燥环境湿度对调节面条表面的水分蒸发速度尤为重要，由此产生了调温调湿型条状食品干燥系统。此外，挂面因条形和原料的不同，干燥速度也有区别，如较粗厚的面条由于表面积较大，表面水分扩散速度相对内部迁移速度较快，需要适当提高干燥湿度；和面时添加的盐或小麦粉蛋白质含量也会对干燥过程产生影响，食盐有延缓干燥速度的作用，蛋白质含量少的原料可以适当提高干燥湿度。

干燥区段一般可划分为预备干燥、主干燥、完成干燥三个阶段。预备干燥又称为冷风定条，由于干燥初期面条含水量较高，挂在面杆上会因自重引起下垂拉长，因此，需要进行快速脱水以实现定条，该区的面条水分将由 30%～33%减少到 27%左右。主干燥阶段通过提高面条品温，加速内部水分向外扩散的速度，以提高干燥效率，为了防止表面过度干燥，需要采用调湿型干燥方式，通过该环节使面条水分降低至14％左右。完成干燥又称缓速干燥，在调温调湿的状态下，保持面条水分基本稳定，将面条的品温降低到室温状态，以满足面条切断后可直接进入包装环节的需求。此外，根据主干燥阶段温度的不同以及规模化生产产能的需要，可以将升温过程或降温过程划分为几个辅助过程，以满足升温过程小于1℃/min、降温过程小于0.5℃/min的要求。例如，最高干燥温度为70℃时，一般需要划分为6～9个干燥区。

目前，我国普遍采用如图5-32所示的传统挂面干燥方式。整个干燥过程只有排湿风机进行排湿，无补风风机，也没有外气预处理（空气过滤、预加热等）装置，室内产生较大负压，通过门窗以及面条进出口等处进风，外界天气变化容易引起室内的温湿度波动，难于保证室内温湿度的均匀性，也无法防止粉尘进入；加热翅片管布置在风扇下方，会导致局部温度过高、湿度过低，面条始终在忽冷忽热的环境下进行脱水，对挂面产品的干燥品质稳定性具有较大影响。

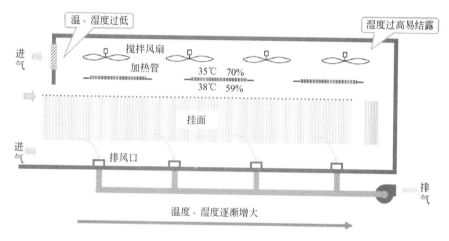

图 5-32　传统挂面干燥方式

随着我国挂面市场的快速发展，干燥方式也在不断提升和改进，由最初的自然晾晒方式逐渐向规模化、自动化方向发展。目前，中国农业机械化科学研究院研发出一套全封闭、全天候、调温调湿型全自动干燥方式，如图5-33所示。该干燥方式由热风集中处理系统、进

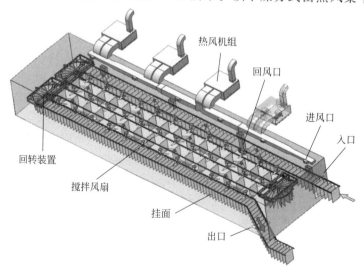

图 5-33　全封闭、全天候、调温调湿型全自动挂面干燥系统

排风与强力搅拌系统、挂面移行系统和全自动控制系统四部分组成，每个干燥区段对应一套相对独立的热风集中处理系统，控制原理如图 5-34 所示。根据各区对干燥空气温湿度及热量的不同需求，该系统对空气进行集中处理，并将处理后的湿热空气供至各自的干燥区。

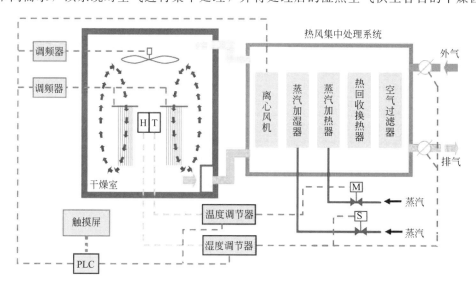

图 5-34　调温调湿型挂面干燥系统工作原理

（1）热风集中处理系统

整个干燥系统的核心部件，主要由离心风机、加热盘管、加湿器、比例调节风阀等组成。其主要功能包括空气过滤、干燥所需热量的补充、加湿、排潮、排气热能的回收（通过热管换热回收排气热能对新风加热）、各干燥区正负压差的调节、内部循环等。

（2）进排风与强力搅拌系统

沿干燥室长度方向，分别布置若干可调节风速和风量的散流器，以及带空气过滤、可调风量的回风口。进入室内的热风通过散流器与室内空气混合，再经风扇的强力搅拌，实现上下空气的流动与混合，以满足干燥室内各处温湿度均匀稳定的要求，保证干燥品质。

（3）挂面移行系统

各干燥区段分别进行变频调速，除了满足调节该干燥区段面杆间距、干燥时间的要求外，还可以尽量减少占地面积，并针对不同粗、厚的挂面，实现同一条生产线的柔性化生产。

（4）全自动控制系统

采用触摸屏式人机界面、PLC 控制模块、高性能比例控制元器件和高精度温湿度传感器，对温度、湿度、风速、干燥时间、故障报警等参数进行设定、监视、反馈调控、显示、记录、网络化传输以及远程监控等。

由此可见，该干燥方式可替代目前国内普遍存在的进气不经过滤（或净化）处理直接进入干燥室、以温控为主、无加湿装置、人工经验调整干燥参数的半自动干燥方式。通过调温调湿实现挂面干燥过程中的恒温恒湿型中温或高温干燥工艺，干燥各区段的温度、湿度、风速、风量及干燥时间均可按照设定值自动调整，使挂面干燥过程接近理想的干燥工艺，实现挂面在全封闭干燥空间、干燥室内温湿度均匀稳定条件下的连续脱水，保证挂面在整个干燥过程中不伸长、不断条、不酥条、不劈条和不弯条的品质要求，提升整条挂面生产线的自动化水平，提高生产效率，节约能耗，提高产品品质和食品安全性。同时，该系统适用于条状食品的低、中、高温干燥工艺，以及批量式、连续式生产模式，与传统挂面干燥工艺的比较见表5-16。

表5-16　传统挂面干燥工艺与新型挂面干燥工艺的对比

工艺\\项目	传统中温干燥工艺	调温调湿中温干燥工艺	调温调湿高温干燥工艺
干燥方式	①干燥温度：35～45℃ ②干燥室3～4个，连续式 ③干燥时间：5～6h	①主干燥温度：35～45℃ ②干燥室3～4个，连续式 ③干燥时间：5～6h	①干燥温度：65～70℃ ②干燥室6～9个，连续式 ③干燥时间：3.5～5h
干燥温度	加热翅片管直接布置在室内，温度波动较大，室内各处温湿度均匀性较差；温度误差≥5℃	经热风机组将处理后的热风送入室内各处，蒸汽量自动比例控制；室内恒温、各处均匀；温度误差≤±0.5℃	
干燥湿度	排潮风机on/off控制或按经验人工调节，没有加湿装置；室内各处湿度不均匀，特别是开停机或故障停机时差异大；同时还受外界气候条件影响；相对湿度误差≥10%	通过加湿器可保证物料在进入干燥室之前对湿度的要求；干燥室进气量自动按比例控制；保证室内恒湿、各处均匀且不受气候条件影响；相对湿度误差≤5%	
干燥过程	①冷风定条 ②保潮出汗 ③升温排潮 ④降温散热 整个过程没有加湿装置，湿度波动较大	①预备干燥 ②主干燥，根据最高干燥温度增设逐次升温区或降温区 ③完成干燥(挂面降温) 整个过程挂面在不同的恒温恒湿环境里连续脱水	
进排风形式	①仅有排潮风机或排潮与补风不匹配 ②外气不经处理，灰尘、沙土等容易进入室内 ③排潮热量损失较大 ④地面设置排潮风道，地面存在死角，不易清扫	①热风集中处理机组，进排风量相互匹配，干燥室内无正负压差 ②进排风道经严格计算，多点布风，保证室内恒温恒湿、各处均匀 ③设置排气热能回收装置，可回收约40%热量，降低能耗 ④进排风管布置在高处，地面无设备，易清扫	

参考文献

［1］　潘永康，王喜忠，刘相东. 现代干燥技术. 2版. 北京：化学工业出版社. 2007：115～130.
［2］　高野玉吉，唯野哲男. 食品工業の乾燥. 株式会社光琳，1989：141-158.
［3］　梁晓军，李世岩，李林林，等. 米粉智能干燥技术. 包装与食品机械，2017(5)：62-64.
［4］　李世岩，杨金枝. 国内挂面市场分析及生产方式的变革. 农业机械，2012(6)：31-33.

（李世岩，翁颐庆）

第6章

转鼓干燥

6.1　引言

转鼓干燥器（drum dryer）是一种内加热传导型的转动干燥设备。操作时，热量以热传导的方式，由转鼓的内壁传至外壁，进而加热外壁上可泵送的薄层湿物料，使得达到预期湿含量，再将干燥后的产品刮下转鼓的干燥过程。它与转筒干燥（rotary dryer 或 rotary drum dryer）不同，这种干燥技术是将待干燥的物料与热风顺流或逆流通过转筒内部。转鼓干燥采取的主要是传导加热，故热损失较小，热利用率高，可连续生产。转鼓式干燥器适合干燥黏性液体、浆料、悬浮液或糊状物，最终的产品通常是多孔薄片或粉末，该类干燥器已广泛应用于化工产品和食品的干燥，如聚丙烯酰胺和苯甲酸盐等，低糖食品（如番茄泥、牛奶），生产速食食品用预糊化淀粉等。就工业上常见的液状物料而言，在转鼓的一个转动周期中，将依次完成布膜、脱水、刮料、得干燥制品的全过程，操作时可通过改变料液的浓度、料膜厚度、转鼓转速、加热介质的温度等参数，较方便地对产品的产量及湿含量等指标进行调控。

6.2　转鼓干燥器的干燥机理及特点

6.2.1　干燥机理

转鼓干燥器运行时，物料呈薄膜状覆盖在转鼓的表面，而转鼓内腔通有加热蒸汽，即热量由转鼓的内壁依次传导至外壁及料膜。依据"索莱效应"，料膜层因存有温度差，其内的水分或湿分将逐渐由内向外迁移扩散，并在蒸汽分压差的推动下，汽化至水汽分压较低的环境空气中，使得物料成功脱湿与干燥。转鼓干燥中，料膜随转鼓而转动，但内部的传热与传质方向始终是一致的，均是由内向外，沿着同一方向进行。

图 6-1 示意了转鼓上料膜质点温度的变化。可以看出，随着转鼓的转动，料膜的温度也是连续变化的。从点 A 到点 E，由于湿分的不断减少即向外侧迁移，故料膜内侧的温度不断升高。料膜外侧的温度，在干燥初期明显低于内侧温度，温度梯度较大，而后期料膜内的内外侧温差则有所减小，至刮料点即 E 点处，整个料膜的温度，均接近于筒壁的温度。可见，对于热稳定性较差的物料，操作时宜注意控制好筒壁的温度。

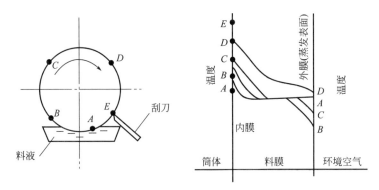

图 6-1　转鼓上料膜质点的温度变化图

干燥过程中，产品会经历三个阶段，如图 6-2 所示。①初始加热期：浆料薄层涂在转鼓表面后，由于转鼓表面与料膜间温差大，产生强烈的传热，料膜温度迅速升高，达到自由水的沸点。②恒温期：达到沸点后，大量自由水蒸发，料膜温度保持恒定。由于强烈的蒸发冷却，转鼓表面温度降低。此过程中，气泡的形成将不利于传热进行。③升温期：除去大部分自由水后，结合水开始对蒸发速率起主要控制作用，来自蒸汽的热量逐渐超过蒸发水分所用的能量，转鼓表面温度升高。由于结合水具有较高的沸点，料膜温度随着干燥的进行而逐渐升高，并一直持续到脱离转鼓。之后，转鼓表面温度继续升高，直到涂敷上新的浆料。这三个阶段也即对应预热、等速和降速干燥阶段。

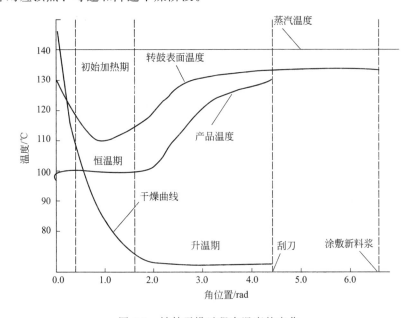

图 6-2　转鼓干燥过程中温度的变化

在初始加热期，总传热系数在 $2000 \sim 7000 W/(m^2 \cdot ℃)$ 之间，临界沸腾通量 E（W/m^2）由下式给出（Daud，2015）

$$E = 2.177 \rho_v \left[\frac{\sigma(\rho_l - \rho_v)g}{\rho_v^2} \right]^{0.25} \tag{6-1}$$

式中，ρ_v、ρ_l 为蒸汽和水的密度，kg/m^3；σ 为水的表面张力，N/m；g 为重力加速度，m/s^2。

在恒温期，热通量可高达 $85kW/m^2$，总传热系数在 $600\sim1250W/(m^2 \cdot \text{℃})$ 之间。自由水的蒸发速率 $R_E[\text{kg 水}/(m^2 \cdot h)]$ 为（Feng 等，2003）

$$R_E = 30.94u_a^{0.8}\Delta P \tag{6-2}$$

式中，u_a 为外界空气速度，m/s；ΔP 为料膜表面与外界空气的蒸气压差，atm（1atm= 101325Pa）。

在升温期，总传热系数与物料及其厚度有关，在 $200\sim2000W/(m^2 \cdot \text{℃})$ 之间，蒸发速率可以通过能量平衡方程式进行估算（Feng 等，2003）。

$$R_E = 3.6\frac{h(T_o - T_e)}{\Delta H_v} \tag{6-3}$$

式中，T_o、T_e 为转鼓外表面和料膜表面温度，℃；ΔH_v 为蒸发潜热，kJ/kg（水）。

6.2.2 操作特点

转鼓直径一般为 $0.5\sim6m$，长度为 $1\sim6m$。浆料均匀地涂在转鼓外表面上，形成的薄层厚度为 $0.5\sim2mm$。温度高达 200℃的蒸汽加热转鼓的内表面，大部分水分在沸腾温度下被除去。转鼓干燥器作为一种性能优异的干燥设备，通常具有如下操作特点：

① 操作弹性大　影响转鼓干燥的因素众多，如加热介质的温度、物料性质、料膜厚度、转鼓转速等，改变任意一个因素均会影响实际操作效果，但这些因素间并不产生明显的彼此关联，从而给操作调控带来了极大便利，表现出良好的操作弹性及适应不同产量的生产需求。

② 热效率高、操作费用低　整个操作周期中，转鼓干燥的传热均是由内向外的热传导，无干燥介质带走热量，除少量的端盖散热与热辐射损失外，绝大部分供热均用于料膜中的水分蒸发。比蒸汽耗量为 $1.3\sim1.5$ kg 蒸汽/kg（水），意味着热耗量为 $3000\sim3500$ kJ/kg（水）（Daud，2015）；在理想条件下的能效约为 $60\%\sim90\%$（Tang 等，2003）。图 6-3 对比了转鼓干燥器与喷雾干燥器的实际运转费，可以看出，转鼓干燥器的运转费要明显低于喷雾干燥器。另外，图 6-4 也对比了几种常见干燥器的设备投资费，可知在相同的生产蒸发量下，转鼓干燥器的设备投资费也大幅低于喷雾干燥器或真空回转干燥器。

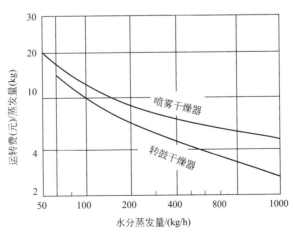

图 6-3　转鼓干燥器与喷雾干燥器实际运转费对比

③ 干燥时间短、适用范围广　采用转鼓干燥时，物料在转鼓外壁上形成的湿料膜较薄，易于干燥，产品在转鼓上的停留时间从几秒到几十秒，以达到通常小于 5%（湿基）的最终含水量，因此特别适于热敏性物料的干燥。置于减压条件下操作的转鼓干燥器还可使物料在

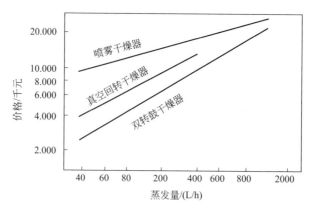

图 6-4　不同干燥器的价格对比

较低温度下实现干燥，其在食品干燥领域获得了日益广泛的应用。另外，由于该类干燥器采取的是刮刀卸料，故也很适于膏状或黏稠物料的干燥，而此类物料通常又是其他类型干燥设备较难处理的。

④ 蒸发速率大　由于料膜薄且传热传质的方向一致，故转鼓干燥时的料膜表面通常可保持较高的汽化强度。难干物料的水分蒸发速率为 $10\sim30kg/(m^2 \cdot h)$，易干物料的水分蒸发速率为 $40\sim50kg/(m^2 \cdot h)$，最高可达 $80kg/(m^2 \cdot h)$。

6.3　转鼓干燥器的分类及结构

6.3.1　转鼓干燥器的分类

转鼓干燥器的种类很多，可按不同的方法进行分类。按转鼓形式的不同，可分为单转鼓干燥器、双转鼓（double drum）干燥器、对鼓（twin drum）干燥器和多鼓干燥器；按操作压力的不同，可分为常压干燥和真空干燥。

就不同类型的转鼓干燥器，其进料方式也多有变化。图 6-5(a)～(i) 分别给出了双鼓浸液式（下部进料）、双鼓浸液式（中心进料）、单鼓搅拌浸液式、对鼓喷溅式、单鼓喷溅式、单鼓泵输送浸液式、组合复式浸液布膜式、单鼓辅辊布膜式、单鼓侧向式的进料示意。

6.3.2　转鼓干燥器的结构

转鼓干燥器的结构如图 6-6 所示，主要包括热介质进出口旋转接头、料液储槽、转鼓筒体、排气管、排液虹吸管、刮刀及调节装置、传动装置等零部件。

6.3.2.1　热介质进出口旋转接头

图 6-7 示意了热介质进出口旋转接头的结构，主要零部件有空心轴、三通、壳体、端盖、密封垫、波纹管、密封环、密封圈、内管等。旋转接头是将流体介质由静止管道输送至旋转或往复运动设备中的一种连接密封装置，一端与静止管道连接，另一端与运动着的设备连接，流体介质则从中通过。图 6-7 所示旋转接头采用机械密封，不需要填料可自动调心、自动补偿，摩擦系数小，使用寿命长，可彻底解决流体的跑、冒、滴、漏现象，改善工作环境；同时该产品还具有节能、维修简单等特点，是一种理想的密封产品，已有定型产品可供直接选用。

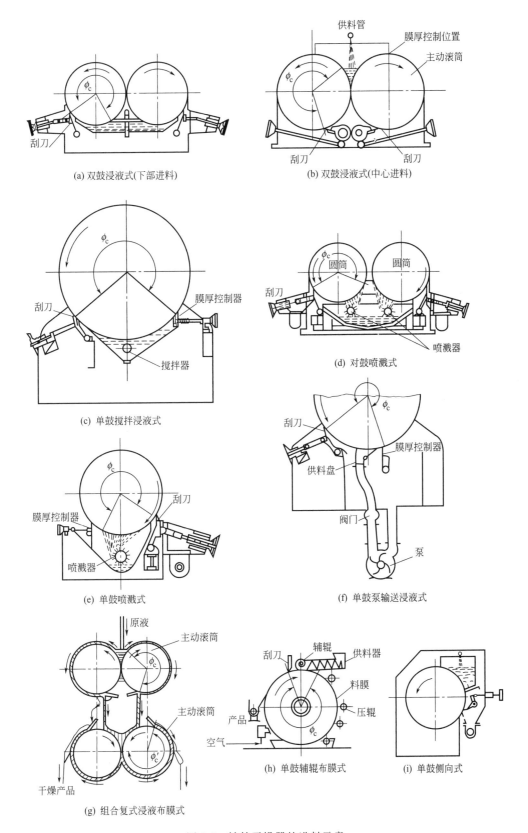

图 6-5　转鼓干燥器的进料示意

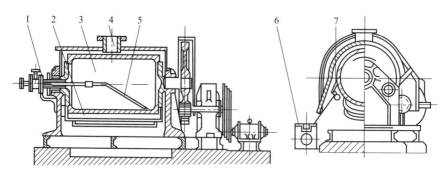

图 6-6　转鼓干燥器的结构示意

1—热介质进出口旋转接头；2—料液储槽；3—转鼓筒体；4—排气管；

5—排液虹吸管；6—传动装置；7—刮刀及调节装置

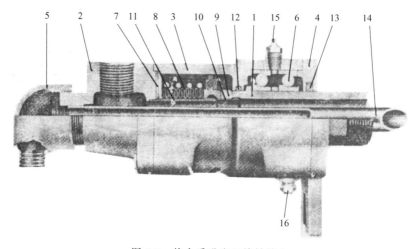

图 6-7　热介质进出口旋转接头

1—空心轴；2—三通；3—壳体；4—端盖；5—弯头；6—轴承；7,13—密封垫；8—波纹管；9—密封环；

10—定位套；11—保护套；12—密封圈；14—内管；15—注油孔；16—排油孔

6.3.2.2　转鼓筒体

转鼓的结构主要包括筒体、端盖、端轴及轴承等。按供热介质的不同，转鼓的筒体可分为采用水蒸气加热的光筒筒体，采用导热油、热水加热或冷水冷却（结片机）的带螺旋导流板夹套层结构的筒体，结构分别如图 6-8 和图 6-9 所示。另外，生产中还有一种带环形沟槽的筒体，结构如图 6-10 所示，该筒体多用于成型干燥，尤适于某些膏糊状物料及需成型物料的处理，使得干燥与造粒相结合。

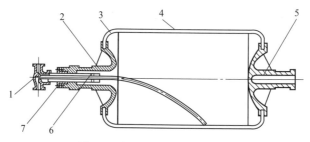

图 6-8　水蒸气加热的光筒筒体

1—进气头；2—主动端轴；3—椭圆形封头；4—筒体；5—从动端轴；6—虹吸管；7—填料函

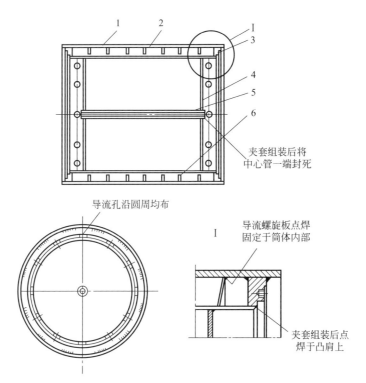

图 6-9　带螺旋导流板夹套层结构的筒体
1—手孔；2—从动端盖；3—封板；4—保温层；5—筒体；6—主动端盖

根据被干燥物料的性质，转鼓筒体可针对性地选用碳钢、不锈钢、铸铁、铸钢等材质，加工时也可选用铸造或焊接两种不同方法。

① 铸造转鼓　筒体和端轴分别由铸件经加工与热处理后，组装成转鼓，结构如图 6-11 所示，其中筒体常进行表面渗铬处理。铸造转鼓的材质常为铸铁或铸钢，具有传热容量大、传热稳定、耐磨性和刚性良好等优点，适于要求供热稳定、无腐蚀性的物料干燥，但其筒壁较厚，约 $15\sim32\text{mm}$，且筒体质量大、热阻大、导热性差，故目前已很少生产。

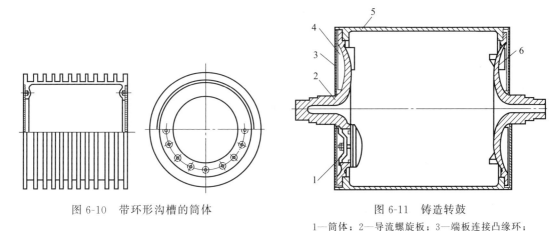

图 6-10　带环形沟槽的筒体

图 6-11　铸造转鼓
1—筒体；2—导流螺旋板；3—端板连接凸缘环；
4—夹层平板；5—安装中心管；6—夹层本体

② 焊接转鼓　筒体由具有焊接性的板材卷焊之后，加工成型，材料一般为碳钢和不锈

钢。端盖和端轴可采用焊接件、锻件或铸件。焊接筒体的筒壁相对较薄，约 8～15mm，其导热性好，且单件加工方便、材质选用范围广、筒体的直径与长度尺寸大范围可调，是目前各类转鼓干燥器常用的转鼓型式。在纺织、印染行业中，有用紫铜薄板卷焊的焊接体，采用烘圈压配的方式与两端的端盖连接，壁厚约 2～3mm。筒体中部设置加强圈，可承受 0.2～0.4MPa 的蒸汽压力。此类筒体多被用于要求传热速率快、表面光滑、无锈迹、自重轻、转动灵活的多滚筒转鼓干燥器。

焊接转鼓适于带状物料的干燥，在纺织、印染、造纸等领域有着广泛应用。该类筒体焊制加工时，应尽可能使得筒体的厚度均匀、椭圆度小，以确保运转时的筒壁受热均匀，以及布料时的物料厚度均一，从而避免产生局部过热现象，影响产品质量。就转鼓干燥器而言，转鼓加工的质量好坏，直接影响着干燥效果。为了在不同的蒸汽压力、进风温度等条件下，转鼓的表面不产生变形凹凸，转鼓的加工须精密，且筒体能承受一定的内压，应按压力容器的规范来制造与验收。

6.3.2.3　刮刀装置

刮刀装置的组成构件主要包括刮刀刀片、支承架、支轴和压力调节器等。如图 6-12 所示，按传递方式的不同，刮刀装置可分为直接式和杠杆式两种；按压力调节器作用传递方式的不同，刮刀装置又可分为弹簧式（弹性）和螺杆式（刚性）两种。

刮刀的制作选材，主要考虑因素有其耐磨性、耐腐蚀性及转鼓筒体的表面硬度。若筒体材料易磨损，则刮刀选材的硬度一般控制在 260～280HB；若筒体表面经过镀铬或热处理，则需对刮刀进行相应的淬火处理，以提升其硬度，约达 440～480HB。另外，单刀型刮片的厚度一般控制在 8～10mm，宽度可达 80～150mm，单面所开刃口的厚度约 1～1.5mm，刃口保证平直、光洁，做研磨处理。

6.3.2.4　传动装置的功率计算

转鼓干燥的传动功率主要取决于刮刀作用在筒体上的阻力、填料函的摩擦阻力及轴承阻力等，而成膜过程中的物料黏滞阻力通常可不计。双滚筒或多滚筒干燥器，均由主动滚筒经啮合的齿轮传递功率，只设一套传动装置。驱动功率（N_1）可分以下不同情况进行计算，进而来确定电动机功率（N_D）。

（1）辅助装置单独传动时的滚筒驱动功率

$$N_1 = \frac{n(M_4 + M_0 + M_3)}{9550 \times 10^3} \tag{6-4}$$

式中，N_1 为滚筒驱动功率，kW；n 为滚筒转速，r/min；M_4 为刮刀装置的阻力矩，N·mm；M_0 为填料函的摩擦阻力矩，N·mm；M_3 为轴承阻力矩，N·mm。

（2）辅助装置由滚筒主动轴承传递功率时的滚筒驱动功率

$$N_1 = \frac{n(M_4 + M_0 + M_3)}{9550 \times 10^3} + \frac{N_G}{\eta_G} + \frac{N_S}{\eta_S} \tag{6-5}$$

式中，N_G 为搅拌器或喷溅器的消耗功率，kW；N_S 为螺旋输送轴的消耗功率，kW；η_G，η_S 均为辅助装置的传动效率，一般取值 80%～90%，无量纲。

（3）滚筒驱动功率的经验估算式

$$N_1 = 0.735 m D L_y n \alpha \tag{6-6}$$

式中，m 为滚筒数量，无量纲；D 为滚筒外径，mm；L_y 为滚动长度，mm；α 为比例系数，一般取值 0.15～0.35，无量纲。

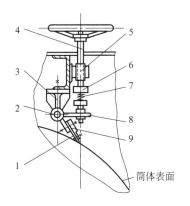

(a) 杠杆式弹性刮刀装置

1—刮刀；2—支承轴；3—支承板；4—调节杆；
5—螺母座刮刀；6—弹簧座；7—压缩弹簧；
8—杠杆；9—刮刀夹紧板

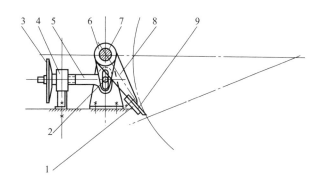

(b) 杠杆式刚性刮刀装置

1—刮刀夹板；2—连接轴；3—手轮；4—调节杆支座；
5—调节杆；6—连接头；7—刮刀支承轴；
8—刮刀支承板；9—刮刀

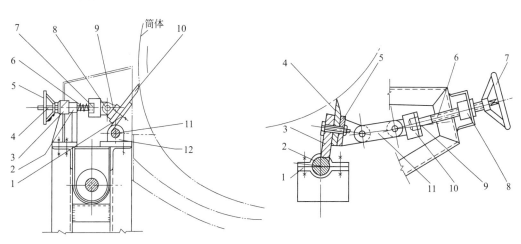

(c) 直接式弹性刮刀装置

1—刮刀支承架；2—弹簧压紧块；3—螺母座；4—螺杆；
5—手轮；6—压紧弹簧；7—弹簧座；8—铰轴；9—刮刀
夹紧板；10—刮刀；11—支承轴；12—支承轴承

(d) 直接式刚性刮刀装置

1—轴承；2—刮刀支承轴；3—刮刀支承板；4—刮刀；
5—刮刀夹紧板；6—调节杆；7—手轮；8—调节杆螺母；
9—封板；10—连接头；11—连接板

图 6-12　刮刀装置结构示意图

（4）带螺旋输送装置双滚筒干燥器的主动滚筒驱动功率

$$N_1 = \left(N_A + \frac{N_{SA}}{\eta_{SA}} \right) + \left(\frac{N_B}{\eta_B} + \frac{N_{SB}}{\eta_{SB}} \right) \tag{6-7}$$

式中，N_A 为主动滚筒所消耗的功率，可参照式(6-4) 计算，kW；N_B 为从动滚筒所消耗的轴功率，可参照式(6-4) 计算，kW；N_{SA}，N_{SB} 为分别为主动、从动滚筒对应螺旋输送器的消耗功率，kW；η_{SA}，η_{SB} 分别为主动、从动滚筒对应螺旋输送器传动装置的传动效率，无量纲；η_B 为主动滚筒与从动滚筒相对啮合齿轮的传动效率，无量纲。

（5）电动机功率

依据滚筒功率，可算得电动机功率，即

$$N_D = \frac{k N_1}{\eta_\Sigma} \tag{6-8}$$

式中，N_D 为电动机功率，kW；k 为电动机功率储备系数，可取值 $1.5\sim2$，无量纲；η_Σ 为滚筒干燥器传动装置的总传动效率，无量纲。

6.4　转鼓干燥器的规格及应用

6.4.1　单鼓干燥器

液态物料的进料方式可采取辅辊式、飞溅式和浸没式等，表 6-1 列出了部分常压操作的单鼓干燥器的规格参数。单鼓干燥器可用于明胶、糊精、聚丙烯酰胺和合成树脂等物料的干燥。

表 6-1　常压单鼓干燥器的规格参数

鼓径×鼓长 /mm	设备空间尺寸/mm		干燥面积 /m²	质量 /kg	鼓径×鼓长 /mm	设备空间尺寸/mm		干燥面积 /m²	质量 /kg
	长	宽				长	宽		
600×600	2640	1220	1.2	2300	1800×1050	4725	1600	6.1	6800
600×1050	3150	1600	2.0	4550	3000×1500	5790	3000	14.6	15500
900×1050	3555	1600	3.1	5100	3600×1500	6400	3000	17.5	16500
1050×1050	3910	1600	4.1	5700	4800×1500	7620	3000	23.3	18000
1500×1050	4320	1600	5.1	6250					

图 6-13 示意了一种带压辊的单鼓干燥器，可适于膏状、含淀粉物料或食品的干燥，常用来生产薄而密实的片状干制品。其中，压辊的配设可有效防止物料在转鼓的表面成膜不均匀，以及可保持料膜与鼓壁间的良好接触，从而降低热阻，提升干燥效率。

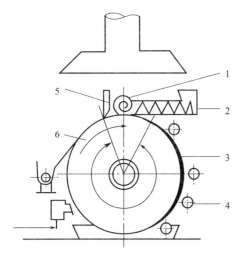

图 6-13　带压辊的单鼓干燥器
1—辅辊；2—进料器；3—料膜；
4—压辊；5—刮刀；6—转鼓

6.4.2　双鼓干燥器

双鼓干燥器适于多种物料的处理，如酵母、淀粉、聚丙烯酸酯、醋酸盐和丙酸盐等，物料类型也从液状到膏状黏稠物均可。双鼓干燥器的生产效率高、劳动强度低，且随着现代干燥操控技术的不断发展，该类干燥器已可较便捷地调控物料干燥温度，故也适于某些水合化合物或热敏性物料的干燥处理。由于以上这些特点，双鼓干燥器在食品加工领域的应用正日趋广泛。为符合食用需要及保证商品价值，某些食品在其储存与运输过程须保持稳定的形状，而多数食料本身又是热敏性的，形状有的是膏状物，有的是能吸水的片状或速溶粉剂，如苹果酱、香蕉脆片、谷物熟食干制品及干燥的汤料混合物等，通常这些食料的干燥加工均可采用双鼓干燥器完成。表 6-2 列出了部分常压双鼓干燥器的规格参数。如图 6-14 所示双鼓干燥器多采取飞溅式或浸液式进料，物料可从上、下两个不同的方向进入干燥器。其中，浸液式进料时的料膜厚度可通过鼓间隙的调整进行控制。

表 6-2　常压双鼓干燥器的规格参数

鼓径×鼓长 /mm	设备空间尺寸/mm			干燥面积 /m²	质量 /kg	鼓径×鼓长 /mm	设备空间尺寸/mm			干燥面积 /m²	质量 /kg
	长	宽	高				长	宽	高		
450×300	1525	915	1420	0.9	750	2500×800	6250	2515	2795	13	9500
600×600	3505	2055	2285	2.3	3850	2500×1050	6705	2970	3050	17	15500
900×600	3810	2055	2440	3.5	4200	3000×1050	7215	2970	3050	20.4	17000
1200×800	4115	2135	2745	4.7	4500	3600×1500	7925	4115	4265	35	27000
1800×800	5485	2515	2795	9.3	8500						

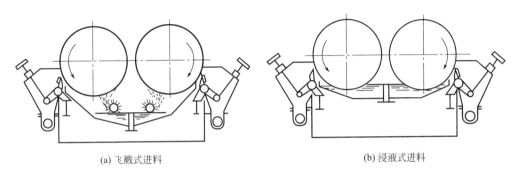

(a) 飞溅式进料　　　　　　　　　　　　　　　(b) 浸液式进料

图 6-14　双鼓干燥器

6.4.3　对鼓干燥器

对鼓干燥器的结构与双鼓干燥器相似，只是转鼓的旋转方向与后者相反。对鼓干燥器的进料有中心进料、飞溅进料、浸液进料和滚筒进料四种方式，卸料则由安装在顶部的刮刀完成。对鼓干燥器特别适于浆料、饱和盐溶液、含不溶性固体的悬浮液及干燥过程中粉尘较多的物料处理，如磷酸盐、磺酸盐、氧化铝、螯合物和丙酸盐等。由于对鼓干燥器的两个转鼓是相对向外旋转的，因此较适于在干燥过程易产生浓缩结晶或形成浆状物的物料干燥，这不同于双鼓干燥器，因结晶物的存在，极可能在最小鼓间隙处产生附加的机械压力，对设备运行造成不良影响。

若干燥制品的湿含量指标甚严，要求制品的湿含量值较低，还可将对鼓干燥器与另一连续干燥设备组合为复合干燥装置，通常是与转筒干燥器组合。利用对鼓干燥器去除物料中的大部分湿分，再移到转筒干燥器中继续干燥至干品。转筒干燥器不同于转鼓干燥器，器内以对流传热为主，一般不宜直接干燥液态物料，故可先将液态物料经对鼓干燥器脱湿成固态后，再至转筒干燥器中处理，操作效率相对较高，经济性佳。若仅通过对鼓干燥器完成该类高要求的干燥操作，势必要极大延长物料干燥的停留时间，从而导致生产能力低，同时亦难适于热敏性物料。复合干燥已成功用于干燥从母液中结晶出来的盐，最终制备成无水盐，而单独利用对鼓干燥器是很难制得无水盐的。

对于干品湿含量要求不高且高温不软化的物料干燥，对鼓干燥通常具有非常高的生产能力，其间可通过提高加热介质的温度来进行操作强化。表 6-3 列出了部分常压对鼓干燥器的规格参数。

6.4.4　带密闭罩的对鼓干燥器

对鼓干燥器配置密闭罩的主要作用在于：①便于实现对鼓干燥的真空操作；②防尘、回收干燥过程中蒸发出的有毒或价值高的溶剂；③隔绝空气，避免易燃物料与空气的接触，预防火灾事故。图6-15示意了一种带密闭罩的对鼓干燥器的结构。

表6-3　常压对鼓干燥器的规格参数

鼓径×鼓长 /mm	设备空间尺寸/mm			干燥面积 /m²	质量 /kg	鼓径×鼓长 /mm	设备空间尺寸/mm			干燥面积 /m²	质量 /kg
	长	宽	高				长	宽	高		
450×300	1780	915	1170	0.9	825	2500×800	6250	2515	2795	13	9300
600×600	3505	2055	2285	2.3	3900	2500×1050	6705	2970	3050	17	15500
900×600	3810	2055	2440	3.5	4200	3000×1050	7215	2970	3050	20.4	17000
1200×800	5458	2515	2795	9.3	8300	3600×1500	7925	4115	4265	35	27000

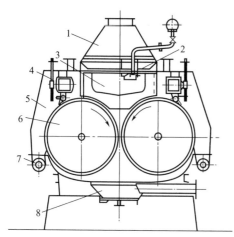

图6-15　带密闭罩的对鼓干燥器

1—罩子；2—原料加入装置；3—加料器；
4—刮刀机械；5—侧罩；6—转鼓；
7—成品输送器；8—底罩

若对鼓干燥器附加密闭罩以产生负压，无疑会增加设备的运行费，因此仅当干燥生产成本允许时方才采用，多用于某些特殊制品的干燥，如需在无菌条件下生产的药物抗生素、类似奶粉的多孔结构制品、由废弃物中回收贵重溶剂以及回收诸如乙二醇等高沸点组分等，均采用了此项真空干燥技术。

对于干燥起粉较多的生产操作，如丙酸盐的干燥，增设密闭罩既防止了环境污染，同时还能提高产品收率。就对鼓干燥器而言，除了可对其整体密封外，也可仅进行部分密封，只是设备结构稍显复杂。部分密封的目的不尽相同，有时是为了降低干燥干品中的溶剂残留量，而有时则是为了便于消除刮刀上积存的干燥物料。表6-4和表6-5分别列出了部分真空单鼓、真空双鼓干燥器的规格参数。

表6-4　真空单鼓干燥器的规格参数

鼓径×鼓长/mm	设备外形尺寸/mm			干燥面积/mm²	设备质量/kg
	长	宽	高		
500×600	2745	1220	1830	1	3500
1000×1200	3355	3050	3960	3.9	14000
3600×1500	5790	2440	2745	17.5	34000

表6-5　真空双鼓干燥器的规格参数

鼓径×鼓长/mm	设备外形尺寸/mm			干燥面积/mm²	设备质量/kg
	长	宽	高		
300×450	1675	1220	1980	0.9	1650
500×600	3050	2440	2745	2.3	7000
1200×600	3660	2440	2745	4.7	9000
1500×600	4270	2440	2745	5.8	11000
1800×800	4725	2895	3050	9.3	19000
3000×1050	6400	3960	4265	20.4	40000

图6-16示意了一种真空转鼓干燥器，蒸汽从进汽管进入，经轴头左下方的接管，进入转鼓的夹套中使物料中的水分蒸发，并借助真空系统将水分随空气一起抽除，达到物料干燥的目的。

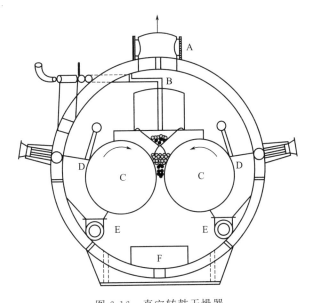

图 6-16　真空转鼓干燥器

A—蒸汽排出口；B—进料器；C—转鼓；D—刮刀；E—输送机；F—排水口

6.4.5　多鼓干燥器

多鼓干燥器主要用于带状物料的干燥，最常见的当属纸张干燥。多鼓干燥器除对物料种类、转鼓转速及确保干燥物料的变形限度等方面有特殊要求外，其结构、原理与单鼓或双鼓干燥器并无本质区别。

造纸行业中，多鼓干燥器又称为多级烘缸。由于多数纸张如图书用纸，为避免收藏时发生霉变，其干品湿含量通常均有着严格要求。因此，在多鼓干燥器的设计时，应特别注意转鼓运动时相应传热的均匀与高效，以及确保转鼓表面的高光洁度等。同样，当针对纺织品、赛璐珞（硝化纤维塑料）等带状物料的多鼓干燥设备设计与选用时，也应充分考虑物料的性质种类、产品的质量指标等具体要求。

6.5　转鼓干燥的热质传递计算

6.5.1　热质传递机理

转鼓干燥是一种热质传递机理较复杂的操作过程，其传热一般视为三步进行，即鼓内加热介质的对流传热，如蒸汽冷凝传热；垢层、鼓壁和料膜层的热传导；料膜外侧的对流传热。无论是鼓内的对流传热或是料膜外侧的对流传热，其内部又均有热传导与热对流的两种传热方式。以料膜外侧为例，在料膜与外界空间的交界处，会存在一个由物料湿分汽化而形成的层流底层，该层内的传热仍以热传导为主，只待通过该底层后，传热方式才转为热对流的方式为主。由于层流底层的厚度通常难以测定，故相关热阻的计算，一般均借用传热学中对流传热系数的处理方法，即将此层的热阻折并至对流传热系数中去，而后者的数值可通过传热实验进行测取。

转鼓干燥的传质，与其传热过程同步进行，且两者密切相关。料膜获得热量，温度升高，最终导致物料内的湿分发生气化，并向环境中转移扩散，同时料膜表层逐渐减少的湿分也将由其内部的湿分不断迁移来补充,即形成了由内向外的传质方向,与其传热的方向相同。

转鼓干燥的传热与传质速率,与物料的物性、浓度、比热容、表面张力、膜层厚度、加热介质的温度、转鼓转速等诸多因素均有关,相互间的影响关系,目前仍多需依赖实验的方法来加以分析与确定。

6.5.2 热质传递计算

相关转鼓干燥的工程计算中,多假设湿物料在转鼓外壁上黏附成膜后,料膜与鼓壁间的接触良好,如此便可忽略料膜与鼓壁间的附加热阻。该假设对于液态物料的干燥计算通常不会产生较大误差。

转鼓干燥生产时,其料膜厚度可由物料衡算求得,即

$$\delta = \frac{G_1}{60 \rho A n} \tag{6-9}$$

式中,δ 为料膜厚度,m;G_1 为料液处理量,kg/h;ρ 为料液密度,kg/m³;A 为有效干燥面积,m²;n 为转鼓转速,r/min。

转鼓离开料液主体后,料膜开始干燥,直至刮刀点位置,设此间转鼓共旋转了 θ 角度,如图 6-17 所示,则该 θ 角范围内的转鼓干燥表面积习惯称为转鼓有效干燥面积,以变量 A 表示。在余下的（$360° \sim \theta$）浸液范围内,转鼓仍处于被加热的状态,故此浸液范围可视为干燥操作的预热段。转鼓干燥的有效干燥面积可由下式求得,即

$$A = \frac{\pi D L \theta}{360} \tag{6-10}$$

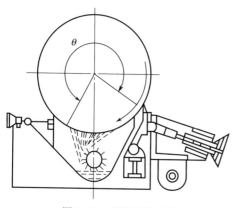

图 6-17 有效干燥面积

式中,L 为转鼓上料膜的实际宽度,m;D 为滚筒外径,m;θ 为料膜自离开料液主体直至刮料点处的弧中心角,(°)。

干燥的起始阶段,膜外侧的温度与料液主体温度相等,而膜内侧的温度与转鼓外壁的温度相等,此时的料膜两侧有着最大温度差,可获得最大的干燥传热速率。随着转鼓转动及干燥的进行,料膜中的湿分不断减少,料膜厚度也将相应减薄,干燥操作也将由恒速段逐渐转至降速段,两阶段分界点处的料膜中含水量又称为临界含水量。

为避免物料成膜不均匀,转鼓干燥的料液湿含量通常宜控制在 60% 以上,所得干燥产品的湿含量约为 5%～10%。欲获得更低的产品湿含量,如前所述,可将刮刀刮下的产品再转移至转筒干燥器中进一步干燥,此种组合干燥法经济性相对较好。若是通过单独的转鼓干燥器来实现产品的低湿含量,则须适当降低转鼓转速或提高传热介质的温度,而相应的干燥生产能力将下降,且可能对于部分热敏性物料的产品质量造成影响。

传热的热通量（热流密度）是 θ 角的函数。设任一 θ 角处沿料膜实际宽度 L 上的热通量以 q_θ 表示,则在整个有效干燥面积上的平均热通量为

$$q_{av} = \frac{1}{\theta} \int_0^\theta q_\theta \, d\theta \tag{6-11}$$

式中,q_{av} 为平均热通量,W/m²;q_θ 为任一 θ 角处沿料膜宽度 L 上的热通量,W/m²。

单位时间内有效干燥面积上的总传热速率可由下式求算，即

$$Q = q_{av}A = \frac{A}{\theta}\int_0^\theta q_\theta \mathrm{d}\theta \qquad (6\text{-}12)$$

式中，Q 为总传热速率，W。

总传热速率 Q 可根据转鼓干燥器在一个操作周期内的能量衡算求取。其中，由物料衡算知

$$G_1 = G_2 + W \qquad (6\text{-}13)$$

式中，G_2 为干燥产品量，kg/h；W 为干燥过程除去的湿分量，kg/h。

若忽略干燥操作的热损失，则

$$G_1 c_1 t_1 + Q = G_2 c_2 t_2 + W c_w t_2 + Wr \qquad (6\text{-}14)$$

式中，c_1 为料液比热容，kJ/(kg·K)；c_2 为干燥最终温度和湿含量下的物料比热容，kJ/(kg·K)；t_1 为进料温度，K；t_2 为出料温度，K；c_w 为液态湿分的平均比热容，kJ/(kg·K)；r 为湿分的汽化潜热，kJ/kg。

将式(6-13) 代入式(6-14)，且忽略 c_1、c_2、c_w 的差别，则

$$Q = Wr + W c_w (t_2 - t_1) + G_2 c_2 (t_2 - t_1) \qquad (6\text{-}15)$$

依据传热学中的传热速率基本计算公式，知

$$Q = KA\Delta t_m \qquad (6\text{-}16)$$

式中，K 为以转鼓外表面计的总传热系数，W/(m²·K)；Δt_m 为传热的平均温度差，K。

若忽略转鼓鼓壁的热阻及垢层热阻，以及考虑到鼓壁厚度相对于转鼓直径的数值较小，即可忽略面积修正因素，则总传热系数 K 可近似由下式算取，即

$$K = \frac{1}{\dfrac{1}{\alpha_o} + \dfrac{\delta}{\lambda} + \dfrac{1}{\alpha_i}} \qquad (6\text{-}17)$$

式中，α_i 为转鼓内侧的对流传热系数，W/(m²·K)；α_o 为料膜外侧的对流传热系数，W/(m²·K)；λ 为料膜的平均导热系数，W/(m·K)。

转鼓干燥中，由于物料自身发生了液态至固态的变化，其料膜的平均热导率实际上是很难确定的。此外，料膜外侧的对流传热系数 α_o 应该也是 θ 角的函数，其影响因素众多且数值变化大，通常也是难以确定的。因此，在相关的传热计算中，式(6-16) 和式(6-17) 仅具有理论意义，运用起来甚为不便，而实际的工程计算中则多采用式(6-15) 来计算传热速率，相对更方便和准确。

干燥速率是指单位时间内、单位干燥面积上所汽化的湿分质量。转鼓干燥中，干燥速率也是 θ 角的函数，可表达为

$$R_{av} = \frac{1}{\theta}\int_0^\theta R_\theta \mathrm{d}\theta \qquad (6\text{-}18)$$

式中，R_{av} 为 θ 角范围内的平均干燥速度，kg/(m²·h)；R_θ 为 θ 角处的瞬时干燥速度，kg/(m²·h)。

由于料液的转鼓干燥有恒速段与降速段之分，而两者的分界点通常又难以界定，故 R_θ 的确定亦很困难。由于干燥物料物性的千差万别，相关操作的影响因素众多且繁杂，故转鼓干燥的干燥速率仍只能多依赖实验而确定，工程计算也尚以经验式为主。

对于干燥速率介于 $6\sim15$kg/(m²·h) 范围内的带状物料或湿织物，其平均干燥速率 R_{av} 可采用如下的经验式进行求取。

$$R_{av} = 0.053\sqrt{u\rho_a}(t_d - t_w) \tag{6-19}$$

式中，u 为环境空气的气流速度，m/s；ρ_a 为环境空气的密度，kg/m³；t_d 为环境空气的干球温度，K；t_w 为环境空气的湿球温度，K。

表 6-6 列出了部分液态物料转鼓干燥速率的数值范围及其对应的操作条件。此外，对于液态物料，R_{av} 还常有如下的经验计算式，即

$$R_{av} = 4.075 \times 10^{-3} u^{0.6} \Delta p \tag{6-20}$$

式中，Δp 为料膜表面蒸汽压与环境空气中湿分蒸汽压的差值，Pa。

依据经验式算取或查阅文献，获得干燥速率的数据后，再结合操作的湿分去除量 W 值，便可设计选用转鼓干燥器所需的有效干燥面积，即

$$A = \frac{W}{R_{av}} \tag{6-21}$$

干燥操作所去除的湿分量 W，可由料液量 G_1 及其湿含量 w_1、干燥产品量 G_2 及其湿含量 w_2 计算得到，即

$$W = G_1 w_1 - G_2 w_2 \tag{6-22}$$

式中，w_1 为料液的湿含量，无量纲；w_2 为干燥产品的湿含量，无量纲。

干燥速率受最初料液湿含量的影响较大。例如，在奶粉的干燥操作中，当进料湿含量为 $85\% \sim 92\%$、出料湿含量控制在 $5\% \sim 10\%$ 时，干燥速率可高达 $50 \sim 70 \text{kg}(水)/(\text{m}^2 \cdot \text{h})$；而当进料湿含量为 64%、出料不变时，干燥速率则大幅降至 $20 \sim 35 \text{kg}(水)/(\text{m}^2 \cdot \text{h})$。干燥速率是某一设备在具体的操作工况、进料浓度等条件下，该干燥过程中的质量传递的强度，而非指该设备的生产能力。表 6-6 列出了部分物料在转鼓干燥器中的干燥速率。

表 6-6　转鼓干燥器干燥速率的经验数据

料液状态	操作条件				料液湿含量 $w_1/\%$	产品湿含量 $w_2/\%$	干燥速率 $/\text{kg}(水)/(\text{m}^2 \cdot \text{h})$
	转鼓形式	转速/ r/min	鼓内蒸汽压力 /×0.1MPa	鼓外环境压力			
乳浊液	单鼓	26	3.4	常压	43	4	11.1
乳浊液	单鼓	24	2.8	常压	50	4	14.2
浆状	单鼓	12	6	常压	60~70	6	21~26.2
浆状	单鼓	4~5	1	80kPa	88	7	37.5
悬浮液	单鼓	3	3.5~4	常压	50~60	3~4	15~20
溶液	单鼓	2~3	2~3	常压	40	1~2	15~20
溶液	单鼓	10	4~4.5	常压	58	0.5	14.3
溶液	双鼓	8.5	4.4	常压	53.6	6.4	38.5
溶液	双鼓	7	4	常压	76	0.06	47.7
溶液	双鼓	9	6.3	常压	57	0.9	53.1
溶液	双鼓	3	5	常压	39.5	0.44	4.4
溶液	单鼓	2.5	1.7	常压	59.5	5.26	10
溶液	单鼓	2~3	3.2	常压	70	0.5	17~34
溶液	单鼓	3~4	3.1~3.5	常压	75~77	0.5~1.0	29~47

对于料膜的干燥，可采用一个简单的基于液体扩散的模型模拟其在转鼓干燥器的连续干燥过程（Islam 等，2007），即料膜内液体湿分传递以液体扩散的形式。传热来自转鼓内部

蒸汽的热传导，以及来自外部空气的热对流与热辐射，见图 6-18。所预测的最终含水量与实验之间的最大差异在实验误差之内，因此，此数学模型可用于工业转鼓干燥器的设计、优化、变工况性能分析等。Almena 等（2019）的模型中包含了不同的传热机制：转鼓内蒸汽的对流传热，通过鼓壁和料膜的热传导，以及转鼓内表面的冷凝液滴和外表面的残余浆料的污垢热阻。如图 6-18 所示。

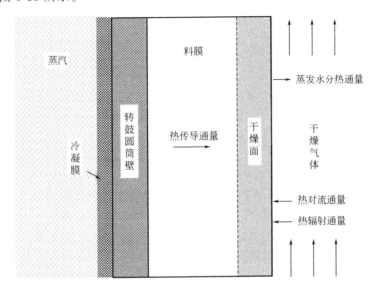

图 6-18　转鼓干燥过程中热传导、热对流与热辐射示意图

Henriquez 等（2014）基于薄层物料的湿含量可用一阶动力学模型表达，水分扩散为降速干燥阶段的主要传递现象，比较了 Page 方程、两项模型、对数模型等数学模型对干燥动力学的建模效果。

6.6　转鼓干燥器的控制

实现转鼓干燥过程的稳定运行需要在线质量控制。通过设定蒸汽压力，可以独立控制转鼓温度，以完成干燥任务。对于真空转鼓干燥器，也可以通过设置外部空间的真空度来控制干燥温度。在大多数情况下，产品厚度是通过设置压区宽度和进给速度来控制的，然后通过改变转鼓转速来控制最终的含水量。

操作条件和过程干扰的变化会导致转鼓干燥产品品质（最终含水量、厚度、孔隙率、润湿性、晶体结构等）的不均匀性，是时间和其他变量的复杂函数。Rodriguez 等（1996）在所有输入过程变量中，选择了两个控制变量，即转速和加热蒸汽压力，用于保持平均最终含水量恒定。为了克服并修正某些过程扰动的情况，他们通过增加一个执行器对装置进行了修改，使用感应式电加热器局部补充加热功率来校正含水率的局部不均匀性，也使用红外温度传感器测量含水量。

6.7　转鼓干燥的研究进展

Desobry 等（1997）通过喷雾干燥、冻干和转鼓干燥三种不同技术，将胡萝卜素封装在麦芽糖糊精内，并发现转鼓干燥制备的产品稳定性最高。Shiravi 等（1997）报道了其利用过热蒸汽撞击流对纸浆黑液进行转鼓干燥，将黑浆固体含量从 67% 提高到 92% 以上。Pua 等（2010）利用响应曲面分析法，通过分析蒸汽压力与转速的影响规律优化了菠萝蜜粉的转鼓干燥工艺，其研究成果表明蒸气压力和转速分别为 336kPa 和 1.2r/min 时，所制备的菠萝蜜粉质量最优。Aalaei 等（2016）研究了通过转鼓干燥制备的奶粉中赖氨酸的含量，发现湿度和温度对奶粉的储存有着很大的影响，其最优储存温度和湿度分别为 20℃ 和 33%。Henriquez 等（2014）利用转鼓干燥技术处理苹果皮过程中的酚醛含量变化并构建了动力学模型，其研究成果促进了此类产品干燥工艺的优化。Wiriyawattana 等（2018）系统考察了利用转鼓干燥技术干燥黑米粉时，温度对产品物理性质与抗氧化能力的影响，其研究发现当干燥温度为 110～130℃ 时，干燥后的黑米粉的抗氧化能力以及产品稳定性随着干燥温度的升高而降低，因此黑米粉的最优干燥温度为 110℃。荷兰瓦格宁根大学的研究人员对比了四种干燥工艺，并设计了一套新型实验设备，通过在线监测质量和温度，对瞬时干燥动力学进行了研究，研究表明：水分含量、固体含量、厚度、黏度、弹性、比表面积与孔隙率等严重影响转鼓干燥速率（Qiu 等，2019）。Islam 等（2007）系统考察了湿物料膜厚度、转速、干燥气体流速、湿度等因素的影响规律后，建立了一种简单的扩散模型以预测转鼓干燥过程中的传导、对流以及热辐射情况，其实验与预测结果差异最大仅为 7%。Milczarek 等（2017）将太阳能与转鼓干燥技术连用，并考察了产品在转鼓干燥设备上的停留时间与干燥温度，在优化西梅干与番茄干制备过程的同时，有效降低了能源消耗与环境污染。Farid 等（2019）对棕榈油场废水进行处理时，基于转鼓干燥技术进行污泥对流干燥，通过利用回收蒸汽可有效降低能源消耗与环境污染。Almena 等（2019）考虑产物成分、含水量、厚度、原料温度等因素，优化蒸汽温度和转鼓干燥设备转速来降低转鼓干燥过程中的能源消耗。

含糖果泥，如苹果泥、苹果酱、柑橘果肉，也已成功地实现转鼓干燥。然而，如果糖的含量很高，一些糖在干燥过程中不能正常结晶，在高于玻璃化转变温度下发生熔化。这样，薄片材料会存在橡胶和玻璃化的部位，使得刮刀不均匀刮料，形成皱褶的薄片，最终成为棒状产品。这种产品很难分散，外观也不令人满意，从而降低了产品的质量。这种现象可以通过在刮刀处吹干燥的冷空气，使用滑动辊子控制产品薄片厚度加以控制。

6.8　转鼓干燥器的设计与选用

转鼓干燥器的设计与选用，主要取决于待处理物料的物性及其湿含量等，具体原则有：

① 成膜不均匀的物料宜选用带压辊的单鼓干燥器，因为压辊将有助于物料在鼓壁上的均匀布膜。

② 需精确控温的物料干燥，如热敏性物料或无水化合物等，宜选用双鼓干燥器。

③ 对于干燥过程中粉尘大、气化出的溶剂需回收，或与空气接触时易燃易爆的物料，宜选用带密闭罩的转鼓干燥器。

④ 干燥过程中易产生结晶的物料，宜选用对鼓干燥器，以免大粒度的晶体颗粒在鼓间对两侧的转鼓产生附加挤压力。

⑤ 带状物料宜采用多鼓干燥器。参见纸张干燥章节。

⑥ 喷溅式进料的喷涂效率较低，与其他进料方式相比生产薄片产品、黏性液体或与热转鼓表面接触后变成黏着的液体可以具有更高的喷涂效率。

待选定所用转鼓干燥器的类型后，可利用式(6-21)进行干燥器干燥面积的设计与计算，而相应的转鼓直径、长度则可依照表 6-1～表 6-5 进行确定。

符号说明

A——有效干燥面积，m^2；

c_1——料液比热容，$kJ/(kg \cdot K)$；

c_2——干燥最终温度和湿含量下的物料比热容，$kJ/(kg \cdot K)$；

c_w——液态湿分的平均比热容，$kJ/(kg \cdot K)$；

D——滚筒外径，mm；

G_1——料液处理量，kg/h；

G_2——干燥产品量，kg/h；

k——电动机功率储备系数，无量纲；

K——以转鼓外表面计的总传热系数，$W/(m^2 \cdot K)$；

L——转鼓上料膜的实际宽度，m；

L_y——滚动长度，mm；

m——滚筒数量，无量纲；

M_0——填料函的摩擦阻力矩，$N \cdot mm$；

M_3——轴承阻力矩，$N \cdot mm$；

M_4——刮刀装置的阻力矩，$N \cdot mm$；

n——滚筒转速，r/min；

N_1——转鼓驱动功率，kW；

N_A——主动滚筒所消耗的功率，kW；

N_B——从动滚筒所消耗的轴功率，kW；

N_D——电动机功率，kW；

N_G——搅拌器或喷溅器的消耗功率，kW；

N_S——螺旋输送轴的消耗功率，kW；

N_{SA}——主动滚筒对应螺旋输送器的消耗功率，kW；

N_{SB}——从动滚筒对应螺旋输送器的消耗功率，kW；

q_{av}——平均热通量，W/m^2；

q_θ——任一 θ 角处沿料膜宽度 L 上的热通量，W/m^2；

Q——总传热速率，W；

r——湿分的汽化潜热，kJ/kg；

R_{av}——θ 角范围内的平均干燥速度，$kg/(m^2 \cdot h)$；

R_θ——θ 角处的瞬时干燥速度，$kg/(m^2 \cdot h)$；

t_1——进料温度，K；

t_2——出料温度，K；

t_d——环境空气的干球温度，K；

t_w——环境空气的湿球温度，K；

u——环境空气的气流速度，m/s；

w_1——料液的湿含量，无量纲；

w_2——干燥产品的湿含量，无量纲；

W——干燥过程除去的湿分量，kg/h；

α——比例系数，无量纲；

α_i——转鼓内侧的对流传热系数，$W/(m^2 \cdot K)$；

α_o——料膜外侧的对流传热系数，$W/(m^2 \cdot K)$；

δ——料膜厚度，m；

λ——料膜的平均热导率，$W/(m \cdot K)$；

ρ——料液密度，kg/m^3；

ρ_a——环境空气的密度，kg/m^3；

θ——料膜自离开料液主体直至刮料点处的弧中心角，$(°)$；

η_B——主动滚筒与从动滚筒相对啮合齿轮的传动效率，无量纲；

η_G——辅助装置的传动效率，无量纲；

η_S——辅助装置的传动效率，无量纲；

η_{SA}——主动滚筒对应螺旋输送器传动装置的传动效率，无量纲；

η_{SB}——从动滚筒对应螺旋输送器传动装置的传动效率，无量纲；

η_Σ——滚筒干燥器传动装置的总传动效率，无量纲；

Δp——料膜表面蒸气压与环境空气中湿分蒸气压的差值，Pa。

参考文献

［1］ Daud W R W. Drum Dryers. In: Handbook of Industrial Drying (Fourth edition), ed. Mujumdar AS. CRC Press, 2015.

［2］ Tang Juming, Feng Hao, Shen Guo-Qi. Drum Drying. In: Encyclopedia of Agricultural, Food, and Biological Engineering. Marcel Dekker, 2003.

［3］ Islam M R, Thaker K S, Mujumdar A S. A diffusion model for a drum dryer subjected to conduction, convection, and radiant heat input. Drying Technology, 2007, 25: 1043-1053.

［4］　Almena A, Goode K R, Bakalis S. et al. Optimising food dehydration processes: energy-efficient drum-dryer operation. Energy Procedia, 2019, 161: 174-181.

［5］　Henriquez C, Cordova A, Almonacid S. et al. Kinetic modeling of phenolic compound degradation during drum-drying of apple peel by-products. Journal of Food Engineering, 2014, 143: 146-153.

［6］　Rodriguez G, Vasseur J, Courtois F. Design and control of drum dryers for the food Industry. Part 2. Automatic control. Journal of food Engineering, 1996, 30, 171-183.

［7］　Desobry S A, Netto F M, Labuza T P. Comparison of spray-drying, drum-drying and freeze-drying for β-carotene encapsulation and preservation. Journal of Food Science, 1997, 62 (6): 1158-1162.

［8］　Shiravi A H, Mujumdar A S, Kubes G. J. Drum drying of black liquor using superheated steam impinging jets. Drying Technology, 1997, 15 (5): 1571-1584.

［9］　Pua C K, Hamid N S A, Tan C P, et al. Optimization of drum drying processing parameters for production of jackfruit (Artocarpus heterophyllus) powder using response surface methodlogy. LWT-Food Science and Technology, 2010, 43: 343-349.

［10］　Aalaei K, Rayner M, Sjoholm I. Storage stability of freeze-dried and drum-dried skim milk powders evaluated by available lysine. LWT-Food Science and Technology, 2016, 73: 675-682.

［11］　Wiriyawattana P, Suwonsichon S, Suwonsichon T. Effects of drum drying on phisical and antioxidant properties of riceberry flour. Agriculture and Natural Resources, 2018, 52: 445-450.

［12］　Qiu J, Kloosterboer K, Guo Y, et al. Conductive thin film drying kinetics relevant to drum drying. Journal of Food Engineering, 2019, 242: 68-75.

［13］　Qiu J, Acharya P, Jacobs D M, et al. A systematic analysis on tomato powder quality prepared by four conductive drying technologies. Innovative Food Science and Emerging Technologies, 2019, 54: 103-112.

［14］　Milczarek R R, Ferry J J, Alleyne F S, et al. Solar thermal drum drying performance of prune and tomato pomaces. Food and Bioproducts Processing, 2017, 106: 53-64.

［15］　Farid M A A, Roslan A M, Hassan M A, et al. Convective sludge drying by rotary drum dryer using waste steam for palm oil mill effluent treatment. Journal of Cleaner Production, 2019. 240: 117986-117993.

［16］　桐荣良三. 干燥装置手册. 秦齐光, 王志洁, 常国琴, 译. 上海: 上海科学技术出版社. 1993.

［17］　金国淼. 干燥设备设计. 上海: 上海科学技术出版社, 1988.

［18］　梁庚煌. 运输机械设计手册. 北京: 化学工业出版社, 1981.

［19］　工场操作シリーズ. 新增乾燥. Vol2. 日本: 化学工業社. 1988.

［20］　日本粉体工業協会編. 乾燥装置マニュアル, p130 --日刊工業新聞社, 1978..

（翁颐庆，黄德春）

第7章

盘式连续干燥器

7.1 概述

盘式连续干燥器,也称圆盘干燥器或板式干燥器(PlateDryer),是一种机械搅拌式传导干燥设备,在固定床传导干燥器和耙式搅拌型传导干燥器基础上发展起来的,早在二十世纪五六十年代,苏联就已经用在大批量褐煤的干燥上,圆盘直径达5m,盘数44层,干燥面积880m²,煤含湿量由55%干燥到15%时,生产能力达到910t/h,干燥强度3~8kg(水)/(m²·h),热耗750~850kcal/kg(水),性能指标相当高。但由于当时工业化水平普遍较低,这种复杂干燥设备价格又过高,难以推广到其他行业,在煤行业也被运行成本较低的列管式干燥器取代,该干燥器的进一步发展受到限制,桐栄良三在他的1975版干燥装置中对盘式连续干燥器的应用,只引用了无机盐一例;至七十年代末期,随着各工业化国家生产手段的不断进步,加工成本已不再是困扰人们的主要问题,加上新材料的运用,以及全世界范围的能源紧缺,盘式连续干燥器以其突出的节能优势,再一次进入人们的视野,德国、比利时、日本、美国、俄罗斯等国家都有专门的公司进行盘式连续干燥器的研究和制造。其中历史较久,较成功的是德国Krauss-Maffei公司,该公司已开发和制造了TT/TK(常压型)、GTT(密闭型)、VTT(真空型)盘式连续干燥器的系列产品,并成功地将它推广到化工、食品和制药行业,从干燥煤的"傻大黑粗"设备,演变为现代精细化工设备。比利时用于污泥干燥的大型盘式连续干燥器直径约8mm,水分蒸发量可达3~14t/h。

国内工程界和研究领域很早就开始关注这一技术,1981年,上海市化工装备研究所应企业要求,开始研发国内首台盘式连续干燥器,在染料中间体色酚AS和二三酸的干燥试验和生产中,取得良好效果,并于1985年12月通过部级鉴定,在上海全国第二次全国干燥会上,他们报道了这一研究成果;河北工业大学自1987年起,对干燥机理、干燥性能、耙叶的性能、干燥器的设计、干燥盘的力学性能等进行了较全面的研究;核工业第四研究设计院1993年开发了DUPGC型系列盘式连续干燥器并于1994年通过部级鉴定,1995年获部级科技进步二等奖,同年获财政部科技成果产业化资金支持;石家庄工大化工设备有限公司1997年研究开发了"工大牌"盘式连续干燥器,2000年通过了河北省科技厅组织的鉴定,2003年及2007年又两次获科技部"中小企业创新基金"的资助,使得生产规模得以扩大,其生产的"工大"牌盘式连续干燥器获得科技部、商业部、税务总局、技监局、环保总局五部委颁发的创新产品证书，并获得多项国家专利。目前，该产品已系列化，可生产制造常压、密闭、真空三大类型，$\phi1200mm$、$\phi1500mm$、$\phi2200mm$、$\phi3000mm$ 四种直径序列，干燥面积 $4\sim180m^2$ 的三百多型号的系列产品，满足了不同物料干燥的需要。该干燥器已为国内几百家企业采用，陆续推广到冶金、大化工、精细化工、制药、食品、农药、矿产、无机盐等行业，极大地促进了我国节能型干燥设备的推广。

在新产品研制和设备推广应用的同时，国内对盘式连续干燥器的研究也从早期的推介国外产品，到性能研究和传热传质实验，再到结构设计方法探讨，目前已具备对常见物料的干燥器选型实验、计算、设计、生产、调试能力，一些研究机构建立起小型实验装置，对促进盘式连续干燥器的技术进步起到了巨大作用。石家庄工大化工设备有限公司的省级干燥工程研究中心，配备了大中小各式盘式连续干燥器的实验设备，曾做过数以千计的物料实验，发表了多篇技术论文，对完善和推广盘式连续干燥器做了大量有益工作。但目前的盘式连续干燥器仍存在不少问题，如干燥过程的模拟、加热盘的加工、结构设计优化、运转部件可靠性、产品大型化等，还有待于全行业的继续努力。

盘式连续干燥器是一种高效节能干燥设备，不但具有传导式干燥设备的全部节能环保优势，还在结构上采用了多层固定加热盘垂直布置，浮动式铧犁形回转搅拌耙叶搅拌并推动物料，改进了一般传导式干燥设备料层厚，传质阻力大的缺点，具有传热传质系数高、结构紧凑、占地面积小、生产连续密闭、热效率高、干燥时间可控、污染少、通用性强、适应范围广等优点，可广泛适用于各行各业中具有流动性、非黏性的松散粉粒状物料的干燥和冷却，以及焙烧、脱晶水等处理。在当今世界范围内能源紧缺形势下，大力推广使用节能高效盘式连续干燥器，具有非常现实的技术和经济意义。有资料测算，我国干燥能耗大约占全部工业能耗的12%左右，而节能型的干燥设备推广率不到五分之一，大都因它的一次造价较高而受阻，但只要加以粗略估算，就可以知道，传导式干燥因能耗低而节省的费用，大约在 $0.5\sim2$ 年内即可收回投资，从成本构成分析，蒸汽加电费占干燥成本的比例，传导和对流式分别为69.8%和82.9%，而设备费只占干燥成本的10.2%和6.1%，可以认为，能耗的大小是干燥设备选择的决定因素，盘式连续干燥器和其他传导干燥器一样，必定在未来的干燥器市场上得到越来越广泛的推广。

7.2　基本工作原理与结构形式

7.2.1　基本工作原理

盘式连续干燥器的工作原理见图 7-1，由壳体组成一个封闭或半封闭干燥作业空间，内部沿高度方向设置直径稍有差别的水平空心加热盘若干，盘内通入加热介质。每层盘面上设有数个搅拌耙，对称安装在中心轴上，搅拌耙沿轴向装有耙叶若干，耙叶刮板与盘面浮动接触，上下两层盘面的耙叶方向相反。工作时，湿物料被加料器连续均匀洒落在第一层盘面（小盘）的中心附近，中心传动轴带动搅拌耙旋转，耙叶一面将物料均匀摊布在盘面上，一面不断翻动和推动物料，使物料形成多个同心圆形料环，料环断面为不等边三角形，个数等于耙叶数量，见图 7-2。在每个耙叶的不断推动下，物料沿螺旋线轨迹由盘面中心向外移动，到第一层盘的边缘后下落到第二层盘的外缘，即大盘外缘上，第二层盘的耙叶方向相反，推动物料向内移动……以此类推，物料一直被移送到最后的盘面，再经排料口排出。物料在移动过程中，与盘面接触并不断被加热，水分蒸发，物料含水率不断下降，直至产品合格排出机外，蒸发出的湿气经排气口排出。由于物料不断地受到耙叶翻动，深层和表层物料交替更换位置，加热面也不断被更新，加之料层较薄，物料传热传质阻力均远低于普通传导式干燥器，传热系数可达$250\sim670kJ/(m^2\cdot h\cdot ℃)$。盘式连续干燥器不使用热风加热物料，因排风而损失的热量非常小，属于节能型干燥器。

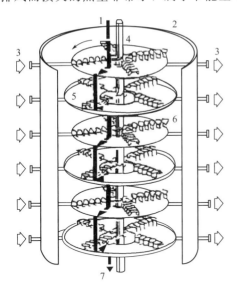

图 7-1　盘式连续干燥器工作原理图

1—给料；2—壳体；3—加热介质；4—传动轴；

5—加热盘；6—搅拌耙；7—排料

图 7-2　盘式连续干燥器的料环形态

7.2.2　盘式连续干燥器的基本结构形式

7.2.2.1　密闭型盘式连续干燥器

盘式连续干燥器主要包括静止的圆盘形加热器、回转搅拌耙、壳体、机架及传动系统，目前，国内比较典型的密闭操作型盘式连续干燥器如图 7-3 所示。圆柱形壳体，上下设平盖，或封头式盖，与壳体法兰连接，易于保持机体内密封。支架与机体分开设置，并与排料部分共同组成底盘，支撑机体和传动系统；机体用法兰与底座和上盖连接，构成一个封闭的干燥作业空间；底盘四周固定立柱若干，用来支撑和固定加热盘；加热盘中空结构，内部根据需要可以通入蒸汽、热水、导热油或熔盐；中央立式传动轴上固定若干组水平耙杆，耙杆上设置多个浮动搅拌耙叶，随着立柱的旋转，耙叶可以将物料均匀地分布在盘面上，形成多个同心料环，并同时推动物料沿螺旋线轨迹由外向内或由内向外移动。

盘形加热器和搅拌耙是本设备的关键部件，加热器是一个中空的薄板盘形容器，当通入饱和蒸汽或其他加热介质时，又是一个承压容器，通常将盘面的一侧设计为蜂窝状，或短管连接型加热夹套，以增加空心板刚度，并提高流体湍动程度，增加传

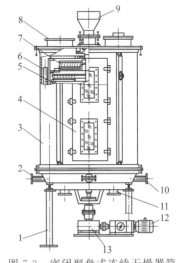

图 7-3　密闭型盘式连续干燥器简图

1—支架；2—进气管；3—机体；4—检修门；

5—盘支架；6—分气管；7—搅拌耙；8—排气口；

9—给料口；10—冷凝水排口；11—排料；

12—电动机；13—减速机

热效果。有时内部须适当设折流板，提高流速，加大热介质对物料的传热系数。加热盘固定在支架上，连接部位设有温度补偿装置，以吸收受热的变形量。搅拌耙与加热盘一一对应，每层盘面设耙杆2～8个，每个耙杆上浮动设置不同搅拌方向的耙叶若干。小盘耙叶使物料向外移动，大盘耙叶使物料向内移动。搅拌耙低速回转，最高线速度不超过0.8m/s，料层10～30mm，搅拌功率比一般搅拌式干燥器低得多。耙叶使物料沿盘面既作径向移动，又有圆周运动，滞留时间延长，非常适合低水分物料干燥。搅拌耙推动物料移动的同时，对物料又有翻炒作用，上下层物料不断掺混，加速了受热面更新，故盘式连续干燥器传热传质系数高，单位面积脱水能力大。耙杆和耙叶组合实物见图7-4。

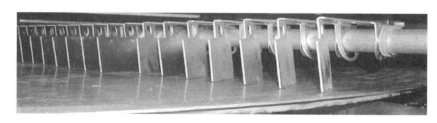

图7-4　耙杆和耙叶组合实物图

密闭型盘式连续干燥器通常操作在低真空或减压状态，按照操作压力和物料性质的不同，干燥器结构会稍有不同，有的应按压力容器规则设计，如上盖常设计为椭圆形封头形式，气密性要求高于常压型盘式连续干燥器。当密闭型盘式连续干燥器用在易燃易爆或有毒物料干燥时，有时采用正压的惰性气体循环操作，这时需要设置单独的氮气进出口。

7.2.2.2　早期常压型盘式连续干燥器

早期的盘式连续干燥器主要用来干燥煤，结构比较复杂，如图7-5，左图显示总体结

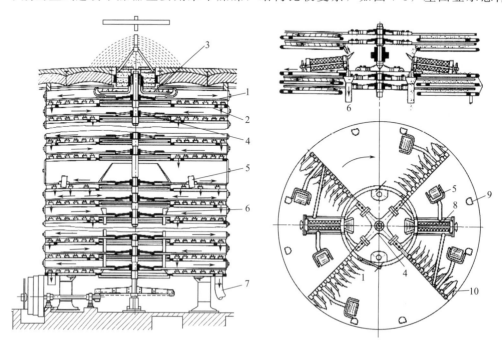

图7-5　苏联设计的盘式连续干燥器

1—耙叶；2—圆盘；3—给料；4—耙杆；5—压辊；6—碎干煤出口；7—总排料口；8—筛子；9—落料口；10—排料耙叶

构，右图为带粉碎压辊的加热盘局部放大。与目前流行的结构不同，该干燥器不另设统一的圆盘支架，每层圆盘的蒸汽引入和冷凝水排出的四根管子，就是该层圆盘的支架，所有圆盘按一定间隔固定在管子上。由于这种特殊设计，该机没有现代盘式连续干燥器的大小盘之分，每层物料由排料耙叶集中到落料口 9，再落入下一层圆盘。按照物料的不同，可以在中间某层加设带压辊粉碎和筛分的圆盘，混煤经筛分后，大块落入压辊区域被粉碎，继续被干燥并排入下一层圆盘。筛下细料直接落到盘上，干燥后通过碎干煤出口 6 直落底层，这样设计明显的好处是，粉碎后的细料比表面积较大，好干燥，及时分离出来可以提升整体干燥速率。十字臂固定在中央立轴上，相当于现代盘式干燥器的耙杆，耙杆转速 2～8r/min。耙叶数量随物料湿度而定，一般第一层圆盘上耙叶数量较多，最下一层则较少。

　　蒸汽引入和冷凝水排出用四根管子完成，这四根管子同时又是每层圆盘的支架，简化了结构。盘式连续干燥器的生产能力与蒸汽的引入和冷凝水排出方式有很大关系，上几层圆盘上物料湿，传热快，水分蒸发很快，必须尽快排出，以免阻碍热交换，分级的、顺次的将蒸汽引入会得到较好的效果，如设计得当，使用 3.5 大气压（表压）蒸汽时，一种 $656m^2$ 的干燥器，干燥强度可达 $12.9kg/(m^2 \cdot h)$。

7.2.2.3　近代常压型盘式连续干燥器

　　常压操作的盘式连续干燥器见图 7-6，由 8 根立柱构成框架，也是设备机架，8 块侧板组成八面体固定在立柱上，外壳的两个对应面上装有检修门，另一组对应面上，分别装有进风换热器和排风室及排风整流板。各层圆盘分别固定在各自支撑角钢上，角钢用弹性钢板连接在立柱上，以吸收盘面受热变形量。与密闭式不同，该机立柱直通到顶部，承担全部机器重量，底盘不承重，只负担收集并排出物料作用，因而，力的传递比较简单、合理，结构简化，重量轻，造价较低。

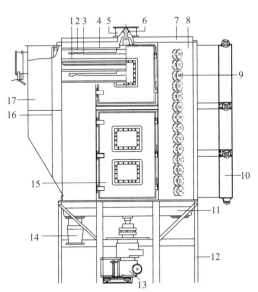

图 7-6　常压型盘式连续干燥器-分层给风

1—耙杆；2—耙叶；3—加热盘；4—传动轴；5—进料口；6—分布锥；7—上盖；8—壳体；9—加热介质进出口；
10—换热器；11—底盘；12—机架；13—传动装置；14—排料口；15—检修门；16—排气整流板；17—排气室

　　该机另一显著特点是，排风设有单独空间，在干燥机侧面，而不是顶部，垂直布置的百叶窗式整流板，与各层圆盘的空间一一对应，可以均匀地调整不同层盘面间的空气流量，使湿气体及时排出系统，同时可以避免最底几层空气流速过快，粉尘夹带过多。与排风室对应，给风加热器也是分层布置，方便精确调整各层空间的温度和湿度，使各层空间都能达到均一的干燥环境，有利于综合传热传质系数的提高。常压型盘式连续干燥器可工作在微负压状态，通入的热风仅为携带蒸发出的湿气体，避免尾气结露。由于干燥室负压较小，不需要很严格的密封，设备结构较简单，加工较易。

另一种圆柱形常压型盘式连续干燥器见图7-7，内部结构和外部形态与图7-3密闭型盘式连续干燥器大体相同，为了引进热风，在壳体下部设置换热器接口1~2个，而排气口仍设在顶部，显然，该型干燥器内部的各层风速难以调整，个别部位可能存在涡流或死区，湿气不能及时排出，综合传质速率结构不如图7-6的结构，但结构简单，在处理量或物料含湿率较小时常被采用。

7.2.2.4　真空型盘式连续干燥器

真空型盘式干燥器（图7-8）工作真空度较高时，壳体内压力与外部压力相差较大，壳体受外压，必须参照压力容器规则设计，此时一般将上盖和底盘设计为封头式，壳体钢板较厚，结构复杂，整机钢材耗量较大，造价较高。为了防止泄漏，密封设计严格，动密封一般采用较严格的填料密封或机械密封，整机加工完毕须进行严格的耐压试验和气密性试验。

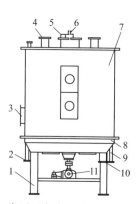

图 7-7　常压型盘式连续干燥器-单点给风

1—机架；2—蒸汽进口；3—换热器接口；
4—排气口；5—给料口；6—主轴；7—壳体；
8—底盘；9—冷凝水排口；10—排料口；11—减速机

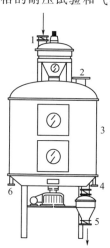

图 7-8　真空型盘式连续干燥器

1—给料口；2—排气口；3—机体；
4—冷凝水排口；5—排料口；6—蒸汽入口

7.2.2.5　上传动式盘式连续干燥器

一般盘式连续干燥器的传动系统设在最底部，整机重心靠下，稳定性好，但主轴穿过底盘和落料区，主轴密封和排料系统变得复杂，为此，有设计将传动系统设置在顶部，如图7-9，一种类似于搅拌釜常用的电动机减速装置，直接安装在干燥器顶盖上，带动主轴旋转，穿过上盖的位置设置轴承和密封装置，小型设备的主轴可悬臂设置，高度较大时可在底部设轴承座，防止主轴径向跳动过大。由于主轴不再穿过落料区，底盘设计为倒锥形，干燥好的物料直接落在锥面上，被设在主轴末端的刮料板刮落到出口排出。该设计在小型机上获得应用，其直接优点是密封较易处理，排料彻底，问题是，整机重心较高，稳定性差，一旦主轴旋转精度下降，设备可能会发生较大晃动。

7.2.2.6 高温烟道气加热型

一些无机盐类物料，含水较高，耐温也很高，当采用传统盘式连续干燥器低温蒸汽干燥时，效率较低，如采用高温烟道气，则传热温差成倍提高，尽管没有饱和蒸汽的潜热冷凝放热传热系数高，但温差大，高温辐射加热效果明显，总的干燥效果仍较好，这种干燥器结构简图如图 7-10，与常压型盘式连续干燥器结构大体相同，只是由于采用高温烟道气做热源，加热盘的结构稍有变化，为了提高烟气对器壁的传热系数，避免烟道气在盘中挂灰影响传热，必须精确设计导流板，控制烟气流速，消除涡流和死区。为适应高温，搅拌和输料装置也会稍有差别，但从结构和传热传质机理上看，它仍属于盘式连续干燥器类型，市面上称为层式气流干燥塔，使用的烟道气温度一般为 $700 \sim 800℃$，排气 $120℃$ 以下，热效率可达 80% 以上。

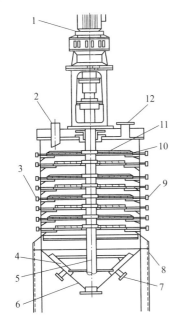

图 7-9　上传动式盘式连续干燥器

1—传动装置；2—进料口；3—蒸汽入口；4—刮料板；
5—主轴；6—排料锥；7—热风进口；8—机架；
9—冷凝水排出；10—耙叶；11—耙杆；12—排气口

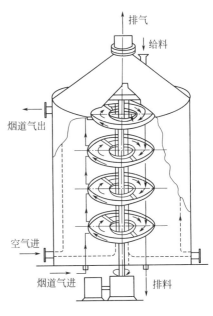

图 7-10　烟道气加热型干燥器

7.2.2.7 盘式连续冷冻干燥

传统真空冷冻干燥器大多间歇操作，物料人工放在搁盘上，依次进行冷冻、加热干燥、取出等程序，时间长，产量低，劳动强度高。真空型盘式连续干燥器的结构稍作改动，就可用来连续地冷冻干燥物料，其简图见图 7-11，干燥器本身与真空型盘式连续干燥器结构相近，但因真空度高，密封机构要复杂一些，为了减少沿程损失和泄漏，密闭式给、排料和冷凝器均集成在干燥器相应接口上。其工作过程为，经过预冻结的颗粒物料首先给入干燥器顶部的给料器，此时给料器下部真空阀关闭，装满后上部阀门关闭，下阀门打开，物料给入第一层干燥盘，两个给料器交替作业，以实现连续给料。干燥盘内通入低温介质对物料传导加热，物料在耙叶推动下依次经过各层加热盘，在冰冻状态直接升华失去水分，升华的水分蒸汽通过真空阀进入冷凝器，在捕水器表面结霜回收，两台冷凝器交替捕水和化霜，实现连续脱水，最后，干燥成品由两台密封排料器交替排出。当干燥室工作压力为 $5 \sim 15Pa$ 时，在

－45～－38℃温度之间连续冷冻干燥，可有效保持生物活性和食品的色香味不变，这是其他干燥方式不可比拟的。一台用于干燥咖啡的此种干燥机，干燥面积 175m²，有 35 层加热盘，脱水量 500kg/h，咖啡含湿量 40%，干燥时间 100min，加热盘温度从上到下依次为 40℃、67℃、74℃、35℃。

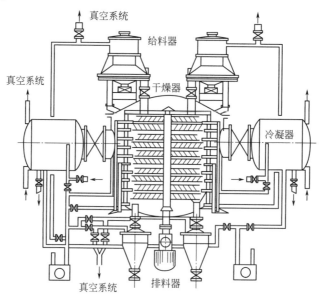

图 7-11　真空型盘式连续冷冻干燥器

7.3　扩散理论及传热传质

7.3.1　传导干燥过程简析

盘式连续干燥器中物料的干燥过程以传导为主。加热盘内热载体的热量以热传导方式通过加热盘面传递给盘面上的湿物料，传热与传质过程同时进行，如图 7-12 所示。图中，1 表示物料颗粒与盘面接触，通过传导获得热量，物料颗粒升温，表面湿分汽化；2 表示物料层内部传热；3 表示物料表层汽化的湿分向空气中扩散。

在盘式连续干燥器的热传导过程中，以加热盘表面为热源，物料层表面为散热体，图 7-13 显示了其温度分布及相应的热流。T_s 为加热盘温度，K；T_0 为底层物料温度，K；T_{bed} 为料层温度，K；T_b 为料层表面温度，K；T_w 为操作压力下的湿球温度，K；q_0 为由加热盘进入料层的热流，W/m²；q_{sen} 为用于料层升温的热流，W/m²；q_{Z_T} 为用于湿分蒸发的热流，W/m²；q_L 为由于对流、辐射散失的热流，W/m²。由图 7-13 可见，热流 q_0 进入物料层，其中一部分 q_{sen} 用于提高料层的温度，另外部分被传递到料层自由表面，以湿分潜热 q_{Z_T} 的形式蒸发掉和通过对流、辐射形式 q_L 散失到周围环境中。这样，底层物料的温度最高，随着料层高度的增加，物料颗粒温度逐渐降低。

7.3.2　传导干燥中固定床层的传递阻力

在一般的固定床传导干燥器中，热量由加热面传给毗邻的料层，料层产生的湿分蒸汽由抽风机或真空泵引走，干燥是在不通入气体的情况下进行的。其干燥速率受传热和传质两方面因素的影响。整个干燥过程要克服三种传热阻力和两种传质阻力，即物料底层与加热盘面

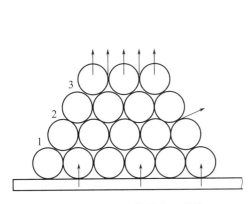

图 7-12 物料在加热盘上传热

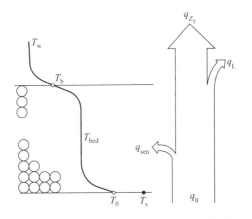

图 7-13 传导干燥过程中温度分布及热流

间的接触热阻 $1/h_{ws}$、料层热阻 $1/h_{sb}$ 和物料颗粒内部热阻 $1/h_p$，以及料层传质的阻力 $1/k_{sb}$ 和物料颗粒内部传质阻力 $1/k_p$。图 7-14 为下部加热的无搅拌粒状物料填充床层的传热、传质阻力示意图。由于存在温度梯度，热量流入料层，由于存在压力梯度，蒸汽流出料层。图中，h_{ws} 为接触给热系数，$W/(m^2 \cdot K)$；h_{sb} 为料层给热系数，$W/(m^2 \cdot K)$；h_p 为物料颗粒的给热系数，$W/(m^2 \cdot K)$；k_{sb} 为料层的传质系数，$kg/(m^2 \cdot s)$；k_p 为物料颗粒的内部传质系数，$kg/(m^2 \cdot s)$。

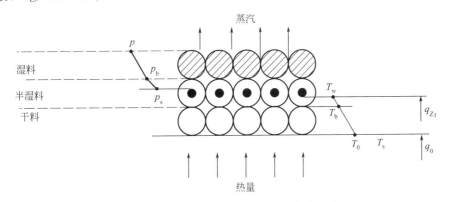

图 7-14 固定床层传导干燥的热质传递阻力

$$1/h_{ws}=(T_s-T_0)/q_0；1/h_{sb}=(T_0-T_b)/q_0；1/h_p=(T_b-T_w)q_{Z_T}；1/k_p=(p_s-p_b)/m；1/k_{sb}=(p_b-p)/m$$

在固定床层传导干燥中，上述各项传递阻力呈纵向一维分布。而在盘式连续干燥器中，物料不断受到把叶的搅拌和翻动，料层中的干物料、半干物料和湿物料随机分布，使传递阻力不再像固定床那样呈纵向一维分布，而是呈复杂的三维分布。因而对搅拌的物料床层传递过程的研究变得十分困难。德国学者 E. U. Schlunder 和 N. Mollekopf 研究了在间歇式搅拌传导干燥器中，加热盘和物料间的传热过程，建立了一种新的理论模型——扩散理论，成功地计算了搅拌传导干燥过程中物料的干燥速率。许多国家的研究人员都把扩散理论作为研究基础，我国的学者也已将扩散理论引入盘式连续干燥器的干燥过程分析。

7.3.3 扩散理论模型

E. U. Schlunder 对静止散粒状堆积料层的实验研究表明：由于床层中颗粒间存在着间隙，湿分蒸汽可以通过这些间隙扩散出来，因而物料层的传质阻力 $1/k_p$ 很小，另外，搅拌物料床层中，由于物料不断地受到搅拌翻动，料层表面不断更新，新的湿表面不断地暴露于物料表层，湿分的蒸发变得更加容易，因而料层的传质阻力 k_{sb} 几乎为零，可忽略不计。其次，对于细颗粒物料，任何单个料粒形成的传热阻力 $1/h_p$ 相对于整个料层的传热阻力也十分小，同样可以忽略不计。这样，在搅拌物料床层的整个干燥过程中，应该考虑的阻力只剩下 3 个，即物料底层与加热盘面的接触热阻 $1/h_{ws}$、料层热阻 $1/h_{sb}$ 和颗粒内部传质阻力 $1/k_p$。

E. U. Schlunder 和 N. Mollekopf 在间歇式搅拌物料床层传热和传质研究的基础上，建立扩散理论模型，有下述几点假设。

7.3.3.1 基本假设

① 未加热干燥前的物料处于饱和状态，其温度等于该干燥压力 P 下的湿球温度。

② 物料的湿分均在颗粒的表面蒸发，颗粒内部的传质阻力为零。

③ 物料依次间歇受到搅拌，在一假想时间段 τ_R 时刻，物料瞬间得到搅拌并在宏观上达到均匀混合，料层既无温差又无湿度差。

④ 在静止阶段 τ_R 内，物料层中存在着一个从加热面不断地向料层表面推进的干燥前沿，如图 7-15 所示。在干燥前沿与加热面之间的所有物料都是干的，而干燥前沿以上所有物料都是湿的。在静止阶段结束时，物料被均匀混合，然后干燥前沿又重新从加热面向料层中移去。这时，不仅在干燥前沿与加热面之间存在着前一静止阶段内已被干燥的料粒，在干燥前沿以上的料层中，同时也有前一静止阶段已被干燥的料粒。

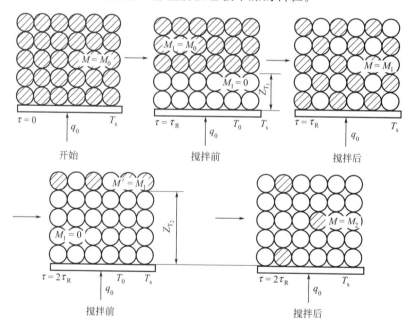

图 7-15 扩散理论原理

从以上假设中可以看出，模型中忽略了颗粒内部的传质阻力 $1/k_p$，只考虑了接触热阻和料层热阻，即认为干燥过程为传热所控制。

7.3.3.2 理论模型

（1）传热系数

在每个假想静止阶段（$0 \leqslant \tau \leqslant \tau_R$）加热面与移动着的干燥前沿之间，物料的瞬间温度

分布服从一般的无内热源存在的传热方程式

$$\partial^2 T / \partial Z^2 = \frac{1}{K_{\text{bed}}} \times \frac{\partial T}{\partial Z} \tag{7-1}$$

式中，K_{bed} 为料层的热扩散系数 $= \dfrac{\lambda_{\text{bed}}}{(\rho c_p)_{\text{bed}}}$，$\text{m}^2/\text{s}$；$\lambda_{\text{bed}}$ 为料层热导率，$\text{W}/(\text{m} \cdot \text{K})$；$c_{p.\text{bed}}$ 为料层的比热容，$\text{J}/(\text{kg} \cdot \text{K})$；$\rho_{\text{bed}}$ 为料层堆积密度，kg/m^3；Z 为料层厚度，m。

由于干燥前沿及其以上的物料温度，在整个静止阶段 τ_R 内基本保持不变，约等于前一搅拌过程所达到的均匀温度 T_b。假设在 τ_R 内底层物料的温度恒为 T_0（见图 7-14）。

解上述方程式，并利用边界条件

$$T(Z_T, 0) = T_b$$
$$T(0, \tau) = T_0$$

可得

$$(T - T_b)/(T_0 - T_b) = 1 - \text{erf}(\eta)/\text{erf}(\xi) \tag{7-2}$$

式中，T_b 为干燥前沿 $Z = Z_T$ 处物料的温度，K；T_0 为静止阶段内底层物料温度，K；$\text{erf}(\eta)$ 为高斯误差函数。

$$\text{erf}(\eta) = \frac{2}{\sqrt{\pi}} \int_0^\eta e^{-\eta^2} \, d\eta \tag{7-3}$$

$$\eta = Z / \sqrt{K_{\text{bed}} \tau} \tag{7-4}$$

$$\zeta = Z_T / (2 \sqrt{K_{\text{bed}} \tau}) \tag{7-5}$$

式中，ζ 为干燥前沿的瞬时相对位置，湿分蒸发所需热量 q_{Z_T} 可由下面的热量平衡式（7-6）确定：

$$\int_0^{\tau_R} q \big|_{Z = Z_T} \, d\tau = \rho_{\text{bed}} Z_T M \gamma_{\text{ew}} + q_a \tag{7-6}$$

式中，q_{Z_T} 为用于湿分蒸发的热流量，W/m^2；Z_T 为干燥前沿与加热盘面间的距离，m；M 为物料干基湿含量，$\%$；γ_{ew} 为湿分的汽化潜热，J/kg；q_a 为物料表层热量损失，W/m^2。

若将散粒状堆积层看作是密实且连续可微的均质物体，则可用傅立叶定律计算料层总给热系数 h_{sb}。

$$q = -\lambda_{\text{bed}} \frac{\partial T}{\partial Z} \tag{7-7}$$

由式（7-2）可得

$$\frac{\partial T}{\partial Z} = \frac{T_0 - T_b}{\text{erf}(\xi) \sqrt{\pi} \sqrt{K_{\text{bed}} \tau}} \exp\left(-\frac{Z^2}{4 K_{\text{bed}} \tau}\right) \tag{7-8}$$

将式（7-8）代入式（7-7）中求得 $q \big|_{Z = Z_T}$，再代入式（7-6），并忽略物料表层热量损失 q_a，可得

$$\sqrt{\pi} \xi \exp(\xi^2) \text{erf}(\xi) = \frac{c_{p.\text{bed}}(T_0 - T_b)}{M \gamma_{\text{ew}}} \tag{7-9}$$

由式（7-9）可求得干燥前沿的瞬时相对位置 ξ。

由于干燥前沿以上料层温度处处相等，即温度梯度等于零，因而在静止阶段 τ_R 内，整个半干料层的平均给热系数也就是干燥前沿以下干料层的平均给热系数，定义为

$$h_{\text{sb.wet}} = \frac{1}{\tau R} \int_0^{\tau_R} \frac{-\lambda_{\text{bed}} \left(\frac{\partial T}{\partial Z} \right)_{Z=0}}{T_0 - T_b} \mathrm{d}\tau \tag{7-10}$$

将式(7-8)代入式(7-10)得

$$h_{\text{sb.wet}} = \frac{2}{\sqrt{\pi}} \times \frac{\sqrt{(\lambda \rho c_p)_{\text{bed}}}}{\sqrt{\tau R}} \times \frac{1}{\text{erf}(\xi)} \tag{7-11}$$

当 M 趋于零时，即 $\tau > 0$ 物料未经干燥，干燥前沿就处于物料表层的情况。此时，ξ 趋于无穷大，而 $\text{erf}(\xi)$ 趋近于 1，这时由式(7-11)得到的是干物料的料层平均给热系数。

$$h_{\text{sb.dry}} = \frac{2}{\sqrt{\pi}} \times \frac{\sqrt{(\lambda \rho c_p)_{\text{bed}}}}{\sqrt{\tau R}} \tag{7-12}$$

串联热阻 $1/h_{\text{ws}}$ 和 $1/h_{\text{sb}}$，便可得到总热阻

$$1/h_{\text{dry}} = 1/h_{\text{ws}} + 1/h_{\text{sb.dry}} \tag{7-13}$$

$$1/h_{\text{wet}} = 1/h_{\text{ws}} + 1/h_{\text{sb.wet}} \tag{7-14}$$

由此得

$$h_{\text{dry}}/h_{\text{ws}} = \left[1 + \left(\frac{\pi}{2} \right) \sqrt{\tau_\phi} \right]^{-1} \tag{7-15}$$

$$h_{\text{wet}}/h_{\text{ws}} = \left[1 + \left(\frac{h_{\text{ws}}}{h_{\text{dry}}} - 1 \right) \text{erf}(\xi) \right]^{-1} \tag{7-16}$$

式中，h_{dry} 为加热盘与物料之间干物料的总给热系数，$\text{W}/(\text{m}^2 \cdot \text{K})$；$h_{\text{wet}}$ 为加热盘与物料表层之间湿物料的总给热系数，$\text{W}/(\text{m}^2 \cdot \text{K})$；$h_{\text{ws}}$ 为接触给热系数，$\text{W}/(\text{m}^2 \cdot \text{K})$；$\tau_\phi$ 为相对扩散时间，s，$\tau_\phi = \dfrac{h_{\text{ws}}}{(\lambda \rho c_p)_{\text{bed}}} \tau_R$。

工程实际中，在稳定干燥情况下，一般只保证加热盘表面 T_w 恒定，而物料底层的温度 T_0 并不恒定，考虑到测定 T_0 的困难，其值可由下式计算：

$$T_0 - T_b = \frac{h_{\text{wet}}}{h_{\text{sb.wet}}} (T_w - T_b) \tag{7-17}$$

将式(7-17)代入式(7-9)，整理得

$$\sqrt{\pi} \xi \exp(\xi^2) \left[1 + \left(\frac{h_{\text{ws}}}{h_{\text{dry}}} - 1 \right) \text{erf}(\xi) \right] = \left(\frac{h_{\text{ws}}}{h_{\text{dry}}} - 1 \right) \frac{1}{M_\phi} \tag{7-18}$$

式中，M_ϕ 为料层的相对平均湿含量，%，可由下式计算：

$$M_\phi = \frac{M \gamma_{\text{ew}}}{c_{\text{p.bed}} (T_s - T_b)} \tag{7-19}$$

知道 h_{wet}，便可计算加热盘表面（$Z=0$）处的热通量和干燥前沿（$Z=Z_T$）处的热通量 q_{Z_T}。

$$q_0 = h_{\text{wet}} (T_s - T_b) \tag{7-20}$$

$$q_{Z_T} = -\lambda_{\text{bed}} \frac{\partial T}{\partial Z} \Big|_{Z=Z_T} = q_0 \exp(-\xi^2) \tag{7-21}$$

热流量 q_0 与 q_{Z_T} 之差，即是加热盘与干燥前沿之间干物料升温所吸收的热量。

（2）干燥速率

干燥速率是单位时间内单位面积除去的湿分质量。它不仅与干燥温度、压力有关，还同干燥方式有很大关系。对传导干燥而言，干燥开始时，湿物料表面全部被非结合水浸润，物料表面水分汽化的速率与纯水的汽化速率相等，因此，物料表面温度等于该干燥条件下的湿

球温度。在恒定干燥条件下，虽然加热表面温度保持恒定，传热温差为定值，但由于热量是通过加热面传入湿物料料层而使湿分蒸发的，所以随着干燥过程的进行，料层阻力不断增大，导致传热速率逐渐下降。

扩散理论模型在假设中已经指出，在干燥的静止时段 τ_R 内被加热升温的绝干料粒，有一部分在下一时段内由于受到搅拌而将处于干燥前沿之上，与冷湿料粒混合在一起，两者之间不可避免地要进行质热交换，这样，在整个干燥过程中用于湿分蒸发的热量将介于 q_{Z_T} 和 q_0 之间，但干热料粒与冷湿料粒之间的质热交换程度不易确定。因此，对于干燥速率 R，可就以下两种极限情况进行分析讨论。

第一，认为在 $\tau = \tau_R$ 时物料被均匀混合后，干热料粒是被与其接触的冷湿物料完全冷却的，则由加热面传给物料床层的热量全都用于湿分的蒸发，此时料层的平均温度为干燥条件下的湿球温度，物料的干燥速率达到最大值。

$$R_{max} = q_0 / \gamma_{ew} \tag{7-22}$$

引入相对干燥速率概念

$$R_\phi = R / R'_{max} \tag{7-23}$$

则

$$R_{\phi max} = R_{max} / R'_{max} \tag{7-24}$$

式中，R'_{max} 为干燥过程中，干燥速率理论上能达到的最大值，计算式为

$$R'_{max} = h_{ws}(T_s - T_w \rho) / (\gamma_{ew} T_w) \tag{7-25}$$

第二，认为在 $\tau = \tau_R$ 时物料被均匀混合后，干热料粒与冷湿料粒之间不存在热量交换，则干燥速率达到最小值。

$$R_{min} = \frac{q_0 \exp(-\xi^2)}{\gamma_{ew}} \tag{7-26}$$

在干燥开始时，料层平均温度均高于干燥条件下的湿球温度 T_s，并且经过一个假想的静止阶段 τ_R 后，料层温度都有所上升，其温度要由下面的能量平衡式确定：

$$S_{dry}(c_{p.bed} + Mc_{p.L})\Delta T_b = (q_0 - q_{Z_T})A_{\tau_R} \tag{7-27}$$

式中，S_{dry} 为干燥产率，kg/s；$c_{p.L}$ 为湿分比热容，J/kg·K。可整理为

$$\Delta T_b = \frac{\gamma_{ew}}{c_{p.bed} + Mc_{p.L}} \times \frac{1 - \exp(\xi^2)}{\exp(-\xi^2)} \Delta M \tag{7-28}$$

由上式，可根据湿含量的变化逐步计算料层的平均温度 T_b。

由式(7-26)可求得最小干燥速率

$$R_{\phi min} = \frac{R_{min}}{R'_{max}} = \frac{h_{wet}}{h_{ws}} \times \frac{T_s - T_b}{T_s - T_w} \exp(-\xi^2) \tag{7-29}$$

通过实验发现，当物料的平均湿含量较大时，大部分热量用于湿分的蒸发，料层升温吸收的热量很少，故 $R_{\phi min}$ 与 $R_{\phi max}$ 相差很小；而当物料的平均湿含量较小时，干热料粒和冷湿料粒接触的可能性也就很小，故 $R_{\phi min}$ 比 $R_{\phi max}$ 更接近实际值，因此，计算干燥速率时推荐使用 $R_{\phi min}$。

计算干燥速率时，还需确定静止阶段的时间 τ_R，由于一般搅拌器搅拌一次并不能使物料达到均匀混合，所以 τ_R 不等于搅拌器的搅拌周期 τ_{mix}，τ_R 应该由系统搅拌装置的机械性能和物料的性质确定，因此可将相对扩散时间 τ_{R_ϕ} 分解为两个无量纲数群。

$$\tau_{R_\phi} = N_{th} N_{mix} \tag{7-30}$$

式中，N_{th} 为无量纲数群。

$$N_{th} = \frac{h_{ws}^2 \tau_{mix}}{(\lambda \rho c_p)_{bed}} \tag{7-31}$$

N_{mix} 称为搅拌数，是物料被均匀混合一次所需搅拌次数。

$$N_{mix} = \tau_R / \tau_{mix} \tag{7-32}$$

N_{mix} 是与物料性质和搅拌装置机械性能有关的参数，与操作时的压力、温度、湿含量等无关。由于尚无法对物料颗粒的随机运动进行精确的理论描述，因而 N_{mix} 目前还不能用理论方法求解，其值一般根据实验或按经验选取，文献介绍，一般的传导干燥器，搅拌数在 $2\sim25$ 之间。

7.3.3.3　扩散理论在盘式连续干燥器设计上的应用

如上所述，扩散理论是针对间歇式搅拌传导干燥提出的一种理论，在间歇干燥器中，物料在同一时刻加入干燥器中，任意时刻物料的干燥时间均相等，即等于干燥器的运转时间。在稳定操作和良好的搅拌条件下，同一干燥器干燥条件基本保持恒定，所以物料的性质，如湿含量、料层温度、干燥速率等，只随干燥器的运转时间变化，与物料在干燥器内所处位置无关。

但是，盘式连续干燥器是一种连续式传导干燥器，在整个干燥过程中，物料由加料器定量、连续地加入，经干燥后，由出料口连续排出。即干燥器中每个料粒都要经过这样一个连续的干燥过程。在稳定操作条件下，在干燥器中的某一固定位置，不同料团移动到该位置所经历的时间相同，被加热干燥的时间也相同，因而物料性能完全相同。在盘式连续干燥器中，物料性能只随其所处位置而变化，若将盘式连续干燥器中运动着的物料离散化，研究某一料团在某一时刻、某一位置的干燥规律，则不难看出，该料团的干燥规律与同一料团在间歇式干燥器中的干燥规律相同，就是说连续干燥与间歇干燥只是形式上的不同，它们对物料的干燥实质是相同的。因此，连续干燥器的干燥规律可由间歇干燥器的干燥规律无限逼近，或者说可将连续干燥看作是由无数间歇干燥器组成。这样可将针对间歇干燥提出的扩散理论用于盘式连续干燥器干燥过程的分析。研究单位就此做了大量实验研究，其实验值与用扩散理论所得理论值符合，证明了上述理论分析的正确性。

（1）传热系数的计算

a. 加热盘内通入有相变的热载体。通常用饱和水蒸气作加热介质，如果干燥器每层加热盘均通入压力相同的蒸汽，则各加热盘盘面温度处处相等，等于该蒸汽压力下热载体的饱和蒸汽温度 T_h，由于盘面温度 T_s 的测量较困难，一般用 T_h 代替，同时，在接触热阻中串联上加热盘本身热阻及热载体对流热阻，则有：

$$\frac{1}{h'_{ws}} = \frac{1}{h_{ws}} + \frac{1}{h_{ext}} + \frac{1}{h_{hs}} \tag{7-33}$$

式中，h'_{ws} 为当量接触给热系数，$W/(m^2 \cdot K)$；h_{ext} 为加热盘盘面的折算给热系数，其值为加热盘上板材料的热导率与板厚度的比，$W/(m^2 \cdot K)$；h_{hs} 为热载体冷凝给热系数，$W/(m^2 \cdot K)$。由于 h_{hs} 远大于 h_{ws} 和 h_{ext}，故式中 $1/h_{hs}$ 项可忽略不计。

b. 加热盘内通入压力不同的有相变的热载体。与上面讨论不同的是，干燥器各加热段（一般每段包括几层加热盘）通入压力不同的蒸汽，即各段加热盘盘面温度不等。此时，首先确定各加热段转折点处物料的湿含量，然后各加热段分别用扩散理论进行计算。

c. 加热盘中通入无相变的载体。一般用热水、导热油等，由于物料在盘面上运动过程中要吸收热量，因此加热盘内各处热载体温度不同，盘面上各处温度也不相同。这时，可近似以热载体在加热盘进、出口处的温度 T_1 和 T_2 的算术平均值作为 T_h，即：

$$T_h = 1/2(T_1 + T_2) \tag{7-34}$$

当量接触给热系数为

$$\frac{1}{h'_{ws}} = \frac{1}{h_{ws}} + \frac{1}{h_{ext}} + \frac{1}{h_{hL}} \tag{7-35}$$

式中，h_{hL} 为热载体对流给热系数，W/($m^2 \cdot$ K)。

（2）干燥器加热面积的计算

有了上面的计算及被干燥物料的性能参数，再根据经验或实验确定搅拌数 N_{mix}，（这是计算中唯一的经验参数），便可根据扩散理论计算干燥速率、总给热系数及料层温度，进而利用下式确定干燥器的加热面积：

$$A = S_{dry} \int_{M_2}^{M_1} \frac{dM}{R(M)} \tag{7-36}$$

式中，$R(M)$ 为以干基湿含量 M 为变量的干燥速率。

有了加热面积，便可根据所要求的加热盘直径确定加热盘的个数。

在工程设计计算中，扩散理论的应用是很困难的，这是因为，其应用限于易流动的散粒状物料，而实际生产中多数情况是干燥前工序是固液分离，即过滤或离心分离，进入干燥器的是不易流动的粒状物料。应用该模型需许多固体、水分及散粒状物料的特性参数，这些参数往往难以得到。扩散理论引入的经验数——搅拌数 N_{mix}，这是一个由实验或经验确定的参数，对一般设计者这一参数难以获得，从而使扩散理论用于工程计算变得困难、不方便。鉴于此，在实际的工程设计计算中，还是采用较简单实用的传热方程式计算方法。但物料的总传热系数 K 只能由实验方法确定或根据经验选取，一般在 $250 \sim 670$kJ/($m^2 \cdot$ h $\cdot$ ℃)之间。

7.4　干燥特性

7.4.1　盘式连续干燥器的干燥曲线

盘式连续干燥器的干燥过程主要是传导干燥，热量以传导方式传递给接触盘面的湿物料，同时在料层中发生质量的传递。一般分为初期表面蒸发快速阶段和末期慢速阶段，与对流干燥的恒速和降速干燥两阶段较为相似，但不像后者那样明显而有规律，主要取决于干燥设备型式和操作工况。对于无搅拌的固定床传导干燥，初期表面蒸发快速阶段时，物料表面温度趋近湿分操作沸点，物料内极大部分表面湿分快速蒸发汽化，此阶段的干燥进程主要由传热控制，即移除水分的干燥速率取决于供热速率大小。在干燥末期慢速阶段中，因毛细管作用，湿分从物料料层内部向物料表面迁移的速率低于表面湿分汽化速率，从而在物料层表面出现干燥区，并逐步从表面向内部移动，逼近加热盘盘面，随着物料含湿量下降，物料内部热阻增加，湿分迁移速率和干燥速率下降，大量热量不是用来蒸发水分，而是提高料温，逐渐使料层温度趋近于加热盘壁温，该阶段的干燥过程主要由内部扩散型的传质控制。

为了克服固定床传导干燥器的缺点，盘式连续干燥器采用了特殊设计的搅拌装置，不断地移动和翻炒物料，将接近盘面已被加热的物料，从深层翻动到表层，降低传质阻力，加速汽化，再将表层因蒸发而降温的物料移送到盘面继续被加热升温，如此反复，料层不断被混合，加热面不断被更新，料层始终维持较高的传热传质速率，直至物料排出系统，干燥过程结束。

用色酚 AS 及二三酸按图 7-16 的试验流程，测得的干燥曲线如图 7-17，从图中可以清楚地看到，整个干燥过程分为预热、表面蒸发快速干燥、慢速干燥及冷却四个阶段。物料在第 1 盘边预热边表面蒸发，第 2～4 盘处于表面蒸发快速干燥阶段，料温基本恒定在设备内混合气体湿球温度。第 5～11 盘为慢速干燥阶段，料温持续上升。第 12 盘未通入蒸气加热，料温急骤下降。与固定床相比，料温都远远低于操作沸点和加热盘壁温，温差推动力大，有利于传热，并避免了物料过热而变质现象。

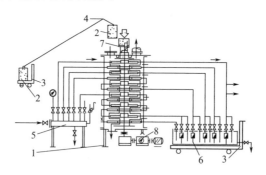

图 7-16　测试干燥曲线试验流程

1—试验机；2—量筒；3—磅秤；4—提升装置；5—分气缸；6—冷凝水计量筒；

7—圆盘加料器；8—无级变速器

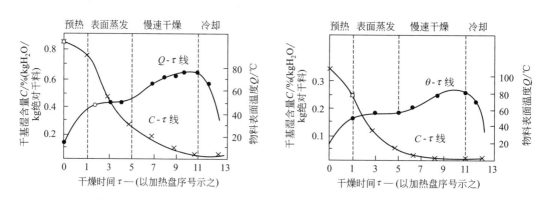

图 7-17　色酚 AS（左）及二三酸（右）干燥曲线

7.4.2　各种干燥参数对干燥过程的影响

影响盘式连续干燥器性能参数的因素很多，但主要有加热介质温度、主轴转速、耙叶参数等，一些试验数据显示了其中规律性的趋势。

7.4.2.1　主轴转数和加热介质温度对干燥速率影响

试验装置为一具有大小两层加热盘的盘式连续干燥器，大小加热盘的直径分别为 1.2m 和 1.0m，上下板厚度均为 7mm，每层加热盘上有两支耙杆，每支耙杆上分别装有 6 个和 5 个耙叶，耙叶刮板的尺寸为 60mm×120mm，安装角度 45°，加热介质采用饱和蒸汽，蒸汽压力控制在 0.15～0.5MPa 范围内。试验物料为聚氯乙烯树脂，其物性参数分别为：颗粒平均直径 $d=186\mu m$，干物料表观比热容 $C=0.946kJ/(kg \cdot ℃)$，干物料的颗粒密度 $\rho=1210kg/m^3$，初始干基湿含量为 12.74%～38.12%。

图 7-18（a）是其他干燥条件相同，干燥器主轴转速不同时物料的干燥速率曲线，由图可看出，干燥速率随着主轴转速的增大而增大，但增大的幅度逐渐减小。转速为 6r/min 与

8r/min 的干燥速率相差很小。这是因为随着转速的增大，物料的混合程度提高，料层热阻减小，传热增强，当转速提高到一定的程度时，料层热阻的改变越来越小，所以转速对搅拌数的影响也就越来越不明显。图 7-18(b) 是不同加热介质温度下的干燥速率曲线。由于加热介质温度的提高，加大了温度梯度，增加了传热推动力，所以物料的干燥速率也随之增大，由此可见，用提高加热介质温度的办法提高干燥速率是一个行之有效的方法，但要有一定的限度，不能使物料变质、变性、分解或软化。利用芳烃和导热油所作试验，显示了与上述曲线相同的规律。

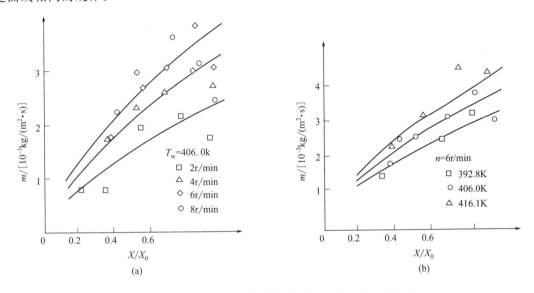

图 7-18　不同主轴转速和加热介质温度下的干燥速率曲线

图 7-19(a) 是不同主轴转速下的物料温度曲线。由于转速提高可以增大干热料粒与冷湿料粒的热质交换与混合程度，使更多的湿分蒸发，所以料层温度随着转速的提高有所下降，但影响并不明显，由于本试验中，主轴转速变化范围不大（1.5～8r/min），故图中的曲线基本重合。

图 7-19(b) 是不同加热介质温度下的物料温度曲线，由图可看出，随着加热介质温度的提高，料层中的传热梯度加大，物料的温度也增高，正因如此，加热介质的温度提高应有一定的限制，否则，物料就会变质或分解。

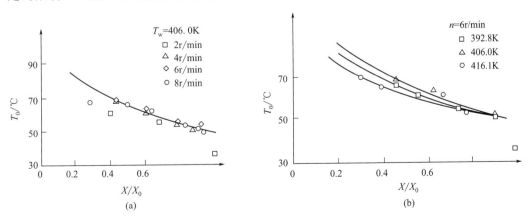

图 7-19　不同主轴转速和加热介质温度时的物料温度曲线

7.4.2.2　耙叶角度对干燥速率影响

盘式连续干燥器之所以区别于普通传导干燥器，就在于搅拌器的作用，即搅拌器改变了传热传质规律，图 7-18 给出了搅拌器转速对干燥速率的影响。实际运行中我们发现，不同的耙叶安装角度（见图 7-20），对物料移动轨迹和干燥速率有较大影响，用锯末、热熔胶、酮麝香等物料做的一些试验，揭示了耙叶角度的某些影响，见图 7-21 和图 7-22，热熔胶的干燥速率随耙叶角度的变化趋势如图 7-21 所示，由图中可见，干燥速率随着耙叶安装角度 α 的增大而增大，但当增大到一定程度后，干燥速率又随着耙叶安装角度 α 的增大而呈现下降的趋势，不同的操作条件（耙叶转速、加热盘盘温、初始湿含量）下，不同物料进行的实验结果均有类似的变化趋势，即对应丁最人干燥速率存在着一个最佳的耙叶角度，如图 7-22所示。

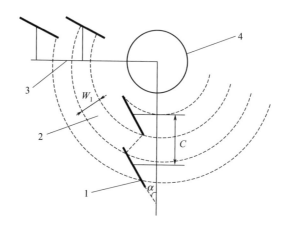

图 7-20　耙叶安装角度 α 及料环分布
1—耙叶；2—料环；3—耙杆；4—加热盘内缘

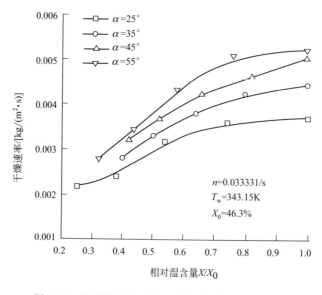

图 7-21　热熔胶随耙叶角度变化的干燥速率曲线

在本实验条件下，耙叶安装角度 $\alpha = 45° \sim 55°$ 可获得最大干燥速率，这个结果是在耙叶数量不变情况下得出的，可以理解为，耙叶角度大于 55° 后，耙叶每次翻动物料的面积或总量减少，没有被搅拌的物料增多，搅拌强度降低，导致干燥速率下降。实际上，现场调试干燥器时，增大安装角度的同时，必须调整耙叶间距，增加耙叶数量，这时尽管每个耙叶因角度增大而减少了翻动物料的量，但由于耙叶数量增多，料环宽度减小，个数增多，物料表面暴露面积增大，传质阻力降低，干燥速率会有所提高。另外，如干燥时间和主轴转速确定，则在整个干燥期间内，耙叶数量的增多将增加物料的搅拌次数，同样会提高干燥速率。目前，有的设备耙叶安装角度高达 62°，见图 7-23，仍能得到很好的干燥效果。

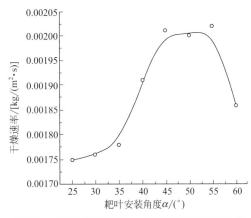

图 7-22　耙叶安装角度与干燥速率的关系曲线

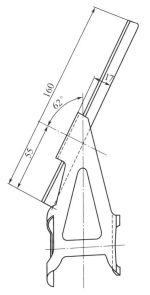

图 7-23　安装角度 62° 的耙叶

7.4.2.3　干燥室操作压力对干燥过程的影响

盘式连续干燥器可以在常压（负压）、真空或正压下操作，不同的操作条件基于不同干燥工艺的选择，对干燥过程有一定影响。这是由于，常压和真空盘式干燥都是在减压状态工作，只不过是干燥室压力减低的程度有大有小而已，常压干燥一般也称负压干燥，干燥室压力范围一般在 98～100kPa，真空干燥一般在 40～50kPa。干燥室总压的降低导致湿分的饱和蒸气压降低，湿分可以在温度较低的情况下蒸发，尽管不会影响到传热系数，但由于传热温差加大，干燥速率提高，这在真空干燥中表现较明显。总压的降低还可以防止湿分蒸汽和粉尘向大气中扩散，有环保方面的积极意义。真空型盘式干燥的密闭性非常好，泄漏进系统的空气量少，对溶剂回收极为有利。正压操作是工作在稍高于大气压的情况下，目的也是杜绝空气向系统中泄漏，但由于采用正压操作，干燥器不必像真空干燥器那样设计成受压容器，密封要求也相对低一些，加工成本较低。由于微正压，工作中采用经除湿的惰性气体，对湿分蒸汽压的影响较小。

7.4.2.4　物料性质对干燥过程的影响

（1）湿含量

湿含量对干燥过程的影响是多方面的，一方面，在一定范围内随着湿含量增大，物料导热系数增大，传热系数也随之增大，同时，料层恒速干燥段延长，干燥速率加大。另一方面，随着湿含量加大，物料附着性、黏性、安息角均加大，透气性降低，物料搅拌性能下降，与加热面更新率变差，传热传质系数下降，过高的湿含量可能导致干燥器无法正常工作。

（2）安息角

松散物料在堆放时能够保持自然稳定状态的最大角度（单边对水平面的角度 β），称为

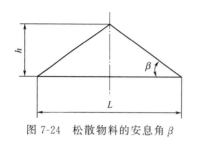

图 7-24　松散物料的安息角 β

安息角，与物料种类、粒径、形状和含水率等因素有关，如图 7-24 所示。安息角大，物料的松散性不好，在同样的搅拌强度下，物料之间的混合程度以及与加热面的更新率较差。在盘式连续干燥器中，安息角决定了料层经耙叶刮板推动后所能摊铺开的底面积，如图 7-24 中的 L，假定每层耙叶个数不变，上面几层物料湿度大，安息角大，料层将或许不能铺满整个盘面，如上面的能铺满，下面几层将会产生物料堆积现象，料层加厚，影响传热传质。常见物料的安息角数值见表 7-1。

表 7-1　常见物料的安息角　　　　　　　　　　　　　　　　单位：(°)

名称	水泥	黏土	细砂	造型砂	一般粉尘	活性炭	铁粉	粒状硝酸钠	大米	大麦	木屑
安息角	40～45	27～45	32	45	35～40	35	42	24	20	48	36

（3）黏性、附着性、团聚性

物料的黏性、附着性、团聚性直接影响盘式连续干燥器的正常运行，其中黏性和附着性将导致搅拌效果差，物料黏附在盘面上，盘面结疤，传热效果急剧下降；有团聚倾向的物料颗粒，在受热后结成大小不等的团粒，如正常的搅拌不能破碎，团粒外表干燥后，内部水分向外扩散困难，内外水分不一，影响最终产品质量。

7.5　主要结构

7.5.1　加热盘

加热盘是盘式连续干燥器的重要部件，其作用是承载并均匀摊开被干燥物料，盘内通以加热介质，通过传导加热方式为物料提供热源。通常加热盘为圆形薄板夹套结构，上下板构成封闭空间，夹套内按要求通入不同的加热介质，在介质通道中分别设有相应的导流机构。由于运输的原因，一般加热盘直径按装置大小在 $\phi800\sim3000mm$ 之内，层数为 1～30 层。根据需要大型设备的加热盘直径可超过 10000mm，层数可达 100 层以上，但必须进行现场组装。尽管加热盘结构不算太复杂，但一般要按压力容器设计和加工，加工费用较高，加热盘的成本占盘式连续干燥器总成本的 50%～80%。因此，对加热盘的结构设计应予以足够的重视。

按加热介质的不同，加热盘有蒸汽、导热油、烟道气以及电加热等形式，但使用最多的是蒸汽、导热油，它们的结构主要有以下几种形式。

7.5.1.1　支撑柱式加热盘

支撑柱式加热盘的上下板之间均匀分布着许多支撑圆柱，如图 7-25 所示，其中图 7-25（a）是支撑圆柱分布示意图；图 7-25（b）是支撑柱与加热盘上下板连接结构图。支撑圆柱一般由圆钢经过加工制成，上端有一高约 3mm 的凸台，该凸台装在加热盘上板的小盲孔中，它在安装加工下板时起定位作用，在安装焊接下板时，支撑圆柱能顺利穿过下板的圆孔。支撑圆柱的上端和下端分别与加热盘的上、下板焊接在一起，显然，支撑圆柱的主要作用是提高加热盘上下板的刚度和强度，同时增加了盘内加热介质的湍动，提高传热效果。这种结构的加热盘安全耐用，但制造加工较麻烦，材料消耗多，成本高。由于加工制造不需要专门设备，使用中无需特别维护，在单件小批生产中仍被采用。支撑圆柱加热盘的改进型是用一短管代替支撑圆柱，这样不仅降低了材料消耗，而且使加工制造大为简化，可以省去加热盘上板定位盲孔的加工和支撑圆柱的加工，只要按要求在下板上钻孔，将上、下板组装，短管穿过下板上的圆孔与上、下板焊接在一起即可，缺点是加热盘加热面积的损失比支撑圆柱式加热盘大，见图 7-25(c)。

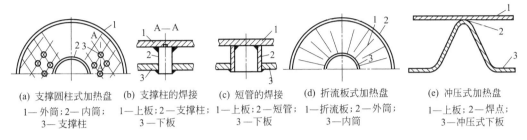

(a) 支撑圆柱式加热盘　(b) 支撑柱的焊接　(c) 短管的焊接　(d) 折流板式加热盘　(e) 冲压式加热盘
1—外筒；2—内筒；　　1—上板；2—支撑柱；　1—上板；2—短管；　1—折流板；2—外筒；　1—上板；2—焊点；
3—支撑柱　　　　　　3—下板　　　　　　　3—下板　　　　　　3—内筒　　　　　　3—冲压式下板

图 7-25　加热盘结构

7.5.1.2　折流板式加热盘

对于采用热水、导热油等无相变介质为热载体的干燥中，采用折流板式加热盘是比较合适的，这种加热盘上下板之间均布着许多辐射状的折流板，如图 7-25(d) 所示。折流板不仅起着增加加热盘上下板刚度和强度的作用，而且对热载体还有导流作用。在折流板作用下，加热介质沿折流板形成的通道流动，使流道加长，流速增加，避免加热介质短路，提高传热系数和加热介质的利用率及干燥器热效率。这种加热盘的缺点是加工制造麻烦，成本较高。

7.5.1.3　冲压式蜂窝状加热盘

冲压式蜂窝状夹套加热盘是石家庄工大化工设备有限公司的一种专利产品（专利号为：ZL03250886.7），有节省材料、加工方便、成本低、盘面平整变形小等优点。这种加热盘的制造需专门的冲压设备和模具，投资较大，适用于较大批量生产的场合。加热盘的下板加工时，按需要冲出若干凸起，然后上下板叠在一起，下板各突起点分别与上板点焊在一起，如图 7-25(e) 所示。也有的是在下板的凸起点钻孔，然后沿孔四周与上板塞焊焊接。加热盘的下板凸起蜂窝可以是按一定规律分布的（如正三角形等）凹点式、呈辐射状分布的凹槽式，或根据特殊要求冲压成其他形式。

各蜂窝点以正方形或正三角形排列方式组成，由于蜂窝夹套的间隙比普通夹套的间隙要小，在相同流量下流通截面面积较小，流体在腔内流速显著增加（比一般的整体夹套高 3～10 倍），并且流体在与蜂窝点多次相碰撞形成局部小涡流，大量的蜂窝在夹套中起着干扰流体流动的作用，流体不断改变流动方向和流动速度，形成紊流，破坏或减薄了原来的层流层，从而大大增加了其传热效果。

7.5.1.4　激光圈焊水压成型蜂窝夹套

蜂窝夹套的点焊和钻孔塞焊，加工方法简单，但手工操作多，冲压和焊接的变形量大且难以控制，矫形工作量繁重，生产效率低，加热盘尺寸稳定性及表面平整度极难保证。针对这些问题，近些年出现了一种激光圈焊水压成型式蜂窝夹套，不用预冲压，也不用钻孔，具有工艺先进，焊接速度快，残余应力小，焊接变形小且可控，完全没有冲压变形，自动化程度高，质量可靠稳定等优点。其加工过程如图 7-26 所示，首先将蜂窝夹套的上下板结合面清洗干净并紧密贴合，用自动激光焊接机按正三角形或正方形节点，逐点焊接成小圆圈，焊缝的熔深超过单张板厚但又小于两张板厚，将两块板焊接成一体。然后在两张板的缝隙处用清水打压，圈焊外的部分在水压作用下产生塑性变形，形成蜂窝结构。对于水蒸气用板厚1.2mm的蜂窝夹套，当正三角形布置的蜂窝间距为 $90\sim105$mm，激光圈焊直径 $\varphi20$mm，鼓胀高度5.5mm时，鼓胀压力为 $1.6\sim2.3$MPa，鼓胀压力与鼓胀高度之间关系见图7-27，推荐的鼓胀压力一般仅是导致破坏极限鼓胀压力的 $0.4\sim0.6$ 倍，具有足够的强度裕量。

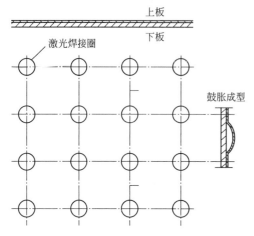
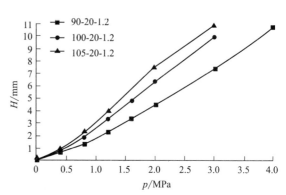

图7-26　激光圈焊水压成型蜂窝加工过程示意图　　图7-27　水蒸气夹套鼓胀高度-鼓胀压力关系图

　　加热盘材料的选择，要综合考虑强度、刚度、导热性、加工性能、成本、被干燥物料的腐蚀性、湿分的腐蚀性、热载体的腐蚀性，以及干燥产品洁净度要求、机器寿命等多方面因素，合理确定。

7.5.1.5　加热盘设计

　　以支撑圆柱式加热盘为例，说明设计过程，设加热盘内的支撑圆柱呈正三角形排布，干燥过程中的饱和蒸汽压力 p，在该压力作用下，加热盘上、下板将发生变形，同时支撑圆柱对上下板产生约束作用。因为支撑圆柱很短（一般50mm），可忽略其自身的变形；又因为支撑圆柱与加热盘上下板为焊接连接结构，也不考虑板上所开小孔对强度的减弱。

　　（1）力学模型

　　由图7-28可知，支撑圆柱呈三角形排布时，由于周围受力和约束条件对称，正三角形每边中点和正三角形几何中心位置上的剪力和角位移均为零。这样，以某一支撑圆柱轴心为中心，以支撑圆柱轴心与正三角形几何中心的距离 r_1 为半径，在加热盘上、下板各取一圆板作为力学模型。

　　由支撑圆柱与加热盘的连接结构分析知：支撑圆柱与加热盘下板为固定连接，支撑圆柱与加热盘组装时，难以避免其上端与上板之间存在空隙（见图7-28），即支撑圆柱只限制了加热盘上板的线位移，而未能完全限制角位移，因此，支撑圆柱与加热盘上板间为铰接。

　　（2）力学分析和板厚的确定

　　由图7-29（a）可知，内半径为 a 的小圆周边与支撑圆柱铰接，模型外周边有弯矩 M_{r_1}，环状板上受有均布压力 p。根据平板理论，板的挠度 W 可由下式求得：

$$\frac{\mathrm{d}}{\mathrm{d}r}\left[\frac{1}{r}\times\frac{\mathrm{d}}{\mathrm{d}r}\left(r\,\frac{\mathrm{d}w}{\mathrm{d}r}\right)\right]=\frac{Q_r}{D} \tag{7-37}$$

　　式中，Q_r 为加热盘上板（或下板）半径 r 处的剪力，N/m。

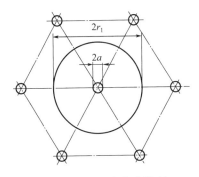

图 7-28　加热盘力学模型

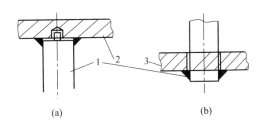

图 7-29　支撑圆柱与加热盘上下板的连接

1—支撑圆柱；2—上板；3—下板

由于加热盘上、下板作用不同，设计厚度时应分别考虑，上板工作时，其上表面布满被干燥物料，为保证料层厚度均匀，加工时对上板上表面应有平面度要求，对其工作中的挠度也应限制，设计时不仅要考虑强度还要满足刚度条件，即：

$$\sigma_{max} \leqslant [\sigma] \tag{7-38}$$

$$W_{max} \leqslant [W] \tag{7-39}$$

式中，$[\sigma]$ 为加热盘上（下）板材许用应力，Pa；$[W]$ 为加热盘上板许用挠度，m。

由平板理论分析可知，加热盘上板最大挠度出现在 $r=r_1$ 处，最大应力 σ_{max} 在 $r=a$ 处，其值分别为

$$\sigma_{max} = \frac{K_1 p r_1^2}{s^2} \tag{7-40}$$

$$W_{max} = \frac{K_2 p r_1^4}{D} \tag{7-41}$$

式中，$K_1 = (3/8) \times (3+4\ln x + 4x^2 + x^4)(1+\mu)$；$K_2 = (1/64) \times (3+2x^2+3x^4+2x^6+16x^2\ln x + 4x^4\ln x)$

由式(7-38)～式(7-41) 分别求出加热板厚度

$$s_1 = \sqrt{\frac{K_1 p r_1^2}{[\sigma]}} \text{（强度条件）} \tag{7-42}$$

$$s_2 = \sqrt[3]{\frac{12K_2 p r_1^4 (1-\mu^2)}{E[W]}} \text{（刚度条件）} \tag{7-43}$$

取 s_1 和 s_2 较大者为加热盘上板的厚度 s。

加热盘下板 ［图 7-30(b)］ 不与干燥物料直接接触，受力后的挠度可不做特殊规定，

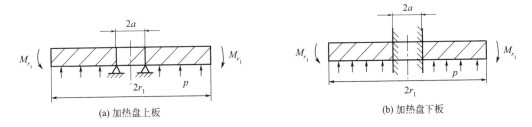

(a) 加热盘上板　　　　　　　　　　　(b) 加热盘下板

图 7-30　加热盘上下板力学模型

故设计时满足强度条件即可，如式(7-38)，下板应力最大值也出现在 $r=a$ 处，其值为

$$\sigma_{\max} = \frac{K_3 p r_1^2}{s^2} \tag{7-44}$$

$$K_3 = \frac{3}{4}\left(3 - x^2 + \frac{4\ln x}{1 - x^2}\right) \tag{7-45}$$

则
$$s \geqslant \sqrt{\frac{K_3 p r_1^2}{[\sigma]}} \tag{7-46}$$

7.5.2　耙叶

在盘式连续干燥器中，耙杆和耙叶担负推动、摊铺和搅拌物料作用，其设计是否得当，直接影响干燥器性能，其中耙叶的设计尤为重要，它的结构形式、各项参数及排列方式等，均应根据物料的不同区别设计。

7.5.2.1　加热盘上理想料环形态的分析

盘式连续干燥器工作时，盘内加热介质提供热量，物料按一定规律摊铺在加热盘上以传导方式被加热。安装在耙杆上的若干个耙叶，在耙杆带动下沿盘面回转，相邻两个耙叶构成组对，共同控制一个圆环区域（料环摊铺面积）并聚拢该区域物料，前边的为推料耙叶，使物料沿耙叶切向和垂直方向移动，后边为限位耙叶，控制物料的摊铺面积，限位耙叶同时也是下一料环的推料耙叶。每个耙叶只推动其前面的物料，使其依动态安息角沿耙叶刮板正面堆积，受两个耙叶刮板的约束，料堆呈不对称的坡形。因而，料环是由两个刮板聚拢的物料，在脱离两刮板约束后自然堆积成形的，料环的两边夹角稍有差别，被推动的一面脱离刮板后按静息角坍落，角度稍大，另一面则始终按动安息角成形，角度稍小于前者。如忽略这种差别，并假想耙叶不动，由加热板带动物料旋转，理想料环如图 7-31 所示（小盘，主轴顺时针转向），物料从进料区被耙叶 A_1 和 B_1 导向，沿耙叶斜面向外进入圆弧轨道，沿图

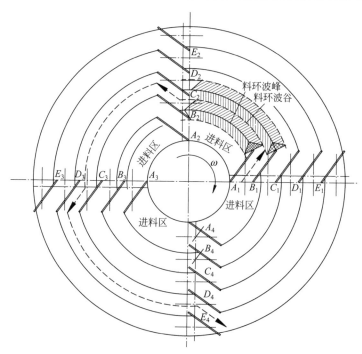

图 7-31　小盘上理想料环图

中虚线形成静止料环，并在进入 B_2 和 C_2 导向区后，被 B_2 再次向外推动一定距离，形成新的静止料环，依此类推，物料最后在 D_4 和 E_4 之间流出盘面，进入下一层大加热盘。当给料率、耙叶间距、长度等参数选择恰当时，两耙叶控制的摊铺面积与料环底面积相等，相邻料环的波谷与波谷相互衔接，料环布满整个加热盘，有效加热面积达 100%，当选择不当时，料环底面积小于耙叶控制的摊铺面积，相邻料环之间出现较大间隙，加热盘表面出现没有物料的裸露面积，有效加热面积降低。

沿盘面垂直方向剖开单个料环，如忽略动、静安息角差异，它应遵循松散物料自然塌落的规律，由料堆的最高处向两边对称塌落，其断面应为等腰三角形，如图 7-32 所示，设料环波峰高度 h，物料动安息角 β，料环底宽 L，则有下式成立：

$$h/0.5L = \tan\beta$$
$$L = 2h/\tan\beta \tag{7-47}$$

式(7-47) 表明，给料率和耙叶参数确定后，料环底部宽度只能是唯一值，数值上与 2 倍料环波峰高度成正比，与物料动安息角的正切值成反比。即料层越厚，安息角越小，料环底部宽度越大，越易于摊开，使有效加热面积提高。粉状物料一般安息角较大，湿物料由于含水，安息角还会稍大于干物料，这些因素均不利于加热面积的有效利用。

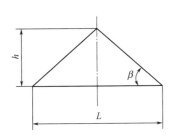

图 7-32　单个料环理想断面图

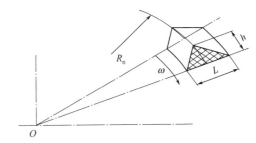

图 7-33　单位时间料环体积

当耙叶转速一定，耙叶间距与刮板长度相等时，h 与料环所处位置及给料量有关。设单位时间给进物料的体积量为 V_{in}，在加热盘上形成料环的体积为 V_{out}，见图 7-33，很明显，只有 $V_{in} \geq V_{out}$ 时，才可以保证料环有足够的底宽覆盖盘面。设第 n 个料环波峰对应的半径为 R_n，耙叶转速 n，以料环在单位时间内转过的圆弧近似代替直线段，则单位时间料环体积为：

$$V_{out} = \frac{2\pi R_n}{60} \times \frac{hL}{2}$$

单位时间给料体积为 $V_{in} = M/\rho_b$，于是有下式成立：

$$\frac{M}{\rho_b} \geq \frac{\pi R_n nhL}{60}$$
$$h \leq \frac{60M}{\pi R_n nL \rho_b} \tag{7-48}$$

其中料环底宽 L 和半径 R_n 均与耙叶间距及刮板长度 A 和角度 α 有关。

从以上分析可知，正常料环底宽与给料量、耙杆转速、耙叶参数、料环位置、物料物性等有关，只有正确的设计才能确保物料均匀地铺满整个加热盘，料环形态如图 7-2 所示。

7.5.2.2　耙叶主要结构形式

（1）耙叶的基本结构

耙叶主要包括两个对称布置的耙臂和刮板，见图 7-34，耙臂上有两个同心圆孔，穿在

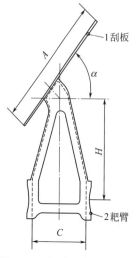

图 7-34 耙叶基本结构图

耙杆上支撑耙叶浮动在盘面上，并随耙杆转动。刮板以一定安装角度和前倾角固定在耙叶臂上，拖动、摊开和翻炒物料，使物料在盘面上形成均匀的同心圆料环，并沿径向移动。根据物料的不同，刮板除简单的直板型外，还可设计成如犁铧型曲面，能有效翻动底层物料到表层，搅拌效果好。

耙叶的主要结构参数为刮板长度 A、高度 h、刮板角度 α、耙臂两支架间距 C、耙臂安装长度 H 等。

（2）耙叶的主要结构形式

① 图 7-35（a）所示的耙叶是出现最早、结构最简单的一种，耙叶上有两个并有圆孔的耙叶臂，耙叶臂穿在耙杆上与耙杆铰接，刮板是直板型。该种耙叶安装角度固定，适于物料性状已知，在现场无需更多调整的情况。

② 图 7-35（b）所示的耙叶臂上开有椭圆孔，刮板的上部去掉一角，安装时，缺角的一侧位于小加热盘的内侧（或大加热盘的外侧），由于耙叶重心偏于平肩的一方，耙叶重力产生一个力矩，运转中耙叶不易发生倾斜，这种耙叶适用于内摩擦力较大的物料。

③ 图 7-35（c）所示的耙叶，其耙叶臂与刮板之间用铆钉松动连接，与上述两种耙叶相比，除有耙叶绕耙杆转动的自由度外，多了一个刮板绕耙叶臂转动的自由度，因此，运转中刮板与加热盘盘面贴合得更好。

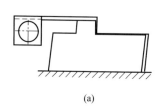
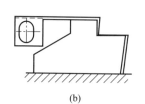
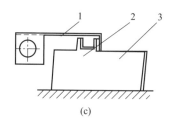

(a)　　　　　　　　(b)　　　　　　　　(c)

图 7-35 安装角度不可调的耙叶

1—耙叶臂；2—铆钉；3—刮板

以上三种耙叶的安装角度均不可调，使用范围受到一定限制。

④ 见图 7-36，这种耙叶的刮板和耙叶臂分别为两个独立的零件，两者用螺栓螺母连接。这种连接结构使耙叶又多了一个自由度，使用时可根据物料性质的不同，松开螺母把耙叶刮板调至需要的安装角度后再固定，扩大了耙叶的使用范围。

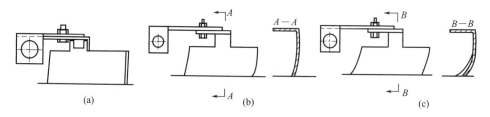

(a)　　　　　　　(b)　　　　　　　(c)

图 7-36 安装角度可调的耙叶

图 7-36（a）中，耙叶刮板为平面，适用于一般物料。图 7-36（b）、（c）中耙叶的刮板为曲面，提高了耙叶的翻炒功能，使冷、热、干、湿物料混合充分，干燥速率提高。其中，图 7-36（b）刮板为圆柱形曲面、结构简单、加工方便，适用于内摩擦力较小的物料。图 7-36

（c）刮板为螺旋形曲面，物料在刮板上以螺旋轨迹运动，适用于内摩擦力较大的物料，加工较难。

⑤ 一种更简便、方便加工的耙叶，如图 7-37 所示，耙叶臂由 ϕ4mm 左右圆钢制作，在固定刮板位置焊接一钢板，用螺栓固定刮板，松开螺母即可调整刮板安装角度，刮板既可以是直板型，也可是曲面型。这种耙叶制造简单，节省胎具，但刚度较差，易变形。

7.5.2.3　耙叶主要结构参数

（1）相邻耙叶间距与耙叶长度的讨论

按照上边的分析，在给料量和主轴转速一定时，料环底宽与其所处位置有关，而料环在盘面上的位置主要取决于耙叶的间距和耙叶个数，下边分等间距和变间距两种情况予以讨论。

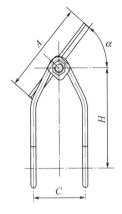

图 7-37　简装耙叶

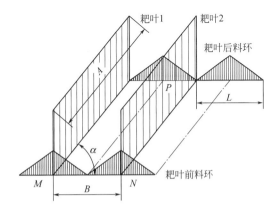

图 7-38　2 个耙叶及 2 个料环的示意图

① 相邻耙叶的最大间距　图 7-38 给出了具有 2 个耙叶和 2 个料环的断面简图，图中两个耙叶间距 B，刮板长度 A，刮板与平行于耙杆的水平轴线夹角 α，且刮板长度和角度合适（不合适情况后边分析），夹在耙叶 1 和 2 之间的料环，是料环 M 和 N 的一部分，经过耙叶刮动后滑到料环 P 位置。从图中可以看出，不管耙叶与前端料环相对位置如何，只要耙叶刮板长度和角度合适，料环经过耙叶刮板的导向，无黏滞向后滑动，在离开刮板末端时，还会像前边分析的那样，在新位置形成独立料环 P，各项参数符合式（7-47）的描述。不难看出，满足料环 P 能铺满耙叶 1 和耙叶 2 之间的条件，只能是两个耙叶间距小于或等于料环底部宽度 L，因在物料和料层厚度确定后，L 基本不变，即：$B \leqslant L$

$$B \leqslant 2h / \tan\beta \tag{7-49}$$

该式表明，当工艺上料层厚度确定后，耙叶间距与物料安息角 β 直接相关，β 大的物料，如粒度较小，分散性不好，或有一定含水的物料，耙叶间距必须小一些，否则物料不能铺满盘面，也就是说，只有针对具体物料设计耙叶间距，才能铺满整个盘面，达到有效加热面积 100%，绝不能所有直径相同的盘式连续干燥器全部采用相同的耙叶间距。这是铺满盘面的最起码条件，不然，无论耙叶长度和角度如何改变，料环都无法首尾相接。

耙叶间距决定了耙叶在耙杆上安装的最大密度，过大的耙叶臂间距减小了调整耙叶数量的可能性，取较小的间距，用隔套调整耙叶与耙叶距离，是一个较为方便的办法。

② 等间距等长度耙叶　工业盘式连续干燥器每层加热盘上一般会使用超过两对以上的耙杆，按目前传统设计，不但每层盘上的耙叶间距与长度相同，甚至多达十几层加热盘的耙叶间距与长度也都相同，且间距的大小与耙叶长短仅定性的考虑了物料流速。有的为了避免

高含水物料夹持在两耙叶间随耙叶转动，或为了加快物料移动速度，有意加大了耙叶间距或耙叶刮板长度，结果造成料环覆盖面积甚至小于裸露面积，有效加热面积不足 50％，严重影响干燥器正常效能的发挥。

如全部耙叶的间距均按等间距设计，见图 7-39，耙叶 a 和 b 间距 B_{ab}，b 和 c 间距 B_{bc}，$B_{ab} = B_{bc} = \cdots\cdots$ 以此类推，耙叶 a 和 b 形成以 R_a 为半径的料环，如图中内环阴影区，按前述分析，在给料量和转速合适时，该起始料环的底宽可恰好等于两耙叶控制的摊铺面积。但 b 以后耙叶刮过的圆弧半径均大于起始耙叶，即 $R_b > R_a$，R_b 对应的料环摊铺面积大于 R_a 对应的面积，而 R_b 的物料来自并等于 R_a，自然不足以铺满 b 耙叶刮空的位置，盘面势必出现裸露面积，见图中两个阴影区之间的空当区域，料环径向宽度随半径的加大依次递减，盘面裸露面积则由内至外依次递增，加热盘直径越大裸露越严重。

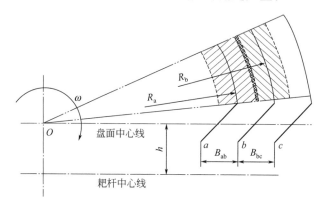

图 7-39　小盘上等间距等长度耙叶料环图

③ 变间距变长度耙叶　盘式连续干燥器通常在小盘中心给料，通过回转耙叶分散到后边各层加热盘上，小盘盘面裸露是解决这个问题的关键，因此本节后边的分析均以小盘为准。图 7-39 显示了小盘上等间距等长度布置耙叶时，料环底宽随半径加大而递减，从而造成相邻料环间出现间隙，如能消除此间隙，就有希望消除或减低裸露面积，提高有效加热面积比率。前边的分析也表明，只要给料量均匀稳定，各个料环的物料体积应相等，这样，只要相邻耙叶控制的摊铺面积相等，前一料环如能铺满相应位置，后一料环也应可以，从而消除裸露，使有效加热面积达到最大。

在加热盘上，第 $n+1$ 个耙叶的回转半径永远大于第 n 个耙叶，因而，使相邻耙叶刮过的摊铺面积相等的方法，只有让第 $n+1$ 个耙叶偏离正常等间距位置，靠近前一个耙叶，即减小耙叶控制区的径向间距，使等间距耙叶成为变间距，耙叶间距依次递减。

如图 7-39 所示，令 $B_{ab} > B_{bc}$，且耙叶 a 和 b 间物料可以铺满两耙叶的摊铺空间，给定 B_{ab} 和 R_a 后，B_{bc} 相对于 B_{ab} 的减小量可由以下关系式导出。

耙叶 a 和 b 间的物料，在滑到耙叶 a 的末端时，以动安息角向左侧摊开，如忽略 a 两侧安息角的差异，料环以耙叶 a 末端划过的半径 R_a 为中心，在给料量足够大且两料环无间隙时，料环底面积等于耙叶控制的摊铺面积，此时形成的料环底面积为 S_{R_a}：

$$S_{R_a} = \pi [(R_a + 0.5 B_{ab})^2 - (R_a - 0.5 B_{ab})^2] \tag{7-50}$$

同理

$$S_{R_b} = \pi [(R_b + 0.5 B_{bc})^2 - (R_b - 0.5 B_{bc})^2] \tag{7-51}$$

按等面积法，令 $S_{R_a} = S_{R_b}$，展开得：$R_a B_{ab} = R_b B_{bc}$

当两个料环首尾相接无间隙时，$R_b = R_a + 0.5 B_{ab} + 0.5 B_{bc}$ $\tag{7-52}$

即

$$R_a B_{ab} = (R_a + 0.5 B_{ab} + 0.5 B_{bc}) B_{bc}$$

整理后得 $\qquad 0.5B_{bc}^2+(R_a+0.5B_{ab})B_{bc}-R_aB_{ab}=0$

这是一个以 B_{bc} 为变量的一元二次方程式，解方程式得：

$$B_{bc}=\sqrt{(R_a+0.5B_{ab})^2+2R_aB_{ab}}-R_a-0.5B_{ab} \qquad (7\text{-}53)$$

把叶间距按以上各式确定，可使各把叶控制的摊铺面积相等。

上边分析了两把叶控制的摊铺面积相等的把叶间距条件，但实际情况是，间距减小也使相邻把叶聚拢的物料减少，尽管面积相等，但物料量不等，还是解决不了裸露问题。为此，可在改变间距的同时，改变把叶长度来调整前后料环位置，以消除物料量与等面积之间的矛盾，下边用图解法确定把叶长度的改变。

设在小干燥盘上有四个把叶，a 把叶角度和长度按常规设计，a 和 b 间距 B_{ab} 按公式(7-47) 由给料量以及预估的料环高度 h 确定，把叶 a 的末端点决定了第一个料环的中线位置和圆环半径 R_a。按等面积法公式(7-53) 计算 b 和 c 以及 c 和 d 的把叶间距 B_{bc} 和 B_{cd}，$B_{ab}>B_{bc}>B_{cd}$，按把叶角度和长度相等原则布置 b、c、d 把叶，如图 7-40 所示。取第二、三、四个料环的中心半径 R_b、R_c、R_d 分别为 $R_b=R_a+B_{bc}$，$R_c=R_b+B_{cd}$，$R_d=R_c+B_{de}$，并以各半径在图上作圆，分别交各把叶于点 o、p、q，则 bo、cp、dq 即为第二、第三、第四个把叶的长度，很明显，把叶长度已依次递减。

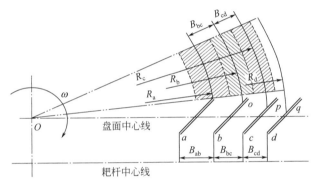

图 7-40　把叶长度与间距均改变的料环示意图

该方法的关键在于，各料环间距分别设定为各把叶间距 B_{bc}、B_{cd}，而不是采用公式(7-53) 计算，由于 $B_{ab}>B_{bc}>B_{cd}$，所以 $B_{bc}<0.5(B_{ab}+B_{bc})$，即把叶间距变小了，也即摊铺面积小于等面积法确定的结果，这就可用来平衡把叶间距减小导致的物料量减少的问题。另外，直观看，把叶 b 是第二个料环的推料把叶，由原来长度减短为 bo 后，相当于第二个料环向前料环靠近一段距离，显然这有利于消除两料环之间的间隙。

④ 只改变把叶的刮板长度　同样的思路也适用于只改变把叶刮板长度的设计，如图 7-41所示，把叶按等间距、等长度布置，b 把叶对应的料环中心半径 R_b 按等面积法由公式(7-52) 及式(7-53) 确定，R_b 与把叶 b 交于 o 点，bo 即为调整后的把叶长度，依此类推即可确定其他把叶长度。显然，各把叶聚拢物料相同，摊铺面积也相同，理论上料环间隙为零。该方法与图 7-40 方法的最显著差别在于，在保证了前后把叶摊铺面积相等前提下，把叶间距与聚拢的物料量没有减少。

综上所述，把叶间距和长度的改变均可消除料环间隙，克服裸露现象，理论上有效加热面积可达 100%。间距与长度同时改变方法，还可适当增加把叶数量，提高搅拌效果，加大传热传质速率，提高干燥能力和热效率，但操作与调整稍有不便，只改变把叶刮板长度的方法简单，易于操作，便于工程采用。

图解分析法还可证明，采用变间距、变角度把叶也可达到上述效果，但把叶角度过大对

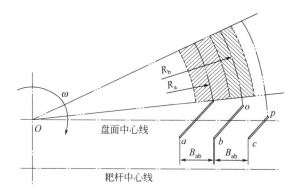

图 7-41 仅改变耙叶刮板长度的料环示意图

物料的搅拌效果减弱，操作调整也不便，不宜采用。

以上讨论已由实验验证，实验机见图 7-42，盘面直径 690mm，主轴变频调速。每个耙杆可安装 a、b、c、d 四个耙叶，按小盘顺时针转向布置耙叶，中心给料，物料由内向外移动。耙叶长度分四挡：69、61、53、40，耙叶间距最小 30mm，实验中按 55、48、42 调整。实验采用松散粉粒状氯化钾物料，40# 分析筛 90% 通过，堆密度 920kg/m³，静安息角 38.5°。

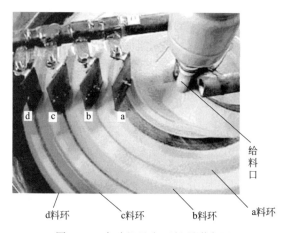

图 7-42 实验机及盘面料环形态图

采用分组对比实验方式，每次实验只改变 1～2 个参数，考察耙叶长度、间距以及给料量对料环间隙的影响。由于 a、d 两料环分置两端，条件与正常料环有差别，因而，只分别用卡尺检测 b、c 料环的高度 h、底宽 L、料环间隙 δ_{bc} 和 δ_{cd} 等参数，其中一组有代表性的耙叶布置及料环形态图见图 7-43。

图 7-43(a) 是按常规等间距、等长度布置的耙叶，外部料环摊铺面积永远大于内环，等量的物料由内环推向外环将无法铺满相应空间，两料环出现间隙必不可免，摊铺面积随半径加大而递增，间隙也随之递增（图中两料环之间的阴影），与本文开始分析的完全吻合。

图 7-43(b)，耙叶间距不变，长度递减，尽管没有严格按图 7-41 所列方式确定递减量，但仍可显著提高料环高度，减小或消除料环间隙，这是由于，耙叶长度的缩短相当于降低了料环的摊铺面积，也可理解为将后一个料环向前平行移动，因而，即使料环底宽不变，料环间隙也可减低或消除。该结果验证了本节前边的理论分析（图 7-41）是符合实际情况的，该方法可消除料环间隙，且简单易行，应该作为提高有效加热面积的首选方式。另外，在所

有四组实验中，本实验组的料环高度最大，说明料环摊铺面积变小最多，但料环底宽并没有减小，仍是四组中最大的，表明该方法对物料的分散性较好，有助于提高对物料的传热传质和综合干燥性能。

图 7-43(c) 是在耙叶长度不变，耙叶间距递减情况下得出的，可看出，有降低间隙的趋势，间隙量已小于图 7-43(a)，但仍不能最终消除间隙，分析表明，即使继续加大耙叶间距的递减量，间隙也不可能为零，因耙叶间距的减小，同时也使两耙叶聚拢物料的能力降低，表现在，本组实验的料环高度和底宽均小于前两组实验。该组实验的结果说明，单纯调节耙叶间距不可行。

图 7-43(d)，耙叶长度和间距的递减，均参照了本文提出的等面积法和相关公式，但因现有耙叶调整范围的限制，实验采用的参数均小于采用计算或画图法确定的数值，但实验效果仍很显著。从数据上看，由于耙叶间距缩小，料环高度和底宽小于前两组，但料环间隙几乎为零，这是因为，同时递减的耙叶长度，将料环向前平移一段距离，恰好填补了因料环底宽缩小而产生的间隙。实验结果表明该方法也可消除间隙，但操作和调整较麻烦。

以上分析针对小盘料环，大盘情况与此相反，物料来自最外层料环，如该料环恰好铺满

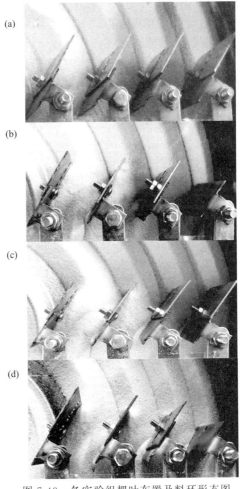

(a)

(b)

(c)

(d)

图 7-43　各实验组耙叶布置及料环形态图

对应空间，里边各料环由于半径减小而产生堆积现象，料层增厚，仿照图 7-41 办法，按等面积原则增大耙叶长度即可解决这一问题。

⑤ 刮板长度过短的耙叶　耙叶长度过短时的料环见图 7-44，分别以耙叶回转中心为圆心，以耙叶 A_1B_1 和 A_2B_2 的两个端点为半径，画出两个封闭圆环（图中仅给出小部分截图），圆环内的阴影面积即为两个耙叶聚拢物料区域，尽管两个耙叶刮过的径向尺寸相等，

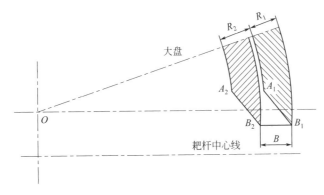

图 7-44　耙叶过短的料环

均为 R_1，但摊开后的径向尺寸 $R_2 > R_1$，即 $A_1 B_1$ 聚拢的物料摊开后的径向距离稍大一些，其摊开的面积有两种可能，一是由于内环面积恒小于外环，实际摊开面积仍小于或等于聚拢面积，这时可以铺满盘面。另一种情况是，当 $R_2 \gg R_1$ 时，即刮板过短或耙叶间距过大时，实际摊开面积大于聚拢面积，内外料环将出现间断，如图中显示的那样，盘面不能为物料全部覆盖，有效加热面积减小。此时内外料环已不连续，两环中间出现空当，该部分物料在本组耙叶回转时没有被翻动和搅拌，对传热传质不利，因此，设计时应尽量避免。

（2）刮板高度

刮板高度应能保证物料全部向指定方向移动，不能漫过刮板而留在原地，为此，刮板高度应大于物料自然堆积时的高度 h（见图 7-32），即大于料层厚度。

（3）耙叶刮板角度 α

耙叶的刮板角度 α 是耙叶刮板与耙杆中心线之间的夹角，见图 7-34，下边分析 α 的大小对耙叶工作的影响。该角度有极限值，超过该角时，耙叶将不能正常工作。由于大小加热盘上耙叶的安装方向不同，故极限角也不相同，下面分别进行分析。

① 大加热盘的最大刮板角度 α　在大加热盘上，耙叶拖动物料由加热盘外缘向内缘运动。如以某一耙叶的刮板支点与主轴中心连线为圆半径，当刮板成为圆之切线时，该耙叶便失去了沿径向输送物料的能力，此时耙叶刮板与耙杆的夹角即是该耙叶的极限角。由于不同耙叶所处位置不同，同一耙杆上各耙叶的极限角不同，但最靠近主轴的耙叶极限角为同一耙杆上各耙叶极限角的最小值，因此，当各耙叶安装角取相同值时，则最大安装角受最靠近主轴耙叶极限角的制约。如图 7-45 所示，耙叶 ab 与大盘内孔相切，连接耙叶支点 M 和盘面中心 O，直线 OM 即为大盘内孔半径 r，由 M 向盘杆中心线引垂线，交盘面中心线于点 C，延长 ab 至交点 B，则刮板角 $\alpha = \angle MBC = \angle CMO$，在三角形 CMO 中，$\cos\alpha_{\max} = MC/OM = MC/r$，所以

$$\alpha_{\max} = \arccos \frac{MC}{r} \tag{7-54}$$

式中，MC 为耙叶刮板支点到盘面中心距离，由耙叶结构尺寸和耙杆位置确定，当耙叶支点位于盘面中心线时，$MC = 0$，刮板角度有最大值 $90°$，MC 越大，刮板角应越小。

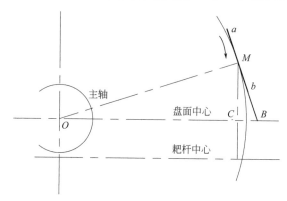

图 7-45　大盘最大耙叶刮板角度示意图

② 小加热盘的最大刮板角　由于小加热盘上，耙叶的安装方向与大加热盘耙叶安装方向相反。在耙叶推动下物料由小盘内缘向外缘运动。显然小加热盘耙叶不存在大加热盘上出现的极限角。在设计时，为保证大小加热盘上物料运动速度相同。一般均使大小加热盘耙叶安装角相同。

　　耙叶安装角度的最后确定，应综合考虑物料特性、耙叶及盘面尺寸、耙叶数量、搅拌效果、干燥速率等因素，目前选择 50°～55°者较多，个别有高达 62°的设计，采用较大角度，可增加耙叶数量，在转速不变情况下，可有效提高搅拌效果，加大传热传质速率，但角度过大会影响物料移动速度。

　　（4）耙叶臂长度 H

　　耙叶臂长度 H 被定义为两个耙叶臂中心孔连线至刮板支点距离，其值大小直接影响耙叶所能控制的物料区域，极端情况下甚至影响物料在盘面上的流动方向，但这种影响对大小加热盘是不同的，下边分别予以讨论。

　　在大盘上，取长度和角度均相同的两组耙叶 A、B 和 a、b，其耙叶臂长度分别为 H 和 h，如图 7-46 所示，令 H＞h，且 h 等于耙杆中心线与盘面中心的距离，再作图显示每个耙叶的控制区（图中不同的阴影区），显然，h 对应的耙叶 a、b 能控制更宽的盘面，可使用较少的耙叶控制整个料层，使料环铺满全部盘面。如 a、b 耙叶的控制区能够首尾相接时，A、B 耙叶的控制区却相互分离，中间出现搅拌死区，如图中网状阴影区，中间分离区的物料得不到搅拌，影响盘面更新率，传热传质速率将下降。

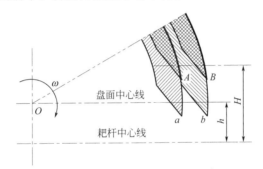

图 7-46　大盘耙叶不同臂长时耙叶控制区比较

　　在小盘上，耙叶向外推料，H 的影响与大盘相反，如同样令 H＞h，当 h 对应的 a、b 耙叶料环可首尾相接时，H 对应的 A、B 耙叶控制区（图 7-47 网状阴影区）却产生了重叠，重叠部分的 A 耙叶刮板实际上无料可刮，属于空行程，但控制区域较 a、b 耙叶大。H 过大时物料流向将改变甚至逆转，这可由图 7-48 来说明，设 a、b、c 三个耙叶的 H 值依次递增，由盘面中心到各耙叶支点连线与水平交角分别为 $\theta_a < \alpha$、$\theta_b = \alpha$、$\theta_c > \alpha$，α 为耙叶刮板角度，在各耙叶的支点处作耙叶对物料推动的力分解图，不难看出，b 耙叶对物料颗粒的作用力只有切向力，颗粒只能随耙叶刮板做圆周运动；c 耙叶的径向分力 F_{cr} 指向圆心，颗粒除圆周运动外，还有自外向内的移动，与我们期望的小盘物料流向正相反；a 耙叶的径向分力 F_{dr} 背向圆心，可产生我们期望的物料流向，料流方向逆转的分界线为 $\theta_b = \alpha$。采用不同长度耙叶臂的实验也可证实以上的分析结果。

　　通常，大小加热盘采用同样的耙叶臂长度 H，综合考虑，一般取 H 等于耙杆中心线到与其平行的回转中心线距离，如图 7-46 所示的 h，会取得较好效果。

　　（5）刮板倾角

　　刮板倾角是刮板与水平面的夹角，如图 7-49 所示，一般松散物料多设计为 90°。由于耙叶是典型薄板结构，无论刮板与耙叶臂是冲压成型的，还是螺栓连接的，总体刚度稍显不足，刮板在翻炒黏附性或密度较大物料时，有时阻力会使该角度变大，产生"吃不进刀"现象，刮板不能插进料层，浮在料层表面，使搅拌和移送物料功能变坏，干燥无法正常进行，当料层较厚时，甚至造成耙叶上翻卡住其他部件而损坏。

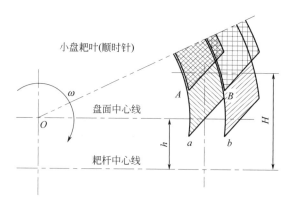

图 7-47 小盘耙叶不同臂长时料环控制区比较

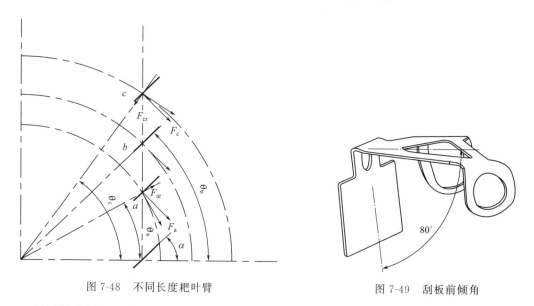

图 7-48 不同长度耙叶臂

图 7-49 刮板前倾角

刮板插进料层，并从料环中分离出一小块物料的过程，和车床车刀切削工件类似，必须有类似车刀的锋角，才能有效降低切入阻力，为此，刮板与耙叶臂连接处必须有足够的刚度，不能有较大塑性变形，与水平倾角不可大于 90°，一般可取 70°~85°，黏附性或密度较大物料，切入阻力大，取较小值，但最好实验确定。

7.5.2.4 耙叶个数选择及排列方式

（1）耙叶个数选择

耙叶担负均摊和搅拌物料的作用，它应将物料均匀地摊铺在盘面上，以一定间隔形成若干个同心料环，料环波峰波谷首尾相接，铺满整个加热盘面，如图 7-2 所示。为此，在耙叶几何尺寸确定后，必须兼顾各种因素，计算好耙叶数量，避免因耙叶数量不足引起的盘面大量空置现象。在耙杆和耙叶尺寸确定后，耙叶数量和相邻耙叶间距 B 相关，设每个耙杆有效长度为 L_p，耙叶数量为 N，则

$$N \geqslant L_p / B \tag{7-55}$$

在采用变间距耙叶时，B 按式（7-52）和式（7-53）确定，采用等间距变长度耙叶时，B 按式（7-49）确定。

以上计算出的 N，是耙叶数量的最低限度，低于此值，料环无法覆盖整个盘面，加热

面会出现裸露，搅拌会出现空当。增多耙叶，料环宽度变小，数量增加，物料总的表面积增大，搅拌效果好，传热传质速率高，但过多的耙叶会导致物料径向移动速度过慢，甚至可能夹持物料只做环向运动而无径向移动，湿含量较高的物料这种风险较大。

（2）耙叶排列方式

为降低加工和维修更换备件的成本，通常会采用同样尺寸的耙叶按等间距排列在耙杆上，相邻耙杆上的耙叶相互错开一距离，使物料交替处于料层的最低处或表层。这种排列方式在料层较厚时基本可以满足干燥要求，物料较松散时干燥效果也较好。但这种排法有个明显问题，当料环能首尾相接覆盖全部盘面时，内外环料层厚度不同，否则，相邻料环必定出现较大间隙，像前边分析的那样，加热面不能全部利用。由于外环面积大于相邻内环，无论是大盘小盘，内环上料层厚度总是大于外环，越接近盘面的圆心，料层越厚，这会影响传质传热，降低干燥器生产能力。从有利于传质传热角度考虑，盘面料层厚度应该越均匀越好，为此，耙叶间距和耙叶长度最好是变化的，如图 7-40 所示，由内向外逐渐减小，使相邻料环面积相等，或内外环采用不等长的耙叶，如图 7-41 所示。实践中有时也采用分段不等长耙叶的办法折中解决这一

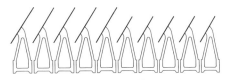

图 7-50　分段不等长耙叶

题，图 7-50 就是这种小盘耙叶组合，内环几圈耙叶采用较长的刮板，可以快速外推分散物料，减薄料层，外环的耙叶刮板则较短，放慢向外环推料速度，以均衡内外料环的厚度。这种方法可减小耙叶备件的储存量，降低维护成本，但不能根本上解决料环均匀问题，如前边5 个耙叶之间和后 5 个耙叶之间的料环，同样存在料层厚度不均问题。

7.5.3　主轴系统

盘式连续干燥器的物料输送及搅拌系统由垂直安装的主轴拖动，轴系由上至下包括主轴、轴承、布料器、耙杆固定装置、上下密封及传动装置等。

7.5.3.1　主轴及搅拌功率

盘式连续干燥器主轴功率主要是提供移送、翻炒、搅拌物料的功率，克服耙叶刮板与加热盘盘面阻力，以及传动、轴封系统摩擦阻力所需的功率。因此，要分析主轴功率首先必须搞清物料在干燥盘上的运动规律。

（1）物料在干燥盘上的运动规律

适用于盘式连续干燥器处理的物料通常是松散物料，松散物料可分为两类：一类颗粒之间不存在黏结力，不具有抗拉强度，称为理想松散物料，例如干燥的砂、谷物、碎石等；另一类颗粒间有胶结物充填，有黏结力，并能承受不大的拉应力，称为黏性松散物料，例如黏土之类的物质。大多数被干燥物料在干燥初期，由于所含水分或其他溶剂的作用呈现了黏性松散介质的性质，而随着干燥的进行，水分或其他溶剂不断溢出，在水分较低时其性质趋向于理想松散物料的性质，也就是说随着干燥过程的进行，被干燥物料的物理性质，如自然安息角、内摩擦系数、流动特性等在不断地变化，有的甚至变化很大，因此，只能从宏观上对某一假定的理想物料在干燥器中的运动规律进行定性分析，并作如下假设：

① 忽略被干燥物料的黏结力，即认为干燥物料在整个干燥过程中都属于松散介质；

② 干燥物料在被某一耙叶移送过程中，内摩擦系数、自然安息角等完全相同。

物料在干燥器中是被间歇翻炒并移送的，某料团被某一把叶翻炒一段时间 τ_2 并被移送一段距离后，在干燥盘上静止一段时间 τ_1，当下一把杆上的把叶到达该料团的新位置后，再被下一把杆上较外侧把叶翻炒一段时间 τ_2，同时移送一段距离，如此周而复始反复进行，翻炒周期 τ_{mix} 等于静止时间与翻炒时间之和，即 $T_{\text{mix}}=\tau_1+\tau_2$。

τ_1 等于把杆的旋转周期 ω 与干燥盘上把杆数 n_{b} 的比值

$$\tau_1=2\pi/\omega n_{\text{b}} \tag{7-56}$$

翻炒时间 τ_2 等于料团通过刮板的时间

$$\tau_2=\frac{L}{C_{\text{r}}}=L\ \frac{\cos(\alpha-\beta)}{r\omega\sin\beta} \tag{7-57}$$

式中，α 为把叶刮板角度，即刮板与其底刃中点同主轴轴心连线间的夹角，(°)；r 为物料在盘上的圆环半径，m；n_{b} 为每层干燥盘上的把杆数，支；C_{r} 为物料沿板移动的速度，m/s；L 为把叶刮板的长度，m；β 为物料运动方向角，(°)；ω 为主轴角速度，rad/s。

分析小干燥盘半径为 r 的圆环上的某料团，如图 7-51 所示，其被把叶移动时，一边随把叶刮板以 $C_\theta=r\omega$ 速度沿环向移动，一边沿刮板以速度 C_{r} 向外运动，其合速度为 V，运动方向与圆环切线的夹角为 β。

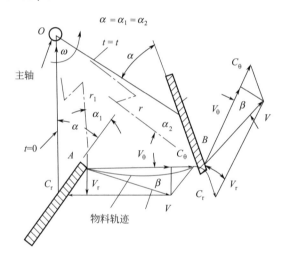

图 7-51　把叶前料块的运动轨迹

由速度三角形可知

$$C_{\text{r}}=\frac{r\omega\sin\beta}{\cos(\alpha-\beta)} \tag{7-58}$$

$$V=\frac{r\omega\cos\alpha}{\cos(\alpha-\beta)} \tag{7-59}$$

速度 V 还可分解为环向速度 V_θ 与径向速度 V_{r}：

$$V_\theta=\frac{r\omega\cos\alpha\cos\beta}{\cos(\alpha-\beta)} \tag{7-60}$$

$$V_{\text{r}}=\frac{\mathrm{d}r}{\mathrm{d}t}=r\omega\cos\alpha\sin\beta/\cos(\alpha-\beta) \tag{7-61}$$

设料团在刮板内边缘时，$t=0$，$r=r_1$，则在 $t=0\sim t$ 区间对上式积分，得

$$r=r_1\mathrm{e}^{\omega t\cos\alpha\sin\beta/\cos(\alpha-\beta)} \tag{7-62}$$

以干燥盘圆心 O 为极点，r_1 为极轴建立极坐标，则此即为指数螺旋线，也即是小干燥

盘上物料的运动轨迹是一段段指数螺旋线组成的。实际干燥过程中，每段指数螺旋线的方向角也是不断变化的。在物料特性参数已知的情况下，通过物料的受力分析即可求出方向角 β。耙叶前的料块形状近似如图 7-52 所示。假设其被移送时为匀速运动，则它受到的力主要有：重力 m_g、干燥盘对其的支撑力 N、耙叶的推力 F、耙叶表面的摩擦力 f_1、干燥盘面的摩擦力 f_2、料块的离心力 $mr\omega^2$、与耙叶表面相邻料块表面的主动侧压力 P 及料块前料层的被动侧压力 P'。以耙叶底刃中点 O' 为原点，以干燥盘上此点所处圆环切向为 X 轴，径向为 Y 轴建立直角坐标系，则料块受力情况如图 7-53 所示。

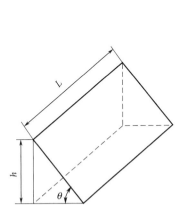

图 7-52　耙叶前的料块

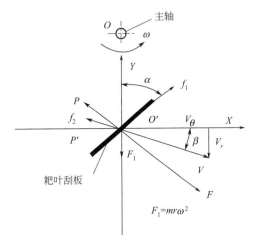

图 7-53　料块受力情况

建立受力平衡方程式，得

X 轴向
$$F\cos\alpha + f_1\sin\alpha = P\cos\alpha + P' + f_2\cos\beta \tag{7-63}$$

Y 轴向
$$F\sin\alpha + mr\omega^2 = f_1\cos\alpha + P\sin\alpha + f_2\sin\beta \tag{7-64}$$

Z 轴向
$$N = m_g = 0.5\rho Lh^2\cos\theta \tag{7-65}$$

式中，$f_1 = F\mu_1$；$f_2 = F\mu_2$；$P = 0.5\rho Lh^2\tan^2(45 - \varphi/2)$；$P' = (1/3)\rho Z^3\cot\theta[\tan^2(45 + \varphi/2) - \tan^2(45 - \varphi/2)]$。

由此，在物料内摩擦角 φ、动态休止角 θ、耙叶及干燥盘的摩擦系数 μ_1 和 μ_2、假密度 ρ、主轴角速度 ω、耙叶安装角度 α、料环高度 Z、耙叶前料块高度 h 及长度（等于耙叶刮板长度 L）已知的情况下，即可求得耙叶的推力 F 和物料运动方向角 β。

大干燥盘的情况与此相似，只是耙叶的安装角度与小干燥盘相反，物料由外向内输送，方向角 β 也相反，其运动轨迹方程式为

$$r = r_1 e^{-[\omega t\cos\alpha\sin\beta/\cos(\alpha + \beta)]} \tag{7-66}$$

也是指数螺旋线。确定 F 及 β 的方程式为：

$$F\cos(180° - \alpha) + f_1\sin(180° - \alpha) = P\cos(180° - \alpha) + P' + f_2\cos\beta$$

$$F\sin(180° - \alpha) + mr\omega^2 = f_1\cos(180° - \alpha) + P\sin(180° - \alpha) + f_2\sin\beta$$

由以上计算公式可看出，同样条件下，在同一干燥盘上，随着 r 的增大，小干燥盘上 F 变小，β 变大；大干燥盘上 F 变大，β 变小；在 h 及 Z 一定时，随着主轴转速的增大，小干燥盘上 F 变小，β 变大，大干燥盘则相反，但 F 变化幅度很小，β 的变化幅度较大，所以主轴转速不宜太大，否则干燥盘上就会积料。同时也知，物料的堵塞最易发生在大干燥盘外缘耙叶处，这与实际观察到的情况完全一致。如果忽略物料颗粒的离心力及物料与耙叶表面摩擦力的影响，则小干燥盘上 $\beta = \alpha$，大干燥盘 $\beta = 180° - \alpha$。实际物料由于物料颗粒的离心力

及物料与耙叶表面摩擦力的影响，小干燥盘 $\beta<\alpha$，大干燥盘 $\beta<180°-\alpha$。

已知方向角 β 后，即可计算出同一耙杆上相对于每一个耙叶的 τ_{mix}，它与物料移送效率 η_y 的比值就是物料通过此耙叶需要的时间，它们的和等于物料在此干燥盘上的停留时间，将每层干燥盘的停留时间累计就得到总干燥时间 τ。

$$\tau = \sum\left(\frac{\tau_{mix}}{\eta_y}\right)_{ij} \quad (i=1,2,\cdots,n_1; \quad j=1,2,\cdots,n_2) \tag{7-67}$$

式中，n_1 为干燥盘上每根耙杆的耙叶数，个；n_2 为干燥盘数，层；移送效率 η_y 为耙叶旋转一周料环移送的平均径向距离与耙叶间距比值的百分数，其值与物料物性及耙叶形式和排列方式有关，一般只能用实验方法确定。

（2）主轴功率

由前边对物料块的受力分析可知，耙叶对物料的推力为 F，若干燥盘盘面对单个耙叶的支撑力为 N_1，耙叶与干燥盘盘面的摩擦系数为 μ_3，则 $N_1\mu_3$ 就是耙叶运转时需要克服的干燥盘盘面阻力，整个干燥系统的移送、搅拌需要的主轴功率为

$$N_Z = \sum_{i=1}^{n}(F_i\cos\alpha + N_1\mu_3)r_i\omega \tag{7-68}$$

式中，F_i 为第 i 个耙叶对物料的推力，N；r_i 为第 i 个耙叶在干燥盘上的半径，m；n 为耙叶数量，个；N_1 为干燥盘面对耙叶的支撑力，N。

（3）主轴结构及轴承

根据加热盘层数的不同，盘式连续干燥器的主轴高度一般在 2～7m 范围内，尽管转速较低，但由于拖动的耙杆、耙叶数量众多，耙杆悬臂长度可达近 2m，主轴转矩较大，一般采用厚壁无缝钢管制造。由于干燥器框架属焊接钢结构，体积较大，无法在车床上同时加工两端轴承座，变形量难以控制，为此，轴承一般选用球面轴承，以平衡安装精度的不足，以及吸收运转时的径向跳动。

7.5.3.2　布料器

盘式连续干燥器工作时，中心入口处配有定量给料器，对应的干燥器顶部主轴上装有布料器，将连续给入的物料均匀拨送到第一层干燥盘上，布料器如图 7-54，由几个带有斜板的刮板构成，装在主轴上随主轴转动，工作方式与耙叶相似。物料由中心落到几个刮板之间后向外摊开，在斜刮板推动下，由其边缘落入下边的小加热盘上，再由小加热盘上的耙叶逐次外推，完成传热传质和干燥过程。

7.5.3.3　耙杆固定装置

盘式连续干燥器的每层盘面上均装有两对以上的耙杆，耙杆由固定装置呈对偶形固定在主轴上，耙杆固定装置见图 7-55，由对开的两个卡箍构成，螺栓夹紧，卡箍上设有固定耙杆的凸台，耙杆呈悬臂状与卡箍凸台螺纹连接。随着主轴的旋转，多对耙杆带动其上安装的耙叶在盘面上滑行，搅拌并推动物料经过每层干燥盘。

7.5.3.4　轴密封

盘式连续干燥器一般工作在微负压、微正压、真空状态下，但出于防尘、防爆、防毒、防氧化等考虑，无论哪种状态，都要求装置的泄漏量必须在允许范围内，为此，现代盘式连续干燥器都设有不同等级的动、静密封，其中主轴密封是关键部位，按要求高低主要分为以下几种。

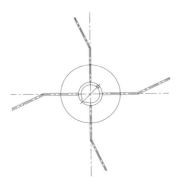

图 7-54 布料器示意图

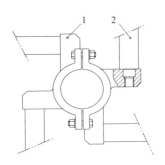

图 7-55 耙杆固定装置

1—卡箍；2—耙杆

① 常压型 常压型盘式连续干燥器工作压力一般在 $-50 \sim -2000\,\mathrm{Pa}$ 之内，微负压状态，密封的作用主要是防止粉尘外泄和物料从轴封处洒落，因而密封较为简单，迷宫式密封、毡圈密封或简单的填料密封都可以满足要求。

② 真空操作型 真空型盘式连续干燥器工作压力通常为 $-0.05 \sim -0.06\,\mathrm{MPa}$，要求设备密闭性良好，轴系动密封可靠，动密封不良将加大真空系统和冷凝装置的负荷，为此需控制轴系的加工精度，包括密封处主轴的轴向与径向跳动以及表面光洁度，合理选择动密封形式。当真空度较低时，可在原填料密封基础上适当增加盘根层数，增大盘根预紧力。真空度较高时可选用机械密封，相比软填料密封具有较多优势，如密封可靠，在长期运转中密封状态很稳定，泄漏量很小，其泄漏约为软填料密封的 1%；摩擦功耗小，仅为软填料密封的 $10\% \sim 50\%$；端面磨损后可自动补偿，一般情况下不须经常性维修；但造价高，对主轴精度有很高要求，典型的机械密封结构如图 7-56 所示，主要由动、静密封环和弹簧预紧装置构成，将普通的轴向密封改为动环 6 与静环 5 之间的端面密封，动环随主轴旋转，弹簧系统将动环压紧在静环端面上，可补偿端面的磨损，寿命较长。但采用机械密封必须考虑严格防止粉尘进入密封副，并采取措施保证密封副间液膜的形成与保持问题。

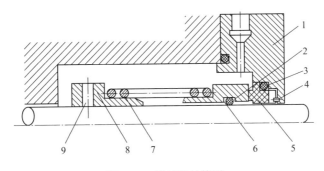

图 7-56 机械密封简图

1—静环座；2—动环辅助密封圈；3—静环辅助密封圈；4—销；5—静环；6—动环；7—弹簧；

8—弹簧座；9—紧定螺钉

③ 正压操作的氮气保护型 在处理易燃易爆、有毒物料时，常采用氮气保护型盘式连续干燥器，为了防止外部空气渗漏入干燥器内，一般采用约 $500 \sim 3000\,\mathrm{Pa}$ 的正压操作，此时如采用常规的填料密封，干燥器内的工质蒸气将因密封不严而部分外泄，污染环境，还可能有爆炸风险，为此，也可采用更高效的传统密封装置，但仍不能保证完全杜绝外泄，密封

成本却会大幅度提高。为了解决这一问题，一般采用在填料之间加设氮气环（见图7-57），引入纯净高压氮气，封堵工质蒸气的外泄，同时高压氮气也会有少量损耗。氮气源压力一般在 0.2MPa 左右，当干燥器操作压力 2kPa 时，纯净氮气可有效封堵住工质蒸气，实现零外泄，而不必过分要求填料密封的严密性。

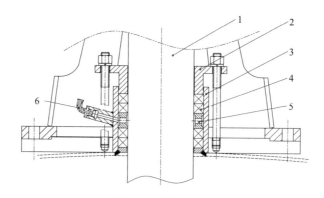

图 7-57　氮气环密封

1—主轴；2—固定螺栓；3—填料箱；4—填料；5—氮气环；6—氮气入口

7.5.4　箱体

盘式连续干燥器的箱体主要承担主轴支撑框架和维持必要的干燥氛围等功能，按功能和结构差异主要分为常压型、密闭型和真空型三种，其他形式的结构不常见。

7.5.4.1　常压型

这种结构形式的盘式连续干燥器见图 7-6 和图 7-7，箱体通常为圆柱形或正多边形，内部设多根立式支撑骨架的薄壳结构。箱体上下设有进出料口和排气口，箱体侧面设有单点式或多点式进风口，由于工作压力多为微负压，箱体按常压容器设计制造，不必进行气密性检验。其法兰和主轴密封也相对简单。

7.5.4.2　密闭型

见图 7-3，密闭型盘干机目前大多用在氮气循环型干燥工艺上，较低的正压操作，气体全循环使用，防止外部气体渗入。但如向外渗漏量过大，将意味着干燥器内工质的大量外泄。有毒有害或易燃易爆气体的外泄，对环境危险性很高，必须严加控制。密闭型盘干机的箱体工作压力一般为 500～2000Pa，高于大气压，不必按压力容器规范设计制造，但对气密性应提高要求，加工完毕后应进行气密性检验，检验按下述程序进行。

检验在空载下进行，除进风口外，封闭所有与外部相通的接口，给风管路上连接给风机和相应阀门、压力计等，给风机工作压力和流量应在正常范围内。开启给风机给干燥器箱体缓慢增压，当压力达到设计压力 p_1 时，关掉风机，同时记录时间和压力降，保压 Δt 时间后的压力为 p_2，气体泄漏率 Q 按下式计算：

$$Q = \frac{V(p_1 - p_2)}{\Delta t}$$

(7-69)

式中，Q 为气体泄漏率，Pa·L/s；V 为干燥器箱体全容积，L；Δt 为从 p_1 到 p_2 的时间，s；p_1，p_2 为在 Δt 时间内前后两次测量的压强，Pa。

泄漏率允许值可根据工艺要求确定，在没有经验数据可借鉴情况下，也可参照图 7-58

估算，该密闭系统漏入最大空气量线图的纵坐标为最大漏入量，横坐标为系统容积，斜线为容器内不同的压强数值，例如，当干燥器容积为 57m³，压强为 2000Pa（表压），可参考图中一个大气压为 $760×1.33×10^2$ Pa 的斜线，查得泄漏量为 16.5kg/h。此表为无转轴情况下数值，如有转轴和动密封，泄漏量应在原基础上，每增加一组动密封就会增加 1~2kg/h 泄漏量。

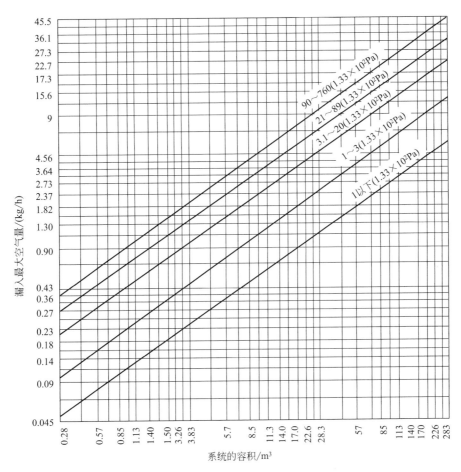

图 7-58 密闭系统漏入最大空气量

当仅要求不泄漏而不规定泄漏率时，可用煤油渗漏试验法检查。在被试验焊缝和可能的泄漏处涂上湿的白垩粉，待干燥后，在对应面上涂以大量煤油，经 20~30min 后，观察涂白垩粉的表面，白垩粉面无黑色油斑为无渗漏。试验时，气温不应低于 5℃。

7.5.4.3 真空型

真空型盘式连续干燥器的压力一般为 −0.05~−0.06MPa，低于大气压，属于受外压的真空容器，设计和制造都要参照 GB 150-2011 相关规定，箱体一般为圆柱形，上下盖采用椭圆封头，受力状况良好，如图 7-8 所示。真空型干燥器大多用在热敏物料的干燥上，或需要回收溶剂的场合，其泄漏量对工作状态影响较大，不凝气体的大量渗入，将使真空泵超负荷，或破坏冷凝器工作状态，降低溶剂回收率。由于真空型盘式连续干燥器压强较低，对气密性的要求高于密闭型干燥器，密封设计要严格得多，泄漏量的确定也可参考图 7-58，也有文献推荐泄漏量按 $1.33×10^3$ Pa·L/s 选取。

7.6　主要特点及与其他干燥方法对比

7.6.1　主要特点

①　盘式连续干燥器属典型传导加热型干燥器，物料加热仅仅依靠加热壁面，干燥过程不用或仅用少量干气体携带湿气，因排风而散失的热量非常小，热效率高，理论上可接近 100%，实践中一般可达 60%～80%，能耗低，单位蒸汽耗量为 1.3～1.6kg(蒸汽)/kg(水)。

②　由于设有特殊的搅拌装置，料层薄，搅拌强度大，加热面更新率高，物料暴露在外边的面积几乎大于所有传导干燥设备，传热传质阻力小，效率高，总传热系数可达 250～670kJ/(m²·h·℃)。

③　由于料层薄，搅拌效果好，料层内干湿料以及上下层物料混合好，物料干燥时间较一般传导干燥器短得多，多在 5～60min 内，排料温度相对较低，能适合要求不很严格的热敏性物料。

④　可以通过改变干燥盘加热温度、层数、耙杆数量和转速、耙叶结构及数量以及料层厚度等参数，精确控制干燥时间，料流无返混，因而可以得到均一的干燥产品，最终含水要求极低的物料也可以一次完成。

⑤　搅拌器转速低，对物料破碎作用小，可以保持晶体型物料的完整晶型，同时，搅拌器功率消耗小，配用的电动机和减速器均小于其他回转型传导干燥设备。

⑥　干燥主要由加热盘进行，不引入热风或只引入少量热风，干燥器内断面风速低，粉尘夹带小，有些场合甚至可以省掉粉尘分离系统，简化了流程。

⑦　干燥器既可以常压操作，也可以密闭或真空、正压操作，可以回收溶剂，非常适于热敏、易燃易爆、有毒物料的干燥，适用范围广。

⑧　立式结构，占地面积小。

⑨　极少或无粉尘外泄、低噪声、无振动、符合环保要求。

⑩　与其他类型干燥设备相比，结构较复杂，加工难度较大，造价较高。

⑪　由于干燥中物料不能像对流干燥那样高度分散，料层有一定厚度，综合干燥速率一般低于对流干燥方式，相同处理量的干燥器通常体积会大于对流干燥方式。

7.6.2　与其他干燥方法对比

盘式连续干燥器与传统干燥方式相比，显示了诸多的优势，现分述如下：

（1）与传统耙式干燥器性能对比见表 7-2

以生产千吨二三酸为例，盘式连续干燥器总能耗（折标煤计）是耙式的 33.7%～38.8%，节煤 70～92t；干燥效率＞61%，为耙式的 2 倍；干燥强度是耙式的 3 倍左右；干燥时间 15～60min，为耙式的 1/20～1/4。

表 7-2　盘式连续干燥器与耙式干燥器对比

设备名称	盘式连续干燥器	耙式干燥器
传热面积	可 100% 利用	仅能利用 60%～70%
料层厚度及热阻	料层厚 10～30mm，呈同心圆波浪形料环，料层薄，热阻小，传热传质好	料层厚(1/3～2/5)D_i，呈半月形分布，料层厚而不均，热阻大，传热传质差

设备名称	盘式连续干燥器	耙式干燥器
物料暴露面积	约为传热面积的 1.4～1.6 倍	仅为传热面积的 0.3～0.4 倍
物料流动与混合情况	宏观上为连续柱塞流,返混甚微	筒内物料不断混合,返混大
干燥时间及辅助时间	干燥时间 5～60min,连续生产,自动给料出料,劳动强度小	干燥时间 4～24h,间歇操作,人工卸料,辅助时间长,劳动强度大
装机功率	小	大
单位热耗	1.3～1.6kg(蒸汽)/kg(水)	2.5～3.7kg(蒸汽)/kg(水)
主轴转速及对物料应力	转速 1～6r/min,单向推动及翻炒,对物料破坏极微	转速 5～30r/min,对物料有冲击和粉碎作用,破坏较大
温度分布及产品质量	每层温度均可控,产品温度低,质量均匀,可实现同机冷却排料	分布不均匀,各点温度不可控,料温高,筒壁处易过热,质量不均

（2）与厢式托盘干燥器对比见表 7-3

表 7-3　盘式连续干燥器与厢式托盘干燥器对比

干燥设备名称	厢式托盘干燥器	盘式连续干燥器
干燥产品	磷酸二氢钾	磷酸二氢钾
加热介质	饱和蒸汽	饱和蒸汽
干燥时间/min	30～40	5～10
生产形式	间歇式操作	连续自动化生产
工作环境	较差	较好
产品质量	不稳定,较差	稳定
干燥强度/(kg/h)	约 150	约 500

（3）与双锥回转真空干燥器对比

维生素 C 要求低温密闭干燥,以避免破坏活性和物料污染,过去常采用双锥回转真空干燥器,间歇操作,物料受热不均,能耗高。采用盘式连续干燥器后解决了这些问题,在年产 2160t 维生素 C 的干燥系统中,与双锥干燥器的经济指标对比数据见表 7-4。

表 7-4　盘式连续干燥器与双锥回转真空干燥器经济指标对比

类型	装机容量/kW	年电耗/kW·h	电费/元	蒸汽消耗/(t/a)	蒸汽费/元	操作人数	人工费用/元	维修费/元
盘式	10	72360	43416	280.8	19663	3	30000	1080
双锥	30	217080	130248	3456	241920	9	90000	3024

注：电价按 0.6 元/(kW·h)、蒸汽价格按 70 元/t、人员费用按每人每年 10000 元计算。

7.7　干燥工艺设计

7.7.1　干燥工艺设计的内容及程序

除自然产品外,干燥作业在大多数工艺过程中都属于后处理工序,流程基本为液固物理分离过程,主要涉及物料的输送,加热介质的分配及处理,流程中温度、压力、流量的计量和控制,粉尘及废气、有毒有害气体的控制、排放以及热源和公共工程系统等。工艺设计的主要目标是,将优化的工艺设备按一定顺序组合起来,以较好的综合经济技术和环保指标分离物料中的湿分，生产出合格的产品。干燥的物料种类繁多，物性千差万别，干燥流程有繁有简，但干燥工艺设计的内容大体相近，主要有以下各项。

7.7.1.1　通过客户及相关渠道搜集与物料干燥工艺有关的详细参数

① 用户方面　公司名称、项目地址、联系人及通信方式、当地极端及年均气温、极端及年均湿度、地震烈度、场地条件（新建、改建、面积、层高）、公用工程（气源、上下水、电、蒸汽、冷却介质）等。

② 生产过程　干燥前工序、干燥后工序、同行业干燥情况、现有或曾经的干燥方式、拟选干燥设备、自动化要求、工作制度、废热是否需要回收等。

③ 可选热源　煤、蒸汽（压力、温度）、电、煤气、液化石油气、天然气、废热。

④ 环保要求　噪声、粉尘、热污染、振动。

⑤ 物料方面

a. 物料形态：应了解物料分别在湿、干状态下的形态，可分为微粉、散粒状粉体、散粒状晶体、片状、纤维状、块状、滤饼、泥膏状、黏性膏状、糊状、乳状、浆状、液状。

b. 物料物性：粒度分布及平均粒度、安息角、密度、堆密度、黏性、腐蚀性、静电、附着性、团聚性、吸湿性、触变性、毒性、干料比热容、湿料比热容、熔点、热软化点、最高耐温等。

c. 化学性质：分子式、分子量、pH 值。如须脱出结晶水，须了解有关结晶水脱出温度、速度、结晶热等参数。

d. 含湿状况：湿分名称及成分、湿分与物料结合状态（结合水、自由水或其他）、湿分物理化学性质（包括热物理性质、毒性及易燃易爆参数）、物料含湿率、要求的干品含湿率、物料平衡含湿率。

⑥ 产量要求　干品产量或湿物料处理量。

⑦ 给排料　给料温度、要求的排料温度。

⑧ 湿分蒸汽处理　直接排放、经除尘排放、回用、回收。

⑨ 材质要求　碳钢、不锈钢、特殊不锈钢、其他特殊材质等。

⑩ 同类或相近物料过去的干燥工程经验或实验室干燥数据。

以上各项参数是确定干燥设备品种、规格及干燥工艺的重要依据，必须尽可能搜集完全、准确。有的参数，如物料的某些物理化学性质，或物料的粒度、堆密度、熔点及软化点等，用户可能也不清楚，需要自行实验测定。

7.7.1.2　物料干燥实验

盘式连续干燥器所能干燥的物料涉及轻工、化工、矿产、农副产品、医药、食品等各行各业，品种上万种，物性千差万别，相比之下，我们所能接触过或有些实践经验的物料少之又少，实践证明，触类旁通式的干燥工艺设计，对多数物料风险较大，最可靠的办法是，在小试机型中进行实际干燥操作，探索可干燥性，优化干燥工艺参数，详细见 7.7.2 节。

7.7.1.3　方案流程图确定

对过去自己的工程经验和试验机的操作数据予以评估，在综合对比各种方案的经济技术指标基础上，确定初步的可选工艺路线或方案流程图，方案流程图可用简单的框架图或示意图表示，如图 7-59 所示，包括干燥工序的主要设备和主要管路及其设置情况，作为方案讨论和初步设计的基本依据。

7.7.1.4　工艺计算

盘式连续干燥器的工艺计算，主要是在初步工艺流程图范围内，确定主要工艺参数，并针对主机和辅机作选型计算，根据用户提出的工艺条件和物料参数，确定干燥器加热面积、型号规格，以及主要辅机的规格型号。按前边介绍的扩散理论给出的计算方法，涉及搅拌数 N_{mix}，现还没有可靠的理论计算方法，需要试验确定或按经验选取，这在工程计算中不太方便。为此，目前通行的方法，还是以热平衡理论为基础的工程计算，实践证明，其计

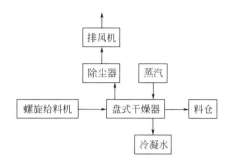

图 7-59　盘式连续干燥器干燥
硫铵的方案流程图

算精度完全可以满足生产需要。下边以常压和水为脱出介质的干燥为例，说明其计算方法。

（1）总干燥热量计算

按热平衡和基本干燥原理计算干燥系统需要的总干燥热量 Q_{d}，其中，水分绝大部分是在热风湿球温度上蒸发，即在恒速干燥段蒸发（真空操作条件下于此略有不同，恒速干燥段不明显）。

$$Q_{\mathrm{d}} = \Delta w [r_{\mathrm{w}} + C_{\mathrm{w}}(T_{\mathrm{w}} - T_0)] + M_{\mathrm{d}}(C_{\mathrm{m}} + w_{\mathrm{d}_2} C_{\mathrm{w}})(t_{\mathrm{out}} - t_{\mathrm{in}}) \tag{7-70}$$

其中总蒸发水量 Δw、绝干料量 M_{d}、产品干基含水率 w_{d_2} 按下式计算：

$$\Delta w = M_{\mathrm{p}}(w_1 - w_2)/(1 - w_1) \tag{7-71}$$

$$M_{\mathrm{d}} = M_{\mathrm{p}}(1 - w_2) \tag{7-72}$$

$$w_{\mathrm{d}_2} = w_2/(1 - w_2) \tag{7-73}$$

式中，M_{p} 为产量，kg/h；r_{w} 为湿分蒸发潜热，kJ/kg；T_{w} 为湿分蒸发温度，℃（近似计算一般可取床层温度或平均温度）；T_0 为环境温度，℃；C_{m} 为物料干基比热容，kJ/(kg·℃)；C_{w} 为水比热容，kJ/(kg·℃)；t_{out} 为排料温度，℃；t_{in} 为给料温度，℃；w_1 为物料初始含水率，kg/kg；w_2 为干燥产品含水率，kg/kg。

（2）干燥器加热面积 S_{t} 计算

$$S_{\mathrm{t}} = \frac{Q_{\mathrm{d}}(1 + N)}{k_{\mathrm{t}} \times \Delta T} \tag{7-74}$$

式中，k_{t} 为加热盘壁面对料层综合传热系数，可按试验数据确定，也可按经验选取，一般 $250 \sim 670 \mathrm{kJ/(m^2 \cdot h \cdot ℃)}$，初始含水量较高、较松散、最终产品含水率也较高者可选较高值，反之应选较小值；N 为热损失等折减系数，一般可取 $0.05 \sim 0.15$。

床层与加热壁面间对数温差 ΔT：

$$\Delta T = \frac{(T_{\mathrm{s}} - T_{\mathrm{b}_1}) - (T_{\mathrm{s}} - T_{\mathrm{b}_2})}{\ln[(T_{\mathrm{s}} - T_{\mathrm{b}_1})/(T_{\mathrm{s}} - T_{\mathrm{b}_2})]} \tag{7-75}$$

式中，T_{s} 为加热介质温度，℃；T_{b_1} 为给料端床层温度，℃；T_{b_2} 为排料端床层温度，℃。

（3）蒸汽耗量 H 计算

在没有冷凝水回用情况下，蒸汽耗量按下式计算

$$H = \frac{Q_{\mathrm{d}}(1 + N)}{r} \tag{7-76}$$

式中，r 为蒸汽蒸发潜热，kJ/kg。

（4）常压干燥时的湿气携带气体量 M 计算

常压操作的传导干燥方式，为了维持正常的水分蒸发条件，并保证湿气体排出系统前不

降温结露，一般引入一定量的干气体降低排气湿度，引入量 M 按下式计算：

$$M = \Delta w / (X - X_0) \qquad (7\text{-}77)$$

式中，Δw 为总蒸发水量，kg；X_0 为引入气体初始湿度，kg/kg；X 为排气湿度，kg/kg。

排气湿度的确定，应综合考虑干燥工艺、干燥器及后处理设备保温状况、耗能指标要求等因素，按低于排风温度 5～15℃ 设定排气露点，再按该露点温度查表即可。保温较好，或排气系统有伴热，可选排气露点温度低于排气温度 5℃ 左右，此时引入风量较小，排气湿度大，整机耗能小，热效率高，但排气结露风险较大。否则应选用较高的温差。

以上计算的携湿气体量 M 为质量流量，换算为排风状态湿气体的体积流量，便是选择排风机的依据。

7.7.1.5　流程设备选型

依据上述计算出的主机加热面积、干湿物料流量、蒸汽流量以及气体流量，可对流程设备，如干燥器主机、给料器、排料器、空气加热器、蒸汽管道及控制阀门、排风机、除尘系统等，以及检测仪表进行选型，并编制详细列表，供机械设计专业和采购部门使用。推荐的表格形式如表 7-5～表 7-7。

表 7-5　工艺设备明细表

工艺设备明细表	项目名称			图号			
	合同号			设计		批准	
	设计阶段		日期	审核		共　页	第　页
序号	编号	名称	规格型号性能参数	电动机型号	功率/kW	台数	外形尺寸	重量	材质

表 7-6　工艺管件明细表

工艺管件明细表	项目名称			图号			
	合同号			设计		批准	
	设计阶段		日期	审核		共　页	第　页
序号	管线号	类别	名称	规格	工艺介质	材质	台数	重量	供货厂家	备注

表 7-7　工艺仪表明细表

工艺仪表明细表	项目名称			图号			
	合同号			设计		批准	
	设计阶段		日期	审核		共　页	第　页
序号	所属设备管线	类别	名称	规格型号	工艺介质	材质	台数	重量	供货厂家	备注

7.7.1.6　设计并绘制详细工艺流程图

干燥工艺设计的重要内容之一就是绘制工艺管道及仪表流程图（PID），也称带控制点的工艺流程图，它全面地表达了干燥过程中全部设备的数量、名称以及彼此之间的联系；物

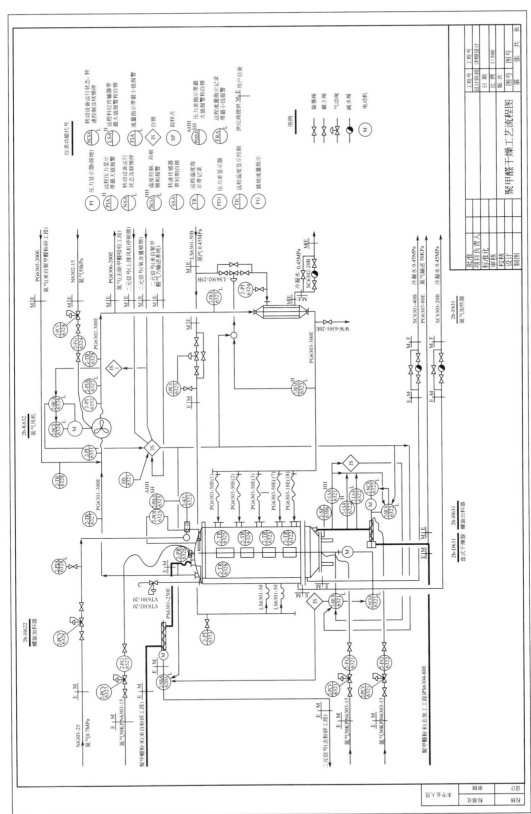

图 7-60　聚甲醛盘式干燥的带控制点工艺流程图

料、工质气体、携湿气体的走向和温度、压力、流量的检测点以及控制方式；水、气、蒸汽、冷却液等公共工程的使用情况。PID 至少应包含以下内容：

① 工艺设备明细表中的所有设备及其位号，保温、保冷、伴热情况。

② 所有工艺管道及其阀门、管道附件等，并标注出管段号、管径、管材、保温等，标出物料、气体、液体流向，气体放空及蒸汽疏水等。

③ 全部与工艺有关的检测仪表、调节控制系统等，通过该图可全面了解该套装置的自动化控制水平。

④ 以双点画线形式标明的制造厂供货范围，以及外部与其配套的设备或管道衔接情况。

⑤ 图例、图面上表达不清而又必须说明的内容。

⑥ 图面标题栏内容及签字项目。

用于聚甲醛盘式干燥的带控制点工艺流程图见图 7-60。

7.7.1.7 设计设备布置图

设备布置图表达全部设备在厂房内的安装位置，以建筑物的轴线为基准，分别对每种流程设备予以定位，一般包括平面图（图 7-61）和立面图（图 7-62）或剖面图。近些年出现了三维设备布置图，视觉效果更好更直观，图 7-63 显示了一台盘式连续干燥器及其辅机在二楼平台的安装效果。

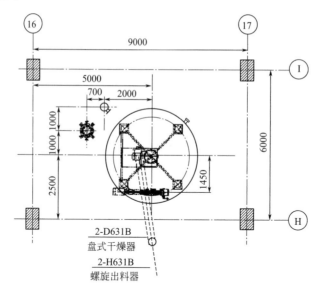

图 7-61 盘式连续干燥器平面布置图

设备配置要充分考虑设备在流程中的上下工序，料流的高低，充分利用地形和建筑物特点，减少料流的输送成本，降低占用空间。另外，设备配置和管道仪表安装还应注意以下问题：

① 主要设备要留有充足的维修操作空间，操作平台应尽量选择自然采光较好的一面。

② 设备检修孔、手孔、观察窗、操作平台等，要尽量设置在有操作空间的地方，与相邻设备、墙壁等间距足够，方便操作。

③ 风机等振动较大的设备，必须采取防振或隔振措施，与固定设备之间采用软连接。

④ 对噪声有较高要求的厂区，可在给风机和引风机的管路中加装消声器，噪声特别大的风机，可采取工作间封闭或风机全封闭措施，隔音和消音相结合的办法，降低噪声。

⑤ 在留有充足操作空间前提下，大口径气体管道应尽量短，降低压降。

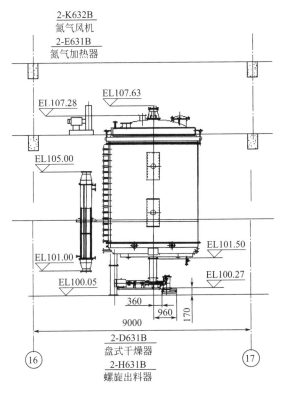

图 7-62　盘式连续干燥器立面布置图

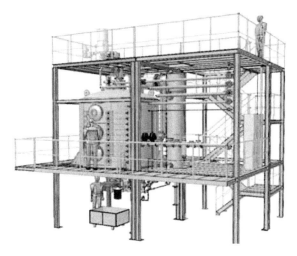

图 7-63　盘式连续干燥器及其辅机的三维布置图

⑥ 输送含有粉尘的管道，除了考虑压降外，还必须考虑到粉尘的沉降问题，为此，垂直管道一般风速≥10m/s，或按最大颗粒沉降速度的 3 倍选取风速。水平管道≥20m/s，应设计成一定坡度，在低处设清扫口和排污口。

⑦ 渐扩管和渐缩管的管道直径如急剧变化，除了使压降增大外，在换热器的给风管路中，还会造成风短路，使换热能力下降。渐扩管和渐缩管的长度最好为管道直径差的 5 倍以上，此时两端压头接近，工程上考虑到造价因素，以锥管单边角度不大于 15° 为宜。实际设计时有时要根据工作性质，造价，空间大小适当调整，如换热器出风端的变径管可适当短

些，但进风端必须保证渐扩比例，避免换热器不能充分发挥作用。

⑧ 通过优化主要设备的相互位置，可尽量减少大口径气体管道的弯头数量，降低压降。手工制作的弯头，曲率半径一般应取管道直径的 1～2.5 倍，尽量不用 0.5 倍管道直径的弯头。分节制作的弯头，一般应不低于 5 节，3 节弯头阻力过大。

⑨ 就地检测仪表的安装位置应便于操作者观察，测试仪表、传感器的引线或导管，一般在靠近接头处做成圆环形，用来吸收尺寸变化。

7.7.1.8　按工艺要求，设计非标设备及管道、平台等

7.7.1.9　其他按合同要求的设计内容

7.7.1.10　编写成套系统操作手册

7.7.2　干燥实验技术

7.7.2.1　物料干燥实验的必要性

目前，世界上同行业公认干燥技术仅是一门技艺，而非科学，经验性的东西较多，对于一种不是特别了解的物料，不能完全依靠现成的数学模型确定最佳工艺路线。工程实践也表明，即使是同种物料，因生产过程的差异，基本成分和物性也有显著差别，相同的干燥工艺可能会取得不同的干燥效果。为此，强调工程师在第一次接触一种物料时，必须首先充分了解物料物性及以往的干燥工程经验，同时，实验室的小规模物料干燥实验是必需的。通过实验可获取如下有用信息：

① 物料的可干燥性　即该干燥器是否能适合这种物料，包括湿物料的给入能否稳定连续，落入盘上的物料能否在耙叶推动下分散并均匀布满盘面；物料是否有黏附盘面的倾向，盘面是否结疤；物料是否在干燥过程中结团，是否由于静电而产生堆积现象；耙叶吃入料层是否困难，料环形态是否正常等。

② 验证干燥器能否满足用户最终湿含量的要求　每种物料的干燥脱水，都受到一定干燥条件下的平衡湿含量的限制，低于该值，干燥成本大幅上升，极不经济，有时甚至是无法达到的。

③ 干燥工艺参数的选定及优化　确定了该种物料可以在盘式连续干燥器中干燥，只是第一步，还需通过实验找到合适的或者较优的工艺条件，可以通过反复改变工艺参数，包括加热盘温度、层数、主轴转速、耙叶角度、个数、给料量、料层厚度、干燥时间、排料温度等，寻找到较优的工艺参数组合，作为干燥工艺和工业干燥器的设计依据。

④ 测定物料在设定工况下的实际传热系数，为工艺计算提供数据。

⑤ 有选择的测定干燥器在较优条件下的热效率、电耗、蒸汽消耗等参数，作为评定工艺设计指标时的参考。

7.7.2.2　实验性干燥装置及仪器仪表

按照不同的实验目的，可设计不同规格与结构的试验机，目前企业建实验室的目的，大多是为用户作物料干燥实验，属于设备选型和制定干燥工艺的前期工作。也可进行少量技术改造和技术创新的实验，实验装置可分为小型单盘式和工业型小试装置。

（1）小型单盘试验机

小型单盘试验机属于定性实验装置，见图 7-64，盘面直径 690mm，主轴变频调速，装

有两个耙杆，每个耙杆上最多可装 4 个耙叶，两组耙叶角度相反，即一组耙叶向外推料，另一组耙叶则向内推料，物料始终在盘内循环移动，无排料口。盘下设有电加热装置，可方便设定加热温度。该机可做一般的可干燥性实验及耙叶各种结构参数对比实验，以及物料平衡含水率测试，干燥时间测定等，只需要很少一点物料即可。但由于只有单层盘，安装耙叶数量有限，干燥实验效果与实际工况有差异。

（2）工业型小试装置

可用来验证工艺条件的多层实验装置如图 7-65 所示，由四层 $\phi1200$ 加热盘构成，壳体设计压力－0.1MPa，加热盘 0.4MPa，主轴无极调速，配有给料器、热源及排气系统，可进行常压、低真空状态下的干燥实验。该试验机可在接近实际工业装置的运行参数下运行，所得结果，如料层温度、排料温度、排气温度、干品含水、料层厚度、转速、产量等，均可作为制定工艺条件的参考，一些影响干燥过程及干燥效果的不利因素都可以在实验中发现，如物料的黏附性、团聚性、分散性差、盘面结疤及连续均匀给料困难等，从而可以及时采取措施，找到解决这些问题的方法，在工艺设计中有所体现，避免在工业装置中出现类似问题。

图 7-64　小型单盘试验机

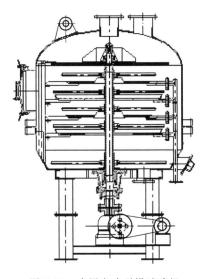

图 7-65　多层盘式干燥试验机

（3）实验用仪器仪表

为获得较为准确的实验效果，目前状况下，干燥实验室起码应配备如下仪器仪表：

① 失重法水分测定仪。

② 分析筛或其他形式的粒度测试仪。

③ 各种感量的天平及称重器具。

④ 温度测量器具。

⑤ 压力计及微压计。

⑥ 流量计。

7.7.2.3　实验项目及一般程序

（1）用户物料的可干燥性实验

第一次接触的物料，有时仅凭以往经验难以判断是否可以在盘式连续干燥器中干燥，或是否能获得满意的干燥效果，直接使用用户物料的干燥实验可以获得真实的第一手数据，是干燥设备选型的最可靠方法。当能取得的物料量较少时，可采用小型单盘实验机做定性实验，考察该物料的可干燥性，实验方法如下：

① 检测物料的含水率、粒度、堆密度等基础数据。了解物料松散性、耐温等一般情况，为实验准备不少于 5kg 的物料，称重备用。

② 启动加热系统预热加热盘。

③ 当加热盘温度达到预定值时，启动主轴，耙叶运转，检查耙叶运转方向及运行状况是否平稳。然后，手动均匀地将物料洒落在干燥盘的内圈，并同时开始计时。

④ 视情况每隔 2～5min 在外圈料环的同一位置测定料温，取样检测水分，并记录。

⑤ 当相邻两次水分的检测结果已无明显变化时，终止实验，记录总的干燥时间。

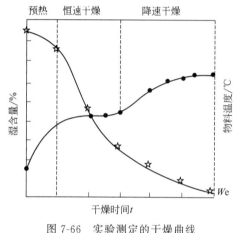

图 7-66　实验测定的干燥曲线

⑥ 实验过程中应观察并记录物料运行情况，料环是否均匀，是否黏壁、结疤等。

⑦ 改变投料量、主轴转速、加热温度，重复上述实验可获得不同结果。

⑧ 实验报告至少应包括的内容：投料量、主机转速、加热盘表面温度、检测出的物料基础数据、物料可干燥性的结论、对能否稳定运转的评估、湿含量-时间（温度-时间）干燥曲线（见图 7-66）、平衡含水率、干燥时间等。操作者对各次实验结果的分析和推荐意见。如干燥过程出现过非正常情况，应对处理情况作以说明，这些数据为制定干燥工艺提供了依据，如平衡含水率的大小可判定物料干燥的难易，各干燥段的划分可为分段设置加热温度提供依据，根据干燥时间则可以设计盘式连续干燥器的转速，耙叶数量、角度以及料层厚度等。

可干燥性实验也可以在多层实验机上进行，程序稍有不同。

（2）优选干燥工艺参数的实验

尽管小型单盘实验机可以提供许多有用信息，但由于它的许多参数不能调整，只能定性地考察物料干燥性能，如要设计实用的优化干燥工艺，还应在多层试验机上做实验，更多地变更实验参数，获得最佳工艺参数组合，其操作程序为：

① 物料与实验机准备情况同上，但多层式干燥实验需要更多的物料，要求较低的最简单的实验，每次也不应少于 100kg。

② 实验分组进行，每组实验设置的参数不同，考察该参数对干燥性能的影响。

③ 可变更的参数为：不同层加热盘的温度高低组合，给料量、转速、耙叶参数等。

④ 每次实验检测项目与记录见表 7-8，检测与记录方式基本同上，但本实验取样地点应为排料口，应检测的数据也多于单层试验机，具体实验程序参考后边传热系数的测定方式。每改变一个参数，应对应一组实验记录表，最终实验报告单应由多组实验记录表构成（表 7-8 仅列出 2 组），实验描述应详细记载实验过程中的重要阶段和非正常状况，以及处理措施及结果。

实验过程中如发现某单一因素对干燥效果影响巨大，也可单独就该参数设计多组实验，如耙叶角度、长度改变等。可根据经验简化实验步骤，也可根据前几组实验的趋势，省略掉一些实验过程，以较少的实验次数获取较优结果。工艺设计人员应参与物料实验，实验报告单的数据可直接用于设备选型和干燥工艺制定。

表 7-8　盘式连续干燥器常压干燥实验报告单

实验时间				实验备案编号				
用户名称				通信地址				
物料名称		粒度		密度		堆密度		安息角
物料含湿/%			产品含湿/%			溶剂		回收率
物料属性	粉粒　微粉　颗粒　晶体　松散滤饼　黏附　附着静电　团聚　易燃　易爆　毒性　腐蚀							
试验机		直径		层数		热介质		温度

实验记录表 No1				开始时间			结束时间				
给料量/kg	盘温1/℃	盘温2/℃	盘温3/℃	盘温4/℃	转速/(r/min)	耙叶	排料温度/℃	排料含湿/%	排气温度/℃	干燥时间/min	冷凝水量/kg

实验描述

实验记录表 No2				开始时间			结束时间				
给料量/kg	盘温1/℃	盘温2/℃	盘温3/℃	盘温4/℃	转速/(r/min)	耙叶	排料温度/℃	排料含湿/%	排气温度/℃	干燥时间/min	冷凝水量/kg

实验描述

实验结论：

实验操作者：

　　经验表明，既不深入了解物料，也不做干燥实验，甚至连物料形态都不清楚，仅凭物料含水率做出简单热工计算后的工艺设计，风险性较大，应尽量避免。

　　（3）物料传热系数 k 测定

　　工艺计算和设备选型时，均需要物料在特定工况下的传热系数。该系数与物料的湿含量、粒度、松散性、比热容以及干燥工艺有关，可以理论计算，但计算过程很繁杂，有许多假定条件，计算结果的准确性难以保证。另一获得该系数的方法是采用经验数据，依靠过去的工程经验，让我们对某些熟悉物料的传热系数有些大概的判断，可以给出系数的范围值，在工程精度内有时也可满足要求。最好的办法是实验测定，在实验机上模拟工程操作条件，对实际物料进行干燥，提取真实工艺参数进行计算。

　　实验在多层盘式实验机上进行，实验过程与上述相仿。试验机开车升温，达到的稳定运转状态后，开始加料，当试验机运行稳定且干燥后的物料含湿量达到要求时，开始计时并同时收集干燥设备出口端成品物料，检测排料与料层温度，应保持连续工作 10～20min 以上，将收集的成品物料称重。在连续测试期间，每隔 3～5min 取成品样一次，测出含湿量，将三次测定的含湿量，用算术平均法求出成品的平均含湿量。试验机运行稳定状况指：蒸汽压力稳定、冷凝水排放正常、物料连续均匀给料并排料、搅拌耙运转无异常、物料均匀铺满盘面、料环均匀连续、排气状态正常、排料含水率达到预定值。试验中需记录的数据如表 7-9。

表 7-9　测定传热系数实验记录表

给料/kg	给料含水/%	给料温度/℃	排料/kg	排料含水/%	排料温度/℃	蒸汽温度/℃	料层温度/℃	加热面积/m²	转速/(r/min)	耙叶数量	干燥时间/min	冷凝水量/kg

传热系数 k 按下式确定

$$k = \frac{Q_d(1+N)}{S_t \Delta T} \tag{7-78}$$

式中，Q_d、N、ΔT 等参数按公式(7-70) 和式(7-75) 计算。

总热量也可按收集的冷凝水重量换算，此时，应在开始收集排料的同时收集冷凝水，并在干燥结束时称重，如忽略损耗，冷凝水重量等于蒸汽耗量 H，总热量为

$$Q = H(I_{in} - I_{out}) \tag{7-79}$$

此时传热系数 $k = Q/(S_t \Delta T)$

冷凝水收集的方法见图 7-67，在疏水阀后边接两个分支管，分别用阀门控制，其中收水分支的管口深入到盛水容器的冷水面下，避免二次蒸汽逸出影响计量效果，另一分支为排空阀。实验时，稳定运转前，打开排空阀，关闭收水阀，盛水容器连同内部的冷水一并称重并记录。当开始收集排料时，同时关闭排空阀，打开收水阀，让冷凝水流入容器，实验结束时记录容器增重，此即为冷凝水重量。用这种方法测算的总热量准确性较高，因为它反映了真实的热量消耗情况，不会受其他参数的测量误差影响。

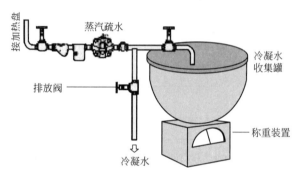

图 7-67　冷凝水收集示意图

（4）干燥强度及单位热耗测定

干燥强度 K_q 及单位热耗指标 I_w 是干燥器最重要的性能指标，分别定义为单位面积的蒸发能力 [kg/(m²·h)] 和单位蒸发量的能量消耗 [kJ/kg(液体)]，是干燥设备综合经济技术性能的体现，在与用户技术交流时，经常被要求提供这些参数，因而，作干燥工艺设计时，必须围绕这些指标来组合并优化设备结构和工艺参数。

工艺设计时，可以通过参数设定，计算出干燥强度和单位热耗指标，但这仅是设计值，实际的指标只能通过实测方法获得。工艺设计阶段，可以在实验室模拟实际干燥条件，测算出这些指标，工业装置可直接在现场测定，测试方法与实验室相同。

① 干燥强度 K_q　测定干燥强度的过程与测定传热系数相同，所检测和记录数据也相同，K_q 按下式确定：

$$K_q = \frac{W}{S} \tag{7-80}$$

式中，K_q 为干燥强度，kg/(m²·h)；W 为每小时湿分蒸发量，kg/h，$W = \dfrac{M_p(w_1 - w_2) \times 60}{(1 - w_1)\tau}$；$\tau$ 为干燥时间，min；S 为干燥器加热面积，m²；M_p 为排料量，kg/h；w_1 为湿物料湿含量，kg/kg；w_2 为排料湿含量，kg/kg。

② 单位热耗 I_w　单位热耗按下式计算：

$$I_w = \frac{H(I_{in} - I_{out})}{W} \tag{7-81}$$

式中，H 为蒸汽消耗量（等于上面介绍的冷凝水重量），kg/h；I_{in} 为进入干燥器的蒸汽热焓，kJ/kg；I_{out} 为冷凝水热焓，kJ/kg。

盘式连续干燥器的单位热耗一般在 3000～4500kJ/kg，远比对流干燥低得多。该值与物料含水率、含水形式、粒度、比热容以及平衡湿含量等有关。干燥工艺参数对其影响也很显著，减薄料层，强化搅拌效果，分段设置不同的加热温度等，都可以加强传热传质效果，降低物料温度和单位热耗。

（5）技术改进、技术攻关实验

在我国，盘式连续干燥器和其他干燥器一样，同样存在着使用超前于研究的问题，其生产和使用已有近 30 年的历史，但很多运行机理和结构性的问题仍没有得到解决，运行中不时会出现这样或那样问题，影响着这一节能技术的进一步应用。解决这些问题的途径只有一个，在实验室里通过特定的实验程序，寻找出结构参数与运行机理之间的联系，而现场的干燥设备是很难有条件进行的。例如，几十年来，国内运行的盘式连续干燥器，绝大多数加热盘的面积利用率较低，几乎 50％以上的干燥面积被空置，料环不能完全覆盖整个加热盘，见图 7-68 所示，严重影响干燥器的生产能力，这是什么原因造成的？是物料的问题？是工艺参数问题？还是结构参数问题？解决这类问题，实验室可以发挥重要作用，下边对实验的一般过程予以说明。

① 分析现场反馈的问题，初步判断问题所在　例如上边提到的加热盘被空置的问题，经验和分析表明，与这个问题有关因素可能有：物料分散性、安息角、料层厚度、耙叶参数等，而所有干燥设备几乎都有这个问题，说明物料不是主因，那么，耙叶是主因吗？它如何影响盘面覆盖率？我们无法凭直觉判断，实验有可能揭示真相。

② 确定实验目标，设计实验程序　实验目标：找到料环在盘面上的分布规律以及与耙叶参数关系，解决覆盖率问题。

试验程序：

a. 作图法初步分析表明，耙叶长度、间距是影响料环形态的主要因素，并通过作图与计算可证明，变长度、变间距、变角度耙叶可以使料环首尾相接，覆盖整个盘面，详见 7.5.2 节内容。

b. 实验验证上述分析。为了更直观，选择小型单盘实验机做实验，进行冷模实验。实验物料选取氯化钾，粒度 $40^{\#}$，90％过筛，堆密度 920kg/m³，静安息角 38.5°，物料仅含大气平衡水，较松散，可以在耙叶推动下有较明显的移动和摊铺效果。

c. 为适应设计的试验程序，改进现有实验设备。将原来的两个耙杆反复内外推料，改为单方向向外推料，在实验机边缘新开排料口一个。原耙叶刮板长度固定，改为刮板长度可调节型，按具体实验机情况，设刮板长度分别为 69、61、53、40 四种。新设简易自动给料器一个，可控制给料量。

d. 如图 7-42，实验采用单根耙臂，安装耙叶 a、b、c、d 四个，可产生有效料环 2 个，b 料环，c 料环，其余料环处于最内和最外，形态不完整，忽略。实验中改变耙叶长度 A、间距 B，分别用卡尺检测两个料环的底宽 L_b、L_c 和间隙 δ_{b-c}、δ_{c-d}。实验按多组组合进行，并重复多次，其中一组有代表性的实验数据见表 7-10。

表 7-10　实验数据记录表

序号	耙叶长度/mm				耙叶间距/mm			料环底宽/mm		料环间系/mm	
	A_a	A_b	A_c	A_d	B_{ab}	B_{bc}	B_{cd}	L_b	L_c	δ_{b-c}	δ_{c-d}
1	69	69	69	69	55	55	55	47.4	43.2	7.6	11.3
2	69	61	53	40	55	55	55	47.4	47.4	0	2

序号	耙叶长度/mm				耙叶间距/mm			料环底宽/mm		料环间系/mm	
	A_a	A_b	A_c	A_d	B_{ab}	B_{bc}	B_{cd}	L_b	L_c	$\delta_{b\text{-}c}$	$\delta_{c\text{-}d}$
3	69	69	69	69	55	48	42	44	39.2	4.4	5
4	69	61	53	40	55	48	42	42.8	38.8	0	0

图 7-68　加热盘表面大量空置图

由实验显现的直观现象和数据可得出如下结论：

按常规等间距、等长度布置耙叶，外部料环摊铺面积永远大于内环，等量的物料由内环推向外环将无法铺满相应空间，两料环出现间隙必不可免，间隙随半径加大而递增，如第一组实验数据和图 7-68 显示的料环。

由第二组数据可看出，耙叶间距不变，长度递减，可显著提高料环底宽，消除料环间隙，这是由于，后一个耙叶长度的缩短相当于减少了料环的摊铺面积，也可理解为将后一个料环向前移动一段距离，填补了以前空置的面积，从而使料环间隙消除。这种方法简单易行，应该作为今后消除裸露面积的首选方式。

由第三组数据可看出，单纯耙叶间距递减有降低间隙的趋势，但不能最终消除间隙。第四组耙叶间距和长度均改变，可消除料环的间隙，但实际操作较复杂。

7.7.3　常压型盘式连续干燥器工艺设计

7.7.3.1　典型工艺流程

常压型盘式连续干燥器工艺流程图见图 7-69，主要包括给料器、空滤器、加热器、除尘器、排风机、加热盘给热系统及冷却盘给冷系统等。为了防止粉尘外泄，一般这类干燥器工作在微负压状态。湿物料经给料器定量给入，被搅拌耙叶均匀摊铺在盘面上，并依次经过各个盘面，与盘面进行热交换，物料被加热，水分蒸发，干燥好的物料经排料口排出干燥器。常温空气经过滤除杂质后被加热到一定温度，引入干燥器内与蒸发的水分混合，经除尘器分离粉尘后排出系统。由于热风只是用来携带湿气，降低排气湿度，防止干燥器内和后续除尘系统结露粘壁，风量很小，干燥器断面风速很低，粉尘夹带少，除尘设备负荷低，体积小。

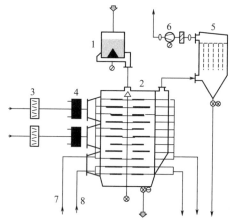

图 7-69　常压型盘式连续干燥器工艺流程图

1—给料器；2—盘式连续干燥器；3—空气过滤器；4—加热器；5—除尘器；6—排风机；

7—加热介质给入；8—冷却介质给入

常压型盘式连续干燥器结构相对简单，无需特殊密封要求，设备不承压，是干燥以水为介质之物料最常用的形式，配套设备也比较少，适用范围广，如大多数轻、化工产品及无机盐、矿产品、一般药品、食品等。

在处理量较小，物料含湿也不高时，有时可采用湿气直排方式干燥，不用排风机和除尘器，利用排气管上口和底部的高度差形成的压力来抽出湿气，当此压差大于系统阻力时，可迫使湿气体通过排气管外排扩散，从而降低成套设备的造价，简化工艺流程。此时，排气管高度可用下式计算：

$$H = \frac{\Delta P}{\rho_0 - \rho_w} \tag{7-82}$$

式中，H 为排气管高度，m；ΔP 为排气管总阻力，mmH_2O；ρ_0 为大气密度，kg/m^3；ρ_w 为湿气体密度，kg/m^3。

从式(7-82) 可看出，排气管抽力与外部空气与湿气密度差关系很大，即低温饱和湿气与低温空气时，排气管可相对低一些，而湿气温度高，环境温度也较高时，排气管必须高些才能抽出湿气。

盘式干燥机工作时，箱体内微负压一般 $5 \sim 10mmH_2O$ 左右，沿程阻力 $2 \sim 4mmH_2O$，设夏季气温 30℃，排气温度 80℃，则排气管高度为：$H = 7 \sim 14/(1.165 - 0.2929) = 6 \sim 12m$，一般取 $8 \sim 12m$ 高即可满足使用要求。

在使用排气管直排的简易流程中，为了降低造价，保温也可能薄弱一些，饱和湿气极易在排出过程中，沿排气管壁面降温冷凝，这时需在排气管临近干燥机出口处，加设冷凝水导出装置，将冷凝水及时排出，避免倒流回干燥机，影响干燥进程，如图 7-70 所示。直排式流程没有风机，因风速低，极少夹带，也不用除尘器及相关附属设备，结构简单，造价低，占地小，在处理低价值物料的中小企业很受欢迎。

也有采取风机直排式，利用风机压力克服排出阻力，不使用除尘器，此时，一般风机直接安装在干燥机排气口附近，排气管高度没有特殊要求，风机蜗壳底部设排水口，及时排出冷凝水。这种设计风机寿命一般较短，冷凝水对碳钢风机蜗壳和叶片腐蚀较重，可采用不锈钢或玻璃钢风机解决这个问题。

7.7.3.2　工艺计算

以一水硫酸锰的干燥为例，说明其工艺计算过程，工艺流程如图 7-71 所示。

（1）物料原始参数及设定工艺参数

物料名称：一水硫酸锰，分子式 $MnSO_4 \cdot H_2O$，200℃开始脱出结晶水；

物料形态：浅粉红色细粒结晶体，较松散，无黏性和团聚性；

粒度：$60^{\#}$ 筛下 95%；

密度：$2.95 \times 10^3 kg/m^3$；

湿分：水；

物料含湿量：$w_1 = 0.05kg/kg$；

产品含湿量：$w_2 = 0.005kg/kg$；

产量：$M_p = 1700kg/h$；

给料温度：$T_{in} = 30℃$；

物料比热容：$C_m = 1.25kJ/(kg \cdot ℃)$；

水比热容：$C_w = 4.18kJ/(kg \cdot ℃)$；

大气湿度：$X_0 = 0.015kg/kg$；

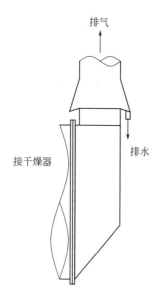

图 7-70　排气管排水装置

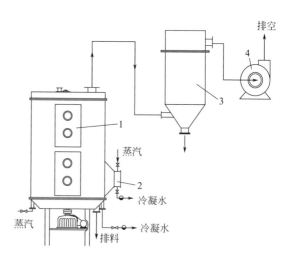

图 7-71　一水硫酸锰干燥工艺流程图

1—盘式连续干燥器；2—热交换器；

3—布袋除尘器；4—排风机

环境温度：$T_0 = 20℃$；

热源：饱和蒸汽，压力 0.4MPa，温度 $T_s = 143℃$；

干燥段排料温度：$T_{out} = 90℃$；

排气温度：$T_2 = 95℃$；

根据过去工程经验，取传热系数：$k = 40W/(m^2 \cdot ℃ \cdot h)$。

（2）物料衡算

产品干基含水率：$w_{d_2} = w_2/(1-w_2) = 0.005/(1-0.005) = 0.005$（kg/kg）；

绝干物料产量：$M_d = M_p(1-w_2) = 1700 \times (1-0.005) = 1691.5$（kg/h）；

给料量：$M_{in} = M_p[(1-w_2)/(1-w_1)] = 1700 \times [(1-0.005)/(1-0.05)] = 1780.5$ (kg/h)。

（3）计算总蒸发量 Δw

$$\Delta w = M_{in} - M_p = 1780.5 - 1700 = 80.5 kg/h$$

（4）干燥热量计算

$$\begin{aligned} Q_d &= \Delta w[r + C_w(t_{out} - t_{in})] + M_d(C_m + C_w W_{d_2})(t_{out} - t_{in}) \\ &= 80.5 \times [2355 + 4.18 \times (90-30)] + 1691.5 \times (1.25 + 4.18 \times 0.005) \times (90-30) \\ &= 338750.5 \text{ (kJ/h)} \end{aligned}$$

式中，r 为水在蒸发温度上的汽化潜热，蒸发温度取为排料和给料温度的平均值。

（5）传热对数温差计算

$$\Delta T = \frac{(T_s - T_{in}) - (T_s - T_{out})}{\ln[(T_s - T_{in})/(T_s - T_{out})]} = 79.3℃$$

（6）干燥面积 A 计算

$$A = Q_d/(k \cdot \Delta T) = 29.67 m^2$$

按现有盘式连续干燥器系列，选择 2200/10 常压型，干燥面积 $30.8 m^2$，电动机功率 4kW。

（7）携湿气体量 M 计算

选取排气露点温度 80℃，查得排气湿度 $X = 0.5455$kg/kg；

$$M = \Delta w / (X - X_0) = 80.5 / (0.5455 - 0.015) = 151.74 \text{（kg/h）}.$$

（8）热风换热器选型计算

换热器热负荷：$Q_t = MC_g \Delta t = 151.7 \times 0.24 \times (95 - 20) = 2730.6$（kcal/h）（1cal = 4.1868J）；

初选 SRZ5×5D 型翅片换热器，查表，通风净截面积 $A_0 = 0.154$m²；

质量流速：$u = M / A_0 = (151.7 / 3600) / 0.154 = 0.27$kg/m² · s；

传热系数：$K_h = 11.7 \times U^{0.49} = 6.16$kcal/h · m² · ℃；

对数温差：
$$\begin{aligned}
\Delta T_h &= (\Delta T_1 - \Delta T_2) / 2.3 \lg (\Delta T_1 \div \Delta T_2) \\
&= [(T_s - T_0) - (T_s - T_2)] / \{2.3 \times \mathrm{LOG}[(T_s - T_0) / (T_s - T_2)]\} \\
&= 79.8℃ ;
\end{aligned}$$

换热器散热面积：$A = Q_t \div (K_h \Delta T_h) = 5.56$m²。

（9）布袋除尘器选型

排气湿比容：$\upsilon = (0.773 + 1.244X) \times (273 + T_2) / 273 = 1.957$（m³/kg）

排风流量：$V = M_\upsilon = 151.74 \times 1.957 = 296.9$（m³/h）

根据粉尘细度，选择袋滤器过滤风速 $u_d = 1$m/min

布袋除尘器过滤面积 $S_d = V / u_d = 296.9 / 60 / 1 = 4.95$（m²）

在计算携湿气体时，选取的露点温度与排气温度差值只有 15℃，为防止湿气在离开干燥器后，在管道和袋滤器中降温结露，堵塞过滤袋，应对管道和袋滤器予以良好的保温或伴热处理。

（10）排风机选型

排风机流量按排风流量 V 换算成标准状态风量即可。排风机全压＝翅片换热器压降＋干燥器压降＋管网压降＋袋滤器压降＋排气口动压。

（11）综合经济技术指标

干燥强度：$K_q = \Delta w / A = 80.5 / 29.67 = 2.7$kg/(m² · h)；

总热耗：$Q = Q_d + Q_t = 338750.5 + 2730.6 \times 4.18 = 350164$kJ/h；

单位水蒸发能耗：$I_w = Q / \Delta w = 4350$kJ/kg。

7.7.4　真空型盘式连续干燥器工艺设计

真空型盘式干燥是在密闭且低于一个大气压下，采用加热方式脱出水分或其他湿分的工艺方法，与常压干燥具有明显差别。

7.7.4.1　真空型盘式干燥特点

① 液体在汽化时，具有足够湿分的物料，恒速干燥段是在饱和蒸汽温度上蒸发，为此，维持较低的操作压力，可以使物料在低温下蒸发，对热敏性物料非常适合，防止物料过热变性，例如，真空型盘式连续干燥器一般工作压强为 40～50kPa，真空冷冻干燥时可低至 130Pa 左右，压力的降低，可显著降低湿分的饱和蒸汽压，使物料在较低的温度下蒸发湿分，降低物料温度，保护热敏物料不变性。同时，在加热条件不变情况下，提高了传热温差，可提高传热传质速率及干燥效率。

② 对流干燥传热传质方向相反，传质阻力大，物料表面易出现硬壳，真空传导干燥的

物料内外压差较大，传质阻力小，不会出现硬壳现象。

③ 在密闭缺氧环境下干燥，适合易氧化物料，同时也有利于杀灭部分细菌，对食品、药品及生物制品类物料干燥有利，也适合在干燥过程中不允许污染的物料。

④ 密闭低压下干燥，系统中不凝气体量很小，适于溶剂回收型流程，回收率高。

⑤ 干燥环境与大气隔绝，适于在空气中易燃易爆及有毒有害物料的干燥。

⑥ 某些具有色香味的物料，在低温密闭下干燥更易保持原有特色，这是对流干燥无法办到的。

⑦ 真空型干燥设备属外压容器，结构较复杂，密封要求高，制造加工难度大，耗用钢材多，造价较高，维修费用也较高。

⑧ 真空维持系统造价和运行费用均高于常压型干燥方式。

真空型盘式连续干燥器工作压力低于大气压，壳体属于外压容器，制作需按压力容器有关规定进行，钢材耗用量大，制作难度高，造价高于常压式很多。工作时一般需要密闭式给料和排料器、气固分离设备、冷凝器、真空泵等设备，成套设备的投资及运行成本也较高。

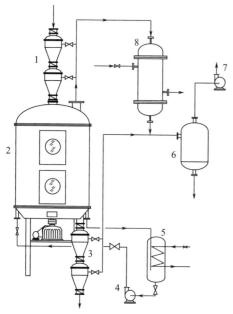

图 7-72　真空型盘式干燥工艺典型流程图
1—密闭给料器；2—干燥器；3—冷凝器；4—热水泵；
5—加热器；6—溶剂罐；7—真空泵；8—冷凝器

7.7.4.2　典型工艺流程

真空型盘式干燥工艺典型流程见图 7-72，与常压干燥不同，为了维持密闭低压干燥环境，在进排料口分别设置了气锁各一个，阻断外部大气对干燥环境的影响，气锁准许物料通过，封闭外部气体通过进排料环节泄入干燥器的可能，它的性能好坏对干燥器性能指标至关重要。在排气回路中增设冷凝器，用以冷凝蒸发出的溶剂气体。真空系统用来抽出挥发气体，在冷凝器中回收溶剂，放出不凝气体。由于系统密闭，泄漏量较少，干燥器内风速很低，因而在排气回路中有可能省掉粉尘过滤设备，正常操作时不会有粉尘附着在冷凝器上。但如操作有问题，泄漏量增大，或设备真空度本来就较低，应核算是否有粉尘带出，如有必要，应加设粉尘过滤设备，不过，这里能应用的过滤器与常压型有所区别，因处理的气体是溶剂的饱和气体，不能用常规反吹、脉冲喷吹等形式清灰，对间歇操作型，可采用定期更换滤芯办法，对连续操作型，应设计成多室的独立过滤单元，各室间具有工作到更换或清理滤芯的快速切换功能。也可采用直冷式冷凝器，利用溶剂液体冷凝并回收溶剂，同时洗掉溶剂中的粉尘。

7.7.4.3　工艺计算例

（1）原始参数

物料名称：维生素 C，无色晶体，80# ～300# 细粉。

物料含湿率（乙醇）w_1：0.15kg/kg；

产品含湿率 w_2：0.001kg/kg；

产量 M_{out}：10000/24＝416.670kg/h；

给料温度 t_{in}：20℃；

排料温度 t_{out}：50℃；

排气温度 t_w：58℃（蒸汽在排出干燥器前，有多次被加热盘背面加热升温过程）；

物料比热容 C_m：1.5kJ/（kg·℃）；

湿分为乙醇，需回收。

乙醇比热容 C_w：2.85kJ/（kg·℃）；

乙醇汽化潜热 r：950kJ/kg；

乙醇沸点：78.3℃；

热水温度 T_{in}：75℃；

排水温度 T_{out}：72℃；

盘式连续干燥器工作真空度：−0.06MPa（表压）。

（2）物料衡算

产品干基含水率 $w_{d_2} = w_2/(1-w_2) = 0.001/(1-0.001) = 0.001$（kg/kg）

绝干物料产量 $M_d = M_{out}(1-w_2) = 416.67 \times (1-0.001) = 416.254$（kg/h）

湿物料产量 $M_{in} = M_{out}[(1-w_2)/(1-w_1)] = 416.67 \times [(1-0.001)/(1-0.15)] = 489.71$（kg/h）

（3）计算乙醇总蒸发量 Δw

$$\Delta w = M_{in} - M_{out} = 489.17 - 416.67 = 73.04 \text{（kg/h）}$$

（4）干燥热量计算

$$Q_d = \Delta w[r + C_w(t_{out} - t_{in})] + M_d(C_m + C_w W_{d_1})(t_{out} - t_{in})$$
$$= 73.04 \times [950 + 2.85 \times (50-20)] + 416.254 \times (1.5 + 2.85 \times 0.001) \times (50-20)$$
$$= 98589.357 \text{（kJ/h）}$$

因该干燥是在低真空状态下进行，且要求回收溶剂，系统没有另行引入干气体，在计算干燥热量时与前边稍有不同，一般按水分在排料温度下蒸发，计算偏于安全。

（5）传热对数温差计算

$$\Delta T = [(T_{in} - t_{in}) - (T_{out} - t_{out})]/\ln[(T_{in} - t_{in}) - (T_{out} - t_{out})] = 36.015℃$$

（6）干燥面积计算

$$A = Q_d/(k\Delta T) = 98589.357/(23 \times 3600/1000 \times 36.015) = 33.06 \text{m}^2$$

其中 $k = 23\text{w/m}^2·℃$ 按经验选取。

在工大公司盘式连续干燥器型谱表中，选择 2200/12 型，36.9m²。

（7）管壳式冷凝器计算

① 计算干燥器泄漏量 M_g 冷凝器的工作负荷为干燥器蒸发出的乙醇蒸气和泄漏进来的空气，其中乙醇蒸气降温并冷凝为液体，空气则仅有降温过程，但空气的泄入量影响冷凝器的传热系数。空气泄漏量 M_g 可按图 7-58 确定。由盘式连续干燥器容积 24m³，查得箱体泄漏量 7kg/h，两端轴承处泄漏估计为 4kg/h，则总的泄漏量为 $M_g = 11$kg/h。

② 乙醇蒸气饱和温度计算 乙醇在 −0.06MPa（绝对压强 $P = 41.3$kPa）单一组分下的饱和蒸汽温度约为 59℃，但由于混合气体中含有大量泄漏进来的空气，进入冷凝器的湿气并不饱和，其湿度为 $X = \Delta w/M_g = 6.64$kg/kg，根据湿度定义 $X = P_w G_w/(P-P_w)G_g$ 得乙醇刚进入冷凝器的蒸汽分压 P_w：

$$P_w = P G_g X/(G_w + G_g X) = 33.34 \text{kPa}$$

式中 G_g——空气分子量，$G_g = 29$；

G_w——乙醇分子量，$G_w = 46$；

P_w——乙醇蒸气分压，kPa；

P——干燥器工作总压强，kPa。

查乙醇的蒸气压表，在 $P_w=33.34$kPa 时的饱和温度为 $t_w=51℃$。

随着冷凝的进行，乙醇在冷凝器中的浓度是逐步降低的，蒸汽压和饱和温度也在下降，设乙醇冷凝回收率 95%，则排出冷凝器前的乙醇蒸气为

$$X_2=(1-0.95)\Delta w/M_g=0.332\text{kg/kg}$$
$$P_{w_2}=PG_gX_2/(G_w+G_gX_2)=7.148\text{kPa}$$

查乙醇的蒸气压表，在 $P_{w_2}=7.148$kPa 时的饱和温度约为 $t_{w_2}=21℃$。为此，如只选用一台冷凝器，则冷却后的蒸汽温度应选为 $t_c=20℃$，否则在冷凝器的后半部分将无法实现冷凝。如采用两台串联，后一台冷凝器仍为 $t_c=20℃$，前一台的冷凝温度可稍高于该值，参考 $P_w=33.34$kPa 选取。

③ 按质量比加权计算乙醇蒸气和空气混合物的比热容 C_h

空气比热容 $C_g=1.013\text{kJ/(kg·℃)}$

乙醇蒸气比热容 $C_w=1.51\text{kJ/(kg·℃)}$

空气质量分率 $R_g=M_g/(M_g+\Delta w)=11/(11+73.04)=0.13$

乙醇蒸气质量分率 $R_w=\Delta w/(M_g+\Delta w)=73.04/(11+73.04)=0.87$

混合气体比热容 $C_h=C_gR_g+C_wR_w=1.45\text{kJ/(kg·℃)}$

④ 冷凝器冷负荷 Q_c

$Q_c=\Delta wr+(\Delta w+M_g)C_h(t_w-t_c)=73165.6\text{kJ/h}$（在此，蒸汽温度按 t_w 计算，偏于安全）

⑤ 冷凝器换热面积 A_c：

因最终乙醇蒸气的饱和温度为 21℃，可选取常温水作冷却介质，选取给水温度 $T_{c_1}=7℃$，排水温度 $T_{c_2}=15℃$，则传热温差为：

$$\Delta T_c=[(t_w-T_{c_1})-(t_c-T_{c_2})]/\ln[(t_w-T_{c_1})-(t_c-T_{c_2})]=13.653℃$$
$$A_c=Q_c/(K_c\Delta T_c)=53.59\text{m}^2$$

式中，$K_c=100\text{kJ/(m}^2\text{·℃·h)}$，按经验选取。

饱和蒸汽温度取冷凝器前后平均值 $(51+21)/2=36℃$；

以上计算，没有考虑冷凝过程中乙醇含量逐渐降低对传热系数以及温差的影响，实际的冷凝是个变温冷凝过程，乙醇蒸气含量随冷凝而逐渐降低，气体流量下降，流速降低，不凝气体浓度加大，总传热系数降低。另外，乙醇蒸气的饱和温度也逐渐降低，导致传热温差降低。比热容也是逐渐下降，接近不凝气体的比热容。因而，应逐段计算传热系数和传热温差，在此因设备较小，采用了简化计算方法。

本例冷凝器是按管壳式间接冷却方式计算的，也可选用翅片式换热器作冷凝器，或采用直冷冷凝器，各种冷凝方式的差别详见附属装置有关章节。

⑥ 冷却介质流量 L

$$L=Q_c/C\Delta T=70362.86/4.18/(15-7)=2104\ (\text{kg/h})$$

（8）真空泵选型计算

真空机组有效抽速 $S_p=(\Delta w+M_g)K=(73.04+11)\times1.3=109.25\ (\text{kg/h})$

其中 $K=1.3$ 为抽速损失系数

工作压力 $P=41.3\text{kPa}$

7.7.5 氮气保护及气体循环型盘式连续干燥器工艺设计

7.7.5.1 典型工艺流程

在盘式连续干燥器处理的物料中，有的溶剂气体易燃易爆、有毒性，有的物料易氧化或

粉尘易爆炸,用真空干燥方法可规避风险,但设备结构复杂,真空维持费用高,这时往往采用惰性气体(氮气、二氧化碳、烟道气等)保护方法,正压或微负压操作,盘式连续干燥器最常用的保护气体是氮气。

易燃易爆易氧化物质的燃烧和爆炸,都是在工艺气体中氧含量达到某一限值后发生的,为此,系统中充入一定量的氮气,稀释或排斥氧气,使氧含量维持在一个安全的水平上,这就是氮气保护的主要设计目的,如氢气被氮气稀释后不发生爆炸的最高氧含量为 5%,苯为 11.2%,丙酮为 13.5%(20℃,0.1MPa),煤粉约为 12%。

氮气保护循环型盘式干燥器的典型流程见图 7-73,干燥器工作在微正压状态,氮气即作为携湿气体,也是物料的保护气体。密闭式给料器 2 将物料均匀连续地给入干燥器,同时阻止大气混入系统。物料在加热盘上被加热,蒸发出的溶剂气体连同氮气通过除尘器 5 滤除粉尘,在冷凝器 6 中降温,溶剂冷凝并被回收到溶剂罐 7 中,氮气则被风机 9 引回系统,经换热器 10 升温到设计值后,压入干燥器 3 继续循环使用,干燥后的物料经闭式排料器 4 排出。热水罐 11 及水泵 12 构成干燥器的供热系统。由于正压操作,系统中有部分氮气和溶剂气体会因密封不严而外泄,为此,在干燥器进风管路中设有补充氮气口,按泄漏量补充新氮气,以维持干燥器恒定的工作压力。

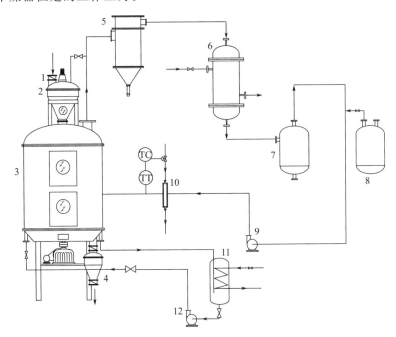

图 7-73 氮气保护循环型盘式连续干燥器流程图

1—蝶阀;2—给料器;3—盘式干燥器;4—排料仓及阀;5—袋式除尘器;6—冷凝器;

7—溶剂罐;8—氮气罐;9—氮气循环风机;10—换热器;11—热水罐;12—热水循环泵

在该流程中,干燥器微正压操作,干燥器可不按压力容器设计,比真空操作的结构要简单,造价低,运行费用也因省掉真空泵而降低,但因氮气的加入,工艺气体流量加大,传热系数下降,冷凝器的换热面积增大,干燥器出口必须设粉尘分离装置。所以,设计溶剂回收型干燥流程时,应综合考虑各方面因素,包括物料特性、设备造价、运行成本等,优化设计,决定取舍。

正压操作时,氮气充满整个干燥器并全循环使用,仅物料有可能夹带少量空气进入干燥器,系统内基本处于绝氧环境,安全性较高。但会有少量溶剂气体和物料粉尘外泄,密封性能必须高于负压操作式，防止易燃易爆溶剂危及环境和降低溶剂回收率。

氮气保护型盘式连续干燥器也可在负压下操作，此时，由于动、静密封问题会有空气泄漏进干燥器，如仍采用正压操作的氮气封闭全循环方式，干燥器内氧含量会逐渐积累而超标，为此，负压操作时采取半封闭循环，在溶剂回收后的管路中设置排放阀，直接排放一小部分不凝气体，再补充等量的氮气，以维持系统内正常操作压力和氧含量基本不变。负压操作不会有物料粉尘和溶剂气体外泄，操作环境好，溶剂回收率高，但干燥器内不能杜绝氧气的存在，比较适合易燃易爆风险较小，但对溶剂外泄及回收率要求较高的物料。

图 7-73 显示的冷凝器是管壳型，属于间接冷却方式，工艺气体与冷凝器器壁传热冷却，可不受压力和温度的限制，适用范围较广，但结构复杂，造价高，如工艺气体含有粉尘，冷凝效果将受影响。该种流程中还可以使用直接冷凝式冷凝器，利用溶剂液体直接喷淋吸收溶剂蒸气，同时洗涤粉尘，效率较高，造价低，但深冷有困难，适于处理量较大的物料，可简化流程，降低设备购置和运行成本。

7.7.5.2　工艺计算例

氮气保护型盘式干燥器的工艺计算主要包括热量衡算、物料衡算、氮气循环量计算等，其中热量衡算和物料衡算与前述常压干燥基本相同，本节只对氮气循环量等加以讨论，一般氮气循环量可按如下原则确定：

（1）按排气露点确定的氮气循环量

在一般性保护干燥工艺中，如防止物料氧化变性等，只要维持适当缺氧环境就可以，加入的氮气主要用于携带湿气，维持正常的溶剂蒸气分压，此时的氮气加入量由排气露点确定，使排气温度适当高于露点温度，即保证一定的传质推动力，又可以避免湿气体在干燥后期降温结露。以图 7-73 工艺流程为例，溶剂为甲苯，易燃易爆，系统正压操作，可以认为氧气泄入系统的概率很小，氮气循环量只决定于甲苯蒸气的饱和湿度，为此，可按下述方式确定：

相关参数如下：

物料：除草剂；

溶剂：甲苯；

物料含湿率：0.4kg/kg；

产品含湿率：0.05kg/kg；

产量：100kg/h；

给料温度：20℃；

排料温度：75℃；

热水温度：86℃。

① 按加热热水温度 86℃ 和排料温度 75℃，以及产品含湿率，设定排气温度 70℃。

② 计算甲苯总蒸发量 $\Delta w = 100 \times (0.4-0.05)/(1-0.4) = 58.358 \text{kg/h}$。

③ 按甲苯分子式：C_7H_8，分子量 92，计算甲苯的物质的量为：
$$58.358/92 = 0.634 \text{mol}$$

④ 按排气温度查表，对应甲苯液体的饱和蒸气压力 $P_s = 28.67 \text{kPa}$。湿气体在排出干燥器后，一直处于降温阶段，为了避免甲苯蒸气到达冷凝器前，在管道或除尘器中冷凝结露，应降低干燥器出口湿度至安全水平，为此，设干燥器出口甲苯蒸气对绝干氮气的相对湿度为 $\varphi = 60\%$，则湿气体中甲苯蒸气分压 p_i 为：
$$p_i = \varphi P_s = 0.6 \times 28.67 = 17.202 \text{kPa}。$$

⑤ 设干燥器工作压力为 $101.3 + 1 = 102.3 \text{kPa}$，则循环氮气分压为 85.098kPa。

⑥ 按压力与物质的量成正比关系，0.634mol 甲苯应加入氮气的物质的量 n 为：

$$n=85.098\times0.634/17.202=3.136\text{mol}$$

考虑到冷凝器并不能 100% 脱出湿气，设仍有 10% 的甲苯蒸气会参与到氮气循环中，所以，$n=3.136\times1.1=3.45\text{mol}$。

⑦ 氮气体积流量 V：

$$V=3.45\times22.4\times[(273+70)/273]=97.095\text{m}^3/\text{h}$$

这就是正常操作时的氮气循环量，如氮气量不足，排气相对湿度增大，有在排气管中结露的风险；如氮气量过大，冷凝器负荷加大，影响溶剂回收。

（2）从易燃易爆防护角度确定氮气循环量

防爆保护是盘式连续干燥器使用氮气的主要目的，此时，除了考虑排气露点外，还应考虑系统内及系统外的泄漏风险问题，可按以下两种情况考虑：

① 正压操作　正压操作时由于密封问题，氮气和溶剂气体的外泄不可避免，但空气渗入系统的机会较少，只有物料给入干燥器时带入一小部分，由于系统全封闭循环，氧气含量还是随操作时间递增的，为此，氮气循环量应在以上计算基础上进行防爆风险考核，使氧气含量始终在安全范围内。

氮气循环量与泄漏到环境中的溶剂和粉尘量有关，在密封结构及工作压力一定情况下，溶剂与粉尘泄漏量与氮气循环量成反比，氮气量大，则泄漏出的溶剂和粉尘浓度降低，可缓解环境有害气体和粉尘的积累，单位时间泄漏出的溶剂和粉尘速度，应小于其在环境中的扩散速度，从这点考虑，适当提高氮气循环量是有利的。

② 负压操作　负压操作没有溶剂外泄问题，但空气会渗入系统，使氧含量增高，增大爆炸风险，可以通过直排一部分尾气的方法，降低这种风险。也可增大氮气量降低氧气在系统内的比率，防范风险。

（3）干燥器内断面风速小于粉尘带出速度

氮气循环量还应与粉尘沉降速度相适应，干燥器内断面风速应小于粉尘带出速度，防止冷凝器因结垢而效率下降。

（4）氮气补充量

无论是正压还是负压操作，盘式连续干燥器工作中氮气总有损耗，为此必须定时定量地补充氮气。正压操作的氮气补充量，与系统泄漏率相当，可按式(7-69) 和图 7-58 计算。负压时为减少氧含量积聚，直排少量不凝气体，该气体的量由安全氧含量测算，而排掉的那部分气体量就是应该补充的氮气量。

7.8　盘式连续干燥器的适用范围及典型应用实例

近年来，盘式连续干燥器以其优异的节能特点，得到国内外工程界的充分肯定，在化工、染料、塑料、农药、医药、矿产品、食品及农副产品加工等领域中应用日趋广泛，如活性炭、活性碳酸钙、超细碳酸钙、硼酸、染料及染料中间体、发烟酸、食盐、咖啡因、氰化钠、氟化铝、丙烯酸盐、纤维素衍生物、三聚氰胺、塑料添加剂、发泡剂、促进剂、保险粉、硫化剂、硫黄、柠檬酸、富马酸、维生素 C 及其中间体、镧系化合物、菌丝体、灭菌剂、合成树脂、双酚 A、苏氨酸、代森锰、药品、有机产品、蔗糖、硫精矿、镍精矿、聚甲醛、硝酸铵、硫酸钾、碳酸钡、氢氧化铝干胶、磷酸二氢钾、石墨等。可广泛适用于各行业中，如含水或含溶剂、易流动、不黏结、松散粉粒状、结晶、无定形物料的连续加热干燥和冷却加工。近些年，随着工业界对盘式连续干燥器的更多了解，不断开发出新的应用领域，如用于化学反应的干法制乙炔，用于各种无机盐煅烧等，早期盘式连续干燥器应用实例见表 7-11，近年盘式连续干燥器典型应用实例见表 7-12。

表 7-11 早期盘式连续干燥器应用实例

物料名称	树脂	有机物	药品	药品	活性炭	硫黄	砂糖
挥发分	溶剂	丙酮或水	水	水	水	水	水
处理量/(kg 干物料/h)	840	168	650	145	140	150	1600
干燥前含液量(%湿基)	60	30	3	15	70	20	3
干燥后含液量(%湿基)	3	10	0.1	0.15	3	0.5	0.12
物料粒径/mm	0.2～0.3	0.8	0.02～0.03	<0.03	0.5～3	2～5	0.2～1
物料堆积密度/(10^3 kg/m³)	0.5	0.5	0.9	0.8～1.0	—	—	—
产品堆积密度/(10^3 kg/m³)	0.3	0.6	—	0.5～0.6	—	—	—
热风温度/℃	130	65	100	110	150	125	110
干燥时间/min	60	30	45	10	29	30～45	15～20
干燥器的总干燥面积/m²	88.2	27.6	42.8	12.4	27.6	27.6	27.6
干燥圆盘数	35	11	17	5	11	11	11
外筒形状	圆形	八面形	八面形	八面形	八面形	八面形	八面形
外筒直径/m	2.1	2.1	2.1	2.1	2.1	2.1	2.1
外筒高度/m	5.7	1.9	2.8	0.9	1.9	1.9	1.9
主轴回转数/(r/min)	2.97～11.9	1.5～6.2	0.5～6	1.36～4.5	0.58～2.6	0.58～2.6	0.58～2.6
电动机功率/kW	5.5	2.2	3.7	1.5	2.2	2.2	2.2
备注	溶剂回收型	溶剂回收型	带冷却用圆盘	—	—	—	—

表 7-12 近些年盘式连续干燥器典型应用实例

物料名称	单位	保险粉	密胺	活性炭	Meneb	添加剂	双酚 A
大盘直径	m	2	2	2	2	2	2
盘数		5	11	17	17	20	20
干燥面积	m²	12.4	27.6	42.8	42.8	50	50
给料含湿率	%	4	11	62	23	30	12
产品含湿率	%	0.1	0.03	3	0.5	0.1	0.1
产量	kg/h	499	848	200	300	362	300
加热介质	MPa/℃	/98	0.25/125	0.25/125	1.25/105	/70	/80
干燥强度	kg/(m²·h)	1.63	3.79	7.25	2.04	3.09	0.82
干燥时间	min	15	12	30	170	24	75
主轴功率	kW	2.2	3	4	4	3	3

物料名称	单位	发泡剂	氨基磺酸	硅微粉	石榴石	超细 CaCO₃	磷酸二氢钾
大盘直径	m	1.2	1.2	1.8	1.8	2.2	1.4
盘数		10	10	16	16	16	7
干燥面积	m²	8.3	8.3	35	35	50	10
给料含湿率	%	28	30	23～28	15～18	18～20	3
产品含湿率	%	0.5	0.5	0.4	0.5	0.6	0.5
产量	kg/h	40～60	60～70	350～400	750～800	950～1000	500
加热介质	MPa/℃	0.4/	0.2/	0.4/	0.4/	0.4/	/120
干燥强度	kg/(m²·h)	2.1～3.1	3.44～4	3～4.4	3.7～5	4～6.9	
干燥时间	min	15	15	24	24	24	5～10
主轴功率	kW	1.5	1.5	3	3	3	3

注：加热介质一栏中，斜杠左侧数字为蒸汽压力，右侧数字为蒸汽温度；左侧无数字表示加热介质为热水或导热油等非相变传热介质，相应右侧数字为加热介质温度；右侧无数字表示温度为相应蒸汽压力下的饱和蒸汽温度。

下边按不同类别介绍典型工业应用实例

7.8.1　简易流程型——饲料级磷酸氢钙的干燥

饲料级磷酸氢钙，含水约 50%，干燥到含水 25% 为合格产品，过去用热风炉配气流干燥，流程复杂，旋风除尘器分离效果不佳，产品回收率低。改用盘式连续干燥器后，热源采用 0.2～0.6MPa 饱和蒸汽，由对流干燥改为常压操作、不通风式传导干燥。干燥器内气体流速很低，湿气体直接由烟囱抽出系统，省掉除尘器和配套引风机。干燥系统工艺流程图见图 7-74，工艺及设备参数如下：

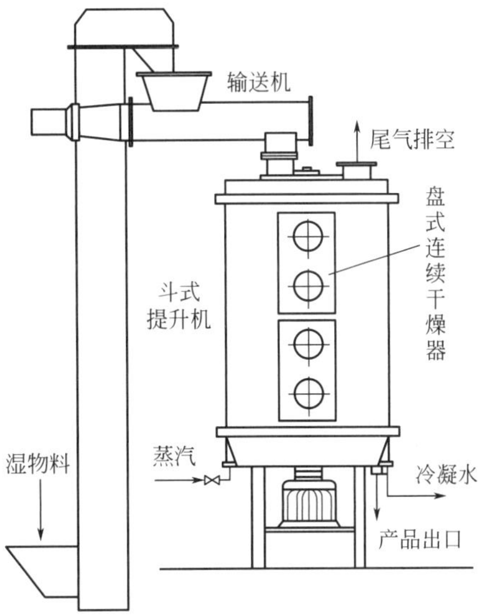

物料名称：饲料级磷酸氢钙；

物料含水率：0.5kg/kg；

产品含水率：0.25kg/kg；

产量：1400kg/h；

给料温度：25℃；

排料温度：80℃；

物料比热容：0.72kJ/(kg·℃)；

大盘直径：φ2.2m；

盘层数：14；

每台干燥器加热面积：43m²；

设备台数：2；

电动机功率：5.5kW；

主轴转速：1～9r/min；

蒸汽单耗：1.11kg(蒸汽)/kg(水)。

图 7-74　磷酸氢钙干燥流程简图

该流程特点是简单、实用、造价低、节能，湿气直接依靠烟囱排出口与地面的压差排出，流速低，粉尘夹带小，可以省掉除尘设备和风机。该流程适于处理量较小、要求不很严格的物料。

7.8.2　常压操作型——硫铁矿粉干燥

硫铁矿粉的干燥，原干燥工艺大多采用回转窑热风干燥法，占地面积大，能耗高，环境污染严重，操作人员多。采用盘式连续干燥器干燥硫铁矿粉的流程见图 7-75，属于典型常压传导干燥方式，湿的硫铁矿粉由输送器输送到位于盘式连续干燥器顶部的圆盘加料器中，被定量加入到干燥器内进行干燥。干燥盘内通入 0.4MPa 的饱和水蒸气，物料在干燥盘上被搅拌装置均匀摊开为若干料环，同时被不断翻炒搅拌，逐渐完成传热传质过程，已干物料在底部的排料口排出，蒸发的湿气体由引风机从排湿口排出。与磷酸氢钙干燥不同，本流程为了加速湿气排出，提高传质速率，降低排气湿度，避免结露，引入了一定量干气体，并在尾气处理段增设了袋滤器和引风机。这种配置加大了干燥器的操作弹性和可控性，可以根据含湿量和处理量以及热介质的变化，调节引入风量的大小，保持干燥器内比较恒定的良好干燥条件，保持排风温度与排气露点之间的恰当关系，是常压型传导干燥优先选用的流程。该系统运转时，干燥器内部处于微负压状态，可以有效防止粉尘外泄，同时对设备结构的要求不

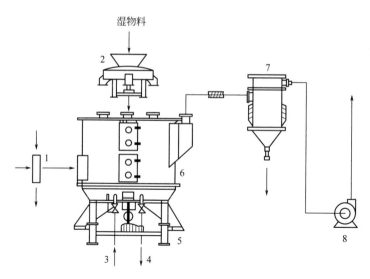

图 7-75　硫铁矿粉干燥流程图

1—换热器；2—圆盘给料器；3—蒸汽入口；4—冷凝水排口；5—排料口；6—主机；7—袋式除尘器；8—引风机

像密闭和真空型高，造价较低，是盘式连续干燥器的主要应用形式，应用最普遍。硫铁矿粉干燥的工艺参数如下：

　　物料含水率：0.12kg/kg；

　　产品含水率：0.08kg/kg；

　　产量：57391kg/h；

　　给料温度：10℃；

　　排料温度：90℃；

　　物料比热容：1.25kJ/(kg·℃)；

　　大盘直径：3m；

　　盘层数：18；

　　每台干燥器加热面积：108m²；

　　设备台数：2；

　　电动机功率：13kW；

　　主轴转速：1~10r/min。

　　硫铁矿粉干燥系统的能耗见表 7-13。

表 7-13　硫铁矿粉干燥系统能耗表

项目	年产量/t	总装机容量/kW	年耗电/(10^4kW·h)	年电费/万元	产品电费/(元/t)	年耗蒸汽/t	年耗蒸汽价/万元	产品耗蒸汽价/(元/t)	产品能耗价/(元/t)
数量	400000	63	45.36	22.68	0.56	27000	216	5.4	5.96
备注			0.5 元/(kW·h)			蒸汽 80 元/t			

7.8.3　真空溶剂回收型——维生素 C 干燥

　　维生素 C 又名抗坏血酸，与人类健康有密切的关系。我国是维生素 C 生产大国，在全球所需的 8 万 t/a 中，我国供应量达到 50% 以上。维生素 C 是一种高能耗产品，随着国际市场上价格的大跌，降低生产中的能耗，已成为生产企业生存的关键。在维生素 C 生产中，干燥是一个很重要的步骤，干燥过程中需保持维生素 C 不变性，且要求回收溶剂乙醇，以前大都采用真空双锥转鼓干燥机，间歇操作，能源消耗占整个维生素 C 生产能耗的 30% 以上，单机产量低、操作复杂、劳动强度大、物料受热不均匀等。

采用盘式连续干燥器干燥维生素 C 的流程见图 7-76，工艺计算见 7.7.4 节，与双锥干燥器经济指标对比数据见表 7-4。选用的盘式连续干燥器参数为：

大盘直径：2.2m；

干燥面积：36.9m²；

干燥盘层数：12；

电动机功率：4kW；

主轴转速：1～9r/min；

操作真空度：−0.06MPa。

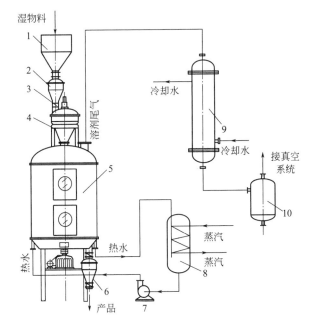

图 7-76 维生素 C 干燥流程图

1,2—料仓；3—蝶阀；4—加料器；5—干燥器；6—出料仓；7—循环水泵；8—热水罐；9—冷凝器；10—溶剂罐

真空操作可以杜绝环境对物料的污染；可以在较低温度下干燥，保持物料生物活性；可以在少氧环境下干燥，避免物料被氧化变质；可以避免有毒气体外泄，回收溶剂。但真空系统运转费用较高，对设备耐压、密封要求也较高。

7.8.4 氮气循环型——除草剂干燥

某些物料及其溶剂属易氧化、有毒性或易燃易爆物品，干燥过程中不允许泄漏到大气中，氧气渗入到干燥器中的量也必须维持在较低水平，这时采用常压、真空操作都有困难，采用氮气保护，在微负压或正压下干燥较好。

某除草剂中含有 40% 的甲苯，属易燃易爆有毒物质，在干燥过程中，既要保证物料不过热，又要保证甲苯不外泄，可回收。甲苯爆炸极限 1.2%～7.0%（体积），闪点 4℃，燃点 535℃，沸点 110.8℃，其蒸气有毒，可以通过呼吸道对人体造成危害。除草剂干燥工艺流程图见图 7-73，相关参数如下：

物料含湿率：0.4kg/kg；

产品含湿率：0.05kg/kg；

产量：100kg/h；

溶剂：甲苯；

给料温度：20℃；

排料温度：75℃；

热水温度：86℃。

在该流程中也可采用直冷方式回收溶剂，可有效简化流程，降低成本，如图 7-77 所示。喷淋用洗涤液采用经冷却的低温溶剂，由洗涤塔顶部喷下，与来自干燥器的混合蒸气逆向接触，充分传热传质，溶剂蒸气被冷却冷凝成液体进入储液罐，被降温的饱和氮气由风机引出，送给加热器加热到一定温度，再送回干燥器循环使用。由于冷凝器采用溶剂直冷式，效率较高，造价较低，溶剂蒸气被冷凝的同时，粉尘也被洗涤液吸收，相当于湿式除尘器的功能，节省了专门设置除尘器的费用。

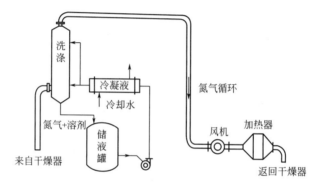

图 7-77　直冷式回收溶剂流程图

7.8.5　大型氮气循环型——聚甲醛干燥

聚甲醛（polyformaldehyde，POM），热塑性结晶聚合物，被誉为"超钢"。聚甲醛的拉伸强度达 70MPa，吸水性小，尺寸稳定，有光泽，在热塑性树脂中是最坚韧的，抗热强度、弯曲强度、耐疲劳强度均高，耐磨性和电性能优良。用在对润滑性、耐磨损性、刚性和尺寸稳定性要求都比较严格的滑动和滚动的机械部件上，性能尤为优越，因此主要用于工业机械、汽车、电子电气、管件和灌溉用品等方面，国内外需求巨大，年均增长率在 6% 以上。2002 年前，世界聚甲醛生产量 85 万吨，主要集中在美国、德国等国家，我国只有少量生产，近几年，由于国内市场巨大需求的拉动，全国各地纷纷加大投资力度，新建和扩建项目已达近十家，预计产量可达 20 万吨。

共聚甲醛生产工艺为，原料甲醛先经浓缩，在催化剂作用下合成三聚甲醛（TOX）。精 TOX 与第二单体在催化剂作用下进行共聚反应，生成聚甲醛的粗聚合物，聚合转化率 75%～85%，经研磨及钝化处理后，干燥脱出未聚合的 TOX，再通过真空挤压造粒，即得成品共聚甲醛粒料。其中的干燥脱出工段，目的在于将 TOX 尽可能地分离出来回用，一方面降低物耗和生产成本，另一方面也可降低挤压造粒的负荷。

聚合生成的 POM 经研磨及钝化处理后，平均粒度约为 $100\sim300\mu m$，含未聚合的 TOX 约 9% 及少量水分，必须通过干燥方法脱出，但 POM 和 TOX 均属有毒易燃物品，粉体与空气可形成爆炸性混合物，为此，国内外的 TOX 干燥，一般是在氮气保护的密闭型盘式连续干燥器中进行。含有部分未聚合 TOX 和水分的 POM 粉料，经螺旋给料器在盘式连续干燥器顶部进入干燥器，由回转的搅拌耙均匀摊铺在每层加热盘面上，加热盘内通入饱和蒸汽，以传导方式对物料加热，蒸发出的湿气体连同混入的氮气，经内置过滤器过滤掉粉尘后，引入喷淋塔脱出 TOX 和水分，纯净氮气再经加热重新给入干燥器。由于防爆的要求，整个干燥过程在氮气保护下进行，干燥器正压操作，整个干燥单元的简化流程见图 7-78。流程中使用的螺旋给料器设有带压料封装置，可在一定压力下由料封阻断干燥器内外的泄漏。内置式粉尘过滤装置，在国内干燥行业率先使用了金属烧结网结构，耐清洗，寿命高。

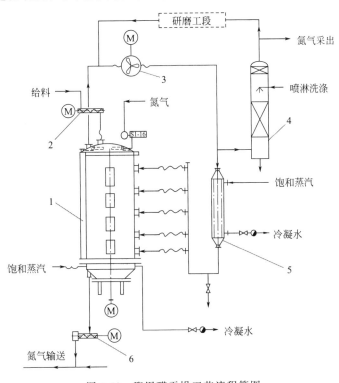

图 7-78　聚甲醛干燥工艺流程简图

1—盘式连续干燥器；2—给料器；3—氮气循环风机；4—喷淋洗涤塔；5—加热器；6—排料器

实际运行参数：

物料处理量 P_{in}：1800～1850kg/h；

TOX 蒸发量 w_T：80～180kg/h；

最终 TOX 残留量：≤0.2%；

循环氮气量：2400Nm³/h；

氮气给入温度：140℃；

排气温度：130～140℃；

氮气给入压力：4kPa；

排料温度：140℃；

加热蒸汽温度：155℃；

搅拌器转速：1.5～2r/min；

料层厚度：25mm；

物料停留时间：30～70min；

干燥器操作压力：2～3kPa；

干燥器内轴向风速：0.3m/s；

干燥器型号：3000/18 型；

有效加热面积104.5m²；

加热盘：18 层。

国产盘式连续干燥器用在聚甲醛干燥上，经过反复调试、改进和多年的运行考验，证明该氮气保护的干燥工艺基本成功，运行可靠，性能稳定，各项指标达到或超过国外同类产品水平，目前已在二十多套类似项目上替代进口设备，均取得了较好效果；在结构设计方面，耙叶设计方法合理，料层均匀连续，有效加热面积高于以往设计方法；氮气分布装置结构新颖、简单，可有效均布氮气，消除了人工调节的不确定性；带压螺旋排料器工作稳定，泄漏率低，结构简单，制作成本比传统压力排料阀低，是氮气保护流程给排料装置的较好选择。

7.8.6 化学反应型——盘式干法乙炔发生器

长期以来，我国聚氯乙烯生产一直以电石法为主，电石制乙炔采用湿法工艺，生产过程耗用大量水，产生大量含水很高的废渣，处理非常困难，污染环境。近些年，在消化国外技术基础上，国内研发了盘式干法制乙炔工艺，在节能、节水、环境保护以及电石渣再利用等方面具有明显优势，已被列入《国家鼓励发展的环境保护技术目录》。

干法制乙炔的核心设备是盘式乙炔发生器，其结构与氮气保护型盘式连续干燥器基本相同，一种乙炔发生器的结构简图见图 7-79，主要由物料托盘、喷雾器、主轴、搅拌器、给料器、排料器、排气口等构成，电石细颗粒物料被螺旋给料机 5 输送到乙炔发生器的第一、二层盘面。在搅拌耙 8 推动和搅拌作用下，均匀摊铺在盘面上，第 1、2 层盘面上部设置的喷雾器 6 喷出雾状水，水与电石接触发生反应，生成的乙炔从发生器下部出口 11 排出，进入除尘冷却塔进行除尘和冷却处理（图 7-80）。电石进入发生器 1、2 层后经搅拌从盘面中心孔下落至第 3 层，再经过搅拌从发生器第 3 层面板的外周下落至发生器的第 4 层，如此循环

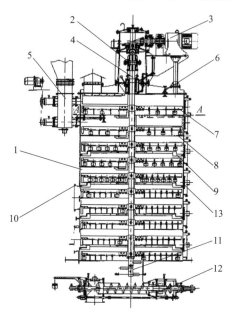

图 7-79 盘式干法乙炔发生器简图

1—筒体；2—减速装置；3—电动机；4—主轴；5—给料器；6—喷雾器；7—搅拌器；
8—托盘Ⅰ；9—托盘Ⅱ；10—排气口；11—排料筒；12—排料器；13—观察窗

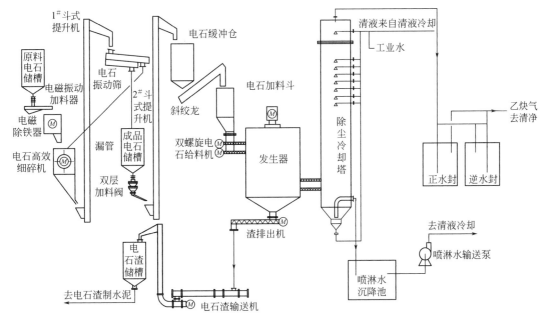

图 7-80　干法乙炔生产流程图

运动，最后电石灰渣从第 10 层中心孔排出，通过排料器 13 排出。排出的电石渣是优良的水泥原料，含水 4%～10%，可不经干燥处理，直接用于生产水泥。据循环经济的综合利用原则，大型的干法乙炔厂会配套相应的水泥厂，对电石渣进行循环利用。

盘式干法乙炔的生产，是用略多于理论量的水以雾态喷在电石粉上使之水解，反应式为：

$$CaC_2 + 2H_2O \Longrightarrow C_2H_2 + Ca(OH)_2 + 130kJ/mol$$

干法乙炔生产的技术参数如下：

电石粒径：3mm；

水与电石比例：1.2：1.0；

发气量：≥280L/kg（20℃，101.3kPa）；

单台发生器产量：2400m³/h（可满足 5 万 t/a PVC 生产需要）；

电石渣水解率：99.5%；

工作压力：正压 5～7kPa；

水蒸气分压：0.078MPa；

气相温度：90～100℃；

固相温度：95～100℃；

电石渣含水：4%～10%；

乙炔收率：≥98.5%；

反应时间：约 15min。

7.8.7　煅烧型——氧化铝低温焙烧

活性氧化铝（γ-Al_2O_3）具有优良的表面性质，表面积较大，具有很强的表面吸附性能，广泛地作为催化剂、载体、干燥吸附剂应用于石油化工、有机化学工业、橡胶工业、化肥工业和环保工业。活性氧化铝有许多工业制法，其中之一，是由拟薄水铝石（AlOOH·

$n\mathrm{H_2O}$，$n=0.08\sim0.62$）在 $430\sim700℃$ 下煅烧，得到 γ-$\mathrm{Al_2O_3}$。

半成品拟薄水铝石含水约 $30\%\sim40\%$，其中包括 10% 的结晶水，干燥加煅烧约历时 $10\sim120\mathrm{min}$ 可调，干燥过程应连续稳定，干燥段加热温度 $130℃$，煅烧段加热温度 $550℃$。传统工艺采取两步法，先经沉淀（成胶）—老化—过滤—洗涤—干燥，生产出成品拟薄水铝石，其中干燥常采用对流干燥方法，再由拟薄水铝石煅烧生成活性氧化铝，工序长，耗能高。选用盘式连续干燥器，在一个干燥器内一次完成干燥、煅烧、冷却，简化工序，降低污染，耗能指标大幅度下降。

由拟薄水铝石煅烧生成活性氧化铝工艺参数：

（1）干燥段

初始含湿量：30%；

最终含湿量：10%（结晶水）；

湿物料流量：$375\mathrm{kg/h}$；

干物料流量：$278\mathrm{kg/h}$；

绝干物料量：$250\mathrm{kg/h}$；

物料初始温度：$20℃$；

物料干燥温度：$130℃$；

蒸发水量：$79\mathrm{kg/h}$。

（2）煅烧段

初始湿含量：10%（结晶水）；

最终湿含量：0.1%；

湿物料流量：$278\mathrm{kg/h}$；

产品流量：$250\mathrm{kg/h}$；

物料初始温度：$130℃$；

煅烧温度：$550℃$；

电炉加热温度：$580℃$；

蒸发水量：$28\mathrm{kg/h}$；

干品堆积密度：$300\mathrm{kg/m^3}$。

（3）冷却段

物料流量：$250\mathrm{kg/h}$；

初始温度：$550℃$；

冷却后温度：$60℃$；

冷水进口温度：$30℃$；

冷水出口温度：$50℃$。

（4）盘式连续干燥器参数

型号：2200/14；

总干燥面积：$43.1\mathrm{m^2}$；

干燥盘层数：14；

每层耙臂个数：8；

每个耙臂上装耙叶：6（配碾辊）；

主轴转速：$1\sim10\mathrm{r/min}$；

干燥时间：$10\sim120\mathrm{min}$。

7.8.8　上传动式——硝酸钾干燥

上传动式盘式连续干燥器结构见图 7-9，由于其独特的传动系统设置，在一些特殊场合获得了应用，如 7.8.6 节介绍的盘式干法制乙炔发生器，其底部中心位置装有密封的排料装置，传动系统设计在机顶，小盘中心直接排料，简化了结构，降低了高度。否则按常规设计，排料口只能设在底盘的边缘处，必须增设刮料器才能正常排料，结构较为复杂。

一种用于硝酸钾的上传动式盘式干燥工艺参数如下：

物料名称：硝酸钾；

粒度：100#；

物料含水：5%；

产品含水：0.1%；

产量：1500kg/d；

加热盘温度：143℃；

干燥面积：3.2m²；

加热盘层数：6；

大盘直径：1000mm；

小盘直径：800mm；

每层耙臂：4；

每个耙臂上耙叶：8（7）；

主轴转速：1r/min；

电动机功率：4kW。

7.8.9　烟道气传导加热型——轻质碳酸钙干燥

尽管气体对物料的传热系数普遍低于液体和冷凝传热，但高温烟道气易于获得，由于热效率的提高和传热温差加大，以及热辐射的综合利用，总的干燥效果也非常好，在可以耐高温的无机盐干燥领域，获得了广泛的应用，不仅在普钙、超细钙等钙盐的干燥领域比回转筒等其他各类烘干机显示出更优越的技术性能和显著的节能效果，而且还成功地应用于纯碱、硼泥、碳酸锶、硅灰石、人造及天然沸石、陶土、黏土等陶瓷水泥原料、多种矿渣、矿砂、复合肥、微肥、磷肥、硫酸镁、金刚砂等几十种产品及原料的干燥工艺。烟道气传导加热型盘式连续干燥器见图 7-10。轻质碳酸钙工艺及热平衡参数见表 7-14。

表 7-14　轻质碳酸钙工艺及热平衡参数表

型号	结构数据				干燥工艺数据								热平衡数据(kW)					能耗	
	层数	塔高/m	塔径/m	传热总面积/m²	转速/(r/min)	干燥能力/(t/a)	进料含水率/%	产品含水率/%	干燥时间/min	出料温度/℃	入塔温度/℃	尾气温度/℃	塔顶温度/℃	环境湿度/%	输入总量	塔体损失	湿气带出	物料带出	尾气带出	电/kW·h/kg	煤/kg
CGT—A	10	6.0	3.6	27.6	1/3	1500	40	0.5	30	160	750	120	140	60	172	9	139	8	16	16	110
CGT—B	9	5.9	4.4	58.9	1/3	3000	40	0.5	27	160	750	120	140	60	330	12	276	16	26	9.8	102
CGT—C	8	5.9	5.6	85.4	1/4	6000	40	0.5	32	170	800	125	140	60	618.5	17.2	525	31.3	45	7.9	93

为了获得更好的干燥效果，烟道气加热型在工艺和结构上，与传统盘式连续干燥器有所不同，主要体现在以下几方面：

① 使用700～800℃高温烟道气，加大传热温差，提高盘面下部对物料的辐射传热效果，以弥补传热系数的不足。

② 携湿气体经预热后引入干燥器底部，在上升过程中与高温加热盘对流换热，温度可达250℃，提高携湿能力，并显著增强附加的对流干燥能力。

③ 加热盘烟道的设计应充分考虑传热系数和积灰问题，必须消除烟道内的涡流和死区，封闭的螺旋形烟道有助于提高烟气流速，增大传热系数，减少积灰。

④ 因温度较高，主要部件选材，高温氧化及热应力问题应有独特的解决方案。

⑤ 筒体保温更高效。

7.8.10 组合干燥

干燥操作是公认的高耗能液固分离工艺之一，在当今世界能源紧缺的情况下，其基本设计目标，除完成保证质量前提下的产量和降水目标之外，第一位的就应该是节能，为此，人们进行了大量的实验研究和生产实践，诞生了很多新的干燥技术和方法，如过热蒸汽干燥等。与此同时，人们也发现，将两种或两种以上不同的成熟干燥方法组合起来，共同完成同一种物料的干燥，比采用单一干燥方法更易于达到高效、节能、产品质量好的目的，这种工艺称为组合干燥，也称多级干燥或联合干燥，是干燥技术未来发展方向之一，本节探讨的仅为传导干燥的组合干燥技术。

7.8.10.1 组合干燥的理论基础

尽管物料千变万化，但在普通传导干燥中，物料水分蒸发的速率大多符合图7-17所示规律，在恒速干燥段，降水较快，物料升温较小，热量大部分用于水分蒸发，是整个干燥过程中应尽量强化和延长的一段；降速段水分蒸发速度下降，温升逐渐提高，此时只有小部分热量用于水分蒸发，大部分热量消耗在物料温升上，提高加热温度对提高干燥速率影响不大，却快速提高物料温度，至干燥末期继续加热时，降水速率接近零，但温升却在加快。按传统工艺，该段只能采取低温慢速干燥方法，延长干燥时间脱出最后水分，避免物料温升过高变性。由上边分析可知，延长恒速段，压缩降速段，就可以有效提高干燥速率和热利用率，减小物料温升，但这在单一干燥机内较难实现。

表 7-15 一些干燥设备的临界含水率

干燥机名称	临界含水率/%	干燥机名称	临界含水率/%
厢式干燥器	≥20	喷雾干燥机	30～50
回转筒干燥机	2～3	带式干燥机	≥20
气流干燥机	2～3	转鼓干燥机	10
流化床干燥机	2～3		

每种物料都因含水率、含水状态、粒度的不同，临界含水率也不同，但即使是同一种物料，其临界含水率在不同干燥条件下也不同，与干燥机对物料的分散效果、料层厚度、热量与水分传递难易等有关，一些干燥设备的临界含水率见表7-15。这就提示我们，可以采用几种不同干燥方式组合，在第一个恒速段较长的干燥器中除掉大部分易干燥的水分，在第二个干燥器中采用低温热源，以充裕的时间脱出降速段残余水分，或采用传导干燥方式，降低无用能量消耗，以提高整机热效率。

干燥机大多针对特定类型物料设计，在干燥相同类物料时会显示出很好的综合经济技术指标,但在其他方面往往会存在某些不足,如旋转闪蒸干燥机主要针对高含水的黏性物料设计,在使用高温热源时可获得较高的热效率,但当物料最终含水低于临界含水率时,排风温度必须相应提高,导致热效率下降。盘式干燥机等搅拌型传导干燥设备针对松散物料设计,利用器壁间接加热,没有大量排风带走的热量消耗,热利用率高,但结构较复杂,干燥速率较低,常见干燥设备的优势及不足见表 7-16,组合干燥正是利用某种干燥设备的长处,而在它不足之处采用其他干燥方法作二级干燥,优势互补,从而可获得更优化的干燥结果。

表 7-16 常见干燥设备的优势及不足

干燥设备名称	优势	不足
流化床干燥机	传热系数较高,干燥时间可调且较长,单位体积处理能力大,可使用不同风温,可冷状态排料,结构简单,维护费用低	难于采用高温热源,不能处理高水分和黏性物料,热效率中等,干燥时间较长,热敏性物料慎用
气流干燥机	体积传热系数较高,干燥时间短,可使用高温热源,适于热敏性和高含水及稍有黏性物料,结构简单,造价低,维护费用低	不使用高温热源时热效率低,最终含水率接近临界含水率时,排风温度高,热效率低,对物料有粉碎作用
旋转闪蒸干燥机	体积传热系数高,干燥时间短,可使用高温热源,处理量大,适于热敏性和高含水及黏性物料,尤其适于大量处理黏性膏状滤饼	普通热源热效率低,最终含水率接近临界含水率时,排风温度高,热效率低,对物料有较强粉碎作用,结构较复杂,造价较高
喷雾干燥机	瞬时干燥,可直接从浆状液体干燥成粉粒状物料,可控制排料粒度和堆密度	热效率低,体积庞大,造价高,最终产品水分较低时慎用
盘式干燥机	间接加热,热效率高,料层薄,搅拌强度可调,传热系数较高,有效加热面积大,可使用不同热源,可冷状态排料,可真空操作,可回收溶剂,占地小	结构较复杂,造价较高,不能处理黏性物料,处理量较小
桨叶干燥机	间接加热,热效率高,叶片有自洁作用,传热系数高,可处理黏性膏状物料,可真空操作,可回收溶剂	处理量小,动力消耗较大,最终含水率低时排料温度较高。料层较厚,在处理松散物料时传热传质系数较低
转鼓干燥机	可处理液状、浆状、糊状物料,料层薄,传热系数较高,热效率高	最终含水率低时排料温度较高,只能排出刮片状物料,含水率低或不挂壁物料无法干燥

7.8.10.2 组合干燥优势

由于组合干燥集中几种干燥器优势,因而,能显示出比单一干燥器更优异的工艺特性,这主要表现在如下几方面:

① 提高热效率 高含水物料需要干燥到低于临界含水率时,如采用单一旋转闪蒸或气流干燥,由于机内滞留时间短,给风温度和排风温度都必须很高才有可能实现,这将导致热效率急剧下降,物料温升提高。如采用前级旋转闪蒸或气流干燥,尽量强化干燥参数,快速蒸发大部分水分,后级采用传导方式,可以在较低温度下适当延长时间来脱出最后的残余水分,热效率会大幅度提升,同时保证物料温升不超标。

② 提高干燥速率 一般传导干燥方式普遍节能,但干燥速率低,单机处理量小,为克服这些弊病,可采取分段干燥方式,前级采用强化干燥方式,如较高进风温度下的对流干燥,或具有自洁作用,脱水能力较强的传导干燥,进入降速段后采用带搅拌的传导干燥,可以做到既保证热效率不下降,干燥速率又可以大幅度提升。

③ 拓宽现有干燥设备的适用范围,如桨叶干燥机,在处理松散物料时因料层厚能力发挥不足,物料温升大,而盘式干燥机具有处理这类物料的优势,却不能处理高水分黏性物料,两种设备组合,桨叶干燥作前级,盘干燥作后级,则可以适应含水范围很宽的物料干

燥，拓宽了两种干燥器的适用范围。

④ 可采用不同热源，不同加热方式，工艺设计更灵活，更易于获得最好的产品和最佳综合经济技术指标。

7.8.10.3　组合干燥实例

（1）气流干燥器和盘式连续干燥器组合

氰尿酸为白色结晶体，粒度约 $100^{\#}\sim150^{\#}$，湿料含水 27%，最终产品要求含水率 ≤0.2%，过去曾采用厢式干燥器干燥，劳动强度大，热效率低，环境污染重。在选用新的干燥设备时，考虑了很多相关因素。由于湿物料含水较高，如用流化床干燥，起始流化较困难，无法正常操作；如用气流干燥和旋转闪蒸干燥，尽管可以正常运转，但最终含水率已远低于临界含水率，排风温度必须提高很多，也难于保证最终含水率要求，而热效率却会大幅度降低，物料温升提高，影响产品质量；湿的氰尿酸干燥时，当水分降为 15%~18% 左右会有一定黏性，因而单独采用盘式干燥机也有困难，为此，经多方论证，决定采用气流干燥作第一级干燥，将含水率降至 8% 时，给入盘式干燥机作二级干燥，由盘干机在较低温度下进行较长时间干燥，最终排出含水率≤0.2%的合格产品，两级干燥的工艺流程见图 7-81，部分工艺参数如下：

气流干燥部分：

给料含水率：27%；

排料含水率：8%；

给风温度：150℃；

排风温度：55℃；

排料温度：45℃；

盘式干燥部分：

进料含水率：8%；

排料含水率：≤0.2%；

热源：0.3MPa 饱和蒸汽；

排料温度：80℃；

产量：2000t/a。

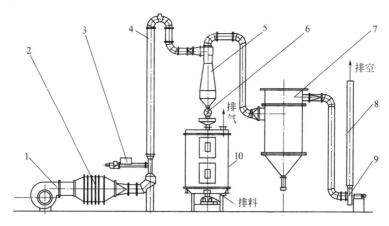

图 7-81　氰尿酸组合干燥流程图

1—给风机；2—换热器；3—给料器；4—气流干燥管；5—旋风除尘器；6—旋转卸料阀；
7—袋滤器；8—排风烟囱；9—排风机；10—盘干机

该干燥工艺的优势是，既利用了气流干燥在恒速干燥段的快速脱水能力，又保持了盘干机的节能优势，最终取得了较好的经济指标，年产 2000t 氰尿酸的组合干燥成本与原厢式干燥的比较见表 7-17。

表 7-17　年产 2000t 氰尿酸两种干燥形式经济指标对比

项目	耗电			汽耗		人员			维修
	装机/kW	用电量/(度/t)	金额/(元/t)	单耗/(t/t)	金额/(元/t)	人数/个	年费用/万元	金额/(元/t)	维修费/(元/t)
厢式	122.5	35.2	18.6	1.305	104.42	27	27	13.5	40
组合式	102.2	29.4	14.7	0.504	40.32	6	6	3	10.6
节约	20.3	5.8	3.9	0.801	64.1	21	21	12	29.4
合计	109.4 元/t								

（2）桨叶与盘式干燥的组合干燥

镍精矿是火法冶炼生产金属镍的主要原料，在传统的干燥工艺中，往往采用回转筒干燥器，普遍存在污染环境、能耗高等弊病，镍精矿的干燥急需节能、环保干燥设备的出现。盘式干燥机和桨叶干燥机均能较好地干燥这种物料，但在物料含水 15% 左右时，湿物料有黏盘倾向，影响搅拌效果，即单独使用盘式干燥机效果不理想。桨叶干燥机由于搅拌桨的特殊设计，具有自洁功能，完全能适应黏性物料的干燥，但在干燥含水较低物料时，会有温升高的问题，为此，最终选择以桨叶干燥作第一级干燥，将含水率降至 15% 以下，再由盘式干燥机作进一步干燥的组合干燥，其工艺流程如图 7-82 所示，为了验证上述设想是否可行，采用 2m² 桨叶干燥器和 8m² 盘式连续干燥器组合，在现场进行了为期 25 天的小型工业实验，结果表明，这种组合干燥工艺在干燥镍精矿上是合适的，它具有占地面积小、综合能耗低、热损失少、环境好、操作和维护方便等特点，目前，每小时处理 44 吨的大型组合干燥装置已成功投产，表 7-18 列出了与传统回转筒干燥机的对比数据，由于组合干燥机采用该单位废热发电锅炉的排放蒸汽，等于废物综合利用，节能效果更为突出，仅耗煤一项，每年可节约 1900 余万元。

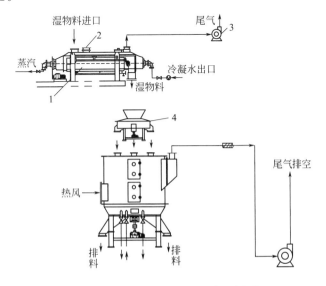

图 7-82　桨叶与盘式干燥组合干燥器
1—桨叶干燥机；2—进风口；3—排风机；4—圆盘给料器

表 7-18　回转筒干燥机与新型组合干燥机运行经济指标对比

项目	电耗			煤耗			占地
	装机容量 /kW	年电耗 /kW·h	年电费(人民币) /×10⁴元	年煤耗 /t	年煤费(人民币) /万元	尾气	
回转筒 干燥机	382	2200320	132	28800	1872	含大量粉尘和二氧化硫,尾气处理装置复杂	大
桨叶与盘式 组合干燥机	227	1307520	78.4512	0①	0	没有二氧化硫排放,粉尘很少,处理简单	小
年节约	155	892800	53.5680	28800	1872		

① 桨叶与盘式组合干燥机采用原有工艺的废热蒸汽。

　　桨叶与盘式组合干燥机适应范围较宽,通过调整桨叶干燥机的转速、盘式干燥机的转速、搅拌耙个数、料层厚度、热源种类及温度等参数,可进行各种含水较高、无黏性或稍有黏性的物料干燥,节能效果明显,目前,该种组合也已成功用于硫酸钡、染料、碳酸钙等的干燥,在硫酸钡干燥中,含水25%的硫酸钡由卧螺机排出后,直接给入蒸汽加热的桨叶干燥机,干燥到含水率12%,再给入导热油加热的盘式干燥机,最终干燥到含水0.2%以下排出。经测算,该套产量3.5t/h的干燥机,比采用回转筒干燥机,年节约费用280万元,而且环保、占地、劳动强度等方面均占有优势。在染料靛蓝的干燥中,经厂家测试,组合干燥能耗仅相当于单独使用桨叶干燥机的1/3,使用气流干燥机的1/5,节能效果非常显著。

7.8.11　返干料工艺

　　处理膏状及黏性物料时,可采用上节介绍的组合干燥方式,但在物料经预处理后,也可单独采用盘式连续干燥器,简化流程,扩大盘式连续干燥器的使用范围,图 7-83 给出了其简易流程。一般膏状和黏性物料在含水率降至一定水平后,松散性提高,黏性下降甚至消失,再使用盘式连续干燥器干燥,已完全没有问题。为此,干燥器排料口分为两个,一个为产品排口,另一个为返料口,将一部分干料通过斗式提升机返回到给料端,给料端新设混料器接在给料口下边,湿物料进入后,与干料混合,降低了水分后再给入干燥器,使干燥得以

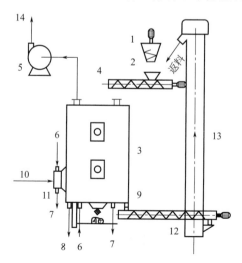

图 7-83　返干料流程

1—物料；2—给料器；3—干燥器；4—混料；5—排风机；6—蒸汽；7—冷凝水；8—排料；
9,12—返料；10—空气；11—换热器；13—斗式提升机

正常操作。同样的方法也可用于脱出结晶水的煅烧工艺，当单位时间脱出的结晶水较多时，有可能使盘面上的物料含水超标，产生黏盘倾向，使干燥过程无法正常进行。例如，一水碳酸钠的煅烧反应式如下：

$$Na_2CO_3 \cdot H_2O \longrightarrow Na_2CO_3 + H_2O$$

经测算，如没有返干料，在物料温度达到 150～180℃ 时，大量结晶水脱出而来不及蒸发，此时料层含水率可能会高达 15% 以上，黏结盘面及耙叶不可避免。如返回部分干料，将料层含水率降至 7% 以下，则干燥过程可以稳定进行。

7.9　产品型谱

经过数十年的研究、开发、推广，国内盘式连续干燥器的生产已具有相当规模，完全可以满足各行业的需求，已具有与国际企业竞争的能力，产品覆盖面积涉及全国各行各业。

表 7-19 为盘式干燥器产品型谱。

表 7-19　盘式连续干燥器型谱

规格[盘径(mm)/层数]	外径/mm	高度/mm	干燥面积/m²	功率/kW	规格[盘径(mm)/层数]	外径/mm	高度/mm	干燥面积/m²	功率/kW
1200/4	1850	2718	3.3	1.1	2500/6		3319	26.3	4.0
1200/6		3138	4.9		2500/8		3739	35	
1200/8		3558	6.6	1.5	2500/10		4159	43.8	5.5
1200/10		3978	8.2		2500/12		4579	52.5	
1200/12		4398	9.9		2500/14		4999	61.3	7.5
1500/6	2100	3022	8	2.2	2500/16	3150	5419	70	
1500/8		3442	10.7		2500/18		5839	78.8	
1500/10		3862	13.4		2500/20		6259	87.5	11
1500/12		4282	16.1		2500/22		6679	96.3	
1500/14		4702	18.8	3.0	2500/24		7099	105	13
1500/16		5122	21.5		2500/26		7519	113.8	
2200/6	2900	3319	18.5		3000/8		4050	48	
2200/8		3739	24.6		3000/10		4650	60	
2200/10		4159	30.8	4.0	3000/12		5250	72	11
2200/12		4579	36.9		3000/14		5850	84	
2200/14		4999	43.1		3000/16		6450	96	
2200/16		5419	49.3	5.5	3000/18	3800	7050	108	
2200/18		5839	55.4		3000/20		7650	120	13
2200/20		6259	61.6	7.5	3000/22		8250	132	
2200/22		6679	67.7		3000/24		8850	144	
2200/24		7099	73.9	11	3000/26		9450	156	15
2200/26		7519	80		3000/28		10050	168	

7.10　安装、调整、使用、维护、常见故障排除

盘式连续干燥器在工作时，随着工艺不同，主机及辅机配置差别较大，操作也不尽相同，本节仅就常压型加以说明，其他形式可参考本节内容适当增减。

7.10.1　设备安装

① 安装前应仔细阅读主机及辅机使用说明书和相关文件，大型设备应编制完整的安装工艺流程和计划，安装中严格执行相关操作规程。

② 检查各基础强度、尺寸、标高、平整度、地脚螺栓是否符合设计要求。清洗或吹扫基础表面和螺栓预埋孔，去除杂物、油脂和浮灰。

③ 在各独立基础上设置安装基准，如基础中心线、各中心标高基准点及其标记等，中心线和基准点标记应明晰，避免施工中被覆盖或损坏。

④ 整机起吊主机，垂直坐立在基础上，主机中心线对地面不垂直度小于总高的 1/1000，且不大于 3mm。二次浇注，拧紧地脚螺栓。

⑤ 手动盘车，逐个检查耙杆是否松动，耙叶夹子位置是否正确，耙叶与盘面接触是否良好，是否有翻起和卡死现象，盘面应整洁无异物。

⑥ 按相应说明书安装、调整各辅机及连接工艺管道。

⑦ 各设备电气接线，转动方向注意符合要求。

⑧ 各设备单机试车，运转平稳，振动及噪声无异常，电动机及运转部件温升正常。

⑨ 连接供热、排冷凝水、供冷、供气及排气管道，检查压力及保压是否正常，应无"跑冒滴漏"现象。

7.10.2　试车及工艺调试

① 确认全套设备的管道连接螺栓，地脚螺栓连接可靠，检查各运转部件的润滑状况良好，手动盘车等设备，旋转轴应灵活自如，无卡阻，异物堵塞等现象。

② 打开主机，打开疏水阀旁通阀，打开供热阀门，用蒸汽吹扫盘干机内部，排出不凝气体后关闭旁通阀，检查加热盘和疏水阀是否有漏气现象。加温 10min 左右，各盘面温度应均匀正常。

③ 打开排风机及除给料器外的其他辅机（如有的话），缓慢提升盘面温度至额定值，视设备大小空车运转 30～120min。整个空车运转过程中，应反复检查各动设备的运转情况，轴承及电动机温升，设备振动，噪声等，以及热设备的"跑冒滴漏"问题，发现问题及时解决。

④ 打开给料器，缓慢加大给料量，同时观察物料在盘面上运行状况，料环应均匀、连续，无明显黏附、断续、团聚现象，料环应布满盘面。

⑤ 加大给料量至设计值，取样化验水分，视水分高低适当调整给料量、料层厚度、主机转速、加热温度等参数，直至产量及含水率符合要求。

7.10.3　设备运行

① 开车顺序：排风机→主机→加热盘和换热器给热→给料器→除尘器排料阀。

② 停车顺序：给料器→加热盘和换热器→除尘器排料器→排风机。

③ 设备运行中，随时注意热源、冷凝水排放、物料走行、料环形态、排料和排气状态、耙叶及动设备振动及噪声等，发现问题及时处理。

7.10.4　设备维护与保养

① 定期检查各设备的地脚螺栓和各连接螺栓的可靠性，检查管道连接密封性。
② 定期检查各轴承及动设备温升和润滑状况，及时更换润滑油。
③ 定期检查加热盘、换热器、疏水阀等"跑冒滴漏"现象，发现问题及时处理。
④ 随时检查、清理盘面，避免积料。随时观察耙叶运行状态，磨损的耙叶及时更换。
⑤ 随时检查粉尘排放状态，有问题应及时检修。

7.10.5　常见故障及排除方法

常见故障及排除方法见表 7-20。

表 7-20　常见故障及排除方法

故障现象	产生原因	建议处理方法
产量低	①蒸汽压力低,流量小 ②给料湿度过大 ③料层过厚或过薄,料层不均 ④料环不能覆盖整个盘面 ⑤物料滞留时间过长或过短 ⑥物料黏盘,影响传热 ⑦物料结块或团聚,影响干燥 ⑧产品过干燥 ⑨热源压力够,但盘面温度低 ⑩给料不连续,给料量不足	①调整热源压力和流量 ②调整给料湿度 ③调整料层 ④调整耙叶数量或耙叶角度及长度 ⑤调整主机转速 ⑥调整物料湿度或盘面温度,清理盘面 ⑦提高搅拌速度或加设碾压辊 ⑧调整主机转速或给料量,或加热温度 ⑨盘内有不凝气体或冷凝水存留,及时排放 ⑩调整给料
产品水分超标	①蒸汽压力低,流量小,供热不足 ②给料湿度过大 ③给料量过大 ④料层过厚 ⑤物料运行过快 ⑥物料过湿,黏盘 ⑦物料结块或团聚,影响干燥 ⑧加热盘温度低或不均	①加大供热量 ②调整给料湿度 ③调整给料量 ④减薄料层 ⑤调节耙叶转速 ⑥返干料掺混湿料,降低湿度和黏度 ⑦提高搅拌速度或加设碾压辊 ⑧盘内有不凝气体或冷凝水存留,及时排放
器壁结露	①湿气体未及时排除 ②干燥机保温不良	①排风管路堵塞,加大排风量,提高排风温度 ②加强保温
耙叶局部磨损快盘面积料	①耙叶变形、安装不当,转速过高 ②耙叶刮板与盘面不平行,耙叶太少	①调整或更换耙叶,调整转速 ②调整耙叶刮板或数量
耙叶上翻翘起	①盘面有较硬的黏料层硬壳 ②耙叶前角小	①及时清理黏料,避免结硬壳 ②更改耙叶前角
排气有粉尘	①除尘器故障 ②干燥器筒体有泄漏	①检查袋滤器滤袋或旋风除尘器漏风 ②检查并解决

7.11　盘式连续干燥器的节能

盘式连续干燥器是一种高效节能的干燥设备，目前，单位耗能指标约为 $3000 \sim 4500 \mathrm{kJ/kg(H_2O)}$，远低于对流干燥设备，也低于其他多数传导干燥设备，尽管如此，盘式连续干燥器仍可通过结构与工艺改进，提升能源利用率，降低能源消耗。

7.11.1 结构与工艺参数优化

传导干燥方式的料层厚度及搅拌强度对传热传质影响较大，料层厚，传热传质阻力大，料层内部饱和蒸气压提高，物料温升大，热能消耗高，因而，减薄料层，加强搅拌，就可显著降低料层温度。合理的设计耙叶形状、尺寸，可提高耙叶翻炒物料的强度，提高加热盘面更新率，降低热阻。

合理设计和使用疏水器，提高传热效率，降低蒸汽泄漏损失。

合理分配每层加热盘的温度，使传热和传质速率相协调，避免过干燥或物料升温过高。

采用水分在线自动检测和控制技术，根据物料水分，适时自动调整加热温度、料层厚度、耙叶转速等参数，使工艺参数最优化，达到节能效果。

加强保温，降低设备热损失。

在加热盘背面涂以远红外涂料，利用远红外辐射热提高物料干燥效果。

合理设计携湿气体通道和风速，优化湿气体扩散环境，消除涡流和死区，提高传质速率。

7.11.2 冷凝水回用

为了追求最佳传热效果，使用蒸汽加热的盘式连续干燥器在工作时，一般尽量做到有水即排，通过疏水阀排出的冷凝水还含有相当多的热量，应回收这部分热量，以降低总能耗。

7.11.3 气体循环式干燥

从节能与环保角度出发，将干燥器排出的废热气体部分或全部回收，经除尘、加热后再次用于干燥，就可有效地降低能耗。图 7-84 为废热气体部分循环使用的流程图，其中排出的部分废气，是为了稳定干燥器内携湿气体的相对湿度。该流程可用于废热气体湿度不大，但温度较高的场合。

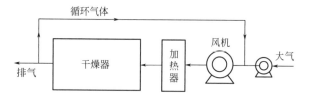

图 7-84　废热气体部分循环使用流程图

7.11.4 利用热泵技术回收干燥尾气热能

热泵技术可以将低品位热能转化为高品位热能，实现干燥器尾气热量全回收、零排放的功能，图 7-85 给出了一种利用蒸汽喷射泵直接回收干燥器废气废热的方法，包括洗涤、压缩、加湿和循环使用等过程，具体描述如下：

盘式连续干燥器排出的含湿废气首先被引入洗涤塔 2，废气在此经洗涤液等温喷淋洗涤，除去粉尘，变为同温干净的饱和湿气，按设计，废气与洗涤液不发生传热传质过程，废气不降温。该饱和湿气再经蒸汽喷射泵 5 压缩为过热蒸汽，送到加湿器 6 中，在加湿器中与盘式连续干燥器排出的冷凝水混合降温为饱和蒸汽，回送到盘式连续干燥器中作新鲜的加热介质。在本流程中，干燥器排放的废气废热和冷凝水同时被回用，节能效果非常显著，可有效降低蒸汽的使用量。蒸汽喷射泵具有结构简单，无机械运转部件，设备投入小，占地面积小等优点。洗涤塔引出的饱和湿气管路上，加设了排空装置，利用饱和湿气与不凝气体的密度差，排掉不凝气体，提高回用的饱和蒸汽质量。

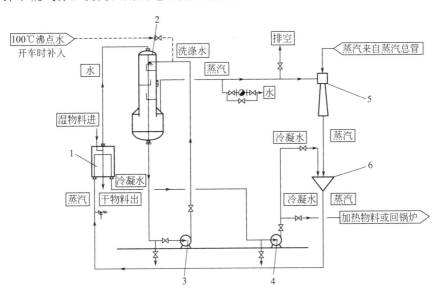

图 7-85　利用蒸汽喷射泵直接回收干燥器废气废热的流程图
1—盘式连续干燥器；2—洗涤塔；3—洗涤液循环泵；4—冷凝液泵；
5—蒸汽喷射泵；6—加湿器

7.11.5　组合干燥

某些物料在不同的含水段，会显示出极不相同的干燥特性，如始终采用同一种干燥器，会导致干燥速率下降，耗能指标升高。组合不同干燥器的优势，会取得显著的节能效果，详细见 7.8.10 节内容。

7.12　盘式连续干燥器的发展方向

① 现有技术改进与创新　尽管盘式连续干燥器已经在各行业取得了不俗的业绩，但结构与性能仍不完善，未来一段时间，应在以下几个方面进行技术攻关：

a. 加热盘加工的模具化，提高加工精度和表面光洁度及平面度，降低制作成本。

b. 加热盘蜂窝结构的优化，加工方法改进，降低加工成本。

c. 物料搅拌输送系统的最优化设计或计算机仿真，可以在物料物性已知的前提下，事先有针对性地设计耙叶形状、尺寸、数量、在盘面上的分布、主轴转速、料层厚度、停留时间等参数。

d. 干燥过程的计算机模拟，设计参数最优化。

e. 使用更完备的干燥实验设备及检测检验手段。

优化现有干燥设备的结构和工艺参数，离不开干燥实验室，今后应大力加强现有实验室建设，充实传热、传质、热流量等检验检测手段，尤其应加强物料物性及对干燥效果影响因素的检验检测手段。

②　大型化及工程成套化　目前盘式连续干燥器以小型单元操作为主，效率较低，只能被动地适应上下工序工艺要求，难以优化干燥工艺参数，未来应发展大型高效设备，连同上工序的蒸发、结晶、过滤，以及后序的包装、仓储等一并考虑，使干燥工艺真正融入到制造产品的整个工序中去，向用户提供交钥匙工程，发挥干燥装置的更大性能。

大型盘式连续干燥器在大批量处理物料时具有更大的工作效率和节能优势，苏联在二十世纪五六十年代就已生产出直径 5m 的盘式连续干燥器，干燥面积 $880m^2$，但可靠性低，故障率较高，没有得到推广。当代能源紧张的现实使节能的传导干燥技术受到高度重视，如能研制出高效、可靠性高的大型设备，必将在众多行业获得更大的推广。比利时的一种垂直干燥造粒器是大型盘式干燥装置，直径约 8m，用于污泥干燥造粒时，水分蒸发量可达 $3\sim14t/h$，制作中的加热盘如图 7-86。目前我国在大批量干燥物料的行业急需此类节能型设备，如矿山、冶金、大化工行业、褐煤及煤化工等行业。

图 7-86　直径达 8m 的盘式连续干燥器加热盘

③　以物料为核心的专业化生产　目前国内以通用型干燥设备为主，企业的主要技术是制造技术，对处理的物料缺乏充分了解，即或有干燥实验室，也大多只是可干燥性实验，不能针对物料进行详尽的工艺实验，产品性能难以提高。今后应发展专业型干燥机品种，如聚甲醛类物料干燥设备，无机化工类干燥机等，企业应对物料物性作全面了解，有针对性地进行结构改进和工艺参数调整，使设备性能达到最优。

④　推广更新的节能技术，进一步降低干燥过程的能源消耗。

⑤　开发实用的在线水分检测系统，根据水分含量适时调节热工参数，提高盘式连续干燥器的自动控制水平，提高产品质量，降低能源消耗。

⑥　拓展现有盘式连续干燥器的服务范围，如反应、煅烧、萃取等工艺。

7.13　盘式连续干燥器常用的附属装置

7.13.1　给排料装置

给料器作为干燥器稳定运转的第一关，选型与性能至关重要，选型不当或性能不佳，将导致干燥器性能下降，严重的甚至无法正常运转。给料器的选型涉及物料的一系列物理化学性能，即物料形态、含湿率及含湿状态、湿分成分、湿分性质、温度、堆密度、粒度、流动性及安息角、黏附性、腐蚀性等，也与干燥器的操作条件密切相关，如压力、温度等。

盘式连续干燥器处理的物料通常都是散粒状物料，因而，原则上能定量输送松散物料的给料器都可以用在盘式连续干燥器上，如水平螺旋给料器、圆盘给料器、星形给料器、带式给料器、刮板给料器、振动给料器等，但由于行业习惯的关系，目前，常压型盘式连续干燥器的给料器主要是前三种。

真空型和氮气保护型盘式连续干燥器，对给料器的密封性能要求较高，常规给料器不能适应，目前使用的主要有带料封的密闭型螺旋给料器、真空星形给料阀、带真空阀的双料罐给料器、圆顶阀、液压双动板阀等，下边分别予以介绍。

7.13.1.1 水平螺旋给料器

螺旋给料器（见图7-87）是利用旋转的螺旋轴，将物料在固定的机槽内推移而起到输送作用的。物料由于重力和摩擦力作用，在运动中不随螺旋轴旋转，而是以滑动形式沿着料槽由进料端向卸料端移动，当物料不黏附、不可压缩时，螺旋给料器可实现连续定量给料，螺旋输送机构造简单，横截面尺寸小，制造成本低，密封性好，操作安全方便，而且便于改变加料和卸料位置，但动力消耗较大，对物料有挤压作用，相关零部件有磨损。用于盘式连续干燥器的螺旋给料器大多为实体型，也有间断叶片式(图7-88)或无轴式，前者用于含水较高、稍有黏性或有抱轴倾向的物料，后者用于处理量大或有堵塞的物料。

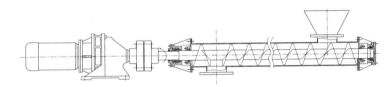

图 7-87 螺旋给料器简图

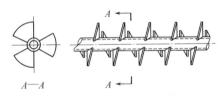

图 7-88 间断叶片式螺旋

水平螺旋给料器的螺旋直径 D 按下式确定：

$$D \geq K \sqrt[2.5]{\frac{Q}{\psi \rho}} \quad (\text{m}) \tag{7-83}$$

式中，Q 为输送能力，t/h；K 为物料特性系数，常用物料的 K 值见表7-21；ψ 为填充系数，见表7-21；ρ 为堆积密度，t/m³。

表 7-21 常用物料的填充系数、综合系数

粒度	物料琢磨性	典型物料例	推荐的填充系数 ψ	特性系数 K	综合系数 A
粉状	无琢磨性 半琢磨性	面粉、石墨 石灰、纯碱	0.35~0.4	0.0415	75
粉状	琢磨性	干炉粉、水泥 石膏粉、白粉	0.25~0.3	0.0565	35
粒状	无琢磨性 半琢磨性	谷物、锯木屑 泥煤、颗粒盐	0.25~0.35	0.0490	50
粒状	琢磨性	造型土、型砂	0.25~0.3	0.0500	30

不含水分物料的输送能力为：

$$Q = 47 \rho \psi D^2 Sn \tag{7-84}$$

式中，S 为螺距，m；n 为螺旋给料器转速，r/min；其最大值与物料综合系数 A 和螺旋直径 D 有关，$n \leqslant A/\sqrt{D}$（r/min）。

目前，干燥器还没有专用的螺旋给料器，设计一直沿用通用型螺旋输送机的资料，式（7-83）和式（7-84）都是针对不含水分的松散物料，最大填充率小于 0.4，而用于干燥器的螺旋给料器，其填充率大多高于此值，一般应尽量充满螺旋空间，因而，在使用上述公式时，应按实际物料含水率以及使用条件的不同予以修正。在转速的选择上，也要考虑到湿物料的状态，转速过快或过慢，都可能改变螺旋叶片与物料间的摩擦状态，而造成抱轴现象，无法正常推进物料。

当螺旋给料器直径较小时，由料斗到螺旋入口的通道一般较狭窄，这时必须注意物料是否有架桥倾向，有时尽管按计算给料量足够，但因有架桥现象，实际给料量可能会很小；或者，料斗中物料根本无法自行落入螺旋叶片内，必须施加外力。在料斗中设置破拱搅拌装置一般可以解决这类问题，尤其是物料含湿率较高时。双螺旋给料器有时因其料斗下部开口较大及螺旋相向旋转时有吃进物料作用。

如不需要密封作用，常压型盘式连续干燥器的给料器，应尽量避免在给料过程中对物料施压，即尽量不使用变节距螺旋，以免将物料压实，影响物料在盘面上的分散效果。

7.13.1.2　圆盘给料器

圆盘给料器适用于松散易于流动物料的定量给料，当物料水分含量不很高时，可精确调节给料量，其结构简图如图 7-89 所示。一水平设置的圆盘 4 在传动装置 5 的驱动下旋转，其上部设有直圆筒型料斗，料斗与圆盘间距可调。当料斗内装满物料时，物料按安息角自然摊铺在料斗与圆盘的间隙中，呈锥体状料锥，增大间隙高度，物料摊开的料锥底部直径加大。料斗侧面装有一可调刮板并插入料锥一定深度，这样，当圆盘带动其上料锥旋转时，刮板迎面的物料便被刮下，经排料口 3 排出，改变刮板插入深度和圆盘与料斗间距，均可以改变给料量。当刮板插入深度抵达套筒边缘时，其给料量按下式确定：

$$Q = 60 \frac{\pi h^2 n \rho}{\tan\alpha} \times \left(\frac{D}{2} + \frac{h}{3\tan\alpha} \right) \tag{7-85}$$

式中，Q 为圆盘给料机生产能力，t/h；h 为套筒与给料圆盘间距，m；n 为圆盘转速，r/min；ρ 为物料堆密度，t/m³；D 为套筒直径，m；α 为物料动安息角。

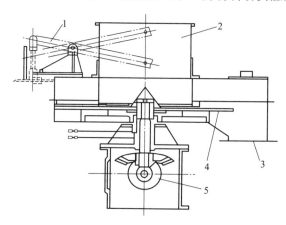

图 7-89　圆盘给料器简图

1—刮板调节装置；2—料斗；3—排料口；4—圆盘；5—涡轮传动装置

圆盘给料器调节很方便，调节范围也较宽，对物料无挤压作用，磨损也较小，但含水稍高或有团聚、架桥现象时，给料的连续性和定量会受到影响。

7.13.1.3　星形给料器

星形给料器的名称有很多，在不同行业可能会称为星形阀、回转阀、叶轮关风器、锁气阀、回转给料器等，基本结构如图 7-90 所示。带有若干叶片的转子在机壳内旋转，每两个叶片之间的区域构成一个独立的给料空间，物料从进料口进入叶片间，随着叶片旋转至排料口以自重排出到干燥器内，由于每个叶片间隔是独立的，叶片只能设置有限个，给料是间歇性的，星形给料器的工作原理如图 7-91 所示。星形给料器结构简单，尺寸小，可连续给料，调节转速就可方便地改变给料量。物料入口和排口被旋转中的叶片交替接通或封闭，因而可在给料的同时起到锁气的作用。按照用途的不同，星形给料器有多种结构型式，图 7-90 为普通型，叶片外缘与壳体间隙决定了密封性能，按制造精度要求，该间隙通常为 0.05mm 或更小。如对密封要求更高，可将转子和壳体沿轴向设计成锥形，调整转子轴向位置即可改变径向间隙，或在叶片边缘固定弹性密封材料，如聚四氟乙烯等，与壳体紧密接触，减少泄漏。当要求给料更均匀时，转子可设计为斜齿轮式。

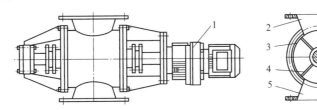

图 7-90　星形给料器简图
1—电动机及减速器；2—入料口；3—壳体；4—转子叶片；5—排料口

与前面介绍的螺旋给料器和圆盘给料器一样，星形给料器也是针对干燥物料设计的，用于含湿物料时需对堵料、架桥等风险予以评估。给料器进口斜面（见图 7-92）、两叶片之间过渡区域的圆弧大小、叶片及内壁光洁度等，都对含水率较高、有一定黏附性的物料有较大影响，物料极易堆积在进口斜面或两叶片过渡区域排不出。选型时宜稍大于额定给料量，利用变频器调整给料量。料斗尺寸不能过大，防止物料被料柱压实附着在叶片过渡区。另外，采用大直径的叶轮，在叶片之间设防黏结衬里等措施，都有助于防止架桥和堵塞。在常压式干燥方式中，也可以采用从叶轮内部向外喷射气体的方法，吹扫底面，防止粘连。

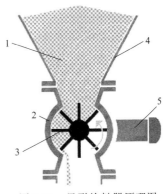

图 7-91　星形给料器原理图
1—物料；2—壳体；3—叶片；
4—料斗；5—传动装置

当星形给料器用于密闭型盘式连续干燥器时，应关注其泄漏率，LS/T 3531—1995 对叶轮关风器的泄漏率做了规定，其检测方法为：

① 关风器在实验过程中不运转，叶轮叶片分别放于甲、乙两个位置进行测定，见图 7-93 的甲位、乙位。

② 将空气包与关风器连通，1.5m³ 空气包内的压力，由 40kPa 下降为 30kPa 所需时间应不少于表 7-22 所规定的数值。

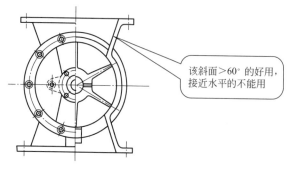

该斜面>60°的好用,接近水平的不能用

图 7-92 星形给料器的进口斜面

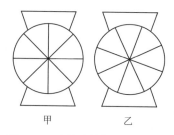

甲   乙

图 7-93 叶轮关风器检测位置图

表 7-22 叶轮关风器(给料器)泄漏率检测数据表

项目	TGFY2.8 TGFZ2.8	TGFY4 TGFZ4 TGFY5 TGFZ5	TGFY7 TGFZ7
压降时间/s(甲)	23	17	12
压降时间/s(乙)	18	11	7

根据计算,在标准状态下,TGFY2.8 型关风器在测点甲、乙下的平均泄漏量约为 $26m^3/h$,该值仅仅是叶片与壳体之间的静态泄漏量,关风器总泄漏量还应包括,每两个叶片构成的空间从排料口转到进料口时带进的空气量,该值与物料性质和填充率有关。关风器选型大,转速高,泄漏量大。料斗中物料有料封作用,可减小泄漏。

TGFY 星形给料器性能参数见表 7-23。

星形给料器给料能力 G 由下式确定:

$$G = 0.06VnYK \quad (t/h) \tag{7-86}$$

式中,G 为给料能力,t/h;V 为给料器容积,L;n 为转速,r/min;Y 为容积效率,粉状物料 0.5~0.6,颗粒物料 0.8;K 为修正系数,0.7~0.8。

表 7-23 TGFY 星形给料器性能参数表

型号	容积/L	叶轮直径/mm	叶轮长度/mm	转速/(r/min)	动力/kW
TGFY03	3	200	190	30~45	0.55/0.75
TGFY06	6	250	220	30~45	0.55/0.75
TGFY10	10	300	250	30~40	0.75/1.1
TGFY16	16	340	300	30~40	1.1/1.5

7.13.1.4 带料封的密闭型螺旋排料器

在氮气保护型盘式连续干燥器中,操作压力一般为 2~4kPa,为了防止有毒有害气体过多泄漏到大气中去,除箱体、上下轴承必须密封良好外,给排料装置的密封也至关重要,其中排料器多采用类似图 7-94 的结构,一种带料封的螺旋排料器。物料经进料口 2 进入螺旋排料器壳体,在螺旋轴 3 推动下向排料口 6 移动。在临近排口 7 处有一光筒段,不设螺旋,该段物料承受前后两部分作用力,后部螺旋推动力,前部重锤连同翻板的前进阻力。调节好重锤的力臂,使物料在前移过程中,受挤压变形,密度增大,形成一段料柱,产生隔绝前后压力的作用。在料柱长度确定后,料柱的密封性能与物料性质,前后压力相关,螺旋的推力可由螺距或转速的改变来调节,翻板封堵压力由重锤调节。

还有一种采用弹簧调节封堵力的排料器,用于盘式干法乙炔发生器,接在排渣口上,用来排出反应后的电石渣，并封住发生器产生的乙炔气。其结构见图 7-95。基本结构与图 7-94 相仿，只是重锤调节改为弹簧预紧调节，在料柱末端装有 4 个粉碎刀片，将压实后的料柱粉碎后排出。这种排料器在盘式乙炔发生器中的密封效果良好，在压力 7~11kPa，产气量 2500m³/h，气相温度 85~100℃ 条件下，只在排渣机出口处的水蒸气中检测出 0.02% 的乙炔气体。

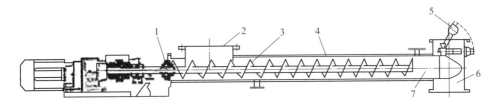

图 7-94　带料封的螺旋排料器——重锤翻板式

1—填料密封；2—进料口；3—螺旋轴；4—壳体及冷却夹套；5—重锤调节翻板；6—排料口；7—料封段

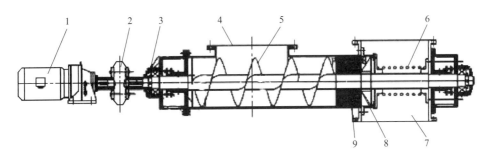

图 7-95　带料封的螺旋排料器——弹簧预紧式

1—传动系统；2—联轴器；3—填料密封；4—进料口；5—螺旋；6—弹簧；7—排料口；8—刀片；9—料柱

7.13.1.5　真空回转给排料阀

真空型盘式连续干燥器工作真空度在 -0.06MPa 左右，与大气压差较大，一般的给排料器泄漏较多，不能满足使用要求。专用的真空星形给排料阀具有特殊密封结构，其结构见图 7-96。与普通星形给料器一样，也有多个由叶片构成的转子，转子与壳体间的环向密封，不是常规的依靠加工精度来保证的合适间隙，而是由气囊中的 0.2MPa 压缩空气迫使密封板紧压在转子外缘，实现零间隙，增强密封效果，轴向密封仍采用填料密封形式。密封压板不仅与叶片转子摩擦，还与物料摩擦，故压板衬层的耐磨性对排料阀寿命及密封性能影响甚大，曾对各种材料的衬层进行了实验，并测定了渗漏率。聚乙烯衬层在晶体物料的实验中，400h 内，渗漏率由 10Pa·m³/s 增加到 40Pa·m³/s。强度较高的聚对苯二甲酸乙二酯（PETP）在同样的晶体物料实验中，400h 内的泄漏率只有 2~7.5Pa·m³/s，100h PETP 磨耗 0.7~0.9g。

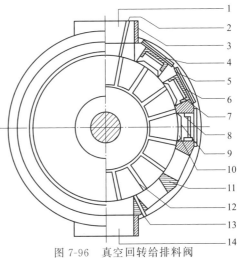

图 7-96　真空回转给排料阀

1—进料口；2—刮板；3—排气孔；4—盖板；
5—垫片；6—隔板；7—压块；8—密封垫；
9—移动压板；10—压板衬层；11—壳体；
12—转子；13—气体进口；14—排料口

用非晶体物料做实验时，500h 内的泄漏率仅为 2～2.5Pa·m³/s，100h 磨耗 0.1～0.15g。假设密封压板衬层的磨耗允许量为 30%，则密封压板的使用寿命可达 8000h。

　　尽管此阀密封性能较好，但体积大，结构较为复杂，目前在国内仍没有得到推广使用。

7.13.1.6　带真空阀的双料仓给排料器

　　回转阀尽管有连续给排料的优势，但一般泄漏较多，在控制泄漏量较严格情况下，使用带真空阀的双料仓串联给排料器较普遍，如图 7-97 所示，排料时，首先阀 V_1 和 V_2 全部关闭，物料进入料仓 1，装满后，打开阀 V_1，物料落入料仓 2，此时 V_2 关闭，系统仍保持密闭。再关闭阀 V_1，将料仓 2 接通大气，打开 V_2，料仓 2 中物料排出，此时料仓 1 继续装料，但通过 V_1 已和大气隔绝。如此反复，连续排料的盘干机被间歇式的排料器排出，同时锁闭了气体的泄漏，维持干燥器正常操作真空。这套装置的关键是阀门，因为有物料颗粒通过阀门密封面，磨损难以避免，所示寿命与物料磨损性、开闭频率等有关，但结构简单，造价低，在低真空下被广泛采用。双料仓给排料器适合松散有流动性的粉粒状物料。也有将双料仓并联布置的，使用效果相同，但要多使用两个真空阀，如图 7-98 所示。

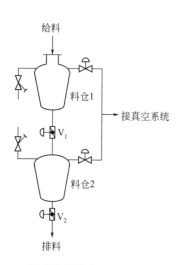

图 7-97　带真空阀的串联式双料仓给排料器

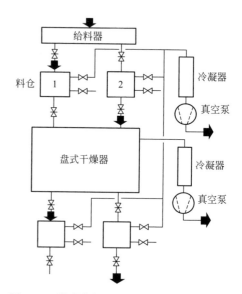

图 7-98　带真空阀的并联式双料仓给排料器

7.13.1.7　圆顶阀

　　这是一种新型气封式给排料阀，结构原理见图 7-99，是国内近几年开发的新产品，解决了电力行业除尘器排灰阀漏气和寿命低的问题，可以用在真空盘干机的给排料上。回转半球形阀瓣用来截止或导通料流，由气缸控制，在 90° 范围内转动。密封和锁气由插入式橡胶密封圈完成，它是一种可充气膨胀的弹性体，当阀瓣处于最上边位置并截止料流时，进气口打开，橡胶密封圈充气膨胀，紧压在阀瓣球面上，截断上下两个腔体，形成气封，密封机理见图 7-100。当处理磨琢性物料时，内嵌于圆顶阀座的可膨胀压力密封圈，保证阀门前后的工作压力差。弹性的可膨胀密封圈可以内陷物料颗粒，避免了由于压差作用物料颗粒发生滑动，对阀座和密封圈产生磨损，提高寿命，国外该类产品额定运行 100 万次才需要检修一次，国内设计使用寿命不小于 2 万次，在 0.5MPa 压力下做气密实验，保压 5min，压降 0.018MPa。

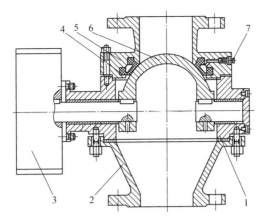

图 7-99　气封式给排料阀

1—阀体；2—排料口；3—气动装置；4—可充气橡胶密封圈；5—进料口；6—阀瓣；7—进气口

图 7-100　充气式密封机理图

使用时，也要双料仓配合，间歇式排料或给料。适用于松散物料，可以在较高真空度下工作。

7.13.1.8　立式螺旋给料器

立式螺旋给料器（图 7-101）主要包括传动系统、料仓、刮板搅拌器、进料口、立式螺旋叶片、出料口等部件，物料从进料口加入后，在自重及刮板搅拌作用下进入立式螺旋叶片区，在旋转螺旋叶片推动下，定量排入干燥器，改变主轴转速即可调整给料量。刮板搅拌器一方面向下推动物料，同时也能刮掉器壁上黏附的物料。该给料器特别适于有一定含水量或粒度较细、流动性松散性较差的物料，流动性很好的物料，在螺旋叶片处会自行流出，无法定量给料。在结构上稍作改进，该给料器也可在真空条件下使用，如图 7-102 所示，在主轴与料仓罐体处加设填料密封，阻断罐体本身的泄漏，罐体上方增设真空排口和压力平衡口。工作时，进口和排口也要像图 7-97 和图 7-98 那样配接真空阀，间断给料，工作原理与图 7-97 相仿。

7.13.2　风机

常压型以及氮气循环型盘式连续干燥器在操作时，通常需要给入和排出一定量的气体，除个别情况外，该工作一般由离心式通风机及相关管路附件来完成。

7.13.2.1　风机的基本性能参数

与选型关系最密切的主要风机参数为体积流量 Q 和压力 P。

（1）流量 Q

$$Q = 900\pi D_2^2 U_2 \varphi \tag{7-87}$$

式中，Q 为气体流量，m^3/h；D_2 为叶轮外缘直径，m；U_2 为叶轮外缘线速度，m/s；φ 为无量纲流量系数，可查阅相关风机样本。

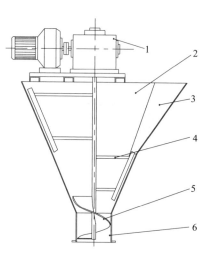

图 7-101　立式螺旋给料器

1—传动装置；2—料仓；3—进料口；

4—刮板；5—立式螺旋；6—出料口

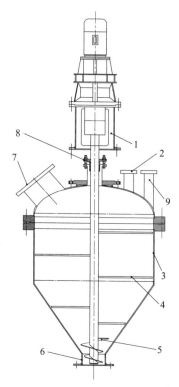

图 7-102　真空立式螺旋给料器

1—传动部；2—真空口；3—料仓；4—刮板；

5—立式螺旋；6—出料口；7—进料口；

8—填料密封；9—压力平衡口

风机手册给出的流量是按相关标准设计并生产的风机流量，其流量均已换算为标准状态下的流量，即环境温度 20℃，大气压 101kPa 的干空气，当选型与计算条件与此不符时，应予换算。

（2）压力 P

$$P = \rho_1 U_2^2 \psi / K_p \tag{7-88}$$

式中，P 为全压，Pa；ρ_1 为进气密度，kg/m^3；ψ 为无量纲全压系数，可查阅相关风机样本；K_p 为全压压缩性系数，$K_p = \dfrac{\rho_1 U_2^2 \psi}{101300} \bigg/ \left[\left(\dfrac{\rho_1 U_2^2 \psi}{354550} + 1 \right)^{3.5} - 1 \right]$。

7.13.2.2　风机的选型

风机的选型是干燥工艺设计的一部分，一般可按下述步骤和要求进行：

① 由质量衡算确定携湿气体和工艺气体总流量。

② 将携湿气体和工艺气体总流量换算成标准状态的干气体流量。

③ 按工艺流程图布置设备，设计连接管路及管路附件，计算管路压降和系统内全部设备压降，包括主机、除尘设备等，计算出管网总压降。

④ 根据管网流量及压降，以及工艺要求，使用场地等，选择风机种类及规格型号，应

在多种型号及规格中优选，力求风机的额定流量和额定压力接近工艺流量和压力，以确保风机能在高效率区间运行。

⑤ 常压盘式连续干燥器配套的风机一般可在 4-72 型或 B4-72 型离心风机中选用，氮气循环型则必须选用密封性能好的机型。作排汽用的风机，排汽温度较低时可选用普通离心风机，温度较高时应选用锅炉烟气风机，该机的流量计算标准不同于普通型，应予换算。选用高温烟气风机时，一般应配备进口启动阀门，防止冷启动时过载烧毁电动机。

⑥ 大型风机应考虑动载荷对地基的影响，可选择加装减震器来降低振动。

⑦ 尽量避免风机的串联和并联运行。

盘式连续干燥器工作时，搅拌叶片转速和塔内风速均较低，粉尘夹带较少，在环保要求不很严格的场合，尾气可不经除尘直接排放。当要求较高时，通常设一级除尘即可，因而系统总压降在 1.5～3kPa 范围内，可选 4-72 型离心风机。该风机可输送带有少量粉尘的气体，气体温度一般不超过 80℃。

7.13.3　除尘装置

盘式连续干燥器的操作风量较对流式干燥小得多，粉尘夹带较少，但在常压和氮气保护干燥中，仍有部分细小粉尘会随着尾气排出，如不及时收回，一方面影响产品收率，另一方面污染环境，尤其是一些化工产品的粉尘，常含有腐蚀性及有毒有害成分，很小的排放量都会危及操作者的身心健康。常用的干法除尘有旋风除尘器和袋式除尘器，近年在密闭式干燥中，也开始使用烧结网滤尘器，体积小，可以预设在干燥器内部。湿法除尘主要是泡沫除尘器和洗涤塔。各种除尘装置结构复杂程度及尺寸大小不同，性能差异也较大，必须按照不同的除尘及使用要求，遵循以下基本原则予以选用：

① 尽可能选用干法除尘，滤除的粉尘可直接返回产品或作它用，不需要额外处理。

② 尽可能使用旋风除尘器，其结构简单，造价低廉，维护费用低。

③ 允许的粉尘排放浓度可参考（GB 9078）"工业炉窑大气污染物排放标准"，但近些年各地环保部门都在从严执行排放标准，一般会要求排放低于 50mg/m³，个别有较大危害的排放物，甚至低于 20mg/m³，一级除尘往往难于满足要求。

盘式连续干燥器的干法除尘系统一般包括管路、阀门、除尘器、排风机、排气烟囱等（见图 7-103），为防止粉尘外泄，整个系统负压操作。排风机作为整个系统的动力，连接在旋风除尘器和排气烟囱之间，使旋风除尘器形成 1000～1500Pa 的负压，将干燥器的工艺气体由切向引入除尘器，携尘气体高速旋转并沿除尘器锥面向下运动，粉尘粒子由于离心力较大而被分离，进入下部的灰斗，干净的气体则由中心区的负压引入风机，再经风机压入烟囱排入大气。调节风机风阀开度，可因节流而调节管网系统压力，从而调节旋风除尘器的工作流量。为保证排出烟囱的气体能有效地向高空扩散，烟囱出口的气体应有一定的动压。

在湿法除尘系统中，排风机大多也设在除尘器和烟囱之间，这时，排气中含饱和水汽，气温较低时，风机中会有冷凝水积聚，影响风机寿命。为此，有的设计将风机放在除尘器前边，尽管冷凝水问题得到了解决，但通过风机的气体含有大量粉尘，时间长会在叶片上形成黏附层，影响叶片的动平衡，产生不必要的振动，同时，由于除尘器此时正压操作，粉尘外泄的风险加大。究竟怎么连接更好，要根据具体物料和工艺条件多方案反复比较才行。

7.13.4　热源

盘式连续干燥器使用的热源，按温度高低划分，主要有导热油、饱和蒸汽、热水等，其

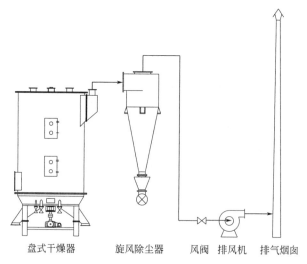

图 7-103　除尘系统图

中饱和蒸汽使用最为普遍，不同热源之间的各项比较见表 7-24。

表 7-24　不同热源之间的各项比较

项目	热容量	传热系数	温度范围	来源	价格	压力	降温	疏水阀	冷凝水	闪蒸蒸汽	火灾风险
蒸汽	高	高	中	易	低	高	易	需要	有	有	无
热水	低	中	低	易	低	低	难	不	无	无	无
导热油	最低	低	高	难	高	低	难	不	无	无	有

7.13.4.1　饱和蒸汽及其供给系统

在干燥作业中，以饱和蒸汽作热源最为普遍，这主要是因为它热力参数适宜、易于获得、成本较低、安全、易于控制、对环境友好、无污染等。饱和蒸汽是一种高效的能量载体，其携带的热量是同质量水的 5~6 倍。

盘式连续干燥器在工作过程中，必须按时、按质、按量完成一定的脱水任务，相应的，对热源就要有一定要求，主要有：

① 蒸汽流量必须满足系统热量的要求并可控，主要涉及到锅炉负荷和管路设计。

② 压力和温度适应工艺要求，调节方便。

③ 无不凝气体。蒸汽中不凝气体的来源有多种，主要包括，锅炉中的水含有部分空气，加热过程中被释放出来混入蒸汽；蒸汽管道和设备在启动时存在空气；设备停机后由于蒸汽冷凝出现真空，也会吸入空气等，这些空气存在于蒸汽中，会降低饱和温度，降低传热系数。应采取相应措施加以消除。

④ 无杂质。

⑤ 干燥，无冷凝水。蒸汽在输送给干燥器的管道中，因降温而导致冷凝，生成冷凝水，会增大蒸汽传热热阻，降低传热系数。大量的冷凝水在管道和设备中被高速蒸汽携带，会形成水锤现象，引起噪声和振动，破坏设施。适当提高供给蒸汽的过热度，或设置恰当的疏水系统，都可避免冷凝水的存在。

⑥ 过热蒸汽尽管温度高，但熔值和传热系数均较低，温度不稳定，存在梯度，盘式连续干燥器应尽量不予采用。如只有该种热源，如发电设备的废热蒸汽，应采用饱和化的方

法，使其转变为饱和蒸汽再使用。

在传导型干燥方式中，蒸汽被用来对物料和携湿气体的加热，如常压型盘式连续干燥器的各层加热盘引入不同温度的饱和蒸汽，加热物料，脱出水分。翅片式换热器利用蒸汽加热空气，送入干燥器内，降低尾气湿度。作为蒸汽使用的例子，图 7-104 显示了高压蒸汽经减压后供给换热器（或其他用汽设备）的通用配置。从锅炉或其他主管道过来的高压蒸汽，经汽水分离器 2 和疏水系统 1 去除冷凝水，再由过滤器 4 滤除杂质，经调节阀 6 调压为设备适合的压力，送到换热器中，与空气进行热交换，蒸汽冷凝放热，空气被加热。冷凝水由疏水阀 8 及时排出。传感器 7 测试的出风口温度信号，反馈给压力调节阀，通过调节蒸汽压力和温度，调节出口风温。

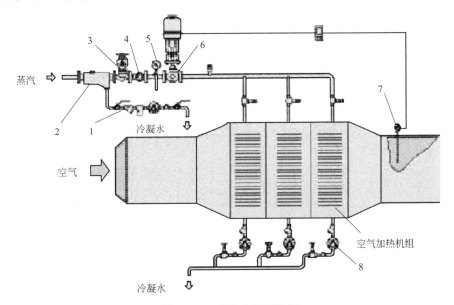

图 7-104　蒸汽的使用举例

1—疏水系统；2—汽水分离器；3—手动减压阀；4—过滤器；5—压力显示表；6—调压阀；7—传感器；8—疏水阀

简单的供气系统也可手工调节蒸汽压力，在调节阀后设置安全阀，限制蒸汽压力，保护设备的使用安全。

蒸汽管道的设计和安装应遵循下面几项原则：

① 蒸汽管道应沿流动的方向布置一向下的坡度，坡度不小于 1：100。

② 蒸汽管道应每隔 30～50m 布置一个疏水点，在任何的系统低处也应布置疏水点。布置疏水管道时，应在蒸汽主管下方设置一个大口径的集水槽以收集冷凝水。

③ 蒸汽的分支管道应从蒸汽主管的上方取汽，这样可确保得到最干燥的蒸汽。

④ 关键的用汽设备前必须安装汽水分离器，以便使用干燥的蒸汽。

⑤ 疏水阀应坚固耐用，避免水锤破坏。无动力排放的应设置在最低点，保证排水通畅。室外安装的应避免冬季冻结。

传导干燥器的加热夹套在使用饱和蒸汽时，内部积水是热量传递和换热效率低下的主要原因之一，必须将处于饱和温度点的冷凝水及时排出，同时阻止蒸汽泄漏，这一工作由疏水阀来完成，疏水阀同时还可排除不凝气体。

7.13.4.2　导热油及其供给系统

盘式连续干燥器加热温度超过 200℃时，如用蒸汽加热，蒸汽压力将超过 1.6MPa，很多工厂不具备这个条件，同时，加热盘承受这么高压力，结构也会复杂得多。这时，利用导热油加热会非常方便，在200～320℃范围内，系统压力只在泵压范围内变化，对设备没有更多要求，大大降低高温加热系统的操作压力和安全要求，提高了系统和设备的可靠性，同时，导热油循环使用，几乎没有热能的浪费，比蒸汽热力系统节能约30%～50%，是节能型供热设备。但导热油有易老化、结焦，易燃性，使用寿命有限制等缺点。

导热油加热炉是以煤、重油、轻油或可燃气体为燃料，利用循环泵强制导热油闭路液相循环，将热能送给用热设备后，继而返回加热炉再加热的直流式特种工业炉。该炉的特点是：低压高温、加热均匀、温度易于控制、能源节约显著、无污染等，目前已广泛应用于化工、建材、路桥工程和印染等需要加热的各行各业。

导热油加热系统流程见图7-105。基本油路为，循环泵将导热油从储油罐抽出，压入载体加热炉，升温后仍在泵压下进入加热盘，以传导方式加热物料，降温，回油进入油气分离器，气体和因油温上升而膨胀的导热油上升至膨胀槽，气体放空。其余导热油则被循环泵抽回，再次压入载体炉加热，完成一个循环。膨胀槽用来平衡温度变化时导热油体积的变化。

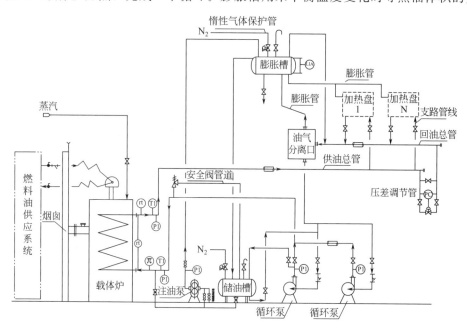

图 7-105　导热油加热系统流程图

7.13.4.3　换热设备

常压型和氮气循环型盘式连续干燥器的气体加热，需要使用间接加热式换热器，目前常用的有翅片式换热器和管壳式换热器，两种换热器结构、造价、性能及适用范围均不相同，需了解这些差别，以便正确选用。

当两种流体的对流换热系数相差很大时，如利用水蒸气加热空气，传热热阻主要在气体和加热壁面间的对流传热方面。此时，如气体在管外流动，可在管外加装翅片，即可扩大传热面积，又可增大流体的湍动，提高传热效果。翅片式换热器就是按照这一原理设计的，由专用机床将钢带或铝带紧密缠绕在钢管表面，制成翅片管，按需要，在换热器迎风面上设置2～3排翅片管。当两种流体的对流传热系数之比为3∶1或更大时，宜采用翅片式换热器，如用蒸汽加热空气，或用冷水冷却空气等。但即使对流传热系数相差不大，使用翅片式换热器也可取得较好效果，如利用高温烟气加热空气时，翅片式换热器传热系数达到 48.6W/ (m^2 · ℃)，而光管换热器只有 25.6W/(m^2 · ℃)。翅片式换热器的缺点是，不耐腐蚀，易结污垢堵塞翅片间隙，尤其在翅片的缠绕皱褶处，清洗检修困难。

当被加热气体易燃易爆、有毒有害、有腐蚀性、有结垢倾向或需经常清洗时，翅片式换热器已无法胜任，这时一般须选用管壳式换热器，也称列管式换热器。根据使用目的不同，加热介质可走管程，也可走壳程。走管程时，可以采用双管程或多管程，加大流速，提高传热系数。但当工艺流体有腐蚀性，或含有污垢时，不易清洗，同时管子壳体都要采用耐腐蚀材质，造价较高；走壳程时，可以采用挡板增加介质流速。同时，当工艺流体有腐蚀性时，可以只采用耐腐蚀管材，壳体仍采用普通材料，节省造价，同时管内易于清洗工艺流体形成的污垢。

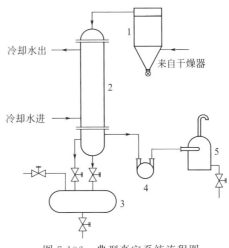

图 7-106　典型真空系统流程图
1—除尘器；2—冷凝器；3—凝液罐；
4—真空泵；5—汽水分离器

7.13.5　真空系统

真空系统为干燥器提供一个相对缺氧环境，以满足特殊的干燥要求。真空系统一般包括真空管路及附件、除尘装置、可凝液冷凝或洗涤脱出装置、真空泵及汽水分离装置等，典型真空系统流程如图 7-106 所示。

在盘式干燥中，为了保护物料尽量少受空气的影响，或为了降低物料、气体的易燃易爆风险，干燥室有时需在低于大气压下操作，称为真空或减压状态下干燥。

真空干燥设备一般工作在真空状态，绝压在 0.1～100kPa 之间。其真空度的选择主要取决于以下几点：

(1) 物料耐温

当物料具有热敏性，只能在低温下干燥时，采用真空干燥效果较好，如水在 2.34kPa 时的沸点是 20℃，恒速干燥段物料仅在此温度下蒸发水分，从而可保证物料不超温。此时料层温度也较低，基本平衡在汽化温度左右，若加热介质温度不变，则传热温差相对提高，干燥速率提升，如在转鼓干燥器中曾测定，当筒内温度 121℃，真空度 87kPa 操作条件下，蒸发强度是常压的 2～2.5 倍。

(2) 溶剂的易燃易爆特性及最小起火压力

许多溶剂和物料属于易燃易爆或有毒有害物质，必须在干燥过程中控制氧气含量，真空状态下氧含量低，可以通过真空度的选择，调节干燥室空气分压及氧含量。

有机溶剂的起火爆炸风险，除了起火能源和一定的氧含量外，有机溶剂的浓度也非常重要，在空气中达到一定浓度才会爆炸，此时所对应的饱和蒸汽压就是溶剂的起火压力，在真空干燥中，真空度一般要高于此值才安全。图 7-107 是酒精的最小起火压力和酒精在空气中浓

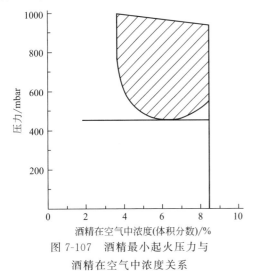

图 7-107　酒精最小起火压力与
酒精在空气中浓度关系

度的关系，当酒精浓度达到约 6.5％，绝对压力 450mbar（1bar＝10^5Pa）时，酒精有开始燃烧爆炸的可能性，控制真空度大于此值，如绝对压力 400mbar 以下，酒精的干燥就不会发生危险。部分有机溶剂与空气混合物的最小起火压力见表 7-25。

表 7-25　部分有机溶剂与空气混合物的最小起火压力

溶剂	最小起火压力/mbar	最小起火温度/℃	溶剂	最小起火压力/mbar	最小起火温度/℃
乙醚	0.206	170	丙酮	0.460	540
己烷	0.320	250	戊烷	0.520	285
酒精	0.440	425			

（3）较高真空状态对干燥过程的影响

① 真空度高（干燥室绝对压力低），湿分沸点降低，物料温度降低，传热温差提高，干燥速率提高。同时，产品温度更低，能较好保持物料的原有品质和生物活性。

② 湿分沸点降低，蒸汽比体积提高，湿分扩散速率提高；

③ 冷凝器压力低，需要更低的冷却液温度，不易实现常温冷却液冷却。同时冷凝器结构变得复杂，成本提高。

④ 干燥器承受外压增大，密封结构要求高，结构复杂，制作成本提高，同时，维持高真空状态的运行成本也较高。

⑤ 高真空并不能提高传导传热系数。

综上所述，真空干燥的操作压力并不是越低越好，应按物料和工艺的实际需要优选，常见传导干燥设备的操作压力见表 7-26，其中低于大气压部分为真空操作，高于大气压的，是在正压氮气保护状态下的操作。

表 7-26　传导干燥设备的操作压力

干燥器品种	操作压强/kPa	干燥器品种	操作压强/kPa
双锥回转真空干燥机	5～30	真空转鼓干燥器	64～100
真空耙式干燥机	30～78	真空带式干燥器	0.7～5
盘式连续干燥器	40～102	蒸汽管回转筒干燥机	95～102
桨叶干燥机	30～100	管束干燥机	95～100
振动流动干燥机	1～78	真空冷冻干燥机	0.001～1

7.13.5.1　冷凝器

干燥器排出的尾气蒸汽如果是水，一般可直接排放，但盘式连续干燥器处理的物料，溶剂大多易燃易爆，或有毒有害，或有很高的经济价值，不能直接排放，需要回收。将来自干燥器蒸发出来的可凝蒸汽，通过直接或间接方式冷却降温，冷凝为液体后从系统中分离出来的设备，统称为冷凝器。在盘式连续干燥器的工艺流程中，冷凝器是个重要配置，其作用在不同流程中有所不同，在真空操作中通过冷凝回收溶剂并降低真空泵负荷；在氮气循环流程中，脱出氮气中的湿分，以便干净氮气循环使用。冷凝器实际上也是一种换热器，因而，任何形式的换热器都可以作为冷凝器使用，但干燥过程中，工艺气体除含有一定湿分和不凝气体外，还含有粉尘，也可能有腐蚀性，或易燃易爆、有毒有害，故换热器的选用受到限制，目前，常用的冷凝器形式有列管式冷凝器、直冷式冷凝器和翅片式冷凝器。

当蒸汽与低于其饱和温度的壁面相接触时会冷凝成液体，同时放出汽化潜热给壁面，一般单组分的冷凝传热是一种高效率的传热过程，但当有不凝气体存在时，因有气膜阻力的存在，冷凝传热系数大大降低。

（1）列管式冷凝器

列管式冷凝器分为立式和卧式两种，其中卧式便于安装和检修，其滴状冷凝比立式的膜状冷凝传热系数大，一般为 $900 \sim 1400 \mathrm{W}/(\mathrm{m}^2 \cdot \mathrm{K})$，较为常用。但立式占地面积小，清除管内水垢和铁锈方便，可采用水质较差的冷却水，但耗用水量较大，传热系数约为 $700 \sim 900 \mathrm{W}/(\mathrm{m}^2 \cdot \mathrm{K})$。卧式浮头式列管冷凝器典型结构见图 7-108。

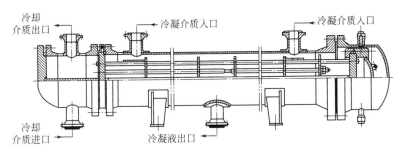

图 7-108　卧式浮头式列管冷凝器

列管式冷凝器的设计计算参见本章 7.7.4.3 节例题，结构设计可参考有关换热器设计方面的资料。由于盘式连续干燥器的工艺气体大多不属于单一组分，包含大量不凝气体，因而，设计和使用过程中应注意以下几方面：

① 冷却介质温度应随可凝气体含量改变，如以水为冷凝目标时，当绝对含湿量 $H = 0.015 \mathrm{kg}/\mathrm{kg}$ 时，常压下饱和温度 20℃，冷却液温度必须低于 20℃，越低传热温差越大，有利于冷凝，但低于 0℃ 时须防止管束表面挂霜结冰，影响传热。同时，可凝气体的含量随冷凝的进行而降低，饱和蒸气压和饱和温度均下降，在冷介质温度不变时，传热温差减小。

② 在系统压力和泄漏率不变情况下，随着部分饱和蒸汽的冷凝，气体流量下降，流速降低。混合气体的综合传热系数将以不凝气体为主，呈逐渐下降趋势。

③ 综上所述，在气流流动方向上，随着蒸汽含量的减少，蒸汽分压越来越低，其冷凝温度也越来越低，因此，这是一个非等温的过程，而且从进口到出口的传热系数有着大幅度的变化。因而，传热温差和换热系数都要分成多段进行计算；或设置两个冷凝器串联使用，前后冷凝器采用不同的结构参数和工艺参数。

④ 应关注干燥器工作状态对冷凝器的影响，干燥能力下降或泄漏率加大，都可导致冷凝器效率降低。在氮气循环流程中，氮气循环量必须稳定，过高会影响冷凝。

⑤ 饱和温度与压力有关，单纯从冷凝角度出发，真空操作时不宜采用过高的真空度，高真空导致饱和温度降低，增大冷凝器负荷。

⑥ 气体流向及速度应有利于液膜分离及传热，当气流与液滴下落方向一致时，速度高有利传热和液滴分离，否则必须降低气速，防止液滴被气流带出。

（2）直冷式冷凝器

直接接触式冷凝器，是使用与工艺气体相同属性的液体与蒸汽直接接触，蒸汽在液体表面冷凝的热交换器。由于不借助金属表面进行换热，传热系数高，构造简单，价格便宜，阻力小。同时，直冷式冷凝器的液体可以直接吸收工艺气体中的粉尘，不必另设除尘装置，流程简单，设备费用较低。但因使用溶剂液体作冷却液，排气中的溶剂蒸气含量难以降到较低水平，如不能循环使用，回收率不如列管冷凝器，因而，直冷式冷凝器比较适合于氮气循环式干燥流程。直冷式冷凝器有很多种结构形式，如填料塔式、液膜式、喷淋塔式、喷射式、塔板式等，下边以塔板式冷凝器（图 7-109）为例，说明其设计过程。

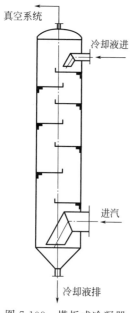

真空系统

冷却液进

进汽

冷却液排

图 7-109　塔板式冷凝器

塔板式冷凝器为塔式结构，内部按一定间隔装有塔板多块，板上密布小孔，冷却液体从上部给入，经由每块塔板的小孔淋下，工艺蒸汽由下部引入，与冷却液体逆向接触，对流传热，蒸汽降温冷凝，与冷却液一块由下部排出，不凝气体和部分未冷凝蒸汽在上部出口被真空系统抽出。与列管冷凝器不同，直冷式冷凝器采用溶剂液体作冷却液，因而蒸汽压力和饱和温度不像列管式那样随时间逐步下降，而是始终稳定在冷凝器工作压力下的饱和蒸气压上。

塔板式冷凝器也属于冷换设备，其工艺计算过程与前边 7.7.4.3 节介绍的内容相仿，主要工艺计算和设计步骤如下：

① 干燥器漏气量、蒸汽饱和温度、混合气体比热容、冷负荷等计算，参见 7.7.4.3 节相关内容。

② 冷却液进出口温度 t_1、t_2 确定　冷却液进口温度 t_1 应尽量取为常温，与进口蒸汽温差越大越有利于冷凝，如考虑到蒸气压沿高度方向的递减，冷却液进口温度与出口残余蒸汽饱和温度的差值应保持合理水平，以确保最终冷凝效果，降低排汽中的可凝蒸汽含量。冷却液出口温度可取为进口蒸汽的饱和温度减去（1～2.5℃）。

③ 冷却液流量 M 计算：

$$M = Q_c / [C_w(t_2 - t_1)] \tag{7-89}$$

④ 塔径确定　直冷式冷凝器的塔径，取决于塔内气体流速，以不带出液滴为限度，一般应小于 5m/s，当考虑到塔板的挡水作用，也有建议流速可在 12～20m/s 范围，塔径可按下式确定：

$$D = \sqrt{\dfrac{1.5(\Delta w + M_g)\upsilon}{3600 \times \dfrac{\pi}{4} u}} \tag{7-90}$$

式中，D 为冷凝器塔径，m；υ 为塔内混合气体比体积，m^3/kg；u 为塔内气体流速，m/s；Δw 为工艺气体流量，kg/h；M_g 为空气泄漏量，kg/h。

⑤ 塔板　塔板的主要作用是均匀淋下冷却液，扩大与蒸汽接触机会，因而，塔板沿高度一般可布置 6～10 块，塔板间距 200～500mm。塔板开孔 ϕ5～10mm，正三角形布置。开孔率可按小孔流速 0.5～1.5m/s 计算。

（3）翅片式冷凝器

翅片式换热器具有换热面积大，体积小等优点，可在常压或减压条件下无腐蚀性蒸气的冷凝中使用，特别是在不凝气体含量很大的情况下，如采用列管冷凝器，由于传热系数较低，冷凝器体积庞大，采用翅片式冷凝器可解决这些问题，在壳侧加装铝制翅片，强化传热效果。目前广泛采用的双金属翅片管，重量轻，传热性能好，阻力小，翅片光滑无皱褶，不易结垢。

翅片式冷凝器的选型计算基本与翅片换热器相同，但传热系数和蒸汽饱和温度的设定，与列管冷凝器相仿。另外，翅片式冷凝器使用中还需注意以下特殊问题：

① 因管外设有垂直于管轴线的翅片，翅片管安装方向和气流方向均对冷凝液的分离有影响，翅片和气体均应与液滴下落方向一致，如图 7-110 所示。

② 在不凝气体含量较高时，气速对传热系数影响较大，一般质量流速不宜低于 4～

6kg/(m² • s)，提高气速也有利于液滴分离，但过高将导致液滴被气流夹带排出。

③ 翅片间距不宜过小，以免因液滴表面张力缘故，吸附在两个翅片之间难分离。

④ 工艺气体必须滤除粉尘后再进入冷凝器。

7.13.5.2 真空泵

真空型盘式连续干燥器的系统压力主要由真空泵和冷凝器提供，真空泵抽出工艺气体和不凝气体，经冷凝器分离出可凝气体后，排出不凝气体，从而维持系统工作在真空状态下。它的工作压力一般为 $-0.06 \sim -0.08\text{MPa}$（表压），属于粗真空范围，选用液环式真空泵即可满足要求，这种泵结构简单，工作可靠，使用方便，可抽腐蚀性气体和含尘气体及气液混合物。在工作过程中，该类泵对气体的压缩是在等温

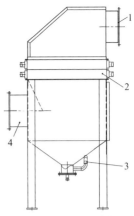

图 7-110 翅片式冷凝器
1—进气口；2—翅片式冷凝器；
3—冷凝液排管；4—排气口

状态下进行的，因此在抽吸易燃、易爆的气体时，不易发生危险，所以其应用比较广泛。

液环式真空泵工作原理见图 7-111，依靠偏置叶轮在泵腔内的回转运动使工作室容积周期性变化以实现抽气，工作室由旋转液环和叶轮构成，运行时吸气口接被抽真空。其工作过程为，叶轮 3 偏置于泵体 2 内，启动时向泵内注入一定高度的液体作为工作液，当叶轮 3 旋转时，液体受离心力的作用在泵体内壁与叶轮之间形成一旋转的封闭液环 5，液环上部内表面与轮毂相切，液环的下部内表面刚好与叶片顶端接触。此时叶轮轮毂与水环之间形成一个月牙形空间，而这一空间又被叶轮分成与叶片数目相等的若干个空腔。如果以叶轮的顶部 0°为起点，那么叶轮在旋转前 180°时，液环内表面逐渐与轮毂脱离，相邻两叶片之间所形成的空腔逐渐增大，且与端盖上的吸气口 6 相通，其空间内的气体压力降低，气体被吸入；当叶轮在后 180°的旋转中，液环内表面渐渐与轮毂靠近，相邻两叶片之间所形成的空腔由大变小，气体压力升高，高于排气口压力时，通过排气口 4 被排出。叶轮每旋转一周，叶片间空间吸、排气一次，如此往复，泵就连续不断地抽吸或压送气体，使干燥器内部形成一定的真空。

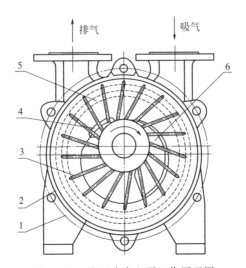

图 7-111 液环式真空泵工作原理图
1—端盖；2—泵体；3—叶轮；4—排气孔；5—液环；6—吸气孔

由于真空泵在工作过程中做功产生热量，工作液环发热，同时一部分液体和气体一起被排走，因此，必须不断地给泵供应液体，以冷却和补充泵内消耗的液体。真空泵排气口接有气液分离器，废气和所带的部分液体排入气液分离器后，不凝气体由排气管排出，液体由于重力作用留在分离器内并经回水管供至泵内循环使用。

符号说明

A——干燥器加热面积，m^2；

a——主轴中心至第一个耙叶两耙臂中点距离，m；

B——耙叶间距，m；

b——耙叶刮板中点至耙杆的垂直距离，m；

c——同一耙杆上相邻刮板中点径向距离，m；

$c_{p.bed}$——料层比热容，J/(kg·K)；

$c_{p.L}$——湿分比热容，J/(kg·K)；

D——加热盘上下板抗弯强度，N·m；

E——抗弯模量，N/m^2；

H——耙叶刮板高度，m；

h——料环高度，m；

h_i——耙叶刮板前料堆高度，m；

h_p——物料颗粒给热系数，W/(m^2·K)；

N_{mix}——搅拌数；

N_{th}——无量纲数群；

n——主轴或耙叶转速，r/min；

p——加热盘内操作介质压力，Pa；

Q_r——加热盘半径 r 处剪切力，N/m；

q_a——物料表层热量损失，W/m^2；

q_L——对流、辐射散失的热流量，W/m^2；

q_0——由加热盘进入料层的热流量，W/m^2；

q_{sen}——用于料层升温的热流量，W/m^2；

q_{Z_T}——用于湿分蒸发的热流量，W/m^2；

R——干燥速率，kg/(m^2·s)；

R_{max}——最大理论干燥速率，kg/(m^2·s)；

$R\varphi$——相对干燥速率，%；

r_i——加热盘内半径，m；

r_0——加热盘外半径，m；

S_{dry}——干燥器的产率，kg/h；

s——加热盘上下板厚度，m；

T_b——料层表面温度，K；

T_0——底层物料温度，K；

h_{sb}——料层给热系数，W/(m^2·K)；

h_{ws}——接触给热系数，W/(m^2·K)；

h_{hL}——热载体自然对流给热系数，W/(m^2·K)；

h_{dry}——加热盘与干物料总给热系数，W/(m^2·K)；

h_{wet}——加热盘与湿物料总给热系数，W/(m^2·K)；

$h_{sb.dry}$——干物料料层平均给热系数，W/(m^2·K)；

$h_{sb.wet}$——湿物料料层平均给热系数，W/(m^2·K)；

L——耙叶刮板长度，m；

M_1——物料进口湿含量，%（干基）；

M_2——物料出口湿含量，%（干基）；

M_φ——料层相对湿含量，%（干基）；

M_r——径向弯矩，N·m；

M_θ——环向弯矩，N·m；

T_w——操作压力下湿球温度，K；

T_{bed}——料层温度，K；

T_s——加热盘温度，K；

t——耙叶两耙臂间距，m；

t_1——料环宽度，m；

W——加热盘上下板挠度，m；

$[w]$——加热盘上板许用挠度，m；

Z——料层厚度，m；

Z_T——加热盘与物料干燥前沿间距，m；

α——耙叶安装角度，(°)；

γ_{ew}——湿分的汽化潜热，J/kg；

ξ——干燥前沿瞬时相对位置，m；

θ——被干燥物料的休止角；

μ——波松比；

ρ_{bed}——料层堆积密度，kg/m^3；

σ_r——加热盘径向应力，Pa；

σ_θ——加热盘环向应力，Pa；

$[\sigma]$——加热盘材料许用应力，Pa；

τ_R——静止阶段时间，s；

τ_φ——相对扩散时间，s。

参考文献

［1］　M. Ю. 鲁利耶. 干燥作业. 北京：高等教育出版社，1956.

［2］　桐荣良三. 干燥装置. 东京：日刊工业新闻社，1975.

［3］　Krauss-Maffei Plate Dryers KMPT USA Inc. 产品样本.

［4］　刘晓杰. 食品加工机械与设备. 北京：高等教育出版社. 2010.

［5］　王惠良. 板式干燥器. 化工装备技术. 1983，2：53-58.

［6］　王惠良. 朱大敏. 板式干燥器及其应用. 化工装备技术. 1986，3：8-15.

［7］　张继军. 盘式连续干燥器结构及其干燥性能的研究. 天津：河北工学院，1991.

［8］　张继军，王玉山，等. 盘式连续干燥器中物料与加热盘间的传热. 化学工程，1993，1：67-70.

［9］　张继军. 盘式连续干燥器加热盘的受力分析. 河北省科学院学报，1994.

［10］　Takao Ohmori. Heat Transfer in a Conductive-Heating Agitated Dryer. Drying Technology, 1994, 12（1&2）：299-328.

［11］　张继军. 常压型盘式连续干燥器的研究与应用. 核工业第四研究设计院科技成果鉴定材料（内部），1994，11.

［12］　张继军，李文革. 滚筒-盘式组合干燥系统在白炭黑生产中的应用. 无机盐工业，1995，4：37-39.

［13］　陈国恒. 新型节能圆盘干燥器的开发与应用. 现代化工，1993，8：11-14.

［14］　张晓光. 层式气流干燥塔的简介. 无机盐工业，1995，4：43-44.

［15］　王兰生，赵晋平. 圆盘干燥器的设计计算. 化工设备设计，1996，4：20-24.

［16］　田金星，丁荣芝. 板式干燥机在石墨干燥中的应用研究. 非金属矿，1996，5：36-38.

［17］　张继军，司孟华. 盘式干燥器设计和应用. 化工之友，1997，3：28-29.

［18］　司梦华，张继军. 盘式干燥器的理论分析及实验研究. 河北省科学院学报，1998，1：20-27.

［19］　樊丽华，董伟志. 扩散理论与盘式连续干燥器. 河北工业大学学报，1996，25（1）：29-34.

［20］　徐震丰. 圆盘干燥器在磷酸盐工业上的应用. 无机盐工业. 1999，2：42-44.

［21］　张宝辉，张树清. 年产1万t饲钙生产线采用盘式干燥器的工艺选型计算. 河北化工，1999，3：34-35.

［22］　张继军，张素芬，等. 真空干燥器及真空卸料阀. 济南：第七届全国干燥会议论文集，1999.

［23］　张继军. 盘式连续干燥器设计及应用实例//王抚华. 化学工程实用专题设计手册. 北京：学苑出版社，2002：272-280.

［24］　龚素芝，徐成海，朱振华. 芳烃渣干燥过程最佳操作工艺参数的研究. 辽宁化工，2003，32（10）：419-422.

［25］　崔广兴，张继军，等，氢氧化铝干胶滤饼干燥的实验研究. 化工装备技术，2003，4：5-7.

［26］　徐成海，张世伟，等. 真空干燥. 北京：化学工业出版社，2004.

［27］　张继军，等. 盘式连续干燥器在碳酸钙行业中的应用. 化学工程技术信息交流会论文集，2004，11.

［28］　朱振华，徐成海. 盘式连续干燥器中物料在干燥盘上停留时间的研究. 长春理工大学学报，2004，3：58-60.

［29］　徐彦国，李青春，等. 硫铁矿生产硫酸中新型干燥设备的研究与开发. 无机盐工业，2005，2：55-56.

［30］　徐彦国，张晓松，等. 真空盘式连续干燥器在维生素C生产中的开发应用. 现代化工，2005，（增刊）：263-264.

［31］　司梦华，张继军，等. 计算机监控系统在盘式连续干燥器中的应用. 化工进展. 2005，24（7）：807-809.

［32］　王惠良. 板式干燥器的结构特点及应用比较. 化工装备技术，2006，27（6）：10-13.

［33］　王惠良. 连续真空板式干燥装置述评. 化工装备技术，2007，28（2）：5-8.

［34］　潘永康，王喜忠. 现代干燥技术. 2版. 北京：化学工业出版社，2007：178-198.

［35］　刘广文. 干燥设备设计手册. 北京：机械工业出版社，2008.

［36］　张继军，杨大成，等. 传导干燥与对流干燥能耗与运行成本比较. 化学工程，2008（12）：63-65.

［37］　周新岭，刘松琴，等. 改进型盘式干燥机在大流量矿粉干燥中的应用. 化工装备技术，2009，3：1-2.

［38］　贾永臣. 盘式连续干燥焙烧器设计与应用［D］. 济南：山东大学，2006.

［39］　张继军，杨大成，等. 盘式连续干燥器的耙叶设计探讨. 化学工程，2011，3：13-17.

［40］　裘旭东. 圆顶阀的新型密封结构. 机械制造，2007，8：47-48.

［41］　王义昌. 氮气保护和正压通风法简述. 化工设计，2001，11（4）：17-20.

［42］　Zhang Jijun, Yang Dacheng. A Note on Development of Industrial Drying Technology in China. Drying Technology. Volume 30, Issue 3, 2012. pages 320-325.

［43］　Zhang Jijun, Yang Dacheng, Li Xia. Optimization of Plate Dryer Design for Polyformaldehyde Production. Drying Technology: Volume 30, Issue 15, 2012.

［44］　Zhang Jijun, Yang Dacheng, Wu Zhonghua. RESEARCH ON MAXIMIZE THE EFFECTIVE HEATING AREA OF THE PLATE DRYER. 18th International Drying Symposium（IDS 2012）Xiamen, China, 11-15 November 2012.

［45］　董文庚，苏昭桂 . 化工安全工程 . 北京：煤炭工业出版社，2007.

［46］　刘宝庆，厉鹏，林兴华，等 . 激光焊蜂窝夹套压力鼓胀的实验与有限元分析 . 浙江大学学报，工学版，2011，45（3）：571-575.

［47］　赵云松，胡海军，张 丹 . 激光圈焊技术在板式降膜蒸发器加热板片制造中的应用 . 中国造纸，2013，32（1）：53-55.

［48］　路德维希 . 胡健等，译 . 化工装置实用工艺设计 . 北京：化学工业出版社，1997.

［49］　化学工业部教育培训中心 . 工艺流程图与装备布置图 . 北京：化学工业出版社，1997.

［50］　王宝双，程 浩，郭亚军 . 干法乙炔生产装置运行总结 . 中国氯碱，2010，10：17-20.

［51］　杜伯奇等 . 干法乙炔的方法及发生装置 . CN101671223A. 2009-09-18.

［52］　斯派莎克工程［中国］有限公司 . 蒸汽和冷凝水系统手册 . 上海：上海科技文献出版社，2007.

［53］　赵志明 . 导热油载热体加热系统的设计概要 . 化工设计，2007，17（5）：34-37.

［54］　李良奇 . 真空流化床的设计和使用 . 医药工程设计，2009，30（1）：10-16.

［55］　徐法俭，胡玉玲 . 真空干燥工艺流程中的溶剂回收 . 真空，2002，5：50-53.

［56］　梅进义 . 塔板式混合冷凝器的工艺计算与结构设计 . 发酵科技通讯，2002，31（1）：39-43.

［57］　张继军 . 一种利用蒸汽喷射泵直接回收干燥器废气废热的方法 . CN 102494526 A. 2012-06-13.

［58］　张继军，杨大成 . 盘式干燥器及新型传导干燥技术 . 北京：化学工业出版社，2015.

（张继军，董伟志）

第8章

桨叶搅拌式干燥

8.1 概述

8.1.1 桨叶干燥机的形式

在干燥机内设置各种结构和形状的桨叶以搅拌被干燥物料，使物料在搅拌桨翻动下，不断与干燥器的传热壁面或热载体接触，加快传热速度和湿分蒸发，达到干燥目的。这类设备称为桨叶式干燥机或搅拌型干燥机。

由于固体物料自身没有流动性，在干燥机内固体物料完全依靠桨叶推动和自身重力的联合作用。因此，要使干燥机内固体物料全部流动，就要设置较多桨叶。根据工艺要求，多数桨叶式干燥器卧式放置，物料从一端加入，从另一端排出，可减少返混，使物料停留时间分布变窄，有利于物料干燥均匀。

为了满足各种物料特性和干燥工艺条件，桨叶式干燥机的结构和形式很多。由于桨叶式干燥机有许多优点，现今还不断有新型桨叶式干燥机出现。有的在传统干燥器中再设置搅拌桨，如在流化床干燥器内再设置可通入热载体的空心轴和空心桨叶，以增加干燥器内传热面，减少流化气体用量，提高热量利用率。如天华化工机械及自动化研究设计院发明的带内返料的桨叶干燥机（专利号 ZL01265998.3），已开始用于黏性及高湿物料的干燥。

根据设备结构和热载体的不同，主要分为如下三类：
① 间接加热桨叶干燥机；
② 热风式桨叶干燥机；
③ 真空桨叶式干燥机。

8.1.1.1 间接加热桨叶干燥机

（1）低速搅拌型
① 特点
a. 因为搅拌叶片及搅拌轴本身是传热面，另外壳体用夹套加热，因而单位体积内具有较大的传热面。
b. 由于叶片的搅拌作用，因而干燥均匀。

c. 由于是低速搅拌（外圆速度 0.1~1.5m/s），因而物料存留率高，另外可使设备大型化。

② 种类

a. 楔形桨叶干燥机。如图 8-1 所示，这种干燥机是本章的重点，本节不多述。

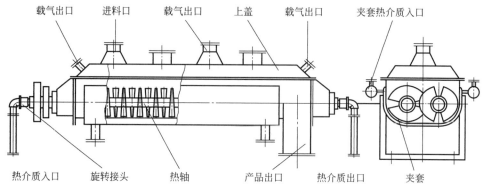

图 8-1　楔形桨叶干燥机

b. 空心圆盘干燥机。如图 8-2 所示，由于盘片间距较小，因而可排布较多的圆盘，也就增加了单位传热面积，对于松散的物料，可节约设备投资。

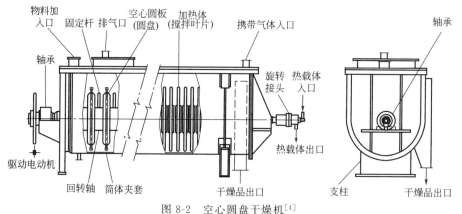

图 8-2　空心圆盘干燥机[4]

c. 带搅拌桨空心圆盘干燥机。如图 8-3 所示，这种干燥机是在空心圆盘干燥机的外圆加上轴向搅拌桨，增加对物料的搅拌作用，此型干燥机的动力要求要有所增加。

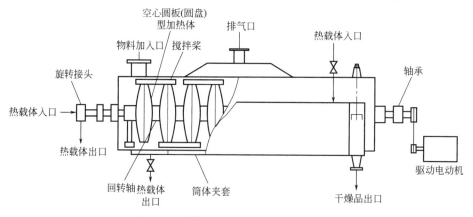

图 8-3　带搅拌桨的空心圆盘干燥机[4]

d. 带固定杆的空心圆环干燥机。如图 8-4 所示，这种干燥机的桨叶是空心环状的，在上盖上装有固定杆，垂直插入桨叶之间，当轴旋转时，固定杆可将叶片之间与叶片和轴之间的物料拨动，达到清理和搅拌作用，适用于黏性物料。

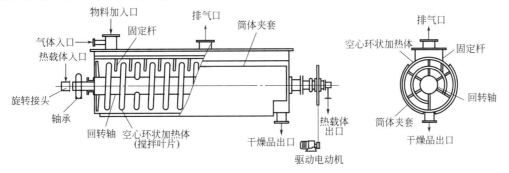

图 8-4　带固定杆的空心圆环干燥机[4]

（2）高速搅拌型

如图 8-5 所示，壳体夹套是加热面，轴体及叶片不是加热面。由于桨叶高速搅拌（外圆速度 5~15m/s），使物料高速与夹套加热面接触，达到强化换热的目的。此类干燥机适用于松散物料的干燥。

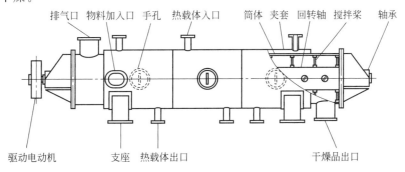

图 8-5　高速搅拌型桨叶干燥机[4]

8.1.1.2　热风桨叶干燥机

由于桨叶的高速搅拌（外圆速度 5~15m/s），湿物料与热风能良好接触。主要有两种类型，即热风式桨叶干燥机，如图 8-6 所示，和带返料的热风式桨叶干燥机，如图 8-7 所示。

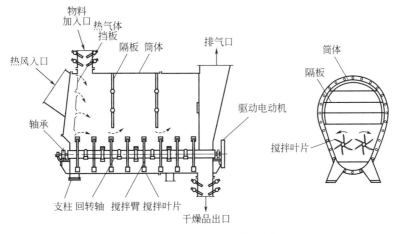

图 8-6　热风式桨叶干燥机[4]

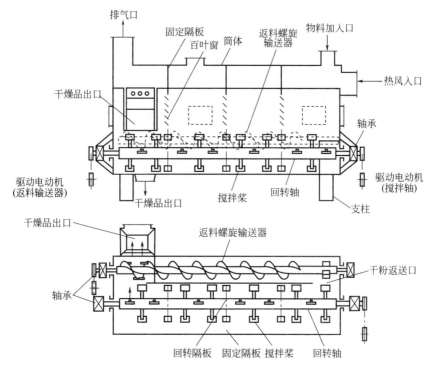

图 8-7　带返料的热风式桨叶干燥机[4]

前者用于松散物料。而后者可应用于黏性物料和高含湿物料，通过工艺调整可使操作弹性提高。

8.1.1.3　真空桨叶式干燥机

（1）真空桨叶式干燥机的特点

① 对干燥物料的适应性强，应用广泛　真空干燥可在较低温度下进行，适用于热敏性物料。由于真空操作，不需由外界输入干燥气体，因而可在与空气隔绝情况下操作。对于含有易燃易爆气体及须回收溶剂的物料干燥特别合适。

② 真空桨叶干燥中物料不断受到桨叶搅拌，干燥物料混合均匀，避免了物料过热。同时块状和团状物料不断被桨叶打碎，增大颗粒表面积，加快湿分汽化和提高干燥速率。

③ 桨叶式真空干燥器中由于增加了桨叶和真空轴表面的传热，使设备传热面积增加，提高了设备生产能力。另外，还由于桨叶等的传热面安置在设备内，没有向周围环境散热，减少了这部分热损失，提高了热量利用率。

④ 通常的真空干燥均为间歇操作，桨叶式真空设备除用作间歇操作外，也可用于连续操作。当连续操作时，在干燥器前后要设置若干真空度与干燥器相同的加料斗和出料槽，用旋转阀或换向阀定量和连续地加料和排料。此外，为了确保物料干燥所需的停留时间，搅拌桨设置和排料口堰板应安置适当。

（2）真空桨叶式干燥机的形式

① 真空耙式干燥机　图 8-8 是传统的真空耙式干燥机，加热是由夹套完成，轴上的耙齿在轴旋转时对物料起到搅拌和破碎的作用。

② 双螺带真空干燥机　图 8-9 是双螺带真空干燥机，它的搅拌桨是两个旋向相反的螺带，当轴旋转时，两个反向螺带对物料起到搅拌和剪切作用，强化了物料与壁面的传热。

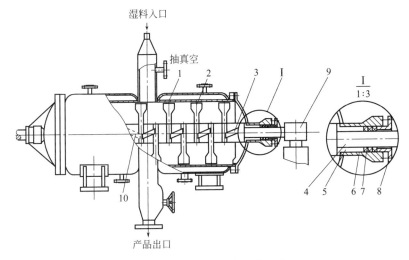

图 8-8　真空耙式干燥机[1,5,6]

1—壳体；2,3—耙齿；4—旋转轴；5—压紧圈；6—封头；7—填料；8—压盖；9—轴承；10—除尘器

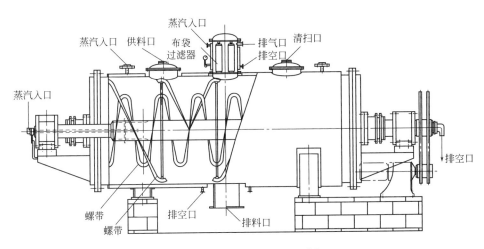

图 8-9　双螺带真空干燥机[1]

③ 内热式真空耙式干燥机　如图 8-10 所示是天华化工机械及自动化研究设计院新开发的内热式真空耙式干燥机。它的主要特点是：

a. 采用半管夹套加热；

b. 转轴及桨叶均为传热面，加大了传热面，使设备的效率提高；

c. 采用专有密封加工技术，使密封可靠，而且不污染物料。

8.1.2　楔形桨叶干燥机的结构及特点

在众多的桨叶式干燥机中，应用最广的是楔形桨叶式干燥机。它广泛应用于化工、石化、轻工、食品、粮食、医药等行业中。

楔形桨叶式干燥机桨叶结构较特殊，空心的扇形桨叶一端宽，另一端呈尖角，其投影像楔子。桨叶的两个侧面均有一定倾斜度的斜面，这种斜面随轴转动时，既可使固体物料对斜面有撞击作用，又可使斜面上物料易于自动清除，不断更新传热表面，强化传热。因此，它是一种高效的干燥设备。

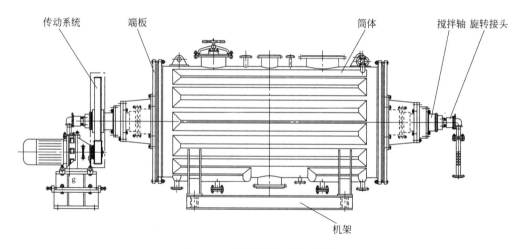

图 8-10　内热式真空耙式干燥机

此设备干燥物料所需热量不是依靠热载体（加热气体）直接与物料接触进行加热，而是向空心桨叶和夹套输入热载体，通过热传导给干燥过程提供热量，它减少了用气体加热时被出口气体带走的热损失，提高了设备热量利用率。因此它属于节能型干燥设备。

8.1.2.1　楔形桨叶式干燥机结构

如图 8-11 所示，这种干燥设备有 DJG 型（按照我国 1998 年发布的行业标准），JG 型和 SJG 型三种，即单轴、双轴和四轴。其基本结构是由带夹套的槽形壳体、上盖、空心热轴和焊接在空心轴上的许多对楔形桨叶，以及与热载体相连的旋转接头和传动装置等。

（1）壳体

其壳体是由设备内壳和外夹套组成，如图 8-11 所示。为了防止干燥物料在搅拌时有死区，内壁底部用两个圆弧组成，呈 ω 形。为了提高传热效果，设备夹套可根据长度分割成几个室。

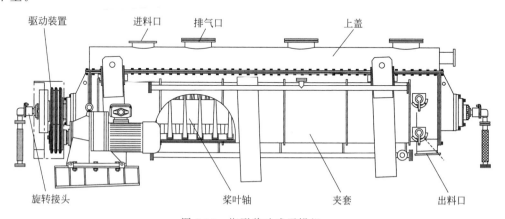

图 8-11　楔形桨叶式干燥机

（2）热轴

这是楔形桨叶式干燥器的关键部件。ω 型设备有两根空心轴，两轴旋转方向相反，均从上部向着设备中心线方向旋转，借助于桨叶上的辅助搅拌叶片，把物料从中心推向壁面，又从壁面将物料向上提升，越过空心轴，挤到设备中央。在轴两端各连接一个旋转接头，热载体从进料口的旋转接头输入，而从出料口一侧的旋转接头排出，也可采用一端同时进出。轴的外表面在干燥器内也有一定的传热作用，在热轴设计中，选用材料和考虑结构应从有利于传热出发。通入轴内的热载体可以用蒸汽、热水或者导热油，根据干燥温度确定。通常尽量用蒸汽加热，因为蒸汽是最容易得到的热源，且冷凝潜热大。

根据通入热轴内的热载体是液体或气体，热轴结构分为液体（L）型和气体（G）型两种。热轴结构见图 8-12，G 型热轴见图 8-12(b)，由于蒸汽冷凝给热系数大，空心轴壁面的传热由壁面热传导和固体物料侧的颗粒运动控制，不考虑提高轴内蒸汽侧的冷凝给热系数。所以两根空心轴内腔设计成空的，结构较为简单。为了让轴与叶片之间的蒸汽和冷凝液流动畅通，在每个叶片内腔与轴内腔之间有两根长短不一的短管相连。其中一根较长的管子内通蒸汽。为了防止轴内冷凝液由这根管子流向叶片或叶片内冷凝液从这根管子流向轴，会阻塞蒸汽的正常流动，这根管子一端伸入轴内，另一端深出轴外。其中伸入轴内和伸出轴外的程度分别根据轴内可能积存的冷凝液深度和叶片旋转一周能产生的冷凝液量来设计，保证冷凝液不淹没管口。另一根较短管的作用是及时将桨叶内的冷凝液排入轴腔，管子的一端与轴外表面齐平，叶片内一有冷凝液就能及时排掉，另一端伸入轴内一定长度是为了防止轴内冷凝液倒灌到叶片内，造成蒸汽无法进入叶片。由于这两根管子的作用，使蒸汽和冷凝液各行其道，保证了桨叶的传热作用。

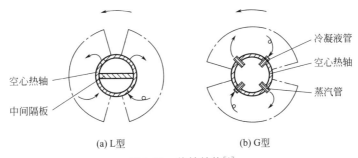

(a) L 型　　　　　　　　(b) G 型

图 8-12　热轴结构[1]

当用热水或导热油等液体作热载体时，空心轴应采用 L 型结构。L 型空心轴结构见图 8-12(a)，轴内设置了中间隔板，将进入空心轴的热流体与释放热量后降温的冷流体隔离开，不相混合。这样，轴与叶片之间的流体通道变得简单，只要在轴上开孔就行。

（3）叶片

楔形桨叶式干燥机的主要传热面是焊接在两根空心轴上的许多对空心桨叶。具体结构如图 8-13 所示。它是由两片扇形斜面的侧板，一个三角形圆弧盖和三角形底部的矩形后盖板，以及与矩形后盖板相连接的辅助搅拌叶片等 5 块薄板制成。其中，前 4 块薄板是主要传热壁面。

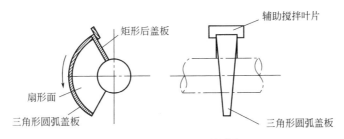

图 8-13　楔形桨叶结构[1]

应当指出，楔形空心叶片的两块扇形斜板的倾斜度相同，方向相反，对称于轴法线。叶片在干燥器内主要起搅拌和传热作用，不对物料起输送作用。

（4）上盖

上盖与筒体用条形法兰连接。在盖上除设有排气孔和加料口外。通常还设置人孔。有些物料容易造成桨叶面结垢，需要经常清理，上盖要设置多个清理人孔，以便定期把桨叶面上的料清除掉。否则，因结垢而影响桨叶的传热。此外，在有些干燥过程中，被旋风除尘器捕集的物料需要返回干燥器，也需要另外单独开孔。所以上盖结构的设计应根据处理物料和干燥工艺要求而定。

8.1.2.2　设备特点

① 设备结构紧凑，占地面积小　由设备结构可知，干燥所需热量主要是由密集的排列在空心轴上的许多空心桨叶壁面提供，而夹套壁面的传热量只占少部分。所以单位体积设备

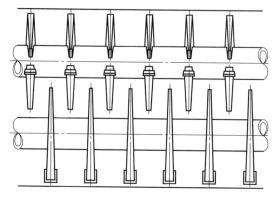

图 8-14　双轴上的桨叶啮合结构

的传热面大，可节省设备占地面积，减少基建投资。

② 热量利用率高　干燥所需热量不是靠热气体提供，减少了热气体带走的热损失。由于设备结构紧凑，且辅助装置少，散热损失也减少。热量利用率可达80%～90%。

③ 楔形桨叶相互啮合具有自净能力，可提高桨叶传热作用　图 8-14 表示，旋转桨叶的倾斜面和颗粒或粉末层的联合运动所产生的分散力，使附着于加热斜面上的物料易于自动的清除，使桨叶保持着高效的传热功能。另外，由于两轴桨叶反方向旋转，交替的分段压缩（在两轴桨叶斜面相距最近时）和膨胀（在两轴桨叶斜面相距最远时）斜面上的物料，使传热面附近的物料被激烈搅动，提高了传热效果。楔形桨叶式搅拌干燥器传热系数较高，为 $85～350W/(m^2 \cdot K)$。

④ 气体用量少，可相应减少或省去部分辅助设备　由于不须用气体来加热，因此，极大地减少了干燥过程中气体用量。采用楔形桨叶式干燥器只需少量气体用于携带蒸发出的湿分。气体用量很少，只需满足在干燥操作温度条件下，干燥系统不结露。

由于气体用量少，干燥器内气体流速低，被气体夹带出的粉尘少，干燥后系统的气体粉尘回收方便，可以缩小旋风分离器尺寸，省去或缩小布袋除尘器。气体加热器，鼓风机等规模都可以缩小，节省设备投资。

⑤ 物料适用性广，产品干燥均匀　干燥器内有溢流堰，可根据物料性质和干燥条件，改变溢流堰高度，调节干燥器内物料滞留量。可使干燥器内物料滞留量达筒体容积的70%～80%，增加物料的停留时间，以适应难干燥物料和高水分物料的干燥要求。此外，还可调节加料速度、轴的转速和热载体温度等，在几分钟与几小时之间任意选定物料停留时间。因此对于易干燥和不易干燥的物料均适用。湿含量高达 75%（湿基）物料被干燥到产品湿含量只有 0.1%，已有工业应用实例。另外，干燥器内虽有许多搅拌桨叶，物料混合均匀，但是，物料在干燥器内从加料口向出料口流动基本呈活塞流流动，停留时间分布窄，产品干燥均匀。

⑥ 操作方便　前已述及楔形桨叶式干燥机可通过多种方法来调节干燥工艺条件，而且它的操作要比流化床干燥、气流干燥的操作容易控制。

⑦ 用作冷却和加热　当向夹套和旋转轴内输送冷水或冷冻盐水之类冷却剂时，通过壁

面可向设备内物料输送冷量，降低设备内物料温度。上述的多级干燥中，也可将其中一台设备作为产品干燥后的冷却设备，这已在工业上被采用。同样，当不向干燥器内送气体时，对夹套和桨叶输送载热体，可用作加热器或用作食品高温灭菌消毒。

8.2 传热传质

8.2.1 传热模型

8.2.1.1 干燥过程分析

干燥过程如图 8-15 所示，可分为三个阶段，即：
① 加热壁面与物料的热传导；
② 物料层内部热传导；
③ 物料和周围空气的对流换热。

干燥速率受到热量供给和水分蒸发的双重影响。传热过程和传质过程相互耦合，相互制约。整个干燥过程要克服的传递阻力包括三个传热阻力：物料底层与加热盘间的接触热阻 $1/\alpha_{ws}$、料层热阻 $1/\alpha_{wb}$ 和物料颗粒内部热阻；两个传质阻力：料层的传质阻力 $1/\beta_b$，物料颗粒内部传质阻力 $1/\beta_p$。

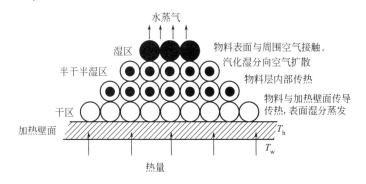

图 8-15　干燥过程[7]

E. U. Schlunder 对静止散状堆积料层的实验研究表明：由于物料中颗粒间存在着间隙，湿分蒸汽可以通过这层间隙扩散出来，因而料层的传质阻力 $1/\beta_b$ 很小。另外，搅拌物料床层中，由于物料不断地得到搅拌翻动，新的湿表面不断暴露于空气中，湿分的蒸发变得容易，因而料层的传质阻力 $1/\beta_b$ 可以忽略不计。又根据假设，颗粒内部传质阻力 $1/\beta_p$ 为零。因此传质阻力可以不考虑。其次，对于细颗粒物料，任何单个颗粒形成的传热阻力对于整个料层的传热阻力也十分小，同样可以忽略不计。

这样，在搅拌床层的干燥过程中，应该考虑的阻力只剩下两个热阻，即物料底层与盘面的接触热阻 $1/\alpha_{ws}$ 和料层热阻 $1/\alpha_{wb}$。

8.2.1.2 传热分析

对于空心桨叶干燥机，由于壁面的长、宽均大于壁厚的 10 倍，因而其传热过程可看作一"大平壁"导热处理。

加热介质传来的热量，经壁面传给湿物料后，使料层温度升高，蒸发出来的水分被载气带走。根据傅里叶定律，经过此"大平板"系统的稳定传热的传热系数 K_t 可按下式进行计算[1]：

$$\frac{1}{K_t}=\frac{1}{\alpha_h}+\frac{\delta_w}{\lambda_w}+\frac{1}{\alpha_{wp}}+\frac{\delta_b}{\lambda_b}+\frac{1}{\alpha_e} \tag{8-1}$$

式中，α_h 为加热介质至加热壁面的给热系数，$W/(m^2 \cdot K)$；δ_w 为加热壁面的壁厚，m；λ_w 为加热壁面的热导率，$W/(m \cdot K)$；α_{wp} 为壁面至物料的给热系数，$W/(m^2 \cdot K)$；δ_b 为料层厚度，m；λ_b 为料层有效热导率，$W/(m \cdot K)$；α_e 为在沸点时湿表面湿分蒸发给热系数，$W/(m^2 \cdot K)$。

因辐射给热系数对此种干燥影响很小，因而忽略不计。

8.2.1.3　传热模型

赵旭等[9]根据 E. U. Schlunder[7]的传热模型得出壁面与单个颗粒之间可达到的最大传热系数是：

$$h_p=4\frac{\lambda_g}{d_p}\Big[\Big(1+\frac{2\sigma}{d_p}\Big)\ln\Big(1+\frac{d_p}{2\sigma}\Big)-1\Big] \tag{8-2}$$

式中，h_p 为壁面与单个颗粒之间传热系数，$W/(m^2 \cdot K)$；λ_g 为气体热导率，$W/(m \cdot K)$；d_p 为颗粒直径，m。其中 σ 是转换因子[7]。

$$\sigma=2\times\frac{2-r}{r}\sqrt{\frac{2\pi RT}{M}}\times\frac{\lambda_g}{p(2c_g-R/M)} \tag{8-3}$$

式中，R 为理想气体状态方程常数，$8.314kJ/(kmol \cdot K)$；T 为温度，K；M 为气体分子量，kg/kmol；p 为系统压力，MPa；c_g 为气体比热容，$J/(kg \cdot K)$；r 是调节系数，可用下式计算空气的 r 值[7]。

$$\lg(1/r)-1=0.6-(1000/T+1)/2.8 \tag{8-4}$$

壁面与相接触的第一层固体颗粒之间可能达到的最大传热系数为：

$$h_a=\psi h_p \tag{8-5}$$

式中，ψ 为颗粒对壁面的覆盖系数。假定固体颗粒在壁面上呈三角形排列，则 $\psi=0.91$。固体颗粒层传热系数按照渗透模型是[7]：

$$h_c=\sqrt{\lambda_e c_s \rho_s/(\pi\tau)} \tag{8-6}$$

式中，c_s 为固体比热容，$J/(kg \cdot K)$；ρ_s 为固体密度，kg/m^3；λ_c 为固体有效热导率，$W/(m \cdot K)$；τ 为时间，s。

由于颗粒运动的复杂性，颗粒运动引起热对流，目前还不能正确描述。Schlunder 指出，当颗粒混合很好时，则其对总的传热影响可以忽略。

如此，固体颗粒与运动的桨叶表面只需考虑壁面到固体颗粒的传热阻力和颗粒层的热阻相叠加，可得瞬时传热系数[7]：

$$h_i=\frac{1}{\dfrac{1}{h_c}+\dfrac{1}{h_s}} \tag{8-7}$$

将式(8-5) 和式(8-6)，代入式(8-7)，并对接触时间 τ 积分，可以得到壁面和固体颗粒之间的平均传热系数[7]：

$$h=\frac{2h_c[\sqrt{\pi\tau^*}-\ln(1+\sqrt{\pi\tau^*})]}{\pi\tau^*} \tag{8-8}$$

式中，τ^* 为修正的接触时间，可用下式表示[7]：

$$\tau^{*}=\frac{h_{\mathrm{s}}^{2}\tau}{\lambda_{\mathrm{e}}c_{\mathrm{s}}\rho_{\mathrm{s}}} \qquad (8\text{-}9)$$

楔形桨叶式干燥器的传热面由两部分组成，其中旋转的空心桨叶表面与颗粒之间的传热可直接应用上述公式。但夹套表面与颗粒之间的传热因为桨叶与夹套之间有一间隙 δ，在这间隙区要考虑如图 8-16 所示的运动固体颗粒在夹套表面上的速度分布。Schlunder 等假定在这间隙区有一厚度为 δ_{e} 的虚拟颗粒静止层，其热阻为 $\delta_{\mathrm{e}}/\lambda_{\mathrm{e}}$，它与在 δ 宽度中有一定速度分布的颗粒层的热阻等同，于是，夹套与固体颗粒层之间的传热系数为[7]：

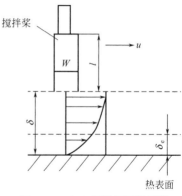

图 8-16　在 δ 间隙区固体颗粒的运动速度分布

$$h_{\mathrm{wi}}=\left(\frac{1}{h_{\mathrm{s}}}+\frac{1}{h_{\mathrm{c}}}+\frac{\delta_{\mathrm{e}}}{\lambda_{\mathrm{e}}}\right)^{-1} \qquad (8\text{-}10)$$

再假定接触时间等于桨叶扫过夹套表面的时间，则其平均传热系数为[7]：

$$h_{\mathrm{w}}=\frac{2h_{\mathrm{s}}\lambda_{\mathrm{e}}}{\lambda_{\mathrm{e}}+\delta_{\mathrm{e}}h_{\mathrm{s}}}\left[\frac{\sqrt{\pi\tau_{0}}-\ln(1+\sqrt{\pi\tau_{0}})}{\pi\tau_{0}}\right] \qquad (8\text{-}11)$$

其中：

$$\tau_{0}=\frac{h_{\mathrm{s}}^{2}\lambda_{\mathrm{e}}\tau}{(\lambda_{\mathrm{e}}+\delta_{\mathrm{e}}h_{\mathrm{s}})^{2}c_{\mathrm{s}}\rho_{\mathrm{s}}} \qquad (8\text{-}12)$$

$$\tau=\frac{\pi(d-2\delta)}{u} \qquad (8\text{-}13)$$

式中，u 为桨叶的叶尖旋转线速度，m/s；δ 为桨叶叶尖与夹套之间间隙距离，m；d 为叶片直径，m。

显然，虚拟静止层厚度 δ_{e} 主要取决于间隙距离 δ、固体颗粒直径 d_{p}、固体颗粒的休止角 μ、搅拌桨的厚度 I 和宽度 W、桨叶的叶尖旋转线速度 u 和固体颗粒在桨叶表面的相对速度 u_{B} 等项，即

$$\delta_{\mathrm{e}}=f(\delta,d_{\mathrm{p}},\mu,I,W,u,u_{\mathrm{B}}) \qquad (8\text{-}14)$$

图 8-17　u_{B} 与 u 的关系

通常 I 和 W 对 δ_{e} 的影响并不显著，u_{B} 和 u 的关系如图 8-17 所示。Ohmori 等假定：

$$0\leqslant\delta/d_{\mathrm{p}}\leqslant1\quad\delta_{\mathrm{e}}=0 \qquad (8\text{-}15)$$

$$\delta/d_{\mathrm{p}}>1\quad\delta_{\mathrm{e}}/d_{\mathrm{p}}=1\bigg/\left(\frac{1}{\xi}+\frac{d_{\mathrm{p}}}{\delta}\right) \qquad (8\text{-}16)$$

其中

$$\xi=\frac{a\left(\dfrac{\delta}{d_{\mathrm{p}}}-1\right)^{b}}{(u^{c}+du_{\mathrm{B}}^{e})} \qquad (8\text{-}17)$$

$$u_{\mathrm{B}}=u\sin\beta \qquad (8\text{-}18)$$

式中，a、b、c、d、e 是需用实验数据确定的常数。对于楔形结构桨叶，$\beta=0$，即 $u_{\mathrm{B}}=0$。

8.2.2　传热计算

（1）热量衡算[10]

以载气为氮气为例。

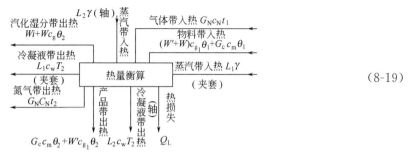

$$(8-19)$$

式中，L_1，L_2 为热轴、夹套的蒸汽用量，kg/h；γ 为蒸汽温度为 T_1 时的蒸发潜热，kJ/kg；i 为湿分在 T_1 时的 θ_2 蒸发潜热，kJ/kg；T_2 为冷凝液排出时的温度，℃；c_w 为蒸汽冷凝液的比热容，kJ/(kg·℃)；c_g 为湿分的气态比热容，kJ/(kg·℃)；c_{g_1} 为湿分的液态比热容，kJ/(kg·℃)；c_m 为绝干物料的比热容，kJ/(kg·℃)；c_N 为氮气的比热容，kJ/(kg·℃)；G_c 为绝干物料量，kg/h；G_N 为氮气，kg/h；W 为湿分的蒸发量，kg/h；W' 为干燥后物料中湿分量，kg/h；θ_1，θ_2 为物料进、出干燥机的温度，℃；t_1，t_2 为气体进出口温度，℃；Q_L 为热损失，W。

干燥机的热量收支情况见表 8-1：

表 8-1　热量收支情况

收入	支出
氮气带入热 $G_N c_N t_1$	氮气带出热 $G_N c_N t_2$
物料带入热 $(W+W')c_{g_1}\theta_1 + G_C c_m \theta_1$	汽化湿分带出热 $Wi + W c_g \theta_2$
蒸汽带入热	产品带出热量 $G_C c_m \theta_2 + W' c_{g_1} \theta_2$
$L_{1\gamma} + L_{2\gamma} = L_\gamma$	冷凝液带出 $L_1 c_w T_2 + L_2 c_w T_2 = L c_w T_2$ 热损失 Q_L

根据热量衡算，收入＝支出。当载气进、出干燥机温度与干燥温度相同时，载气参与的换热较少，因此氮气的换热可忽略。

干燥介质为饱和蒸汽时，可认为仅有潜热参加换热。

所以以上衡算中物料吸收热量可简化为：

$$Q = Wi + G_C c_m (\theta_2 - \theta_1) + W' c_{g_1}(\theta_2 - \theta_1) + W c_{g_1}(\theta_2 - \theta_1) \tag{8-20}$$

（2）平均温差 Δt_m 的计算[10]

对于桨式干燥机，很多物料的降速干燥曲线成线性关系，可按下列方法推导其对数平均温差。

设热流体的质量流速为 m_1，比热容为 c_{p_1}，冷流体的质量流速为 m_2，比热容为 c_{p_2}，根据热量衡算的微分式可得

$$dQ = m_1 c_{p_1} dT = m_2 c_{p_2} dt$$

在稳定操作时，m_1，m_2（蒸发水分暂忽略）是常数，流体的比热容用流体平均温度下的数据，也可作为常数处理，因此由上式可得：$dQ/dT = m_1 c_{p_1} =$ 常数，Q 和热流体的温度成直线关系，同理 $dQ/dt = m_2 c_{p_2} =$ 常数，Q 和冷流体的温度也成直线关系。很明显，Q 和冷、热流体之间的温差 $\Delta t = T - t$ 必然也成直线关系，而且这一直线的斜率是：

$$\frac{d(\Delta t)}{K \, dA \, \Delta t} = \frac{\Delta t_1 - \Delta t_2}{Q}$$

$$\frac{\mathrm{d}(\Delta t)}{K\Delta t} = \frac{\Delta t_1 - \Delta t_2}{Q}\mathrm{d}A$$

设干燥器内各点的 K 值为常数，并将上式积分得：

$$\frac{1}{K}\int_{\Delta t_2}^{\Delta t_1}\frac{\mathrm{d}(\Delta t)}{\Delta t} = \frac{\Delta t_1 - \Delta t_2}{Q}\int_0^A \mathrm{d}A$$

$$\frac{1}{K}\ln\frac{\Delta t_1}{\Delta t_2} = \frac{\Delta t_1 - \Delta t_2}{Q}A$$

$$Q = KA\frac{\Delta t_1 - \Delta t_2}{\ln\dfrac{\Delta t_1}{\Delta t_2}}$$

与传热速率方程 $Q = KA\Delta t_m$ 比较，风桨式干燥机降速干燥的传热温度差的平均值与换热器的对数平均温差形式相同，为进、出口处温度差对数平均值，即：

$$\Delta t_m = \frac{(t_m - \theta_1) - (t_m - \theta_2)}{\ln\dfrac{t_m - \theta_1}{t_m - \theta_2}} \tag{8-21}$$

式中，t_m 为蒸汽温度，℃；θ_1 为物料进口温度，℃；θ_2 为物料出口温度，℃；Δt_m 为对数平均温差，K；K 为干燥机的传热系数，$W/(m^2 \cdot K)$；Q 为热量，W。

传热系数 K 的求取：

$$Q = KA\Delta t_m$$

$$K = Q/(A\Delta t_m) \tag{8-22}$$

8.2.3　传质计算

（1）传质过程分析

传质，即质量传递，是当系统中存在浓度差时，系统中的组分从一个区域向另一个区域转移的现象。正如温度差是热量传递的推动力那样，浓度差是质量传递的推动力。在没有浓度差的二元均匀混合物中，如果存在着压力梯度或温度梯度，将会引起压力扩散或热扩散，从而引起相应的浓度扩散——传质。传质一般可以分为两种方式：即分子扩散传质和对流传质。在静止的流体中或在垂直于浓度梯度方向作层流流动的流体中的传质，由微观分子运动来完成，称为分子扩散，其机理类似于热传导。在流动的流体中由于对流掺混引起的质量传递，称为对流传质，它和热交换中的对流换热相类似。

在空心桨叶干燥机中，水分从料层内部扩散至料层表面，然后随载气排出，湿分和空气之间发生对流传质。在研究对流传质时发现，当热扩散率 α 和质扩散率 β 之比（刘易斯数 $Le = \alpha/\beta$）等于 1 时，换热系数和传质系数存在着简单的换算关系。已知换热系数的计算式就可方便地求出传质系数。大多数气体在另一种气体中扩散时，刘易斯数 Le 和施密特数 Sc 都具有 1 的数量级，因此可以近似地采用 $Le = 1$ 的简化结果。

当水蒸气在空气中扩散时，施密特数 $Sc = 0.60$，而空气的普朗特数 $Pr \approx 0.72$。于是，$Le = Pr/Sc = 0.72/0.60 \approx 1.20$，接近于 1。因而可以采用传质的刘易斯关系式，即[10]：

$$\beta = \frac{\alpha}{n_g c_{pm}} = \frac{\alpha}{n_g M_{Air} c_{pa}} \tag{8-23}$$

式中，α 为对流换热系数，$W/(m^2 \cdot K)$；β 为传质系数，m^2/s；n_g 为空气的当量密度，mol/m^3；c_{pm} 为空气的摩尔比热容，$J/(mol \cdot K)$；c_{pa} 为空气的定压比热容，20℃时其值为 $1005 J/(kg \cdot K)$。

（2）干燥速率计算[10]

从干燥动力学的观点来看，对干燥过程速率强化的研究是人们最关注的问题之一。在干燥过程中，物料层自由表面向周围空气的传质量，即摩尔干燥速率 n_v 为：

$$n_v = n_g \beta \ln \frac{P - P_g}{P - P_s} \tag{8-24}$$

而质量干燥速率 $m = n_v M_{H_2O}$，把上式及 β 代入并整理得

$$m = \frac{\alpha}{C_a} \times \frac{M_{H_2O}}{M_{Air}} \times \ln \frac{P - P_g}{P - P_s} \tag{8-25}$$

式中，P 为总压力（大气压），101325Pa；P_s 为水蒸气的饱和压力，由 Antonie 方程计算，计算表达式为 $\lg P_s = A - \dfrac{B}{c + t}$，对于水蒸气，式中各系数为：$A = 7.07$，$B = 1657.46$，$C = 227.02$，式中压力单位为 kPa，温度单位为 ℃；$P_g$ 为水蒸气的分压力，Pa；M_{H_2O} 为水的分子量，kg/mol；M_{Air} 为空气的分子量，kg/mol。

8.3 结构设计

按 HG/T 3131—2011 规定，干燥机的基本参数应符合表 8-2～表 8-4 的规定。表 8-2～表 8-4 为主要部件的结构设计。

表 8-2　单轴型楔形桨叶干燥机基本参数

项目	DJG-5	DJG-8	DJG-12.5	DJG-17	DJG-25	DJG-30	DJG-40	DJG-60	DJG-90	DJG-105	DJG-115	DJG-140
传热面积/m²	5	8	12.5	17	25	30	40	60	90	105	115	140
有效容积/m³	0.14	0.23	0.51	0.7	1.52	1.95	3.49	4.98	8.55	10.26	12.80	15.36
转速/(r/min)	5～20	5～20	5～20	5～20	5～20	5～20	5～20	5～20	5～20	5～20	5～20	5～20
电动机功率/kW	5.5	7.5	11	15	18.5	22	30	45	55	75	90	90
轴及夹套设计压力/MPa	0.6	0.6	0.6	0.6	0.6	0.6	0.6	0.6	0.6	0.6	0.6	0.6

表 8-3　双轴型楔形桨叶干燥机基本参数

项目	JG-2.4	JG-3	JG-6	JG-7.5	JG-8	JG-10	JG-12.5	JG-15	JG-25	JG-40	JG-50	JG-60	JG-80	JG-100	JG-125	JG-180
传热面积/m²	2.4	3	6	7.5	8	10	12.5	15	25	40	50	60	80	100	120	180
有效容积/m³	0.065	0.065	0.29	0.35	0.345	0.64	0.94	1.12	1.6	3.33	3.0	5.22	5.3	10.4	12.6	14
转速/(r/min)	5～20	6～25	5～20	5～20	5～20	5～20	5～20	5～20	5～20	5～20	5～20	5～20	5～20	5～20	5～20	5～20
电动机功率/kW	3	1.5	7.5	7.5	4	11	5.5	15	15	30	30	45	55	75	90	2*55①
轴及夹套设计压力/MPa	0.6	0.6	0.6	0.6	0.6	0.6	0.6	0.6	0.6	0.6	0.6	0.6	0.6	0.6	0.6	0.6

① 2 台 55W 电动机（在双轴型桨叶干燥机中，只有大功率干燥机配置 2 台电动机分别驱动 1 根轴转动）。

表 8-4　四轴型楔形桨叶干燥机基本参数

项目	SJG-15.7	SJG-23.5	SJG-32.7	SJG-42.5	SJG-61.3	SJG-84.9	SJG-110
传热面积/m²	15.7	23.5	32.7	42.5	61.3	84.9	110
有效容积/m³	0.643	1.19	2.06	2.93	4.9	6.97	10

续表

项目	SJG-15.7	SJG-23.5	SJG-32.7	SJG-42.5	SJG-61.3	SJG-84.9	SJG-110
转速/(r/min)	5～20	5～12	5～12	5～12	5～12	5～12	5～12
电动机功率/kW	3.7*2	5.5*2	7.5*2	11*2	15*2	22*2	45*2
轴及夹套设计压力/MPa	0.6	0.6	0.6	0.6	0.6	0.6	0.6

注：*2 表示 2 台（在四轴型桨叶干燥机中，每台设备都配置 2 台电机，每台电动机驱动 2 根轴转动）。

8.3.1　热轴

8.3.1.1　轴管

① 材料　以钢管为原材料时，材质应符合 GB 8163 或 GB/T 14976 的规定；采用钢板卷焊时，所用板材应符合 GB 6654、GB 3274、GB/T 4237、JB 4733 的规定。

② 结构强度　强度设计除考虑加热介质的最高工作压力外，还应考虑搅拌物料载荷及物料对轴管的腐蚀及磨损的联合作用。对于细长轴还要考虑其刚性。

8.3.1.2　叶片

① 材料　应符合 GB 6654、GB 3274 或 GB/T 4237 的规定。

② 结构强度　叶片的结构如图 8-13 所示，在确定设计压力的情况下，矩形后盖板按平板设计，扇形面板按平板设计，三角形圆弧板按圆筒设计。各部位厚度在考虑了腐蚀裕度及磨损情况后确定。

8.3.2　壳体

8.3.2.1　内壳

① 材料　与叶片要求相同。

② 结构强度　在设计压力确定后，AB 段按平板设计，BC 段按圆筒设计。壳体截面图如图 8-18 所示。

8.3.2.2　夹套

① 材料　与叶片要求相同。

② 结构设计　在设计压力确定后，AD、DE、FF 段按受压平板设计，EF 段按受压圆筒设计。当设备规格较大时，夹套采用蜂窝结构，这样可以提高壳体及夹套的刚度及强度，同时可以节省用料，蜂窝夹套结构如图 8-19 所示。

8.3.3　其他

① 上盖　上盖与筒体用条形法兰连接。在盖上除设有排气孔和加料口外，通常还设置人孔。有些物料容易造成桨叶面结垢，需要经常清理，上盖要设置多个清理人孔，以便定期把桨叶面上的料清除掉。否则，因结垢而影响桨叶的传热。此外，在有些干燥过程中，被旋风除尘器捕集的物料需返回干燥器，也需要另外单独开孔。所以上盖结构的设计应根据处理物料和干燥要求的不同而定。

② 轴承座和填料箱　旋转轴的密封采用方形填料，两根旋转轴的轴承座和填料箱均安

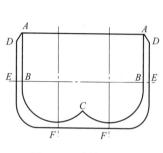

图 8-18　壳体截面图

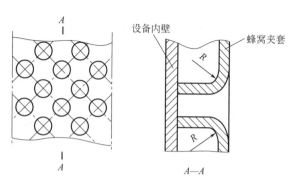

图 8-19　蜂窝夹套结构图

置在设备两端的同一个密封盒内。两端的两个密封盒焊在两块厚侧板上，厚侧板与壳体连成一体。这样，两根旋转轴的重量全部由壳体两端的两块厚侧板来支承。这种轴与壳体结构的整体性好，有利于设备平稳运转。

③ 溢流堰　在干燥器的物料出口处，设有放料板和溢流堰。放料板设在旋转轴下面，操作时关闭，阻止物料流出，使干燥器内积存一定料层；停车时打开，将干燥器内积存料排净，为此在干燥器外设有操作杆。溢流堰设置在放料板上部，使干燥器内积存更多的料层，增加物料在干燥器内的停留时间。操纵杆可以安置在设备两侧或上盖上。溢流堰高度可根据操作工艺条件进行调节。

8.4　干燥过程中的影响因素

8.4.1　物料黏性

物料的黏性影响物料在干燥机内的流动。物料的黏性从湿状态到干燥状态是有变化的。对于沸石催化剂在含水率 65％ 时非常黏，且黏于干燥机桨叶及内壳上，当含水率达 50％ 时就变得松散了。而对于纤维素、聚四氟乙烯这样的物料，在湿分很低的情况下，在桨叶干燥机内也会搅成一团且黏壁严重，以致无法干燥。对于含水率 95％ 以上的淤泥也能很好地干燥。对于桨叶干燥机而言，黏性对干燥效果的影响只能通过经验和实验才能做出判断。

8.4.2　热轴转速

热轴转速对物料的停留时间有直接影响，不同转速下物料的流动情况见图 8-20。

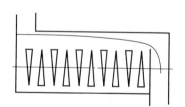

(a) 转速过小时物料流动示意图

转速慢,传热系数过小,
物料进出不畅,影响产量

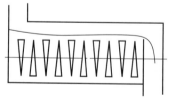

(b) 理想转速时物料流动示意图

传热系数适中,物料进出顺畅,
可满足生产要求

(c) 转速过大时物料流动示意图

传热系数虽大,但物料停留时间太小,
干燥无法满足要求

图 8-20　物料流动示意图[10]

从图 8-20 可看出，热轴转速影响物料在干燥机内的存料量，转速太慢干燥机出料不畅，影响生产能力，转速太快物料在设备中的存料量减少，停留时间变小，从而影响物料的干燥。

根据经验关联，有效容积与热轴转速有如下关系[10]：

$$V_s = 12V/n^{0.95} \tag{8-26}$$

$$\theta_s = 60V_s \rho_s/G = 12 \times 60V \rho_s/(Gn^{0.95}) = 12\theta/n^{0.95} \tag{8-27}$$

式中，V_s 为干燥机的实际有效容积，m^3；θ_s 为物料在干燥机中的实际停留时间，min；n 为转速，r/min；ρ_s 为物料堆积密度，kg/m^3；V 为理想容积，m^3；G 为质量流量，kg/h；θ 为理想停留时间，min。

如假定聚丙烯物料在干燥机中的理想停留时间为 35min，实际停留时间与热轴转速的关系见图 8-21。

8.4.3　溢流高度

当干燥温度保持不变，物料的最终湿含量由物料在干燥机内的停留时间确定。当溢流堰板的高度增加时，就增加了干燥机的有效容积，由于物料的停留时间与干燥机的有效容积成正比，因而就增加了物料在干燥机内的停留时间。

8.4.4　斜度

在干燥机操作中，物料由入口向出口的移动主要是借助设备安装时有一定倾斜角和入口到出口固体料层厚度不同的联合作用。有资料报道，设备安装的倾斜角与输送能力有关系，图 8-22 为碳酸氢钠输送能力的实验结果，图中倾斜角为零时其输送能力为 1。对桨叶干燥机而言必须倾斜安装，这样有利于凝液的排出。

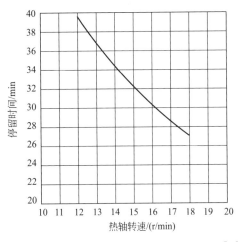

图 8-21　热轴转速与物料实际停留时间关系[10]

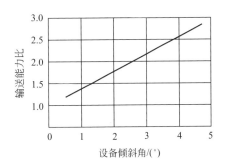

图 8-22　设备倾斜角与输送能力关系[10]

8.5　工业应用及计算实例

8.5.1　工业应用

楔形桨叶式干燥器应用举例，表 8-5 列出了部分应用实例，用于不同行业的不同物料的干燥。

表 8-5　楔形桨叶式干燥器应用实例

项目		分子筛	皂素	纤维素	碳酸钙	黏陶土	酱油渣	靛蓝	聚丙烯
处理量/kg·h⁻¹		1700	200	100	1000	4000	1670	100	13600
干燥前水分(湿基)/%		65	70	19	12	46	69	72	0.01
干燥后水分(湿基)/%		35	8	3	0.5	7.4	17.5	1	0.001
物料平均料径/mm		0.005	0.01		0.01	0.22	片状	0.01	0.2
物料堆积密度/kg·m⁻³		1800	700		480	880	370	250	400
设备传热面积/m²		22.5	22.5	15	17.7	49	26.3	27.8	150
设备外形尺寸	宽/m	1.2	1.2	1	0.92	1.9*	1.27*	1.3	2.4
	高/m	1.85	1.85	1.85	0.72	0.85	0.6	1.85	2.8
	长/m	4.5	4.5	4	3.1	4	3.55	5.6	9.8
搅拌轴转速/r·min⁻¹		10~18	18	18	30	18	20	15	12
电机功率/kW		18.5	18.5	15	7.5	7.5×2	5.5×2	18.5	75×2
操作(或热载体)温度/K		423	393	383	437	437	434	423	389
热载体种类		水蒸气	水蒸气	水蒸气	水蒸气	水蒸气	水蒸气	水蒸气	水蒸气

注：*4 轴

（1）适用于高湿含量和黏性大的膏状物干燥[3,8]

国内某染料厂生产靛蓝染料，此染料未干燥前是较难处理的膏状物，湿含量高、黏性大、不亲水、凝聚性大。特别是当湿含量在 45% 时，物料变得非常黏，桨叶对物料搅拌变得很困难。原来生产一直采用耙式干燥器，耙式干燥器生产能力小，间歇操作，热效率低，对环境污染严重。1990 年改用楔形桨叶式干燥器，其设备规格为：长×宽为 5.6m×1.3m；传热面积：27.8m²；桨叶外径：0.6m；轴转速：15r/min；电动机功率：15kW；热载体：0.45MPa 蒸汽；物料停留时间：130min。

工艺条件：

膏状物料入口湿含量≤72%（湿基）；出口产品湿含量≤1%（湿基）；产量：100kg/h；蒸发水分携带空气。

靛蓝干燥主要问题是在干燥过程中如何避开湿含量为 45% 这个湿度。为此，在进行靛蓝干燥时，在桨叶式干燥器外增加了一套返料设备，即在干燥器的物料出口处增设分流装置，将干燥的物料分成二股，一股作为产品，另一股作为返料，用提升机返回到加料口的混合器中，与湿料混合后，加入干燥器。干粉的返料量应使返料的干粉和混料混合后，混合物的湿含量低于 45%，以便干燥顺利进行，达到连续干燥的目的。

对年产 600t 靛蓝的干燥设备，厂方作了对比。用楔形桨叶式干燥器只需上述规格 1 台设备，但用耙式干燥器要 8 台。楔形桨叶式干燥器的产品湿含量低、能耗低、操作稳定、主机寿命长、维修工作量少、工人劳动强度低、粉尘污染少、操作环境得到改善。

（2）用于溶剂回收的干燥

国内的聚丙烯装置中，基本上都是采用双轴楔形桨叶式干燥器。它具有下列特点：

a. 聚丙烯所含湿组分是易燃易爆的有机溶剂，操作时不能与空气接触，用氮气作干燥气体可隔离空气。

b. 聚丙烯熔点低，只能用低压饱和蒸汽作热载体，通常温度不超过 110℃。

c. 进出口物料湿含量很低，进干燥器的聚丙烯湿含量仅为 0.5%，干燥后聚丙烯产品中湿含量只允许低于 0.1% 的极低湿分。工艺流程如图 8-23 所示。

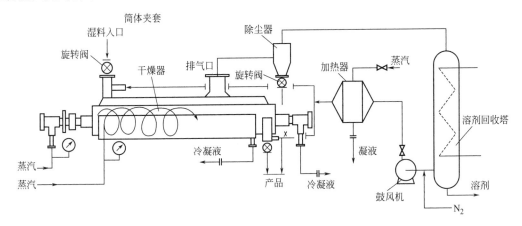

图 8-23　用于溶剂回收的干燥装置工艺流程[2]

脱除有机溶剂后氮气经加热后被继续使用。为了去除杂质,氮气在溶剂回收塔出来后应放空少部分,同时加入等量新鲜氮气。

8.5.2　计算实例[1]

某厂为增加树脂产量,新设计一台每小时产量为 2500kg/h 的楔形桨叶干燥器。产品系热敏性物料,干燥温度不能超过 373K,连续操作,具体条件如下:

被干燥物料:树脂

产量　G_2:2500kg·h^{-1}

物料堆积密度　ρ_s:620kg·m^{-3}

物料热容　c_s:1.47kJ·kg^{-1}·K^{-1}

进口物料湿含量　W_1:10%(wb)

出口物料湿含量　W_2:<1%(wb)

进料物料温度　T_1:303K

出口物料温度　T_2:353K

热载体(热水)温度　T_1:366~368K

干燥气体(空气)温度　T_g:368K

进口气体湿度　Y_g:0.009kg(水蒸气)·kg^{-1}(干空气)

设计计算:

① 计算每小时水分蒸发量 W_1

$$W_1 = G_0(X_1 - X_2)$$

式中,G_0 为不含水分干产品质量,kg/h;X_1、X_2 分别为进口和出口物料干基湿含量。

$$G_0 = G_2(1-X_2); \quad X_1 = \frac{W_1}{1-W_1}; \quad X_2 = \frac{W_2}{1-W_2}$$

由此得:

$$W = G_2\left(1 - \frac{W_2}{1-W_2}\right)\left(\frac{W_1}{1-W_1} - \frac{W_2}{1-W_2}\right)$$

$$= G_2(1-X_2)(X_1-X_2) = 250\text{kg/h}$$

② 计算空气用量 m　空气用量与排气温度和排气湿度有关,排气空气中要控制其湿度

不会在出口管道及除尘器中结露，取露点为 343K 时的饱和湿度为排出气体的湿含量 Y_{g_2}，从有关手册的空气湿度图中可查得 343K 时空气的饱和湿度为 $0.275\text{kg}(水)/\text{kg}(干空气)$，则可求得干燥所需空气量 m 为：

$$m = \frac{W}{Y_{g_2} - Y_{g_1}} \approx 940\text{kg/h}$$

③ 干燥需要热量 Q　干燥过程消耗热量由 3 部分组成：蒸发水分消耗热量 Q_1；干燥产品带走热量 Q_2；干燥空气带走热量 Q_3。进入干燥器的空气是 368K 的热空气，出干燥器的空气温度降到 363K 左右。对干燥过程来说，空气提供热量，但这部分热量很少，不到总热量的 1%。为计算方便，忽略这部分热量，即 $Q_3 = 0$。

计算设备热损失 Q_4，由于桨叶的传热表面在设备内，与外界隔离，这部分传热面积没有热损失。而桨叶的传热面积在整台设备的传热面积中约占 3/4，因此，楔形桨叶式干燥器干燥过程设备壁面散热少，这里取总热量的 5%。由此得

$$Q = Q_1 + Q_2 + Q_3 + Q_4$$
$$= Q_1 + Q_2 + (Q_1 + Q_2) \times 0.05$$

其中

$$Q_1 = W[r_i + (T_2 - T_1)c_1] = 63.5 \times 10^4 \text{kJ/h}$$

式中，r_i 为水汽化潜热，2332kJ/kg；c_1 为水热容，4.1868kJ/(kg·K)。

$$Q_2 = G_2(T_2 - T_1)[(1 - X_2)c_s + X_2 c_1] = 18.7 \times 10^4 \text{(kJ/h)}$$
$$Q_3 = 0$$
$$Q_4 = (Q_1 + Q_2) \times 0.05 = 4.11 \times 10^4 \text{(kJ/h)}$$

由此得干燥过程所需全部热量：

$$Q = (63.5 + 18.7 + 4.11) \times 10^4 = 86.31 \times 10^4 \text{(kJ/h)}$$

④ 干燥器传热面积 A 计算

a. 对数平均温差。由实际生产装置测定知，进口水温度 T_{L_1} 与出口水温度 T_{L_2} 之温度差为 2K，即 $T_{L_1} = 368\text{K}$，$T_{L_2} = 366\text{K}$，则其平均温差：

$$\Delta T_m = \frac{(T_{L_1} - T_1) - (T_{L_2} - T_2)}{\ln \dfrac{T_{L_1} - T_1}{T_{L_2} - T_2}} = 32.5 \text{ (K)}$$

b. 传热系数 K。在楔形桨叶式干燥器中，桨叶表面的传热系数和夹套表面的传热系数是不一样的。虽然前面介绍了这方面的研究工作，但是由于实验范围窄，数据少，要用来作为工程设计计算是不够的。在本干燥器设计中，通过实际测定桨叶外径线速度为 0.7m/s 时，设备平均传热系数约 130~140W/(m²·K)，取 $K = 130\text{W/(m}^2 \cdot \text{K)}$。由此得传热面积 A 为：

$$A = \frac{Q}{K \Delta T_m} = 56.7 \text{ (m}^2)$$

圆整取 $A = 60\text{m}^2$。

⑤ 设备规格

设备尺寸（长×宽×高）/m	6.90×1.83×2.460
桨叶外径/m	0.9
桨叶对数	15
总传热面积/m²	60.31

| 旋转轴型号和直径/m | L 型，$\phi 0.4$ |
| 设备容积/m^3 | 5.42 |

⑥ 传动功率

在本干燥器中电动机做功克服轴与填料的摩擦和桨叶搅动物料所消耗的功。轴与填料摩擦消耗功有公式可以参考，但搅拌桨需要功目前尚无计算公式。在这台设备设计中，以桨叶外径 $\phi 600mm$ 的楔形干燥器使用电动机为依据，再根据放大后的桨叶面积和轴径的增大、转速、物料性质等综合考虑，最后选定电动机功率为 45kW。根据几年实际运转结果，设计是成功的，运转一直很平稳，能满足生产要求。

符号说明

A——面积，m^2；

c_g——湿分的气态比热容，kJ/(kg·℃)；

c_{g_1}——湿分的液态比热容，kJ/(kg·℃)；

c_m——绝干物料的比热容，kJ/(kg·℃)；

c_N——氮气的比热容，kJ/(kg·℃)；

c_{pa}——空气的定压比热容，20℃时其值为 1005J/(kg·K)；

c_{pm}——空气的摩尔比热容，J/(mol·K)；

c_w——蒸汽冷凝液的比热容，kJ/(kg·℃)；

c_g——气体比热容，J/(kg·K)；

c_i——液体比热容，J/(kg·K)；

c_s——固体比热容，J/(kg·K)；

d——叶片直径，m；

d_p——颗粒直径，m；

G_2——含水量为 W_2 的产量，kg/h；

G_0——含水量为零的产量，kg/h；

G_C——绝干物料量，kg/h；

G_N——氮气量，kg/h；

g——重力加速度，m/g^2；

h——平均传热系数，W/(m^2·K)；

h_w——夹套壁面传热系数，W/(m^2·K)；

h_p——桨叶壁面与单个颗粒之间传热系数，W/(m^2·K)；

h_s——第一层颗粒与壁面之间传热系数，W/(m^2·K)；

h_i——瞬时传热系数，W/(m^2·K)；

I——桨叶厚度，m；

i——湿分在 T_1 时的 θ_2 蒸发潜热，kJ/kg；

K——总传热系数，W/(m^2·K)；

L_1，L_2——热轴、夹套的蒸汽用量，kg/h；

M_{H_2O}——水的分子量，kg/mol；

M_{Air}——空气的分子量，kg/mol；

N——搅拌功率，W；

N_p——功率准数；

n——搅拌轴转速，r/min；

n_g——空气的当量密度，mol/m^3；

P——压力，MPa；

P——总压力（大气压），101325Pa；

P_s——水蒸气的饱和压力；由 Antonie 方程计算，计算表达式为 $\lg P_s = A - \dfrac{B}{c+t}$；对于水蒸气，式中各系数为：$A = 7.07406$，$B = 1657.46$，$C = 227.02$，式中压力单位为 kPa，温度单位为℃；

P_g——水蒸气的分压力，Pa；

Q——热量，kJ/h；

Q_L——热损失，W；

R——理想气体状态方程常数，8.314J/(kmol·K)；

r_i——水蒸发潜热，kJ/kg；

T——温度，K；

T_1，T_2——物料进出口温度，K；

T_2——冷凝液排出时的温度，℃；

T_L——热载体温度，K；

t_1，t_2——气体进、出口温度，℃；

t_m——蒸汽温度，℃；

u——桨叶叶尖旋转线速度，m/s；

u_B——固体颗粒对桨叶表面的相对速度，m/s；

W——桨叶宽度，m；

W——水分蒸发量，kg/h；

W——湿分己烷的蒸发量，kg/h；

W'——干燥后物料中己烷量，kg/h；

W_1，W_2——进、出口物料含水量，%（wd）；

Y_{g_1}，Y_{g_2}——进、出口气体湿度，kg（水蒸气）/kg（干空气）；

X_1，X_2——进、出口物料干基含水量，%（db）；

α——对流换热系数，W/(m²·K)；

α_e——在沸点时湿表面湿分蒸发给热系数，W/(m²·K)；

α_h——加热介质至加热壁面的给热系数，W/(m²·K)；

$1/\alpha_{WS}$——接触热阻；

$1/\alpha_{Wb}$——料层热阻；

α_{WP}——壁面至物料的给热系数，W/(m²·K)；

β——u_B 与桨叶夹角，(°)；

β——传质系数，m²/s；

$1/\beta_b$——传质阻力；

δ——夹套与桨叶叶尖之间隙距离，m；

δ_b——料层厚度，m；

δ_e——式(8-10) 虚拟颗粒静止层，m；

δ_W——加热壁面的壁厚，m；

θ_1，θ_2——物料进、出干燥机的温度，℃；

γ——蒸汽温度为 T_1 时的蒸发潜热，kJ/kg；

λ_b——料层有效热导率，W/(m·K)；

λ_g——气体热导率，W/(m·K)；

λ_W——加热壁面的热导率，W/(m·K)；

ξ——式(8-17) 的变换因子；

ρ_s——固体密度，kg/m³；

τ——时间，s；

Ψ——颗粒在壁面上覆盖系数，%；

Δt_m——对数平均温差，K。

参考文献

[1] 潘永康，王喜忠. 现代干燥技术. 北京：化学工业出版社，1998.

[2] 奈良机械制作所样本.

[3] 王喜中，郭宣祐. 第二届染料工业装备与工程技术研讨会论文汇编. 北京，1991.

[4] 桐荣良三，秦霁光，等译. 干燥装置手册. 上海：上海科学技术出版社，1983.

[5] 金国淼. 干燥设备设计. 上海：上海科学技术出版社，1986.

[6] Blaw-know 食品和化工装备公司样本.

[7] Schlunder E U. Heat transfer to moving spherical packings at short contact time. International Chemical Engineering，1980，20（4）：550-554.

[8] 范晓顺. 引进日本桨叶式干燥机应用初探，北京染料厂，1992.

[9] 赵旭，张东山，等. 间接加热搅拌干燥的传热研究. 化工机械，1997，24（3）：134.

[10] 王文旭，赵旭. 聚丙烯粉末加热器的研究报告. 化工机械，2001，28（5）：281.

（孙中心）

第9章

带式干燥

9.1 概述

带式干燥机是在隧道式干燥机的基础上发展出来的一种干燥设备。它是将输送带内置于隧道内，将需要干燥的固体物料（块状或经过造粒机成粒状）堆置在运输带上，借助输送带的移动，将物料送入隧道内与隧道内的循环热空气进行传热、传质交换使物料达到干燥的一种动态设备。

带式干燥机（简称带干机）由若干个独立的单元段所组成。每个单元段包括循环风机、加热装置、单独或公用的新鲜空气抽入系统和尾气排出系统。因此，对干燥介质数量、温度、湿度和尾气循环量等操作参数，可进行独立控制，从而保证带干机工作的可靠性和操作条件的优化。

带干机操作灵活，湿物料的干燥过程在完全密封的箱体内进行，劳动条件较好，避免了粉尘的外泄。

与转筒式、流化床和气流干燥器相比较，带干机中的被干燥物料随同输送带移动时，物料颗粒间的相对位置比较固定，具有基本相同的干燥时间。对干燥物料色泽变化或湿含量均匀至关重要的某些干燥过程来说，带干机是非常适用的。此外，物料在带干机上受到的振动或冲击轻微（冲击式带式干燥机除外），物料颗粒不易粉化破碎，因此也适用于干燥某些不允许碎裂的物料（如食品）。

带干机不仅供物料干燥，有时还可对物料进行焙烤、烧成或熟化处理。

带干机结构简单，安装方便，能长期运行，发生故障时可进入箱体内部检修，维修方便。缺点是占地面积大，运行时噪声较大。

带干机广泛应用于食品、化纤、皮革、林业、制药和轻工行业中，在无机盐及精细化工行业中也常有采用。

9.2 带式干燥机的分类

带式干燥器的分类可按排气方式分为：逆流排气式［见图 9-1(a)］、并流排气式［见图 9-1(b)］、单向排气式［见图 9-1(c)］。按输送带的层数可分为：单层带式干燥机［见图 9-2(a)］、多层带式干燥机［见图 9-2(b)］，将几个单层带式干燥机串联在一起，而成为多级带

式干燥机 [见图 9-2(c)]。按通风方向可分为下通风型带式干燥机 [见图 9-3(a)]、向上通风型带式干燥机 [见图 9-3(b)]、混合通风型带式干燥机 [见图 9-3(c)]。按侧面密封形式可分为低通气阻力型带式干燥机 [见图 9-4(a)]、高通气阻力型带式干燥机 [见图 9-4(b)]。按加热形式分为热风循环加热型带式干燥机（热源为蒸汽、燃煤、燃油、燃气）、远红外加热型带式干燥机、微波加热型带式干燥机。

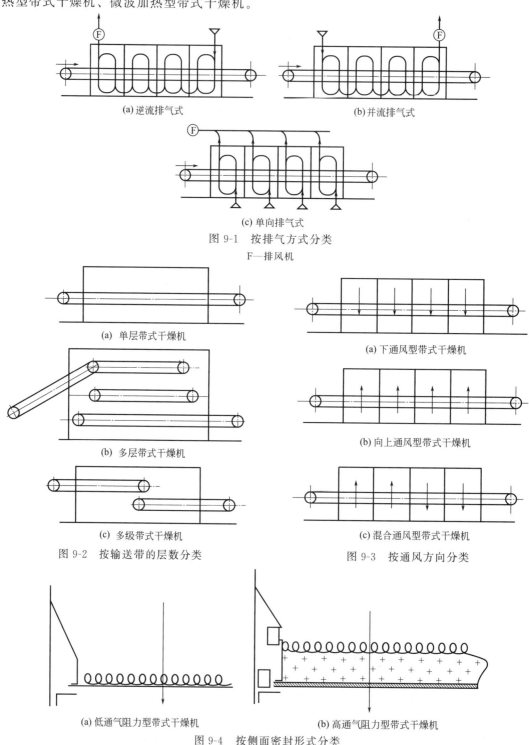

(a) 逆流排气式　　　　　　　　　(b)并流排气式

(c) 单向排气式

图 9-1　按排气方式分类

F—排风机

(a)　单层带式干燥机

(b) 多层带式干燥机

(c) 多级带式干燥机

图 9-2　按输送带的层数分类

(a) 下通风型带式干燥机

(b) 向上通风型带式干燥机

(c) 混合通风型带式干燥机

图 9-3　按通风方向分类

(a)低通气阻力型带式干燥机　　　　　(b)高通气阻力型带式干燥机

图 9-4　按侧面密封形式分类

9.3　带式干燥机的类型及操作原理

9.3.1　单级带式干燥机

　　图 9-5 为典型的单级带式干燥机结构透视图，图 9-6 为其操作原理。被干燥物料由进料端经加料装置被均匀分布到输送带上。输送带通常用穿孔的不锈钢薄板（或称网目板）制成，由电动机经变速箱带动，可以调速。最常用的干燥介质是空气。空气用循环风机由外部经空气过滤器抽入，并经加热器加热后，经分布板由输送带下部垂直上吹。空气流过干燥物料层时，物料中水分汽化，空气增湿，温度降低。部分湿空气排出箱体，一部分则在循环风机吸入口前与新鲜空气混合再行循环。为了使物料层上下脱水均匀，空气继上吹之后向下吹。最后干燥产品经外界空气或其他低温介质直接接触冷却后，由出口端卸出。

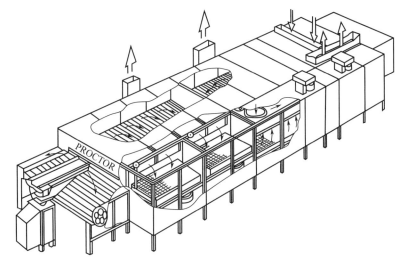

图 9-5　单级带式干燥机结构透视图

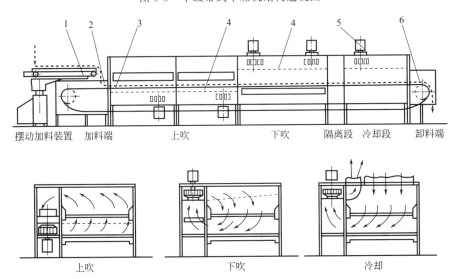

图 9-6　单级带式干燥机操作原理

1—加料器；2—网带；3—进料端；4—布风器；5—循环风机；6—出料端

干燥机箱体内通常分隔成几个单元，以便独立控制运行参数，优化操作。干燥段与冷却段之间有一隔离段，在此无干燥介质循环。干燥介质以垂直方向向上或向下穿过物料层进行干燥的，称为穿流式带式干燥机。干燥介质在物料层上方作水平流动进行干燥的，称为水平气流式带式干燥机，后者使用不广。

9.3.2　多级带式干燥机

多级带式干燥机实质上是由数台（多至 4 台）单级带式干燥机串联组成，其操作原理与单级带式干燥机相同。

多级带式干燥机流程简图见图 9-7。对某些蔬菜类物料，由于在干燥初期缩性很大，且湿强度差，在输送带上堆积较厚将导致压实而影响干燥介质穿流。此时可采用多级带式干燥机。采用多级带式干燥机后，在前后两台带干机的卸料和进料过程中，物料将被松动，空隙度增加，阻力减小，物料比表面积增大。这时通过物料层的干燥介质流量和总传热系数将增大，使干燥机组的总生产能力提高。

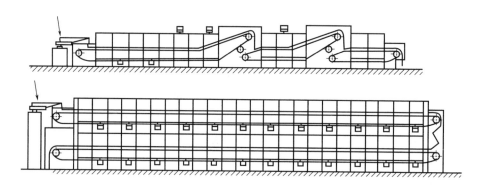

图 9-7　多级带式干燥机流程简图

某些黏性物料，在原料层干燥时将形成块结料。为了减少结块，可在第一级内呈薄料层进行预干燥，当除去相当数量的表面水分后转入下一级进一步干燥。

9.3.3　多层带式干燥机

多层带式干燥机的结构和操作原理见图 9-8。多层带式干燥机常用于干燥速度要求较低、干燥时间较长，在整个干燥过程中工艺操作条件（如干燥介质流速、温度及湿度等）能保持恒定的场合。干燥室是一个不隔成独立控制单元段的加热箱体。层数可达 15 层，最常用 3～5 层。最后一层或几层的输送带运行速度较低，使料层加厚，这样可使大部分干燥介质流经开始的几层较薄的物料层，以提高总的干燥效率。层间设置隔板以组织干燥介质的定向流动，使物料干燥均匀。

多层带式干燥机占地少，结构简单，广泛使用于干燥谷物类物料。但由于操作中要多次装料和卸料，因此不适用于干燥易黏着输送带及不允许碎裂的物料。

9.3.4　冲击式带式干燥机

图 9-9 为冲击式带式干燥机结构和操作原理图。冲击式（或称喷流式）带式干燥机适用于干燥织物、烟叶、基材的表面涂层及其他薄片状物料。冲击式带式干燥机通常由两条输送带组成。上部带由不穿孔的薄钢板制造，干燥介质经联箱由喷嘴向下喷向干燥物料表面及料

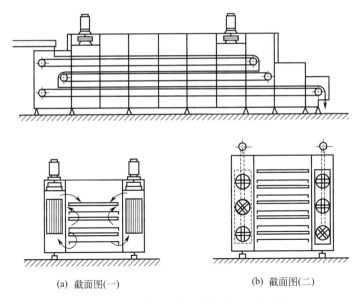

(a) 截面图(一)　　　　(b) 截面图(二)

图 9-8　多层带式干燥机的结构和操作原理

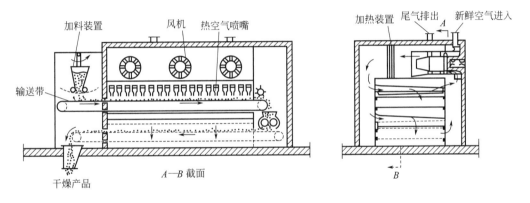

图 9-9　冲击式带式干燥机结构和操作原理图

层内部，由于喷流速度很大（5～20m/s），边界层极薄，传热和传质总系数大大高于水平气流接触时的情况，因而干燥速度较高。冲击式带干机的下部输送带由网目板组成，干燥介质穿流经物料进行最终的干燥。冲击式带干机可分隔成单元段进行独立控制。干燥介质增湿后，部分排出，另一部分返回，掺入新鲜干燥介质后再行循环。

9.3.5　喷淋冷却带式造粒机

　　喷淋冷却带式造粒机的工作原理（见图 9-10）是将熔融液迅速固化成型。熔融液经布料器（制粒机）将物料均匀布置在薄钢带上。在薄钢带底部喷淋冷却介质，使钢带冷却。当熔融液与钢带接触同时发生传热，使熔融液迅速固化成型。钢带在传动输送机的作用下，向卸料端方向移动，换向弯曲，使固化料层与钢带的贴面分离，因此卸料时粉尘极少。颗粒形状得到保护，并且大大降低了刮料时带入产品的杂质，物料大都呈半球形状。喷淋冷却带式造粒机的型号及规格见表 9-1。可应用于硬脂酸、苛性钠、己二酸、双酚 A、4010NA、环氧树脂、EVA、马来酸酐、酚醛树脂、硫磺、石蜡、C_{16}～C_{18}脂肪醇、松香、沥青、硬脂肪酸等物料。

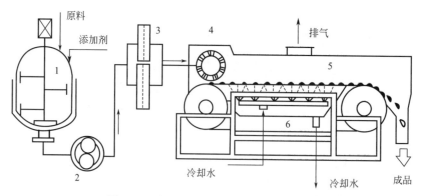

图 9-10　喷淋冷却带式造粒机的工作原理

1—熔融混合槽；2—泵；3—过滤器；4—布料装置；5—钢带输送机；6—冷却喷淋装置

表 9-1　喷淋冷却带式造粒机的型号及规格

型号	有效传热面积/m²	主/辅电动机功率/kW	物料停留时间/s	生产能力/(kg/h)	型号	有效传热面积/m²	主/辅电动机功率/kW	物料停留时间/s	生产能力/(kg/h)
RF0.5-2.0	2.0	1.5/1.5	18～180	40～100	RF1.0-4.0	4.0	1.5/1.5	18～180	80～200
RF0.5-3.6	3.6	1.5/1.5	32～320	75～200	RF1.0-7.2	7.2	1.5/1.5	32～320	150～400
RF0.5-5.2	5.2	2.2/1.5	47～470	180～300	RF1.0-10.4	10.4	2.2/1.5	47～470	350～600
RF0.5-6.8	6.8	2.2/1.5	62～620	290～400	RF1.0-13.6	13.6	2.2/1.5	62～620	580～800
RF0.5-9.8	9.8	3.0/1.5	80～800	350～500	RF1.0-16.8	16.8	3.0/1.5	80～800	800～1000

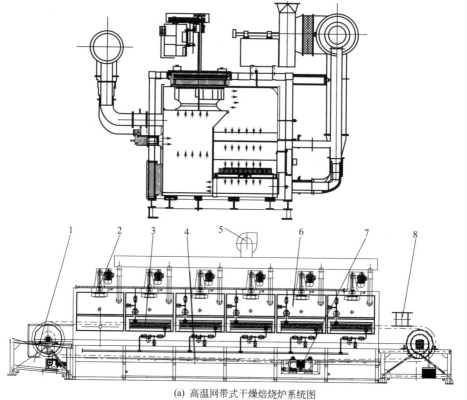

(a) 高温网带式干燥焙烧炉系统图

1—出料斗；2—循环风机；3—加热系统；4—输送带；5—排风机；6—箱体；7—输送带清理装置；8—加料斗

(b) 燃气式焙烧炉实物图

(c) 电热式焙烧炉实物图

图 9-11　高温网带式干燥焙烧炉的工作原理

9.3.6　高温网带式干燥焙烧炉

高温网带式干燥焙烧炉的工作原理（见图 9-11）是将要处理的物料平铺在输送带上依次经过升温干燥段，焙烧段，冷却段等，高温网带式干燥焙烧炉主要用于需在高温段进行反应的物料，一般用于催化剂，锂电池等行业。高温网带式干燥焙烧炉一般焙烧温度在 $450\sim600℃$，在设计应用时主要考虑箱体保温，箱体的热胀冷缩，输送带的跑偏问题。该设备一般为穿流风形式，焙烧效率比辐射加热方式高 50%。

9.4　带式干燥机的结构及操作

带式干燥机的主要结构包括加料器（造粒装置）、输送带、空气加热循环装置、干燥箱等，组成见图 9-6。

9.4.1　输送带

通常，输送带由不锈钢薄板（厚度 1mm）制成，板上冲有长条孔（如 $1.5mm\times6mm$），开孔率 $6\%\sim45\%$，输送带也常用不锈钢丝网制造。丝网主要材质为 1Cr18Ni9Ti，可在 $500\sim700℃$ 下长期工作。用钼二钛制成的网带强度和抗酸蚀性能更佳。输送带的开孔率根据干燥产品颗粒尺寸，是否易于黏着等因素确定。料层厚度通常是数十到数百毫米，由于物性不同，也有几毫米到 $1m$ 以上的，负荷一般不超过 $600kg/m^2$；干燥介质穿流流速（按空床计算）为 $0.25\sim2.5m/s$，通常取 $1.25\sim1.5m/s$；通过输送带和物料层的总阻力不超过 $250\sim500Pa$，以避免单元段间的泄漏；输送带宽度为 $1.0\sim4.5m$，长度相应为 $3\sim60m$。国内有宽度为 $1.2m$、$1.6m$ 和 $2.0m$ 的系列产品，国外有 $2.0m$、$2.5m$ 和 $3.2m$ 的系列产品。

图 9-12 所示为常用的穿孔钢板（网目板）输送带节点结构。输送带是装配式的，节距为 $200mm$ 的组装件用铰链连接，在每一连接点上装有垂直的加强筋以减小带上因受负荷引起铰链处的弯曲。组装件两端由特殊设计的滚柱式链条上的部件所支撑。支撑部件外部装有随输送带一起运行的保护罩。保护罩之间部分互相搭盖，防止物料在输送带上，特别在卸料端链轮周围处的侧边漏料。在整个输送带两侧装有弹性耐磨的金属密封罩（见图 9-6）。罩的一边固定在干燥机的箱体上，另一边搭盖在滚柱式链条的保护罩上，以防止漏料和漏风。在输送带进料和卸料端亦有设计精良的密封设施，减少在此处的漏风。

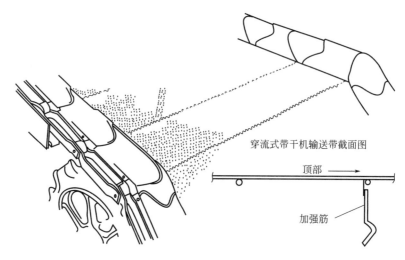

穿流式带干机输送带截面图

顶部 →

加强筋

图 9-12 输送带节点结构

输送带卸料端通常装有拨料装置辅助卸料，有时还装有破碎机，产品经粉碎后送至下一工序。在输送带回转部位装有网孔清扫机，以清除黏附在网孔上的产品。

9.4.2 加料装置

输送带上料层若厚薄不均，将引起干燥介质短路，使薄料层"过干燥"，而厚料层干燥不足，影响产品质量。因此加料装置的设计是至关重要的。

带式干燥机的加料和造粒装置见图 9-13，图 9-13(a)～(c) 一般用于一定强度的已成型的被干燥物料；图 9-13(d)～(f) 用于泥浆状等含水量高的物料成型供给；常用的是滚动挤压式造粒机（摇摆式造粒机），如图 9-13(d) 是一对在一个弧形穿孔板上能来回摆动和升降的包覆橡胶的金属滚筒，储料斗则固定在滚筒之间并随之摆动，储料斗内常装有搅拌器，在储料斗的长度范围内搅匀物料；此类加料装置适用于膏糊状物料，糊状物经储料斗流入滚筒之间，随之被挤压成表面积很大的直径为 $3\sim8mm$ 的条形料，均匀地布落到输送带上，对于湿糊状料和触变性料，应先经预热干燥或真空转鼓过滤脱水呈膏状物后，再采用挤压加料，例如钛白粉、颜料、染料、瓷土及制药中间体等物料多采用此类加料装置；图 9-13(f) 是将蒸汽等通过滚筒内部，使物料加热成型的装置。

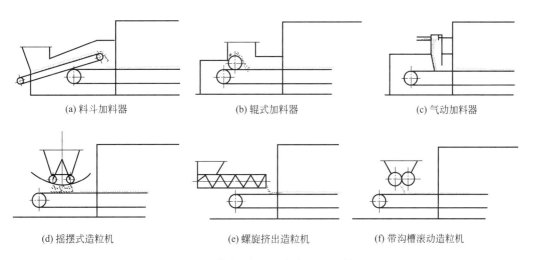

图 9-13　带式干燥机的加料和造粒装置

9.4.3　循环风机和尾气排风机

根据循环风量和系统阻力选择循环风机。通常，选用后弯叶片轮型中压或高压离心式通风机。这种类型风机最大的优点是效率较高和运行时噪声较小。当要求风量大、风压较小时，可选用轴流式风机。尾气排风机也采用后弯叶片轮型离心风机。通常每 2.5～4m² 输送带面积设置一台循环风机。尾气排风机只设置一台，负责排送干燥器的全部尾气。

9.4.4　干燥介质加热装置

干燥介质温度在 150℃ 左右的，常采用翅片蒸汽加热器。国内有 SRZ 型（钢管绕钢片）和 SRL 型（钢管绕铝片）等 30 多个系列产品。翅片间距为 5～8mm，传热性能良好，阻力不大。但长期运行后，需清洗翅片间结垢。翅片加热器和循环风机安装在干燥机箱体内。翅片蒸汽加热器的管程通入饱和蒸汽，蒸汽冷凝传热系数很大 [$7000\sim12000\mathrm{W/(m^2 \cdot K)}$]，因此总传热系数主要由管外空气侧控制。可利用由经验数据绘制的图表，根据翅片管几何尺寸、空气平均温度、翅片管当量直径和空气流经管束最小截面处的质量流速求取总传热系数。缺乏数据时通常取 $50\sim150\mathrm{W/(m^2 \cdot K)}$。

干燥介质温度在 250℃ 左右的，可采用安装在干燥机箱体内的热油加热装置。热油与蒸汽比较，温度高，但压力低，对流传热系数小，需要较大传热面积的热交换器。

此外，用燃气及燃油直接加热干燥介质，操作温度更高。但应注意加热介质接触产品会引起污染，因此不适用于直接接触干燥食品和药物等物料。

为了节约能量，干燥机排出的尾气在其露点温度以上，可经外部换热器与新鲜干燥介质进行热交换，干燥介质经预热后再进入干燥机。其典型流程如图 9-14 所示。

9.4.5　操作过程的调节控制

带式干燥机操作的优劣，在很大程度上取决于干燥介质的分布和调节控制系统的设置。工程设计中通常有以下控制点，见图 9-15。

① 干燥介质（空气）经箱体侧的百叶窗式进风口（图中未表示），与部分尾气混合后通过加热装置被加热后，穿过网带与物料接触。穿经网带前的干燥介质温度由蒸汽流量控制。

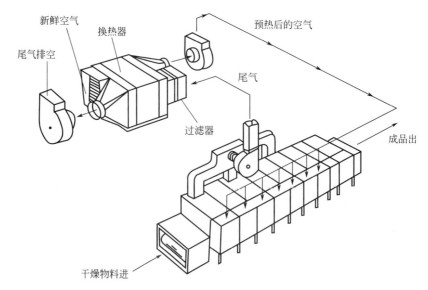

图 9-14　尾气余热回收系统

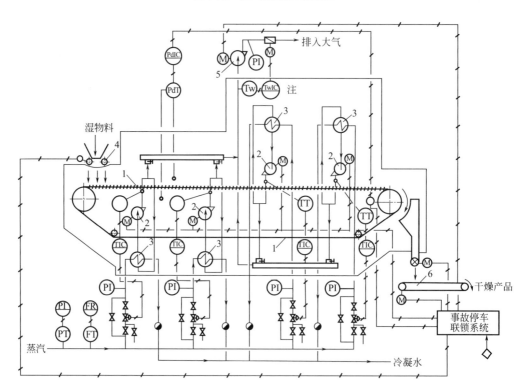

图 9-15　带式干燥机调节控制示意图

1—网带（输送带）；2—循环风机；3—加热器；4—辊式成型加料器；5—尾气排风机；

6—产品皮带输送机（T 为湿球温度）

②　根据干燥介质穿过物料层的阻力降控制网带运行速度，以便在投料量变动（一般应尽量固定）时，阻力降能保持恒定。

③　由尾气湿度或其湿球温度调节尾气排出量。

④　当设备或操作发生事故时，事故停车系统确保从挤压成型装置—输送带—循环风机

到尾气排风机的顺序停车。

9.5 带式干燥机的应用实例

表 9-2 和表 9-3 是带式干燥机的操作实例和一些物料的干燥数据。

表 9-2 带式干燥机操作实例

项目	压型矿石	钛白粉	有机药品	碳酸镁	钛白粉类似物	壳类	人造纤维	长纤维	短纤维
供料数量/kg·h⁻¹	5000	250	150	210	450	420	300	—	—
带长×宽/m	14.5×2.2	56×2.2	5.6×1.5	11×2.2	12.6×2.5	三段 5.0×0.7	15×1.8	21.6×0.3	22.5×1.5
物料层厚度/mm	100	40～50	30	45	—	50～60	30	20～50	60～70
带的种类	金属网	金属网	金属网	金属网	多孔板	金属网	金属网	网目板	网目板
供料方式	皮带机	抗压机	溜槽	挤压机	挤压机	自然落下	散布式	—	料仓
物料初水分（干基）/%	18	82	64.5	—	223 89	35	160	45	40
物料终水分（干基）/%	2	0.005	0.001	0.01	89 0.5	16	12	6.5	6.5
蒸发速度/kg·h⁻¹	800	204	97	410	648 400	75.6	455	～95	40
热空气温度/℃	150	130	70	150	200 100	60	100	30～80	～90
热空气速度/m·s⁻¹	0.8	1.0	1.1	1.0	0.9 0.9	1.2	2.0	9～12	—
压力损失/Pa	300～400	—	300	—	— —	1500	500	—	38
干燥时间/h	0.5	1	0.4	5/6	2/15 1	2/3	1/6	0.1	1/7～1/12
安装功率/kW	25	5	7.5	5	5 7.5	5×2	—	2×12	10

表 9-3 一些物料的干燥数据

物料	物性	含水量/kg·kg⁻¹			热空气温度/℃	料层厚度/mm	热空气速度/m·s⁻¹	干燥时间/min
		初始	临界	终了				
钛白粉	经挤压后	1.02	0.60	0.10	154	38	1.4	10.5
钛白粉	经挤压后	1.07	0.65	0.29	154	81	0.85	10
立德粉	经挤压后	0.72	0.28	0.0013	120	62	1.15	30
立德粉	粗料,经挤压后	0.67	0.26	0.0007	120	76	0.9	85
氢氧化铝	过滤机滤饼	9.6	4.50	1.15	60	38	1.1	150
石棉纤维	挤压过滤的片状物	0.47	0.11	0.008	138	76	0.88	9.3
硅胶	粒状	4.5	1.6	0.218	52	38～6.5	0.9	110
硅胶	粒状	4.51	1.85	0.15	120	38～6.5	0.85	25
醋酸纤维	粒状	1.09	0.35	0.0027	120	19	0.85	12
醋酸纤维	粒状	1.09	0.30	0.0041	120	25	0.55	18
碳酸钙	挤压后	1.69	0.98	0.255	137	12	1.4	15
碳酸钙	挤压后	1.41	0.45	0.05	137	19	1.0	20
瓷土	挤压后	0.443	0.20	0.008	102	70	1.0	30
瓷土	挤压后	0.36	0.14	0.0033	120	900～100	1.5	20

9.6　干燥机计算步骤及计算示例

以单级穿流式为例，干燥介质为热空气。

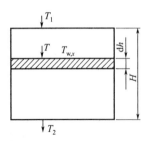

图 9-16　穿流干燥传热原理简图

带式干燥机的计算内容包括：被干燥物料湿含量和热空气温度分布、不同干燥阶段的干燥速度和干燥时间，以及总传热系数的计算等。

9.6.1　恒速干燥阶段

由热量平衡，在湿物料层微元段 dh 内（见图 9-16），忽略设备热损失和湿物料颗粒内部无温度梯度的情况下，热空气给物料表面传递的热量应等于热空气增湿、降低温度所给出的热量等，即

$$3.6F\mathrm{d}h\,\rho aK_{\mathrm{a}}(T-T_{\mathrm{w}})=m_{\mathrm{g}}c'_{p}(-\mathrm{d}T)\quad(\mathrm{kJ/h})\tag{9-1}$$

式中，F 为料层面积，$\mathrm{m^2}$；h 为料层高度，m；ρ 为被干燥物料表观密度，$\mathrm{kg/m^3}$；a 为物料比表面积，$\mathrm{m^2/kg}$；K_{a} 为总传热系数，$\mathrm{W/(m^2 \cdot K)}$；T 为空气温度（干球温度），℃；T_{w} 为空气湿球温度，℃；m_{g} 为空气流量，$\mathrm{kg/h}$；c'_{p} 为空气湿热容，$\mathrm{kJ/(kg \cdot K)}$。

假定干燥过程中，湿物料的水量相对于湿物料湿含量之比非常小，干燥过程可认为是等焓过程。于是 T_{w} 不变，且等于最初热空气的湿球温度。式(9-1) 可在 $T_1 \sim T$ 和 $0 \sim h$ 范围内积分，并得

$$\int_{T_1}^{T}-\frac{\mathrm{d}T}{T-T_{\mathrm{w}}}=\frac{3.6K_{\mathrm{a}}F\rho a}{m_{\mathrm{g}}c'_{p}}\int_{0}^{h}\mathrm{d}h\tag{9-2}$$

令　$K_{\mathrm{v}}=\rho aK_{\mathrm{a}}$ 和 $F=1\mathrm{m^2}$ 单位面积

于是有

$$\frac{T_1-T_{\mathrm{w}}}{T-T_{\mathrm{w}}}=\exp\left(\frac{3.6K_{\mathrm{v}}h}{m_{\mathrm{g}}c'_{p}}\right)\tag{9-3}$$

$$T=T_{\mathrm{w}}+(T_1-T_{\mathrm{w}})\exp\left(-\frac{3.6K_{\mathrm{v}}h}{m_{\mathrm{g}}c'_{p}}\right)\quad(℃)\tag{9-4}$$

式中，K_{v} 为体积总传热系数，$\mathrm{W/(m^3 \cdot K)}$。其他符号意义同前。

式(9-4) 表示恒速干燥阶段中，在物料层中热空气温度的分布情况。当 $h=H$ 时，$T=T_2$，即热空气离开物料层时温度 T_2 为

$$T_2=T_{\mathrm{w}}+(T_1-T_{\mathrm{w}})\exp\left(-\frac{3.6K_{\mathrm{v}}H}{m_{\mathrm{g}}c'_{p}}\right)\quad(℃)\tag{9-5}$$

基于同样的假定，热空气传递给物料的热量等于物料中水分汽化所需的热量，即

$$3.6F\mathrm{d}h\,\rho aK_{\mathrm{a}}(T-T_{\mathrm{w}})=F\mathrm{d}h\,\rho\gamma_{\mathrm{w}}\left(-\frac{\mathrm{d}x}{\mathrm{d}\tau}\right)\quad(\mathrm{kJ/h})\tag{9-6}$$

或

$$\rho\gamma_{\mathrm{w}}\left(-\frac{\mathrm{d}x}{\mathrm{d}\tau}\right)=3.6K_{\mathrm{v}}(T-T_{\mathrm{w}})\tag{9-7}$$

式中，γ_{w} 为湿球温度时水的汽化潜热，$\mathrm{kJ/kg}$；x 为物料湿含量，$\mathrm{kg/kg}$；τ 为干燥时间，h。其他符号意义同前。

在恒速干燥阶段中，$\left(-\dfrac{\mathrm{d}x}{\mathrm{d}\tau}\right)$ 为常量。若假定 ρ、γ_{w} 和 K_{v} 在干燥过程中不变，则 $T-T_{\mathrm{w}}$ 或 T 应为常量。将式(9-7) 积分

$$\rho \gamma_w \int_{x_0}^x - \mathrm{d}x = 3.6 K_v (T - T_w) \int_0^\tau \mathrm{d}\tau$$

得

$$\frac{x_0 - x}{T - T_w} = \frac{3.6 K_v \tau}{\rho \gamma_w} \tag{9-8}$$

料层顶部热空气温度始终是 T_1。当料层顶部物料湿含量达到临界湿含量 x_{cr} 时，所需的时间即为恒速阶段的干燥时间 τ_1，于是有

$$\frac{x_0 - x_{cr}}{T_1 - T_w} = \frac{3.6 K_v \tau_1}{\rho \gamma_w} \tag{9-9}$$

当料层顶部物料湿含量达到临界湿含量时，料层其他部位的热空气温度和物料湿含量仍应符合下式，即

$$\frac{x_0 - x}{T - T_w} = \frac{3.6 K_v \tau_1}{\rho \gamma_w} \tag{9-10}$$

结合式(9-9)、式(9-10) 和式(9-3)，则有

$$\frac{x_0 - x_{cr}}{x_0 - x} = \frac{T_1 - T_w}{T - T_w} = \exp\left(\frac{3.6 K_v h}{m_g c_p'}\right) \tag{9-11}$$

或

$$x = x_0 - (x_0 - x_{cr}) \exp\left(-\frac{3.6 K_v h}{m_g c_p'}\right) \quad (\mathrm{kg/kg}) \tag{9-12}$$

当顶部料层到达临界湿含量时，料层其余部位的湿含量仍高于临界湿含量。此时整个料层的平均湿含量为 $\overline{x}$，并结合式(9-12) 得

$$\overline{x} = \frac{1}{H}\int_0^H x \mathrm{d}h = \frac{1}{H}\left\{ x_0 H - \frac{(x_0 - x_{cr}) m_g c_p'}{3.6 K_v}\left[1 - \exp\left(-\frac{3.6 K_v H}{m_g c_p'}\right)\right]\right\} \quad (\mathrm{kg/kg}) \tag{9-13}$$

恒速阶段干燥时间 τ_1，可由式(9-9) 求取，即

$$\tau_1 = \frac{(x_0 - x_{cr}) \rho \gamma_w}{3.6 K_v (T_1 - T_w)} \quad (\mathrm{h}) \tag{9-14}$$

恒速阶段干燥速度为 R_c 或 R_c'

$$R_c = \frac{x_0 - \overline{x}}{\tau_1 a} \quad [\mathrm{kg/(m^2 \cdot h)}] \tag{9-15}$$

$$R_c' = \frac{\rho H (x_0 - \overline{x})}{\tau_1} \quad [\mathrm{kg/(m^2 \cdot h)}] \tag{9-16}$$

恒速阶段的输送带长度 L_1 为

$$L_1 = \frac{\tau_1 m_s}{w H \rho} \quad (\mathrm{m}) \tag{9-17}$$

式中，m_s 为被干燥物料投料量，kg/h；w 为输送带有效宽度，m。其他符号意义同前。

9.6.2 降速干燥阶段

降速干燥阶段中，加热介质传递到物料的热量等于物料水分的汽化潜热和加热物料所需热量之和。假定物料颗粒内部无温度梯度，则有

$$3.6 F \mathrm{d}h \, \rho a K_a (T - T_s) = F \mathrm{d}h \, \rho \gamma_m \left(-\frac{\mathrm{d}x}{\mathrm{d}\tau}\right) + F \mathrm{d}h \, \rho (c_s + 4.187 x)\frac{\mathrm{d}T_s}{\mathrm{d}\tau} \quad (\mathrm{kJ/h}) \tag{9-18}$$

而
$$\left(-\frac{\mathrm{d}x}{\mathrm{d}\tau}\right) = aR_{\mathrm{f}} \quad [\mathrm{kg/(kg \cdot h)}] \tag{9-19}$$

于是有
$$3.6K_{\mathrm{v}}(T-T_{\mathrm{s}}) = \rho\gamma_{\mathrm{m}}aR_{\mathrm{f}} + (c_{\mathrm{s}} + 4.187x)\frac{\mathrm{d}T_{\mathrm{s}}}{\mathrm{d}\tau} \tag{9-20}$$

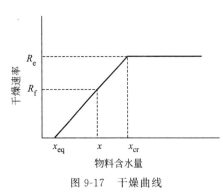

图 9-17　干燥曲线

式中，T_{s} 为物料表面温度，℃；γ_{m} 为表面温度时水的汽化潜热，kJ/kg；R_{f} 为降速阶段干燥速度，kg/($\mathrm{m}^2 \cdot$ h)；c_{s} 为物料定压比热容，kJ/(kg · K)。其他符号意义同前。

由式(9-20) 知，降速阶段干燥速度随时间而变化，即随物料湿含量变化，且与物料表面温度有关，但这种关联式的计算是相当复杂的。因此在工程计算中，通常是假设干燥速度与物料的自由水分成正比，如图 9-17 所示。

即
$$R_{\mathrm{f}} = k(x - x_{\mathrm{eq}}) \tag{9-21}$$

式中，比例常数
$$k = \frac{R_{\mathrm{c}}}{x_{\mathrm{cr}} - x_{\mathrm{eq}}} \tag{9-22}$$

于是得
$$R_{\mathrm{f}} = \frac{1}{a}\left(-\frac{\mathrm{d}x}{\mathrm{d}\tau}\right) = \frac{R_{\mathrm{c}}}{x_{\mathrm{cr}} - x_{\mathrm{eq}}}(x - x_{\mathrm{eq}}) \quad [\mathrm{kg/(m^2 \cdot h)}] \tag{9-23}$$

或
$$\int_{x_{\mathrm{cr}}}^{x} -\frac{\mathrm{d}x}{x - x_{\mathrm{eq}}} = \frac{R_{\mathrm{c}}a}{x_{\mathrm{cr}} - x_{\mathrm{eq}}}\int_0^{\tau_2}\mathrm{d}\tau$$

得
$$\tau_2 = \frac{x_{\mathrm{cr}} - x_{\mathrm{eq}}}{R_{\mathrm{c}}a}\ln\frac{x_{\mathrm{cr}} - x_{\mathrm{eq}}}{x - x_{\mathrm{eq}}} \quad (\mathrm{h}) \tag{9-24}$$

若比例常数
$$k = \frac{R_{\mathrm{c}}'}{x_{\mathrm{cr}} - x_{\mathrm{eq}}} \tag{9-25}$$

则
$$R_{\mathrm{f}}' = \rho H\left(-\frac{\mathrm{d}x}{\mathrm{d}\tau}\right) = \frac{R_{\mathrm{c}}'}{x_{\mathrm{cr}} - x_{\mathrm{eq}}}(x - x_{\mathrm{eq}}) \quad [\mathrm{kg/(m^2 \cdot h)}] \tag{9-26}$$

或
$$\tau_2 = \frac{\rho H(x_{\mathrm{cr}} - x_{\mathrm{eq}})}{R_{\mathrm{c}}'}\ln\frac{(x_{\mathrm{cr}} - x_{\mathrm{eq}})}{(x - x_{\mathrm{eq}})} \quad (\mathrm{h}) \tag{9-27}$$

式中，x_{cr}、x_{eq} 分别为物料的临界湿含量和平衡湿含量，kg/kg。其他符号意义同前。

降速阶段的输送带长度 L_2 为

$$L_2 = \frac{\tau_2 m_{\mathrm{s}}}{wH\rho} \quad (\mathrm{m}) \tag{9-28}$$

9.6.3　总传热系数 K_{a} 和 K_{v} 的计算

9.6.3.1　K_{a} 值计算

当加热介质（热空气）上吹或下吹经网带时，可采用式(9-29)中由三个无量纲数群组成的关联式计算。

$$\left(\frac{3.6K_{\mathrm{a}}}{c_p G}\right)\left(\frac{c_p\mu}{3.6K}\right)^{2/3} = 1.064\left(\frac{D_{\mathrm{p}}G}{\mu}\right)^{-0.41} \quad \frac{D_{\mathrm{p}}G}{\mu} > 350 \tag{9-29}$$

式中，K_{a} 为总传热系数，W/($\mathrm{m}^2 \cdot$ K)；c_p 为空气定压比热容，kJ/(kg · K)；μ 为气体黏度，kg/(m · h)；K 为气体热导率，W/(m · K)；D_{p} 为与物料颗粒相等表面积的球

径，m；G 为干气体质量速度，$kg/(m^2 \cdot h)$。

对湿颗粒物料及其他形状的湿物料，可用式(9-30) 计算总传热系数

$$K_a = 1.175(\overline{L})^{0.37} \tag{9-30}$$

式中，$\overline{L}$ 为空气的质量速度，$kg/(m^2 \cdot h)$，适用范围 $\overline{L} = 4000 \sim 20000$。

由于物料颗粒粒度不均，经成型的物料形状不一，投料时分布不均等因素，计算结果误差很大。有条件时 K_a 以实测为好。

9.6.3.2　K_v 值计算

$$K_v = \rho a K_a \tag{9-31}$$

式中，K_v 为体积总传热系数，$W/(m^3 \cdot K)$。

由于 ρ、a 值不仅在物料层的不同高度处有差别，而且在干燥过程 a 值的变化很大，因此有条件时 K_v 同样以实测为好。

在干燥时间或干燥速度的基础计算中，牵涉到干燥物料物性和干燥操作条件的测定。这些测定工作是很复杂的。实际情况是在试验室中直接按相同物料和相同操作条件测定其干燥曲线（$x\text{-}\tau$ 或 R'_c、R'_{c-x}），由干燥曲线提供的数据进行工程设计。但考虑到试验室装置同工业装置间的差别（如布料不均、干燥介质流量不均等），在设计中干燥时间还应按试验装置的数据增加 $50\% \sim 100\%$ 的裕量。

9.7　校核计算及举例

根据干燥曲线（$x\text{-}\tau$）的数据，在选择合适的料层高度和网带宽度后，算出网带长度。按每 $2.5 \sim 4m^2$ 网带面积设置一台循环风机和配套的加热器，然后进行校核计算。在校核计算中，假定料层整个高度内干燥物料颗粒内部无温度梯度及湿度梯度，即按物料层各参数的平均值计算。

由物料衡算（干燥操作流程示意图见图 9-18），得

$$x_{w_1} = x_{w_2} + y_4 - y_1 \quad (kg/h) \tag{9-32}$$

$$x_{w_1} = x_{w_2} + y_3 - y_2 \quad (kg/h) \tag{9-33}$$

$$x_{w_1} = m_s x_1; \quad x_{w_2} = m_s x_2 \tag{9-34}$$

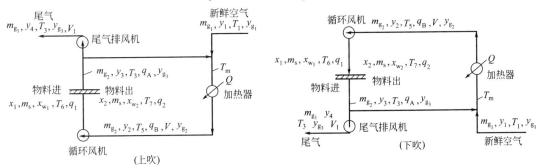

图 9-18　干燥操作流程示意图

热空气穿流物料层前的体积 $\overline{V}$，按理想气体计算。

$$\overline{V} = \frac{m_{g_2}}{\rho_1} + \frac{y_2}{\rho_2} \quad (m^3/h) \tag{9-35}$$

空气密度 $\qquad \rho_1 = \dfrac{1 \times 29}{0.0821 \times (273 + T_5)} = \dfrac{353.23}{273 + T_5}$ （kg/m³） $\qquad$ (9-36)

尾气的体积 $\overline{V}_1$，按理想气体计算。

$$\overline{V}_1 = \frac{m_{g_1}}{\rho_3} + \frac{y_4}{\rho_4} \quad (\text{m}^3/\text{h}) \tag{9-37}$$

空气密度 $\qquad \rho_3 = \dfrac{353.23}{273 + T_3}$ （kg/m³） $\qquad$ (9-38)

此外有 $y_1 = m_{g_1} y_{g_1}$

$$y_2 = m_{g_2} y_{g_2} \quad (\text{kg/h}) \tag{9-39}$$

$$\frac{y_4}{m_{g_1}} = \frac{y_3}{m_{g_2}} \quad (\text{kg/kg}) \tag{9-40}$$

由热量衡算（忽略散热损失），得

$$q_1 - q_2 = q_A - q_B \quad (\text{kJ/h}) \tag{9-41}$$

物料带入热量 q_1

$$q_1 = m_s (c_s + 4.187 x_1) T_6 \quad (\text{kJ/h}) \tag{9-42}$$

物料带出热量 q_2

$$q_2 = m_s (c_s + 4.187 x_2) T_7 \quad (\text{kJ/h}) \tag{9-43}$$

热空气带出热量 q_A

$$q_A = 4.187 [0.24 m_{g_2} T_3 + (595 + 0.46 T_3) y_3] \quad (\text{kJ/h}) \tag{9-44}$$

热空气带入热量 q_B

$$q_B = 4.187 [0.24 m_{g_2} T_5 + (595 + 0.46 T_5) y_2] \quad (\text{kJ/h}) \tag{9-45}$$

整理以上各式，得

$$m_{g_1} = \frac{\overline{V}_1 \rho_3 \rho_4 - m_s \rho_3 (x_1 - x_2)}{\rho_4 + \rho_3 y_{g_1}} \tag{9-46}$$

$$y_4 = m_s (x_1 - x_2) + m_{g_1} y_{g_1} \tag{9-47}$$

$$y_2 = \frac{\overline{V} y_4 \rho_1 \rho_2 - m_{g_1} \rho_2 m_s (x_1 - x_2)}{m_{g_1} \rho_2 + \rho_1 y_4} \tag{9-48}$$

此外，加热器加入热量 Q

$$Q = [(0.24 m_{g_2} + 0.46 y_2)(T_5 - T_m)] \times 4.187 \quad (\text{kJ/h}) \tag{9-49}$$

$$T_m = \frac{(0.24 m_{g_1} + 0.46 y_1) T_1 + [0.24 (m_{g_2} - m_{g_1}) + 0.46 (y_3 - y_4)] T_3}{0.24 m_{g_2} + 0.46 y_2} \quad (\text{℃}) \tag{9-50}$$

式中，m_g 为空气或尾气质量流量，kg/h；$\overline{V}$ 为空气或尾气体积流量，m³/h；y_g 为空气湿度，kg/kg；y 为空气中水量，kg/h；x 为物料湿含量，kg/kg；ρ 为空气或水蒸气密度，kg/m³；T 为温度，℃；m_s 为被干燥物料投料量，kg/h。

计算时先假定一个 T_3 值，然后依次由式(9-46)得 m_{g_1}，由式(9-48)得 y_2，再由式(9-32)和式(9-33)得 x_{w_1} 和 x_{w_2}，由式(9-35)得 m_{g_2}。将所得各值代入式(9-41)，核算是否满足等式。若满足则表示假定值和所得各值是正确的，否则应假定另一个 T_3 值再进行试算（以上试算步骤可由电脑完成）。

例如被干燥物料投料量 5388kg/h（湿基），最初湿含量 $x_0 = 1.0$，临界湿含量 $x_{cr} = 0.45$，要求最终湿含量 $x = 0.005$（以上均为干基），平衡湿含量 $x_{eq} = 0$。

按照提供的干燥曲线；干燥时间为 24.375min，其中恒速阶段 7.5min，降速阶段（Ⅰ）9.375min，降速阶段（Ⅱ）7.5min。干燥曲线和其他有关干燥操作数据如图 9-19 所示。

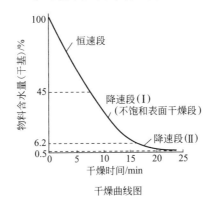

干燥曲线图

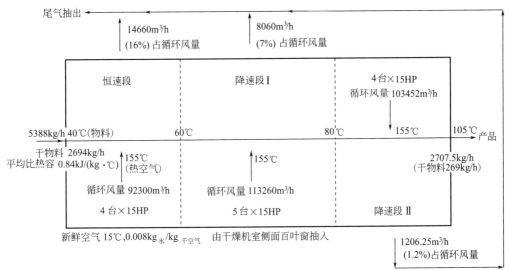

图 9-19　干燥操作数据图

　　由初步计算结果，确定带干机输送带有效长度为 44m（不包括冷却段），有效宽度为 1.067m，配 13 台循环风机（每台管辖 3.61m² 网带），其中恒速阶段 4 台，降速阶段（Ⅰ）5 台，降速阶段（Ⅱ）4 台。若以每台循环风机管辖范围作为一个单元段，单独进行控制，在测得或合理分配了各参数（如物料温度、尾气占循环风量的比例等）后，由式（9-32）~式（9-50）用电脑计算各单元段的结果，见表 9-4。

　　关于物料表面积 a 值的计算（以第一台为例）如下。

热空气穿流量 $\overline{L}$

$$\overline{L}=\frac{2m_{g_2}+y_2+y_3}{3.61\times 2}=\frac{2\times 15976.3+1903.96+2274.39}{3.61\times 2}\approx 5000\text{kg}/（\text{m}^2\cdot\text{h}）$$

总传热系数 K_a

$$K_a=1.175\times(5000)^{0.33}=19.5\left[\text{W}/（\text{m}^2\cdot\text{K}）\right]$$

由热空气传递给干燥物料的热量 q

$$q=\gamma_w(y_3-y_2)=2355.1\times(2274.39-1903.96)=8.72\times 10^5\quad（\text{kJ/h}）$$

式中，γ_w 为 60℃时水的汽化潜热。

表9-4　式(9-32)～式(9-50)用电脑计算出的各单元段的结果

输入：m_s（物料量）=2694kg/h；C_s（物料比热容）=0.837kJ/(kg·K)；T_s（热空气温度）=155℃；T_1（新鲜空气温度）=15℃；y_{g1}（新鲜空气湿度）=0.008kg/kg

符号	名称	单位	第1台	第2台	第3台	第4台	第5台	第6台	第7台	第8台	第9台	第10台	第11台	第12台	第13台
			恒速阶段				降速阶段（I）					降速阶段（II）			
V	循环风量	m³/h	23075	23075	23075	23075	22652	22652	22652	22652	22652	25863	25863	25863	25863
V_1	尾气排出量	m³/h	3665	3665	3665	3665	2408.5	1991.5	1612	1208.5	839.5	592	364	159	92
x_1	物料湿含量（进）	kg/kg	1.0	0.8625	0.725	0.5875	0.45	0.33	0.23	0.16	0.103	0.062	0.031	0.017	0.01
x_2	物料湿含量（出）	kg/kg	0.8625	0.725	0.45	0.45	0.33	0.23	0.16	0.103	0.062	0.031	0.017	0.01	0.005
T_6	物料温度（进）	℃	以60计	60	60	60	60	61.75	64.25	67.5	72.5	80	90.75	97.5	101.75
T_7	物料温度（出）	℃	60	60	60	60	61.75	64.25	67.5	72.5	80	90.75	97.5	101.75	105
输出：															
x_{w1}	物料中水量（进）	kg/h	2694	2323.58	1953.15	1582.73	1212.3	889.02	619.62	431.04	277.48	167.03	83.51	45.8	26.94
x_{w2}	物料中水量（出）	kg/h	2323.58	1953.15	1582.73	1212.3	889.02	619.62	431.04	277.48	167.03	83.51	45.8	26.94	13.47
m_{g1}	新鲜空气或尾气量	kg/h	2756.95	2756.95	2756.95	2756.95	1656.89	1336.26	1093.4	789.17	533.07	361.36	239.97	100.31	53.84
m_{g2}	热空气量	kg/h	15976.3	15976.3	15976.3	15976.3	14477.83	14299.68	14718.85	14281.01	14013.8	15505.88	16906.5	16245.09	15089.79
T_m	混合热空气温度	℃	95.56	95.56	95.56	95.56	105.33	113.2	123.87	129.9	136.6	142.62	148.7	151.91	152.92
T_3	尾气温度	℃	108.96	108.96	108.96	108.96	113.86	120.54	130.46	134.81	140.06	144.74	150.19	152.54	153.26
Q	加热器加入热量	10⁵kJ/h	11.72	11.72	11.72	11.72	9.73	8.2	6.08	4.93	3.62	2.76	1.4	0.69	0.47
y_{g2}	热空气湿度（进）	kg/kg	0.119	0.119	0.119	0.119	0.181	0.191	0.168	0.192	0.207	0.234	0.163	0.195	0.257
y_{g3}	热空气湿度（出）	kg/kg	0.142	0.142	0.142	0.142	0.203	0.21	0.18	0.203	0.215	0.239	0.165	0.196	0.258
y_1	新鲜空气中水量	kg/h	22.06	22.06	22.06	22.06	13.26	10.69	8.75	6.31	4.26	2.89	1.92	0.8	0.43
y_2	热空气中水量（进）	kg/h	1903.96	1903.96	1903.96	1903.96	2617.34	2727.91	2467.75	2739.51	2905.36	3624.08	2754.75	3165.27	3882.33
y_3	热空气中水量（出）	kg/h	2274.39	2274.39	2274.39	2274.39	2940.62	2997.31	2656.33	2893.06	3015.81	3707.59	2792.47	3184.13	3895.8
y_4	尾气中水量	kg/h	392.48	392.48	392.48	392.48	336.54	280.09	197.33	159.87	114.72	86.4	39.64	19.66	13.9
a^*	物料表面积	m²/h	1.46	1.46	1.46	1.46	1.26	1.04	0.7	0.59	0.44	0.35	0.17	0.092	0.07
R_c或R_d	干燥速率	kg/(m²·h)	3.02	3.02	3.02	3.02	3.04	3.09	3.19	3.11	2.97	2.84	2.63	2.43	2.27
R_c'或R_d'	干燥速率	kg/(m²·h)	102.58	102.58	102.58	102.58	89.53	74.61	52.22	42.53	30.59	23.13	10.44	5.22	3.73

ΣQ

$$2022.6\times(2694-13.47)=84.79\times10^5$$

注：1kg水分汽化耗蒸汽（1MPa饱和蒸汽）$=\dfrac{2022.6\times(2694-13.47)}{2022.6\times2680.53}=1.56(\text{kg})$

热空气与物料的平均温度差 ΔT

$$\Delta T = \frac{155 + 108.96}{2} - 60 = 72 \ (\text{℃})$$

得物料传热总面积为 $\dfrac{8.72 \times 10^5}{72 \times 27.4 \times 3.6} = 122.8 \ (\text{m}^2)$

物料在此段停留时间为 1.875min，在此段网带上的物料量为 $\dfrac{1.875}{60} \times 2694 = 84.18 \ (\text{kg})$ （干料），因此物料表面积 $a = \dfrac{122.8}{84.18} = 1.46 \ (\text{m}^2/\text{kg})$ （干料）。

通过核算，并由生产实践知，物料表面积 a 值符合实际情况，具有较大的安全性。热空气穿流速度（床层速度）在 1.75～2.0m/s 之间，虽稍高，但属正常范围，对物料不会过度压实或吹散。尾气的混合温度约 116℃，湿度 0.164kg/kg，露点温度在 60℃ 左右，在排空前可用来预热新鲜空气（见图 9-8）。加热蒸汽消耗定额约为 1.61kg/kg（采用 1.0MPa 饱和蒸汽）较先进。因此认为带式干燥机的设计是合理的。

符号说明

a——物料比表面积，m^2/kg；

c_p'——空气湿比热容，$\text{kJ}/(\text{kg} \cdot \text{K})$；

c_p——空气定压比热容，$\text{kJ}/(\text{kg} \cdot \text{K})$；

c_s——物料定压比热容，$\text{kJ}/(\text{kg} \cdot \text{K})$；

F——料层面积，m^2；

H——料层高度，m；

h——料层高度，m；

K_a——总传热系数，$\text{W}/(\text{m}^2 \cdot \text{K})$；

K_v——体积总传热系数，$\text{W}/(\text{m}^3 \cdot \text{K})$；

L_1——恒速阶段输送带长度，m；

L_2——降速阶段输送带长度，m；

m_g——空气流量，kg/h；

R_c——恒速阶段干燥速率，$\text{kg}/(\text{m}^2 \cdot \text{K})$；

R_f——降速阶段干燥速率，$\text{kg}/(\text{m}^2 \cdot \text{K})$；

T——空气温度（干球），℃；

T_w——空气温度（湿球），℃；

ΔT——热空气与物料的平均温度，℃；

$\overline{V}$——热空气穿流物料层前的体积，m^3/h；

x——物料湿含量，kg/kg；

$\overline{x}$——平均湿含量，kg/kg；

y——空气中水量，kg/h；

y_g——空气湿度，kg/kg；

γ_m——表面温度时水的汽化潜热，kJ/kg；

γ_w——湿球温度时水的汽化潜热，kJ/kg；

ρ_3——空气密度，kg/m^3；

ρ_4——蒸汽密度，kg/m^3；

ρ——被干物料表观密度，kg/m^3；

τ——干燥时间，min；

τ_1——恒速阶段干燥时间，min。

参考文献

[1]　化工部化学工程设计技术中心站主编．化工单元操作设计手册（上册）．西安：化工部第六设计院，1987.

[2]　《化学工程手册》编委会编．化学工程手册（第 4 卷）．北京：化学工业出版社，1989.

[3]　Perry R H Cocil H Chilton. Chemical Engineers, Handbook. 5th ed. New York: McGraw-Hill, 1973, 20-29.

[4]　《基础化学工程》编写组．基础化学工程（下册）．上海：上海科学技术出版社，1979.

[5]　Mujumdar A S. Handbook of Industrial Drying. 2nd ed. New York: Marcel Dekker Inc, 1995.

[6]　化工设备设计全书编辑委员会．干燥设备设计．上海：上海科学技术出版社，1986.

[7]　桐荣良三主编．干燥装置手册．秦霁光等译．上海：上海科学技术出版社，1983.

[8]　运输机械设计手册．北京：化学工业出版社，1989.

（翁颐庆，范琪）

第10章

转筒干燥

10.1 概述

10.1.1 转筒干燥器的工作原理

转筒干燥器的主体是略带倾斜并能回转的圆筒体。这种装置的工作原理如图 10-1 所示。湿物料从左端上部加入，经过圆筒内部时，与通过筒内的热风或加热壁面进行有效的接触而被干燥，干燥后的产品从右端下部收集。在干燥过程中，物料借助于圆筒的缓慢转动，在重力的作用下从较高一端向较低一端移动。筒体内壁上装有顺向抄板（或类似装置），它不断地把物料抄起又洒下，使物料的热接触表面增大，以提高干燥速率并促使物料向前移动。干燥过程中所用的热载体一般为热空气、烟道气或水蒸气等。如果热载体（如热空气、烟道气）直接与物料接触，则经过干燥器后，通常用旋风除尘器将气体中挟带的细粒物料捕集下来，废空气则经旋风除尘器后放空。转筒干燥器是最古老的干燥设备之一，目前仍被广泛应用于冶金、建材、化工等领域。

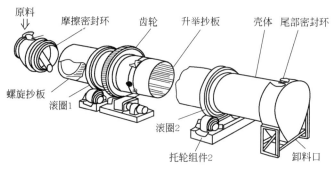

图 10-1 转筒干燥器工作原理

10.1.2 转筒干燥器的特点

转筒干燥器与其他干燥设备相比，具有如下优点：
① 生产能力大，可连续操作；

②　结构简单，操作方便；

③　故障少，维修费用低；

④　适用范围广，可以用它干燥颗粒状物料，对于那些附着性大的物料也很有利；

⑤　操作弹性大，生产上允许产品的产量有较大波动范围，不致影响产品的质量；

⑥　清扫容易。

转筒干燥器的缺点是：

①　设备庞大，一次性投资多；

②　安装、拆卸困难；

③　热容量系数小，热效率低（但蒸汽管式转筒干燥器热效率高）；

④　物料在干燥器内停留时间长，且物料颗粒之间的停留时间差异较大，因此不适合于对温度有严格要求的物料。

10.2　转筒干燥器的分类和适用范围

按照物料和热载体的接触方式，将转筒干燥器分为三种类型，即直接加热式、间接加热式、复合加热式。现分述如下。

10.2.1　直接加热转筒干燥器

10.2.1.1　常规直接加热转筒干燥器

此种干燥设备的简图如图 10-1 所示。在这种干燥设备中，被干燥的物料与热风直接接触，以对流传热的方式进行干燥。按照热风与物料之间的流动方向，分为并流式和逆流式。在并流式中热风与物料移动方向相同，入口处温度较高的热风与湿含量较高的物料接触。因物料处于表面汽化阶段，故产品温度仍然大致保持湿球温度。出口侧的物料虽然温度在升高，但此时的热风温度已经降低，故产品的温度升高不会太大。因此选用较高的热风入口温度，不会影响产品的质量。这对于热敏性物料的干燥包括那些含有易挥发组分物料的干燥，例如肥料行业中氨基盐的干燥是适宜的。但对于氨基盐的干燥，物料温度应低于 90℃，以免发生燃烧。另外，对于附着性较大的物料，选用并流干燥也十分有利。在逆流式中热风流动方向和物料移动方向相反。对于耐高温的物料，采用逆流干燥，热利用率高。干燥器的空气出口温度在并流式中一般应高于物料出口温度约 10～20℃。在逆流式中空气出口温度没有明确规定，但设计时采用 100℃ 作为出口温度比较合理。

常规直接加热转筒干燥器的筒体直径一般为 0.4～3m，筒体长度与筒体直径之比一般为 4～10。干燥器的圆周速度为 0.4～0.6m/s，空气速度在 1.5～2.5m/s 范围内。常规直接加热转筒干燥器运转实例见表 10-1 和表 10-2。

表 10-1　常规直接加热逆流转筒干燥器运转实例（一）

项目	物料种类					
	砂糖	PVC	无机盐	复合肥料	水泥原料	黏土
原料湿含量/%	3.5	2.9	4	16	7	6.7
产品湿含量/%	0.05	0.2	0.1	2	0.5	1.5
产品温度/℃	40	35	72	100		75
燃料的种类	蒸汽	蒸汽	蒸汽	重油	煤	煤

项目	物料种类					
	砂糖	PVC	无机盐	复合肥料	水泥原料	黏土
燃料消耗量/(kg·h⁻¹)	135		620	200		345
风量/(kg·h⁻¹)	4300	2040	11000	10000	27500	14844
入口空气温度/℃	80	95	142	330	880	700
产品处理量/(kg·h⁻¹)	3500	780	3000	7500	70000	20000
汽化水量/(kg·h⁻¹)	122	19.8	120	1040	4900	1280
体积传热系数/(kW·m⁻³·℃⁻¹)	0.29		0.07	0.209	0.129	
填充率/%	7	10	13.6			3.2
干燥时间/h	0.1	1～3	0.7	0.5		0.23
转筒转速/(r·min⁻¹)	9	2.6	2.5	7	2.5	1.8
回转所需功率/kW	1.49	7.45	11.2	22.4	37.3	18.6
干燥器直径/m	1.16	1.8	1.8	1.7	2.6	2.4
干燥器长度/m	5.5	10	12	15	20	18.2
安装倾斜度(高/长)	0.046	3/100	0.035	0.02	6/100	0.05
抄板数	16	18	12	12	12	10

表 10-2 常规直接加热并流转筒干燥器运转实例（二）

项目	物料种类					
	淀粉	粉状物料	有机粉体	复合肥料	煤	矿石
原料湿含量/%	74.3	72	40	15	25	30
产品湿含量/%	13.1	20	0.3	1.5	11	15
产品温度/℃	40	42	60	80	80	
燃料的种类	蒸汽	煤	蒸汽	煤气	煤、油	天然气
燃料消耗量/(kg·h⁻¹)	260	156	80	135	300	
风量/(kg·h⁻¹)	5000	8470	900	2260	10800	39000
入口空气温度/℃	135	165		950	500	600
产品处理量/(kg·h⁻¹)	243	466	30	6000	13500	10000
汽化水量/(kg·h⁻¹)	132	209		700	1690	2450
体积传热系数/(kW·m⁻³·℃⁻¹)	0.12	0.197				0.136
填充率/%	7.9	6.3	37.5	3	15	
干燥时间/h		2.1	0.42	0.5	2～3	
转筒转速/(r·min⁻¹)	3	4	0.25	3	3	4
回转所需功率/kW	3.73	3.73	3.73	55.9	22.4	22.4
干燥器直径/m	1.4	1.46	1.14	2.4	2.2	2
干燥器长度/m	11	12	12	25	17.5	20
安装倾斜度(高/长)	0	1/200	1/100	1/25	1/100	4/100
抄板数	24	24	8	4	12	12

10.2.1.2　叶片式穿流转筒干燥器

按照热风的吹入方式将叶片式穿流转筒干燥器分为端面吹入型和侧面吹入型两种。图 10-2 是端面吹入型的简图，其筒体水平安装，沿筒体内壁圆周方向等距离装有许多从端部入口侧向出口侧倾斜的叶片（百叶窗），热风从端部进入转筒底部，仅从下部有料层的部分叶片间隙吹入筒内，因此能有效地保证干燥在热风与物料的充分接触下进行，不会出现短路现象。物料则在倾斜的叶片和筒体的周转作用下，由入口侧向出口侧移动，其滞留时间可用出口调节隔板调节。侧面吹入型与端面吹入型不同的是，筒体略带倾斜安装，大部分热风从开有许多小孔的筒体外吹入筒内，其方向与筒内物料的移动方向成直角，再穿过三角形叶片的百叶窗孔进入料层。在回转筒体外壁四周装有箱型壳体，并沿回转筒体长度方向分成 3～4 个独立的室。每个室都有独立的鼓风机、空气加热器以及进气口和排气口。热风温度以及循环风量、排气量均能自行调节。这种类型的干燥器体积传热系数大，约为 349～1745W/(m³·℃)；干燥时间短，约为 10.30min；物料的填充率较大，约为 20%～30%。装置容积相对较小。料层阻力为 98～588Pa，通过风速一般为 0.5～1.5m/s，筒体的转速约为常规直接加热转筒干燥器的 1/2 左右，使用的热风温度为 100～300℃。在工业上，常用这种干燥器干燥粒状、块状或片状物料，例如焦炭、压扁大豆、砂糖等忌破坏的物料。此外，像塑料颗粒一类必须干燥到很低水分的物料以及像木片、纸浆渣、火柴棒等密度小的物料，都可以用它来干燥。表 10-3 列出了这种干燥器的运转实例。

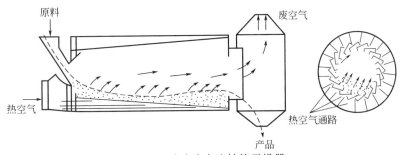

图 10-2　叶片式穿流转筒干燥器

表 10-3　穿流转筒干燥器运转实例

项目	物料种类							
	塑料薄片	焦炭	压扁大豆	颗粒状糖	狗饲料	维生素麦乳精	火柴棒	高分子凝聚剂
处理量/(kg·h⁻¹)	1200	7000	450	5000	2000(产品)	1000(产品)	300(产品)	220(产品)
原料湿含量(干基)/%	0.5	22	12	1.7	31.6	66.7	122	270
产品湿含量(干基)/%	0.02	2.5	2.5	0.05	7.5	22	5.3	12.4
物料粒径/mm	4×4×4	10		0.38	5	破碎粒	2×2×50	凝胶破碎物
物料堆积密度ρ/(kg/m³)	0.6	0.5	0.8	0.7	0.7	0.4	0.7
入口空气温度/℃	170	280	60	100	150	120	120	100～200
干燥时间/min	120	20	20	6	10	33	18	70～300
干燥器直径/mm	2100	2600	1500	1700	960	960	960	960
干燥器长度/mm	8000	8000	4000	4000	12000	9000	9000	1204
转筒转速/(r·min⁻¹)	1.67	0.8～3.2	1.1～4.4	1.2～4.8	1.2～4.8	1.2～4.8	1.2～4.8	1.2～4.8
回转所需功率/kW	11	11	11	3.7	3.7	1.5	1.5	3.7
叶片形式	一般型	一般型	一般型	一般型	二角型	二角型	二角型	二角型

10.2.1.3　通气管式转筒干燥器

这种形式干燥器简图如图 10-3 所示。转筒的设计和安装与常规式相同，不同的是转筒内没有安装抄板，物料自进口端向出口端移动的过程中，始终处于转筒底部的空间中，形成一个稳定的料层，因而减少了粉尘的飞扬。热空气则从端部进入不随筒体转动的中心管后，高速地从埋在料层内的分支管小孔中喷出，与物料强烈接触。由于分支管是沿着中心管长度方向均匀分布，而沿着圆周方向则主要集中于中心管下部分布。所以这种设计不仅保证了热风与物料的有效接触，强化了传热传质过程，而且与叶片式穿流转筒干燥器相比，气体在干燥器长度上的分布则更加均匀。通气管式干燥器的体积传热系数约是常规式的两倍。转筒的圆周速度约是常规式的 1/2。在相同的生产能力下，干燥筒体的长度仅是常规式的 1/2，因此设备费用大大降低。表 10-4 给出了常规直接加热转筒干燥器与通气管式转筒干燥器性能的比较。

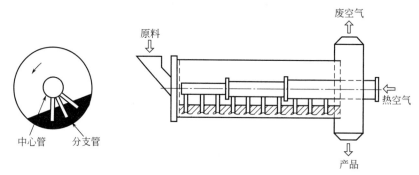

图 10-3　通气管式转筒干燥器

表 10-4　常规直接加热转筒干燥器与通气管式转筒干燥器性能比较

干燥器类型	常规直接加热转筒干燥器	通气管式转筒干燥器	干燥器类型	常规直接加热转筒干燥器	通气管式转筒干燥器
空气流动方式	平行流动	穿过流动	干燥速率	W	约 $2W$
体积传热系数/(kW·m^{-3}·℃$^{-1}$)	0.175~0.23	0.36~1.75	干燥器体积(同样处理量)	V	$V/2$
干燥时间	长	短	处理量(同样干燥器体积)	G	$2G$
填充率/%	10~20	15~25	颗粒磨损	多	少
转筒转速	n	$n/2$	粉尘量	大	小

10.2.2　间接加热转筒干燥器

在这种干燥器中，载热体不直接与被干燥的物料接触，而干燥所需的全部热量都是经过传热壁传给被干燥物料的。间接加热转筒干燥器根据热载体的不同，分为常规式和蒸汽管式两种。

10.2.2.1　常规间接加热转筒干燥器

这种干燥器简图如图 10-4 所示，整个干燥筒砌在炉内，用烟道气加热外壳。此外，在干燥筒内设置一个同心圆筒。热风和物料走向见图 10-5。烟道气进入外壳和炉壁之间的环状空间后，穿过连接管进入干燥筒内的中心管。烟道气的另一种走向是首先进入中心管，然

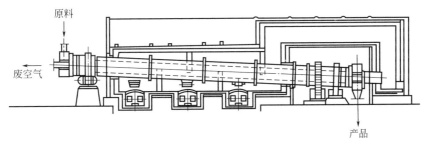

图 10-4 常规间接加热转筒干燥器

后折返到外壳和炉壁的环状空间，被干燥的物料则在外壳和中心管之间的环状空间通过。为了及时排除从物料中汽化出的水分，可以用风机向干燥器中引入适量的空气，但所需的空气量比直接加热式要小得多。由于风速很小（一般为 0.3～0.7m/s），所以废气挟带粉尘量很少，几乎不需气固分离设备。在许多场合下，也可以不用排风机而直接采用自然通风除去汽化出的水分。常规间接加热转筒干燥器特别适

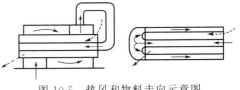

图 10-5 热风和物料走向示意图
┉┉物料；——热空气

用于干燥那些降速干燥阶段较长的物料。因为它可以在相当稳定的干燥温度下，使物料有足够的停留时间，同时可以借转筒的回转作用，有效地防止物料结块。这种干燥器还适用于干燥热敏性物料，但不适用于黏性大、特别易结块的物料。它的运转实例见表 10-5。

表 10-5 常规间接加热转筒干燥器运转实例

物料种类	硫铵	有机结晶物	焦炭	青土
原料湿含量/%	1.5	16	12～14	6
产品湿含量/%	0.1	0.2	1～2	1
产品温度/℃	70～80	120	120	90
燃料的种类	废热利用	电加热	煤气	煤
燃料消耗量		27kW	950m³/h	100kg/h
风量/(kg·h⁻¹)	12200		28500	6000
入口空气温度/℃	170		670	800
产品处理量/(kg·h⁻¹)	10500	72	14000	9000
汽化水量/(kg·h⁻¹)		11.7	1500	450
体积传热系数/(kW·m⁻³·℃⁻¹)	0.083		0.09	0.02
填充率/%	15	4	23	21
干燥时间/h	0.15	0.3	0.5	0
转筒转速/(r·min⁻¹)	2.7	6	3.5	2
回转所需功率/kW		5.6	22.4	206
干燥器直径/m	2	0.5	2.2/0.9	2
干燥器长度/m	12	4.9	18	12
安装倾斜度(高/长)	1/2	0	1/25	4.3/5
抄板数		6	0/8	6/1

10.2.2.2　蒸汽管间接加热转筒干燥器

图 10-6 为蒸汽管间接加热转筒干燥器简图，在干燥筒内以同心圆方式排列 1～3 圈加热管，其一端安装在干燥器出口处集管箱的排水分离室上；另一端用可热膨胀的结构安装在通气头的管板上。蒸汽、热水等热载体则由蒸汽轴颈管加入，通过集管箱分配给各加热管，而冷凝水则借干燥器的倾斜度汇集至集管箱内，由蒸汽轴颈管排出。物料在干燥器内受到加热管的升举和搅拌作用而被干燥，并借助干燥器的倾斜度从较高一侧向较低一侧移动，从设在端部的排料斗排出。汽化出的水分用风机排出，或用自然通风方法除去。如果汽化出的是有机溶剂，可以采用图 10-7 所示的密闭系统回收溶剂。惰性气体则循环使用。蒸汽管间接加热转筒干燥器具有常规间接加热转筒干燥器的所有优点，它的单位容积干燥能力是常规直接加热式转筒干燥器的 3 倍左右，传热系数约为每平方米加热面积 $40～120W/(m^2 \cdot ℃)$，热效率高达 $80\%～90\%$，物料的填充率为 0.1～0.2。表 10-6 列出的是这种干燥器的运转实例。

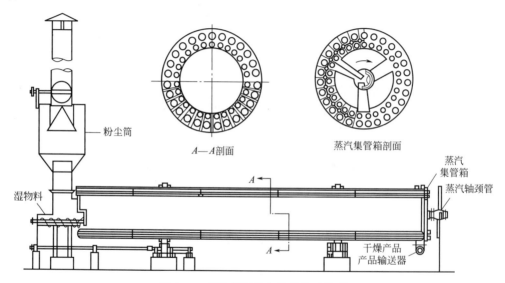

图 10-6　蒸汽管间接加热转筒干燥器

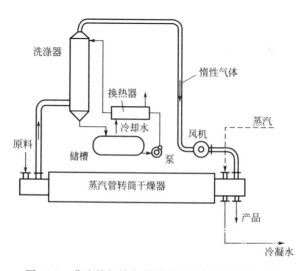

图 10-7　蒸汽管间接加热转筒干燥器溶剂回收系统

表 10-6　蒸汽管间接加热干燥器运转实例

物料种类	含水率/%		产品 /(kg·h⁻¹)	干燥器尺寸/m		传热面积 /m²	蒸汽压力 /MPa	加热温度 /℃	转速 /(r·min⁻¹)
	原料	产品		直径	长度				
三聚氰酸胺	11.1	0.1	910	0.965	9	45	0.046	110	6
聚烯烃	43	0.1	1800	3.05	15	619	温水	90	2.5
氯乙烯	25	0.1	5000	2.44	20	585	温水	85	3
ABS 树脂	15	1	230	1.37	6	55	温水	80	5
季戊四醇	14.9	0.1	1200	1.37	10.5	84	0.2	132	5
氢氧化铝	13.6	0.1	3200	1.83	10.5	170	0.5	158	4
碳酸氢钠粉末	25	0.1	12500	1.83	20	510	1	183	4
大豆渣	18	15	15300	1.83	18	288	0.08	116	4.6
玉米酱	132.5	6.4	990	1.83	20	322	0.6	164	4
剩余的污泥	900	37	155	1.37	15	150	1	183	5

10.2.3　复式加热转筒干燥器

此种干燥器主要由转筒和中央内管组成，如图 10-8 和图 10-9 所示。热风进入内筒，由

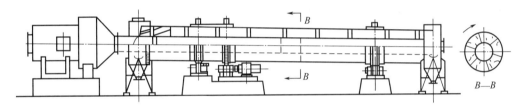

图 10-8　复式加热转筒干燥器

物料出口端折入外筒后，由原料供给端排出。物料则沿着外壳壁和中央内筒的环状空间移动。干燥所需的热量，一部分由热空气经过内筒传热壁面，以热传导的方式传给物料；另一部分通过热风与物料在外壳壁与中央内筒的环状空间中逆流接触，以对流传热的方式传给物料。这种结构的优点是：热风先通过内筒，可以把夹带的粉尘沉降下来，同时减

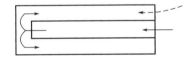

图 10-9　物流和热风走向示意图
---物料；——热空气

少了对于周围环境的热损失，提高了热量的有效利用率。表 10-7 列出了复式加热转筒干燥器的运转实例。

表 10-7　复式加热转筒干燥器运转实例

项目	物料种类					
	磷肥	煤	焦炭	沥青炭	调和黏土	黏土
原料湿含量/%	5.3	10	12~14	6	7	6.7
产品湿含量/%	0.1	0.2	1~2	1	0.5	1.5
产品温度/℃	80		120	90		75
燃料的种类	煤		煤气	煤	煤	煤
燃料消耗量/(kg·h⁻¹)	160		950m/h	100		345

续表

项目	物料种类					
	磷肥	煤	焦炭	沥青炭	调和黏土	黏土
风量/(kg·h⁻¹)	6500		28500	6000	27500	14844
入口空气温度/℃	650	770	670	800	880	700
产品处理量/(kg·h⁻¹)	12000	10000	14000	9000	70000	20000
汽化水量/(kg·h⁻¹)	640	980	1500	450	4900	1280
体积传热系数/(kW·m⁻³·℃⁻¹)	0.108		0.09	0.02	0.129	
填充率/%	7.8		23	21		3.2
干燥时间/h	0.3		0.5	0.3		0.23
转筒转速/(r·min⁻¹)	4	2	3.5	2	2.5	1.8
回转所需功率/kW	14.9	22.4	22.4	20.1	37.3	18.6
干燥器直径(外/内)/m	2/0.84	2.1/0.85	2.2/0.9	2.4	2.6	2.4
干燥器长度/m	10	16	18	16	20	18.2
安装倾斜度(高/长)	1/20	5/100	1/25	4.3/100	6/100	0.05
抄板数(内筒外/外筒内)	8/16	12	0/8	6/12	12	10

10.3　转筒干燥器的操作特性

10.3.1　抄板的持有量

在转筒干燥器中，抄板上持有量是由下式定义的

$$Z_\phi = \frac{100NA_\phi}{A} \tag{10-1}$$

式中，Z_ϕ 为抄板持有量，%；N 为抄板数；A_ϕ 为单个抄板单位长度上体积持有量（见图 10-10），m^3/m；A 为转筒横截面积，m^2。

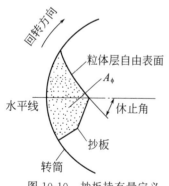

图 10-10　抄板持有量定义

抄板的持有量是确定干燥器中物料填充率的重要参数。在计算抄板持有量时，一般将物料自由表面与水平线之间的夹角假定为物料的休止角，如图 10-10 所示。对于不同的休止角以及抄板的几何尺寸等，可以先确定单一抄板单位长度上的持有量 A_ϕ，然后利用式 (10-1) 计算抄板持有量 Z_ϕ。本节主要介绍折弯型的抄板和曲线型抄板的一般计算方法。

10.3.1.1　折弯型抄板单位长度上的持有量

图 10-11 是典型折弯型抄板在不同位置上单位长度持有量的示意图。图中，θ 角是抄板翼端点与通过转筒中心的水平线之间的夹角，ϕ 角是抄板上物料的自由表面与水平线之间的夹角，R 是转筒的半径。当抄板处于位置 a，即 $\theta = 0$ 时，它的持有量达到最大值。随着转筒的转动，抄板上的物料不断洒下来，直到完全倒空。图 10-11 中 b 和 c 两点分别表示抄板上持有部分料和完全无料的位置。为了确定持有量的大小，必须首先导出各种位置处的一般表达式。图 10-12 是 θ 角与 ϕ 角的算图，其中，作用力

F 平行于 PQ 平面，而作用力 G 垂直于 PQ 平面。物料的摩擦系数为 μ_p，根据作用力的相互关系，可以得到：

$$F = \mu_p G$$
$$F = M'g\sin\phi - M'r_c\omega^2\cos(\phi-\theta)$$
$$G = M'g\cos\phi + M'r_c\omega^2\sin(\phi-\theta)$$

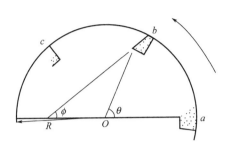

图 10-11　折弯型抄板不同位置上
单位长度持有量示意图

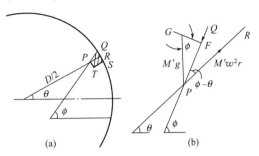

图 10-12　θ 角与 ϕ 角算图

从以上三式，可以求出角 ϕ 与角 θ 关系式为

$$\tan\phi' = \frac{\mu_p - \mu_p\nu\sin\theta - \nu\cos\theta}{1 - \mu_p\nu\cos\theta - \nu\sin\theta} \tag{10-2}$$

$$\nu = \frac{r_c\omega^2}{g}$$

式中，r_c 为抄板翼端点至圆筒中心的距离，m；ω 为转筒角速度，rad/s；g 为重力加速度，m/s²。

一般情况下，ν 的范围为 $0.0025 \sim 0.04$。折弯型抄板的几何尺寸和安装尺寸，示于图 10-13中，它们之间有如下关系

$$\gamma = \sin^{-1}\left[\frac{R\cos\alpha}{(R^2 - 2Ra\sin\alpha + a^2)^{\frac{1}{2}}}\right] \tag{10-3}$$

$$\beta = \tan^{-1}\left[\frac{b\sin(\psi+\gamma)}{b\cos(\psi+\gamma) + (R^2 - 2Ra\sin\alpha + a^2)^{\frac{1}{2}}}\right] \tag{10-4}$$

角度 α 一般为 $\alpha \leqslant 90°$，抄板臂与抄板翼之间的夹角通常在 $90° \sim 180°$ 之间。从式(10-3)可以看出，当 $\alpha = 90°$ 时，$\gamma = 0$；当 $\alpha > 90°$ 时，γ 角为负值，已反映不出实际安装角度。图 10-14表示转筒转动一周时，抄板上不同物料截面所具有的三种几何形状。

对于图 10-14(a) 和 (b) 两种情况，抄板上单位长度持有量 A_ϕ 等于面积 $A_{(DABC)}$，即

$$A_\phi = A_{(DABC)} = A_{(OST)} - A_{(BOA)} - A_{(DAT)} + A_{(BSC)} \tag{10-5}$$

式(10-5) 的适用范围为 $(\theta-\phi) < (\theta-\phi)_{T_1}$，其中

$$(\theta-\phi)_{T_1} = \pi - (\phi+\gamma-\beta) - \sin^{-1}\left[\frac{a\sin\phi}{(a^2+b^2-2ab\cos\phi)^{1/2}}\right] \tag{10-6}$$

对于图 10-14(c) 的情况，抄板单位长度上持有量 A_ϕ 等于面积 $A_{(ABC)}$，即

$$A_\phi = A_{(ABC)} \tag{10-7}$$

式(10-7) 适用范围为 $(\theta-\phi)_{T_1} < (\theta-\phi) < (\theta-\phi)_{T_2}$，其中

$$(\theta-\phi)_{T_2} = \pi - (\phi+\gamma-\beta) \tag{10-8}$$

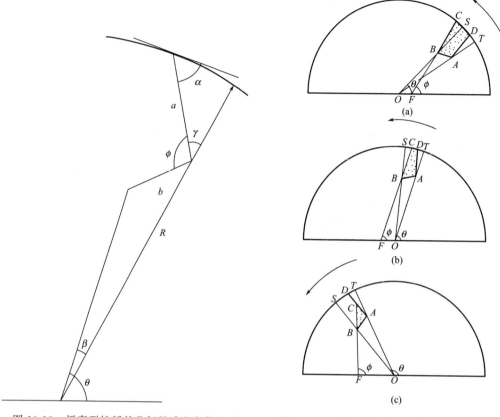

图 10-13 折弯型抄板的几何尺寸和安装尺寸   图 10-14 折弯型抄板上不同物料截面形状示意图

式(10-5)和式(10-7)中计算各部分面积的具体公式见表 10-8,供计算时选用,其中楔形面积 $A_{(DAT)}$、$A_{(BSC)}$ 以函数变量形式表示,它的通用表达式可借助图 10-15 写成

$$A(R,x,\sigma) = \frac{R^2}{2}\left[\sigma - \sin^{-1}\left(\frac{R-x}{R}\sin\sigma\right)\right] - \frac{R(R-x)}{2}\sin\left[\sigma - \sin^{-1}\left(\frac{R-x}{R}\sin\sigma\right)\right] \quad (10-9)$$

上述各式中,角度都以弧度表示。

表 10-8 面积计算公式

面积	图号	计算公式
$A_{(SOT)}$	10-14(a),(b) 10-17(a),(b)	$\beta R^2/2$
$A_{(BOA)}$	10-17(a),(b)	$b^2\sin(\phi+\gamma-\beta)\sin(\phi+\gamma)/(2\sin\beta)$
$A_{(DAT)}$	10-17(a),(b)	$A[R, R-b\sin(\phi+\gamma-\beta)/\sin\beta, \gamma]$
$A_{(BSC)}$	10-17(a),(b)	$A[R, R-b\sin(\phi+\gamma)/\sin\beta, (\phi-\theta)]$
$A_{(ABC)}$	10-14(c) 10-17(c)	$b^2\sin\phi\sin(\theta-\phi+\gamma-\beta)/[2\sin(\theta-\phi+\gamma-\beta)]$
$A_{(AHB)}$	10-17(a)～(c)	$b^2[2\pi-2\phi+\sin(2\phi)]/(8\sin^2\phi)$
$A_{(BHC)}$	10-17(d)	$b^2(\varepsilon-\sin\varepsilon)/(8\sin^2\phi-\varepsilon)=2(2\pi-2\phi-\theta+\phi-\gamma+\beta)$

10.3.1.2 曲线型抄板单位长度上的持有量

曲线型抄板的几何形状及安装尺寸示于图 10-16 中。为了分析方便,用类似于折弯型抄

板的几何尺寸 a、b、α、β、ψ 来表示，其相互关系为

$$b=\frac{r\sin\sigma}{\cos\left(\dfrac{\sigma}{2}\right)} \tag{10-10}$$

$$\psi=\pi-\frac{\sigma}{2} \tag{10-11}$$

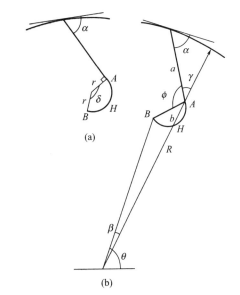

图 10-16　曲线型抄板几何形状及安装尺寸示意图

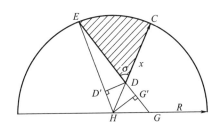

图 10-15　楔形面积计算图

如图 10-17 所示抄板位于圆周不同位置处其物料截面的 4 种几何形状。

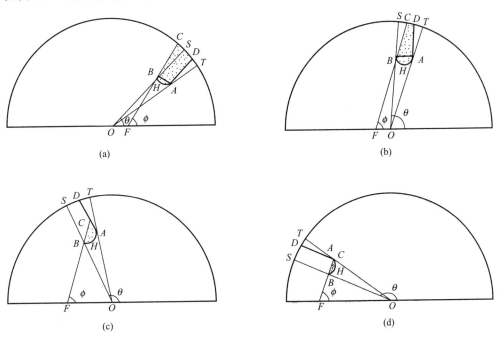

图 10-17　曲线型抄板上不同物料截面形状示意图

对于图 10-17(a) 和（b）两种情况，抄板上单位长度持有量为

$$A_\phi = A_{(DAHBC)} = A_{(SOT)} - A_{(BOA)} - A_{(DAT)} + A_{(BSC)} + A_{(AHB)} \tag{10-12}$$

该式的适用范围为 $(\theta - \phi) < (\theta - \phi)_{T_1}$。

对于图 10-17(c) 情况，抄板上单位长度持有量为

$$A_\phi = A_{(AHBC)} = A_{(ABC)} + A_{(AHB)} \tag{10-13}$$

上式的适用范围为 $(\theta - \phi)_{T_1} < (\theta - \phi) < (\theta - \phi)_{T_2}$。

对于图 10-17(d) 情况，抄板上单位长度持有量为

$$A_\phi = A_{(BHC)} \tag{10-14}$$

上式的适用范围为 $(\theta - \phi)_{T_2} < (\theta - \phi) < (\theta - \phi)_{T_3}$，其中

$$(\theta - \phi)_{T_3} = 2\pi - (2\phi + \gamma - \beta) \tag{10-15}$$

上述各公式中的面积计算式见表 10-8。

在计算抄板持有量 Z_ϕ 时，应首先根据物料休止角 ϕ，由式(10-2) 确定角 θ，然后利用表 10-8 中的相应公式确定 A_ϕ，最后利用式(10-1) 求出 Z_ϕ。

10.3.2　转筒干燥器内物料填充率

转筒干燥器内物料填充率等于干燥器内物料的体积与干燥器有效容积之比。在确定物料的填充率时，一般考虑有空气流动（通风）和无空气流动（无风）两种情况。对于有空气流动情况，还要考虑热风与物料的接触方式是逆流还是并流。通过对这些问题的分析，可以确定干燥器中适宜的物料填充率，以保证干燥器操作中的经济性和可靠性。

10.3.2.1　无风时的填充率

物料在干燥器内的平均通过时间 τ_0 用式(10-16) 表示

$$\tau_0 = \frac{x_w}{m} = \frac{\dfrac{x_w}{\rho_s A L}}{\dfrac{m}{\rho_s A L}} = \frac{L x_0}{100 F_v} \tag{10-16}$$

式中，τ_0 为物料通过时间，s；x_w 为干燥器内物料量，kg；m 为物料的供给速率，kg/s；ρ_s 为物料的堆积密度，kg/m³；A 为干燥器的有效截面积，m²；L 为干燥器的有效长度，m；x_0 为物料填充率，%；F_v 为物料的容积供给速率，m³/(m²·s)。

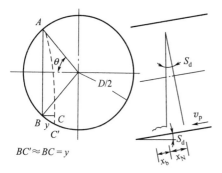

图 10-18　无风时干燥器内颗粒运动规律

无风时干燥器内颗粒运动规律如图 10-18 所示。在转筒的转动作用下，颗粒沿着干燥器轴线方向的平均移动速度为

$$v_p = \frac{(x_N + x_b)\pi D n'}{(\theta D + y)} \tag{10-17}$$

式中，v_p 为颗粒的平均移动速率，m/s；x_N 为颗粒在转筒回转一周时，由于倾斜角度而产生的轴向移动距离，m；x_b 为颗粒在转筒回转一周时的飞行距离，m；n' 为干燥器的转速，r/s。其余尺寸如图 10-18 所示。

如果假设粒子群和抄板宽度等的影响忽略不计，则根据式(10-17) 可得到物料通过时间 τ_0

$$\tau_0 = \frac{L}{v_p} \tag{10-18}$$

联立式(10-16)~式(10-18)，可以求出无风时物料填充率 x_0 为

$$x_0 = 100\left(\frac{\theta D + y}{x_N + x_b} \times \frac{F_v}{\pi D n'}\right) = k_0 \frac{F_v}{\pi S_d D} \tag{10-19}$$

$$k_0 = 100\left(\frac{\theta D + y}{x_N + x_b} \times \frac{S_d}{\pi}\right)$$

式中，S_d 为转筒的倾斜度，$\mathrm{m/m}$。

实际上，系数 k_0 与抄板的几何形状、抄板数、抄板的持有量、物料的休止角以及转筒转速等有关。综合考虑上述各种影响因素，通过实验可以得到 k_0 的经验表达式

$$k_0 = 14 \times \frac{(1 + 0.34 Z_\phi^{1/2}) \times (1 + 5.4 F_r^{2/3})}{1 + 0.033 G_a^{1/3}} \tag{10-20}$$

由此可以得到无风时物料的填充率 x_0 为

$$x_0 = 14 \times \frac{(1 + 0.34 Z_\phi^{1/2}) \times (1 + 5.4 F_r^{2/3})}{1 + 0.033 G_a^{1/3}} \times \frac{F_v}{n' S_d D} \tag{10-21}$$

$$F_r = \frac{(\pi D n')^2}{Dg}, \quad G_a = \frac{d_p^3 \rho_a^2 g}{\eta_a}$$

式中，ρ_a 为气体的密度，$\mathrm{kg/m^3}$；η_a 为气体的黏度，$\mathrm{kg/(m \cdot s)}$；d_p 为颗粒直径，mm。
式(10-21) 的适用范围为

$$x_0 \leqslant x_{0,\mathrm{opt}} = 3.0 Z_{\pi/4}^{0.4} \tag{10-22}$$

式中，$x_{0,\mathrm{opt}}$ 为物料最佳填充率，%；$Z_{\pi/4}$ 为物料休止角 $\phi = \pi/4$ 时抄板的持有量 Z_ϕ 值，%。

10.3.2.2　通风时的填充率

通风时干燥器内颗粒运动规律与无风时颗粒运动规律不同。由于有空气的流动，使颗粒在干燥器中的轴向移动有明显不同。逆流流动时颗粒运动速度变小，而并流流动时颗粒速度增大。采用类似的分析方法，可以得到通风时填充率的经验表达式为

$$x' = \frac{x_0}{[1 + 2.8 Re G_a^{-0.55}\left(\frac{\rho_a}{\rho_s}\right) S_d^{-1}(1 - 1.5 F_r^{1/2})]} \tag{10-23}$$

（逆流＋，并流－）

$$Re = \frac{d_p G_a}{\eta_a}$$

式中，G_a 为干燥器中湿空气质量流率，$\mathrm{kg/(m^2 \cdot s)}$。
上式的适用范围与式(10-22) 相同，即

$$x' \leqslant x'_{0,\mathrm{opt}} \approx x_{0,\mathrm{opt}} = 3.0 Z_{\pi/4}^{0.4}$$

10.3.3　转筒干燥器的传热

转筒干燥器中热载体向物料传递的热量，通常用下式表示

$$Q = U_a V(\Delta t_m) \tag{10-24}$$

$$Q = kA(\Delta t_m)$$

式中，Q 为传热量，W；U_a 为体积传热系数，W/(m³·℃)；k 为面积传热系数，W/(m²·℃)；V 为干燥器的有效容积，m³；A 为干燥器的有效传热面积，m²；Δt_m 为干燥器对数平均温差。其中，传热系数是一个重要的因数，它的计算正确与否，直接影响到设备的尺寸，产品产量乃至设备投资的大小，现分述如下。

10.3.3.1　常规直接加热转筒干燥器的传热

对于常规直接加热转筒干燥器来说，体积传热系数通常与热风流速、抄板数量以及干燥器直径等因素有关，常用的经验公式有以下 3 个。

（1）Miller 经验式　$U_a D = 30.3(N-1)G_a^{0.67}$　　　　　　　(10-25)

上式的适用范围为逆流干燥，$N = 6 \sim 16$。

（2）Saeman 经验式　$U_a D = 1990 G_a^{0.67}$　　　　　　　(10-26)

上式适用于逆流干燥。

（3）黑田经验式　$U_a D = 2.0 \times 10^3 (F_v \rho_s)^{0.7} G_a^{0.3}$　　　　　(10-27)

上式适用于并流干燥。

值得指出的是，上述三个经验公式都是在某一特定的条件下整理得到的。利用这些公式算出的数值有时与实际情况有较大差异。此时最好能使算出的体积传热系数控制在以下经验范围内，即

$$\frac{T_1 - T_2}{\Delta t_m} = \frac{U_a L}{G_d G_H} = 1.5 \sim 2.0 \qquad (10\text{-}28)$$

式中，T_1、T_2 为空气进、出口温度，℃；G_d 为干空气质量流率，kg/(m²·s)；G_H 为干空气比热容，J/(kg·℃)。

10.3.3.2　蒸汽管间接加热转筒干燥器的传热

蒸汽管干燥器中的传热系数一般范围为 $k = 30 \sim 85$ J/(m²·s·K)，提高蒸汽的温度，热辐射的效果增强，使传热系数增大。当饱和蒸汽为 150～180℃时，干燥有机物与难干燥的物料，热负荷 $k \Delta t_m$ 可达 6300J/(m²·s)，干燥无机物细粉，热负荷 $k \Delta t_m$ 为 1890～3790J/(m²·s)。

10.3.4　转筒干燥器的传动功率

转筒干燥器的传动功率可用佐野公式计算。该公式将转动所需的总功率分解为四部分，即圆筒内颗粒运动所需功率、圆筒旋转所需功率、克服圆筒支撑部分的摩擦消耗的功率以及传动装置的功率损失。

（1）圆筒内颗粒运动所需功率 P_1(kW)

$$P_1 = 9.8 \times 10^{-3} D^3 L \rho_s n (C_1 \sin\phi + C_2 D n^2) \qquad (10\text{-}29)$$

式中，ϕ 为粉粒体的休止角，(°)；C_1 为充满度系数，$C_1 = 4.57 \times 10^{-3} \sin^2\theta$；$C_2$ 为充满度系数，$C_2 = 9.61 \times 10^{-7}(1 - \cos^4\theta)$；$\theta$ 为筒体中心与粉粒体层之间形成的夹角，见图 10-19；n 为筒体转速，r/min。

（2）圆筒旋转所需功率 P_2(kW)

$$P_2 = 1.37 m_T^2 D_m^2 n^2 \qquad (10\text{-}30)$$

式中，m_T 为圆筒质量（包括附属物），kg；D_m 为圆筒平均直径，m。

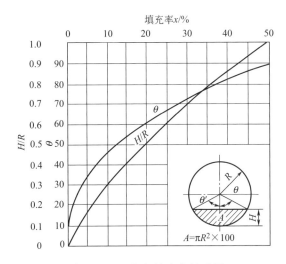

图 10-19　θ 角与填充率关系图

（3）圆筒支撑部分的摩擦消耗的功率 P_3（kW）

$$P_3 = 0.51 \times 10^{-3} D_T n (m_T + q_m) \left(\mu \frac{D_B}{D_R} \right) \frac{\cos\gamma_d}{\cos\alpha_z} \tag{10-31}$$

式中，γ_d 为圆筒的倾斜角，（°）；α_z 为滚圈与托轮之间的接触角，一般 $\alpha_z = 30°$；μ 为轴承的摩擦系数（油润滑为 0.018，脂润滑为 0.06）；D_T 为滚圈直径，m；q_m 为圆筒内物料质量，kg；D_B 为托轮轴直径，m；D_R 为托轮直径，m。

总功率 P 为

$$P = P_1 + P_2 + P_3 + P_4 \tag{10-32}$$

式中，P_4 为减速机和传动装置的功率损失，kW。

10.4　转筒干燥器的结构和强度

10.4.1　筒体

筒体是干燥器的主体。筒体直径和长度由工艺条件确定，它的大小反映了干燥器生产能力的大小。筒体所用的材质一般为碳钢、不锈钢等。对于高温干燥的场合，常用耐火材料作衬里。对于腐蚀性物料，可选用不锈钢或以碳钢为基体用耐腐蚀性非金属材料作衬里。筒体的载荷主要是筒体自重、衬里质量以及物料质量等。

在确定筒体壁厚、验算筒体强度和变形量时，通常把筒体当作受均布载荷的简支梁来考虑。梁的两个支点之间的距离即转筒两对托轮之间的跨度，应按等反力原则布置，使两个支承点处的支反力相等或接近相等，然后结合干燥器实际载荷特点作适当调整。

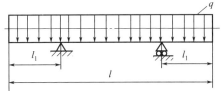

图 10-20　干燥器载荷图

在图 10-20 的情况下，筒体承受的弯矩在 $x = l_1/2$、$x = l_2/2$ 两处可能为最大，其相应的弯矩计算公式为

$$x = l_1 \text{ 处，} \quad M_1 = \frac{ql_1^2}{2} \tag{10-33}$$

$$x = l/2 \text{ 处}, \quad M_2 = \frac{ql^2}{2}\left(\frac{l_1}{l} - \frac{1}{4}\right) \tag{10-34}$$

式中，M_1、M_2 为筒体承受的弯矩，kg·m；q 为均布载荷，kg/m。

$$q = q_1 + q_2 + q_3$$

式中，q_1 为筒体自重，kg/m；q_2 为衬里质量，kg/m；q_3 为物料质量，kg/m。

当 $l_1 > \left(\frac{1}{\sqrt{2}} - \frac{1}{2}\right)l$ 时，最大弯矩 $M_{max} = M_1$；当 $l_1 < \left(\frac{1}{\sqrt{2}} - \frac{1}{2}\right)l$ 时，最大弯矩 $M_{max} = M_2$；

当 $l_1 = \left(\frac{1}{\sqrt{2}} - \frac{1}{2}\right)l$ 时，最大弯矩 $M_{max} = M_1 = M_2$。筒体横截面上所承受的弯曲应力 σ（Pa）为

$$\sigma = \frac{9.8 M_{max}}{K_s K_T W}$$

$$W = \frac{\pi}{32(D+S)}\left[(D+2\delta)^4 - D^4\right] \tag{10-35}$$

式中，W 为筒体断面模数，m³；S 为筒体壁厚，m；K_s 为焊缝强度系数（表 10-9），铆接时 $K_s = 0.8$；K_T 为温度系数（表 10-10）。

表 10-9　焊缝强度系数 K_s

焊接方法	K_s
人工焊	0.9～0.95
自动焊	0.95～1

表 10-10　碳钢板的温度系数 K_T

筒体表面温度/℃	≤150	200	250	300	350	400	425	450
K_T	1	0.92	0.83	0.75	0.7	0.63	0.57	0.47

设计出的筒体壁厚应能保证其承受的弯曲应力 σ 小于筒体材料的许用应力值。

筒体在均布载荷作用下的最大变形量（挠度）可能在端点或中点，其值由以下算式确定。

在端点处（x_0，$x = 1$）

$$y_1 = \frac{q l_1}{24EI}(3l_1^3 + 6l_1^2 l_2 - l_2^3) \tag{10-36}$$

在中点处

$$x = \frac{l}{2}$$

$$y_2 = \frac{q l_2^2}{384EI}(5l_2^2 - 24l_1^2) \tag{10-37}$$

式中，y_1、y_2 为筒体轴线挠度，m；I 为筒体的惯性矩，m⁴；E 为钢的弹性模量（表 10-11），kg/m²。

表 10-11　钢在不同温度下的 E 值

筒体表面温度/℃	20	100	300	450	500
$E/10^{10}$ kg·m²	2.1	2.04	1.88	1.66	1.48

筒体最大挠度 y_{max}，x 取上述两式中的较大者，设计时一般应保证 $y_{max}/1 \leqslant 0.3 \times 10^{-3}$ m/m。

10.4.2 抄板

抄板是转筒干燥器的重要部件。它的作用是将物料抄起来并逐渐洒向热气流中，以强化物料与热气流的热质交换，促进干燥过程的进行。抄板的形式及数量选择的正确与否直接影响热效率和干燥强度。

根据经验，抄板的数量一般为 $n = (6 \sim 10)D$。抄板的角度则要考虑物料的休止角和附着性等情况。

如图 10-21 所示为工业上常用的抄板布置形式。

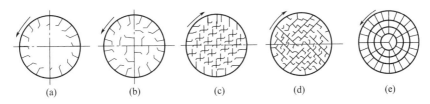

(a)　　　　(b)　　　　(c)　　　　(d)　　　　(e)

图 10-21　抄板布置形式

① 升举式抄板　如图 10-21(a) 所示。这种抄板在工业上应用十分广泛，主要适用于大块物料和易黏结的物料。用这种抄板结构，干燥器清洗容易，但转筒的填充率较低，在 0.1～0.22 之间。

② 均布式抄板　如图 10-21(b)、(c) 所示。与升举式抄板相比，它能保证物料更均匀地分布在转筒的全部横截面上。对于粉状物料或带一定粉块的物料，用这种抄板比较适宜。工业上常在间接加热转筒干燥器中设置这种抄板，用于煤粉、磷酸氢钙、轻质碳酸钙和粉状石墨等物料。

③ 扇形式抄板　如图 10-21(d) 所示。扇形式抄板由升举式抄板构成的互不相通的扇形部分构成。物料沿着各种曲折的通道逐渐下降，与热气流进行充分接触而干燥。这种抄板适用于块状、易脆和密度大的物料。

④ 蜂巢式抄板　如图 10-21(e) 所示。物料被分散在各个小格子中，从而降低了物料落下的高度，减少了干燥过程中产生的粉尘量。因此，它适用于易生粉尘的细碎物料。其填充率较高，可达 0.15～0.25。

除上述几种抄板形式以外，还有翻动式等几种布置形式，由于工业上应用较少，故不作介绍。

10.4.3 滚圈和托轮

滚圈和托轮是转筒干燥器的一对支承副。干燥器的重量都是通过滚圈传给托轮的。一个滚圈通常由一对托轮来支承。两托轮中心与滚圈中心连线之间的夹角一般为 60°。滚圈的数量即支承点数量视转筒长度而定，有两点、三点、四点等，其中两点支承用得最多。支承点的位置可根据本章 10.4.1 节的有关内容确定。

滚圈和托轮常用铸铁、型钢、铸钢等材料制成。其直径之比（D_T/D_R）一般为 3～4。但考虑到滚圈上某一固定位置与托轮上某一固定位置的接触频率要尽可能小，应使滚圈的直径不等于托轮直径的整数倍。

滚圈和托轮之间的作用力为两圆柱线接触时的接触应力。根据 H.Hertz 的计算公式可求得最大接触应力为

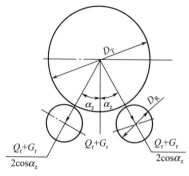

图 10-22　滚圈力平衡示意图

$$\sigma_{\max} = 5.78 \sqrt{q_n E \frac{D_T + D_R}{D_T D_R}}$$

$$q_n = \frac{Q_r + G_r}{2\cos\alpha_z B_r}$$

　　式中，$\sigma_{\max}$ 为最大接触应力，Pa；q_n 为单位接触宽度上的载荷，kg/m；Q_r 为支承载荷，取由筒体弯矩计算求得的各支座反力的最大值，kg；G_r 为滚圈自重，kg；B_r 为滚圈宽度，m；α_z 为角度，（°）（图 10-22）。

　　设计时应保证最大接触应力小于或等于许用接触应力，即

$$\sigma_{\max} \leqslant [\sigma] \tag{10-38}$$

式中，$[\sigma]$ 为许用接触应力，Pa（表 10-12）。

表 10-12　滚圈、托轮材料与许用接触应力

托　　轮		滚　　圈		许用接触应力$[\sigma]/10^5$Pa
材料	硬度（HB）	材料	硬度（HB）	
ZG45	170	ZG35	140	3675
ZG55	190	ZG45	155	3920
ZG55	210		170	4410

10.4.4　挡轮

　　转筒干燥器通常是倾斜安装的，在自重与摩擦力的作用下，会产生轴向作用力，使筒体产生轴向位移。挡轮的作用就是限制或控制轴向窜动量，使筒体仅在容许的范围内作轴向移动。移动量的大小取决于挡轮和滚圈侧面的距离。适宜的筒体轴向窜动量应能保证滚圈和托轮的有效接触，而且大、小齿轮不超过要求的啮合范围，同时保证筒体两端的密封装置不致失去作用。

　　普通挡轮在转筒干燥器中用得较多，其结构如图 10-23 所示。这种挡轮是成对安装在靠近齿圈的滚圈两侧。当滚圈和锥面挡轮接触时，后者便被前者带动而产生转动，从哪个挡轮发生转动可以判断出筒体是上窜还是下滑。所以常把挡轮称为"信号挡轮"。操作中应避免使上挡轮或下挡轮较长时间连续转动。

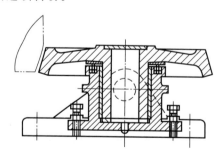

图 10-23　普通挡轮

　　除了普通挡轮以外，还有一种球面挡轮，它与滚圈只是点接触，没有滑动问题，不需要

精确安装。但它能承受的推力较小，仅在小型干燥器中使用。

符号说明

A——转筒横截面积，m^2；

A_ϕ——单个抄板单位长度上体积持有量，m^3/m；

D——干燥器直径，m；

D_T——滚圈直径，m；

D_R——托轮直径，m；

F_v——物料的容积供给速率，$m^3/(m^2 \cdot s)$；

G_a——湿空气质量流率，$kg/(m^2 \cdot s)$；

G_d——干空气质量流率，$kg/(m^2 \cdot s)$；

m——物料的供给速度，kg/s；

N——抄板数；

P——功率，kW；

Q——传热量，W；

S_d——转筒的倾斜度，m/m；

Δt_m——干燥器传热对数平均温差，$℃$；

U_a——体积传热系数，$W/(m^3 \cdot ℃)$；

V——干燥器的有效容积，m^3；

Z_ϕ——抄板持有量，$\%$；

ρ_a——气体密度，kg/m^3；

ρ_s——物料的堆密度，kg/m^3；

η_a——气体的黏度，$kg/(m \cdot s)$；

ϕ——物料的休止角，$(°)$。

参考文献

［1］ 桐栄良三. 乾燥装置. 東京：日刊工業新聞社，1982.

［2］ 化学工学協会. 化学工学便覧. 東京：丸善株式會社，1985. 677-681.

［3］ ［日］桐栄良三. 秦霁光等译. 干燥装置手册. 上海：上海科学技术出版社，1983.

［4］ Yukio Yamato. Drying'96——Proceedings of the 10th International Drying Symposium. Krakow, Poland：1996. 627-630.

［5］ Baker J C G. Drying Technology, 1988, 6（4）：635-653.

［6］ 篠原久. 化学工学，1967，31：478-484.

［7］ 化工设备设计全书编辑委员会. 干燥设备设计. 上海：上海科学技术出版社，1983.

［8］ 佐野司朗. 化学工学，1953，17（9）：340-348.

［9］ 佐野司朗. 化学工学，1954，18（5）：251-253.

（注：岳铭五为本章提供了部分参考资料，周思昌为本章提供了抄板参考资料）

（于才渊）

第11章

气流干燥

11.1 气流干燥概述

气流干燥（Flash dryer 或 Pneumatic drying）是使用最广泛的干燥系统之一，有时也称为旋转闪蒸干燥（Spin Flash dryer），是固体流态化中稀相输送在干燥方面的应用，其特征在于连续的对流传热和传质过程。该法是使加热介质（空气、惰性气体、燃气或其他热气体）和待干燥固体颗粒直接接触，并使待干燥固体颗粒悬浮于流体中，因而两相接触面积大，强化了传热传质过程，广泛应用于散状物料的干燥单元操作。在气流干燥器中，气流（干燥介质）提供干燥所需的热量并带走蒸发的水分。过热蒸汽也可以用作干燥介质，产生更高的效率和产品品质。气流干燥流程图如图 11-1 所示。简单的气流干燥系统包括六个基本部件：加热器，进料器，干燥管，分离器，风机和干燥产品收集器。有时用特殊的混合装置将湿颗粒送入热气流中。气流沿干燥管向上流动。气体速度相对于粒子速度很高且必须大于待干燥的最大颗粒的自由下落速度。输送空气和固体之间的热接触通常非常短，因此，气流干燥器最适合去除外部（表面水分）水分并且不太适合去除内部水分（结合水）。在干燥

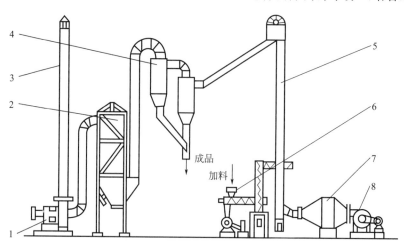

图 11-1　气流干燥流程图

1—抽风机；2—袋式除尘器；3—排气管；4—旋风除尘器；5—干燥管；6—螺旋加料器；7—加热器；8—鼓风机

过程结束时，安装灰尘分离装置，必须符合污染控制的规定。如使用旋风除尘器，静电除尘器，湿式洗涤器和织物过滤器等。

11.1.1 气流干燥的特点

（1）气固两相之间传热传质的表面积大

固体颗粒在气流中呈高度分散悬浮状态，这样，使气-固两相之间的传热传质面积大大增加。由于采用较高气速（20～40m/s），使得气-固两相之间的相对速度也较高，不仅使气-固两相具有较大的传热面积，而且体积传热系数 h_a 也相当高。普通直管气流干燥器的 h_a 为 2300～7000W/(m³·K)，为一般回转干燥器的 20～30 倍。

由于固体颗粒在气流中高度分散，使得物料的临界湿含量大大下降。例如，平均直径为 100μm 的合成树脂，在进行气流干燥时，其临界湿含量仅为 1%～2%；某些结晶盐颗粒的临界湿含量更低（0.3%～0.5%）。

（2）热效率高、干燥时间短、处理量大

气流干燥采用气-固两相并流操作，这样可以使用高温的热介质进行干燥，且物料的湿含量越大，干燥介质的温度可以越高。例如，干燥某些滤饼时，入口气温可达 700℃ 以上；干燥煤时，入口气温为 650℃；干燥氧化硅胶体粉末时，入口气温 384℃；干燥黏土时，入口气温 525℃；干燥含水石膏的时候，入口气温可达 400℃。而相应的气体出口温度则较低，干燥某种滤饼时为 120℃；干燥煤时为 80℃；干燥氧化硅胶体粉末时为 150℃；干燥黏土时为 75℃；干燥含水石膏时为 83℃ 左右。从上述情况可以看出，干燥气体进出口温差有时是很大的。干物料的出口温度约比干燥气体出口温度低 20～30℃。高温干燥介质的应用可以提高气-固两相之间的传热传质速率，提高干燥器的热效率。例如，干燥介质温度在 400℃ 以上时，其干燥效率为 60%～75%。但也有的受物料热敏性的限制，热效率仅为 30% 左右。

气流干燥的管长一般为 10～20m，管内气速为 20～40m/s，因此湿物料的干燥时间仅 0.5～2s，所以物料的干燥时间很短。接触时间短和并流操作使干燥热敏性物料成为可能。GEABarr-Rosin 公司的气流干燥器可达到每小时 20t 的水分蒸发量。

（3）气流干燥器结构简单、紧凑，生产能力大

气流干燥器的体积可用式(11-1)计算

$$V = \frac{q}{h_v \Delta t_m} \tag{11-1}$$

式中，V 为干燥器的体积，m³；q 为热流量，kJ/h；h_v 为单位干燥器体积的传热系数，kW/(m³·K)；Δt_m 为进出口气固相的温差，℃。

由于气-固两相并流，有些物料的气流干燥进口处气-固两相的温差可达 400～500℃，故 Δt_m 值很大，同时气流干燥的体积传热系数 h_a 值也很大，于是在所需求的热量 q 值为某一定值时，气流干燥管体积必定很小。换句话说，体积很小的气流干燥器可以处理很大量的湿物料。例如直径为 0.7m，长为 10～15m 的垂直气流管可以用来干燥 25t/h 的煤，或 15t/h 的硫铵。设备占地面积少，与回转圆筒干燥相比占地面积可减少 60%。

气流干燥器结构简单，在整个气流干燥系统中，除通风机和加料器以外，别无其他转动部件，设备投资费用较少，可节省投资 80%。由于活动部件数量少，维护成本低。

（4）操作方便

在气流干燥系统中，把干燥、粉碎、筛分、输送等单元过程联合起来操作，流程简化。由于气流干燥连续进出料运行稳定，尾气与产品水分有一定的相关性，进入系统物料流量、

热量可控，干燥系统易实现自动化控制。同时，有助于在现有建筑物中安装的垂直型结构也是气流干燥系统的一个优点。

（5）产品质量好

由于干燥时的物料分散和搅动作用，使气化表面不断更新，干燥的传热、传质过程强度较大，物料表面温度低，干燥时间短，对于热敏性或低熔点物料不会造成过热或分解而影响其质量，产品质量好[3]。

（6）气流干燥的缺点

气流干燥系统的流动阻力降较大，一般为 3000～4000Pa，必须选用高压或中压通风机，动力消耗较大。气流干燥所使用的气速高，流量大，经常需要选用尺寸很大的旋风分离器和袋式除尘器。需要高效的气体清洁系统。

气流干燥对于干燥载荷很敏感，固体物料输送量过大时，气流输送就不能正常操作。对于难以分散的块状物料，气流干燥设备无法进行干燥。

同时，干燥器不能用于有毒物质的干燥，存在着火和爆炸的风险，因此必须避免在干燥器中达到燃烧极限[4]。

11.1.2　气流干燥的适用范围

气流干燥器中的高蒸发速率导致干燥材料的温度低，特别适用于干燥颗粒状、结晶状、糊状和粉状产品等。气流干燥器已成功用于化学，食品，制药，采矿，陶瓷和木材工业。如 Kisakürek[5] 所述，可在气流干燥器中干燥的部分物料如下：

硫酸镁，碳酸镁，硫酸铜，磷酸二钙，硫酸铵和磷酸盐，碳酸钙和磷酸盐，硼酸和己二酸，这些是化学品和副产物的常见干燥实例。抗生素，盐，血凝块，骨粉，面包屑，玉米淀粉，玉米麸质，酪蛋白，肉汁粉，汤料，植物蛋白，废茶，小麦淀粉，大豆蛋白，肉渣和面粉是食品的干燥例子。水泥，苯胺染料，发泡剂，氯化橡胶，煤粉，氧化铜，石膏，氧化铁和硅胶催化剂是典型的副产品和矿物质，它们也可以在气流干燥器中以非常有效的方式干燥。气流干燥器广泛用于塑料和聚合物工业。在气流干燥器中干燥热敏性产品是非常有效的。

（1）物料状态

气流干燥要求以粉末或颗粒状物料为主，其颗粒粒径一般在 0.5～0.7mm 以下，不超过 1mm。对于块状、膏糊状及泥状物料，应选用粉碎机和分散器与气流干燥串联的流程，使湿物料同时进行干燥和粉碎，表面不断更新，以利于干燥过程的连续进行，或者采用将一部分干燥合格的产品返回加料器与湿物料相混合，使湿膏状物料、泥状物料分散成粉状物料后进行气流干燥。

气流干燥中的高速气流易使物料破碎，故高速气流干燥不适用于需要保持完整的结晶形状和结晶光泽的物料。极易黏附在干燥管的物料如钛白粉、粗制葡萄糖等物料不宜采用气流干燥。

如果物料粒度过小，或物料本身有毒，很难进行气-固分离，也不宜采用气流干燥。

（2）湿分和物料的结合状态

气流干燥采用高温高速的气体作为干燥介质，而且气-固两相之间的接触时间很短。因此气流干燥仅适用于物料湿分进行表面蒸发的恒速干燥过程；待干物料中所含湿分应以润湿水、孔隙水或较粗管径的毛细管水为主。此时，可获得湿分低达 0.3%～0.5% 的干物料。对于吸附性或细胞质物料，若采用气流干燥，一般只能被干燥到含湿量 2%～3%。

11.2 气流干燥的基本原理

为了实现高效的气流干燥过程，物料输送的气速应尽可能低，气体的质量流量应达到规定的干燥速率所需的最小值，干燥气体的温度应在不超出物料热敏性或安全考虑因素限制的情况下尽可能高，干燥器的结构应能实现气体和固体之间的热平衡[8]。

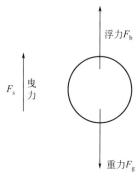

图 11-2 颗粒在气流中的受力图

11.2.1 颗粒在气流干燥管中的运动

11.2.1.1 单一颗粒在加速运动段的基本方程

单一颗粒在加速运动时，受到以下几个力的作用见图 11-2。

① 上升气流对颗粒的作用力 F_s，称为曳力，在数值上等于颗粒对着上升气流的阻力，但方向相反。

$$F_s = \xi A_p \rho_g \frac{(V_g - V_m)^2}{2} \tag{11-2}$$

式中，F_s 为上升气流对颗粒的曳力，N；ξ 为颗粒与气流间的阻力系数，是 Re 的函数，其关系见表 11-1；ρ_g 为气体密度，kg/m³；A_p 为颗粒垂直于气流方向的最大截面积，对于球形颗粒 $A_p = \frac{\pi}{4} d_p^2$，（m²）；$v_g$ 为气速，m/s；v_m 为颗粒上升速度，m/s；d_p 为颗粒直径，m。

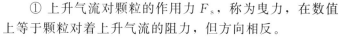

表 11-1　ξ 与 Re 的关系

参数	关系		
Re	0～1	1～500	500～15000
ξ	$24/Re$	$70/Re^{0.5}$	0.44

② 颗粒的重力 　　　　　　　$F_g = V \rho_m g$ 　　　　　　　　　　　　(11-3)

式中，F_g 为颗粒重力，对于球形 F_g 为 $\frac{\pi}{6} d_p^3 \rho_m g$，N；$V$ 为颗粒体积，对于球形 $V = \frac{\pi}{6} d_p^3$，m³；ρ_m 为颗粒密度，kg/m³。

③ 气流对颗粒的浮力 　　　　　$F_b = V \rho_g g$ 　　　　　　　　　　　(11-4)

式中，F_b 为气流对颗粒的浮力，N。

如此，颗粒所受的合力为：

$$
\begin{aligned}
F_m &= F_s + F_b - F_g \\
&= \xi A_p \rho_g \frac{(v_g - v_m)^2}{2} + V \rho_g g - V \rho_m g \\
&= \xi A_p \rho_g \frac{(v_g - v_m)^2}{2} + V(\rho_g - \rho_m)g
\end{aligned} \tag{11-5}
$$

一般 $\rho_m \gg \rho_g$，可以认为 $\rho_m - \rho_g \approx \rho_m$，于是

$$F_m = \xi A_p \rho_g \frac{(V_g - V_m)^2}{2} - V \rho_m g$$

颗粒加速度为：

$$\frac{\mathrm{d}v_{\mathrm{m}}}{\mathrm{d}\tau}=\xi A_{\mathrm{p}}\rho_{\mathrm{g}}\frac{(v_{\mathrm{g}}-v_{\mathrm{m}})^2}{2m}-g \tag{11-6}$$

对于球形颗粒，$A_{\mathrm{p}}=\dfrac{\pi}{4}d_{\mathrm{p}}^2$，$m=\dfrac{\pi}{6}d_{\mathrm{p}}^3\rho_{\mathrm{m}}$，代入上式，得：

$$\frac{\mathrm{d}v_{\mathrm{m}}}{\mathrm{d}\tau}=\frac{3\xi\rho_{\mathrm{g}}(v_{\mathrm{g}}-v_{\mathrm{m}})^2}{4d_{\mathrm{p}}\rho_{\mathrm{m}}}-g \tag{11-7}$$

为便于上式积分，令 $v_{\mathrm{r}}=v_{\mathrm{g}}-v_{\mathrm{m}}$，$\mathrm{d}v_{\mathrm{m}}=\mathrm{d}v_{\mathrm{r}}$，$Re_{\mathrm{r}}=\dfrac{d_{\mathrm{p}}v_{\mathrm{r}}\rho_{\mathrm{g}}}{\mu_{\mathrm{g}}}$ 代入上式并化简，可得下列圆球形颗粒在气流干燥管中运动的基本方程式

$$\frac{4\rho_{\mathrm{m}}d_{\mathrm{p}}^2}{3\mu_{\mathrm{g}}}\times\frac{\mathrm{d}Re_{\mathrm{r}}}{\mathrm{d}\tau}=\frac{4g\rho_{\mathrm{m}}\rho_{\mathrm{g}}d_{\mathrm{p}}^3}{3\mu_{\mathrm{g}}^2}-\xi Re_{\mathrm{r}}^2 \tag{11-8}$$

式中，ρ_{m} 为颗粒密度，$\mathrm{kg/m^3}$；ρ_{g} 为气体密度，$\mathrm{kg/m^3}$；v_{r} 为空气和颗粒相对速度，$\mathrm{m/s}$；μ_{g} 为气体黏度，$\mathrm{Pa\cdot s}$；d_{p} 为颗粒直径，m。

11.2.1.2 单一颗粒在等速运动段的基本方程

当颗粒作等速运动时，重力 F_{g} 等于浮力 F_{b} 与曳力 F_{s} 之和。

$$F_{\mathrm{g}}=F_{\mathrm{b}}+F_{\mathrm{s}} \tag{11-9}$$

由于 $\rho_{\mathrm{m}}\gg\rho_{\mathrm{g}}$，浮力 F_{b} 可以忽略，于是

$$\xi\frac{\pi}{4}d_{\mathrm{p}}^2\rho_{\mathrm{g}}\frac{v_{\mathrm{t}}^2}{2}=\frac{\pi}{6}d_{\mathrm{p}}^3\rho_{\mathrm{m}}g \tag{11-10}$$

$$v_{\mathrm{t}}=\sqrt{\frac{4d_{\mathrm{p}}\rho_{\mathrm{m}}g}{3\rho_{\mathrm{g}}\xi}} \tag{11-11}$$

式中，v_{t} 为颗粒沉降速度，$\mathrm{m/s}$；d_{p} 为颗粒直径，m。

11.2.1.3 颗粒群在气流干燥管内的运动

气流干燥的实际操作中，固体颗粒是以粒子群的状态进行运动，由于颗粒间的相互作用、颗粒形状的不规则及大小的变化等，所以需要对单个颗粒运动作一定的校正。

（1）对颗粒形状的校正

非球形颗粒的直径可用球形颗粒的当量直径表示。当量直径是取这种物料直径的 50%，与这一点相应的颗粒沉降速率为

$$v_{\mathrm{t}}=\sqrt{\frac{8\alpha_{\mathrm{v}}d_{\mathrm{p}}\rho_{\mathrm{m}}g}{\pi\xi\rho_{\mathrm{g}}}} \tag{11-12}$$

式中，α_{v} 为颗粒的体积系数，定义为 $\alpha_{\mathrm{v}}=\dfrac{\text{体积}}{(\text{直径})^3}$

球形颗粒 $$\alpha_{\mathrm{v}}=\frac{\frac{\pi}{6}d_{\mathrm{p}}^3}{d_{\mathrm{p}}^3}=\frac{\pi}{6} \tag{11-13}$$

其他形状颗粒，α_{v} 值见表 11-2。

实际物料的体积形状系数 α_{v} 的数值一般都小于 $\pi/6$，例如：$12^{\#}\sim20^{\#}$ 砂为 0.272，$20^{\#}\sim28^{\#}$ 砂为 0.316，硫铵（$d=0.5\mathrm{mm}$）为 0.456。

（2）对颗粒群的校正

物料在进入干燥管时，颗粒的浓度很大，阻力系数 ξ 也很大，ξ 值约为单一球体的 2.5 倍。颗粒在完成加速，进入等速运动后，由于在一般气流干燥中，物料质量与气体质量之比很小，其固体浓度是很低的。因此，随着速度的增大，ξ 值就很快接近单一球体的数值。

颗粒群的加速度运动区段多集中在固体物料进入点附近，在约 2～3m 处就已经完成加速 85% 以上，此后即过渡到等速运动。颗粒群在等速段的运动速度与单一球体的计算值是一致的。

（3）对颗粒直径和密度的校正

在干燥过程中，颗粒的直径和密度随着颗粒的干燥而变化，在含水率较小时变化不大，在含水率较大时需作校正。

对于非结合水有下列关系：

$$\frac{\pi}{6}d_p^3\rho_m(1+X)=\frac{\pi}{6}(d_p')^3\rho_m' \tag{11-14}$$

式中，X 为物料干基湿含量，kg/kg；d_p'、d_p 分别为干燥前后的颗粒直径，m；ρ_m'、ρ_m 分别为干燥前后的颗粒密度，kg/m³。

（4）对气速的校正

在干燥过程中，气体的温度逐渐下降，气体的体积因温度下降而减小，因此，气体在干燥管内的气速也降低。在设计计算时，可进行分区段计算，取区段两端的速度平均值 v_g 为定值，并计算出颗粒的速度 v_m，对气流干燥管长 H 作图，如图 11-3 所示。

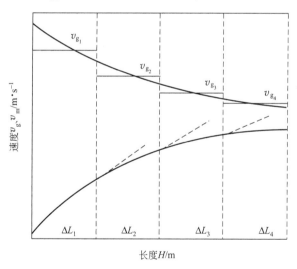

图 11-3 颗粒进入气流干燥管后气体速度沿干燥器长度的变化

11.2.2 颗粒在气流干燥管中的传热

11.2.2.1 稀相条件下静止气流中对颗粒的传热

单个颗粒在无限大的静止气流中的热传导传热关系可从理论推导得：

$$Nu=\frac{hd_p}{\lambda_g}=2 \tag{11-15}$$

式中，h 为传热系数，W/(m²·℃)；d_p 为颗粒直径，m；λ_g 为气体热导率，W/(m·℃)。

11.2.2.2 单个颗粒在流体流动中的传热

在球形颗粒的情况下，Froessling[7]根据颗粒在静止流动中的热传导及在流动流体中的对流传热可以加和的特性及实验数据得到如下关系式：

强制对流传热

$$Nu = \frac{hd_p}{\lambda_g} = 2.0 + K_1(Re)^{1/2}(Pr)^{1/3} \tag{11-16}$$

自然对流传热

$$Nu = 2.0 + K_1(Gr)^{1/4}(Pr)^{1/3} \tag{11-17}$$

式中，K_1 为系数；Gr 为格拉霍夫数，表示自然对流时的流动状况，$Gr = \frac{gd_p^3}{\nu^2}\beta\Delta t$；$\Delta t$ 为温度差，℃；β 为气体体胀系数；ν 为气体运动黏度，m^2/s；Pr 普朗特数，表示自流体的物理性质对给热的影响，$Pr = \frac{\mu c_p}{\lambda_g}$；$c_p$ 为气体定压比热容，$kJ/(kg \cdot ℃)$。

Ranz 与 Manshall[9]将来自玻璃毛细管滴下的液滴（$d_p = 954\mu m$），测定了其温度、质量等，进行传热实验。当用水滴作实验时，得出下列的传热关系式：

$$Nu = 2.0 + 0.60Re^{1/2}Pr^{1/3} \tag{11-18}$$

对于空气-水体系，式(11-18) 可简化为

$$Nu = 2.0 + 0.54Re^{1/2} \tag{11-19}$$

而液滴在自然对流情况下的传热，Ranz 综合各组实验数据后可得下列关联式

$$Nu = 2.0 + 0.6Gr^{1/4}Pr^{1/3} \tag{11-20}$$

11.2.2.3 颗粒在气流干燥管中的传热

颗粒群与气体间的传热

① 颗粒直径在 $100\mu m$ 以上的物料的传热　颗粒在投入干燥管后，受热气流的冲击，在一般情况下可考虑分散成单个的散粒而悬浮于气流中，因此传热系数与颗粒的传热面积二者可分别计算。

在颗粒的等速运动段，颗粒运动速度 v_m 较大，颗粒浓度稀薄，气流与颗粒群之间的传热可用式(11-18) 和式(11-19) 进行计算。而在颗粒的加速运动段，由于颗粒的浓度较大，所以不能使用单颗粒的传热系数关联式。根据桐荣良三的实验，颗粒群在刚进入气流干燥时，其 Nu 和 Re 的关系如下[1,2]

$$400 < Re < 1300 \quad Nu_{max} = 0.95 \times 10^{-4}Re^{2.15} \tag{11-21}$$

$$30 < Re < 400 \quad Nu_{max} = 0.76Re^{0.65} \tag{11-22}$$

② $100\mu m$ 以上的颗粒与气流之间有效传热面积　在加速运动段，由于颗粒运动速度 v_m 是变化的，因此干燥器单位体积中颗粒的浓度也有所变化，相应的单位体积中的颗粒有效传热面积亦随着变化。在一定的进料量下，v_m 愈大，单位体积中的有效传热面积愈小。

对于 $100\mu m$ 以上的物料，可以认为颗粒完全分散悬浮于气流之中，所以其单位干燥管体积的有效传热面积

$$A = \frac{G(1+X)\alpha_s d_p^2}{\alpha_v d_p^3 \rho_m}\left(3600\frac{\pi}{4}D^2 v_m\right)^{-1} \tag{11-23}$$

式中，A 为单位干燥管体积的颗粒传热面积，m^2/m^3；G 为绝干物料的流率，kg/h；X 为物料干基湿含量，kg/kg；d_p 为颗粒直径，m；D 为干燥管直径，m；ρ_m 为颗粒密度，

kg/m^3；v_m 为颗粒运动速度，m/s；α_v 为体积系数；α_s 为面积系数。

$$\alpha_s = \frac{颗粒的总表面积}{(颗粒直径)^2}$$

对于球形

$$\alpha_s = \frac{\pi d_p^2}{d_p^2} = \pi$$

其他形状颗粒的体积系数和面积系数见表 11-2。

表 11-2　颗粒的体积系数 α_v 和面积系数 α_s

形状	α_v	α_s
球形 $L=b=h=d$	$\pi/6$	π
圆锥形 $L=b=h=d$	$\pi/12$	$0.8/\pi$
圆板 $h=d$	$\pi/4$	$3\pi/2$
$h=0.5d$	$\pi/7$	π
$h=0.2d$	$\pi/20$	$7\pi/10$
$h=0.1d$	$\pi/40$	$3\pi/5$
立方体 $L=b=h$	1	6

当颗粒为球形时，$\alpha_s/\alpha_v \approx 6$，此时

$$A = \frac{6G(1+X)}{d_p \rho_m} \left(3600 \frac{\pi}{4} D^2 v_m\right)^{-1} \tag{11-24}$$

③ 颗粒直径在 $100\mu m$ 以下物料的传热及传热面积　粒径在 $100\mu m$ 以下的物料，例如聚氯乙烯树脂、淀粉、活性炭等物料，在湿物料刚进入干燥管时，会凝聚成数毫米大小的颗粒，这种颗粒在热风冲击下不能立即按其原来的粒径分散，而是随着颗粒的干燥，颗粒相互之间的碰撞而逐步分散，因此颗粒的有效传热面积 A 也在不断地变化，而这种变化规律，目前尚无法推导，所以只好将传热系数 h 和有效传热面积 A 合并为一个以体积计算的传热系数，称为体积传热系数，符号为 h_a。对 h_a 则根据不同物料及干燥操作条件分别进行实测。实测的 h_a 值一般比计算的 h_a 值（作为每一颗粒都均匀地分散开）要小 20 倍左右。

11.2.2.4　气流与颗粒间的传热量

（1）等速段气流与颗粒间的传热量

当气流与颗粒间的相对速度等于该颗粒在气流中的沉降速度时，颗粒即进入等速运动段。在该段内，气流速度 v_g 不变，那么颗粒运动速度 v_m 及二者之间的值 $v_r = (v_g - v_m)$（相对速度），都为常数。

在该段内，气流和颗粒之间的传热系数按式（11-19）计算，即

$$h = \frac{\lambda}{d_p}(2 + 0.54Re^{\frac{1}{2}})$$

而气流与颗粒间在单位干燥器体积内的传热面积 A 仍可根据式（11-23）或式（11-24）进行计算，此时由于 v_m 已为一常数，因而 h 值也成为某常数而不再改变。

所以，在等速运动段，气流和颗粒间的传热量，按下式进行直接计算即可

$$Q = h_a \left(\frac{\pi}{4}D^2\right) H \Delta t_m$$

式中，Q 为传热量，W；h_a 为体积传热系数，$W/(m^3 \cdot ℃)$；D 为干燥管直径，m；H 为干燥管长度，m；Δt_m 为平均温度差，$℃$。

（2）加速段气流与颗粒间的传热量

在该段内，A 及 h 值均为变值，且随颗粒的不断加速而下降，所以气流与颗粒间的传热应由微分式表示

$$dQ = hA \left(\frac{\pi}{4} D^2 \right) dH \Delta t_m \tag{11-25}$$

h 用加速段的传热关联式求得。例如，当加速段开始 $Re_0 = 91$ 和等速段开始 $Re_t = 0$ 时

$$h = \frac{1.14 Re_r^{0.56} \lambda_g}{d_p} \tag{11-26}$$

A 用式（11-24）求得，将 h、A 分别代入上式得

$$dQ = \frac{1.14 Re_r^{0.56} \lambda_g}{d_p} \times \frac{6G(1+X)}{3600 \frac{\pi}{4} D^2 v_m \rho_m d_p} \times \frac{\pi}{4} D^2 v_m \Delta t_m dt \tag{11-27}$$

dt 用下式表示

$$dt = -\frac{4 \rho_m d_p^2}{3 \mu g} \times \left[\frac{dRe_r}{\xi Re_r^2} + \frac{Ar \, dRe_r}{(\xi Re_r^2)^2} \right] \tag{11-28}$$

将式（11-28）代入式（11-27）积分得

$$Q = \int_0^Q dQ = \frac{4 \rho_m d_p^2}{3 \mu g} \times \frac{6G(1+X)\Delta t_m}{3600 \rho_m d_p} \times \frac{1.14 \lambda_g}{d_p}$$

$$\left[\int_{Re_t}^{Re_0} \frac{dRe_r}{\xi Re_r^{1.44}} + Ar \int_{Re_t}^{Re_0} \frac{dRe_r}{\xi^2 Re_r^{3.44}} \right] \tag{11-29}$$

对于 $Re_0 = 88.5$，$Re_t = 9$ 时，$\xi = 10/Re_r^{0.5}$，代入上式并积分得

$$Q = A' \left[\frac{1}{0.6} (Re_0^{0.06} - Re_t^{0.06}) + \frac{Ar}{144} \times \left(\frac{1}{Re_t^{1.44}} - \frac{1}{Re_0^{1.44}} \right) \right] \tag{11-30}$$

其中

$$A' = \frac{4}{3} \times \frac{6G_0 \Delta t_m \times 1.14 \lambda_g}{1000 \mu_g}$$

$$G_0 = G(1+X)$$

对于 $Re_0 = 400$，$Re_t = 1$，用上述同样方法得

$$Q = A'' \left[\frac{1}{0.5} \times \left(\frac{1}{Re_t^{0.05}} - \frac{1}{Re_0^{0.05}} \right) + \frac{Ar}{155} \times \left(\frac{1}{Re_t^{1.55}} - \frac{1}{Re_0^{1.55}} \right) \right] \tag{11-31}$$

其中

$$A'' = \frac{4}{3} \times \frac{6G_0 \Delta t_m \times 2.54 \lambda_g}{1000 \mu_g}$$

$$G_0 = G(1+x)$$

上述各式中 Ar 为阿基米德数，$Ar = \frac{4g d_p^3 \rho_m \rho_g}{3 \mu_g^2}$；$Re_0$ 为颗粒开始加速运动时的雷诺数；Re_t 为颗粒开始等速时的雷诺数。

总之，对于气流干燥加速段的传热量，不可能有一个统一的公式进行计算，而应根据不同的干燥颗粒直径和使用的干燥介质的性质、温度而建的不同的传热系数关联式进行计算。

11.2.2.5 一维不等速运动所需的时间与高度

（1）一维不等速运动所需的时间

表达式根据阻力系数 C 与 Re_r 的关系而定。当气速 v_g 大于颗粒速度 v_m，且 $v_r (v_r = v_g - v_m)$

方向向上时，其所需时间为

层流区　　　$0 < Re_r < 2$　　　$\xi = 24/Re_r$

$$\tau = \frac{4 \rho_m d_p^2}{3\mu_g} \times \left[\frac{1}{24} \ln \frac{Re_0}{Re_t} - \frac{Ar}{576} \times \left(\frac{1}{Re_0} - \frac{1}{Re_t} \right) \right] \tag{11-32}$$

过渡区　　　$0 < Re_r < 500$　　　$\xi = 10/Re_r^{0.5}$

$$\tau = \frac{4 \rho_m d_p^2}{3\mu_g} \times \left[\frac{1}{5} \times \left(\frac{1}{Re_t^{0.5}} - \frac{1}{Re_0} \right) - \frac{Ar}{200} \times \left(\frac{1}{Re_0^2} - \frac{1}{Re_t^2} \right) \right] \tag{11-33}$$

湍流区　　　$500 < Re_r < 2 \times 10^5$　　　$\xi = 0.44$

$$\tau = \frac{4 \rho_m d_p^2}{3\mu_g} \left[\frac{1}{0.44} \times \left(\frac{1}{Re_t} - \frac{1}{Re_0} \right) - \frac{Ar}{0.582} \times \left(\frac{1}{Re_0^3} - \frac{1}{Re_t^3} \right) \right] \tag{11-34}$$

（2）一维不等速运动所需的高度

当 $\mu_g > v_m$，且 v_r 方向向上时，其所需高度

层流区　　　$0 < Re_p < 2$　　　$\xi = 24/Re_r$

$$H = \frac{4 \rho_m d_p^2}{3\mu_g} \left\{ \left[\frac{v_g}{24} \ln \frac{Re_0}{Re_t} - \frac{\mu_g}{24 d_p \rho_g} (Re_0 - Re_t) \right] - \right.$$
$$\left. \left[\frac{Ar\mu_g}{576} \times \left(\frac{1}{Re_t} - \frac{1}{Re_0} \right) + \frac{Ar\mu_g}{576 d_p \rho_g} \ln \frac{Re_t}{Re_0} \right] \right\} \tag{11-35}$$

过渡区　　　$2 < Re < 500$　　　$\xi = 10/Re_r^{0.5}$

$$H = \frac{4 \rho_m d_p^2}{3\mu_g} \left\{ \left[\frac{v_g}{5} \times \left(\frac{1}{Re_t^{0.5}} - \frac{1}{Re_0^{0.5}} \right) - \frac{\mu_g}{5 d_p \rho_g} (Re_0^{0.5} - Re_t^{0.5}) \right] + \right.$$
$$\left. \left[\frac{Ar\mu_g}{200} \times \left(\frac{1}{Re_t^2} - \frac{1}{Re_0^2} \right) - \frac{Ar\mu_g}{100 d_p \rho_g} \times \left(\frac{1}{Re_t} - \frac{1}{Re_0} \right) \right] \right\} \tag{11-36}$$

湍流区　　　$500 < Re_r < 2 \times 10^5$　　　$\xi = 0.44$

$$H = \frac{4 \rho_m d_p^2}{3\mu_g} \left\{ \left[\frac{v_g}{0.44} \times \left(\frac{1}{Re_t} - \frac{1}{Re_0} \right) - \frac{\mu_g}{0.44 d_p \rho_g} \ln \left(\frac{Re_0}{Re_t} \right) \right] + \right.$$
$$\left. \left[\frac{Ar\mu_g}{0.582} \left(\frac{1}{Re_t^3} - \frac{1}{Re_0^3} \right) - \frac{Ar\mu_g}{0.388 d_p \rho_g} \times \left(\frac{1}{Re_t^2} - \frac{1}{Re_0^2} \right) \right] \right\} \tag{11-37}$$

式(11-32)和式(11-37)的推导见参考文献［11］。

11.2.3　气流干燥的物料衡算和热量衡算

11.2.3.1　物料衡算

（1）物料中去除的湿分量在生产过程中产量的表示方法

① 以绝干物料来表示的小时产量 G_0。

② 以产品来表示的小时产量 G_2。

③ 以湿的原料表示的小时产量 G_1。假定没有损耗，在干燥过程中，绝干物料的质量是

不变的，于是 G_0、G_1 和 G_2 之间的关系如下

$$G_0 = G_1\left(\frac{100 - w_1}{100}\right) = G_2\left(\frac{100 - w_2}{100}\right) \quad (\text{kg/h}) \tag{11-38}$$

小时产量应按每天的实际工作小时数和每年的实际工作日数来计算。在连续生产中，通常每年的工作小时数为 $7500 \sim 8000\text{h}$，物料中去除的湿分量按下式计算

$$W = G_0(X_1 - X_2) \quad (\text{kg/h}) \tag{11-39}$$

式中，X_1 为干燥器进口固体物料湿含量，质量分数（干基）；X_2 为干燥器出口固体物料湿含量，质量分数（干基）。

（2）绝干气体的消耗量（L）

气体通过干燥器前后时的气体绝干质量是不变的。以 Y_1 和 Y_2 分别表示进出干燥器气体的湿含量（干基），则 $(Y_2 - Y_1)$ 为 1kg 绝干气体可以带走的湿分量，所以

$$W = L(Y_2 - Y_1)$$

$$L = \frac{W}{Y_2 - Y_1} \quad [\text{kg(绝干气体)/h}] \tag{11-40}$$

在 Y_2 和 Y_1 为常数时，L 与 W 成正比，将式(11-40) 两端除以 W 得

$$l = \frac{L}{W} = \frac{1}{Y_2 - Y_1} \quad [\text{kg(绝干气体)/kg(湿分)}] \tag{11-41}$$

式中，l 为干燥介质的比耗量；L 值可作为选风机的基础。

11.2.3.2 热量衡算

干燥设备有两个基本组成部分，一是预热器，二是干燥器。

（1）预热器的热量平衡

如图 11-4 所示，对预热器作热量衡算时，可以得到加热蒸汽的消耗量

$$D = \frac{L(I_{g_1} - I_{g_0})}{i - \theta} = \frac{L c_{p_0}(t_1 - t_0)}{i - \theta} \quad (\text{kg/h}) \tag{11-42}$$

式中，c_{p_0} 为加热气体湿比热容，kJ/(kg·℃)；L 为绝干气体消耗量，kg/h；I_{g_1} 为预热器出口绝干气体的热焓，kJ/kg；I_{g_0} 为预热器进口绝干气体的热焓，kJ/kg；i 为蒸汽的热焓，kJ/kg；t_0 为空气预热器进口温度，℃；t_1 为空气预热器出口温度，℃；θ 为冷凝水的热焓，kJ/kg。

图 11-4 预热器热量衡算

如果采用电阻丝加热，则电阻丝的功率 N 按下式计算

$$N = \frac{L(I_{g_1} - I_{g_0})}{3600\eta} = \frac{L c_{p_0}(t_1 - t_0)}{3600\eta} \quad (\text{kW}) \tag{11-43}$$

式中，η 为电阻丝加热效率，可取为 0.95。

把烟道气用作加热介质时，燃料的消耗量

$$B = \frac{L}{G_B} \quad (\text{kg/h})$$

式中，G_B 为 1kg 燃料燃烧后所得温度为 t_1 的烟道气的量，kg/kg(燃料)。

（2）干燥器的热量衡算

如图 11-5 所示干燥器的热量收支情况见表 11-3。在收支相等时

$$Lc_{p_1}t_1+W\theta_1+G_2c_m\theta_1=Lc_{p_2}t_2+Wi_2+G_2c_m\theta_2+Q_L$$

合并式

$$Lc_{p_1}(t_1-t_2)=W(i_2-\theta_1)+G_2c_2(\theta_2-\theta_1)+Q_L=Q_1+Q_2+Q_L \tag{11-44}$$

式中，Q_1 为加热气体放出热，kW；Q_2 为产品温升热，kW；Q_L 为热损失，kW；c_{p_1} 为湿气体的干基比热容，kJ/(kg·℃)；i_2 为在温度 t_2 下湿分蒸汽的热焓，kJ/kg；c_m 为产品的比热容，kJ/(kg·℃)。

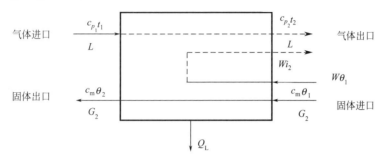

图 11-5　干燥器的热量衡算

表 11-3　热量收支情况表

收入	支出	收入	支出
进口气体带入热 $Lc_{p_1}t_1$	进口气体带出热 $Lc_{p_2}t_2$	产品带入热 $G_2c_m\theta_1$	产品带出热 $G_2c_m\theta_2$
汽化湿分带入热 $W\theta_1$	汽化湿分带出热 Wi_2		热损失 Q_L

（3）热效率和干燥效率

① 热效率（η_h）　加入干燥介质的总热量只有一部分在干燥器中放出，其余部分被废气带走。介质在干燥器中放出的热量与加入干燥介质的热量之比称为干燥器的热效率

$$\eta_h=\frac{Lc_p(t_1-t_2)}{Lc_p(t_1-t_0)}=\frac{t_1-t_2}{t_1-t_0}\times100\% \tag{11-45}$$

② 干燥效率（η_a）　介质在干燥器中放出的热量，只有这部分热量是有效的。所以汽化水分所耗的热量与介质在干燥过程中放出的热量之比称为干燥器的干燥效率

$$\eta_a=\frac{W(i_2-\theta_1)}{Lc_p(t_1-t_2)}=\frac{i_2-\theta_1}{lc_p(t_1-t_2)}\times100\% \tag{11-46}$$

11.2.4　气流干燥管的压力损失

气流干燥管的压力损失包括摩擦阻力损失、位头损失、颗粒加入和加速所引起的压力损失，以及气流干燥管的局部阻力损失。在一般情况下，气流干燥管的压力损失大约为 1000～1500Pa。

11.2.4.1　摩擦阻力损失

摩擦阻力损失用下式计算

$$\Delta p_1=\frac{\beta_g\lambda_g}{2D}\int_0^H v_g\rho_{gm}\mathrm{d}H \tag{11-47}$$

式中，β_g 为压损系数；Δp_1 为摩擦阻力损失，Pa；λ_g 为管内气流阻力系数；D 为干燥管直径，m；v_g 气体速度，m/s；H 为干燥管长度，m；ρ_{gm} 为粒子和热空气的混相密度，其值为颗粒密度 ρ_m 和气体密度 ρ_g 之和，$\rho_{gm}=\rho_m+\rho_g$（kg/m³）。

在等速运动段 ρ_m 变化较小，可以用算术均值计算；在颗粒加速运动段，ρ_m 变化较大，应用积分计算。气流干燥一般为稀相，而非密相。

压损比系数 β_g 与气速 v_g 和固气比 R_s（kg/kg）与管子走向有关，可以下式计算[6]

对于水平管

$$\beta_g=\sqrt{\frac{30}{v_g}}+0.2R_s \tag{11-48}$$

对于垂直管

$$\beta_g=\frac{250}{v_g^{2/3}}+0.15R_s \tag{11-49}$$

气流阻力系数 λ_g，对纯空气流而言为 $0.02\sim0.04$，也可按下式计算

$$\lambda_g=k\left(0.0125+\frac{0.0011}{D}\right) \tag{11-50}$$

式中，系数 k，对光滑管为 1.0，对新焊接管为 1.3，对旧焊接管为 1.6。

11.2.4.2　位头损失

由位差引起的位头损失由下式计算

$$\Delta p_2=\int_0^H \rho_{gm}g\,dH \tag{11-51}$$

式中，Δp_2 为位头损失，Pa；ρ_{gm} 为颗粒和热空气的混相密度，kg/m³；H 为干燥管高度，m。

在等速段可用下式近似计算

$$\Delta p_2=\rho_{gm}gH \tag{11-52}$$

11.2.4.3　颗粒加入和加速所引起的压力损失

$$\Delta p_3=\rho_g\frac{G_0}{L+K}\times\frac{v_{m_2}^2-v_{m_1}^2}{2} \tag{11-53}$$

式中，Δp_3 为颗粒加入和加速所引起的压力损失，Pa；ρ_g 为气体密度，kg/m³；G_0 为干物料进料量，kg/h；L 为干空气质量流量，kg/h；K 为加料器系数，星形加料器和螺旋加料器，$K=1$；v_{m_1} 为粒子加入时的速度，m/s，一般情况下为零；v_{m_2} 为粒子加入终了时的速度，m/s。

11.2.4.4　局部阻力损失

局部阻力损失包括弯头、扩大、缩小等部分的阻力损失，可用一般流体阻力公式计算

$$\Delta p_4=\sum\xi\frac{\rho_{gm}v^2}{2} \tag{11-54}$$

式中，Δp_4 为局部阻力损失，Pa；ρ_{gm} 为颗粒和热空气的混相密度，kg/m³；v 为颗粒在管内的速度，m/s；$\sum\xi$ 为局部阻力系数之和。

弯管的局部阻力系数 ξ_b 可由表 11-4 查得，其他局部阻力系数可由相关手册中查得。

表 11-4　弯管的局部阻力系数 ξ_b[6]

曲率半径/管径(R/d)	ξ_b	曲率半径/管径(R/d)	ξ_b
2	1.50	6	0.5
4	0.75	7	0.38

11.3　气流干燥器的设计

目前，有关气流干燥器设计的方法有多种。由于气流干燥器中干燥的材料具有不同的性质，并且每种产品都需要特定的设计方案。它取决于初始和最终所需的水分，温度敏感性，颗粒的大小和形状等。最后，每一个要干燥的产品都需要对所涉及的问题（效率和产品质量）有一个最佳的解决方案。

11.3.1　一般设计计算

（1）基本数据

① 设计已知条件

干物料产量 G_2，kg/h；

物料进出干燥器的湿含量 w_1，w_2；

湿物料进出口温度，t_{m_1}，t_{m_2}；

干物料筛析数据：平均粒径 d_p；

进入干燥管的气体热焓 I_1，kJ/kg；

离开干燥管的气体热焓 I_2，kJ/kg；

建厂当地的空气状态（t_0，Y_0）及环境温度。

② 设计者自行确定的数据

干燥管中气流速度 v_g，m/s；

进入干燥管热风温度 t_1，℃；

出干燥管排气温度 t_2，℃；

操作设备中的热损失 $Q_损$，kJ/h；

其他。

③ 自行查询的数据

物料的性质

物料临界湿含量 w_0，kg(H_2O)/kg(绝干物料)；

物料比热容 c_m，kJ/(kg·℃)；

物料密度 ρ_m，kg/m³；

热导率 λ_g，kW/(m·℃)。

（2）进行干燥管的物料衡算和热量衡算

确定干燥时的除水量及干燥用热空气量 L(kg/h)

物料衡算式

$$G_0(X_2 - X_1) = L(Y_2 - Y_1)$$

热量衡算式

$$LI_1 + G_0(c_m + 4.186w_1)t_{m_1} = LI_2 + G_0(c_m + 4.186w_2)t_{m_2}$$

（3）加速运动段的气-固两相之间传热系数的确定

① 由粒度分布数据求得干燥物料平均粒径 d_p。

② 由已确定的进气温度 t_1 和进气气速 v_g，计算干燥器进口处的 Re

$$Re_0 = \frac{d_p v_g \rho_g}{\mu_g}$$

③ 设在加速运动段结束时的气体温度为 t'，由 t' 查到此时气流的各项物理常数，从而求出粒径为 d_p 时的沉降速度 v_1，一般所用粒径的 Re 值均在中间区，$2 < Re < 500$，则 v_1 可以用阿兰定律进行计算

$$v_t = \left(\frac{4}{225} \times \frac{\rho_m^2 g^2}{\rho_g \mu_g} \right)^{1/3} d_p$$

求出 v_1 后即可求得 Re_t。

加速运动段结束处，气流温度 t' 的假设一般可根据该段除去的湿分约占整个干燥管除去湿分的 $1/2 \sim 2/3$ 进行估算。如此估算得的 t' 值有时与实际温度相差几十度，但 t' 只影响计算 v_t 中的各项气体的物理常数，对 v_t 的计算影响不大。

④ 求出 Re_0 及 Re_t 后，可根据式（11-26）和式（11-30）分别计算出气-固两相之间的传热系数和传热量。

（4）干燥管直径的计算

① 气体流速的确定　气流干燥管的直径由气体在管内的流速和所需的气量确定。气流干燥所需的气量由物料衡算和热量衡算确定，同时，通常取物料质量及气体质量的比值为 $0.2 \sim 1$；物料含水率高时取低值，含水率低时取高值。

从气流输送角度来看，只要气流速度大于最大颗粒的沉降速度，则全部物料便可由干燥管夹带出去。但是，为了操作安全，通常取出口气速为最大颗粒沉降速度的 2 倍，或者出口气速比最大颗粒沉降速度大 3m/s。至于干燥管的入口气速，一般取 $20 \sim 30$m/s。

② 气流干燥管直径按下式计算

$$D = \left(\frac{4 L v_y}{3600 \pi v_g} \right)^{\frac{1}{2}} \tag{11-55}$$

式中，L 为绝干热空气用量，kg/h；v_y 为气体进口状态下的湿比容，m^3/kg；v_g 为气速，m/s。

（5）气流干燥管高度计算

① 预热带（加速运动段）干燥管高度

a. 从热平衡方程计算出将物料温度从 t_{m_1} 提高到湿球温度 t_w 所需的热量 Q_1；

b. 从 Q_1 求预热带结束时气体的温度 t_1，然后求出该段内的平均气温 t_{ave}，从而查得该温度下的气体物性数据而算出 Re_0；

c. 将各有关数据代入由积分得出的气-固两相之间传热关联式，从而反推在要求给热量 Q_1 时，Re 数自 $Re_0 \rightarrow Re'$ 时的 Re' 数值；

d. 将 Re_0 及 Re' 代入气流干燥管高度计算式，即可求出预热带干燥管的高度。

② 表面蒸发带（加速运动段）干燥管高度

a. 确定表面蒸发带物料湿分自 $w_1 - w$ 所需的热量 Q_2，w 值可自行确定；

b. 从 Q_2 求出当物料的所含湿含量为 w 时相应的气体温度 t，进而算得该段内的平均气温 t_{ave} 及平均湿度 y_{ave}，确定出气体物性数据而求出该段起始点的 Re 数值；

c. 过程同预热带；

d. 过程同预热带；

e. 重复使用上述方法可求出物料湿分，自 $w \sim w'$ 区间表面蒸发带所需的干燥管高度。

本段之所以要分开求干燥管高度，主要是消除由于气温变化过大而使平均气温下的各项气体特性数据和干燥管内气体流速 v_g 与实际数值相差太大所带来的误差。

③ 恒速干燥或降速干燥段干燥管高度的计算（等速运动）

a. 确定该段内物料湿分自 $w \sim w'$ 区间所需的热量；

b. 由 Q 求气体在该段内的平均气温 t_{ave} 和平均湿度 Y_{ave}，据此查出气体物理常数算出该段内的沉降速度、u_t 和 Re_t；

c. 将 Re_t、气体热导率 λ_g 及颗粒粒径 d_p 代入等速运动传热公式，由此可求得气-固两相间的传热系数 h；

d. 根据 $Q = h_a V \Delta t_m$ 求出该段干燥管体积，由此可直接算得该段高度；

e. 由此重复计算，直至物料湿含量被干至出口的湿含量为止。

④ 气流干燥，物料出口温度的估算[1,9]

可采用如下简化公式进行估算

$$t_2 - t_{m_2} = (t_2 - t_{w_2}) \frac{\gamma_{t_{w_2}}(X_1 - X^*) - c_s(t_2 - t_{w_2})\left(\dfrac{X_2 - X^*}{X_0 - X^*}\right)^{\frac{\gamma_{t_{w_2}}(X_0 - X^*)}{c_s(t_2 - t_{w_2})}}}{(X_0 - X^*)\gamma_{t_{w_2}} - c_s(t_2 - t_{w_2})} \tag{11-56}$$

式中，c_s 为干物料的比热容，kJ/(kg·℃)；t_{w_2} 为出口气体状态下的湿球温度，℃；t_{m_2} 为物料出口温度，℃；t_2 为出口气体温度，℃；$\gamma_{t_{w_2}}$ 为在 t_{w_2} 下水的汽化潜热，kJ/kg；X_1 为物料进口湿含量，kg(H$_2$O)/kg（绝干物料）（干基）；X_2 为物料出口湿含量，kg(H$_2$O)/kg(绝干物料)（干基）；X_0 为物料临界湿含量（干基）；X^* 为物料平衡湿含量（干基）；ρ_w 为在湿球温度 t_{w_2} 时水的密度。

11.3.2　设计的其他考虑

李建国等[19]根据工业生产实践和经验公式，提出了气流干燥设备的主体尺寸的简捷设计方法，并介绍了所有干燥设备都适用的基础计算。所述简捷计算采用了许多来自生产实践的经验数据，对设计工业应用的干燥器有重要的指导作用。除了设备主体尺寸之外，诸多结构尺寸需要根据自己的经验或参考更为详尽的资料确定。Baeyens 等[26]根据粉体/气体的基本特性、干燥热力学和流体动力学来确定气流干燥器的设计。利用方程预测的传热系数进行逐级计算，预测气流干燥器的湿度和温度分布。数据拟合效果良好。该计算程序还可以计算所需的干燥管的长度。

此外，整个气流干燥系统的设计还须注意物料供给系统，颗粒分离系统，气体加热装置和产品收集系统等。

进料系统必须仔细选择和设计，以便以所需的进料速率将湿物料供应到干燥器中。典型的进料系统如图 11-6 所示[14]。固体进料器是干燥器的重要组成部分，因为它负责以受控的指定速率为干燥器提供潮湿的物料。计量和进料元件有时与混合装置设置在上游。对于自由流动的粉末状固体，可以有效地使用螺旋进料器或旋转阀。糊状或黏性材料需要通过使用单轴或双轴桨式搅拌器将它们与干燥产品混合，然后使用切碎机或旋转分散器的其他几种设计之一进行机械分散来进行预处理。有时可在螺旋进料机后面加一个文丘里管，如图 11-7。

Lopes 等[16]研究固体给料系统的结构对直径为 53mm 的 180°环形垂直气动输送机流体动力特性的影响，旨在进一步应用于干燥颗粒物料。采用斜管连接料斗构成的非机械固体给料系统，对 Geldart D 类颗粒进行给料。通过在进气口插入不同的限流装置，即缩小喷嘴和

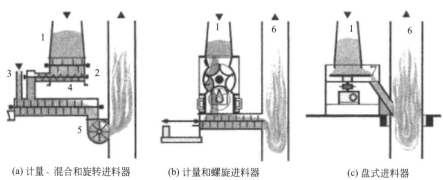

(a) 计量、混合和旋转进料器　　　(b) 计量和螺旋进料器　　　(c) 盘式进料器

图 11-6　气流干燥器的典型进料系统

1—湿产品箱；2—计量；3—再循环产品；4—混合器；5—悬挂装置；6—干燥管

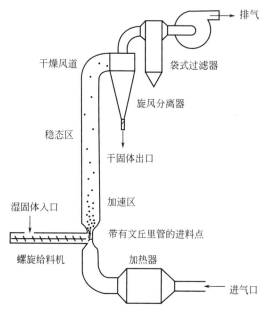

图 11-7　带有文丘里管进料的气流干燥器

文丘里装置，对这种简单的进料设备进行了改进。目的在于研究整个输送线的固体流量和流体动力学如何受入口结构和入口装置的影响。当入口装置与非机械倾斜阀的联合使用，对 D 类颗粒在气力输送管道中运行时，阀门的性能有显著影响。当使用进气装置时，观察到在给定的空气速度下输送的固体流速增加。该减径喷嘴产生了与无入口装置倾斜阀相似的固体负荷比范围，并且在入口区域引入了一些压力不稳定性。文丘里装置允许在较宽的固体负载率范围内运行，并且在输送管线中未检测到压力不稳定性。在所研究的条件下，气体速度和负载率均不会影响入口长度。进气装置可以成功地应用于改进和提高倾斜阀作为气流干燥器中固体进料器的性能。

对于分离器的选择，主要基于材料特性、所需的分离程度、固体浓度、固体含水量、环境法规和成本等因素。常用的分离器有重力分离器、旋风分离器、织物过滤器和湿式洗涤器，通常使用分离装置的组合。

干燥介质通常选用热空气，现在使用过热蒸汽作为干燥介质的气流干燥器具有很多优点，例如没有火灾或爆炸风险以及更高的效率。过热蒸汽气流干燥器中干燥产品的品质优于空气气流干燥装置，使用过热蒸汽作为干燥介质的局限性在于系统本身和系统的操作复杂。由于冷凝物会因冷凝或压缩排气蒸汽而导致能量回收问题，进料和排料过程不允许空气渗透，启动和关闭过程比空气干燥器更复杂。利用过热蒸汽作为干燥介质的气流干燥系统如图 11-8所示。为了降低干燥器的高度，增加干燥时间，采用了物料再循环的两阶段系统[14]。固体颗粒经过具有垂直管状结构的第一阶段后，在干燥器上部被分离，下落后落入第二阶段，湿物料通过进料系统供应到第一级，系统中的每个干燥阶段都配有自己的加热器，自第二干燥阶段的干燥剂送回第一干燥阶段。如果干燥介质是过热蒸汽，该系统特别有效。通过旋风分离器进行分离，第二干燥阶段也称为冷却阶段。两级干燥器可用于难以干燥的产品，如甲基纤维素。两级系统中不同颗粒的循环次数可能不同，因此颗粒的滞留时间将不同。在这些系统中，将材料再循环直至其干燥至所需湿度。例如，高温短时环形干燥器用于食品工业，以扩大马铃薯或胡萝卜中的淀粉细胞结构，从而形成刚性多孔结构，从而提高干燥速率[17]。

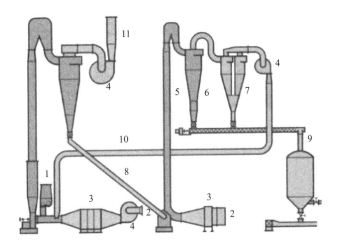

图 11-8　利用过热蒸汽加热的两级气流干燥器

1—湿物料；2—一次风口；3—加热器；4—风机；5—干燥管；6,7—旋风分离器；
8—预干燥产品排放；9—干燥产品排出；10—蒸汽返回管路；11—废气排出

有时，干燥介质的加热通过后段设备的热能利用。如在图 11-9 中，气流干燥器用于煅烧炉的前段干燥[14]。干燥介质在煅烧装置间接加热。这种布置提供了足够的热利用，并且由 BabcockBSH 用于催化剂化合物和其他产品。在设计气流干燥器时，需要与煅烧炉一起考虑。

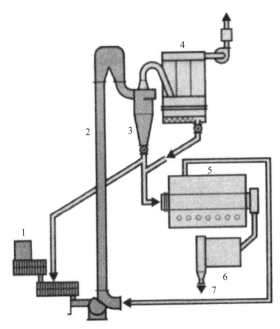

图 11-9　气流干燥器-煅烧炉

1—湿物料；2—气流干燥器；3—旋风分离器；4—过滤器；5—间接加热旋转煅烧炉；6—冷却器；7—最终产品

产品的分离和收集系统主要采用旋风分离器。Kaensup 等[101,104]研究了在气流干燥器

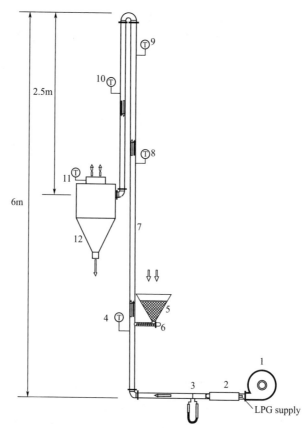

图 11-10　带旋风分离器的气流干燥器

1—离心风机；2—燃烧加热室；3—入口；4,8～11—温度传感器；
5—进料器；6—螺旋输送机；7—气流干燥管；12—旋风分离器

出口处旋风分离器的设置对干燥过程的影响，如图 11-10。干燥空气的速度为 $20\sim30m/s$，糙米的进料速度为 $150\sim350kg/h$，干燥空气温度为 $35\sim70℃$。结论显示，干燥过程中使用和不使用旋风分离器的干燥过程能够导致非常快速的干燥，而没有任何质量问题，如米粒的爆腰。在相同实验条件下，有旋风分离器的气流干燥器的水分含量多降低 1%，稻谷的平均表面温度高 $2℃$，稻米的整米得率提高 $3\%\sim4\%$，水分蒸发速率提高 $2kg/h$。但是，单位质量的水分蒸发所消耗的能量要比不配备旋风除尘器的气流干燥器低 $20\%\sim30\%$。

11.4　气流干燥器设计计算示例

例：

用气流式干燥器来干燥粉状物料，其平均粒径 $d_p=200\mu m$，最大粒径 $d_{Pmax}=500\mu m$，处理量为 $3000kg/h$，湿料最初含水量 25%（干基），要求干到 0.3%（干基）。干燥介质是由重油燃烧，再用冷空气混合而得，进入干燥管初温 $t_1=400℃$，$Y_1=0.025kg(H_2O)/kg$（绝干空气），混合气的组分和空气基本相同，干物料的比热容 $c_m=1.26kJ/[kg（绝干物料）\cdot℃]$，密度 $\rho_m=2000kg/m^3$，湿料的进口温度 $t_m=20℃$，经实验测定，该物料临界水含量 $w_o=2\%$。请设计出将此物料进行干燥的气流干燥器（物料平衡水分视为零）。

解： 一、基本假设

① 颗粒在干燥过程中由于水分的除去而引起的粒径变化，密度变化可忽略不计；

② 颗粒是圆球形；

③ 在干燥管中，颗粒均分散悬浮于气流中，无相互黏结现象；

④ 颗粒进入干燥管后，颗粒浓度对其运动轨迹的影响，可以略去不计，设排气温度为 95℃。

二、物料衡算及热量衡算

（1）物料衡算

绝干的物料量　$G = 3000 \times 1/(1+0.25) = 2400$（kg/h）

干燥去除的水分　$W = G(X_2 - X_1)$

$$W = 2400 \times (0.25 - 0.003) = 593 \text{（kg/h）}$$

加热气体的物料平衡　$593 = L(Y_2 - 0.025)$ 　　　　　　　　　　　　　　（1）

（2）热量平衡

已设排气温度 $t_2 = 95℃$，再设物料出口温度 $t_{m_2} = 80℃$，则进入干燥管的气体热焓

$$I_1 = (1.01 + 1.88 \times 0.025) \times 400 + 2490 \times 0.025 = 485 \text{（kJ/kg）}$$

离开干燥管的气体热焓

$$I_2 = (1.01 + 1.88Y_2) \times 95 + 2490Y_2 = 96 + 2669Y_2$$

全干燥管进行热量平衡

$$485L + 2400 \times (1.26 + 4.186 \times 0.25) \times 20$$
$$= L(96.0 + 2669Y_2) + 2400 \times (1.26 \times 4.186 \times 0.003) \times 80 \qquad (2)$$

将式(1)和式(2)两联立，并解得

干燥用热气的体积流量需要量 $L = 5350 \text{m}^3/\text{h}$

干燥管出口废气湿含量 $Y_2 = 0.136 \text{kg}(\text{H}_2\text{O})/\text{kg}$（绝干气体）

（3）校核物料出口温度 t_{m_2}

可应用式(11-56)进行校核

$$95 - t_{m_2} = (95 - 61) \times \frac{0.003 \times 2355 - 1.26 \times 34 \times \left(\frac{0.003}{0.02}\right)^{\frac{0.02 \times 2355}{1.26 \times 34}}}{0.02 \times 2355 - 1.26 \times 34} = 34 \times \frac{7.064 - 5.307}{4.26} = 14$$

$t_m = 95 - 14 = 81℃$，与假设（80℃）基本相等。

注：61℃ 是物料的湿球温度，2355kJ/kg 是 61℃ 时水的汽化潜热。

三、加速运动段干燥管直径及高度计算

（1）加速运动段干燥管直径 D

已知：取 $v_g = 29.4 \text{m/s}$，$t_1 = 400℃$　$Y_1 = 0.025 \text{kg}(\text{H}_2\text{O})/\text{kg}$（绝干空气）　$v_y = 1.98$

故　　　　　　　　　$\dfrac{5350 \times 1.98}{3600} = \dfrac{1}{4}\pi D^2 \times 29.4$

得　　　　　　　　　　　　　$D = 0.356\text{m}$

（2）预热带干燥管高度的计算

① 已知 $t_{m_1} = 20℃$ 物料湿球温度为 61℃，故预热带所需热量为

$$q_1 = 2400 \times (1.26 + 0.25 \times 4.186) \times (61 - 20) = 227000 \text{（kJ/h）}$$

② 加热气体的热量衡算

$$227000 = 5350 \times 1.055 \times (400 - t)$$

得　　　　　　　　　　　　　$t = 360℃$

故在此段内，平均温度 $t_{\text{ave}} = (400 + 360)/2 = 380℃$

平均湿度 $Y_{\text{ave}} = Y_1 = 0.025$，查得气体各项的物理性质为：$v_y = 1.96 \text{m}^3/\text{kg}$（湿比容）

$$\rho_g = \frac{1 + 0.25}{1.96} = 0.522 \text{kg}(\text{湿气})/\text{m}^3\text{（湿气）},$$

$$\mu_g = 3.175 \times 10^{-5}\,\mathrm{Pa \cdot s}, \qquad \lambda_g = 3.44 \times 10^{-2}\,\mathrm{W/(m \cdot ℃)}$$

$$(\lambda_g \text{ 的定性温度为 } \frac{380+61}{2} = 221℃)$$

③ 加速运动段预热带颗粒与气流间的传热量及 Re' 的计算，用式(11-30)进行

$$Q = A'\left[\frac{1}{0.6}(Re^{0.06} - Re'^{0.06}) + \frac{Ar}{144}\left(\frac{1}{Re'^{1.44}} - \frac{1}{Re^{1.44}}\right)\right] \tag{3}$$

$$A' = \frac{4}{3} \times \frac{6G_0 \Delta t_m \times 1.14\lambda_g}{1000\mu_g} \quad \text{(kJ/h)}$$

式中

$$Re = d_p(v_g - v_m)\frac{\rho}{\mu_g} = 2 \times 10^{-4}(v_g - v_m) \times \frac{0.522}{3.175 \times 10^{-5}} = 3.28(v_g - v_m)$$

$$A' = \frac{4}{3} \times \frac{6 \times 2400 \times 338 \times 1.14 \times 3.44 \times 10^{-2}}{1000 \times 3.175 \times 10^{-5}} = 8.01 \times 10^6$$

平均温差 $(\Delta t_1)_m = \dfrac{(400-20)-(360-61)}{\ln \dfrac{400-200}{360-60}} = 338（℃）$

$$Ar = \frac{4gd_p^3 \rho_m \rho_g}{3\mu_g^2} = \frac{4 \times 9.81 \times (2 \times 10^{-4})^3 \times 2000 \times 0.522}{3(3.178 \times 10^{-5})^2} = 108$$

在预热带内之平均气速

$$v_g = \left(\frac{L}{3600} \times \frac{1}{4}\pi D^2\right) \times v_y = \frac{5350}{3600 \times \dfrac{1}{4} \times 3.14 \times 0.356^2} \times 1.96 = 29.1（\mathrm{m/s}）$$

故 $Re = 3.28 \times (29.1 - v_m) = 3.28 \times (29.1 - 0) = 95.5$，所以 $Re = 95.5$

代入上述公式可得

$$q = 227000 = 8.01 \times 10^6 \times \left[\frac{1}{0.6} \times (95.5^{0.06} - Re'^{0.06}) + \frac{108}{144} \times \left(\frac{1}{Re'^{1.44}} - \frac{1}{95.5^{1.44}}\right)\right]$$

设 $Re' = 76.9$，则上面等式右边的项为

$$q = 8.01 \times 10^6 \times \left[\frac{1}{0.6} \times (95.5^{0.06} - 76.9^{0.06}) + \frac{108}{144} \times \left(\frac{1}{76.9^{1.44}} - \frac{1}{95.5^{1.44}}\right)\right]$$

故预热段终了 $Re' = 76.9$

从 $Re = 3.28(v_g - v_m)$ 式中求出相应的颗粒运动速度

$$v_m = v_g - \frac{Re}{3.28} = 29.1 - \frac{76.9}{3.28} = 5.7（\mathrm{m/s}）$$

④ 预热带干燥管的高度计算　预热带自 $Re = 95.5$，$v_m = 0$ 开始，至 $Re' = 76.9$，$v_m = 5.7\mathrm{m/s}$ 结束。由于 Re 数值均处于过渡区内，故干燥管高度 H 的计算应用过渡段式(11-36)来计算

$$H_1 = \frac{4d_p^2 \rho_m}{3\mu_g}\left\{\left[\frac{v_g}{5}\left(\frac{1}{Re'^{0.5}} - \frac{1}{Re^{0.5}}\right) - \frac{v_g}{5d_p\rho_g}(Re^{0.5} - Re'^{0.5})\right] + \right.$$

$$\left.\left[\frac{Arv_g}{200}\left(\frac{1}{Re'^2} - \frac{1}{Re^2}\right) - \frac{\mu_g Ar}{100d_p\rho_g}\left(\frac{1}{Re'} - \frac{1}{Re}\right)\right]\right\}$$

$$= \frac{4 \times (2 \times 10^{-4})^2 \times 2000}{3 \times 3.178 \times 10^{-5}} \times \left\{\left[\frac{29.1}{5} \times \left(\frac{1}{76.9^{0.5}} - \frac{1}{95.5^{0.5}}\right) - \right.\right.$$

$$\frac{3.178\times10^{-5}}{5\times2\times10^{-4}\times0.522}\times(95.5^{0.5}-76.9^{0.5})\Big]+\Big[\frac{108\times29.1}{200}\times\Big(\frac{1}{76.9^2}-\frac{1}{95.5^2}\Big)-$$

$$\frac{3.178\times10^{-5}\times108}{100\times2\times10^{-4}\times0.522}\times\Big(\frac{1}{76.9}-\frac{1}{95.5}\Big)\Big]\Big\}$$

$$=3.3564\times(0.0698-0.06011+0.000934-0.000833)$$

$$=0.0238\ (m)$$

（3）表面蒸发带干燥管高度的计算

① 物料湿含量由 0.25～0.20 区间

a. 作热量平衡，求物料被干到湿含量为 0.20 时气体的温度 t

$$5350\times1.055\times(360-t)=2400\times(0.25-0.20)\times[2353+1.88(t-61)]$$

解得 $t=300℃$ ［2355kJ/kg 是 $t=61℃$ 时的汽化潜热；$t=360℃$，$Y=0.025$ 时气体的 $c_p=1.055kJ/(kg\cdot℃)$］

b. 该段内的各项物理性质

平均温度 $t_{ave}=(360+300)/2=330℃$

热空气湿度 ［当 $t=300℃$ 时，$Y=0.025+(2400\times0.05)/5350=0.0475$］

平均湿度 $Y_{ave}=(0.025+0.0475)/2=0.0362kg(水汽)/kg(干气)$

气体在 $t_{ave}=330℃$ 及 $Y_{ave}=0.0362$ 下时各项物理性质：

$v_y=1.81m^3(湿空气)/kg(干空气)$，$\rho_g=(1+0.0362)/1.81=0.572kg(湿气)/m^3(湿气)$

$\mu_g=3.184\times10^{-5}$，$\lambda_g=0.03372$ ［定性温度 $(330+61)/2=195.5$］

c. 该段内气流与颗粒间的给热量及 Re' 的计算干燥所需热量

$$q=5350\times1.055\times(360-300)=338655\ (kJ/h)$$

该段内的平均气速

$$v_g=\frac{5350}{3600\times\frac{\pi}{4}\times0.356^2}\times1.81=26.9\ (m/s)$$

$$Re=2\times10^{-4}\times0.572\times\frac{26.9-v_m}{3.184\times10^{-5}}=3.78\times(26.9-v_m)$$

得 $\qquad\qquad v_m=5.7\ (m/s)$

故该段开始之 $Re=3.78\times(26.9-5.7)=80.1$

传热平均温度差

$$(\Delta t)_m=\frac{(360-61)-(300-61)}{\ln\dfrac{299}{239}}=269\ (℃)$$

$$A'=\frac{4\times6\times269\times1.14\times0.03372\times2400}{3\times1000\times3.02\times10^{-5}}=6.574\times10^6\ (kJ/h)$$

$$Ar=\frac{4gd_p^3\rho_m\rho_g}{3\mu_g^2}=\frac{4\times9.81\times(2\times10^{-4})^3\times2000\times0.572}{3\times(3.184\times10^{-5})^2}=131$$

将上述各数值代入给热量 q 计算公式得

$$q=338655=6.574\times10^6\times\Big[\frac{1}{0.6}\times(80.9^{0.06}-Re'^{0.06})+\frac{131}{144}\times\Big(\frac{1}{Re'^{1.44}}-\frac{1}{80.9^{1.44}}\Big)\Big]$$

设 $Re'=54$，则上式右边各项得 341737，基本和 q 相等。

故该段终了 $Re'=54$

与 $Re'=54$ 相应之颗粒运动速度为

$$Re'=3.78\times(26.9-v_m)\qquad v_m=\frac{3.78\times26.9-54}{3.78}=12.6\;(m/s)$$

d. 表面蒸发带，物料湿含量 0.25～0.20 区间的干燥管高度计算

$$Re_0'=80.1(v_m=5.7m/s),\quad Re'=54(v_m=12.6m/s)$$

$$v_g=26.9m/s,\quad \mu_g=3.184\times10^{-5}Pa\cdot s,\quad d_p=2\times10^{-4}m,$$

$$\rho_m=2000kg/m^3,\qquad Ar=131$$

$$H_2=\frac{4d_p^2\rho_m}{3\mu_g}\Big[\frac{v_g}{5}\Big(\frac{1}{Re'^{0.5}}-\frac{1}{Re_0^{0.5}}\Big)-\frac{\mu_g}{5d_p\rho_g}(Re_0^{0.5}-Re'^{0.5})+$$

$$\frac{Arv_g}{200}\Big(\frac{1}{Re'^2}-\frac{1}{Re_0^2}\Big)-\frac{Ar\mu_g}{100d_p\rho_g}\Big(\frac{1}{Re'}-\frac{1}{Re_0}\Big)\Big]$$

$$H_2=\frac{4\times(2\times10^{-4})^2\times2000}{3\times3.0184\times10^{-5}}\times\Big[\frac{26.9}{5}\times\Big(\frac{1}{54^{0.5}}-\frac{1}{80.1^{0.5}}\Big)-$$

$$\frac{3.184\times10^{-5}}{5\times2\times10^{-4}\times0.572}\times(80.1^{0.5}-54^{0.5})+\frac{131\times26.9}{200}\times\Big(\frac{1}{54^2}-\frac{1}{80.1^2}\Big)-$$

$$\frac{3.184\times10^{-5}\times131}{100\times2\times10^{-4}\times0.572}\times\Big(\frac{1}{54}-\frac{1}{80.1}\Big)\Big]$$

$$=3.35\times(0.129-0.0896+0.00329-0.002226)$$

$$=0.135\;(m)$$

故自 $Re=80.1\rightarrow Re'=54$，$H_2=0.135m$

而自 $Re=95.7\rightarrow Re'=54$ 干燥管高度应为

$$H_1+H_2=0.0238+0.135=0.16m$$

② 物料湿含量由 0.2～0.15 区间

a. 热平衡求物料被干燥到湿含量 0.15 时之温度 t

$$5350\times1.095\times(300-t)=2400\times(0.2-0.15)\times[2355+1.88(t-61)]$$

得：$t=245℃$ $[t=300℃，Y=0.0475$ 时气体之 $c_p=1.095kJ/(kg\cdot℃)]$。

b. 该段内各项物理常数

平均温度 $t_{ave}=(300+245)/2=272.5\;(℃)$

热空气湿度（当 $t=245℃$ 时），$Y=0.0474+0.0224=0.0698$

平均湿度 $Y_{ave}=(0.0474+0.0698)/2=0.0586kg(水汽)/kg(干空气)$

气体在 $t_{ave}=272.5℃$、$Y_{ave}=0.0586$ 下各项物理性质为：

$$v_y=1.74m^3(湿气)/kg(干空气)$$

$$\rho_g=\frac{1+0.0587}{1.74}=0.608kg(湿气)/m^3(湿气)$$

$$\mu_g=2.82\times10^{-5}Pa\cdot s$$

$$\lambda_g=0.032W/(m\cdot℃)[定性温度(272.5+61)/2=166℃]$$

c. 该段内给热量及 Re' 的计算

干燥所需热量 $q=5350\times1.095\times(300-245)=322203\;(kJ/h)$

该段内平均气速

$$v_g=\frac{5350}{3600\times\frac{\pi}{4}\times0.356^2}\times1.74=26\;(m/s)$$

$$Re=\frac{2\times10^{-4}\times0.608\times(26-v_m)}{2.82\times10^{-5}}=4.32\times(26-v_m)$$

故该段开始 $Re=4.32\times(25.8-12.6)=57$

传热平均温差

$$(\Delta t)_{\mathrm{m}}=\frac{(300-61)-(245-61)}{\ln\dfrac{239}{184}}=211.5\ (℃)$$

$$Ar=\frac{4\times9.81\times(2\times10^{-4})^3\times2000\times0.608}{3\times(2.82\times10^{-5})^2}=160$$

$$A'=\frac{4\times6\times2400\times211.5\times1.14\times0.032}{3\times2.82\times10^{-5}\times1000}=5.25\times10^6$$

将上述各项数值代入传热量 q 的计算公式得

$$q=322203=5.25\times10^6\times\left[\frac{1}{0.6}\times(57.9^{0.06}-Re'^{0.06})+\frac{160}{144}\times\left(\frac{1}{Re'^{1.44}}-\frac{1}{57.9^{1.44}}\right)\right]$$

设 $Re'=36$ 代入上式等式右边的项为

$$5.25\times10^6\times(0.059+0.00316)=3.26\times10^6\approx322203$$

故终了段 $Re'=36$

与 $Re'=36$ 相应的颗粒运动速度为

$$v_{\mathrm{m}}=26-\frac{36}{4.32}=17.7\ (\mathrm{m/s})$$

d. 该段内干燥高度的计算

$$Re=57.9(v_{\mathrm{m}}=12.6\mathrm{m/s})\to Re'=36(v_{\mathrm{m}}=17.7\mathrm{m/s})$$

$$H_3=\frac{4\times(2\times10^{-4})^2\times2000}{3\times2.82\times10^{-5}}\times\left[\frac{v_{\mathrm{g}}}{5}\left(\frac{1}{Re'^{0.5}}-\frac{1}{Re^{0.5}}\right)-\frac{\mu_{\mathrm{g}}}{5d_{\mathrm{p}}\rho_{\mathrm{g}}}(Re_0^{0.5}-Re'^{0.5})+\right.$$

$$\left.\frac{Arv_{\mathrm{g}}}{200}\left(\frac{1}{Re^2}-\frac{1}{Re'^2}\right)-\frac{Ar\mu_{\mathrm{g}}}{100d_{\mathrm{p}}\rho_{\mathrm{g}}}\left(\frac{1}{Re}-\frac{1}{Re'}\right)\right]$$

$$H_3=3.782\times\left[\frac{26}{5}\times\left(\frac{1}{36^{0.5}}-\frac{1}{57.9^{0.5}}\right)-\frac{2.82\times10^{-5}}{5\times2\times10^{-4}\times0.608}\times(57.9^{0.5}-\right.$$

$$\left.36^{0.5})+\frac{160\times26}{200}\times\left(\frac{1}{36^2}-\frac{1}{57.9^2}\right)-\frac{160\times2.82\times10^{-5}}{100\times2\times10^{-4}\times0.608}\times\left(\frac{1}{36}-\frac{1}{57.9}\right)\right]$$

$$=3.782\times0.115=0.435\ (\mathrm{m})$$

而自 $Re=95.5\to Re'=40$，干燥管高度应为

$$H_1+H_2+H_3=0.0238+0.135+0.435=0.594\ (\mathrm{m})$$

③ 物料湿含量自 $0.15\sim0.10$ 区间

a. 热平衡求物料被干燥到湿含量 0.10 时气体温度 t

$$5350\times1.132\times(245-t)=2400\times(0.15-0.10)\times[2355+1.88(t-61)]$$

$$2.23\times1.132\times(245-t)=0.05\times(2240+1.88t)$$

解得 $t=194℃$ $\left[t=245℃,\ Y=0.0699\ 时气体之\ c_p=1.132\mathrm{kJ/(kg\cdot℃)}\right]$

b. 该段内各项物理常数

平均温度 $t_{\mathrm{ave}}=(245+194)/2=219.5\ (℃)$

热气的湿度（当 $t=194℃$ 时）

$$Y=0.0699+\frac{2400\times0.05}{5350}=0.0923\mathrm{kg/kg}(干空气)$$

平均湿度 $Y_{\mathrm{ave}}=(0.0923+0.0698)/2=0.0811\mathrm{kg}(水汽)/\mathrm{kg}(干空气)$

热气在 $t_{\mathrm{ave}}=219.5℃$，$Y_{\mathrm{ave}}=0.0811$ 下各项物理性质为：

平均温度 $t_{ave}=\dfrac{245+194}{2}=219.5$（℃）

热气的湿度（当 $t=194$℃时）

$$Y=0.0699+\frac{2400\times0.05}{5350}=0.0923\text{kg（水汽）/kg（干空气）}$$

平均湿度 $Y_{ave}=\dfrac{0.0923+0.0699}{2}=0.0811\text{kg（水汽）/kg（干空气）}$

热气在 $t_{ave}=219.5$℃，$Y_{ave}=0.0811$ 下各项物理性质为：$v_y=1.587\text{m}^3$（湿气）/kg（干空气），$\rho_g=\dfrac{1+0.0811}{1.587}=0.681\text{kg}$（湿气）$/\text{m}^3$（湿气），$\mu_g=2.6\times10^{-5}\text{Pa}\cdot\text{s}$，$\lambda_g=0.0307\text{W/（m}\cdot\text{℃）}$[定性温度$(219.5+61)/2=140$℃]。

c. 该段内给热量及 Re' 的计算

干燥所需热量

$$q=5350\times1.132\times(245-194)=308866\approx3.1\times10^5\text{（kJ/h）}$$

该段平均气速

$$v_g=\frac{5350}{3600\times\dfrac{\pi}{4}\times0.356^2}\times1.587=23.7\text{（m/s）}$$

$$Re=\frac{2\times10^{-4}\times0.681\times(23.7-v_m)}{2.6\times10^{-5}}=5.24\times(23.7-v_m)$$

故该段开始 $Re=5.24\times(23.55-17.5)=31.7$

传热平均温差

$$(\Delta t)_m=\frac{(245-61)-(194-61)}{\ln\dfrac{184}{133}}=157℃$$

$$A'=\frac{4\times6\times2400\times157\times1.132\times0.0307}{3\times2.6\times10^{-5}\times1000}=4.03\times10^6$$

$$Ar=\frac{4\times9.81\times(2\times10^{-4})^3\times2000\times0.681}{3\times(2.6\times10^{-5})^2}=210$$

将上述各项数值代入气-固相间传热计算公式　设 $Re'=17$，代入上式，则等式右边的项为

$$q=4.03\times10^6\times\left[\frac{1}{0.6}\times(31.7^{0.06}-17^{0.06})+\frac{210}{144}\times\left(\frac{1}{17^{1.44}}-\frac{1}{31.7^{1.44}}\right)\right]$$

$$=4.03\times10^6\times(0.075+0.0146)=3.6\times10^5\text{（kJ/h）}$$

故该段终了 $Re'=17$

与 $Re'=17$ 相应的颗粒运动速度为

$$v_m=23.7-\frac{17}{5.24}=20\text{（m/s）}$$

d. 该段内干燥管高度的计算

$$Re=31.7(v_m=17.7\text{m/s})\rightarrow Re'=17(v_m=20\text{m/s})$$

$$H_4=\frac{4\times(2\times10^{-4})^2\times2000}{3\times2.6\times10^{-5}}\times\left[\frac{23.7}{5}\times\left(\frac{1}{17^{0.5}}-\frac{1}{31.7^{0.5}}\right)-\frac{2.6\times10^{-5}}{5\times2\times10^{-4}\times0.681}\times(31.7^{0.5}-\right.$$

$$\left.17^{0.5})+\frac{210\times23.7}{200}\times\left(\frac{1}{17^2}-\frac{1}{31.7^2}\right)-\frac{210\times2.6\times10^{-5}}{100\times2\times10^{-4}\times0.681}\times\left(\frac{1}{17}-\frac{1}{31.7}\right)\right]$$

$$=4.1 \times 0.3006 = 1.23 \text{(m)}$$

故 $Re = 31.74 \rightarrow Re = 17$，$H_4 = 1.23\text{m}$

而且 $Re_0 = 95.7 \rightarrow Re = 17$，干燥管高度应为

$$H_1 + H_2 + H_3 + H_4 = 0.594 + 1.23 = 1.826 \approx 1.8\text{m}$$

e. 当 $t = 194℃$，$Y = 0.0922\text{kg}(水汽)/\text{kg}(干空气)$ 时，颗粒沉降速度计算

$t = 194℃$，$H = 0.0922\text{kg}(水汽)/\text{kg}(干空气)$ 时，颗粒沉降速度

$$\mu_g = 2.57 \times 10^{-5}\text{Pa} \cdot \text{s}$$

该处风速为

$$v_g = \frac{5350}{3600 \times \frac{\pi}{4} \times 0.356^2} \times 1.52 = 22.6 \text{(m/s)}$$

而根据阿兰定律直径 $d_p = 2 \times 10^{-4}\text{m}$ 的颗粒沉降速度 v_t 为

$$v_t = \left(\frac{4}{225} \times \frac{\rho_m^2 g^2}{\rho_g \mu_g}\right)^{\frac{1}{3}} d_p$$

$$= \left(\frac{4}{225} \times \frac{2000^2 \times 9.81^2}{0.72 \times 2.57 \times 10^{-5}}\right)^{\frac{1}{3}} \times 2 \times 10^{-4}$$

$$= (3.698 \times 10^{11})^{\frac{1}{3}} \times 2 \times 10^{-4} = 1.44 \text{(m/s)}$$

而在物料湿含量为 0.1 的截面处，气流与颗粒间的相对速度为

$$v_r = v_g - v_m = 22.6 - 20 = 2.6 \text{(m/s)}$$

两者相差不大，故可以认为自物料湿含量为 0.1 以后，颗粒即进入等速运动段。

四、等速运动段干燥管直径和高度的计算

（1）等速运动段干燥管直径与不等速运动段一致时干燥管高度的计算

直径 $D = 0.356\text{m}$，截面积 $= \frac{\pi}{4} \times 0.356^2 = 0.1\text{m}^2$

① 表面蒸发带，物料湿含量自 0.1～0.05 区间

a. 作热量平衡求物料被干燥至湿含量 0.05 的温度 t

$$5350 \times 1.18 \times (194 - t) = 2400 \times (0.1 - 0.05) \times [2355 + 1.88(t - 61)]$$

$$2.23 \times 1.18 \times (194 - t) = 0.05 \times (2355 + 1.88t - 114.68)$$

$$2.72t = 398$$

解得 $t = 146℃$（$t = 194℃$，$Y = 0.0922$ 时气体 $c_p = 1.18$）

b. $t_{ave} = (194 + 146)/2 = 170 \text{(℃)}$

$t = 146℃$ 时热气的 $Y = 0.0922 + 2400 \times 0.05/5350 = 0.1146\text{kg}(水汽)/\text{kg}(干空气)$

$$Y_{ave} = (0.1146 + 0.0922)/2 = 0.1034\text{kg}(水汽)/\text{kg}(干空气)$$

在上述 t_{ave} 和 Y_{ave} 条件下，气体各项物理性质为：

$$v_y = 1.396\text{m}^3(湿气)\text{kg}/\text{kg}(干空气)$$

$$\rho_g = (1 + 0.1034)/1.396 = 0.79 \text{(kg/m}^3)$$

$\mu_g = 2.48 \times 10^{-5}\text{Pa} \cdot \text{s}$，$\lambda_g = 0.0295\text{W}/(\text{m} \cdot ℃)$ [定性温度 $(170 + 61)/2 = 115.5 \text{(℃)}$]

c. 气流与颗粒之间的传热系数 h 和体积传热系数 h_a

$$v_t = \left[\frac{4}{225} \times \frac{(2000)^2 g^2}{2.48 \times 10^{-5} \times 0.79}\right]^{1/3} \times 2 \times 10^{-4}$$

$$= (3.49 \times 10^{11})^{1/3} \times 2 \times 10^{-4} = 1.41 \text{(m/s)}$$

所以
$$Re = \frac{2 \times 10^{-4} \times 1.41 \times 0.79}{2.48 \times 10^{-5}} = 8.98$$

气速
$$v_g = \frac{5350}{3600 \times \frac{\pi}{4} \times 0.356^2} \times 1.396 = 20.7 \ (\text{m/s})$$

颗粒运动速度 $v_m = 20.7 - 1.41 = 19.3 \ (\text{m/s})$

1m^3 干燥器体积中颗粒所具有的传热表面积为

$$A = \frac{\dfrac{6G_0}{d_p \rho_m}}{3600 \times \dfrac{\pi}{4} D^2 v_m} = \frac{\dfrac{6 \times 2400}{2 \times 10^{-4} \times 2000}}{3600 \times \dfrac{\pi}{4} \times 19.3 \times 0.356^2} = 5.2 \ (\text{m}^2)$$

在等速运动段，传热系数关联式可用
$$Nu = 2 + 0.54 Re^{0.5}$$

故
$$h = \frac{0.0295 \times (2 + 0.54 \times 8.98^{0.5})}{2 \times 10^{-4}} = 534 [\text{W/(m}^2 \cdot ℃)]$$

$$h_a = 534 \times 5.2 = 2.78 [\text{kW/(m}^3 \cdot ℃)]$$

d. 该段所需的干燥管高度

干燥所需热量
$$q_v = 5350 \times 1.18 \times (194 - 146) = 303024 \ (\text{kJ/h})$$

传热平均温差
$$\Delta t_m = \frac{(194 - 61) - (146 - 61)}{\ln \dfrac{133}{85}} = \frac{48}{\ln \dfrac{133}{85}} = 107.2 \ (℃)$$

将上述各项数值代入下式得

$$q = h_a \times \frac{\pi}{4} \times 0.356^2 \times H_5 \times \Delta t_m \times 3600$$

$$303024 = 2.78 \times \frac{\pi}{4} \times 0.356^2 \times H_5 \times 107.2 \times 3600$$

$$H_5 = \frac{303024}{2.78 \times \dfrac{\pi}{4} \times 0.356^2 \times 107.2 \times 3600} = 2.84 \ (\text{m})$$

$$H_1 + H_2 + H_3 + H_4 + H_5 = 1.8 + 2.84 = 4.64\text{m}$$

② 表面蒸发带，物料湿含量自 $0.05 \sim 0.02$（0.02 是物料临界湿含量）

a. 求被干燥至湿含量 0.02 时气体的温度 t
$$2.23 \times 1.228 \times (146 - t) = (0.05 - 0.02) \times (2240 + 1.88t)$$

解得 $t = 119℃$ [$t = 146℃$，$H = 0.1147$ 时气体 $c_p = 1.228\text{kJ/(kg} \cdot ℃)$]

b. 该段内各项物理常数
$$t_{ave} = (146 + 119)/2 = 132.5 \ (℃)$$

$t = 119℃$ 时，气体的　$Y = 0.1147 + \dfrac{2400 \times 0.03}{5350} = 0.1282$

在上述 t_{ave} 及 Y_{ave} 条件下，气体各项物理性质为

比容 $v_Y = 1.352 \mathrm{m}^3$（湿气）$/\mathrm{kg}$（干空气）

$$\rho_g = 0.825 \mathrm{kg/m}^3, \quad \mu_g = 2.27 \times 10^{-5} \mathrm{Pa \cdot s}$$

$$\lambda_g = 0.0272 \mathrm{W/(m \cdot \text{℃})}$$

c. 传热系数 h 及体积传热系数 h_a

颗粒沉降速度

$$v_t = \left(\frac{4}{225} \times \frac{2000^2 \times 9.81^2}{2.27 \times 10^{-5} \times 0.825} \right)^{1/3} \times 2 \times 10^{-4} = 1.43 \ (\mathrm{m/s})$$

$$Re = \frac{2 \times 10^{-4} \times 1.43 \times 0.825}{2.27 \times 10^{-5}} = 10.39$$

气速

$$v_g = \frac{5350}{3600 \times \frac{\pi}{4} \times 0.356^2} \times 1.352 = 20.2 \ (\mathrm{m/s})$$

颗粒速度 $v_m = 20.1 - 1.423 = 18.677 \ (\mathrm{m/s})$

$$v_m = 20.2 - 1.43 = 18.77 \ (\mathrm{m/s})$$

$$A = \frac{\frac{6G_0}{d_p \rho_m}}{3600 \times \frac{\pi}{4} \times D^2 v_m} = \frac{\frac{6 \times 2400}{2 \times 10^{-4} \times 2000}}{3600 \times \frac{\pi}{4} \times 0.356^2 \times 18.77} = 5.36 \ (\mathrm{m}^2/\mathrm{m}^3)$$

传热系数
$$h = \frac{0.0272 \times (2 + 0.54 \times 10.39^{0.5})}{2 \times 10^{-4}} = 509 [\mathrm{W/(m}^2 \cdot \text{℃})]$$

$$h_a = 509 \times 5.36 = 2.728 [\mathrm{kW/(m}^3 \cdot \text{℃})]$$

d. 该段所需的干燥管高度

干燥所需热量
$$q = 5350 \times 1.228 \times (146 - 119) = 177385 \ (\mathrm{kJ/h})$$

传热平均温差
$$\Delta t_m = \frac{(146 - 61) - (119 - 61)}{\ln \frac{85}{58}} = 70 \ (\text{℃})$$

所以
$$177385 = 2.728 \times 3600 \times \frac{\pi}{4} \times 0.356^2 \times 70 \times H_6$$

由此
$$H_6 = \frac{177385}{3600 \times 70 \times 2.728 \times \frac{\pi}{4} \times 0.356^2} = 2.60 \ (\mathrm{m})$$

$$H_1 + H_2 + H_3 + H_4 + H_5 + H_6 = 4.64 + 2.60 = 7.24 \ (\mathrm{m})$$

③ 降速干燥带，物料湿含量自 0.02～0.003

a. 干燥所需热量
$$q = 5350 \times 1.26 \times (119 - 95) = 161784 \ (\mathrm{kJ/h})$$

b. 各项物理性质
$$t_{ave} = \frac{119 + 95}{2} = 107 \ (\text{℃})$$

$$Y_{ave} = \frac{0.136 + 0.1282}{2} = 0.132$$

温度95℃时，气体的物理性质，在上述条件下，查得

$$Y=0.1282+\frac{0.017\times2400}{5350}=0.136$$

$$v_y=1.3\,\text{m}^3(湿气)/\text{kg}(干空气)$$

$$\mu_g=2.16\times10^{-5}\,\text{Pa}\cdot\text{s}$$

$$\rho_g=0.869\,\text{kg/m}^3,\ \lambda_g=0.0276\,\text{W/(m}\cdot℃)$$

c. 传热系数 h 及体积传热系数 h_a

颗粒沉降速度

$$v_t=\left(\frac{4}{225}\times\frac{2000^2\times9.81^2}{2.16\times10^{-5}\times0.869}\right)^{1/3}\times2\times10^{-4}=1.43\ (\text{m/s})$$

$$Re=\frac{2\times10^{-4}\times1.43\times0.869}{2.16\times10^{-5}}=11.51$$

气速

$$v_g=\frac{5350}{3600\times\frac{\pi}{4}\times0.356^2}\times1.3=19.4\ (\text{m/s})$$

颗粒运动速度　　　　　　$$v_m=19.4-1.43=18\ (\text{m/s})$$

$1\,\text{m}^3$ 干燥器体积中颗粒所具有的传热表面积

$$A=\frac{\dfrac{6G_0}{d_p\rho_m}}{3600\times\dfrac{\pi}{4}D^2\times18}=\frac{\dfrac{6\times2400}{2\times10^{-4}\times2000}}{3600\times\dfrac{\pi}{4}\times0.356^2\times18}=5.58\ (\text{m}^2)$$

$$h=\frac{0.0276\times(2+0.54\times11.51^{0.5})}{2\times10^{-4}}=529\,\text{W/(m}^2\cdot℃)$$

$$h_a=529\times5.58=2952\,\text{W/(m}^3\cdot℃)=2.95\,\text{kW/(m}^3\cdot℃)$$

d. 降速所需干燥管高度

平均传热温度差

$$\Delta t_m=\frac{(119-61)-(95-80)}{\ln\dfrac{58}{15}}=\frac{58-15}{\ln\dfrac{58}{15}}=31.8\ (℃)$$

所以　　　　　　$$161784=2.95\times3600\times31.8H_7\times\frac{\pi}{4}\times0.356^2$$

$$H_7=4.82\ (\text{m})$$

所以采用等直径干燥管时

$$H=H_1+H_2+H_3+H_4+H_5+H_6+H_7=7.24+4.82=12.06\ (\text{m})$$

（2）等速运动段干燥管直径采用与不等速度运动段不一致时干燥管高度的计算——采用扩大管径

已知：出口废气状态 $t_2=95℃$，$H_2=0.136\,\text{m}$，在此条件下废气的物理性质为 $v_Y=1.28\,\text{m}^3(湿气)/\text{kg}(干空气)$，$\rho_g=0.936\,\text{kg/m}^3$，$v_g=2.10\times10^{-5}\,\text{Pa}\cdot\text{s}$。

按照桐荣良三的建议，出口的气体速度应为（$3+v_{t最大}$），现最大粒径为 $500\mu\text{m}$，故

$$v_{t,500}=\left(\frac{4}{225}\times\frac{2000^2\times9.81^2}{2.10\times10^{-5}\times0.936}\right)^{1/3}\times5\times10^{-4}=3.52\ (\text{m/s})$$

故出口废气流速 $v_g=3+3.52=6.52\ (\text{m/s})$

$$5350 \times 1.28 = 6.52 \times \frac{\pi}{4} D'^2 \times 3600$$

$$\frac{\pi}{4} D'^2 = 0.292 \qquad D' = 0.61 \text{m} \qquad 取\ D' = 0.62 \text{m}$$

当采用扩大管径 $D' = 0.62$m 的情况下，干燥管高度的计算如下。

① 表面蒸发带，物料湿含量自 $0.1 \sim 0.05$ 区间

a. 作热平衡求物料被干至湿含量 0.05 时之温度 t

$$5350 \times 1.18 \times (194 - t) = 2400 \times 0.05 \times [2355 + 1.88(t - 61)]$$

$$2.23 \times 1.18 \times 194 - 2.63t = 0.05 \times 2240 + 0.094t$$

$$2.72t = 398$$

$$t = 146 \ (\text{℃})$$

$[t = 194℃，H = 0.0923$ 时气体 $c_p = 1.18$kJ/(kg·℃)$]$

b. 该段内各项物理常数

$$t_{\text{ave}} = \frac{194 + 146}{2} = 170 \ (\text{℃})$$

$t = 146℃$ 时热气的 $Y = 0.0923 + \dfrac{2400 \times 0.05}{5350} = 0.1147$

所以

$$Y_{\text{ave}} = \frac{0.1147 + 0.0923}{2} = 0.1035$$

在上述 t_{ave} 及 Y_{ave} 条件下，气体各项物理性质为

$$v_y = 1.396 \text{m}^3 (\text{湿气})/\text{kg}(\text{干空气})$$

$$\rho_g = \frac{1 + 0.1035}{1.396} = 0.79 \ (\text{kg/m}^3)$$

$$\mu_g = 2.48 \times 10^{-5} \text{Pa·s}$$

$$\lambda_g = 0.0295 \text{W/(m·℃)} \ (\text{定性温度} \frac{170 + 61}{2} = 115.5℃)$$

c. 气流与颗粒之间的传热系数 h 和体积传热系数 h_a

$$v_t = \left(\frac{4}{225} \times \frac{2000^2 \times 9.81^2}{2.48 \times 10^{-5} \times 0.79} \right)^{1/3} \times 2 \times 10^{-4} = 1.41 \ (\text{m/s})$$

$$Re = \frac{2 \times 10^{-4} \times 1.41 \times 0.79}{2.48 \times 10^{-5}} = 8.98$$

气速

$$v_g = \frac{5350}{3600 \times \frac{\pi}{4} \times D'^2} \times 1.396 = 6.88 \ (\text{m/s})$$

颗粒运动速度

$$v_m = 6.88 - 1.41 = 5.5 \ (\text{m/s})$$

1m³ 干燥器体积中颗粒所具有的传热表面积为

$$A = \frac{6G_0}{3600 \rho d_p \frac{\pi}{4} D'^2 v_m} = \frac{6 \times 2400}{2000 \times 2 \times 10^{-4} \times \frac{\pi}{4} \times 0.62^2 \times 5.5 \times 3600}$$

$$= 6.03 \ (\text{m}^2)$$

在等速运动段，传热系数关联式可用

$$Nu = 2 + 0.54 Re^{0.5}$$

故

$$h = \frac{0.0295 \times (2 + 0.54 \times 8.98^{0.5})}{2 \times 10^{-4}} = 534 \left[W/(m^2 \cdot ℃) \right]$$

$$h_a = 534 \times 6.03 = 3220 \left[W/(m^3 \cdot ℃) \right] = 3.22 \left[kW/(m^3 \cdot ℃) \right]$$

d. 该段所需的干燥管高度

干燥所需热量

$$q = 5350 \times 1.18 \times (194 - 146) = 303024 \ (kJ/h)$$

传热平均温差

$$(\Delta t_v)_m = \frac{(194 - 61) - (146 - 61)}{\ln \dfrac{133}{85}} = \frac{48}{\ln \dfrac{133}{85}} = 107.2 \ (℃)$$

将上述各项数据代入下式得

$$q = h_a \frac{\pi}{4} \times 0.62^2 \times H_5 \times 107.2 \times 3600$$

$$H_5 = \frac{303024}{3.22 \times \dfrac{\pi}{4} \times 0.62^2 \times 3600 \times 107.2} = 0.81 \ (m)$$

② 表面蒸发带，物料湿含量自 $0.05 \sim 0.02$ 区间（0.02 是物料临界湿含量）

a. 求物料被干到湿含量 0.02 时气体的温度 t

$$2.23 \times 1.228 \times (146 - t) = (0.05 - 0.02) \times (2240 + 1.88t)$$

$$332.61 = 2.795t$$

解得　　　　　$t = 119℃$（$t = 146℃$，$Y = 0.1147$ 时气体 $c_p = 1.228$）

b. 该段内各项物理常数 $t_{ave} = (146 + 118)/2 = 132$

$t = 119℃$ 时，气体的 $Y = 0.1147 + (2400 \times 0.03/5350) = 0.1282$

$$Y_{ave} = (0.1282 + 0.1147)/2 = 0.1214$$

在上述 t_{ave} 和 Y_{ave} 条件下，气体各项物理性质为：

$$v_y = 1.352 m^3(湿气)/kg(干空气)$$

$$\rho_g = 0.825 kg/m^3$$

$$\mu_g = 2.27 \times 10^{-5} Pa \cdot s, \ \lambda_g = 0.0272 W/(m \cdot ℃)$$

c. 传热系数 h 及体积传热系数 h_a

$$v_t = \left[\frac{4}{225} \times \frac{(2000)^2 \times 9.81^2}{2.27 \times 10^{-5} \times 0.825} \right]^{1/3} \times 2 \times 10^{-4} = 1.43 \ (m/s)$$

$$Re = 2 \times 10^{-4} \times 1.43 \times 0.825/(2.27 \times 10^{-5}) = 10.39$$

气速

$$v_g = \frac{5350}{3600 \times \dfrac{\pi}{4} \times 0.62^2} \times 1.352 = 6.7 \ (m/s)$$

颗粒速度　　　　　$v_m = 6.7 - 1.43 = 5.27 \ (m/s)$

$1m^3$ 干燥器体积中颗粒所具有的传热表面积

$$A = \frac{6G_0}{\rho_s \times d_p \times \dfrac{\pi}{4} D'^2 \times v_m \times 3600}$$

$$A = \frac{6 \times 2400}{2000 \times 2 \times 10^{-4} \times \frac{\pi}{4} 0.62^2 \times 5.27 \times 3600} = 6.29 \ (\text{m}^2)$$

传热系数

$$h = \frac{0.0272 \times (2 + 0.54 \times 10.39^{0.5})}{2 \times 10^{-4}} = 509 \ [\text{W/(m}^2 \cdot ℃)]$$

体积传热系数

$$h_a = 509 \times 6.29 = 3202 \ [\text{W/(m}^3 \cdot ℃)] = 3.202 \ [\text{kW/(m}^3 \cdot ℃)]$$

d. 该段所需的干燥管高度

干燥所需热量

$$q = 5350 \times 1.228 \times (146 - 119) = 177385 \ (\text{kJ/h})$$

传热平均温度差

$$\Delta t_m = \frac{(146 - 61) - (119 - 61)}{\ln \frac{85}{58}} = \frac{27}{\ln \frac{85}{58}} = 70 \ (℃)$$

$$177385 = 3.202 \times 3600 \times \frac{\pi}{4} \times 0.62^2 \times 70 H_6$$

所以
$$H_6 = 0.729 \ (\text{m})$$

③ 降速干燥带，物料湿含量自 0.02~0.003

a. 干燥所需热量

$$q_{\text{VII}} = 5350 \times 1.26 \times (118 - 95) = 155043$$

b. 各项物理性质

$$t_{\text{ave}} = (118 + 95)/2 = 106.5$$

$$Y_{\text{ave}} = (0.136 + 0.1281)/2 = 0.132$$

温度 95℃时，气体的 $Y = 0.1281 + (0.0017 \times 2400)/5350 = 0.136$

在上述条件下查得

$$v_y = 1.3 \text{m}^3 (\text{湿气})/\text{kg}(\text{干空气}), \quad \rho_g = 0.869 \text{kg/m}^3$$

$$\mu_g = 2.16 \times 10^{-5} \text{Pa} \cdot \text{s}, \quad \lambda_s = 0.0276 \text{W/(m} \cdot ℃)$$

c. 传热系数 h 及体积传热系数 h_a

$$v_t = \left(\frac{4}{225} \times \frac{2000^2 \times 9.81^2}{2.16 \times 10^{-5} \times 0.869} \right)^{1/3} \times 2 \times 10^{-4} = 1.43 \ (\text{m/s})$$

$$Re = 2 \times 10^{-4} \times 1.43 \times 0.869/(2.16 \times 10^{-5}) = 11.51$$

$$v_g = \frac{5350}{3600 \times \frac{\pi}{4} \times 0.62^2} \times 1.3 = 6.40 \ (\text{m/s})$$

$$v_m = 6.4 - 1.43 = 4.97 \ (\text{m/s})$$

$$A = \frac{6 \times 2400}{2000 \times 2 \times 10^{-4} \times \frac{\pi}{4} \times 0.62^2 \times 4.97 \times 3600} = 6.67 \ (\text{m}^2/\text{m}^3)$$

$$h = 0.0276 \times (2 + 0.54 \times 11.51^{0.5})/(2 \times 10^{-4}) = 528.8 \text{W/(m}^2 \cdot ℃)$$

$$h_a = 528.8 \times 6.67 = 3527 \text{W/(m}^3 \cdot ℃) = 3.527 \text{kW/(m}^3 \cdot ℃)$$

d. 降速段所需干燥管高度

平均传热温差

$$\Delta t_m = \frac{(119-61)-(95-80)}{\ln \dfrac{58}{15}} = 31.8℃$$

所以

$$161784 = 3.527 \times 3600 \times 31.8 \times H_7 \times \frac{\pi}{4} \times 0.62^2$$

$$H_7 = 1.33 \text{（m）}$$

总高度

$$H = H_1 + H_2 + H_3 + H_4 + H_5 + H_6 + H_7$$
$$= 1.8 + 0.81 + 0.729 + 1.33$$
$$= 4.7 \text{（m）}$$

所以，当颗粒等速运动段和加速运动段干燥管直径（$D=0.356\text{m}$）和等速运动段干燥管直径（$D=0.356\text{m}$）相等时，干燥管长度为12.1m；如果颗粒加速运动段干燥管直径（$D'=0.62\text{m}$）不相等时，干燥管长度总和为4.8m。

11.5　气流干燥管直径和高度的其他近似计算方法

11.5.1　费多罗夫法（И.М.ф е д о р в о法）

① 计算 Ki

$$Ki = \sqrt{\frac{4d_p^3(\rho_s - \rho_g)g}{3\nu^2 \rho_g}} \tag{11-57}$$

② 利用图11-11查出 Re_t。

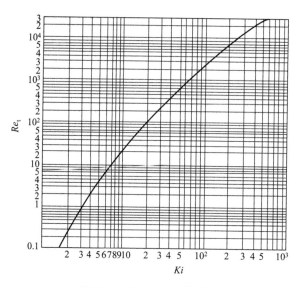

图11-11　Re_t 与 Ki 的关系

③ 利用图11-12查出 Nu，并以进出口气体的平均温度作定性温度来计算传热系数 h。

④ 计算停留时间 τ

$$\tau = \frac{Q}{hA\Delta t_m} \tag{11-58}$$

⑤ 计算管的长度

$$H = \tau(v_g - v_t) \tag{11-59}$$

式中，A 为传热面积，对于球形 $A = 6G/(\mathrm{d}\rho_\mathrm{m})$，$\mathrm{m}^2$；$d_\mathrm{p}$ 为颗粒直径，m；ρ_m 为颗粒密度，$\mathrm{kg/m}^3$；ρ_s 为气体密度，$\mathrm{kg/m}^3$；ν 为气体运动黏度，m^2/s；Δt_m 为平均温差，℃；Q 为传热量，$\mathrm{kJ/h}$；v_g 为气体速度，m/s；v_t 为粒子的沉降速度，m/s。

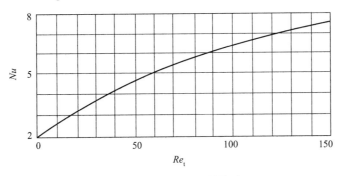

图 11-12　Nu 与 Re_t 的关系

$$\Delta t_\mathrm{m} = \frac{(t_1 - t_{\mathrm{m}_1}) - (t_2 - t_{\mathrm{m}_2})}{\ln\dfrac{t_1 - t_{\mathrm{m}_1}}{t_2 - t_{\mathrm{m}_2}}}$$

11.5.2　桐荣良三法[10]

根据预热、表面气化、降速等阶段，干燥管长可划分成几个区域，对各个区域，分别把气体温度作为定值，即可用式(11-6)，用试差法计算颗粒加速的运动轨迹。

开始时，$H = 0$。考虑物料颗粒浓度的影响，颗粒上升速度从 v_m 为 0 开始计算。可用表或图，如图 11-13 和图 11-14 以 τ 对 v_m，H 对 v_m 作图。

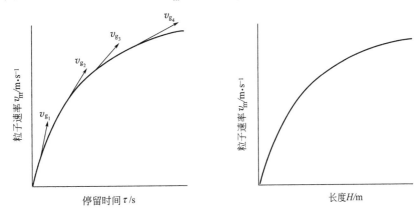

图 11-13　停留时间对粒子速率、干燥管长度对粒子速率的图解

加速段内的传热系数是变化的。由于物料投入后的 Re_t 已知，可以根据式(11-21) 和式(11-22) 求得此时 Nu 的最大值，如图 11-14 所示 A 点。其次在等速段，沉降速度 v_t 可计算确定，颗粒的 Re_t 可求出。根据式(11-19) 求 Nu，如图 11-14 所示的 B 点。在图 11-14 上，把 A、B 两点相连，在气流干燥管内传热系数是按 AB 线而变化，也不难建立直线 AB 的方程式。这样可以不同的 v_m 求得各区域给热系数。

在设计时，进入等速段的空气条件是未知的，可采用试差法，先以假设的温度进行计算，一直算到等速段，使所假设的温度与计算所得的温度相同。这种计算较繁，但这个温度

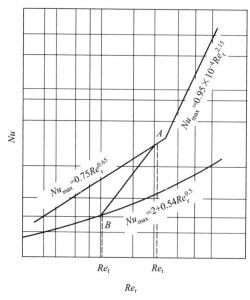

图 11-14　传热系数的图解

对 Re_t 的影响较小。因此，如果这个温度取得适当，试差法就比较容易。

在求得颗粒的速度后，进而求传热系数，则在这个区域内的传热量 Q 为

$$Q = Gc_p(t_1 - t_2') = h_a \frac{\pi}{4} D^2 H \Delta t_m$$

$$(11\text{-}60)$$

式中，Q 为传热量，kJ/h；h_a 为体积传热系数，kW/(m³·℃)；D 为干燥管直径，m；H 为干燥管长度，m；Δt_m 为物料进出口温度差，℃；t_1，t_2' 为气体进出口温度，℃。

根据式(11-59)可以计算出该段所需干燥管长度量。在整个干燥区域内可按上法依次计算。

此外，尚有马克承和陈明凤、叶世超提出的分段积分法用于计算加速运动区的管长设计，以及其他计算方法，可参考有关专著[28]。

11.5.3　根据中试数据进行计算

例：

① 产品　无机物产量 5t/h，喂料温度 20℃，颗粒平均直径 600μm，物料初始湿含量 15%（入口），终了湿含量 0.1%，均为质量百分比，湿基；固体比热容 0.8kJ/(kg·K)；该固体不溶于水。

② 过程参数　环境气体温度：10℃，入口气体温度 600℃，环境气体相对湿度 50%。

③ 水-空气数据　水的比热容 4.19kJ/(kg·K)，水蒸气比热容 1.886kJ/(kg·K)，水的汽化潜热 2504kJ/kg，水蒸气密度按下式计算（工作压力为 1×10^5 Pa）220/(273+T) kg/m³，空气比热容（平均）1.05kJ/(kg·K)，空气密度计算式（工作压力为 1×10^5 Pa）355/(273+t) kg/m³。

④ 天然气参数　热值 32MJ/m³，密度（温度为℃，工作压力为 1×10^5 Pa）0.78kg/m³，燃烧后，每立方米天然气产生 1.67m³ 水蒸气，完全燃烧的时候，1m³ 天然气需要 8.5m³ 空气 [10℃，相对湿度 50%，即 0.0044kg(H₂O)/kg(绝干空气)]。

⑤ 中试设备参数　排气风速 20m/s，气体出口温度 120℃，产品出口温度为 90℃。（产品是干燥的），物料没有热敏性；中试干燥管高度 10m。

⑥ 没有热风循环　设计干燥器主要尺寸。

解：

① 物料衡算

单位：kg/h

物料类别	入口	出口
H₂O	881	5
固体	4995	4995
	5876	5000

蒸汽 881－5＝876

② 热量衡算，kJ/h

a. 干燥所需热量 $Q_{t_0 t_1}$

$$Q_1 = 876 \times (2504 + 1.886 \times 120 - 4.19 \times 20) = 2318352 \ (\text{kJ/h})$$

$$Q_2 = 4995 \times 0.8 \times (90 - 20) = 279720 \ (\text{kJ/h})$$

$$Q_3 = 5 \times 4.19 \times (90 - 20) = 1467 \ (\text{kJ/h})$$

$$Q_{t_0 t_1} = 2318352 + 279720 + 1467 = 2599539 \ (\text{kJ/h})$$

$Q_{t_0 t_1}$（吸入热量）为水的汽化热、水蒸气温升、水的温升、固体颗粒温升以及残留水的温升所需的热量之和。

天然气完全燃烧衡算表　　　　　　　　　　　单位：kg/h

项目	入口	出口
天然气	97.34	
干空气	1362.98	
水蒸气	5.44	173.17
燃烧产品		1292.59
总和	1465.76	1465.76

b. 天然气在燃烧室提供的热量 $Q_{t_0 t_2}$

假定损失系数 0.25。

由 $Q_{t_0 t_1}$ 可得 $Q_{t_0 t_2}$

$$Q_{t_0 t_2} = \frac{1.25 \times (600 - 10)}{600 - 120} \times 2599535 = 3994077 \ (\text{kJ/h})$$

$$\text{天然气耗量（标准状态）} \frac{3994077}{32000} = 124.8 \text{m}^3/\text{h}$$

c. 排出气体的露点。见天然气完全燃烧衡算表。

由燃烧室出来的气体总量为

$$\frac{3994077}{1.05 \times (600 - 10)} = 6447.26 \ (\text{kg/h})$$

二次空气的数量为 6447.26 − 1465.76 = 4981.50kg/h（其中干空气 4961.70kg/h，水蒸气 19.80kg/h）。漏入干燥室的空气量为燃烧室总燃气量的 20%，即 0.2 × 6447.26 = 1289.43（其中水蒸气为 5.13kg/h，干空气为 1284.30kg/h）。

分项流量	干气	H$_2$O	总计
燃烧气	1292.59	173.17	1465.76
二次空气	4961.70	19.80	4981.50
泄漏进系统	1284.30	5.13	1289.43
汽化	0	876.00	876.00
	7538.59	1074.10	8612.69
湿含量		$\frac{1074.10}{7538.59} = 0.142[\text{kg}(H_2O)/\text{kg}(绝干空气)]$	

温度：120℃露点：58℃

③ 干燥用气辅助设备的估算

$$Q_{t_0 t_2} = 3994083 \text{kJ/h}$$

选购燃烧炉、热容量为 5000MJ/h 或 1400kW（裕量 25%）

燃烧室出口气体流量为 6447.27kg/h

选风机功率 $5157.82 \times 2500/(3600 \times 1000 \times 0.5) = 7.2 \text{kW}$

选风机电动机为 10kW

④ 定干燥器尺寸

进口气体流量（包括泄漏，不包括蒸汽）

$$1.2 \times 6447.27 = 7736.72 \quad (\text{kg/h})$$

密度 $\rho = 355/(273+120) = 0.903 \quad (\text{kg/m}^3)$

体积流量 $7736.72/0.903 = 8567.80 \quad (\text{m}^3/\text{h})$

进口水蒸气流量 876kg/h

密度 $\rho_\text{w} = 220/(273+120) = 0.56 \quad (\text{kg/m}^3)$

体积流量 $876/0.56 = 1564.29 \quad (\text{m}^3/\text{h})$

总气体流量 $8567.80 + 1564.29 = 10132.09 \quad (\text{m}^3/\text{h})$

设气速 $v_\text{g} = 20 \text{m/s}$

则

$$\frac{\pi}{4}D^2 \times 20 \times 3600 = 10132.09 \quad (\text{m}^3/\text{h})$$

得 $D = 0.42 \text{m}$

取 $D = 0.40 \text{m}$

参考中试干燥器高度为 10m，取工业生产干燥器高度为 12m

⑤ 选排风机

风机功率 $10132.09 \times 3000/(3600 \times 1000 \times 0.5) = 16.9 \quad (\text{kW})$

选电动机功率 25kW。

⑥ 小结

干燥器直径：0.4m

干燥管长度：12m

燃烧炉热量：5000MJ/h

天然气耗量（载荷系数 1.5）：$1.5 \times 124.8/5 = 37.4 \quad (\text{m}^3/\text{t})$ 产品

电耗：$1.5 \times (7.2 + 16.9 + 10) = 51.2 \text{kW}$ （其中包括杂项用电 10kW）

11.6 气流干燥器的建模和模拟

数学建模是干燥技术中非常重要的一个方面，为所选择的干燥方法选择合适的操作条件，并在必要时应用放大[30]。开发的数学模型应该通过实验验证，以便将其用作设计工具。在过去的三十年中，在稀相气力输送系统中输送各种粉体的可靠数学模型已经被开发并得到验证[31~34]。在稀相流中，由于传输速度足以保证大部分颗粒悬浮在输送气体中，所以普遍会参照悬浮流进行处理。由于气流干燥器中的颗粒是以悬浮的流动方式输送的，因此尝试将为气力输送系统所开发的各种模型应用到气流干燥器中流体流动的模拟中，包括颗粒与输送气体之间的热质传递。

一般情况下，可以采用两种方法来模拟气流干燥器的气体流动。第一种方法是基于干燥器和干燥产品的经验公式。如用于估算管道内气-固两相流压力降的半经验关联式[35~37]，这些模型将气流管中的总压降视为气体和固体压降的总和：

$$\Delta p = \Delta p_\text{g} + \Delta p_\text{s} \tag{11-61}$$

总压降测量得到，气体压降是通过假设仅有气体在管道中流动估算得到的，然后就可以计算出固体压降分量的关系。这种方法由 Muschelknautz 和 Wojahn[32]，Pan 和 Wypych[35] 以及 Mason 等人[36]提出。Pan 和 Wypych[35]对公式修正，将固体压降表示为气体压降乘以相关系数的函数：

$$\Delta p = (1+\alpha)\Delta p_g \tag{11-62}$$

$$\Delta p_g = 4f\frac{L}{D}\frac{1}{2}\rho_g U_g^2$$

$$\alpha = \frac{\lambda_s}{4f}\frac{\dot{m}_s}{\dot{m}_g}$$

Mason 等人[36]和布拉德利等人[37]采用了类似的方法用于估算由气力输送系统中的弯头引起的压降。为了估算干燥器出口处固相的水分含量，假设流动属于等温流，颗粒的出口温度与气体温度近似相等。基于这些假设，可以求解宏观的质量和能量平衡方程[38,39]。

第二种方法基于气体-颗粒流动的理论和数学建模。有三种理论方法可以用来模拟气流干燥器中气体-颗粒的流动，即双流体理论[40]，欧拉-颗粒[41]和离散元法[42,43]或离散相模型（DPM）[44,45]。双流体理论和欧拉颗粒理论都基于气相和固相的质量、动量和能量的宏观平衡方程。假设两相都占据了计算区域的任意一点（x，y，z），并且具有自己的体积分数。固相被认为是假流体。这些理论的主要区别在于欧拉颗粒法是利用稀相气体的动力学理论来模拟颗粒相的性质，如压力、温度和黏度，而双流体理论是利用宏观关联来模拟固相的相似性质。应该注意的是，传统上双流体理论被广泛用于模拟稀相流动，而欧拉颗粒理论同时被用于模拟密相和稀相流动。与这些理论不同，离散元方法是欧拉-拉格朗日方法，其中气相被假定为连续相，其占据计算域中的每个点，并且固体粒子占据计算域中的离散点。因此，应该为计算域内的每个粒子求解质量，动量和能量平衡方程。对于单个颗粒通过输送相的流动，该方法能够考虑来自基本动态方法的各种类型的颗粒-颗粒和壁面-颗粒之间的相互作用以及来自基本流体动力学模型的气体-颗粒之间的相互作用。因此，不需要开发或使用宏观建模来将热量和质量从固体相传送到气体相中。但是这种模型需要占用大量的电脑内存。所以，用离散元法求解三维问题还没有完全解决[44]。

11.6.1　流体动力学模型

许多研究采用上述方法之一并应用于气流干燥过程的各个方面。Andrieu 和 Bressat[38]提出了一种用于气流干燥 PVC 颗粒的模型，为了简化模型，假设流动是单向的，相对速度是浮力和阻力的函数，固相温度是均匀的，等于蒸发温度，自由水的蒸发发生在恒速干燥段。从而书写出六个平衡方程，即相对速度，空气湿度，固体湿含量，平衡湿度以及固相和流体温度。然后对模型进行数值求解，得到的数据与实验结果吻合较好。Tanthapanichakoon 和 Srivotanai[46]提出了类似的模型，实验数据与模型预测结果显示，气体温度和绝对湿度的数据吻合性较差，对固体温度和湿含量没有给出合适的比较数据。

Mindziul 和 Kmiec[47]研究了气流干燥器中气固流动的空气动力学特性。他们的数学模型基于气相和固相的连续性方程以及固相和固/气混合物的动量方程，忽略了热量和质量传递。尽管干燥装置由三种不同截面面积的元件组成，但对一维模型进行了求解。研究了不同经验关联式对固体-壁面摩擦系数的影响，并给出了摩擦系数对设备轴线上的压力、气体和颗粒速度、空隙率和颗粒停留时间的影响。

Blasco 和 Alvarez[48]以及 Alvarez 和 Blasco[49]应用闪蒸干燥干燥鱼粉和大豆粉，建立了热量，动量和质量平衡方程，采用合适的对流传热传质系数对模型进行了数值求解，考虑了均匀径向单粒径分布的稀相输送，假设输送中的过热蒸汽是理想气体，并忽略了粒子加热的初始阶段，即发生冷凝的阶段。使用薄膜理论[50]，考虑了传质对传热系数的影响。采用变扩散系数模型对干燥后阶段中的干燥速率进行了预测。在等温条件下使用脉动技术，通过实验确定了可变扩散率模型的经验参数。模型的预测结果与实验数据有较好的一致性。Kemp 等人[30,51]提出了垂直管式气流干燥器中颗粒运动、传热和传质以及干燥速率的理论模型。该模型为一维模型，考虑了颗粒-壁面间的相互作用、进料团聚效应以及颗粒形状对阻力系数的影响。忽略进料口附近的流型，即认为是完全发展的流动。Kemp 和 Oakley[39] 扩展了该模型并将其用于模拟并流和逆流式气流干燥器，对颗粒运动方程、传热传质方程、热质平衡方程和局部气体条件方程在沿干燥器的一个小的一维增量上同时求解。使用 Marshall 和改进的 Weber 传热关联式，结果低估了颗粒的含水量。Baeyens 等人[52]、Levy 和 Borde[53] 获得了类似的观察结果。由于传热关联是针对单个颗粒获得的，因此，在输送系统中，由于其他颗粒的接近使传热和传质速率降低也就不足为奇了。为了克服这一问题，Kemp 和 Oakley[39]采用了拟合模式的方法，使数值模拟和实验数据达到了很好的一致性。

Silva 和 Correa[54] 使用 DryPak 模拟气流干燥器中的沙子干燥，并将实验结果和 Rocha[55]的两种模型进行了比较。

Rocha 模型的两种模型之间的基本差异与动量守恒方程有关。在第一种模型中，求解了流体作为流体和颗粒混合物的动量守恒方程，在第二种模型中求解了每个相的动量守恒。对于这两种模型，均考虑了以下假设：稳态一维流动，颗粒为非吸湿性球形颗粒，颗粒在干燥过程中无收缩，两相流动均为柱塞流，管道横截面具有一致的特性和几何形状，相之间的相互作用被忽略。基于这些假设，建立了混合物和固相的质量、动量和能量平衡方程。采用 Ranz 与 Marshall 的关联式计算了传热传质系数。尽管 Rocha 引入了流体相到周围环境的传热相，但没有给出具体的模型。

DryPak 模型[54,56]，也包含了 Rocha 的所有假设，但 DryPak 还假设了绝热流动条件。在计算传热传质面积和修正传热传质系数方面也存在差异。DryPak 使用 Frossling 方程计算 Nu 数，给出了不同类型的传热传质模拟，并采用 Ackermann 修正，考虑了传质对传热系数的影响。与 Rocha 模型不同的是，DryPak 可以考虑到颗粒的收缩、内部的传热和传质阻力以及颗粒内部的含水量分布，而在 Silva 和 Correa 的研究中没有考虑这些。与 Rocha 的数值结果相比，DryPak 的预测与实验数据更符合。

Levy 和 Borde[57] 采用双流体理论对气流干燥器中颗粒物质的流动进行建模。对一维稳态条件下的模型进行求解，并应用于大型气流干燥器中湿 PVC 颗粒的干燥过程和实验室规模气流干燥器中湿砂的干燥过程。在干燥第一阶段，传热控制着从颗粒外表面（饱和水蒸气）到周围气体的蒸发。在第二阶段，假设颗粒具有湿核和干外壳；液体从颗粒中蒸发的过程受颗粒外壳的扩散和气体介质的对流控制。随着蒸发的进行，湿芯缩小，颗粒被干燥。假设干燥过程在颗粒含水率下降到预定值或颗粒集聚到气流干燥器出口时停止。对所建立的模型进行了数值求解，模拟了绝热和给定气流干燥器壁面温度两种工况的干燥过程。

Rocha 和 Paixão[58] 提出了一种用于立式气流干燥器的拟二维数学模型。他们的模型基于双流体模型，考虑了气体和固体的速度、含水量、孔隙度、温度和压力的轴向和径向分布。采用有限差分法对方程进行数值求解，给出了流场特性的分布，但没有实验验证。

Silva 和 Nerba[59] 也使用了双流体模型，并提出了旋风干燥的数学模型。考虑了壁上颗粒的滑移条件，颗粒-壁面间的传热和颗粒的收缩。该数学模型考虑了稳态、不可压缩、二维、轴对称、湍流的气固流动，忽略了重力对颗粒的影响。假设颗粒是球形的并且在旋风分离器壁上以均匀的浓度分层分布，并且在中心流中浓度非常小。离散方程通过 SIMPLE 算法求解[60]。通过对预测与实验结果的比较，认为影响预测结果的最主要参数是颗粒的滑移条件和干燥过程中材料的收缩率。

与上述模型不同，Fyhr 和 Rasmuson[61,62] 以及 Cartaxo 和 Rocha[63] 使用欧拉-拉格朗日方法，其中气相被假定为连续相，固体粒子占据计算域中的离散点。在计算区域内，求解了每个粒子的质量、动量和能量平衡方程。Fyhr 和 Rasmuson 提出了气力输送干燥器中过热蒸汽干燥木屑的二维模型。假设为一维柱塞流，忽略了粒子间的相互作用，对稳态单颗粒流动模型和干燥模型进行了交互求解。通过测量阻力和传热系数来计算木屑的不规则运动和非球形形状。对木屑温度、压力分布及最终含水率的预测与实验结果吻合较好。在模型验证的基础上，进行了参数化研究。计算结果表明，干燥速率在干燥器中变化非常复杂。在干燥渗透性较差的木屑时，内部传质阻力成为一个主要因素。随着粒径增加，传热速率降低并且停留时间增加。因此，为获得所需的最终水分含量，渗透性较低的木材种类或较大的木屑尺寸会导致更长的干燥时间。

Cartaxo 和 Rocha 应用了另一种二维离散元模型。这项工作只研究了相变过程中的动态现象，即没有考虑相变过程中的相变传热传质。因此，提出了离散粒子和输送空气之间的动量耦合对空气径向速度和质量浓度分布的影响。建立了一个面向对象的数值模型，模拟了球形颗粒（3mm）通过直径为 7.62cm 的 9.14m 立管的输送过程。

文献［43］对立式气流干燥器的干燥过程进行了三维稳态计算。该理论模型基于两相欧拉-拉格朗日方法，并结合了先进的湿颗粒干燥动力学。利用该模型模拟了大型立式气流干燥器中湿 PVC 和二氧化硅颗粒的干燥过程。

11.6.2　双流体模型

下面是气流干燥过程的三维欧拉控制方程。

11.6.2.1　连续性方程

k 相的连续性方程由下式给出

$$\frac{\partial}{\partial t}(\varepsilon_k \rho_k) + \nabla(\varepsilon_k \rho_k V_k) = S_k \tag{11-63}$$

式中，k 相可以是气相或固相，ε_k、ρ_k 和 V_k 分别是 k 相的体积分数、密度和速度矢量，k 相的质量源项为 S_k，保持质量守恒 $S_g = -S_s$。

11.6.2.2　动量方程

k 相的动量方程由下式给出

$$\frac{\partial}{\partial t}(\varepsilon_k \rho_k V_k) + \nabla[\varepsilon_k \rho_k V_k V_k] = -\nabla[\varepsilon_k \tau_k] - \nabla(\varepsilon_k P_k) + \varepsilon_k \rho_k g + M_{kj} + S_k V_s \tag{11-64}$$

通常假设恒定的固体密度来简化模型。因此，利用混合理论，分散相的密度可以表示为：

$$\frac{1}{\rho_s} = \frac{\xi}{\rho_w} + \frac{1-\xi}{\rho_{si}} \tag{11-65}$$

式中，ξ 为颗粒中的液体质量比；ρ_w，ρ_{si} 分别为液体和固体的密度。

另外，假设输送空气为理想气体。因此，气体压力-密度关系为

$$P_g = \rho_g R T_g \tag{11-66}$$

固相的有效法向应力可以写为剪切气体压力和固体接触应力的总和。因此，固相的有效法向应力为

$$P_{s}=\rho_{g}RT_{g}+\sigma_{n_{0}}\left(\frac{\varepsilon_{s}}{\varepsilon_{s_{0}}}\right)^{1/\beta} \tag{11-67}$$

式中，$\sigma_{n_{0}}$ 为固体体积分数 $\varepsilon_{s_{0}}$ 的固体接触应力的特定值；β 为给定接触压力范围内的常数系数[64,65]。

相间动量传递由下式表示

$$M_{kj}=K(V_{k}-V_{j})+P_{k}\nabla\varepsilon_{k} \tag{11-68}$$

相间动量传递项可以从建立流态化过程模型的关联式中推导出来，因为在气力输送系统中所经历的固体浓度范围是相似的。Patel 和 Cross[66] 采用这种形式对气-固流化床进行建模。当固体浓度大于 0.2 时，相间摩擦系数 K 可用 Ergun[67] 方程计算：

$$K=150\frac{\varepsilon_{s}^{2}}{\varepsilon_{g}}\times\frac{\mu}{d_{s}^{2}}+1.75\varepsilon_{s}\frac{1}{d_{s}}\rho_{g}|V_{g}-V_{s}| \tag{11-69}$$

当固体浓度小于 0.2 时，相间摩擦系数通常以颗粒上的气动力为基础，由下式计算：

$$K=(C_{D}\varepsilon_{g}^{-2.65})\left(\frac{3\varepsilon_{s}}{2d_{s}}\right)\frac{1}{2}\varepsilon_{g}\rho_{g}|V_{g}-V_{s}|$$

其中阻力系数 C_{D} 由文献 [68] 给出

$$C_{D}=\max\left\{\frac{24}{Re}(1+0.15Re^{0.687}),0.44\right\} \tag{11-70}$$

并考虑了多颗粒的相互作用，利用 Richardson 和 Zaki[69] 的方法对其进行修正。颗粒雷诺数由下式计算

$$Re=\frac{\rho_{g}d_{s}(\varepsilon_{g}|V_{g}-V_{s}|)}{\mu_{g}} \tag{11-71}$$

k 相动量方程中的湍流应力 τ_{k} 可以用两相的 Boussinesq 湍流-黏度模型[31] 或采用牛顿流体的气相模型和固相的颗粒剪应力模型来计算。

各相与管壁之间的摩擦力可以通过在相动量方程中添加一个源项来对靠近管壁的控制体进行建模[34,47,61]。

11.6.2.3　能量方程

多相应用中的能量守恒可以写成各相的焓方程：

$$\frac{\partial}{\partial t}(\varepsilon_{k}\rho_{k}h_{k})+\nabla[\varepsilon_{k}\rho_{k}V_{k}h_{k}]=\varepsilon_{k}\frac{\partial p_{k}}{\partial t}+\tau_{k}:\nabla V_{k}-\nabla q_{k}+Q_{k}+Q_{kj}+S_{k}h_{kj}$$

$$\tag{11-72}$$

式中，h_{k} 为 k 相的比焓；q_{k} 为热通量；Q_{k} 为热源项（由于化学反应或辐射）；Q_{kj} 为各相之间的相间热交换；h_{kj} 为相间焓（即固体颗粒温度下蒸汽的焓）。

11.6.2.4　传热传质

相之间的能量传递速率通常表示为输送气体与颗粒表面之间的温度差（即，$T_{g}-T_{ss}$）的函数。因此，相间的换热可以用以下方程式来计算

$$Q_{gs}=\frac{6\varepsilon_{s}}{d_{s}}h_{gs}(T_{g}-T_{ss}) \tag{11-73}$$

对流传热系数由努塞尔数 Nu 计算，其定义为

$$Nu = \frac{h_{\mathrm{gs}} d_{\mathrm{s}}}{k_{\mathrm{g}}} = F(Re, Pr) \tag{11-74}$$

通常表示为雷诺数 Re 和普朗特数 Pr 的函数，定义如下：

$$Re = \frac{\rho_{\mathrm{g}} |u_{\mathrm{r}}| d_{\mathrm{s}}}{\mu_{\mathrm{g}}}; \quad Pr = \frac{\mu_{\mathrm{g}} c_{p\mathrm{g}}}{k_{\mathrm{g}}} \tag{11-75}$$

式中，k_{g}，μ_{g} 和 $c_{p\mathrm{g}}$ 分别是气相的热容量，黏度和热导率。表 11-5 给出了文献中常用的计算气体颗粒流动换热系数的经验关联式。

表 11-5　气体颗粒流动传热系数的经验关联式

修正的 Ranz-Marshall 关联式[58]	$Nu = \dfrac{2 + 0.6 Re^{0.5} Pr^{0.333}}{(1+B)^{0.7}}$ $B = \dfrac{c_{p\mathrm{v}}(T_{\mathrm{g}} - T_{\mathrm{d}})}{H_{\mathrm{fg}}}$	适用于单个湿颗粒,考虑了颗粒周围液体蒸汽对斯伯丁数所引起的传热的阻力,$c_{p\mathrm{v}}$ 表示气相液体蒸汽的热容,H_{fg} 表示液体的蒸发潜热
修改的 Ranz-Marshall 关联式[41]	$Nu = 2 + (0.5 Re^{0.5} + 0.06 Re^{0.8}) Pr^{0.333}$	考虑了颗粒周围的湍流边界层
Gamson 关联式[42]	$Nu = 1.06 Re \times 0.59 Pr \times 0.33$	适用于流化床干燥器
DeBrandt 关联式[42]	$Nu = 0.16 Re \times 1.3 Pr \times 0.67$	适用于气流干燥器
Baeyensetal. 关联式[42]	$Nu = 0.15 Re$	适用于大型气流干燥器

每单位体积的传质源项可以通过将单个粒子的蒸发速率乘以控制体积中的粒子总数来获得：

$$S_{\mathrm{g}} = \frac{6\varepsilon}{\pi d_{\mathrm{s}}^2} \dot{m}_{\mathrm{s}} \tag{11-76}$$

单个湿颗粒/液滴的干燥模型是建立在两阶段干燥过程[71,72]的基础上的。在第一阶段，气相阻力控制蒸发速率。与传热类似，这种阻力在气体和粒子的湿膜之间。可以表示为：

$$\dot{m}_{\mathrm{s}} = h_{\mathrm{m}} \pi d_{\mathrm{d}}^2 \left(\frac{M_{\mathrm{w}} p_{\mathrm{v_o}}}{RT_{\mathrm{ss}}} - \frac{M_{\mathrm{w}} p_{\mathrm{v_g}}}{RT_{\mathrm{g}}} \right) \tag{11-77}$$

式中，h_{m} 为对流传质系数；M_{w} 为水的分子量；R 为通用气体常数；$p_{\mathrm{v_o}}$，$p_{\mathrm{v_g}}$ 分别为颗粒和气相中水蒸气的分压。

第二阶段开始于临界固液质量比 ξ_{cr}，其由最小空隙分数，即颗粒的孔隙率 ε（通常在 $0.05 \sim 0.25$ 之间变化）获得。此阶段，干燥外壳开始形成，这导致了传质和传热阻力增加。因此，颗粒可视为由干燥外壳围绕着湿内核组成。这种阻力由扩散过程控制，扩散过程发生在粒子外径（d_{so}）和湿芯直径（d_{si}）之间。假设颗粒在第二阶段没有收缩，颗粒的外径保持恒定且湿芯的直径减小。单颗粒蒸发速率方程用 Stephan 扩散规律[73]表示：

$$\dot{m}_{\mathrm{s}} = -\frac{d_{\mathrm{si}} - d_{\mathrm{so}}}{d_{\mathrm{so}} d_{\mathrm{si}}} \frac{2\pi\varepsilon D_{\mathrm{v}} p}{RT_{\mathrm{ave}}} \ln \left(\frac{p - p_{\mathrm{sat}}}{p - \dfrac{RT_{\mathrm{ss}}}{h_{\mathrm{m}} \pi d_{\mathrm{so}}^2 M_{\mathrm{w}}} \dot{m}_{\mathrm{s}} - \dfrac{p_{\mathrm{vg}} T_{\mathrm{ss}}}{T_{\mathrm{g}}}} \right) \tag{11-78}$$

式中，D_{v} 为扩散系数；p_{sat} 为湿芯内的饱和压力；T_{ave} 为颗粒的平均温度。

与传热系数类似，传质系数 h_{m} 由舍伍德数 Sh 计算，其等于努塞尔数 Nu：

$$Sh = \frac{h_{\mathrm{m}} d_{\mathrm{s}}}{D_{\mathrm{v}}} = F(Re, Sc) \tag{11-79}$$

并且通常表示为雷诺数 Re 和施密特数 Sc 的函数，其类似于普朗特数 Pr，表示为：

$$Sc = \frac{\mu_{\mathrm{g}}}{\rho_{\mathrm{g}} D_{\mathrm{v}}} \tag{11-80}$$

通过用施密特数 Sc 替换普朗特数 Pr，可以使用努塞尔数的相关性（参见表 11-5）来计算舍伍德数 Sh 和传质系数 h_m。

在第一干燥阶段，颗粒的直径 d_s 由于从外表面蒸发到周围气体而收缩。因此，湿颗粒的直径可以通过下式计算

$$\frac{\mathrm{d}}{\mathrm{d}x}d_s = \frac{2}{\rho_w u_s \pi d_s^2}\dot{m}_s \tag{11-81}$$

在第二干燥阶段，假定液体从颗粒蒸发的过程受颗粒外壳扩散和气体介质对流的控制。随着蒸发的进行，湿芯随着颗粒干燥而收缩。通常，颗粒外径和湿芯直径都可能收缩，这可能使颗粒形状和尺寸变形。为了简化模型，假设颗粒外径在第二干燥阶段保持恒定。因此，仅考虑湿芯直径 d_{si} 的变化：

$$\frac{\mathrm{d}}{\mathrm{d}x}d_{si} = \frac{2}{\varepsilon \rho_w u_s \pi d_{si}^2}\dot{m}_s \tag{11-82}$$

11.6.3　案例

双流体模型已用于对气流干燥器中颗粒材料的流动进行建模，对一维稳态条件下的模型进行了数值求解，并将其应用于气流干燥器中湿砂的干燥过程，模拟预测结果与 Rocha[55]（Silva 和 Correa[54] 给出）在直径为 5.25cm 的 4m 高的干燥器上的实验结果进行了比较。在该研究中，密度为 2622kg/m³，质量流量为 4.74×10^{-3} kg/s 的 380μm 砂粒以 3.947×10^{-2} kg/s 的空气质量流速进行干燥。图 11-15(a)～图 11-15(d) 分别为绝热工况和已知壁面温度

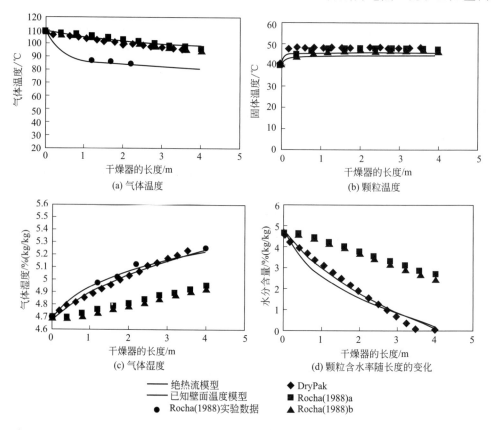

图 11-15　绝热和已知壁面温度工况下的气流干燥模型预测结果比较

工况下，气体温度、颗粒温度、气体湿度、颗粒含水率随长度变化的数值模拟预测结果与实验数据的对比。在模拟已知壁面温度工况时，假设管壁平均温度与出口空气温度基本相同，从入口 360K 线性下降到出口 354K。图中圆圈代表 Silva 和 Correa[54] 发表的实验数据，两条实线代表绝热和已知壁面温度工况数值模拟的预测。

由图 11-15 可知，在模拟已知壁面温度工况时，数值模型很好地预测了气体和固体温度分布 [图 11-15(a) 和 (b)]，最大相对误差分别为 0.35％ 和 0.03％。在模拟绝热流动条件时，由于高估了气体温度，最大相对误差为 5％。对气体湿度的数值模拟 [图 11-15(c)] 预测在绝热和已知壁温这两种模拟条件都很好，最大相对误差分别为 1.2％ 和 0.70％。颗粒含水量的数值模拟预测 [图 11-15(d)] 对于两种模拟条件，即绝热和已知壁温，也是非常好的，尽管只给出了两个实验数据。管道出口处（即当颗粒的水分含量近似为零时）的最大相对误差约为 20％。与 Rocha 模型相比，与 DryPak 的预测结果更吻合。

正如前面所述，双流体模型被广泛应用于气流干燥器以及气力输送系统，并得到了验证。

Fyhr 等[74] 提出了一种气力输送干燥设备模型，该模型着重于木屑的过热蒸汽干燥，也可以用于其他多孔材料和干燥介质。该模型解释了木屑干燥过程中的主要物理机制，包括水、空气、蒸气和热的耦合传输。该模型考虑了初始冷凝和出口集聚等特性，以及当干燥由内部运输控制时的降速干燥阶段。干燥器中的外部干燥条件是通过对干燥器长度的每个增量步骤应用质量、热量和动量方程式来计算的。对干燥器模型进行了柱塞流假设，并迭代求解了单颗粒模型和干燥器模型。通过测量阻力系数和传热系数，分析了木屑的不规则运动和非球形形状。模型计算说明了在气流干燥器中蒸汽、颗粒和壁面之间复杂的相互作用。干燥速率、滑移速度和温度在干燥器以复杂的方式变化，因此必须使用一个综合的单粒子模型，如本例中所示。利用在中试干燥器中干燥木屑的实验数据对模型进行了验证。预测的温度和压力分布，以及材料的最终含水量，与测量值吻合良好。该模型为气力输送干燥器的设计和放大提供了一种实用的工具，可获知不同设计参数下蒸汽性质和物料性能对干燥过程的影响。

Qi[75] 基于单级干燥器模型，开发了用于多级扩散控制的气力输送干燥器模型。该模型由一组代数方程组成，描述了固体中的水分含量与主要工艺参数（即扩散率，分配系数，粒径，级数，固体负载，停留时间等）之间的关系。利用该模型研究了这些参数对干燥过程的影响。分析了平衡条件和其他特殊或渐近条件（如干燥气体的注入无限小、均匀分配系数和傅立叶数等）。模型计算结果与实际的 HOPE 干燥过程所得的数据进行了比较，吻合性较好。

Balasubramanian 和 Srinivasakannan[77] 采用一维两相连续介质模型模拟了多孔氧化铝和固体玻璃颗粒的气流干燥过程，在直径 53.4mm 的输送管中获得了压力分布、气固温度分布和气-固水分分布。将气相和固相的实验温度和水分分布与模拟预测值进行了比较，结果表明，基于两相流模型不能预测粗颗粒气流干燥过程中同时发生的动量、热量和质量传递的所有物理现象。然而，利用足够的关联式和本构方程来预测相互作用力和输运参数，就有可能良好地预测气-固温度分布和水分含量。

肖建生等[13] 在夏诚意方法的基础上，利用气-固两相流动及传热的理论，建立了直管型气流干燥管设计的通用数学模型。模型针对干燥过程中物料恒速干燥与气力输送过程中颗粒加速运动之间的不同关系，将气流干燥过程分为四段：颗粒第一加速段（预热段）、颗粒第二加速段、颗粒第三运动段（分两种情况讨论）以及颗粒匀速段。模型综合考虑气-固相对雷诺数 Re_r 在过渡区、湍流区的情况，对一般气流干燥过程具有一定的普适性。

郭仁宁等[78] 应用 Fluent 软件对 U 型气流干燥管内两相流的速度、压力、温度流场的变化规律，以及在不同气流入口速度条件下纯碱颗粒湿含量的变化进行模拟。结果表明：在保证纯碱颗粒不分解的情况下，可尽量选择较高的入口热空气温度；改变热空气入口速度对干燥效率基本没影响，甚至降低干燥效率；增大气-固两相流之间的相对速度，可以更好地发挥管道加速段的作用来提高 U 型干燥管的干燥能力。

秦卫伟等[20]利用 Fluent 软件对旋转闪蒸干燥器的气相流场进行了数值模拟，得到流场温度、速度、压力分布规律。为检验搅拌叶片在流场作用下的应力和变形程度，以流场的温度和压力为载荷，对叶片进行流热结构耦合分析，通过分析验证其满足设计要求。钱树德等[21]分别从流体力学实验和干燥实验中得到了 Eu 与 Re、Nu 与 Re 的相关性。

中国农业大学开发出一种专门用于气流干燥模拟的软件 Flash[27]，该软件能分析操作参数、物料参数等对干燥性能的影响，并能进行模拟实验，得出物料和干燥介质各参数沿管长变化的规律，且能用于辅助设计干燥管某些结构参数，此种类型的软件还有待发展和逐步完善。此外，运用目前公认比较成熟的 CFD 商业软件包，如 Fluent、CFX、PHOENICS、STAR-CD 等[15]，对干燥的传热和传质过程进行数值模拟的研究，成为气流干燥模拟的一个重要方向。气流干燥的模拟，预计在开发先进的干燥动力学模型和开发整个系统的模型，包括机械脱水，干燥，热回收，粉末收集，冷却阶段等，以研究系统各部分之间的相互作用，并开发改进的设计程序等方面取得新进展。

11.7　气流干燥器型式和结构特点

11.7.1　气流干燥装置的种类

气流干燥装置可分直接进料的及带有分散器的和带有粉碎机的。另外，还可分为有返料、热风循环以及并流或环流操作的气流干燥装置。

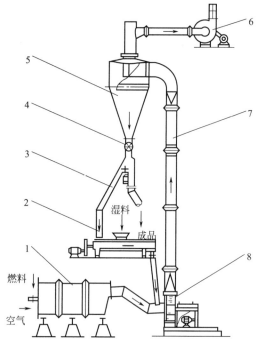

图 11-16　带有分散器的气流干燥装置
1—燃烧室；2—混合器；3—干料分配器；
4—加料器；5—旋风除尘器；6—排尘器；
7—干燥管；8—鼠笼式分散器

11.7.1.1　直接进料的气流干燥装置

它是目前应用最广泛的一种，适用于湿物料分散性良好和只除去表面水分的场合，如干燥合成树脂、某些药品、有机化学产品、煤、淀粉和面粉等。若湿物料含水量较高，加料时容易结团，可以将一部分已干燥的成品作为返料，在混合加料器中和湿物料混合，以利于干燥操作。

11.7.1.2　带有分散器的气流干燥装置

带有分散器的气流干燥装置如图 11-16 所示。其特点是干燥管下面装有一台鼠笼式分散器打散物料。它适合于含水量较低、松散性尚好的块状物料，如离心机、过滤机的滤饼，以及磷石膏、碳酸钙、氟硅酸钠、黏土、咖啡渣、污泥渣、玉米渣等。如含水量较多，可用返料方式改善操作。

11.7.1.3　带有粉碎机的气流干燥装置

带有粉碎机的气流干燥装置流程如图 11-17

所示。其特点是在气流干燥管下面装有一台冲击式锤磨机，用以粉碎湿物料，减小粒径，增加物料表面积，强化干燥。因此，大量的水分在粉碎过程中得到蒸发，在一般情况下，可完成汽化水分量的 80%。这样，便于采用较高的进气温度，以获得大的生产能力和高的传热效率。对许多热敏性物料，其进气温度仍可高于其熔点、软化点和分解点。图 11-18 为应用于磨粉工业中的带有雷蒙粉碎机的环流操作的气流干燥装置。

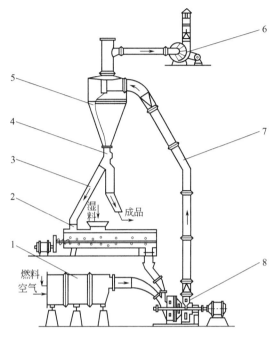

图 11-17　带有粉碎机的气流干燥装置

1—燃烧室；2—混合器；3—干料分配器；4—加料器；
5—旋风除尘器；6—排风机；7—干燥管；8—冲击式锤磨机

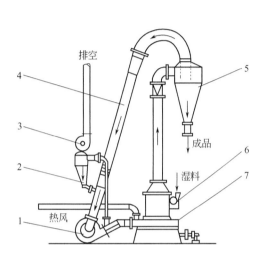

图 11-18　带有雷蒙粉碎机的气流干燥装置

1—循环气流鼓风机；2—细粉收集器；3—排风机；
4—干燥管；5—旋风除尘器；6—加料器；7—雷蒙粉碎机

以上所述 3 种气流干燥装置的特性如表 11-6。

表 11-6　3 种气流干燥装置的特性表

项目	煤(6.35mm)	污泥(滤饼)	黏土
干燥装置型式	直接进料	带分散器	带粉碎机
干燥器蒸发水量/$(kg \cdot h^{-1})$	3400	1590	930
进口水分/%(湿基)	9	80	27
进口水分/%	3	10	5
进口气体温度/℃	650	700	520
出口气体温度/℃	80	120	74
空气用量/$(m^3 \cdot min^{-1})$	3200	7600	5000
生产量/$(kg \cdot h^{-1})$	51400	450	3070
物料:空气/%(质量)	10	0.044	0.34
进口物料温度/℃	16	16	16
出口物料温度/℃	57	71	49
燃料种类	煤	发生炉气	重油
燃料消耗/$(kJ \cdot kg^{-1})$,(蒸发水)	3714	4000	4085
动力消耗/$(kW \cdot h \cdot kg^{-1})$,(蒸发水)	0.022	0.0264	0.0814

11.7.2　直管式气流干燥器

结合各自的结构特点，下面列举几个直管干燥器的例子。

11.7.2.1　普通直管式气流干燥器

例如含水约 15% 的吡唑酮经过螺旋加料器加入直径 350mm、长为 13m 的铝制干燥管（干燥管控制温度为 85℃）。空气由鼓风机（风量为 600m³/s，风压为 3530Pa，配套动力为 14kW）鼓入翅片加热器（加热器的蒸汽压力为 0.2～0.3MPa，加热面积为 87.8m²），空气温度加热到 90～110℃后进入干燥管与湿物料相遇，湿物料在被干燥的同时，被热空气输送到两个并联的直径为 600mm、高度为 2750mm 的旋风除尘器和过滤面积为 42m² 的袋式除尘器，干物料经直径为 150mm 螺旋输送器送出，其含水量为 0.6%，产量为 250～300kg/h。尾气经袋式除尘器排空，出口气温为 55～60℃，见图 11-19。

Won Namkung 等[103]研究了直管气流干燥器（0.078m×6.0m）中铁矿石颗粒的干燥动力学特性，如图 11-20 所示。气流管的压降沿加速区域的高度下降。在恒定进口气体温度和进料速率下，稀相区域中的颗粒干燥程度随表面进口气体速度的增加而增加。但是，在相同的表观进气速度和进气温度下，干燥速度会随着颗粒流速的增加而降低。随着入口气体温度从 100℃提高到 400℃，颗粒的干燥度由 48.6% 提高到 82.5%。

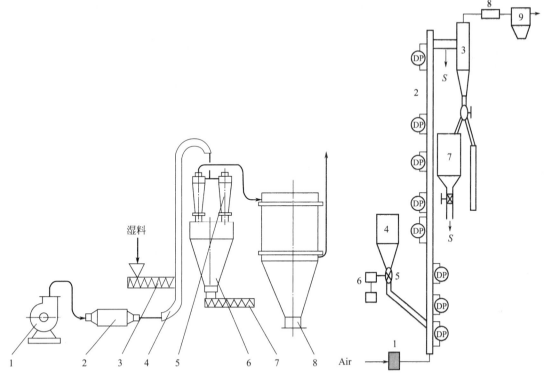

图 11-19　干燥吡唑酮的直管式气流干燥器流程示意图

1—旋风机；2—翅片加热器；3—螺旋加料器；4—干燥管；

5—旋风除尘器；6—储料斗；7—螺旋出料器；8—袋式除尘器

图 11-20　铁矿石气流干燥实验装置示意图

1—燃气加热器；2—干燥管；3—旋风分离器；

4—装料斗；5—旋转阀；6—调速器；

7—卸料斗；8—热交换器；9—布袋除尘器；

S—采样点；DP—压差传感器

11.7.2.2　倾斜直管式气流干燥器

在厂房高度受到限制或为了减少物料晶粒被粉碎的程度时，可采用倾斜直管式气流干燥器。此干燥器在实际使用中有气体分布不均匀和易积料的缺点。现以保险粉为例说明（流程见图 11-21）。含乙醇 14%～19% 和水分 1%～2% 的保险粉经文丘里加料器进入倾角 45°、直径为 1500mm、长度为 4.5m 的干燥管内。空气进风量为 1500～2300m³/h，风压为 960～1000Pa、动力为 20kW 的鼓风机鼓入功率为 40kW 的电加热器。空气温度升至 200℃，在干燥管内温度控制在 160～180℃，干燥后的保险粉经一级旋风除尘器分离，经滚动筛成为粒径为 80～100 目的产品。废气经二级旋风除尘器排空。由于物料温度为 60℃，需冷却后包装，但保险粉容易在湿空气中分解，所以从鼓风机出口引一管路将已干燥的物料再吹入和前面同类型的流程，将温度降至 30℃ 后再进行包装。

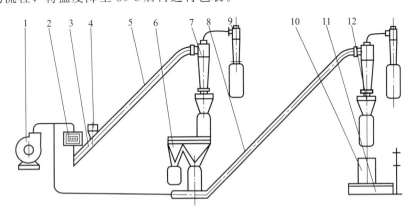

图 11-21　干燥保险粉的倾斜直管式气流干燥器流程示意图

1—鼓风机；2—电加热器；3—文丘里加料器；4—加料斗；5—倾斜干燥管；6—滚动筛；7—一级旋风除尘器；
8—倾斜冷却管；9—二级旋风除尘器；10—包装桶；11—磅秤；12—储料斗

11.7.2.3　短管气流干燥器

根据上述气流干燥器原理，传热主要在气流干燥管内的加速段内。而加速段的长度一般在 2～3m，因此，许多场合已采用短管气流干燥器。短管长度为 5～6m，也有 3～4m 的。现以干燥对氨基酚为例进行说明（流程见图 11-22）。

含水量为 10% 的对氨基酚由星形加料器加入至直径为 100mm、长度为 4.5m 的干燥管中，空气经蒸汽加热器和 25kW 电加热器加热至 240℃ 后进入干燥管，干燥后成品的含水量为 0.4% 以下，产量为 100kg/h。成品从旋风除尘器被分离，废气经抽风机排入大气。

11.7.2.4　单级和多级直管式气流干燥器

直管气流干燥器由于工作的需要可以是单级，如图 11-23 所示，也可以是二级（如图 11-24 所示）或多级气流干燥串联工作，其主要目的是充分利用废气的余热，提高气流干燥器的效率。可用于干燥淀粉、鱼粉、酒糟、饲料、砂糖和聚氯乙烯等。

11.7.2.5　闭路循环气流干燥器[82]

如图 11-25 所示的闭路循环型气流干燥器，干燥介质（氮气等惰性气体）组成封闭回路，产品由旋风分离器分出，含有产品微尘的干燥介质（含有未冷凝的蒸汽），进入冷凝器冷却洗涤器，将蒸汽冷凝液排出。然后，干燥介质（氮气等惰性气体）经加热器加热后再循环使用。

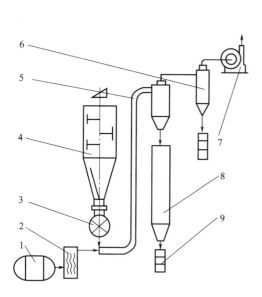

图 11-22　干燥对氨基酚的短管干燥器流程示意图

1—蒸汽加热器；2—电加热器；3—星形加料器；

4—加料器；5—干燥管；6—旋风除尘器；

7—除尘机；8—储料桶；9—包装袋

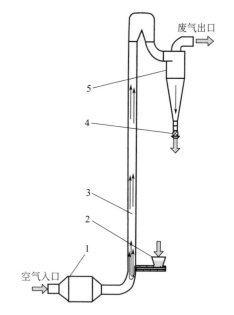

图 11-23　单级直管气流干燥器

1—空气加热器；2—螺旋喂料器；3—气流干燥器管；

4—出料口；5—旋风分离器

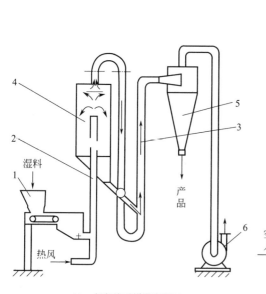

(a) 二级气流干燥器流程图

1—加料器；2——一级气流管；3—二级气流管；

4—粉体沉降室；5—旋风分离器；6—风机

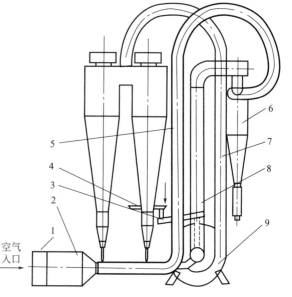

(b) 二级气流干燥器

1—空气过滤器；2—蒸汽换热器；3—螺旋喂料器；

4—湿物料平台；5—二级干燥管；6—二级旋风分离器；

7——一级干燥管；8—回风管；9—风机

图 11-24　二级直管式气流干燥器

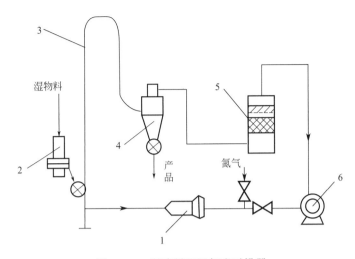

图 11-25　闭路循环型气流干燥器
1—加热器；2—加料器；3—干燥管；4—旋风分离器；5—冷凝冷却洗涤器；6—风机

其优点有三：

① 在干燥过程中，物料和空气接触会被氧化、变质或发生爆炸，或蒸发出的成分是有机溶剂气体时，使用氮气等惰性气体作为干燥介质。

② 与蒸发成分相同的过热有机溶剂气体作为干燥介质用，达到回收溶剂的目的。

③ 在干燥过程中产生有臭味的气体，干燥后的气体要全部燃烧脱臭（或吸附脱臭）。

Pakowski 等[95]使用了过热蒸汽闭环气流干燥，如图 11-26 所示，实现了烟丝的干燥膨胀以提高其质量。整个过程中几乎无氧（$O_2 < 4.5\%$）。采用分布参数模型来描述干燥器管道内的固相速度、温度、含水率以及蒸汽温度和速度，并使用实验获得的固相特性（比热容，特征干燥曲线，颗粒密度和形态），并在工业规模闭环膨胀干燥器测试运行和模型验证。在最佳操作条件下，烟丝的物理性能得以改善，最终产品（香烟）用烟丝量节省约 10%。此外，由于蒸汽闭路循环，具有很好的经济性。

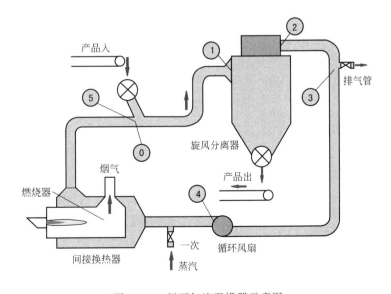

图 11-26　闭环气流干燥器示意图

11.7.2.6　国内外直管气流干燥器使用情况见表 11-7 和表 11-8。

表 11-7　国内直管气流干燥器使用情况

项目	干燥物料名称									
	非那西丁	阿司匹林	安乃近	玫瑰精	草酸	醋酸钠	味精	聚甲醛	药用小苏打	焦亚硫酸钠
进料湿含量/%	20	2.5~5	20	35	4~5	10	4~5	20	3	5~6
产品湿含量/%	5	0.2	4~5	3~4	0.5	2~3	0.1	1	0.05	0.05
热风进口温度/℃	145~150	80	100	180	120	80~90	100	135	110	100
废气排出温度/℃		60	70	60	40			65		40
气流干燥管直径/m×高度/m	$\phi0.25\times14.3$	$\phi0.30\times12.5$	$\phi0.25\times10.0$	$\phi0.37\times11.1$	$\phi0.30\times15.0$	$\phi0.2\times(5.0{\sim}6.0)$	$\phi0.20\times10.0$	$\phi0.20\times13.5$	$\phi0.20\times12.0$	$\phi0.12\times3.4$
干燥管材料	铝	铝	铝	碳钢	耐酸陶瓷和聚氯乙烯硬板	碳钢	玻璃管	铝	碳钢	铝
产品粒度/目	100	200	150~200	40	20			120~150		
产量/(kg/h)	175			100	380	1000	125	125	15000kg/d	100
加热方式	蒸汽 0.4MPa	蒸汽 0.2~0.3MPa	蒸汽 0.2~0.3MPa	石油气加热	蒸汽 0.3~0.4MPa	蒸汽	蒸汽 0.15MPa	蒸汽	蒸汽 0.4MPa	煤气
加热器形式、加热面积/m²	翅片换热器 F=90	翅片换热器 F=30	翅片换热器 F=30		列管叶片式	翅片换热器	翅片换热器 F=40	翅片换热器 F=180	翅片换热器 F=120	煤气加热空气
鼓风机形式×动力/kW	BPC型 离心通风机 4#	7	7	4#×4.5	J061-2型×4.5	2#×1.7	4.5	6#×20	14	3#×4.5
风量/(m³/h)×风压/Pa	7400×1640			2800×1400	2100×4000		2180×3800	2180×3800	2850×1400	
抽风机型号×动力/kW							4.5			
风量/(m³/h)×风压/Pa							5960×1200			
加料方式×动力/kW	螺旋加料器 ×1.7	螺旋加料器 ×1.7	螺旋加料器 ×1.7	星形加料器 ×1.7	螺旋加料器 ×1.7	人工	圆盘加料器× 1.7 和振动筛	圆盘和螺旋加料器 ×1.7	螺旋加料器 ×1.7	螺旋加料器
出料方式×动力/kW	星形卸料	星形卸料	人工卸料	二级,第二级 2组均并联		人工				
旋风分离器直径/m×高度/m	2个串联 $\phi0.925\times1.5$ $\phi0.585\times1.2$	2个串联 $\phi1.0\times1.8$ 3个 $\phi0.85\times2.1$ $\phi0.85\times2.7$	2个串联		1个 $\phi0.4\times1.5$			2个串联	1个 $\phi0.6$	2个并联 $\phi0.8\times2.0$
袋滤器×台数	5个	7个	10多个						4个	
使用年限×台数	1964年×1台	1964年×1台	1968年×1台	1967年×1台	1964年×1台	1964年×1台	1964年×1台		1964年×1台	1968年×1台
正负压操作	正压	正压	正压	正压	正压	正压	正压	正压	正压	正压

续表

项目	被干燥物料名称									
	葡萄糖	食用小苏打	NH_4HCO_3	氟硅酸钠	小麦淀粉	保险粉	硼砂	玉米淀粉	硫铵	NH_4HCO_3
进料湿含量/%	16~17	3.9	5	4~5	40~41	14~19(乙醇)	4~5	40	1.8~2.5	6
产品湿含量/%	9.1	0.2	0.5	0.1~0.2	12~14	0.2	0.5	13	0.02~0.08	0.5以下
热风进口温度/℃	90	180~240	150~160	260~310	240~260	200	70~90	120~130	100~115	140~150
废气排出温度/℃	40	50~70	50~60	58	50~55	30	50	40	70~90	50
气流干燥管直径/m×高度/m	φ0.2×1.8	φ0.20×12.0	φ0.478×18.5	φ0.20×17.0	φ0.25×13.0	φ0.15×4.5	φ0.20×9.4	φ0.2 ①10.0 ②7.0	φ0.45×16.0	φ0.476×21.0
干燥管材料	铝	碳钢	碳钢	碳钢	陶瓷管	碳钢	陶瓷管	铝	碳钢	碳钢
产品粒度	20目	0.005~0.01m				80~100目		80~100目		
产量/(kg/h)	400	2600kg/d	4000	300	$(6\sim6.6)\times10^3$ kg/d	372	600	1900~2000	1500~2500	6000kg/单台
加热方式	蒸汽0.1MPa	煤燃烧	蒸汽0.6MPa	电加热130kW	煤燃烧	电加热40kW	蒸汽0.5MPa	蒸汽0.5~0.6MPa	蒸汽	蒸汽0.4MPa
加热器形式、加热面积/m²	翅片换热器 F=30	烟道器	翅片换热器 F=104		列管换热器 F=14.28		翅片换热器 F=9	翅片换热器 $F_1=100$, $F_2=75$	翅片换热器 F=56.7	
鼓风机形式×动力/kW	28	20	9-27-1-11 #10×55	7#×40	13	20	7	14kW 7kW	9-27-1#81 ×28	9-27-11No 6D×55
风量/(m³/h)×风压/Pa	8000×2000	1510×1400	(1200~1300)×8550	4950×5000	5000×2400	(1500~2300)×(9000~9800)	1500×2000	5600×3600	11290×4000	(5010~13100)×(8350~9150)
抽出风机型号×动力/kW										
风量/(m³/h)×风压/Pa										
加料方式×动力/kW	螺旋加料器×0.8	螺旋加料器×0.8	螺旋加料器×4.5	螺旋加料器×1.7	螺旋加料器	文丘里喷嘴		双螺旋加料器	螺旋和星形加料器	圆盘和螺旋加料器×2.8
出料方式×动力/kW										
旋风分离器直径/m×高度/m	1个 φ0.2×2.8 φ0.6	2个串联 φ1.2 φ0.6	2个串联	3个 HC_3型	2个	2个串联		2个	沉降器	
袋滤器							F=4m²	1个	有	
使用年限×台数	1964年×1台	1962年×1台	5台	1台	1964年3季度×1台	1964年7月×1台	1963年×1台			1965年×3台
正负压操作	正压	正压	正压	负压	正压	正压	正压	正压	正压	正压

续表

项目	被干燥物料名称									
	微球催化剂	催化剂	硬脂酸盐类	氟硅酸钠	福美双	针剂葡萄糖	苯甲酸	S.N	六六六	促进剂 M.D.M
进料湿含量/%	25	18~25	40~50	12	50	>50	25	6~8	12~14	20
产品湿含量/%	13	5以下		1以下	1左右	8	0.5	2~3	5~6	0.5以下
热风进口温度/℃	500~580	110~130	105~200	400	170	120	110	128~132	90	150
废气排出温度/℃	130~150	60	70~80	160	42~50		60	70	40~50	50~80
气流干燥管管径/m×高度/m	φ0.30×35.0	φ0.20×15.0	φ0.20×9.0	φ0.15×14.0	φ0.30×7.0	φ0.20×15.0	φ0.30×8.0	φ0.30×18.0	φ0.40×25.0	φ0.30×40.0
干燥管材料	碳钢	碳钢	碳钢	碳钢	碳钢	铝	铝	铝	碳钢	铝
产品粒度/目	40~80	18~20	200	625	75		80	400	1250	100
产量/(kg/h)	15000kg/d	3000~4000kg/d	150			500t/a	75			80
加热方式	煤气燃烧加热空气	蒸汽	蒸汽和电加热	重油、柴油燃烧	蒸汽加电加热	蒸汽 0.3MPa	蒸汽 0.4~0.6MPa	蒸汽 0.3MPa	蒸汽 0.4MPa	蒸汽 0.5~0.6MPa
加热器形式、加热面积/m²	煤气燃烧炉(立式)	翅片换热器			翅片换热器 F=70	列管换热器 F=16	翅片换热器 F=75	翅片换热器	翅片换热器 F=120	翅片换热器
鼓风机形式×动力/kW	40	7~10	5#×7		7kW	6#×14 3#×4.5	5#×4.5	8-18-#6×14	30	D80-11×22
风量/(m³/h)×风压/Pa	30000×5000	4900×5000			3200×1500			6000×7450	10500×2800	4800×9600
抽风机型号×动力/kW				5#、6×18×45	14					
风量/(m³/h)×风压/Pa				1210×5440	3800×5500					
加料方式×动力/kW	圆盘加料器和单串螺旋	摆摆造粒机×1.7	螺旋加料器	螺旋加料器×1	螺旋加料×1.7	文丘里喷嘴加料	螺旋加料器×1.9	螺旋加料器	螺旋加料器×4.5	星形加料器×1.1
出料方式×动力/kW				星形出料器×1.1	星形卸料器×1.7					
旋风分离器直径/m×高度/m	2个串联 φ0.3×3.5	2个串联	4个串联	2个 φ0.25×1.076 φ0.15×1.042	3个	有	φ0.45×1.4	φ0.38	φ0.75×3.0	
袋滤器				在后旋风除尘器除尘后有一湿式除尘器	20个布袋		φ0.25×2.5 4个	1台		
使用年限×台数			1968年×1台		1968年×1台					
正负压操作	正压	负压	正压	负压	负压	正压	正压	正压	正压	正压
备注				在气流干燥管下端有鼠笼式粉碎机,功率为2.2kW					在旋风除尘器后有1台湿式除尘器	在加料器下有1台粉碎机

续表

被干燥物料名称

项目	吡唑酮	硫化煤	硫铵	717 离子交换树脂	对乙酰氨基酚（扑热息痛）	磺胺(SN)	季戊四醇	对氨基酚	硼砂	淀粉	淀粉
进料湿含量/%	15	60~70	1.8~2.5	4~7	6~7	20	11~12	10	4.28	42.9	37
产品湿含量/%	0.6	20~40	0.02~0.08	0.1~0.4	0.5	1	0.3	0.4	2	12.7	11.6
热风进口温度/℃	90~110	250(进口)	100~115	120	135~140	110~120	200	240	93.2	147.6	129
废气排出温度/℃	55~60		70~90	70~80	75~80	50		70	50	38.2	37.9
气流干燥管直径/m×高度/m	φ0.35×13.0	φ0.377×14.0	φ0.45×16.0	φ0.1×28.0	φ0.12×8.5	φ0.3×8.0	φ0.1×8.0	φ0.1×4.50	φ0.29×2.0 φ0.5×4.5		
干燥管材料	铝	碳钢	碳钢	铝	铝	不锈耐酸钢		碳钢			
产品粒度				14~200 目	0.5~1mm	1.5mm	100 目		0.05mm	0.05mm	0.05mm
产量/(kg/h)	250~300	500	1500~2500	100	72	125	100~150	100	800	740	3033
加热方式	蒸汽 0.2~0.3MPa	煤气燃烧	蒸汽		蒸汽 0.26MPa	蒸汽 0.2MPa	电加热	蒸汽和电加热	蒸汽 0.2MPa	蒸汽	蒸汽
加热器形式,加热面积/m²	翅片换热器 F=87.8		翅片换热器 F=56.7		翅片换热器 F=75	翅片换热器 F=70			翅片换热器翅片 SRZ F=97×70 二组	翅片换热器	翅片换热器
鼓风机形式×动力/kW	12#×14	14	9-27-1# 8×28	8-18# 4	2.8kW	5#×8			4-72-45A ×7.5	18.5	75
风压/Pa											
风量/(m³/h)×动力/kW	6000×3530	6300×3000	11290×4000		6000m³/h	1800	3000×7200		1867×2000	10312×4510	31000×4070
抽风机型号×动力/kW								64-4-4×2			
风压/Pa											
风量/(m³/h)×动力/kW								619×348			
加料方式×动力/kW	螺旋加料器×1.7	螺旋加料器×3	螺旋和星形加料器		螺旋加料器×1.1	螺旋加料器×1	螺旋加料器	星形加料器	螺旋加料器×3	螺旋加料器×1	螺旋加料器×3
出料方式×动力/kW	螺旋出料器×1.5					插板	有	有		旋转阀	旋转阀
旋风分离器直径/m×高度/m	2台并联 φ0.6×2.75	φ0.6×3.5	沉降式除尘器	三台串联 φ0.20	2台串联 φ0.70	1台φ0.95 标准型		有			
袋滤器	F=42m²		有		5个布袋	F=4m²					
使用年限×台数										1990 年	1990 年
正负压操作	正压	正压	正压	正压	正压	正压	正压	负压	正压	正负压结合	正负压结合

表 11-8　国外直管气流干燥器使用情况

项目	物料名称 活性炭	锯屑	熔融磷肥	副产硫铵	粉末物料	有机结晶	次亚硫酸钠	有机粉末	荼粕	粉碎炭	硫铵	醋酸纤维絮
物料形状	粉末	粒状	砂状	砂状结晶	球形	针状	细结晶	粉末	粉末	粒状	粉末	绵状
代表直径×10^4/m	3	6	5	3.5	0.4		0.6	3.5~2.5	3.5	30~100	2	
湿物料的表面密度/(kg/m³)	350	120	1600	1435	485	500	1200	300		1200	1700	
产品质量/(kg/h)	60	4600	6000	1200	5050	120	50	30	420	13000	1200	60
干燥管直径/m	加速段 0.20 上升段 0.45 下降段 0.60	0.38	0.42	0.215	0.555	0.05	0.05	1段 0.11 2段 0.2	0.35	0.64	0.18	0.1
干燥管长度/m	3.7,9	16	30	15	68	28	10	10,35	21	10 以上	19	14×2段
进料的湿含量/%	205	77	5	3.5~4	2.02	11	5.8	40	115	13.6	2.5	35
产品的湿含量/%	4	50	0.3	0.2~0.3	0.44	0.05	0.2	0.3	6.4	5.3	0.3	2 以下
进料温度/℃				45~60					30	20	45	18
产品温度/℃	70	38	45		55	54	75	40~50	70	45	36	38
送风机风量(m³/min)×风压/Pa×动力/kW	40(90℃)× 5500×7.47	150×4000× 22.37	170×5500× 37.28	最大 170× 12500×14.9	235×9700× 55.92	100(kg/h)× 2600×5.59	4×6000× 3.73	25×5000× 7.47	30×2000× 7.47	300×4300× 44.74	50×6500× 14.9	10×3500× 2.23
热风进口温度/℃	455	220	200	100~120	142	210	150		620	330	115	110
分散器出口气体温度/℃									325		111	85
出口气体温度/℃	113	60		45~60	72	70	108		95	100	53	42
分散器形式×分散器动力/kW									平板风扇型×3.72	放射状旋转翼×3.72	分散器×0.75	纤维解碎机×0.37
压力损失 干燥管/Pa	850	550	1500~2500		1970						3200	1450
压力损失 分散管/Pa	2500		1000~1500		2450			1500			1500	720
压力损失 捕集装置/Pa												1250
旋风分离器	2级	1级	2级	1级	袋滤器	2级	1级	1级	1级	1级	1级	1级
其他捕集装置	无	无	无	无		无	无		无	无	无	无
使用热源	重油	钢炉废气	重油	炼焦炉煤气	蒸汽	电热	丙烷	蒸汽	重油	无	蒸汽	丙烷
燃料消耗量/(kg/h)	12~14		最大60	8.8	351	25kW	3.75	80	37		100	3

11.8　其他类型干燥器

11.8.1　脉冲式气流干燥器

脉冲式气流干燥器的特征是气流干燥管的管径交替缩小和扩大。目前，脉冲式气流干燥器的型式有两种，一种如图 11-27 所示，由小管径至大管径的过渡角较大；另一种如图 11-28 所示，其过渡角较小。采用脉冲气流干燥管可以充分发挥加速段具有较高的传热传质作用，强化干燥过程。加入的物料颗粒首先进入管径小的干燥管内，颗粒得到加速，当其加速运动终了时，干燥管径突然扩大，颗粒依惯性进入管径大的干燥管。颗粒在运动过程中，由于受到阻力而不断减速，直至减速终了，干燥管又突然缩小，这样颗粒又被加速，如此重复交替地使管径缩小和扩大，那么颗粒的运动速度也交替地加速和减速，空气和颗粒间的相对速度和传热面积均较大，从而强化了传热传质的速率。同时，在大管径的气流速度有所下降也相应增加了干燥时间。流程图如图 11-29 所示。

王冬梅等[23]在气流干燥系统中增加了脉冲管段，以增强系统的干燥效果。倪国林等[24]对脉冲气流干燥器在粉煤灰烘干中的应用效果进行了研究，结合理论设计和数值模拟对粉煤灰颗粒在脉冲气流干燥器中的干燥过程进行分析。设计了适用于粉煤灰颗粒的脉冲气流干燥器，并利用 Fluent 软件模拟了其干燥过程。

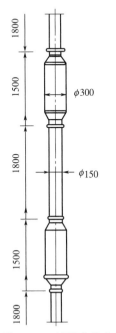

图 11-27　过渡角较大的
脉冲气流干燥管

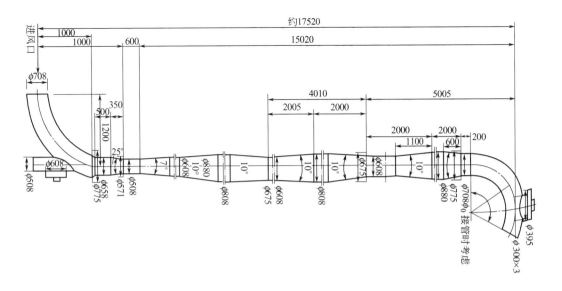

图 11-28　过渡角较小的脉冲气流干燥管

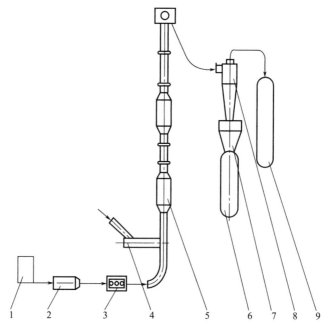

图 11-29 干燥 A.S.C. 的脉冲气流干燥器流程示意图

1—鼓风机；2—蒸汽加热器；3—电加热器；4—加料器；5—脉冲管；6—布袋；7—料斗；
8—旋风除尘器；9—袋式除尘器

11.8.1.1 脉冲式气流干燥器的计算

（1）干燥器的高度计算

$$H = \frac{4\rho_m d_p^2}{3\mu_g} \times \left\{ \frac{v_g}{5} \times \left(\frac{1}{Re_t^{0.5}} - \frac{1}{Re_0^{0.5}} \right) \mp \left[\frac{\mu_g}{5d_p \rho_g} (Re_0^{0.5} - Re_t^{0.5}) - \right.\right.$$

$$\left.\left. \frac{v_g Ar}{200} \times \left(\frac{1}{Re_t^2} - \frac{1}{Re_0^2} \right) \right] - \frac{Ar\mu_g}{100d_p \rho_g} \times \left(\frac{1}{Re_t} - \frac{1}{Re_0} \right) \right\} \qquad (11\text{-}83)$$

式（11-83）中，颗粒加速运动为"—"；减速运动为"＋"号。

（2）干燥器气固相间给热量计算

首先应确定颗粒在加速及减速运动时气因相间的给热系数计算关联式，可根据 11.2.2 节所述的内容及有关 Re_0 及 Re_t 数值予以求得。为结合下面的计算示例，现用示例的数据予以关联，当 $Re_0 = 150$ 及 $Re_t = 21$ 时，其相应的传热系数关联式应为

$$Nu = 0.42Re_t^{0.77} \qquad (11\text{-}84)$$

而脉冲气流干燥器中气固相间给热量的关联式根据式（11-25）应为

$$dQ = hA\left(\frac{\pi}{4}D^2 \right) dH \Delta t_m \qquad (11\text{-}85)$$

而单位干燥体积所具有的颗粒表面积应为

$$A = \frac{G(\pi d_p^2)}{3600\left(\frac{\pi}{6}d_p^2 \right)\rho_m \left(\frac{\pi}{4}D^2 \right)v_m} = \frac{6G}{3600d_p \cdot \rho_m \left(\frac{\pi}{4}D^2 \right)v_m} \qquad (11\text{-}86)$$

而

$$dH = v_m d\tau \qquad (11\text{-}87)$$

将式（11-84）、式（11-86）及式（11-87）代入式（11-85）并积分得

$$Q = A'\left[\frac{1}{2.7}(Re_0^{0.27} - Re_t^{0.27}) \pm \frac{Ar}{123} \times \left(\frac{1}{Re_t^{1.23}} - \frac{1}{Re_0^{1.23}} \right) \right] \qquad (11\text{-}88)$$

$$A' = \frac{4}{3} \times \frac{6G\Delta t_{\mathrm{m}} \times 0.417\lambda_{\mathrm{g}}}{1000\mu_{\mathrm{g}}}$$

式中，颗粒加速运动为"－"号；颗粒减速运动为"＋"号。

11.8.1.2　脉冲式气流干燥器计算示例

例： 用 30% 的碳酸钠溶液吸收排放废气中的 SO_2 以制备亚硫酸钠。亚硫酸钠经结晶离心脱水后送入脉冲式干燥器进行干燥，现将其中有关脉冲管管高计算部分作为计算示例，其他的常规计算，如物料及热量衡算、干燥过程分析、干燥管径的计算等从略。

亚硫酸钠颗粒经筛析并整理：

平均粒径 $d_{\mathrm{p}} = 264\mu m$；球形系数 $\varphi_{\mathrm{s}} = 0.9$；物料密度 $\rho_{\mathrm{m}} = 2540\mathrm{kg/m^3}$；物料最初含水量 $w_1 = 10\%$（湿基）；要求干至含水量 $w_2 = 0.5\%$（干基）；物料处理量 $G = 200\mathrm{kg/h}$。

热风是以煤气燃烧后的热烟气和冷空气混合降温至 230℃ 后进入干燥器，有关数据如下：

$t_1 = 230℃$；$Y_1 = 0.0312\mathrm{kg}$（水）/kg（干混合气）；出口的废气温度 $t_2 = 90℃$；出口的物料温度 $t_{\mathrm{m}_2} = 75℃$；进口物料温度 $t_{\mathrm{m}_1} = 40℃$；物料的临界含水量 $w_0 = 1.5\%$。

由热量衡算及干燥过程分析，求出干燥介质用量为 382.8kg/h，相应的体积为 568m³/h 若进口气速 v_{g} 取 20m/s，则求得加速段管径 $D = 0.1\mathrm{m}$。

解：

（1）加速运动段管高的计算

① 预热段干燥管高的计算　已知的进料温度 $t_{\mathrm{m}_1} = 40℃$，在进气 $t_1 = 230℃$，$Y_1 = 0.0312\mathrm{kg/kg}$ 干气状态下的湿球温度为 $t = 54℃$，故预热段所需热量较小，将其放入恒速干燥段合并计算。

② 恒速段干燥管高的计算

a. 物料湿含量自 10/90 干至 0.05 时气体的温度 t_0

$$382.8 \times 1.105 \times (230 - t_0) = 200 \times 90\% \times \left(\frac{10}{90} - 0.05\right) \times [2369 + 1.926(t_0 - 54)] + 4333.6$$

式中，1.105 为湿混合气比热容；2369 为 $t = 54℃$ 时汽化潜热。

解上式得：$t_0 = 154℃$

b. 在该段内各项物性数据

$$t_{\text{平均}} = (230 + 154)/2 = 192℃$$

物料被干至 0.05 时相应的气体湿含量为 Y

$$Y = 0.0312 + \frac{180 \times \left(\frac{10}{90} - 0.05\right)}{382.8} = 0.0599 \,[\mathrm{kg}(\text{水})/\mathrm{kg}(\text{干混合气})]$$

干燥用混合气在 $t_{\text{平均}} = 192℃$，$Y_{\text{平均}} = 0.0455$ 时各项物理性质为

$$v_{\mathrm{y}} = (0.773 + 1.244 \times 0.0455) \times \frac{273 + 192}{273} = 1.41 \,[\mathrm{m^3}(\text{湿混合气})/\mathrm{kg}(\text{干混合气})]$$

$\rho_{\mathrm{g}} = (1 + 0.0455)/1.41 = 0.74 \,[\mathrm{kg}(\text{湿混合气})/\mathrm{m^3}(\text{湿混合气})]$

$\mu_{\mathrm{g}} = 2.499 \times 10^{-5}\mathrm{Pa \cdot s}$

$\lambda_{\mathrm{g}} = 0.03373\mathrm{W/(m \cdot ℃)}$

c. 在该区间气流与颗粒间给热量的计算

$$Q = 382.8 \times 1.105 \times (230 - 154) = 32148 \,(\mathrm{kg/h})$$

该段内的平均气速

$$v_g = 382.8 \times 1.41 / \left[\frac{\pi}{4} \times (0.1)^2 \times 3600 \right] = 19.1 (\text{m/s})$$

$$Re' = \frac{2.64 \times 10^{-4} (v_g - v_m) \times 0.74}{2.499 \times 10^{-5}} = 7.8 (v_g - v_m)$$

$$\Delta t_m = \frac{(230 - 54) - (154 - 54)}{\ln \left(\frac{230 - 54}{154 - 54} \right)} = 134.5 \ (\text{℃})$$

$$Ar = \frac{4}{3} \times \frac{g d^3 \rho_g \rho_m}{\mu_g^2} = \frac{4 \times 9.81 \times (0.264)^3 \times 0.74 \times 2540 \times 10^{-9}}{3 \times (2.499 \times 10^{-5})^2} = 724$$

$$A' - \frac{4}{3} \times \frac{6 G \Delta t_m \times 0.417 \lambda_g}{1000 \mu_g} = \frac{4}{3} \times \frac{6 \times 180 \times 134.5 \times 0.417 \times 0.03373}{1000 \times 2.499 \times 10^{-5}} = 109011$$

$$Re_0 = 7.8 \times 19.1 = 149$$

将上述各数据代入式（11-88）可得

$$32148 = 109011 \times \left[\frac{1}{2.7} \times (149^{0.27} - Re_t^{0.27}) + \frac{724}{123} \times \left(\frac{1}{Re_t^{1.23}} - \frac{1}{149^{1.23}} \right) \right]$$

设 $Re_t = 67.6$

$$\frac{32148}{109011} = 0.295 \approx 0.37 \times (3.862 - 3.120) + 5.89 \times (0.00561 - 0.0021)$$

右项得 $0.2952 \approx 0.295$，故物料湿含量干至 0.05 时

$$Re' = 67.6$$

d. 在该区间所需加速段管高应用式（11-83）

$$H_1 = \frac{4 \times 2540 \times (2.64 \times 10^{-4})^2}{3 \times 2.499 \times 10^{-5}} \times \left[\frac{19.1}{5} \times \left(\frac{1}{67.6^{0.5}} - \frac{1}{149^{0.5}} \right) - \right.$$
$$\frac{2.499 \times 10^{-5}}{5 \times 2.64 \times 10^{-4} \times 0.74} \times (149^{0.5} - 67.6^{0.5}) + \frac{724 \times 19.1}{200} \times$$
$$\left. \left(\frac{1}{67.6^2} - \frac{1}{149^2} \right) - \frac{724 \times 2.499 \times 10^{-5}}{100 \times 2.64 \times 10^{-4} \times 0.74} \times \left(\frac{1}{67.6} - \frac{1}{149} \right) \right]$$
$$= 9.45 \times 0.054 = 0.51 \ (\text{m})$$

e. 应用与上述相同的计算方法，再求取物料湿含量为 0.05～0.034 所需的加速段管高（加速段管高所以要分段计算，是因为假若干燥介质温度变化太大，则各物理性质如 μ_g、ρ_g、λ_g 等受温度影响显著，而给计算带来较大误差）。

在此区间内所需加速段管高

$$H_2 = 0.53 \text{m}$$

在该区间结束时状态为：$t_g = 136$℃；$Y = 0.0669$kg（水）/kg（干气）；$v_m = 12.5$m/s；$v_g = 17.4$m/s；$v_t = 17.4 - 12.5 = 4.9$m/s。

此时，颗粒沉降速度 $v_t = 2.2$m/s。

故 v_r 与 v_t 已相差不大，自此处开始，即可进行第一次脉冲扩大，加速段总的管高度为 0.51 + 0.53 = 1.04m。

（2）减速运动段管高的计算

扩大管采用直径为 200mm 的管，$D = 0.207$m，对应加速管截面扩大约 4 倍，物料湿含量自 0.034～0.015。

① 作热平衡求 t

$$386.4 \times 1.156 \times (136 - t) = 180 \times (0.034 - 0.015) \times [2369 + 1.926(t - 54)]$$

解上式，可得 $t = 116℃$

② 在该段内各项物性数据 $t_{ave} = (136 + 116)/2 = 126℃$；$Y = 0.0669 + 180 \times (0.034 - 0.015)/382.8 = 0.0758 kg$（水）$/kg$（干气）；$Y_{ave} = (0.0669 + 0.0758)/2 = 0.0714 kg$（水）$/kg$（干气）；$v_y = (0.773 + 1.244 \times 0.0714) \times (273 + 126)/273 = 1.26 m^3$（湿气）$/kg$（干气）；$\rho_g = (1 + 0.0714)/1.26 = 0.85 kg/m^3$（湿气）；$\mu_g = 2.3 \times 10^{-5} Pa \cdot s$；$\lambda_g = 0.0314 W/(m \cdot ℃)$。

③ 在该区间气流与颗粒间给热量的计算　平均气速

$$v_m = 382.8 \times 1.26 \Big/ \Big[\frac{\pi}{4} \times 0.207^2 \times 3600\Big] = 4 \ (m/s)$$

$$Re = 2.64 \times 10^{-4} (v_g - v_m) \times 0.85/(2.3 \times 10^{-5}) = 9.7(v_g - v_m)$$

$$Q = 386.4 \times 1.156 \times (136 - 116) = 8933 \ (kJ/h)$$

$$A' = 5.946 \times 10^4, \quad Ar = 954$$

上一段结束时 $Re = 50$

所以　　　　$v_g = 17.8 - 50/9.44 = 12.5 m/s$

$$Re = 9.7 \times (12.5 - 4) = 82.5$$

$$8933 = 5.946 \times 10^4 \times \Big[\frac{1}{2.7} \times (82.5^{0.27} - 44^{0.27}) - \frac{954}{123} \times \Big(\frac{1}{44^{1.23}} - \frac{1}{82.5^{1.23}}\Big)\Big]$$

$$0.150 = 0.37 \times (3.29 - 2.78) - 7.76 \times (0.00952 - 0.00439)$$

$$= 0.189 - 0.040 = 0.149$$

所以　　　　$Re = 82.5 \quad Re_t = 44$。

④ 减速段管高的计算　由式(11-83)可得

$$H_3 = 10.3 \times \Big[\frac{4}{5} \times \Big(\frac{1}{44^{0.5}} - \frac{1}{82.5^{0.5}}\Big) + 0.0205 \times (82.5^{0.5} - 44^{0.5}) -$$

$$\frac{954 \times 4}{200} \times \Big(\frac{1}{44^2} - \frac{1}{82.5^2}\Big) - 0.98 \times \Big(\frac{1}{44} - \frac{1}{82.5}\Big)\Big] = 10.3 \times 0.065 = 0.67 \ (m)$$

$Re_t = 44$

$$v_g = 44/9.7 + 4 = 4.5 + 4 = 8.5 \ (m/s)$$

$$v_r = 8.5 - 4 = 4.5 \ (m/s) \qquad v_t = 2.2 m/s$$

已相差不大，故管径可进行第二次脉冲收缩。

⑤ 求取湿含量为 $1.5\% \sim 0.5\%$ 所需的第二次加速段管高　此段内由于物料湿含量已达临界湿含量，故进入降速干燥段。在以传热方法计算中，降速干燥段仅体现为物料温度不再维持湿球温度不变，而是随着干燥过程的进行而不断升高，故气-固两相之间的传热温差将大为降低。此段的传热速率也比较低，因此，需要有较长的管高。除传热温差、传热量计算和前述方法不同外，其余的则基本相似。现简介如下。

平均气速

$$t_{ave} = \frac{116 + 90}{2} = 103 \ (℃)$$

$$Y = 0.0758 + 180 \times (0.015 - 0.005)/386.4 = 0.0805 \ [kg（水）/kg（干气）]$$

$$Y_{ave} = (0.0758 + 0.0805)/2 = 0.0782 \ [kg（水）/kg（干气）]$$

$$v_y = (0.773 + 1.244 \times 0.0782) \times \frac{273 + 103}{273} = 1.2 \ [m^3/kg（干气）]$$

$$\rho_g = (1 + 0.0782)/1.2 = 0.9 [kg/m^3 (湿烟气)]$$
$$\mu_g = 2.185 \times 10^{-5} Pa \cdot s$$

平均气速

$$v_g = 4 \times \left(\frac{0.207}{0.1}\right)^2 \times \frac{1.2}{1.26} = 16.3 \ (m/s)$$

$$\Delta t_m = [(116-54)-(90-75)]/\ln\left(\frac{116-54}{90-75}\right) = 33.1 \ (℃)$$

经同样方法计算

$$A' = 28.8 \times 10^3$$
$$Ar = 1065$$
$$Re = 84.5$$
$$Q = 9090 kJ/h$$

$$Q = 9090 = 28.8 \times 10^3 \times \left[\frac{1}{2.7} \times (84.5^{0.27} - 37^{0.27}) + \frac{1065}{123} \times \left(\frac{1}{37^{1.23}} - \frac{1}{84.5^{1.23}}\right)\right]$$

$$0.316 \approx 0.37 \times (3.31 - 2.64) + 8.66 \times (0.0118 - 0.0043) = 0.313$$

所以 $Re' = 37$，经计算

$$H_4 = 1.72m$$

（3）脉冲管的高度计算结果

计算结果见表 11-9。装置总高度为 4m（包括加料口以下及其弯头等）。

表 11-9　脉冲式气流干燥器管高计算列表

物料湿含量（干基）/%	11.5~5	5~3.4	3.4~1.5	1.5~0.5
干燥介质平均温度/℃	192	148	126	103
平均气速/(m·s⁻¹)	19.1	17.4	4	16.3
$(\Delta t)_m$/℃	134.5	91	72.5	33.1
A'	109011	7.62×10^4	5.946×10^4	2.88×10^4
Ar	724	954	954	1065
气-固相间给热量/(kJ·h⁻¹)	32148	7872	8933	9090
Re_t	149~67.6	66.2~50	82.5~44	84.5~37
管高/m	0.51	0.53	0.67	1.72
形式	加速段	加速段	减速段	加速段

11.8.1.3　脉冲式气流干燥器使用实例

程茜等[105]对脉冲式气流干燥器内基于气-固两相流的褐煤干燥的动量、热量、质量传递过程进行了研究，建立了气流干燥过程中颗粒加速、减速运动的传递模型，并提出了脉冲式气流干燥器高度的设计及优化方法。国内外其他有关的脉冲式气流干燥器见表 11-10[87]。

表 11-10　脉冲式气流干燥器使用实例

项目	被干燥物料名称			
	A.S.C	缩合物	苯甲酸	糠氯酸
物料进出口含水量/%	20~0.5~0.3	20~0.5	25~0.5	15~20~2
进出干燥管空气温度/℃	130~76~80		110~60	150~160(进口)

项目	被干燥物料名称			
	A.S.C	缩合物	苯甲酸	糠氯酸
气流干燥管(直径×高度)/mm	大直径 $\phi300$ 小直径 $\phi150×8100$	大直径 $\phi250$ 小直径 $\phi150×10000$	大直径 $\phi450$ 小直径 $\phi300×8000$	大直径 $\phi250$ 小直径 $\phi150×12000$
干燥管材质	碳钢	碳钢	钼	不锈钢
产品粒粒/目		100	80	40~50
产量/(kg·h^{-1})	250	80	75	400
加热方式	蒸汽(0.5MPa)	蒸汽(0.3MPa)	蒸汽(0.4~0.6MPa)	蒸汽(0.6~0.7MPa)
加热器型式,加热面积/m^2	翅片换热器	翅片换热器	翅片换热器 $F=75$	翅片换热器
鼓风机型号×动力/kW	7	28	$5^{\#}×4.5$(2台合用)	
鼓风机风量/(m^3·h^{-1})×风压/Pa		8100×7000		
抽风机型号×动力/kW				
抽风机风量/(m^3·h^{-1})×风压/Pa				
加料型式×动力/kW	文丘里加料器(3.5× 10^5Pa 压缩空气)	螺旋加料器×1.7	螺旋加料器×1.9	螺旋加料器×1
出料型式		2 个串联	串联	
旋风除尘器(直径×高度)/mm		$\phi400×160$ $\phi350×150$	$\phi450×1400$ $\phi250×2500$	1 台
袋式除尘器	68.5m^2		58m^2×2	1 个布袋
操作压力	正压	正压	正压	正压
备注	鼓风机与另一台直管式气流干燥器合用	鼓风机与另一台直管式气流干燥器合用,气流干燥管为 4 节小直径,3 节大直径,每节长 1.2m 左右		

11.8.2　旋风干燥器

11.8.2.1　结构特点

旋风式气流干燥器干燥的原理同直管式气流干燥器。在旋风干燥器内气流夹带物料从切线方向进入,沿着内壁形成螺旋线运动,物料在气流中均匀分布与旋转扰动,因此,即使在 Re 准数较低的情况下,也能使颗粒周围的气体边界层处呈高度湍流状态,增大气体和颗粒间的相对速度。同时,由于旋转运动使颗粒受到粉碎,增大了传热面积,这样,就强化了干燥过程。

凡是能用气流干燥的物料,旋风式气流干燥器均能适应,特别对憎水性、颗粒小、不怕粉碎和热敏性物料尤为适用。但由于结构上的原因,对于含水量大、黏性、熔点低、易升华、易爆炸的物料不能应用。

干燥 SN 的旋风式干燥器流程如图 11-30,操作数据如表 11-11。

11.8.2.2　尺寸计算

(1) 外管下直径 D_1

$$D_1 = \sqrt{\frac{4V_g}{\pi v_{g_1}}}$$

式中，D_1 为外管下直径，m；V_g 为风机风量，m^3/s；v_{g_1} 为外管 D_1 下直径处断面轴向气体速度，一般取 $v_{g_1}=1.5\sim3m/s$。

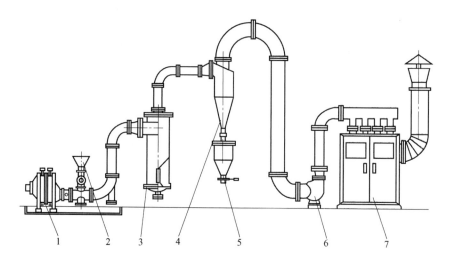

图 11-30　干燥 SN 的旋风式干燥器流程示意图

1—空气预热器；2—加料器；3—旋风式干燥器；4—旋风除尘器；5—储料斗；6—鼓风机；7—袋式除尘器

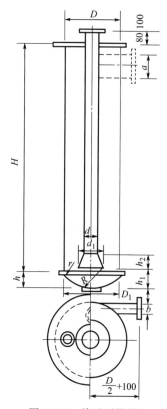

图 11-31　旋风干燥器

（2）高度

$$H=V/F_1 \qquad V=V_g\tau \qquad F_1=\frac{\pi D^2}{4}$$

式中，H 为干燥器高度，m；V 为干燥器体积，m^3；V_g 为风机风量，m^3/s；τ 为干燥时间，s；F_1 为干燥器底部面积，m^2。

（3）外管上直径

$$D=D_1+0.05H$$

（4）中央管直径 d

$$d=\sqrt{\frac{4V_g}{\pi v_{g_3}}}$$

式中，d 为中央管直径，m；V_g 为风机风量，m^3/s；v_{g_3} 为中央管内气体速度，m/s，取 $v_{g_3}=20\sim23m/s$。

（5）进气口面积 F_2

$$F_2=V_g/v_{g_2}$$

式中，V_g 为风机风量，m^3/s；v_{g_2} 为进气口气体速度 m/s，取 $v_{g_2}=18\sim20m/s$

为了使物料沿器壁加速旋转以强化传热传质过程，可把干燥管外形设计成锥形。为了使物料容易旋出，可将中央管吸气口外设计成喇叭口。

旋风干燥器的结构如图 11-31 所示，其尺寸比例见表 11-11。

压力损失：旋风干燥器的压力损失约 $500\sim700Pa$。物料在气流干燥管中停留的时间一般在 $1\sim1.5s$ 之间。

表 11-11 旋风干燥器的尺寸比例表

符号	尺寸	符号	尺寸
a, b	$a = (1.7 \sim 3)b$	D	$D_1 + 0.05H$
d	$\sqrt{\dfrac{4V_g}{\pi v_{g3}}}$	h_1	d
d_1	$2d$	h_2	$0.65d$
D_1	$\sqrt{\dfrac{4V_g}{\pi v_{g1}}}$	h R	$0.226D_1$ D_1
H	$\dfrac{4V_g}{\pi D_1^2}$	r	$0.15D_1$

11.8.2.3 旋风干燥器使用实例（表 11-12）

表 11-12 旋风干燥器使用实例

项目	使用实例		
气流干燥器型式	旋风式	旋风式	旋风式
被干燥物料名称	SN	安眠酮	四环素
物料进出口含水量/%	30→0.5～0.1	10～15→1	25～35→2～6
进出口干燥管空气温度/℃	100*～70	120～60	120～130→20～80
气流干燥管(直径×高度)/mm	$\phi500×2000$	$\phi500×2200$	$\phi400×1300$
干燥管材质	碳钢	铝	不锈钢
产品粒径/目	80～100	80～100	
产量/(kg·h⁻¹)	65	50	25～30
加热方式	蒸汽(0.6～0.7MPa)	蒸汽(0.3MPa)	蒸汽(0.4～0.5MPa)
加热器型式,加热面积/m²	翅片换热器 $F=15$	翅片换热器	SYA 散热片 $F=15.5$
鼓风机型号,动力/kW			
鼓风机风量/(m³·h⁻¹)×风压/Pa			
抽风机型号×动力/kW	5#×4.5	5.5kW	29-27-1(2 台串联)×7
抽风机风量/(m³·h⁻¹)×风压/Pa		(12010～1740)×(5640～5630)	2480×4060
加料型式×动力/kW	人工		人工
出料型式动力/kW	振动筛		
旋风除尘器(直径×高度)/mm	2 个串联 $\phi350×1590$ $\phi350×1520$	2 个串联 $\phi350×800$ $\phi350×1300$	2 个串联
袋式除尘器(直径×长度)/mm	$\phi200×2000$	$\phi400×1200$	4 个
操作压力	负压		
备注	*为热空气与物料混合后的温度		

11.8.3　旋转气流干燥器

11.8.3.1　概述

旋转气流干燥器（Spin Flash Dryer）由丹麦 Anhydro 公司于 1970 年首先研制并投入生

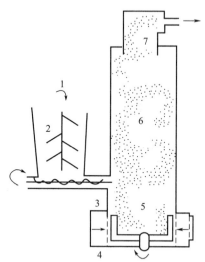

图 11-32　旋转气流干燥器示意图
1—料斗；2—搅拌器；3—螺旋输送器；
4—分离器；5—下搅拌器；
6—干燥室；7—分级器

产。目前世界上有十几个国家拥有这种干燥设备。在国内，天津大学于 1986 年开始设计、研制和开发旋转气流干燥器，于 1988 年通过天津市科委技术鉴定，并在工业生产中推广。近年来，通过国内各科研单位、大专院校、工矿企业的共同努力已被广泛使用。

旋转气流干燥可认为是流化床干燥和气流干燥的组合，且在一个干燥装置内实现。其原理如图 11-32 所示。滤饼（或其他湿物料）由前道工序输送至料斗 1，通过搅拌器 2，被携至螺旋输送器 3，最后螺旋输送器把该滤饼（或其他湿物料）推送至干燥室 6 中。在干燥室下部安装有下搅拌器 5，用以促使滤饼（或其他湿物料）流态化。

预热的空气经气体分离器 4 进入干燥室。热空气旋转向上流动，与下搅拌器 5 的共同作用下使滤饼（或其他湿物料）分散流态化和干燥，成为粒状或粉末状产品，通过分级器 7 的筛选，颗粒粒度适宜、湿分合格的物料从干燥室出口由气体携至气-固分离器，收集成为产品。

旋转气流干燥系统的流程如图 11-33 所示。

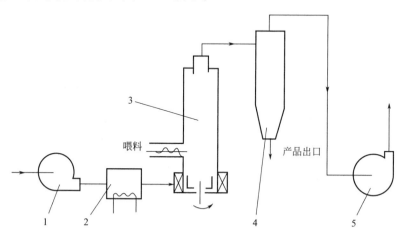

喂料

产品出口

图 11-33　旋转气流干燥系统流程图
1—送风机；2—加热器；3—干燥器；4—分离器；5—引风机

旋转气流干燥器的优点。

① 能处理非黏性和黏性的，甚至黏稠的膏状物料。湿物料能一次成为粒度均匀、湿分合格的产品，而无须进一步粉碎。

② 设备紧凑，节省厂房空间。

③ 连续操作，物料在干燥器内停留时间长短可调（15～500s），因此有利于热敏物料的干燥。

④ 干燥强度高，根据小型实验证实，用旋转气流干燥淀粉时的体积传热系数 h_v 为 68540kJ/(h·m³·℃)（进口气温 140℃，出口气温为 65℃），而用直管气流干燥淀粉时的体积传热系数 h_v 为 25120kJ/(h·m³·℃)（进口气温 240℃，出口气温 55℃），可见旋转气流干燥的体积传热系数大于直管气流干燥。

在旋转气流干燥系统中，干燥器可以在微负压下操作，也可以在微正压下操作。在微负压操作下，若采用间接加热方式时，以送风机和引风机串联运转较为适宜；如果采用直接加热方式时，以整个系统采用一台引风机为好。如果由于产品性质和质量的要求（如药品），干燥不允许空气或空气中的杂质泄漏入系统中，则必须整个系统只用一台送风机，同时要求整个系统的管路和设备密封性好。

旋转气流干燥的适用范围见图 11-34 和表 11-13。

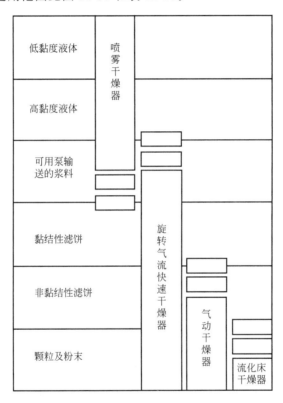

图 11-34　旋转气流干燥器适用范围

表 11-13　采用旋转气流干燥时的一些物料的主要干燥数据

技术项目	各种氢氧化物泥浆	白云石	黄色氧化铁	氧化铝	硅酸铝	带黏结剂的碳酸钙	食品黄	酒石黄	冻黄	淀粉	硬脂酸钙	轻质碳酸钙	二氧化钛
入口空气温度/℃	250	310	325	250	450	280	225	210	170	120	100	120	700
出口空气温度/℃	85	145	100	90	100	90	95	95	100	63	52	170	125
湿料温度/℃	15	15	13	18	15	13	20	10	20	20	20	0	15
湿含量/%	30	66	65	71	80	42	72	50	35	42	57	33	35
残留水分/%	4.5	0.4	0.6	12.5	5.5	0.3	9	5	5	12	0.32	0	0.5
平均粒径/μm	40	15	5	70	20	50	10	10	180	30	16	5	3
堆密度/(kg·m⁻³)	800	450	300	400	200	450	300	700	527	610	0.14	800	600

11.8.3.2 旋转气流干燥器的主要结构

图 11-35 为旋转气流干燥器的装配图，由下搅拌器，气体分布器，分级器等组成。另有辅助设备如螺旋加料器等，现分述如下。

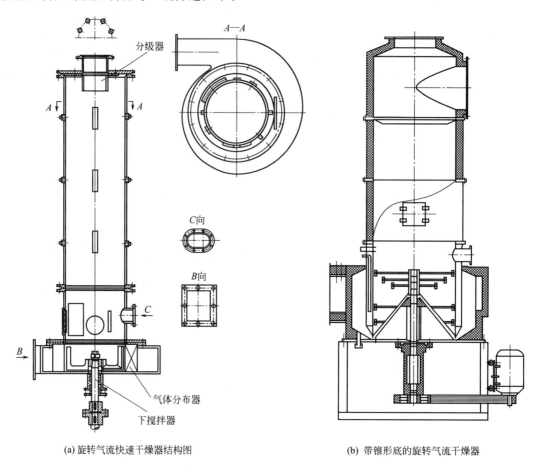

(a) 旋转气流快速干燥器结构图

(b) 带锥形底的旋转气流干燥器

图 11-35 旋转气流干燥器的装配图

（1）气体分布器

如图 11-36 所示，为一蜗壳进口和一个导气轮组成。导气轮如图 11-36 所示[90]。气体分布器的导气轮对气体切向速度在干燥室内沿径向分布的影响很大。如果没有导气轮，则气体切向速度在器壁附近很大，而在干燥室轴中心附近切向速度很小，不能充分发挥干燥室整

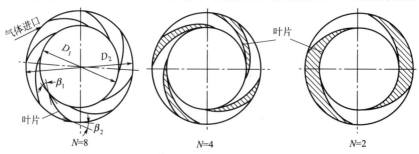

图 11-36 导气轮（分布器）示意图

个圆截面的作用。若设置导气轮，则可使气体切向速度沿径向分布较为均匀，对提高产品的质量和产量有很大帮助。

在无导气轮情况下，气流在干燥室中螺旋上升运动的速度可分解为切向速度 v_{g_t}，轴向速度 v_{g_z} 和径向速度 v_{g_r}，以 v_{g_t} 为主。v_{g_t} 代表着携载固体颗粒的能力，以及使固体颗粒生成离心力的能力。研究表明，旋转气流 v_{g_t} 分两个区域：周边为势流区，气流质点只作简单圆周运动，没有绕自身轴线的转动，称为势流或无旋流；而靠近圆筒中心，流体质点像刚体一样绕自身中心旋转，称平面圆旋或圆形旋涡。

在势流区，气流遵守伯努利方程

$$p + \rho_g \frac{v_{g_t}^2}{2} = 常数 \tag{11-89}$$

在势流区中取一微元体（图 11-37）单位质量微元体的离心力与压力梯度平衡，即

$$\frac{\mathrm{d}p}{\mathrm{d}r} = \frac{\rho_g v_{g_t}^2}{r} \tag{11-90}$$

式（11-89）对 r 微分，得

$$\frac{\mathrm{d}p}{\mathrm{d}r} + \rho_g v_{g_t} \frac{\mathrm{d}v_{g_t}}{\mathrm{d}r} = 0 \tag{11-91}$$

将式（11-90）代入式（11-91）得

$$\frac{v_{g_t}}{r} + \frac{\mathrm{d}v_{g_t}}{\mathrm{d}r} = 0 \tag{11-92}$$

对式（11-92）积分，得

$$v_{g_t} r = 常数 \tag{11-93}$$

式（11-93）表明：在旋风筒周边，v_{g_t} 与 r 成反比，越接近圆筒中心（气流旋转中心），气流切向速度 v_{g_t} 越大。在气流旋转中心（$r=0$），v_{g_t} 将趋于无穷大。但这是不可能的，因为实际气体有黏性。势流区仅存在于一定范围。当旋转半径小到某数值 r_0 值，流动从势流转为平面旋涡区，在该区内，切向速度的分布规律为

$$v_{g_t} = r\omega \quad 或 \quad \frac{v_{g_t}}{r} = \omega = 常数 \tag{11-94}$$

在整个圆筒横截面上，切向速度的分布规律为

$$v_{g_t} r^n = 常数 \tag{11-95}$$

式中，n 为特性指数。在理想情况时，势流区 $n=1$，平面旋涡区 $n=-1$。按此规律，其速度分布如图 11-38 所示。

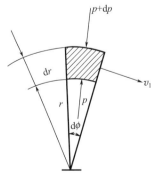

图 11-37　气流质点的旋转运动

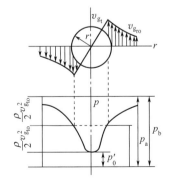

图 11-38　旋转气流速度与压力分布

圆筒内旋转气流的压力分布，也可应用伯努利方程，根据式（11-89）写出

$$p = p_b - \rho \frac{v_{g_t}^2}{2} \tag{11-96}$$

式（11-96）表明，干燥室器壁处压力最大，r 值减小，压力也降低。在势流区和平面旋涡区交界处，势流区的切向速度和平面旋涡区的切向速度均达到最大值，而且相等，其值为 $v_{g_{to}}$，此处的压力值为

$$p_o = p_b - \rho \frac{v_{g_{to}}^2}{2} \tag{11-97}$$

旋转中心处的压力为

$$p_o' = p_b - 2\rho \frac{v_{g_{to}}^2}{2} \tag{11-98}$$

式（11-97）和式（11-98）表明两个气流旋转区界面上的压力比干燥室器壁低，差值为该处的动压头，旋转中心的压力最低，比壁面压力低两倍动压头。

由于受到干燥室直径有限和其他结构等各因素的影响，干燥室内的气体旋流状态与上述分析相差较大，其切向速度分布即非势流，也非平面旋涡流动，但含平面旋涡运动的成分较多，从中心到干燥室器壁切向速度一直在升高，器壁附近风速最大，愈靠近中心愈小。实验设备（干燥室直径 $\phi150\text{mm}$）的实测值见图 11-39～图 11-43。

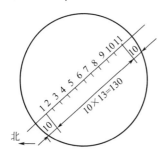

图 11-39　速度压力分布测试点位置

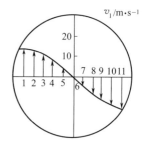

图 11-40　搅拌器拆除时切向速度分布

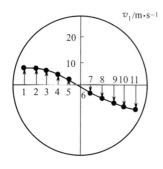

图 11-41　搅拌器静止时
切向速度分布

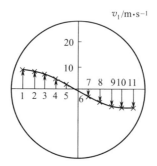

图 11-42　搅拌器转动时
切向速度分布

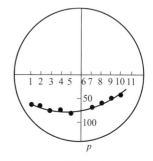

图 11-43　搅拌器静止时下
断面压力分布

比较图 11-40～图 11-42 可以看出，搅拌器增大了系统的阻力，使切向速度明显降低。搅拌器虽协助物料旋转，但转速较低（100r/min），圆周速度远小于切向气速，对切向气速的数值与分布影响不大。搅拌器的主要功能是破碎物料团块，便于粉碎与流化，增加传质传热表面积。

气流螺旋上升时，由于气流摩擦与结构阻力，旋转气流的最大切向速度值，随着气流上升高度的增加而减少，高度越高，切向速度最大值越小，同时切向速度沿径向分布也越均

匀，直至气流不再旋转（切向速度为零），成为普通直管气流为止。

实验设备的搅拌器静止不转时，所测得的压力分布状况见图 11-43。可见，干燥室中心压力最低，有一定的抽吸作用。在实验过程中发现，如果有湿物料团块落到搅拌器中心，会滞留很长时间。由实验得出：气体分布器的参数以叶片数 $N=4$，$\beta_1=15°$，$\beta_2=10°$ 为佳。

图 11-44 给出了可用于某些特殊应用的机械搅拌式旋转闪蒸干燥器的示意图。如文献[18] 所述，在旋转闪蒸干燥器，物料停留时间很短，目标是去除表面水分。从图 11-44 中可以看出，该进料通过重力落入搅拌的流化床中，采用放置在腔室底部的转子进行分散进料。热干燥空气切向地进入腔室并螺旋向上，携带并干燥分散的颗粒。含有干燥粉末的废气进入分离装置，该分离装置将粉末与废气分离。较重的湿颗粒在干燥室内保留时间较长并被转子打散。如图 11-45 所示，此为旋转气流干燥器的另一型式。因此，只有干燥的细粉才能逸入气体分离系统。它适用于干燥无须使用雾化器的污泥，纸浆，滤饼，高黏度液体。许多材料已在这种装置中成功干燥，每小时产量可达 10t。旋转闪蒸干燥器装置必须确保产品不会因为黏性而堆积在壁面上。

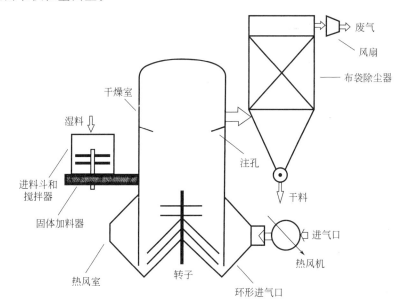

图 11-44 旋转闪蒸干燥器

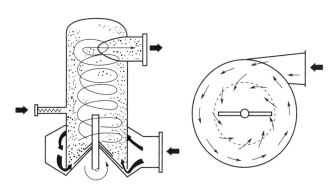

图 11-45 带锥形底的旋转气流干燥器气固流动

通过导气轮或挡板缝隙速度的大小至为重要。缝隙速度的大小直接影响着干燥室内的气流切向速度。图 11-46 形象地表明了气向速度对颗粒物料运动状态的影响[92]。气体进入干燥室后，螺旋上升，然后从出口排出室外。如果喂入干燥室底部的固体颗粒粒度不是同一直径的，那么在同一个切向速度下，颗粒群中的每一个粒度的颗粒处在各自不同的运动状态。对于每一种粒度的固体颗粒都有自己的具体携出切向速度，称为临界切向速度 $v_{g_{ci}}$。当气速小于 $v_{g_{ci}}$ 时，相对应粒度的固体颗粒不能为气流携出室外，而当气速大于 $v_{g_{ci}}$ 时，相应粒度的固体颗粒被气流携出干燥室以外。对整体固体颗粒群来讲，也存在一个整体临界切向速度 v_{g_c}。假如气体切向速度低于 v_{g_c} 时，只有气体临界速度小于 v_{g_c} 的那部分固体颗粒随气流进行旋涡运动并被携出干燥室外，而其他固体颗粒只能蹦到一定的高度，然后自行落下。随着气速的增加，越来越多的固体颗粒随气流进行旋涡运动。最后，当气速超过临界气速 v_{g_c}，整体颗粒群进入旋涡运动并被气流携出干燥室外。

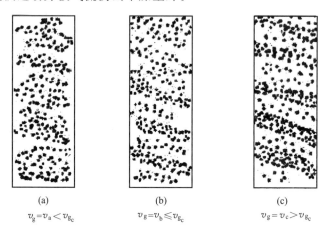

(a)	(b)	(c)
$v_g=v_a<v_{g_c}$	$v_g=v_b\leqslant v_{g_c}$	$v_g=v_c>v_{g_c}$

图 11-46　观察颗粒运动的特性

由图 11-46 可以看到，当 $v_g<v_{g_c}$ 时，固体颗粒运动轨迹不清晰，见图 11-46(a)，而当 $v_g>v_{g_c}$ 时，固体颗粒的运动轨迹清晰可辨，见图 14-46(c)，在 v_g 趋于 v_{g_c} 而又小于 v_{g_c} 时，固体颗粒运动轨迹略有所见，如图 11-46(b)。

综上所述，缝隙速度直接影响着固体物料（滤饼等）运动的状态，因而直接影响着干燥质量和效率。因而必须保证旋转气流干燥室有足够的缝隙速度（主要为切向速度），一般为 30～60m/s。维持较高的气流速度就等于要产生较大的流动阻力，旋转气流干燥器的流动阻力一般控制在 2000～3000Pa，根据具体物料性质确定。密度较小，黏度较低，粒度较小的物料用较低的缝隙速度。缝隙速度过低，固体物料不能分散和流化，不能达到干燥目的。而缝隙速度过高，则流动阻力过大，需风压很大的风机，电动机功率过大，显然不经济。

（2）下搅拌器

滤饼（或其他湿物料）经螺旋加料器进入干燥室，立即与切向热空气相遇，又湿又重的团块状滤饼（或其他湿物料）被迫沿干燥室壁面向上进行螺旋运动，但由于沉降速度大而很快降落在干燥室底部。滤饼团块（或其他湿物料）的表面先进行干燥，搅拌器的机械冲击力和热空气的旋涡流动使表面先干燥的滤饼（或其他湿物料）团块分开，成为较小的团块，小团块表面再干燥，再分裂，如此反复，成为粒度不大的颗粒；另外在搅拌器的机械力和空气旋涡流动力的作用下，小团块之间的相互碰撞也会进一步粉碎。因此，搅拌器的机械力、热空气的气体力使从初湿含量的滤饼至最终产品的团块和团粒都共同处在均匀的流化床之中，一旦达到能被气体携出的粒度，就随同气体一起做旋转运动并被携出干燥室外。在这个流化床干燥过程中，下搅拌器的机械力起很大作用。因此，下搅拌器的型式和结构以及转动速度的选用是十分重要的。图 11-47 所示为桨式搅拌器，也可以根据物料性质采用锚式，如图

11-35 底部所示，或多层桨式（图 11-35）和其他型
式。搅拌桨旋转转速可控制在 $200\sim950\mathrm{r/min}$，视
干燥室的直径大小而定，干燥器直径大时取较低的
转速，而直径小时可取高转速。例如，干燥室的直
径为 200mm，其下搅拌器的转速可取 950r/min。

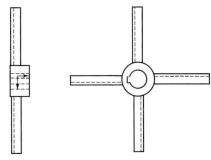

图 11-47　桨式搅拌器

　　由于下搅拌器担负搅拌和粉碎固体物料的功
能，而固体物料的惯性和破碎强度都较大，所以需
要搅拌器的强度和功率都较大。例如，某厂所制造
的旋转气流干燥器，当干燥室直径为 $\phi1400\mathrm{mm}$ 时，
用 15kW；$\phi1200\mathrm{mm}$，$\phi1000\mathrm{mm}$ 时用 13kW。而小
直径的干燥室所用的搅拌功率就很低，例如，某厂所制造的 $\varphi200\mathrm{mm}$ 干燥室，用 1kW 的功
率就可满足要求。

　　（3）分级器，又名为淘析器

　　分级器装置在干燥室的顶部和中上部，其形状为短管状或圆环状，如图 11-35 所示。分
级器内径的大小，不仅影响着产品的粒度大小，也影响着产品的终湿含量。图 11-48 示出分
级器直径对淀粉干燥的终湿含量的影响。由图上曲线可以看出，当分级器直径减小时，终湿
含量下降较快，但是当分级器直径减小到某一值时，终湿含量变化就不太明显。因此，对一
台干燥器和一种具体物料来讲，分级器的直径有一个最佳值。分级器的直径太大，不能满足
产品对湿度的要求；如果分级器直径太小，则会引起过高的压力降和产品过度干燥，也会使
产品粒度过小，加重旋风分离器、袋式收集器或其他型式收集器的载荷。

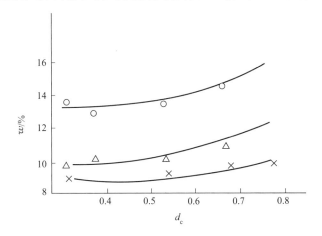

图 11-48　分级器直径变化对淀粉干燥的终湿含量的影响

　　分级器的直径对产品粒度的影响，可以根据产品所受到的作用力作近似的分析。

　　假设颗粒为球形，其密度为 ρ_s，直径为 d_{P_1}，流体的密度为 ρ_g，黏度为 μ，颗粒距旋转
中心的距离为 r，旋转的角速度为 ω，并假设各个颗粒所受的力互不干扰，则此颗粒受到 3
种作用力，即净作用力、摩擦阻力和惯性力。这 3 种力平衡时，有如下方程式[89]

$$\frac{\pi}{6}d_p^3(\rho_s-\rho_g)r\omega^2-3\pi\mu d_p\frac{\mathrm{d}r}{\mathrm{d}t}=\frac{\pi}{6}d_p^3\rho_s\frac{\mathrm{d}^2r}{\mathrm{d}t^2} \tag{11-99}$$

简化得

$$d_p^2(\rho_s-\rho_g)r\omega^2-18\mu\frac{\mathrm{d}r}{\mathrm{d}t}=d_p^2\rho_s\frac{\mathrm{d}^2r}{\mathrm{d}t^2} \tag{11-100}$$

令

$$a=\frac{18\mu}{d_{\mathrm{p}}^{2}\rho_{\mathrm{s}}}; \qquad b=\left(1-\frac{\rho_{\mathrm{g}}}{\rho_{\mathrm{s}}}\right)\omega^{2}$$

如果忽略颗粒加速的影响，可将式(11-100)简化得

$$a\,\frac{\mathrm{d}r}{\mathrm{d}t}-br=0 \tag{11-101}$$

积分得
$$\ln\frac{r_{2}}{r_{1}}=\frac{b}{a}t$$

即
$$\ln\frac{r_{2}}{r_{1}}=\frac{d_{\mathrm{p}}^{2}(\rho_{\mathrm{s}}-\rho_{\mathrm{g}})\omega^{2}}{18\mu}t$$

或
$$t=\frac{18\mu}{d_{\mathrm{p}}^{2}(\rho_{\mathrm{s}}-\rho_{\mathrm{g}})\omega^{2}}\ln\frac{r_{2}}{r_{1}} \tag{11-102}$$

式中，r_{1} 为颗粒初始旋转半径，m；r_{2} 为分级器的内半径，m；t 为颗粒沿半径从 r_{1} 到 r_{2} 所需的时间，s。

如果干燥室的半径为 R，干燥室从底部到分级器的高度为 h，则热风通过此段距离的停留时间 t_{1} 为

$$t_{1}=\frac{\pi R^{2}h}{V} \tag{11-103}$$

因为在干燥室上部分级器附近，颗粒的运动半径小于分级器半径 r_{2} 时，颗粒才能被气体携出，因此联立式(11-102)和式(11-103)并令 $t=t_{1}$，解得

$$d_{\mathrm{p}}=\left[\frac{18\mu}{h\omega^{2}(\rho_{\mathrm{s}}-\rho_{\mathrm{g}})}\ln\left(\frac{r_{2}}{r_{1}}\right)\times\frac{V}{\pi R^{2}}\right]^{\frac{1}{2}} \tag{11-104}$$

由式(11-104)看出，采用旋转气流快速干燥时，产品颗粒的粒度（d_{p}）的大小与物性 μ、ρ_{s} 和 ρ_{g} 有关，与干燥器的结构尺寸 H、R 和分级器的内半径 r_{2} 有关，与操作条件 ω、气量 V 和物料在设备内的堆积量有关。因此，在一定程度上可用式(11-104)来估计物料的粒度 d_{p}，例如：热风 $\rho_{\mathrm{g}}=0.746\mathrm{kg/m^{3}}$，$\mu=2.6\times10^{-5}\mathrm{Pa\cdot s}$；H 酸密度 $\rho_{\mathrm{s}}=1500\mathrm{kg/m^{3}}$，干燥室半径 $R=0.4\mathrm{m}$，干燥室高度 $h=2\mathrm{m}$，分级器内半径 $r_{2}=0.25\mathrm{m}$，当把引风机的风量控制在 $6000\sim700\mathrm{m^{3}/h}$，搅拌器转速为 $240\sim250\mathrm{r/min}$，加料速率控制锥形体内流态化的物料旋转内半径 $r_{1}=0.2\mathrm{m}$ 时，计算所得的粒径 d_{p} 为 $12.9\sim14\mu\mathrm{m}$。

（4）膏状物双螺旋加料器

膏状物双螺旋加料器与散状物料螺旋加料器有所不同，简述如下：

① 双螺杆加料器的特点：加料器对于干燥操作是非常重要的，因而也是干燥设备的重要附件。在生产过程中，加料器如果设计或使用不当，将会使操作发生故障，甚至停产。

旋转气流干燥器所干燥的物料多为黏稠的膏状物，加料装置多为螺旋加料器，因此，本处着重讨论膏状物螺旋加料器。

螺旋加料器有单螺杆加料器和双螺杆加料器之分。单螺杆加料器是靠摩擦和黏性拖曳的原理输送物料的，双螺杆加料器是依靠正位移原理输送物料。

双螺杆加料器和单螺杆加料器相比有如下优点：

a. 在相同产量的条件下，双螺杆加料器的整体尺寸实际上通常要比单螺杆加料器小，占地面积约减少一半；

b. 双螺杆具有较强的混合能力；

c. 有强制输送物料的能力，同时具有自清作用，这是与单螺旋有所不同的特点；

d. 驱动功率在相同产量下只有单螺杆的 1/3。但单螺杆加料器技术应用较成熟，结构简单，所以，目前在工业上，单螺杆加料和双螺杆加料器都应用。

双螺杆加料器有啮合型和非啮合型之分；同时又有同向旋转和异向旋转；螺杆上螺旋叶片有连续的，也有断续的。图 11-49 绘出了啮合型和非啮合型的双螺杆简图。

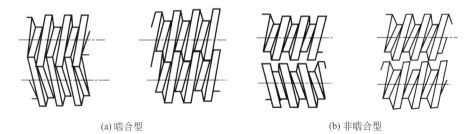

(a) 啮合型　　　　　　　　　　　　　　(b) 非啮合型

图 11-49　啮合型和非啮合型双螺杆简图

图 11-50 绘出了双螺杆加料器的装配图。

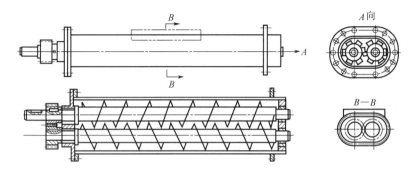

图 11-50　双螺杆加料器装配图

② 双螺杆加料器的生产能力

a. 啮合型双螺杆加料器的理论生产能力，可由式（11-105）求得

$$Q = 2mnV \tag{11-105}$$

V 值可由下式求得

$$V = (V_1 + V_2 + V_3)/\mathrm{m}^3 \tag{11-106}$$

式中，n 为转速，r/min；m 为螺杆头数；V_1 为 1 个螺距之内，半个料筒的容积（图 11-51），可由式（11-107）求得

$$V_1 = \left[\left(\pi - \frac{d}{2} \right) R_\mathrm{b}^2 + \left(R_\mathrm{b} - \frac{H}{2} \right) \sqrt{R_\mathrm{b} H - \frac{H^2}{4}} \right] S \tag{11-107}$$

式中，V_2 为 1 个螺距 S 之内，1 根螺杆根径所占的圆柱体积，由式（11-108）计算

$$V_2 = \pi (R_\mathrm{b} - H)^2 S \tag{11-108}$$

式中，V_3 为 1 个螺距 S 之内，1 根螺杆上叶片所占体积；当叶片等厚，且叶片垂直于螺旋杆轴线时，V_3 可由式（11-109）计算

$$V_3 = 2\pi \left(R_\mathrm{b} H - \frac{H^2}{2} \right) b \tag{11-109}$$

b. 非完全啮合双螺杆加料器的生产能力计算。如果采用的双螺杆既不是啮合型又不是非啮合型的称为非完全啮合型，如图 11-52 所示。

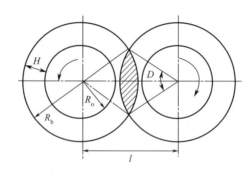

图 11-51　双螺杆横断面的示意图

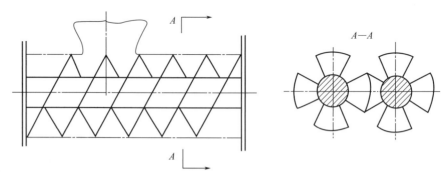

图 11-52　非完全啮合型双螺杆加料器示意图

单螺杆输送物料的驱动力是摩擦和物料的黏性拖曳力。完全啮合型双螺杆加料器靠的是正位移力。

非完全啮合型双螺杆加料器输送动力为单螺杆和啮合型双螺杆输送能力的合成。

单螺杆加料器的输送能力为

$$Q_d = \frac{\pi D_b \cos\varphi_b W^2 H f_b}{\dfrac{WH}{L}\ln\dfrac{p_2}{p_1} + Wf_b + Wf_s + 2Hf_s} n \tag{11-110}$$

式中，D_b 为螺杆螺旋叶片的外缘直径，m；H 为螺杆螺旋叶片高度，m；L 为螺杆长度，m；W 为螺旋法向宽度，m；$W = S\cos\varphi_b$；f_b 为物料和器壁之间的摩擦系数；f_s 为物料和螺杆之间的摩擦系数；n 为螺杆转速，r/min；p_1 为加料器入口压力，Pa；p_2 为加料器出口压力，Pa；φ_b 为螺杆螺旋叶片升角，$\tan\varphi_b = T/(\pi D_b)$；$T$ 为螺旋导程，$T = mS$；m 为螺旋头数；S 为螺旋的螺距，m。

当加料器入口和出口均为敞开的，即 $p_1 = p_2$ 均为大气压时，式(11-110)可简化为

$$Q_d = \frac{\pi D_b \cos\varphi_b W^2 H f_b}{Wf_b + Wf_s + 2Hf_s} n \tag{11-111}$$

所以，非完全啮合型螺杆加料器的生产能力应为式(11-111)和式(11-105)合成，并各乘以系数，于是非完全啮合型的实际总生产能力

$$Q_t = \left(A \times 2mV + B \frac{2\pi D_b \cos\varphi_b W^2 H f_b}{Wf_b + Wf_s + 2Hf_s} \right) n \tag{11-112}$$

对大白粉、汉沙黄和白炭黑湿物料在小型设备进行实验，对实验数据进行回归拟合，得出系数 $A = 0.0154$，$B = 0.128$。

这样式(11-112)可以写成

$$Q = \left(0.0154 \times 2mV + 0.128 \times \frac{2\pi D_b \cos\varphi_b W^2 H f_b}{W f_b + W f_s + 2H f_s} \right) n \, \rho \times 60$$

$$= \left(0.0308 mV + 0.256 \, \frac{\pi D_b \cos\varphi_b W^2 H f_b}{W f_b + W f_s + 2H f_s} \right) n \times 60 \, \rho$$

$$= \left(1.848 mV + 15.36 \, \frac{\pi D_b \cos\varphi_b W^2 H f_b}{W f_b + W f_s + 2H f_s} \right) n \, \rho \quad (\text{kg/h}) \tag{11-113}$$

实验设备螺杆主要结构参数见表 11-14。

表 11-14　各对螺杆主要结构参数

序号	旋向	螺杆形状	螺距 S/mm	螺杆根径 D_b/mm	螺杆外径 D_g/mm	中心距 I/mm	有效长度 L/mm
$1^{\#}$	内旋	间断	20	32	60	50	540
$2^{\#}$	内旋	间断	40	32	60	50	540
$3^{\#}$	内旋	间断	60	32	60	50	540
$4^{\#}$	内旋	间断	80	32	60	50	540
$5^{\#}$	内旋	间断	60	32	60	50	540
$6^{\#}$	内旋	间断	60	32	60	50	540

不同湿含量大白粉和机筒、螺杆之间的摩擦系数，见表 11-15。

表 11-15　不同湿含量时大白粉和机筒、螺杆之间的摩擦系数

湿含量	摩擦系数 f_b	摩擦系数 f_s	密度 ρ/kg·m^{-3}
20%	0.22	0.27	1933
25%	0.36	0.39	1942
30%	0.54	0.58	2000
35%	0.55	0.52	1966
40%	0.38	0.41	1925

显然，上式的应用范围很窄，因为实验数据有限。

③ 双螺杆加料器结构和操作参数对生产能力的影响

a. 转速对生产能力的影响。由式（11-113）可知，在螺杆、机筒和物料等一定的条件下，加料器的生产能力和螺杆的转速成正比。但实验结果并非完全如此。实验用各种螺杆在闸板全开状态下（即机头开孔率 $K=1$）输送大白粉时，其转速和产量的关系曲线如图 11-53(a)~(f) 所示。

从上述图中，可以看到在低转速范围内，生产能力是和双螺杆的转速成正比的；但超过一定转速后，生产能力提高并不显著，甚至还有下降的趋势。在实验设备上有这种现象，在生产设备上也发现有此现象。在该实验设备上，操作转速以不高于 45r/min 较为适宜。

b. 黏性物料性质及其湿含量对产量的影响。由式（11-112）可见，右边第一项反映了加料器的正位移输送能力，第二项反映了摩擦和黏性拖曳输送能力。正位移输送和物料的性质及湿含量的变化影响着摩擦和黏性拖曳输送能力。图 11-54 表示了三种物料（白炭黑、汉沙黄染料、大白粉）的转速和流量关系曲线。转速相同时，白炭黑生产能力最大，大白粉的生产能力最低，而汉沙黄染料的生产能力居中。他们的黏度以大白粉最高，白炭黑最低，汉沙黄染料居中。物料的湿含量影响其黏度，因而湿含量和摩擦系数有一定的函数关系。图 11-55 绘出了大白粉的这种特性。图中，f_s 为物料与螺杆之间的摩擦系数，而 f_b 为物料与器壁之间的摩擦系数，q 为湿含量。在图中，摩擦系数的最高值与某一湿含量相对应。图 11-56 绘出了湿含量（大白粉）与生产能力的关系。和图 11-55 相比较，可以发现生产能力最低点和摩擦系数最大值相对应。

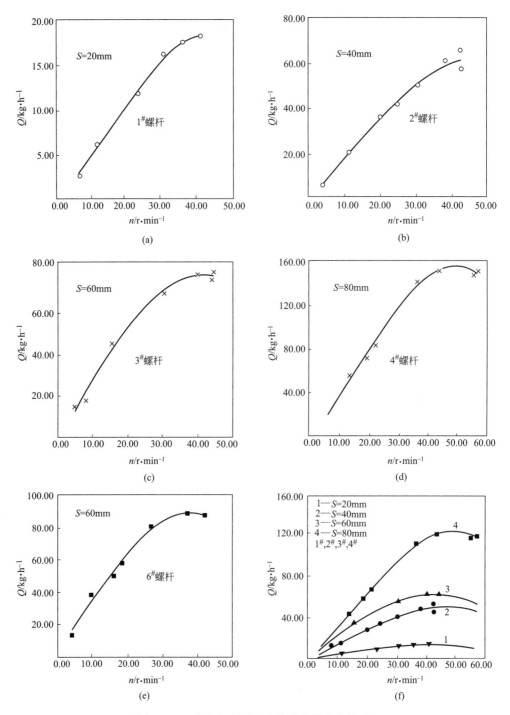

图 11-53　双螺杆加料器生产能力和转速的关系

　　c. 螺距对生产能力的影响。从公式 $S=2\pi R_b\operatorname{tg}\varphi$ 可以看出，螺距 S 随螺旋角 φ 而变化。在一定 φ 角的范围内，生产能力 Q 和 S 成正比，如图 11-57 所示，但螺距变化过大，则不能成正比，甚至有所下降，因为这时摩擦和黏性拖曳输送能力会下降，因而影响到总的输送能力。对某种物料应有一个最佳的 φ 值，使生产能力达到最大。一般取螺旋角 φ（以中径计）$17°\sim20°$。

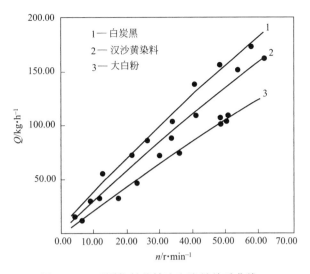

图 11-54　不同物料的转速和流量关系曲线

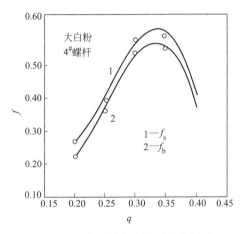

图 11-55　含湿量与摩擦系数的关系

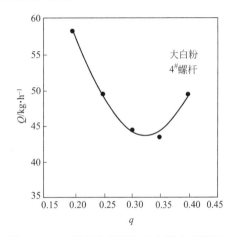

图 11-56　双螺杆含湿量与生产能力的关系

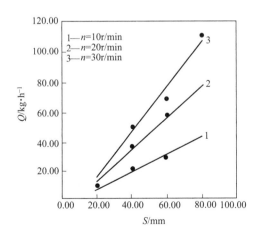

图 11-57　螺距对生产能力的影响

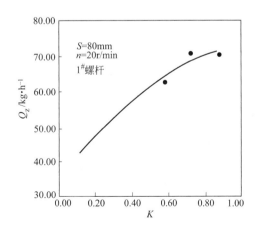

图 11-58　闸板开孔率和生产能力的关系

　　d. 闸板开孔率对生产能力的影响。所谓开孔率是闸板开孔的面积之和与加料器的机筒横截面积之比。开孔率增加，出料阻力减小，生产能力增加。

通过实验分析，开孔率 K 变化时，生产能力的变化如式（11-114）和图 11-58 所示

$$Q_z = QK^{0.875} \tag{11-114}$$

式中，Q 为闸板全开，开孔率 $K=1$ 时的生产能力，kg/h；Q_z 为不同开孔率下的生产能力，当闸板全闭，即 $K=0$ 时，$Q_z=0$，kg/h。

e. 螺杆转动方向和螺旋叶片形状对生产能力的影响。实践证明异向外旋转时的双螺杆加料机比异向内旋转的生产能力要高些，在转速较低时，二者生产能力相差不太大，随着旋转速度的增大，生产能力的差值逐渐增大。如图 11-59 所示。

异向外旋转在转速较高时生产能力略大的现象可以解释为外旋转时，物料不易形成"架桥"现象。

所谓螺旋叶片的形状是指螺杆上的螺旋叶片是连续的，还是间断的。图 11-60 为螺距 $S=60$mm 时，间断叶片和连续叶片的产量与转速的关系曲线。由图可以看出，在相同的条件下，连续叶片的生产能力高于间断叶片的，而且转速越高，二者差值越大。连续叶片的啮合状况明显优于间断叶片，因为泄漏少，输送能力大，从正位移输送机理角度不难理解。但间断的螺旋叶片具有较强的搅拌能力，使物料的混合更加均匀，有利于干燥和输送的顺利进行，在生产中也有其实用价值。

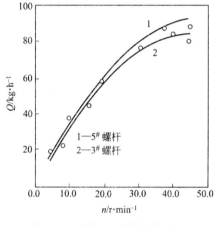

图 11-59　转向对产量的影响

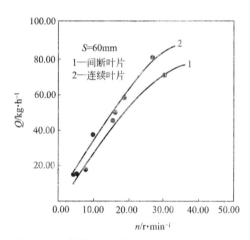

图 11-60　螺旋叶片形状对生产能力的影响

适用旋转气流干燥器的加料器有许多种，如文丘里加料器、振动加料器、雾化喷嘴，以及输送泵等。

11.8.3.3　旋转气流干燥器的设计

（1）设计参数的确定

① 气体进口温度 t 的确定　旋转气流干燥器的气体进口温度可根据待干物料的性质选取，一般有机化工产品、制药、有机染料选 150℃ 或 150～300℃；稳定剂选 150℃ 以下；而对无机化工产品、陶瓷、无机染料可选在 150～300℃，或 300℃ 以上，最高可达 1000℃，以不造成物料过热和分解为准。

② 气体出口温度 t_2 的确定　通常出口气体温度 t_2 应比进口气体的露点温度高 20～50℃，避免在旋风分离器或袋式分离器内析出冷凝水，堵塞旋风分离器和袋式分离器，破坏操作。例如：气体进口温度 400℃ 左右时，在出口气体中湿含量为 0.1 时，其露点温度为 60～70℃，此时宜采用出口气体温度 80～120℃。

③ 物料出口温度 t_{m_2} 的确定　物料出口处的含水率在临界湿含量以上时，物料出口温度

t_{m_2} 为进口热气流的湿球温度。物料出口处的湿含量低于临界湿含量时，则物料出口温度 t_{m_2} 可用式(11-64)计算。

旋转气流干燥时物料的 t_{m_2}，一般在 $50 \sim 80 ℃$ 之间。

④ 气体速度 v_g 的确定　干燥室内气体的轴向速度 v_{g_z} 一般取 $2 \sim 5m/s$，或比产品最大颗粒的沉降速度大 $3m/s$。而导气轮的缝隙速度 $v_{g_{t0}} = 30 \sim 60m/s$，以保证气流有足够的切向速度和动压头。

在旋转气流干燥过程中，气体温度在变化，它的物理性质也随着变化，沉降速度的数值在不同的部位是不同的，一般都用平均温度值作为计算值。

⑤ 空气消耗量的计算　通过旋转气流干燥管的绝干空气的质量，根据物料衡算可得

$$L = \frac{W}{Y_2 - Y_1} \tag{11-115}$$

式中，L 为通过干燥管的干空气消耗量，kg/h；W 为干燥除去的水分量，kg/h；Y_1 为进入干燥器时空气的湿含量，kg/h；Y_2 为排出干燥器时空气的湿含量，kg/h。

通过空气预热器时，空气的湿含量不变，即 $Y_1 = Y_0$

$$L = \frac{W}{Y_2 - Y_0} \tag{11-116}$$

（2）结构尺寸的计算

① 旋转气流干燥室直径的计算

$$D = \sqrt{\frac{4V_g}{\pi v_g \times 3600}}$$

式中，D 为干燥室直径，m；V_g 为平均气体体积流量，m^3/h；v_g 为气体流速，m/s。

② 干燥室高度的计算

a. 传热系数目前尚无精确计算方法，可以进行估算。假设微团颗粒在半径方向呈现单颗粒悬浮状态，采用 W. E. Ranz 关联式，同时考虑径向相对速度对气固传热的强化，即

对空气-水系统，径向传热系数 h_r

$$h_r = \frac{\lambda}{d_p} \times (2 + 0.54Re_r^{0.5}) \tag{11-117}$$

式中，$Re_r = \dfrac{\rho_g v_{g_r} d_p}{\mu_g}$；$v_{g_r}$ 为固体颗粒与流体的径向相对运动速度，若为滞流，且符合斯托克斯定律，v_{g_r} 可由下式计算

$$v_{g_r} = \frac{d^2(\rho_s - \rho_g)}{18\mu_g} \times \frac{v_{g_t}}{R} \tag{11-118}$$

而气体切向速度 v_{g_t} 计算如下

$$\left(\frac{v_{g_t}}{v_{g_z}}\right) \times \left(\frac{r}{R}\right)^{-0.30} = -2.13 \times 10^{-5}Re + 3.06 \tag{11-119}$$

式中，Re 为雷诺数，$Re = 4Q_0\rho_g/(D\pi\mu_g)$；$Q_0$ 为进气量，m^3/s。

对空气-水系统，轴向传热系数 h_z 为

$$h_z = \frac{\lambda}{d}(2 + 0.54Re_z^{0.50}) \tag{11-120}$$

式中，Re_z 为以轴向相对速度表示的雷诺数，即

$$Re = 4Q_0\rho_g/(D\pi\mu_g)$$

取 h_r 和 h_z 的平均值作为总的传热系数

$$h_m = \frac{h_r - h_z}{\ln \dfrac{h_r}{h_z}} \qquad (11\text{-}121)$$

该计算可能与实际相差几倍，甚至 20 多倍，故最好由实测确定。

b. 旋转气流干燥器的高度由浓相流态化段的高度和旋转气流干燥区段高度两部分组成，为增大设备热容量，稳定操作，流态化区段的高度可以取得适当大一些，例如 200～500mm，旋转气流干燥高度量可根据设备特点和物料按下列原则确定。

旋转气流干燥管中的热交换量 Q' 为

$$Q' = CQ \qquad (11\text{-}122)$$

式中，Q 由干燥器总的干燥负荷的热量衡算确定；C 为系数，由物料性质确定。例如大白粉（主要成分是碳酸钙），气体进口温度 140℃，出口温度 75℃，物料入口湿含量 27%，终湿含量 0.21%时，流态化段完成总干燥负荷的 87%，计算方法为

$$\Phi_1 = \frac{X_0 - X_1}{X_0 - X_f} \times 100\% \qquad (11\text{-}123)$$

式中，X_0 为物料初湿含量，kg(H$_2$O)/kg(干基)；X_1 为流态化区段末端物料的湿含量 kg(H$_2$O)/kg(干基)；X_f 为物料终湿含量，kg(H$_2$O)/kg(干基)。而对淀粉，气体入口温度 100℃，出口温度 53℃，物料入口湿含量 34.3%，终湿含量为 7%时，流态化段仅完成 33.3%。

如以整个干燥负荷为 100%，则对大白粉而言，式(11-122) 中的系数 $C = 1 - 0.87 = 0.13$；而对于淀粉，则系数 C 为 0.667，为安全计取 $C = 0.5 \sim 0.7$，则

$$Q' = (0.5 \sim 0.7)Q$$

进入旋转气流干燥管的进气温度因为流过流态化区而相应降低，取为 t_2'

$$t_2' = t_2 - (0.3 \sim 0.5)(t_1 - t_2) \qquad (11\text{-}124)$$

干燥管内单位容积内颗粒的表面积 A 为

$$A = \frac{G(1+X)}{3600 \times \dfrac{\pi}{6} d_p^3 \rho_m} \times \frac{\pi d_p^2}{\left(\dfrac{\pi}{4} D^2\right) v_m} = \frac{6G(1+X)}{\dfrac{\pi}{4} d_p \rho_m \times 3600 D^2 v_m} \qquad (11\text{-}125)$$

式中，v_m 为固体颗粒运动速度，m/s。如此，旋转气流干燥区段的高度 H 为：

$$H = \frac{Q'}{h_0 \left(A \dfrac{\pi}{4} D^2\right) \Delta t_m} \qquad (11\text{-}126)$$

$$\Delta t_m = \frac{(\Delta t_1' - t_{m_1}) - (t_2 - t_{m_2})}{\ln \left(\dfrac{t_1' - t_w}{t_2 - t_{m_2}}\right)}$$

式中，t_{m_1} 可认为和该区的湿球温度相等。

在工业生产中，一般取干燥区段高 2.0～6.0m。而干燥器总高为 5～8m（含连接管道），其实干燥区段太高了并不好，因为气流切向速度有衰减，衰减到一定程度，等同普通直管气流干燥器。旋转气流干燥器的一些有关参数，可参考表 11-16。

③ 辅助设备的选用和设计　旋转气流干燥器辅机包括分级器、下搅拌器和加料器等，其选用和设计方法，前已述及，不再重复。

（3）旋转气流干燥器的压力损失

旋转气流干燥器和其他型式气流干燥器压力损失组成一样，包括摩擦阻力损失、位头损

失、颗粒加入和加速所引起的压力损失，以及局部阻力损失等。经实验和理论分析得到导气轮和干燥管压力损失的计算公式，其他压力损失可参照有关公式进行计算。

表 11-16　旋转气流干燥器一些参数

型号	主机内径 /mm	风量 /(m³/h)	水分蒸发量 /(kg/h)	装机功率 /kW	最大高度 /m	占地面积 /m²
XZG-2	200	350～500	12～17	10	4	15
XZG-4	400	1150～2000	40～70	18	4.6	27
XZG-6	600	2450～4500	80～150	25	5.5	39
XZG-8	800	4450～7550	150～250	32	6	40
XZG-10	1000	7000～12500	230～420	47	6.5	55
XZG-12	1200	10000～18000	300～600	56	6.8	62
XZG-14	1400	14000～25000	450～800	65	7	89
XZG-16	1600	18000～30500	600～1000	75	7.2	160

注：1. 水分蒸发量以进风温度 180℃，出风温度 80℃时计算的最大水分蒸发量。

2. 装机功率为基本数据，视物料的物理化学性质而更动。

3. 表中所示占地面积仅供参考，应视现场实际而定。

① 干燥管的压力损失计算

$$\Delta p_s = 0.720 \left(\frac{H}{D} \right)^{0.474} \times \frac{\rho_g v_g^{1.70}}{2} \tag{11-127}$$

适用范围

$$Re = (0.65 \times 10^5) \sim (2.2 \times 10^5)$$

式中，H 为干燥室高度，m；D 为干燥室直径，m；ρ_g 为气体密度，kg/m³；v_g 为气体在干燥室内的平均轴向速度，m/s；Re 为表观雷诺数。

② 气体分布器压力损失 $\Delta p = \xi_1 \dfrac{\rho_g v_g^2}{2}$

式中，ξ_1 为局部阻力系数，$\xi_1 = 6.89 \times 10^4 Re^{-0.78}$；$Re$ 为表观雷诺数，$Re = \dfrac{D \rho_g V_g}{\mu_g} = \dfrac{4 V_0 \mu_g}{\pi D \mu_g}$；$D$ 为干燥室直径，m。

如上所述，气体分布器的缝隙速度以 30～60m/s，压力损失以 2000～300Pa 为宜。

11.8.3.4　旋转气流干燥器的应用实例（表 11-17）

表 11-17　旋转气流干燥器的应用实例

被干燥 物料名称	活性艳红 S-3B	H 酸	酸性媒 介黑	杀虫草	糠醛渣	锂锰电池 电极粉	冻黄	DSD 酸	DSD 酸	含有分散 剂的超细 碳酸钙	白炭黑
物料进出口含 水量/%	40～4.5	41.5～5	65～4.5	15～1	55～6	60～6	35～5	55～1	55～1	30～0.3	82～6
进出口干燥管 空气温度/℃	150～100	270～125	150～100	130～85	190～95	110～70	156～76	150～110	230～9	240～80	240～100
干燥管直径 /mm	500	800	1400	500	600	200	800	800	1250	1600	800

续表

被干燥 物料名称	活性艳红 S-3B	H 酸	酸性媒 介黑	杀虫草	糠醛渣	锂锰电池 电极粉	冻黄	DSD 酸	DSD 酸	含有分散 剂的超细 碳酸钙	白炭黑
干燥管材质	不锈钢	不锈钢	不锈钢	不锈钢	碳钢	不锈钢	不锈钢	不锈钢	不锈钢	不锈钢	不锈钢
产品粒径/μm	颗粒状	<16	<75	<200	150	200	200	200	200	2	45
产量/$kg \cdot h^{-1}$	62	651	410	140~160	306	60	70	55	200	600	70
加热方式	蒸汽	热风炉	蒸汽	蒸汽	锅炉废气	电热器	蒸汽	蒸汽	蒸汽	热风炉	热风炉
引风风量 /$m^3 \cdot h^{-1}$	2000	7000	16200	2000	6280	1500	6500	4500	9000	8000	6000

11.8.3.5 旋转气流干燥计算例题

由小型实验得出如下数据：

① 空气的状况：进预热器前，温度 $t_0 = 20℃$，湿度 $Y_1 = 0.008 kg(水)/kg(绝干气)$；进干燥器前 $t_1 = 215℃$；出干燥器后，温度 $t_2 = 75℃$，湿度 $Y_2 = 0.0632 kg(水)/kg(绝干气)$；环境温度 $t_0 = 20℃$，压力为常压。整个干燥系统为常压操作。

② 物料的状况：某产品初湿含量 $w_1 = 56\%$（湿基），终湿含量 $w_2 = 6\%$（湿基），物料平均密度 $\rho_s = 1200 kg/m^3$，平均粒度 $d_p = 15\mu m$。

③ 旋转气流干燥器的干燥室气体轴向速度 $W_{g_z} = 5.2 m/s$（标准工况）；取干燥室底缝隙气速 $W_h = 38 m/s$（标准工况）。

④ 旋转气流干燥器的生产能力为 306kg/h。

试求旋转气流干燥器的干燥室直径、干燥室底缝隙高度和干燥室高度 H。

解： ① 已知初湿含量 $w_1 = 56\%$，终湿含量 $w_2 = 6\%$，求干基湿含量 X_1 和 X_2

$$X_1 = \frac{w_1}{1-w_1} = \frac{0.56}{1-0.56} = 1.273, \quad X_2 = \frac{w_2}{1-w_2} = \frac{0.06}{1-0.06} = 0.0638$$

② 求绝干物料量 G_c [kg(绝干物料)/h]

由 $G_2 = G_c/(1-w_2)$，得

$$G_c = G_2(1-w_2) = 306 \times (1-0.06) = 287.6$$

③ 求蒸发水分 W [kg(水)/h]

$$W = G_c(X_1 - X_2) = 287.6 \times (1.273 - 0.0667) = 347$$

④ 求空气的消耗量 L [kg(绝干气)/h]

由式(11-116)　　$L = W/(Y_2 - Y_1) = 347/(0.0632 - 0.008) = 6286$

因为湿空气比容（m^3/kg）　　$v_Y = (0.772 + 1.244Y)$

所以原空气体积耗量（m^3/h）　　$V_g = Lv_Y = 6286 \times 0.839 = 5274$

⑤ 求旋转气流干燥器的干燥室直径 D（m）

由 $D = \sqrt{\dfrac{4V_g}{\pi W_{g_z} \times 3600}} = \sqrt{\dfrac{4 \times 5274}{3600\pi \times 5.2}} = 0.599$，圆整为 0.6m，即 $\varphi 600mm$。

校核气速（m/s）　$W_{g_z} = 5274/[3600 \times (\pi/4) \times 0.6^2] = 5.18$　（标准工况）

⑥ 求干燥室底缝隙高度 h（m）　由于干燥室底部有圆柱形间隙 h，所以底部的缝隙气速 W_h（m/s）可由下式得

$$W_h = V_g/(3600\pi Dh)$$

若已知 $W_h = 38 m/s$，$h = V_g/(3600\pi DW_h) = 5274/(3600\pi \times 0.6 \times 38) = 0.0204$（m）

取 $h=0.02m$，即 20mm。

核算：$W_h=5274/(3600\pi\times0.6\times0.02)=38.86m/s$，核算结果可行。

⑦ 求干燥室高度 H　根据小型实验数据和参考有关资料，可取干燥室高度 $H=$ 3500mm，下搅拌器传动部分高度 700mm，干燥器总高 4200mm。

旋转气流干燥器国外直径有 2.5m 的，国内有直径 1.5m 的。

11.8.4　倒锥式气流干燥器

倒锥式气流干燥器采用气流干燥管直径逐渐增加的结构，因此气速由下向上递减，增加了颗粒在管内的停留时间，降低气流干燥管的高度。如干燥小苏打的干燥器，物料进出口含水量分别为 8% 和 0.5%，干燥管的进出口空气温度分别为 120℃ 和 50℃，管子顶部直径 $\varphi500mm$，底部直径 $\varphi250mm$，管长 16m，产量 420kg/h，利用蒸汽加热；风量为 3000m³/h，流程图见图 11-61。

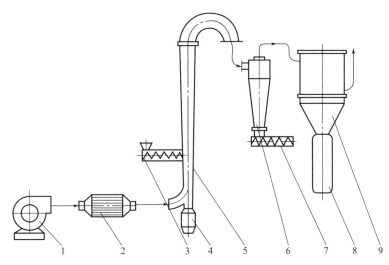

图 11-61　干燥小苏打倒锥式气流干燥器流程示意图
1—鼓风机；2—空气加热器；3—螺旋加料器；4—导向器；5—倒锥式气流干燥管；
6—旋风除尘器；7—螺旋出料器；8—布袋；9—袋式除尘器

11.8.5　套管式气流干燥器

套管式干燥器的干燥管不是简单的单层直管，而是内外套管组成的，有单套管和双套管之分。单套管时，物料与气流同时由内管下部进入，颗粒在内套管做加速运动，到加速终了时，由内管顶端导入内外管之间的环隙。在环隙中的颗粒以较小的速度运动，然后排出。图 11-62 是用套管式气流干燥器干燥癸二酸的流程示意图。

套管式气流干燥器和简单直管干燥器相比，有如下优点。

① 套管的干燥路径是直管的倍数，单套管为两倍，双套管为 3 倍，大大增加了干燥路径的长度。

② 套管的内管被外管包围，可减少管道的散热损失。

③ 套管为多节式，可组合成不同长度的干燥管。因此，在相同的安装高度条件下，双套管干燥器的性能最佳，其次为单套管式干燥器，直管式干燥器性能最差。图 11-63 为酒糟套管气流干燥器的加料量与除湿量的关系曲线。从图中可以看出，在同一加料量下，套管干

燥器型式不同，除水量也不同，双套管除水量最大，直管除水量最小，单套管居中。

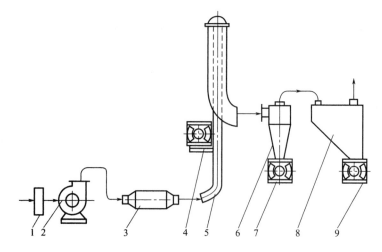

图 11-62　干燥癸二酸的套管式气流干燥器流程示意图
1—空气过滤器；2—鼓风机；3—翅片加热器；4—星形加料器；5—干燥管；
6—旋风除尘器；7,9—星形出料器；8—袋式除尘器

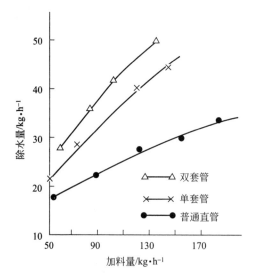

图 11-63　套管气流干燥器的加料量与除湿量的关系曲线

　　Itaya 等[76]提出了一种连续式套管气流干燥器，用来干燥豆渣，如图 11-64。以通过涡流向上流动来增强湿豆渣和热空气之间的热量和质量传递。评估了干燥器结构对干燥性能的影响。通过在立管的中心线上设置足够长的轴作为旋流导引，可将气流的旋流保持到立管的顶部。立管上增大的扬程导致干燥器中的流型复杂。在实验条件下，该干燥器的能效为 $36\%\sim46\%$，但几乎相当于通过与湿豆渣并流流动的干燥空气湿度达到饱和所确定的极限值；平均干燥速率与立管停留时间呈指数函数关系。

11.8.6　环形干燥器

　　环形干燥器最初开发于 20 世纪 40 年代，它可以提高气流干燥器的效率并具有控制产品干燥程度的良好性能。环形干燥器（图 11-65）具有一个内部离心分离器（称为分流管），

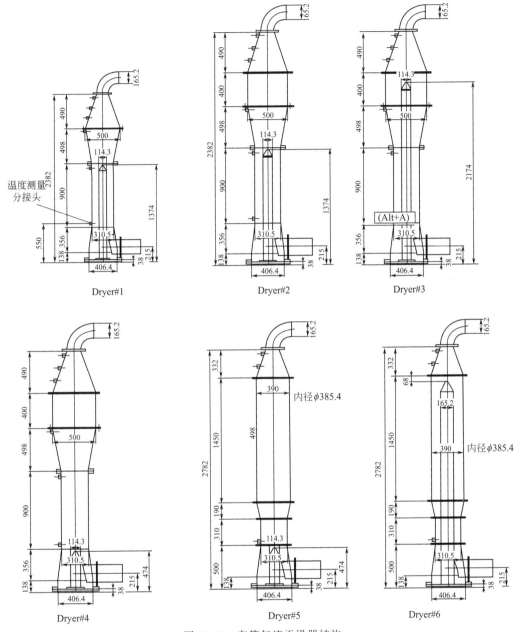

图 11-64　套管气流干燥器结构

该分流管的内部挡板是可调节的，能够有选择地确定物料的停留时间，可以使最轻和最细的物料仅仅通过一次就成为产品被风送至产品收集器，防止物料过度干燥。而较粗较重的颗粒物料则需继续在气流管路系统中进行两次或三次循环，直到成为合格产品为止。图 11-66 为分流管的工作原理。环形干燥器既能从容地干燥热敏物料，又能均匀干燥颗粒尺寸分布广泛的物料。环形干燥器经常配备分散器。安装一台固定式冲击式破碎机，可以保证湿物料分散为均匀的干燥细粉而排出干燥器。分散器和分流管两者的结合就相当于一个无筛粉碎系统，甚至把较黏的物料分散为粒度均匀的颗粒状产品。分散器生产能力的范围相当宽，其载荷可以是很简单的小型分散器，也可以是大至驱动功率为 900kW 的重型粉碎机。环形干燥器系统还有一个优点，就是循环物料流量可以调节，使物料混合均匀。

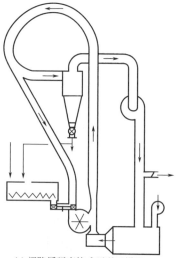

(a) 闭路循环直热式环形干燥器

(b) GEA Barr-Rosin公司的环形气流干燥器(处理量250000m³/h)

Ring dryer with full manifold for vital wheat gluten

(c) GEA Barr-Rosin公司带有加料机构的环形气流干燥器(蒸发速率20t/h)

图 11-65　环形气流干燥器

干燥尾气返回干燥器加热炉，稀释后重新再加热用于加热系统。

尾气量的 60%～70% 进行再循环，可以回收很大一部分热量，其余作为废气排掉。对于闭路循环式环形干燥器前后温差可以很大，而没有什么危险，因为这时循环气的含氧量约为 5%，可以认为是惰性气体。另外在环形干燥器管路系统中气体循环量大，而排入大气的废气较少，并减轻了臭味的散播，从而减少了对环境大气的污染。闭路循环式环形干燥也可以采取间接加热方式，但需配备冷凝器，以便除去每个循环路途中的溶剂蒸气。在间接加热闭路循环中管路的溶剂蒸气全部循环，而多余的溶剂蒸气经冷凝器冷凝析出，析出的冷凝液可以除去，也可以回收，或者常规的除去湿分。干燥介质通常为氮气和将要除去溶剂的混合物。

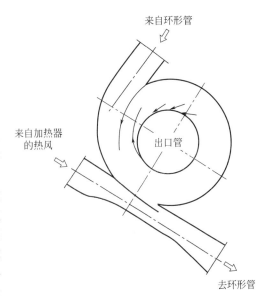

图 11-66　分流管工作原理示意图[33]

加料机构是环形干燥器的重要组成部分。由于物料在干燥器中滞留时间短，需要快速而均匀地分散到干燥气流中。因此，典型的加料机构应由混合器和分散器（或粉碎机）组成。混合器把湿物料调合成适于加料的黏度，螺旋加料器控制加料速率和进行密封，防止空气漏入干燥器。分散器（或粉碎机）打碎湿的物料团，并分散到干燥气体中。

11.8.7　MST 旋风分离干燥器

MST（中等停留时间）旋风分离干燥器（Cyclone Dryer）采用了旋转气流的干燥原理，如图 11-67 所示，热气体和固体颗粒以旋转涡流方式输送到干燥室内。该干燥器由立式圆筒和几个水平放置的环形挡板组成。环形挡板把圆筒分隔成几个相邻的小室。热气体和湿物料以高速度切向进入最低的小室 A。在小室 A 内，固体颗粒由于离心力的作用与气体分离，形成固体颗粒在 A 室进行旋转运动，而旋转着的气流则通过挡板的中心开孔上升至上面的小室 B。与此同时，新的固体颗粒依次流进 A 室，逐渐充满 A 室而开始溢流，通过挡板中心孔流进 B 室，最初是细的固体颗粒，随后粗大的固体颗粒也流进 B 室。旋转着的固体颗粒流进 B 室后开始膨胀，由于离心力的影响，对干燥器壁产生压力而受阻，分布在环形板上并返回锥形挡板中心孔处，由旋转气流输送至再高一层的干燥小室。在这个小室内，固体颗粒再次受到旋转气流输送。如此用这种方式，固体颗粒很快以相同的浓度充满各个干燥小室。此时，最上层的干燥小室含有固体颗粒的气体被排至气-固分离器。在干燥过

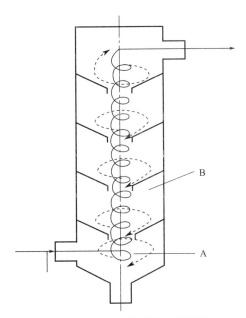

图 11-67　MST 旋风分离干燥器

程中所依靠的热量是由热气体对流传热和干燥器壁夹套（图 11-67 中未示出）的热辐射来供应，热气体和固体颗粒不断地进行分离和再分布，离心力使气固分离，而重力使固体颗粒再分布，这样，就会使气体和固体颗粒之间产生很大的速度差，导致固体颗粒表面的传热传质过程强烈进行。粒度小和重量轻的固体颗粒随着热气体流动，在设备中停留时间短。重的大的颗粒反复分离和再分布，在设备中停留时间较长。固体颗粒尺寸越大，停留时间越长，这样，就使大小不一的固体颗粒成为干燥程度均匀的产品。

MST 旋风分离干燥系统简化流程图见图 11-68，其内部气-固流动示意图如图 11-69所示[100]。

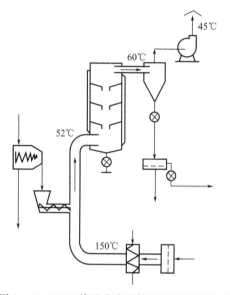

图 11-68　MST 旋风分离干燥系统简化流程图

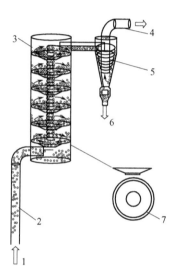

图 11-69　MST 旋风分离干燥器气-固流动示意图
1—热干燥空气＋固体；2—气流干燥器；
3—MST 干燥器；4—废气排管；5—旋风
分离器；6—干燥后成品；7—锐孔分级器

在 MST 旋风分离干燥器中，热气体和固体颗粒以高速切向进入干燥室，而产生相应的动量，这个动量矩就决定了该干燥器的特性。热气体和固体颗粒在进入第一个干燥室时就作旋转运动。在一连串的涡流运动中，由于摩擦损失和冲击损失，在流体向上运动过程中，产生很大的压力降。清净气体的流动和含有固体颗粒的流动情况有所不同。不含有任何固体颗粒的清净气体流动时，压降约为 $22×10^2\,Pa$，挡板数目对压降的影响很小。在进行轴向流动时，压力降随固体的含量增加而上升。但是在旋转流动的情况下，压降却随固体含量的增加而减少，这是由于固体颗粒沿器壁运动时，强烈摩擦损失，使角速度剧烈下降而造成的，流体穿过几个挡板之后，角速度为零，于是流体仅作轴向流动。轴向流动的压降约为旋转流动压降的 10%。为了保证 MST 旋风分离干燥器的正常运转，保持较高的角速度是必要的，所以干燥室的尺寸和挡板的数目是重要的设计参数。

MST 旋风分离干燥器有如下的优点。

① 气体和固体颗粒的传热、传质强度大。一般在流化床中，气-固两相之间的速度差高达约 10m/s，因而它的传热、传质系数是流化床的 10 倍。

② 由于操作温度低，因而适用于干燥热敏物料。

③ 由于待干物料和气流是并流，因而干燥产品不会过热，无须将产品进行冷却。

④ 干燥均匀。在流化床中，对全部物料（不管粒度大小）的停留时间都是相同的，因

而流化床只能按照最大颗粒所需干燥时间进行设计，势必造成小固体颗粒可能过干的现象。而在 MST 旋风分离干燥器中，小固体颗粒在干燥器中停留时间短，大颗粒停留时间长，因此物料干燥均匀，很少局部过干现象。

⑤ 适用于降速阶段的干燥。物料在 MST 旋风分离干燥器内的停留时间为 1～20min，（属于中等停留时间），可以用于除去固体颗粒的内部水分。可与第一级干燥（例如，气流干燥和喷雾干燥）配套而成为第二级干燥器，适合于干燥流化性能差的物料和黏性物料（细粉、碎屑、纤维、黏性固体颗粒）。如与直管气流干燥串结成干燥器，可以代替气流-流化床干燥，或气流-回转圆筒干燥。

⑥ 热效率高。投资少，投资约为流化床的 51%。

表 11-18 为干燥某种物料的 MST 旋风分离干燥器的性能数据。

表 11-18　MST 旋风分离干燥器性能（处理量 500kg/h）

参数	数据	参数	数据
湿固体加料量	500kg/h	在干燥室内的固体浓度	50kg/m³
气体体积流量	5000m³/h	热气体停留时间	2.7s
MST 干燥室直径	1200mm	固体颗粒平均停留时间	15～30min
MST 干燥室高度	3000mm	入口气速	16m/s
挡板数目	4	中心开孔的气速	6.4m/s
中心开孔直径	500mm	固体颗粒沉降速度（$\mu=1200kg/m^3$，$d_p=150\mu m$ 颗粒）	0.6m/s
气体中的固含量	0.1kg/m³ 气体		

2000 年以前，约有 30 套 MST 旋风分离干燥器在世界上运转，大多数用于 S-PVC、PTEE 或多碳酸酯、松木屑、草蛋白、葡萄糖、城市污泥、多聚糖、硝酸钾等，如水分过大，可返混些干粉。

11.8.8　文丘里气流干燥器

文丘里气流干燥器是一个很好的能量转换器，如图 11-70 所示。低压而高速的热风通过喉管把循环风和湿物料引入文丘里干燥管进行混合和干燥，而不需任何机械运动件。主风 4 把循环风吸进干燥管并进行良好的混合，成为量大而温度较低的气体，用以加热湿物料，二次风 5 的切向进入干燥室，是为了使较重的循环物料在干燥室内产生螺旋运动，延长颗粒运动的路径和增加气固的接触时间；同时也是便于把较轻和干燥好了的物料输送到旋风分离器进行收集，经气封 11 排出。在系统上部装有可调的内部风选器，以控制产品的粒度。关于湿物料的加料装置，根据物料的具体性质，可选用溜槽，水平文丘里管，螺旋加料器，在物料比较黏时可选返混装置。

刘晓荣[22]针对生物质干燥的实际需求，对生物质的干燥环节进行研究，设计了一种新型文丘里旋射流式干燥器，如图 11-71，进行了主体设计，包括文丘里管尺寸的计算、干燥器外壳尺寸的确定、气流控制阀的设计等及附属设备的选型。

文丘里气流干燥器有如下优点。

① 文丘里气流干燥器的主风量约为普通干燥器所需气量的一半，因此，可以减少风机的容量，以及缩小环保设备的尺寸。

② 热风的内部循环，可以使整个干燥器的热损失下降。

③ 喷嘴和文丘里管相结合大大改善了物料的分散性，便于干燥过程的进行。

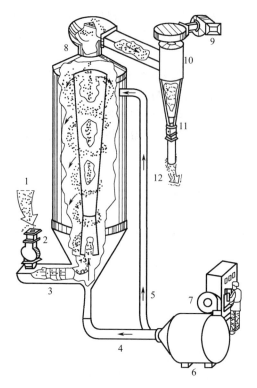

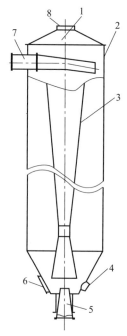

图 11-70　文丘里气流干燥器

1—物料；2—阀门；3—加料器；4—主热风管；
5—二次热风管；6—加热器；7—控制柜；8—分级器；
9—引风机；10—旋风分离器；11—气封器；12—产品收集器

图 11-71　文丘里旋射流式干燥器的结构示意图

1—分级器；2—壳体；3—文丘里管；
4—物料入口；5—主风管喷嘴；6—视镜；
7—二次进风管；8—物料出口

④ 风选出的细粉剩下的粗颗粒由于螺旋返混而增长它的停留时间。

⑤ 由于干而热的二次风切向进入干燥室，使得低温高湿的循环气能够进行有效的返混和更新，便于重新利用。

可用于粉料、团粒、结晶、纤维以及热敏物料的干燥。例如藻酸钠、黏土、硫酸钡、蔬菜、烟叶、木纤维、小麦芽等。表 11-19 为其应用实例。

表 11-19　文丘里气流干燥器的应用实例

参数	杀虫剂	聚合物添加剂	碳化锰	备注
产量(湿料)/(kg/h)	2272	455	3508	
含湿量/%(湿基)	15~0.5	19~0.5	30~5	
气体温度/℃	315~77	200~65	815~130	基于不同天然气
气量/m³/h	2924	1728	6948	热值按 50777kJ/kg 计
蒸发量/[kg(H₂O)/h]	331	85	923	
燃料消耗量/kg/h	29	104	90	
干燥器(直径×高)/m	1.3×6.9	0.94×5.52	1.3×6.9	

11.8.9　低熔点物料干燥器

这种干燥器用于处理低熔点精细物料。新鲜湿物料在循环风中切向喂入干燥室。热的干燥用气沿轴向进入干燥室，缓慢地扩散到低温空气和物料流动中。物料和空气沿干燥器壁进行螺旋运动。热风温度可以远高于物料的熔点，这样有利于提高干燥器的整体效率。例如，干燥硬脂酸锌时，该干燥器入口气温高达 180℃（物料熔点 120℃），而气体出口温度只有 60℃。其结构如图 11-72。

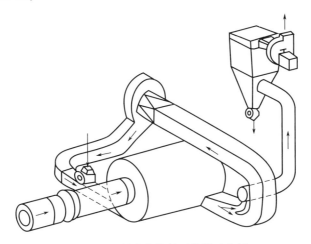

图 11-72　低熔点物料干燥器示意图

11.8.10　涡旋流气流干燥器

涡旋流气流干燥器是以颗粒—气体悬浮体作螺旋运动。在该干燥器中，干燥热气体切向进入干燥室内；利用气体流速的大小来调节物料的停留时间，气速范围 5～20m/s。旋流气流干燥器可以为立式或卧式构造，如图 11-73 所示。

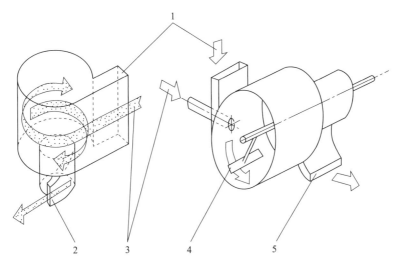

图 11-73　涡旋流气流干燥器的立式和卧式结构示意图
1—热风入口；2—排风出口；3—湿料进口；4—搅拌器；5—排气、排料口

11.8.11　喷射气流干燥器

图 11-74 为环形喷射气流干燥器的立体结构示意图，在干燥管装有热气体喷嘴，喷射的气流对物料有粉碎作用，使气-固两相得到强烈混合，在这种干燥器中，产品温度升高不大，

可以安全干燥热敏性或低熔点的物料，可以干燥液态、泥状物料。对于粉料物料、滤饼状物料，加料器可采用旋转阀或螺旋输送器；对于液态或泥状物料，可采高精度的泥浆泵。热风入口温度为 $100\sim500℃$，喷气压力约为 $8000\sim25000kJ/(m^3 \cdot h \cdot ℃)$。可用于氨基甲酸乙酯系树脂、氢氧化铝、硅藻土、谷物、高炉二次灰、增色剂聚四氟乙烯、橡胶、碳酸锌等。

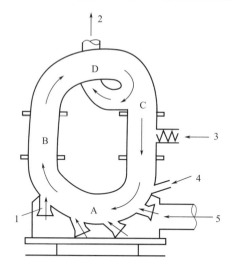

图 11-74　环形喷射气流干燥器主体结构示意图

1—气体喷嘴；2—流向分离器；3—粉料入口；4—热空气；5—料粉入口

11.9　气流干燥管的结构和材质

11.9.1　气流干燥管的结构

11.9.1.1　气流干燥管底部结构

图 11-75 为气流干燥管底部结构。进入气流干燥管的物流料，绝大部分随气流一边上升，一边干燥，少量的大粒子和杂质因质量坠落入气流干燥管底部，为取出方便，设有人孔或手孔。

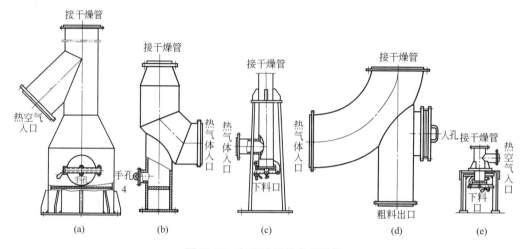

图 11-75　气流干燥管底部结构

11.9.1.2　气流干燥管顶部结构

图 11-76(a)～(c) 为气流干燥管顶部结构。为防止顶部物料堆积，设有手孔，对于易爆物料顶部应设防爆孔，如图 11-76(d) 所示。

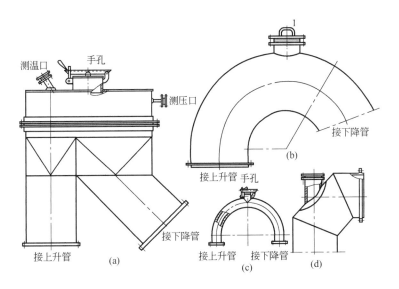

图 11-76　气流干燥管顶部结构

11.9.1.3　气流干燥管下降管的结构

下降管的结构型式一般为直管，也有如图 11-77 所示的扩展型。

11.9.2　气流干燥管的材质

气流干燥管常用的材质有普通碳钢、普通低合金钢、不锈耐酸钢和铝。

11.9.2.1　碳钢

碳钢是气流干燥管的主要材质，常用的有 Q235、20g 以及 10 钢、15 钢、20 钢、25 钢等品种。沸腾钢使用温度为 0～250℃，使用压力可达 1MPa。镇静钢使用温度为 0～350℃，许用压力为 1.6MPa。优质碳钢使用温度为 20～475℃。

普通低合金钢常用的品种有 16Mn，使用温度为 -20～475℃，许用压力为 1.6MPa。

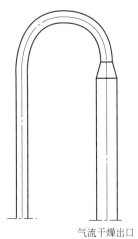

气流干燥出口
图 11-77　气流干燥器
扩展型下降管

普通碳钢板的厚度常用规格有：3mm、4mm、4.5mm、6mm、8mm、9mm、10mm、12mm。热轧钢管：经常用的规格有 $\phi83$、$\phi89$、$\phi95$、$\phi102$、$\phi108$、$\phi114$、$\phi121$、$\phi127$、$\phi133$、$\phi140$、$\phi146$、$\phi152$、$\phi159$、$\phi168$、$\phi180$、$\phi194$、$\phi203$、$\phi219$、$\phi245$、$\phi273$、$\phi299$、$\phi325$、$\phi351$、$\phi377$、$\phi402$、$\phi426$、$\phi450$、$\phi480$、$\phi500$、$\phi530$、$\phi560$、$\phi600$ 和 $\phi630$mm。直缝卷制电焊钢管常用规格如表 11-20。

表 11-20 直缝卷制电焊钢管常用规格

公称直径/mm	外径/mm	壁厚/mm	公称直径/mm	外径/mm	壁厚/mm
150	159	4.5	500	530	6 9
175	194	6	600	630	9 10
200	219	6	700	720	9 10
225	245	7			
250	273	6 8	800	820	9 10
300	325	6 8	900	920	9 10
350	377	6 9	1000	1020	9 10
400	426	6 9			
450	480	6 9	1200	1220	10 12

11.9.2.2 不锈耐酸钢

不锈耐酸钢是能在某些腐蚀性强烈的介质中抵抗腐蚀作用的钢材，同时又能耐大气腐蚀。

不锈耐酸钢 1Cr18Ni9Ti 的使用温度为 $-106 \sim 700^{\circ}C$。不锈耐酸钢板厚度经常用的规格有 3mm、4mm、5mm、6mm、7mm、8mm、9mm、10mm 和 12mm。不锈耐酸钢无缝钢管规格有 $\phi80$、$\phi83$、$\phi85$、$\phi89$、$\phi90$、$\phi95$、$\phi100$、$\phi102$、$\phi108$、$\phi114$、$\phi121$、$\phi127$、$\phi133$、$\phi140$、$\phi146$、$\phi152$、$\phi159$、$\phi168$、$\phi180$、$\phi194$、$\phi219$ 和 $\phi245mm$。

11.9.2.3 铝

铝具有良好的防锈性能和耐腐蚀性能，能耐硝酸、醋酸等能促进铝氧化膜生成的介质，不能耐盐酸、碱类和食盐等能破坏铝氧化膜的介质。

常用铝及铝合金板厚度规格有 2mm、3mm、4mm、5mm、6mm、8mm、10mm、12mm、14mm、16mm、18mm 和 20mm。常用铝和铝合金管规格有 $\phi80$、$\phi85$、$\phi90$、$\phi95$、$\phi100$、$\phi105$、$\phi110$、$\phi115$、$\phi120$、$\phi125$、$\phi130$、$\phi135$、$\phi140$、$\phi145$ 和 $\phi150mm$。

关于气流干燥管壁厚的计算，可参考文献 [102] 及其他有关资料。

11.10 气流干燥的发展趋势

（1）气流干燥设备的一体化

气流干燥设备不仅局限于干燥操作，有时还将粉碎、分级、甚至加热反应集于一机之中，大大缩短生产工艺流程，使设备呈一体化[107]。如细川微粒子株式会社（Hosokawa Micron Corp.）独立开发用于泥浆干燥的 Drymeister 装置则具有粉碎、干燥和分级联合功能。如图 11-78 所示，滤饼、糊状或浆状物料进入该装置内，在下部分散转子的回转作用下（圆周速度为 100m/s），湿物料被破碎、分散成微小的粒子，同时与从下部进入的热空气充分接触，发生瞬时的热质交换，从而被干燥成粉体产品。在上部设置多叶片的分级转子，通过其回转速度和叶片间隙，调节产品的湿含量和粒度，而达到要求湿含量和粒度的粉体随气流从叶片间隙中穿过，被收集为产品。

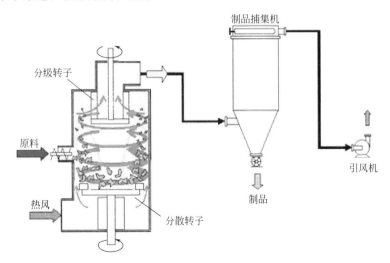

图 11-78　Drymeister 干燥装置构造（Hosokawa Micron Corp.）

（2）提高干燥设备的自动控制水平

一是对干燥前湿物料的湿含量进行检测控制，有条件时可以通过物料机械脱水的方法，把进气流干燥机的物料湿含量降到最低的稳定值。二是根据现有的热源条件，在其所能提供的最高进风温度条件下，自动调节湿物料进给速度，通过成品干燥度的检测，调整进风量，以最大限度地降低出口物料温度，提高热效率，降低能耗。如 Euh 等[106]提出了一种实时干燥控制系统，该系统用于木屑的气流干燥，以生产目标含水量范围内的木屑颗粒。实时干燥控制系统安装了湿度传感器，以控制木屑燃料（颗粒）供应系统的开/关时间，以产生将木屑干燥至水分含量达到 15% 最佳水平以进行制粒所需的热量。

（3）气流干燥模拟软件的开发

气流干燥器的规模放大在很大程度上是凭经验进行的。模拟软件可以避免实验引起的低效或者浪费，有时也可为设备的放大提供参考。如 Kemp[30]概述了一个理论模型，可以有效地预测干燥器的性能。模型中不确定的参数，如物料和壁面摩擦力，可以通过小型干燥器的实验来更准确地找到。然后可以使用该模型按比例放大到全尺寸干燥器。随着气速的降低和气流管直径的增大，所需气流管长度减小，满足物料干燥的要求。

（4）节能技术的应用

如采用化学热泵（CHP）技术[107]，通过吸热反应将气流干燥器尾气中的热能以化学能的形式储存起来；当需供热时，通过放热反应将热能在各种温度下释放出来。研究发现，这种化学热泵干燥装置虽节能，减少污染，但是成本高，结构复杂。

符号说明

A——单位干燥管体积的颗粒传热面积，m^2；

a——比表面积，m^2；

B——系数；

C——常数；

c——比热容，$kJ/(kg \cdot K)$；

D——干燥管直径，m；

d_p——颗粒粒度，m；

G——固体物料质量流量，kg/h；

H——干燥管高度，m；

h——传热系数，kW/(m²·K)；

h_v，h_a——单位干燥器体积传热系数，kW/(m³·K)；

I——焓，kJ/kg；

K——系数；

L——干空气流量，kg/h；

N——导气轮的叶片数；

n——转速，r/min；

Q——传热量，kJ/h；

q——热流量，kJ/h；

Re——雷诺数，$Re = \dfrac{d\rho v}{\mu}$；

r——潜热，kJ/kg；

S——螺距，m；

V——气体流量，m³/h；

v——气速，m/s；

W——湿分蒸发量，kg/h；

ω——固体中的湿含量，kg/kg(湿基)；

X——固体中湿含量，kg/kg(干基)；

Y——干空气中湿含量，kg/kg(干空气)；

η——效率，%；

λ——热导率，kW/(m·K)；

μ——动力黏度，Pa·s；

ρ——密度，kg/m³；

τ——时间，s；

ϕ——相对湿度，%；

ω——角速度，1/s；

下标

ave——平均；

g——气相；

m——物料；

0——初始；

1——进口；

2——出口。

参考文献

[1] 夏诚意，郭宜枯，王喜忠. 化学工程手册 [M]. 北京：化学工业出版社，1989.

[2] 童景山，张克. 流态化干燥技术 [M]. 北京：中国建筑工业出版社，1985.

[3] 常寨成，赵辰龙. 气流干燥机的几种形式及应用 [J]. 粮食与食品工业，2017，24(3)：52-54.

[4] Strumillo C. and Kudra T. Drying: Principles, Applications and Design [M]. Gordon & Breach Science Publishers, London, U. K., 1986.

[5] Mujumdar A. S Ed. Handbook of Industrial Drying [M]. Fourth edition, Taylor & Francis Group, London, 2014.

[6] 金国淼. 化工设备设计全书 [M]. 上海：上海科学技术出版社，1988.

[7] 无锡轻工业学院，天津轻工业学院. 食品工程原理（上册）[M]. 北京：中国轻工业出版社，1994.

[8] Thorpe G R. Pneumatic conveying driers [M]. Chemical Industry Development, Incorporating CP&E, 1975.

[9] Ranz W E, Marshall W R. Evaporation from drops (I) [J]. Chemical Engineering Progress. 1952, 48(3)：141-146.

[10] 桐荣良三. 化学工学（日）[M]. 1961, 25(9).

[11] 夏诚意. 气流式干燥器中颗粒加速运动段的作用和计算方法的探讨 [J]. 化学世界，1965，8)：373-379.

[12] 夏诚意. 干燥基础理论及设计计算短训班教材. 1979.

[13] 肖建生，于才渊. 气流干燥器分段设计的通用模型及计算方法 [J]. 干燥技术与设备，2011，9(5)：229-238.

[14] Flash dryer [M], Deutsche Babcoock, Babcook-BSH GMBH, 1998.

[15] 王喜忠，于才渊，刘永霞，等. 中国干燥设备现状及进展 [J]. 无机盐工业，2003，3：4-6.

[16] Cibele Souza Lopes, Thiago Faggion de Pá dua. Influence of the Entrance Configuration on the Performance of a Non-Mechanical Solid Feeding Device for a Pneumatic Dryer [J]. Drying Technology, 2011, 29：1186-1194.

[17] Fellows P. J. Food Processing Technology-Principles and Practice [M]. Woodhead Publishing Ltd., Cambridge, U. K., 1997.

[18] S. Devahastin Sakamon. Mujumdar's Practical Guide to Industrial Drying - Principles, Equipment and New Developments [M]. Exergex Corporation, Montreal, Quebec, Canada, 2000.

[19]　李建国, 赵丽娟, 潘永康. 几种常用干燥设备的简捷计算方法 [J]. 化学工程, 2010, 38 (3): 5-9.

[20]　秦卫伟, 胡传波. 旋转闪蒸干燥设备结构设计及流场分析 [J]. 食品工业, 2018, 39 (3): 220-226.

[21]　Quin ShuDe, Gu FangZhen. The Experimental Study of Rotary Stream Fluidized Bed Drying [J]. Drying Technology. 1993, 11 (1): 209-219.

[22]　刘晓荣. 旋-射流式干燥器的设计与实验研究 [D]. 长沙: 中南林业科技大学.

[23]　王冬梅, 李龙气. 气流干燥系统主要参数的选择和设计计算 [J]. 木材加工机械, 2014, 2: 18-20.

[24]　倪国林, 时彤. 脉冲气流干燥器在粉煤灰干燥中的应用研究 [J]. 盐城工学院学报, 2015, 28 (4): 22-26.

[25]　凌江华, 梁卫. 玉米变性淀粉气流干燥设备的设计 [J]. 中国农机化学报, 2015, 36 (3): 174-179.

[26]　Baeyens J, Gauwbergen D, Vinckier I. Pneumatic drying: the use of large-scale experimental data in a design procedure [J]. Powder Technology, 1995, 83: 139-148.

[27]　查国才. 浅议干燥设备的三项发展趋势 [J]. 中国制药装备, 2008, 4: 31-34.

[28]　叶世超. 气流干燥器管长设计的简便方法 [J]. 化工机械, 1993, 20 (2): 82-86.

[29]　Land C M Van't. Industrial Drying Equipment Selection and application [M]. Marcel Dekker, Inc New York, 1991.

[30]　Kemp I C. Scale-up of Pneumatic Conveying Dryers [J]. Drying Technology, 1994, 12 (1&2): 279-297.

[31]　Boothroyd R G. Flowing Gas-Solids Suspensions [M]. Chapman and Hall Ltd, London, U. K., 1971.

[32]　Muschelknautz E, Wojahn H. Auslegung pneumatischer förderanlagen [J]. Chemie-Ing. -Techn. 1974, 46, 6.

[33]　Molerus O. Overview - pneumatic transport of solids [J]. Powder Technology, 1996, 88: 309-321.

[34]　Levy A, Mooney T, Marjanovic P, Mason D J A comparison of analytical and numerical models for gas-solid flow through straight pipe of different inclinations with experimental data [J]. Powder Technology, 1997, 93: 253-260.

[35]　Pan R, Wypych P Bend pressure drop in Pneumatic Conveying of Fly Ash [C]. Proc Powder and Bulk Solids Conference Chicago, IL, 1992.

[36]　Mason D J, Marjanovic P, Levy A. The influence of bends on the performance of pneumatic conveying systems [J]. Advanced Powder Technology, 1998, 95: 7-14.

[37]　Hyder L M, Bradley M S A, Reed A R, Hettiaratchi K. An investigation into the effect of particle size on straight pipe pressure gradients in lean phase pneumatic conveying [J]. Powder Technology, 2000, 112 (3): 235-243.

[38]　Andrieu J, Bressat R Experimental & theoretical study of a pneumatic dryer [C]. Proceeding of the 3rd International Drying Symposium, Birmingham, 1982, 2: 10-19.

[39]　Kemp I C, Oakley D E. Simulation and scale-up of pneumatic conveying and cascading rotary dryers [J]. Drying Technology, 1997, 15 (6-8): 1699-1710.

[40]　Bowen R M Theory of mixtures, in Continuum Physics [M]. Ed. Eringen A C, Academic Press, New York, 1976.

[41]　Gidaspow D. Multiphase Flow and Fluidization [M]. Academic Press, San Diego, CA, 1997.

[42]　Cundall P A, Strack O D. A discrete numerical model for granular assemblies [J]. Geotechnique, 1979, 29: 47-65.

[43]　Tsuji Y, Tanaka T, Ishida T. Lagrangian numerical simulation of plug flow of cohesionless particle in a horizontal pipe [J]. Powder Technology, 1992, 71: 239.

[44]　Mezhericher M, Levy A, Borde I. Three-dimensional modelling of pneumatic drying process [J]. Powder Technology, 2010, 2 (10): 371-383.

[45]　El-Behery S M, El-Askary W A, et al. Numerical simulation of heat and mass transfer in pneumatic conveying dryer [J]. Computers & Fluids, 2012, 68: 159-167.

[46]　Tanthapanichakoon W, Srivotanai C. Analysis and simulation of an industrial flash dryer in a Thai Manioc Starch Plant [C]. Drying' 96 Proceeding of the 10th International Drying Symposium, 1996.

[47]　Mindziul Z, Kmiec A. Modelling gas-solid flow in a pneumatic-flash dryer [C]. Drying' 96 Proceeding of the 10th International Drying Symposium, 1996.

[48]　Blasco R, Alvarez P I. Flash drying of fish meals with superheated steam Isothermal process [J]. Drying Technology, 1999, 17 (4&5): 775-790.

［49］ Alvarez P I, Blasco R. Pneumatic drying of meals: Application of the variable diffusivity model ［J］. Drying Technology, 1999, 17 (4&5): 791-808.

［50］ Bird R, Stewart E, Lightfoot N. Transport Phenomena ［M］. John Wiley & Sons. Inc., New York, 1960.

［51］ Kemp I C, Bahu R E, Pasley H S. Model development and experimental studies of vertical pneumatic conveying dryers ［J］. Drying Technology, 1994, 12 (6): 1323-1340.

［52］ Baeyens J, Gauwbergen D, Vinckier I. Pneumatic drying: The use of large-scale experimental data in a design procedure ［J］. Powder Technology, 1995, 83: 139-148.

［53］ Levy A, Borde I. Steady-state one-dimensional flow for a pneumatic dryer ［J］. Chemical Engineering and Processing, 1999, 38: 121-130.

［54］ Silva M A, Correa J L G. Using drypak to simulate drying process ［C］. Drying' 98 Proceeding of the 11th International Drying Symposium, 1998.

［55］ Rocha S C S. Contribution to the study of pneumatic drying: Simulation and influence of gas particle heat transfer coefficient ［D］. PhD thesis, Sao Paulo University, Sao Paulo, Brazil, 1988.

［56］ Pakowski Z, DryPak. Program for psychometric and drying computation ［M］. OMNIKON Ltd., Wierzbowa, Lodz' Poland, 1996.

［57］ Levy A, Borde I. Two-fluids model for pneumatic drying of particulate materials ［C］. Proceedings of the 12th International Drying Symposium, Nordwijkerout, the Netherlands, 2000.

［58］ Rocha S C S, Paixão A E A. Pseudo two-dimensional model for a pneumatic dryer ［C］. Drying' 96 Proceeding of the 10th International Drying Symposium, A, Krakow, Poland, 1996.

［59］ Silva M A, Nerba S A. Numerical simulation of drying in a cyclone ［J］. Drying Technology, 1997, 15 (6-8): 1731-1741.

［60］ Patankar S V. Numerical Heat Transfer and Fluid Flow ［M］. Hemisphere Publishing Corporation, New York, 1980.

［61］ Fyhr C, Rasmuson A. Mathematical model of a pneumatic conveying dryer, fluid mechanics and transport phenomena, AIChE Journal, 43 (11), 2889-2902, 1997.

［62］ Fyhr C, Rasmuson A. Steam drying of wood chips in pneumatic conveying dryers ［J］. Drying Technology, 1997, 15 (6-8): 1775-1785.

［63］ Cartaxo S J M, Rocha S C S. Object-oriented simulation of pneumatic conveying—Application to a turbulent flow ［J］. Brazilian Journal of Chemical Engineering, 1999, 16 (4): 329-337.

［64］ Johanson J R. Two-phase-flow effects in solids processing and handling ［J］. Chemical Engineering, 1979, 77-86.

［65］ Johanson J R, Cox, B D. Practical solutions to fine powder handling ［J］. Powder Handling and Processing, 1989, 1 (1): 83-87.

［66］ Patel M K, Cross M. The Modelling of Fluidised Beds for Ore Reduction, Numerical Methods in Laminar and Turbulent Flow ［J］. Pineridge Press Ltd, Swansea, U. K., 1989.

［67］ Ergun S. Fluid flow through packed columns ［J］. Chemical Engineering Progress, 1952, 48 (2): 89-94.

［68］ Clift R, Grace J, Weber M E. Bubbles, Drops and Particles ［M］. Academic Press, New York, 1987.

［69］ Richardson J F, Zaki W N. Sedimentation and fluidization: Part I ［J］, Transactions of the Institution of Chemical Engineers, 1954, 32: 35-53.

［70］ Mindziul Z, Kmiec A. Modelling gas-solid flow in a pneumatic-flash dryer ［J］. Drying Technology, 1997, 15 (6-8): 1711-1720.

［71］ Levi-Hevroni D, Levy A, Borde I. Mathematical modelling of drying of liquid/solid slurries in steady sate one dimensional flow ［J］. Drying Technology, 1995, 13 (5-7): 1187-1201.

［72］ Levy A, Mason D J, Borde I., Levi-Hevroni D. Drying of wet solids particles in a steady-state one-dimensional flow ［J］. Powder Technology, 1998, 85: 15-23.

［73］ Abuaf N, Staub F W. Drying of liquid-solid slurry droplets ［C］. Drying 86 Proceeding of the 5th International Drying Symposium, Cambridge, 1987.

［74］ Fyhr C, Rasmuson A. Mathematical Model of a Pneumatic Conveying Dryer ［J］. Fluid Mechanics and Transport Phenomena, 1997, 43 (11): 2889-2902.

［75］ HAN S Q. Mathematical Modeling of Multistage Diffusion controlled Pneumatic Conveying Dryer Train ［J］.

Chern. Eng. Comm. , 1997, 160: 71-89.

[76] Yoshinori Itaya, Nobusuke Kobayashi, and Toshihiro Nakamiya. Okara Drying by Pneumatically Swirling Two-Phase Flow in Entrained Bed Riser with Enlarged Zone [J]. Drying Technology, 2010, 28: 972-980.

[77] N Balasubramanian and C. Srinivasakannan, Drying of Coarse Particles in a Vertical Pneumatic Conveyor, Advanced Powder Technol. , 2007, 18, (2): 135- 142.

[78] 郭仁宁, 段乐乐. 纯碱管式气流干燥器效率优化控制研究 [J]. 计算机仿真, 2016, 33(2): 295-334.

[79] 杨驾辉. 气流干燥的工艺改进 [J]. 无机盐工业, 1992, 5: 35-36.

[80] 徐帮学. 最新干燥技术工艺与干燥设备选型及标准规范实施手册 [M]. 合肥: 安徽文化音像出版社, 2003.

[81] 刘相东, 于才渊, 周德仁. 常用工业干燥设备及应用 [M]. 北京, 化学工业出版社, 2005.

[82] 于才渊, 王宝和, 王喜忠. 干燥装置设计手册 [M]. 北京, 化学工业出版社, 2005.

[83] 刘桂华, 李忠民. 旋流喷动干燥机的开发 [C]. 全国第三届干燥技术交流会干燥技术论文集, 1989, 12: 133-135.

[84] 于吉云. 节能型粉料气流干燥机 [J]. 化工装备技术, 1993, 14(2): 44-46.

[85] 张树杰, 王惠芳. 硼砂气流干燥器的工艺查定 [J]. 无机盐工业, 1990, 1: 28-29.

[86] 高旭. 脉冲式气流干燥器的计算 [J]. 医药工程设计, 1982, 11(5): 1-8.

[87] 顾芳珍, 舒安庆, 钱树德. 旋流闪急干燥器中旋流发生器结构研究与流体力学估算 [C]. 全国第五届干燥技术交流会论文集, 1995, 10: 88-91.

[88] Qian A A, Gu F Z, Zhang D L. The Study Performance of Twin Screw Conveyer [J]. Drying Technology, 1996, 14(7, 8): 1859-1870.

[89] 钱树德, 顾芳珍. 旋流闪急干燥器的流体力学实验研究 [J]. 武汉化工学院学报, 1992, 14(3, 4): 71-76.

[90] 钱树德, 顾芳珍. 旋流闪急干燥与造粒装置的开发与研究 [C]. 全国第三次全国干燥技术交流会干燥技术论文集, 1989, 93-98.

[91] 金辉. 气流干燥技术研究现状与发展趋势 [J]. 现代农业科技, 2010, 3: 31-35.

[92] Qian S D, Gu F Z. The Experiment Study of Rotary-Stream Fluidized Bed Drying [J]. Drying Technology, 1993, 11(1): 209-219.

[93] 刘桂华. 旋流喷动干燥机设计参数的合理选择 [J]. 全国第五届干燥技术交流会论文集, 1995, 225-230.

[94] 刘桂华. CKG 型高效快速干燥机 [J]. 染料工业, 1990, 5: 20-22.

[95] Pakowski Z, Druzdzel A, Drwiega J. Validation of a Model of an Expanding Superheated Steam Flash Dryer for Cut Tobacco Based on Processing Data [J]. Drying Technology, 2004, 22(1&2): 45-57.

[96] 崔柯, 马殿举. 旋转闪蒸干燥过程 [J]. 吉林石油化工, 1991, 4: 24-28.

[97] 曹崇文. 酒槽气流干燥的模拟和试验研究 [C]. 全国第五届干燥技术交流会论文集, 1995. 287-291.

[98] Mujumdar A S. Lecture Notes for Industry Drying Technology: Principle and Practive, IDS'92.

[99] Christoph Heinze. a New Cyclone Dryer [J]. Ger Chem Eng, 1984, 7: 274-279.

[100] Oliver Korn, Hubert Nowak. Cyclone Dryer: Industrial Applications [J]. Drying technology, 2001, 19 (8).

[101] Weerachai Kaensup, Sittidej Kulwong, Somchai Wongwises. Comparison of Drying Kinetics of Paddy Using a Pneumatic Conveying Dryer with and without a Cyclone [J]. Drying Technology, 2006, 24(8): 1039-1045.

[102] 金国淼. 干燥设备 [M]. 北京: 化学工业出版社, 2002.

[103] Won Namkung, Minyoung Cho. Pneumatic Drying of Iron Ore Particles in a Vertical Tube [J]. Drying Technology, 2004, 22(4): 877-891.

[104] Weerachai Kaensup, Sittidej Kulwong, Somchai Wongwises. A Small-Scale Pneumatic Conveying Dryer of Rough Rice [J]. Drying Technology, 2006, 24(1): 105-113.

[105] 程茜, 于晓晨. 褐煤脉冲式气流干燥传递过程研究 [J]. 化工进展, 2017, 36(7): 2368-2374.

[106] Seung Hee Euh, Yun Sung Choi. Development of a real-time drying control system for a pneumatic conveying dryer for sawdust in pellet production [J]. Energy, 2018, 161: 10-16.

[107] 李占勇. 日本最新干燥技术 [J]. 通过机械, 2005, 12: 16-18.

（钱树德，徐庆）

第12章

流化床干燥

12.1 流态化技术基础

人类接触到的物质 95% 以上为固态，而固体物料的利用大多是通过流体的作用而得以实现的。固体物料与流体相互接触和热、质传递是固体物质利用过程的物理本质，是生产过程中的最重要步骤，也是创立现代流态化技术的基础。

12.1.1 流态化现象

设有一圆筒形容器，在容器下部安装一块筛板，称为气体分布板，在分布板上堆积一层

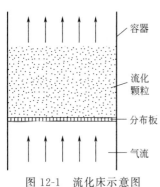

图 12-1　流化床示意图

固体颗粒（图 12-1）。当气速较小时，固体颗粒处于静止状态，气体通过颗粒间隙流过床层，此床称为固定床，此时床层压降随气速的增加而加大。当气速增加到压降刚好平衡床层颗粒的重力时，床层开始膨胀而流化，此时的气速称为初始流化速度。当再增大气速时，床层总压降不再变化，此流化状态称为散式流化。当进一步提高气速时开始出现鼓泡，压强波动明显（如图 12-2），此称鼓泡床，并称为聚式流化。对于细长的流化床，进一步提高气速，导致气泡在上升过程中进一步长大而接近床截面尺寸，形成气栓，此气栓像活塞一样向上移动，直至表面气栓破裂，此时压降出现有规律的脉动，此现象称为腾涌或节涌流态化。随着气速进一步提高，床层湍动加剧，气泡尺寸变小，床层表面变得比较模糊，此称湍动流态化。再继续提高气速，颗粒夹带随之增加，至某一临界速度，这时在没有颗粒补充的情况下，床层颗粒很快被吹空。如果有新的颗粒不断补充进入床层底部，这种操作就可以不断维持下去，这种流化状态称为快速流态化，又称循环床或快床。再继续提高气速，流态化将进入稀相气力输送区域。

上述随气速的提高出现不同流态化状态的现象并非所有颗粒都会发生，腾涌和节涌在工业操作中被视为非正常现象。颗粒性质对流化行为的影响，由 Geldart 对颗粒的分类可作说明（图 12-3）。

C 类颗粒属黏性颗粒或超细颗粒，一般平均粒度在 $20\mu m$ 以下。这类颗粒由于粒径很

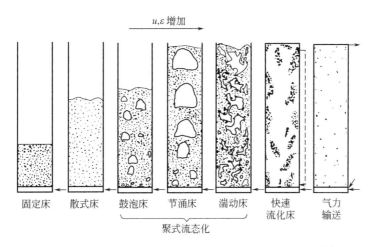

u,ε增加

固定床　散式床　鼓泡床　节涌床　湍动床　快速流化床　气力输送

聚式流态化

图 12-2　气固流态化中各种流体力学流型的特征示意图[1]

小，极易导致颗粒的团聚，极难流化。

A 类颗粒为细颗粒，具有较小粒度（30～100μm），表观密度也较小（$\rho<1400\text{kg/m}^3$）。A 类颗粒的初始鼓泡速度明显高于初始流化速度 u_{mf}，如 FCC（催化裂化催化剂）。

B 类颗粒称为粗颗粒或鼓泡颗粒，具有较大的粒度（100～600μm）及表观密度（$\rho=1400～4000\text{kg/m}^3$），其初始鼓泡速度与初始流化速度相等，气速一旦超过初始流化速度，床层内就出现两相，即气泡相和密相，密相中气固返混较小，如砂粒。

D 类颗粒称为粗颗粒，一般平均粒度在 0.6mm 以上，该类颗粒流化时易产生极大气泡或节涌，如玉米、小麦颗粒。

图 12-4 是将气体和颗粒物理特性包含在平面图形中的流型图。

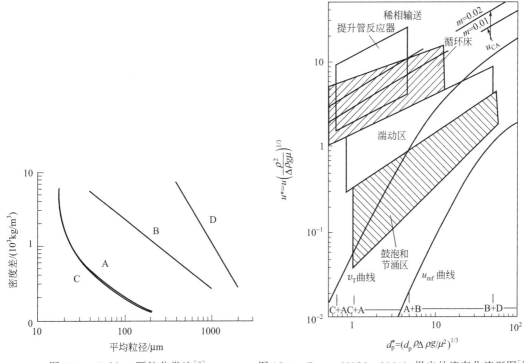

图 12-3　Geldart 颗粒分类法[2]　　图 12-4　Grace（1986，1990）提出的流态化流型图[1,3]

12.1.2　流化床的似液体特性

流化床中的气固运动很像沸腾液体，故流化床又称沸腾床，它还显示出类似液体的特性，如图 12-5 所示。

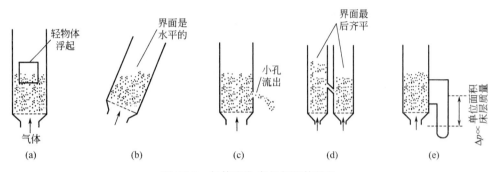

图 12-5　气体流化床的似液体特性

图 12-5(a) 表示一个比床层密度小的物体漂浮在床面上，就像木块浮在水面上一样，并且服从阿基米德定律。图 12-5(b) 表示容器倾斜时，流化床的床面仍保持水平状态。图 12-5(c) 表示在流化床的器壁上开一个小孔，床中颗粒会从小孔泄出。图 12-5(d) 表示两个床面高度不同的流化床若相连通，则高床面的颗粒会流向低床面，直至两床面相齐平。图 12-5(e) 表示流化床器壁上下两点的压力差 Δp 与该两点之间的单位面积床层质量成正比，这也符合流体静力学原理。

12.1.3　颗粒的基本性质

工程上遇到的颗粒物料种类很多，其几何特征是物料最基本的性质。颗粒的几何特征包括颗粒尺寸、形状、表面结构和孔结构等。

12.1.3.1　单颗粒基本性质

在气固两相流动中，单一粒度的颗粒系统并不多见，往往是由大小不同的颗粒所组成，对这样的颗粒系统需要测量其平均粒径或粒度分布。下面简单介绍确定粒径的常用方法。

（1）单颗粒的等效直径

颗粒的等效直径亦称当量直径。常用的当量直径有三种定义方式[4]：

① 等体积当量直径　假定一球形颗粒具有与被考察颗粒相同的体积，则该球形颗粒的直径即为被考察颗粒的等体积当量直径 d_v：

$$d_v = \left(\frac{6V_p}{\pi}\right)^{\frac{1}{3}} \tag{12-1}$$

式中，V_p 为被考察颗粒的体积。

② 等表面积当量直径　假定一球形颗粒具有与被考察颗粒相同的表面积，则该球形颗粒的直径即为被考察颗粒的等表面积当量直径 d_s：

$$d_s = \left(\frac{S_p}{\pi}\right)^{\frac{1}{2}} \tag{12-2}$$

式中，S_p 为被考察颗粒的表面积。

③ 等比表面积当量直径（specific surface-equivalent diameter）　假定一球形颗粒具有与

被考察颗粒相同的比表面积 [定义见式(12-10)]，则该球形颗粒的直径即为被考察颗粒的等比表面积当量直径 d_{sv}：

$$\frac{S_p}{V_p} = \frac{\pi d_{sv}^2}{\frac{1}{6}\pi d_{sv}^3} \quad d_{sv} = \frac{6V_p}{S_p} \tag{12-3}$$

选用哪一种当量直径，取决于其应用的场合。比如在研究吸附时用等表面积当量直径，在两相流中用等体积当量直径。

这三种当量之间又存在一定的关系。当颗粒为球形时，3 个当量直径是等值的；当颗粒为非球形时，由上述 3 式可得：

$$d_s > d_v > d_{sv} \tag{12-4}$$

对非球形颗粒，其形状越偏离球形，3 个当量直径之间的差别越大。

将式(12-1)、式(12-2) 代入式(12-3) 可得等比表面积当量直径、等体积当量直径和等表面积当量直径三者间的另一关系式：

$$d_{sv} = \frac{d_v^2}{d_s^2} \tag{12-5}$$

（2）颗粒的形状系数和比表面积

① 颗粒的球形度 Φ_s[4,5]　一般定义为，与被考察颗粒体积相等的球体表面积 S_v 和被考察颗粒表面积 S_p 之比：

$$\Phi_s = \frac{S_v}{S_p} = \frac{\pi d_v^2}{S_p} = \frac{\pi(6V_p/\pi)^{\frac{2}{3}}}{S_p} \tag{12-6}$$

另一种定义是：被考察颗粒体积 V_p 和该颗粒的最小外接球体体积 V_{cs} 之比的 3 次方根：

$$\Phi_s = \left(\frac{V_p}{V_{cs}}\right)^{\frac{1}{3}} = \frac{(6V_p/\pi)^{\frac{1}{3}}}{d_{cs}} \tag{12-7}$$

式中，d_{cs} 为被考察颗粒的最小外接球体的直径。显然，对球体颗粒，两种定义下都有 $\Phi_s = 1$，其他形状的颗粒 $0 < \Phi_s < 1$。

② 颗粒的圆形度 （circularity） φ[4]　圆形度定义为：与被考察颗粒等投影面积的球体的投影的周长 P_A 和被考察颗粒投影的周长 P_p 之比：

$$\varphi = \frac{P_A}{P_p} = \frac{\pi d_A}{P_p} \tag{12-8}$$

式中，d_A 为等投影面积球体的直径。

另一种定义是：被考察颗粒的投影面积 S_{pp} 和该颗粒的投影的最小外接圆面积 S_{cc} 之比的平方根：

$$\varphi = \left(\frac{S_{pp}}{S_{cc}}\right)^{\frac{1}{2}} = \frac{2(S_{pp}/\pi)^{\frac{1}{2}}}{d_{cc}} \tag{12-9}$$

同样，对球体颗粒，在两种定义下均有 $\varphi = 1$，其他形状的颗粒 $0 < \varphi < 1$。

颗粒的球形度非常难以测定，常常需要用圆形度来近似地表示颗粒接近球形的程度。一般来说，如果颗粒在 3 个互为垂直的方向上的形状没有明显的差别，比如不是平片形或针形，圆形度还是一个很好的表征颗粒形状的尺度。

③ 颗粒的比表面积[4,5]　颗粒的比表面积定义为单位体积的颗粒所具有的表面积，即颗粒表面积与颗粒体积之比：

$$a = \frac{S_p}{V_p} = \frac{6}{d_{sv}} \tag{12-10}$$

由上式可以看出，颗粒越小，比表面积就越大。另外，当颗粒的体积一定时，一般比表面积越大的颗粒，其形状偏离球形越远。

12.1.3.2　颗粒群的性质

（1）颗粒群的粒度分布

颗粒群的粒度分布常采用筛分法在标准筛中来测定。标准筛有不同系列，最常用的是 Tyler 标准筛，其筛孔大小是按筛网上每英寸长度上的筛孔数表示，称为目。如 100 目的筛子，其筛网每英寸长度上有 100 个筛孔。各筛网按筛孔大的在上，小的在下，依次叠放。相邻的两层筛子筛孔尺寸之比为 $\sqrt{2}$，更精密的则为 $\sqrt[4]{2}$。筛分时，将物料放在顶部筛网上，经过有规则的振动，各种粒度的颗粒顺次落在相应的各层筛网上。若用于筛分的 $N+1$ 个筛子，其筛孔尺寸由大到小分别为 d_1'、d_2'、$\cdots$、d_i'、$\cdots$、d_N'、d_{N+1}'，则颗粒群某一粒度组分的粒径 d_i 指通过筛孔尺寸 d_i'，而留存于筛孔尺寸为 d_{i+1}' 的相邻两筛网间的粒子的平均粒径，取相邻两筛网孔径的平均值[4,5]。

$$d_i = \sqrt{d_i' d_{i+1}'} \tag{12-11}$$

有时也用算术平均值：

$$d_i = (d_i' + d_{i+1}')/2 \tag{12-12}$$

当颗粒直径很小时，如小于 $100\mu m$，筛分法不再适用，必须采用仪器分析。常用的仪器分析法包括：电导法（如 Coulter 计数器、Elzone 颗粒大小分析器）、重力沉降法（如 Micromeritics 公司的 SediGragh 系列测试仪）、离心沉降法、激光衍射法（如 Malvern 和 Microtrac 等公司的系列测试仪）等。

描述颗粒群的粒度分布有不同的基准，如质量基准、体积基准、颗粒数基准等。质量基准是用颗粒群中各个粒度范围的颗粒质量在颗粒群总质量中所占的份额（质量百分数）来描述粒度分布的。相应地，颗粒数基准是用各个粒度范围的颗粒数在总颗粒数中所占的份额（颗粒数百分数）来描述粒度分布的。按一定基准测得的粒度分布数据有 3 种表示形式，即表格形式、图示形式以及函数形式。表格形式最为简单，图示形式较直观，函数形式更便于处理。其中图示颗粒分布有两种表达方式：一种是直接画出不同粒径区段的颗粒百分比，图形直接显示出粒度分布 [图 12-6(a)]；另一种是以粒径为横坐标，以小于所在粒径的所有颗粒的累积百分比为纵坐标，图形给出的是累积的粒度分布 [图 12-6(b)]。两者各有其特点，可根据需要选用[4]。

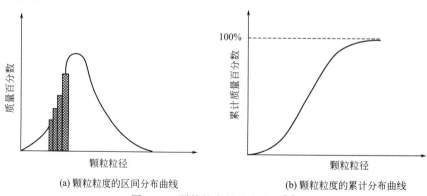

（a）颗粒粒度的区间分布曲线　　　　　　　（b）颗粒粒度的累计分布曲线

图 12-6　颗粒粒度的分布曲线[4]

（2）颗粒群的平均当量直径

流化床干燥器气固两相之间的热质传递是通过两相界面来完成的，颗粒的表面积是一个重要参数；而流化床内湿物料经常是以体积（或质量）来计算的，比表面积是联系两者的关键参数。

设在一定量的颗粒物料（颗粒群）中，直径为 d_1 的颗粒的质量分数为 x_1；直径为 d_2 的颗粒的质量分数为 x_2⋯直径为 d_n 的颗粒的质量分数为 x_n。假定某一单一粒度的颗粒群具有与被考察的颗粒群相同的颗粒总比表面积，则可推导出颗粒群的等比表面积平均当量直径 $\overline{d}_p$ 有以下关系式[4]：

$$\frac{\pi \overline{d}_p^2}{\frac{\pi}{6}\overline{d}_p^3} = \sum_{i=1}^{n} \frac{x_i \pi d_i^2}{\frac{\pi}{6}d_i^3} \tag{12-13}$$

得

$$\frac{1}{\overline{d}_p} = \sum_{i=1}^{n} \frac{x_i}{d_i} \tag{12-14}$$

当物料颗粒大到可以一粒一粒拣集的程度时（一般为 $1\sim20\text{mm}$），如大豆、小麦、大米以及合成树脂粒子等，可采用下列办法。

首先从试样中任意采集 n 颗（实际在 200 粒以上，越多越精确）粒子，再用天平测定其总质量 G_{sn}。设颗粒密度为 ρ_p，则平均粒径 d_e 可按下式计算：

$$G_{sn} = n\frac{\pi}{6}d_e^3 \rho_p \tag{12-15}$$

于是

$$d_e = \sqrt[3]{\frac{6G_{sn}}{\pi \rho_p n}} \tag{12-16}$$

此种方法是把所有粒子均看作等体积的球形粒子时的平均直径。

（3）颗粒密度

由于颗粒与颗粒之间存在空隙，颗粒本身也可能存在内孔，故颗粒密度有几种不同的定义[4,5]：

① 真密度 ρ_s　真密度又称骨架密度或材料密度，是指颗粒组成材料本身的密度，用颗粒质量除以不包括所有内孔在内的颗粒体积求得。

② 表观骨架密度 ρ_{sa}　颗粒的表观骨架密度等于颗粒的质量除以不包括开放内孔在内的颗粒体积。由此可知，如果颗粒不存在封闭内孔，则表观骨架密度 ρ_{sa} 与真密度 ρ_s 相等。表观骨架密度在流态化领域极少使用。

③ 颗粒密度 ρ_p　颗粒密度又称假密度或表观密度，是指整个颗粒的平均密度，等于颗粒的质量除以包括所有内孔在内的颗粒体积。

④ 松散堆积密度 ρ_{bl}　包括颗粒内外孔及颗粒间空隙的松散颗粒堆积体的平均密度。用处于自然堆积状态的颗粒物料的总质量除以堆积物总体积求得。

⑤ 振实堆积密度 ρ_{bt}　包括颗粒内外孔及颗粒间空隙的经振实的颗粒堆积体的平均密度。其计算方法为将容器中的颗粒物料振实后，用颗粒物料的总质量除以堆积物总体积。此种密度是非常不确定的，取决于振实的方式。

几种颗粒密度之间有如下关系：

$$\rho_p = \rho_s(1-\delta) \tag{12-17}$$

$$\rho_b = \rho_p(1-\varepsilon_b) = \rho_s(1-\varepsilon_b)(1-\delta) \tag{12-18}$$

$$\rho_s \geqslant \rho_{sa} \geqslant \rho_p \geqslant \rho_{bt} \geqslant \rho_{bl} \tag{12-19}$$

式中，δ 为颗粒的内孔隙率，是表征颗粒内部未被物质填充的空间在整个颗粒体积中所占的份额；ε_b 为颗粒堆积体中颗粒体之间气体所占的体积分率。

当颗粒不存在内孔时

$$\rho_s = \rho_{sa} = \rho_p \tag{12-20}$$

真密度 ρ_s 与表观骨架密度 ρ_{sa} 的测定方法相同。但是按定义，真密度的颗粒体积不包括颗粒的封闭内孔，所以测定有封闭内孔颗粒的真密度时，需将颗粒充分磨细，直到颗粒不存在内孔为止。表观骨架密度的颗粒体积包括颗粒封闭内孔，测定时不用将颗粒磨细。这两种密度的测定方法包括比重瓶法、气体容积法、压力比较法和压汞法等。

颗粒密度 ρ_p 的测定方法包括滴水测定法、压汞法和无孔粉末充填法等。测定松散堆积密度 ρ_{bl} 时，测定结果往往随所使用容器的形状、大小以及充填方法的不同而有所不同。所以，根据特定目的，测定容器和充填方法必须保持一致。测定振实堆积密度 ρ_{bt} 时，将一定量的颗粒装入振动容器中，在规定条件下进行振动，直到颗粒在容器中的体积不再减少为止。然后用颗粒总质量除以测得的振实体积，即得颗粒的振实密度。同样，根据特定目的，测定容器和振动方式必须保持一致。

（4）床层空隙率

床层空隙率 ε 是指颗粒间的空隙体积 V_a 占整个床层体积 V_b 的百分数。空隙体积 $V_a = V_b - V_p$（V_p 为颗粒总体积），则[4,5]：

$$\varepsilon = \frac{V_b - V_p}{V_b} = 1 - \frac{V_p}{V_b} \tag{12-21}$$

ε 数值越小，表明床层内颗粒所占体积越大。

相同大小的球形粒子充填时的空隙率，可用几何方法计算。根据粒子堆积方式的不同，其空隙率的数值也不同，一般在 $0.2595 \sim 0.4764$ 的范围内[5]。

（5）堆积角

当颗粒物料处于自由堆积状态时（无容器约束），其堆积体的自由表面在静止平衡状态下与水平面间形成的最大夹角称为颗粒的堆积角。堆积角是衡量颗粒物料流动性的重要指标，也是相关设备设计中的重要参数。堆积角越小，物料的流动性越好。

颗粒群的堆积角与实际供排料的方法有关。在某一高度下将颗粒物料注入到某一无限大平板上所形成的堆积角 β_i 称为注入堆积角 [见图 12-7(a)]；将颗粒物料注入到某一有限的圆板上，当物料堆积到圆板边缘并开始有物料从圆板边缘排出时，物料的堆积角 β_0 称为排出堆积角 [见图 12-7(b)]。对粒度分布较宽的物料，排出角大于注入角；对单一粒度的物料，两种堆积角基本相等。颗粒形状越接近于球形，堆积角就越小；同一种物料，颗粒越

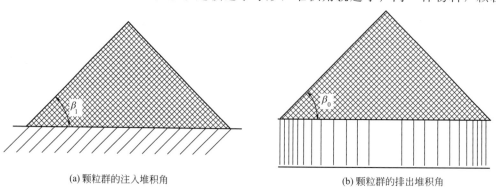

(a)颗粒群的注入堆积角　　　　　　　　　　　(b)颗粒群的排出堆积角

图 12-7　颗粒群的注入堆积角和排出堆积角

小，堆积角越小[4,5]。

表 12-1 给出一些物料的堆积角数值[5]。

表 12-1　颗粒物料的堆积性质

物料	直径/mm	平均堆积密度/(kg/m³)	堆积角/(°)
球状矾土(氧化铝)	7	2070	34
粒状硫酸铝		866	32
大麦		625	48
大米		802	20
荞麦		553	25
盐粒		1300	31
氧化钙	磨细的	433	43
流化裂解用催化剂	0.061	512	32
活性炭		425	35
硝酸钠	粒状	1090	24
木屑		353	36

（6）内摩擦角

内摩擦角的大小显示颗粒群内部的层间摩擦特性，该参数是料仓设计中的重要参数。在颗粒群内部任取一点，则在通过该点的任一平面上，存在着垂直于该面的正应力 σ 和平行于该平面的剪切应力 τ。当剪切应力 τ 大到足以使位于该平面两侧的颗粒层相互滑动时，该应力即为使颗粒层之间产生相互滑动的临界剪切应力 τ_s。多数颗粒物料满足如下 Coulomb 公式[4]：

$$\tau_s = \sigma \tan\alpha + C \qquad (12\text{-}22)$$

式中，C 为附着力；α 为内摩擦角；$\tan\alpha$ 为摩擦系数。

常用的内摩擦角的测定方法有仓流试验法、圆棒张力试验法、活塞试验法、腾涌流试验法、仓压试验法等。仓流试验法是最简单、最直观的方法。如图 12-8 所示，在装有颗粒物料的料仓底部开一小长孔，使仓内物料可以通过该孔连续流出。在物料流动过程中，可观察到物料存在一个流动核心，其边界面与水平面间的夹角即为该物料的内摩擦角。

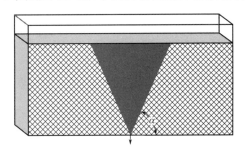

图 12-8　仓流试验法测颗粒的内摩擦角

（7）滑落角

颗粒群的滑落角表征颗粒物料与倾斜的固体表面的摩擦特性。滑落角本身不是一个定值，而是一个角度范围。载有颗粒物料的平板由水平逐渐倾斜，当物料开始滑动时，平板与水平面的夹角称为最小滑落角。滑落角即是指介于最小滑落角与 90° 之间的角度范围。滑落角越大，则物料滑落速度越大。该参数对旋风分离器或料斗的设计十分重要，因为只有选择适当的排料倾角，才能使旋风分离器或料仓中的颗粒物料顺利排出而不至于堵塞或形成死区[4]。

12.2 流化床的流体力学、传热和传质

12.2.1 流化床的气体动力学

12.2.1.1 流化曲线：压力降和流速的关系

当气体通过固体颗粒层时，随着气速 u 的增大，床层压力降 Δp 随之增大。图 12-9 以 Δp 为纵坐标，以 u 为横坐标表示压力降和流速的变化关系。开始时 Δp 随气速的增大直线递增，如图 12-9AB 段所示，此为固定床阶段。当气流增大到 B 点，床层压降等于单位面积床层的质量时，床层开始松动，略有膨胀。当流速继续增大超过 B 点时，颗粒将悬浮在流体中运动，床层将随气速的增加而不断膨胀，但床层的压力降却保持不变，此即流化状况。BC 段称为流化段，B 点的气速称为最小流化气速，也称临界流化速度 u_{mf}。ABC 直线表示理想状况，实际颗粒层流化时，在 B 点处，由于惯性原因，有一凸起段至 B'。当气速降低时，流化床在 B 点处又会转变为固定床，但因颗粒松动，在固定床中的压力降会稍低于气速上升时的压力降。在流化床中的气速不断增大时，最后会达到气流输送阶段。如果缓慢降低流体速度使床层逐步回复到固定床，则压力降 Δp 将沿略为降低的路径返回。

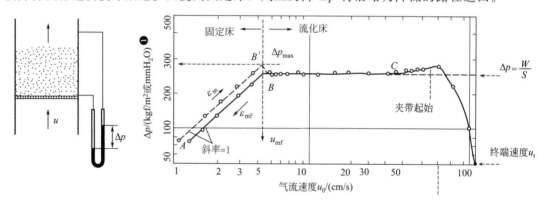

图 12-9 压力降-流速关系

12.2.1.2 流化床的气体动力学

流化床中的气体速度是指干燥室横截面上的平均气速，又称表观气速（或空床气速）[5,6]：

$$u = \frac{V}{S} \tag{12-23}$$

式中，V 为气体的体积流量，m^3/s；S 为干燥室的横截面积，m^2。

（1）临界流化速度

从流化曲线可见，由固定床转化为流化床时对应的气体流速称为临界流化速度 u_{mf}，通常用实验方法确定。一般采用降速法测得流化床区压降曲线与固定床区压降曲线的交点来确定临界流化速度。用升速法所得的压降曲线由于体系的迟滞效应而带任意性，因而不宜采用。对临界流化现象的理论解释：当向上运动的流体对固体颗粒所产生的曳力等于颗粒重力时，床层开始流化。据此可推导出临界流化速度的计算公式[5]：

---

❶ $1kgf/m^2 = 1mmH_2O = 9.80665Pa$。

$$Re_{mf} = \frac{d_p u_{mf} \rho_f}{\mu} \tag{12-24}$$

当 $Re_{mf} < 20$ 时，
$$u_{mf} = \frac{d_p^2 (\rho_s - \rho_f) g}{1650 \mu} \tag{12-25}$$

当 $Re_{mf} > 1000$ 时，
$$u_{mf}^2 = \frac{d_p (\rho_s - \rho_f) g}{24.5 \rho_f} \tag{12-26}$$

式中　d_p——颗粒直径，m；

ρ_s——颗粒真密度，kg/m^3；

ρ_f——气体密度，kg/m^3；

μ——气体黏度，cP❶。

（2）夹带速度 u_t

颗粒从流化床中被带出时，气固两相间的相对速度称为夹带速度（也称终端吹出速度），其值接近颗粒的自由沉降速度，一般可用颗粒的自由沉降速度来确定。对于球形颗粒物系：

$$Re_t = \frac{d_v u_t \rho_f}{\mu} \tag{12-27}$$

$$\left.\begin{array}{ll} u_t = \dfrac{g d_p^2 (\rho_s - \rho_f)}{18 \mu} & Re_t < 0.4 \\[3mm] u_t = 0.153 \times \dfrac{g^{0.17} d^{1.14} (\rho_p - \rho_f)^{0.7}}{\rho_f^{0.29} \mu^{0.43}} & Re_t = 2 \sim 500 \\[3mm] u_t = 1.74 \left[\dfrac{g d (\rho_p - \rho_f)}{\rho_f} \right]^{\frac{1}{2}} & Re_t = 500 \sim 200000 \end{array}\right\} \tag{12-28}$$

颗粒所受到的曳力还与颗粒的形状有直接关系。对非球形颗粒的 u_t，有研究者提出如下计算方法[4]：

$$\left.\begin{array}{ll} u_t = K_1 \dfrac{g d_v^2 (\rho_p - \rho_f)}{18 \mu} & Re_t < 0.05 \\[3mm] u_t = \left[\dfrac{4 g d_v (\rho_p - \rho_f)}{3 C_D \rho_f} \right]^{\frac{1}{2}} & Re_t = (0.05 \sim 2) \times 10^3 \\[3mm] u_t = 1.74 \left[\dfrac{g d_v (\rho_p - \rho_f)}{K_2 \rho_f} \right]^{\frac{1}{2}} & Re_t = 2 \times 10^3 \sim 2 \times 10^5 \end{array}\right\} \tag{12-29}$$

式中，K_1、K_2 为修正系数，计算公式如下：

$$K_1 = 0.843 \lg \frac{\Phi_s}{0.065}, \quad K_2 = 5.31 - 4.88 \Phi_s$$

式中，Φ_s 的值可由表 12-2 查得。上述修正式也是由实验得出的，所关联的 Φ_s 范围为 $0.67 \sim 1$。

（3）流化床操作气速

流化床实际速度介于最小流化速度 u_{mf} 和夹带速度 u_t 之间，两种速度之比为[5]：

$$\left.\begin{array}{ll} u_t / u_{mf} = 80 \sim 90 & Re \leqslant 0.4, 适用于细小颗粒 \\[2mm] u_t / u_{mf} = 8 \sim 9 & 适用于粗大颗粒 \end{array}\right\} \tag{12-30}$$

---

❶　$1 cP = 10^{-3} Pa \cdot s$。

表 12-2 非球形颗粒的曳力系数

Φ_s	$Re_t = \dfrac{d_v u_t \rho_f}{\mu}$				
	1	10	100	400	1000
0.67	28	6	2.2	2.0	2.0
0.806	27	5	1.3	1.0	1.1
0.846	27	4.5	1.2	0.9	1.0
0.946	275	4.5	1.1	0.8	0.8
1	265	4.1	1.07	0.6	0.46

操作气速常可按下式计算：

$$u = K_f u_{mf} \tag{12-31}$$

式中，K_f 为流化数，通常取 $3\sim6$，或者：

$$u = (0.2\sim0.6) u_t \tag{12-32}$$

实际上，操作气速应根据系统阻力损耗和传热传质强度综合考虑确定。

（4）流化床的压力降

从理论上说，通过流化床层的流体压力降等于单位截面积上所含有的颗粒和流体所产生的压力降，可按下式计算床层压力降[5,6]：

$$\Delta p = [\rho_p(1-\varepsilon_{mf}) + \rho_f \varepsilon_{mf}]gH \tag{12-33}$$

式中，H 为床层高度，m；ε_{mf} 为初始流化状态时的床层空隙率；ρ_p 为颗粒的表观密度，kg/m^3；ρ_f 为流体密度，kg/m^3。

事实上，由于壁效应及颗粒架桥等原因，实测压降会比上式计算值偏高。流化床的压力降由试验确定比较方便。

12.2.1.3 湿物料流化床

对于易吸水物料，如多孔毛细管物料，即使湿含量很高，也不会影响它的流化性能，如某些含有 50% 水分的离子交换树脂，仍具有和干树脂一样的流化性能；对于不易吸水的物料，如玻璃珠和砂子，湿含量对起始流化速度的影响很大，超过某一湿含量后会使流化困难（图 12-10）。

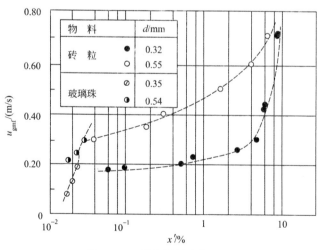

图 12-10 湿物料的流化速度

如初始湿含量为 4％的细盐，即使在振动流化床中也不会流化，待湿含量降到 2.3％才可流化[7]。对于流化床中干燥初始湿含量较高且不易流化的物料，应采用特殊的甩料或搅拌装置。

12.2.2　流化床中的传热和传质

流化床干燥器中的传热一般包括 4 个方面：①从床层到内浸表面（包括床壁面）的传热；②气体与固体颗粒间的传热；③单颗粒内部的传热；④颗粒之间的传热。由于流化床内存在着强烈的颗粒返混，故可以认为颗粒群的温度是均匀的。当颗粒的尺寸较小时，单个颗粒内的温度也可以认为是均匀的，所以颗粒自身以及颗粒之间的传热一般均可忽略。主要的传热发生在床层与内浸表面（包括床壁面）以及气体和颗粒之间。

12.2.2.1　气体与颗粒间的传热

在流化床的绝大部分区域中，颗粒的温度基本上是稳定的。气体的温度除了在进口处、分布板附近的变化较大外，在其他部分的变化均较小，因而气体与颗粒间的传热主要发生在流化床的进口部分。气体与颗粒间的传热包括传导、对流、辐射。当床内温度不太高（如低于 600℃）时，对流传热占主导作用。气、固间传热系数的大小与气体在颗粒周围空隙间的流动状态（层流流动、过渡态流动、湍动流态）密切相关。提高气体流速，传热效率一般得到增强。此外，颗粒的大小和密度、床体的结构特性以及分布器的构造等都对气、固之间的传热有很大的影响。

研究流化床中气体和颗粒间的传热常用稳态和非稳态两种研究方法。在稳态法中，通常假定气体和颗粒温度在起始时都是均匀的，穿过床层的气体为活塞流。通过壁面的传热或由添置的新鲜冷颗粒来保持（放热反应）床层的热稳定状态，固体颗粒在床层中为理想混合，颗粒可保持均一的温度。如果不考虑热损失，辐射传热也忽略不计，这样，就可以通过测定靠近床层进口处气体温度的改变来求得气、固之间的平均传热系数。热气体的能量平衡为[8]：

$$c_{pg}u_g\rho_g\mathrm{d}T_g=h_{pg}a(T_g-T_p)\mathrm{d}l \tag{12-34}$$

由此求得平均传热系数：

$$h_{pg}=\frac{c_{pg}u_g\rho_g}{al}\ln\frac{T_{g,in}-T_p}{T_g-T_p} \tag{12-35}$$

式中，c_{pg} 为气体的比热容，W/(kg・K)；h_{pg} 为颗粒与气体间的传热系数，W/(m²・K)；l 为颗粒与气体间相互接触的距离，m。其中，$a=6(1-\varepsilon)/d_p$，a 为单位体积床层的颗粒表面积，m²/m³。

用非稳态法则认为出口处气体的温度是随时间而变化的。如果能测定气体在进、出口处的温度，根据床内气、固热量衡算则可得到颗粒在任何时间的温度，在不考虑热损失的情况下，气体通过床层失去的热量等于颗粒获得的热量，进而得到平均传热系数[8]：

$$c_{pg}G_g\mathrm{d}T_g=h_{pg}a(T_g-T_p)\mathrm{d}l=c_{pp}\frac{\mathrm{d}T_p}{\mathrm{d}t}\mathrm{d}W \tag{12-36}$$

式中，G_g 为气体流量，kg/(m²・s)；W 为颗粒质量，kg；c_{pp} 为固体颗粒的比热容，W/(kg・K)。

但是，在非稳态中由于气体和颗粒的温度都随时间而变化，需要进一步假设气体和颗粒的运动形式来计算气体、颗粒的温度。大多数研究者假定气体在床层中完全混合，即气体为返混流，且在一定高度以上床层气体温度等于气体的出口温度，这样[8]：

$$c_{pg}G_g(T_{g,in}-T_{g,out})=alh_{pg}(T_{g,out}-T_p) \tag{12-37}$$

将式(12-37) 微分，代入式(12-36)，消去 T_p，并积分，得到：

$$\ln\frac{(T_{g,in}-T_{g,out})_0}{(T_{g,in}-T_{g,out})_t}=\frac{h_{pg}alc_{pg}G_g}{Wc_{pp}(h_{pg}al+c_{pg}G_g)} \tag{12-38}$$

将式(12-38) 中的温度函数对时间在半对数坐标上标绘，根据所得斜率，就可求得传热系数。

在流化床中气体和颗粒之间的传热效率是非常高的，这是由于颗粒与气体的接触面积很大，气、固之间的混合相当剧烈。也正因为如此，要正确地测定气体与颗粒间的传热系数，从测试技术上来说具有一定的困难。在通常情况下，气体的温度可用一个裸露的热电偶直接测定，或将热电偶用细网保护起来使之不与固体颗粒相接触，然后用于气体温度的测定。但由于颗粒与气体是相互混合的，实际上裸露的热电偶所指示的温度是介于颗粒与气体之间的温度，而加保护的热电偶则使气体温度在通过细网时不可避免地会发生变化，因而这两种方法测量的精确度都较低。同时，由于用于流化床的颗粒尺寸都相当小，热电偶不可能持续地直接接触到颗粒，对固体颗粒温度的直接测定更为困难，因而常常采用间接估计的方法得到颗粒的温度。

研究者们从气体与单个颗粒之间的大量传热实验数据中得出了努塞尔数（$Nu=hd_p/k_g$）与颗粒雷诺数（$Re=u_gd_p\rho_g/\mu_g$）和普朗特数（$Pr=c_{pg}\mu_g\rho_g/k_g$）之间的如下关系[8]：

$$Nu_{gp}=2+0.6\times Re^{1/2}\times Pr^{1/3} \tag{12-39}$$

对于鼓泡流化床，假定床层中气体及颗粒混合得相当好，则有：

$$Nu_{gp}=0.03Re^{1.3} \qquad 0.1<Re<100 \tag{12-40}$$

$$Nu_{gp}=2+0.6\times Re^{1/2}\times Pr^{1/3} \qquad Re>100 \tag{12-41}$$

通过此关系式，可计算流化床中气体与颗粒之间的传热系数，并从中了解一下影响传热系数的因素。

若考虑到床高对气、固间的运动与传热的影响，把流化床床沿高度分成若干段，然后逐段进行回归，则得到如下关联式[8]：

$$Nu_{gp}=0.59Re^{1.1}(d_p/H)^{0.9} \qquad 3<Re<50 \tag{12-42}$$

当床层空隙率在 $0.35\sim1$ 的范围内时，固定床和散式流化床中的气体与颗粒之间的传热系数均可表示为：

$$Nu_{gp}=(7-10\varepsilon+5\varepsilon^2)(1+0.7Re^{0.2}Pr^{1/3})+(1.33-2.4\varepsilon+1.2\varepsilon^2)Re^{0.2}Pr^{1/3} \tag{12-43}$$

12.2.2.2　床层与传热表面间的传热规律

在流化床中，影响床层与传热表面间传热系数的因素主要有颗粒和气体的性质、流化床的操作条件和流动特性等。

（1）气体速度的影响

气体速度对传热的影响见图 12-11。当物料流化时（对 B 类颗粒 $u/u_{mf}=1$），床层与壁面之间的传热系数有个急剧上升的过程。这是由于气泡的存在增加了床内气体、颗粒的混合，加快了颗粒从床层到传热表面的交换速度以及颗粒在传热面上的更新速度。随着气体速度的进一步增加，传热系数逐渐增加并达到一个最大值，这时对 B 类颗粒相应的 u/u_{mf} 可达到 $1.5\sim2.0$，然后，传热系数就开始逐渐下降。这是由于在流化床中提高气体速度，一方面，增加了床层湍动，有利于加快颗粒在传热面上的更新速度，促进传热系数的增大；另一方面，气速的增大也使得床层密度减小，传热系数下降。因而在流化床中有个最大传热系数。当传热系数达到最大值后，随着气速的增加，颗粒的平均密度迅速降低，床层中颗粒浓度对传热起了控制作用，而颗粒运动速度的影响已退居至次要地位[8]。

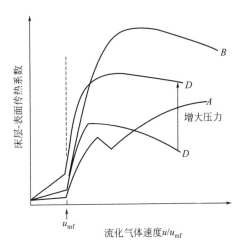

图 12-11　气体速度与床层-表面
传热系数的关系

对于 Geldart B 类颗粒，在忽略辐射传热影响的情况下，计算最大传热系数的经验关联式如下：

$$h_{\max} = 35.8\, \rho_{p}^{0.2}\, k_{g}^{0.6}\, d_{p}^{-0.36} \quad (12\text{-}44)$$

对于 Geldart A 类颗粒，采用以下关联式：

$$Nu_{\max} = 0.157 Ar^{0.475} \quad (12\text{-}45)$$

式中，Ar 为阿基米德数，$Ar = d_{p}^{3} \rho_{g} (\rho_{p} - \rho_{g}) g / \mu^{2}$。达到最大传热系数情况下的气体速度称为最佳气速 u_{opt}。对于小颗粒，$h_{\max}$ 在较高的 u/u_{mf} 值下才达到，即 u_{opt} 接近于颗粒的终端速度；当颗粒大而重时，$h_{\max}$ 在气体速度超过最小流化速度后不久就能达到。

在较宽 Ar 范围内（$10^{2} < Ar < 10^{5}$），可以采用以下关联式来计算 B 类颗粒的最佳速度：

$$Re_{\text{opt}} = \frac{Ar}{1.8 + 5.22\sqrt{Ar}} \quad (12\text{-}46)$$

（2）温度的影响

床层与传热表面之间的传热系数随床内温度的升高而增大。在温度不是太高的情况下，气体的热导率 k_{g} 随温的增加是造成传热系数增大的主要因素。因为它导致了颗粒团热导率 k_{c} 的增加，进而导致了颗粒对流传热系数的增加。此外，气体对流传热系数影响则由于气体密度在较高温度下有所降低而呈下降趋势。对于小颗粒、高浓度的鼓泡床，颗粒对流传热占主导地位，因而传热系数随温度增高而明显增大；但是对于大颗粒、浓度较稀的鼓泡床，因不能忽略气体对流传热的影响，传热系数的增大趋势就会有所减弱。在温度较高的情况下，则不能忽略辐射传热的作用，传热系数会因辐射效应的提高而显著地增加[8]。

（3）压力的影响

大量实验表明：提高体系压力能提高对流传热系数。压力的变化直接影响到气体的密度，气体密度虽然对颗粒对流传热没有直接的影响，但是与气体对流传热密切相关（$h_{gc} \propto \rho_{g}^{\frac{1}{2}}$）。因而在气体对流传热不可忽略的情况下，压力对传热也有较大影响。除此之外，压力的升高还有利于气膜热阻的减小，从而起到提高传热系数的作用[8]。

（4）颗粒特性的影响

颗粒的尺寸对鼓泡床中床层与表面的传热有着显著的影响。由于颗粒与壁面的传热主要是通过二者点接触的热传导及流体与颗粒、流体与壁面之间的对流换热来完成，减小颗粒尺寸将增加接触点的热传导面积，同时也加大了颗粒与流体的传热面积，所以减小颗粒尺寸，颗粒与壁面之间的传热系数会随之增加。由于颗粒的比热容随密度而提高，故可以认为传热系数一般随着颗粒密度的增大而相应地提高。大量实验结果表明，鼓泡床中床层与传热表面之间的传热系数通常为 $300 \sim 600\,\text{W}/(\text{m}^{2} \cdot \text{K})$。

在工程计算中，推荐使用以下几个关联式用于计算壁面与床层间的传热系数[8]：

$$Nu = 0.16 (c_{pp} \rho_{p} d_{p}^{1.5} g^{0.5} / k_{g})^{0.4} [G_{g} d_{p} \eta / (\mu_{g} R)]^{0.36} \quad (12\text{-}47)$$

式中，R 为床层膨胀率（L_f/L_{mf}）；η 为流态化效率：

$$\eta=(u_g-u_{均匀膨胀})/u_g \tag{12-48}$$

$$\Psi=\frac{Nu/[(1-\varepsilon)c_{pp}\rho_p/c_{pg}\rho_g]}{1+7.5\exp[-0.44(L_b/D)(c_{pg}/c_{pp})]} \tag{12-49}$$

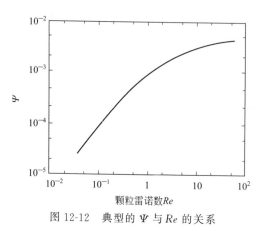

图 12-12　典型的 Ψ 与 Re 的关系

式中，L_b 为流化床的床高，m；D 为流化床床层直径，m；ε 为流化床的空隙率。Ψ 是无因次量，通过大量实验数据的归纳可整理出 Ψ 与 Re 的关系式，然后就能利用此关联式得到在不同操作条件下的传热系数。Ψ 与 Re 的关系见图 12-12，图中 $Re=d_g u_g \rho_g/\mu_g$。式(12-49) 完全是从实验数据整理而得，但从中也可以看出颗粒对传热所起的重要作用。

$$Nu=0.075(1-\varepsilon)(c_{pp}\rho_p d_p u_g/k_g)^{0.5} \tag{12-50}$$

上式是从传热机理出发而获得的，克服了必须整理无因次量的缺点，使公式形式比较简单。

对各种不同形状的床内传热面，由实验数据所得的几个关联式列于表 12-3[8]。

表 12-3　计算床层与各种管束间传热系数的关联式

管束的形式	管束的几何特性	方程式的关联式
垂直管束	$s_h/D_R=1.25\sim5$	$Nu_{max}=0.75Ar^{0.22}(1-D_R/s_h)^{0.14}$
邻行平行排列的水平管束	$s_h/D_R=2\sim9$	$Nu_{max}=0.75Ar^{0.22}(1-D_R/s_h)^{0.25}$
邻行交错排列的水平管束	$s_h/D_R=2\sim9$ $s_h/D_R=0\sim10$	$Nu_{max}=0.75Ar^{0.22}(1-D_R/s_h)^{0.1}$ $\{1-(D_R/s_h)[1+D_R/(s_v+D_R)]\}^{0.25}$

注：s_h 为管束水平间距，m；s_v 为管束垂直间距，m；D_R 是传热管管径，m。

另外，流化床的尺寸、床壁的结构和传热表面的尺寸及排列结构也都对床层中气泡和颗粒的运动有很大影响，进而影响到流化床中的传热过程。

12.3　流化床干燥器

流化床干燥器的型式很多，根据物料流方式，有活塞流型（槽型）和完全混合型（筒型）。根据供热方式，可分为对流型、接触型和远红外加热型，如图 12-13 所示。根据多孔板的数量，可分为单级干燥和多级干燥，如图 12-14 所示。此外，根据物料的物理性质，还有一些特殊结构的流化床[5]。

12.3.1　单级圆筒型流化床

图 12-15 为一单层圆筒型流化床干燥器。该流化床用于氯化铵干燥，湿物料由进料口加入，干燥后的物料由溢流口流出。气体分布板是多孔筛板，板上钻有 ϕ1.5mm 的小孔，正六角形排列，开孔率为 7.2%。

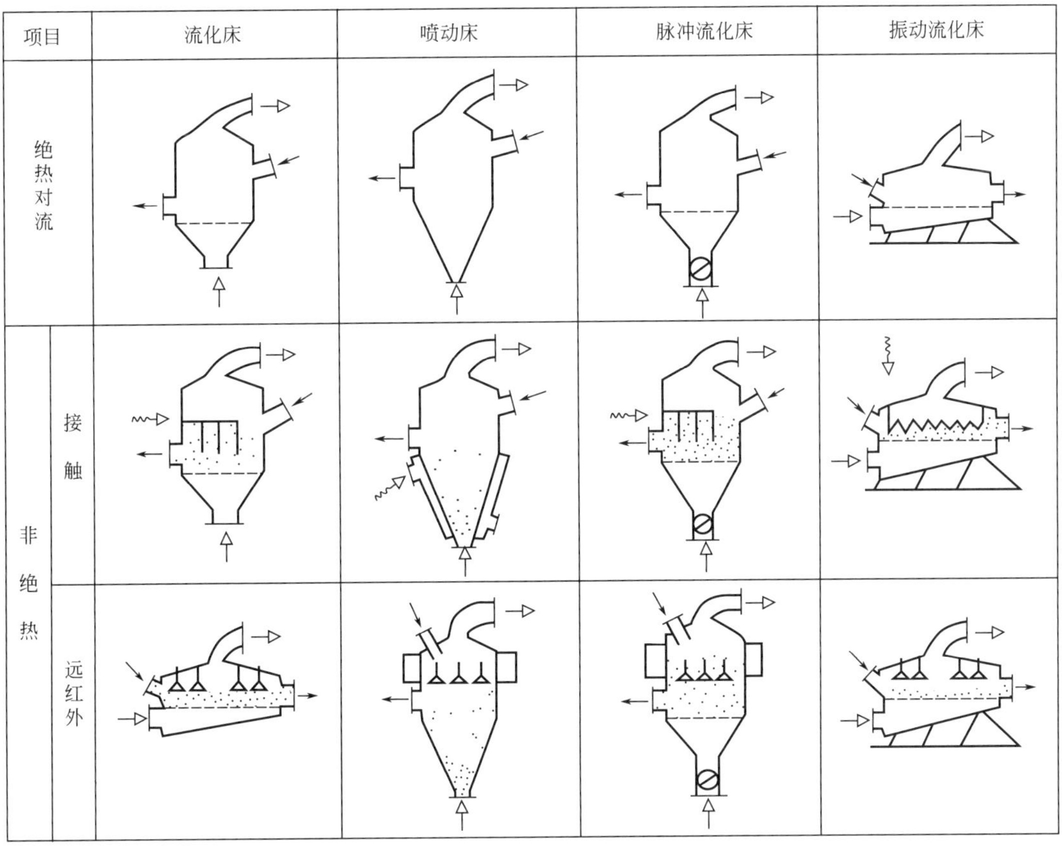

项目	流化床	喷动床	脉冲流化床	振动流化床
绝热对流				
非绝热 接触				
非绝热 远红外				

图 12-13　各种流化床的供热方法
⇨ 空气；→ 物料；⇝⇨ 加热介质

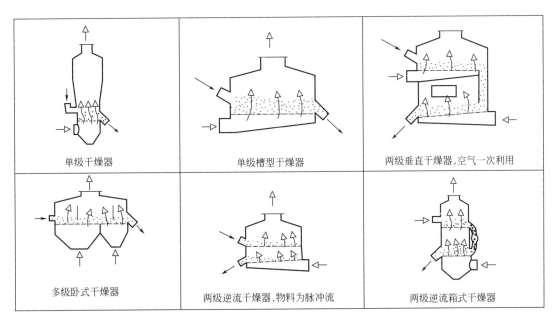

单级干燥器	单级槽型干燥器	两级垂直干燥器,空气一次利用
多级卧式干燥器	两级逆流干燥器,物料为脉冲流	两级逆流箱式干燥器

图 12-14　流化床干燥器的各种结构
⇨ 空气；→ 物料

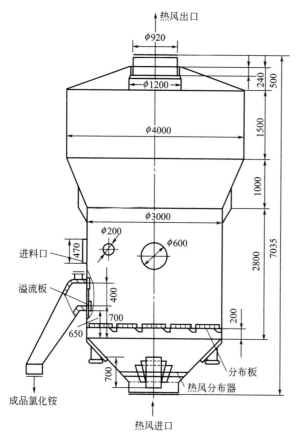

图 12-15　氯化铵流化床干燥器

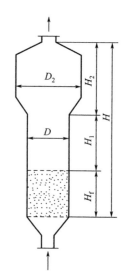

图 12-16　流化床设备的主要尺寸

流化床的高度由床层（浓相段）高度 H_f、稀相段高度（或称分离高度）H_1 及扩大段高度 H_2 确定，如图 12-16 所示。床层高度由传热传质和流体力学因素确定，工业上可参考表 12-4。

表 12-4　圆筒型流化床干燥器[5]

物料名称	颗粒度	静止层高/mm	沸腾层高/mm	床层尺寸(直径×高度)/mm
氯化铵	40～60 目	150	360	$\phi 2600 \times 6030$
硫铵	40～60 目	300～400		$\phi 920 \times 3480$
涤纶、绵纶	5mm×5mm×2mm $\phi 3mm \times 4mm$	100	200～300	$\phi 530 \times 3450$
涤纶	5mm×5mm×2mm	50～70		$\phi 200 \times 2300$
葡萄糖酸钙	0～4mm	400	700	$\phi 900 \times 3170$
土霉素 金霉素 四环素	粒状	300	600	$\phi 400 \times 1200$
氯化铵	40～60 目	250～300	1000	$\phi 300 \times 7000$ $\phi 900 \times 2700$

分离（稀相段）高度 H_1 由分离被抛出浓相段的粒子确定。图 12-17 给出了确定分离高度的参考值，此高度可近似地取为流化层高。

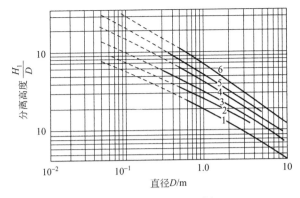

图 12-17　分离高度图[5]

1—$U=0.31\text{m/s}$；2—$U=0.45\text{m/s}$；3—$U=0.61\text{m/s}$；4—$U=0.91\text{m/s}$；5—$U=1.22\text{m/s}$；6—$U=1.52\text{m/s}$

12.3.2　卧式多室连续流化床

卧式多室连续流化床干燥器为长方形槽型设备，多孔分布板为长方形，物料从一端加入，从长方形的另一端排出，如图 12-18 所示。对于中小型设备，为了使气体分布均匀，分布板下部沿长度方向分成若干气体分布室，其间隔与设备宽度相近。物料在床内的停留时间由出口堰的高度及加料量来控制。多孔板上的隔板和下部的隔板相对应，上部隔板的高度和稀相段高度相同。隔板与多孔板之间的间隔可取 $30\sim60\text{mm}$。

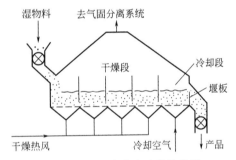

图 12-18　卧式多室连续流化床
干燥器示意图

如果物料比较湿、易结块、不易流化，则可在加料段设置搅拌装置或甩料轴，用以防止物料堆积在加料口下。图 12-19 和图 12-20 分别表示立式和卧式搅拌器。

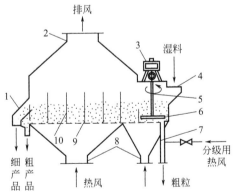

图 12-19　立式局部搅拌流化床干燥器

1—排料口；2—上箱体；3—电机；4—给料口；
5—搅拌轴；6—耙；7—粗粒排口；
8—给风口；9—分布板；10—隔板

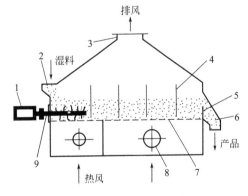

图 12-20　卧式局部搅拌流化床干燥器

1—电机；2—给料口；3—排风口；4—隔板；
5—溢流堰；6—排料口；7—分布板；
8—给风口；9—搅拌轴

如果干燥后的物料需要冷却，以便于包装，就可在干燥段后部设置冷却段，如图 12-18 所示。卧式多室连续流化床干燥器的应用案例如表 12-5 所列。

表 12-5　卧式多室连续流化床干燥器应用案例

物料名称	颗粒度	静止层高/mm	沸腾层高/mm	床层尺寸(长×宽×高)/mm
颗粒状药品	12～14 目	100～150	300	2000×263×2828
糖粉	14 目	100	250～300	1400×200×1500
SMP(药)	80～100 目	200	300～350	2000×263×2828
尼龙 1010	6mm×3mm×2mm	100～200	200～300	2000×263×2828
水杨酸钠	8～14 目	150	500	1500×200×700
各种片剂	12～14 目	50～100	300～400	2000×500×2860
合霉素	粒状	400	1000	2000×250×2500
氯化钠	粒状	300	800	4000×2000×5000
生物饲料	约 20 目	200	500	10000×2000×3000

12.3.3　内加热流化床

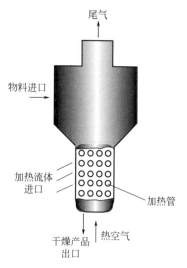

图 12-21　有内置加热器的流化床

当用于正常流态化的热空气不能满足干燥所需的热量时，可在流化床内部加设内置加热器来提供干燥所需的大部分热量，如图 12-21 所示。内置加热器多为数排，多呈 U 形管，可垂直放置也可水平放置，也可以是垂直放置的加热板，一般用于较细粉末物料的干燥。内置加热面与床层的传热系数在设计中通常取 $200W/(m^2 \cdot K)$。在操作时随表观气速增加，床层与热面之间有一最大传热系数，这时再增大气速，因床层密度减小传热系数也会减小[9-13]。

12.3.4　多层流化床

单层流化床通常用作批量间歇操作，当连续生产时，物料在流化床中的停留时间分布不均匀，所以干燥后得到的产品的湿含量不均匀。在多层流化床中物料从床顶加入，逐渐往下移，最后由床底排出。热风则由床底送入，并向上通过各层后，再由床顶排出。在多层流化床中，物料的停留时间较长，物料的干燥程度较均匀。又因热气体和物料多次接触，使排气的饱和度提高，热利用率也得到提高。因此，多层流化床更适合于降速阶段物料或终湿含量要求较低的产品。

多层流化床可分为有物料溢流管式和无溢流管（多层筛板型）式两类。溢流管的类型很多，图 12-22 表示各种类型的多层流化床溢流管。

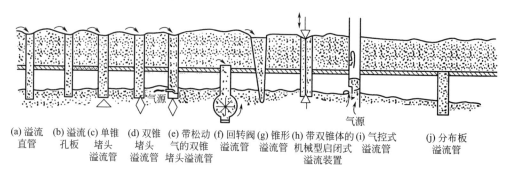

(a) 溢流直管　(b) 溢流孔板　(c) 单锥堵头溢流管　(d) 双锥堵头溢流管　(e) 带松动气的双锥堵头溢流管　(f) 回转阀溢流管　(g) 锥形溢流管　(h) 带双锥体的机械型启闭式溢流装置　(i) 气控式溢流管　(j) 分布板溢流管

图 12-22　溢流管的类型

下面介绍几种溢流管式多层流化床的配置，见图 12-23～图 12-25。

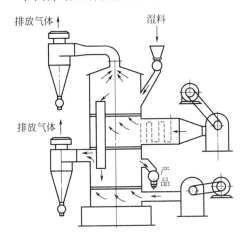

图 12-23　直管溢流管多层流化床

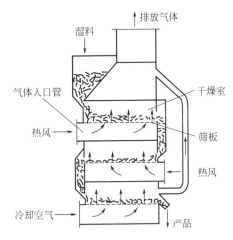

图 12-24　外溢流管式多层流化床干燥器

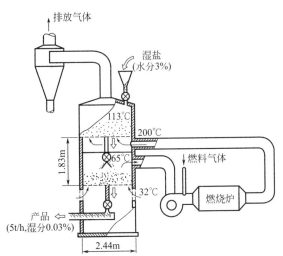

(a) 内溢流管装有旋转阀的干燥器

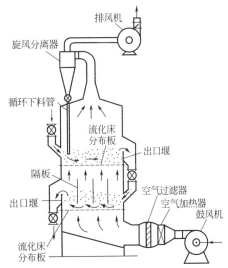

(b) 外溢流管装有旋转阀的干燥器

图 12-25　溢流管装有旋转阀的多层流化床干燥器

无溢流管式为多层筛板，如图 12-26 所示。采用的筛板有较大的孔径，一般为颗粒直径的 5～30 倍，通常为 10～20mm。筛板的开孔率为 30%～50%。筛板孔中的气速 u_0 与颗粒的输送气速 u_t 之比为 $u_0/u_t=1.15～1.30$，其上限为 2。颗粒的尺寸范围为 0.5～5mm，多孔板的间距为 150～400mm。

12.3.5　脉冲流化床干燥器

脉冲流化床中的干燥介质通过旋转阀分布器周期性输入床层各区段，使高速气流和接近静止的颗粒层接触，在一定程度上可降低或避免沟流、死区等普通流化床中的不良现象，主要用于密度较大不易流化的颗粒，可有效降低最小流化速度（约 8%～25%）和床层压降（约 7%～12%），可节能 50% 左右。图 12-27 为脉冲流化床工作示意图。研究证明：脉动气流可以抑制大气泡的形成，促进气固两相之间的传热传质。脉冲频率、脉冲气速是影响流化质量的重要参数[14-17]，国外已成功用于蔬菜和蔗糖的干燥，在我国尚未应用。山东理工大学的王相友教授等设计了一种5HMⅡ型脉动流化干燥器，采用内置式气流分配器，缩短了分配器至床层的距离，改善了气流在床层内的分布，并以玉米粒为物料进行了干燥实验研究，最佳工作参数为：气流速率0.8～1m/s，最佳振动频率3Hz[18]。

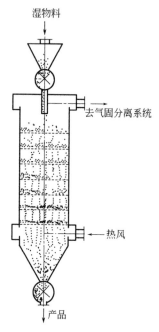

图12-26 无溢流管式为多层筛板干燥器

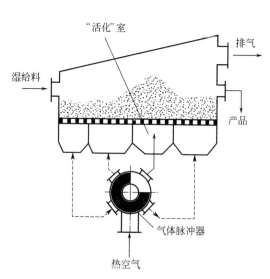

图12-27 脉冲流化床工作示意图

12.3.6 射流冲击流化床

射流冲击流化床又称喷气层干燥器，如图12-28所示。热空气通过喷嘴吹向床层物料，在物料层底部和四周形成气体床层，物料在气体床层内上升、翻动、混合，产生假流化现象。所有物料与气体均能进行良好接触，具有传热系数大、产品质量好、干燥速率大等优点。喷嘴喷出的气速可高达70m/s，但按床层横截面计算表观气速远未达到物料的流化速度[5]。美国已成功将此设备工业化，可进行干燥、冷却、膨化、烘烤、调质、缓苏、加热、烧结8种工艺。中国农业大学的曹崇文教授曾以玉米、小麦和芹菜段为物料，研究了射流冲击流化床的干燥特性，操作参数分别是：料层厚度0.59～2.34cm；干燥介质温度70～90℃；气流出口速度38.74～53.4m/s。结果表明此种流化床最佳的结构参数为：喷管直径ϕ15mm；管间距82.5mm；管口距物料的距离80～90mm[10]。高振江、肖红伟等研究了空气温度、射流速度、空气湿度、料层厚度等操作参数对西洋参[19-22]、胡萝卜块[23]、土豆条[24]等农产品[25-27]物料干燥特性的影响，发现空气温度是影响干燥特性和产品质量的主要因素，并进一步分析了各参数对产品质量的影响。射流冲击流化床干燥器可处理一些不易流化的散状物料，如片状、纤维状物料等。

12.3.7 离心流化床

传统流化床由于受重力影响，在处理固体物料时大多表现为聚式流态化，传热传质速率较低，在处理较细粉体时容易出现沟流。基于此原因，苏联学者提出了离心流化床，使湿物料在离心力场中进行流态化干燥,如图 12-29 所示。

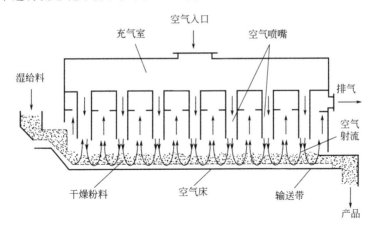

图 12-28　射流冲击流化床

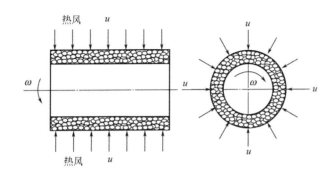

图 12-29　离心流化床工作原理

　　离心流化床有一带筛孔的转鼓内壁,并衬上一层不锈钢丝网。湿物料置于转鼓内,当转鼓以一定转速旋转时,由于离心力的作用,物料均匀地分布在丝网上,形成环状固定床。热空气沿垂直于转鼓轴方向吹入转鼓内,当气速提高到某一值时,风力克服离心力,使物料悬浮起来,产生流化现象。与传统流化床相比,离心流化床床层混合均匀,传热传质速率大,最小流化速度大。当离心加速度比重力加速度高出几倍乃至几十倍时,离心流化床的流化速度也要比普通重力流化床的流化速度高出几倍到几十倍。因此流体与物料间的相对速度大,有利于传热传质[28]。离心流化床可以处理低密度、异形或表面黏性较大的物料,在强离心力场条件下,采用低温大风量可以满足加工过程中较多的热量和质量传递[29-31]。研究表

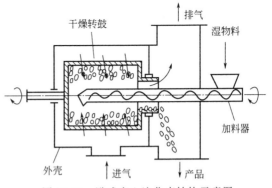

图 12-30　卧式离心流化床结构示意图

明离心流化床用于食品物料干燥时,其产品质量优于其他热风干燥方式的产品。但因其动力消耗大,工业应用较少。

　　离心流化床按其转鼓轴线方位分为卧式和立式两种,如图 12-30 和图 12-31 所示;按热风进入方式分为全角进风和半角进风两种,如图 12-32 所示。

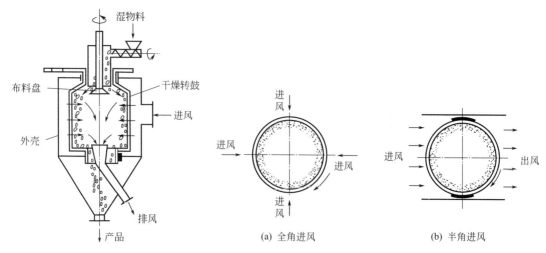

图 12-31　立式离心流化床结构示意图　　　　　图 12-32　热风进入方式

12.3.8　流化床干燥器的简易设计法

根据上述介绍，可依据准数关联式计算流化床内的传热系数等多种设计数据，但是在工业上用这种方法计算比较难实现。这是因为，准数中的物理量有时难以获得，加之准数关联式的应用有一定的限制条件，难以应用到实际设计中。在工业实际中，通常先对物料进行简单的试验，然后将试验结果用于设计，此种方法简便可靠。

12.3.8.1　试验方法

试验在一套简易流化床设备中进行，床体为 $\phi300\text{mm}$ 的圆筒，下部为多孔板、均风板、进风口等，并与电加热器和风机相连，床体约 600mm 高，上部出口处装一布袋，以防物料飞出。

试验时在床体中放入物料，高度约为 $H_0=200\text{mm}$，先吹冷风测定压降-风速曲线，确定最小流化速度 u_{mf}，再将空气温度升高到工业实际使用的风温，风速 $u=2\sim3u_{mf}$，测定物料干燥曲线，并按一定时间间隔（2～5min）取样放入称量皿中，大约取 10 个样品（根据物料试验情况而定）。试验结束后测定样品的湿含量并将结果填入表 12-6，根据表中数据做出湿含量与时间的 w-τ 图（图 12-33），从此图可查到从初始湿含量 w_0 到终湿含量 w_e 所需的干燥时间 $\tau_{\mp}$。

表 12-6　试验结果

序号	0	1	2	3	4	5	6	7	8	9	10
时间 τ/min	0	τ_1	τ_2	τ_3	τ_4	τ_5	τ_6	τ_7	τ_8	τ_9	τ_{10}
湿含量 w/%	w_0	w_1	w_2	w_3	w_4	w_5	w_6	w_7	w_8	w_9	w_{10}
物料温度 t/℃	t_0	t_1	t_2	t_3	t_4	t_5	t_6	t_7	t_8	t_9	t_{10}

通过此试验获得一定进风温度 t 和空床气速 u 时，在料层高度 $H_0=200\text{mm}$ 时物料达到干燥要求所需的干燥时间，据此便可进一步确定床体尺寸。如果上述 t、u、H_0、$\tau_{\mp}$ 可借鉴经验确定就不必试验。

12.3.8.2　床体尺寸的确定

在确定床体尺寸时还需要知道物料处理量 G_0（kg/h）和物料的堆积密度 $\rho_{堆}$（kg/m³）。

将质量处理量换算成体积处理量 $V_0 = \dfrac{G_0}{\rho_{堆}}$

（m^3/h），进而求得 $\tau_干$ 时间内床层内的存料量

$V_{\tau干} = \dfrac{V_0}{60} \times \tau_干$（$m^3$）。通常床层内的物料层高

度为 $H_0 = 200 \sim 300mm$，则所需的多孔板面

积为 $F_0 = \dfrac{V_{\tau干}}{H_0}$（$m^2$），由 F_0 可确定多孔板的

宽度 B（m）和长度 L（m），使 $BL = F_0$。对

流化床而言，B 和 L 的比例可较自由确定，主

要根据现场条件而定。如果是振动流化床，则

长 L 和宽 B 之比应大于或等于 8，以利于形成

活塞流。

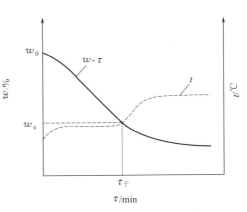

图 12-33　干燥曲线图（w-τ 图）

确定多孔板的尺寸后，卧式流化床隔板高度等的确定前面已作介绍。对进风一定要有均风结构。其他结构尺寸可按常规考虑确定。

如果湿料开始不易流化，在试验时可人工搅动促其流化，直至物料可正常流化。但在设计工业设备时，则需要在湿物料进口处加设搅拌装置或甩料盘。

确定流化床尺寸后，再进行质量和热量衡算确定气体用量，如发现所需的气体用量很大，在流化床中的空床气速已远远超过允许值，则应采用内置加热器，以减少热风量。内置加热器的结构及计算前面也有介绍。

12.4　振动流化床

12.4.1　概况

振动流化床是支承在一组弹簧上的流化床，由激振电机提供动力。散状物料在流化床内受激振力的作用由进口向出口端移动。热风从多孔板下鼓入，从物料层中通过，将热量传给物料，并携带从物料中汽化的水分由排气口排出，从而使物料干燥。通过调整振动参数，可以改善普通流化床沟流、死区、夹带、返混、团聚和结块等不良现象，降低最小流化速度，减少空气用量[32-35]。目前振动流化床已普遍应用于化工、食品、医药等行业[36]，由于物料的多样性及床体结构的差异、操作条件的不同，尚无统一的理论来指导振动流化床的设计与操作。目前的研究方向主要在振动参数、气体分布板对颗粒的流体力学行为的影响及传热传质方面[37]。振动流化床床形和加热方式等有多种不同的结构，如图 12-34 所示。

工业上根据激振方式的不同有以下几种常见的振动流化床：

① 激振电机安装在床体后部，通常采用固定激振角（一般为 $30° \sim 60°$）。它通过调节激振力和堰板高度（堰板安装在多孔板出料端）来改变物料在床内的停留时间。其外形结构如图 12-35 所示，其机身重量用弹簧支承在四个支座上。

② 激振电机安装在振动流化床重心的位置上。它可以调节激振电机的方位，改变激振力方向及激振力大小来改变物料在床中的停留时间，但调节幅度不大，因为激振角超过 $75°$ 时会引起床体异常振动（见图 12-36）。

上述两种振动流化床，激振电机使物料向前运动的同时会产生横向力（横向力通常由两侧面激振电机间加设横梁来承受），当横向力过大或床体结构不合理时会造成床的下箱体开裂。

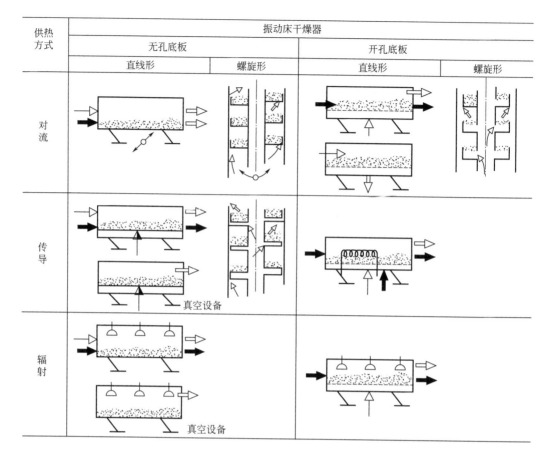

图 12-34　振动流化床的多种结构

⟶▷ 空气；⟶ 加热；⊥ 辐射加热器；➡ 干燥物料；⇨ 二次蒸汽

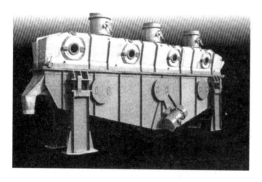

图 12-35　激振电机安装在床体
后部的振动流化床

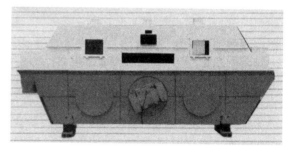

图 12-36　激振电机安装在床体重心
位置上的振动流化床

③ 图 12-37 是在床底部安装了电机链轮驱动，用装有偏心条块的轴来产生激振力的振动流化床。这种激振方式可避免有害的横向力（其通常比较小）。尼罗公司将此种振动流化床用于奶粉二级干燥，据报道最大型的多孔板面积可达 $16m^2$。

④ 图 12-38 是用电机驱动机构和板弹簧提供激振力的振动流化床，通常用于大型床。

除了上述整体振动的振动流化床外，还有箱体不振动只有多孔板振动及上箱体不振动只有多孔板和下箱体振动的振动流化床。减少振动部件可节省动力，但振动部件和固定部件的软连接易损坏，上箱体内壁易挂粉料。ZLC 型振动流化床系列参数见表 12-7。

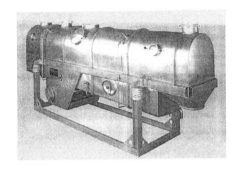

图 12-37　偏心条块轴激振的振动流化床

图 12-38　板弹簧振动流化床

表 12-7　ZLC 型振动流化床系列参数

型号	总重 /kg	上箱体重 /kg	下箱体重 /kg	外形尺寸(长×宽×高) [多孔板尺寸(长×宽)] /mm	进风管直径×个数	出风管直径×个数	进料口高 /mm	出料口高 /mm	振动电机型号和功率 /kW
VFB2×0.2	230	56	120	2475×700×1230 (2000×200)	φ150×3	φ150×2	1150	480	YZD-5-6 0.37×2
VFB4×0.4	1900	280	560	4888×1034×1950 (4000×400)	φ250×3	φ250×2	1605	775	JZO-20-6 1.5×2
VFB4×0.5	2100	330	594	4888×1134×1950 (4000×500)	φ250×3	φ250×2	1605	775	JZO-20-6 1.5×2
VFB6×0.6	3600	630	1413	7030×1380×2418 (6000×600)	φ450×3	φ500×2	2330	930	JZO-40-6 3×2
VFB6×0.7	4000	682	1430	7030×1480×2418 (6000×700)	φ450×3	φ500×2	2330	950	JZO-40-6 3×2
VFB7×0.7	4200	767	1690	8285×1480×2406 (7000×700)	φ500×3	φ500×2	2326	946	JZO-40-6 3×2
VFB7×0.8	4400	806	1780	8285×1580×2406 (7000×800)	φ500×3	φ500×2	2326	946	JZO-40-6 3×2
VFB8×1.0	6200	974	2560	9030×1800×2445 (8000×1000)	φ500×4	φ500×3	2410	1065	JZO-30-6 2.2×4

除了直线形振动流化床之外，对于处理量小但要求干燥时间较长的物料可采用圆形振动流化床，如图 12-39 所示。

12.4.2　动力特性和空气动力学

由激振电机产生激振力的振动流化床，是在床的两侧各安装一台激振电机。激振电机两个轴侧都有一对动块和定块，调节动块的位置可调整动块和定块的合质量中心，在电机轴旋转时即产生不同的激振力。动块的质心与定块的质心越接近，造成的合力（离心力）越大，如图 12-40 所示。

一台激振电机两侧的偏心块要调整到相同的位置，床身两侧的两台激振电机的偏心块的偏心大小应相同，但方向应相反，以使转动时产生的横向力

图 12-39　圆形振动流化床

（F''）相互抵消，而总的激振力为两激振力之和（$F'_A + F'_B$），如图 12-41。

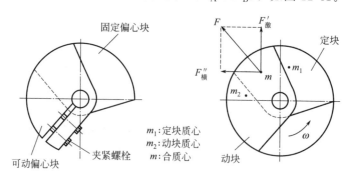

图 12-40　偏心块造成的激振力 $F_{激}$ 和横推力 $F_{横}$

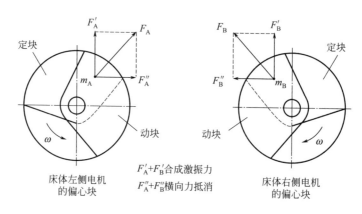

图 12-41　床体两侧两台激振电机产生的激振力

质量为 m 的物体在以 ω 角速度旋转时的离心加速度为 $A\omega^2$。A 为质心离旋转中心的距离，即旋转半径，产生的离心力为 $mA\omega^2$。显然，离心加速度越大，离心力就越大，其在激振方向产生的激振分力也越大。通常用振动强度来衡量激振强弱。振动强度定义为离心加速度和重力加速度之比：

$$K = \frac{A\omega^2}{g} \tag{12-51}$$

式中，A 为振幅，m；ω 为角频率，s^{-1}；g 为重力加速度，m/s^2。

根据振动强度的差别，振动流化床通常可分为三种情况：

① $\dfrac{A\omega^2}{g} < 1$，床层的特性和普通流化床一样，振动只是使流化层稳定和均匀，此称振动床；

② $\dfrac{A\omega^2}{g} \approx 1$，气流和振动均能促使流化，此称亚振动流化床；

③ $\dfrac{A\omega^2}{g} > 1$，此时对床层起作用的基本上只是振动力，振动有助于在上冲程时把床层抛起，通入的空气仅作为传热传质介质而已，此区域称为振动流化床。

工业振动流化床的振动强度 $\dfrac{A\omega^2}{g}$ 常取为 3～4，当此值大于 4 时，床层的均匀性反而开始恶化。

振动有助于降低最小流化速度。振动流化床的流化曲线与普通流化床不同，如图 12-42

所示。它有两个水平段，即 3—4 和 5 以后。在不同的振动条件下，曲线形状有所变化，当 $\dfrac{A\omega^2}{g}$ 足够大时，图中 3—4 区会完全消失，振动流化床最小流化速度对应的压降比普通流化床低 $20\%\sim30\%$。

振动流化床的压降 Δp_{vf} 与普通流化床的压降 Δp_f 有如下关系：

$$\frac{\Delta p_{vf}}{\Delta p_f} = \left(\frac{A\omega^2}{g}\right)^{-m} \tag{12-52}$$

式中，$m = 0.41 + 0.196 d_p \rho_m$，$d_p$ 和 ρ_m 分别为颗粒直径和颗粒密度。

12.4.3　传热和传质

振动可强化床层和气相间的传热，对于细颗粒，Choc 提出了定量计算式：

$$h_V = h_0 \times 14.0 \times \frac{Af^{0.65}}{u_g} \tag{12-53}$$

式中，h_0 为同样气速 u_g 下，普通流化床的传热系数；A 为振幅，f 为振频。对于床层和加热表面间的传热，其影响如图 12-43 所示。

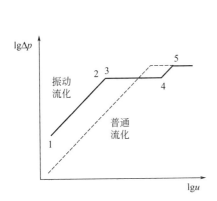

图 12-42　振动流化曲线

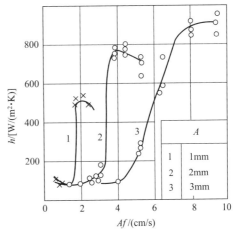

图 12-43　接触传热系数与振动的关系

振动流化床中的传质系数 K_{vf} 可用类似于传热方程表示：

$$K_{vf} = K_0 \times 14.0 \times \frac{Af^{0.05}}{u_g} \tag{12-54}$$

式中，K_0 为普通流化床中同样气速 u_g 时的传质系数。

Li 等[37]通过对振动流化床干燥食盐的试验研究，得出在恒速阶段，气固相间的热质传递系数：

$$Nu = 1.796 K^{-0.18} Re_p^{0.96} \left(\frac{d_p}{H_{st}}\right)^{0.87} \tag{12-55}$$

$$Sh = 1.477 K^{-0.15} Re_p^{0.96} \left(\frac{d_p}{H_{st}}\right)^{0.66} \tag{12-56}$$

式中，Re_p 为颗粒雷诺数；d_p 和 H_{st} 分别为粒径和静止床层高度。

12.4.4　结构设计

振动流化床的结构设计涉及的面很广，以下只对主要方面予以扼要介绍。

一台性能良好的振动流化床，应该操作平衡（振动性能好），布风均匀、不漏料，物料在床内的停留时间能在较大范围内调整。

12.4.4.1　多孔板

振动流化床多孔板合理的长宽比（L/B）常取 $8\sim10$，要求操作时床体振动保持一致，物料不返混。多孔板的开孔率 $7\%\sim12\%$，要有均风系统，最简单有效的措施是在多孔板下面放一层席形网和一层托网，并将这三层网用沉头螺钉压紧在支撑多孔板的横向角钢上。开孔大小最常用 $\phi3mm$，若多孔板取 3mm 厚的不锈钢板，则通常采用钻孔；若多孔板为 1mm 的不锈钢板，则可在专用冲床上冲压；对斜孔板则采用专用模具在专用冲床上加工。为了防止下箱体一侧的进风冲向另一侧的多孔板，在多孔板下一定距离处（通常为 $300\sim500mm$）加一块均风板。均风板开孔为 $\phi8\sim10mm$，开孔率可达 25% 左右。

12.4.4.2　堰

在多孔板出料端加设一个高度可调的出口堰，可控制物料在多孔板上的料层高度，从而在一定范围内可控制物料在床内的停留时间。物料从堰中流出有两种方式：一种是从堰上方溢出；另一种是从堰下方泄出。前者适用于粉料，后者适用于片料。对于大型振动流化床，床体较长，物料可能在出口堰处被堰阻挡而堆积，而在前段料层可能仍较薄，此种情况可在床面上每隔 2m 左右加设中间堰。

12.4.4.3　设备的重心

正确地确定设备的重心，对振动流化床的平稳运行有很大影响。对振动电机放在中部的振动流化床，振动电机的重心和设备的重心重合在一起。对振动电机放在后部下方的振动流化床，必须使振动电机产生的激振力通过设备的重心。设备的重心是指上箱体及其附件（重 G_1）、下箱体及其附件（重 G_2）和 2 台激振电机的重量 G_4 之和的重心，而支座等静止部件不计算在内。

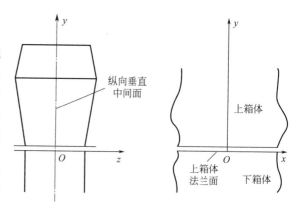

图 12-44　中间面及坐标原点

设振动流化床对称于纵向垂直中间面，以上下箱体连接法兰的下箱体法兰面的纵向中点为 x 轴的原点 O，通过中点的垂直线为 y 轴（图 12-44）。求重心的步骤如下：

先将上箱体按板件形状及附件分成 n 件，计算每一件的重量 G_i 及其重心（x_i，y_i）。

$$\left.\begin{array}{l} \text{上箱体的总重为：} \quad G_1=\sum_{i=1}^{n}G_i \\[2mm] \text{上箱体重心的 } x_1 \text{ 坐标为：} \quad x_1=\dfrac{\sum\limits_{i=1}^{n}G_i x_i}{G_1} \\[2mm] \text{上箱体重心的 } y_1 \text{ 坐标为：} \quad y_1=\dfrac{\sum\limits_{i=1}^{n}G_i y_i}{G_1} \end{array}\right\} \tag{12-57}$$

求下箱体重心的方法与上箱体相同。先将下箱体按板件及各种隔板等分成 m 件，计算每一件的重量 G_j 及其重心（x_j，y_j）。

$$\left.\begin{aligned}&\text{下箱体总重为：} && G_2=\sum_{j=1}^{m}G_j\\&\text{下箱体重心的 } x_2 \text{ 坐标为：} && x_2=\frac{\sum_{j=1}^{m}G_jx_j}{G_2}\\&\text{下箱体重心的 } y_2 \text{ 坐标为：} && y_2=\frac{\sum_{j=1}^{m}G_jy_j}{G_2}\end{aligned}\right\}\tag{12-58}$$

设备的重心 $O(x_0,y_0)$ 可按下面的算式确定

$$\left.\begin{aligned}x_0&=\frac{G_1x_1+G_2x_2+G_4x_4}{G_1+G_2+G_4}\\y_0&=\frac{G_1y_1+G_2y_2+G_4y_4}{G_1+G_2+G_4}\end{aligned}\right\}\tag{12-59}$$

上式中 G_4 为振动电机的重量，x_4 和 y_4 是振动电机重心离所设坐标的距离。以上诸式中的坐标 x、y 值与常规相同，在坐标原点的左侧及下侧时取负值。由于在上述计算中，常常会忽略一些小构件的重量及位置，有时还会有误差，故求得的重心有时有偏差。实际上在设备制成后，常常采用吊装的方法来实测重心位置，吊装时需从两端分两次吊起，两条垂线的交点即为重心。

12.4.4.4　弹簧刚度

支座处，一个弹簧的刚度为：

$$e=\frac{Gd}{8D^3N}\tag{12-60}$$

式中，e 为弹簧刚度，kg/cm；G 为弹簧材料的剪切弹性模数，8×10^3 kg/cm；d 为弹簧丝直径，cm；D 为弹簧圈中径，cm；N 为弹簧的有效圈数，常取 N＝实际圈数－2。

设计时要取几种方案同时进行，先假设 D、N 及材料和弹簧总个数，如有 4 个支座，每个支座上 3 个弹簧，取弹簧总数为 $4\times3=12$ 个，则弹簧总刚度 $E=12e$。

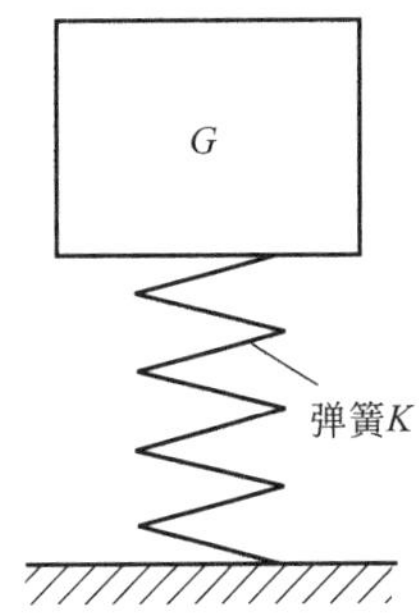

图 12-45　单质体的振动

① 设备自振频率　通常采用最简单的方法来确定自振频率，即将振动流化床简化为全部质量集中在重心上的单质体（图 12-45），此时，自振频率可按下式计算：

$$f=\frac{1}{2\pi}\sqrt{\frac{Eg}{G}}\tag{12-61}$$

式中，g 为重力加速度，981cm/s^2。

振动电机转速通常为 $n=960$r/min，故其激振频率为：

$$f'=\frac{960}{60}=16(\text{Hz})\tag{12-62}$$

设计时 f'/f 通常取 2～4，当 $f'/f=1$ 时在理论上发生共振。

② 设备的振幅 A　设备的振幅 A 可按下式计算：

$$A = \frac{2Cg}{|gE - G\omega^3|} \tag{12-63}$$

式中，C 为一台激振电机的激振力，kgf❶；g 为重力加速度，981cm/s^2；G 为设备总重，kgf；E 为弹簧总刚度，kg/cm；ω 为角速度，$\omega = 2\pi n/60$，s^{-1}。

以上计算需取几个方案同时进行，计算结果 $A = 3\text{mm}$ 左右的一组数据被认为是合适的，有时需取 10 组以上方案计算。

③ 振动电机的激振力 C　应使 $C \geqslant G$，G 为设备总重（不包括支腿等静止部件重量）及物料的重量之和。

④ 振动强度　振动强度是物料受到的离心力和重力之比：

$$K = \frac{A\omega^2}{g} \approx 3 \tag{12-64}$$

⑤ 弹簧尺寸　按常规设计即可，需要注意的是四个支座上的弹簧刚度应当一致。

⑥ 物料在振动流化床中的输送速度　物料在振动输送时的输送速度可用下式计算：

$$v = \eta \frac{g n_p^2}{2f} \times \frac{1}{\tan\beta} \tag{12-65}$$

式中，η 为速度修正系数，取 0.7 即可；g 为重力加速度，9.81m/s^2；f 为 $n/60$，即 $960/60 = 16$（s^{-1}）；n_p 为跳跃系数（据 $K_{pl} = \frac{A\omega^2 \sin\beta}{g}$ 在专用图上查取）；β 为激振角（通常取 $60°$）。

但是振动流化床中通常物料层较厚，加之有气体通过床层，因此上述计算公式不能正确地计算物料输送速度。通常振动流化床若不加出口堰，则其输送速度为 1m/min 左右。如同时调节出口堰和激振力，则可使物料在床内的停留时间延长至 30min 左右。

12.5　惰性粒子流化床

12.5.1　工作原理

惰性粒子流化床是在床内充填一定量的惰性粒子，液状物料通过喷嘴喷洒在床内流化的惰性粒子表面上，在粒子表面形成薄的液膜，在热粒子和热风的共同作用下，液膜脱水后变成固态膜。由于流化粒子的不断碰撞，固态膜被撞击脱落形成粉状。此粉状物料在流化床中被继续干燥，并随后被气流带出，经分离而得到粉状干产品。此干燥过程如图 12-46 所示。

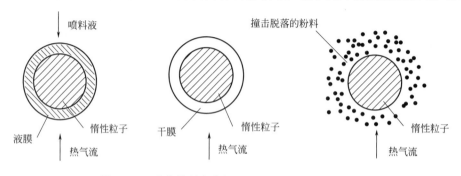

图 12-46　液状物料在惰性粒子流化床中的干燥过程

❶　1kgf = 9.8N，下同。

在惰性粒子流化床中干燥的液状物料，可以是溶液、悬浮液、乳浊液等较稀薄的液状物，也可以是糊状、膏状等含湿量较低的稠厚物料。另外此种流化床也可以干燥固体物料，具有设备体积小、投资省等优点。可在不同类型流化床充填惰性粒子来处理湿物料，设备的体积传热系数高达 $2300 \sim 7000 \mathrm{W}/(\mathrm{m}^3 \cdot \mathrm{K})$。国内研究者陈国桓[38]、潘永康[39,40]、叶世超[41,42]等针对不同类型流化床，研究了惰性粒子及物料特性对床层的体积传热系数、热效率等特性的影响。

12.5.2　惰性粒子

玻璃珠、聚四氟乙烯颗粒、陶粒、石英砂、氧化铝小球或干产品粒子等均可作为惰性粒子应用于惰性粒子流化床中。实验表明：在使用中，惰性粒子本身磨损不大，干燥后的产品检测不到惰性粒子成分。

惰性粒子在流化床中由于热流体的作用处于流化状态，其流化性能随粒子的形状、大小及密度而异。密度和粒度较大的惰性粒子要求较大的流化速度，但易于将粒子表面的干燥膜碰碎。而小颗粒则其单位体积的比表面较大，传热性能较好，但因其质量小而使碰撞力较小，粒子易黏结在一起。惰性粒子流化床的工作性能由传热和碰撞作用所控制，因此在选择惰性粒子时应从多方面考虑，特别是不同材料的粒子和不同性质的料液的黏结力也不同，因此，粒子-料液的匹配是否得当，常由试验观察确定，惰性粒子的一些性能见表 12-8 和表 12-9。

表 12-8　几种惰性粒子的物理特性

项目	真密度 /(kg/m³)	比热容 /[kJ/(kg·℃)]	热导率 /[W/(m·℃)]	表面粗糙度 $Ra/\mu m$	粒径 /mm
玻璃珠	2500	0.669	2.68	0.03	2,3,4,5,6
聚四氟乙烯	2100	0.35	0.26	0.1	2,3,4,5
陶粒	2400	1.087	3.34	0.1	2,3,4,5,6
氧化铝	3960	7.744	34.16	0.06	2,3,4,5,6

表 12-9　几种惰性粒子常采用的流化速度（流化数 $K_v = 3 \sim 4$）　　　单位：m/s

项目	$\phi 2mm$	$\phi 3mm$	$\phi 4mm$	$\phi 5mm$	$\phi 6mm$
玻璃珠	5.5	6.2	7.0	7.8	9.5
聚四氟乙烯	3.1	4.3	4.8	5.9	6.5
陶粒	5.1	5.9	6.8	7.2	9
氧化铝	5.8	6.5	7.5	8.4	10.1

惰性粒子流化床的操作气速和床层压降比常规流化床增加 $30\% \sim 120\%$。为兼顾干燥速度和粉碎能力，将大小载体粒子混合使用，可提高干燥能力。在惰性粒子流化床中，若采用升举式桨叶，由于机械搅拌作用可提高干燥强度 $30\% \sim 50\%$。

12.5.3　干燥曲线

图 12-47 所示为惰性粒子流化床的干燥曲线。这是在 8mm 的陶瓷颗粒上涂覆了 $0.6 \sim 0.8\mu m$ 的膏状颜料后进行对流干燥试验得到的，干燥时物料的温度在湿球温度和排气温度之间，这是因为热粒子的传导作用补充了对流传热，因而物料温度超过了热空气的湿球温度[43]。

图 12-48 表示物料温度和排气温度及进气温度的关系。从图中曲线可见，在一定的进气

温度下（图中用方框表示的温度），出口温度越高，物料温度也越高。因此在干燥热敏性物料时，可采用较低的进气温度，甚至间断地吹入冷空气，以降低物料的温度。

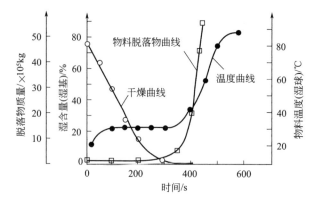

图 12-47　R 型颜料在惰性粒子流化床中的干燥曲线

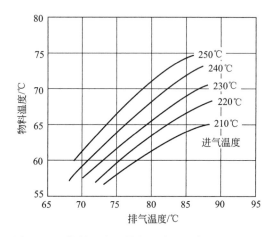

图 12-48　物料温度和排气温度及进气温度的关系

通常物料的干燥时间为 60~90s，物料在床内的停留时间为 200~400s。血液和鸡蛋的停留时间为 30~85s，物料层厚为 60~200μm。低温进风可处理生物物料，如表 12-10 所示[44]。

表 12-10　某些食品在惰性粒子上的干燥条件

参数	全蛋	蛋清	动物血
进气温度/℃	110~112	120~130	100~135
排气温度/℃	63~68	67~80	63~75
加料速率/[kg/(kg 床层·h)]	1.35	1.35	1.4
空气消耗量/(kg/kg 产品)	2.0	2.0	1.7
涂层厚度/μm	60~200	60~150	100~200
物料温度/℃	69~77	77~90	73~85
停留时间/s	50	30	85

惰性粒子流化床干燥曲线的测定，在喷涂、涂层干燥、干燥后涂层脱落几个阶段处于流化床的不同区域时比较理想，如多层圆形振动流化床。如在通常的圆筒形惰性粒子流化床中，因上述几个阶段重叠进行，较难测定。如果一次喷涂后不再连续喷涂，则在随后的时间内也可测定不同阶段的物料参数。

12.5.4　惰性粒子流化床结构

最常见的惰性粒子流化床是锥形-圆筒形的，其流程如图 12-49 所示。目前，流化床底部直径从 300mm 到 1600mm 不等，最大蒸发量从 5kg/h 到 640kg/h 不等，其平均最大干燥强度可达 400kgH$_2$O/(m^3·h)（m^3 是指惰性粒子体积），搅拌轴转速为 40～100r/min（可调），压力降为约 1600mmH$_2$O/m 床高，热效率为 60%～70%，产品粒度为 80 目。

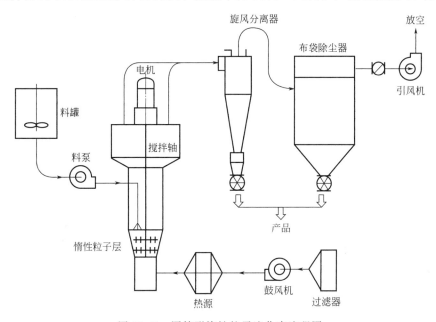

图 12-49　圆筒形惰性粒子流化床流程图

惰性粒子干燥器的各种结构见图 12-50。

12.6　喷动床

12.6.1　工作原理

喷动床（spouted bed）主要用于处理粗大的筛分颗粒（粒径 $d_p > 1$mm），物料在床内的停留时间较短，可处理热敏性物料。目前已在化工、制药、食品以及石油等工业得到了广泛应用。

图 12-51 是一个典型的喷动床示意图。床身是由上部的圆筒体和底部锥体组成，流体（通常是气体）由床层底部的喷嘴或孔板垂直向上射入床内，床内颗粒被加速后在床层中心形成一股向上的稀相喷动区；当颗粒升至一定高度时，由于流体速度降低，颗粒会因重力而回落，形成喷泉区；然后颗粒通过环绕喷泉区的环隙缓慢向下移动，形成密相环形区；颗粒到床层底部后，又渗入喷动区被夹带上来，在喷动床内形成有规律的循环。喷射气体一部分经喷泉区逸出床层，另一部分则从喷动区界面渗流并通过环隙区的移动床层。喷动区、喷泉区和密相环形区就构成了喷动床的流动结构。

按照 Geldart 对固体颗粒的分类，D 类大颗粒物料易得到稳定喷动，C 类细颗粒物料在喷动时循环性能差，易产生死角。颗粒粒径分布范围对喷动的稳定性也有影响，粒径越均匀，喷动越稳定。另外进气口位置与进气口直径也会影响喷动的稳定性，锥底角太小会引起喷动不稳定，一般 $\theta=60°\sim90°$。

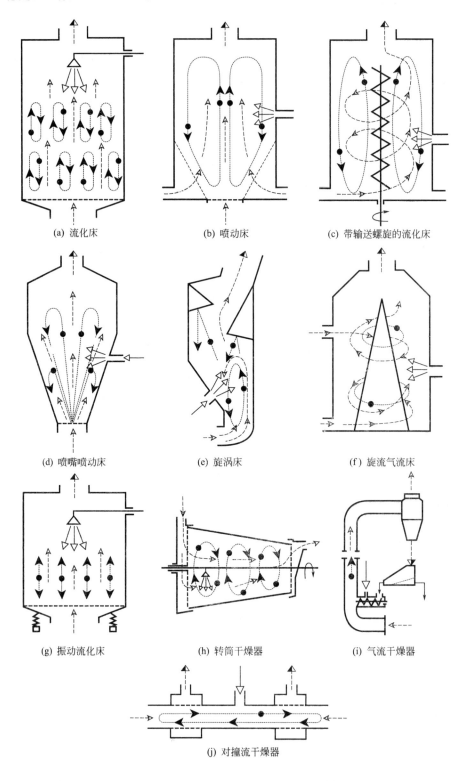

(a) 流化床　　　　　(b) 喷动床　　　　(c) 带输送螺旋的流化床

(d) 喷嘴喷动床　　　(e) 旋涡床　　　　(f) 旋流气流床

(g) 振动流化床　　　(h) 转筒干燥器　　　(i) 气流干燥器

(j) 对撞流干燥器

图 12-50　惰性粒子干燥器的各种结构[5]

◀-- 空气+粉末；◁— 加料；◀···· 惰性粒子；◁---- 空气

12.6.2　空气动力学特性

12.6.2.1　喷动机理

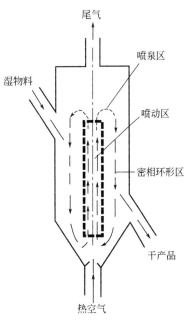

图 12-51　喷动床示意图

从固定床到喷动床的过渡可用表观气速与床层压力降之间的关系描述（图 12-52），图中实线和虚线分别表示床层压降随表面气速增加和减小而变化的情况。实验中观察到如下现象：

① 固定床阶段 AB　表观气速从零开始逐渐增大，床层压力降随表观气速的增大而线性增大。当气流速度较低时，颗粒不随气体流动，为固定床；随着气流速度进一步增大，形成的喷动区穿透固定床层表面，此时的床层压力降达到 B 点的最大值 Δp_m。

② 喷动形成阶段 BD　超过 B 点以后，随表观气速的进一步提高，喷动床内部空隙率增加，压力降沿 BC 线下降；在 C 点，相当多的物料从喷动区冒出，引起床身的膨胀，C 点为喷动萌发点，此时床层出现交替的膨胀与收缩，压力降也出现相应的波动；C 点以后气流速度再稍增加一点，喷动区就会冲破床层表面，使床层表面物料浓度突然减小，形成喷泉区，床层压力降骤降至 D 点，D 点称为喷动开始点。实验中喷动萌发点 C 与喷动开始点 D 往往不能精确地再现。

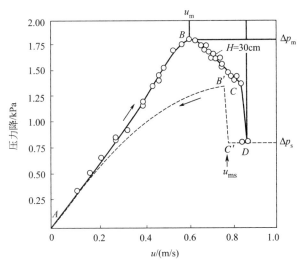

图 12-52　喷动床表观气速与床层压力降的关系

（小麦，$d_p = 3.6mm$，$D = 152mm$，$D_i = 12.7mm$，$\theta = 60°$）

③ 稳定喷动段　D 点以后再提高气流速度，增加的气流轻易穿过喷动区，只是使喷泉高度增加，对床层压力降无实质性影响。因而 D 点以后，床内建立起一个具有 3 区流动结构的完全喷动床，这时继续增加气流速度，床层压降将不再增加，而是稳定在操作压力降 Δp_s。

④ 降速过程　对于正常操作的喷动床，如果缓慢降低气流速度，其压降开始时保持不变，床层仍保持稳定的喷动操作状态；当气流速度降低到 C' 点时，床层压降会突然升高至

B' 点，喷动床随之塌落而形成内部喷动区，颗粒在喷动区循环，C' 对应的气流速度就称为最小喷动速度 u_{ms}；继续降低气速，内部喷动区高度逐渐降低，床层压力降将沿 $B'A$ 降低，直至喷动区逐渐消失，床层变成固定床。

喷动过程是不可逆的，B 点与 B' 点不重合，降低气速过程中的最大床层压力远小于增加气速过程中的最大床层压力，这是因为经历喷动床操作后床层的空隙率大于原始填充状态的空隙率。由此可见，从固定床出发，靠增加气体流速来得到喷动床，需要很高的启动压力；反之，若先以大于最小喷动速度的流体通过空床，然后逐渐加入固体颗粒来实现喷动床，则会大大降低喷动床的启动压力。

12.6.2.2　最大床层高度

在喷动床结构确定的条件下，对一定的颗粒将存在一个最大喷动床高度 H_m，当床层高度超过 H_m 时，喷动床即转化为鼓泡流化床或节涌床。最大喷动床高直接涉及喷动床的最大处理量，有 3 种不同的机制会导致喷动床在高于某一高度时变得不稳定，它们分别是：①环形区颗粒的流态化；②喷动区的堵塞；③喷动区与环形区界面不稳定。一般采用第一种机制来确定最大喷动床高。

当喷动床内的介质为空气时，Malek[45] 计算 H_m 的经验公式为：

$$H_m = [4.18 D_c (D_c/d_p)^{0.75} (D_c/D_i)^{0.4}](\varphi^2 \rho_s^{1.2}) \tag{12-66}$$

式中，d_p 为（迎风面）颗粒当量直径，mm；ρ_s 为固体物料密度，kg/m³；φ 为颗粒形状系数，$\varphi = 6V_p'/(A_p d_v)$（$A_p$ 为颗粒表面积，mm²；V_p' 为颗粒体积，mm³；d_v 为颗粒体积当量球形直径，mm）；D_i 为进气口直径，m；D_c 为床身圆筒直径，m。适用范围：$0.6 \leqslant \varphi \leqslant 1.0$，$0.8 \times 10^{-3}$ m $\leqslant d_p \leqslant 3.7 \times 10^{-3}$ m，0.10 m $\leqslant D_c \leqslant 0.23$ m，910 kg/m³ $\leqslant \rho_s \leqslant 2660$ kg/m³。

Becker[46] 的经验公式为：

$$(H_m/d_p)(d_p/D_c)(12.2 D_i/D_c)^{1.6 \exp(-0.0072 Re_m)} [(2600/Re_m) + 22] \varphi^{2/3} Re_m^{1/3} = 42 \tag{12-67}$$

其有效范围：$H/D_c > 1$，$D_i/D_c < 0.1$，$Re_m = 10 \sim 100$。

12.6.2.3　最大压力降

开始喷动时需破坏床层稳定及推动颗粒向上运动形成最大的压力降，其值可近似为填充床的单位面积浮重：

$$\Delta p_m = H(\rho_s - \rho_g)(1 - \varepsilon)g \approx H \rho_b g \tag{12-68}$$

式中，H 为床高，m；ρ_s 为固体物料密度，kg/m³；ρ_g 为气流密度，kg/m³；ρ_b 为床层物料堆积密度，kg/m³。

12.6.2.4　压力降

稳定喷动时的床层压力降 Δp_s 决定了风机压头，在实践中有重要作用。

喷动床床层压力降由两方面因素组成：沿床层的轴向压力降和径向压力降气流进入床层后除向上喷动外还不断地向四周环形区扩散，其垂直方向的压力梯度从进口处的零到床顶处达最大值。总的压力降可通过沿床层高度方向的积分求得。

当床层高度超过 H_m 时，喷动床即转化为鼓泡流化床或节涌床，即在最大喷动床高 $H = H_m$ 时，喷动床的压力降与同样条件下流化床的压力降有固定的比例关系。

流态化时的压力降为 Δp_f：

$$\Delta p_f = H_m(\rho_s - \rho_g)(1 - \varepsilon_{mf})g \approx H_m \rho_b g \tag{12-69}$$

喷动床稳定喷动时的压力降与流态化压力降之比为[47,48]：

$$\frac{\Delta p_s}{\Delta p_f} = \left[0.75 - \left(1 - \frac{H}{H_m}\right) + 0.25\left(1 - \frac{H}{H_m}\right)^4 \right]\frac{H}{H_m} \tag{12-70}$$

12.6.2.5　最小喷动速度

能维持喷动床正常工作的最小气流速度 u_{ms} 取决于物料特性和喷动床的几何尺寸。对圆筒形床身，u_{ms} 随床层物料高度的增加及圆筒直径的减小而增加。

对于由圆筒和圆锥组成的喷动床，圆筒体直径小于 0.5m 时，u_{ms} 可按下述经验公式计算[49]：

$$u_{ms} = (d_p/D_c)(D_i/D_c)^{1/3}[2gH(\rho_s - \rho_g)/\rho_g]^{1/2} \tag{12-71}$$

式中，粒径 d_p 对窄筛分球形或近似球形粒子取为几何平均粒径，对混合粒径物料则取其等比表面积平均粒径，对非球形颗粒近似取其体积当量粒径，对长椭球形粒子则取其椭圆短轴为粒径。

对圆筒体直径大于 0.5m 的喷动床，上式计算的 u_{ms} 会偏小。近似的方法是把式(12-71)计算的 u_{ms} 乘以 $2.0D_c$（D_c 的单位为 m）当作最小喷动速度[50]。近来研究还表明，式(12-71)未很好地考虑床层温度升高使流体黏度降低对最小喷动速度的影响[51]。

此外，对床层高度不超过底部锥体高度的情况，u_{ms} 直接与 H 成正比[52]。由于平底柱形喷动床常常在接近底部的环隙区有较大的死区，因此这种床型根据其床层高度的不同，其最小喷动速度与倒锥形或柱锥形喷动床的最小喷动速度相近[53]。

物料在特定床型中最大喷动床高下的最小喷动速度，称为最小喷动速度的最大值 u_m。u_m 与最小流化速度 u_{mf} 紧密相关。对特定物料有[47]：

$$\frac{u_m}{u_{mf}} = b = 0.9 \sim 1.5 \tag{12-72}$$

比值 b 取决于物料种类及喷动床结构。对特定的床体圆筒直径与进气口直径之比（D_c/D_i），随圆筒直径的增加，b 可由 1.5 逐渐减至 1；对特定的圆筒直径 D_c，随进气口直径 D_i 增加，b 可由 1 逐渐增至 1.5，随床层温度增加 b 可以减至 0.9。

12.6.2.6　气流分布

气流在喷动区和环形区的分布对于气-固两相接触的影响很大。在喷动床中，一部分气体向上喷射从喷动区经喷泉区逸出床层，另一部分气体则从喷动区界面渗流并透过环形区的移动床层，因此床层的流体分布将有两个流动分量。表 12-11 给出了气体在喷动床中的总体流动情况。

表 12-11　气体在喷动床中的总体流动[54]

项目	喷动区	环形区
底部倒锥处气体分布	总气量的 50%～70%	总气量的 30%～50%
喷动床面处气体分布	总气量的 20%～40%	总气量的 60%～80%
气流速度变化规律	底部倒锥处气速远高于颗粒的最小流化速度 u_{mf}，沿着喷动区向上，由于气体不断渗入环形区，气速逐步降低，至顶部时气速最低，但仍高于或接近 u_{mf}	气速均低于 u_{mf}，由于气体是从喷射区渗入环隙区，其上部气速高于下部气速

12.6.2.7　物料运动规律

喷动床中物料运动由颗粒间的相互作用及高速气流的喷射所确定。喷动床内气固两相流动在不同区域有不同的流动机理，当前研究主要集中在喷动区和环形区。

在喷动区，颗粒被周围的流体加速，其轴向速度由零逐渐增大到某个最大值，然后逐渐减速直至到达喷泉顶点时速度为零。

（1）物料在喷动区的运动规律

颗粒在喷动区内的垂直向上运动，受到来自上升气流的曳力和重力两个相反方向的力。按颗粒所受加速度的大小将喷动区分为 3 段，见图 12-53。Ⅰ段内颗粒初始加速，Ⅱ段内逐步减速，Ⅲ段是喷泉区，最后减速至零。

在Ⅰ段，颗粒上升速度为 u'：

$$u'\frac{\mathrm{d}u'}{\mathrm{d}z}=\frac{3\rho_g(u_s-u')^2 d_p^2 C_D}{4d_c^3 \rho_s}-\frac{(\rho_s-\rho_g)g}{\rho_s} \tag{12-73}$$

下边界条件：$z=0$ 处 $u_s=u_i$，$u'=0$。式中 C_D 为空气动力系数。

在Ⅱ段：

$$u_2'=\frac{2g(\rho_s-\rho_g)}{\rho_s}\left(\frac{3H'H^2-2H^3-z^3}{3z^2}\right) \tag{12-74}$$

在Ⅲ段：

$$u_2'=2g(H'-z)(\rho_s-\rho_g)/\rho_s \tag{12-75}$$

上边界条件：$z=H'$（喷泉顶处的高度）处 $u'=0$。

在喷动区内沿半径方向速度有明显差别。其分布情况见图 12-54。在任何高度沿径向速度分布均呈抛物线。其方程为：

$$u'/u_0'=1-(r^2/r_s^2) \tag{12-76}$$

式中，r 为距喷动中心的径距离，cm；r_s 为喷动区半径，cm；u' 为颗粒在喷动区的上升速度，m/s；u_0' 为中心处（即 $r=0$）的 u'。

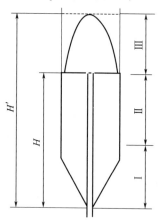

图 12-53　颗粒受力分段模型

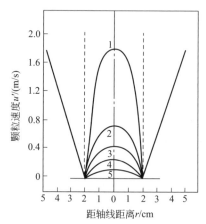

图 12-54　喷动区内颗粒速度分布

1—$z=4.2$；2—$z=5.2$；3—$z=7.2$；

4—$z=10.2$；5—$z=13.2$

（2）物料在环形区的运动规律

物料在环形区有垂直向下的运动与向着喷动区的径向运动，其运动规律为：

① 靠侧壁的物料下降速度仅略大于其他部分的下降速度，因而能用它近似代表颗粒平

均下降速度；

② 由于物料具有向着喷动区的横向速度，因而沿圆柱部分的物料下降速度逐渐减小；

③ 实验表明，物料的横向流动量近似为常数；

④ 增加床层高度会同时增加物料循环量和横向流动量；

⑤ 确定床层高度后，增加气流量会同时增加物料循环量和横向流动量；

⑥ 确定气流量后，加大进气口直径，只会增加物料横向流动量，对于循环量影响甚微。

12.6.3　热量传递

12.6.3.1　流体与物料间的传热

喷动床内流体与颗粒间的传热用两区模型来描述。由于喷动床内颗粒快速混合，且颗粒的体积热容 $\rho_p c_{pp}$ 远大于气体的体积热容 $\rho_f c_{pf}$，故可认为某一瞬间颗粒的温度均匀。对喷动区和环形区分别做热量衡算[55]。

喷动区：
$$Q_s \rho_f c_{pf}\left(\frac{\mathrm{d}T_{fs}}{\mathrm{d}z}\right) = (h_{pf})_s (1-\varepsilon_s)(T_p - T_{fs})\frac{3\pi D_s^2}{2d_p} \tag{12-77}$$

环形区：
$$\rho_f c_{pf}\left[Q_a \frac{\mathrm{d}T_{fa}}{\mathrm{d}z} + \frac{\mathrm{d}Q_a}{\mathrm{d}z}(T_{fa}-T_{fs})\right] = (h_{pf})_a 6A_a(1-\varepsilon_a)\frac{T_p - T_{fa}}{d_p} \tag{12-78}$$

边界条件：

$z=0$ 时，
$$T_{fs}=T_{fa}=T_{g1}$$

$z=H$ 时，
$$\frac{u\pi D_c^2}{4}(T_f)_{exit} = (Q_s T_{fs} + Q_a T_{fa})_H \tag{12-79}$$

式中，Q_s 为通过喷动区的流体流量，m^3/s；ρ_f 为流体密度，kg/m^3；c_{pf} 为气体比热容，$kJ/(kg \cdot \text{℃})$；T_{fs} 为喷动区内气体局部温度，℃；z 为床高，m；$(h_{pf})_s$ 为喷动区内气-固传热系数，$W/(m^2 \cdot \text{℃})$；ε_s 为喷动区的床层空隙率；d_p 为颗粒直径，m；D_s 为喷动区直径，m；T_p 为颗粒温度，℃；T_{fa} 为环形区内气体局部温度，℃；$(h_{pf})_a$ 为环形区气-固传热系数，$W/(m^2 \cdot \text{℃})$；A_a 为任一水平高度的环形区域面积，m^2；ε_a 为环形区床层空隙率；T_{g1} 为气体入口温度，℃；u 为空塔气速，m/s；D_c 为圆筒直径，m；H 为床高，m。

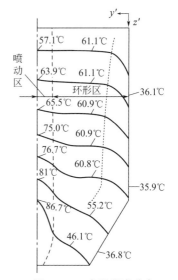

图 12-55　床层温度分布

12.6.3.2　器壁与床层间的传热

床层物料与床壁的传热主要发生在向下移动的颗粒与器壁之间。喷动床床层在靠床壁面处存在着热边界层，对液体喷动床，该边界层可扩大到喷动区，见图 12-55。气体喷动床与壁面的传热系数 h_w 有如下经验方程[55]：

$$\frac{h_w d_p}{k_f} = 0.54\left(\frac{d_p}{H}\right)^{0.17}\left(\frac{d_p^3 \rho_f^2 g}{\mu^2}\right)^{0.52}\left(\frac{\rho_b c_{pp}}{\rho_f c_{pf}}\right)^{0.45}\left(\frac{\rho_f}{\rho_b}\right)^{0.08} \tag{12-80}$$

12.6.4　传质

喷动床中采用热空气作为干燥介质对湿硅胶进行恒速干燥实验，得到的传质经验公式如下[55]：

$$Sh = 2.20 \times 10^{-4} R_{ep}^{1.45} \frac{D_c}{H}$$ (12-81)

颗粒内部的传质属内部条件控制，主要与物料自身性质有关，在此不做讨论。

12.6.5 床体结构改进

传统喷动床的缺点主要有：气流量是由喷动要求而不是由传热传质要求确定的；最大压力降远大于喷动压力降；在环隙区物料的流动性较差；喷动床几何尺寸受限制，难以实现大型化工业生产。针对上述缺点，各国学者多年来进行了不懈的努力和深入研究，对喷动床结构进行了大量改进，主要的结构改进见图 12-56[54-56]。

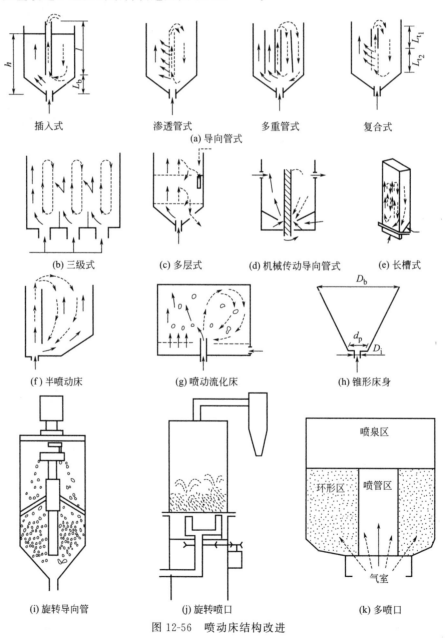

图 12-56 喷动床结构改进

12.6.6　喷动床主要部件的设计

12.6.6.1　进气口设计

实验证明，进气口位置与大小对喷动的稳定及压力降有明显影响。进气口常见形式见图 12-57。

① 进气口直径 D_i 小于锥底直径 D_b 有利于稳定喷动，见图 12-57(a)。

② Becker 大颗粒物料直径比 $D_i/D_c \leqslant 0.35$ 为宜，对细小物料（$d_p = 0.6mm$）$D_i/D_c = 0.1$ 为宜。Passos 和 Mujumdar 等推荐 $D_c/D_i = 6 \sim 10$，$D_i \leqslant 25d_p$。

③ 进气口高于锥底平面几厘米有利于喷动稳定，见图 12-57(b)、(c)。

④ 采用渐缩喷嘴 [图 12-57(c)] 优于直管喷嘴 [图 12-57(b)]。

⑤ 如果有环形区进气口，应设置在环形区下方。

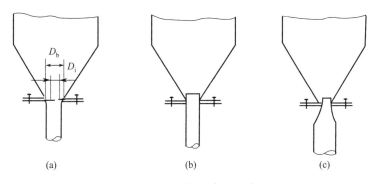

图 12-57　进气口常见形式

12.6.6.2　床身设计

床身设计数据如下。

床身直径：$D_c/d_p = 25 \sim 200$ 且 $D_c/D_i = 6 \sim 10$。

床层高度：$2D_i \leqslant H \leqslant H_m$。

床层支撑：当喷动停止作业时，为防止物料落入进气口，在设计时在进气口之上应置一筛网，筛网网孔略小于颗粒平均尺寸即可。

12.6.6.3　给料与排料

连续式作业一般在床顶或床侧处给料，并在床身对面设溢流管排料，以防止物料短路；改变溢流管位置可控制床层高度。

膏状、糊状物料进料时要注意防止进料管堵塞，一般采用直管在顶部给料，物料通过螺旋输送器、柱塞泵、震动送料器等装置输送。物料也可以从喷动床底部加入，见图 12-58。

12.6.6.4　折流帽

折流帽的作用是限制喷泉的高度并使固态物均匀地散落在环形区，一般取值 $x = \frac{1}{2}D_c$，$y = D_c$，见图 12-59。

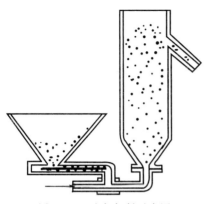

图 12-58　底部加料示意图

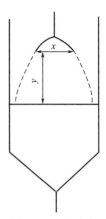

图 12-59　折流帽

符号说明

A——传热面积，m^2；

A——振幅，mm；

a——颗粒的比表面积，m^2；

a_b——单位体积床层的颗粒表面积，m^2；

m_a——比表面积，cm^2/cm^3；

B——宽度，m；

C——激振力，kgf 或 N；

c_{pp}——颗粒的比热容，$W/(kg \cdot K)$；

D——弹簧中径，cm；

D_c——床身圆筒直径，m；

D_i——喷动床进气口直径，m；

d——粒径，mm；

$\overline{d}_p$——颗粒群的等比表面积平均当量直径，m；

d_v——等体积当量直径，m；

d_s——等表面积当量直径，m；

d_{sv}——等比表面积当量直径，m；

F——多孔板面积，m^2；

F——激振力，kgf；

f——频率，Hz；

G——重量，kgf；

g——重力加速度，$981cm/s^2$；

H——高度，m，cm；

H_m——最大喷动床高，m；

h——传热系数，$W/(m^2 \cdot K)$；

h_{pg}——颗粒与气体间的传热系数，$W/(m^2 \cdot K)$；

K——振动强度，kg/cm；

K_g——气体的热导率，$W/(m \cdot K)$；

K_{vf}——传质系数，$kg/(m^2 \cdot s)$；

L——长度，m；

m——质量，kg；

Δp——压强降，Pa；

Q——传热量，W；

S——干燥室横截面积，m^2；

S_p——颗粒表面积，m；

T——温度，℃或 K；

T_g——气体温度，K；

T_p——颗粒温度，K；

u——气体流速，m/s；

u_{ms}——最小喷动速度，m/s；

u_{mf}——临界流化速度，m/s；

u_t——夹带速度，m/s；

V——体积，m^3；

V_p——颗粒体积，m^3；

w——湿含量，%；

x，y，z——坐标轴；

α——内摩擦角度，$(°)$；

β——休止角，$(°)$；

β——激振角，$(°)$；

β——堆积角，$(°)$；

ε——床层空隙率；

λ——热导率，$W/(m \cdot K)$；

μ——动力黏度，cP❶；

---

❶ $1cP = 10^{-3} Pa \cdot s$。

μ——气体黏度，cP；

ρ——密度，kg/m³；

ρ_{bl}——松散堆积密度，kg/m³；

ρ_{bt}——振实堆积密度，kg/m³；

ρ_s——颗粒真密度，kg/m³；

ρ_{sa}——颗粒表观骨架密度，kg/m³；

τ——时间，s，min，h；

ψ——形状系数；

φ——颗粒的圆形度；

ω——角频率，s^{-1}；

Φ_s——颗粒的球形度。

参考文献

［1］ Grace J R . High-velocity fluidized bed reactors ［J］. Chemical Engineering Science, 1990, 45（8）：1953-1966.

［2］ Geldart D. "Type of Gas Fluidization"［J］. Powder Technology, 1973, 7（5）：285-292.

［3］ Grace J R. Contacting modes and behaviour classification of gas——solid and other two-phase suspensions ［J］. The Canadian Journal of Chemical Engineering, 1986, 64（3）：353-363.

［4］ 金涌，祝京旭，汪展文，等. 流态化工程原理［M］. 第2章，流态化基础知识和流型分类. 北京：清华大学出版社，2001.

［5］ 潘永康，王喜忠，刘相东. 现代干燥技术［M］. 第11章，流化床干燥. 北京：化学工业出版社，2007.

［6］ 郭慕孙，李洪钟. 流态化手册［M］. 第2篇第1章，基本特征. 北京：化学工业出版社，2007.

［7］ Zhao Lijuan, Li Jianguo, Pan Yongkang. Investigations on Drying of Salt Granules and the Air Distributing System of Fluidized Bed ［J］. Drying Technology, 2008, 26（11），1369-1372.

［8］ 金涌，祝京旭，汪展文，等. 流态化工程原理［M］. 第6章，气固流化床的传热. 北京：清华大学出版社，2001.

［9］ Chung Lim Law , Mujumdar A S. Fluidized Bed Dryers. In: Handbook of Industrial Drying ［M］. Fourth Edition, edited by Mujumdar A S, Boca Raton, FL 33487-2742: CRC Press, 2014: 162-190.

［10］ Groenewold H, Tsotsas E. Drying in fluidized beds with immersed heating elements ［J］. Chemical Engineering Science, 2007, 62（1-2）：481-502.

［11］ 杨阿三，程榕，孙勤，等. 内加热流化床在草甘膦干燥中的应用［J］. 浙江化工，2003（10）：20-22.

［12］ 刘华彦，杨阿三，伍沅，等. 带水平传热管束的组合加热流化床传热及干燥特性［J］. 浙江工业大学学报，2002（02）：8-11＋16.

［13］ Balasubramanian N, Srinivasakannan C, Ahmed Basha C. Drying kinetics in the riser of circulating fluidized bed with internals ［J］. Drying Technology, 2007, 25（10）：1595-1599.

［14］ Li Z, Su W, Wu Z, et al. Investigation of Flow Behaviors and Bubble Characteristics of a Pulse Fluidized Bed via CFD Modeling ［J］. Drying Technology, 2009, 28（1）：78-93.

［15］ Nitz M, Taranto O. Drying of a Porous Material in a Pulsed Fluid Bed Dryer: The Influences of Temperature, Frequency of Pulsation, and Air Flow Rate ［J］. Drying Technology, 2009, 27（2）：212-219.

［16］ Jia D, Cathary O, Peng J. Fluidization and drying of biomass particles in a vibrating fluidized bed with pulsed gas flow ［J］. Fuel Processing Technology, 2015, 138: 471-482.

［17］ 李占勇，潘波，高新源，等. 脉动气流辅助流化下双组分颗粒的混合特性研究［J］. 农业机械学报，2015, 46（03）：247-253.

［18］ 王相友，孙传祝，郭超，等. 5HMⅡ型脉动流化干燥机试验研究［J］. 农业机械学报，2005, 36（12），60-63.

［19］ 曹崇文，高振江. 射流冲击流化床干燥的试验研究［J］. 干燥技术与设备，2003,（1），21-23.

［20］ Wang D, Dai J W, Ju H Y, et al. Drying kinetics of American ginseng slices in thin-layer air impingement dryer ［J］. International Journal of Food Engineering, 2015, 11（5）：701-711.

［21］ Xiao Hongwei, Bai Junwen, Xie Long, et al. Thin-layer air impingement drying enhances drying rate of American ginseng（Panax quinquefolium L.）slices with quality attributes considered ［J］. Food and Bioproducts Processing, 2015, 94: 581-591.

［22］ Xiao H W, Law C L, Sun D W, et al. Color change kinetics of American ginseng（Panax quinquefolium） slices during air impingement drying [J]. Drying Technology, 2014, 32（4）: 418-427.

[23] Xiao H W, Gao Z J, Lin H, et al. Air impingement drying characteristics and quality of carrot cubes [J]. Journal of Food Process Engineering, 2010, 33（5）: 899-918.

[24] Xiao H W, Lin H, Yao X D, et al. Effects of different pretreatments on drying kinetics and quality of sweet potato bars undergoing air impingement drying [J]. International Journal of Food Engineering, 2009, 5（5）.

[25] Xiao H W, Bai J W, Sun D W, et al. The application of superheated steam impingement blanching（SSIB）in agricultural products processing——A review [J]. Journal of Food Engineering, 2014, 132: 39-47.

[26] Xiao H W, Yao X D, Lin H, et al. Effect of SSB（Superheated Steam Blanching）time and drying temperature on hot air impingement drying kinetics and quality attributes of yam slices [J]. Journal of Food Process Engineering, 2012, 35: 370-390.

[27] 于贤龙, 高振江, 代建武, 等. 苜蓿气体射流冲击联合常温通风干燥装备设计及试验 [J]. 农业工程学报, 2017, 33（15）: 293-300.

[28] 曾涛. 离心流化床的基本原理及发展趋势 [J]. 四川理工学院学报（自然科学版）, 2008（03）: 100-102.

[29] 薛付英, 王维, 阎红. 离心流化床中的干燥特性的实验研究 [J]. 高校化学工程学报, 2001（04）: 318-322.

[30] 王海, 王馨, 丁燕菁, 等. 离心流化床内物料干燥特性的实验研究 [J]. 东南大学学报（自然科学版）, 2000（05）: 42-46.

[31] 王海, 施明恒. 离心流化床干燥过程中传热传质的数值模拟 [J]. 化工学报, 2002（10）: 1040-1045.

[32] Daleffe R V, Ferreira M C, Freire José T. Drying of pastes in vibro-fluidized beds: effects of the amplitude and frequency of vibration [J]. Drying Technology, 2005, 23（9-11）: 1765-1781.

[33] Meili L, Daleffe R V, Ferreira M C, et al. Analysis of the influence of dimensionless vibration number on the drying of pastes in vibrofluidized beds [J]. Drying Technology, 2010, 28（3）: 402-411.

[34] 朱学军, 吕芹, 叶世超. 振动流化床临界流化速度理论预测与实验研究 [J]. 高校化学工程学报, 2007, 21（1）, 59 -63.

[35] 朱学军, 吕芹, 叶世超. 振动流化床床层压降理论分析与实验研究 [J]. 四川大学学报, 2007, 39（1）, 78 -82.

[36] Cruz M A A, Passos M L, Ferreira W R. Final drying of whole milk powder in vibrated-fluidized beds [J]. Drying Technology, 2005, 23（9-11）: 2021-2037.

[37] Pan Y K, Li Z Y, Mujumdar A S, et al. Analogy of heat and mass transfer for drying hygroscopic particles in vibrated fluid beds. Bulletin of the Polish Academy of Sciences: Technical Science, 48（3）, 463-474, 2000.

[38] 陈国桓, 李永辉, 赵忠祥, 等. 惰性粒子流化床中的悬浮液干燥 [J]. 化工学报, 1996（04）: 474-480.

[39] Zhao L J, Pan Y K, Li J G, et al. Drying of a dilute suspension in a revolving flow fluidized bed of inert particles [J]. Drying Technology, 2004, 22（1）: 363-376.

[40] Pan Y K, Li J G, Zhao L J, et al. Performance characteristics of the vibrated fluid bed of inert particles for drying of liquid feeds [J]. Drying Technology, 2001, 19（8）: 2003-2018.

[41] 朱学军, 吕芹, 叶世超. 惰性粒子振动流化床中膏状物料干燥 [J]. 化工学报, 2007（07）: 1663-1669.

[42] 朱学军, 叶世超, 吕芹. 带浸没管的惰性粒子振动流化床传热特性 [J]. 化学工程, 2007（12）: 18-21.

[43] T. 库德. 李占勇, 译. 先进干燥技术 [M]. 北京: 化学工业出版社, 2005.

[44] Tadeusz Kudra, Mujumdar A S. Chapter 21 Special Drying Techniques and Novel Dryers. In: Handbook of Industrial Drying [M]. Fourth Edition, edited by Mujumdar A S, Boca Raton, FL 33487-2742: CRC Press, 2014: 440-441.

[45] Malek M A, Lu B C Y. Pressure drop and spoutable bed height in spouted beds [J]. Industrial & Engineering Chemistry Process Design & Development, 1965, 4（1）.

[46] Becker H A. An investigation of laws governing the spouting of coarse particles [J]. Chemical Engineering Science, 1961, 13（4）: 245-262.

[47] Mathur K B, Epstein N. Spouted beds [M]. New York: Academic Press, 1974.

[48] Epstein N, Lim C J, Mathur K B. Data and models for flow distribution and pressure drop in spouted beds [J]. The Canadian Journal of Chemical Engineering, 1978, 56（4）: 436-447.

[49] Mathur K B, Gishler P E. A technique for contacting gases with coarse solid particles [J]. AIChE Journal, 1955, 1（2）.

[50] Fane A G, Mitchell R A. Minimum spouting velocity of scaled-up beds [J]. The Canadian Journal of Chemi-

cal Engineering, 1984, 62（3）: 437-439.

［51］ Ye B, Lim C J, Grace J. R. Hydrodynamics of spouted and spout-fluidized beds at high temperature［J］. Canadian Journal of Chemical Engineering, 1992, 70（5）: 840-847.

［52］ He Y L, Lim C J, Grace J R. Spouted bed and spout-fluid bed behaviour in a column of diameter 0. 91 m ［J］. Canadian Journal of Chemical Engineering, 1992, 70（5）: 848-857.

［53］ Lim C J, Grace J R. Grace. Spouted bed hydrodynamics in a 0. 91 m diameter vessel［J］. Canadian Journal of Chemical Engineering, 1987, 65（3）: 366-372.

［54］ 潘永康, 王喜忠, 刘相东. 现代干燥技术［M］. 第 12 章, 喷动床干燥. 北京: 化学工业出版社, 2007.

［55］ 郭慕孙, 李洪钟. 流态化手册［M］. 第 2 篇第 5 章, 喷动床. 北京: 化学工业出版社, 2007.

［56］ 赵杏新, 刘伟民, 罗惕乾, 等. 喷动床技术研究进展［J］. 农业机械学报, 2006（07）: 189-193.

（赵丽娟，李建国，杨大成，潘永康）

第13章

喷雾干燥

13.1 喷雾干燥概述

13.1.1 喷雾干燥原理和流程

喷雾干燥是采用雾化器将原料液分散为雾滴，并用热气体（空气、氮气或过热水蒸气）干燥雾滴而获得产品的一种干燥方法。原料液可以是溶液、乳浊液、悬浮液，也可以是熔融液或膏糊液。干燥产品根据需要可制成粉状、颗粒状、空心球或团粒状。

13.1.1.1 液体的雾化

将料液分散为雾滴的雾化器是喷雾干燥的关键部件，目前常用的有 3 种雾化器。

① 气流式雾化器　采用压缩空气或蒸汽以很高的速度（≥300m/s）从喷嘴喷出，靠气液两相间的速度差所产生的摩擦力使料液分裂为雾滴。

② 压力式雾化器　用高压泵使液体获得高压，高压液体通过喷嘴时，将压力能转变为动能而高速喷出，从而分散为雾滴。

③ 旋转式雾化器　料液在高速转盘（圆周速度 90～160m/s）中受离心力作用从盘边缘甩出而雾化。

13.1.1.2 喷雾干燥流程

（1）喷雾干燥的典型流程

喷雾干燥的典型流程如图 13-1 所示，相应的雾化器包括空气加热系统、原料液供给系统、干燥系统、气固分离系统以及控制系统（图中未示出）。

（2）闭路循环喷雾干燥系统

此系统如图 13-2 所示。有下列情况之一者应采用闭路循环干燥系统：

① 固体中含有有机溶剂需要回收或与空气接触可能产生燃烧或爆炸危险；

② 干燥有毒、有臭味的产品；

③ 粉尘在空气中会形成爆炸混合物；

④ 成品避免和氧接触，否则会发生氧化而影响产品质量。

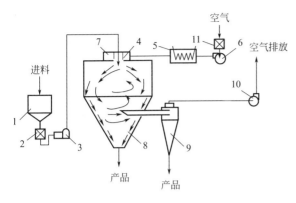

(a) 旋转式(或轮式)雾化器

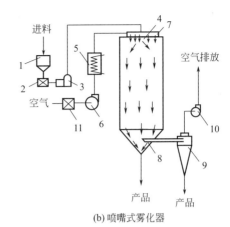

(b) 喷嘴式雾化器

图 13-1 喷雾干燥的典型流程

1—料罐；2—过滤器；3—泵；4—雾化器；5—空气加热器；6—鼓风机；7—空气分布器；8—干燥室；

9—旋风分离器；10—排风机；11—过滤器

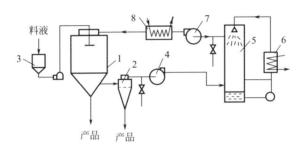

图 13-2 闭路循环喷雾干燥系统流程

1—喷雾干燥器；2—旋风分离器；3—料罐；4—排风机；5—湿式洗涤器；6—洗涤器冷却系统；

7—鼓风机；8—加热器

闭路循环干燥系统具有下述主要特点：

① 用惰性气体（通常用 N_2）作干燥介质；

② 设置一洗涤冷凝器，以冷凝回收有机溶剂蒸气及洗涤除去气体中的粉尘，防止堵塞加热器；

③ 整个系统在正压下操作要防止泄漏。

（3）自惰化喷雾干燥系统

此系统如图 13-3 所示。本系统的特点是具有一个直接燃烧的加热器，干燥介质是周围的空气，加热器的作用是加热再循环气体达到干燥器入口温度，并由于燃烧而构成低氧含量的干燥气体，是因为所处理的粉尘具有爆炸或燃烧危险而设计的。排出的气体量为总气体量的 $10\%\sim15\%$。

如果排出的气体有臭味，还可以将此部分气体通入加热器进行燃烧，并回收这部分热量。

（4）二级或三级干燥法

二级干燥法如图 13-4 所示。第一级为喷雾干燥，在干燥塔底设置第二级干燥——振动流化床或普通流化床干燥，尚未完全干燥的喷雾干燥产品进入流化床继续干燥并冷却，可直接包装。采用此操作时，可适当地提高进气温度，降低排气温度，以降低能耗并保证质量。

其能耗比较见表 13-1。

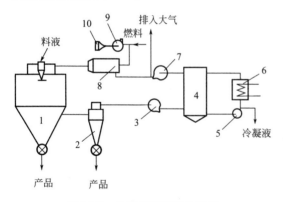

图 13-3　自惰化喷雾干燥系统

1—干燥塔；2—旋风分离器；3,7,9—风机；

4—冷凝洗涤器；5—循环泵；6—冷却器；

8—加热器；10—空气过滤器

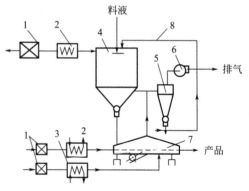

图 13-4　二级干燥法流程

1—空气过滤器；2—加热器；3—冷却器；4—喷雾干燥器；

5—旋风分离器；6—排风机；7—振动流化床

干燥器；8—细粉尘返回管线

表 13-1　单级和多级干燥能耗比较

级数	热量消耗/(kJ/kg)	节省能量/(kJ/kg)	节能率/%
单级	5023.2	0	0
二级	4102.3	920.9	18.3
三级	3558.1	1465.1	29.2

三级干燥法如图 13-5 所示，在塔内设第二级流化床干燥，在塔外下部设第三级干燥和冷却，节能效果见表 13-1。

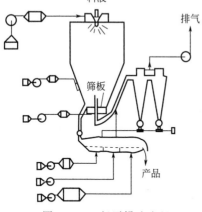

图 13-5　三级干燥法流程

13.1.2　喷雾干燥的优缺点

喷雾干燥具有下述优点：

① 由于雾滴群的表面积很大，物料所需的干燥时间很短（以秒计）。

② 在高温气流中，表面润湿的物料温度不超过干燥介质的湿球温度，由于迅速干燥，最终的产品温度也不高。因此，喷雾干燥特别适用于热敏性物料。

③ 根据喷雾干燥操作上的灵活性，可以满足各种产品的质量指标，例如粒度分布，产品形状，产品性质（不含粉尘、流动性、润湿性、速溶性），产品的色、香、味、生物活性以及最终产品的湿含量。

④ 简化工艺流程。在干燥塔内可直接将溶液制成粉末产品。此外，喷雾干燥容易实现机械化、自动化，减轻粉尘飞扬，改善劳动环境。

与此同时，喷雾干燥也存在以下缺点：

① 当空气温度低于 150℃ 时，体积传热系数较低 [$23\sim116W/(m^3 \cdot K)$]，所用设备容积大；

② 对气固混合物的分离要求较高，一般需两级除尘；

③ 热效率不高，一般顺流塔型为 $30\%\sim50\%$，逆流塔型为 $50\%\sim75\%$。

13.2　雾化器的结构和计算

雾化溶液所用的雾化器是喷雾干燥装置的关键部件。喷雾干燥所用雾化器的分类如图 13-6 所示。本节将分别叙述气流式、压力式和旋转式 3 种雾化器的结构、性能和计算方法。

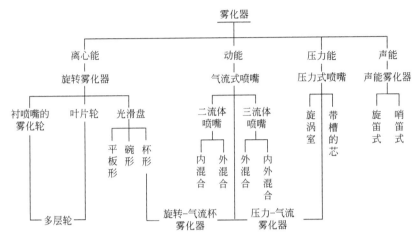

图 13-6　雾化器的分类

13.2.1　雾化机理

溶液的喷雾干燥是在瞬间完成的。为此，必须最大限度地增加其分散度，即增加单位体积溶液中的表面积，才能加速传热和传质过程。例如体积为 $1cm^3$ 的溶液，若将其分散成直径为 $10\mu m$ 的球形小液滴，分散前后相比，表面积增大 1290 倍，从而大大地增加了蒸发表面，缩短了干燥时间。液体的雾化机理基本上可分为 3 种类型，即滴状雾化、丝状雾化和膜状雾化。

13.2.1.1　滴状雾化

在压力式雾化器中，溶液以不大的速度流出喷嘴时，就形成细流状，在离喷嘴出口一定距离处，开始分裂成液滴，如图 13-7 所示。这是因为表面张力形成一个不稳定的圆柱状的液滴。由于某处液

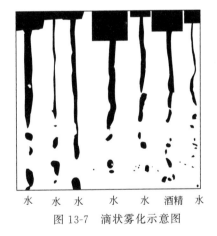

图 13-7　滴状雾化示意图

流的直径小于平均值，并在此形成较薄的液膜。此处所受的表面张力作用较液膜厚的部分大得多，因此，薄的部分所含的液体就转移到了厚的部分，然后，这部分延长成线，并分裂为大小不同的液滴。这种雾化机理称为滴状雾化或滴状分裂。

在旋转式雾化器中，当盘的圆周速度和进料速率都很低时，溶液的黏度和表面张力的影响是主要的，雾滴将单独形成并从盘边缘处甩出，如图 13-8 所示。对于直接形成液滴的雾化情况（低进料速率和低盘转速时），液滴尺寸大约等于在盘周边表面上液膜的厚度。

在气流式雾化器中，气液速度差非常小时就出现滴状雾化。

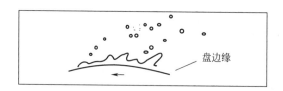

图 13-8 旋转式雾化器滴状雾化示意图

13.2.1.2 丝状雾化

在压力式雾化器中，进一步提高溶液的喷出速度（即提高压力），由于表面张力和外力的作用，液柱会沿着水平与垂直方向振动，使其变成螺旋状振动的液丝，在其末端或较细处很快就断裂为许多小雾滴，如图 13-9 所示。图 13-9（a）表示由上往下看到的液丝运动状态；（b）则是从侧面看到的液丝运动状态。

同样，在气流式喷雾中，当气、液相对速度较大时，气、液间有很大的摩擦力，此时液柱好像一端被固定，另一端被用力拉成一条条细长的线，这些线的抽细处很快断裂，并分裂成小雾滴。相对速度越大，丝越细，丝存在的时间越短，雾越细。

在旋转式雾化器中，当盘转速和进料速率较高时，半球状料液被拉成许多液丝。液量增加，液丝数目也增加，但达到一定数值以后，再增加液量时液丝就变粗，液丝数目不再增加。液丝极不稳定，距圆盘不远处就迅速断裂，变成无数小液滴，如图 13-10 所示。

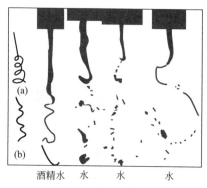

图 13-9 丝状雾化示意图

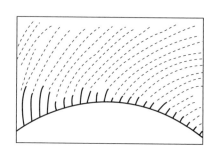

图 13-10 旋转式雾化器的丝状雾化

13.2.1.3 膜状雾化

当溶液以相当高的速度从压力式喷嘴喷出，或者气体以相当高的速度从气流式喷嘴喷出时，都形成一个绕空气心旋转的空心锥薄膜状雾滴群，薄膜分裂为液丝或液滴。如图 13-11 所示。

在旋转式雾化器中，当液量较大时，液丝数目与厚度均不再增加，液丝间相互合并成连续的液膜，如图 13-12 所示。这些膜由圆盘周边伸长至一定距离后破裂，分散成雾滴。

13.2.2 雾滴（或颗粒）的平均直径及其分布

为了表示大小不同的液滴和颗粒尺寸，人们采用各种平均直径，作为代表全部液滴和颗粒大小的一个单一值。但这个值并不能充分地代表尺寸分布。平均直径必须同其他参数一起才能充分确定尺寸特征。选择什么样的平均尺寸，取决于过程的特点和所提供的有关数据（如长度、面积、体积、质量等）。

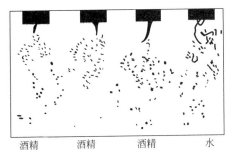

图 13-11　压力式雾化器的膜状雾化

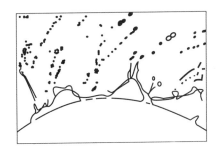

图 13-12　旋转式雾化器的膜状雾化

测量尺寸分布的方法很多，如显微镜分析法、筛分法、沉降法、扬析法、光吸收法和使用自动检测仪器测量等。

13.2.2.1　数据的表示方法

若采用某一种测量手段，测得一些颗粒或液滴的数据，这些数据可用不同的方法来处理和表示，才能显示其特征。

（1）列表法

这是一种很精确的表示液滴尺寸的通用方法。表格能够表示出每一种尺寸的分布情况。由表 13-2 可以看到，占比最大的液滴直径范围是 $25\sim35\mu m$，其占比为 39.5%。可以根据需要，列出所需的数量之间的关系。但是，大量的数据要做成表格的形式是很麻烦的，而且要一下子看明白表中的数据并作出说明也是困难的。因此，在实际上往往采用图示法。

表 13-2　液滴数据及其处理结果汇总

液滴尺寸间隔 $\Delta D/\mu m$	每一间隔的代表尺寸 D/m	各尺寸的液滴数 N_i	各尺寸液滴数所占百分比 $f_N(D)/\%$	小于 D 的累积百分数/%	$D_iN_i\times10^{-2}$	$D_i^2N_i\times10^{-2}$	$D_i^3N_i\times10^{-3}$
$0\sim5$	2.5	3	0.4	0.4	0.075	0.18	（忽略）
$5\sim15$	10	18	3.2	3.6	1.8	18	18
$15\sim25$	20	130	23.4	27.0	26	520	1040
$25\sim35$	30	220	39.5	66.5	66	1980	5940
$35\sim45$	40	105	19.0	85.5	42	1675	6700
$45\sim55$	50	48	8.6	94.1	24	1200	6000
$55\sim65$	60	16	2.9	97.0	9.6	573	3440
$65\sim75$	70	11	2.0	99.0	7.7	539	3770
$75\sim85$	80	6	1.0	100.0	4.8	384	3070
		557	100.0		182	6890	30000

（2）图示法

图示法和列表法相比，具有下列优点：由图示法所提供的数据，可以迅速地估算某些参数。由图示法所提供的尺寸分布曲线可以很快地看出其分布关系。在数据甚多的情况下，图示法尤为清晰。常用的图示法如下。

① 矩形图　矩形图是表示雾滴或颗粒尺寸分布的一种最简单的方法。在一给定尺寸范围（尺寸间隔）内，对液滴或颗粒数所占百分比作图。这个矩形图直接指示出液滴或颗粒群的尺寸分布。例如，按表 13-2 的第 1 栏（液滴尺寸间隔）和第 4 栏（各尺寸液滴数所占百分比）的数据作成矩形图。第 1 栏即矩形宽度，第 4 栏即矩形高度，连接第 2 栏（每一间隔的代表尺寸）各值，即得各折线，如图 13-13 所示。

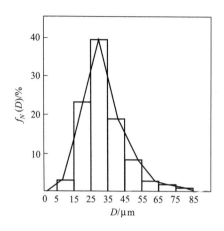

图 13-13　表示液滴尺寸分布的矩形图

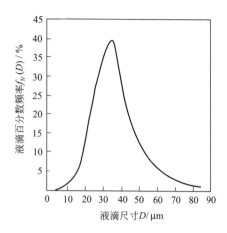

图 13-14　表示平均液滴直径的频率曲线图

②尺寸频率曲线图　采用大量的尺寸间隔（ΔD）来表示尺寸分布所作的曲线图更便于实际应用。可以认为尺寸频率曲线图是 ΔD 趋近于 0（$\Delta D \rightarrow 0$）时的一个平滑的矩形图。可按直径、体积、表面积等测定某一组数据，作出频率曲线图。图 13-14 所示的频率曲线是根据表 13-2 的第 2 栏（D）和第 4 栏 $[f_N(D)]$ 数据作出的。液滴（或颗粒）频率 $f_N(D)$ 通常以直径所占的百分比来表示。频率曲线表示为

$$\int_{D_{\min}}^{D_{\max}} f_N(D)\mathrm{d}(D) = 100 \quad (\%) \tag{13-1}$$

式中，$f_N(D)$ 表示在样品中某一尺寸液滴所占的百分比（以液滴数为基准）。

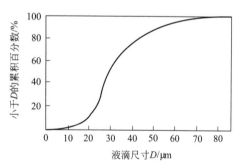

图 13-15　表示平均液滴直径分布的
累积分布曲线图

③累积分布曲线图　表示尺寸分布更进一步的方法是累积分布图。这个图是由大于或小于给定尺寸的液滴（或颗粒）的累积频率百分数与尺寸大小的关系构成的。例如以表 13-2 的第 5 栏为纵坐标，第 2 栏为横坐标，作出累积分布曲线图，如图 13-15 所示。液滴或颗粒直径、表面积、体积、质量都可以作为制图的基准。

13.2.2.2　平均直径

一个雾滴群或颗粒群特性，要由一个分布函数和两个参数——采样形式的平均直径及测量的尺寸范围来表示。平均直径是表示全部雾滴的一个数学值，此值是雾滴数目、长度、面积或体积大小的一种量度。

①常用直径 D_f　能满意地表示出雾滴或干粉样品的特征。用图示法时，常用直径 D_f 相应于频率曲线的最高点。例如由图 13-14 查得 $D_f = 35\mu m$；或者由表 13-2 的第 4 行 39.5% 查到相应的 $25 < D_f < 35$。

②算术平均直径 D_{AM}

$$D_{AM} = \frac{\sum D_i N_i}{\sum N_i} \tag{13-2}$$

式中，D_i 为某一间隔的液滴代表尺寸，μm；N_i 为某一间隔的液滴代表尺寸的数量。例如，按照表 13-2 的第 3 栏或第 6 栏数据

$$D_{AM} = \frac{\sum D_i N_i}{\sum N_i} = \frac{182 \times 10^2}{557} = 32.7 \ (\mu m)$$

③ 中间直径 D_M　中间直径是用液滴（或颗粒）数 50% 时的滴径（或粒径）来表示的。所以，在累积曲线上 50% 处相对应的直径便是中间直径。例如，由图 13-15 可以查到，当 $f_N(D) = 50\%$ 时，$D_M = 29 \mu m$；或者由表 13-2 查到，当 $f_N(D) = 50\%$ 时，$20 < D_M < 30 \mu m$。

④ 面积平均直径 D_{SM}　当某过程属于表面积控制时，如吸收等，其直径用面积平均直径表示为宜

$$D_{SM} = \left(\frac{\sum D_i^2 N_i}{\sum N_i} \right)^{1/2} \tag{13-3}$$

例如，由表 13-2 的第 3 栏和第 7 栏的数据，可算出 D_{SM}

$$D_{SM} = \left(\frac{\sum D_i^2 N_i}{\sum N_i} \right)^{1/2} = \left(\frac{6890 \times 10^2}{557} \right)^{1/2} = 35.2 \ (\mu m)$$

采用光吸收分析法时，其直径是基于表面积的，宜用面积平均直径。

⑤ 体积平均直径 D_{VM}　利用沉积分析法或筛分法分析喷雾干燥所得颗粒时，是根据其体积或质量得到平均直径

$$D_{VM} = \left(\frac{\sum D_i^3 N_i}{\sum N_i} \right)^{1/3} \tag{13-4}$$

例如，由表 13-2 的第 3 栏和第 8 栏数据，可以算出体积平均直径 D_{VM}

$$D_{VM} = \left(\frac{\sum D_i^3 N_i}{\sum N_i} \right)^{1/3} = \left(\frac{30000 \times 10^3}{557} \right)^{1/3} = 37.7 \ (\mu m)$$

⑥ 体积-面积平均直径 D_{VS}　又称索特（Sauter）平均直径，其定义是液滴（或颗粒）的面积对体积比值等于全部雾滴（或粉末）样品的面积对体积的比值。通常用于喷雾干燥热量和质量交换过程、化学反应过程等。

$$D_{VS} = \frac{\sum D_i^3 N_i}{\sum D_i^2 N_i} \tag{13-5}$$

例如，由表 13-2 的第 7 栏和第 8 栏数据可以得到

$$D_{VS} = \frac{\sum D_i^3 N_i}{\sum D_i^2 N_i} = \frac{30000 \times 10^3}{6890 \times 10^2} = 43.6 \ (\mu m)$$

上面讨论了各种平均直径的计算方法，并以表 13-2 的原始数据计算了各种平均直径，现将计算结果列于表 13-3，以便比较。对喷雾干燥过程常用的平均直径为中间直径 D_M 和体积-面积（索特）平均直径 D_{VS}。

表 13-3　按表 13-2 原始数据计算的各种直径

平均直径名称	平均直径/μm	平均直径名称	平均直径/μm
常用直径 D_f	35	面积平均直径 D_{SM}	35.2
算术平均直径 D_{AM}	32.7	体积平均直径 D_{VM}	37.7
中间直径 D_M	29	体积-面积(索特)平均直径 D_{VS}	43.6

13.2.3　气流式喷嘴

13.2.3.1　气流式喷嘴的操作原理和优缺点

二流体气流式喷嘴如图 13-16 所示，中心管走料液，压缩空气走环隙，当气液两相在出口端面接触时，由于从环隙喷出的气体速度很大（200～340m/s），液体速度很小（<2m/

s)，故在两流体之间产生很大的摩擦力，此力将料液雾化。喷雾所用压缩空气的压力一般为 0.32～0.7MPa。

气流式喷嘴，在一般情况下属于膜状雾化，所以雾滴比较细。这种膜的形成方式如图 13-17 所示。当气液相对速度足够大的时候，一个正常的雾化状态应是一个充满空气的锥形薄膜，薄膜不断地膨胀扩大，然后分裂成极细雾滴。薄膜的残余周边则分裂为较大的雾滴。雾滴群离开喷嘴时的形状，因为是一个被空气充满的锥形薄膜，因而也称空心锥喷雾。空心锥的锥角 θ，一般称为喷雾角或雾化角。上述的锥形薄膜雾滴群称为雾炬或喷雾锥。气流式的喷雾角 θ 通常为 20°～30°。

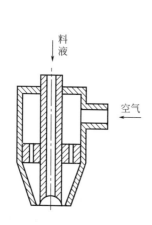

图 13-16　二流体气流式喷嘴

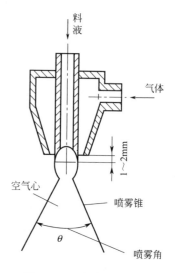

图 13-17　喷雾锥示意图

气流式喷嘴具有下列特点：

① 喷嘴结构简单，磨损小；

② 对于低黏度或高黏度料液（包括滤饼在内），特别是含有少量杂质的物料，均可雾化，因此，适用范围很广；

③ 气流式喷嘴所得雾滴较细；

④ 气流式喷嘴操作弹性大，即处理量有一定伸缩性，且调节气液比可控制雾滴大小，因而也就控制了成品粒度。

气流式喷嘴和压力式或旋转式喷嘴相比，主要缺点是动力消耗较大，约为它们的 5～8 倍。由于气流式喷嘴制造简单，操作和维修方便，在中等规模或实验规模雾化干燥中获得了广泛的应用。降低动力消耗的途径是改进喷嘴结构，降低气液比，提高雾化能力；滤饼直接喷雾；以水蒸气或过热蒸汽代替压缩空气。

13.2.3.2　气流式喷嘴的结构

（1）二流体喷嘴

具有一个液体通道和一个气体通道的喷嘴，如图 13-16 所示。在气流式喷嘴中二流体应用最广。二流体内混合喷嘴如图 13-18 所示，气-液两相在喷嘴内部的混合室接触、混合，雾化后的雾滴群从喷出口喷出。气体经导向叶片后变成旋转运动进入混合室，旋转的气体与液体接触有利于雾化。

对于内混合喷嘴，要求在气、液接触的平面处，气体必须保持足够的速度，以造成负压，将液体吸入，否则液体要加压输入。因此，喷嘴内气、液接触面对压强分布有要求。

　　内混合比外混合能够更好地利用气体能量来雾化液体。因为空气离开外混合喷嘴时，总要散掉一部分，不能用来雾化液体。从能量的利用角度来看，采用内混合为宜。即使是内混合喷嘴，也只是利用气体总能量的 0.5%。另外，实践证明，认为内混合喷嘴易堵塞的看法是不恰当的。

　　图 13-19 示出另一种结构的内混合二流体喷嘴。

　　外混合喷嘴，系指气-液两相在喷嘴出口的外部接触、雾化的喷嘴。一种结构是气体和液体喷嘴出口的端面在同一垂直面上，见图 13-16；另一种是液体喷嘴端面高出气体喷嘴端面 1~2mm，如图 13-20 所示。由于此处接近气体流的缩径，故气体速度最大，静压最小（一般情况此处为负压，其大小取决于气体喷射速度），液体能得到较大的吸力。外混合喷嘴，二流体各行其道，互不干扰，没有压强分布要求。

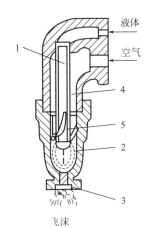

图 13-18　二流体内混合喷嘴
1—液体通道；2—混合室；3—喷出口；4—气体通道；5—导向叶片

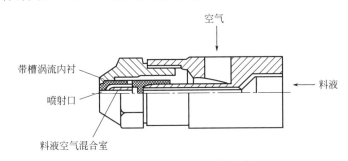

图 13-19　内混合二流体喷嘴

生产上使用的结构形式参见文献 [2]，实验室用雾化器见文献 [3]。

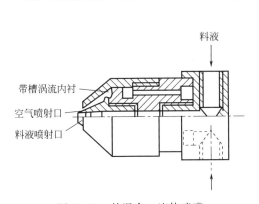

图 13-20　外混合二流体喷嘴

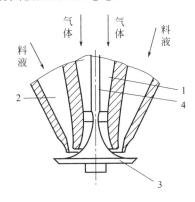

图 13-21　冲击型喷嘴
1—气体通道；2—液体通道；3—冲击板；4—固定柱

　　还有一种外混合的冲击型喷嘴，在喷嘴对面设置一个冲击板，如图 13-21 所示，气体由中间喷出，液体由环隙流出，气液一起与冲击板碰撞。雾滴在冲击板外侧急剧形成，如张开的伞状。这种方法可获得微小而均匀的雾滴。工业上使用的冲击型喷嘴如图 13-22 所示。

　　（2）三流体喷嘴

　　三流体喷嘴指具有 3 个流体通道的喷嘴，如图 13-23 所示，其中 1 个为液体通道，2 个为气体通道。液体夹在两股气体之间，被两股气体雾化，如图 13-24 所示，雾化效果要比二流体喷嘴好（动能消耗也大）。

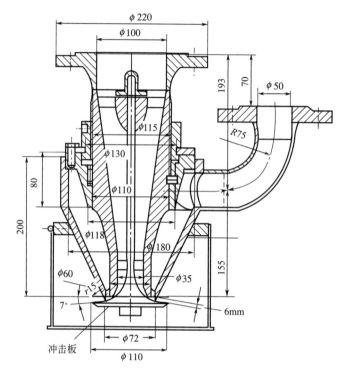

图 13-22　工业用冲击型喷嘴

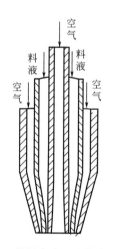

图 13-23　外混合式三流体喷嘴示意图

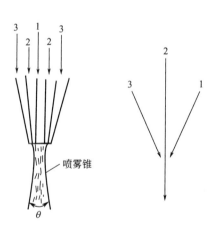

图 13-24　三流体喷嘴雾化机理示意图
1,3—空气；2—料液；θ—雾化角

三流体喷嘴可分为外混合式，内混合式和内混、外混结合式。三流体喷嘴适用于高黏度物料的雾化。

外混合式的示意图参见图 13-23，其特点是两个流体通道中的气体和一个通道中的料液在喷嘴内互不干扰，只是在出口处相遇（见图 13-24）。

三流体内混合喷嘴如图 13-25 所示。物料在第一混合室与一次气体接触，被初步雾化，然后进入第二混合室，与二次气体接触，被第二次雾化。三流体内混合喷嘴和二流体内混合喷嘴一样，气体能量能得到充分的利用。对内混合喷嘴应注意两个混合室的压力分布，第二混合室的压力要低于第一混合室的压力。在一般情况下，二次气体是旋转进入的，而一次气体有的旋转，有的不旋转。实践证明，一次气体旋转进入雾化器的效果比不旋转的好一些。某油漆厂采用三流体内混合喷嘴，直接将滤饼进行喷雾干燥，效果很好。

图 13-26 所表示的是内混、外混相结合的一种形式。物料在内混合室被一次空气雾化，当气液混合物离开混合室的出口时，又被二次气体雾化，二次气体多数是旋转的。这种形式的能量利用率介于内混、外混二者之间，具有二者的特点。此型是国内应用较多的一种形式。

在设计三流体喷嘴时，要注意气体通道的设计不要过多地消耗压缩空气。

（3）四流体喷嘴

此型系指具有 4 个流体通道的喷嘴，如图 13-27 所示，图 13-28 为该类喷嘴的结构图。它特别适用于高黏度物料的雾化。从进口 2 进入 0.04MPa 以上的压缩空气经过导向叶片 5 成为旋转气流由出口喷出。此空气流将料液雾化时，能够形成气液混合物。此混合物又被从 4 进入的压缩空气及由 1 进入的干燥热风，在喷嘴出口处又一次雾化。从 2、4 进入的压缩空气，通过导向叶片 5 和 6 成为旋转流喷出。导向叶片 5 和 6 的旋转方向要相反。2、4 两股气流给喷雾液以强大的剪切力，故获得了良好的喷雾效果。

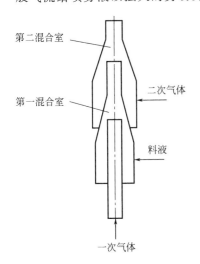

图 13-25　三流体内混合
喷嘴示意图

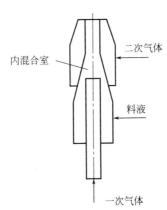

图 13-26　内混、外混结合示意图

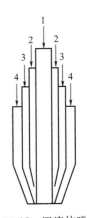

图 13-27　四流体喷嘴
1—热风；2,4—空气；3—料液

（4）旋转-气流雾化器

料液先进入电机带动的旋转杯进行预膜化，然后再被喷出的气流雾化，如图 13-29 所示。实际上是旋转式雾化与气流式雾化二者的结合，可以得到较细的雾滴。

对于低黏度物料可获得非常细的雾滴，当用常规的雾化方法不能达到理想的雾化要求（例如对于高黏度料液）时，可以用此法雾化，但得到的雾滴较粗。

旋转-气流雾化器的雾化机理如图 13-30 所示。雾化分液膜、不稳定液膜、膜分裂 3 个阶段。旋转-气流雾化器的喷雾角是很小的，具有一定动量的雾滴迅速向前扩展，因此干燥室需要扩大垂直距离（与旋转式雾化器相比），以满足液滴在完成干燥以前的飞行距离，否则要严重粘壁。这种雾化器对于解决大进料率高黏度溶液雾化的困难是行之有效的。工业上对它感兴趣的原因是它允许有较大的空气速率，即空气与液体质量比要比二流式大。

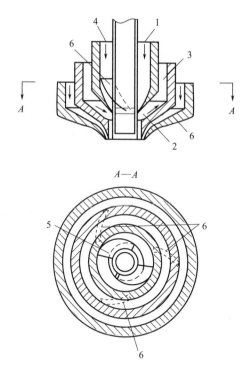

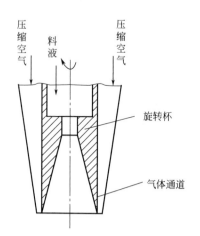

图 13-28　四流体喷嘴结构图
1—干燥用空气；2,4—压缩空气；3—液体；5,6—导向叶片

图 13-29　旋转-气流雾化器

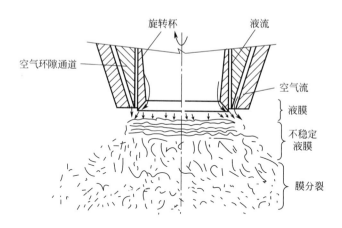

图 13-30　旋转-气流雾化器雾化机理示意图

　　由于气流式喷嘴雾化用的动力消耗比压力式、旋转式大得多，故在小型实验室或在中间工厂中是一种较为理想的设备，它能产生极细的或较大的雾滴。

　　对非牛顿型料液的雾化，气流式雾化器优越于压力式和旋转式雾化器。对于大生产，一个塔内可以装多个喷嘴，如图 13-31 所示，能够重现实验室中实验的良好结果。对于黏稠的糊状物，可以采用螺旋加料器。

13.2.3.3　喷嘴的设计、制造和操作中应注意的几个问题

　　我国喷雾干燥始于气流式喷嘴。对于气流式喷嘴的设计、制造和操作，积累了较丰富的经验。

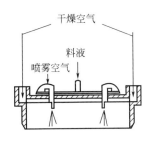

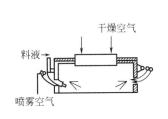

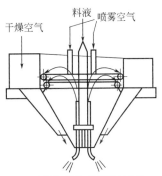

(a) 双流体喷嘴,室顶分配器　　(b) 双流体喷嘴,室壁分配器　　(c) 三流体喷嘴,分配器在干燥
　　　　　　　　　　　　　　　　　　　　　　　　　　　　　　　　空气分布器的中央

图 13-31　工业生产用气流式喷嘴喷雾示意图

　　① 用于工业生产的气流式喷嘴,液体出口管径应尽量大一些,这样能增加气-液接触周边,使液膜变薄,更有利于雾化。另外,大喷嘴另一个突出优点是不易被料块或杂质堵塞。小喷嘴 (喷嘴直径 3～5mm) 由于经常堵塞,给操作带来许多麻烦,而且影响产品质量及产量。目前所用大喷嘴的直径为 10～22mm。

　　② 喷嘴结构问题。有的喷嘴出口壁太厚 (4～5mm),影响气液接触,进而影响雾化。同时,在出口管壁厚的端面上,容易积累湿物料,从而产生湿料块而脱落,影响产品质量。适宜的壁厚为 0.5～0.6mm 左右。

　　在喷嘴固定方法上,要保证不能因经常拆装而影响同心度。因为气体和液体喷嘴产生同心度偏差较大时,会出现大雾滴。严重时会产生局部粘壁现象。

　　③ 雾化用的压缩空气的压力应保持稳定。过大的波动会引起雾化不均匀,特别是压力突然下降时,会产生严重粘壁现象。因此,压缩空气最好由专机供给。

　　④ 采用水蒸气作为雾化介质时,应当在其进入喷嘴前将水蒸气中的冷凝水除掉。有条件的工厂最好采用过热蒸汽。用水蒸气 (特别是过热蒸汽) 代替压缩空气雾化料液最经济,值得推广。

13.2.3.4　气流式喷嘴的基本计算

　　(1) 平均滴径的计算

　　① 二流体内混合喷嘴平均滴径的计算

$$D_{VS} = \frac{585\sqrt{\sigma}}{u_R\sqrt{\rho_L}} + 597\left(\frac{\mu_L}{\sqrt{\rho_L\sigma}}\right)^{0.45} \times \left(1000\frac{Q_L}{Q_a}\right)^{1.5} \tag{13-6}$$

　　式中,D_{VS} 为雾滴的体积-面积平均直径,μm;σ 为溶液的表面张力,10^{-5} N/cm;ρ_L 为溶液的密度,g/cm^3;u_R 为气液之间的相对速度,m/s;μ_L 为液体的黏度,Pa·s;Q_L 为喷嘴的液体体积流量,m^3/s;Q_a 为喷嘴的气体体积流量,m^3/s。

　　从式(13-6) 可以看出,当 Q_a/Q_L 值很大 (例如 10^4) 时,雾滴的大小主要取决于 $\dfrac{\sqrt{\sigma}}{u_R\sqrt{\rho_L}}$ 值,而液体黏度 μ_L 的影响很小。相反地,若 Q_a/Q_L 值小时,则雾滴的大小主要由 $\left(\dfrac{\mu_L}{\sqrt{\rho_L\sigma}}\right)^{0.45} \times \left(1000\dfrac{Q_L}{Q_a}\right)^{1.5}$ 值决定,溶液的表面张力的影响很小。

式(13-6) 的试验条件如下：

内混合喷嘴，其液滴平均尺寸范围为 $D_{VS}=7\sim97\mu m$，空气速度由 150m/s 以至超声速范围均适用，液体密度 $\rho_L=0.7\sim1.2g/cm^3$，表面张力 $\sigma=(19\sim73)\times10^{-5}N/cm$，液体黏度 $\mu_L=0.03\sim0.5Pa\cdot s$，气液质量比 $M_a/M_L=1\sim10$，液体流量 $M_L=0.009\sim0.45kg/min$，液体喷嘴尺寸为 $0.2\sim2mm$，气体喷嘴尺寸为 $1\sim5mm$。

为了更简便地算出平均直径 D_{VS}，可将式(13-6)绘制成列线图，如图 13-32 及图 13-33 所示。利用图 13-32 求出式(13-6) 的第一项，即 $A=\dfrac{585\sqrt{\sigma}}{u_R\sqrt{\sigma_L}}$；用图 13-33 求出式(13-6) 的第二项，即 $B=597\left(\dfrac{\mu_L}{\sqrt{\rho_L\sigma}}\right)^{0.45}\times\left(1000\dfrac{Q_L}{Q_a}\right)^{1.5}$。然后二者相加，便是体积-面积平均直径，即 $D_{VS}=A+B$。

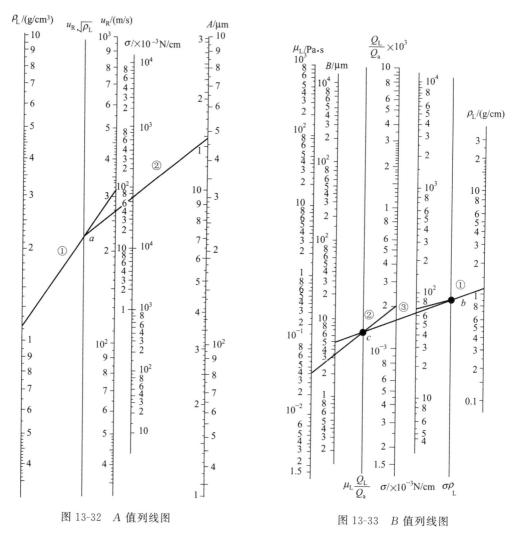

图 13-32　A 值列线图　　　　　　　　图 13-33　B 值列线图

图 13-32 的用法如下：①连接 ρ_L 轴的值和 u_R 轴的值，与 $u_R\sqrt{\rho_L}$ 轴交于一点 a；②a 点与 σ 轴的值连成直线，并向右延长与 A 轴交于一点，此点便是求得的 $A=\dfrac{585\sqrt{\sigma}}{u_R\sqrt{\sigma_L}}$ 值。

图 13-33 的用法如下：①σ 轴的值和 ρ_L 轴的值连成直线，交于 $\sigma \rho_L$ 轴上一点 b；②μ_L 轴的值和 $1000 \times \dfrac{Q_L}{Q_a}$ 轴的值连成直线，交于 $\mu_L \dfrac{Q_L}{Q_a}$ 轴一点 c；③b 点和 c 点连成直线，并向左延长，交于 B 轴的一点，此点便是求得的 $B = 597 \left(\dfrac{\mu_L}{\rho_L \sigma} \right)^{0.45} \times \left(1000 \dfrac{Q_L}{Q_a} \right)^{1.5}$ 值。最后，$D_{VS} = A + B$。

② 二流体外混合喷嘴平均滴径可用下式计算

$$D_{MM} = 2600 \left[\left(\frac{M_L}{M_a} \right) \left(\frac{\mu_a}{G_a d_1} \right) \right]^{0.4} \tag{13-7}$$

式中，D_{MM} 为质量中间直径（以质量为基准的累积分布曲线上，相应于 50% 时的雾滴直径），μm；M_L、M_a 为液体、气体质量流量，kg/h；μ_a 为气体黏度，Pa·s；d_1 为液体喷嘴外径，cm；G_a 为气体质量流率，g/(cm²·s)。

式(13-7) 的试验条件如下：

外混合喷嘴，喷雾雾滴的平均尺寸范围为 $D_{MM} = 5 \sim 30 \mu m$，空气速度为声速（340m/s），液体密度为 1040kg/m³，表面张力 5×10^{-2} N/m。液体黏度 $(1 \sim 30) \times 10^{-3}$ Pa·s，质量比 $M_a / M_L = 1 \sim 25$，空气流量 0.108 $\sim$ 0.625m³/min，液体流量 0.0045 $\sim$ 0.3kg/min，雾化压力为 0.07 $\sim$ 0.7MPa，液体喷嘴直径 1.37 $\sim$ 5.5mm，气体喷嘴直径为 3.68 $\sim$ 7.1mm。

实验所用的喷嘴结构形式如图 13-34 所示。

利用式(13-7)，可以绘制出表示 D_{MM}、M_a / M_L（气体与液体质量比，简称气液比）与 $\rho_a d_1$ 三者之间关系的图线，如图 13-35 所示。以 D_{MM} 为纵坐标，气液比 M_a / M_L 为横坐标，图中有 6 条 $\rho_a d_1$ 的参数线，可以根据 M_a / M_L 及 $\rho_a d_1$ 的大小，确定平均直径 D_{MM}；或者根据 D_{MM} 及 M_a / M_L，确定 d_1 的大小。

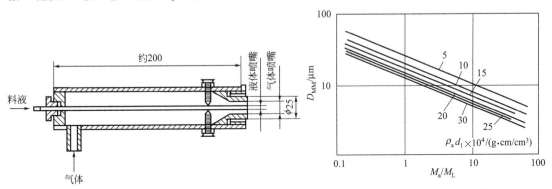

图 13-34　式(13-7) 的实验喷嘴结构形式　　　图 13-35　式(13-7) 的图线

③ 二流体外混合冲击型喷嘴平均滴径计算可用下式

$$D_{MM} = 122 \left(\frac{M_L}{M_a} \right)^{0.6} \left(\frac{\mu_a}{G_a d_1} \right)^{0.15} \tag{13-8}$$

式(13-8) 中的符号和单位同式(13-7)。式(13-8) 的试验喷嘴的结构形式参见图 13-36。

④ 三流体外混合喷嘴平均滴径的计算　其质量中间直径可按下式计算

$$D_{MM} = \frac{16900}{(u_R^2 \rho_a)^{0.72}} \left(\frac{\sigma^{0.41} \mu_L^{0.32}}{\rho_L^{0.16}} \right) + 1050 \left(\frac{\mu_L}{\rho_L \sigma} \right)^{0.17} \left(\frac{1}{u_{a(aV)}^{0.54}} \right) \left(\frac{M_a}{M_L} \right)^m \tag{13-9}$$

式中，D_{MM} 为质量中间直径，μm；$u_{a(aV)} = f_W u_{R,pri} + (1 - f_W) u_{R,sec}$。$f_W$ 为雾化用的总空气质量流量中，一次雾化用的质量分率；$u_{R,pri}$ 为第一次雾化用的空气与液体的相对速度，m/s；$u_{R,sec}$ 为第二次雾化用的空气与液体的相对速度，m/s。

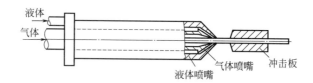

图 13-36　二流体外混合冲击型试验喷嘴结构形式

当 $M_a/M_L < 3$ 时，$m = -1$；当 $M_a/M_L > 3$ 时，$m = -0.5$。

式(13-9)的实验条件如下：

质量中间直径的范围为 $6 \sim 350\mu m$，空气速度 76.2m/s 至声速，液体密度 800～1040kg/m³，表面张力 $(30 \sim 50) \times 10^{-5}$ N/cm，液体黏度 $(8 \sim 50) \times 10^{-3}$ Pa·s，气液比 $M_a/M_L = 0.06 \sim 40$，雾化空气流量 0.0196～0.283m³/min，压缩空气压力 0.07～0.56MPa，液体流量 0.00672～0.91kg/min。

（2）喷嘴尺寸的计算

气流式喷嘴尺寸的计算，目前尚无可靠的方法。一般都是凭经验进行设计，再通过实验进行校正。虽然发表过一些半理论半经验的关联式，但由于试验条件及喷嘴结构的限制，还不能在广泛的范围内使用。因此，在利用这些经验式时，应注意其试验条件。

① 利用关联式计算喷嘴尺寸　按照式(13-7)作成的图 13-35 来确定气体和液体喷嘴尺寸。

② 实验法放大　实验法放大即利用小喷嘴作喷雾试验测得的实验数据，作出大产量喷嘴的计算。这种计算的前提为相同状态的同一种物料，相同的喷嘴结构形式。这是利用等润湿周边负荷的概念进行估算的，即

$$M_P = \frac{G_T}{\pi d_T} \tag{13-10}$$

式中，M_P 为实验时的润湿周边负荷，kg/(mm·s)，即单位时间单位喷嘴周边长度上通过的喷雾量；G_T 为实验时的喷雾量，kg/s；d_T 为实验时液体喷嘴内径，mm。

今有相同状态的同一种物料，产量为 G，采用相同的喷嘴结构，计算喷嘴尺寸。这时认为大产量时 M_P 仍为一个常数。则由式(13-10)可求出液体喷嘴内径，即

$$d = \frac{G}{\pi M_P} \quad \text{(mm)}$$

13.2.4　压力式喷嘴

13.2.4.1　压力式喷嘴的操作原理和优缺点

（1）操作原理

压力式喷嘴（也称机械式喷嘴）主要由液体切线入口、液体旋转室、喷嘴孔等组成，如图 13-37 所示。利用高压泵使液体获得很高的压力（2～20MPa），从切线入口进入喷嘴的旋转室中，液体在旋转室获得旋转运动。根据旋转动量矩守恒定律，旋转速度与旋涡半径成反比。因此，愈靠近轴心，旋转速度愈大，其静压力亦愈小 [请参见图 13-37(a)]，结果在喷嘴中央形成一般压力等于大气压的空气旋流，而液体则形成绕空气心旋转的环形薄膜，液体静压能在喷嘴处转变为向前运动的液膜的动能，从喷嘴喷出。液膜伸长变薄，最后分裂为小雾滴。这样形成的液雾为空心圆锥形，又称空心锥喷雾。

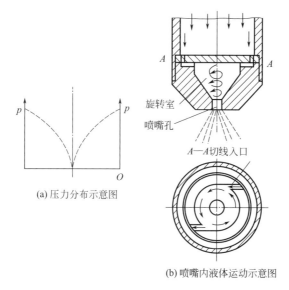

(a) 压力分布示意图

旋转室
喷嘴孔

A—A切线入口

(b) 喷嘴内液体运动示意图

图 13-37　压力式喷嘴操作示意图

压力式喷嘴的液滴形成和分裂机理也是 3 种（滴状、丝状、膜状）。但是，工业生产所用的压力式喷嘴，通常是在膜状（空心锥形）分裂条件下操作。压力式喷嘴所形成的液膜厚度范围大致是 $0.5\sim4\mu m$。在工业用的喷雾干燥器中，喷嘴操作时的液膜长度很难直接看到。因为雾化时，高的喷射速度和由于低黏度液体而引起的湍流产生的液膜很短。增加黏度时，液膜变长；增加表面张力时，液膜变短。

压力喷嘴的内部结构，要能使液体在形成锥形薄膜的过程中，用最小的外界扰动就可使其分裂。

（2）压力式喷嘴的优缺点　压力式喷嘴具有下列优点：

① 与气流式相比，大大节省雾化用动力；

② 结构简单，制造成本低；

③ 操作简便，更换和检修方便。

对于低黏度的料液，采用压力式喷嘴较适宜。由于压力式喷嘴所得雾滴较气流式大，所以，喷雾造粒一般都采用压力式喷嘴（有时也用旋转盘雾化器），如洗衣粉、速溶奶粉、粒状染料等均用压力式喷嘴。

压力式喷嘴的主要缺点为：

① 需要一台高压泵，因此，对广泛采用有一定限制；

② 由于喷嘴孔很小，最大也不过几毫米，极易堵塞，因此，进入喷嘴的料液必须严格过滤，过滤器至喷嘴的料液管道宜用不锈钢管，以防铁锈堵塞喷嘴；

③ 喷嘴磨损大，对于具有较大磨损性的料液，喷嘴要采用耐磨材料制造；

④ 高黏度物料不易雾化。

13.2.4.2　压力式喷嘴的分类和结构

压力式喷嘴在结构上的共同特点是使液体获得旋转运动，即液体获得离心惯性力，然后由喷嘴孔高速喷出。所以，人们把压力式喷嘴统称为离心压力喷嘴。由于使液体获得旋转运动的结构形式不同，离心压力喷嘴可粗略地分为两种类型。

（1）旋转型压力喷嘴

这种结构有两个特点：一是有一个液体旋转室；二是有一个液体进入旋转室的切线入口。凡是液体经过旋转室喷出的喷嘴，一般称为旋转型压力喷嘴。工业使用的旋转型压力喷嘴如图 13-38 所示，考虑溶液的磨损问题，采用镶人造宝石的喷嘴孔，也可以采用碳化钨等耐磨材料制造。

（2）离心型压力喷嘴

液体通过内插头变成旋转运动，然后由喷嘴喷出。具有使液体旋转的内插头喷嘴，称为离心型压力喷嘴。此型的结构特点是在喷嘴内安装一插头，此插头的结构如图 13-39 所示。图 13-39(a) 为斜槽内插头；(b) 为螺旋槽内插头；(c) 为旋涡片入口。

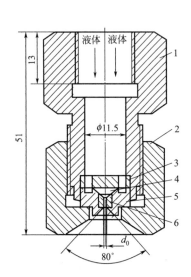

图 13-38　工业使用的旋转型压力喷嘴结构
1—管接头；2—螺母；3—孔板；
4—旋转室；5—喷嘴套；6—人造宝石喷嘴

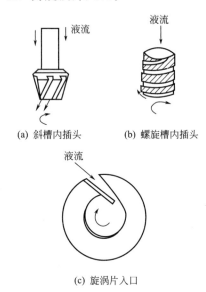

(a) 斜槽内插头　　(b) 螺旋槽内插头

(c) 旋涡片入口

图 13-39　离心型压力喷嘴内插头结构示意图

旋转型压力喷嘴和离心型压力喷嘴在雾化机理方面，没有什么区别。

13.2.4.3　压力式喷嘴的计算

（1）喷嘴尺寸的计算

离心型压力喷嘴的液体流动方程式的推导见 M. Doumas 等的文献〔Chem Eng Prog，1953，49（10）：518〕。

流体从切线方向进入喷嘴旋转室，形成厚度为 t 的环形液膜，绕半径为 r_c 的空气心旋转而喷出。如图 13-40 所示，形成一空心锥喷雾，其雾化角为 θ。液膜是以 θ 角喷出的，液膜的平均速度 u_0（系指液体体积流量被厚度为 t 的环形截面积除所得之速度）可分解为水平分速度 u_x 及轴向分速度 u_y，u_x 和 u_y 对于确定干燥塔直径和高度有直接关系，因此，在喷嘴尺寸确定之后，要估算出 u_x 和 u_y 值。

推导时利用 3 个基本方程式，即动量守恒方程式、伯努利方程式及连续性方程式。

按照角动量守恒方程式

$$u_{in}R = u_T r \tag{13-11}$$

式中，u_T 为任意一点液体的切线速度；r 为任意一点液体的旋转半径。

由式(13-11) 可见,愈靠近轴心,r 愈小,旋转速度愈大,其静压亦愈小,直至等于空气心的压力——大气压。

按照伯努利方程式

$$H = \frac{p}{\rho} + \frac{u_T^2}{2g} + \frac{(u_y^1)^2}{2g} \qquad (13\text{-}12)$$

式中,H 为液体总压头;p 为液体静压强;ρ 为液体的密度;u_T^2 为液体切向速度分量;u_y^1 为液体的轴向速度分量;g 为重力加速度。

按照连续性方程式

$$Q = \pi(r_0^2 - r_c^2)u_0 = \pi r_{in}^2 u_{in} \qquad (13\text{-}13)$$

式中,Q 为液体的体积流量;r_0 为喷嘴孔半径;r_c 为空气心半径;$\pi(r_0^2 - r_c^2)$ 为环形液流通道面积;u_0 为喷嘴处的平均液流速度,由式(13-13) 可得

$$u_0 = \frac{Q}{\pi(r_0^2 - r_c^2)}$$

在旋转液流中,静压强沿径向的变化率为

$$\frac{\mathrm{d}p}{\mathrm{d}r} = \frac{\rho}{g} \times \frac{u_T^2}{r} \qquad (13\text{-}14)$$

式中,$\dfrac{u_T^2}{r}$ 为液流离心力;r 为旋转半径。

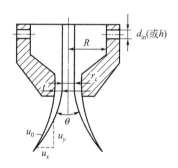
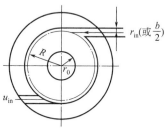

图 13-40 液体在喷嘴内流动示意图

R 为旋转室半径;t 为液膜厚度;d_{in} 为液体入口直径;r_{in} 为液体入口半径;b 为液体入口宽度(入口为矩形面积时);h 为液体入口高度(入口为矩形时);$R_1 = R - r_{in}$;u_{in} 为切线入口速度;θ 为雾化角;r_c 为空气心半径

而 $u_T = \dfrac{u_{in}R}{r}$,所以

$$\frac{\mathrm{d}p}{\mathrm{d}r} = \frac{\rho}{g} \times \frac{u_{in}^2 R^2}{r^2} \times \frac{1}{r} \qquad (13\text{-}15)$$

对式(13-15) 进行积分,得

$$p = -\frac{1}{2} \times \frac{\rho}{g} \times \frac{u_{in}^2 R^2}{r^2} + C \qquad (13\text{-}16)$$

当 $r = r_c$ 时,$p = 0$。代入式(13-16) 求得积分常数 C,则

$$C = \frac{1}{2} \times \frac{\rho}{g} \times \frac{R^2}{r_c^2} u_{in}^2 \qquad (13\text{-}17)$$

将式(13-17) C 值代入式(13-16),当 $r = r_0$ 时,可得

$$p = \frac{1}{2} \times \frac{\rho}{g} u_{in}^2 R^2 \left(\frac{1}{r_c^2} - \frac{1}{r_0^2}\right) \qquad (13\text{-}18)$$

在喷嘴出口处,$r = r_0$,式(13-11) 得

$$u_T^2 = u_{in}^2 \frac{R^2}{r_0^2} \qquad (13\text{-}19)$$

由式(13-13) 得 $u_{in} = \dfrac{Q}{\pi r_{in}^2}$,将此值代入式(13-19),则

$$u_T^2 = \frac{Q^2}{\pi^2 r_{in}^4} \times \frac{R^2}{r^2} \qquad (13\text{-}20)$$

由式(13-13) 得

$$u_0^2 = \frac{Q^2}{\pi^2 (r_0^2 - r_c^2)^2} \tag{13-21}$$

将式(13-18)、式(13-20) 及式(13-21) 代入式(13-12)，则

$$H = \frac{1}{\rho} \times \frac{1}{2} \times \frac{\rho}{g} u_{in}^2 R^2 \left(\frac{1}{r_c^2} - \frac{1}{r_0^2} \right) + \frac{1}{2g} \times \frac{Q^2 R^2}{\pi^2 r_{in}^4 r_0^2} + \frac{1}{2g} \times \frac{Q^2}{\pi^2 (r_0^2 - r_c^2)^2}$$

$$= \frac{Q^2}{2g\pi^2 r_0^4} \left[\frac{R^2 r_0^4}{r_{in}^4} \left(\frac{1}{r_c^2} - \frac{1}{r_0^2} \right) + \frac{r_0^4}{(r_0^2 - r_c^2)^2} + \frac{r_0^2 R^2}{r_{in}^4} \right]$$

所以

$$Q = \sqrt{\frac{1}{\dfrac{R^2 r_0^4}{r_{in}^4 r_c^4} + \dfrac{r_0^4}{(r_0^2 - r_c^2)^2}}} \sqrt{2gH} \, \pi r_0^2 \tag{13-22}$$

设

$$a = 1 - \frac{r_c^2}{r_0^2} \tag{13-23}$$

$$B = \frac{Rr_0}{r_{in}^2} \tag{13-24}$$

则式(13-22) 可以整理为

$$Q = \frac{a\sqrt{1-a}}{\sqrt{1-a+a^2 B^2}} \pi r_0^2 \sqrt{2gH} \tag{13-25}$$

令

$$C_D = \frac{a\sqrt{1-a}}{\sqrt{1-a+a^2 B^2}} \tag{13-26}$$

则

$$Q = C_D \pi r_0^2 \sqrt{2gH} = C_D A \sqrt{\frac{2g \Delta p}{\rho}} \tag{13-27}$$

式(13-27) 为离心压力喷嘴的流量方程式。式中，C_D 为流量系数；A 为喷嘴孔截面积；H 为喷嘴孔处的压头，$H = \Delta p/\rho$。a 表示液流截面占整个喷孔截面的比例，反映了空气心的大小，称为有效截面系数。B 表示喷嘴主要尺寸之间的关系，称为几何特性系数。

上述的推导，都是以一个圆形入口通道（其半径为 r_{in}）为基准的。实际生产中，一般采用两个或两个以上圆形或矩形通道，这时 B 值要按下式计算

$$B = \frac{\pi r_0 R}{A_1} \tag{13-28}$$

式中，A_1 为全部入口通道的总横截面积。

由式(13-22)~式(13-26) 可见，流量系数 C_D、空气心半径 r_c 都是与喷嘴尺寸有关的。

考虑到喷嘴阻力和液膜厚度的影响，将几何特性系数 B 值乘上一个校正系数 $\left(\dfrac{r_0}{R_1} \right)^{\frac{1}{2}}$，得

$$A' = B \left(\frac{r_0}{R_1} \right)^{\frac{1}{2}} \tag{13-29}$$

式中，$R_1 = R - r_{in}$；对矩形通道，$R_1 = R - \dfrac{b}{2}$。

于是按式(13-26)，以 A' 对 C_D 作图，如图 13-41 所示。只要已知结构参数 A'，即可由此图查得流量系数 C_D。

为了计算液体从喷嘴喷出的平均速度 u_m，就要求得空气心半径 r_c，如已知 a 和 r_0 值即可由式(13-23)求得 r_c，而 a 值也是与结构有关的参数，图 13-42 为 B 和 a 的关联图，可由此查得 a 值。由 B 查得 a，再由 $a=1-\dfrac{r_c^2}{r_0^2}$ 求得 r_c，即 $r_c=r_0\sqrt{1-a}$。

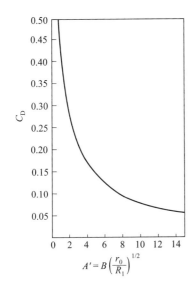

图 13-41　C_D 与 A' 的关联图

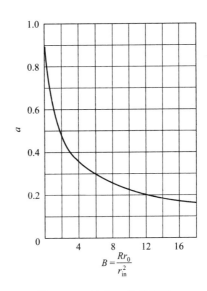

图 13-42　B 与 a 的关联图

至于雾化角 θ，可由雾滴在喷嘴孔处的切向速度 u_x 和轴向速度 u_y 之比来确定，即

$$\tan\frac{\theta}{2}=\frac{u_x}{u_y} \tag{13-30}$$

但切向和轴向速度也是喷嘴参数的函数，也有一些理论公式和半经验式用来计算雾化角。下面提供一半经验式

$$\theta=43.5\lg\left[14\left(\frac{Rr_0}{r_{in}^2}\right)\left(\frac{r_0}{R_1}\right)^{\frac{1}{2}}\right]=43.5\lg(14A') \tag{13-31}$$

将此式作图，即可得到 A' 与 θ 角的关联图，如图 13-43 所示。

利用图 13-41～图 13-43 和几个基本关系式，可进行离心压力喷嘴的计算。

（2）平均滴径的计算

控制雾滴平均滴径的因素是非常复杂的，因此，建立关系式的途径之一是经验方法。对不同的喷嘴结构，通过雾滴分析，已经建立起平均液滴尺寸和操作参数之间的某些关系式。虽然这些关联式只能应用于某一种喷嘴结构和某一种雾化的液体，但是，经验关联式用于初步设计和性能估算还是有用的。

下面介绍一些代表性的关联式，用于估算液

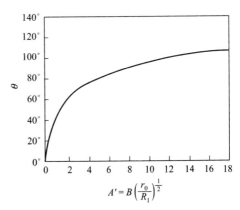

图 13-43　A' 与 θ 的关联图

滴大小。

① 计算离心压力喷嘴平均滴径的通用公式

a. 体积-面积平均滴径 D_{VS}（Tate-Marshall 式）。这是以流出液体的轴向速度和切向速度来说明喷嘴性能的公式

$$D_{VS}=11260(d_0+0.00432)\exp\left(\frac{3.96}{u_0}-0.0308u_T\right) \tag{13-32}$$

式中，D_{VS} 为体积-面积平均直径，μm；d_0 为喷嘴孔直径，m；u_0 为液体从喷嘴流出的平均轴向速度，m/s，按式(13-13) 计算，即 $u_0=\dfrac{Q}{\pi(r_0^2-r_c^2)}$。空气心半径 r_c 按前面所述方法计算，其大致数值为孔径 $d_0>1.27mm$ 时，$r_c/r_0=0.7\sim0.8$；孔径 $d_0<1.27mm$ 时，$r_c/r_0\approx0.4$；r_c 的准确值取决于喷嘴结构和操作条件。

对于具有旋转室的喷嘴，$u_T=u_{in}=\dfrac{Q}{A_1}$，$u_{in}$ 为液体进入旋转室的切向速度，m/s；Q 为液体体积流量，m^3/s；A_1 为液体进入旋转室的全部入口通道的总截面积，m^2。

对于具有旋转槽（靠沟槽使液体产生旋转运动，实际上是一个带沟槽的插头）的喷嘴，其平均切向速度可按下式计算

$$u_T=\frac{Q\cos\beta}{A_g n} \tag{13-33}$$

式中，Q 为液体体积流量，m^3/s；A_g 为一个旋转槽的截面积，m^2；n 为旋转槽数；β 为旋转槽与水平面的夹角。

式(13-32) 的试验速度范围为

$$u_T=2.13\sim15.3m/s; \quad u_0=12.2\sim45.8m/s$$

b. 体积-面积平均滴径 D_{VS}（Lewis-Nukiyama-Tanasawa 式）。此式与前式相比有很大的不同。当进料速率、喷嘴孔截面和液体压力恒定时，以此式计算液滴尺寸与切向速度无关。

$$D_{VS}=41.6\left(\frac{\sigma}{p}\right)^{0.5}+5.64\left[\frac{\mu}{(\sigma\rho)^{0.5}}\right]^{0.45}\left[\frac{Q}{K_N d_0(p/\rho)^{0.5}}\right]^{1.5} \tag{13-34}$$

式中，σ 为表面张力，$10^{-5}N/cm$；p 为操作压力，$0.1MPa$；μ 为黏度，$10^{-3}Pa\cdot s$；ρ 为液体密度，g/cm^3；d_0 为喷嘴孔直径，cm；Q 为液体流量，L/min；K_N 为常数，由试验确定。

注意，由式(13-32) 和式(13-34) 求出的平均液滴尺寸不一定相同，但是，对于初步设计计算，用以估算雾滴尺寸的数量级，两式都是有用的。

② 喷嘴内带有旋转槽插头的平均滴径的计算　这是专门适用于带有旋转槽的喷嘴结构形式的平均滴径计算。

a. 体积-面积平均滴径 D_{VS}

$$\lg D_{VS}=1.808+\frac{0.487}{\Delta p}+0.318FN \tag{13-35}$$

式中，D_{VS} 为体积-面积平均滴径，μm；Δp 为喷嘴压差，$0.1MPa$；$FN=\dfrac{Q}{p^{0.5}}$，为流动数，表示液体的操作条件，Q 为体积流量，p 为操作压力。

FN 可由下面经验式求得

$$FN=293C_D A_0 \tag{13-36}$$

式中，C_D 为流量系数；A_0 为喷嘴孔截面积，cm^2。

式(13-35) 试验范围：

$0.70MPa > \Delta p > 0.0176MPa$；雾化角 $\theta = 60°$。

b. 体积平均滴径 D_{VM} 可用下式计算

$$\lg \frac{D_{VM}}{d_0} = Y \tag{13-37}$$

式中

$$Y = -0.144Z^2 + 0.702Z - 1.26; \quad Z = \lg\left[Re\left(\frac{We}{Re}\right)^{0.2}\left(\frac{u_T}{u_m}\right)^{1.2}\right]$$

式中，Re 为雷诺数，$Re = \dfrac{d_0 u_T \rho}{\mu}$；$We$ 为韦伯数，$We = \dfrac{d_0 u_T^2 \rho}{\sigma}$；其他符号同前。$Y$ 和 Z 都是无量纲的，计算时要保持各参数单位的一致性。

式(13-37) 的试验范围为：

压力 $p = 7MPa$；流量 $Q = 0.0152 \sim 0.265 m^3/h$；雾化角 $\theta = 52° \sim 91°$。

③ 带有旋涡片喷嘴的平均滴径计算

$$D_{VS} = 81.5\left(\frac{FN}{\Delta p}\right)^{\frac{1}{7}} \tag{13-38}$$

式中，Δp 为喷嘴压差，$0.1MPa$；$FN = 293 C_D A_0$。

式(13-38) 的试验范围：

$\Delta p < 0.7MPa$；$FN = 10 \sim 500$；雾化角 $\theta = 85°$。

④ 具有切线入口喷嘴的平均滴径计算

$$D_{VS} = 2.07 d_0^{1.589} \sigma^{0.594} \mu^{0.220} Q^{-0.537} \tag{13-39}$$

式中，d_0 为喷嘴孔径，mm；σ 为表面张力，$10^{-5} N/cm$；Q 为体积流量，m^3/s；μ 为黏度，$10^{-3} Pa \cdot s$。

该式的试验范围：

$d_0 = 1.4 \sim 2.03 mm$；$\sigma = (26 \sim 37) \times 10^{-5} N/cm$；$Q = 0.00378 \sim 0.1135 m^3/s$；$\mu = (0.9 \sim 2.03) \times 10^{-3} Pa \cdot s$；$\rho = 1.024 \sim 1.037 g/cm^3$。

13.2.4.4 影响压力式喷嘴性能的因素分析

（1）喷嘴结构尺寸对流量系数的影响

流量系数 C_D 受到旋转室入口尺寸、旋转室大小及喷嘴孔大小的影响。

① 旋转室入口　旋转室的入口一般都是与旋转室相切，使液体产生旋转运动。入口断面形状有圆形和长方形。入口断面积是一个影响流量系数的因子，但入口长度 L 和宽度 b 之比 L/b 在 $0.9 \sim 7$ 时对流量系数没有多大影响。L/b 过大时，压头损失过大，L/b 过小时（如图 13-44 所示），液体进入旋转室后就会散乱流动，不能在室内均匀地旋转，如图 13-44 所示。因此，有人认为最佳的 $L/b = 3$。

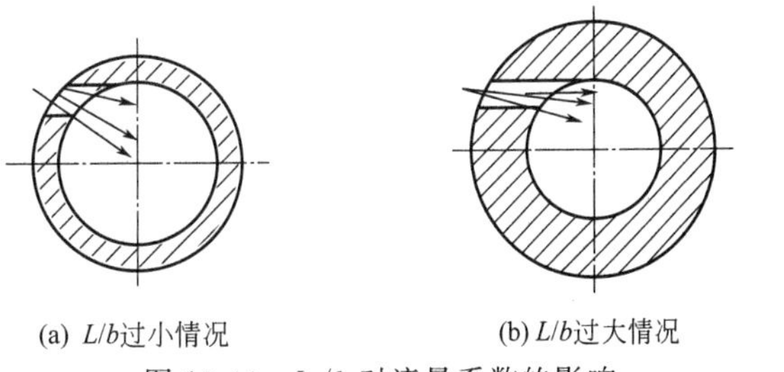

(a) L/b 过小情况　　　　(b) L/b 过大情况

图 13-44　L/b 对流量系数的影响

② 喷嘴孔长径比 L_0/d_0　喷嘴孔长度 L_0 和孔径 d_0 之比（L_0/d_0）变化时，流量系数亦发生变化。当增加 L_0/d_0 值时，就增加了流体在孔内的压头损失，从而会使流量系数下

降。但是，在一般的设计中，不会取用过大的小孔长度，所以，L_0/d_0 的值对流量系数的影响并不是很大。一般取用 $L_0/d_0=0.5\sim1.0$。

③ 旋转室直径 D 如图 13-41 所示，流量系数 C_D 受到旋转室入口、旋转室及喷嘴孔大小的综合影响，要单独地分析旋转室大小对流量系数的影响并不容易。由于旋转室大小的选定还没有一个成熟的标准可查，故决定旋转室的直径是比较困难的，只能以某些研究数据做参考。有的取 $D/b=9$，有的取 $D/b=2.6\sim30$。

旋转室直径 D 与入口大小的比，对于流量系数的直接影响并不大，可以认为，旋转室直径与喷嘴孔直径之比支配着流量系数。

（2）喷嘴的操作特性

① 流量、压力与密度之间的关系 在实际喷雾干燥中，常常改变压力以调节流量。对同一喷嘴来说，结构尺寸没有变，故与设计参数有关的流量系数 C_D 值也不变，于是由离心压力喷嘴的流量方程式（13-27）可得

$$\frac{Q_2}{Q_1}=\left(\frac{p_2}{p_1}\right)^{\frac{1}{2}}=\left(\frac{\rho_1}{\rho_2}\right)^{\frac{1}{2}} \tag{13-40}$$

由上式可见，流量 Q 与压力的平方根成正比，与液体密度的平方根成反比。

上述关系是近似的，因为液体密度的变化常伴随着液体其他性质（如黏度、表面张力等）的变化，因此，上述关系并不适用于所有情况，其准确关系须由实验确定。

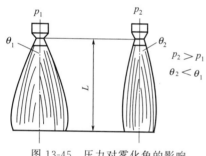

图 13-45 压力对雾化角的影响

② 雾化角 θ 雾化角是一个重要的参数，它对于确定喷雾干燥塔的直径是十分重要的。

形成任何一个雾化角所需的最小压力大约是 0.14MPa（表压）。压力增加，喷雾角减小，当工作压力超过 1.4MPa（表压）时，由于空气夹带的作用，雾化角变小较为显著。压力对雾化角的影响如图 13-45 所示。雾化角的大小取决于液体入口、旋转室和喷嘴孔的尺寸。液体入口截面愈小，液体旋转速度愈高，雾化角亦愈大。流量系数 C_D 和雾化角 θ 的关系如图 13-46 所示。流量系数增加，雾化角减小。反之，雾化角增大，则 C_D 减小，因而喷嘴的料液处理量降低，而塔径却须增大。液体的表面张力对雾化角无影响。黏度对雾化角具有重要的影响，雾化角随黏度的增大而减小，直至雾化角减小到使液流变成液柱时，就不能雾化。

③ 空气心（空气旋流） 当液体进入旋转室后具有旋转运动时，就形成空心锥喷雾，即在喷雾锥的中心有一个空气心，而此空气心在孔的中心处。一些研究者对空气心问题进行了研究，得出如下结论。

在 $0.7\sim11.2$MPa 压力下，用水做试验表明，空气心和压力大小无关。空气心半径和喷嘴孔半径之比不受压力影响。液体黏度增加，空气心直径变小，直至空气心消失。空气心是由于液体在旋转室内旋转而形成的，因此，液体旋转越快，产生的空气心和雾化角就越大。

在旋转室中，当液体速度轴向分量增大而抵消旋转运动时，空气心消失，空心锥喷雾变为实心锥喷雾。空心锥和实心锥喷雾的特点，按照它们的液滴数表示在图 13-47 上。由图可以看到，空心锥喷雾的特点是雾滴主要分布在锥形的边缘，具有均匀的尺寸分布；实心锥喷雾含大液滴较多，并集中在锥的中心。

根据喷嘴所具有的空心锥和实心锥喷雾的特点，将喷嘴适用于不同的喷雾干燥要求。

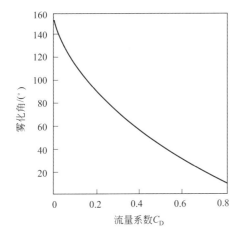

图 13-46　流量系数与雾化角的关系

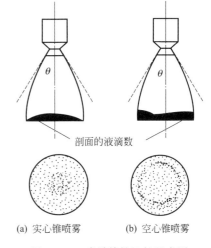

图 13-47　喷雾特性比较示意图

空心锥喷嘴，特别适用于并流喷雾干燥。因为雾滴主要位于雾锥的边缘，容易与干燥的热空气相接触，使水分迅速地蒸发，因此，干燥效果好。如果实心锥喷雾应用于并流系统，多数雾滴存在于雾锥的中心，长时间被高湿度的大气所包围，这就需要延长停留时间，使雾滴分散，让中心处的雾滴接触到热空气。

实心锥喷嘴，宜用于逆流流动系统。因为干燥热风迎面碰到实心锥形的全部表面，这样，锥中心的液滴和锥边缘的液滴与热风接触的概率是相同的。此外，较大液滴分布在实心锥中心，它们主要沿轴向移动，因而在半湿状态时，向干燥器壁移动的趋势较小，即粘壁机会较少。在实心锥的边缘，分布着尺寸较小的液滴，虽然它们离开喷嘴时有径向分速度，但由于它们的尺寸较小，与干燥热风一接触，便能够使液滴在达到干燥器壁以前完成液滴的表面干燥，也不易产生粘壁现象。如果空心锥喷雾用于逆流干燥系统，特别是在小容量的干燥室中，就容易产生粘壁现象，此时可用空气分布器使热风垂直运动，以防止黏附器壁。

在混合流干燥器中，空心锥喷雾最好用于气液两相先并流后逆流的情况，如图 13-48 所示。而实心锥喷雾最好用于气液两相先逆流后并流的系统，如图 13-49 所示。因为实心锥液滴群能够保持在干燥器中心，一直到达很高的距离为止，这是逆流阶段，液滴在热空气中停留时间较长，颗粒表面已基本干燥。然后进入并流流动阶段，继续移走颗粒中的水分。虽然颗粒会与器壁碰撞，但由于表面已经干燥，使粘壁机会大为减少。

（3）影响液滴尺寸的因素

① 流量对液滴尺寸的影响　在喷嘴额定进料速率范围内，进料率增加，大液滴随着增加，参见图 13-50。假定最初的进料流量低于额定流量，由于液体在喷嘴孔中的速度不够，雾化不完全。所以在这种情况下，增加进料量，就要减小液滴尺寸，一直到达到喷嘴的额定容量为止。

② 雾化角对液滴尺寸的影响　小雾滴是由大雾化角的喷雾形成的。增加雾化角就要减小喷嘴流量系数（参见图 13-46），从而减小进料速率，因而在恒压下减小了液滴尺寸。

③ 压力对液滴尺寸的影响　在高压下，液滴具有较大能量，液滴尺寸将随着压力的增加而减小。为了估算液滴尺寸，在中等大小的压力范围内，液滴尺寸随压力的 -0.3 次方变化。在压力很高时，再进一步增加压力，实际上对雾化没有影响。由图 13-50 可见，在进料速率固定时，压力的增加将使平均液滴尺寸减小。

④ 料液黏度对液滴尺寸的影响　增大料液黏度时，雾滴的平均滴径变粗，如图 13-51

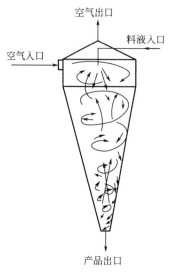

图 13-48 适用于空心锥喷雾的
混合流系统（先并流后逆流）

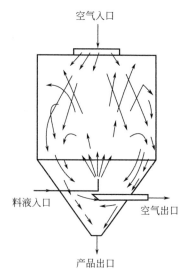

图 13-49 适用于实心锥喷雾的
混合流系统（先逆流后并流）

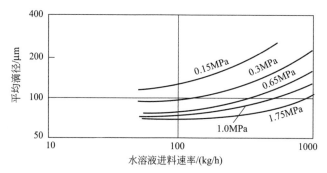

图 13-50 进料速率对平均滴径的影响

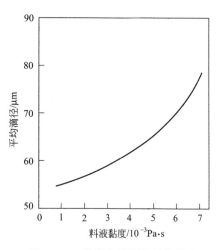

图 13-51 黏度和平均滴径的关系

所示。因为黏度增加时，空气心变小，为液体所充填，故液膜变厚，液滴直径变大。随着料液黏度的增加，空气心逐渐缩小，直至黏度高于 80×10^{-3} Pa·s 时，空气心消失，被液体所充满。因此，黏度很高的料液，用压力喷嘴不能雾化。

平均滴径随黏度的 $0.17 \sim 0.2$ 次方变化。

⑤ 表面张力对液滴尺寸的影响 供给雾化液体的能量是用来克服黏性力和表面张力的。所以，表面张力大的液体难以雾化。但是，液体表面张力的变化对液滴尺寸的影响与黏度变化的情况相比是很小的。表面张力增加，雾滴直径变大，但这种变化很小。

⑥ 喷嘴孔直径对液滴尺寸的影响 在其他喷嘴参数保持不变时，液滴尺寸随喷嘴孔直径的平方而增加。

（4）液滴尺寸分布

用压力式喷嘴所得的液滴尺寸的范围是很宽的。雾滴分布范围的宽窄，取决于喷嘴尺寸、操作压力和料液条件。

　　分布的均匀度，一般与轴向速度无关，而受切线速度、喷孔直径的影响较大。切线速度大于 10m/s时，滴径分布趋于均匀。

　　一个典型的液滴尺寸分布如图 13-52 所示。此图表示出了在一般喷雾干燥条件下，喷嘴操作时所得到的典型的尺寸分布范围。

13.2.5　旋转式雾化器

13.2.5.1　工作原理和分类

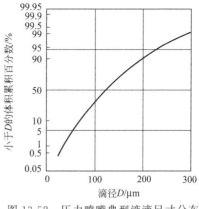

图 13-52　压力喷嘴典型液滴尺寸分布

（1）工作原理

　　当料液被送到高速旋转的盘上时，由于旋转盘离心力的作用，料液在旋转面上伸展为薄膜，并以不断增长的速度向盘的边缘运动，离开盘边缘时，液体便雾化，如图 13-53 所示。

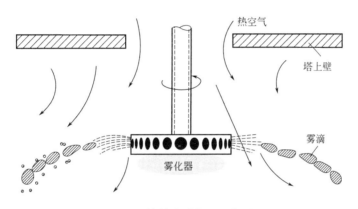

图 13-53　旋转式雾化器工作原理

　　旋转式雾化器产生的液滴大小和喷雾的均匀性，主要取决于旋转盘的圆周速度和液膜厚度，而液膜厚度又与溶液的性质、处理量有关。当盘的圆周速度较小（小于 50m/s）时，所得到的雾滴很不均匀，主要由一群粗雾滴和靠近盘边缘处的一群细雾滴所组成。喷雾的不均匀性随盘转速的增加而减小。当盘的圆周速度为 60m/s 时，就不会出现上述不均匀现象。所以，这一圆周速度可以作为设计时所采用的最小值。通常操作时，盘的圆周速度为 90～160m/s。

　　当进料速率一定时，要得到均匀的雾滴，下列 5 个条件是十分重要的：

　　① 雾化轮转动时无振动；

　　② 旋转盘的转速要高；

　　③ 流体通道表面加工平滑；

　　④ 料液在流体通道上均匀分布；

　　⑤ 均匀的进料速度。

（2）分类

　　旋转式雾化器按结构可分为光滑盘和叶片盘两大类，叶片盘有时称为叶片轮或雾化轮。

　　光滑盘旋转式雾化器，其流体通道表面是光滑的，没有任何限制流体运动的结构。光滑盘包括平板型、盘型、碗型和杯型。因光滑盘具有严重的液体滑动，影响雾化，为此，就发展为限制液体滑动的叶片盘。

叶片盘旋转式雾化器与光滑盘不同，料液被限制在矩形、螺旋形或圆孔形的液体通道内流动，基本上可认为无滑动，料液的切向速度约等于圆周速度。雾化效果要比光滑盘好。

矩形通道的雾化轮结构示意图如图 13-54 所示。流体通道也可以做成圆孔形，如图 13-55所示。

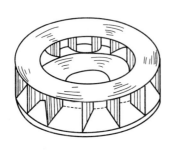

图 13-54　矩形通道雾化轮

图 13-55　圆孔形通道雾化轮

在国外的喷雾干燥中，旋转式雾化器是广为应用的一种形式。其主要优点是操作简便，适用范围广。其料液通道面积大，不易堵塞，而且动力消耗小，特别适用于大型的喷雾干燥装置。

旋转式雾化器的主要缺点是雾化器结构较为复杂，需要有传动装置（例如用气体透平盘带动、齿轮传动、皮带传动及电机直接带动）、液体分布装置和雾化轮，对加工制造的技术要求较高。结构复杂也给检修带来不便。

13.2.5.2　光滑盘旋转式雾化器

（1）光滑盘的特征

光滑盘系指无叶片的光滑表面所构成的圆形平板、倒置的盘、碗、杯形旋转式雾化器。在喷雾干燥操作中，光滑盘很少应用，但它在某些方面可以说明旋转式雾化器的基本雾化机理。

平的光滑盘，在高速旋转时，将料液加到盘的上表面上，如图 13-56 所示。在料液和盘面之间产生严重的滑动。由于严重滑动，液滴离开盘边缘时的切向分速度远远低于圆盘的圆周速度。因此，由径向和切向速度分量组成的离开盘边缘处的合速度就低得多，雾化就不均匀，故工业上采用较少。

光滑盘操作时，应当使液体均匀分布在盘表面上，这就需要均匀地供给料液、无振动地旋转，同时还要保持盘面平滑。为了有效地雾化，离心力必须比重力大 10 倍。

碗形和平板形的光滑盘用于产量高而要求大液滴的场合。目前杯形雾化器只适用于很低的进料速率。因此，光滑盘在特殊应用方面，起到一种雾化器的补充作用。例如，在低进料速率条件下，需要产生均匀的大颗粒尺寸的雾滴时，采用光滑盘的喷嘴雾化器比采用叶片盘更为有利。

（2）流体在光滑盘上的流动

流体在光滑平板、盘、碗、杯表面上的流动情况是相似的。由于液体和盘表面之间存在着摩擦力，在离心力作用下，液体在整个旋转表面上扩展成薄膜。薄膜延伸到盘的边缘离开时，其厚度迅速降低。液膜向外伸展时，其厚度取决于进料速率、盘的转速和盘径。

雾化器的雾化程度取决于液体的释出速度 u_{res}，即合速度。合速度可以分解为径向速度 u_r 及切向速度 u_T，如图 13-57 所示。

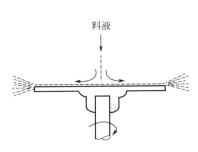

图 13-56　光滑盘旋转式雾化器

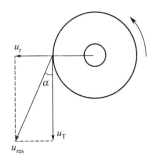

图 13-57　液滴释出速度示意图

① 径向速度　液滴的径向速度是随操作条件和物性而变化的。根据 Frazer 的研究，得到如下关系式

$$u_r = 0.0377\left(\frac{\rho_L N^2 Q^2}{d\mu_L}\right)^{\frac{1}{3}} \tag{13-41}$$

式中，u_r 为液滴离开轮缘时的径向速度，m/s；ρ_L 为料液密度，kg/m³；N 为盘转速，r/min；Q 为进料速率，m³/min；d 为盘直径，m；μ_L 为料液黏度，10^{-3}Pa·s。

② 切向速度　液滴的切向速度取决于液体与旋转面之间的摩擦效应。

Frazer 提出判断滑动程度的数群 $G/(\pi\mu_L d)$。此处，G 为料液的质量流量，kg/h。

此数群之值愈大，滑动愈严重，切向速度 u_T 将愈小于圆周速度。其数值如下

$$G/(\pi\mu_L d) \geqslant 2140, \quad u_T \leqslant \frac{1}{2}\pi dN$$

$$G/(\pi\mu_L d) \geqslant 1490, \quad u_T = 0.6\pi dN$$

$$G/(\pi\mu_L d) \geqslant 745, \quad u_T = 0.8\pi dN$$

由上式可见，液体在盘面上的滑动情况主要取决于进料量、料液黏度和盘径。

由图 13-57 可知，液滴的释出速度（即合速度）应为 $u_{res} = \left(u_r^2 + u_T^2\right)^{\frac{1}{2}}$。

释出速度和切向速度的夹角，称为液体的释出角，$\alpha = \arctan\left(\frac{u_r}{u_T}\right)$。实际上，因为 $u_T \geqslant u_r$，所以，释出速度接近于切向速度，即 $u_{res} \approx u_T$。

③ 平均滴径的计算　由光滑盘雾化器所产生的液滴大小，随着各种操作条件下雾化机理的不同而变化。

在低转速和低进料速率下，其雾化机理直接形成液滴。这种情况的液滴大小可以近似地等于在盘周边表面上的液膜厚度。平均液滴直径可用下式计算

$$D_{AV} = 1.43 \times 10^5\left(\frac{Q\mu_L}{\rho_L d^2 N^2}\right)^{\frac{1}{3}} \tag{13-42}$$

在较高进料速率下，雾化机理为丝状分裂。这时产生的液滴直径可以近似地等于分裂前液丝的直径。和直接形成液滴的情况相比，液滴直径较小。

丝状分裂时产生的平均液滴直径，可用下式计算

$$D_{AV} = 6.4 \times 10^5\left[\left(\frac{Q}{Nd}\right)\left(\frac{\rho_L N^2 d^3}{\sigma}\right)^{-\frac{5}{12}}\left(\frac{\rho_L \sigma d}{\mu_L^2}\right)^{-\frac{1}{16}}\right]^{\frac{1}{2}} \tag{13-43}$$

式中，σ 为料液表面张力，10^{-5}N/cm。其他符号同式(13-41)。

再继续增加进料速率时，体积流量增大，丝状分裂已处理不了，于是围绕盘的边缘形成液膜。膜状分裂所得到的液滴大小与在分裂处的膜厚有关。

由膜状分裂所产生的液滴，与丝状或滴状分裂相比，均匀性较差。

膜状分裂的平均滴径可用下式计算

$$D_{AV} = \frac{2.34G}{\rho_L[1.685(\mu_L/\rho_L)^{0.25}(\sigma G)^{0.66} + 2.96 \times 10^{-7}(Nd)^2]^{0.5}}$$ (13-44)

④ 影响雾滴尺寸的因素

a. 进料速率对滴径的影响。平均滴径随进料速率的增加而增大。由于雾化机理不同（滴状、丝状或膜状分裂），进料速率的指数值变化很大，得不到一个明确的结论。例如，对于低黏度料液$[(1\sim15)\times10^{-3}Pa\cdot s]$，在进料速率为 $2.3\sim27kg/min$，盘圆周速度为 $46\sim64m/s$ 时，平均滴径随进料速率的 $0.1\sim0.4$ 次方而变化。倒碗式雾化器在高圆周速度下 $(140m/s)$ 操作，摇溶性泥浆（thixotropic slurry）进料速率为 $7.28kg/min$，料液黏度由 $330mPa\cdot s$ 增加到 $6800mPa\cdot s$ 时，进料速率的指数值由 0.2 增加到 0.4。

一般认为，在恒定盘转速下，包括工业条件下的低黏度牛顿型料液在内，平均液径与进料速率的 0.2 次方成反比。

b. 盘转速对滴径的影响。一般认为，在工业操作条件下，平均滴径与盘转速的 -0.6 次方成比例，如图 13-58 所示。此图是用直径为 10cm 的两层光滑盘做研究得到的。

c. 圆周速度对滴径的影响。平均滴径与盘的圆周速度成比例。其指数值由于雾化机理的不同而改变。

在低黏度料液和低进料速率情况下，若为滴状与丝状分裂机理，则所得指数值范围

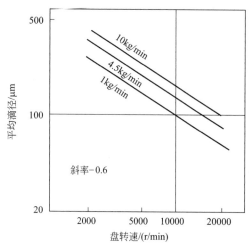

图 13-58 盘转速对平均滴径的影响

在 $-0.6\sim-0.8$ 之间。

当料液为高黏度时，在进料速率为 $4.5kg/min$，圆周速度为 $130m/s$ 时，为膜状分裂机理，所得指数值为 -2.1。当圆周速度降低到 $100m/s$ 以下时，可以看到，指数值显著地下降，一直降到 -0.7。

在工业操作条件下，一般取指数值 -0.8。

d. 滴径分布。在一定的操作条件下，由光滑平板盘所形成的雾滴与叶片轮相比是较粗的。但在盘的转速超过 $12000r/min$ 和低负荷的进料速率下，颗粒粗细度的差别就不显著了。在这样的条件下，就喷雾的均匀性来说，光滑盘比叶片轮好。

在低转速下，光滑平板盘所产生的粗雾滴与叶片轮产生的粗雾滴相比，具有较大的均匀性。故采用光滑盘更容易控制低转速下的雾化。正是这种特征，使得光滑盘主要用于生产无细粉的粗粒产品。

13.2.5.3 叶片轮（非光滑盘）旋转式雾化器

（1）叶片轮的结构

所谓叶片轮，就是在光滑盘的表面设置许多叶片，以防止液体在旋转盘的表面上滑动。由于液体被限制在叶片间的液体通道里，因此，盘边缘处的液滴可获得最大的释出速度。

叶片轮的操作原理、雾化机理和光滑盘是非常相似的。此处不再讨论。

由于喷雾干燥产品种类繁多，故叶片轮的结构也是多种多样的。这里介绍 3 种典型的

结构。

① 装有可换喷嘴的雾化轮。如图 13-59 所示，喷嘴内径为 6~8mm，在轮的四周共有 16 个喷嘴。料液受离心力作用，由盘四周的喷嘴高速喷出。它兼有旋转盘和喷嘴的特性，雾滴较为均匀。在圆周速度为 120m/s，初始的干燥空气温度为 500~550℃时，盘的生产能力（按溶液计算）为 1.1t/h，喷雾塔直径为 9m。

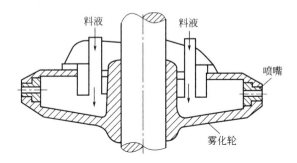

图 13-59　装有可换喷嘴的雾化轮结构

我国干燥酵母用的雾化轮结构与图 13-59 示出的结构相似，装有 8 个内径为 4mm 的喷嘴。轮的圆周速度在 100m/s 左右，按产品计生产能力为 60kg/h。塔直径为 3.6m。

② 矩形通道雾化轮。这种结构的雾化轮应用较多。矩形尺寸规格也是各种各样的。这种结构的特点是通道截面积大，不易堵塞。

我国干燥染料用的雾化轮，就是采用图 13-60 所示的结构，液体通道尺寸为 25mm× 5mm，通道数为 10。当圆周速度为 140m/s 时，按产品计生产能力为 100~120kg/h。

③ 多排喷嘴的雾化轮。当喷雾液量极大时，可采用多排喷嘴的结构，如图 13-61 所示。在圆周速度为 90~120m/s，喷嘴数 $n=16\times3=48$，喷嘴直径为 8mm 时，其生产能力（按溶液计）为 15t/h。这种结构可保持不大的雾炬，即在相同的生产能力下，多排喷嘴比单排喷嘴雾炬小，相应的塔径可小些，且雾化较单排均匀。

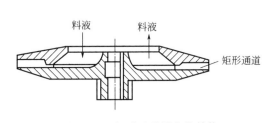

图 13-60　矩形通道雾化轮结构

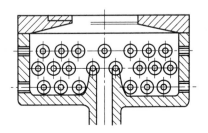

图 13-61　多排喷嘴的雾化轮结构

在喷雾磨损性料液时，液体通道装上抗磨套管，并装上保护底板，可延长雾化轮寿命几百倍。它用于 SiO_2 等有强烈磨损性的物料及烟气脱硫中的石灰浆雾化。

（2）液体在雾化轮上的流动

当液体加到高速旋转的叶片时，由于离心力作用，液体向外移动并在叶片上展开成薄膜状，润湿叶片表面。当叶片的液体负荷很低时，薄膜分裂为若干股液流。与光滑盘不同，一旦液体与叶片接触，在雾化轮上就不会发生液体的滑动。不论是径向还是弧状的叶片结构，都防止了液体在盘表面上的横向流动，液滴从轮边缘离开时的途径如图 13-62 所示。

液膜离开叶片边缘时，具有径向速度 u_r、切向速度 u_T 和释出速度（合速度）u_{res}，参见图 13-62。对于工业用的雾化轮，径向分速度 u_r 远小于切向分速度 u_T，因而释出速度

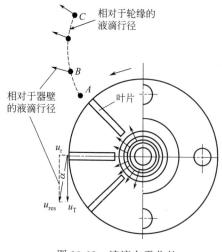

图 13-62　液滴在雾化轮
边缘上的运动示意图

（合速度）接近于轮的圆周速度。释出角 α 很小，因而释出速度接近于与轮缘相切。

① 径向速度　Frazer 研究了叶片式雾化轮，提出估算式如下

$$u_r = 0.0805 \left[\frac{\rho_L N^2 d Q^2}{\mu_L h^2 n^2} \right]^{-\frac{1}{3}} \tag{13-45}$$

式中，u_r 为液体离开轮缘时的径向速度，m/s；ρ_L 为料液的密度，kg/m^3；N 为轮的转速，r/min；d 为轮的直径，m；Q 为进料速率，m^3/min；μ_L 为料液的黏度，$10^{-3} Pa \cdot s$；h 为叶片高度，m；n 为叶片数。

② 切向速度 u_T　由于叶片防止了液体的滑动，液体在释出时获得转轮给予的圆周速度，即

$$u_T = \pi d N \tag{13-46}$$

③ 液体的释出速度 u_{res}　由图 13-62 可见，释出速度 u_{res} 为

$$u_{res} = (u_r^2 + u_T^2)^{\frac{1}{2}} \tag{13-47}$$

式中，u_{res}、u_r、u_T 均以 m/s 计。

④ 液体释出角 α　参见图 13-62，根据几何关系 $\alpha = \arctan \left(\dfrac{u_r}{u_T} \right)$。实际 α 很小，释出速度接近于雾化轮的圆周速度。

⑤ 液膜的厚度 b　假设雾化轮有 n 个叶片，其高度为 h，料液均匀分布在每个叶片上。如果进料速率为 Q，在叶片边缘上的液膜厚度为 b，则可根据连续性方程得到（参见图 13-63）

$$Q = u_r b h n$$

由此得到

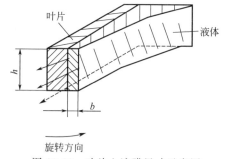

图 13-63　叶片上液膜尺寸示意图

$$b = \frac{Q}{n h u_r} \tag{13-48}$$

（3）操作参数对液滴尺寸的影响

雾化轮产生的液滴尺寸受下列操作参数的影响：轮转速、轮径、轮结构（叶片或衬管的数目和几何形状）、进料速率、料液和空气的黏度、料液和空气的密度以及料液的表面张力。在工业喷雾操作条件下，对滴径最有影响的参数是轮的圆周速度和叶片上的液体负荷（以体积流量为基准）。

① 进料速率对滴径的影响　在雾化轮转速恒定的条件下，增加进料速率就增大滴径。据 Friedman 等的研究 [S J Frieman，F A Gluckert，W R Marshall，Chem Eng Prog，1952，48（4）：181]，在轮速范围为 3500～14000r/min（最大圆周速度达 63m/s），料液的密度为 1000～1425kg/m^3、黏度为（1～9000）$\times 10^{-3} Pa \cdot s$，表面张力为（74～100）$\times 10^{-5}$ N/cm 时，滴径随进料速率的 0.17～0.2 次方而变化。

② 圆周速度和转速对滴径的影响　在恒定的进料速率下，滴径与圆周速度成反比。实验研究指出，滴径与圆周速度的 -0.54～-0.83 次方成比例。但是滴径的减小是有一定限

制的，当滴径减小到最小值时，圆周速度再增加，滴径也不再减小了。

圆周速度已成为调节和维持一定滴径的主要参数。从实用观点来看，增加雾化轮转速比增加雾化轮轮径更容易达到减小滴径的目的。例如，在生产中，可以用调节雾化轮转速的办法来获得粒状或粉状物料。在轮径为 250mm，转速为 $N=1600 \mathrm{r/min}$ 时，可得到粒状染料，在 $N=6000 \sim 12000 \mathrm{r/min}$ 时，可得粉状染料。

由水溶液的喷雾数据可知，体积-面积平均直径（滴径）与转速的 -0.6 次方成比例。

③ 液体黏度对滴径的影响　在恒定轮转速和进料速率下，体积-面积平均滴径随黏度的 0.2 次方而变化，可用双对数坐标作图，如图 13-64 所示。图 13-64 是在转速 $N=14000 \mathrm{r/}$ min，叶片轮直径 $d=125 \mathrm{mm}$，料液黏度 $\mu_\mathrm{L}=(10 \sim 15000) \times 10^{-3} \mathrm{Pa \cdot s}$，进料量为 $1.81 \sim 4.5 \mathrm{kg/min}$ 的条件下得出的。在此范围内，可以利用图 13-64 估算平均滴径 D_VS。研究指出，把转速范围提高为 $15750 \sim 24000 \mathrm{r/min}$，图 13-64 关系同样适用。

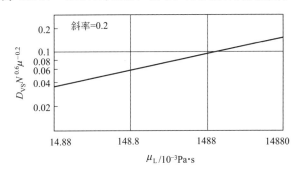

图 13-64　料液黏度对滴径的影响

（4）平均滴径的计算

由于影响因素十分复杂，雾滴特性的计算是不可靠的。但是，作为估算雾滴特性及雾化器的初步设计，雾滴特性的估算是有参考价值的。

下面介绍计算平均滴径的几个经验关联式。在应用这些经验公式时，要注意其试验范围。

① 计算体积-面积平均直径

$$D_\mathrm{VS}=k'r\left(\frac{M_\mathrm{p}}{\rho_\mathrm{L}N_\mathrm{s}r^2}\right)^{0.6}\left(\frac{\mu_\mathrm{L}g}{M_\mathrm{p}}\right)^{0.2}\left(\frac{\sigma\rho_\mathrm{L}nhg}{M_\mathrm{p}^2}\right)^{0.1} \tag{13-49}$$

式中，D_VS 为液滴的体积-面积平均直径，$\mu\mathrm{m}$；r 为雾化轮的半径，m；M_p 为单位叶片润湿周边的质量流量，$\mathrm{kg/(s \cdot m)}$；N_s 为雾化轮的转速，r/s；k' 为常数，取决于雾化条件。

k' 值由实验确定。当符合下述条件时，$k'=0.40$：黏度 $\mu=(1 \sim 9000) \times 10^{-3} \mathrm{Pa \cdot s}$，液体密度 $\rho_\mathrm{L}=1000 \sim 1410 \mathrm{kg/m^3}$，表面张力 $\sigma=(74 \sim 100) \times 10^{-5} \mathrm{N/cm}$，轮径 $d=51 \sim 203 \mathrm{mm}$，雾化轮转速 $N=860 \sim 18000 \mathrm{r/min}$，进料速率为 $3.85 \sim 363 \mathrm{kg/h}$，叶片数 $n=2 \sim 24$，叶片高度 $h=0.381 \sim 33.3 \mathrm{mm}$。

符合下述条件时，$k'=0.37$：黏度 $\mu_\mathrm{L}=1 \times 10^{-3} \mathrm{Pa \cdot s}$，密度 $\rho_\mathrm{L}=1000 \mathrm{kg/m^3}$，表面张力 $\sigma=74 \times 10^{-5} \mathrm{N/cm}$，雾化轮轮径 $d=127 \mathrm{mm}$，雾化轮转速 $N=15750 \sim 24000 \mathrm{r/min}$，进料速率为 $109 \sim 272 \mathrm{kg/h}$，叶片数 $n=24$，叶片高度 $h=6.35 \mathrm{mm}$。

② 液滴的最大直径 D_max

$$D_\mathrm{max}=3.0 D_\mathrm{VS} \tag{13-50}$$

式中，D_VS 为体积-面积平均直径，$\mu\mathrm{m}$。

式(13-50)的试验条件与式(13-49)中 $k'=0.40$ 的条件相同。

③ 对应于累积百分数 95% 的液滴直径 D_{95}。

$$D_{95}=1.4D_{VS} \tag{13-51}$$

式(13-51)的试验条件与式(13-49)中 $k'=0.37$ 的条件相同。

④ 液滴的体积平均直径

$$D_{VM}=\frac{0.0369KM_L^{0.24}}{(Nd)^{0.83}(nh)^{0.12}} \tag{13-52}$$

式中，K 为常数，由试验决定，其平均值可取 $K=92.5\times10^4$，K 值因干燥器尺寸的不同而变化，其大小可按表 13-4 选用。

表 13-4 方程式(13-52)的常数 K 值

情况	干燥器规模和干燥情况	K 值
一般情况	一般的干燥器[用于方程式(13-52)的平均值]	92.5×10^4
Ⅰ	小直径试验装置用的干燥器	85×10^4
Ⅱ	中间厂和小型生产用的干燥器	83×10^4
Ⅲ	中型工业生产用的干燥器，圆周速度大于 60m/s	94×10^4
Ⅳ	中型工业生产用的干燥器，圆周速度小于 60m/s	99×10^4
Ⅴ	大型工业生产用的干燥器	86×10^4

式(13-52)的试验条件为黏度 $\mu=1\times10^{-3}$Pa·s，密度 $\rho_L=1000$kg/m³，表面张力 $\sigma=74\times10^{-5}$N/cm，雾化轮轮径 $d=51\sim203$mm，雾化转轮速 $N=5000\sim32500$r/min，进料速率为 $0.091\sim22.7$kg/h，叶片数 $n=8\sim24$，叶片高度 $h=7.9\sim32.6$mm。

⑤ 体积-面积平均直径 对于小直径轮式雾化器，例如，实验室的小型干燥器，在很高转速下形成的平均滴径，用下式计算较为适宜

$$D_{VS}=5240(M_p')^{0.171}(\pi dN)^{-0.537}(\mu_L)^{-0.017} \tag{13-53}$$

式中，D_{VS} 为体积-面积平均直径，μm；M_p' 为单位叶片润湿周边长度的质量流量，g/(cm·s)。

式(13-53)试验条件：黏度 $\mu_L=(9.8\sim199.5)\times10^{-3}$Pa·S；密度 $\rho_L=850$kg/m³；表面张力 $\sigma=27.8\times10^{-5}$N/cm；轮直径 $d=50$mm；转速 $N=11900\sim41300$r/min；进料速率为 $1.9\sim16.8$kg/h；叶片数 $n=24$；叶片高度 $h=5.85$mm。

（5）滴径分布

对于喷雾干燥产品，一般都记录滴径或粒径的分布数据，以了解雾滴或颗粒群的尺寸分布情况和均匀程度，这是一项重要的产品质量指标。

前面介绍的式(13-49)提供一种快速放大雾化轮的方法，即提高进料速率时，应如何放大雾化轮，以保持恒定的滴径分布。由式(13-49)可见，在提高进料速率时，如果不改变轮径而增加叶片高度或叶片数目，以保持恒定的单位润湿周边的进料速率，则平均滴径和最大滴径基本上保持不变。

雾滴群的尺寸分布数据，最好用 Herring 和 Marshall 关系式［Amer Inst Chem Eng J，1955，1（2）：200］表示。在平方根概率纸上，以 $\left[\dfrac{D(Nd)^{0.8}(nh)^{0.12}\times2.71\times10^{-3}}{M_L^{0.24}}\right]^{1/2}$ 为横坐标，以小于 D 值的累积体积分数为纵坐标作图，如图 13-65 所示。图 13-65（a）是由实验室和中间厂规模的干燥器所得到的尺寸分布数据。图 13-65（b）是由生产规模的干燥器所得到的尺寸分布数据。图 13-65 中曲线 $A\sim E$ 的操作数据范围见表 13-5。

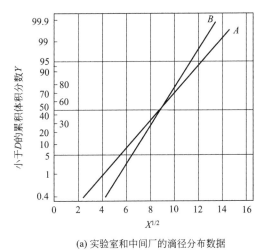

(a) 实验室和中间厂的滴径分布数据

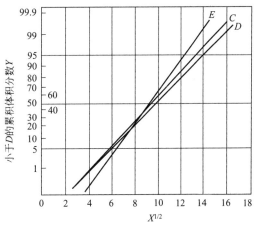

(b) 工业干燥器滴径分布数据

图 13-65　雾滴尺寸分布

表 13-5　图 13-65 中曲线 $A \sim E$ 的操作数据范围

曲线编号	A	B	C	D	E
干燥器规模	小直径试验干燥器	中间试验和小规模生产的干燥器	工业干燥器	工业干燥器	工业干燥器
轮径/m	$0.051 \sim 0.076$	$0.114 \sim 0.152$	$0.127 \sim 0.203$	$0.127 \sim 0.208$	$0.19 \sim 0.229$
轮转速/(r/min)	$(2 \sim 4) \times 10^4$	$(1.2 \sim 2.4) \times 10^4$	$(0.8 \sim 1.2) \times 10^4$	$(0.3 \sim 0.9) \times 10^4$	$(1 \sim 1.8) \times 10^4$
单位叶片周边液体负荷/[kg/(min·m)]	$0.89 \sim 8.9$	$1.79 \sim 35.7$	$10.7 \sim 125$	$8.9 \sim 125$	$89 \sim 535$
圆周速度/(m/s)	$30 \sim 107$	$107 \sim 168$	$55 \sim 119$	$15 \sim 61$	$90 \sim 168$

13.2.5.4　旋转式雾化器的机械设计

（1）旋转式雾化器的特点

我国自 20 世纪 80 年代初以来，在喷雾干燥器中，高速旋转式雾化器已被大量采用，它具有以下优点。

① 转速与液滴直径成 0.53 次方反比，转速高则液滴细，液相的比表面大，从而提高干燥的传热、传质效率，使干燥的热效率提高。

② 转速与喷雾距离成 0.16 次方反比，转速提高则喷雾距离缩短，同样处理液量的干燥室直径可以降低，或者是可以减小溶液粘壁现象。

③ 由于以上两优点，在喷雾量大时，尤其需要使用高速雾化器。

④ 适用于有些在高温气体下容易在转盘中结垢的物料。

传热速率的提高缩短了干燥时间，降低了装置的造价，还可以提高产品的质量。但是，高速雾化器也存在着以下缺点。

① 雾化器的功率消耗与转速平方成正比。但是，对于整个干燥装置来说，雾化器的功耗远远低于装置中风机等的功耗。

② 转速提高后，增加了轴系和传动部分的制造成本。

（2）旋转式雾化器的设计要求

工业上应用的高速旋转式雾化器的转速范围一般为 $(1 \sim 4) \times 10^4 r/min$。对于液体的雾化，要求圆盘的圆周速度为 $100\sim180\mathrm{m/s}$。转盘尺寸大，其相应的转速可以较低，但至少也在 $10000\mathrm{r/min}$ 以上。在这种速度下的轴系已超过第一阶临界转速，甚至在第二阶和第三阶临界转速之间运行，均属挠性转轴。因此，当轴系的大致尺寸决定后，必须算出各阶的临界转速，使工作转速远离临界转速，以求运行平稳。一般应在 $1.3\omega_{ni}<\omega<0.7\omega_{ni+1}$ 之间（ω 为工作转速，ω_{ni} 为第 i 阶临界转速）。

① 旋转轴的力学模型　如图 13-66 所示为按一般刚性支撑设计的轴系。为使两支点的距离尽量大，转轮应靠近下支点 B，从而减小 B 点的弯曲应力。这种模型用在低速范围（$7000\mathrm{r/min}$ 以下）和喷液量不大（$500\mathrm{kg/h}$ 以下）时，尚能适应工作。但当转速和喷雾量加大后就会出现不稳定状态。

如图 13-67 所示的三支点模型是近期发展的高速旋转式雾化器的力学模型。它有以下三个特点。

a. 长悬壁结构。B 支点离转盘较远且呈悬臂状，可使主轴运行时的"自动对中"效果明显而减少振动。转轴在挠性状态时工作转速高于临界转速。如图 13-68 所示，转子的质心 m 从轴心的外面自动转至里面，以下式表示

$$m(y-e)\omega^2=K \tag{13-54}$$

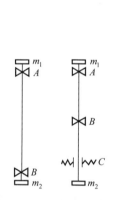

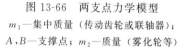

图 13-66　两支点力学模型

m_1—集中质量（传动齿轮或联轴器）；
A，B—支撑点；m_2—质量（雾化轮等）

图 13-67　三支点力学模型

C—浮动支撑；其他符号同图 13-66

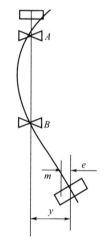

图 13-68　挠性轴的回转情况

y—轴的挠度；e—偏心距；
其他符号同图 13-66

由此可得挠度为

$$y=\frac{e\omega^2}{\omega^2-K/m} \tag{13-55}$$

式中，y 为轴的挠度；e 为偏心距；ω 为角速度；K 为刚度系数；m 为转盘质量。

当上式分母为零时，轴的挠度 y 趋于无穷大，系统处于"共振"。因而得出临界转速的条件为

$$\omega^2-\frac{K}{m}=0$$

故临界转速为

$$\omega_n=\sqrt{\frac{K}{m}} \tag{13-56}$$

由此可知，只要轴的角速度 ω 不等于 ω_n，轴的挠度就为一有限值。临界转速只与轴的刚度系数 K 和转盘质量 m 有关，而与偏心距 e 无关。

将式(13-56)代入式(13-55)，挠性轴的挠度公式又可写成下式

$$y = \frac{e\omega^2}{\omega^2 - \omega_n^2} = \frac{e}{1 - \left(\dfrac{\omega_n}{\omega}\right)^2} \tag{13-57}$$

当 ω 远大于 ω_n 时，$y \approx e$，即转子的质心紧靠轴承的中心线，转子绕着质心旋转，这就是"自动对中"现象。这时的机器振动量大为减小，运转十分平稳。也可以将式(13-55)写成

$$y = \frac{e}{1 - \dfrac{K/m}{\omega^2}} \tag{13-58}$$

当刚度系数 K 趋小时，y 值趋于偏心距 e，这就可以说明图 13-67 所示的长悬臂结构在挠性轴系运行中比图 13-66 所示的模型要稳定得多。

b. 设置浮动轴承。在高速旋转式雾化器的结构中，常见到浮动轴承（亦称导向轴承），如图 13-67 中所示的 C 点。当转轴进入临界区域时，振幅迅速增大，而轴与滑动轴承接触，即 C 支点在瞬间发挥支承作用，使轴系从两支点转变为三支点。由于力学模型发生改变，共振状态被"破坏"，轴系得以迅速越过临界区域。当 C 支点设置在转轴振腹（振幅最大）处时，辅之以超振仪器，可以作为报警敏感区，使操作人员监控运动状态。

c. 固定支承 A 点和 B 点紧靠节点的位置。图 13-69 示出转轴通过各临界转速区时的振动状态。转轴与原轴线的交点称为节点，此处的振幅最小。设计时，应将固定支承位置及所有产生干扰力来源（如雾化盘偏心、料液不均衡及传动齿轮的推动力）处于节点位置时，则可降低轴系的振动载荷。

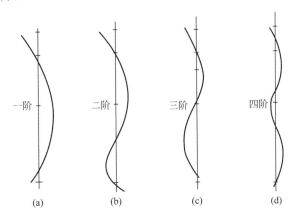

图 13-69　挠性轴在各临界转速区时的振动状态

② 传动装置　当喷液量在 50kg/h 以下时，用压缩空气驱动固定在轴上的涡轮，涡轮的高速旋转带动轴的旋转，转速可达 3.2×10^4 r/min。用于实验室时，具有安全、方便、紧凑等优点。但当加料量不稳定、料液黏度较高时，会对转轴的转速有影响。喷液量在 10t/h 以下的中型雾化器，大都采用电动机加两级齿轮增速传动，其第二级齿轮的圆周速度超过 50m/s，必须按高速齿轮设计要求进行。喷液量在 10t/h 以上时，为了使传动部分轻巧紧凑，宜采用准行星齿轮或行星齿轮传动。目前我国高速雾化器的最大喷液量达 10t/h，功率 90kW，转速为 1.0×10^4 r/min、1.2×10^4 r/min、1.5×10^4 r/min 可调。

也可以采用高频电机直接连接高速轴和雾化盘的结构。此时高频电机的冷却和轴承的润滑同样成为机组运行必须重视的问题。

③ 雾化盘　雾化盘在高速旋转时，由于转轮质量引起的离心力的方向是离开回转轴线沿半径方向向外的，故它不产生轴向应力，也不产生径向应力，它的轴向应力可由拉普拉斯方程求得，即

$$\frac{\sigma}{R}=\frac{P}{S}，转换后，得 \sigma=\frac{\rho_0}{g}u^2 \tag{13-59}$$

式中，σ 为应力，0.1MPa；P 为外部作用力，N；R 为曲率半径，m；S 为壁厚，m；ρ_0 为材料密度，kg/m³；g 为重力加速度，m/s²；u 为圆周速度，m/s。

由式(13-59)还可以换换出许用应力和许用转速的关系

$$[u_{max}]=\sqrt{\frac{[\sigma]g}{\rho_0}}\ (cm/s) \tag{13-60}$$

以常用转盘材料 1Cr18Ni9Ti 为例，代入式(13-60)，常温屈服极限为 25×10^{-3} MPa，安全系数为 2~2.5（此处取 2），则转盘的许用最大转速 $[u_{max}]$ 为 125m/s。因此，对于高速雾化盘的材料应选用强度高、密度小的材料，以免产生变形。在实际使用中，当圆周速度在 150m/s 左右时，1Cr18Ni9Ti 材料的转盘就会发生鼓胀式变形。

雾化盘需经动平衡仪校正其不平衡量。目前采用的是 ISO—1940 规定的 11 级平衡精度表示法。

（3）加工和安装要求

高标准的加工和安装是保证雾化器质量的重要条件。在高速轴上支承的滚珠轴承处于超极限转速下运行，所以必须用 C 级或 C 级以上的精密轴承。

料液进入雾化盘时，要尽量靠近转盘的中心部位。喷液量大于 5t/h 的大型雾化器，采用螺旋型料液分布器，以免料液的分布不均造成不平衡。进入雾化器之前的料液需经过滤。滤网的方孔截面是 5mm×5mm。粗大颗粒进入雾化盘也会引起转盘的不平衡。

在高速轴的导向轴承处（见图 13-67C 点）装入振动超值报警仪，以保护主轴不受意外的损害。

13.2.6　三种雾化器的特征

前面讨论了气流式、压力式和旋转式雾化器的结构、工作原理和基本计算，它们的特征如表 13-6 所示，供选择和操作时参考。

表 13-6　三种雾化器的比较

特征	雾化器形式		
	气流式	压力式	旋转式
料液的状态:溶液	可以	可以	可以
悬浮液	可以	可以	可以
膏糊状物料	可以	不可以	不可以
黏度	改变压缩空气压力	适于低黏度	改变转速。但有限制
进料量变化的影响	中间	大	小
磨蚀的影响	中间	大	小
过程控制的难易	易	难	易
产品特性变化的难易	中间	难	易
堵塞的倾向性	中间	大	小

特征	雾化器形式		
	气流式	压力式	旋转式
雾化系统的相对成本	1	3	5
相对的操作费用	2～4	1	1
进料压力(表压)/MPa	0.1～0.5	2～40	0
原料的最大粒径/μm	200～400	100～200	50～1000
平均粒径/μm	20～300	80～300	20～250
喷雾角/(°)	内混合 60～80;外混合 20～22	45～90	180

13.3 空气-雾滴在喷雾干燥塔内的运动

本节主要讨论空气-雾滴在塔内的流动方向、热风分布装置以及粘壁问题。

13.3.1 空气-雾滴的流动方向

在喷雾干燥塔内,空气(即热风)和雾滴的运动方向和混合情况,直接影响到干燥产品的质量和干燥时间。应根据具体的工艺要求,选择适宜的空气-雾滴的运动方向。

空气和雾滴的运动方向,取决于空气入口和雾化器的相对位置。据此,可分为并流、逆流和混合流运动。由于空气-雾滴的运动方向不同,塔内温度分布也不同。现分别加以讨论。

13.3.1.1 空气-雾滴并流运动

所谓并流运动,系指空气和雾滴在塔内均以相同方向运动。并流又分 3 种情况:向下并流、向上并流和卧式喷雾干燥的水平并流流动。

(1) 空气-雾滴向下并流喷雾干燥

如图 13-70 所示,喷嘴安在塔的顶部,空气也从顶部进入。空气-雾滴首先在塔顶温度最高的区域接触,水分迅速地蒸发,大量地吸收高温空气的热量,因而空气温度急剧下降。当颗粒运动到塔的下部时,产品已干燥完毕,此时空气温度也已降到最低值。因此,这种流向适用于热敏性物料的干燥,关键在于严格控制空气出口温度。此类干燥塔的空塔操作气速一般保持在 0.2～0.5m/s。由于喷嘴安装在塔顶部,不便于喷嘴的更换和检修,这是该流向的缺点。

(2) 空气-雾滴向上并流喷雾干燥

如图 13-71 所示,喷嘴安装在塔的底部,向上喷雾。干燥用热空气也从塔底进入,向上流动,形成空气-雾滴向上并流运动。这种流向和由上而下的并流操作原理相同,即具有并流的特点。其优点如下。

① 在一定气速下,塔内较大颗粒或粘壁料块,被气流带走的概率最小,它们落入塔底(塔底物料定期排出,一般另作处理,不作为产品),故由塔顶出来的产品粒度比较均匀。

② 喷嘴安在塔的下部,便于操作、维修和清洗。

③ 干燥塔容积蒸发强度比向下并流塔型相对高一点。

其缺点是掉下来的物料易烧焦及变质,此流程目前已基本不用。目前采用的空塔操作气速为 1～3m/s。

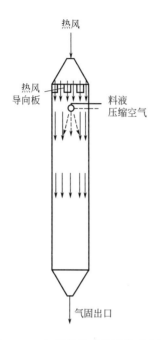

图 13-70　向下并流喷雾干燥示意图

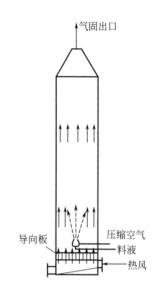

图 13-71　向上并流喷雾干燥示意图

（3）卧式（即水平式）空气-雾滴并流喷雾干燥

料液经卧式喷雾干燥器侧面的若干个喷嘴喷出，热风也由侧面围绕每个喷嘴旋转喷出，二者形成并流，如图 13-72 所示。干燥产品绝大部分从空气中分离出来，落至室底，间歇或连续排出。一小部分被气流夹带的产品，经旋风分离器回收下来。

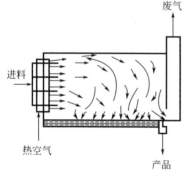

图 13-72　卧式并流喷雾干燥示意图

这种流向的优点是设备高度低，适合安装于单层楼房。其缺点是空气-雾滴混合不太好，大颗粒可能没有干燥好就落入干燥器底面上，因而影响产品干燥质量。

13.3.1.2　空气-雾滴逆流运动

空气-雾滴的逆流运动如图 13-73 所示。热风从塔底进入，由塔顶排出，料液从塔顶向下喷出，产品由塔底引出。空气-雾滴在塔内形成逆向流动。

逆流操作的特点是热利用率较高。这是因为传热传质的推动力较大，将干燥好的含水较少的产品与进口的高温空气接触，可以最大限度地除掉产品中的水分；由于气流向上运动，雾滴向下运动，延缓了雾滴或颗粒的下降运动，因而在干燥室内的停留时间较长，有利于颗粒的干燥。

热风的入口温度受产品的允许温度所限制。产品与高温气体相接触，有些产品易变质或分解，因此，只适用于非热敏性物料的干燥。

逆流操作要保持适宜的空塔速度，若超过限度，将引起颗粒的严重夹带，增加回收系统的负荷。

13.3.1.3　空气-雾滴混合流运动

所谓混合流运动，是既有逆流又有并流的运动。混合流又分以下两种情况。

① 喷嘴安在干燥室底部，向上喷雾；热风从顶部进入，雾滴先与空气逆流向上运动，达到一定高度后又与空气并流向下运动，最后物料从底部排出，空气从底部的侧面排出，如图 13-74 所示。

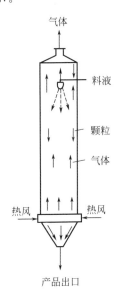

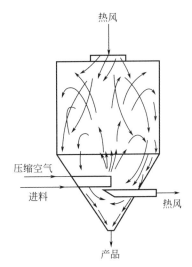

图 13-73　逆流运动示意图　　　　图 13-74　混合流运动情况 I

② 喷嘴安在塔的中上部，如图 13-75 所示。物料向上喷雾，与塔顶进入的高温空气接触，使水分迅速蒸发，具有逆流热利用率高的特点。物料干燥到一定程度后，又与已经降低了许多温度的空气并流向下运动，干燥的物料和已经降低到出口温度的空气接触，避免了物料的过热变质，具有并流操作的特点。故此型适用于热敏性物料的干燥。这种流向显著地延长了颗粒在塔内的停留时间，从而可降低塔的高度。在设计与操作时，要防止颗粒返回区域产生严重的粘壁现象。

13.3.1.4　旋转式雾化器喷雾干燥的空气-雾滴运动

在旋转式雾化器的喷雾干燥室中，雾滴-空气运动比较复杂，是既有旋转运动，又有错流和并流运动的组合。塔内空气的流动图形，取决于空气分布器的结构，其流向示意图如图 13-76所示。由于雾滴主要是沿水平方向飞出的，故此类塔型为直径大而高度小。

塔内各点温度分布是相当均匀的，尽管空气入口温度较高，但空气一与雾滴接触后，温度就迅速下降到接近于排风温度。这说明雾滴与空气间的热量、质量交换过程进行得很迅速。同时，对塔壁的结构材料不必有过高的耐热要求。

13.3.2　热风分布装置和热风进出干燥塔的方式

热风进出干燥塔的方式，直接影响着干燥塔内的空气-雾滴流动和混合情况。热风分布装置（即空气分布器）直接控制着塔内的热风流动状态。它们一方面要促进气固接触，强化干燥过程，另一方面还要防止半湿物料粘壁。一个成功的喷雾干燥器的设计，应包括与雾化器相适应的热风进出干燥塔的方式和热风分布装置。

热风进出干燥塔（特别是进干燥塔）的方式，与雾化器的形式及安装位置和喷嘴型雾化器的数量有关。现分别就喷嘴式和旋转式雾化器加以讨论。

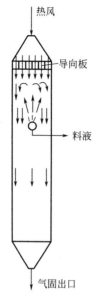

图 13-75 混合流运动情况 Ⅱ

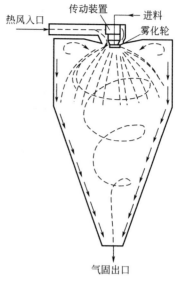

图 13-76 旋转式雾化器的干燥室内空气-雾滴运动状况

13.3.2.1 喷嘴式喷雾干燥塔的热风分布形式

喷嘴式（气流式和压力式喷嘴）常用的热风分布和热风进出塔的方式如图 13-77 所示。

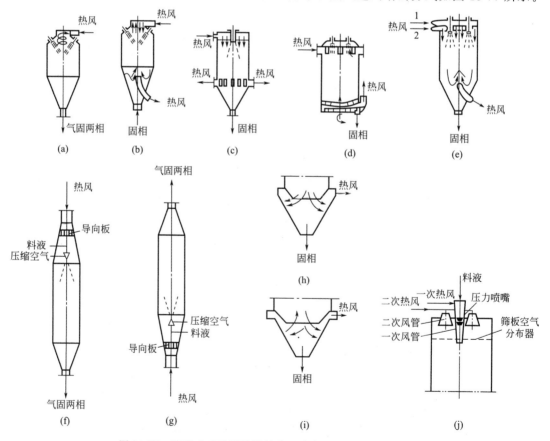

图 13-77 喷嘴式喷雾干燥塔的热风分布和热风进出塔的方式

图 13-77(a) 为热风以旋转方式进入塔中，气固同时由塔底排出。热风在塔内旋转有利于气固的接触和混合，因而有利于干燥。但设计时应考虑到旋转要合理，以免产生严重的粘壁现象。

图 13-77(b)、(c) 为热风经过筛板式空气分布器，一方面使空气沿塔截面均匀分布，另一方面使空气整流为直线形向下运动，这样可减轻粘壁现象。图 13-77(b) 中的锥形帽可减少固体的带出。

图 13-77(d) 为热风从壁的四周进入，产品由转动的耙子连续排出。

图 13-77(e) 为两个热风入口，入口 1 的热风围绕每个喷嘴旋转喷出，促进空气-雾滴接触、混合。入口 2 的热风，经筛板导向垂直向下运动，防止产生粘壁现象。两个入口的热风温度，根据需要可以相同，也可以不相同。

图 13-77(f)、(g) 为热风经导向叶片变为垂直运动，防止湿物料粘壁。此型结构简单，导向效果好，为生产厂家所常用。

构成垂直导向叶片的正方形格子尺寸，通常采用的有 25mm×25mm、50mm×50mm、80mm×80mm、100mm×100mm，视塔径大小而定。为保证一定的导向效果，方格子要有一定的高度，一般为 50~150mm。

从导向的效果来看，垂直导向叶片比导向筛板好。

为了使干燥塔底部的气固分离好一些，可将塔的底部做成如图 13-77(h)、(i) 所示的结构。这样的结构可以从塔底收集更多的产品，减轻后处理设备的负荷。从塔底排料的喷雾干燥，如喷雾造粒等适用于这种结构。

为了更有效地提高喷雾干燥的热利用率，可以采用两股不同温度和不同速度的热风引入塔中，如图 13-77(j) 所示。一次热风的温度较高，在 400~500℃ 或更高，该风在一次风管内，以 40~100m/s 的速度，和由压力喷嘴喷出的雾滴相接触，起到高温快速干燥的作用。由于从一次风管出来的颗粒表面已干燥，因而可避免产生粘壁现象。二次热风温度，视物料的耐热情况而定，一般为 70~150℃。此风经过筛板分布器垂直向下运动，继续干燥产品而不致把产品烧坏。

据报道，日本森永乳业公司开发了一种叫作 MD 喷雾装置的肋喷雾干燥器，如图 13-78 所示。其流程主要特点是单喷嘴并流向下，在塔的上部引入两股风——高温风和低温风，高温风为 150~210℃，作为干燥介质用。它先经固定斜叶片，使热风旋转，沿塔截面均布，然后导向下方，最后用垂直叶片消除旋转，与雾滴一起向下流动，这样，风的运动比较规

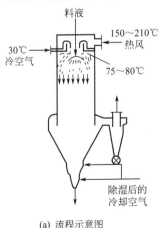

(a) 流程示意图　　　(b) 热风喷出口的风速分布

图 13-78　肋喷雾干燥器

整。其轴向速度分布和径向速度分布以及与一般形式的比较如图 13-78（b）所示。由图可见，热风基本上消除了旋转运动。低温风是少量的 30℃ 冷空气，其作用为调整热风在塔内的流动，减小焦粉和粘壁物料。塔下部装有逆流式二段冷空气冷却装置，以降低产品温度，确保产品质量。

13.3.2.2　旋转式雾化器喷雾干燥塔的热风分布形式

此种塔型常用的热风分布和热风进出干燥塔的方式如图 13-79 所示。

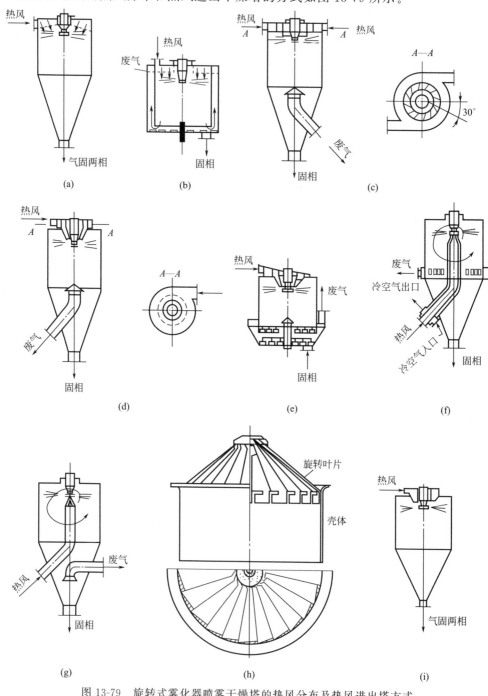

图 13-79　旋转式雾化器喷雾干燥塔的热风分布及热风进出塔方式

图 13-79(a)、(b) 为筛板空气分布器，热风进入塔中不旋转。

图 13-79(c) 为具有一定倾斜角度的叶片型空气分布器，使室内热风产生旋转运动。

图 13-79(d)、(e) 为蜗壳形入口，使室内热风产生旋转运动。图 13-79(e) 中的物料靠转动的耙子排出。

图 13-79(f)、(g) 为热风从旋转盘下部向上供给，热风与旋转盘同方向旋转。热风的旋转，靠具有一定角度的叶片产生，其结构如图 13-79(h) 所示。其中图 13-79(f) 的热风进口管，被冷空气冷却，避免物料附着在其上而变质。

图 13-79(i) 为热风直接进入旋转盘的根部，热风不旋转。

对于大型的喷雾干燥设备，其热风的分布非常重要，必须考虑热风在塔内的流动图形及温度分布，应精心设计。

13.3.3　喷雾干燥操作中的粘壁问题

在喷雾干燥操作中，粘壁现象是设计者和操作者必须考虑的一个重要问题。这是因为：

① 粘壁后的物料，由于长时间停留在内壁上，有可能被烧焦或变质，影响产品质量；

② 粘壁后的物料，时常结块落入塔底的产品中（指塔底出产品的操作），使产品有时不能达到所规定的湿含量；

③ 由于粘壁物料结块落入产品中，使有些产品（如染料等）不得不增加粉碎过程，以达到一定的细度；

④ 许多喷雾干燥设备，为了清除粘壁物料，不得不中途停止喷雾，这就缩短了喷雾干燥的有效操作时间；

⑤ 因设计或操作不当而产生的严重粘壁现象，可能会使喷雾干燥器不能投入正常生产。

为解决粘壁问题而设计的结构较为复杂的热风分布装置如图 13-86 和图 13-87 所示。物料粘壁可粗略地分为半湿物料粘壁、低熔点物料的热熔性粘壁和干粉表面附着（或称表面附灰）。通常碰到的是半湿物料粘壁。

13.3.3.1　半湿物料粘壁

造成半湿物料粘壁的直接原因是喷出的雾滴在没有达到表面干燥之前就和器壁接触，因而粘在壁上。粘壁物料愈积愈厚，达到一定厚度便以块状自由脱落。因此，造成产品烧焦、分解或湿含量过高。粘壁的位置通常是对着雾化器喷出的雾滴运动轨迹的平面。此类粘壁的原因与下列因素有关：喷雾干燥塔结构；雾化器结构、安装与操作；热风在塔内的运动状态。下面分别加以讨论。

（1）喷雾干燥塔结构

众所周知，3 种雾化器各有其特点，喷雾干燥塔结构必须与其相适应。

气流式雾化器喷射出来的雾滴是被压缩空气（或蒸汽）夹带着前进的，因此，雾滴直接喷射的距离很长（约 3～4m），但喷雾角较小（约 20°）。因此，干燥塔要有足够的高度。由于气流式喷嘴直接喷射距离较大，粘壁位置偏下，如图 13-80(a) 所示，故适用于向上并流喷雾干燥器。压力式喷嘴直接喷射距离较小，而喷雾角较大，粘壁情况偏上，如图 13-80(b) 所示。旋转式雾化器与喷嘴式雾化器不同，可以认为雾滴离开雾化器的运动是径向运动。因而这类雾化器的主要粘壁区域是对着雾化器的径向的塔壁，如图 13-81 所示。

若塔径小于喷雾锥最大直径，就会在对着雾滴运动最大轨迹平面的塔壁上产生严重的粘壁现象。因此，设计的塔径都留有一定裕度。喷嘴式雾化器喷射出来的雾滴，轴向速度很

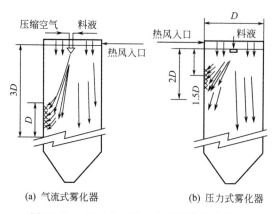

(a) 气流式雾化器　　　(b) 压力式雾化器

图 13-80　气流式、压力式雾化器粘壁位置
×××× 粘壁区域

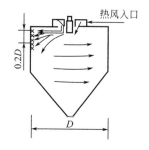

图 13-81　旋转式雾化器粘壁位置
×××× 粘壁区域

大，径向速度分量较小，因此，喷雾干燥塔的结构特点是细而长，其长径比大约是 $H/D=$ 6～10（H 和 D 分别为塔高和塔径）。

旋转式雾化器的干燥塔特点是短而粗，其长径比大约是 $H/D=1.1～1.2$。

目前，我国喷嘴式喷雾干燥塔形状主要是立式的圆柱体和圆锥体的结构。在实际操作中，

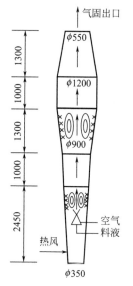

图 13-82　锥形塔粘壁情况

塔形设计为圆锥体，在锥体部位易产生旋涡流，如图 13-82 所示。锥体部位粘壁机会最多。不仅如此，而且还造成粗粒子在锥体部位进行循环（由于各锥形截面的速度分布造成），发生所不希望的"流态化喷雾造粒作用"，大粒子或者随气流进入产品中，或者落入塔底，这就给某些产品的进一步加工（如混合等）造成困难。落入塔底的大粒子有时需另作处理。这些现象在圆柱体中是不存在的。另外，与相同高度的圆柱体相比较，圆锥体平均停留时间较短。且圆锥占地面积并不减少，钢材也节省不多。综合起来看，还是圆柱体较为适宜。

（2）雾化器结构、安装与操作

许多粘壁现象和雾化器结构、安装和操作有密切关系。气流式喷嘴产生的标准喷雾图形是一个和喷嘴轴线对称的空心锥。压力喷嘴产生的标准喷雾图形也是一个和喷嘴轴线对称的空心锥（有时是实心锥）。当气流式喷嘴的气体通道和液体通道的轴心不重合（即不同心）时，喷雾锥是不对称的圆锥形，气体通道变小的地方产生大液滴，当大液滴还没有达到表面干

燥前就碰到壁面而粘住。这种由于制造原因而产生偏流的现象，是比较普遍存在的，应引起重视。有的是由于结构设计不合理，如只靠喷嘴上的螺纹联结来保证其同心，或由于经常拆装，螺纹磨损以致不同心。压力式喷嘴孔不圆时，产生的喷雾锥就不对称了，这时就易产生粘壁现象。这种情况主要产生在因喷嘴长期操作而磨损时，应注意及时更换。

这两类（气流式与压力式）喷嘴在塔内安装时应注意三点。

① 如果塔中只装 1 个喷嘴，喷嘴轴线就要在塔的中心垂线上，即二者重合。如果与喷嘴轴线有较大的偏离，喷雾锥也将产生过大的偏离，就会产生局部严重粘壁现象。

② 如果塔中是多喷嘴操作，就要既注意各雾炬间不要重叠，又要注意雾滴喷射角度，雾滴不要直接喷射到对面的壁上。

③ 喷嘴操作时不要产生过大的振动。对于大塔径，喷嘴又是从塔的侧面伸进去的。由于塔的半径距离很大，如喷嘴固定不好，便会产生过大的振动，也会产生粘壁现象。

对于旋转式雾化器来说，在运转时也要防止振动。

在操作方面，气流式喷嘴存在着两个问题。一个是液体流量不稳定，由于一般没有液体流量的自动控制，因此，液体流量波动太大，大流量时雾滴变大，来不及干燥而粘壁。在没有流量自动控制时，可用密闭储料罐以恒压（0.05～0.1MPa）的压缩空气输送料液。另一个问题是雾化用的压缩空气不稳定。如有的工厂把雾化用的压缩空气和其他方面用的压缩空气由一个总管线供给，当各处都用压缩空气时，空气压力突然下降（甚至降到 0.1MPa 以下），由于雾化恶化而粘壁。因此，喷雾干燥用的压缩空气应专机供给。

（3）热风在塔内的运动状态

各种实际操作都证明，热风在塔内的运动状态直接影响粘壁状况。为了有效地利用干燥器体积，有时采用混合流喷雾干燥，混合流喷雾干燥器粘壁区域如图 13-83 所示。粘壁最多的是颗粒开始下降后的部分区域。当塔径不够大时，粘壁产生在 A 区。当高度不够时，产生在 B 区。

对于小型混合流喷雾干燥器，粘壁情况主要在锥体部位，如图 13-84 所示。

对于旋转式雾化器，热风在空气分布器中做不强烈的旋转而进入干燥塔中，可减少气流与雾炬相碰撞而产生的扰动，从而减少物料黏附在顶盖上。

在大型旋转式雾化器中，过度的空气旋转和不适当的雾炬（伞状雾滴云）分布，会引起沿顶盖和壁的上部粘壁，如图 13-85 中 A 处所示；雾炬分布过大和不适当的空气分布，则会引起沿壁下部和锥体粘壁，如图 13-85 中 B 处所示。

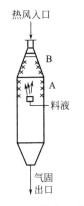

图 13-83　混合流喷雾
干燥器粘壁情况

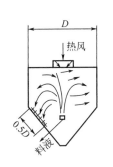

图 13-84　小型混合流喷雾
干燥器粘壁情况

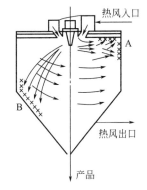

图 13-85　大型旋转式
雾化器粘壁情况

热风在塔内产生旋转运动，不仅促进气-固之间的传热、传质过程，而且还增加了颗粒在塔内的停留时间。但是，这种旋转运动却带来了严重的粘壁现象。只要采取相应的措施，设计得当，就是可以解决的。在喷雾干燥塔中，有的采用了"旋转风"和"顺壁风"相结合的办法，如图 13-86 所示。此法既提高了传热、传质效率，又解决了粘壁的问题。采用压力喷嘴并流向下的喷雾干燥，塔上部装有旋转角度可调的热风导向板，使热风产生向下的旋转运动，简称"旋转风"。只有"旋转风"操作时，发现离喷嘴大约 1.5m 处的周围塔壁上出现粘壁现象。为解决此问题，在粘壁处增设一股与塔壁平行的"顺壁风"，这个风起到阻止液滴靠近塔壁的作用。这就解决了粘壁问题。"顺壁风"速度不低于 2m/s，两股风的比例，旋：顺＝3：2。

图 13-87 所示为为解决粘壁问题而设计的另一种热风分布器。在筛板 4 下装有喷嘴 1，热风从管 2 和管 3 同时进入。管 3 的热风先进入环状通道 5，然后又分成两部分，一部分经导向叶片产生旋转运动，另一部分沿壁产生与壁平行的直线运动，避免粘壁。上部装有略呈圆锥形的筛板，开孔面积占 2%～10%。管 2 通入的热风是为避免物料黏附在筛板上。6 是管 2 的气体分布筛板，开孔率为 20%。管 2 和管 3 的风量相等。

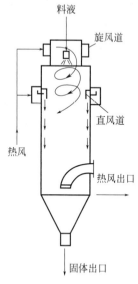

图 13-86　喷雾造粒干燥器

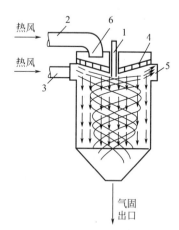

图 13-87　特殊结构的热风分布器

1—喷嘴；2,3—热风管；4—筛板；

5—环状通道；6—气体分布筛板

13.3.3.2　低熔点物料的热熔性粘壁

热熔性粘壁取决于在干燥温度下颗粒的性质。颗粒在一定温度（熔点温度）下熔融而发黏，黏附在热壁上。该类型粘壁可根据被干燥物料的熔点来判断。对这种粘壁情况，可采用下列方法解决。

① 控制热风在干燥塔内的温度分布，以及塔内最高温度不超过物料的熔点。显而易见，这种情况采用气固并流操作为宜。对于熔点很低的物料，而又要采用喷雾干燥法（此种情况不多）时，可考虑采用低温喷雾干燥法。

② 采用夹套冷却，用冷空气冷却塔内壁，保持低壁温。

③ 采用冷空气吹扫。采用带有旋转装置的冷空气吹扫塔内壁，一方面冷却，另一方面吹扫粘壁物料。也可以沿切线方向引入冷空气，吹扫易发生粘壁的部位。

13.3.3.3　干粉表面附着

干粉在有限的空间内运动，总会有些颗粒碰到壁而附于其上，这是不可避免的。这种粘壁不形成坚固层，并且厚度很薄。粉尘很容易用空气吹掉，或者用轻微的敲打而振落。这种粘壁不影响正常生产。表面上积灰的程度取决于壁的几何形状、清洁状况、局部的（该处的）空气速度以及颗粒与壁的静电力等。内壁抛光的表面不易黏附微粒。

以上分析了粘壁的现象、原因及防止的方法。但是，在实际喷雾干燥操作中，粘壁原因错综复杂，有时是多方面的。这时应首先找到粘壁的主要原因，针对它而采取相应措施加以解决。

最后，顺便提一下清除粘壁物料的方法。常用方法有：

① 振动法（间歇手动，间歇或连续电动、气动）；

② 空气吹扫法；

③ 转动刮刀连续清除法；

④ 转动链条连续清除法；

⑤ 针对粘壁部位，特别设置电动或气动刷子间歇清除法。

13.4　喷雾干燥塔直径和高度的估算

在喷雾干燥塔中，空气-雾滴（或颗粒）的运动非常复杂，影响因素甚多，目前无法准确计算塔直径和高度，这里介绍几种估算方法，供参考。

13.4.1　图解积分法

此处从略，请参考文献 [1]。

13.4.2　干燥强度法

干燥强度的定义是单位干燥器容积单位时间内的蒸发能力，用 q_A 表示，干燥器容积用下式计算

$$V = \frac{W_A}{q_A} \tag{13-61}$$

式中，V 为干燥器容积，m^3；W_A 为水分蒸发量，kg/h；q_A 为干燥强度，$kg/(m^3 \cdot h)$（m^3 为干燥器容积的单位）。q_A 是经验数据。在无数据时，可参考表 13-7、表 13-8 进行选用。

表 13-7　q_A 值与进出口温度关系　　　　单位：$kg/(m^3 \cdot h)$

出口温度/℃	进口温度/℃					
	150	200	250	300	350	400
70	3.58	5.72	7.63	9.49	11.20	12.74
80	3.03	5.18	7.07	8.93		
100	1.92	4.09	5.96	7.80	9.33	11.11

表 13-8　q_A 值与进口温度关系

热风进口温度/℃	$q_A/[kg/(m^3 \cdot h)]$	热风进口温度/℃	$q_A/[kg/(m^3 \cdot h)]$
130～150	2～4	500～700	15～25
300～400	6～12		

对于牛奶，进口温度为 130～150℃时，$q_A = 2 \sim 4kg/(m^3 \cdot h)$。$V$ 值求出以后，先选定直径，然后求出圆柱体高度（直径和高度要符合比例关系）。干燥强度，经常作为干燥器的干燥能力的比较数据。此值愈大愈好。

13.4.3　体积给热系数法

按照传热方程式

$$Q = \alpha_V V \Delta t_m \tag{13-62}$$

式中，Q 为干燥所需的热量，W；α_V 为体积给热系数，W/(m³·℃)，喷雾干燥时，$\alpha_V = 10$（大粒）~ 30 W/(m³·℃)（微粉）；Δt_m 为对数平均温度差，℃。

13.4.4　旋转式雾化器的喷雾干燥塔直径的确定

对于一般情况，喷雾干燥塔直径 D 按下式计算

$$D = (2 \sim 2.8) R_{99} \tag{13-63}$$

对于热敏性物料，推荐用下式计算

$$D = (3 \sim 3.4) R_{99} \tag{13-64}$$

R_{99} 为旋转式雾化器喷雾炬半径。下面介绍两个经验公式。

①

$$(R_{99})_{0.9} = 3.46 d^{0.3} G^{0.25} N^{-0.16} \tag{13-65}$$

式中，$(R_{99})_{0.9}$ 为在圆盘下 0.9m 处测得的雾滴占全喷雾量99％时的液滴的飞行距离的半径，m；d 为雾化盘直径，m；G 为喷雾量，kg/h；N 为雾化盘转速，r/min。

②

$$(R_{99})_{2.04} = 4.33 d^{0.2} G^{0.25} N^{-0.16} \tag{13-66}$$

式中，$(R_{99})_{2.04}$ 为在圆盘下 2.04m 处测得的雾滴占全喷雾量99％时的液滴的飞行距离的半径，m；其他符号同前。

13.4.5　喷雾干燥塔的某些经验数据

① 干燥塔直径 D 和圆柱体高度 H 的比值见表13-9。

表 13-9　雾化器类型及热风流向组合和 $H:D$ 关系

雾化器类型及热风流向的组合	$H:D$ 的范围	雾化器类型及热风流向的组合	$H:D$ 的范围
旋转式雾化器，并流	$(0.6:1) \sim (1:1)$	喷嘴式雾化器，混合流（喷泉式）	$(1:1) \sim (1.5:1)$
喷嘴式雾化器，并流	$(3:1) \sim (4:1)$	喷嘴式雾化器，混合流（内置流化床）	$(0.15:1) \sim (0.4:1)$
喷嘴式雾化器，逆流	$(3:1) \sim (5:1)$		

喷嘴式雾化器的干燥塔形状与旋转式雾化器不同，前者细而长，如图13-88所示，而后者粗而短，如图13-89所示。

② 在最大蒸发能力（E_{max}）下的旋转式雾化器喷雾干燥塔最小直径见表13-10。在要求的停留时间确定后，选择圆柱体高度。

表 13-10　E_{max} 和最小直径的关系

雾滴的种类	平均雾滴尺寸（近似）/μm	最小干燥塔直径/m	E_{max}（近似）/(kg/h)
非常细	$20 \sim 40$	1	20
细	$40 \sim 80$	2	150
中等粗	$80 \sim 100$	4	1000
粗	$100 \sim 120$	5	1500
非常粗	$120 \sim 150$	6	1500

③ 干燥塔底部锥角和操作的空塔速度。为了使干燥产品从干燥塔底部顺利地排出，喷雾干燥塔下锥角应等于或小于60°。喷嘴（压力式或气流式）雾化器的喷雾干燥塔，其塔内

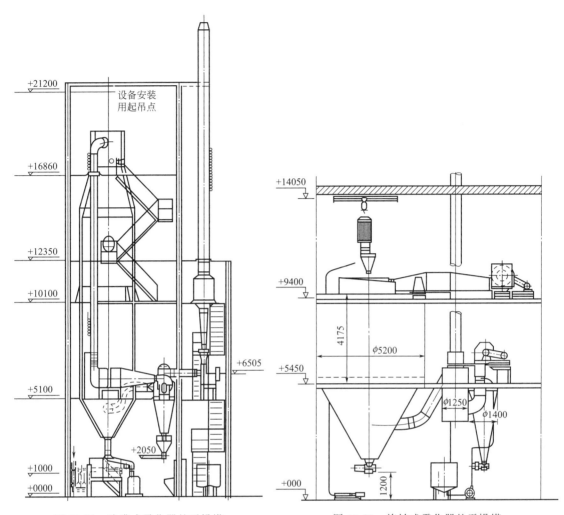

图 13-88　喷嘴式雾化器的干燥塔　　　　　图 13-89　旋转式雾化器的干燥塔

的气体空塔操作速度（并流向下）约保持在 $u=0.2\sim0.5\mathrm{m/s}$ 为宜。

13.4.6　行业和企业的某些标准

这里摘抄两个标准。一个是中华人民共和国机械行业标准（JB/T 8714—2013）离心式喷雾干燥机，关于基本参数（见表 13-11）及噪声值（见表 13-12）的规定，供参考。另一个是江苏省无锡市林洲干燥机厂的企业标准（见表 13-13）。

表 13-11　基本参数

项目	型号							
	GPL5	GPL25	GPL50	GPL100	GPL150	GPL200	GP1300	GPL500
干燥能力/(kg/h)	5	25	50	100	150	200	300	500
干燥器内径×筒体高/m×m	1×1	1.5×1.5	1.8×2.0	2.55×2.0	2.7×2.5	3.0×2.6	3.2×3.6	4.0×4.0
雾化盘直径/mm	50	100	120	150	150	150	150	150
转速/(10³r/min)	32	22	18	16	16	16	16	16
干燥机噪声 L_p（负载）/dB	≤90							

注：干燥能力为进风温度 350℃ 时，对清水的每小时蒸发量。

表 13-12　雾化器在干燥器外单独运行时的噪声值　　　　单位：dB

雾化器代号	R50	R150	R500	R1000	R2000	R3000	R5000	R10000
噪声限值 L_p	82	84	88	90	92	93	94	102

注：当转子转速超越临界转速时，短时间内噪声值允许增加 5dB。

表 13-13　QZR 系列旋转式雾化器喷雾干燥机性能表（企业标准）

型号	5	25	50	100	150	200	300	500	1000	2000	5000	10000
最大水分蒸发量/(kg/h)	5	25	50	100	150	200	500	500	1000	2000	5000	10000
塔径/m		0.8	1.6	2.0	2.4	2.7	3.0	3.3	4.5	5.0	6.0	8.0	10.0
雾化器直径/mm		50		120～150			150～180			210～240		
雾化器转速/(r/min)		25000		22000			18000		15000		12000	10000

注：水分蒸发量和物料性质、固含量、热风进出口温度有关。

13.5　雾滴的传热和干燥

13.5.1　雾滴的传热和干燥原理

从雾滴中蒸发液体（通常是水）即雾滴的干燥，热量和质量的传递过程是同时发生的。雾滴和干燥介质（空气等）接触时，热量是以对流方式由空气传递给液滴；水分蒸发时，空气的显热转化为潜热，被蒸发的水分，通过围绕每个液滴的边界层输送到空气中。传热和传质速率是温度、湿度、围绕每个液滴的空气传递特性、液滴直径和液滴与空气之间的相对速度的函数。雾滴干燥过程可分为两个阶段，即恒速干燥阶段和降速干燥阶段。液滴和一定温

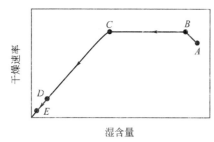

图 13-90　干燥速率曲线示意图

度的空气接触所需的实际蒸发时间，取决于液滴形状、化学组成、物理结构和固体浓度。实际蒸发时间是恒速干燥时间和达到所需湿含量的降速干燥时间之和。

物料的干燥特性一般用干燥速率曲线（如图 13-90 所示）来说明。在 AB 段，液滴开始接触干燥空气，干燥速率很快建立起来，液滴表面温度略有升高，一般在液滴-空气界面处进行传热而达到平衡所需的时间只有千分之几秒即达到 B 点。BC 段表示动力平衡情况，干燥在恒速下进行。在液滴全部蒸发过程中，恒速干燥阶段的速率最高，液滴内部水分迁移至表面并维持表面在饱和状态。在 CD 段，C 点为临界点，降速干燥阶段开始，此时液滴表面不再呈饱和状况。CD 段持续到没有湿表面为止。在 DE 段，传质阻力全部在固体层上。在减速下的蒸发，持续到液滴的湿含量与周围空气达到平衡时为止。趋近于平衡湿含量 E 是十分缓慢的。在喷雾干燥操作中，由干燥器排出的产品所含的水分必须高于平衡水分。液滴温度在降速时期内的 CD 段、DE 段中不断上升。

13.5.2　含有可溶性固体的液滴的蒸发

含有可溶性固体的液滴和具有相同尺寸的纯液滴相比较，蒸发速率较低。由于可溶性固体的存在，降低了液体的蒸气压，从而降低了传质的蒸气压推动力。含有可溶性固体液滴的

干燥性质是以在液滴表面上形成固体物质为特征的，它完全不同于纯液滴的蒸发。

13.5.2.1　单个液滴的蒸发

（1）蒸气压降低的影响

由于含有可溶性固体的液体蒸气压降低，故液滴温度将超过纯液滴的湿球温度。蒸气压降低的影响，可以利用湿度-温度图上所作的蒸气压曲线来说明，见图 13-91。由该图可以求得液滴表面温度（湿度可用水的分压表示）。

通过干燥空气状态 t_a、p_a（或 x_a）作绝热饱和线，与饱和溶液的蒸气压曲线相交，可估算含固相液滴的表面温度 t_s。将绝热饱和线延长与纯液体蒸气压曲线相交，得出纯液体液滴的表面温度 t_w。$t_s - t_w$ 即表示由于可溶性固体的存在，而使液滴温度增加的量。假设可溶解固体的存在，对蒸气压关系的影响可以忽略不计（这是很多盐类的喷

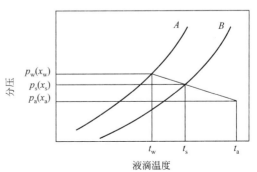

图 13-91　含有可溶性固体的液滴温度的估算
A—纯液体饱和蒸气压曲线；
B—含可溶性固体的液体饱和蒸气压

雾干燥情况），则纯液体和溶液的蒸气压曲线几乎没有差别。当水为溶剂时，液滴表面温度可取为绝热饱和温度。如果其他液体溶剂蒸发时，可取用该液体的湿球温度。

（2）在液滴中干燥固体形成的影响

在液滴蒸发的某个阶段中，干燥固体的形成将大大地改变后面的蒸发历程。实验表明，在喷雾干燥器中，溶液的液滴最初与干燥空气接触时，几乎在不变的干燥速率（干燥第一阶段）下蒸发。这时液滴表面温度可令其等于饱和溶液的表面温度，尽管液滴的表面浓度还没有达到饱和。

在干燥第一阶段的平均干燥速率 $(dW/d\tau)_I$，对球形液滴，根据物料衡算和热量衡算，以及 $Nu = 2$，可得下式

$$\left(\frac{dW}{d\tau}\right)_I = \frac{2\pi\lambda D_{AV}\Delta t_m}{r} \tag{13-67}$$

式中，D_{AV} 为平均液滴直径；其他符号同前。

当液滴的湿含量降到临界湿含量时，在液滴表面上开始形成固相，于是就进入干燥第二阶段。

降速阶段的平均蒸发速率 $(dW/d\tau)_{II}$ 可用下式计算。

$$\left(\frac{dW}{d\tau}\right)_{II} = \frac{dW'}{d\tau} \times \text{干燥固体质量} \tag{13-68}$$

式中，$\dfrac{dW'}{d\tau} = -\dfrac{12\lambda\Delta t_m}{rD_c^2\rho_D}$，kg 水/kg（干固体）·h；$D_c$ 为在临界湿含量状态下的液滴直径；ρ_D 为干燥物料的密度；负号表示在降速阶段蒸发量随时间增加而降低。

由于在液滴表面上，固相增多会而引起传质阻力的增加，因此由液滴内部到其表面的水分移动越来越少。此时传热速率超过传质速率，液滴开始被加热而升温。如果传热量高到足以使液滴内部的水分汽化，则在表面内发生蒸发。

在喷雾干燥操作中，若空气温度高于溶液的沸点，则在液滴内部的液体将达到它的沸点，并形成蒸汽。在液滴四周形成外壳的情况下，在液滴内部就产生压力。压力的影响，取

决于外壳的性质。若外壳是多孔性的，蒸汽将从孔隙中释放出来。但对非多孔性的外壳，液滴可能要分裂甚至破碎。液滴在最热的干燥区域里的停留时间是短促的。若液滴温度没有达到它的沸点，则液滴内部水分的移动属于扩散和毛细管机理。

在降速阶段中，每一种物质表现出不同的干燥性质。如果液滴表面在临界湿含量时形成干燥产品的膜，而且此膜对蒸汽具有高度不透性，则干燥速率将迅速下降，因而完全除去水分所需的蒸发时间就会很长。另外，如果形成多孔性表面，蒸汽就很容易不断地迁移到液滴-空气界面，但干燥第一阶段的干燥速率值也逐渐下降。这两种情况可由图 13-92 来说明。

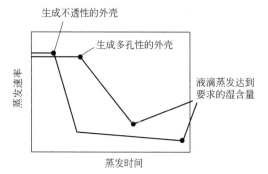

图 13-92　外壳性质对蒸发时间的影响

液滴在干燥过程中，将形成各种各样的形状——破裂的、膨胀的、粉碎的、碎片的。对于每种形状，在干燥的降速阶段，具有不同的速率。

（3）液滴蒸发时间

液滴干燥时间等于恒速和降速干燥时间之和，可用式(13-67) 和式(13-68) 计算。计算液滴干燥时间需要已知初始液滴直径（D_0）和临界湿含量时的液滴直径 D_c。有 4 种方法可用以确定形状变化因子 β，从而确定 D_c。

① 观察蒸发液滴的尺寸变化一直达到临界湿含量点，用试验方法测定液滴尺寸的变化。

② 确定湿雾滴尺寸特征（为了方便，采用平均尺寸参数），且与筛析所得的干粉样品的平均尺寸参数相比较。

③ 用雾化器产生的最初液滴直径的 $60\%\sim80\%$ 来估算干粉直径值。

④ 利用湿含量的测定，来计算液滴对于颗粒直径的比值。

临界湿含量是初始湿含量减去干燥第一阶段中除去的水分。只需一个数值就可确定所有雾滴的临界湿含量。对任何溶质，单个液滴的平均临界湿含量近似地等于全部液滴的平均临界湿含量，且与初始液滴直径、初始溶质浓度和干燥条件无关。

13.5.2.2　含有可溶性固体的雾滴群的蒸发

单个液滴的传热和传质理论研究亦适用于雾滴群。由于溶盐的存在，蒸气压降低的程度随每个液滴的大小而不同。由于雾滴大小不同，出现固相的时间也有先后的差异。因此，水分传递的阻力也不相同。要剖析雾滴群之间的相互影响及其蒸发过程是很复杂的，目前在这个领域中的研究还很少。

13.5.3　含有不溶性固体液滴的蒸发

含有不溶性固体的料液形成悬浮液。在含有不溶性固体的液滴中，在恒速干燥阶段可以忽略蒸气压降低的影响，因而其温度等于纯液滴在恒速干燥阶段的湿球温度。

含有不溶性固体的液滴所需的总干燥时间等于恒速和降速干燥阶段所需时间之和，即

$$\tau=\frac{r\rho_L(D_0^2-D_c^2)}{8\lambda\Delta t_m}+\frac{rD_c^2\rho_D(W_c-W_2)}{12\lambda\Delta t_m}\tag{13-69}$$

式中，W_c 为物料临界湿含量（干基质量分数）；W_2 为物料最终水分含量（干基质量分

数）；其他符号同前。

式(13-69) 右边第一项为恒速干燥时间，第二项为降速干燥时间。

式(13-69) 得出的计算值，在许多情况下与实际蒸发时间比较接近。因此，此式对干燥室的设计是有用的。

在应用式(13-69) 时，气体热导率按照蒸发液滴周围的平均气膜温度计算。气膜温度可取为排出的干燥空气温度和液滴表面温度的平均值。液滴的表面温度是悬浮雾滴的绝热饱和温度。

在第一干燥阶段终了时的周围空气温度通常是未知值。整个阶段的推动力 Δt 的计算，最方便的是取进口空气温度和料液温度，以及临界点处空气温度和液滴表面温度之间的对数平均温度差。尽管在降速干燥阶段表面温度将会上升，但降速干燥阶段的推动力 Δt，仍可取为出口空气温度和临界点处液滴表面温度之差。在降速阶段，可以假定在液滴临界点处的空气温度和液滴温度上升值。两个干燥阶段的温度差 Δt 都采用对数平均值。

在临界点处的液滴直径 D_c 通常是未知值。理论上，此值是根据悬浮液滴的蒸发特性而确定固体表面形成以前的液滴尺寸变化的数据。如果缺乏这种数据，就可以采用上节中所述方法确定。可选取一因子以表示干燥第一阶段内液滴直径减小的百分率。在干燥第二阶段，液滴大小的变化可以忽略不计。

在蒸发计算中，采用干燥第一阶段结束时干燥颗粒直径的估算值来表示干燥产品直径。这一假定对于能使水分流动的完全多孔的颗粒产品是有用的。无机盐就属于这一类。然而，有许多喷雾干燥产品，其形状特征在进入干燥第二阶段时还没有定型。计算这些物质的最终颗粒尺寸和密度，通常是很困难的，要确定湿雾滴和最终干粉之间的精确关系，就需要在一系列干燥温度和料液固体浓度范围内，用实验方法取得。雾化液滴的尺寸取决于雾化的方式、料液的物理性质、料液的固体浓度和使用的干燥温度。蒸发完成时的颗粒尺寸取决于干燥产品性质。在蒸发期间发生的尺寸变化，可以干固体为基准，对一个液滴作物料衡算来表示。

每一个球形液滴的初始固含量（下标 W 表示初始状态）为

$$S_W = \frac{1}{6}\pi D_W^3 \rho_W \left(\frac{1}{1+C_1}\right) \tag{13-70}$$

每一个干燥后液滴的最终固含量（下标 D 表示最终状态）为

$$S_D = \frac{1}{6}\pi D_D^3 \rho_D \left(\frac{1}{1+C_2}\right) \tag{13-71}$$

式中，C_1 为每千克干固体中的初始湿含量；C_2 为每千克干固体中的最终湿含量。

在干燥前后固含量是不变的（即 $S_W = S_D$），于是得直径的比率为

$$\frac{D_D}{D_W} = \left(\frac{\rho_W}{\rho_D} \times \frac{1+C_2}{1+C_1}\right)^{\frac{1}{3}} \tag{13-72}$$

对于大多数的喷雾干燥产品，C_2 是很低的，所以 $\frac{1}{1+C_2}$ 趋近于 1。若用 $C_D = \frac{1}{1+C_2}$，$C_W = \frac{1}{1+C_1}$，则式(13-72) 可以写为

$$D_W = \left(\frac{\rho_D}{\rho_W} \times \frac{C_D}{C_W}\right)^{\frac{1}{3}} D_D \tag{13-73}$$

全部液滴都可认为含有相同比例的固相。

13.5.4　喷雾干燥产品的性质及其影响因素

13.5.4.1　操作参数对产品性质的影响

操作参数对产品性质（这里所指的产品性质主要是指粒度和松密度）的影响如下。

① 进料速率的影响　在恒定的雾化和干燥操作条件下，颗粒尺寸和干燥产品的松密度随着进料速率的增加而增加。

② 料液中固含量的影响　料液中固含量增加时，干燥产品的颗粒尺寸也随之增加。在恒定的干燥温度和进料速率下，由于料液中固含量的增加，蒸发负荷将减少，因而得到湿含量较低的产品。由于水分蒸发很快，容易生成干燥的空心颗粒和松密度较低的产品。

③ 进料温度的影响　当为了便于料液的输送和雾化而需要降低黏度时，增加进料温度对干燥产品性质有一定影响。增加料液温度将降低雾滴蒸发所需的总热量。但是，继续提高料液的热含量与汽化所需的热量相比还是很小的。

④ 表面张力的影响　表面张力是以影响干燥和雾化机理来影响干燥产品性质的。雾滴中含有微细液滴的比例提高了，雾滴分布就更宽。表面张力低的料液产生的雾滴较小；表面张力高的料液产生较大的液滴，尺寸分布也较窄。

⑤ 干燥空气进口温度的影响　干燥空气的进口温度取决于产品的干燥特性。对于在干燥时膨胀的雾滴，升高干燥温度将产生松密度较低的大颗粒。然而，如果温度升高到使蒸发速率迅速提高，从而使液滴膨胀、破碎或分裂，那么，就会生成密集的碎片而形成松密度较大的粉尘。

⑥ 雾滴-空气接触速度的影响　增加雾滴和空气之间的接触速度，就会提高混合程度，从而提高传热和传质速率。随着接触速度的增加，蒸发时间变短，干燥产品颗粒呈现出不规则的形状。由于产品的不同，松密度也有变化，但还得不出一般性结论。

13.5.4.2　空心颗粒形成的机理

液滴膨胀的趋势和空心颗粒的形成，对于干燥产品的最终松密度起着重要的作用。空心颗粒可由 4 种机理形成。

① 在液滴表面处形成一层对气流为半透性的表面层。随着液滴湿度的升高，液滴就膨胀起来并喷出其内部生成的蒸汽。

② 水分蒸发的速率比固体扩散返回到液滴内部的速率要快一些。在蒸发完成时，就存在着许多气孔，特别在结晶产品的情况中更是如此。

③ 由于毛细管的作用，干燥时，其中的液体通过固体微粒间的微细孔隙移动至液滴表面。液体离开液滴中心而形成一个空隙。这个机理适用于黏土糊。

④ 带入料液中的空气，有助于在液滴内部形成空气空间。

13.6　喷雾干燥的控制系统

在喷雾干燥操作中，尽管操作参数会产生波动，但由于设置了喷雾干燥的控制系统，就能确保干燥产品质量的恒定。产品的湿含量是最有效的控制参数，连续测量湿含量的设备，工业上是可以得到的。但是，到目前为止，还没有被广泛采用。预计今后随着科学技术的进步及计算机控制系统的应用，直接测量产品湿含量的控制方法将会被作为首选。现在，在大多数的喷雾干燥操作中，将由干燥室排出的出口空气温度，作为控制参数。这个温度代表着产品的质量，即代表着体积密度、颜色、香味、活性及湿含量。喷雾干燥操作可以采用手工控制及自动控制系统。自动控制系统能长时间连续操作，使生产的产品质量恒定。自动控制系统能够保持出口空气温度具有较小的偏差〔±(0.5～1.0)℃（和手工控制比）〕。

喷雾干燥的控制系统分三大类，分别叙述如下。

13.6.1　控制系统 A

控制系统 A 的特征如下：
① 通过调节进料速度，控制干燥空气出口温度；
② 通过调节空气加热器，控制干燥空气出口温度。

其控制原理示出在图 13-93 上。此系统由迅速响应的两个回路组成（见图 13-93），只要这两个回路达到要求的控制特性，就可以防止产生不利的干燥条件。

测量排放空气温度（t_2），并传输到温度显示控制器（TIC）上，它能通过改变进料量来平衡任何一个给定值。测量干燥器的进口干燥空气温度（t_1），并传输到温度显示控制器（TIC）上，任何一个与设置的进口干燥空气温度的偏差，都可以通过控制燃料量（燃烧炉加热）、水蒸气压力（水蒸气加热）或电力（电加热）来校正。为了预防在进料系统中出现故障，如雾化器的料液急剧地减少或停止，造成出口空气温度升高，超过规

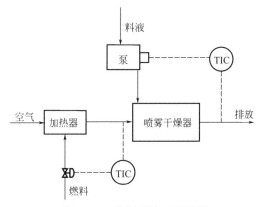

图 13-93　控制系统 A 原理图

定的安全值，可以装备一个安全系统，自动关闭空气加热器。如果产品在高温条件下自燃，或者由于过度的干燥及粉体产品在高温区悬浮滞留时间过长而产生爆炸等危险，可以在塔顶部安装喷水装置。

13.6.2　控制系统 B

控制系统 B 的特征如下：
① 通过调解空气加热器，控制干燥空气出口温度；
② 进料速度保持恒定（手动）。

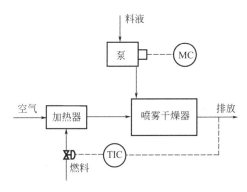

图 13-94　控制系统 B 原理图
MC—手动控制

其控制原理如图 13-94 所示。它特别地适用于喷嘴雾化的干燥器，因为进料速度不能变化太大。测量干燥空气出口温度并传输到温度显示控制器（TIC）上，通过控制器，调节空气加热器输入给干燥器的热量，校正设定的干燥空气出口温度的偏差。可以设定两级安全系统，当干燥空气出口温度达到第一个定值时，发出音响警报，而达到第二个定值时，自动关闭空气加热器。

13.6.3　控制系统 C

由于新的传输方法和在线测量粉体湿含量技

术的发展，在连续喷雾干燥操作中，已具备降低粉体湿含量波动的可能性。与控制系统 A、B 的间接控制方法不同，采用直接测量粉体湿含量的方法，校正任何一个外部条件的变化，使离开干燥器的粉体残余湿含量（RMC）能够非常恒定，如图 13-95 所示。

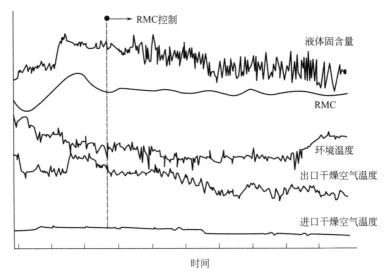

图 13-95　在恒定条件下，控制残余湿含量的典型记录

通常将红外线技术用于传输上。系统 C 的特征是通过传输 RMC，用进料量控制出口空气温度。这种传输方法，允许直接测量 RMC，并且调节干燥空气出口温度控制仪上的控制点。由于外部条件的波动，会引起 RMC 的波动，但通过进料量的校正，RMC 的波动将变小（见图 13-95）。

一个用微信息处理的可供选择的方案如图 13-96 所示。在此系统中，通过进料量，测量产品的 RMC 的反馈、大气湿度的前馈、料液密度和进口湿度，控制干燥空气出口温度。

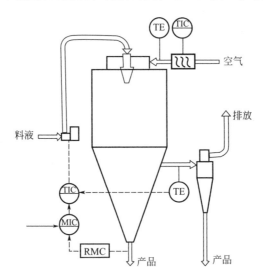

图 13-96　控制系统 C，用测量的 RMC 反馈控制出口空气温度
MIC—微信息处理器；RMC—残余湿含量；TE—温度

控制系统 C 是极好的，它能将直接测量湿含量和计算机结合在一起，瞬间校正干燥器操作参数的变化，结果得到恒定的粉体残余湿含量（图 13-97）。

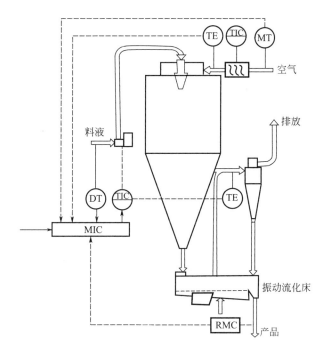

图 13-97　微信息处理控制系统

DT—数据传输；MT—湿度指示器

13.7　某些产品的干燥流程、操作条件及设备

某些产品适宜的操作条件和适宜的喷雾干燥装置，给出在表 13-14 上。塔内流动模式见图 13-98。

表 13-14 中的符号规定如下。

干燥塔内的流动模式：

a——并流（扩大了的直径，喷嘴或旋转式雾化器）；

b——并流（塔式、喷嘴式雾化器）；

c——混合流（喷泉式、喷嘴式雾化器）；

d——逆流（塔式、喷嘴式雾化器）；

e——并流（高温操作，旋转式雾化器）；

f——并流（内置流化床，喷嘴式或旋转式雾化器）；

g——混合流（内置流化床，喷嘴式或旋转式雾化器）；

h——并流（箱式、喷嘴式雾化器）；

i——并流（内置带式干燥器，喷嘴式雾化器）。

系统布置：

OC——开式循环；

CC——闭式循环；

SCC——半闭式循环。

雾化器：

PN——压力喷嘴雾化器；

R——旋转（轮式）雾化器；

TFN——两流体（气流式）喷嘴。

干燥空气或惰性介质加热器：

D——直接加热器；

IND——间接燃烧加热器。

干颗粒的收集：

BF——布袋过滤器；

CYC——旋风分离器；

EP——静电沉淀器。

排放干燥介质的净化或冷凝：

COND——冷凝器；

WS——湿式洗涤器。

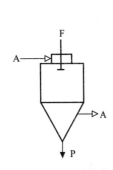
(a) 并流(大直径,喷嘴式及旋转式雾化器)

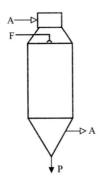
(b) 并流(塔式、喷嘴式雾化器)

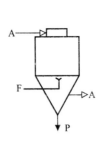
(c) 混合流(喷泉式、喷嘴式雾化器)

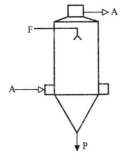
(d) 逆流(塔式、喷嘴式雾化器)

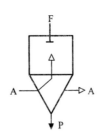
(e) 并流(高温操作,旋转式雾化器)

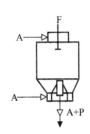
(f) 并流(内置流化床,喷嘴式及旋转式雾化器)

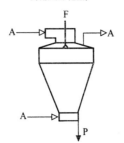
(g) 混合流(内置流化床,喷嘴式及旋转式雾化器)

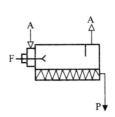
(h) 并流(箱式、喷嘴式雾化器)

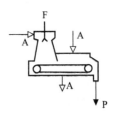
(i) 并流(内置带式干燥器,喷嘴式雾化器)

图 13-98　常用的喷雾干燥塔的结构形式和气固流动方式

A—空气；F—料液；P—产品

表 13-14　某些产品的操作条件范围、流程及设备

产品名称	料液固含量/%	料液温度/℃	产品湿含量/%	干燥温度 进口/℃	干燥温度 出口/℃	应用的流程及设备
ABS 树脂	30～50	15～25	0.5～1.0	130～180	70～90	a，b，R，PN，CC，CYC，BF，COND，IND
丙烯酸(酯)类树脂	40～48	10～25	0.5～1.0	250～300	90～95	a，R，OC，BF，D
螺旋藻	10～15	10～20	5.0～7.0	150～220	90～100	a，R，OC，BF/CYC＋WS，D
氧化铝(凝胶)	8～12	10～20	4.0～5.0	450～600	100～150	a，R，OC，BF，D
氯化铝	55～60	15～25	0.2～0.5	150～180	80～90	a＋R/C＋PN，CC，CYC，COND，IND
氧化铝	45～65	10～20	0.25～2.0	300～500	95～140	a＋R/C＋PN，CC，CYC，COND，IND
硫酸铝	30～35	55～65	5.0～6.0	250～300	100～110	a，R，OC，CYC，WS，D
重铀酸铵	50～60	10～20	1.0～2.0	250～400	110～125	a，R，OC，BF/CYC＋WS，D
抗生素	10～30	5～10	0.5～2.0	120～190	80～110	a，PN/R/TFN，OC/CC，CYC，BF，IND
硫酸钡	45～60	10～20	0.5～1.0	300～375	100～110	a，R，OC，CYC，WS，D
钛酸钡	40～60	10～20	0.3～0.5	250～350	110～125	c，PN，OC，BF/CYC＋WS，D/IND
膨润土	18～20	15～20	1.5～2.0	400～550	125～130	a，R，OC，BF，D
血浆	25～30	5～10	6.0～7.0	180～220	75～80	a，R，OC，CYC，BF，IND/D
全血	15～20	5～20	8.0～12.0	200～250	85～100	a，R，OC，BF，IND/D
催化剂(合成)	10～50	10～50	1.0～25	200～700	110～150	a，b，c，e，R/PN/TFN，OC，BF/CYC＋WS，D
(乳)酪	30～35	70～75	2.5～4.0	170～240	70～90	a，b，f，g，i，PN/R，OC，BF/CYC＋WS，IND
氧化铬	30～75	15～30	0.1～0.3	400～450	115～130	a，c，PN/R，OC，BF，D
硫酸铬	40～65	10～80	6.0～8.0	200～275	80～100	a，R，OC，CYC，WS，D
椰奶	40～50	50～60	1.0～2.0	180～210	75～85	b，g，PN，OC，CYC，IND
咖啡萃取物	35～55	20～30	3.0～4.5	180～300	80～115	b，g，i，PN，OC，CYC，D
咖啡代用品	30～50	10～20	2.0～3.0	220～250	85～115	b，g，PN，OC，CYC，D
咖啡增白剂	60～65	70～80	2.0～3.5	160～240	70～90	a，b，f，g，PN/R，OC，CYC，BF，IND
氯氧化铜	35～50	10～20	1.0～1.5	275～400	95～110	a，b，g，PN/R，OC，BF/CYC＋WS，IND/D
合成洗涤剂	40～70	60～65	2.0～13	200～350	85～110	d，g，PN，OC，CYC，D
染料(有机)	20～45	10～40	1.0～6.0	120～450	60～140	a，b，g，PN/R/TFN，OC/CC/SCC，BF/CYC＋WC，COND，IND/D
鸡蛋(全部)	12～22	5～10	7.0～9.0	150～200	80～85	a，R，OC，BF，IND
鸡蛋(清)	20～24	5～10	3.0～4.0	180～200	80～85	a，h，PN/R，OC，CYC/BF，IND
鸡蛋(黄)	40～42	5～10	3.0～4.0	180～200	80～90	a，h，PN/R，OC，CYC/BF，IND
电气陶瓷	60～70	15～20	0.5～1/0	450～550	90～100	a，c，PN/R，OC，BF/CYC＋WS，D
酶类	20～40	10～20	3.0～5.0	100～180	50～100	a，g，PN/R，OC，BF/CYC＋WS，IND
铁氧体	55～70	10～40	0.1～1.0	300～400	110～130	a，c，PN/R，OC，BF/CYC＋WS，D
水解鱼蛋白	35～45	20～50	4.0～5.0	150～225	90～100	a，b，g，PN/R/TFN，OC，CYC，WS，IND
调味品(天然及合成的)	30～50	10～20	5.0～5.0	150～180	75～95	a，b，g，PN/R/TFN，OC，BF/CYC＋WS，IND

续表

产品名称	料液固含量/%	料液温度/℃	产品湿含量/%	干燥温度 进口/℃	干燥温度 出口/℃	应用的流程及设备
杀真菌剂	35～55	10～15	1.0～2.0	250～300	80～100	a,b,c,g,PN/R,OC/SCC,BF/CYC+WS,D
水解明胶	40～50	55～80	2.0～8.0	200～250	90～105	a,b,g,PN/R/TFN,OC/SCC,BF/CYC+WS,IND
石墨	15～20	10～15	0.2～0.5	400～500	100～120	a+R/c+PN,OC,BF,D
除草剂	45～50	10～15	2.0～4.0	140～250	75～110	a,b,g,PN/R,OC/SCC,BF/CYC+WS,IND/D
婴儿食品	44～55	60～80	3.0～3.0	150～225	85～95	a,b,f,g,i,PN/R,OC,CYC,BF,IND
铁的螯合物	20～35	20～70	4.0～5.0	250～300	60～95	a,b,g,PN/R,OC,BF/CYC+WS,D
氧化铁	50～55	15～20	0.5～3.0	300～450	100～140	a,c,PN/ROC,BF/CYC+WS,D
高岭土	50～65	15～40	1.0～3.0	400～600	90～125	a,b,e,PN/R,OC,BF/CYC+WS,D
硅藻土	20～30	40～50	5.0～10	300～450	120～175	a,c,PN/R,OC,BF,D
铬酸铅	45～50	15～25	0.5～1.0	200～500	100～150	a,c,PN/R,OC,BF/CYC+WS,D
甘草萃取液	40～45	15～20	2.0～2.5	200～250	75～95	a,b,g,PN/R,OC,BF/CYC,D
氢氧化镁	30～35	5～15	1.0～1.5	300～400	90～110	a,R,OC,BF,D
麦芽糖糊精（DE15～40）	50～70	50～85	2.5～5.0	150～320	95～100	a,b,f,g,h,PN/R,OC,BF/CYC+WS,IND/D
二氧化锰	40～45	10～20	2.0～2.5	300～350	130～160	c,PN,OC,BF,D
硫酸锰	55～60	50～60	0.3～0.5	350～375	160～170	c,PN,OC,CYC,WS,D
三聚氰胺-甲醛树脂	65～68	30～40	0.1～0.3	200～275	60～70	a,b,g,PN/R,OC,CYC,IND
脱脂奶粉	47～52	60～70	3.5～4.0	175～240	75～95	a,b,f,g,h,i,PN/R,OC,CYC,BF,IND
全脂奶粉	40～50	60～70	2.5～3.0	175～240	65～95	a,b,f,g,i,PN/R,OC,CYC,BF,IND
精矿	50～65	15～25	0.2～1.5	500～1200	95～120	a,c,e,PN/R,OC,EP/CYC+WS,D
母液	45～50	45～50	2.5～3.0	175～185	85～95	a,b,f,g,i,PN/R,OC,CYC,BF,IND
菌丝体	10～20	15～20	4.0～6.0	130～500	75～140	a,R,OC,SCC,BF,IND/D
氢氧化高镍	22～25	5～10	5.0～6.0	300～350	110～115	a,R,OC,BF,D
光学增白剂	15～50	20～50	2.5～5.0	150～350	60～85	a,b,g,PN/R,OC,BF,D
木瓜蛋白酶萃取液	15～35	10～15	3.0～6.0	130～200	75～85	a,PN/R/TFN,OC,CYC,BF,IND
植物萃取液	20～35	10～20	2.5～3.5	150～170	90～100	a,b,g,PN/R,OC,BF/CYC+WS,D
氟化钾	35～40	60～70	0.2～1.0	450～550	150～170	a,R,OC,CYC,WS,D
植物水解蛋白	20～50	15～60	2.0～3.0	180～250	90～110	a,b,g,PN/R,OC,BF/CYC+WS,IND
单细胞生物化学制品	15～25	10～20	4.0～10	200～550	100～130	a,b,PN/R,OC,BF/CYC+WS,D
药物	2～10	5～15	2.0～4.0	90～150	45～75	a,PN/R/TFN,OC,CC,CYC,BF,COND,IND
聚乙酸乙烯酯	15～50	10～40	1.0～1.5	130～200	60～80	a,b,PN/R,OC,CYC,BF,IND
聚氯乙烯乳液	35～60	20～50	0.1～0.5	135～250	55～75	a,b,g,PN/R/TFN,OC,BF,IND
无定形二氧化硅	15～25	20～30	4.0～6.0	500～700	120～130	a,e,R,PN,OC,BF/CYC+WS,D

产品名称	料液固含量/%	料液温度/℃	产品湿含量/%	干燥温度 进口/℃	干燥温度 出口/℃	应用的流程及设备
(氧化)硅胶	12～20	10～40	6.0～8.0	400～750	120～140	a、e、R、OC、BF/CYC+WS、D
碳化硅	50～60	10～20	0.05～0.5	180～450	95～125	a，c，PN/R，OC，CC，CYC，BF，COND，IND/D
铝酸钠	50～55	90～95	0.2～0.5	300～350	150～170	a、R、OC、CYC、WS、IND/D
铝硅酸钠	30～50	10～30	5.0～12	400～750	80～150	a、e、R、OC、BF、D
高硼酸钠	25～30	5～10	1.0～1.5	250～300	80～90	a、b、g、PN/R、OC、CYC、BF、D
硅酸钠	30～40	50～65	17～19	150～500	115～125	a、R、PN、OC、BF/CYC+WS、D
硫酸钠	25～50	20～50	0.1～0.5	450～550	130～170	a+R/c+PN、OC、BF/CYC+WS/D
山梨糖醇(分离出的)	60～70	50～80	0.5～1.5	120～180	60～95	a、g、i、PN/R、OC、CYC、BF、IND
大豆蛋白	12～17	70～80	2.0～5.0	175～250	85～100	b、PN、OC、CYC、BF、D
大豆酱油混合物	35～40	80～85	2.5～3.0	150～200	85～95	a、b、f、g、PN/R、OC、CYC、BF、IND
滑石	55～85	15～20	0.2～1.5	300～350	115～125	c、PN、OC、CYC、D
黏性的水(含石灰水)	45～50	10～15	2.5～3.0	200～225	100～110	a、R、OC、CYC、WS、D
碳酸锶	50～55	10～20	0.1～0.3	300～350	125～130	c、PN、OC、CYC、WS、D
亚硫酸盐废液	45～55	50～95	5.0～9.0	220～290	100～110	a、R、OC、CYC、BF、D
单宁萃取液	40～50	50～80	5.0～8.0	200～275	90～100	a、R、OC、CYC、WS、IND/D
茶叶萃取液	30～40	20～30	2.5～5.0	180～250	90～105	b、g、PN、OC、CYC、IND/D
具流动性的制瓦黏土	55～70	15～20	5.0～7.0	450～550	90～100	a、c、PN/R、OC、CYC、WS、D
二氧化钛	30～55	20～30	0.3～1.0	350～750	110～135	a、c、e、PN/R、OC、BF、D
番茄糊状物	26～48	50～60	3.0～3.5	140～155	75～85	a、i、PN/R、OC、CYC、IND
碳化物	70～75	20～25	0.1～0.3	160～180	90～95	a+R/c+PN、OC、CC、CYC、BF、COND、IND
脲醛树脂	45～55	65～75	2.0～5.0	150～250	70～90	a、g、PN/R、OC、BF、IND/D
维生素(合成的)	15～50	15～55	0.1～5.0	150～250	70～105	a、b、g、PN/ROC、CYC、BF、IND/D
乳清	40～60	20～50	2.5～5.0	180～250	80～95	a、b、f、g、h、i、PN/R、OC、CYC、BF、IND
乳清(添加脂肪)	50～55	20～40	2.5～3.0	180～240	80～95	b、f、g、i、PN/R、OC、CYC、BF、IND
乳清蛋白浓缩液	20～45	25～50	2.5～5.0	180～200	75～80	b、f、PN、OC、CYC、BF、IND
酵母水解物	55～60	60～65	2.5～3.5	180～200	85～90	b、g、PN、OC、CYC、BF、IND
酵母萃取物	35～40	30～40	2.0～2.5	130～180	90～100	a、b、g、PN/R、OC、BF/CYC+WS、IND/D
酵母饲料	20～25	20～50	6.0～8.0	200～300	100～110	a、R、OC、BF/CYC+WS、IND/D
氧化锌	65～80	10～20	0.3～0.5	350～450	120～160	c、PN、OC、BF/CYC+WS、D
磷酸锌	45～50	15～20	0.3～0.5	400～600	110～130	a、e、R、OC、BF、D
硫酸锌	30～40	20～80	0.5～1.0	450～550	150～170	a、g、PN/R、OC、CYC、WS、D
氧化锆	60～65	10～20	0.5～1.0	250～600	120～140	a+R/c+PN、OC、BF、D

13.8　喷雾干燥的产品目录

下列产品是成功地采用喷雾干燥操作法得到的，其中包括喷雾冷却、喷雾反应、喷雾吸收及喷雾浓缩的产品。

13.8.1　化学工业

13.8.1.1　聚合物和树脂

AB 和 ABS 乳胶	聚乙烯醇缩丁醛
酚醛树脂	聚甲基苯乙烯
聚丙烯腈	橡胶乳液化
聚乙烯	脲醛树脂
三聚氰胺-甲醛树脂	氯乙烯吡咯烷酮
聚丙烯酸酯乳液类	粉尘喷涂
聚碳酸酯	SBR 乳液
聚乙酸乙烯酯	

13.8.1.2　陶瓷材料

氧化铝	硅酸锆
氧化铍	搪瓷
碳化物	地面砖材料
碳化硅	砂轮材料
电器陶瓷	玻璃粉
绝缘材料	氧化铁
高岭土	氮化物
二氧化硅	火花塞材料
块滑石	超导体配方
钛酸盐	碳化钨
铀的氧化物	壁面砖材料
氧化锌	氧化锆

13.8.1.3　洗涤剂和表面活性剂

烷芳基磺酸盐	漂白粉末
洗涤酶	分散剂
乳化剂	脂肪族醇的硫酸酯
重垢型洗涤剂	轻垢型洗涤剂
多钾和双钾正磷酸盐	多钠和多钠正磷酸盐
氨三乙酸盐	荧光增白剂
香料	磷酸盐
铝硅酸钠	十二烷基苯硫酸钠
三磷酸钠	四钾多磷酸盐

13.8.1.4 农药和农产化学品

砷酸钙	氯氧化铜
氯化亚铜	2,4-DBA 钠盐
2,4,6-TBA 钠盐	填充物的 DDT
2,4-二氯苯氧乙酸	二氯氧基戊铜酸甲铵盐
二氯氧基三戊铜酸	二氯三戊铜酸钠盐
二氯二甲联吡啶	砷酸铅
双乙烯锰	甲基氯苯氧化乙酸
（二硫代氨基甲酸盐类）	甲基氯苯氧化三戊铜酸
甲基氯苯氧化丁酸钠盐	氟铝酸钠
氟酸钠	甲砷酸钠
五氯苯酚钠盐	硫化胶体物
亚乙基双硫代氨基甲酸锌	二乙基二硫代氨基甲酸锌
二甲基二硫代氨基甲酸锌	

13.8.1.5 染料和颜料

碱性染料	四盐基铬酸锌
高岭土	锌钡白（立德粉）
陶瓷色料	米洛丽兰（染料）
铬黄	有机颜料
一氧化铜	油漆颜料
化妆品色料	纸张色料
染料中间体	酞菁（染料）
食品色料	塑料的颜料
甲酰化染料	可溶性微分散纺织品染料
靛蓝染料	二氧化钛
墨水染料	有机调色剂（不含无机料粒的有机颜料）
无机颜料	水彩
氧化铁	铬酸锌钾
铬酸锌	

13.8.1.6 化学肥料

铵盐	硝酸盐
磷酸盐	过磷酸钙
双组分肥料（N-P，N-K，P-K）	三组分肥料（N-P-K）
尿素	

13.8.1.7 无机矿砂浓缩

铜矿砂	铅矿砂
冰晶石	锰矿砂
铁矿砂	镍矿砂

铂矿砂　　　　　　　　　　　钨矿砂

银矿砂　　　　　　　　　　　钼矿砂

锡矿砂

13.8.1.8　无机化学产品

磨料　　　　　　　　　　　　硫酸铁

铝（金属）　　　　　　　　　硫酸亚铁

磷酸硼　　　　　　　　　　　石墨

碳酸钙　　　　　　　　　　　石膏

氯化钙　　　　　　　　　　　高岭土

铬酸钙　　　　　　　　　　　锆酸铅

硝酸钙　　　　　　　　　　　石灰浆

磷酸钙　　　　　　　　　　　氯化锂

硅酸钙　　　　　　　　　　　锌钡白（立德粉）

硫酸钙　　　　　　　　　　　硅酸铝铁

催化剂　　　　　　　　　　　碳酸镁

三氧化二铬　　　　　　　　　氯化铁

硫酸铬　　　　　　　　　　　氢氧化镁

氯化铜　　　　　　　　　　　氧化镁

氢氧化铜　　　　　　　　　　磷酸镁

二氧化铍　　　　　　　　　　硫酸镁

铝酸铋　　　　　　　　　　　三硅酸镁

硼砂，硼酸　　　　　　　　　铀酸镁

氯化铝　　　　　　　　　　　碳酸锰

氢氧化铝　　　　　　　　　　二氯化锰

硝酸铝　　　　　　　　　　　二氧化硅

磷酸铝　　　　　　　　　　　碳酸钍

硫酸铝　　　　　　　　　　　硝酸钍

硫化锑　　　　　　　　　　　氧化锡

五氧化二砷　　　　　　　　　二氧化钛

碳酸钡　　　　　　　　　　　四氯化钛

氯酸钡　　　　　　　　　　　碳化钨

氢氧化钡　　　　　　　　　　二氧化铀

硫酸钡　　　　　　　　　　　砷酸锌

钛酸钡　　　　　　　　　　　碳酸锌

铝土矿废液　　　　　　　　　氯化锌

膨润土　　　　　　　　　　　硫酸锌

硫酸铜　　　　　　　　　　　锆酸盐

亚硫酸铜　　　　　　　　　　次氯酸钠

碳酸氧铋　　　　　　　　　　甲酸钠

五氧化二铋　　　　　　　　　高硼酸钠

长石　　　　　　　　　　　　硅酸钠

硫代硫酸钠	金属粉
氧化铜	硅胶
冰晶石	碳化硅
氧化锰	氮化硅
硫酸锰	铝酸钠
二硫化钼	硅酸铝钠
三氧化钼	硫酸铝钠
碳酸镍	砷酸钠
氯化镍	碳酸氢钠
硫酸镍	重铬酸钠
乙酸钾	硫酸氢钠
碳酸氢钾	二硫化钠
碳酸钾	四硼酸钠（硼砂）
亚氯酸钾	碳酸钠
铬酸钾	氯化钠
氟化钾	氰化钠
偏磷酸钾	氟化钠
硝酸钾	氢氧化钠
高锰酸钾	磷酸钠
磷酸钾	硫酸钠
硅酸钾	

13.8.1.9　有机化学产品

三甲酸铝皂	硫酸喹啉
氨基萘酚磺酸	乙酸钠
硬脂酸铝	苯亚磺酸钠
p-氨基水杨酸	苯甲酸钠
氨基酸	草酸氢钠
维生素 C（抗坏血酸）	二甲基二硫代氨基甲酸钠
蓖麻醇酸钡	单氯乙酸钠
丁酸钙	水杨酸钠
葡萄糖酸钙	硬脂酸
丙酸钙	氨基硫化单乙酸
硬脂酸钙	硝基苯酚
氯胺	硫堇（劳氏紫）
氯新霉素丁二酸钙盐	泛醇
次硫酸乙醛钾	蜡
乙酸钾	黄原酸盐
异丙基乙黄原酰胺钾	可可粉的混合物
苯酚钾	二硝邻甲酚铵
山梨酸钾	巴比土酸衍生物
季铵盐	乙酸钙

酪蛋白钙	乳精
乳酸钙	乙二醛
糖二酸钙	赖氨酸
羧甲基纤维素	马来酸
葡萄糖	异丁烯酸
叶绿素	甲砷酸-硫酸钠
胆碱盐	单乙酸
柠檬酸	p-草酸
二氰胺	酒石酸
邻苯二钾酸二环己酯	尿素
二乙基二苯脲	香料
2,4-二氯苯氧乙酸钠盐	硬脂酸锌
十二烷基苯磺酸盐	硫代碳酸盐
EDTA 盐（乙二胺四乙酸盐）	椰奶
谷氨酸	

13.8.2　食品工业

13.8.2.1　乳品工业

婴儿食品	干（乳）酪
酪乳	白色咖啡
填充脂肪的牛奶	填充脂肪的乳清
水解的乳制品	冰激淋混合物
麦乳粉	代乳粉
混合乳制品	乳清
乳清母液	乳清渗透液
乳清朊（乳清蛋白）	全脂奶粉
奶油（高脂肪产品）	

13.8.2.2　蛋类

蛋清	蛋黄
全蛋	

13.8.2.3　食品产品和工厂的提取物

朝鲜蓟菜提取物	食品色素
肉汤料	大蒜
春黄菊茶	麦芽提取物
鸡肉汁	乳糖
可可粉的混合物	奶-咖啡混合物
咖啡提取物	花生蛋白
除去咖啡因的咖啡提取物	植物蛋白
鱼蛋白	水解蛋白

汤状混合物

大豆蛋白

蔬菜蛋白

牛肉汁

滤饼混合物

预蒸煮的谷类

各种叶绿素

椰奶

咖啡代用品提取物

脂肪-面粉混合物

调味品

鼠李的树皮（用作利尿剂）

枳子提取物

纯肉汤

甘草提取物

木瓜蛋白酶乳液

多香果

马铃薯蛋白

粗制凝乳酶

豆奶

茶叶提取物

白色的咖啡和茶叶

13.8.2.4　水果和蔬菜

杏

香蕉

甜菜根

柑橘填充物

芒果

桃

番茄

天门冬类

蚕豆

胡萝卜

椰奶

洋葱

软果类

13.8.2.5　碳水化合物

烘制食品的添加剂

玉米糖浆

阿拉伯树胶

山梨糖醇

糖（类）和明胶混合物

全糖

小麦、玉米的谷蛋白

玉米浆

葡萄糖

麦芽糖糊精

淀粉

增甜剂

小麦面粉

麦芽汁

13.8.3　医药和生物化学工业

13.8.3.1　医药产品

抗酸剂

杆菌肽

链霉素

土霉素

抗生素和霉菌

青霉素

磺胺噻唑

四环素

微生物

润肤剂

麻醉剂

激素

药用树胶

孢子

菌苗

血的制品

葡聚糖

酶

赖氨酸　　　　　　　　　　　　　　　片剂的组成物

血清　　　　　　　　　　　　　　　　维生素

13.8.3.2　生物化学品

藻类　　　　　　　　　　　　　　　　啤酒酵母

抗生素饲料　　　　　　　　　　　　　菌丝体

单细胞蛋白　　　　　　　　　　　　　酵母的提取物

酵母的水解物

13.8.4　鞣酸和纤维素工业

13.8.4.1　鞣酸

由树皮得到的鞣酸：

红树提取物　　　　　　　　　　　　　橡树提取物

含羞草提取物　　　　　　　　　　　　松树和冷杉提取物

由木材得到的鞣酸：

白雀树皮提取物

由果实提取的鞣酸：

云实荚提取物　　　　　　　　　　　　（人工合成的）鞣酸

诃子提取物

13.8.4.2　纤维素

亚硫酸盐废液　　　　　　　　　　　　木质素磺酸盐

13.8.5　（屠宰）废料和鱼工业

13.8.5.1　屠宰厂的产品

动物蛋白质　　　　　　　　　　　　　血液

骨胶　　　　　　　　　　　　　　　　排泄物（粪）

明胶　　　　　　　　　　　　　　　　腺体

组织

13.8.5.2　鱼产品

鱼粉　　　　　　　　　　　　　　　　鱼的水解产物

鱼的食物　　　　　　　　　　　　　　鱼浆

（可溶解的）鱼黏液　　　　　　　　　（可溶解的）鲸鱼黏液

13.8.6　环境控制

洗涤有毒气体的碱液　　　　　　　　　纯碱

石灰　　　　　　　　　　　　　　　　白垩

氧化镁　　　　　　　　　　　　氢氧化钠

（上述资料摘译自 Masters K. Spray. Drying Handbook 第五版，1991）

符号说明

A——面积，m^2；

a——有效截面系数，$a=1-\dfrac{r_c^2}{r_0^2}$；

B——几何特性系数，$B=\dfrac{Rr_0}{r_{in}^2}$；

C_D——流量系数；

c_p——比热容，$J/(kg \cdot K)$；

d——喷嘴孔直径，m；

D——液滴或颗粒直径，μm；

e——旋转盘的偏心距，m；

f——质量分率，%；

G——质量流率，$kg/(m^2 \cdot s)$；

g——重力加速度，m/s^2；

H——静压头，Pa；

h——液体入口高度，m；

K_N——常数；

M_p——喷嘴润湿周边长度负荷，$kg/(mm \cdot s)$；

M_p'——单位叶片周边长度的质量流率，$g/(cm \cdot s)$；

N——液滴或颗粒数；

n——雾化轮叶片数；

p——静压，MPa；

R——半径，m；

r——半径，m；

r_0——喷嘴孔半径，m；

r_c——空气心半径，m；

t——液膜厚度，m；

u——气体速度，m/s；

V——体积，m^3；

W——水分蒸发量，kg/h；

ξ——阻力系数；

θ——喷雾角，(°)；

ω——角速度，s^{-1}；

α——给热系数，$W/(m^2 \cdot ℃)$；

σ——表面张力，MPa；

ρ——密度，kg/m^3；

τ——时间，s；

μ——黏度，$Pa \cdot s$；

Nu——努塞尔数，$\dfrac{\alpha d}{\lambda}$；

Re——雷诺数，$\dfrac{du\rho}{\mu}$；

Sc——施密特数，$\dfrac{\mu_a}{D_V \rho_a}$；

Sh——舍伍德数，$\dfrac{K_X D}{D_V}$；

We——韦伯数，$\dfrac{d_0 u^2 \rho}{\mu}$。

参考文献

［1］　王喜忠，于才渊，周才君，等．喷雾干燥．2版．北京：化学工业出版社，2003：50-77．

［2］　金兹布尔格 A C.食品干燥原理与技术基础．高奎元，译．北京：中国轻工业出版社，1986：417-418，442-450．

［3］　《化工设备设计全书》编辑委员会．干燥设备设计．上海：上海科学技术出版社，1986：222-224，241-242．

［4］　马斯托思 K. 喷雾干燥手册．黄照柏，冯尔健等，译．北京：建筑工业出版社，1983：166-170，192-193，203-204，223-234，464-472．

［5］　Mujumdar A S. Handbook of Industrial Drying. New York and Basel：Marcel Dekker Inc, 1995.

［6］　Masters K. Spray Drying. London：Leonard Hill Books a division of International Textbook Company Limited，1972：197-228.

［7］　唐金鑫，王宗濂．高速离心式雾化机的动态特性测试与力学模型分析．大连：第三次全国干燥会议论文集．1989：

28-31.

[8]　潘永密.化工机器(下).北京：化学工业出版社，1981.

[9]　黄立新，等.高速离心式雾化机力学性能研究.大气污染防治技术研究，1993：454.

[10]　萨本佶，等.高速齿轮传动.北京：机械工业出版社，1987.

[11]　叶能安，余汝生.动平衡原理与动平衡机.武汉：华中工学院出版社，1985.

[12]　大山義年，伊藤四郎.分離及び混合.東京：丸善株式會社，1954：25.

[13]　《化学工程手册》编委会.化学工程手册.2版，上卷.北京：化学工业出版社，1996：17-64.

[14]　Masters K. Spray Drying Handbook (fifth ed). New York: John Wiley & Sons Inc, 1991: 365-372, 491-497.

[15]　Masters K. Spray Drying in Practice. Denmark: Spray Dry Consult International APS, 2002: 332-340.

（王喜忠，于才渊，王宝和）

第14章

单液滴干燥

14.1 概述

　　液滴干燥是微小液滴中的液相组分不断蒸发的过程，广泛存在于多个工业过程中。在汽车发动机中，汽油经雾化形成小油滴进行蒸发和燃烧；在食品、制药、日化与材料等多个行业中，含有固态组分（或称为固形物，solids）的进料液经雾化形成数以亿计的液滴，再通过干燥移除其中的液相组分，液滴中余下的固形物形成干颗粒，集合后形成粉体。在这类干燥技术中，应用最广泛的是喷雾干燥技术，它采用热空气对雾化液滴进行对流干燥，大量地应用在乳粉、药剂粉体、洗衣粉、特种材料粉等多种多样的粉体生产中，是目前工业中应用最广泛、生产规模最大的制粉技术。喷雾干燥的特点是：①自动化连续生产；②干燥快速，从雾化形成液滴到完全干燥的时间仅需几秒钟至几十秒钟；③生产能力强，每小时生产粉体可高达 1～3t；④能一定程度上调控所得颗粒的特性与功能。此外，其他制粉技术如喷雾冷冻干燥、气溶胶热解等过程也存在液体干燥现象。

　　喷雾干燥过程多采用水作为溶剂，在液滴内部，物料分子与水分子紧密接触，固形物可以以分子形式溶解在液相中，如牛奶中的乳糖分子；或者以胶体形式存在，如牛奶中的酪蛋白胶束；或者以较大的颗粒形式分散在液相中，如牛奶中的脂肪成分，以酪蛋白或乳清蛋白作为乳化剂在牛奶的水相中较稳定地存在。像这样含有固形物组分的液滴在干燥时，移除液相组分将在部分程度上导致固体结构发生改变。水分子的移除在空间上会造成空位，随着干燥的进行，该空位可能部分或完全被邻近的固形物填补。这些伴随着干燥发生的固形物间出现相对位移的现象，通常被称为"组分迁移"[1]。在液滴干燥过程中发生的组分迁移行为，将影响所得干颗粒的尺寸、形貌与微结构。同时，在干燥过程中还可能存在其他的复杂物理、化学或生物现象，如溶质结晶、生物活性物质变性等。这些现象均会影响干燥后颗粒的特性与功能，因此，液滴干燥过程是一个典型的过程工程与产品质量相互作用的复杂过程，作为一个化学工程单元操作，系统结合了化学过程工程与化学产品工程[2,3]。在各种组分迁移现象中，咖啡圈（coffee-ring stain）是一个较为人熟知的例子，一滴咖啡或一滴茶落在桌子上干燥后，会形成一个外圈颜色深、中心区域颜色相对较浅的环状沉淀[4]。在咖啡圈的形成过程中，一个平坦的表面，比如说桌面是不可或缺的因素，环状沉淀的形成是水相液滴、空气及桌面所代表的固体表面三相界面共同作用的结果，其中的组分迁移过程和本章中讨论的液滴干燥过程具有较明显的区别，因此不在本章中进行讨论。

　　本章主要讨论悬浮液滴在一种干燥介质（多为空气）中进行脱水，而水分脱离液滴或半干颗粒后汽化为水蒸气的过程。在这个过程中，主要的界面现象是液滴中含有的水相或固相与空气所代表的气相相互作用产生的。当液滴中含有胶体颗粒或脂肪油滴等分散体系时，也存在固相与水相的次级界面现象。

14.1.1　液滴干燥过程中的颗粒形成过程

　　脱水造成液滴形态上的首要变化是液滴收缩（图 14-1），水分蒸发导致质量损失，使液滴缩小。纯溶剂液滴的收缩过程只取决于溶剂质量的变化；而含有溶质的液滴在干燥时，固形物会析出并固态化形成干颗粒，这决定了液滴不可能无限收缩。由于固形物组分具有不同的材料特性，对应的固态化过程也有不同形式，故最终形成的干颗粒可具有多种多样的形貌与微结构。图 14-1 展示了五种食品材料或药剂材料液滴在热气流中干燥时出现的形貌变化。由于五种液滴的组成均以水相为主，进料液的初始固含量在 3％～12％（质量百分数，余

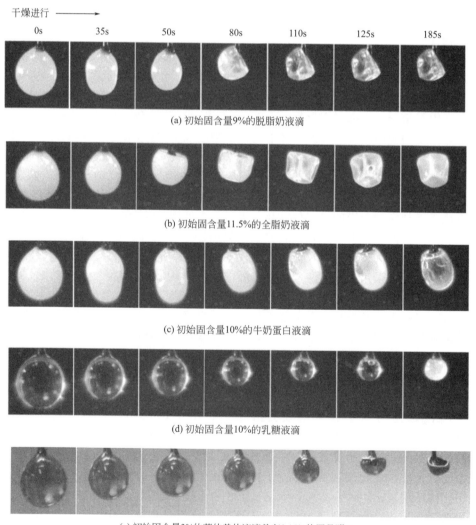

图 14-1　含有不同固形物的液滴在干燥过程中的形貌变化

同）之间不等，在干燥前期，液滴的形态变化主要由水分损失控制，随干燥进行，液滴稳定缩小。在液滴尺度上，原本处于液滴与空气接触界面的固形物及液滴中邻近水气界面的固形物，随着水气界面向液滴中心收缩而逐渐向中心移动。随着液滴中的水分越来越少，其中呈溶解态或分散态的固形物逐渐开始主导干燥过程，此时的颗粒形成行为受固形物自身特性与干燥条件影响。在图 14-1(d)、(e) 中，乳糖液滴与高分子液滴稳定收缩，直至干燥后期含水量降到较低的程度时，乳糖颗粒逐渐固态化，出现了一个颗粒由透明转化为不透明白色的过程，显示乳糖颗粒出现部分结晶；而高分子液滴在固态化时，所形成的半干液滴的外层相对较柔软，随着干燥的进行，出现了进一步的形态变化，最终弯曲成一个碗状。与这两种材料的颗粒形成行为构成对比的是，三种含有牛奶蛋白的乳品材料在干燥过程中则存在一个较明显的表层形成阶段。特别是纯牛奶蛋白液滴 [图 14-1(c)]，牛奶中所含有的主要蛋白质——酪蛋白与乳清蛋白，均具有一定表面活性（或应更准确地称之为界面活性），倾向于富集在两相界面，而液滴的收缩也在一定程度上加剧了这种富集。随着干燥进行，富集在水气界面的牛奶蛋白快速变干，形成一层半固体的表皮，这层表皮的强度使半干液滴难以进一步收缩，此时表皮下的液滴内部仍富含大量水分，在随后的干燥过程中，液滴内部的水分需要穿过这层初始表层才能进一步移除 [110~185s，图 14-1(c)]。

图 14-1 中列举了五种常见食品或药剂材料在液滴干燥中表现出的不同颗粒形成过程。由于每种材料都有其特殊性质，而多元复合材料的固态化过程又受各材料的相互作用影响，故通过干燥含溶质液滴所形成的干颗粒可呈现千差万别的形貌。如图 14-2 所示，一部分颗粒呈球形，但具有不同的表面褶皱程度，可以是光滑表面 [图 14-2(a)]，或者呈现像高尔夫球一样的浅凹坑 [图 14-2(b)]，或者出现大的凹陷 [图 14-2(c)]，或者是密集的小褶皱 [图 14-2(d)]。而具有不同表面形貌的颗粒可以进一步呈现出形状上的区别，如形成环状结构 [图 14-2(e)]，团缩结构 [图 14-2(f)]，出现单一凹坑下陷 [图 14-2(g)]，或者是具有多个凹坑下陷 [图 14-2(h)]。还有一部分颗粒在干燥后不再类似球形，而形成扁盘状或者饼状，同时饼状的两面可以表现出完全不同的褶皱形态，如图 14-2(i)~(l) 所示。部分颗粒则在干燥后出现一个或大或小的开口 [图 14-2(m)~(p)]，当这个开口较大时，颗粒更接近于碗状或盘状 [图 14-2(o)~(p)]。

在干燥过程中，液滴与空气的传热传质过程均发生在液滴表面，因而液滴或半干颗粒的表面积直接影响干燥速率和温度变化速率，其中干燥速率又常以水分移除速率来衡量，分别表示为 $-dm/dt$ 与 $-dX/dt$。式中 X 代表液滴的平均干基含水量（单位为 kg/kg），m 代表液滴质量（kg），t 是干燥时间（s），而温度变化速率则常用 dT/dt 来表示，T 代表液滴的平均温度（℃ 或 K）。由于干燥过程中这两个参数的变化均与液滴的表面积变化有关，而褶皱表面较光滑表面又具有更大的表面积，可见，所得干颗粒表面褶皱与光滑的区别，不仅反映了颗粒在干燥过程中经历了不同的形成过程，也在一定程度上说明两者的传热传质过程有所差别。

14.1.2　液滴干燥过程中的干燥动力学

干燥速率（$-dm/dt$）指的是单位时间内汽化的水分质量，常与湿物料在干燥过程中的质量变化（m，单位为 kg）与温度变化（T）一起，用于绘制给定干燥过程的干燥特性曲线，以衡量整个干燥过程的效率。当用于干燥的物料为生物材料时，物料经历的温度变化速率（dT/dt）历程也对所得干物料的性质或品质具有较显著的影响[14,15]。这四项参数是衡量一个干燥过程传质传热行为的主要动力学参数。此外，基于液滴表面积变化（A，m^2）的重要性，再加上表面积可以通过液滴直径（D，m）进行计算，这使液滴直径也是重要的

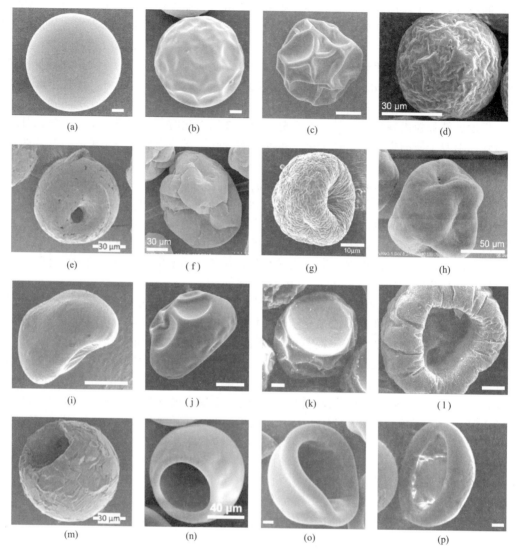

图 14-2 喷雾干燥颗粒具有的多样性形貌[5-13]

图中未标明的标尺长度均为 $10\mu m$

干燥动力学参数之一,常作为特征尺寸用于传热与传质的计算中。

液滴在干燥过程中的动力学参数变化受干燥气流条件、初始液滴条件与所含固形物的材料特性影响。其中干燥气流条件包括热空气的温度(T_b)、流速(v,m/s)与湿含量(H,kg/kg)。湿含量指每千克绝干气中所含有的水蒸气质量。通常来说,热空气温度越高,流速越快。湿含量越低,更有利于液滴中水分的蒸发,更能提高液滴干燥速率。而初始液滴条件包括液滴的大小与固含量(即液滴中固形物的质量分数,w_s),其中液滴大小通常以液滴直径来衡量。在同样的干燥条件下,液滴的固含量较高时,液滴表面的蒸气压将会小于该条件下的饱和蒸气压,而低固含量液滴的表面蒸气压更接近于饱和蒸气压,相较高固含量的液滴,会具有更高的干燥速率。对于同样固含量但不同大小的液滴,尺寸较大的液滴具有较大的表面积,有利于在单位时间内蒸发更多的水分,干燥速率更高;但若考虑到不同尺寸液滴的干燥通量,即单位时间、单位干燥面积上汽化的水分质量 $[-\mathrm{d}m/(A \cdot \mathrm{d}t)]$,则同样干燥条件下,小液滴的干燥通量往往会高于大液滴,这是由于小液滴具有相对更高的传质系数

(h_m，heat transfer coefficient，无量纲数）。在固形物的材料特性对液滴干燥动力学的影响方面，综合而言，若材料与水分子的结合能力更强，则更难进行脱水，干燥速率较低；再者，像图 14-1 中的牛奶蛋白一样，在干燥前期就在液滴表面形成了一层半固体的表壳，也会对接下来干燥过程的传热传质具有明显影响。

在采用液滴干燥技术进行制粉时，所得干粉的颗粒特性与功能性均是重要的品质指标，而干燥过程影响液滴中各组分的化学结构，有时会出现不利的性状变化。因此，在选取干燥条件时，既要从所消耗能量或产品产量角度进行优化，使干燥过程进行得更快或更高效，还应满足产品的质量要求，得到具有优秀颗粒特性与功能性的粉体，更快干燥过程在很多时候并不是更优的干燥过程。

14.1.3　小结

对于一滴含有溶解或悬浮固形物的液滴，在干燥过程中，液滴所经历的液滴干燥动力学与颗粒形成过程是决定干颗粒特性与功能性的重要因素（图 14-3）。而很多情况下，对液滴干燥动力学的测量和对颗粒形成过程的监控都存在相当难度，比如说在一个大型喷雾塔中，数亿个雾化液滴在巨大的塔体中同时干燥，很难以实验的方式对每个液滴在干燥过程中的变化历程进行瞬时追踪。此外，作为一个结合了化学过程工程与化学产品工程的经典过程，对液滴干燥全过程进行准确的模拟与预测是合理设计与优化不同干燥过程的必要因素。在本章中，主要介绍含有溶解或悬浮固形物的液滴在干燥时，对干燥动力学的实验测量及数学模拟。

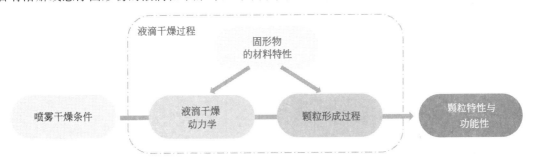

图 14-3　喷雾干燥造粒中，液滴干燥过程中的液滴干燥动力学与颗粒形成过程
直接影响干燥所得粉体的颗粒特性与功能性，而液滴干燥动力学与颗粒
形成过程又由喷雾干燥条件与液滴中所含固形物的材料特性决定

14.2　液滴干燥动力学的实验测量

14.2.1　单液滴干燥与测量技术

对单一液滴干燥动力学参数的准确测量可采用单液滴干燥（single droplet drying，SDD）与测量实验进行。单液滴干燥实验既可用于测定纯溶剂液滴的干燥动力学参数，也可用于测定含固形物液滴的干燥动力学参数，并能够监测干燥过程中的颗粒形成过程（图14-1）。干燥动力学已用于对喷雾干燥过程进行全塔仿真和模拟[16]。为精确测定干燥过程中连续变化的动力学参数，单液滴干燥与测量实验一般应具备三要素[17]：①用于实验的单一液滴在生成时应当精确，液滴的大小可控，具有高重复性；②用于干燥液滴的空气状态应准确并可以调控，具有稳定的温度、流速与湿含量；③能够实现对干燥动力学参数的准确测量，包括液滴质量、温度与直径。

依据实验中支撑液滴方式的不同，单液滴干燥实验可分为三类，分别是固着式单液滴干燥实验、悬浮式单液滴干燥实验与自由落体式单液滴干燥实验（图 14-4）[17,18]。在第一类固着式单液滴干燥中，通常将所生成的液滴附着在某种固体表面，以保持实验过程中液滴的位置固定不变。用来支撑所生成孤立液滴的方法多种多样，包括将液滴固定在用于通入进料液和生成液滴的毛细管尾部[19,20]，将液滴附着在一根特制玻璃纤维的末端[21,22]，将液滴放置在一个超疏水平面上[23,24]，或将液滴倒悬在一个平面上[25]。由于液滴位置在干燥过程中没有移动，可以较方便地实现干燥中间阶段的取样与分析，因此在液滴干燥动力学研究与颗粒形成过程研究中得到了广泛应用。

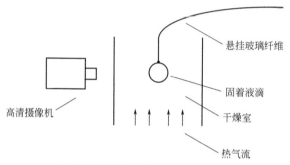

(a) 采用玻璃纤维悬挂的固着式单液滴干燥实验

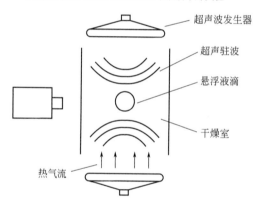

(b) 超声悬浮式单液滴干燥实验

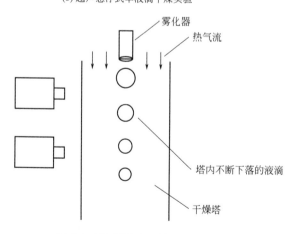

(c) 自由下落式单液滴干燥实验

图 14-4　三类单液滴干燥实验的示意图

在多种固着式单液滴干燥技术中，玻璃纤维悬挂式可以实现对液滴质量、温度、直径三项动力学参数的连续测量，是液滴干燥传质传热研究最常用的技术方法［图 14-5(a)］[21,22]。此外，它还可以用于监测液滴形貌在干燥过程中的演化，如图 14-1 所示，研究对比固形物的不同性质对颗粒形成过程的影响[26-28]。玻璃纤维悬挂式单液滴干燥技术的第三个应用，是监测干燥过程中颗粒性质与功能性的演化。由于单液滴悬挂于一根超细玻璃纤维的末端，在任意干燥阶段均可对正在干燥的单液滴进行取样分析或其他实验操作。例如，在不同干燥阶段，对液滴中生物活性物质如乳酸菌、酶或蛋白质的活性进行取样分析，可以建立该物质在干燥过程中的活性变化曲线[29-31]；进一步，将所得活性变化曲线与该干燥条件下的液滴干燥动力学联立起来，能够进行定量分析以明确液滴干燥历程对生物活性物质的影响[29,30]。另一个于近年来新建立的实验操作，是往半干液滴上附着一滴溶剂液滴，监控半干颗粒表面在溶剂液滴中的浸润与溶解现象；通过对比不同干燥阶段颗粒浸润与溶解行为的变化，探索颗粒表层随干燥发生的性质演化，并进一步与所得干颗粒的颗粒特性联系起来，阐释性质演化对最终干颗粒品质的影响[27,32]。在近期的研究进展中，应用玻璃纤维悬挂式单液滴干燥实验，还可以做到从半干液滴中收集已经形成固体形态的颗粒表层，并对这层初始表层进行形貌与元素分析[1]。可见，在液滴干燥动力学测量与颗粒形成过程研究两方面，玻璃纤维悬挂式单液滴干燥技术都表现出突出的优势，因此在科研与产业中得到了较广泛的应用。

采用超疏水表面支撑的单液滴干燥技术［图 14-5(b)］，实验装置相对简单，具有较好的扩展性，也允许多个液滴同时放置在一个平面上进行平行干燥实验，目前在监测颗粒形成时的形貌变化方面具有较多的应用[24,28]。但支撑平面会影响平面与液滴接触处的气流流动和液滴中的水流流动，进而影响这一部分的颗粒形貌。目前，这种超疏水表面支撑法仍然难以对干燥过程中液滴的重量变化进行测量。

(a) 玻璃纤维悬挂式单液滴干燥技术　　　　(b) 超疏水表面支撑式单液滴干燥技术

图 14-5　两种固着式单液滴干燥与测量技术中，所使用的不同液滴支撑方式的比较

第二类悬浮式单液滴干燥实验是利用超声场或静电场，将单液滴悬浮在空中再进行干燥。应用最广泛的是超声悬浮法，该法利用了超声波驻波的原理，通过强声场来支撑液滴，再引入气流进行干燥。作为一种非接触式的单液滴干燥技术，超声悬浮法在药剂相关的液滴干燥动力学研究与颗粒形貌变化研究中应用较广[33-37]。然而，非接触式的固定液滴方法也增加了测量液滴干燥动力学参数变化的难度，同时，不易于对干燥中间阶段的半干液滴进行进一步的实验操作。此外，超声场会在一定程度上影响液滴的形状，并改变传质传热效率，使超声场中液滴的传质系数与传热系数略大于空气中自由下落的液滴[38]。静电场则是近年来新开发的单液滴干燥技术，可以支撑直径在 $40 \sim 50 \mu m$ 左右的极小带电液滴[39]。

第三类自由落体式单液滴干燥实验则完全不支撑液滴，任由生成的液滴在空气中自由下落，热空气与液滴间做顺流流动，一般在一个高塔内完成干燥[9,40,41]。为了能监控液滴的干燥过程，通常采用特殊喷嘴连续生成一个一个的离散液滴，使每个液滴都具有相同的大小与性质，形成一列均一的液滴流 [图 14-6(a)]。这样一来，在优化的空气动力学条件下，每个液滴所经历的干燥动力学历程都是一致的，因此，可以获得形貌完全一致的干颗粒 [图 14-6(b)～(e)]。但在这种自由落体式的液滴干燥实验中，较难对液滴的干燥动力学变化及形貌变化进行监测，只能通过在塔体的不同高度处取样或拍照来进行间接研究[40,41]。另外，这种单液滴干燥技术与喷雾干燥技术的干燥条件最为近似，同时，它的液滴条件可控，气流条件可控，同一批粉体中任一颗粒的性质和功能性都是完全一致的，因此，在近期科研进展中，这种均一粒径微流体干燥技术更多的是作为一种先进喷雾干燥技术，面向单一干燥条件对粉体品质的精确影响展开机理研究[9,42]。采用这种技术，结合能够全程监测液滴干燥历程变化的玻璃纤维悬挂式单液滴干燥技术，可加深对喷雾干燥粉体性质形成与功能性形成的深入理解，目前已应用在颗粒浸润性、颗粒形貌、活性乳酸菌粉体生产等方面[32,43-45]。

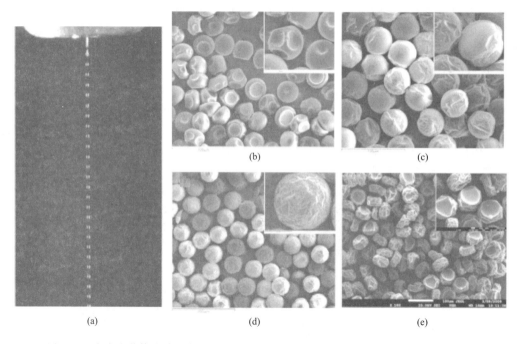

(b)　(c)

(d)　(e)

(a)

图 14-6　由自由落体式单液滴干燥技术发展而来的均一粒径微流体喷雾干燥技术[5,9]

14.2.2　液滴干燥过程中液滴直径、温度与重量变化的测量

在各项液滴干燥动力学参数中，两项速率参数$-\mathrm{d}m/\mathrm{d}t$ 与 $\mathrm{d}T/\mathrm{d}t$ 可以通过液滴质量 m 与温度 T 随时间的变化计算得到，而质量 m、温度 T 与液滴直径 D 的变化则互有联系，又相对独立，需要分别进行衡量。在纯溶剂液滴干燥时，液滴直径的缩小仅与蒸发造成的溶剂质量减少有关，同时，液滴蒸发所需的汽化热与热空气向液滴的传热达到平衡，使液滴温度维持相对恒定，一般处在湿球温度范围。当含有固形物的液滴干燥时，固形物的含量和特性将影响干燥过程中液滴质量、温度与直径的变化，为更好地理解固形物对液滴干燥过程的影响，应首先明确干燥过程中这三项动力学参数的变化历程。

玻璃纤维悬挂式单液滴干燥与测量实验是由早期的毛细管式实验发展而来。1952 年，Ranz 和 Marshall[19]将毛细管置于由下向上流动的稳定热气流中，在毛细管中通入待干燥的料液，于管末端生成单液滴，通过拍摄干燥过程中液滴投影面积的变化来计算液滴直径，并将一根精细热电偶置于液滴内部，监控液滴在干燥过程中的温度变化。应用这套系统，他们系统研究了纯溶剂液滴和含有固形物的液滴在干燥过程中的传质与传热，针对流体流过单个球体表面的现象，建立了基于无量纲准数的传质传热关系式：

$$Nu = 2.0 + 0.6Re^{1/2}Pr^{1/3} \tag{14-1}$$

$$Sh = 2.0 + 0.6Re^{1/2}Sc^{1/3} \tag{14-2}$$

式中，Nu、Re、Pr、Sh、Sc 分别为努塞尔数、雷诺数、普朗特数、舍伍德数与施密特数。五个无量纲数分别是描述对流换热过程、流体流动情况、与换热有关的流体物性、对流传质过程以及与传质有关的流体物性的准数，各无量纲数的定义式在 14.3.3.3 节中给出。Ranz 和 Marshall 指出，自液滴上方固定液滴，并让热气流自下向上进行干燥，能够在最大程度上模拟一个自由下落液滴的干燥过程，相比从液滴下方或侧方固定具有更好的效果，在干燥过程中超过一半的蒸发发生在液滴的迎风面，而在液滴背风面的边界层现象也与自由下落的液滴非常近似。

1960 年，Charlesworth 与 Marshall[46]改进了这套系统，用一根精细玻璃纤维取代了毛细管，他们把玻璃纤维拉长，约 $425\mu m$ 的粗端固定在一个可以上下移动的测高计上，而约 $210\mu m$ 的玻璃纤维细端弯成一个 L 形直角拐角，并在末端制出一个小玻璃球用以悬挂液滴。为进行干燥实验，他们将这根玻璃纤维以 45°倾斜的角度装备在单液滴干燥装置中，使玻璃纤维的自由端在自身重量下保持在几近水平的位置。当把一个液滴悬挂在自由端末端的小球上时，由于液滴重量，玻璃纤维的自由端发生一个偏转，这个偏转的大小与液滴质量成正比，在不同干燥阶段，由于液滴质量不同，自由端的偏转程度可以通过玻璃纤维另一端连接的测高计进行测量。采用这套系统，二人首次实现了对液滴干燥过程中液滴质量变化的监控，并详细研究了含固形物液滴的干燥过程。在这一时期的研究中，对液滴质量的测量还是取点式的，需要在不同干燥阶段停止干燥实验再进行。

进入 2000 年后，陈晓东及其同事[21,22,47]重新设计了玻璃纤维悬挂式单液滴干燥实验，并对系统进行了持续改进。目前，该系统能够实现对液滴直径、温度与重量的连续精确测量，所产生的液滴干燥动力学数据已广泛应用于对颗粒形成过程进行数值模拟、对喷雾干燥塔的干燥动力学进行全塔仿真等过程[16,48,49]。

在现今的玻璃纤维悬挂式单液滴干燥实验中，分别采用三种不同的液滴悬挂模块对三项干燥动力学参数进行测量（图 14-7～图 14-9）。最基础的液滴悬挂模块是直径测量模块，如图 14-7 所示，液滴悬挂在特制的精细玻璃纤维末端，纤维末端的小玻璃球和纤维上的疏水涂层可有效防止水相液滴在干燥过程中浸润玻璃丝，从而避免液滴沿玻璃丝爬升的现象。在干燥过程中，采用高清摄像机拍摄液滴的收缩行为，应用背光使所录制的视频中形成液滴轮廓清晰的投影，以实现对液滴投影面积变化的精确测量。由于每根玻璃丝末端的玻璃球直径已知，故通过分析视频截图中液滴投影直径与玻璃球直径的比值，就可以求得液滴在干燥过程中的直径变化。这种通过投影面积求出液滴直径变化的方法，也在其他类型单液滴干燥实验中得到了广泛使用[37,50]。

由于直径测量模块只采用一根精细玻璃纤维，且辅以拍摄设备，故它是在单液滴干燥实验的诸多功能中应用最广的一种液滴悬挂模块。比如在监控液滴形貌变化时，可采用黑色背景或灰色背景，并将照明光源设置在液滴正上方或与拍摄设备同向的方向，这样能够清晰地拍摄到含有不同固形物液滴的形貌特征，如图 14-1 所示。此外，当液滴中含有生物活性物质时，为监控这些物质在不同干燥阶段的活性变化，一般也采用直径测量模块进行干燥实验，以方便在干燥中间阶段取样[29,30,51]。

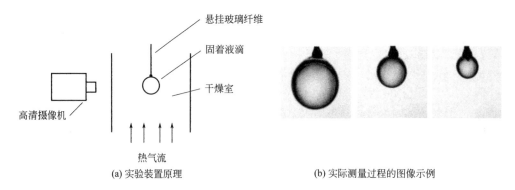

(a) 实验装置原理　　　　　　　　　　　(b) 实际测量过程的图像示例

图 14-7　玻璃纤维悬挂式单液滴干燥实验的直径测量模块

在温度测量模块中，除悬挂玻璃纤维外还增加了精细热电偶（图 14-8），在干燥与测量过程中，液滴悬挂在玻璃纤维上，而精细热电偶的节点置于液滴中，从而实现对液滴温度变化的连续监控。单液滴干燥实验采用的液滴一般都很小，直径介于 $0.4\sim2mm$，而体积一般在 $0.04\sim4\mu L$ 之间。在这个尺度上，通常认为液滴表面至中心的温度基本呈均匀分布，温度差小于 $4℃$[52,53]。因此，采用精细热电偶在液滴中心进行单点测量，可以较准确地反映干燥过程中液滴的平均温度。

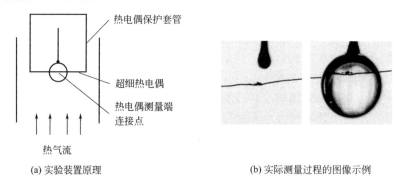

(a) 实验装置原理　　　　　　　　　　　(b) 实际测量过程的图像示例

图 14-8　玻璃纤维悬挂式单液滴干燥实验的温度测量模块

重量测量模块则需要利用到另外一种特制的单液滴测重玻璃纤维（图 14-9）。这种测重玻璃纤维与 Charlesworth 和 Marshall[46] 所采用的有几分类似，都是将细长的微米级玻璃纤维弯折出 $90°$ 直角后制成 L 形，在自由端的末端悬挂单液滴。不同之处在于测重方法。在现今通用的玻璃纤维悬挂式单液滴干燥实验中，直径测量、温度测量与重量测量是在不同的干

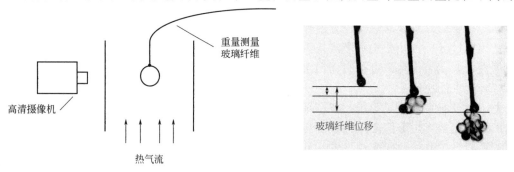

(a) 实验装置原理　　　　　　　　　　　(b) 实际测量过程的图像原理

图 14-9　玻璃纤维悬挂式单液滴干燥实验的重量测量模块

燥实验中、采用不同的液滴悬挂模块完成的，为保证三项动力学参数间能严格地一一对应，必须保证三次干燥实验是在完全相同的干燥条件下进行的。因此，在重量测量模块中，L 形玻璃纤维的长端通常是水平固定在单液滴干燥装置中，使得另一端，也就是用于悬挂液滴的自由端在干燥室中呈竖直状自由垂放，与直径和温度测量中的玻璃纤维保持在相似的状态 [对比图 14-7(b)、图 14-8(b) 与图 14-9(b)]。在实验中，往自由端末端悬挂一个液滴后，细长的玻璃纤维同样发生一个偏转，而偏转造成玻璃纤维自由端在干燥室中的位置发生位移 [图 14-9(b)]。通过高清摄像机，可以连续录制自由端在干燥过程中产生的位移变化。而这个位移变化正比于液滴的质量，在相同干燥条件下用已知质量的球形标准物建立起质量与位移间的标准曲线，便能够将干燥过程中玻璃纤维的位移变化准确换算成液滴的质量变化。

　　在上述测温与测重方法之外，学界中还在持续探索对单液滴干燥动力学进行准确测量的其他方法。比如，采用一个精密天平直接称量液滴的质量变化[54]，但这种方法精确性有限，仅适用于较大的液滴。也有学者采用聚酰胺纤维来悬挂单液滴，以尽量减少从悬挂玻璃纤维传给液滴的热量，并在单液滴干燥装置中装配精准湿度计，通过监控干燥室入口空气与出口空气的湿含量差异，来估算液滴水分的蒸发量[55]。在测量液滴温度方面，实验中也可选用合适的红外线测温计对液滴的温度变化进行监控。

14.2.3　影响液滴干燥动力学的主要因素

14.2.3.1　干燥气流温度

　　14.1.2 节中简述了干燥气流条件和初始液滴条件对液滴干燥动力学的影响，而通过单液滴干燥与测量实验，则可以定量地对每种条件展开研究。图 14-10 中以 10% 固含量乳糖液滴的干燥过程为例，对比了干燥温度对干燥动力学历程的影响。在干燥过程中，液滴温度变化可以划分为四个阶段：预热阶段、湿球温度区间、升温阶段与最终稳定阶段，依照升温速率的不同，升温阶段又可再细分为升速升温阶段与降速升温阶段 [图 14-10(a)、(b)][56]。干燥开始时，液滴与热空气接触，空气以对流传热的方式快速加热液滴，表现为预热阶段的迅速升温。与此同时，液滴中水分蒸发带走热量，很快，由于蒸发损失的热量与空气传热达到平衡，此时液滴的温度变化 dT/dt 趋近于零，液滴的实际温度接近该空气条件下的湿球温度。湿球温度区间的持续时间长短与干燥条件密切相关，由于水分蒸发在液滴表面进行，随着干燥进行，液滴表面逐渐变干，固形物组分逐渐成为液滴表面的主体组分；液滴蒸发率的下降使得水分蒸发带走的热量慢慢减少，难以与空气传热达成平衡，液滴温度开始上升，干燥进入升温阶段，液滴中的固形物组分开始影响干燥进程。在这一阶段中，半干液滴内部所含有的水分需要首先扩散至液滴表面，再进一步汽化移除，当水分移除所带走的热量与空气传热相比可以忽略不计时，液滴升温进入最终稳定阶段，颗粒温度接近空气温度，而 dT/dt 再次接近零。乳糖液滴在 70℃、90℃ 与 110℃ 三个干燥温度下的升温曲线均表现了相似的特征，区别在于，在 110℃ 下，干燥进行得更快，所以湿球温度区间更短，升温阶段出现得更早，而最终达到的颗粒温度也更高。此外，在 110℃ 气流温度下，液滴温度升至超过 100℃ 时，温度曲线还出现了小幅度的抖动，过程中可能出现了短暂的沸腾现象。

　　对比三个温度条件下液滴的质量变化曲线发现，在干燥过程中液滴质量先是出现了一个快速下降过程，紧接着干燥速率放缓，质量曲线转入缓慢下降过程，并最终达到稳定。乳糖液滴在 110℃ 气流中进行干燥时，质量减小得最快，表现出了最高的干燥速率 [图 14-10(d)、(f)]。同时，由于干燥结束得最早，干燥速率曲线也出现了快速下降现象，直至干燥完成。含水率变化曲线的趋势与质量变化曲线几乎是一致的。

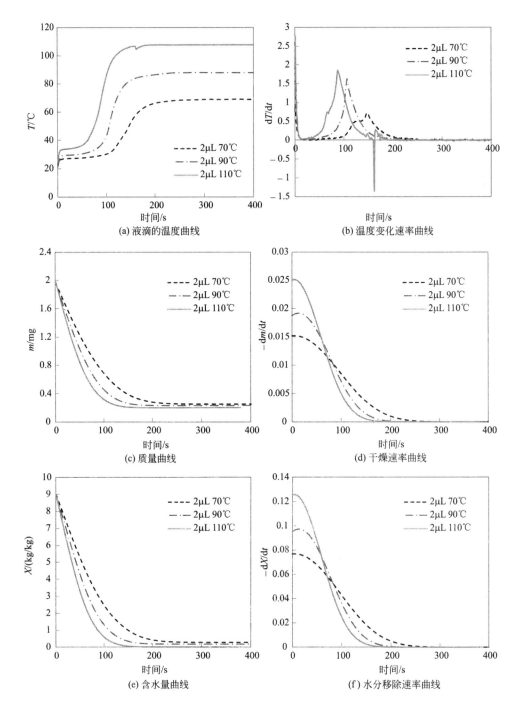

图 14-10　初始大小为 $2\mu L$、固含量为 10% 的乳糖液滴在 $70℃$、$90℃$、$110℃$
三个气流条件下的液滴干燥动力学参数（气流流速为 $0.75m/s$，湿度为 $0.0001kg/kg$）

14.2.3.2　液滴初始大小

　　图 14-11 中对比了相同的气流条件下，不同初始大小乳糖液滴的干燥动力学参数。由于空气温度相同，均保持在 $90℃$，三种液滴在湿球温度区间与最终温度稳定阶段的温度都是相同的，但尺寸较小的 $1\mu L$ 液滴更早地进入了升温阶段，同时温度变化 dT/dt 的峰值也更

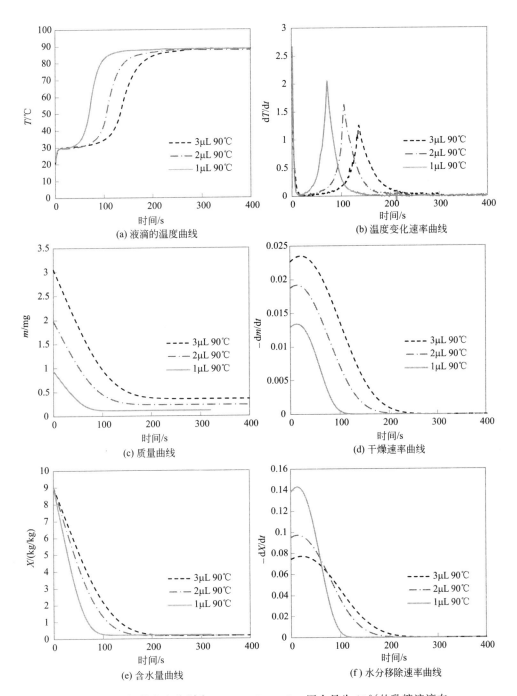

图 14-11　初始大小分别为 $1\mu L$、$2\mu L$、$3\mu L$，固含量为 10% 的乳糖液滴在
$90℃$ 的液滴干燥动力学参数（气流流速为 $0.75m/s$，湿度为 $0.0001kg/kg$）

高，而尺寸较大的 $3\mu L$ 液滴则需要更长时间才能进入最终的温度稳定阶段并完成干燥 ［图
14-11(a)、(b)］。不同的初始大小使得液滴的初始质量不一致，三种液滴的质量曲线起点完
全不同，但在干燥过程中三条质量变化曲线表现出了相似的特征，从快速下降转入慢速下降
直至质量不再变化 ［图 14-11(c)］。而在整个干燥过程中，$3\mu L$ 液滴的干燥速率曲线$-\mathrm{d}m/$
$\mathrm{d}t$ 稳定地高于 $2\mu L$ 与 $1\mu L$ 液滴 ［图 14-11(d)］，说明 $3\mu L$ 液滴的干燥虽然结束得最慢，但
单位时间内移除的水分质量是最多的。这是因为 $3\mu L$ 液滴具有最大的表面积进行蒸发传质。

但若考虑三种液滴在干燥过程中的含水量变化，则液滴的初始尺寸越小，干燥进行得越快，$1\mu L$ 液滴的水分移除速率 $-\mathrm{d}X/\mathrm{d}t$ 显著地高于 $2\mu L$ 与 $3\mu L$ 液滴 [图 14-11(e)、(f)]。$1\mu L$ 液滴表面积的绝对值虽然小于 $3\mu L$ 液滴，但具有更大的表面积与体积比，同时也具有更高的传质系数，有利于干燥的进行。

当对比不同干燥条件下的液滴干燥速率或水分移除速率时，由于干燥速率更高的液滴通常会更早地完成干燥，故在干燥进入末期时干燥速率降低，使得干燥速率曲线低于其他条件下的干燥速率曲线，典型如图 14-10(d)~(f) 所示。因此，一种常用的绘图方法是将干燥速率或水分移除速率与液滴的含水量变化进行制图，如图 14-12 所示，此时干燥从 X 轴右侧含水量较高的一侧向 X 轴左侧含水量较低的方向进行。由图 14-12(a) 可以发现，在整个干燥过程中，相比较低温度条件下的液滴，较高温度条件下干燥的乳糖液滴始终具有更高的干燥速率 $-\mathrm{d}m/\mathrm{d}t$，因为三个温度条件下干燥的乳糖液滴具有相同的初始液滴条件，水分移除速率 $-\mathrm{d}X/\mathrm{d}t$ 也表现出与干燥速率类似的趋势 [图 14-12(b)]。图 14-12(c) 与图 14-12(d) 分别对比的是不同初始大小的乳糖液滴在相同气流条件下的干燥速率曲线与水分移除速率曲线，三种液滴具有相同的初始含水量 10%，对应的干基含水量为 9kg/kg 绝干物。在整个干燥过程中，$3\mu L$ 液滴的干燥速率 $-\mathrm{d}m/\mathrm{d}t$ 始终高于初始尺寸较小的液滴 [图 14-12(c)]，但若以水分移除速率 $-\mathrm{d}X/\mathrm{d}t$ 来衡量，则初始尺寸最小的 $1\mu L$ 液滴表现出的水分移除速率要显著地高于 $2\mu L$ 与 $3\mu L$ 的液滴 [图 14-12(d)]。更小的初始尺寸说明液滴含有的水分质量更少，再加上更高的水分移除速率，均有助于小尺寸液滴的干燥过程相对快地完成 [图 14-11(f)]。

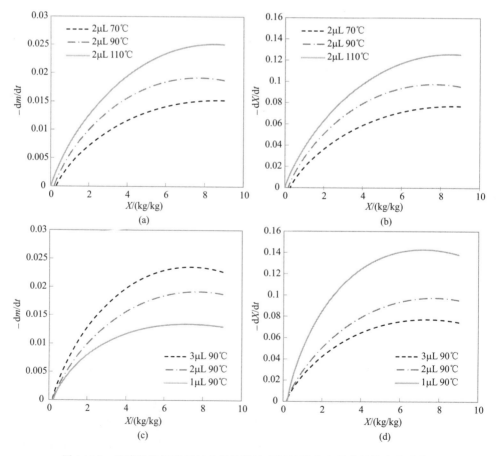

图 14-12　液滴的干燥速率与水分移除速率随液滴含水量降低的变化曲线

干燥速率 $-\mathrm{d}m/\mathrm{d}t$ 与水分移除速率 $-\mathrm{d}X/\mathrm{d}t$ 的主要区别在于，前者仅描述水分质量随时间变化的速率，而后者可表示为 $-\mathrm{d}m/(m_s \cdot \mathrm{d}t)$，其中 m_s 代表液滴中绝干物的质量（kg），相当于把 $-\mathrm{d}m/\mathrm{d}t$ 基于绝干物的质量进行了标准化处理。另一个相关的物理量是干燥通量 $-\mathrm{d}m/(A \cdot \mathrm{d}t)$，则是考虑到了总蒸发面积对干燥速率的影响。

14.2.3.3　液滴初始固含量

除了液滴的初始大小，液滴中含有的初始固含量也是影响干燥动力学的主要因素之一。图 14-13 对比了 10%、20% 与 50% 固含量的脱脂奶液滴在干燥过程中的温度曲线 T、温度变化速率曲线 $\mathrm{d}T/\mathrm{d}t$、含水量曲线 X 以及水分移除速率曲线 $\mathrm{d}X/\mathrm{d}t$。三种液滴的初始大小略有不同，10% 与 20% 脱脂奶是 $2\mu\mathrm{L}$ 的液滴，而 50% 则是 $1\mu\mathrm{L}$ 的液滴，不同的初始大小会导致不同的干燥动力学。但从图 14-11 中可以看出，对于每一项动力学参数，不同大小液滴的变化趋势是基本一致的。图 14-13（a）显示，随着脱脂奶的固含量从 10% 增加至 20% 再增加至 50%，湿球温度区间持续的时间越来越短，升温阶段越来越提前，当脱脂奶液滴的固含量为 50% 时，湿球温度区间完全消失，预热阶段与升温阶段连接在一起，在 $\mathrm{d}T/\mathrm{d}t$ 曲线上表现出一个极高的峰值。注意 50% 液滴的 $\mathrm{d}T/\mathrm{d}t$ 曲线可达到 $7.5℃/\mathrm{s}$ 左右的峰值［图 14-13（b）中右侧 Y 轴］，远高于 10% 与 20% 脱脂奶液滴的 $\mathrm{d}T/\mathrm{d}t$ 曲线［图 14-13（b）中左侧 Y

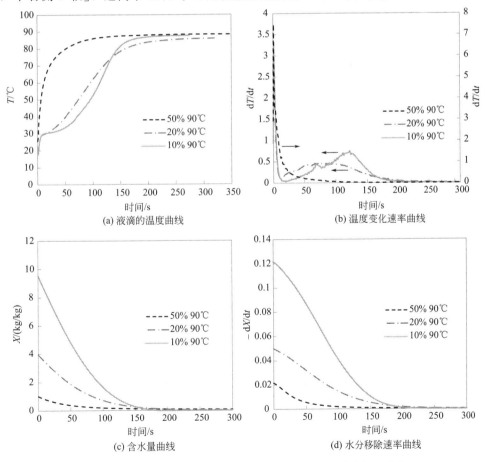

图 14-13　初始固含量为 10%、20%、50% 的复原脱脂奶液滴在 $90℃$ 的液滴干燥动力学参数（气流流速为 $0.75\mathrm{m/s}$，湿度为 $0.0001\mathrm{kg/kg}$，10% 与 20% 液滴的初始大小为 $2\mu\mathrm{L}$，50% 液滴的初始大小为 $1\mu\mathrm{L}$）

轴]。这个趋势清楚地说明,温度曲线的变化趋势与液滴含水量直接相关,当液滴含水量减少时,蒸发带走的热量变少,难以与热空气的传热形成长时间的平衡,因此液滴的升温提前发生。而50%的脱脂奶液滴在干燥时,液滴表面的水分从干燥初始就较低,不足以抵消热空气的加热效应,因此液滴温度从干燥一开始便快速上升。三种液滴在干燥时的含水量变化也清晰地反映了这个趋势,由于固含量不同,三种液滴含水量曲线的起点相差较大,分别是 $9kg/kg$、$4kg/kg$ 和 $1kg/kg$ [图 14-13(c)],而在相同的干燥条件下,高含水量的液滴也表现出更快的水分移除速率 [图 14-13(d)]。

14.2.3.4 悬浮或溶解固形物的材料特性

图 14-14 以三种不同的乳品材料(乳糖、脱脂奶、全脂奶)为例,展示了在干燥气流条件与初始液滴条件完全相同时,不同材料的液滴干燥动力学参数。脱脂奶的主要成分是乳糖与牛奶蛋白质,分别约占总固含量的 58% 与 41%,而全脂奶的主要成分是乳糖、牛奶蛋白质与牛奶脂肪,分别约占总固含量的 42%、28% 与 30%。在温度曲线上 [图 14-14(a)],三种液滴具有相似的预热阶段与湿球温度区间,说明这两个阶段中,控制液滴温度的主要因素是干燥气流条件与初始液滴固含量。当液滴干燥进入升温阶段时,脱脂奶液滴的温度曲线对比纯乳糖液滴具有相对较缓和的升温过程,而全脂奶液滴的升温过程相较脱脂奶液滴则进一步放缓,同时它的升温阶段也是三种液滴中开始得最早的。相应的,纯乳糖液滴的温度变化速率 dT/dt 曲线具有最高的峰值,出现在干燥进行到约 105s,而全脂奶的 dT/dt 曲线则早

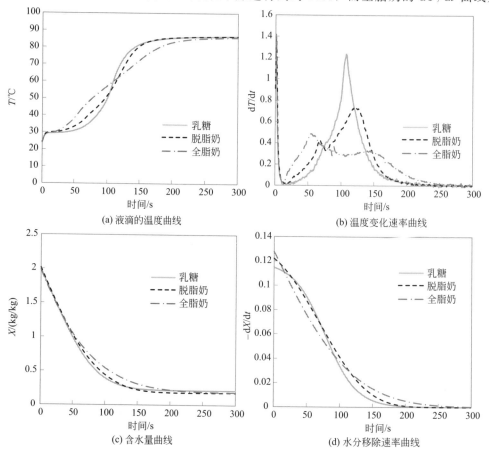

(a) 液滴的温度曲线　　　　　　　　　　(b) 温度变化速率曲线

(c) 含水量曲线　　　　　　　　　　(d) 水分移除速率曲线

图 14-14　初始大小为 $2\mu L$、固含量为 10% 的乳糖液滴、脱脂奶液滴
与全脂奶液滴在 90℃ 的液滴干燥动力学参数(气流流速为 $0.75m/s$,湿度为 $0.001kg/kg$)

在干燥约 50～55s 时就出现了峰值，峰值数值不足乳糖液滴 dT/dt 峰值的一半，之后全脂奶的 dT/dt 曲线也并未像乳糖液滴或脱脂奶液滴那样出现快速下降，而是维持在一个接近峰值的平台期 [图 14-14(b)]。比较三种乳品材料液滴的含水量与水分移除速率曲线 [图 14-14(c)、(d)]，乳糖与脱脂奶的曲线比较类似，而全脂奶液滴的干燥则相对较慢，需要更长的时间才能到达干燥的最终阶段。

总结以上内容可知，液滴的干燥动力学受到包括干燥气流条件、初始液滴条件与固形物材料特性在内的多种因素影响。正是由于它的复杂与多变，使得对液滴干燥动力学进行准确描述和预测成为一项充满挑战的任务。

14.3　液滴干燥动力学的数学模型

为准确描述干燥过程中液滴所经历的干燥历程，预测干燥的完成时间及所得到颗粒的品质，干燥领域的科研人员与相关行业的从业者一直致力于建立能够准确、高效描述干燥动力学的数学模型。对某个过程中所包含的物理或化学现象进行数学描述，以建立对这个过程的预测工具来指导生产实践，实际上正是"工程"一词有别于"技术"一词的主要内涵，例如人们通常将搭建一座建筑前所进行的规划、设计与计算称为土木工程。具体到液滴干燥领域，一个好的数学模型，不仅能准确预测不同条件下的液滴干燥动力学，最好还应具有一定的实际物理意义，以帮助揭示液滴干燥中发生的复杂物理、化学与生化现象背后的机理。当一个液滴置于空气中干燥时，液滴外部的空气流动现象可以用传统的化工传热、传质与动量传递方程进行描述。因此，液滴干燥的数学模型通常指描述液滴内部传热传质的模型，并通过边界条件与外部空气场的模型进行关联。

14.3.1　纯溶剂液滴的蒸发模型

纯溶剂液滴不含有固形物，在对流干燥条件下的蒸发过程可以用一个基础传质模型来描述：

$$-\frac{dm}{dt} = -AD_{v,df}\frac{dC}{dr} \tag{14-3}$$

式中，$D_{v,df}$ 为溶剂分子在空气中的扩散系数，m^2/s，r 为半径；C 为溶剂浓度；A 为传质面积。对于球形液滴可写作球形表面积公式：

$$A = 4\pi r^2 \tag{14-4}$$

纯溶剂液滴的蒸发过程具有一个特征：液滴表面积随时间呈现线性缩小，这个特征被称为 D 平方定律（D-SquareLaw），可用公式表示为：

$$-\frac{dD^2}{dt} = 8\frac{D_{v,df}}{\rho}(C_s - C_\infty) \tag{14-5}$$

式中，D 为液滴直径；ρ 为溶剂密度；C_s、C_∞ 分别为溶剂在液滴表面与空气中的浓度。

式(14-3)、式(14-5) 表明，溶剂蒸发的驱动力是液滴表面与空气中水蒸气的浓度差，干燥速率与溶剂分子的扩散系数正相关。图 14-15 给出了四种不同初始大小的纯水液滴在热空气中干燥时的表面积变化，每种液滴的表面积与干燥时间都呈现了良好的线性关系。

14.3.2　含固形物液滴的蒸发模型

14.3.2.1　常用建模方法

含有溶解或悬浮固形物的液滴在干燥时，固形物会影响溶剂蒸发与液滴收缩，所建立的

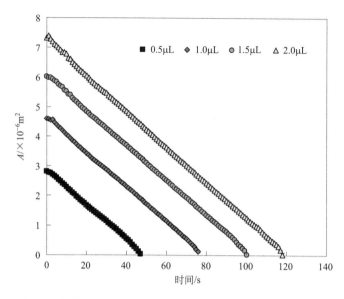

图 14-15　初始大小为 $0.5\mu L$、$1\mu L$、$1.5\mu L$、$2\mu L$ 的纯水液滴在干燥过程中液滴
表面积的变化曲线（干燥温度为 $85°C$，气流流速为 $1.85m/s$，湿度为 $0.01kg/kg$）

数学模型应能准确捕捉不同固形物对干燥动力学的影响。为此学术界中提出了多种多样的数学模型，按照模型中所包含干燥机理的区别，可分为四类[57,58]：

① 特征干燥速率曲线（characteristic drying rate curve，CDRC）模型　该模型是目前应用较广泛的干燥数学模型之一。把干燥过程划分为恒速阶段与降速阶段，恒速阶段可认为是一个无内部传质阻力的干燥阶段，溶剂在液滴内部的传递现象不影响其在液滴表面的蒸发，而当干燥进行到降速阶段时，溶剂蒸发受到来自液滴中溶质的传质阻力，干燥速率逐渐下降。

② 分布参数式干燥模型　通常采用包含一系列传热系数与传质系数的热量与质量扩散耦合模型，基于液滴内部的固形物分布进行建模。

③ 经验模型　完全基于单参数或多参数回归方法进行建模，例如干燥文献中常采用的一系列与干燥时间相关的函数，像是 Page 模型、Peleg 模型等[59]。通常仅描述所干燥物料随干燥时间所发生的质量变化。

④ 基于液体蒸发与冷凝过程的 REA（reaction engineering approach）模型　模型将溶剂分子的汽化考虑成一个需要消耗潜热的耗能过程。即，在干燥时，液态的水分子需要能量投入来"活化"，才能转变成蒸气从物料中除去，而对应的冷凝过程则是一个自发过程，不需要消耗能量。基于这个"活化能"概念的 REA 模型有两种，集总参式 REA（lumped-REA，L-REA）与分布参数式 REA（spatial-REA，S-REA）。

为描述液滴在干燥过程中的变化，文献中基于第一类建模方法与第三类建模方法提出了各种数学模型。这些数学模型不需要对含水量与温度的空间分布进行求解，因此可被归类为集总参数式干燥模型。而针对第二类建模，文献中也提出了多种连续体机制，如有效液相扩散、毛细流、双重驱动力机制（温度与含水量梯度）、三重驱动力机制（温度、含水量与压力梯度）、双相（水相与气相）传递机制等，不仅用于描述干燥过程中的干燥动力学变化，还被用于描述颗粒形成过程。

第四类建模方法则是一种较新的数学模型，由陈晓东在 1996—1997 年间首先提出。模型借鉴了化学反应工程中活化能的概念，认为蒸发过程中水分子的汽化需要克服相应的能垒，当水分子没有与溶质分子或固形物分子结合而是存在于水相主体中时，水分子仅与水分子间存在相互作用，这些水分子蒸发所需提供的能量主要是为了克服汽化所需的潜热；而当液滴中含有固形物时，水分子与固形物分子间存在相互作用，水分子汽化需要克服的能垒相应增加。因此，可以通过描述干燥过程中蒸发所需"活化能"的变化，加深对整个干燥过程的理解。

在干燥工业实践中，一个优秀的数学模型需要具有好的应用性，能广泛指导各种生产过程，就是说，模型应能准确描述液滴的干燥行为，同时还具有相对较简单的数学运算。例如，对一个喷雾干燥过程所包含的复杂多相流现象进行仿真时，需要同时描述塔内正在干燥的上万个大小不同、飘浮轨迹各异的雾化液滴以及它们的瞬时状态变化，才能建立准确的全塔仿真。若采用的数学模型需要对每个状态参数（比如含水量或温度）在液滴内部的空间分布进行求解，则无疑需要投入巨大的计算能力，极大地提高了计算成本。相反，若采用的数学模型能够准确地反映液滴平均含水量、温度与各物料的平均浓度，而不须考虑各参数在液滴内部的分布状态，则大大简化了所需的计算量。

但若仅采用第三类的经验模型来描述液滴在干燥过程中的失水历程，则模型几乎不含有任何物理意义，难以从模型中理解干燥行为的原理。此外，液滴含水量的变化受干燥气流条件、初始液滴条件与固形物材料性质的影响（图 14-10～图 14-14）。很多时候，需要为同一个模型建立不同参数，使模型描述与实验数据相吻合；像这样的一个模型多套参数，也不便于在工业实践中应用。对比而言，第四类 REA 模型，则可以凭借一套参数对多种干燥条件下的不同干燥动力学进行描述，在工业实践与过程仿真方面具有较明显的优势。

综合而言，液滴干燥过程在不同尺度上存在诸多问题，需要仔细加以考虑以选择合适的建模方式。陈晓东与 Aditya Putranto[3] 在前人基础上将其中存在的重要多尺度问题总结为如下几点：

•在分子尺度上，存在水分子之间的相互作用：水分子与气相及液相中其他物料分子间的相互作用，水分子在水气两相界面上的界面行为，以及当液滴中存在胶体颗粒或油滴等悬浮颗粒时，水分子在次级液固界面上的界面行为；

•在孔隙尺度上，需要考虑孔隙的形成和对传质的影响，它是干燥颗粒中传递现象发生的最小尺度实体；

•在液滴/颗粒尺度上，单液滴的干燥动力学和单颗粒的形成过程是决定最终干颗粒特性及粉体品质的直接原因；

•在颗粒与系统尺度上，设计能满足干颗粒品质要求的干燥器，理解颗粒与颗粒间的相互作用，颗粒与干燥器物理场间的相互作用；

•在过程与系统尺度上，实现干燥器与其他加工单元的对接，以确保整个生产工厂的正常运转。

14.3.2.2　特征干燥速率曲线模型（CDRC）

CDRC 模型是一类建立多年、发展比较成熟的集总参数式数学模型，已在许多工业实践中得到了成功应用，用于设计干燥器、优化干燥条件、提升干燥过程的能量效率等。van Meel[60] 在 1958 年提出，对于单批干燥物料的对流干燥器，可以用一条特征曲线来描述湿物料的干燥过程。如图 14-16 所示，将湿物料的干燥速率（或干燥通量）与它的含水量变化进行制图，干燥从右往左进行，随着湿物料含水量的降低，干燥表现出两个阶段：恒速干燥阶段与降速干燥阶段，两个阶段间的转折含水量称为临界含水量 X_c。CDRC 模型认为，对于给定的湿物料，其干燥速率变化可用一条特定的相对干燥速率曲线来表示。相对干燥速率 ξ 是恒速干燥期间无内部阻力时干燥速率的函数，与外部干燥条件无关，包括干燥气流的温度、湿度与压力等，可以用以下公式表示：

$$\xi = \frac{N}{N_c} \tag{14-6}$$

式中，ξ 代表相对干燥速率；N 是瞬时干燥速率；N_c 是当干燥进行至临界含水量时的干燥速率。为使模型更准确，N 与 N_c 应表示为干燥通量 $[-\mathrm{d}m/(A \cdot \mathrm{d}t)$，$\mathrm{kg}/(\mathrm{m}^2 \cdot \mathrm{s})]$。在很多物料特别是食品物料干燥时，物料体积会收缩，此时水分的移除一方面导致了物料中的孔隙增加，另一方面则导致了体积的收缩，造成传质面积的改变；而一些其他物料在干燥时，体积并不收缩，传质面积也不会改变，水分移除后，原本物料中含水的部分则是被干燥气体所取代，这两种干燥情况中发生的物理现象有一定区别。

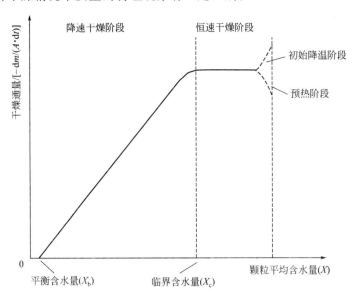

图 14-16 典型干燥过程中，随颗粒平均含水量减小，干燥通量的变化趋势

依据 CDRC 模型可以定义出该湿物料的特征含水量（无量纲含水量）：

$$\Phi = \frac{\overline{X} - X_e}{X_c - X_e} \tag{14-7}$$

式中，$\overline{X}$ 代表在干燥过程任一阶段液滴的平均含水量，X_e 是平衡含水量，X_c 是临界含水量，均以干基进行计算。这样对液滴含水量进行了标准化处理后，可以将相对干燥速率 ξ 与特征含水量 Φ 变化进行制图，所得到的相对速率曲线必然通过两个点，即临界点（1,1）与平衡点（0,0），如图 14-17 所示。

Keey[61] 在 1992 年指出，CDRC 模型的优势在于，它建立了一条简单的集总参数式表达式，来反映干燥速率在干燥过程中的变化：

$$N = \xi N_c \tag{14-8}$$

以临界含水量区分恒速干燥与降速干燥阶段：

$$\begin{aligned} &\text{当 } \overline{X} \leqslant X_c, \quad \xi = f(\overline{X}); \\ &\text{当 } \overline{X} > X_c, \quad \xi = 1 \end{aligned} \tag{14-9}$$

CDRC 模型特别适合描述小尺寸物料的对流干燥过程，比如颗粒物料或薄层物料，这些物料在干燥过程中通常具有恒定的传质面积，不须考虑物料收缩的问题。Keey[61] 指出，当所干燥的物料分布较薄并具有较高的水分通透性时，可以在式（14-8）的基础上将干燥过程

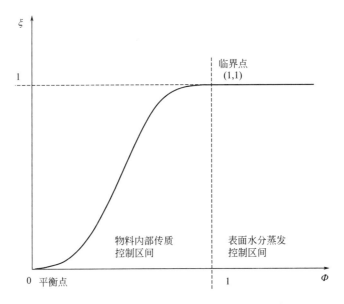

图 14-17　CDRC 模型中的特征干燥速率曲线

中干燥速率的变化拟合成一条特征曲线。湿物料的水分通透性可以用基尔皮乔夫数（Kirpichev，Ki）进行判断：

$$Ki = \frac{N_c \delta}{\rho_s X_0 D_{v,eff}} \tag{14-10}$$

式中，δ 代表所干燥物料的厚度，m；ρ_s 是其中固形物的密度，kg/m^3；X_0 代表物料的初始干基含水量；而 $D_{v,eff}$ 是水蒸气分子在多孔介质中的有效扩散速率。从式(14-10) 中看出，Ki 反映的是物料外部传质强度与内部传质强度的比值。通常认为，当 $Ki < 2$ 时，可为式(14-8) 中的相对干燥速率 ξ 与特征含水量 Φ 建立一条特征曲线：

$$\xi = \Phi^j = \left(\frac{\overline{X} - X_e}{X_c - X_e}\right)^j \tag{14-11}$$

式中指数 j 与移除物料中水分的难易程度相关。

通过分析 CDRC 模型的物理意义，并比较它在描述实际干燥过程时的性能表现，陈晓东[3,57] 指出，CDRC 模型具有以下几个特点：

① 在实际应用 CDRC 模型时，临界含水量 X_c 需要实验测定，以精确地描述所干燥物料的干燥过程，并预测不同条件下的干燥动力学。然而，X_c 与干燥气流条件相关，如空气温度、湿度与流速等，不同气流条件下同一物料的 X_c 有时会不同，这将影响 CDRC 模型在预测未知过程时的精确性。

② 尽管式(14-11) 中的特征曲线已在很多干燥过程中得到了应用，但在一些其他干燥过程中，对相对干燥速率 ξ 与特征含水量 Φ 进行制图时，不同干燥条件得到的曲线（如图 14-16 所示）并不能很好地塌缩成一条曲线，特别是在降速干燥阶段，不同干燥条件的曲线有时存在较大的差异，特征曲线的"特征性"并未能很好地实现。

③ 当干燥进行至临界含水量时的干燥速率 N_c，有时是通过所采用干燥条件下的湿球温度来进行估算的。

在第三点上，一种常用于计算 N_c 的方法如式(14-12) 所示：

$$N_c = h_m [\rho_{v,sat}(T_s) - \rho_{v,\infty}] \tag{14-12}$$

式中，h_m 代表传质系数，m/s；$\rho_{v,sat}(T_s)$ 指在物料表面温度为 T_s 时的饱和水蒸气浓度，kg/m³；$\rho_{v,\infty}$ 代表环境中或干燥气流中的水蒸气浓度。在物料含水量达到临界含水量时，常采用湿球温度 T_{wb} 作为 T_s 来计算 N_c，但一个实际干燥过程中，物料表面的真实温度也许并不等同于 T_{wb}，从而导致所得 N_c 的误差，影响对整个干燥过程中干燥速率的计算。

结合式(14-8)、式(14-11)、式(14-12)，在整个干燥过程中，物料的干燥速率可写为：

$$N = f(\Phi)N_c = f(\Phi)h_m\left[\rho_{v,sat}(T_s) - \rho_{v,\infty}\right] \tag{14-13}$$

可以看出，CDRC 模型的成立是基于几个假设的：①干燥过程中存在恒速干燥阶段与降速干燥阶段；②在两个干燥阶段的转折点即临界含水量时，物料表面的温度接近该干燥条件下的湿球温度；③首先需计算得出物料达到临界含水量时的干燥速率 N_c，再将整个干燥过程的干燥速率表示为 N_c 乘以一个拟合得到的校正公式 $f(\Phi)$。

将 CDRC 模型应用于液滴干燥过程时，需要克服一个问题，即液滴干燥过程通常伴随着传质面积的持续收缩，这使得无论是考虑干燥速率（$-\mathrm{d}m/\mathrm{d}t$），还是考虑干燥通量 $[-\mathrm{d}m/(A\cdot\mathrm{d}t)]$，都不存在一个真正意义上的恒速干燥阶段。图 14-18 对比了初始大小为 2μL 的 10% 乳糖液滴在三个气流温度下干燥时，干燥速率与干燥通量的变化，这两项干燥动力学数据是通过传质传热模型计算得到的，以避免实验中可能存在的误差。可以发现，虽然在 10% 乳糖液滴的干燥过程中存在一个湿球温度阶段，但由于失水造成的液滴表面收缩，液滴的干燥速率会持续下降，而干燥通量表现出了一个略微上升（图 14-18）状态，以实现与湿空气的传热平衡。依据干燥通量的变化，可以将乳糖液滴的干燥划分为液相主导阶段与固形物主导阶段，但两个阶段转折处的临界含水量，并不能很好地反映液相主导阶段的干燥通量。

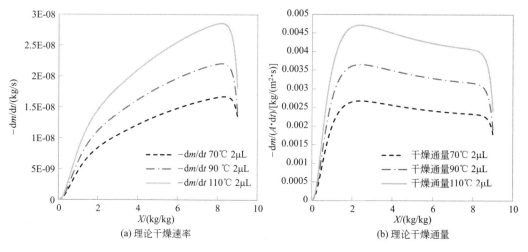

(a) 理论干燥速率　　　　　　　　　(b) 理论干燥通量

图 14-18　根据 REA 模型预测，计算得到的 10% 乳糖液滴
在干燥过程中的理论干燥速率与理论干燥通量

14.3.3　集总参数式 REA 模型（L-REA）

14.3.3.1　L-REA 模型的机理

集总参数式 REA 模型（L-REA）具有以下几个特点：①应用了化学反应工程中活化能的概念，将蒸发过程表示为一个需要克服能垒发生的零级动力学过程，而对应的冷凝过程则是一个一级反应动力学的浸润过程，可以自发发生，无须克服能垒；②在描述蒸发过程时，

采用标准阿伦尼乌斯公式，将物料中水分汽化所需克服的活化能与物料边界层中的相对湿度联系在一起；③在针对给定物料建立 L-REA 模型的过程以及应用所建立的模型来描述干燥动力学的过程中，通常只需应用常微分方程，无须求解复杂偏微分方程，计算较简便，适宜于应用在复杂的干燥过程中，比如喷雾干燥；④所建立的活化能模型是一个针对所干燥物料的特征模型，可准确描述不同干燥条件下的变化干燥动力学，除了应用在液滴干燥过程外，也很好地适用于其他类型的对流干燥过程，如芒果干燥[62]以及一些复杂干燥过程，比如双溶剂干燥[63]、间歇干燥[64,65]等等；⑤L-REA 模型在描述干燥动力学上具有强大的适用性和准确度，反过来印证了它对干燥机理的解释基本准确。

近期，陈晓东与 Aditya Putranto 基于 L-REA 模型，进一步开发了分布参数式 REA（S-REA）[66,67]，以描述干燥过程中物料内部的温度分布与水分分布。L-REA 与 S-REA 模型分别对液滴干燥过程的不同尺度进行描述，S-REA 能够描述液滴内部的微观变化，而 L-REA 则描述液滴各状态参数的平均值，更适用于包含上万个液滴的过程与系统尺度。本章中主要介绍 L-REA 模型。

任意物料在对流干燥过程中的干燥速率可以以下式表示，不需更多假设即可成立：

$$\frac{\mathrm{d}m}{\mathrm{d}t} = -h_{\mathrm{m}}A(\rho_{\mathrm{v,s}} - \rho_{\mathrm{v},\infty}) \tag{14-14}$$

式中，$\rho_{\mathrm{v,s}}$ 代表了物料表面的水蒸气浓度。式（14-14）是一项基础的传质公式表达式，可用于描述水分自多孔湿物料中蒸发的任何过程。式中物料表面与干燥气流中的水蒸气浓度之差是水分蒸发的传质驱动力。h_{m} 代表对流传质系数，可以基于所干燥物料的几何形状与干燥气流条件，用舍伍德数 Sh 进行计算，或者通过实验进行测定。而物料表面的水蒸气浓度 $\rho_{\mathrm{v,s}}$ 可以通过表面的相对湿度 RH_{s} 与该条件下的饱和水蒸气浓度 $\rho_{\mathrm{v,sat}}$ 进行计算：

$$\rho_{\mathrm{v,s}} = RH_{\mathrm{s}} \rho_{\mathrm{v,sat}}(T_{\mathrm{s}}) \tag{14-15}$$

将式（14-15）代入式（14-14）中即有：

$$\frac{\mathrm{d}m}{\mathrm{d}t} = -h_{\mathrm{m}}A[RH_{\mathrm{s}} \rho_{\mathrm{v,sat}}(T_{\mathrm{s}}) - \rho_{\mathrm{v},\infty}] \tag{14-16}$$

当物料表面有充足的水分可以自由蒸发时，RH_{s} 等于 1，干燥过程由液相主导；而当固形物开始影响干燥过程时，RH_{s} 小于 1，水汽的蒸发速率逐渐降低；当固形物中的含水量达到所采用干燥条件下的平衡含水量时，物料表面的 RH_{s} 与干燥气流的相对湿度 RH_{∞} 达到平衡，干燥物料的温度 T 接近气流温度 T_{∞}，干燥进入最后阶段，物料中的水分不再降低，$\mathrm{d}m/\mathrm{d}t$ 达到零。

将式（14-16）表达成干燥通量的形式：

$$-\frac{\mathrm{d}m}{A\mathrm{d}t} = N = h_{\mathrm{m}}[RH_{\mathrm{s}} \rho_{\mathrm{v,sat}}(T_{\mathrm{s}}) - \rho_{\mathrm{v},\infty}]$$

和 CDRC 模型的式（14-13）进行对比：

$$N = f(\Phi)h_{\mathrm{m}}[\rho_{\mathrm{v,sat}}(T_{\mathrm{s}}) - \rho_{\mathrm{v},\infty}]$$

可以发现，二者都是将瞬时干燥通量 N 与传质驱动力即水蒸气的浓度差相关联。不同之处在于，CDRC 模型是先算出最大干燥通量 $N_{\max}$，再乘以校正因子 $f(\Phi)$，将 N 表达为 $N_{\max}$ 的分数；而在 REA 模型中，则完全遵循了基础传质公式的表达式，仅是通过引入物料表面相对湿度 RH_{s}，来准确计算因湿物料表面存在固形物所导致的水蒸气浓度下降。因此，在 REA 模型中，不需要知道临界含水量 X_{c} 即可进行建模，因为模型显示，在干燥从液相主导阶段进行到固形物主导阶段时，干燥速率是光滑过渡的。

在干燥过程中，随着水分蒸发，物料表面的水分不断减少，而对应的相对湿度 RH_{s} 也在持续变化，难以进行实验测定。而在 REA 模型中，将 RH_s 与水分蒸发所需克服的活化能通过阿累尼乌斯公式联系起来：

$$RH_s = \exp\left(-\frac{\Delta E_v}{RT_s}\right) \tag{14-17}$$

式中，ΔE_v 代表着在纯水自由蒸发所需的能量之外，自湿物料中移除水分需要克服的增量活化能，即它反映了从固形物中移除水分子的困难程度；R 是理想气体常数，8.314J/（mol·K）。将式(14-17) 代入式(14-16) 中可以得到：

$$\frac{dm}{dt} = -h_m A\left[\exp\left(-\frac{\Delta E_v}{RT_s}\right)\rho_{v,sat}(T_s) - \rho_{v,\infty}\right] \tag{14-18}$$

对于小物体比如液滴、颗粒或薄层物料，物料表面温度 T_s 与主体平均温度 T 相近。当 Chen-Biot 数足够小时，可以认为物料内部的温度均匀分布[52,53]，因此物料在干燥过程中的传质现象可以通过式(14-18) 的质量衡算来描述，而传热现象也可以用一条集总参数式的能量衡算进行描述。

依据式(14-18)，对任一物料在干燥过程中蒸发增量活化能 ΔE_v 的变化，可以通过实验进行测定：

$$\Delta E_v = -RT_s \ln\left[\frac{-\dfrac{dm}{dt}\dfrac{1}{h_m A} + \rho_{v,\infty}}{\rho_{v,sat}(T_s)}\right] \tag{14-19}$$

式中，干燥速率 dm/dt 的变化由干燥过程中湿物料的质量变化确定。ΔE_v 反映的是干燥过程中从湿物料中除去水分的难易程度，对任一物料，都可以将 ΔE_v 与物料的自由含水量 $X - X_e$ 联系在一起：

$$\frac{\Delta E_v}{\Delta E_{v,\infty}} = f(X - X_e) \tag{14-20}$$

式中，$E_{v,\infty}$ 指的是当物料的湿度及温度与干燥气流达到平衡时，水分已不能继续移除，达到的最大蒸发增量活化能：

$$\Delta E_{v,\infty} = -RT_\infty \ln\left[\frac{\rho_{v,\infty}}{\rho_{v,sat}(T_\infty)}\right] = -RT_\infty \ln(RH_\infty) \tag{14-21}$$

式(14-20) 中的 X_e 是在所采用的干燥气流条件 T_∞、RH_∞ 下，物料的平衡含水量，一般可以通过等温吸附线来确定。在对 ΔE_v 进行实验测定时，为使所测定的活化能覆盖最大范围的含水量 X 变化，一般都采用含水量极低的干空气，在 RH_∞ 尽可能接近零的条件下进行干燥实验，这样一来，所干燥得到的物料 X_e 也极低，建立的式(14-20) 更为准确。

式(14-20) 左侧即是对蒸发增量活化能 ΔE_v 进行了归一化处理。将某一干燥过程中测定得到的 ΔE_v 称为表观活化能，$\Delta E_v/\Delta E_{v,\infty}$ 称为归一化活化能。研究发现，对具有相同初始含水量的任一物料，改变干燥气流条件如温度、流速等，哪怕各干燥过程的干燥动力学曲线千差万别（见图 14-10、图 14-11），所得到的归一化活化能 $\Delta E_v/\Delta E_{v,\infty}$ 与自由含水量 $X - X_e$ 间的关系式始终相似。图 14-19 展示了不同初始大小的乳糖液滴在三个干燥温度条件下的归一化活化能曲线。可以看到，当干燥过程从 X 轴右侧向左侧进行时，最初归一化活化能始终保持在接近于零的状态，说明此时干燥过程由液相主导，水分自由蒸发，未受到来自液滴中乳糖分子的阻力。而当 $X - X_b$ 降到小于 3kg/kg 后，归一化活化能逐渐上升，说明半干乳糖液滴中剩余的水分越来越难以移除，直到 $X - X_b$ 降到约为零，此时表观活化能 ΔE_v 逐渐接近最大活化能 $\Delta E_{v,\infty}$，归一化活化能 $\Delta E_v/\Delta E_{v,\infty}$ 达到 1。

式(14-20) 中，归一化活化能 $\Delta E_v/\Delta E_{v,\infty}$ 与自由含水量 $X - X_e$ 关系式的具体方程，取

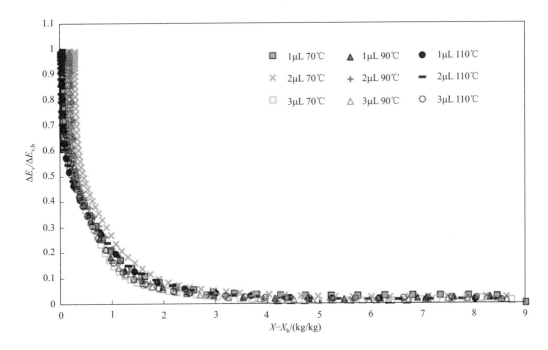

图 14-19　初始固含量为 10％的乳糖液滴在三个初始大小与气流
温度下干燥所得 REA 归一化活化能曲线汇总[22]

决于湿物料自身的材料特性，特别是固形物分子与水分子间的结合能力。方程表达式也和湿物料的初始含水量有一定关系，当初始含水量逐渐增大时，归一化活化能曲线的起始点在 X 轴上逐渐向右移动。傅楠等人对比了 10％乳糖与 20％乳糖的活化能曲线[22]，以及 20％、30％与 50％初始固含量的脱脂奶液滴的活化能曲线[68]，发现在这种相对简单的体系里，固形物的干燥特性在干燥过程中基本保持不变（没有结晶等现象）。此时，虽然不同初始固含量导致自由含水量的起点有所区别，但归一化活化能曲线在干燥的后期阶段基本重合，说明到了干燥后期，从半干颗粒中脱去残余水分子所需克服的能垒是近似的。因此，归一化活化能 $\Delta E_v / \Delta E_{v,\infty}$ 与自由含水量 $X - X_e$ 间的关系式，可以作为反映物料自身干燥特性的特征指纹系统[58]。

在干燥实践中，可采用实验的方式为所测定物料建立归一化活化能与自由含水量间的关系式。在实验进行得非常精确时，一般只需一组干燥动力学参数，即干燥速率 dm/dt、物料温度 T 与传质面积 A，便能根据式(14-19)计算出表观活化能 ΔE_v 随干燥时间的变化，进一步建立式(14-20)中的归一化活化能关系式；而所得到的关系式便可用于预测其他干燥条件下的干燥动力学曲线。当建立归一化活化能关系式时，为提升所得关系式用于预测时的准确程度，在干燥实验设计方面一般会控制实验物料的初始含水量与待预测的干燥条件相同，以最小化初始含水量的影响；同时，也要尽量采用相对湿度非常低的极干空气进行干燥实验，使所建立的归一化活化能关系式能描述更广的干燥范围。

式(14-18)给出的是含溶解或悬浮固形物液滴在干燥过程中的质量衡算式，而它的热量衡算式，通常写作以下形式：

$$mc_p \frac{d\overline{T}}{dt} = hA(T_\infty - \overline{T}) + \Delta H_v \frac{dm}{dt} \tag{14-22}$$

式中，m、c_p、$\overline{T}$ 分别代表液滴的质量、比热容与平均温度；h 代表对流传热系数，

W/(m²·K)；T_∞是干燥气流的温度；ΔH_v是水分汽化所需的潜热，J/kg。式(14-22)右侧两项分别描述热空气对液滴的传热和液滴中水分蒸发带走的潜热，两者共同决定了式左侧液滴的温度变化。在预测给定干燥条件下未经实验测定的未知干燥动力学时，可利用实验建立的该物料干燥的归一化活化能关系式(14-20)，在已知物料初始状态（初始质量与含水量、初始温度、特征长度）的情况下，通过式(14-18)计算干燥过程中液滴的干燥速率变化以及对应的含水量变化，通过式(14-22)计算干燥过程中液滴的温度变化速率以及对应的平均温度变化。

14.3.3.2　L-REA 模型在描述和预测液滴干燥动力学中的一些应用

近年来，在液滴干燥动力学研究中，应用 L-REA 模型已经为一系列物料特别是食品材料建立了 REA 归一化活化能模型，并成功地应用所建立的模型，描述和预测了它们在不同干燥条件下的干燥动力学参数曲线，这些材料包括脱脂奶[68-70]、全脂奶[69]、乳糖[22,71]、蔗糖[72]、麦芽糊精[72]以及蔗糖/麦芽糊精混合体系[72]、浓缩牛奶蛋白[73]、奶油[74]、浓缩乳清蛋白[74]、DHA 微胶囊乳液[75]等等。在本节中，仅以两个典型干燥过程为例，展示 L-REA 模型在描述和预测液滴干燥动力学中的一些应用。

傅楠等人[22]研究了不同初始大小的10%乳糖液滴，在三个温度下的干燥动力学，基于图 14-19 展示的归一化活化能 $\Delta E_\text{v}/\Delta E_{\text{v},\infty}$ 与自由含水量 $X-X_\text{e}$ 间的关系，建立了10%乳糖液滴的 REA 活化能模型：

$$\frac{\Delta E_\text{v}}{\Delta E_{\text{v},\infty}}=0.802\exp[-1.98(X-X_\text{e})]+0.198\exp[-(X-X_\text{e})^{0.475}] \qquad (14-23)$$

式(14-23)即是10%乳糖液滴在对流干燥时的归一化活化能关系式。

应用式(14-23)中的模型，对 9 个干燥条件下乳糖液滴的质量变化与温度变化进行了计算，所得结果展示在图 14-20～图 14-22 中。在全部 9 个条件下，采用式(14-23)计算得到的液滴温度曲线都很好地吻合了实验测定的结果，对于任意一条温度曲线，REA 归一化活化能模型均准确地捕捉了四个温度变化阶段：预热阶段、湿球温度区间、升温阶段与最终稳定阶段。此外，对湿球温度区间的持续时间、不同初始大小以及不同干燥温度导致的升温速率不同，都精确地在模型计算曲线中得到反映。与此同时，模型计算得到的乳糖液滴质量变化曲线也准确地吻合实验测定数据，在每个干燥条件下，计算曲线很好地捕捉了液滴质量由快速下降进入缓慢下降的转折过程，准确地反映了不同干燥条件下液滴干燥速率的差别，并在液滴干燥进入最终阶段时，精准地预测了最终干颗粒的质量。以上结果说明，一个准确的归一化活化能模型，不仅能精确地描述同一材料在不同干燥气流条件下的液滴干燥动力学，当初始液滴大小带来的固形物干燥行为差异可以忽略时，它还可以描述不同初始大小液滴的干燥动力学。

REA 模型具有强大的稳定性，除了恒定干燥条件外，还适用于变化干燥条件、间歇式干燥等复杂过程。陈晓东和林旭琦[69]研究了脱脂奶与全脂奶液滴在恒定气流条件与变化气流条件下的干燥动力学，针对20%与30%脱脂奶液滴，实验建立了归一化活化能 $\Delta E_\text{v}/\Delta E_{\text{v},\infty}$ 与自由含水量 $X-X_\text{e}$ 间的关系。如图 14-23 所示，将不同气流温度、不同气流流速下得到的归一化活化能曲线汇总成一条特征曲线，30%脱脂奶液滴的活化能曲线起点在自由含水量 2.33kg/kg 左右，略晚于20%脱脂奶液滴的活化能曲线起点（在 4kg/kg 左右）。然而，当液滴中的水分逐渐蒸发，所有干燥条件下的活化能曲线在 $X-X_\text{b}$ 低于 1.5kg/kg 时汇总成一统一曲线，说明无论初始含水量如何，在干燥后期脱脂奶固形物造成的水分蒸发阻力是基本一致的。若忽略干燥起点的差异，可以将图 14-23 中的关系式用一条曲线进行

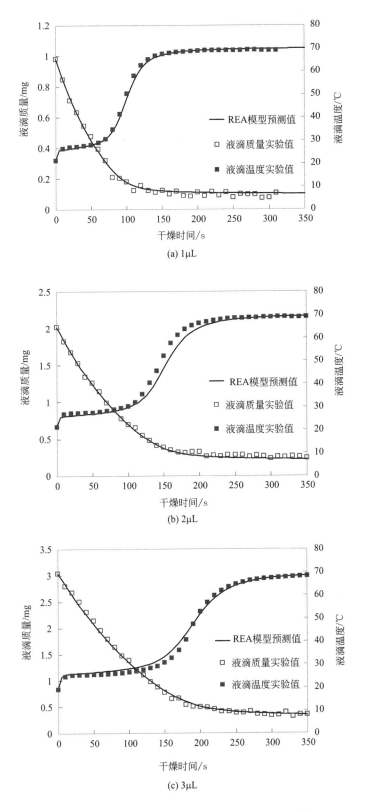

图 14-20　初始固含量为 10% 的乳糖液滴在 70℃ 干燥时，
REA 模型预测的质量变化和温度变化曲线及与实验数据的对比

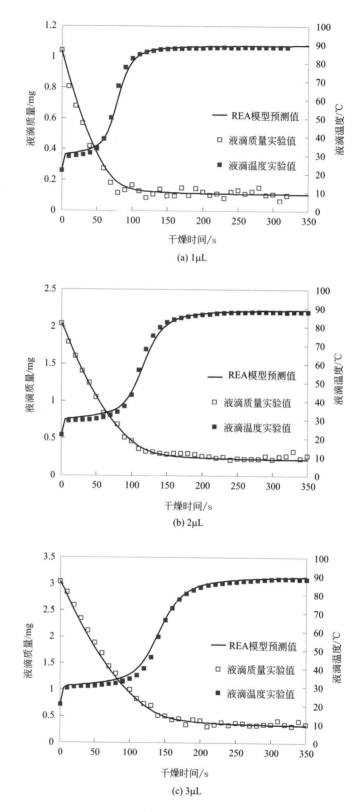

图 14-21 初始固含量为 10% 的乳糖液滴在 90℃干燥时，
REA 模型预测的质量变化和温度变化曲线及与实验数据的对比

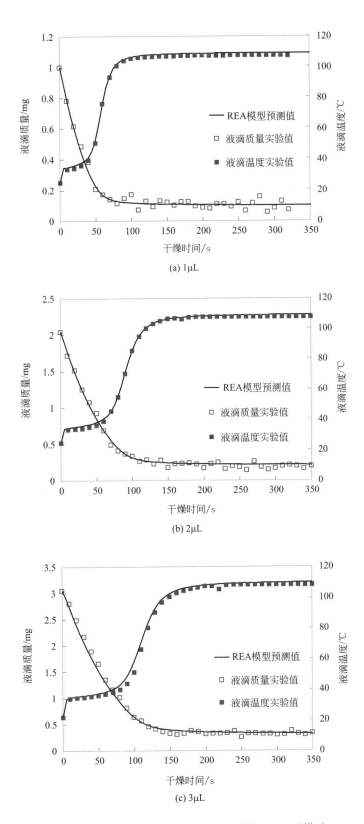

图 14-22　初始固含量为 10％的乳糖液滴在 110℃干燥时，
REA 模型预测的质量变化和温度变化曲线及与实验数据的对比

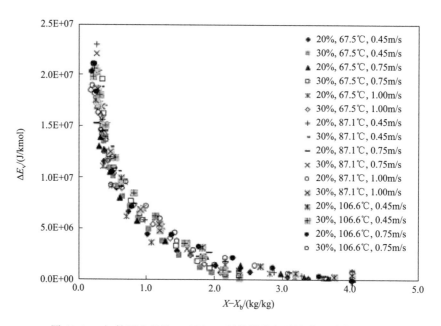

图 14-23　初始固含量为 20% 和 30% 的脱脂奶液滴在三个气流温度
及三个气流流速下干燥，所得 REA 归一化活化能曲线汇总[69]

拟合：

$$\frac{\Delta E_{\mathrm{v}}}{\Delta E_{\mathrm{v},\infty}}=0.998\exp[-1.405(X-X_{\mathrm{e}})^{0.930}]\qquad(14\text{-}24)$$

从而建立 20% 脱脂奶液滴在对流干燥时的 REA 归一化活化能模型。

　　式(14-24) 中的模型是在多个恒定气流条件下测定并建立的，在使用它计算恒定气流条件下的脱脂奶液滴干燥动力学参数时表现出色。如图 14-24(a) 所示，20% 的脱脂奶液滴初始温度较高，高过了所有干燥条件下的湿球温度区间，因此在预热阶段，模型计算曲线预测出液滴温度应存在一个下降过程，与实验测定数据相吻合；之后，当液滴温度进入其他三个阶段时，模型计算曲线也完全吻合实验值。在预测液滴质量变化上，式(14-24) 归一化活化能模型的计算结果也与实验结果完全一致。当干燥过程采用的气流不是恒温气流，而是经历一个变温过程时，采用式(14-24) 中的模型，同样能得到优异的干燥动力学预测结果 [图 14-24(c)]。由于气流温度逐渐下降，液滴温度在达到顶点后也开始逐渐降低，正如液滴在实际喷雾干燥过程中所经历的环境温度变化一样[76]，此时由模型计算出的液滴温度曲线以及液滴质量曲线，均与实验测定的结果完全一致。需要特别指出的是，式(14-24) 中的活化能模型是在恒定气流条件下测定和建立的，用于预测变温条件下的干燥动力学也同样精确，证实了 REA 模型强大的适用性与抗干扰能力，说明它确实可以作为一个特征指纹模型，用于描述和预测复杂条件下的未知干燥动力学。

　　当采用式(14-24) 中的模型来预测 30% 脱脂奶液滴的干燥动力学时，可以发现，由于该模型忽视了 20% 脱脂奶与 30% 脱脂奶活化能曲线在起点上的差异，模型计算得到的温度曲线在描述干燥初期液滴温度的变化时，相比 20% 液滴的精确描述，出现了稍许偏差 [图 14-24(b)、(d)]。然而，在干燥约 50s 后，模型结果便吻合上了实验数据，说明抵达这个干燥阶段时，式(14-24) 中的模型已能准确反映水分自 30% 脱脂奶液滴蒸发时受到的阻力，不再受干燥初始条件的影响。与 20% 脱脂奶液滴得到的结果相同，无论是在恒定气流条件下 [图 14-24(b)]，还是在变温气流条件下 [图 14-24(d)]，通过式(14-24) 计算得到的液滴温度变化及液滴质量变化都准确地符合干燥后期的实验数据，充分证实了 REA 对于未知干燥动力学的预测能力。

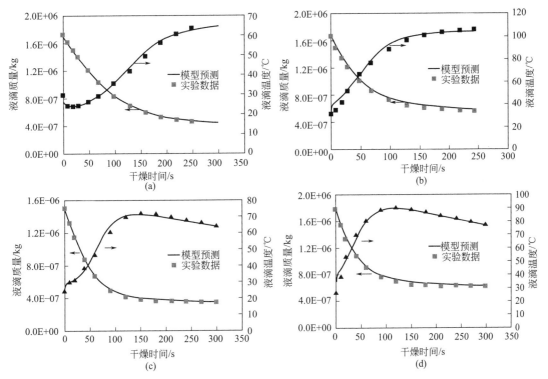

图 14-24　脱脂奶液滴在恒温条件（a、b）与变温条件（c、d）下干燥，REA 模型预测的质量变化和温度变化曲线及与实验数据的对比。图 a、c 中展示初始固含量为 20％脱脂奶液滴的干燥过程，图 b、d 中展示初始固含量为 30％脱脂奶液滴的干燥过程，图片最初发表于文献［69］

14.3.3.3　传热传质系数与物性的计算

对于任一给定物料，归一化活化能 $\Delta E_{\mathrm{v}}/\Delta E_{\mathrm{v},\infty}$ 与自由含水量 $X-X_{\mathrm{e}}$ 间的关系式［式（14-20）］需要采用实验测定来建立，通过实际测量，得到表观活化能 ΔE_{v} 随干燥时间的变化趋势，再与干燥过程中物料的含水量变化联系起来。表观活化能 ΔE_{v} 的计算方式如式（14-19）所示，在计算时需要知道物料表面温度 T_{s}、干燥速率 $\mathrm{d}m/\mathrm{d}t$ 以及传质面积 A 在干燥中的变化趋势。在一个液滴干燥过程中，由于液滴的尺寸较小，Chen-Biot 数小，可以认为液滴的表面温度等同于它的平均温度 $T^{[52]}$，而干燥速率可以通过质量 m 的变化曲线进行计算，传质面积可以通过液滴的特征尺寸即液滴直径 D 来估算，这三项干燥动力学参数都可以采用玻璃纤维悬挂式单液滴干燥实验来准确测量。除了三项动力学参数外，为计算 ΔE_{v}，还需要明确对流传质系数 h_{m} 在干燥过程中的变化。同样，在已知式（14-20）的归一化活化能关系式，进一步应用式（14-18）中的质量衡算式与式（14-22）中的能量衡算式对未知干燥动力学曲线进行预测性计算时，也需要计算 h_{m} 与对流传热系数 h 在干燥过程中的变化。

传质系数 h_{m} 与传热系数 h 分别采用无量纲数即舍伍德数 Sh 与努塞尔数 Nu 算出：

$$h=\frac{Nuk}{L} \tag{14-25}$$

$$h_m = \frac{ShD_{v,df}}{L} \tag{14-26}$$

式中，k、$D_{v,df}$ 分别代表着干燥气流的热导率［W/(m·K)］和水蒸气在气流中的扩散系数（m^2/s）；L 是所在系统的特征长度（m）；舍伍德数 Sh 和努塞尔数 Nu 则根据量纲分析中的 π 定理，分别写成雷诺数 Re 与施密特数 Sc 以及雷诺数 Re 与普朗特数 Pr 的关系式：

$$Nu = a_1 + a_2 Re^m Pr^n \tag{14-27}$$

$$Sh = b_1 + b_2 Re^p Sc^q \tag{14-28}$$

式中，a_1、a_2、b_1、b_2、m、n、p 和 q 是经验参数，需要通过分析所研究系统的状态并结合实验来测定。Re、Sc、Pr 三个无量纲数的计算式如下：

$$Re = \frac{\rho u L}{\mu} \tag{14-29}$$

$$Sc = \frac{\mu}{\rho D_{v,df}} \tag{14-30}$$

$$Pr = \frac{c_p \mu}{k} \tag{14-31}$$

式中，Re 表示流体的惯性力与黏性力之比，是反映流体流动状态的准数；ρ、u、μ 分别表示流体密度（kg/m^3）、流体相对物体的流速（m/s）以及流体的动力黏性系数（Pa·s）；Sc 表示流体的动力黏性系数与扩散系数之比，反映流动边界层与质量传递边界层的相对厚度，是表示与传质相关的流体物性的准数；Pr 表示流体的动力黏性系数与热导率之比，反映流动边界层与温度边界层的相对厚度，是表示流体物性对对流传热过程影响的准数，在传热过程中是对应施密特数的无量纲数；c_p 表示流体的比热容［J/(kg·K)］。

当流体在不同体系中流动时，式(14-27)、式(14-28)中的各项经验参数也会相应改变，经常应用的是流体在管内作强制对流、流体绕壁面作强制对流时的传热关系式等。流体流过球体表面的关系式，是 Ranz 和 Marshall 在 1952 年所发表的式(14-1)与式(14-2)，通过推导得出 $a_1 = b_1 = 2$，再通过毛细管悬挂式单液滴干燥实验，测定得到 $a_2 = b_2 = 0.6$，$m = p = 1/2$，$n = q = 1/3$。

为准确地测定含固形物液滴在对流干燥过程中的传质与传热现象，一般会采用纯水水滴在同样条件下进行实验，对式(14-27)、式(14-28)中的经验参数进行重新测定。林旭琦与陈晓东[21]在 2002 年采用改进后的玻璃纤维悬挂式单液滴干燥实验，对水滴在干燥过程中的传质传热关系式进行测定，结果发现，传热关系式与 Ranz-Marshall 关系式非常近似，而传质关系式中的舍伍德数 Sh 则在高传质通量的情况下表现出降低的趋势：

$$Nu = 2.04 + 0.62 Re^{1/2} Pr^{1/3} \tag{14-32}$$

$$Sh = 1.63 + 0.54 Re^{1/2} Sc^{1/3} \tag{14-33}$$

如式(14-26)所示，舍伍德数 Sh 的下降会自然导致传质系数 h_m 的下降。文献中将高传质通量下出现的传质系数下降归因于大量水气的蒸发，在水蒸气从水相进入气相时产生对流流动，干扰质量传递层与温度边界层[77,78]，也为之建立了一系列的修正传质关系式[77,79]。针对当下使用的干燥系统，选择适合的传质传热关系式，对于准确预测含固形物液滴的干燥动力学是至关重要的。

影响液滴干燥动力学的主要因素除了干燥气流条件外，液滴自身的物性也是至关重要的。在干燥过程中，由于液滴中的水分不断蒸发，故液滴的浓度会持续改变，固形物与液相间的比例直接影响液滴的比热容、密度等物性。固形物溶解于液相中后，所形成溶液或悬浮液的体积很多情况下不等于未溶解前二者的体积之和，为计算所得溶液的物性造成了一定困难。此外，固形物的许多物性比如比热容和密度，会随着温度的变化而改变，在液滴干燥中也需要考虑到温度对这些物性的影响。在实践中，通常沿用以下方法计算溶液的比热容 c_p 与密度 $\rho^{[52]}$：

$$c_{p,\mathrm{d}} = \sum c_{p,i} w_i \tag{14-34}$$

$$\rho_{\mathrm{d}} = \sum \rho_i w_i \tag{14-35}$$

式中，w 代表溶液中物料的质量分数；下标 d 与 i 分别代表主体液滴与第 i 个组分。当干燥过程中物料经历了较大的温度变化，由温度变化引起的物性变化不可忽略时，可以先分别考虑每样组分的物性随温度的变化，再通过式(14-34)、式(14-35) 计算混合体系的物性。

14.4　干燥中液滴的收缩过程

14.4.1　影响液滴收缩的主要因素

湿物料在对流干燥过程中，物料与热空气间的传质传热可认为是发生在二者的界面处，也就是湿物料的表面，从干燥的通用传质公式(14-14) 也可以看出，湿物料的表面积是影响干燥速率的主要因素之一。在几种常用的集总参数式干燥模型中，CDRC 模型更适合干燥过程中传质面积不变的情况，而 REA 模型则没有这个限制，但在应用已知归一化活化能模型进行干燥动力学预测时，一般仍需知道干燥过程中物料表面积的变化历程，如式(14-18) 与式(14-22) 所示。

考虑一个液滴干燥过程，可以先构想两种极端情况：第一种是不含溶质的纯溶剂干燥，比如纯水滴干燥；第二种是液滴的主体构成为固体颗粒，在脱水过程中不发生任何收缩的干燥，比如沸石分子筛颗粒、红砖颗粒的干燥。在纯水液滴干燥时，水滴与热空气接触的地方存在一个两相分明的水气界面，在干燥过程中，由于水分蒸发损失质量，液滴的体积缩小，造成水汽界面向液滴中心收缩，质量损失直接转化为体积变化，可以很容易地算出液滴直径随质量减小的变化趋势，图 14-25 展示了一个初始大小为 $2\mu L$ 的水滴，在干燥过程中直径随质量的变化曲线。

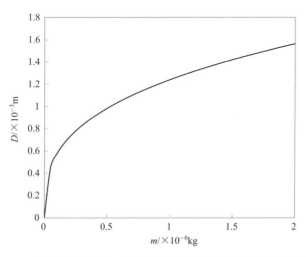

图 14-25　纯水液滴蒸发时，随液滴质量减小，液滴直径的变化趋势

在第二种情况中，沸石分子筛颗粒或红砖颗粒在液态水中浸泡完全打湿后，水分以液相

方式存储在固体颗粒的孔道中。将这样的含水颗粒放置在相对湿度较低的干气流中，颗粒表面的水分子首先蒸发，汽化后被干气流带走；当颗粒中靠近表面的那层液态水首先汽化蒸发后，颗粒表面逐渐变干，同时颗粒内部的液态水逐渐传递至表面，开始挥发，在这个过程中，可以想象颗粒内部存在一个界面，区分水呈液态与水分已然汽化的颗粒区域，随干燥不断进行，这个界面逐渐向颗粒中心退缩，直至完全干燥。需要注意的是，当颗粒表面已经逐渐变干后，由于沸石分子筛颗粒具有较大的比表面积，故晶孔孔道的表面很可能还吸附着一层水分子，这层水分子以解吸的方式，相对缓慢地自颗粒中移除。换句话说，在颗粒内部，不断往颗粒中心后退的液态水界面与相对较干的颗粒表面中，存在一个区域，水分子以气态的形式与空气分子混合，并在浓度梯度的驱动下，逐渐往颗粒表面扩散。

以上所考虑的两种极端情况中：第一种，水分的移除完全转换为液滴体积的缩小；第二种，水分的移除完全转换为孔隙率的提高，在整个干燥过程中，颗粒与空气的传质传热行为都可视为发生在湿颗粒表面，干燥过程中传质传热面积始终保持不变。绝大部分含溶解或悬浮固形物的液滴，在干燥过程中发生的收缩行为居于二者之间，取决于液滴中的固含量与固形物的材料特性。

以一个简单的含固形物液滴体系为例，比如说 1% 的蔗糖液滴，液滴中绝大部分是水，并且固形物本身溶解度极高，在干燥过程中，水分自液滴表面蒸发，导致液滴变小，一个类似情形可见图 14-1 中 10% 乳糖液滴的干燥过程。原本处在液滴表面或靠近液滴表面的蔗糖分子，由于液滴的变小而随之向液滴中心移动，由于蔗糖液滴溶解度高，并且扩散速率相对较高，这些向内移动的蔗糖并不会富集于后退了的液滴表面，而是在缩小后的液滴内部重新形成新的水相平衡。换句话说，蔗糖液滴的浓度升高了。这个"水分蒸发——随着界面收缩移动的蔗糖在水相中形成新的平衡"的过程一直持续，直到水分减少到很低的阶段，由水分主导的干燥阶段结束，进入到由固形物主导的干燥阶段。实际上，由于蔗糖特殊的材料特性，傅楠等人[80]发现，尽管在干燥过程中存在着水分主导阶段与固形物主导阶段，但在整个蔗糖液滴的干燥过程中，液滴的收缩都完全由失水的多少决定。像这样的收缩过程，液滴体积减小仅与水分损失相关而几乎不受固形物的影响，称之为理想收缩过程。

而其他一些固形物，扩散速率相对比较低，溶解度相对比较小，在水分蒸发液滴缩小的过程中，难以随着一直后缩的水相界面持续在水相中形成平衡；相反，这些固形物会倾向于富集在液滴表面，导致液滴表面的固形物浓度升高，当浓度超出固形物的饱和浓度时，便会在表面沉淀出来，形成一层初始表层。这层初始表层在形成后逐渐固态化，半干液滴内部的水分需要穿过这层表壳才能进入热空气中继续移除，因此它的形成会影响干燥后期阶段的传热传质。此外，当表壳形成后，固形物占据表壳的主要成分，由于固体物质的高黏度，初始表壳的化学组成已经很难再发生变化，初始表壳的化学性质与物理性质很大程度上决定了所得干颗粒的表面性质。而干颗粒的表面又是颗粒与其他物质接触的第一层物质，直接影响许多重要的颗粒品质特性。比如说，颗粒表面的化学组成决定了颗粒在氧气、氮气等环境中的稳定性，影响产品的保质期；表面化学组成还影响颗粒与颗粒间的相互作用，进而影响粉体产品的黏附性、流动性等性质；还有，颗粒产品在复溶时的溶解速度与溶解特性，也很大程度上取决于颗粒表层的化学组成与物理状态。可见，含固形物液滴在干燥时，液滴收缩过程中伴随的颗粒形成现象是影响干颗粒品质特性的重要因素，而其中初始表层的形成行为又是关键步骤。

在常见的简单糖与糖醇中，甘露醇是一种在液滴干燥过程中发生明显成壳行为的物质，Har 等人[81,82]研究了甘露醇液滴的干燥过程，发现随着液滴失水，甘露醇液滴逐渐变小，液滴表面首先出现甘露醇结晶，结晶面积逐渐扩大，形成一层硬质的初始表壳。在表壳逐渐变厚和固化后，半干液滴内部仍然留有大量水分，最终在干燥结束、水分彻底移除后，形成一个中空的甘露醇颗粒。当初始表壳完全固态化后，由于其质地较硬，不能进一步收缩，液滴的尺寸不再发生剧烈变化。表现在收缩曲线 D/D_0 上，是随着液滴含水量的进一步降低，液滴直径不再出现显著缩小，在收缩曲线上出现一个转折，从快速收缩进入到缓慢收缩阶段（图 14-26）。图 14-26 中对比了 10% 的乳糖液滴与 10% 的甘露醇液滴在相同温度下的收缩动力学曲线，乳糖液滴的收缩过程与蔗糖近似，仅在干燥进入到最终阶段时表现出少许的表层形成行为[80]，而甘露醇液滴在干燥进行到含水量约 2.3～2.5kg/kg 时，就出现了明显的成壳。

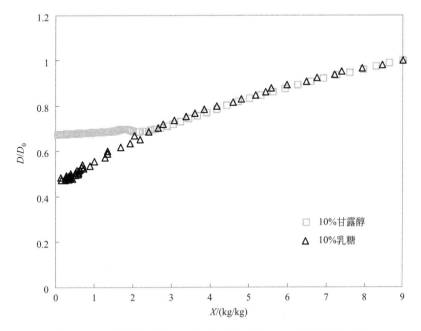

图 14-26　初始固含量为 10%、初始大小为 2μL 的甘露醇液滴与乳糖液滴在 70℃ 干燥时的液滴收缩动力学曲线

　　当液滴表面形成一层初始表层后，不仅会影响后续干燥阶段的传质传热，改变液滴干燥动力学，而且表层的性质也很大程度上决定了后续的颗粒形成行为。坚硬的初始表层如甘露醇形成的初始表壳，能显著抑制半干颗粒的收缩，最终形成中空颗粒，而相对柔软的初始表层，则会随着内部水分的移除而发生不同程度的塌陷，是最终干颗粒形成不同形貌的一个主要因素，可参考图 14-2 中形貌各异的颗粒。吴铎等人[8]将液滴形成初始表层后，表层在后续干燥过程中的变形与最终干颗粒的几种主要形貌进行了总结（图 14-27）。

　　值得一提的是，含有多组分固形物的液滴在干燥时，有时会出现一种特殊情况，即一种组分富集于液滴表面，逐渐形成初始表层，而此时半干液滴中心区域仍有充足的水分，液滴中的其他组分可以继续溶解在水相中，与不断减少的水分形成平衡。这样一来，最终得到的干颗粒会出现一个相当罕有的特性，即颗粒表面的化学组成与主体组成有所区别，影响颗粒的品质特性[1]。

　　除了固形物自身的材料特性外，液滴的初始固含量也是影响液滴收缩行为的主要因素之一。以上讨论的几种颗粒形成过程常发生在初始固含量较低、水分在干燥初期占据主导地位的过程中。而当液滴的固含量较高达到 50% 或者以上时，液滴失水造成收缩，液滴表面的固形物可能会在极短的时间内就超出饱和浓度，迅速形成一层半固态的初始表层，抑制液滴的进一步收缩。同时，在半干液滴的中心区域，由于大量固形物的存在，初始表层内部的固液混合物并不具有强流动性，而是处在比较黏稠的状态。初始固含量较低的液滴进行干燥

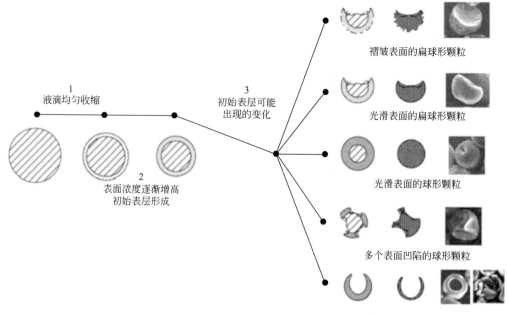

图 14-27　含有不同固形物组分的液滴在干燥过程中的颗粒形成过程以及对应的干颗粒形貌[8]

1—液滴均匀收缩；2—液滴表面形成一层半固态的初始表层；

3—随着液滴中水分进一步移除，表层变形，形成最终干颗粒

时，固形物对干燥行为的影响要到干燥后期才变得显著，而当初始固含量较高时，固形物的影响则从干燥初期就很明显，这种区别也体现在不同的干燥动力学中（图 14-13）。

图 14-28 对比了初始固含量为 20%、30%、40% 与 50% 的脱脂奶液滴在相同干燥温度下的收缩动力学。可以发现，随着固含量的逐渐升高，最终颗粒直径与最初液滴直径的比值

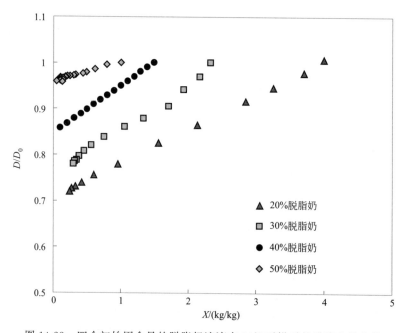

图 14-28　四个初始固含量的脱脂奶液滴在 90℃ 干燥时的液滴收缩曲线

越来越大，对于 20％的脱脂奶液滴，二者的比值为 0.7 左右，而对于 50％的脱脂奶液滴，最终颗粒的直径很接近初始液滴直径，比值为 0.96 左右，说明干燥失水只造成了约 4％的液滴收缩。此外，脱脂奶的收缩曲线也与图 14-26 中乳糖与甘露醇的收缩曲线具有较大的差异，乳糖的收缩曲线呈现一条曲线，甘露醇的收缩曲线则出现了一个由快速收缩到慢速收缩的明显转折，而脱脂奶液滴的收缩曲线可近似认为是一条直线，这种形态上的差异也进一步反映了不同材料性质对液滴收缩行为的影响。

14.4.2　液滴收缩的数学模型

由于液滴收缩过程在很大程度上受所含固形物材料特性的影响，故目前对于液滴收缩的数学建模，主要还是依据收缩过程的特点，多采用经验性模型。当一个液滴的收缩符合理想收缩过程，形成的颗粒又呈球形时，可通过失水多少计算出液滴收缩后的体积，再根据球形体积公式计算出液滴的直径[80]：

$$V_d = \frac{(X+1)m_s}{\rho_d} \tag{14-36}$$

$$D = 2\left(\frac{3V_d}{4\pi}\right)^{\frac{1}{3}} \tag{14-37}$$

式中，V、X、ρ、D 分别表示液滴的体积、含水量、密度和直径；m_s 代表液滴中绝干物的质量（kg）；下标 d 代表液滴。在任一干燥阶段，液滴密度 ρ_d 可以通过式（14-35）进行计算。

而在建立经验性收缩方程时，一般可以采用不同方程进行拟合，将液滴在干燥过程中的收缩 D/D_0 与它的含水量 X 相关联，比如，对图 14-26 中的乳糖收缩曲线，可以采用多项式方程进行拟合，而对甘露醇的收缩曲线，则需要两段式方程才能更好地描述。由于脱脂奶液滴的收缩过程比较偏向线性，一般是采用一个线性方程进行拟合[83]：

$$\frac{D}{D_0} = b + (1-b)\frac{X}{X_0} \tag{14-38}$$

综上所述，在干燥过程中，伴随着液滴收缩，固形物颗粒逐渐形成，收缩过程与固形物的材料特性息息相关，存在着比如表壳形成、组分迁移、物料结晶等多种复杂现象，由于对其中的很多现象和现象机理仍亟待研究，故目前描述液滴收缩的数学模型多为经验性模型；再加上颗粒的形成过程又对干燥后的颗粒品质特性具有重要影响，所以目前液滴收缩与颗粒形成过程正是液滴干燥领域的研究热点之一。

14.5　总结与展望

液滴干燥现象在多种工业的生产过程中广泛存在，其中一个主要应用是粉体与颗粒制造，比如喷雾干燥，含有溶解或悬浮固形物的雾化液滴与复杂的空气动力学构成多相流气溶胶系统。对喷雾塔的仿真模拟以及对所生产粉体的品质控制一直是工业生产的重点与难点问题。而随着造粒技术的发展，越来越多的生产过程对精密颗粒生产，特别是粉体微结构的可控调节以及颗粒特性的靶向合成提出了新的需求。为实现这些目标，需要在液滴尺度上了解干燥过程中液滴的干燥动力学，以及液滴中溶解或悬浮固形物转化为颗粒的形成过程。本章中主要介绍了液滴干燥动力学的主要影响因素和数学模型，并简单探讨了几种常见的颗粒形成行为。

液滴干燥动力学和颗粒形成行为与液滴中固形物的材料特性息息相关，而本章中介绍的集总参数式 REA 模型，能够为给定材料建立描述其干燥特性的归一化活化能特征曲线，可以预测不同干燥条件下的未知干燥动力学并预测干燥终点，适用于变化气流条件下的复杂干燥系统，不受传质传热面积变化的影响。而不同固形物在液滴干燥过程中表现出的颗粒形成特性，仍然是目前的热点研究问题。通过调控初始液滴条件与干燥气流条件，有望通过液滴干燥实现复杂颗粒的一步法制备，比如具有可控微结构的颗粒、可控结晶度的颗粒、核壳结构颗粒、微胶囊颗粒以及高生物活性与生物利用度的粉体等。

参考文献

[1] Fu N, et al, Formation process of core-shell microparticles by solute migration during drying of homogenous composite droplets. AIChE Journal, 2017, 63（8）: 3297-3310.

[2] Cussler E L, Moggridge G D. Chemical Product Design. 2 ed. Cambridge Series in Chemical Engineering2011, Cambridge: Cambridge University Press.

[3] Chen X D, Putranto A. Modelling Drying Processes: A Reaction Engineering Approach2013, Cambridge: Cambridge University Press.

[4] Deegan R D, et al, Capillary flow as the cause of ring stains from dried liquid drops. Nature, 1997, 389（23）: 827-829.

[5] Fu N, et al, Production of monodisperse epigallocatechin gallate（EGCG）microparticles by spray drying for high antioxidant activity retention. International Journal of Pharmaceutics, 2011, 413: 155-166.

[6] Lin R, et al. On the formation of "coral-like" spherical α-glycine crystalline particles. Powder Technology, 2015, 279: 310-316.

[7] Liu W, et al. A single step assembly of uniform microparticles for controlled release applications. Soft Matter, 2011, 7: 3323-3330.

[8] Wu W D, et al. On spray drying of uniform silica-based microencapsulates for controlled release. Soft Matter, 2011, 7: 11416-11424.

[9] Wu W D, et al. Assembly of uniform photoluminescent microcomposites using a novel micro-fluidic-jet-spray-dryer. AIChE Journal, 2011, 57（10）: 2726-2737.

[10] Amelia R, et al. Assembly of magnetic microcomposites from low pH precursors using a novel micro-fluidic-jet-spray-dryer. Chemical Engineering Research and Design, 2012, 90（1）: 150-157.

[11] Liu W, et al. On enhancing the solubility of curcumin by microencapsulation in whey protein isolate via spray drying. Journal of Food Engineering, 2016, 169: 189-195.

[12] Liu W, et al. facile spray-drying assembly of uniform microencapsulates with tunable core-shell structures and controlled release properties. Langmuir, 2011, 27: 12910-12915.

[13] Amelia R, et al. Microfluidic spray drying as a versatile assembly route of functional particles. Chemical Engineering Science, 2011, 66: 5531-5540.

[14] Marechal P A, et al. The importance of the kinetics of application of physical stresses on the viability of microorganisms: significance for minimal food processing. Trends in Food Science & Technology, 1999, 10: 15-20.

[15] Chen X D, Patel K C. Micro-organism inactivation during drying of small droplets or thin-layer slabs-A critical review of existing kinetics models and an appraisal of the drying rate dependent model. Journal of Food Engineering, 2007, 82: 1-10.

[16] Woo M W, et al. CFD evaluation of droplet drying models in a spray dryer fitted with a rotary atomizer. Drying Technology, 2008, 26（10）: 1180-1198.

[17] Fu N, Woo M W, Chen X D. Single droplet drying technique to study drying kinetics measurement and particle functionality: a review. Drying Technology, 2012, 30（15）: 1771-1785.

[18] Schutyser M A I, Perdana J, Boom R M. Single droplet drying for optimal spray drying of enzymes and probiotics. Trends in Food Science & Technology, 2012, 27: 73-82.

[19] Ranz W E, Marshall W R J. Evaporation from drops: Part 1. Chemical Engineering Progress, 1952, 48 (3): 141-146.

[20] Ranz W E, Marshall W R J. Evaporation from drops: Part 2. Chemical Engineering Progress, 1952, 48 (4): 173-180.

[21] Lin S X Q, Chen X D. Improving the glass-filament method for accurate measurement of drying kinetics of liquid droplets. Chemical Engineering Research and Design, 2002, 80 (A): 401-410.

[22] Fu N, et al. Reaction Engineering Approach (REA) to model the drying kinetics of droplets with different initial sizes-experiments and analyses. Chemical Engineering Science, 2011, 66 (8): 1738-1747.

[23] Perdana J, et al. Dehydration and thermal inactivation of Lactobacillus plantarum WCFS1: Comparing single droplet drying to spray and freeze drying. Food Research International, 2013, 54 (2): 1351-1359.

[24] Both E M, et al. Morphology development during sessile single droplet drying of mixed maltodextrin and whey protein solutions. Food Hydrocolloids, 2018, 75: 202-210.

[25] Sadek C, et al. Shape, shell and vacuole formation during the drying of a single concentrated whey protein droplet. Langmuir, 2013, 29: 15606-15613.

[26] Zhang C, et al. A study on the structure formation and properties of noni juice microencapsulated with maltodextrin and gum acacia using single droplet drying. Food Hydrocolloids, 2019, 88: 199-209.

[27] Fu N, Woo M W, Chen X D. Colloidal transport phenomena of milk components during convective droplet drying. Colloids and Surfaces B: Biointerfaces, 2011, 87 (2): 255-266.

[28] Both E M, et al. Morphology development during single droplet drying of mixed component formulations and milk. Food Research International, 2018, 109: 448-454.

[29] Fu N, et al. Inactivation of Lactococcus lactis ssp. cremoris cells in a droplet during convective drying. Biochemical Engineering Journal, 2013, 79: 46-56.

[30] Haque M A, et al. Drying and denaturation characteristics of α -Lactalbumin, β -Lactoglobulin, and bovine serum albumin in a convective drying process. Journal of Agricultural and Food Chemistry, 2014, 62: 4695-4706.

[31] Yamamoto S, and Sano Y. Drying of enzymes: enzyme retention during drying of a single droplet. Chemical Engineering Science, 1992, 47 (1): 177-183.

[32] Tian Y, et al. Effects of co-spray drying of surfactants with high solids milk on milk powder wettability. Food and Bioprocess Technology, 2014, 7: 3121-3135.

[33] Grosshans H, et al. Numerical and experimental study of the drying of bi-component droplets under various drying conditions. International Journal of Heat and Mass Transfer, 2016, 96: 97-109.

[34] Schiffter H, Lee G. Single-droplet evaporation kinetics and particle formation in an acoustic levitator. Part 2: Drying kinetics and particle formation from microdroplets of aqueous mannitol, trehalose or catalase. Journal of Pharmaceutical Sciences, 2007, 96 (9): 2284-2295.

[35] Griesing M, et al. Influence of air humidity on the particle formation of single mannitol-water droplets during drying. Chemie Ingenieur Technik, 2016, 88 (7): 929-936.

[36] Grosshans H, et al. A new model for the drying of mannitol-water droplets in hot air above the boiling temperature. Powder Technology, 2016, 297: 259-265.

[37] Kastner O, et al. The acoustic tube levitator-a novel device for determining the drying kinetics of single droplets. Chemical Engineering Technology, 2001, 24 (4): 335-339.

[38] Yarin A L, et al. Evaporation of acoustically levitated droplets. Journal of Fluid Mechanics, 1999, 399: 151-204.

[39] Ordoubadi M, et al. Multi-solvent microdroplet evaporation: modeling and measurement of spray-drying kinetics with inhalable pharmaceutics. Pharmaceutical Research, 2019, 36 (7): 100.

[40] El-Sayed T M, Wallack D A, King C J. Changes in particle morphology during drying of drops of carbohydrate solutions and food liquids. Effects of composition and drying conditions. Industrial & Engineering Chemistry Research, 1990, 29: 2346-2354.

[41] Vehring R, Foss W R, Lechuga-Ballesteros D. Particle formation in spray drying. Journal of Aerosol

Science, 2007, 38: 728-746.

[42] Lei H, et al. Aerosol-assisted fast formulating uniform pharmaceutical polymer microparticles with variable properties toward pH-sensitive controlled drug release. Polymers, 2016, 8 (5): Article No. 195.

[43] Huang E, et al. Co-encapsulation of coenzyme Q10 and vitamin E: A study of microcapsule formation and its relation to structure and functionalities using single droplet drying and micro-fluidic-jet spray drying. Journal of Food Engineering, 2019, 247: 45-55.

[44] Lallbeeharry P, et al. Effects of ionic and nonionic surfactants on milk shell wettability during co-spray-drying of whole milk particles. Journal of Dairy Science, 2014, 97: 5303-5314.

[45] Su Y, et al. Spray drying of Lactobacillus rhamnosus GG with calcium-containing protectant for enhanced viability. Powder Technology, 2018.

[46] Charlesworth D H, Marshall W R J. Evaporation from drops containing dissolved solids. AIChE Journal, 1960, 6 (1): 9-23.

[47] Che L, Chen X D. A simple non-gravimetric technique for measurement of convective drying kinetics of single droplets. Drying Technology, 2010, 28 (1): 73-77.

[48] Mezhericher M, Levy A, Borde I. Modelling of particle breakage during drying. Chemical Engineering and Processing, 2008, 47: 1404-1411.

[49] Jin Y, Chen X D. Numerical study of the drying process of different sized particles in an industrial scale spray dryer. Drying Technology, 2009, 27 (3): 371-381.

[50] Schiffter H, Lee G. Single-droplet evaporation kinetics and particle formation in an acoustic levitator. Part 1: Evaporation of water microdroplets assessed using boundary-layer and acoustic levitation theories. Journal of Pharmaceutical Sciences, 2007, 96 (9): 2274-2283.

[51] Wang J, et al. Thermal aggregation of calcium-fortified skim milk enhances probiotic protection during convective droplet drying. Journal of Agricultural and Food Chemistry, 2016, 64 (30): 6003-6010.

[52] Chen X D, Peng X. Modified Biot Number in the context of air drying of small moist porous objects. Drying Technology, 2005, 23 (1-2): 83-103.

[53] Patel K C, Chen X D. Surface-center temperature differences within milk droplets during convective drying and drying-based Biot number analysis. AIChE Journal, 2008, 54 (12): 3273-3290.

[54] Adhikari B, et al. Experimental studies and kinetics of single drop drying and their relevance in drying of sugar-rich foods: a review. International Journal of Food Properties, 2000, 3 (3): 323-351.

[55] Tran T T H, Avila-Acevedo J G, Tsotsas E. Enhanced methods for experimental investigation of single droplet drying kinetics and application to lactose/water. Drying Technology, 2016, 34 (10): 1185-1195.

[56] Zheng X, et al. The mechanisms of the protective effects of reconstituted skim milk during convective droplet drying of lactic acid bacteria. Food Research International, 2015, 76: 478-488.

[57] Chen X D. The basics of a Reaction Engineering Approach to modeling air-drying of small droplets or thin-layer materials. Drying Technology, 2008, 26 (6): 627-639.

[58] Chen X D, Xie G Z. Fingerprints of the drying behavirous of particulate or thin layer food materials established using a reaction engineering model. Transactions of IChemE Part C: Food and Bioproducts Processing, 1997, 74 (C4): 213-222.

[59] Onwude D I, et al. Modeling the Thin-Layer Drying offruits and Vegetables: A Review. Comprehensive Reviews in Food Science and Food Safety, 2016, 15 (3): 599-618.

[60] van Meel D A. Adiabatic convection batch drying with recirculation of air. Chemical Engineering Science, 1958, 9 (1): 36-44.

[61] Keey R B. Drying of particulate and loose materials1992. New York: Hemisphere.

[62] Putranto A, Chen X D, Webley P A. Modeling of Drying of food Materials with Thickness of Several Centimeters by the Reaction Engineering Approach (REA). Drying Technology, 2011, 29 (8): 961-973.

[63] Putranto A, Chen X D. Drying of a System of Multiple Solvents: Modeling by the Reaction Engineering Approach. AIChE Journal, 2016, 62 (6): 2144-2153.

[64] Putranto A, et al. Intermittent Drying of Mango Tissues: Implementation of the Reaction Engineering Approach. Industrial & Engineering Chemistry Research, 2011, 50 (2): 1089-1098.

[65] Putranto A, et al. Application of the reaction engineering approach (REA) for modeling intermittent drying

under time-varying humidity and temperature. Chemical Engineering Science, 2011, 66（10）: 2149-2156.

[66] Putranto A, Chen X D. Spatial reaction engineering approach as an alternative for nonequilibrium multiphase mass-transfer model for drying of food and biological materials. AIChE Journal, 2013, 59（1）: 55-67.

[67] Putranto A, Chen X D. S-REA（spatial reaction engineering approach）: An effective approach to model drying, baking and water vapor sorption processes. Chemical Engineering Research and Design, 2015, 101: 135-145.

[68] Fu N, et al. Drying kinetics of skim milk with 50 wt% initial solids. Journal of Food Engineering, 2012, 109: 701-711.

[69] Chen X D, Lin X Q. Air drying of milk droplet under constant and time-dependent conditions. AIChE Journal, 2005, 51（6）: 1790-1799.

[70] Chew J H, et al. Capturing the effect of initial concentrations on the drying kinetics of high solids milk using reaction engineering approach. Dairy Science & Technology, 2013, 93（4）: 415-430.

[71] Lin S X Q, Chen X D. A model for drying of an aqueous lactose droplet using the reaction engineering approach. Drying Technology, 2006, 24（11）: 1329-1334.

[72] Patel K C, et al. A composite reaction engineering approach to drying of aqueous droplets containing sucrose, maltodextrin（DE6）and their mixtures. AIChE Journal, 2009, 55（1）: 217-231.

[73] Chew J H, et al. Exploring the drying behaviour and particle formation of high solids milk protein concentrate. Journal of Food Engineering, 2014, 143: 186-194.

[74] Lin S X Q, Chen X D. The reaction engineering approach to modelling the cream and whey protein concentrate droplet drying. Chemical Engineering and Processing, 2007, 46: 437-443.

[75] Wang Y, et al. Droplet drying behaviour of docosahexaenoic acid（DHA）-containing emulsion. Chemical Engineering Science, 2014, 106: 181-189.

[76] Rogers S, et al. Particle shrinkage and morphology of milk powder made with a monodisperse spray dryer. Biochemical Engineering Journal, 2012, 62: 92-100.

[77] Woo M W, et al. Evaporation of pure droplets in the convective regime under high mass flux. Drying Technology, 2011, 29: 1628-1637.

[78] Chen X D. Lower bound estimates of the mass transfer coefficient from an evaporating liquid droplet-The effect of high interfacial vapor velocity. Drying Technology, 2005, 23（1-2）: 59-69.

[79] Renksizbulut M, Nafziger R, Li X. A mass transfer correlation for droplet evaporation in high-temperature flows. Chemical Engineering Science, 1991, 46（9）: 2351-2358.

[80] Fu N, Yu M, Chen X D. A differential shrinkage approach for evaluating particle formation behavior during drying of sucrose, lactose, mannitol, skim milk, and other solid-containing droplets. Drying Technology, 2019, 37（8）: 941-949.

[81] Har C L, et al. Unraveling the droplet drying characteristics of crystallization-prone mannitol- experiments and modeling. AIChE Journal, 2017, 63（6）: 1839-1852.

[82] Har C L, et al. In situ crystallization kinetics and behavior of mannitol during droplet drying. Chemical Engineering Journal, 2018, 354: 314-326.

[83] Fu N, et al. Shrinkage behaviour of skim milk droplets during air drying. Journal of Food Engineering, 2013, 116: 37-44.

（傅楠，陈晓东）

第15章

冲击干燥、穿透干燥和冲击穿透干燥[●]

冲击干燥和穿透干燥是两种典型的使用对流方法除去多孔性薄物料内水分的过程。这两种干燥器在西方已经广泛地应用在造纸、纺织及食品等工业上。此类干燥器的特点是干燥速率大、占地小、热利用率比传统的干燥器高。冲击干燥器在烘干胶片等表面涂层领域也有应用。冲击干燥的另一特点是易于控制局部传热，所以产品质量亦较优。冲击穿透干燥器目前在国外还没有工业应用，不过已经完成初试、中试、厂试。

15.1 冲击干燥

冲击干燥是借助喷嘴产生高速气流冲击到湿物料表面而携走水分的过程。由于冲击流动产生大的湍流，因而增加了对流传热、传质系数。因为热气流只与湿物料在受冲击的表面交换热量和质量，所以冲击干燥器对于薄物料或者除去表面水分具有优势。除非特别需要，如食品表面结酥壳，冲击干燥器不宜用来干燥较厚的产品。

15.1.1 冲击流动的流体力学

如图 15-1 所示，冲击流动主要分为以下 3 个特征区：自由喷射流（free jet）、层流（laminar flow，又称滞流）、壁射流（wall jet）。根据喷嘴设计的不同，自由喷射流区可以再分为原势核（potential cone）、形成喷流（developing jet）、成型喷流（developed jet）3 个子区。

原势核区的特点是在此区间气流轴向速度与离开喷嘴时相同，即气流仍旧保持其原有的冲击势能。由于喷射流体与周围静止流体发生动量交换，喷射头宽度随流动而增加，喷射流的速度分布也相应地也发生变化。从初始的几乎平均分布，受喷射流周边低速区域的影响越来越大，到中间原势区越来越窄。由于原势区被夹在自由喷射流之间，故被称为原势核。当原势区的宽度缩为零后，喷射流的中线速度开始降低，冲击流进入形成喷流区。原势核区的轴向长度是与喷嘴的结构紧密相关的。对于流线形入口喷嘴，Dosdogru（1969）及 Obot

---

❶ 肖红伟等撰写了 15.1.3.3 (1)~15.1.4.3 节，其余为陈国华撰写。

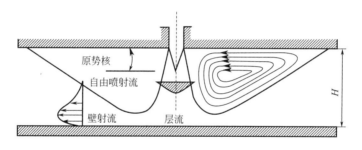

图 15-1　冲击流流场示意

(1980) 都发现原势核区的长度为 6～8 个喷嘴孔径。对于其他喷嘴，由于不可能像流线形那样在喷嘴出口处湍流强度极小且速度分布均匀，所以其产生的原势核区亦相应变短。如直角喷嘴相应的原势核区长度约为流线形的 1/3。Hollworth 和 Wilson（1984）的这一发现得到了 Obot 的证实。因为以上实验大都是在室温下完成的，对于工业应用的高温气流来说，Kataoka 等（1984）发现冲击流中线速度衰减较快，因此原势核区也相对较短。

在形成喷流区，气流轴向速度随喷射流动的扩散而衰减并逐渐形成呈高斯分布的铃形速度头。研究表明，湍流强度仍继续增加，甚至在成型喷流区内也有所增长。相对于单头喷嘴系统，Saad 等（1992）报道紧密排列的多头喷嘴中位线湍流强度增长较快且绝对值也大。

在滞流区，流体需经历 90°转向。伴随着轴向速度的下降，静压力有一个快速增加之后随流体径向速度的增大而降低的趋势。因此在层流区存在一个与流向一致的压力差，从而加速流体流动。据 Gutmark 等（1978）和 Saad 等（1981）的研究结果，对于条形喷嘴来说，层流区对自由喷流的影响不超过喷嘴与冲击面间距 H 的 20%，而其对流体轴向速度的影响不超过 0.05H。对于圆形喷嘴，Obot（1980）测得了类似结果。层流区的径向界线为层流点外静压力梯度等于零处。在层流区之外，即壁射流区，静压力梯度近于零，流体边界层厚度持续增加。这里，流动分两个特征区：一为靠近冲击面的边界层，其流动与通常的边界流动无异；另一为边界层外具有自由喷射特点的湍流流动。对于封闭冲击系统，在喷嘴周围设有一段与冲击面平行的挡板，若挡板和冲击面都足够长，壁射流边界层厚度就可以增长到 H 值。这样便造成一循环流域，如图 15-1 所示。

图 15-2 显示在两个 Re 数下，静压力沿冲击面的分布，零压基点定义于喷嘴出口。层流

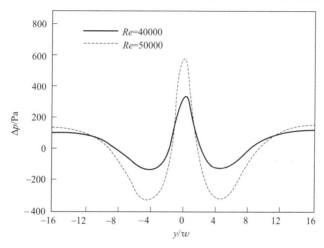

图 15-2　单头条形喷嘴沿冲击表面的压力分布（$H/w = 2.5$）

点处流体的动压全部转变成静压，因而使静压最大。随流体加速沿径向流动，冲击表面所受压力逐渐减少。当流动进入壁射流区时，流速开始随流体扩张而降低。与此同时，冲击面所受静压力开始逐渐增加。

在讨论冲击传热之前，冲击流的湍流强度仍需进一步讨论，因其直接影响传热系数。绝大多数实验室采用的喷嘴入口都为流线形。如前所述，流体在此种喷嘴出口的湍流强度较低。虽然试验结果有助于研究其他参数对冲击传热的影响及验证计算机模拟，但是实际应用上意义不大，主要原因是此种喷嘴不易加工且传热系数低。故这里不多作介绍，感兴趣的读者可以参阅 Gutmark 等（1978）在流体力学杂志上发表的文章。

Gardon 和 Akfirat（1965）测定了长槽条形喷嘴中位线处冲击流动的湍流强度。对于三种不同宽度的喷嘴，开孔窄的喷嘴其出口处流体湍流强度比宽开孔的要大。此种喷嘴出口处的湍流强度值高达 10%，远远超过流线形喷嘴值 1%。当流体处于喷嘴下游 $8w$ 处时，湍流强度达到一极大值。Chen（1989）使用热线仪测量了条形反装喷嘴出口处流体的湍流强度，发现湍流强度沿喷嘴出口呈铃形分布。喷嘴壁处湍流强度最高，达 40%~50%，而中位线处最低，其值不超过 3%~5%。Saad 等（1992）报道了 1981 年在 McGill 大学的研究成果，即单头及多头条形喷嘴中位线速度、湍流强度和冲击传热之间的关系。单头喷嘴的湍流强度与 Gardon 和 Akfirat 的结果相似。对于多头喷嘴，当喷嘴排列较疏时，如 $S/H > 1.5$，其湍流强度与单头喷嘴无异。一旦 $S/H < 0.8$，由于喷射流间的相互干扰，多头喷嘴产生的湍流强度将远远高于单头时所测定的值。对于多头喷嘴系统，排气孔的设备将对流场的湍流强度具有很大的影响。若喷嘴紧密排列且排气孔与喷嘴对称分布，则排气孔正上方湍流强度将最大。Kataoka 等（1987）尝试过将湍流强度与冲击传热相关联，但是湍流强度是一个不易预测的参数，这种关联因而也没有实际意义。

15.1.2　冲击流动的传热、传质

冲击流动凭其高速传热而最先被用于涡轮叶片冷却，关于这一领域的研究也多集中在传热方面。因为与传热过程存在相似性，故而传质问题也随之得到解决。鉴于此，本书主要介绍传热过程。

15.1.2.1　局部传热系数分布

从图 15-1 可以看出，冲击流动的流场是非均匀的。因此冲击表面的传热系数也随流体相对喷嘴的位置发生变化。图 15-3 显示大口径椭圆形入口条形喷嘴所产生的传热系数分布。传热系数在这里用 Nu 表示。此分布是无互扰多头喷嘴系统的情况之一。喷嘴开口宽 w 为 20mm，总开孔率为 3%。一个明显的现象是在层流点外 $(2~3)w$ 和约 $6w$ 处，传热系数分别有一极小点和极大点。前者是如下两个相互制约的原因造成的：一是湍流区层流边界层厚度随流体自层流点向外流动而增加，因而导致传热系数下降；二是由于流体湍流强度沿冲击表面随流动逐渐增大，因而导致流场从层流向湍流转化，从而增加传热系数。在 $(2~3)w$ 处，这两种因素对冲击传热的影响恰好相抵。此后，湍流强度的增加对传热系数的影响开始占主导地位。不过湍流边界层厚度随流体流动亦逐渐增大，从而阻止传热系数无限增长。同时气流的温度也随传热的进行而降低。当 y/w 近于 6 时，几种影响达到又一平衡，因而导致传热系数出现一极大值。

应该指出，这种出现两个极值的现象只在 H/w 较小时才明显。当 H/w 很大时，如 $H/w > 8$，由于喷射流已充分发展，层流区层流影响很小，从而极小值和极大值就不很明显。图 15-4 清楚地反映了喷嘴与冲击表面的相对间距对局部传热系数分布的影响。虽然此

图结果由圆形喷嘴测得，但是可以确信其同样能定性地适用于条形喷嘴。

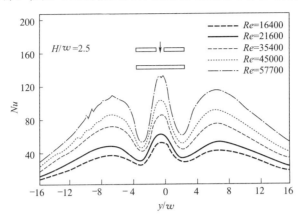

图 15-3　单条形喷射流的 Nu 分布

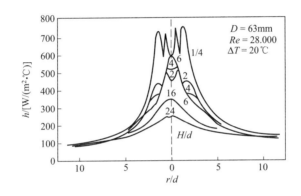

图 15-4　单头圆形喷射流的局部传热系数分布：喷嘴与冲击板间距的影响

　　有趣的是如果多头喷嘴相邻喷射流产生互扰，冲击传热局部分布曲线则如图 15-5 所示。对于这一系统，开孔率为 20%，喷嘴本身孔宽 w 为 10mm。对称地设置在相邻喷嘴之间的排气孔免除了交叉流动的影响。图 15-4 和图 15-5 比较：互扰喷嘴系统局部传热系数分布显得相当均匀。虽然 H/w 还未达到 8，但喷射流的相互作用不仅使层流点外的极值隐退，而

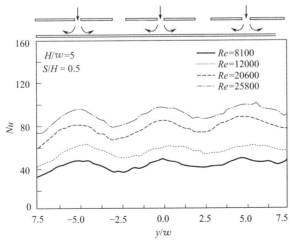

图 15-5　相互有干扰的多头条形喷射流的 Nu 分布

且层流点处的最高值与曾为极小点的 $2.5w$ 处之值的差别亦不再显著。

就图 15-3 和图 15-5 比较，可以发现使用疏排或密排多头喷嘴各有利弊。对于相同的风机功率，假定喷嘴的流量系数相同，开孔率为 3％（参见图 15-3）系统的 Re 数是开孔率为 20％（参见图 15-5）系统的 Re 数的 6.7 倍。若前者为 57700，则后者只有 8600。相对应的平均 Nu 则分别为 82 和 44。

单从传热效率考虑，疏排无互扰系统明显占优势。但是这种系统冲击面上的静压力（见图 15-2）变化亦相当大。对于一些怕折物料的干燥，有时宁愿牺牲一定的干燥速率也要采用密排系统。传热系数相同，密排系统沿冲击表面的静压力分布也相对均匀。当然，增大喷嘴与冲击面间距也可以达到类似目的。

15.1.2.2　影响冲击传热的主要因素

冲击流系统虽然主要由喷嘴、冲击板及密封挡板 3 部分组成，但除了流速之外如何合理地设计、安装冲击流系统结构将对传热系数有显著影响。值得庆幸的是过去 20 多年来，这一领域的研究相当活跃。如前所述，除湍流强度的影响仍需要进一步完善以及排气孔影响还未见系统报道外，可以说其他因素对冲击传热的作用已经有了普遍接受的理论和实验结果。以下将逐一介绍。

（1）喷嘴结构

根据开孔形状划分，喷嘴有圆形和条形两大类。从喷嘴入口的设计来说，又有流线形及非流线形之分。后者由于易于制造且产生的湍流强度大，因而在工业上广泛应用。与理论研究相吻合，Hardisty 和 Can 及 Saad 都报道说就相似的条形喷嘴，开孔窄者传热系数要高。Hardisty 和 Can（1980）对于 8 种条形喷嘴的流量系数进行了测定，结果见图 15-6。他们发现若用 $w'=wC_D$ 来代表喷嘴的开口宽度，那么由 8 种不同结构的喷嘴而测得的冲击传热系数就可以满意地回归成一个关联式。Obot（1980）对于多种结构的圆形喷嘴流量系数作了研究并将其与冲击流传热系数作出比较。他发现当 $H/d<8$ 时，尖角入口喷嘴的平均传热系数要比圆角入口者高。当 $H/d>8$ 后，喷嘴结构对冲击流传热系数影响则随 H 的增加而逐渐降低。

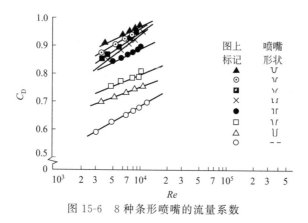

图 15-6　8 种条形喷嘴的流量系数

（2）喷嘴与冲击板间距 H

喷嘴与冲击板间距通常以其相对于喷嘴的开孔尺度 H/w 或 H/d 表示。其对冲击传热系数的影响与自由喷射流的湍流强度紧密相联。

图 15-7 给出条形喷嘴的平均 Nu 与 H/w 的关系。研究发现在 $6<H/w<8$ 区域内，Nu 达到极大。这与冲击流动流体力学研究结果相一致。对于圆形喷嘴，Nu 的极大点出现

在 $H/d \approx 6$。为了获得尽可能大的传热系数，喷嘴与冲击板间距一般都设计在 $H/d=6$ 或 $6<H/w<8$。

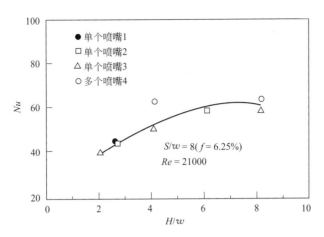

图 15-7　喷嘴与冲击板间距对平均 Nu 的影响

（3）喷嘴间距 $2S$

喷嘴间距是多头喷嘴系统主要设计参数之一。它主要通过如下两个无量纲数值来影响传热系数：总开孔率 φ；喷嘴间距与喷嘴至冲击板距离的比值 S/H。基于一定的风机能耗，对于圆形喷嘴系统，Daane 和 Han（1961）发现 φ 在 $1.5\%\sim3\%$ 之间系统的传热效果最好；对于条形喷嘴，Saad 等表示该系统可以设想为宽高比是 S/H 的不同流元的组合，如图 15-8 所示。根据 S/H 值的大小，他们将多头喷嘴系统分为"有互扰"和"无互扰"两种情况加以分析。后者，$4<H/w<24$ 并 $S/H>1.5$，可视为单头冲击流的数学叠加，因而不再讨论。当 $S/H<1.5$ 时，情况就变得复杂。图 15-9 中 Martin 公式也明显地反映了这一点。据 Polat 和 Douglass（1990）报道，对于条形喷嘴，$H/w=5$ 和 $S/H=0.5$ 是获得高传热系数的最佳组合。

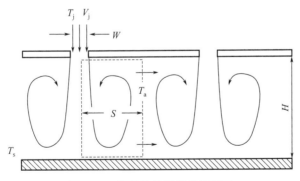

图 15-8　流元传热平衡的控制区

Striegl 和 Diller（1984）建议利用卷吸因子 $E(T_j-T_a)/(T_j-T_s)$，来从单头喷嘴的实验结果预测多头系统的传热效果。此方法只对喷嘴间距较大的系统比较成功。这从侧面反映对于紧密排列的喷嘴而言，喷射流之间的干扰既影响流场也影响温度场。Journeaux 等（1992）将该方法应用到开放式圆形喷嘴系统上，并将他们的实验结果与 E 相关联。从图 15-8所示的控制体积的热量平衡中可以得出

$$E=\frac{Nu}{RePr}\times\frac{1}{\varphi} \tag{15-1}$$

式(15-1)显示，E 随开孔率 φ 的降低而增加，即对于一个固定的 H/w 来说，S/H 的增加导致 E 的增大。

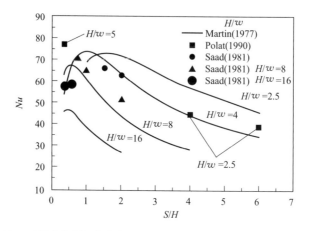

图 15-9　不同喷嘴与冲击表面间距情况下流元宽高比对 Nu 的影响

乏气的温度 T_a 也更趋向 T_s。图 15-10 将 Martin 公式预测的单头及多头喷嘴系统的平均传热系数 Nu，与 Journeaux 等使用 $E=0$、0.3 和 0.5 而得到的相应值作一比较。不难看出，Martin 单头喷嘴的结果与 Journeaux 等 $E=0$，即 $T_j=T_a$ 的条件下得到的曲线基本一致。如果将 Journeaux 等的结果使用卷吸因子加以校正，Martin 公式对于多头喷嘴系统的预测值则包含在用 $E=0.3$ 和 $E=0.5$ 得到的两条曲线之间。可以理解当 S/H 较小时，前者与 $E=0.3$ 线更吻合。而当 S/H 较大时，Martin 的结果与 Journeaux 等的 $E=0.5$ 时所得到的曲线更接近。

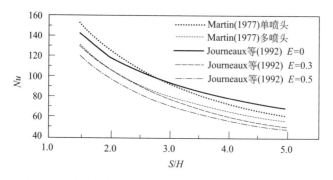

图 15-10　流元宽高比对圆形喷嘴传热的影响：卷吸因子 E

（4）表面运动

在连续操作的冲击干燥过程中物料的运动速度有时会相当高，如卫生纸机的运动速度可达 100km/h。可以想象，如此高速运动的冲击表面一定会对局部传热系数分布造成影响，如图 15-11 所示，从而影响平均传热系数。

图中横坐标为相对喷嘴中线的距离。Polat 和 Douglas（1990）及 Polat 等（1991）分别测定了单、多头条形喷嘴系统在冲击表面快速运动下局部传热系数的分布。发现局部传热系数受冲击表面影响最大处在朝喷射流方向运动的壁流区。这种现象可能由于低温气体被表面运动携入壁射流区，从而降低了局部温差。他们将冲击面运动速度的影响与 $Mv_s=\rho_s v_s/(\rho_j v_j)$（流体在冲击面的质量速度与喷嘴处的比值）相关联。平均传热系数下降的相对幅度为 $(1+Mv_s)^{-0.7}$。

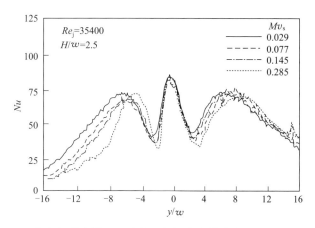

图 15-11　单头条形喷射至运动表面的努塞尔数分布：表面运动的影响

（5）喷射流动

与其他边界层流动一样，在一定的冲击流系统下喷射流的速度直接影响冲击传热系数。平均 Nu 与 Re 的关系可以表示为 $Nu=bRe^a$。其中 a，b 为冲击流系统几何结构的函数。在层流区，当 $H/w<8$（或 $H/d<8$）时，a 通常为一近于 0.5 的常数，即层流流动的 Re 之幂。在层流区外，壁射流呈湍流。因而 a 值亦有所增加。对于单头喷嘴和无互扰多头喷嘴，$S/H>1.5$ 并 $8<H/w<24$，Saad（1981）发现 a 值为 0.65。此值与 Martin（1977）报道的 0.67 相吻合。对于有互扰多头喷嘴，$S/H<1.5$，Saad（1981）发现在 $1.5>S/H>0.375$ 区间内 a 值由 0.65 几乎线性增长至 0.8。这样高的 a 值对于无互扰的尖角入口喷嘴也有报道（Chen 1989，Huang 1988）。

（6）乏气（交叉）流动的影响

在一个封闭的多头喷嘴系统中，如果乏气的出口不是对称地排置于喷嘴之间，交叉流动对传热的影响就应该考虑。因为处于中间喷嘴的乏气在向排气口流动时必须经过邻近出口的喷嘴的喷射流区，从而导致局部剪切率及温度都受到影响。Saad 等（1980）使用条形喷嘴将这一因素对局部传热系数分布的影响作了测定。他们发现当交叉流量为喷射流量的 1～2 倍时，平均 Nu 就会降低 15%～30%。这个下降幅度在其所应用的 $3%<\varphi<8%$，$5700<Re<20700$ 范围内受 φ 及 Re 的影响不大。对交错排列的圆形多头喷嘴，他们发现当 $1<H/d<3$ 时，交叉流动即使 3～5 倍于喷射流量，其对总的传热影响也不很明显。不过工业应用中通常将排气口安置在 3～10 排喷嘴间，因而交叉流量将远远大于 Saad 等所测量的范围。交叉流动的影响在此情况下不可轻易忽视。

Chance（1974）引进交叉干燥系数 $I_c=\varphi L_c/d$，来表达传热系数因乏气交叉流动而降低的幅度。其中 L_c 为喷嘴距排气口的最远距离。他的实验数据显示，在 $2<H/d<8$，$1.2%<\varphi<7%$，$I_c<1.8$ 范围内，传热系数的下降幅度与 I_c 成正比且比例系数为 0.236，$NuI_c=Nu(1-0.236I_c)$。如果 $\varphi=7%$，而喷嘴至排气口最远距离为 $20d$，则交叉流动将使传热系数下降 1/3。

（7）表面蒸发的影响

在冲击干燥过程中，冲击表面处水分的蒸发速率相当高。这种快速加入空气流的水汽改变了冲击流动的边界层流体的物理性质，同时也影响冲击传热效果。Bird 等（1960）描述了几种校正方法。这里介绍以膜理论为基础推导出来的公式

$$h^*=h\frac{\ln(1+B_h)}{B_h} \tag{15-2}$$

式中，$B_h = c_p (T_j - T_s)/\lambda$；$h^*$ 为有蒸发影响时的传热系数。Crotogino 和 Allenger (1979) 及 Bond 等（1991）应用该方法成功地预测了高强度下的冲击干燥速率。

与此相关的是空气湿度对传热系数的影响。Richards 和 Florschuetz（1986）对此作了测定。发现当空气湿度增加到每千克干空气含 0.25kg 水汽时，传热系数的变动仍不超过 10%。笔者认为高温状态下增大空气温度有助于提高传热系数，因为过热蒸汽高温下比空气对流传热效果好。

（8）穿透流动的影响

如果冲击表面是透气的，那么让一部分流体穿透冲击板从另一面排出可以进一步提高对流传递速率。对于条形喷嘴系统，Polat 等就穿透流动对冲击传热的局部传热系数分布的影响进行了系统的研究。有关多头喷嘴系统的结果 Polat 和 Douglas（1990）曾作过详述。对单头喷嘴系统，Polat 等（1991）作了报道。他们将穿透流动的影响与 $Mu_s = \rho_s u_s/(\rho_j v_j)$（穿透流动与喷射流动的质量流量比）相关联。

图 15-12 显示了冲击传热系数与 Mu_s 的关系。与 Saad 和 Obot 的报道相吻合，穿透流动对局部冲击传热系数改善的绝对幅度沿冲击表面几乎一致。这是因为穿透流速沿冲击表面均匀分布，同时冲击表面温度变化极微。在分析图 15-12 时，读者应该注意从喷嘴射出的空气总量是一定的，而传热系数是在冲击表面测得的。下面还会就此点详细分析。

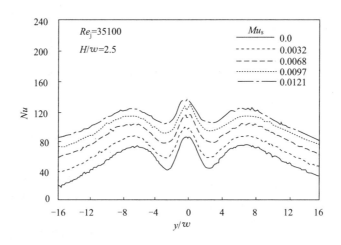

图 15-12　单头条形喷射至透气表面的努塞尔特数分布：穿透流动的影响

Polat 等从冲击表面的热平衡中发现，穿透流动对冲击传热的绝对改善可以通过 St 常数表达，即 $\Delta St = 0.17 Mu_s$。虽然 Mu_s 的实验范围为 $0 \sim 0.023$，但是他们预言上述关系式不但适用于更大的 Mu_s，而且也可应用到其他喷嘴结构及流动参数上。实验证明，此式对有、无互扰的喷嘴系统均准确。

（9）其他因素的影响

冲击表面的粗糙度、弧度对传热效果的影响可参照 Mori 和 Daikoku（1972）的文章。喷嘴轴线与冲击表面角度的影响可参考 Martin（1977）。虽然一般设计取直角，但也有人建议对于快速运动的冲击表面与喷嘴轴线成 60°角可能效果更好。除了改变喷嘴的设计外，不少学者试图使用人工方法增加冲击流动的湍流强度，从而改善冲击传热。例如，在喷嘴出口处加网或在一较宽的喷嘴内嵌一细条，甚至有人在喷嘴与冲击面之间再加一块多孔板。对于以上各方法目前尚无一致定论，设计者应当按自己的经验决定取舍。在冲击流动中引入涡流已被证明会降低传热系数。

15.1.2.3　干燥器设计关联式与参数

由于许多科技工作者在过去的几十年里对冲击流动的传热、传质问题从不同角度进行了不同程度地研究，传热、传质系数与流体流动参数及喷嘴系统结构的关联式相应地也有不同种，但是总览这些关联式，当数 Martin（1977）报道的最为详细而且适用范围广。唯一缺憾是此关联式未考虑排气孔设置的影响。通过与前人大量的实验数据比较，Martin 关联式的误差被证实小于 15%。此关联式也成功地预测了近来报道的实验结果。它已经被作为经典而纳入传热、传质教材。

下面介绍 Martin 关联式。

对于多头条形喷嘴系统

$$Nu = \frac{2}{6}\varphi_o^{3/4}\left(\frac{4Re}{\varphi/\varphi_o + \varphi_o/\varphi}\right)^{2/3}Pr^{0.42} \tag{15-3}$$

其中

$$\varphi_o = \frac{1}{\sqrt{60 + (H/w - 4)^2}}$$

适用范围：$1500 < Re < 40000, 0.008 < \varphi < 2.5\varphi_o, 2 < H/w < 80$。

对于多头圆形喷嘴系统

$$Nu = C_o\frac{\sqrt{\varphi}(1 - 2.2\sqrt{\varphi})}{1 + 0.2(H/d - 6)\sqrt{\varphi}}Re^{2/3}Pr^{0.42} \tag{15-4}$$

其中

$$C_o = \left[1 + \left(\frac{H/d}{0.6/\sqrt{\varphi}}\right)^6\right]^{-0.05}$$

适用范围：$2000 < Re < 100000, 0.004 < \varphi < 0.04, 2 < H/w < 12$。

以上关联式只可用来估算无表面运动、无穿透流动、无乏气交叉流动及无特别增加冲击流湍流强度等情况下，冲击传热系数或冲击干燥的恒速速率。对于个别影响的校正可参考前一部分介绍的方法。

经济核算要求在一定的风机能耗下，喷嘴系统结构设计应使冲击传热系数最大。假如冲击流动的阻力主要来自于喷嘴，那么有如下关系式存在：

$$W = \varphi \rho_j v_j^3/(2C_D^2)$$

其中 W 为风机功率。使用这一公式时一旦选定喷嘴系统的某个尺寸，其他最佳尺度便可通过 Martin 关联式而求得。例如，喷嘴与冲击板参数按表 15-1 所列的数据进行组合可使冲击传热最大。

表 15-1　喷嘴与冲击板参数的组合数据

项目	交错排列多头圆形喷嘴	多头条形喷嘴
φ	0.015	0.072
H/d（或 H/w）	5.4	10.1
S/H	0.7	0.7
v_j	$1.7C_1$	C_1
Q	C_2	$2.8C_2$

比较表 15-1 中的两组数据可见，对于两种截然不同的喷嘴，一个有趣的巧合是最佳 S/H 值都为 0.7，此值与 Saad 等（1996）报道的 0.75 相当接近。

一般的设计思路是首先选定喷嘴类型。如果产品怕折，就应优先考虑使用条形喷嘴。因为在相近的传热系数下，条形喷嘴的冲击速度要比圆形喷嘴约低 40%。如果从缩小系统中循环气体总体积考虑，圆形喷嘴明显占有优势。喷嘴类型确定后再根据操作或维护要求选定 H 或 $w(d)$，然后可以依据上述数据确定其他结构尺寸，余下便是估算干燥器的面积或物料在干燥器内的停留时间。

众所周知，虽然一般干燥过程由传热控制的恒速率区和由传质控制的降速率区两部分组成，但是对于冲击干燥来说，人们一直将其误认为主要由对流传热控制。因此过高地估计了干燥器的除湿能力。Bond 等（1992）报道的冲击干燥卫生纸和新闻纸的结果很好地表明了这一点。运用过热蒸汽作为干燥介质

$$X_c = 0.373 R_c^{0.265} \tag{15-5}$$

若恒速率为 $100 kg/(m^2 \cdot h)$，临界湿度可高达 1.3kg（水）/kg（干纤维）。当使用热空气时，临界湿度与恒速率之间存在下列关系

$$X_c = 0.114 + 0.0043 R_c^{1.5} \tag{15-6}$$

虽然 Bond 等受实验技术的影响不能精确测定临界湿度，且其随恒速率超过线性地增长也颇有争议，但是冲击干燥存在明显的降速率区是肯定的。笔者运用热空气冲击干燥同种类型的纸张发现

$$X_c = 0.46 R_c^{0.11} B^{0.12} \tag{15-7}$$

式中，B 为纸的定量，g/m^2。临界湿度随物料厚度的增加而增加与理论分析相吻合。

应当指出的是，以上 3 个公式是从冲击干燥厚度不超过 0.1mm 的纸张中所得到的。对于其他湿物料，降速率区的重要性会更加明显。遗憾的是到目前为止，就笔者所知，关于冲击干燥的临界温度仅限于以上两份报道。鉴于此，设计工作者有必要对特定物料的临界湿度进行估算。受实验数据的限制，降速率区干燥速率与湿度之间可看作呈线性关系。

15.1.3　冲击干燥的工业化整体结构

冲击干燥以多种不同结构、形式被广泛地应用于高速干燥连续生产的薄膜（片）中，如卫生纸、电影胶片、亮光纸、无纺布及纺织品等；或者干燥面积相对大的薄片，如薄木板、木条、地毯等；甚至于用来烘干粗糙的颗粒或块状物品，如饼干等。以下就冲击干燥在造纸、纺织、表面涂层和食品领域的应用逐一作概括介绍。

15.1.3.1　造纸、纺织业

冲击干燥在造纸业主要应用于卫生纸和纸巾生产上。典型的装置为图 15-13 显示的 Yankee 干燥器。其主要部件包括一个直径为 5.5～6m、表面光滑的圆滚筒和一个高温高速冲击喷气罩。由铸铁制作的肋式圆滚筒表面温度，一般用蒸汽从内部加热到 85℃。这一温度保证纸张很好地附着在滚筒表面，从而通过热传导促进干燥速度。不过，约 70% 的水分是靠冲击气流传热而蒸发的。冲击气流的温度可高达 500℃，速度达 150m/s。图 15-14 所示为冲击喷气罩的剖面结构。图中大圆孔为排气孔，小孔为喷嘴。干燥了的卫生纸、纸巾通过干式增绉法用一平面刮刀从滚筒上分开。

Yankee 干燥器结构以及操作条件的选择与纸的定量和初始湿度密切相关。对于这种干燥器的设计，除一般的技术和质量要求外，有两点应引起注意：一是纸的初始湿度不能过低，以确保其很好地粘贴在滚筒的表面，这不单单是为了减小导热阻力，同时还有利于操作并保证产品质量；另一点是干燥器的除水能力一定要保证产品绕滚筒旋转一周后达到期望的湿含量。

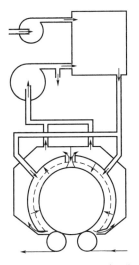

图 15-13　Yankee 干燥器

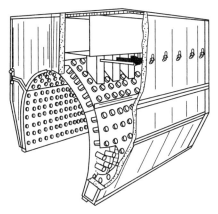

图 15-14　Yankee 干燥器冲击喷气罩剖面

与湿纸张不同，含水的无纺布或纺织品本身就具有一定的强度。因此其冲击干燥器的设计也相对简便。图 15-15 所示为一种应用在纺织行业上的冲击干燥器喷嘴部分示意图。热空气从两边同时喷射到湿物料的表面进行传热、传质，从而达到干燥的目的。热空气的温度及流速应根据产品的耐热性来决定。为了提高干燥速度同时又不使产品过热，可以考虑将干燥分步进行。高温空气使用于湿度较高的初始段。干燥后期宜运用稍低温度的空气对产品加以养护。

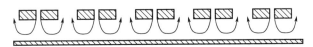

图 15-15　纺织品行业用冲击干燥器喷嘴布置示意图

15.1.3.2　表面涂层

表面涂层的干燥是一个除去附在衬底上薄层涂料溶剂的过程。这一操作对产品的质量有至关重要的影响。因此该类产品的干燥器设计应当优先考虑如何避免过程对涂层的损伤，然后再设法提高干燥速率。

冲击干燥在这一领域的应用始于 20 世纪 70 年代。其已由单向冲击干燥器［见图 15-16（a）］、冲击飘浮回转干燥器［见图 15-16（b）］、富士螺旋干燥器［见图 15-16（c）］，演化到目前的最新设计——双面飘浮干燥器［见图 15-16（d）］。

飘浮干燥器以物料两面的空气喷嘴取代了滚筒传递系统。这样，热空气在干燥的同时也承担了支撑和传送的任务。去掉滚筒使产品免受刮划及其他与滚筒相关联的问题。显而易见，飘浮干燥器的设计决定干燥的效果。图 15-17（a）、（b）显示了两种常用飘浮干燥器的结构及气流。根据涂层湿度的不同，空气的温度也应该有相应的调整。为了防止涂料表面因为干皮而影响内部溶剂挥发，干燥的中、后期应考虑在空气里添加一定湿分以保证涂层表面不产生干皮。

15.1.3.3　食品业

冲击干燥在食品业的应用与上述介绍的两种情况都不同。这里待干的是呈颗粒状或块状

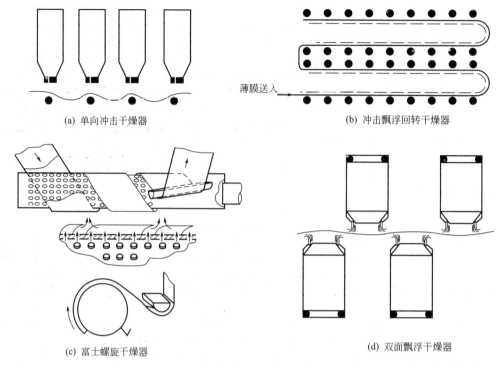

(a) 单向冲击干燥器

(b) 冲击飘浮回转干燥器

薄膜送入

(c) 富士螺旋干燥器

(d) 双面飘浮干燥器

图 15-16　各种冲击干燥器

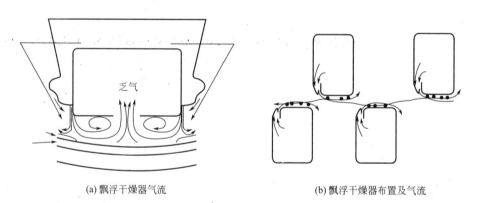

乏气

(a) 飘浮干燥器气流

(b) 飘浮干燥器布置及气流

图 15-17　两种常用飘浮干燥器结构及其气流

的非连续物料。同时，产品质量对干燥条件相当敏感。

美国 Wolverine 公司推出的应用在食品业的两种冲击干燥装置：一种是高速空气冲击式烘炉，用来烘干块状产品，如饼干等；另一种是管冲气床式烤箱，用来除去小颗粒产品（如麦片等）的水分。

高速空气冲击式烘炉的水平运动的金属网将成型的待干食品输入烘炉，其间很多紧密排列的圆管将热空气由上、下两个方向冲击到食品表面，喷嘴的排列见图 15-18。此烘炉操作温度可高达 400℃，空气冲击速度达 70m/s，平均热利用率为 60%。

图 15-19 是管冲气床式烤箱的整体结构。这种烤箱的原理是通过细管将热空气高速冲击至待干物料上，在极大地提高传热速率的同时反弹回来的气体使物料流态化而使干燥非常均匀。此系统的烤箱部分设计并不复杂，除振动传送器外其他部件没有运动，不过空气的加热和循环系统需要仔细考虑。此烤箱操作温度亦可高达 400℃，空气冲击速率达 70m/s，平均

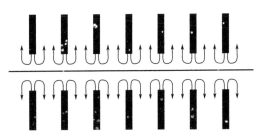

图 15-18　高速空气冲击式烘炉的喷嘴排列

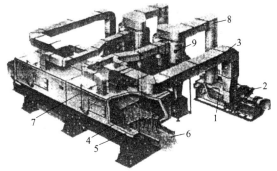

图 15-19　管冲气床式烤箱

1—燃烧室；2—鼓风机；3—风道；4—压力通风室；

5—喷射圆管；6—振动传送器；7—回流空气室；

8—回流空气管道；9—旋风分离器

热利用率为 74%。

近年来，基于气体射流冲击技术较高的对流换热系数和传热特性，国内研究团队开发了一系列农产品新型干燥、烘焙和漂烫技术和装备。

（1）倾斜料盘式气体射流冲击干燥机

针对平板式气体射流冲击装置存在的装料量小、干燥不均匀和物料结壳等问题，代建武等（2015）设计了一种倾斜料盘式气体射流冲击干燥机（图 15-20）。工作时可根据不同的物料特性和产品要求灵活调整料盘托架倾角、料盘与喷嘴间距、喷嘴排列间距等结构参数和干燥室内气流温度、湿度和风速等工艺参数，并能适应颗粒尺寸、形状以及密度相差较大的物料。以哈密瓜片为试验物料进行了性能试验，满装载量相比传统射流冲击装置提高了 1.7 倍，而干燥时间缩短了 11%，干燥机的处理能力相对于后者提高了 3.65 倍，单位能耗降低了 67.9%，且干燥均匀系数达 0.97，干燥后的成品色泽褐变及收缩程度更小，所设计的干燥机提高了气体射流冲击干燥装置的装载量，确保了干燥过程的均匀性，改善了干后品质。

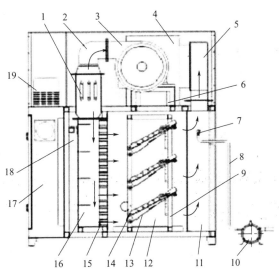

图 15-20　倾斜料盘式气体射流冲击干燥机结构示意图

1—加热系统；2—进风通道；3—离心风机；4—进气混合腔室；5—回风通道；6—离心风机底座；

7—喷头；8—出水管道；9—料架；10—水泵；11—气流加湿腔室；12—温湿度传感器；13—料盘挡板；

14—料盘托架；15—喷管组；16—气流分配腔室；17—控制机箱；18—保温层；19—变频器

（2）脉动式气体射流冲击干燥机

为解决气体射流冲击干燥机装载量低、喷嘴直径与喷嘴出口形状更换困难等问题，王丽红（2011）设计了一种脉动式气体射流冲击干燥机（图15-21）。该干燥机可根据不同物料调整风温、风速、料架转速及喷嘴直径与出口形状。干燥过程中物料受脉动高速热气流的冲击，有利于物料内部水分向外迁移。以加工番茄为例进行了干燥机的性能验证试验，结果表明，脉动式气体射流冲击干燥与气体射流冲击干燥相比装载量和去水强度得到了较大的提高。

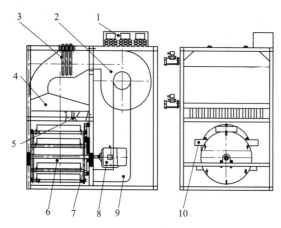

图15-21　脉动式气体射流冲击干燥机结构示意图

1—控制系统；2—离心风机；3—加热系统；4—气流分配室；5—射流冲击组件；
6—干燥室；7—料架；8—电机；9—回风管；10—料盘

（3）气体射流冲击式转筒干燥机

鉴于气体射流冲击干燥技术具有传热系数高、转筒干燥技术适用范围广和生产能力大的特点，姚雪东等（2009）发明了一种结合气体射流冲击干燥和转筒干燥技术的气体射流冲击式转筒干燥机（图15-22），以解决常规式传统干燥机热效率低、干燥时间长，以及通气管式转筒干燥机无除湿功能、浪费能源、局部受热不均匀等问题。气体射流冲击式转筒干燥机对物料的适应性强，单位装载量高，能够实现物料均匀受热、提高热利用率、降低能源消耗，对于流动性好的颗粒农物料具有广阔的应用领域。以胡萝卜丁为试验物料对气体射流冲击式转筒干燥机进行了性能试验，干燥后胡萝卜丁复水后与原物料色差 ΔE 仅为5.95（姚雪东等，2011）。姚雪东等（2011）将气体射流冲击式转筒干燥机用于披碱草种子干燥，相对水平式气体射流冲击干燥技术，处理量提高、干燥时间缩短。研究结果表明，气体射流冲击式转筒干燥机可以较好地用于披碱草种子的干燥，可在2h内将含水率为20.3％的披碱草种子干燥至11.3％，且干燥后种子发芽率为97％，达到披碱草种子的国家一级标准。

15.1.4　气体射流冲击技术在农产品加工领域的应用现状

气体射流冲击技术，首先是应用在航天和一些高集成的电子元件及高密度的电器设备等工业领域的快速冷却系统中，以后逐渐渗透到纸张、纺织和胶片等一些主要含表面水物料的工业领域干燥中（Mujumdar，1987）。近十几年来，气体射流冲击技术越来越多地用于农产品烘焙、烫漂和干燥，如图15-23。

15.1.4.1　干燥

新鲜果蔬水分含量高，不耐储存，脱水制干是延长货架期的一个重要的加工方法。气体射流冲击干燥的对流换热系数比一般热风换热要高出几倍以至一个数量级，与传统热风干燥技术相比，其干燥效率高、干燥时间短、产品品质好。气体射流冲击干燥技术已广泛用于葡萄（杨文侠等，2009）、杏子（肖红伟等，2010）、哈密瓜（张茜等，2011）等农产品的干燥，取得了十分显著的效果。

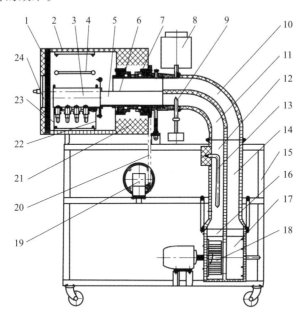

图 15-22　气体射流冲击式转筒干燥机结构示意图

1—筒盖；2—筒体；3—气流分配室；4—横棒；5—进回风中心管；6—隔板；7—轴承及轴承套筒机构；8—排风装置；
9—温湿度传感器；10—回风管弯段；11—进风管弯段；12—进风管直段；13—加热装置；14—回风管直段；
15—机架；16—进风蜗壳；17—回风蜗壳；18—风机机构；19—减速器；20—链传动机构；
21—保温材料；22—后物料挡板；23—前物料挡板；24—观察窗

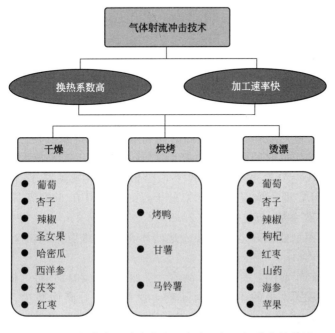

图 15-23　气体射流冲击技术在农产品加工领域中的应用

杨文侠等（2009）采用气体射流冲击技术，开发无核紫葡萄干燥设备，探讨风温（55℃、57.5℃、60℃、62.5℃、65℃和67.5℃）和风速（3m/s、5m/s、7m/s和9m/s）对无核紫葡萄干燥速率和干燥品质的影响。结果发现，无核紫葡萄干燥存在预热阶段、恒速干燥阶段和降速干燥阶段。升高风温和增大风速，能有效提高恒速干燥阶段的干燥速率和缩短干燥时间，55℃、60℃和65℃条件下分别需51h、35h和21h。但当风温高于65℃时，葡萄表皮在干燥过程中会出现微裂纹，造成糖分向外迁移、产品发黏等问题。风温和风速的变化对产品糖酸影响不显著，产品的总酸含量高出用促干剂生产的葡萄干近1倍；维生素C在干燥的前5h降解较快，随后降解缓慢；试验获得的最佳干燥温度是60～65℃，该条件下可以获得较好的品质和较快的干燥速率。说明气体射流冲击技术干燥无核紫葡萄，干燥速度快，有望替代新疆地区沿用的传统方法（促干剂浸泡后摊铺在地面上直接曝晒，经15d左右完成干燥），以解决化学试剂和添加剂处理的问题，改善产品安全卫生，提升产品质量，带动葡萄产业的长足发展。

近年来热风和太阳能干燥已用于杏子制干，以提高杏子制干的品质、缩短制干时间。采用太阳能干燥技术将杏子的含水率降到15%～25%通常需要4～10d（Sarsilmaz等，2000；过利敏，等，2008），采用热风干燥（55℃，1.2m/s）将杏子湿基含水率降低到25%需30～50h（Doymaz，2004）。为进一步缩短制干时间，肖红伟等（2010）将气体射流冲击干燥技术应用于杏子干燥，研究了杏子在不同干燥温度（50℃、55℃、60℃和65℃）和风速（3m/s、6m/s、9m/s和12m/s）下的干燥曲线、水分有效扩散系数以及干燥活化能。结果表明：在风速为9m/s，干燥温度分别为50℃、55℃、60℃、65℃条件下，干燥时间分别为20h、17h、14h和12h，65℃条件下的干燥时间较50℃缩短了40.0%；在干燥温度为60℃，风速分别为3m/s、6m/s、9m/s和12m/s条件下，干燥时间分别为18h、17h、14h和13h，即风速为12m/s条件下的干燥时间较3m/s缩短了27.8%。说明气体射流冲击干燥技术能有效缩短杏子干燥时间，提高加工效率，且干燥温度对杏子干燥速率的影响比风速更为突出。此外，杏子的整个干燥过程属于降速干燥，有效水分扩散系数值为$8.346～13.846 \times 10^{-10} m^2/s$，并随着干燥温度和风速的升高而增大；通过阿伦尼乌斯公式计算出了杏子干燥活化能为30.62kJ/mol，表明利用气体射流冲击干燥技术从杏子中除去1kg水需要消耗大约1701kJ的能量。

为了提高哈密瓜制干品质、缩短干燥时间，张茜等（2011）将气体射流冲击干燥技术应用于哈密瓜片的干燥，研究了其在不同干燥温度（60℃、65℃、70℃、75℃和80℃）和风速（5m/s、10m/s、15m/s和20m/s）下的干燥曲线、水分有效扩散系数以及干燥活化能，并建立了气体射流冲击干燥哈密瓜片的数学模型。结果表明，哈密瓜片的气体射流冲击干燥属于降速干燥，干燥温度对哈密瓜片的干燥时间和水分有效扩散系数的影响比风速对其的影响更突出。哈密瓜片的干燥时间随着干燥温度的升高而缩短，在风速为15m/s、干燥温度分别为60℃、65℃、70℃、75℃和80℃条件下，哈密瓜片干燥到终了含水率的时间分别为9h、7h、7h、5h和5h，即干燥温度为80℃的干燥时间比其在60℃条件下缩短了44.44%；哈密瓜片水分有效扩散系数（D_{eff}）为$(2.38～4.55) \times 10^{-9} m^2/s$，并随温度升高而增大。此外，ModifiedPage模型能很好地描述和表达哈密瓜片气体射流冲击干燥过程的水分比的变化规律。

为缩短圣女果的制干时间，提高制干品质，王丽红等（2011）将气体射流冲击技术用于圣女果干燥加工。发现圣女果的干燥时间随着干燥温度的升高而减少，干燥温度为50℃、60℃、70℃和80℃时，将湿基含水率降至15%所需时间分别为29h、14h、8h和6h，随着风温提高，干燥时间相应缩短，温度为80℃条件下干燥时间较50℃时减少约80%；干燥温度为 70℃，风速由 10m/s 提高至 12m/s、14m/s 和 16m/s 时，干燥时间由 10h 分别降至 9h、8h 和 7h。圣女果的最佳干燥工艺：温度为 70℃，风速为 14m/s。

张茜（2013）针对当前新疆线辣椒制干生产中存在的干燥时间长、劳动强度大、卫生条件差、干品质量参差不齐、辣椒红色素损失严重等突出问题，将气体射流冲击干燥技术应用于线辣椒的干燥加工，研究了线辣椒在不同干燥温度（60℃、65℃、70℃、75℃和80℃）和风速（3m/s、6m/s、9m/s 和 12m/s）下的干燥曲线、水分有效扩散系数以及干燥活化能，建立了线辣椒气体射流冲击干燥数学模型。研究结果表明，干燥温度和风速均对线辣椒的干燥时间有显著影响，当风速为 9m/s、干燥温度分别为 60℃、65℃、70℃、75℃和80℃时，线辣椒干至终了含水率的时间分别为 16h、12h、9h、8h 和 7h，说明体感干燥温度可以大幅度缩短干燥时间；在干燥温度为 70℃，干燥风速分别为 3m/s、6m/s、9m/s 和 12m/s 条件下，线辣椒的干燥时间分别为 11h、9h、9h 和 8h，适当提高风速可以缩短线辣椒干燥时间；线辣椒在气体射流冲击干燥过程中的水分有效扩散系数为 $(1.07\sim3.29)\times10^{-10}\,m^2/s$，随干燥温度和风速的增大而提高，干燥活化能为 52.07kJ/mol。通过对线辣椒气体射流冲击干燥模型的研究，发现 ModifiedPage 模型与实验数据拟合度最好，能很好地描述线辣椒在气体射流冲击干燥过程中的水分比变化规律。

干燥是西洋参炮制加工的关键环节，西洋参传统的烘房制干存在干燥时间长、劳动强度大和产品品质不稳定等问题。为解决该问题，Xiao 等（2015）将气体射流冲击干燥用于西洋参制干加工，研究了西洋参片在不同干燥温度（35℃、40℃、45℃、50℃、55℃、60℃ 和 65℃）、风速（3m/s、6m/s、9m/s 和 12m/s）和切片厚度（1mm、2mm、3mm 和 4mm）下的气体射流冲击干燥动力学，以及干燥后西洋参片的皂苷含量、微观组织结构、复水特性和色泽等品质特性。研究表明，干燥温度、风速和切片厚度均对西洋参的干燥时间有显著影响，在风速 9m/s，切片厚度 2mm，干燥温度分别为 35℃、40℃、45℃、50℃、55℃、60℃ 和 65℃时，干燥时间分别为 9.0h、7.5h、6.5h、4.5h、3.5h、2.5h 和 2.0h；在干燥温度 45℃，切片厚度 2mm，风速为 3m/s、6m/s、9m/s 和 12m/s 时，西洋参干燥到终了含水率的时间分别为 8.0h、7.0h、6.5h 和 6.0h；在干燥温度 45℃，风速 9m/s，西洋参切片厚度为 1mm、2mm、3mm 和 4mm 时，干燥时间分别为 5.0h、6.5h、7.5h 和 10.0h，说明西洋参的干燥时间随着干燥温度和风速的提高而减少，随着切片厚度增加而增加；西洋参的气体射流冲击干燥属于降速干燥，水分有效扩散系数为 $(0.150\sim1.752)\times10^{-10}\,m^2/s$，随干燥温度、风速和切片厚度的增加而增大；干燥温度和切片厚度对西洋参干燥后的品质影响显著，西洋参的复水率随干燥温度和切片厚度增加而降低；干燥后西洋参的皂苷 Rg_1、Re 和 Rb_1 的含量降低，且 Rg_1 和 Re 的含量随干燥温度的升高而不断降低；干燥后的西洋参表面结构逐渐由不规则的海绵状变为较为规则的蜂窝状，且随着干燥温度升高，表面微孔的直径逐渐增大，西洋参复水后由于表面淀粉糊化由复水前的疏松多孔结构变为致密的组织结构。

此外，气体射流冲击干燥技术用于板栗、红枣脆片和茯苓等的干燥均取得了较好的效果。娄正（2010）采用气体射流冲击干燥板栗，发现将板栗干至终了含水率所需时间为 7～15h，随温度和风速的增加而降低，干燥温度对缩短板栗干燥时间的影响大于风速。此外，产品色泽良好。气体射流冲击干燥用于红枣脆片干燥，干燥时间分别较中短波红外、真空脉动干燥方式缩短 12.5% 和 31.8%，气体射流冲击、中短波红外、真空脉动干燥方式的水分有效扩散系数分别为 $1.55\times10^{-9}\,m^2/s$、$1.03\times10^{-9}\,m^2/s$ 和 $0.89\times10^{-9}\,m^2/s$（钱婧雅等，2016）。采用气体射流干燥可以大幅缩短茯苓干燥时间，55℃条件下，气体射流冲击干燥（8m/s）和普通热风干燥（0.6m/s）的干燥时间分别为 245min 和 480min，气体射流冲击干燥较普通热风干燥时间缩短 48.96%（张卫鹏等，2016）。

综上，与传统干燥技术相比，气体射流冲击干燥技术具有干燥速率快、干燥时间短、加工效率高和产品品质优良等优势。干燥温度和风速对物料干燥速率有显著影响，其中干燥温度对干燥速率的影响较干燥风速更为突出。大部分农产物料在干燥过程中，干燥速率均呈不断下降的趋势，整个干燥过程没有恒速干燥阶段，都属于降速干燥。说明，在干燥过程中，水分由物料内部迁移至表面的阻力远远大于水分由物料表面迁移到空气中的阻力，干燥速率取决于内部水分扩散的速率。这可能是因为，在干燥前期，随着细胞液和导管中大量的可以自由移动的游离水不断被除去，物料内部的组织结构不断收缩，水分移出后的孔径不断坍塌甚至闭合，水分移出的阻力不断增加；在干燥后期，当游离水全部被去除后，物料内部还剩下部分被其他成分牢固结合的结合水，这部分水分移出的阻力远大于游离水，导致物料干燥速率不断降低。干燥温度对干燥速率有显著影响，干燥介质的温度越高，水分蒸发和气化速度就越快，物料内部水分的扩散速率及物料表面水分蒸发的速度就越快。因此，在一定范围内，提高干燥温度能大幅度提高干燥速率，缩短干燥时间。此外，适当提高干燥风速也可以缩短干燥时间，但风速对物料干燥速率的影响随干燥时间逐渐降低，这可能是因为在干燥初期物料含水率高，表面水分供应充足，外界条件如风速对干燥过程的影响较大，而在后期，干燥过程则主要取决于水分在物料内部的迁移，外界因素条件对干燥过程的影响不断减弱。

15.1.4.2　烘焙

气体射流冲击加热具有较高的传热系数，可使物料在较短时间内达到或接近冲击气流的温度。该技术用于食品烘焙，可使产品在极短的时间内熟化，同时使物料内部的水分损失最少，最终达到外焦里嫩的优良品质（杨文侠等，2009）。此外，气体射流冲击技术烘烤食品，无任何污染，与普通烤箱相比具有能耗低等优势（吴薇，高振江，2003）。

传统北京烤鸭的烤制温度高、时间长，烤制过程中皮下脂肪熔化溢出滴落到火上或炙热的炉膛内，会引发热解或热聚反应，从而产生含有致癌物质［多环烃（PAHs）］的烟气，且肉中脂肪高温裂解也会产生 PAHs（杨文侠等，2009）。传统烤制方法，不仅危害消费者健康，也对环境造成了污染。气体射流冲击技术的传热系数高，对不规则形体的物料具有很好的适应性。将该技术用于北京烤鸭的烤制，可提高加工效率，避免传统加热能量传递不均和局部过热的问题。此外，该技术可将温度控制在临界温度 200℃以下，且无明火，可避免高温导致 HCAs 的大量生成与油脂滴落到火焰而产生大量的 PAHs。隋美丽等（2008）将气体射流冲击技术用于北京烤鸭烤制，该技术突破传统烤制的辐射加热方法。它通过加热管加热空气，然后热气流经喷嘴射出后，作用于旋转的鸭坯表面。使鸭坯皮下脂肪溶化，鸭坯膨化，达到烤熟的目的。该装置主要是通过高速的气流，提高对流换热系数，使鸭坯在相同的时间内，获得与传统高温烤制相同的热量。通过实验测定烤制后鸭坯的膨化厚度，结果表明：该设备、该技术可使产品在极短时间内完成熟化，能够达到较好的烤制效果，具有鸭坯膨化效果好、污染少的优点，同时使物料内部的水分损失最少，产品具有外焦内嫩的优良品质。杨文侠等（2009）对不同气体射流冲击烤制温度加工的烤鸭中 3 种 PAHs含量进行高效液相荧光检测。结果表明，15℃条件下晾坯 8h，170～190℃烤制 45min 的烤鸭品质最佳。170℃烤制的烤鸭鸭坯中苯并［a］芘含量为 0.13μg/kg，低于国家限量标准（5μg/kg）和一些欧洲国家的限量标准（1μg/kg）。对于二苯并［a,h］蒽、7,12-二甲基苯并［a］蒽，鸭肉中均未检出。气体射流冲击烤鸭技术能有效减少 PAHs 的产生，低于 200℃下烤制的烤鸭安全性相对高于传统烤鸭。该技术对烤鸭加工标准化具有很重要意义。

烤甘薯质感柔软、风味独特，是人们喜爱的一种传统食品，传统烤制方法采用炭火直接烤制。但炭火烤制过程中会对产品及环境造成污染，物料受热不均，会产生外焦内生现象。为了克服传统烤制方法存在的问题，并利于烤甘薯的机械化加工，高振江等（2003）进行了利用气体射流冲击烘烤甘薯的方法与设备的研究。发现喷嘴气体温度为150℃，出口速度15m/s，对甘薯进行烘焙，当甘薯中心温度达到90℃时，甘薯完全熟化；整个甘薯质构柔软、色泽均匀、气味芳香、外皮与内瓤分离；甘薯含水量损失为总质量的15%～20%（湿基）；直径60mm的甘薯，烘烤时间约为33min，加工成本为0.4～0.5kW·h/kg。此外，用气体射流冲击技术进行甘薯烘烤，无任何污染，可使烤制过程实现机械化作业。

为降低白吉馍的烘烤时间和能耗，魏振东等（2012）将气体射流技术应用于白吉馍烘烤，并使用二次通用旋转和频率分析法进行烘烤工艺的优化，以比容和弹性作为评价指标，获得最优烘烤工艺：以比容为优化指标，烘烤时间7.95min，烘烤温度177.6℃，距离45mm；以弹性为优化指标，烘烤时间6.95min，烘烤温度174.4℃，距离48mm。结果表明气体射流技术可以应用于烘制白吉馍，该方法不但降低了能耗，同时也将传统方法的烘烤时间缩短了近一半。此外，吴薇和高振江（2003）利用气体射流冲击技术烤制马铃薯的过程中，研究了淀粉粒的显微结构变化及烤制马铃薯的口感与马铃薯加热温度之间的关系。结果发现马铃薯中的淀粉在66℃左右开始糊化，到74℃时糊化基本完成。用气体射流冲击烤制马铃薯时，当温度达到95℃时，可满足沙软芳香的口感要求。

气体射流技术在食品烘烤领域具有广阔的应用前景，与传统烤制方法相比，该技术不仅能提高产品品质和加工速率，减少污染和能耗，更为重要的是可使烤制过程实现机械化作业。

15.1.4.3　烫漂

烫漂作为传统的干燥预处理技术，已广泛用于农产品的护色和促干（Yong等，2006；Wang等，2017；张茜，2013）。烫漂能通过钝化POD和PPO酶，减少酶促褐变，起到护色作用；此外，烫漂还具有排除果蔬组织中阻碍传热传质的微气泡、增加果蔬组织透性、提高干燥速率的效果（Deng等，2017；Xiao等，2017）。传统烫漂预处理主要采用热水或蒸汽对物料进行蒸煮或喷淋。热水烫漂设备投资小、设备简单、操作方便，但该方法处理温度高、时间长，热敏性物质损失严重。如经热水烫漂处理后的辣椒，干燥后其辣椒素含量降低21.7%～28.3%，显著高于未处理组（6.5%）（Schweiggert等，2006）。此外，热水烫漂易造成维生素和矿物质等水溶性营养物质的流失，且漂烫后的废液处理也是一个棘手的问题。相对热水烫漂而言，蒸汽烫漂能有效解决传统热水漂烫所造成的营养流失和漂烫后的废液污染问题。但传统蒸汽烫漂传热系数不高，烫漂效率较低；同时，物料在烫漂初期易出现冷凝，引起烫漂不均匀的现象（Deng等，2017）。

高温高湿气体射流冲击烫漂技术（high-humidity hot air impingement blanching，HHAIB）是一项新型烫漂技术，采用高温高湿气体作为烫漂介质，经离心风机加速后高速喷射到物料表面（图15-24），进而实现迅速烫漂的目的（Bai等，2013）。HHAIB技术采用气体作为烫漂介质，避免了传统热水烫漂所造成的水溶性营养物质流失问题；采用高温高湿气体比同体积同温度下的热空气的热焓要大，因此传热效率较高。研究表明，当HHAIB的漂烫温度、风速和相对湿度分别为135℃、14.4m/s和35%时，其对流换热系数高达1400W/(m²·K)，是相同温度和气流速度下热空气对流换热系数的12倍（Bai等，2013a）。HHAIB已被用于辣椒（Wang等，2017）、莲藕（Lin等，2016）、葡萄（Bai等，2013）、苹果（Bai等，2013）、山药（Xiao等，2012）、杏子（Deng等，2018）、红薯条

（Xiao 等，2009）等的烫漂。研究表明 HHAIB 能快速钝化果蔬中的 PPO 和 POD 酶，大幅度提高干燥速率，具有良好的护色和促干效果。

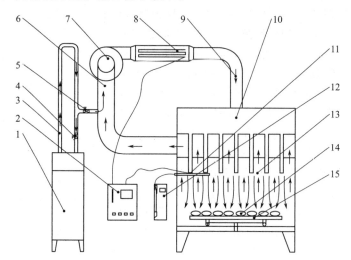

图 15-24　高温高湿气体射流冲击烫漂设备原理图（Bai 等，2013）

1—蒸汽发生器；2—温度控制器；3—蒸汽导管；4—常开阀；5—常闭阀；6—射流冲击回风管道；
7—离心风机；8—电加热管；9—进风管道；10—气流分配室；11—温度传感器；
12—温湿度传感器；13—冲击室；14—物料；15—托盘

采用碱性促干剂浸渍促干和熏硫护色是葡萄制干加工中存在的突出问题。葡萄表皮覆有蜡质层，在干燥过程中阻碍水分迁移。为了提高干燥速率和改善产品色泽，通常采用碱性促干剂将蜡质层溶解掉，采用熏硫处理保持葡萄色泽。但碱性促干剂和硫残留会对消费者造成一定危害。为解决该问题，Bai 等（2013）将 HHAIB 用于无核白葡萄预处理，发现无核白葡萄在 HHAIB 烫漂温度为 110℃，气体相对湿度为 40%～45% 时，葡萄中的多酚氧化酶 PPO 相对酶活在 90s 时降低到 10%，在 120s 时降低到 5%；而当烫漂时间和相对湿度分别保持在 90s 和 40%～45% 时，葡萄中的 PPO 酶活随着烫漂温度的增加而迅速降低，当烫漂温度为 120℃ 时相对酶活降低到 10% 以下，并使葡萄保持较好的色泽。而 Ünal 和 Şener（2006）使用 75℃ 的热水钝化葡萄中的 PPO，需要 4.5min 才能使其活性降低到 10% 左右。说明，HHAIB 具有较高的灭酶速率。此外，将 HHAIB 处理后的葡萄进行干燥，发现随着 HHAIB 烫漂时间的增加葡萄干燥到终了含水率所需时间逐渐减少，烫漂时间为 30s、60s、90s 和 120s 的葡萄在干燥温度为 65℃ 时所需干燥时间分别为 24h、18h、16h 和 15h，其干燥时间与不经处理的葡萄相比分别减少了约 20%、40%、46% 和 50%；经过 HHAIB 烫漂 0s、30s、60s、90s 和 120s 的葡萄在 65℃ 的干燥过程中，水分有效扩散系数分别为 $1.9948 \times 10^{-9} \, \text{m}^2/\text{s}$、$4.0030 \times 10^{-9} \, \text{m}^2/\text{s}$、$5.0126 \times 10^{-9} \, \text{m}^2/\text{s}$ 和 $6.1057 \times 10^{-9} \, \text{m}^2/\text{s}$，分别是未烫漂同等干燥条件下水分有效扩散系数（$0.9712 \times 10^{-9} \, \text{m}^2/\text{s}$）的 2.05 倍、4.12 倍、5.16 倍和 6.29 倍（白竣文等，2013）。由此可见，HHAIB 烫漂处理能够显著钝化氧化酶、改善产品色泽、提高干燥速率及缩短干燥时间。

为提高辣椒干燥速率和改善产品品质，Wang 等（2017a&b）将 HHAIB 应用于辣椒的烫漂促干。线辣椒经 HHAIB 处理后（温度 110℃、相对湿度 40%、气流速度 15m/s、处理 3min），在气体射流冲击干燥（55～85℃）下，干燥时间较未处理组显著缩短 7%～18%。经进一步研究发现，辣椒在 HHAIB（温度 110℃、气流速度 14m/s、相对湿度 35%～40%）处理过程中，随着烫漂时间的延长，物料的干燥时间先逐渐缩短；当烫漂时间超过

120s 后，物料随烫漂时间增加，其干燥时间逐渐延长；而至 240s 时，物料干燥耗时高于未烫漂组。这是由于 HHAIB 处理后辣椒表皮开裂形成微小孔道，进而增加干燥过程中内部水分的迁移速率。然而，随着烫漂时间的增加，物料表面结构逐渐模糊，正常组织结构被破坏，细胞结构坍塌，内部组织发生黏合，这在干燥过程中极易发生表皮结壳而阻碍水分的有效扩散，增加干燥时间（Wang 等，2017）。

杏子干燥时间长，且含有丰富的过氧化物酶，在干燥过程中极易发生色泽劣变（Deng 等，2018）。为减少杏子加工时间与色泽劣变，Deng 等（2018）采用 HHAIB（温度 110℃、相对湿度 35%～40%、气流速度 14m/s）对杏子进行干燥预处理。结果发现，与未处理组相比，经 HHAIB 处理 30s、60s、90s 和 120s 后，杏子的干燥时间分别减少了 20.7%、24.1%、31.0% 和 34.5%。经进一步研究发现，烫漂显著增加了水溶性果胶的含量，而碱溶性和螯合果胶含量均降低，同时，随着烫漂时间的增加，细胞壁多糖发生明显降解——大分子链断裂，果胶高分子聚合体逐渐解聚。此外，细胞超微结构在烫漂过程中也受到破坏，主要表现为细胞壁变形、中胶层溶解、细胞膜破裂。细胞结构破坏和果胶大分子的降解可能减小了水分迁移的阻碍，进而提高了杏子的干燥速率。

将 HHAIB 用于山药干燥前预处理，发现适宜的烫漂处理能显著减少山药片干燥时间，如未烫漂组和烫漂 3min、6min、9min 和 12min（120℃，RH35%）的山药片在 60℃、10m/s 的干燥条件下，所需的干燥时间分别为 510min、420min、330min、450min 和 540min；而过度烫漂处理（12min）会延长干燥时间，这可能是淀粉在烫漂过程中发生了糊化，阻碍了干燥过程中的水分迁移（Xiao 等，2012）。经 HHAIB 处理的红薯条也出现了淀粉糊化和干燥时间增加的现象（Xiao 等，2009）。此外，HHAIB 显著改善了山药片和红薯条干燥后的色泽（Xiao 等，2009 和 2012）。综上，HHAIB 作为一种新开发的果蔬预处理技术，具有熵值高、操作简便、烫漂效率高等优点，而且能有效避免传统热水烫漂过程中所造成的水溶性营养物质损失与废液排放，以及化学试剂预处理引起的食品安全等问题（Xiao 等，2017；Deng 等，2017）。

气体射流冲击技术在农产品加工中，如干燥、烘焙和烫漂等领域具有广阔的应用前景。气体射流冲击技术用于农产品干燥，具有传热效率高、干燥速度快、干燥时间短和产品品质高等优势；用于肉品和甘薯烘烤，可使物料在较短时间内达到或接近冲击气流的温度，提高产品品质和加工速率，减少污染和能耗，实现烤制过程的机械化作业；用于农产品烫漂，可实现迅速钝酶，减少营养物质降解，避免传统热水烫漂所造成的水溶性营养物质流失问题，并能提高物料干燥速率，具有良好的促干和护色效果。

15.2　穿透干燥

穿透干燥是靠压力差使高温气流穿透湿物料而携走水分的过程。显而易见，此类干燥器只适用于连续多孔性物料或粒状非连续物料的除水。由于热气在透过物料时与湿分紧密接触，故对流传热、传质系数得到了极大增加。在相同的温度及流量下，穿透干燥的恒速率可高达冲击干燥的 4～5 倍。因为热气需靠压力的损耗而穿透待干物料，从风机的能耗考虑，穿透干燥对于薄且透气性高的湿物料更有优势。

15.2.1　穿透流动

根据干燥介质的不同，穿透流动的流体力学会有相应的变化。但是总体来说，穿透流动可以分成如下两大类：管道内流动及绕固体外流动。Rumpf 和 Gupte（1971）给出一现象模型，他们借助量纲分析等理论得出一个经验关联式，此关联式对内流、外流两种场合都可适用。一般来说，可以将湿物料看作固定床。对于固定床来说管内流动模型更加适当。就这一模型，共有以下三种处理方法：几何模型、统计模型及应用全 Navier-Stokes 方程的分析模型。由于后两种模型需要复杂的数学公式及推算，这里不再一一加以介绍，感兴趣的读者可参阅 vanBrakel（1975）、Dullien（1975）以及标准参考书如 Carman（1956）、Bear（1972）和 Scheideger（1974）。几何模型更适合大多数穿透干燥的流体流动，故介绍如下。

15.2.1.1　黏性流动

多孔介质对单向流体的阻力通常用 Darcy（1856）定律表示为

$$u = (k/\mu)(\Delta p/L) \tag{15-8}$$

式中，u 为表观速度；μ 为黏度；Δp 为压力差；L 为床层厚度；k 为比透率或 Darcy 透率，简称为透率。除了极个别情况外，当流速足够低时，k 值只取决于微孔的几何结构。

Kozeny（1927）就曲折管路黏性流动引进了现在众所周知的水力半径理论。Carman（1937）将此理论进一步修正并把多孔介质的透率与其孔隙率、内比表面积联系起来得到

$$k = \frac{\varepsilon^3}{k_0 (L_e/L)^2 (1-\varepsilon)^2 a_p^2} \tag{15-9}$$

综合变量 $K = k_0 (L_e/L)^2$ 通常称为 Kozeny 常数，其中 L_e/L 定义为曲折度。据 Carman 的研究结果，5 是 Kozeny 常数的最佳值，因其可以适用回归大多数的实验数据。

Kozeny 的黏性流动理论将多孔介质表示成一排管道的集合体。这些管道的横截面不同，但长度是确定的。同时进一步假设在与管道垂直的截面上流体不存在切向速度，此限制受到 Scheidegger（1974）的强烈批评。另外一些限制也是从水力半径理论继承而来的。诸如，所有孔隙都对流体开放且孔径呈随机分布；扩散（滑动）现象不存在；孔隙率不太高，$\varepsilon < 0.80$。

对 Kozeny 理论批评最多的当属以下三个方面：忽略了大量的由收缩-膨胀而造成的层流损耗；未能指出由自然存在的非均匀性导致的透率异向性；当 $\varepsilon > 0.9$ 时，Kozeny 常数随孔隙率而变化。尽管存在这些以不同理论为基础的批评甚至否定，但 Kozeny 公式仍然是迄今为止被广泛接受并用来表征多介质透率与其几何参数关系的公式。

Kozeny-Carman 方程尤其适用于测量粉末表面积。Dullien（1975）指出当颗粒明显偏离球状或颗粒尺寸分布很大或对于压实介质，应谨慎使用 Kozeny-Carman 方程。该方程预测的透率与实验结果的偏差与曲折度紧密相关。虽然通过调整曲折度的影响可以令二者吻合，但是此办法属没有办法的办法。

Fowler 和 Hertel（1940）通过研究空气穿透棉花、羊毛、人造丝或玻璃丝随机填充的柱塞发现，当式(15-9)中 $K = 5.55$ 时，实验结果与理论预测相当吻合，因而这一公式被多数学者引入硝酸纤维素塑料的穿透流动中，如水的透度、空气的透度。

为了改善 Kozeny-Carman 方程在低雷诺数穿透流动的适用性，也有学者得出与 Blake（1922）、Kozeny（1927）及 Carman（1937）不同的孔隙率函数。Gupte（1971）、Dullien（1975）及 Knauf 和 Doshi（1986）对此有很好的总结。不过这些孔隙率函数在孔隙率适中时，$0.6 \leqslant \varepsilon \leqslant 0.7$，通常给出 $K \approx 5.55$。

15.2.1.2　惯性流动的影响

当多孔介质中孔径较大或流体流速超过一定值时，Darcy 定律将不再适用。Darcy 定律适用的上限或临界雷诺数，目前实验没有一个统一的数据。Scheidegger（1974）指出此临

界值介于 0.1~75 之间。这样大的范围主要是由材料的微孔结构不同及特征长度的选择各异而造成的。

Darcy 定律的失效经常解释为由于流动向湍流过渡。但是，Scheidegger（1960）指出一旦流线由于流向的变化而有足够的扭曲，从而使流体的惯性力相对黏性力显得重要时，Darcy 定律的结果就不再正确。这一观点得到了 Happel 和 Brenner（1965）的肯定。Nelson 和 Galloway（1975）指出，Darcy 定律的失效标志着流动由可逆向不可逆转化而非层流向湍流转化。在小颗粒多孔介质中是否有湍流不确定，假如有的话，应当在更高的雷诺数后出现。Scheneebeli（1955）做的有趣的染料注射实验表明，虽然压力梯度和速度呈非线性关系，即 Darcy 定律不再准确，但染料仍然显示层流。

惯性流动的影响可以有多种数学表示。最简单的形式是将流动阻力看作黏性和惯性阻力的叠加，如 Reynolds（1900）最先提倡为

$$\Delta p/L = \alpha\mu u + \beta\rho u^2 \qquad (15\text{-}10)$$

与 Reynolds 提议的方法相仿，Forchheimer（1901）建议对 Darcy 定律作类似的改善，即增加一项包含流速的平方的影响。后来他又建议可以再增加一项包含流速的立方的影响，以便更好地回归实验数据。前者可看作是通过管道流动相似性原理而得到的半理论半经验公式，后者则只是一纯经验公式。虽然式（15-10）最初是由 Reynolds 提出的，但是它被广泛称为 Forchheimer 关系式。

Missbach（1937）提出压力梯度和速度的关系为

$$\Delta p/L = \alpha u^n \qquad (15\text{-}11)$$

概括来说，n 值应当介于 1~2 之间。当 $n=1$ 时，方程式（15-11）简化为 Darcy 定律。式（15-11）中的参数 α 只在 $n=1$ 或 2 时才有明显的物理意义。除此之外，α 和 n 都不过是一个回归参数。

方程（15-11）是检测惯性流动的影响明显与否的最简单关系式。例如，Gummel（1977）用两个方程来描述其测定的空气穿透流过定量为 20~30g/m^2 卫生纸的压力差与流速间的关系，其一为 Darcy 定律，其二为方程式（15-11），其中 $n=1.5$。如果他将所有数据用式（15-11）来回归，则 $n=1.21$。Polat（1989）通过大量实验证明，即使定量高达 150g/m^2，在相对较缓的流速时，空气穿透该纸张也不能看作仅仅为黏性流动。

Forchheimer 关系式（15-10），或其变型已被广泛而且成功地应用于多孔介质的穿透流动。诸变型中最著名者当属 Ergun（1952）给出的 Ergun 方程

$$\Delta p/L = (150/d_p^2)[(1-\varepsilon)^2/\varepsilon^3]\mu u + (1.75/d_p)[(1-\varepsilon)/\varepsilon^3]\rho u^2 \qquad (15\text{-}12)$$

其中的黏性阻力项为众所周知的 Kozeny-Carman 方程。$150/d_p^2$ 为式（15-9）内的 Ka_p^2。由于 $a_p = b/d_p$，所以 Ka_p^2 变为 $150/d_p^2$。不过人们不清楚为何 Ergun 将 Kozeny 常数取为 4.16 而不是广泛接受的 5。Ergun 采用 Burke 和 Plummer（1928）给出的 1.75 作为惯性阻力项的常数。Macdonald 等（1979）通过大量的实验对 Ergun 方程的检验可总结如下：

① Forchheimer 方程的物理基础准确。

② 该方程经过改进可以适用于大部分非压实介质。改进的具体办法是将 150 变为向 Carman 建议的 180；惯性阻力项常数对光滑颗粒改为 1.8，对粗糙颗粒改为 4.0。

③ Ergun 方程不但在很大的孔隙率范围内都优于其他关系式，而且若将 ε^3 由 $\varepsilon^{3.6}$ 取代则更佳。

④ 如果将 150 改为 170，将 1.75 改为 2，即约高于式（15-12）参数值的 15%，则可更好地适用于非球状颗粒。

Forchheimer 方程的基本型［式（15-10）］对压缩介质的适用性也有报道。经过一系列

的研究，Beavers（1969）及其同事成功地将 Forchheimer 方程应用于水穿透流过无悬空端鼓泡镍丝床、金属网叠层、压实的不锈钢丝垫及极易形变的聚氨基甲酸酯泡沫。对于后一种介质，空气的穿透流动亦符合 Forchheimer 方程。

15.2.1.3　特征长度的选择

根据不同情况，$Re = d_p \rho u / \mu$ 所要求的特征长度 d_p 的选择基准也有极大的变化。除了对非压缩介质广泛应用的颗粒直径外，比表面积的倒数或透率的平方根通常被用作压缩介质的特征长度。同时还存在一些经验定义。例如，Geerrtsma（1974）发现 $\beta / \sqrt{\alpha} = 0.005 / \varepsilon^{5.5}$。这一关系式是基于他本人测得的压缩及非压缩砂粒穿透实验数据和 Green 和 Duwez（1951）对多孔金属测定的结果以及 Cornell 和 Katz（1953）对压缩砂粒的研究数据。使用 Ahmed 和 Sunada 关系式，Forchheimer 方程的另一种变型为 $(\Delta P / L)/(\beta \rho u^2) = (\alpha \mu u)/(\beta \rho u^2) + 1$，$Re$ 则变化为 $0.005 \rho u /(\mu \varepsilon^{5.5} \sqrt{\alpha})$。与 Darcy 定律相比较，$\sqrt{\alpha} = 1/\sqrt{k}$。有趣的是，Rumpf 和 Gupte（1971）通过现象分析也提议使用相同的孔隙率函数，即 $\varepsilon^{-5.5}$ 取代 Kozeny 和 Carman 的 $(1-\varepsilon)^2/\varepsilon^3$ 来描述随机填充的球状颗粒固定床的穿透流动，其孔隙率的适用范围较宽，为 $0.35 < \varepsilon < 0.70$。

Polat 等（1989）成功地使用定义为 $d_p = \beta / \alpha$ 的新特征长度来描述空气穿透流过潮湿及干燥的纸张。随着纸的湿度变化，此特征长度由一个渐近值（无湿）到另一渐近值（全湿）平滑递增。两渐近值与纸的定量密切相关。因为存在针孔，所以薄纸的特征长度比厚纸要大。

15.2.1.4　摩擦因子

人们通常将压降用无量纲摩擦因子 f 来表示。因为大量研究表明，摩擦损耗与流体的动能 $\rho u^2 / 2$ 以及流体与固体的接触表面积 A 成正比，所以阻力 F 表示为

$$F = f A \rho u^2 / 2 \tag{15-13}$$

鉴于方程式(15-13)为比例系数 f 下的一个定义，并非出于流体力学定律，故 f 的定义也非一成不变。

填充床摩擦因子一般仿照管内流动的关系式，相似的定义为

$$f^* = \left(\frac{\Delta p}{L}\right)\left(\frac{d_p}{2 \rho u^2}\right) \tag{15-14}$$

式中，f^* 为通常所谓的 Fanning 摩擦因子。与式(15-14)形式不同的对填充床摩擦因子的定义是由雷诺数的特征长度 d_p（填充床颗粒直径）的定义各异导致的。

Fancher 和 Lewis（1993）运用式（15-14）处理空气、水以及石油穿透流过砂床、砂岩床及铅弹床的实验数据。他们将 d_p 定义为质量平均直径，发现 $f^* = A/Re$，其中 A 随多孔介质而变化。显然他们的实验主要在黏性流动范围。

Chalmers 等（1932）借用 Dupuit 关系式，将表面速度换成孔内流速 u/ε，而 Bakhmeteff 和 Feodoroff（1937）则采用 $u/\varepsilon^{2/3}$。对于内径较小的填充床，Chilton 和 Colburn（1934）在 f 的定义中引入一"床壁因子 A_f"。显然 A_f 是 d_p/D 的函数。Blake（1922）使用 $1/a_p$ 作为 Re 中的 d_p，同时将 f 定义为 $\Delta p \rho \varepsilon^3/(LG^2 a_p)$。后来，Kozeny（1927）推导出颗粒床孔隙流道的水力半径为 ε/a_p。Burke 和 Plummer（1928）使用一变型 Re 令其等于 $G(1-\varepsilon)/a_p$。在其发表的一系列文章中，Carman 将前人的压差实验数据用如下公式相关联

$$f = \frac{\dfrac{\Delta p \varepsilon^3}{L \rho u^2}}{a_p + 4/D} = C\left(\frac{\mu a_p}{\rho \mu}\right)^{0.1} \tag{15-15}$$

式中，C 是一个随颗粒形状而变化的参数；D 为填充床内径。Brownel 和 Katz（1947）于式(15-14)中 d_p 处使用 $d_p \varepsilon^n$，而 n 为颗粒形状和床孔隙率的函数。Leva 等（1951）将其以前的所有研究作了总结。

Ergun（1952）将 Blake、Kozeny、Burke、Plummer 和 Carman 的研究成果结合起来提出了广为肯定的 Ergun 关系式。此式既适用于黏性流动又适用于惯性阻力起主导作用的流动。f 表示为

$$f = \frac{\Delta p}{L} \times \frac{d_p}{2 \rho u^2} \times \frac{\varepsilon^3}{1-\varepsilon} = \frac{150(1-\varepsilon)}{Re} + 1.75 \tag{15-16}$$

图 15-25 显示 Ergun 关系式以及 Blake-Kozeny 方程、Burke-Plummer 方程相对于实验数据的吻合程度。通过演变 Forchheimer 关系式，Ahmed 和 Sunada（1969）提出摩擦因子 f 的另一种定义：$f = \Delta p / (\beta \rho u^2)$，其中 $d_p = \beta/\alpha$，为 Re 的特征长度，从而得

$$f = 1/Re + 1 \tag{15-17}$$

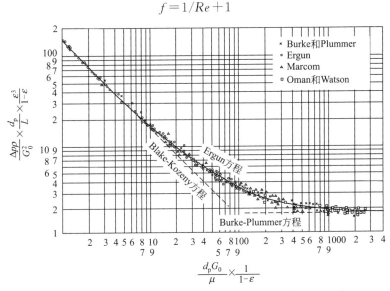

图 15-25 Ergun 关系式与实验数据比较［Bird 等（1965）］

G_0—流体质量通量，kg/(m² · s)；ρ—流体密度

他们发现这一公式极好地代表了许多科研工作者（包括他们自己）测定的实验结果。Polat 等（1989）成功地将此关系式应用在空气对纸的穿透流动中，见图 15-26。

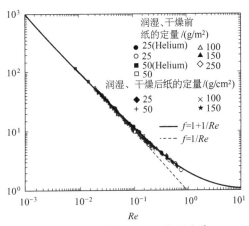

图 15-26 气体流过干纸的压力降

15.2.2　细颗粒多孔介质的传热、传质

15.2.2.1　Ranz-Marshall 模型

由于大多数传质研究是在颗粒相对较大的填充床上完成的，因而对于多孔介质的传热、传质的经验公式大部分只适用于 $Re>10$。这样大的 Re 远远超出通常穿透干燥时，如纸的穿透干燥所遇到的实际值。

无量纲传热、传质系数，由 Nu 和 Sh 的关联式确定，常采用 Ranz 和 Marshall（1952）所提出的模型

$$\left.\begin{array}{l} Nu=2.0+aRe^bPr^{1/3} \\ Sh=2.0+aRe^bSc^{1/3} \end{array}\right\} \tag{15-18}$$

此模型设想随着 Re 的降低，填充床的 Sh 或 Nu 将趋近于一极限值—2。此恰为单一圆球置身于静止流体时的理论值。Ranz 和 Marshall 给出 $a=0.6$，$b=0.5$。其他具体的形式如下：

对单圆柱：McAdam（1954）给出

$$Nu=0.32+0.43Re^{0.52}$$

Whitaker（1977）给出

$$Nu=(0.4Re^{1/2}+0.06Re^{2/3})Pr^{0.4}(\mu/\mu_o)^{1/4}$$

对单球：Whitaker（1977）给出

$$Nu=2+(0.4Re^{1/2}+0.06Re^{2/3})Pr^{0.4}(\mu/\mu_o)^{1/4}$$

对填充床：Whitaker（1977）给出

$$Nu=2+(0.4Re^{1/2}+0.2Re^{2/3})Pr^{0.4}$$

Wakao 和 Kaguei（1982）关于填充床的文献综述表明，式（15-18）中 $a=1.1$，$b=0.6$ 与近来报道的实验数据更一致。不过，对以上各关系式，Re 的范围高于 1，甚至高于 10。

Polat 等（1992）对大部分低 Re（<10）填充床气体流动的传热或传质的实验工作给出一系统的总结。结果发现，小颗粒床的传递现象与大颗粒者相差甚远。不止一例传热、传质研究证实，即使对于圆球颗粒，随着颗粒尺寸的降低，理论上推导出的 Sh 或 Nu 极限值 2 也不尽合理。Sh 或 Nu 随颗粒尺寸而降低的现象分别有如下报道：传质方面 Hurt（1943）对圆柱或不规则薄片，Resnick 和 White（1949）以及 Bar-Ilan 和 Resnick（1951）对晶粒，Wakao 和 Tanisho（1974）对圆柱和晶粒；传热方面 Grootenhuis 等（1951），Eichorn 和 White（1952）以及 Kunii 和 Smith（1961）对圆球。

式（15-18）的形式只与湍流区域的实验数据相吻合。流体的湍动可能使邻近颗粒间的相互作用减弱。颗粒边界层的发展与单一颗粒时的状况相似。如 Cornish（1965）指出描述低 Re 填充床传热、传质的边界条件跟单一颗粒时迥然不同。所以理论上从圆球颗粒推导出的 Sh 或 Nu 极限值 2 对极低 Re 的多孔介质穿透流动没有任何物理意义。在这种情况下，Cornish 认为理论上的极限值应当趋于零。

15.2.2.2　其他模型

Kunii 和 Suzuki（1967）鉴于填充床在低 Re 或 Pe 时的非均匀性提出一沟流模型来解释传热、传质为何大大低于原始理论的期望值。他们的方程如下

$$Sh=\left[\frac{\Phi}{6(1-\varepsilon)\xi}\right]ReSc \tag{15-19}$$

式中，Φ 为形状因子；ξ 为平均沟流长度与颗粒直径的比值。式（15-19）的假设条件如下：

① 对于层流区，流体的温度和浓度与疏散固体值平衡；

② 热、质传递可以用二维坐标描述，同时沟流为柱塞流；

③ 与流速垂直方向上的传热、传质只限于分子扩散。

Martin（1978）指出如果将沟流长度如薄纸的针孔那样取为床层厚度，则该关系式虽然不能用于所有实验数据，但是其与大量实验结果相吻合。

在 Cornish（1965）的基础上，Nelson 和 Galloway（1975）指出由于边界条件的不同，任何想利用无限介质中单一圆球理论去推导低 Re 群的传热、传质关联式的想法都将注定失败。他们建议利用穿透排列有序的圆球流动的位流结果，结合边界层理论和 Danckwerts 的渗透理论，从而得出一适用于微粒密堆填充床的数学模型。在孔隙率极大，即趋近 1 时，他们的公式与 Ranz-Marshall 方程一致。当 $Re \to 0$ 时，此模型变为

$$Sh = \left[\frac{0.18}{(1-\varepsilon)^{1/3}}\right]\left[\frac{1}{(1-\varepsilon)^{1/3}} - 1\right] ReSc^{2/3} \tag{15-20}$$

这两个低 Re 质量传递理论模型，即 Kunii 和 Suzuki（1967）的式（15-19）以及 Nelson 和 Galloway（1975）的式（15-20），分别给出 $Sh \propto ReSc$ 和 $Sh \propto ReSc^{2/3}$。此外，Fedkiw 和 Newman（1978）利用严格奇异扰动方法结合直观分析发现，对填充床反应器，当 Pe 趋近零时体积传质系数随 Pe 线性降低。以上这些 Nu 或 Sh 对 Re 或 Pe 的依赖关系与经典的蠕动流的结果 $[Sh \propto (ReSc)^{1/3}]$ 相差甚远。Nelson 和 Galloway 宣称这是由于他们在边界条件里使用了有限半径的结果。

据 Schlunder（1977）指出，K-S 和 N-G 模型中 Sh 与 Re 的线性关系源于他们对传递系数的定义是基于入口处的温度（或浓度）而非基于平均推动力。他建议在总的传质系数计算时加入孔径分布。Schlunder 将填充床表示为直径各异的毛细管流动，同时将总流量按其孔径大小分布到这些毛细管中。入口效应的管内层流传质方程

$$Sh = \{49 + [4.2 + 0.293(Red/L)^{1/2}]ScRed/L\}^{1/3} \tag{15-21}$$

则被用来预测每个毛细管的传递系数。总的传质系数则通过这些毛细管流的混合而求得。不过要想避免实验测得的在低 Re 时 Sh 与以往理论值的差值，式（15-21）将需要一复杂甚至非实际的孔径分布函数。Krischer 和 Loos（1958）及 Krischer（1963）在理论推导中利用大量不同几何形状的小颗粒床而得到的 Nu 比实验值高出许多。

综上所述，到目前为止还没有一个模型可以普遍适用于各种穿透流动状态。读者在不同的应用领域应当根据理论上吻合使用上简便的原则而决定取舍。

15.2.3　穿透干燥的研究

穿透干燥较高的速率源于干燥介质，不仅与物料表层的湿分接触而且还能作用于物料内部的湿分。干燥介质穿透湿物料，从而缩短了热量传递以及水扩散到干燥介质界面而挥发的距离。控制干燥速率物理过程的相互作用目前还没有成型的理论。仅有的几项关于纸张和纺纱等透气网膜空透干燥的基础研究结果也相互矛盾。表 15-2 列出迄今为止关于纸张穿透干燥的研究条件。

表 15-2　纸张穿透干燥的研究条件

研究者	定量/(g/m²)	温度/℃	流量/[kg/(m²·s)]	初始湿度/(kg/kg)
Chu 和 Kuo(1967)	卫生纸	21~82	0.8~3.3	1.8

续表

研究者	定量/(g/m²)	温度/℃	流量/[kg/(m²·s)]	初始湿度/(kg/kg)
Walser 和 Swenson(1968)	52~150	60~260	0.05~0.25	2.0
Martin(1972)	100	<250	0.8~6.0	
Raj 和 Emmons(1975)	13~64	20,80	0.3~1.65	3.0
Rohrer 和 Gardiner(1976)	16~19	150~350	1.2~3.2	
Wedel 和 Chance(1977)	25~50	200	2.0	2.0
Gummel 和 Schlunder(1980)	20~23	22~95	0.07~1.8	5~10
Polat(1989)	25~150	20~95	0.09~0.55	1~5
Chen(1994)	25~50	20~90	0.1~1.5	1~3
工业应用	15~40	100~400	0.07~4	2~3

　　穿透干燥研究的一大难题是如何自始至终控制热气的流量使之保持恒定。众所周知，随着湿物料水分的降低，其透率不断增大。如果只控制热气在待干物料两边的压差，那么流量从干燥之初至最终的变化将高达 3~5 倍，如 Martin（1972）。由于没有一个固定的流速可以合理地代表穿透干燥过程的速度因素，故穿透干燥的流体力学及传热、传质问题变得相当复杂。实际上这一问题在 Gummel 和 Schlunder（1980）以前的研究都存在。

　　由于其极高的速率，干燥时间相当短，为 1~10s，如何测量快速变化的物料湿度是穿透干燥的另一个难题。Chu 和 Kuo（1967）使用电容器来测物料湿度。此法不但校正复杂而且被 Bond（1991）证明精度极有限。Raj 和 Emmons（1975）则运用原始的称重法来确定纸的湿度变化，此法信号与噪声的比值为 0.1。显而易见，他们的实验精度大打折扣。Walser 和 Swenson（1968）成功地利用 β 射线来监测纸的湿度，不过此系统相对较复杂。

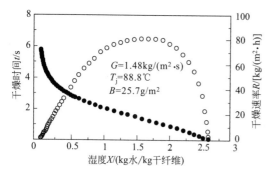

图 15-27　恒流量热空气穿透干燥纸张 X-t-R

　　Gummel 和 Schlunder（1977）第一次将以上两个难题给予初步解决。Polat（1989）在他们的基础上进行了改进，Chen（1994）将此法进一步完善。借助计算机，数据采集频率可根据干燥条件的不同而变化，其最高可超过每秒 10 组。恒定的质量穿透流速通过加热器上游的压力调节阀和与之配套的临界流动阀来控制。物料的湿度通过一红外仪监测空气的绝对湿度而反推出来。这样对每一特定实验都可以得到一组湿度-干燥速率-干燥时间的变化曲线，见图 15-27。由于实验技术的改进，此三项研究都记录到穿透干燥在恒速率达到前有一增速率段。Polat（1989）注意到该增速率段的重要性并且给出物理解释。即，虽然物料很快达到绝热饱和温度，但是气体与湿物料的接触表面积仍需逐渐随物料湿度的降低从初始时的很小值而增加到恒速率时所需的值。Chen（1994）对这一阶段的湿度-干燥速率的关系通过理论分析而得出与实验结果相当吻合的关联式

$$\frac{R}{R_c} = \frac{1-e^{-n_i\left(\frac{X_o-X}{X_o-X_i}\right)}}{1-e^{-n_i}} \tag{15-22}$$

　　式中，X_i 为增速率段终止时物料的湿度；n_i 为与物料特性及流速相关的常数。对于化学浆手抄纸的穿透干燥，$n_i = 3.6$。X_i 则有如下公式

$$X_i = X_o - 0.30 \Delta T^{0.78} G^{0.41} B^{-0.73} \tag{15-23}$$

式中，ΔT 为热气与湿物料的温度差，℃；G 为热气流量，kg/（m^2·s）；B 为纸的定量，g/m^2；X_o 为初始湿度，kg 水/kg 干纤维。

穿透干燥恒速率应当分为热力学控制与流体力学控制两种情况。前者为穿透干燥达到其过程的最高值，即气体离开物料时处于绝热饱和状态。这种情况只有当物料较厚、热气温度不高、流量不大时，才可能达到。在工业应用中，穿透干燥恒速率是由流体力学控制的。其值的大小直接取决于穿透流动的传热、传质系数。对纸的干燥有如下公式

Polat（1989）：$R_c = 0.79 \Delta T^{0.87} G^{0.80} B^{0.16}$　　　　　　　　　　　　　　　　(15-24)

Chen 等（1997）：$R_c = 0.87 \Delta T^{0.91} G^{0.85} B^{0.19}$　　　　　　　　　　　　　　　(15-25)

式(15-25) 显示在工业应用的操作条件下，R_c 可以达到 $700 \sim 800$kg/（m^2·h）。

与一般干燥一样，当物料湿度降低到一定值时，穿透干燥进入降速率段。物料的临界湿度不但随其特性的变化而改变，而且也受干燥强度的影响。由于穿透干燥的非均匀性，临界湿度与物料的初始湿度亦紧密相关。对于化学浆手抄纸的穿透干燥，Polat（1989）发现临界湿度约为初始湿度的 $40\% \sim 60\%$。Chen 等（1997）通过分析穿透干燥速率降低的机理而对化学浆手抄纸的穿透干燥的实验结果回归得到

$$X_c = 0.67 X_o^{0.58} R_{as}^{0.15} B^{-0.19} G^{-0.17} \tag{15-26}$$

式中，R_{as} 为绝热饱和干燥速率。

Polat 等（1991）假设速率的降低是由水的蒸汽压的降低及解吸热的提高所造成的，从而得到降速率段的干燥速率与湿度的关系。不过，此关系过高地预测了干燥速率，因而过低地估算了干燥时间。Chen 等（1997）根据大量实验结果给出一经验公式

$$\frac{R}{R_c} = 1 - \left(1 - \frac{X - X_e}{X_c - X_e}\right)^{n_f} \tag{15-27}$$

对于化学浆手抄纸的穿透干燥，干燥湿度 $X_e = 0$，幂 $n_f = 1.7$。

应当指出，上述的研究结果都是在特定的条件下取得的。因而，只能对其他条件下穿透干燥结果的分析提供借鉴。读者在引用这些实验结果时，应小心谨慎。

15.2.4　穿透干燥的工业应用

由于必须靠压力将热气穿透物料，因此穿透干燥只适用于透气性物料的干燥。出于经济核算，穿透干燥对薄膜透气网占有优势。就干燥器的操作不同可分为转筒干燥器和平板干燥器两大类。前者的工业应用多见于造纸及纺织业；后者又分为有撑和无撑两类。有撑穿透干燥器隶属于带式干燥器一类，可用来干燥小颗粒床，如食品或化工粉末状产品。对此类干燥器，胡尔明（1986）有相应的阐述及设计指导，因此这里不再重复介绍。

图 15-28 所示为一应用于纺织业上的转筒穿透干燥器示意图。热气从一个稍具压力的气罩中均匀地分布在湿物料的表面，然后被吸透过物料从筒的内部排出并投入循环使用。此系统的特点是一台风机满足了送风和抽吸两种功能。对于无纺布干燥器的功能，不但是除去其所携带的水分，而且在产品出干燥器前要经过塑化使高分子链上的活性基团相互连接，从而提高产品质量。图 15-29 所示为此种干燥器的示意图。对于转筒穿透干燥器也有人将热气充入滚筒，然后借助高压使其穿透绕在筒外的湿物料。这种气路的优点是不需要很好的真空密封设备。

平板穿透干燥器在无纺布的干燥方面也有应用。图 15-30 所示为气体流动示意图。穿透干燥器的设计指标首先应该是根据物料的特性选择适当的操作温度，然后根据其透率及物料两面合理的压力差来确定热气流量。然后通过对干燥速率的测量或估算而得到干燥所需的时间，从而根据生产能力来决定干燥器的尺寸。

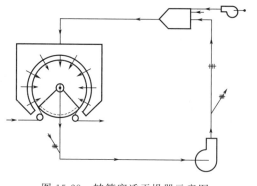

图 15-28　转筒穿透干燥器示意图

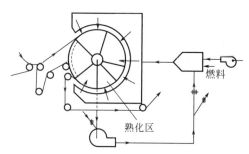

图 15-29　具有高温养护功能的穿透干燥器

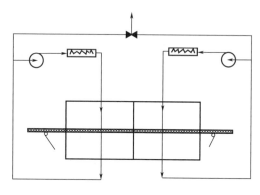

图 15-30　平板穿透干燥器气流

15.3　冲击穿透干燥

　　冲击穿透干燥器为本章前两节所讲的两种干燥器的结合。其操作原理为热气通过喷嘴冲击到湿物料表面，一部分从物料表面弹回（冲击部分），另一部分则靠压力差而穿透物料（穿透部分）。此型干燥器的优点在于当物料温度高而透率低时，冲击干燥恰好可以最高速率除去湿分；当物料湿度较低时，虽然冲击干燥进入降速率阶段，但是物料透率此时已相当大，因而穿透流速则增加很多。冲击干燥与穿透干燥的互补令此干燥器在一定的风机能耗下干燥时间相对缩短。此外，穿透流动将物料很好地附着在支撑表面，因而防止易损产品由于冲击流产生的非均静压而损坏。冲击穿透干燥器可应用于稍厚的多孔透气性物料。不过到目前为止，此种干燥器还未见工业应用。其中原因可能是对此类干燥器的系统研究直到最近才完成。本节将着重介绍此种干燥器的基础研究。

15.3.1　冲击穿透干燥器的研究

　　冲击穿透干燥器的设想始于 20 世纪 60 年代末 70 年代初。当时冲击干燥器已经被用来取代传统的滚筒表面干燥器以干燥卫生纸及纸巾。穿透干燥器也在此领域逐渐被采用。鉴于此两种干燥器可以互补，加拿大造纸研究所所长 Burgess 亲自主持了冲击穿透干燥的中试及厂试。Burgess 等（1972）的结论如其所料，成功地实现了新闻纸的干燥，而且证明此种干燥器比较经济，同时产品质量可与传统方法相媲美。Crotogino 和 Allenger（1979）就此干燥器建立了一数学模型，主张其干燥速率与穿透速率成正比。Randall（1984）从传热角度给出另一模型，认为冲击干燥速率受穿透流动的影响，但是穿透干燥速率将因为冲击干燥而降低。两模型都假设空气穿透湿物料后达到绝热饱和状态。由于此种干燥器设计与操作特殊困难，对其基本原理的研究直到 1994 年才由陈国华于加拿大 McGill 大学完成。以下就此作一介绍。

15.3.2　冲击穿透干燥器的基本原理

与前两节所讲的干燥器相比，冲击穿透干燥器具有以下特点：首先它具有两个出气口，即冲击和穿透；其次此两个出口的含水量与温度的关系与入口处的值不存在绝热增湿关系；最后穿透流体的含水量除了有一初始增速率段、恒速率段和降速率段外，在恒速与降速之间还可能有一二次增速率段。后者是冲击穿透干燥器的一大特征。

非绝热增湿及二次增速率现象是冲击流动与穿透流动相互作用的必然结果。前者由于冲击传热而蒸发水分被穿透流体携带走，后者则因冲击流动在降速率段升高物料的温度，从而提高穿透流动的饱和湿度，并导致冲击流体恒速率段的含水量随穿透流量的比例而线性降低。这种降低与冲击传热随穿透流量的增大而增加并不矛盾。传热系数的测定以冲击表面为基准，其结果为冲击流体和穿透流体散热的总和。冲击流体的含水量则只反映冲击流体的部分散热。由于冲击流场在 z 方向的非均匀性，故临近湿物料处气体湿度相应高，同时温度相应低。随着穿透流量的增大，从冲击流出口排出乏气，因而温度逐渐增加，同时含水量降低。穿透流体恒速率段的含水量则不随冲击流量的改变而变化。对于纸张冲击穿透干燥的具体变化参数及回归关系式，感兴趣的读者可参考文献 [29，108，109，114，115]，这里不再详述。

15.3.3　冲击穿透干燥器的设计构想

图 15-31 显示了冲击穿透干燥器的基本流程，其与另两种干燥器的差别就在于乏气的排放。值得指出的是，到目前为止，此类干燥器还没有工业化。设计者在参照这些构想时不应受其思路限制，而是应当在经验的基础上大胆尝试。

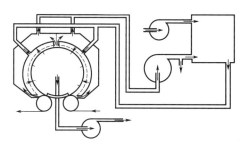

图 15-31　冲击穿透干燥器结构示意图

符号说明

a_p——内比表面积，m^2/m^3；

A——流体与固体的接触表面积，m^2，反映 f^* 与 Re 关系的常数；

A_f——床壁因子，d_p/D 的函数；

$a，b$——常数；

B——纸的定量，g/m^2；

B_h——有蒸发影响时的传热系数的校正参数，$B_h = c_p(T_j - T_s)/\lambda$；

C——式（15-15）的常数；

C_o——式（15-4）的常数，$C_o = \left[1 + \left(\dfrac{H/d}{0.6} \Big/ \sqrt{\varphi}\right)^6\right]^{-0.05}$；

C_1，C_2——任意常数；

C_D——喷嘴流量系数；

c_p——常压比热容，kJ/(kg·K)；

d——圆形喷嘴或毛细管内径，m；

d_p——特征长度，m；

D——填充床内径，m；

D_{AB}——二元体系质量扩散系数，m^2/s；

E——卷吸因子，$(T_i - T_a)/(T_j - T_s)$；

f——无量纲摩擦因子；

f^*——Fanning 摩擦因子；

F——流体摩擦阻力，N；

G——热气流量，$kg/(m^2 \cdot s)$；

h——有蒸发影响时的传热系数，$W/(m^2 \cdot K)$；

I_c——交叉干扰系数，$\varphi L_c/d$；

k——比透率或 Darcy 透率，简称为透率，m^2；

k_o——反映 K 与 L_e/L 关系的常数；

k_c——传质系数，m/s；

K——Kozeny 常数，$k_o(L_e/L)^2$；

L——固定床床层厚度，m；

L_e——微孔实际长度，m；

Mu_s——穿透流动与喷射流动的质量流量比，$\rho_s u_s/(\rho_j v_j)$；

Mv_s——流体在冲击面的质量速度与在喷嘴处的比值，$\rho_s v_s/(\rho_j v_j)$；

n——式（15-11）的幂；

n_f——式（15-27）的幂；

n_i——式（15-22）的幂；

Δp——压力差，Pa；

Q——单位传热面积的气体体积流量，$m^3/(m^2 \cdot s)$；

r——冲击面上测点距圆形喷嘴中心的距离，m；

R——干燥速率，$kg/(m^2 \cdot h)$；

R_{as}——绝热饱和干燥速率，$kg/(m^2 \cdot h)$；

R_c——干燥恒速率，$kg/(m^2 \cdot h)$；

$2S$——喷嘴的间距，m；

T_a——乏气的温度，℃；

T_j——喷嘴出口处空气温度，℃；

T_s——冲击面温度，℃；

ΔT——热气与湿物料的温度差，℃；

u——表观速度，m/s；

u_s——穿透流速，m/s；

v_j——喷嘴出口空气速率，m/s；

v_s——冲击面运动速率，m/s；

w——条形喷嘴开口宽度，m；

w'——校正后的条形喷嘴开口宽度，$w' = wC_D$，m；

X_o——初始温度，kg 水/kg 干物料；

X_c——临界湿度，kg 水/kg 干物料；

X_e——平衡湿度，kg 水/kg 干物料；

X_i——增速段终止时物料的湿度，kg 水/kg 干物料；

y——冲击面止测点距条形喷嘴中心的距离，m；

α——式（15-10）中的黏滞阻力参数，m^{-2}；

β——式（15-10）中的惯性阻力参数，m^{-1}；

ε——孔隙率；

κ——热导率，$W/(m \cdot K)$；

λ——水的潜热，kJ/kg；

μ——黏度，Pa·s；

ξ——平均沟流长度与颗粒直径的比值；

ρ——密度，kg/m^3；

φ——开孔率；

φ_o——式（15-3）中的结构参数；

Φ——式（15-19）中的形状因子。

无量纲数

Nu——Nusselt 数，hd/κ 或 hw/κ；

Nu_{I_c}——有交叉干扰的 Nusselt 数，$Nu(1 - 0.236I_c)$；

Pe——Peclet 数，$RePr$；

Pr——Prandtl 数，$c_p\mu/\kappa$；

Re——Reynolds 数，$Re = \rho v_j d/\mu$，$\rho u d_p/\mu$ 或 $\rho v_j w/\mu$；

Sc——Schmidt 数，$Sr = \mu/(\rho D_{AB})$；

Sh——Sherwood 数，$Sh = k_c d/D_{AB}$；

St——Stanton 数，$St = Nu/(RePr)$。

[1]　Polat S. Heat and mass transfer in impingement drying . Drying Technology, 1993, 11（6）: 1147-1176.

[2]　Dosdogru G A. Uber die Ausfuhrung von Schlitzdusen im Untershallbererch. Mitteilungen Heft 2: Forschungs-gesell schaft DDDD ruckmaschinen e. V, 1969.

[3]　Obot N T. Flow and heat transfer for impinging round turbulent jets. Montreal: McGill University, 1980.

[4]　Hollworth B R, Wilson S I. Entrainment effects on impingement heat transfer. Part I -Measurements of heated jet velocity and temperature distributions and recovery temperatures on target surface. J Heat Transfer, 1984, 106: 1261-1272.

[5]　Kataoka K, Shundoh H, Matsuo H. Convective heat transfer between a flat plate and a jet of hot gas impinging on it, Drying' 94, Mujumdar A S. ed. McGraw Hill Book Co, 1984: 218-226.

[6]　Saad N R, Polat S, Douglas W J M. Confined multiple impinging slot jets without cross flow effects. Int J Heat and Fluid Flow, 1992, 13（1）: 2-14.

[7]　Gutmark E, Wolfshtein M, Mygnanski I. The plane turbulent impinging jet. J Fluid Mechanics, 1978, 88（4）: 737-756.

[8]　Saad N R. Flow and heat transfer for multiple turbulent impinging slot jets. Montreal: McGill University, 1981.

[9]　Gardon R, Akfirat J C. The role of turbulence in determining the heat transfer characteristics of impinging jets. Int J Heat Mass Transfer, 1965, 8: 1261-1272.

[10]　Chen G. Impingement heat transfer with reentry channel nozzles. Montreal: McGill University, 1989.

[11]　Polat S, Mujumdar A S, Douglas W J M. Impingement heat transfer under a confined slot jet, Part I : Effect of surface through flow . Can J Chem Eng, 1991, 69: 266-274.

[12]　Hardisty H, Can M. An experimental investigation into the effect of changes in the geometry of a slot nozzle on the heat transfer characteristics of an impinging jet . Proc Instn Mech Engrs, 1980, 197C: 7-15.

[13]　Daane R A, Han S T. An analysis of air impingement drying. Tappi J, 1961, 44（1）.

[14]　Martin H. Heat and mass transfer between imping jets ans solid surface. Advances in Heat Transfer, Academic Press, 1977, 13: 1-60.

[15]　Polat S, Douglas W J M. Heat transfer under multiple slot jets impinging on a permeable moving surface. AIChE J, 1990, 36（9）: 1370-1378.

[16]　Striegl S A, Diller T E. The effect of entrainment temperature on jet impingement heat transfer. J Heat Transfer, 1984, 106: 27-33.

[17]　Striegl S A, Diller T E. An analysis of the effect of entrainment temperature on jet impingement heat transfer J. Heat Transfer, 1984, 106: 804-810.

[18]　Journeaux I, Crotogino R H, Douglas W J M. "Impinging jet heat transfer in calender control systems , part I and II", manuscript in preparation, 1992.

[19]　Polat S, Mujumdar A S, Douglas W J M. Impingement heat transfer under a confined slot jet , Part II : Effect of surface motion and through flow. Can J Chem Eng, 1991, 69: 274-280.

[20]　Huang B. Heat transfer under an inclined slot jet impinging on a moving surface. Montreal: McGill University, 1988.

[21]　Saad N R, Mujumdar A S, Douglas W J M. Heat transfer under multiple turbulent slot jets impinging on a flat plate , Drying 80, Mujumdar A S , Hemisphere N Y ed, 1980: 422-430.

[22]　Chance J L. Experimental investigation of air impingement heat transfer under an array of impinging jets. Tappi J, 1974, 57（6）: 108-112.

[23]　Brid R B, Stweard W E, Lightfoot E N. Transport Phenomena. N Y: Hohn Wiley & Sons, 1960.

[24]　Crotoginao R H, Allenger V. Mathematical model of the papridryer process, Trans of the Tech Section. Can. Pulp Paper Asson, 1979, 5（4）: 84-91.

[25]　Bond J F, Crotogino R H, Douglas W J M, Mujumdar A S, Van Heiningen A RP. Impingement drying of paper in superheated steam in the constant rate period. Technology Today, 1991, 5: 284-288.

[26]　Richards D R, Florschuetz L W. "Forced convection heat transfer to air/water vapor mixtures", Proc. of the Eighth Int. Heat Transfer Conference , San Francisco, 1986, 3: 1053-1058.

［27］ Mori Y, Effect of 2-dimensional roughness on forced convective transfer. Bulletin of the Japan Society of Mechanical Engineers, 1972, 15（90）: 1581-1590.

［28］ Bond J F, Crotogino R H, Van Heininge A R P, Douglas W J M. An experimental study of the falling rate period of superheated steam drying of paper. Drying Technology, 1992, 10（4）: 961-978.

［29］ Chen G, Gomes V G, Douglas W J M . Impingement of drying of paper. Drying Technology , 1995, 13（5-7）: 1331-1344.

［30］ Bell D O, Seyed-Yagoobi J, Fletcher L S. Recent developments in paper drying. Advances in Drying, Hemisphere Publishing Corp. , 1992, 5: 203-261.

［31］ Cohen E D. Thin film drying, Modern Coating and Drying Technology. VCH Publisher Inc, 1992: 267-295.

［32］ Walker C E. Air-impingement drying and toasting of ready-to-eat cereals. Cereal Foods World, 1991, 36（10）: 871-877.

［33］ Jet Zone. High velocity air impingement ovens. Wolverine Corp, 1996.

［34］ Polat O, Crotogino R H, Douglas W J M. Through drying of paper: a review, Advances in Drying. Hemisphere Publishing Corp, 1992, 5: 263-299.

［35］ 代建武, 肖红伟, 谢龙, 等. 倾斜料盘式气体射流冲击干燥机设计与试验. 农业机械学报, 2015, 46（7）: 238-244.

［36］ 王丽红, 高振江, 林海, 等. 脉动式气体射流冲击干燥机. 农业机械学报, 2011b, 42（10）: 141-144.

［37］ 姚雪东, 肖红伟, 高振江, 等. 气流冲击式转筒干燥机设计与试验. 农业机械学报, 2009, 40（10）: 67-70.

［38］ 姚雪东, 高振江, 林海, 等. 披碱草种子的气流冲击式转筒干燥试验. 农业工程学报, 2011, 27（8）: 132-137.

［39］ 杨文侠, 高振江, 谭红梅, 等. 气体射流冲击干燥无核紫葡萄及品质分析. 农业工程学报, 2009a, 25（4）: 237-242.

［40］ 肖红伟, 张世湘, 白竣文, 等. 杏子的气体射流冲击干燥特性. 农业工程学报, 2010, 26（7）: 318-323.

［41］ 张茜, 肖红伟, 代建武, 等. 哈密瓜片气体射流冲击干燥特性和干燥模型. 农业工程学报, 2011, 27（s1）: 382-388.

［42］ Sarsilmaz C, Idiz C, Pehlivan D. Drying of apricots in a rotary column cylindrical dryer （RCCD） supported with solar energy. Renewable Energy, 2000, 21（2）: 117-127.

［43］ 过利敏, 张谦, 赵晓梅, 等. 优质杏干的太阳能干燥特点及其工艺研究. 新疆农业科学, 2008, 45（6）: 1102-1109.

［44］ Doymaz I. Effect of pre ~ treatments using potassium metabisulphide and alkaline ethyl oleate on the drying kinetics of apricots. Biosystems Engineering, 2004, 89（3）: 281-287.

［45］ 王丽红, 高振江, 肖红伟, 等. 圣女果的气体射流冲击干燥动力学. 江苏大学学报（自然科学版）, 2011b, 32（5）: 540-544.

［46］ 张茜. 新疆线辣椒气体射流冲击干燥特性及干燥品质的研究. 北京: 中国农业大学, 2013.

［47］ Xiao H. W, Bai J W, Xie L, Sun D W, Gao Z J. Thin ~ layer air impingement drying enhances drying rate of American ginseng （Panax quinquefolium, L. ） slices with quality attributes considered. Food & Bioproducts Processing, 2015, 94: 581-591.

［48］ 钱婧雅, 张茜, 肖红伟, 等. 三种干燥技术对红枣脆片干燥特性和品质的影响. 农业工程学报, 2016, 32（17）: 259-265.

［49］ 张卫鹏, 高振江, 肖红伟, 等. 基于 Weibull 函数不同干燥方式下的茯苓干燥特性. 农业工程学报, 2015, 31（5）: 317-324.

［50］ 吴薇, 高振江, 杜志龙. 环保型气体射流冲击烫漂技术的研究. 粮油加工与食品机械, 2003a, 11: 63-64.

［51］ 杨文侠, 张世湘, 高振江, 等. 气体射流冲击烤鸭加工装备技术及食用安全性评估. 中国农业大学学报, 2009b, 14（2）: 116-120.

［52］ 隋美丽, 高振江, 方小明, 等. 基于气体射流冲击技术北京烤鸭机的实验研究. 食品科技, 2008, 33（8）: 88-90.

［53］ 高振江, 王德成, 吴薇, 等. 气体射流冲击烘烤甘薯的试验研究. 中国农业大学学报, 2003, 8（2）: 55-57.

［54］ 魏振东, 肖旭霖, 曹佳. "白吉馍" 气体射流烘烤工艺的优化. 中国粮油学报, 2012, 27（8）: 93-97.

［55］ 吴薇, 高振江. 马铃薯在气体射流冲击烤制过程中其淀粉粒的显微结构变化. 粮油加工与食品机械, 2003b, 10: 18-19.

［56］ Yong C K, Islam M R, Mujumdar A S. Mechanical means of enhancing drying rates: Effect on drying kinetics and quality. Drying technology, 2006, 24（3）: 397-404.

［57］ Wang J, Yang X H, Mujumdar A S, Wang D, Zhao J H, Fang X M, Zhang Q, Xie L, Gao Z J, Xiao H W. Effects of various blanching methods on weight loss, enzymes inactivation, phytochemical contents, antioxidant capacity, ultrastructure and drying kinetics of red bell pepper （Capsicum annuum L. ）. LWT-Food Science and Technology, 2017a, 77: 337-347.

［58］ Wang J, Fang X M, Mujumdar A S, Qian J Y, Zhang Q, Yang X H, Liu Y H, Gao Z J, Xiao H W. Effect of high-humidity hot air impingement blanching（HHAIB）on drying and quality of red pepper（Capsicum an-nuum L.）. Food Chemistry, 2017b, 220: 145-152.

［59］ Deng L Z, Mujumdar A S, Zhang Q, Yang X H, Wang J, Zheng Z A, Xiao H W. Chemical and physical pre-treatments of fruits and vegetables: Effects on drying characteristics and quality attributes-a comprehensive review. Critical Reviews in Food Science and Nutrition, 2017, doi: 10. 1080/10408398. 2017. 1409192.

［60］ Xiao H W, Pan Z, Deng L Z, El-Mashad H M, Yang X H, Mujumdar A S, Zhang Q. Recent developments and trends in thermal blanching-A comprehensive review. Information Processing in Agriculture, 2017, 4（2）: 101-127.

［61］ Schweiggert U, Schieber A, Carle R. Effects of blanching and storage on capsaicinoid stability and peroxidase activity of hot chili peppers（Capsicum frutescens L.）. Innovative food science & emerging technologies, 2006, 7（3）: 217-224.

［62］ Bai J W, Sun D W, Xiao H W, Mujumdar A S, Gao Z J. Novel high-humidity hot air impingement blanching （HHAIB）pretreatment enhances drying kinetics and color attributes of seedless grapes. Innovative Food Science & Emerging Technologies, 2013a, 20: 230-237.

［63］ Lin Y W, Liu Y H, Wang L, Xie L, Xie Y C, Zhang Q, Xiao H W. Vitamin C degradation and polyphenol oxi-dase inactivation of lotus root under boiling water blanching and steam blanching. International Agricultural Engineering Journal, 2016, 25（4）: 257-266.

［64］ Bai J W, Gao Z J, Xiao H W, Wang X T, Zhang Q. Polyphenol oxidase inactivation and vitamin C degradation kinetics of Fuji apple quarters by high humidity air impingement blanching. International Journal of Food Sci-ence & Technology, 2013b, 48（6）: 1135-1141.

［65］ Xiao H W, Yao X D, Lin H, Yang W X, Meng J S, Gao Z. Effect of SSB（superheated steam blanching）time and drying temperature on hot air impingement drying kinetics and quality attributes of yam slices. Journal of Food Process Engineering, 2012, 35（3）: 370-390.

［66］ Deng L Z, Mujumdar A S, Yang X H, Wang J, Zhang Q, Zheng Z A, Gao Z J, Xiao H W. High humidity hot air impingement blanching（HHAIB）enhances drying rate and softens texture of apricot via cell wall pectin polysaccharides degradation and ultrastructure modification. Food chemistry, 2018, 261: 292-300.

［67］ Xiao H W, Lin H, Yao X D, Du Z L, Lou Z, Gao Z J. Effects of different pretreatments on drying kinetics and quality of sweet potato bars undergoing air impingement drying. International Journal of Food Engineering, 2009, 5（5）: 1-17.

［68］ Ünal M Ü, Şener A. Determination of some biochemical properties of polyphenol oxidase from Emir Grape （Vitis vinifera L. cv. Emir）. Journal of the Science of Food and Agriculture, 2006, 86: 2374-2379.

［69］ 白竣文, 王吉亮, 肖红伟, 等. 基于 Weibull 分布函数的葡萄干燥过程模拟及应用. 农业工程学报, 2013, 29（16）: 278-285.

［70］ Rumpf H, Gupte A R. Einflusse der porosität Korngroβenverteilung im widerstandsgesetz der porenstro-mung. Chem Ing Tech, 1971, 43（6）: 367-375.

［71］ Van Braker J. Pore space models for transport phenomena in porous media . Powder Technology, 1975, 11: 205-236.

［72］ Dullien F A L. Single phase flow through porous media and pore structure. Chem Eng J, 1975, 10: 1-34.

［73］ Carman P C. Flow of gases through porous media. London: Butterworths, 1975.

［74］ Bear J. Dynamics of fiuids in porous media. N Y: Elsevier Science Publishers, 1972.

［75］ cheidegger A E. The physics of flow through porous media. 3rd Edition. Toronto: University of Toronto Press, 1974.

［76］ Darcy H. Les fontines publiques de la ville de Dijon. Paris: V Dalmont, 1856.

［77］ Kozeny J . Uber kapillare leitung des wassers in boden. Sitz Ber Akad Wiss Wien Math-Naturwiss KI Abt IIA, 1927, 136: 271-306.

［78］ Carman P C. Fluid flow through granular beds. Trans Inst Chem Eng, 1937, 15: 150-166.

［79］ Childs E C, Collis-George N. The permeability of porous materials. Proc R Soc, London, 1950, Ser. A 201, 392-405.

［80］ Kyan C P, Wasan D T, Kintner R C. Flow of single-phase fluids through fibrous beds. Ind Eng Chem Fundam, 1970, 9（4）: 596-603.

[81] Fowler J, Hertel K L. Flow of a gas through porous media. J Appl Phys, 1940, 11: 496-502.

[82] Roberston A A, Mason S G. Specific surface of cellulose fibers by the liquid permeability method. Pulp Paper Mag. Can. , 1949, 50（13）: 103-110.

[83] Mason S G. The specific surface of fibres-its measurement and application. Tappi J, 1950, 8: 403-409.

[84] Ingmanson W L. Filtration resistance of compressible materials. Chem. Eng Progr, 1953, 49: 577-584.

[85] Gren U B. Compressibility and permeability of packed beds of cellulose fibres: the influence of cooking method and yield. Svensk Papperstidn, 1972, 75（19）: 785-793.

[86] Garner R G, Kerekes R J. Aerodynamic characterizatino of dry wood pulp. Trans Tech Sec CPPA, 1978, 4（3）: TR82-TR89.

[87] Knauf G H, Doshi M R. Calculation of aerodynamic porosity , specific surface area, and specific volume from Gurley seconds measurements. Proc of Tappi Int Process and Materials Quality Conf, Atlanta, Ga. USA, 1986: 233-239.

[88] Polat O. Through drying of paper. Montreal: McGill University, 1989.

[89] Blake F C. The resistance of packing to fluid flow. Trans Am Inst Chem Eng, 1922, 14: 415-421.

[90] Gupte A R. Structure of packings composed of spherical particles-random criteria and test methods with regard to porous flow. Chemie Ingeieur Technik, 1971, 43（13）: 754-761.

[91] Scheidegger A E. The physics of flow through porous media. 2nd Edition. Toronto: University of Toronto Press, 1960.

[92] Happel J, Brenner H. Low Reynolds number hydrodynamics, with special application to particulate media, Englewood Cliffs, N J, Prentice-Hall, 1965.

[93] Nelson P A, Galloway T R. Particle-to-fluid heat and mass transfer in dense systems of fine particles. Chem Eng Sci, 1975, 30: 1-6.

[94] Scheneebeli G. Experiences sur la limits de validite de la loi Darcy et I' apparition de la turbulence dans ecoulement de filtration. Houille Blanche, 1955, # 2: 144-149.

[95] Reynolds O. Papers on mechanical and physical subjects. London: Cambridge University Press, 1990.

[96] Forchheimer P. Wasserbewegung durch boden. Z Ver Ditsch Ing, 1901, 45: 1782.

[97] Missbach A. "Listy Cukrovar", Vol 55, 1937, Prague, Czechoslovakia. Available from: Technical Information Center, U. S. Army Engineer Waterways Experiment Station, P. O. Box 631, Vicksburg, MS 39180-0631.

[98] Gummel P. Through drying: an experimental and theoretical study of drying rate of textiles and paper. Ph D Thesis, University of Karlsruhe, 1977.

[99] Ergun S. Fluid flow through packed columns. Chem Eng Progr, 1956, 48（2）: 89-94.

[100] Burke S P, Plummer W B. Gas flow through packed columns . Ind Eng Chem, 1928, 20: 1196-1200.

[101] Macdonald I F, EI-Sayed M S, Mow K, Dullien F A. Flow through porous media-Ergun equation revisited. Ind Eng Chem Fundam, 1979, 18（3）: 199-208.

[102] Green L, Duwez P. Fluid flow through porous metals. J Appl Mech, 1951, 18: 39-44.

[103] Ahmed N, Sunada D K. Nonlinear flow in porous media. J Hydraul Div Proc ASCE, 1969, 95（HY6）: 1847-1857.

[104] Beavers G S, Sparrow E M. Non-Darcy flow through fibrous porous media. J Appl Mech Trans ASME, 1969, 91（4）: 711-714.

[105] Geertsma J. Estimating coefficient of inertial resistance in fluid-flow through porous-media. Society of Petroleum Engineers Journal, 1974, 14（5）: 445-450.

[106] Cornell D, Katz D L . Flow of gases through consolidated porous media. Ind Eng Chem, 1953, 45: 2145-2152.

[107] Polat O, Crotogino R H, Douglas W J M . Throughflow across moist and dry paper. In Foundamentals of Papermaking, London: MEP Itd, 1989, 2: 732-742.

[108] Fancher G H, Lewis J A. Flow of simple fluids through porous materials. Ind Eng Chem, 1933, 25（10）: 1139-1147.

[109] Chalmers J, Talisferro D B, Raelins E L . Flow of air and gas through porous Media. Trans Am Inst Min Metall Eng Petro Div, 1932, 98: 375-400.

[110] Bakhmeteff B A,Feodoreff N V. Flow through granular media . J Appl Mech, 1937, 4: A97-A104 .

［111］ Chilton T H, Colburn A P. Pressure drop in packed tubes. Ind Eng Chem, 1934, 23: 913-934.

［112］ Carman P C. Determination of the specific surface of powders I. J Soc Che Ind（London）, 1938, 57: 225-234.

［113］ Carman P C. Determination of the specific surface of powders I. J Soc Che Ind（London）, 1939, 58: 1-7.

［114］ Brownet L E, Katz D L. Flow of fluids through porous media, part I : Single homogeneous fluids. Chem Eng Progr, 1947, 43（10）: 537-548.

［115］ Leva M, Weintraub M, Pollchik M, Storch H H. Fluid flow through packed and fluidized systems. U S Bur Mines Bull, 1951, 504: 149.

［116］ Ranz W E, Marshall W R. Evaporation from drops, I and II. Chem Eng Progr, 1952, 48（3）: 141-146; 48（4）: 173-180.

［117］ McAdams W H. Heat transmission. 3rd edition. N Y: McGraw-Hill, 1954.

［118］ Whitaker S. Fundamental principles of heat transfer. N Y: Pergamon, 1977.

［119］ Wakao N, Kaguei S. Heat and mass transfer in packed beds. N Y: Gordon and Breach Science Publishers, 1982.

［120］ Hurt D M. Principles of reactor design: gas-solid interface reactions. Ind Chem Eng, 1943, 35（5）: 522-528.

［121］ Resnik W, White R R. Mass transfer in systems of gas and fluidized solids. Chem Eng Progr, 1949, 45（6）: 327-330.

［122］ Bar-llan M, Resnik W. Gas phase mass transfer in fixed beds at low Reynolds numbers. Ind Eng Chem, 1957, 49（2）: 313-320.

［123］ Wakao N, Tanishao S. Chromatographic measurements of particle-gas mass transfer coefficients at low Reynolds number in packed beds. Chem Eng Sci, 1974, 29: 1991-1994.

［124］ Grootenhuis P, Mackworth R C A, Saunders O A. Heat transfer to air passing through heated porous metals. Proc Inst Mech Eng, 1951: 363-366.

［125］ Eichorn J, White R R . Particle-to-fluid heat transfer in fixed and fluidized beds. Chem Eng Progr Symp Ser, 1952, 48: 11-18.

［126］ Kunii D, Smith J M. Heat transfer characteristics of porous rocks, II , thermal conductivities of unconsolidated particles with flowing fluids. AIChEJ, 1961, 7（1）: 29-34.

［127］ Cornish A R H. Note on minimum possible rate of heat transfer from a sphere when other spheres are adjacent to it. Trans Inst Chem Eng, 1965, 43: T332-333.

［128］ Kunii D, Suzuki M. Particle-to-fluid heat and mass transfer in packed beds of fine particles. Int J Heat Mass Transfer, 1967, 10: 845-852.

［129］ Martin H. Low Peclet number particle-to-fluid heat and mass transfer in packed beds. Chem Eng Sci, 1978, 33: 913-919.

［130］ Fedkiw P S, Newman J . Low peclet number behaviour of the transfer rate in packed beds. Chem Eng Sci, 1978, 33: 1043-1048.

［131］ Schlunder E U. On the mechanism of mass transfer in heterogeneous systems-in particular in fixed beds, fluidized beds and on bubble trays. Chem Eng Sci, 1977, 32: 845-851.

［132］ Krischer O, Loos G. Warme-und stoffaustauch bei erzwungener stromung an korpern verschiedener form. Teil I, Chem Ing Tech, 1958, 30（1）: 31-39.

［133］ Krischer O. Die wissenschaftlichen grundlagen der trocknungstechnik. 2nd Edition . Berlin: Springer, 1963.

［134］ Chu J C, Kuo W L . The kinetics of normal-through drying of paper. Tappi J, 1967, 50（8）: 405-415.

［135］ Walser R, Swenson R S. Air through-drying of paper. Tappi, 1968, 51（4）: 184-190.

［136］ Martin P D. Through Drying. Paper Tech, 1972, 13（2）: 114-119.

［137］ Raj P P K, Emmons H W. Transpiration drying of porous hydroscopic materials. Int J Heat Mass Transfer, 1975, 18: 623-634.

［138］ Rohrer J W, Gardiner F J. Through-Drying: Heat Transfer Mechanism and Machine System Response. Tappi J, 1976, 59（4）: 82-87.

［139］ Wedel G L, Chance J L. Analysis of Through-Drying. Tappi J, 1977, 60（7）: 82-85.

［140］ Gummel P, Schlünder E U. Through Air Drying of Textiles and Paper. Drying' 80. N Y: Hemisphere, 1980, 1: 357-366.

［141］ Chen G. Impingement and through air drying of paper. Montreal: McGill Unversity, 1994.

[142]　Bond J F. Drying paper by impinging jets of superheated steam: Drying rates and thermodynamic circles. Montreal: McGill University, 1991.

[143]　Chen G, Douglas W J M. Through drying of paper. Drying Technology, 1997, 15（2）:295-314.

[144]　Polat O, Crotogino R H, Douglas W J M . A Model of Through Drying Paper, Proceedings, Helsinki Symp on Alternative Mathods of Pulp and Paper Drying. Helsinki, 1991: 333-338.

[145]　金国淼. 干燥设备设计. 第2章: 厢式和带式干燥设计. 上海: 上海科技出版社, 1986: 57-89.

[146]　Burgess B W, Chapman S M, Seto W . The Papridryer process , Part I , the basic concept and laboratory results. Pulp and Paper Magazine, Canada, 1972, 73 (11): 314-322.

[147]　Burgess B W, S M Chapman, Seto W . The Papridryer process , Part II , mill trials. Pulp and Paper Magazine of Canada, 1972, 73 (11): 323-331.

[148]　Chen G, Crotogino R H, Douglas W J M. Fundamental characteristics of Combined impingement and through air drying of paper. Can. J. Chem. Eng. , 1997, 75: 165-175.

[149]　Chen G, Crotogino R H, Douglas W J M. Quantitative analysis of combined impingement and through air drying of paper. Can. J. Chem. Eng. , 1997, 75 (1) :1765-189.

[150]　Chen G, Douglas W J M. Combined impingement and through air drying of paper. Drying Technology, 1997, 15（2）: 3155-339.

（陈国华，肖红伟）

第16章

对撞流干燥

16.1 概述

对撞流干燥机（impinging stream dryers，ISD）是一种适用于干燥分散物料的先进干燥设备，它以两股（或多股）高速流动的气流在一定的容器内迎面相撞，其中至少有一股气流携带有待干燥的颗粒物料或液滴，该湿物料在由各气流相撞形成的对撞区内完成其干燥过程（见图16-1）。对撞流干燥机与传统的射流冲击干燥机（impinging jet dryers）不同，后者是将作为干燥介质的气体射流直接冲击物料表面。

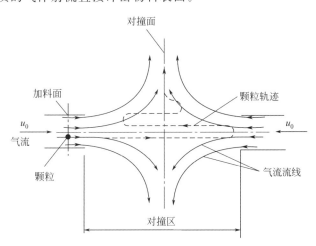

图 16-1　对撞流干燥机的原理

对撞流干燥机由于其对撞区内特殊的流体动力学特性，使之具有下列突出优点：干燥强度大，特别是在干燥表面水或弱结合水物料时尤其显著；干燥品质好；设计与运行简单，大体上没有运动件和转动件；设备紧凑，并可在干燥的同时结合进行造粒、粉碎、冷却和化学反应等项工艺操作。

对撞流干燥机、流化床干燥机、振动流化床干燥机在同时用于干燥颗粒直径为 $0.65\sim 2\mathrm{mm}$ 的铝粉时，若初始水分 $X_1 = 0.17\mathrm{kg/kg}$，产品水分 $X_2 = 0.01\mathrm{kg/kg}$，处理量为 $250\mathrm{kg/h}$，则其技术性能的比较列于表16-1中。

表 16-1　对撞流干燥机、流化床干燥机、振动流化床干燥机技术性能的比较

参数	振动流化床干燥机	流化床干燥机	对撞流干燥机
干燥时间/s	300~800	600	1~20
单位气耗(标准状态)/(m³/kg)	8	13	1.2~2
单位能耗/(kJ/kg)	1380	3240	850
产品质量	下降	下降	不变

　　由于在对撞流干燥机的对撞区内，具有很高的气体速度和固体携带率以及由此而造成的动量损失，故对撞流干燥机的压降比气流干燥机大，而与流化床干燥机和喷动床干燥机相当。尽管如此，对撞流干燥机同各种用于干燥颗粒和糊状物的传统干燥方式比起来，仍有其突出的竞争力。

　　对撞流系统特有的流体动力学条件以及由此带来的其他特殊性能，如间歇加热，能实现过程时间的控制以及能对颗粒同时进行粉碎等，不仅适用于干燥或热加工，而且也可用于吸附、化学反应、燃烧和混合等单元操作。

　　对撞流干燥及其流动与传热、传质的研究，开始于 20 世纪 60 年代初。当时苏联白俄罗斯科学院雷柯夫传热、传质研究所的 Elperin 等学者率先开展了这一干燥系统的研究。近十余年来，这一领域的基础与应用研究取得了显著的进展。目前，波兰、加拿大、白俄罗斯和以色列等国的 T. Kudra、A. S. Mujumdar、V. L. Meltser、P. S. Kuts 和 A. Tamir 等是这一领域的国际知名学者。一些国家已成功地将对撞流干燥机用于金属颗粒、化工产品、药品、食品、谷物、饲料、各种热敏性物料以及泥炭和城市污泥的干燥，取得了很好的效果。

　　中国科学院工程热物理研究所和浙江工业大学等单位也取得了一批对撞流干燥系统的研究成果。

16.2　对撞流系统的分类

　　构成对撞流系统的方式和流体动力学条件多种多样，从而可组成种类繁多的对撞流系统。最具特色的分类原则是流动方向（逆流或同流）、对撞气流的数目（两股或多股）、流体的流动特性（旋流或非旋流，各流体旋转方向同向或逆向）以及物料加工的类型（物料自身干燥或随作为载体的惰性粒子一起干燥）等。

　　按几何形状与流动方向区分，对撞流系统的基本类型有下列几种。

16.2.1　按流动类型分类

　　① 同轴对撞　各股气流对撞前的流线与该气流管内的流动轴线平行［见图 16-2(a)、(b)］。

　　② 弧形对撞　各对撞流在一圆弧空间内进行对撞［见图 16-2(c)、(d)］。

　　③ 旋转（旋流）对撞　其中至少一股对撞流的流线与干燥器轴线呈螺旋形［见图 16-2(e)、(f)］。

16.2.2　按流动方向分类

　　① 逆流对撞　各气流（或各载料流）按相反方向流动。

　　② 同流对撞　各气流（或各载料流）按相同方向流动。

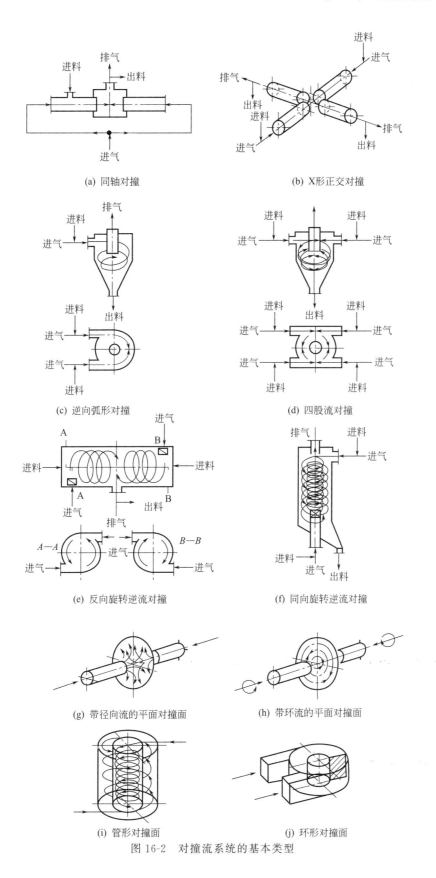

图 16-2 对撞流系统的基本类型

16.2.3　按对撞区形式分类

① 固定型　对撞面的位置不随时间改变。
② 可动型　对撞面的位置可以周期性地改变或连续变化。

16.2.4　按对撞面的几何形状分类

① 带径向流动的平面型　其流线由对撞面向外径向发散〔见图 16-2(g)〕。
② 带环形流动的平面型　流线在对撞面内聚集为一圆环〔见图 16-2(h)〕。
③ 管形〔见图 16-2(i)〕。
④ 环形〔见图 16-2(j)〕。
上述各类对撞流系统的性能与应用，将在本章的以后各节作进一步介绍。

16.3　对撞流系统的流动特性

16.3.1　同轴对撞流系统

本节将以同轴逆向对撞系统为例，分析对撞流系统的流动特性。当由同轴管道流出的两股逆向气流被引入对撞区时，其最初相互平行的流线即发生离散，从而在两个管道出口截面间形成具有"对撞"特征的流型。Elperin 等于 1968 年由实验测绘的这种流型示于图 16-3 中。

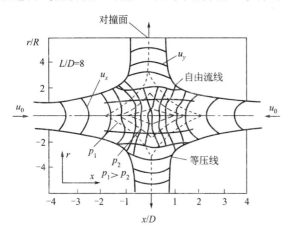

图 16-3　同轴对撞流的流线简图

由图 16-3 可以看出，最初的自由射流速度剖面特性曲线在碰撞面附近发生了畸变，其结果是出现了一个气流速度的径向分量。Kuts 和 Dolgushev 从理论上论述了黏性不可压流体对撞流的流体力学特征，用方程和等压流线图的形式绘出了对撞区内二维流动的连续方程和 Navier-Stokes 方程的数值解。考虑到在这样的流动中没有旋转运动，只是最初规则的流线随雷诺数的增加沿对撞面方向有一些微小的变形，其轴向气体速度是一条随 x/D 变化的双曲线。在 $-2<x/D<2$ 范围内，可由式(16-1)确定，即

$$u_x = u_0 \tan\left(\frac{x}{D}\right) \tag{16-1}$$

在 $3<L/D<8$ 范围内，其最大径向速度为

$$u_{rmax} = u_0 \left[1.5 \left(\frac{r}{R}\right)^3 \exp 1.52 \left(\frac{r}{R}\right) \right] \tag{16-2}$$

式中，x 为横坐标；D 为管道直径；R 和 L 分别为管道半径和两管出口截面间的距离；u_0 为自由射流的平均速度；r 为对应于径向速度处的半径。

在对撞区内，其中一股气流所携带的颗粒，将因惯性而穿入迎面气流之中，并在迎面射流区内的一定穿透距离内逐渐减速，直至完全滞止（见图 16-1）。此后，该颗粒将沿相反的

方向加速,并重新穿入原来的射流。这样,颗粒又重复其本身的减速和加速过程。由于能量的耗损,在经过几次阻尼振荡后,该颗粒将脱离对撞区,并由径向流入其排料室。

由于这种振荡运动,一个单颗粒在对撞区内的停留时间比该气流的停留时间长,但对于大量的颗粒,则因为其强烈的碰撞导致能量损耗的增加,而使其在对撞区内的停留时间减少。对于双面供料系统,其颗粒碰撞率将比单侧给料高,从而有可能造成停留时间与穿透深度的显著下降,即对撞流的有益作用将显著地减小。这种不利因素,在具有可移动(可动)对撞区的对撞流系统中,将能得到消除。

这种可移动对撞区的对撞流系统如图 16-4 所示。在这个装置中,对撞面可以由从左到右和从右到左的气流的交替切换在截面 I 和 II 之间移动。颗粒经由连接两个对撞室的中心(折返流)管道送入加速流导管,与初始气流一起流入第一对撞室的颗粒同第二股气流猛烈撞击,并穿入第二股气流直至滞止点,然后开始沿相反的方向加速。在这一瞬间,由第一对撞室流出的气流被关闭,同时,由第二对撞室流出的气流正好打开。这个过程导致携带有加速颗粒的第二股气流流向第二对撞室,在此处,射流的撞击、颗粒穿入初始气流以及随后向第一对撞室的加速过程又重复进行。这种气固混合流动的往复振荡,大大延长了颗粒的停留时间(见图 16-5)。

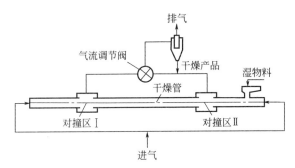

图 16-4 带可移动对撞区的同轴对撞流干燥机

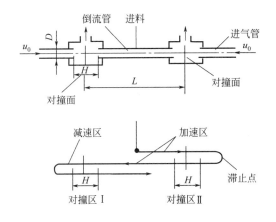

图 16-5 颗粒在可移动对撞区内的流动简图

颗粒振荡运动周期由下列因素控制:颗粒惯性力因生产过程中尺寸减小而引起的下降;颗粒质量因水分蒸发而引起的下降,或者由安装在导管出口的金属丝网的截留而引起的颗粒滞留量的变化。

具有可移动对撞区的对撞流干燥系统的另一个重要改型,是引入作为惰性载体的金属珠,使之在对撞面之间持续振荡。这样,就可以使稀浆或悬浮物喷涂在惰性颗粒表面进行干燥，即同时被导热和对流传热所干燥。如果以金属珠作为惰性颗粒，还可与干燥物一起同时进行研磨。

由4根直径相同的导管正交（X排列）组成的对撞流系统，可以有相同的转换功能（见图16-6）。单个对撞流单元可以串联或并联组成不同的系统，以延长颗粒的停留时间，适应不同流动与温度状态的需要。

图16-7示出了一种新颖的带内对撞区的半环管，在这种半环管内流动将受到离心力的影响（详见16.8节）。

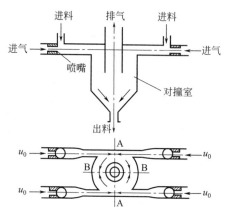

图16-6　四股流正交对撞干燥机

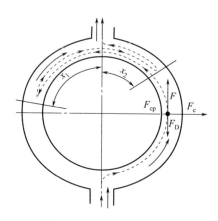

图16-7　半环管对撞流示意

16.3.2　环状对撞流系统

当二次气固悬浮流随初始气流带入冲击区时，如同喷动床、射流与旋风干燥机的情形那样，可以构成各种各样的环状对撞流干燥系统。图16-8所示为一个带切向进料的单层双对撞流干燥机，图16-9所示为多层双对撞流干燥机，图16-10所示为一种新型的两级同轴对撞组合干燥机，它由两级同轴对撞流组成。

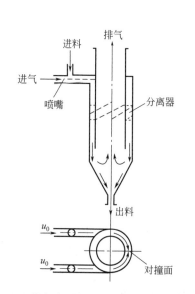

图16-8　带切向进料的单层双对撞流干燥机

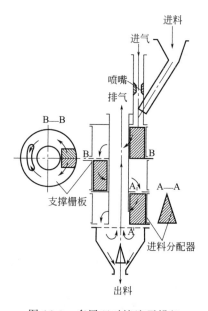

图16-9　多层双对撞流干燥机

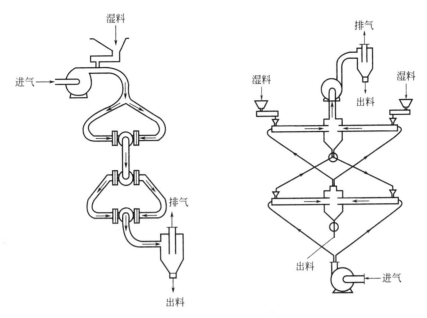

图 16-10　两级同轴对撞组合干燥机

16.4　对撞流的流体动力学

关于在对撞区内流体-颗粒动力学的深入研究以及由此而得出的流体动力学和传热、传质模型，可以参阅文献 [7-10]。本节将仅讨论与同轴对撞流的设计有关的一些问题。

16.4.1　穿透深度与振荡时间

对于对撞流干燥系统的设计，最重要的目标是确定颗粒透入迎面气流中的最大深度以及颗粒达到此深度所需要的时间。假定在对撞面上的初始颗粒速度等于该加速度管内的气流速度，颗粒的终止速度为 0，则由文献 [9] 得出的最大穿透距离和最大穿透时间分别如下。

层流区（$Re_r \leqslant 1$）

$$x_{max} = \frac{u d_p^2 \rho_p}{v \rho}; t_{max} = \frac{u d_p^2 \rho_p}{v \rho} \tag{16-3}$$

过渡区Ⅰ（$1 < Re_r \leqslant 13$）

$$x_{max} = 0.01415 \frac{\rho_p u^{0.8} d_p^{1.8}}{\rho v^{0.8}}; t_{max} = 0.328 \frac{\rho_p d_p^{1.8}}{\rho v^{0.8} u^{0.2}} \tag{16-4}$$

过渡区Ⅱ（$13 < Re_r \leqslant 800$）

$$x_{max} = 0.02675 \frac{\rho_p u^{0.5} d_p^{1.5}}{\rho v^{0.8}}; t_{max} = 0.0635 \frac{\rho_p d_p^{1.5}}{\rho v^{0.5} u^{0.5}} \tag{16-5}$$

自模化区（$Re_r > 800$）

$$x_{max} = 0.598 \frac{\rho_p d_p}{\rho}; t_{max} = 1.54 \frac{\rho_p d_p}{\rho u} \tag{16-6}$$

式中，加速与降速颗粒的雷诺数由气体-颗粒的相对速度确定。

$$Re_r = d_p (u \pm u_p)/v$$

式中，d_p 为颗粒直径；u、u_p 为气流及颗粒速度；ν 为气体的运动黏度。

图 16-11 示出了最大穿透深度 $x_{\max}$ 与雷诺数（Re_r）的关系。

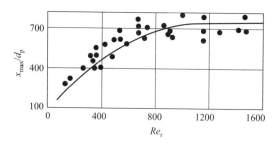

图 16-11　颗粒最大穿透深度与雷诺数的关系

为了进行干燥过程的计算与干燥机的设计，需要知道振荡运动各周期的穿透深度与振荡时间。由文献 [11] 得出的下列关系适用于 $2.5 \times 10^{-4}\,\mathrm{m} \leqslant d_p \leqslant 4 \times 10^{-3}\,\mathrm{m}$；$10\mathrm{m/s} \leqslant u \leqslant 150\mathrm{m/s}$；$0.2\mathrm{m} \leqslant x_0 \leqslant 4.8\mathrm{m}$；$3 \leqslant Re_p \leqslant 800$ 和 $30\,\mathrm{℃} \leqslant T \leqslant 300\,\mathrm{℃}$。

$$t^* = 1.42 Re_p^{0.28} L^{-0.51} \qquad x^* = 0.09 Re_p^{0.21} L^{-0.44} \tag{16-7}$$

式中

$$t^* = \frac{t_{\max} u}{x_0} \qquad x^* = \frac{x_{\max}}{x_0} \tag{16-8}$$

$$Re_p = \frac{u d_p \rho}{\mu} \qquad L = \frac{2 \rho x_0}{\rho_p d_p} \tag{16-9}$$

无量纲时间与距离由它们在第一个振荡周期内出现的最大值所确定。

当 $Re_p > 800$ 时，式(16-7) 可以简化为

$$t^* = 9.23 L^{-0.51} \qquad x^* = 0.37^1 L^{-0.44} \tag{16-10}$$

对于一个给定的对撞流系统，当一个单颗粒在长度为 H 的对撞区内做振荡运动时，下列不等式可以成立

$$\frac{8u}{H} \geqslant \frac{3\mu}{4 d_p^2 \rho_p} \qquad H \leqslant \frac{9 u d_p^2 \rho_p}{4 v \rho} \tag{16-11}$$

此处，管内的最小气流速度和最小颗粒直径可表示为

$$u \geqslant \frac{4 v \rho H}{9 d_p^2 \rho_p} \qquad d_p \leqslant \sqrt{\frac{4 v \rho H}{9 u \rho_p}} \tag{16-12}$$

颗粒被带出对撞区的临界气体速度可按下列公式计算

$$u_{cr} = 0.9 \left(\frac{D}{d_p}\right)^{1/7} \left/ \left(\frac{\rho_p - \rho}{\rho} g d_p\right)\right. \tag{16-13}$$

或

$$u_{cr} = 5.6 D^{0.34} d_p^{0.36} \left(\frac{\rho_p}{\rho}\right)^{0.5} \beta^{0.25} \tag{16-14}$$

式中，β 为颗粒的体积浓度，$\mathrm{m^3/m^3}$。

物料在对撞区内与迎面气流的对撞和由此而引起的振荡运动，可使物料在对撞区内的平均停留时间比该物料以同样速度流入自由射流的停留时间大 5～10 倍，但它持续不足 1s，这对于干燥经常是不够的。若采用前一节提到的可移动对撞区系统，则可使物料的停留时间延长到 1～15s。

16.4.2　压力降

对撞流系统中的压力降，通常取决于该系统的几何结构、气体流率、颗粒物性及其携带率等。对于一个稳定运转的系统，这一压力降的范围通常为 1～10kPa。对一个双对撞流系统，其对撞流的压力降约为相同运行条件下流化床的 1/20，约为喷动床的 1/50。

在对撞区内，其两相流的压力降 Δp_s，可按式(16-15)计算，即

$$\Delta p_s = \Delta p + \zeta_s \frac{u^2 \rho}{2} \tag{16-15}$$

式中，Δp 为单相流的压力降；ζ_s 为由处于同一气流中的固相所带来的阻力系数，该阻力系数取决于对撞区的几何形状、气体速度和固体颗粒的浓度。可用以下的其中一个公式进行估算。

对于具有圆柱形对撞区的对撞流系统

$$\zeta_s = 3420 Re_t^{-0.18} \beta \tag{16-16}$$

适用于 $45 \leqslant Re_t \leqslant 1150$，$\beta \leqslant 0.0006 \mathrm{m^3/m^3}$。式中，$Re_t = u_t d_p / v$，为按颗粒终端速度计算的雷诺数。

对于 X 形对撞系统，其阻力系数可用式(16-17)估算，即

$$\zeta_s = 1580 \left(\frac{H}{D}\right)^{-0.47} \beta \tag{16-17}$$

适用于 $H/D = 0.25 \sim 1.0$，$\beta \leqslant 0.0045 \mathrm{m^3/m^3}$。大量的实验结果表明，对撞区的 H/D 最小值可以取 $1.2 \sim 1.5$。

对于水平气-固管流，其阻力系数可按式(16-18)计算，即

$$\zeta_s = 7.85 \times 10^{-5} \left(\frac{D}{d_p}\right) Re_t^{0.32} Ar^{0.5} \tag{16-18}$$

式中，Ar 为阿基米德数。

对于圆柱形对撞区，单相流的压力降［式(16-15)中的 Δp］可按式(16-19)计算，即

$$Eu = 8.3 \left(\frac{H}{D}\right)^{-1.3} Re^{-0.25} \tag{16-19}$$

适用于 $H/D = 0.25 \sim 1.25$，$1.2 \times 10^4 \leqslant Re \leqslant 4 \times 10^4$。

$$Eu = 0.6 \left(\frac{H}{D}\right)^{-1.3} \tag{16-20}$$

适用于 $Re > 4 \times 10^4$。

对于 X 形对撞区的单相对撞流，可分别采用下列公式。

当 $Re \leqslant 2 \times 10^4$ 时

$$Eu = 14.2 Re^{-0.25} \tag{16-21}$$

当 $Re > 2 \times 10^4$ 时

$$Eu = 1.16 \tag{16-22}$$

上列各式中，欧拉数 $Eu = \Delta p / (u^2 \rho)$。

16.5　对撞流的传热、传质

由于对撞流系统特有的流体动力学特性，其气固传热速率不仅取决于它的传热环境与尺度，也取决于颗粒停留的时间。尽管已发表的数据表明，对撞流系统的平均换热系数比其对

撞区局部值低10%，但这对干燥机的设计已经足够准确。

一般来说，对撞流干燥系统的平均气固换热系数比相同流体动力运行条件下的传统干燥机高很多，例如，同轴对撞流系统的换热系数为850W/(m²·K)。而相同条件下的气流干燥机为300～520W/(m²·K)，对于带同轴对撞流的双对撞流系数，其换热系数比相同运行条件下的喷动床高1.1～1.8倍。对撞流的体积换热（传热）系数也很高，达到125000W/(m³·K)，比喷动床干燥机高2.5～3倍，比喷雾干燥机高15～100倍。

对撞流干燥机的平均换热系数 h 定义为

$$h = \frac{q}{A \Delta T_{1m}} = \frac{W_p(X_1 - X_2)r}{A \Delta T_{1m}} \tag{16-23}$$

其中对数平均温差

$$\Delta T_{1m} = \frac{(T_d - T_w)_2 - (T_d - T_w)_1}{\ln[(T_d - T_w)_2/(T_d - T_w)_1]}$$

式中，q 为热流量，W/m²；W_p 为干颗粒质量流率，kg/s；X_1、X_2 分别为干燥机进、出口的颗粒含湿量，kg水/kg干颗粒；T_d、T_w 分别为气体的干球温度与湿球温度，K；r 为水的汽化潜热，kJ/kg；A 为颗粒总表面积，可按下式计算

$$A = \frac{6V}{d_p \rho_p} (m^2)$$

式中，V 为颗粒在干燥机内的滞留量，kg；d_p 为颗粒平均直径，m；ρ_p 为颗粒密度，kg/m³。

Meltser 等给出了平均换热系数的计算公式，其误差为±18%。

当 $300 < Re_r < 3500$，$\beta \leqslant 0.0009 m^3/m^3$ 时

$$Nu = 0.173 Re_r^{0.55} \beta^{-0.61} \tag{16-24}$$

当 $300 < Re_r < 3500$，$0.0009 m^3/m^3 < \beta < 0.0021 m^3/m^3$ 时

$$Nu = 1.59 Re_r^{0.55} \tag{16-25}$$

式中，Re_r 为按以对撞区长度平均的气固相对速度计算的雷诺数，$Re_r = (u + u_p)d_p/\nu$。

对于半环对撞流，颗粒体积浓度 β 对传热的影响只在 $\beta \geqslant 0.009 m^3/m^3$ 时才存在。当超过这个固体浓度时，可采用下列公式。

当 $80 < Re_p < 480$ 时

$$Nu = 0.186 Re_p^{0.8} \tag{16-26}$$

当 $480 \leqslant Re_p \leqslant 2000$ 时

$$Nu = 1.14 Re_p^{0.5} \tag{16-27}$$

式中，颗粒雷诺数 $Re_p = u_0 d_p/\nu$。

对于带可动对撞区的对撞流中的传热系数可按气流流过一个球体的标准方程计算，其颗粒雷诺数按加速管内的气体速度确定

$$Nu = 2 + 1.05 Re_p^{0.5} Pr^{0.33} Gu^{0.175} \tag{16-28}$$

对于切向进料的双对撞流系统，当假定颗粒的平均流速与气体平均流速之比 W_p/W 在进料期间保持不变时，可按式(16-29) 计算，即

$$Nu = 1.386 \times 10^{-8} Re_p^{3.48} \tag{16-29}$$

在按上述传热公式进行计算时，常常因为难以确定对撞区的气固相对速度（用于 Re_r）或颗粒速度（用于 Re_p）而受到限制。为此，可采用按加速管内速度确定 Re_0 的下列计算公式。

当 $Re_0 = 9 \times 10^3 \sim 3.4 \times 10^4$ 时

$$Nu = 1.5 \times 10^{-3} Re_0^{1.9} \tag{16-30}$$

对撞流干燥机的体积换热系数 h_v 定义为

$$h_v = \frac{q}{V_d \Delta T_{1m}} \tag{16-31}$$

式中，V_d 为干燥机的有效体积，m^3。

双对撞流干燥机的体积换热系数可按式(16-32)计算，即

$$h_v = K \left(\frac{m_h}{V_r} \right)^n \tag{16-32}$$

式中，m_h 为质量载荷，kg；V_r 为干燥机的容积，m^3。常数 K 和 n 均取决于干燥机的形状，K 的变化范围为 $1270 \sim 3800$，n 在 $0.90 \sim 1.70$ 间变化。对于同轴和弧形双对撞流系统，在下列参数范围内：

$0.00037 m^3 < V_r < 0.00615 m^3$ $0.0016 kg/s < W_p < 0.0265 kg/s$

$0.0053 kg/s < W < 0.212 kg/s$ $0.0015 kg < m_h < 0.022 kg$

其体积换热系数可按式(16-33)计算。

$$h_v = 2.19 \times 10^4 \left(\frac{m_h}{V_r} \right)^{1.13} W^{0.626} \tag{16-33}$$

式中，$m_h = 0.967 W_p - 0.00334$。

对于所有的对撞流系统，无论是局部传热系数还是整个颗粒停留时间的平均传热系数，都将随着气体速度的增加而增加，随气体温度的增加而下降。这种温度对传热的影响并不仅仅来源于气体物性的变化，而且还来源于流体动力学条件的明显改变。

16.6 对撞流的干燥动力学

对撞流中的干燥过程可视为单纯的对流干燥。因此，如果干燥物料同时存在内部与外部传质阻力，则可呈现出典型的恒速干燥段，但由于有很高的传热与传质速率，因而恒速干燥段通常都很短。Meltser 等给出了表面覆盖有一薄层水的直径为 1mm 的铝珠在带可移动对撞区的对撞流干燥机中干燥时，不同时间、不同轴向位置物料的湿基湿含量和颗粒温度的变化情况。由图 16-5 可以看出，在颗粒的减速段和加速段，由于其气固相对速度不同，因而有显著不同的传热速率，忽略振荡运动的稳定作用，这种差别可以高达 35% ~ 40%。由于表面水的蒸发，物料的干燥速度受其外部传热控制。因此，减速段比加速段的传热速度高。颗粒在 0.6s 以内，即在短于一个振荡周期内将被完全烘干。

图 16-12 给出了平均结晶尺寸为 1mm 的蔗糖，在可移动对撞区的对撞流干燥机内干燥时的干燥动力学曲线与其在流化床干燥机内干燥时相应曲线的比较。可以清楚地看出，对于在干燥过程中将引起蔗糖再结晶的具有晶体外水分的物料，其在对撞干燥机中的干燥速率大大高于在流化床中的相应值。具体说来，在表面水分的蒸发段（0.5% ~ 0.6%），在对撞流干燥机内的干燥速率比流化床高 3 ~ 4 倍。在干燥的第二阶段，当水分由一饱和蔗糖溶液去除时，相应的干燥速率还将高一个数量级。图 16-13 给出了初始水分为 15.2% 的赖氨酸晶体在带移动对撞区的对撞流干燥机内的干燥动力学曲线，所用的热风温度为 120℃，气流速度为 20 ~ 23m/s，换向运动的频率为 1.0 ~ 1.2Hz。曲线 1 表示气流固体浓度为 0.2 ~ 0.5kg/kg 时，单相晶体（平均直径为 0.4mm）的干燥。在这种情况下，表面水分的迁移在一个运动周期（2 ~ 3s）内完成。其所要求的最终水分（1%）可在 5 个振荡周期内达到。曲线 2 表示多相晶体赖氨酸的干燥动力学特性，其平均直径（$d = \sum x_i d_i$）为 1mm。它由于其中的

惰性材料（以 1 : 1 掺混的 2mm 钢珠和 3mm 的铝珠）的振荡运动而同时进行研磨。其质量浓度为每千克干燥材料内有 1.0～1.5kg 惰性颗粒。同曲线 1 比起来，这种同时进行破碎的干燥速率在第一个换向周期内明显地更高，这主要是因为物料内部传热阻力下降和颗粒破碎而使传质面积增加。在达到某一振荡周期后，干燥速度下降，随之晶体破碎的强度也相应下降。曲线 3 为相同赖氨酸物料在流化床干燥机内的干燥动力学曲线。

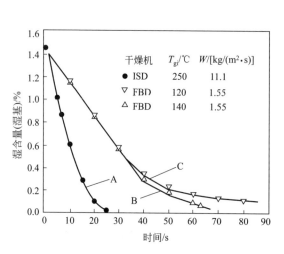

图 16-12　蔗糖分别在对撞流干燥机（ISD）和
流化床干燥机（FBD）内的干燥动力学曲线的比较
W—单位干燥机截面的物料质量流量；
T_{gi}—干燥介质入口温度

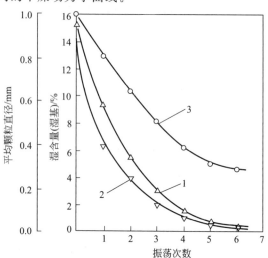

图 16-13　赖氨酸晶体在带移动对撞区的对撞流
干燥机内的干燥动力学曲线

16.7　垂直对撞流干燥机的流动与干燥特性

垂直对撞流干燥系统是对撞流干燥机中一类重要的机型，它具有占地面积小，易于同其他干燥方式组合，以及由于其重力和压差力的影响，而比相同运行条件下的水平对撞流系统有更大的穿透深度和穿透停留时间等优点，因而日益受到广泛的重视。

16.7.1　垂直对撞与喷动床气动特性的对比

Tamir 等在图 16-14 所示的装置上进行了垂直对撞与喷动床气动特性的对比实验，即将对撞区的上部气流进口封闭，全部干燥气体从下入口引入，即形成一个喷动床装置。

实验结果表明，在输送相同的气体流量时，垂直对撞系统消耗的泵功率大大低于喷动床系统。若以 η 表示系统带载（即加入颗粒）时的压降 Δp_p 与系统空载时压降 Δp_a 之比，即

$$\eta = \Delta p_p / \Delta p_a$$

以 μ 表示带载率，即颗粒质量流率 W_p 与空气质量流率 W_a 之比，则可得出下列实验准则公式。

对于喷动床系统

$$\eta = 1 + 0.07\mu \tag{16-34}$$

对于垂直对撞流系统

$$\eta = 1 + 0.04\mu \tag{16-35}$$

文献［20］的实验结果还表明，颗粒对撞区内的平均停留时间比在喷动床内短 30%。同时，按式（16-23）定义的换热系数 h 和按式（16-31）定义的体积换热系数 h_v，在相同的气流条件下垂直对撞流也都显著高于喷动床。

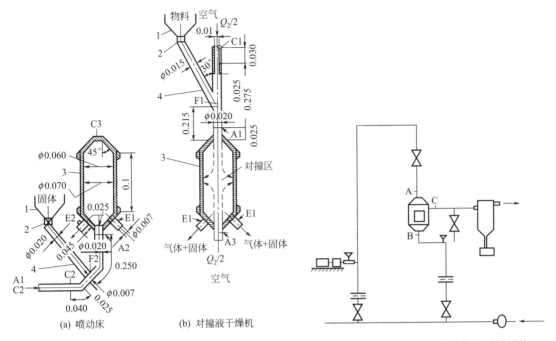

(a) 喷动床　　　　　(b) 对撞液干燥机

图 16-14　下排气的垂直对撞流干燥系统

（尺寸单位为 m，符号的定义见参考文献［20］）

图 16-15　上排气的垂直对撞流干燥系统

本章编者领导的课题组对排气口在对撞区上部（见图 16-15）的垂直对撞流系统进行了流体动力学和物料的干燥实验研究。结果表明，对撞区排气口的位置对对撞区内压力分布有重要影响，当上、下部进气流量相等时，由于颗粒质量影响，将使颗粒在对撞区内的浓度分布不均匀，而上部则因浓度较小而使压降较低。当在系统带载与空载压降比 η（即欧拉数比 Eu_p/Eu）中引入对撞区上、下部压降比后，即

$$\eta' = \frac{Eu_p}{Eu} \times \frac{\Delta p_{AC}}{\Delta p_{BC}}$$

式中，Δp_{AC}、Δp_{BC} 分别为对撞区上、下半部压降。则可得实验公式为

$$\eta' = 0.9995 + 0.04\,\mu \tag{16-36}$$

式（16-36）与排气口开在下部的式（16-35）几乎一致。若将对撞区下部进气口的进气流量加大，使上、下半部压降不均匀性影响消失，则同样可得到与式（16-36）相吻合的结果。从而进一步证实，在分析与设计垂直对撞流系统时，物料重力的影响不可忽视。

16.7.2　颗粒的最大穿透时间与最大穿透深度

文献［25］通过对垂直对撞流系统内颗粒动力学模型的理论分析，求得了考虑物料重力影响时，颗粒在不同流动状态下的最大穿透深度 x'_{max} 和最大穿透时间 t'_{max}。

在层流区，$0 < Re_r < 2$，$\zeta_s = 24/Re_r$

$$t'_{max} = 0.0385\,\frac{\rho_p d_p^2}{\mu_g} + 0.00154\,\frac{\rho_p d_p^4}{u_g \mu_g^2}\left(\rho_p g - \frac{dp}{dz}\right) \tag{16-37}$$

$$x'_{\max}=0.017\frac{\rho_{\mathrm p}d_{\mathrm p}^2u_{\mathrm g}}{\mu_{\mathrm g}}+0.0006\frac{\rho_{\mathrm p}d_{\mathrm p}^4}{\mu_{\mathrm g}^2}\Big(\rho_{\mathrm p}g-\frac{\mathrm dp}{\mathrm dz}\Big) \tag{16-38}$$

在过渡区，$2<Re_{\mathrm r}<500$，$\zeta_{\mathrm s}=10/Re_{\mathrm r}^{0.5}$：

$$t'_{\max}=0.0781\frac{\rho_{\mathrm p}d_{\mathrm p}^{1.5}}{u_{\mathrm g}^{0.5}v_{\mathrm g}^{0.5}\rho_{\mathrm g}}+0.00067\frac{\rho_{\mathrm p}d_{\mathrm p}^3}{u_{\mathrm g}^2\mu_{\mathrm g}^2\rho_{\mathrm g}}\Big(\rho_{\mathrm p}g-\frac{\mathrm dp}{\mathrm dz}\Big) \tag{16-39}$$

$$x'_{\max}=0.0323\frac{\rho_{\mathrm p}d_{\mathrm p}^{1.5}u_{\mathrm g}^{0.5}}{\rho_{\mathrm g}^{0.5}\mu_{\mathrm g}^{0.5}}+0.8822\frac{\rho_{\mathrm p}d_{\mathrm p}^3}{u_{\mathrm g}\mu_{\mathrm g}\rho_{\mathrm g}}\Big(\rho_{\mathrm p}g-\frac{\mathrm dp}{\mathrm dz}\Big) \tag{16-40}$$

在湍流区，$500<Re_{\mathrm r}<2\times10^5$，$\zeta_{\mathrm s}\approx0.44$：

$$t'_{\max}=1.515\frac{\rho_{\mathrm p}d_{\mathrm p}}{u_{\mathrm g}\rho_{\mathrm g}}+2.673\frac{\rho_{\mathrm p}d_{\mathrm p}^2}{u_{\mathrm g}^3\rho_{\mathrm g}^2}\Big(\rho_{\mathrm p}g-\frac{\mathrm dp}{\mathrm dz}\Big) \tag{16-41}$$

$$x'_{\max}=0.583\frac{\rho_{\mathrm p}d_{\mathrm p}}{\rho_{\mathrm g}}+0.763\frac{\rho_{\mathrm p}d_{\mathrm p}^2}{u_{\mathrm g}^2\rho_{\mathrm g}^2}\Big(\rho_{\mathrm p}g-\frac{\mathrm dp}{\mathrm dz}\Big) \tag{16-42}$$

式中，$\mathrm dp/\mathrm dz$ 为在对撞区内垂直方向的压降。

将式(16-3)～式(16-6) 与式(16-37)～式(16-42) 相比较可以看出，当不考虑重力与垂直压降影响时，即式(16-37)～式(16-42) 各公式中的第二项忽略时，两组公式十分吻合。

文献［25］通过对小米在垂直对撞系统中的干燥实验，证明垂直对撞系统有很大的干燥强度。在干燥气体温度仅为 60℃ 时，在 1～5s 的时间内，即可使小米的降水率达到 8% 左右。实验结果表明，适当提高干燥介质温度是提高干燥速率的最有效途径，由于物料在垂直对撞系统中的停留时间很短（通常在 10s 以内），因而适当提高干燥介质温度，将不会对干燥品质造成任何影响，这正是对撞流干燥系统的突出优点之一。

16.7.3 垂直对撞腔的速度、温度与浓度场

垂直对撞腔内的速度、温度与浓度分布，对整个对撞流干燥系统的流动与干燥特性有重要影响。李成植等用数值模拟方法，揭示了小米物料在垂直对撞腔内各参量场的三维分布规律。

图 16-16 给出了数值模拟的垂直对撞腔简图。

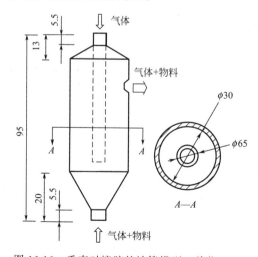

图 16-16 垂直对撞腔的计算模型（单位：cm）

假定干燥颗粒为均匀球形；物料的水分仅通过表面蒸发；忽略物料在干燥过程中的收缩与破碎，则颗粒体积函数 ϕ_p 的控制方程为

$$\frac{2\phi_p}{2t}+\frac{2}{2x_j}(v_{pj}\phi_p)=0 \tag{16-43}$$

　　根据颗粒相与气流相的质量守恒、动量守恒与能量守恒定律联立求解，可分别求得垂直对撞腔内的干燥介质与小米的速度、温度与水分分布（数值求解过程详见文献［26］）。

　　表 16-2 给出了数值模拟采用的垂直对撞腔运行参数。

表 16-2　垂直对撞腔的运行参数

分类	$Q_p/(\text{g/min})$	$Q_g/(\text{g/min})$	$T_p/℃$	$T_g/℃$	Y_p	Y_g
顶部进气管	—	0.15	—	60	1	9.7739×10^{-3}
底部进气管	200	0.15	25	40	$\dfrac{0.3}{1+0.3}$	1.3716×10^{-2}

　　注：下标 p 表示颗粒，g 表示干燥气体；Y_p 表示物料中的水分；Y_g 表示空气中水蒸气的质量含量。小米的参数为：直径 1.93mm，密度 500kg/m³，比热容 1548.76J/(kg·℃)。

　　在图 16-17～图 16-22 中，左侧图为沿排气管轴线剖分的对称面，右侧图为与左侧图垂直的剖面。

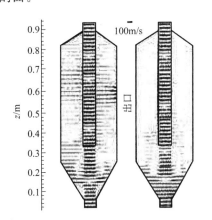

图 16-17　干燥介质的速度分布

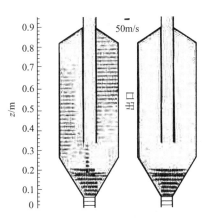

图 16-18　小米的速度分布

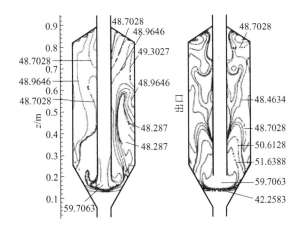

图 16-19　干燥介质的温度分布（单位：℃）

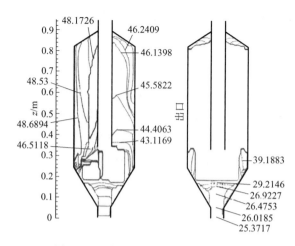

图 16-20　小米的温度分布（单位：℃）

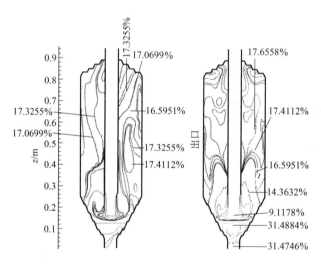

图 16-21　干燥介质的相对湿度分布

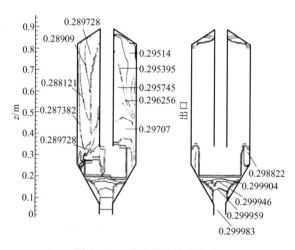

图 16-22　小米的含水率分布

由图 16-17、图 16-19、图 16-21 可以看出，由于从顶部和底部引进的干燥介质在对撞区混合，所以干燥介质的温度上升很快，其湿度相应下降，干燥能力得以提高。结果还显示，由于两股气流的对撞，导致在对撞区形成了若干涡流，使两相的传递过程显著强化。

图 16-18、图 16-20、图 16-22 表明，由于惯性力的作用，物料（小米）在对撞腔内的分布与干燥介质有明显差别，部分水分较小的颗粒在脉动气流的作用下从对撞腔上部的排气管排出，另一部分较湿的颗粒则因惯性力的作用留在对撞腔下部，并继续在其中进行对撞干燥。因此，排气口的位置同其他对撞流参数一样，对颗粒在对撞腔内的停留时间与干燥完全程度有重要影响。

16.8　半环对撞流干燥机的流动与干燥特性

半环对撞流干燥机是一种新型的对撞流干燥装置，其基本原理如图 16-7 所示。当携带有干燥物料颗粒的气流进入圆环管道的入口后，即分为两股各自沿半环管道做加速运动，并在位于环形管道另一侧的出口处进行对撞。在此对撞区内颗粒被抛向相向半环管内，形成减幅振荡运动，最后，经出口排出或进入下一级半环对撞装置。图 16-7 所示为颗粒经二次振荡后由出口管排出的情形。颗粒在环形管道中沿曲线轨迹运动时受离心力的影响而被抛向环形管内靠外壁一侧，使局部颗粒浓度增加，导致颗粒制动，从而使气体与固体颗粒间的相对速度增加，最终使半环系统内的传热、传质过程进一步得到强化。

Meltser 等对半环对撞流内的颗粒流体动力学及其干燥特性进行了系统的理论和实验研究，其主要结论如下（详细内容可参见原文）。

① 与直管对撞流系统不同，在半环对撞流系统中，颗粒的运动存在两个区域：大部分为颗粒的非定常运动和在加速段内短暂的定常运动。

② 分别推导出了颗粒非定常运动和定常运动时，在不同 Re 和阻力系数下，颗粒加速段长度、颗粒被制动的时间和最大穿透距离。通过数值计算发现，颗粒在半环系统中加速的时间比直管系统长，而制动时间比直管系统短，总的时间大体与直管系统相等。

③ 双焦点激光系统对半环内颗粒运动状况的测试结果证实了所提出计算方法的可靠性。

④ 通过对小米在半环对撞流系统和流化床内的对比干燥实验发现，当小米当量直径 $d_p = 2.15\text{mm}$，初始湿含量为 25.9%，空气温度为 22℃，湿度 $\phi = 60\%$，对撞气流速度 $u = 11 \sim 12\text{m/s}$ 时，在对撞流中的干燥速率为 $1.28\%/\text{s}$，而在相同进气条件下，当流化床内穿透速度为 2.8m/s，床层厚度为 25mm，床直径为 50mm 时，物料在流化床内的干燥速率为 $0.031\%/\text{s}$。上述数据表明，半环对撞流系统的干燥强度极高，通常比气流干燥和流化床干燥高一个数量级。

⑤ 与螺旋形气流干燥机相比，在半环对撞流系统中，颗粒因多次碰撞与往复振荡，气固接触效率更高、更均匀，而且由于颗粒与管壁接触表面的不断更换，消除了在螺旋气流干燥机中常见物料黏附壁面，并进而造成干燥与流动状况恶化的现象。

⑥ 通过工业应用已证明，半环对撞流干燥系统可广泛用于潮湿结团金属粉末、浆状黏糊物料（如脱脂肉骨油渣）、污泥和部分蔬菜水果的烘干以及谷物的高温加工等。

16.9　垂直与半环对撞流组合干燥器

垂直对撞流干燥器结构简单，干燥速度较高，但颗粒在对撞区的停留时间较短，对于一些初始含水率较高的物料，往往不能一次达到脱水要求。半环对撞流干燥器因物料在半环内受离心力作用而使物料颗粒和干燥介质之间的相对速度增大，从而使气固之间的热、质传递过程得到强化，因而，半环对撞流较垂直对撞流有更高的干燥速度。同时，可采用多级半环的叠加与串联操作，使物料在半环内的停留时间延长，以适应不同含水率物料的脱水要求。半环对撞流干燥器的缺陷是湿物料容易在半环管内壁黏结，从而增加物料流动的阻力，直至中断物料连续运输过程，这对于黏性较大或流动性较差的物料尤其严重。

将垂直对撞流干燥器与半环对撞流干燥器串联构成一种组合干燥系统，是一种可以取长补短，以提高其整体干燥性能的有效途径。近年来，本章编者所领导的中国科学院工程热物理研究所课题组发展了几种垂直与半环对撞流组合干燥系统，取得了较成功的经验。

16.9.1　垂直与单级半环对撞流组合干燥

图 16-23 所示为以垂直对撞流为第一级，以单级半环对撞流为第二级的组合式干燥系统。

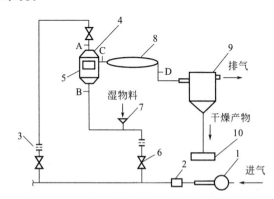

图 16-23　垂直与单级半环对撞流组合干燥系统
1—风机；2—电加热器；3—流量计；
4—对撞腔；5—窗口；6—阀门；7—漏斗；
8—半环管；9—分离器；10—收集器

实验研究结果表明，离心力和重力对于在对撞区内的压降以及干燥介质和物料颗粒间的动量交换有重要影响。根据无物料时的空载流动特性实验，可得到欧拉数 Eu 与系统几何参数及 Re 的实验关系。当定义 $Eu = \Delta p / (\rho_g u_g^2)$，$\Delta p$ 为系统空载总压降，ρ_g 为气流密度，u_g 为气流速度时，可得

$$Eu = 32.88 \left(\frac{R_s}{r_s}\right)^{0.878} \left(\frac{H}{D}\right)^{-0.552} Re^{-0.223}$$

(16-44)

式中，R_s 为半环对撞管的环半径；r_s 为半环对撞管的管内半径；H 为垂直对撞腔上、下进气口之间的距离；D 为垂直对撞腔进气管的内径。

式(16-44)的实验范围是：$3.5 \leqslant H/D \leqslant 6.5$，$10 \leqslant R_s/r_s \leqslant 15$，$1.0 \times 10^4 \leqslant Re \leqslant 3.5 \times 10^4$。

当 $Re > 3.5 \times 10^4$ 时：

$$Eu = 2.598 \left(\frac{R_s}{r_s}\right)^{0.984} \left(\frac{H}{D}\right)^{-0.56}$$

(16-45)

当系统带载时，其压降由垂直对撞腔相对压降 $\delta_1 = \Delta p_1 / \Delta p$ 和半环对撞管的相对压降 $\delta_2 = \Delta p_2 / \Delta p$ 两部分组成，其中 Δp_1 和 Δp_2 分别为垂直对撞腔压降和半环对撞管压降。

当 $1.0 \times 10^4 \leqslant Re \leqslant 3.5 \times 10^4$ 时，可得

$$\frac{\delta_2}{\delta_1} = 2.592 \times 10^{-4} \left(\frac{R_s}{r_s}\right)^{0.908} Re^{0.565}$$

(16-46)

当 $Re > 3.5 \times 10^4$ 时：

$$\frac{\delta_2}{\delta_1} = 0.0821 \left(\frac{R_s}{r_s}\right)^{0.966}$$

(16-47)

当带载率 μ 的范围是 $0 \leqslant \mu \leqslant 4$，$3.5 \times 10^4 < Re \leqslant 4.5 \times 10^4$ 时，系统带载与空载压降之比 $\eta = \Delta p_p / \Delta p_g$ 为

$$\eta = 1.116 + 2.852 \mu$$

(16-48)

图 16-24 给出了玻璃珠和小米两种颗粒在垂直与半环对撞流组合系统中的停留时间 τ_m 与带载率 μ 之间的关系。可以看出，当带载率较低时，物料的停留时间较长，随着带载率的增加，停留时间逐渐下降，当带载率大到一定程度时，物料的停留时间不再随带载率发生变化。因而，选择适当的带载率，对于保证足够的干燥时间十分重要。

图 16-25 和图 16-26 分别给出了以小米为干燥物料时所得到的颗粒（干基）脱水率 ΔX 与初始热风温度 T_{in} 和物料带载率 μ 的关系。

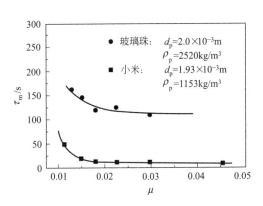

图 16-24　颗粒平均停留时间与带载率的关系

图 16-25　颗粒脱水率与初始热风温度的关系

可以看出，热风温度 T_{in}、物料带载率 μ 及物料的初始湿含量 X_{in} 对干燥特性有重要影响。当 $0 < \mu \leqslant 0.25$、$2 \times 10^4 < Re \leqslant 5 \times 10^5$ 时，可得

$$\frac{\Delta X}{X_{in}} = 0.418 \, \mu^{-0.188} \left(\frac{T_{in} - T_p}{T_{in}} \right)^{2.803} \tag{16-49}$$

式中，T_p 为干燥前的物料表面温度。

图 16-27 给出了垂直对撞与半环对撞组合系统与单一垂直对撞系统 ΔX-T_{in} 曲线的比较。

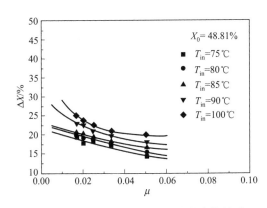

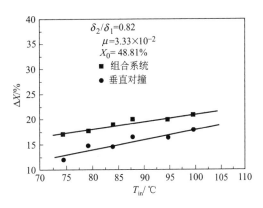

图 16-26　颗粒脱水率与物料带载率的关系

图 16-27　组合系统与单一垂直对撞腔
颗粒脱水率的比较

可以清楚地看出，在相同初始热风温度的条件下，组合系统的脱水率显著高于单一垂直对撞系统。

实验研究结果表明，这种组合干燥系统可以发挥垂直对撞与半环对撞各自的优点，能在实现连续干燥的过程中，达到比垂直对撞或半环对撞单个系统更大的脱水率，而又避免了物料在半环内壁的黏结。

16.9.2　垂直与双级半环对撞流组合干燥

图 16-28 所示为以垂直对撞流为第一级，以上、下串联的双级半环对撞流为第二级的组合干燥系统。采用这种组合系统的目的在于进一步延长物料在组合系统内的停留时间和增强物料的后期干燥强度，以适应某些初始水分较大或后期脱水较困难的物料的需要。

图 16-29 给出了物料分别在单级半环、双级半环和整个组合对撞流系统中平均停留时间的比较。可以清楚地看出，组合干燥系统使物料的停留时间大大延长。

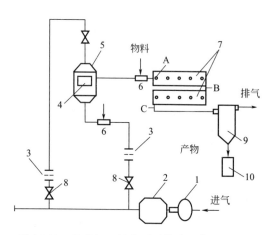

图 16-28　垂直与双级半环对撞流组合干燥系统

1—风机；2—电加热器；3—流量计；4—窗口；

5—垂直对撞腔；6—给料器；7—半环对撞管；

8—阀门；9—分离器；10—收集器；

A，B，C—半环管物料取样点

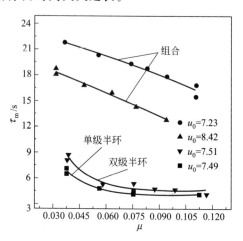

图 16-29　平均停留时间与带载率的关系

图 16-30 给出了物料在四种不同初始水分条件下，分别在垂直对撞腔内以及在整个组合干燥系统内干基脱水率的比较。可以看出，对于四种不同的初始含水率，组合对撞流系统的物料脱水率几乎都比单独采用垂直对撞流干燥大 1 倍左右。

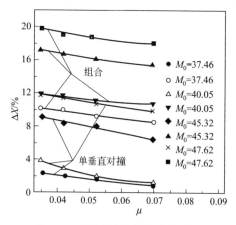

图 16-30　脱水率与带载率的关系

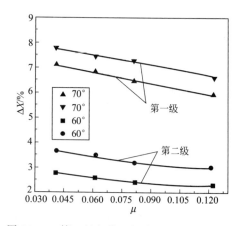

图 16-31　第一级与第二级半环脱水率的比较

图 16-31 给出了物料分别在第一级半环和第二级半环脱水率的比较。可以看出，物料在第一级半环内的脱水率比第二级高很多，这主要是由于随着物料含水率的下降，其脱水的难度越来越大。因而，根据不同物料的干燥特性，正确选择垂直-半环组合对撞流干燥系统中

半环的级数是十分必要的，如果盲目追求多级半环叠加，并不一定能带来提高干燥强度的理想效果。

在笔者的实验范围内，可得到在垂直与双级半环对撞流组合干燥系统中，物料的脱水率 ΔX 与热风初始温度 T_{in}、物料带载率 μ、物料初始水分 X_{in} 的实验关系：

$$\Delta X = 7.86 \times 10^{-5} T_{in}^{0.78} \mu^{-0.30} X_{in}^{2.14} \tag{16-50}$$

式(16-50)的实验范围是：

$T_{in} = 51℃，60℃，70℃，75℃$

$\mu = 0.040，0.061，0.081，0.122$

$X_{in} = 38.57\%，41.17\%，46.5\%，48.0\%$

16.9.3　垂直与倾斜半环对撞流组合干燥

图 16-32 所示为由一级垂直对撞流和两级具有不同方向倾角的半环对撞流构成的组合干燥系统。

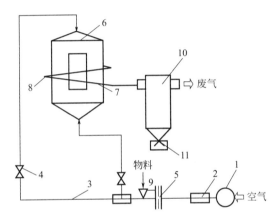

图 16-32　垂直与倾斜半环对撞流组合干燥系统

1—风机；2—电加热器；3—上进气管；4—阀门；5—流量计；6—垂直对撞腔；7—第一级倾斜半环；
8—第二级倾斜半环；9—进料斗；10—离心分离器；11—收料袋

这种组合干燥系统与 16.9.2 节垂直-双半环对撞流组合系统的主要区别是，两级半环各自具有沿相反方向的 10°水平倾角，其目的在于依靠重力分力的推动作用，降低物料在半环中自上而下的流动阻力。这种垂直-倾斜半环组合系统对于流动性较差和易于黏结的物料较为适用。

垂直-倾斜半环对撞流组合干燥系统的应用实例将在 16.11.8 中介绍。

16.10　对撞流干燥装置的放大设计

由前面的分析可以看出，对撞流系统的压力降取决于雷诺数、固体颗粒浓度和对撞区的长度（当长度与直径之比 $H/D < 1$ 时）。假定固体颗粒浓度应由干燥工艺的要求确定，则对撞流干燥系统的放大设计须满足下列条件：

$$\frac{Eu^s}{Eu^l} = 1 \quad \frac{Re^s}{Re^l} = 1 \quad \frac{G^s}{G^l} = 1 \tag{16-51}$$

式中，G 为尺寸因子（即同轴对撞中的长径比 H/D）；上标 s 与 l 分别表示小尺寸和大尺寸装置。

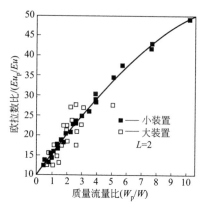

图 16-33 欧拉数比与质量
流量比的关系

对于 $H/D>1.5$ 的同轴对撞流装置，其几何形状对欧拉数 Eu 的影响可以忽略。在高雷诺数下，Eu 与流体力学条件无关，在式(16-51) 中的这两个无量纲数组可以忽略。为此，对撞流系统流体动力学条件的放大仅取决于欧拉数的比值。这已为 Tamir 等的逆向曲线对撞流的实验研究所证实。根据有效容积分别为 $0.000038\,\mathrm{m}^3$ 和 $0.0034\,\mathrm{m}^3$ 的两种大小尺寸装置的实验数据，他们得出两种尺寸装置的压力降，可以很好地拟合为一条欧拉数比与质量流量比的曲线。因此，对于大尺寸装置，在 $Re>5000$ 时，在任何给定的气固质量流量比时的压力降，都可以根据相应的欧拉数比的实验值（即图 16-33 中的曲线）来确定，或按可以得到的相关关系式计算。假定对于高雷诺数下小尺寸和大尺寸装置的欧拉数之比反比于几何放大因子，则大尺寸装置的欧拉数，可由实验室小尺寸装置的欧拉数计算求得。

当 $Re<5000$ 时，Eu 与 Re 的关系，必须由气流实验确定或按可以得到的关系式计算，如式(16-19)～式(16-22)。

对于停留时间和颗粒滞留量，其放大准则可以写为

$$\frac{t^{\mathrm{s}}}{t^{\mathrm{l}}}=\frac{m_{\mathrm{h}}^{\mathrm{s}}}{m_{\mathrm{h}}^{\mathrm{l}}}=\frac{G^{\mathrm{s}}}{G^{\mathrm{l}}} \tag{16-52}$$

式中，t 为平均停留时间；m_{h} 为质量载荷。

Tamir 等给出了平均气体与颗粒停留时间的计算式，即

$$\frac{t_{\mathrm{p}}^{\mathrm{s}}}{t_{\mathrm{p}}^{\mathrm{l}}}=\frac{L^{\mathrm{s}}}{L^{\mathrm{l}}} \text{ 与 } \frac{t^{\mathrm{s}}}{t^{\mathrm{l}}}=\left[\frac{L^{\mathrm{s}}}{L^{\mathrm{l}}}\right]^3 \tag{16-53}$$

这时，气体与固相滞留量由式(16-54) 计算，即

$$\frac{m_{\mathrm{h,p}}^{\mathrm{s}}}{m_{\mathrm{h,p}}^{\mathrm{l}}}=\frac{L^{\mathrm{s}}}{L^{\mathrm{l}}} \text{ 与 } \frac{m_{\mathrm{h}}^{\mathrm{s}}}{m_{\mathrm{h}}^{\mathrm{l}}}=\left[\frac{L^{\mathrm{s}}}{L^{\mathrm{l}}}\right]^3 \tag{16-54}$$

式中，L 为对撞流装置形状的特性尺度，如同轴对撞流系统中两气体进气口之间的间距。

在进行对撞流装置的设计时，应考虑下列因素。

① 进料管内的最大固体携带量（单位横截面积的湿物料量）为 $250\sim300\,\mathrm{kg/m}^2$。实际经济载荷比为 $20\sim80\,\mathrm{kg/m}^2$。

② 按式(16-12) 计算的气体速度，不足以使颗粒在气体中悬浮，特别是在高颗粒浓度或颗粒有结团倾向时更是如此。因此，气体速度应当比上述最低值大 $1.8\sim2.2$ 倍。在进料口处，这个速度还应高 $20\%\sim30\%$，因为该点的颗粒浓度很高，以及由于其内聚力而形成的结团会使湿颗粒的质量增大。

③ 对撞流的最大气流速度，由被干燥物料的力学性能所决定，通常其气流速度超过物料明显破碎的最低速度值的 $3.5\sim4$ 倍。

④ 直到 $p=10^{-5}\,\mathrm{m}^3/\mathrm{m}^3$ 时，气流内部颗粒的碰撞都不会影响对撞面固体的浓度，但当 $p>(1\sim1.5)\times10^3\,\mathrm{m}^3/\mathrm{m}^3$ 时，颗粒间碰撞的影响将变得明显。在某些情况下，对撞面处颗粒的滞留量将急剧上升，从而导致压力降增加、传热率下降和干燥时间增加 $30\%\sim50\%$。

⑤ 在缺乏相关的速度和同轴对撞流中颗粒流的反向振荡频率时，可按与单颗粒相同的

数值进行设计。

⑥ 在某一限定的气固终端速度比下，可以同时进行干燥与粉碎。在加工某些明显结团的有机物料（如肉骨渣）时，也可以取得良好效果。

16.11　对撞流干燥装置的工业应用

16.11.1　城市污泥与工业糟渣的干燥

图 16-34 示出了干燥浓缩污泥的两级布置工业 ISD 方案。第一级是同轴水平对撞流，在该处，进料被分散开，完成表面水分的迁移。第二级包括在气动提升管内的瞬态干燥和在离心分离器内分离时在旋流器内的干燥。以液体或气体燃料燃烧的燃气与空气的混合物作为干燥介质，入口温度为 $560\sim700^{\circ}C$，排气温度为 $90\sim140^{\circ}C$，对撞管与气动提升管内的气体速度取 $25\sim50m/s$，以确保弥散物料的稳定运输，而不发生沉淀和对管壁的黏附。在喷射型加料器喷嘴截面的气流速度通常为 $200\sim250m/s$，以使物料喷入一个螺旋加料器，并将结团物料打散，使颗粒在进料段良好地弥散。机械预脱水污

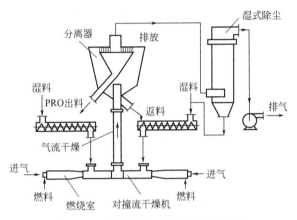

图 16-34　城市污泥两级对撞流干燥机

泥的初始湿基水分为 $72\%\sim83\%$，并与离心分离器出口的固体物料按 3∶1 的比例进行掺混，这种与初始污泥的返混，使对撞流干燥机的进料水分调整到大约 50%，从而可以使干燥设备在较低的气流速度下运行，导致蒸发水的能耗由 $3300\sim3800kJ/kg$ 降至 $2900kJ/kg$，其单位能耗为 $0.22\sim0.03kW\cdot h/kg$。产品的水分取决于所生产的颗粒尺寸。当颗粒直径为 0.25mm 时为 2%，颗粒直径为 5mm 时为 55%，直径为 $1\sim2mm$ 颗粒的平均产品水分为 19.5%（湿基）。

表 16-3 给出了一系列干燥废渣的工业用对撞流干燥机的关键运行参数，其物料的初始水分为 80%（湿基）。

表 16-3　工业用对撞流干燥机的性能

性能	干燥机型号			
	SVS-2.5	SVS-5	SVS-10	SVS-20
湿渣/(kg/h)	3120	6250	12500	25000
干后产量/(kg/h)	620	1250	2500	5000
蒸发能力/(kg/h)	2500	5000	10000	20000
耗气量(标准状态)/(m³/h)	5000	10000	20000	40000
燃油消耗量(用于除尘)/(kg/h)	130	255	510	1020
天然气消耗量(标准状态)/(m³/h)	140	225	550	1100
耗水量(用于除尘)/(m³/h)	10	20	40	80
电功率/kW	30	40	44	65
外形尺寸/m	19×9×9.5	23×11×10.5	24×13×11.5	25×18×13.5

大量含有有机成分的城市与工业废渣，可以作为一种补充燃料，从而提高 ISD 装置的总热效率。图 16-35 示出了一个用于干燥纸浆造纸工业废渣的对撞流干燥特性和燃料消耗量。其废渣中含有高达 50％的植物纤维，对于蒸发能力为 10000kg/h 的标准对撞流干燥机，带附加干渣燃烧装置时，不仅可使燃料消耗量减少 2/3，而且可使产品水分由不带干渣燃烧时的 30％降至 10％。

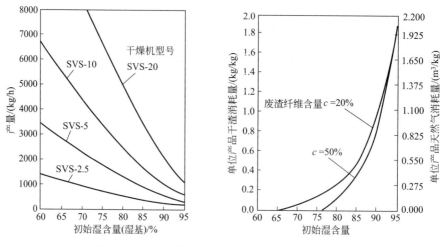

图 16-35　造纸废渣对撞流干燥特性和燃料消耗量

16.11.2　金属粉末的干燥

图 16-5 所示的可移动对撞区的同轴对撞流干燥系统，特别适用于干燥石英砂、铸造砂、金属粉、各种聚合物以及带表面或弱结合水的类似物料。图 16-36 所示为白俄罗斯明斯克传热、传质研究所用于干燥铝粉的工业对撞流装置。

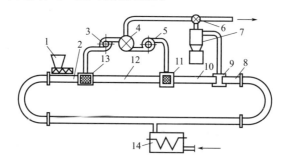

图 16-36　铝粉对撞流干燥机
1—料斗；2,8,10,12—干燥管；3,5—旋风收集器；4,6—气流换向阀；
7—粉状产品；9—不带限流网的气流对撞室；
11,13—带限流网的气流对撞室；14—电加热器

其湿物料处理量为 150～200kg/h，物料的初始水分为 10％～12％，产品水分为 0.01％～0.02％，物料（铝粉）尺寸为 2.5～0.5mm，进气温度为 300℃，物料干燥时间为 5～20s，耗气量为 250～300m³/h（标准状态），电功率为 70kW。在俄罗斯还有同类型的可移动对撞区的对撞流干燥装置，但在对撞腔的出口装有一层限制网格，以使在干燥的同时能对某些较硬的强结合水的物料进行研磨。结晶赖氨酸即为这类产品的一个例子。它是一种有结团倾向的有大量结合水（高达 17％湿基水分）的高热敏性物料。

16.11.3　结晶赖氨酸的干燥

结晶赖氨酸分离后的晶粒直径为 0.2～0.25mm，同时为了满足干后最终水分低于1%～1.5%，粒径小于 0.5～0.6mm，可采用如图 16-37 所示的对撞流干燥装置，它由一个中心干燥管和分别位于其两端的两个对撞室组成，中心干燥管的长度为 1.5m。两个对撞室都由引出管和旋风分离器与气流切换器连接。两个引出管内都装有网孔为 1.3mm 的截留网格。在干燥管内装有按质量比为 1:1 混合的 2mm 直径的钢珠和直径为 3mm 的铝珠，用以破碎赖氨酸晶体和打散结团。在干燥管内惰性粒子的质量浓度维持在 1～1.5kg/kg，两个对撞室之间折返运动的频率

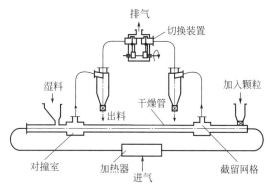

图 16-37　赖氨酸双对撞室干燥机

为 1～2 次/s，进入两个对撞室端部的热空气温度为 135℃，速度为 20～30m/s。切换器使对撞区在两个对撞室之间周期性地移动。这就导致了惰性粒子和仅由干燥管一端连续加入的湿物料的振荡运动。在经过 4～5 次振荡，即相当于干燥 10～15s 以后，物料被充分研磨和烘干（图 16-37），继而被气流带出穿过截留网格进入旋风分离器。这一干燥装置的容积蒸发能力大约为 1700kg/(m³·h)，耗气量为（标准状态）200～250m³/kg 水，热耗为 3～3.6MJ/kg 水。这表明对撞流干燥机的性能显著优于流化床干燥机，在相同干燥条件下，流化床干燥机的蒸发能力仅 20～50kg/(m³·h)，而干燥时间约需 5～10min。

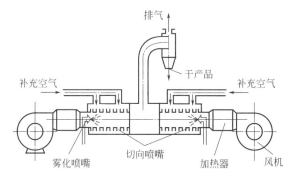

图 16-38　热敏性物料的旋流对撞流干燥机

16.11.4　浆状热敏性物料的干燥

图 16-38 示出了一种用于干燥悬浮溶液和浆状热敏性物料的旋流喷雾干燥机，它实际是作为一台逆流反转式对撞流干燥机运行。这一干燥机由一个直径 1.2m，长 4m 的水平圆筒和分别装于圆筒两端的两个液体喷嘴组成。主流热空气由两端经喷嘴轴向引入，二次空气沿主流切向以彼此相反的方向分几路引入圆筒，从而造成了与主流逆向的旋流运动。因此，液体或悬浮溶液物料不仅被雾化，同时也被旋转气流带入旋流运动。为了防止雾滴落在干燥机壁面上，从而造成物料过热，可将补充气流沿切向（与二次气流同向）穿过圆筒壁面引入。在圆筒两端的这部分壁面被做成导向叶片的缝槽形状。经对撞干燥后的粉末物料由气流直接带入分离器。干燥机的进口空气温度为 150℃，出口温度为 70℃，因而适用于干燥诸如各种抗生素和微生物等的热敏性物料。在这个进口温度下，干燥机的容积蒸发强度为 28kg/(m³·h)，它每小时可以蒸发水约 100kg。与相同条件下的喷雾干燥机相比，对撞流喷雾干燥机的容积蒸发能力高 7 倍。

16.11.5　药品的干燥

图 16-39 所示为一同向垂直旋流对撞流干燥装置，用以干燥粉状及颗粒状药品。干燥物

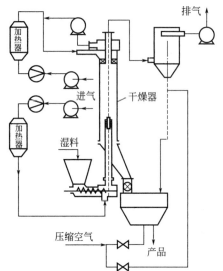

图 16-39　药品的垂直旋流
对撞流干燥装置

料由螺旋加料器送入干燥机底部的混合室，在其中与 180℃的热空气混合后，经一喷嘴由下而上引入垂直对撞管中的内管，并经内管顶部的导流叶片喷出，在垂直对撞管内形成内旋流。同时，在垂直对撞管顶部切向引入一股温度为 150℃的辅助气流，在管内形成外旋流。外旋流在管内的旋转方向与内旋流相同。自下而上的内旋流中的颗粒物料因受离心力作用而向壁面迁移。物料在与外旋流对撞干燥的过程中，逐渐向垂直对撞管底部滑移，最终的产品由底部排出。被气流由顶部携带出的细粉由分离器收集。产品的总收成率可达 98%～99%。这种干燥设备运行稳定，设备处理量可达 10000kg/h。

16.11.6　脱脂肉骨渣的干燥

利用肉类加工企业的肉骨渣，生产动物饲料蛋白，有重要的经济价值和社会效益。图 16-40 介绍的是白俄罗斯明斯克传热、传质研究所研制的一种由垂直对撞流干燥作为第一级，以多层半环对撞流干燥作为第二级的组合干燥装置。电加热空气由上、下垂直加速管道进入对撞室。脱脂油渣（肉骨渣）由装有垂直搅拌器的料器斗通过转速可调的螺旋给料机送入上部加速管道，并在对撞室内与自下部引入的热空气进行对撞干燥。其中大颗粒油渣穿透入下部射流，落入对撞室下部的磨碎机。被磨碎后的小粒油渣被下部引入的热空气再次带入对撞室，并同对撞室中的其他小颗粒一起由气流带至多层半环对撞流干燥室。在此，小颗粒油渣经多级半环对撞干燥后，逐级向下运动，最后经旋转阀送入成品罐。部分由上部带出的细粉由旋风分离器回收。

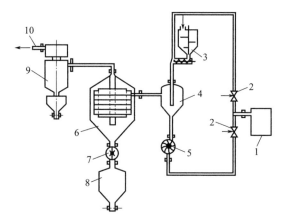

图 16-40　肉骨渣的组合对撞流干燥机
1—电加热器；2—调节阀；3—带搅拌器的
螺旋给料机料斗；4—垂直对撞室；5—磨碎机；
6—半环干燥机；7—旋转进料阀；8—成品收集料斗；
9—旋风收尘器；10—排风管

该装置对多种成分的肉骨渣进行了实验室实验。当干燥物料由 60%骨髓、20%血和 20%肉骨渣构成时，烘干前的水分为 38.2%，产品水分为 5%，热风温度为 245℃，在加速管中的气流速度为 26.4m/s，分离器中的空气速度为 10m/s，装置的生产能力为 14.4kg/h，磨碎机的转速为 675r/min。在实验室实验的基础上，还在明斯克进行了大型工业试验。其热风流量 18000～22000m³/h，热风温度 250～400℃，干燥物料由 80%～90% 的脱脂油渣和 10%～20% 的脱脂骨粉构成。当物料最大粒度为 10mm，初始含水率为 29.4%～30.7%，产品水分为 8.7%～4.1% 时，产量为 180～300kg/h。由于干燥时间仅 4～5s，所生产的动物蛋白质质量大大高于其他常规生产方式，并显著减少了产品的单位能耗与设备的金属消耗量。

16.11.7 谷物饲料的高温对撞流加工

植物饲料的干燥除了要求干燥时间尽可能短，以防止其蛋白质受破坏外，还须满足另一项重要的工艺要求，即淀粉的合理转化。在谷物饲料（及饲草）中，通常含有多达 75% 的淀粉。为了易于被禽畜消化吸收，需要将这些淀粉转化为较简单的碳水化合物——糊精和糖。

Melter 等曾在白俄罗斯明斯克传热、传质研究所，用同轴对撞流干燥机对大麦、小麦、黑麦、玉米等谷物饲料和苜蓿等饲草，进行了大量的干燥与糊精化研究与工业试验，取得了很好的效果。实验用谷物的初始水分在 4%～32% 内变化，热风温度为 200～450℃，热加工时间为 3～90s，谷物的产品水分不超过 2%～3%，平均干燥速度为 3.5%/s。作者还研究了谷物在高温加工过程中的炸裂效应与膨化效应及其与干燥条件的关系。研究结果表明，用同轴对撞流装置可大大缩短谷物饲料的热糊精化时间。同时，若采用物料再循环系统，即使排出对撞区的部分物料返回对撞区进行二次处理，则可显著提高饲料的糊精数。如对于大麦，当热风温度为 340℃ 时，第一次加工后的糊精数为 2.8%，经第二次加工后，即可提高到 4.63%。因此，采用多级对撞系统，有利于提高饲料的糊精化程度和提高蛋白质含量，并使纤维含量显著降低。

16.11.8 木材碎料的干燥

木材碎料（包括木材纤维与木材刨花等）的干燥，是人造木板与其他以木碎料为原料的木制品生产中的重要环节。

福建农林大学谢拥群等采用图 16-32 所示的垂直-倾斜半环对撞流组合系统，对木纤维和刨花进行了干燥研究，取得了很好的效果。所用组合系统的垂直对撞腔直径为 φ300mm，高度为 950mm，上、下进风管直径为 φ65mm。倾斜半环的形状类似于运动场的 400m 跑道，由两段 496mm 长的直管段和两段半径为 325mm 的半圆管段组成。半环管的直径为 φ65mm，两级半环管在其对撞区首尾相连，并沿流动方向各自与水平方向成 10° 倾角。

表 16-4 给出了干燥用木材碎料的基本参数。

表 16-5 和表 16-6 分别给出了木纤维和刨花干燥实验的结果。

表 16-4 干燥用木材碎料的基本参数

物料名称	树种	平均含水率/%	平均尺寸/mm	相对密度/(kg/m³)	堆积相对密度/(kg/m³)
木纤维	马尾松	69.89	长 2.87 直径 0.064	433.59	35.83
木刨花	松杂木	43.52	长 23.14 宽 4.81 厚 0.16	376.26	172.52

表 16-5　木纤维组合对撞流干燥结果

气流温度/℃	气流流量/(m³/s)	气流湿度/%	干燥前含水率/%	干燥后含水率/%	干燥脱水率/%
130	0.162	0.0090	71.22	4.85	66.37
120	0.162	0.0090	72.10	4.99	67.11
110	0.162	0.0090	70.87	5.32	65.55
100	0.162	0.0085	71.81	5.51	66.30
90	0.162	0.0085	72.08	5.73	66.35
80	0.162	0.0085	70.11	7.00	63.11
70	0.162	0.0085	72.11	10.62	61.49
60	0.162	0.0085	69.72	31.87	37.85

生产中密度板对木纤维含水率的要求是 10% 左右，因而，只要干燥气流的初始温度≥80℃，即可经过组合对撞流干燥一次达到脱水要求。采用更高的热风温度，可以进一步提高脱水率和干燥产量，对于木纤维，合适的干燥热风温度为 80～110℃。

表 16-6　刨花组合对撞流干燥结果

气流温度/℃	气流流量/(m³/s)	气流湿度/%	干燥前含水率/%	第一次干燥后含水率/%	第一次脱水率/%	第二次干燥后含水率/%	第二次脱水率/%
122	0.129	0.0166	43.32	14.67	28.65	7.24	7.43
103	0.129	0.0166	43.30	19.50	23.79	11.29	8.21
86.5	0.129	0.0166	43.25	24.59	18.66	16.59	8.00

由表 16-6 可以看出，由于刨花物料较厚，在干燥系统内的停留时间较短（少于 15s），因而，经一次干燥尚不能达到脱水要求。经第二次重复干燥后，如果热风温度不低于 110℃，即可达到干燥脱水要求。刨花的合适热风温度比木纤维高，在 100～130℃ 之间。

对干燥后的木碎料进行显微结构分析和力学性能测试，发现经对撞流组合干燥后，物料没有产生粉碎、断裂等宏观机械损伤和内部结构的微观破坏，产品质量符合人造板工业对木材原料的要求。

16.12　结束语

对撞流干燥是一种适用于液态、浆糊态和粉粒状固态物料的新型干燥技术。它因其对撞区内特殊的气体动力学条件［高湍流度、高气固（或气液）相对速度和物料悬浮气流的往复振荡运动］，使物料与干燥介质之间具有很高的传热、传质速率，从而使对撞流干燥成为现代干燥技术中最有发展前景的快速高强度干燥方式之一。对撞流干燥过程的显著强化，可以从场协同原理的分析中找到重要依据。首先，气流与物体在对撞区迎面相撞及物料的往复运动，大大增加了气流速度场与颗粒水分梯度场相互协同（即两矢量场方向相同，且夹角为零）的概率；其次，由于在对撞区内的强烈碰撞与扰动，使气流的紊流度大大提高，不断产生大量涡流，使物料不仅在与气流正面接触的前驻点完全满足场协同条件，也使气流与物料其他部位的接触角显著减少，从而使场协同状况大幅度改善（即使气流与颗粒物料间的传热、传质过程得以显著强化）。

目前，关于对撞流干燥的研究与应用仍处于尚需大力发展的阶段。

① 关于各种对撞流装置内部流体动力学规律的研究，虽然已有相对较多的报道，但这些研究大多是按一维流动处理的；颗粒动力学模型一般以单颗粒运动方程为基础；对于对撞区浆糊状非牛顿流体的研究几乎是空白，这些方面还都有待深入。

② 关于对撞区内传热、传质过程的深入研究很少报道。目前仅有对撞流干燥机总传热系数和体积传热系数的部分工业试验数据。为了深入分析对撞区内传热、传质过程，求得气

固（或气液）之间的局部传热、传质系数及其变化规律是必要的。

③ 由于物料在对撞流干燥机内的干燥时间很短，所以目前还难以求得物料的干燥动力学特性，尚需从理论和测试方面加强研究。

④ 进一步发展各种用途的组合式对撞流干燥机。

符号说明

A——颗粒换热面积，m^2；

d_p——颗粒直径，m；

D——管道（对撞室）直径，m；

G——尺寸系数；

h——传热系数，$W/(m^2 \cdot K)$；

h_v——体积传热系数，$W/(m^3 \cdot K)$；

H——加速管间的距离，m；

K——实验常数（计算 h_v 用）；

L——无量纲距离；

m_h——质量载荷，kg；

n——循环次数；

Δp——压降，Pa；

Δp_a——垂直对撞系统空载压降，Pa；

Δp_p——垂直对撞系统带载压降，Pa；

r——汽化潜热，kJ/kg；

T——干燥时间或滞留时间，s；

u——速度，m/s；

V——干燥机内颗粒滞留量，kg；

V_d——干燥机有效容积，m^3；

V_1——干燥机容积，m^3；

W——质量流率，kg/s；

x——横坐标，m；

X——干基湿含量，kg/kg；

z——纵坐标，m；

β——体积浓度，m^3/m^3；

ζ——摩擦系数；

η——欧拉数比；

λ——热导率，$W/(m \cdot K)$；

μ——动力黏度，$Pa \cdot s$ 或 $kg \cdot s/m^2$；

ν——运动黏度，m^2/s；

ρ——密度，kg/m^3。

下角标

cr——临界值；

d——干球温度值；

max——最大值；

p——颗粒；

s——固体；

t——终端；

v——容积；

w——湿球温度值；

x——局部值；

0——初始值（流管值）；

1——入口；

2——出口。

上角标

l——大尺寸；

s——小尺寸；

*——无量纲参数。

无量纲数

Ar——阿基米德数，$\dfrac{g d_p^3 \rho (\rho_p - \rho)}{\mu^2}$；

Eu——欧拉数，$\Delta p/(u^2 \rho)$；

Gu——古赫曼数，$(T - T_p)/T$；

Nu——努塞尔数，$h d_p/\lambda$；

Pr——普朗特数，$c\mu/\lambda$；

Re_p——颗粒雷诺数，$u_0 d_p/\nu$；

Re_r——按气固相对速度计算的雷诺数，$(u \pm u_p) d_p/\nu$；

Re_t——按颗粒终端速度计算的雷诺数，$u_t d_p/\nu$。

参考文献

[1]　Kudra T, Mujumdar A S, Meltser V L. Impinging Stream Dryers. In: Handbook of Industrial Drying, 1995.

［2］ Elperin I T, Enyakin Yu P. Meltser V L Experimental Investigation of Hydrodynamics of Imping Gas-Solid Par-ticles Streams. In: Heat and Mass Transfer. Luikov A V, Smdsky B M ed. Minsk, 1968: 454-468.

［3］ Kuts P S, Dolgushev V A. Numerical Calculations of Opposing Jets of a Viscous Incompressible Liquid. Jour-nal of Eng Phys, 1974, 27（6）: 1550-1555.

［4］ Elperin I T, Meltser V L. Apparatus for Thermal Treatment of Dispersed Materials. USSR Patent No 596792, 1978.

［5］ Tamir A. Impingement Streams（ISD）and their Application to Drying 92. A S Mujumdar. ed, Amsterdam: Elsevier, 1992: 1953.

［6］ Tamir A, Kitron A. Application of Impinging Stream in Chemical Engineering Processes. Chem Eng Communi-cations, 1987, 50: 241-330.

［7］ Kitron A, Buchman R, Luzatto K, et al. Drying and Mixing of Solids and Particles RDT in Four-Imping-Streams and Multistage Two-Impinging-Streams Reactors. Ind Eng Chem Res, 1987, 26: 2654-2641.

［8］ Enyakin Yu P. Depth of Penetration of Solid-or Liquid-Phase Particles in Opposing Gas-Suspension Jets. J Eng Phys, 1986, 14（6）: 512-514.

［9］ Elperin I T, Meltser V L, Pavlovskij L L, et al. Transfer Phenomena in Impinging Streams of Gaseous Suspen-sions. Minsk: Naukai Tekhnika, 1972.

［10］ Elperin I T, Meltser Leventonal L I, Phateev G A, et al. Computer Calculation of Particle Motion in Impinging Streams of Dispersed Materials. Minsk: Izvestia AN BSSR, 1972.

［11］ Leventonal L L, Meltser V L, Baida M M, et al. Investigation of Solid Particle Motion in Reverse Gas- Solid Suspension. In: Investigation of Transport Processes in Dispersed systems. Minsk: ITMO AN BSSR, 1981: 69-76.

［12］ Soloviev M I. Suspending and Transportation of Granular Materials in Horizontal Ducgs. Inzhenemo Phyzi-cheski Zhumal, 1964, 7（10）: 62-67.

［13］ Kitron Y, Tamir A. Performance of a Coaxial Gas-Solid Two-Impinging-Streams（TIS）Reactor: Hydrody-namics, Residence time Distribution and Drying Heat Transfer. Ind Eng Chem Res, 1988, 27: 1760-1767.

［14］ Taubman V A, Gomev B L, Meltser V L, et al. Contact Heat Exchangers. Moscow: Khimia, 1987.

［15］ Elperin I T, Enyakin Yu P, Meltser V L. Experimental Investigation of Hydrodynamics of Impinging Gas-Sol-id Particles Streams. In: Heat and Mass Transfer. Luikov A V, Smolsky B M ed. Minsk, 1968: 454-468.

［16］ Dzyadzio A M, Kemmer A S. Pneumatic Transport in Grain-Processing Manufactures. Moscow: Kolos, 1967: 295.

［17］ Meltser V L, Pisarik N K. Interphase Heat Transfer in Impinging Single and Two-Phase Streams. Proc. XI All Russian Conference on Heat and Mass Transfer. Minsk: 1980, Vol. VI, part 1: 132-135（in Russian）.

［18］ Meltser V L. Scientific Principles and Application of Enhanced Processes in Impinging Streams. Minsk: IT-MO, Bielorussia（in press）.

［19］ Strumillo Cz, Kudra T. Drying; Principles, Applications and Design, Gordon and Breach. NY: Sci Publ, 1987: 345.

［20］ Tamir A. Vertical Impinging Streams and Spouted Bed Dryers: Comparison and Performance. Drying Technol-ogy, 1989, 7（2）: 183-204.

［21］ Tamir A, Shalmon B. Scale-up of Two-Impinging Streams（TIS）Reactors. Ind Eng Chem Res, 1988, 27: 238-242.

［22］ Tamir A. Impinging-Stream Reactors. Amsterdam: Elsevier Science Publishers, 1994.

［23］ Meltser V L, Gurevich G L, Starovoitenko E I, et al. The Calculation Method of Thermal Processing of Wet Particles in Reversive Gas-Solid Streams. In: Heat and mass Transfer Investigations in Drying and Thermal Processing of Capillary-Porous Materials. Minsk: ITMO AN BSSR, 1985: 131-138.

［24］ Meltser V L, Tutova E C. Drying of Crystalline Lysine in Reversible Impinging Streams. Biotekhnologia, 1986, 2: 70-74.

［25］ 胡学功, 刘登瀛, 张长梅. 垂直对撞流干燥机与干燥特性的实验研究. 中国工程热物理学会传热传质学术会议. 北京: 1996.

［26］ Li Chengzhi, Liu Dengying, Xu Chenghai, et al. Numerical Analysis of Gas-Particle Flow in Vertical Imping-ging Stream Chamber. Drying Technology, 2003, 21（6）: 1019-1028.

[27] Мельцер В Л, Гуревич Г Л, Красяков Е. А. Гцдродинамнка и Тепооб Мен во встредных потокак газовзвеси. Препринт No. 17. Академия Наук ъеlорусской ССР, Институт теплo и Массообмена имени А. В. 1ыкова, 19.

[28] Hu Xuegong, Liu Dengying. Experimental Investigation on Flow and Drying Characteristics of A Vertical and Semi-Cyclic Combined Impinging Streams Dryyer. Drying Technology, 1999, 19（9）: 1879-1892.

[29] Liu Dengying, Huai Xiulan, Liu Zuyi, et al. Experimental Investigation on The Flow and Drying Characteristics of Two-Stage Semi-Circular Impinging Stream Drying, the 1st Drying Conference in Asia-Australia. Indonesia, 1999.

[30] 李成植, 刘登瀛, 徐成海, 等. 垂直-倾斜半环组合对撞流干燥的实验研究. 东北大学学报 （自然科学报）, 2001, 22（1）.

[31] Meltser V L, Kudra T, Mujumdar A S. Classification and Design Considerations for Impinging Stream Dryers, Proc. Int. Forum on Heat and Mass Transfer-Int. Drying Symposium, Kiev, 1992, 1: 181-184.

[32] 魏钟, 潘永康. 冲击流干燥器. 化工装备技术, 1993, 14（6）; 1994, 15（1）.

[33] Мельцер В Л, Бурачонок И Н, Родов О Е. Подуцение Кормовой муки при интенсивной сушке мясокостного сырЬя В установках со встрецнымн струями газовэвеси. Препринт No. 15. Академия Наук Белорусской ССР, Институт тепло и массообмена имени А. В. Лыково, 1990.

[34] Мельцер В Л, Красяков Е А, эавьялов В. В. Высокотемпературная обработка эерна во встрецных （реверсивных и прямотоцных） потоках газовэвеси. Препринт No. 4 Академия Наук Белорусской ССР, Институт тепло и массообмена имени А. В. Лыкова, 1990.

[35] 谢拥群. 木材碎料对撞流干燥特性的研究. 北京: 北京林业大学, 2003.

[36] 刘登瀛. 超常传递过程——干燥基础研究的新领域 （一）. 干燥技术与设备, 2004（1）.

（刘登瀛）

第17章

太阳能干燥

17.1 概述

太阳能干燥（solar drying）是利用太阳辐射的热能，将湿物料中的水分蒸发除去的干燥过程。把太阳辐射能作为热源干燥湿物料，自古以来就被广泛地采用。将农作物、种子、水果、鱼、木材等直接放在太阳下晾晒是农村长期沿用的干燥方式。但高的劳动强度、大面积晒场、干燥过程及物料品质无法控制等因素限制了大批量物料的干燥，近年来新的太阳能干燥技术的开发为有效利用太阳能进行干燥作业提供了可能。

17.1.1 我国的太阳能资源

太阳是一个由氢组成的火球，直径为 1.39×10^6 km，质量约为 2.2×10^{27} t，其体积为地球的 130 万倍，重量为地球的 33 万倍。太阳核心的热核反应产生巨大的能量，向外辐射出的能量即为我们所谓的太阳能。其表面温度为 6000K，中心约为 2×10^7 K（2000 万 K）。每秒钟消耗 400 万 t 氢，能连续产生 3.9×10^{23} kW 功率，其中全部辐射的二十亿分之一到达地球大气层表面，在透过大气层时，被反射、吸收而衰减，最后约有 85×10^{12} kW 到达地球，可见它的能量巨大。

我国太阳能资源分布的主要特点有：太阳能的高值中心和低值中心都处在北纬 22°～35° 这一带，青藏高原是高值中心，四川盆地是低值中心；太阳年辐射总量，西部地区高于东部地区，而且除西藏和新疆两个自治区外，基本上是南部低于北部；由于南方多数地区云雾雨多，在北纬 30°～40° 地区，太阳能的分布情况与一般的太阳能随纬度而变化的规律相反，太阳能不是随着纬度的增加而减少，而是随着纬度的增加而增长。

按接受太阳能辐射量的大小，全国大致上可分为四类地区，见表 17-1。

Ⅰ类地区：全年日照时数为 3000～3300h，辐射量超过 1750kW·h/(m^2·a)。主要包括宁夏北部、甘肃北部、新疆东部、青海西北部、西藏西部、山西北部、内蒙古西北部等地。这是我国太阳能资源最丰富的地区。特别是西藏，地势高，太阳光的透明度也好，太阳辐射总量最高值达 2486.1kW·h/(m^2·a)，仅次于撒哈拉大沙漠，居世界第二位，其中拉萨是世界著名的阳光城。

表 17-1　我国太阳能热能等级表

资源带号	资源带分类	年日照时数/(h/a)	年曝射量/[kW·h/(m²·a)]	年曝射量/[MJ/(m²·a)]	包括的主要地区
I	最丰富	3000~3300	$G \geqslant 1750$	$G \geqslant 6300$	宁夏北部、甘肃北部、新疆东部、青海西北部、西藏西部、山西北部、内蒙古西北部
II	很丰富	2400~3000	$1400 \leqslant G < 1750$	$5040 \leqslant G < 6300$	河北西北部、内蒙古东南部、宁夏南部、甘肃中部、青海东南部、西藏东部、新疆西部、山东东部、陕西北部、山西中部、吉林西部、辽宁西部、黑龙江西部、云南、台湾西部
III	丰富	1500~2400	$1050 \leqslant G < 1400$	$3780 \leqslant G < 5040$	山东西部、河南、河北大部、吉林东部、辽宁东部、黑龙江东部、安徽、江苏、湖北、浙江、江西、广东、湖南、广西、陕西南部、福建
IV	一般	900~1500	$G < 1050$	$G < 37800$	四川、贵州

注：G 表示总辐射年辐照量，采用多年平均值（一般取 30 年）。

　　II 类地区：全年日照时数为 2400~3000h，辐射量在 1400~1750kW·h/(m²·a)。主要包括河北西北部、内蒙古东南部、宁夏南部、甘肃中部、青海东南部、西藏东部、新疆西部、山东东部、陕西北部、山西中部、吉林西部、辽宁西部、黑龙江西部、云南、台湾西部等地。此区为我国太阳能资源很丰富的地区。

　　III 类地区：全年日照时数为 1500~2400h，辐射量在 1050~1400kW·h/(m²·a)。主要包括山东西部、河南、河北大部、吉林东部、辽宁东部、黑龙江东部、安徽、江苏、湖北、浙江、江西、广东、湖南、广西、陕西南部、福建等地。此区为我国太阳能资源丰富的地区。

　　IV 类地区：全年日照时数为 900~1500h，辐射量小于 1050kW·h/(m²·a)。主要包括四川、贵州两省。此区是我国太阳能资源最少的地区。

　　I~III 类地区，年日照时数大于 1500h，辐射总量高于 1050kW·h/(m²·a)，是我国太阳能资源丰富的地区，具有利用太阳能的良好条件。

　　上述中国太阳能资源分布，主要是依据 1999 年以来的数据计算出来的。近年的研究发现，随着大气污染的加重和气候变迁，各地的太阳辐射呈下降趋势。

　　当太阳辐射到地球上的一个物体时，会被物体反射，或穿过物体，被物体吸收。被物体吸收的这部分通常会使物体升温，只要使用合适的材料制作一个太阳能集热器，就可以把热量收集起来加以利用。

　　地球接收到的太阳辐射强度随与太阳距离的增长而减弱。太阳并不是在地球轨迹的正中位置，因此地球与太阳的距离在一年之内不断变化，地球接收的太阳辐射强度也相应变化。太阳能集热器得到的能量取决于在一年或一天中的时间、集热器所处纬度以及集热器倾向太阳的角度，同时还受到天气的影响。

　　进行太阳能集热系统设计前，要对本地区的太阳能资源进行全面的考察。因为太阳能资源与地区、季节、昼夜的关系很大，不同地区的资源状况是不同的。低纬度地区，太阳辐射夏季长，冬季短，全年日照时间长，而且接近直射，因此可利用太阳能的时间长，日照量也大，加热后热空气的温度高，太阳能的可利用性就好。较高纬度地区，夏季短，冬季长，全年太阳直射时间较短，斜射时间较长，因此太阳能辐射强度也较低，有利用价值的时间较短，经空气集热器收集的能量相对来说较少，太阳能的可利用性一般。更高纬度地区，夏季更短，冬季更长，太阳基本无直射，散射时间较长，这些地区太阳能的可利用性就差。我国地域广阔，有高纬度地区，也有低纬度地区。在太阳能资源上，南方与北方差别很大。南方处于热带或亚热带，纬度低，太阳直射时间长，辐射强度高。而北方则处于温带或寒带，纬度高，太阳直射时间短，辐射强度低。因此，在设计太阳能集热系统前，要根据本地区所处的纬度、年平均日照量来决定采用或不采用太阳能，以及运用什么形式的集热系统。

气候对太阳能资源的影响是巨大的。因为只有在晴天的白天，大气透明度好，才有太阳直射或斜射，阴雨天时的散射是没有多大利用价值的。有些地区虽然纬度低，但阴雨天多，如我国的江浙一带，夏季雨天多，太阳能集热系统的运行时间受到限制，因此不太适合采用太阳能加热。有些较高纬度地区，虽然太阳直射的时间较短，但晴朗的天气多，也可采用太阳能加热。我国中部地区，虽然太阳辐射不是那么强烈，但晴天多，集热系统的运行时间相对较长，集热系统的利用率高，经济性好。

估算太阳能资源仅仅知道水平辐射和散射辐射是不够的，还需要计算出各个朝向的太阳辐射值。表 17-2 给出了我国 14 个城市不同方向年平均辐射强度。

表 17-2　我国 14 个城市不同方向年平均辐射强度　单位：kW·h/(m²·a)

城市	水平面	南墙	北墙	西墙	东墙	斜面[①]
广州	1234.0	737.2	246.3	702.1	702.1	1331.4
香港	1290.8	717.8	299.9	727.3	727.3	1363.7
海口	1426.3	698.4	279.6	793.2	793.2	1471.2
上海	1316.0	901.2	276.2	782.4	782.4	1481.3
昆明	1338.3	878.8	293.3	774.8	774.8	1482.6
西安	1321.0	951.6	279.4	801.4	801.4	1512.1
南京	1351.4	950.4	285.2	808.6	808.6	1533.9
哈尔滨	1303.5	1299.5	281.9	891.0	891.0	1724.6
兰州	1510.2	1137.0	316.2	930.6	930.6	1757.9
天津	1463.9	1240.0	314.5	930.5	930.5	1785.5
北京	1564.6	1349.1	328.3	1001.5	1001.5	1926.9
吐鲁番	1618.6	1464.9	355.8	1063.3	1063.3	2034.2
哈密	1763.5	1620.9	387.1	1160.3	1160.3	2233.1
拉萨	2195.0	1520.5	435.8	1299.5	1299.5	2486.1

① 斜面是指某纬度上倾斜面向赤道上空的斜面，倾角为该地纬度的位置。

17.1.2　太阳能干燥的特点

太阳能干燥装置在使用上的优点和不足主要是由太阳能的特殊性决定的。与利用其他能源的干燥方法相比，太阳能干燥有下列优点：

① 干净卫生，对物料和环境没有污染；

② 太阳能取之不尽，不存在能源紧张问题；

③ 太阳能处处都有，不需要开采和运输；

④ 干燥过程中其他能源消耗低，运行费用低。

然而，有效地利用太阳能进行干燥也并非容易，太阳能干燥存在下列不足：

① 分散性大，热值低。在天气较为晴朗的情况下，中午垂直投射于 1m² 面积上的太阳能最多在 1kW 左右，阴雨天更低。如果干燥装置的生产量大，那么就需要较大面积的集热器，占地面积大，设备投资费用高。

② 温升小，干燥速度低。完全依靠太阳能，干燥介质（热空气）的温升低，仅能使空气的温度上升至 40～70℃。所以，一般情况下，太阳能只能用低温干燥。

③ 具有间断性和不稳定性。太阳能的辐射强度受纬度、季节、天气及时间的影响大。

低纬度地区太阳辐射强度高，高纬度地区太阳辐射强度低。冬季及阴雨天太阳辐射强度很弱，无太大利用价值。即使是一天中不同时间，太阳能辐射强度也会不断变化，由此造成了干燥介质温度不稳定的问题，为干燥工艺的控制带来了不少困难。

④ 干燥效率低。太阳能空气集热器的热效率一般在 60%～80% 之间，干燥装置系统效率为 20%～40%。

17.1.3　太阳能干燥装置的应用

太阳能干燥装置多用于农副产品干燥，采用太阳能干燥的工业品较少。

（1）粮食干燥

玉米、稻谷、小麦、花生、咖啡等收获后含水量较高（>20%），不能立即贮存，需预先进行干燥。采用太阳能干燥装置干燥这些物料除节约能源外，还能有效地提高干后物料的品质。特别是稻谷，在高温干燥时会产生很高的应力裂纹率，严重影响出米率和整米率，使品质和口感变差。日本最近研究出了一种新的稻谷干燥方法，即完全采用太阳能进行温室稻谷的干燥，干后稻米品质优良，称之为太阳米。

（2）果品的干燥

太阳能果品干燥在我国运用较成功。广东东莞的太阳能果品干燥装置每次可装水果 1400～1750kg，温室气温可达 50～70℃，6 天后即可得到干果，用于荔枝、龙眼等肉质水果的干燥效果好，降低了干燥时间和劳动强度。此外采用太阳能干燥房干燥青丝、红丝、杏脯、苹果脯、蜜枣和梨脯也取得了很大成功。与烧煤干燥相比，太阳能干燥房内的温度比较均匀，果脯无焦煳现象，且在太阳直接照射下，果脯色泽鲜亮，质量较优。澳大利亚利用网袋悬挂葡萄，在屋顶下直接吸收太阳辐射而干燥。无日光照射时，屋内温度较外界温度高 2～6℃，而有日光照射时，屋内温度较外界温度高 8℃。太阳能干燥这些高水分物料时，干燥速度低，需注意干燥过程中的霉变。

（3）叶类作物的干燥

蔬菜、烟叶等叶类作物采用太阳能干燥可以取得较好的经济效益。一方面这类作物含水量高（>40%），干燥时耗能大；另一方面这些产品的风味相当重要，不宜采用高温快速干燥。尤其是烟叶品质及价值实际上有一半靠干燥温度及速度决定，它的风味与干燥时的温度、湿度及时间有关。太阳能干燥装置能满足烟叶干燥需要，经济效益较好。

（4）木材干燥

木材的物理特性决定了木材的干燥需采用慢速干燥方式。常用的蒸汽干燥设备投资大，耗能多，运行成本高。利用太阳能干燥设备干燥木材，一方面减少投资，另一方面节约能源。

此外，太阳能干燥还可应用于棉花、中药材、陶瓷等物料的干燥。用来干燥水稻、棉花和小麦的种子时，发芽能力可提高 10%～15%。

17.2　太阳能干燥的基本过程

太阳到达地球的能量始终在变化，受到的影响因素很多，如纬度、季节、时刻、气候等。因此不管是采用何种收集方法，得到的太阳能都是在变化的。

对于完全采用太阳能直接干燥的物料，其干燥过程不会遵循一般的干燥规律。这个规律在太阳直射干燥稻谷的实验中得到完全的体现。

如图 17-1 所示，薄层干燥时，谷物温度受太阳辐射率、气温、风速等影响，其中受太阳辐射率影响尤为明显。太阳辐射率高，谷物温度上升（略有滞后），谷物温度高于气温，但在太阳辐射率较小时，受风速等影响与气温趋近一致。

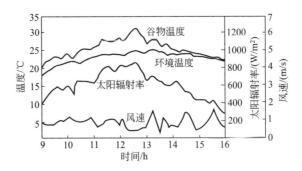

图 17-1　气候条件与谷物温度的关系

图 17-2 表明了谷物内的含水率随时间而下降。干燥过程中，时间延长，失水速率呈减慢、相对稳定、再减慢的趋势，即由于受午前午后较高太阳辐射率和气温的影响，存在相对稳定阶段。这不同于恒温热风干燥时谷物内失水速率始终随时间延长有规律地减慢。

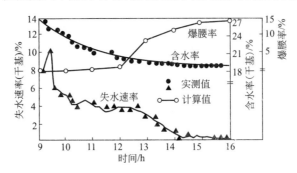

图 17-2　薄层干燥谷物失水特性与爆腰率

温室型太阳能干燥的过程为太阳光透过玻璃（或透明塑料）盖层直接照射在温室内的物料上，物料吸收太阳能后被加热，内部水分蒸发，同时部分阳光为温室内壁所吸收，室内温度逐渐上升，室内空气和物料进行对流传热和传质。通过进排气孔，使新鲜空气进入，湿空气排出，形成不断循环，使被干燥物料除去水分，得到干燥。该过程是辐射干燥和对流干燥的复合过程。这个过程是一个非稳态的过程，因为太阳辐射强度在不断变化，物料和温室得到的辐射能也在不断变化。

集热器型干燥装置的干燥过程为环境空气经集热器加热后，送入干燥室，与湿物料进行湿热交换，蒸发湿物料中的水分，最后由空气把蒸发出的水分带出干燥室。该过程是对流干燥过程。这个过程也是非稳态的，因为集热器接收的太阳辐射不断变化，产生的热风温度也在不断变化。

17.3　太阳能干燥装置

17.3.1　太阳能干燥装置的构成

太阳能干燥装置主要由以下几部分组成。

（1）干燥室

干燥室是铺放物料的密闭空间。根据干燥装置类型和待干物料的性质，太阳能干燥装置的干燥室可有多种形式，如箱式、房式、窑式、粮仓式等。

（2）太阳能加热设备

太阳能加热设备的功能是把太阳辐射能转换成热能。太阳能集热器有以水为集热介质的热水器和以空气为集热介质的太阳能空气集热器两大类，热水器可用在间接干燥或蓄能上，在太阳能干燥上使用的集热器主要为太阳能空气集热器。比较典型的太阳能空气集热器为平板型太阳能空气集热器。

（3）附加设备

附加设备主要有管道和风机，另外还有一些测量和控制元件。根据所选干燥装置类型不同，有的干燥装置还配置有辅助能源系统或蓄热装置。

17.3.2　太阳能干燥装置的类型

随被干物料的批量和特性的变化，干燥装置结构可有多种选择。根据干燥装置内气流的流动方式可将太阳能干燥装置分为自然对流型太阳能干燥装置和强迫对流型太阳能干燥装置。根据集热器结构形式，可将太阳能干燥装置分为温室型、集热器型和温室-集热器型。根据集热器与干燥室配置形式可将太阳能干燥装置分为整体式和分体式。

17.3.2.1　自然对流型太阳能干燥装置

自然对流型太阳能干燥装置中无附加风机，气流靠温差的作用在干燥室内流动。干燥室与作物温室在结构原理上基本相似，只是要求不断排湿，并对保温要求更高一些。干燥物料能直接吸收阳光，加速自身水分汽化，因而热利用效率较高。物料干燥靠太阳辐射引起的定向流动空气流带走汽化水分，从而达到干燥的目的，适用于深色物料（浅色物料易反射阳光）和要求干燥强度不大，而又允许直接接受阳光暴晒的物料。温室型干燥装置结构简单，建造容易，造价较低，可因地制宜、综合利用，因而在国内外有较为广泛的应用。因无需加动力，故又称被动式太阳能干燥装置。

在印度康普进行了较长时间的试验。当地年日照 4000 多小时，夏季最高气温达 45℃，冬季最低气温为 10℃。用该类型干燥装置干燥桃、梅和葡萄等水果及蔬菜，干燥室内温度可达 60～80℃，干燥时间分别为 11h、18h 和 4d 不等。干燥产品质量优良，无尘埃、昆虫等污染。

根据结构的不同，自然对流型干燥装置主要有箱式、棚式、温室式、盘架式和烟囱式几种。

（1）箱式太阳能干燥装置

箱式太阳能干燥装置是最简单的太阳能干燥装置，如图 17-3 所示。太阳辐射通过透明

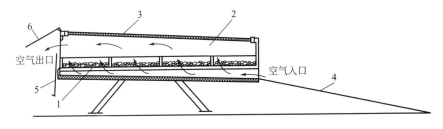

图 17-3　箱式太阳能干燥装置结构

1—托盘；2—干燥室；3—透明盖板；4—黑铝板；5,6—节流装置

的盖板 3 进入干燥装置。其余的壁板是不透明的，而且绝热，内壁涂以黑色太阳能吸收材料。待干物料被均匀铺放在托盘 1 中，气流通过底部小孔进入，与物料对流换热后从上部排气孔排出。箱式太阳能干燥装置结构简单，投资小，适合小批量（10～20kg）粒状物料的干燥。被干燥物料主要有蔬菜、水果、调味料等。箱式太阳能干燥装置通常的干燥面积为 $1～2m^2$。

（2）棚式太阳能干燥装置

图 17-4 为棚式太阳能干燥装置。其主要结构为上面覆盖塑料薄膜的三角框架，朝南的一面塑料膜是透明的，其余部分塑料薄膜是黑色的。待干物料铺在架高的金属网架或水泥地板上，物料直接暴露在太阳光下，吸收太阳辐射能干燥。这种干燥装置结构简单，造价低，广泛用于咖啡的干燥。在哥伦比亚有 70% 的咖啡豆是用这种太阳能干燥装置干燥的。

（3）农用温室式太阳能干燥装置

农用温室式太阳能干燥装置，在夏秋季节用于干燥农副产品，冬春寒冷季节用作保护地栽培，作为农用种植温室，两者综合利用，可发挥更大的经济效益。

农用温室式太阳能干燥装置的结构如图 17-5 所示。进气口配置在下方，采用排气筒排气，增加干燥室内气流速度。干燥室内配置有装料架，温室顶为钢化玻璃，晚间用保温盖帘覆盖。夏季晴天干燥装置内最高温度可达 65℃，比室外气温高 31℃。冬季晴天干燥装置内最高温度24℃，比室外温度高 2℃。温室采光面积为 $80m^2$，夏季白天总排气量为 $272m^3/h$。用这座温室式太阳能干燥装置在夏季干燥挂面时，从初始含水率 34%，可下降到含水率 13%（湿基），用时约为 3～10h。

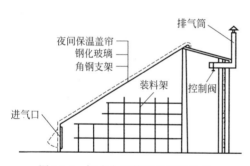

图 17-4 棚式太阳能干燥装置结构

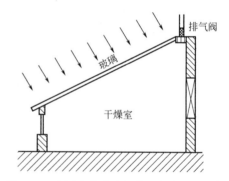

图 17-5 农用温室式太阳能干燥装置结构图

（4）盘架式太阳能干燥装置

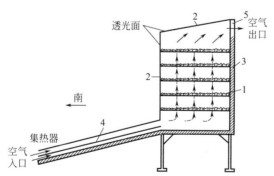

图 17-6 盘架式太阳能干燥装置结构示意图
1—物料盘；2—南向表面；3—其余壁面；
4—平板集热器；5—开放面

箱式太阳能干燥装置的干燥能力有限，为了提高干燥能力，可在干燥室内设置若干层盘架，盘架上铺放物料。物料量增加后，所需的气流量和热量大，只靠干燥室向阳部分的壁板收集太阳能显然是不够的，需配置单独的太阳能集热器。图 17-6 所示为盘架式太阳能干燥装置结构示意图。物料铺放在带孔的物料盘 1 上，干燥室朝南的一面墙壁 2 装以透明玻璃，其他墙壁 3 绝热，内墙涂以黑色漆以提高太阳辐射能的吸收率。室外空气通过一个单独的太阳能平板集热器 4 进入干燥室底层，从干燥室最顶部排出。为了保证干燥室内气流速度，进气口和出气口的高度差必须保证在 1m 以上。这种类型的干燥装置适合干燥水果和蔬菜。

（5）烟囱式太阳能干燥装置

如果物料盘层数较多，料层较厚，或者物料颗粒比较细，那么空气流过物料层的阻力就会比较大，从而导致气流速度降低，影响干燥效率。提高气流速度的一个有效方法就是安装烟囱，增加气流进口和出口的高度差，提高气流流动的压差，从而提高气流速度。安装了烟囱的太阳能干燥装置称为烟囱式太阳能干燥装置。

17.3.2.2　强迫对流型太阳能干燥装置

靠温差和气流出口和进口的高度差作为气流流动动力的自然对流型太阳能干燥装置受到多方面的制约。特别是当物料层较厚，物料颗粒细，孔隙度小时，气流阻力很大，只靠自然对流就不能满足气流速度的要求。一些改进型的太阳能干燥装置，气流需通过附加的装置如蓄热器、空气集热器及管道等，若没有附加动力，气流是不能实现有效流动的。自然对流型太阳能干燥装置的出口废气温度较高，热利用率低，应进行重复利用，废气的回收利用需用风机来强迫实现。根据强迫对流型太阳能干燥装置中常规能源使用情况可将强迫对流型太阳能干燥装置分为普通强迫对流型太阳能干燥装置、蓄热型太阳能干燥装置和带常规能源的太阳能干燥装置。

（1）普通强迫对流温室型太阳能干燥装置

该类型干燥装置不利用其他能源加热空气，空气的加热只靠太阳能集热器，由电机驱动风扇保证干燥装置内气流的流动。普通强迫对流型太阳能干燥装置主要有温室型、集热器型和温室-集热器型 3 种类型。

普通强迫对流温室型太阳能干燥装置与自然对流型温室太阳能干燥装置相似，所不同的是前者结构更复杂，设计更合理。气流在风扇的作用下沿一定的流道流动，气流的方向得到了有效的控制，热利用率较高。

图 17-7 为一种强迫对流温室型太阳能木材干燥装置，朝北的墙 2 绝热，朝南的墙 4 和屋顶 3 由特殊的两层复合透明板覆盖。阳光透过透明板，加热涂了黑漆的吸热板 6，经吸热板加热的空气一部分直接导入木材堆，另一部分通过底部进入木材堆。上部吸热板 6 倾斜角度可调节热空气的直接导入和底部进入量。新鲜空气和循环空气的比例可由进气阀 8 来调节。换气机的流量为 2.5m³，压力为 180Pa。根据干燥室宽度的不同，可安装 1 至数台换气机。

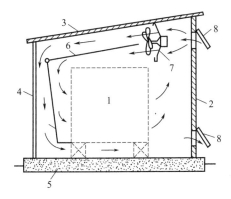

图 17-7　强迫对流温室型太阳能木材干燥装置
1—木材；2—北墙；3—屋顶；4—南墙；
5—地基；6—吸热板；7—风扇；8—进气阀

图 17-8　日本太阳能稻谷干燥装置

图 17-8 为日本的太阳能稻谷干燥装置结构示意图。干燥室的顶部和朝南的墙是透明玻璃，干燥室上部装有风扇，促使室内空气流动。排风机装在物料层的下部，把经过粮层以后的废气排出室外。稻谷通过输送装置进入干燥室中的粮道，自走式的搅拌装置一边搅拌稻谷，一边将稻谷推向粮道的卸粮口。

图 17-9 为隧道式太阳能干燥装置，集热器和干燥室并列布置，吸收了热量的空气从集热器出风机送往干燥室，同时干燥室中的物料也可直接接受太阳辐射。隧道式太阳能干燥装置主要用来干燥水果、谷物、蔬菜、草药、咖啡豆、可可等农产品。

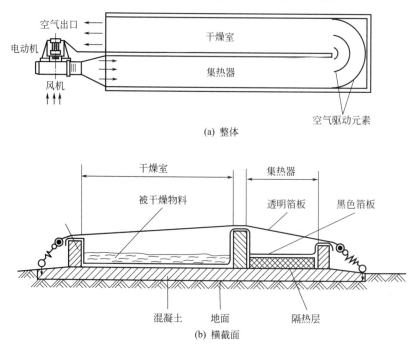

图 17-9　隧道式太阳能干燥装置

集热器型强迫对流太阳能干燥装置一般情况下集热器与干燥室是分开配置的，通过管道和风机连接起来。集热器和干燥室分开使干燥装置的安装更方便，移动更灵活。单独的干燥室有利于加强保温，避免太阳光的直接暴晒，结构可灵活设计。分开的集热器结构设计更灵活，集热器位置和角度调节方便。

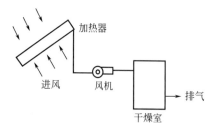

图 17-10　太阳能卷面干燥装置系统图

图 17-10 所示为太阳能卷面干燥装置的系统图，该干燥装置主要由两部分组成，即太阳能空气集热器和干燥室。太阳能空气集热器的吸热体为车床加工工件的废料铁刨花，吸热体由东向西倾斜放置。两个长 7m、宽 3m 的空气集热器并联为一个阵列，共有两个阵列，总集光面积为 84m^2。由 4 间规格为 5.0m×3.3m×3.0m 的房间作为干燥室，每间干燥室均装有 3 台吊扇。待干卷面放在吊扇下的支架上，风机将来自空气集热器的热空气送入干燥室，吊扇将空气向下压送，使它通过支架上的待干卷面。与进风口对应的墙壁下方装有两台排湿用的轴流风扇。此干燥装置干燥卷面一般不超过 6h，最短为 2.5h。干后卷面品质较好，卫生指标高。

用太阳能空气集热器增强温室的干燥过程而构成温室-集热器型干燥装置。该类干燥装置既利用了干燥室上的向阳面积，又利用了附加集热器，集热量大，占地面积又相对小。图17-11 为温室-集热器型干燥装置示意图。集热系统由太阳能空气集热器和单斜面干燥温室两部分组成。该装置用风机强迫空气循环，空气集热器加热的热空气输送到温室并从下而上穿过谷物层干燥谷物，同时谷物吸收太阳辐射能蒸发水分，换气率可调，以适应干燥各阶段的需要。干燥装置中还设置了废气回收装置。

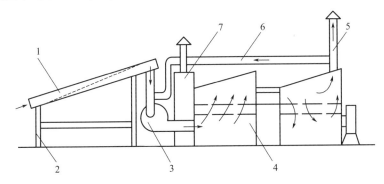

图 17-11　强迫对流温室-集热器型干燥装置

1—太阳能空气集热器；2—支架；3—风机；4—干燥室；5—排气管；6—回旋流；7—空气源热泵

（2）蓄热型太阳能干燥装置

在太阳能干燥装置中加蓄热器的目的主要是延长干燥时间。太阳辐射强时，储存部分能量，控制热空气温度，避免过度干燥。太阳辐射弱或无太阳辐射时，提取热量，继续进行干燥作业。使用附加蓄热装置的不足之处是增加了投资和操作费用，在使用蓄热干燥之前须作好技术经济分析。

作为蓄热体的物质可以是天然的，也可以是人造的。天然的如水、石块等多用在农产物料的干燥上，比合成材料便宜。合成材料主要有盐水、无机盐、合金材料、石蜡、硅胶、分子筛等，多用于潜热蓄热和化学蓄热。

相变蓄热（phase change heat storage）属于"潜热"蓄热，是利用相变材料（phase change material，PCM）物态变化过程中吸收和释放热量的特性进行热能储存。当环境温度高于相变温度时，相变材料熔化或气化，吸收热量；反之当环境温度低于相变温度时，相变材料凝结或凝固释放热，从而达到调节环境温度和蓄热的作用。

相变材料（PCM）拥有很大的蓄热能量密度，具有装置质量轻、系统体积小、装置简单等特点，且在蓄放热过程中材料温度波动较小，有利于蓄热系统与负载的配合，过程更易控制。其中"固液相变"体积变化较小，在实际生产中有广泛应用，特别是在余热回收、储存、辅助蓄热和太阳能蓄热等多方面有较好的利用。

相变材料（PCM）可分为有机相变材料、无机相变材料以及复合相变材料。有机相变材料包括石蜡、多元醇、脂肪酸及高分子有机物等。有机相变材料固态成形性好，一般无过冷和相分离现象，材料本身腐蚀性、毒性较小，性能稳定，原料易得，成本较低，但其热导率较低。无机相变材料包括结晶水合盐、熔融盐、金属及其合金等。无机相变材料相变循环时，会发生明显的过冷以及相分离现象，但其热导率及相变潜热较高。复合相变材料是为了克服以上两种相变材料单独使用时存在的问题，将不同相变材料进行复合，而得到的更加适合实际应用的储能材料。

为解决相变材料（PCM）换热性和化学稳定性较差等问题，有研究人员提出将相变材料封装成小尺度或微尺度的相变胶囊。相变蓄热胶囊的尺度较小，比换热面积较大，因而换热效率较高；且封装后的相变蓄热材料与环境隔离，可有效地解决相变材料的泄漏、相分离以及腐蚀问题，也有利于提高其化学稳定性；相变胶囊的球形结构可以有效缓解相变前后材料体积变化的影响。这些优点都对相变蓄热技术具有积极的推动作用。

图 17-12 所示的是以水作为蓄热介质的显热蓄热干燥装置，该干燥装置是一个非直接干燥装置。泵 2 使蓄热介质在集热器 1、管路 3 和贮液槽 4 中循环。外部空气在热交换器 5 中被加热，由风机 7 送到物料层 8。热交换器和贮液槽之间的液体循环由泵 6 实现。该类型的太阳能干燥装置结构复杂，投资大。但使用蓄热装置，避免使用空气集热器直接加热空气，把一天中时间的变化对热空气状态参数的影响降到较低水平。

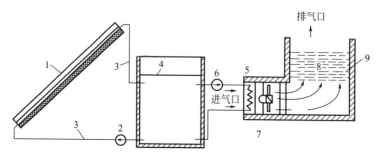

图 17-12　水蓄热太阳能干燥装置

1—集热器；2—泵；3—管路；4—贮液槽；5—热交换器；
6—循环泵；7—风机；8—物料；9—筛网

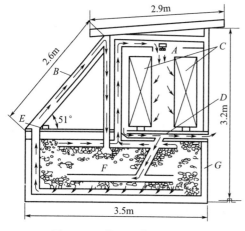

图 17-13　带石块蓄热装置的
太阳能木材干燥装置

图 17-13 所示为建在美国阿肯色州，北纬 36°的一种储热型太阳能干燥室。其整体尺寸为 6.1m×1.8m×2.4m，材积为 3.5m³。干燥室采用框架结构，2×4 个框；玻璃纤维绝缘墙，内插 1.3cm 厚胶合板，外插 2.5cm 厚锯材，屋顶为 2×6 个绝热技术框屋顶。干燥室和集热器下面为 15cm 厚混凝土墙和 2.5cm 厚的绝热聚苯乙烯箱，尺寸为 6.1m×1.8m×1.5m，绝热箱内为直径 5～10cm 的鹅卵石。

澳大利亚的木材太阳能干燥装置附加了岩石储热装置，保证了木材的连续干燥。当木材从初始含水量 29%，干燥到最终含水量 16% 时，太阳能干燥需要 3 天，而蒸汽干燥需 4.45 天。

（3）带常规能源的太阳能干燥装置

由于夜晚和阴雨天无阳光可用，故太阳能干燥过程是间断的。虽然可在干燥装置中加蓄热装置，但所蓄的热量也是有限的。又因为太阳能的分散性，太阳能空气集热器加热的热空气温度较低。因此，对于一些需要连续干燥或在较高温度下干燥的物料，需加辅助能源。

在干燥装置中增加常规能源加热有两种方式：一种方式为有阳光时利用太阳辐射加热空气，增加的常规能源只在夜晚或阴雨天使用，常规能源只是对太阳辐射加热的辅助；另一种方式是太阳能集热器只作为预热器，主要能源为常规能源，在这种情况下，太阳能只作为辅助热源。

图 17-14 所示为安徽省肥西县兼有卵石储热和木肥料燃烧炉的集热器型太阳能干燥窑。它由主集热器、木材干燥室、储热室、储热集热器、木废料燃烧炉、烟气-空气换热器和循

环风机等组成。该干燥室尺寸为 $4m \times 2.5m \times 2m$，可干燥面积 $5m^3$。有效采光面积约 $90m^2$。晴天全部用太阳能干燥木材，阴雨天使用辅助加热系统。该干燥装置在晴天或少云天气里，能在 4 天时间内将 $3 \sim 3.6m^3$ 的马尾松板从含水率 30% 以上干燥到 14% 以下。

美国加州太阳能洋葱干燥装置的集热系统由 216 个套管式真空管太阳能集热器组成，每个集热器单体有 24 根套管或真空管。216 个集热器单体分为 9 列，采光面积为 $553m^2$。集热器以水为工质，并联通过每个集热器单体，而在每个集热器单体中的 24 根真空管则是串联通过的。每个单体（$2.56m^2$，水的流率为 $1.1L/min$）以水作为输送热量的工质，其优点是有利于远距离输送能量，泵损与热传递损失比用空气为工质要小。水经过太阳能集热器加热后，当温度达到 95℃ 时，控制系统启动阀门、水通过换热器加热空气，空气进

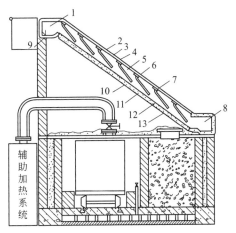

图 17-14　肥西县太阳能干燥窑示意图
1—出口联箱；2—第一层玻璃；3—第二层玻璃；
4—木框；5—多孔床；6—填条；7—上托；
8—进口联箱；9—联箱保温层；10—后底板；
11—保温层；12—后板；13—下托

入天然气炉区，进一步加热后送入干燥装置。干燥物料为洋葱和大蒜，物料切成片状进行干燥。物料初含水率为 50%～85%，成品含水率为 4%。干燥季节为每年的 4 月至 9 月。晴天，空气流经集热系统一次，温度可升高 14℃ 左右。干燥装置的工作温度为 93℃。

美国加州太阳能葡萄干燥装置是加利福尼亚州立工业大学为加州弗雷斯诺干燥公司设计的，1978 年投入运行。该干燥装置是一种集热器型干燥装置，集热器阵列由 30 个空气集热器单体组成，采光面积 $1951m^2$。吸热板采用平板钢板，涂黑漆，其下侧与底部保温层之间构成 8.9cm 高的空气通道。顶部透明盖板起初用聚碳酸酯薄膜，后改为玻璃盖层。结果表明，采用玻璃盖板，造价虽高，但透光性好，使用寿命长。空气集热器的集热效率为 35%～48%。干燥的物料主要是葡萄，初含水率为 83%，24h 后脱水至 14%，每天可干燥 6～7t 湿葡萄。干燥温度为 66℃，设计流量为 $9.44m^3/s$。试验结果表明，太阳能提供了全年干燥窑所需能量的 24%，燃烧器节约燃油 20% 左右。

美国密苏里州太阳能苜蓿干燥装置由美国中西部研究所为密苏里州堪萨斯市的一家干燥厂设计，1978 年投入运行。集热系统由平板集热器和柱状抛物面聚焦集热器组成，集热面积 $1067m^2$。其中，平板集热器阵列由 304 个集热器组成，向南倾斜 9.6°，采光面积 $528m^2$；聚焦集热器有 38 个，南北轴方向水平放置，东西向跟踪太阳，采光面积 $539m^2$。干燥物料为饲料苜蓿，从每年 5 月至 10 月，每台旋转式干燥装置的最大产量是 30t/d 干料。物料初含水率为 50%～88%，终含水率在 10% 左右。空气流率为 $2.88m^3/s$，太阳能集热系统为一个旋转式干燥装置，提供其年需能量的 13%。

图 17-15 所示为高温双热源除湿与太阳能组合干燥（GRCT 组合干燥）装置原理图。它由高温双热源除湿机、太阳能供热系统、木材干燥室及微机监控系统四大部分组成。其中 RCG30G 高温双热源除湿干燥机是 GRCT 组合干燥中的主机，在太阳能不充足的地区，它可作为单独的节能干燥设备使用；而在太阳能较丰富的地区，太阳能供热系统是组合干燥装置中的重要辅助供热设备，它能明显地提高干燥木材的节能效益。高温双热源除湿干燥机与太阳能供热系统既可单独使用又可联合使用，视气候条件和干燥工况而定。如果气温高、天气晴朗可以让除湿机停止工作，只开启太阳能供热系统，而在阴雨天和夜间则依靠除湿机来

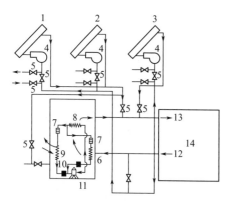

图 17 15　GRCT 组合十燥装置原理图
1~3—太阳能集热器；4—太阳能风机；5—截止阀；
6—除湿蒸发器；7—热泵膨胀阀；8—冷凝器；
9—热泵蒸发器；10—单向阀；11—压缩机；
12—湿空气；13—干热风；14—干燥室

承担干燥室的供热与排湿，多云天气可同时开启太阳能和除湿机。微机监控系统可实时显示高温除湿机的供风温度、压缩机的排气温度、干燥室内的温度、湿度及木材含水率等工艺参数，并与给定的干燥基准进行比较，以实现干燥过程的自动控制。

太阳能供热系统由集热器、风机、进气阀、排气阀及管路组成。集热器采取阵列布置，集热板为网板型。1~3 号集热器总采光面积为 $75m^2$，组合干燥实际运行时，只有 1、2 号集热器参与联合运行，总采光面积约为 $43m^2$。根据干燥室所需的工艺条件和外界的气候状况，太阳能供热系统可以有开式和闭式两种运行方式。当干燥室需要供热和大量排湿，而太阳能系统的供风温度高于窑温，供风湿度低于窑湿时，可采取开式循环，经排气阀排出一部分干燥室内湿度大的湿空气，而经进气阀从外界大气中补充一部分新鲜空气，经集热器加热后再送回干燥室。所谓闭式循环是指集热器与外界大气相通的风阀全部关闭，干燥室与集热器之间由风管连成一个闭合系统，当干燥室不需排湿仅需供热，而太阳能集热器的供风温度高于窑温时，可采用这种方式。

带常规能源的太阳能干燥装置的种类很多，除了上述基本类型外，还有热泵和蓄热器组合太阳能干燥装置、与复杂能源系统复合的太阳能干燥装置和太阳能辅助吸附式干燥装置等。这些干燥装置系统配置都比较复杂，投资和运行成本高，但可控程度高，功能多样，是太阳能干燥机的发展趋势。

17.3.3　太阳能干燥装置配置形式

17.3.3.1　整体式干燥装置

整体式干燥装置的集热器和干燥室融为一体。大多数温室型太阳能干燥装置是整体式结构，干燥室也是集热室。集热器型的太阳能干燥装置也有整体式结构。抱围式粮食干燥仓就是一个特例。其基本结构是将太阳能集热器安置在粮仓仓壁上，以仓壁作为吸热板，可以最大限度地缩短空气通道长度。抱围式集热器就出于这种构思，在圆筒仓南面占全部仓壁三分之二的面积用一罩盖板式集热器抱围，风机令空气从透明罩盖与涂黑的仓壁之间通过，如图17-16 所示。显然，这样装备起来的圆筒仓最好作为专用干燥仓使用。

这种集热器面向太阳的面积在一天之中的任何时候都不会超过其总面积的一半。

安装面积＝圆仓直径×3.14×集热器高度×2/3。

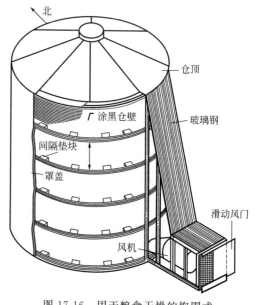

图 17-16　用于粮食干燥的抱围式
太阳能干燥装置

有效面积＝圆仓直径×集热器高度。大致为安装面积的一半。

最好把风机放在南面，这样可以有两个进风口。集热器与罩盖之间的距离要合理，使其间通过的气流速度保持在 2.5～5m/s，如果静压力超过 125Pa，应适当打开风机附近的滑动风门让外界空气进入，使太阳能系统总静压力降到 125Pa。夏天应将风门全部打开以免集热器过热。

计算可利用能量时用集热器的有效面积数据，全天平均效率按 70％计。

粮仓直径加大时，仓容增加幅度比仓壁面积增加要大得多。例如，直径 5.49m 的圆仓加大到直径 10.98m，仓容加大 4 倍，而仓壁面积只加大 2 倍。所以，这种集热器用在大圆仓上单位粮食所能得到的热量远不如小圆仓。安装这种集热器要特别注意附近建筑物挡光的问题，很长的东西走向建筑物挡光的可能性更大。

建造这种集热器是比较麻烦的。建造中应注意以下事项：

① 如果是新圆仓，应将南面 2/3 外墙涂成无光泽黑色。如果是旧的镀锌钢板仓，钢板已经充分风化，则不必另加任何涂层。

② 用镶板将顶层和底层的凸棱遮盖，堵严缝隙。

③ 风机两侧和后侧与围板之间至少留距 30cm。还要考虑到进去维修风机的人员出入方便。

④ 风门装上金属纱网以防止鼠雀进入。

⑤ 最后将平面玻璃钢或瓦楞玻璃包覆在肋棱上，让瓦楞的方向垂直。注意堵严缝隙，最上层肋棱上面安装防雨板。

17.3.3.2　分体式干燥装置

分体式干燥装置实际上是一种单元拼接式干燥装置，可以根据需要灵活确定拼接的单元数量和拼接形式。美国农业部下属阿姆斯实验室推出的一种设计，其拼接组合形式见图 17-17。每个单元集热器的尺寸是 1.22m×2.44m，按东西方向一字排列拼接，气流途径长度最长为 6 个单元，过多则降低集热器效率。最后加上罩盖，用胶合板制作连接风机的管道，管道要尽量短而通顺，直径至少与风机进风口相等，使气流速度、阻力等技术参数均符合前述规定。

移动式太阳能干燥装置也是分体结构。系统造价固然高一些，但可以提高集热器利用率，总的说是比较经济的。伊里诺斯州大学推出的一种设计是比较典型的，如图 17-18 所示。

该集热器倾角 63°，在美国中北部秋季可获取最大能量。空气流量为 4.6m³/（min·m²）时集热器全天平均效率为

(a) 一列式
风机在粮仓东侧或西侧,适用于只需要一个进风口(低风量)的场合

(b) 旁偏式
风机在粮仓东侧,适用于只需要一个进风口(低风量)的场合

(c) 对开式
集热器单元6个以上,适用于风量大而需要更多进风口以保持管道风速在5m/s以下的场合

图 17-17　独立式干燥装置的拼接组合形式

70％。集热器出口尺寸不应小于风机进风口尺寸。集热器务求固定牢靠，否则易被大风刮损。

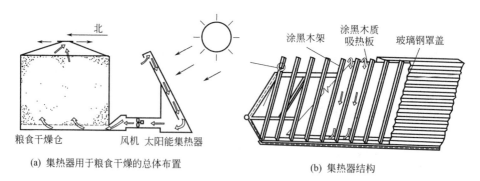

(a) 集热器用于粮食干燥的总体布置　　　　　(b) 集热器结构

图 17-18　移动式太阳能干燥装置

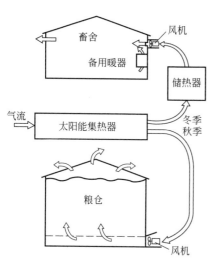

图 17-19　农用非循环主动太阳能系统

有的设计使集热器倾角成为可调的，就是将后支架安上伸缩套管，根据需要改变套管长度即可改变集热器倾角，使之更适合于各种供热需要。

兼用于畜舍供暖和粮食加热降水通风的非循环主动太阳能系统也是一种分体式结构，结构如图 17-19 所示。集热器进口气流的温度等于环境温度，环境温度与集热器内流体平均温度之间的温差通常不大，只需要一个简单的太阳能集热器即可高效率进行作业。为了避免太阳能系统过多地加大风网阻力，可以加设一个气流旁路，只让一部分空气通过集热器，使集热器给粮食通风进行加热时静压力约为 64Pa，在给畜舍供暖时静压力约为 32Pa。

17.3.4　太阳能系统方案选择原则

系统方案选择是太阳能干燥装置设计的主要环节。选择一个好的方案不仅能降低成本，提高干燥作业的效益，而且能保证干后物料的品质。方案选择包括集热器类型、干燥室类型和它们之间的配置选择。要根据使用者的经济状况、物料特性、场地条件进行选择。方案选择所依据的原则为：

① 用户情况：根据用户的不同经济状况选择方案。农村个体用户经济条件较差，生产量较小，小型的温室型干燥器投资少、见效快，农民自己可建造，比较适合农村使用；对于工业大批量的干燥，可选择大型的自动化程度较高的干燥装置，如大型的温室干燥器、集热器型隧道式干燥器等。

② 气候情况：阴雨天较多的地区，完全使用太阳能有可能延误干燥时间，造成不必要的经济损失，选择干燥装置时尽量选用带辅助加热装置的干燥器；气候条件好的地区，选择方案时则可以灵活。

③ 场地条件：白天无其他设施遮阴是太阳能干燥场地的必需条件。宽敞、阳光条件好的场地适合各种干燥装置；狭窄、阳光条件较差的场地就要寻求安装、拆卸方便，集热器和干燥室容易重新组合，集热器能够在不同场地条件（如屋顶、道旁、田间）安装的干燥装置。

④ 物料特性：物料品种不同，其干燥特性也差别很大。对于降水速度很快的物料，如切成薄片的果品、中草药等，可采用连续干燥装置；对于降水速度较慢的物料，如陶瓷泥

胎、烟叶、木板、成捆的牧草等，需采用间歇式干燥装置，如干燥温室、干燥窑等。

⑤ 物料批量：批量大的干燥工厂选用大型的干燥装置，如隧道式干燥器、大型干燥温室、塔式干燥机；批量小的工厂可选用小型的干燥设备，如箱式干燥温室、集热器型箱式干燥器等。

17.4 太阳能集热器的结构及性能

17.4.1 太阳能集热器的结构

太阳能空气集热器是太阳能干燥装置的主要部件，一般由吸热体、盖板、保温层和外壳构成。太阳能集热器主要功能有：①截取太阳辐射；②将太阳能转变为热能。太阳辐射能转换为热能主要在吸热体上进行，吸热体由对太阳辐射吸收率高的材料或高吸收性能的材料制成。吸热体首先吸收太阳辐射，将辐射能转换成自身的热能，自身温度升高。当室外空气流经吸热体时，通过对流换热，加热冷空气。仅仅有很少一部分吸热体上的能量通过辐射换热的方式进入空气中。比较简单的太阳能干燥装置（如箱式、棚式太阳能干燥装置）中带透明顶板和涂黑内层的密闭空间就是一个简单的太阳能空气集热器，比较典型的太阳能空气集热器是平板型空气集热器。太阳能集热器有温室型太阳能集热器、平板式太阳能集热器和聚焦式太阳能集热器三个基本类型，如图 17-20 所示。

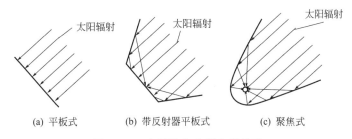

(a) 平板式　　　　(b) 带反射器平板式　　　　(c) 聚焦式

图 17-20　太阳能集热器主要类型

平板式集热器相对于以上温室型集热器要复杂一些，空气加热室（气流通道）与干燥室分开，自成一体，由风管连接干燥室，安装和操作较灵活。气流由风机强制通过集热器内的风道，与吸热板、集热器内壁换热。气流的进入方式、流向、流态可根据需要设计。由于风道内的气流速度较高，换热效果较好，集热效率较高。根据吸热板和盖板形状、配置不同可分许多种类。

平板式集热器由透明盖板、吸热板和绝热层组成，主要部件是吸热板。吸热板吸收太阳能量而变热，随即将热传导给在它上面或在其中经过的流体。平板式集热器的吸热面积大致就是其截取能量的面积。多数平板集热器都是固定的，除收集直接辐射外还收集漫射辐射，因此即使在太阳辐射都被散射的阴天也能产生少量的热。

吸热板基本上是一个平面，也可有开孔、瓦棱形、翅片形、皱折形等。根据吸热板结构的不同可将平板式太阳能空气集热器分为平板式吸热体集热器、带肋的平板式吸热体集热器、波纹状吸热体集热器、叠层玻璃型集热器、网板型集热器、多孔吸热体型集热器、带小孔的波纹状吸热体集热器、带小孔的平板吸热集热器，如图 17-21 所示。

平板式吸热体集热器应用相当普遍，其结构最简单，如图 17-21(a) 所示。为强化空气与吸热体之间的换热，设计了带肋的平板式吸热体集热器，如图 17-21(b) 所示。加肋的结果，不仅增大了气流与吸热体的接触面积，也增强了气流的扰动。波纹状吸热体集热器的优

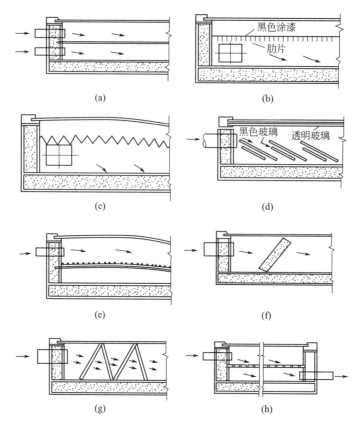

图 17-21 常见的平板式太阳能空气集热器的示意图

点是吸热体具有方向选择性。由于射入 V 形槽内的直射太阳光要经过多次反射后才能离开 V 形槽，故对太阳辐射的吸收率大于发射率。另外由于吸热体与底板组成的气流通道是倒 V 形的，气流与吸热体间的换热系数也增大了，如图 17-21(c) 所示。叠层玻璃型集热器吸热体由位于透明盖板与底板之间的一组叠层玻璃组成，在沿气流方向的每层玻璃的尾部都涂有黑色涂料。空气流过叠层玻璃之间的通道时，被涂有黑色涂料的玻璃板尾部加热，如图 17-21(d) 所示。网板型集热器是在普通吸热板上加一层金属网，以增加气流的扰动，增加换热，如图 17-21(e) 所示。多孔吸热体型空气集热器的吸热体为金属网、纱网或松散堆积的金属屑和纤维材料，将多孔吸热体斜置于透明盖板与吸热底板之间，就构成了多孔吸热体型空气集热器。该种集热器有许多优点：一方面由于多孔吸热体和气流的换热面积非常大，故传热效果好；另一方面由金属网或金属屑制成的吸热体，大量小孔相当于无数的小黑体，具有很高的太阳能吸收率，如图 17-21(f) 所示。带小孔的波纹状吸热体集热器与波纹状吸热体集热器不同，其气流不是在倒 V 形槽中流动，而是通过倒 V 形槽上的小孔流动，气流的扰动更大，换热效率更高，如图 17-21(g) 所示。带小孔的平板吸热板集热器，吸热体为普通平板，其上有很多小孔，空气的入口位于吸热体的上方，空气的出口则位于吸热体的下方，如图 17-21(h) 所示。

就本质来说，平板式太阳能空气集热器按气流是否穿过吸热体而分为两种类型。第一种是空气并不穿过吸热体，而只是在吸热体的上方或下方流动，或同时在吸热体的上下方流动，称为非渗透型平板空气集热器，图 17-21(a)～(e) 属于这种类型。第二种平板式空气集热器中空气穿过吸热体，称为渗透型空气集热器，图 17-21(f)～(h) 属于这种类型。

非渗透型空气集热器的盖板形式有单层盖板、双层盖板和无盖板之分。空气在集热器中的流道位置和气流方向可有不同的设计，用以满足不同性能集热器的需要，图 17-22 即为一些设计方案示意图。

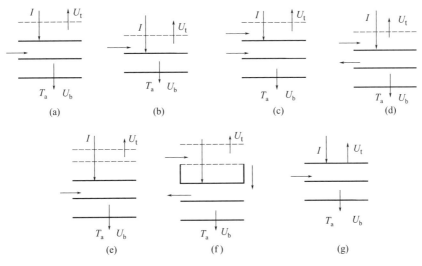

图 17-22　非渗透型空气集热器的气流通道方案

图 17-22（a）为单层盖板，空气在吸热板下流过，吸热体和保温背板组成气流通道，空气从此通道通过并带走吸热板截获的热量，称下面流型集热器；图 17-22（b）为单层盖板，空气在吸热板的上方流过，吸热体和透明盖板组成气流通道，称上面流型集热器；图 17-22（c）是图 17-22（a）和图 17-22（b）的并联，空气同时流过吸热体的上面和下面，称双面流型集热器；图 17-22（d）为单层盖板双通道结构，空气先流过吸热体上部通道，然后流经吸热体下部通道，称来回流型集热器；图 17-22（e）为双层盖板单通道结构，吸热板装在透明罩盖和后挡板之间，空气从吸热板后面或前后两面通过，与图 17-22（a）类似，称双盖板单通道型；图 17-22（f）双盖板双通道，即空气先在两层盖板间的通道流过，然后进入吸热体与保温背板组成的气流通道，称双盖板双通道型集热器；图 17-22（g）无盖板，气流在吸热体与底板之间流动，称暴露板型集热器，是最简单的一种平板集热器。

图 17-23 为一种全玻璃真空集热管结构示意图。该集热管由内外两同心圆玻璃管制成。两玻璃管之间的夹层抽成高真空，在内管外壁沉积有选择性吸收膜，外管为透明玻璃，两管尾部之间用不锈钢弹簧卡子将内管自由端支撑，卡子顶部带有消气剂。消气剂的作用是吸收集热管在长期使用中放出的气体，以维持夹层的真空度。

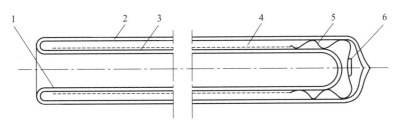

图 17-23　全玻璃真空集热管结构
1—内玻璃管；2—外玻璃管；3—选择性吸收涂层；4—真空；5—弹簧支架；6—消气剂

聚光型太阳能干燥装置类似于普通的聚光集热器，它由聚光镜、集热吸收管、跟踪系统等组成。缺点是结构复杂，造价高，但是可提供的干燥温度约为 $80 \sim 120℃$，属于中温干燥，具有干燥速度快、杀虫率高等优点。这种类型的干燥装置一般用于价位较高的物料。

17.4.2 集热器材料

17.4.2.1 透光材料

透光材料主要作为集热器的透明盖板，太阳能集热器的透明盖板有三种功能：①形成温室效应，阻止吸热板在温度升高后通过对流和辐射向周围环境散热；②透过以短波为主的太阳辐射，使其投射在吸热板上；③保护吸热板，使其免受灰尘和降水的侵蚀。很多材料都可以起到挡风作用，但合格的透光材料还应具有对短波辐射的高透射率和对长波辐射的低透射率。

任何物体只要其温度高出周围温度就会以辐射方式散失热量。很热的物体（如太阳）主要辐射高能短波，大部分太阳辐射就是短波辐射。而本身温度只是稍高于周围环境温度的物体则发射低能长波辐射，也称热辐射或红外线辐射。太阳能集热器的吸热板就属于后一种情况。

透光材料让太阳短波穿透而又同时阻挡吸热体长波的这种功能，就是广为人知的"温室效应"。此效应使得吸热板接收太阳辐射而变热，并使热量留在集热器里面。理想的透光材料，其短波透射率是 1.0（即太阳辐射 100% 穿透而到达吸热板），长波透射率是 0（没有任何长波辐射透出）。但现实的材料情况是，一部分太阳辐射被反射，一部分被罩盖吸收，大部分透射到吸热板；长波辐射也有一部分逸出，绝大部分保留。各种透光材料的太阳透射率和长波透射率列入表 17-3。

表 17-3 透光材料性能

材料	太阳透射率①	长波透射率
强力玻璃(3.18mm)	0.88	0.03
普通平板玻璃钢(0.64mm)	0.83	0.12
高级平板玻璃钢(1.02mm)	0.73	0.06
聚氟乙烯涂层瓦棱玻璃钢(1.02mm)	0.79	0.07
聚乙烯(0.10mm)	0.89	0.80
聚酯(经表面处理)(0.13mm)	0.87	0.32
聚碳酸酯(4.59mm)	0.84	0.06
聚氟乙烯(0.08mm)	0.91	0.43

① 太阳透射率为入射角 0°～67°的平均值。

透光材料除应有适宜的透射性之外，还要兼备其他一些性质：①抗静电，否则易于吸尘而降低透射率；②抗冰雹和砂石冲击；③抗风；④抗紫外线；⑤抗高温，流体停滞时在日光下可升温到近 150℃，而集热器使用过程中常有这种滞流状态（例如粮食降水通风过程中风机关停的时候）；⑥热膨胀系数低，在高温下不至于过分膨胀而弯曲下垂，低温时也不致过分收缩而脱离支撑结构；⑦质轻，利于顶部安装；⑧经济；⑨便于安装和维修。

透光材料主要有无机材料和有机材料两种，常用的无机透光材料主要是玻璃，常用的有机透光材料主要有聚苯乙烯、有机玻璃、聚氯乙烯等透明材料，因它们具有无色、无定形结构或晶粒细小的部分结晶结构，因而具有良好的透明度。

现将几种主要透光材料的优缺点分述如下。

（1）玻璃

玻璃是集热器上最常用的透光材料。玻璃的透射率很好，而且不会因长期使用而改变。玻璃质地坚硬耐磨损。除各种厚度的普通玻璃外，还有强化玻璃和低铁玻璃。低铁玻璃的太阳透射性比其他玻璃更好，其外观特点是侧面看呈无色透明状，而其他玻璃呈蓝绿色。

玻璃的最大缺点是易碎，石块冰雹的冲击和热胀冷缩的变化都可能使之破裂。把玻璃外面加一层铁丝网罩可以减少冰雹冲击而损坏，但同时也减少了集热器接收的太阳能量。玻璃的热胀率低于木板和钢铁，因此将玻璃安进木质或铁质框架可能会在过度受热或受冷时破碎。为解决这个问题，安装时要在玻璃边缘与框架之间使用可伸缩的衬垫。

（2）聚乙烯

聚乙烯的太阳光透射率高，初始投资小，为许多早期集热器采用。但是聚乙烯基本上挡不住长波辐射，容易被大风刮卷损坏，很快老化而使太阳光透射率下降，需要每年更换。因此，现在多改用更耐久的材料。

（3）玻璃钢

玻璃钢是当前低热农用集热器最受欢迎的透光材料。集热器上用的玻璃钢不是通常用作天窗或天井顶盖的那种材料，其太阳光透射率比玻璃低一些，但比天窗材料要好得多。玻璃钢看上去是接近透明的，不像天窗玻璃钢那样呈绿色、白色或黄色。有时把这种材料称作"温室玻璃钢"。

由于玻璃钢比玻璃更有韧性，热胀率与木材和钢铁相近，因此，易于安装，可以用螺钉直接固定在框架上。玻璃钢还可以安装在曲面上，但需要增加支架结构。瓦棱玻璃钢比平板玻璃钢更为坚硬，但不易密封，为防止漏气可以使用泡沫橡胶或瓦棱木条。

玻璃钢在热、紫外光和水的影响下会逐渐变质。有的玻璃钢在温室上可保证使用 $15\sim20$ 年，但用在太阳能集热器上远远达不到，因为集热器的温度高得多。当其配料中作为黏合剂的塑料树脂衰变后玻璃钢就会发生纤维起毛现象，玻璃纤维外露，尘埃和真菌会滞留在纤维之间而降低太阳光透射率。过去曾用涂层减轻纤维起毛现象，但涂层常会剥落。

（4）其他

其他透光材料还有聚酯、聚碳酸酯和聚氟乙烯。聚酯和聚氟乙烯比玻璃钢便宜，太阳光透射率高，但长波透射率也高，耐久性又不及玻璃钢，且不便于加工安装。聚碳酸酯透射性好，对紫外光的耐受性比玻璃钢好，但热胀率高，而且十分昂贵。

17.4.2.2　吸热板材料

用于太阳能集热器的吸热板材料应当具备以下性能：①对进入吸热板的辐射有高的吸收率；②散失的热量少；③能将所吸收的热量有效地传导给集热器流体。

太阳辐射到达一个不透明表面时，被吸收的比率称作吸收率，其值在 $0\sim1$ 范围；被反射的部分所占比率是 1 减吸收率。良好吸热体的吸收率接近 1。表 17-4 列出了各种吸热板材料的主要性能指标。表 17-5 表示了一种材料的吸收性能与太阳光入射角的关系。

表 17-4　吸热板材料的吸收率和发射率

材料	太阳能吸收率	长波发射率
无光泽黑色涂料	$0.95\sim0.99$	$0.95\sim0.99$
黑色混凝土和石块	$0.65\sim0.80$	$0.85\sim0.95$
有色涂料、砖块	$0.50\sim0.70$	$0.85\sim0.95$
银色铝粉涂料	$0.30\sim0.50$	$0.40\sim0.60$
毛面金属；紫铜、黄铜、铝	$0.40\sim0.65$	$0.20\sim0.30$
风化的镀锌钢板	0.08	0.28
白色涂料	$0.23\sim0.49$	0.92
氢氧化钠和亚氯酸钠处理的铜	0.89	0.17
氧化铜覆盖的铜板、铝板、镍板	$0.80\sim0.93$	$0.09\sim0.21$

表 17-5　无光泽黑色涂料的太阳辐射吸收率

太阳入射角/(°)	太阳辐射吸收率	太阳入射角/(°)	太阳辐射吸收率
0~20	0.96	60	0.88
30	0.95	70	0.82
40	0.94	80	0.67
50	0.92	90	0.00

多数具有高的太阳能吸收率的吸热板也同时具有高的长波发射率。太阳能吸热板温度升高到高于周围温度时就会以长波辐射发散热量。理想的太阳能集热器的长波发射率应接近于零。

兼有高的太阳能吸收率和低的长波发射率的表面称为"选择性吸热面"，由于辐射损失能量少，因而可以达到较高温度。这类材料成本较高，目前只用在一些工业方面需要集热器流体与外界空气温差大于 68℃ 的场合。大部分农用集热器的内外温差很小，因此使用不多。表 17-4 列出的风化镀锌钢板具有粗糙无光的灰色表面，实际上是一种天然的具有轻度选择性的材料，如将这种金属板涂上无光泽黑色涂料固然会提高太阳能吸收率，但也会损害其选择性，因此总的效果不见得好。

选择性吸热面的制作方法主要有：

① 涂漆法　涂漆法又称涂料型光谱选择性涂层，涂层由色素和黏结剂组成。它借助涂层中细分散的色素对太阳光的吸收作用和底材的红外辐射特性，形成了整个涂层的光谱选择作用。一般地说，通过精细地选择材料，合理确定组分，再利用喷涂、涂刷或浸渍等方法可制成选择性吸收表面。

② 化学处理法　化学处理法是在金属表面上用化学方法使其生成具有选择性吸收膜的黑色化合物，通常是金属氧化物和硫化物，例如铜黑、锌黑、铁黑和铝黑等。化学处理法设备简单，成本低廉，可用浸渍处理和喷涂处理，容易大规模生产。

③ 电镀法　黑铬镀层有着良好的选择吸收性能，它的吸收率可达 0.98，而发射率仅 0.1 左右。它对高温和紫外辐射都是稳定的，而且耐湿性和机械性能也都优于其他一些黑色涂层。

黑铬镀层由金属铬和氧化铬组成，其中含有 56% 左右的铬。黑铬镀层最好镀在镍或亮镍上，钢铁件或黄铜件要镀铬时，最好先用铜和镍作底层，然后镀上黑铬。表 17-6 列出了几种选择性吸收膜的性能。

表 17-6　几种选择性吸收膜的性能

项目	吸热原理	合成方法	性能
黑镍（NiS-ZnS）	属于本征型吸收涂层，能带理论认为半导体材料对光的吸收是价带电子吸收光子能量后，从价带跃迁至导带所产生的吸收过程，产生本征吸收的条件为 $h\nu_0 \geqslant E_g$（式中，h 为普朗克常量，ν_0 为光的频率，E_g 为半导体材料的禁带宽度），即只有当入射光子能量不小于半导体的禁带宽度 E_g 时，入射光才能被吸收；而能量小于 E_g 的光子则透过涂层	电镀法、高温固相法	$\alpha=0.93\sim0.97$ $\varepsilon=0.07\sim0.14$
黑铬（Cr_xO_y）	属于本征型吸收涂层，能带理论认为半导体材料对光的吸收是价带电子吸收光子能量后，从价带跃迁至导带所产生的吸收过程，产生本征吸收的条件为 $h\nu_0 \geqslant E_g$（式中，h 为普朗克常量，ν_0 为光的频率，E_g 为半导体材料的禁带宽度），即只有当入射光子能量不小于半导体的禁带宽度 E_g 时，入射光才能被吸收；而能量小于 E_g 的光子则透过涂层	电镀法、高温固相法、气相沉积法	$\alpha=0.91\sim0.94$ $\varepsilon=0.08\sim0.15$

续表

项目	吸热原理	合成方法	性能
氧化钴黑(Co_xO_y)	属于本征型吸收涂层,能带理论认为半导体材料对光的吸收是价带电子吸收光子能量后,从价带跃迁至导带所产生的吸收过程,产生本征吸收的条件为 $h\nu_0 \geqslant E_g$(式中,h 为普朗克常量,ν_0 为光的频率,E_g 为半导体材料的禁带宽度),即只有当入射光子能量不小于半导体的禁带宽度 E_g 时,入射光才能被吸收;而能量小于 E_g 的光子则透过涂层	电镀法、高温固相法	$\alpha = 0.92 \sim 0.96$ $\varepsilon = 0.06 \sim 0.08$
Al_2O_3-Mo_x-Al_2O_3（AMA）	利用光干涉原理,由非吸收的介质膜与吸收复合膜、金属底材或底层薄膜组成,严格控制每层膜的折射率和厚度,使其对可见光谱区产生破坏性的干涉效应,降低对太阳光波长中心部分的反射率,在可见光谱区产生 1 个宽阔的吸收峰	气相沉积法、真空镀膜法	$\alpha = 0.93 \sim 0.98$ $\varepsilon = 0.03 \sim 0.14$
Co-Al_2O_3涂层	利用在母体中细分散的金属粒子,对可见光不同波长级的光子产生多次散射和内反射,将其吸收	真空蒸发镀膜法	$\alpha = 0.92 \sim 0.96$ $\varepsilon = 0.06 \sim 0.08$
Cu-CuO涂层	通过控制涂层表面的形貌和结构,使表面不连续的尺寸与可见光谱峰值相当,对可见光起陷阱作用,对长波辐射具有很好的反射作用,即在短波侧以黑洞形式集光,在长波侧以平面形式辐射光	电化学法	$\alpha = 0.85 \sim 0.92$ $\varepsilon = 0.08 \sim 0.15$
金属陶瓷薄膜涂层	利用光学干涉原理,产生相消干涉,增强吸收	射频溅射法、真空磁控溅射技术	$\alpha = 0.93 \sim 0.98$ $\varepsilon = 0.03 \sim 0.14$
氮氧化钛蓝膜涂层	利用半导体物质电子结构中适当能隙 Eg,吸收能量大于 Eg 的太阳辐射光子,使材料的价电子产生跃迁进入导带,对能量小于 Eg 的光子透过	真空电子束沉积法	$\alpha = 0.93 \sim 0.98$ $\varepsilon = 0.03 \sim 0.08$

　　太阳能集热器的吸热板需将所吸收热量传递给集热器中的流体。在空气型集热器里的流体流经整个吸热板直接获取热量。在暴露结构和悬空结构的集热器中,热量必须传导到吸热板后面,因此吸热板必须用金属制作。其他结构形式的吸热板则可以采用任何方便的材料制作,诸如黑色塑料、胶合板、刨花板、金属瓦片、混凝土、砖块、石块等。作为吸热板材料,必须能在各种天气条件下和集热器滞流温度下不至于松垂或破裂,应具有无光泽的暗色表面或用涂料使之成为暗色表面。

　　热量从吸热板到空气的传递效率取决于空气流速和吸热板表面积。在一定限度之内,提高空气流速会增加热的传递;扩大吸热板面积也会增进热的传递。对于瓦棱形吸热体,当气流方向垂直于瓦棱时比平行于瓦棱的热传递效果稍好一些。

17.4.2.3　绝热层材料

　　太阳能集热器的外围镶板和管道升温超过外界气温时,都会向外散发热量而造成集热器的热量损失。为尽量减少这种损失,需要在这些部位加设绝热层,使集热器的绝热性能达到一定要求。

　　对绝热材料的要求是:绝热性能好、高温下不变形、抗腐蚀性好、吸水性小、耐水性好,有一定的机械强度和机械稳定性。常用的绝热材料有玻璃纤维、石棉、泡沫塑料和泡沫玻璃。表 17-7 列出了几种绝热材料的性能。

　　当需要加热的空气温度与外界温度的温差小,而且气流量大时,集热器基本上不需要绝热层,用木质镶板制作后挡板、侧壁以及管道,就足以符合绝热性能要求。

表 17-7　几种绝热材料的性能

种类	材料名称	密度 /(kg/m³)	热导率 /[kcal① /(m·℃)]	工作极限温度 /℃	吸水性	防火性
多孔性材料	玻璃纤维	10～100	0.03	300	不十分耐水	不燃
	石棉	30～40	0.036	600	不十分耐水	不燃
空气层材料	双层玻璃		0.09		耐水性极好	不燃
	一般空气层		0.05			
	蜂窝结构		0.57		由材料决定	由材料决定
泡沫塑料	尿素树脂	14	0.028	100	大	有难燃性制品
	苯酚	70	0.028	150	大	不燃
	尿烷	31	0.016	120～140	比较小	有难燃性制品

① 1kcal=4.1868kJ。

17.4.3　影响太阳能集热器的因素

17.4.3.1　时刻、天气和季节

我们把一个可以围绕中轴转动而始终正对太阳的表面称作跟踪太阳面。图 17-24 表示一个位于北纬 40°的跟踪太阳面在晴天的 24h 之中接收的太阳辐射强度。图中几条曲线测定日期分别是 12 月 21 日（冬至，全年最短白昼）、6 月 21 日（夏至，全年最长白昼）、3 月 21 日（春分，昼夜等长）。9 月 21 日（秋分）未列于图中，情况与 3 月 21 日近似。由图看出，6 月 21 日的中午辐射强度比其他季节要弱，这是因为此时地球离太阳较远的缘故，如图 17-25 所示。而各个季节南北半球的不同气温情况是由地球倾斜角度（面向太阳的程度）决定的。

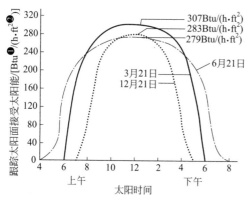

图 17-24　晴天一天太阳辐射强度

（跟踪太阳面北纬 40°，横坐标太阳时间按太阳在天空的位置而定，与当地时间不完全相同。）

太阳辐射在穿过地球大气层的过程中，一部分被反射，一部分被臭氧层、水蒸气、二氧化碳和其他大气成分吸收，还有一部分被尘埃或水蒸气散射，到达地面的辐射不到太阳常数的 3/4。直接到达地球表面的这部分太阳辐射称作直接辐射，散射的这部分称作漫射辐射。晴天大约有 85％的太阳辐射是直接辐射。

纬度以赤道作为 0°，纬度越大表示与赤道距离越远。纬度是决定可利用太阳能量的一个重要因素。各个纬度在各个季节的晴天可利用太阳能量是可以预测的，各地区气象部门应有这方面资料供查。

有云的天气，云层吸收并散射一部分太阳辐射，而云层是随时变化难以准确预测的，因此有云天气的可利用太阳能量是难以准确预测的。我们所能做到的是根据一个地区多年积累的资料得出平均太阳辐射量，以此作为设计的依据。

❶ 1Btu=1055.06J。

❷ 1ft²=0.092903m²。

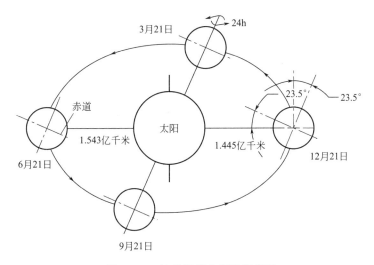

图 17-25　地球围绕太阳运行情况

不同地点有不同的气候和天气，甚至在同一纬度上，其可利用太阳辐射也可能差异很大。工业烟尘多或湿度大的地区，可利用太阳能平均值往往比较低。

17.4.3.2　集热器的方位和倾斜度

太阳能集热器是人工制作的接收太阳辐射面。集热器面对太阳辐射的程度可以用几个角度描述，如图 17-26。太阳直射线与集热器表面垂直线之间的角度为太阳入射角。跟踪太阳面接收辐射的面积最大时，太阳入射角为零，因而反射最小，所以接收太阳辐射量最大。

跟踪太阳的集热器应当在水平方向和垂直方向都能转动，才能跟踪太阳在纬度和方位两方面的变化。简单一些的跟踪集热器只从一个方向跟踪太阳。跟踪集热器需要有太阳位置传感元件，还需要移动集热器表面的机件和复杂的支撑结构。因此跟踪太阳集热器的造价和维修费都相当高。

固定的集热器简单得多。当然这种集热器根本不能跟踪太阳，其可利用太阳能比跟踪集热器少得多。但固定集热器造价低廉，可以靠加大面积弥补在可利用太阳能方面的差距。

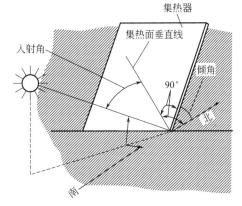

图 17-26　朝南接收太阳辐射的角度

在北半球，方位角正对南面的固定集热器每日集热量最多，偏离正南不超过 15°每日集热量差异也不大。因此固定集热器的方位基本上都是朝南的。不过在某些情况下朝向东南或西南更好一些，例如附近有障碍物，在上午或下午挡住阳光，或者需要在上午或下午多收集热量等。

固定集热器与水平面之间的角度称作集热器倾角，表示集热器的倾斜程度。如将集热器调整到中午时刻的太阳入射角为零的倾斜度，那么此集热器在中午接收的辐射量与一个跟踪太阳面相等，但在上午和下午，太阳入射角变大，相当一部分太阳辐射会从集热器反射掉。

选定集热器的角度要看集热器所处地点、利用集热器的季节等多方面因素，目的是在需要集热的时间能够收集到最多的热量。图 17-27 表示位于北纬 40°的各个不同倾角的接收辐射面全年每月 21 日接收辐射量的比较。可以看出，一个方位朝南的垂直表面（例如一堵南

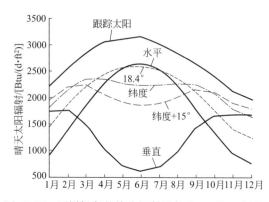

图 17-27　不同倾角的接收辐射面每月 21 日（晴天）
接收的太阳辐射量（北纬 40°，朝南）

墙）全年接收能量最多的时间是 10 月份至次年 2 月份，这是太阳在天空的高度最低的季节。水平表面全年接收能量最多的是在夏季，即太阳最高的季节。还可看到，倾角为纬度＋15°的表面（图 17-27 示例则为 55°）从 10 月份至次年 2 月份接收的能量比其他倾斜面都要多。因此，在北方地区安装太阳能集热器用于秋粮干燥时，倾角应选定为当地纬度＋15°。如果集热器要全年使用，则倾角通常定为当地纬度。如果从节约投资的角度考虑，则把集热器贴靠在南墙上（垂直面）或平放在屋顶上（水平面）更为简便节约。

17.4.3.3　集热器与荫蔽体距离

为了防止集热器被附近物体遮挡阳光，需要根据当地的太阳角系数计算集热器与南面物体之间至少应有多长距离。太阳角系数如表 17-8 所列。计算公式如下：

$$应有距离＝太阳角系数×物体高度$$

表 17-8　太阳角系数

日期	北纬度数/(°)						
	36	38	40	42	44	46	48
1 月 21 日	1.48	1.60	1.73	1.88	2.05	2.25	2.48
2 月 21 日	1.07	1.15	1.23	1.33	1.43	1.54	1.66
3 月 21 日	0.73	0.78	0.84	0.90	0.97	1.04	1.11
4 月 21 日	0.45	0.49	0.53	0.58	0.62	0.67	0.73
5 月 21 日	0.29	0.32	0.36	0.40	0.45	0.49	0.53
6 月 21 日	0.23	0.27	0.31	0.34	0.38	0.42	0.47
7 月 21 日	0.29	0.32	0.36	0.40	0.45	0.49	0.53
8 月 21 日	0.45	0.49	0.53	0.58	0.62	0.67	0.73
9 月 21 日	0.73	0.78	0.84	0.90	0.97	1.04	1.11
10 月 21 日	1.07	1.15	1.23	1.33	1.43	1.54	1.66
11 月 21 日	1.48	1.60	1.73	1.88	2.05	2.25	2.48
12 月 21 日	1.66	1.80	1.96	2.14	2.36	2.61	2.90

此外，为了提高太阳能集热系统的经济效益，应考虑常年运转，综合利用。例如，设计一座具体的太阳能集热器，要能适应多种用途，除了干燥外，还可以考虑房屋取暖和供热水。为了弥补阴雨天或冬季阳光不足时，热风温度较低的情况，为保证用热设备能正常工作，应附加辅助加热装置或储热装置。

17.4.4　集热器结构设计原则

①　吸热板　吸热板的设计着重考虑吸热效率，以提高光的吸收率，减少反射率。平面吸热板简单，但反射光无法吸收；波纹板日光俘获率高，热效率也较高。必要时可选用真空管及热管吸热板，以提高光的吸收率。吸热板表面应进行涂黑或其他黑化处理。

②　气流通道　性能好的气流通道能提高集热效率。气流通道的设计应满足气流通畅要

求，减少折流，又要保证气流在集热器内的流动时间，提高换热效果。

③ 材料　建造集热器所用的材料主要有钢板及木板。与通道内气流接触的材料尽量选用金属材料，提高换热系数；与环境接触的材料尽量选用绝热材料，减少散热损失。与外界环境接触的构件应进行防腐处理。

④ 密封　集热器的使用环境为露天，无遮无挡，结构设计时要考虑密封问题。一方面防止热气流的散失，提高效率；另一方面要防止雨水进入，否则会腐蚀内部构件，影响工作性能，减少寿命。

⑤ 固定　集热器各部件之间要连接牢固，集热器与地面之间也要有牢靠的固定。特别是使用可移动的集热器的场合，集热器与地面的固定应选用螺栓，而不是其他类型的钉子。

17.5　太阳能干燥装置的设计计算

17.5.1　太阳辐射的计算

太阳辐射到地球大气层外表的能量是恒定的。太阳常数是指在平均日地距离时，地球大气层上界垂直于太阳光线表面的单位面积上单位时间内所接收的太阳辐射能。1979 年在国际会议上经过讨论后确定采用太阳常数的数值为 $I_{sc}=1370\text{W}/\text{m}^2$。

17.5.1.1　太阳的赤纬角

太阳光线与地球赤道面的交角就是太阳的赤纬角，以 δ 表示。在一年当中，太阳赤纬角每天都在变化，但不超过 $23°27'$ 的范围。夏天最大变化到夏至日的 $+23°27'$；冬天最小变化到冬至日的 $-23°27'$。太阳赤纬角随季节变化，按照库珀方程，由下式计算：

$$\delta=23.45\sin\left(360\frac{284+n}{365}\right) \tag{17-1}$$

式中，n 为一年之中天数。

17.5.1.2　太阳角的计算

太阳在天空中的位置取决于太阳角。我们知道一天中太阳的位置不但与时间有关，而且与人所处的观察位置有关。前者取决于太阳时角，后者取决于观察者所处的地理纬度 φ。下面我们利用球面三角形在天球坐标系中的应用，来讨论一下太阳角的计算。

如图 17-28 所示，指向太阳的向量 S 与天顶 Z 的夹角定义为天顶角，用 θ_Z 表示；向量 S 与地平面的夹角定义为太阳高度角，用 α 表示；S 在地面上的投影与南北方向线之间的夹角定义为太阳方位角，用 γ 表示。太阳的时角用 ω 表示，它定义为：在正午时 $\omega=0$，每隔 1h 增 15°，上午为正，下午为负。

计算太阳高度角的表达式为：

$\sin\alpha=\cos\varphi\cos\delta\cos\omega+\sin\varphi\sin\delta$ (17-2)

式中，φ 为地理纬度；δ 为太阳赤纬角；ω 为太阳时角。

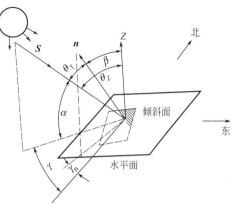

图 17-28　计算太阳角相关参数示意图

太阳方位角按下式计算：

$$\cos\gamma = \frac{\sin\alpha\sin\varphi - \sin\delta}{\cos\alpha\cos\varphi}\qquad(17-3)$$

17.5.1.3　大气层外的太阳辐射量

设大气层上界在一年中的任意一天的太阳辐射强度为 I'_{sc}，则

$$I'_{sc} = I_{sc}\left[1 + 0.033\cos\left(360\frac{N}{370}\right)\right]\qquad(17-4)$$

式中，N 为从 1 月 1 日起算的天数。

大气层外水平面上的太阳辐射量 I_o 为

$$I_o = I'_{sc}\sin\alpha\qquad(17-5)$$

式中，α 为太阳高度角。

17.5.1.4　太阳辐射月平均日总量

太阳辐射在穿过大气层时，不仅会被大气层中空气分子、水汽和尘埃等粒子散射，而且会被大气中氧、臭氧、水和二氧化碳等成分吸收，所以经过大气而到达地面的太阳辐射能显著衰减。要完全从理论上准确地计算地面的太阳辐射是不可能的，因此在应用时最好采用仪器进行测量。但是利用仪器测量也有许多限制，例如没有仪器或测量数据不够多以至于不能作为计算和设计的依据等。通常采用整个月内的辐射总量对整个月内天数的平均值作为各个月中某天的代表值，即太阳辐射月平均日总量。

（1）太阳辐射月总量平均值

目前比较适合我国的经验方法是由齐惠民提供的。他通过对我国 41 个气象台的太阳辐射数据进行数学回归计算，得到了太阳辐射月总量计算公式：

$$H' = H(0.16 + 0.62s)\qquad(17-6)$$

式中，H' 为水平面上太阳辐射月总量平均值，kJ/m^2；H 为大气上界水平面上太阳辐射月总量平均值，kJ/m^2；s 为同一时期内的日照百分率，$s<1$。

（2）太阳辐射月平均日总量

太阳辐射的月平均日总量可由各地测量站多年的测量数据总结出来，用时需查表；也可根据式(17-6)得到月总量平均值后再计算月平均日总量。

$$\overline{H} = \frac{H'}{30}\qquad(17-7)$$

17.5.1.5　水平面上太阳辐射

（1）水平面上太阳辐射总量

在太阳能工程的设计及其性能测试中，往往需要用到太阳辐射的小时量，但是全天的太阳辐射总量在一天中并不是平均分配的，而是随时间的变化而变化的，下面介绍两种计算方法。

理论计算法：一般天气条件下，水平面上太阳辐射量随时间的变化大体上是一条正弦曲线，因此一天中水平面上某一小时的太阳辐射总量 I_h 可用下式表示：

$$I_h = \frac{139\pi}{T_d}\overline{H}\cos\left[\frac{\pi}{T_d}(T-12)\right]\qquad(17-8)$$

式中，T_d 为日照时间，$T_d = \dfrac{2}{15}\arccos(-\tan\varphi\tan\delta)$，h；$T$ 为太阳时。

在太阳角度公式中，涉及的时间都为太阳时，它的特点是午时（中午 12：00）阳光正好通过当地子午线，即在空中最高点处，它与日常使用的标准时间并不一致，转换公式是：

$$T = T_B + E \pm ❶4(L_{st} - L_{loc})\qquad(17\text{-}9)$$

式中，L_{st} 为制定标准时间采用的标准经度；L_{loc} 为当地经度；T_B 为标准时；E 为时差，分，$E = 9.87\sin 2B - 7.53\cos B - 1.5\sin B$，$B = \dfrac{360(N-81)}{364}$。

经验计算法：上面的计算存在一个假设，即一天中的太阳辐射是按正弦曲线变化的，这样就带来了误差。目前被广泛采用的是一些经验图表，在图 17-29 中，可以日长为横坐标，时角为参数，由日落时角和日长相对应，查出纵坐标上每小时的平均水平辐射量与水平日总辐射量之比；从图 17-30 上可查出小时水平散射量与日水平散射量之比。日总辐射量和日总散射量可由前面介绍的方法获得。

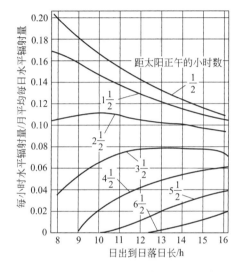

图 17-29　水平面上小时总辐射与日总辐射之比

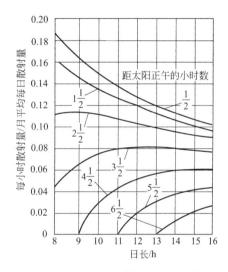

图 17-30　水平面上小时散射量与日散射量之比

（2）直接太阳辐射和散射辐射

水平面上的太阳辐射包含两部分，即直接辐射和散射辐射（也叫天空辐射）。所谓太阳直接辐射是指以平行光线的方式从太阳直接投射到地面上的辐射；散射辐射是由于大气和云层使太阳光线散射所产生的自天空投射到地面的太阳辐射，它来自半球天空的各个方向。

地面上的太阳辐射量和大气外层太阳辐射量比值 pp 为

$$pp = \frac{I_h}{I_o}\qquad(17\text{-}10)$$

地面法线面的直接太阳辐射量 I_{nd} 为：

$$I_{nd} = 1791pp - 547\qquad(17\text{-}11)$$

散射辐射的方向很复杂，它受大气状况的影响很大，在天空充满云雾时可以近似地认为散射辐射是各向同性的，并认为其在水平面上的入射角是 $60°$；在晴天时可以认为散射辐射的方向与直接辐射相同。散射辐射强度有两种表示方法，一种是以单位面积上的能流密度表示，另一种是以散射辐射能量占太阳直接辐射的百分率表示。在一般情况下，中纬度地区的高温季节中在中午的散射辐射约占直接太阳辐射的 25％。晴天到达地表水平面上的散射辐

❶　东半球取负号，西半球取正号。

射能流密度 I_{hs} 主要取决于太阳高度角和大气透明度 P_m。

$$I_{hs} = C_1 (\sin\alpha)^{C_2} \tag{17-12}$$

式中，C_1 和 C_2 是经验系数，见表 17-9。

表 17-9　经验系数 C_1、C_2

透明度 P_m	$C_1/(W/m^2)$	C_2	透明度 P_m	$C_1/(W/m^2)$	C_2
0.650	191.675	0.53	0.750	131.036	0.53
0.675	175.64	0.53	0.775	117.096	0.53
0.700	159.613	0.53	0.800	103.853	0.53
0.725	144.279	0.53			

$$I_{hs} = I_h - I_{nd}\sin\alpha \tag{17-13}$$

17.5.1.6　倾斜面上的太阳辐射

倾斜面上的太阳辐射包括三部分，即直接太阳辐射、散射辐射和周围环境的反射辐射。采用 IEA 法计算倾斜面上的太阳辐射。

（1）**直接太阳辐射** I_{tb}

$$I_{tb} = I_{nd}\cos\theta \tag{17-14}$$

式中，θ 为太阳光线在倾斜面上的入射角。

$$\cos\theta = \sin\delta\sin\varphi\cos\varepsilon - \sin\delta\cos\varphi\sin\varepsilon\cos\gamma + \cos\delta\cos\varphi\cos\varepsilon\cos\omega +$$
$$\cos\delta\sin\varphi\sin\varepsilon\cos\omega + \cos\delta\sin\varepsilon\sin\gamma\cos\omega$$

式中，ε 为倾斜面与地平面夹角；γ 为倾斜面的方位角。

（2）**散射辐射** I_{td}

到目前为止，人们对于散射辐射的研究一直没有终止过。由于大气影响的复杂性，至今没有完全符合物理意义的简单计算公式。刘和乔丹（Jordan）推荐如下公式：

$$I_{td} = \frac{I_{hs}(1 + \cos\varepsilon)}{2} \tag{17-15}$$

另外，还有人认为在晴朗天气条件下散射方向和直射方向相同，则

$$I_{td} = I_{hs}\cos\theta \tag{17-16}$$

（3）**环境的反射辐射** I_{tr}

环境对斜面的散射辐射的研究也得出了不尽相同的结果，如仅仅考虑斜面周围的地面反射而忽略周围其他物体的反射影响，并假设地表以同样的比例将地表水平面上的太阳辐射（直接和散射辐射两部分）反射到倾斜面上，地表的反射率是 ρ，则环境的散射辐射可用下式计算：

$$I_{tr} = \frac{\rho I_h(1 - \cos\varepsilon)}{2} \tag{17-17}$$

各种物体表面对太阳辐射的反射率见表 17-10。

表 17-10　各种物体表面对太阳辐射的反射率

地表类型	$\rho/\%$	地表类型	$\rho/\%$	地表类型	$\rho/\%$	地表类型	$\rho/\%$
新雪或结冰的雪	75~81	秋季大田和森林	26	浅色砖、漆	60	红砖、深色漆	27
地面:黏土壤土	14	抛光的石面	20	沥青石子表面	13	风化混凝土表面	22
干灰地面	27	湿黑土	8	冬季松林	7	干草地	20
湿灰地面	11	土路面	4	水表面	69	湿沙地	9
青草地	26	土表面	22	干沙地	18	干树叶	30

求得了倾斜面上的三个太阳辐射分量后，可以得到倾斜面上的太阳辐射总量：

$$I_{tg} = I_{tb} + I_{td} + I_{tr} \qquad (17-18)$$

17.5.2　太阳能空气集热器的设计计算

17.5.2.1　太阳能空气集热器的设计步骤

太阳能空气集热器的设计大致可遵循以下步骤：

① 收集当地太阳能资料。

对于这一点和其他太阳能利用装置的要求是一样的，主要收集太阳辐射量、日照时数、平均气温和一年中的雨量分布等。

② 确定所需要的空气流量、空气温度，从而计算单位时间内所需要的热量。

③ 选择集热器类型。

④ 确定气流通道的长度。

⑤ 计算集热器气流通道的宽度和高度。

⑥ 根据传热计算，求出集热器的各个热性能参数。

⑦ 由计算得到的压力降求得泵耗功率。

⑧ 集热器的总体设计。

⑨ 成本估算。

17.5.2.2　温室型干燥装置的温室面积计算

用太阳能温室进行物料的干燥时，对应每单位重物料的室面积如果过大，则集热效率会低，成本高。如果过小，就得使干燥所需时间过长，甚至不能干燥，因此两者必须相互匹配。

（1）影响温室面积的因素

影响温室面积的因素主要包括气候、日照量、外气温度、通风量、干燥物料重量等。其中日照量是能源，不能人为地改变。这是太阳能干燥与电力或燃气、燃油干燥最大的不同，水平面上的日照量依季节而变化，需使用干燥期间的月平均值计算全年日照量。温室内有效日照量则与干燥工厂所在的纬度、温室方向、受热面积比（受热面积/温室地表面积）、透过材料的阳光透过率等有关。

上述这些因素综合起来影响温升和集热效率。

① 温室内空气的温升　它与日照量成正比例上升，与通风量成反比例上升。日照量一定时随通风量的增加而呈双曲线形减小。温室内温度上升越高，则室内的空气相对湿度下降越多，可提高干燥能力，促进干燥的进行。

② 集热效率　集热效率表示照射到温室内的日照量中有多少能被利用于增加温室内空气的热焓值。集热效率可由下式表示

$$\eta_c = C_1 - C_2 \frac{\Delta T}{I} \qquad (17-19)$$

式中，C_1，C_2 为系数；ΔT 为空气的温升，℃；I 为日照量，kJ/(m·d)。

（2）温室面积与影响因素间的关系

① 集热面积物料质量之比与集热效率、降水率之间的关系　集热面积物料质量之比是指单位质量物料的集热面积，通常用每 100kg 物料的集热面积（m^2）来表示。

图 17-31 所示的为集热面积物料质量之比与集热效率、降水率的关系。可见集热效率随

集热面积物料质量之比的增加而呈指数下降，降水率随着集热面积物料质量之比增加而呈指数上升。集热效率与集热面积物料质量之比的关系可表示如下：

$$\eta_c = a A_G^b \tag{17-20}$$

式中，η_c 为集热效率，%；A_G 为集热面积物料质量之比，$m^2/100kg$；a、b 为常数，可根据不同物料的干燥试验得出。

② 风量面积比与集热效率、空气温升的关系　温室单位集热面积的通风量称为风量面积比（m^3/m^2）。图 17-32 所示为风量面积比与集热效率、空气温升的关系。从图中可以看出，温室单位面积的通风量增加时，集热效率急速增加，但超过某一极限时，增加率减少，曲线趋于水平。两者之间呈抛物线关系。可用下列关系式表示：

$$\eta_c = a_1 - b_1 e^{c_1 V_u} \tag{17-21}$$

式中，V_u 为每平方米集热面积的通风量，m^3/m^2；a_1、b_1、c_1 为常数。

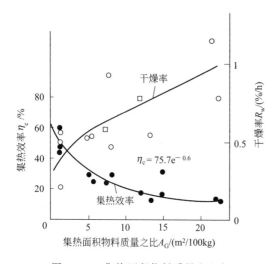

图 17-31　集热面积物料质量之比与
集热效率、降水率的关系

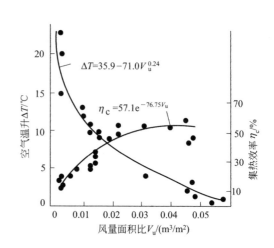

图 17-32　风量面积比与集热效率、
空气温升的关系

从图中还可以看出增加风量有利于提高集热效率，但增加到一定程度时，即使再增加风量，也不会按比例增加集热效率。

温室内温升随风量的增加（风量与集热面积比增加）而呈指数减少。大量通风时，温升接近于零，这时室内温度与外界温度无大差别。温室内温升与风量面积比可由下式表示：

$$\Delta T = a_2 - b_2 e^{c_2} \tag{17-22}$$

式中，ΔT 为温室内温升（温室温度－外界环境温度），℃；a_2、b_2、c_2 为常数。

③ 风量物料质量比与集热效率、降水率的关系。相对于单位物料质量的风量称为风量物料质量比，试验结果表明单位料重的通风量与降水率的关系不十分明显。集热效率随单位料重通风量的增加而增加，但变化值很小。

（3）温室面积计算方法

① 确定集热器热负荷 Q_0　集热器热负荷为干燥时需要的最大热量，可通过物料的热量衡算求得

$$Q_0 = L_V W \tag{17-23}$$

式中，W 为物料去水量，kg/h；L_V 为每蒸发 1kg 水分所需热量，kJ/kg。

② 确定温室面积　根据温室的集热量和物料中水分蒸发需要的热量列出能量守恒式：

$$A n I_s' \eta_c = \eta Q_0 \tag{17-24}$$

式中，A 为温室面积，m^2；n 为每次干燥所需日数，d；I'_s 为水平面上的日照量，$kJ/(m^2 \cdot d)$；η_c 为温室集热效率，%；η 为干燥热效率。

对于单位时间所收集的热量为 Q、单位时间日照量为 I'_s 的温室，$\eta_c = \dfrac{Q}{I'_s}$，代入上式得：

$$A = \frac{\eta L_v W}{nQ} \tag{17-25}$$

集热量 $Q = V_u \rho c_H t \Delta T$，式(17-25) 又可化为

$$A = \frac{\eta L_v W}{n V_u \rho c_H t \Delta T} \tag{17-26}$$

式中，V_u 为通风量，m^3/m^2；ρ 为空气密度，kg/m^3；c_H 为空气比热容，$kJ/(kg \cdot K)$；t 为每天通风时间，h；ΔT 为温室内外空气的温差（空气的温升），℃，$\Delta T = T_1 - T_0$。

集热面积计算步骤如图 17-33 所示。

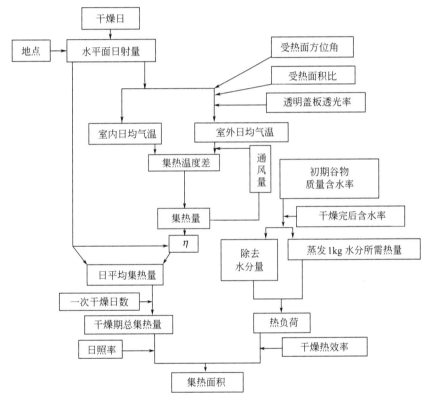

图 17-33　温室型干燥装置集热面积计算步骤

17.5.2.3　平板型太阳能集热器面积计算

集热器型干燥装置中集热器形状变化较灵活，相对也较独立，集热器面积计算时考虑的因素要少一些。但由于所采用的空气集热器种类很多，结构也不一致，故计算时应分别考虑。下面以平板型集热器为主说明该类型干燥装置的集热器设计计算方法。

（1）平板型太阳能集热器技术参数

① 集热器空气通道气流速度　无论采用哪种形式的空气通道，均应使其气流速度保持在 152～305m/min。算式如下：

$$u_c = \frac{V}{A_T} \tag{17-27}$$

式中，u_c 为集热器空气通道气流速度，m/min；V 为集热器气流总量，m³/min；A_T 为集热器通道截面面积，m²。

气流速度低于 152m/min，则集热器效率过低，气流速度高于 305m/min，则阻力过大。

② 管道横截面积　管道内气流的适宜速度应在 305m/min 以下。1700m³/h 的送风量每天应至少有 0.1m² 管道横截面积。管道要尽量流畅、短，做到不漏气。

③ 静压力　太阳能系统（包括集热器和管道）的总静压力，用于粮食补热降水通风时应低于 125Pa。如静压力过大，可加设气流旁路让一部分空气不经过太阳能加热，在进入风机之前与太阳能加热的空气混合。测定太阳能系统总静压力应将 U 形静压管放在风机进风口。

④ 集热器面积　太阳能集热器的面积大小可能成为是否决定使用太阳能的主要因素，这是因为集热器面积大小直接决定了太阳能系统的造价，同时根据其面积大小才能考虑是否有足够的空间安放整套设备。

集热器面积可以根据下列三种参数之一进行计算设计：最大温升；要求的 24h 平均温升；平均需热量。对粮食降水通风来说，宜根据所要求的 24h 平均温升计算需要的集热器面积。计算公式如下：

$$A = \frac{1.1 Q \Delta T \times 24}{I_{tg} \eta_c} \tag{17-28}$$

式中，ΔT 为集热器中空气的平均温升，℃；η_c 为集热器效率，%。

（2）单位面积集热器表面有效能流密度

投射到集热器表面的太阳辐射能不能被集热器完全吸收。当阳光透过透明盖板时，一部分透过盖板，其他的被盖板反射和吸收，辐射能透过的百分数叫作盖板的透过率 τ。透过的部分也不能完全被吸热体所吸收，其中被吸收的百分数叫作吸热体的吸收率 α。

① 仅考虑吸收的透过率 τ_α　太阳辐射在半透明介质中的吸收由 Bouguer 定律描述。

$$\tau_\alpha = e^{-\frac{n\delta_k L}{\cos\theta_2}} \tag{17-29}$$

式中，n 为盖板数；δ_k 为盖板厚度，m；L 为盖板消光系数，1/cm；θ_2 为光线折射角，由 Snell 定律计算。

② 仅考虑反射的透过率 τ_r

$$\tau_r = \frac{1}{2}\left[\frac{1-P_1}{1+(2n-1)P_1} + \frac{1-P_2}{1+(2n-1)P_2}\right] \tag{17-30}$$

式中，$P_1 = \frac{\sin^2(\theta_2-\theta)}{\sin^2(\theta_2+\theta)}$；$P_2 = \frac{\tan^2(\theta_2-\theta)}{\tan^2(\theta_2+\theta)}$

③ 同时考虑吸收和反射的透过率 τ

$$\tau = \tau_r \tau_\alpha \tag{17-31}$$

④ 透过率和吸收率乘积（$\tau\alpha$）　透过率和吸收率乘积综合反映了平板集热器采光面对阳光的透过性能和吸热体对阳光的吸收作用。当阳光透过透明盖板时，一部分透过盖板，其他的被盖板反射和吸收。透过的部分也不完全被吸热体所吸收，一部分被吸热板反射，一部分被吸热板吸收。透过透明盖板而被吸热体反射的部分投射到透明盖板上，又同样发生上述三种情况的吸收和反射，如图 17-34。

通过理论分析，可以得到吸热体吸收的太阳辐射能与投射到采光面上的太阳辐射能之比为：

$$(\tau\alpha) = \frac{\tau\alpha}{1-(1-\alpha)\rho_d} \qquad (17\text{-}32)$$

式中，α 为吸热体吸收率；ρ_d 为盖板系统的漫反射率，它随盖板的层数而变，例如对于 1~4 层普通玻璃组成的盖板系统的漫反射率分别是 0.16、0.24、0.29、0.32，可用 60°投射角时，盖板的镜反射数据来估算。

⑤ 有效透过率和吸收率乘积 $(\tau\alpha)_e$ 太阳

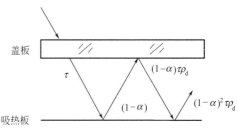

图 17-34 吸热板对太阳辐射的反射和吸收

辐射总能量中被盖板所吸收的部分用于增加盖板的温度，因此不能被看作是无用能量收益。计算盖板所吸收的能量有两种方法。一种方法为经验估计法，认为由于透明盖板的吸收率很低，因此这一部分能量很小，只占吸热体吸收能量的 2% 左右。考虑了盖板系统吸收太阳辐射能后得到的集热器的有效透过率和吸收率乘积为

$$(\tau\alpha)_e = 1.02(\tau\alpha) \qquad (17\text{-}33)$$

另一种方法为计算法，考虑了盖板对太阳辐射的吸收后，典型的单层盖板上面流型太阳能集热器的有效透过率和吸收率乘积为

$$(\tau\alpha)_e = (\tau\alpha) + \frac{h+h_{rpc}}{U+h_{rpc}+h}(1-\tau_a) \qquad (17\text{-}34)$$

式中，h_{rpc} 为盖板与吸热体之间的辐射换热系数，$W/(m^2 \cdot K)$；h 为通道内气流与盖板及吸热体之间的换热系数，$W/(m^2 \cdot K)$；U 为盖板热损失系数，$W/(m^2 \cdot K)$。

⑥ 单位面积集热器表面有效能流密度 单位面积集热器表面有效能流密度 I 为：

$$I = I_{ts}(\tau\alpha)_e \qquad (17\text{-}35)$$

(3) 太阳能空气集热器的热效率

一个太阳能集热器将可利用太阳能转换为有用的热能的百分率，即为集热器效率。根据这一指标便于选择集热器形式，预测可获得的热量或可能取得的温升。

在进行平板太阳能空气集热器的性能分析之前，先做以下假设：①集热器性能稳定；②热物性与温度无关；③不考虑入射日光阴影的影响；④通过盖板和背部绝热材料的热流为一维；⑤忽略集热器的侧面散热损失；⑥忽略热容的影响。

图 17-35 为空气在盖板与吸热板之间流动时能量在集热器内传递的示意图。根据图中参数，分别给出单位面积上的吸热板、透明盖板和空气的能量守恒方程。

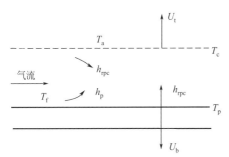

图 17-35 空气集热器内能量传递示意图

$$I = h_p(T_p - T_f) + h_{rpc}(T_p - T_c) + U_b(T_p - T_a) \qquad (17\text{-}36)$$

$$U_t(T_c - T_a) = h_{rpc}(T_p - T_c) + h_c(T_f - T_c) \qquad (17\text{-}37)$$

$$q_u = h_p(T_p - T_f) + h_c(T_c - T_f) \qquad (17\text{-}38)$$

式中，T_p、T_c、T_a、T_f 为吸热板、透明盖板、环境温度和流道中空气的温度，K；h_p、h_c 为吸热板和盖板与空气之间的对流换热系数，$W/(m^2 \cdot K)$；h_{rpc} 为线性化的吸热板与盖板之间的辐射传热系数，$W/(m^2 \cdot K)$；U_b、U_t 为吸热板和透明盖板与环境之间的热损失系数，$W/(m^2 \cdot K)$；q_u 为有效收益，W/m^2。

设单位采光面的空气质量流量为 $m(kg/m^2 \cdot s)$，则太阳能空气集热器的热效率可表

示为：

$$\eta_c = \frac{mc_p(T_f - T_a)}{I_{ts}} \tag{17-39}$$

式中，c_p 为空气的比热容，kJ/(kg·K)。

运用以上 4 个热平衡方程，可求得空气在吸热板与底板之间流动的太阳能空气集热器的热效率 η_c、有效收益 q_u、效率因子 F'、总热损失系数 U_L。

$$\eta_c = \frac{q_u}{I_{ts}} \tag{17-40}$$

$$q_u = F'[I - U_L(T_f - T_a)] \tag{17-41}$$

$$F' = \frac{h_{rpc}h_c + h_pU_t + h_ph_{rpc} + h_ph_c}{F_\mu} \tag{17-42}$$

$$U_L = \frac{U_t + U_b}{1 + \dfrac{(U_t + U_b)h_p}{h_{rpc}h_c + h_pU_t + h_ph_{rpc} + h_ph_c}} \tag{17-43}$$

式中，$F_\mu = (U_t + h_{rpc} + h_c)(U_b + h_{rpc} + h_p) - h_{rpc}^2$。

当盖板为透明塑料时，考虑到一些直接透过的红外辐射，总热损失系数 U_L 可修正为

$$U_L' = 4\tau\varepsilon_p\sigma(T_p^2 + T_c^2)(T_p + T_c) + U_L \tag{17-44}$$

式中，ε_p 为吸热板发射率；σ 为 Stefen-Bolzman 常数，5.67×15^{-8} W/(m²·K)。

应当注意：①算式中的可利用太阳能是指与该集热器所在地理位置和集热器倾角相应的数值，查阅有关气象资料可得。②集热器中流体流速明显影响着集热器效率，因此一个具体的集热器效率数值往往注明该集热器的流体速度，其单位是单位面积集热器每分钟流过的流体体积。③集热器效率是指特定时间的效率，可以计算一个集热器的瞬时效率、全天效率或一个季节的平均全天效率，集热器效率随一天之中的不同时刻和天气状况而变，因此这三种效率的数值是各不相同的，在引用一个效率数值时要了解是指的哪一种效率。

影响集热器效率的因素是多方面的，主要有以下几个方面。

① 集热器流体平均温度与外界气温之差　温差越大则热量损失越大。流体平均温度大致等于进口温度与出口温度的平均值。当集热器温升（即升温值）很大时，热量损失可能较高，而温升是由可利用太阳能量和流体速度决定的。

此外，天气因素中刮风的影响较大，即使集热器与外界空气之间温差不变，刮风的天气也会加大热量损失，降低集热器效率。

② 流体流量　提高流体流量可以缩短流体与吸热板的接触时间和流体温升幅度，从而减少集热器的热量损失，还可能加快流体流速，从而增进吸热板到流体之间的传热。因此在一定范围之内，加大流体流量可以增加集热器效率。但是集热器效率有一最大值，这主要是由罩盖和吸热板性能限定的。一旦达到其最高效率时，再加大流体流量就不再起作用了。此外还应看到，提高单位流量会加大阻力，从而增加风机功率。因此要全面权衡多方面因素，选定适宜的单位流量。

③ 流体途径长度　在一定范围之内，流体在集热器内的途径越长则获取的热量越多。到达一定长度后，热量损失加大终究会抵消扩大集热器面积所增加的太阳能量。一个集热器如果太长，其中流体可能还没有走完全程就已达到其温度高限，那么其余面积就等于无用。

④ 集热器类型　在绝热条件和流体流动状态相同的情况下，以空气作流体的集热器的效率从低到高的顺序是：

a. 暴露平板式；

b. 罩盖平板式，单通道；

c. 罩盖悬空平板式，气流在吸热板上面通过；

d. 罩盖悬空平板式，气流在吸热板下面通过；

e. 罩盖悬空平板式，气流在吸热板两面通过。

⑤ 罩盖性能和数量　太阳能透射率高和长波透射率低都会增加集热器效率。多层罩盖可减少热损失，但多少会降低太阳能透射率，并加大成本。循环系统集热器多用两层罩盖，单通道系统集热器多用单层罩盖。

⑥ 吸热板性能　太阳能吸收率高和长波发射率低都会增加集热器效率。吸热板表面做成瓦棱形、翅片形或皱折形也会增加效率。

追求高效率必然要多花钱，譬如采用多层低铁玻璃罩盖，选择吸热体涂层、高度绝热层等，但是这并不一定合算。应当从应用目标出发，采用最必要的措施达到合理的效率。用来供应热水和室内供暖的太阳能集热器是在低流量高温差条件下运转的，一般都是比较费钱的。多数农用集热器是在高流量低温差条件下作业，完全可以采用简单廉价的结构，此时仍会取得满意的效果。

（4）有关换热和热损失系数

① 盖板的热损失系数。

$$U_t = h_w + h_{rcs} \frac{T_c - T_{sk}}{T_c - T_a} \tag{17-45}$$

式中，h_w 为风的对流换热系数，由 McAdams 方程给出，$h_w = 5.7 + 3.8 u_w$，W/(m² · K)；u_w 为外界风速，m/s；h_{rcs} 为盖板-天空换热系数，$h_{rcs} = \varepsilon_c \sigma (T_c^2 + T_{sk}^2)(T_c + T_{sk})$，W/(m² · K)；$\varepsilon_c$ 为盖板发射率；T_{sk} 为天空温度，由 Whillier 公式给出，春、夏、秋季时 $T_{sk} = T_a - 6$，冬季 $T_{sk} = T_a - 20$，K。

② 集热器流道内强迫对流换热系数 h_p、h_c　假设流道内上下面换热系数 h_p、h_c 相等，则

$$h = h_p = h_c = \frac{\lambda Nu}{L_c} \tag{17-46}$$

式中，λ 为空气热导率，W/(m · K)；L_c 为流道水力直径，$L_c = \dfrac{4f}{U}$，m；f 为流道横截面积，m²；U 为横截面湿周长，m；Nu 为努塞尔特准数，层流（$Re < 2000$）时，Nu 由 Mercer 公式给出

$$Nu = 4.9 + \frac{0.0606 (RePrL_c/L)^{1.2}}{1 + 0.0909 (RePrL_c/L)^{0.7} Pr^{0.17}}$$

式中，Re 为雷诺数，$Re = \rho u_c L_c / \mu$；ρ 为空气密度，kg/m³；u_c 为流体速度，m/s；μ 为流体动力黏度，kg/(m · s)；Pr 为普朗特数；L 为集热器有效长度，m。

紊流（$Re \geqslant 2100$）时，Nu 由 Kays 公式给出

$$Nu = 0.0158 Re^{0.8}$$

③ 盖板-吸热板辐射换热系数

$$h_{rpc} = \frac{\sigma (T_p^2 + T_c^2)(T_p + T_c)}{\dfrac{1}{\varepsilon_p} + \dfrac{1}{\varepsilon_c} - 1} \tag{17-47}$$

④ 集热器底部热损失系数 U_b

$$U_b = \frac{K_b}{L_b} \tag{17-48}$$

式中，K_b 为保温材料的热导率，W/(m·K)；L_b 为保温材料厚度，m。

（5）阻力计算和槽道宽高比的确定

槽道中气流的摩擦系数为：

$$f = \frac{0.079}{Re^{0.25}} \qquad Re < 50000$$

这样，压力差可以表示为：

$$\Delta p = \frac{fLu_c^2}{2gd}$$

式中，u_c 为空气流速，m/s；d 为槽道的水力学直径，$d = \frac{2ab}{a+b}$，m。

这个压力差，实际上就是驱动空气流动所需要的泵耗功率。当然，希望这个数值越小越好。

$$W_p = m\Delta p$$

设计中，一般传热量和槽道长度一定，可以任意选择，则槽道的宽高比可以表示为：

$$C_b = \frac{b}{a} = \frac{1}{\dfrac{2m}{\mu LRe} - 1} \tag{17-49}$$

式中，μ 为空气动力黏度，kg/(m·s)。

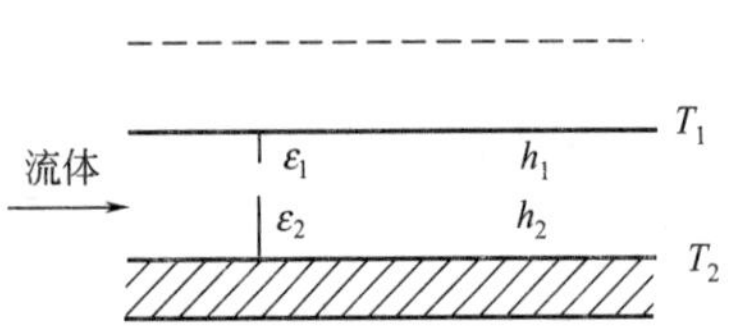

图 17-36　空气在集热板和底板之间流动能量传递示意图

（6）其他形式平板集热器效率因子计算

以上分析中，不同结构形式的集热板有不同的效率因子。以下列出几种常用结构形式集热板的效率因子，供设计空气集热器时参考使用。

① 空气在集热板和底板之间流动的平板集热器　气流从两块不透明板之间通过，如图 17-36 所示。

此时效率因子可以表示为：

$$F' = \frac{1}{1 + \dfrac{U}{h_1 + \dfrac{1}{\dfrac{1}{h_2} + \dfrac{1}{h_r}}}} \tag{17-50}$$

式中，$h_r = \dfrac{\sigma\,(T_1^2 + T_2^2)\,(T_1 + T_2)}{\dfrac{1}{\varepsilon_1} - \dfrac{1}{\varepsilon_2} - 1}$。

② 带肋片集热面　其结构如图 17-37 所示。同理，根据图中所示尺寸，求得集热板的肋片效率和肋片的肋片效率分别为：

$$\eta_p = \frac{\tanh(m_1 l_1)}{m_1 l_1} \tag{17-51}$$

$$\eta_F = \frac{\tanh(m_2 l_2)}{m_2 l_2} \tag{17-52}$$

式中，$m_1^2 = \dfrac{U + h_1}{k_1 \delta_1}$；$m_2^2 = \dfrac{h_2}{k_2 \delta_2}$。

此时效率因子可以表示为：

$$F' = U_n \left[1 + \cfrac{1 - U_n}{\cfrac{U_n}{\eta_p} + \cfrac{l_1 h_1}{l_2 h_2 \eta_F}} \right] \tag{17-53}$$

式中，$U_n = \cfrac{1}{1 + \cfrac{U_t}{h_1}}$。

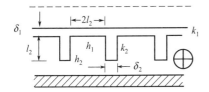

图 17-37　带肋片集热面示意图

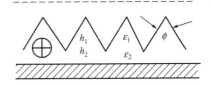

图 17-38　V 形吸收集热面

③ V 形吸收集热面　波浪形吸收面不限于 V 形，还有其他一些形式，例如瓦楞形。这里以 V 形为例进行分析。其结构尺寸如图 17-38 所示。此时效率因子：

$$F' = \cfrac{1}{1 + \cfrac{U}{\cfrac{h_1}{\sin\cfrac{\phi}{2}} + \cfrac{1}{\cfrac{1}{h_2} + \cfrac{1}{h_r}}}} \tag{17-54}$$

式中，$U = U_t + U_b$。

这里按投影面积计算，同样由前面的式计算。

④ 多孔吸收集热面　以松散堆积的金属、纤维材料或多层金属网、纱网作为吸热体的太阳能空气集热器有许多优点。首先，由于多孔体和气流的换热面积非常大，故传热效果好；其次金属网或金属屑制成的吸热体，大量小孔相当于无数小黑体，具有很高的太阳能吸收率。

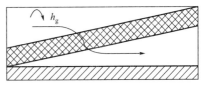

图 17-39　多孔集热板型空气集热器吸收面

图 17-39 表示多孔集热板型空气集热器吸收面结构示意图。根据图示，求得空气与空气以及吸收面与空气面之间的传热系数为：

$$U_a = \cfrac{1}{\cfrac{1}{h_g} + \cfrac{1}{U_{g\text{-}a}}} \tag{17-55}$$

$$U_p = \cfrac{1}{\cfrac{1}{h_{p\text{-}g}} + \cfrac{1}{U_{g\text{-}a}}} \tag{17-56}$$

此时效率因子为：

$$F' = \cfrac{1}{1 + \cfrac{U_p}{h}} \tag{17-57}$$

$$U = U_a + U_p + U_b \tag{17-58}$$

式中，$U_{g\text{-}a}$ 为玻璃盖板内表面和环境之间的总传热系数；h_g 为玻璃盖板与多孔集热板之间的对流传热系数；h 为多孔集热板内部对流传热系数。

⑤ 其他类型　其他类型的太阳能空气集热器还有很多，如空气同时在吸热板的上方和

下方流动的平板集热器、带肋的平板吸热体集热器、双流道空气集热器等。虽然这些集热器结构与上述三种集热器有差异，但集热效率 η、集热器的效率因子 F'、集热器的流动因子 F'' 和集热器的热损失系数 U_{L} 的计算方法是相同的。因此对于其他结构的集热器性能参数，可以查阅有关资料，也可通过热平衡方程导出，这里不再详述。

17.5.3　太阳能空气集热器的模拟计算

由于太阳辐射的间断性和不稳定性，太阳能集热器所收集到的能量随时间而不断变化，集热器出口气流温度也在不断变化，其过程是一个非稳态的过程，常规的方法很难计算。在设计和工程控制上，计算机模拟是一重要工具。空气集热器的模拟计算能够提供较准确的热空气参数，为工程设计人员和用户提供方便。太阳能空气集热器的模拟计算按模拟过程可分为两部分，即太阳辐射的计算、加热系统的模拟，模拟流程如图 17-40 所示。本节以典型的集热器系统为例，分析说明集热器的模拟计算方法和模拟过程。

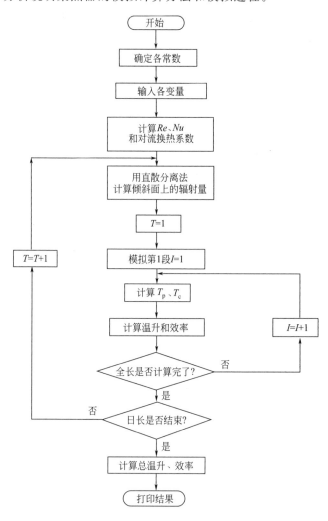

图 17-40　太阳能集热系统模拟计算的流程图

吸热体、透明盖板和流道中空气的温度沿气流方向不断上升，各项换热系数和热损失系数不断变化，以集热器上任意位置的参数来计算集热效率和集热器的有效收益都是不精确的，比较精确的方法就是单元法模拟。模拟计算时，沿气流方向将集热器有效长度 L 分成 n 单元段，每段长 $\Delta L = L/n$，如图 17-41 所示。逐段计算吸热体、透明盖板、气流的温度及有效收益。最后计算集热器的系统热效率、系统有效收益及气流的出口温度。根据式(17-36)、式(17-37) 可得吸热体温度 $T_p(i)$、透明盖板温度 $T_c(i)$ 分别为：

$$T_p(i) - T_f(i) = \frac{I[U_t(i) + h_{rpc}(i) + h_c(i)] + [T_f(i) - T_a]A_p(i)}{F_\mu(i)} \tag{17-59}$$

$$T_c(i) - T_f(i) = \frac{Ih_{rpc}(i) - [T_f(i) - T_a]A_c(i)}{F_\mu(i)} \tag{17-60}$$

式中：$A_p(i) = U_t(i)h_{rpc}(i) + U_b(i)h_{rpc}(i) + U_t(i)U_b(i) + U_b(i)h_c(i)$

$A_c(i) = U_t(i)U_b(i) + U_b(i)h_p(i) + U_t(i)h_{rpc}(i) + U_b(i)h_{rpc}(i)$

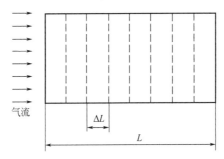

图 17-41　太阳能空气集热器模拟单元的划分

吸热体温度和透明盖板温度与相对应的换热系数和热损失系数有关，而计算换热系数和热损失系数必须在知道吸热体温度和透明盖板温度的基础上进行，因此不能计算出吸热板温度和透明盖板温度的解析解，只能求数值解。在第 1 单元段先假设

$$T_f(1) = T_a, T_p^0(1) = T_a, T_c^0(1) = T_a$$

由假设的 $T_p^0(1)$、$T_c^0(1)$ 计算换热系数和热损失系数值，将计算的换热系数和热损失系数代入式(17-59)、式(17-60)，计算出 $T_p^1(1)$、$T_c^1(1)$，再用 $T_p^1(1)$，$T_c^1(1)$ 来计算换热系数和热损失系数，如此迭代下去，直到计算出满足所需要精度的 $T_p^m(1)$ 和 $T_c^m(1)$。此时由 $T_p^m(1)$，$T_c^m(1)$ 计算得到的换热系数和热损失系数的值即为真值。将换热系数和热损失系数的真值代入式(17-41)，即可求得第 1 单元段内集热器单位面积上的有效收益 $q_u(1)$。

在第 2～n 单元段

$$T_f(i) = T_f(i-1) + \frac{q_u(i-1)}{mc_p}$$

吸热板和透明盖板初始温度可设为

$$T_p^0(i) = \frac{I[U_t(i-1) + h_{rpc}(i-1) + h_c(i-1)] + [T_f(i-1) - T_a]A_p(i-1)}{F_\mu(i-1)} + T_f(i)$$

$$T_c(i) = \frac{Ih_{rpc}(i-1) - [T_f(i-1) - T_a]A_c(i-1)}{F_\mu(i-1)} - T_f(i)$$

换热系数和热损失系数真值及单元段内集热器单位面积上的有效收益 $q_u(i)$ 的计算过程同第 1 单元段的求解过程。逐段求解后，最后求出集热器中气流的温度 $T_f(n+1)$、集热器的系统热效率 η、系统有效收益 q_u。

$$T_f(n+1) = T_f(n) + \frac{q_u(n)}{mc_p} \tag{17-61}$$

$$\eta = \frac{mc_p\big[T_f(n+1)-T_f(1)\big]}{I_{ts}} \qquad (17\text{-}62)$$

$$q_u = mc_p\big[T_f(n+1)-T_f(1)\big] \qquad (17\text{-}63)$$

用集热器系统模拟程序可计算各类型的集热器在不同的输入参数（如集热器倾角、吸热体长度和厚度、流道高度、盖板数、环境温度、背部绝热材料性能）条件下的温升、有效收益和集热效率，并比较各输入参数不同时，集热器性能的变化。

图 17-42 为不同类型的太阳能平板空气集热器性能比较。模拟条件为：经度 116.32°（东），纬度 39.95°（北）；太阳能空气集热器倾角 45°，方位角 0°，集热器有效尺寸（长×宽×高）5.91m×0.73m×0.053m，集热器模拟单元数 20，风量 0.19m³/s，外界风速 2m³/s；环境温度 30℃，当日累积辐射量 31.74MJ/m²。从图上可明显看出各种类型空气集热器的性能差别很大，来回流型空气集热器的性能指标最高，光面型吸热体型空气集热器的性能指标最低。

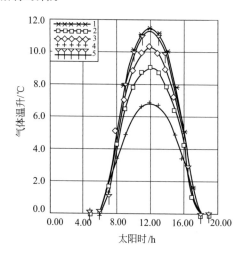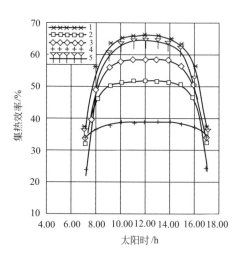

图 17-42　不同类型太阳能平板空气集热器性能

1—来回流型集热器；2—上面流型集热器；3—下面流型集热器；4—光面型集热器；5—双面流型集热器

图 17-43　吸热板倾角对集热器性能的影响（总采光面积不变）

图 17-43 中 3 条曲线分别为 6 月 15 日、10 月 15 日、12 月 15 日正午时刻集热器性能随倾角的变化情况。可见不同月份，使集热器性能最佳的倾角各不相同，3 个月份的最佳倾角分别为 16°、35° 和 58°。

图 17-44 中的 5 条曲线分别是采光面积为 4m²、16m²、25m²、50m²、100m² 时的吸热板长度-集热效率曲线。从图中可以看出，集热器效率随吸热板长度增长而提高。当吸热板长度增至一定值后，集热器效率趋于一稳定极限值。即此时若再增加吸热板长度，对于集热器性能提高意义不大。过长的集热器将使占地面积大。

将集热器模拟计算程序和物料干燥程序连接，就可以进行太阳能干燥的模拟。利用模拟程序可计算物料干燥时间、干后含水率及物料参数（物性参数、温度、含水率）和热风状态参数（热风温度、相对湿度）在干燥过程中的变化，分析各输入参数（集热器性能参数、物料初始状态参数、空气初始状态参数）对物料干燥性能的影响。

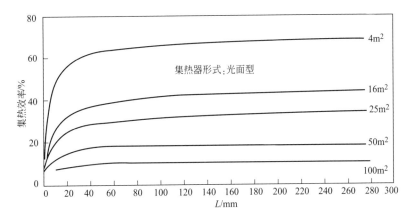

图 17-44　吸热板长度对集热器性能的影响

表 17-11 列出了利用太阳能干燥装置干燥玉米时的模拟值和试验值。模拟条件为：经度 116.32°（东），纬度 39.95°（北）；太阳能空气集热器倾角 45°，方位角 0°，集热器有效尺寸（长×宽×高）5.91m×0.73m×0.053m；集热器模拟单元数 20，风量 0.0234m^2/s，外界风速 2m/s，环境平均温度 30℃，当日累积辐射量 28.9MJ/m^2；谷物初始含水率 20.8%（质量分数），谷物初始温度 23.5℃，谷床厚度 0.18m，谷床横截面积 0.0306m^2，谷床厚度分层数 10，干燥开始时间 9：00，干燥结束时间 15：00。模拟值和试验值符合较好，气流温升的平均相对误差为 6.1%，最大误差为 15.3%，谷物水分的平均相对误差为 1.6%，最大相对误差为 8.9%。

表 17-11　模拟值与试验值的比较

时刻/℃	模拟值		试验值	
	气流温升	谷物水分/%	气流温升/℃	谷物水分/%
10：00	24.22	16.03	21.0	15.8
11：00	26.36	13.20	26.0	13.0
12：00	27.22	11.04	27.8	11.5
13：00	26.83	9.44	25.7	9.2
14：00	25.13	8.28	21.7	7.6

17.6　太阳能干燥装置的管理与控制

利用太阳能干燥的目的一方面是节省常规能源，另一方面是获得高品质的干燥产品，取得高的经济效益。太阳能干燥经济性受天气条件的影响很大，干燥过程中应根据天气条件的变化改变干燥装置的操作，以适应特定物料干燥工艺的要求。由于太阳能干燥属于低温干燥，干燥时间比较长，在干燥高水分的物料（如谷物、果蔬）时，容易引起物料的霉变，降低干燥产品的品质。虽然太阳能干燥时空气温升通常较低，但在中午太阳辐射强烈时，空气温度可能会很高，存在过热干燥的可能。因为太阳能干燥的效益直接与干燥产品的质量有关，在干燥过程中对干燥装置进行适当的管理和控制是必需的。影响太阳能干燥经济性的另外一因素是能源的利用率，太阳能空气集热器只把一部分太阳能转移到热空气中，但这一部分能量并未全部用来干燥，干燥装置排出的废气损失，严重地影响了这一部分能源的利用率。如果太阳能的利用率太低，那么就会存在太阳能干燥比常规能源干燥收益少的现象，这就使太阳能干燥失去了意义。

对太阳能干燥装置的管理和控制会增加干燥装置的投资和操作费用。总的来说，简单、价格低廉的太阳能干燥装置没有适当的装置进行管理和控制，但利用这种干燥装置干燥比室外自然晾晒好得多，可以对一些非敏感性物料或小批量物料进行干燥。对这种太阳能干燥装置，可以人工辅助进行管理和控制，如可以人工观察被干物料色泽，测量物料温度，人工翻动物料，改变干燥装置的方位和倾角等。高性能的干燥装置应有良好的管理和控制，以干燥那些敏感性强的物料，获得较高的经济效益。一般来说，附加管理和控制装置的高性能太阳能干燥装置的投资可以通过干燥产品的高收益、延长干燥装置的使用年限、提高使用率来平衡。

17.6.1　太阳能干燥装置的管理

17.6.1.1　干燥作业的管理内容

太阳能干燥作业的管理主要包括两方面内容：首先是管理计划的制订，制订计划时，待干物料的特性、干燥工艺、太阳能干燥装置结构和性能、当地的天气条件等都应该进行综合考虑；其次是管理计划的执行。干燥过程中的管理主要有以下几个方面。

① 待干物料的检验；
② 简单的太阳能干燥装置（如棚式、箱式太阳能干燥装置）干燥过程中的翻料；
③ 气流速度的调节；
④ 循环空气量的调节；
⑤ 缓苏干燥过程的调节（包括缓苏开始时间、缓苏时间间隔）；
⑥ 夜间和阴雨天气时，太阳能干燥装置与环境的分离；
⑦ 辅助能源干燥能源切换；
⑧ 多室太阳能干燥装置中各室气流量分配及室内气流均匀性；
⑨ 复杂和多功能太阳能干燥装置操作方式的确定，保证干燥室、蓄热装置和其他耗能设施能量的适当分配；
⑩ 蓄热型太阳能干燥装置的蓄热操作；
⑪ 干燥过程中不同阶段干燥装置进口温度的确定。

17.6.1.2　太阳能干燥管理的基本原理

（1）固定床式太阳能干燥装置的管理

固定床式太阳能干燥装置是一种比较常见的太阳能干燥装置，物料铺放在干燥室内物料盘架上，热风由下而上通过物料层。

设太阳能集热器收集到的太阳辐射能 Q_h 与干燥室中物料恒速干燥阶段所需能量相适应，忽略管路及干燥过程中的热损失，热空气在干燥过程中湿含量的增量为 Δx，气流量为 V，那么干燥过程中物料蒸发水量 W 为：

$$W = m\Delta x \qquad (17\text{-}64)$$

物料中水分蒸发耗能 Q_d 为：

$$Q_d = W\gamma \qquad (17\text{-}65)$$

式中，γ 为从物料中蒸发水分的汽化潜热，kJ/kg。

那么，干燥装置中干燥效率 φ 为：

$$\varphi = \frac{Q_d}{Q_h} \times 100\% \tag{17-66}$$

恒速干燥阶段物料中水分蒸发最快，Q_d 和 φ 最大。降速阶段中水分蒸发速率逐渐减小，Q_d 和 φ 也逐渐减小。

为了提高 φ，可采用增加物料层厚度的方法，物料层厚度增加，物料总的恒速干燥时间就会延长，干燥效率提高，如图 17-45 所示。

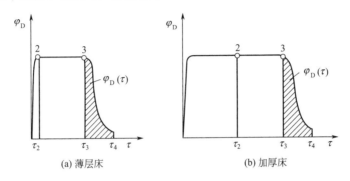

图 17-45　干燥效率随时间变化示意图

但增加了物料层厚度的同时也带来了一些问题。因太阳能干燥是低温干燥，干燥速度较低，加厚床的上部物料干燥时间会很长，有可能发生霉变。另外，热空气穿过床层时不断吸湿，温度降低，到达床层上部时，有可能会达到露点温度，发生结露现象。

多层喂入法干燥可以有效解决上述问题。物料先铺薄层，当干燥到了降速阶段时，再加新的料层，使总干燥速度维持在恒速阶段。这样一层一层加上去，直到干燥结束，因而提高了干燥效率，如图 17-46 所示。但这种办法比较费时费工，而且需在保证最下面物料不过度干燥的前提条件下进行。

缓苏干燥也是一种提高能量利用率，改进干物料品质的办法。在干燥进行到一定时间，干燥进入降速干燥阶段后，停止进气，保温一段时间，让物料内部水分迁移到物料表面，然后再开机干燥。此

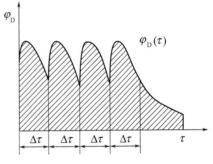

图 17-46　多层干燥的干燥效率曲线

时物料中水分蒸发比缓苏前有所提高，干燥效率也随着提高了。干燥时间和缓苏时间之比是缓苏干燥需研究的主要内容。

太阳能干燥的间断性对缓苏干燥有一定的限制。白天有阳光才能加热空气进行干燥作业，但物料的缓苏过程不一定都能安排到夜晚，因此存在着矛盾。可在干燥装置中增加蓄热装置，把缓苏阶段的能量蓄集起来，以备干燥阶段使用；或者将干燥室分成若干小室，轮流干燥和缓苏。

（2）温室-集热器型太阳能干燥装置的管理

图 17-47 所示为温室-集热器型太阳能干燥装置示意图。加热待干物料的热量来自两方面，即温室和集热器。空气经太阳能空气集热器预热，然后再进入干燥温室，使温室干燥温度得到提高，以加速物料的干燥。

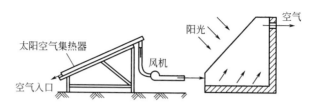

图 17-47　温室-集热器型太阳能干燥装置简图

　　该类型干燥装置干燥过程中只有物料上层接受阳光辐射，而且接触的气流速度较高，干燥较快。下层物料层中热空气流的速度很低，物料中水分蒸发所需的能量一部分来自上层物料对下层物料的热传导，一方面来自物料间隙内热空气的流动，干燥速度较低。上层物料先干后，物料温度上升，高于从集热器来的气流温度。上层物料将以对流的方式把自身热量传给热气流，降低了干燥效率。另一方面，上层物料温度的上升，将导致干物料品质的破坏。这时应进行翻料，翻料时间间隔应根据实际情况掌握。

　　下午停机后，如果把风机也关掉，那么就存在结露现象。因为白天物料温度较高，当天黑关机以后，物料还有余温，水分还会继续蒸发，蒸发出的水分就聚集在温室内。夜间气温较低时，如果温室玻璃内表面的温度低于温室内空气的露点温度时，在玻璃板上就会结露，使物料回潮。在下午无阳光后，可把风量调小一些，使物料中蒸发出的水分排出去；夜间在温室的上方覆盖保温帘，维持温室内温度；在温室内加蓄热装置，使温室在夜间有一定的热量供给，采用延长干燥时间等方法可解决这一问题。

　　（3）其他类型太阳能干燥装置的管理

　　棚式、温室型和箱式太阳能干燥装置结构简单，靠白天太阳暴晒来干燥湿物料，无特殊的调节气体温度和速度的装置。这些类型的太阳能干燥装置在干燥湿物料时也存在干燥不均匀和夜晚结露等现象。白天应及时翻料，夜晚应加保温帘进行保温。

　　烟囱式太阳能干燥装置中气流的流动主要靠烟囱效应带来的静压差来维持气流在干燥室内的流动。由于这类干燥装置的气流速度较高，可以设计成空气穿过物料层的干燥方式，减轻了物料表面干燥现象，不用翻料。但夜晚同样存在结露问题，良好的夜间保温和增加蓄热装置可大大减轻结露量。

　　用集热器加热空气的太阳能干燥装置的管理比较灵活，可根据干燥的需要比较方便地调节进风量和风温。但同样存在一个问题，如果干燥需要连续进行，则必须考虑夜间干燥的供热问题。

　　加蓄热和辅助加热系统的太阳能干燥机，只需根据天气情况或太阳的辐射情况进行加热系统的转换，即可保证干燥室的正常供热。

17.6.2　太阳能干燥装置的控制

17.6.2.1　太阳能干燥装置的控制内容

　　太阳能干燥装置的控制主要是控制干燥装置管理计划上给定的操作参数。主要的控制操作有：

　　① 干燥介质（热空气）的温度控制；

　　② 干燥介质的相对湿度控制；

　　③ 干燥介质流动速率的控制；

　　④ 一些相关设备的开启控制（如风扇、加湿器、阀、辅助热源）；

⑤ 蓄热系统的蓄热和取热控制；

⑥ 废气循环干燥中循环空气量和开始循环时间控制；

⑦ 缓苏干燥中的缓苏开始时间和缓苏时间间隔的控制；

17.6.2.2　控制的基本原理

太阳能干燥装置自动控制可以节省大量人力，并且控制准确可靠。尽管控制设备的投资较大，但良好的控制所收获的高质量产品和较高的能量利用率，可平衡初期的投资。

控制系统主要由三部分组成。一个传感元件（传感器）测量要控制的参数值，并把该值送给控制器，控制器接收到传感元件传来的信号后把它转换成中断命令，执行元件执行从控制器来的中断命令。控制系统框图如图 17-48 所示。

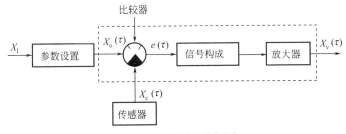

图 17-48　控制系统框图

为了准确地设计控制系统，应首先详细分析太阳能干燥装置的操作过程。一些简单的情况，可凭经验来选择合适的控制元件。太阳能干燥装置有许多输入参数可分别控制，但如果控制的是优化了的操作过程，则中断命令应是符合几个输入参数的最优命令，这就要采用微处理器。

主要控制系统有三类：开关控制系统是最简单和价格最低的控制系统，如果测定值小于设定值，则控制器开始工作，输出的控制信号是一个给定值，如果测定值大于设定值，则控制器不工作，开关控制系统的缺点是不够准确；反馈控制系统根据输出值自动调节输入值，直到输出结果和预先设定的值相同为止，其控制准确，但投资高；开路控制系统用在需设定干燥过程中任一参数为定值的时候，尤其是在开关控制系统不足以控制，而反馈控制系统又显得多余时，其主要控制过程是首先设定一个值，然后控制某一输入参数为定值。

根据控制器收集信号后处理方式的不同，可将控制器分为比例控制器（P）、积分控制器（I）、比例-积分控制器（PI）、微分控制器（D）和三模控制器（PID）。控制器的类型不同，其传递函数不同，可根据控制参数、控制精度及响应时间选择，保证控制稳定性、精确性和经济性。积分和微分控制器的稳定性比比例控制器的稳定性好。

17.6.2.3　几种太阳能干燥装置的控制系统

图 17-49 所示为废气循环式太阳能干燥装置的控制系统。太阳能干燥装置为间接加热方式，首先利用集热器加热热水，然后通过热交换器加热空气，最后利用热空气干燥湿物料。在干燥室的出口处安装一阀门，控制阀门的移动，可控制排出的废气与新鲜气体混合的比例，保证进入热交换器内空气的湿含量。控制阀门移动的信号来自干燥室入口处的湿球温度。干燥室入口处的空气温度由入口处的干球温度控制阀门 V_1 来控制。干球温度低，则阀门流量大。干球温度高，则阀门流量小。阀门前设置了旁路管道，把多余的热水引到别处。该系统控制可自动实现也可手动实现。

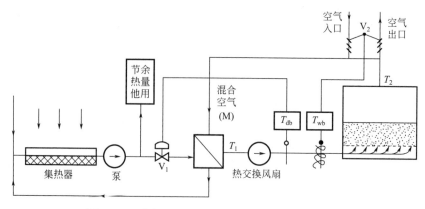

图 17-49　废气循环式太阳能干燥装置的控制系统

余热回收循环可将降速干燥阶段排出的高温废气回收利用，提高干燥效率。废气开始循环时间和循环量是要控制的两个参数。废气的循环利用一方面提高了进入干燥室内混合气体的湿度，在降速阶段的干燥中有利于避免物料的过热，提高干物质的品质；另一方面由于加入了循环气体，空气集热器的热负荷减轻了，可以提供部分多余热量另作他用。

图 17-50 所示为太阳能木材干燥窑自动控制系统。此木材干燥装置附带了燃烧木工厂废料的加热炉 12 和加湿器 11。太阳能空气集热器 1 采用活性炭作为吸热体，吸热体下部铺了一层石块作为蓄热器。两台风机 2 对空气加压，使之穿过集热器 1。干燥窑中有 4 台风扇促使干燥窑内部空气循环。预热后的空气由总管道 3 引入干燥窑，4 台排湿风机 6 把干燥窑内的通过木材堆 7 的湿空气排出。有一部分通过木材堆后的空气通过风门 8 进入集热器，由涂黑的干燥窑外表面预热后的冷空气通过管道 9 进入集热器 1。木工厂废料加热炉 12 产生的热空气通过总管道 10 进入干燥窑。当干燥窑内的湿度低于最低水平时，安装在燃烧炉上的加湿器 11 可对进入干燥窑的热空气进行加湿。

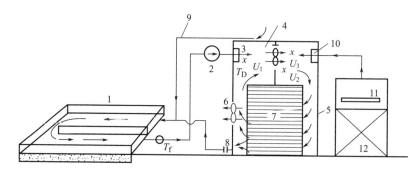

图 17-50　太阳能木材干燥窑自动控制系统示意图

1—集热器；2—风机；3,10—总管道；4—风扇；5—干燥窑；6—排湿风机；7—木材堆；

8—风门；9—管道；11—加湿器；12—加热炉

该木材干燥装置的控制过程如下：当干燥窑内温度低于太阳能空气集热器出口温度 T_f 时，风门 8 打开，风机 2 开启。风机的开启由一个开关式温度控制器控制。作为风机开启的条件，相对湿度 U_1 应该小于相对湿度设定值 U_{1s}。U_{1s} 由人工选定，如果 $U_1 < U_{1s}$，则内部循环风扇 4 开启。排湿风机 6 的开启由安装在内部循环风扇后的相对湿度传感器测得的湿度 U_2 控制。设定的 U_{2s} 开始时较高，在干燥过程中应逐渐下降。如果 $U_2 > U_{2s}$，则开启排湿风机 6。干燥窑中的相对湿度应比极限相对湿度 U_{3s} 低。当 $U_3 < U_{3s}$ 时，加湿器将由 U_{3s} 给出

的信号开启。加湿的方式是将水喷入炉膛中，然后将加湿后的空气导入 10。燃烧炉 12 的操作由 U_{3s} 或人工控制。风机 2、内部风扇 4、排湿风机 6 和加湿器 11 及风门 8 也可由人工旁路控制。当风机 2 停止运行时，如果干燥窑内的空气状态满足干燥要求，则内部风扇 4 和排湿风机 6 可继续工作。

燃烧炉的操作时间对干燥时间有较大影响。为了节省电力消耗，在干燥最后阶段，内部风扇 4 开启的数量可以减少。在这一阶段，加湿器 11 要用来减小木材的干燥应力。干燥过程可采用计时器，根据设定的时间表来控制，也可人工旁路控制。当干燥窑不工作时，风门 8 关闭，干燥室和集热器隔离。

图 17-51 所示的带蓄水和辅助加热的太阳能-辅助干燥装置由三个环路组成：①带有泵 P_1 的集热器-储槽流程；②带有泵 P_2 的储槽-换热器流程；③包括把热空气输送到干燥机的风扇的开放式空气环路。

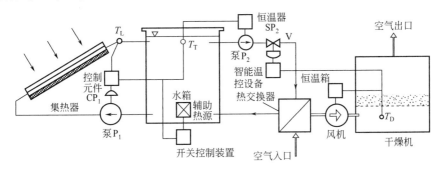

图 17-51　带蓄水和辅助加热的太阳能-辅助干燥机控制原理图

当集热器出口温度 $T_L \geqslant T_T$ 时，泵 P_1 和蓄水型集热器由控制元件 CP_1 打开进入操作，其中 T_T 是所要求的槽中水温。CP_1 控制信号是 $T_L - T_T$。当 T_T 比它的设定值低时，在储罐中辅助热源由开关控制装置运作。

干燥需要的进口温度（T_D）在与换热器相连的流程中由智能温控设备控制。驱动元件是阀 V。在空气环路中，风扇由恒温箱控制。泵 P_2 的操作由恒温器 SP_2 感应。

参考文献

[1]　白崇仁，谢秀英，苏澎.食品干制工程.郑州：河南科技出版社，1993.

[2]　斯佩欧曼 C K，等.李树春等，译.低温与太阳能谷物干燥手册.北京：中国农业机械出版社，1987.

[3]　Christopher G. J. Baker. 张憨等，译.食品工业化干燥.北京：中国轻工业出版社，2003.

[4]　曹崇文，朱文学.农产品干燥工艺过程的计算机模拟.北京：中国农业出版社，2001.

[5]　董仁杰，彭高军.太阳能热利用工程.北京：中国农业科技出版社，1996.

[6]　杜海存，涂传毅，高国珍.太阳能干燥装置的数学模型.南昌工程学院学报，2005，24（1）：66-70.

[7]　葛新石.太阳能工程·原理和应用.北京：学术期刊出版社，1988.

[8]　郭延玮，刘鉴明，等.太阳能的利用.北京：科学技术文献出版社，1987.

[9]　李申生.太阳能热利用导论.北京：高等教育出版社，1989.

[10]　李笑光.农作物干燥与通风储藏.天津：天津科学技术出版社，1989.

[11]　林金清.太阳能空气集热器（Ⅰ型）的数学模型研究.太阳能学报，1999，20（1）：38-43.

[12]　林金清，苏亚欣.太阳能空气集热器（Ⅱ型）的数学模型和数值计算.高校化学工程学报，2000，14（1）：31-36.

[13]　刘瑞征.储粮机械通风和太阳能干燥.北京：中国轻工业出版社，1993.

［14］　刘圣勇，等.采用太阳能集热器干燥玉米的研究.农业工程学报，2001，17（6），93-96.

［15］　刘圣勇，等.太阳能干燥皮毛制品的实验研究.农业工程学报，1997，13（2）：225-229.

［16］　麻一青，等.圆柱吸热体真空管集热器管中心距与能量收益关系的研究.首都师范大学学报（自然科学版），2003，24（1）：31-36.

［17］　潘永康，王喜忠，等.现代干燥技术.北京：化学工业出版社，1998.

［18］　天津轻工业学院，无锡轻工业学院.食品工程原理.北京：中国轻工业出版社，1985.

［19］　王俊，等.太阳能直射干燥谷物特性的研究.科技通报，1999，1（3）：207-211.

［20］　王志峰，等.全玻璃真空管空气集热器管内流动与换热的数值模拟.太阳能学报，2001，22（1）：35-39.

［21］　夏国泉，魏琪.Ⅰ型太阳能空气集热器传热性能分析.江苏大学学报（自然科学版），2003，24（4）：41-44.

［22］　肖国铭，郑宗和，吴庆章.中型太阳能中药饮片干燥装置.太阳能学报，1994，15（2）：162-166.

［23］　杨启岳.清洁能源与新能源国内太阳能热利用现状与发展.能源技术，2001，22（4）：162-165.

［24］　袁旭东，等.Ⅴ型太阳能空气集热器热过程的数值模拟.华中科技大学学报，2001，29（10），86-89.

［25］　张璧光，等.高温双热源除湿与太阳能组合干燥技术的研究.北京林业大学学报，1997，19（3）：56-62.

［26］　刘永强.相变蓄热胶囊及其堆积蓄热特性的数值研究.吉林：东北电力大学，2018.

［27］　刘佳佳.相变蓄热器性能与强化传热研究.北京：华北电力大学，2017.

［28］　陈之帆.蓄热相变材料的制备及传热性能研究.苏州：苏州科技大学，2019.

［29］　Global Solar Atlas. The World Bank and the International Finance Corporation. https：∥globalsolaratlas. info/download/China, 2019-10-23/2020-11-1.

［30］　Basunia M A, Abe T. Thin-layer solar drying characteristics of rough rice under natural convection. Journal of Food Engineering, 2001, 47, 295-301.

［31］　Bern C J, Anderzon M E. Intermediate-temperature solar corn drying. ASAE Paper, 1980, 80: 3022.

［32］　Duffie J A, Beckman W A. Solar energy thermal processes. New York: Wiley, 1980.

［33］　Hawlader M N A, Chou S K, Jahangeer K A, Rahman S M A, Eugene Lau K W. Solar-assisted heat-pump dryer and water heater. Applied Energy, 2003, 74, 185-193.

［34］　Kline G L, Odekirk W L. Solar collector costs for low-temperature grain drying. ASAE Paper, 1978, 78: 3508.

［35］　Madhlopa, Jones S A, Kalenga Saka J D. A solar air heater with composite-absorber systems for food dehydration. Renewable Energy, 2002, 27, 27-37.

［36］　Morrison D W. Solar energy-heat pump low temperature grain drying. ASAE paper, 1977, 77: 3546.

［37］　Mujumdar A S. Handbook of Industral Drying. Marcel Dekker INC, 1995.

［38］　Nidal H, Abu-Hamdeh. Simulation study of solar air heater. Solar Energy, 2003, 74: 309-317.

（朱文学，焦昆鹏，曹崇文）

第18章

红外热辐射干燥

18.1　红外热辐射的基本理论与辐射换热

18.1.1　红外热辐射的基本理论

18.1.1.1　红外辐射的基本概念

以电磁波传递能量的方式称为辐射。电磁辐射遵循横波传播定律,所谓横波就是振动方向垂直于传播方向的波动。图 18-1 示出了整个的电磁辐射波谱及产生的机理。电磁波的波长范围很宽,以短波向长波计,则有 γ 射线、X 射线和紫外线,这主要是高能物理学家和核工程师所感兴趣的部分,这是靠放射性裂变与电子轰击产生;而长波的微波与无线电波则为电气工程师所关心,是靠电子回路的放大振荡而产生。波长大约从 $0.1\mu m$ 至 $100\mu m$ 的电磁波谱,其中包括一部分紫外线、全部可见光与红外线,这些射线称为热射线,是由固体中的分子振动或晶格振动或固体中束缚电子的迁移而产生,它们的传播过程称为热辐射。

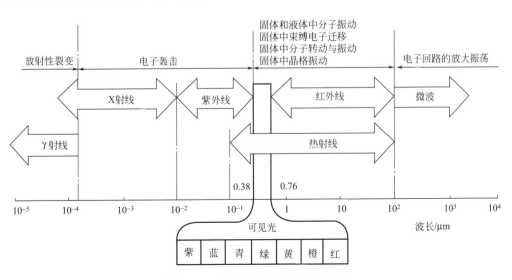

图 18-1　电磁辐射波谱及产生机理

　　红外线是怎样发现的呢？1676年牛顿用玻璃做的三棱镜发现了可见光谱有七色，即红、橙、黄、绿、青、蓝、紫。1800年Herschel想测量这7种光中到底有多少热量，在七种色带上分别放上一支水银温度计，同时将一支温度计放在靠近红区的外部，他偶然发现这支在暗处的温度计温度特别高，它位于可见光红区的外部，红外线因此得名。

　　热辐射的真实性质及其传递机理，至今还没有完全搞清楚。麦克斯韦根据电磁场结构理论提出了电磁波动说，认为辐射的能量是由电磁波传送的。20世纪初，以普朗克、爱因斯坦和玻尔为代表提出了光量子论，认为光对物质的主要影响是光电效应。光电效应定律为

$$E = h\nu \tag{18-1}$$

　　式中，E 为一个光子的能量，J；h 为普朗克常数，$h = 6.6 \times 10^{-34}\,\text{J·s}$；$\nu$ 为光的频率，s^{-1}。

　　这一理论在光电子发射、光子探测器方面均得到了应用，热像仪中的光子探测器就是通过光电效应将光子转换为电信号，此电信号的数值单位称为热值（IU），而热值又与辐射温度相关，因而可用热像仪测试物体表面的温度场。无论用电磁波动说或者光量子论的任何一种，都未能全部解释清楚所有的实验观察结果，但是辐射能的传递可以依靠电磁波或光子能量发射，这已被证实，因此人们称辐射具有双重性，即电磁波与光子的双重性。

　　所有的电磁波和光子发射都是以光速传播，真空中的光速 $C_0 = 2.9977 \times 10^8\,\text{m/s}$，常被取作 $3 \times 10^8\,\text{m/s}$。在其他介质中的光速都比在真空中的小，可用介质的折射系数 n 求出，即 $C = C_0/n$，气体中的 $n \approx 1$，因此在气体中波速亦被取为 $3 \times 10^8\,\text{m/s}$。不同的单色光必定具有不同的波长，波长比频率容易测准，所以测试物体的发射率或吸收率的红外光谱仪其横坐标均以波长（或波数）表示。但出现折射时，射线从一种介质进入另一介质时，频率不变，而光速与波长将发生改变，因此辐射具有典型的波性质，波长和频率之间的关系为

$$C = \lambda\nu \tag{18-2}$$

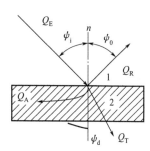

图 18-2　投射到物体上的辐射能的分配

　　式中，C 为光速，m/s；ν 为频率，s^{-1}；λ 为波长，m。热辐射亦称光学辐射，因而有关光的投射、反射、折射的概念和规律，同样亦适用于热辐射。图 18-2 示出了辐射能流 Q_E 投射到物体 2 上，一部分 Q_A 被吸收，使物体升温；一部分 Q_R 被反射；还有一部分 Q_T 被透射。

　　这种吸收、反射、透射份额的大小由物质的性质所决定，称为该物体对外来辐射能流的吸收率 A、反射率 R 和透过率 T，即

$$A = \frac{Q_A}{Q_E};\ R = \frac{Q_R}{Q_E};\ T = \frac{Q_T}{Q_E} \tag{18-3}$$

　　根据能量守恒定律，则

$$A + R + T = 1 \tag{18-4}$$

　　从物理意义上看，A、R、T 每个量只能在 0～1 的范围内变化。被反射和透射的辐射能流除部分被空间介质沿途吸收外，又将落在周围其他物体上，依次被吸收。由此可见，自然界中，每一个物体都在不断地向空间发射辐射能的同时，又在不断地吸收来自周围其他物体的辐射能。辐射与吸收的综合结果即辐射换热，这种相互作用的概念十分重要。

　　物体之间不发生相对位移，只依靠分子、原子及自由电子等微观粒子的热运动而产生的热量传递称为导热。而冷、热流体相互掺混或流体内部因有温差产生流体的流动换热称为对流换热，可见无论是导热还是对流换热均需有介质传递能量。而热辐射可以在真空中传递能量，且辐射能仅与温度的 4 次方成正比而不像导热与对流那样是与温度的 1 次方成正比，这也是辐射传热的另一特点。

对红外辐射而言，国际标准波长 $0.76\sim2.0\mu m$ 称为近红外，$2.0\sim4.0\mu m$ 称为中红外，$4.0\sim25\mu m$ 称为远红外。自 20 世纪 70 年代以来国内外兴起远红外辐射加热干燥，可达到高效、节能的效果，但也不尽然，近代的干燥理论把干燥过程看作是能量和物质的综合迁移，要视物料的特性，提供合适的辐射能量，才能达到优化干燥的效果。法国 P. 若利用 250W 红外线发射装置照射 30mm 厚的山毛榉木板，其结论是"木板裂、能耗大、所有树种都不适于用这种方法干燥"。但天津某家具厂的木材红外干燥炉其干燥效果甚好。尤其在某些大脱水量或高温脱水的场合，如胶合板单板的干燥、菱镁矿球及钛矿球的干燥等，高温定向辐射均获得了很好的效果。因此应用红外干燥的效果将因物料和操作条件而异。

红外热辐射加热干燥有四个特点，其一是热辐射的光谱特性，既要弄清辐射器的发射光谱，又要弄清被干物料的吸收光谱；其二是热辐射的方向性与相互作用的关系；其三是辐射源与被干物料的距离特性；其四是能量特性。红外热辐射可比对流换热提供高达 70 余倍的能流密度，因此，用得好可高效节能，用得不当其干燥结果是既能耗大又质量差。为此，有必要深入地研究有关的热辐射定律及其换热计算；研究涂料与辐射加热器；掌握实验方法认识干燥机理；进行红外炉的设计。这些是本章的中心内容。

18.1.1.2　普朗克黑体辐射定律（1900 年）

自然界并不存在绝对黑体，像黑丝绒和烟黑吸收率也只有 0.96，但是可以用人工方法制作绝对黑体模型，见图 18-3，小孔径越小，其吸收率越接近于 1，各种物体的辐射能力以黑体为最大。人造黑体空腔常做成圆柱形，并且底部成锥形，如图 18-3(b) 所示，以防止外界射线直射到底面而反射回出口，图 18-3 人造黑体模型——黑体炉就是这样制成的。在理论研究与工程测试中，均是以黑体炉的发射能量为基准来对比测试得到其他材料的发射率。

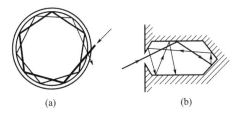

图 18-3　人造黑体模型——黑体炉

在研究辐射换热问题时最常用到的一个表明物体辐射能力的参量就是辐射力 E（emissive power），它表示某一温度的表面在单位时间、单位面积向半球空间所有方向发射的全部波长辐射能的总量，它的常用单位是 W/m^2，亦称为全辐射力或总辐射力。如指某一波长范围的则称单色辐射力 E_λ，黑体单色辐射力为 $E_{b\lambda}$。

普朗克定律揭示了黑体辐射能按波长的分布规律，即给出了黑体单色辐射力 $E_{b\lambda}$ 与波长和温度的关系，即 $E_{b\lambda}=f(\lambda,T)$ 的具体函数形式。根据量子理论而得到普朗克定律的数学式为

$$E_{b\lambda}=\frac{C_1\lambda^{-5}}{e^{C_2/(\lambda T)}-1}(W/m^3)　　　　(18-5)$$

式中，λ 为波长，μm；T 为黑体热力学温度，K；e 为自然对数的底；C_1 为常数，其值为 $3.743\times10^{-16}W\cdot m^2$；$C_2$ 为常数，其值为 $1.4387\times10^{-2}m\cdot K$。

图 18-4 纵坐标 $E_{b\lambda}$ 为单色辐射力 $[W/m^3$ 或 $W/(m^2\cdot\mu m)]$，横坐标为波长（μm）。

从图 18-4 中可看出 4 个问题：

① 对某一确定的波长，热力学温度高时其单色辐射力亦大，且随温度的升高其峰值向

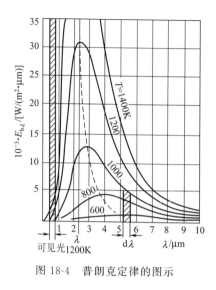

图 18-4　普朗克定律的图示

短波移动（见图中曲线）。

② 每条曲线下的面积表示相应温度的黑体辐射力 E_b，E_b 与 $E_{b\lambda}$ 的关系为

$$E_b = \int_0^\infty E_{b\lambda}\,d\lambda\,(W/m^2) \tag{18-6}$$

③ 对 $d\lambda$ 波长发射的黑体辐射力，已在图中用阴影面积示出。如图中 $T = 1000K$，$d\lambda = 5.6 - 5.2 = 0.4$（$\mu m$）中的阴影与 $T = 1400K$ 及 $T = 1200K$ 在可见光区 $d\lambda = 0.76 - 0.38 = 0.38$（$\mu m$）的阴影。由此可见，可见光的黑体辐射力与红外区相比所占的百分比实在甚小。

④ 由该图还可见，红外热辐射只有在一定的波长范围内才有实际意义，波长再长其单色辐射力太小，已无工程意义。普朗克于 1918 年获诺贝尔物理学奖。

18.1.1.3　爱因斯坦光电效应量子论（1905 年）

爱因斯坦于 1905 年，在普朗克假设的基础上，提出了光电效应的解释。他认为光不仅在发射和吸收过程中是以 $h\omega$ 为单位一份一份地进行的，而且在传播过程中也是一份一份存在着的，他称此最小能量单位为光量子，即后来所谓的光子。根据爱因斯坦理论，当光照射到金属表面时，光子和金属表面的电子直接发生作用，逸出金属表面的电子能量符合下面方程，即爱因斯坦方程：

$$\frac{1}{2}m\nu r^2 = h\omega - W \tag{18-7}$$

式中，m 为电子的静止质量；$\frac{1}{2}m\nu r^2$ 为光电子最大动能；ω 为光的角频率；W 为逸出功，它和金属材料有关。这样爱因斯坦简洁明了地解释了光电效应理论和实验现象。如式（18-7）中，当光的角频率低于 ω_0（$\omega_0 = W/h$）时，光电子的最大初动能将成为负值，这是不可能的，这就是存在红限频率的原因。而在经典的物理学中，这是无法理解的。根据他的相对论：光子以光速且以量子的能量 e_r 前进，则 e_r 为：

$$e_r = h\nu_r = mc_r^2 \tag{18-8}$$

光子也应有质量 $m = h\nu_r/c_r^2$，动量为 $mc_r = h\nu_r/c_r$。光子撞击表面引起单位时间动量的改变，将产生"辐射压力"。式中，m 为光子质量，ν_r 为光子频率，c_r 为光速，h 为普朗克常数，值为 $6.624 \times 10^{-34} J \cdot s$，这么小的数值被密立根实验所证实。

1905 年瑞士专利局的一位职员爱因斯坦发表了一篇文章，即光电效应理论，使普朗克日渐衰颓的发现重获新生。四年后他从专利局调到苏黎世大学教学。爱因斯坦提出光子具有不连续性，像一个粒子（即所谓的光子），即光电效应理论。该理论既是光电池、有声电影、电视，也是现代热像仪、现代遥感技术、微电子技术、现代生物技术的理论基础。所谓质量是能量的一个形式，爱因斯坦的式（18-8）说明，一块物质内蕴藏的能量要这样计算：把它的质量乘以光速，得数再乘以光速。确实这是一个骇人听闻的数量。原子能的量度就是这样的。在日本的原子弹，也只是发挥出它的质量中所含的总能量的一小部分。这是爱因斯坦的微观想象力。

爱因斯坦说："想象力比知识更重要，因为知识是有限的，而想象力概括着世界上的一切，推动着进步，是知识进化的源泉"。爱因斯坦还说："提出一个问题，往往比解决一个问题更重要，因为提出的新问题，新的可能性，从新的角度去看旧的问题，都需要有创造性的想象力，而且标志着科学的真正进步"。

爱因斯坦是光量子论及相对论创始人，开创了物理学的新纪元，成了世界上最伟大的国际知名物理学家、科学家。时隔光子论发表 16 年，于 1921 年他获得了诺贝尔物理学奖。

18.1.1.4　密立根验证爱因斯坦的光电效应量子论（1923 年）

密立根（R. Milikan）是美国著名的实验物理学家，从 1910 年着手进行实验验证爱因斯坦的光电效应方程理论，相信热辐射的波动说，因此，对爱因斯坦理论半信半疑。他设计了一个精密实验装置，采用有效方法获得了单种频率光辐射，以及解决了金属电极表面的电位差问题，为了能在没有氧化物薄膜的电极表面上同时测量真空中的光电效应和接触电势差，他设计了一个特殊的真空管，在这个管子里安装了精密的实验设备，见图 18-5，他选择了 6 种不同波长的单色光，得到 6 种不同的光电流，作图，结果得到一条漂亮的直线，与爱因斯坦光电效应方程(18-8) 预期的结果非常吻合。他还根据这条直线的斜率求出了普朗克常数 h 的值（极小的值），$h = 6.624 \times 10^{-34} \, \text{J} \cdot \text{s}$，也与普朗克 1900 年从黑体辐射求得的数值符合得极好。密立根因长达十年极出色的精密测量证实了爱因斯坦的光电效应方程论。为此，他于 1923 年获得诺贝尔物理学奖。

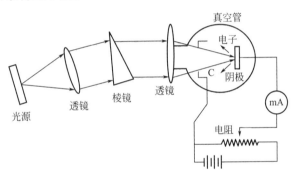

图 18-5　密立根的精密实验装置

从 1760 年兰贝特定律的问世，到 1900 年普朗克定律的出现并获红外辐射诺贝尔奖，跨越了两个世纪共 140 年，但至今还不能以光量子理论或电磁波动理论的任何一种，全部解释清所有的实验观察结果。因此人们称辐射具有双重性。

1701 年牛顿提出了对流换热的冷却定律，1882 年傅里叶提出了导热基本定律，而黑体辐射定律是 1900 年提出的，可见与对流与导热相比辐射理论既古老又年轻。与整个传热学的导热、对流相比，狭小的红外领域就有三位获诺贝尔物理学奖，可见红外辐射的重要性。

18.1.1.5　潘建伟领跑世界的"量子通信技术"（2017 年）

2017 年 12 月 19 日，国际顶尖学术期刊《自然》发表了年度十大人物（在过去一年里对科学产生重大影响的十人），中国科学技术大学教授、"墨子号"量子科学卫星首席科学家潘建伟上榜，《自然》以"量子之父"为题报道了潘建伟。

潘建伟说："传统的通信是以光为载体进行的，光脉里有很多很多光子。光通信的信号是可以被复制的，也可以被分成一模一样的两半。好比有一个文件，别人可以拿复印机复印一下上面的信息，我是不知道的；别人也可以把信号分成两半，我能读到。这样光通信就存在着安全隐患，信息可能被别人窃取，我却浑然不知。但是，量子通信就不一样了。如果中间有人来窃信息，他无非有两种方法——复制或者分割。量子密码通信的理论模式是，发送方首先将用于解读密码文的'密匙'信息写入一粒量子并发送给接收方。我们把这种手法叫作'量子密钥分配（QKD）'。量子通信用最小的光量子作信息载体，无法被分割，恰好量子又有无法被复制的特性，所以窃取信息的人既无法复制信息，也分割不了信息，这就保证了信息安全性。这就是量子通信最基本的特点和优点。除非他拿走了这个信息，那我就收不到了，等于给我一个警报——信息被窃取了。但是量子'纠缠'，梦想就是'操纵'量子，让量子更好地为我所用。我能找到敌人的隐形飞机、潜艇……可他找不到我，就是这样神奇"。

在光电子、微电子迅速发展的今天，"墨子号"量子科学实验卫星在国际上首次成功，实现了从卫星到地面的量子密钥分发和从地面到卫星的量子隐形传输。潘建伟介绍，我国这两项成果继续引领世界量子通信技术发展，并已在《自然》发表。这是人类唯一已知的不可窃听、不可破译的安全通信方式。而不用卫星只在地面用自由空间传输，损耗能量巨大，是没有前途的。一个普朗克或爱因斯坦的光量子有多大的能量？该量子常量为 6.624×10^{-34} J·s，据式(18-8) 在红外的长波段 25μm 时，则光量子能量 e_r 为 7.92×10^{-17}J，如在红外的短波段 2μm 时，则光量子能量 e_r 为 9.9×10^{-18}J。这个能量小到极点，这么小的能量在地面自由空间的阻力下是无法传输的。

进一步说，量子信息卫星依靠的是光子的传输，是一块能够产生"纠缠"光子对的晶体，利用这一特性，量子通信可执行加密任务。而传统通信使用的是无线电波。

18.1.1.6 维恩位移定律（1893 年）

由式(18-5) 可知，当 λ、T 的乘积比常数 C_2 小很多时，则可忽略该式中的"1"，则该式变为

$$E_{b\lambda} = \frac{C_1 \lambda^{-5}}{e^{C_2/\lambda T}} \tag{18-9}$$

图 18-4 的单色辐射力最大位置可由式(18-9) 取极值得到，为此将该函数对波长求导，并令其等于零，则得下列超越方程

$$e^{-\frac{c_2}{\lambda_m}} + \frac{C_2}{5\lambda_m T} - 1 = 0$$

解此方程式可得 $C_2/(\lambda_m T) = 4.965$，由此得出

$$\lambda_m T = 2.8978 \times 10^{-3} \approx 2.9 \times 10^{-3} \quad (\text{m} \cdot \text{K}) \tag{18-10}$$

此式表达最大辐射力的波长 λ_m 与热力学温度的乘积，为一常数。此规律称为维恩位移定律（1893 年）。

18.1.1.7 斯蒂芬-玻尔兹曼定律（1879 年）

斯蒂芬-玻尔兹曼定律确定了黑体半球总辐射力与温度的关系。远在普朗克的量子理论出现以前斯蒂芬（1879 年）首先通过实验的方法确定了这个公式（用测量黑体模型自身辐射的方法）。此后（1884 年），玻尔兹曼从热力学定律出发在理论上得到了同样的公式，因此，这个定律称为斯蒂芬-玻尔兹曼定律。将普朗克定律 $E_{b\lambda}$ 的表达式对全波长积分即得到斯蒂芬-玻尔兹曼定律（俗称四次方定律）

$$E_b = \int_0^\infty \frac{C_1 \lambda^{-5}}{e^{C_2/(\lambda T)} - 1} d\lambda = \sigma_0 T^4 \tag{18-11}$$

它说明黑体辐射力（能）正比于热力学温度的四次方。

式中，σ_0 为黑体辐射常数，其值为 $5.67 \times 10^{-8}\,W/(m^2 \cdot K^4)$。

为了计算高温辐射的方便，通常把式(18-9) 改写成下式

$$E_b = C_0 \left(\frac{T}{100}\right)^4 \quad (W/m^2) \tag{18-12}$$

式中，C_0 称为黑体辐射系数，其值为 $5.67\,W/(m^2 \cdot K^4)$。

例 18-1　一黑体表面置于室温为 27℃ 的厂房中。试求在热平衡条件下的辐射力。如将黑体加热到 327℃，它的辐射力又是多少？

解：因在热平衡条件下，黑体温度与室温相同，即等于 27℃，按式(18-12) 辐射力为

$$E_{b1} = C_0 \left(\frac{T_1}{100}\right)^4 = 5.67 \times \left(\frac{273+27}{100}\right)^4 = 459 \quad (W/m^2) \tag{18-13}$$

327℃ 的黑体辐射力为

$$E_{b2} = C_0 \left(\frac{T_2}{100}\right)^4 = 5.67 \times \left(\frac{273+327}{100}\right)^4 = 7348 \quad (W/m^2) \tag{18-14}$$

因为辐射力与热力学温度四次方成正比，所以随着温度的升高辐射力急剧增大。上述计算表明，$T_2/T_1 = 2$，但 $E_{b2}/E_{b1} = 16$。

在许多工程问题中，往往需要确定某一特定波长区内的辐射能量。按式(18-6)，黑体在 λ_2 区段所发出的辐射能为

$$\Delta E_b = \int_{\lambda_1}^{\lambda_2} E_{b\lambda}\, d\lambda \tag{18-15}$$

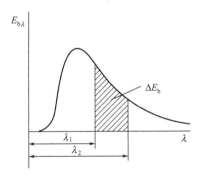

图 18-6　辐射特定波长区段内的黑体辐射力

在图 18-6 中，在 λ_1 至 λ_2 之间的能量以该温度下的阴影面积表示。通常将这一波段区间的辐射能表示成同温度下黑体辐射力（λ 从 0 到 ∞ 整个波谱的辐射能）的百分数，记为 $F_{b(\lambda_1 - \lambda_2)}$，并如下式：

$$F_{b(\lambda_1 - \lambda_2)} = \frac{\int_{\lambda_1}^{\lambda_2} E_{d\lambda}\, d\lambda}{\int_0^\infty E_{b\lambda}\, d\lambda} = \frac{1}{\sigma_0 T^4} \int_{\lambda_1}^{\lambda_2} E_{b\lambda}\, d\lambda = \frac{1}{\sigma_0 T^4} \left(\int_0^{\lambda_2} E_{b\lambda}\, d\lambda - \int_0^{\lambda_1} E_{b\lambda}\, d\lambda \right) = F_{b(0 - \lambda_2)} - F_{b(0 - \lambda_1)}$$

$$\tag{18-16}$$

式中，$F_{b(0 - \lambda_2)}$、$F_{b(0 - \lambda_1)}$ 分别为波长 0 至 λ_2 与 0 至 λ_1 的黑体辐射占同温度下黑体辐射力的百分数。能量 $F_{b(0 - \lambda)}$ 可表示为单一变量 λT 的函数，即 $F_{b(0 - \lambda_2)} = f(\lambda T)$，称为黑体辐

射函数。为计算方便该函数 $f(\lambda T)$ 已制成表格（表 18-1）供计算辐射能量份额时查用。

表 18-1　黑体辐射函数表

$\lambda T/\mu m \cdot K$	$F_{b(0-\lambda)}/\%$	$\lambda T/\mu m \cdot K$	$F_{b(0-\lambda)}/\%$	$\lambda T/\mu m \cdot K$	$F_{b(0-\lambda)}/\%$	$\lambda T/\mu m \cdot K$	$F_{b(0-\lambda)}/\%$
1000	0.0323	2800	22.82	6500	77.66	24000	99.12
1100	0.0916	3000	27.36	7000	80.83	26000	99.30
1200	0.214	3200	31.85	7500	83.46	28000	99.43
1300	0.434	3400	36.21	8000	85.64	30000	99.53
1400	0.782	3600	40.40	8500	87.47	35000	99.70
1500	1.290	3800	44.38	9000	89.07	40000	99.79
1600	1.979	4000	48.13	9500	90.32	45000	99.85
1700	2.862	4200	51.64	10000	91.43	50000	99.89
1800	3.946	4400	54.92	12000	94.51	55000	99.92
1900	5.225	4600	57.96	14000	96.29	60000	99.94
2000	6.690	4800	60.79	16000	97.38	70000	99.96
2200	10.11	5000	63.41	18000	98.08	80000	99.97
2400	14.05	5500	69.12	20000	98.56	90000	99.98
2600	18.34	6000	73.81	22000	98.89	100000	99.99

已知能量份额后，在给定的波段区间，单位时间内黑体单位面积所辐射的能量可由下式算出

$$E_{b(\lambda_1-\lambda_2)}=F_{b(\lambda_1-\lambda_2)}E_b \quad (W/m^2)$$

(18-17)

为了对可见光（$0.38\sim0.76\mu m$）、红外线（$0.76\sim25\mu m$，$0.76\sim1000\mu m$）的辐射能量有一个定量的了解，现作如下计算。

例 18-2　试分别计算温度为 1000K、1400K、3000K、6000K 时可见光与红外线（$0.76\sim25\mu m$，$0.76\sim1000\mu m$）在黑体总辐射中所占的份额。

解：将给定的温度乘以 $0.38\mu m$、$0.76\mu m$、$25\mu m$、$1000\mu m$，从而得到各个 λT 值。再将该 λT 值在表 18-1 上查得各自能量份额 $F_{b(0-\lambda)}$ 值（见表 18-2），再据式(18-17)算出可见光与红外线热辐射各自占的份额见表 18-3。

表 18-2　可见光与红外线辐射各瞬息万变能量份额

温度/K	$l_1=0.38\mu m$		$l_2=0.76\mu m$		$l_3=25\mu m$		$l_4=1000\mu m$	
	$\lambda T/\mu m \cdot K$	$F_{b(0-\lambda_1)}/\%$	$\lambda T/\mu m \cdot K$	$F_{b(0-\lambda_1)}/\%$	$\lambda T/\mu m \cdot K$	$F_{b(0-\lambda_1)}/\%$	$\lambda T/\mu m \cdot K$	$F_{b(0-\lambda_1)}/\%$
1000	380	<0.1	760	<0.1	25000	99.21	1×10^6	100
1400	532	<0.1	1060	0.12	35000	99.70	1.4×10^6	100
3000	1140	0.14	2280	11.5	75000	99.97	3×10^6	100
6000	2280	11.5	4560	57.0	150000	99.99	6×10^6	100

表 18-3　可见光与红外线辐射所占份额

温度/K	所占份额/%		
	可见光($0.38\sim0.76\mu m$) $F_{b(\lambda_2-\lambda_1)}=F_{b(0-\lambda_2)}-F_{b(0-\lambda_1)}$	红外线($0.76\sim25\mu m$) $F_{b(\lambda_3-\lambda_2)}=F_{b(0-\lambda_3)}-F_{b(0-\lambda_2)}$	红外线($0.76\sim1000\mu m$) $F_{b(\lambda_4-\lambda_2)}=F_{b(0-\lambda_4)}-F_{b(0-\lambda_2)}$
1000	<0.1	99.11	>99.9
1400	0.12	99.58	99.88
3000	11.4	88.47	88.50
6000	45.5	42.99	43.00

工程上大都在 1400K 以下，此时，可见光所占份额只有 0.12%，而 $0.76\sim25\mu m$ 与 $0.76\sim1000\mu m$ 相比，已占 99.7%（99.58/99.88），因此红外辐射干燥一般只考虑 $0.76\sim$

25μm，更长的波段能量已很低，无工程意义。为此，测量各种有机材料、涂料的透过率及一些材料的光谱发射率的红外分光光度计及傅里叶变换红外光谱仪，其测试波段大都为 2～25μm。

18.1.1.8 兰贝特定律（1760 年）

斯蒂芬-玻尔兹曼定律确定了黑体表面在半球空间向所有方向发射的总辐射力。黑体沿各个方向发射的辐射热流密度由兰贝特定律确定（1760 年）。为了说明辐射能量在空间不同方向的分布规律，需引入立体角概念。图 18-7 微元立体角 $d\omega$ 是一空间角度，是以立体角端为中心，作半径 r，将半径表面被立体角所切割的面积 df 除以半径的平方 r^2，即得立体角的量度。

$$d\omega = df/r^2 \quad [\text{Sr（球面度）}]$$

$$(18-18)$$

"球面度"是国际单位制的立体角单位，整个半球的立体角为 2π（球面度）。

因为在不同方向上所能看到的辐射面积是不一样的（参看图 18-7），微元辐射面积 dF 位于球心底面上，在任意方向 p 看到的辐射面积不是 dF，而是 $dF\cos\varphi$。所以，不同方向上辐射能量的强弱，还要在相同的看得见的辐射面积的基础上才能进行对比，据此，与辐射面法向成 φ 角的 p 方向上的定向辐射强度 I_p（下标 p 指 p 方向）为

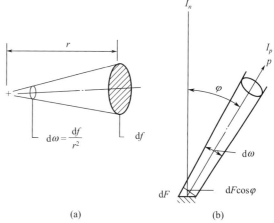

图 18-7 立体角定义（a）及定向辐射强度定义（b）

$$I_p = \frac{dQ_p}{dF\cos\varphi\,d\omega} \quad [\text{W/（m}^2\cdot\text{Sr）}]$$

$$(18-19)$$

理论上可以证明，黑体辐射的定向辐射强度与方向无关，即在半球空间的 p、m、n 各个方向上的定向辐射强度相等。

$$I_p = I_m = I_n = \cdots = I$$

$$(18-20)$$

对于 n 方向，辐射热流为 $I_n dF$，但对于 p 方向（与 n 成 φ 角），辐射热流 q_{ip} 则为

$$q_{ip} = I_n dF\cos\varphi \quad (\text{W/Sr})$$

$$(18-21)$$

即若干投影面积的热流以法线 n 为最大，为 $I_n dF$，其余方向为 $I_n dF\cos\varphi$，此即为兰贝特余弦定律，当 φ 为 90°时为最小，并降为零。兰贝特理论是辐射换热角系数计算的基础。

对于服从兰贝特定律的辐射，其定向辐射强度 I 和辐射力 E 之间存在下述关系：

$$E = I\pi$$

$$(18-22)$$

兰贝特定律适用于黑体和具有漫辐射特性的物体。但许多物体不服从该定律。例如磨光的金属表面在 $\varphi = 60° \sim 80°$ 时的辐射强度大于表面法向的辐射强度。

18.1.1.9 基尔霍夫定律（1882 年）

前面阐述的普朗克定律、维恩位移定律、斯蒂芬-玻尔兹曼定律及兰贝特定律，是黑体发射辐射的四大定律。而基尔霍夫定律（1882）则是揭示在热平衡的条件下，任何物体的辐

射力 E 和它来自黑体辐射的吸收率 A 的比值恒等于同温度下的黑体的辐射力，下式即为基尔霍夫定律表达式

$$E_1/A_1 = E_2/A_2 = \cdots = E_i/A_i = E_b \tag{18-23}$$

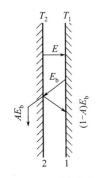

图 18-8 为近距离平行板间的辐射换热。令板 1 为黑体，从板 1 发出的辐射能 E_b 落到板 2 上被板 2 吸收 AE_b，而反射后的辐射能 $E_b - AE_b$ 全部被板 1 吸收。板 2 为任意物体的表面，其辐射力、吸收率与温度分别为 E、A 与 T_2，板 2 发出的辐射能为 E、吸收的辐射能为 AE_b，其差额即为两板间的热射换热热流密度 q，$q = E - aE_b$，当两板处于热平衡状态时，$T_1 = T_2$ 且 $q = 0$，所以 $E/A = E_b$，即为式（18-23）的表达式。

图 18-8　平行板间的
辐射换热

式（18-23）表示，在平衡的条件下，黑体对任何物体辐射时该物体的辐射力与自身吸收率之比，都恒等于同温度下的黑体辐射力。这个比值与物性无关，只取决于温度。从基尔霍夫定律可得出如下结论。

① 因实际物体的吸收率总是小于 1，所以在同温度条件下黑体的辐射力最大。

② 在同温度下，物体的辐射力越大，其吸收率也越大，即善于辐射的物体必善于吸收。

③ 黑度的定义为 $e = E/E_b$，与式（18-23）对照，则 $A = e$。这是基尔霍夫定律的另一表达形式，对单色辐射时则有 $A_l = e_l$。

④ 在热辐射分析中，把单色吸收率与波长无关的物体称为灰体，对于灰体则有

$$A_\lambda = \varepsilon_\lambda = 常数 \tag{18-24}$$

因此对于灰体则有

$$\varepsilon = \varepsilon_\lambda = 常数 \tag{18-25}$$

从式（18-24）与式（18-25）可知，对于灰体，不论是否处于平衡条件下，其吸收率恒等于同温度下的黑度。这个结论给辐射换热条件下吸收率的研究带来实质性的简化，十分重要。

综上所述，黑体辐射的辐射力由斯蒂芬-玻尔兹曼定律确定，即辐射力正比于热力学温度的四次方，这是 1878 年由斯蒂芬实验发现、1884 年由玻尔兹曼用热力学方法证明的。黑体的辐射能量按波长的分布服从普朗克定律（1900 年）；而按空间方向的分布服从兰贝特定律（1760 年），该定律是辐射换热角系数计算的基础。黑体的单色辐射力有个峰值，相对应的波长 λ_m 由维恩位移定律确定，即随着温度的升高 λ_m 向波长短的方向移动。任何物体的辐射力与吸收率及发射率之关系都服从基尔霍夫定律，物体的吸收率等于发射率。

1701 年牛顿提出了对流换热的冷却定律，1882 年傅里叶提出了导热基本定律，可见与对流、导热相比辐射理论既古老而又年轻。

18.1.2　物质的红外光谱及其产生机理

18.1.2.1　国际红外辐射波长的划分

用一红外辐射源（具有连续波长）辐射一物质时，该物质的分子就吸收一部分光能转换为分子的振动能量与转动能量，如果以波长或波数为横坐标、以吸收率或透过率为纵坐标，即可得到该物质的红外吸收光谱或透射光谱。其中波长 λ 以 μm、波数 ν' 以 cm^{-1} 表示，它们之间的关系为

$$波数(cm^{-1}) = \frac{10^4}{波长(\mu m)} \tag{18-26}$$

波数定义为波长的倒数，即 $1\mu m$ 的波长中有多少波数（在 10^4 倍数内）。

根据 IEC 60050-841《国际电工词汇工业电热》标准，定义长波、中波与短波红外辐射（见表 18-4）。

841-04-02 长波红外辐射（longwave infrared radiation）即远红外辐射（far infrared radiation），真空中波长大于 $4\mu m$ 的红外辐射。

841-04-03 中波红外辐射（mediumwave infrared radiation）即中红外辐射（medium infrared radiation），真空中波长大于 $2\mu m$ 小于 $4\mu m$ 的红外辐射。

841-04-04 短波红外辐射（shortwave infrared radiation）即近红外辐射（near infrared radiation），真空中波长小于 $2\mu m$ 的辐射。

表 18-4　红外波段的划分（据 IEC60050-841）

红外波段名称	波长/μm	波数/cm^{-1}	温度/℃
长波(远)	>4	小于 2500	低于 451.4
中波(中)	≥2 且≤4	5000~2500	451.4~1175.8
短波(近)	<2	大于 5000	大于 1175.8

注：气体中的折射率 $n\approx1$，空气中的数据近似于真空。

18.1.2.2　历史上对红外区波段的划分

表 18-5 是历史上曾对红外区波段的划分，红外分析把中红外区划得很大，$2.5\sim25\mu m$；加热，即卢为开等在《远红外辐射加热技术》一书中（1983 年）提出的，加热从 $2.5\mu m$ 到 $15\mu m$ 划为远红外，即把 886℃ 以下都划为远红外，远红外区无限扩大，因而这一书名就叫《远红外辐射加热技术》，其实该书中也精辟地阐述了近红外与中红外的内容，还提供了大量的从 $2.5\mu m$ 到 $25\mu m$ 的发射光谱与吸收光谱。现将光学物理、照明及加热简述如下：

① 光学物理　研究双原子分子光谱，能够得到双原子分子的转动能级、振动能级及电子能级的精确知识，就能精确地定出该物质的核间距、振动频率、力常数、离解能与其他有关双原子分子结构的资料。其中转动-振动光谱与红外光谱对我们十分有益。

表 18-5　在不同研究领域中对红外区波段的划分（一）（单位：μm）

学科	近红外	中红外	远红外	极远红外
红外分析	0.78~2.5 0.78~2.0	2.5~25 2.0~25	25~1000 25~1000	
光学物理	0.75~1.5	1.5~5.6	5.6~1000	
照明	0.75~1.4	1.4~3	3~1000	
其他	0.75~4 0.75~3	3~6	4~400 6~15	400~1000 15~1000
加热	0.75~2.5		2.5~15(实效区)	15~1000(微效区)
红外加热国际标准 IEC 60050-841	0.78~2	2~4	4~1000	

② 照明　研究光源的，即弧光灯与白炽灯。1807 年英国的戴维制成了碳极弧光灯。1878 年美国的布拉特利用弧光灯在街道、广场照明中取得成功。1880 年爱迪生发明了家用白炽灯，拉开了电应用于日常生活的序幕。1882 年，特斯拉从学校毕业，进入爱迪生在欧洲开设的一家分公司工作，很快就成为这家公司最重要的工程师。公司决定推荐他到美国公

司总部工作，让他见到非常崇拜的爱迪生。两个人为一个问题产生了分歧：到底是直流电好，还是交流电好？爱迪生公司设计的所有东西，包括灯泡，采用的都是直流电。相对于交流电，直流电比较安全，但传输距离短，而交流电比较容易铺开大面积的电网。特斯拉从爱迪生公司辞职后，加入了西屋公司。最终，1915 年度，爱迪生与特斯拉都没有获得诺贝尔奖，而是亨利以及劳伦斯获得了当年的诺贝尔物理学奖。

③ 加热　世界各国的大学传热学的辐射加热是包括紫外线与可见光的。另外在波段划分中没有中红外，把 $2.5\sim15\mu m$ 定义为远红外，把低于 886℃ 都划为远红外，远红外区无限扩大。辐射器的辐射波长与被辐射的工件（或物料）的主吸收带波长相一致，以迫使被烤件内的分子产生共振吸收，达到快速升温的目的。但怎样匹配？又怎样吸收？1978 年在全国推广远红外节能技术，出现了使整个木板烘干炉报废的问题，在电机烘烤、食品烘烤等方面也出现了问题。可见，没有理论指导的实践是盲目的，是不可取的。

表 18-6 是陈衡编著的《红外物理学》（根据国务院关于高等院校教材工作分工的规定，电子工业部承担了全国高等院校工科电子专业教材的编审）、张建奇等编著的《红外物理》（为电子科学研究生系列教材）及石晓光等编著的《红外物理》（为兵工十五规划教材）书中的划分法。这主要考虑在近、中、远三个波段都有大气窗口。

表 18-6　在不同研究领域中对红外区波段的划分（二）（单位：μm）

适用的研究和应用领域	近红外	中红外	远红外	极远红外
军事、空间和大多数领域	0.7~3.0	3.0~6.0	6.0~15	15~1000
红外烘烤加热领域	0.75~1.4	1.4~3.0	3.0~1000	
红外光谱学研究	0.75~2.5	2.5~25	25~1000	

对于红外加热 IEC 60050-841，这是现用的国际标准划分法。中华人民共和国国家标准是 GB/T 2900.23—2008。

18.1.2.3　红外国家标准及国际标准

近几年来，我国在红外国家标准及国际标准上均做了大量的工作，标准是代表这一行业的水平，因此，三项国际标准已由国家标委会批准，这是红外行业的大喜事。

三项 IEC 国际标准：IEC 60519-12、IEC 62693:2013 和 IEC 62798:2014，目前，该三项国际标准已获得 2016 年标准创新贡献奖一等奖和 2014 年"电工标准-正泰创新奖"一等奖。

18.1.2.4　量子学说和分子内部的能级

红外光谱导源于分子内部运动状态的改变，要了解与利用光谱，必须对分子的运动作一考察，这对认识物质的加热与干燥过程亦是极为有益的。

在量子学说没有建立以前，人们对光谱的研究几乎全是靠经验，量子学说的建立和发展，使红外光谱有了理论指导。根据量子学的观点，物质在入射光的照射下，分子吸收光能后，自己能量的增加是跳跃式的，即不是连续变化的。每个光子的能量 $h\nu$ 取决于两个能级间的能量差 ΔE，即

$$\Delta E = E_2 - E_1 = h\nu \tag{18-27}$$

式中，h 为普朗克（量子）常数，$h = 6.624 \times 10^{-34}$ J·s；ν 为光的频率，s^{-1}；E_1、E_2 分别为初能级和终能级的能量。

由式(18-27)可知，能级差 ΔE 越大，则吸收光谱的频率越高（即波长越短）。由图 18-

9 可见，转动能级间的间隔最小，$\Delta E < 0.05\mathrm{eV}$（eV 为电子伏特。$1\mathrm{eV} = 1.6 \times 10^{-19}\mathrm{J}$），欲使转动能级跃迁仅需远红外光或波照射即可。振动能级间距较大，$\Delta E = 0.05 \sim 1.0\mathrm{eV}$，欲使振动能级跃迁就需要短波的光能，振动光谱出现在中红外区，但振动跃迁时伴随有转动跃迁的发生，所以中红外光谱也称分子的振-转光谱。电子能级的跃迁 $\Delta E = 1 \sim 20\mathrm{eV}$，因此电子跃迁光谱只能在可见光、紫外线或波长更短的光谱区。

实际分子吸收光谱相当复杂，作为一级近似，分子的运动能量可分为平动、转动、振动和电子的运动，每个运动状态都属一定的能级，因此分子的总能量为

$$E = E_0 + E_{平} + E_{转} + E_{振} + E_{电} \qquad (18\text{-}28)$$

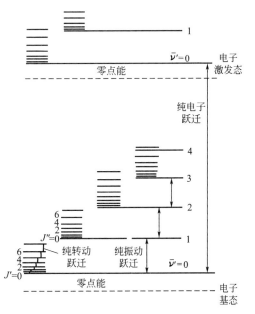

图 18-9　双原子分子能级示意图

式中，E_0 是分子内能，是不随分子运动而改变的能量，即所谓的"零点能"；而 $E_{平}$ 是分子的空间运动或热运动能或称平移运动能，它的能量是连续变化的，不产生光谱，对流换热属这一类能量。分子从较低能级 E_1 跳跃到较高能级 E_2 时，要吸收电磁辐射即吸收光子，红外辐射加热干燥波长在 $2 \sim 25\mu\mathrm{m}$ 的范围，属振动吸收光谱范围。因此，仅就分子的振动光潜加以分析。

18.1.2.5　分子的振动机理——红外吸收光谱的产生

红外辐射干燥是脱水过程，水是由氢、氧原子及化学键连接而组成，为此以水为例，研究组成水分子羟基的振动具有理论与实际意义。

图 18-10 为双原子 H—O 键振动简图，图（a）中 G 为重心，设在平衡位置其核间距为 r_1 与 r_2，总核间距为 r_e。当 O—H 键伸缩振动时如图中（b），其半径分别为 r_1' 与 r_2' 及 r，则体系动能为

$$T = \frac{1}{2}m_1(r_1')^2 + \frac{1}{2}m_2(r_2')^2 = \frac{1}{2}\mu(r)^2 \qquad (18\text{-}29)$$

（a）平衡状态　　（b）伸展振动状态

图 18-10　双原子 H—O 键振动简图

由量子力学证明，分子振动总能量为

$$E_{振} = \left(n + \frac{1}{2}\right)hc\nu \quad (\mathrm{J}) \qquad (18\text{-}30)$$

式中，n 是振动量子数，$n = 0,1,2,3,\cdots$；ν 是振动频率，根据虎克定律则有

$$\nu = \frac{1}{2\pi c}\sqrt{\frac{k}{\mu}} \quad (\mathrm{s}^{-1}) \qquad (18\text{-}31)$$

因此

$$E_{振} = \frac{h}{2\pi}\sqrt{\frac{k}{\mu}}\left(n+\frac{1}{2}\right) \text{ (J)} \tag{18-32}$$

双原子谐振的规律是：对于非极性分子如 O_2、N_2、H_2 等，在振动过程中偶极矩不发生变化，即 $\Delta n = 0$，故无振动光谱。对极性分子 $\Delta n = \pm 1$，若振动能级由 $n=0$ 向 $n=1$ 跃迁，其能量变化为

$$\Delta E_{振} = \frac{h}{2\pi}\sqrt{\frac{k}{\mu}} \tag{18-33}$$

根据式(18-27) 与式(18-33) 相等则得

$$\nu = \frac{1}{2\pi}\sqrt{\frac{k}{\mu}} \tag{18-34}$$

即双原子的振动量子数由 $n=0$ 变到 $n=1$ 时，其吸收光谱的频率是由原子及其键的结合特性所决定，由此可以观察到 O—H 键的伸缩振动吸收特性。

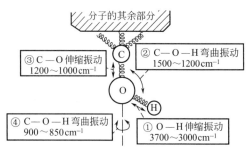

图 18-11　乙醇羟基的振动吸收原理

图 18-11 是乙醇羟基的振动吸收原理。原子和化学键的振动类似于机械振动的弹簧和小球组成的系统，对于纯机械运动的弹簧和小球，当外界的强迫振动频率与小球和弹簧的自振频率一致时，即产生共振，而乙醇羟基中的弹簧与小球的振动是量子化的，即只有特定频率的红外辐射能量导致化学键的能级迁移时，才表现出该分子对红外线的强烈吸收，这种吸收过程是不连续的，如图 18-11 中的弯曲振动与伸缩振动。当乙醇受到频率 $2\sim 40\mu m$ 连续变化的红外辐射光时，乙醇羟基将吸收这些入射频率产生伸缩振动或弯曲振动，同时吸收入射辐射能量，将乙醇样品放入样品池中，由傅里叶变换红外光谱仪即可测出乙醇羟基的吸收光谱（见图 18-12）。

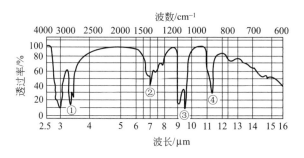

图 18-12　乙醇羟基的吸收光谱

① O—H 伸缩振动 $3700\sim 3000cm^{-1}$ 即为 $2.7\sim 3.3\mu m$；

② C—O—H 弯曲振动（面内）$1500\sim 1200cm^{-1}$ 即为 $6.7\sim 8.3\mu m$；

③ C—O 伸缩振动 $1200\sim 1000cm^{-1}$ 即为 $8.3\sim 10\mu m$；

④ C—O—H 弯曲振动（面外）$900\sim 850cm^{-1}$ 即为 $11.1\sim 11.8\mu m$。

由图 18-11 与图 18-12 乙醇羟基的振动吸收原理及吸收光谱可见，原子与键间的伸缩振动与弯曲振动结果，全体现在吸收光谱的吸收峰值上，即图 18-11 中的①～④中的振动特性，完完全全地在图 18-12 乙醇羟基的吸收光谱中表现出来且一一对应。经上述的理论计算

与机理分析，可进一步认清以下几个问题。

① 运用量子理论即物质吸收光子能量，以不连续的阶跃跃迁能量与分子振动吸收能量，计算结果与红外光谱实测曲线一致，证明量子理论的正确性。

② 实际物质的发射率与吸收率并不像灰体那样是常数，而是对应不同的谱带有峰值。

③ 红外光谱中分子振动吸收机理对物质脱水干燥过程，尤其对认识涂层的干燥机理十分有益。

④ 红外发射光谱与吸收光谱提供了单色发射率 ε_λ 与单色吸收率 A_λ，为实际物体表面间的辐射换热计算提供了依据。

⑤ 红外辐射发射光谱与吸收光谱，对辐射器及被干物料最佳工作温度的选择提供了依据，对有机涂料涂层的干燥也十分重要。

18.1.2.6　红外发射光谱的测量

本文最为关注的是发射光谱与吸收光谱。发射光谱用于辐射源特性的研究。它以加热炉（一般用黑体炉）或放电的方法来激发原子或离子发光，以双光路测量系统测得。其法向光谱发射率双光路测量系统见图 18-13，它以黑体炉与待测样品（在样品炉中）作两光束对比，以两光束的输出信号比的形式记录，纸上直接画出发射率随波数的变化曲线基准而得出比发射率（黑度）。这两光束交替投射到单色仪的入射狭缝，分光后被探测器转变为电信号，由电子放大系统放大。采用双光路易消除大气中 CO_2 与水蒸气对吸收的影响。

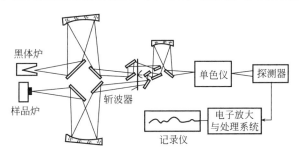

图 18-13　法向光谱发射率双光路测量系统

18.1.2.7　FT-IR 傅里叶变换红外光谱仪与吸收光谱的测量

傅里叶变换红外光谱仪（比如 Nicolet-8700）不仅能做通常的红外分光光度计的工作，而且由于它记录速度快、分辨率高、输入辐射通量大（不用狭缝）、杂散辐射少、可研究的光谱范围宽等优点，而代替双光路测量系统，如测常温下样品的发射光谱（或吸收光谱）判断大气污染程度、研究反应过程、研究表面效应以及微小试样的研究等。

对生物与生命材料、人体皮肤、中药、植物材料、发酵材料、热敏性材料等，在黑体炉或样品炉中加高温会使材料分解，测出的光谱曲线是不正确的。因而是用一束光照射样品，得到常温下的傅里叶变换红外吸收光谱。

图 18-14 是人体皮肤的反射率和光谱波长的关系，纵坐标是人体反射率，横坐标是光谱波长。辐射能的传递可以依靠电磁波或光子能量发射，该图作者用自己左手食指的皮肤，在 UV-210A 型双光束扫描分光光度计上，利用积分球进行皮肤反射率的测定，这是光量子理论，而不是电磁波理论，如用黑体炉的电磁波理论，在短波段其温度可达上千摄氏度。对不耐温的生物与生命材料、人体皮肤、中药、植物材料、发酵材料、热敏性材料等都是用此法测其光谱特性，因此图 18-14 数据可靠。

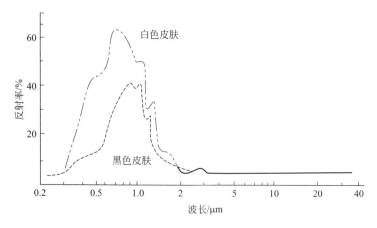

图 18-14　人体皮肤的反射率和光谱波长的关系

据维恩位移定律，设人体为 26℃，则人体热力学温度 T 为 $26+273=299$ （K），则波长为 $2897.8/299=9.69$（μm）。可见是在直线区。图 18-14 反射率约为 5%。

吸收率 = 1−反射率，因此，白色皮肤人体此时的吸收率为 $100\%-5\%=95\%$，黑色皮肤人体此时的吸收率为 $100\%-5\%=95\%$。由此可见黑人与白色皮肤的人，在长波段的吸收率是一致的，均为 0.95。但在短波段的吸收率为：白色皮肤的波长为 0.7μm 时，吸收率为 $100\%-65\%=35\%$，黑色皮肤的波长为 0.9μm 时，吸收率为 $100\%-40\%=60\%$。由此可见白色皮肤的人与黑色皮肤的人，在短波段的吸收率分别是 0.35 和 0.6，是不一致的。

18.1.3　表面互相间的辐射换热

在锅炉里燃烧着的火焰加热锅炉管，主要是靠燃烧气体的红外光辐射，这已有文详述。本文着重研究的是固体与固体表面之间的辐射换热，从而为加热干燥打下传热基础。这种能量的交换主要取决于表面的几何形状和其方位，此外也与表面性质及温度有关。现假设两物体表面之间的介质（空气）不参与发射与吸收，也没有散射，而要解决上述问题首先要研究角系数这一概念，集中分析热辐射交换问题中的几何因素特性，进而再分析黑体与灰体之间的辐射热交换。

18.1.3.1　角系数及黑体表面间辐射换热

如图 18-15 为两黑体表面之间的辐射换热。设两表面分别为 F_1 和 F_2，温度为 T_1 和 T_2 且恒温。每个表面所辐射出的能量只有一部分落到另一个表面上，其余部分则落到体系外的空间。

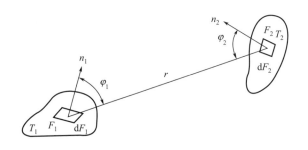

图 18-15　任意放置的两个黑体表面之间的辐射换热

作者把表面 1 发出的辐射能落到表面 2 上的百分数称为表面 1 对表面 2 的角系数，记为 $X_{1.2}$，同理表面 2 对表面 1 的角系数为 $X_{2.1}$。单位时间从表面 1 发出而落到表面 2 的辐射能为 $E_{b1}F_1X_{1.2}$，而单位时间从表面 2 落到表面 1 的辐射能为 $E_{b2}F_2X_{2.1}$。因两表面为黑体，所以落到表面上的能量分别全被吸收，于是两者之间的净换热量为

$$Q_{1.2}=E_{b1}F_1X_{1.2}-E_{b2}F_2X_{2.1} \qquad (18\text{-}35)$$

当热平衡时，$T_1=T_2$，净换热量 $Q_{1.2}=0$，而 $E_{b1}=E_{b2}$。由式(18-35) 得

$$F_1X_{1.2}=F_2X_{2.1} \qquad (18\text{-}36)$$

此式即为两个表面在辐射换热时角系数的相对性。尽管上述关系是在热平衡条件下得出的，但从物理概念上看，角系数纯属几何因子，它只取决于换热物体的几何特性（形状、尺寸及物体的相对位置），而与物体的材质及温度等条件无关，所以对非黑体表面及处于不平衡条件下的情况，式(18-36) 亦同样适用。因而两黑体表面间的辐射换热为

$$Q_{1.2}=F_1X_{1.2}(E_{b1}-E_{b2})=F_2X_{2.1}(E_{b1}-E_{b2})\ (\text{W}) \qquad (18\text{-}37)$$

由式(18-37) 可知，在具体问题的计算中只要能求出角系数则黑体的辐射换热即可算出，因而角系数的计算十分关键。下面求解角系数。

对于黑体和灰体，亦即服从本章所述的兰贝特余弦定律的漫辐射表面，均可严格地推导出角系数的数学表达式。见图 18-16，有两个微元体的表面积各为 dF_1 及 dF_2，相距为 r，中点连线和法线 n_1、n_2 的夹角为 φ_1 和 φ_2，这两个夹角不一定在一个平面上。根据兰贝特定律，dF_1 投射到 dF_2 微面上的辐射热流为

$$dQ_{1.2}=I_{n1}dF_1\cos\varphi_1 d\omega_1 \qquad (18\text{-}38)$$

式中，法向辐射强度服从兰贝特定律，即 $E_b=I_b\pi$，代入式(18-38) 得

$$dQ_{1.2}=\frac{E_{b1}}{\pi}dF_2\cos\varphi_1 d\omega_1 \qquad (18\text{-}39)$$

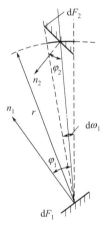

图 18-16　角系数图解

同理，微元 dF_2 投射到 dF_1 上的辐射热流为

$$dQ_{2.1}=\frac{E_{b2}}{\pi}dF_2\cos\varphi_2 d\omega_2 \qquad (18\text{-}40)$$

微元立体角 $d\omega_1$ 及 $d\omega_2$ 按定义可表达为

$$d\omega_1=\frac{dF_2\cos\varphi_2}{r^2}\ \text{及}\ d\omega_2=\frac{dF_1\cos\varphi_1}{r^2}$$

代入式(18-39)、式(18-40) 得

$$dQ_{1.2}=E_{b1}\frac{\cos\varphi_1\cos\varphi_2}{\pi r^2}dF_1 dF_2 \qquad (18\text{-}41)$$

$$dQ_{2.1}=E_{b2}\frac{\cos\varphi_1\cos\varphi_2}{\pi r^2}dF_1 dF_2 \qquad (18\text{-}42)$$

互相辐射的结果，构成净辐射换热的热流为

$$dQ_{1.2}-dQ_{2.1}=(E_{b1}-E_{b2})\frac{\cos\varphi_1\cos\varphi_2}{\pi r^2}dF_1 dF_2 \qquad (18\text{-}43)$$

对于两个有限的灰体表面 F_1 和 F_2 来说，则将上式积分得如下表达式

$$Q_{1.2}=(E_{b1}-E_{b2})\int_{F_1}\int_{F_2}\frac{\cos\varphi_1\cos\varphi_2}{\pi r^2}dF_2 dF_1 \qquad (18\text{-}44)$$

引进角系数 $X_{1.2}$ 则为

$$X_{1.2} = \frac{1}{F_1} \int_{F_1} \int_{F_2} \frac{\cos\varphi_1 \cos\varphi_2}{\pi r^2} \mathrm{d}F_2 \mathrm{d}F_1 \tag{18-45}$$

或

$$X_{2.1} = \frac{1}{F_2} \int_{F_1} \int_{F_2} \frac{\cos\varphi_1 \cos\varphi_2}{\pi r^2} \mathrm{d}F_1 \mathrm{d}F_2 \tag{18-46}$$

由式(18-46)得知

$$X_{1.2} F_1 = X_{2.1} F_2 \tag{18-47}$$

由式(18-46)~式(18-47)可知，如按同样的比例缩小或放大 F_1 和 F_2，只要保持空间的几何相似，亦即两个表面的相对位置、相对大小不变，角系数（无量纲）$X_{1.2}$ 或 $X_{2.1}$ 也不会改变，据此，绘成了角系数图，两种典型几何体系的角系数图见图 18-17 与图 18-18。更多的线算图资料见文献 [1~5]。角系数算图的用法，见例 18-3。

例 18-3　有两个相互平行的黑体长方形表面，其尺寸为 $1\mathrm{m} \times 2\mathrm{m}$，相距 $1\mathrm{m}$。若两个表面温度分别为 $727\,^\circ\mathrm{C}$ 与 $227\,^\circ\mathrm{C}$，试计算表面之间的辐射换热量。

解　首先要确定两表面间的角系数。在使用图 18-17 角系数计算图时，必须计算出如下的无量纲参数

$$X/D = 2/1 = 2.0 \qquad Y/D = 1/1 = 1.0$$

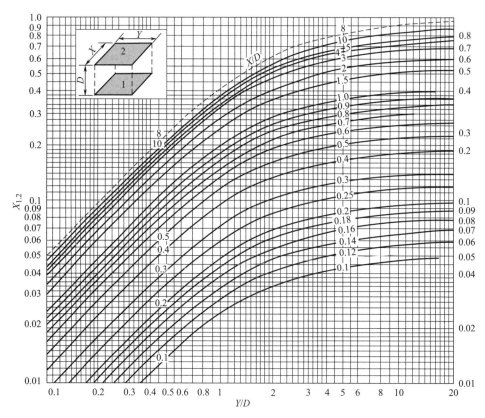

图 18-17　相互平行的两长方形表面间的角系数

由图 18-17 查得角系数 $X_{1.2} = 0.285$，两个黑体表面之间的辐射换热量用式(18-48)计算，即

$$Q_{1.2} = F_1 X_{2.1}(E_{b1} - E_{b2}) = F_1 X_{1.2} C_0 \left[\left(\frac{T_1}{100} \right)^4 - \left(\frac{T_2}{100} \right)^4 \right] \tag{18-48}$$

$$2\times0.285\times5.67\times\left[\left(\frac{1000}{100}\right)^4-\left(\frac{500}{100}\right)^4\right]=30.3\ (\text{kW})$$

例 18-4　只将例 18-3 中相距 1m 改为 0.5m，试计算两表面之间的辐射换热量。

解：角系数 $X/D=2/0.5=4$　$Y/D=1/0.5=2$　查得 $X_{1.2}=0.51$

$$Q_{1.2}=30.3\times(0.51/0.285)=54.2\ (\text{kW})$$

辐射表面距离从 1m 降为 0.5m 后辐射换热 $Q_{1.2}$ 变为 1.79（0.51/0.285）倍。可见高温定向辐射并减小辐射表面间的距离，是强化辐射换热的手段之一。由角系数公式（18-45）可看清这一问题。

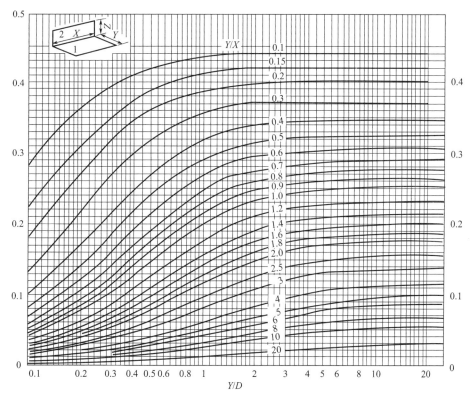

图 18-18　相互垂直的两长方形表面间的角系数

18.1.3.2　灰体表面间的辐射换热

上述计算均用于黑体，黑体是理想化的物体，尽管某些表面与黑体近似，但永远也不能准确地达到黑体的性质。在工程上计算辐射换热时，常常假设参与辐射换热的表面是灰体，即 $\varepsilon=A$，当发射的表面与被投射的表面辐射都在相同的波长范围内，并且在此范围内的单色发射率相对不变时，灰体的假设才是正确的。若发射的辐射表面与入射的辐射表面间的辐射能的波长不同，如一个是红外线另一个是可见光，这时灰体条件的假设就会产生很大误差，计算结果不准确。

黑体间的辐射换热从式（18-48）可得

$$Q_{1.2}=\frac{E_{b1}-E_{b2}}{\dfrac{1}{F_1X_{1.2}}} \tag{18-49}$$

式（18-49）与电工学中的欧姆定律类似。式中 $Q_{1.2}$ 相当于电路中的电流，$E_{b1}-E_{b2}$ 相当于电路中的电压差，$1/(F_1X_{1.2})$ 相当于电阻，现为辐射热的热阻，但辐射热阻仅取决于空间参量，与表面及内部的性质无关，所以称为空间热阻。两黑体表面间及三个黑体表面间在封闭腔内辐射换热网络见图 18-19 和图 18-20。

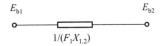

图 18-19　两黑体表面间的辐射换热网络

灰体表面间辐射换热的复杂性主要来自灰体表面的多次反射。引用一种算总账的方法，即用有效辐射概念，可使灰体表面间辐射换热的分析与计算简化。

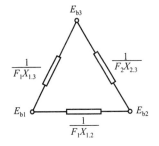

图 18-20　三个黑体表面在封闭腔内
的辐射换网络

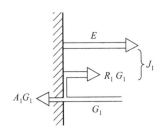

图 18-21　有效辐射概念图

图 18-21 为有效辐射概念图，外来的投射辐射 $G_1(\mathrm{W/m^2})$ 一部分（A_1G_1）被灰体吸收，一部分（R_1G_1）被反射，灰体表面和自身辐射热流密度为 $E(\mathrm{W/m^2})$，因而灰体表面实际辐射总热流密度将包括 E 与 R_1G_1，为有效辐射力 J_1，则有

$$J_1 = E + R_1G_1 = \varepsilon_1 E_{b1} + (1-A_1)G_1 \quad (\mathrm{W/m^2}) \tag{18-50}$$

在灰体表面外能感受到的或用辐射计等仪表能测量到的就是有效辐射力 J_1。现在分别以 J_1、J_2、J_3 代替图 18-19、图 18-20 中 E_{b1}、E_{b2}、E_{b3}，它们即成为灰体表面的辐射换热网络。

从灰体表面外部看，其能量收支差额应等于有效辐射 J_1 与投入辐射 G_1 之差，即

$$\frac{Q_1}{F_1} = J_1 - G_1 \tag{18-51}$$

从式(18-51)、式(18-52) 消去 G_1，并注意到漫反射灰体表面 $A_1=\varepsilon_1$，则可得

$$Q_1 = \frac{\varepsilon_1}{1-\varepsilon_1}F_1(E_{b1}-J_1) = \frac{E_{b1}-J_1}{(1-\varepsilon_1)/(\varepsilon_1 F_1)} \tag{18-52}$$

上式的网络模拟见图 18-22。在黑体辐射力 E_{b1} 与有效辐射 J_1 两个电位差之间，表面辐射热阻见图 18-23，为 $(1-\varepsilon_1)/(\varepsilon_1 F_1)$，简称表面热阻。可以看出，表面黑度越大，则表面热阻越小，越接近黑体表面，因此辐射加热器表面要设法加大黑度 ε。

$$\text{（网络模拟图）}$$

图 18-22　两个灰体表面间的辐射网络模拟

$$E_{b1} \qquad (1-\varepsilon_1)/(\varepsilon_1 F_1) \qquad J_1$$

图 18-23　表面辐射热阻

考虑了表面热阻，并考虑两个灰体间完整的辐射网络（见图 18-22），图中 J_1、J_2 为两个电位节点之间存在的辐射空间热阻（参见图 18-23），而在 J_1 节点与 E_{b1} 节点之间和 J_2 节点与 E_{b2} 节点之间存在着表面热阻。即灰体有效辐射之间的热阻与黑体之间的辐射热阻相同，都是辐射空间热阻。三个以上的灰体表面间的辐射网络可依此类推。

两个灰体表面间辐射换热计算，按图 18-22，应用串联电路的计算法，可得出

$$Q_{1.2} = \frac{E_{b1} - E_{b2}}{\dfrac{1-\varepsilon_1}{\varepsilon_1 F_1} + \dfrac{1}{F_1 X_{1.2}} + \dfrac{1-\varepsilon_2}{\varepsilon_1 F_2}} \quad (\text{W})$$

用 F_1 为计算面积时，则为

$$Q_{1.2} = \frac{5.67 \times F_1 \left[\left(\dfrac{T_1}{100}\right)^4 - \left(\dfrac{T_2}{100}\right)^4\right]}{\left(\dfrac{1}{\varepsilon_1} - 1\right) + \dfrac{1}{X_{1.2}} + \dfrac{F_1}{F_2}\left(\dfrac{1}{\varepsilon_2} - 1\right)} = 5.67 \times \varepsilon_s F_1 \left[\left(\dfrac{T_1}{100}\right)^4 - \left(\dfrac{T_2}{100}\right)^4\right] \quad (\text{W}) \quad (18\text{-}53)$$

式中

$$\varepsilon_s = \frac{1}{\left(\dfrac{1}{\varepsilon_1} - 1\right) + \dfrac{1}{X_{1.2}} + \dfrac{F_1}{F_2}\left(\dfrac{1}{\varepsilon_2} - 1\right)} \quad (18\text{-}54)$$

式中 ε_s 称为任意位置的两个灰体表面的系统黑度。

式(18-53) 所表达的两灰体表面间的辐射换热，在几种特定条件下可予以简化。

18.1.3.3　两无限大平行灰体表面的辐射换热

由于 $F_1 = F_2$，且 $X_{1.2} = X_{2.1}$，式(18-53) 可简化为

$$Q_{1.2} = \frac{F(E_{b1} - E_{b2})}{\dfrac{1}{\varepsilon_1} + \dfrac{1}{\varepsilon_2} - 1} = \frac{F_1 \times 5.67 \times \left[\left(\dfrac{T_1}{100}\right)^4 - \left(\dfrac{T_2}{100}\right)^4\right]}{\dfrac{1}{\varepsilon_1} + \dfrac{1}{\varepsilon_2} - 1} \quad (\text{W}) \quad (18\text{-}55)$$

18.1.3.4　空腔与内包壁面之间的辐射换热

图 18-24 所示是空腔与内包壁面间辐射换热系统。物体 1 与物体 2 的表面温度、黑度及面积分别为 T_1、ε_1、F_1 和 T_2、ε_2、F_2。

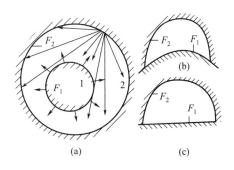

图 18-24　空腔与内包壁面间的辐射换热系统

该表面 1 为凸面。由于 1 完全被表面 2 包围，因此角系数 $X_{2.1}=1$，有效辐射 J_1 可全部到达表面 2，此时表面 1、2 间的辐射换热为

$$Q_{1.2}=\dfrac{F_1(E_{b1}-E_{b2})}{\dfrac{1}{\varepsilon_1}+\dfrac{F_1}{F_2}\left(\dfrac{1}{\varepsilon_2}-1\right)}=\varepsilon_s F_1\times 5.67\times\left[\left(\dfrac{T_1}{100}\right)^4-\left(\dfrac{T_2}{100}\right)^4\right]\ (\text{W}) \qquad (18\text{-}56)$$

此时，系统黑度为

$$\varepsilon_s=\dfrac{1}{\dfrac{1}{\varepsilon_1}+\dfrac{F_1}{F_2}\left(\dfrac{1}{\varepsilon_2}-1\right)} \qquad (18\text{-}57)$$

若式(18-57) 中比表面积 $F_1/F_2\rightarrow 0$，如车间或室内的辐射器采暖、房间内的高温管道或管道内的热电偶等的辐射表面间的换热均属这一情况，因 $F_1/F_2\rightarrow 0$，$\varepsilon_s=\varepsilon_1$，则式(18-56) 可简化为

$$Q_{1.2}=\varepsilon_1 F_1(E_{b1}-E_{b2})=\varepsilon_1 F_1\times 5.67\times\left[\left(\dfrac{T_1}{100}\right)^4-\left(\dfrac{T_2}{100}\right)^4\right]\ (\text{W}) \qquad (18\text{-}58)$$

对于这种特例，系统黑度 $\varepsilon_s=\varepsilon_1$，即在这种情况下，辐射表面间的换热计算，不需知道包壳物体 2 的面积 F_2 及其黑度 ε_2。如果黑度 ε_1 值较大，该条件下的系统黑度均大于其他两表面间灰体的系统黑度。因此，在同样的 T_1、T_2 条件下，其换热量 $Q_{1.2}$ 亦属最大。

18.1.3.5　辐射与对流换热的热流密度

法国 P. 若利用 250W 红外灯双面照射 30mm 厚的山毛榉，其结果是"木板裂、能耗大、质量欠佳"。我国的木材红外干燥炉满负荷（装满炉）干燥时，效果很好，但半负荷时，在四川就出现了大量的裂纹与挠曲。这些现象的出现与辐射热流密度有关。现通过计算深入了解这一问题。

例 18-5　对流干燥物料，空气温度为 100℃、相对湿度为 5%、速度为 2m/s，物料表面温度为 40℃，试计算对流热流密度 $[h_c=14.5\text{W}/(\text{m}^2\cdot℃)]$。

解：　　　　　$q_{对流}=h_c(t_1-t_2)=14.5\times(100-40)=870\ (\text{W}/\text{m}^2)$

例 18-6　例 18-5 中如为热辐射干燥时，辐射器均布于干燥器内壁，其表面温度分 600℃、800℃。物料表面温度为 40℃，辐射器表面黑度 $\varepsilon=0.81$，求两种温度下的辐射换热热流密度，并与对流热流密度对比。

解： 按式(18-58) 计算

（1）600℃时

$$q_{1.2}=\varepsilon_1\left[\left(\dfrac{T_1}{100}\right)^4-\left(\dfrac{T_2}{100}\right)^4\right]C_0=0.81\times\left[\left(\dfrac{873}{100}\right)^4-\left(\dfrac{313}{100}\right)^4\right]\times 5.67=26233\ (\text{W}/\text{m}^2)$$

（2）800℃时

$$q_{1.2}=0.81\left[\left(\dfrac{1073}{100}\right)^4-\left(\dfrac{313}{100}\right)^4\right]\times 5.67=64038\ (\text{W}/\text{m}^2)$$

（3）热流密度对比：　　　$26233/870=30$，$64038/870=69$

可见辐射器表面 600℃与 800℃时，料温均为 40℃，其辐射热流密度分别为对流热流密度的 30 与 69 倍。

工程中辐射器加热表面与被干物料平行放置，互为垂直辐射，如胶合板单板干燥机的单板红外辐射干燥、佳泰瓷砖釉的红外辐射干燥、菱镁矿球的红外辐射干燥以及蓄电池极板的初定型红外辐射干燥等。设计这些工程烘道时，可事先在实验室的固定床中进行模拟实验，为工程提供数据。

例 18-7　试计算辐射器与物料平行放置，辐射器表面温度为 800℃、600℃、500℃与

$400℃$，物料表面温度为 $40℃$，辐射面积为 $100mm×300mm$，辐射器的发射率 $ε=0.95$，物料的吸收率为 0.81，求当两表面间距为 $45mm$、$130mm$ 及 $300mm$ 时辐射热流密度、系统黑度、角系数、并与例 18-5 中对流热流密度数据进行比较。

解： $L_1=45mm$，$L_2=130mm$，$L_3=300mm$；对应的角系数为 $X_{1.2}^1=0.56$，$X_{1.2}^2=0.27$，$X_{1.2}^3=0.08$。按图 18-17 对应的系统黑度为

$$\varepsilon_{s1}=\cfrac{1}{\left(\cfrac{1}{\varepsilon_1}-1\right)+\cfrac{1}{X_{1.2}^1}+\left(\cfrac{1}{\varepsilon_2}-1\right)}=\cfrac{1}{\left(\cfrac{1}{0.95}-1\right)+\cfrac{1}{0.56}+\left(\cfrac{1}{0.81}-1\right)}=0.48 \qquad (18\text{-}59)$$

$$\varepsilon_{s2}=\cfrac{1}{\left(\cfrac{1}{0.95}-1\right)+\cfrac{1}{0.27}+\left(\cfrac{1}{0.81}-1\right)}=0.25$$

$$\varepsilon_{s3}=\cfrac{1}{\left(\cfrac{1}{0.95}-1+\cfrac{1}{0.08}\right)+\left(\cfrac{1}{0.81}-1\right)}=0.078 \qquad (18\text{-}60)$$

计算 $800℃$ 时的辐射热流密度（折算到 $1m^2$ 的换热）

$L_1=45mm$ 时，$q_{1.2}=\varepsilon_{s1}C_0\left[\left(\dfrac{T_1}{100}\right)^4-\left(\dfrac{T_2}{100}\right)^4\right]=0.48×5.67×\left[\left(\dfrac{800+273}{100}\right)^4-\left(\dfrac{40+273}{100}\right)^4\right]$

$$=0.48×5.67×13159.6=35815 （W/m^2）$$

与对流对比 $q_{1.2}/q_{对}=35815/870=40$

$L_2=130mm$ 时，$q_{1.2}=0.25×5.67×13159.6=18654 （W/m^2）$

与对流对比 $q_{1.2}/q_{对}=18654/870=21.4$

$L_3=300mm$ 时，$q_{1.2}=0.078×5.67×13159.6=5820 （W/m^2）$

与对流比 $q_{1.2}/q_{对}=5820/870=6.7$

表 18-7　辐射换热热流密度及系统黑度

间距 L/mm	$q_{1.2}/(W/m^2)$ $(t_1=800℃,$ $t_2=40℃)$	$q_{1.2}/(W/m^2)$ $(t_1=600℃,$ $t_2=40℃)$	$q_{1.2}/(W/m^2)$ $(t_1=500℃,$ $t_2=40℃)$	$q_{1.2}/(W/m^2)$ $(t_1=400℃,$ $t_2=40℃)$	系统黑度 ε_s
45	35815	15546	9455	5321	0.48
130	18728	8129	4945	2782	0.25
300	5820	2532	1536	865	0.078

表 18-8　辐射与对流热流密度的对比

间距 L/mm	$q_{1.2}/q_{对}$ $(t_1=800℃)$	$q_{1.2}/q_{对}$ $(t_1=600℃)$	$q_{1.2}/q_{对}$ $(t_1=500℃)$	$q_{1.2}/q_{对}$ $(t_1=400℃)$	备注
45	41	17.8	10.8	6.1	
130	21.5	9.3	5.7	3.2	$q_{对流}$ 见例 18-5
300	6.7	2.9	1.8	0.99	

根据表 18-7、表 18-8 的计算结果可看出以下几个重要问题。

① 辐射距离从 $45mm$ 变为 $300mm$ 即变化为 6.7（$300/45$）倍，对同一温度其辐射热流均变化为 6.1 倍（$35815/5820=15546/2532=9455/1536=5321/865=6.1$），该数值恒等于系统黑度的比值（$0.48/0.078=6.1$），可见系统黑度这一参数十分重要。

② 系统黑度取决于辐射加热器的发射率（黑度）、物料的吸收率及角系数，其中角系数的影响显著，因此要尽量缩短辐射间距，并提高辐射器的黑度及物料的吸收率。

③ 间距均为 $45mm$ 时，辐射器表面温度由 $800℃$ 减为 $400℃$ 时，其辐射换热热流密度从

35815W/m² 降为 5321W/m² 即下降为原来的 0.15（5321/35815）倍，因此高温近距离辐射可获得很大的热流密度。

④ 由表 18-7 可见，辐射间距为 45mm 时，$t_1 = 800℃$ 与 $t_1 = 400℃$，其辐射换热热流密度分别为对流热流密度的 41 倍与 6.1 倍。只有间距为 300mm 且 t_1 为 400℃ 其辐射换热热流密度与对流热流密度相当。这样大的热流密度，对菱镁矿球、钛矿球的高温脱水，对高含水率的胶合板单板的脱水，对蓄电池极板的脱水以及高温定向辐射烤漆与瓷砖瓷漆的烘烤等均已发挥了巨大的作用，达到了高效、节能的效果，但对某些毛细管胶体材料尤其是厚物料的干燥如木板的干燥等，将会使物料表面毛细管堵塞，产生表面硬化而使传热传质受阻，即热流传不进物料内部、水分也迁移不出来。因此要根据物料本身特性提供合适的能量与合适的供热方式，是热辐射加热干燥的基本准则。

由于红外热辐射干燥极易提供较大的热流密度，一旦提供不当，热流密度过剩，被干物料的干燥效果恶化，其危害也远较对流干燥为甚，因此深入研究热辐射换热特性及物料的脱水机理，是解决红外热辐射干燥的关键所在。

18.2　红外辐射干燥动力学

18.2.1　红外热辐射干燥动力学Ⅰ——影响红外干燥速率的内在因素

干燥动力学是研究物料在干燥过程中脱水量与各种支配因素的关系。这些因素包括两方面，其一是物料本身特性，它包括结构特性、生物特性、理化特性及热物理特性等，这是内在因素。其二是供热条件，它包括供热参数与供热方式：供热参数包括辐射加热温度、加热功率、干球及湿球温度、气流方向与速度等；供热方式包括恒条件供热和变条件供热，快速升温或慢速升温以及恒温时间、降温方式等，这些是外在因素。综合内在因素与外在因素，探明不同物料内部的水分是如何扩散到它的表面，并如何从表面蒸发的，就是研究水在物料内部迁移或扩散过程受到哪些阻力，这些阻力又与物料的结构以及吸取外界的能量有何关系，即研究湿物料的传热传质特性。干燥动力学在寻求物料干燥规律的基础上，确定优化的供热方案与干燥周期，为新工艺的设计及老设备的改造提供依据，以达到既节能又确保干燥质量的目的。在干燥过程中，被干物料的性质如结构、形状、大小、热稳定性及化学稳定性等，都是决定干燥工艺的重要因素，尤其水与不同类物料相结合所产生的新的特性对于干燥作用的影响更大。水与固体物料结合方式不同则除去物料中水分的难易程度亦不同，为了掌握脱水规律，首先要研究水与物料的结合方式。

18.2.1.1　湿物料与水的相互作用

自然界中一切湿物料按它们与水的相互作用来看可分为 3 类。第一类是毛细管多孔体，亦称多孔介质。这类物体当其含有的水分变化时，尺寸很少改变，但随水分的减少而变得松脆，有的可变成粉末，如焦炭、木炭、土壤、湿润的石英砂、砖以及某些建筑材料等。这类物体的毛细管力大大超过重力，因此完全由它们自己决定水分在物体内的分布。如重力与毛细管力相提并论时，那么这种物体叫多孔体。第二类是胶体。这类物体当其含有的水分变化时，尺寸和体积也随之变化。此类胶体有两种，一是吸水时无限膨胀，以致失去其几何尺寸，最后自动溶解，称为无限膨胀体，如阿拉伯树胶；二是只吸取一定量的水分，发生一定量的膨胀，几何形状保持不变，称为有限膨胀体，如明胶。这类物体有的微毛细管很小，可与物料的分子相提并论，此时脱水较难。第三类是毛细管多孔胶体。这是具有上述两类特性的物体，即具有毛细多孔构造，其毛细管壁又具有胶体特性，它的微毛细管壁或细胞壁具有弹性，可吸水膨胀和脱水收缩。如木材、皮肤、谷物和食品等。这类物体大毛细管中的水脱出容易，但微毛细管或细胞壁中的水脱出就较困难。

根据水分与物料的结合，还可分为化学结合、物理化学结合和物理机械结合 3 种形式。化学结合是水以化学力与固体相结合，水分存在于物料的分子中，如硫酸铜结晶水，这种水的除去用干燥法很困难，一般均不列为干燥过程，但菱镁矿球、钛矿球脱出结晶水已用红外干燥法获得成功。

物理化学结合即吸附结合是水分或溶剂与物料间由于氢键力或范德华力相结合，这种结合以物料与水的分子间的作用为基础，物料的内外活性面以分子引力吸取液体或气体。吸附液体的厚度可达几百个液体分子直径，但与物料结合得最强的是第一层液体分子，以后诸层与物料结合较弱，一旦周围介质状况发生变化，除第一层液体分子外，以后诸层易受到破坏。

物理机械结合是以水分在物料毛细管里形成的表面张力相结合。由于水与大毛细管的结合力很弱，它的存在与纯水相似，其特性是在任何温度下，物料表面水分的蒸气压等于纯水在此温度下的饱和蒸气压，水分的蒸发很容易。对于微毛细管内形成凹形弯月面，与微毛细管壁有很强的结合力，其液面的饱和蒸气压低于同温度下的饱和蒸气压，因此，物料内部水分的迁移过程即当周围空气湿度小于 100% 时蒸气就在此毛细管中凝结成液态而逐渐充满微毛细管而凝结，此种现象称为毛细管凝结现象。要通过大毛细管又要通过微毛细管，包括细胞腔内自由水的排出均是如此。因消耗于物料内的水的结合能不只是表现在排出细胞壁的水或在平衡含水率以下才有，而是在整个排水过程中，水分迁移过程都有能量的消耗，因此，应该把干燥过程看作是能量和物质的综合迁移。由于物料的结构复杂，如有的是热敏性材料，有的是具有活性生命材料（如种子等），所以传热传质过程（干燥过程）的机理是极为复杂的。

18.2.1.2　毛细管多孔胶体材料的吸收光谱

毛细管多孔胶体材料（包括木材、食品、果品及粉状、纤维状多孔材料以及各种油漆、涂料等）对红外辐射光谱均具有反射、透射与吸收特性。

液体、胶体、毛细管多孔胶体及非晶固体与气体物质不同，它们不仅有振动光谱，还有转动光谱。因分子振动能级改变时转动能级也随之改变，所以红外光谱亦称振动光谱与转动光谱。红外光谱能量被物料吸收，变为物料分子的振动能即热能，所以红外光谱效应又称热效应。

在辐射加热中，物料只能通过吸收辐射才能获得能量，那些被透过和反射的辐射对加热不起作用，因而吸收率是表征辐射能被物料利用多少的重要参数。

图 18-25 是苹果、苹果干、马铃薯、马铃薯干、茶叶、木材和瓷漆等的吸收光谱。图 18-25 有以下特点：

① 所有毛细管多孔胶体在波长 $1\mu m$ 左右的吸收率最低。

② 在 $\lambda=1.5\sim3\mu m$ 波段，光谱吸收率 A_λ 值逐渐增大。

③ 在大于 $3\mu m$ 波长后，光谱吸收率 A_λ 均达到各自物料的最大值，其中对茶叶（干）与湿绿茶，A_λ 约为 $0.7\sim0.8$，而其他物料的 A_λ 值约为 $0.85\sim0.9$。

之所以有这样的吸收光谱是和物料本身的特性及水分子特性有关的。例如淀粉、木材及某些油漆材料的分子都含有 OH 和 CH_2 原子基团，所以在波长 $2.92\mu m$（此为 OH 的典型频率）及 $3.42\mu m$（此为 CH_2 的典型频率）附近出现吸收带，参见图 18-25。

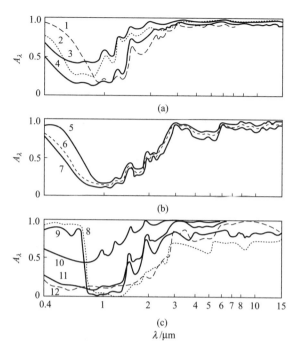

图 18-25　物料的吸收光谱

1—苹果干（10mm）；2—苹果（100mm，$X=86.6\%$）；3—马铃薯（10mm，$X=74.5\%$）；

4—马铃薯干（10mm）；5—桃花心木（0.46mm）；6—山毛榉（0.48mm）；7—松木（0.46mm）；

8—茶叶（干）；9—绿豆茶；10—马铃薯淀粉（$X=76.5\%$）；11—马铃薯淀粉（$X=11.8\%$）；12—$B_{Л}$-55 瓷漆

　　水和物料中存在的水分对吸收光谱有很大的影响。液态水在波长 $2.92\mu m$、$4.74\mu m$、$6.12\mu m$ 和 $15.80\mu m$ 附近有基波振动。湿物料会在这些波长附近出现吸收带，这是物料中附着水分子的振动。

　　液体和固体中辐射散射强度与热力学温度成比例，与物料的密度有关，一般是随密度的增大而增强，此外还与液体表面张力有关，随表面张力的减小而增强，水的表面张力系数最大，因此水面对辐射的散射低于其他液体。当波长为 $2\sim100\mu m$ 的红外辐射同巨大粒子（例如植物细胞和淀粉颗粒）作用时，会激发出复杂的振动，因此就一个粒子而言，其振动并非是一个常量，粒子对辐射的散射也包括粒子的反射、折射和二次辐射的综合作用。

　　分子的散射现象或一般散射现象是在物质不均匀处（如具有密度梯度、湿度梯度、温度梯度、各向异性及结构不均处）产生的。因此，物料中的不规则气孔和毛细管，以及毛细管液面的边界均会引起辐射散射和辐射方向的改变。

　　植物性材料的纹孔壁及细胞膜是由胶态粒子组成的，胶态粒子的尺寸与可见光和近红外区域内的辐射波长相等，这些粒子也就是该种物料的散射中心，会发生多次散射，即使是厚度小于 $1\mu m$ 时，也会产生二次以上的多次散射，并吸收辐射能量。因此，物料的散射特性亦和辐射传热密切相关。

　　综上所述，木材、茶叶、果品等毛细管多孔胶体在波长 $3.0\sim15\mu m$ 区域内，对辐射有极强的吸收，这是构成毛细管多孔胶体的所有组成物质均吸收辐射所致。

　　物料中含有水分，在光谱的 $1.0\sim15.0\mu m$ 波段内，水的反射率很低（$1.6\%\sim4.8\%$），特别是木材表层含有水分，更导致木材的反射率降低，在该光谱波段内，随着含水率的提高，T_λ 及 R_λ 值均减小而 A_λ 值上升，即水分强烈吸收辐射。

18.2.1.3　红外辐射的穿透性

丹克沃特为了刑侦方面的目的，特别是为了在不开封情况下辨认和阅读文件，曾研究利用红外照相术的可能性。将 100W 的碳丝灯泡作为辐射源，距被拍照对象 1m 处进行拍摄，不仅得到了非常清晰的文件原文图像，而且也得到了未开封的信封内具有复杂图形的钞票及商品支票的图像。

特雷和列卡姆特应用显微光度法对拍照的底片进行处理，比较底片曝光黑度，得出了红外辐射的穿透性与试材厚度的关系。曝光 0.25s 时，通过云杉、松木、杨木的辐照造成红外底片的黑度极高。红外辐射能够部分地穿透黄杨和山毛榉木材，曝光为 5s 时黄杨和山毛榉底片的黑度也极高。

特里伯根据甫拉特的研究，并对研究结果加以处理，得到了表 18-9 的红外辐射对不同木材的穿透性数据。

表 18-9　红外辐射对不同木材的穿透性

树种	穿透深度/mm	树种	穿透深度/mm	树种	穿透深度/mm	树种	穿透深度/mm
落叶松	5～7	松木	3～4	山毛榉	3	樱木	1～2
冷杉	6～7	杨木	4	灰赤杨	1～3	胡桃木	0.5
云杉	6	槭木	4	黑桤木	5～6		
千金榆	2～3	栎木	2	椴木	4～6		

列别捷夫给出了不同波长的红外辐射对 1.5mm 松木试材的穿透性。从波长 $1.075\mu m$ 到 $7.75\mu m$，其透过率为 4.6%～0.5%。

王德新对红外木材干燥炉内堆垛的外侧木板（能直接接受红外辐射的板），用铠装 $\Phi 1mm$ 的温差电偶测其表面及深度为 3mm、6.5mm 及 8.7mm 处的温度，结果表明，3mm、6.5mm 深处的温度值高于板表面温度，但 8.7mm 处的温度低于板表面温度。试验板材为松木，该数据与表 18-8 中落叶树的穿透深度 5～7mm 相接近。

关于红外辐射对木材的穿透深度，王德新做了大量实验，在波长 $3.15\mu m$ 范围内，对 8 种木材做了透过率 T_λ 的实验，结论是：

① 各种木材的透过率非常低，而且彼此相差不大；

② 辐射源温度由 210℃ 降到 120℃，即峰值波长从 $6.0\mu m$ 变到 $7.4\mu m$ 时，透过率基本不变，这表明木材的吸收系数依赖于波长的关系不甚明显。

上述这些实验结论和图 18-25 是一致的，而图 18-25 还给出了 $0.4～3\mu m$ 波段内的吸收光谱。

辐射能向湿物料内部的渗透决定了红外辐射传热传质的某些特点。不同作者研究了湿物料的红外光谱段内的穿透性，这些物料被分成 3 类：对辐射能具有很大穿透性的物料（如玻璃、纸、毛织物等）；穿透性很小的物料（如面包、马铃薯、砂子、木材等）和实际上不透红外线的物料（如黏土、硅藻砖等）。不同木材在 $1.1\mu m$ 辐射时其吸收率、透过率、反射率与木材含水率之间的关系见图 18-26。虽然物料吸收的辐射能只占入射辐射能的很小一部分，但当辐射能很大时，物料仍被强烈加热。使用红外辐射加热时，分析物料的温度场具有很大的意义。从被照射物料的温度场可以看出某一深度上料层的受热强度，了解物料内部的传热传质规律。

图 18-27 给出了用红外辐射烘烤面包团温度曲线。实验采用 220V、500W 的镜面灯作辐射源，物料与上辐射源之间相距 70mm，与下辐射源之间相距 135mm，烘烤是在一个金属炉中进行的，炉底的温度为 230℃。图 18-27 可看出，只有 2mm 深层在 0～2.2min 时的温度高于表面温度，其余部分的温度均低于表面温度。烘烤 3～5min 后，5mm 深层与 8mm

深层出现恒温 90℃，而对于 30mm 深层，要烘烤 6～8min 才有恒温段出现，约为 89℃。在第 8min 表面与 30mm 深层（曲线 5）之间的温差达 100℃，温差较大。

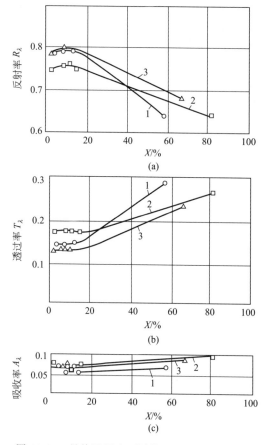

图 18-26 最终层厚为不同值时不同树种试材的
R_λ、T_λ 及 A_λ（$\lambda = 1.1\mu m$）同含水率的关系
1—山毛榉（0.60mm）；2—松木（0.67mm）；
3—桦木（0.66mm）

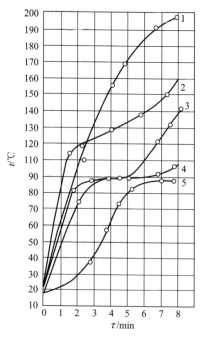

图 18-27 红外辐射烘烤面包团的温度曲线
1—样品表面；2—2mm 深层；3—5mm 深层；
4—8mm 深层；5—30mm 深层

红外辐射穿透性问题十分复杂。在高温辐射条件下干燥 22mm 厚的松木板，在 40～70min 之间，在距表面深 1mm 处出现温度高于表面温度的情况，其最大温差约为 8℃。而中温辐射干燥 10mm 厚的桦木时没有出现内层温度高于表层的现象。天津大学进行的对多种木材的大量实验及对 27 种中药的实验中，当料层厚度为 5～50mm 时，也很少发现料层内层温度高于表层温度（降速干燥段除外）的现象。

陈士亮等用 32mm×50mm×160mm 的樟木块做实验，在木块上钻 5 个深度为 18mm 孔，插入温度计以测量木块内的温度分布，在 150℃ 的干燥箱中加热，每 20min 分别记下 5 支温度计的读数，所得结果均是表面温度高于内层温度，用不同树种、不同形状、不同尺寸的木材以及为了避免对流传热的影响，将木块放入真空炉内加热，其结果全是木材表面温度高于内层温度。但吴玮等实验用初含水率为 54.8%、终含水率为 15.2% 的 26mm 厚柞木板，在气氛温度为 75℃ 时测得 1.5～4h 后，木材中心层温度高于表层温度。

综上所述，评定物料对红外辐射的穿透性能时，还需对供热条件、实验方法等做进一步的分析。此外，物料内部温度分布还受其导热性能的影响，情况更加复杂。但从大量实验可以看出，所有内层温度高于表层温度的情况，无论是木材还是面包团，都是在距表面 1mm、

2mm、5mm 处发生的，均是在浅层起作用，对难干的厚物料的干燥不起关键性作用。对木材红外干燥炉而言，木材直接受到辐照的表面比起整堆垛木材，其所占比例甚小，更不起关键性的作用，因此，曾有人对此作用提出过质疑。但有一点是十分关键的，即红外辐射源导致的对流与导热亦应属红外辐射的作用。正如阴面生长的植物，虽然没有直接受到太阳的辐照，但太阳辐射的作用仍存在，否则这些植物亦难以生存。

18.2.1.4 毛细管对水分的束缚力

在干燥过程中，被干物料的性质如结构、形状、大小、热稳定性及化学稳定性，都是决定干燥工艺的重要因素，尤其水与不同物料相结合，所产生的新的特性，对于干燥作用的影响很大，水与固体物料结合的方式不同则除去物料中水分的难易程度亦不同，为了掌握脱水规律，首先要研究水与物料的结合形式。

一切湿物料，无论是毛细管多孔体、胶体还是毛细管多孔胶体，它们共同的特点是均有毛细管，从毛细管中脱出水分的难易程度均与毛细管直径有关。

图 18-28 为毛细管中液面的升降图。两种液体在毛细管中，其中图（a）为润浸型液体，图（b）为非润浸型液体。根据其作用力，可导出毛细管压力方程。水与玻璃或木材相接触均属图（a）情况，即液柱升高此时表面张力向上的合力必然与由压力差向下的合力相等，即

$$2\pi r\sigma\cos\theta = (p_0 - p_1)r^2\pi$$

$$p_0 - p_1 = \frac{2\sigma\cos\theta}{r} \tag{18-61}$$

式中，θ 为润湿角；σ 为分界面的表面张力；r 为毛细管半径；p_0 为大气压力；p_1 为分界面液相压力。

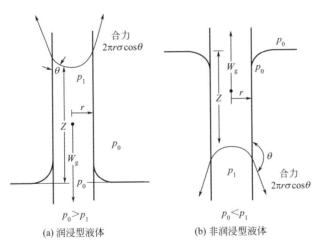

图 18-28 毛细管中液面的升降示意图

另一方面，表面张力向上的合力又必然与毛细管里液柱的重力相等，即

$$2\pi r\sigma\cos\theta = \rho V g = r^2\pi\rho g Z$$

式中，ρ 为液柱密度；V 为液柱体积；g 为重力加速度；Z 为液柱高度。

由上式得毛细管张力方程为：

$$\sigma = \frac{r\rho g Z}{2\cos\theta} \tag{18-62}$$

根据式（18-62），已知毛细管液面提升高度 Z 即可算出表面张力。对于润浸型毛细管的液体，润浸角小于 $90°$，其中水与玻璃相接触时，值近似为零。若一根毛细管插入水银中，

即属于非润浸型，即液柱下降其润浸角约为 $130°$，由于 $130°$ 的余弦为 -0.64，Z 值也是负值，由式（18-62）可得表面张力为正值，即对非润浸型液体，弯月柱呈凹型，润浸角为 $90°$ 到 $180°$ 之间，p_1 大于 p_0；而对于润浸型液体，弯月面呈凸型，p_0 大于 p_1。

　　为便于计算圆柱形毛细管内水-空气分界面上的毛细压差，式（18-61）可简化，令 $\theta=0°$，毛细管张力 $\sigma=7.3\times10^{-2}\,\mathrm{N/m}$，毛细管半径取 m 单位，由式（18-62）可见，若 $r=10^{-5}\,\mathrm{m}$（针叶树材管胞的典型尺寸），则 $p_0-p_1=14.6\mathrm{kPa}$；若 $r=10^{-6}\,\mathrm{m}$（大纹孔通道的典型尺寸），则 $p_0-p_1=146\mathrm{kPa}$，此时若 $p_0=101\mathrm{kPa}$，

　　则 $p_1=-45\mathrm{kPa}$，该负压力称为毛细张力，使液面沿毛细管上升。毛细张力随毛细管半丝的缩小而急剧增加，即液面上升的高度亦急剧增加，此即为图 18-28 毛细管液面升高的原理，也是物料吸水的基本原理，微毛细管张力使毛细管表面的蒸气压低于同温度下的饱和蒸气压，使得物料内部水分扩散以及毛细管液面的蒸发都受到更大阻力，因此要使水分脱出就要消耗更多的能量。

$$p_0-p_1=\frac{2\sigma}{r} \tag{18-63}$$

18.2.1.5　平衡水分和自由水分

　　若将某物体与恒温恒湿的空气接触，物体中的水分将不断地被空气吸收，同时物体也吸收空气中的水分，直到物体表面所产生的水蒸气压与空气中的水汽分压相等为止，此时物体中的水分与空气中的水分处于动平衡状态，即物体中的水分将不因与空气接触时间的延长而

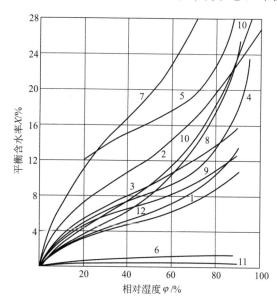

图 18-29　25℃时某些物料的平衡水分
（Graw-Hill，1929）
1—新闻纸；2—羊毛；3—硝化纤维；4—丝；
5—皮草；6—陶土；7—烟叶；8—肥皂；
9—牛皮胶；10—木材；11—玻璃绒；12—棉花

发生变化，此时物体中的水分称为该空气状态下的平衡水分。此时物体的含水率称为平衡含水率 X^*。平衡水分即在一定干燥条件下不能被除去的那一部分水分，它代表物料在该条件下可被干燥的极限。

　　图 18-29 表示某些物体 25℃时平衡含水率 X^* 与空气相对湿度 φ 的关系。对于无孔而不溶于水的材料如黄沙或陶土，平衡含水率接近于零。

　　对于纤维或胶质的有机材料，例如烟叶、皮革、木材等，平衡含水率较高，并且随空气相对湿度不同而有较大的变化。由图 18-29 可看出，当空气相对湿度为零时，任何物体的平衡水分均为零。由此可见，只有当物体与相对湿度为零的空气接触，才能得到绝对干燥的物料。

　　由图 18-29 可见，平衡含水率随物料种类的不同而有很大差异，即便是同一物料，其平衡含水率也因空气状态参数不同而异，其中相对湿度是影响平衡含水率的重要因素，此外还与物料密度、物料温度等有关。物料的平衡水分随温度的升高而减小，如棉花与相对湿度为 50% 的空气相接触，当空气温度由 37.8℃ 升高到 93.3℃ 时，平衡水分由 7.3% 降为 5.7%，约减少 25%。自由水分即存在于细胞腔中或物料空隙中的液态水。该水分可由

实验测得的平衡水分曲线求得。例如丝中所含总水分为 30%，当温度为 25℃、空气相对湿度 φ 为 50% 时由图 18-29 可查得，此时物料的平衡水 X^* 为 8.5%，自由水分则为 30%－8.5%=21.5%，即每千克绝干料中含有 0.215kg 的自由水。

18.2.1.6　木材的纤维饱和点及平衡含水率

在显微镜下可以看到，木材的任何一部分几乎都是由很多蜂巢状的小室所组成，这些小腔室称作细胞。而木材的一切性质都和细胞壁有关，因此，对细胞壁的微观结构有所了解，才能掌握木材的性质和变化规律。

图 18-30 是细胞壁的构造，根据其形成的阶段可分为初生壁和次生壁，在细胞分生过程中，从分裂到细胞增大，其最初形成的胞壁称为初生壁。在初生壁内侧由附着生长而形成的胞壁，称为次生壁。两个相邻细胞之间的部分，即间层。胞间层（ML）与两边的初生壁（P）结合起来，可统称为复合胞间层。而图中中间 A 区为细胞腔。自由水就是在细胞腔内，自由水仅仅存在微弱的毛细管力，不存在氢键，亦称为大毛细管水，所有大毛细管系统只能向空气蒸发水分，而不能从空气中吸收水分。由细胞壁互相连通的各级微毛细管构成了微毛细管系统，因毛细管半径小，水分在管内的表面张力大，使得毛细管对水分的束缚力大，因此，细胞壁中的水分难以脱出，被认为是借氢键力束缚在木材上，吸着的位置主要是纤维素、半纤维素、木素和其他组分上的羟基。

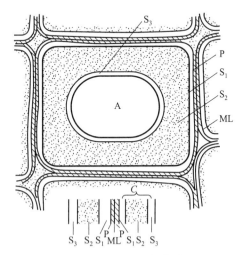

图 18-30　细胞壁的构造

A—细胞腔；P—初生壁；ML—细胞间质；
S_1—次壁；S_2—次生壁中；S_3—次生壁内层
(H. P. Brown, 1964)

木材的纤维饱和点定义为细胞壁为附着水所饱和而细胞腔没有自由水时的含水率，亦称吸湿极限。纤维饱和点随树种与温度而不同。当木材的含水率低于纤维饱和点时，细胞壁内的微毛细管系统能从湿空气中吸收水分，这种现象叫吸湿或吸收。水分从微毛细管系统排往空气的现象叫解吸。应该指出，解吸仅指吸着水的排出，而干燥则指自由水和吸着水两者的排出。因此，解吸与干燥是两个不同的概念。当解吸与吸湿达到稳定时，即达到解吸稳定含水率 $X_{解}$ 与吸湿稳定含水率 $X_{吸}$，对一般木材，$X_{解}-X_{吸}=2.5\%$，但对于薄小木料，解吸稳定含水率和吸湿稳定含水率相等，并等于平衡含水率 X^*（$X_{衡}$），即

$$X_{解}=X_{吸}=X_{衡}$$

三种温度的木材平衡含水率见图 18-31。从图 18-31 可见，在同一温度下，相对湿度增大则平衡含水率上升。在不同的温度下，当相对含水率 φ 相同时，温度高，平衡含水率值低，由此可见，对干燥而言，相对含水率低与干燥温度高有利于木材的脱水。

综上所述，对平衡含水率的概念可归纳如下：

① 物料的平衡含水率是物料在特定的空气状态下，并与之长时间接触所达到的物料与空气动平衡的含水率，可视为在该条件下的极限含水率值。在工程干燥中很难允许有长的接触时间，因此，工程干燥中湿物料在同样空气状态下，其含水率值高于平衡含水率值。

② 由图 18-31 可知，木材的平衡含水率是空气温度与湿度的函数，在同一相对湿度下，空气温度高，则平衡含水率值低；同一温度下，相对湿度高，平衡含水率亦高。由此可见，

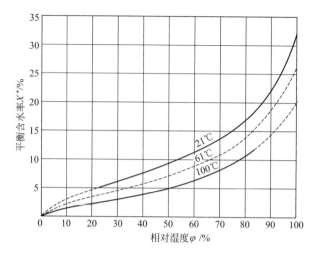

图 18-31　三种温度的木材平衡含水率（Rasmussen，1961）

在工程干燥中空气温度高而湿度低有利于脱水。

③ 不同温度下平衡含水率的实验数据往往比较缺乏，通常只要是在不太宽的温度范围内，都把它视为常量。食品的有关平衡含水率可查阅文献。我国 53 个城市木材年平均平衡含水率估计值见表 18-10，可见不同城市的平衡含水率不同。即使是同一个城市，不同月份的平衡含水率亦不同，如天津 4 月最低为 9.7%，而 8 月最高为 15.2%，一年 12 个月的平均值为 12.1%。我国各城市的年平均平衡含水率差异较大，如武汉为 15.4%，而天津为12.1%，以致武汉的木材、家具、藤椅等运往天津，在天津使用过程中还要脱出 3.3% 的水，从而造成家具因脱水而裂缝，藤椅也因继续脱水而变松散。这里所指脱出的水不是自由水（细胞腔中或物料空隙中的液态水），而是附着水（亦称结合水、微毛细管水，是细胞壁中的水）。自由水的脱出不影响木材的干缩，细胞壁中附着水脱出时，木材要干缩。

表 18-10　我国 53 个城市木材年平均平衡含水率（%）估计值

哈尔滨	13.6	西宁	11.5	永安	16.3	广州	15.1
齐齐哈尔	12.9	西安	14.3	厦门	15.2	海口	17.3
佳木斯	13.7	北京	11.4	崇安	15.0	成都	16.0
牡丹江	13.9	天津	12.1	南平	16.1	雅安	15.7
克山	14.3	太原	11.7	郑州	12.4	重庆	15.9
长春	14.3	济南	11.7	洛阳	12.7	康定	13.9
四平	13.3	青岛	144	武汉	15.4	宜宾	16.3
沈阳	13.4	南京	14.9	宜昌	15.1	昌都	10.3
大连	13.0	徐州	13.9	长沙	16.5	昆明	13.5
乌兰浩特	11.2	上海	16.0	衡阳	16.9	贵阳	15.4
包头	10.7	芜湖	15.8	南昌	16.0	拉萨	8.6
乌鲁木齐	12.1	杭州	16.5	九江	15.8		
银川	11.8	温州	17.3	南宁	15.4		
兰州	11.3	福州	15.6	桂林	14.4		

18.2.1.7　典型毛细管多孔胶体结构特点

木材，无论是针叶材还是阔叶材，均是典型的毛细管多孔胶体。图 18-32 是一种典型的阔叶材微观结构。图 18-32 中，TT 为横切面，RR 为径切面，TG 为弦切面，P 为导管或管孔，导管分子由梯状穿孔板 SC 隔开，木纤维 F 细胞腔小而壁厚，木纤维和导管细胞壁中的纹孔 K 为细胞壁中液体流动的通路，WR 表示木射线，AR 表示年轮，S 表示早材（春材），SM 表示晚材（秋材），ML 为胞间层。

Panshin 和 Zeeuw 1980 年提出一种典型的散孔阔叶材的体积组成如下：导管 55%；木纤维管胞 26%；轴向薄壁组织 1%；木射线 18%。他们还提出美国白松针叶材的体积组成如下：轴向管胞 93%；轴向树脂道 1%；木射线 6%。Petty 1970 年以染色法测定西特喀杉，他发现管胞里平均有 250 个孔道，这些孔道就是纹孔膜塞缘里的小孔，这与电子显微摄影测定的结果一致。

图 18-32 已画出细胞腔和细胞壁的结构。在细胞腔中存留自由水分，其余的水分存在于细胞壁及纹孔膜等组织中，纹孔是相邻细胞间的水分和养料的通道。木材干燥和防腐、防火浸注以及制浆等工艺都与纹孔的渗透有关，它是木材细胞壁上的重要特征。图 18-33 的细胞腔、细胞壁构成了针叶材的管胞和阔叶材的导管。图 18-33 表示构成针叶材的细胞壁各元素间的相互关系。图 18-33 箭头 A 指出，管胞就是由三层细胞壁及中空的细胞腔所组成，而管胞上、下两端的各种圆孔即为各种纹孔。Howard 和 Manwiller 1969 年从管胞的径切面提取出三种纹孔，即管胞间具缘纹孔；通向木射线管胞的具缘纹孔及通向木射线薄壁组织的松属纹孔。

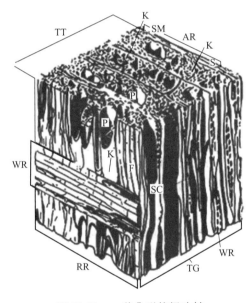

图 18-32 一种典型的阔叶材
微观结构（Maclean，1952）

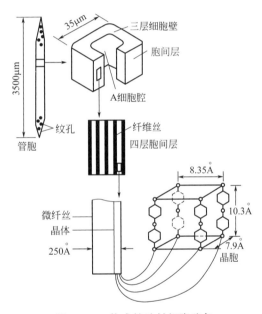

图 18-33 构成针叶材细胞壁各
元素间的相互关系（Siau，1971）

树木就是通过小须根尖端的活细胞从土壤中吸取水分，再经侧根送到主根，由主根送到树干。可认为，树木是一个复杂的密切协调的生物化学机器，它不需任何有机物而是完全利用无机物作为养料去合成它所赖以生存与生长的各种复杂物体。水是光合作用的原料，参与碳水化合物的形成，水参与呼吸作用促使许多酶反应，体内有机物质的转化过程也需水分子的参与。通过组织细胞的生长分化过程使细胞数量增多并长大成材。因此要脱出木材中的水分就要充分了解水分与木材细胞是如何结合的。

自由水就是在细胞腔内或木材空隙中的液态水，木材容纳的自由水仅仅存在微弱的毛细管力，不存在氢键，自由水的脱出不会引起木材的干缩湿胀，但可引起木材质量的改变，即干燥缺陷。而容纳在细胞壁、纹孔等处的水则为附着水即结合水，这种水很难脱出，但脱出后可引起木材尺寸的改变。

18.2.1.8 水同物料的结合能与单位脱水量的能耗

所有湿物料均有毛细管特性。对于大毛细管，其水分的蒸发所消耗的能量与同温度下纯水饱和蒸汽的蒸发潜热相同，但对微毛细管，表面蒸气压低于同温度下饱和水的蒸气压，脱出 1kg 水要消耗更多的能量。A. 列宾杰尔利用基本热力学关系得出了水同物料结合的特性，由于水同物料的结合降低了水表面上方的蒸气压，因此相应地减少了自由能。确定在恒温下结合能 L 值为：

$$L = RT \ln \frac{p_{饱}}{p_x} = -RT \ln \varphi \tag{18-64}$$

式中，R 为气体常数；$p_{饱}$ 为游离水或大平面水的饱和蒸气压；p_x 为湿物料上方平衡水蒸气分压，或毛细管表面蒸气压；$\varphi = p_x / p_{饱}$，为相对湿度。

水同物料结合得越强，p_x 值越小；相反，对于游离水，p_x 与 $p_{饱}$ 值相等，$\varphi = 1$，则结合能 $L = 0$，即 $L = RT \ln 1 = 0$，结合能值 L 即为潜热的增值 Δr，考虑物料与水之间的结合能的因素，则物料的潜热 r_x 为：

$$r_x = r + \Delta r \tag{18-65}$$

式中，r_x 为物料的蒸发潜热，kJ/kg；Δr 为物料的结合能，kJ/kg；r 为游离水的蒸发潜热，kJ/kg。

通心粉面团中水分的结合能数据见表 18-11，由该表可看出，在计算通心粉面团干燥所消耗的热量时，当水分达到 10.3% 时，蒸发潜热应增加 4.1%。根据式(18-65)编制了综合计算食品小麦、玉米、大米、面粉、葵花籽及通心粉面团的 Δr 值。

表 18-11 通心粉面团中水结合能数据

$X/\%$	$\Delta r/(\text{kJ/kg})$	$\dfrac{r_x}{r} = \dfrac{r + \Delta r}{r}$	$X/\%$	$\Delta r/(\text{kJ/kg})$	$\dfrac{r_x}{r} = \dfrac{r + \Delta r}{r}$
3.8	364.0	1.155	11.7	787	1.033
5.4	2478	1.105	13.7	583	1.025
7.0	1851	1.080	16.0	329	1.012
8.6	1411	1.068	20.0	163	1.007
10.3	1007	1.041			

X 为吸湿平衡值，不同温度下 X 与 φ 值之关系可查吸湿平衡曲线。

工程上计算物料的脱水传热时常以焓差计算，考虑水与物料间的结合能，即由于毛细管的作用使物料表面的蒸气压低于同温度的饱和蒸气压，因而需消耗更多的能量使物料中的水分蒸发，因此以焓计算时，其焓差值应加结合能 L，即潜热的增值 Δr，即

$$\Delta I_X = \Delta I + \Delta r \tag{18-66}$$

式中，ΔI_X 为考虑物料的结合能蒸发每千克水所提供的能量，kJ/kg；ΔI 为干饱和蒸汽表查得的焓差，kJ/kg；Δr 为水与物料的结合能，kJ/kg。

式(18-67)中的相对湿度值是根据凯尔文定律得出。相对蒸气压为

$$\varphi = \frac{p_X}{p_0} = \exp\left(-\frac{2\sigma \rho_{蒸}}{p_0 \rho_{液} r}\right) \tag{18-67}$$

式中，p_X 为毛细管曲面上的饱和蒸气压；p_0 为平面上的饱和蒸气压（干饱和蒸气压）；σ 为表面张力；$\rho_{蒸}$ 为毛细管上方的蒸气密度；$\rho_{液}$ 为毛细管中液体密度；r 为毛细管

半径。

表 18-12 列出了相对湿度 φ 与毛细管半径 r 之间的关系值（全润湿条件下）。

表 18-12　全润湿条件下水的弯月面上相对湿度与毛细管半径 r 之间的关系

$\varphi/\%$	$r\times10^{-7}/\text{cm}$	$\varphi/\%$	$r\times10^{-7}/\text{cm}$	$\varphi/\%$	$r\times10^{-7}/\text{cm}$
0.05	0.36	0.50	1.56	0.95	21.9
0.10	0.46	0.55	1.80	0.96	26.3
0.15	0.57	0.60	2.11	0.97	35.3
0.20	0.67	0.65	2.50	0.98	53.3
0.25	0.78	0.70	3.01	0.99	107.5
0.30	0.89	0.75	3.73	0.999	1077.0
0.35	1.02	0.80	4.83	0.9999	10770.0
0.40	1.17	0.85	6.61	1.0000	
0.45	1.34	0.90	10.25		

由表 18-12 可得，当 $r=1.075\times10^{-5}\,\text{cm}$ 时，弯月面上的饱和蒸气压实际上等于水为平面时的饱和蒸气压，这是把毛细管区分为微毛细管（$r<10^{-5}\,\text{cm}$）和大毛细管（$r>10^{-5}\,\text{cm}$）的基础。由式(18-64) 得，$L=-RTl=RT\ln\dfrac{1}{\varphi}$，当 $\varphi=0.25$ 时，$L=RT\ln4=3.47\times10^{3}$（kJ/kg），而当 $\varphi=0.999$ 时，$RTl=0$，因此，根据物料的微毛细管半径可确定相对湿度 φ 值，即可算出湿物料的结合能 L 值。针叶树管胞弦向直径为 $10\sim80\mu\text{m}$，阔叶树导管的管孔为 $20\sim300\mu\text{m}$。因只有半径为 $0.1\mu\text{m}$ 以下才为微毛细管，因此，这些管胞与导管（均属细胞腔尺寸），存在的是自由水，由图 18-33 可知，管胞或导管中水分的流动也要穿过纹孔才能进入近邻的细胞中，而纹孔的最大半径只有 $0.002\sim0.3\mu\text{m}$，因此，木材内部水分的迁移过程既要通过大毛细管又要通过微毛细管，包括细胞腔内自由水的排出均是如此，因消耗于木材内的水的结合能不只是表现在排出细胞壁的水或在平衡含水率以下才有，而是在整个排水过程中，水分迁移过程都有能量的消耗。因此，应该把干燥过程看作是能量和物质的综合迁移。由于物料的结构复杂，所以传热传质过程（干燥过程）的机理较其他传质过程要复杂得多。

18.2.2　红外辐射干燥动力学 Ⅱ——影响红外干燥速率的外在因素

18.2.2.1　国内外干燥理论综述

传统的干燥理论均讨论在恒定条件下（恒温、恒速、恒湿）以大量的空气或能量干燥少量的物料。如我国有代表性的高校教材提出"恒定条件的干燥速度"。新近的文献，如对苹果、大豆、黄杨木板的干燥实验，对胡萝卜的温度场分布实验以及对咖啡豆的红外辐射干燥实验等，均是在恒定条件下进行干燥动力学实验研究的。

恒定干燥条件下的实验方法减少了变量参数，简化了影响因素，对认识与分析某一参数对干燥的影响十分有益。但这种实验方法很难提供优化的传热传质过程及优化干燥的实验参数，因此其实验数据很难为工程实践提供依据，因为工程上的干燥通常都是在变化制度下进行的，为此，有的文献提出将这种试验研究变成生产条件需要"特殊的校正"。但这种校正是很困难的。因为任何的干燥实验数据都是工艺参数的函数，在当今对物料的干燥机理尚认识得不很充分的情况下，以恒定的干燥实验数据推算到变动的干燥条件，其可靠性、准确性均很难保证。

文献指出："用干燥方法从物料中除去水分的难易程度因物料结构不同而异，即使在同一种物料中，所含水分的性质也不尽相同，所以干燥机理较其他传质要复杂得多"。可见"校正"难度有多么大。

J. 金克普得斯，对干燥实验研究提出了十分有益的建议，他指出："在分批干燥实验中必须遵守一定的规则，以便在大规模生产条件下获得可用的数据。样品的质量不应太小，必须放在与大规模生产中所用的相似的盘子或架子上。干燥表面与非干燥表面的比值及床厚应该相似。空气的速度、湿度、温度和流向应该相同且保持不变，以模拟在恒定条件下的干燥"。这里存在两个问题：

第一，间歇式分批生产是否全是恒定条件干燥；

第二，分批干燥的实验数据能否为大规模的连续生产提供有益的数据。应看到间歇式工业生产为了达到优质、节能、高效的目的，绝大多数不再是恒定条件下的干燥。

另外，变条件下的实验干燥可以为大规模的连续生产提供可靠的设计参数。即无论是间歇式变条件的生产干燥，还是连续式大规模的生产干燥，模拟实验系统均可为之提供极为有益的设计参数，这已为天津某家具厂的木材红外干燥炉、烤漆烘道及菱镁矿球干燥烘道、钛矿球干燥烘道及出口竹漆器烘道等的设计与生产所证实。在实验室模拟胶合板单板在变条件下的实验为工业生产干燥机提供了可靠的设计数据，单板干燥机已获国家专利。

天津大学对木板及中药进行过大量的恒条件的实验研究，其中对 27 种中药还进行了红外辐射与热风对流干燥的实验研究，其结果是当恒温供热温度高时，干燥周期短，但有效成分损失严重，恒温供热温度低时，干燥周期长但有效成分损失小。对木板的实验表明，即使不是太高的供热温度，当升温速率高时，干燥周期长，木板开裂，这就不得不使我们对干燥工艺学进行深入研究，以物料的优化传热传质为前提，以确保干燥质量为目标，探索有效的实验方法。丁肇中曾指出："科学的进展是理论和实验相互促进的结果，只有通过实践推翻原有的理论才能获得新的东西"。新的实验方法是根据物料的传热传质特点（内在矛盾值）与供热条件（外在因素）之间的优化组合而展开的。对木材、中药、谷物、蔬菜种子的固定床与振动流化床 10 万多个数据采集与处理，终于找到了既节能又确保干燥质量的变温干燥理论。

供热条件包括供热参数与供热方式。供热参数包括辐射加热温度、加热功率、干球及湿球温度、气体方向及速度等；供热方式包括恒温条件供热和变条件供热，快速升温和慢速升温以及恒温时间、降温方式等，这些是外在因素。

综合内在因素和外在因素，探明不同物料内部的水分如何扩散到它的表面，并如何从表面蒸发的，就是研究水分在物料内部迁移或扩散过程受到哪些阻力，这些阻力又与物料的结构、光谱以及吸收外界的能量有何关系，即研究湿物料的传热传质特性。总之，干燥可分为表面汽化控制与内部扩散控制。

干燥动力学在寻求物料干燥规律的基础上，确定优化的干燥方法与干燥周期，为新工艺的设计及老设备的改造提供依据，以达到既节能又确保干燥质量的目的。

18.2.2.2　非稳态红外干燥动力学方程

干燥动力学是研究物料在干燥过程中脱水量与各种支配因素的关系。这一问题在国内外的高校教材中论述得均不多，但在张洪元等编著的《化学工业过程及设备》一书中"干燥"第三节干燥动力学中详述了影响干燥速率的因素，分析透彻，但没有数学方程的表达。苏联作者金兹布尔格在《食品干燥原理与技术基础》一书的热辐射干燥机的计算中，主要考虑辐射与对流对干燥的影响。A. S. Mujumdar 对振动流化床中热导率进行了大量的研究。结果表明在非通风床中，振动床与固定床相比，其热导率提高了 3 倍。在工程中有很多这样类似的既有辐射又有对流及导热的换热，兼有振动的换热，则干燥速率方程为：

$$\frac{\mathrm{d}M}{G_0\,\mathrm{d}\tau}=\frac{1+X}{\delta\,\rho_{\mathrm{w}}(\gamma_{\mathrm{w}}+\Delta\gamma)}\left\{\varepsilon_{\mathrm{s}}C_0\left[\left(\frac{T_{\mathrm{ri}}}{100}\right)^4-\left(\frac{T_{\mathrm{si}}}{100}\right)^4\right]+h_{\mathrm{c}}(t_{\mathrm{di}}-t_{\mathrm{si}})+\frac{h_{\mathrm{t}}}{\delta}(t_{\mathrm{li}}-t)+\right.$$
$$\left.H^2\omega^2\delta\,\rho_{\mathrm{w}}+C_0\left[\varepsilon_{\mathrm{g}}\left(\frac{T_{\mathrm{gi}}}{100}\right)^4-\left(\frac{T_{\mathrm{si}}}{100}\right)^4\right]\right\}-\left(\frac{C_0+XC_{\mathrm{w}}}{\gamma_{\mathrm{w}}+\Delta\gamma}\right)\frac{\mathrm{d}t}{\mathrm{d}\tau} \qquad (18\text{-}68)$$

式中，$\mathrm{d}M/(G_0\mathrm{d}\tau)$ 为干燥速率；G_0 为物料的绝干质量，kg；$\mathrm{d}M$ 为脱去的水分量，kg，即单位物料绝干质量所汽化的水分增量随对应采样时间的变化率；X 为干基含水率，%；δ 为料层厚度，m；ρ_{w} 为湿物料密度，kg/m³；γ_{w} 为对应不同物料表面温度的水的汽化潜热，J/kg；ε_{s} 为系统黑度；C_0 为黑体辐射系数，W/(m²/K⁴)；T_{ri} 为辐射器瞬时表面温度，K；h_{t} 为物料的热导率，W/(m/℃)；t_{di} 为空气瞬时干球温度，℃；t_{si} 为物料瞬时表面温度，℃；h_{c} 为对流换热系数，W/m²；t_{li} 为螺旋槽的温度，℃；t 为螺旋槽同物料的平均表面温度，℃；H 为振幅，m；ω 为角速度，rad/s；ε_{g} 为湿蒸气辐射率；C_{w} 为水分的比热容，J/(kg·℃)；τ 为时间，s；T_{gi} 为湿蒸气温度，K；T_{si} 为物料瞬时表面温度，K。对于很难确定被干物料表面 F 时，即可用该式计算与分析。式中各有关参数加下注脚 i 与 w 表示非稳态的变化过程。按式(18-68)，影响干燥速率的因素分析如下。

① 干燥速率是多因素的函数，与辐射加热器的表面温度、物料表面温度有关，并与它们之间的位置有关。它也是干球温度的函数。

② 干燥速率与物料的初含水率成正比，与物料的厚度成反比。

③ 对难干物料，升温速率至关重要；过高的升温速率使干燥动力学方程式(18-68)最后一项负值增大，导致总干燥速率下降。

④ 降温速率对难干物料的干燥亦有重要意义。式(18-68)最后一项为正值，有利于脱水。

⑤ 对木材与中药干燥而言，汽化潜热 γ_{w} 变化 1.02 倍，比热容 C_{w} 变化 1.6 倍，木板密度变化 1.4 倍，而干球温度变化 3.5 倍，辐射加热器表面温度变化 6 倍。可见支配干燥速率的主要因素不是物性参数而是供热条件，是供给的能量与供热方式。

在升速段，物料深层获得了能量才有利于水的扩散，即传热后方得传质，表面与中间层温差越小越好，越小说明深层物料获得了热能，为物料内部自由水分的扩散与附着水的汽化提供了能量，即干燥学科发展到第四阶段，要考虑能量和物质的综合迁移。

干燥速率方程之所以重要还在于通过改变干燥静力学参数的计算与分析实验验证而得到优化的干燥速率，可指导工程实践。用干燥速率这一参数欲对比物料的干燥难易程度时，除了要干燥静力学参数一致外，还需注意到物料的初含水率与物料厚度亦需一致，否则不可比，或通过计算进行修正后，方可对比。

18.2.2.3　料层厚度对干燥速率的影响

式(18-68)表明，物料厚度 δ 与干燥速率成反比。有的文献从固体内水分扩散理论提出干燥速率与物料厚度平方成反比。如何验证这两种理论是对基本干燥规律认识的主要问题之一。

当物性参数、振动强度及风速均不变化而只改变其物料厚度时得出的干燥速率 R，即成为料层厚度的单值函数，但 $R=f(1/\delta)$ 和 $R=f(1/\delta^2)$ 哪一种理论更贴近实践，可从实验对比资料判定。图 18-34 是在一定气速和进气温度的条件下，不同振动参数、不同料层厚度时的干燥速率曲线。表 18-13 是按图 18-34 当 $H\omega^2/g=2.3$ 时处理的结果。

表 18-13 相同振动参数及供热条件下床层高度对干燥速率的影响（振动参数据 $H\omega^2/g=2.3$）

床层高度 δ/mm	床层高度比 $A(\delta_{i+1}\delta_i^{-1})$	床层高度平方比 $B(\delta_{i+1}^2\delta_i^{-2})$	干燥速率 R	干燥速率比 C $(R_i \cdot R_{i+1}^{-1})$	相对差 D $[(A-C)\times C^{-1}]/\%$	相对误差 E $[(B-C)\times C^{-1}]\%$	误差倍数 E/D
17			1.51				
	1.6	2.7		1.24	29	118	4.1
28			1.20				
	1.5	2.3		1.33	12	69	5.8
42			0.90				
	1.3	1.7		1.4	7.1	18	2.5
54			0.64				

由表 18-13 可看出，按 $R=f(1/\delta)$ 式处理其相对误差 E 比 D 小 2.5～5.8 倍这一对比分析方法，对不同厚度的中药（当归、白术）在固定床的红外辐射干燥亦有所证实，干燥速率与料层厚度成反比较与厚度的平方成反比更切合实际。

18.2.2.4 物料初湿含量对干燥速率的影响

由式（18-68）可知，干燥速率与物料含水率成正比，即对同一种物料，在相同的供热条件及振动参数下，物料初含水率不同，其干燥速率亦不同。评价一种物料难干还是易干，恒速段的干燥速率也是一个重要的参数，忽视了这一点，对物料干燥特征的认识亦会导致错误的结论。

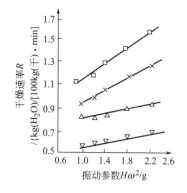

图 18-34 不同床层高度及振动参数对干燥速率的影响
床层高 H/min：□—17；×—28；△—42；▽—54

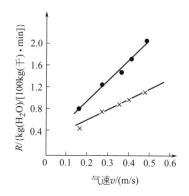

图 18-35 物料含水率对干燥速率的影响

	初含水率/%	W/(r/min)	H/min
×	53.4～55.9	460	28
●	71.8～73.6	582	28

图 18-35 是在其他条件相同的情况下，硫酸铵平均含水率分别为 72.7% 和 54.6% 时，改变气速得到的实验结果，当气速固定 0.17m/s、0.36m/s 时由物料初含水率而引起的干燥速率的变化，见表 18-14。

表 18-14 物料初含水率对干燥速率的影响

气速 /(m/s)	初含水率 /%	初含水率比 k_1	干燥速率 R	干燥速率比 k_2	相对误差 $[(k_2-k_1)/k]\times100\%$
0.17	72.7		0.80		
0.17	54.6	1.33	0.56	1.43	6.9
0.36	72.7		1.44		
0.36	54.6	1.33	0.91	1.57	15

由表 18-14 可见，初含水率对干燥速率有重要影响。因此，我们用中药的热风与红外辐射干燥数据进行实验时，为对 27 种中药的难干与易干程度有全面的评价，应尽量使物料初含水率一致，实在达不到时要通过计算修正。

18.2.3 恒定条件与变条件下干燥过程的实验规律

木材的红外干燥在国内外曾争论不休。我国经过几十年的努力，已基本上掌握了木板与地板块红外辐射干燥的规律并积累了经验。木板红外干燥炉当时在黑龙江、吉林、辽宁、天津、四川等地应用，已说明了它的作用。

1955 年，苏联列别捷夫指出："以红外线方法干燥厚而难干的物料是没有多大发展前途的"，又指出，"必须加热风联合干燥"。

20 世纪 60 年代苏联 A. 道拉齐斯认为："红外线干燥尚有不足之处，不能以材堆的形式干燥锯材，因为与普通对流干燥方法相比，此法排除 1kg 水需消耗更多能量"。

1980 年法国 P. 若利用 250W 的红外灯照射 30mm 厚的山毛榉，其结果是木板裂、耗能大，质量欠佳，结论是"所有树种都不适于用红外线干燥"，他所提供的木板升温曲线表明，木板表面升温速率为 150℃/h，为正常升温速率的 10 倍，木板表面与中心层温度差，仅干燥 20min 已达 40℃，为正常干燥温差的 4 倍，这正是他试验失败的原因，欲速则不达，既多消耗了能量又没有获得好的结果。

为了能对多种物料提供工业生产用的红外干燥基础数据，要求干燥实验装置具有多功能性，能模拟实际工业生产条件，首先能测试各种物料，包括板、片、块、粒等，并能测试质量和物料厚度等。供热参数要可调，包括辐射加热器的位置、功率、表面温度等，并能自动控温，以达到供热方式恒可调的目的。要求测试系统能准确地测试全部有关不同采样时刻的温度参数、物料脱水量、功率消耗以及物料的含水率等。此外还要求实验装置能为现代的测试手段提供条件。

18.2.3.1 恒定条件与变条件下的模拟实验方案

图 18-36 是间歇式固定床红外干燥箱、控制系统简图。实验采用间歇式固定床红外干燥

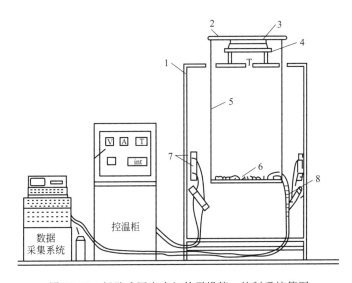

图 18-36 间歇式固定床红外干燥箱、控制系统简图

1—干燥炉；2—横杆；3—电子秤；4—电子秤支架；5—吊绳；6—物料筛；7—辐射器；8—电缆

炉，炉内的辐射加热器与物料的相对位置可模拟实际工业干燥过程。精密电子秤的托盘作为装载物料的固定床，可以更换以适应不同物料的干燥。

在干燥过程中可实时测量物料脱水量随时间的变化。精密控温仪用来控制辐射加热器的温度，可设定不同的供热方案。HP（惠普）数据采集系统可同时测量物料的温度分布，干、湿球温度及辐射板温度。通过实验可测得干燥曲线、干燥速率曲线、物料温度曲线等并计算辐射与对流换热之间的关系。

由天津大学热能工程系建立的实验系统配有 $0.76m^3$ 的红外干燥炉，图 18-36 间歇式固定床红外干燥箱、控制采集系统采集的模拟实验数据均可为之提供极为有益的设计参数。这已为天津某家具厂的木材红外干燥炉、烤漆烘道及菱镁矿球干燥烘道、钛矿球干燥烘道及出口竹漆器烘道等的设计与生产所证实。在实验室模拟胶合板单板在变条件下的实验为工业生产的胶合板单板干燥机提供了既可靠又先进的设计数据。

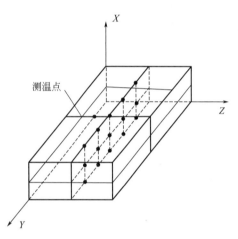

图 18-37　料层温度点布置
（板、片、块、粒等）

料层温度点布置见图 18-37，X 方向分三层，Y 方向分五个断面，Z 方向有三对热电偶，以获得三维方向的温度分布。

测试仪器：

① 干燥炉：$0.76m^3$。

② DWK-702 精密控温仪：为比例微分积分调节仪，控制电加热器获得不同的温度。

③ RC1631 型精密电子秤（德），最大称量值为 16.6kg，分辨率为 ±0.1g，并配有 MR424 远程电脑打印机。

④ LGN-MB 木材及多种物料的湿度计（西德），量程为 2%～100%。

⑤ HP3054A 数据采集系统（美国）：为多功能、高速、高精度采集与控制系统。

⑥ D40-W 型精密功率表：A 级。

⑦ HPD-2000 型数字温度计（日本）。

⑧ 6141 型热线风速仪（日本），风速为 0～60m/s，风温为 2～100℃。

⑨ EXTECH-5000 型空气湿度/温度计（美国）。

⑩ 计算机。

18.2.3.2　升温速率对干燥的影响

模拟工程干燥炉的实验系统见图 18-36，木板放在秤盘上，通过吊绳用 RC1631 型精密电子秤测不同干燥时刻的脱水量并计算出干燥速率，用 HP3054A 数据采集系统测量辐射板表面温度，干球、湿球温度及木板表面 3 点温度及内层 9 点温度（在木板侧面等距分 3 层，每层测 3 点温度，深度均为 80mm）。木板表面及干球、湿球温度用直径为 0.2mm 的铜-康铜温差电偶测量。其余各点均用直径为 1mm 的铠装镍铬-镍硅温差电偶测量。用 DWK-702 精密控温仪控制炉内干球温度及木板的升温速率，用 KPML-G 高温木材温度计在线测量木板含水率。对两块均为 34mm×160mm×500mm 的红松木板进行快速与慢速升温对比实验。快速升温木板初含水率为 36%（干基，以下同），4 块辐射板供电压为 120V，空间电功率密度为 $1.4kW/m^3$。慢速升温木板初含水率为 37%，4 块辐射板从 40V 开始供电，每小时升压 10V，阶梯升压到 120V，空间电功率密度从 $0.15kW/m^3$，逐步升到 $1.4W/m^3$。

实验数据对照表见表 18-15。干燥速率对比曲线见图 18-38，从图 18-38 可见两线的明显差异在于快速升温干燥速率没有出现恒速干燥阶段，而且干燥周期长（为 26h）。从表 18-15 可见，快升温、慢升温木板的终含水率分别为 2.5％与 0.5％，但快升温比慢升温多耗时 7h，多耗电 7.2kW·h，少脱水 17.4g，且木板表面有裂纹。裂纹的原因主要是木板表面与中心层之间形成了大温度梯度（16℃），多次实验表明：此温差超过 10℃时就有产生裂纹的危险，而慢速升温时此温差只有 6℃，见图 18-39 及图 18-40。

表 18-15　快速与慢速升温实验数据对照表

测试参数	快速升湿数据	慢速升温数据								
辐射加热器供电电压/V	120	40	50	60	70	80	90	100	110	120
空间电功率密度/(kW/m³)	1.40	0.15	0.24	0.34	0.47	0.61	0.77	0.95	1.15	1.40
干球升温速率/(℃/h)	44	17								
木材表面升温速率/(℃/h)	15	6								
木板干基初含水率 X_1/％	36	37								
木板干基终含水率 X_2/％	2.5	0.5								
供电时间 τ/h	23.5	13								
耗电量/(kW·h)	21.8	14.6								
总干燥时间 τ/h	26	19								
总排出水分/g	517.3	534.7								

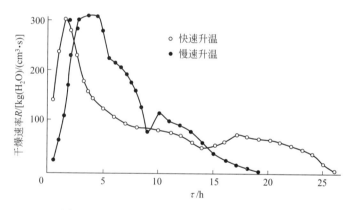

图 18-38　快速与慢速升温干燥速率对比曲线

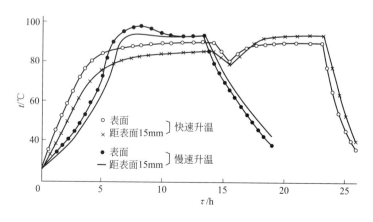

图 18-39　木板表面与中心层温度曲线

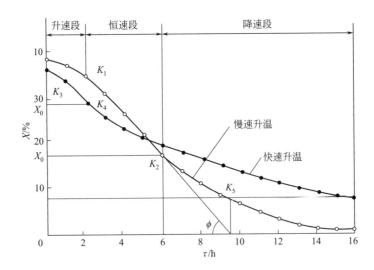

图 18-40　湿木板干燥曲线

从图 18-40 中可看出，慢速升温的含水率曲线中，0～2h 为升速段；2～6h 为恒速段；从 K_2 点得临界含水率 X_0 为 17.4%，而快速升温的临界含水率约为 28%，此值太高，且该曲线没有出现恒速干燥阶段。同时还可看出，快速升温只在 0～2h 脱水较快，之后则很缓慢，直到 16h 含水率才为 8%。而慢速升温木板含水率亦达 8% 时（K_5）只用了 9h。由此可见，木材红外干燥中升温速率对木材的干燥有着重要的影响。木板的升温速率与干燥速率及内部水分的扩散速度均密切相关，是干燥动力学的重要组成部分。

传统的干燥理论均认为，升速阶段是短暂的预热阶段，常常被忽略不计。从图 18-40 的木板慢速升温干燥曲线可看出，当木板的终含水率为 8% 时，干燥周期为 9h；升速段为 2h；恒速段为 4h，降速段为 3h；各占干燥周期的 22.2%、44.4% 及 33.3%。在较为优化的榆木板干燥实验中，对应的三个阶段各占干燥周期的 27.5%、32.5% 与 40%。在丹参的红外干燥中对应上述升速、恒速、降速三阶段，各占干燥周期的 24%、24% 与 52%；同样的丹参在对流干燥中三阶段各占干燥周期的 20%、28% 与 52%。从上述四种实验的统计数据来看，升速段平均占整个干燥周期的 20%～27.5%，不可忽视。

对 φ 10～25mm 菱镁矿脱结晶水的烘干中，快速升温 3min 时达到最大干燥速率 21.2g/(kg·min)，没有出现恒速干燥阶段；慢速升温是在 6min 时达到最大干燥速率 21.7g/(kg·min)，从 3min 到 9min 出现恒速干燥阶段，干燥周期为 19min，快速升温的干燥周期为 26min，可见快速升温是欲速则不达。

综上分析可见，对难干物料，无论是毛细管多孔胶体还是毛细管多孔体，其升温速率与升速阶段十分重要。它是整个干燥过程的基础。

18.2.3.3　升速段增湿对干燥的影响

图 18-41 是升速段增湿、恒速段吹风对木板温度的影响。两块实验木板均为 30mm×160mm×500mm 榆木板，实验系统见图 18-36。辐射板供热条件相同，即 0～6h 为升温供热；6～11.5h 为恒温供热；11.5～17h 时为自然降温。两组实验曲线代号为 C 与 D，其中 C_1、D_1 为干球温度曲线；C_2、D_2 为木板表面温度曲线；C_3、D_3 为木板中心层温度曲线，木板表面与中心层各测 3 点温度，均距侧面 80mm，即在木板的中心剖面上取 3 点的平均温度值。

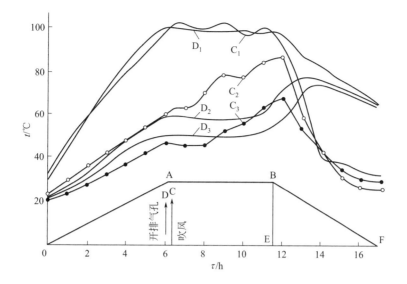

图 18-41　升速段增湿与恒速段吹风对木板温度的影响
实验 C（C_1 干球、C_2 板表面、C_3 板中心）——恒速段吹风；
实验 D（D_1 干球、D_2 板表面、D_3 板中心）——升速段增湿

在 0～A 的升速段，C 组实验时排气孔打开。D 组实验时，排气孔关闭，并用木板排出的水分加湿空气。两组对比，表面温度从 0～6h 时基本一致，但中心层温度 D_3 高于 C_3，其原因是湿空气有利于木板导热。从表 18-16 和图 18-41 可看出以下三点：

① 在 1～5h 的空气湿度 C 组从 19 [g(H_2O)/kg(干气)] 增加到 77 [g(H_2O)/kg（干气)]。而 D 组则从 22 [g(H_2O)/kg(干气)] 增加到 99 [g(H_2O)/kg（干气)]。

② 中心层与表面温差，C 组从 7℃增到 13℃，D 组从 2℃增为 6.5℃。

③ 2h 后，D 组干球温度高于 C 组，这是湿蒸气吸收红外辐射的结果。

表 18-16　升速段增湿与木板温差

项目		时间/h				
		1	2	3	4	5
空气湿度/[g(H_2O)/kg(绝干气)]	C 组	19	24	48	54	77
	D 组	24	28	52	71	99
中心层与木板表面温度差/℃	C 组	7	8	10	12	13
	D 组	2	3	3.5	5.5	6.5

评价物料内部传热的好坏是看物料深层与其表面温差的大小，以小为好。小则说明热阻小、导热性好，物料深层获得了热能。只有物料深层获得了热能，才有利于水分向表面扩散，这已为大量实验曲线所证实，即不用看干燥速率曲线，只要见到这些温度曲线即可断定干燥速率曲线的好坏。当然希望深层物料温度高，如图 18-41 中 D_3 高于 C_3 说明 D_3 曲线优于 C_3。

综述分析，木板红外干燥时，升速段关排气孔，自增湿传热有益于木板的优化传热传质。该实验为工程的木板与厚物料的干燥打下了理论基础。

18.2.3.4　恒速段吹风对干燥速率的影响

图 18-42 的实验继续进行，到恒速段，实验 D 亦打开排气孔，使蒸发出的水分能排出实

验炉外。但 C 从 6h 开始吹风,此时物料表面温度迅速升高,深层温度也相继升高,但表面与深层间的温差加大,见图 18-42,同时使 C_2 板表面与 C_3 板中心干燥速率从 500g/(m^3・h) 突然升到 800g/(m^3・h),但又急速下降,使整个干燥过程变差,见图 18-42 实验 C。

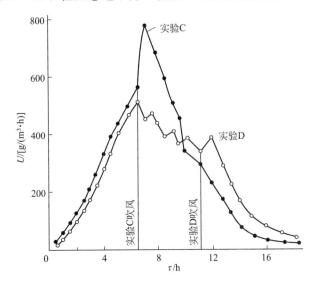

图 18-42　恒速段吹风对干燥速率的影响

可见,所谓恒速段属表面汽化控制阶段并不是表面能汽化多少水分,干燥速率就会跟随增大,关键还在于物料内部的水分能扩散到表面。

天津某家具厂的木材红外干燥炉(不吹风式)与天津某家具厂的木材红外干燥炉相比,两者的炉体积、辐射加热器功率等都很相近,只是后者增加了热风循环装置。但两者的产量与质量基本一致,可见对这样的难干物料,因生产周期较长,可以不用强制循环风,但堆垛要有好的自然对流通道。对定向辐射的干燥装置,不可轻易吹入冷风,避免干球温度下降,其水分的排出可用吸湿方式。该实验为工程奠定了基础。

18.2.3.5　间断辐照对干燥动力学的影响

木材表面温度超过 100℃ 时的热辐射干燥是高度强化的干燥过程,此时急剧地排出水分,因而对间断辐照下的干燥动力学极受关注。实验用的松木板大小为 15mm×100mm×600mm,图 18-43 为连续辐照与间断辐照的干燥曲线,实验的辐射通量密度为 4.2kW/m^2,为暗辐射源。连续辐照松木板初含水率为 30.5%,干至绝干状态的干燥时间为 100min。间断辐照时松木板初含水率为 22.7%,干到绝干时为 175min。

由此可见,间断辐照虽然初含水率低,所需能量仅减少 12%,但干燥时间却增加 75%,并不有利。我国在木材红外干燥炉生产中,采用间断辐照的工艺也不少,需深入寻找优化干燥的规律。

18.2.3.6　降速段降温对干燥的影响

降速阶段由于自由水已蒸发完毕,再恒温供热既多消耗能量,又对干燥质量有害。天津大学对 27 种中药干燥时发现,薄荷与防风有效成分损失分别为 100% 与 65.9%,均是恒温供热造成的,即物料升温过高。而有效成分损失在 12.3% 以下的均是变温干燥。统计数据表明,如以中药终含水量 8% 的干燥时间为 τ_2,变温开始的时间为 τ_3,则 $\tau_3/\tau_2 = 0.6 \sim 0.9$

为最佳变温时间，此变温即指供热温度开始下降。变温时间过早必然使干燥周期加长，而变温时间过迟，物料升温过高，即费能，有效成分损失也会增加。优化的变温时间分析见表18-17。

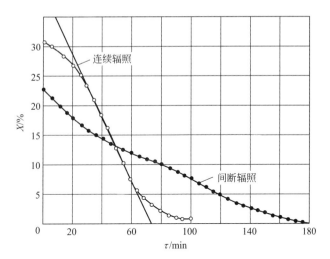

图 18-43 连续辐照与间断辐照的干燥曲线

表 18-17 红外干燥指标成分损失 20%~100% 的饮片

中药名	允许料温/℃	实料温/℃	指标成分失水率/%	分析方法	指标成分	供热方式、辐射板温度/℃、变温时间比 k	备注
薄荷	晾晒	75	100	GC	薄荷	变温、200~150、$k=0.28$	应晾晒
三棱	80	82	100	HPLC	苯乙醇	恒温、300	允许料温高
防风	80	79	65.9	GC	甘露醇	恒温、377	允许料温高
大黄	80	98	64	HPLC	大黄素	变温、278—248—217、$k=0.22$	实验料温高
当归	60	64	55.6	HPLC	阿魏酸	变温、338—286—243、$k=0.13$	允许料温高
陈皮	60	62	40.0	HPLC	陈皮苷	变温、275—130—62、$k=0.05$	允许料温高
白术	80	79	65	HPLC	芍药苷	变温、289—250、$k=0.31$	允许料温高
莪术	80	88.977	39.3	GC	樟脑靛玉	恒温、280	实验料温高
板蓝根	80	73	38.3	UV	靛玉红	恒温、300	允许料温高
桔梗	80	84	28.6	药典	桔梗苷	恒温、387	允许料温高
天花粉	80	78	27.8	UV	花粉白	恒温、386	允许料温高
槟榔	60		22.7	药典	槟榔碱	变温、351—220—170、$k=0.23$	实验料温高

注：$k=\tau_3/\tau$，τ_3 为开始变湿时间，τ 为干燥周期。

降速段降温，使物料内部（层）温度高于外部（层）温度，如图18-39所示，出现负温度梯度，则式(18-68)干燥动力学方程最后一项变为正值，使干燥速率增加，有利于脱水。

18.2.4 木材内部自由水分蒸发（迁移）的理论研究

18.2.4.1 木材内部自由水分蒸发（迁移）的毛细管理论

1958 年，Kauman 对王桉干燥过程中出现皱缩的原因进行了研究，发现干燥应力是一个重要因素。在干燥初期，表层干缩大于心部，从而给心部施加一个应力，这个压应力有可能造成皱缩。但是经过深入研究，Katlman 认为，皱缩的根本原因是毛细张力。当毛细张力超过横纹压缩强度时即出现皱缩。根据《木材手册》（Wood Handbook）（美国农业部，1955 年），北美红杉等容易皱缩的木材生材压缩强度极限为 3.59MPa。若纹孔通道半径小于 $0.04\mu m$，则有可能出现皱缩。因此，弄清楚干燥过程中大毛细管水的排除导致木材内部毛细张力的突然出现是至关重要的。

C. Skaar 提供了木材内自由水蒸发的模型。图 18-44(a) 至图 18-44(n) 表示水在毛细管里上升时的各个力。水-空气分界面上的表面张力对紧贴分界面下面的水形成一个拉力（如图中向上箭头所示），在平衡状态，水对分界面作用一个大小相等方向相反的拉力，如图 18-44(a) 中粗箭头所示。水作用在毛细管壁和分界面上的拉力方向向内。绝大多数情况下，重力与毛细管力相比微不足道，故重力的作用在此忽略不计。

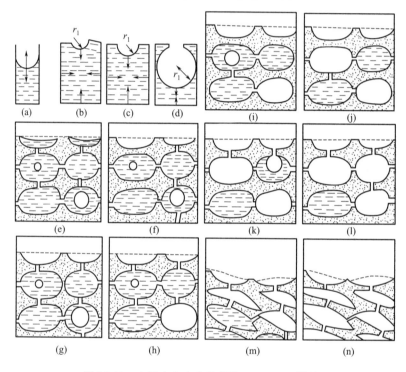

图 18-44　木材内自由水的蒸发（C. Skaar 供稿）

图 18-44(b) 表示液态水通过其表面向空气中蒸发的毛细弯月面，此时弯月面曲率月面的曲率半径逐步缩小，直到与蒸发孔的半径相等［图 18-44(c)］，其毛细张力相应增加，如图中粗箭头的长度变长所示。随着蒸发过程的进行，毛细半径反而扩大，从而毛细张力减小［图 18-44(d)］。显然，蒸发半径与蒸发孔半径相等时毛细张力最大，如图 18-44(c) 所示。图 18-44(e) 表示设想中木材内的大毛细管水是怎样一步步排除的。最初除有两个大小不同的空气泡外，所有细胞腔都充满着水分［图 18-44(e)］。此时，干燥只在暴露于空气中的木材上表面进行。图上细胞的其余三面均封闭。当上表面细胞腔中的水逐渐蒸发时，空气-水分界面上即形成一个凹的弯月面，此时因弯月面的半径较大，故毛细张力较小。

一旦表层细胞腔里的水被排尽，蒸发面即推至纹孔通道［图 18-44(f)］。此时蒸发面上弯月面的半径在缩小。细胞腔里的毛细张力随弯月面半径的缩小而增大。该毛细张力作用在整个系统的细胞壁上和空气-水弯月面上，从而引起空气泡的膨胀。气泡越大，其周围的张力越小，故大的气泡先行膨胀，大气泡所在的细胞先排空，如图 18-44(h) 所示。该细胞腔里的水是经毗邻的细胞向蒸发面迁移的。因此，木材内部深处细胞里大毛细管水的排除有可能比靠近表层的领先，这样木材干燥过程中表层比内层后干的现象就可以解释了。

大的气泡充分膨胀，并从细胞腔排空后，接着弯月面就向纹孔通道内部推移，曲率半径又缩小，系统内毛细张力再次增大以致使小的气泡膨胀，如图 18-44（k）所示，迫使水分从毗邻的细胞壁和纹孔通道迁移，最后从蒸发面蒸发出去，如图 18-44（j）所示。当蒸发面推移到充满水的细胞腔里的时候，蒸发面即向其中扩展，如图 18-44（k）所示，结果曲率半径逐渐增大，毛细张力逐步减小。水分一方面从表面向大气中蒸发；另一方面以蒸气的形式由内向外移动，如图 18-44（l）所示，木材内部细胞腔中大毛细管水的排除均照此进行。当弯月面在纹孔通道里推移的时候，如果纹孔通道小到一定程度，毛细张力增大，而细胞壁又薄，木材横纹强度极限降低，此时，单个细胞或一群细胞均可出现皱缩，如图 18-44（m）、（n）所示。由于细胞壁的强度随温度升高而急剧下降，故高温时皱缩严重。

通过上述木材干燥而皱缩的机理的描述，可见在排除细胞腔里的自由水（大毛细管水）时，干燥初期还是采用低温为宜，因高温条件下大毛细管排水过快必然出现严重的缺陷，致使木材质量变坏而降挡，降低出材率或利用率，甚至报废，看来要大幅度地加速木材干燥过程的关键在于寻求比现行种种干燥方法既快又安全地排除大毛细管水的新方法。

根据上述毛细张力导致木材皱缩的理论，可以用表面张力低的液体取代木材中的水分，则木板干燥造成的毛细张力可望减小，木材皱缩得以消除。1959 年，Ellwood 等用表面张力小的甲醇和乙醇取代木材中的水分已有效地防止了皱缩。可惜此法尚不能应用于生产，因很不经济，但证实了毛细张力引起木材皱缩理论的正确性。

综上所述，当湿木材（毛细管多孔胶体）通过辐射或对流传热，使其表面层的自由水分开始蒸发时，木材内部水分迁移的规律是：

① 木材表面的自由水即细胞腔中的水将蒸发完毕。

② 内层细胞腔内自由水由于毛细管力的作用沿大毛细管向表面移动。

③ 表面层的吸着水（细胞壁、纹孔等水分）也将蒸发，使表层的含水率降低到纤维饱和点以下。

④ 木材内部的水分多于表层的水分，从而形成内高外低的含水率梯度。

⑤ 由于含水率梯度的存在，木材内部水分将由含水率高处向低处迁移。

⑥ 木材内部细胞壁内微毛细管平均管径逐渐变小，管径大的细胞腔中的水分受微毛细管的吸引以液态或气态向表面迁移。

⑦ 细胞壁内的吸着水一部分汽化后以气态形式进入邻近外层的细胞腔，在腔内冷凝成液态水后，被邻近较外层的微毛细管吸入而成为吸着水，然后又汽化为水蒸气再度透入更近外层的细胞腔，经反复交替，以气态和液态的形式由内向外迁移。如此延续，细胞腔内自由水蒸发完毕，也蒸发了部分结合水。

18.2.4.2　木材内部水分蒸发（迁移）的温度应力理论

除了由于含水与毛细管力引起的水分迁移外，还有因温度梯度引起的水分迁移。考虑到所有迁移动力的作用，则水分扩散强度为：

$$M = -a_m \rho_s \frac{\partial X}{h} - a_m \rho_s \delta \frac{\partial t}{h} - k_p \frac{\partial p}{h} \tag{18-69}$$

式中，M 为水分扩散度，MPa/s；a_m 为导水系数，m^2/s；p_s 为物料绝干密度，kg/

m^3；$\dfrac{\partial X}{h}$ 为含水率梯度，%/m；$\dfrac{\partial t}{h}$ 为温度梯度，℃/m；δ 为温度梯度系数，1/℃；$\dfrac{\partial p}{h}$ 为压力梯度，MPa/m；k_p 为蒸气的克分子迁移系数，m/s。

负号表示物料中的水分由内部向外部迁移。

水分在植物体内的迁移亦分两种情况，其一是在导管（阔叶树）或管胞（针叶树）中的迁移，其阻力很小，适于长距离迁移；其二是在活细胞之间的迁移，受到的阻力很大，仅适于短距离迁移。水分迁移的动力，上端靠叶子的蒸腾拉力，下端为吸水根的压力。在导管中水的流速很大，每秒可达 11mm。

在干燥过程中，木材内部水分向外部迁移，而同时表面的水分亦不断蒸发，其蒸发强度为：

$$M_s = \beta \rho_s (X_s - X_e) \tag{18-70}$$

式中，M_s 为木材表面水分蒸发强度，MPa/h；β 为给水系数，m/s；X_s 为木材表面的含水率，%；X_e 为干基基准规定的空气状态所对应的木材平衡含水率，%；ρ_s 为绝干材的密度，kg/m^3。

给水系数 β 用来衡量木材表面水分蒸发的能力，β 的数值依供热条件而定。在理想情况下，木材内部水分迁移速率与表面水分蒸发速率应相等，且迁移速率与蒸发速率亦不应过快。过高的辐照度对厚而难干的低导热性能材料（木材亦属此列）会产生"表面效应"。表面自由水分迅速蒸发，毛细管半径突然收缩，纹孔堵塞，产生图 18-44(n) 的状态，表面应力与毛细管张力致使木材表面硬化，产生皱缩与干裂等缺陷。此时表面与内部含水率梯度显然很大，但因毛细管与纹孔的堵塞，水分并不能从木材内部迁移到表面，式(18-69) 与式(18-70) 已失去原有的物理意义，不再适用。这在木材的红外干燥、传统的蒸气干燥以及喷蒸干燥中均会出现。因此要深入理解式(18-69) 与式(18-70) 的含义。

18.2.4.3　低温红外木材干燥的含水率、板温与自由水分的蒸发面位置

厚物料干燥过程是复杂的传热传质过程，即便是恒温恒湿条件供热，热在物料内部的传递及物料中水分的迁移仍存在着非稳态过程，而被干燥的物料又是千变万化，因此很难准确计算出物料中温度场及脱水规律。J. 金克普利斯指出："由于我们对干燥速率的基本机理了解得很不充分，在大多数情况下，必须用实验方法测定干燥速率"。由此可见，干燥实验装置及测试系统甚为重要。恒温与变温条件下干燥实验装置、测试系统及测试曲线极其重要。因而也进行了变温条件下干燥过程的实验规律：如升温速率对干燥的影响、升速段增湿对干燥的影响、恒速段吹风对干燥速率的影响、降速段降温对干燥的影响、间断辐照对干燥动力学的影响以及振动流化对干燥物料的影响等，这些都是外在因素对干燥的影响。进而又阐述了木材内部自由水分蒸发（迁移）的毛细管理论，即图 18-44 木材内自由水蒸发的 C. Skaar 模型理论。这一模型理论对木材内部自由水分蒸发阐述得十分透彻，但也十分费解。看起来一目了然，如图 18-45 所示。

图 18-45 给出了低温红外辐射榆木板的干燥温度、含水率及蒸发面位置曲线。500mm×150mm×36mm 的木板，分六层即表面 0、1、2、3、4、5 层，每层曲线用 3 支 0.2mm 热电偶测值的平均值。蒸发面曲线的获得原理是自由水分脱完后，温度必然从此点上升。

由图 18-45 可看出木板的 0、1、2、3、4、5 层温度曲线，自由水分是从木板的底层 4 先脱完，继而为上表面 0 及 1、3，最后为 2，即自由水分的脱出是从底面、上面再向中心层迁移。这就是 SKaar 等研究认为的，该细胞腔里的水，主要是由毗邻的细胞向蒸发面迁移的，因此木材内部深处细胞里大毛细管水的排出有可能比靠近表面层领先。由于浅层及深层

均能迅速脱完自由水（见图 18-45 蒸发面位置），故这种低温红外辐射的木板干燥周期并不长。

由图 18-45 还可看出变温干燥的优越性，确保木板的升温速率，尤其到后期，木板不再需要能量了，就应降温供热。由非稳态干燥动力学方程式(18-68) 可知，最后一项为负值，如降温供热则该项变为正值，对提高干燥速率有利。

图 18-45 即各层自由水先后的脱出是按此顺序进行的，可看图 18-45 中的蒸发面位置图。再与含水率曲线图温度曲线及供温曲线综合起来对照研究，即对这一复杂的传热、传质过程一目了然了。

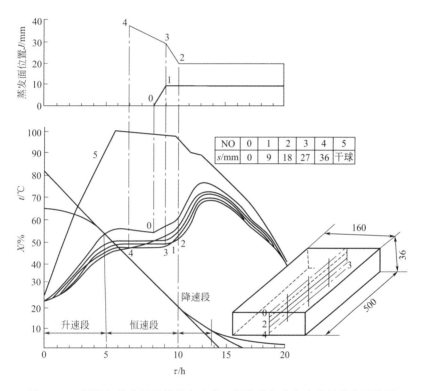

图 18-45　低温红外木材干燥的含水率、板温度与自由水分的蒸发面位置

18.2.4.4　高温红外与高速喷射木材干燥的含水率、板温与自由水分的蒸发面位置

由图 18-46 可看出：

① 干球温度几乎直线上升，从 20℃升到 260℃。

② 含水率曲线：恒速段短、降速段长、周期长。

③ 板温差极大，内层 5 为 100℃，表面为 200℃，温差达 100℃，超过允许温差的 10 倍，温度应力与高温辐射结果导致木板翘、裂、皱缩。

④ 蒸发面位置：由表及里，即 1、2、3、4、5 层。

由图 18-47 可看出：

① 干球温度为一直线，125℃，高速 11m/s。

② 含水率曲线恒速段 AB 极短，降速段长。

③ 板表面与内部温差达 20℃，超温 2 倍多。高温、高速结果木板跷、裂、皱缩。

④ 蒸发面位置：由表及里，即 1、2、3、4、5 层。

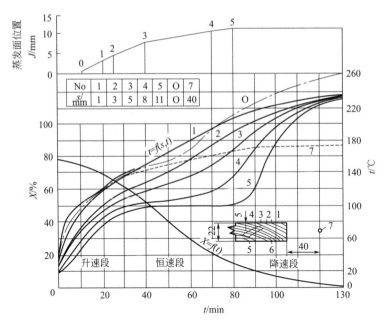

图 18-46　高温红外辐射松木干燥的含水率、板温及蒸发面位置

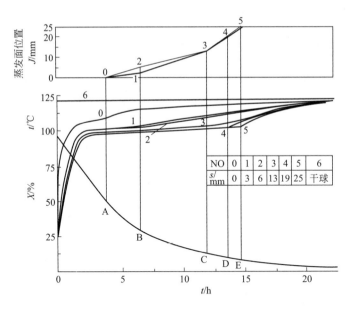

图 18-47　高温高速喷射杨木干燥的含水率、板温及蒸发面位置

18.2.4.5　高温与低温热风干燥木材的含水率、板温与自由水分的蒸发面位置

由图 18-48 可看出：

① 干球温度为一直线，115℃。

② 五层含水率曲线各不相同，临界含水率点 A、B、C、D、E 与温度曲线及蒸发面曲线一致，即脱完自由水的点是 0、1、2、3、4 点。

③ 木板表面与内层温差较大，约近 15℃，温差应力较大对干燥质量不利。实践证明该窑木板翘、裂、皱缩严重。

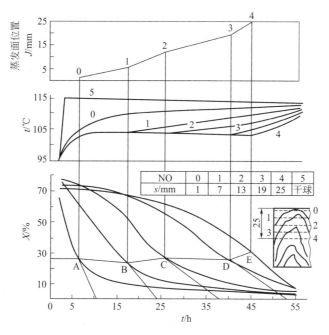

图 18-48　高温热风干燥木材 50mm 厚水曲柳含水率、板温差及自由水分的蒸发面位置

④ 由于恒速段短，降速段长，干燥周期相对较长。

由图 18-49 可看出：

① 干球温度为一直线，80℃。

② 五层含水率曲线各不相同，表面及 1 层（7mm 深），均没出现恒速段，2、3、4 层恒速段亦很短，预示降速段很长，即干燥周期长，达 140h。

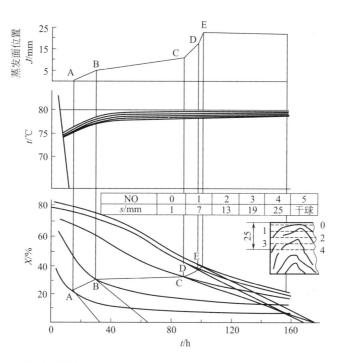

图 18-49　低温热风干燥木材 50mm 厚水曲柳含水率、板温差及自由水分的蒸发面位置

③ 木板表面与内层温差很小，均紧靠在一起，$\Delta t < 3℃$。温度应力小，对保证干燥质量有益。

④ 蒸发面曲线只能靠含水率曲线推得，因木板温度各层紧靠在一起了。蒸发 2 面曲线起点从表面 A 直到 E。

基于上述图 18-45 至图 18-49，对 50mm 厚的榆木板、松木板、杨木板、水曲柳进行脱水机理研究，通过测试供温曲线、含水率曲线、板温及蒸发面位置曲线，结果表明：

① 高温红外辐射、高温热风、高温高速喷射干燥，均欲速则不达，恒速段短而降速段长，温度应力大，再加上高温工艺，使板表层水迅速蒸发，热能传不进水分向表面迁不出。

② 图 18-46 到图 18-48 三种高温高速喷射方案，结果是木板翘、裂与皱缩严重。

③ 只有低温红外辐射与低温温风工艺确保了干燥质量。

④ 低温红外辐射，确保有升速段、恒速段与降速段，并有变温干燥，确保干燥过程的供、需能量平衡，达到节能与干燥周期短（20h）又确保干燥质量的目的。低温热风干燥虽然保证了干燥质量，但没有明显的较长时间的恒速段，必然加长降速段，且恒温 80℃ 供热，干燥周期长过 160h，是低温红外辐射干燥的 8（160/20）倍。上述实验研究为工程试验创造了良好条件。

18.3　红外辐射加热器及其设计

18.3.1　红外辐射涂料

18.3.1.1　吸收光谱与红外辐射涂料

吸收光谱与红外辐射涂料中低温辐射涂料是指 600℃ 以下其单色发射率较高的涂料，如某些有机化合物、油漆、含水物料等，人体保健用红外理疗仪的涂料亦在这个温度区。

图 18-50 是硫酸钠的红外透过率光谱，其最大吸收率为 0.8。对应的波长为 $9\mu m$，由于在双光谱的测试中已不包括反射率，因而有：

$$A_\lambda = 1 - T_\lambda \tag{18-71}$$

式中，A_λ 为单色吸收率；T_λ 为单色透过率。在工程中有很多中、高温吸收光谱。

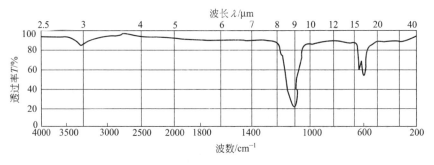

图 18-50　硫酸钠的红外透过率光谱

红外辐射涂料是改善表面发射率的有效手段之一，可涂在辐射加热器表面，也可涂在各类加热炉壁，提高其发射率。典型的红外辐射涂料如下。

① 碳化硅系。多数以 SiC（60% 以上）和黏土（40% 以下）烧结而成碳化硅板或以 SiC 为主配成涂料，由于碳化硅涂料易脱落，新发展的有保护膜 SiC 涂料。

② 三氧化二铁系。如 $\alpha\text{-}Fe_2O_3$ 和以 $\gamma\text{-}Fe_2O_3$ 为主的辐射涂料。

③ 锆钛系。由 $5\%\sim97.5\%$ 的 ZrO_2，加 TiO_2 组成。

④ 稀土系。如铁锰酸稀土钙复合涂料。

⑤ 锆英砂系。锆英砂（$67\%ZrO_2$ 和 $31\%SiO_2$ 为主）添加其他金属氧化物呈浅黑色锆系辐射涂料。

⑥ 镍钴系。以 Ni_2O_2 和 Co_2O_3 为主的涂料。此外还有氟化镁、三氧化二铬、高硅氧等为主的辐射涂料。不同材质的辐射涂料其原子量及原子和化学键的结合特性不同而有不同的晶格振动，因而在不同的波长有不同的发射率。

图 18-51 为聚酯漆的透过率光谱，在 $3\mu m$、$5.75\mu m$、$7.8\mu m$ 均有强吸收峰，干燥这类物料的辐射加热器表面可涂中、高温涂料。

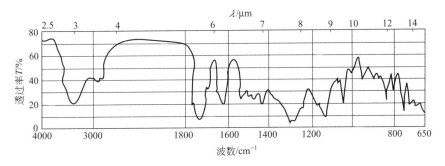

图 18-51 聚酯漆的透过率光谱

铁锰酸稀土钙、Fe_2O_3 与碳化硅粉长波涂料的发射光谱见图 18-52。$MoSiO_2$ 中、高温涂料的辐射光谱见图 18-53。以 SiC、Na_2O、SiO_2 及 Cr_2O_3、Na_2O、SiO_2 涂料配成的更高发射率涂料 HS-2-2 及 HS-4-2 的发射光谱见图 18-54。碳钢的辐射光谱见图 18-55。许多金属在短波的发射率（吸收率）较高而长波的发射率很低，因此电阻带式辐射器表面均要涂上涂料。高温高发射率 SiC 涂料的发射光谱见图 18-56。

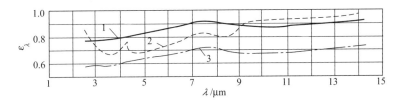

图 18-52 长波涂料的发射光谱

1—铁锰酸稀土钙；2—$\alpha\text{-}Fe_2O_3$；3—碳化硅粉（$SiC\,60\%$，陶土 40%）

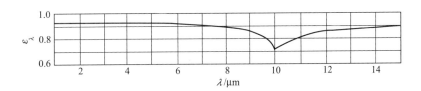

图 18-53 中、高温涂料的辐射光谱（$MoSiO_2$）

这类涂料用于辐射加热器表面或各种加热炉、燃烧炉的内壁。辐射热流密度在高温时可比对流热流密度大 69 倍，因此高温辐射涂料的研究势在必行。碳化硅系及三氧化二铁系的高温度发射率涂料已取得新的研究成果。分述如下。

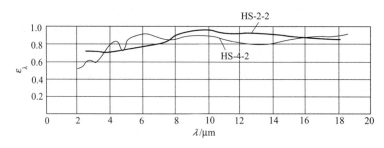

图 18-54 高发射率涂料发射光谱

HS-4-2：SiC 87%，Na_2O 3.2%，SiO_2 9.8%；HS-2-2：Cr_2O_3 87%，Na_2O 3.2%，SiO_2 9.8%

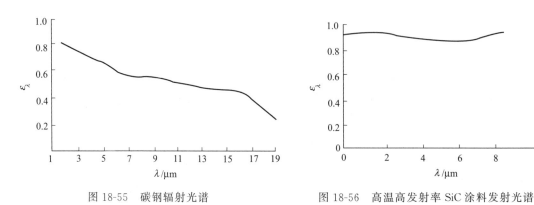

图 18-55 碳钢辐射光谱   图 18-56 高温高发射率 SiC 涂料发射光谱

18.3.1.2 碳化硅高发射率涂料

图 18-52 中碳化硅粉的发射率不高，$\lambda > 7\mu m$，$\varepsilon = 0.7$，但一般发射率可达到 0.8 以上（$\lambda > 7\mu m$ 时）。新研究的 SiC 加防老化剂解决了以 SiC 为基材的红外发射涂料的寿命问题。经高温烧结进一步提高了发射率。经上海技术物理所测试，测试温度为 650℃，在中波段即 $2 \sim 4\mu m$，其发射寿命为 $1 \sim 2$ 年。SiC 的含量与发射率之间的关系，已做了大量实验，结果表明，SiC 超过 12%，发射率的变化就很缓慢，并不是 SiC 含量越高发射率也越大，见表 18-18。为使发射率提高至 0.9 以上，可选择加入其他少量的增黑剂，使涂料既有高的发射率而成本又降低。研究成的 BJ 红外高温涂料发射率见表 18-19。

表 18-18 SiC 加入量与发射率的关系

SiC 含量/%	10	12	16	20
ε	0.82	0.83	0.84	0.84~0.86

表 18-19 BJ 高温涂料发射率

BJ 红外高温涂料	200℃,2h	600℃,2h	800℃,2h	1000℃,2h	1300℃,2h
ε	0.89~0.90	0.89~0.90	0.89~0.90	0.90~0.91	0.91~0.92

英国、奥地利、欧洲多国联营公司采用 SiC 为基料，加入防老剂的涂料，使 SiC 隔绝空气，发射率为 0.9，寿命可达 1 年以上。

18.3.1.3 三氧化二铁系列高温高发射率涂料

新研究的 Fe_2O_3 系列高温辐射涂料以 Fe_2O_3 为基料加入 MnO_2、Co_2O_3、CuO 和一些

添加剂，黏接剂采用铝铬硅复合溶胶。涂层经探针微区成分分析，是 SiC 分布集中在涂层与金属基体的界面上并产生 Si 的复合氧化物，与金属基体是一种化学结合，因而该涂料最大的优点是与金属制品结合牢固，经多年的高温使用亦不脱落，1100℃淬水亦不脱落，黏结力超过 HB 534l—86 要求，优于英国 G 125 型、日本 CRC 1100 型及东芝 TOSRIC B 型涂料。涂在陶瓷纤维的表面，可提高陶瓷纤维的强度、耐火度，使陶瓷纤维毡热贴面成为可能。涂过该涂料后，对原工件起到了保护作用，提高了被涂件的使用寿命。其发射率亦高于市售涂料与日本、美国的商品涂料，高的发射率维持在 1000℃亦不衰老，强化辐射作用十分显著，其光谱发射率由上海技术物理所测试，见图 18-57。

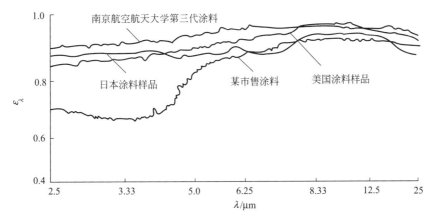

图 18-57　高温辐射涂料的发射率（南京航空航天大学）

粉料由多种氧化物高温烧结而成，为离子置换型反型尖晶石结构，可分为硅、铝、铬复合溶胶，根据用途，有如表 18-20 的不同类型。涂在金属基体上，必须严格按规定工艺施工，全国生产涂料的有十多个厂家，其中上海某涂料厂于 1989 年时就有 6 个品种 25 种规格的涂料。红外辐射涂料通用技术条件见中华人民共和国国家标准 GB 4653-84。

表 18-20　三氧化二铁系统涂料分类

型号	用途	用量
NH 型	用于金属发热元件、不锈钢、耐热钢,使用温度达 1100℃	甚少,如写毛笔字的墨水用量
NM 型	用于碳钢,使用温度达 700℃	甚少,如写毛笔字的墨水用量
ND 型	用于耐火砖、陶瓷纤维作面层,提高黏结力、隔热性,使用温度达 1300℃	约 $2m^2/kg$
NF 型	用于耐火砖、陶瓷纤维作面层,提高发射率,强化辐射传热,使用温度达 1300℃	约 $3m^2/kg$

18.3.2　红外电辐射加热器

红外辐射加热元件加上定向辐射等装置称作红外辐射器。它是将电能或热能（煤气、蒸汽、燃气等）转变成红外辐射能，实现高效加热与干燥。

从供热方式来分有直热式和旁热式红外辐射器两种。直热式是指电热辐射元件既是发热元件又是热辐射体，如电阻带式、碳硅棒等均属此种红外辐射器。直热式器件升温快、重量轻，多用于快速或大面积供热。旁热式是指由外部供热给辐射体而产生红外辐射，其能源可借助电、煤气、蒸汽、燃气等。旁热式辐射器升温慢、体积大，但由于生产工艺成熟，使用尚属方便，可借助各种能源，做成各种形状，且寿命长，故仍广泛应用。

18.3.2.1　碳化硅红外电辐射加热器

碳化硅可分为天然和人造两种，为六角晶体，色泽有黑色与绿色两种，具有很高的硬度，熔点为2600℃（分解升华），热导率随温度的增大而减小，从室温的 $\lambda = 498.8 W/(m \cdot K)$ 到500℃时的 $50.2 W/(m \cdot K)$，降低一个数量级，热膨胀系数 a 相当于镍铬丝的1/3左右。该加热器的主要参数：表面温度600℃以下热响应较慢，升温时间长，但热稳定性好。单色发射率（光谱发射率、黑度）见图18-58，当 $\lambda = 5 \sim 10 \mu m$ 时，$\varepsilon = 0.85 \sim 0.90$。

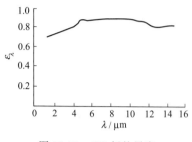

图18-58　SiC板的黑度

碳化硅可制成间热式，也可制成直热式加热器（碳化硅棒），还可制成埋入式碳化硅元件，厚度减薄，改善了热响应速度，提高了电-辐射热的转换效率，使用温度可提高到800℃左右，因而得到了广泛应用，可制成碳化硅板式、管式及筒式等各种形状的碳化硅红外辐射器。与石英辐射管、灯状辐射器相比，其热响应速度慢，可用于毛细管多孔胶体材料的干燥，如木板、地板块、谷物干燥等，即适合于在物料升温速率较低的场合工作。

18.3.2.2　乳白石英红外电辐射加热器

乳白石英红外辐射加热器是一种具有选择性的红外加热元件。它是由电热丝供热，由乳白石英管作为热辐射发射介质。乳白石英是在透明石英玻璃中充入 $0.03 \sim 0.08 mm$ 的微小气泡而成，乳白程度的好坏取决于石英材质中微小气泡的多少，气泡越多，乳白程度越好，小气泡的数量平均为 $2000 \sim 8000$ 个/cm²，但气泡过多时管材表面光滑度不好、材质强度下降、气密性能差。经工艺改进，采用连熔工艺加氢气（为保护性气体），羟基含量增高，因而在波长 $2.7 \mu m$ 处亦能产生强辐射带。改进后乳白石英板红外辐射加热器的发射光谱见图18-59，改进前石英管红外辐射加热器的发射光谱见图18-60。由于短波段发射光谱 ε_h 的改善，因而改进后的乳白石英板或石英管式辐射加热器的表面温度已达 $700 \sim 850℃$，而未改进的石英辐射器表面温度一般小于600℃。石英辐射加热器电-辐射热转换效率高，可达60%以上，且热惯性小、升降温快，特别适用于快速加热工件，现已成功地应用在烤漆、粉末涂装、印染、食品、医药、化工等行业。

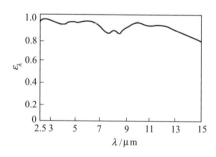
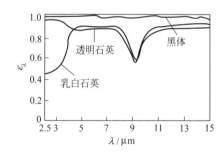

图18-59　乳白石英板红外电辐射加热器发射光谱　　图18-60　乳白石英管红外电辐射加热器发射光谱

乳白石英辐射加热器有管式、板式、灯式、浸没式等不同结构形式，板式、灯式均为定向辐射式，如需定向辐射当采用管式时应加反射罩。浸没式加热器的接电装置在同一端，便于插入液体中加热，但不可将浸没式加热器用于空气加热，因空气散热慢，浸没式加热器将被烧毁。平板状红外电辐射加热器的结构见图18-61。石英管式（SHD）红外电辐射加热器结构见图18-62。

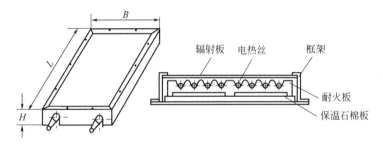

图 18-61　平板状红外电辐射加热器结构简图

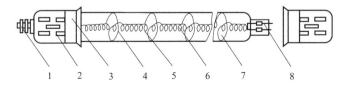

图 18-62　石英管式（SHD）红外电辐射加热器结构图

1—接线柱；2—金属卡套；3—金属卡环；4—自支撑节；5—惰性气管腔；
6—钨丝热子；7—乳白石英管；8—密闭封口

18.3.2.3　镀金石英红外电辐射加热器

国际上辐射管不带辐射罩是不准用的。在辐射加热器的内背面镀金，以增强反射力，灯丝表面温度可从 900℃ 到 2200℃，即中波 900℃、碳中波 1200℃、快中波 1600℃、短波 2200℃，且寿命长，加热快，加热效率高。相同功率下同辐射加热器及光谱曲线见图 18-63。

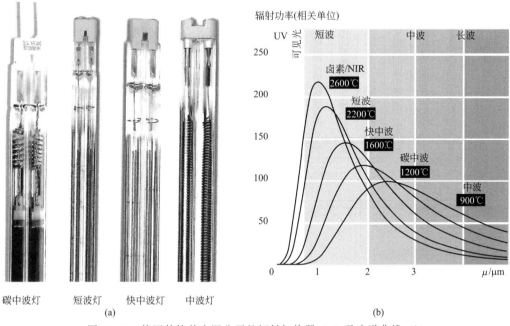

图 18-63　德国某特种光源公司的辐射加热器（a）及光谱曲线（b）

18.3.2.4　陶瓷红外电辐射加热器

埋入式陶瓷红外辐射加热器，采用特种玻璃陶瓷基体与高发射率表面釉层，经一次高温烧结而成，在 400～600℃ 时，最大单色辐射率可达 0.92。升温至 800℃，保温 10min 取出，直接投入室温水中急冷，反复 12 次，试片无裂纹。强度好，平均为 9.807MPa，承受 2g 加速度不开裂，经上海市卫生防疫站测定，均未有 α 放射线与 β 放射线，在烘箱内中上部温度为 120℃，细菌培养基表面为 70～75℃，在箱内照射 30～45min，大肠杆菌、乙型副伤寒杆菌、炭疽杆菌等 6 种菌类，重复 3～5 次试验均被全部杀死。并耐酸碱，使用寿命可达 2 万小时以上。

我国台湾地区生产的陶瓷红外辐射器种类齐全，有 A 型陶瓷板式、B 型组合陶瓷管式、C 型单支陶瓷管式及 D 型辐射灯式。表面温度一般为 600℃。

日本某公司，充分利用陶瓷耐火纤维的特性研究成功一种新型埋入式陶瓷辐射加热器，可通过改变注模型腔，不用烧结而是用真空成型制成各种形状，经干燥处理即可成正式产品。用这种加热器制成的箱式实验炉，重量轻、升温快，12min 可升到 1100℃，可避免 SiC 管式加热器由于外接引线而带来的散热损失，采用该种埋入式加热器筑炉可节电 30%。

18.3.2.5 电阻带式红外电辐射加热器

（1）窄带式红外电辐射加热器

合金电阻带式红外辐射器是以铁铬铝合金电阻带或铬镍合金电阻带为电热基体，在其表面喷涂烧结铁锰酸稀土钙或其他高发射率涂料而制成的电阻带，按一定的要求组合成电阻带窄带式远红外辐射加热器，总图及局部放大图见图 18-64。不同形状和材质的反射罩及照射距离对全辐射能的影响见表 18-21。根据表 18-21 的实验数据可得如下结论。

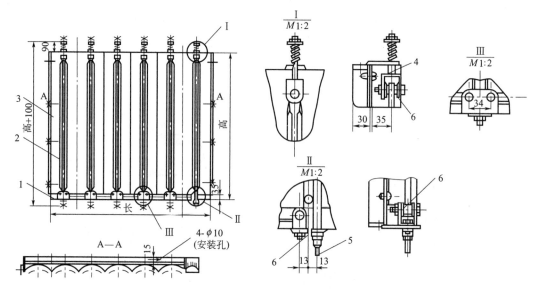

图 18-64 电阻带窄带式远红外辐射加热器
1—骨架；2—电阻带；3—反射罩；4—拉紧装置；5—引出棒；6—绝缘子

表 18-21 不同形状和材质的反射罩及照射距离对全辐射能的影响

反射罩	距离/mm						
	100	150	200	250	300	350	400
抛物线型铝反射罩	0.30	0.22	0.165	0.11	0.08	0.068	0.060
平铝板	0.19	0.15	0.128	0.088	0.064	0.050	0.042
平钢板	0.14	0.11	0.09	0.01	0.057	0.047	0.035

① 抛物线型铝反射罩和平铝板相比，能显著地提高辐射能量，在辐射距离为 100mm 处提高 50%，在 300mm 处提高 25%。

② 平铝板比平钢板反射性能好，能在相距 100mm 处提高辐射能量 35.7%，在 200mm 处提高 42%。

③ 同一种反射罩，辐射距离为 100mm 与 400mm 相比，抛物线型铝反射罩全辐射能变化 5（0.3/0.006）倍，而平铝板变化 4.5（0.19/0.042）倍，平钢板变化 4（0.14/0.035）倍。由此可见，对于电阻带式红外辐射加热器，当物料欲获得大的辐射能时，应用抛物线型铝反射罩，且尽量与被加热干燥物料之间缩短距离。

④ 图 18-64 中的电阻带一般很窄又要变换方向，因此定向辐射不够理想。

（2）宽带式红外电辐射加热器

该宽带式红外辐射电加热器具有结构新、寿命长、省资源（重量轻）、省能源、多功能等特点，分述如下：

① 结构新　10mm 宽的耐高温电阻带，受高温时，可在上下高频板之间（4、5）自由伸缩，见图 18-65。接线端子处有膨胀带 7，可自由膨胀。加热器外壳为高反射率合金板，周边有折边，增加加热器刚度。电阻带共 10 条，每条长 1m，宽 10mm，厚 0.8mm（包括两端），均为定向辐射结构。与底板组合成高反射率的定向辐射器。

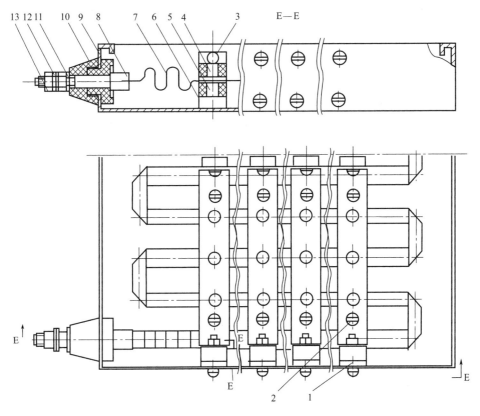

图 18-65　宽电阻带式红外辐射加热器

1—防振耐热板；2—固定螺钉；3—拉紧螺钉；4—上瓷板；5—下瓷板；6—保护罩；7—电阻带（膨胀带）；
8—接线柱；9—外壳；10—接线端子；11—垫片；12—防松垫片；13—螺母

② 寿命长　电阻带截面积为 8mm²，为同类电阻丝辐射电加热器的 10 倍，故寿命长。

③ 省资源　该辐射加热器热耗材省，重量轻，平均只有 0.78g/kW，仅为同类日本辐射

加热器 PU46c 的 1/1.7（0.78/1.33），窄带式热射电加热器的 1/4.5（0.78/1.25），仅为美国石英板定向辐射器的 1/1.6（0.78/1.25），为中国石英板定向辐射器的 1/1.9（0.78/1.46）。

④ 多功能　供电压为 110V 时为 6kW，供电压为 73.3V（3 支串联）时为 2.7kW，供电压为 55V 时（4 支串联）为 1.5kW，可提供 220℃ 到 600℃ 的辐射温度，提供远红外与中（波）红外辐射，温度场均匀。

⑤ 省能源　在天津某公司，烘干餐具抛光用麻布轮，节电率为 39%，2003 年至今工作正常。该辐射器为专利产品，专利号为：022001646。

电阻带式红外辐射器广泛应用于轻工产品中的烤漆、固化、干燥；化纤、纺织、印染产品的脱水、固色、热定型；食品、药物、塑料、木材、皮革、陶瓷、电子元件等的加工。不带反射罩的电阻带辐射加热器特别适用于金属的低温冶炼和热处理等，已由南京航空航天大学制成。适合于烘道的电阻带高中温定向辐射器已由天津大学研究制成，见图 18-65，属宽电阻带式。定向好，寿命长、温度均匀，成本低、性能好，节省钢材，节省能源，通过了天津市级鉴定，属专利产品。

18.3.2.6　集成式管状电阻膜红外电辐射加热器

集成式管状电阻膜红外电辐射加热器是一种快速升温的直热式加热器。它是利用多种氧化物半导体材料的混合物喷熔在以高铝质为基材的陶瓷管或板材上作为发热层，在该层外再将红外辐射涂料喷熔其上，从半导体层的两端引出电极，其结构见图 18-66。这种辐射器具有升温快、重量轻、热效率高等特点，广泛用在家电、轻工和中小型加热装置中，适用于 300℃ 以下的加热。

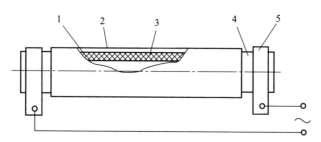

图 18-66　集成式管状电阻膜红外电辐射加热器结构
1—高铝管；2—电阻膜发热层；3—远红外涂层；4—镀银端；5—接线箍

这是一个十分有特色的直热式红外辐射器。前已阐明有电阻带直热式红外辐射器与集成电阻膜直热式辐射器，前者合金电阻带是发热体，后者是将半导体膜喷涂在陶瓷管或板上形成导电膜作为发热体，两者均不需另外再加发热元件，故均称为直热式红外辐射器。它们的共同特点是要在外表面再喷涂高发射率涂料。而 YHW 型直热型红外辐射器是将发热元件与涂料熔合为一体，在高温烧结过程中，硼与硅产生下列反应

$$3Si + 4B^{3+} \rightleftharpoons 3Si^{4+} + 4B \tag{18-72}$$

即 Si 已经成 P 型半导体，其硼掺杂浓度为 $2 \times 10^{19} \sim 1.1 \times 10^{21}/cm^3$。作为掺硼的大型硅，掺杂浓度大于 $2 \times 10^{19}/cm^3$ 后，其温度灵敏度系数即成为常数，不随温度变化，因而当供给的电压稳定时，YHW 加热器的表面恒温而稳定。

无序三维网络结构及 K^+、Na^+、Fe^{3+} 等离子与 Si^{4+} 构成了连续的三维网络导电链，均匀地分布于陶瓷基体中，形成新的电热网络，即只要有外界供电即可产生稳定的辐射热能。陶瓷基体中的主要成分是 Al_2O_3 和 SiO_2，其余为金属氧化物。在高温烧结过程中

Al_2O_3 经预脱水工艺，并加助熔剂，使 Al_2O_3 从 γ 立方晶体向 α 立方晶体转变时有较小的体积收缩，避免了因石英晶型转变过程的内应力而引起的炸裂或因受到冲击时产生裂纹或破裂。其反应过程机理如下

① 脱水　　　　$Al_2O_3 \cdot 2SiO_2 \cdot 2H_2O \xrightarrow{500℃} Al_2O_3 \cdot 2SiO_2 + 2H_2O\uparrow$

② 晶型转变　　　　$\gamma\text{-}Al_2O_3 \xrightarrow{1000℃} \alpha\text{-}Al_2O_3$ 　　　　　　　(18-73)

陶瓷基体身兼两职，既导电发辐射热又是高发射率辐射体。在 $600 \sim 800K$ 时测试，法向全发射率 $\varepsilon_n = 0.89 \sim 0.92$；当烧结温度为 $1250℃$ 以上时 ε_n 即可大于 0.90。该红外辐射器较薄，只有 $3.5 \sim 6mm$ 厚，长度只有 $56 \sim 310mm$，宽度只有 $14 \sim 25mm$，因此热响应时间短，一般在 $6min$ 左右。其结构简图见图 18-67，辐射器两端以扩散法将银原子扩散到三维网络的导电基体表面，形成理想的接触表面。该辐射加热器寿命长，经 $3400h$ 连续试验，供恒电压 $220V$，试验初与终了时辐射器电流变化小于 4%，电流变化大都在 $0 \sim 2\%$ 之间。该直热式红外辐射器独具特点，自身导电又高效辐射，重量轻，省材料，升温快，寿命长，可用于轻工、食品、医药、理疗等行业。

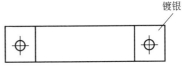
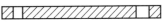

图 18-67　高温烧结直热式
红外电辐射加热器结构简图

18.3.2.7　板状搪瓷红外电辐射加热器

搪瓷红外加热辐射器分管状和板状，板状搪瓷红外电辐射器结构简图见图 18-68。搪瓷涂层 1 与金属基材在 $1000℃$ 高温下烧结，因此具有涂层不易脱落和良好的耐振性，表面可定期用水清洗，因而特别适用于食品、药品、电子等行业。上海大众汽车有限公司轿车车身烘箱内使用搪瓷红外电加热辐射器，不仅节电 40% 左右，而且提高了轿车车面烘漆的光洁度且色泽艳丽，悦目和谐。

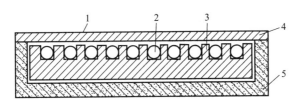

图 18-68　板状搪瓷红外电辐射器结构简图
1—搪瓷——远红外辐射涂层；2—电热丝；3—耐火板；4—搪瓷框架；5—保温石棉板或硅酸铝毡

这种搪瓷辐射器还具有耐腐蚀性，对一般有机酸及水汽无侵蚀现象。例如一种 TBR 型的管状搪瓷加热器可对酸性液体加热。板状搪瓷辐射器最高工作温度在 $500℃$，管状搪瓷辐射器工作温度在 $400℃$ 左右。

搪瓷涂料是一种硼酸盐玻璃、金属氧化物和矿物原料配成的混合物。它既能保护金属基材不受高温氧化侵蚀，又是产生高发射率的辐射体。这种涂料必须与金属基材有良好的密附性，热膨胀系数要与基材相近，并要有良好的导热性、热稳定性及一定的抗腐蚀特性。

搪瓷红外辐射加热器发射的波长范围在 $2\mu m$ 以上时，其发射率大于 0.83，辐射器的表面温度低于 $500℃$，功率为 $0.2 \sim 2.7kW$。

18.3.2.8　灯形红外电辐射加热器

灯形红外电加热辐射器是继短波红外灯、石英灯之后发展起来的辐射器，与短波红外灯

的区别在于能透过 $3\mu m$ 以上的中长波红外辐射，它采用金属氧化物和碳化物等为原料。红外辐射灯的 3 种结构见图 18-69。

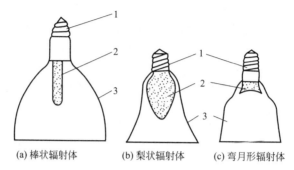

(a) 棒状辐射体 (b) 梨状辐射体 (c) 弯月形辐射体

图 18-69 灯形红外电辐射加热器
1—灯头；2—辐射体；3—反射罩

辐射体是灯形红外辐射器的核心，它由电热丝和陶瓷复合物制成，表面烧结高发射率的红外涂料。反射罩由不锈钢或抛光铝制成。抛光铝表面在大气中会很快氧化而失去光泽，为此必须进行光亮阳极氧化处理，并控制氧化膜的厚度为 $3\mu m$。

经天津大学用 AGA-780 热像仪测试，带有铝与不锈钢反射罩的灯形红外辐射器，反射罩反射出的表面温度为 $500\sim600℃$，具有升温快、温度高、重量轻、辐射能量集中等优点。

灯形红外电加热辐射器经实践反映出以下 3 个问题。

① 中心部位是低温区，一般为 400℃ 左右。

② 辐射体的涂层易脱落，改为微晶玻璃大有好转，既不脱落还可清洗。

③ 辐射体安装不正时，严重影响反射温度场，在热像图中可明显看出燃气。

18.3.2.9 其他类型的红外电辐射加热器

其他类型的红外电辐射加热器有金属电热膜与非金属电热膜、碳晶红外电加热板、竹炭质红外电辐射加热板、碳纤维红外电辐射加热辐射器等。

18.3.3 燃气红外辐射加热器

燃气比燃煤对环境的污染大大降低，从防雾霾看更是如此。所谓燃气包括所有的燃料气，有煤气、液化气和天然气等。随着天然气的最广泛利用，以天然器辐射器使用最为广泛。燃气辐射器具有结构简单、初投资低、起动和停车快、能迅速调节温度及能源利用率高的优点。

火力发电地区，用户得到的电能，其一次能源利用率为 $33\%\sim36\%$，如果考虑再经废热锅炉的发电则总热效率为 70%。而采用燃气红外辐射器时，能源利用率为 $40\%\sim95\%$。因此在有气源的地方，燃气红外辐射器是值得推广的。

18.3.3.1 表面燃烧式多孔陶瓷板燃气红外辐射加热器

煤气红外辐射加热器结构示意图见图 18-70，它用有一定压力的燃气以一定的流速充入可与空气混合的燃烧装置，经喷嘴 1 喷射到引射器 2 内形成负压区，周围空气即可引入射腔内均匀混合燃烧，多孔陶瓷辐射板 3 即可辐射出能量，多孔陶瓷板辐射能为 $13\sim16W/cm^2$。辐射面的温度对陶瓷板为 $800\sim900℃$，燃气经多孔陶瓷辐射板 3 的许多小孔逸出并燃烧，燃烧的速度很快，在小孔外面没有明显的火焰，所以又称无焰燃烧。多孔陶瓷板燃气红外辐

射器的效率一般在 45% 左右。

后来人们发现在多孔陶瓷板外面加一个金属网，如图 18-71，可以利用燃气的热量使金属网的温度升高，高温的金属网也参加辐射。这样其辐射面的热流密度为 $14\sim19\mathrm{W/cm^2}$，因此总辐射能是辐射基板的辐射和金属网燃烧的辐射的总和。即多孔金属网陶瓷板燃气红外辐射器的辐射效率一般在 $55\%\sim65\%$。而金属网还起了保护陶瓷板的作用，使辐射器的寿命得以延长。

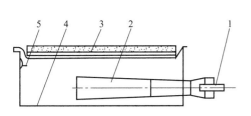

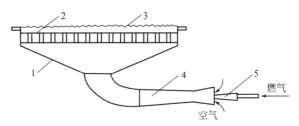

图 18-70　煤气红外辐射加热器结构示意图
1—喷嘴；2—引射器；3—多孔陶瓷辐射板；
4—加热器壳机；5—气流分布板

图 18-71　金属网燃气红外辐射加热器结构示意图
1—辐射器头部；2—外网；3—内网；
4—引射管；5—喷嘴

多孔陶瓷板表面的形状和材料，对辐射效率也有影响，普通陶瓷在 $800\sim900\,℃$ 温度范围内的发射率 ε 较低，为了提高多孔陶瓷板燃气辐射器的辐射效率，可以在其表面涂上一层高发射率的材料。此外，为了提高辐射能力，通常把多孔陶瓷板表面做成高低不平有花纹的表面，既美观又增大了辐射面积。

无焰燃烧是全一次空气燃烧（即燃烧所需空气全部预先和燃气混合），燃烧速度大，容易回火。但多孔陶瓷板的热导率小，其板内面能维持较低温度，所以燃烧时不易回火。燃烧稳定是它的一大优点。对含氢量较多、燃烧速度快的煤制气（煤气）尤其适用。但多孔陶瓷板的制作工艺难度较大，产品质量难以保证，选购时应特别加以注意。

早在 20 世纪初就有人提出了燃气表面燃烧的理论。直到 50 年代，燃气在固体表面燃烧的红外辐射器，才有了较大的发展，直到今天人们还在大量应用它。

18.3.3.2　金属网燃气红外辐射加热器

20 世纪 60 年代出现了金属网燃气红外辐射加热器。其基本结构如图 18-72。头部用两层耐高温、耐腐蚀的金属网代替多孔陶瓷板。内网通常用直径 $0.21\sim0.315\mathrm{mm}$ 的铁铬铝丝编织而成，网目为 $35\sim40$ 目/in（$1\mathrm{in}=0.0254\mathrm{m}$）。外网用直径 $0.81\sim0.10\mathrm{mm}$ 的铁铬铝丝编织而成，网目为 $8\sim10$ 目/in。两网之间的距离为 $8\sim12\mathrm{mm}$，燃烧速度快的煤气应取较小的距离，燃烧速度慢的液化石油气和天然气可取较大值。为了防止变形，内网可以压成波纹形。在内网下面常常加装一层托网，丝径为 $3\mathrm{mm}$，网目为 4 目/in。辐射器工作时，燃气和

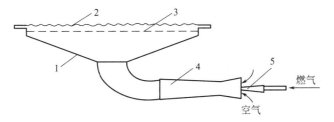

图 18-72　金属网燃气红外辐射加热器结构示意图
1—辐射器头部；2—外网；3—内网；4—引射管；5—喷嘴

空气的混合物在两网之间燃烧，使表面温度达到850～900℃。高温的金属网就向外辐射热量。烧煤制气不太合适。另外使用一段时间后金属网变形、两层网之间距离不匀，常使表面温度不均匀，形成红、暗纹。

18.3.3.3　多孔介质燃气红外辐射加热器

多孔介质燃气红外辐射加热器结构示意图见图18-73。多孔介质1可用氧化锆或硅线石

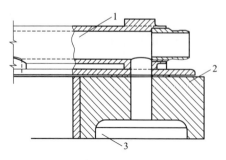

图18-73　多孔介质燃气红外辐射
加热器结构示意
1—多孔介质；2—砌块；3—集气管

制成。将多孔介质装于一个150mm×150mm方形不渗透砌块2中，当燃气与空气的混合气从集气管1引入时，可将火焰在介质表面点燃。在一定工况下可以产生表面燃烧。混合气体的压力取决于多孔介质的渗透性、厚度、混合气体的流量和板面温度。一般取压力值范围为0.5～2.5kPa，运行的表面温度为950℃。加热炉工作时，能达到的最高表面温度为1430℃。多孔介质燃气辐射器表面温度高，辐射效率能达到54％，而且热惯性低，在工业加热中具有很大优越性。但是，当燃气中含有杂质，空气中有灰尘时，多孔介质容易被堵塞，这使它的应用受到一定局限。

18.3.3.4　非回流式燃气燃烧辐射管红外辐射加热器

上述燃气红外辐射加热器是以燃气和红外辐射板（网）联合生成辐射热，具有温度高、升温快、辐射强度大的特点，适合于金属或空气等耐高温材料的热处理、高温干燥等领域，但不适于在易燃、易爆等危险环境下使用。也就是说燃气所产生的烟气必须与被加热工件隔开。燃气燃烧辐射管红外辐射器，就是一种内燃式辐射器，间接地向工件加热，其传热的主要方式是辐射。

U形辐射管燃气燃烧辐射管红外辐射加热器由燃烧器及U形管（图18-74）组成，出口与烟道口同侧，燃烧焰沿U形管流向烟道，通过U形管向炉内传热。这种辐射管也可利用烟气余热，提高炉子的实际效率，供气量一般有3种即2.0m³/h，4.0m³/h，6.0m³/h。

辐射管通常在950～1050℃的炉温下工作，由于氧化作用和高温儒变，其工作寿命取决于所用的材料。另外辐射管的温度最好是均匀的，这一要求对燃烧系统的设计有很大影响。为获得均匀的管温，可以采用以下两种方法：

① 采用长形层流扩散火焰，沿管长方向分段燃烧和放热。

② 采用烟气回流方式，将火焰周围的高温气流稀释。

非回流式燃气燃烧辐射管红外辐射器，有直通管、U形管和套管三种，其基本结构见图18-75。

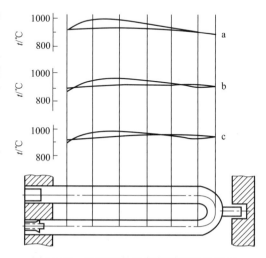

图18-74　U形红外辐射管及温度分析图
a—2.0m³/h；b—4.0m³/h；c—6.0m³/h

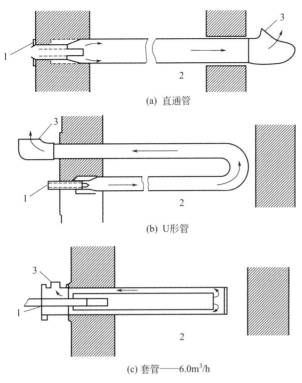

(a) 直通管

(b) U形管

(c) 套管——6.0m³/h

图 18-75 非回流式燃气燃烧辐射管红外加热器
1—燃烧器；2—炉管；3—烟气引出管

图 18-75(a) 为简单的非回流式燃气燃烧辐射管红外辐射加热器，它是位于加热炉相对两炉壁的两个同轴孔中的直通管。其优点是造价低，但也有不少问题：温度差大，效率低（大约在 30%～40%），两端与墙壁贯通处需解决密封问题。有些工程上采用陶瓷做直管，用金属模片实现管端的密封。图 18-75(b) 为 U 形管辐射器，可以消除在管端固定问题，而管长增加一倍，传热量得到提高，热效率可达到 48%。在管长方向上各部位温度有不同，但是由于热半管和冷半管相互平行，气流方向相反，在整个炉膛内的传热量是比较均匀的。

弯管有助于燃气和空气混合和燃烧，但缺点是容易形成端部过热。U 形管的变形设计有抛物线形管、W 形管和其他形状的弯管。这些弯管不一定在同一个平面上。图 18-75(c) 燃烧所产生的烟气由内管传送到闭口端，烟气转弯后通过外管返回。燃烧器和烟气出口处于同一端固定，消除了热应力影响，由于内、外管中烟气流动方向相反，外管表面温度比较均匀。

18.3.3.5 回流式燃气燃烧辐射管红外辐射加热器

图 18-76(a) 为弯管型回流式燃气辐射管红外辐射加热器。它有一个金属制的喷头，所产生的回流可使管内气体与炉气之间

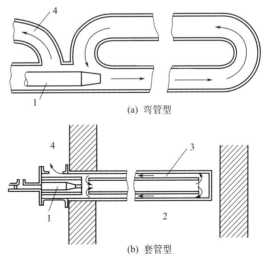

(a) 弯管型

(b) 套管型

图 18-76 回流式燃气辐射管红外辐射加热器
1—燃烧器喷头；2—炉管；3—回流管；4—烟气出口

的温差不大于 100℃。气体回流长度可达 6.7m，热强度可达 63kW/m²。

图 18-76(b) 为套管型。它采用高速火道燃烧器，使用人工燃气。当表面温度不超过 1230℃时，管各部位的温度将在平均温度的 ±5℃，管内内管温度比外管温度高 60~70℃。当炉温为 1000℃左右时，管温比炉温要高 50℃，热效率为 50％左右。

在回流式燃气燃烧辐射管红外辐射器中，火焰中的气体与数倍于其体积的回流烟气混合，从而减少了管两端的温差。管内气体流量较大，增加了热气体对管壁的对流热量，使烟气和管壁的温差减小，从而提高了热效率。

18.3.3.6　催化氧化燃气燃烧红外辐射加热器

（1）扩散式催化氧化燃气燃烧红外辐射加热器

图 18-77 为扩散式催化氧化燃气燃烧红外辐射加热器结构示意图。它的外壳由薄钢板制成。燃气引入后由气体分配管 3 从下部的小孔喷出，布满气体分配室 2，然后气体经过筛孔板 1 上升到填料层 6，均匀时被送入催化层 5，与空气接触而进行燃烧。金属丝网对催化剂层起保护作用，同时也利于辐射。

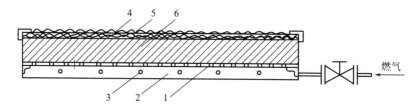

图 18-77　扩散式催化氧化燃气燃烧红辐射加热器
1—筛板孔；2—气体分配室；3—气体分配管；4—金属丝网；5—催化层；6—填料层

这种扩散式催化氧化燃气燃烧红外辐射器工作时，燃气在进行催化燃烧之前没有和空气预混，即一次空气系数为零。燃烧所需空气是在燃烧层中扩散而获得的。由于催化剂的作用，燃烧反应在比较低的温度下进行（400~450℃），该温度就是辐射器表面所具有的温度。

上述过程包括两个方面：燃气燃烧与热量传递。燃气不断流向燃烧层，空气不断向燃烧层扩散，在燃烧层中不停地进行催化燃烧，燃烧表面就连续地进行红外辐射，有利于辐射器热响应时间的减少，有利于辐射能量的充分利用。但我国使用的管式辐射加热器大都不带反射罩，而反射罩制造价格又偏高，也给管式红外辐射加热器配装辐射罩带来了困难。这样也造成能源的浪费。

（2）引射式催化氧化燃气燃烧红外辐射加热器

图 18-78 为引射式催化氧化燃气燃烧红外辐射加热器结构示意图。燃气进入引射器 1，

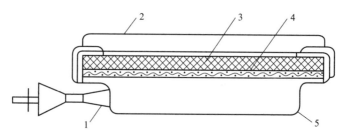

图 18-78　引射式催化氧化燃气燃烧红外辐射加热器
1—引射器；2—金属丝网；3—催化剂；4—填料层；5—预混室

将空气引入进行预混，再溶入催化剂层 3 进行燃烧。其燃烧温度比扩散式催化氧化燃气燃烧红外辐射器的高，辐射的波长也与多孔陶瓷板辐射器相近。燃烧时没有火焰，可将辐射表面靠近被加热物体，从而提高效率。

（3）催化氧化燃气燃烧红外辐射加热器的特点与应用

催化氧化燃气燃烧红外辐射加热器的特点：

① 燃烧温度较低，由于催化剂的作用，燃烧反应的活化能降低，使燃烧能在较低温度下进行。扩散式催化燃烧的温度一般在 400℃ 左右，引射预混式催化燃烧的温度在 500℃ 以上。燃烧时没有火焰，可将辐射表面靠近被加热物体，从而提高效率。

② 辐射波长主要集中在 $3.5\mu m$ 与 $4\mu m$ 以上，故是中波与长波段辐射。

③ 催化燃烧产物烟气中 NO_x 的排放量很低，甚至接近于零，是一种低污染燃烧装置，见表 18-22。

④ 催化氧化燃气燃烧红外辐射器表面温度均匀，辐射表面可做成各种形状，使加热过程更有效。

表 18-22　催化燃烧产物烟气中 NO_x 含量测定

国别	燃气	烟气中 NO_2 量 /(mg/m³)	烟气中 NO_2 量 /(mg/kg)	烟气中 NO 量 /(mg/m³)	烟气中 NO 量 /(mg/kg)
美国	丙烷	—	0.016		0.022～
日本	天然气	—		—	0.041
中国	焦炉气	0.0120	0.0058	0.144	0.108
中国	天然气	0.0189	0.0092	0.0194	0.0145

催化氧化燃气燃烧红外辐射器的应用：

① 干燥过程　由于辐射器表面温度较低，产生的红外辐射容易被一些有机物料吸收，因此，可以有效地应用于涂层、油漆、纺织品、木材、纸张、树脂等的干燥。对于产生有机溶剂蒸气的过程，使用催化氧化燃气燃烧红外辐射器加热干燥不会引起爆炸。

上海曾以高硅氧纤维和氧化铝纤维为载体，以金属 Pd 为催化活性物质制成催化氧化辐射板，进行燃烧城市煤气对油漆烘干试验，烘道内温度比用金属网辐射器的温度高。在达到同样漆膜硬度的情况下，节约燃气 50%。

北京曾以 γ-Al$_2$O$_3$ 纤维作载体，以 Pt-Co 为催化活性物质和助剂，制成催化燃烧板，采用引射式燃烧，用于电焊条的烘干，不仅提高了电焊条药皮的强度，而且节约燃料近 40%。

② 采暖　用催化氧化燃气燃烧红外辐射器采暖，属于低温辐射采暖。其主要特点是：柔和舒适，作为局部采暖热损失小，空气流动较弱，气温可以稍低，节约了能源。因此，是一种采暖的良好方法，特别适用于有易燃物品、大空间的采暖，也可以用于野营、露天操作、展览馆等的采暖。

③ 设备和仪表的防冻。

④ 塑料加热。

辐射加热器是先进的生产工具。红外辐射加热器试验方法已有国家标准 GB/T 7287—2008，有关研究、检测试验可按此标准进行。经几十年的努力，我国红外加热辐射器品种已基本齐全，但经多年的实践看还存在以下几个问题。

① 反射罩利用率太低　管式红外辐射器均配置反射罩。

② 热响应时间太长　我国大多数管式、板式辐射加热器，与国外的相比热响应时间大多约为国外同种红外辐射加热器的 2～3 倍，这对节约能源亦极为不利，有关厂家、公司应

以同行国际先进指标为目标努力超赶。

③ 无论是法国、英国还是我国的板式红外辐射加热器，凡是在板背面中心安装接线端子的，其结果均是在红外辐射板的中心区形成一个低温区，这种设计均不合理，应改进。

④ 外观质量均有待提高，绝大多数产品外观质量均达不到国际较好的水平。

⑤ 建议各厂家及研究单位、设计单位能运用红外热像仪检验板式或灯式红外辐射加热器的温度场分布，并适当用这一先进测试手段定期抽检红外辐射器的制造质量。

18.3.3.7　用热像仪测量红外辐射器的表面温度及电、热转换效率

对于表面温度较高的红外热辐射器，以 GB/T 7287—2008 测试红外辐射加热器的表面温度分布已很困难，建议用热像图法，既测试了表面的温度又可计算出电-辐射热转换效率，计算法如下

$$\Sigma E = \sum_{i=1}^{n} \frac{F}{H} \times H_i \varepsilon_\lambda C_0 \left(\frac{T_i}{100} \right)^4 \tag{18-74}$$

式中，F 为辐射器的加热表面积，m^2；H 为热像图的总像数；H_i 为各等温区的热像数；ε_λ 为辐射器的法向发射率；T_i 为各等温区的温度，K；C_0 为黑体辐射常数，$5.67W/(m^2 \cdot K^4)$。由热像图计算出总辐射能量与由精密功率表测得的供电功率 E_D，则电-辐射热转换效率为

$$\eta = \frac{\Sigma E}{E_D} \tag{18-75}$$

18.3.4　红外辐射涂膜烘道设计

18.3.4.1　红外辐射桥式烘道简介

图 18-79 是桥式烘道简图，其中（a）为烘道纵剖面，上、下斜坡一般为 30°，烘道直线段下面应高出进口与出口 h（$h = 100 \sim 200mm$）。

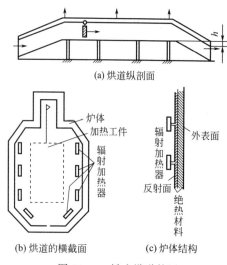

(a) 烘道纵剖面

(b) 烘道的横截面　　(c) 炉体结构

图 18-79　桥式烘道简图

斜坡段一般不装加热器，因温度较低，底层和两侧可不设保温层。在斜坡的下面用 $\phi 10mm$ 的圆钢焊成阶梯，斜坡两侧用 $\phi 20mm$ 左右钢管焊出扶手，以便维修人员出入。烘道一般由骨架、护板和保温材料组成。骨架应具有足够的刚度，一般由角钢或槽钢等焊接而成。护板一般由 $1 \sim 2mm$ 厚的钢板焊接在骨架上。中间充满岩棉板保温，性能好又便宜。保温层厚度在 $80 \sim 150mm$ 之间，烘道外表面不应超过 $50℃$。考虑到安装与热膨胀，烘道一般制成 2m 一节，两节之间衬垫 $2 \sim 3mm$ 厚橡胶石棉板，节与节之间用螺栓连接。烘道设计通风系统，目的是降低炉内溶剂蒸气的浓度，并维持在允许爆炸浓度的一半以下，排放这些易燃有毒气体，并加快水和溶剂在漆膜内的扩散，有利于漆膜固化。除在烘道两端设排气孔外，还应在水和溶剂排除量最多的烘道部位再设一排气孔，否则这些有害气体排不出还会泄漏在车间，甚至引起爆炸。图 18-79（b）为烘道横截面图；图 18-79(c) 为炉体的结构图。

桥式烘道较其他形式的烘道有更多的优越性。设计有空气幕，但使用效果并不理想。其次，桥式烘道两端油烟逸出较少，车间环境干净卫生。因没有空气幕风机，噪声也较小。另外，桥式烘道可充分利用车间的空气，整个烘道的水平部分在空中，它的下面可放置电器柜、工具箱等物品。桥式烘道的两端上、下坡段较长，可作为工件的预热与冷却段。桥式烘道的缺点是车间高度增高，两端上、下坡较长，增加设备的初投资。

18.3.4.2　红外辐射涂膜烘道设计

烘道（也称烘干室、干燥炉、隧道窑）的设计方法有多种，一般可归纳为以下 3 种。

（1）经验法

根据被加热工件的尺寸和生产率要求，确定炉体尺寸，在烘道内壁布置辐射加热器，设备制造完成后，根据实际所需功率，再重新调整布置，此法完全按经验，误差大，功率损失大，加热效率不高。经验估算法有 3 种：

① 容积估算法。

$$N = K^3 \sqrt{V^2} \, 。$$

式中，N 为烘干室安装功率，kW；K 为利用系数，一般取 15～20；V 为烘干室炉腔容积，m^3。

② 容积系数法。

$$N = fV$$

式中，f 为容积系数，一般取 3～5kW/m^3；温度低，小件，取小值；温度高，大件，取大值。

③ 经验比较法。

经验比较法是根据自己或他人已设计成功的生产线的经验与参数，进行比较估算确定功率。

（2）设计计算法

根据被加热工件的尺寸和性能，按生产工艺要求，首先进行结构选型，再进行功率计算、组件选择、功率布置和结构设计。

（3）试验法

首先在模拟实验装置中进行模拟试验，在此之前还要对选用的涂漆进行透射光谱或吸收光谱的测试，得到涂漆的吸收率与波长的关系，按已知的吸收率峰值及维恩位移定律，反求辐射加热器的表面温度 T，然后再根据温度 T 选用辐射器。但吸收光谱的峰值不止一个，对应有中温加热与高温加热，因而有中温烘道设计与高温烘道设计之分。在模拟实验中最好进行中温与高温实验方案对比，在高温实验中最好采用高温定向辐射法进行实验，取得实验数据，绘制烘道的优化工艺温度曲线，这一曲线对于新设计与老企业改造均十分重要，是设计与改进的依据。辐射器的表面温度、辐射器与工件的距离、相对关系、干球温度、物料表面温度以及物料的绝干程度等要有全面的测试资料，对升温、恒温、降温的不同干燥阶段均应选出优化的工艺参数，以指导工程实践。在实践中验证并取得进一步改进的数据，一个优化的设计方案是这样产生的。根据上述实验数据进行全烘道设计与计算。

天津大学褚治德等已为浙江嵊州市某工艺竹编厂、北京某汽车钢圈厂及天津某玻璃纤维厂等进行过有关出口竹漆器、汽车钢圈丙烯酸罩光漆等实验研究，为设计提供了有益的数据。

辐射烘道的设计，尽管从辐射本身考虑得十分周密，按均匀辐射场分配加热器，但因烘道中有对流换热因素，烘道上部温度高下部温度低，因此上部配置辐射器功率要小，而下部要大些。上、中、下 3 个区域可参考 1∶1.5∶2 或其他合适比例配置，但最终还得经总调试最后确定。

18.3.4.3　红外定向辐射开放式烘道简介

图 18-80 高温红外定向辐射开放式烘道是国内引进国外 20 世纪 80 年代先进的自动化生产烘道而研制成的。它突破了目前普遍采用的中、低温辐射烘道工艺，将高温定向辐射器的加热表面与被干物料采用吸风循环半开放式，造价低廉，维修方便，是世界上先进烘干设备之一，已应用于蓄电池极板表面层的快速烘干以及烟草、烤漆瓷砖烤釉等领域。图 18-80 所示红外定向辐射干燥开放式烘道，是由保定市某公司设计与制造，在国内外应用前景好。

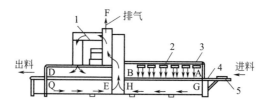

图 18-80　高温红外定向辐射开放式烘道简图（保定市某公司提供）
1—循环风机；2—加热器；3—机体外壳；4—传送带；5—被烤极板

18.3.4.4　红外定向辐射开放式烘道特点

红外定向辐射干燥开放式烘道见图 18-80，该烘道有以下特点：

① 高温定向强辐射　蓄电池极板从入口进入，首先由高温定向辐射垂直辐照极板表面，使极板表面水分迅速蒸发，AB 区为强辐射干燥区，BD 区进一步利用余热干燥，在 AB 区从 F 有 75% 的湿气排出，另外 25% 气体由循环风机送风，完成余热利用，但 AB 区决不可强制吹风循环，这将破坏该区的高温干球温度场，必将得不偿失。

1992 年 P. Dontigng 在国际电工学术会上发表了"用红外辐射区对胶合板的单板进行预干"的文章，采用了在红外辐射区同时吹入热风，这是因为用的是长波辐射器，表面温度低，其干球温度小于 100℃，如是高温定向辐射，此处的干球温度可达 300℃，若吹入 100℃ 的热风势必破坏了高温干球温度场。因此对高温定向辐射的物料干燥，吹入热风要慎重。

② 系统黑度高　由于辐射器加热表面与被烤工件之间是垂直辐照，且距离较近，因此，角系数与系统黑度值均较大。系统黑度的计算 $\varepsilon_{s_1}=0.45$、$\varepsilon_{s_2}=0.196$ 已证实了这一问题。而当辐射器表面温度 $t_1=733℃$ 与 $t_2=500℃$ 时，按 $\varepsilon_{s_1}=0.45$ 与 $\varepsilon_{s_2}=0.196$ 计算结果，高温定向近辐射是中温定向远辐射换热量的 7.0 倍（3520/504），可见高温定向近距离辐射能给予被干工件更多的能量。

③ 合理的余热利用　高温区吸风排湿，降温区充分利用余热。

④ 物料水平输送　该法避免因对流换热而带来的在高度方向的温度差，结构紧凑，全机重量轻。

⑤ 烘干机参数　总功率为 90kW，外形尺寸为 6m×1.2m×0.8m，干燥机总重 500kg，烘道工艺温度为 110~125℃，温度可调，辐射器功率为 7.5kW/支，共用 12 支。该干燥烘道由保定市某公司研制，解决了多年来蓄电池极板快速固化的难题。涂膜干燥属薄物料干燥，这类物料的干燥种类繁多，如金属制品的烤漆粉末涂料、木器与竹制器的烤漆、陶瓷与

陶砖的瓷釉、纺织印染制品、建筑业的玻璃纤维毡、林产加工业的胶合板单板以及电焊条涂层等，其干燥机理及设计指导思想均属同一类型，在生产中应用亦颇多。

18.3.4.5　红外辐射烤漆与对流干燥的比较

油漆的成分中大都含有羟基和羧基，其固有振荡频率的波长大都在 $2.8\sim3.0\mu m$，因此当红外辐射源的发射频率与油漆的强吸收频带对应时，则该辐射能直接作用于化学键，形成谐振状态和引起键的断裂，以达到快速干燥与固化的目的。有关的理论基础见本章 18.1.2.5 节分子的振动机理——红外吸收光谱的产生。

20 世纪 30 年代美国福特汽车公司用辐射灯烤漆。由于这种方法比传统的蒸汽干燥法有很大的优越性，因而在国际上发展迅速。国外发达国家利用远红外辐射烤漆与对流干燥的效果对比见表 18-23。

表 18-23　国外远红外辐射烤漆与对流干燥效果对比表

使用行业	国别及制造厂	加热干燥对象		红外加热时间/min	对流干燥	
					时间/min	备注
汽车	美国福特汽车公司	汽车本身的瓷漆	第 1 层	7	30	
			第 2 层	14	80	
	苏联高尔基汽车厂	汽车本身的瓷漆		22	44～46	
		摩托车车架的瓷漆		6～7	45～50	
	德国普罗米修斯公司	摩托车车架的瓷漆		7	60	
机械制造	德国普罗米修斯公司	机床本身的灰漆		10～30	240～720	气温 50～60℃
		电机车体的清漆		150	840	
		涂漆的金属丝		0.75～1.0	8～10	
	德国自行车公司	自行车车架油漆		7	60	
	日本	电动机外壳涂层(邻苯二甲酸树脂)		10～15	1440	自然干燥
		复印机外壳漆膜		3	20	
	苏联莫斯科电车修理厂	电车油漆		105	1680	
航空	德国普罗米修斯公司	飞机机身		70	720	
		飞机油漆部件		4	50	
轻工	美国	皮草染色(三度)		10～15	1440	
	日本	瓷盆		15	1440	自然干燥
		照相机零件环氧涂层		3～6	30	

近几年来美国、澳大利亚及我国，高温定向辐射烤漆有了新的进展。据锦州红外技术应用研究所提供的信息，宝钢钢板涂层原加热烘道长 47m（日本设计、美国设备），现改为 3m。钢瓶粉末涂装烘道长 1.7m，其产量与原 27m 的热风炉相当。长春汽车厂面包车车身烤漆，原产量 4 万台，利用高温定向红外技术改造，烘道长 39m 不变，仅增加 50% 的功率，实现产量翻一番，并且解决了车身底部烘烤质量，节省改造资金 1800 万元，改造投资仅用 85 万元。

我国汽车、拖拉机、电冰箱、洗衣机、自行车等烤漆烘道甚多，且装机功率大，如能得到改造，利用高新技术烤漆，每年节省的电能将是巨大的。

18.4　红外辐射干燥工程应用

18.4.1　工程干燥优化温度的选择

由于被干物料种类繁多，物料特性千变万化，因此优化干燥温度的确定将极为困难与复杂，但这又是工程干燥的急需，为此仅将被干物料分成几种类型，有针对性地选择优化干燥温度也是可行的。

18.4.1.1　油漆（涂料）干燥的优化温度选择

对油漆要进行红外光谱测试，根据曲线中最大吸收峰所对应的波长如 λ_1、λ_2、λ_3、⋯再计算对应温度 $T_1 = 2897.8/\lambda_1$、$T_2 = 2897.8/\lambda_2$、$T_3 = 2897.8/\lambda_3$、⋯，究竟最后选用哪个温度还要视被干工件的材质等综合条件确定，如是竹漆烘烤温度不宜过高，否则竹器本身变形，见 18.4.2.8 节兰胎竹漆器红外辐射烘烤。如允许较高温度应尽量选用高温烤漆，由于油漆的化学动力学表明，漆面温度每升高 $10℃$，其固化速度可提高 $1\sim3$ 倍，因此国内外均向高温定向烤漆方向发展。此外，对表面汽化控制过程的物料，如纸张、胶合板单板等，在干燥过程内部扩散水分迁移阻力很小，亦可采用高温定向辐射加热，但脱水后期应采用中温辐射干燥。

18.4.1.2　毛细管多孔胶体干燥的优化温度选择

毛细管多孔体物料的脱水属内部扩散控制过程，即表面水分易蒸发掉，而内层的水分难以迁移到表面，因而按吸收光谱计算出干燥温度后，要偏离这些温度干燥，以便辐射能更好地穿入物料内部，避免表面水分蒸发过快而产生所谓的"表面效应"，使毛细管堵塞，这只是作为一种考虑因素，更重要的是要根据物料所允许的最高温度，深入地进行干燥动力学实验研究，根据不同的供热方案及供热条件，配以优化的干燥静力学条件，寻求优化的传热、传质过程，最终确定供热温度。大量的实践表明，变温供热易达到既节能又优化的干燥质量。这一问题已在红外辐射干燥动力学部分详细讨论过。

18.4.1.3　毛细管多孔体干燥的优化温度选择

毛细管多孔体物料包括沙土及其制品、建筑材料等，其特点是易吸水也易脱水。干燥过程均属羟基（OH）的振动吸收，在 $76℃$、$160℃$ 与 $600\sim800℃$ 均有强吸收峰，对砖坯的干燥，干球温度为 $100\sim150℃$，要防止坯料变形。但新近的实验研究表明，采用 $730℃$ 的石英辐射器，双面定向辐射瓷砖坯料，干球温度为 $190℃$，瓷砖坯料初含水率为 4.6%（湿基），终含水率为 0.5% 时只用 $4min$，而烟气温度为 $180℃$、初含水率为 4.7%、终含水率为 0.8%，干燥时间为 $7.5min$。从这一实验可看出两个问题。

① 红外线干燥远比烟气干燥的效果好；

② 过去瓷砖坯料干球允许最高温度为 $150℃$，而现行的实验研究与工程生产线干燥干球温度已提高到 $180\sim200℃$。可见一种优化的干燥温度取决于材料特性及对材料特性深入的认识。

18.4.1.4　新材料干燥的优化温度选择

所谓新材料是过去从未干燥过、缺乏干燥特性资料的材料，首先应进行热谱图实验，根据热谱图曲线提供的温度范围，再进一步做干燥动力学实验，以备提供工程干燥的优化温度参数。如用红外线对菱镁矿球脱结晶水，由热谱图提供 170℃ 为脱吸附水，320℃ 为脱结晶水，经进一步在固定床进行干燥动力学实验结果表明，优化的干球温度应为 380℃。

新近的实验研究与工程实践表明，对片状、纤维状、粒状等物料，如中药类的桑枝桑叶、银杏叶、万寿菊等，果蔬类的西兰花、姜叶、大麦苗、蔬菜等，农副产品如苜蓿草、菊芋粕（鬼子姜）、柠檬酸渣、玉米酒精糟、木薯酒精糟、木屑、玉米胚、甜菜渣、桔秆等利用高温热风与高湿物料并流进入三层辊筒干燥机，既高效又确保干燥质量，利用高品位的能量达到高效节能减排、少污染、少雾霾、保护生态环境。从干燥周期看干燥质量：翻板干燥机的干燥周期是三环转筒干燥机的 36（90/2.5）倍。网带干燥机的干燥周期是三环转筒干燥机的 28.8（72/2.5）倍。三层辊筒干燥机的能源利用率可高达 65％～75％，而网带机与翻板机的能源利用率只有 10％～20％。

这说明翻板干燥机与网带干燥机没有利用好高品位能量，且使物料受热的时间太长了，质量就难保了。详见专著《红外辐射加热干燥理论与工程实践》。

18.4.1.5　辐射器温度的优化选择及两实际物体表面间的辐射换热计算

辐射加热器表面温度的选择，对干燥油漆及毛细管多孔体可按涂膜（烤漆）干燥。

此外还要测得辐射器的发射光谱，单色发射率 ε_λ 这参数很重要。两灰体表面间换热计算时令其表面发射率为常数，但实际物体并不一定是常数，要有确定的单色发射率数据，才能进行两实际物体表面间的辐射换热计算。

两实际物体表面间的辐射换热计算应改为下式

$$Q_{1.2}=\cfrac{5.67\times F_1\left[\left(\cfrac{T_1}{100}\right)^4-\left(\cfrac{T_2}{100}\right)^4\right]}{\left(\cfrac{1}{\varepsilon_\lambda}-1\right)+\cfrac{1}{X_{1.2}}+\cfrac{F_1}{F_2}\left(\cfrac{1}{A_\lambda}-1\right)}=5.67\times\varepsilon_s F_1\left[\left(\cfrac{T_1}{100}\right)^4-\left(\cfrac{T_2}{100}\right)^4\right]\ (\mathrm{W})\quad(18\text{-}76)$$

式中，ε_λ 为辐射器的单色发射率；A_λ 为被干物料的单色吸收率。如按例 18-6，当两辐射表面间距离 $L=45\mathrm{mm}$ 不变时，ε_1 从 0.95 变为 ε_λ 为 0.5 与 0.3 时，ε_2 亦从 0.81 变为 A_λ 为 0.5 与 0.3 时，则系统黑度 ε_s 的变化见表 18-24。

表 18-24　系统黑度对比表

L/mm	ε_1　ε_λ	ε_2　A_λ	$X_{1.2}$	ε_s
45	0.95	0.81	0.56	0.48
45	0.5	0.5	0.56	0.26
45	0.3	0.3	0.56	0.16

系统黑度的变化：0.48/0.26＝1.85、0.48/0.16＝3.0，可见上述黑度和吸收率的变化使系统黑度变化 1.85 与 3.0 倍，即两实际物体间的辐射换热将减少 85％ 与 50％，这么大的变化不容忽视，因此一定要设法改进辐射加热器的单色发射率，对被干物料的吸收特性亦要有所了解，如吸收率很低，将不宜采用红外辐射干燥。

此外还要测得辐射器的发射光谱，单色发射率 ε_λ 这个参数很重要。两灰体表面间换热计算时令其表面发射率为常数，但实际物体并不一定是常数，要有确定的单色发射率数据，才能进行两实际物体表面间的辐射换热计算。

18.4.2　薄层涂膜（烤漆）干燥

18.4.2.1　涂膜简介

涂膜（料）的出现已有几千年的历史，传统的涂膜只具备装饰与材料保护两大功能。随着近代科学的发展，涂膜还具有改善原物料的特性，即涂膜的第三功能，它包括涂膜的耐热、烧蚀、导电、高温绝热、阻尼、防污、防核辐射、伪装、光谱选择吸收及生物功能等特性。

宇宙飞船重返大气层时，表面温度达 7000℃ 以上，在这种苛刻的条件下，任何金属材料均会很快融化、烧毁，现用合成树脂和无机材料配置的隔热烧蚀涂料如表 18-25 所示。

表 18-25　特种功能及特种材料涂料

特种功能	电功能	导电涂料、绝缘涂料、电场缓和涂料、电子划线涂料、防静电涂料、印刷电路涂料、集成电路涂料、电波吸收涂料
	磁功能	磁性涂料
	光功能	发光涂料、荧光涂料、蓄光涂料、液晶显示涂料、伪装涂料、选波吸收涂料、道路标志涂料、红外线辐射涂料
	声波功能	阻尼涂料
	机械-物理功能	厚膜涂料、润滑涂料、防滑涂料、膨胀涂料、应变涂料、非黏附型涂料、防结露涂料、防冰雪涂料、防碎裂涂料、表面硬化涂料、原子灰
	热功能	耐热涂料、防火涂料、示温涂料、热反射涂料、热吸收涂料、耐低温涂料、航天器热控涂料、烧蚀涂料
	生物功能	防污涂料、防霉涂料、杀虫涂料、水产营养涂料、心血管支架涂料
	放射功能	放射防污涂料、放射线涂料、耐射线涂料
	防腐蚀功能	防锈涂料、重防蚀涂料、耐酸碱涂料、耐药品涂料、耐沸水涂料
特种材料	金属盐类	航天器涂料、选波吸收涂料、红外线涂料
	金属氧化类	防污涂料
	玻璃陶瓷类	耐热涂料、自净化涂料、防高温涂料、隔热涂料、防腐涂料、绝缘涂料
	无机-有机复合膜	丙烯酸乳液-水玻璃-锌复合涂料

如按涂覆的基材类型区分，大致可分为涂覆在金属底基、混凝土及石料底基、塑料底基、木材底基及玻璃底基上的涂料，见表 18-26。

表 18-26　按涂覆的基材类型区分的涂料

金属底基用	润滑涂料、膨胀涂料、防粘涂料、防冰雪涂料、绝缘涂料、阻尼涂料、电子划线涂料、耐石击涂料、选波吸收涂料、应变涂料、耐热涂料、自净化涂料、示温涂料、热反射涂料、原子灰、防污涂料、重防蚀涂料、电泳涂料、粉末涂料、复层涂料、伪装涂料、红外辐射涂料、航天器热控涂料、烧蚀涂料、金属光泽涂料、胺固化涂料、陶瓷涂料、结晶涂料、裂纹涂料、锤纹涂料
混凝土及石料底基用	水产营养涂料、放射污染涂料、防粘涂料、防结露涂料、高弹性涂料、发热涂料、道路标志涂料、厚膜涂料、无机涂料、碎落状涂料、多彩涂料
塑料底基用	塑料镜片用涂料、表面固化涂料、塑料电镀用涂料、防静电涂料、塑料用涂料、磁性涂料、放射涂料、涂膜保护剂、胺固化涂料、射线涂料、珠光涂料
木材底基用	防火涂料、防霉涂料、杀虫涂料、胺固化涂料
玻璃底基用	发光涂料、荧光涂料、蓄光涂料、涂膜保护剂、防破碎涂料

18.4.2.2 涂料分类及涂膜生成机理简介

最早的涂料是采用天然树脂粗加工而成，后来产生了以树脂为主的精加工涂料即所谓油漆，随着近代化学的发展，石油化工业的兴起，出现了合成树脂及合成橡胶型的有机涂料，如酚醛树脂类、沥青类、醇酸树脂类、氨基树脂类、纤维素类、乙烯树脂类、聚酯类、环氧树脂类、聚氨酯类、元素有机树脂类、橡胶类等涂料。但是有机化合物制成的涂料，其最大的弱点是耐温性差，难以胜任现在工业、科研所要求的高温条件因而出现了采用无机材料或玻璃陶瓷材料等所制成的涂料或有机-无机物复合涂料。这类涂料也属于特种涂料。

涂料涂在被加工的表面上，必须相当长的时间保持稳定，即涂料形成的涂膜不再起化学反应，涂料是由液态（或粉末状）变成无定形的固态涂膜，这种成膜的过程也就是涂膜的干燥过程。涂料主要靠溶剂挥发、熔融、缩合、聚合等物理或化学的作用而成膜，其成膜机理随涂料的组分和结构不同而异。根据涂膜的生成过程及成膜机理，可将涂料分为以下几种类型。

（1）挥发性涂料

挥发性涂料的成膜机理为：溶解或分散在溶剂中的大分子物质，涂敷在被涂物表面，因溶剂挥发而由液态向固态过渡，得到具有一定结构完整的涂膜。在成膜过程不起化学变化，用以改性的次要成膜物质虽然有交联反应，但对于干燥速度无显著影响，这类涂料所形成的涂膜都可自干，且表干极快，其干燥速度取决于溶剂挥发速度，所以这类涂膜多采用自然干燥法。属于这类涂料的有硝基漆、过氯乙烯漆、虫胶漆和装饰漆等。

（2）氧化聚合型涂料

氧化聚合型涂料大部分是油或油改性涂料。它们在干燥过程中虽有溶剂的挥发，但主要靠高分子之间的氧化聚合作用而固化成膜。这种成膜过程是与空气中的氧发生化学反应而交联的结果。这种氧化反应机理至今尚未弄清，油脂干燥时间可归纳出以下结果。

① 在干燥过程中油脂吸收氧气。如含有适当催干剂的亚麻油，在干燥期间吸收氧气可达本身质量的 12%。

② 含共轭双键的脂肪酸油脂干燥速率快。桐油含共轭双键，在不含催干剂时干燥只需 48~72h（在 25℃）；而亚麻油（含非共轭双键）在 25℃时干燥需要 12h。

③ 加催干剂可显著提高干燥效率。如上述亚麻油加催干剂（金属皂）在 25℃ 时只需 2.25h 即干燥，而桐油加催干剂只需 1.25h 即可干好。

与挥发型涂料一样，氧化聚合型涂料都可自干。但干燥速度较前者慢得多，如油改性酚醛涂料表干需 6h，全干需 18h。自干时相对湿度小于 70%，且温度较高时可加速干燥。

氧化聚合型涂料的烘干漆膜脆性小、抗老化性能强、使用寿命长。烘干温度不超过 100℃，温度过高，漆膜容易起皱。烘干氧化聚合型涂料要注意到新鲜空气的补给，使之充分氧化。

（3）热聚合型涂料

热聚合型涂膜要在烘干温度高于 100℃时溶剂才挥发、失去流动性，然后涂膜中成膜物质分子中的官能团发生交联固化，形成连续完整的高分子层。如氨基醇酸烘漆、沥青清漆、有机硅磁漆等均属这类涂料。这类涂料的特点是不加热就不能形成漆膜，所以也称烘干聚合漆料。

现以氨基醇酸烘漆为例，说明它成膜的机理。氨基树脂在涂料工业中作为醇酸树脂的固化剂，氨基树脂中的醚键与醇酸树脂中的羟基，在加热条件下，交联固化成膜。树脂型涂料类型繁多，见表 18-27。

表 18-27　树脂型涂料

天然树脂及油类	皱纹涂料、结晶涂料、防污涂料、示温涂料
酚醛树脂类	印刷电路涂料、复层涂料
沥青类	阻尼涂料、防污涂料
醇酸树脂类	荧光涂料、蓄光涂料、防结冰涂料、应变涂料、热反射涂料、水产营养涂料、锤纹涂料、复层涂料
氨基树脂类	防静电涂料、表面硬化涂料、复层涂料、示温涂料
硝化纤维类	防结冰涂料、裂纹涂料、多彩涂料、示温涂料
纤维素类	导电涂料、防静电涂料、液晶显示涂料
乙烯基树脂类	发热涂料、磁性涂料、发光涂料、路标涂料、膨胀涂料、防霉涂料、防碎裂涂料、锤纹涂料、多彩涂料、金属光泽涂料、橘纹涂料
丙烯酸酯类	荧光涂料、阻尼涂料、膨胀涂料、示温涂料、防污涂料、防霉涂料、防射线涂料、塑料涂料、可剥离涂料、光固化涂料、粉末涂料、复层涂料
聚酯类	磁性涂料、原子灰、防粘涂料、热吸收涂料、粉末涂料、复层涂料、厚膜涂料、
环氧树脂类	导电涂料、绝缘涂料、液晶显示涂料、防粘涂料、低温涂料、防腐蚀涂料、耐沸水涂料、粉末涂料、金属光泽涂料、复层涂料
聚氨酯类	润滑涂料、防粘涂料、防碎类涂料、低温涂料、耐沸水涂料、塑料涂料、可剥离涂料、电泳涂料、金属光泽涂料、复层涂料、伪装涂料、防污涂料
元素有机树脂类	导电涂料、绝缘涂料、电场缓和涂料、航天器热控涂料、防静电涂料、选波吸收涂料、高弹性涂料、耐热涂料、防污涂料、防腐蚀涂料、耐酸碱涂料、塑料镜片涂料
杂环树脂	高温涂料、绝缘涂料、航天器热控涂料

　　每种树脂漆都有一定的烘烤温度，不可随意升降，否则导致高分子裂解、颜料分解变色。如烘烤温度太低，则交联反应太慢甚至根本不反应。如氨基烘漆的烘干温度为 120～140℃，若超过 150℃长时间烘烤，会使漆膜变色发脆、耐久性降低；若低于 120℃则漆膜不能完全固化，且性能降低。这里所提的长时间烘烤不可超温，如红外辐射短时间烘烤虽超温但已固化，对烘干质量影响如何，还有待实验研究。

　　(4) 固化剂固化型涂料

　　固化剂固化型涂料是靠固化剂中的活性元素或活性基团与成膜物质中的官能团发生化学反应，经交联而固化成连续完整的高分子薄膜。此类涂料可分常温固化型与加温固化型两类，而加温固化型又分低温烘烤 (80～100℃) 与高温烘烤 (110～180℃或更高)。

　　现以环氧树脂涂料为例来说明固化成膜机理。环氧树脂是具有多官能团的线性分子，即两端带有环氧基的多元醇，它本身的结构决定了多种胺类、酸酐及某些具有活性基团的树脂类能使其交联固化。其中有胺类固化、酸酐类固化、树脂类固化 3 种。

　　胺类固化剂的特点是胺类中的氨基和环氧基反应易进行，而脂肪胺类可在室温或低温固化 (但芳香族胺类固化需较高温度，约 140℃)，反应中放热较大，固化产物易开裂，耐热性差，电性能差。此类固化剂多为液体，易挥发，毒性和腐蚀性较大。

　　酸酐类固化涂料的特点是酸酐和环氧树脂反应比较复杂，既可和羟基反应也可和环氧基反应。常用的酸酐类固化剂是顺酐及苯酐。使用酸酐作固化剂的优点是产品机械强度高，耐热性高，有较好的电性能及耐化学腐蚀性能，毒性小，使用寿命长。缺点是常温下为固体，使用时需溶化才能与环氧树脂混合，不太方便，需升温至 120～220℃固化，且带有强烈的刺激性。

　　树脂类固化型涂料的特点是某些具有活性基团的树脂也能和环氧分子中活性官能团反应，使环氧树脂固化，同时还能弥补环氧树脂的不足，起到改性作用，因此该涂料在工业中用得多。其中有环氧酚酸漆、环氧-脲醛漆、环氧聚酰胺漆与有机硅-环氧聚酰胺漆。其中前两种均需在高温（180～200℃）下才能进行反应，而后者仅需常温固化。

固化剂固化型涂料在未涂装前，一般是分装在两个容器内，将环氧树脂涂料与固化剂分别包装，使用时按比例混合调匀，在限定的时间内要用完。

以上是液态涂料及其成膜机理与特点。由上述可见，对不同涂料与涂膜其烘干温度与时间取决于被烘干涂料的类型与被烘干物的热容量、材质、表面状况及供热方式。

粉末涂料是由固体树脂燃料、填料、固化剂（属热固型有固化剂，热塑性粉末涂料无固化剂）、流平剂等混合物加工而成，它不含溶剂，一次喷涂即可达到油漆烘烤2～3次才能达到的涂膜厚度，由于没有溶剂挥发污染、施工中落散的粉末易回收，所以对环境保护及提高涂料的利用率有显著作用。粉末涂料采用静电喷涂时，涂膜均匀、附着力好、硬度高、耐磨性好、抗腐蚀性强、绝缘性高，最适合涂饰涂膜较厚的中小型零件，其烘干技术与烘干油漆基本一致。

18.4.2.3 国内外红外辐射薄层烤漆进展

油漆涂层的干燥机制，起初曾认为与湿物料脱水的传热传质过程相似，与化学变化无关，纯属热过程。然而研究表明，油漆层内除了存在由热辐射能转化为热能的纯物理过程外，在油漆涂层膜，尤其是热固性的漆膜中，化学反应起着极为重要的作用。

油漆层固化工艺过程分为两个阶段，即扩散阶段与固化阶段。

扩散阶段是热辐射透入涂层阶段，主要是工件与油漆的预热升温，挥发组分的扩散移出。图 18-81 是丙烯酸罩光漆的吸收光谱。

固化阶段亦称动力学阶段，是辐射作用化学键的固化阶段，这一阶段要求有较高的温度，在此阶段所发生化学反应的速度制约着干燥过程的进程，而化学反应的速度根据化学动力学的规律，温度每升高 10℃，可提高 1～3 倍，因此，这一阶段最好采用 $3\mu m$ 波段左右的高温辐射。

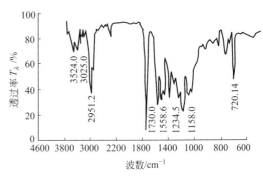

图 18-81　丙烯酸罩光漆的吸收光谱

天津大学褚治德等在北京某汽车钢圈厂用高温定向辐射器烘烤丙烯酸罩光漆，辐射器表面温度达 700℃ 以上，距钢圈 100mm，辐照 3min 的干燥效果与工厂正烘烤的中温辐射 30min 的干燥效果一致。因此，当前美国、澳大利亚等国对汽车钢圈的烘道改为半开放式高温定向辐射烘道，干燥周期为 10min，大大缩短了干燥过程，节省了大量能量。

18.4.2.4 汽车钢圈丙烯酸罩光漆的红外辐射烘烤

图 18-81 是丙烯酸罩光漆的吸收光谱，纵坐标为透过率，透过率为 100% 时其吸收率为零，因此图 18-81 中透过率最小的峰值处吸收率最大。

世界上所有物质，不论是气体、液体，还是固体，当受到红外辐射照射时，都能引起辐射能量不同程度的衰减，如果以透射的红外线强度对波数（或波长）作图，则将记录一条表示各个吸收带位置的吸收曲线，即为红外光谱。不同物质均有不同的吸收光谱。丙烯酸罩光漆的波长、温度特性见图 18-81。横坐标为波数，波数定义为波长的倒数。

由维恩定律可知，对应于最大单色辐射力的波长 λ_m 与热力学温度 T 之间有如下关系：$\lambda_m T = 2897.6\mu m \cdot K$。表 18-28 中列出了丙烯酸罩光漆的波数、波长、热力学温度 T 与摄

氏温度 t 的关系，丙烯酸罩光漆在 $600\sim750℃$ 之间有强烈吸收峰，有利于漆面溶剂的蒸发与油漆固化。我国烘道设计中以往常选用 $\lambda=5.7\sim3.4\mu m$ 的较多。因而大都是中温烤漆，化学反应速度慢，固化时间长，虽比蒸汽干燥节能，但干燥周期仍长，能耗仍大。

表 18-28　丙烯酸罩光漆的波数、波长、温度特性

峰值波数/cm^{-1}	峰值波长 $\lambda_m/\mu m$	电磁波温度	
		热力学温度 T/K	摄氏温度 $t/℃$
3524	2.84	1023.9	750.9
3025.0	3.30	878	605
2951.2	3.39	855	582
1730	5.78	501	228
1568.6	6.42	451	178
1237.9	8.08	358.6	85.6
1234.5	8.10	357.7	84.7

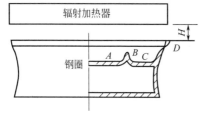

图 18-82　汽车钢圈简图

我们利用表面温度为 $773℃$ 的石英板式高温辐射器、HPD2000 型数字表面温度计（日本）与 KPM-LG 型温度计（德国），表面距离为 100mm 与 60mm，烘干时间为 2min、1.5min 与 1min，对昌平某汽车钢圈厂的丙烯酸罩进行了实验。简图见图 18-82。同时也测量了该厂烘道丙烯酸罩光漆的温度。实验资料见表 18-29。

表 18-29　汽车钢圈丙烯酸罩光漆烘烤实验资料表

实验编号	加热器加热与烤件	烘干时间/min	烤件烤前温度/℃	烤后漆面温度/℃				漆面湿度/%		
				A	B	C	D	A	B	C
1	100	2	16	140	140	113	151	6.0	6.5	6.8
2	100	2	16	139	141	113	151	6.0	6.5	6.8
3	工厂生产	30	16					6.0	6.5	7.0
4	60	1	18	74	91		98	未干>40		
5	60	1.5	18	119	104	79	118	6.7	7.5	9.5
6	60	1.5	18	110	119	98	114	6.9	6.7	8.5

由表 18-29 可看出：

① 实验 3 是工厂用电阻带辐射器、装机功率为 256kW，干燥周期为 30min，烘道长 30m，烤后测试表面湿度为 $6.0\%\sim7.0\%$；

② 实验 1、2 是距离 H 均为 100mm，干燥周期均为 42min，干后漆表面温度为 $113\sim151℃$，干后表面湿度为 $6.0\%\sim6.8\%$，干燥效果好；

③ 实验 4 是距离 H 为 60mm，干燥周期为 1min，干后漆表面温度为 $74\sim98℃$，未达到漆的聚合温度，干后漆面粘手，湿度 $>40\%$；

④ 实验 5、6 是 H 为 60mm，干燥周期为 1.5min，干后漆表面温度为 $79\sim119℃$，未达到聚合温度，漆表面湿度为 $6.7\%\sim8.5\%$，未干。

巴甫洛夫的大量研究工作表明，只有漆膜温度在 140℃ 以上时，才可使干燥过程加快。漆膜温度在 $140\sim150℃$ 时 2min 可干好；而漆膜温度为 $74\sim98℃$ 时，干燥效果不佳。证实了巴甫洛夫的论断。

18.4.2.5　汽车大梁烤漆

南京某公司将原来远红外低温电阻带式汽车大梁烤漆烘道，改为 $600\sim700℃$ 的石英板定向辐射器，装机容量从 288kW 降为 216kW 而产量却提高了 15%，干燥周期由 30min 缩短为 25min。热效率从 10.02% 增为 20.8%，而改造费仅用 0.75 年就可回收。

18.4.2.6　吉普车车身面漆烘烤

关于北京某制造公司的吉普车车身面漆的烘烤，该公司在科学技术成果鉴定证书中明确指出"金属漆的喷涂，烘干要求高，技术难度大，因此邀请天津大学褚治德教授、诸凯教授及研究人员，采用四方牌 YN 系列石英板加热器制成模拟烘道，调整辐射器位置、距离与角度，测试温度场，通过模拟测试得到了可靠数据，据此进行改造方案设计，并进行研究与论证及精心设计与施工、调试，该烘道热效率为 35.5%"。并获北京市 1988 年重大科技成果推广计划。此工程实验表明，不用热风只用红外线可烤好汽车外壳的面漆。

18.4.2.7　辐射加热器与被烤工件的辐射换热与计算

辐射加热器与被烤工件之间的辐射换热按下式计算

$$Q_{1.2} = \frac{F_1 C_0 \left[\left(\dfrac{T_1}{100} \right)^4 - \left(\dfrac{T_2}{100} \right)^4 \right]}{\left(\dfrac{1}{\varepsilon_1} - 1 \right) + \dfrac{1}{X_{1.2}} + \dfrac{F_1}{F_2} \left(\dfrac{1}{\varepsilon_2} - 1 \right)} \tag{18-77}$$

式中，$Q_{1.2}$ 为辐射加热器与被烤工件的辐射换热量，W；F_1 与 F_2 分别为辐射加热器与被烤工件的表面积，m^2；C_0 为黑体常数，其值为 $5.67W/(m^2 \cdot K^4)$；T_1 与 T_2 分别为辐射器加热表面与烤漆工件表面温度，K；ε_1 与 ε_2 为辐射器表面与烤漆表面黑度，可取 $\varepsilon_1 = 0.95$，$\varepsilon_2 = 0.66$（取 113℃ 与 151℃ 的平均吸收率，见表 18-29 及图 18-81，波数为 $1333\sim1464cm^{-1}$）；$X_{1.2}$ 为辐射器表面与烤漆表面之间的角系数。ε_s 为系统黑度。

$$\varepsilon_s = \frac{1}{\left(\dfrac{1}{\varepsilon_1} - 1 \right) + \dfrac{1}{X_{1.2}} + \dfrac{F_1}{F_2} \left(\dfrac{1}{\varepsilon_2} - 1 \right)} \tag{18-78}$$

由式(18-78) 可见，求出角系数 $X_{1.2}$，式(18-78) 即可解。由于两物体间是垂直定向辐射，取距离 $H = 0.1m$ 与 $0.3m$，令 $F_1 = F_2 = 0.1385m^2$，并简化为两个互相平行且正对着的矩形平面，则求得 $H_1 = 0.1m$，$X_{1.2} = 0.6$，$\varepsilon_{s_1} = 0.45$；$H_2 = 0.3m$，$X_{1.2} = 0.22$，$\varepsilon_{s_2} = 0.196$。

当辐射器表面温度为 733℃，烤漆表面温度为 $(140 + 140 + 113 + 151)/4 = 136℃$，$H_1 = 0.1m$ 时，$Q_{1.2} = 3520W$；当辐射器表面温度为 500℃，烤漆表面温度为 136℃。$H_2 = 0.3m$ 时，$Q_{1.2} = 504W$，则两种辐射换热之比为 7.0 (3520/504)。这两种辐射换热基本上可代表工程上高温定向辐射烤漆与中温定向烤漆的资料。可见高温定向辐射烤漆仅从辐射换热角度来看就优于中温定向辐射换热，这对于汽车钢圈等较大厚度工件的换热是非常必要的。

由此可见，对于薄层涂膜的干燥，只要涂膜与被烤工件的温度允许，而工件又需要较大的辐射换热，则完全可以按照红外光谱的分子吸收振动理论，根据涂膜的吸收光谱，以短波段的高温辐射选取辐射加热器的供热温度，使涂膜共振吸收，并以高温定向近距离辐射，使涂膜溶剂快速蒸发并使涂膜快速固化，可达到即节能又优质高产的目的。

18.4.2.8　兰胎竹漆器红外辐射烘烤

浙江嵊州市竹编已有2000多年历史，素以造型优美、编制精巧、使用与欣赏兼备而驰名中外，有"中外竹编第一家"之誉。

兰胎漆是中国古老的传统工艺，光洁润亮，耐沸水泡，宛如瓷器，又比瓷器牢固轻巧。但在冬季天然干燥每件长达48h。该漆是由特制配方的醇类漆及腰果漆等组成，底材为竹制，超过70℃竹器会产生变形，因此，研究兰胎漆的干燥速率及兰胎漆的红外吸收光谱则是首要任务。

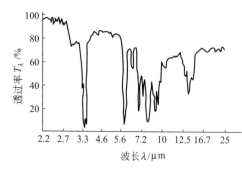

图18-83　黑色醇酸调和漆的红外吸收光谱

（1）兰胎漆的红外吸收光谱

实验表明，兰胎漆的红外吸收光谱与各类漆的红外吸收光谱基本一致，今只给出黑色醇酸调和漆的红外吸收光谱，见图18-83。从图18-83中可知在波长为3.4μm、5.7μm、6.8μm、7.8μm、8.8μm、9.3μm附近透过率最小，即有较高的红外吸收率。按维恩位移定律 $\lambda_m T = 2897.8\mu m \cdot K$ 求出与之对应吸收峰的温度值为579℃、235℃、153℃、99℃、56℃与39℃。

（2）兰胎漆器的干燥速率实验

① 实验装置与测试仪表　兰胎漆器的干燥速率实验是在红外干燥炉中进行的，炉温由DWT-702精密控温仪控制，兰胎漆溶剂的出气量由RC161型精密电子秤（德国）称量，分辨率为0.1g，由HP3054A（美国）数据采集系统测出干球与漆器的温度。

② 辐射板实验参数的选择　兰胎漆器要求在不高于70℃的低温条件下烘烤。由兰胎漆的红外吸收光谱图可知，漆在5.7～8μm之间有3个吸收峰，对应温度约为98.5～235℃，为此选用降压供电的方式，降压辐射板表面温度，使之既增大兰胎漆器吸收又增大辐射面积，并有利于炉内温度均匀控制，并减少散热损失，延长了辐射器的寿命。

③ 干燥速率实验　每个兰胎漆器按生产工艺要求，涂5次色漆（即红漆、紫漆和黑漆），和1次清漆。6次干燥过程的原始资料总脱气量及终量见表18-30。6次干燥过程溶剂脱出量随时间的变化规律基本一致。现仅列出第2次实验资料，见表18-31。

表18-30　6次干燥过程溶剂脱出量数据

项目	第1次	第2次	第3次	第4次	第5次	第6次
漆器初重/g	133.3	140.6	149.3	157.5	163.9	167.4
加漆量/g	14.2	15.6	14	11.6	6.4	8.5
总出气量/g	6.9	9	5.8	5.2	2.9	4.2
终量/g	140.6	149.3	157.5	163.9	167.4	171.7
总烘干时/min	653	30	30	40	30	23

表18-31　第2次烘干过程的各实验资料

时间 τ/min	0	5	10	15	20	25	30	35
炉温 t_0/℃	57.7	60.9	58.9	61.1	59.9	59.7	59.7	59.7
漆器温度 t/℃	49.9	52.1	52.5	54.5	55.2	56.2	56.8	56.9
漆器品质/g	156.2	152.9	150.9	150.2	149.7	149.4	149.3	149.3
出气量 dM/g	0	3.3	2.0	0.7	0.5	0.3	0.1	0

根据该表资料，按每千克干物料每分钟脱出的溶剂变化量计算干燥速率。干燥速率见式

（18-79）。

$$R = \frac{\mathrm{d}M}{M_{as}\mathrm{d}\tau} \qquad\qquad (18\text{-}79)$$

式中，R 为干燥速率，g/（kg·min）；$\mathrm{d}M$ 为脱出的溶剂变化量，g；M_{as} 为绝干物料品质，kg；$\mathrm{d}\tau$ 为时间变化量，即采样时间，min。式（18-79）中 $\mathrm{d}M$ 已在表 18-31 中列出，绝干物料的 $M_{as} = 0.1493$ kg，因此，各实验时刻每 5min 采样的平均干燥速率 R 即可求出。图 18-84 是兰胎漆器干燥速率、漆器温度及炉温曲线。

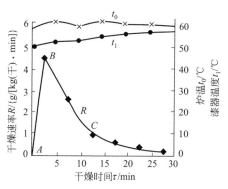

图 18-84　兰胎漆器干燥速率、漆器温度及炉温曲线

干燥速率 R 即可求出，如 0～5min 取样时间的

干燥速率 $R_{0\sim5} = \dfrac{3.3}{0.149 \times 5} = 4.42$ {g/[kg（干）·

min]}，由于是取样时间 0～5min 的平均干燥速率，所以在绘制 $R_{0\sim5}$ 时，横坐标应取 2.5min，纵坐标应取 4.42g/[kg（干）·min]，余者类推，第 2 次实验计算干燥速率见表 18-32，干燥速率、漆器温度及炉温曲线见图 18-84。

表 18-32　第 2 次实验计算干燥速率

时间 τ/min	0	5	10	15	20	25	30
出气量 $\mathrm{d}M$/g	0	3.3	2.0	0.7	0.5	0.3	0.1
干燥速率 U/[g(kg·min)]		4.42	2.68	0.94	0.67	0.41	0.13

从油漆的固化机理可知，油漆的干燥主要有两个过程，即溶剂挥发和树脂聚合。兰胎漆中有汽油二甲苯、亚麻油等易挥发溶剂，也有酚醛类调和漆。由图 18-84 可知干燥速率曲线分升速 AB 与降速 BC 两个干燥阶段。其中 2.5min 已达到了最大干燥速率，10min 已有 80％以上的溶剂挥发，在降速阶段要完成树脂中各基团键链的交联聚合过程，由于溶剂挥发可在低温进行，而油漆固化需较高温度，但竹漆器要求不能高于 70℃，因此漆器是逐渐升温的。整个干燥过程炉温（干球）不超过 65℃，经 30min 已干好，完全满足兰胎漆器的烘烤要求。

（3）实验分析

① 由图 18-84 可知，最大干燥速率是在第 2.5min，因此烘道的排气孔位置应设在兰胎漆器进入烘道 2.5～5min 处。排气孔设置靠前，热量损失大，影响溶剂脱出，干燥效果差。开孔过迟，挥发溶剂排不出，在炉内形成气雾，吸收辐射能，浪费能源，另外气雾落回漆膜表面，使漆器失去光泽；更有甚者溶剂浓度过高，有爆炸危险，要保持在爆炸浓度的 1/2 以下才属安全。

② 兰胎漆器每次涂漆后，干燥出气量约占上漆总量的 41％～45％。

③ 烘干过程中，前 10min 的排出溶剂量约为总排气量的 80％。后期干燥主要是为兰胎漆的固化。

（4）实验结论

① 干燥速率曲线是烤漆烘道设计排气孔及孔径的主要依据。

② 原兰胎漆器冬季干燥周期为 48h，采用红外辐射干燥后，缩短为 30min，仅为原干燥周期的 1/96，而且提高了漆面质量。

③ 由吸收光谱图 18-83 可知，虽然兰胎漆可用 579℃ 的高温辐射器，但因竹器本身高温变形严重，因而选用表面温度为 235℃ 的辐射加热器，亦达到了兰胎漆共振吸收与快速固化的目的，节约了能源，提高了生产率。

18.4.2.9　自行车挡泥板的红外辐射烘烤

烘道的调试最好用从德国进口的 BYKO-STOR 炉温记录仪，该仪器的最大优点是能随工件一起进入烤漆烘道，测量整个干燥过程中不同烘道位置的干球温度和工件不同部位的温度。该仪器分 L 型与 S 型。L 型有 6 个记录系统，可以测量的温度范围是 0～300℃，S 型亦有 6 个系统，可测 0～100℃、0～200℃、和 0～300℃，仪器内部装有过温度保护装置，超过上述温度，仪器不会损坏，但没有温度参数记录。

下面以上海某自行车厂使用多年的烘道测试为例进行说明。用 BYKO-STOR 炉温记录仪对自行车挡泥板、车架进行炉内跟踪测试。测试的烘道基本情况见表 18-33，工件最高烘烤温度与烘烤时间见表 18-34。图 18-85 是挡泥板为彩色面漆时，挡泥板与空气的温度曲线。

表 18-33　挡泥板与车架在烘道内烤漆数据

产品		烘道形式	涂装油漆	工艺温度	加热组件	废气排放
挡泥板	墨绿漆	直通式	氨基墨绿面漆	180℃	SHQ	自然排放
	彩色漆		氨基透明红漆		灯状	
车架	罩光漆		氨基清红漆		板状	微抽风

表 18-34　挡泥板与车架最高烘烤温度与烘烤时间

产品		最高烘烤温/℃	烘烤时间/min	曲线状态
挡泥板	墨绿漆	160	5	正态分布
	彩色漆	165	6	曲线混乱
车架	罩光漆	177	10	曲线较混乱

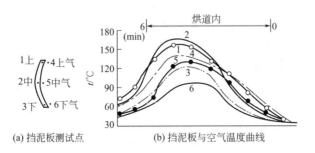

图 18-85　彩色漆挡泥板烘道的温度曲线
1—工件上；2—工件中；3—工件下；4—空气上；5—空气中；6—空气下

由图 18-85 可知挡泥板中间部位 2 最高温度为 165℃，与最低部位 3 之间的最大温差为 51℃，空气上点 4 的最高温度为 96℃，则空气最大温差 $\Delta t = 44℃$；工件与气体间最大温差为 $165-96=69$（℃）。对于墨绿漆的挡泥板与罩光漆的车架，其工件最大温差、空气最大温差及工件与空气间的最大温差见表 18-35。

从表 18-33～表 18-35 与图 18-85 看出：

① 工件温度高于空气温度　对于墨绿漆，温差 $\Delta t_{工气}=56℃$，该值为工件中间 2 点温度最高值 160℃ 和泥板下端 6 点空气温度最低值 104℃ 之差，而空气最高温度为最上部 4 点温度 $t_4=127℃$，料温最高为 160℃，其最小温差为 $160-127=33$（℃），这是中间 2 点与上端

4 点的温差。如考虑同一位置工件与气体温度，则为 $t_1 = 158℃$，$t_4 = 127℃$，$\Delta t = 158 - 127 = 31℃$。可见中间与上端工件温度均高于上部的空气温度。这是辐射烘道的特点。

表 18-35　彩色挡泥板与车架最大温差

产品		测温点	工件最大温差 $\Delta t_工$/℃	空气最大温差 $\Delta t_气$/℃	工件与空气间最大温差 $\Delta t_{工气}$/℃
挡泥板	墨绿漆	3 点产品	52	24	56
	彩色漆	3 点产品	51	44	69
车架	罩光漆	5 点产品	37	—	21
		1 点产品			（工件与空气测点接近）

② 中部辐射器布置过多　3 组测试数据表明，全是工件中部位置的温度高于下部，且温差值较大，墨绿挡泥板为 52℃，彩色挡泥板为 51℃，车架亦是中部位置的温度高于下部温度 37℃。测试数据表明，直接辐射工件中间的辐射器应减少，工件下部的辐射器应增加，这样会得到均匀的温度场，对工件的烘烤有益。组织这样规模的测试很不容易，因此对已取得的测试资料要认真深入分析，进一步调试以取得优质节能的效果。

18.4.2.10　红外定向辐射加热胶合板单板干燥

胶合板是由多层单板胶合热压而成，单板是通过旋转切削木段得到的。典型的单板层厚约为 1.5mm。旋切完后就将单板干燥、切削、分类、预处理、上胶，最后压成胶合板。而单板的干燥耗能大，产量低，制约着胶合板生产线的产量与质量。

最早制造单板大约在公元前 3000 年的古埃及，精心制作的贵重薄木片作为国王及王族的高级家具，1920 年研制成功了世界第一台单板干燥机，但真正得到迅速发展还是在第二次世界大战以后，1955 年美国胶合板的产量是 1922 年的 550 倍。木材的缺点是各向强度异性，顺纹拉力为横纹的 20 倍，胶合板是改善木材性质与提高木材利用率的有效措施之一。

现代单板干燥机已从间歇式对流加热窑发展为连续生产式热风加热网带式干燥机、辊压式干燥机与新近发展起来的高速喷射辊压式单板干燥机。后者是我国引进德国某公司技术设计制造的国内最新型喷气辊筒式单板干燥机。该机采用了多项高新技术，其热效率可达 38%。而我国现在生产的中型网带式单板干燥机，其热效率一般小于 15%。为提高能源利用率、降低初投资和提高胶合板的产量，有必要研制新型的胶合板单板高燥机。

1992 年国际电热（UIF）学术会，加拿大 P. Dontigng 选用中波辐射器对单板进行预干，弥补了因工厂用木材下脚料生产的低压蒸汽而使单板干燥机性能下降的弊病，增加了总能量的热效率，干燥速率增加，占地小、易控制，而芬兰某公司发展了新的红外单板干燥机方法，使初含水率 100% 降为 50% 时用红外线干燥，这样使常规网带孔干燥机与红外干燥机联合，改善水分扩散，增加了产量、降低了能耗，提高了热效率。中国利用中、长波定向辐射联合干燥，热效率高达 60%，研制与试制过程分析如下：

（1）单板的吸收特性及红外辐射的选择

单板的吸收特性见图 18-25 中物料吸收光谱图中曲线 6、7，即波长 $2 \sim 14\mu m$ 内吸收率很高，吸收率 A_λ 为 0.9 左右。

由于单板的厚度很薄（0.5~1.8mm），暴露面积很大，在旋切单板时，大量毛细管被切断，因此水分扩散蒸发快，所以，单板可用较高的温度辐照，以强制单板迅速排除细胞腔中的自由水，使它初含水率从 120%~130% 降到 40%，这由高温定向辐射器来完成，而从 40% 降为 10% 则由中温辐射器来完成。即最后排除的 30% 的水分包括少部分自由水（细胞腔中的水），主要是细胞壁、纹孔等处的微毛细管水分，这是单板的附着水（亦称结合水），较难排除。

高温红外定向辐射器是采用 1.5kW 的石英板定向辐射器进行模拟实验。表面最高温度可达 733℃，辐射的最大波长 λ_{max} 为 $2.88\mu m$，而乳白石英板在 $0\sim3.5\mu m$ 有很高的发射率，ε_λ 约为 0.95。中温实验是采用 SiC 板定向辐射器，表面最高温度为 530℃，最大辐射波长 λ_{max} 为 $3.6\mu m$。由于水在 $3\sim4\mu m$ 有很低的吸收率，因此为非匹配吸收，可使深层获得良好传热，使其结合水能较快地向表面扩散。

由于使用了高温定向辐射，大量的自由水迅速脱出，使单板表面皱缩和翘曲，因此采用辊压式传送单板，可使单板既获得导热，又进行压平，干燥后单板光滑平整美观，为下道工序打下了良好基础。

（2）模拟实验与设计

近年来，国内外对单板干燥的特性做了较深入的研究，主要是针对热风式干燥，从提高温度和气流速度两方面加快干燥过程，其喷射速度高达 $15\sim60m/s$；温度在 $210\sim290℃$ 之间；热效率可达 38%，每蒸发 1kg 水折合能耗为 $1.96kW\cdot h$，由于过去研制的红外单板干燥机能量消耗太高，每蒸发 1kg 水需 $1.5\sim5kW\cdot h$，因此现代喷气式单板干燥机抑制了红外干燥机的发展。但红外干燥机与对流相比，热空气温度为 100℃，空气相对湿度为 5%，气流速度为 2m/s（此为国内单板干燥机参数），如红外辐射器表面温度为 600℃时，其热流强度为对流干燥的 30 倍，故红外干燥方法还是有前途的，关键是要提高热效率，降低能耗。

下面用模拟实验取得的数据来指导工艺设计。

实验装置为积木式，几个小型手摇切面机与高温与中温辐射器结合即组成了实验装置。现将 100 余次实验室模拟实验的结果总结如下：

① 辐射器不同布置方案对传热传质的影响　为了较透彻地了解辐射器布置方案和压辊间距对单板干燥的影响，进行了以下实验：

a. 在单板上方辐射时，辊间距对干燥速率的影响。

b. 在单板上、下布置辐射器与辊压导热对干燥的影响。

c. 上、下辐射与上辐射干燥速率对比实验。

实验结果表明：两压辊间距从 250mm 降为 150mm 时，平均干燥速率提高 6.6g/（m² · s）。上下布置辐射加热与压辊导热相比较，压辊导热的平均干燥速率只为辐射（含导热）的 1/3.3，可见是辐射传热对单板干燥起主导作用。但压辊滚压导热能将扩散到单板表面的水分突然蒸发掉，并传输单板，使单板表面平直，其作用亦不可低估。另外四个压辊与两个上下对称的辐射加热器组成了一个高温空间，在高温定向辐射时，空间温度可达 300℃，上辊温度可达 140℃，下辊温度可达 120℃。组成一个强辐射、强对流、强导热的独立单元，为优质高效的传热传质提供了条件。

定向辐射器表面距单板表面很近，辐射器上下对称布置，平均干燥速率比单面布置提高 1.1 倍，另外能使单板上下表面温差小，单板前进时能水平地沿两辊中间缝隙前进，而单面辐射时，由于单板两面温差较大而翘曲，使单板传输工作遇到困难。

通过上述实验确定：压辊间距为 250mm，辐射器上下对称布置，辐射器距单板表面距离小于 100mm，通过优化实验确定布置方案。

② 单板变温干燥动力学实验　在已确定的上述优化结构方案条件下，进行以下实验研究。

a. 高温定向红外辐射加热不同厚度单板的干燥速率、干燥曲线、干燥温度曲线实验。

b. 中温定向红外辐射加热不同厚度单板的干燥速率、干燥曲线、干燥温度曲线实验。

c. 高温与中温定向红外辐射对比实验。

d. 单板变温干燥动力学实验。

实验结果表明：对含水率为 120% 的杨木单板，脱水至终含水率 10%，用高温定向红外辐射器需 91s；用中温定向红外辐射器需 238s，干燥周期为高温定向红外辐射器的 2.6 倍。

如含水率从 120% 降到 40%，用高温辐射器需要 50s，单位脱水电耗为 2.41kW·h/kg，而中温定向辐射器需要 150s，单位脱水耗电为 2.1kW·h/kg，可见脱出同样的自由水分，中温定向辐射耗时是高温定向辐射的 3 倍，单位脱水耗电为高温定向辐射器的 1.1 倍。可见对高含水率的自由水分的脱出采用高温定向辐射为好。若继续使含水率从 40% 降为 10%，用高温辐射耗时为 41s，中温辐射为 88s。但高温定向辐射耗电 1.98kW·h，而中温定向辐射耗电 1.53kW·h，即高温定向辐射耗电为中温定向辐射的 1.3 倍。多耗的时间可通过减慢单板传送速度或增加生产线长度解决，但多消耗 30% 的能量是无法弥补的，由此可见，对于含水率从 40% 下降到 10% 的脱水，以中温定向辐射方案为好。

单板变温干燥实验数据指标见表 18-36。根据上述统计数据，以厚度为 1.5mm 单板考虑，其干燥周期为 40+85=125（s），按上述数据计算设计干燥机的尺寸如下：总长 10m，其中进料 1m；高温段 2m；中温段 5m；冷却段 2m。总宽 2.5m，有效宽度 2m，工作面宽度 1.5m。结构简图如图 18-86 所示。

表 18-36　单板变温干燥实验基本数据指标

| 高温干燥区 | | | | | 中温干燥区 | | | |
板厚/mm	初含水率/%	中含水率/%	干燥时间/s	单位脱水电耗/(kW·h/kg)	中含水率/%	终含水率/%	干燥时间/s	单位脱水电耗/(kW·h/kg)
1.5	110.8	40.4	40	2.41	40.4	3.0	85	3.40
1.0	104.9	38.8	20	2.31	38.8	6.3	65	3.12

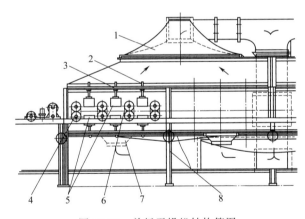

图 18-86　单板干燥机结构简图
1—吸网罩；2—螺柱；3—螺母；4—下滚筒；5—加热器；6—上滚筒；7—吸风箱；8—骨架

（3）现场测试分析

现场实验利用非稳态干燥动力学方法进行。取样品尺寸为 300mm×100mm×1.5mm 单板，取样经筛选，确保有相同的初含水率及品质好。在干燥机上每隔 1m 取样一个，同时现场称量、测温，每组实验 10 次。所得干燥速率曲线及干燥曲线如图 18-88 所示。

现场实验与实验室模拟实验所得的干燥曲线和干燥速率曲线基本一致。现场实验杨木单板初含水率为 100%，经 90s 干至终含水率为 12%，比表 18-36 中的干燥周期略有缩短，其原因是现场有相邻加热器连续工作，保温也优于实验室状态。

其中在高温区 0.75m 处（从进板端起），由于受到高温定向强辐射作用，在单板表面呈现出大量的水膜（图 18-87），随后被热压辊滚压加热汽化，这说明此时单板内部水分扩散速度大于表面蒸发速度，这是高温定向辐射所特有的现象，对流换热中不会出现。

上下辐射器与 4 个压辊组成的空间是个强辐射、强对流、强导热干燥室，即气体温度达300℃，单板表面为 65℃，对流温差高达 235℃，辐射器表面温度高达 730℃；上辊表面温度达 140℃；下辊表面温度达 120℃；而中温区上辊表面温度为 84℃；下辊表面温度为74℃；中温区辐射器表面温度为 530℃。

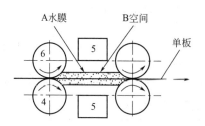

图 18-87　单板表面的水膜

4—下滚筒表面 140℃；5—高温定向辐射器 730℃；

6—下滚筒表面 156℃

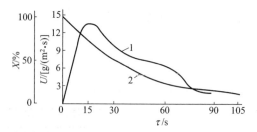

图 18-88　单板干燥速率及干燥曲线图

1—干燥速率曲线；2—干燥曲线

干燥机采用吸风排除水分，而不是吹风，以免降低已被辐射器加热的空气温度及压辊表面温度。

从图 18-88 可看出，单板干燥曲线没有升速段，即无预热段，这是因高温定向辐射加热高含水率的单板所致，换言之，单板可以连续大量脱水，这一现象亦出现在天津大学对干燥初期易脱水的钛矿球所做的实验中。

（4）红外单板干燥机与其他单板干燥机性能对比

① 干燥周期　根据德国 F.F.P. 科尔曼提供的不同类型的干燥机（窑）资料，干燥 1.5mm厚杨木的单板干燥周期如表 18-37 所示。由表 18-37 可见，窑式干燥周期为红外干燥机的 55.4倍，网带式、辊筒式与高速喷射式的干燥周期为红外干燥机的 8.3 倍、4.2 倍和 2.8 倍。

表 18-37　厚杨木单板干燥周期

项目	窑式	网带式	辊筒式	高速喷射式	红外干燥机
干燥周期	7200	1080	540	360	130
与红外干燥周期比/倍	55.4	8.3	4.2	2.8	1.0

② 网带式、滚压式单板干燥机与红外单板干燥机性能比较　现将国内外网带式、滚压式热风单板干燥机与天津大学研制的滚压式红外单板干燥机的性能对比列于表 18-38。

表 18-38　国内外网带式、滚压式热风单板干燥机与滚压式红外单板干燥机性能对比

型号	机长/mm	总重/t	价格/(万元/台)	年产量(m/年)	每小时耗能/kW·h	每米运行费/(元/m)	单位脱水能耗/(kW·h/kg)	热效率/%
林业机械公司BG182 网带式 8 节	22963	26.5	50.8	3500	风机电机 55.31，压力12MPa，蒸汽 1.4t/h，折合 1083,总计 1138.3	197	5.7	13
天津大学TDRH-1 滚压式	12000	7	22.5	2450	150	192	1.3	60
台湾 4VDJ-4514H(美国设计)	45000	150	600	27000	风机电机 260，压力1.2MPa，蒸汽 7.5t/h，折合 5806,总计 6132	122	2.4	33
德国 BG134 喷气滚压机	36300		165.5	20000	3049	65	2.0	38

由表 18-37 可见，天津大学研制的单板红外干燥机热效率为德国 BG134 辊压喷射式单板干燥机的 1.58（60/38）倍，脱每千克水能耗是最低的，脱出 1kg 水仅为 1.3kW·h，机身短、质量轻，分别为国产同类机的 1/1.9 和 1/3.8。不需建锅炉，初投资少，并能干燥 0.5mm 厚的单板。

南京林业大学吴秀陵在《对我国木材加工机械发展趋向预测》一文中指出，国内外的速生叶材亟待开发制作胶合板，但速生材易产生应力，心、边材，早、晚材含水率差异大，单板干燥时严重翘曲，对后续工序带来很大困难，同时也影响单板出材率。他指出："美国网带式干燥机上层网带增设加压装置，或使用辊筒和热压板式干燥机"。天津大学所研制的这台高温定向辐射加热胶合板红外单板干燥机正是辊压式的，已应用于高含水率（达 130%）的杨木单板，质量好光滑平整，不翘不曲。正如林业部北京林业机械研究所朱宁武在《提倡大力采用国产人造机械设备，不断提高其技术水平》一文中指出，该机具有结构紧凑，生产率高，投资少，节省能源，减少污染等特点。

18.4.3　木材干燥过程的工程现场试验研究

木材干燥处理的目的在于：①防止木材的变形开裂；②提高木材的力学强度，改善物理性能；③防止木材腐朽虫蛀；④减轻木材的重量，节省运输费用。从以上所述可以看出，木材干燥业的责任在于改善木材的使用性能并提高它的利用率。同时由于木材干燥是能耗最大的工序，因此无论从产品质量或从经济效益的角度来看，干燥作业都是木制品生产中举足轻重的关键性环节之一。

据有关专家估计，我国现有设备年干燥能力约 400 万 m^3 材，只占 2000 年需干燥锯材的 17% 左右，而中等发达国家的干燥设备能力，可达所需干燥量的 30%，美国则高达 60%。这说明我国干燥设备的能力与发达国家、中等发达国家相差甚远，同时也说明我国木材干燥工业的发展潜力很大。

我国现有的各种干燥设备中，蒸汽干燥占 80% 以上。而炉气和直火式烟气干燥则在小型企业中较多。蒸汽干燥以锅炉作供热设备，我国工业锅炉及其管网的平均热效率只有 60%，同时蒸汽干燥的进、排气热损失较大，约占蒸汽热能的 40%，此外还有墙体大门等的散热损失，干燥软木材蒸汽干燥的一次能源利用率一般低于 30%，而干燥硬杂木如榆木只有 10% 左右。干燥能耗高，不仅使产品成本增加，而且使锅炉与干燥室排出的烟尘与废气增多，从而增加了这些有害物质对大气的污染。以年干燥能力为 1 万 m^3 材的蒸汽干燥车间为例，约需配 4t/h 的锅炉一台，它每小时排出的有害物质为：烟尘量约 40kg、CO_2 约 1900m^3、SO_2 约 45m^3，还有少量的 NO_2，这些物质是造成大气温室效应、酸雨和臭氧破坏的主要因素。据有关资料报道，在全球监测网上，对 40 个颗粒污染最严重的城市排序中，沈阳、西安、北京、上海和广州进入前 10 名。雾霾已成中国的极大危害。由于能源对环境的贡献率可达 70%～80%，而干燥硬杂木如榆木只有 10%。故木材干燥的节能问题已刻不容缓。

18.4.3.1　红外辐射干燥木材原理

木材脱水欲取得优化的干燥效果，不是取决于物料表面的热交换条件，而是取决于木材内部水分扩散规律。过高的辐照度，会使木板表面毛细管堵塞，产生所谓"表面效应"，水分就难以从内部迁移到表面，而供热能又传不进去。反过来木材内部水分扩散规律，又与板供温参数密切相关。

在生产中也出现过类似现象，即一台红外木材干燥炉当装满木板时干燥质量很好，当装半炉时反而出现木板干裂、干翘的现象。原因将在下面分析。

为什么要研究图 18-36、图 18-37 的测试方法？因该法能提供木材干燥的优化方案。

① 木材的升温速率　图 18-45 其外表面升温为 6.3℃/h，而内层为 4.0℃/h。

② 木材的最大温差　当表层与内层有较大的温差时，会产生温度应力，此应力超过横纹抗拉强度时，即会产生表裂，温度应力为：$\sigma_T = E = \alpha \Delta t$。

式中，σ_T 为温度应力，对于红松即为横纹抗压强度，$\sigma_T \leqslant 3.7\mathrm{MPa}$；$\alpha$ 为横纹热膨胀数，$\alpha = 3x℃$，则允许的温度差 $\Delta t = 12.6℃$，为安全起见，该温度差值应小于 10℃。

③ 木材的升速段、恒速段与降速段　由图 18-45 可清楚看出：0～5h 为升速段、5～11h 为恒速段、且恒速段长，干燥指标好、节能。这即可判定干燥效果的好坏。

④ 变温干燥　干球温度由 25℃升至 100℃用约 5h，5～11h 为恒温段，11h～20h 为降温段，整个干燥周期为变温干燥，正如苏联金兹布尔格所讲"应该把干燥过程看作是能量和物质的综合迁移。由于物料的结构复杂，所以传热传质过程（干燥过程）的机理较其他传质过程要复杂得多"。即理想的干燥过程应是能量的供、需相平衡的过程。

⑤ 提供蒸发面位置　当某一层自由水脱干后，再受热必然温度升高，根据这一原理来观察木板内自由水脱出的先后顺序，由图 18-45 木板各层的温度升高的起点，即可判定该层自由水已蒸发完毕，此起点即蒸发面位置点。据此可见图 18-45 蒸发的变化顺序是按 4 层、0 表层、3 层、1 层和 2 层变化，即按底、表、27mm 深、9mm 深、18mm 深的顺序变化。再与含水率曲线图、温度曲线及供温曲线综合起来对照研究，即对这一复杂的传热、传质过程一目了然了。

⑥ 实验研究的意义　怎么理解厚物料木材传热（供热）的复杂过程？通过木板的供温曲线，即图 18-47 温度曲线 5 可看出，它包括升速段、恒速段与降速段，这三个阶段的供热参数的依据是：红外辐射干燥动力学 Ⅱ ——影响红外干燥速率的外在因素，还包括恒定条件与变条件下干燥过程的实验规律，尤其是升温速率对干燥的影响、升速段增湿对干燥的影响、恒速段吹风对干燥速率的影响、降速段降温对干燥的影响等。根据这些实际数据，提供出图 18-47 的优化 5 供温（供能）的曲线。有此优化的供温曲线，才有优化的 5 层温度曲线。

怎么理解厚物料木材传质（脱水）的复杂过程？当厚木板每条温度曲线的自由水分蒸发完毕后，如还能得到能量，则该曲线必然要继续突然增高。据此，可以找到图 18-47 中蒸发面规律，从而找到厚木板内部水分的蒸发规律，即厚木板内部传质（脱水）规律。

怎么理解厚物料木材传热、传质（脱水）的极其复杂过程？图 18-47 中的三种曲线，就充分地使我们理解了这一极其复杂的传热、传质过程，不只是在脑中记忆如何传热传质，而是用眼睛可以看到了。正如爱因斯坦的广义相对论，引力波使人类从"看"宇宙走向"听"宇宙。我们理解极其复杂的厚物料的传热、传质，把供温曲线、板温曲线及蒸发面位置曲线三位一体这复杂的传热传质认识清楚了。这一研究是对传热、传质学的推进和创新。

18.4.3.2　红外木材干燥炉

图 18-89 是天津某家具厂的红外木材干燥炉，木材红外干燥炉的尺寸为 7mm × 2.4mm × 2.2mm，装料车间木板的尺寸为 6m × 1.5m × 1.6m，木板平均厚度为 30mm，两层木板之间有垫条，厚 25mm，宽 40mm，共装 30 层木板。改进前炉内总装机功率为 27.1kW，空间电功率密度为 0.73kW/m³，改进后炉内总装机功率为 30.98kW，空间电功率密度为 0.84kW/m³。

图 18-89　天津某家具厂的红外木材干燥炉

18.4.3.3　红外木材干燥炉现场测试准备

为了解工程木材红外干燥炉内堆垛的木板究竟是怎样干燥的，以及哪些主要因素支配着木板的干燥速率与干燥质量，于 1987 年天津大学热能工程系褚治德带领老师、同学及研究生，对天津某家具厂的木材红外干燥炉进行了现场测试。使用的测试仪器中包括自制的三台，另有专用仪器。

① 10 点铜电阻精密测温仪　分辨率为 0.01℃，准确度为±2℃；由精密电桥转换输出的毫伏值相当于温度值，由数字电压表显示温度，专为测量炉内的干球温度。

② 36 点温差电偶测温仪　由 ϕ1.0mm 的铠装温差热电偶测量不同层木板的表面温度及深层温度，36 点油浸开关转换，自制精密零点补偿器补偿零点。

③ 大型电子秤　由 4 个测力传感器组成，用铝型材作为秤盘及秤杆，最大可秤 70kg。

④ 专用仪器　有 KPM-LG 型木材湿度计（德国制）测量进炉与出炉时木材含水率，并用 8 点高温湿度计在线测量木板湿度。6141 型热线风速仪（日本制）用于测量排气孔及炉内空气流速。HFM-MR 型热流计（日本制）用于测量炉内及炉外壁的热流。HP2000 型表面温度计用于测量辐射板、辐射管的表面温度分布。613-A 型电子交流稳压电源用来供给全部仪表的交流电压。WYJ-45A 晶体管直流稳压电源为电子秤测力传感器提供稳定的直流电压。对比试验共进行 4 次，每次试验均采集 7000 多个数据。

每次试验木板用温差热电偶测 13 个点，炉内空气温度测 10 个点，干燥速率测 1 个点。但还有两点现象不能全部用光谱特性作出解释，即干燥炉堆垛内部属无直接辐射区，如何实现木材的红外辐射干燥？木板装半炉为何会裂纹翘曲？这些问题归根结底还是物料内部的传热与传质问题，但内部的传热传质又与外部供热方式、辐射力（emissive power）即单位面积的热流（W/m²）大小密切相关，即近代干燥学发展的第四阶段，是把干燥过程看作是能量和物质（水）的综合迁移。天津大学对 27 种中药进行的热风与红外干燥及大量木板干燥实验均证实了这一点。

18.4.3.4　红外木材干燥炉现场测试与分析

通过上述大量的实验，得到的木材红外干燥基本规律是：
① 炉内空气升温速率应在 10～30℃/h。
② 木板的升温速率应在 5～10℃/h。

③ 木板表面与中心层的温差应小于 10℃。

④ 空间电功率密度为 0.84kW/m³。

改进后第二炉内气体温度分布曲线如图 18-90 所示。辐射板表面为 350℃，木料为硬杂木，初含水率 $X=28\%$、终含水率为 3%、升速段关闭排气孔、炉内定温 110℃，升温到第 10h 达到了预定温度，打开排气孔，即升温时自增湿强化木板内部传热，到第 13h，定温为 105℃，第 16h 开门放气瞬间后关门，第 35h 关闸断电，炉内自动降温，第 45h 干燥结束，炉内气体温度降为 30℃左右，而木板降为 40℃以下。

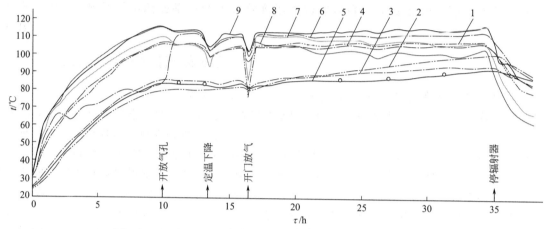

图 18-90　天津某家具厂的红外木材干燥炉内空气温度分布曲线

1—靠门；2—8 层中间；3—15 层中间；4—里壁；5—8 层上；
6—顶棚；7—里面地面；8—外边地面；9—15 层外侧

由图 18-90 可见，15 层外层（纵向中间部位）第 10 测温点最高温度为 115℃，此时料堆中间第 8 层气体温度 5 测量点最低为 79℃，即炉内气体最大温差为 36℃。17h 后气体温度 10 点恒温为 112℃，第 5 测温点亦恒温 83℃，此时最大温差为 29℃。

18.4.3.5　红外木材干燥炉改进前、后的木板中心层温度对比曲线

图 18-91 是天津某家具厂红外木材干燥炉改进前与改进后的木板中心层温度对比曲线。改造前上 2 层木板的升温速率为 5℃/h，而 15 层中间木板中心层只有 3℃/h，两个温度曲线最大温差达 25℃。而改进后上 2 层与 15 层木板中心的升温速率分别为 7.6℃/h 与 7℃/h，两曲线的最大温差只有 12℃。

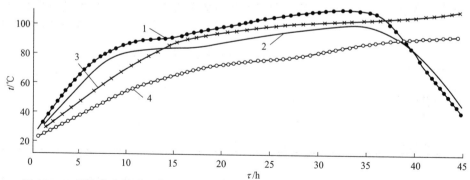

图 18-91　天津某家具厂红外木材干燥炉改进前与改进后的木板中心层温度对比曲线

1—改进后上 2 层中间木板中心层温度；2—改进后 15 层中间木板中心层温度；
3—改进前上 2 层中间木板中心层温度；4—改进前 15 层中间木板中心层温度

改造前干燥周期为 85h，每脱出 1kg 水耗电 1.5kW·h，而改造后干燥周期为 45h，每脱出 1kg 水耗电 0.96kW·h，平均节电 35.6%，节时 47%，能源利用率为 77%。

多次干燥实验测试表明，对厚而难干的木材进行红外干燥，升温速率至关重要，该类物料的干燥属内部扩散控制过程，而适当的干燥速率会使木板深层的传热传质得到改善，木材表面与中心层的温差减小，而过高的升温速率将使毛细管通道受到破坏，表面温度高、湿度低，而中心层温度低、含水率高，形成很大的温度梯度与湿度梯度，表面水分蒸发太快，致使木板开裂、翘曲。实验室与工厂木板炉改造前后实验数据对照表见表 18-39。

表 18-39　实验室与工厂木板炉改造前后实验数据对照表

实验			木板参数				
			升速段时间 /h	升温速率 /(℃/h)	单位脱水能耗 /(kW·h/kg)	干燥周期 /h	干燥质量
实验室	快速升温		1.5	15	42	26	裂翘
	慢速升温		3	6	27	19	好
工厂	改进前木材红外干燥炉	外层	15	5	1.5	85	外层干
		垛中心	20	3			垛中心湿
	改进后木材红外干燥炉	外层	10	7.6	0.96	45	好
		垛中心	11	7.0			

由表 18-39 可见，实验室实验，木板快速升温（速率为 15℃/h）时，耗电多（42kW·h/kg）、干燥周期长（26h）、木板裂翘；慢速升温（速率为 6℃/h）时相对干燥周期短（19h），耗电少（19kW·h/kg）且质量好。但升温也不可过慢，如表中，改进前木材红外干燥炉垛中心木板升温速率为 3℃/h，而外层则为 5℃/h，升速太慢，升速段时间长达 15～20h，干燥周期长（85h），亦是有害的，难干木板的升温速率应控制在 5～10℃/h 为宜。

改进后木材红外干燥炉，升速段时间长达 10～11h，升温速率为 7.0～7.5℃/h，单位脱水耗电量为 0.96kW·h/kg，干燥周期短，只有 45h，干燥质量好。平均节电 35.6%，节时 47%，能源利用率为 77%。

吴玮提出的木材红外干燥炉的最佳条件，即空间电功率密度取 1.0kW/m³；辐射器表面温度取 300～400℃，可作为设计与调试参考。木材红外干燥炉中的堆垛应具有良好的对流通道，以确保堆垛中心良好的对流传热。当炉内减负荷操作时，应适当减少辐射加热器的供电，以确保木板合适的升温速率，如仍全功率投入，辐射能量过多，必然会造成干裂、翘曲现象，这已为工程实践所证实。因此对红外辐射器干燥厚而难干的物料定要深入了解红外辐射传热传质的机理，以获得优化的干燥效果。

18.4.3.6　木材干燥指标对比

在天津某家具厂我们用木板自增湿干燥硬杂木，免去了常规蒸汽法吹湿蒸汽 16h 的工艺，并变温供热，升速段时间长达为 10～11h，升温速率为 7.0～7.5℃/h，在木材初含水率为 28% 终含水率为 8% 的相同条件下，干燥周期从 85h 降为 45h，单位脱水耗电量从 1.5kW·h/kg 降为 0.96kW·h/kg，节时 47%，而能源利用率从 49.4% 升为 77%，干燥结果质量好。见表 18-39。

目前国际上用蒸汽法干燥木材，干燥周期约为 216h，干燥周期为红外干燥的 4.8（216/45）倍。对松木每脱出 1kg 水耗电 1.5kW·h，能源利用率低于 30%，而干燥硬杂木则为 3～5kW·h/kg，是红外干燥的 3.1（3/0.96）～5.2（5/0.96）倍。

日本用微波干燥机从木材中脱出 1kg 水耗电 3.0～5.0kW·h/kg。

可见天津某家具厂改进后的木材红外干燥炉的干燥指标是先进的。改进后的红外干燥炉有较高的质量和较低的能耗，不用锅炉、没有管道、初投资少、运行费低，且节水、减排、防雾霾、保护生态环境。不足之处在于适合中、小规模的生产，每炉装材约 14.4m³ 即 6m×1.5m×1.6m。与常规燃煤蒸汽干燥炉干燥指标对比见表 18-40，天津某家具厂改进后干燥硬杂木的干燥周期为 45h，常规燃煤蒸汽干燥软木干燥周期为 216h，能源利用率只有 30%（这是干软木），而干硬杂木其能源利用率只有 10%，但煤耗大，烟尘、CO_2、SO_2 产生量多。

表 18-40　天津某家具厂红外干燥炉与常规燃煤蒸汽干燥炉干燥指标对比表

名称	木材品种	初、终含水率（干基）/%	干燥周期/h	单位脱水能耗/(kW·h/kg)	能源利用率(%)与污染
改前	硬杂木	28～3	85	1.5	49.4,无污染,中心湿
改后	硬杂木	28～3	45	0.96	77,无污染,质量好
常规燃煤蒸汽干燥	软木		216	2.5	30,污染严重
	硬杂木				12,污染严重

18.5　结束语

本文相关研究内容得到了国家自然科学基金项目 4 项资助、天津市自然科学基金项目 5 项资助、国家中医药管理局项目 1 项资助。经过二十多年夜以继日的不断努力，搭起了实验台、建起了模拟实验装置、购买了大量的国内外仪器及自制仪器设备，进行了大量的实验室实验进而又步入工厂进行工程试验验证与创新，终于获得了省部级学术奖励 5 项。

本文的恒条件与变条件的大量实验研究，从稳态到非稳态的刻苦钻研、从实验室到各种不同工程现场，尤其是到天津某家具厂进行的辐射准备的全面测试，既验证了实验理论也得到了工程实践。我们终于发现对复杂的传热、传质的理论与机理的繁杂的文字与公式记述，迈进了可视的图面表达。只用供温（供能）曲线、木板的多层温度曲线与蒸发面曲线，就能清晰地看到木材（厚物料）中的水分是如何从内部迁移出来的，一目了然，它的供温曲线有升速段、恒速段与降速段，而它的板内温度曲线也对应有升速段、恒速段与降速段，而水分的迁移也是很有规律地从不同的层面有条不紊地排出，充分地显示了理想的干燥过程应是能量供、需相平衡的过程。当供温曲线不优化时，又可清楚地看到所有的传质均变得不理想，水分的迁移极不规律。美国 J. 金克普利斯认为由于物料的结构复杂，所以传热传质过程（干燥过程）的机理较其他传质过程要复杂得多。苏联金兹布尔格提出："近代干燥学发展的第四阶段，是把干燥过程看作是能量和物质（水）的综合迁移"。中国学者张洪沅、丁绪淮、顾毓珍教授在《化学工业过程及设备》中指出："固体物料的干燥机理分表面汽化控制与内部扩散控制"，并作了详细的论述。但仍然使人难以理解，内部扩散控制极为复杂，怎么控制？供温与内部扩散控制又有什么关系？本章以恒温与变温、恒参数与变参数、单参数与多参数、稳态与非稳态的各种实（试）验，探求规律。从实验到工程、从机理到规律，对干燥学、传热传质学、干燥技术是一种创新与发展。

A. S. Mujumdar 在全球干燥技术的研究与进展中指出："干燥技术的进步依靠改革与创新，而创新技术的基石则是干燥理论的基础研究"。我们就是踏着这样的基石，进行深入的理论基础研究，实验室研究告诉我们高湿度的厚木材可以自增湿干燥且效果很好，变温干燥既节能又对干燥质量有益，对于我们提供的红外辐射干燥不可轻易吹风，吹风会使干燥速率突然上升继而迅速下降，但可用吸风法。不仅在木材的干燥中，在汽车烤漆烘道中，吹热风也会使整个烘道温度下降而使烤漆效果变坏。几十年来，我国在红外加热干燥原理、技术与工艺方面均取得了独到的进展，《红外研究》、《红外技术》与《应用红外与光电子学》等期刊均组织了专栏，讨论红外加热与干燥等问题，促进了这一学科的发展，另外在武汉建立了国家红外产品质量监督检测中心，在吉林大学、天津大学等高校、院所建立了红外光谱、红外加热与干燥实验研究基地，设计队伍也不断扩大，加热器的研制与生产亦日新月异，这一切为发展我国红外加热干燥理论及其应用奠定了良好基础。

红外辐射加热器是先进的生产工具，在手机屏的烘干、树脂水晶钻烘干、导光板烘干、纸加工烘干、地热膜导电碳浆烘干、药品干燥、金属涂层烘干及塑料行业的烘干、食品行业的烘干、纺织业、果蔬业、锂电池极片烘干、太阳能光伏行业的烘干、微电子行业电子电路的烘干、化工行业大型球罐的户外退火烘干等方面，都发挥着无可代替的作用。

红外辐射加热干燥业应走向何方？①提高热效率，尽可能利用高品位、高温能源，如三环转筒干燥机、单板干燥机、烤漆烘道等；②研究优化传热、传质理论，如木材干燥，能源利用率高达 77%，节能源、节资源、少污染，保护生态环境、建设生态文明。

符号说明

A——吸收率，%；

R——反射率，%；

T——透过率，%；

E——辐射力，W/m^2；

E_λ——单色辐射力，W/m^3；

$E_{b\lambda}$——黑体单色辐射力，W/m^3；

C——光速，m/s；

λ——波长，m；

ν——频率，$1/s$；

C_0——黑体辐射系数，$5.67W/(m^2 \cdot K^4)$；

q——热流密度，W/m^2；

T——热力学温度，K；

t——摄氏温度，℃；

I——定向辐射强度，$W/(m^2 \cdot Sr)$；

ε——黑度；

ε_s——系统黑度；

H——振幅，m；

ω——角速度，rad/s；

δ——料层厚度，m；

ρ——密度，kg/m^3；

R——干燥速率，$kg/(kg \cdot h)$；

dM——脱去的水分变化量，kg；

λ_m——峰值波长，μm；

$d\tau$——时间变化量，min；

Δt——温差，℃；

$X_{1,2}$——辐射表面之间的角系数；

f——容积系数，一般取 $3 \sim 5kW/m^3$；

T_{ri}——辐射器瞬时表面温度，K；

T_{si}——物料瞬时表面温度，K；

h_t——湿物料的热导率，$W(m \cdot ℃)$；

T_{gi}——湿蒸气温度，K；

t_{si}——物料瞬时表面温度，℃；

ω——角频率，rad/s；

τ——时间，s；

γ_w——对应不同物料表面温度的水的汽化潜热，J/kg；

t_{di}——空气瞬时干球温度，℃；

ρ_w——湿物料的密度，kg/m^3；

C_a——绝干物质的比热容，$J/(kg \cdot ℃)$；

G_0——物料的绝干质量，kg；

Δr——水同物料的结合能，J/kg；

h_c——对流换热系数，W/m^2；

X——干基含水率，%；

t——物料的平均表面温度，℃；

ε_g——气体辐射率；

t_{li}——螺旋槽体的温度，℃；

M_{as}——绝干物料质量，kg；

F——表面积，m^2；

K——利用系数，一般取 $15\sim20$；

N——烘干室安装功率，kW；

V——烘干室炉膛容积，m^3。

 参考文献

[1] 因克罗普拉 F P，德威特普 D P. 传热基础. 北京：宇航出版社，1987：359～420.

[2] 西格尔，豪厄尔. 热辐射传热. 北京：科学出版社，1990：5-10.

[3] 葛绍岩，那鸿悦. 热辐射性质及其测量. 北京：科学出版社，1984. 4-23.

[4] 天津大学热工教研室. AGA-780 热象仪操作手册. 天津：天津大学出版社，1983：10-8.

[5] 王补宣. 工程传热传质学. 北京：科学出版社，1986：21-23，235.

[6] 杨世铭. 传热学. 北京：高等教育出版社，1987：282-310.

[7] Majumder A S. Drying of Solids. New York：IBH Pub. Co.，1992.

[8] 斯帕罗 E M. 辐射传热. 顾全保，译. 北京：高等教育出版社，1982：2-80.

[9] 卞伯绘. 辐射换热的分析与计算. 北京：清华大学出版社，1986：6.

[10] 伊萨琴科. 传热学. 北京：高等教育出版社，1987：487.

[11] 加纳佩西. 应用传热学. 北京：机械工业出版社，1987：33-69.

[12] 霍尔曼 J P. 传热学. 马庆芳等，译. 北京：人民教育出版社，1979.

[13] 罗森诺 W M，等. 传热学手册（下册）. 李荫亭等，译. 北京：科学出版社，1987：184-251.

[14] 翁中杰，程惠尔，戴华淦. 传热学. 上海：上海交通大学出版社，1987：165-211.

[15] 惠和兴. 量子力学. 北京：北京理工大学出版社，1995：1-15.

[16] 霍夫曼 B. 量子史话. 马元德，译. 北京：科学出版社，1979，1-29.

[17] 爱因斯坦语录. 上海：上海科技教育出版社，2017.

[18] 埃克特 E R G. 传热与传质分析. 航青，译. 北京：科学出版社，1986：269-286，599-651.

[19] 吴玮，等. 远红外木材干燥原理. 红外技术，1987（6）：40-44.

[20] 汤定元. 红外辐射加热技术. 上海：复旦大学出版社，1992：129-137.

[21] 卢为开，等. 远红外辐射加热技术. 上海：上海科学技术出版社，1983. 79，108-117.

[22] 陈衡. 红外物理学. 北京：国防工业出版社，1985. 1-194，327-399.

[23] 张建奇，等. 红外物理（研究生系列教材）. 西安：电子科技大学出版社，2004：1-66.

[24] 石晓光，等. 红外物理. 北京：兵器工业出版社，2006，1-56.

[25] 曾宇，吴迪. 三项工业红外电热装置国际标准要点概述. 全国第十四届红外加热暨红外医学研讨会论文集，2013：52-58.

[26] 翁诗甫. 傅里叶变换红外光谱仪. 北京：化学工业出版社，2005.

[27] 潘瑾，李永强，白雁. 虚拟傅里叶变换红外光谱仪（IR）的设计与实现. 实验技术与管理，2009（10）：117-119.

[28] 唐建民，郑志军. 人体皮肤和黑体. 医学物理. 1990，9（5）：45-47.

[29] 苏孟睦，萧清松. 红外线涂料之应用. 两岸红外线加热技术应用研讨会论文集. 1996：1-4.

[30] 李文军，夏新，金毅. 碳化硅的辐射特性及其保护. 昆明：昆明技术物理所，1995.

[31] 周建初，陈建康，屠平亮. 优质高温红外涂料的研制与应用. 红外技术，1992，14（1）：34-40.

[32] 董树荣，黄霞，等. 高温发射率红外陶瓷涂层研究进展. 全国第十五届红外加热暨红外医学研讨会论文集［C］，2015，205-209.

[33] 韩祥，扬雨才. 新工艺对乳白石英玻璃红外性能的影响. 昆明：昆明技术物理所，1995.

[34] 左名光. 远红外加热机理讨论. 红外技术，1984，6（3）：17-23.

[35] 夏继余. 对若干问题的看法. 红外研究，1983，2（2）：230-231.

[36] 史本初，等. 埋入式陶瓷红外辐射组件的性能及应用. 锦州：全国第二届红外加热技术发展研讨会，1983.

[37] 周建初，屠平亮，陈建康，等. 高效节能红外炉的应用与改进. 南京：南京航空航天大学，1994.

[38] 张新来，于宪尧. 直热式 YHW-系列远红外加热元件的研制. 应用红外与光电子学，1990（10）：19-21.

[39] 于宪尧，张新来. 狠抓产品质量见成效. 应用红外与光电子学，1989（8）：5-8.

[40] 袁志鸿. 注重产品质量. 发展搪瓷远红外组件. 应用红外与光电子学，1989（8）：16-19.

［41］　贺利氏特种光源说明书

［42］　赵易志. 实用燃烧技术. 北京：冶金工业出版社，1992.

［43］　摩正瑜，褚治德. 红外辐射加热干燥原理与应用. 北京：机械工业出版社，1996.

［44］　张洪元，丁绪淮，顾毓珍. 化学工业过程有设备（下册）. 北京：高等教育出版社，1959.

［45］　列别捷夫. 红外线干燥. 李康诩，译，北京：中国工业出版社，1965.

［46］　陈洪之，周网珍，张云先. 能源技术，1989（3）：18-19.

［47］　基伊 R B. 干燥原理应用. 上海：上海科学技术文献出版社，1986.

［48］　利德森 A L. 实用工程传质学. 上海：上海科学技术文献出版社，1987.

［49］　金克普得斯 J. 传递过程与单元操作. 北京：清华大学出版社，1985.

［50］　道拉齐斯. A，等. 木材红外干燥原理. 李建国，译. 林业科技，1983.

［51］　陈士亮，涂怡如，吴于人，等. 远红外干燥木材与"正热源". 红外技术，1985（5）：27-35.

［52］　金兹布尔格 A G. 食品干燥原理技术基础. 北京：中国轻工业出版社，1986.

［53］　约翰 F. 肖. 木材传热传质过程. 肖亦华等，译. 北京：中国林业出版社，1989.

［54］　Chiang W C. Experrimental measurement of temperature and moisture profiles during apple drying, Drying, 86（2）：479-486.

［55］　White G M. Thin-lager drying model for soybeans. ASAE, 1981.

［56］　Adesauya B A. Moisture distribution high temperature drying of yellow poplar. Drying, （1）：375-381.

［57］　Wolff E. Internal and superficial temperature of solids during. Dring, 86（1）：77-85.

［58］　Sanchez S. Infrared thermal radiation drying of coffec beans. Dring, 86（2）：532-541.

［59］　褚治德，许铁栓，刘嘉智，等. 升温速率对木材红外干燥影响的实验研究. 红外研究，1990，9（5）：377-383.

［60］　胡宇先，胡小菁，汪锡安. 特种涂料的制造与应用. 上海：上海科学技术文献出版社，1990：3-7.

［61］　李春渠. 涂装工艺学. 北京：北京理工大学出版社，1993：232-250.

［62］　列维金. И. 红外技术在国民经济中的应用. 上海：上海科学技术文献出版社，1985：3-15.

［63］　褚治德. 红外辐射加热干燥进展. "96 干燥学术研讨会". 北京：国家自然科学基金委员会材料与工程科部，1996：235-239.

［64］　褚治德，刘嘉智，孟宪玲，等. 菱镁矿球干燥动力学实验研究. 武汉工程大学学报，1992，14（3，4）：40-46.

［65］　郝文儒. 应用远红外线加热技术干燥菱矿球的探讨. 轻金属，1994（1）：38-42.

［66］　杨俊红，褚治德. 钛矿球工业生产红外辐射优化传热传质实验研究. 热科学学报（Journal of Thermal Sciemce），1996，5（4）.

［67］　杨俊红，褚治德，孟宪玲，等. 蔬菜种子干燥内部水分扩散机理. 天津大学学报，2001，34（2）：142-145.

［68］　Chu Z D, Wang S S, Zhu K. The Infrared radiation heating and drying advance in china. First International EngineeringThemophsisies（ICET'99），Beijing, 1999.

［69］　陈敏恒. 化工原理（下册）. 北京：化学工业出版社，1986.

［70］　褚治德，顾惠军，诸凯. 红外烤漆机理及轮毂模拟烤漆实验研究［J］. 工程热物理学报，1999，20（6）：725-729.

［71］　王建民. 远红外加热组件在自行车涂装工艺的应用. 全国第三届红外加热技术发展研讨会论文集，1991.

［72］　夏桂娟，等. 兰胎漆器红外烘干实验研究. 应用红外与光电子学，1990，第 10 辑，7-10.

［73］　Dontigng P. 用红外辐射对胶合板进行预干. "92 国际电热会议（UIE）论文集"，1992：391-397.

［74］　褚治德，焦士龙，刘嘉智，等. 胶合板单板红外辐射与优化干燥. 木材加工机械，1993（4）：18-22.

［75］　褚治德，刘嘉智，焦士龙，等. 高温定向辐射加热胶合板单板干燥机. CN, ZL92233949. X. 1993-07-14.

［76］　潘永康，王喜忠. 现代干燥技术. 北京：化学工业出版社，1986：810-841.

［77］　吴秀陵. 对我国木材加工机械发展趋向预测. 木材加工机械，1993（3）：1-8.

［78］　朱宁武. 提倡大力采用国产人造机械设备不断提高其技术水准. 木材加工机械，1993（4）：1-8.

［79］　若利 P. 木材干燥—理论和经济. 北京：中国林业出版社，1985.

［80］　成俊卿. 木材学. 北京：中国林业出版社，1985.

［81］　褚治德，王德新. 植物性材料红外辐射与对流脱水的非稳态实验研究. 工程热物理学报，1989，10（3）：290-294.

［82］　Chu Z D. Experimental research on opeimizsing of biological material. Drying, 1992: 1729-1738.

［83］　Chu Z D, Yang J H, Li X H, et al. Heat and mass transfer enforcement of vibrating fluidized bed. Journal of Thermal Science, 1994, 3（4）：257-267.

［84］　Chu Z D, Yang J H, Jia S L, et al. MicrostructureandamylaseofChinesecabbagseedduringdryingprocess. Transactions of Tianjin University, 2001, 7（3）：153-156.

［85］ Chu Z D, Meng X L, Yang J H, et al. Vegetable Seed Viability and Critical Temperature Eqeation, 612th International DryingSymposium, The Netherlands 2000, 28-31 August.

［86］ 褚治德，李春英. 木材内部水分迁移规律与优化干燥实验研究. 南京林业大学学报，1997，第 21 卷增刊，178-182.

［87］ 郭焰明，何定华. 干燥过程中木材温度的变化规律以及与含水率关系的研究. 林业科学，1990，28（5）：435-442.

［88］ 科尔曼 F F P，等. 木材学与木材工艺学原理. 扬秉国，译. 北京：中国林业出版社，1984.

［89］ 卢英林，刘庆春，汪宝峰，等. 干燥机实现高效、节能的重要措施——高温、快速干燥机理及相应设备. 全国第十三届红外加热暨红外医学研讨会论文集，2011：38-42.

［90］ 王补宣. 我国传热研究的进展与展望，面向二十一世纪热科学研究. 庆祝王补宣院士七十五寿辰论文集，北京：高等教育出版社，1999：1-5.

［91］ 杨友麒，石磊. 绿色过程系统工程进展，化工进展，2004，23（1）：16-20.

（褚治德，焦士龙）

第19章

微波和高频干燥

19.1 概述

19.1.1 电磁波谱

任何物体，只要其温度高于热力学零度，就会发射电磁波。人类便生活在这些电磁波中。根据电磁波的波长（或频率），将电磁波分为 γ 射线、X 射线（伦琴射线）、紫外线、可见光、红外线（近红外与远红外）、中波与短波、微波等[1]（参见图 19-1）。

众所周知，电磁波由电场强度 E 和磁场强度 H 两个矢量叠加而成，它们相互垂直，并且与电磁波的传播方向垂直。在相同的介质中，电磁波与光的传播速度是相同的。光在真空中的传播速度为 c，但是光在其他介质中的传播速度 v_p 则小于 c，用公式可以表示为

$$v_p = c / \sqrt{\varepsilon_r'} \tag{19-1}$$

式中，v_p 为光在介质中的传播速度，m/s；c 为光在真空中的传播速度，m/s，$c = 3 \times 10^8$ m/s；ε_r' 为介质（材料）的相对介电常数。

需要指出的是，电磁波在某种介质中传播的速度 v_p 是恒定值，而波长是随着频率的变化而发生变化的。式(19-2) 给出了波长 λ 和频率 f 之间的关系。

$$f = v_p / \lambda \tag{19-2}$$

19.1.2 微波和高频干燥技术

微波和高频干燥技术是随着无线电工程技术的发展而出现的。进入二十世纪以后，科学家们开始使用无线电频率电磁波（理论上，其频率范围为 $1 \times 10^4 \sim 3 \times 10^{12}$ Hz）进行金属处理以及加热干燥食品、木材、纸、纺织品等[2]（见图 19-2），从而产生了一种非常规的干燥技术——介电干燥技术，即在高频率的电磁场作用下，物料吸收电磁能量，在内部转化为热用于蒸发湿分（主要是指水分）。而普通干燥方法（对流、传导、红外辐射）蒸发水分所需的热量则是通过物料的外表面向内部传递的。特别需要指出的是，第二次世界大战中微波技术在军事雷达装置中的应用，为微波加热干燥技术的发展和应用创造了条件。1945 年，美国雷声公司（Raytheon）的工作人员在进行雷达试验时，偶然发现衣袋中的糖果因泄漏的

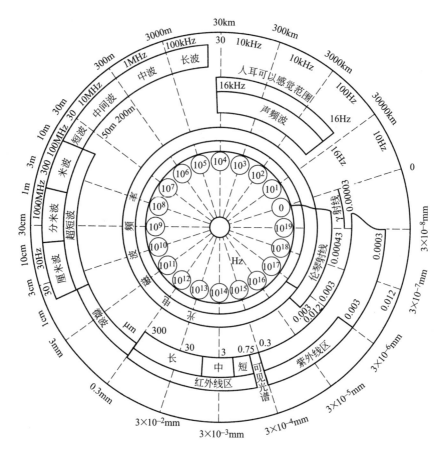

图 19-1　电磁波谱图[1]

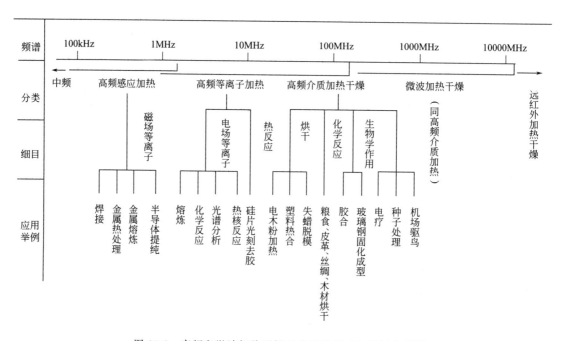

图 19-2　高频和微波加热干燥的分类及其对应的频率谱[2]

微波的作用而发热软化，进而通过一系列的实验研究，申请了世界上第一个微波加热专利[3]，由此揭开了将微波技术用于加热/干燥的序幕。一般地，用于加热和干燥的无线电频率分为两个范围，即 1～100MHz（高频，radio frequency，简称 RF）和 300MHz～300GHz（微波，microwave，简称 MW）。在这里，实际上将理论意义上的"高频"（high freguency，简称 HF，3～30MHz，也称为"短波"，即 short wave，简称 SW）和"甚高频"（very high freguency，简称 VHF，亦称为"超短波"，30～300MHz）统称为高频（RF）。将"特高频"（ultra high freguency，简称 UHF，300～3,000MHz）、"超高频"（super high freguency，简称 SHF，3～30GHz）和"极高频"（extremely high frequency，简称 EHF，30～300GHz）统称为微波（MW）。

按照国际电信联盟（International Telecommunication Union，简称 ITU）的规定，允许工业、科学和医学使用的主要频率（即所谓的 Industrial，Scientific and Freguency，简称 ISM 频率）见表 19-1。实际上，介电加热干燥所使用的频率主要是 13.56MHz、27.12MHz、40.68MHz、915MHz（欧洲为 896MHz）及 2450MHz。在微波工业应用中，常用频率为 915MHz，而家用微波炉使用频率为 2450MHz。

表 19-1　ISM 主要频率[4]

频率/MHz	频率范围/MHz	频率/MHz	频率范围/MHz
6.78	6.765～6.795	2450	2400～2500
13.56	13.553～13.567	5800	5725～5875
27.12	26.957～27.283	24125	24000～24250
40.68	40.66～40.70	61250	61000～61500
433.92	433.05～434.79	122500	122000～123000
915.00	902～928	245000	244000～246000

由于高频电场最先用于介电加热，一些文献习惯用"介电加热"特指"高频加热"，以便与微波加热相区别。本文则将高频（RF）、微波（MW）加热/干燥统称为介电加热/干燥，原因是它们的加热机理与电介质的介电特性有关。

19.2　介电加热/干燥的基本原理

19.2.1　介电加热原理

微波和高频是一种能量形式（而不是热量），但在介质中可以转化为热量。其能量转化的机理有许多种，如离子传导、偶极子转动、界面极化、磁滞、压电、电致伸缩、核磁共振、铁磁共振等，其中离子传导及偶极子转动是介质加热的主要原因。

19.2.1.1　离子传导

带电荷的粒子（如氯化钠水溶液中含有 Na^+、Cl^-、H^+、OH^- 四种离子）在外电场的作用下会被加速，并沿着与它们极性相反的方向运动，即定向漂移，在宏观上表现为传导电流。这些离子在运动的过程中将与其周围的其他粒子发生碰撞，同时将动能传给这些被碰撞的粒子，使其热运动加剧。如果物料处于高频交变电场中，物料中的粒子就会发生反复的变向运动，致使碰撞加剧，产生耗散热（亦称为焦耳热），亦即发生能量转化。在这种方式的作用下，单位体积所产生的功率（即单位时间内单位体积产生的热量）为

$$P_V = \sigma |\boldsymbol{E}|^2$$

（19-3）

式中，P_V 为单位体积产生的功率，W/m^3；E 为电场强度矢量，V/m；σ 为电导率，S/m。

19.2.1.2　偶极子转动（取向极化）

将电介质分为两类，包括无极分子电介质和有极分子电介质。前者在无外电场时，分子的正负电荷中心重合，而后者在无外电场时，分子的正负电荷中心不重合，但由于内部分子无规则的热运动，在宏观上该类电介质仍呈中性。

在外电场的作用下，由于无极分子组成的电介质中的分子正负电荷发生相对位移，形成沿着外电场作用方向取向的偶极子，因此在电介质的表面上将出现正负相反的束缚电荷，在宏观上称该现象为电介质的极化，这种极化称为位移极化。而极性分子在外电场的作用下，每个分子均受到力矩的作用，使偶极子转动并取向外电场的方向，称这种极化形式为转向极化。随着外电场场强的增大，偶极子的排列愈趋于整齐。在宏观上，电介质表面出现的束缚电荷愈多，则说明极化的程度愈高。有极分子的极化过程如图 19-3 所示。

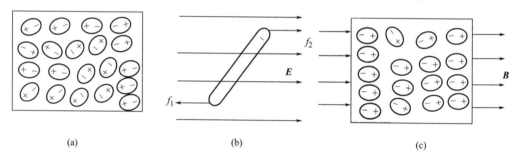

图 19-3　有极分子极化过程示意图

如果把电介质置于交变的外电场中，则含有有极分子或无极分子的电介质都被反复极化，偶极子随着电场的变化在不断地发生"取向"排列（从随机排列趋向电场方向的排列）和"弛豫"（电场为零时，偶极子又恢复至近乎随机的取向排列）排列。这样，由于分子受到干扰和阻碍，产生"摩擦效应"，结果一部分能量转化为分子热运动的动能，即以热的形式表现出来，从而使物料的温度升高。即电场能转化为势能，然后转化为热能。

由于偶极子转动而产生的（热）功率为

$$P_V = 2\pi f \varepsilon_0 \varepsilon_r'' |E|^2 \tag{19-4}$$

式中，ε_0 为真空中的介电常数，$\varepsilon_0 = 8.854 \times 10^{-12} F/m$；$\varepsilon_r''$ 为相对损耗因子，$\varepsilon_r'' = \varepsilon''/\varepsilon_0$，$\varepsilon''$ 为损耗因子，F/m。

水是典型的极性分子，湿物料因为含有水分而成为半导体，对于此类物料，除取向极化外，还发生离子传导（一般地，水中溶解有盐类物质）。因此，单位体积内产生的热量为

$$Q_V = 2\pi f \varepsilon_0 \varepsilon_{eff}'' |E|^2 \tag{19-5}$$

式中，ε_{eff}'' 为有效损耗因子，$\varepsilon_{eff}'' = \varepsilon_r'' + \sigma/(\omega\varepsilon_0)$；$\sigma$ 为电导率；ω 为圆频率，$\omega = 2\pi f$。

19.2.2　物料的介电特性

19.2.2.1　物料的分类

电磁波在传播过程中，若遇到介质会发生反射、吸收和穿透现象，根据物料与电磁场之间的相互关系，可分为四大类。

① 导体　该种物料（如金属）反射电磁波，可用于贮存或引导电磁波，即导体可以作为干燥室和波导的材料。

②　绝缘体　几乎不反射也不吸收电磁波，电磁波可以穿透绝缘体。因此，这些材料（如陶瓷、玻璃等）可用作电磁场中被加热物料的支撑装置，如传送带、托盘等。它们也称作无损耗介电体。

③　介电体　它们的特性介于导体和绝缘体之间，绝大部分材料可称作有损耗介电体。它们不同程度地吸收电磁波能量，并将之转化为热量，如水、食品、木材等。

④　铁磁体　如铁氧体磁体，它们也吸收、反射和穿透电磁波，同电磁波的磁场分量发生作用，产生热量。它们常用作保护或扼流装置材料，用以防止电磁波能量的泄漏。

19.2.2.2　物料的介电特性参数

从式(19-5) 可知，物料吸收电磁波能量并产生热量的能力与物料的介电特性有关。介电参数的复数表达形式为

$$\varepsilon^* = \varepsilon' - j\varepsilon'' \tag{19-6}$$

式中，ε^* 为复介电参数或复电容率，F/m；ε' 为介电常数，对应于物料的电容，表示电磁场中贮存电能的能力（或在物料中建立电场的能力），该部分能量是可逆的；ε'' 为损耗因子，对应于物料的电阻，表示从电磁场中耗散的电能，该部分能量是不可逆的。$j = \sqrt{-1}$ 说明复介电参数（电容率）的实部（ε'）与虚部（ε''）的相位差为 $90°$（如图 19-4 所示），它们的比值称作损耗角正切值，即

$$\tan\delta = \varepsilon''/\varepsilon' \tag{19-7}$$

式中，δ 为损耗角。

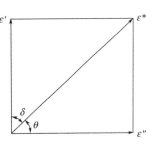

图 19-4　复电容率

介电常数和损耗因子是影响介电加热干燥的重要因素，它们受物料自身的特性和电磁场状态的影响。

（1）频率的影响

大部分物料的介电特性随着频率的变化而变化，如图 19-5 所示。在高频范围，离子传导占主导地位，多数情况下，物料中的水分为带电荷的粒子提供了移动的通道；在微波频率范围，偶极子转动占主要地位，水自身是主要的能量吸收者。对自由水分，在 $0.5 \sim 3GHz$ 范围内，损耗因子随频率几乎成比例增大，大约在 $20GHz$ 时达到最大值。结合水分子的转

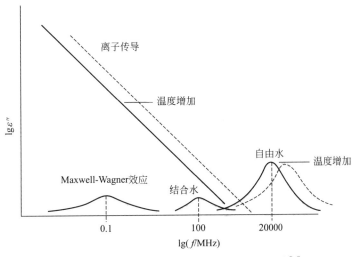

图 19-5　物料的损耗因子受频率和温度的影响[5]

动因受到限制，只能从电磁场中吸收很少的能量，因而其损耗因子的值较小，一般结合水分的损耗因子介于冰和自由水分之间。水的介电特性随频率的变化如图 19-6 所示，频率从 0.2GHz 增加到 20GHz 时，一般介电常数呈单一降低趋势，而损耗因子先降低后增加，频率为 1～3GHz 时达到最小。在微波频率范围内，水中加入离子物质（如盐类物质）会增大损耗因子。例如：在水中加入 5%（质量分数）的盐，损耗因子 ε'' 由 8 增加到 70，而介电常数变化较小。食品中因含有大量的水，水对食品介电特性起主要作用，但因食品中其他组分的存在及介电特性的复杂影响机理，预测食品中的介电特性是比较困难的。

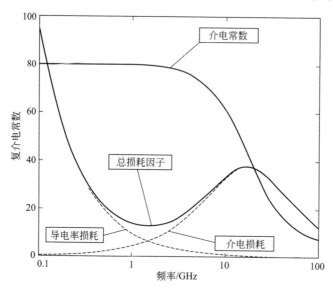

图 19-6　水的介电特性随频率的变化[6]

（2）湿含量的影响

由于水具有很高的相对介电常数（2.45GHz，室温时约为 78），物料中含有的大量自由水分对物料的介电参数影响较大。一般地，介电常数和损耗因子的值随湿含量的增大而增大，但在湿含量超过一定值时，损耗因子随湿含量的增加开始变得平缓或有降低趋势。如图 19-7 和图 19-8 所示。

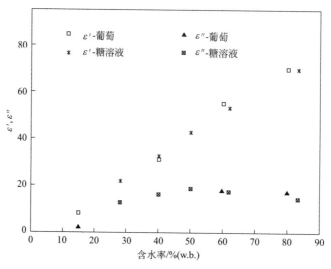

图 19-7　葡萄介电常数与湿含量的关系[7]

图 19-9 为损耗因子随湿含量的变化曲线。一般，结合水分的介电损耗因子较低，这是因为它们被束缚的缘故。由于结合水分和自由水分的不同特性，很难确定损耗因子随湿含量的显著变化位置（即拐点）。一般地，对吸湿性强的物料斜率（$\mathrm{d}\varepsilon_r''/\mathrm{d}x$）发生明显变化的范围为 $10\%\sim40\%$（d.b.），对非吸湿性物料约为 2%。在高于临界湿含量时，微波和高频有较为显著的调平物料中的湿含量分布的效果，但是在低于临界湿含量的情况下则不显著。在许多情况下，物料在低湿含量时，因大部分水分为结合水分，损耗因子变化很小，从而抑制了对物料的升温作用。但有些物料（如木材、织物等）将会被继续加热，有可能导致烧焦或燃烧。

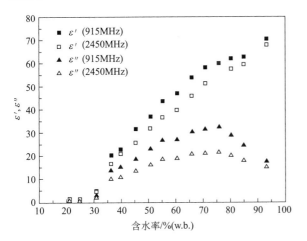

图 19-8　青萝卜在不同频率下介电常数与湿含量的关系[8]

图 19-9　物料湿含量对损耗因子的影响

（3）温度的影响

温度对介电参数的影响比较复杂，其与物料的种类、湿含量、盐浓度及频率有关。在低于冷冻温度时，介电常数和损耗因子低，而高于冷冻温度时，不同条件下的物料，介电常数随着温度的升高可能增大也可能减小。一般情况下，在高频范围内，因离子传导作用损耗因子随着温度的升高而升高；在微波范围内，因自由水扩散损耗因子随着温度的升高而减小，如图 19-5 所示。对于吸湿性物料，在一定的湿含量条件下，随着温度的提高，结合水分的相对量下降，从而有更多的非结合水分可以吸收电磁能，从而，在温度升高的情况下，导致 ε_r'' 的值增大[9]。这种作用对于中等吸湿物料尤其显著，因为释放结合水分的温度并不高（$<100℃$）。温度对水的介电参数的影响如图 19-10 所示。

对于溶液，温度提高有助于提高溶液中的离子迁移率（或称为淌度）以及分子转动（或振荡）。

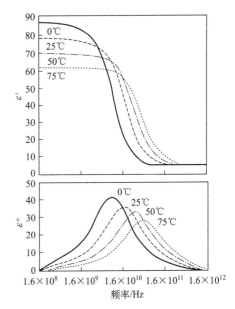

图 19-10　温度对水的介电参数的影响[10]

例如，在室温条件下，温度每提高 1℃，电解质溶液的电导约增加 $1.5\%\sim2.0\%$，即

$$\sigma(T)=\sigma(T^0)\exp[0.02(T-T^0)] \tag{19-8}$$

式中，T^0 为参考温度，通常取 20℃。

对于盐溶液，介电常数随着含盐浓度和温度的增加而减小，损耗因子随着含盐浓度和温度的升高而增加，如图 19-11 所示。牛奶和大豆饮料的介电常数均随着温度的升高而降低，损耗因子随温度的升高而增加，如图 19-12 所示。

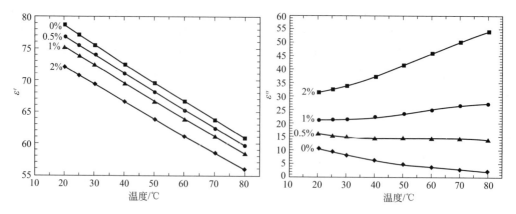

图 19-11　不同浓度的盐溶液在 2.45GHz 时温度对介电参数的影响[11]

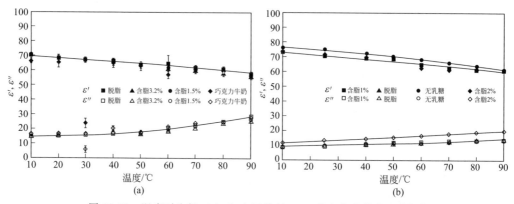

图 19-12　温度对牛奶（a）和大豆饮料（b）的介电参数的影响[12]

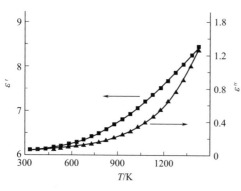

图 19-13　温度对莫来石（一种陶瓷）介电参数的影响[6]

一般情况下，绝干物料的损耗因子受温度的影响很小，但对某些物料（如木材、尼龙及其衍生物、许多陶瓷材料）在温度提高时，损耗因子会急剧增加，如图 19-13 所示。严重的会导致"热失控效应"，即物料温度升高后，局部区域加速受热，温度上升又使得损耗因子增大，反过来促使温度的继续上升，如此反复，导致恶性循环，引起物料加热不均匀，造成局部过热现象，加热失去控制，甚至会发生燃烧或爆炸。所以，在湿含量较低的情况下，对于这些物料的介电干燥应特别注意。

（4）密度的影响

空气的相对介电常数为 1，可以透过工业上使用的所有频率的电磁波，因此物料中含有空气将影响介电参数值，即密度降低，介电参数值也随之减小。如图 19-14（a）和（b）所示。对于一些颗粒状物料，由于受其形状和大小的限制，在测试介电特性时物料不易夹持，需要将样品粉碎测量介电特性，在这种情况下，考虑到密度对介电参数的影响，获得颗粒样品与粉末样品之间的介电特性转换关系尤为重要。颗粒（多孔介质）物料也可以采用以下介电特性混合方程计算[13]：

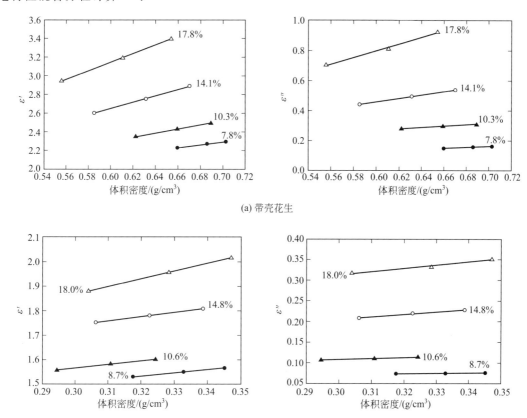

(a) 带壳花生

(b) 脱壳花生

图 19-14　带壳与脱壳花生密度对介电参数的影响（6GHz，23℃）[14]

Maxwell-Garnett 方程：

$$\frac{\varepsilon-\varepsilon_1}{\varepsilon+2\varepsilon_1}=v_2\frac{\varepsilon_2-\varepsilon_1}{2\varepsilon_1+\varepsilon_2} \tag{19-9}$$

Lichtenecker 方程：

$$\ln\varepsilon=v_1\ln\varepsilon_1+v_2\ln\varepsilon_2 \tag{19-10}$$

Bottcher 方程：

$$\frac{\varepsilon-\varepsilon_1}{3\varepsilon}=v_2\frac{\varepsilon_2-\varepsilon_1}{\varepsilon_2+2\varepsilon} \tag{19-11}$$

Bruggeman-Hanai 方程：

$$\frac{\varepsilon-\varepsilon_2}{\varepsilon_1-\varepsilon_2}\Big(\frac{\varepsilon_1}{\varepsilon}\Big)^{1/3}=1-v_2 \tag{19-12}$$

LLLE 方程：

$$\varepsilon^{1/3}=v_1(\varepsilon_1)^{1/3}+v_2(\varepsilon_2)^{1/3} \tag{19-13}$$

折射率混合方程：

$$\varepsilon^{1/2}=v_1(\varepsilon_1)^{1/2}+v_2(\varepsilon_2)^{1/2} \tag{19-14}$$

式中，ε 表示颗粒物料和空气混合物的等效介电常数；ε_1 表示空气的介电常数；ε_2 表示颗粒物料的介电常数；v_2 表示颗粒物料所占的体积分数；v_1 表示散装物料中空气所占的体积分数，且 $v_1 + v_2 = 1$。

（5）组分的影响

物料的介电特性受其组分影响。水和盐分的影响取决于它们的运动是否被其他成分所束缚。与水和离子液体相比，食品中的有机成分介电特性较弱（$\varepsilon_r' < 3$，$\varepsilon_r'' < 0.1$），可以视为透明体。只有在低湿含量时，大部分水为结合水，一些低介电特性成分才变成加热的主要影响因素。对于高碳水化合物食品和糖浆剂，溶解在水中的糖分是主要的微波基质。如葡萄在高湿含量时，其介电常数和损耗因子随着温度的升高而降低，在低湿含量时，反之。乙醇和溶解的碳水化合物作为食品和饮料中的有效成分时，除了一些高碳水化合物，如面包、糖浆剂以及酒品外，在大部分情况下，其对介电特性的影响可以忽略不计。一般地，食品中 pH 值对介电特性的影响不是很重要。对于多组分物料，可以利用单一成分的介电特性预测混合物的介电特性，但预测有一定的困难，主要原因为各组分混合后，其本身介电特性会发生变化，或者各组分的结构会发生变化。

此外，物料的结构也有重要的作用。对纤维性物料（纸、木材等），通常其纤维方向顺着高频率电场方向时，损耗因子较大，如图 19-15 所示。

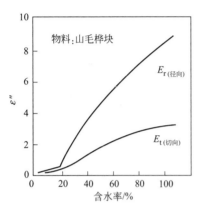

图 19-15　电场和物料质构（年轮）方向对损耗因子的影响[15]

19.2.2.3　穿透深度

电磁波辐射传送的能量是由物料的介电参数和热物理参数（热导、密度、比体积）决定的。物料的传播常数为

$$\gamma = \alpha + j\beta \tag{19-15}$$

式中，α 为电磁波衰减常数，$1/m$；β 为相位常数，$1/m$。

衰减常数表征物料从电磁波中衰减（或吸收）电磁波能量的能力。对均匀的介电质它是能量分布的决定因素。衰减常数决定电磁场电场分量穿透介电质的能力。

穿透深度（D_p）指电场强度在介电质中减少至真空状态下的 37%（$1/e$）时距离辐射表面的长度。

其中

$$\alpha = \frac{2\pi \sqrt{\varepsilon_r'}}{\lambda} \sqrt{\frac{1}{2}\left(\sqrt{1 + \left(\frac{\varepsilon_r''}{\varepsilon_r'}\right)^2} - 1\right)} \tag{19-16}$$

$$\beta = \frac{2\pi \sqrt{\varepsilon_r'}}{\lambda} \sqrt{\frac{1}{2}\left(\sqrt{1 + \left(\frac{\varepsilon_r''}{\varepsilon_r'}\right)^2} + 1\right)} \tag{19-17}$$

$$D_p = \frac{1}{2\alpha} = \frac{\lambda}{2\pi \sqrt{2\varepsilon_r'\left(\sqrt{1 + \left(\frac{\varepsilon_r''}{\varepsilon_r'}\right)^2} - 1\right)}} \tag{19-18}$$

对于低损耗和大部分损耗介电质，可以假设 $\left(\frac{\varepsilon_r''}{\varepsilon_r'}\right)^2 \ll 1$，利用数学近似，当 $x \ll 1$ 时，$\sqrt{1+x} \approx 1 + \frac{x}{2}$，由于 $\lambda = \frac{c}{f}$，c 为光速，式(19-16)可简化为

$$\alpha = \frac{\pi f \varepsilon_r''}{c \sqrt{\varepsilon_r'}} \tag{19-19}$$

$$D_p = \frac{1}{2\alpha} = \frac{c \sqrt{\varepsilon_r'}}{2\pi f \varepsilon_r''} \tag{19-20}$$

对于导电材料或高损耗材料，因 $\varepsilon_r'' \gg \varepsilon_r'$，式（19-16）可简化为

$$\alpha = \sqrt{\frac{\varpi^2 \mu \varepsilon_r'' \varepsilon_0}{2}} \tag{19-21}$$

式中，$\varpi = 2\pi f$；μ 为磁导率。

则

$$D_p = \frac{1}{2\alpha} = \sqrt{\frac{2}{\varpi} \mu \sigma} \tag{19-22}$$

以下列出一些常见物料的 ε_r' 和 ε_r'' 的值。见表 19-2～表 19-10。

表 19-2　一些物料的介电参数[16]

物料		介电常数 ε_r'		损耗因子 ε_r''	
		10MHz	300MHz	10MHz	300MHz
冰(纯,12℃)		3.7	3.2	0.07	0.003
水(纯)	5℃		80.2		22.1
	15℃		78.8		16.2
	25℃	78.0	76.0	0.36	12.0
	35℃		74		9.4
	45℃		70.7		7.5
	55℃		67.5		6.0
	60℃		64.0		4.9
	75℃		60.5		4.0
	85℃		56.5		3.2
	95℃		52		2.4
水(含有 0.1mol 的 NaCl)		80.0	75.5	100.00	18.00
牛排		50	40	1300	12
(牛羊)板油		4.5	2.5	4.2	0.18
马铃薯			4.5(2450MHz)		0.9
豌豆			2.5(2450MHz)		0.5
蔬菜			13.0(2450MHz)		6.5
小麦粉(湿含量为 8%)		2.6(4MHz)			0.078
熔凝石英		3.78	3.78	0.004	0.0002
硼硅酸玻璃		4.84	4.82	0.015	0.026
钠玻璃(20% Na_2O,80% SiO_2)		6.3	—	0.11	—
大理石(干)		9.0	9.0	0.33	0.22
红定石云母		5.4	5.4	0.0016	0.0016
干砂		2.55	2.55	0.04	0.016
棉花(210kg/m³,7%收率)		1.5		0.03(27MHz)	
皮毛(68kg/m³,20%收率)		1.2		0.01(27MHz)	

续表

物料	介电常数 ε_r'		损耗因子 ε_r''	
	10MHz	300MHz	10MHz	300MHz
黄蜡	2.45	2.39	0.020	0.018
电缆油	2.2	2.2	0.009	0.004
粗石蜡	2.25	2.25	0.00045	0.00045
纸（沿纸机方向测得的湿含量为10%）	3.5	—	0.4	0.4
板	3.5	—	0.8	0.4
醋酸纤维			0.07	0.09
密胺甲醛	5.5	4.2	0.23	0.22
酚甲醛	4.3	3.7	0.18	0.15
聚酰胺（尼龙66）	3.2	3.0	0.09	0.04
聚酯	4.0	4.0	0.04	0.04
聚乙烯	2.25	2.25	0.0004	0.001
聚甲基丙烯酸甲酯	2.7	2.6	0.027	0.015
聚苯乙烯	2.35	2.55	0.0005	0.0005
聚四氟乙烯	2.1	2.1	0.0003	0.0003
聚氯乙烯（纯）	2.9	2.0	0.03	0.02
聚氯乙烯（含40%的塑化剂）	3.7	2.9	0.04	0.1
天然绉胶	2.4	2.4	0.009	0.007
硫化绉胶	2.5	2.5	0.08	0.03
桦木（电场与纹理垂直）	2.6	2.1	0.1	0.07
红木	2.1	1.9	0.07	0.05

表 19-3　部分水果和蔬菜的介电参数（23℃）[17]

物料	湿含量 （w.b.）/%	密度/ （g/cm³）	介电常数 ε_r'		损耗因子 ε_r''	
			915MHz	2450MHz	915MHz	2450MHz
苹果	88	0.76	57	54	8	10
鳄梨	71	0.99	47	45	16	12
香蕉	78	0.94	64	60	19	18
哈密瓜	92	0.93	68	66	14	13
胡萝卜	87	0.99	59	56	18	15
黄瓜	97	0.85	71	69	11	12
葡萄	82	1.10	69	65	15	17
西柚	91	0.83	75	73	14	15
蜜瓜	89	0.95	72	69	18	17
猕猴桃	87	0.99	70	66	18	17
柠檬	91	0.88	73	71	15	14
酸橙	90	0.97	72	70	18	15
芒果	86	0.96	64	61	13	14
洋葱	92	0.97	61	64	12	14
橙子	87	0.92	73	69	14	16
木瓜	88	0.96	69	67	10	14
桃子	90	0.92	70	67	12	14
梨	84	0.94	67	64	11	13
土豆	79	1.03	62	57	22	17
萝卜	96	0.76	68	67	20	15
南瓜	95	0.70	63	62	15	15
草莓	92	0.76	73	71	14	14
红薯	80	0.95	55	52	16	14
芜菁	92	0.89	63	61	13	12

表 19-4　水的介电参数[17]

频率/GHz	介电常数 ε_r'		损耗因子 ε_r''	
	20℃	50℃	20℃	50℃
0.6	80.3	69.9	2.75	1.25
1.7	79.2	69.7	7.9	3.6
3.0	77.4	68.4	13.0	5.8
4.6	74.0	68.5	18.8	9.4
7.7	67.4	67.2	28.2	14.5
9.1	63.0	65.5	31.5	16.5
12.5	53.6	61.5	35.5	21.4
17.4	42.0	56.3	37.1	27.2
26.8	26.5	44.2	33.9	32.0
36.4	17.6	34.3	28.8	32.6

表 19-5　牛奶及其成分的介电参数（2.45GHz，20℃）[17]

类型	脂肪/%	蛋白质/%	乳糖/%	水分/%	介电常数 ε_r'	损耗因子 ε_r''
1%牛奶	0.94	3.31	4.93	90.11	70.6	17.6
3.25%牛奶	3.17	3.25	4.79	88.13	68.0	17.6
水+乳糖Ⅰ	0	0	4.0	96.0	78.2	13.8
水+乳糖Ⅱ	0	0	7.0	93.0	77.3	14.4
水+乳糖Ⅲ	0	0	10.0	90.0	76.3	14.9
水+酪蛋白酸钠Ⅰ	0	3.33	0	96.67	74.6	15.5
水+酪蛋白酸钠Ⅱ	0	6.48	0	93.62	73.0	15.7
水+酪蛋白酸钠Ⅲ	0	8.71	0	91.29	71.4	15.9
乳糖(固体)	0	0	100	0	1.9	0
酪蛋白酸钠(固体)	0	100	0	0	1.6	0
乳脂(固体)	100	0	0	0	2.6	0.2
蒸馏水	0	0	0	100	78.0	13.4

表 19-6　奶酪的介电参数（2.45GHz）[17]

成分		介电常数 ε_r'		损耗因子 ε_r''	
脂肪/%	水分/%	20℃	70℃	20℃	70℃
0	67	43	29	43	37
12	55	30	21	32	23
24	43	20	14	22	17
36	31	14	8	13	9

表 19-7　白面包的介电参数[5]

水分(w.b.)/%	温度/℃	介电常数 ε_r'		损耗因子 ε_r''	
		27.12MHz	915MHz	27.12MHz	915MHz
38.6	25	2.83	2.08	4.95	0.69
	55	3.15	2.17	8.00	0.83
	85	3.55	2.26	13.26	1.15
37.1	25	2.68	2.03	3.90	0.59
	55	3.02	2.11	6.74	0.78
	85	3.50	2.23	12.55	1.13
34.6	25	2.35	1.81	2.32	0.47
	55	2.80	1.94	5.09	0.67
	85	3.45	2.13	11.98	1.07

表 19-8　杏仁和核桃的介电参数[5]

种类	温度/℃	介电常数 ε_r'		损耗因子 ε_r''	
		27.12MHz	915MHz	27.12MHz	915MHz
杏仁	20	5.9	1.7	1.2	5.7
	30	5.7	3.2	0.6	6.4
	40	5.8	3.3	0.6	6.0
	50	5.8	3.4	0.6	5.7
	60	6.0	3.1	0.7	6.4
核桃	20	4.9	2.2	0.6	2.9
	30	5.0	2.1	0.5	2.6
	40	5.1	3.0	0.4	2.3
	50	5.2	3.4	0.3	2.0
	60	5.3	3.8	0.4	1.8

表 19-9　肉类、鱼类和鱼子酱的介电参数[5,18]

物料(解剖位置)	类型	温度/℃	介电常数 ε_r'		损耗因子 ε_r''	
			27.12MHz	2450MHz	27.12MHz	2450MHz
牛肉(前部肉)	瘦肉		70.5	43.7	418.7	13.7
羊肉(腿)	瘦肉		77.9	49.4	387.2	15.0
猪肉(肩膀)	瘦肉		69.6	51.3	392.0	15.1
猪肉(背)	肥肉		12.5	7.9	13.1	0.76
鸡(胸脯)	瘦肉		75.0	49.0	480.8	16.1
火鸡(胸脯)	瘦肉		73.5	56.3	458.4	18.0
			40MHz	915MHz	40MHz	915MHz
细鳞大马哈鱼	前部	20	87.6	55.1	296.3	22.6
		60	100.8	51.4	525.5	33.0
		120	116.8	47.1	890.8	47.1
	中部	20	85.3	57.0	313.9	22.8
		60	99.1	53.7	581.4	34.8
		120	119.7	50.7	1085.2	60.4
			27.12MHz	915MHz	27.12MHz	915MHz
大马哈鱼鱼子酱	含盐	20	129.8	29.8	1349.4	40.5
		50	121.5	22.7	1501.1	43.3
		80	182.0	25.0	2614.5	73.6
	无盐	20	70.7	30.7	470.8	18.7
		50	46.4	18.3	375.9	14.1
		80	59.6	18.9	642.7	22.2
鲟鱼鱼子酱	含盐	20	81.5	25.0	1004.0	35.8
		50	111.5	26.4	1769.5	59.5
		80	202.8	31.9	2873.3	99.9
	无盐	20	61.0	32.6	105.5	8.9
		50	77.4	33.7	210.8	11.3
		80	92.5	35.3	352.2	17.0

表 19-10　液体及预煮的蛋清和鸡蛋的介电参数[5]

表 19-10　液体及预煮的蛋清和鸡蛋的介电参数[5]

类型	状态	温度/℃	介电常数 ε_r'		损耗因子 ε_r''	
			27.12MHz	915MHz	27.12MHz	915MHz
蛋白	液体	20	84.6	64.0	427.0	18.7
		80	98.3	50.5	866.5	33.3
		120	135.1	53.2	1665.8	56.9
	预煮	20	89.3	64.5	411.8	18.9
		80	99.5	53.0	937.1	34.6
		120	124.4	50.1	1480.5	52.2
鸡蛋	液体	20	76.3	55.5	335.9	15.8
		80	87.5	48.9	801.8	30.5
		120	106.1	44.7	1132.7	42.3
	预煮	20	79.6	56.5	336.8	16.3
		80	89.0	48.5	745.8	29.0
		120	104.8	44.3	1020.0	39.5

19.3　介电加热/干燥的特点

　　图 19-16 比较了介电干燥与普通干燥机理的区别。在普通的干燥方法（如热风干燥）下，水分的蒸发从表面开始，内部的水分慢慢从内部扩散至表面，加热的推动力是温度梯度，通常需要很高的外部温度来形成所需的温度差（能量由物料的外部传递到物料的内部），传质的推动力是物料内部与表面之间的浓度梯度。

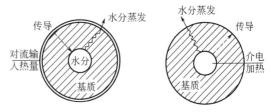

图 19-16　介电干燥与普通干燥机理比较

　　在介电干燥过程中，物料内部产生热量，传质推动力主要是物料内部迅速产生的蒸汽所形成的压力梯度。如果物料开始湿含量很大，则由于物料内部的压力以非常快的速度升高，其内部的液体可以在压力梯度的作用下被从物料的内部排出。初始湿含量越高，压力梯度对湿分排除的影响也越大，亦即存在一种"泵"效应，驱使液体（经常是以气态的形成）流向表面，这样就使得干燥进行得非常快。这种加热方式的特点是产生异乎寻常的温度梯度。如果没有其他辅助热源，且这种加热系统中的空气温度保持不变，则物料表面温度将低于内部的温度。若物料的几何尺寸比穿透深度大许多倍，则内部的热传递类似于普通干燥；若物料的几何尺寸为穿透深度的 1~2 倍，热能将在内部积累，导致内部温度急剧升高（有可能过热），外部却保持较冷的状态。介电加热方法的控制参数与物料的质量、比热容、介电常数和几何形状、热损耗机理、能量耦合效率以及物料中产生的功率等有关。

19.3.1　介电加热/干燥的优点

　　① 加热/干燥速度快　由于电磁场直接对物料整体产生热效应，与常规干燥方法相比，介电干燥时间可缩短 50% 或更多。

　　② 有效利用能量　电磁波能直接与物料耦合，不需要加热被干燥物料周围的空气、器壁及输送设备等，而且加热室是由金属制造的密封空腔，电磁波被腔壁反射，避免其向外泄漏。因而除少量的传输损耗外，腔内的电磁波能全部用于物料的加热。

③ 均匀加热　尽管介电加热并不总是能够保证加热均匀，但通常情况下，其体积热效应将形成更加均匀的温度场和湿分分布，避免了普通加热系统中出现较大的温度梯度。

④ 过程控制迅速　能量的输出可通过打开或关闭发生器的电源而实现，操作便利；而且加热强度可通过控制功率输出的大小来实现。

⑤ 选择性加热　一般地，电磁场只与物料中的溶剂耦合而不与基质耦合。因此，湿分被加热、排出，而湿分的载体（基质）则主要是通过传导获得热量。其他挥发性物质迁移量少，溶剂经常以气态形式排出，不会使其他物质传递至表面。

⑥ 产品质量改善　可在较低的环境温度下进行干燥，不需要高的表面温度，物料内部的温度也可较低，因此对物料物性的破坏和影响较小。因为表面温度不会变得很高，所以物料表面过热和结壳现象很少发生，从而降低了产品不合格率。由于这种加热方法的热效率高、受热时间短，从而使产品的色、香、味、维生素等不致受到破坏。对食品、药品加热干燥时，电磁波的生物效应能在较低温度下杀死细菌。

⑦ 产生所希望的物化效应　许多化学、物理反应是通过介电加热的方法促进的，可导致膨化、蛋白质变性、淀粉糊化等。

⑧ 系统占地面积少，减少操作步骤。

⑨ 避免了环境高温，可以改善劳动条件。

19.3.2　介电加热/干燥的缺点

① 不均匀性　尽管体积热效应使得物料整体被加热，相对于传统加热方法具有均匀加热的特点。但因腔内电磁场分布不均匀及物料自身特性（形状、尺寸、内部湿含量分布等）会导致介电加热/干燥的不均匀性，在物料内部出现"热点"和"冷点"现象。另外，电磁场在物料边角处容易积聚而造成物料局部过热，即所谓的"边角效应"。

② 穿透深度小　在常温下，高含水量的食品在 915MHz 和 2450MHz 时的微波穿透深度一般介于 $0.3\sim7cm$ 之间[5]。因大部分物料的 $\varepsilon_r''<25$，因此穿透深度常常介于 $0.6\sim1.0cm$ 之间[17]。

③ 过快加热导致品质恶化　介电干燥系统虽然可以迅速地加热，但是加热太快可能是有害的，即可能使物料焦化、燃烧，或由于蒸汽不能相应地逸出，导致物料内部压力骤增而使被干燥物料撕裂或爆裂。在微波加热技术的发展历史上出现的著名的加热鸡蛋时发生的爆炸事件就是很好的例证[19]。

为了解决单独使用介电干燥的缺点，采用介电干燥与常规干燥方法相结合的联合干燥方法，按照优势互补的原则，充分发挥各自的技术优势，最大限度地弱化单一干燥方式的技术缺陷，从而缩短干燥时间，提高干燥效率，改善产品质量[20,21]。微波和高频干燥与普通干燥方法有 3 种联合方式，它们的干燥过程曲线如图 19-17 所示。

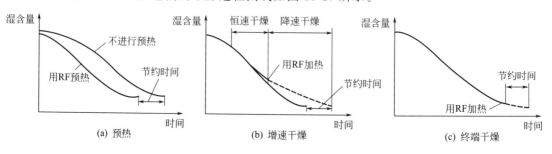

图 19-17　微波和高频干燥系统的干燥过程曲线

①　预热　将微波能或高频电磁场能引入干燥器，物料内部的湿分被加热到蒸发温度，并立即将湿分排出物料表面。若与普通干燥器联合作业，且操作得当，就可以大大缩短干燥时间。

②　增速干燥　当干燥过程进入降速阶段时将微波能或高频电磁场能输入普通干燥器，此时物料表面是干的，湿分积聚在内部。输入的电磁能量使物料内部产生热量和蒸气压，把湿分驱至表面并迅速被排除，这样可以使干燥速度迅速提高。每加入一个单位的电磁能可以使干燥能力以 6：1 或 8：1 的倍数增加。

③　终端干燥　普通干燥系统在接近干燥终了时效率最低，大约有 2/3 的干燥时间花费在排除最后的 1/3 水分上。在普通干燥器的出口处设置一个微波或高频干燥器，由于使物料内部产生热量，这样可以改善热风干燥的效率，提高普通干燥器的处理量。这种方法可以精确控制最终湿含量，避免物料干燥过度。

以上 3 种联合方式中，最常用的是增速干燥和终端干燥。尽管介电干燥中使用的电能昂贵，但整体干燥效率的提高降低了整个干燥过程的经济费用。

19.4　介电干燥动力学及数学模型

19.4.1　介电干燥动力学

干燥动力学是研究在干燥过程中，物料湿含量、温度随时间的变化规律的一门科学。通过干燥动力学特性的分析，可确定水分蒸发量、能量消耗、干燥时间等参数。对于介电干燥，由于物料内部的水分能够很快达到其沸点，从而在物料中发生高强度蒸发。同时由于物料的质构会阻碍水分的流动，从而在物料内部形成压力梯度，这是干燥时质量传递的主要推动力。在介电干燥过程中，物料与电磁能的耦合产生热量，在物料内部形成正的温度梯度，从而促使水分以液态、气态或分子流的形式向物料表面移动。

毛细管多孔介质在高强度介电加热条件下，由于内部水分沸腾，提高了内部水汽的压力，从而将液态水喷出表面（见图 19-18），形成由不连续的气相和气压所致的液体流动。渗透性差的物料（如新鲜木材）将出现内部开裂或压力导致的其他破坏[22]。

在非吸湿物料中，自由水分存在于多孔物料的空隙间，处于气压平衡状态。平衡状态参数可由 Clapeyron 方程确定；结合水分的蒸气压低于平衡蒸气压，由热动力学确定。事实上，结合水分以几种不同形式

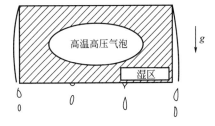

图 19-18　介电加热毛细管多孔体"泵"效应示意图

存在于多孔介质中，介电加热对不同形式的水分有不同的作用。

在高频率的电磁场中，结合水与自由水分的激励响应情况是不同的，其主要区别在于：

①　在某些特定的湿含量条件下，物理、化学结合方式对水分的旋转和电子响应有影响。因此，含有物理、化学结合水物料的介电常数和损耗因子的值比含有自由水分物料的介电常数和损耗因子的值低，如图 19-9 所示。这说明强吸湿性物料与非吸湿性物料相比不易实现介电调平（使湿分分布均衡）。

②　在多数情况下，电磁能直接与吸附的水分耦合，在不影响固相的前提下，改变了从对流加热条件下观察到的吸附和扩散特性。Gibson 等人[23]从 PVC 塑料中除去低浓度（<10^{-3}）环氧乙烷（EO）的实验中发现，在物料处于相同的温度下，微波干燥可使挥发

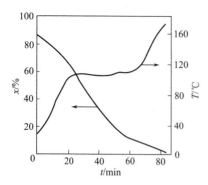

图 19-19　介电干燥山毛榉块的
干燥动力学曲线

性物质的扩散系数增加 1 倍（与普通干燥相比），环氧
乙烷的活化能明显下降。

对含有机械结合水、细胞结合水物料的介电干燥
已经有广泛的研究，尤其对于木材、纸和食品的干燥。
Morrow[15]将山毛榉试样放置于 80MHz 高频电场中，
从湿含量 85%（d. b.）干燥至 8%（如图 19-19 所示）。
损耗因子逐渐下降直至湿含量达到 20% 时才结束。在
20% 以下，损耗因子相当低，几乎不发生变化，如图
19-15 所示。这说明湿含量高于 20% 时为细胞或机械结
合水分，低于 20% 为物理吸附水分。初始加热，物料
达到沸点，在干燥至 20% 时温度又开始上升，即进入
降速干燥阶段。此后，输入的电磁能大部分变为固体
的显热（即蒸发的冷却效应变小），蒸汽通过细胞膜和孔隙的解吸和扩散活动产生波动。

对化学结合水分，束缚力远远大于电磁场作用下的偶极子力，这种水分对微波或高频响
应不显著。实际上，这个特点可用于含水物料的自我抑制干燥，参见图 19-20。

在某些情况下，介电干燥可以完全改变物料中湿分的分布，这是因为物料的介电常数和
物化参数（如扩散参数）是温度和湿含量的函数，由此可以发现物料内部的湿含量和温度的
分布近似为一条平直的直线。

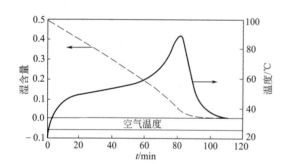

图 19-20　高频干燥生石膏（$CaSO_4 \cdot 2H_2O$）
墙板纸干燥曲线[24]

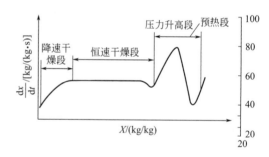

图 19-21　介电干燥过程曲线[25]

一般地，介电干燥过程可划分为 4 个阶段（如图 19-21 所示）。

① 预热段　湿物料的温度提高到湿分的沸点，这一阶段没有水分散失，物料内部的气
压可视为与外部大气压相等。

② 压力升高阶段　水蒸气受物料内部传质阻力的影响，吸收输入的功率后，内部气压
逐渐升高，直至达到最大值，蒸汽向表面流动。

③ 恒速干燥阶段（输入功率为定值时）　水蒸气流动的速度受内部传质阻力和所吸收的
功率大小的影响。

④ 降速干燥阶段　湿含量的减小将导致吸收功率的减少以及传质推动力的下降。在湿
含量较低的情况下，由于干物料是主要的能量吸收体，所以物料的温度将升高。

上面所述只是一种理想的状态，只发生在特殊的条件（如湿含量很高的毛细管多孔介质
在功率密度足够大时）下。干燥动力学也受到下列因素的制约：

① 提供蒸发潜热的热源（介电干燥，或者介电干燥与热/冷空气组合干燥）；

② 湿物料的吸湿特性（非吸湿、部分吸湿或强吸湿）；

③ 物料的结构和热质传递阻力（内部传递阻力能否忽略，或者该阻力较为显著）；

④ 水分在物料中的状态（悬吊型或索状型，如图 19-22 所示）；

⑤ 功率密度（产生热量能力的强或者弱）。

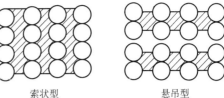

索状型　　　　悬吊型

图 19-22　非结合水分在物料中的存在状态

这里需要说明的是，热传导对介电加热的作用低于普通干燥，这是因为介电加热的速度快，从而缩短了时间，使热传导的作用下降。但是在某些情况下，热传导占重要地位，即当电磁能的穿透深度与加热物料的体积相比很小时，热传导将影响热量向物料内部传递。另一种情况是，当电磁场加热产生的热量分布不均匀时热传导可以对其进行调整。

尽管在介电干燥中一般不考虑比热容这个因素的影响，但是有时比热容也产生较大的影响，若只考虑介电常数，就有可能导致材料的加热速度比所预期的快得多的情况出现。

19.4.2　数学模型

模拟介电干燥过程是为了预测某一时刻物料中湿含量和温度的分布，进而根据干燥条件预测出最终湿含量。所以，有必要求解热质传递方程。从理论及实验的角度考虑，经典干燥模型只包括了能量方程和质量传递方程，对介电干燥，应将干燥物料内的总压力梯度引起的对流运动方程引入才算完善。假设湿物料是连续、均匀、各向同性的，而且物料的质构在干燥后不发生改变，存在局部的热力平衡，则热质传递方程[16]为：

质量平衡方程
$$\frac{\partial X}{\partial t} = \alpha_m (\nabla^2 X + \beta_T \nabla^2 T + \beta_p \nabla^2 P) \tag{19-23}$$

热量平衡方程
$$\frac{\partial T}{\partial t} = \alpha_T \nabla^2 T + \frac{e_v}{c_p} \Delta h_v \frac{\partial X_L}{\partial t} + \frac{Q_V}{\rho_s c_p} \tag{19-24}$$

压力平衡方程
$$\frac{\partial P}{\partial t} = \alpha_p \nabla^2 P - \frac{e_v}{c_v} \times \frac{\partial X_L}{\partial t} \tag{19-25}$$

式中，$X = X_L + X_v$；e_v 为相变因子，$e_v = m_v / m$；m_v 为水蒸气流量，m 为水分总流量，kg/s；c_v 为气相的比湿分含量，m^3/J；α、β 为传递系数。

Chen 等[26]对介电强化干燥建立了描述热质传递过程的一般公式，并假设多孔介质是连续、均匀和各向同性的。

（1）控制方程

对液相传递：
$$\frac{\partial}{\partial t}(\varepsilon_w \rho_w) + \nabla J_w = -m_{ev} \tag{19-26}$$

对蒸汽传递，结合空气传递方程得出总压方程：
$$\frac{\partial}{\partial t}(\varepsilon_g \rho_v) + \nabla J_v = m_{ev} \tag{19-27}$$

对能量传递：
$$\rho c_p \frac{\partial T}{\partial t} + (c_{pw} J_w + c_{pg} J_g)\nabla T = \nabla \cdot (k \nabla T) - m_{ev}\Delta h_v + Q_V \tag{19-28}$$

引入有效热导率，能量方程变为：
$$\rho c_p \frac{\partial T}{\partial t} = \nabla \cdot (k_{eff} \nabla T) + Q_V \tag{19-29}$$

式中，k 为热导率，W/(m·℃)

一般地，在干燥过程中，内部湿分传递的主要机理是自由水分毛细管流动，结合水的表面和微孔扩散以及大孔的汽相传递。因此，冷凝相的湿分通量 J_w 包括自由水分毛细管流动 J_L 和结合水分流动 J_b。

毛细管流动的推动力是表面张力或压力梯度。如果假设物料宏观上是均匀的，毛细管压力梯度与自由水分浓度梯度关系密切，毛细管流动的恰当表达式[27]为

$$J_L = -\rho_w \frac{K_L}{\mu}(\nabla \rho_g - \nabla \rho_c - \rho_w \boldsymbol{g}) = -\rho_s D_L \nabla X_f - \rho_w \frac{K_L}{\mu}(\nabla P_g - \rho_w \boldsymbol{g}) \quad (19\text{-}30)$$

式中，K_L 为渗透率，m^2；ρ 为密度，kg/m^3；D 为穿透深度，m。

当自由水分含量为零时，结合水分在湿分传递中占主导地位，其通过微毛细管、细胞膜流动或表面扩散。对结合水运动的推动势有不同的定义形式，采用化学势或蒸汽压力梯度作为推动力可相对容易地以干燥实验数据为基础确定有关的传递系数。用蒸汽压力梯度作为推动势可表示为

$$J_b = -\rho_w \frac{K_b}{\mu}\nabla P_V \quad (19\text{-}31)$$

式中，μ 为黏度，Pa·s；P_V 为单位体积产生的功率，W/m^3。

通常，假设结合水与其蒸汽处于平衡状态，结合水分含量 X_b 与给定温度下的相对湿度 φ 之间的关系可用等温吸附平衡关系式表示

$$J_b = -\rho_w \frac{K_b}{\mu}P_V^* \frac{\partial \varphi}{\partial X}\nabla X = -\rho_s D_b \nabla X \quad (19\text{-}32)$$

$$D_b = D_{bo}\exp\left(-\frac{E_d}{RT}\right) \quad (19\text{-}33)$$

水蒸气和空气通过多孔物料的空隙流动为 Darcy 流动和扩散，若忽略了重力项，蒸汽和空气流动方程可写为

$$J_v = \frac{M_w}{RT}\left(\frac{P_V K_g}{\mu_g}\nabla P - D_v \nabla P_V\right) \quad (19\text{-}34)$$

$$J_a = -\frac{M_a}{RT}\left[\frac{K_g}{\mu_g}(P - P_V)\nabla P - mD_v \nabla(P - P_V)\right] \quad (19\text{-}35)$$

（2）边界条件

边界条件在不同的模型中表达形式也不同，其与控制方程和系统的形状有关。一般地，假设物料的形状是对称的，其中心处的边界条件为

$$J_w = 0, J_h = 0, J_v = 0 \quad (19\text{-}36)$$

表面边界条件随时间变化。当物料全部被润湿，在表面的边界条件为

$$J_w + J_v = \frac{h_m M_m}{RT}[P_V(0) - P_{va}] = \phi_m \quad (19\text{-}37)$$

$$-J_h = h[T_a - T(0)] - \phi_m \cdot \Delta h_v \quad (19\text{-}38)$$

$$P_g = P_{atm} \quad (19\text{-}39)$$

式中，E_d 为结合水活化能，J/(kmol·K)；M 为摩尔质量，kg/kmol；对流传热系数 h 和对流传质系数 h_m 是速度和对流介质特性的函数。如果表面自由水分含量大于饱和自由水含量的 30%～40%，表面水层保持连续，则传热系数几乎是恒定的，否则连续水膜破裂成不连续的湿块，将物料分成湿区和吸附区。

在降速阶段，蒸发前沿向物料内部退缩，物料形成湿区和吸附区（已干区），从质量、

热量平衡关系得到蒸发前沿处的移动边界条件为

$$T = T_s, X = X_{ms}, P_V = P_V^*(T_s) \tag{19-40}$$

$$J_L + J_{v1} = J_b + J_{v2} \tag{19-41}$$

$$J_{h1} = J_{h2} \tag{19-42}$$

一般地，上述求解的变量是温度和湿含量的隐函数，要想知道干燥过程中某一时刻的温度、湿含量和压力，则需要求解非线性偏微分方程。

在微波加热中，热传递机理与电场、物料热特性、尺寸及形状、入射微波源强度、物料内的电场强度分布及处理阶段有关。在一些特殊情况下，对能量方程可以进行简化处理[28]。

① 小扩散　在加热开始阶段或短时间加热中，热扩散和表面热损失相比很微小，这种情况下，物料的热导率很小，热密度很大，物料内吸收的微波功率较均匀或随着空间位置 r 变化，其能量方程可简化为：

$$\rho c_p \frac{\partial T}{\partial t} = Q(r) \tag{19-43}$$

将其与式(19-5)结合，可估计电场值。

② 集总系统　当物料尺寸很小时，可以认为物料内部的电场是均匀的。在集总系统中，毕渥数 Bi 很小，物料内的温度梯度忽略不计，能量传递方程可简化为集总参数方程：

$$mc_p \frac{\partial T}{\partial t} + hA(T - T_\infty) = Q_V \tag{19-44}$$

式中，m 为质量；A 为物料表面积；h 为对流传热系数。

当微波能 Q_v 小于热损失时，物料温度缓慢上升，最终达到一个有限的稳定值，此时温度易于控制；但当微波能 Q_v 大于热损失时，对于某些物料（如陶瓷、聚合物及食品等），温度会突然增加，发生热逃逸现象，出现温度失控现象。

谐振腔内的热质传递过程非常复杂，精确描述微波干燥过程需求解微波腔与物料内部的电磁场，物料的介电特性，热质传递方程以及物料的变形，而他们之间在干燥过程中又相互耦合，彼此影响[29]。

19.5　介电干燥系统

介电干燥系统是由发生器（产生高频能量）及应用装置（干燥室）组成。下面分别介绍高频干燥系统和微波干燥系统的组成及结构形式。

19.5.1　高频干燥系统

高频干燥系统主要由高频振荡器、工作电容器（即干燥器，也称为应用装置）组成。被干燥的物料放置在工作电容器之中。一般地，我们将高频振荡器称作主机，工作电容器和物料称作负载。如果从电路的角度划分，则高频干燥系统由电源、控制系统、振荡器、匹配电路及负载组成（如图19-23所示）。在振荡电路中，产生一定频率的功率，该频率由振荡回路的电容、电感决定。该功率通过电感耦合或传输线输入应用装置电路。应用装置中的电感、电容器将电场导向物料。发生器及应用装置形成一个谐振系统，为了产生功率并有效地传播给物料，应用装置的谐振频率与振荡回路的频率应该一致。所以电感耦合应当存在一个临界值（由电子管特性和物料介电特性决定）。

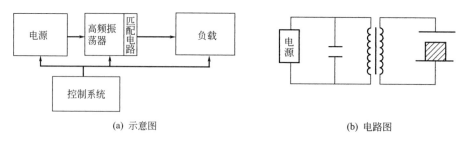

(a) 示意图　　　　　　　　　　　　　　(b) 电路图

图 19-23　高频干燥系统

19.5.1.1　高频振荡器

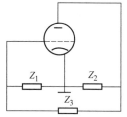

图 19-24　三端式振荡器

高频振荡器是一个将电场能转化为高频电磁能的变换装置，由电子管、电容器、电感线圈等电路元件组成。根据电路原理，可将其看成是一个具有足够深度的正负反馈放大器。如果把实际电路中对振荡原理影响不大的阻隔元件忽略掉，可把所有的元件均归为三个阻抗 Z_1、Z_2 和 Z_3 之中，即可表示成三端式振荡器的等效电路（如图 19-24 所示）。虽然振荡器比较复杂，但其是由几种电路形式演变而来的。同样，根据电路原理，满足构成振荡器须具备三个条件，即有一个能把信号放大的电子管、有一个选频网络、有足够的正反馈。

19.5.1.2　电容器

电容器的作用是盛放被干燥物料，并提供高频电场供物料加热干燥。在电路中，它是联系高频振荡器与负载的纽带。电容器的形状主要取决于被干燥物料的几何形状，应能够最大限度地把电场集中到被加热物料所在的区域内，并尽可能使区域内的电场强度分布均匀。设计电容器时，其形状应能围绕物料，得到正确的谐振频率和满意的电场分布。常见的几种电容器有：平板式电容器、同轴圆筒电容器、梳状电容器和圆环电容器。

① 平板式电容器（如图 19-25 所示）　平板式电容器结构简单，适合于形状简单的物料，加热干燥过程中还可对物料施加一定的压力，如干燥木材。干燥物料可以充满整个电容器，对湿含量较大的物料，为了便于湿蒸汽的散发，往往在电极与被干燥物料之间留有一定的间隙。

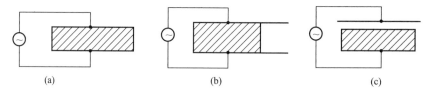

(a)　　　　　　　　　(b)　　　　　　　　　(c)

图 19-25　平板式电容器

平板式电容器的电容计算公式为

$$C = 0.0885 \varepsilon'_r \frac{s}{d} \tag{19-45}$$

式中，s 为极板面积，m^2；d 为极板间距，m；C 为电容量，pF；R 为电阻，Ω。
相应的等效串联电阻为

$$R = \tan\delta / (wC) \tag{19-46}$$

但对于图 19-25(b) 和 (c) 所示的两种情况，在计算过程中应当用等效介电常数代入式 (19-45)。

平板式电容器尤其适合处理几何尺寸较大的物件，输送带通常作为其中的一块电极板。它的一个缺点是正负电极间距大，需要的场强大，有可能导致放电，烧毁物件。

② 同轴圆筒电容器（如图 19-26 所示）　这种电容器内电极外圆表面的电场强度最大，而外电极的内表面场强最弱。其单位长度的电容量为

$$C = \frac{2\pi\varepsilon_r'}{\ln(D/d)} \tag{19-47}$$

③ 梳状电容器　梳状电容器主要有两种形式（如图 19-27 所示）。它们只适合干燥厚度较小的纸类物料（如纸、板材），图 19-27(a) 中所示的梳状电容器适合干燥厚度较大的物料。其电容量较小，容易满足电路匹配的要求，但其建立的电场不均匀，如果采用连续输送式干燥，则可克服此缺点，但电极间距存在极小值，为避免起弧，电极间距应大于等于这个极小值。其电容的估算公式为

$$C = (n-1)\frac{28.8\varepsilon_r' l}{\ln(2D/d)} \tag{19-48}$$

式中，n 为电极的个数；l 为电极长度，m；D 为相邻电极的间距，m；d 为电极直径，m。

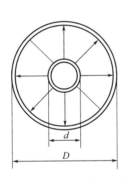

图 19-26　同轴圆筒电容器

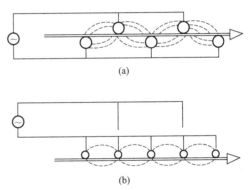

图 19-27　梳状电容器

④ 圆环电容器（如图 19-28 所示）。可理解为一种沿圆周分布的梳状电容器，只有物料处于连续运动时才能实现均匀加热干燥。

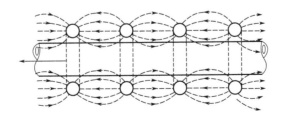

图 19-28　圆环电容器

在干燥过程中，由于水分的减少，损耗因子将发生变化，物料吸收的功率也随之变化。为了补偿此效应，采用图 19-29 所示的递增电场。对不均匀的物料以及损耗因子随温度变化快的物料可采用如图 19-30 所示的脉动电场式高频干燥器。

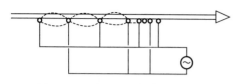

图 19-29　递增电场式高频干燥器

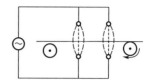

图 19-30　脉动电场式高频干燥器

19.5.2　微波干燥系统

微波干燥系统主要由微波发生器（包括直流电源、微波管等）、导波装置、微波应用装置（或称微波炉体）及冷却系统、传动系统、控制系统以及安全保护系统等部分组成，如图 19-31 所示。微波管由直流电源提供高压并转化为微波能；也可以采用工业交流电源经三相全波桥式整流电路，由多抽头的高压变压器和整流硅堆产生平直的高压直流电。用于加热干燥的微波管主要是磁控管和速调管，最新微波技术发展采用固态射频晶体管，能够更好地用于加热。目前，真空器件在高功率、高频率应用中占优势，而固态器件大多应用在

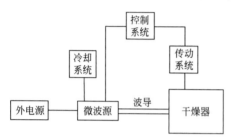

图 19-31　微波干燥系统示意图

较低频率和较低功率电平上。

19.5.2.1　波导

微波管产生的微波通过波导传输给应用装置，即波导是一种导波装置。广义上讲，凡是能够引导电磁波传输的装置均可作为波导。我们熟悉的双线传输线和同轴电缆都是导波装置。但是，当频率较高时，用双线传输线作为导波装置的损耗将急剧增大，同时电磁波向外辐射的现象也将逐渐明显。如果改用同轴电缆作为导波装置，电磁波向外辐射的可能性虽然被减少，但当频率继续提高时能量损耗将愈来愈大以致无法正常工作。因此，为了减少传输损耗，并防止电磁波向外辐射，采用空心的导电金属装置作为传输电磁能量的导波装置。最常用的矩形波导又分为直管波导、波导分支（或 T 形接头）、弯波导和扭波导等（如图 19-32 所示）。

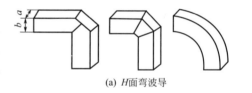

(a) H 面弯波导

(b) E 面弯波导

(c) 渐变扭波导

(d) 阶梯扭波导

图 19-32　常用的几种波导形式

波导是一种高通滤波器，只有当工作频率高于波导的截止频率（或临界频率）时，或波导的截止波长大于工作波长 λ_0 时，波的传播才有可能。对 TE_{mn}、TM_{mn} 波型（亦称为 TE_{mn}、TM_{mn} 模）的截止波长 λ_{cmn}（亦可记作 λ_c）为

$$\lambda_{cmn} = \frac{2}{\sqrt{\left(\dfrac{m}{a}\right)^2 + \left(\dfrac{n}{b}\right)^2}} \tag{19-49}$$

式中，m、n 为波导宽边和窄边上电场强度和磁场强度出现的最大值的个数，m、$n =$

$0,1,2,3,\cdots$；a 和 b 分别为波导宽边和窄边的内壁尺寸，m。

微波在波导中实际传输时，波长将发生增长现象。因此，将波导传输的实际波长称为波导中的波长。其计算公式为

$$\lambda_g = \frac{\lambda_0}{\sqrt{1-(\lambda_0/\lambda_c)^2}} \tag{19-50}$$

19.5.2.2　应用装置

微波能产生后，经波导传输入应用装置，目前应用装置的主要形式有多模微波腔、单模谐振腔和行波型应用装置 3 种。波导本身也可作为应用装置，因为在波导中心的电场强度最大，可以让物料通过该强电场区域而得到有效的加热，如加热丝状物料。根据物料通过应用装置的方式，其又可以分为连续式和间歇式两种。

行波型应用装置使物料（纸、织物）在行进中被加热干燥，尽管会导致左右边缘加热不均匀，但是具有很高的热效率。谐振腔式的重大问题是负载中的微波场不均匀，导致加热不均匀，但可以通过将物料移动或翻转，以及多模搅拌的方式加以克服。而单模谐振腔的功率密度相当高，可达 $10^{10}\,\mathrm{W/m^3}$[16]。

（1）行波型干燥器

行波型干燥器是微波在加热器中以行波的形式传播，即在波导内无反射地从一端向负载馈送，物料在波导中心（场强最大处）穿过，获得高强度的加热。行波加热器基本上有两种型式：一种是电磁波在加热器中直行传播，另一种是曲折传播。加热器取不同型式和不同尺寸的波导就构成不同型式的加热器。

① 曲折（蛇形）行波干燥器　曲折行波加热器是将传输线构成一个曲折的通道，如图 19-33 所示。在直波导宽边中间沿物料输送方向开槽缝。被干燥物料从波导槽缝中通过，吸收微波能而被加热干燥。若将弯头紧缩，使两波导管合二为一，就构成了压缩曲折波导结构，如图 19-34 所示。为了使物料干燥过程中蒸发出的水蒸气能够排出，可在波导窄边上开纵向小槽或小孔，接排风系统或真空装置。

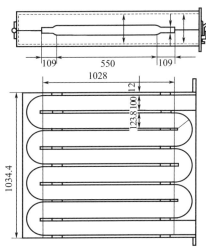

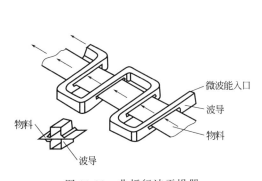

图 19-33　曲折行波干燥器　　　　图 19-34　压缩曲折波导干燥器炉体

② 平板型微波干燥器　平板型微波干燥器实质上是 $\mathrm{TE_{10}}$ 型（亦称为 $\mathrm{TE_{10}}$ 模）波导的 b 边展宽后的直波导干燥器，如图 19-35 所示。它由两个阻抗过渡段、两个弯头和一个展宽直波导作为炉体，并在物料进出口均设置漏能抑制装置。展宽直波导不再是单模波导，它可激

励多种波型。另外，由于波导中物料的存在和波导几何尺寸的误差都可能产生波型之间的耦合，激励起其他波型，炉体 b 方向电磁场分布的均匀性将会发生变化。再加上弯头、过渡波导、展宽波导等的制造误差，因此各种波型的一部分在展宽波导中来回反射，驻波分量不可避免地存在，故平板干燥器是行波场和驻波场的混合体。

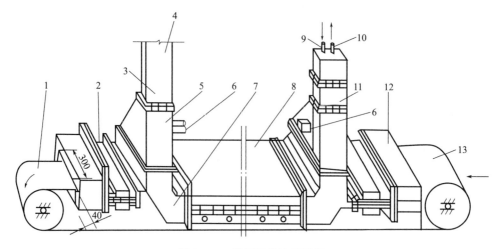

图 19-35　平板型微波干燥器

1—输送带；2—抑制器；3—BJ22 标准波导；4—接波导输入口；5—锥形过渡器；6—接排风机

7—b 边放大直角弯头；8—主加热器；9—冷水进口；10—热水进口；

11—水负载；12—吸收器；13—进料

③ V 形波导干燥器　图 19-36 为 V 形波导干燥器结构示意图，其由 V 形波导、过渡接头、弯波导、抑制器等组成，是矩形波导的变形。V 形波导为加热区，其截面如 B—B 视图所示，由两部分组成，便于清除残留物料。传送带及物料在里面通过，达到均匀干燥。V 形波导与矩形波导之间设有过渡接头。抑制器的作用是为了防止微波能量的泄漏。

④ 脊弓波导干燥器　为了提高干燥效率，可以在波导内设一脊形（或称弓形）的凸起，这样电场凸起部分的强度增大，可以达到快速干燥的目的，如图 19-37 所示。有时为了保证物料干燥的均匀，在靠近输入端适当降低场强，这时可采用如图 19-37(c) 所示的结构。

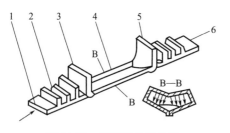

图 19-36　V 形波导干燥器

1—抑制器；2—微波输入；3—V 形波导；4—接水负载；

5—物料入口；6—物料出口

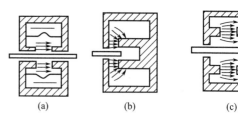

图 19-37　脊弓波导干燥器

（2）多模矩形腔微波干燥器

多模是指能在传输线中独立存在的电磁场结构，它多为家庭微波炉和工业隧道式微波加热干燥机所采用。微波炉具有门结构，隧道式则具有物料进出通道和能量泄漏的抑制器等物料进出机构和防止微波能量泄漏的机构。

当矩形腔的各尺寸增大后，谐振模式将相当多。若是同时激励起众多模式，电磁场的能量分布可认为近似均匀分布。腔中仅有一种模式则腔中不同区域强弱明显不一，从而不利于均匀加热干燥，激励的电磁模式越多各种模式的分布相互参差，从而补偿的机会就越多，电磁能量的分布越趋于均匀，物料受热也越趋于均匀。

多模矩形腔通常是选取波型的"密度"和"简并"，只有波型高度"密集""简并"才有可能激励起更多的波型。同时还要求这些波型和馈能波导呈很强的耦合。如单口耦合、多口耦合及天线阵耦合等以及加搅拌器（转动时，腔体输入特性改变，引起磁控管频率来回变动，有利于激励更多的波型）。

① 箱式微波干燥器　箱式微波干燥器由矩形谐振腔、输入波导、反射板、搅拌器等组成。此种箱式微波干燥器是具有门结构的间歇操作式驻波场微波干燥器。微波经波导传输至矩形箱体内，其矩形各边尺寸都大于 1/2 波长，从不同的方向都有波的反射，被干燥物料在腔体内各个方向均可吸收微波能，进而被加热干燥。没有被吸收的微波能穿过物料到达箱壁，又反射或折射到物料上。这样，微波能量被全部用于物料的加热干燥。箱壁通常采用不锈钢或铝板制作。在箱壁上钻有排湿孔，以避免湿蒸汽在壁上凝结成水而消耗能量。在波导入口处设置反射板和搅拌器。搅拌器叶片用金属板弯成一定的角度，每分钟转动几十至百余转，激励起更多模式，以便使腔体内电磁场分布均匀，以达到物料均匀干燥的目的。

② 隧道式微波干燥器　隧道式微波干燥器是一种具有进出口通道、被干燥物料在腔体连续移动的驻波场微波干燥器。这种干燥器由矩形谐振腔、输入波导、进出口能量泄漏抑制器、物料输送装置等组成。物料连续移动不仅可以实现连续式加热干燥，而且还具有以下作用：一是物料连续通过箱体不同的区域（即场强不同的几个区域），二是物料移动对腔体的模式产生扰动，造成"简并"的分离和激励更多的模式使腔体内的电磁场分布更加均匀。显然，物料会得到更加均匀的干燥。

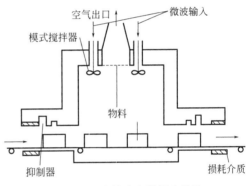

图 19-38　连续式多谐振腔微波
干燥器结构示意图

图 19-38 为连续式多谐振腔微波干燥器结构示意图。这种干燥器具有较大的功率容量，即由多个微波源馈能，多腔串联。在炉体进出口处设置有泄漏抑制器和吸收功率的水负载，以防止微波泄漏。

（3）圆柱腔加热器

图 19-39 为圆柱腔微波加热器的示意图。圆柱腔加热器由于存在轴向电场，腔内的磁力线比较集中，物料升温较快，这种腔体非常适合处理丝状材料，如纺织物、纤维、纱线、大麻等以及放置在轴向上的液体[20]。

（4）辐射型微波干燥器

图 19-40 为喇叭式辐射微波干燥器示意图。微波能量从喇叭口辐射到被干燥物料的表面，并穿透到物料的内部。这种干燥器结构简单，易实现连续加热干燥，但易出现微波能泄漏问题。

（5）慢波型微波干燥器

慢波型微波干燥中传输的是行波场，其电磁波沿传输方向的速度低于光速，故称慢波型。而在波导传输器的干燥器中电磁波传输的速度高于光速。

慢波型微波干燥器在短时间内能施加很大的功率，因此适合加热介质损耗系数较小，表面积较大、比热容小的薄片物料。

① 螺旋线微波干燥器（图19-41）　电磁场沿螺旋线前进，这样轴向速度减慢，从而提高了电磁场强度。线状或圆柱状物料从螺旋线的轴心通过与电磁场充分进行能量交换而达到加热干燥的目的。

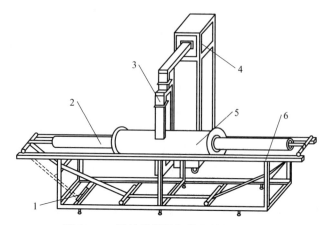

图 19-39　圆柱腔微波加热器结构示意图

1—物料输送机构；2—抑制器；3—能量输送器；4—微波功率源；5—圆柱加热腔；6—机架

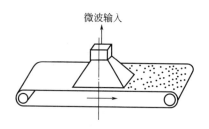

图 19-40　喇叭式辐射微波干燥器结构示意图

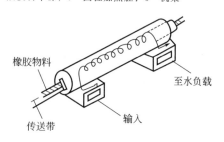

图 19-41　螺旋线微波干燥器结构示意图

图19-41为干燥橡胶密封条的一种微波干燥器。微波功率自矩形波导输入，通过波导激励器与螺旋管耦合，橡胶条从螺旋管通过时吸收微波能量。在螺旋管的另一端，未被吸收的微波能量经另一端矩形波导激励器通到水负载。

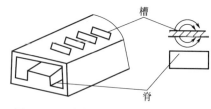

图 19-42　单脊梯形微波干燥器结构及
电路示意图

② 梯形微波干燥器（图19-42）　在矩形波导管中设置一个脊，在脊的正上面波导壁上间断性地开放许多与波导管轴线正交的槽。由于在梯形电路中微波功率集中在槽附近传播，故在槽附近可获得很强的电场。物料（特别是薄片状或线状物料）通过槽附近时，容易获得高效率的加热干燥。

梯形微波加热干燥器的加热干燥平面是敞开的，不但操作方便，同时很容易排除加热干燥过程中产生的水蒸气，省去了通风排湿设备。

19.5.3　介电干燥系统漏能保护装置

当高频和微波辐射作用于生物体上时，对其生理功能是有影响的，亦即其作用于人体对健康也是有一定影响的。这种影响主要体现在其中的一部分能量转化为分子动能（频率低于1GHz和高于3GHz的微波能量被生物体吸收的比率为20%～100%，吸收率随频率和生物体组织特点的不同而不同），产生热效应，温度升高，对生物体的组织器官加热，对生物体产生生理影响和伤害作用。微波对生物体的热效应是通过其温度的升高体现出来的。需要注意的是在这个过程中，由于生物体的表面散热较快，而皮下深部组织散热慢，因此在表皮感觉不到痛苦的情况下，深处的组织有可能已经被烧伤。另外，微波辐射还会产生非热效应，这是不能用热效应加以解释的对生物体的特殊生理影响。为此，各国对高频及微波辐射制定了相关卫生标准，国外现行的电磁辐射防护标准主要有美国国家标准协会（ANSI）和美国电子电气工程师协会（IEEE）共同制定的 IEEE 标准和国际非电离辐射防护委员会（IC-NIRP）制定的 ICNIRP 导则。其中，美国、加拿大、日本、韩国以及中国台湾地区（准备采用 ICNIRP 标准）采用 IEEEC95.1 标准；而在欧洲、澳大利亚、新加坡、巴西、以色列以及我国的香港特区采用 ICNIRP 导则，但值得注意的是，欧盟部分国家，如：意大利、卢森堡、瑞士和比利时在 ICNIRP 导则基础上制订了更加严格的标准。目前，我国是多个相关的国家标准同时并存，其中最常使用的电磁辐射标准是 GB8702-88《电磁辐射防护规定》，它在 30MHz～3GHz 之间的公众导出限值是 $40\text{mW}/\text{cm}^2$。

在介电干燥过程中应切实遵循安全标准。介电干燥系统的设计者，应合理地设计和安装、使用介电干燥器，为了保证安全，应特别注意系统漏能保护装置的设计。

高频设备可采用密闭的机箱，如用铝制箱体把整个高频振荡器密闭起来，并在箱外设置铁制机柜。这样就形成双层金属结构，可以达到良好的屏蔽效果。特别是高频干燥系统中的工作电容器，它是向外辐射高频电磁能的主要部位，可用金属网或金属板屏蔽，并将金属网或金属壳良好地接地。

由于生产操作的需要，微波干燥器往往开有孔、门、进出口等，这样就不可避免地存在缝隙。在上述地方均应设置防止微波能泄漏的装置。

以磁控管为例，其阴极部分漏能严重，可用屏蔽罩把它屏蔽起来，即在阴极陶瓷筒内加上高度为 $\lambda_g/4$ 长的扼流筒。另外，正确设计扼流门、抑制器、$\lambda_g/4$ 波长的短路线或开路线；对大功率微波干燥器，用金属网或金属板，将微波干燥器与操作人员隔开。

19.5.3.1　扼流门结构

由于门和炉门框之间，因长期开闭磨损，会使门与门框之间的间隙增加，造成漏波，故在门与门框之间设置扼流结构，进一步抑制微波能的泄漏。

图 19-43 为扼流门的具体结构。在炉体和炉门四周的连接处及炉门的一侧均设有扼流槽。该槽的宽度 W 应大于或等于 $\lambda_g/4$，并且要有一定的深度，使之成为一个高阻抗区。扼流槽 4 用低损耗的塑料片覆盖着，以防加热干燥过程中污染物进入而影响扼流槽的介电性能。图 19-43 中所示 3 位置的塑料片，其本身构成了扼流槽前面的低阻抗区。这样的安排，就造成了 A 点处电性能的短路；A 点处实际上是炉体和炉门之间的缝隙。如果这个缝隙由实现了短路的电路连接，就可以保证能量不向外界泄漏。当然，扼流结构中的高阻抗区和低阻抗区，在腔体工作时，均有一定的能量贮存。其电流节点在 B 点附近有缝隙，但电流为零，不会引起过量的辐射。为安全起见，防止微波辐射，在图 19-43 中 5 的位置设置衰减橡胶材料（耐高温的硅胶、氯丁橡胶等作为胶黏剂，再混入纯铁料等磁粉或石墨而成），能够较完全地吸收微量的微波辐射。图 19-44 所示为用于波导管上的扼流结构。

在微波加热箱体上，常需要开设微小圆孔用来通风排湿。小孔的设计和排列要达到良好的微波屏蔽特性。图 19-45 是 60°交叉型和 90°正方形的孔阵排列图。

多元孔阵金属板的传输损耗值 T（dB）即屏蔽性，可由下式近似表示：

$$T = 20\lg\left[3ab\lambda_0/(2\pi d^2\cos\theta_i)\right] + 32\tau/d \tag{19-51}$$

式中，θ_i 为入射角；τ 为材料厚度；a，b 为表示 x 和 y 轴向的孔间距；d 为孔径；λ_0 为自由空间波长。

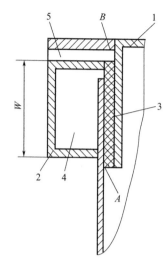

图 19-43 扼流门结构
1—炉体；2—炉门；3—低损耗塑料片；
4—扼流槽；5—衰减橡胶材料

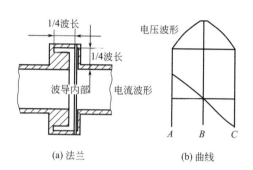

(a) 法兰　　　　(b) 曲线

图 19-44 用于波导管上的扼流结构

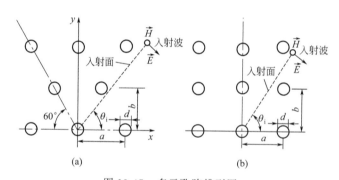

图 19-45 多元孔阵排列图

设定孔度比 $A = \pi d^2/4ab$，孔径电长度 $B = d/\lambda_0$，材料厚度孔径比 $C = \tau/d$，代入式 (19-51)，则得

$$T = 20\lg[3/(8AB\cos\theta_i)] + 32C \tag{19-52}$$

由式 (19-52) 可以看出，多元孔阵的金属薄板屏蔽特性与孔阵列无关，只与孔度比、孔径电长度和材料厚度有关，即孔度比、孔径电长度越小其屏蔽性越好，对同样的壁材料，厚度孔径比越大，其屏蔽性越好。在实际应用中，一般采用金属丝网，或者孔径 3~6mm，间距 4~15mm 的冲孔列阵[20]。

19.5.3.2 电抗性抑制器

属于电抗性抑制器的有梳形板式抑制器、圆柱列阵抑制器、群岛式抑制器（如图 19-46 所示）等。

梳形板式与圆柱列阵抑制器的高度都近似等于 $\lambda_g/4$。其原理是：在电磁波通道上，有一个串联支路，这个支路的作用就是迫使主通道断开。由于梳形结构或圆柱列阵结构只能激励 TEM 波，它可对主通道中的任何一种波型都有抑制作用。这种结构，通常做成一个阵列，重复多次抑制，把能量的泄漏控制在一个很低的程度。

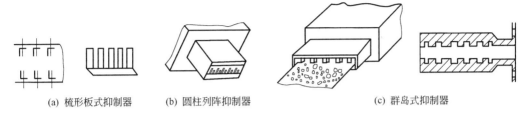

(a) 梳形板式抑制器　　　(b) 圆柱列阵抑制器　　　　　(c) 群岛式抑制器

图 19-46　几种不同结构型式的抑制器

19.5.3.3　微波密封材料

对微波干燥设备的可拆卸式、活动接缝，以及受条件限制不允许有太多紧固点时，可在缝隙处安装微波屏蔽材料进行微波密封，防止微波泄漏。屏蔽材料包括衬垫材料、阻挡材料、屏蔽附件和吸收材料，不同密封屏蔽材料技术特点见表 19-11 所示[20]。

表 19-11　不同密封屏蔽材料的技术特点

衬垫种类	屏蔽效能	弹性	永久变形	环境密封	价格	优点
指型簧片	全频很高	良好	小	无	中	有最大的压缩、可切向滑动
不锈钢螺旋管	高	好	较小	一般没有，组合型有	低	屏效高、价廉。组合型螺旋管具有电磁密封和环境密封作用
镀铜螺旋管	很高	好	较小	一般没有，组合型有	中	屏效高。组合型螺旋管具有电磁密封和环境密封作用
空心金属丝网	低频高，高频中等	好	小	无	中	需要的压力较小，不能环境密封
橡胶芯丝网衬垫	低频高，高频中等	好	小	无	低	安装方便、价格低廉
传统导电橡胶条	低频低，高频高	较好	小	良好	高	具有电磁密封和环境密封作用，但价格较高，高频性能好
双层导电橡胶条	低频低，高频高	好	小	良好	低	具有电磁密封和环境密封作用，价格低，高频性能好，压力小
定向金属丝填充硅橡胶	低频高，高频低	好	小	有	低	价低，可以环境密封，易安装
导电布衬垫	低频高，高频中等	好	大	少许	低	柔软、价低，有一定环境密封作用，湿热环境易损坏，需要压力较小，一般用在民用场合

微波干燥设备也使用微波吸收材料进行设备密封，如铁氧体具有较高的电磁波吸收系数，可以吸收微波，很少反射、散射和透射微波，可以作为微波吸收材料，在设备连接处选用铁氧体来吸收泄漏的少量微波能，起到密封作用。

19.5.4　介电干燥器参数的选择与计算

19.5.4.1　高频干燥系统

要使高频介质加热干燥获得满意的效果，应根据被加热物料的介电特性确定介质加热干燥所需的频率，进而正确选择高频干燥器。

介质的高频物理特性可用三个参量来描述，即介电常数、损耗因子和介质的高频临界击穿电场强度 E_m。前两个参数可参阅表 19-2～表 19-10。介质的临界击穿电场强度是指介质被击穿所需要的最小电场强度。实际使用中所取的电场强度应小于 $0.5E_m$，否则不能保证正常工作。E_m 随物料种类的不同而变化，表 19-12 列出了几种介质的击穿电场强度的值。

表 19-12　几种电介质的击穿电场强度/（kV/cm）

电介质	击穿场强	电介质	击穿场强
玻璃	1000～3000	陶瓷	100～300
云母	2000～3000	多孔性陶瓷	15～25
浸渍纸	1000～3000	木材	40～60
未浸渍纸	70～100	大理石	40～50

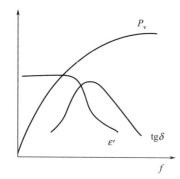

图 19-47　高频段内 P_v、ε、$\tan\delta$ 与 f 的关系

（1）高频干燥的频率选择

一般地，选择高频干燥器的工作频率应考虑下列因素。

① 频率与功率密度的关系　图 19-47 表示在高频段内，吸收率 P_v、介电特性 ε、损耗角正切值 $\tan\delta$ 与频率 f 间的关系。由图可知，在频率较低时，P_v 随 f 几乎是线性增大，当 f 达到一定值时，P_v 的增加速度显著减慢，呈现饱和特征。

② 频率与选择性加热干燥的关系　在电场强度和频率一定的情况下，物料吸收的功率完全取决于其自身的损耗因子，而损耗因子是随 f 的变化而变化的。如果同一电场中有许多物料，而我们只需加热干燥其中的一种物料时，所选择的频率应尽量接近该种物料的损耗因子所对应的频率，而尽量远离于其他物料的损耗因子所对应的频率，以实现选择性加热干燥。

③ 频率与工作电容器尺寸的关系　工作电容器的尺寸大小取决于被加热物料的几何形状、尺寸和干燥处理量。但电容的最大尺寸与工作频率有一定的制约关系，即当工作电容器的电极长度 l 一定时，工作频率的最高值 f_m 为

$$f_m = 21.5/l\sqrt{\varepsilon_r'} \qquad （一端馈电） \tag{19-53}$$

$$f_m = 43/l\sqrt{\varepsilon_r'} \qquad （中心馈电） \tag{19-54}$$

如果工作电容器的长度与工作频率有冲突时，只能采用多点馈电或加补偿元件的办法解决。

（2）高频干燥器的功率计算

物料单位体积所吸收的功率已由式(19-5)给出。因此，可以根据一次处理量（即干燥器的容量）确定高频系统所需的功率，同时考虑加热干燥过程中高频辐射的能量损失，加上 20％余量作为设计所需的功率。另外，也可用下式计算

$$P = \frac{mc_p(T_2 - T_1) + \Delta m \Delta h_v}{t\eta} \tag{19-55}$$

式中，P 为物料所需吸收的功率，kW；m 为物料的质量，kg；c_p 为物料的比热容，kJ/(kg·℃)；T_1 和 T_2 分别为物料的初始温度和终点温度，℃；t 为物料由 T_1 升到 T_2 所需的时间，s；Δm 为水分蒸发量，kg；Δh_v 为水的汽化潜热，kJ/kg；η 为高频传输效率，取 0.5～0.8。

19.5.4.2　微波干燥系统

（1）功率计算

① 干燥物料所需功率　负载（被干燥物料）在加热器中吸收的微波功率可按下式计算

$$P = Q/t \tag{19-56}$$

如果被干燥物料的湿含量大，则还需计入水在 T_2 时的汽化潜热 Δh_v，$\Delta h_v = 2500 - 2.34T_2$，若在常压下进行干燥，则 $\Delta h_v = 2257.1\text{kJ/kg}$，此时负载所吸收的总热量为

$$Q = m[4.187w_1(T_2 - T_1)] + \Delta h_v(w_1 - w_2) + c_s(1 - w_1)(T_2 - T_1) \tag{19-57}$$

式中，c_s 为绝干物料的比热容，kJ/(kg·℃)；m 为物料的总质量，kg；w_1、w_2 分别为物料初始湿含量和最终湿含量，kg/kg(w.b.)；T_1、T_2 分别为物料的初始温度和最终温度，℃。

② 电源功率　由电源将直流电输入微波管转换成微波时有较大的能量损失，既要考虑微波能量转换效率 η_1，也要考虑微波经波导传输的传输、馈能效率 η_2，通常，η_1 的取值范围为 $0.5 \sim 0.7$，η_2 的取值范围为 $0.8 \sim 0.9$。因此，所需要的电源总功率为

$$P' = P/(\eta_1 \eta_2) \tag{19-58}$$

(2) 微波管与负载的匹配

磁控管或速调管除正确接通灯丝电源外，还要尽量与输出负载匹配，也就是要求整个系统的驻波比尽可能地小。驻波是由于反射波和入射波相互干涉而形成的，传输线通常大都处于驻波状态。驻波比是传输线上最大电压（或电流）与最小电压（或电流）之比。驻波比大，将使负载（被加热物料）获得的功率减少。负载功率与传输功率及驻波比间的关系为

$$P = P''\left[1 - \left(\frac{\rho - 1}{\rho + 1}\right)^2\right] \tag{19-59}$$

式中，P 为负载获得的功率（即负载功率），kW；P'' 为匹配状态时，即 $\rho = 1$ 时的传输功率，kW；ρ 为驻波比。

驻波比愈大，波导内场强的值也愈大，严重时会导致磁控管输出窗烧坏。故在设计时，必须考虑驻波比，理想的匹配状态是驻波比 $\rho = 1$，但实际上是达不到的，通常 $\rho \leqslant 1.1$ 时，可以认为是较好的匹配状态。当驻波比为 1.5 时，传输功率降低 4%；当驻波比为 2 时，传输功率降低 11%；当驻波比为 3 时，传输功率降低 25%；当驻波比为 4 时，传输功率降低 36%，这将使微波电源工作不正常，输出功率和频率不稳定，容易产生打火烧坏保险丝的情况。因此，微波加热源的驻波比最好在 $1.1 \sim 3$。在加热系统中，物料的形状、大小及厚度会影响加热腔的匹配状态。因此，对于具体物料，应找到合适的微波干燥工艺参数，使微波源与负载相对匹配，保证微波能量得到最大限度的利用。

(3) 矩形波导的传输条件

TE_{mn} 和 TM_{mn} 波的临界波长可由式(19-49)计算。临界波长 λ_c 是电磁波能否在波导中传输的条件。如常用的 TE_{10} 波（$m = 1$，$n = 0$）的临界波长 $\lambda_c = 2a$；而高次波型（$m > 1$，$n > 1$）的临界波长 $\lambda_c < a$。因此，在波导中能保证 TE_{10} 波传输的条件是 $a < \lambda < 2a$。该不等式对于保证微波加热干燥系统在以 TE_{10} 波作为主模的前提下选择波导截面尺寸具有指导意义。

19.6　介电干燥的应用

介电干燥技术被广泛应用于矿物加工、冶金、化工、陶瓷、造纸、橡胶、纺织、塑料、电子、食品、制药、农产品加工、材料加工以及"三废"治理等诸多行业。其中微波加热广泛应用于加热、杀菌、干燥、焙烧、脱蜡、膨化、沉积、煮白、焊接、熔融、改性、固色、烧蚀、消毒、脱水、冶炼、烧结、硫化、发泡、萃取消解等技术领域。在食品工业中，用微波加热的方法将蔬菜干燥成湿含量低于 20% 的"干菜"，比传统的干燥方法可提高效率

十多倍。微波解冻不仅可以缩短加工时间，而且可以减少细菌总数，提高品质。微波可以实现物料的快速无水漂烫，而且几乎没有废水产生，节水环保。微波焙烤所需时间一般为常规方法的 1/4 左右，而且能很好地保留营养。介电加热技术在木材加工领域的应用可分为胶合、干燥、可塑化及热处理 4 类。使用微波干燥木材还可以取消常规干燥中经常采用的浸泡、蒸煮、喷蒸等工艺流程，易于实现木材设备操作的自动化。在纺织工业中，高频干燥用于干燥织物束、化纤条等。其具有干燥速度快、能防止表面过度干燥、调平水分分布以及使染色分布均匀等优点。在造纸工业中，高频干燥可以克服纸张宽度、厚度方向的水分分布不均匀、由设备故障所引起的临时性水分分布不均匀或水痕以及每批产品湿含量不一致等缺陷。

19.6.1 选择介电干燥的一般原则

① 负载大小 如果被干燥物料个体的几何尺寸较大时，应该选择高频加热干燥。因为穿透深度与波长成正比，高频干燥的穿透深度是微波的 100 倍左右。相反，如果被干燥物料个体的几何尺寸较小，则宜选择微波干燥。

② 功率密度 如果所需要的功率密度（单位体积的输入功率）高，应选择微波干燥以避免起弧或燃烧现象的发生。例如对于松散物料（$\varepsilon_r'' < 0.05$）应选择微波干燥。

③ 功率 如果所需要的功率较大（$>50\text{kW}$），出于经济考虑应选择高频干燥。微波干燥器允许的最大功率为 60kW，而一般的高频干燥器允许使用的功率可以达到 $2\sim3\text{MW}$。

④ 几何形状 非矩形截面的不规则物件，多模微波谐振腔干燥器可使之加热更均匀。

⑤ 干燥系统兼容性 如系统中选用气压或液压机械，采用由金属制成的传送机械，除非采取特殊的屏蔽等微波保护措施，则应选择高频干燥。

⑥ 自我调节性 在加热过程中，如果负载波动性大或者介电常数变化大，高频干燥具有对部分电极调谐或改变电极功率的优点。

⑦ 自我抑制性 高频可加热阻抗性物件，更具有自我抑制性，不会出现加热/干燥过度现象。但是，如果负载在低频下的损耗因子小于 0.5，则其更具有电容特性，在处理过程中介电常数的减少是主要的变化，在微波处理过程中具有更佳的自我抑制性。例如在纸的干燥过程中，当湿含量低于 5% 时，高频的调平作用非常弱，因为在该湿含量范围内，高频对物料有自我抑制作用，但微波可将纸干燥至湿含量趋于零的状态。

⑧ 其他 在相同的输出功率条件下，高频的场强远远高于微波，会导致电击穿现象。常压下，平板电极的击穿场强值为 3000kV/m，而加在物料上的最大允许场强为 100kV/m，从而可以确定在实际的干燥应用中的最大功率密度值（参见表 19-13）。此外，高频设备的投资费用较微波设备的低。

表 19-13 最大功率密度值（$E = 100\text{kV/m}$）[30]

频率/MHz	$\varepsilon_r'' = 0.1$	$\varepsilon_r'' = 1$
13.5	75	7.5×10^2
27.12	1.5×10^3	15×10^3
896	5×10^4	5×10^5
2450	1.36×10^5	1.36×10^6

19.6.2 介电组合干燥技术

目前，最具优势的是介电组合干燥技术，将介电干燥与其他干燥技术相结合，在发挥各自优势的基础上，可以解决单一介电干燥成本高及干燥不均匀的缺点。常见的微波组合干燥技术主要有：微波-热风、微波-真空、微波-冷冻、微波-渗透及微波-红外等，新型的微波辅助技术有超声波协同微波干燥及微波辅助欧姆加热等。为了利用物料的动态运动解决微波干燥不均匀问题，微波-流化床干燥、微波-喷动床干燥及微波-转鼓干燥也被广泛开展研究及应用。为了控制能耗，避免过热，提高产品品质，干燥过程可采用间歇微波干燥和多段式微波干燥。

19.6.2.1　微波-热风组合干燥

微波-热风组合干燥，可以显著减少干燥时间，提高产品品质。尤其将微波用于干燥终端时，可有效去除结合水分，极大提高干燥热效率。但在微波-热风组合干燥中，微波能的连续使用会因过热而恶化产品品质。采用间歇微波-热风干燥，在间歇段物料内部的湿含量和温度重新分布，加热均匀性、能量效率及产品品质得到提高。研究表明：间歇微波-热风干燥相比传统热风干燥，能量效率可提高 4.7~11.2 倍，且具有更优的产品品质。其中，微波功率脉冲比及热风温度是间歇微波-热风干燥过程的关键因素[31]。图 19-48 为静态微波-热风组合干燥装置。

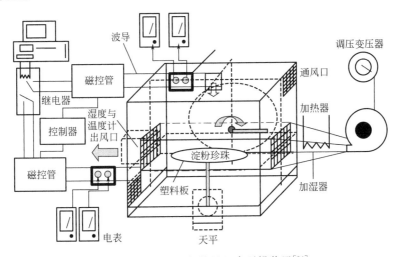

图 19-48　静态微波-热风组合干燥装置[34]

微波干燥存在的主要问题是局部过热和热逃逸现象。将微波与流态化干燥相结合，不仅可以强化热质传递过程，同时在物料均匀混合的过程中，可以提高微波能吸收的均匀性，从而改善微波干燥的均匀性，提高产品品质。将微波流态化干燥进一步与真空干燥相结合，并采用脉动式提供微波能，形成负压微波脉动喷动干燥，与静态微波喷动床干燥相比，可进一步减少干燥过程中物料颜色的变化、组织收缩及干燥时间，获得更优的产品品质[32,33]。图 19-49 为微波-流化床干燥装置，图 19-50 为微波-喷动床干燥装置。

19.6.2.2　微波-真空组合干燥

微波-真空干燥综合了微波干燥的快速高效性和真空低温干燥的特点，可实现物料的快速低温干燥。在真空状态下，微波可以处理温度高于 40℃（有时甚至在 15℃）时就会变质或降解的物料，而且微波对物料直接进行加热，无需通过对流或传导方式来传递热量，解决了真空干燥传导速度缓慢导致的干燥时间长的缺陷。在干燥过程中，水分扩散速度快，物料表面收缩小，化学及物理变化减少，干制产品能保持较好的色香味及组织结构。图 19-51 为微波-真空转鼓干燥器。

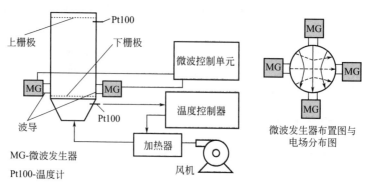

图 19-49　微波-流化床干燥装置[35]

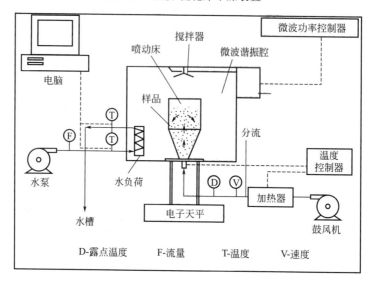

图 19-50　微波-喷动床干燥装置[36]

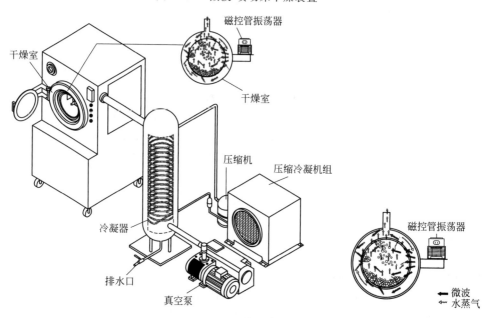

图 19-51　微波-真空转鼓干燥器[37]

19.6.2.3 微波-冷冻组合干燥

传统冷冻干燥由于低温及无氧环境，产品品质高于其他任何一种干燥方法。产品不仅可以保持良好的色香味，干燥过程中因组织结构不易塌陷，具有良好的多孔性。但因干燥速率低，时间长，能耗大，成本高，仅适用于高附加值产品。微波-冷冻干燥相比传统冷冻干燥可以有效提高干燥速率，减少干燥时间，节约能耗。一般干燥时间可减少 50%～75%。但微波-冷冻干燥工业化的瓶颈主要是放电现象，该现象会造成能量损耗和物料的过热现象，从而影响产品品质[33,38]。图 19-52 为微波-冷冻干燥装置。

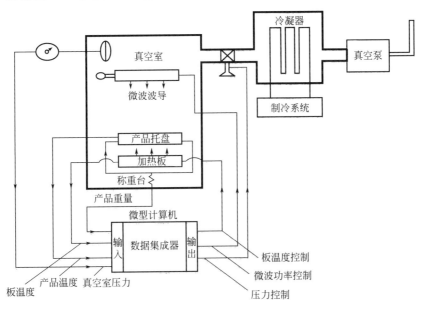

图 19-52 微波-冷冻干燥装置[21]

另外，微波与渗透脱水的结合，可以实现快速均匀加热。渗透脱水不仅可以减少初始湿含量，溶质的浸入可以改变物料的介电特性，有利于物料对微波能的吸收。研究发现，盐溶液具有较大的影响，当盐溶液浓度由 1%增加到 7%时，干燥时间可降低 19%～54%；当糖溶液浓度由 3%增加到 15%时，干燥时间可降低 11.1%～33.3%。微波-渗透脱水不仅可以减少干燥时间，而且干制品的多孔性与复水性均得到了提高[30,32]。微波-红外组合干燥可以解决红外干燥渗透厚度小，只适用于物料表面干燥的不足。利用微波体加热的特点，可以减小物料的内外温差，加快干燥速率，提高产品品质。在超声波协同微波组合干燥中，由于超声波的空化效应和机械效应有利于调整物料的介电特性，可提高微波干燥的均匀性及物料品质。微波辅助欧姆加热，可以减小多相物料因不同组分电导率不同而导致的加热不均匀性[31,39]。

19.6.3 介电干燥不均匀性的解决方法及措施

微波加热最大的挑战是加热不均匀，而产生不均匀加热的主要因素有分布不均匀的电磁场、渗透厚度、物料的形状与大小及位置等。除了不均匀电磁场分布的影响外，渗透厚度是影响不均匀加热的主要因素，尤其对于像食品类的高损耗物料。由于放于多模腔内的物料对电磁场产生新的边界条件，因此物料形状对物料内的电磁场分布具有一定的影响。另外，靠近微波入射口的物料一侧会吸收更多的能量，物料越靠近波导口，温度升高越快。针对不均匀加热产生的原因，提高微波加热均匀性的措施主要有[6,40]：

（1）通过改善微波腔中电磁场的均匀性，提高微波能吸收的均匀性

微波腔中电磁场的模式越多，电磁场的分布越均匀。而通过增加馈能口的数量、合理排列馈能口的位置、安装模式搅拌器、使用多种频率不同的微波源、应用脉动微波加热、安装运动的微波辐射器以及合理设计微波腔的形状与大小，均可增加电磁场的模式，从而改善电磁场分布的均匀性，提高物料吸收微波能的均匀性。如图 19-53，当尺寸增大一倍时，模式数可由 6 种增加到 40 种。利用电磁波不同方向的反射也可以激励更多的模式。如果腔体壁面具有一定的角度或弧度，每个不同方向的反射会激励一种不同的模式，从而达到增加腔内模式的作用。图 19-54 是 Hephaistos 大型商业六边形微波炉［腔体尺寸为 $180cm \times 155cm \times 330cm$；频率为（$2450 \pm 25$）MHz；共有 12 个磁控管，每个磁控管可输出功率 850W］，通过计算，该腔体可激励 962 种模式，而同样尺寸的家用微波炉只有 $4 \sim 6$ 种模式。在传统矩形微波炉腔内耦合其他结构会激励更多的模式。图 19-55 为具有斜面和散射凸起结构的松下微波炉。图 19-56 为矩形腔内包含一个二次谐振腔的微波耦合结构。模式搅拌器作为一种移动的金属装置，一般安装于远离物料的微波腔内，最常见的为旋转的叶片式模式搅拌器安装于靠近馈能口处。模式搅拌器对加热均匀性的改善与其结构、安装位置及物料特性有关。研究表明，对于厚尺寸高损耗物料，模式搅拌器的影响较小，而对于小尺寸低损耗物料的加热

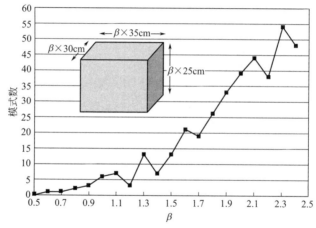

图 19-53　多模矩形腔内模式数与尺寸因素 β 的关系

［（2450 ± 25）MHz，$\beta = 1$ 时，微波腔尺寸为 $25cm \times 30cm \times 35cm$］

图 19-54　工业级均匀加热的大型微波腔（最大功率 30kW）

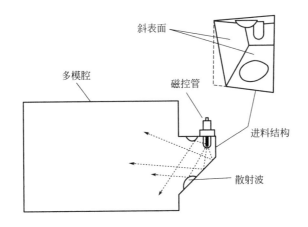

图 19-55　利用斜面和散射波激励微波腔内产生更多的模式

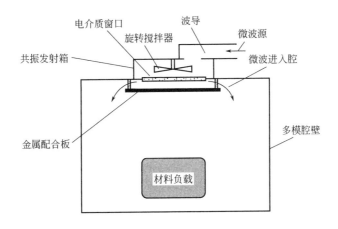

图 19-56　一种提高均匀性的微波耦合结构

均匀性改善作用较强。

（2）通过改变物料的位置，改善微波能吸收的均匀性

物料在微波加热过程中，其内部温度的变化除了受微波腔中电磁场分布的影响外，还受物料本身的形状、大小与介电特性等因素的影响，而且，微波腔中电磁场的分布随着物料的放入与干燥过程的进行不断发生变化。因此，完全靠提高电磁场分布的均匀性来改善微波加热的不均匀性是很困难的。在干燥过程中，不断改变物料在电磁场中的位置，即使在不均匀的电磁场中，也可提高物料对微波能吸收的均匀性，从而弱化了对电磁场分布的依赖性。物料位置的改变包括物料在平面内的运动与物料在空间的运动，物料在平面内的运动有移动加热腔中的物料和平面旋转加热腔中的物料，如输送带式微波干燥装置、转盘式微波干燥装置（如家用微波炉）。依靠物料在平面内的运动改善微波干燥的均匀性，物料的堆积厚度不可超过微波的渗透厚度。另外，转盘只是相比静态可以整体上提高加热均匀性，其受电磁场分布的影响，物料会产生圆对称不均匀加热，如图 19-57 为两个同样形状的物料在两个不同家用微波炉转盘上的加热云图。物料在空间的运动主要通过物料的随机运动及物料间的相互参混改善因电磁场分布不均匀以及物料的静置与堆积而造成的微波能吸收的不均匀。物料在空间的运动主要是通过对物料的流化、喷动以及物料随转动容器的运动来实现。如 19.6.2 节中的微波-流化床、微波-喷动床及微波-真空转鼓干燥器。

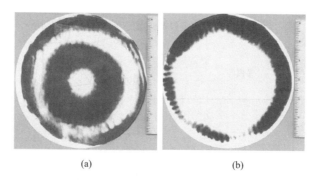

(a)　　　　　　　　　　　　　　(b)

图 19-57　带转盘的家用微波炉加热纸的加热云图 ［(a)、(b) 分别为两个不同的微波炉］

另外，将微波加热与其他加热方法相结合可以减小加热的不均匀性，如微波-射流冲击、微波-远红外组合干燥及前面所述微波组合干燥等方法。合理设计物料形状以及物料在加热腔内的排列，优化物料组分配方，合理包装设计，如用铝箔包裹过热部分等均可提高加热均匀性。在干燥中减小微波功率、设计良好的热量循环、脉动输入微波能以及使用金属带或导电粒子等也可减小微波加热的不均匀性[41-44]。

19.7　结束语

介电加热干燥设备可避免出现用常规热风炉或锅炉加热时出现的对产品和环境产生污染、存在安全隐患、维护费用高、使用寿命短、工作温度难以控制等问题。虽然介电干燥设备的投资较大，但实际上若将锅炉等相关设备的投资考虑在内，同等加热功率微波干燥加热设备的投资与其相差无几，特别是随着我国科技水平的提高及规模化生产的实现，介电加热干燥设备的核心部件——磁控管的价格将大大降低，介电设备整体的价格也将会大大降低。再加上介电加热干燥设备能量转换效率高，易实现自动控制，占用空间小，可以根据生产实际随时关停，而不会出现像火炉或锅炉设备那样的锈蚀等问题，特别适合于季节性较强的农产品加工业。此外对提高产品质量和档次都是其他方法所不能替代的，其潜在的经济效益相当可观。所以随着科技水平的不断提高，介电加热干燥的应用将越来越广泛。

微波在食品加工过程中有很重要的作用，进一步探索装置设计和控制以及改善微波加热均匀性的方法仍是微波干燥领域值得研究的问题。加热均匀性对微波干燥的工业化应用是极大挑战，微波干燥设备内产品加热的均匀性与设备内部结构密切相关，并通常受产品瞬时特性的影响，数学模拟对于指导微波加热操作具有重要意义。QuickWave 3D 和 Fluent、AN-SYS 和 FIDAP、Comsol 软件对电磁场及传热传质进行模拟分析；共形时域有限差分法（conformal FDTD）模拟温度分布。为了更好地理解物料与电磁场的相互作用，提高数值模拟和微波系统控制的准确性，需要建立全面的物料介电特性数据库，包括不同类型物料的介电特性以及在更宽的温度（从冷冻温度到灭菌温度）和湿含量范围内的介电特性变化情况。对多组分物料介电特性的测量及其与组成成分介电特性关系的研究需进一步加强。数值模拟中的一个重要方面是可变参数的优化，如微波腔的几何形状，加热物料的位置及微波馈能口的位置等。微波过程的优化对于提高能量效率，改善温度分布均匀性具有重要作用。尽管微波组合干燥技术被大量研究，但大多数均处于实验室规模。未来，应把重点放在扩大规模及解决各种各样的工程问题上，以便更好地发挥微波干燥的应用潜力。智能微波加热/干燥设备有潜力满足未来更好的产品设计要求，将过程理解与优化设计相结合并建立具有鲁棒性和自我控制的智能机器是未来微波干燥设备的方向。

符号说明

A——表面积，m^2；

a——波导宽边内壁尺寸，m；

b——波导窄边内壁尺寸，m；

C——电容量，pF；

c——光在真空中的传播速度，$c=3\times10^8\,m/s$；

c_p——比热容，$kJ/(kg\cdot℃)$；

c_s——绝干物料的比热容，$kJ/(kg\cdot℃)$；

c_v——气相的比湿分含量，m^3/J；

D——相邻电极的间距，m；

D_p——穿透深度，m；

D_b——结合水传导率，m^2/s；

D_L——毛细管传导率，m^2/s；

D_v——蒸汽扩散系数，m^2/s；

d——电极板间距，m；

d——电极直径，m；

E——电场强度，V/m；

E_d——结合水活化能，$J/(kg\cdot mol\cdot K)$；

e_v——相变因子；

f——频率，Hz；

g——重力加速度，m/s^2；

h——对流传热系数，$W/(m^2\cdot℃)$；

h_m——对流传质系数，m/s；

J_h——热通量，W/m^2；

J——质量通量，$kg/(m^2\cdot s)$；

K——热导率，$W/(m\cdot℃)$；

M——摩尔质量，$kg/(kg\cdot mol)$；

m——空气与水蒸气扩散系数之比；

m——物料的总质量，kg；

m——水分总流量，kg/s；

m_{ev}——蒸发速度，$kg/(m^3\cdot s)$；

m_v——水蒸气流量，kg/s；

n——电极的个数；

ε''——损耗因子；

ε——颗粒物料和空气混合物的等效介电常数；

ε_1——空气的介电常数；

ε_2——颗粒物料的介电常数；

μ——黏度，$Pa\cdot s$；

p——压力，N/m^2；

P——物料吸收的功率，kW；

P_C——毛细管压力，N/m^2；

P_V——单位体积产生的功率，W/m^3；

Q_V——单位体积产生的热量，kJ/m^3；

R——气体常数，$kJ/(kg\cdot mol\cdot K)$；

R——电阻；

s——电极板面积，m^2；

T_1——物料的初始温度，℃；

T_2——物料的终点温度，℃；

T_b——沸点温度，℃；

w——湿含量，kg/kg(w. b.)；

K——渗透率，m^2；

l——电极长度，m；

X——湿含量，kg/kg (d. b.)；

α——电磁波衰减常数，1/m；

β——相位常数，1/m；

β——传递系数；

γ——传播常数；

Δh_v——水的汽化潜热，kJ/kg；

Δm——水分蒸发量，kg；

δ——损耗角；

ε——空隙率；

ε_0——真空介电常数，$\varepsilon_0=8.85\times10^{-12}\,F/m$；

ε_r'——介质（材料）的相对介电常数；

ε_r''——相对损耗因子，$\varepsilon_r''=\varepsilon''/\varepsilon_0$；

ε_{eff}''——有效损耗因子；

ε^*——复介电参数或复电容率，F/m；

ε'——介电常数；

T_s——物料温度，℃；

T_∞——环境温度，℃；

t——时间，s；

V——物料的体积，m^3；

v_p——电磁波在介质中的传播速率，m/s；

v_1——散装物料中空气所占的体积分数；

v_2——散装物料中颗粒所占的体积分数；

η——效率；

λ——波长，m；

λ_0——自由空间波长，m；

λ_{cmn}（或 λ_c）——截止波长，m；

ρ——密度，kg/m^3；

ρ——负载驻波比；

φ——相对湿含量；

ω——圆频率；

π——圆周率；

θ_i——入射角；

τ——材料厚度。

参考文献

［1］ 金兹布尔格 A C. 食品干燥原理与技术基础. 高奎元译. 北京：中国轻工业出版社，1986：467-517.

［2］ 金国淼. 干燥设备设计. 上海：上海科学出版社，1983：511-544.

［3］ 高福成. 现代食品丛书，微波食品. 北京：中国轻工业出版社，1999：1-24.

［4］ Schiffman R F. Microwave and dielectric drying: Handbook of industrial drying （Ed. Mujumdar A S）. New York and Basel: Harcel Dekker Inc, 1995: 345-372.

［5］ Sosa-Morales M E, Valerio-Junco L, López-Malo A, et al. Dielectric properties of foods: Reported data in the 21st Century and their potential applications. LWT-Food Science and Technology, 2010, 43: 1169-1179.

［6］ Mehdizadeh M. Microwave/RF applicators and probes for material heating, sensing, and plasma generation. Oxford: Elsevier Inc, 2015.

［7］ Tulasidas T N, Raghavan G S V, van de Voort F, et al. Dielectric properties of grapes and sugar solutions at 2.45GHz. Journal of Microwave Power and Electromagnetic Energy, 1995, 30（2）: 117~123.

［8］ 高亚平，安峰，赵东海，等. 基于介电特性的青萝卜干燥品质预测模型. 天津科技大学学报，2019，34（4）：63-71.

［9］ Perkin R M. The drying of porous materials with eletromagnetic energy gemerated at radio and microwave frequencies. Report ECRC/M1646, England, Capenhurst: 1983.

［10］ Içier F, Baysal T. Dielectrical properties of food materials—1: Factors affecting and industrial uses. Critical Reviews in Food Science and Nutrition, 2004, 44: 465-471.

［11］ Datta A K, Anantheswaran R C. Handbook of microwave technology for food applications. New York: Marcel Dekker, Inc. 2001.

［12］ Coronel P, Simunovic J, Sandeep K P, et al. Dielectric properties of pumpable food materials at 915 MHz. International Journal of Food Properties, 2008, 11（3）: 508-518.

［13］ 黄智. 大豆射频加热过程有限元模拟及均匀性优化研究. 咸阳：西北农林科技大学，2018：36-37.

［14］ Stuart O, Nelson, Trabelsi S. Factors Influencing the Dielectric Properties of Agricultural and Food Products. Journal of microwave power and electromagnetic energy, 2012, 46（2）: 93-107.

［15］ Morrow R. Applications of radio-frequency power to drying of timber, TEE Proc, 1980, 27A（6）.

［16］ Strumillo C, Kudra T. Dring principles, applications and design. New York: Gordon and Breach Science Publishers, 1986: 376-401.

［17］ Venkatesh M S, Raghavan G S V. An Overview of Microwave Processing and Dielectric Properties of Agrifood Materials. Biosystems Engineering, 2004, 88（1）: 1-18.

［18］ Al-Holy M, Wang Y, Tang J, et al. Dielectric properties of salmon （Oncorhynchus keta） and sturgeon （Acipenser transmontanus） caviar at radio frequency （RF） and microwave （MW） pasteurization frequencies. Journal of Food Engineering, 2005, 70: 564-570.

［19］ Robert V. Decarreau. Microwaves in the Food Processing Industry. Academic Press, Inc., 1985: 1-172.

［20］ 李树君. 农产品微波组合干燥技术. 北京：中国科学技术出版社，2015.

［21］ Zhang M, Tang J, Mujumdar A S, et al. Trends in microwave related drying of fruits and vegetables. Trends in Food Science & Technology, 2006, 17: 524-534.

［22］ Robert V. Decarreau. Microwaves in the Food Processing Industry. Academic Press, Inc., 1985: 1-172.

［23］ Gibson C L, Mathews I, Samuel A. Microwave Enhanced Diffusion in Polymetric Materials, J Microwave Power, 1988, 23（1）.

［24］ Grolmes J L, Bergman T L. Dielectrically-assisted drying of a nonhygroscopic porous material. Drying Technology, 1990, 8（5）: 953-975.

［25］ Lyons D W, Hatcher J D, Sunder land J E. Int J Heat and Mass Transfer, 1972, 15: 897.

［26］ Chen P, Pei D C T. A mathematical model of drying processes. International Journal of Heat and Mass Transfer, 1989, 32: 297-310.

［27］ Greenkorn R A. Steady flow through porous media. AICHE J, 1981, 27: 529-545.

［28］ Saltiel C, Datta A K. Heat and mass transfer in microwave processing. Advances in heat transfer, 1999, 33: 1-94.

［29］　Gulati T, Zhu H C, Datta A K. Coupled eletromagnetics, multiphase transport and large deformation model for microwave drying. Chemical Engineering Science, 2016, 156: 206-228.

［30］　Perkin R M. The drying of porous materials with eletromagnetic energy gemerated at radio and microwave frequncies. Report ECRC/M1646, England, Capenhurst: 1983.

［31］　Ekezie F C, Sun D W, Han Z, et al. Microwave-assisted food processing technologies for enhancing product quality and process efficiency: A review of recent developments. Trends in Food Science & Technology, 2017, 67: 58-69.

［32］　Wray D, Ramaswamy H S. Novel Concepts in Microwave Drying of Foods. Drying Technology, 2015, 33 (7): 769-783.

［33］　Zhang M, Jiang H, Lim R X. Recent developments in microwave-assisted drying of vegetables, fruits, and aquatic products—drying kinetics and quality considerations. Drying Technology, 2010, 28 (11): 1307-1316.

［34］　Fu Y C, Dai L, Yang B B. Microwave finish drying of (tapioca) starch pearls. International Journal of Food Science and Technology, 2005, 40: 119-132.

［35］　Janusz S. Drying of diced carrot in a combined microwave-fluidized bed dryer. Drying Technology, 2005, 23 (8): 1711-1721.

［36］　Feng H, Tang J. Microwave finish drying of diced apples in spouted bed. Journal of Food Science, 1998, 63 (4): 679-683.

［37］　Kaensup W, Chutima S, Wongwises S. Experimental study on drying of chili in a combined microwave-vacuum-rotary drum dryer. Drying Technology, 2002, 20 (10): 2067-2079.

［38］　Duan X, Zhang M, Mujumdar A S, et al. Trends in microwave-assisted Freeze Drying of Foods. Drying Technology, 2010, 28: 444-453.

［39］　吕豪, 韩清华, 吕为乔, 等. 果蔬微波干燥与低频超声波协同干燥应用研究进展. 食品研究与开发, 2018, 39 (11): 180-185.

［40］　Li Z Y, Wang R F, Kudra T. Uniformity issue in microwave drying. Drying Technology, 2011, 29 (4): 652-660.

［41］　Vadivambal R, Jayas D S. Non-uniform temperature distribution during microwave heating of food materials—a review. Food Bioprocess Technology, 2010, 3: 161-171.

［42］　Itaya Y, Uchiyama S, Hatano S. Effect of scattering by fluidization of electrically conductive beads on electrical field intensity profile in microwave dryers. Drying Technology, 2005, 23 (1/2): 273-287.

［43］　Wang R F, Huo H H, Dou R B, et al. Effect of the inside placement of electrically conductive beads on electric field uniformity in a microwave applicator. Drying Technology, 2014, 32 (16): 1997-2004.

［44］　潘永康, 王喜忠. 现代干燥技术. 北京: 化学工业出版社, 1998: 505-540.

（王瑞芳，李占勇）

第20章

热泵干燥

20.1 概述

20.1.1 热泵干燥技术简介

干燥过程是高耗能单元操作，其耗能占发达国家总能源消耗的 $9\%\sim25\%$[1]。同时，干燥器的热效率较低，像对流干燥器热效率只有 $30\%\sim60\%$，主要是由于废气带走了大量的余热。如何提高干燥过程热效率，降低物料干燥能耗，是干燥技术发展的重要方向。

热泵干燥机由热泵系统和干燥系统组成，可通过从干燥系统排出的废气中回收潜热和显热提升整个热泵干燥机的热性能。与以热电阻式加热器作热源的干燥器相比，使用热泵式干燥器可节省约 40% 的能源。因此，作为干燥节能方式，热泵干燥技术逐渐受到了重视。热泵干燥技术因为高效节能，成本较低，不污染环境，能对干燥介质的温度、湿度、气流速度进行准确独立控制，并且干燥质量也好，已广泛应用于木材干燥、种子干燥、食品加工、陶瓷烘焙、纺织行业等领域。

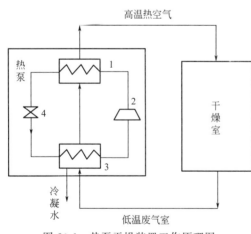

图 20-1 热泵干燥装置工作原理图

1—冷凝器；2—压缩机；3—蒸发器；4—膨胀阀

20.1.1.1 工作原理与效率

（1）工作原理

热泵主要由压缩机、蒸发器、冷凝器和膨胀阀等组成。首先蒸发器中工质吸收干燥过程排放废气中的热量，蒸发为蒸气，经压缩机压缩后送到冷凝器中，在高压下热泵工质冷凝放出热量，加热来自蒸发器的低温除湿的低温干空气，把低温干空气加热到要求的温度后，进入干燥室作为干燥介质循环；冷凝后的热泵工质经膨胀阀再次回到蒸发器内。图 20-1 为热泵干燥装置工作原理图。

（2）系统效率

热泵的效率一般用热泵性能系数 COP 表

示，可以定义为

$$COP = \frac{高温下热泵输出的有用热量}{压缩机消耗的电能}$$

而热泵干燥装置，常用单位能耗除湿量（SMER）来表示装置性能，其定义为

$$SMER = \frac{水分蒸发量}{输入的能量}$$

传统干燥器的 SMER 理论值为 1.595kg/（kW·h）（100℃），但实际的 SMER 只有理论值的 20%～80%。英国连续对流式干燥器的热效率为 50%左右，其 SMER 就是 0.8kg/（kW·h）左右。而热泵除湿干燥器的 SMER 一般为 2～2.5kg/（kW·h），当热空气温度为 90℃ 时，SMER 可达 3kg/（kW·h）。因此，热泵干燥器的能量利用率较高。

20.1.1.2　热泵干燥技术特点

① 节能　与其他干燥技术相比，热泵干燥技术节能效果显著，运行费用低。与传统燃煤热风干燥模式相比，木材干燥采用热泵干燥技术可节约 40%～70%的能耗，布匹干燥过程可节约 50%的能耗[2]。

② 干燥条件调节范围较大　干燥条件调节范围大，可使热泵干燥技术适用于多品种物料干燥过程。有辅助加热装置条件下，热泵干燥的温度调节范围为 -20～100℃，相对湿度调节范围为 15%～80%。

③ 干燥产品质量高　热泵干燥一般为低温干燥，也是一种温和的干燥方式，不会产生氧化及化学分解等现象，可以获得色泽好、质量高的产品。

④ 干燥温度较低，干燥时间长　热泵干燥的温度低于 100℃，一般在 45～60℃ 范围内。较低的干燥温度导致干燥时间延长。另外，热泵冷凝温度提升幅度不会太大，这是由于受到热泵工质物性、压缩机等多种因素的限制。

20.1.1.3　热泵干燥装置分类

按照干燥器类型分类，热泵干燥装置以干燥器的操作方式可分为间歇式和连续式热泵干燥装置，以干燥器的传热方式分可分为传导式和对流式热泵干燥装置。

按照干燥介质的循环情况分类，热泵干燥装置可分为开路式热泵干燥装置、封闭式热泵干燥装置以及半开路式热泵干燥装置。

按照热泵类型分类，热泵干燥装置可分为空气源热泵干燥装置、化学热泵干燥装置、MVR 热泵干燥装置等。本文按照该类型进行分类，并进行详细介绍。

20.1.2　热泵技术的发展

热泵采用从低温热源处吸收热量向高温热源处释放热量的逆卡诺循环原理装置，在循环过程中能够消耗少量的能量产生更多的能量，节能效果明显。热泵系统有多种运行方式，按照热源的不同，可以将热泵系统大致分为空气源热泵、水源热泵等，还有依靠化学反应工作的化学热泵。

20.1.2.1　空气源热泵

空气源热泵是以空气为热源，采用逆卡诺循环原理，制冷剂工质在系统蒸发器、冷凝器等部件中发生气液两相的热力循环过程，能从空气吸收低品位能量转化为高品位能量，并对高品位能量加以利用。空气源热泵主要由压缩机、冷凝器、蒸发器以及膨胀阀组成，其工作

原理为：在蒸发器内，液态制冷剂工质吸收空气中的热量而蒸发形成蒸气，经压缩机压缩成高温高压气体，制冷剂工质蒸气进入冷凝器内冷凝成液态，释放出热量，液态制冷剂工质经膨胀阀重新回到蒸发器内，从而完成一个循环。

国内外学者对空气源热泵研究方向主要集中在高效压缩机的设计、新型环保制冷工质研发、除霜研究等方面。为提高空气源热泵性能以及扩大应用范围，进行变频压缩机、喷气增焓涡旋压缩机等方面的研究，这对改善空气源热泵性能具有重要的作用。制冷工质作为空气源热泵性能重要的影响因素之一，研发高效、环保的制冷工质也愈发重要，制冷工质的选择对整个系统运行稳定性及运行性能至关重要。目前已开展了 R32、R410A、R134a、R600a、R1234yf 以及非共沸混合溶液等制冷工质的研究。换热器结霜也是影响空气源热泵性能的重要因素，空气源热泵除霜方式多样，主要有热气旁通、逆循环、相变蓄能和电热除霜等方式[3,4]。

空气源热泵与水源热泵和地源热泵相比，前期资金投入少，无需打水井和埋管，易于实施，推广空气源热泵技术在节能减排、保护环境方面具有重要的意义。空气源热泵可以进行空气温湿度调节、提供热水以及用于工业过程干燥等，具有广阔的市场前景。

20.1.2.2　化学热泵

化学热泵是依靠可逆化学反应进行蓄热和放热，并将热能转变为化学能的装置，实现热量提质、储能、增热以及冷冻，特别是储能和热量提质作用能够解决中低品位能源不连续性、产生与应用时间或地域的不匹配性、温度低等问题，提高了能源利用效率，具有重要的节能意义。化学热泵具有蓄热密度大、热损小、不需要保温、能够长期蓄热、蓄热和放热速度快、操作温度范围广（利用不同的反应体系）等优点。

化学储热材料是化学热泵核心技术之一，这是因为化学热泵依靠化学储热材料发生可逆化学反应实现储热与放热。目前化学储热相关研究主要集中在欧洲以及日本等国家与地区，而国内对于化学储热的研究处于起步阶段。为提高储热材料储能效果，开展复合化学储热材料研发是重要的研究方向。负载膨胀石墨、金属泡沫等多孔材料以及添加 LiCl、$CaCl_2$ 等吸湿材料是制备新型复合化学储热材料的重要途径。

化学热泵可以很好地利用可再生能源如太阳能等，或者工业余热，提高中低品位能源利用效率，具有重要的节能意义。化学热泵与冷热电联供系统结合，太阳能化学热泵、化学热泵农业干燥等都是化学热泵应用的重要方向。

20.1.2.3　MVR 热泵

机械蒸汽再压缩技术（mechanical vapor recompression，MVR），是蒸发领域内最先进高效环保的节能技术[5]。通过机械压缩的方法将蒸发器或干燥器内产生的蒸汽压缩，使其压力和温度上升，从而提高蒸汽的品位，再返回蒸发器或干燥器，来回收二次蒸汽的热量，减少蒸汽的使用量[6]。

蒸汽压缩机多采用活塞、螺杆和离心式压缩机，其主要问题在于防腐防锈、密封以及运行的可靠性等方面。MVR 热泵应用在牛奶乳品蒸发、维生素 C 溶液蒸发、制盐蒸发、精馏系统以及干燥过程等，都取得了不错的节能效果，特别是应用于干燥过程，是 MVR 热泵技术应用的新举措。

另外，水源热泵是以水为热源，吸收水的低品位能量转化为高品位能量，并对高品位能量加以利用。因环保、节能以及运行可靠等优点，水源热泵应用也较为广泛。

热泵干燥技术因高效节能、运行成本低、环保、干燥产品质量高等优点，被广泛应用于木材、食品加工、陶瓷以及纺织等领域，相信随着科技的发展，热泵干燥技术将有更为广阔的发展前景。

20.2 空气源热泵干燥

20.2.1 干燥原理

空气源热泵采用逆卡诺循环原理，以流动工质在系统的蒸发器、冷凝器等部件中的气液两相的热力循环，高压的液态工质经过膨胀阀后在蒸发器内蒸发为气态，并大量吸收空气中的热能，或者回收干燥过程中的排湿余热，气态工质被压缩机压缩成为高温、高压的气体，然后进入冷凝器放热，如此循环不断加热，逐渐降低烤房内部湿度，如此循环实现物料的连续干燥[7]。

20.2.2 热泵系统

20.2.2.1 部件

热泵系统部件中，压缩机、换热器等核心部件的性能对整个系统的性能起着至关重要的作用。

在换热器方面，Bruderer 等[8]提出一种新型的屋面瓦集热器，这种集热器以铜为材质，可以吸收太阳能、周围空气和雨水热量，具有良好的集热能力。张吉礼等[9]提出了双级循环离心压缩高温热泵系统换热器换热面积仿真优化的设计方法。饶伟等[10]对变片距与等片距室外换热器进行性能对比分析，结果表明变片距换热器能够有效地提高系统的工作性能，并且延长了工作周期。Song 等[11]对一种新型锯齿肋片换热器特性进行了研究，与百叶窗相比在低速区有更高的换热效率。

为尽量减少蒸汽压缩循环过程中的能量消耗，其中一个关键的方法就是减少压缩机所需的压缩比，提高压缩机性能。在余热回收方式中，螺杆压缩机及膨胀机起到了核心的作用，赵兆瑞等[12]针对双螺杆压缩机及膨胀机的应用情况，指出其在热能回收及高温热泵循环中具有很好的可行性。Teh 等研究开发出了一种旋转叶片（RV）压缩机，其显著特点是将一种旋转气缸与压缩机械一起转动，用以减少能量损失。实验表明，与市场系统相比，该压缩机能够减少能耗约 80%[13-16]。PHNIX "北极星" 高温热泵的欧洲地板加热标况试验表明，其能效比高达 4.8，其能效标准已经超过欧盟的一级能耗标准。Emerson 研制的 VSSH 系列高压单螺杆压缩机，用于氨热泵系统中，可提供 90℃ 热水。

20.2.2.2 系统结构

（1）喷射器系统

早在 1901 年，Charles Parsons 发明了喷射器，用来转移蒸汽机冷凝器中的空气。1910年，Maurice Leblanc 在蒸汽喷射式制冷系统中使用了喷射器[17]。在 1966 年，Kemper 等[18]就提出了将两相喷射器应用于单温蒸汽压缩制冷循环，并申请了专利。喷射器是蒸馏塔、冷凝器和其他热交换过程中不可缺少的一部分。而且在喷射扩张临界 CO_2 热泵循环[19]、两相喷射循环[20]、多级蒸发制冷喷射和以低品位余热或太阳能为动力的喷射制冷性能[21,22]方面都有所研究。如图 20-2 所示是一种喷射式压缩增强系统的示意图和压焓图。其中，系统内部液态制冷剂 1 经过冷凝器后直接进入喷射器，通过工作喷嘴实现降压增速，喷嘴出口流速通常达到超音速，压力低于蒸发压力。然后这股低压流体 1b 与蒸发器出口气态制冷剂 2 混合至 n，再经过扩压室减速升压到 3，然后进入气液分离器分离。气态制冷剂 4 进入压缩机，液态部分 6 进入蒸发器，完成整个循环。其主要优势在于，结构简单、成本低廉、无运动部件，并且适用于包括两相流在内的任何工况下使用，日渐成为传统蒸汽压缩制冷循环改进方案中具有研究价值和应用前景方案之一。

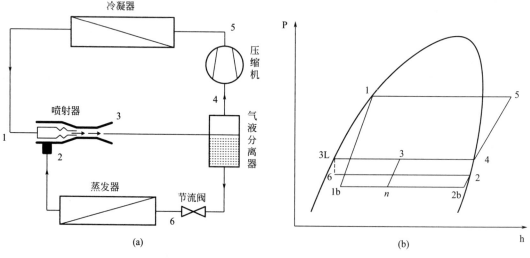

图 20-2 喷射式压缩增强系统示意图（a）和压焓图（b）

（2）两级循环系统

多级蒸汽压缩系统可以是混合系统或串级系统，是由串联的两个以上的压缩阶段组成。与单级压缩相比，多级压缩系统在每个阶段具有更小的压缩比和更高的压缩效率，以达到更高的灵活性[23]。其中高排气压力和低吸气压力之间的压力称为级间压力。两级压缩热泵系统见图 20-3。两级系统的级间压力通常被确定以两个压缩比将近相等，从而达到更高的性能系数[24]。张圣君等[25]在冷凝温度为 $100 \sim 130\,℃$，循环温升固定为 $45\,℃$中高温热泵工况下，对比不同种两级循环系统与单级压缩循环研究，结果表明，两级压缩式循环比单级压缩的 COP 有明显提升，且其中两级循环两级节流中间不完全冷却方式的 COP 最高。Zehnder[26]对两级压缩系统的油平衡、油迁移及油分布的规律进行了研究，指出该系统连续制热 $1 \sim 2\text{h}$ 后，高级压缩机油位低于正常油位，运行工况恶化。对于两级压缩来说，注油量、油平衡及油迁移，变频压缩低高压级的合理输气量比，最佳中间压力变化等都是尚待解决的问题。

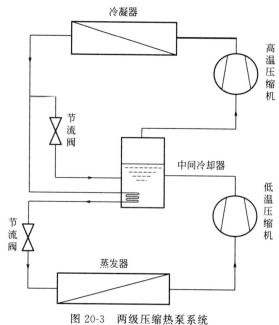

图 20-3 两级压缩热泵系统

（3）复叠式系统

复叠式热泵系统利用不同工质适用于不同的温度范围，将中、高温制冷剂与一种低温制冷剂相结合，用以满足系统温跨较大的需求，可有效地提高能效比，降低单台压缩机压缩比。目前，对于复叠式循环的研究，主要在利用热力学理论的循环方法，进行相关的参数与系统设计和混合工质的研究[27,28]。在 1983 年，美国对复叠式热泵系统进行了研究，并申请了专利[29]。Roh 等对[30] 蒸汽喷射技术用于复叠式两级进行了实验研究，当注入系数为 16.7% 时，热泵整体 COP 下降了 6.7%，但是能够提升热泵的稳定性和换热量。张光玉等[31]研究表明二级热泵负荷在总负荷中比重较低，制热工况热水温度较低时，复叠式热泵比常规热泵系统能效比高 5%～25%。在润滑油方面，除了考虑其与工质的相容性之外，复叠式系统考虑更多的是润滑油高温分解的问题[32]。图 20-4 为自复叠式热泵系统，图 20-5 为复叠式热泵系统，区别在于冷凝蒸发器位置不同。

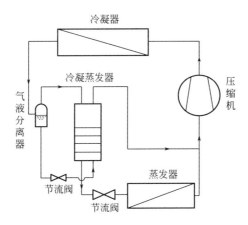

图 20-4　自复叠式热泵系统

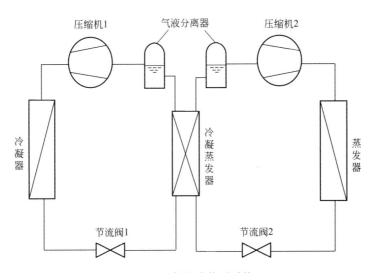

图 20-5　复叠式热泵系统

20.2.2.3　高温工质

研究开发新型环保制冷剂替代传统的高 ODP、高 GWP 值的制冷剂是急需研究的课题。目前对空气源热泵应用的制冷工质的研究主要有 CO_2、R32、R407c 和 R410A、R290 等。李涛等[33]利用喷射器提高跨临界 CO_2 系统的性能。但是随着蒸发温度的提高，对系统性能的提升有限。此外，由于 CO_2 节流损失及放热滑移温度相差较大，增加气冷器水流量可一定程度提高系统的制热系数[34]。吴华根等[35]认为，R134a 相比 R22 样机制热量、COP 和功耗低。曲敬儒等[36]研制的高温热泵工质 KD07A，用于生产 60～90℃热水时，系统压力低于 1.4MPa，制热系数大于 3.4。目前，关于高温工质研究广泛，但性能良好的较少，大多数仍处于实验验证阶段，尚未达到应用生产层次。

20.2.3　热泵干燥技术

目前，热泵干燥技术已广泛应用于木材干燥、食品加工、蔬菜脱水、陶瓷烘焙、面条和粉条烘干、药物和生物制品的灭菌和干燥、下水污泥处理、化工原料和肥料干燥等领域。由此来说，热泵可用于大多数的干燥过程，且由于干燥器类型的多样性，决定了热泵干燥装置的多样性。其中厢式干燥装置与输送带式干燥装置广泛应用于热泵干燥，除此之外还有热泵流化床干燥装置、热泵微波带式组合干燥装置。此外，红外干燥技术可以提供明显的热量加速干燥过程，有助于缩短干燥时间。将红外技术与热泵干燥进行联合，可提供高效的能量进行加速干燥，能有效缩短干燥时间，提高干燥效率[37]。

20.2.3.1　多能互补机理及技术

在冬日北方地区用空气源热泵烘干，必须解决两方面的问题：一是解决空气源热泵在低温工况下的适用性问题；二是空气源热泵室外蒸发器结霜问题。而解决这两个问题的重要突破点就是提高蒸发器段的低位热源温度，这也是多能互补所应用于热泵烘干的主要方式之一。其主要应用方法是通过太阳能、地热能、电、燃气（油）、生物质能和可利用废热等易获得的中低温热源对蒸发器端的低位热源进行供给，亦可以在供热端进行不同种类的热源替代供给。因此能够有效地利用易取得的低品位热源进行适宜的能量供给是多能互补技术的关键。在多能互补的能源利用模式中，根据当地能够有效利用的能源不同，也形成了不同的互补模式。由于太阳辐射分散性强，能流密度低，并适宜得到，成为多能互补的主要应用能源，地热能多应用于建筑供暖型热泵。在烘干领域中，多能互补型热泵主要是依托太阳能的利用，并采用蓄热的方式进行弥补太阳能间歇性供给不足，以此作为多能互补型热泵烘干系统的模式之一。

我国最早于 1986 年开始对太阳能-热泵联合干燥系统进行研究[38]。根据太阳能集热器内集热介质的不同，太阳能热泵系统可分为直膨式太阳能热泵系统（DX-SAHP）［如图20-6(a)］和间接膨胀式太阳能热泵系统（IDX-SAHP）［如图 20-6(b)]。直膨式太阳能热泵系统最早在 1955 年由 Sporn 和 Ambrose[39]提出，而其研究工作在 20 世纪 70 年代能源危机后得到进一步的展开。DX-SAHP 制热循环是基本的蒸气压缩热泵循环，其将太阳能集热器与蒸发器合为一体，热泵工质直接通过太阳能集热器内部进行吸收热量并蒸发，而间接膨胀式太阳能热泵系统则是分离的。太阳能集热部分通常是通过集热介质在集热器中吸收太阳能，集热介质通常作为蒸发器低位热源，经热泵循环升温后再加热需要加热的物体。

同时有研究人员将太阳能光伏与热泵集成，产生新的混合系统，改善热泵流程。Pei 等[40]将一个热光伏整合到蒸发器中，并制成蒸发器集热板。该装置中，部分吸收的太阳能被转化为电能，而其他的太阳能转化为热能，为蒸发器提供热量。结果相比其他常规热泵系统，不仅可以产生可供压缩机使用的电量，也大大提高了热泵的 COP，实现了更高的光电效率。在农产品干燥中，热泵与太阳能集热器耦合可以提高空气集热器的热效率值，其范围为 0.7～0.75，同时蒸发集热器效率在 0.8～0.86 间变化。提高的效率主要是由于减少了集

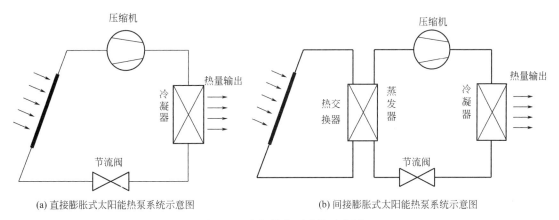

(a) 直接膨胀式太阳能热泵系统示意图 　　(b) 间接膨胀式太阳能热泵系统示意图

图 20-6　太阳能热泵系统示意图

热器的热损失[41]。

太阳辐射热量具有很大的不稳定性，其辐射热量有季节、昼夜的规律变化，同时还受阴晴云雨等随机因素的强烈影响。为消除太阳能不稳定的影响，当太阳能辐射量较大时，通过蓄热的方式将热量进行储存，然后当太阳能辐射量减少之后再利用其储存的热量，达到一种"削峰填谷"的效果，有效地平衡热泵工作的效率，提高整体的运行效果。Saman 等[42]建立了一个以空气为传热介质的太阳能相变蓄热加热系统，室外空气被集热器加热后可以进入蓄热装置将热量释放给相变材料，或者直接对室内进行加热。Kousksou 等[43]对传热工质为空气的太阳能相变蓄热系统进行了㶲分析，不同流量、不同相变温度和多级相变材料对蓄热效率、㶲损失的影响表明，合理选择相变温度可以有效提高蓄热效率，以及选用多级相变蓄热可以降低系统的不可逆损失。吴薇等[44]提出一种新型集热/蓄能/蒸发一体化太阳能热泵热水器，并以蓄能材料分别为水、癸酸、石蜡进行对比研究，结果表明采用石蜡具有更高的集热效率。

20.2.3.2　热泵干燥的应用

1943 年 Sulzer 公司将热泵技术应用于建成的地下室除湿装置[45]。之后，热泵干燥技术在干燥领域的应用迅速发展开来。20 世纪 60 年代，日本开始进行热泵干燥技术研究，截止到 1987 年就设计安装了近 3000 套热泵干燥装置。目前日本的热泵干燥装置占到现有干燥装置的 12%[46]。加拿大的安大略省在木材干燥生产中使用热泵干燥技术，节约能源达到60%[47]。2001 年 Chou 等[48,49]通过实验研究发现：使用热泵干燥装置干燥马铃薯、香蕉、番石榴等，不仅可以提高干燥驱动力，还可以较好地改善产品的色泽。同时研究了热泵式隧道干燥技术，针对不同温度-时间模式下对农产品干燥质量的影响进行了详细的研究。2002年 Carvalho 等[50]将热泵辅助干燥用于种子培养的乳酸菌，而取代了传统的冷冻干燥，研究发现投资成本与运行成本都有所降低。同年，Alves-filho 发明了一种新型的流化床热泵干燥机，该干燥机内以 CO_2 作为干燥介质，采用密闭热泵与干燥介质的循环清洁操作，可非常有效地节约能源，且干燥产品的质量得到了很大提高[51]。

我国热泵干燥技术的研究与应用起步于 20 世纪 80 年代。1985 年上海市能源研究所开始热泵式木材干燥机的研究。此后，相继完成了几个有关热泵干燥方面课题的研究，在1992 年开始研制热泵式粮食种子干燥装置[52]，天津大学热能研究所马一太、张嘉辉等采用当量温度法，通过对热泵干燥的最佳工况的详细研究分析计算，提出了热泵干燥运行的最佳蒸发温度概念，对热泵干燥的节能运行具有指导意义。实验研究了不同制冷工质的热泵干燥效果及使用回热循环的节能原理。并提出采用低温低湿的空气干燥种子等对温度较敏感的生物材料，因其本身具有较强的干燥能力，干燥优势明显[53]。浙江大学高广春等在热泵干燥实验中应用了相变材料。研究发现，不同的干燥物料，在适当的干燥期间，将相变材料放置到系统中，既可以保持一定的干燥除湿速度，同时能节省热泵干燥系统消耗的电能[54,55]。李志远、郑春明等[56,57]研究了将热泵干燥技术应用于蔬菜脱水加工生产中，结果表明，利用热泵干燥技术加工后的脱水蔬菜质量很好，证明了热泵干燥技术的可行性。青岛大学的田晓亮等[58]研究了热泵干燥系统对软胶丸进行干燥，并研制出 TXL 型软胶丸热泵干燥机，不仅缩短了干燥周期，能耗也降到原能耗的 1/9。

　　Teeboonma 等[59]指出评价热泵干燥设备最佳工艺条件和干燥过程最低成本的主要因素是空气循环比、蒸发器的旁路空气比、气流速度和干燥温度。采用数学模拟和实验验证相结合的方法对木瓜和芒果进行热泵干燥处理，发现各种水果的最佳干燥条件，尤其是最佳风速和蒸发器旁路空气比有较大差异。李敏等[60]利用热泵干燥装置干燥罗非鱼片，得出了在不同干燥条件下的干燥曲线，较全面地反映了罗非鱼片在干燥过程中，干燥风速和鱼片厚度与干燥时间的关系。并结合冷冻过程的特点，将冻结工序渗透到干燥环节，采用干冷互换的干燥工艺以改善罗非鱼的干燥性能。姜启兴等[61]研究了不同热泵干燥条件对脱水蒜片质量的影响，建立了可以应用于工业化规模生产中的高质量脱水蒜片的热泵干燥生产工艺。Nathakaranakule 等[62]发现：远红外辅助热风-热泵干燥可缩短龙眼的干燥时间，提高干燥速率。远红外加热还可以使产品产生更多的孔隙结构，产品收缩率和硬度减小，复水率增加，而且孔隙度随着红外加热功率的增加而增加。此外，远红外辅助热泵干燥的能耗随着远红外加热功率的增加而减小。

20.2.3.3　热泵干燥控制技术

　　国外干燥自动控制技术的研究始于 20 世纪 60 年代。从 20 世纪 60 年代起，国外热泵干燥控制系统的实验与研究学者就开始研究干燥过程自动控制问题，一些发达国家，如美国、日本的粮食干燥机已经实现了干燥作业的半自动化和干燥介质温度控制的自动化[63]。到了 20 世纪 70 年代，随着电力电子技术的快速发展，应用传统控制理论实现了粮食干燥过程的自动化。当前由于微机的迅速发展和普及，智能控制系统如模糊控制、专家系统等已经开始应用于粮食干燥的过程控制。Misa 等[64]研究了物料干燥质量和食品干燥过程的模糊神经网络优化控制问题。另外，Zhang 等[65]研究了连续横流式干燥装置的模糊控制算法，实现了出口粮食水分的安全控制[65]。Thyagarajan 等[66]利用遗传算法和模糊逻辑，研究了粮食干燥过程中热风系统智能控制问题。Siettos 等[67]分别研究了流化床干燥装置的 PID 控制过程和模糊控制过程，实验表明：①模糊控制较 PID 控制基于 PLC 的模糊 PEP 复合控制在热栗干燥控制系统中的应用具有较好的控制特性；②控制器的设计较传统的非线性控制器简单。Taprantzis 等[68]进行了流化床干燥装置的模糊控制实验，实验表明模糊控制较好，控制具有更好的动态特性。另外，木材干燥在美国、德国、加拿大等发达国家大多实现了半自动控制，小部分实现了全自动控制[69]。

　　我国干燥过程智能控制的研究出现在 20 世纪 90 年代初期，主要应用在粮食的干燥过程当中。曹崇文[70]将模糊数学方法和模糊神经网络控制方法应用于粮食干燥过程控制当中，并取得了一系列的研究成果，包括粮食干燥装置的模糊控制和模糊优化、干燥品质的模糊预测和基于神经网络的逆流式粮食干燥装置模型辨识等。张吉礼等[71]对粮食干燥过程热工特性及影响干燥装置出口粮食含水量的因素进行了研究，并开发出粮食水分在线检测与智能预测控制系统。周修茹[72]分析了热泵干燥装置干燥室内进出口空气温度、湿度、风速以及制冷工质的蒸发压力和冷凝压力等参数对干燥物料品质、装置能耗等的影响，介绍了调控热泵干燥装置五个控制参数的定性确定方法和相关公式。

20.2.3.4　节能与环保效益

热泵干燥装置中加热干燥介质的热量主要来自回收干燥器排出的温湿空气中所含的显热和潜热，与常规干燥装置相比，热泵干燥装置的能源效率高，具有明显的节能优势。中国科学院理化技术研究所的吕军和董艳华等[73-75]研究开发了新型的热泵烤烟系统，烤烟过程中该系统的制热系数达到了 3.25，除湿能耗比为 2.42kg/(kW·h)，节能效果明显。与燃煤烤烟系统相比，该系统烘烤 1kg 干烟成本比燃煤系统低 0.85 元，具有显著的经济效益和社会效益。赵丹丹等[76]使用热泵烤房对枸杞进行了干燥试验，试验结果表明：枸杞热泵干燥比燃煤干燥成本降低了 19%，具有很好的节能效果。山东农业大学的谈文松[77]设计了一套太阳能联合热泵干燥小麦的系统，并对该系统进行了实验研究，研究结果表明，在晴天光照状况较好的情况下，系统的制热系数 COP 能够达到 2.4，与蒸汽锅炉的干燥系统相比，其供热效率较高、节能明显。徐刚等[78]分别用热泵干燥和热风干燥对青椒进行了烘干，结果表明热泵干燥成本只是热风干燥成本的 1/3，而且热泵干燥的产品品质（外观、色泽、营养成分）要优于热风干燥。应用实践表明，其节能幅度一般在 30% 以上，综合干燥成本可降低 10%～30%。

热泵干燥装置中干燥介质可在其中封闭循环，没有粉尘、挥发性物质及异味随干燥废气向环境排放而带来的污染，干燥器排气中的余热被热泵回收来加热干燥介质，对环境的热污染很小。

20.2.4　热泵干燥装置

20.2.4.1　穿流厢式热泵干燥装置

（1）热泵烤烟系统

① 烤房结构　基于高效的热泵废热回收的烟叶干燥动力维持技术和基于烟叶烤房内部密集装料条件下的传热传质强化技术，在满足烟叶烘烤工艺需求的前提下，中国科学院理化技术研究所研制出了如图 20-7 所示的半开式高效热泵烤烟装备。这种半开式系统在干燥室内采用气流下降式对流干燥。这种方法的主要特点是干燥介质的温度和湿度容易控制，可避免物料发生过热而降低品质。具体是加热的空气进入干燥室以对流的方式接触物料，从而进行湿热交换，即物料吸收热量、蒸发水分，蒸发出的水分由干燥介质带走。不仅降低了烘烤的能耗，同时有效地减少了环境污染。

② 热泵烤烟工艺　合理的干燥工艺可以起到节能、省时、高效的作用。烟叶的初烤是烤烟生产至关重要的技术环节。总结我国传统烘烤工艺的基础上，吸取国外烟叶烘烤技术的精华，通过国内学者和科研工作人员严格而又科学的研究后形成了简明实用的如图 20-8 所示的三段式烘烤工艺。三段式烘烤工艺将烟叶的烘烤过程分为变黄期、定色期和干筋期，且每个阶段的干球温度又可分为升温控制和稳温控制两个步骤。在实际烘烤过程中，不同地区、不同烟叶品种、不同烘烤阶段的温度和时间要做相应的调整。该烘烤工艺是以烟叶烘烤基本原理为基础，根据烟叶的特点和烘烤设备状况，将国内传统烘烤技术的精华融入国外典型的简化烘烤工艺框架中，优化和简化对烘烤环境温度、湿度、持续时间与烟叶变化的对应指标控制，确保烟叶烘烤过程外观变化与内在变化协调，内部水分动态与物质转化协调，充分显露在农艺过程中形成和积累的质量潜势，最终把烟叶烤熟、烤黄、烤香，实现内在品质

与外观质量的统一。

热泵烤烟也必须遵循该烘烤工艺，在烘烤过程中提供合适的温湿度条件。各个阶段烟叶失水量如下：

初始阶段，称为变黄期，温度要控制在 38～42℃，干湿球温度差保持在 2～3℃，使烟叶达到 7～8 成黄，叶片发软。完成变黄温度控制在 40～42℃以下，保持湿球温度在 35～37℃，达到烟叶基本全黄，充分凋萎塌架，主脉发软，确保烟叶转化充分，形成更多的香气基础物质。变黄期烟叶失水量相当于烤前含水量的 20%。

第二阶段，称为定色期，要根据烟叶特点以适宜的速度升温，并掌握适宜的湿度，确保烟叶彻底变黄和顺利定色；在干球温度为 46～48℃、湿球温度为 37～38℃时，使烟叶烟筋变黄，达到黄片黄筋小卷筒。在干球温度为 54～55℃左右保持湿球温度为 38～40℃，适当

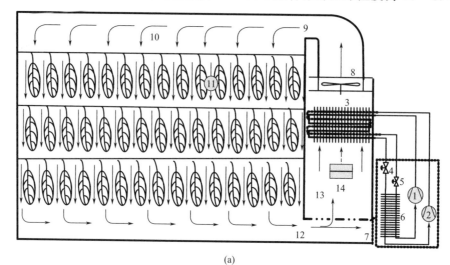

(a)

(b)

图 20-7　半开式高效热泵烤烟装备系统结构图（a）和实物图（b）

1,2—压缩机；3—冷凝器；4,5—截止阀；6—蒸发器；7—排湿口；8—冷凝风机；9—进风口；
10—烤房；11—温湿度传感器；12—回风口；13—空气处理室；14—新风口

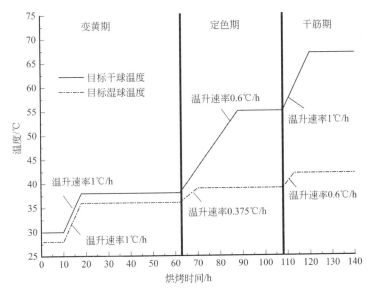

图 20-8　三段式烟叶烘烤的工艺模式

拉长时间，达到叶片全干大卷筒，促使形成更多的致香物质。定色期烟叶失水量相当于烤前含水量的 80%。

第三阶段，称为干筋期，温度要控制在 65～68℃，湿球温度控制在 40～43℃，以增进烟叶颜色和色度，同时减少烟叶香气物质的挥发散失。烟叶含水率约为 6.5%。

③ 热泵烤烟经济性　采用热泵技术对烟叶进行烘烤，通过回收烤烟房排湿废气的热量，提高了能量利用率，降低了烘烤成本，并且可以对烘烤工艺进行精确的温湿度控制，提高烤烟品质。

三门峡烤烟工厂燃煤烤房的统计数据显示，每完成一次烘烤用平顶山烟煤量约为 1.3t，循环风机耗电量约为 230kW·h。按照成分折算标煤，平顶山烟煤 1t 等于 0.97t 标准煤，根据中国电力企业联合会发布的全国电力工业统计快报，2011 年供电标准煤耗为 330g/(kW·h)[11]，热泵烤房与燃煤烤房能耗与费用见表 20-1。

表 20-1　单个热泵烤房与燃煤烤房能耗

烤房类型	燃煤烤房	热泵烤房
用煤量/t/(座·次)	1.3	—
用电量/kW·h	230	925
折算标煤量/t/(座·次)	1.34	0.31
当地煤价/(元/t)	680	—
电价/(元/kW·h)	0.75	0.75
用煤成本/[元/(座·次)]	884	—

所以，热泵烤房比燃煤系统每炕节约标煤 1.03t，在 2013 年煤炭价格较低的情况下，节约烘烤成本 34%［362 元/(座·次)］，得到 1kg 干烟，热泵系统比燃煤系统的烘烤成本低 0.56 元，因此和燃煤烤烟相比，热泵烤烟具有明显的经济效益。

（2）香菇干燥

① 干燥系统结构　针对一家一户的小用户设计的底送风干燥箱结构如图 20-9 所示，经过长期使用，发现干燥后的香菇菌褶无明显倒塌现象，菌褶颜色鲜亮，干燥结束各层香菇的干燥程度相同。

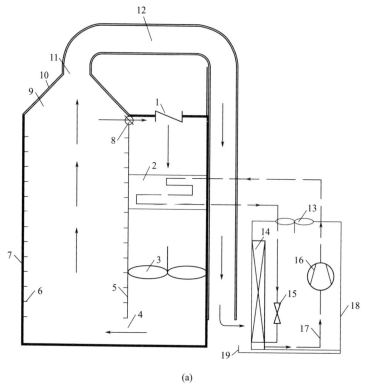

(a)

(b)

图 20-9　香菇热泵干燥系统

1—新风口；2—冷凝器；3—风机；4—送风口；5—干燥室与空气处理室的分隔板；6—支撑干燥物料角铁；
7—干燥箱外壁；8—回风口；9—导流罩；10—保温层；11—排湿口；12—引风管；13—热泵室外风机；
14—蒸发器；15—膨胀阀；16—压缩机；17—热泵设备连接管路；18—热泵外机钣金外壳；19—积水盘

② 热泵烘干工艺　根据文献、烤菇现场工作人员的经验，香菇热泵干燥过程分为三个阶段：

a. 粗脱水阶段。温度控制在 40℃，粗脱水 4～5h。此时因香菇湿度大，细胞尚未杀死，应开大进风口和排风口，使湿气尽快排出，温度均匀上升。

b. 干燥阶段。水分继续蒸发，且逐渐进入硬化状态，外形趋于固定，干燥程度达 80％左右。温度由 50℃缓慢均匀上升至 55℃，干燥 5～6h。此阶段调小进风口和出风口。

c. 后干燥阶段，也称定型阶段。香菇水分蒸发速度减慢，菇体开始变硬，温度保持在 55℃，干燥 1～2h，含水率在 12％～14％，色泽光滑，干燥过程完成。

③ 香菇干燥的经济性　相比目前普遍采用的废椴木燃烧烘烤方法需要专门人工照看的实际情况，热泵干燥系统不但实现了自动化和智能化操作，而且一人可以照看多个烤房，明显降低了人工成本，故而在实际中已有显著的现实意义。这一点已得到试验地菇农的认可。表 20-2 为不同干燥阶段热泵设备的性能分析。

表 20-2　不同干燥阶段热泵设备的性能分析

参数	热泵测试 1	热泵测试 2	燃煤烤房（调研）
鲜香菇/kg	103	104	100
干香菇/kg	16.8	16.2	16
干燥时间/h	24.5	26	—
耗煤量/t	0	0	0.3
当地煤价/(元/t)	700	700	700
电加热能耗/kW·h	101	67	0
压缩机能耗/kW·h	22	23.9	0
风机能耗/kW·h	10.6	11.8	15
总耗电量/kW·h	32.6	35.7	15
电价/(kW·h/元)	0.6	0.6	0.6
除水量/kg	86.2	87.8	—
总的加工成本/元	19.56	21.42	30
SMER/[kg(水)/(kW·h)]	2.65	2.46	—
加工成本/[元/kg(干)]	1.17	1.32	1.88
干燥品质	优	优	—

（3）枸杞干燥

① 烤房结构　针对宁夏地区秋果成熟时当地气温较低，热泵机组效率大大降低甚至不工作的情况，开发了整体式、半开式和封闭式可转换热泵干燥系统，如图 20-10 所示，将热泵机组和加热室整体组合起来，自动门热泵主机室整个系统独立于外部环境，通过比较外界环境和热泵主机室内的温度高低来控制自动门的开启或关闭，以最大限度地利用环境中的热量，并降低环境温度较低时热量浪费，增强机组的节能效果。

② 干燥工艺　枸杞鲜果表面有蜡质层，为加速干燥过程，在放到果栈上之前需要用 3％的 $NaHCO_3$ 溶液对枸杞鲜果进行清洗。在中宁县，也有许多农户为了方便直接在枸杞鲜果中干拌入 $NaHCO_3$ 粉末。由于枸杞干燥过程受枸杞品种、装载量等不同因素的影响，并没有一个普适的烘烤工艺，而是需要根据实际情况来进行调整。并且干制过程中水分的控制与枸杞外观、品质的变化直接相关，影响甚至决定着干制产品的质量。所以合理的干燥工艺可以起到节能、省时、高效的作用。在以往文献以及枸杞干燥用户总结的经验基础上，利用表 20-3 总结的干燥工艺，烤房内温升平和，并且最高温度不超过 60℃，枸杞干燥质量较好。

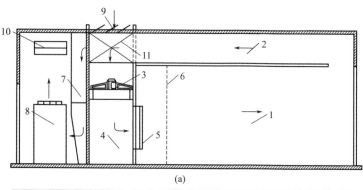

(a)

(b)

图 20-10　枸杞热泵干燥系统

1—干燥室；2—回风道；3—主风机；4—加热室；5—冷凝器；6—孔板；7—排风道；
8—热泵机组；9—新风阀；10—风门；11—换热器

表 20-3　枸杞干燥工艺

干制阶段	干球温度/℃	湿度控制/%	参考时间/h	备注
一阶段	40～45℃	80～60	4～6	根据枸杞采摘时间、品种，可适当调整烘干工艺
二阶段	45～55℃	60～25	8～10	
三阶段	55～60℃	25～13	5～10	

③ 枸杞干燥经济性　中宁县当地企业采用燃煤烘房，每烘干鲜果 1000kg，平均需要消耗 300kg 煤，费用为 255 元（一吨煤 850 元），烘烤核算成本为 1.00 元/kg（干果）。

本批次烘干量为 1000kg 鲜枸杞，除水量为 745kg，得到干果质量为 255kg，系统总耗电为 416kW·h，所以 SEMR 为 1.57kg（水）/(kW·h)。总费用为 208 元 [工业用电 0.5 元/(kW·h)]，核算烘烤成本为 0.81 元/kg（干果），相对于燃煤烘房成本降低了 0.19 元/kg（干果）。表 20-4 为热泵烘房干制枸杞成本。

表 20-4　热泵烘房干制枸杞成本

耗电量(含/不含风机)/kW·h	费用/元	烘烤成本/[元/kg(干果)]	SMER/[kg(水)/(kW·h)]
416(276)	208	0.81	1.57

（4）热泵干燥木材

① 热泵干燥系统结构　中科院理化所设计的如图 20-11 所示的木材热泵干燥系统，为了满足北方地区四季烘干的需求，在干燥窑上方的主机室建造保温维护结构，充分利用干燥过程中的排湿废热，使干燥系统在冬季低环温下仍然可以高效运行。这种新型封闭式除湿热

泵烤房结构应用于木材干燥，循环干燥的空气温度可以达到 70℃ 以上，智能化自控系统操作简便，控制灵敏。

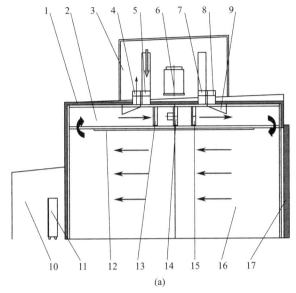

(a)

(b)

图 20-11　木材热泵干燥系统

1—保温层；2—空气处理层；3—主机室；4—排湿电动风阀 1；5—新风电动风阀 1；6—主机；

7—排湿电动风阀 2；8—新风电动风阀 2；9—导流风罩；10—操作间；11—控制柜；

12—风道隔板；13—电加热器；14—循环风机；15—冷凝器；16—干燥窑；17—大门

② 木材干燥工艺　木材干燥基准一般简称为干燥基准，又叫干燥程序。它是干燥过程各含水率或时间阶段所采用的干燥介质温度和相对湿度的规定程序。一般木材干燥过程中常用的干燥基准有：a. 含水率干燥基准；b. 时间干燥基准。木材干燥过程中，由于热泵干燥方式异于常规干燥，且无法根据木材各个阶段的干燥情况进行适当的热湿处理，所以热泵干燥采用含水率与时间相结合的混合干燥基准。

木材种类繁多，干燥工艺差异也较大，目前适合热泵干燥的多为硬木，表 20-5 列举了部分最高温度 75℃ 以内的木材干燥工艺参数。

表 20-5　不同木材热泵烘干工艺参数

木材种类	最高风温/℃	初始湿含量/%	终了湿含量/%	干燥时间/d	装置生产单位
红花梨	55	32	14	55	中国科学院理化所
铁木豆	65	60	20	2.5	中国科学院理化所
榆木	60	40	10	40	河南佰衡科技
冷杉	74	50.5	11	7.7	加拿大某公司
云杉	74	75.6	11.2	8.3	意大利某公司

③ 木材干燥的经济性　图 20-11 所示干燥窑在北京通州区宋庄镇木材保护试验基地的应用中，能够满足木材干燥工艺需求，经核算，热泵机组的 COP 达到了 5 以上，系统的 COP 达到 4 以上，与电热干燥系统相比，该热泵系统运行电耗只有电热系统的 1/3；与传统燃煤炉相比，热泵干燥设备的能耗降低 40%，无直接 CO_2 排放，节能减排效果和经济效益显著，在木材干燥加工领域具有广阔的应用前景。

20.2.4.2　连续隧道式热泵干燥装置

隧道式热泵干燥机可分为输送带式和轨道式两大类，是一种用途广泛，适用性很强的连续干燥机，广泛用于果蔬、中药材、木材、纸张、面条等较大件物料的干燥。又称洞道式热泵干燥机。主要操作过程是将被干燥物料放置在小车内、运输带上、架子上或自由堆置在运输设备上，并沿干燥室内部通道前进运动，并且只经过通道一次，被干燥物料的加料和卸料在干燥室两端进行。隧道的宽度主要决定于洞顶允许的跨度，一般不超过 3.5m。干燥机长度由物料干燥时间，以及干燥介质流速和生产能力确定。干燥机越长干燥越均匀，其阻力也越大。长度通常不超过 50m，截面流速一般不大于 2～3m/s。

隧道式热泵干燥的热源主要来自排湿废气、环境空气的热泵能量回收。流向可分为自然循环、一次或多次循环，以及中间加热和多段式再循环等。自然循环的方式将使得物料在设备中停留较长时间，干燥产品质量不能够得到保证，且能量消耗较多。多段式再循环经济适用性更好，不管纵向的气流如何，都可以使空气的横向速度变大，产品干燥效果好，能够达到均匀和快速干燥的目的。在这类干燥机中，各区段内的空气循环，大都依靠设置在机内的鼓风机实现。这种内部鼓风机能减少空气阻力。因此，允许在大气量下操作。

（1）输送带式

网带烘干机通常为单层或多层网带式结构，多层结构可以分为上、下两个或多个通道。烘干机两端及顶部有循环风机，上部通道内布置多个局部循环风机，两端各布置一个循环风机，每个风机出风口均布置一个热泵冷凝器，可以按要求分段调节每段温湿度。新风受离心风机的负压通过风筒上的新风门进入烘干系统内，新风门可通过调节进风面积进行调节。机组下设置主机接水盘，烘干设备上部布置排水管，把凝结水集中排到指定地点。图 20-12 为河南佰衡节能研制的用于烘干面叶的网带式热泵干燥系统，其 SMER 为 2.37kg（水）/(kW·h)，热泵系统 COP 为 4。

（2）轨道式

对轨道式热泵干燥机而言，顺流干燥时，提高干燥机入口的空气温度，有利于提高干燥机的热效率，即使对于热敏性物料也不用担心会产生热破坏。这是因为在干燥初期，物料水分含量较大，物料表面温度为湿球温度，其他热力干燥也有此规律。因此，在加热阶段和恒速干燥阶段，宜采用较高的温度，而在降速干燥阶段则应采用较低的温度，这就是分段变温干燥方式。

中科院理化所针对隧道式热泵干燥机的结构性特点，研究开发了时空协同式热泵烤烟系统，如图 20-13。通过采用太阳能光热、能量梯级利用、多工况同时运行的复杂源汇热泵能

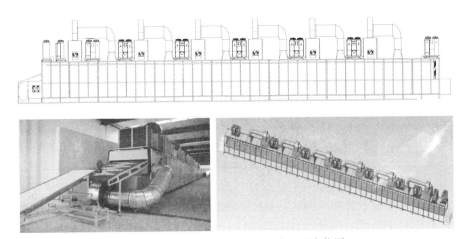

图 20-12　网带式热泵干燥系统图及实物图

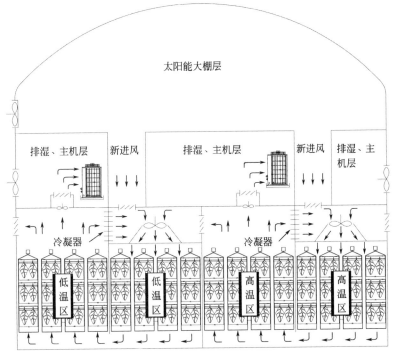

(a) 主要组成部分

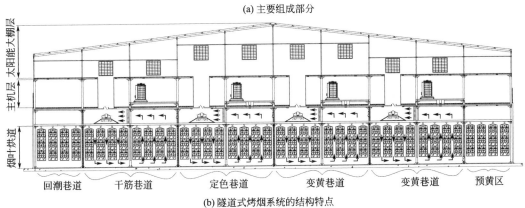

(b) 隧道式烤烟系统的结构特点

图 20-13　时空协同式热泵烤烟系统

量回收等的技术研究，将静态密集式烤房中的三段式烘烤工艺已经转换为时空协同的分段静态连续烘烤工艺，按照不同空间分布不同温区，高温区的热量可以传递给同时进行的低温区利用，从而实现能量的节约。表 20-6 为热泵烤房示范应用与燃煤烤房烟叶等级分析。

表 20-6　热泵烤房示范应用与燃煤烤房烟叶等级分析

项目	上等烟比例/%	上中等烟比例/%	均价/(元/kg)
热泵烤房	35.32	70.69	19.33
燃煤烤房	31.48	60.46	17.82
比较增减	3.84	10.23	1.51

　　与轨道式干燥机相关的热损失主要有传导热损失、缝隙热损失和操作热损失 3 种。轨道式干燥机的特点是干燥室外壳与外界接触面积大，意味着由热传导引起的设备散热损失是不可忽略的。轨道式干燥机一般由隧道小节组成，都有进出料门和其他用途的门，这些连接处和门的密闭性也是轨道干燥机热损失的一个重要方面。干燥过程中要对物料进行操作，比如进料、出料、观察和检测等，这时大量的热就会散失。

　　一般干燥机设备的散热损失不应超过 10%，大型干燥设备的散热损失应低于 5%。要做好干燥机的保温工作，应该寻求一种最佳保温材料及其保温层厚度。对于后两种热损失，就要对设备进行必要的改造。

　　河南佰衡节能科技股份有限公司针对挂面烘干设计研发了一套轨道式热泵干燥设备。在进行设备改造时，采用建筑设计中过厅的设计方法，在进出料门前做一隔离小过厅，把进出料时的热风损失和缝隙损失降到了最低，具有显著的节能效果。表 20-7 为轨道式热泵挂面烘干机运行参数（河南佰衡节能）。

表 20-7　轨道式热泵挂面烘干机运行参数

项目	总装载量/t	除水量/kg	总能耗/kW·h	SMER/[kg(水)/kW·h]
夏季参数	27.2	7508	1302	5.77
冬季参数	25.5	7081.75	2500	2.825

20.2.4.3　塔式热泵干燥器在粮食干燥中的应用

　　（1）系统组成

　　针对目前我国大型多段塔式燃煤玉米干燥中存在的高能耗、高污染问题，基于热泵干燥技术基本理论，结合多段塔式玉米干燥工艺，中国科学院理化技术研究所研制了如图 20-14 所示的高温除湿玉米热泵干燥装置。该装置主要由热泵系统、干燥系统、辅助加热系统、除尘系统、排水系统和控制系统组成。

　　① 热泵系统　玉米热泵干燥系统的热泵系统由多级热泵机组串联组成，每级热泵机组均采用蒸气压缩式热泵系统。玉米热泵干燥过程中，热泵系统主要起到回收余热、除空气水分、加热空气的作用。热泵系统采用多级热泵串联的形式，能够实现玉米干燥过程中对干燥介质（空气）的分级除湿和分级加热，分级除湿能够增加除湿效果，分级加热使空气加热得更加均匀，避免了单级热泵除湿不均、供热不均的问题。热泵机组实物如图 20-15 所示。

　　② 干燥系统　干燥系统主要由玉米烘干塔、送风机、回风机、冷风机及风道管路组成。其中，烘干塔采用三段式（预热段、干燥段、冷却段）燃煤玉米烘干塔形式，并在烘干塔的干燥段和冷却段添加回风室，从而对干燥段和冷却段排出的废气进行余热回收。

　　③ 辅助加热系统　辅助加热系统由电加热组成，玉米干燥过程中，辅助加热系统主要有两个作用：a. 玉米热泵干燥装置运行前期，当外界环境温度较低的时候，热泵系统无法

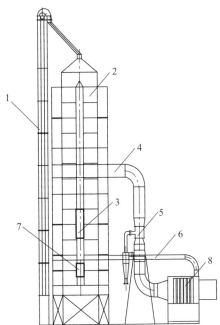

图 20-14　高温除湿玉米热泵干燥装置

1—提粮机；2—烘干塔；3—送风口；4—回风口；5—除尘器；6—补风管道；

7—冷风口；8—热泵机组

图 20-15　热泵机组实物图

正常启动，必须先对热泵干燥系统进行预热，为了使系统循环空气的温度快速升高，需要启动辅助加热系统对循环空气进行加热，从而尽快使系统达到稳定运行状态；b. 玉米热泵干燥系统稳定运行过程中，热泵系统中的某级热泵可能会因为某个零部件出现故障无法正常运转，此时可以启动电加热对系统进行临时供热，从而不影响玉米的正常干燥。

④ 除尘系统　玉米热泵干燥过程中，从烘干塔排出的湿空气中含有大量玉米皮屑和玉米淀粉，若不对湿空气进行除杂处理，玉米皮屑和淀粉会随着湿空气来到蒸发器，此时玉米皮屑会进入蒸发器的翅片之间形成脏堵，而玉米淀粉则会黏附在蒸发器的翅片表面并导致蒸发器换热热阻增大，长时间以后热泵系统将无法正常工作，所以要用除尘装置对湿空气进行清洁除杂。玉米热泵干燥装置回风管路上的除尘装置实物如图 20-16 所示。

图 20-16　除尘装置实物图

⑤ 排水系统　玉米热泵干燥过程中，热泵蒸发器表面会有大量水冷凝下来，需要通过排水系统及时排走，从而保证玉米热泵干燥的顺利进行。玉米热泵干燥装置采用的排水系统包括接水盘、接水槽、接水池、排水管和深水井五部分，玉米干燥过程中，从蒸发器冷凝下来的水首先流到蒸发器底部接水盘，并通过接水盘两端的出水孔流入蒸发器两侧接水槽中；然后两侧接水槽中的水汇入接水池中，接水池中的水通过排水管最终流入深水井。玉米热泵干燥装置的排水系统实物如图 20-17 所示。

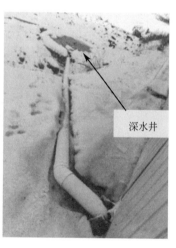

图 20-17　排水系统实物图

⑥ 控制系统　大型玉米热泵干燥系统的控制系统采用 PLC 集成控制系统。整个玉米干燥过程中采用自动恒温控制，24 小时连续干燥作业，自动化、智能化程度高。大型玉米热泵干燥系统的控制系统实物图及控制界面分别如图 20-18、图 20-19 所示。

这种高温除湿玉米热泵干燥系统近似于封闭式热泵干燥系统，干空气在干燥塔内等焓吸湿，玉米水分被带走，湿空气经过多级降温除湿后，将携带的水分排出系统外，再经过多级加热后，进入干燥塔。整个干燥过程中没有废气排放到环境中，干燥温度不受环境温度的限制，不仅降低了烘烤的能耗，同时有效地减少了环境污染。

（2）热泵干燥玉米工艺

热泵干燥玉米的工艺过程如下：玉米潮粮经滚筒筛除杂质后经提粮机进入干燥塔，玉米

图 20-18 控制系统实物图

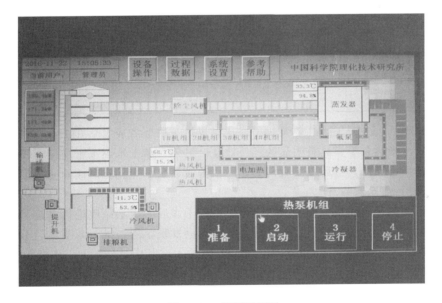

图 20-19 控制界面图

进入干燥塔后在自身重力的作用下依次通过储粮段、预热段、干燥段、冷却段。其中，在通过干燥段时潮玉米与被送进干燥段的热风（70℃左右）进行热湿交换，自身的水分逐渐降低；随后玉米进入冷却段，被冷却段的冷风冷却后被排出干燥塔，其最终的含水率为 14% 左右。

　　玉米热泵干燥系统近似于一个封闭式热泵干燥系统，其在对玉米进行干燥过程中，系统中干燥介质（空气）的流动过程如下：从冷凝器出来的高温干燥空气被送入玉米烘干塔，其在烘干塔内等焓吸收玉米水分后变为湿空气。从玉米烘干塔干燥段回风室排出的湿空气经除尘器除杂净化后，逐级进入各级蒸发器，经各级蒸发器逐级降温除湿后变为低温干燥的空气，与此同时，各级蒸发器冷凝下来的水分被排出系统外。随后，低温干燥的空气与烘干塔冷却段排出的空气混合后逐级通过各级冷凝器，经各级冷凝器逐级加热后变为高温干燥的空气，并被送入玉米烘干塔。在整个干燥过程中，系统没有废气排放到环境中，并且干燥温度不受环境温度限制。

（3）热泵干燥玉米经济性

采用热泵技术对玉米进行干燥，通过回收烘干塔排湿废气的热量，提高了能量利用率，降低了干燥成本，并且可以对干燥过程进行精确的温湿度控制，提高玉米品质。

黑龙江玉米燃煤干燥现场的统计数据显示，燃煤烘干塔每小时的玉米潮粮处理量为3250kg，每小时用黑龙江烟煤量约为260kg，循环风机耗电量约为32.5kW·h。热泵烘干塔每小时的玉米潮粮处理量为8669kg，每小时耗电量为538kW·h。根据当地电价0.47元/（kW·h），煤价400元/t，则热泵烘干塔与燃煤烘干塔能耗与费用见表20-8。

表 20-8　玉米热泵干燥和燃煤干燥的经济性比较

项目	玉米热泵干燥	玉米燃煤干燥
玉米初含水率/%	34	34
玉米终含水率/%	14	14
每小时玉米潮粮处理量/kg	8669	3250
每小时玉米干粮量/kg	6653	2416
每小时除水量/kg	2049	0
每小时用煤量/kg	0	260
每小时用电量/(kW·h)	538	32.5
当地煤价/(元/t)	400	400
当地电价/[元/(kW·h)]	0.47	0.47
每小时用煤成本/元	0	104
每小时用电成本/元	252.86	15.28
每烘成 1kg 干玉米成本/元	0.038	0.049

所以，每得到1kg干玉米，热泵烘干塔比燃煤烘干塔节省成本0.011元，因此和玉米燃煤干燥相比，玉米热泵干燥具有明显的经济效益。另外，和玉米燃煤干燥过程相比，玉米热泵干燥过程清洁、环保，对环境没有污染，所以玉米热泵干燥具有广泛的应用价值和前景。

（4）热泵干燥玉米品质

为了对玉米热泵干燥系统和玉米燃煤干燥系统干燥后的玉米品质进行对比，分别从品相和玉米容重两方面进行对比说明。通过现场测试观察发现，同一批玉米潮粮经玉米热泵干燥系统和玉米燃煤干燥系统干燥后的效果如图20-20所示。其中，（a）为玉米潮粮；（b）为经热泵干燥系统干燥后的干玉米；（c）为经燃煤干燥系统干燥后的干玉米。从图20-20可以发现，经热泵干燥系统干燥后的玉米颜色鲜亮，没有糊粒儿、焦粒儿；经燃煤干燥系统干燥后

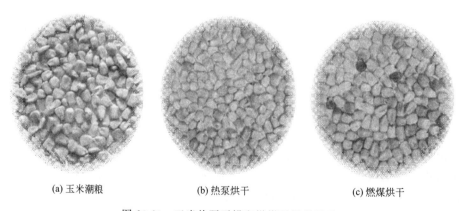

(a) 玉米潮粮　　　　　　　(b) 热泵烘干　　　　　　　(c) 燃煤烘干

图 20-20　玉米热泵干燥和燃煤干燥的品质

的玉米颜色暗淡，糊粒儿、焦粒儿较多。

　　为了进一步对玉米热泵干燥系统和玉米燃煤干燥系统干燥后的玉米品质进行对比，使用玉米容重仪分别对玉米热泵干燥系统和玉米燃煤干燥系统干燥后的玉米进行容重测试。测试结果表明：对于同一批玉米潮粮，玉米热泵干燥系统干燥后的玉米容重为 $685\sim700 g/L$，而玉米燃煤干燥系统干燥后的玉米容重为 $670\sim680 g/L$。根据玉米的等级划分标准可知，对于同一批玉米，热泵干燥后的玉米为二等粮，燃煤干燥后的玉米为三等粮。

20.3　化学热泵干燥

20.3.1　化学热泵

　　热泵是一种热量由低温物体转移到高温物体的能量利用装置，它可以从低温热源中提取热量用于供热。根据热力学第二定律，热量从低温传至高温不是自发的，必须消耗机械能。但热泵的供热量却远大于它所消耗的机械能，所以说热泵技术是一种低温余热利用的节能技术。

　　广义上讲，化学热泵（chemical heat pump，CHP）是指将吸附热、吸收热、化学反应热等能量储存起来，在需要时再释放出不同温度水平的热能。根据所利用热能形式的不同，可分为吸附式热泵、吸收式热泵和化学反应式热泵。狭义上讲，人们通常将化学反应式热泵称为化学热泵，本章所探讨的对象就是此类化学热泵。

　　化学热泵是依靠可逆化学反应进行蓄热和放热，并将热能转变为化学能的装置，其具有如下优点：蓄热密度大，明显高于显热蓄热和潜热蓄热密度；因靠化学反应蓄热，热损小，不需要保温，能够长期蓄热；蓄热和放热速度快；操作温度范围广（利用不同的反应体系）。因化学热泵蓄热具有以上优点，使得在众多的蓄热方式中成为有潜力的蓄热方式；另外，化学热泵采用合适的工质对，能够实现对低品位能源品位的提升。化学热泵依靠可逆化学反应进行蓄热与放热，实现热量提质、储能、增热以及冷冻，特别是储能和热量提质作用能够解决中低品位能源不连续性、产生与应用时间或地域的不匹配性、温度低等问题，提高了能源利用效率，具有重要的节能意义和广泛的应用前景。不过化学热泵安全性、传热传质以及储热材料寿命短等问题，阻碍了化学热泵的发展。目前，化学热泵的相关研究很多处于实验室尺度或者工程示范阶段，还没有进入大规模应用阶段。研发蓄热密度高、循环稳定性好的高效化学储热材料是提升化学热泵实用性与高效性的重要手段。

20.3.1.1　工作原理

　　化学热泵是依靠可逆化学反应来进行吸热和放热，是将热能转变为化学能的装置。化学热泵作为一种新型节能装置。根据工作介质相态来分，化学热泵分为两类，一是气固式，另外一类是气液式。以气固式化学热泵系统[79]为例，化学热泵系统主要包括反应器、冷凝器、蒸发器，结构如图 20-21 所示。

　　以 $MgO/H_2O/Mg(OH)_2$ 化学热泵为例[80]，该化学热泵间歇地运行实现储热、加热或冷却过程，其化学反应如下：

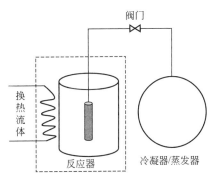

图 20-21　气固式化学热泵系统结构示意图

$$MgO(s)+H_2O(g)\Longleftrightarrow Mg(OH)_2(s)+81.0kJ/mol \tag{20-1}$$

冷凝器/蒸发器中进行的冷凝或蒸发过程如下

$$H_2O(g) \Longleftrightarrow H_2O(l) + 40.0kJ/mol \qquad (20\text{-}2)$$

通过 $Mg(OH)_2$ 的脱水反应实现化学热泵的储热过程，放热过程则通过 MgO 的水合反应实现。具体的工作过程为：储热模式，$Mg(OH)_2$ 利用温度 T_d 的余废热 Q_d 进行脱水反应，产生的水蒸气进入冷凝器冷凝成水，冷凝温度为 T_{cd}，产生的冷凝热 Q_{cd} 可以被回收利用；放热模式，液态的 H_2O 在温度 T_e 下吸收热量 Q_e 蒸发，蒸发器内的压力高于反应器内的压力，气态的 H_2O 由蒸发器进入 MgO 反应器内进行水合反应，并放热 Q_h，温度为 T_h。同时，在放热模式下，蒸发器向外界提供 Q_e 冷量。储热与放热过程可根据需要灵活操作，并且储能过程无能量损失，这是其他储能方式无法比拟的，具体工作过程见图 20-22。

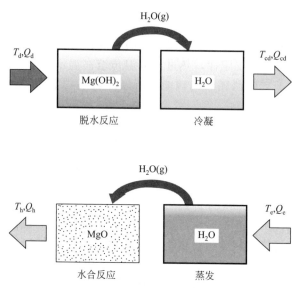

图 20-22　$MgO/H_2O/Mg(OH)_2$ 化学热泵系统工作过程[80]

异丙醇/丙酮/氢气、甲醇/甲醛/氢气等为工作介质的气液式化学热泵系统，与气固式化学热泵相比，只是参加反应的气固相态变为气液相态，工作过程相似，能实现储能、热量提质、加热或冷却。

化学热泵系统在反应过程中只有一个状态参数的变化，为单变系统，如金属氢化物与氯化物的反应，只有反应压力的变化。化学热泵工质主要有水系（氢氧化物/氧化物、氢化盐/盐等）、氨系（氨/碱性盐、甲胺、二甲胺/碱性盐等）、SO_2 系（硫化物/氧化物等）、CO_2 系（碳酸盐/氧化物、氧化钡/碳酸钡等）、氢系（氢化物/氢化物或金属、氢化/脱氢等）。

选择适当的化学反应体系和反应条件，化学热泵可以具备储热、热量提质、增热、冷冻 4 种机能[81]。目前，根据热源温度和所提供的热能使用温度不同，化学热泵用途可分为热量提质型、增热型以及冷冻型。热量提质型，把中温热作为热源，放热端产生高温热以供利用，提升热量品质。在这类化学热泵中，具有代表性的是异丙醇/丙酮/氢气类。异丙醇可利用 $80 \sim 90℃$ 的低温热源发生吸热的脱氢反应，而丙酮的加氢放热反应则能产生 $150 \sim 210℃$ 的热量[82]。增热型化学热泵是把高温热作为热源，产生的中温热用来加热，因此可以储存工业余热、太阳能等热源，需要时放出中温热加以利用。例如，热电联产系统发动机烟气余热利用，化学热泵储存烟气余热，待需要时启动放热模式，反应热或产生蒸汽或供热，从而提高热电发电效率[83]。冷冻型与增热型化学热泵原理相同，只不过使用目的不同，产生环境温度以下的低温，为制冷过程使用[84]。另外，化学热泵可利用可逆化学反应进行储热/放能，具有储能密度大、热损小等特点，是一种优异的储能方式。上述三类用途都可兼顾储热功能。利用化学热泵技术的热量提质、增热、储能等作用解决中低品位能源品位低、余热的产生与应用时间或地点上的不匹配性等问题，提高中低品位能源利用率。本文重点介绍化学热泵的储热应用。

20.3.1.2 典型的化学储热材料

化学储热材料是化学热泵核心技术之一，这是因为化学热泵依靠化学储热材料发生可逆化学反应实现储热与放热。与其他储能方式相比，化学储热的能量储存密度较大，同时也易长期储存，没有材料相变存在的问题以及热损。图 20-23 是化学热泵的体积能量密度与操作温度图，从图中也可以看出化学储热材料与其他储热方式储热密度对比。目前化学储热相关研究主要集中在欧洲以及日本等国家与地区，而国内对于化学储热的研究处于起步阶段。化学储热材料主要分为金属氢氧化物、金属氢化物、金属碳酸盐、结晶水合物、金属盐氨合物等，其中金属氢氧化物、金属氢化物、金属碳酸盐等用于中高温储热，而结晶水合物与金属盐氨合物则用于低温储热领域。接下来重点介绍金属氢氧化物和结晶水合物的相关进展。

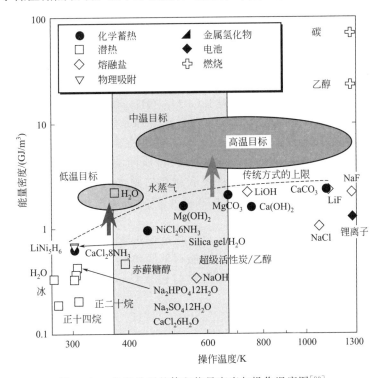

图 20-23 化学热泵的体积能量密度与操作温度图[83]

（1）金属氢氧化物

目前对于中高温化学储热材料氢氧化物的蓄热研究主要集中在 $Ca(OH)_2$ 和 $Mg(OH)_2$ 上[85-87]。$CaO/H_2O/Ca(OH)_2$ 系统循环稳定性好、反应活性高、蓄热性能突出、价格相对低廉，常见于化学蓄热、化学热泵研究，并且该反应体系对压力不敏感，可以在常压下进行。$Ca(OH)_2$ 反应方程为

$$CaO(s) + H_2O(g) \rightleftharpoons Ca(OH)_2(s) + 104.2kJ/mol \tag{20-3}$$

$$H_2O(g) \rightleftharpoons H_2O(l) + 41.7kJ/mol \tag{20-4}$$

有研究表明，$Ca(OH)_2$ 系统储能密度可高达 1.86MJ/kg（CaO）[88]。$Ca(OH)_2/CaO/$

H_2O 化学热泵[89]用于制热和制冷时，能量效率的模拟结果能达到 58.7% 和 12.7%，㶲效率可分别达到 61.6% 和 4.5%；循环稳定性方面，德国宇航中心研究人员在实验测试中发现，即使将水蒸气分压提升至 95.6kPa，$Ca(OH)_2$ 系统的转化率和转化速率在循环 100 次之后几乎不衰减[90]。

另外，$CaO/H_2O/Ca(OH)_2$ 化学热泵可以利用工业余热制氢[91]。化学热泵产生的热量可以提供铜-氯热化学循环中氧化铜-氯化铜分解反应热源，在联合系统中最大产氢气量可达 12.28mol/kg $[Ca(OH)_2]$，当 CaO 与蒸汽量比为 2∶1 时，$CaO/H_2O/Ca(OH)_2$ 化学热泵产生的最高温度可达 600℃。

$Mg(OH)_2$ 储热材料方面，为了强化 $Mg(OH)_2$ 传热传质特性，提高材料储能效果，开展复合化学储热材料研发是重要的研究方向。

① 添加复合多孔材料　多孔材料如膨胀石墨、膨胀蛭石等，可以将氢氧化物颗粒限制在孔内起到隔离作用，有效减小化学反应中固体反应物的膨胀收缩体积变化，另外根据选择的多孔载体可实现强化传热传质性能。针对化学热泵反应器内传热性能不佳的问题，日本 Zamengo 等[92]开展了 $Mg(OH)_2$ 负载膨胀石墨复合化学储热材料研究，复合化学储热材料填充的反应器本征热导率为 1.2W/(m·K)，是纯 $Mg(OH)_2$ 反应器的 7.5 倍。在相同的反应条件下，进行复合化学储热材料与纯 $Mg(OH)_2$ 性能比较，在 400℃ 脱水反应进行 120min 后，复合化学储热材料反应器储热能力为 747MJ/m³ 而纯 $Mg(OH)_2$ 反应器储热能力为 502MJ/m³，复合化学储热材料性能较为优异。

② 添加复合吸湿材料　为提高化学储热材料传质特性，添加吸湿材料从而形成新型复合材料，如添加 LiCl。Ishitobi 等[93]曾对 $LiCl-Mg(OH)_2$ 体系的水解机理进行研究，发现纯 $Mg(OH)_2$ 水解是一步反应，而 $LiCl-Mg(OH)_2$ 水解却是两步反应，此外添加 LiCl 后一级水解反应活化能减小，反应速率增加，可见 LiCl 盐的吸湿性对复合材料的水解性能有着极大的影响。另外，Kato 等还针对 $Mg(OH)_2$ 材料传质问题，分别进行了 $Mg(OH)_2$，膨胀石墨与 LiBr、$CaCl_2$ 复合研究[94-96]，开展复合材料的脱水与水合实验性能测试，评价复合材料的蓄热与放热性能，经研究发现 LiBr、$CaCl_2$ 的添加有利于水的传质过程。

（2）结晶水合物

相对于其他化学蓄热材料而言，结晶水合物反应过程条件温和，化学储热系统安全性高、储热温度较低（一般低于 200℃），能够储存低品位热源，大大拓展了化学储热技术的应用范围，具有较大的发展潜力。结晶水合物材料有 $CaSO_4$、$MgSO_4$、LiOH、$Ba(OH)_2$ 等。$CaSO_4$ 的储热反应方程为：

$$CaSO_4 + 1/2H_2O \rightleftharpoons CaSO_4 \cdot 1/2H_2O + 16.8kJ/mol \tag{20-5}$$

$$H_2O(g) \rightleftharpoons H_2O(l) + 41.7kJ/mol \tag{20-6}$$

不过，结晶水合物储热组分单体水合速率较慢，放热速率也较低，从而制约了其工程应用。为解决结晶水合物储热材料传热传质问题，强化方法与氢氧化物储热材料强化手段相似，一般采用化学储热材料单体与其他物质混合形成复合储热材料。

为提高储热材料水合速率，采用化学储热材料单体与吸湿材料混合形成复合化学蓄热材料，利用吸湿材料对水的高吸附性，提高复合材料整体的水合速率。吸湿材料一般选择 $MgCl_2$[97]、$CaCl_2$[98]、LiCl[99]等。另外，与多孔材料复合，也是常用的强化方法，利用多孔材料高比表面以及丰富孔道，提高储热材料储热性能。多孔碳材料具有强亲水性、高比表面积、优异的热学以及机械性质，是比较好的多孔载体，一般选取碳纤维、氧化石墨烯等。

20.3.1.3　化学热泵的前景与展望

化学热泵依靠可逆化学反应的吸热和放热，实现热量提质、储能、增热以及冷冻功能。

作为环境友好技术，化学热泵能够有效利用热能，应用领域广泛。化学热泵可以很好地利用可再生能源如太阳能等，或者工业余热，特别是储能能够解决中低品位能源不连续性、品位过低等问题，提高中低品位能源利用效率，具有广阔的应用前景。目前，化学热泵与冷热电联供系统结合，太阳能化学热泵、化学热泵农业干燥等都是化学热泵应用的重要方向。

20.3.2　化学热泵干燥

20.3.2.1　概述

工业干燥过程所需能耗巨大，为了实现工业干燥节能，干燥系统可以引入化学热泵，利用化学热泵提供或者部分提供干燥所需热量，降低一次能源能耗。化学热泵储热与放热交替进行，产生高温干燥空气。化学热泵能够储存工业余热或者太阳能，利用反应热或者冷凝热提供干燥器所需热空气，同时化学热泵蒸发器能够对从干燥器出来的湿热空气冷却除湿，产生干空气以备进入下次干燥循环。化学热泵干燥适用于工业干燥过程，可利用化学热泵对树皮和木材进行干燥，特别是制浆造纸过程[100]。

20.3.2.2　工作原理

化学热泵干燥系统主要包括化学热泵和干燥室两部分，图 20-24 是化学热泵干燥系统示意图。对于化学热泵部分一般包含两个化学热泵装置，一个用来储热，另外一个实现放热，可实现连续干燥。储热和放热温度是通过选择不同可逆化学反应体系来实现的，每个化学热泵装置由反应器和蒸发器/冷凝器组成。例如化学热泵 1（CHP1）处于储热阶段，高温热源提供反应器内分解反应热源，因压力差的原因气态介质从反应器进入冷凝器冷凝释放中温热；化学热泵 2（CHP2）处于放热阶段，蒸发器开始蒸发，在压力差作用下气态介质从蒸发器进入反应器，与反应器内物质进行合成反应，释放热量。冷凝热或者反应热提供干燥室干燥热源，同时蒸发器蒸发时可将从干燥室出口高温潮湿的空气冷却除湿，以达到干燥入口空气要求。化学热泵储热与放热交替进行，高效产生高温干燥空气。

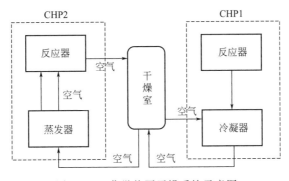

图 20-24　化学热泵干燥系统示意图

20.3.2.3　干燥装置性能系数的理论分析

化学热泵的效率一般采用放大系数（COA）来表示，表达式为

$$COA = \frac{Q_c + Q_a}{Q_r} \tag{20-7}$$

式中，Q_c 为冷凝热；Q_r 为再生热；Q_a 为吸收热。

化学热泵干燥系统效率可采用单位能耗除湿量（SMER）来表示，其定义为

$$SMER = \frac{水分蒸发量}{输入的能量}$$

输入的能量为 Q_r，水分蒸发量通过公式即可得到

$$Q_{总} = Q_r + Q_c = W_A c_A (T_{A1} - T_{A2}) = W_B c_B \Delta T_B + W_A \Delta H \Delta Y \tag{20-8}$$

式中，$Q_{总}$ 为化学热泵总热量；W_A 为循环干空气流量；c_A 为循环干空气比热容；T_{A1}、T_{A2} 分别为干燥器空气进口温度、空气出口温度；W_B 为物料质量流量；c_B 是物料比热容；ΔY 是水分蒸发速率。

20.3.2.4　化学热泵干燥的前景与展望

化学热泵干燥器能源利用效率高于传统对流干燥器，如果化学热泵能利用可再生能源或者其他余热干燥，节能效果将更加显著。另外，化学热泵干燥一般进行中低温干燥，适合热敏性物料干燥，产品质量较高。因此，化学热泵干燥工业化应用具有广阔的前景。不过，化学热泵操作安全性、化学反应速率以及设备投资等方面需要进一步研究，以提高化学热泵干燥系统的可靠性与实用性。

20.3.2.5　化学热泵干燥的具体案例分析

选择合适化学反应体系，化学热泵能够实现升温、储热、增热以及制冷功能。确定化学反应体系时要综合考虑反应温度、压力、反应特性、可逆性以及反应安全与经济成本。从干燥温度、系统安全以及经济性上考虑，化学热泵干燥通常选择氯化钙/水、氧化钙/水、硫酸钙/水等化学反应体系，其中氧化钙/水反应体系适用于于高温/高密度蓄热场合，而氯化钙/水、硫酸钙/水反应体系应用于低温蓄热领域。

下面具体介绍几种典型反应体系的化学热泵干燥系统。

（1）氧化钙/水体系

氧化钙/水化学热泵反应方程为式（20-3）、式（20-4）。Ogura 等[101] 提出 $CaO/H_2O/Ca(OH)_2$ 化学热泵干燥系统。图 20-25 为该化学热泵干燥系统图，该系统包含化学热泵和干燥室，CHP1 和 CHP2 分为化学热泵 1 和化学热泵 2，图中 CHP1 为储热阶段，CHP2 为放热阶段，储热/放热模式每小时切换一次，该切换时间受化学反应控制。储热阶段，温度为 594℃热源通入 CHP1 反应器内，反应器内发生 $Ca(OH)_2$ 分解反应，$Ca(OH)_2$ 分解成 CaO 和气态水，同时水蒸气随之进入冷凝器冷凝放热，冷凝温度约为 150℃，这部分热量供给干燥室。同时，CHP2 装置蒸发器温度为 20℃时蒸发，因反应器（含有 CaO）的压力小于蒸发器的压力，水蒸气由蒸发器进入反应器内与 CaO 发生水合反应，生成 $Ca(OH)_2$，放热温度约为 360℃，该热量也供给干燥室进行干燥。因此，$CaO/H_2O/Ca(OH)_2$ 化学热泵干燥系统能够储存 600℃左右的热量，释放 150℃和 360℃热量供给干燥室进行干燥。

（2）氯化钙/水体系

因氯化钙/水体系化学热泵能够储存低温热源，可与太阳能利用结合起来，形成太阳能化学热泵干燥系统。太阳能化学热泵干燥系统是太阳能干燥装置耦合化学热泵，是干燥系统新节能方式。该系统利用化学热泵储存太阳能热，当日照条件不足或者夜晚时，化学热泵放热提供干燥室热空气，实现太阳能干燥装置稳定干燥。

在马来西亚国立大学内一幢 3 层楼房上安装了一套太阳能化学热泵干燥系统[102]，图 20-26 为太阳能化学热泵干燥系统流程图，图 20-27 是太阳能化学热泵干燥系统图片。该系统由四部组成，分别是太阳能集热器、储热箱、化学热泵以及干燥室，其中化学热泵采用 $CaCl_2/NH_3$ 体系。其化学反应方程式为：

$$CaCl_2 \cdot 2NH_3 + 6NH_3 \rightleftharpoons CaCl_2 \cdot 8NH_3 + 6\Delta H_r$$

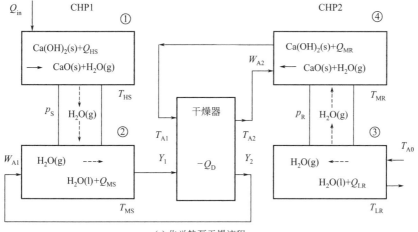

(a) 化学热泵干燥流程

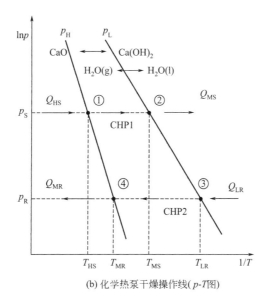

(b) 化学热泵干燥操作线(p-T图)

图 20-25　化学热泵干燥系统图[101]

　　该系统中化学热泵包含 1 个反应器，工作过程分为吸附过程和脱附过程。吸附过程是制冷过程，脱附过程发生分解反应。在吸附过程中，蒸发器内的液态氨蒸发，因反应器内压力小于蒸发器内的压力，氨气进入反应器，与固体氯化钙在反应器内发生放热反应，化学热泵实现放热，同时蒸发器内的液态氨蒸发冷却向外界提供冷量，能够冷却除湿湿空气。在脱附过程中，反应器接入储热箱热源，反应器内发生分解反应，氨气从反应器内进入冷凝器，随之氨气冷凝放热，用来加热干空气，而后热空气进入干燥室进行干燥。另外，高温潮湿空气离开干燥室后通入蒸发器内进行冷却，湿度也随之降低实现冷却除湿过程，之后空气再经过冷凝器加热，重新进入干燥室进行干燥，因此干燥介质实现循环干燥。

　　同时对该系统进行了不同气候条件下的性能测试，包含晴天和阴天两种天气条件。实验结果表明，在测试时间 9：00～17：00 内化学热泵系统性能（COP）晴天和阴天最大值分别为 2 和 1.42，同时太阳能化学热泵干燥系统在晴天和阴天分别提供 51kW·h 和 25kW·h 的热量，图 20-28 为干燥输出功率随时间变化规律。另外，还证实了因太阳能辐射的减少导致化学热泵性能下降，最终也影响干燥器的性能。

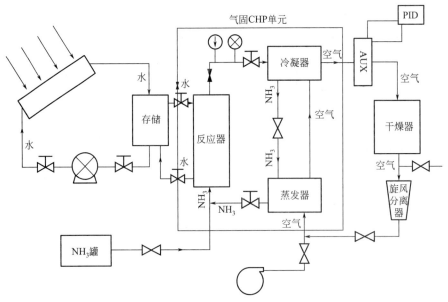

图 20-26　太阳能化学热泵干燥系统流程图[102]

图 20-27　太阳能化学热泵干燥系统图片[102]

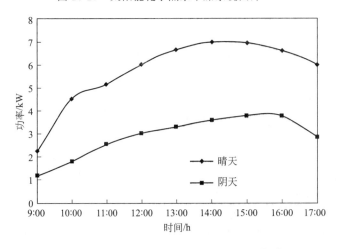

图 20-28　干燥输出功率随时间变化规律[102]

20.3.2.6　化学热泵干燥的应用

化学热泵干燥可应用在工业陶瓷制品干燥过程中[103]。为保证陶瓷质量，陶瓷干燥过程需进行预干燥和主干燥，预干燥使用低温、高湿热空气而主干燥则使用高温、低湿热空气。

Ogura 等[104]用化学热泵替代原有工业陶瓷干燥装置中的加热器，化学热泵采用硫酸钙/水反应体系，图 20-29 为工业陶瓷制品化学热泵干燥流程图。在预干燥阶段 CHP1 化学热泵，反应器 1 通入热量 Q_{in}，该反应器内发生脱水反应，因反应器内的压力大于冷凝器，水蒸气进入反应器 2 内冷凝，放出冷凝热 Q_c；在反应器 3 内，发生蒸发反应，产生的水蒸气在压力差的作用下进入反应器 4 内，与硫酸钙进行水合反应，产生反应热 Q_r。其中 Q_c 与 Q_r 用来加热新鲜空气。在主干燥阶段，操作过程与预干燥阶段基本相同，区别在于主干燥阶段化学热泵加热循环气体与新鲜空气的混合物。

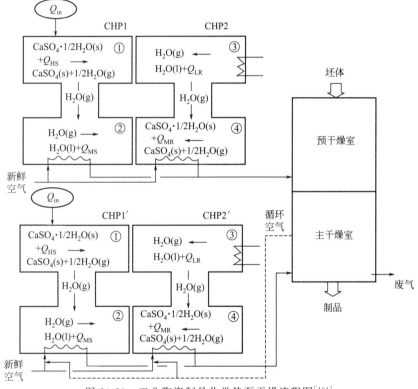

图 20-29　工业陶瓷制品化学热泵干燥流程图[104]

目前，工业陶瓷干燥系统的干燥效率为 28.4%，而化学热泵干燥系统能达到 79.7%，化学热泵干燥节能效果显著。

另外，化学热泵也适用于树皮、木材的干燥，同时也可用在制浆造纸过程[100]。

20.4　MVR 热泵干燥

20.4.1　MVR 热泵

20.4.1.1　工作原理

早在 1834 年就有人提出机械蒸汽再压缩（mechanical vapor recompression，MVR）热

泵的概念[105]，但直到 1925 年才产生世界上第一套 MVR 工程系统应用设备[106]。我国对相关技术的应用和研究起步较晚，经过十多年的发展，MVR 热泵系统设备性能、寿命、可靠性和系统控制等方面得到了很大的改善。中科院理化所在积累了用于蒸发行业的 MVR 系统研发经验后，对其进行了相应的改造，在国内首先提出将 MVR 技术应用于干燥行业[107]。目前，MVR 热泵已广泛应用于各种连续式分离过程，但在干燥领域的应用相对较少。相比于传统干燥方式，使用 MVR 热泵干燥具有高水分含量的物料时，在能量效率方面是非常有利的。这种技术可以显著降低干燥所需的能量，主要是因为其高效的热回收，特别是潜热的回收。例如，碳质材料（生物质、低级煤、污泥和粪便）通常含有大量的水分，导致其运输过程需要消耗额外的燃料，燃烧和气化过程中热效率的降低以及储存期间的褪色等。当采用常规干燥方式干燥高湿碳质材料时，将消耗大量的能量。

MVR 热泵是指将蒸发或干燥过程所产生的二次蒸汽进行机械再压缩，提高二次蒸汽压力和相对应的饱和温度，并将其返回到蒸发器或干燥器中作为加热蒸气，以提高其热能利用率的高效节能装置。MVR 热泵技术是当前蒸发或干燥领域内最高效环保的节能技术。由于压缩机压缩蒸汽所消耗的电能远远小于从压缩蒸汽获得的能量，因此 MVR 热泵具有很高的能效比。在常规 MVR 热泵中，并不是所有的热量都能有效地进行回收。为了提高干燥的总体能量效率，应该注意在干燥器中的热和质量传递的强化以及从干燥器离开的干燥介质的利用。显热和潜热的回收/利用对于获得更高的效率是很有必要的。综合考虑有效能的回收和热耦合的因素，除了常规的蒸汽再压缩，还可以通过水再循环有效地回收干燥固体物料的显热，有望得到改进型的 MVR 热泵系统。于是提出了一种新的基于自热回收技术的创新型干燥方法[108-110]，其不仅回收潜热，而且更有效地回收显热，可以大大节省干燥能量。一般常规 MVR 热泵干燥系统能将能量消耗减少到热空气时的约 15%，而改进型的 MVR 热泵干燥系统只需常规 MVR 热泵干燥系统能量消耗的约 75%[109]。

20.4.1.2　MVR 蒸汽压缩机

1970 年前后，离心式或轴流式压缩机在 MVR 热泵系统上的应用已出现在国外的媒体报道中[111]。早在 1981 年，芬兰使用的压缩机算是真正意义上的风机，经过不断的改进与完善，现在这种类型的压缩机在西欧各国得到了广泛使用[112]。早期的压缩机最大只能把蒸汽温差提到 15℃ 左右，且因其结构过于复杂、造价和维修费太高等缺点而逐渐被市场所淘汰。最近几年，为了避免国外压缩机占有中国市场，国内活塞式、螺杆式和离心式压缩机都得到了一定的发展，其对于蒸汽压缩各有特点而用于不同的工艺中。

国内研究人员发现，随着蒸汽压缩技术的不断进步，一系列难题也是接踵而至，如压缩机的防腐防锈处理、耐高温性能的提高、密封和长期运行时的安全可靠性等。高温水蒸气有比较强的腐蚀性，与水蒸气直接接触零部件的防腐防锈工作必须做好才能够使压缩机长期稳定地运行。从多方面研究结果看，压缩机的关键部件可采用耐蚀耐锈的新型材料进行加工制造，当然也可以在碳钢表面进行涂搪瓷或是喷镀等。另外，压缩机自身的油润滑系统是压缩机安全平稳地运行的保障，而此时蒸汽作为高压气体则无孔不入。因此，我们又面临着隔离油脂和水的高效密封两个技术难点。同时，我们一般使用的制冷或空气压缩机的压缩介质为制冷剂或油气混合物，若压缩水蒸气的密封介质是油脂类物质必然会使得水蒸气受到污染而影响后期的工序。

目前，国内 MVR 离心式蒸汽压缩机典型厂家有陕西鼓风机厂、沈阳鼓风机厂、金通灵、重庆江增等；国内 MVR 罗茨式蒸汽压缩机典型厂家有章丘鼓风机厂、长沙鼓风机厂、宜兴富曦机械厂、江苏乐科节能等；中科院理化所先后联合广东某企业和江苏某企业共同开发出无油润滑（中低温）和油润滑（高温）的不同两款系列化单螺杆蒸汽压缩机，适用于高压比、中小流量的蒸汽压缩系统。图 20-30 为中科院理化所离心式水蒸气压缩机型号（单级高速）及特性范围图谱，图 20-31 为中科院理化所合作研发的单螺杆水蒸气压缩机。

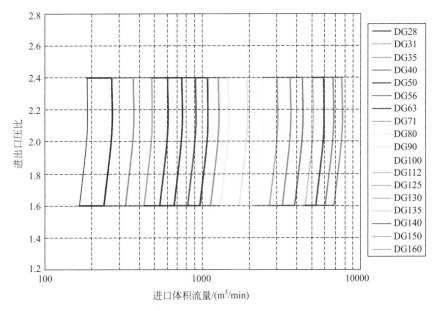

图 20-30　中科院理化所离心式水蒸气压缩机型号（单级高速）及特性范围图谱

图 20-31　中科院理化所合作研发的单螺杆水蒸气压缩机

20.4.2　MVR 热泵干燥

20.4.2.1　基本原理

通常，用于干燥物料的常规 MVR 热泵示意图如图 20-32 所示，干燥所需要的热量基本上是由蒸发出的蒸汽通过压缩机压缩后提供，但需要额外提供少量的补热。该技术的主要难点在于干燥蒸发水的显热和潜热的回收。一般情况下，由于干燥固体的低能量消耗率，不能有效地从干燥物料中回收显热，同时由于热交换技术的限制，也难以通过固体-固体热交换回收固体物料的显热。当其用于干燥含水率较大的物料时，MVR 热泵会变得更加有利，这意味着其更适合用于在干燥前具有高初始水分含量和在干燥后具有低目标水分含量的场合。

值得注意的是，干燥期间固体物料的显热也要由压缩的蒸汽来提供。因此，压缩蒸汽的热量必须覆盖固体物料的显热和待蒸发的水的潜热和显热。当在干燥具有相对低水分含量的物料时，蒸发的水应该被压缩到更高的压力比，这将导致压缩功的大幅度增加。此外，压缩机在一定程度上将充当加热器，将导致无效的热耦合和热回收。

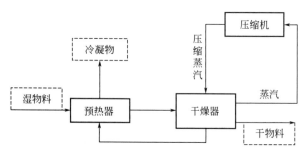

图 20-32　用于干燥物料的常规 MVR 热泵示意图

为了克服上述问题，实现高能效的最佳使用，提出了一种新的基于自热回收技术的创新型干燥方法，属于改进型的 MVR 热泵[113]。与常规 MVR 热泵不同，在改进型 MVR 热泵中，不仅仅集中在压缩蒸汽冷凝后的潜热回收，而且还集中在涉及整个过程（包括水和固体物料）显热的有效回收。潜热和显热的回收通过有效的热耦合来进行，以减小（㶲）的破坏。用于干燥物料的改进型 MVR 热泵示意图如图 20-33 所示。使用冷凝的压缩蒸汽的热量将湿物料在预热器中预热到一定温度。在该预热阶段中，进行显热交换。随后，预热的湿物料进入干燥阶段，其中水从固体物料中蒸发并转化成蒸汽。与预热阶段相反，在干燥阶段中，在压缩蒸汽的冷凝热和湿物料的水的蒸发热之间发生潜热交换。在物料干燥过程中，为了在分布和均匀性方面改善热传递，进行蒸汽再循环。排出的蒸汽（来自物料的蒸发蒸汽和再循环蒸汽）被分离成两股流：再循环蒸汽和净化蒸汽。再循环的蒸汽在其作为干燥介质进入干燥器之前先进到鼓风机。再循环蒸汽的量在整个干燥过程中是恒定的。再循环蒸汽在干燥器内的存在具有一些益处，包括蒸汽的搅动和热传递。此外，蒸汽再循环还增加了干燥过程的安全性。它可以最小化物料干燥过程中的火灾风险，这是由于其高氧化反应所引起的物料的一个不利因素。

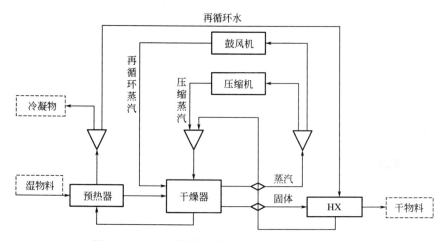

图 20-33　用于干燥物料的改进型 MVR 热泵示意图

净化的蒸汽最初来自湿物料中的水，其量等于从湿物料蒸发的水。然后，经洗涤的蒸汽通过压缩机压缩并用作下一个干燥过程的热源。压缩的目的是提高净化蒸汽的能量，使得可以在压缩蒸汽的冷凝热和来自湿物料的水的蒸发热之间进行有效的潜热交换和耦合。因此，压缩量（压缩比）取决于换热器的性能，其是由热交换所需的最低温度来决定。换热器越接近最低温度，所需的压缩比越低，这意味着较低的压缩功。此外，压缩蒸汽的温度在压缩之后增大，并且增大的幅度也取决于压缩量。

为了回收干燥固体物料的显热，部分冷凝水被再循环。再循环水的量取决于由压缩机实现的压缩量。在通过干燥固体物料预热之后，再循环水在压缩蒸汽进入干燥器之前与其混合。这种混合的目的是改善热流上的物料平衡，因此减少压缩功。此外，压缩蒸汽的温度可以降低，导致热流（压缩蒸汽）和冷流（湿物料）之间的适度的温差，以避免任何局部加热（过干燥）。此外，向压缩蒸汽中添加最佳量的水可改善干燥器内的热传递性能，因为冷凝后有更好的热交换。在干燥期间，压缩的蒸汽冷凝并流向预热器以预热湿物料。在整个干燥过程中，相同类型热的热耦合是重要的，包括显热和潜热。这种热耦合将导致最佳的热回收，这最终与干燥过程能量消耗的减少有关。当是水的情况下，水蒸发后的潜热量大约是从环境温度升高到沸点所需显热的五倍。因此，压缩蒸汽和湿物料中包含的水之间潜热的热耦合是重要的。

有效热回收还取决于用于每个流的热交换器的类型。对于低级煤，可用的干燥器包括鼓式、旋转式、带式输送机和流化床干燥器等。为了促进干燥器内的有效热交换，具有内部热交换器的蒸汽管旋转型干燥器被认为是低级煤干燥的最佳选择[113]。蒸汽管旋转干燥器的一些优点包括大的传热面积导致高的热效率，优异的干燥控制，舒适的处理能力和连续操作期间的使用容易性。干燥器可以以逆流方式进行，而待干燥的物料可以以活塞流模式流动，因此在干燥器内可以保持很低的温度。在蒸汽管旋转干燥器中，干燥所需的热量主要通过从加热管到湿式物料的传导来进行传递。

旋转干燥器被设计成具有倾斜的旋转圆筒，能够通过重力的作用将干燥器内的物料颗粒从进料入口移动到排出出口。旋转式干燥器内的加热管充满压缩蒸汽，其具有高的热能。加热管在干燥器内部以同心圆布置。这些加热管与旋转干燥器一起旋转，并且提供干燥所需的热量，特别是潜热，其构成了从物料除去水中涉及的最大量的热量。将物料以固定速率连续地供给干燥器，通过旋转干燥器的旋转来进行搅拌。

图 20-34 表示用于干燥物料的改进型 MVR 热泵的工艺流程图。在此干燥过程中，需要

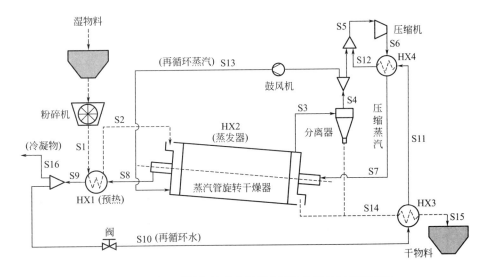

图 20-34　用于干燥物料的改进型 MVR 热泵的工艺流程图

预热器和主干燥器。湿物料在进入预热阶段之前进行预处理（例如研磨和粉碎），以获得更小的且均匀的尺寸并改善其在干燥器中的动态行为。该步骤将确保更好和更均匀的热传递，以及均匀的水分迁移速率。在预热阶段，湿物料的温度升高并接近其饱和点。预热器将使用从蒸汽管旋转干燥器流出的压缩蒸汽冷凝水的显热来预热湿物料。湿物料进入在蒸汽管旋转干燥器中进行的蒸发阶段。湿物料从进料入口进入干燥器，主要通过重力向下流到排出口。在干燥阶段中，使用压缩蒸汽作为热源实现涉及水蒸发的主干燥过程。因为蒸汽管旋转干燥器内部的热交换是逆流的，所以压缩的蒸汽沿与湿式物料的方向相反的方向流动，湿式物料移动到干燥器的出料侧。在蒸汽管旋转干燥器中，压缩蒸汽的冷凝与来自物料水分的蒸发进行热交换。干燥物料向下流过干燥器，并且最终通过位于干燥器下端的出口排出。蒸发的水从不同的出口排出，并在分离之前输送到分离器，并且一部分（作为蒸汽）被压缩以提高其有效能量。然后压缩的蒸汽再与干燥物料的显热通过热交换器预热的再循环水混合之后流入蒸汽管旋转干燥器。经压缩后蒸汽的物理性质发生改变，包括饱和温度，进而使得有效的热交换以及潜热和显热的有效回收成为可能。从蒸汽管旋转干燥器排出的蒸汽被分成再循环和压缩的蒸汽。压缩蒸汽的量等于从湿式物料蒸发的水，并且在其作为冷凝物排出之前用作干燥的热源。在蒸汽再循环过程中，安装了鼓风机。因此，蒸汽管旋转干燥器中的热交换以两种方式进行：来自再循环蒸汽的热对流传递和来自加热管内压缩蒸汽的热传导传递。

20.4.2.2 　热效率评价

压缩机的绝热压缩功 W_{ad} 可定义为：

$$W_{ad} = \frac{\kappa}{\kappa-1} p_{suc} v_{suc} \left\{ \left(\frac{p_{dis}}{p_{suc}} \right)^{(\kappa-1)/\kappa} - 1 \right\} \tag{20-9}$$

吸入侧的蒸汽比容 v_{suc} 可定义为：

$$v_{suc} = v_{boil} \left(\frac{p_{boil}}{p_{suc}} \right) \left(\frac{T_{suc}}{T_{boil}} \right) \tag{20-10}$$

式(20-9) 和式(20-10) 表明压缩功取决于各种因素，包括出口和入口之间的压力比，待压缩蒸汽的性质和温度。

通常，干燥是通过物理和化学方法除去湿物料中包含水分的过程。干燥是一个复杂的过程，因为它不仅处理物料内的游离水，而且处理保持在毛细管和结合水中的水。因此，干燥至特定水分含量受到物料的平衡水分含量的强烈影响。平衡水分含量是根据周围环境的条件而不存在水分含量的增加或减少；它是一种动态平衡，并根据环境条件，特别是温度、湿度和压力而变化。在使用蒸汽作为干燥介质的情况下，平衡水分含量通常表现出对相对蒸气压的显著依赖性，相对蒸气压是部分蒸气压与饱和蒸气压的比率。较低的相对蒸气压意味着用于干燥的更强的驱动力，导致干燥产物较低的水分含量。物料的吸附等温线是计算相对蒸气压力作为干燥过程中的驱动力所必需的，可以使用 Chen 等[114]提出的方程计算，它是基于由 Allardice 和 Evans[115]进行的实验工作而制定的：

$$\frac{p}{p_{sat}} = 1 - \exp\{-2.53(T_{dry}-273)^{0.47}[MC/(100-MC)]^{1.58}\} \tag{20-11}$$

基于式(20-11)，可以建立物料的平衡含水量（MC）、干燥温度（T_{dry}）和相对蒸气压（p/p_{sat}）之间的相关性[113]，如图 20-35 所示。在恒定压力条件（例如大气压）下使用蒸汽作为干燥介质（没有空气或气体的渗透）的情况下，相对蒸气压变为温度的函数。干燥以降低水分含量需要较低的相对蒸气压，这与较高的干燥器温度相关。干燥至小于 15％（w.b. 质量分数）的水平会导致相对蒸气压力的显著下降，这意味着需要显著增加干燥器的温度。

湿物料内存在的结合水导致这种现象的产生，因为需要大量的能量来蒸发结合水。

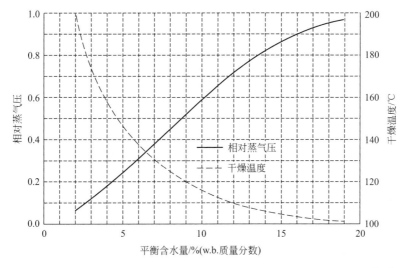

图 20-35 物料干燥中平衡含水量与相对蒸气压和干燥器温度的相关性[113]

热容量 C_p 可使用 Kirov 近似方程，假设二次挥发性物质的量为总挥发性物质的 10%[116]：

$$C_p = F(-0.218 + 3.807 \times 10^{-3} T_p - 1.758 \times 10^{-6} T_p^2) + V(0.883 + 3.307 \times 10^{-3} T_p)$$

$$(20\text{-}12)$$

此外，物料的粒子密度 ρ_p 近似由 Neavel 等[117]的工作通过以下等式确定：

$$\rho_p = 0.01556 w_C - 0.04117 w_H - 0.02247 w_O + 0.02049 w_S + 0.0208 A_{sh} \quad (20\text{-}13)$$

从传热管内的压缩蒸汽到旋转干燥器中的干燥样品的热传递速率 q_s 可以近似表示为：

$$q_s = UA(T_v - T_p) \quad (20\text{-}14)$$

由于旋转干燥器内部的热交换包括对流和传导，总传热系数 U 和表面积 A 的乘积可以近似为以下等式：

$$\frac{1}{UA} = \frac{1}{A_c \alpha_c} + \frac{\ln(R/r)}{2\pi L \lambda_t} + \frac{1}{\alpha_t A_t} \quad (20\text{-}15)$$

上述方程的第一项表示管内两相冷凝后的热传递，A_c 和 α_c 分别是传热管的内表面积和两相冷凝后的传热系数。第二项对应于通过传热管的热传导传递，λ_t、r 和 R 分别为热导率、内半径和外半径。从传热管的外表面到旋转干燥器内颗粒的对流热传递由第三项表示，其中传热管的对流传热系数和外表面积分别为 α_t 和 A_t。

由于水平加热元件浸入床中的传热系数已经由 Borodulya 等[118-120]报道，可通过以下相关性给出：

$$Nu_t = 0.74 Ar^{0.1} \left(\frac{\rho_p}{\rho_v}\right)^{0.14} \left(\frac{C_p}{C_v}\right)^{0.24} v_p^{2/3} + 0.46 RePr \frac{v_p^{2/3}}{v_v} \quad (20\text{-}16)$$

$$Nu_t = \frac{\alpha_t d_p}{\lambda_g} \quad (20\text{-}17)$$

最后，使用由 Shah 提出的基于 Dittus-Boelter 的一般相关性方程来近似求取压缩蒸汽的两相冷凝之后的传热系数[121]，具体如下：

$$\alpha_c = \frac{0.023 Re_l^{0.8} Pr_l^{0.4} \lambda_l}{2r} \left[(1-x)^{0.8} + \frac{3.8 x^{0.76}(1-x)^{0.04}}{(p/p_{crit})^{0.38}}\right] \quad (20\text{-}18)$$

此外，在旋转干燥器中消耗的电能包括用于驱动旋转干燥器的电动机功率和用于补偿旋转干燥器中压力损失的鼓风机功率。电机功率 W_{mot} 可以通过以下公式计算：

$$W_{mot} = \frac{N_{rot}[4.75 D_{RD} w + 0.1925(D_{RD}+2) w_{rot} + 0.33 w_{rot}]}{735499} \qquad (20\text{-}19)$$

另一方面，鼓风机功率 W_{BL} 的计算如下：

$$\Delta p_s = \left[\frac{4 f (n_t + 1) D_s G_s^2}{2 D_e \rho_v}\right] \times 0.5 \qquad (20\text{-}20)$$

$$f = 1.87 \left(\frac{G_s D_e}{\mu_v}\right)^{-0.2} \qquad (20\text{-}21)$$

$$W_{BL} = G_s \cdot \Delta p_s / \eta \qquad (20\text{-}22)$$

在用于干燥物料的改进型 MVR 热泵技术中，预测再循环水的量与有效热回收具有很大的关系。因此，它严重影响干燥所需的总能量。以一定的流量间隔来改变循环水的流量，直至达到最佳值。在所提出的综合干燥系统中的总能量输入 W_{tot} 可按下式计算：

$$W_{tot} = W_{CP} + W_{BL} \qquad (20\text{-}23)$$

这里进行有效能分析以评价在干燥期间发生的有效能损失。在干燥中，有效能损失一般分为两种类型：由干燥后分离引起的有效能损失和由不可逆热交换引起的有效能损失。由于分离的有效能损失是不可避免的，有效能分析主要集中在热传递后的有效能损失，其可以由下式近似计算：

$$Ex_{HX} = \left(m_v \Delta S_v + m_1 \Delta S_1 + m_v \frac{\Delta H_{trs}}{T_{trs}}\right) \Delta T_{min} \qquad (20\text{-}24)$$

第一和第二项分别表示每种蒸气和液体的显热交换后的有效能损失。另外，第三项表示由于蒸发后的潜热交换引起的有效能损失。显然，由于热传递的有效能损失强烈依赖于整个过程中的总平均温差。

20.4.2.3　工程应用

污水处理厂污泥经过浓缩、消化和机械脱水等途径，可去除其中的自由态水和部分毛细水，使污泥初步减量，含水率一般在 75%～85%；如直接填埋，则泥饼体积大，填埋场土地容积利用系数低，土力学性能差，渗沥液量大，一般要求含水率<60%；如脱水泥饼直接焚烧，因含水率>50%，热值不足以维持燃烧，需加入辅助燃料，使处理成本增加。污泥干化是在机械脱水后，利用热能对污泥进行深度脱水操作，由于高温干化过程会使污泥中的微生物裂解，脂肪、蛋白质等大分子物质水解，故控制污泥在低温下完成干化过程，是抑制污泥有害气体释放强度的有效措施，低温干化可以使污泥中的毛细水和吸附水发生汽化，从而使污泥通过进一步的深度脱水实现有效减量，干化后污泥的含水率可以降低至 40% 以下，污泥的体积可以减小至 1/3 以下。MVR 热泵在污泥干化过程中的应用，更加环保、节能、具有适宜的温差[122-124]。

为实现电镀污泥减量，节约干化过程能耗，中科院理化所在江苏建立了处理量为 1t/h 的基于 MVR 热泵技术的电镀污泥干化系统，采用单螺杆压缩机驱动空心桨叶干燥机进行连续恒速干燥生产[122]。MVR 污泥干化工艺流程如图 20-36 所示，处理量为 1t/h 的 MVR 污泥干化系统如图 20-37 所示，电镀污泥干燥前和干燥后的效果图如图 20-38 所示。进料污泥含水质量分数约为 85%，出料污泥含水质量分数约为 35%，系统稳定运行过程中补气阀处于关闭状态，无任何补气。干燥初期：传热温差随干燥时间的增加而变大，一部分热量使污泥被加热升温，一部分用来蒸发污泥表面的自由水分，传热温差越大，表面自由水分蒸发越

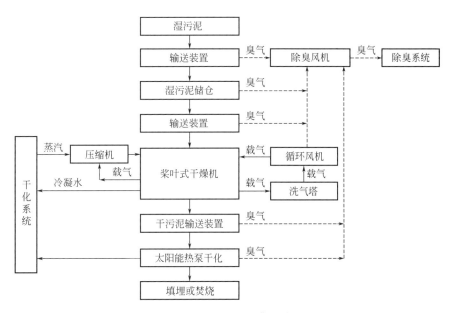

图 20-36 MVR 污泥干化工艺流程

图 20-37 处理量为 1t/h 的 MVR 污泥干化系统

干燥前　　　　　　　干燥出料　　　　　　　干燥后

图 20-38 电镀污泥干燥前和干燥后的效果图

快，使得干燥速率上升。干燥中期：传热温差基本不变，热量全部用于蒸发污泥表面水分，污泥表面水分汽化速率不变，为恒速干燥阶段。干燥末期：传热温差逐渐减小，由于污泥内部水分迁移到表面的速率小于表面水分汽化速率，使得干燥速率下降。在恒速段时，压缩机频率为 50Hz，干燥机频率为 5Hz，吸气温度为 99.78℃，排气温度为 126.18℃，压比为 2.55，系统总功率为 49.5kW，单螺杆压缩机功率为 31.11kW，蒸发量约为 400kg/h，系统总 COP 为 4.91，系统总 SMER 为 8.08kg/(kW·h)。

符号说明

A——表面积，m^2；

A_c——传热管内表面积，m^2；

A_t——外表面积，m^2；

p_{suc}——吸入压力，kPa；

p_{dis}——排出压力，kPa；

p_{boil}——沸点压力，kPa；

p/p_{sat}——相对蒸汽压力；

COP——制热性能系数；

D_{RD}——旋转干燥器外径，m；

C_p——热容量，J/(kg·℃)；

q_s——热传递速率，W/m^2；

MC——物料的含水量；

ν_{suc}——吸入侧的蒸汽比容，m^3/kg；

N_{rot}——旋转速度，r/min；

ν_{boil}——沸点蒸汽比容，m^3/kg；

α_c——两相冷凝后传热系数，$W/(m^2·K)$；

T_{suc}——吸入温度，K；

α_t——对流传热系数；

T_{boil}——沸点温度，K；

λ_t——热导率，W/(K·m)；

T_{dry}——干燥温度，K；

ρ_p——物料的粒子密度，g/cm^3；

T_p——物料颗粒的温度，K；

T_{trs}——相变温度，K；

ΔT_{min}——温度差，K；

w_C——碳的质量分数；

ΔH_{trs}——相变后焓差，kJ/kg；

w_H——氢的质量分数；

W_{ad}——绝热压缩功，kJ/kg；

w_O——氧的质量分数；

W_{mot}——电机功率，kW；

w_S——硫的质量分数；

A_{sh}——灰级粒子的质量分数；

T_v——蒸汽温度，K；

w_{rot}——总旋转负载（设备和物料），N·m；

SMER——单位能耗除湿量，kg/(kW·h)；

W_{BL}——鼓风机功率，kW；

W_{CP}——压缩机输入能量，kW；

F——固定碳量；

η——鼓风机效率；

V——挥发物质量，kg；

w——物料负载，N·m；

R——外半径，m；

r——内半径，m；

U——总传热系数，$W/(m^2·K)$；

c——比热容，kJ/(kg·K)；

Q——热量，kJ/kmol；

T——温度，K（℃）；

W——质量流量，kg/s；

Y——绝对湿度，kg（水）/kg（干空气）；

ΔY——绝对空气温度差，kg（水）/kg（干空气）；

下标

A——空气；

B——物料；

c——冷凝；

in——进口；

r——反应；

1，2——阶段。

参考文献

［1］ Hii C L, Law C L, Suzannah S. Drying kinetics of the individual layer of cocoa beans during heat pump drying ［J］. Journal of Food Engineering, 2012, 108（2）: 276-282.

［2］ 张鹏, 吴小华, 张振涛, 等. 热泵干燥技术及其在农特产品中的应用展望［J］. 制冷与空调, 2019, 19（7）: 65-71.

［3］ 牛建会, 马国远, 范秀颂, 等. 空气源热泵蒸发器并联轮换除霜理论研究［J］. 制冷与空调, 2020, 20（2）: 15-20.

［4］ 李玲, 王景刚, 鲍玲玲, 等. 空气源热泵除霜研究新进展［J］. 节能, 2017, 412: 73-76.

［5］ 杨俊玲, 杨鲁伟, 张振涛. MVR 热泵节能技术的研究进展［J］. 风机技术, 2016（4）: 84-88.

［6］ 夏磊. MVR 热泵干燥系统建立和恒速段的实验研究［D］. 杭州: 浙江工业大学, 2015.

［7］ Mujumdar A S, Wu Z H. Thermal drying technologies: new developments and future R&D potential ［C］. Proceedings of the 5th Asia-Pacific Drying Conference, Hong Kong, 2007: 1-8.

［8］ Bruderer H, Heuschkel M, Hohl H. Heat pump systems with roof tile collector ［C］. 10th IEA Heat Pump Conference, Japan, 2011.

［9］ 张吉礼, 赵天怡, 李忠建, 等. 双级循环高温热泵换热面积仿真优化设计方法［J］. 暖通空调, 2007, 37（11）: 67-71.

［10］ 饶伟, 陆亚俊. 变片距换热器空气源热泵机组结霜特性分析［J］. 哈尔滨工业大学学报, 2007, 39（10）: 1596-1600.

［11］ Song C, Yoon S, Lee K, et al. Study on the characteristics of offset strip fin in a heat exchanger ［C］. 10th IEA Heat Pump conference, Japan, 2011.

［12］ 赵兆瑞, 唐昊, 沈九兵, 等. 双螺杆压缩机及膨胀机在高温热泵与能量回收系统中的应用［J］. 制冷技术, 2014, 34（4）: 43-48.

［13］ Teh Y L, Ooi K T. Experimental study of the revolving vane（RV）compressor ［J］. Applied Thermal Engineering, 2009, 29（14-15）: 3235-3245.

［14］ Teh Y L, Ooi K T. Theoretical study of a novel refrigeration compressor-Part I: Design of the revolving vane（RV）compressor and its frictional losses ［J］. International Journal of Refrigeration, 2009, 32（5）: 1092-1102.

［15］ Teh Y L, Ooi K T. Theoretical study of a novel refrigeration compressor-Part II: Performance of a rotating discharge valve in the revolving vane（RV）compressor ［J］. International Journal of Refrigeration, 2009, 32（5）: 1103-1111.

［16］ Teh Y L, Ooi K T. Theoretical study of a novel refrigeration compressor-Part III: Leakage loss of the revolving vane（RV）compressor and a comparison with that of the rolling piston type ［J］. International Journal of Refrigeration, 2009, 32（5）: 945-952.

［17］ Alexis G K. Estimation of ejector's main cross sections in steam-ejector refrigeration system ［J］. Applied Thermal Engineering, 2004, 24: 2657-2663.

［18］ Kemper G A, Harper G F, Brown G A. Multiple phase ejector refrigeration system ［P］. USA, 3277660, 1966: 10-11.

［19］ Sarkar J. Optimization of ejector-expansion transcritical CO_2 heat pump cycle ［J］. Energy, 2008, 33（9）: 1399-1406.

［20］ Wongwises S, Disawas S. Performance of the two-phase ejector expansion refrigeration cycle ［J］. International Journal of Heat and Mass Transfer, 2005, 48（19-20）: 4282-4286.

［21］ Yapici R, Yetisen C C. Experimental study on ejector refrigeration system powered by low grade heat ［J］. Energy Convers Manage, 2007, 48（5）: 1560-1568.

［22］ Meyer A J, Harms T M, Dobson R T. Steam jet ejector cooling powered by waste or solar heat ［J］. Renew Energy, 2009, 34（1）: 297-306.

［23］ Chen L, Li J, Sun F, et al. Performance optimization for a two-stage thermoelectric heat-pump with internal and external and external irreversibilities ［J］. Appl Energy, 2008, 85（7）: 641-649.

［24］ Agrawal N, Bhattacharyya S. Studies on a two-stage transcritical carbon dioxide heat pump cycle with flash intercooling ［J］. Appl Therm Eng, 2007, 27（2-3）: 299-305.

［25］ 张圣君, 王怀信, 郭涛. 两级压缩高温热泵系统工质的理论研究 ［J］. 工程热物理学报, 2010, 31（10）:

1635-1638.

[26] Zehnder M. Efficient air-water heat pumps for high temperature lift residential heating including oil migration aspects [D]. 2004.

[27] Wang B M. Experimental investigation on the performance of NH_3/CO_2 cascade refrigeration system with twin-screw compressor [J]. International Journal of Rfrigeration, 2009, 32（7）: 1358-1365.

[28] 刘鹏鹏, 盛伟, 焦中彦, 等. 自复叠制冷技术发展现状 [J]. 制冷学报, 2015, 36（4）: 45-51.

[29] 4391104 Cascade heat pump for heating water and for cooling or heating a comfort zone: James C. Wendschlag, assigned to The Trane Company [J]. Journal of Heat Recovery Systems, 1983, 3（6）: 469-470.

[30] Roh C W, Kim M S. Effect of vapor-injection technique on the performance of a cascade heat pump water heater [J]. International Journal of Refrigeration, 2014（38）: 168-177.

[31] 张光玉, 陈光明. 一种部分复叠式热泵系统的分析研究 [C]. 全国建筑环境与设备第三届技术交流大会义集, 2009: 396-399.

[32] 王忠良, 杜凯. R23/R134a 自然复叠循环和经典复叠循环的分析比较 [J]. 流体机械, 2005, 33（增刊）: 364-367.

[33] 李涛, 孙民, 李强, 等. 利用喷射提高跨临界二氧化碳系统的性能 [J]. 西安交通大学学报, 2006, 40（5）, 553-557.

[34] 蔡操平, 刘业凤, 苏强. 跨临界 CO_2 热泵热水器系统的试验研究 [J]. 制冷与空调, 2011, 11（1）: 66-70.

[35] 吴华根, 束鹏程, 邢子文. 采用替代工质的空气源热泵性能试验研究 [J]. 暖通空调, 2006, 36（1）: 61-62.

[36] 曲敬儒, 陈东, 谢继红. 中高温热泵热水装置的研制与实验研究 [J]. 天津科技大学学报, 2010, 25（3）: 47-49.

[37] Chua K J, Chou S K, Ho J C, et al. Heat Pump Drying: Recent Developments and Future Trends [J]. Drying technology, 2002, 20（8）: 1579-1610.

[38] 许彩霞, 张璧光. 太阳能-热泵联合干燥技术的研究现状 [J]. 木材加工机械, 2004,（5）: 36～39.

[39] Sporn P, Ambrose E R. The heat pump and sola renergy [C]. In: Proceedings of the world symposium on Applied Energy, Phoenix, AZ. 1955: 159-170.

[40] Pei G, Ji J, Han C, Fan W. Performance of solar assisted heat pump using PV evaporator under different compressor frequency [C]. In: Proceedings of ISES world congress, 2007, 1-5: 935-939.

[41] Hawlader M N A, Rahman S M A, Jahangeer K A. Performance of evaporator collector and air collector in solar assisted heat pump dryer [J]. Energy Conversion and Management, 2008, 49（6）: 1612-1619.

[42] Saman W, Bruno F, Halawa E. Thermal performance of PCM thermal storage unit for a roof integrated solar heating system [J]. Solar Energy, 2005, 78（2）: 341-349.

[43] Kousksou T, Strab F, Lasvignottes J C. Second law analysis of latent thermal storage for solar system [J]. Solar Energy Materials and Solar Cells, 2007, 91（14）: 1275-1281.

[44] 吴薇, 王玲珑, 张甜湉. 一体化太阳能热泵热水器蓄能特性对比研究 [J]. 太阳能学报, 2015, 36（9）: 2211-2216.

[45] Colak N, Hepbasli A. A review of heat pump drying: Part1-Systems, models and studies [J]. Energy Conversion and Management, 2009, 50（9）: 2180-2186.

[46] 李占勇, 小林敬幸. 日本干燥技术的最新进展 [J]. 干燥技术与设备, 2006, 4（1）: 3-6.

[47] 潘永康. 现代干燥技术 [M]. 北京: 化学工业出版社, 2007.

[48] Chou K J, Chou S K, Ho J C, et al. Heat Pump drying: recem developments and future trends [J]. Drying Technology, 2002, 20: 1579-1610.

[49] Ho J C, Chou S K, Mujumdar A S, et al. An optimization framework for drying of heat-sensitive Produets [J]. Applied Thermal Engineering, 2001, 21: 1779～1798.

[50] Carvalho A S, Silva J. Survival of freeze-dried Lactobacillus plantarum and Lactobacillus rhamnosus during storage in the presence of protectants [J]. Biotechnology Letters, 2002, 24: 1587-1591.

[51] Zielinska M, Zapotoczny P, Alves-filho O. Microwave vacuum-assisted drying of green peas using heat pump and fluidized bed: a comparative study between atmospheric freeze drying and hot air convective drying [J]. Drying techonology, 2013, 31: 633-642.

[52] 胡长春, 余克明, 周斌, 等. 热泵粮食种子干燥装置研制 [C]. 1996 年干燥学术研讨会议论文集, 北京, 1996.

[53] 张嘉辉. 热泵干燥理论与种子干燥性能的研究 [D]. 天津: 天津大学, 1999.

[54] 高广春, 王剑锋. 相变贮热在热泵干燥机组中的应用研究 [J]. 太阳能学报, 2001, 22（7）: 262-265.

[55] 高广春. 热泵干燥的理论与实验研究 [D]. 杭州: 浙江大学, 2000.

[56] 李远志, 胡晓静, 张文明, 等. 胡萝卜薄片热风与热泵结合干燥工艺及特性研究 [J]. 食品与发酵工业, 1999, 26 (1): 3-6.

[57] 郑春明. 热泵在农副产品干燥中的应用 [J]. 农村实用技术, 1997, (1): 16-18.

[58] 田晓亮, 孙晖. 热泵节能系统在软胶丸干燥工艺中的应用 [J]. 青岛大学学报, 1999, (14): 71-73.

[59] Teeboonma U, Tiansuwan J, Soponronnarit S. Optimization of heat pump fruit dryers [J]. Journal of Food Engineering, 2003, 59 (4): 369-377.

[60] 李敏, 关志强, 蒋小强, 等. 罗非鱼片热泵干燥及干冷互换工艺的实验研究 [J]. 农机化研究, 2011, 11: 165-169.

[61] 姜启兴, 宗文雷, 于沛沛. 大蒜热泵干燥生产工艺的研究 [J]. 安徽农业科学, 2010, 38 (19): 10259-10261.

[62] Nathakaranakule A, Jaiboon P, Soponronnarit S. Farinfrared radiation assisted drying of longan fruit [J]. Journal of Food Engineering, 2010, 100 (4): 662-668.

[63] 韩峰, 吴文福, 朱航. 粮食干燥过程控制现状及发展趋势 [J]. 中国粮油学报, 2009, 24 (5): 150-152.

[64] Misa M S, Milan B S. Fuzzy expert system for drying process control [J]. Proc. of the 12th Int. Drying Syinp. IDS2000, Netherlands, 2000: 275-282.

[65] Zhang Q, Gui X Q, Lithfield J B. A prototype fuzzy expert system for com quality control during drying process [J]. ASAE Paper, 1989: 6041-6055.

[66] Thyagarajan T, Panda R C. Development of ANN model for nonlinear drying process [J]. Drying Technology Vol. 1997 (15): 2527-2540.

[67] Siettos C I, Kiranoudis C T, Bafas G V. Advanced control strategies for fluidized bed dryers [J]. Drying Technology, 1999, 17 (10): 2271-2291.

[68] Taprantzis A V, Siettos C I, Bafas G V. Fuzzy control of a fluidized bed dryer [J]. Drying Technology, 1997, 15 (2): 511-537.

[69] 张璧光, 谢拥群. 木材干燥的国内外现状与发展趋势 [J]. 干燥技术与设备, 2006, 4 (1): 7-14.

[70] 曹崇文. 农产品干燥机理、工艺与技术 [M]. 北京: 中国农业大学出版社, 1998.

[71] 张吉礼, 陆亚俊, 刘辉, 等. 谷物干燥过程参数在线检测与智能预测控制 [J]. 农业机械学报, 2003, 34 (2): 50-53.

[72] 周修茹. 热泵干燥装置控制参数的确定方法研究 [J]. 化工装备技术, 2007, 28 (20): 1-4.

[73] 吕军, 魏娟, 张振涛, 等. 热泵烤烟系统性能的试验研究 [J]. 农业工程学报, 2012, 28 (增刊1): 63-67.

[74] 吕军, 魏娟, 张振涛, 等. 基于等焓和等温过程的热泵烤烟系统性能的理论分析及比较 [J]. 农业工程学报, 28 (20): 265-270.

[75] 董艳华, 魏娟, 张振涛, 等. 热泵节能烤烟房的建造与试验 [J]. 太阳能技术与产品, 2012, 17: 44-46.

[76] 赵丹丹, 彭郁, 李茉, 等. 枸杞热泵干燥室系统设计与应用 [J]. 农业机械学报, 2016, 47: 359-365.

[77] 谈文松. 太阳能-联合热泵干燥小麦的系统研究与设计 [D]. 泰安: 山东农业大学, 2016.

[78] 徐刚, 张森旺, 顾震, 等. 脱水蔬菜2种干燥工艺的试验研究 [J]. 安徽农业科学, 2007, 35 (1): 3360-3361.

[79] Wongsuwan W, Kumar S, Neveu P, et al. A review of chemical heat pump technology and applications [J]. Applied Thermal Engineering, 2001, 21: 1489-1519.

[80] Kato Y, Takahashi F, Watanabe A, et al. Thermal performance of a packed bed reactor of a chemical heat pump for cogeneration [J]. Chemical Engineering Research and Design, 2000, 78 (5): 745-748.

[81] 邹盛欧. 化学热泵的开发与应用 [J]. 石油化工, 1996, 25: 294-299.

[82] Kitikiatsophn W, Piumsomboon P. Dynamic simulation and control of an Isopropanol-Acetone-hydrogen chemical heat pump [J]. Sci Asia, 2004, 30: 135-147.

[83] 宋鹏翔, 丁玉龙. 化学热泵系统在储热技术中的理论与应用 [J]. 储能科学与技术, 2014, 3 (3): 227-235.

[84] 王宁惠. 能量利用的新途径-化学热泵 [J]. 天津理工学院学报, 1994, 10 (3): 27-34.

[85] Pardo P, Deydier A, Anxionnaz-Minvielle Z, et al. A review on high temperature thermochemical heat energy storage [J]. Renewable and Sustainable Energy Reviews, 2014, 32: 591-610.

[86] 杨希贤, 洼田光宏, 何兆红, 等. 化学蓄热材料的开发与应用研究进展 [J]. 新能源进展, 2014, 2 (5): 1-6.

[87] Felderhoff M, Urbanczyk R, Peil S. Thermochemical Heat Storage for High Temperature Applications-A Review [J]. Green, 2013, 3 (2): 113-123.

[88] Ogura H, Yamamoto T, Kage H. Efficiencies of $CaO/H_2O/Ca(OH)_2$ chemical heat pump for heat storing and heating/cooling [J]. Energy, 2003, 28 (14): 1479-1493.

［89］ Fujimoto S, Bilgen E, Ogura H. Dynamic simulation of CaO/Ca（OH）₂ chemical heat pump systems ［J］. Exergy, An International Journal, 2002, 2（1）: 6-14.

［90］ Schaube F, Koch L, Wörner A, et al. A thermodynamic and kinetic study of the de- and rehydration of Ca（OH）₂ at high H₂O partial pressures for thermo-chemical heat storage ［J］. Thermochimica Acta, 2012, 538: 9-20.

［91］ Odukoya, G. F. Naterer. Calcium oxide/steam chemical heat pump for upgrading waste heat in thermochemical hydrogen production ［J］. International Journal of Hydrogen Energy, 2015, 40: 11392-11398.

［92］ Zamengo M, Ryu J, Kato Y. Composite block of magnesium hydroxide Expanded graphite for chemical heat storage and heat pump ［J］. Applied Thermal Engineering, 2014, 69: 29-38.

［93］ Ishitobi H, Uruma K, Takeuchi M, et al. Dehydration and hydration behavior of metal-salt-modified materials for chemical heat pumps ［J］. Applied Thermal Engineering, 2013, 50（2）: 1639-1644.

［94］ Myagmarjav O, Ryu J, Kato Y. Dehydration kinetic study of a chemical heat storage material with lithium bromide for a magnesium oxide/water chemical heat pump ［J］. Progress in Nuclear Energy, 2015, 82: 153-158.

［95］ Kim S T, Ryu J, Kato Y. The optimization of mixing ratio of expanded graphite mixed chemical heat storage material for magnesium oxide/water chemical heat pump ［J］. Applied Thermal Engineering, 2014, 66: 274-281.

［96］ Myagmarjav O, Zamengo M, Ryu J, et al. Energy density enhancement of chemical heat storage material for magnesium oxide/water chemical heat pump ［J］. Applied Thermal Engineering, 2015, 91: 377-386.

［97］ Posern K, Kaps C. Calorimetric studies of thermochemical heat storage materials based on mixtures of MgSO₄ and MgCl₂ ［J］. Thermochimica Acta, 2010, 502（1/2）: 73-76.

［98］ Tae Kim S, Ryu J, Kato Y. Reactivity enhancement of chemical materials used in packed bed reactor of chemical heat pump ［J］. Progress in Nuclear Energy, 2011, 53（7）: 1027-1033.

［99］ Hamdan M A, Rossides S D, Haj Khalil R. Thermal energy storage using thermo-chemical heat pump ［J］. Energy Conversion and Management, 2013, 65: 721-724.

［100］ Rolf R, Corp R. Chemical heat pump for drying of bark ［C］. Annual meeting: technical section, Canadian pulp and paper association, 1990, 307-311.

［101］ Ogura H, Kage H, Matsuno Y, et al. Application of chemical heat pumptechnology to industrial drying: a proposal of a new chemical heat pump dryer ［C］. Proceedings of the symposium on energy engineering（SEE2000）, HongKong, 2000, I-IV: 932-938.

［102］ Ibrahim M, Sopian k, Daud WRW, Alghoul MA. An experimental analysis of solar-assisted chemical heat pump dryer ［J］. The International Journal of Low- Carbon Technologies, 2009, 4（2）: 78-83.

［103］ 李占勇. 化学热泵干燥 ［J］. 化工进展, 2006, 25: 436-439.

［104］ Ogura H, Hamaguchi N, Kage H, et al. Energy and cost estimation for application of chemical heat pump dryer to industrial ceramics drying ［J］. Drying Technology, 2004, 22（1-2）: 307-323.

［105］ 杨向阳, 赵翔涌. 机械蒸汽再压缩热泵系统在工业中的应用实验研究 ［J］. 动力工程, 1999, 19: 255-258.

［106］ 黄成. 机械压缩式热泵制盐工艺简述 ［J］. 盐业与化工, 2010, 39（4）: 42-44.

［107］ 戴群特, 杨鲁伟, 张振涛, 等. 蒸汽再压缩热泵系统用于固体干燥节能分析 ［J］. 节能技术, 2011, 29（4）: 353-356.

［108］ Aziz M, Fushimi C, Kansha Y, et al. Innovative energy-efficient biomass drying based on self-heat recuperation technology ［J］. Chemical Engineering & Technology, 2011, 34（34）: 1095-1103.

［109］ Aziza M, Kansha Y, Tsutsumib A. Self-heat recuperative fluidized bed drying of brown coal ［J］. Chemical Engineering & Processing, 2011, 50（9）: 944-951.

［110］ Chihiro Fushimi K F. Simplification and energy saving of drying process based on self-heat recuperation technology ［J］. Drying Technology, 2014, 32（6）: 667-678.

［111］ 金世琳. 带有机械再压缩（MVR）的蒸发器 ［J］. 食品与机械, 1990,（2）: 25-28.

［112］ 恽世昌. 机械蒸汽再压缩（MVR）［J］. 中国乳品工业, 1998, 21（2）: 78-81.

［113］ Aziz M, Oda T, Kashiwagi T. Energy-efficient low rank coal drying based on enhanced vapor recompression technology ［J］. Drying Technology, 2014, 32（13）: 1621-1631.

［114］ Chen Z, Agarwal P K, Agnew J B. Steam drying of coal. Part 2. Modeling the operation of a fluidized bed drying unit [J]. Fuel, 2001, 80 (2): 209-223.

[115] Allardice D J, Evans D G. The-brown coal/water system: Part 2. Water sorption isotherms on bed-moist Yallourn brown coal [J]. Fuel, 1971, 50 (3): 236-253.

[116] Eisermann W, Johnson P, Conger W L. Estimating thermodynamic properties of coal, char, tar and ash [J]. Fuel Processing Technology, 1980, 3 (1): 39-53.

[117] Neavel R C, Smith S E, Hippo E J, et al. Interrelationships between coal compositional parameters [J]. Fuel, 1986, 65 (3): 312-320.

[118] Borodulya V A, Teplitsky Y S, Sorokin A P, et al. External heat transfer in polydispersed fluidzed beds at increased temperature [J]. Journal of Engineering Physics, 1989, 56: 767-773.

[119] Borodulya V A, Teplitsky Y S, Sorokin A P, et al. Heat transfer between a surface and a fluidized bed: consideration of pressure and temperature effects [J]. International Journal of Heat and Mass Transfer, 1991, 34: 47-53.

[120] Chen J C. Heat transfer in fluidized beds. In Fluidization, Solids Handling, and Processing [J]. Yang, W. C., Ed.; William Andrew Publishing: New York, 1998, 153-208.

[121] Shah M M. A general correlation for heat transfer during film condensation inside pipes [J]. International Journal of Heat and Mass Transfer, 1979, 22: 547-556.

[122] 杨鲁伟, 林文野, 张振涛, 等. 机械蒸汽再压缩热泵 MVR 污泥干化系统 [P]. ZL201210370957.6.

[123] 夏磊, 程榕, 郑燕萍. MVR 技术用于空心桨叶干燥机干燥污泥恒速段实验研究 [J]. 化工时刊, 2015, 29 (3): 14-17.

[124] 郑玲玲, 程榕, 郑燕萍, 等. MVR 空心桨叶干燥污泥的特性及动力学 [J]. 化工进展, 2016, 35 (S1): 53-57.

（黄宏宇，张振涛，何兆红）

第21章

过热蒸汽干燥

21.1 概述

　　"过热蒸汽干燥"这一设想最早由德国科学家 Hausbrand 在 1898 年以德语的形式提出，在 1901 年被翻译为英文。Kaumen 等[1]指出在 1908 年美国西海岸已经出现了过热蒸汽干燥木材用的干燥窑，然而由于这些干燥窑干燥效率低下，在当时并没有得到广泛推广。直到二战时期过热蒸汽干燥技术在德国被真正应用于木材的工业化生产[2]。在 20 世纪 30 年代，过热蒸汽干燥技术在澳大利亚和美国被成功地应用于褐煤的干燥[3,4]。除了在木材和煤炭的干燥方面得到应用，过热蒸汽干燥技术在 1960 年也曾被应用于合成树脂的生产过程。虽然过热蒸汽干燥技术具有很多的优势，但在当时对其认识不够深入，过热蒸汽干燥技术并未得到广泛的推广与应用。在随后的近 20 年中未见有关过热蒸汽干燥技术新应用的报道。直到 20 世纪 70 年代石油危机的出现，由于过热蒸汽干燥技术具有节能的优点，这才广泛地引起研究者的重视。目前随着干燥技术的进步与社会的发展，在欧洲等许多国家，过热蒸汽干燥技术已被广泛应用于造纸[5,6]、制糖[7]、污泥处理[8,9]等行业的工业化生产。

21.1.1 过热蒸汽的产生

　　过热蒸汽的产生过程如图 21-1 所示。假设给容器内装一定量的水并给容器恒定的压力，此时容器内全部为液态水，水的温度低于饱和温度（t_s），此时容器内水的状态称为未饱和水；对容器进行加热并保持容器内压力不变，当容器内水的温度等于饱和温度时，此时容器内水的状态称为饱和水。继续给容器提供热量，容器内的水开始蒸发，此时容器内为液态水与水蒸气的混合物，此时容器内水蒸气的状态称为湿饱和蒸汽，湿饱和蒸汽的温度等于水的饱和温度。继续给容器内提供热量，容器内的水分继续蒸发，当液态水刚蒸发完成后容器内全部为水蒸气，此时水蒸气的状态称为干饱和蒸汽，干饱和蒸汽的温度等于水蒸气的饱和温度。继续给容器提供热量，此时容器内的水蒸气温度开始升高，水蒸气由干饱和状态变为过热状态，此时的蒸汽称为过热蒸汽，过热蒸汽的温度要高于水的饱和温度。过热蒸汽是一种非饱和气体，非饱和气体可以继续容纳水汽，具有除湿的作用。

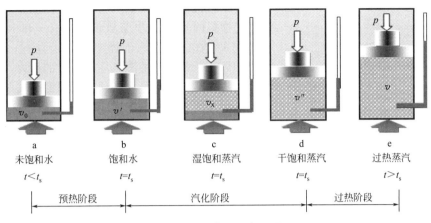

图 21-1　过热蒸汽的产生过程

21.1.2　过热蒸汽干燥流程

过热蒸汽干燥流程如图 21-2 所示。通过加热器（蒸汽过热器）将锅炉产生的饱和蒸汽转化为过热蒸汽，在干燥室内蒸汽将热量传递给干燥物料，并从干燥物料中吸收蒸发的水分，实现干燥操作。排放的尾气具有较高的温度和特定的焓值，在一个封闭的回路中重新加热和再利用。干燥器中产生的额外蒸汽也可从系统中抽出并用于其他地方。如果尾气再利用（或冷凝，其能量用于其他地方），则干燥系统的"净"能耗将大大降低，这是由于蒸发潜热没有计入干燥操作。在这种情况下，干燥所需的能量只是将饱和蒸汽重新加热为过热蒸汽所需的显热，而产生饱和蒸汽所需的能量只需计算一次。然而，在实践中，可能无法完全重复利用所有的尾气，根据目前的经验，回收率可能达到 60%～70%。然而，与热风干燥系统相比，这是一种显著的节能干燥方式。

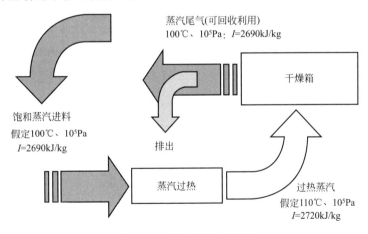

图 21-2　过热蒸汽干燥流程

21.2　过热蒸汽干燥原理

21.2.1　过热蒸汽干燥时的蒸气压和平衡含水率

与普通热风干燥不同，过热蒸汽干燥用蒸汽作为干燥介质，传质阻力小，无表面结壳现

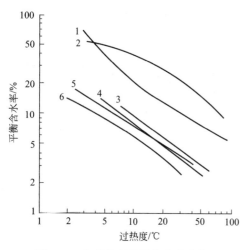

图 21-3　各种物料的平衡含水率与
蒸汽过热度的关系

1—F.C.C（一种典型晶体结构材料）；
2—褐煤；3—纸浆（0.3MPa）；
4—纸浆（0.1MPa）；5—木材
（桉树）；6—木材（云杉和水青冈）

象，物料温度达到对应压力下沸点温度，介质和物料的平衡含水率较低。Potter 和 Beeby[10] 认为，在过热蒸汽干燥时，由于只有一个气态成分，干燥室内的蒸气压等于总的压力，如果要去除物料中的水分，必须使周围的蒸气压小于自由水分的蒸气压，温度应高于水分在对应压力下的沸点。在一个大气压条件下，温度最低要达到 100℃。关于过热蒸汽干燥时的平衡含水率，Chu 等[11] 发现，用过热蒸汽烘干砂子，平衡含水率可达到 0；Potter 用过热蒸汽烘干矿物质（如氢氧化铝的结晶），最终的平衡含水率小于 0.1%。对于毛细管多孔性物料，由于物料中水分界面的曲度，物料中的蒸气压减小，因而要求温度高于沸点温度，图 21-3 表示各种物料（如纸浆、褐煤、木材等）的平衡含水率与蒸汽过热度的关系。从图中可见，尽管物料的结构不同，但随着过热度的增加含水率迅速减少的趋势是一致的[12]。

21.2.2　热质传递过程特征

Haji 等[13] 和 Wenzel[14] 研究证明，过热蒸汽干燥过程并不改变干燥过程的一般特性，如图 21-4 所示。Elustondo 等[15,16] 将过热蒸汽干燥过程分为四个阶段，即干燥初期的升温阶段（凝结阶段）、恒速干燥阶段、降速干燥阶段、吸湿阶段。

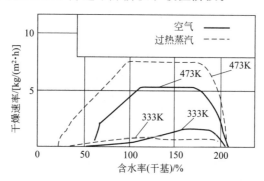

图 21-4　糖蜜的废弃物干燥曲线

21.2.2.1　加热阶段

在过热蒸汽干燥过程的初始阶段，由于物料表面温度低于蒸汽的饱和温度，过热蒸汽在物料表面冷凝会使物料的含水量出现短暂的增加并传递大量的潜热到物料中，此现象会影响物料的传热性质与品质[17]。Iyota 等[18] 称此过程为一个"逆转过程"。

就干燥速率而言，过热蒸汽干燥凝结阶段会使物料表面水分增加（如图 21-5 所示），从而增加干燥时间[19]。然而也有一些文献指出过热蒸汽干燥凝结阶段释放的大量潜热会使物料的组织结构变得松软，增加了物料内部水分的传递速率，会使干燥时间减少[20-22]。Iyota

等[18]指出由于凝结阶段会使物料含水率出现短暂增加并使温度快速升高，此现象会对物料的品质产生严重的影响，但作者未做进一步的研究。Taechapairoj 等[23]在利用过热蒸汽干燥大米时发现过热蒸汽的凝结现象会使大米的白度降低。Phungamngoen 等[24]利用低压过热蒸汽干燥洋白菜时发现，由于物料表面快速升温与冷凝水的共同作用加剧了细菌细胞结构的破坏，可有效减少洋白菜中的细菌数量。Liu 等[25]研究发现在青萝卜片低压过热蒸汽干燥的初始阶段，表面冷凝水的出现可加速青萝卜片中维生素 C 的损失。

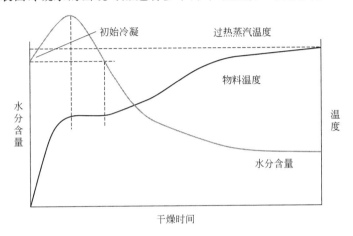

图 21-5　过热蒸汽干燥过程物料表面温度与水分含量的变化

21.2.2.2　恒速干燥阶段

Beeby 和 Potter[26]的研究表明，在过热蒸汽干燥过程中，热量是通过蒸汽膜传递到干燥物料湿表面，其驱动力仍然是过热蒸汽流与湿表面的温度差。与热风干燥不同的是湿表面的温度不是湿球温度而是在对应压力下水的沸点温度。对于质量传递，由于只有一种气体成分存在，水分从湿表面移动不是通过扩散作用而是通过压力差产生的体积流（bulk flow）。Chu 等[11]研究指出表面温度增加仅百分之几就能提供足够的压力差去促使水分从湿表面移走，因此传质阻力可以忽略。水分蒸发率会随干燥物料的热传递率近似线性变化。假设干燥室没有热损失且仅进行对流传热（没有传导或辐射等其他传热形式），则在恒速干燥阶段的干燥速率可由下式得出[27]：

$$\dot{m} = \frac{q}{\Delta h_v} = \frac{h(T_{steam} - T_{surf})}{\Delta h_v} \tag{21-1}$$

式中，$\dot{m}$ 是干燥速率（或物料表面水分蒸发速率），kg/(m²·s)；q 是水分蒸发热通量，W/m²；Δh_v 是在物料表面温度和操作压力下的汽化潜热，J/kg；h 是传热系数，W/(m²·K)；T_{steam} 是过热蒸汽的温度，℃；T_{surf} 是物料表面的温度（等于操作压力下水的沸点温度），℃。在计算降速干燥阶段的干燥速率时需要更详细的数学模型。

图 21-6 所示为 Luikov[28]研究过热蒸汽和热风干燥单个醋酸纤维素丸粒的温度。从图中可见，在过热蒸汽压力为 101325Pa（1atm）下恒速干燥段表面温度保持 100℃。作者还认为，由于过热蒸汽干燥温度高，湿分扩散系数大，恒速干燥不受颗粒表面水分蒸发的影响，干燥速率主要取决于介质和物料的温度差和传热系数。桐荣良三等人研究表明，在过热蒸汽干燥中恒速阶段比热风干燥中要长（如图 21-7 所示），这说明在过热蒸汽干燥中，水分子更加活跃。Shibata[29]的研究也表明过热蒸汽干燥恒速段临界点含水率较低，这意味着可显著缩短干燥时间。

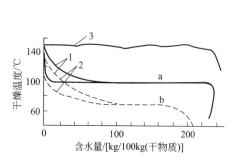

图 21-6　干燥醋酸纤维素丸粒的温度变化
a—过热蒸汽；b—空气
1—丸粒表面温度；2—丸粒中心温度；3—气体温度

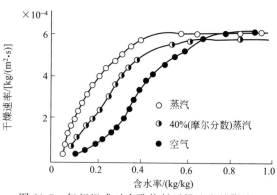

图 21-7　气相组成对多孔物料干燥速率的影响

Lee 和 Ryley 研究水滴在热风和蒸汽中的干燥特性，认为传热系数关联式可用 $Nu = 2 + aRe^{\frac{1}{2}}Pr^{\frac{1}{3}}$ 表示，但系数 a 对于热风干燥为 0.6，对于过热蒸汽干燥为 0.74。

21.2.2.3　降速干燥阶段

随着干燥的进行，一旦物料表面不再保持湿润，干燥速率即开始下降，进入降速干燥阶段。在此阶段，被干物料内部水分和热量的传递成为干燥速率的主要制约因素，干燥速率由干燥材料的性质而不是由蒸汽的性质决定。Yoshida 和 Hyodo[30] 指出，在降速干燥阶段用过热蒸汽干燥形成多孔的表皮使气体的渗透性好，同时由于温度高，水分子更加活跃，使干燥速率比在热风中快。

由上可见，热风和过热蒸汽干燥过程是相似的，主要差别是过热蒸汽干燥加热段的冷凝和恒速段起始温度的不同。整个干燥速率可以比热风干燥快也可以比热风干燥慢，其决定因素是传热系数、凝结水的数量以及蒸汽的温度是否高于逆转点温度（具体介绍见 21.2.4 节）。热传递速率可用一般的热风干燥时所用方法进行预测。传质阻力可以忽略不计，蒸汽和物料内部水分移动阻力的减少使降速干燥段的速率也比热风干燥快。

21.2.3　干燥过程模拟

数学模拟仍是研究干燥过程物料内部传热传质行为特性的重要方法。通过假设物料干燥过程水分的传递机理，建立数学模型并与实验结果对比来验证假设的准确性，从而解释水分在物料干燥过程的传输机理。Looi 等[31] 基于 Shibata 等[29] 提出的干燥机理对过热蒸汽干燥过程进行了模拟，通过耦合实验结果与模拟结果得出：水分的蒸发在一个移动的干燥界面上进行，随干燥的进行干燥界面逐渐向颗粒中心移动。Chen 等[32] 建立了单个多孔陶瓷球在过热蒸汽干燥过程中的水分传递模型，该模型假设水分在多孔颗粒中的蒸发是在一个"干-湿"界面上进行，随着干燥的进行"干-湿"界面逐渐向物料内部移动，该模型的预测数据可以很好地与实验结果吻合。Elustondo 等[15] 指出在过热蒸汽干燥沙子、石膏盘和石棉等多孔性物料时可以观察到恒速干燥阶段，但在干燥木材、食品物料时恒速干燥阶段通常很难观测到，基于此作者提出在过热蒸汽干燥过程中水分在原位蒸发，物料表面与内部湿润区域之间形成一层干燥区域，水分蒸发产生的蒸汽穿过干燥区域到达物料表面进行扩散。上述研究都以多孔颗粒作为研究对象，揭示了其在过热蒸汽干燥中的水分传递特点，此种传递机理称为

"退化核心模型"（receding core model）。

另一种水分传递机理是"薄层干燥模型"（thin layer model）[33,34]，假设物料内部的水分扩散至物料表面，水分在物料表面以指数的速率进行蒸发。Suvarnakuta 等[35]利用简单的三维水分扩散模型对胡萝卜块低压过热蒸汽干燥过程的传热传质进行了模拟，研究结果表明：除在较高的操作压力下，三维水分扩散模型都能很好地预测胡萝卜中的水分与温度变化，这是由于未考虑凝结段对模型的影响。Sa-adchom 等[36,37]发现猪肉片在过热蒸汽干燥过程中水分传递符合液体扩散理论，模型的预测趋势与实验一致，但模拟值要低于实验值。此外，Zielinska 等[38]和 Bourassa 等[39]基于菲克第二定律计算了酒糟过热蒸汽干燥过程有效水分扩散系数。

"退化核心模型"一般用于多孔颗粒干燥过程水分传输机理的表述，而"薄层干燥模型"多用于果蔬等物料过热蒸汽干燥过程水分传递机理的表述。需要说明的是，"退化核心模型"和"薄层干燥模型"都只是适用于表述降速干燥阶段的水分传输机理。文献中，对热敏性物料的过热蒸汽干燥过程模拟研究表明，建立的"薄层干燥模型"大都精度较低，不能很好地反映物料中水分的传递特点。此外，也缺乏对热敏性物料过热蒸汽干燥过程水分传递特性的实验研究，以修正模型。表 21-1 所示为近年来对过热蒸汽干燥动力学模型的代表性研究。

21.2.4　过热蒸汽干燥逆转点温度

在热风与过热蒸汽干燥的对比试验中发现，当过热蒸汽的温度高于某温度值时，过热蒸汽的干燥速率高于热风的干燥速率，低于该温度值时，过热蒸汽的干燥速率低于热风的干燥速率，此温度值称为"逆转点温度"（inversion temperature）。需要指出的是逆转点温度的严格定义只针对于水分在物料表面的蒸发阶段，而不适用于物料内部水分的蒸发[33]。换言之，逆转点温度适用于物料的恒速干燥阶段，而不适用于降速干燥阶段。过热蒸汽干燥逆转点温度

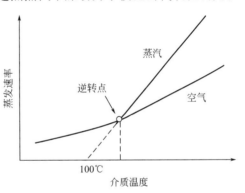

图 21-8　过热蒸汽干燥蒸发速率与介质温度关系

如图 21-8 所示，可以用蒸汽干燥的基本模型进行计算。日本学者桐荣良三研究逆转点温度时所用模型如下：

$$R_t = \frac{Q_h + Q_r}{r'_w} \tag{21-2}$$

$$Q_h = \lambda Nu(T_g - T_w) \tag{21-3}$$

$$Q_r = Q_{rw} + Q_{rg} \tag{21-4}$$

式中，R_t 为蒸发速率，$kg/(m^2 \cdot h)$；Q_h 为蒸汽对流换热，$J/(m^2 \cdot h)$；Q_r 为总辐射热，$J/(m^2 \cdot h)$；r'_w 为表面水潜热，J/kg；λ 为热导率，$W/(m \cdot K)$；Nu 为努塞尔数；T_g 为蒸汽温度，℃；T_w 为水表面温度，℃；Q_{rw} 为干燥器壁面辐射热，$J/(m^2 \cdot h)$；Q_{rg} 为干燥蒸汽辐射热，$J/(m^2 \cdot h)$。

对流换热系数可根据 Paul Hausen［式(21-5)］或 Ranz 和 Marshel 方程［式(21-6)］进行计算，得出水分蒸发率的曲线，曲线相交点对应的温度即为逆转点温度。桐荣良三的模型已被多数学者所证实。

$$Nu = 0.664Re^{\frac{1}{2}}Pr^{\frac{1}{3}} \tag{21-5}$$

表 21-1　过热蒸汽干燥动力学模型

模型名称	数学表达式	干燥条件 干燥温度,℃/ 压力,kPa/ 汽流速度,m/s	物料	备注	参考文献
无限圆柱扩散方程	$$\dfrac{\overline{M}(\theta)-M_e}{M_0-M_e}=\sum_{n=1}^{\infty}B_n\exp(-\mu_n^2 Fo_m)$$ $$B_n=\dfrac{4}{\mu_n^2};Fo_m=\dfrac{D_m\theta}{R^2}$$	125～165/—/—	土豆	总扩散系数随含水率的降低而增加	Tang 和 Cenkowski (2000 年)[40]
有限圆柱模型	$$MR(\theta)=\sum_{n=1}^{\infty}\sum_{m=1}^{\infty}\beta_n\beta_m\exp\left[-\left(\mu_n^2+\mu_m^2 K_\theta^2\right)Fo_m\right]$$ $$\beta_n=\dfrac{4}{\mu_n^2};\beta_m=\dfrac{4}{\mu_m^2};\mu_m=\dfrac{(2m-1)\pi}{2};J_0(\mu_n)=0;K_g=\dfrac{R_g}{L_g}$$	120/—/0.5	酒糟颗粒	在整个干燥过程,根据水平方向计算的总的有效水分扩散系数为 $4.08\times10^{-10}\sim1.48\times10^{-8}\,\mathrm{m^2/s}$;根据纵向方向计算的有效水分扩散系数为 $6.53\times10^{-10}\sim1.26\times10^{-8}$,在总体范围内没有显著差异	Bourassa 等 （2015 年）[39]
基于质量守恒和能量守恒的恒定干燥模型	$$\dfrac{\mathrm{d}X}{\mathrm{d}t}=-K(X-X_e)^n=\dfrac{\mathrm{d}X}{\mathrm{d}t}=$$ $$\beta(PV/T_v)^m(T_v-T_{sat})(X-X_e)^n$$ $$\dot{m}_{st}c_{st}(T_{st,i}-T_{sat})+\dot{m}_{st}h_{lg}+\dot{m}c_{fl}(T_{sat}-T_p)=m_{ds}(M_i c_{fl}+c_p)\dfrac{\mathrm{d}T_p}{\mathrm{d}t}$$ $$\left(\dfrac{\mathrm{d}m}{\mathrm{d}t}\right)_{heat\text{-}up}=\dfrac{\dot{m}_{st}}{m_{ds}}$$	70～100/ 6.86～16.7kPa/ 5～12	欧芹	仿真结果有助于分析各种变量对固定床干燥器性能的影响	Martinello, Mattea 和 Crapiste(2003 年)[41]
	$$MR=\dfrac{M_t-M_{eq}}{M_i-M_{eq}}=\exp(-Kt^n)$$	130～190/—/0～10	稻谷	该模型可以预测含水率、温度和胶凝程度,可为蒸米提供合适的操作条件	Taechapairoj 等(2006 年)[23]
	$$MR=\dfrac{M_t-M_{eq}}{M_i-M_{eq}}=\exp(-Kt^n)$$	65～75/7～13/—	印度醋栗片	实验值与拟合值一致,R^2 值为 $0.9334\sim0.9862$	Methakhup 等（2005 年）[42]
Page模型	$$MR=\exp(-Kt^n)$$	110～180/—/0.25～1.08	啤酒糟和酒糟	该模型模拟值与实验数据吻合较好	Tang 等(2004 年)[43]
	$$MR=\dfrac{M_t-M_{eq}}{M_i-M_{eq}}=\exp(-Kt^n)$$	62～82/10～18/—	印度奶酪	与所有情况下的广义指数模型相比,Page 模型具有更高的 R^2（0.9972）和更低的 SD（0.0043）	Shrivastav 和 Kumbhar(2010 年)[44]

续表

模型名称	数学表达式	干燥条件 干燥温度,℃/压力,kPa/汽流速度,m/s	物料	备注	参考文献
Page's 方程、单项程和两项指数方程	$$MR = \frac{M_t - M_{eq}}{M_i - M_{eq}} = \exp(-Kt^n)$$ $$MR = \frac{X_t - X_{eq}}{X_i - X_{eq}} = a_1\exp(-b_1 t) + c_1\exp(-d_1 t)$$ $$MR = \frac{X_t - X_{eq}}{X_i - X_{eq}} = a_1\exp(-b_1 t)$$	80~100/7~13/—	分子筛珠	Page模型和单项指数方程可以很好地描述分子筛珠低压过热蒸汽干燥和真空干燥过程	Suvarnakuta 等(2006年)[45]
线性恒定速率和指数下降速率干燥模型	$$\frac{d\left[\dfrac{M(t) - M_{eq}}{M_c - M_{eq}}\right]}{dt} = k$$ $$\frac{M(t) - M_{eq}}{M_c - M_{eq}} = \frac{8}{\pi^2}\sum_{i=1}^{\infty}\frac{1}{(2i-1)}\exp\left\{-(2i-1)2\frac{\pi^2}{4b}\left[\frac{D_{eff}(t-t_c)}{b}\right]\right.$$ $$\times 4\sum_{i=1}^{\infty}\frac{1}{a_i^2 R^2}\exp[-D_{eff}a_i^2(t-t_c)]$$	150~170/—/3.1	稻谷	在相同干燥条件下,稻谷在过热蒸汽干燥中的有效水分扩散系数要比在热风干燥条件下低许多	Taechapairoj 等(2004年)[46]
基于有限差分法求解深床问题的干燥模型	$$\frac{\partial M}{\partial t} = \frac{Kn}{60}(M - M_e)\left\{\frac{1}{k}\ln\left[\frac{A(M_0 - M_e)}{M - M_e}\right]\right\}^{(n-1)/n}$$	120~140/—/—	啤酒糟	在干燥过程中啤酒糟样品平均含水率的计算值与实测值吻合较好	Tang 等(2004)[43]
基于一维菲克扩散的干燥模型	$$\frac{X - X_e}{X_0 - X_e} = \frac{8}{\pi^2}\left\{\sum_{n=0}^{\infty}\frac{1}{(2n+1)^2}\exp\left[\frac{-\pi^2(2n+1)^2}{4}Fo_m\right]\right\}$$	110~160/103~105/0.5~1.0	酒糟	有效水分扩散系数的值介于3.24×10⁻¹⁰~2.48×10⁻⁹ m²/s之间,活化能为53.74kJ/mol。在干燥温度分别为110℃,130℃,140℃,150℃和160℃时,有效水分扩散系数与干燥介质温度的倒数成线性关系($R^2>0.9703$)	Zielinska, Cenkowski 和 Markowski (2009年)[38]
基于菲克第二扩散定律的干燥模型	$$\frac{\partial M}{\partial t} = D_{eff}\frac{\partial^2 M}{\partial x^2}$$	130~150/—/2	榴梿片	该模型在干燥的初期预测值低于实际值,而在干燥的后期,预测值高于实际值。R^2小于0.93~0.95之间,扩散系数介于0.97×10⁻⁸~1.44×10⁻⁸ m²/s之间	Jamradloedluk 等(2007年)[47]

续表

模型名称	数学表达式	干燥条件 干燥温度,℃/压力,kPa/汽流速度,m/s	物料	备注	参考文献
三维液体扩散模型	$$\frac{\partial X_f}{\partial t}=\frac{\partial}{\partial x}\left(D_{eff}\frac{\partial X_f}{\partial x}\right)+\frac{\partial}{\partial y}\left(D_{eff}\frac{\partial X_f}{\partial y}\right)+\frac{\partial}{\partial z}\left(D_{eff}\frac{\partial X_f}{\partial z}\right)$$	60~80/7~13/—	胡萝卜	该模型考虑了低压过热蒸汽干燥初始阶段蒸汽冷凝与物料收缩的影响，是对 Suvarnakuta[32] 所提模型的一种改进。该模型可以很好地预测干燥样品的中心温度和平均含水率	Kittiworrawatt 和 Devahastin(2009年)[27]
基于有效水分扩散系数的半经验干燥模型	$$t>0,X_1<X<X_{11},\frac{\partial M}{\partial t}=\frac{\partial}{\partial x}\left(D_{eff}\frac{\partial X_f}{\partial x}\right)$$	140/—/2.1	猪肉片	该模型可以很好地预测猪肉片干燥过程有效水分扩散系数(3.311×10⁻¹⁰~12.471×10⁻¹⁰ m²/s)和末腌制猪肉片干燥过程的有效水分扩散系数(4.200×10⁻¹⁰~15.056×10⁻¹⁰ m²/s)。该模型可以很好地预测猪肉片干燥过程的分含量和中心温度的变化	Sa-adchom 等（2011年)[36]
Eulerian-Eulerian多相干燥模型	在冷凝阶段和加热阶段： $$\dot{m}_{vs}=\frac{Q_{sv}}{H_{evp}+C_{pv}(T_v-T_b)}\qquad Q_{sv}=h_c(T_b-T_v)$$ $$h_c=1.13\times\left[\frac{H_{evp}+c_{pv}(T_v-T_b)}{\mu_1 d_s(T_v-T_b)}\rho_1^2 g\lambda_1^2\right]^{1/4}$$ 恒速干燥阶段： $$\frac{Q_{vs}}{\dot{m}_{sv}}=\frac{Q_{vs}}{H_{evp}}\qquad Q_{vs}=h(T_v-T_s)\qquad h=\frac{6\lambda_v\alpha_s Nu_s}{d_s^2}$$ 降速干燥阶段： $$\dot{m}_{sv}=\frac{6\alpha_s\rho_s D_{eff}(X_{cr}-X_{eq})}{d_s^2}\exp\left[-4\pi^2\frac{D_{eff}(t-t_{cr})}{d_s^2}\right]$$ $$Q_{sv}=h(T_v-T_s)=\alpha_s\rho_s C_{ps}\frac{dT_s}{dt}+\dot{m}_{sv}H_{evp}$$	150/101/—	油菜籽	该模型的预测值与实验值吻合较好	Xiao 等（2012年)[48]

注：$\bar{M}(\theta)$ 为无限圆柱体的平均含水率；θ 为干燥时间；R 为圆柱体的半径；Fo_m 为傅里叶传质系数；M_0、M_i 为初始含率；M_e、X_e、X_{eq} 平衡含水率；cX/dt 为固体干基水率；K 为固体干基水率系数；T_{sat} 为蒸汽饱和温度；T_v 为蒸汽湿度；μ_n 为贝塞尔数求和；n 为指数求和；D_m 为整体水分扩散系数；v 为蒸汽速度；n 为模型参数；MR 为水分比；M_i、$M(t)$、M 为方程中的参数；N、A 为方程中的参数；M_{eq} 为平衡含水率；X_i、X_t 为初始和瞬时含水率；c_{st} 为水汽的比热容；c_{fl} 为固体颗粒的比热容；c_p 为水汽的比热容；t_c 为临界干燥时间的一半；b 为干燥曲线的非线性程度；t 为干燥时间；D_{eff} 有效扩散系数；N、A 为方程中的参数；T_i、T_p 为胡萝卜的初始和瞬时温度；a_1、b_1、c_1、d_1 两项指数模型的常数；a_i 为方程的正根；$T_{st,i}$ 为干燥室进口蒸汽温度；T_{sat} 为饱和蒸汽温度；k、m 为 Page 方程的系数；$\dot{m}_{st}$ 为蒸汽质量流量；m_{ds} 为床内固体颗粒的干物质质量；H_b 为床层深度；X_f 为自由由水分含量；x 为榴莲切片厚度；k、m 为 Page 方程的根。

$$Nu = 2 + 0.74 Re^{\frac{1}{2}} Pr^{\frac{1}{3}} \tag{21-6}$$

对过热蒸汽干燥逆转点温度进行研究是降低干燥时间、提高干燥效率的途径之一，同时对干燥设备的设计、制造以及干燥条件的选取具有重要意义。Suvarnakuta 等[49]对比了分子筛低压过热蒸汽干燥与真空干燥过程（干燥温度为 80~100℃，干燥压力为 7~13kPa），研究结果表明，若以整个干燥过程计算干燥速率，则在实验范围内不存在逆转点温度；若仅以恒速干燥阶段计算干燥速率则存在逆转点温度且逆转点温度随干燥压力的升高而增大。该作者只考虑了干燥压力对逆转点温度的影响而未考虑物料自身的影响。Messai 等[50]以煤炭颗粒为实验物料，综合考虑了干燥压力、颗粒直径和颗粒渗透性对逆转点温度的影响，研究结果表明：以恒速干燥阶段和降速干燥阶段为基础计算都存在逆转点温度，但在相同压力和粒径下，以恒速段为基础计算的逆转点温度要高于以降速段为基础计算的逆转点温度。两种方法计算的逆转点温度都随压力的升高而升高，随颗粒直径的增大呈现先减小后增大的趋势，以降速段为基础计算的逆转点温度随颗粒渗透率的增加而降低。

对低压过热蒸汽干燥而言，其干燥对象主要为果蔬等热敏性物料，此类物料在干燥过程中一般不存在恒速干燥阶段，因此对低压过热蒸汽干燥过程逆转点温度的研究较少。对于低压过热蒸汽干燥热敏性物料，可采用比较干燥时间的方式来研究"逆转点温度"。Leeratanarak 等[51]比较了土豆片低压过热蒸汽干燥时间与热风干燥时间，研究发现当干燥温度超过 80℃时低压过热蒸汽干燥时间要小于热风干燥时间。Kongsoontornkijkul 等[52]比较了热风干燥、真空干燥和低压过热蒸汽干燥对印度拉茶干燥时间的影响，研究结果表明在干燥压力为 7kPa、干燥温度为 75℃时将印度拉茶干燥至相同含水率，低压过热蒸汽干燥所用的时间远高于其他干燥方式。Devahastin 等[53]和 Panyawong 等[54]研究发现将胡萝卜块干燥至相同含水率，真空干燥所需时间要小于低压过热蒸汽干燥所需时间，但随着干燥温度的提高，两种干燥方式所用的时间差逐渐减少。李占勇等[55]对青萝卜片低压过热蒸汽干燥过程逆转点温度进行了详细分析，得出基于整个干燥阶段计算的逆转点温度高于基于第一降速干燥阶段计算的逆转点温度。基于整个干燥阶段计算的逆转点温度随干燥压力的升高而升高，随物料厚度的增加而增加。基于第一降速干燥阶段计算的逆转点温度随干燥压力的升高而升高，物料厚度对逆转点温度无影响。有趣的是在逆转点温度以上，低压过热蒸汽干燥速率不仅高于真空干燥速率，而且干燥的物料中维生素 C 的保留率要高于真空干燥。

21.3　干燥方法分类

根据操作压力的不同可将过热蒸汽干燥为低压干燥、常压干燥和高压干燥三种类型。

21.3.1　低压过热蒸汽干燥

低压过热蒸汽干燥是指在低于大气压力的条件下采用过热蒸汽对物料进行干燥。由于采用过热蒸汽作为干燥介质时产品的温度必须超过操作压力对应的饱和温度，对于热敏性物料可采用低压过热蒸汽干燥，这样可避免使物料产生不必要的物理变化或化学变化。目前低压过热蒸汽干燥主要应用于果蔬[1,53,56,57]、茶叶[52]、奶豆腐[58]、稻谷[59]、山竹壳[60]、蔬菜种子[61,62]等物料的干燥。

21.3.2　常压过热蒸汽干燥

常压过热蒸汽干燥是指在接近大气压下对物料进行干燥，其经常应用于煤炭[63,64]、锯末[65]、咖啡豆[66]、酱油渣[67]、木材[68]、丝绸[69]、食品物料[70-72]等的干燥。常见的干燥设备有过热蒸汽流化床、固定床、喷雾干燥器和冲击式干燥器等，其中常压过热蒸汽流化床和带式干燥器已成功用于制糖工业，干燥甜菜渣[73]，旋转式过热蒸汽干燥器已应用于污泥的工业化干燥。

21.3.3　高压过热蒸汽干燥

高压过热蒸汽干燥是指在较高的操作压力（$5 \times 10^5 \sim 25 \times 10^5 \mathrm{Pa}$）下对物料进行干燥，常见的干燥设备有高压过热蒸汽流化床、闪蒸干燥器等，用于果渣、甜菜渣等的工业化干燥。德国布伦瑞克机械工程研究所成功地将高压过热蒸汽干燥器应用于甜菜渣的工业化干燥，生产结果显示，干燥器的能耗为 2900kJ/kg，而传统的热风干燥器的能耗为 5000kJ/kg，节能效果显著，并且过热蒸汽干燥的甜菜渣色泽要优于传统热风干燥[74]。法国和丹麦也已将高压过热蒸汽流化床干燥器应用在制糖产业[5]。

21.4　过热蒸汽干燥特点

21.4.1　过热蒸汽干燥的优点

（1）可充分利用蒸汽的潜热，节能效果显著

利用过热蒸汽作干燥介质的节能效果已被很多学者所证实。瑞典学者 Svenson[75]用 $0.2 \sim 0.5$MPa 压力的过热蒸汽干燥纸浆，每吨耗能 $0.4 \sim 0.5$GJ，而用普通的闪蒸干燥则为 $3 \sim 3.5$GJ，每吨纸浆的花费由 19 美元降到 10 美元。英国的 Thomas 用盘式过热蒸汽干燥器干燥陶瓷粉染料每吨染料汽耗花费从 20 英镑降到 2 英镑，节能达 90%。德国 BMA 公司研制的高压过热蒸汽干燥器干燥甜菜渣（固形物含量从 30% 至 90%），单位热耗与普通的热风干燥相比由 5000kJ/kg 降到 2900kJ/kg。Niro 公司 1985 年开发的商业用压力流化床干燥器用于颗粒或浆状物料干燥试验证明，与普通的滚筒干燥器相比节能达 90%，且无污染，产品质量也得到了改善。爱尔兰和苏联应用一种称为 Peco 的过热蒸汽干燥器干燥泥煤，单位能耗与普通的热风干燥相比由 $3000 \sim 40000$kJ/kg 降到 $1700 \sim 1800$kJ/kg。瑞典研制的一种过热蒸汽干燥器干燥泥煤，其单位蒸发量的能耗仅为普通热风干燥的 $1/6 \sim 1/7$。

过热蒸汽干燥设备通常为一个封闭的系统，干燥介质（过热蒸汽）可以实现循环利用，能量利用效率高。废汽中的潜热可回收或直接利用，无能量的浪费。Stubbing[76]认为，在一般的水蒸气中总热能大约 84% 为潜热，16% 为显热。传统的干燥器利用大量的热风带走物料中蒸发的水，排气中的大量蒸汽潜热在有用的温度下很难回收。例如，现今一般的连续纸张干燥器，废气中包含 15% 的水蒸气，这种废气的饱和温度为 53℃。为了回收这部分潜热，需冷却到 40℃，甚至更低，大多数工厂不能这样做。而采用过热蒸汽干燥，排出的废气仍然是水蒸气，温度保持在 100℃ 以上（常压或高压操作），可经过冷凝、压缩和多级干燥回收其潜热。Stubbing[76]经过计算得出了过热蒸汽干燥潜热回收后的节能效果（见表 21-2）。

表 21-2　热风干燥与过热蒸汽干燥每蒸发 1kg 水所需的能量对比　　　　　单位：kJ/kg

研究内容	热风干燥	过热蒸汽干燥
蒸发 20℃ 的水	2594	2594
加热被干燥物料（含水率 50%）从 20℃ 到开始蒸发[比热容为 1.26kJ/(kg·K)]	50	100

续表

研究内容	热风干燥	过热蒸汽干燥
废气热损失	700	0
干燥器的热损失	100	150
蒸发 1kg 水所需总能量	3444	2844
余热回收	0	2170
蒸发 1kg 水所需的净能量	3444	674

从表 21-2 可以看出，过热蒸汽干燥由于余热可回收利用，热效率非常高，同时，废气热损失为零。

（2）产品品质好

过热蒸汽干燥介质仅为过热蒸汽，无氧气的存在，因此物料在干燥过程中不会发生氧化反应，干燥产品的营养成分、色泽等都能得到较好的保护。此外，过热蒸汽干燥过程传质与传热机理也不同于传统的干燥方式，因此过热蒸汽干燥的物料一般具有较高的空隙结构、较好的复水性等特点。Salin[77] 比较过热蒸汽和热风干燥的木材发现，前者除了有较低的含水率外，其弯曲强度和拉伸强度都优于后者。Yoshida 和 Hyodo[30] 指出用过热蒸汽干燥醋酸纤维时，其强度与普通的干燥方法相比有很大提高。Devahastin 等[53] 利用扫描电镜技术研究了真空干燥与过热蒸汽干燥的萝卜块微观结构，真空干燥的胡萝卜表面形成一层致密的结构，而低压过热蒸汽干燥的胡萝卜表面有许多均匀的孔结构分布。Liu 等[78] 在研究白萝卜片低压过热蒸汽干燥特性时也发现低压过热蒸汽干燥的白萝卜片具有更好的孔隙结构（如图 21-9 所示），这是由于在过热蒸汽干燥过程中水分在物料内部汽化造成的。如果干燥过程物料内部产生的蒸汽不能足够快地扩散出去，那么物料内部水的沸腾或蒸发会导致物料内压力快速积聚，从而使干燥材料的微观结构膨胀（即更高的多孔性），因此干燥后的产品在浸入水中后能够迅速复原，这对制作任何"速食"食品非常具有吸引力。Jamradloedluk 等[47] 的研究表明过热蒸汽干燥的榴莲片的复水性要好于热风干燥。Husen 等[79] 甚至发现过热蒸汽干燥（130～170℃）的鳄梨果酱中酚类物质和黄酮类物质含量要高于冷冻干燥方式。

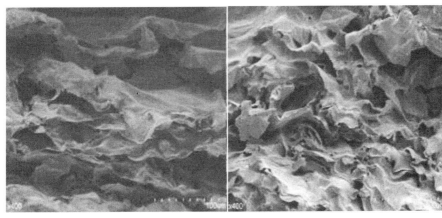

(a) 低压过热蒸汽干燥　　　　　　(b) 真空干燥

图 21-9　白萝卜内部结构扫描电镜照片

（3）过热蒸汽传热系数大，无传质阻力

Potter 和 Keogh 用流化床干燥器干燥煤炭得出过热蒸汽干燥时传热系数为 200～500W/

（m²·K），而热风搅拌式干燥器其传热系数仅为 20～50W/(m²·K)。

过热蒸汽干燥，由于整个环境仅有一种气体成分存在，水分从物料表面蒸发移动不是通过质量的扩散而是以液流的压力差产生的体积流（bulkflow）为动力，Chu 等人[11]研究证明对于直径为 1mm 的水滴在 150℃的过热蒸汽中只需 10^{-6}N·m² 的压力差即可为蒸汽的扩散提供充分的驱动力。因此，在实际过程中从颗粒的表面移去蒸汽的阻力可以忽略。过热蒸汽干燥无气膜传质阻力。

（4）过热蒸汽的比热容大，蒸汽用量少

众所周知空气的比热容为 1.005kJ/(kg·K)，而蒸汽的比热容为 1.968kJ/(kg·K)。蒸汽有较高的比热容，因此传递一定的热量所需的质量流量较小，这有助于减小设备的体积和投资。同时，质量流量的减小对废气的净化也非常有利。

（5）无爆炸和失火危险，也有利于保护环境

过热蒸汽干燥中没有氧气存在，没有氧化和燃烧反应，因此对于煤炭和其他可燃物料的高温干燥时，不存在爆炸起火的危险。同时，过热蒸汽干燥是在密闭条件下进行，干燥过程产生的有害物质及粉尘等可通过冷凝或其他的方式进行固定收集，不会造成环境的污染。例如，用过热蒸汽干燥煤和纸浆可以减少 CO_2 和硫化物的排放量，使空气中粉尘含量大大降低。热风干燥城市垃圾、污泥等废弃物时会发出恶臭，用过热蒸汽干燥可以消除臭味。

（6）具有灭菌消毒作用

过热蒸汽干燥在完成物料干燥的同时还可以有效地灭活物料中的微生物，从而避免污染食品原料，这是由于过热蒸汽干燥通常在较高的温度（常压下一般高于 100℃）下进行。此外，当低温物料放入过热蒸汽干燥室时，由于蒸汽在物料表面冷凝，随着冷凝热的释放，物料温度快速上升，加上初始阶段的高水分活度，导致微生物比热风干燥更有效地失活。例如，Phungamngoen 等[24]在利用低压过热蒸汽干燥洋白菜时发现洋白菜表面的沙门氏菌数量显著减少。应该注意的是，在热风干燥的初始阶段，物料表面温度缓慢升高会使微生物在灭活前增殖或产生毒素[24,80]。

此外，由于过热蒸汽有抽提作用，尾气中的一些稀有贵重成分还可以通过冷凝的方式进行回收。例如，有学者报道在木材的干燥中可以很方便地从凝结器中分离松节油。Liu 等[25]在研究低压过热蒸汽干燥青萝卜片时发现排放的尾气中有维生素 C 的存在。

21.4.2　过热蒸汽干燥的缺点

（1）过热蒸汽干燥设备复杂，投资大

从原理上讲，热风干燥器均可改为过热蒸汽干燥器。然而，过热蒸汽干燥不能有气体泄漏，加料和卸料不能有空气渗入，故而需要复杂的加料系统和产品收集系统，有时还需废气或余热回收系统，这些系统的增加会显著增加整个干燥设备的投资。过热蒸汽干燥设备的复杂性也导致了较高的维修费用。

（2）过热蒸汽干燥易产生凝结现象

常温下加入物料，在将其加热到蒸发温度的过程中会发生凝结现象，这种现象也经常发生在干燥器的启动和停止阶段。Trommelen 和 Crosby 研究表明，一个初始温度为 10℃的水滴暴露在 150℃、0.1MPa 压力下的过热蒸汽中，质量增加 12.5%，这意味着除去凝结的水分会额外增加干燥时间。对于初始含水率较低的物料，这部分凝结水分占蒸发水分的很大部分。比如，初始含水率为 10%，温度为 30℃的砂子放在 150℃的过热蒸汽中会增加 40%的水分，这将显著增加干燥时间。因此，过热蒸汽干燥对进料温度有较高的要求。

（3）物料平衡含水率问题

当物料中的水蒸气压力等于过热蒸汽压力时就会发生干燥沸腾，因此物料在给定压力下的温度等于或高于饱和温度。沸腾温度是计算物料表面与过热蒸汽之间传热所必需的条件。吸附平衡通常发生在恒压（等压吸附）条件下，体现了沸点温度和含水量之间的关系，等压线对于预测过热蒸汽的干燥速率十分重要。充分了解物料在过热蒸汽中的吸附性能有助于缩短干燥时间、减少干燥器体积和提高产品质量。Bassal 等[81]测定了纤维素、马铃薯淀粉饼和乳糖在 $100\sim140℃$ 范围内的解吸等温线和等压线。Pakowski 等[82,83]测量了一种高能柳木在大气压下，温度为 $100\sim125℃$ 范围内的吸附等温线和等压线。Pronyk 等[2]从亚洲面条过热蒸汽干燥过程的质量变化中测量了平衡含水量，研究发现过热蒸汽温度越低，平衡含水量越大，在干燥温度为 $110\sim120℃$ 时平衡含水量为 40%，干燥温度升高至 $140\sim150℃$ 时，平衡含水量仅为 2%。过热蒸汽干燥由于涉及被干燥物料和过热蒸汽的水分平衡问题，在有些情况下对某些物料很难获得较低的最终含水率。

（4）腐蚀和锈损问题

有些物料对机械设备的材料要求高，比如，对有腐蚀和锈蚀的地方需用不锈钢材料。过热蒸汽干燥设备的材料如果选择不当易产生腐蚀或锈损现象。

（5）其他问题

蒸汽的清洁、压缩、循环和再加热问题不容忽视。蒸汽在重新利用前通过热压机或机械式压缩机（离心式、螺旋式）加压，机械式蒸汽再压缩装置和热压机机构十分复杂，因此操作费用高昂。一些物料在 $100℃$ 以上进行干燥时，产品特性会发生变化，比如有些木材产生不希望的色变而使产品等级下降，此种情况下选用低压过热蒸汽干燥会显著提高设备的投资成本、运行成本和操作的复杂性。

一般地，只有在以下一个或多个条件适用时，过热蒸汽干燥才是值得考虑的可行选择：

① 能源成本很高，产品价值很低或可以忽略不计。例如，煤炭、泥煤、新闻纸、薄纸、废污泥等商品，必须干燥以满足监管要求。

② 如果过热蒸汽干燥产品质量比热风干燥质量更好。例如，新闻纸经过热蒸汽干燥后强度特性更加优越，使用少量的化学纸浆含量即可获得相同的强度。

③ 火灾、爆炸或其他氧化反应的风险非常高（例如煤、泥煤、纸浆干燥）。降低的保险费用可部分抵消蒸汽干燥器增加的投资成本。

④ 需要去除的水量和生产能力很高。显然，只有连续运行时才值得考虑此类干燥器，因为初始干燥阶段产品表面蒸汽凝结以及不凝性气体的存在会导致启动和关闭时产生固有问题。

21.5　典型物料的过热蒸汽干燥

21.5.1　甜菜渣干燥

采用普通热风干燥方法烘干 100kg 甜菜渣需要耗能 $9kW\cdot h$，占整个甜菜加工厂总能耗的 33%。德国 BMA 公司[84]开发了一种高压过热蒸汽干燥器用于烘干甜菜，其蒸发 1 千克水的热耗仅为 2900kJ，而传统的热风干燥器则为 5000kJ。丹麦 NIRO 公司[85]成功地研制了一种过热蒸汽流化床干燥器，它可用于烘干甜菜渣和其他颗粒物料。与普通热风干燥相比节能达 90%，干后物料的品质比普通热风干燥优异。虽然这种干燥器是针对甜菜渣设计的，试验证明，它可以成功地用于烘干酒糟、苹果渣、牧草、橘皮和鱼粉等物料。利用该机干燥甜菜渣时性能指标如表 21-3 所示。

表 21-3　甜菜渣的过热蒸汽干燥

参数名称	指标	参数名称	指标
物料初始含水率/%	70.8	总功率/kW	285
物料最终含水率/%	10.0	物料在机内停留时间/min	5～6
水分蒸发量/(t/h)	8.7	入口蒸汽温度/℃	190～250
蒸汽供给量(1.35MPa)/(t/h)	10.2	机内温度/℃	140
排汽量(0.39MPa)/(t/h)	9.8	机器的外径/m	8

该干燥器为封闭式系统，干燥过程无异味排放，可自动控制、可靠、免维护，无火灾或爆炸危险，产品更纯净，无传统干燥器中的烟气污染或氧化现象。

21.5.2　煤炭干燥

煤既是燃料，也是许多化学产品合成的原料，例如干燥的煤可用于成型、焦化、气化、碳化、液体燃料合成等。根据煤的初始含水率对其进行干燥可以增加其热值，提高锅炉燃烧效率。如果在燃烧前对煤进行预干燥，焦炉效率可提升 30%～50%，因此对含水率高的低品位煤进行干燥是十分必要的。采用滚筒式干燥器烘干煤炭时，单位热耗为 3100kJ/kg（水），采用流化床干燥器烘干煤炭时，单位热耗达 3100～4100kJ/kg（水）。Woods 等[86]对 1～13mm 的煤炭颗粒进行过热蒸汽干燥表明，用过热蒸汽干燥煤炭时其恒速干燥阶段比热风干燥长 6～7 倍，传热速率为热风干燥的 1.7～2.0 倍。Faber 等[87]对比了煤粉的热风干燥和过热蒸汽干燥，发现存在转折点温度，当温度超过 180℃时过热蒸汽干燥比热风干燥成本降低 20%。作者还成功地将过热蒸汽用于活性炭颗粒的干燥，进入干燥器的蒸汽温度为 300℃，排气温度为 150℃，废气用于预热活性炭原料，活性炭颗粒含水率由 50%降至 2%时，设备运行成本比普通热风干燥低 40%。澳大利亚学者 Potter[88,89]采用内部埋管式过热蒸汽流化床干燥器对煤炭进行了干燥试验，获得了极为理想的效果，煤炭过热蒸汽干燥器操作参数如表 21-4 所示。

表 21-4　煤炭过热蒸汽干燥器操作参数

参数名称	指标	参数名称	指标
热管温度/℃	140～170	蒸汽流速/(m/s)	0.2～0.3
床层温度/℃	110～127	煤炭加料速率/(kg/h)	40～70
最小流化速度/(m/s)	0.57	生产率/(kg/h)	16～28
过热蒸汽温度/℃	130～150		

对于煤炭干燥，干燥器本身不是干燥系统中投资最大的部分。干燥前磨煤与干燥后清洁废水是目前工艺中投资最大的部分。商业化的煤炭过热蒸汽干燥器在澳大利亚和德国已经成功运行。

21.5.3　污泥干燥

利用过热蒸汽作为干燥介质可在流化床干燥器、搅拌干燥器和闪蒸干燥器上实现污泥的干燥。Hirose 和 Hazama[90]将含水率为 400%（d.b.）的污泥首先用机械脱水的方式降到 75%，然后利用过热蒸汽将其干至 5%，污泥的热值可达 8.4～19MJ/kg。日本成功地研制了一种多级搅拌式过热蒸汽污泥干燥器，生产率达到每天 15t 脱水污泥。360℃的过热蒸汽以 3600kg/h 的流量进入干燥器，排汽温度为 150℃，体积传热系数达 377kJ/(m³·h·℃)。

这种干燥器与流化床干燥器不同，蒸汽以较低的速度进入干燥器中，在排放的尾气中不会有大量的夹带，可通过旋风分离器进行清洁处理。为了避免不良气味的泄漏，干燥器保持在比大气压低 10～100mm H₂O（1mm H₂O＝9.80665Pa）条件下工作。启动时先用热风进行循环，然后喷水到热空气中，一直到整个系统充满蒸汽。必须注意，由于污泥中包含各种化学或生物化学成分，因此，在进入干燥器前应尽可能地去除污泥中的水分。

对于污泥干燥，在所有类型的干燥器中使用高温空气都可能会导致重大火灾或爆炸危险，同时大气中有机挥发物和细颗粒的排放都是需要特别注意的问题。过热蒸汽干燥的污泥可用作燃料，干后的污泥为玻璃状物体容易填埋处理。在发达国家的大城市，过热蒸汽干燥处理污泥十分具有吸引力。据报道，使用过热蒸汽为干燥介质的撞击流污泥干燥器在俄罗斯中试运行已取得成功。

21.5.4　纸张干燥

Mujumdar 教授[91]较详细地论述了纸张的过热蒸汽干燥历史、现状和发展前景。利用过热蒸汽干燥纸张，除具有干燥速率快、能耗低、无起火危险外，干燥后的纸张强度和光学性能也较好。Cui 和 Mujumdar[92]以及 Loo 和 Mujumdar[93]简单计算了不同干燥装置干燥纸张的干燥速率和能耗，得出：如果干燥器中产生的蒸汽在其他地方得到充分利用（没有蒸汽再压缩），纸干燥的净能耗可以低至 1500kJ/kg（水）。这种能量需求考虑了泄漏、腹板显热、其他损失以及蒸汽再循环的能量。

Mujumdar 教授给出了纸张各种干燥方式的干燥速率：
① 冲击流干燥：50～150kg/(h·m²)；
② 穿流干燥：50～100kg/(h·m²)；
③ 冲击和穿流组合干燥：100～200kg/(h·m²)；
④ 冲击和接触干燥：100～150kg/(h·m²)；
⑤ 平行流干燥：30～75kg/(h·m²)。

21.5.5　木材干燥

干燥是木材加工的重要步骤，过热蒸汽干燥已经成功应用于木材的干燥。树脂渗出率、表面色变、松结等质量参数是衡量木材干燥的重要指标。木材在温度较高（超过 100℃）的空气-蒸汽混合物中干燥时容易产生较大的缺陷，如塌陷、蜂窝、裂纹等。

Rosen 等[94]在中试规模下研究了绿杨木板、黄杨木板和红橡木板在常压过热蒸汽中的干燥特性，研究表明尽管干燥时间减少了，但蒸汽干燥器的运行费用与传统窑炉基本相同。电加热器蒸发水的电能消耗量仅为 0.82kW·h/kg（2.95MJ/kg）左右，但由于所用蒸汽流量高于传统窑炉，因此蒸汽干燥器的鼓风机功率提高了约 40%。需注意的是干燥所需的能耗与木材类型和水分范围密切相关。利用过热蒸汽将含水率为 100%（d.b.）的黄杨干燥至 5%（d.b.）时所用时间为 28～30h，将含水率为 19%（d.b.）的红橡木干燥至 5%（d.b.）时所用的时间为 21h。据估计，红橡木干燥所需的总能量是黄杨的三倍。

丹麦 Iwatech 公司开发的 Moldrup 低压木材干燥器在欧洲和东南亚一带受到用户的欢迎。该蒸汽干燥器的主要部件是一个长 24m、直径为 4m 的压力蒸汽罐（高压釜），内安装有橡胶空气管，干燥时对橡胶空气管加压，使其以 1000kg/m² 的压力保持在木堆的顶部，以减少木材的变形。干燥开始时，首先用真空泵将压力罐抽真空 1～2h，然后充以过热蒸汽，蒸汽温度为 50～90℃，蒸汽以 20m/s 的速度和 400Pa 的压力在罐内循环，蒸汽利用罐内的热水或高温蒸汽再加热到循环蒸汽的饱和温度以上，在该压力下水的沸点为50℃。此干燥工艺的优点是：干燥速率快（快约2～5倍），操作简单容易控制，无氧气存在，不存在失火和爆炸危险，木材不会产生色斑和霉变，裂纹和翘曲也明显减少，同时过热蒸汽干燥也有助于杀死木材中的微生物或昆虫。虽然压力罐容积比传统的热风窑小得多，板材容量低，但较短的干燥时间对干燥不同种类或大小的木材具有更好的灵活性，同时可以降低库存成本。这种工艺比普通木材干燥窑节能50%。

21.5.6　泥煤干燥

泥煤通常利用发电厂和型煤厂锅炉排出的烟气（300～600℃）进行干燥。1970年瑞典Chalmers大学研制了一台压力式蒸汽气流干燥器，它是一个闭路系统，泥煤直接与过热蒸汽相接触。它不仅可烘干泥煤，还可以烘干甜菜渣、树皮等。循环的蒸汽压力为0.2～0.6MPa，蒸汽和物料用旋风分离器分离，蒸汽可再循环利用，多余的蒸汽被排出。干燥时间为10～30s，输送速度为20～40m/s，由于多余的蒸汽能再利用，干燥器热耗仅为500～700kJ/kg（水），一般的气流干燥器热耗约为3500～4800kJ/kg（水）。Helsinki工业大学成功地研制了一种流化床泥煤干燥器，蒸发能力为100kg（水）/h。一种管式换热器埋入床内以提供加热热源，用作冷凝的蒸汽压力为0.8MPa。湿的泥煤从下部加入，干的泥煤用螺旋出料器从床层上面排出，从泥煤中蒸发出的水分被用作流化介质。干燥后粉碎的泥煤平均粒径为1mm。由于泥煤的热性能差，床与管的换热效率较低，仅为100W/(m²·K)。将沙子用作床料可提高干燥速率，但是泥煤与沙子不容易分离。若使用带沙子的流化床燃烧器，可解决此问题。如果利用细微的磁铁矿砂作为床料，可以使传热系数增加到350W/(m²·K)，同时磁铁粉易于分离。

泥煤干燥的一个重要考虑因素是有机化合物的演化。冷凝物的含量受干燥条件（如物料在干燥器中的停留时间）、去除的水分量、泥煤类型等的影响。乙酸、甲酸和糠醛是冷凝物中的主要有机化合物。在不同干燥器中平均生化需氧量（BOD）为140～150mg/kg（干泥煤），化学需氧量（COD）为500～850mg/kg（干泥煤），总有机碳（TOC）为90～300mg/kg（干泥煤）。表21-5是基于Fagernäs和Wilen[95]的数据列出的泥煤过热蒸汽干燥器排出的废水中的物质。

表21-5　泥煤过热蒸汽干燥器排出的废水中的物质

参数	流化床蒸汽干燥器	中试流化床干燥器	工业泥煤干燥器
温度/℃	100～140	140～170	170
压力/×10⁵Pa	—	2～8	5.7
冷凝水pH值	4.1	5.7	3.8
固形物/(mg/L)	80	220～400	70～170
NH₃-N/(mg/L)	1.2	28	11
P/(mg/L)	0.04	1.6	0.07
BOD/(mg/L)	520	130～190	—
COD/(mg/L)	880	470～630	440～1300
TOC/(mg/L)	310	90	310～450

注：BOD：生化需氧量；COD：化学需氧量；TOC：总有机碳量；P：磷。

通常床层温度升高会导致冷凝物中有机负荷增加，如将床层温度从110℃提高到120～130℃可使BOD、COD和TOC值提高近三倍。与闪蒸干燥器相比，物料在流化床中停留时间越长，冷凝液中的有机负荷也越高。

21.5.7　木屑干燥

传统工艺采用直接接触式烟气干燥或间接加热式空气干燥。Salin[96]用蒸汽将制造纤维板所需要的木屑干燥到 2%～3% 的含水量。木屑与蒸汽的混合物被输送到立式换热器中，干燥完成后用旋风分离器实现蒸汽与木屑的分离。在试验中单管换热器的长度为 13m，木屑单次在单管换热器中的停留时间为 12～15s，木屑需两次通过换热器，干燥时间达到 25～30s 时才能完成干燥。试验表明，使用过热蒸汽干燥的木屑制成的刨花板弯曲强度、拉伸强度和吸湿性能均优于热风干燥，因此使得刨花板生产过程中胶水的消耗量减少了 9%。而且干燥温度的优化选择和热处理可以进一步提高纸板的质量。

21.5.8　食品干燥

21.5.8.1　常压过热蒸汽干燥

Li 等[97]在冲击式干燥器中使用过热蒸汽对玉米饼片进行了干燥。研究表明：由于整个干燥过程都处于降速干燥阶段，蒸汽温度对干燥动力学的影响比蒸汽流速更显著。就干燥产品质量而言，使用较高的过热蒸汽温度可使淀粉糊化更加完全，干燥的玉米饼片复水性更好，但玉米片色泽变差，维生素 C 的保留率降低。由于热空气干燥的玉米饼表皮硬化，有助于抑制收缩，因此过热蒸汽干燥的玉米片收缩更大。这与 Caixeta 等[98]用过热蒸汽干燥薯片的结果一致，而且随过热蒸汽干燥温度的升高薯片的收缩性降低。图 21-10 所示为薯片在不同条件下干燥的内部显微结构图像，物料孔隙的形成是内部水分沸腾的结果。相同的干燥条件下，过热蒸汽干燥的薯条比空气干燥的薯条更柔软，脆性更低，但具有更高的维生素 C 保留率，如表 21-6 所示。

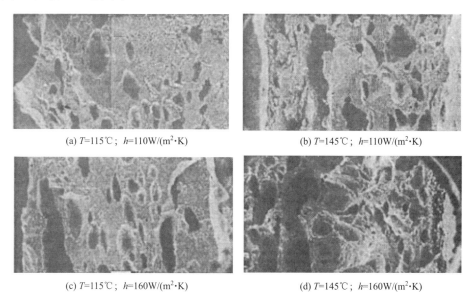

(a) T=115℃；h=110W/(m^2·K)　　　　(b) T=145℃；h=110W/(m^2·K)

(c) T=115℃；h=160W/(m^2·K)　　　　(d) T=145℃；h=160W/(m^2·K)

图 21-10　薯片在不同条件下干燥的内部显微结构图像

Iyota 等[18]发现在热风干燥的薯条中存在许多淀粉颗粒，而过热蒸汽干燥的薯条几乎不含完整的淀粉颗粒（如图 21-11），这说明在过热蒸汽干燥的薯条中淀粉已经完全糊化。热空气干燥和过热蒸汽干燥的薯条微观结构也有很大的不同，过热蒸汽干燥的薯条比热空气干燥的薯条具有更大的多孔结构，并且在热空气干燥的薯条表面可以清楚地看到硬化的表皮。硬化表皮的出现，加上较低的孔隙结构，导致热空气干燥的薯条质地和复水性较差。

表 21-6　不同干燥条件下薯片中维生素 C 的含量

干燥温度/℃	维生素 C 含量/[mg/100g(d. b.)]	
	过热蒸汽干燥	热风干燥
130	25.48±1.25	21.43±0.57
145	20.48±1.13	19.06±2.71

(a) 过热蒸汽干燥(T=170℃)　　(b) 过热蒸汽干燥(T=240℃)

(c) 热风干燥(T=170℃)　　(d) 热风干燥(T=240℃)

图 21-11　不同条件干燥的薯条内部显微结构图像

此外，也有一些其他的食品原料采用过热蒸汽干燥。例如，Tang 等[40]用过热蒸汽对土豆条进行了干燥。研究发现，在过热蒸汽干燥中介质温度对干燥时间的影响比在热风干燥中更为显著，最有可能的原因是过热蒸汽的热性能对温度的敏感性要优于热空气。Namsanguan 等[99]对比研究了低咸度虾米的过热蒸汽干燥与热风干燥，实验发现过热蒸汽干燥的虾米具有较红的颜色。使用过热蒸汽干燥虾的另一个主要优点是可以消除通常需要在干燥前进行的蒸煮阶段，只需要将虾简单地浸入盐水中，再利用过热蒸汽进行干燥，此时沸腾和干燥会同时发生。由于调味成分不会随煮沸的溶液流失，通过这种方法获得的干虾味道也更好。同时这也有助于减少整个虾干生产过程的时间和能耗。

21.5.8.2　低压过热蒸汽干燥

用常压过热蒸汽干燥食品面临的主要问题是介质的温度较高，容易使物料产生热变性，不适用于热敏性物料的干燥。为此，可采用低压过热蒸汽干燥（LPSSD），降低其饱和温度，使物料中的水分在较低温度时就能够蒸发。该干燥技术已经在实验室范围内应用于食品和生物材料的干燥，例如水果、蔬菜、草药和香料等，但目前还未见有商业化的应用报道。

Elustondo 等[15]从理论和实验方面研究了食品的低压过热蒸汽干燥，物料有香蕉、苹果、土豆、木瓜、虾等。蒸汽压力为 10000～20000Pa，蒸汽温度为 60～90℃，蒸汽流速为 2～6m/s，该作者详细地研究了各种操作参数对干燥动力学的影响，建立了数学模型，并对低压过热蒸汽干燥器的性能进行了预测。Devahastin 等[53]对胡萝卜低压过热蒸汽干燥动力学和干燥质量进行了详细研究。研究发现在相同条件下，胡萝卜真空干燥所需时间小于低压过热蒸汽干燥所需的时间，在较高的干燥温度下两者所需干燥时间的差异较小。在干燥质量方面，由于真空干燥的胡萝卜表面硬化，阻碍干燥过程的收缩，因此过热蒸汽干燥的胡萝卜变形更均匀，在浸入水中时更容易复原，这是速食食品工业所追求的一个非常理想的特性。相较于传统的热风干燥与真空干燥，低压过热蒸汽干燥可以更好地保留产品中的营养成分。Methakhup 等[42]对印度醋栗进行低压过热蒸汽干燥，研究证明，尽管低压过热蒸汽干燥需要更长的干燥时间，但由于低压过热蒸汽干燥过程不涉及氧化反应，醋栗干中维生素 C 的含量比真空干燥的高。除了能够较好地保留维生素 C 外，低压过热蒸汽干燥也可以显著减少 β-胡萝卜素的损失，这已被 Suvarnakuta 等[45]所证实。Suvarnakuta 等[60]分别研究了不同干燥方式与干燥条件对山竹壳中山竹酮含量以及抗氧化活性的影响。研究结果表明：在干燥温度为 75℃时，热风干燥和低压过热蒸汽干燥后的山竹壳中山竹酮的含量最高，但热风干燥时间要长于低压过热蒸汽干燥。Husen 等[79]研究发现在温度为 130～170℃的范围内，过热蒸汽干燥的鳄梨果酱中的酚类物质与黄酮类物质含量要高于冷冻干燥方式。Liu 等[67]研究了青萝卜片在低压过热蒸汽中的干燥特性以及青萝卜片品质的变化特点，发现青萝卜片表面冷凝水的出现可加剧维生素 C 的损失。为提高维生素 C 的保留率，在干燥初期可适当对物料进行预热，减少蒸汽凝结量。综上，对热敏性材料特别是氧敏感物料干燥时，低压过热蒸汽干燥技术比其他干燥技术具有明显的优势。

低压过热蒸汽干燥除能较好地保留产品中的营养成分外，干燥后的物料色泽也较好。如，Phungamngoen 等[80]比较了热风干燥、真空干燥和低压过热蒸汽干燥对洋白菜表面颜色的影响，研究发现低压过热蒸汽干燥的洋白菜总色差值变化最小。Yun 等[71]在研究椰子片过热蒸汽干燥时发现椰子褐变值随干燥温度与干燥时间的增加而增加。

21.5.8.3　联合干燥

对于食品和生物材料干燥，若单一的干燥方式不能满足产品品质需求，可采用组合干燥的方式。例如，Nimmol 等[100,101]通过低压过热蒸汽干燥和远红外线辐射（FIR）干燥相结合，可以生产出高脆、低脂肪的香蕉片。这是由于与单独使用低压过热蒸汽干燥相比，远红外辐射辅助低压过热蒸汽干燥（LPSSD-FIR）与远红外辐射辅助真空干燥（VD-FIR）能使香蕉片表面形成更多的硬化表皮。研究还发现，LPSSD-FIR 干燥的物料比 VD-FIR 干燥的物料具有更好的复水能力，而且高温干燥的香蕉片比低温干燥的香蕉片吸水能力更强，这是因为高温时内部水分蒸发更为强烈，导致物料内部具有更高的多孔性结构（如图 21-12 所示）。

为避免物料干燥后期暴露于高温干燥介质（即过热蒸汽），进一步提高干燥产品的品质，也可采用多级干燥工艺。如，Namsanguan 等人[99]通过多级干燥虾米验证了上述想法。首先将虾米用 140℃的过热蒸汽干燥，然后用 50℃的热泵干燥进行干燥，并将干燥结果与只利用 140℃的过热蒸汽干燥的虾米进行了比较。作者还研究了改变中间含水量（即虾在第一个干燥阶段结束时的含水量）的影响，以确定不同干燥过程的干燥时间如何影响整个干燥动力

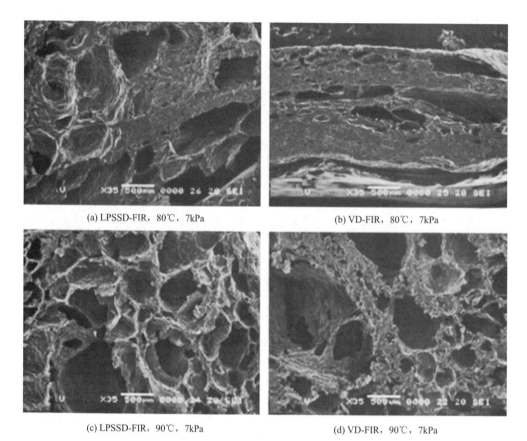

(a) LPSSD-FIR，80℃，7kPa　　　　　(b) VD-FIR，80℃，7kPa

(c) LPSSD-FIR，90℃，7kPa　　　　　(d) VD-FIR，90℃，7kPa

图 21-12　香蕉片在不同干燥条件下内部显微结构图像

学和干燥产品的质量。在多级干燥的情况下，较高的中间含水量意味着物料在第一干燥阶段所花费的时间较短，但导致了更长的整体干燥时间。就干燥产品质量而言，经过多级干燥的虾比仅用过热蒸汽干燥的虾的收缩率要小得多（见表 21-7）。这是因为仅用过热蒸汽干燥时，虾长时间暴露在高温干燥介质中，导致在干燥早期由于水蒸发而形成的多孔结构坍塌。在过热蒸汽干燥的后期，虾的温度最终达到了远远高于玻璃化转变的温度，这导致了更加严重的相变和塌陷。就颜色而言，与仅用过热蒸汽干燥的虾相比，联合干燥的虾的颜色更红，同时质地也更加柔软，这与虾自身结构倒塌和收缩有关。

表 21-7　虾多级干燥的工艺条件及收缩率

序号	干燥条件	收缩率/%
1	SSD 140℃	37.5±7.5
2	SSD 140℃＋HPD 50℃［IMC-30%（w. b.）］	21.5±7.4
3	SSD 140℃＋HPD 50℃［IMC-40%（w. b.）］	31.2±5.7
4	SSD 140℃＋HAD 50℃［IMC-30%（w. b.）］	35.5±7.2
5	SSD 140℃＋HAD 50℃［IMC-40%（w. b.）］	48.1±8.9

注：SSD：过热蒸汽干燥；HAD：热风干燥；HPD：热泵干燥；IMC：中间含水量。

此外，过热蒸汽干燥也已被应用于锯末[65]、咖啡豆[66]、酱油渣[67]、丝绸[69]、酒糟[19,39]、蔬菜种子[59,61]等物料的干燥，而且过热蒸汽干燥已经成功应用于甜菜渣、纸浆等物料的工业化生产。

21.6　典型的过热蒸汽干燥设备

根据物料的物理状态以及与过热蒸汽的接触方式，可将过热蒸汽干燥设备分为气流干燥器、流化床干燥器、回转干燥器、带式干燥器和闪蒸干燥器等。过去很多年，尽管在实验室规模内对过热蒸汽干燥进行了大量的研究并提出了许多有建设性的意见，但在工业放大方面仍然遇到了许多重大技术问题。本节对现有过热蒸汽干燥工业化应用案例进行了总结（见表21-8），并对典型的过热蒸汽工业化应用案例进行了分析，以便为过热蒸汽干燥的工业化放大提供有意义的借鉴。

表 21-8　过热蒸汽干燥工业化应用案例

生产商	干燥类型	干燥物料	生产量	参考文献
Danisco，NIRO，BMA，EnerDry	流化床干燥	甜菜浆	26～71t/h	[102,103]
Bertin Promill	带式干燥	甜菜浆，苜蓿	20t/h（由于技术原因，未成功）	[7]
Eirich GmbH & Co. KG	回转式干燥	涂料，污泥	1t/h	[104]
GEA Exergy	闪蒸干燥	工业纸浆	150t/d	[105,106]

21.6.1　过热蒸汽气流干燥器

过热蒸汽冲击射流干燥器通常用于快速干燥连续薄片形式的材料，如纸张和纺织品等[107]，此外也用于玉米饼片和薯片的干燥[108,109]。Borquez 等[110]采用改进的冲击射流干燥装置（图 21-13）对鲭鱼压榨饼进行了干燥试验。该装置是由两个圆柱形干燥室串联而成，干燥室的长度为 1m，直径为 16cm。固体物料通过斜槽连续地进入干燥器中，进料速度由回转阀控制。干燥器和水平表面之间的倾角从 10°到 20°可变。物料进入干燥器后由于重力和流体阻力的作用，始终以螺旋运动的形式向前移动，直至干燥完成。三个用于检测物料含水率的取样口位于干燥室的底部，如图 21-13 所示分别位于离进口 50cm、100cm 和 150cm 的位置。过热蒸汽通过干燥器壁面 2mm 宽的狭缝进入干燥器，随后在干燥器内做圆周运动，相对于固体颗粒物料做横向流动，最终过热蒸汽通过上部膨胀室排出。

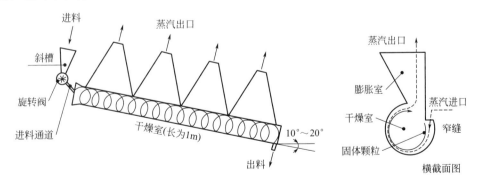

图 21-13　用于干燥鱼肉压榨饼的圆筒冲击射流干燥器示意图

图 21-14 所示为 Hosokawa 公司开发的适用于高黏性物料的过热蒸汽气流干燥器示意图[111]。该设备的压力与温度可调节。污泥或黏性废物由放置在锥形料斗底部的螺旋输送机送入干燥室。物料落入旋转装置中后被分离破碎并立即干燥，从而避免任何黏性表现。

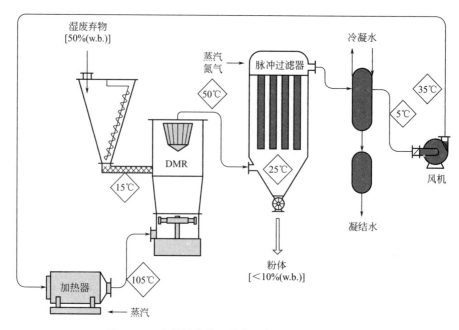

图 21-14　高黏性物料过热蒸汽气流干燥器示意图

21.6.2　过热蒸汽流化床干燥器

流化床干燥最重要的特点是传热传质能力强、干燥速率高。过热蒸汽流化床干燥机的设想最早于 1978 年提出，其目的是开发一种新的干燥方法，用于甜菜浆等纤维材料以及小塑料球、玻璃球等易流化物料的干燥。近年来，也有许多学者对过热蒸汽流化床干燥进行了研究。如 Prachayawarakorn 等[112]与 Taechapairoj 等[46]分别研究了常压下稻谷和大豆的间歇流化床干燥，流程如图 21-15 所示。常压过热蒸汽干燥，由于温度较高，影响干燥产品的品质。为了保证产品质量，Kozanoglu 等[59]提出了一种低压过热蒸汽流化床干燥装置，可使干燥温度降至 90～110℃ 的范围。

图 21-16 所示为间接接触式过热蒸汽流化床干燥器原理图[113]。该装置的基本原理是通过过热蒸汽（或空气）将固体颗粒床层由固定床转变为流化床。过热蒸汽通过浸没在流化床干燥器中的热交换器与煤炭颗粒进行间接热交换，在完成煤炭的加热后过热蒸汽变为冷凝水。由于充分利用了过热蒸汽的冷凝潜热，因此可以获得较高的干燥效率和热效率。Liu 等[114]基于间接式过热蒸汽流化床干燥器，并增加了预热系统，开发了一种余热回收式生物质过热蒸汽流化床干燥器，如图 21-17 所示。干燥前，一部分湿生物质在加热器 HX1 中进行预热，其热量来自排放的过热蒸汽尾气。另一部分湿生物质在加热器 HX4 中进行预热，其热量来自干燥后生物质的自身余热。这两部分经过预热的生物质混合后进入流化床干燥器 HX2 中。生物质中的水分通过吸收流化床干燥器内热交换管中压缩的过热蒸汽释放的潜热进行蒸发。干燥器排出的尾气经过旋风分离器后被分为循环蒸汽和净化蒸汽。循环蒸汽通过鼓风机重新进入流化床干燥器。净化后的蒸汽被压缩后经流化床内浸没的换热管进入换热器 HX1。结果表明，该自热回收式流化床干燥器的能耗为常规热回收干燥器的 1/20。

在 1985 年，丹麦 Stege 糖厂建成了一座蒸发量为 1t/h 的过热蒸汽流化床干燥装置。1990 年，法国南吉斯糖厂建成了当时规模最大的过热蒸汽干燥装置，蒸发量为 26t/h。在 1999 至 2008 年间，甜菜浆的过热蒸汽干燥技术在美国迅猛发展，目前至少建成六台大型烘

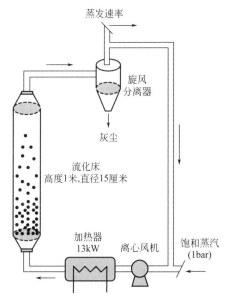

图 21-15　实验室规模的常压过热
蒸汽流化床干燥器示意图

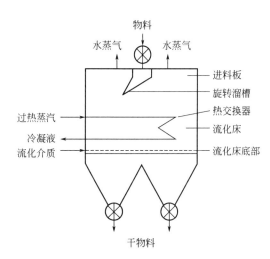

图 21-16　间接式过热蒸汽流化床干燥器示意图

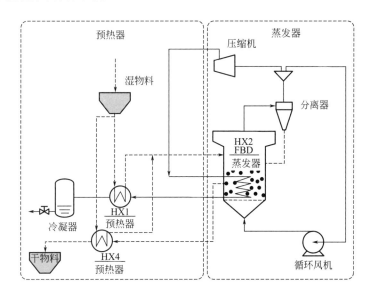

图 21-17　余热回收式生物质过热蒸汽流化床干燥器

干机，每台蒸发量为 $40\sim80t/h$。图 21-18 所示为丹麦 NIRO 公司研制的过热蒸汽流化床干燥器的剖面图及气室结构图，该机器由离心风机 1、蒸汽换热器 2、给料器 3、排料口 4、固定式导向叶片 5、圆筒 6、旋风式分离器 7、射流器 8、入口 9 和排尘系统组成。除风机外，所有其他部件都是固定不动的，离心风机 1 位于干燥器的底部，它将过热蒸汽通过 16 个气室输送至上方。干燥时，螺旋加料器将湿物料喂送到第 1 气室，物料沿顺时针方向由第 1 气室运动到第 16 气室，干燥完成后物料由螺旋排料器从第 16 气室的底部排出机外。干燥室的上方设有轻杂物分离系统，带有杂物的蒸汽通过固定式导向叶片 5，在圆筒 6 内产生一个涡流，轻杂物沿圆筒壁运动，经过一个缝隙后被送到旋风分离器 7 内进行分离。净化后的尾气经射流器 8 后变为高压蒸汽，高压蒸汽经过入口 9，流入蒸汽换热器 2，压力为 1.6MPa 的蒸汽再被加热到 200℃，然后再通过离心风机 1 输送至气室作为干燥介质，多余的湿蒸汽排出机外。

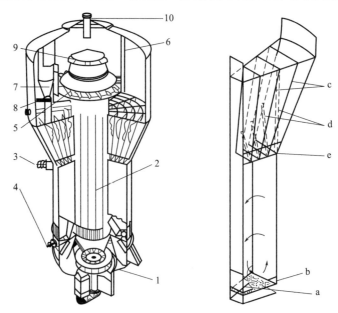

图 21-18 丹麦 NIRO 公司高压过热蒸汽流化床干燥器剖面图及气室结构
1—离心风机；2—蒸汽换热器；3—给料器；4—排料口；5—固定式导向叶片；6—圆筒；
7—旋风式分离器；8—射流器；9—入口；10—排气管

21.6.3　过热蒸汽隧道式干燥器

通常需要安装一台或多台风机使过热蒸汽沿隧道方向流通并实现过热蒸汽闭路循环。该类型干燥装置可以准确控制干燥条件以及过热蒸汽的速度。图 21-19 所示为 Iyota 等[18]提出的一种隧道式干燥器示意图，由电蒸汽锅炉（6kW）、鼓风机、电加热器（每个 1.5kW）、流量计、整流网、干燥箱（横截面为 0.1m×0.1m，长度为 0.2m）以及排气鼓风机等组成。该干燥系统可用过热蒸汽或空气作为干燥介质。干燥室内的温度通过温度控制器进行控制。干燥介质为过热蒸汽时，干燥介质的流量通过流量控制器 4 进行调节；当干燥介质为空气

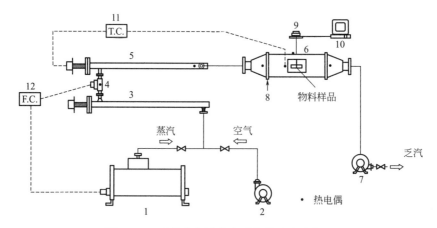

图 21-19　过热蒸汽隧道式干燥器系统示意图
1—电蒸汽锅炉；2—鼓风机；3—蒸汽过热器；4—流量计；5—蒸汽过热；6—干燥箱；
7—风机；8—纱网；9—电子天平；10—电脑；11—温度控制器；12—流量控制器

时，干燥介质的流量通过手动阀进行调节。实验物料通过干燥室底部的开口放入或拿出。该干燥装置已用于土豆片的过热蒸汽与热风干燥。Shibata 等[29]利用收敛喷嘴（Convergent-nozzles）在隧道内获得了均匀的过热蒸汽速度分布和温度分布，并成功地将该方法应用于多孔材料，如黏土、耐火砖和玻璃黏结球等的干燥。

21.6.4　过热蒸汽回转干燥器

回转（或滚筒）干燥器通常由一个稍微倾斜的旋转圆筒组成。湿物料与过热蒸汽流通过顺流或逆流方式进行接触干燥。图 21-20 所示为一种中试过热蒸汽回转干燥器的示意图[115]，由进料斗、回转鼓、旋风分离器、风机、加热器、冷凝器和真空风扇等组成。料斗中的谷物通过进给螺旋输送机输送到回转干燥器，蒸汽通过蒸汽过热器加热到所需温度后通入转鼓中，谷物在回转干燥器中与过热蒸汽直接接触干燥。由于回转干燥器是倾斜的，谷物在干燥过程中沿回转干燥器轴向移动，干燥完成后通过螺旋输送机离开转鼓。过热蒸汽与谷物接触后通过旋风分离器离开转鼓，同时过热蒸汽中的灰尘被收集起来。过剩的蒸汽（即从谷物中蒸发的水分）由冷凝器去除。该类型的过热蒸汽干燥器已经被应用于稻谷以及煤炭等的干燥。

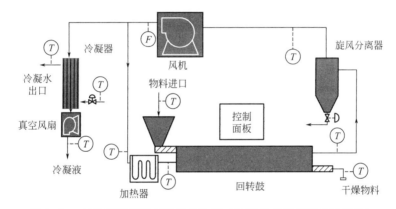

图 21-20　过热蒸汽回转干燥器示意图（T 和 F 分别指温度和流量）

德国 Eirich 公司发明了一种过热蒸汽回转反应干燥器（rotating reactor vessel），如图 21-21 所示。该中试装置的有效容积为 3000L，蒸发量为 1t/h。干燥环境为微负压以防止有

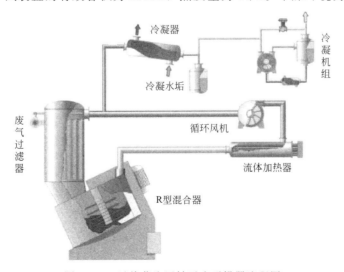

图 21-21　过热蒸汽回转反应干燥器流程图

害物质在失控的情况下泄漏逸出。该装置的主要组成部分是一个旋转槽，它与混合器（偏心叶轮）转向相反。该装置还包括风扇、流体加热器、冷凝器、冷凝水箱和真空泵等。该装置的热量通过燃气燃烧提供。多余的蒸汽会被冷凝，通过测定蒸汽冷凝量可以预估干燥进行的程度。干燥的最终产品通常是粉末，目前至少已有 12 个干燥机组用于包含可回收重金属的污泥、脱硫污泥、铁氧体、涂层污泥、催化剂、颜料、洗衣粉添加剂等产品的干燥[104]。该型干燥器可以使干燥产品达到较低的含水率，但需要提高干燥温度。

21.6.5　过热蒸汽干燥箱

图 21-22 所示为 Devahastin 课题组[53]所使用的低压过热蒸汽干燥装置，该装置主要由锅炉、蒸汽调节阀、干燥箱、真空泵以及测量装置等组成。实验时，打开阀门 2，使锅炉产生的蒸汽流入储汽罐，储汽罐中的蒸汽压力保持在约 200kPa（表压）。然后打开真空泵，将干燥室排空至所需工作压力，打开蒸汽调节阀 6，将蒸汽缓慢通入干燥室。由于干燥室压力较低，实现蒸汽由饱和状态转变为过热状态。该装置的主要特点为利用减压阀降低蒸汽的压力而实现蒸汽的过热。该装置已应用于胡萝卜块、香蕉片、洋白菜、印度拉茶、山竹壳、土豆片等食品物料的干燥。出于对产品品质的考虑，操作压力在 $0.07 \times 10^5 \sim 0.9 \times 10^5$ Pa 范围内。

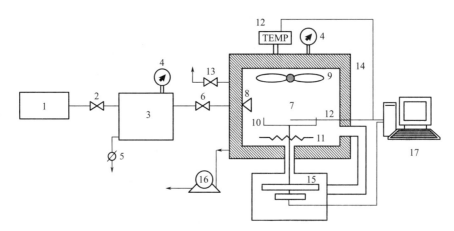

图 21-22　Devahastin 课题组所用低压过热蒸汽干燥装置

1—锅炉；2—蒸汽调节阀；3—蒸汽储罐；4—压力计；5—放气阀；6—蒸汽调节阀；
7—干燥箱；8—蒸汽进口与分布器；9—电风扇；10—物料托盘；11—电加热器；
12—在线温度传感器；13—排空阀；14—保温层；15—在线称重传感器；
16—真空泵；17—数据采集计算机

21.6.6　过热蒸汽闪蒸干燥器

过热蒸汽闪蒸干燥也是一种以过热蒸汽为载气的气流干燥技术[115]。闪蒸干燥器一般由五个主要部件组成：①进料系统；②输送管道；③加热器；④旋风分离器，用于将蒸汽净化后重新用作输送蒸汽；⑤风扇，强制气流通过干燥机。干燥时，物料与过热蒸汽流混合并在背压下以悬浮的形式通过管道（热交换器）进行输送，干燥介质与物料之间的热、质传递效率高。该工艺已成功应用于硫酸盐纸浆（sulfate pulp）干燥，研究证明对纤维质量无影响或影响较小[116]。Blasco 与 Alvarez[117]所使用的闪蒸干燥器由数条直径为 0.5m 的输送管道组成，管道通过弯管相连，全长 65m，气流速度可达 15m/s，干燥温度范围为 111～130℃，物料需要两次通过干燥器才能完成干燥。此外，Blasco 等[118] 在一个直径为 5cm、长为 4m 的单垂直管道干燥器上进行了中试闪蒸实验（如图 21-23 所示），这是首次将物料在垂直喷动床中进行闪蒸干燥。

第一台工业闪蒸干燥机于 1979 年在瑞典罗克哈马尔工厂成功建造，主要用于干燥工业纸浆[103,116]，设计干燥能力为 150t/d。此外，该型干燥机也可以用于干燥锯末、木纤维和甜菜浆等。闪蒸干燥器的原理示意图如图 21-24 所示。过热蒸汽从背压汽轮机抽出后在 $8 \times 10^5 \sim 15 \times 10^5$ Pa 的压力下作为间接加热流体。蒸汽通过在热交换器外壳上冷凝

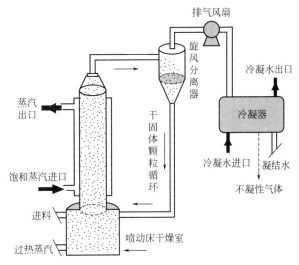

图 21-23　垂直喷动床闪蒸干燥器原理示意图

进行换热，热交换器是蒸汽干燥器的一部分。换热器设计为夹套管形式。在压力为 $2 \times 10^5 \sim 5 \times 10^5$ Pa 的条件下过热蒸汽依次循环通过换热器套管。来自一次蒸汽的所有冷凝液（170~200℃）会被收集并输送回锅炉。湿物料通过压力密封旋转阀进入干燥器。胶态产品通常需要与干燥产品进行返混以提高物料的处理特性。固体颗粒在干燥机中的停留时间为 5~60s，随后，干燥产物与蒸汽的混合物进入旋风分离器，分离出的固体经密封旋转阀从干燥器排出。过热蒸汽经离心风机循环至第一换热器入口，经旋风分离器分离后作为输送和干燥介质回用。每干燥 1t 纸浆蒸汽蒸发量为 0.85t。二次蒸汽的压力为 $2 \times 10^5 \sim 5 \times 10^5$ Pa，而且可以连续产生，因此可用作热源使用。例如，在多效蒸发装置中二次蒸汽可用于蒸发水。目前还没有采用蒸汽再压缩的全尺寸工业装置，蒸汽再压缩通常用于多效蒸发器。过热蒸汽闪蒸干燥器干燥每吨纸浆的净能耗为 0.4~0.7GJ，而传统热空气干燥每吨纸浆的净能耗为 3~3.5GJ[116]。由于闪蒸干燥机中物料颗粒的运动速度很高，而且可能会包裹杂质（如沙子），可能会出现沉积和闪蒸管腐蚀问题[103]。

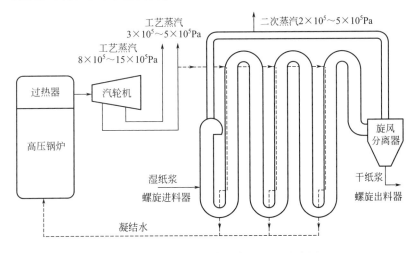

图 21-24　过热蒸汽闪蒸干燥器原理示意图

同样，Verma[115] 开发出一种污泥过热蒸汽闪蒸干燥系统，如图 21-25 所示。该型干燥

机为紧凑型干燥机，其在常压、闭环和间接加热条件下运行，无任何污染物排放，也无爆炸危险，平均能量回收率可达 85%。

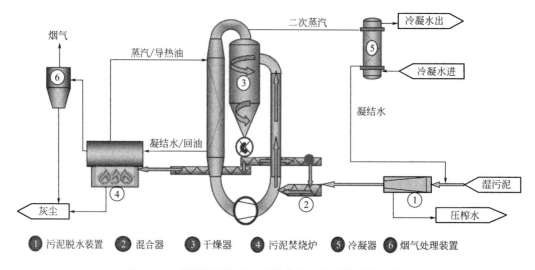

① 污泥脱水装置　② 混合器　③ 干燥器　④ 污泥焚烧炉　⑤ 冷凝器　⑥ 烟气处理装置

图 21-25　污泥间接接触式过热蒸汽内蒸干燥系统示意图

21.6.7　带式过热蒸汽干燥器

法国工程公司 Bertin 和 Promill 合作开发了一种带式过热蒸汽干燥器（如图 21-26），并于 1986 年安装于法国维勒诺糖厂，用于甜菜浆和苜蓿的干燥。干燥器蒸发量为 20t/h。同时该烘干机还对蒸汽进行了机械压缩再使用以提高能源利用效率。据估算，该型干燥机蒸发 1t 水需要大约 195kWh 的能量，其中压缩能量占 72%、鼓风机能量占 27% 和传送带能量占 1%[7]。该带式过热蒸汽干燥器由上下两个传送带组成，且两个传送带置于一个微正压的环境中。湿物料最初在上层传送带上均匀分布并输送。随后干燥物料在重力作用下落在下层传送带上，下层传送带与上层传送带转动方向相反。最后，干燥的产品通过密封锁从腔室排出。干燥时，给两个传送带同时提供过热蒸汽，过热蒸汽由上而下穿过多孔产品层，传送带下方安装有风扇，排出的蒸汽被重新压缩利用。压缩机为两级压缩机，材料为钛合金 TA6V，该压缩机不仅压缩比高（≈4.63），而且耐腐蚀。

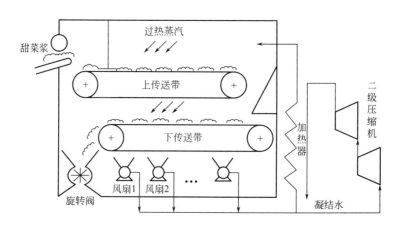

图 21-26　带式过热蒸汽干燥器工艺流程图

21.6.8　连续无空气式过热蒸汽干燥器

英国 Stubbing[77] 开发的连续无空气式过热蒸汽干燥器如图 21-27 所示。该干燥器由干燥室、热源、循环风机、加热器、料斗、压缩机和管道系统组成。物料利用带式输送机输送到干燥室，风机将热风送至加热器加热后再经过物料。由于蒸汽和空气密度的不同，蒸汽保持在干燥室上方，空气则位于下面，形成了自然密封。

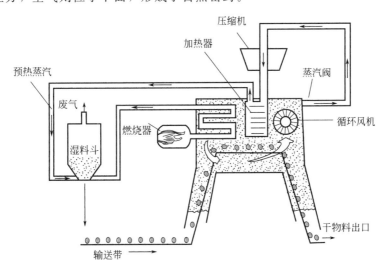

图 21-27　连续无空气式过热蒸汽干燥器示意图

21.6.9　高压过热蒸汽干燥器

图 21-28 所示为 Hosokawa 公司开发的过热蒸汽干燥和灭菌系统的流程图[119]。该设备

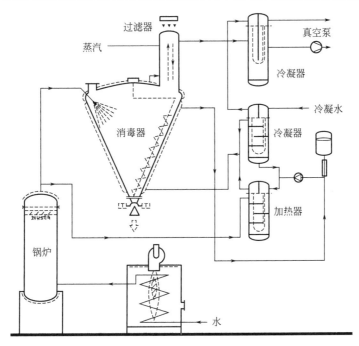

图 21-28　Hosokawa 公司开发的过热蒸汽干燥和灭菌系统流程图

可在105~140℃温度下工作，设备中的固定床通过螺旋输送机搅动。该设备主要用于污泥的预干燥、灭菌和后干燥。此外，该干燥器通过壁套冷却和真空过滤，可有效避免产品品质损失。

21.7 余热回收

在过热蒸汽干燥过程中，如果废气潜热未被充分利用则过热蒸汽干燥机的节能优势是不存在的。过热蒸汽干燥机中最大的节能潜力是回收利用水的汽化潜热。如果将干燥器与机械式蒸汽压缩机耦合，或者将干燥机集成在使用蒸汽的工艺中，则可实现节能的目的。Deventer[106]通过研究纸张和纺织品过热蒸汽干燥过程的能量利用特点发现，过热蒸汽干燥工艺中高达50%~75%的能量可回收利用。Goldsworthy[120]在尝试用常压过热蒸汽干燥降低沸石干燥剂再生的能耗时发现，由于过热蒸汽可以在一个封闭的回路中循环使用，因此与热空气干燥相比，节能约30%。通过强化干燥器内的传热传质，也可以提高干燥器的能量利用效率。Berghel[121]在喷动床的干燥区集成了加热管并利用锯末进行了干燥试验。研究表明，集成加热管后显著提高了过热蒸汽干燥机的传热性能和能源利用效率。不管过热蒸汽干燥机的能量回收率如何，它仍然比传统的带有不凝气体（热空气）的干燥机效率更高。Garin等[122]比较了集成蒸汽机械压缩装置的过热蒸汽干燥机（MCV；带式干燥机，见图21-26）和使用煤炭与燃料的传统鼓式干燥机之间的经济成本。研究表明，由于压缩机的额外投资成本，过热蒸汽干燥机的投资成本是普通干燥机的两倍，但在能耗方面运行成本明显低于普通干燥机（见表21-9）。

表21-9 过热蒸汽带式干燥机与传统鼓式干燥机能耗的比较

性能指标	过热蒸汽带式干燥机	传统鼓式干燥机	
		煤	燃料
蒸发量/(t/h)	20	20	20
设备投资	过热蒸汽带式干燥机投资成本为传统干燥机的两倍		
能耗(每吨甜菜渣)	190kW·h电能	190kW·h电能+810kW·h热能	

此外，在提高过热蒸汽干燥器效用、减少污水排放方面也进行了一些理论研究。Johnson和Langrish等[123]通过对牛奶喷雾干燥的模拟表明，与空气干燥的能量回收率为13%~30%相比，过热蒸汽干燥具有82%~92%的能量回收潜力。Fushimi等[124,125]采用PRO/Ⅱ计算机模拟技术对基于自热回收的干燥过程进行了评价。在模拟中，物料中的水被加热到沸点后产生的蒸汽随后被过热和压缩，用于产品干燥。模拟结果表明，与传统的热回收干燥相比过热蒸汽干燥节能约13%。

参考文献

[1] Kaumen W G. Equilibrium moisture content ralations and drying control in superheated steam drying [J]. Forest Products Journal, 1956, 6: 328-332.

[2] Pronyk C. Effects of superheated steam processing on the drying kinetics and textural properties of instant Asian noodles [D]. Winnipeg: University of Manitob, 2007.

[3] Cooley A M, Lavine I. Development of Dakota lignite. Oil-steam atmosphere for dehydrating Dakota lignite [J] . Industrial and Engineering Chemistry, 1933, 25 (2) : 221-224.

[4] Lavine I, Gauger A W, Mann C A. Studies in the development of Dakota lignite [J] . Drying of lignite with-out disintegration. Industrial and Engineering Chemistry, 1930, 22 (12) : 1347-1360.

[5] Romdhana H, Bonazzi C, Esteban-Decloux M. Superheated steam drying: An overview of pilot and industrial dryers with a focus on energy efficiency [J] . Drying Technology, 2015, 33: 1255-1274.

[6] T. 库德（Kudra T），A. S. 牟久大（Mujumdar A S）. 先进干燥技术 [M] . 李占勇译. 北京: 化学工业出版社, 2005.

[7] Jensen A S. Latest developments in steam drying technology for beet pulp [J] . Sugar Industry, 2007, 132 (10) : 748-755.

[8] Deventer H C, Heijmans R M H. Drying with superheated steam [J] . Drying technology, 2001, 19: 2033-2045.

[9] Sehrawat R, Nema P K, Kaur B P. Effect of superheated steam drying on properties of foodstuffs and kinetic modeling [J] . Innovative Food Science and Emerging Technologies, 2016, 34: 285-301.

[10] Potter O E, Beeby C. Modelling tube-to-bed heat transfer in fluidized bed steam drying [A] . IDS' 86 (Fifth International Drying Symposium), Cambridge, MA, 1986, 13-15.

[11] Chu J C, Lane A M. Evaporation of liquid into their superheated vapor [J] . Industrial & Engineering Chemistry Research, 1995, 45 (7) : 1856-1591.

[12] 潘永康, 王喜忠, 刘相东. 现代干燥技术. 2版. [M] . 北京: 化学工业出版社, 2007.

[13] Haji M, Chow L C. Experiment measurement of water evaporation rates into air and superheated steam [J] . Journal of Heat Transfer, 1988, 110 (1) : 237-242.

[14] Wenzel L. Drying of granular solids in superheated steam [J] . Industrial and Engineering Chemistry, 1951, 43 (8) : 1829-1837.

[15] Elustondo D, Elustondo M P, Urbicain M J. Mathematical modeling of moisture evaporation from foodstuffs exposed to sub atmospheric pressure superheated steam [J] . Journal of Food Engineering, 2001, 49 (1) : 15-24.

[16] Elustondo D M, Mujumdar A S, Urbicain M J. Optimum operating conditions in drying foodstuffs with su-perheated steam [J] . Drying Technology, 2002, 20 (2) : 381-402.

[17] Sotome I, Takenaka M, Koseki S, et al. Blanching of potato with superheated steam and hot water spray [J] . LWT - Food Science and Technology, 2009, 42 (6) : 1035-1040.

[18] Iyota H, Nishimura N, Yoshida M, et al. Simulation of superheated steam drying considering initial steam condensation [J] . Drying Technology, 2001, 19 (7) : 1425-1440.

[19] Ramachandran R P, Bourassa J, Paliwal J, et al. Effect of temperature and velocity of superheated steam on initial condensation of distillers' spent grain pellets during drying [J] . Drying Technology, 2017, 35 (2) : 182-192.

[20] Xiao H W, Bai J W, Sun D W, et al. The application of superheated steam impingement blanching (SSIB) in agricultural products processing [J] . Journal of Food Engineering, 2014, 132: 39-47.

[21] Rico D, Martin-Diana A B, Ryan C B, et al. Optimization of steamer jet-injection to extend the shelf life of fresh-cut lettuce [J] . Postharvest Biology and Technology, 2008, 48 (3) : 431-442.

[22] Xiao H W, Yao X D, Lin H, et al. Effect of SSB (superheated steam blanching) time and drying tempera-ture on hot air impingement drying kinetics and quality attributes of yam slices [J] . Journal of Food Process Engineering, 2012, 35 (3) : 370-390.

[23] Taechapairoj C, Prachayawarakorn S, Soponronnarit S. Modelling of parboiled rice in superheated-steam fluidized bed [J] . Journal of Food Engineering, 2006, 76 (3) : 411-419.

[24] Phungamngoen C, Chiewchan N, Devahastin S. Thermal resistance of salmonella enteric serovar anatum on cabbage surfaces during drying: Effects of drying methods and conditions [J] . International Journal of Food Microbiology, 2011, 147 (2) : 127-133.

[25] Liu J B, Xu Q, Shi Y P, et al. Influence of steam condensation on vitamin C retention in green turnip under-going low pressure superheated steam drying [J] . Journal of Food Process Engineering, 2018, 41 (8) : e12898.

[26] Beeby C, Potter O E. Scale up of steam drying [J] . Drying technology, 1994, 12 (1) : 179-215.

［27］ Kittiworrawatt S, Devahastin S. Improvement of a mathematical model for low-pressure superheated steam drying of a biomaterial［J］. Chemical Engineering Science, 2009, 64（11）: 2644-2650.

［28］ Luikov A V. Heat and mass transfer in capillary-porous bodies［J］. Advances in Heat Transfer, 1964, 1: 123-184.

［29］ Shibata H. Drying mechansim of sintered spheres of glass beads in superheated steam［J］. Drying Technology, 1991, 9（3）: 799-803.

［30］ Yoshida T, Hyodo T. Evaporation of water in air, humid air and superheated steam［J］. Industrial & Engineering Chemistry Process Design and Development, 1970, 9（2）: 207-214.

［31］ Looi A Y, Golonka K, Rhodes M. Drying kinetics of single porous particles in superheated steam under pressure［J］. Chemical Engineering Journal, 2002, 87: 329-338.

［32］ Chen Z, Wu W, Agarwal P K. Steam drying of coal. Part 1. Modeling the behavior of a single particle［J］. Fuel, 2000, 79: 961-973.

［33］ Chwartze J P, Brocker S. A theoretical explanation for the inversion temperature ［J］. Chemical Engineering Journal, 2002, 86（1-2）: 61-67.

［34］ Hamawand I. Drying steps under superheated steam: A review and modeling［J］. Energy and Environment Research, 2013, 3（2）: 107-125.

［35］ Suvarnakuta P, Devahastin S, Mujumdar A S. A mathematical model for low-pressure superheated steam drying of a biomaterial［J］. Chemical Engineering and Processing, 2007, 46（7）: 675-683.

［36］ Sa-adchom P, Swasdisevi T, Nathakaranakule A, et al. Mathematical model of pork slice drying using superheated steam［J］. Journal of Food Engineering, 2011, 104（4）: 499-507.

［37］ Sa-adchom P, Swasdisevi T, Nathakaranakule A, et al. Drying kinetics using superheated steam and quality attributes of dried pork slices for different thickness, seasoning and fibers distribution［J］. Journal of Food Engineering, 2011, 104（1）: 105-113.

［38］ Zielinska M, Cenkowski S, Markowski M. Superheated steam drying of distillers' spent grains on a single inert particle［J］. Drying Technology, 2009, 27 （2）: 1279-1285.

［39］ Bourassa, Ramachandran R P, Paliwal J, et al. Drying characteristics and moisture diffusivity of distillers' spent grains dried in superheated steam［J］. Drying Technology, 2015, 33（15-16）: 2012-2018.

［40］ Tang Z, Cenkowski S. Dehydration dynamics of potatoes in superheated steam and hot air［J］. Canadian Agricultural Engineering, 2000, 42（1）: 43-49.

［41］ Martinello M A, Mattea M A, Crapiste G. Superheated steam drying of parsley: A fixed bed model for predicting drying performance［J］. Latin American Applied Research, 2003, 33: 333-337.

［42］ Methakhup S, Chiewchan N, Devahastin S. Effects of drying methods and conditions on drying kinetics and quality of Indian gooseberry flake［J］. LWT- Food Science and Technology, 2005, 38（6）: 579-587.

［43］ Tang Z, Cenkowski S, Muir W E. Modelling the superheated-steam drying of a fixed bed of brewers' spent grain［J］. Biosystems Engineering, 2004, 87（1）: 67-77.

［44］ Shrivastav S, Kumbhar B K. Textural profile analysis of paneer dried with low pressure superheated steam ［J］. Journal of Food Science and Technology, 2010, 47（3）: 355-357.

［45］ Suvarnakuta P, Devahastin S, Mujumdar A S. Drying kinetics and β-carotene degradation in carrot undergoing different drying processes［J］. Journal of Food Science, 2006, 70（8）: 520-526.

［46］ Taechapairoj C, Prachayawarakorn S, Soponronnarit S. Characteristics of rice dried in superheated-steam fluidized-bed［J］. Drying Technology, 2004, 22（4）: 719-743.

［47］ Jamradloedluk J, Nathakaranakule A, Soponronnarit S, Prachayawarakorn S. Influences of drying medium and temperature on drying kinetics and quality attributes of durian chip［J］. Journal of Food Engineering, 2007, 78（1）: 198-205.

［48］ Xiao Z, Zhang F, Wu N, et al. CFD modeling and simulation of superheated steam fluidized bed drying process［J］. International Conference on Computer and Computing Technologies in Agriculture, 2012, 392: 141-149.

［49］ Suvarnakuta P, Devahastin S, Soponronnarit S, et al. Drying kinetics and inversion temperature in a low pressure superheated steam drying system［J］. Industrial Engineering Chemistry Resarch, 2005, 44（6）: 1934-1941.

[50] Messai S, Sghaier J, Chrusciel L, et al. Low-pressure superheated steam drying vacuum drying of a porous media and the inversion temperature [J]. Drying Technology, 2015, 33 (1): 111-119.

[51] Leeratanarak N, Devahastin S, Chiewchan N. Drying kinetics and quality of potato chips undergoing different drying techniques [J]. Journal of Food Engineering, 2006, 77 (3): 635-643.

[52] Kongsoontornkijkul P, Ekwongsupasarn P, Chiewchan N, et al. Effects of drying methods and tea prepara- tion temperature on the amount of vitamin C in indian gooseberry tea [J]. Drying Technology, 2006, 24 (11): 1509-1513.

[53] Devahastin S, Suvarnakuta P, Soponronnarit S, et al. A comparative study of low-pressure superheated steam and vacuum drying of a heat-sensitive material [J]. Drying Technology, 2004, 22 (8): 1845-1867.

[54] Panyawong S, Devahastin S. Determination of deformation of a food product undergoing different drying methods and conditions via evolution of a shape factor [J]. Journal of Food Engineering, 2007, 78 (1): 151-161.

[55] 李占勇, 刘建波, 徐庆, 等. 低压过热蒸汽干燥青萝卜片的逆转点温度研究 [J]. 农业工程学报, 2018, 34 (1): 279-286.

[56] Lekcharoenkul P, Tanongkankit Y, Chiewchan N, et al. Enhancement of sulforaphane content in cabbage outer leaves using hybrid drying technique and stepwise change of drying temperature [J]. Journal of Food Engineering, 2014, 122: 56-61.

[57] Léonardv A, Blacher S, Nimmol C, et al. Effect of far-infrared radiation assisted drying on microstructure of banana slices: An illustrative use of X-ray microtomography in microstructural evaluation of a food prod- uct [J]. Journal of Food Engineering, 2008, 85 (1): 154-162.

[58] Shrivastav S, Kumbhar, B K. Drying kinetics and ANN modeling of paneer at low pressure superheated steam [J]. Journal of Food Science and Technology, 2011, 48 (5): 577-583.

[59] Kozanoglu B, Mazariegos D, Guerrero-Beltran J A, et al. Drying kinetics of paddy in a reduced pressure su- perheated steam fluidized bed [J]. Drying Technology, 2013, 31 (4): 452-461.

[60] Suvarnakuta P, Chaweerungrat C, Devahastin S. Effects of drying methods on assay and antioxidant activity of xanthones in mangosteen rind [J]. Food Chemistry, 2011, 125 (1): 240-247.

[61] Kozanoglu B, Flores A, Guerrero-Beltran J A, et al. Drying of pepper seed particles in a superheated steam fluidized bed operating at reduced pressure [J]. Drying Technology, 2012, 30 (8): 884-890.

[62] Kozanoglu B, Vazquez A C, Chanes J W, et al. Drying of seeds in a superheated steam vacuum fluidized bed [J]. Journal of Food Engineering, 2006, 75 (3): 383-387.

[63] Komatsu Y, Sciazko A, Zakrzewski M, et al. An experimental investigation on the drying kinetics of a sin- gle coarse particle of Belchatow lignite in an atmospheric superheated steam condition [J]. Fuel Processing Technology, 2015, 131: 356-369.

[64] Zarkzewski M, Komatsu Y, Sciazko A. Comprehensive study on the kinetics and modelling of superheated steam drying of Belchatow lignite from Poland [J]. 2016, 5 (5): 1-12.

[65] Berghel J, Renstrom R. Superheated steam drying of sawdust in continuous feed spouted beds-A design per- spective [J]. Biomass and Bioenergy, 2014, 71: 228-234.

[66] Zzaman W, Yang T A. Moisture, color and texture changes in cocoa seeds during superheated steam roast- ing [J]. Journal of Applied Sciences Research, 2013, 9 (1): 1-7.

[67] Liu J B, Zang L T, Xu Q, et al. Drying of soy sauce residue in superheated steam at atmospheric pressure [J]. Drying tecnology, 2017, 35 (13): 1656-1663.

[68] Pang S, Dakin M. Drying rate and temperature profile for superheated steam vacuum drying and moist air dr- ying of soft wood lumber [J]. Drying Technology, 1999, 17 (6): 1135-1147.

[69] Chen S R, Yong C J, Mujumdar A S. A preliminary study of steam drying of silkworm cocoons [J]. Drying Technology, 1992, 10 (1): 251-260.

[70] Swasdisevi T, Devahastin S, Thanasookprasert S, et al. Comparative evaluation of hot-air and superheated- steam impinging stream drying as novel alternatives for paddy drying [J]. Drying Technology, 2013, 31 (6): 717-725.

[71] Yun M S, Zzaman W, Yang A T. Effect of superheated steam treatment on changes in moisture content and colour properties of coconut slices [J]. International Journal on Advanced Science Engineering Information

Technology, 2015, 5（2）: 80-83.

[72] Pronyk C, Cenkowski S, Muir W E. Drying foodstuffs with superheated steam [J]. Drying Technology, 2004, 22（5）: 899-916.

[73] Jensen A S, Quinney K. Steam drying of beet pulp larger units, more energy recovery, no VOC and large CO_2 reduction [J]. International Sugar Journal, 2007, 109（1301）: 148-152.

[74] Datta A K. Drying technologies for foods fundamentals and applications by Prabhat KN. Barjinder P K and Mujumdar AS [J]. Drying Technology, 2015, 33（14）: 1788.

[75] Svenson C. Industrial application for new steam drying process in forest and agriculture industry [J]. Springer, 1985: 415-419.

[76] Stubbing T J. Airless drying [J]. Proceedings of the ninth international drying symposium [C]. Australia, 1994: 550-566.

[77] Salin J G. Global modelling of kiln drying: Taking local variations in the timber stack into consideration [A]. Proceedings of the Seventh International IUFRO Wood Drying Conference [C]. Japan, 2001: 34-39.

[78] Liu J B, Xue J, Xu Q, et al. Drying kinetics and quality attributes of white radish in low pressure superheated steam [J]. International Journal of Food Engineering, 2017, 13（07）: Article, 20160365.

[79] Husen R, Andoua Y, Ismailb A, et al. Enhanced polyphenol content and antioxidant capacity in the edible portion of avocado dried with superheated steam [J]. International Journal of Advanced Research, 2014, 2（8）: 241-248.

[80] Phungamngoen C, Chiewchan N, Devahastin S. Effects of various pretreatments and drying methods on Salmonella resistance and physical properties of cabbage [J]. Journal of Food Engineering, 2013, 115（2）: 237-244.

[81] Bassal A, Vasseur J, Loncin M. Sorption isotherms of food materials above 100℃ [J]. Lebensmittel-Wissenschaft und Technologie, 1993, 26（6）: 505-511.

[82] Pakowski Z, Krupinska B, Adamsk R. Prediction of sorption equilibrium both in air and superheated steam drying of energetic variety of willow Salix viminalis in a wide temperature range [J]. Fuel, 2007, 86（12-13）: 1749-1757.

[83] Pakowski Z, Adamski R. On prediction of the drying rate in superheated steam drying process [J]. Drying Technology, 2011, 29（13）: 1492-1498.

[84] Bosse D, Valentin P. The thermal dehydration of pulp in a large scale steam dryer [A]. 1988, 337-343.

[85] Jensen A S. In Drying' 92 (AS Mujumdar, Ed.), Elsevier, Amsterdam, the Netherlands. 1992.

[86] Woods B, Husain H, Mujumdar A S. Techno-Economic Assessment of Potenti Superheated Weam Drying Applications in Canada [J]. Drying technology, 1995, 13（1-2）: 505-506.

[87] Faber E F, Heydenrych M D, Seppa R V I, et al. A techno-economics compression of air and steam drying [J]. Drying' 86, 1986, 2: 588-594.

[88] Potter O E, Beeby C. Modelling tube-to-bed heat transfer in fluidized bed steam drying [A]. Fifth International Drying Symposium [C]. Cambridge, MA, 1986, 13-15.

[89] Potter O E, Guang L X. Some design aspects of steam-fluidized heated dryers [A]. Sixth International Drying Symposium [C]. Versailles, France. 1988.

[90] Hirose Y, Hazama H. A suggested system for making fuel from sewage sludge, Kagaku-Kogaku Ronbunshyu, 1983, 9（5）: 583-586.

[91] Mujumdar A S. Keynote lecture, in International Symposium on Alternate Methods for Drying Pulp and Paper. Helsinki, Finland, 1991.

[92] Cui W K, Mujumdar A S. A novel steam jet and double-effect evaporation dryer part I-Mathematical model, in: Drying' 84 (AS Mujumdar, Ed.), Hemisphere, New York 1984, 468-473.

[93] Loo E. Mujumdar A S. A simulation model for combined impingement and through drying using superheated steam as the drying medium, in: Drying' 84 (AS Mujumdar, Ed.), Hemisphere, New York, 1984, 264-280.

[94] Rosen H N, Bodkin R E, Gaddis K D. Pressure dryer for steam seasoning lumber, US. 1982, Patent 4, 343, 095.

[95] Fagernäs L, Wilen C. Steam drying for peat and their organic condensates, in Eighth International Peat Con-

gress, Leningrad, USSR, Saint Petersburg, Russia, 1988, 14-20.

［96］ Salin J G. Steam drying of wood for improved particle board and lower energy consumption［J］. Paperi ja Puu（Paper and Timber）, 1988, 9: 806-810.

［97］ Li Y B, Seyed-Yagoobi J, Moreira R G. Yamsaengsung R. Superheated steam impingement drying of tortilla chips［J］. Drying Technology, 1999, 17（12）: 191-213.

［98］ Caixeta A T, Moreira R, Castell-Perez M E. Impingement drying of potato chips. Journal of Food Processing Engineering, 2002, 25（1）: 63-90.

［99］ Namsanguan Y, Tia W, Devahastin S, et al. Drying kinetics and quality of shrimp undergoing different two stage drying processes［J］. Drying Technolofy, 2004, 22（4）: 759-778.

［100］ Nimmol C, Devahastin S, Swasdisevi T, et al. Drying of banana slices using combined low pressure superheated steam and far-infrared radiation［J］. Journal of Food Engineering, 2007a, 81（3）: 624-633.

［101］ Nimmol C, Devahastin S, Swasdisevi T, et al. Drying and heat transfer behavior of a food product undergoing combined low-pressure superheated steam and far-infrared radiation drying［J］. Applied Thermal Engineering, 2007b, 27（14-15）: 2483-2494.

［102］ Jensen A S. Steam drying of beet pulp, largerunits, no airpollution and large reduction of CO_2 emission. In Symposium Association Andrew VanHook, Maison des Agriculteurs, Reims, France, 2008, March 27.

［103］ Deventer H C V, Kosters P S R. Industrial Superheated Steam Drying, Report No. R 2004/239; TNO: Netherlands, 2004.

［104］ Stroem L K, Desai D K, Hoadley A F A. Superheated steam drying of brewer's spent grain in a rotary drum［J］. Advanced Powder Technology, 2009, 20（3）: 240-244.

［105］ Mujumdar A S. Superheated steam drying. In Handbook of Industrial Drying, 4th ed. Mujumdar AS. Ed. Taylor & Francis Group: Boca Raton, FL, 2015, 421-432.

［106］ Deventer H C V. Feasibility of energy efficient steam drying of paper and textile including process integration［J］. Applied Thermal Engineering, 1997, 17（8-10）: 1035-1041.

［107］ Kiiskinen H, Talja R, Riepen M, et al. Single-sided steam impingement drying of paper-Part 1, an experimental study［A］. In Proceedings of the 11th International Drying Symposium［C］. Halkidiki, Greece, 1998, 19-22.

［108］ Li Y B, Seyed-Yagoobi J, Moreira R G, Yamsaengsung R. Superheated steam impingement drying of tortilla chips［A］. In Proceedings of the 11th International Drying Symposium［C］. Halkidiki, Greece, 1998, 19-22.

［109］ Moreira R G. Impingement drying of foods using hot air and superheated steam［J］. Journal of Food Engineering, 2001, 49（4）: 291-295.

［110］ Borquez R M, Canales E R, Quezada H R. Drying of fish press-cake with superheated steam in a pilot plant impingement system［J］. Dry Technology, 2008, 26（3）: 290-298.

［111］ Hollestelle D. Drying of sticky material using new generation micron dryer- Drymeister. Marketing material from Hosokawa Micron BV. Doetinchem, The Netherlands, 2003.

［112］ Prachayawarakorn S, Prachayawasin P, Soponronnarit S. Heating process of soybean using hot-air and superheated-steam fluidized-bed dryers［J］. LWT - Food Science and Technology, 2006, 39（7）: 770-778.

［113］ 〈http://www.rwe.com/web/cms/mediablob/en/247962/data/235578/2/rwe-power-ag/lignite/WTA-Technology-A-modern-process-for-treating-and-drying-lignite.pdf〉.

［114］ Liu Y, Kansha Y, Ishizuka M, et al. Experimental and simulation investigations on self-heat recuperative fluidized bed dryer for biomass drying with superheated steam［J］. Fuel Process Technolofy, 2014, 136: 79-86.

［115］ Verma P. Steam dryer and bed dryer. Information material from Exergy Consulting. Göteborg, Sweden, 2007.

［116］ Svensson C. Steam drying of pulp［A］. In International Drying Symposium［C］. McGill University, Montreal, August, Hemisphere: New York, 1980, 301-307.

［117］ Blasco R, Alvarez P I. Flash drying of fish meals with superheated steam: Isothermal process［J］. Drying Technology, 1999, 17（4）: 775-790.

［118］ Blasco R, Vega R, Alvarez P I. Pneumatic drying with superheated steam: Bi-dimensional model for high solid concentration [J]. Drying Technology, 2001, 19（8）: 2047-2061.

[119]　Hollestelle D. Hosokawa steam sterilisation process-natural way for heat treatment of herbs and spices. Equipment specification material from Hosokawa Micron BV. Doetinchem, The Netherlands, 2002.

[120]　Goldsworthy M J, Alessandrini S, White S D. Superheated steam regeneration of a desiccant wheel-Experimental results and comparison with air regeneration [J]. Drying Technology, 2015, 33（4）: 471-478.

[121]　Berghel J. The effect of using heating tube in an existing spouted bed superheated steam dryer [J]. Drying Technology, 2011, 29（2）: 183-188.

[122]　Garin P, Boy-Marcotte J L, Roche A, et al. Superheated steam drying with mechanical recompression [A]. 6th International Drying Symposium [C]. Versailles, France, 1988, 5-8.

[123]　Johnson P W, Langrish T A G. Inversion temperature and pinch analysis, ways to thermally optimize drying processes [J]. Drying Technology, 2011, 29（5）: 488-507.

[124]　Fushimi C, Fukui K. Simplification and energy saving of drying process based on self-heat recuperation technology [J]. Drying Technology, 2014, 32（6）: 667-678.

[125]　Fushimi C, Kansha Y, Aziz M, et al. Novel drying process based on self-heat recuperation technology [J]. Drying Technology, 2011, 29（1）: 105-110.

（刘建波，李占勇）

第22章

超临界干燥

22.1 概述

一般认为，多孔材料主要包括：气凝胶（aerogels）、干凝胶（xerogels）、冷冻凝胶（cryogels）、高聚物泡沫（polymer foams）、预制陶瓷（pre-ceramics）、多孔玻璃（porous glasses）和生物泡沫（biofoam）等。作为多孔材料家族的一员——气凝胶（特别是 SiO_2 气凝胶）是一种新型轻质的三维纳米级无序多孔非晶固态材料，具有连续的网络结构，其独特的开放孔洞结构和构成网络骨架的颗粒直径均为纳米量级（$1\sim100nm$），孔隙率可达99.8%，比表面积高达 $1400m^2/g$，密度可根据需要控制在 $3\sim500kg/m^3$。它具有低的折射率（~1.02）、小的杨氏模量（$\sim10^6Pa$）、低的介电常数（~1.1）、低的热导率 [$\sim0.012W/(m\cdot K)$]、低的声传播速度（$\sim100m/s$）和极强的气体吸附能力等特殊性质。这些特殊性能几乎来源于它的纳米级多孔结构。气凝胶已被用于切仑可夫探测器、声阻抗耦合材料、催化剂或催化剂载体、吸附剂、过滤材料、高温隔热材料及制备高效可充电电池等。

气凝胶的制备通常由溶胶-凝胶过程和超临界干燥过程构成，即先利用溶胶-凝胶工艺制备出湿凝胶，再采用不改变其微孔结构的超临界干燥方法除去湿凝胶孔洞内的液体溶剂。在常规的蒸发干燥过程中，引起凝胶多孔网络结构坍塌、破坏的主要因素是毛细压力（即表面张力）。实验表明，当流体达到临界温度和临界压力时，汽-液界面即行消失，表面张力为零。因此，采用超临界干燥技术，可以消除干燥过程中在纳米多孔材料孔洞内产生的毛细压力，从而保持材料原有的纳米多孔结构状态。

22.2 超临界干燥的基本原理

所谓超临界干燥（supercritical drying 或 hypercritical drying，简称 SD 或 HD）是在超临界干燥器内，将多孔固体物料中的液相组分（水、有机溶剂、水和有机溶剂的混合物等）在超临界状态下（即以超临界流体形式）除去，得到块状或粉状多孔固体产品的一种分离过程。

早在 1864 年，Graham 就证实了渗透在凝胶中的液体是一连续相，它可以被另一种完全不同的液体所取代。基于这一事实，1931 年，美国福斯坦大学的 Kistler 以水玻璃为原料在催化剂的作用下制备出水凝胶（aquogel），利用溶剂（如甲醇）反复洗涤进行置换，使水凝胶转换成醇凝胶（alcogel），再采用超临界干燥技术，将醇凝胶中的溶剂除去，得到了SiO_2气凝胶，并研究了气凝胶的一些有趣性质，如低的热导率等。但由于其制备工艺复杂、生产周期太长，在随后的几十年内气凝胶材料一直未引起科学家们足够的重视。1962年，法国的Nicolaon和Teichner以正硅酸甲酯（TMOS）为原料利用溶胶-凝胶法（简称Sol-Gel法）制备出醇凝胶，大大缩短了超临界干燥周期，才使得气凝胶材料的制备与应用得到发展。1986年，Russog又利用正硅酸乙酯（TEOS）为原料制备出SiO_2气凝胶，减少了环境污染，增大了安全系数，但制备时间相对较长，反应温度亦较高。1985年，Tewari等采用低临界温度的CO_2作为超临界干燥流体，大大提高了设备的安全可靠性，从而使气凝胶的制备技术向实用化、工业化的方向发展。

22.2.1　超临界流体的性质

超临界流体是指其压力和温度分别高于临界压力p_c和临界温度T_c的流体。它与临界状态的气体和液体性质不同，具有许多特殊的性质，如其密度和液体相似，其黏度和气体相似，而自扩散系数却比液体大100倍左右，如表22-1所示。它能显著溶解难挥发性物质，而且其溶解能力与其密度有关，可以在很宽的温度、压力范围内发生很大变化。

表 22-1　超临界流体与其他流体的一些性质比较

物性	气体 （常温、常压）	超临界流体		液体 （常温、常压）
		T_c, p_c	约 $T_c, 4p_c$	
密度/(g/cm³)	0.0006～0.002	0.2～0.5	0.4～0.9	0.6～1.6
黏度/mPa·s	0.01～0.03	0.01～0.03	0.03～0.09	0.2～3.0
自扩散系数/(cm²/s)	0.1～0.4	$0.7×10^{-3}$	$0.2×10^{-3}$	$(0.2～2)×10^{-5}$

22.2.2　超临界流体的选择

作为超临界干燥用的超临界流体，一般应具备以下条件：
① 具有化学稳定性，且对设备无腐蚀性；
② 临界温度不能太高或太低，应接近室温；
③ 临界压力要低，不易燃；
④ 容易得到，价格便宜；
⑤ 操作温度要在被干燥物料的变质温度以下；
⑥ 对于食品、医药制品、生物制品等物料的干燥，超临界流体要无毒；
⑦ 临界温度和临界压力比要除去的液体溶剂要低；
⑧ 与液体溶剂间的溶解度要大，对固体（如凝胶的网络骨架）要具有惰性。

一些超临界流体的临界参数如表22-2所示。比较常用的有二氧化碳、甲醇、乙醇等。由于醇类物质易燃，且甲醇对人体有害。故在大规模生产时，采用二氧化碳更为普遍。

表 22-2　一些超临界流体的临界参数

干燥介质名称	分子式	临界温度 T_c/℃	临界压力 p_c/MPa
二氧化碳	CO_2	31.1	7.36
氟立昂-116	CF_3CF_3	19.7	2.97
一氧化二氮	N_2O	37	7.3

干燥介质名称	分子式	临界温度 T_c/℃	临界压力 p_c/MPa
氨	NH_3	135.2	11.5
甲醇	CH_3OH	239.4	7.93
乙醇	C_2H_5OH	243	6.36
正丙醇	$n\text{-}C_3H_7OH$	264	5.2
异丙醇	$i\text{-}C_3H_7OH$	235.1	4.8
正丁醇	$n\text{-}C_4H_9OH$	290	4.3
乙醚	$C_2H_5OC_2H_5$	192.5	3.6
丙酮	CH_3COCH_3	235	4.7
苯	C_6H_6	288.9	4.9
水	H_2O	374.1	21.8

22.2.3　超临界干燥的特点

① 超临界干燥过程可以维持凝胶的纳米多孔结构；
② 超临界干燥可以在温和的温度条件下进行，故特别适用于热敏性物料的干燥；
③ 超临界流体能够有效溶解而抽提大分子量、高沸点的难挥发性物质；
④ 通过改变操作条件可以容易地把有机溶剂从固体物料中除去。

22.2.4　凝胶干燥过程的应力分析

22.2.4.1　毛细压力

在常规干燥过程中，凝胶孔洞中溶剂液体的蒸发使固相暴露出来，固-液界面将被能量更高的固-汽界面所取代。为阻止系统能量的增加，孔内液体将向外流动以覆盖固-汽界面。由于蒸发已使液体体积减小，汽-液界面必须弯曲才能使液体覆盖固-汽界面，由此产生的毛细压力 p 为

$$p = -2\sigma/r \tag{22-1}$$

式中，σ 为汽-液界面能（或表面张力），N/m；p 为毛细压力，N/m^2；r 为曲率半径，m。

当为凸液面（曲率中心在液相内）时，$r>0$；若为凹液面（曲率中心在汽相内）时，$r<0$。显然，当曲率半径 r 最小时，毛细压力最大。对于理想的柱状孔，（凹液面）曲率半径为

$$r = -r_p/\cos\theta \tag{22-2}$$

式中，r_p 为孔半径，m；θ 为接触角，(°)。
由式(22-1) 和式(22-2) 可得

$$p = \frac{2\sigma\cos\theta}{r_p} \tag{22-3}$$

在室温下，水和乙醇的表面张力分别是 0.0726N/m 和 0.0223N/m，当接触角为 0°（一般情况下 θ 也很小）时，可以由式(22-3) 估算出凝胶孔洞直径为 20nm 时，毛细压力分别为 14.52MPa 和 4.46MPa。这样大的毛细压力足以使凝胶的孔壁坍塌，直到孔壁强度变得足以承受这一压力时，塌陷才停止。

22.2.4.2　界面能（表面张力）

在干燥过程中，引起凝胶多孔网络结构坍塌、破坏的主要因素是毛细压力，由式(22-3)可知，要想维持凝胶的多孔网络结构，就必须降低或消除干燥过程出现的毛细压力，其措施之一就是降低或消除表面张力。对于非缔合性液体，液-汽界面能（或表面张力）σ 与温度 T 为线性关系，即随温度的提高而减小，可表示为

$$\sigma = \sigma_0[1 - K(T - T_0)] \tag{22-4}$$

式中，T 为温度，K；σ 为温度为 T 时的表面张力，N/m；σ_0 为温度为 T_0 时的表面张力，N/m；K 为表面张力的温度系数，K^{-1}。

当温度接近于临界温度时，汽-液界面将逐渐消失，表面张力也接近于零，可用式(22-5) 或式(22-6)进行估算。

$$\sigma = A(T_c - T - 6.0) \tag{22-5}$$

$$\sigma V_m^{2/3} = k(T_c - T - 6.0) \tag{22-6}$$

式中，T_c 为临界温度，K；V_m 为液体的摩尔体积，m^3/mol；A 为与液体有关的常数，$N/(m \cdot K)$；k 为常数，J/K。

非极性液体的 k 约为 $2.2 \times 10^{-7} J/K$。一些液体的 A、σ 和 T_c 值如表 22-3 所示。

表 22-3　一些液体的 A、σ 和 T_c 值

液体名称	$\sigma/(mN/m)$	$A/[mN/(m \cdot K)]$	临界温度 T_c/K
水	72.6	0.21	374.1
庚烷	20.26	—	27
三氯甲烷	25.3	—	54
乙醇	22.3	0.10	243
甲醇	22.65	0.105	239.4
丙酮	23.3	0.111	235
醋酸	27.42	—	57
苯	28.88	0.11	288.9

22.2.5　超临界干燥的一般流程

图 22-1 是制备 SiO_2 气凝胶板的超临界干燥实验流程。先将乙醇凝胶板装入充满乙醇的超临界干燥器（600mL）内。来自钢瓶的 CO_2 气体经冷凝器液化、高压泵加压和加热器升温后，达到超临界状态（其临界压力为 7.36MPa，临界温度为 31.1℃）进入超临界干燥器中。当系统达到超临界状态（10MPa，40℃）时，调节系统 CO_2 的流量（1.0～1.3kg/h）和超临界干燥器夹套的加热量，保持系统恒压恒温。含有少量乙醇的 CO_2 混合物离开干燥器后，减压至 0.1MPa 进入分离器中，分离出的液体乙醇回收使用，气体 CO_2 直接排空。当干燥器内的乙醇完全被超临界 CO_2 取代时，以一定的降压速率缓慢卸压；然后，用惰性气体（如氮气等）对干燥器内的气凝胶进行吹扫冷却

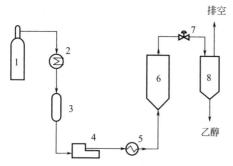

图 22-1　超临界干燥实验流程示意图
1—CO_2 钢瓶；2—冷凝器；3—缓冲罐；
4—高压泵；5—加热器；6—超临界干燥器；
7—减压阀；8—分离器

到室温后，从干燥器中取出干燥的 SiO_2 气凝胶板。

22.2.6 实现凝胶超临界干燥的途径

使凝胶孔洞内液态溶剂达到超临界状态而不出现蒸发的途径有很多种，但常用的有两种，如图 22-2 所示。一种（途径 1）是把湿凝胶及其与孔洞内相同的液体溶剂在环境条件（a 点）下一起放入超临界干燥器内进行加热，使超临界干燥器升温升压，但要达到超临界状态（即 b 点，c 为临界点），需要加入过量的液体溶剂；另一种（途径 2）是不加入过量的液体溶剂，而是在加热前，先用惰性气体（如氮气、氩气等）预加压（至 a' 点），再升温升压至超临界状态。无论采用哪一种途径，都要在超临界状态下，将系统保持恒温恒压一定时间（以保证凝胶孔洞内

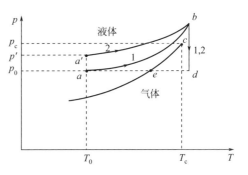

图 22-2 实现凝胶超临界干燥的途径

的液相溶剂全部转变成超临界流体）；再恒温将溶剂减压释放至常压（b 点到 d 点）；最后，将系统降至室温（气凝胶在干燥器内进行，而溶剂的冷凝在干燥器外完成）。为防止降温过程中溶剂在干燥器壁上冷凝（e 点）、接触并破坏气凝胶的多孔结构，降温前必须用惰性气体（如氮气、氩气、干燥的空气等）进行吹扫。

22.2.7 凝胶的超临界干燥操作步骤和时间

实现凝胶的超临界干燥一般需要 5 个步骤来完成（如图 22-3 所示）：

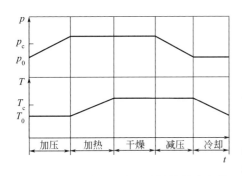

图 22-3 现实凝胶超临界干燥的操作步骤

① 加压　恒温加压使系统达到超临界压力；

② 加热　系统在超临界压力下升温至超临界温度；

③ 干燥　系统在超临界状态下，保持恒温恒压一定时间；

④ 减压　恒温将超临界溶剂减压释放至常压；

⑤ 冷却　将气凝胶降至室温。对于超临界 CO_2 干燥，加压前还有一个用液体 CO_2 置换凝胶孔洞中溶剂的过程。

虽然超临界干燥可以消除表面张力的影响，但在加热或减压操作期间，如果操作不当，也可能导致凝胶结构的破坏。在加热期间，如果升温速率太快，就会对凝胶骨架产生应力，这是由于与凝胶孔洞内的液体相比，固体网络骨架的热膨胀要小，凝胶本体外液体溶剂的膨胀比其孔洞内液体溶剂的流动速度要快。为使这种应力不超过凝胶网络骨架的强度，升温速率一定要慢。此外，热量是分别通过干燥器壁、液体溶剂（或液体 CO_2）层后，再进入凝胶中，因此其温度梯度不能太大，否则，温差应力也会引起凝胶的多孔结构遭到破坏。

在减压期间，如果减压速率太快，凝胶本体外的流体比其孔洞内的流体向外流动速度要快，从而产生压差，使凝胶孔洞内的流体膨胀而导致应力。减压速率一般要小于 0.1MPa/min。在减压期间，对干燥器还要进行加热，以维持气凝胶有足够高的温度，避免当压力降低到 0.1MPa 时，出现溶剂的冷凝问题。

凝胶超临界干燥过程所需的时间与凝胶的孔洞直径大小及其弯曲情况、几何尺寸（板状或圆盘状的厚度，圆柱体或球状颗粒的直径）有关，还与超临界干燥器的体积大小等因素有关，与操作温度几乎无关（随着操作温度的升高，干燥时间稍有减少），因此，操作应尽可能在较低的超临界温度（一般取对比温度 $T_r=1.1$）下进行。在用液体 CO_2 进行溶剂置换的开始阶段，由于是凝胶本体周围的液体溶剂与液体 CO_2 之间的交换，所以其置换速率比较快，但后来的情况与减压阶段相似，为扩散控制，所需的时间约与厚度或直径的平方成正比。当凝胶的大小和形状一定时，干燥器体积愈大，所需置换的溶剂量就愈大，置换操作时间就愈长。凝胶超临界干燥过程所需时间主要包括上述各个步骤以及加料和卸料时间。由于过程的复杂性，目前要准确预测各个步骤所需要的时间是很困难的。据报道，用 40L 超临界 CO_2 干燥器制备 5 片气凝胶板（每片尺寸为 $12.7cm \times 22.9cm \times 2.5cm$）的操作数据为：将凝胶板放入装满溶剂的超临界干燥器内约需要 $5\sim20min$，用液体 CO_2 进行溶剂置换时间约为 30h，升温加热过程一般要 $2\sim2.5h$，超临界状态下的恒温恒压时间约为 0.5h，减压所需时间约 6h，整个超临界干燥过程所需时间约为 40h。

22.3　超临界干燥过程的类型及其应用

目前，超临界干燥技术主要用于凝胶（如水凝胶、醇凝胶等）的脱溶剂干燥过程，文献中报道的超临界干燥操作方法有很多种，这里主要讨论以下几种典型超临界干燥过程的特点及其应用。

22.3.1　高温超临界有机溶剂干燥

由于水的临界温度高、临界压力大，而且在超临界状态下水凝胶容易出现溶解问题，所以水凝胶不适合于直接进行超临界干燥。利用无机盐（如水玻璃等）制备的水凝胶，需要用醇类（如甲醇）置换出水凝胶中的水得到甲醇凝胶，再将甲醇凝胶进行超临界干燥（甲醇的临界点为 239.4℃、7.93MPa），这就是 1931 年 Kistler 采用的高温超临界甲醇干燥法制备出的第一种气凝胶——SiO_2 气凝胶。后来又有用高温超临界乙醇（或丙酮等）干燥法制备出的 Al_2O_3 气凝胶、TiO_2 气凝胶、ZrO_2 气凝胶、有机气凝胶、炭气凝胶等。

用甲醇等醇类作为溶剂进行高温超临界干燥，使凝胶网络表面发生某种酯化作用，得到的气凝胶表面具有憎水性，在空气中不易吸收水分，其纳米多孔结构非常稳定，可长期存放。但醇类的临界温度比较高，且又易燃，甲醇还有毒。

22.3.2　低温超临界 CO_2 干燥

1985 年，Tewari 等采用超临界 CO_2 作为干燥介质，使超临界干燥过程的操作温度大为降低。CO_2 的临界温度接近于室温，且无毒、不易燃易爆，在操作条件下，CO_2 对凝胶的固体骨架基本是化学惰性的，属于一个纯物理过程。但在进行低温超临界 CO_2 干燥前有一个比较费时的溶剂置换过程，即先将凝胶孔洞内的液体溶剂（如甲醇、乙醇、丙酮等）用液态 CO_2 置换后，再进行超临界 CO_2 干燥。图 22-4

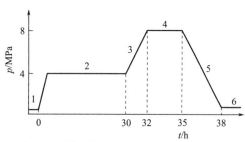

图 22-4　低温超临界 CO_2 干燥过程示意图
1—醇凝胶；2—溶剂置换；3—升温；4—超临界干燥；
5—减压释放 CO_2；6—气凝胶

为典型低温超临界 CO_2 干燥过程的压力随时间的变化曲线，整个干燥周期约为 40h。用低温超临界 CO_2 干燥得到的气凝胶，其表面具有较强的亲水性，放久了会吸附空气中的水分，一般可通过加热（100～250℃）来除去，而不会影响其纳米多孔结构。目前，气凝胶的制备多是采用这种超临界干燥方法。

22.3.3 低温超临界 CO_2 萃取干燥

如果把低温超临界 CO_2 干燥的溶剂置换过程所用液体 CO_2 变成超临界 CO_2 流体，这时的操作就是低温超临界 CO_2 萃取干燥过程。图 22-1 所示的就是这种操作过程。与低温超临界 CO_2 干燥操作法相比，低温超临界 CO_2 萃取干燥法使整个干燥时间进一步缩短，操作费用大幅降低。但操作过程中，要保证系统的操作温度和压力应在二元混合物的临界曲线 LV（见图 22-5）的上方，这是因为在临界曲线的上方，甲醇和 CO_2 完全互溶，为单相（超临界流体）区，不存在表面张力；而在临界曲线的下方为 CO_2 蒸气和液体甲醇共存的两相区，产生的表面张力会导致气凝胶的结构遭到破坏。

图 22-6 是制备金属氧化物颗粒气凝胶的一个半连续低温超临界 CO_2 萃取干燥的流程示意图。来自贮罐的 CO_2 气体被压缩（约为 24.6MPa）液化后进入萃取干燥器（温度约为 40℃）内，穿过乙醇凝胶颗粒层将乙醇萃取出来。萃取干燥器出口的超临界 CO_2 流体（含有乙醇）经减压后，进入气液分离器得到的液体乙醇，再进一步减压进入乙醇回收器中闪蒸分离出溶于乙醇中少量的 CO_2，这部分 CO_2 气体与气-液分离器出来的 CO_2 气体一起进入 CO_2 贮罐循环使用。操作过程开始，先将乙醇凝胶颗粒从萃取干燥器的顶部加入，把干燥器密封好后，就可以开始通入超临界 CO_2。当系统达到一定压力（24.6MPa）时，维持 CO_2 的流量恒定，过程一直进行到干燥器出口没有乙醇时，对系统进行减压，从干燥器底部将金属氧化物颗粒气凝胶取出，再加热到 80～100℃，以除去产品中的表面水（因为 CO_2 超临界萃取干燥过程不能除去凝胶中所有水分）。

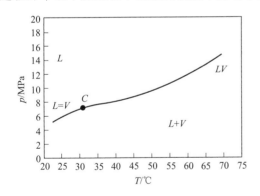

图 22-5 CO_2-CH_3OH 二元系统的临界曲线图
C—CO_2 的临界点；L—液体；V—蒸气；
LV—CO_2-CH_3OH 二元系统的临界曲线

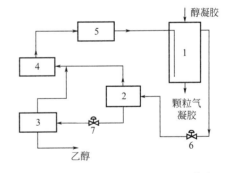

图 22-6 半连续低温超临界 CO_2 萃取
干燥流程示意图
1—萃取干燥器；2—气-液分离器；3—乙醇回收器；
4—CO_2 贮罐；5—CO_2 压缩机；6,7—减压阀

22.3.4 高温快速超临界反应干燥

图 22-7 是一种高温快速超临界反应干燥器结构示意图。操作时，先把合成 SiO_2 气凝胶所用的液体前驱物加到高压反应干燥器内，并用蛇管加热器使之升温至 300℃（约 15min），压力升高到约 20MPa，这时，凝胶已经基本形成。在卸压阀的控制下，恒温将反应干燥器

中的乙醇放掉，当反应干燥器内的压力降到 0.2MPa 时（约 15min），停止加热，将外压容器内通入冷流体对反应干燥器进行冷却，并用干燥的压缩空气对反应干燥器内的 SiO_2 气凝胶进行吹扫冷却到室温，再把反应干燥器从外压容器中取出并打开，就可以得到干燥的 SiO_2 气凝胶。整个过程（包括混合、凝胶化、老化和干燥等在一个高温快速超临界反应干燥器内一次完成）一般需要 3h（但不低于 1h）。这种方法比常规超临界干燥得到的 SiO_2 气凝胶的弹性模量高 3 倍，其生产成本是原来的 1/8。在快速加热期间，靠外压容器来消除液体膨胀而产生的应力。

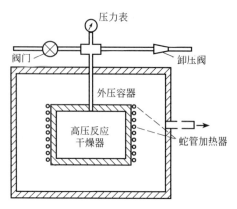

图 22-7　高温快速超临界反应干燥器结构示意图

22.3.5　惰性气体预加压超临界干燥

为防止凝胶孔洞内的液态溶剂在到达超临界状态之前出现蒸发，一般采用加入过量的溶剂液体（前几种都属于这种情况）或加热前先用惰性气体（如氮气、氩气等）预加压的措施。据报道，在进行超临界干燥操作前预加 8MPa 的 N_2 可以避免凝胶收缩，还可以缩短干燥时间，如表 22-4 所示。实验还发现，在制备 ZrO_2 气凝胶时，预加一定的 N_2 可以防止或减少凝胶在干燥过程中的收缩和破坏，保持了 ZrO_2 气凝胶的微孔结构。

表 22-4　预加压对凝胶收缩率和密度的影响

N_2 压力/MPa	收缩率/%	密度/(g/cm³)
0	73(破碎)	0.49
1	52	0.27
4	7	0.14
8	0	0.13

符号说明

A——常数，$N/(m \cdot K)$；

k——常数，J/K；

K——表面张力的温度系数，K^{-1}；

p——毛细压力，N/m^2；

p_c——临界压力，MPa；

r——曲率半径，m；

r_p——孔半径，m；

t——时间，h；

T——温度，K；

T_c——临界温度，K；

V_m——液体的摩尔体积；m^3/mol；　　　　　　σ——温度为 T 时的表面张力，N/m；

　θ——接触角，（°）；　　　　　　　　　　　σ_0——温度为 T_0 时的表面张力，N/m。

参考文献

[1] Mujumdar A S. Handbook of Industrial Drying. Fourth Edition, CRC Press（Taylor & Francis Group, LLC），2015.

[2] 潘永康，王喜忠，刘相东. 现代干燥技术. 2 版. 北京：化学工业出版社，2007.

[3] 江旭东. 超临界干燥技术原理及其在饱水木质文物中的应用. 江汉考古，2016, 131：107-111.

[4] 王宝和，李群. 气凝胶制备的干燥技术. 干燥技术与设备，2013, 11（4）：18-26.

[5] 王宝和，李群. 接触角的研究现状及其在凝胶干燥中的作用. 干燥技术与设备，2014, 12（1）：39-46.

[6] 沈军，王珏，甘礼华，等. 溶胶-凝胶法制备 SiO_2 气凝胶及其特性研究. 无机材料学报，1995, 10（1）：69-75.

[7] 沈军，王珏，周斌. 氧化硅气凝胶的超临界制备及纳米结构. 物理，1995, 24（5）：299-303.

[8] Fricke J, Tillotson T. Aerogels: production, characterization, and applications. Thin Solid Films, 1997, 297: 212-223.

[9] Cheng C P, Iacobucci P A, Walsh E N. Non-aged inorganic oxide-containing aerogels and their preparation. U. S. Patent 4619908, 1986.

[10] 王珏，周斌，吴卫东. 硅气凝胶材料的研究进展. 功能材料，1995, 26（1）：15-19.

[11] Poco J F , Satcher Jr J H, Hrubesh L W. Synthesis of high porosity monolithic alumina aerogels. J. of Non-Cryst. Solids, 2001, 285（1-3）：57-63.

[12] 相宏伟，钟炳，彭少逸，等. 超临界流体干燥过程的分析. 物理化学学报，1995, 11（1）：46-50.

[13] Phalippou J, Woignier T. Glasses from aerogels. J. of Mater. Sci.，1990,（25）：3111-3117.

[14] 孙献亭，贾利群，张义民，等. 溶胶-凝胶法制备 Al_2O_3 气凝胶. 郑州工学院学报，1999, 10（2）：14-16.

[15] Kistler S S. Coherent expanded aerogels and jellies. Nature, 1931, 127: 741.

[16] Kistler S S. Coherent expanded aerogels. J. Phy. Chem.，1932, 36（1）：52.

[17] Novak Z, Knez Z. Diffusion of methanol-liquid CO_2 and methanol-supercritical CO_2 in silica aerogels. J. of Non-Cryst. Solids, 1997, 221（2-3）：163-169.

[18] Lee K, Begag R, Altiparmakov Z. Rapid aerogel production process. WO 01/28675A1, 2001.

[19] Ayen R J, Iacobucci P A. Metal oxide aerogel preparation by supercritical extraction. Reviews in Chemical Engineering, 1988, 5（1-4）：157-198.

[20] 李文翠，秦国彤，郭树才. 从酚类合成新型炭材料——炭气凝胶. 煤炭转化，1999, 22（1）：15-18.

[21] Liang C H, Sha G Y, Guo S C. Resorcinol-formaldehyde aerogels prepared by supercritical acetone drying. J. of Non-Cryst. Solids, 2000, 271（1-2）：167-170.

[22] Woignier T, Phalippou J , Quinson J F, et al. Physicochemical transformation of silica gels during hyper-critical drying. J. of Non-Cryst. Solids, 1992, 145（1-2）：25-32.

[23] 蒲敏，周根树，郑茂盛，等. 硅气凝胶功能材料的制备及应用. 化工进展，1997,（6）：60-63.

[24] 张敬畅，曹维良，于定新，等. 超临界流体干燥法制备纳米级 TiO_2 的研究. 无机材料学报，1999, 14（1）：29-35.

[25] Pajonk G M. Catalytic aerogels. Catalysis Today, 1997, 35（3）：319-337.

[26] 陈龙武，甘礼华，岳天仪，等. 超临界干燥法制备 SiO_2 气凝胶的研究. 高等学校化学学报，1995, 16（6）：840-843.

[27] 周斌，王珏，沈军，等. 丙酮为溶剂制备 SiO_2 气凝胶. 无机材料学报，1996, 11（3）：520-524.

[28] van Bomml M J, de Haan A B. Drying of silica aerogel with supercritical carbon dioxide. J. of Non-Cryst. Solids, 1995, 186（1）：78-82.

[29] Coronado P R, Poco J F, Hrubesh L W, et al. Method for rapidly producing microporous and mesoporous materials. U S Patent 5686031, 1997.

[30] Novak Z, Knez Z, Ban I, et al. Synthesis of barium titanate using supercritical CO_2 drying. J. of Supercritical Fluids, 2001, 19（2）：209-215.

[31]　van Bomml M J, de Haan A B. Drying of silica aerogel with supercritical carbon dioxide. J. of Mater. Sci. , 1994, 29（7）: 943-948.

[32]　Gross J, Coronado P R, Hrubesh L W. Elastic properties of silica aerogels from a new rapid supercritical extraction process. J. of Non-Cryst. Solids, 1998, 225（1）: 282-286.

[33]　梁长海. 维持凝胶织构的干燥理论、技术及应用. 功能材料, 1997, 28（1）: 10-14.

[34]　刘源, 钟炳, 彭少逸, 等. 超细二氧化锆的制备和表征. 物理化学学报, 1995, 11（9）: 781-784.

[35]　Unlusu B, Sunol S G, Sunol A K. Stress formation during heating in supercritical drying. J. of Non-Cryst. Solids 2001, 279（2-3）: 110-118.

[36]　朱自强, 姚善泾, 韩兆熊. 超临界流体萃取开发中的若干问题. 石油化工, 1986, 16（8）: 512-518.

[37]　王宝和, 于才渊, 王喜忠. 纳米多孔材料的超临界干燥新技术. 化学工程, 2005, 33（2）: 13-17.

[38]　Baohe Wang, Wenbo Zhang, Wei Zhang , et al. Progress in drying technology for nanomaterials. Drying Technology, 2005, 23（1-2）: 7-32.

[39]　朱自强. 超临界流体技术—原理和应用. 北京: 化学工业出版社, 2000.

[40]　Scherer G W. Theory of drying.　J. of the Am. Ceram. Soc. , 1990, 73（1）: 3-14.

[41]　冯丽娟, 李克国, 陈涌英, 等. 大孔高比表面积催化剂及其载体的制备方法—超临界流体干燥法. 天然气化工, 1994, 19（6）: 41-45.

[42]　沈钟, 王果庭. 胶体与表面化学. 2版. 北京: 化学工业出版社, 1997.

（王宝和）

第23章

高压电场干燥

23.1 概述

2500 年前，古希腊哲学家塔勒斯（Thales，公元前 640—前 546 年）是有历史记载的第一个静电实验者。电这个词起源于希腊语 ελεκτρου（琥珀）。

富兰克林（Benjamin Franklin）做了许多实验后认为有两种电荷存在，即正电荷和负电荷。1775 年意大利物理学家伏特（Alessandro Volta）发明了静电感应起电盘，他利用静电感应起电盘能使导体产生很高电压的静电。法拉第（Michael Faraday）引入了带电体周围电力线的概念。

1874 年，剑桥的物理学教授麦克斯韦建立了电磁场方程组。麦克斯韦推论电磁的相互作用以波的形式传播并预言光是电磁波。1888 年赫兹（HeinrichHertz）证实了麦克斯韦的推论和预言，从而开辟了电磁学应用的领域——无线电技术。到 19 世纪末，电磁学已发展成为经典物理学中相当完善的一个分支。电磁学渗透到物理学的各个领域。电工技术、电子技术等得到迅速发展和应用。

在 20 世纪初，静电学从实验阶段走向实际应用的阶段。但仅在静电除尘方面有些应用。虽然 1824 年 Hohlfeld 第一次演示了静电收尘实验，但直到 1907 年 Frdeerik G. Gcottrell 才制造了世界上第一台实际应用的静电除尘器，用于捕集硫酸酸雾。静电除尘器控制酸雾排放的成功，迅速导致其在其他工业烟尘污染源中的应用。1922 年，van de Graaff 发明了实用的静电起电机。1923 年，Detroit Edison 公司安装了第一台静电除尘器。从此，静电除尘、静电喷涂、静电分离、静电复印等取得了一定的进展，为现代静电工程学的建立奠定了基础。随着科技及工业的迅速发展，防静电危害技术、静电应用技术日益得到关注，各种抗静电产品、静电测量仪器和各种消静电装置应运而生，各项静电技术得到广泛应用，静电生物效应、静电植绒纺纱、驻极体材料的研究也得到了很大发展。与此同时静电基本理论也趋于完善，形成了现代静电工程学。

从摩擦带电现象的发现，直到今日能源、环境、生命等众多渗透着高技术的学科发展过程中，静电现象和静电技术的研究走过了数百年的历程，终于形成了一个与众多学科有着千丝万缕联系的、古老而又年轻的理论和技术应用体系。当前的静电研究主要分为以下几个部分：①静电基础理论研究，包括电荷、电场、导体电介质、电容、电场能量、物质带电、物质放电的研究等；②静电应用技术，包括静电除尘、静电摄影、静电喷涂、静电纺织、静电分选等技术；③静电测试、电源技术研究；④静电安全技术，包括静电危害、防静电材料、静电消除器等；⑤静电生物效应的研究，包括静电场促进作物的生长、静电处理种子、静电保鲜、静电杀菌等。

20 世纪 60 年代末我国少数科研单位开始开展一些静电试验研究工作，到 20 世纪 70～80 年代由北京理工大学、北京市劳动保护科学研究所、河北大学、石油化学工业总公司、复旦大学、上海船舶科学研究所、第五机械工业部、内蒙古大学、中国人民解放军总后勤部等单位先后在静电安全技术、静电应用技术、静电测试技术、静电材料及产品等领域开展了较为系统和深入的静电研究工作。

干燥是将物料去除水分或其他挥发成分的操作，是古老而通用的耗能操作之一。农产品、食品、化工等，几乎所有的产业都有干燥操作。干燥技术的发展，经历了从原始的纯日晒的单一、笨拙的操作发展到现在多元化、自动化操作，真正实现了集成化、综合化、全自动产业化、多系统配套化的现代化干燥技术。目前，随着干燥技术应用日益广泛，干燥面临的问题也越来越多，越来越复杂，主要在下列方面还有待发展。

① 对干燥原理的研究不足　虽然人们对干燥技术应用已经做了大量的工作，但干燥技术仍然是了解最不足的一类操作。人们对干燥机械的设计多以经验为主要依据。使用干燥理论指导不够，一定程度上阻碍了干燥技术向纵深发展。

② 部分干燥产品的质量低　干燥产品的质量，除了湿含量这个最基本的要求外，一般还要求结构与成分及化学、生化甚至电、磁性质保持不变。但现在诸多干燥技术都存在不足，如在常见的热敏性物料的干燥中，由于干燥温度过高而致使有效成分损失严重等。

③ 能耗较高、热效率低　在英国 6 个不同的工业部门（食品和农产品、化学制品、织物、纸、陶瓷、木材）中干燥技术的能耗相当于制造加工总能耗的 12%。干燥设备的热效率低是能耗高的主要原因，常见工业干燥机的热效率仅在 40%～70% 之间。基于上述情况，研究开发新兴的干燥技术并使其实用化则势在必行。

在 1976 年，日本的浅川发现了"浅川效应"，即在高压电场下，水的蒸发变得十分活跃，施加电压后水的蒸发速度加快，并认为电场消耗的能量很小。但当时没有引起太多的重视，直到 20 世纪 90 年代，研究者才慢慢将高压电场技术应用到干燥领域当中，形成了一种非热干燥技术——高压电场干燥技术。这种技术是通过将被干燥物料放在下极板上，然后给上极板（平板、针状、线状等不同形状的电极）加一定幅度的直流或交流高电压，在两电极间形成电晕电场实现物料干燥。

经过多年的发展，许多学者利用高压电场技术对多种物料进行干燥实验研究，取得了比较满意的效果，发现高压电场干燥技术具有非常多的优点，最重要的是特别适合热敏性物料的干燥，其正在成为一个研究热点。一些学者发现，在高压电场中，水的蒸发速度比对照组加快 4～8.5 倍；NaCl 溶液的蒸发速度是自然蒸发速度的 3.5～3.9 倍；泥土的干燥速度比对照组加快 3 倍多。Chen 和 Barthakur 发现在针-板电极组成的高压电场系统中，厚度为 2～4mm 的土豆片平均干燥速度是对照组的 2.5 倍。Bajgai 和 Hashinaga 通过高压电场系统来进行菠菜干燥的试验研究，结果表明高压电场干燥技术有使物料不升温，干燥速度快，且能很好地保存叶绿素 a 和叶绿素 b 的优点，同时对苹果片和萝卜片做高压电场干燥试验研究，均取得了满意的结果。Alemrajabi 等人以胡萝卜为实验材料，在高压电场下进行干燥实验，结果表明在高压电场干燥后胡萝卜的颜色没有发生变化，而传统干燥技术干燥后颜色参数变化很大。白亚乡等人在高压电场系统中干燥虾米，结果表明相比于热风干燥，高压电场干燥后虾米有较好的复水率和颜色；在高压电场系统中干燥扇贝，发现在高压电场中扇贝的干燥速率明显提高了，在 45kV 电压下，高压电场系统中扇贝的干燥速率是对照组的 7 倍，且具有更好的感官品质；还研究了针-板电极系统中高压电场作用下的海参干燥，也发现在高压电场下海参干燥的能耗仅仅是烘干组的 21.31%，且蛋白质含量高于烘干组。Esehaghbeygi 和 Basiry 在高压电场中干燥番茄片，实验结果表明相比于对照组与热风干燥，在高压电场中番茄片不仅干燥速率大，而且外观美观，表面温度低；利用高压电场干燥油菜籽，也取得了非常满意的结果。Hashinaga 等人在多针-板电极高压电场中干燥苹果片，表明高压电场中不仅苹果片的干燥速度快，且不会引起干燥产品的变质。Taghian Dinani 等利用高压电场和对流风联合干燥蘑菇，发现在相同风速下干燥速度随着电压的增加而增加，但是增加风速反而造成干燥速度下降；高压电场干燥后蘑菇有很高的复水率，并随着电压的增加而增加。Somayeh 等人发现高压电场干燥后蘑菇的复水能力（WAC）明显高于对照组，而且剪切强度（shear strength）低于对照组。Lai 等人用针-板状电极和线-板状电极进行高压电场干燥的试验研究，表明这两种形状的电极都能提高干燥的速度。该技术近年来已被越来越多地应用于粮食、生物制品、蔬菜、水产品等热敏性物料的干燥中，都取得了较满意的结果。Singh 等人对高压电场干燥的相关研究进行了总结，认为高压电场干燥是非常有前途的节能干燥技术。

23.2　高压电场干燥的原理

23.2.1　高压电场的性质

人们推桌子时，通过手和桌子直接接触，把力作用在桌子上，这种力存在于直接接触的物体之间，叫作接触作用或近距作用。但是，电力、磁力和重力等几种力，却可以发生在两个相隔一定距离的物体之间，而在两物体之间并不需要有任何原子、分子组成的物质作媒介。那么，这些力究竟怎样传递的呢？近代物理学的研究指出：凡是有电荷的地方，四周就存在电场，即任何电荷都在自己周围的空间激发电场；而电场的基本性质是，它对于处在其中的任何其他电荷都有作用力，称作电场力。电场力的一个重要特性在于能够通过电场对处于场中的其他物体施加作用，从而不仅在常温常压下，就是在真空中、高温高压以及低温中，也能对带电物体进行非接触的控制。电场力可分为库仑力、电像力和极化力。极化力又可分为取向力、梯度力、珠串形成力和约翰逊-拉贝克力。以电场力为起因的静力学现象可以大致分为三类。第一类是因电场力使轻小物体附着于其他物体而产生的静电附着；第二类是轻小物体以集合状态相互吸引而产生的静电凝聚；第三类是轻小物体相互之间或者其他物体施加排斥力的静电排斥现象。在此，电场力一方面作为附着、凝聚等动力学过程的驱动力，另一方面又一旦与其他力（范德华力等）形成附着、凝聚之后，共同来维持这种附着、凝聚的静力学过程。由于产生电场力的因素各有差异，与之对应而形成的附着、凝聚、排斥的过程也将表现不同，主要有因库仑力产生的附着和凝聚；因电像力引起的附着；因梯度力引起的附着；因约翰逊-拉贝克力产生的附着和凝聚。用电场强度对电场进行定量的研究，其大小等于单位电荷在该处所受电场力的大小，其方向与正电荷在该处所受电场力的方向一致，点电荷组所产生的电场在某点的场强等于各电荷单独存在时所产生的电场在该点场强的矢量叠加。

高压电场是一种综合效应场，它具有离子束（电子束、负离子束——提供电荷，也提供较多的自由电子）的作用，同时又存在电磁场辐射和非均匀电场的作用，并且具有能量。在此电场中有微弱的电流存在，并且随着电压的增加，电流逐渐增加，这就是通常所说的暗放电。按电流密度的增加顺序，可以分为本底电离区、饱和区、汤森放电区、电晕放电区和火花放电或电击穿放电区。电晕放电（corona discharge），有时称作单极放电，是指气体介质在不均匀电场中的局部自持放电，是最常见的一种气体放电形式，也是可以长期存在的稳定放电形式，常发生在处于电击穿点之前的空气上受压状态气体中的尖端、边缘或丝附近的高电场区，是极不均匀电场所特有的一种放电形式。若电晕电流比较高，电晕则是眼睛可见的辉光放电，对于低电流，整个电晕是暗的，与暗放电相比，相关的现象包括寂静放电，即电晕的无声形式，通常是暗的，以及刷形放电，在电极附近控件发出淡蓝色的晕光，并伴有"咝咝"声，即非均匀场内发光的放电，其中许多电晕放电同时激起并形成流注，此流注穿过围绕起始点的处于高电压下的气体。电力系统中的高压及超高压输电线路导线上发生电晕，会引起电晕功率损失、无线电干扰、电视干扰、噪声干扰、能量消耗和设备腐蚀。进行线路设计时，应采用选择足够的导线截面积，或采用分裂导线降低导线表面电场的方式，以避免发生电晕。对于高电压电气设备，发生电晕放电会逐渐破坏设备绝缘性能。电晕放电的空间电荷在一定条件下又有提高间隙击穿强度的作用。当线路出现击穿放电或操作过电压时，因电晕损失而能削弱过电压幅值。任何现象都有其两面性，电晕放电也不例外，电晕放电除了上述危害以外，还有很多积极的意义，比如衰减雷电过电压幅值和降低其陡度，抑制操作过电压的幅值，改善电场分布等，在一些工业当中也有广泛的应用，如静电除尘、静电复印、静电喷涂、物质表面改性、静电摄影、抗静电、制造臭氧、污水处理、空气净化等。

在高压电场作用下，水分子受到极化，变得十分活跃，进而使得蒸发也变得十分活跃。在施加高电压后，水的蒸发速度加快，并且在电极系统中消耗的能量很小。含水物料在针状电极和线状电极的电场中，干燥速率都明显地被提高。

当带电体或外加电压的电极在其周围形成显著的非均匀电场时，即使轻小物体不带电，它们也会因梯度力而被吸引向电场强的方向，附着于该带电体或电极的表面而堆集起来。由于放电电压低，在局部或整体上出现不产生电晕放电的区域时，在该处形成放电线肥大现象。这种现象起因于水分子未被极化或者极化甚少，作用于其上的库仑力很小，梯度力占了优势，水分子被吸引至电场集中的放电极，并在其上附着和堆集。这种现象将会阻碍电晕放电，降低干燥速率。因而可以再加一些外在条件将其除去来提高干燥速率。

23.2.2　含水物料性质

水有许多特殊的性质，近年来引起人们的关注。水分子分子量只有 18，然而它却在常温下以液态存在，约在 4℃密度最大。水的熔点、沸点应分别为－110℃和－85℃，可是实际上水的熔点和沸点比这一理论值分别高了 110℃和 185℃。可见水中的分子应该是以更大的分子团形式存在的。水的特异性质主要基于它如下的特殊分子构造。

① 氧原子和 2 个氢原子的结合角为 105°，受外界作用影响时，容易发生变化。

② 氧原子的负极性较大，氢原子的电子受氧原子的吸引，负极中心与正电荷中心不重合，整个分子为极性分子。

③ 水分子之间除范德华力外，还可由弱的氢键结合为大的水分子团（cluster），这种水分子团具有间隙较大的结晶构造，如图 23-1 所示。

④ 水分子团的这种构造是一种动态结合，其稳定存在时间只有 10^{-12} s 左右，即不断有水分子加入某个水分子团，又有水分子离开水分子团。而水分子团的大小只是个平均数。在室温中，一般水的分子团大小约为 30～40 个水分子。

⑤ 水分子团的大小与水的温度、离子浓度及变化经历有关，电场、磁场、声波、红外线等都可对水分子团的结构变化施加影响。

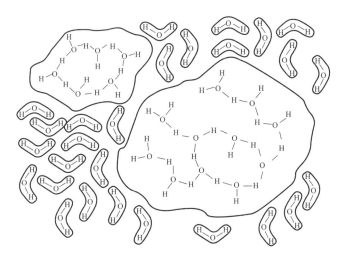

图 23-1　水分子团的结构

含水结构物料主要分为 3 种：a. 毛细管多孔体，亦称多孔介质；b. 胶体；c. 毛细管多孔胶体。

根据水分与生物物料的结合，还可分为化学结合、物理结合和物理机械结合 3 种形式。

综上所述，物料中的水分，若按水分在物料中存在的位置，可分为细胞腔水与细胞壁水。细胞腔水属于大毛细管水，细胞壁水又分为化学水、吸附水与微毛细管水。一般是既考虑水分与物料的结合形式，又考虑水分在物料中的位置，从而分为化学水、自由水与吸着水。吸着水又分为吸附水与微毛细管水。按其与物料的结合形式，可分为化合水、吸收水和毛细管水。毛细管水又可分为大毛细管水（自由水、细胞腔水或游离水）和微毛细管水。

化合水（即结晶水）是与物质按一定质量的比值直接化合的水分。它是物质的一个组成部分，这种水与物质牢固地结合在一起，只有加热到一定的温度时，使物质的结晶体破坏，才能使这种结晶水释放出来。在干燥过程中，这种水分是不能靠蒸发除去的，所以在干燥过程的计算中不考虑化合水分。

由于吸附作用的结果，在固体物料周围空间中的水蒸气分子会被吸附到它的表面上，结果在固体的表面形成一层薄膜水分，形成吸收水（即分子水分），其厚度为一个或数个分子厚，通常用肉眼是看不见的。此外，水分子还会钻入（扩散）到固体内部，又称为吸收。所以物料经吸附作用与吸收作用而结合的水分统称为吸取水分。吸取水分和物料的结合也是比较牢固的，一般机械脱水方法不能除去，干燥方法也只能除去一部分。如果再放置在湿度较大的空气中，又会重新吸附周围的水分子，直至湿度平衡为止。

由于松散物料之间存在着许多孔隙，有时固体颗粒内部亦存在着空穴或裂隙，这许许多多的孔隙如同很多的毛细管一样，水分在毛细管吸力的作用下能保持在孔隙之中，形成毛细管水。物料的含水量与粒度的大小有很大关系。细粒物料较粗粒物料含水多，一方面因为表面水分的含量与表面积大小有关，物料粒度越细，其表面积越大，吸附的水分越多，所以表面水分含量越高。另一方面是细粒物料有大量的细小的毛细孔隙，毛细管作用显著，因此较细物料含有较多的水分。

物料除了含有分子水分和毛细水分之外（化合水分不作脱水考虑），还可能含有大量的水，这些水和物料之间没有什么相互作用力，在重力作用下就可以脱除，这部分水称为重力水分。毛细水和重力水统称为自由水，因为它们和固体物料之间没有牢固的结合力，比较容易脱除。高压电场干燥主要是脱掉毛细水和重力水，即自由水。

23.2.3 相互作用

水分子是一种极性分子，在高压电场中主要体现在非均匀电场的脱水作用；离子束的内部注入作用；离子风的外部吹动作用三方面的作用。

23.2.3.1 非均匀电场的脱水作用

（1）电场强度的计算

对于平板电场有

$$E = \frac{U}{H} \tag{23-1}$$

式中，E 为电场强度；U 为施加的高压电压；H 为极板间的距离。

对于多针-板电场，板间电场是由针型极板与平板电极形成的不均匀场强，设施加的高压电压是 U，则针极板上每针与下方平板电极形成针板电场，则针 i 产生的电场强度 E_i 为：

$$E_i = -\Delta U_i = -\frac{\partial U}{\partial l_i} \tag{23-2}$$

式中，l_i 为针 i 的针尖到平板极板的距离。设针极板针数为 n，则板间总场强 E 是各针场强的叠加

$$E = \sum_{i=1}^{n} E_i = -\sum_{i=1}^{n} \frac{\partial U}{\partial l_i} \tag{23-3}$$

由式（23-2）可以看出，在极板间的不同位置，l_i 都不相同，则其求和的结果也不相同，所以在极板间形成非匀强电场，更有利于拖动水分子脱离含水物料，加快运输过程。

（2）电场和输运的关系

物料内水分子在电场中主要受到电场作用力 f_1 与 f_2 而被输运出来。

① 均匀电场对物料表面层的作用 f_1 介质在电场中都会受到力的作用，将针极电极和平板电极看作是平板电容，电极面积为 A，板间距离即极距设为 H，物料的厚度设为 Z，物料的介电常数为 ε_m，空气的介电常数为 ε_g，由电力线的折射定律有

$$E_m = \frac{\varepsilon_g}{\varepsilon_m} E_g \tag{23-4}$$

式中，E_m 与 E_g 分别是物料中和空气中的电场强度。同时 E_m、E_g 与外加电压 U 关系为

$$E_g Z + E_m (H - Z) = U \tag{23-5}$$

由上述两式得

$$E_g = \frac{U\varepsilon_m}{Z(\varepsilon_m - \varepsilon_g) + H\varepsilon_g} \tag{23-6}$$

由此求出电容为

$$C = \frac{Q}{U} = \frac{\varepsilon_g E_g A \varepsilon_m}{[Z(\varepsilon_m - \varepsilon_g) + H\varepsilon_g] E_g} = \frac{\varepsilon_g A \varepsilon_m}{Z(\varepsilon_m - \varepsilon_g) + H\varepsilon_g} \tag{23-7}$$

则电容器共蓄能

$$W = \frac{1}{2} C U^2 = \frac{1}{2} \left[\frac{\varepsilon_g A \varepsilon_m}{Z(\varepsilon_m - \varepsilon_g) + H\varepsilon_g} \right] U^2 \tag{23-8}$$

由虚功原理，可以求出空气介质 ε_g 在交界面上所受的力为

$$F = \frac{\mathrm{d}W}{\mathrm{d}Z} = \frac{U^2}{2} \times \frac{\mathrm{d}C}{\mathrm{d}Z} = \frac{U^2}{2} \times \frac{\varepsilon_m \varepsilon_g (\varepsilon_g - \varepsilon_m) A}{[Z(\varepsilon_m - \varepsilon_g) + H\varepsilon_g]^2} \tag{23-9}$$

将式（23-6）代入上式，得

$$F = A \times \frac{1}{2} \times \frac{\varepsilon_g}{\varepsilon_m} E_g^2 (\varepsilon_g - \varepsilon_m) \tag{23-10}$$

则物料表面每单位面积上的受力 f_1 为

$$f_1 = -\frac{F}{A} = \frac{1}{2} \times \frac{\varepsilon_g}{\varepsilon_m} E_g^2 (\varepsilon_m - \varepsilon_g) \tag{23-11}$$

由于 $\varepsilon_m < \varepsilon_g$，$f_1 < 0$，方向沿 Z 方向减少的方向，即物料表面层的水分子受到大小为 f_1，方向向上的力作用，物料表面层中的水分子被向空气中拖动。式（23-11）虽然是由平板电场推导出的，但是一个不均匀电场的一个微分体积，总可以看成是均匀电场，所以对于高压电场的不均匀电场来说，上式是成立的。

② 非均匀电场对物料内部水分子的牵引作用 f_2　由于水分子是极性分子，可以看作是偶极子，电极距为 $\mathrm{d}p = q\mathrm{d}l$，在电场中所受的力等于它的正负电荷所受的力之差，即偶极子所受的力为

$$\mathrm{d}F = q\mathrm{d}E \tag{23-12}$$

偶极臂 $\mathrm{d}l$ 可以表示为

$$\mathrm{d}l = i\mathrm{d}x + j\mathrm{d}y + k\mathrm{d}z \tag{23-13}$$

高压电场中采用负高压，则负电荷所在点的电场强度超过正电荷所在点的电场强度，差值为

$$\mathrm{d}E = i\left(\frac{\partial E_x}{\partial x}\mathrm{d}x + \frac{\partial E_x}{\partial y}\mathrm{d}y + \frac{\partial E_x}{\partial z}\mathrm{d}z\right) + j\left(\frac{\partial E_y}{\partial x}\mathrm{d}x + \frac{\partial E_y}{\partial y}\mathrm{d}y + \frac{\partial E_y}{\partial z}\mathrm{d}z\right) + k\left(\frac{\partial E_z}{\partial x}\mathrm{d}x + \frac{\partial E_z}{\partial y}\mathrm{d}y + \frac{\partial E_z}{\partial z}\mathrm{d}z\right) \tag{23-14}$$

偶极子受力可以写为

$$\mathrm{d}F = qi\left(\mathrm{d}x\frac{\partial}{\partial x} + \mathrm{d}y\frac{\partial}{\partial y} + \mathrm{d}z\frac{\partial}{\partial z}\right)E_x + qj\left(\mathrm{d}x\frac{\partial}{\partial x} + \mathrm{d}y\frac{\partial}{\partial y} + \mathrm{d}z\frac{\partial}{\partial z}\right)E_y + qk\left(\mathrm{d}x\frac{\partial}{\partial x} + \mathrm{d}y\frac{\partial}{\partial y} + \mathrm{d}z\frac{\partial}{\partial z}\right)E_z \tag{23-15}$$

由向量分析知道

$$\mathrm{d}x\frac{\partial}{\partial x} + \mathrm{d}y\frac{\partial}{\partial y} + \mathrm{d}z\frac{\partial}{\partial z} = (i\mathrm{d}x + j\mathrm{d}y + k\mathrm{d}z)\cdot\left(i\frac{\partial}{\partial x} + j\frac{\partial}{\partial y} + k\frac{\partial}{\partial z}\right) = (\mathrm{d}l\cdot\mathrm{grad}) \tag{23-16}$$

所以 $\mathrm{d}F$ 的公式简化为

$$\mathrm{d}F = q(\mathrm{d}l\cdot\mathrm{grad})E = (\mathrm{d}p\cdot\mathrm{grad})E \tag{23-17}$$

假定 $\mathrm{d}p$ 是元体积 $\mathrm{d}v$ 中的偶极距，在电场中受力转动排列成同向，$\mathrm{d}p$ 可以写为 $P\mathrm{d}v$，则

$$\mathrm{d}F = (P\cdot\mathrm{grad})E\mathrm{d}v = \varepsilon_g(\varepsilon_m - 1)(E\cdot\mathrm{grad})E\mathrm{d}v \tag{23-18}$$

但因

$$(E\cdot\mathrm{grad})E = \left(E_x\frac{\partial}{\partial x} + E_y\frac{\partial}{\partial y} + E_z\frac{\partial}{\partial z}\right)(iE_x + jE_y + kE_z)$$

$$= -i\left(E_x\frac{\partial^2 V}{\partial x^2} + E_y\frac{\partial^2 V}{\partial x\partial y} + E_z\frac{\partial^2 V}{\partial x\partial z}\right) - j\left(E_x\frac{\partial^2 V}{\partial x\partial y} + E_y\frac{\partial^2 V}{\partial y^2} + E_z\frac{\partial^2 V}{\partial y\partial z}\right) -$$

$$k\left(E_x\frac{\partial^2 V}{\partial x\partial z} + E_y\frac{\partial^2 V}{\partial y\partial z} + E_z\frac{\partial^2 V}{\partial z^2}\right) \tag{23-19}$$

而

$$\operatorname{grad} \frac{E^2}{2} = \left(i\,\frac{\partial}{\partial x} + j\,\frac{\partial}{\partial y} + k\,\frac{\partial}{\partial z} \right)\left(\frac{E_x^2 + E_y^2 + E_z^2}{2} \right)$$

$$= -i\left(E_x\,\frac{\partial^2 V}{\partial x^2} + E_y\,\frac{\partial^2 V}{\partial x\,\partial y} + E_z\,\frac{\partial^2 V}{\partial x\,\partial z} \right) - j\left(E_x\,\frac{\partial^2 V}{\partial x\,\partial y} + E_y\,\frac{\partial^2 V}{\partial y^2} + E_z\,\frac{\partial^2 V}{\partial y\,\partial z} \right) -$$

$$k\left(E_x\,\frac{\partial^2 V}{\partial x\,\partial z} + E_y\,\frac{\partial^2 V}{\partial y\,\partial z} + E_z\,\frac{\partial^2 V}{\partial z^2} \right) \tag{23-20}$$

于是 $\mathrm{d}F$ 可以进一步简化为

$$\mathrm{d}F = \varepsilon_g(\varepsilon_m - 1)\operatorname{grad}\left(\frac{E^2}{2} \right)\mathrm{d}v \tag{23-21}$$

则单位体积内的水分子所受力 f_2 为

$$f_2 = \varepsilon_g(\varepsilon_m - 1)\operatorname{grad}\left(\frac{E^2}{2} \right) \tag{23-22}$$

由式（23-22）可以看出，当 $\varepsilon_m > 1$ 时，f_2 使水分子被吸引向电力线密度大的地方，而与电场方向无关。水分子在不均匀电场中电场力的作用下，从电场强度小的区域拉到电场强度大的区域，力 f_2 作用于物料内部水分子，将之从物料内部输运到物料表面层，力 f_2 同时作用于物料表面层中的水分子，与力 f_1 共同作用将物料表面层的水分子运输出物料。

由于极板间为非均匀电场，所以各处电场强度都不相同，则 f_1 与 f_2 在物料各处作用力各不相同，相当于变力的作用，更有利于水分子的输运。

在高压电场中，电场产生两种效果不同的作用力 f_1 和 f_2，同时作用于物料内部和表面层的水分子，破坏了物料表面和内部水分子团和分子间氢键，使表面层的水分子在外力 f_1 和 f_2 作用下克服分子间引力从表面层脱离，由离子风的作用将表面逸出的水分子吹送到环境中，从而使内部水分子不断运输到表面层，从而加快了水分子的运输过程。在表面水分的逸出过程中，水分子以团簇为单元，夹杂着部分单个水分子，这样会减少大量的汽化潜热所需能量，节约能耗，也不会升高物料的温度。

23.2.3.2　离子束的内部注入作用

电场与含水物料中水分子相互作用的过程主要是实现离子束在水分子上能量沉积、电荷交换。一方面载能离子进入含水物料后，与物料分子和水分子相互作用，逐渐把动能传给物料分子和水分子，直至离子的动能完全散失并在物料中停止下来，即入射离子能量的传递和沉积过程，从而使水分子的能量加大，引起链状分子团水分子之间的氢键断开，使原来缔合的链状大分子断裂成许多活性、具有明显极性的单位水分子，减小单个水集团的体积，为水分子脱出时减小阻力。另一方面离子和水分子发生电荷交换，增大了物料中水分子的电偶极矩，增强了水分子的定向极化程度，改善了水的极性状态，增加了水系统的储能以及水对离子的携带能力，使低能离子和水分子结合，即使水分子携带的电荷数增加，在电场作用下，水分子所受的电场力增加，这两方面的作用使物料内水分子团的动态平衡方程向右移动，加速脱水。

物料吸收离子能量只占电场能量的一部分，物料内部温度分布还受其导热性能的影响，情况更加复杂。离子的注射都是在浅层起作用，这对一些难干的厚物料不起关键性作用或者说起的作用变小了。但当电场能量非常大时，这部分能量也是很重要的。

下面对离子的能量损失和射程进行了初步分析，以便更好地掌握电场中的离子和物料中水分子的输运特性。

载能离子轰击物质好比打靶。人们通常把离子称为"弹"，被轰击的物质称为"靶"。能

量为 E_1 的粒子入射到靶原子发生一系列的碰撞而损失能量。这里的含水物料中物料分子和水分子便是"靶"。离子在物料中有一定的射程，在射程内的水分子接受能量，逐步脱离物料，从而使水分下降，然后射程以外的水分子通过渗透作用补充进来，即产生一个水分梯度。

设入射离子沿深度方向单位距离内的能量损失为 $\mathrm{d}E_1/\mathrm{d}x$，则它通过 Δx 的距离时损失的能量为

$$\Delta E_1 = \left|\frac{\mathrm{d}E_1}{\mathrm{d}x}\right| \Delta x \tag{23-23}$$

可得离子在靶材料中的射程

$$R_\mathrm{t}(E_1) = -\int_{E_1}^{0} \frac{\mathrm{d}E_1}{-(\mathrm{d}E_1/\mathrm{d}x)} \tag{23-24}$$

设靶分子的体密度为 N，厚度为 Δx，受离子束照射的面积为 A，则 $N\Delta x A$ 为受照射的靶分子总数。而单位面积上受照射的靶分子数为 $N\Delta x$，它随 Δx 线形增加，正如能量损失 ΔE_1 随 Δx 线形增加一样。令能量损失 $(\mathrm{d}E_1/\mathrm{d}x)\Delta x$ 与靶分子数 $N\Delta x$ 成正比，并定义比例系数 $S(E_1)$ 为阻止本领，则有

$$S(E_1) = -\frac{1}{N} \times \frac{\mathrm{d}E_1}{\mathrm{d}x} \tag{23-25}$$

因为 $\mathrm{d}E_1/\mathrm{d}x$ 值为负，故上式右边取负号。

考虑入射离子通过与物料分子和水分子碰撞损失能量两个过程，靶分子对入射离子的阻止本领 $S(E_1)$ 应为物料分子阻止本领 $S_\mathrm{w}(E_1)$ 和水分子阻止本领 $S_\mathrm{s}(E_1)$ 之和。设离子在一段微小距离 $\mathrm{d}x$ 上，由于与溶质分子和水分子碰撞，平均每个离子损失的能量分别为 $-\mathrm{d}E_\mathrm{w}$ 和 $-\mathrm{d}E_\mathrm{s}$，则阻止本领

$$S_\mathrm{w}(E_1) = -\frac{1}{N}\left(\frac{\mathrm{d}E_1}{\mathrm{d}x}\right)_\mathrm{w} \tag{23-26}$$

$$S_\mathrm{s}(E_1) = -\frac{1}{N}\left(\frac{\mathrm{d}E_1}{\mathrm{d}x}\right)_\mathrm{s} \tag{23-27}$$

对于单个入射离子而言，在靶内单位距离上总的能量损失可表示为

$$\left(-\frac{\mathrm{d}E}{\mathrm{d}x}\right)_\mathrm{w} + \left(-\frac{\mathrm{d}E}{\mathrm{d}x}\right)_\mathrm{s} = N\left[S_\mathrm{w}(E_1) + S_\mathrm{s}(E_1)\right] \tag{23-28}$$

E_1 为入射离子在靶内 x 处的能量，则

$$-\frac{\mathrm{d}E_1}{\mathrm{d}x} = N\left[S_\mathrm{w}(E_1) + S_\mathrm{s}(E_1)\right] \tag{23-29}$$

将式(23-29)代入式(23-24)，入射离子平均总射程 R_t 为

$$R_\mathrm{t} = -\frac{1}{N}\int_{E_1}^{0} \frac{\mathrm{d}E_1}{S_\mathrm{w}(E_1) + S_\mathrm{s}(E_1)} \tag{23-30}$$

射程 R_t 在入射方向上的投影称投影射程 R_p（见图 23-2），总射程

$$R_\mathrm{t} = l_1 + l_2 + \cdots = \sum_i l_i \tag{23-31}$$

则投影射程 R_p 为

$$R_\mathrm{p} = l_1\cos\theta_1 + l_2\cos\theta_2 + \cdots = \sum_i l_i\cos\theta_i \tag{23-32}$$

由以上推导可以看出：入射离子的能量越高，射程越远，入射离子接触的水分子也就越多。物料分子质量较大，且数量较少，可以认为离子的能量基本上都被水分子吸收了。

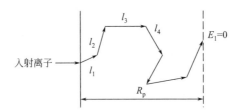

图 23-2　总射程和投影射程

23.2.3.3　离子风的外部吹动作用

带电导体随着导体曲率半径的加大，尖端处的电荷密度也随着相应加大，当电荷密度达到一定的程度时，将产生尖端放电现象，进而产生电晕放电现象。电晕放电时，尖端附近的场强很强，尖端附近气体被电离，产生较多可以离开导体的低温等离子体电荷。这些等离子体主要由 OH^-、H_2O_2、O、N^+、N^{2+}、O^{2-} 等自由基、活性原子和正负离子组成。在电场的作用下，这些电荷吹向远离尖端处，形成离子风。离子风是电晕放电过程中伴有的现象，一般也称为"电晕风"。高压电场干燥过程中一直伴随着离子风的存在。从实验现象来看，液体物料在非均匀电场作用下表面发生剧烈波动，在每个针尖下方形成一个明显凹下的圆坑，随着极距的减少，波动加强，这是由于离子风对液体表面水分子的吹动作用。Zhang 等研究电晕放电过程中离子风特性时发现在针状电极的正下方水面出现下凹，面积达到 $72.3mm^2$，离子风速度可以达到 $7m/s$，这说明针状电极的正下端离子风非常强。在高压电场干燥实验中高电压使针极板的针尖端放电，将与针尖端带电性相反的离子"吹"向每个针尖下方的物料表面。随着高压电压的升高，尖端放电加强，空气中的离子数增加，风量加大。这样加速了物料表面水分子的运动，不断产生的离子风使液体表面空气的湿度降低，加大了液体表面空气湿度梯度，使水分子更加有利于从物料表面脱离出来。现在许多学者也认为高压电场干燥过程中离子风起到了至关重要的作用。

在多针-板电极系统中对离子风进行初步分析可以进一步了解干燥机理，以便更好地掌握电场中离子风对物料中水分子输运特性的影响。具体分析如下：

在电晕区，电流密度矢量满足下列方程：

$$\vec{J} = \rho_q \mu_i \vec{E} + \rho_q \vec{v} - D_i \nabla \rho_q \quad 或者 \quad \frac{\partial \rho_q}{\partial t} + \nabla \cdot \vec{J} = 0 \tag{23-33}$$

式中，ρ_q 为电荷密度；μ_i 为离子迁移率；D_i 为离子扩散系数。

考虑边界条件和高斯定理可以得到：

$$\nabla \rho_q \nabla (\nabla U) = \frac{\rho_q^2}{\varepsilon_0} \tag{23-34}$$

离子风的动力学方程可以表示为：

$$\rho \frac{d\vec{v}}{dt} = \rho \left(\frac{\partial}{\partial t} + \vec{v} \cdot \nabla \right) \vec{v} = -\nabla P + \nabla \cdot [\bar{\tau}] + \vec{F} \tag{23-35}$$

式中，ρ 为空气密度。其中

$$F = \int \rho_q E_d dV = \int \varepsilon_0 \frac{\Delta U}{d^2} E dV \approx \varepsilon_0 S \frac{\Delta U^2}{d^2} \tag{23-36}$$

式中，ΔU 为两极板之间的电压；d 为极距。所以得到估算离子风速度的公式为：

$$v \sim \sqrt{\frac{F}{\rho S}} \approx \sqrt{\frac{\varepsilon_0}{\rho}} \times \frac{\Delta U}{d} \tag{23-37}$$

对于单针-板电极，离子分布可以用下面的公式计算：

$$j(\theta) = j(0)\cos^m\theta \tag{23-38}$$

对于多针-板电极系统，上极板可以认为是多个单针电极的叠加，简单示意图见图 23-3。

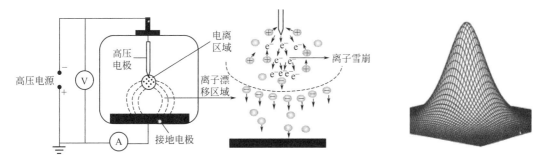

(a) 单针-板电极系统中的放电示意图　　　　　　(b) 单针-板电极系统中的放电模拟图

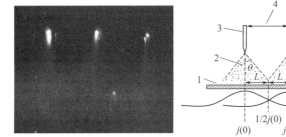

(c) 多针-板电极系统中的放电图　　(d) 多针-板电极系统中的放电示意图　　(e) 多针-板电极系统中的放电模拟图

图 23-3　针-板电极系统中的离子风

1—接地极板；2—极距；3—针状电极；4—针间距；5—电场和离子风方向

经过上面分析可以知道，离子风的速度和电压、极距正比关系。当离子风吹到下极板时产生的离子密度又和针间距有关。这些因素都会影响物料的干燥速度。现在许多学者通过研究也发现离子风在高压电场干燥过程中起到了非常关键的作用。

23.2.3.4　相关理论的实验验证

通过上面的理论分析，我们以枸杞为研究对象，设计一个简单的实验，验证了非均匀电场和离子风（包含离子注入和离子风吹动两部分作用）在干燥过程中的作用。实验装置简图如图 23-4。

采用多针-板电极系统，极距为 10cm，针间距为 4cm，电压为 30kV。为了检测高压电场中离子风和非均匀电场在干燥过程中所起的作用，将多针-板电极系统中的部分电极用绝缘板阻挡。把预处理好的枸杞分成相同的三部分，其中两份放在电场中，一份放在绝缘阻挡物下面，此时枸杞处于无离子风状态，另一份直接放在高压电场中，最后一份作为对照组放在环境中。对干燥过程中的离子风风速、干燥速度和水分扩散系数，干燥后枸杞内部多糖和黄酮含量进行测量，以及利用红外光谱和扫描电镜分析高压电场对枸杞微观结构的影响。

用风速计对有绝缘介质阻挡部分的离子风速进行测量，发现经过绝缘介质阻挡后风速比离子风时降低 1/15.5，从 0.1814m/s 变成 0.0110m/s。说明绝缘介质阻挡可以使离子风的风速大幅度下降，基本上起到了阻挡离子风的效果，将高压电场效应初步分为离子风和非均匀电场（无离子风）作用。经过实验结果分析，可以得到干燥过程中离子风和非均匀电场分别起到的效果。具体实验结果如图 23-5、图 23-6：

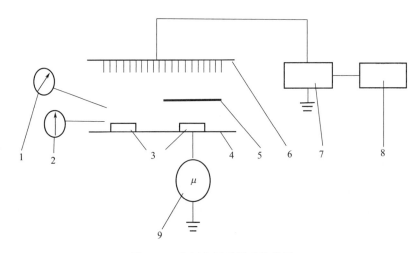

图 23-4　高压电场干燥系统简图

1,2—温度计；3—样品；4—接地电极；5—绝缘阻挡介质；6—针状电极；
7—高压电源；8—控制系统；9—微安表

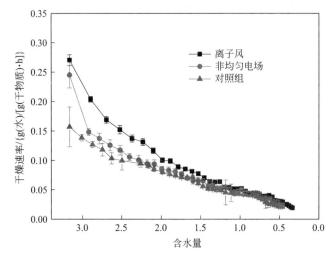

图 23-5　有无离子风作用下枸杞干燥速率的变化图

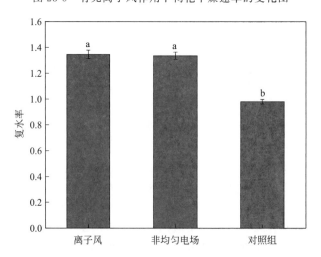

图 23-6　有无离子风作用下枸杞干制品的复水率

表 23-1 有无离子风作用下枸杞内部的多糖含量（g/100g）

项目	离子风	无离子风	对照
多糖含量	16.0±0.03[a]	15.3±0.05[a]	12.9±0.03[b]

注：不同肩标字母表示差异显著（$P<0.05$）。

表 23-2 有无离子风作用下枸杞内部的黄酮含量（g/100g）

项目	离子风	无离子风	对照
黄酮含量	0.10±0.008[a]	0.10±0.006[a]	0.11±0.006[a]

注：不同肩标字母表示差异显著（$P<0.05$）。

由图 23-5、图 23-6 和表 23-1、表 23-2 可知，有离子风作用下处理组的干燥速率最大，非均匀电场（无离子风）处理组其次，对照组最小；离子风和非均匀电场作用两者相比，对枸杞复水率影响不大，但是比对照组高出许多，分别是对照组的 2.3721 倍、2.3611 倍；离子风和非均匀电场作用两者相比，对枸杞内部多糖含量的影响不大，但明显高于对照组；相比于对照组，离子风和非均匀电场作用对枸杞内部黄酮含量的影响不大。

表 23-3 有无离子风作用下枸杞内部水分有效扩散系数

项目	$D_{eff}/\times 10^{-10}\,m^2/s$
有离子风	4.621087±0.000015[a]
无离子风	3.737270±0.000052[b]
对照组	3.655958±0.000121[b]

注：不同肩标字母表示差异显著（$P<0.05$）。

由表 23-3 可知，在离子风的作用下枸杞内部水分有效扩散系数最大，非均匀电场作用和对照组的水分有效扩散系数相差不多。非均匀电场会影响细胞的跨膜电位，从而改变细胞跨膜电压，进而对细胞膜产生破坏效果，加大枸杞内部细胞的破坏率，可以提高水分向细胞外扩散。当离子风作用在潮湿物料表面的时候，带电离子与水分子发生碰撞，使得水分子动能增加，水分蒸发加快，从而使物料表面附近的水分子浓度降低。不断产生的离子风使物料表面空气的湿度持续降低，加大了物料内部水分梯度，更加有利于使水分子从物料内部流向表面，进而加速干燥。由此可见，非均匀电场和离子风两者共同作用下使物料内部的水分扩散系数增加，离子风起主导作用，非均匀电场起辅助作用。

由图 23-7 可知，离子风和非均匀电场作用下枸杞红外光谱图中具有相同的谱峰位置和相同的化学成分，只是离子风作用下的枸杞特征峰强度远远大于对照组和阻挡离子风处理组，而无离子风处理组和对照组近似相同。应用红外光谱可以通过表征有机物分子中官能团与极性键振动的特征峰来分析有机物分子的组成，被广泛用于大分子有机物的结构解析。而枸杞中的有机大分子，如多糖、黄酮等，具有特征性的官能团和分子振动和转动方式，可以通过傅里叶红外光谱进行分析。对枸杞红外光谱中主要特征吸收峰归属及比较发现，在 $3420\,cm^{-1}$ 附近为多糖、苷、氨基酸、蛋白质、糖醇类 N—H、O—H 的伸缩振动；$2927\,cm^{-1}$ 和 $2855\,cm^{-1}$ 附近为亚甲基和甲基 C—H 伸缩振动；$1740\,cm^{-1}$ 附近为羧酸或者酯类的 C=O 的伸缩振动峰；$1630\,cm^{-1}$、$1380\,cm^{-1}$、$1250\,cm^{-1}$ 附近为氨基酸、蛋白质类的酰胺 I 带和Ⅲ带、生物碱类、不饱和酯类的伸缩振动；$1060\,cm^{-1}$ 附近的宽强峰的归属多为苷类、多糖类等碳水化合物的 C—OH 的弯曲振动。通过分析枸杞红外光谱中的特征吸收峰强度、宽度以及吸收频率的移动，说明和对照组相比，离子风和非均匀电场作用下枸杞的化学成分种类基本相同，都起到了保护有效成分的作用，离子风作用的保存效果可能更显著。

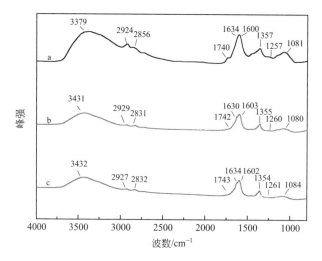

图 23-7　有无离子风作用下枸杞的红外光谱图
a—有离子风；b—无离子风；c—对照组

经过扫描电镜观察发现（见图 23-8），有离子风的枸杞表面出现了大量的非常小的结晶体，无离子风的枸杞表面出现了大块的结晶体，对照组表面比较规整，只有非常少量的结晶体。说明干燥过程中高压电场，特别是离子风，对枸杞表面微观结构有较大的影响。

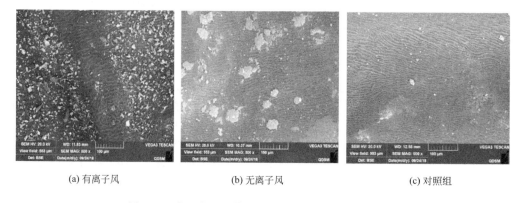

(a) 有离子风　　　　　　　　　(b) 无离子风　　　　　　　　　(c) 对照组

图 23-8　有无离子风作用对枸杞表面微观结构的影响

由此可见，在高压电场干燥物料的过程中，非均匀电场和离子风对枸杞的干燥过程都有影响。相比于非均匀电场，离子风对物料干燥速度的影响较大，对品质参数（复水率、多糖和黄酮含量等）的影响不大，对枸杞内部的水分有效扩散系数影响较大，对红外光谱特征吸收峰的强度和枸杞表面微观结构也有很大影响。进而可以得到离子风和非均匀电场在高压电场干燥枸杞过程中所起作用稍有不同，离子风的作用可以使物料干燥速度大幅度提高，而非均匀电场使物料的有效成分大幅度保留。这为进一步深入研究高压电场干燥机理提供了实验基础，也初步证明了前面理论的正确性。

23.2.4　"电场能传质"的概念

在传统加热干燥技术中，是通过各种方法将热能均匀、快速、有效地传递到物料，提高物料温度使水分子的不规则运动加剧，即水分子动能加大，从而克服表面层的分子间引力，加快水分子的脱出，也就是传统干燥技术的基本原理即称为"传热传质"。

　　高压电场干燥采用不均匀电场作为干燥能源，使物料处于电场中，在不均匀电场的作用下，水分子趋向定向排列，水分子的熵减少，物料的温度亦会降低 1～2℃，在电场能量的作用下，水分子会被拉出物料表面，这个过程中没有进行热量的传递，所以物料的温度不会升高且达到干燥的目的。这个过程称为"电场能传质"。最近 Martynenko 团队对高压电场干燥过程中的传质问题进行了系统研究，发现电压、极距、电极形状和物料表面风速等因素对传质都有非常大的影响，取得了令人非常满意的结果。

23.3　高压电场干燥速率的主要影响因素

23.3.1　干燥速率与电压的关系

　　相同电极距和电极形状的情况下，电场电压越高，物料的干燥速率越大。

　　如在极距为 12cm，电压为 25kV 时，自来水的蒸发速率比自然蒸发加快了 14.24％，葡萄糖酸钠溶液的蒸发速率加快了 117.1％；在极距为 12cm，电压 35kV 时，自来水的蒸发速率比自然蒸发加快了 312.7％，比电压为 25kV 时的蒸发速率加快了 70.3％，葡萄糖酸钠溶液的蒸发速率则分别加快了 266.1％和 68.2％。

　　在不同交流高压电场作用下，胡萝卜的干燥速率明显快于对照组，而且随着电压的增加胡萝卜的干燥速率也增加。在前半小时内，相比于对照组，当电压为 5kV、10kV、15kV、20kV、25kV 和 30kV 时，胡萝卜的干燥速率分别提高了 0.47 倍、0.75 倍、1.45 倍、1.49 倍、1.96 倍和 2.33 倍。具体结果如图 23-9 所示。

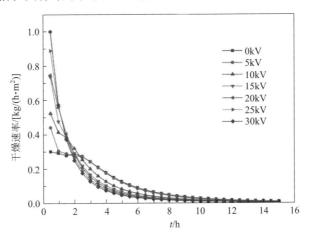

图 23-9　不同电压下胡萝卜干燥速率的变化图

　　在直流高压电场作用下枸杞的干燥速率明显快于对照组，而且随着电压的增加枸杞的干燥速率也随着增加。在前 5h 内电压为 45kV、40kV、34kV、28kV、22kV 下枸杞的干燥速率分别是对照组的 2.79 倍、2.4 倍、2.05 倍、1.77 倍、1.58 倍。在不同交流高压电场作用下也得到和直流高压电场作用类似的结果，如图 23-10 所示。

23.3.2　干燥速率与极距的关系

　　在相同电压和电极形状的情况下，干燥速率和电场极距有很大的关系，另外和铺料厚度、铺料面积也有很大关系。

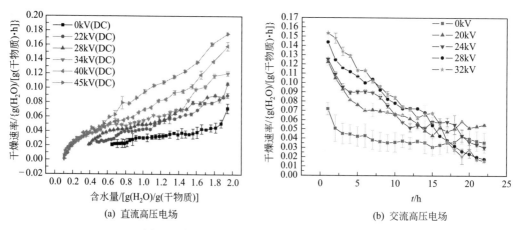

(a) 直流高压电场 　　　　　(b) 交流高压电场

图 23-10　不同电压下枸杞干燥速率的变化图

以新鲜白萝卜为原料进行高压电场干燥试验研究，在环境温度为 24～26℃ 之间，物料温度保持在 36～39℃ 之间，铺料面积为 0.42m²，铺料厚度为 1.5cm 时极距分别取 4cm、6cm、8cm；铺料厚度为 3cm，极距取 6cm、8cm、10cm、12cm 进行高压电场干燥。结果表明：物料厚度在 15cm 和 3cm 时，都是在极距为 6cm 时干燥时间最短，干燥速度最快。

在相同的干燥条件下，改变物料的形状和厚度对干燥速率有一定的影响。如在电压为 24kV，极距为 10cm，电极形状为针-板电极的条件下，改变牛肉的横截面积和厚度，发现牛肉的干燥速度发生了变化，在初始阶段，干燥速度与物料厚度和横截面积成增函数关系，但是厚度增加干燥时间也随着增加，具体结果见图 23-11 所示。

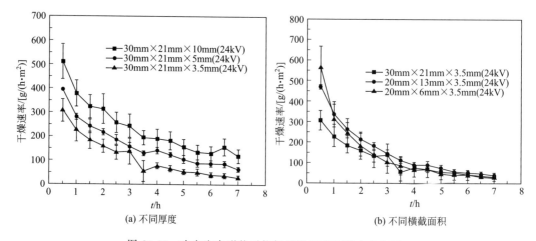

(a) 不同厚度 　　　　　(b) 不同横截面积

图 23-11　改变牛肉形状对枸杞干燥速度的影响变化图

所以对于不同的物料，在高压参数的选择上只需要加到电压的最大值，而对于极距的选择要根据物料的大小和形状，以及铺料厚度来选择极距的大小。

23.3.3　干燥速率与电极形状的关系

在相同电压和极距的情况下，不同电极形状对干燥速率的影响比较大，相比于板-板电极和线-板电极，针-板电极形状下物料的干燥速率最大。多线-板电极形状下物料的干燥速率大于单线-板电极；多针-板电极形状下物料的干燥速率大于单针-板电极。在多针-板电极系统中，针间距对物料干燥速率也会有一定的影响。

以枸杞为研究对象，采用多针-板电极系统，极距为 10cm，电压为 30kV 的实验条件。改变针间距，取值分别为 2cm、4cm、6cm、8cm、10cm 和 12cm。发现不同针间距下枸杞的干燥速率都明显高于对照组，随着针间距的增大干燥速率降低；电极的针间距对离子风风速、枸杞复水率、多糖含量和水分有效扩散系数影响较大；对枸杞的微观结构也有一定的影响，具体结果如下：

从图 23-12 中可以看出，针间距为 2cm、4cm、6cm、8cm、10cm 和 12cm 时离子风风速分别为 0.2210m/s、0.1814m/s、0.1323m/s、0.1186m/s、0.0768m/s 和 0.0710m/s，随着针距变大，离子风风速逐渐变小。

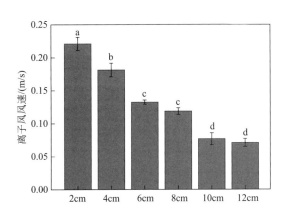

图 23-12　不同针间距下高压电场中
离子风风速的变化
注：不同肩标字母表示差异显著（$P < 0.05$）

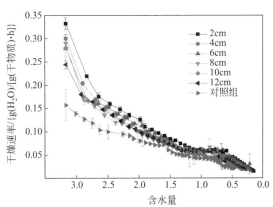

图 23-13　不同针间距作用下枸杞干燥速率的变化图

由图 23-13 可知，不同针间距作用下处理组的干燥速率相比于对照组要明显大得多，随着针间距的变化干燥速率也发生变化。在前 10h 内针间距为 2cm、4cm、6cm、8cm、10cm 和 12cm 时处理组的干燥速率分别比对照组快 1.4676 倍、1.3688 倍、1.3264 倍、1.3085 倍、1.3039 倍、1.278 倍、1.2367 倍。

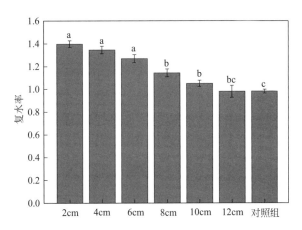

图 23-14　不同针间距作用下枸杞复水率的变化图
注：不同肩标字母表示差异显著（$P < 0.05$）

由图 23-14 可见，在不同针间距作用下各处理组的复水率均高于对照组；且随着针间距的增加，复水率逐渐降低。

表 23-4 不同针间距作用下枸杞内部的多糖含量（g/100g）

针间距	对照	2cm	4cm	6cm	8cm	10cm	12cm
多糖	12.9 ± 0.03^a	12.6 ± 0.06^a	16.0 ± 0.03^b	15.3 ± 0.01^b	13.7 ± 0.04^b	12.3 ± 0.02^a	12.3 ± 0.04^a

注：不同肩标字母表示差异显著（$P<0.05$）。

由表 23-4 可知，高压电场作用对枸杞多糖含量没有负面的影响，多糖含量不是随着针距的增加而线性增加的，而是有一定的波动性，针间距为 4cm 时多糖含量最高，为 16.0g/100g；针间距为 10cm 和 12cm 时多糖含量最少，为 12.3g/100g。

表 23-5 不同针间距作用下枸杞内部水分有效扩散系数

针间距/cm	$D_{eff}/\times10^{-10}\,\mathrm{m}^2/\mathrm{s}$	针间距/cm	$D_{eff}/\times10^{-10}\,\mathrm{m}^2/\mathrm{s}$
2	4.740000 ± 0.000029^a	10	4.032420 ± 0.000014^b
4	4.621087 ± 0.000015^a	12	3.943630 ± 0.000025^b
6	4.477926 ± 0.000018^a	对照组	3.655958 ± 0.000121^c
8	4.148498 ± 0.000041^b		

注：不同肩标字母表示差异显著（$P<0.05$）。

由表 23-5 可知，高压电场作用下各处理组枸杞内部水分有效扩散系数均高于对照组，且随着针间距的增大而降低。

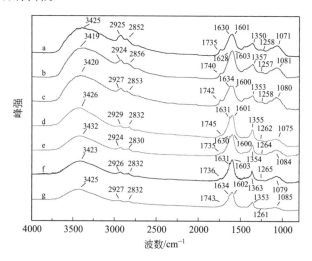

图 23-15 不同针间距作用下枸杞的红外光谱图

a—2cm；b—4cm；c—6cm；d—8cm；e—10cm；f—12cm；g—对照组

由图 23-15 可知，不同针间距下的处理组红外光谱图大体相似，谱峰的位置和峰高都比较接近，但特征峰强度也不同，且吸光度随针间距的增大而减小；与对照组相比，谱峰位置相似，特征峰强度大。说明和对照组相比，不同针间距下处理组的化学成分种类基本相同，但对枸杞内部的有效成分保存效果可能更显著，针间距不同，保存效果不同。

从这些研究结果还可以看出，改变针间距，不仅仅影响了物料的干燥速度，还影响了物料的有效成分，即电极形状对物料的干燥特性和干制品品质都有一定的影响。Yu 等用不同针间距的多针-板电极系统对土豆片进行干燥实验研究，也发现了类似的结果。

总之，影响高压电场干燥的参数主要有：电场电压、极距和电极形状，另外还有干燥有效面积、温度和湿度、是否通风、物料属性等。选取不同的干燥参数，将会对物料的干燥特性和干制品品质产生一定的影响。因此在选取参数时，除了考虑物料的干燥特性外，还要考虑干制品品质。

23.4　高压电场干燥过程中数学模拟

一些研究者利用经验和半经验数学模型对高压电场作用下物料干燥过程进行了模拟，取得了一定的结果。Cao 等在研究高压电场干燥大米时提出了指数模型；Li 等在研究高压电场干燥豆渣时提出了 Page 模型；Bai 等对薄层鱼肉的高压电场干燥数据进行模拟，发现Quadratic 模型比较适合；Pirnazari 等用多个经验和半经验数学模型对高压电场中香蕉片的干燥过程进行模拟，取得了较满意的结果。这些研究在某些领域进行了详细的研究，但在高压电场作用下物料干燥的数学模型方面研究尚在初级阶段，只是利用现有的经验和半经验数学模型来进行模拟。另外，物料干燥是一个非常复杂的过程，它随着物料的质地、形状、干燥方法等不同而不同，对此进行数学模拟也是非常困难的；对于同一种干燥技术，不同物料的干燥数学模型可能不一样。我们用了 10 种常用的薄层物料干燥的经验和半经验数学模型对熟牛肉、马铃薯和枸杞的干燥数据进行了模拟和比较，利用 3 个统计参数对数学模型进行评定，也发现了不同物料的最佳干燥数学模型不一样。表 23-6 给出了 10 个常用于描述薄层物料干燥动力学的半经验和经验数学模型。

表 23-6　用于模拟干燥曲线的数学模型

模型名称	模型公式
Lewis(Newton)模型	$MR = e^{-kt}$
Henderson and Pabis 模型	$MR = a e^{-kt}$
Logarithmic 模型	$MR = a e^{-kt} + b$
Parabolic(Polynomial)模型	$MR = a + bt + ct^2$
Page 模型	$MR = e^{-kt^n}$
Taghian Dinani 等人模型	$MR = a \exp\left[-\left(\dfrac{t-b}{c}\right)^2\right]$
Wang and Singh 模型	$MR = 1 + at + bt^2$
Modified Page 模型	$MR = \exp[-(kt)^n]$
Midilli 等人模型	$MR = a \exp(-kt^n) + bt$
Weibull 模型	$MR = \exp\left[-\left(\dfrac{t}{b}\right)^a\right]$

评价数学模型的 3 个统计参数分别为：约化卡方值（χ^2）、均方根误差（E_{RMS}）、相关系数平方（R^2）。统计参数具体计算公式如下：

$$E_{RMS} = \sqrt{\frac{1}{N} \sum_{i=1}^{N} (MR_{pre,i} - MR_{exp,i})^2} \tag{23-39}$$

$$\chi^2 = \frac{\sum\limits_{i=1}^{N} (MR_{exp,i} - MR_{pre,i})^2}{N - n} \tag{23-40}$$

$$R^2 = 1 - \frac{\sum\limits_{i=1}^{N} (MR_{exp,i} - MR_{pre,i})^2}{\sum\limits_{i=1}^{N} (MR_{exp,i} - \overline{MR}_{exp,i})^2} \tag{23-41}$$

式中，$MR_{pre,i}$ 为 i 时刻枸杞果实预测含水率；$MR_{exp,i}$ 为 i 时刻枸杞果实实验含水率；N 为实验测量次数；n 为模型参数个数；$\overline{MR}_{exp,i}$ 为实验含水率的平均值。

利用非线性拟合分析，求出每个模型的常数与参数。用约化卡方值（χ^2）、均方根误差

（E_{RMS}）、相关系数平方（R^2）等三个参数来作为选取最适合描述干燥动力学方程的参考标准。相关系数平方（R^2）的值越大，最大值为 1、χ^2 和 E_{RMS} 的值越小，越适合描述物料干燥动力学数学模型。

表 23-7　不同厚度薄层牛肉干燥过程中评价不同干燥数学模型的三个参数平均值

模型名称	E_{RMS}	χ^2	R^2
Newton	0.1660083	0.0295667	0.3892080
Page	0.0990437	0.0113000	0.3166083
Modified Page	0.4627140	0.2486667	0.3059700
Henderson and Pabis	0.0035480	0.0000165	0.9979050
Logarithmic	0.0015280	0.0000036	0.9996420
Quadratic	0.0017123	0.0000041	0.9995353
Demir 等	0.0664080	0.0092357	0.9739693
Midilli 等	0.0544477	0.0000144	0.9635403

由表 23-7 可以发现，Logarithmic 模型的均方根误差和约化卡方值的值最小，相关系数平方的值最大，说明 Logarithmic 模型比较适合薄层牛肉的高压电场干燥。经过研究还可以发现，Logarithmic 模型中的系数 k、a、b 与物料的厚度有关，k 随厚度的变化较小，a 随厚度增加而降低，b 随厚度增加而增加。

在多针-板电极系统中直流高压电场作用下枸杞干燥过程中，所选的 10 个模型的相关系数平方（R^2）的值均在 0.97 以上，表明以上模型都可以用来描述枸杞在高压电场下的干燥特征。Lewis 模型的相关系数平方（R^2）的值从 0.97283 到 0.99334 变化，在所有模型的相关系数平方（R^2）的值中最小，并且 E_{RMS} 和 χ^2 的值分别从 0.028188 到 0.051853、0.002126 到 0.002766 变化，均值最大，因此，Lewis 模型拟合效果最差。而 Midilli 和 Kucuk 模型的相关系数平方（R^2）的值从 0.99807 到 0.99988 变化，在 10 个模型中相关系数平方（R^2）的值最大，最接近 1，并且 E_{RMS} 和 χ^2 的值分别从 0.002744 到 0.011932、0.00008 到 0.00159 变化，均值最小，因此，Midill 和 Kucuk 模型拟合效果最好。

在多针-板电极系统中交流高压电场作用下枸杞干燥过程中，所选 10 个模型的相关系数平方（R^2）的值均在 0.97 以上，表明以上模型都可以用来描述枸杞在高压电场下的干燥特征。Lewis 模型的相关系数平方（R^2）的值从 0.97283 到 0.99334 变化，在所有模型的相关系数平方（R^2）的值中最小，并且 E_{RMS} 和 χ^2 的值分别从 0.028188 到 0.051853、0.002126 到 0.002766 变化，均值最大，因此，Lewis 模型拟合效果最差。而 Parabolic 模型的相关系数平方（R^2）的值从 0.99746 到 0.99955 变化，在 10 个模型中相关系数平方（R^2）的值最大，最接近 1，并且 E_{RMS} 和 χ^2 的值分别从 0.002744 到 0.011932、0.00008 到 0.00159 变化，均值最小，因此，Parabolic 模型拟合效果最好。

图 23-16 反映了高压电场作用下枸杞含水率的实验数据与数学模型的预测数据之间的比较。由图可知，在直流电场作用下枸杞含水率的实验数据所绘制成的曲线与由 Midill 和 Kucuk 模型的预测数据所绘制成的曲线形成一条非常接近斜率为 1 的直线。在交流电场作用下枸杞含水率的实验数据所绘制成的曲线与由 Parabolic 模型的预测数据所绘制成的曲线形成一条非常接近斜率为 1 的直线。由此可以进一步证明，Midill 和 Kucuk 模型非常适合针-板电极系统中直流电压作用下枸杞干燥曲线的拟合，Parabolic 模型非常适合针-板电极系统中交流电压作用下枸杞干燥曲线的拟合。

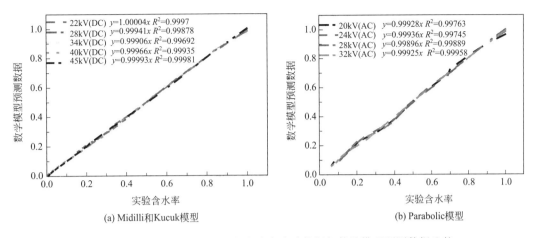

(a) Midilli和Kucuk模型   (b) Parabolic模型

图 23-16 高压电场作用下枸杞含水率实验数据与数学模型预测数据比较

由此可见，针对高压电场干燥过程中的研究，干燥模型同样需要进行深入的研究。上面的这些研究还是较初步的，要想建立一个能够完全反映高压电场干燥过程的干燥模型，以后能够在实际应用当中起到更好的作用，还有很多工作需进一步更深入的研究。

23.5 高压电场干燥技术特性

通过对各种物料，包括蔬菜果品农副产品类、中药材及药物类、生物物料、农作物种子、枸杞等多种热敏性物料进行高压电场干燥试验研究，发现高压电场干燥具有下列技术特性。

① 物料不升温 高压电场干燥通过非均匀电场作用，通过电场力和离子作用于物料中的水分子，该过程没有传热过程，区别于传统加热干燥的"传热传质"过程，所以物料不升温，物料的营养成分或活性将不会因升温而受到影响。这对热敏性物料来说是不可多得的优点。

② 提高物料干燥速度 在相同加热的条件下，干燥速度可提高一倍。在高压电场干燥过程中如再提高物料的干燥温度，可以起到事半功倍的作用，提高干燥速度的效果更佳。

③ 干燥过程中伴有杀菌作用 在干燥过程中伴随产生一定量的臭氧，以及自由基、活性原子和正负离子等低温等离子体。臭氧和许多低温等离子体都具有很强的消毒灭菌作用，因此在干燥过程中还可以对干燥箱体内以及物料起到杀菌的作用。

④ 易实现自动控制 在电路控制上用可控硅火花自动跟踪技术控制高压电源的电压，可以实现干燥过程不中断。

⑤ 设备造价低 根据高压电场干燥技术原理研制的高压电场干燥设备，其核心是高压电源，产生非均匀电场，由于现代材料工业和电工技术的发展使静电电源的制造成本大大下降，所以在设备造价上比较低，在工业中应用成为可能。

⑥ 减少能耗，保护环境 高压电场干燥技术是一种常温干燥技术，这就不需要为升高温度而消耗大量的能量；并且高压电场干燥是在电晕放电过程中离子注入、离子风吹动和非均匀电场的作用下实现的。电晕放电时，在远离尖端处场强急剧减弱，电离不完全，只能建立起微小的电流，因此耗能非常低，成为高压电场干燥技术的显著特点。整个干燥过程中使用的一直是电能，不会对环境产生二次污染，能够很好地保护环境。

23.6 高压电场干燥装置

高压电场干燥装置是根据高压电场干燥技术原理进行设计研制的。它属机电一体化产品，其结构按功能可分为四部分：高压发生及控制系统、电极系统、进出料及运输系统、排湿系统。

23.6.1 高压发生及控制系统

高压发生器是高压电场干燥装置的关键部件，是为干燥装置提供能源的专用设备。它使用单相220V或380V工频电源，利用电磁感应原理通过调压器改变输入电压，可获得0～50kV的交流高电压。它的铁芯为芯式单框，用Z-10（DQ151）型0.35mm冷轧矽钢片叠成。以非磁性材料作为铁芯夹件，线圈是同心圆筒多层宝塔式。发生器外壳加工成与发生器形状配合的八角形，器身用环氧绝缘材料作支架吊装在大盖上浸入变压器油中，高压出线套采用高性能的新型绝缘材料加工而成。

高压发生装置的控制采用自耦调压器调节输出电压，调压器、启动器和过流保护元件均装入控制柜内，其原理见图23-17。

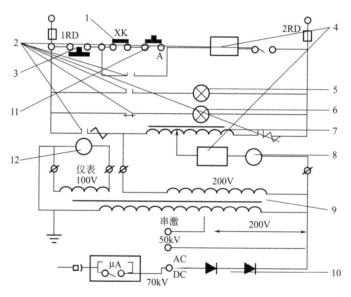

图23-17　高压发生装置的控制线路原理

1—调压器零位自锁开关；2—交流接触器；3—停机按钮；4—过电流继电器；5—红指示灯；

6—绿指示灯；7—自耦调压器；8—电流表；9—高压试验变压器；10—高压堆硅；

11—启动按钮；12—电压表；μA—微安表；DC—直流电；AC—交流电；1RD，2RD—保险管

23.6.2 电极系统

电极系统是利用高压电源通过高压电缆连接，产生电晕电场的部件，它是由多根相互平行具有一定间距的金属线构成，各金属线上固结有均匀设置的放电金属针，各金属针与金属线所组成的平面保持垂直，各金属针的方向指向放置待干燥物料的金属网（或板），该金属网（或板）应良好接地（见图23-18）。

23.6.3　进出料系统

高压电场干燥装置分为静态和动态两类。静态即物料在干燥装置中是静止的，通常可设计为箱式的，其物料的进出则需要人工处理。若为动态即物料在干燥装置中是运动的，这类装置可设计为带式输运型、振动输运型等。

23.6.4　排湿系统

排湿系统的任务是将干燥装置中的水分尽快排

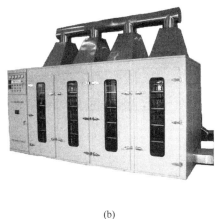

图 23-18　电极结构示意图
1—金属线；2—电极架；3—金属针

放到外部，使干燥装置内的物料处于较理想的干湿梯度。通常在装置上方装有排风扇，在装置内部的适宜位置装有温湿传感器。当然还在适宜位置设有具有滤气功能的进风口。

23.6.5　典型机型简介

23.6.5.1　箱式高压电场干燥机

箱式高压电场干燥机装置是将高压电场干燥技术（国家专利）与常温、热风干燥技术相结合的一种新型干燥设备（见图 23-19）。其最大特点是被干燥物料在干燥过程中能最大限度地保持其有效成分（营养成分）少受损失，其热风温度可据物料性质调控，特别适用于营养价值高的热敏性物料的干燥。主要技术参数见表 23-8。

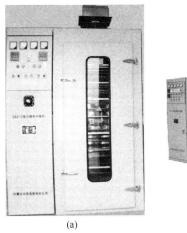

(a)　　　　　　(b)

图 23-19　GXJ-2 型（a）、GXJ-16 型（b）箱式高压电场干燥机

表 23-8　箱式干燥机的主要技术参数

参数	GXJ-2	GXJ-16	参数	GXJ-2	GXJ-16
干燥强度/[kg/(m²·h)]	>3	>3	料盘层数	5	5
电源电压及频率	380V,50Hz	380V,50Hz	有效干燥面积/m²	2	16
高压调节范围/kV	<40	<40	排湿风机功率/kW	0.37	5.5
电场电晕功率/kW	0.4	3.2	整机质量/kg	200	500
加热电功率/kW	<3	<22	外形尺寸	1620mm×1700mm×2400mm	5200mm×3500mm×3100mm

23.6.5.2 筒式高压电场振动干燥机

筒式高压电场振动干燥机是将高压电场干燥技术与振动式干燥技术组合的一种新型干燥设备（见图 23-20），适用于营养价值高，要求原成分损失小的粒状物料干燥（一般物料粒度＞3mm，含水率＜40％），可广泛用于制药、化工、食品、作物种子等行业。主要技术参数见表 23-9。

图 23-20　GTJ 型筒式高压电场振动干燥机

表 23-9　筒式高压电场振动干燥机的主要技术参数

参数	指标	参数	指标
型号	GTJ1.7	电场电晕功率/kW	2.2
干燥强度/[kg/(m² · h)]	≥5	鼓风机功率/kW	1.5
振槽面积(五层)/m²	10	引风机功率/kW	2.2
振幅/mm	0～4	整机质量/kg	1700
振动电机转速/(r/min)	960	外形尺寸	2300mm×2080mm×2800mm

23.7　高压电场干燥技术应用

23.7.1　蔬菜干燥

对胡萝卜、马铃薯、甘蓝、青椒四种蔬菜分别进行热风、高压电场两种方法干燥，并对干燥后的样品进行主要营养成分含量测定，其试验方法和结果如下。

将上述四种蔬菜经过预处理后分别称取质量相等的两份，放入高压电场干燥机和烘箱中分别进行四组干燥实验。干燥前，把处理好的蔬菜在干燥室中铺成均匀的一层，然后每隔一定时间测量其质量，直到最后一次称重达到要求的终含水量，停止干燥。实验结束后，测量每种样品中的有效成分，将数据列表分析。

表 23-10　四种蔬菜的两种干燥方法实验数据分析

样品	干燥方法	质量/kg	铺料厚度/mm	时间/min	温度/℃	电压/kV	初含水量/%	终含水量/%
胡萝卜	高压电场	0.929	5	200	36～42	35	89.5	5.5
	烘箱	0.929	5	353	69～71	—	89.5	5.5
马铃薯	高压电场	0.426	3	230	36～42	35～40	75.9	8.0
	烘箱	0.426	3	390	70	—	75.9	8.0

续表

样品	干燥方法	质量/kg	铺料厚度/mm	时间/min	温度/℃	电压/kV	初含水量/%	终含水量/%
甘蓝	高压电场	0.702	10	300	37～42	35～40	94.0	8.5
	烘箱	0.702	10	420	70	—	94.0	8.5
青椒	高压电场	0.980	5	390	38～40	35	92.7	6.5
	烘箱	0.980	5	660	70	—	92.7	2.8

由表 23-10 可以看出，每种蔬菜在质量、铺料厚度、初含水量和终含水量相同的条件下，高压电场干燥比烘箱干燥的时间分别缩短了 43.3%、41.0%、28.6%、40.9%。在整个干燥过程中，干燥室内的温度一直保持在 36～42℃，可以说明，物料的温度也在此范围内而没有升高。

将干燥所得样品进行对比，烘箱干燥出的蔬菜颜色发暗，香味欠佳。从干燥样品有效成分的保留情况来看（见表 23-11），高压电场干燥的胡萝卜中胡萝卜素比烘箱干燥的高62.0%；从马铃薯、甘蓝、青椒中维生素 C 的含量来看，高压电场干燥的样品中维生素 C含量要高于烘箱干燥样品，分别高 43.5%、138.4%、244.0%。在人体内，维生素 C 是高效抗氧化剂，用来减轻抗坏血酸过氧化物酶（ascorbate peroxidase）的氧化应激（oxidative stress），且在许多重要的生物合成过程中也需要维生素 C 参与。胡萝卜素摄入人体消化器官后，可以转化成维生素 A，是目前最安全补充维生素 A 的产品（单纯补充化学合成维生素 A，过量时会使人中毒）。它可以维持眼睛和皮肤的健康，改善夜盲症、皮肤粗糙的状况，有助于身体免受自由基的伤害。由此可见，高压电场干燥技术能够很好地保存蔬菜中的有效成分，提高干燥品质。

表 23-11　两种干燥方法所得样品有效成分的保留比较

样品	有效成分	高压电场干燥/(mg/100g)	烘箱干燥/(mg/100g)
胡萝卜	胡萝卜素	63.43	39.15
马铃薯	维生素 C	40.90	28.50
甘蓝	维生素 C	245.10	102.80
青椒	维生素 C	17.2	5.0

23.7.2　生物制品干燥

生物制品是应用普通的或以基因工程、细胞工程、蛋白质工程、发酵工程等生物技术获得的微生物、细胞及各种动物和人源的组织和液体等生物材料制备，用于人类疾病的预防、治疗和诊断。随着现代社会的飞速发展，生物制品也越来越受到人们的重视。

干燥在生物制品过程中是必不可少的一个环节。这个环节的好坏直接影响其质量。现在采用的主要是热风干燥和真空冷冻干燥。但这两种干燥方法存在着弊端：①有些生物制品的存活有温度限制，温度过高则不能存活，将直接影响产品的质量；②真空冷冻干燥投资大，成本高，将直接影响生物制品的造价，且真空冷冻干燥的技术操作要求比较高。

对猪胆汁、特异性免疫初乳乳清及其浓缩物、生物活性酶、花生四烯酸等几种生物制品进行高压电场干燥，对其干燥后的有效成分进行测量，其实验方法和结果如下。

① 将猪胆汁样品分成两份，分别倒入两个消毒的塑料盘中，放入静电干燥机中与烘箱中进行干燥，高压电场干燥选取的干燥温度为 40℃，热风干燥选取常规的 80℃。将干燥后

的样品用可见紫外分光光度法测定其有效成分，比较对物料有效成分的影响。结果见表23-12。

表 23-12　猪胆汁浓缩后有效成分含量对比

有效成分含量	高压电场干燥	热风烘干
胆酸/%	13.06	11.67
胆红素/%	0.050	0.038

高压电场干燥用 420min，热风干燥用 480min。高压电场干燥时间缩短了 12.5%。从表23-12 可见高压电场干燥比热风干燥多保留胆酸 11.9%、胆红素 31.6%，提高了干燥物料中的有效成分。

② 将生物活性酶浆在高压电场干燥机中浓缩 7h，含水量达到 50% 时，再放入真空冷冻干燥机内完成以后的干燥；与直接用真空冷冻干燥机干燥作对比实验。生物活性酶浆干燥后，比较实验效果，测定其酶活性差别。结果见表 23-13。

表 23-13　生物活性酶浆干燥后有效成分对比

测定项目	高压电场干燥＋真空冷冻干燥	真空冷冻干燥
活菌数/[亿个/g(干粉)]	217	207
酶比活力/[g(干粉)]	7955	7424

高压电场干燥和真空冷冻干燥组合用 19h，真空冷冻干燥需 25h，组合干燥时间上缩短24%。从表 23-13 中数据可知：用高压电场与冷冻干燥组合后的生物活性酶活菌数和酶比活力较直接用真空冷冻干燥的结果略好，活菌数多 4.83%，酶比活力多 7.15%。此种干燥组合能够在较大程度上节约能耗。

③ 将免疫初乳乳清及其浓缩物分为 2 份，每份又分为 2 批 3 组，分别放入静电干燥机与真空冷冻干燥机内，高压电场干燥在 35℃ 条件下做，同时做真空冷冻干燥对比实验。免疫初乳乳清及其浓缩物干燥后分别测量其含水量、IgG 含量（采用单向免疫扩散法）和乳抗体凝集价（采用试管凝集法），比较两种干燥方法对物料中有效成分的影响。结果见表23-14。

表 23-14　免疫初乳乳清同步干燥对比数据

干燥物名称	指标成分	真空冷冻干燥	高压电场干燥
未浓缩乳清	水分含量/%	3.50	16.20
	IgG 含量/%	49.89	49.97
	免疫活性(凝集价)	2^{14}	2^{14}
第一批浓缩乳清	水分含量/%	4.45	22.64
	IgG 含量/%	10.39	10.55
	免疫活性(凝集价)	2^{12}	2^{12}
第二批浓缩乳清	水分含量/%	3.00	14.30
	IgG 含量/%	29.50	30.04
	免疫活性(凝集价)	2^{14}	2^{15}

高压电场干燥和真空冷冻干燥在时间上都是 24h。表中的各数据通过 T 检验可知，并无显著差异，从而表明高压电场干燥和冷冻干燥一样，对免疫初乳乳清 IgG 的含量和免疫活

性（凝集价）均无不良影响。

④ 花生四烯酸菌体的初始含水率为 50％～60％，首先用自来水对菌体进行清洗，去除杂物，甩干，然后人工造粒进行干燥。

干燥方法：将样品（已造粒）分为三份，分别在箱式静电干燥机、热风烘箱、流化床三种设备中进行干燥。具体工艺条件为：流化床 105℃ 干燥（Ⅰ）；烘箱 105℃ 干燥（Ⅱ）；高压电场干燥，温度为 50℃（Ⅲ）。

干燥后测量菌体的含水率，比较外观，并对干燥能源损耗进行计算。

将干燥后的菌体分别用石油醚和 4 号溶剂提取油脂，然后测定 AA、AV、POV、色泽等。

表 23-15　三种干燥方法干燥菌体的参数比较

组别	干燥温度/℃	含水率/%	外观	干燥时间/min	能耗/(元/t)
Ⅰ	105	12	＋＋＋	30	1000
Ⅱ	105	9	＋＋	60	300
Ⅲ	50	5	＋	120	150

注："＋"表示颜色一般；"＋＋"表示颜色较深；"＋＋＋"表示颜色最深。

由表 23-15 可知：三种方法比较，高压电场干燥外观颜色最好，能耗比其他两种干燥方法低 50％～85％。流化床干燥速度最快，比其他干燥方法快 50％以上，但能耗高，菌体的外观颜色很深；烘箱干燥也是高温干燥，外观颜色一般。

表 23-16　石油醚提取油脂的品质的主要数据

组别	菌体 TL/%	菌体 AA/%	油脂 AA/%	AV/[mg(KOH)/g]	POV/[mg(KOH)/g]
Ⅰ	32.3	48.0	47.2	2.9	97.7
Ⅱ	35.2	55.0	55.9	4.7	185.8
Ⅲ	35.2	59.3	58.8	5.5	186.7

表 23-17　4 号溶剂提取油脂的品质的主要数据

组别	菌体 AA/%	油脂 AA/%	AV/[mg(KOH)/g]	POV/[mg(KOH)/g]
Ⅰ	48.0	43.4	3.5	47.9
Ⅱ	55.0	49.2	3.4	63.8
Ⅲ	59.3	51.9	5.5	182.1

注：表 23-15～表 23-17 的数据是由武汉烯王公司提供。

由表 23-16、表 23-17 中数据可知：油脂 AA 含量以高压电场干燥的为最高，这主要与低温有关，低温有效地降低了对油脂的有效成分的破坏。保留了较多的 AA 有效成分。其菌油含量比其他两种方法提高 2.7％～1.1％，其他两种方法由于温度较高，对菌体内的不饱和脂肪酸破坏较多，因此有效成分降低；酸价无明显改善，过氧化值偏高，这与后续提油、脱溶以及菌体烘干时间较长有关。

23.7.3　中药材干燥

对厚朴等几种中药饮片、化橘红鲜果和鲜果片进行高压电场干燥，对其干燥后的有效成分进行测量，其实验方法和结果如下。

（1）中药饮片

用 SC69-02C 型水分快速测定仪测定厚朴、知母等五种中药饮片的初始含水量和回湿处理后的含水量。饮片浸润 24h，将回湿处理后的中药饮片分成相同重量的两份，分别放入高压电场干燥设备中和烘箱中进行干燥。高压电场干燥设备中的电场强度为 380kV/m，物料温度为 40℃；烘箱中的物料温度为中药材干燥的常规温度 80℃。

将两种方法干燥后的中药饮片送到内蒙古自治区药品检验所对其有效成分进行检验，检验标准参照《中华人民共和国药典》1995 年版第一部检测。厚朴、赤芍用薄层色谱-分光光度法检测；知母、薄荷用薄层色谱扫描法检测；陈皮用分光光度法检测。

表 23-18　中药饮片干燥试验数据

药材名称	回湿处理后含水率/%	干燥后的含水率/%	高压电场干燥时间/min	热风干燥时间/min
厚朴	31.7	9.2	75	90
知母	23.8	5	100	175
赤芍	30.4	8.5	70	95
陈皮	32.1	7	85	100
薄荷	35.8	8.4	60	65

从表 23-18 可见：厚朴、知母、赤芍、陈皮和薄荷这五种中药饮片在高压电场中从回湿处理后的含水率干燥到初含水率所用时间比在烘箱中分别缩短了 16.7％、42.9％、26.3％、15.0％和 7.7％。由此可以看出，高压电场的干燥速度大于烘箱中的热风干燥。

表 23-19　中药饮片检测实验数据

药材名称	测定成分	测定方法	指标成分保留/%	
			高压电场干燥	热风干燥
厚朴	厚朴酚	TLC-UN	2.9	2.23
	和厚朴酚	TLC-UN	1.16	1.08
知母	菝葜皂苷元	TLCS	0.76	0.74
赤芍	芍药苷	TLC-UN	2.37	2.07
陈皮	橙皮苷	UV	5.66	5.45
薄荷	薄荷脑	TLCS	0.044	0.039

从表 23-19 可见：高压电场干燥厚朴比热风干燥多保留厚朴酚 30.0％，多保留和厚朴酚 7.4％；高压电场干燥知母比热风干燥多保留菝葜皂苷元 2.7％；干燥赤芍多保留芍药苷 14.5％；干燥陈皮多保留橙皮苷 3.9％；干燥薄荷多保留薄荷脑 12.8％。高压电场干燥能够很好保持中药饮片中的有效成分。

各项表观指标基本满意，未发现霉变腐败现象，这与静电产生臭氧及臭氧杀菌作用有关，未发现皱折或破皮、横断面中心变色现象。除去静电积尘后表面色泽正常。

（2）化橘红

化橘红为芸香科柑橘属植物化州柚 [*citrus grandis（I..）osbeck var. tomentosa Hort.*]。主产于广东省化州市，属名贵珍稀地道药材。化橘红分正毛化橘红和副毛化橘红两种，两者植物形态基本相同，但果实稍有差别，正毛化橘红香气浓、质量佳、疗效独特。通过对化橘红物种及品质鉴定，本实验选择用高压电场干燥技术对正毛化橘红进行干燥试验研究。

把化橘红放入 80℃ 水中煮 25min，捞起，除去表面水。

将预处理后的化橘红切成 3～6mm 的片，分别放入高压电场干燥机、热风烘箱及真空干燥机中或自然环境（阴干）中进行干燥实验。

实验条件的设定见表 23-20。

表 23-20　化橘红片干燥的实验条件

处理条件	温度/℃	电场强度/(kV/m)	处理条件	温度/℃	电场强度/(kV/m)
高压电场干燥	前 2h 55℃，后加至 60℃	360	真空干燥	80	—
热风烘箱干燥	80℃	—	自然阴干	20	—

将经过预处理的化橘红果分别放入高压电场干燥机、热风烘箱中或自然环境（阴干）中进行干燥实验。

实验条件设定见表 23-21。

表 23-21　化橘红果干燥的实验条件

处理条件	温度/℃	电场强度/(kV/m)	处理条件	温度/℃	电场强度/(kV/m)
高压电场干燥	65	310	自然阴干	20	—
热风烘箱干燥	80	—			

① 化橘红片的干燥结果　自然阴干时间为 72h，真空中干燥时间为 220min，高压电场干燥时间为 240min，热风干燥时间为 300min（见图 23-21）。由此可见：高压电场可以加速化橘红的干燥，在时间上高压电场干燥和真空干燥、80℃ 热风干燥相差不大。

从颜色来看：真空干燥的化橘红效果最好，电场中干燥的化橘红效果稍逊一些，但基本差不多，阴干的较差，热风烘箱中的最差。

② 化橘红果的干燥结果　自然阴干的干燥时间为 317h，高压电场干燥时间为 24h，热风干燥时间为 26h（见图 23-22），从此可以看到高压电场明显加速化橘红果的干燥速度。

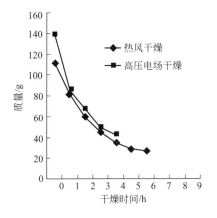

图 23-21　化橘红片干燥的试验结果

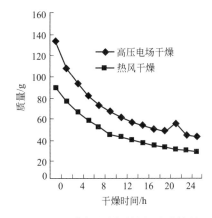

图 23-22　化橘红果干燥的试验结果

干燥后的化橘红果中有效成分（柚皮苷）的含量测定结果见表 23-22。

表 23-22　化橘红果有效成分的测定结果

样品	柚皮苷含量/%	样品	柚皮苷含量/%
真空干燥	8.565	高压电场干燥	11.469
热风干燥	7.774	自然阴干	6.634

由此可见：高压电场干燥后的化橘红果有效成分（柚皮苷）含量最高，分别比真空干燥

的高 33.91％；比热风干燥的高 47.53％；比自然阴干的高 72.88％。

23.7.4　农作物种子干燥

优良的种子是发展农业现代化的一个重要前提，为了避免种子在储藏过程中发生霉变，种子水分必须降至安全水分以下，因此干燥是种子加工的必需环节。作为种子，有其特定的质量要求，发芽率则是其中最重要的一项指标。种子干燥必须保证种子所要求的发芽率，因而就显得尤为重要了。传统的干燥方法是自然晾晒或热风干燥，其缺点是：①易受自然条件影响；②热风干燥因温升易破坏种子活性；③速度慢，耗能多等。因此研究一种新的种子干燥技术是十分必要的。

试验选用商品玉米种子，为了和新鲜种子的含水量相近，更好地做干燥试验，先把种子回湿处理，设计热风干燥、高压电场干燥两种试验条件进行干燥。见表 23-23。

表 23-23　种子干燥试验条件

条件	电压/kV	温度/℃	风速/(m/s)
热风干燥	0	38	0.5
高压电场干燥	35		

干燥速度定义：干燥速度＝种子的质量变化/干燥时间。每个条件均做三次平行重复试验并取平均值。

分别选上面两种干燥试验下的任意 300 粒种子做三次平行重复发芽试验，后取平均值；还选未回潮处理的商品种子 300 粒也做三次平行重复发芽试验，取平均值，做对比试验，观察经过一系列的处理后对种子活性是否有影响。

试验结果见图 23-23、图 23-24。

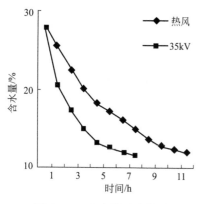

图 23-23　含水量试验结果

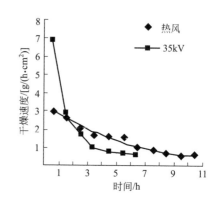

图 23-24　干燥速度试验结果

可知：热风干燥中含水 28％的种子干到含水 13％（种子安全储藏的含水量）时需 10h；高压电场干燥需要 6h。可见电场的干燥速度远大于热风中的干燥速度。初始时，高压电场干燥的干燥速度是热风干燥的 2.3 倍，全部干燥时间缩短 40％。

发芽结果见表 23-24。

表 23-24　各种情况下的发芽率

项目	35kV	热风	未回潮
发芽率/％	98.5	98	98

由此可见：回潮处理过程后，对种子的活性没有负面影响。电场中干燥的种子活性也没有受到负面的影响。这个结果与文献结果一致，如用高压电场处理老化黄瓜种子和大豆种子则发现种子内的过氧化物酶（POD）、过氧化氢酶（CAT）和超氧化物歧化酶（SOD）（防御自由基系统）的活性提高了，并且黄瓜种子的活性和大豆幼苗的抗冷害能力增强了。用高压电场处理月见草种子，发现过氧化氢酶（CAT）活性提高，种子活力也提高了。

23.7.5　枸杞干燥

枸杞具有非常好的食用和药用价值，受到人们的喜爱。我国枸杞资源丰富，主要分布在宁夏、新疆、内蒙古、河北等省区。每年 6～10 月份是枸杞的收获季节，其鲜果收获量大，含水量高，保质期短，只有 2～3 天，及时地通过干燥方法进行干制非常重要。现在枸杞干制的方法主要有自然晾晒、烘灶干燥、热风干燥、真空冷冻干燥以及微波干燥等，但每种干燥技术都有一定的局限性，需要研究新的干燥技术。

鲜枸杞果实从内蒙古呼和浩特市托克托县当地种植户手中购买。从树上摘下之后立即放到保持 4℃ 的冰箱当中，以备实验需要。从鲜枸杞果实中随机挑选生长状况一致、成熟饱满、大小均匀的枸杞鲜果，除去叶柄，进行预处理。浸泡在 300mL，温度为 50℃，5% 的碳酸钠溶液中，10min 后捞出，沥干。

将实验预处理好的枸杞鲜果做高压电场干燥实验研究。分别在两种情况下进行干燥实验研究，其一是相同极距和电极形状，不同电压；其二为相同电场强度和电极形状，不同极距。且从同批次枸杞鲜果中拿出一小份放入 Sh10A 型水分快速测定仪测定初始含水量。在温度为 25℃±2℃，湿度为 30%±2%，风速为 0m/s 条件下进行枸杞干燥实验。对干燥过程中的干燥速度，干燥后枸杞内部的多糖和黄酮含量，以及干燥过程中电极系统内的单位能量消耗进行测量。

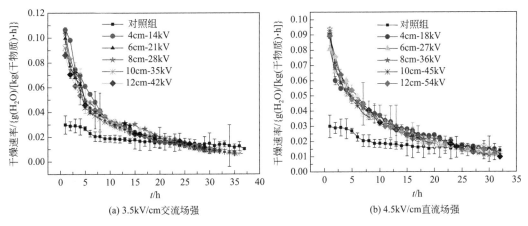

(a) 3.5kV/cm交流场强　　　　(b) 4.5kV/cm直流场强

图 23-25　不同极板距离相同电场强度下枸杞干燥速率变化

不同电压下枸杞的干燥速率见图 23-10，这里不做讨论。从图 23-25 中可以看出，在高压电场下的枸杞的干燥速率明显比对照组快；在保证相同电场强度下，改变极距和电压对干燥速率影响不大，说明电场强度对干燥速率的影响较大。

表 23-25　高压电场和烘箱热风干燥后枸杞内部的多糖含量（mg/100g）

对照组	交流电场	直流电场	热风干燥
13.302 ± 0.1972[b]	12.3411 ± 0.2533[b]	11.816 ± 0.0995[b]	8.324 ± 0.0460[a]

注：数据用平均值±标准差表示，不同的字母表示存在显著性差异（$P < 0.05$）。

枸杞多糖是枸杞果肉的最有效成分之一，是枸杞的精华所在，易吸收。枸杞多糖是枸杞中调节免疫、延缓衰老的主要活性成分，可改善老年人易疲劳、食欲不振和视力模糊等症状，并具有降血脂、抗脂肪肝、抗衰老等作用。因此，多糖保存状况可以作为枸杞营养成分评价指标。从表 23-25 中可以看出，相比于热风干燥，高压电场干燥提高了枸杞内部的多糖含量，即能够更好地保存枸杞内部的多糖。枸杞多糖含量容易受到温度的影响，高压电场干燥过程中物料温度不升高，不会破坏枸杞的营养成分，进而提高了干制品的品质。

表 23-26　不同电压下干燥枸杞维生素 C 含量

测试项目	0kV	20kV	24kV	28kV	32kV
干燥时间/h	49	31	28	25	22
维生素 C 含量/(mg/100g)	29.9±3.4[a]	35.3±2.0[b]	35.2±0.4[b]	37.3±2.6[c]	36.9±1.4[c]

注：数据用平均值±标准差表示，不同的字母表示存在显著性差异（$P<0.05$）。

从表 23-26 中可以看出，相比于对照组（0kV），高压电场干燥提高了枸杞内部的维生素 C 含量，即能够更好地保存枸杞内部的维生素 C，且随着电压的升高有增加的趋势。维生素 C 是人体所必需的一类营养元素，容易受到外界条件的影响。高压电场干燥过程中物料温度不升高，不会破坏维生素 C，进而能够起到保存多糖的效果。随着电压的升高，干燥时间缩短，效果更佳。

表 23-27　不同处理条件下枸杞黄酮含量

对照组	交流电场	直流电场	热风干燥
0.31±0.000882[a]	0.3085±0.000612[a]	0.3±0.000098[a]	0.3875±0.0000005[a]

注：数据用平均值±标准差表示，不同的字母表示存在显著性差异（$P<0.05$）。

黄酮是枸杞的重要物质，具有很高的保健价值。由表 23-27 可知，对照组、高压电场与热风干燥后枸杞内部的黄酮含量非常相近，说明高压电场干燥过程中黄酮不会被破坏。

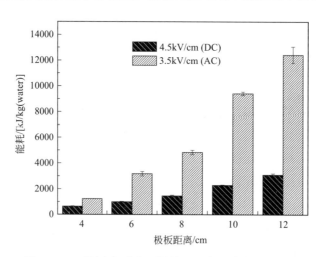

图 23-26　不同电场强度不同放电距离下单位能耗比较

从图 23-26 中可以看出在相同电场强度下高压电场干燥系统的单位能耗明显受极板间距离的影响，而且单位能耗随着极板间的距离增加而增加。在电场强度为 3.5kV/cm 的交流电场下的增长速度要比电场强度为 4.5kV/cm 的直流电场下增长速度快很多，这说明交流电场的单位能耗更高。研究还发现，烘箱干燥枸杞所消耗的能量远远要比高压电场干燥枸杞消耗的能量高。

23.7.6　其他领域应用

种子包衣是在农作物的种子上包裹一层很薄的物质，这种物质包含种子发芽的营养，也包含杀死害虫的农药，使种子能在发芽阶段不被地下的害虫啃食；有很好的吸水性和透气性。这种包衣是热敏性物质，在高温时不仅营养物质和农药成分被破坏，而且会使包衣结壳，影响吸水性和透气性。一般干燥温度要求不超过 35℃。在 30℃ 的条件下，对内蒙古畜牧机械研究所提供的披碱草种子包衣、黄芪种子包衣、苜蓿种子包衣和小麦种子包衣在高压电场干燥设备中干燥，最终达到快速干燥的要求。

小麦草是当前较好的保健品之一，其中的小麦草素、微量元素以及色素的含量是其主要的营养成分与外观指标，其根、茎、叶都具有独特的功效。马来西亚宝卡集团公司是主要以生产小麦草素系列产品为对象的公司。用高压电场干燥数批小麦草，经该公司化验，在营养成分、干燥速率等各个方面的指标都达到了要求。

明胶是包头东宝集团生产制品的原料之一，主要从动物的骨头中熬取制成，具有强热敏性，一般含水 80% 左右，干燥后要求达到 14%。但是干燥时初始温度不能超过 25℃，干燥后期不能超过 35℃，而高压电场干燥在初期温度 20℃，末期温度 30℃ 的情况下就可以轻松达到干燥要求。

最近高压电场干燥技术越来越引起人们的注意，国内外许多学者也在这方面进行了一些研究，都取得了不错的结果。

23.8　高压电场干燥技术的应用前景

高压电场干燥技术是一种依据高压电场与水相互作用的原理开发的新型的干燥技术，以它自身独特的常温干燥特性，特别适合于热敏性物料的干燥，它对物料的色泽、营养成分等都具有良好的保持作用，而其设备造价低、运行费用低的优点使其更容易进入工农业生产中，以发挥重大的作用。

我国现有的一些农副产品、食品和中药等加工技术含量低，产品质量不高，产品的附加值低，从而导致缺乏市场竞争力，难以形成支柱产业。采用常规干燥技术，投资大，需要消耗大量能源，致使产品成本增高，且造成不同程度的环境污染。随着中国加入世界贸易组织和人们生活水平的提高，人们对产品质量、食品卫生等问题的进一步关注，农业产业化经济及中药现代化产业都会进一步向前发展，而高压电场干燥技术适用范围广，不仅适用于中药饮片和药物干燥及生物物料干燥，满足中药领域中 GMP 标准，不会损失其有效成分，而且适用于食品、水果、农、林、副土特产品及蔬菜脱水干燥，能有效保留其色泽和营养成分，还适用于谷物及作物种子干燥。

无论从技术角度来说，还是从市场经济角度来说，高压电场干燥技术都有着广阔的应用前景。

从技术发展的历史可见，任何一项技术都难以实现十全十美，高压电场干燥技术也有需进一步完善的问题，会给高压电场干燥技术的推广带来局限性。具体体现在以下几个方面：

① 对高压电场干燥技术的干燥理论和数学模型研究不够深入。现还不能够解释高压电场干燥过程中出现的各种传递现象，没有建立相应的干燥模型和预测在一定干燥条件下的干燥行为，进而推出反映干燥过程特性的干燥曲线。这些会限制该项技术从实验室到产业化的进程，甚至限制在干燥产业中的推广。

② 高压电场干燥技术还存在一些缺点，如当物料含水量较低时干燥效率降低，干燥有些含糖量较高或者果实表面有蜡质层的物料时效率低等。如何克服这些缺点也是产业化道路上的一个难点。

③ 要想对物料的干燥效果达到最佳，一种干燥技术往往很难达到效果，需要与其他干燥技术实现组合等。Taghian Dinani 等将高压电场干燥和对流干燥两种干燥技术进行组合，Bai 等将高压电场干燥和真空干燥两种干燥技术进行组合，对物料进行干燥实验研究，都取得了较满意的结果。这些都为高压电场干燥技术的发展提供了新思路。

符号说明

A——电极面积；

C——电容；

E——电场强度；

E_m——物料中的电场强度；

E_g——空气中的电场强度；

F，f——力；

H——极板间距离；

t——时间；

U——电压；

V——体积；

Z——物料厚度；

ε_g——空气中介电常数；

ε_m——物料中的介电常数；

χ^2——约化卡方值；

E_{RMS}——均方根误差；

R——相关系数；

D_{eff}——水分有效扩散系数；

ρ_q——电荷密度；

μ_i——离子迁移率；

D_i——离子扩散系数；

ρ——空气密度；

d——极距。

参考文献

[1] 鲍重光. 静电技术原理. 北京：北京理工大学出版社，1993：1-269.

[2] 罗宏昌，毕载俊，伍学正. 静电实用技术手册. 上海：上海科学普及出版社，1990：3-83，151.

[3] 黄久生，刘尚合. 经典静电学史与现代静电技术. 物理，1997，26（1）：55-60.

[4] 潘永康，王喜忠. 现代干燥技术. 北京：化学工业出版社，1998.

[5] 赵凯华，陈熙谋. 电磁学. 北京：高等教育出版社，1985.

[6] J. R. 罗思. 工业等离子体工程. 第Ⅰ卷. 基本原理. 北京：科学出版社，1998.

[7] Asakawa Y. Promotion and retardation of heat transfer by electric field. Nature, 1976 (261): 220-221.

[8] Lai F C, Wong D S. EHD-enhanced drying with needle electrode. Drying Technology, 2003, 21 (7): 1291-1306.

[9] Lai F C, Lai K W. EHD-enhanced drying with wire electrode. Drying Technology, 2002, 20 (7): 1393-1405.

[10] Lai F C, Sharma R K. EHD-enhanced drying with multiple needle electrode. Journal of Electrostatics, 2005, 63 (3-4): 223-237.

[11] 李里特，关东胜. 水的功能和利用. 食品工业科技，1998，19（1）：71-73.

[12] 李里特. 水的结构和生理功能. 科技导报，1997（1）：56-59.

[13] Ding C J, Liang Y Z, Yang J. The transport character of water molecule on high voltage electric field in liquid bio-materials. In: Recent developments in applied electrostatics. Shang Hai: 2004. 299-306.

[14] 解广润. 高压静电场. 上海：上海科学技术出版社，1964：377-384.

[15] 余增亮. 离子束生物技术引论. 合肥：安徽科学技术出版社，1998.

[16] 曹瑞雪，那日，梁运章，等. 高压静电场对葡萄糖酸钠溶液浓缩的动力学初步分析. 化工进展（增刊），2000，19

（11）：53-56.

[17] 梁运章, 丁昌江. 高压电场干燥技术及开发研究. 科学技术与工程, 2003, 3（2）：196.

[18] 那日, 杨体强, 梁运章, 等. 静电干燥特性的研究. 内蒙古大学学报（自然科学版）, 1999, 30（6）：699-705.

[19] 梁运章, 那日, 白亚乡, 等. 静电干燥原理及应用. 物理, 2000, 29（1）：39-41.

[20] 梁运章. 静电干燥特性研究. 第七届全国干燥会议论文集, 1990：346.

[21] 丁昌江, 梁运章. 高压电场干燥胡萝卜的试验研究. 农业工程学报, 2004, 20（4）：220-222.

[22] 丁昌江, 杨军, 梁运章. 高压电场干燥马铃薯的试验研究. 食品科学, 2004, 25（5）：43-45.

[23] 邢茹, 梁运章, 丁昌江, 等. 高压电场干燥蔬菜的实验研究. 食品工业科技, 2004, 25（6）：69-70.

[24] 杨军, 丁昌江, 梁运章, 等. 高压电场干燥技术在生物制品中的应用. 内蒙古大学学报（自然科学版）, 2004, 35
（5）：509-511.

[25] 丁昌江, 杨军, 梁运章. 高压电场浓缩液体物料技术的研究及进展. 物理, 2004, 33（6）：435-437.

[26] 郭军, 田立杰, 董贵成, 等. 高压静电干燥免疫初乳乳清的研究. 中国乳品工业, 2001, 29（6）：4-6.

[27] 徐宜为. 免疫检测技术. 2版. 北京：科学出版社, 1997：3-4, 48-50.

[28] 丁昌江, 梁运章. 高压电场对玉米种子中水分子的输运特性. 内蒙古大学学报（自然科学版）, 2003, 34（3）：
271-273.

[29] 丁昌江, 梁运章. 高压电场干燥植物种子的机理研究. 中原工学院学报（增刊）, 2003, 14（S1）：26-28.

[30] 王长春, 王怀宝. 种子加工原理与技术. 北京：科学出版社, 1997.

[31] 朱诚, 房正浓, 曾广文. 高压静电场处理对老化种子脂质过氧化的影响. 浙江大学学报（农业与生命科学版）,
2000, 26（2）：127-130.

[32] 赵剑, 马福荣, 杨文杰, 等. 高压静电场（HVEF）预处理种子对大豆幼苗抗冷害的影响. 生物物理学报, 1997, 13
（3）：489-493.

[33] 王莘, 李肃华, 闵伟红, 等. 高压电场处理月见草种子萌发期的生物学效应. 生物物理学报, 1997, 13（4）：
665-670.

[34] Bajgai T R, Hashinaga F. Drying of spinach with a high electric field. Drying Technology, 2001, 19（9）：
2331-2341.

[35] Hashinaga F, Bajgai T R, Isobe S. Electrohydrodynamic Drying of Apple Slices. Drying Technology, 1999, 17
（3）：479-495.

[36] Bajgai T R, Hashinaga F. High electric field drying of Japanese radish. Drying Technology, 2001, 19（9）：
2291-2302.

[37] Xue X, Barthakur N N, Alli I. Electrohydrodynamically-dried whey protein: an electrophoretic and
differential calorimetric analysis. Drying Technology, 1999, 17（3）：467-478.

[38] Alem-Rajabi A, Lai F C. EHD-enhanced drying of partially wetted glass beads. Drying Technology, 2005, 23
（3）：597-609.

[39] Cao W, Nishiyama Y, Koide S. Electrohydrodynamic drying characteristics of wheat using high voltage elec-
trostatic field. Journal of Food Engineering, 2004, 62：209-213.

[40] Li F, Li L, Sun J, et al. Electrohydrodynamic（EHD）drying characteristic of okara cake. Drying Technolo-
gy, 2005, 23（3）：565-580.

[41] Ni J B, Ding C J, Zhang Y M, et al. Electrohydrodynamic drying of Chinese wolfberry in a multiple needle-
to-plate electrode system. Foods, 2019, 8：152.

[42] Yang M S, Ding C J, Zhu J C. The drying quality and energy consumption of Chinese wolfberry fruits under
electrohydrodynamic system. International Journal of Applied Electromagnetics and Mechanics, 2017, 55：
101-112.

[43] 丁昌江, 杨茂生. 直流高压电场中枸杞的干燥特性与数学模型研究. 农业机械学报, 2017, 48（6）：302-311.

[44] Yang M S, Ding C J. Electrohydrodynamic（EHD）drying of the Chinese wolfberry fruits. SpringerPlus,
2016, 5：99.

[45] Ding C J, Lu J, Song Z Q. Electrohydrodynamic Drying of Carrot Slices. Plos One, 2015, 10（4）：e0124077.

[46] Ding C J, Lu J, Song Z Q, et al. The drying efficiency of electrohydrodynamic（EHD）systems based on the
drying characteristics of cooked beef and mathematical modeling. International Journal of Applied Electro-
magnetics and Mechanics, 2014, 46：455-461.

[47] 丁昌江, 吕军. 熟牛肉电流体动力学干燥特性分析及数学模型建立. 现代食品科技, 2013, 29（8）：1805-1809.

［48］　丁昌江, 卢静莉. 牛肉在高压静电场作用下的干燥特性. 高电压技术, 2008, 34（7）: 1405-1409.

［49］　丁昌江, 卢静莉. 高压电场干燥牛肉技术研究. 食品与机械, 2008, 24（1）: 147-148.

［50］　白亚乡, 梁运章, 丁昌江, 等. 高压电场在热敏性物料干燥应用中的研究进展. 高电压技术, 2008, 34（6）: 1225-1229.

［51］　丁昌江, 梁运章. 高压电场干燥技术在中药材干燥中的应用研究. 北京理工大学学报, 2005, 25（Suppl.）: 126-128.

［52］　梁运章, 丁昌江. 高压电场干燥技术原理的电流体动力学分析. 北京理工大学学报, 2005, 25（Suppl.）: 16-19.

［53］　潘永康, 王喜忠, 刘相东. 现代干燥技术. 2版. 北京: 化学工业出版社, 2007.

［54］　Taghian Dinani S, Havet M, Hamdami N, et al. Drying of mushroom slices using hot air combined with an electrohydrodynamic（EHD）drying system. Drying Technology, 2014, 32（5）: 597-605.

［55］　Chen Y, Barthakur N N, Arnold N P. Electrohydrodynamic（EHD）drying of potato slabs. Journal of Food Engineering, 1994, 23（1）: 107-119.

［56］　Taghian Dinani S, Hamdami N, Shahedi M, et al. Quality assessment of mushroom slices dried by hot air combined with an electrohydrodynamic（EHD）drying system. Food and Bioproducts Processing, 2015, 94: 572-580.

［57］　Bai Y, Li X, Sun Y, et al. Thin layer electrohydrodynamic（EHD）drying and mathematical modeling of fish. International Journal of Applied Electromagnetics and Mechanics, 2011, 36（3）: 217-228.

［58］　Taghian Dinani S, Havet M. The influence of voltage and air flow velocity of combined convective-electro-hydrodynamic drying system on the kinetics and energy consumption of mushroom slices. Journal of Cleaner Production, 2015, 95: 203-211.

［59］　Martynenko A, Zheng W. Electrohydrodynamic drying of apple slices: Energy and quality aspects. Journal of Food Engineering, 2016, 168: 215-222.

［60］　Lai F C, Huang M, Wong DS. EHD-Enhanced Water Evaporation. Drying Technology, 2004, 22（3）: 597-608.

［61］　Taghian Dinani S, Hamdami N, Shahedi M, et al. Influence of the electrohydrodynamic process on the properties of dried button mushroom slices: A differential scanning calorimetry（DSC）study. Food and Bioproducts Processing, 2015, 95: 83-95.

［62］　Taghian Dinani S, Havet M. Effect of voltage and air flow velocity of combined convective-electrohydrodynamic drying system on the physical properties of mushroom slices. Industrial Crops and Products, 2015, 70: 417-426.

［63］　Bai Y X, Qu M, Luan Z, et al. Electrohydrodynamic drying of sea cucumber（Stichopus japonicus）. LWT-Food Science and Technology, 2013, 54（2）: 570-576.

［64］　Singh A, Orsat V, Raghavan V. A comprehensive review on electrohydrodynamic drying and high-voltage electric field in the context of food and bioprocessing. Drying Technology, 2012, 30（16）: 1812-1820.

［65］　Esehaghbeygi A, Basiry M. Electrohydrodynamic（EHD）drying of tomato slices（Lycopersicon esculentum）. Journal of Food Engineering, 2011, 104（4）: 628-631.

［66］　Basiry M, Esehaghbeygi A. Electrohydrodynamic（EHD）drying of rapeseed（Brassica napus L.）. Journal of Electrostatics, 2010, 68（4）: 360-363.

［67］　Bai Y X, Yang G J, Hu Y C, et al. Physical and sensory properties of electrohydrodynamic（EHD）dried scallop muscle. Journal of Aquatic Food Product Technology, 2012, 21（3）: 238-247.

［68］　Bai Y X, Sun B. Study of Electrohydrodynamic（EHD）drying technique for shrimps. Journal of Food Processing and Preservation, 2011, 35（6）: 891-897.

［69］　Esehaghbeygi A. Effect of electrohydrodynamic and batch drying on rice fissuring. Drying Technology, 2012, 30（14）: 1644-1648.

［70］　Esehaghbeygi A, Pirnazari K, Sadeghi M. Quality assessment of electrohydrodynamic and microwave dehydrated banana slices. LWT-Food Science and Technology, 2014, 55（2）: 565-571.

［71］　Alemrajabi A A, Rezaee F, Mirhosseini M, et al. Comparative evaluation of the effects of electrohydrodynamic, oven, and ambient air on carrot cylindrical slices during drying process. Drying Technology, 2012, 30（1）: 88-96.

［72］　Baigai T R, Raghavan G S V, Hashinaga F. Electrohydrodynamic drying: a concise overview. Drying Technology, 2006, 24（7）: 905-910.

[73] Barthakur N N, Tomar J S. A novel technique for drying soil samples. Communications in Soil Science and Plant Analysis, 1988, 19: 1871-1886.

[74] Cao W, Nishiyama Y, Koide S, et al. Drying enhancement of rough rice by an electric field. Biosystems Engineering, 2004, 87（4）: 445-451.

[75] Barthakur N N, Arnold N P. Evaporation rate enhancement of water with air ions from a corona discharge. International Journal of Biometeorology, 1995, 39: 29-33.

[76] Barthakur N N. Electrohydrodynamic enhancement of evaporation from NaCl solutions. Desalination, 1990, 78: 455-465.

[77] Martynenko A, Kudra T. Electrically-induced transport phenomena in EHD drying-A review. Trends in Food Science & Technology, 2016, 54: 63-73.

[78] Martynenko A, Kudra T, Yue J. Multipin EHD dryer: Effect of electrode geometry on charge and mass transfer. Drying Technology, 2017, 35: 1970-1980.

[79] Bai Y, Yang Y, Huang Q. Combined electrohydrodynamic（EHD）and vacuum freeze drying of sea cucumber. Drying Technology, 2012, 30: 1051-1055.

[80] Chen Y, Martynenko A. Combination of hydrothermodynamic（HTD）processing and different drying methods for natural blueberry leather. LWT-Food Science and Technology, 2018, 87: 470-477.

[81] Elmizadeh A, Shahedi M, Hamdami N. Comparison of electrohydrodynamic and hot-air drying of the quince slices. Innovative Food Science & Emerging Technologies, 2017, 4: 130-135.

[82] Li LT, Sun J F, Tatsumi E. Effect of electrohydrodynamic（EHD）technique on drying process and appearance of okara cake. Journal of Food Engineering, 2006, 77: 275-280.

[83] Singh A, Vanga S K, Nair G R, et al. Electrohydrodynamic drying（EHD）of wheat and its effect on wheat protein conformation. LWT - Food Science and Technology, 2015, 64: 750-758.

[84] Defraeye T, Martynenko A. Electrohydrodynamic drying of multiple food products: Evaluating the potential of emitter-collector electrode configurations for upscaling. Journal of Food Engineering, 2019, 240: 38-42.

[85] Zhong C, Martynenko A, Wells P, et al. Numerical investigation of the multi-pin electrohydrodynamic dryer: Effect of cross-flow air stream. Drying Technology, 2019, 37: 1665-1677.

[86] Defraeye T, Martynenko A. Future perspectives for electrohydrodynamic drying of biomaterials. Drying Technology, 2018, 36: 1-10.

[87] Yu H J, Bai A Z, Yang X W, et al. Electrohydrodynamic drying of potato and process optimization. Journal of Food Processing and Preservation, 2017, 42（3）: e13492.

[88] Shi C A, Martynenko A, Kudra T, et al. Electrically-induced mass transport in a multiple pin-plate electrohydrodynamic（EHD）dryer. Journal of Food Engineering, 2017, 211: 39-49.

[89] Dalvi-Isfahan M, Hamdami N, Le-Bail A, et al. The principles of high voltage electric field and its application in food processing: A review. Food Research International, 2016, 89: 48-62.

[90] Pirnazari K, Esehaghbeygi A, Sadeghi M. Modeling the electrohydrodynamic（EHD）drying of banana slices. International Journal of Food Engineering, 2016; 12（1）: 17-26.

[91] Kudra T, Martynenko A. Energy aspects in electrohydrodynamic drying. Drying Technology, 2015, 33: 1534-1540.

[92] Heidarinejad G, Babaei R. Numerical investigation of electrohydrodynamics（EHD）enhanced water evaporation using large eddy simulation turbulent model. Journal of Electrostatics, 2015, 77: 76-87.

[93] Zhang Y, Liu L, Ouyang J. On the Negative corona and ionic wind over water electrode surface. Journal of Electrostatics, 2014, 72（1）: 76-81.

[94] Ahmedou O, Rouaud O, Havet M. Assessment of the electrohydrodynamic drying process. Food Bioprocess Technology, 2009, 2: 240-247.

[95] Shen F, Peng L, Zhang Y, et al. Thin-layer drying kinetics and quality changes of sweet sorghum stalk for ethanol production as affected by drying temperature. Industrial Crops and Products, 2011, 34（3）: 1588-1594.

[96] Yaldiz O, Ertekin C, Uzun H I. Mathematical modeling of thin layer solar drying of sultana grapes. Energy, 2001, 26（5）: 457-465.

［97］　Hayaloglu A A, Karabulut I, Alpaslan M, et al. Mathematical modeling of drying characteristics of strained yoghurt in a convective type tray-dryer. Journal of Food Engineering, 2007, 78（1）: 109-117.

［98］　Akpinar E K, Bicer Y. Mathematical modelling of thin layer drying process of long green pepper in solar dryer and under open sun. Energy Conversion and Management, 2008, 49（6）: 1367-1375.

［99］　Corzo O, Bracho N, Pereira A, et al. Weibull distribution for modeling air drying of coroba slices. LWT-Food Science and Technology, 2008, 41（10）: 2023-2028.

［100］　Defraeye T, Martynenko A. Electrohydrodynamic drying of food: New insights from conjugate modeling. Journal of Cleaner Production, 2018, 198: 269-284.

（丁昌江，梁运章）

第24章

接触吸附干燥

24.1 概述

接触吸附干燥是将固体吸附剂与被干燥的物料混合，进行传质过程，然后将二者分离，固体吸附剂再生后再返回至干燥过程。同时，由于吸附热的释放，空气温度升高（根据沸石类型和所用空气的湿度，可上升到 $40\sim70℃$），因此，干燥所需的能量更少。例如，使用 13X 和 4A 型沸石可将环境空气从 20℃、相对湿度 70% 提高到 60℃ 左右、相对湿度低于 1%[1]。接触吸附干燥可以由两种基本过程耦合而成，即①传统的接触干燥，热固体表面的热传导；②吸附干燥（也叫作"除湿干燥"），被干燥物料与吸附剂存在湿分浓度梯度，从而进行传质过程。

根据吸附剂是否作为干燥产品之组成部分，我们可以将吸附剂简单地分为惰性和活性吸附剂两种。惰性吸附剂在干燥完毕后，需与产品分离。分子筛、沸石、活性炭、膨润土、硅胶为典型的惰性吸附剂。活性吸附剂，如淀粉、泥煤、糠、稻草、纤维素、麦麸、玉米粉、土豆淀粉、甜菜浆、果实类和油类植物、植物（如干草）的绿色切秆等，可以作为产品的有机组成部分，不需分离。另外，干产品也可作为活性吸附剂。很明显，吸附剂能否容易再生和重复利用，是衡量接触吸附干燥技术合理性的重要条件。

活性吸附剂，尤其适合于接触吸附干燥生物物料和生物制品，因为它将液滴干燥过程转化为干燥被同溶液湿润的毛细管-多孔体，这便于利用对流干燥固体的某些有利特点（如在湿球温度下干燥）。这样，固体吸附剂用于接触吸附干燥操作有两个基本功能。

① 从被干燥悬浮液中吸附大部分水分。因为水分从毛细管-多孔体中蒸发，替代了液滴蒸发，从而改变了传热传质特性。

② 改变了送入干燥器的物料的物理结构——从悬浮液到由多成分混合的颗粒性物料。

尽管这两个功能密不可分，但是当被干燥的悬浮液与固体吸附剂接触时（同时进行水分吸附和部分蒸发过程），第一个功能占主要地位。

24.2 接触吸附干燥机理

24.2.1 热质传递现象的特征

接触吸附干燥机理非常复杂，图 24-1 表示了在一个动态系统中发生的现象，即在吸附剂-物料、物料-物料、吸附剂-吸附剂之间都有可能发生水分/热量的传递[2]。

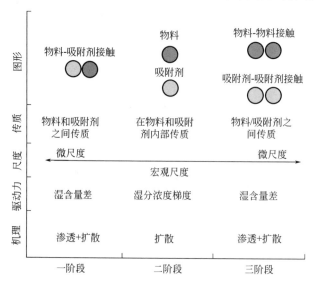

图 24-1　动态系统中接触吸附干燥的一般机理

　　当湿物料与吸附剂（毛细管-多孔体）接触时，吸附剂表层通过毛细管作用吸附液体湿分，因此传质速率与接触面积有很大的关系。随着物料表面湿分的量逐渐减少，在某一时刻物料表面的吸水势等于吸附剂表面的吸水势，物料界面间的湿分传递将终止。但是，在吸附剂和物料颗粒内发展的浓度梯度使湿分从物料内部向接触表面迁移。当接触时间足够长时，吸附剂和物料的湿含量便达到平衡。此时，需要分离、再生吸附剂，有时需要干燥的（或再生的）吸附剂与物料再接触，以便进一步干燥。

　　吸附剂在吸湿过程中会放出吸附热。物理吸附的吸附热较小，一般略大于吸附质的汽化热（80～120kJ/mol）；化学吸附放出的热量较大，1mol 吸附质的化学吸附热可达到上百万焦，与化学反应热几乎是同一数量级，难以解吸。因此，可以考虑利用吸附热，为物料中水分的蒸发提供热量。

24.2.2　干燥过程的模拟

　　Tutova[3]指出，接触吸附干燥中的传质由吸附过程的动态特性确定。因此，为了分析传质过程，他提出一个模型，将吸附剂和湿物料都假定为半无限平板。在接触之前，被干燥物料的初始湿分浓度（物料的湿含量）为 C_i^m，干吸附剂的初始湿分浓度为 C_i^s。当接触时间 $t=0$ 时，物料表面的湿分被假定立即传递到吸附剂表面。这样，在吸附剂表面建立了与物料湿含量达到平衡状态的吸附锋面（sorption front）。同时，湿分从吸附剂表面开始扩散进入吸附剂内部。假设吸附锋面的前进速度（u）一定，吸附锋面移动一段距离（x）所需时间为

$$t^d = \frac{x}{u} \tag{24-1}$$

它定量了吸附延滞时间。那么，在第 k 层的净吸附时间为

$$t_k = t - t_k^d = t - \frac{x_k}{u} \tag{24-2}$$

　　由于时间延滞，吸附剂内存在湿分浓度分布。经过适当时间之后，吸附剂每一处的湿分

浓度达平衡值 C_f^s，即吸附剂的最终湿分浓度。

考虑时间延滞作用，在吸附剂内的湿分浓度方程可写为

$$C^s(t,x)=HC^m(t-t_k,x) \quad (t \geqslant t_k) \tag{24-3}$$

$$和\ C^s(t,x)=0 \quad (t<t_k) \tag{24-4}$$

式中，H 是亨利常数，$H=C_f^s/C_i^m$。函数 $C^m(t-t_k,x)$ 可扩展为对于 t 的泰勒级数：

$$C^m(t-t_k,x)=C^m(t,x)-\left(\frac{\partial C^m}{\partial t}\right)_{t=0}t_k+\cdots \tag{24-5}$$

那么，当 $t_k=0$ 时

$$\frac{dC^s}{dt}=H\frac{dC^m}{dt} \tag{24-6}$$

因此，由式(24-3)、式(24-5) 和式(24-6) 可得

$$\frac{dC^s}{dt}=\frac{1}{t_k}(HC^m-C^s) \tag{24-7}$$

当时间延迟非常短 ($t \gg t_k$)，一般方程被简化为吸附动力学的常规方程

$$C^s(t,x)=HC^m(t,x) \tag{24-8}$$

分析上面关于接触吸附干燥动力学的数学模型，可以归纳如下：

① 提高吸附锋面的前进速度和减少时间延迟可以加快传质速率；

② 大的接触面积为吸附创造有利的条件，特别是对于吸附相当慢的情况（吸附受吸附剂内部的扩散限制）。

图 24-2 说明了用粒状沸石（CaA）接触吸附冷冻干燥被水饱和的陶瓷时，相对干燥效率（η）以及无量纲吸附能力（a^*）随时间的变化曲线[3]。这里，相对干燥速率定义为吸附剂辅助冷冻干燥过程中湿含量差值（ΔX）与纯粹冷冻干燥（ΔX_0）的比率：

$$\eta=\frac{\Delta X}{\Delta X_0} \tag{24-9}$$

另一方面，定义无量纲吸附能力 a^*，建立吸附剂当前吸附能力（a）与初始吸附能力（a_i）间的关系：

$$a^*=\frac{a}{a_i} \tag{24-10}$$

明显地，接触吸附干燥的效率在与固体吸附

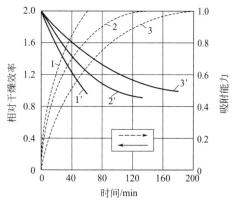

图 24-2　对于不同厚度的沸石层，接触吸附冷冻干燥的干燥和吸附曲线

1,1'—10mm；2,2'—20mm；3,3'—30mm

剂开始接触时达到最大值，随时间而下降；在吸附能力趋近零时，$\eta=1$。过程开始时（吸附剂是干燥的），吸附能力为最大值，当吸附剂趋于饱和时其急剧减小，所以在经过一段时间后应当终止物料与吸附剂的接触。根据大量的实验，最佳接触时间（t_c）可以用下式确定[3]：

$$t_c=(0.3 \sim 0.5)t_s \tag{24-11}$$

式中，t_s 是根据吸附动力学曲线确定的吸附剂达饱和状态的时间。

另一个接触吸附干燥的数学模型建立在简化的雷科夫热质传递微分方程的基础上[4]，用于模拟玉米与沸石的接触吸附干燥过程[5]：

$$\frac{\partial C}{\partial t}=D\Delta^2 C+\alpha\delta\Delta^2 T \tag{24-12}$$

$$\frac{\partial T}{\partial t} = \alpha \Delta^2 T + \frac{\varepsilon \Delta H}{c} \frac{\partial C}{\partial T} \qquad (24\text{-}13)$$

式中，c 为恒压下比热容，$J/(kg \cdot K)$；C 为浓度，kg/kg（kg/m^3）；D 为扩散系数，m^2/s；t 为时间，s；T 为温度，K；α 为热扩散系数，m^2/s；δ 为热力梯度系数，$1/K$；ε 为相变系数。

假设玉米为球形颗粒，被一层粉体吸附剂包围（见图 24-3），并忽略了式(24-12) 的第二项，相变系数值事前假定为 0.5（玉米）和 1.0（沸石），式(24-12) 和式(24-13) 变成下列分别对应玉米和吸附剂的特定方程组。

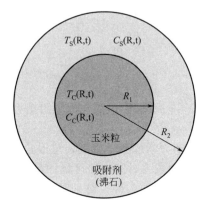

图 24-3 接触吸附干燥数学模型符号说明

（1）玉米

对于 $t > 0$ 和 $0 \leqslant R \leqslant R_1$

$$\frac{\partial C_C}{\partial t} = D_C \left(\frac{2}{R} \times \frac{\partial C_C}{\partial R} + \frac{\partial^2 C_C}{\partial R^2} \right) \qquad (24\text{-}14)$$

$$\frac{\partial T_C}{\partial t} = \alpha_C \left(\frac{2}{R} \times \frac{\partial T_C}{\partial R} + \frac{\partial^2 T_C}{\partial R^2} \right) + \frac{0.5 \Delta H_C}{c_C} \times \frac{\partial C_C}{\partial t} \qquad (24\text{-}15)$$

（2）吸附剂

对于 $t > 0$ 和 $R_1 \leqslant R \leqslant R_2$

$$\frac{\partial C_S}{\partial t} = D_S \left(\frac{2}{R} \times \frac{\partial C_S}{\partial R} + \frac{\partial^2 C_S}{\partial R^2} \right) \qquad (24\text{-}16)$$

$$\frac{\partial T_S}{\partial t} = \alpha_S \left(\frac{2}{R} \times \frac{\partial T_S}{\partial R} + \frac{\partial^2 T_S}{\partial R^2} \right) + \frac{1.0 \Delta H_S}{c_S} \times \frac{\partial C_S}{\partial t} \qquad (24\text{-}17)$$

在式(24-14)～式(24-17) 中，参数 R 是径向坐标，ΔH 是吸附热，下标 C 和 S 分别指玉米和吸附剂。

图 24-3 所示系统的初始条件（$t = 0$）为

$$C_C = C_{Ci} \& T_C = T_{Ci} \quad (0 \leqslant R \leqslant R_1) \qquad (24\text{-}18a)$$

$$C_S = C_{Si} \& T_S = T_{Si} \quad (R_1 \leqslant R \leqslant R_2) \qquad (24\text{-}18b)$$

对于绝热过程，边界条件由下列方程定义：

$$R = 0 \quad \frac{\partial C_C}{\partial R} = 0 \quad \frac{\partial T_C}{\partial R} = 0 \qquad (24\text{-}19a)$$

$$R = R_2 \quad \frac{\partial C_S}{\partial R} = 0 \quad \frac{\partial T_S}{\partial R} = 0 \qquad (24\text{-}19b)$$

$$R=R_1 \quad C_C=C_S \quad -k_C\frac{\partial T_C}{\partial R}=h(T_C-T_S) \tag{24-19c}$$

式中，h 是颗粒物料和吸附剂之间的传热系数。

结合初始、边界条件，可以数值求解式(24-14)～式(24-17)。图 24-4 和图 24-5 表示玉米-沸石混合物的温度和湿含量随时间与空间坐标变化的典型曲线。图 24-6 表示测定的和数学模型计算的玉米平均湿含量随时间变化的曲线。实验值和模拟值之差别相当小，证实了上述接触吸附干燥数学模型是合适的。

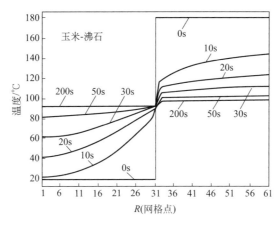

图 24-4　玉米-沸石混合物的温度分布[6]

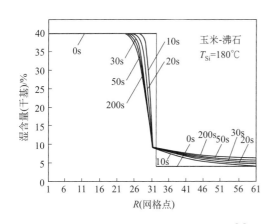

图 24-5　玉米-沸石混合物的湿含量分布[6]

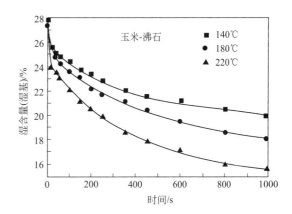

图 24-6　玉米平均湿含量的瞬时变化[6]

为了简化模型计算，可以将接触吸附干燥过程类比于球形颗粒在完全混合的溶液中的扩散问题[7]，其控制方程为：

$$\frac{\partial C}{\partial t}=D_{eff}\left(\frac{\partial^2 C}{\partial r^2}+\frac{2}{r}\times\frac{\partial C}{\partial r}\right) \tag{24-20}$$

经时间 t 之后，颗粒中水分含量（X）可由下式求出

$$\frac{X-X_e}{X_0-X_e}=\sum_1^\infty\frac{6\alpha(1+\alpha)}{9+9\alpha+q_n^2\alpha^2}\exp(-Foq_n^2) \tag{24-21}$$

其中，$\alpha=\dfrac{X_0-X_e}{X_e}$；$q_n$ 是式 $\tan q_n=\dfrac{3q_n}{3+\alpha q_n^2}$ 的非零解。

对于大豆与硅胶体系，有效扩散系数为

$$D_{eff} = 5.003 \times 10^{-5} \exp\left(-\frac{3.825 \times 10^4}{RT}\right) \tag{24-22}$$

24.3 吸附剂的选择

选择接触吸附干燥用吸附剂时，应该考虑如下几个方面：

① 干产品的类型及最终用途；

② 吸附剂和被干燥物料的物理和生化亲和性；

③ 吸附剂的吸附特性；

④ 吸附剂的商业可用性和经济方面的考虑；

⑤ 实现上、下游过程的可能性。

干产品类型及最终用途是选择吸附剂的主要标准之一。对于在惰性吸附剂上接触吸附干燥，也需要考虑产品中混杂微量吸附剂是否可以被接受。但从另一方面看，在产品中残留吸附剂可能会成为接触吸附剂干燥的附加特点，比如使用天然沸石，干燥用作动物饲料的谷物。使用活性吸附剂的主要特征是吸附剂成为最终产品的一个组成部分。因此，吸附剂不但不影响产品的用途，而且能够提高其质量、延长保存期或扩大其应用范围。比如，某些干燥产品（维生素、抗生素、蛋白质浓缩物等）被用作动物饲料的添加剂，它不但易于动物消化而且能够提高最终产品的风味。

吸附剂对被干燥物料的物理或生化亲和性是指吸附剂对产品质量没有负面影响。例如，活性炭尽管具有高吸附能力，但不能用于细菌生物质的脱水，因为它会杀死微生物。也不建议使用小麦粉或玉米粉，因为这些吸附剂是乳酸菌和其他微生物生长的培养基。

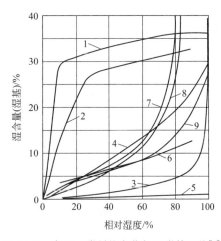

图 24-7 常用吸附剂的水蒸气吸附等温线[3]
1—沸石 CaA；2—活性炭；3—泥煤；
4—木屑；5—高岭土；6—土豆淀粉；
7—硅胶；8—麦麸；9—滤纸

吸附特性包括吸附等温线、吸附动力学等，它对接触吸附干燥效率、干燥器的选择等有直接的影响。基于吸附等温线可以估算出一些吸附分离设计过程中较重要的因素，比如操作温度和压力下吸附剂的吸附容量，以及吸附剂的再生方法等。图 24-7 表示了一组常用的吸附剂的水蒸气吸附等温线。沸石或分子筛在相对湿度较低区域比其他吸附剂具有更高的吸水能力，吸水量可为硅胶和活性氧化铝的 5～6 倍，且在高温和高速气流中其吸水量依然较高，沸石分子筛的吸附作用可以提高真空干燥的干燥效率，但其最大吸水能力低于硅胶。硅胶等常用吸附剂在只有 2% 的残留水时几乎不再吸附，而分子筛能够继续吸附残留水。沸石在高温下再生（250～300℃，沸石的吸附热一般低于 4000kJ/kg）是一种比在低温和中温下干燥产品更节能的干燥过程，并回收/再利用排气的能量，从而干燥系统中应用沸石可降低 24%～50% 的能耗，减少工业能源使用和二氧化碳排放，否则所获得的能源利润将失去。硅胶在低温下吸附效果最好，高温则不合适，其再生的最高温度为 150℃，高于此温度硅胶就会分解[1]。

吸附剂从物料中吸附水分一般经历三个过程，即①吸附质从流体主体通过气膜传递至吸附剂表面（外扩散）；②吸附质通过物料内的孔隙从表面传递至内部（内扩散）；③吸附质被吸附至内表面上。传质速率主要取决于内扩散和外扩散，根据物料种类和操作条件的不同，其中的一种扩散将起控制作用。

很明显，在操作湿度范围内使用高吸附量的吸附剂是最佳的选择，除非其他选择标准更为重要。例如，在水蒸气压低的过程中，如冷冻和真空干燥，应该使用沸石。麦麸或磨碎的油菜籽建议用喷雾干燥或流化床干燥，因为它们在环境相对湿度 80%～90% 之间具有高的吸附能力。在物料-吸附剂系统达平衡状态下，通过质量衡算可以计算出除去一定质量的湿分所需要的吸附剂量。

针对不同的使用场合，开发出的一种吸湿率良好、再生温度较低的吸附剂具有广阔应用前景，是当今研究吸附材料的热点。例如：具有超强吸水和保水能力的高吸水性聚合物，它能将比自身重数百倍甚至上千倍的水分迅速吸收和保持在自身结构中，还可以实现水分的重复吸收和释放，吸水后溶胀形成水凝胶。一般可将吸附剂填充到多孔材料中，充分混合制备复合吸附剂。例如：凹凸棒石黏土（简称凹土）内部为链层状晶体结构，存在大量的初始孔道，使凹土具有良好的吸水性，可以加入吸湿性无机盐，来提高吸附剂的吸湿率。王子惠等[8]以凹土为原料，制备出一种凹土复合除湿剂，整体吸湿效果优于其他常见干燥剂，并且具有良好的再生性能。张岩[5]利用表面改性剂对沸石进行改性，得到了复合高吸水性聚合物。通过控制吸附剂的微孔孔道或对微孔进行特殊的化学处理，可以使物理吸附的吸附剂具有选择性。

商业上，可用性和吸附剂的价格具有重要性，特别是在生产量高的情况下。接触吸附干燥还需要考虑其能否实行上、下游操作，如筛分、吸附剂的杀菌、团块破碎、排气净化、包装、运输以及最终产品的储存。使用活性吸附剂，因为产品的全部组分在干燥之前或过程中已成为一体，不需要类似均质和混合的操作。对于上游操作，如破碎、筛分和杀菌，重要的是在杀菌期间保持吸附剂的物性和结构机械特性。例如，用热空气对面粉和糠杀菌，有可能发生自燃和爆炸。对于多数农产品和食品，用过热蒸汽直接杀菌是不可取的，因为这样将改变吸附剂结构、降低吸附能力。因此，对此类吸附剂的适宜杀菌方法是直接加热，在适当情况下也可以使用冷杀菌或 γ 射线照射，以及添加抗生素[2]。

24.4　接触吸附干燥技术

24.4.1　颗粒物料的干燥

颗粒物料与干燥的吸附剂接触，形成相对湿度较低的环境，有利于湿分从物料中向外部移动。

为了使物料处于较均一的湿度环境中，将颗粒物料和干燥的吸附剂按照一定的质量比混合均匀是必要的。混合后，静置一段时间，物料可以达到要求的湿含量，然后将物料与吸附剂分离。比如，Sturton 等[9]研究了用膨润土作为吸附剂干燥谷物的情况。Yamaguchi 和 Kawasaki[10]探讨了用硅胶干燥水稻的动力学特性（图 24-8），并且目测了爆腰率。当初始硅胶与水稻的质量比率（M）为 0.8 时，环境温度为 278K 和 296K 的爆腰率较低，在 318K 时爆腰率高于 5%。此外，他们也作了硅胶和水稻分层的通气干燥实验，该条件下水稻的湿含量分布不均匀。

Li 等[7,11]使用硅胶分别在固定床和流化床干燥大豆，结果表明，在流化床干燥中添加硅胶可以使大豆种子在床层内更均匀地分散，干燥速率也更高。但提高硅胶与大豆质量比的效果是有限的，流化气体的速度和温度是影响干燥速率和最终含水量的重要因素。并且，采用固定床和流化床交替操作，可以获得更好的节能效果。

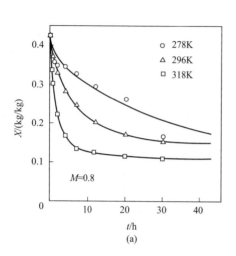
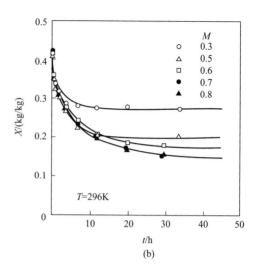

图 24-8　（a）硅胶吸附干燥水稻的干燥曲线——温度的影响和（b）硅胶吸附干燥水稻的
干燥曲线——混合质量比的影响

Alikhani 和 Raghavan[6]对玉米-沸石混合物的传热传质进行了数值模拟研究。他们对边界处耦合的传热传质微分方程进行了数值求解，玉米含水量和表面温度的平均预测值与模型干燥器的实验室比较吻合。对 Luikov 模型在沸石吸附干燥玉米颗粒中的应用进行了评价，并指出在数值模拟中应考虑热输入过程而非绝热过程。

Witinantakit 等[12]以稻壳为吸附剂吸附干燥稻谷，由于混合槽内空气的相对湿度很高，单级干燥不能将稻谷的含水量降低到安全水平。他们采用了多道（multi-pass）吸附干燥（见图 24-9），而且为了获得低于平衡值的稻壳所需含水量，将 11.8%（干基）的稻壳在 45℃和 90℃的热风炉中干燥过夜，获得分别为 5.9% 和 0.9%（干基）的含水量；为了制备高密度吸附材料，将稻壳研磨过筛，分离出粒径小于 500μm 的稻壳，稻壳密度达到 160kg/m³ 和 230kg/m³，而未经研磨的稻壳密度为 105kg/m³。

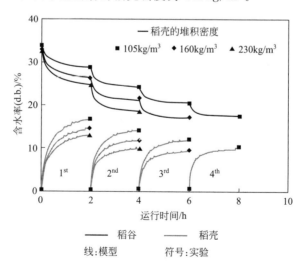

图 24-9　不同密度的稻壳吸附干燥稻谷的含水量变化
（稻壳：初温 90℃，干基含水量为 0.9%；稻壳与稻谷体积比为 1.5∶1）

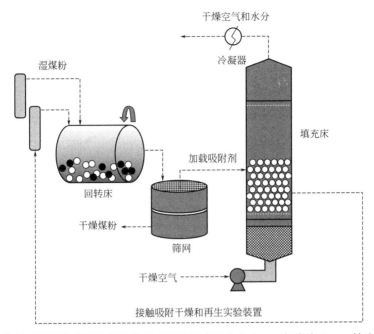

图 24-10 接触吸附干燥和再生实验装置 [回转床直径为 5.5cm、长度为 5cm、转速为 3r/min；
两种吸附剂——氧化铝 92.7%（质量分数）、二氧化硅 97%（质量分数）；
吸附剂：煤＝0.5：1～3：1；环境条件为 22℃、相对湿度为 40%]

van Rensburg 等[13]实验验证了直径为 3mm 和 5mm 的陶瓷球与粒级介于 0.25mm 和 2mm 的煤之间的吸附干燥（图 24-10）。煤的初始含水量为 0.25%（湿基），2.5min 后脱水至平均含水量为 0.13%（湿基），10min 后为 0.05%（湿基）。通过干法筛分，可以很容易地从干燥的煤产品中分离出陶瓷球吸附剂材料，并在 10min 内将之在气流充填床中干燥再生。吸附干燥过程中，间隙水和附着水从边界界面移动到吸附剂；在吸附剂、煤粒的孔和外部表面为膜扩散（film diffusion），在孔网络结构和孔的内表面发生孔扩散（pore diffusion）。

在食品加工中，如可可和坚果，可以将产品与球形或圆柱形沸石颗粒充分混合，直接接触干燥食品（参见图 24-11）。根据工艺条件和沸石用量的不同，最终温度可以达到烘干水平。因此，干燥和烘烤可以有效地结合在一个操作中。随后，沸石颗粒从产品中筛分出来并进行再生。虽然沸石颗粒是无害的，但仍然要避免沸石存在于食品产品中。在这些应用中，分离步骤是最重要的，需要特别注意。在选择最合适的沸石时，必须考虑颗粒大小和强度。通过对传统加工产品和沸石加工产品（谷

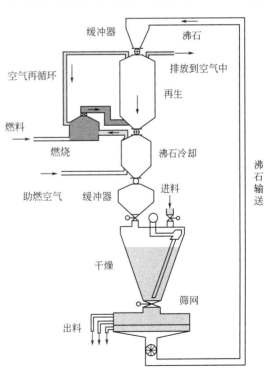

图 24-11 TNO-MEP 沸石干燥器[14]

类、可可、草药、坚果和种子）的比较，发现沸石加工产品的颜色、口感和微生物水平等品质是相同的。此外，直接接触干燥的传水速率比常规干燥快。因此，与沸石直接接触的体系更加紧凑，缩短了加工时间。

图 24-12 为沸石接触吸附干燥种子的干燥曲线[1]。完全干燥需要很长时间，但因为它足以使种子干燥到最终含水量 10%～15%，所以完全干燥是不必要的。

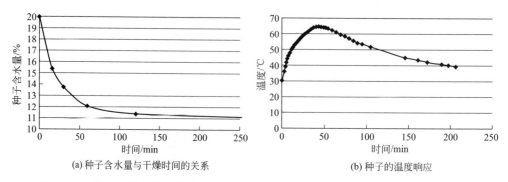

（a）种子含水量与干燥时间的关系　　　　（b）种子的温度响应

图 24-12　种子接触吸附干燥曲线（400g 种子和 200g 干燥沸石，环境温度为 32.5℃）

然而，使用脱水沸石单级接触干燥工艺干燥物料时，产品在干燥过程中产品的水分状态与沸石水分状态存在明显的不匹配。为了协调产品和吸附剂的水分状态，Kirov 等[15]提出了两段干燥工艺。实验证实了两段干燥相对于一段干燥的显著优势，在产品干燥程度、沸石吸附能力的利用和工艺时间等方面均优于一段干燥。

图 24-13 是用吸附剂颗粒接触吸附干燥颗粒物料的连续操作装置示意图[16]，在一个装置中实行三种操作：接触干燥、吸附干燥和吸附剂再生。该装置由三个同轴锥筒组成，中央锥形加热室与轴线平行，被驱动轴和固定轴支持。固定轴制成空心圆筒体，燃烧器位于加热室纵轴线上。气体燃烧器产生的火焰，延伸至加热室，直接蒸发穿过加热室的吸附剂颗粒中的水分。同时，由器壁上交错的抄板抛洒吸附剂颗粒，加速加热和水分蒸发。

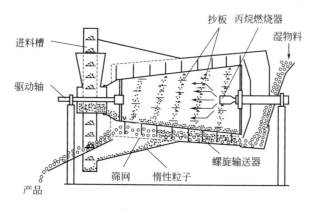

图 24-13　干燥颗粒物料的连续式接触吸附干燥器

湿物料进入干燥器，与加热室出口端卸下的热吸附颗粒混合，同时通过布置在加热室和外锥鼓之间的螺旋推进器连续输送。螺旋推进器与加热器以 100～160r/min 转速一起回转，从而导致物料、吸附剂完全混合，并沿干燥部输送。颗粒混合物在被输送过程中，水分通过接触吸附干燥被除去；热吸附剂颗粒中的显热强化了蒸发。在外鼓的尾端安置筛网，允许吸附剂颗粒通过，即实现了分离，由环状的锥形收集器收集，再通过环形斜槽，将颗粒送回进料槽。

尽管吸附剂颗粒在加热室的停留时间比较短（15～20s），与火焰和烟气的直接接触使颗粒温度提高约 100～200℃[16,17]。这不但使吸附剂再生，而且将吸附剂加热至所需的温度。吸附剂的更新速率由吸附剂-颗粒物料的质量比控制，除了与干燥器的几何形状有关之外，还与湿物料进料量、系统中吸附剂的质量和干燥器的转速有关。

24.4.2　带状物的干燥

干燥带状物（如纺织品、皮革或薄板）的一种新型技术是接触吸附流化床干燥。被干燥的物料被浸埋在高吸湿性的颗粒流化床中，吸附剂从湿物料中吸附水分，并排放至流化空气中（图 24-14）。在一个连续系统，带状干燥物料以蜿蜒的方式通过吸附剂颗粒流化床，由内置加热器提供热量，使吸附剂中的水分释放至流化空气。使用流化床不但提高了对流热质传递速率，而且也提高了物料-吸附剂、吸附剂-吸附剂以及吸附剂-加热器之间的接触热质传递速率。

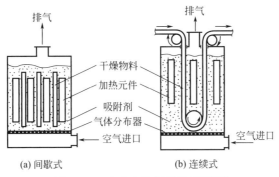

图 24-14　流化床接触吸附干燥[18]

与对流干燥相比，应用流化的硅胶干燥 1.5～2.5mm 厚的牛皮，在 60℃下从湿含量 60%降至 20%，所需干燥时间从 7h 降至 15～20min，减少蒸汽耗量 30%，基本投资费用降低 $\frac{2}{3}$。这种干燥器属于模块化类型，由 20 个模块组成，形成一个紧凑的长 2.1m、宽 2.2m、高 2.0m 的组合体[2]。

24.4.3　液态物料的干燥

24.4.3.1　喷雾干燥

固体吸附剂对于产品可能是中性的（安慰剂）或活性的。对于第一种情况，吸附剂只用作热敏性和其他难干燥物料的载体。液态生物制品（如抗生素、酶、酵母、氨基酸等）常规方法干燥时，它们的生物活性将损失 70%。图 24-15 表示喷雾干燥器固体载体和液体生物物料接触吸附干燥的并流和逆流操作方式[2]。

接触吸附干燥的一个有趣的选择是使用的吸附剂能够加入干燥物料中，并成为最终产品的一个必不可少的组成部分。此种情况下，可以将吸附剂叫作填料。Tadayyon 和 Hill[19] 在流化床接触吸附干燥双孢杆菌时，发现速溶脱脂奶粉是孢子萌发的最佳颗粒源。在 35℃和相对湿度 30%流化空气下，最大限度地提高了干燥速率，同时防止孢子热死亡。所产生的脱脂奶粉/孢子颗粒的含水量正好能确保长期储存，冷藏 3 个月后显示孢子活力几乎没有下降。据报道，麦麸、淀粉、脱脂乳粉、酪蛋白、泥煤、玉米粉等是饲料、发酵、医药和类似行业干燥液体生物产品好的填料[20]。例如，干燥赖氨酸时，用麦麸作为活性填料具有如下

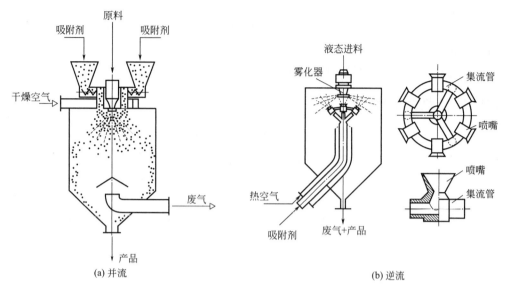

图 24-15　接触吸附喷雾干燥

优点：

① 产品的相对吸湿性降低 50％，从而在存储中水分吸附速度降低约 67％～75％；

② 在温度范围 20～50℃内，平衡湿度从 50％移动至 70％；

③ 省略了必需的下游操作（如混合或缓苏）；

④ 从多孔物料中蒸发水分代替了高黏度液滴的蒸发，水分蒸发稳定；

⑤ 避免了产品在干燥器壁的堆积；

⑥ 干燥中，物料温度低，从而可以保存液态时生物活性的 98％。

图 24-16 是接触吸附干燥细菌配制液的喷雾干燥器示意图。三流体喷嘴（如图 24-17

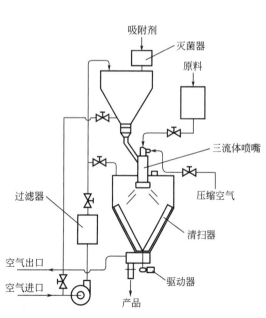

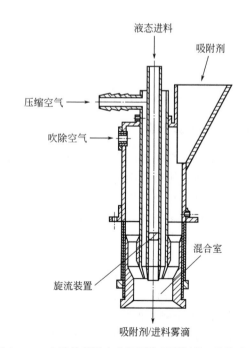

图 24-16　对于菌液的接触吸附喷雾干燥器　　　　图 24-17　在液体喷雾中分散颗粒吸附剂的三流体喷嘴

所示）用于在这些试液中分散固体吸附剂，此喷嘴的操作数据见表 24-1[2]。表 24-2 列出了某些细菌培养液的接触吸附干燥特性[2]。

表 24-1　三流体喷嘴的特点

参数		类型			
		AF-1	AF-2	AF-8	AF-10
处理量/(kg/h)	吸附剂	400	800	1000	800
	液体	700	1500	2000	1500
空气消耗量/(kg/h)		700	1500	2000	1500
空气压力/MPa		0.3	0.3	0.3	0.3
涡旋装置		螺旋	螺旋	切向	切向
喷雾液体中的固形物含量/%（质量分数）		<40	<40	<40	<40
雾化角/(°)		60~180	60~180	60~180	60~180
尺寸/m	长	0.9	1.0	1.1	1.0
	宽	0.12	0.16	0.16	0.15
	高	0.16	0.21	0.21	0.17
质量/kg		13	14	14	13

表 24-2　在麦麸上接触吸附干燥细菌制剂特性

培养物	菌体的湿含量/%（湿基）		吸附剂最终湿含量/%（湿基）	吸附剂与菌体之比/(kg/kg)
	初始	最适宜		
植物乳杆菌（*Lactobacterium plantarum*）	95.0	40.0	35.9	1.66
戊糖乳杆菌（*Lactobacterium pentoaceticum*）	94.0	47.6	21.8	3.50
乳链球菌（*Streptococcus lactis diastaticus*）	96.0	35.0	18.7	4.30

应用接触喷雾组合干燥生产基于赖氨酸的草料浓缩物的一个工业喷雾干燥系统如图 24-18 所示。据报道[2]，麦麸直接进入被分散的赖氨酸的雾化锥中（麦麸与干赖氨酸的质量比为 0.7~1.0kg/kg），显著地提高了产品质量。它具有如下特点：

① 显著降低水蒸气吸附速率。在相对湿度 80% 下，纯赖氨酸的吸附速率是每天 10.5%，但是与麦麸在一起的赖氨酸约为每天 2.5%~4%。

② 与没有吸附剂的赖氨酸相比，降低相对吸湿性 50%~300%。

③ 稳定了液体湿含量。对于纯赖氨酸，空气湿度从 50% 提高到 60%，平衡湿含量提高为原来的 1.5 倍。如果相对湿度趋于 80%，平衡湿含量提高为原来的 4~4.5 倍。另外，对于与吸附剂在一起的赖氨酸，实际上平衡湿含量不依赖于环境空气温度和相对湿度。

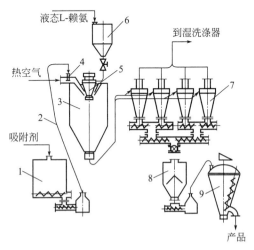

图 24-18　接触吸附喷雾干燥赖氨酸干燥系统
1—麦麸罐；2—气力管道；3—喷雾干燥器；
4—吸附剂进料；5—雾化器；6—赖氨酸罐；
7—旋风分离器；8—抖动器；9—搅拌器

需要注意的是，当混合少量（5%～10%，质量分数）的食盐或乳糖，有机吸附剂的吸附量能够显著提高，达40%。

24.4.3.2　流化床干燥

吸附剂颗粒流化床也能够用于高黏度物料的干燥-造粒。一种恰当的细颗粒，在两级干

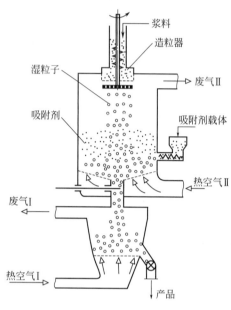

图 24-19　干燥膏状物料的接触
吸附流化床干燥器

燥器-造粒机的上部室内被热空气流化（见图 24-19）。在盘型造粒机形成的湿颗粒被从流化床落下的热吸附剂包覆。由于接触热质传递速率高，物料颗粒的表层迅速被干燥。产生的多孔干表膜促进水分的进一步扩散，并且避免团块形成和颗粒聚集。在一个标准流化床（构成干燥器的下部）中，干燥被包覆的松散颗粒至最终湿含量[3]。相同的原理应用于流化床干燥酪蛋白，即通过在湿颗粒上包覆从排气中回收的干粉而降低其表面湿含量。

对于生物质液体，可以将其吸附至多孔吸附剂（载体）之上，然后运用流化床/振动流化床进行干燥。比如，光合菌液在麦麸载体上干燥[21,22]。添加适当的载体（或填料）形成较疏松的生物物料混合物结构，能够强化热力干燥过程中的质量传递过程。Strumillo 等[23]也证实，混有载体的生物物料干燥，较之无载体干燥其产品质量会显著提高。

图 24-20 为沸石与肥料或污泥混合的直接接触干燥系统[1]。从倾析器流出的液体被送入四效蒸发器，该蒸发器利用来自沸石再生器的多余蒸汽加热，从发电机组获得的过热蒸汽用于再生沸石，沸石和肥料/污泥在筛子上分离。去除 1t 水，整个装置（固体和液体部分）的能耗为 0.8GJ。这种能源消耗相当低，而且利用小型电厂的余热运行，因此能源成本可以忽略不计。而且，该系统几乎是完全封闭的，对环境的有害排放是最小的。

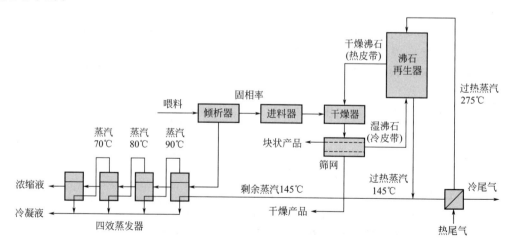

图 24-20　沸石与肥料或污泥混合的直接接触干燥系统

24.4.4　接触吸附冷冻干燥

24.4.4.1　真空冷冻干燥

在惰性吸附剂上的接触吸附干燥原理也能应用于减压的情况。因为冷冻干燥的蒸发速率依赖于物料表面和冷凝表面的水蒸气分压以及其他因素，一个降低传质阻力的可能方法是缩短升华区和水蒸气冷凝层之间的距离。这一点可以通过应用惰性吸附剂直接与物料表面接触而实现，这不只减少了水蒸气扩散路径的长度，而且增加了热质传递比表面积。这种情况下，A 类沸石较其他吸附剂更合适，因为它们在减压下吸湿量高，实际上也不随温度变化。

冷冻干燥强度主要依赖于物料表面水蒸气和空气的混合气体中水蒸气的分压以及除去水蒸气的强度。固体吸附剂与冷冻的物料表面直接接触，充当凝结器的作用。图 24-21 说明吸附剂层对冷冻干燥曲线的影响。明显地，分层结构提高冷冻干燥速率达 4 倍。

一般地，释放吸附热对过程动力学起负面作用，吸附剂的吸附量下降。即使对于沸石 CaA，在压力 133.3Pa 下，吸附剂从 $20℃$ 升高到 $80℃$ 将导

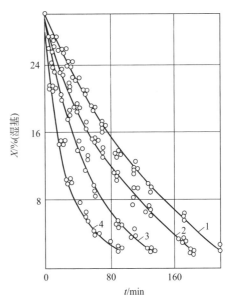

图 24-21　吸附剂-分层结构的
冷冻干燥曲线[3]

1—从物料自由表面升华；2—物料-吸附剂两层结构；
3—吸附剂-物料-吸附剂三层结构；4—多层结构

致吸附量下降约 $35\%\sim40\%$。然而，吸附热能够用来强化接触吸附冷冻干燥过程，无需额外的能量消耗。为了实现这个目的，需要收集吸湿过程中释放的吸附热，接着在吸湿冷冻干燥中直接将这部分热传递给湿物料。用高热导性的金属（铜或铝）制成梳子结构，放置在被干燥物料和吸附剂层之间（图 24-22）[2]。与没有安置收集和传递吸附热元件的真空冷冻干燥相比，此方法冷冻干燥粒状面包酵母的实验证实：物料和吸附剂（沸石）双面接触下，沸石的吸附量提高 9%，热需要量下降 $7.9\sim8.5kJ/kg$（水），脱水速率几乎提高 50%。

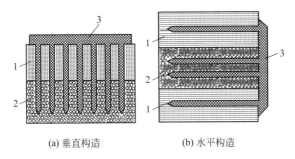

(a) 垂直构造　　　　(b) 水平构造

图 24-22　有传热元件的接触吸附干燥的基本结构
1—吸附剂；2—物料；3—固体（金属）结构

24.4.4.2　常压流化床干燥

Gibert[24]提出将冻结物料浸没在流化的吸附剂中，进行低温干燥。流化的吸附剂颗粒

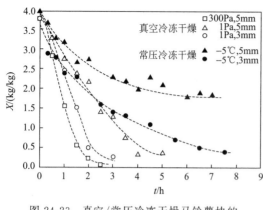

图 24-23 真空/常压冷冻干燥马铃薯块的
干燥动力学曲线

吸附水分所放出的热量，大致与物料干燥所需的升华热相当，从而不需要外部供热。该课题组以淀粉胶为吸附剂，研究了马铃薯块的常压吸附流化床冷冻干燥，并与真空冷冻干燥进行了比较。实验结果表明，产品的质量基本上不发生变化（在流化床干燥中，马铃薯的边角被磨损，并黏结上微量吸附剂），但干燥时间较长。在干燥时间上，物料的厚度是制约条件（见图 24-23）。但是，常压吸附冷冻干燥在节能和运行费用（操作简单）上具有优势，可节能 30％以上[25]，参见表 24-3。应该注意，这种干燥方法的一个困难点是从吸附剂床层中完全分离产品，所以开发与产品兼容的吸附剂是未来一个重要的研究课题。

表 24-3 真空/常压冷冻干燥能耗比较

项目	冷冻	加热
真空冷冻干燥耗能/[kJ/kg(水)]	3600	4900
常压冷冻干燥耗能/[kJ/kg(水)]	2250	3250
节约/%	37.5	33.7

此外，Lombrana 和 Villaran[26]探讨了吸附冷冻干燥过程中压力变化对干燥速率的影响。他们提出一个适宜的压力/温度交替变化干燥过程，即①常压，-10℃；②真空，0～15℃；③常压，<15℃（见图 24-24）。该干燥过程可以降低吸附冷冻干燥时间达 50％。从图可知，对于温度/压力交替变化干燥模式，干燥过程存在恒速和降速阶段，而-10℃下的常规冷冻干燥没有恒速阶段。

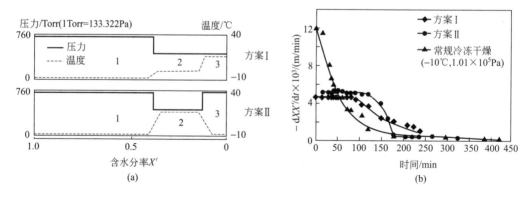

图 24-24 吸附冷冻干燥操作方案（a）和不同操作方案（b）下，吸附冷冻干燥速率的比较

24.4.5 吸附剂除湿干燥

转轮除湿系统常被用于常压空气除湿，主要原理是通过吸附剂吸附空气中的水分从而达到除湿的效果。转轮分为处理区域和再生区域，待干空气通过处理区域进行吸附干燥，而高温空气穿过转轮再生区域使转轮再生，保证了转轮吸附除湿系统循环的连续性。多孔材料作

为吸附剂的载体，对转轮的除湿性能也有重要影响[27,28]。

Madhiyanon 等[29]提出一种集成有旋转干燥剂转轮的热风干燥器（图 24-25），具有两个空气回路：①用于干燥产品的空气回路，该空气回路可在封闭系统或部分开放系统模式下运行；②提供用于吸附后硅胶再生的热空气的空气回路。通过与纯热风系统的干燥性能比较，发现复合系统的干燥时间明显缩短了 25% 左右，主要是硅胶从潮湿的干燥空气中吸附水分，降低了干燥空气的相对湿度。虽然组合系统的平均干燥速率比纯热风系统高 30%～35%，但组合系统比纯热风系统消耗的能量多 40%～80% ［组合系统为 30～35MJ/kg（水），热风系统为 17%～24MJ/kg（水）］，这归因于再生过程所需能量 ［13～16MJ/kg（水）］，其约占所需总能量的 40%，而组合系统中用于干燥的能量较少。

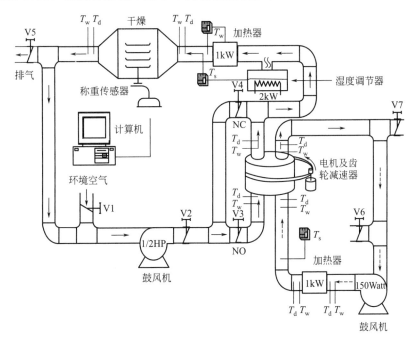

图 24-25　嵌入旋转干燥剂轮的热风干燥器示意图

Utari 等[30]采用流化床干燥和沸石除湿技术，在不同的干燥温度下，加入沸石对稻谷进行干燥。沸石作为空气除湿剂性能良好，可将水稻从初始含水率 21%（湿基）干燥到最终含水率 14%（湿基）。研究表明，在干燥温度为 40℃时，使用沸石比不使用沸石时的干燥速率高 19%。沸石通过降低空气湿度增强干燥驱动力，通过释放吸附热提高空气干燥温度。在 60℃下干燥的恒速比在 50℃温度下干燥的恒速快 1.6 倍。干燥温度越高，干燥速度越快，因为空气蒸发感热越大，相对湿度越低。

Misha 等[31]设计开发了工业规模的太阳能辅助固体干燥剂干燥器，实验装置示意图如图 24-26 所示。换热器用于除湿后提高空气温度和再生除湿轮。空气经过除湿后，通过干燥室顶部，通过太阳辐射加热，再通过换热器。通过调节换热器可以调节热水比的分布，从而确定干燥器的最佳性能。干燥系统的详细示意图和实拍图如图 24-27 所示。采用三台轴流式风机，提高进入干燥室的干燥空气的速度。

Sawardsuk 等[32]研究了多层干燥剂床在除湿过程中的空气特性，其原理如图 24-28 所示。采用多层柱内硅胶填料作为吸附材料，在柱内气流方向设计成 Z 字形（锯齿形）通过各干燥剂层。在干燥剂再生过程中，以不同的气流速度，用热风除去硅胶中的水分。多层吸

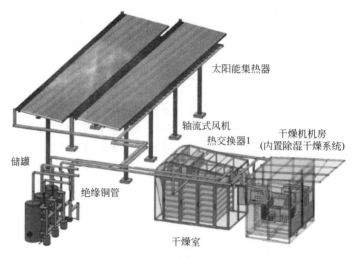

图 24-26　太阳能辅助固体干燥剂干燥器实验装置示意图

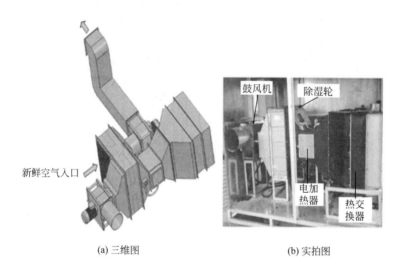

(a) 三维图　　　　　　　　(b) 实拍图

图 24-27　太阳能辅助固体干燥剂干燥系统示意图与实拍图

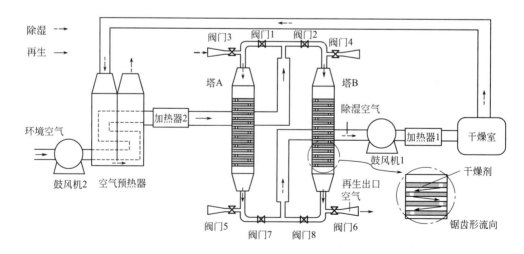

图 24-28　多层干燥剂床柱系统原理图

附剂床柱装有筛网的容器，每层含有硅胶。筛网容器风道允许空气通过。将风道从一层的左侧改为另一层的右侧，形成空气的曲折通道。柱子外面用岩棉绝缘材料覆盖。在空气除湿和吸附剂再生过程中交替操作塔 A 和塔 B。

　　工业领域常使用无热再生吸附式干燥机干燥压缩空气。无热再生吸附式干燥机通过变压吸附原理来使空气干燥，其工作原理如图 24-29 所示。通过双塔结构，吸附和再生交替循环工作，以固定的切换时间进行双塔切换，无需热源，连续向用户用气系统提供干燥的压缩空气。工业生产中存在大量低温余热，回收热水可以直接生成过热蒸汽，并通入干燥气使沸石再生，达到节能减排的作用[33]。盛遵荣等[34]报道了一种沸石接触式吸附热泵系统，回收低品位的热水（≤80℃）及热气（≤200℃）中的热量来生成中高品位的蒸汽（≤300℃）。

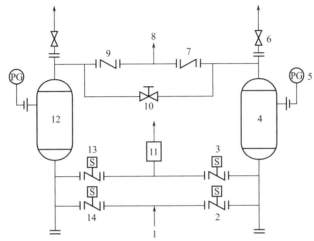

图 24-29　无热再生吸附式干燥机工作原理图[33]

1—进口；2,3,13,14—蝶阀；4,12—干燥塔；5—压力表；6—安全阀；
7,9—单向阀；8—出口；10—调节阀；11—消音器

参考文献

[1] Boxtel A J B V, Boon M A, Deventer H C V, et al. Zeolites for reducing drying energy usage [M] // Modern Drying Technology: Energy Savings, Volume 4. Evangelos Tsotsas and Arun S. Mujumdar, Ed. Wiley-VCH Verlag GmbH & Co. KGaA, 2012. 163-197.

[2] T. 库德（Kudra T），A. S. 牟久大（Mujumdar A S）. 先进干燥技术. 李占勇译. 北京：化学工业出版社，2005.

[3] Tutova E G. Fundamentals of contact-sorption dehydration of labile materials. Drying Technology, 1988, 6（1）: 1-20.

[4] Luikov A V. Heat and Mass Transfer in Capillary Porous Bodies. Pergamon Press, Oxford, New York, USA. 1966. 523.

[5] 张岩. 基于改性沸石的复合高吸水性聚合物的制备及其性能研究 [D]. 天津：天津大学，2016: 156.

[6] Alikhani Z, Raghavan G S V. Simulation of heat and mass transfer in corn-zeolite mixtures. Int. Comm. Heat Mass Transfer, 1991, 18: 791-804.

[7] Li Z Y, Kobayashi N, Watanabe F, Hasatani M. Sorption drying of soybean seeds with silica gel. Drying Technology, 2002, 20（1）: 223-233.

[8] 王子惠，陶海军，田相龙，等. 凹土复合干燥剂的制备及吸湿性能. 南京工业大学学报（自然科学版）. 2019, 41（1）: 30-35.

[9] Sturton S L, Bilanski W K, Menzies D R. Drying of cereal grains with the desiccant bentonite. Canadian Agri-

cultural Engineering, 1981, 23 (2): 101-103.

[10] Yamaguchi S, Kawasaki H. Basic research for rice drying with silica gel. Drying Technology, 1994, 12 (5): 1053-1067.

[11] Ye J, Luo Q, Li X, et al. Sorption drying of soybean seeds with silica gel in a fluidized bed dryer. International Journal of Food Engineering, 2008, 4 (6): Article 3.

[12] Witinantakit K, Prachayawarakorn S, Nathkaranakule A, et al. Multi-pass sorption drying of paddy using rice husk adsorbent: experiments and simulation. Drying Technology, 2009, 27 (2): 226-236.

[13] van Rensburg M J, Le Roux M, Campbell Q P. et al. Contact sorption: a method to reduce the moisture content of coal fines. International Journal of Coal Preparation and Utilization. 2018.

[14] TNO-MEP zeolite dryer (www. mep. tno. nl).

[15] Kirov G, Petrova N, Stanimirova T. Matching of the water states of products and zeolite during contact adsorption drying. Drying Technology, 2017, 35 (16): 2015-2020.

[16] Raghavan G S V, Pannu K S. 1986. Method and apparatus for drying and heat treating granular materials. US Patent No. 4597737. [1986-07-01].

[17] Sotocinal S A, Alikhani Z, Raghavan G S V. Heating/drying using particulate medium: a review (part Ⅰ and Ⅱ). Drying Technology, 1997, 15 (2): 441-475.

[18] Ciborowski J, Kopec J. 1979. Method of drying flat materials with small thickness and apparatus for drying such materials. Polish Patent No. 126843. [1983-09-30].

[19] Tadayyon A, Hill G A. Contact-sorption drying of Penicillium bilaii in a fluidized bed dryer. Journal of Chemistry Technology and Biotechnology, 1997, 68, 277-282.

[20] Adamiec J, Kudra T, Strumillo C. 1990. Conservation of bio-active materials by dehydration. In: Drying of Solids. Mujumdar A S (Ed.). Sarita Prakashan, Meerut-New Delhi, India. 1-16.

[21] Pan Y K, Pang J Z, Li Z Y, Mujumdar A S, Kudra T. Drying of photosynthetic bacteria in a vibrated fluid bed of solid carriers. Drying Technology, 1994, 13 (1-2): 395-404.

[22] Li J G, Zhao L J, Chen G H, Zhou M. Fluidized-bed drying of biological materials: two case studies. Chinese Journal of Chemical Engineering, 2004, 12 (6): 840-842.

[23] Strumillo C, Zibicinski I, Liu X D. Effect of particle structure on quality retention of biomaterials during thermal drying. Drying Technology, 1996, 14 (9): 1920-1944.

[24] Gibert H. 1979. Method of and apparatus for freeze-drying previously frozen products. US Patent No. 41753344. [1979-11-27].

[25] Wolff E, Gibert H. Atmospheric freeze drying part 1: design, experimental investigation and energy-saving advantages. Drying Technology, 1990, 8 (2): 385-404.

[26] Lombrana J I, Villaran M C. The influence of pressure and temperature on freeze-drying in an adsorbent medium and establishment of drying strategies. Food Research International, 1997, 30 (3-4): 213-222.

[27] 祁冬，葛天舒. 转轮除湿系统除湿效率及空气净化效率实验研究. 暖通空调. 2018, 48 (12): 77-82.

[28] 许峰，吴宣楠，葛天舒，等. 基于硅胶干燥剂的多孔基材性能测试. 制冷学报. 2018, 39 (06): 61-69.

[29] Madhiyanon T, Adirekrut S, Sathitruangsak P, et al. Integration of a rotary desiccant wheel into a hot-air drying system: drying performance and product quality studies. Chemical Engineering and Processing. 2007, 46 (4): 282-290.

[30] Utari F D, Djaeni M, Irfandy F. Constant rate of paddy rice drying using air dehumidification with zeolite [J]. IOP Conference Series: Earth and Environmental Science. 2018, 102: 012067.

[31] Misha S, Mat S, Ruslan M H, et al. Performance of a solar-assisted solid desiccant dryer for oil palm fronds drying [J]. Solar Energy. 2016, 132: 415-429.

[32] Sawardsuk P, Jongyingcharoen J S, Cheevitsopon E. Experimental investigation of air characteristics during dehumidification in the multilayer desiccant bed column system [J]. MATEC Web of Conferences. 2018, 192: 03012.

[33] 吴云滔，赵军，胡寿根. 新型单元化吸附式干燥机的研究. 制冷技术. 2017, 37 (04): 70-73.

[34] 盛遵荣，薛冰，刘周明，等. 颗粒直径与轴向分布对吸附热变换器传热传质的影响. 郑州大学学报（工学版），2017, 38 (04): 17-22.

（李占勇，徐庆，Tadeusz Kudra）

第25章

脉动燃烧干燥

25.1 概述

干燥是广泛应用于化工、医药、食品及农副产品等诸多领域的单元操作，同时干燥作业也是一种颇为耗能的工业操作过程。据统计，干燥所耗能量约占工业总能耗的 8%～20%。由于干燥作业耗能比例逐年增加，因此优化操作过程以降低能耗，生产高品质的产品及开发新产品，减少环境污染等呼声日趋高涨，从而推动了干燥技术的发展。近年来，出现了许多新型干燥器和特殊的干燥技术，如射流干燥（impingement drying），过热蒸汽干燥（superheated steam drying），脉动流化床干燥（drying in pulse fluid beds），热泵干燥（heat pump drying）和脉动燃烧干燥（pulse combustion drying）等。A. S. Mujumdar 教授预测干燥技术未来发展趋势仍将沿着有效利用能源，提高产品质量及产量，减少环境污染，操作安全，易于控制和一机多用等方向发展[1]。采用新型或更有效的供热方法是有效地利用能源，减少环境污染的一条途径。脉动燃烧技术就是近年来在干燥领域出现的一种新型供热技术，并在干燥领域取得了一定的成功[2]。

脉动燃烧（pulse combustion）是指燃料（固态、液态或气态）间断性燃烧过程，而普通燃烧炉是连续性燃烧的。这种间断性燃烧过程所产生燃气流的速度和压力急剧上升，当达到一定程度时，压力波便从燃烧室通过尾管传播到应用装置或操作室（如干燥器、煅烧炉或焚化炉）。由于传递的动量具有振荡特性，脉动燃烧提高了热质传递速率，极大地强化了燃烧过程，促进了后续的热力干燥。除此之外，脉动燃烧的燃烧效率高，而且降低了污染物的排放，这种技术已引起研究工作者和专业技术人员的极大兴趣。当脉动燃烧应用于具体干燥过程时，该干燥过程被称为脉动燃烧干燥。

25.2 脉动燃烧及脉动燃烧器

25.2.1 脉动燃烧技术的发展概况

脉动燃烧的历史可追溯到 1777 年由 Byron Higgins 首次报道的燃烧振荡现象：把气体火焰放置于一个竖立的圆管里，火焰会引起圆管的自激振荡，管中的火焰也受到声振的影响，声振与燃烧过程存在耦合作用，该火焰被称为"会唱歌的火焰（singing flames）"[3]。1859 年，Rijke 发现当一个加热的金属网被放置在一个两端开口的竖直圆管下半部分时，强烈的声振出现在管内[3]。这种声振所驱动的不稳定燃烧，也叫脉动燃烧，发生在许多燃烧系统中，如固体火箭。它会产生过大的噪声和振动，甚至可能破坏燃烧装置。因此，人们极力避免燃烧不稳定现象的发生，研究如何消除这一现象。在研究的过程中，人们发现脉动燃烧也有可以利用的一面，具有燃烧强度高，污染物排放低等优点，从而设计了不同结构的脉动燃烧装置。

1900 年，Gobble 申请了第一个脉动燃烧装置德国专利，由于气动循环控制机构过于复杂，未能实际应用[4]。1906 年，Esnault-Pelterie 申请了机械膜片阀式自发振荡脉动燃烧器法国专利，它是利用脉动燃烧器推动燃气涡轮机的装置[5]。1908 年，Lorin 设计了脉动燃烧喷气发动机[6,7]。法国人 Marconnet 在 1909 年研制出了结构完全不同的，用于产生推动力的脉动燃烧器，它不是用机械式的单向阀门，而是采用一扩散段的简单圆管结构的空气动力阀。1931 年，德国人 Schmidt 研制出了用于产生推力的脉动燃烧装置，申请了德国专利[3,8,9]。该装置是一个带机械阀的四分之一波型脉动燃烧器，也称 Schmidt 型脉动燃烧器。Schmidt 的研究成果在第二次世界大战中被用于德国 V-1 飞弹的推进器，并用于轰炸伦敦的战斗中。二次世界大战后的最初几年里，大部分脉动燃烧的研究目的仍在于发展各种推进装置，以用作飞机和导弹的推进发动机。为了克服带机械阀的脉动喷气发动机的疲劳问题，改善发动机的性能，二次世界大战后出现了用气动式单向阀代替机械式阀的无阀脉动喷气发动机。以脉动燃烧器原理研制的脉动喷气发动机作为飞行器的推进装置，在与当时出现的以稳态燃烧为基础的燃气涡轮喷气发动机的竞争中失利而被淘汰，以至于在世界范围内对脉动燃烧器的研究兴趣大幅度下降，脉动燃烧出现了十余年的低谷状态。20 世纪 60 年代后，人们开始将脉动燃烧的研究目标转向提高燃烧效率和热效率、节约燃料，致力于能源转换在工业及民用应用领域的研究，如热水器、采暖设备、锅炉等。1973 年世界性的能源危机、石油价格大幅度上涨的冲击，唤醒了人们的能源保护意识，以节约能源为目的的脉动燃烧研究又得到了蓬勃发展。20 世纪 80 年代，脉动燃烧技术研究进入实用开发阶段，欧洲国家、美国、日本等都致力于开发工业、商业及家用脉动燃烧装置，尤其以美国的脉动燃烧装置专利最多。由美国的 AGA 和 LENNON 公司共同研究开发的 LENNOX 民用暖风机，在商业上大获成功，使人们对该技术的发展前景更加乐观。

25.2.2　脉动燃烧的工作循环

脉动燃烧器可以燃烧气体、液体、固体燃料。燃气和空气可以通过阀门进入燃烧室；液体、固体燃料可直接喷入燃烧室，也可以与空气混合再进入燃烧室。图 25-1 为脉动燃烧器的工作循环示意图[9]，由四个基本过程组成：

（1）点火和燃烧

进入燃烧室的可燃物被火花塞点燃，燃烧伴随着放热过程，使燃烧室内温度、压力开始升高，燃烧区膨胀，燃烧产物通过尾管排出。工作点由 A 点到达 B 点。

（2）气体膨胀

当燃烧室内的压力上升到大于空气和燃料的供给压力时，两进气阀相继关闭，切断空气和燃料进入燃烧室的通路，燃烧及放热大部分已经完成，燃烧室内压力上升到最大值，这时进气阀开始关闭，燃烧气体不能通过阀门倒流，只能通过尾管向外流出。燃烧室内的压力由 B 点开始下降，由于气流的惯性，使燃烧室压力降到大气压力以下 C 点，造成燃烧室内负压。

（3）吸入可燃物

在燃烧室负压作用下进气阀开启，燃料和空气由进气阀自动吸入。与此同时，尾管中的燃烧产物也部分回流进燃烧室，使燃烧室内的压力由 C 点升到 D 点。

（4）压缩与重新点火

新鲜的空气和燃气通过阀门被吸入燃烧室的同时，由于负压作用，尾管中部分高温气体也以高速返回燃烧室。高速回流气体的惯性，使燃烧室内的气体压缩，压力由 D 点上升到 A 点，空气和燃料急速混合并被回流的高温气流点燃，开始下一循环。燃烧过程自动重复，不再需要外加点火。

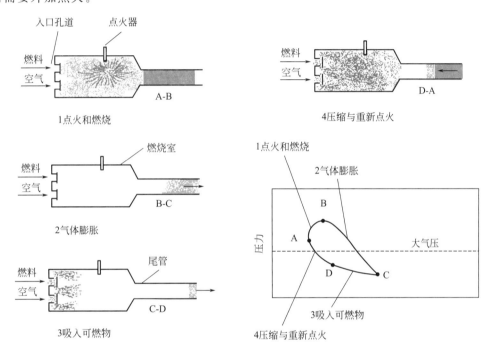

图 25-1　脉动燃烧器（Helmholtz 型脉动燃烧器）工作循环示意图[9]

尽管脉动燃烧器机构简单，但发生在燃烧室内的燃烧过程非常复杂：燃烧室内部是一个三维、强烈湍流、物性可变的流场并伴有声学压力脉动和激烈的燃烧热释放。因此，燃烧器各部分必须高度耦合才能维持脉动燃烧。通常，脉动燃烧器的脉动频率为 20～250Hz。在燃烧室内，压力波动范围为 ±10kPa；在尾管产生的波动气流速度为 0～100m/s。工业上使用的脉动燃烧器输入功率为 70～1000kW。

25.2.3　脉动燃烧器的分类

25.2.3.1　脉动燃烧器的基本类型

根据发声装置的特点，可以将脉动燃烧器分为：Schmidt 型脉动燃烧器（或四分之一波型脉动燃烧器）、Helmholtz 型脉动燃烧器及 Rijke 型脉动燃烧器。

（1）Schmidt 型脉动燃烧器

Schmidt 型脉动燃烧器是基于声学上四分之一波长共鸣器的原理工作的，点火和压力上升较快，有利于产生推力，因此常被用作推进器。如图 25-2 所示[9]，该类型燃烧器简单地由一端封闭、一端开口的直管组成，并可分成 3 个不同的部分：入口、燃烧室和尾管。与封闭端相邻的部分称为燃烧室，燃料的燃烧和放热过程发生在这一区域。四分之一波长共鸣器的闭合端盖用机械或气动阀代替。当燃烧室的压力低于空气或燃料的供给压力时，阀门打开吸入新鲜空气或燃料。当燃烧室内压力大于空气和燃料供给压力时，阀门自动关闭，阻止燃烧室内的燃气倒流。在燃烧器工作过程中，管内所激发的声学压力脉动的振幅在上游封闭端最大，在下游开口端最小，接近于环境压力，形成四分之一波型的驻波分布，封闭端为压力驻波的波腹 (antinode)，开口端为压力驻波节 (node)。声学速度脉动与压力脉动的振幅分布相反，在封闭端速度振幅为零，在开口端达到最大。

图 25-2　四分之一波型脉动燃烧器[9]

对于 Schmidt 型脉动燃烧器，管内激发的声波波长是燃烧器管长的四分之一。压力脉动的频率 $f = \bar{c}/(4L)$（式中，$\bar{c}$ 为管内平均声速，L 为燃烧器管长）。为了确保脉动压力正常，需要很好地平衡混合燃料和空气混合过程与燃烧过程时间，以保证当燃烧室压力达到最大值时，大部分燃烧热已经释放。换言之，即燃烧所持续的时间，在 1/2 脉动周期内，必须完成混合和燃烧过程。

（2）Helmholtz 型脉动燃烧器

Helmholtz 型脉动燃烧器是一类应用比较广泛的脉动燃烧器，特别是中、小功率机械阀的燃烧器，在家用热水器、采暖及商用加热设备中应用较多。Helmholtz 型脉动燃烧器基于标准 Helmholtz 共鸣腔原理工作。图 25-3 为一个典型的 Helmholtz 型脉动燃烧器的结构，具有一定容积的燃烧室相当于 Helmholtz 共鸣腔，通常是圆柱形的；燃烧室的出口连接一根相当长的尾管，并且尾管的出口装了一个容积更大的去耦消声室，具有消声作用。在燃烧室的上游，一般装有一个直径较小的混合室，空气和燃料进口通道、点火器（火花塞）就设在混合室，三者在混合室的一个横截面上成 120° 排列。在空气和燃料的通道上，分别装有机

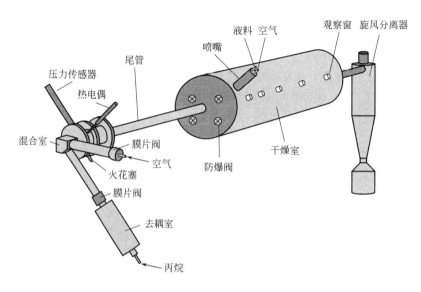

图 25-3　典型的 Helmholtz 型脉动燃烧器[10]

械式单向阀,有时也有燃料或空气去耦室。空气和燃料通过各自的单向阀进入混合室互击混合,成为可燃混合物,并由火花塞点燃,进入燃烧室燃烧放热,维持燃烧室内燃气压力脉动。燃烧尾气通过尾管后的去耦室和排气管排出燃烧室之外或进入应用装置(如干燥器)。

对于 Helmholtz 型脉动燃烧器,燃烧室内压力脉动随时间按正弦曲线规律周期性变化,并且燃烧室内各点的压力瞬时值基本相同。在尾管中,压力脉动的振幅值沿其轴线的分布,是按四分之一波长谐振管驻波波型分布的,在尾管出口为驻波节,压力振幅最小而速度振幅最大。在尾管入口和燃烧室相连的截面上,压力脉动振幅最大,速度振幅最小。计算 Helmholtz 脉动燃烧器频率的经验公式为:

$$f = \frac{\bar{c}}{2\pi}\sqrt{\frac{A}{LV}}$$

式中,f 为脉动燃烧器的声学频率,Hz;$\bar{c}$ 为平均声速,m/s;A 为尾管截面积,m^2;L 为尾管长度,m;V 为燃烧室容积,m^3。

(3)Rijke 型脉动燃烧器

Rijke 型脉动燃烧器原理建立在 Rijke 型管的工作原理上,为了顺利激发脉动燃烧,燃料燃烧过程应在燃烧器前 1/2 处完成[9]。图 25-4 所示为 Rijke 管的模型及管内声学压力和声学速度振幅沿管长的分布。声学压力的振幅沿管长呈半波型驻波分布,在管子中央即 $L/2$ 处为驻波波腹,压力振幅最大,而在管子两端为驻波节,压力振幅为零;声学速度振幅分布正相反,在 $L/2$ 处为零,在两端声学速度的振幅最大,并且声学速度的相位相反,这正是声学中半波型谐振管的特性。由声学原理知,Rijke 管的基波振动频率为:

$$f = \frac{\bar{c}}{2L}$$

图 25-5 显示了天津科技大学一个微型 Rijke 型脉动燃烧实验装置[11]。微型脉动燃烧室使用内径为 11.5mm 中空圆柱形石英管制成,燃料为丙烷气体。燃烧床层放在燃烧器下部 1/4~1/3 处,燃烧床层为金属多孔介质盘。图 25-6 显示的是脉动燃烧状况下,高速相机抓拍的火焰结构周期变化图。从图 25-6 中可以看出,燃烧室内火焰长度在一个脉动

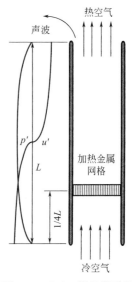

图 25-4 Rijke 管的模型及管内声学压力和声学速度振幅沿管长分布图

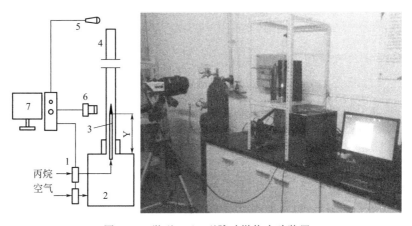

图 25-5 微型 Rijke 型脉动燃烧实验装置

1—燃气/空气微型流量计;2—空气腔;3—燃气管;4—Rijke 管;5—麦克风;6—摄像头;7—计算机

燃烧周期内，经历扩展和收缩、分离阶段，但可看见床层处始终存在一个小火焰，充当点火源。图 25-7 显示微型 Rijke 型脉动燃烧器内气体压力波动图，对气体压力波动图作傅里叶变换，可得脉动燃烧器脉动频率为 25Hz。

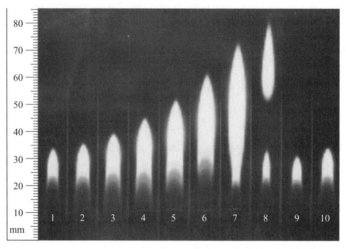

图 25-6　微型 Rijke 型脉动燃烧器内火焰结构周期变化图
（空气速度为 5L/min，丙烷速度为 65mL/min，燃烧室直径为 11.5mm）

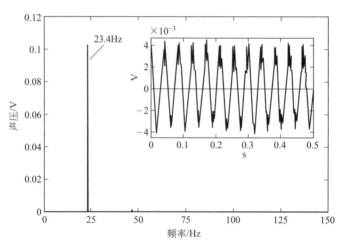

图 25 7　微型 Rijke 型脉动燃烧器内声压信号波动（V）以及脉动频率（Hz）

25.2.3.2　机械阀式与气动阀式脉动燃烧器

根据燃料、空气进入燃烧室的方式，又可将脉动燃烧器分为机械阀（膜片阀、簧片阀和旋转阀 3 种）式脉动燃烧器和气动二极管脉动燃烧器（或叫作无阀式脉动燃烧器）。单向流动是有阀式脉动燃烧器的一个基本特征。在脉动燃烧处于正压状态时，机械式阀门为燃烧产物的回流设置了一道屏障。在要求低功率输入、高开度（最大输出与最小输出之比）的情况下，机械阀门具有突出的优点。

（1）膜片阀燃烧器

膜片阀（Flapper valve）也叫瓣阀，通常由带通气孔的圆盘阀座、膜片和止动盘组成，如图 25-8（a）所示。膜片阀是目前小功率脉动燃烧器上应用较多的一种阀，其工作的原理是：当阀的左侧气体压力大于右侧气体压力时，压差产生的作用力把膜片压向止动盘，空气或气体燃料经阀座底盘上的圆孔进入膜片和阀座盘之间形成的空间，在经止动盘上的腰型孔和止动盘与阀体室内壁形成的环形断面而进入燃烧室。空气和燃气在燃烧室混合燃烧后，燃烧室内的压力迅速升高。此时，阀门右侧的气体压力大于左侧气体压力，膜片被压向阀座盘，盖住了通气孔，从而切断气流的反向流动。止动盘还有防止火焰对阀片的侵蚀作用。

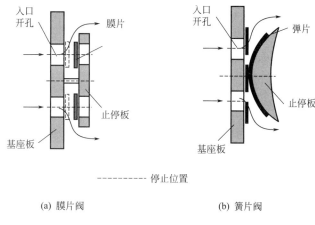

(a) 膜片阀　　　　　　　　(b) 簧片阀

图 25-8　脉动燃烧器机械阀

当脉动燃烧器的结构设计好后，空气和燃气的流量可以通过调节阀片的间隙即增加或减小膜片阀的流通面积来实现。在脉动燃烧器中，空气阀远比燃气阀重要，它直接影响脉动燃烧器的启动可靠性、运行稳定性和运行频率。空气阀的进气量和空气膜片阀的结构尺寸、膜片密度及燃烧室内的压力、脉动频率等参数有关，通过各参数对空气流量的影响分析，可对空气阀进行优化设计。对于膜片应满足：密度小、材料平整、抗挠性能好、热变形小，才能保证其使用寿命，目前常用的膜片材料有：聚四氟乙烯、树脂板、不锈钢和弹簧钢薄板（0.1～1mm）。

（2）簧片阀燃烧器

簧片阀是最早出现并被使用的单向阀，有多簧片和单簧片两种结构形式。图 25-8(b)显示的是簧片式单向阀的机构。当进气道里的空气压力大于燃烧室压力时，空气流冲开簧片进入燃烧室提供燃烧用空气；当燃烧放热使得燃烧室内燃气压力大于进气道里空气压力时，簧片张开把阀门通道关闭，燃烧产物只能通过尾管排出。簧片阀的主要问题在于因簧片阀工作在高频振动条件下，极易疲劳破坏，寿命短。近年来，材料科学的发展提供了抗疲劳强度很高的新型金属材料及氟塑料等非金属材料，有助于提高簧片的寿命，簧片式单向阀仍不失为一种结构简单、工作可靠的单向阀。

（3）旋转阀燃烧器

旋转阀的功能和膜片/簧片式单向阀相同，即当燃烧室内压力大于进气压力时，将进气通道密封，阻止燃烧室内高压气体回流。一种旋转阀的设计包括两块平板：一块电机带动的蝶形旋转板和一块钻有相距 $180°$ 两个长孔的静止板。燃烧所需的空气以垂直于旋转方向通过该旋转阀，进入燃烧室。空气进气道的面积取决于静止板上长孔的高度和宽度。另一种旋转阀的设计如图 25-9 中所示，在燃烧室头部的圆柱壁面上，开有沿圆周均布的数个径向通孔，形成阀座，在它的外面套有一个同轴的与其配合的阀门转筒，转筒壁上开有与阀座相对应的孔。电机带动阀筒旋转，当两孔相对时，空气通过孔进入燃烧室；当两孔错开时，空气通道被堵住，燃烧室内的高压气体不能倒流。

旋转阀具有经久耐用、适应性强、抗油和污物积聚的特点，它的设计、制造与燃烧器的

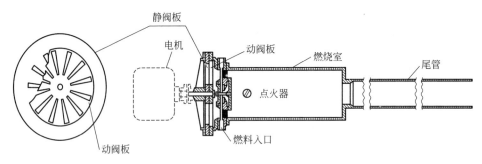

图 25-9 旋转阀脉动燃烧器结构图[1]

设计无关，可以适应一个较大范围的燃烧器运行频率和燃烧速率。但是，阀门的转速决定着脉动燃烧器的工作频率，因此需要有一个"反馈"装置使其转速与燃烧器的共振频率同步。当阀门的转速和燃烧器共振频率不同步时，这个燃烧器被称为频率可调的脉动燃烧器。脉动燃烧器是由燃烧驱动并具有自吸功能的装置，脉动通常由燃烧器内部不稳定的流场变化所驱动。脉动燃烧器是一个周期性但非共振燃烧装置，旋转阀用于控制空气和燃气的顺序流入并且其工作频率通常低于燃烧器共振频率。

（4）气动二极管脉动燃烧器

气动式阀门是利用流体流入特殊设计的入口所表现的流动特性，对燃烧产物的回流实现阻碍作用。这种结构的主要优点是：没有活动部件，从而避免了机械故障或机械损坏，可用于重型燃烧器等入口部件操作环境恶劣的场合。设计气动式阀门应最大限度地防止回流，同时尽可能地减少对流体流入的阻碍。一种方法是入口处安装一个叫作"流体二极管"的装置，但此种装置在操作上不及机械式止回阀，它不能完全防止回流。限制回流量大小的另一种方法是将入口设计为异型截面。逐步向燃烧室扩散的喇叭形入口，首先对进入的空气流加速，然后在进入燃烧室前将气流扩散。在回流时，这种结构有效地充当喷嘴的作用，因此最大限度地减少回流量。图 25-10 是一种无阀式（空气动力阀）脉动燃烧器的示意图。有关脉动燃烧器设计的详细资料参见文献 [1，2，9]。

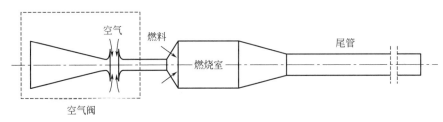

图 25-10 一种无阀式脉动燃烧器

25.2.4 脉动燃烧的驱动机理

前面提到的各种类型的脉动燃烧器，它们的燃烧放热过程与气体的压力脉动之间都存在着某种反馈关系，只是在一定的条件下才能自发地激励起脉动。燃烧器内能否激励起脉动取决于燃烧器过程的特性与燃烧发生区域的气流振动特性。如果把燃烧过程描述为对气流的加热过程，那么这个过程与气流的振动过程之间应满足一种什么关系，加热过程才能驱动起压力振动，而这个压力振动反过来又影响燃烧的脉动，建立起脉动燃烧过程，并自动维持下去呢？瑞利（Lord Rayleigh）在 1945 年出版的《声学理论》一书中提出了一个准则，被称为"瑞利准则"[8]。尽管他在当时没有提出任何数学上的证明，这条准则却成为一条非常概括、直到现在还广泛被用来判断脉动燃烧控制机理的重要准则。他在书中写道："如果热量被周期性地加入振动的空气中，或从其中抽出，它所产生的作用将取决于这个热传递的发生与空气振动之间的相位关系。如果热量是在空气振动过程中最大压缩状态的那个时刻加到空气之中，或者在最大膨胀状态的那个时刻从空气中取走，那么这个振动将被激励和加强。当这个热量的传递发生在最大压缩或最大膨胀时刻，其振动的频率将不受影响。如果热量传递发生在振动空气处于正常密度的时刻，振动既不能被加强也不会被衰减，但是它的频率会被改变。如果热量在最大压缩时刻之前的四分之一周期时加入，振动的频率将会被提高；如果热量是在最大压缩时刻后四分之一周期时加入，则振动频率将会被降低。"

瑞利的表述说明，加热过程对气体振动振幅和频率的影响及作用取决于加热过程与气体振动过程之间的相位关系。在气体处于最大压缩状态时加入热量，或者在气体处于最大膨胀状态时抽走热量，意味着这两个过程是同相位的，气体的振动将被加热过程所激励和加强，其振动频率不受影响。热量的传递发生在空气处于正常密度的时刻，此时两者的相位差为 $\pi/2$，气体的振动强度不会被改变，但其振动的频率会发生变化。

对脉动燃烧驱动机理的理解和认识是实用脉动燃烧器研究与开发的关键。虽然从 20 世纪 60 年代以来人们付出了巨大的努力，使得多种多样的实用脉动燃烧装置不断出现在市场上，但至今对脉动燃烧器的工作原理认识仍较肤浅，以至于在新脉动燃烧器的开发研究中仍沿用着耗资耗时的"试验-失败-再试验"的模式。这种基本上依赖于试验的局面限制了脉动燃烧器的应用开发和其优越性的发挥。所以，脉动燃烧驱动机理的研究成为近十年来的研究焦点。

在脉动燃烧驱动机理的研究中，以及在相关领域中的燃烧不稳定性研究中，已经发现了不少常见的脉动燃烧驱动机理[8,9]：

（1）燃料和空气供应系统的流量脉动

在一定条件下，燃烧室内周期性的压力变化会导致进入燃烧室的空气和燃料流量的周期性变化，因而造成燃烧室内空气/燃料混合比的周期性变化，最终形成周期性的燃烧放热过程。如果这个燃烧放热过程满足"瑞利准则"所规定的与压力脉动之间的相位关系，它将为气流脉动提供机械能量，激励和维持这一脉动。这样，就形成一个封闭的反馈环。这一机理能否形成，取决于空气和燃料供应管路系统对燃烧室压力脉动的响应特性。

（2）由于速度脉动造成对燃料周期性加热

液体燃料和固体燃料的燃烧，要求燃料在与空气混合、反应之前先进行加热和蒸发。在一定的条件下，燃料暴露在脉动的速度场中，可能导致对燃料周期性的加热和蒸发，因而造成周期性的热释放率。

（3）周期性火焰面积的变化

当预混型火焰建立在一个脉动的流场中时，会产生火焰前锋面的变化。火焰锋面的面积大小标志着反应区尺寸的大小和放热率的大小。如果火焰面积周期性的变化与压力脉动之间建立起适当的相位关系，就可能支持气流的压力脉动。

以上介绍的仅仅是可能产生周期性燃烧过程和脉动的热释放机理的一些例子。被发现可以导致热释放脉动的还有不少过程，例如液体燃料的破碎雾化过程；流场中涡脱落过程；局部的燃料/空气组分变化；压力脉动对化学动力学的影响；等[9]。在脉动燃烧驱动机理的研究中，人们发现，不同类型和结构的脉动燃烧器存在着不同的驱动机理。就是对某一个具体的脉动燃烧器而言，往往同时存在着多个反馈环、多个驱动机理，其中之一起着主导作用，并控制或影响着其他的起辅助作用的反馈环。

25.2.5　脉动燃烧的优点与缺点

25.2.5.1　脉动燃烧的优点

脉动燃烧技术与基于稳态燃烧的常规燃烧技术相比，有它独特的、不可比拟的优越性。这种优越性不仅表现在脉动燃烧器本身，而且当脉动燃烧器应用于工农业生产领域时，它又带来使用常规燃烧器不可能得到的更大优点。表 25-1 显示了稳态燃烧和脉动燃烧的比较[10]。

表 25-1　稳态燃烧与脉动燃烧的比较[10]

过程参数	稳态燃烧	脉动燃烧
燃烧强度/(kW/m³)	100～1000	10000～50000
燃烧效率/%	80～96	90～99
化学原因导致的未完全燃烧/%	0～3	0～1
机械原因导致的未完全燃烧/%	0～15	0～5
燃烧室温度/K	2000～2500	1500～2000
烟气中 CO 浓度/%	0～2	0～1
烟气中 NO_x 浓度/(mg/m³)	100～7000	20～70
噪声/dB	85～100	110～130
对流传热系数/[W/(m²·K)]	50～100	100～500
反应时间/s	1～10	0.01～0.5
过量空气系数	1.01～1.2	1.00～1.01

从表 25-1 可以看出，相对常规稳态燃烧，脉动燃烧具有如下优点：

（1）燃烧强度高

脉动燃烧器中特有的强烈气流脉动极大地改善了燃料和空气之间、冷的反应物和热的燃烧产物之间的混合、传热和传质过程，从而大幅度地提高了燃烧的强度。实验研究的文献资料和脉动燃烧器产品的性能资料中报道的数据表明，脉动燃烧器的燃烧强度可以达到 $5.8 \times 10^4 kW/m^3$，而在稳态燃烧的常规燃烧器中，燃烧强度最大只能达到 $1000 kW/m^3$。这一优点为在体积较小的燃烧装置中产生较大的燃烧能量提供了可能性和现实性。

（2）燃烧效率高（额外空气量消耗少）

在燃用气体燃料的各种脉动燃烧器中，只要余气系数稍大于 1.0，便可以达到近似于 100% 的燃烧效率，在其燃烧产物中 CO 的含量只有 20～50μL/L。在以重油为燃料时，在余气系数为 1.05 的条件下，其燃烧效率就可以达到 90% 以上。只需极低的过量空气这一优点对于功率较大、燃用重油及煤的燃烧装置尤为重要，即可以节省下大量的鼓风耗能设备投资。

（3）提高热质传递速率 2～3 倍

在脉动燃烧器中，从燃烧产物到室壁的传热率很高。由于脉动燃烧器内的压力脉动和速度脉动，自动地提供了强烈的强制对流换热，与在常规稳态燃烧器内通常存在的自然对流换热相比，达到了很高的换热强度和换热效率。在常规稳态燃烧器中，单位面积的换热强度最高可以达到 $50～100 kW/m^2$，而在脉动燃烧器中，单位面积的换热强度可超过 $350 kW/m^2$。由此，脉动燃烧器中高强度燃烧所放出的能量得以通过壁面迅速传出。这样，便可以把燃烧装置的体积减小，节省大量的材料，也为用户节省了大量的空间。

（4）减少污染物（尤其是 NO_x、CO 和灰分）约 2/3

脉动燃烧器内的强烈气流脉动改善了燃烧器内的混合过程，达到了很高的燃烧效率，也就减少了燃烧产物中未燃完的烃类化合物、烟尘和 CO 的生成量，由于在脉动燃烧器中燃烧放热是周期性的，加之从燃烧器壁面向外的传热性能极好，所以造成较低的燃烧室温度，使 NO_x 的生成量大幅度减少，如以天然气为燃料的脉动燃烧器，在不采用任何降低 NO_x 生成量措施的情况下，NO_x 的排放量只有 $20\sim70\mu L/L$；在采用某些降低 NO_x 生成量的措施之后，NO_x 的排放量可以降低到只有 $5\sim7\mu L/L$。图 25-11 显示了脉动燃烧器污染物排放和燃烧器功率及尾气温度之间的关系[2,10]。

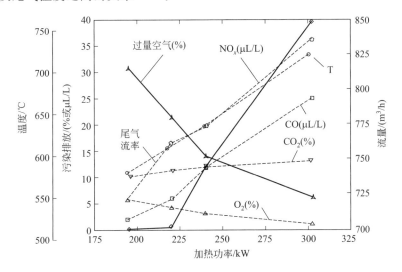

图 25-11　脉动燃烧器污染物排放与燃烧器功率及尾气温度之间的关系[2]

（5）提高热效率 40%

对基于稳态燃烧的常规燃烧器，它不能自行排出燃烧产物，必须用烟囱利用浮力才能把燃烧后的废气排走，或者用排风机把它们抽走。美国能源部（DOE）的统计资料显示，平均有 30%～40% 左右的热能随着排放的烟气从烟囱被带走，排放到大气中浪费掉。一定的排烟温度是烟囱的工作原理所必需的。而且过量空气越多，损失能量的比例越大。排风机的使用允许降低排烟温度，但增加了设备的投资和运行电源消耗。脉动燃烧器的工作原理决定了它具有自行排气的功能，可以自动排出燃烧产物，而不必像常规稳态燃烧器那样用烟囱排烟。由于脉动燃烧器良好的热传递性能和较低的过量空气特性，使得燃烧器出口处的排气温度可以降低到接近环境温度，从而使其总的热效率提高到 95% 的水平，可以大幅度节省燃料，降低操作成本。脉动燃烧器排出的高速脉动尾气流还可以清理尾管内壁的烟尘，具有自净作用。另外，脉动燃烧器大部分具有自吸功能，也就是不需要鼓风机，能自行吸入燃料及供燃烧用的空气。这一优点可使脉动燃烧器在运行中节省大量的鼓风机送风所需要的能量及鼓风机设备投资。

（6）结构简单、体积小

脉动燃烧器除单向阀之外，几乎没有运动部件，因此生产投资及制造成本是很低廉的。

25.2.5.2　脉动燃烧应用中可能碰到的问题

在脉动燃烧应用中，可能会碰到两方面的问题，一个是噪声问题，另一个是振动问题。

（1）噪声问题

虽然从脉动燃烧器原理上看，在尾管出口平面的压力脉动振幅应为零，但在实际燃烧器中会有一定的声能量从这里辐射出来，通过空气和燃料各自的入口单向阀也会向外辐射声能，对周围环境造成噪声污染。脉动燃烧器产生的噪声可超过 120dB。通过下列措施，可以有效地降低脉动燃烧器产生的噪声。

① 耦合两个或多个脉动燃烧器，使它们工作在反相状态，从而使噪声波各自抵消，降低噪声；

② 在尾管出口和空气/燃料进口使用去耦室或消声装置；

③ 将尾管出口和空气/燃料进口与环境隔离，从而降低整体噪声。

（2）振动问题

一方面，由于脉动燃烧器内的压力脉动会诱发装置系统组件的振动，对系统构件的强度、工作可靠性可能会造成一定的影响。另一方面，当脉动燃烧器尾管连接应用装置（如干燥塔、焚化炉）时，干燥塔内进料状态、物料干燥过程将对脉动燃烧器操作产生影响，使其偏离最优工作状态，有时可能造成停机。

25.3　脉动燃烧干燥

25.3.1　脉动燃烧干燥的发展

脉动燃烧装置可用于干燥食品、农产品、化工及工业产品等多种形式的物料[12-20]。1966 年，Ellman 等人首次进行了脉动燃烧干燥褐煤的实验研究，采用无阀脉动燃烧器，功率为 205kW，以丙烷为燃料，排气温度为 370～790℃，工作频率为 15Hz，可将褐煤含水量由 35% 降到 10% 以下，生产率为 2×10^4 kg/h，同时具有干燥和输送的功能[21]。1967 年，南非学者 Muller 等应用脉动燃烧装置进行了干燥玉米的实验研究[22]。脉动燃烧器的功率为 88kW，由于谷物干燥过程中，对干燥介质的温度有一定的要求，所以在干燥系统中增加了二次进风装置以降低干燥介质的温度。1969 年，Ellman 等人设计了一个 713MW，以丙烷、残油和 3% 残油和褐煤的混合物为燃料的脉动燃烧器，燃烧强度为 5.2MW/m³，用于褐煤干燥。后来，Hiller-Snecma 等采用脉动燃烧器作为增压器，用于颗粒物料干燥作业，还有人将其用于锯末、难处理的废弃物和胶合板干燥[23,24]。1982 年，以色列的 Tamburello 和 Hill 进行了脉动燃烧干燥果蔬与热风干燥果蔬的对比实验研究，被干燥的物料为胡萝卜，气流温度为 200～300℃，对物料干燥 10min。采用脉动燃烧干燥法，物料失重率为 0.63，而采用热风干燥，物料失重率仅为 0.15，要降到同样的失重率需 35min[25]。1989 年，美国燃气公司开发出了实用的脉动燃烧干燥设备，该干燥设备由脉动燃烧器、混合室和干燥室三部分组成，主要用于干燥浆状和液状物料，物料在加热区停留时间极短（0.01s）。在混合室内，脉动气流将液、浆状物料打散，雾化成细小雾滴，从而增大物料表面积，提高干燥速率。干燥机排气温度为 93～105℃，而产品升温仅为 38～49℃，特别适合干燥热敏性物料。该干燥系统蒸发强度为 1330kg（水）/h，单位能耗为 2788kJ/kg，被干燥的物料有：酵母、咖啡伴侣、低脂和全脂牛奶、乳酪、蜂蜜、玉米浆、西红柿浆等[26]。1992 年，美国生产的 Unison 脉动燃烧干燥机，用于动物饲料添加剂的干燥获得成功；其中一种添加剂 Cuplex 100 含有赖氨酸，对干燥机有腐蚀作用，以前采用喷雾干燥，喷嘴每周需更换一次，高压泵也需经常维修，年维修费用达 45000～50000 美元，还要停机，严重影响生产。而采用脉动燃烧干燥机，不需要喷嘴和高压泵，由脉动燃烧器产生的高速气流雾化，不仅节省维修费用，而且干燥的产品质量也有提高[27]。1994 年，加拿大 CANNET 多种能源研究室 Kudra 和 Novadyne 有限公司的 Buchkowski 等人，应用脉动燃烧器进行了干燥白木松和木材加工废弃物的实验研究[28]。实验结果表明：采用脉动燃烧干燥固体木材，在技术上是可行的，脉动燃烧干燥木材使恒速段增加，干燥速率提高，污染气体排放低。2003 年，美国

Patterson 等人尝试利用脉动燃烧尾气流冲击干燥纸张[29]。表 25-2 概括了适合脉动燃烧干燥的物料。

表 25-2　脉动燃烧干燥与其他干燥方法的适宜物料比较[1]

干燥器	颗粒与粉末			膏状物	淤泥和软膏状物	高黏度流体	低黏度流体
流化床干燥器	推荐	可应用	特别设计				
转鼓干燥器		可应用		可应用	推荐	推荐	可应用
旋转干燥器	推荐	可应用	特别设计				
喷雾干燥器				特别设计	可应用	推荐	推荐
带式干燥器	推荐	推荐	可应用	特别设计			
气流干燥器	推荐	推荐	特别设计	特别设计			
旋转气流干燥器	推荐	推荐	推荐	推荐			
搅拌型干燥器	推荐	推荐	可应用	可应用	特别设计		
脉动燃烧干燥器	推荐	推荐	可应用	可应用	推荐	推荐	推荐

25.3.2　脉动燃烧干燥方法

脉动燃烧干燥可以在尾管的燃气流中进行，也可以在单独的一个干燥室内进行。尾管内干燥，一般是把待干燥浆状物质或分散的湿物料喷到脉动燃烧器的尾管内某一位置，尾管内的脉动气流将湿物料打散、雾化，并快速加热、干燥。物料的脱水干燥主要发生在尾管内部，后续干燥发生在物料收集装置内，如旋风分离器。由于物料喷到尾管内，物料和气流在尾管内混合，增加了燃气通过尾管的阻力，这种方法往往会影响脉动燃烧器的工作状态，干燥机产量较小。例如前面介绍过的美国矿务局的褐煤干燥机，利用脉动气流自动把待干燥的褐煤泵入干燥管，其产量也受到干燥管的尺寸和泵入能量的限制。

对于发生在单独干燥室的脉动燃烧干燥，典型的脉动燃烧干燥机包括一个燃烧室和干燥室。这种干燥方法是将脉动燃烧器和一些传统干燥方法相结合，物料干燥主要发生在干燥室内，一个或多个脉动燃烧器提供物料脱水所需的能量。燃气压力和速度波所产生的气动作用强化了干燥室内物料和干燥介质之间的质量、动量和能量交换。目前应用较多的是脉动燃烧喷雾干燥、流化床干燥和气流干燥。例如，喷雾干燥时，脉动燃烧器的尾气可直接雾化液体或浆料，使之成为细小雾滴，从而节省了普通喷雾干燥所需的压力喷嘴或离心雾化器。当尾气雾化液体物料时，雾滴面对相同的气体动力，没有喷嘴或雾化器产生的剪切应力，因而雾化后的雾滴直径小，粒度分布均匀。高温尾气也提供了雾滴蒸发所需的能量。流化床干燥时，高速尾气用来流化并快速干燥一些湿物料如鱼粉、啤酒酵母、乳清、各种肥料、下水道污水污泥、水果和蔬菜废弃物、高岭土和电镀沉淀废弃物。有关尾管内和其他各种脉动燃烧干燥机的结构和干燥过程将在本书后续章节详细介绍。

在上述两种干燥方法中，脉动燃烧器提供物料干燥脱水所需的大部分能量，因而干燥机的产量受脉动燃烧器功率的限制。B. T. Zinn 在他 1967 年的一项专利中提出的一种有关脉动燃烧器应用新概念；某些情况下，脉动燃烧器和干燥室的结合结构中，燃烧器的主要作用是激发大振幅的速度/压力波，而只提供一小部分（10%～30%）的热量用于蒸发，从而对现有干燥器，如喷雾干燥室等的改进开辟了道路[30]。为了在干燥室激发出脉动波，脉动燃烧器的工作频率应该与干燥室自然声频中的某个频率相匹配。当满足此要求后，脉动波即发生共振，此过程称为"激励共振"。

工业生产过程要有一定的生产规模，这些过程大都发生在大容积容器内，如干燥塔、煅烧炉等。那么，必须解决如何能使大容积容器内的介质产生脉动的问题。例如，可以在容器壁上装设声驱动器，驱动容器内介质的脉动；也可以在供热、供风的进口管道和出口管道装上蝶式旋转阀，周期性地通断，对气流进行调制，造成进气流（出气流）的脉动，导致容器内的气体脉动。在前面的章节中讨论过，脉动燃烧器出口平面的压力脉动振幅为零，速度脉动振幅最大。脉动燃烧器出口排出的高强度脉动着的气流，正是用以驱动容器内介质脉动的最好驱动源。利用脉动燃烧器给这些工业生产过程供热，在供热的同时，驱动工业过程发生容器内的介质产生谐振脉动，在容器内形成一定振型的声场，使工业过程发生在脉动的环境下。气流的脉动将强化容器内的传热、传质、混合过程，也就提高了生产效率。

在许多大型供热生产过程中，供热的功率是很大的，取决于生产量的要求。但驱动起该容器内介质的谐振脉动所需的声机械能，只占全部供热功率的一小部分，因此，并不需要由脉动燃烧器提供该过程所需的全部热能。在 B. T. Zinn 的实践中已证明，较实用的办法是保留原有常规稳态燃烧器供热装置不动，同时装上一套频率可调的脉动燃烧器供热系统，其功率一般在总供热功率的1%～10%，用以驱动起容器内介质的谐振脉动，改善传热、传质及混合过程。由于脉动声场的建立，还可能改善主供热燃烧器的燃烧状态。这种安排有利于原有设备的改造，又可避免设计大型脉动燃烧器的困难及所带来的噪声和振动等问题。事实上，假如尾管足够长，能够阻止燃烧产物的回流，那么脉动燃烧器的声频将不受下游操作室的影响。相反地，脉动燃烧器的自然声频则受操作室几何形状和载荷的影响，随操作条件（如温度、湿含量及空气湿度）在时间、空间上发生变化。实现激励共振过程，除了在小型设备上进行试差之外，最好的方法是使用调谐式脉动燃烧器，它可以灵活地适应操作室脉动压力波幅值的变化。不少文献介绍了类似的应用技术[9,31,32]。

25.3.3　脉动燃烧干燥过程强化机理

以颗粒或液滴物料的干燥过程为例，可以分析脉动燃烧干燥过程可能的强化机理。颗粒或液滴物料干燥是一个复杂的热质交换过程，干燥介质向物料传递能量，物料升温同时水分由内部向外传递并蒸发。干燥过程驱使热质交换的主要动力是：温度梯度、水分梯度、物料表面蒸气压差和表面张力差；而在干燥过程中阻碍热量和质量传递的阻力一般认为有三种：第一种是外部阻力。第二种是表面阻力，即边界层阻力。在气体和颗粒/液滴之间进行热量和质量传递时，在气固/气液两相界面之间形成一边界层，该边界层阻止热流体与颗粒/液滴之间热量和质量的传递，而形成表面阻力。第三种是固体颗粒内部的阻力，与物料特性有关。若要提高干燥速率，强化传热、传质过程，就必须设法提高传质动力、降低阻力。减少颗粒/液滴直径或通过某种能量场改变颗粒内部结构可以减少内部阻力。对于降低外部阻力和边界层阻力，可采用下列几种方法。

① 增大颗粒物料与气流之间的相对速度，同时增大了气固/气液两相间的摩擦，使边界层变薄。

② 减小颗粒直径，有利于降低颗粒表面边界层的厚度，减小传热阻力，增大传热、传质的有效面积；另外，减小颗粒直径，可以减小水分由颗粒内部向颗粒表面的迁移距离和迁移时间，这些都有利于提高传热、传质和干燥速率。

③ 对颗粒施以附加作用力，如惯性力或离心力，有利于减小边界层的厚度。

由于脉动燃烧产生的高温、高速、高频脉动气流以及声波能的作用，有利于降低上述三种阻力，强化传热、传质过程，概要分析如下：

① 脉动燃烧产生的高温气流，使颗粒/液滴物料与干燥介质之间产生很大的温度差。由对流传热公式 $q = hA\Delta T$ 得热流密度与温差成正比，试验测得脉动燃烧产生的尾气温度高达 600℃左右，而物料通常为室温（约 15℃）；极大的温差使传热增强。此外，物料在恒速段干燥时，其干燥速率为：$\dfrac{\mathrm{d}w}{\mathrm{d}t} = hA\Delta T / r$，式中，$\dfrac{\mathrm{d}w}{\mathrm{d}t}$ 为干燥速率，kg/h；h 为传热系数，W/(m² · K)；A 为传热和蒸发面积，m²；r 为在颗粒表面温度下的汽化潜热，kJ/kg；而 $\Delta T = T_a - T_s$，其中，T_a 为干燥介质温度，T_s 为颗粒物料的表面蒸发温度。由上式可知，干燥速率随温差的增大而增大。增大温度梯度，不但可以加速物料表面水分的蒸发，也可使物料的温度升高，加速物料内部的水分扩散。因此，在脉动燃烧产生的高温干燥介质中，颗粒物料的传热、传质过程得到强化。对于一般的传统干燥过程，干燥介质的温度不宜过高，因为当干燥介质的温度提高到使物料表面水分蒸发的速度大于内部水分的扩散速度时，将使物料恒速干燥段缩短、降速干燥段延长。另外，在高温下，急剧干燥的物料其表面易形成"硬结"，使内部水分难以向外扩散；其次，采用传统干燥法如固定床干燥，由于干燥介质和物料接触时间长，对一些热敏性物料不宜采用高温干燥。而对于在脉动燃烧器尾管内干燥，物料与高温介质的接触时间非常短，再加上在物料干燥过程中水分急剧蒸发，使物料表面温度不会太高，试验测得在脉动燃烧尾管内干燥物料温度不超过 60℃。所以在脉动燃烧干燥中，可以采用高温来强化传热、传质过程。

② 脉动燃烧产生的干燥介质的脉动振荡作用，使物料在这个振荡流场中时而加速时而减速，始终处于非稳定运动状态，颗粒物料与干燥介质间的相对速度大，因而有利于提高传热、传质速率。这一结论可由对流传热的 Nu 数表达式和对流传质的 Sh 数表达式得出。

$$Nu = \frac{hd_\mathrm{p}}{\lambda} = 2 + C_1 Re^{1/2} Pr^{1/3}$$

式中，d_p 为颗粒直径；λ 为空气的热导率，W/(m · K)；C_1 为常数；Re 为雷诺数；Pr 为普兰特数。

$$Sh = \frac{kd_\mathrm{p}}{D} = 2 + C_2 Re^{1/2} Sc^{1/3}$$

式中，D 为扩散率，m²/s；Sc 为施密特数；C_2 为常数，由试验确定。在气流干燥器中 C_1、C_2 一般取 1.05。式中，雷诺数由下式给出：

$$Re = \frac{d_\mathrm{p}u}{v_\mathrm{a}}$$

式中，u 为气流与颗粒之间的相对速度，m/s；v_a 为空气运动黏度，m²/s。

从上式中可以看出，增大雷诺数能够提高传热系数和传质系数。要增大雷诺数就必须提高气流速度，特别是气流和颗粒间的相对速度。在脉动燃烧产生的振荡流场中，尽管脉动气流的平均速度不是很大，但是脉动气流的激烈振荡使颗粒/液滴物料和干燥介质之间的瞬时相对速度很大，因而传热系数和传质系数远大于其他干燥方式，从而大幅度提高了传热、传质速率。

③ 脉动燃烧产生的高频压力波动，使干燥过程加快。由于脉动燃烧产生的干燥介质湿含量很低，所以其水蒸气分压 p_a 很小，因此 Δp 较大，干燥速率提高。另外，由于高频振荡的压力波动，很容易撕裂和减薄颗粒/液滴表面的蒸汽边界层，使颗粒内部的水分在脉动压力的作用下，迅速到达颗粒表面并被迅速蒸发。气流压力的湍流脉动还可提高液体毛细现象的同步性，提高物料的水分扩散系数。实验测得脉动燃烧的压力振荡强度为 ±10kPa。正是由于压力脉动，强化了干燥过程中高温气流和湿物料之间的热量、质量的传递过程。

④ 脉动燃烧产生的声波能使干燥过程的传热、传质得到强化。据有关文献介绍，声波能可使干燥过程加快 1～2 倍，因此，对某些物料可以缩短干燥时间，例如用转筒声波场干燥葡萄糖酸钙，干燥时间仅为 20～30min，而工业生产条件下目前该干燥过程长达 8h 以上。声波场干燥的机理是：通过声波振动，使物料中的部分结合水与物料分离，同时声波所传递的能量，被物料吸收而转化为热能，从而使物料中的水分迁移蒸发脱离物料。在声波能的作用下，气固/气液表面的边界层很容易受到破坏，从而强化外部传热、传质过程。脉动燃烧是一种周期性的振荡燃烧，燃烧过程中产生很强的声振，据试验测得所设计的 25kW 脉动燃烧器裸机（即没有安装空气和排气消声器）的噪声强度为 100dB 左右。因此，在脉动燃烧干燥过程中，脉动燃烧产生的声波能量场对传热、传质具有强化作用。脉动燃烧产生的声波能一方面对强化干燥过程的传热、传质有利，但同时对环境造成噪声污染。所以在应用脉动燃烧干燥时，应采取有效的消噪声措施。

上述温度梯度、脉动流场、压力场以及声波能的协同作用，对干燥过程中的传热、传质起强化作用。

25.3.4 脉动燃烧干燥的优点

对于公开报道的资料进行分析得出，脉动燃烧干燥提高了热、质（湿分）的传递速率，降低了物料的干燥时间，增大了工业干燥器的生产能力。而且，脉动燃烧干燥器热效率高，可以有效地干燥低或高黏度的液体或膏状物料。由于物料在干燥室的停留时间相当短，比其他燃烧方法的燃气温度峰值低，不足以产生氮的氧化物，所以 NO_x 排放量相当低。如使用天然气等无硫燃料，可用于干燥食品和生物制品。与传统干燥技术（连续式干燥）相比，脉动燃烧干燥具有如下特点：

① 提高干燥速度 2～3 倍；
② 降低单位空气耗量 30%～40%；
③ 避免了干燥器内部各处特征量（如温度、浓度、湿含量）的不均匀分布，从而提高了产品质量；
④ 处理易于结块或团聚的黏性物料（不需要机械搅拌和粉碎）；
⑤ 分散液体、浆料和悬浮液（不需要转盘式雾化器或高压喷嘴）；
⑥ 操作过程中，燃气和产品温度低；
⑦ 排入大气中的空气量少；
⑧ 该系统不需要使用鼓风机。

25.4 脉动燃烧干燥装置

25.4.1 尾管内干燥

脉动燃烧器尾管内物料干燥，可充分利用尾管内的高速、高温脉动气流及声波能，使湿物料快速干燥。图 25-12 是一种小型脉动燃烧气流干燥机的结构示意图[9,20]。该干燥系统由压力仓、脉动燃烧器、干燥塔和进料、卸料器组成。脉动燃烧器使用一个自驱式瓣阀，工作频率为 60Hz、额定功率为 300kW、开度为 3∶1、蒸发水量为 300kg/h。湿物料，如锯屑、猪油、古秸、废酒糟直接喷射入尾管。在尾管中，物料在湍流气流和高温差的共同作用下分散良好，进行强化干燥。接着，物料进入干燥塔，进一步蒸发水分。若将旋风分离器收集到的干产品的一部分返混于进料中，可以减少物料初始湿含量，提高湿物料的分散性。若产品的最终湿含量要求极低（即高强度干燥），则将旋风分离器排出的产品返回干燥塔。干燥塔排出的废气，将再循环入燃烧器以冷却尾管，同时降低初始烟道气的温度。再循环气体为干燥系统提供了一个安全的内部环境，而且回收了废气中的能量。

从 1965 年到 1969 年，美国矿产局开发了用以干燥褐煤的脉动燃烧装置[33]。1966 年先制成以丙烷为燃料的、功率为 292kW 的样机，随后研制成功三种以干燥过程产生的褐煤粉为燃料的大功率脉动燃烧器干燥装置。燃烧器长度分别为 3.66m、6.10m 和 10.7m，其中最小的燃烧器功率为 0.3～1.37MW，最大的燃烧器工作频率为 15Hz，功率为 7.3MW。图 25-13 给出的是美国矿产局褐煤干燥机样机的示意图。大功率的以褐煤粉为燃料的干燥机结构与此相同，启动时先用丙烷为燃料点火预热，到一定温度之后，喷入掺混以 3%（热值）的丙烷或油料的褐煤粉燃烧，可连续工作。燃烧器本身是一台施密特型燃烧器，装有圆管型气动

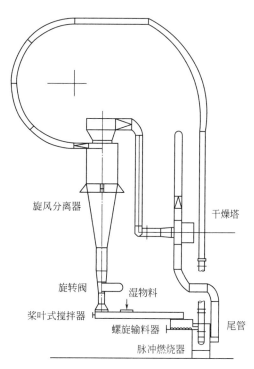

图 25-12　一种小型脉动燃烧气流干燥机

空气进口阀，可以自吸工作，无需鼓风设备。燃烧室由一段内径为 146.3mm 的圆柱形管接上一段收敛锥管组成，长度为 305mm；尾管内径为 102mm，整个燃烧器长 2440mm。燃烧器的脉动频率为 70Hz，与燃烧用空气进口相对，装有外涵空气入口，经一段弯管接入燃烧器的外涵道，利用气动阀倒流排气的动量，引射外涵空气流过燃烧室外壁，带走从壁面传出的热量；外涵道空气与尾管排出的热燃气混合，一起进入去耦室，而后进入褐煤干燥管道。调节设在外涵空气通道内的阀门，改变外涵空气的流量，可以在 373～787℃ 范围内调节干燥热风的温度。干燥管进口温度由热电偶监测，静压由静压表测量。干燥管为竖直安装，直径为 203mm，长为 15.24m。待干燥的褐煤由料斗加入，经螺旋加料器送到干燥管入口，由

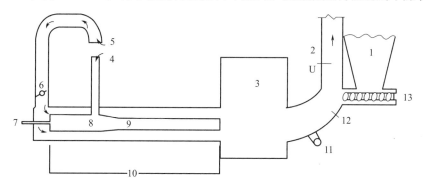

图 25-13　美国矿产局的褐煤干燥机[33]

1—褐煤料斗；2—干燥管进口静压表；3—尾管去耦室；4—燃烧用空气进口；

5—外涵空气入口；6—外涵空气控制阀；7—压缩空气入口；

8—燃料进口及火花塞；9—脉动燃烧器；10—脉动燃烧器总长；

11—清灰阀；12—干燥管进口温度计；13—褐煤螺旋加料器

燃烧器出口的高速脉动气流自动泵入干燥管。干燥后的褐煤流入收集室。这一设计无需另加褐煤输送装置，利用燃烧器脉动排气的动量，集加热干燥与褐煤的输送于一体，提高了整个装置的效率，简化了机构。该干燥机每小时可干燥褐煤 3.2t。

1996 年到 1999 年，李保国在中国农业大学对脉动燃烧器尾管内物料干燥进行了详细的实验研究，主要目的在于了解尾管内干燥物料的规律，分析燃烧器结构参数和工艺参数变化对物料干燥性能的影响，比较脉动燃烧尾管内干燥对不同物料的适应性以及在各种条件下的干燥效果[34]。图 25-14 显示了脉动燃烧尾管内干燥试验装置。该装置主要由脉动燃烧器、带水冷却套的尾管段、喂料装置、可调长度的干燥管、旋风分离器和机架等组成。实验所用的脉动燃烧器为膜片阀式 Helmholtz 型，燃烧室为直径为 100mm、长为 250mm 的圆柱形，以液化石油气为燃料，功率为 25kW，频率调节范围为 50～100Hz。湿物料如锯末、鱼粉、豆渣等，直接从尾管不同位置喂入，尾管内高温振荡气流将物料直接打散并干燥成干颗粒。产品在旋风分离器收集。在干燥初始湿含量为 83% 豆渣时，喂料量为 24kg/h，干燥速率为 9kg H_2O/h，单位能耗为 3600kJ/kg H_2O。实验结果发现脉动频率随喂料速率增加而减小，同时脉动燃烧器操作稳定性也受到喂料量影响。

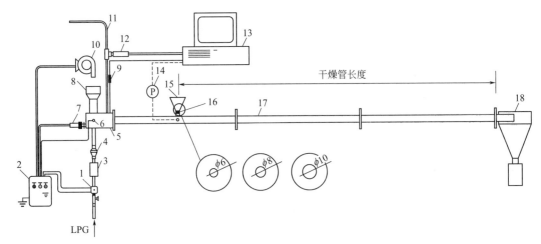

图 25-14　脉动燃烧尾管内干燥试验装置（中国农业大学）

1—电磁阀；2—控制面板；3—去耦室；4—单向燃气阀；5—燃烧室；6—火花塞；
7—火焰探测器；8—单向空气阀；9—K 型热电偶；10—风扇；11—半无限管；
12—压力传感器；13—数据采集器；14—压力探头；15—料斗；
16—进料口；17—尾管；18—旋风分离器

2012 年，吴中华等利用类似尾管干燥装置进行城市污水厂污泥干燥[35,36]。实验发现高温脉动尾气流能够将膏状污泥离散成湿颗粒并快速干燥。图 25-15 显示脉动燃烧干燥前后污泥状态，干燥前污泥含水率为 80%，呈灰色膏状；干燥后污泥为黑色颗粒。污泥颜色改变主要因为干燥时污泥有机质氧化所致。尾气流温度为 600℃ 左右，污泥颗粒直径分布为 0.01～4mm，平均含水率为 56%。污泥在尾管停留时间为 0.5s，意味着 24% 污泥水分在半秒内被去除。

2004 年，Benali 利用脉动燃烧器进行了颗粒物料热处理研究[37]。实验装置包含一个 60kW 天然气膜片式脉动燃烧器，燃烧室体积为 4.63×10^{-3} m³，尾管形状可变。颗粒物料为洁净砂（311μm，2646kg/m³），喂入尾管加热并由尾管末端旋风分离器收集。砂粒质量流量为 10～50kg/h，温度从 20℃ 加热到 600℃。与相同操作条件下传统炉加热比较，砂粒加热时间短，天然气消耗量减少 25.5%。

(a) 膏状污泥(干燥前)

(b) 颗粒污泥(干燥后)

图 25-15　脉动燃烧干燥前后污泥状态

25.4.2　喷雾干燥

　　脉动燃烧喷雾干燥就是利用强烈湍流的尾气将料液打散，雾化并干燥，其脱水过程一般发生在干燥室或干燥塔内。图 25-16 显示了美国 Bepex 公司的 Unison™ 脉动燃烧喷雾干燥机结构图[20,38]，该装置包含一个带旋转阀脉动燃烧器、干燥室、物料收集装置（如旋风分离器）、废气过滤装置（如布袋过滤器）等。操作过程为，新鲜空气被泵入脉动燃烧器的外套壳内部，一部分空气通过空气单向阀进入燃烧室和燃料混合并急剧燃烧，产生高温高压热燃气，热燃气向下急速通过尾管；另一部分空气吸收燃烧器壁面散发的热量，并在尾管出口处和燃气流混合，形成混合尾气流。液体物料由喂料管送至尾管出口下方，混合气流打散并雾化该液体物料流，使之产生微小的雾滴并将其带入干燥室进行干燥脱水。在干燥室内，由于气流强烈湍流、脉动，雾滴被进一步分散、雾化，并和干燥气体充分混合。由于干燥气体的高温、强烈湍流和振荡，雾滴将很快被干燥成干颗粒。旋风分离器用于收集干燥后的颗粒物料。布袋过滤器净化携带微小颗粒的废气。为防止可能发生的泄漏，使用排气风扇保持干燥室和物料收集装置处于稍微负压状态。当调节燃气流量时，可以控制干燥室气体进口温度，而调节物料流量时可以控制气体出口温度。干燥室的进入温度受燃料进料量控制，出口温度通过改变物料供给量而得到调节。脉动燃烧器的工作温度是 810～1470K，频率为 60～200Hz（一般为 125～150Hz），声压值达到 180dB，最大输入功率为 235kW，蒸发水量达 300kg/h，干空气流量为 600kg/h。这种干燥机能够处理黏度大的浆料（16Pa·s，固形物直径为 2mm，长度达 10mm），也可以处理黏度为 0.3Pa·s 的溶液。物料经尾气分散后，在烟道尾气的"热区"停留时间不超过 5ms，并且尾气的振荡强化热量向物料传递，从而加快物料水分的蒸发，而快速的水分蒸发将抑制物料温度上升，物料的受热温度低于 50℃，从而保护了物料，因此该干燥机适合干燥热敏性物料。表 25-3 比较了脉动燃烧喷雾干燥和普通喷雾干燥之间不同结构和干燥性质[20]。

表 25-3　脉动燃烧喷雾干燥和普通喷雾干燥的比较

干燥机性质	脉动燃烧喷雾干燥	高压喷嘴喷雾干燥	离心喷雾干燥
雾化方式	气体动力、无剪切应力	高压孔口、高剪切应力	中等剪切应力
液体泵	低压	高压	低压
物料传送方式	开口管道	精密小孔	各种旋转盘

续表

干燥机性质	脉动燃烧喷雾干燥	高压喷嘴喷雾干燥	离心喷雾干燥
热量蒸发	快速、彻底	较慢	较慢
热量传递速率	高	相对低	相对低
干燥器磨损部分	物料泵、空气阀、电机	物料泵、喷嘴	物料泵、旋转驱动单元
易损部件	料液管	泵、料液管	泵、料液管、旋盘
替换易损部件成本	非常低	高	高
替换易损部件时间	几小时	几天	几天

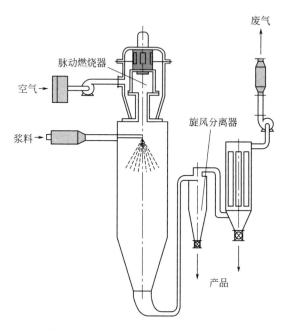

图 25-16　美国 Bepex 公司的 Unison™ 脉动燃烧喷雾干燥机结构图

图 25-16 所示干燥机已经测试大约 160 种物料，并且已对某些矿物质、化工产品、食品和营养品等取得可喜的干燥效果。与普通喷雾干燥相比，脉动燃烧喷雾干燥得到的矿物质粉末具有较好的颗粒表面性质、平均颗粒直径和粒度分布。对食品和营养品，干燥后的颗粒具有较好表面性质、流动性、风味、质地、色泽、蛋白质活性、复水性。脉动燃烧喷雾干燥在相同进料量下，能够处理更高固体浓度料液，这有助于提高颗粒产量并降低单位产品成本。同时，脉动燃烧喷雾干燥能够处理困难料液（相对传统喷雾干燥），如高黏物料，含有高浓度低熔点糖物料（如橘汁），以及高脂肪含量物料。表 25-4 概括了在产品质量和单位耗能

表 25-4　Unison™ 脉动燃烧干燥机干燥测试的物料

食品与添加剂	动物蛋白、阿拉伯胶、甜菜汁浓缩物、血制品、酪乳、焦糖色素、角菜胶副产品、胡萝卜汁、胡萝卜汁浓缩物、奶酪副产品浓缩物、奶酪、鸡肉汤、芫荽叶、咖啡豆、蛋白、蛋黄、食品调味料、凝胶、瓜拉尼胶、糊精麦芽糖、橘汁浓缩物、橘油乳状液、马铃薯去皮废料、马铃薯产品、盐水、脱脂乳、大豆蛋白、普通大豆酱油、添加焦糖色素和盐的大豆酱油、番茄酱、全鸡蛋、酸奶酪
矿物质	无定型二氧化硅、苦卤、陶瓷铝氧化物、陶瓷悬浮物、赖氨酸铜、黏土、蛋氨酸铁、硫酸铁、高岭土、蛋氨酸锰、金属氧化物、碳酸镍、碳酸镍催化剂、其他催化剂、无水硅酸、二氧化钛、硅酸钛、沸石
营养品	苜蓿汁、动物疫苗、大麦汁、蓝绿藻、角菜胶、维生素 B、果蔓榨取物、甲壳类产品、海胆亚目、葡萄籽榨取物、葡萄果渣榨取物、啤酒花浸膏榨取物、水解产品
化学品	谷草杆菌抗生素、清洁剂、乙二胺四乙酸钠、肥料厂废水、植物淀粉共聚物、皂基、有机色素、甲醛树脂、表面活性剂、乙烯基醋酸盐乳状液

的评价指标下，Unison™脉动燃烧干燥机在不同物料的干燥上，取得了比普通喷雾干燥机较好的效果。表 25-5 则比较了 Unison™脉动喷雾干燥机与普通喷雾干燥机的干燥性能。

表 25-5　Unison™脉动燃烧喷雾干燥机与普通喷雾干燥机干燥性能的比较

物料	干燥条件	喷雾干燥机	脉动干燥机
抗生素	进气温度/℃	400	704
	排气温度/℃	127	104
	产品湿含量	基准	相同
	雾化方式	旋转式	脉动气流
	空气消耗	基准	低 20%
	产量	基准	可高于 11%
蔬菜汁	进气温度/℃	232	704
	排气温度/℃	82	88
	产品湿含量	基准	相同
	雾化方式	喷嘴	脉动气流
	空气消耗	基准	低 30%
	风味	基准	高 2~3 倍
蛋白质	进气温度/℃	300	840
	排气温度/℃	82	90
	产品湿含量	基准	相同
	雾化方式	喷嘴	脉动气流
	空气消耗	基准	低 25%
	蛋白质等级	基准	相同
丙烯酸系胶乳	进气温度/℃	204	760
	排气温度/℃	71	77
	产品湿含量	基准	相同
	雾化方式	喷嘴	脉动气流
	空气消耗	基准	低 33%
全鸡蛋	进气温度/℃	260	870
	排气温度/℃	79	82
	产品湿含量	基准	相同
	雾化方式	喷嘴	脉动气流
	空气消耗	基准	低 40%
	蛋白质等级	基准	相同

图 25-17 显示了美国 Pulse Combustion Systems 公司开发的脉动燃烧喷雾干燥器，其结构类似于 Unison 脉动喷雾干燥器。当前，Pulse Combustion Systems 公司可提供五款具有不同热值和蒸发能力的脉动燃烧喷雾干燥器。P-0.1 型干燥器可提供 100000BTU/h 热量以及约 40kg 水/h 蒸发能力。最大 P-3 型干燥器可提供 3000000BTU/h 热量和 1500~2000kg 水/h 蒸发能力。

2015 年，为评价脉动燃烧喷雾干燥器性能和产品质量，天津科技大学吴中华团队与美国 Pulse Combustion Systems 公司合作进行典型物料喷雾干燥实验研究[39]。实验物料包括高蛋白含量的蛋清、含乳糖的脱脂牛奶，以及代表矿物质的二氧化钛溶液。物料喷雾干燥实验在 Pulse Combustion Systems 公司进行，产品质量检测在天津科技大学进行。以蛋清脉动燃烧喷雾干燥为例，干燥过程参数及干燥器性能见表 25-6。在初始启动状态，尾管高温气体（约 600℃）和新鲜空气混合形成混合气，并调整混合气温度至 229.4℃。蛋液在脉动燃烧器尾管出口喂入，料液流量为 0.6kg/min，料液经高温振荡混合气雾化并干燥成粉末。蛋清粉在旋风分离器收集，干燥结束后，部分沾壁蛋清粉采用高压空气清扫，并收集。

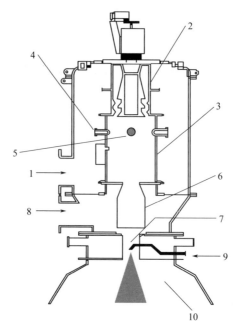

(a) 脉动燃烧器喷雾头示意图

1—空气; 2—单向阀; 3—燃烧室; 4—燃料; 5—点火器; 6—尾管;
7—雾化器; 8—冷却器; 9—料液; 10—干燥室

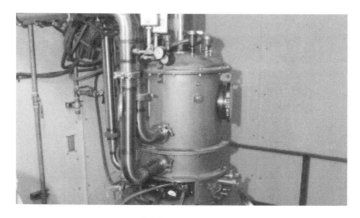

(b) 脉动燃烧器喷雾头图片

图 25-17　竖直型脉动燃烧喷雾干燥器 (Pulse Combustion Systems，USA)

表 25-6　脉动燃烧蛋清干燥数据

项目	蛋清	项目	蛋清
料液流量/(kg/min)	36	干燥室壁面吹扫粉末量/kg	0.29(8.4%)
初始湿含量/%	86.96	干燥室壁面清扫粉末量/kg	—
脉动燃烧器热释放/kW	20.31	布袋收集粉末量/kg	—
喂料点气体温度/℃	229.4	固体收集率/%	75
干燥室出口气体温度/℃	71.1	粉末最终湿含量/%	8.6
环境空气温度/℃	8.8	水分蒸发速率/[kg(水)/h]	29.2
运行时间/min	28	体积蒸发速率/[kg(水)/(h·m³)]	7.3
料液固体总量/kg	3.45	燃料能源消耗/[kW/kg(水)]	2504
旋风分离器粉末量/kg	2.3(66%)	总能源消耗/[kW/kg(水)]	3198

从表 25-6 中可以看出，脉动燃烧器热负荷为 20.31kW，为设计热负荷的 69.3%。蛋清从初始 86.96% 含水率降至最终 8.6% 的含水率。脉动燃烧喷雾干燥器蒸发速率为 29.2kg（水）/h，约占设计蒸发能力的 73%。脉动燃烧器燃料为丙烷，燃料能源消耗为 2504kW/kg（水），加上附属设备电能消耗，脉动燃烧喷雾干燥总能耗为 3198kW/kg（水），该数值比水分蒸发潜热 2258kW/kg 高 40%。另外，对脱脂牛奶和 40% 含固量二氧化钛溶液，脉动燃烧喷雾干燥总能耗分别为 3167.8kW/kg（水）和 3330.9kW/kg（水）。与传统热风喷雾干燥总能耗水平 4500~11500kW/kg（水）比较，脉动燃烧喷雾干燥具有较高的能源效率。

图 25-18 显示脉动燃烧喷雾干燥（PCSD）和传统热风喷雾干燥（SD）蛋清粉粒径分布图。从图 25-18 中可以看出，与传统热风喷雾干燥相比，脉动燃烧喷雾干燥有一个小平均粒径和更紧密粒径分布。脉动燃烧喷雾干燥蛋清粉 D50 粒径为 20.15mm，而热风喷雾干燥粒径为 54.74mm。脉动燃烧喷雾干燥蛋清粉 RSF 值为 2.71，而热风喷雾干燥 RSF 值为 3.42。脉动燃烧喷雾干燥和热风喷雾干燥蛋清粉扫描电镜照片如图 25-19 所示。图 25-19 中，热风喷雾干燥颗粒容易积聚，颗粒表面粗糙，而脉动燃烧喷雾干燥颗粒较分散，颗粒表面为光滑球形。另外，脉动燃烧喷雾干燥颗粒有着中空结构，这种中空结构是由快速干燥而形成的。脉动燃烧喷雾干燥，水分蒸发短，蒸发强度大，液滴没有足够时间来收缩，因而导致中空结构。在热风喷雾干燥过程中，干燥强度中等，液滴有足够时间来收缩，因而形成密实结构。蛋清粉中空结构有助于其快速溶解。另外，课题组也检测了脉动燃烧喷雾蛋清粉蛋白质变性情况，发现蛋白质活性保持良好，蛋清粉起泡性和凝胶能力好于传统热风喷雾干燥蛋清粉，略低于冻干蛋清粉。

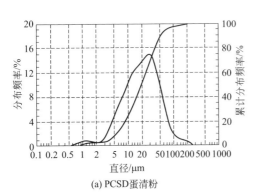

(a) PCSD蛋清粉

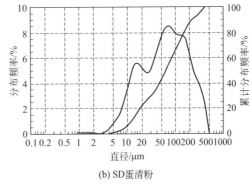

(b) SD蛋清粉

图 25-18　脉动燃烧喷雾干燥（PCSD）和传统热风喷雾干燥（SD）蛋清粉粒径分布

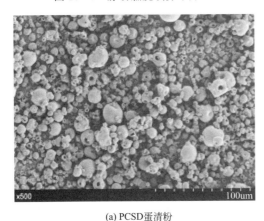

(a) PCSD蛋清粉

(b) SD蛋清粉

图 25-19　脉动燃烧喷雾干燥和传统热风喷雾干燥蛋清粉扫描电镜照片

近年来，随着计算流体力学（Computational Fluid Dynamics，CFD）的快速发展，不少研究者利用 CFD 技术对喷雾干燥进行数值研究，以改进或优化现有干燥过程，同时节省试验时间和费用[40-44]。一些新型干燥机的设计，先利用 CFD 技术进行数值试验，取得满意的结构和操作参数，然后进行中试试验，可以大大地节省费用。Wu 等对脉动燃烧喷雾干燥过程进行数值模拟，取得了一些有用的数据和结果，加深了人们对脉动燃烧喷雾干燥过程的了解[43,44]。在他们的 CFD 模型中，计算区域是一个长为 1.5m，最大直径为 40mm 的干燥室，干燥介质采用脉动燃烧器出口的脉动烟道气，气体温度为 650℃，平均流速为 23m/s，振幅为 100m/s，脉动频率为 83Hz。物料采用初始水分为 90% 的食盐浓液，其雾化液滴直径分布通过试验确定。干燥室内的气体湍流运动利用工程常用的标准 k-epsilon 湍流模型进行模拟。干燥室内有雾滴和干燥气体两相，热量从高温气体向低温雾滴传递，雾滴受热蒸发，水蒸气进入干燥气体，因而两相之间存在质量、动量、能量交换。雾滴被气流带动，其动量交换按照牛顿第二定律进行计算。雾滴的受热蒸发过程按照一定"法则"进行模拟。同时，考虑气体物性随温度、成分等变化。图 25-20 显示了模拟得到的脉动燃烧干燥室内气体在一个脉动周期内流线图。从图中可以看出，气流在干燥室内的运动状态非常复杂，强烈湍流并有回流漩涡（vortex）。从进口向出口运动过程中，气流束逐渐散开，在干燥室的锥体段完全分散。干燥室进口处附近存在一个小型回流区，其大小和中心位置在一个脉动周期随时间变化。该回流区主要是由于干燥室进口突扩效应造成的。在干燥室中段外壁面处附近，存在另一个较大的回流区，该回流区的大小和中心位置对应着气流束半径的变化，当回流区小并且中心位置离壁面较近时，气流束较早分散开来，这样雾滴和气流两相流可以占据更多干燥室空间，雾滴和气流混合良好，有助于干燥过程。当回流区大并且向中心轴靠近时，气流束被压向中心轴，雾滴和气流集中在一个较小区域，干燥室体积利用率低。该回流区主要是由于进口气流的脉动所造成，特别在脉动周期某些时刻，进口速度为负值，回流更明显。

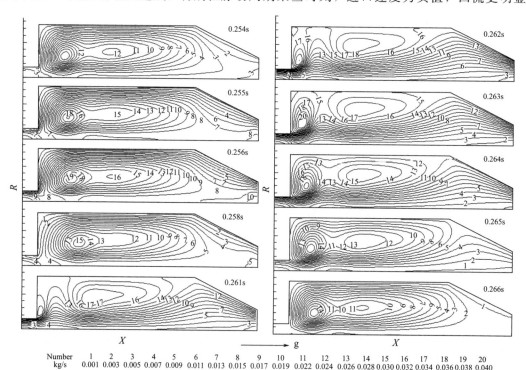

图 25-20　脉动燃烧干燥室内气体流线在一个周期变化图

回流区的存在一方面可以压迫气流束，阻止气流束过早分散，有助于防止雾滴在失水一定程度以前就接触干燥室壁面，造成颗粒沉降（droplet deposit）；另一方面会造成过热干燥，当某些雾滴进入回流区时，停留时间过长，失水成干颗粒以后仍然受热升温，造成过热而降低产品质量。

图 25-21 显示了另外一种脉动燃烧喷雾干燥机设计（Pulse Dryer®）[45]。干燥机由一个或多个脉动燃烧器、一个旋风分离器形状的干燥室、粉尘收集器、喷雾塔等构成。与 Unison™ 脉动燃烧喷雾干燥机不同，该干燥机的脉动燃烧器尾管和干燥室水平放置，湿物料分散/雾化和主要干燥发生在尾管，而后续干燥和气料分离发生在干燥室内。该干燥机具有尾管内干燥的特性，但同时能雾化和干燥液体物料，因而也可以归入喷雾干燥。燃烧所需空气由风扇鼓入圆柱体空腔内，而后进入燃烧室。该燃烧室能够容纳一个或多个操作频率为 250Hz 的无阀脉动燃烧器。湿物料直接喂入脉动燃烧器的文丘里管型尾管，被脉动气流打散并干燥成颗粒。颗粒和水蒸气被尾气流带入干燥室，在干燥室内，颗粒进一步被干燥成干产品。干燥室的旋风分离器结构使得干产品中较重的颗粒由于重力作用和气体分离，掉落在干燥室底板，通过气塞阀门排出。细小颗粒和水蒸气进入喷雾塔，进行洗涤，最后排入大气环境。干产品的最终湿含量由物料喂入速度决定。该干燥机能处理一些分散的湿物料如鱼粉、啤酒酵母、乳清、各种肥料、下水道污水污泥、水果和蔬菜废弃物、高岭土和电镀沉淀废弃物。可处理颗粒直径从亚微细粒到 6mm 固体，湿含量可达 99%（湿基）。该系统去水速度大约为 1225kg/h。图 25-21 所示的单模块干燥机能够容纳两台脉动燃烧器，增加干燥机模块数目可以加大整个干燥系统的干燥能力。表 25-7 概括了一台用于工业电镀沉淀废弃物脉动燃烧干燥机的干燥特性[1]。

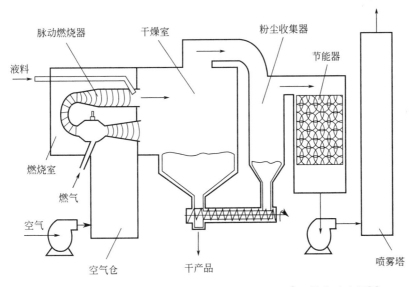

图 25-21　一种脉动燃烧喷雾干燥机（Pulse Dryer®）结构示意图[1]

表 25-7　工业电镀沉淀废弃物脉动燃烧干燥机的干燥特性

参数	描述
组成成分	
氢氧化铝	23%
氢氧化铁	19%
氢氧化钙	25%

续表

参数	描述
铁酸钙	12%
其他成分	21%
生物料喂入	13600～32000kg/天,含固体颗粒10%～15%,由两台压带机喂料
干产品	1640～3900kg/天,10%湿含量
水分蒸发量	12000～28800kg/天
单位能量消耗	3373kJ/kg
物料温度(一级干燥室)	52℃
产品温度(一级干燥室物料和灰尘收集器的混合料)	38℃
废气温度	74℃
能量消耗	7380000kJ/h
电力消耗	440V,三相,60Hz 的电力,50kW
操作时间	12～24 小时/天
操作工人	1 人/班
噪声水平	70dB,整个系统被减噪材料包封
结构材料	6.5～25mm 低碳钢板
系统构成	两台脉动燃烧干燥器
系统尺寸	长 11m,宽 4.8m,高 5.5m

由于脉动尾气流声波能的影响,湿物料中水分子和固体颗粒的结合被破坏,使颗粒之间不易发生团聚,增加了分散颗粒的表面积;另外,颗粒表面湿分易于分离,导致了来自固体表面水分和细小雾滴水分的快速蒸发。该干燥机平均能量消耗为 3370kJ/kg 蒸发水,对一些含高表面水分、分散度好的物料如高岭土、金属氧化物、碳酸钙,能量消耗可降低到 2950kJ/kg 蒸发水。依干燥物料的不同,旋风分离器型干燥室内空气温度维持在 80～100℃或稍高于出口气体-水蒸气混合物的露点。排出废气的热能可通过气-气热交换器回收,或使用气-液热交换器(如洗刷器)回收热能并提供洗刷或工厂其他所需的热水。燃烧器高温外壁也是一个辐射热量回收源,如果在脉动燃烧器加装蒸汽夹套,该干燥机每小时能产生 130kg 新鲜蒸汽。由于产品在干燥室内停留时间为千分之几秒和出口温度在 52℃,物料热退化的影响实际上可以被忽略。然而,增加产品与干燥室内 80～120℃ 干燥介质接触时间,即停留时间,可减少产品中病原微生物的含量(表 25-8)[1]。同时,在干燥室内氧气浓度不到 1%,爆炸和火灾可以忽略,且降低了产品氧化程度。该脉动燃烧器和干燥室平行放置的干燥机已有商业产品,图 25-22～图 25-24 显示了日本东邦株式会社制造的几款脉动燃烧干燥机结构示意图,不同干燥机干燥能力及结构参数见表 25-9。

表 25-8　脉动燃烧干燥机对下水道污水污泥的干燥特性

参数	泥浆 A		泥浆 B	
	干燥前	干燥后	干燥前	干燥后
固体含量/(%,质量分数)	12.4	90.6	3.3	88.8
挥发性固体含量/%	41.4	53.4	47.1	55.9
TKN/(mg/kg)	32540	29540	57060	29260
NH$_3$-N				
T-PO$_4$-P				

参数		泥浆 A		泥浆 B	
		干燥前	干燥后	干燥前	干燥后
病原生物	沙门氏菌	负	负	负	负
	志贺氏菌	负	负	负	负
	寻形菌属/(♯/mL)	24000	750	240	1100
	大肠菌属/(♯/mL)	>240000	>30	9300	36
	E. 大肠菌/(♯/mL)	>240000	>30	930	36
单位能耗/(kJ/kg 干固体)		19000		66500	
设计干燥能力					
喂料速度		160t/d 消化污泥，被压带机脱水至 20%固体含量			
生产能力		40t/d 80%固体含量			
工厂规模		$3.02 \times 10^5 \mathrm{m}^3/\mathrm{d}$ 活性污泥			

TKN；Total Kjeldahl nitrogen（凯氏氮总量）；NH_3-N；氨氮含量；T-PO_4-P：total phosphate phosphorus（磷酸盐磷总量）

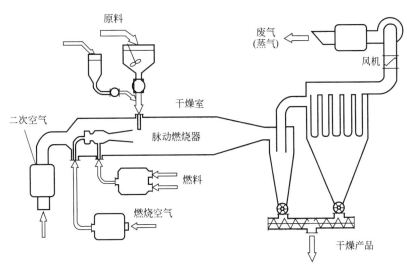

图 25-22　圆筒型脉动燃烧干燥机结构示意图（日本东邦）

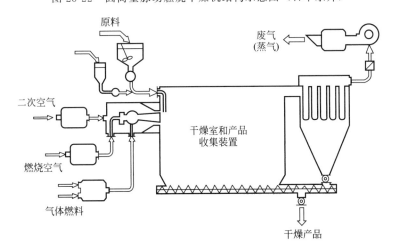

图 25-23　带大容积干燥室的脉动燃烧干燥机（日本东邦）

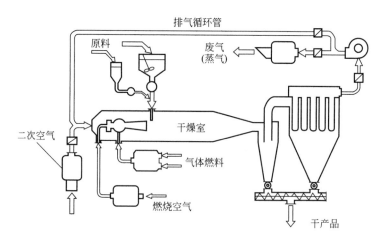

图 25-24　蒸气循环的脉动燃烧干燥机（日本东邦）

表 25-9　脉动燃烧干燥机型号、干燥能力及结构参数

型号		25 型	250 型	500 型	1000 型	2000 型	4000 型
额定干燥能力/(kg/h)		25	250	500	1000	2000	4000
额定燃烧热量/[10^4 kcal (1cal＝4.1840J)/h]		2		40	80	160	
单位耗能/(kcal/kg)		800	800	800	800	800	800
干燥产品温度/℃		50～70	50～70	50～70	50～70	50～70	50～70
气体出口温度/℃		90～120	90～120	90～120	90～120	90～120	90～120
空气流量/(m³/h,标准状况)		100～250		2000～4500	3500～8500	7000～17000	
燃料种类		煤气、天然气	煤气、天然气	煤气、天然气	煤气、天然气	煤气、天然气	煤气、天然气
设备动力/kW·h		8～9		25～40	40～65	75～110	
外形尺寸	长/m	4	6	10	15	16	13
	宽/m	2	4	4	6	7.5	10
	高/m	2	4	5	7.5	7.5	17

25.4.3　气流干燥

图 25-25 是加拿大 Novadyne 公司脉动燃烧气流干燥器结构示意图[1,20]。该装置包含一台脉动燃烧器，一段从尾管延长的气力输送管，物料输送和进料装置。脉动燃烧器使用自我驱动单向阀，操作频率为 70Hz。燃烧器输出功率为 300kW，蒸发量为 275kg（水）/h。湿颗粒物料如锯屑、混合木料废料（hog fuel）、咖啡残渣等直接注入脉动燃烧器尾管内，由于大温差和热燃气强烈湍流，物料被分散和干燥，而最终干燥将在气力输送管内完成。一系列干燥试验证明脉动燃烧气流干燥具有和普通气流干燥相同的热效率，但电力消耗可以降低40%～50%。这是因为脉动燃烧气流干燥器使用小型的电动机并可省略物料处理设备［如抛撒机（slinger）］。表 25-10 提供了脉动燃烧气流干燥混合木材废料的测试数据。

如果一些物料需要更长的停留时间，该气流干燥器可以改进，使用一个圆柱体干燥室代替气力输送管连接脉动燃烧器尾管，如图 25-25（b）所示。在该结构中，湿物料被气流强制吸入，垂直于气流方向进入干燥室。物料大部分水分在干燥室被蒸发。这种安排可以最大限度地利用脉动燃烧器尾气流的优点，即尾气流的强烈湍流和振荡将强化热质传递过程。干燥

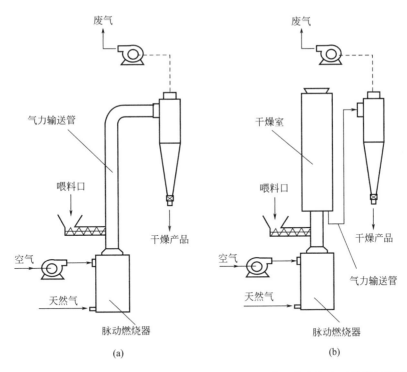

图 25-25　气力输送管型（a）和圆柱干燥室型（b）脉动燃烧气流干燥器结构图

表 25-10　脉动燃烧气流干燥混合木材废料测试数据

处理量（湿物料）	590kg/h	处理量（湿物料）	590kg/h
初始湿含量	45%～55%（湿基）	热负荷	237kW
最终湿含量	10%～20%（湿基）	蒸发速率	204kg/h
尾管烟道气温度	1040℃	单位热耗	4,187kJ/kg（H_2O）
废气温度	104℃	电能消耗	0.019kW/kg（H_2O）
燃烧空气流量	306m³/h	返混率	40%
烟道气流量	1,275m³/h		

室内的气固悬浮物通过一个气力输送管被排入旋风分离器，在旋风分离器中，物料被干燥至最终湿含量。干燥淤泥或特别湿的颗粒时，从旋风分离器收集的干物料部分返流和湿物料相混合以减小物料初始湿含量和提高物料进入干燥室的可流动性。对更大型的干燥器，旋风分离器的干物料将部分返流进干燥塔。干燥器也可以回收热量，即通过将旋风分离器的废气来冷却脉动燃烧器尾管，或预热燃烧所需的新鲜空气，或与燃烧器排出的烟道尾气混合以减低进口气体温度。

　　该脉动燃烧气流干燥机不仅可以处理均匀的液体，而且可以处理带细小或粗糙颗粒的混合流体，其所测试部分物料的性质如表 25-11 所示。例如，25mm 长的黏土细条很难用手工破碎，但是脉动燃烧器强烈振荡的尾气流可以较容易解体这些黏土细条。干燥锯木厂废弃物时，大块的木头和树皮（长度可达 50mm）能够和细小锯屑在干燥机内一起被干燥、输送。该干燥机也可以处理一些黏性物料如造纸厂初级纸浆♯2，但是纸浆和锯屑或干产品混合物需要细心的操作。从图 25-26 可以看出，与相同规模大小的普通气流干燥机相比，当一半的新鲜空气可以被热循环气体代替，该干燥机单位耗能可减少 10%[45]。

表 25-11　Novadyne 脉动燃烧干燥机所测试部分物料的性质

	物料		湿含量/%	最大尺寸/mm	说明
1	造纸厂初级纸浆＃1		80	3	细小,非黏性颗粒
2	造纸厂初级纸浆＃2		68	20～25	细小黏性颗粒,易形成团块
3	混合物	造纸厂次级纸浆	85	0.5	浆料和锯屑按1∶0.36质量比混合
		锯屑	60	5	非常湿的锯屑
4	P&P 脱墨纸浆＃1		52	25	黏土和微细纤维混合物,螺旋压榨机脱水,易形成很难用手弄碎的团块
5	P&P 脱墨纸浆＃2		42	25	类似上述材料
6	锯屑		44	5	粗糙锯木厂锯屑,夹杂50mm长木块和树皮
7	咖啡残渣沉淀物		60	0.05	细小,非黏性颗粒

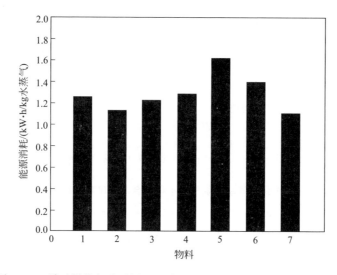

图 25-26　脉动燃烧气流干燥机的单位能源消耗（物料参见表 25-11）

25.4.4　流化床干燥

图 25-27 是带有补燃器的 IMPULS 脉动燃烧振动流化床干燥器,用于处理污泥浆,操作频率为 175Hz,声压为 136dB,热负荷为 $2 \times 10^8 W/m^{3[20]}$。含有 30％固形物的污泥从滤网带由双螺杆加料器送入干燥室上部,自由下落的小颗粒在这里吸收补燃器提供的热量。干燥室内的成型挡板可将停留时间延长至 0.4s,这段时间足以脱去自由水分,防止颗粒结块。然后,颗粒慢慢地向下流动,在下降中与搅拌桨叶相遇,同时与尾管出来的烟道气及污水厂再循环气体形成的混合气流接触,约蒸发 50％的水分。剩下的水分大部分是毛细管水分,在振动床中脱去。在 4min 内可使最终湿含量达到 10％左右（干基）,这样在料温达到 90～120℃时,防止了因产品气化而过多地排放一氧化碳、一氧化氮和二氧化硫。生产的颗粒（直径为 1～3mm）,渗透性极好,相对密度为 0.4（一般值为 0.7）。该干燥器直径为 2m,高为 6.5m,配有 1000kW 的脉动燃烧器和 3000kW 的补燃器,可处理污泥 2 万吨蒸发水量/年。该脉动燃烧振动流化床干燥器已经成功用于干燥酸性废弃物、生物沉淀物、过期酿造酵母、锯屑、硝皮厂沉淀物、有毒废弃物、城市沉淀物、电镀沉淀物、泥浆、危险废弃物等。

图 25-28 显示了以色列 Moriah-Israel 科技公司设计的脉动燃烧流化床干燥器[25]。该

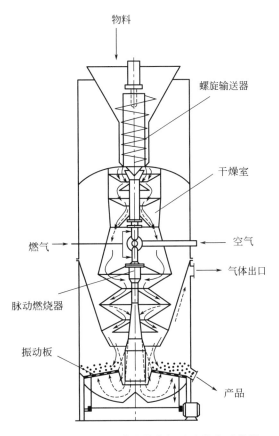

图 25-27　IMPULS 脉动燃烧振动流化床干燥器

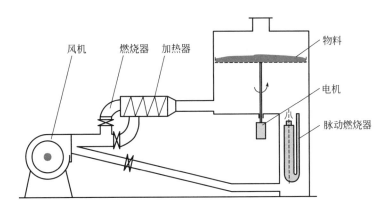

图 25-28　脉动燃烧流化床干燥器[25]

公司利用该装置分别进行传统热风干燥和脉动燃烧干燥，并比较两种方式下物料干燥效果。脉动燃烧器是一个带半空气动力阀的 U 型结构燃烧器，以液化石油气为燃料，燃气平均流量为 10kg/h。燃烧器入口和出口装配增强器，用于提高脉动燃烧干燥性能。物料放置在旋转板上，用于均匀干燥并避免局部材料过热。实验物料为直径为 15mm，厚为 5mm 胡萝卜圆片。实验发现与传统干燥方式比较，脉动燃烧流化床干燥有着更高的干燥速率。胡萝卜片达到要求水分所需时间，脉动燃烧流化床干燥要比普通流化床快两倍，如图 25-29，同时脉动燃烧流化床干燥产品质量较好。

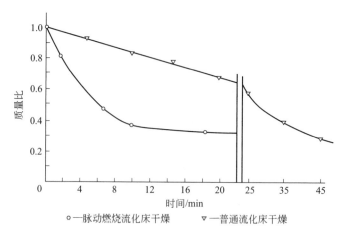

图 25-29　脉动燃烧流化床干燥和普通流化床干燥速率[25]

图 25-30 显示了美国马里兰州 ThermoChem Recovery 公司开发的一台带脉动燃烧内加热器的流化床气化炉，该结构也用于湿物料干燥。气化炉工作原理为：在流化床内部有数十根沉没式热交换管用于加热物料至气化温度。这些热交换管由多尾管 Helmholtz 脉动燃烧器组成，其中尾管发挥换热作用。气化炉产生的部分合成气用作脉动燃烧器燃料，因此该气化炉可能量自我持续。尾管内高温气体存在强烈振荡，因而尾管换热器传热效率远高于传热换热器。尾管末端烟气进入热回收蒸汽产生器用于产生蒸汽。气化炉产生的合成气通过旋风分离器，被二级热回收蒸汽产生器冷却后，输送到下一道工序。气化炉床层高度维持在脉动燃烧器加热尾管上部，床层大量物料用于气化过程热平衡。气化后渣料从气化炉底部排出。

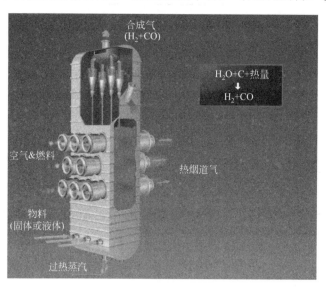

图 25-30　脉动燃烧流化床气化炉

　　1983 年，Lockwood 等设计了一台脉动燃烧流化床干燥机并申请了专利[46,47]。干燥室由顶盖和下部床层构成，两部分之间用弹性密封垫连接。干燥室内部靠近壁面处有一环形隔板，隔板和干燥室壁面形成一个气体空腔。该气体空腔和脉动燃烧器尾管相连，使脉动气体进入通道。干燥室中间有一空心圆柱体，该圆柱体一方面是搅拌壁和旋转底板的轴，另一方面由于内部空心，可以为干燥后颗粒提供溢流通道。在旋转底板上方，有很多管道叶片

（duct blades），这些径向分布的叶片一端固定在中心轮毂上，另一端固定在环形隔板上。脉动的烟道气从侧缘之间的间隙由下向上运动，将颗粒吹起形成流化床层。为了提高气体在流化床层的分布，两块倾斜平板形成一条渐细的间隙，以一定的角度朝向底板。间隙在隔板处最宽，然后逐渐变细，在轮毂处最窄。这条间隙限制了气体在隔板处的稀化，使得气体在径向更均匀地分布。尽管进入脉动燃烧烟道气从底板四周流向中心，由于叶片的倾斜和尾管切向和气体空腔之间的切向连接，气流同时也和底板一起旋转。因此，通过流化床层的气流有径向和切向分量，这将导致床层的起伏和旋转，从而极大地减少通道（channeling）和死角（dead zones），提高了干燥产品质量。为了增强旋转运动，一个可调的气流旁路可将脉动气流从一个辅助入口分流至气体空腔内，以控制旋转强度。另外，一对旋风分离器支撑圆盘板分别放置在溢流通道上方和气体出口的下方，以增强气体在干燥室的漩流运动。通过干燥室侧壁上一个进料口，湿物料被送进干燥室。湿颗粒物料先掉入床层的外缘部分，好几个装有倾斜翼片的搅拌臂使得物料在床层均匀分布，这种机械混合也有助于物料流态化。干颗粒经溢流通道排出干燥室，被收集。旋流废气夹带的细小颗粒从干燥器上方的出口排出。

25.4.5　冲击干燥

冲击干燥（impingement drying）是近年来出现的一种新型、快速、对流式干燥技术。它借助喷嘴产生的高速气流冲击湿物料表面而携走水分。由于冲击流动产生大的湍流，因而具有较高的传质、传热系数，可以有效地缩短干燥时间。冲击干燥广泛应用于化工、食品、纺织和造纸等行业。在冲击干燥器中，风机把新鲜空气鼓入加热室。在加热室，冷空气被电阻丝加热到一定的温度，该空气温度由温度传感器控制。然后，热空气被压缩，气体压力增大。当高压的热空气通过喷嘴空隙射出时，势能转变成动能，热空气获得一个非常高的速度。这种高温、高速的空气直接喷射在被干燥物料的表面，造成物料表面水汽层强烈地湍流扰动，因而热空气和物料间具有较高的热质传递速率。通常在冲击干燥装置中，由一个或多个喷嘴射出的热空气，其温度介于 $100 \sim 350 \, ℃$ 之间，速度维持在 $10 \sim 100 \, m/s$。

比较冲击干燥使用的高温、高速空气流和脉动燃烧器所产生高温、高速、高频脉动的尾气流，两者之间具有较多类似之处，是否可以直接利用脉动燃烧器所产生的尾气进行冲击干燥？一些研究者对此做了初步的探索[29,48,49]。

2003 年，美国纸张科技研究所（Institute of Paper Science and Technology, Atlanta）的 Patterson 等人对脉动燃烧尾气冲击纸张干燥进行了试验，实验装置如图 25-31 所示[29]。该装置由一段 9m 长的轨道（track）和一块滑板（sled）构成，滑板在轨道上牵引运行，速度为 $150 \sim 600 \, m/s$。轨道中间正上方是冲击气体产生系统，由无阀脉动燃烧器、空气消音器、尾管、气体分布头、尾气出口孔板组成。空气通过消音器进入脉动燃烧器，产生的高温脉动热燃气通过尾管（直径为 7.62cm）。脉动燃烧器燃料为丙烷，燃烧室压力为 $100 \sim 200 \, kPa$（高于大气压），脉动频率为 90Hz，燃烧室内气体温度可达 $1300 \, ℃$。尾管外壁有冷却翅片和夹套，通过调节夹套内冷却空气流量，可以控制尾气流的出口温度。冷却后的尾气流进入一个高度为 30.48cm 金字塔形喷嘴（Pyramid nozzle），并从喷嘴出口孔板射流而出，在下方轨道处形成一长为 0.305m 冲击干燥区。喷嘴出口是一块 30.48cm×30.48cm 密布圆形小孔的平板，孔面积占总面积的 2.5%。面积为 10cm×10cm～25cm×25cm 测试物料小薄片固定在滑板上，当滑板从轨道开始段向尾部运动，经过中间冲击干燥区时，物料被脉动冲击热气流所干燥。嵌入物料薄片内的热电偶用于监测物料样本内部和表面温度变化，传感器测量样本质量变化、样本在轨道上运动速度和干燥区停留时间等数据。通过这些数据计算蒸发速率、能源消耗等干燥参数。实验测试的纸张类型有纸巾（towel）、新闻纸（newsprint）

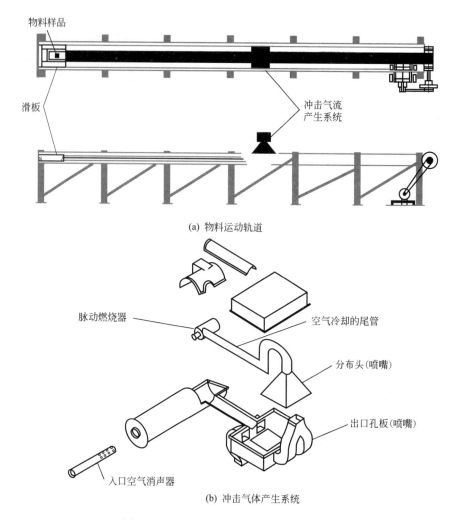

（a）物料运动轨道

（b）冲击气体产生系统

图 25-31 脉动燃烧冲击干燥试验装置[50]

和纸板（linerboard），物料初始湿含量分别为 72%、65% 和 55%。

Patterson 等人利用该装置进行了大量干燥实验，并对装置进行改变，如使用较大型旋转阀脉动燃烧器、不同喷嘴设计等。不幸的是，试验数据非常分散。例如，在上述干燥装置下，当冲击气流喷嘴质量流量为 450kg/(h·m²) 时，试验观察到蒸发速率在 5000 ～ 20000kg（水）/(h·m²) 变化。因而，试验结果不具有代表性，有兴趣的读者可阅读参考文献 [29]。

2005 年，Wu 等就脉动燃烧尾气冲击流的传热特性进行了一系列实验研究[48]。该实验利用自制的小型 Helmholtz 脉动燃烧器产生的尾气直接冲击陶瓷板，采用集总热容法测量当地对流传热系数，并得到对流传热系数在陶瓷板的分布，改变不同参数得到不同条件下的传热系数变化曲线，以预测纸张或织物等平面物料的传热特性及流动特性，对脉动尾气流增强传热的可能原因进行了讨论。图 25-32 为实验装置示意图，主要包括小型 Helmholtz 脉动燃烧器、控制系统及数据采集系统。实验所用 Helmholtz 脉动燃烧器为自行设计开发的膜片阀式燃烧器，燃烧室为柱锥型结构，由内径为 44mm、长为 64mm 的圆柱体与长为 46mm 的圆锥体相接而成。尾管为内径为 22mm、长度为 460mm 的不锈钢管。燃烧器的总长度为 614mm，最大直径为 54mm。燃烧器选用液化石油气（LPG）作为燃料，脉动压力为

101.33～106.33kPa（高于大气压力），脉动频率为 250Hz，尾气出口温度大于 530℃，出口气体平均速度为 4.33～5.12m/s，对应冲击气流雷诺数（Reynolds number）为 1248～1476。实验选用绝热性能较好的陶瓷板，以减小物料内部传热对冲击流传热的影响。陶瓷板的热传导系数为 3W/(m·K)，尺寸为 800mm×500mm×10mm，在陶瓷板中心位置上有一半径为 4mm 的孔，用来放置半径为 3.5mm、长为 8mm 的圆柱体铜块，铜块内部嵌入热电偶，用于监测加热过程中铜块温度变化。铜块平面与陶瓷板保持在同一平面上，陶瓷板与铜块之间空隙用生料带（聚四氟乙烯）填充，由于生料带的热导率小 [<0.1W'(m·K)]，可有效地阻隔铜块和陶瓷板之间热传递，减少试验误差。

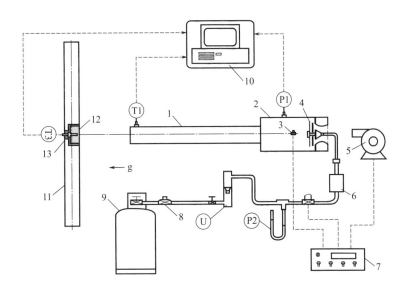

图 25-32　脉动燃烧尾气冲击传热实验装置示意图[48]

1—尾管；2—燃烧室；3—火花塞；4—膜片阀；5—风机；6—去耦室；7—控制盒；8—电磁阀；

9—液化气罐；10—数据采集系统；11—陶瓷板；12—铜块；13—聚四氟乙烯生料带；

T1，T3—热电偶；P1—压力传感器；P2—U 型压力计；U—气体流量计

对流传热系数通过集总热容法计算，即假设铜块内没有温度梯度。根据铜块的能量守恒，可利用下列公式求出对流传热系数。

$$hA(T_\infty - T) = \rho VC \frac{dT}{dt} \Rightarrow h = \frac{\rho VC}{A}\left[\frac{Ln\left(\frac{T_\infty - T_0}{T_\infty - T}\right)}{t}\right]$$

式中，密度 $\rho = 8.92 \times 10^3 kg/m^3$；体积 $V = 2.65 \times 10^{-7} m^3$；比热容 $C = 400J/kg$；表面积 $A = 3.85 \times 10^{-5} m^2$；$T$ 是铜块温度，通过嵌入的热电偶测量；T_0 是铜块的初始温度；T_∞ 为冲击流在陶瓷平板静止点（Stagnation point）的绝热壁面温度，可根据测量的数据分析得出，当 T 上升速度接近零时，铜块温度基本保持平衡即可认为达到 T_∞。图 25-33 显示，在燃气流量 F 为 0.1m³/h，尾管出口距陶瓷板表面 2.7 倍尾管直径（$H/D = 2.7$）操作条件下，在冲击流抵陶瓷板表面时，其流束中心点即静止点处的对流传热系数为 120W/(m²·K)。Hollworth 和 Gero 使用稳态空气冲击传热，在雷诺数为 6630 及 9700、$H/D = 2$ 时在静止点测得对流传热系数分别为 116W/(m²·K)、146W/(m²·K)[50]。脉动燃烧尾管冲击流的雷诺数（1248～1476）小于稳态空气冲击流的 Re 值，但是对流换传系数却相当，由此可见脉动燃烧尾气可以加强冲击流对流传热。

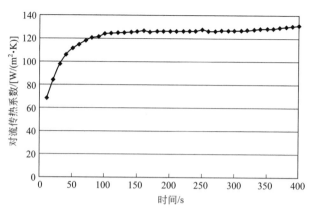

图 25-33　对流传热系数（$H/D=1.27$，$F=0.1\text{m}^3/\text{h}$，$R/D=0$）

图 25-34 显示了在不同尾管出口-平板表面距离下，对流传热系数在平板的径向分布。从图中可以看出，对流传热系数在 $H/D=0$ 附近，即静止点周围较大，并随 H/D 稍为减小；在 H/D 处于 1~3 之间，对流传热随半径扩展快速减小，其下降斜率随 H/D 增大而减小；当到达一定半径时（$H/D>3$），对流传热系数很小并保持不变，而改变尾管距平板高度，对对流传热系数影响不大。这说明在该装置下，脉动燃烧尾气冲击流在平板上的影响区域大约为尾管直径的 3 倍。

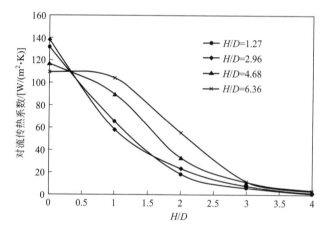

图 25-34　脉动燃烧冲击传热时对流传热系数在平板上的分布

25.5　结论

本章详细介绍了脉动燃烧器结构、发展历程、可能的燃烧驱动机理及脉动燃烧与稳态燃烧相比的优缺点。脉动燃烧现象从 1777 年被发现以来，经 200 多年的研究，虽然该燃烧现象非常复杂，涉及因素众多，至今对其基本原理仍不甚了解，燃烧器的设计仍依靠经验和试差法，但是对脉动燃烧的了解正在不断加深。脉动燃烧技术在干燥上的优越表现，已经引起了许多研究兴趣，但目前的研究还处于初步阶段。商业化的脉动燃烧干燥机并不多见，部分原因是脉动燃烧器设计困难阻碍了脉动燃烧技术在干燥上的应用，另外当脉动燃烧应用于干燥过程时产生的一些新问题需要进一步研究，如脉动燃烧喷雾干燥雾化、粘壁等。尽管如此，脉动燃烧的高燃烧效率、低污染和脉动燃烧干燥的快速干燥、低单位耗能、高产品质量等优点，使得脉动燃烧技术在干燥领域必将获得更广泛的应用。

参考文献

[1] T. 库德（Kudra T），A. S. 牟久大（Mujumdar A S）著. 李占勇译. 先进干燥技术. 北京：化学工业出版社，2005.

[2] Kudra T, Mujumdar A S. Special Drying Technologies and Novel Dryers, In: Handbook of Industrial Drying（Mujumdar A S, Ed）. Marcel Dekker Inc: New York, 1995.

[3] Zinn B T. Pulse combustion: recent applications and research issues. Proceedings of the 24th International Symposium on Combustion, The Combustion Institute, 1992, 1297-1305.

[4] Thring M W. Pulse combustion-the collected works of F. H. Reynst. Pergamon Press: New York, 1961.

[5] Foa J V. Elements of flight propulsion. John Wiley & Sons: New York, 1960.

[6] Lorin R. Aerophile XVI, 1908, 332-336.

[7] Reader G T. The pulse jet 1906~1966. Journal of Naval Science, Vol. III, 1977, 226-232.

[8] Rayleigh L. The theory of sound Vol. II. Dover: New York, 1945.

[9] Zinn B T 著. 程显辰译. 脉动燃烧. 北京：中国铁道出版社，1994.

[10] Zbicinski I. Equipment, technology, perspectives and modeling of pulse combustion drying. Journal of Chemical Engineering, 2002, 86, 33-46.

[11] 聂海韬，吴中华，苏海涛，等. 微型 Rijke 管丙烷非预混脉动燃烧火焰特性. 2013 年中国工程热物理学会燃烧学学术年会. 重庆大学，11 月 8-10 日，2013.

[12] Kudra T, Benali M, Zbicinski I. Pulse combustion drying: aerodynamics, heat transfer, and drying kinetics. Drying Technology, 2003, 21（4），629-655.

[13] Ozer R W. Review of operation data from pilot plant and field pulse combustion drying system. in: Proceedings of the Power and Bulk Solids Conference, Rosemont, IL, USA, 1993, 407-419.

[14] Kuts P S, Akulich P V, Grinchik N N, et al. Modeling of gas dynamics in a pulse combustion chamber to predict initial drying process parameters. Chemical Engineering Journal, 2002, 86, 25-31.

[15] Akulich P V, Kuts P S, Nogotov E F, et al. Gas-dynamical processes in a pulse combustion chamber or dying of materials. Journal of Engineering and Thermophysics, 1998, 71（1），71-75.

[16] Nomura T, Nishimura N, Hyodo T, et al, Heat and mass transfer characteristics of pulse combustion drying process. Sixth International Drying Symposium, Sep 5-8, 1988, Versailles, France.

[17] Sonodyne Industries Inc. Pulse combustion lowers drying costs. Chemical Engineering, 1995, 50（21），3385-3394.

[18] Chowdhury J. Pulse combustion lowers drying costs. Chemical Engineering, December 10, 1984, 44-45.

[19] Wu Z H, Mujumdar A S. R&D needs and opportunities in pulse combustion and pulse combustion drying. Drying Technology, 2006, 24, 1521-1523.

[20] Wu Z H, Mujumdar A S. Pulse combustion dryers. Chemical Industry Digest, May, 2006, 58-65.

[21] Ellman R C, Belter J W, Dockter L. Adapting a pulse jet combustion system to entrained drying of lignite. Fifth International Coal Preparation Congress, Oct 3-7, 1966, Pittsburgh, Pa.

[22] Muller J L. The development of a resonant combustion heater for drying application. South African Mechanical Engineer, 1967, 16（7），137-147.

[23] Abbott A, Battelle P. General survey of pulse combustion. Proceeding of First International Symposium on Pulsating Combustion, Aug 5-8, 1971, University of Sheffiel, England.

[24] John W, Belter J W. A review of the use of pulsating combustors for drying and conveying, Proceeding of First International Symposium on Pulsating Combustion, Aug 5-8, 1971, University of Sheffiel, England.

[25] Tamburello N M, Hill G A. The development of a vegetable and fruit dehydration with a pulse combustion chamber. Proceeding of Symposium on pulse combustion applications Mar 2-3, 1982, Chicago, Illinois.

[26] Robert J S. Pulse combustion burner dries food in 0. 01sec. Food processing, 1989, 9-10.

[27] Mcgraw H. Pulse combustion drying puts heat on slurries. Chemical Engineering, 1994, 101（2），155.

［28］ Kudra T, Buchkowski A G, Kitchen J A. Pulse combustion drying of white pine. Proceeding of fourth IUFRO international wood drying conference, Aug 9-13, 1994, Rotorda, New Zealand.

［29］ Patterson T, Ahrens F, Stipp G. High performance impingement paper drying using pulse combustion technology ［C］. TAPPI Engineering Conference, May 11-15, 2003, Chicago, IL.

［30］ Zinn B T, Daniel B R. Method and apparatus for conducting a process in a pulsating environment. U. S. Patent No. 4699588, 1967.

［31］ Brenchley D L, Bomelburg H J. Pulse combustion-an assessment of opportunities for increased efficiency. Report for DOE, Contract No. DE-AC06-76RLO1830, Dec. 1984.

［32］ 潘永康 主编. 现代干燥技术. 北京：化学工业出版社, 1998.

［33］ Belter J W, Dockter L, Ellman R C. Operating experience with lignite fueled pulse jet engines, ASME 69-WA/FU-4, 1969.

［34］ 李保国. 脉动燃烧及脉动燃烧干燥的理论分析与实验研究［D］. 北京：中国农业大学, 1999.

［35］ Wu Z H, Wu L, Li Z Y, et al. Atomization and drying characteristics of sewage sludge inside a Helmoltz pulse combustion. Drying Technology, 2012, 30（10）, 1105-1112.

［36］ Wu Z H, Liu X D. Simulation of spray drying of a solution atomized in a pulsating flow. Drying Technology, 2002, 20（6）, 1101-1121.

［37］ Benali M, Legros R. Thermal processing of particulate solids in a gas fried pulse combustion system. Drying Technology, 2004, 22（1&2）: 347-362.

［38］ Wu Z H, Mujumdar A S. Pulse combustion spray drying. International Workshop and Symposium on Industrial Drying（IWSID-2004）, Dec 20-23, 2004, Mumbai, India.

［39］ Wu Z H, Yue L, Li Z Y, et al. Pulse combustion spray drying of egg white: Energy efficiency and product quality. Food and Bioprocess Technology, 2015, 8（1）, 148-157.

［40］ Huang L X, Kumar K, Mujumdar A S. A parametric study of the gas flow patterns and drying performance of co-current spray dryer: results of a computational fluid dynamics study. Drying Technology, 2003, 21（6）, 957-978.

［41］ Masters K. Scale up of spray dryers. Drying Technology, 1994, 12（2）, 235-250.

［42］ Strumillo C, Zbicinski I, Smucerowicz I, et al. An analysis of pulse combustion drying system. Chemical Engineering and Processing, 1999, 38（4-6）, 593-600.

［43］ Wu Z H, Liu X D. Simulation of spray drying of a solution atomized in a pulsating flow. Drying Technology, 2002, 20（5）, 1097-1117.

［44］ Wu Z H, Mujumdar A S, Liu X D. Numerical Investigation of a pulse combustion spray drying process. 2004 CIGR international conference, Oct 11-14, 2004, Beijing, P. R. China.

［45］ Buchkowski A G, Kithchen J A. Drying and burning wood waste using pulse combustion. Proceeding of the Second Biomass Conference of the Americas, Aug 21-24, 1995, Oregon, Portland.

［46］ Lockwood H N. Pulse combustion energy system. U. S. Patent No. 4708159, 1987.

［47］ Lockwood, R. M. Pulse combustion fluidizing dryer. U. S. Patent No. 4395830, 1983.

［48］ Wu Z H, Mujumdar A S, Liu X D, et al. Flow and heat characteristics under an impinging pulse combustor tailpipe exhaust. Proceedings of Asia Pacific Drying Conference ADC 2005, Dec 12-17, 2005, Kolkata, India.

［49］ Zbicinski I, Benali M, Kudra T. Pulse combustion: an advance technology for efficient drying. Chemical Engineering Technology, 2002, 25（7）, 687-691.

［50］ Hollworth B R, Gero L R. Entrainment effects on impingement heat transfer. Part 2. Local heat transfer measurements. Journal of heat and Mass Transfer, 1985, 107, 910-915.

（吴中华，刘相东，史勇春，A. S. Mujumdar）

第26章

真空冷冻干燥

26.1 概述

26.1.1 真空冷冻干燥原理

真空冷冻干燥（又名冷冻真空干燥，简称为"冻干"）是先将湿物料冻结到共晶点温度以下，使水分变成固态的冰，然后在适当的温度和真空度下，使冰升华为水蒸气，再用真空系统的捕水器（水汽凝结器）将水蒸气冷凝，从而获得干燥制品的技术。干燥过程是水的物态变化和移动的过程。由于这种变化和移动是发生在低温低压下，因此，真空冷冻干燥的基本原理就是低温低压下传热传质的机理。

在低压下水的相变过程与常压下大体相似，但相变时的具体温度不同。在 1kPa 压力下，固态冰转化为液态水的温度略高于 0℃，而液态水转化为蒸汽的温度约为 6.3℃。可见，降低压力后冰点变化不大，而沸点却大大降低了。可以想象，当压力降低到某一数值时，沸点将与冰点重合，固态冰就可以不经液态而直接转化为气态，这时的压力称为三相点压力，相应的温度为三相点温度。水的三相点压力为 610.5Pa，三相点温度为 0.01℃。在压力低于三相点压力时，固态冰直接转化为气态，称为升华。在升华时所吸收的热量称为升华热。

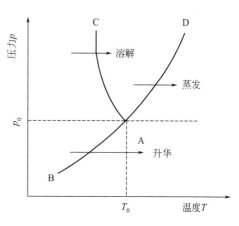

图 26-1 纯水的相平衡图

图 26-1 为纯水的相平衡图。图中曲线 AB、AC、AD 将平面划分为 3 个区域，对应于水的 3 种不同的聚集状态。曲线 AC 称为熔（融）解曲线，线上冰水共存，是冰水两相的平衡状态。它不能无限向上延伸，只能到 2×10^8 Pa 和 -20℃ 左右的状态。再升高压力会产生不同结构的冰，相图复杂。曲线 AD 称为蒸发（汽化）曲线或冷凝曲线。线上水汽共存，是水汽两相的平衡状态。AD 线上的 D 点是临界点，该点为 2.18×10^7 Pa，温度是 374℃，在此点上液态水不存在。曲线 AB 称为升华或凝华曲

线，线上冰汽共存，是冰汽两相的平衡状态。从理论上讲，AB 线可以延伸到绝对零度。真空冷冻干燥最基本的原理就在 AB 线上，故又称冷却升华干燥。AB 线也是固态冰的蒸气压曲线，它表明不同温度下冰的蒸气压。由曲线可知，冰的蒸气压随温度降低而降低，具体数据如表 26-1[1]。

表 26-1　不同温度下冰、水的饱和蒸气压

温度/℃	−90	−80	−70	−60	−50	−40	−30	−20	−10
压力/Pa	9.3×10^{-3}	5.3×10^{-2}	0.3	1.1	3.0	12.9	39.6	103.5	260.0
温度/℃	0	+10	+20	+30	+40	+50	+60	+70	+80
压力/Pa	610.2	1.22×10^3	2.33×10^3	4.23×10^3	7.36×10^3	1.23×10^3	1.99×10^4	3.11×10^4	4.73×10^4

温度和压力都能影响真空冷冻干燥的效率。提高真空度的办法对加速干燥过程、提高干燥效率的影响是有限的。在压强较低时，为把真空度提高一个数量级，消耗的能量将会大大增加，设备也更复杂。如果维持一定的压强向系统中输入必要的升华热，使升华过程持续进行，这种方法是合理和可以实现的。所以真空冷冻干燥中一般采用向系统中输入热量的办法。

一般物料中都含有大量的水分，同时还含有其他成分，构成复杂。由于物料中的水分与纯水有相同之处，也有不同之处，而真空冷冻干燥都是要去除物料中的水分，因此要研究物料中的水分。

物料中的水分按物料中水的结合方式可分为：机械结合水、物化结合水和化学结合水 3 类。

① 机械结合水　包括表面润湿水分、孔隙中的水分和毛细管水分等。这种水分与物料的组织结合力较弱，满足上述纯水的升华条件。

② 物化结合水　属于此类的有吸附、渗透于物料的细胞或纤维皮壁及生物胶体纤维毛细管中的结构水分。它们与物料的结合强度大，一般靠蒸发可干燥掉一部分，靠升华则较难实现干燥。

③ 化学结合水　冷冻干燥的制品主要是由蛋白质、糖类、维生素、纤维素等组成。它们的大分子团中，并没有化学形态结合水。但是在制品的填料盐类、赋形剂或它们的化合物中，往往有结合形态的水。如葡萄糖酸钙 [$(C_6H_{11}O_7)_2Ca \cdot H_2O$]、石膏（$CaSO_4 \cdot 2H_2O$）等。这种结合形态的水不能用冻干法去除。

物料中所含的水分，按去除的难易程度可分为两类。

① 自由水（或称为游离水）　它是由机械结合水和物化结合水组成，是干燥过程的主要对象，它与物料的结合形式主要是吸附和渗透，大量存在于湿润物料的表面、毛细管、孔隙中。这部分水在稍低于 0℃ 的条件下就能冻结成冰，在真空冷冻干燥过程中，以升华的方式从物料中分离出去。

② 结合水　它以物化结合水或化学结合水形态存在于物品的组织结构中，它在极低的温度（−60～−50℃）条件下才能冻结。这个冻结温度称为低温共晶点温度（亦称为共熔点温度）。这种结合水仅在整个干燥的后期，随着制品温度的逐步升高，以蒸发的形式去除一部分，剩下的一部分就成为制品中的残留水分。

26.1.2　真空冷冻干燥特点

真空冷冻干燥方法与其他干燥方法相比有许多优点。

① 物料在低压下干燥，使物料中的易氧化成分不致氧化变质，同时因低压缺氧，能灭菌或抑制某些细菌的活力。

② 物料在低温下干燥，使物料中的热敏成分能保留下来，营养成分和风味损失很少，可以最大限度地保留物料原有成分、味道、色泽。

③ 由于物料在升华脱水以前先经冻结，形成稳定的固体骨架，所以水分升华以后，固体骨架基本保持不变，干制品不失原有的固体结构，保持着原有整体形状。多孔结构的干燥产品，比表面积大，具有很理想的速溶性和快速复水性。

④ 由于物料中水分在预冻以后以冰晶的形态存在，原来溶于水中的无机盐之类溶解物质被均匀分配在物料中。升华时溶于水中的溶解物质就地析出，避免了一般干燥方法中因物料内部分水分向表面迁移所携带的无机盐在表面析出而造成表面硬化的现象。

⑤ 脱水彻底，重量轻，适合长途运输和长期保存，在常温下，采用真空包装，保质期可达 3～5 年。

真空冷冻干燥的主要缺点是设备的投资和运转费用高、冻干过程时间长、产品成本高。但由于冻干后产品重量减轻了，运输费用减少了；能长期贮存，减少了物料变质损失；对某些农、副产品深加工后，减少了资源的浪费，提高了自身的价值，因此，使真空冷冻干燥的缺点又得到了部分弥补。此外，一些特殊情况下，真空冷冻干燥是必需的选择，如热敏性物料的干燥、部分生物活性制品的干燥、超细粉体的制备等。

26.1.3　真空冷冻干燥用途

真空冷冻干燥技术的应用相当广泛，主要用途可分为以下几个方面。

26.1.3.1　在医药方面的应用

（1）在西药生产中的应用

冻干技术应用于西药生产大约是在 1935 年，最早的冻干产品有培养基、激素、维生素等。1942 年第二次世界大战时，由于战争的需要，大量抗生素都采用冻干法生产。此后的几十年间，世界各国用冻干法生产的西药品种越来越多，注射用的各种针剂，几乎全都用冻干法生产。还有些原料用药、研制的新药等，用冻干法生产都能提高质量。国内生产的各种抗生素、循环系统器官用药、中枢神经用药等针剂逐渐都采用冻干法生产。例如，蝮蛇抗栓酶、小牛胸腺肽、氨苄青霉素钠、利菌沙、蛇毒、青霉素、链霉素等都是冻干法生产的。

（2）在中药生产中的应用

冻干技术在中药生产中的应用比较晚，早期只是用来干燥中药原料或单一的中成药。例如，人参、鹿茸、鹿鞭、鹿尾巴、灵芝、山药、天麻、枸杞、蛙油、冬虫夏草、蜂王浆等。近些年在日本开始汉药（中药）改革，采取汉药西制的办法，抛弃熬药壶，采用中药西制工艺，将配制好的中成药经浸渍、提取、过滤、浓缩、真空冷冻干燥后，再制成粉剂、片剂或针剂，解决了吃中药难、携带不方便的问题，也改变了人们对中药只治慢性病，不治急病的看法。原来中药以口服为主，通过消化器官吸收，循环慢、效率低。制成针剂注射使用，中药和西药一样通过血液循环吸收，见效快。日本学者饭田先生来华讲学时，曾介绍过冻干葛根糖浆和五味子的事例，并谈到一般中药及配制好的汤药，均可抽汁、浓缩、冻干后制成针剂或片剂。我国是中药发源地，中药的制药改革发展却很缓慢，发展冻干技术是中药改革的方向。

26.1.3.2　在医疗事业上的应用

1940 年冻干人血浆开始进入市场，之后的几十年内，采用冻干法长期保存人血红细胞、血小板、脐带血、骨骼、骨髓、皮肤、动物眼角膜、动物和人的精子和神经组织等各种器官的工作逐渐开展起来。因为冻干时可以保持生物细胞不被破坏，冻干后生物体仍然具有生命力。复水后，生物体可以复活再植。据有关文献介绍，冻干的老鼠精子贮藏 3 年后，再给母鼠受精，生出了小老鼠；冻干后的骨骼贮藏 2 年后，经复水再植，成活率达 88%；东北大学在国家自然科学基金资助下，将冻干兔角膜保存半年后，经复水再植，成活率达 90%。随着医学科学的发展，人体的其他器官组织也可望冻干贮藏，以便复活再植。

26.1.3.3　在生物制品方面的应用

冻干技术在生物制品方面的应用比较早，大约在 1811 年研究人员开始用冻干法对生物体脱水；1909 年沙克尔（Shackell）试验用冻干法保存菌种、病毒和血清；1911 年海曼（Hammem）更进一步地证明了用冻干法保存细菌成活率高；1929 年 Sawyer、Lioyd 和 Kitchen 成功冻干了黄热病毒。

冻干的生物制品尤其是人或家畜注射用的活性疫苗要求清洁、纯正、不染菌、不变异、活性强。在冻干过程中要求活菌菌苗存活率达到 50% 以上，活毒疫苗的毒力或滴度下降小于 0.5。我国各生物制品研究所都采用冻干法生产活菌菌苗和活毒疫苗，主要产品如下。

（1）活菌菌苗

冻干卡介苗，冻干后每毫克活菌数至少应在 100 万个以上；冻干皮上划痕用布氏菌苗，每人份含活菌数应达到 7 亿～9 亿个；冻干皮上划痕用炭疽活菌苗，每毫升菌苗的芽孢存活率在 50% 以上。常用冻干法生产的还有鼠疫苗、痢疾菌苗、流脑菌苗等。

（2）活毒疫苗

冻干麻疹疫苗，滴度不得低于 2.5LogTCID50/0.1mL；冻干流感疫苗，滴度不应低于 LogEID50/0.2mL；冻干黄热疫苗，滴度 LogLD50 应在 3.6 以上。病毒按物理化学性质可分为八大类，人用生物制品活毒疫苗大部分属于ⅠA 类、RNA 类病毒，如狂犬疫苗、腮腺炎疫苗、风疹疫苗、乙型脑炎疫苗等都用冻干法生产。兽用疫苗有猪霍乱病毒疫苗、新城疫病毒疫苗、鸡瘟病毒疫苗等。

（3）其他生物制品

包括冻干乙型肝炎表面抗原诊断血球、人白细胞干扰素、辅酶 A、三磷酸腺苷（ATP）、尿激酶、纳豆激酶、血红蛋白、细胞色素 C、转移因子和白色葡萄球菌、水弧菌、噬盐菌、结核疫苗、硅瑟氏菌（*Neisseria*）、巴斯德氏菌（*Pasteurella*）、沙门氏菌（*Salmonell*）、黏质沙雷氏菌（*Serratiamasceus*）、志贺氏菌（*Shigella*）和链球菌（*Streptococcus*）等。

26.1.3.4　在食品工业上的应用

最早的食品冻干技术与设备出现在丹麦，大约是在 1943 年。20 世纪 60 年代德国、荷兰等西欧国家首先应用于工业生产，随后在日本、美国等国家开始迅速发展。据不完全统计，1963 年美国有冻干食品厂 11 家，欧洲有 25 家。到 1972 年美国有冻干食品生产厂 41 家，欧洲各国有 49 家，日本有 13 家。冻干食品产量增加也很快，仅从美国统计，1963 年冻干食品有 0.5 万吨，1970 年有 15.7 万吨，1972 年有 17.5 万吨。20 世纪 80 年代由莫斯科某食品研究所牵头，研制成功了大型冻干食品生产线，建在白俄罗斯的斯鲁茨克市，主要生产干酪，年产量可达 15 万吨。1989 年 10 月 17 日在保加利亚索非亚成立了低温生物学和冷冻干燥技术研究所（Institute of Cryobiology and Lyophilization in Sofia，简称 ICL），该研究所有 6 个实验室，其中冻干实验室研究食品低温脱水和干燥保存技术。主要研究快速方便食品，用于潜艇部队、边防部队和野外探测的工作人员；研究生产宇航食品，供宇宙航行超过一年的宇航员食用；研究生产儿童食品、营养食品、保健食品、功能食品和食品添加剂；还从事冻干食品的理论研究。到了 21 世纪初，美国每年消费冻干食品 500 万吨，日本每年消费 160 万吨，法国每年消费 150 万吨。日本每年需花 1000 亿日元进口冻干食品。可见冻干食品的国际市场很大，而且正在成为国际食品贸易的大宗贸易。全球的冻干食品产量已经从 20 世纪 70 年代的十几万吨上升到现在的数千万吨[2]。

美国和日本冻干食品发展最快。在全美方便食品中冻干食品占 40%～50%，在美国的 20 家生产咖啡和茶的工厂中，就有 10 家采用冻干法生产。日本不但在本国生产冻干食品和设备，而且还出口冻干设备，冻干食品则大量进口。美国、日本冻干蔬菜在市场上已占近 10%。

我国于 20 世纪 60 年代后期开始在北京、上海、大连等地建立冻干食品厂，20 世纪 70 年代因工厂效益不佳而停产。20 世纪 80 年代我国台湾省冻干食品兴旺起来，开始影响到大陆各省。改革开放以来，由于国内食品资源丰富，国外冻干食品市场广阔，促使冻干食品业发展较快。21 世纪初，国内拥有几十条冻干生产线，年产量约 2 万吨。目前，冻干食品在国内市场的交易量连年增加，年产量在千吨级以上的冻干食品加工基地在辽宁、吉林、黑龙江、内蒙古、河南、甘肃、陕西、宁夏、云南、山东、安徽、贵州、北京、上海等地纷纷建立。我国冻干食品的发展前景极其广阔，这是大家的共识。

随着人民生活水平的提高和生活节奏的加快，人们对食品的要求趋向营养、安全、快捷。同时一些从事特定工作，如航天、航海、登山、野外作业、各种考察队的人员也对食品有特殊的要求，加上对旅行食品、休闲食品的需求，因此，各类天然绿色食品、保健食品和方便食品应运而生。而冻干食品由于具有上述优点，能够满足人们对食品安全化、营养化和方便化的需求，从而受到现代社会各个层次人们的青睐。

另一方面，作为食品原料的农、牧、渔等行业的产品，在进行冷冻干燥加工后，可大大增加收益。据 21 世纪初的资料介绍，外商收购我国冻干食品每公斤价格在那时已经达到：羊肉 180 元、牛肉 130 元、胡萝卜 130 元、大葱 140 元、枸杞 240 元、菠菜 160 元，、百合 200 元、草莓 180 元、青辣椒 190 元、红辣椒 210 元、蒜苗 130 元等，而外商购回后销售价格更会翻番[3]。由此可见，食品冻干技术能够使生产者和消费者双方都受益。美国、日本等工业发达国家有资料统计，近一半快速食品已采用冻干工艺生产[4]。随着我国人民生活水平的日益提高，冻干食品的市场也越来越广阔。

冻干食品技术的研究与冻干食品市场的繁华相互促进，对食品冻干的研究方兴未艾。被研究的冻干对象已经从高价值的食品扩展到普通食品，主要包括：

① 蔬菜：蕨菜、胡萝卜、竹笋、香葱、葱、豌豆、香菜、甘蓝、马铃薯、绿豆芽、菠菜、油豆角、西芹。

② 蘑菇：金针菇、长根菇、香菇、草菇、花菇。

③ 水果：猕猴桃、苹果、柿子、草莓、香蕉、荔枝、哈密瓜、山楂、桃、甘蔗、香梨。

④ 肉蛋：牛肉、牦牛肉、鸡蛋、鹌鹑蛋。

⑤ 海产品：鱼类、扇贝、牡蛎、海带、海参。

⑥ 方便食品：米饭、馄饨、水饺、鱼香肉丝、木须肉、叉烧肉。

⑦ 其他食品：大蒜、豆腐、香芋、板栗、红薯叶、藠头、魔芋、板栗、速溶茶。

从发展的眼光看，今后的冻干食品应该是合成的功能性食品。各国正在研究开发的冻干食品有如下几种：

① 新型方便食品　日本政府推荐，新型方便食品应添加冻干生产的维生素、大豆粉或

花生粉等成分,以保证食品的营养成分。欧洲各国将人们十分爱吃的胚芽玉米粉和椰子油、食糖、维生素、矿物质混合的方便食品定为第一代方便食品;第二代方便食品则是用冻干的海带粉、天然水果粉、海藻胶、麦芽糊精加适量柠檬酸与米胚芽、燕麦胚芽、鱼粉、兔肉粉、牛肉粉等制成的。

还有一种水果型方便食品是添加了冻干的草莓粉、葡萄粉、橙橘粉、菠萝粉、香蕉粉、猕猴桃粉等制成,香甜可口,受人青睐。

② 蔬菜粉末　国外蔬菜加工的发展趋势是用冻干法加工蔬菜粉末,加入面粉中,制成蔬菜面条、饼干、糕点、糖果、饮料等,保存了蔬菜的营养成分。

③ 颗粒蔬菜　蔬菜在人类生活中是一大营养宝库。日本东洋 FD 食品株式会社将油菜、菠菜、萝卜叶、芹菜、豌豆、胡萝卜、南瓜、雪里蕻等 8 种蔬菜混合,冻干后制成"素食颗粒",含有丰富的叶绿素、胡萝卜素、各种维生素、矿物质等天然营养物质,又有鲜美味道。这种"素食颗粒"适合于不爱吃蔬菜的孩子、牙口不好的老人、不爱吃早饭的人、吃流食或半流食的病人、食量小的人、运动员、断奶的婴儿等。

许多食品的冻干技术已经成熟,被广泛应用于实际生产中。冻干食品的生产流程主要有:前处理、速冻、真空干燥和后处理。前处理的工作分粗处理和精处理,对于蔬菜粗处理主要是对原料进行挑选、去皮、洗泥等;而精处理主要是进一步清洗、切割或粉碎、漂烫、甩干、装盘等。冻干过程有 3 个阶段:物料冻结、升华干燥和解吸干燥。后处理主要是挑选、筛选、包装入库。

26.1.3.5　冻干技术在材料科学方面的应用

冷冻真空干燥作为粉末制备技术,是由 F. J. Schnettler 等人在 1968 年首次引进到陶瓷粉末制备中的[5]。Schnettler 等人用冷冻真空干燥方法制备出了均匀分布的陶瓷粉体,他们发现用这种方法可以很好地控制粉体的尺寸和性质,用这些陶瓷粉体可以制出高密度且具有特殊光、电、磁等性质的陶瓷产品。

20 世纪 80 年代对金属氧化物类精细、功能陶瓷的研究成为材料科学的一个新的热点,各种具有特殊光、电、磁、微波、超导性质的功能陶瓷材料,甚至用作半导体器件基片及封装材料用的精细结构陶瓷的开发,都普遍要求提供颗粒小、表面活性强、粉体团聚弱、烧结温度低的高品质粉体材料。冷冻真空干燥方法,恰好能够满足这些要求,所以受到研究者的青睐而得以迅速发展。几种超细微粉干燥方法的比较见表 26-2。

表 26-2　几种超细微粉干燥方法的比较[1]

干燥方法	处理过程	优点	缺点	应用情况
常温干燥	常温下自然干燥	简单,价格低	时间长,受周围气氛影响	硅凝胶黏土材料
热风干燥	在室温以上的热风中干燥	干燥速率快,可连续大量处理	干燥物需粉碎	一般无机粉体
红外线干燥	在红外线下干燥	照射面的加热十分有效	不适合较厚粉体层的加热	浆料涂膜的干燥,含水率测定
真空干燥	减压干燥	可在低温下用干燥密闭系统处理	连续处理困难	有机溶剂混合浆料、CdS、PbO 的干燥
喷雾干燥	溶液喷成雾状在热风中干燥	可以造粒,大量连续干燥	需要大型装置,难以获得微粉	一般无机粉体
冷冻干燥	溶液喷雾冷冻,再在减压下干燥	粉体活性大,污染少,可得均匀的多孔质粉体	连续处理困难	高纯陶瓷材料、催化剂
液体干燥	与吸湿性溶液接触干燥	可获得污染少的粉体,组成均匀	需要大量的有机溶剂	氧化铝、铁氧体

冻干技术制备纳米粉体其过程一般为[6,7]：将所期望制备粉体成分的或其前驱体成分的溶液或溶胶冻结成固溶体或制成凝胶，再使固溶体或凝胶冻干。由于固溶体或凝胶中溶剂成分的蒸气压比溶质的高，抽真空可使冻结物中的溶剂升华，只留下难挥发的溶质成分，即干燥的粉体，必要时再通过热处理分解制得所期望成分的纳米粉体。所以，一般采用冷冻真空干燥法制备纳米粉体要经过四个步骤，即：制取前驱体溶液或溶胶、前驱体溶液或溶胶的冻结、冻结物的冷冻真空干燥和干燥物的后处理。

冷冻真空干燥法与其他超微粉体制备方法相比，具有如下特点。

① 制备的粉体无硬团聚　采用液相法制备纳米粉体最后都要涉及粉体的干燥过程，普通的干燥方法，常常导致所制备的粉体颗粒在干燥的过程中发生团聚。许多采用冻干法制备纳米粉的实验事实都表明，采用冻干法制备的纳米粉体，通过透射电镜检测都是无硬团聚的粉体。对此，有许多理论解释，比较简单的解释为：水溶液在非冻结条件下干燥时，在干燥的末期，颗粒之间液态水的表面张力能够使粉体颗粒之间产生较大引力，从而导致粉体颗粒硬团聚[8]。而冻干是在冻结状态下进行的，没有液相，所以不会因液体张力而造成粉体团聚。

② 制备的粉体粒径小且均匀　冻干法制粉时，在冻结前，被冻结物是均匀的分散系。在冻结阶段，即造粒物质会随着冰晶的析出而迁移，使液态物料浓缩，直至达共晶浓度后而完全冻结。冻结后造粒成分被固定在冰晶的界面缝隙中，不能够再迁移，失去宏观运动自由度。在随后的升华干燥阶段，由于水分子的升华，处于升华前沿的造粒物质脱离水分子的束缚作用，在化学键或范德华力的作用下而相互结合成颗粒。由于作用力的大小和作用半径有限，能够相互结合的微观粒子数目是有限的，所以冻干法制备的粉体颗粒比较小。又由于整个干燥过程中，使微观粒子结合成粉体颗粒的作用力大小和作用半径是基本一致的，所以冻干法制备的纳米粉体粒径又是均匀的。

③ 冻干法制备的粉体为非晶体颗粒粉体，活性强　实验表明，采用冻干法直接制备的各类粉体都是非晶体形态的[9]。图 26-2 为溶液冻干法制备的金属银纳米粉体的 XRD 曲线[7]，曲线中没有明显的特征峰，显示粉体为非晶体粉末。

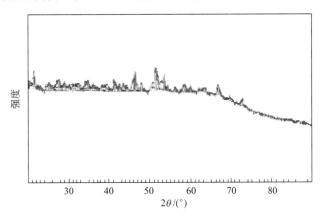

图 26-2　溶液冻干法制备的金属银纳米粉体的 XRD 曲线

冻干直接得到的粉体之所以是非晶体，其原因是：在干燥阶段，造粒物质微粒在脱离了溶剂分子的固定作用后，要彼此结合成颗粒，但此时微粒之间的结合是偶然的、非定向的。而且，由于冻干是在低温下进行的，微观粒子的自身能量低，迁移半径小，没有能力在一定方向上有规律地排列，只能随机地排列，所以表现为非晶体，多数为球形颗粒。正因为它们是非晶体形态的物质，颗粒表面原子剩余价键多，所以表现出不同于晶体颗粒的特殊性质，如催化活性、烧结活性、光敏性等。例如，为了使锂能均匀地在 NiO 晶格中扩散，一般固相反应温度在 900～1000℃之间，而冷冻干燥法只需 400℃处理就可以了。金属银常规粉体的熔点是 961.78℃，而粒径在 5～50nm 的超细银粉体光照时即熔化[10]。

④ 冻结速率影响粉体粒度　对于足够稀的水溶液，在缓慢冻结过程中，随着温度的降低，首先从溶液中析出的是冰晶，而溶质微粒不断迁移集中。随着冰晶的不断析出，溶液的浓度逐渐增大，至达到共晶浓度为止。此后，不再有冰晶析出，共晶浓度的溶液一起冻结。所以溶液在缓慢冻结时，冻结物的成分是不均匀的，这种现象就是偏析[11]。由于偏析现象的存在，在随后的干燥阶段，当共晶浓度的冻结物处于干燥前沿时，比较集中的溶质会在脱离束缚的瞬间相互作用而结合成相对较大的颗粒。

若是将溶液快速冷冻，冻结前沿的移动速率大于溶液中溶质微粒的迁移速率时，溶液整体形成集中的共晶浓度之前就被完全冻结。冻结后，冻结物中溶质的浓度较低，溶质微粒之间的距离比较远，干燥阶段形成的粉体颗粒自然就比较细小。所以溶液的冻结速率快，有利于制备颗粒细小的粉体。制备的几种粉体的实验研究结果证实了这一点[12,13]。

⑤ 干燥过程需要蒸发去除的溶剂量大　冻干法制备超细粉体时，其物料中含水比例大，冻结物中的大量成分是需要除掉的水，剩余的物质量少，干燥产品崩塌是难免的。例如溶液冷冻真空干燥法制备氧化铜、氢氧化镍纳米粉体时，除掉水分的质量分数依次为 95％和 96.5％以上。因此，冻干法制备超细粉体时，物料冻结过程需要的冷量大，而冻结物的真空干燥过程，需要的热能也多。而且，溶液冻干制备粉体时，冻结物中的水大部分是非结合水，在冻干过程的升华干燥阶段被除去，所以升华干燥时间长。

⑥ 已经干燥的物质对干燥传质的阻力小　冷冻干燥制备粉体过程中，由于冻结物中大量的水升华掉，剩余的干燥物质很少，通常只是在容器中薄薄地铺一层粉体，而且这一层粉体是疏松的，有许多空隙。因此，干燥过程中，已经干燥的物质对后续溶剂分子的蒸发传质阻力很小。所以，冻结物的干燥速率主要是由供热控制的。

⑦ 干燥产品的热敏性小，能够耐热　冻干制备的超细粉体产品能够耐受相对较高的温度，有的产品还可以再进行高温煅烧。因此，冻干法制备粉体时，其干燥温度不必控制得很低，其供热速率只要保证冻结物质不熔化就可以。为了加快干燥速度，缩短干燥时间，解吸干燥阶段的最终温度可尽量提高。

⑧ 干燥产品可随气流流动　超细粉体干燥产品是极其细小的颗粒物质而非块体物质。有些纳米级别的颗粒由于表面作用，相互之间有斥力。所以干燥的粉体松散而且质量很轻，极易被流动气体带动、飘浮。在冻干进行中，处于表面已经干燥的粉体能够在表面漂移。干燥结束时，若对干燥室放气略快，干燥粉体将随气流在干燥室内飞舞，最后吸附在室壁和各种设备表面上，难以收集。所以，冻干法制备超细粉体结束时，放气宜缓慢进行，进气口不可直接对着粉体产品。

⑨ 冻结速率对干燥速率的影响　一般认为，物料在冻结阶段的冻结速率慢，能缩短升华周期。对于大部分其他种类物料的冻干确实如此。这是由于缓慢冻结过程导致结晶出大冰晶，而大冰晶升华后便在干燥物料中留下大的空隙，可成为升华干燥阶段气体蒸发逸出的通道。但是，冷冻干燥法制备超细粉体工艺中，干燥的粉体本身就是多空隙的物质，其空隙远大于冰晶升华后留下的空隙。所以，超细粉体制备时，冻结速率对干燥速率的影响在这一点上与其他物料的冻干有所不同。正因为如此，冻干法制备超细粉体时，不用考虑玻璃化转变的问题。

此外，冻干后的制品无需真空或低温保存，使用时也不需要复水。

制备得到的透光性氧化铝、高密度烧结体、三元系光晶石氧化物、锂铁氧体、β-氧化铝离子导体和陶瓷核燃料等，都有良好的性能和重要用途。特别有意义的是：当某一种金属氧化物超微粒子均匀地分散在金属或合金中时，将大大提高材料的机械强度和耐热性。例如，用冻干法制备分散有 1%（体积分数）ThO_2 的铜，其 ThO_2 分散体平均粒径为 6×10^{-8} m，互相之间间距约为 $1.5\mu m$，几乎达到了理论分散度，其显微硬度增加很大。日本西典彦还分别用硝酸盐水溶液和熔盐获得了分散强化型合金和用于电极材料的分散强化 $Cu\text{-}Al_2O_3$ 材料。类似于这种金属-陶瓷体的材料还有 $Ni\text{-}ThO_2$、$Pb\text{-}MgO$、$SiO_2\text{-}W$、$Fe\text{-}ThO_2$ 和 $Cu\text{-}Ni\text{-}ThO_2$ 等。超细微粉在无机非金属材料中的增韧增强作用也很明显。用冻干法制备非金属系陶瓷材料，如超细 WC、WC_2、MoC、TiC、TaC 和 VC 等都很成功。氧化物超细微粉对强化陶瓷材料的其他性能和引入新的功能都起着关键性的作用。对合成新型无机功能陶瓷材料很有价值。

真空冷冻干燥技术在材料科学方面的应用还有：

① 低压、低温注模制造陶瓷和金属制品　对于陶瓷或金属制品的低温、低压注模制造方法，将含有无机烧结颗粒、非水溶性液态载体和分散剂的泥浆，于 6.89×10^6 Pa 压强下注入特定形状密闭模中，然后冷却至载体的凝固点以下形成固体块，再在一定温度和压强下升华干燥，紧接着在低于常温下烧结得到制品，由此制得的产品组成均匀、表面光滑、微孔结构致密均匀、精度高，有关资料还举出了四叶转子发动机的制造过程实例。

② 氧化铝在氧化锆粉末上的黏附　采用直径为 $0.5 \sim 3$mm 的喷嘴，将 ZrO_2 粉末与铝盐水溶液的混合液喷入冷冻介质中，冷冻干燥、热处理得到黏附有 Al_2O_3 的 ZrO_2，再与 SiO_2 发生反应。有关资料中给出了制造过程中的具体参数。

③ 自由流动烧结型氧化硅粉末和氧化硅陶瓷的制取　把平均粒径为 $0.1 \sim 1$nm 的 Si_3N_4 粉末与铝、碱土金属、钇、稀土金属或第Ⅳ副族金属的硝酸盐，按 1kg Si_3N_4 与 5mol 的金属盐配比，用有机溶剂配成悬浮液，然后经冷冻干燥制得氮化硅粉末，最后经成型和焙烧得到烧结型陶瓷。

④ 冷冻干燥法合成超导粉　对于合成超导氧化物粉 $YBa_2Cu_3O_7$ 的冷冻干燥方法，由此法制得均匀的、高纯度的超细粉。有关资料中还叙述了盐的选择、溶液浓度的 pH 值对于加工过程的影响。

⑤ 用于隔热的多孔无机颗粒的制备　将一种可膨胀的薄片状复合物和一种水溶性聚合物分散在溶剂中，此分散液迅速干燥以保持片状复合物呈分散态，经烧结后得到微孔无机颗粒，可采用冷冻干燥。把聚乙烯醇加入含 2% 高岭石钠的水分散液中（聚乙烯醇与高岭石钠的质量比为 1∶1），在 20℃ 下混合搅拌 2h，真空下冷冻干燥 3d，700℃ 下烧结，压制成 1.5mm 厚的薄板，其密度为 0.18g/cm³，热导率为 0.033W/(m·K)，而不含聚乙烯醇薄板的密度是 0.35g/cm³，热导率为 0.042W/(m·K)。

⑥ 具有多微孔结构的白土颗粒的制备　通过对天然或合成的白土与水的混合物，在无熔化条件下冷冻干燥，冷冻速率 F（mL/s）控制在 $\lg F \geqslant 0.1C \sim 0.7C$（$C$ 是指白土在混合物中的质量分数），所制得的颗粒其连续孔孔径小于 50nm，且有很窄的孔径尺寸分布，此颗粒可作为吸附剂和催化剂的载体。

⑦ 冻干法制备隔热轻陶瓷　将盐溶液［如 Na_2CO_3、$Al_2(SO_4)_3$ 溶液］喷入液氮中产生具有良好微孔结构的固体，用冻干法除去固体中水分，并将得到的粉体制成一定形状，在 $1475 \sim 1600$℃ 下烧结，即可得到多孔晶质的陶瓷，它广泛应用于冶金和航天工业作为耐高温隔热材料。

⑧ 薄膜陶瓷过滤器的制造　有关资料叙述了一种由多孔陶瓷支持体和比陶瓷支持体的孔更小的过滤膜所组成的陶瓷过滤器，通过用抽吸、冻干、烧结的方法把陶瓷滑泥薄膜涂盖

在支持体上制造而成。冷冻干燥可防止因大小变化而造成的破裂，制得的过滤器具有均匀的细孔。

26.1.4 真空冷冻干燥发展趋势

26.1.4.1 冻干机的发展趋势

冻干机是实现冷冻真空干燥过程的主要设备，设计、制造冻干机涉及机械设计、机械制造、制冷、真空、液压、流体、电气、传热传质等诸多学科的知识。目前国内外冻干机的发展较快，设备功能已经比较完备，其发展趋势应该体现在四个方面。

（1）发展连续式的冻干设备

连续式冻干设备可以实现大规模生产，在短时间内能生产出大量产品，对于药品、血液制品的生产来说非常重要，特别适合有疫情发生或备战情况下，满足市场需求。连续式冻干设备可以节省冻干过程的辅助时间、节省人力、节省电能，实现节能、降耗、降低产品的生产成本和销售价格。

（2）进一步实现冻干设备的现代化

冻干设备的现代化，主要表现在程序化、自动化、可视化；安全、可靠，可以实现远程控制、故障诊断、设备维修。科研和实验用冻干机要求测试功能齐全，测试结果准确可信；生产用冻干机要求性能稳定，保证冻干产品质量。

（3）完善冻干设备的优化设计

冻干设备优化的目的一是节省冻干机的制造成本，包括节省材料、加工工时、装配工时，维修方便；二是提高设备性能，包括冻干箱内制冷、加热搁板的温度均匀性，冻干箱和捕水器（冷阱）内空间真空度的均匀性，捕水器内冷凝管外表面结霜的均匀性；三是冻干机整体结构紧凑、占地面积合理、外表美观大方。

（4）开发冻干机节能设计新技术

在冻干机的设计过程中，针对某一类型冻干箱或捕水器结构，利用 CFD 软件分析流体流动和传热现象，建立数学模型。当模型被证实是可靠的，就可以应用该模型，对此类设备的结构设计进行指导，在较短的时间内、较少的资源消耗下，获得优化的设备结构，进而获得均匀的压力场与温度场，产出含水均匀的冻干产品，提高冻干产品的质量和成品率，降低能源的消耗。

改进冻干设备以利用冻干机制冷装置的冷凝器中排出来的热量，是降低冻干设备运行能耗较好的方法。这意味着制冷装置在一定的温度范围内可作为热泵使用，从而使装置具有较高的性能指标，不仅节省了升华热而且节约了制冷机冷凝器的冷却水量以及压缩机的功率消耗。华中科技大学的郑贤德教授等[14]研究了这种冻干机能量的回收技术。

在冻干设备中，加热系统是主要的耗能系统，而受加热工质影响的搁板温度的均匀性也是影响冻干设备综合能耗和冻干物料加工时间的关键技术性能指标，应用二次蒸汽加热在这两方面会降低冻干设备的能耗。徐言生等人[15]研究分析了 SZDG75 型大型冻干设备应用二次蒸汽加热的节能问题。

26.1.4.2 冻干工艺的发展趋势

冻干工艺是很复杂的技术，不同冻干物料的冻干工艺有很大区别，生物产品冻干主要要求保持产品的活性；药品冻干主要要求保持纯度；食品冻干主要要求营养成分基本不变；纳米材料冻干除了保持材料的原有特性之外，还要求保持纳米颗粒的均匀性。到目前为止，对于同一种物料，不同生产厂家应用的冻干工艺也不完全相同，生产成本也有区别，采用的冻干保护剂、添加剂、赋形剂等也不一样，生产的产品质量也有区别。为此，冻干工艺应该做深入细致的研究工作。

① 制定统一的冻干产品质量的检测标准，给出统一的检测方法。

② 优化工艺设计，对于同种产品，制定标准冻干工艺曲线，以便降低冻干产品的成本。

③ 优化冻干过程中使用的保护剂、添加剂、赋形剂的品种和用量，研制新型冻干保护剂、添加剂、赋形剂，节约成本。

④ 开发新产品、新工艺，提高产品的成品率。

⑤ 研究针对不同物料的节能冻干工艺，降低能耗。研究多种浆料真空蒸发冻结法，提高冻结效率；研究最佳压力法、循环压力法、极限表面温度法和上表面辐射加热法，强化干燥层传质速率。

⑥ 加强信息交流，克服保守主义，避免大多数人走弯路[16]。

26.1.4.3 冻干理论研究的发展趋势

冷冻真空干燥过程包括冷冻、升华干燥和解吸干燥三个阶段，这三个阶段中每个阶段都包含着复杂的传热传质过程。冻干理论研究实际上就是研究每个阶段的传热传质特性和控制、强化传热传质速率的方法。理论研究不仅可以指导工艺试验，优化冻干工艺，减少新产品的开发时间，而且还有助于提高产品质量，降低生产成本，改进冻干设备结构和性能。冻干过程传热传质理论研究发展趋势可以分为以下几个方面。

（1）由稳态向非稳态方向发展

冻干过程中，干燥箱中升华界面处的固气相变和冷凝器冷管上的气固相变都是非稳态温度场和流场，冻干机内气体和水蒸气的流动也是非稳态流动。假定它们是稳态过程建立的模型，与实际情况很可能会有很大的差别，要想建立精确的冻干模型，就必须考虑这些非稳态因素的影响。从国外研究进展可以看出，冻干模型已经由一维稳态向多维非稳态形式转化，比传统的稳态模型较精确。但是这些模型还是假设物料内部是处于热平衡状态的。所以这些模型对于描述液态产品和均质的尺寸单一的固态产品是比较精确的，对于细胞结构复杂、形状尺寸复杂的生物材料来说，还是不适用的。目前研究生物材料冻干过程保持细胞活性的传热传质理论的人不多，邹惠芬等建立的角膜在冻干过程的传热传质模型是二维非稳态模型，也是假定角膜内部是均质的，有均一的热导率、密度和比热容，表面和界面温度保持不变，也没有考虑角膜尺寸的变化。因此，以后的研究者应该尽可能向多维非稳态方向发展，应该考虑到温度场和流场的非稳态特性和相变问题，应使模型更精确、更符合实际情况。

要解决这些问题，今后的研究者可将一些研究非稳态传热传质的先进理论引用到冻干过程传热传质理论的研究中来。比如：2003 年有人提出的非平衡相变统一理论证明，传递到相变界面处的热量一部分作为相变潜热引起相变，一部分转变为水蒸气和干燥混合气体的动量和能量，在有些情况下，不用于相变的这部分热量显得非常重要。冻干过程中，升华界面和冷凝管上都有相变。要想建立准确的冻干模型，这些因素也应该考虑进去。另外，Bird 等在 20 世纪 60 年代提出的直接模拟蒙特卡罗 DSMC（Direct Simulation Monte Carlo）方法也是研究非稳态热质传递的一种方法，1998 年 Nance 等证明，该方法对于研究稀薄气体的流动传热问题是一种强有力的工具。2004 年贺群武等用 DSMC 方法在给定进出口压力边界条件下，计算研究了壁面温度与流体入口温度不同时，二维 Poiseume 微通道内气体压力、温度和分子数密度分布规律。当壁面温度高于流体入口温度时，气体与壁面在通道进出口处均存在温差，但其发生机理不同；气体进入通道后压力迅速上升达到峰值，然后再沿程降低，沿程压力偏离线性分布最大值位于入口的 $x/L=0.05$ 处；气体可压缩性与稀薄性均得到增强，但压力沿程分布非线性程度增加。冻干过程，正是稀薄气体在各种通道内的流动传热问题，因此，可把 DSMC 法引用到冻干过程的研究中来，建立比较精确的描述冻干过程非稳态热质传递的模型。

（2）由宏观向介观方向发展

在宏观领域与微观领域之间，存在着一个近年来才引起人们较大兴趣的介观领域。在这个领域里出现了许多奇异的、崭新的物理性能。介观领域的传热无法用宏观领域的热力学定律描述，也不能用微观领域的统计热力学描述。微尺度效应很快深入科学技术的各个领域。冻干领域当然也不例外，再加上冻干物料种类的不断增加，如人体组织器官的保存需要保持活性，很有必要研究细胞间的热质传递；冻干法制备金属化合物纳米粉、药用粉针制剂、粉雾吸入剂等，有必要研究冻干过程中微尺度热质传递。

然而，目前已经建立的冻干模型大都是研究宏观参数，研究生物材料冻干过程保持细胞活性传热传质模型的，还没有考虑生物材料细胞之间热质传递的复杂性，没有考虑到生物细胞膜本身是半透膜这一特性。这很可能是保持细胞活性最关键的一个因素。不仅宏观参数会影响冻干过程的热质传递，产品的微观结构及微尺度下的超常传热传质也都有可能是影响冻干速率及冻干产品质量的重要因素。例如冻干生物材料（特别是要求保持生物细胞的活性）时，生物材料冻结和干燥过程，生物体内已冻结层和未冻结层，已干层和未干层中的微尺度热质传递过程常常会牵涉到一系列复杂因素，如细胞液组分、溶液饱和度及 DNA 链长、蛋白质性能、细胞周期、细胞热耐受性、分子马达的热驱动、细胞膜的通透性等一系列化学和物理因素，这些因素都有可能影响细胞的活性。其中，最重要、也最易受到温度影响（损害）的部位是细胞膜，其典型厚度为 10nm。细胞膜的功能是将细胞内、外环境分开，并调节细胞内、外环境之间的物质运输。细胞的脂双层膜主要是一个半透膜，它含有离子通道及其他用以辅助细胞内、外溶液输送的蛋白质。长期以来人们采用各种各样的途径，如低温扫描电镜、X 射线衍射以及数学模拟等方法，对发生在细胞内、外的传热传质进行了研究，但迄今对此机制的认识仍严重匮乏。目前重要的是，需要发展一定的工程方法来评价和检测细胞内物质和信息的传输过程，了解其传输机理，这样才有可能真正揭示冻干过程的传热传质机理，建立冻干过程微尺度生物传热传质模型，各种生物组织和器官的冻干就会比较容易。冻干产品在质量和数量上都将会有非常大的飞跃。

要研究冻干过程微尺度生物传热传质应该试图从以下几方面着手：

① 将先进的探索微观世界的透射电镜、扫描电镜和原子力显微镜应用到监控冻干过程中来；

② 从细胞和分子水平上揭示热损伤和冻伤的物理机制；

③ 建立各类微尺度生物热参数的测量方法并实现其仪器化；

④ 建立微尺度生物传热传质模型；

⑤ 将上述微尺度传热传质模型与冻干过程的宏观热质传输模型结合建立冻干过程（即低温低压条件下）微尺度传热传质模型。

（3）由常规向超常规方向发展

刘登瀛等已验证了多孔材料内在一定加热条件下存在非 Fourier 导热效应和非 Fick 扩散效应[17]，提出了对多数干燥过程均应考虑非 Fourier 效应，在冻干过程的升华干燥阶段，已干层中的热质传递正是多孔介质内的热质传递过程，但就目前建立的冻干模型而言还没有考虑产品内部结构的影响，更没有考虑产品内部超常热质传递。对于结构比较复杂的生物材料来说，其内部细胞与细胞之间的热质传递本身是微尺度热质传递过程，再加上又是在低温低压下，很可能存在一些奇异的非 Fourier 效应、非 Fick 效应等。若用常规的热质传递规律建立这些物料冻干过程的传热传质模型，很可能会与实际情况相差太远。因此，有必要研究冻干过程超常传热传质，建立冻干过程的超常传热传质模型，这样冻干生物材料保持细胞活性的研究才有一定的理论基础。

（4）由分立向协同方向发展

冻干过程实际上是低温低压条件下传热传质耦合过程，是多种因素协同作用的结果。可是当前的研究者大都在研究某一因素，例如温度或压力对干燥过程的影响，或者研究它们的共同影响，却没有把各种因素协同起来研究，寻求最优的冻干工艺。过增元院士提出的传递过程强化和控制的新理论——场协同理论[18]指出：在任何传递过程中至少有一种物理场（强度量或强度量梯度）存在，另一方面，任何传递过程都不可能是孤立进行的，不论在体系内部还是在体系和外界之间，必同时伴有其他变化的发生。也就是说一种场可能引起多种传递过程，反之多种场也可能引起同一种传递过程。例如，对流换热过程受温度场和质流场相互作用的影响，而在萃取分离过程中至少存在有化学势场、温度场、重力场和质流场之间的相互作用。因此，对于任何一个传递过程，无论在体系内还是体系外，都可以人为地安排若干种"场"来影响它。通过不同场之间的恰当配合和相互作用使目的过程得到强化，称为"场协同"。冻干过程中至少存在有温度场、压力场、质流场之间的相互作用。1974 年，Mellor 讨论了冻干过程中压力对热质传递的影响，认为压力的影响是双重的，循环压力法可提高升华速率，这其实就是在用比较简单的方法寻求压力场、温度场和质流场之间的协同。但没有建立描述这种过程的模型，无定量描述。利用场协同理论可寻找压力场、温度场和质流场之间的更恰当的配合和相互作用，强化冻干过程中的热质传递，提高升华速率。

26.2　真空冷冻干燥基本理论

冷冻真空干燥的基本原理是在低温低压条件下的传热传质。由于被冻干物料性质、冻干方法和对冻干产品质量要求的不同，描述冻干过程的模型及其解法也不相同。随着研究的深入，有些问题宏观传热传质公式不能解决，从而发展了微纳尺度的传热传质；有些问题常规传热传质定律已经不能描述，于是出现了超常传热传质。通常情况，冷冻真空干燥过程的三大阶段即冷冻阶段、升华干燥阶段、解吸干燥阶段需要分别描述。

26.2.1　冷冻过程的传热传质

对任何物料进行冷冻干燥，都要先将其冻结到共晶点温度以下。冷冻是冻干过程的必经之路。物料的冻结方法有冻干机内搁板冻结、真空蒸发冻结和冷库冻结等，另外还有旋转冻结器冻结、流化床冻结和一些特殊的冻结技术，如分层冻结、反复冻结、粒状冻结和喷雾冻结等[19]。

冻干液态原料的生产用医药冻干机多采用干燥箱内搁板冻结，而冻干固态食品的冻干机多采用冻干机外冻结（冷库和冻结器）。搁板冻结和冰箱冷库冻结，是给物料提供冷量，通过降低传热物料温度，达到冻结目的，从宏观角度分析，没有传质，只有传热，从微观角度分析，生物材料内部会有因温度改变而引起的溶质的扩散。

真空蒸发冻结是对含水的物料直接抽真空，随着压力的降低而蒸发量加大，由于外界不提供蒸发所需的热量，故吸收物料本身的热量自然降温而实现冻结。真空蒸发冻结有静止真空蒸发冻结和旋转真空蒸发冻结两种方式。静止真空蒸发冻结主要用于冻结固态物料，旋转真空蒸发冻结主要用于液态物料的冻结，旋转离心的主要作用是不使液体产生沸腾而起泡。搁板冻结和冷库冻结这两种冻结方式都需要制冷系统，因此，增加了设备投资和运转费用；而真空蒸发冻结搁板内不需要制冷管道，克服了上述缺点，同时在真空蒸发冻结过程中还蒸发了一些水分[20]，从而可缩短后期的干燥时间。

对于要求生物活性的材料，为了保存生物材料的活性，在冷冻时还需加入一定量的保护剂，使物料的冷冻过程热质传递过程更复杂。

26.2.1.1 冻干箱内的冻结过程

（1）冻干箱内搁板上物料预冷的传热模型

冻干箱内搁板上物料预冷阶段以热传导为主，传热的物理模型可简化成如图 26-3 所示。为简化计算做如下假定：

① 冷冻过程中冻结相变界面 S 均匀向物料内移动，传热是一维的，只沿 x 方向进行。

② 冷冻过程中相变界面 S 处温度不变，为共晶点温度。

③ 物料冻结前后各物性参数为常数，未冻结部分内有温差。

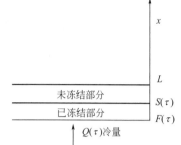

图 26-3　冻结过程示意图

热传导方程、冻结相变界面平衡方程式如下：

$$\varepsilon \frac{\partial \theta_S}{\partial \tau} = \frac{\partial^2 \theta_S}{\partial X^2} \quad [0 < X < S(\tau)] \tag{26-1}$$

$$\frac{\partial \theta_S}{\partial X} - \frac{\partial \theta_L}{\partial X} = \frac{dS(\tau)}{d\tau} \quad [X = S(\tau)] \tag{26-2}$$

边界条件、初始条件：

$$\theta_S = f(\tau) \quad (X = 0) \tag{26-3}$$

$$\frac{\partial \theta_S}{\partial X} = q(\tau) \quad (X = 0) \tag{26-4}$$

$$S(\tau) = 0 \quad (\tau = 0) \tag{26-5}$$

$$\theta_S = 0 \quad [X = S(\tau)] \tag{26-6}$$

式中，θ 为无量纲温度，$\theta = \dfrac{T - T_f}{T_r - T_f}$；$X$ 为无量纲坐标，$X = \dfrac{x}{L}$；ε 为斯蒂芬（Stefan）常数，$\varepsilon = \dfrac{c(T_r - T_f)}{\gamma}$；$\tau$ 为无量纲时间，$\tau = \dfrac{\alpha t \varepsilon}{L^2}$；$S$ 为无量纲相变界面坐标，$S = \dfrac{s}{L}$；L 为平板物料厚度；T_f 为共晶点温度；T_r 为参考温度；γ 为相变潜热；x 为坐标；α 为导温系数，$\alpha = \dfrac{\lambda}{\rho c}$；$\rho$ 为物料密度；c 为物料比热容；λ 为物料热导率；s 为相界面坐标；$f(\tau)$ 为无量纲边界温度；$q(\tau)$ 为无量纲边界热流。

根据上面的模型，可求解冻结过程物料内部的温度分布和冷冻时间。也可用式（26-7）近似计算冷冻时间[21]。

$$t_e = \Delta J / [\Delta T \rho_g (d^2 / 2\lambda_g + d / K_{su})] \tag{26-7}$$

$$t_e = \Delta J / [\Delta T \rho_g (w + u)] \tag{26-7a}$$

式中，t_e 为冷冻时间；ΔJ 为初始冷冻点和最终温度之间的焓差；ΔT 为冷冻点和冷却介质之间的温度差；d 为平行于有效热传递方向上产品的厚度；ρ_g 为冷冻产品的密度；λ_g 为冷冻产品的热导率；K_{su} 为冷却介质和冻结区之间的表面传热系数。

焓值不太好查找，表 26-3 给出了一些数值。冰和已冻干产品的传热系数相对来说比较容易获得，但是，在不同时期，冷冻过程的表面传热系数 K_{su} 和冻干过程总的传热系数 K_{tot} 变化相当大。表 26-4 给出了一些由调查所得的相关数据。

表 26-3　肉、鱼和蛋类产品的焓

产品	含水量质量分数/%	在不同温度下的焓/(kJ/kg)					
		−30℃	−20℃	−10℃	0℃	+5℃	+20℃
牛肉(含 8%脂肪)	74.0	19.2	41.5	72.4	298.5	314.8	368.4
鳕鱼	80.3	20.1	41.9	74.1	322.8	341.2	381.0
蛋清	86.5	18.4	38.5	64.5	351.3	370.5	427.1
整蛋	74.0	18.4	38.9	66.2	308.1	328.2	386.9

表 26-4　表面传热系数、总传热系数和热导率

表面传热系数 K_{su}/[kJ/(m²·h·℃)]	气体到固体表面	自然对流	17～21
		层流 2m/s	50
		层流 5m/s	100
	冷冻时冻干设备搁板与装在小瓶或盘子里的产品之间		200～400
	液体和固体表面之间	管道内的油(层流)	160～250
		LN₂ 滴到产品上①	900
		类似于水的液体	1600
		温差<7℃(0.1MPa)的水	3600
总传热系数 K_{tot}/[kJ/(m²·h·℃)]	真空条件下,冻干设备搁板和产品升华前沿之间,产品装在小瓶或盘子里		60～130
热导率 λ/[kJ/(m²·h·℃)]	冷冻产品(冰)		5.9～6.3
	已干产品		0.059～0.29

　　① 在快速冷冻和熔化期间影响红细胞的因素。Ann. N. Y. Acade. Sci. 85，576～594，1960。

　　（2）真空蒸发冻结过程传热传质模型

　　在一个标准大气压下，水的沸点是 100℃，蒸发热是 2256.69J/g，而当压力降低到 613Pa 时，水的沸点是 0℃，蒸发热为 2499.52J/g。相关数据见图 26-4[22]。

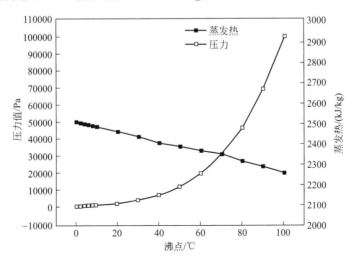

图 26-4　水的沸点与饱和蒸气压及蒸发热之间的关系曲线

通过分析图 26-4 可得，随着压力的降低，水的沸点温度降低，蒸发单位质量的水所消耗的热量反而增加。真空蒸发冻结就是随着压力的降低，相应水的饱和蒸气压也降低，水从冻结物料表面迅速蒸发出来，由于外界不提供蒸发所需的热量，故吸收物料本身的热量自然降温而实现冻结。

大量实验研究与分析表明不同物料的真空蒸发冻结，传热都是首先由传质（水分的汽化）引起的，传质越快，传热越快，传热是在物料内部进行，传质在物料表面进行，水分汽化吸收能量来自物料本身，导致物料温度降低，直至冻结。真空蒸发冻结过程是复杂的相变传热传质过程，该过程涉及扩散、传热、传质、沸腾和相变等机理[23]。

张世伟等人[24]从质量与能量守恒原理、热力学原理和气体动力学原理出发，建立了冻干机内液体真空蒸发冻结过程传热传质的耦合迁移过程。物理模型如图 26-5。

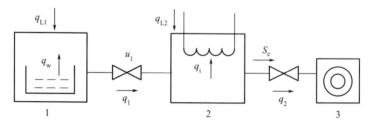

图 26-5　系统物理模型图
1—蒸发室；2—冷凝室；3—真空泵

① 液体温度与质量关系的热力学模型　从溶液的温度变化角度考虑，真空蒸发冻结过程包括液体降温、液体冻结和固体降温三个阶段。对于液体降温阶段，随着液体的蒸发，液体质量不断减少，剩余液体的温度也不断降低，直至达到其冻结温度。由于液体降温所放出的热量是依赖液体蒸发时吸收的相变潜热所消耗，所以液体的降温速率完全取决于液体的蒸发速率。本模拟以集总参数法假设液体温度随时各处均匀，并且与容器保持一致，液体降温阶段温度与质量的关系式为

$$-(m_L c_L + m_C c_C)\frac{\mathrm{d}T}{\mathrm{d}\tau} = Q_S - \lambda_2 \frac{\mathrm{d}m}{\mathrm{d}\tau} \tag{26-8}$$

当溶液的温度降低到对应浓度下的冰点温度时，进入真空蒸发冻结过程的第二阶段——冻结阶段。此时溶液继续蒸发不导致溶液温度进一步下降，而是使剩余溶液中的一部分凝结成固体。液体冻结段温度与质量的关系式为

$$-\frac{\mathrm{d}m}{\mathrm{d}t}\lambda_2 = \frac{\mathrm{d}m_i}{\mathrm{d}t}\lambda_1 \tag{26-9}$$

当液体完全冻结成固体之后，已冻结的冰继续升华，带走升华潜热使剩余部分的冰和容器继续降温。继续降温阶段温度与质量的关系式为

$$-\lambda_i \frac{\mathrm{d}m}{\mathrm{d}t} = (m_i c_i + m_C c_C)\frac{\mathrm{d}T}{\mathrm{d}t} \tag{26-10}$$

式中，λ_2 为水溶液的汽化潜热，g/J；c_L 为水溶液的比热容，J/(g·K)；c_C 为容器的比热容，J/(g·K)；T 为冻结前，任意时刻水或冰的温度，K；m 为任意时刻水的质量，g；m_C 为容器的折算质量，g；Q_S 为水和容器的吸热速率，J/s；λ_1 为水冻结时放出的溶解潜热，J/(g·K)；m_i 为任意时刻冰的质量，g；λ_i 为冰升华时吸收的升华潜热，J/(g·K)；c_i 为冰的比热容，J/(g·K)。

② 真空室内的动力学模型　液体的质量变化依赖于液体的蒸发，而液体蒸发的速率则取决于真空室内气体的压力平衡情况和向冷凝室的流动速率。真空室内的气体由永久气体和

液体蒸发组成，二者的压力控制方程为

$$V_1 \frac{\mathrm{d}p_{1\mathrm{a}}}{\mathrm{d}t} = -q_{1\mathrm{a}} + q_{\mathrm{L}1} \tag{26-11}$$

$$V_1 \frac{\mathrm{d}p_{1\mathrm{W}}}{\mathrm{d}t} = -q_{1\mathrm{W}} + q_{\mathrm{W}} \tag{26-12}$$

从而可得出混合气体的总压力控制方程为

$$V_1 \frac{\mathrm{d}p_1}{\mathrm{d}t} = -q_1 + q_{\mathrm{W}} + q_{\mathrm{L}1} \tag{26-13}$$

液体表面的蒸发速率为

$$q_{\mathrm{W}} = \sqrt{\frac{kT_{\mathrm{W}}}{2\pi m_0}} \alpha_1 A_{\mathrm{W}} (p_{\mathrm{W}} - p_{1\mathrm{W}}) \tag{26-14}$$

真空室内混合气体向冷凝室内流动的总质量迁移速率为

$$q_1 = u_1 (p_1 - p_2) \tag{26-15}$$

其中液体蒸气和永久气体各自的质量迁移速率分别为

$$q_{1\mathrm{W}} = q_1 \frac{p_{1\mathrm{W}}}{p_1} \tag{26-16}$$

$$q_{1\mathrm{a}} = q_1 - q_{1\mathrm{W}} \tag{26-17}$$

另外水蒸气的流量与水蒸气的质量蒸发速率之间的关系为

$$\frac{\mathrm{d}m}{\mathrm{d}t} = \frac{m_0 q_{\mathrm{W}}}{kT_{\mathrm{W}}} \tag{26-18}$$

式中，$p_{1\mathrm{a}}$、$p_{1\mathrm{W}}$ 和 p_1 分别为真空室的永久气体压力、水蒸气压力和总压力，Pa；p_{W} 为水蒸气的饱和蒸气压，Pa；$q_{\mathrm{L}1}$ 为真空室的漏气量；Pa·m³/s；$q_{1\mathrm{a}}$ 为真空室流向冷凝室的空气流量，Pa·m³/s；$q_{1\mathrm{W}}$ 为真空室流向冷凝室的水蒸气流量，Pa·m³/s；q_1 为真空室流向冷凝室的总流量，Pa·m³/s；q_{W} 为水的蒸发率，Pa·m³/s；k 为水分子蒸发潜热，$k = 1.381 \times 10^{-23}$ J/kg；V_1 为真空室的有效体积，m³；m_0 为水分子质量，$m_0 = 2.99 \times 10^{-26}$ kg；T_{W} 为水溶液的温度，K；u_1 为真空室与冷凝室之间流导，m³/s；A_{W} 为水溶液的蒸发表面积，m²；α_1 为水的表面蒸发系数。

③ 冷凝室的动力学模型　由真空室流入冷凝室内的气体，其中永久气体和少量的蒸气被真空泵抽走，其余绝大部分液体蒸气则被冷阱盘管所凝附。冷凝室内永久气体和液体蒸气的压力控制方程为

$$V_2 \frac{\mathrm{d}p_{2\mathrm{a}}}{\mathrm{d}t} = q_{1\mathrm{a}} - q_{2\mathrm{a}} + q_{\mathrm{L}2} \tag{26-19}$$

$$V_2 \frac{\mathrm{d}p_{2\mathrm{W}}}{\mathrm{d}t} = q_{1\mathrm{W}} - q_{2\mathrm{W}} - q_{\mathrm{i}} \tag{26-20}$$

由上面两式可得出混合气体的总压力控制方程为

$$V_2 \frac{\mathrm{d}p_2}{\mathrm{d}t} = q_1 + q_{\mathrm{L}2} - q_{\mathrm{i}} - q_2 \tag{26-21}$$

液体蒸气在冷凝盘管上的凝结速率为

$$q_{\mathrm{i}} = \sqrt{\frac{kT_{\mathrm{V}}}{2\pi m_0}} \alpha_2 A_{\mathrm{i}} p_{2\mathrm{W}} - \sqrt{\frac{kT_{\mathrm{i}}}{2\pi m_0}} \alpha_2 A_{\mathrm{i}} p_{\mathrm{i}} \tag{26-22}$$

冷凝室内混合气体向真空泵流动的总质量迁移速率为

$$q_2 = S_e p_2 \tag{26-23}$$

其中液体蒸气和永久气体的质量迁移速率分别为

$$q_{2W} = S_e p_{2W} \tag{26-24}$$

$$q_{2a} = S_e p_{2a} \tag{26-25}$$

其中真空泵在冷凝室抽气口处的有效抽速为

$$S_e = \frac{S_p u_2}{S_p + u_2} \tag{26-26}$$

式中，p_{2a}、p_{2W}和p_2分别为冷凝室内的永久气体压力、水蒸气压力和总压力，Pa；p_i为冰的饱和蒸气压，Pa；q_{L2}为冷凝室的漏气量，Pa·m³/s；q_2为真空室流向冷凝室的总流量，Pa·m³/s；q_i为冷凝管的水蒸气凝结速率，Pa·m³/s；q_{2W}为冷凝室与真空泵之间的水蒸气流量，Pa·m³/s；q_{2a}为冷凝室与真空泵之间的空气流量，Pa·m³/s；V_2为冷凝室的有效体积，m³；A_i为冷凝管的凝结表面积，m²；T_i为凝结盘管的温度，K；u_2为冷阱与真空泵之间流导，m³/s；S_p为真空泵的抽速，m³/s；α_2为水在冷凝盘管上的凝结系数。

该模型采用的是平衡态理论，尚不能体现过冷、爆沸等非平衡过程的特性。还有待今后继续深入研究。

26.2.1.2　冷冻装置内的冻结过程

冻干食品时，冷冻阶段通常在冷库内进行。运用CFD数值模拟理论，建立合理的冷库模型，模拟冷库在瞬态启动机组预冷、停机除霜及冷库大门处开关门这三种情况对库内气流布置及流场参数（如温度、湿度、空气组成等）对冷冻过程的冷量分布、传热效率、产品的品质有着极为重要的作用，并可为冷库的优化设计提供理论基础。

典型的冷库物理模型如图26-6所示[25]。

数学模型一般采用工程上广泛使用的标准κ-ε模型求解流动及换热问题，此模型共包含5个控制方程，分别是连续性方程、动量守恒方程、能量守恒方程、湍动能κ方程及湍动耗散率ε方程。对于近壁处由于空气流动缓慢，呈贴壁状态，其流动有可能出现层流现象，所以对这一区域的气流采用壁面函数法处理[26]。

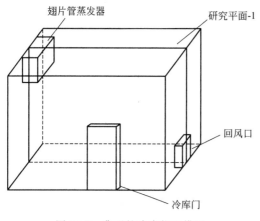

图 26-6　典型的冷库物理模型

翅片管蒸发器　　研究平面-1　　回风口　　冷库门

（1）标准κ-ε模型

标准κ-ε模型在推演过程中，采用了以下几项基本处理：

① 用湍动能κ反映特征速度　κ是单位质量流体紊流脉动动能（m²/s²），定义为：

$$\kappa = \frac{1}{2}(\overline{u_1^2} + \overline{u_2^2} + \overline{u_3^2}) = \frac{1}{2}\overline{u_1^2} \tag{26-27}$$

② 用湍动能耗散率ε反映特征长度尺度　按照湍流脉动理论，湍流在传动过程中存在着耗散作用，湍流中单位质量流体脉动动能的耗散率ε（m²/s³），就是各向同性的小尺度涡的机械能转化为热能的速率，定义为：

$$\varepsilon = \frac{\mu}{\rho} \overline{\left(\frac{\partial u_i'}{\partial x_1}\right)\left(\frac{\partial u_i'}{\partial x_1}\right)} \tag{26-28}$$

式中，μ 为流体动力黏度，$Pa \cdot s$；ρ 为流体的密度，kg/m^3；u_i' 为时均速度，m/s。

③ 引进 μ_t。μ_t 表示湍动黏度，$kg/(m \cdot s)$，并用一个关系来表示 κ、ε 和 μ_t 的关系：

$$\mu_t = C_\mu \rho \kappa^2 / \varepsilon \tag{26-29}$$

式中，C_μ 为经验常数，通常取 0.09。

④ 利用 Boussinesq 假定进行简化。

（2）耗散率 ε

在由三维非稳态 Navier-Stakes 方程出发推导 ε 方程的过程中，需要对推导过程中出现的复杂的项做出简化处理，引入下面关于 ε 方程的模拟定义式：

$$\varepsilon = c_D \frac{\kappa^{\frac{3}{2}}}{l} \tag{26-30}$$

式中，c_D 为经验常数。这一模拟定义式的得出可以如下理解：由较大的涡向较小的涡传递能量的速率对单位体积的流体正比于 $\rho\kappa$，而反比于传递时间。传递时间与湍流长度标尺 l 成正比，而与脉动速度成反比。于是可有：

$$\rho\varepsilon \propto \rho\kappa \left(\frac{1}{\sqrt{\kappa}}\right) \propto \rho\kappa^{3/2} l \tag{26-31}$$

（3）壁面函数法

大量的试验证明，对于有固面的充分发展的湍流流动，沿壁面法线的不同距离上，可将流动划分为壁面区和核心区。壁面区又分为 3 个子层黏性底层、过渡层和对数律层。黏性底层的流动属于层流流动，在工程计算中将过渡层归为对数律层，对数律层的流动处于充分发展的湍流状态。

在近壁区的流动与换热计算，可采用低 Re 数 $\kappa\text{-}\varepsilon$ 模型或壁面函数法，采用低 Re 数 $\kappa\text{-}\varepsilon$ 模型时，由于在黏性底层内的速度梯度与温度梯度都很大，因而要布置相当多的节点，有时多达 $20 \sim 30$ 个（如图 26-7 所示），因而无论在计算时间与所需内存方面都比较多。为了在壁面附近不设置那么多的节点以节省内存，但又能得出具有一点准确度的数值结果，需对壁面附近的计算做特殊的处理，壁面函数法因此而产生。

用壁面函数法时，需与高 Re 数 $\kappa\text{-}\varepsilon$ 模型配合使用，针对各输运方程，联系壁值与内节点值的公式如下：

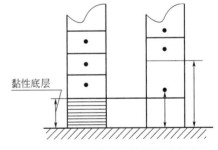

图 26-7　壁面附近区域的处理方法

① 假设在所计算问题的壁面附近的对数律层、无量纲速度 u^+ 与距离 y^+ 的分布服从对数分布律。对数分布律为：

$$u^+ = \frac{u}{u_\tau} = \frac{1}{k}\ln y^+ + B = \frac{1}{k}\ln(Ey^+) \tag{26-32}$$

式中，u 为流体的时均速度；u_τ 为壁面摩擦速度，$u_\tau = \sqrt{\tau_w/\rho}$；$\tau_w$ 为切应力；k 为 Von Karman 常数；$B = \frac{1}{k}\ln E$，B、E 是与表面粗糙度有关的常数。对于光滑壁面有 $k = 0.4$，$B = 5.5$，$E = 9.8$，壁面粗糙度的增加将使 B 值减小。

在这一定义中只有时均值 u 而无湍流参数，为了反映湍流脉动的影响需要把 u^+、y^+ 的定义做出扩展：

$$y^+ = \frac{\Delta y (C_\mu^{1/4} \kappa^{1/2})}{\mu} \tag{26-33}$$

式中，Δy 是到壁面的距离；C_μ 为经验常数，其值为 0.09。

同时引入无量纲的温度：

$$T^+ = \frac{(T - T_w)(C_\mu^{1/4} \kappa^{1/2})}{q_w / (\rho c_p)} \tag{26-34}$$

式中，T 为与壁面相邻的控制体积节点处的温度；T_w 为壁面上的温度；ρ 为流体的密度；c_p 为流体的比热容；q_w 为壁面上的热流密度。在这些定义式中，既引入了湍流参数 k，同时保留壁面切应力 τ_w 以及热流密度 q_w。

② 划分网格时，把第一个内节点 P 布置到对数分布律成立范围内，即配置到旺盛湍流区域。

③ 第一个内节点 P 与壁面之间区域的当量黏性系数 η_t 及当量热导率按下式确定：

$$r_w = \eta_t \frac{u - u_w}{y} \tag{26-35}$$

$$q_w = \lambda_t \frac{T - T_w}{y} \tag{26-36}$$

式中，q_w、r_w 由对数分布律所规定；u_w、T_w 为壁面上的速度与温度。

④ 对第一个内节点 P 上的 k 及 ε 的确定方法做出选择　k 值仍可按 k 方程计算，其边界条件取为 $\left(\dfrac{\partial k}{\partial y}\right) = 0$（$y$ 为垂直于壁面的坐标）。如果第一个内节点设置在黏性支层内且离壁面足够近，自然可以取 $k_w = 0$ 作为边界条件。但是在壁面函数中，P 点置于黏性支层外，在这一个控制容积中，k 的产生与耗散都较壁面的扩散要大得多，因而取 $\left(\dfrac{\partial k}{\partial y}\right) \approx 0$。至于壁面上的 ε 值，取值为：

$$\varepsilon = \frac{C_\mu^{3/4} k^{3/2}}{k \Delta y} \tag{26-37}$$

（4）边界条件及初始化条件

初始条件与边界条件是控制方程有确定解的前提，控制方程与相应的初始条件、边界条件的组合构成对一个物理过程完整的数学描述。初始条件是所研究对象在过程开始时刻各个求解变量的空间分布情况。对于瞬态问题，必须给定初始条件。边界条件是在求解区域的边界上所求解的变量或其导数随地点和时间的变化规律。对于任何问题，都需要给定边界条件。

本章中，边界条件及初始条件主要是研究保鲜库内壁面及风机出口和回风口处的空气流动参数的情况，包括能量方程和动量方程。

① 冷风机出风口边界。具体边界条件如下

a. 这里的 k 值无实测值可依据，按照保鲜库的实际情况，取来流的平均动能的 $0.5\% \sim 1.5\%$。

b. 入口截面上的 ε 可按下式求解：

$$\varepsilon = C_\mu \rho K^2 / \mu_t \tag{26-38}$$

式中，常数 $C_\mu = 0.09$。μ_t 按下式计算。

$$\rho u L / \mu_{\mathrm{t}} = 100 \sim 1000 \tag{26-39}$$

式中，L 为特征长度，在这里取送风口的宽度为 32cm；u 为入口平均流速。

c. 速度值按试验测量结果赋值。

② 冷风机回风口边界　回风口边界调节设为压力出口条件，假设回风口满足充分发展段湍流出口模型，则边界条件有：

a. 速度按试验结果赋值；

b. 紊流脉动动能 $\dfrac{\partial \kappa}{\partial n} = 0$；

c. 脉动动能耗散 $\dfrac{\partial \varepsilon}{\partial n} = 0$；

d. 将 k、ε 做局部单向化处理；

e. 温度 $\dfrac{\partial T}{\partial n} = 0$。

③ 固壁面

a. 面平行的流速为 u，在壁面上 $u = 0$，但其黏性系数按下式计算。在计算过程中，若 P 点落在黏性支层范围内，则仍取分子黏性之值。

$$\mu_{\mathrm{t}} = \frac{y_{\mathrm{P}}^{+} \mu}{u_{\mathrm{P}}^{+}} \tag{26-40}$$

$$y^{+} = \frac{y(C_{\mu}^{1/4} K^{1/2})}{v} \tag{26-41}$$

$$u^{+} = \frac{1}{k} \ln(E y^{+}) \tag{26-42}$$

式中，μ 为分子黏性系数；von Karman（冯卡门）常数 $k = 0.4 \sim 0.42$；$\ln(E)/k = B$；$B = 5.0 \sim 5.5$。

b. 与壁面垂直的速度 $v_{\mathrm{w}} = 0$，由于在壁面附近 $\dfrac{\partial u}{\partial x} \approx 0$，根据连续方程，有 $\dfrac{\partial v}{\partial y} \approx 0$，这样就可以把固壁看作是"绝热型"的，即令壁面上与 v 相应的扩散系数为零。

c. 脉动动能。取 $\left(\dfrac{\partial K}{\partial y}\right)_{\mathrm{w}} \approx 0$，因而取壁面上 K 的扩散系数为零。

d. 脉动动能耗散。采取指定第一个内节点上之值的做法，即 ε_{p} 不是通过求解 ε 方程计算出来的，而是按以下公式计算。

$$\varepsilon_{\mathrm{p}} = \frac{C_{\mu}^{3/4} K_{\mathrm{p}}^{3/2}}{k y_{\mathrm{p}}} \tag{26-43}$$

e. 温度。边界上温度条件的处理与导热问题中一样，但壁面上的当量扩散系数则取：

$$k_{\mathrm{i}} = \frac{y_{\mathrm{P}}^{+} \mu c_{p}}{\dfrac{\sigma_{\mathrm{r}}}{k} \ln(E y^{+}) + P \sigma_{\mathrm{r}}} = \frac{y_{\mathrm{P}}^{+} \mu c_{p}}{\sigma_{\mathrm{r}} [\ln(E y^{+})/k + P]}$$

式中，$P = 9 \left(\dfrac{\sigma_{\mathrm{L}}}{\sigma_{\mathrm{r}}} - 1\right) \times \left(\dfrac{\sigma_{\mathrm{L}}}{\sigma_{\mathrm{r}}}\right)^{-1/4}$。

26.2.1.3　微尺度冻结过程的传热、传质

通常情况，研究物料的冷冻过程（非真空蒸发冻结），仅考虑热的传递，不考虑质的扩

散。但实际上，对于生物材料来说，冰界面逼近细胞时，随着细胞外溶液中水分的凝固，细胞外溶液中溶质（例如盐溶液中的 NaCl）的浓度增加，使得细胞内外溶液通过细胞膜的渗透不平衡，从而引起细胞内外质的扩散，所以生物材料的冷冻过程，实际上是冰界面和细胞之间的耦合传热传质过程。

低温贮藏是当前有效的保存生物活性的方法，研究冷冻过程热质传递机理的人较多，已深入到微尺度领域。这些人关心的是冷冻过程对生物的活性造成的影响，冷冻对细胞和生命体的破坏作用机理是非常复杂的，目前尚无统一的理论，但一般认为主要是由机械损伤效应和溶质损伤效应引起的。

（1）机械损伤效应

机械损伤效应是细胞内外冰晶生长而产生的机械力量引起的。一般冰晶越大，细胞膜越易破裂，从而越易造成细胞死亡；冰晶小对细胞膜的损伤也小。冰晶是纯水物质，故生物细胞冷冻过程中，细胞内外的冰晶形成首先是从纯水开始，冰晶的生长逐步造成电解质的浓缩。期间经历了纯水结冰、细胞质中盐浓度不断增高、胞内 pH 值和离子强度改变、潜在的不利化学反应发生率提高的变化过程。在冷冻过程中，不希望形成大的冰晶，对细胞膜系统造成的机械损伤是直接损伤膜结构，从而影响细胞的生理、代谢功能的正常发挥。

（2）溶质损伤效应

溶质损伤效应是由于水的冻结使细胞间隙内的液体逐渐浓缩，从而使电解质的浓度显著增加。细胞内的蛋白质对电解质极为敏感，尤其是在高浓度的电解质存在时，会引起蛋白质变性，丧失其功能，增加了细胞死亡的可能性。此外，细胞内电解质浓度增加还会导致细胞脱水死亡。间隙液体浓度越高，引起细胞的破坏就越严重。溶质损伤效应在冷冻的某一温度范围内最为明显。这个温度范围在水的冰点和该溶液的全部固化温度之间，若能以较高的速度越过这一温度范围，溶质损伤效应所产生的不良后果就能大大减弱。

另外，冷冻时，细胞内外形成冰晶的大小程度还会影响干燥的速率和干燥后产品的溶解速度。大的冰晶有利于干燥升华，小的冰晶则不然。但大的冰晶溶解慢，小的冰晶溶解快。冰晶越小，干燥后越能反映产品的原来结构。也就是说，避免体积过大的冰晶形成，是防止细胞损伤的关键所在。

综上所述，冷冻对生物细胞的致死损伤，无论是机械性的，还是溶质性的损伤效应，最为常见的是导致膜系统直接损伤。从机理讲，膜系统的损伤取决于膜融合和从液晶相向凝胶相转变的严重程度。通常膜融合的结果导致异形混合物的出现，膜的相变直接造成膜的透性增加。无论哪种损伤形式均使细胞内的物质和细胞外水溶性物质无控制地进行双向交换，这是细胞营养代谢中最忌讳的物质交换方式。但这种形式又是生物细胞冷冻时最易发生的。

动力学上，冰晶首先在细胞外形成，冰界面逼近细胞时，溶质（例如盐溶液中的 NaCl）残留在未冻结的细胞外溶液中。细胞外溶液中盐分的增加使得通过细胞膜的渗透不平衡。细胞通常情况下通过以下两种方式之一克服其不平衡：①细胞内水分被运输到细胞外溶液中；②形成胞内冰，从而调节细胞内的渗透压。主要机理取决于冷却速度。在慢速冷却时，水有充足的时间溢出细胞，造成细胞严重脱水，阻止了冰晶的形成。另外，慢速冷却过程引起的过渡收缩在快速复温或复水过程中会引起细胞结构的损伤[27]。在快速冷却时，水分没有充足的时间逃离细胞，从而水分被捕集在细胞内。减小细胞膜的通透性和降低温度使水分子的迁移率降低，可使捕集加重。在温度降低时，细胞内液过冷，捕集的水分冻结，从而形成胞内冰（IIF）[28]。胞内冰对细胞器官和细胞膜产生不可逆物理化学破坏。因此存在一个可使细胞存活的最优冷却速度，确定最优速率是低温贮藏和冻干保存非常关键的。

2003 年 Mao 等人考虑细胞和冰界面之间的耦合传热传质、膜的传输特性和凝固界面的移动过程的情况下，建立了红细胞冷冻过程冰界面与单个细胞之间相互作用的数学模型[29]。模型如图 26-8 所示。

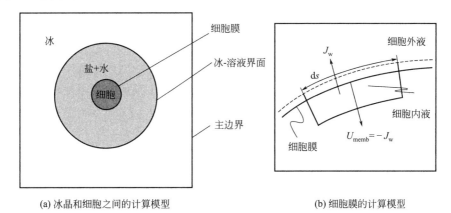

(a) 冰晶和细胞之间的计算模型　　　　　　　　(b) 细胞膜的计算模型

图 26-8　模拟冰晶和单个细胞之间的传热传质的微尺度效应模型示意图

细胞内外的组分和温度场的扩散方程为：

$$\frac{\partial c_{\mathrm{NaCl}}}{\partial t} = D_{\mathrm{l/s}} \nabla^2 c_{\mathrm{NaCl}} \tag{26-44}$$

$$\frac{\partial T}{\partial t} = \alpha_{\mathrm{l/s}} \nabla^2 T \tag{26-45}$$

式中，c_{NaCl} 为盐溶液的浓度；T 为温度；t 为时间；α 和 D 分别为热扩散系数和质扩散系数；下标 l 和 s 分别代表液相和固相。

温度和浓度场的耦合在冰-溶液界面处通过边界条件确定。在此处由相图将边界处的温度和成分联系起来。相图是由经验公式确定的[30]，考虑毛细管的影响后界面温度为：

$$T_{\mathrm{L}i} = b_0 + b_1 c_{\mathrm{L}i} + b_2 c_{\mathrm{L}i}^2 + b_3 c_{\mathrm{L}i}^3 + b_4 c_{\mathrm{L}i}^4 - \frac{\gamma_{\mathrm{sl}}(\theta)}{L} T_{\mathrm{m}} \kappa \tag{26-46}$$

式中，c 为盐的浓度，下标 $\mathrm{L}i$ 表示固体侧的；T_{m} 为冰的熔点；κ 为界面的曲率；L 为熔化潜热；θ 为界面与水平方向之间的角度。所采用的模拟晶体生长的模型考虑了表面张力的各向异性，例如 $\gamma_{\mathrm{sl}}(\theta) = \gamma_0 [1 - 15\varepsilon \cos(m\theta)]$，其中，$\varepsilon$ 为各向异性度，m 为对称度，γ_0 为冰-溶液界面的表面张力，单位为 N/m。式(26-46) 中包含的常数 $b_i (i = 1 \sim 4)$ 来自组分的浓度和温度之间的液相关系曲线。此研究中采用一阶浓度依赖关系，即式(26-46) 中右边液相曲线是线性的。在冰-溶液界面处传热传质平衡方程为

$$(1 - p) \times c_{\mathrm{L}i} V_{\mathrm{N}} = D_{\mathrm{s}} \left(\frac{\partial c_{\mathrm{NaCl}}}{\partial n} \right)_{\mathrm{s}} - D_1 \left(\frac{\partial c_{\mathrm{NaCl}}}{\partial n} \right)_1 \tag{26-47}$$

$$L V_{\mathrm{N}} = k_{\mathrm{s}} \left(\frac{\partial T}{\partial n} \right)_{\mathrm{s}} - k_1 \left(\frac{\partial T}{\partial n} \right)_1 \tag{26-48}$$

式中，p 为分配系数；V_{N} 为冰界面沿法线方向的移动速度；n 为法线方向；k_1 为液体热导率；k_{s} 为固体热导率；液相的热导率 k_1 与水溶液中盐的浓度有关，且随着盐的溶解而减小。液相热导率随浓度场的变化可认为在浓度 $c_{\mathrm{NaCl}} = 0$ 和初始浓度 $c_{\mathrm{NaCl}} = c_0$ 之间呈线性变化而求得。

细胞膜是区分细胞内外的边界，细胞内外两侧组分的平衡方程为：

$$D_{\mathrm{NaCl,e}} \left(\frac{\partial c_{\mathrm{NaCl}}}{\partial n} \right)_{\mathrm{e}} = c_{\mathrm{NaCl,e}} J_{\mathrm{w}} \tag{26-49}$$

$$D_{NaCl,i}\left(\frac{\partial c_{NaCl}}{\partial n}\right)_i = c_{NaCl,i}J_w \qquad (26\text{-}50)$$

式中，下标 e 和 i 分别为细胞外介质和内介质。

来自细胞的水流量根据渗透性由 Darcy 定律给出：

$$J_w = RTL_p(c_{NaCl,e} - c_{NaCl,i}) \qquad (26\text{-}51)$$

式中，L_p 为细胞膜对水的半透性，由压力确定。细胞膜允许水通过，但不允许盐通过。细胞膜对水的半透性 L_p 随温度的降低而减小，温度依赖关系符合阿累尼乌斯（Arrhenius）方程形式：

$$L_p = L_{pg}\exp[-E_a(1/T - 1/T_g)R]$$

式中，T_g 为参考温度；L_{pg} 为温度为 T_g 时细胞膜对水的半透性；E_a 为活化能；R 为普适气体常数。

式(26-44)、式(26-45) 给出了红细胞冷冻过程中组分和热传输的微尺度模型。溶液中固相区和液相区的溶质和温度场利用相变界面处组分和热平衡确定，即式(26-47) 和式(26-48)。相图由式(26-46) 确定，用来联系界面温度和组分浓度。计算中界面的厚度忽略不计，认为是无限薄的，物料特性的跃变，如质扩散系数、热扩散系数、溶质的分割系数都被准确地合为一体。这种计算水溶液凝固方法耦合了单个细胞周围的传热传质。红细胞的物理模型是由半透膜包围的盐溶液组成。刚开始，整个细胞静止在等压盐溶液中，由式(26-51) 可知，水通过细胞膜的流量由膜的通透性和浓度差控制。通过膜的渗透量由文献 [31] 中 sharp-interface 方法获得。细胞内外的热质传递主要取决于固液边界和细胞膜处的边界条件。

用式(26-51) 可确定水通过细胞膜的传输速率，假定细胞内外溶液的组分混合均匀，细胞外液与冰界面平衡，则细胞外盐浓度的计算可用液体模型［基于式(26-46)］：$c_{NaCl,e} = (T-b_0)/b_1$，细胞内的浓度由公式 $c_{NaCl,i} = c_0V_0/V$ 给出，其中 c_0 和 V_0 分别为等压条件下盐的浓度和细胞的体积。每一瞬时细胞的体积可通过求解微分式(26-52) 确定：

$$\frac{dV}{dt} = -SJ_w \qquad (26\text{-}52)$$

利用上述模型可确定以不同速率和温度冷冻红细胞过程细胞内外的温度场和浓度场，以及细胞的体积与冰界面之间的相互作用关系。

26.2.2　真空干燥过程的传热传质

冻干过程的传热传质应包括干燥过程中物料内水分的固-气相变及物料内的传热传质；被冻干物料外、冻干机内非稳态温度场和稀薄气体流动的理论；捕水器内水蒸气的气-固相变理论等。目前，就第一部分内容国内外研究得较多，下面主要针对第一部分做详细阐述。

26.2.2.1　传统的冻干理论

传统的冻干理论都是基于 1967 年桑德尔（Sandall）和金（King）等提出的冷冻干燥冰界面均匀后移稳态模型（The Uniformly Retreating Ice Model，简称 URIF 模型）[32]建立的一维稳态模型。该模型将被冻干物料分成已干层和冻结层，假设已干层和冻结层内都是均质的，其特点是：简单，所需参数少，求解容易，能较好地模拟形状单一、组织结构均匀物料的升华干燥过程，应用也比较广泛，但不够精确，主要应用在对于质量要求不是很高的食品的冻干。

（1）直角坐标系下的模型

① 平板状物料　产品形状若可简化为一块无限宽、厚度为 d 的平板，主干燥阶段热质

传递的物理模型可简化，如图 26-9 所示[33]图中 q 为热流，W/m^2。传热能量平衡方程为：

$$\frac{\partial T_{\text{II}}}{\partial t} = \alpha_{\text{IIe}} \frac{\partial^2 T_{\text{II}}}{\partial x^2} \qquad [t \geq 0, H(t) \leq x \leq L] \qquad (26\text{-}53)$$

传质连续方程为：

$$\frac{\partial c_{\text{I}}}{\partial t} = D_{\text{Ie}} \frac{\partial^2 c_{\text{I}}}{\partial x^2} \qquad [t \geq 0, 0 \leq x \leq H(t)] \qquad (26\text{-}54)$$

式中，T_{II} 为冻结层的温度，K；α_{IIe} 为冻结层的热扩散系数，m^2/s；D_{Ie} 为已干层的有效扩散系数，m^2/s；c_{I} 为已干层内水蒸气的质量浓度，kg/m^3。

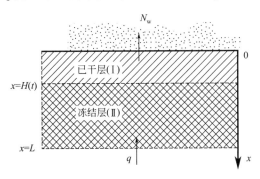

图 26-9　平板状物料的冻干过程传热传质示意图

该模型适用于冻结成平板状的液状物料[34]和片状固体物料[35]。

② 散状颗粒状物料　产品若是散状颗粒状物料，主干燥阶段热质传递的物理模型可简化，如图 26-10 所示[36]。传热能量平衡方程：

$$\frac{\partial T_{\text{I}}}{\partial t} = \alpha_{\text{Ie}} \frac{\partial^2 T_{\text{I}}}{\partial x^2} \qquad [t \geq 0, 0 \leq x \leq H(t)] \qquad (26\text{-}55)$$

传质连续方程

$$\frac{\partial c_{\text{I}}}{\partial t} = D_{\text{Ie}} \frac{\partial^2 c_{\text{I}}}{\partial x^2} \qquad [t \geq 0, 0 \leq x \leq H(t)] \qquad (26\text{-}56)$$

式中，T_{I} 为已干层的温度，K；α_{Ie} 为已干层有效热扩散系数，m^2/s；其余同上。

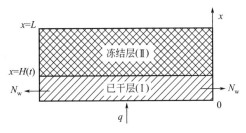

图 26-10　散装颗粒状物料的冻干过程传热传质示意图

该模型适用于散状颗粒状物料，例如冻结粒状咖啡萃取物的求解比较准确[37]。

（2）圆柱坐标系下的模型

① 圆柱体物料　产品形状可以简化成圆柱体的物料，主干燥阶段热质传递的物理模型可简化成如图 26-11 所示模型。传热能量平衡方程：

$$\frac{\partial T_{\text{I}}}{\partial t} = \alpha_{\text{Ie}} \left(\frac{\partial^2 T_{\text{I}}}{\partial r^2} + \frac{1}{r} \times \frac{\partial T_{\text{I}}}{\partial r} \right) \qquad [t \geq 0, H(t) \leq r \leq R] \qquad (26\text{-}57)$$

传质连续方程：

$$\frac{\partial c_{\mathrm{I}}}{\partial t} = D_{\mathrm{I}\mathrm{e}} \frac{\partial^2 c_{\mathrm{I}}}{\partial r^2} \qquad [t \geqslant 0, H(t) \leqslant r \leqslant R] \tag{26-58}$$

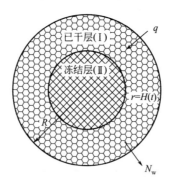

图 26-11　圆柱坐标系下的生物材料冻干过程传热传质示意图

该模型适合于可以简化成圆柱形状的物料的冻干，例如人参[38]、骨骼、蒜薹[39]等。

② 长颈瓶装液态物料　长颈瓶装液态物料在冷冻时高速旋转，使液态产品冻结在瓶壁上，主干燥阶段热质传递的物理模型可简化，如图 26-12 所示[40]。传热能量平衡方程：

$$\frac{\partial T_{\mathrm{II}}}{\partial t} = \alpha_{\mathrm{II}\mathrm{e}} \left(\frac{\partial^2 T_{\mathrm{II}}}{\partial r^2} + \frac{1}{r} \times \frac{\partial T_{\mathrm{II}}}{\partial r} \right) \qquad [t \geqslant 0, H(t) \leqslant r \leqslant R] \tag{26-59}$$

传质连续方程：

$$\frac{\partial c_{\mathrm{I}}}{\partial t} = D_{\mathrm{I}\mathrm{e}} \frac{\partial^2 c_{\mathrm{I}}}{\partial r^2} \qquad [t \geqslant 0, r_1 \leqslant r \leqslant H(t)] \tag{26-60}$$

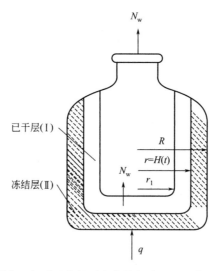

图 26-12　圆柱坐标系下的长颈瓶装物料冻干过程传热传质示意图

（3）球坐标系下的模型

① 球状物料　产品形状可简化成球体的物料，主干燥阶段热质传递的物理模型可简化成如图 26-11 所示模型，图中 r 和 R 表示球半径。传热能量平衡方程：

$$\frac{\partial T_{\mathrm{I}}}{\partial t} = \alpha_{\mathrm{I}\mathrm{e}} \left(\frac{\partial^2 T_{\mathrm{I}}}{\partial r^2} + \frac{2}{r} \times \frac{\partial T_{\mathrm{I}}}{\partial r} \right) \qquad [t \geqslant 0, H(t) \leqslant r \leqslant R] \tag{26-61}$$

传质连续方程

$$\frac{\partial c_{\mathrm{I}}}{\partial t}=D_{\mathrm{I\,e}}\frac{\partial^2 c_{\mathrm{I}}}{\partial r^2}+\frac{2}{r}\times\frac{\partial c_{\mathrm{I}}}{\partial r} \qquad [t\geqslant 0,H(t)\leqslant r\leqslant R] \tag{26-62}$$

该模型适合于可简化成球状的物料，例如草莓、动物标本等。

② 球形长颈瓶装物料　球形长颈瓶装液态物料在冷冻时高速旋转，使液态产品冻结在瓶壁上，主干燥阶段热质传递的物理模型可简化，如图 26-13 所示[41]。传热能量平衡方程：

$$\frac{\partial T_{\mathrm{II}}}{\partial t}=\alpha_{\mathrm{II\,e}}\left(\frac{\partial^2 T_{\mathrm{II}}}{\partial r^2}+\frac{2}{r}\times\frac{\partial T_{\mathrm{II}}}{\partial r}\right) \qquad [t\geqslant 0,H(t)\leqslant r\leqslant R] \tag{26-63}$$

传质连续方程：

$$\frac{\partial c_{\mathrm{I}}}{\partial t}=D_{\mathrm{I\,e}}\frac{\partial^2 c_{\mathrm{I}}}{\partial r^2}+\frac{2}{r}\times\frac{\partial c_{\mathrm{I}}}{\partial r} \qquad [t\geqslant 0,r_1\leqslant r\leqslant H(t)] \tag{26-64}$$

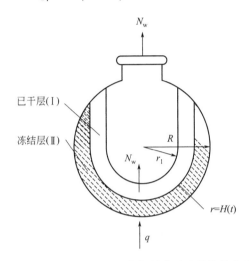

图 26-13　球坐标系下的长颈瓶装物料冻干过程传热传质示意图

26.2.2.2　多孔介质的冻干理论

1979 年利亚皮斯（Liapis）和利奇菲尔德（Litchfield）提出了冷冻干燥过程的升华-解吸模型[42]。该模型的思想是把已干层当作多孔介质，利用多孔介质内热质传递理论建立已干层内的热质传递模型。该模型的特点是：简化条件相对来说比较少，能较好地模拟冻干过程，与实际情况比较接近，但求解较困难，所需物性参数较多。近年来有不少学者在此基础又做了进一步改进，多数是为了提高药品的质量和干燥速率而建的模型。

（1）一维升华-解吸模型

一维升华-解吸模型（1979 年 Liapis 和 Litchfield 提出的），在主干燥过程传热传质的物理模型如图 26-14 所示。已干区（Ⅰ）和冻结区（Ⅱ）非稳态能量传热平衡方程为：

$$\frac{\partial T_{\mathrm{I}}}{\partial t}=\alpha_{\mathrm{Ie}}\frac{\partial^2 T_{\mathrm{I}}}{\partial x^2}-\frac{N_{\mathrm{t}}c_{pg}}{\rho_{\mathrm{Ie}}c_{p\mathrm{Ie}}}\times\frac{\partial T_{\mathrm{I}}}{\partial x}-\frac{Tc_{pg}}{\rho_{\mathrm{Ie}}c_{p\mathrm{Ie}}}\times\frac{\partial N_{\mathrm{t}}}{\partial x}+\frac{\Delta H_{\mathrm{v}}\rho_{\mathrm{I}}}{\rho_{\mathrm{Ie}}c_{p\mathrm{Ie}}}\times\frac{\partial c_{sw}}{\partial t} \quad [t\geqslant 0,0\leqslant x\leqslant H(t)]$$
$$\tag{26-65}$$

$$\frac{\partial T_{\mathrm{II}}}{\partial t}=\alpha_{\mathrm{II}}\frac{\partial^2 T_{\mathrm{II}}}{\partial x^2} \qquad [t\geqslant 0,H(t)\leqslant x\leqslant L] \tag{26-66}$$

传质连续方程为：

$$\frac{\varepsilon M_{\mathrm{W}}}{R_{\mathrm{g}}}\times\frac{\partial}{\partial t}\left(\frac{p_{\mathrm{w}}}{T_{\mathrm{I}}}\right)=-\frac{\partial N_{\mathrm{w}}}{\partial x}-\rho_{\mathrm{I}}\frac{\partial c_{sw}}{\partial t} \qquad [t\geqslant 0,0\leqslant x\leqslant H(t)] \tag{26-67}$$

$$\frac{\varepsilon M_{in}}{R_g}\left(\frac{p_{in}}{T_I}\right) = -\frac{\partial N_{in}}{\partial x} \qquad [t \geqslant 0, 0 \leqslant x \leqslant H(t)] \qquad (26\text{-}68)$$

$$\frac{\partial c_{sw}}{\partial t} = -k_g c_{sw} \qquad [t \geqslant 0, 0 \leqslant x \leqslant H(t)] \qquad (26\text{-}69)$$

式中，c_{pg} 为气体的比热容，J/(kg·K)；ρ_{Ie} 为已干层的有效密度，kg/m³；c_{pIe} 为已干层有效比热容，J/(kg·K)；c_{sw} 为结合水浓度，kg 水/kg 固体；ρ_I 为已干层密度，kg/m³；ε 为已干层的空隙率（无量纲）；M_w 为水蒸气分子量，kg/mol；R_g 为理想气体常数，J/(mol·K)；p_w 为水蒸气分压，Pa；N_t 为总的质量流，kg/(m²·s)，N_w 为水蒸气质量流，kg/(m²·s)，M_{in} 为惰性气体分子量，kg/mol；N_{in} 为惰性气体质量流，kg/(m²·s)；p_{in} 为惰性气体分压，Pa；k_g 为解吸过程的内部传质系数，s⁻¹；c_{pg} 为气体比热容，J/(kg·K)；$H(t)$ 为 t 时刻移动冰界面的尺寸，m；ΔH_v 为结合水解吸潜热，J/kg。

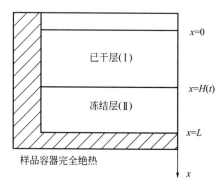

图 26-14　冻干过程传热传质示意图

该模型适合于可简化成平板状的物料，例如牛奶的冻干。

（2）二维轴对称升华-解吸模型

二维轴对称升华-解吸模型（1997 年 Mascarenhas 等人提出的）[43]，在主干燥过程传热传质的物理模型如图 26-15 所示。已干区（Ⅰ）和冻结区（Ⅱ）非稳态传热能量平衡方程为：

$$\frac{\partial T_I}{\partial t} = \frac{k_{Ie}}{\rho_{Ie}c_{pIe}}\left[\frac{\partial}{\partial x}\left(\frac{\partial T_I}{\partial x}\right) + \frac{1}{r} \times \frac{\partial}{\partial y}\left(r\frac{\partial T_I}{\partial y}\right)\right] - \frac{c_{pg}}{\rho_{Ie}c_{pIe}}\left[\frac{\partial(N_{t,x}T_I)}{\partial x} + \frac{1}{r} \times \right.$$

$$\left. \frac{\partial(rN_{t,y}T_I)}{\partial y}\right] + \frac{\Delta H \rho_I}{\rho_{Ie}c_{pIe}} \times \frac{\partial c_{sw}}{\partial t} \qquad [t \geqslant 0, 0 \leqslant x \leqslant H(t)] \qquad (26\text{-}70)$$

$$\frac{\partial T_{II}}{\partial t} = \frac{k_{II}}{\rho_{II}c_{pII}}\left[\frac{\partial}{\partial x}\left(\frac{\partial T_{II}}{\partial x}\right) - \frac{1}{r} \times \frac{\partial}{\partial y}\left(r\frac{\partial T_{II}}{\partial y}\right)\right] \qquad [t \geqslant 0, H(t) \leqslant x \leqslant L] \qquad (26\text{-}71)$$

传质连续方程为：

$$\varepsilon\frac{\partial c_{pw}}{\partial t} + \rho_I\frac{\partial c_{sw}}{\partial t} + \nabla \cdot N_w = 0 \qquad [t \geqslant 0, 0 \leqslant x \leqslant H(t)] \qquad (26\text{-}72)$$

$$\varepsilon\frac{\partial c_{pin}}{\partial t} + \nabla \cdot N_{in} = 0 \qquad [t \geqslant 0, 0 \leqslant x \leqslant H(t)] \qquad (26\text{-}73)$$

$$\frac{\partial c_{sw}}{\partial t} = k_R(c_{sw}^* - c_{sw}) \qquad [t \geqslant 0, 0 \leqslant x \leqslant H(t)] \qquad (26\text{-}74)$$

式中，k_{Ie} 为已干层有效热导率，W/(K·m)；k_{II} 为冻结层热导率，W/(K·m)；c_{pw}

为水蒸气的质量浓度，kg/m^3；c_{pin} 为惰性气体的质量浓度，kg/m^3；c_{sw}^* 为结合水平衡浓度，kg 水/kg 固体；N_{tx} 为 x 方向总的质量流，$kg/(m^2 \cdot s)$；N_{ty} 为 y 方向总的质量流，$kg/(m^2 \cdot s)$；其余符号同前。

图 26-15 中 q_I、q_{II} 和 q_{III} 为来自不同方向的热流，单位为 W/m^2。

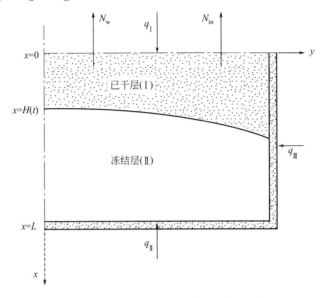

图 26-15　二维升华解吸模型传热传质示意图

（3）多维动态模型

实际为二维轴对称模型（1998 年 Sheehan 和 Liapis 提出）[44]，干燥过程传热传质物理模型可简化成如图 26-16 所示模型。主干燥阶段在已干层和冻结层中传热能量平衡方程为：

$$\frac{\partial T_I}{\partial t} = \alpha_{Ie}\left(\frac{\partial^2 T_I}{\partial r^2} + \frac{1}{r} \times \frac{\partial T_I}{\partial r} + \frac{\partial^2 T_I}{\partial z^2}\right) - \frac{c_{pg}}{\rho_{Ie}c_{pIe}}\left(\frac{\partial(N_{t,z}T_I)}{\partial z}\right) -$$

$$\frac{c_{pg}}{\rho_{Ie}c_{pIe}}\left(\frac{1}{r} \times \frac{\partial(rN_{t,z}T_I)}{\partial r}\right) + \frac{\Delta H_v \rho_I}{\rho_{Ie}c_{pIe}}\left(\frac{\partial c_{sw}}{\partial t}\right) \qquad [t \geqslant 0, 0 \leqslant z \leqslant Z = H(t,r), 0 \leqslant r \leqslant R]$$

$$(26\text{-}75)$$

$$\frac{\partial T_{II}}{\partial t} = \alpha_{II}\left(\frac{\partial^2 T_{II}}{\partial r^2} + \frac{1}{r} \times \frac{\partial T_{II}}{\partial r} + \frac{\partial^2 T_{II}}{\partial z^2}\right) \qquad [t \geqslant 0, Z = H(t,r) \leqslant z \leqslant L, 0 \leqslant r \leqslant R]$$

$$(26\text{-}76)$$

传质连续方程为：

$$\frac{\varepsilon M_W}{R_g T_I} \times \frac{\partial p_w}{\partial t} = -\frac{1}{r} \times \frac{\partial(rN_{w,r})}{\partial r} - \frac{\partial N_{w,z}}{\partial z} - \rho_I\frac{\partial c_{sw}}{\partial t} \qquad [t \geqslant 0, 0 \leqslant z \leqslant Z = H(t,r), 0 \leqslant r \leqslant R]$$

$$(26\text{-}77)$$

$$\frac{\varepsilon M_{in}}{R_g T_I} \times \frac{\partial p_{in}}{\partial t} = -\frac{1}{r} \times \frac{\partial(rN_{in,r})}{\partial r} - \frac{\partial N_{in,z}}{\partial z} \qquad [t \geqslant 0, 0 \leqslant z \leqslant Z = H(t,r), 0 \leqslant r \leqslant R]$$

$$(26\text{-}78)$$

$$\frac{\partial c_{sw}}{\partial t} = -k_d c_{sw} \qquad [t \geqslant 0, 0 \leqslant z \leqslant Z = H(t,r), 0 \leqslant r \leqslant R]\qquad(26\text{-}79)$$

二次干燥阶段传热传质平衡方程为：

$$\frac{\partial T_{\mathrm{I}}}{\partial t}=\alpha_{\mathrm{I\,e}}\left(\frac{\partial^{2}T_{\mathrm{I}}}{\partial r^{2}}+\frac{1}{r}\times\frac{\partial T_{\mathrm{I}}}{\partial r}+\frac{\partial^{2}T_{\mathrm{I}}}{\partial z^{2}}\right)-\frac{c_{pg}}{\rho_{\mathrm{I\,e}}c_{p\mathrm{I\,e}}}\left(\frac{\partial(N_{\mathrm{t},z}T_{\mathrm{I}})}{\partial z}\right)-\frac{c_{pg}}{\rho_{\mathrm{I\,e}}c_{p\mathrm{I\,e}}}$$

$$\left(\frac{1}{r}\times\frac{\partial(rN_{\mathrm{t},z}T_{\mathrm{I}})}{\partial r}\right)+\frac{\Delta H_{\mathrm{v}}\rho_{\mathrm{I}}}{\rho_{\mathrm{I\,e}}c_{p\mathrm{I\,e}}}\left(\frac{\partial c_{\mathrm{sw}}}{\partial t}\right)\quad[t\geqslant t_{Z=H(t,r)=L},0\leqslant z\leqslant L,0\leqslant r\leqslant R]$$

$$(26\text{-}80)$$

$$\frac{\varepsilon M_{\mathrm{W}}}{R_{\mathrm{g}}T_{\mathrm{I}}}\times\frac{\partial p_{\mathrm{w}}}{\partial t}=-\frac{1}{r}\times\frac{\partial(rN_{\mathrm{w},r})}{\partial r}-\frac{\partial N_{\mathrm{w},z}}{\partial z}-\rho_{\mathrm{I}}\frac{\partial c_{\mathrm{sw}}}{\partial t}\quad[t\geqslant t_{Z=H(t,r)=L},0\leqslant z\leqslant L,0\leqslant r\leqslant R]$$

$$(26\text{-}81)$$

$$\frac{\varepsilon M_{\mathrm{in}}}{R_{\mathrm{g}}T_{\mathrm{I}}}\times\frac{\partial p_{\mathrm{in}}}{\partial t}=-\frac{1}{r}\times\frac{\partial(rN_{\mathrm{in},r})}{\partial r}-\frac{\partial N_{\mathrm{in},z}}{\partial z}\quad[t\geqslant t_{Z=H(t,r)=L},0\leqslant z\leqslant L,0\leqslant r\leqslant R]$$

$$(26\text{-}82)$$

式中，$H(t,r)$ 为半径为 r 时的 $H(t)$；Z 为移动冰界面到达 z 处的值；$N_{\mathrm{t},z}$ 为 z 方向总的质量流，$\mathrm{kg/(m^2 \cdot s)}$；$N_{\mathrm{w},r}$ 和 $N_{\mathrm{w},z}$ 分别为 r 和 z 方向水蒸气的质量流，$\mathrm{kg/(m^2 \cdot s)}$；$N_{\mathrm{in},r}$ 和 $N_{\mathrm{in},z}$ 分为 r 和 z 方向惰性气体的质量流，$\mathrm{kg/(m^2 \cdot s)}$；其余符号同前。

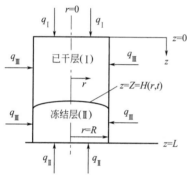

(a) 小瓶中冻干物料的示意图

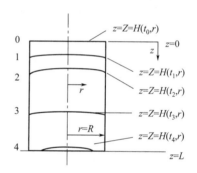

(b) 冻干过程升华界面的移动情况

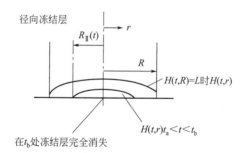

(c) 冻结层呈放射状分布

图 26-16　多维动态模型传热传质示意图

图 26-16 中模型只是对于单个小瓶来说，如果对排列在搁板上的多个小瓶来说，可以认为对小瓶的供热是排列位置的函数，同样可以使用。该模型的优点是能提供小瓶中已干层中结合水的浓度和温度的动力学行为的定量分布。

（4）考虑瓶塞和室壁温度影响的二维轴对称非稳态模型

考虑瓶塞和室壁温度影响的二维轴对称非稳态模型[45]的传热传质示意如图 26-17 所示。数学模型与 1998 年 Sheehan 和 Liapis 提出的多维动态模型相同，即与式（26-75）～式（26-82）相同，只是确定边界条件 q_{I}、q_{II}、q_{III} 时考虑了瓶塞和干燥室壁温度的影响。

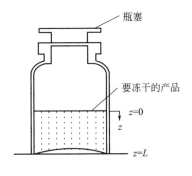

(a) 带瓶塞的小瓶模型

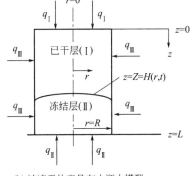

(b) 被冻干的产品在小瓶中模型

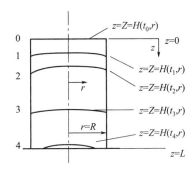

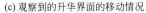

(c) 观察到的升华界面的移动情况

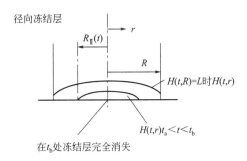

(d) 冻结层呈放射状分布

图 26-17　考虑瓶塞和室壁温度影响的二维轴对称非稳态模型的传热传质示意图

（5）考虑平底弯曲影响的二维轴对称非稳态模型

2005 年 Su、Zhai 等提出的考虑平底弯曲影响的二维轴对称非稳态模型的物理模型如图 26-18 所示[46]。主干燥阶段传热能量平衡方程为：

$$\frac{\partial}{\partial t}(\rho_g c_{pg} T_g) = \nabla(k_g \nabla T_g) \tag{26-83}$$

$$\frac{\partial}{\partial t}(\rho_{ice} c_{p,ice} T_{ice}) = \nabla(k_{ice} \nabla T_{ice}) \tag{26-84}$$

传质连续方程为：

$$N_{wt} = -\frac{M_w}{R_g T}(k_1 \nabla p_s + k_2 p_s \nabla p) = \frac{1}{T}[h_1(p_s - p_c) + h_2 p_s(p_s - p)] \tag{26-85}$$

式中，ρ_g 为玻璃瓶的密度，kg/m^3；c_{pg} 为玻璃瓶的比热容，$J/(kg \cdot K)$；T_g 为玻璃瓶的温度，K；k_g 为玻璃瓶的热导率，$W/(K \cdot m)$；ρ_{ice} 为冰的密度，kg/m^3；$c_{p,ice}$ 为冰的比热容，$J/(kg \cdot K)$；T_{ice} 为冰的温度，K；k_{ice} 为冰的热导率，$W/(K \cdot m)$；M_w 为水蒸气分子量，kg/mol；R_g 为理想气体常数，$J/(mol \cdot K)$；p_s 和 p_c 分别表示升华界面和冷凝器表面标准水蒸气压力，Pa；p 为干燥室内的总压力，Pa；N_{wt} 为水蒸气总的质量流，$kg/(m^2 \cdot s)$；k_1 和 k_2 分别为体扩散和自扩散常数；h_1 和 h_2 分别为扩散和对流传质系数，m/s。

图 26-18 中，C_{gap} 为玻璃瓶底的弯曲空隙的高度，mm。

（6）微波冻干一维圆柱坐标下的双升华面模型

图 26-19 为简化的具有电介质核圆柱多孔介质微波冷冻干燥过程的传热传质示意图[47]。对具有电介质核的多孔介质微波冷冻干燥过程，物料将被内外同时加热，因而可能产生 2 个

升华界面。一方面，物料外层的冰吸收微波能而升华，形成第一升华界面；另一方面，由于电介质核较冰的损耗系数大，微波能主要被其吸收并传导至物料层使冰升华，从而形成第二升华界面。因此，多孔介质内部将出现 2 个干区、冰区和电介质核 4 个区域（见图 26-19）。

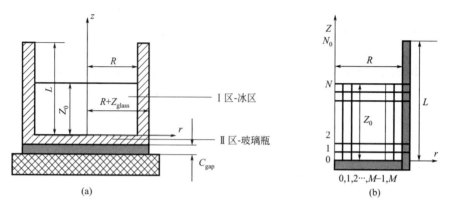

图 26-18　圆柱形小瓶内冰升华过程的横截面示意图

（Z_0 为冰最初的高度；L 和 R 分别为玻璃瓶的高度和半径）

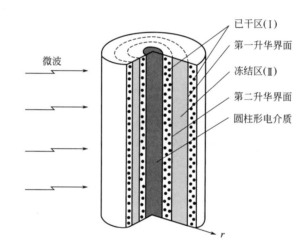

图 26-19　具有电介质核圆柱多孔介质微波冷冻干燥过程的传热传质示意图

已干区传热能量平衡方程：

$$\frac{\partial(\rho c_p T_{\mathrm{I}})}{\partial t}=\nabla(\lambda \nabla T)+q \tag{26-86}$$

传质连续方程：

$$\frac{\partial(\varepsilon \rho_{\mathrm{w}})}{\partial t}=\nabla N_{\mathrm{II\,w}} \tag{26-87}$$

冻结区传热能量平衡方程：

$$\frac{\partial(\rho c_p T_{\mathrm{II}})}{\partial t}=\nabla(\lambda \nabla T_{\mathrm{II}})-I\Delta H_{\mathrm{s}}+q-\frac{\partial(c_{p\mathrm{w}} T_{\mathrm{II}} N_{\mathrm{II\,w}})}{\partial r} \tag{26-88}$$

传质连续方程：

$$\frac{\partial}{\partial t}\big[(1-S)\varepsilon \rho_{\mathrm{w}}\big]=-\nabla N_{\mathrm{II\,w}}+I \tag{26-89}$$

式中，λ 为热导率，$W/(m \cdot K)$；I 为升华源强度，$kg \cdot m^3/s$；ΔH_s 为升华潜热，J/kg；q 为微波能吸收强度，$J/(s \cdot m^3)$，S 为饱和度；其余符号同前。

26.2.2.3　微纳尺度冻干过程的传热、传质

以往的研究大都是研究宏观参数，如压力、温度和物料的宏观尺寸等对冻干过程热质传递的影响，物料微观结构的影响忽略不计或被简化，因此，只是对于均质的液态物料和结构单一固态物料比较适用。对于一般生物材料，冻干过程已干层多孔介质实际上不是均匀的，而是具有分形的特点[48]。然而分形多孔介质中的扩散已不再满足欧式空间的 Fick 定律，扩散速率较欧式空间减慢了[49]，扩散系数不是常数，与扩散距离有关。已干层分形特征如何确定，以及怎么影响冻干过程热质传递，都是有待研究的问题。

从考虑生物材料的微观结构出发，根据已干层的显微照片分析生物材料已干层多孔介质的分形特性，确定已干层多孔介质的分形维数和谱维数，推导分形多孔介质中气体扩散方程，然后在 1998 年 Sheehan 和 Liapis 提出的非稳态轴对称模型的基础上建立了考虑了已干层分形特点的生物材料冻干过程热质传递的模型，即惰性气体和水蒸气在已干层中的连续方程采用的是分形多孔介质中的扩散方程[50]，扩散系数随已干层厚度的增加呈指数下降。为了验证模型的正确性，以螺旋藻为研究对象，用 Jacquin 等人[51,52]的方法根据螺旋藻已干层的显微照片确定螺旋藻已干层分形维数，用张东晖等人[53]的方法求分形多孔介质的谱维数。模型的求解借助 Matlab 和 Fluent 软件，模拟了螺旋藻的冻干过程。

（1）分形多孔介质中气体扩散方程的推导

通常流体的扩散满足 Fick 定律，固相中的扩散也常常沿袭流体扩散过程的处理方法。如果气体的分子直径自由程远大于微孔直径，则分子对孔壁的碰撞要比分子之间的相互碰撞频繁得多。其微孔内的扩散阻力主要来自分子对孔壁的碰撞，这就是克努森扩散，传统的冻干模型已干层中水蒸气和惰性气体的扩散都是按传统的欧氏空间的克努森扩散处理的，但对于生物材料已干层中的空隙一般都具有分形的特征，使气体在其中的扩散也具有分形的特点，下面从确定已干层分形特征入手，来推导已干层分形多孔介质中的气体扩散方程。

（2）已干层多孔介质结构特性

生物材料冻干过程已干层多孔介质的结构特性是影响冻干过程传热传质的很重要的一个因素。当空隙具有分形特点时，多孔介质中的热质传递不仅与空隙率有关，还与空隙的大小和排列有关，与空隙的分形维数和谱维数有关。

① 空隙率的确定　与计算机所产生的图像不同，实验图噪声比较大，不便于直接利用软件对图像进行数字处理。图 26-20 为螺旋藻已干层显微照片，在分析图像之前，需要恰当地处理图像，目的就是减少噪声，使图像主要信息表达更加清楚。把彩色图像利用 Matlab 图像处理[54]转换为黑白图像（二值图）时，要给出黑与白的分界值，即像素的颜色阈值，低于阈值的像素定义为白色，代表空隙，否则为黑色，代表固体物料。转化工具为 Matlab 的 im2bw 命令。

当颜色阈值取 0.35 时，图 26-20 对应的二值图如图 26-21 所示，考虑到在显微镜下观测螺旋藻已干层结构时有一定的厚度，固体物料有重叠，为了使处理后的图像更接近实际结构，这里阈值取偏小值 0.35。在 Matlab 中二值图是用 1 和 0 的逻辑矩阵存储的，0 为黑，1 为白，且很容易对矩阵进行各种运算。通过统计矩阵中 0 和 1 的数可得螺旋藻已干层空隙率为 0.83。

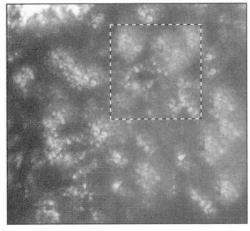

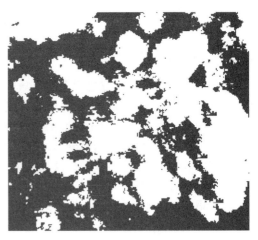

图 26-20　螺旋藻已干层显微照片　　　　图 26-21　图 26-20 经 Matlab 图像处理后的二值图

② 分形维数的确定　多孔介质空隙分形维数的计算采用常规的盒子法[55]，即用等分的正方形网格覆盖所读入的图像，网格单元的尺度为 r。然后检测每个网格单元中 0 和 1 的值，统计标记为 1 的单元数 $N(r)$。$N(r)$ 和 $1/r$ 分别取成对数后，在以 $\ln N(r)$ 为 Y 轴坐标，以 $\ln(1/r)$ 为 X 轴的坐标上产生一个点，r 从两个像素开始，以一个像素为步长逐步增加，对应每一个 r 值，重复上述过程，得到一系列这样的点，再根据这些点拟合成一直线，其斜率即为分形维数。为了减小计算量，取图 26-20 一小部分进行计算，选中的小图对应的二值图如图 26-22 所示。按这种方法计算的图 26-22 所示的多孔介质分形维数的结果见图 26-23，图中离散点用上述方法得到，计算中，覆盖网格分别取 $5\times5\sim14\times14$。回归直线方程为

$$y = 6.93 + 1.722x \tag{26-90}$$

相关系数为 0.99628，其斜率即空隙分形维数 $d_f = 1.722$。

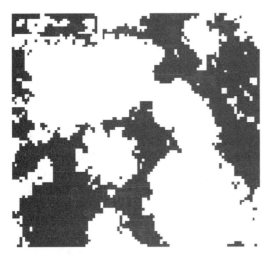

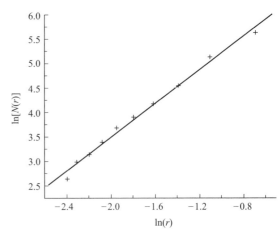

图 26-22　图 26-20 中选中小图 Matlab 图像　　　图 26-23　图 26-22 所示多孔介质分形
　　　　　处理后的二值图　　　　　　　　　　　　　　　维数的计算结果

③ 谱维数的确定　Anderson 等[56]通过分形网格的模拟，得到时间 t 内，物质粒子所访问过的不同格子数 $Din(t)$ 与谱维数 d 存在下述关系：

$$Din(t) \propto t^{d/2} \tag{26-91}$$

根据此式，就可以计算得到分形结构的谱维数 d。具体过程为从分形结构中某一空隙格子处发出一个物质粒子，物质粒子在分形结构中的空隙中各自随机行走，计算时采用近似的蚂蚁行走模型。如果行走到的格子以前没有访问过，那么就在独立访问过的格子数总和中加 $1[Din(t)=Din(t)+1]$；如果行走到的格子以前访问过，那么就在访问过的格子数总和中加 $1(Null=Null+1)$；如果行走碰到分形结构的边界，那么行走终止，再在上面初始处发出一个物质粒子，由于是随机行走，此粒子的行走轨迹与刚才是不同的，最后对某时刻 $Din(t)$ 求平均值，得到一组 $[Din(t), t]$ 对应值，取对数坐标，可以看到两者是直线关系，由式（26-91）可知，直线的斜率就是 $d/2$。谱维数与空隙分形维数有很大关联，空隙分形维数越小，意味着分形结构中空隙的比例少，相同时间内，粒子行走越狭窄，重复过的弯路越多，其所经过的不同格子数越少，那么谱维数也就相应小一些。对于空隙分形维数相同的分形结构，如果空隙分布排列不一样，两者之间的谱维数值一定也会有差别。

从图 26-22 分形多孔介质中空隙部分任取一点，依次发出 1000 个物质粒子，覆盖网格取 40×40，由上面的测定方法统计计算的结果见图 26-24 中的离散点，回归直线方程为：

$$y = 0.28947 + 0.67405x \tag{26-92}$$

直线斜率为 0.67405，从而可得空隙的谱维数 $d=1.348$。

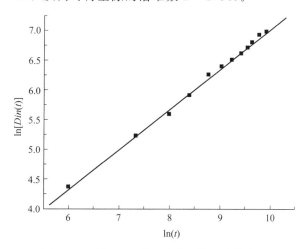

图 26-24　图 26-22 中空隙谱维数的计算结果

（3）分形多孔介质中的扩散系数

扩散系数的实质是单位时间粒子所传输的空间，在普通扩散过程中，随机行走的平均平方距离与时间成正比关系[49]：

$$<r^2(t)> \propto t \tag{26-93}$$

式中，$<r^2(t)>$ 为随机行走的平均平方距离。在分形多孔介质中，由文献 [49] 可知，平均平方距离和时间存在指数关系：

$$<r^2(t)> \propto t^\alpha \tag{26-94}$$

α 被称为与分形布朗运动相关联的行走维数，Orbach[57] 发现：

$$\alpha = \frac{d}{2d_f} \tag{26-95}$$

由此也可看到：谱维数是分形介质静态结构和动态特性的一个中间桥梁。

在处理具有分形特征介质的扩散系数时，一般都是在普通的扩散系数上加上分形特征的修正，由张东晖等人的模拟结果可知，分形多孔介质中的扩散系数已不是常数，而是随径向距离的增大而呈指数下降：

$$D_{df}(r)=D_0 r^{-\theta} \tag{26-96}$$

式中，D_0 为欧氏空间的扩散系数；D_{df} 为分形结构中的扩散系数；r 为扩散的距离；θ 为分形指数，与多孔介质分形维数 d_f 和谱维数 d 有关，由张东晖等人的推导可知 $\theta = 2(d_f - d)/d$。这表明：在分形结构中随着扩散径向距离的增大，扩散变得越来越困难，这是由于分形结构空隙分布的不均匀性造成的。

（4）分形多孔介质中气体扩散方程

通常流体的扩散满足 Fick 定律，固相中的扩散也常常沿用流体扩散过程的处理方法。但鉴于分形多孔介质中非均匀空隙的复杂性，若仍沿用传统方法描述，将与实际情况相差太大。

根据文献可知，若用 $\rho(r,t)$ 表示扩散概率密度，在 d 维欧氏空间的一般扩散方程具有如下形式：

$$\frac{\partial \rho(r,t)}{\partial t}=\frac{D_0}{r^{d_f-1}}\times\frac{\partial}{\partial r}\left[r^{d-1}\frac{\partial \rho(r,t)}{\partial r}\right] \tag{26-97}$$

若用 $M(r,t)$ 表示时刻 t 在 $r+dr$ 之间的球壳中的扩散概率，用 $N(r,t)$ 表示总的径向概率，也表示单位时间流过的物质流量，即通量。则概率守恒的连续方程可写为：

$$\frac{\partial M(r,t)}{\partial t}=\frac{\partial N(r,t)}{\partial r} \tag{26-98}$$

在分形介质中：

$$M(r,t)\propto r^{d_f-1}\rho(r,t) \tag{26-99}$$

根据 Fick 扩散定律，在 d 维欧氏空间中，物质流与概率流之间满足如下关系：

$$N(r,t)=-D_0 r^{d-1}\frac{\partial \rho(r,t)}{\partial r} \tag{26-100a}$$

把式（26-100a）中扩散系数 D_0 用分形介质中的扩散系数 $D_{d_f}(r)$ 代替，空间维数 d 用分形维数代替，从而给出了分形介质中质量流量与概率密度之间类似的关系式：

$$N(r,t)=-D_{d_f}(r)r^{d_f-1}\frac{\partial \rho(r,t)}{\partial r} \tag{26-100b}$$

把式（26-98）和式（26-100b）代入式（26-97）中，可得分形介质中的扩散方程：

$$\frac{\partial \rho(r,t)}{\partial t}=\frac{1}{r^{d_f-1}}\times\frac{\partial}{\partial r}\left[D_{d_f}(r)r^{d_f-1}\frac{\partial \rho(r,t)}{\partial r}\right] \tag{26-101}$$

比较式（26-97）和式（26-101），可以看出，分形介质中扩散方程和欧式空间扩散方程的区别在于，空间维数 d 用分形维数代替，扩散系数用分形多孔介质中的扩散系数，由于分形介质中的扩散系数不是常数，与扩散距离有关，扩散系数不能提到偏微分号外边。

把式（26-96）代入式（26-101），可得分形多孔介质中的扩散方程为：

$$\frac{\partial \rho(r,t)}{\partial t}=\frac{D_0}{r^{d_f-1}}\times\frac{\partial}{\partial r}\left[r^{d_f-1}r^{-\theta}\frac{\partial \rho(r,t)}{\partial r}\right] \tag{26-102}$$

（5）冻干模型的建立

模拟螺旋藻在小盘中的冻干过程如图 26-25 所示，在建立热质耦合平衡方程时做了如下假设：

① 升华界面厚度被认为无穷小；

② 假设只有水蒸气和惰性气体混合物流过已干层；

③ 在升华界面处，水蒸气的分压和冰相平衡；

④ 在已干层中气相和固相处于热平衡状态，且分形对传热的影响忽略不计；

⑤ 冻结区被认为是均质的，热导率、密度、比热容均为常数，溶解气体忽略不计；

⑥ 物料尺寸的变化忽略不计。

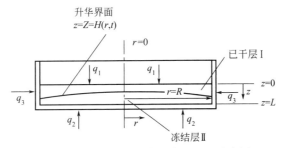

图 26-25　玻璃皿中螺旋藻冻干过程示意图

26.3　真空冷冻干燥设备

真空冷冻干燥设备简称冻干机，它是实现冻干工艺必备的装置。冻干工艺对冻干机的要求主要有：实用性、安全性、可靠性和先进性。设计和制造冻干机时需要考虑节能、环保、降低成本，维修容易、使用方便。生物制品和医药用冻干机所生产的产品价值很高，在冻干过程中一旦出现故障，造成的损失非常严重，因此要求冻干机有很好的可靠性。冻干过程的监控非常重要，为保证冻干产品的质量，测量和控制元件需要有较高的精度。

26.3.1　冻干机的结构与分类

26.3.1.1　冻干机的结构

冻干机的主要组成部件如图 26-26 所示，主要包括真空冷冻干燥箱（简称冻干箱）1、真空系统（包括 2、7、8、21、23、24、25、26、27、28、34）、制冷系统（包括 3、5、6、9、14、16、17、18、19、32A、32B、33）、加热系统（包括 4、10、11、12、13、15、20、22、29、30、31），还有在图中没有画出的液压系统、自动控制系统、气动系统、清洗系统和消毒灭菌系统、化霜系统、取样系统、称重系统、水分在线测量系统、观察照相系统等几大部分组成[33]。

26.3.1.2　冻干机的分类

冻干机有许多种，根据不同分类方法，冻干机大致可以分成以下几大类：

（1）按冻干面积的大小分

按冻干面积大小（m²）可以分成 0.1、0.2、0.3、0.5、1、3、5、10、15、20、25、30、50、75、100 等多种。通常 $0.1 \sim 0.3m^2$ 冻干机为小型实验用冻干机；$0.5 \sim 5m^2$ 冻干机为中型试验用冻干机；$50m^2$ 以上为大型冻干设备。

① 实验用冻干机　实验用冻干机追求的性能指标是体积小、重量轻、功能多、性能稳定、测试系统准确度高，最好是一机多用，能适应多种物料的冻干实验。小型实验室冻干机由一个带真空泵和小型冷阱的基本单元及一些附件组成，在带保温的冷阱圆筒体内有制冷管道，圆筒体有一个透明的聚丙烯盖，圆筒体做成真空密封系统并与真空泵相连，基本单元安装有真空仪表和温度仪表，并有控制开关、放水阀和放气阀等。

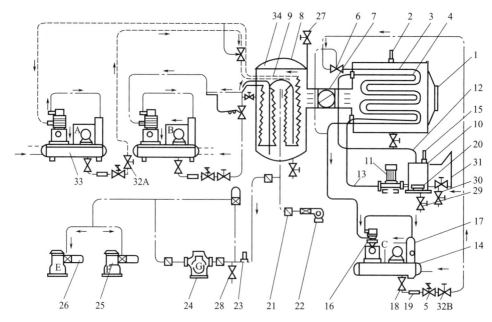

图 26-26　冻干机的主要组成部件

1—冻干箱；2—真空规管；3—制冷循环管；4—加温油循环管；5—电磁阀；6—膨胀阀；
7—φ200 蝶阀；8—水汽凝结器；9—冷凝管；10—油箱；11—油泵；12—出油管；
13—进油管；14—冷却水管；15—油温控制铂电阻；16—制冷压缩机；17—油分离器；
18—出液阀；19—过滤器；20—加热器；21—φ50 蝶阀；22—热风机；23—电磁真空阀；
24—罗茨泵；25—旋转真空泵；26—电磁带放气截止阀；27—φ25 隔膜阀；
28—φ10 隔膜阀；29—放油阀；30—放水阀；31—冷却水电磁阀；
32A—手阀；32B—不锈钢针型阀；33—贮液器；34—化霜喷水管；
A，B，C—制冷机组；E，F，G—真空泵组

　　基本单元可与其他附件进行不同的组合，以适应不同产品的冻干，例如与带钟罩的多歧管组合可冻干盛放在烧瓶内的产品，与带压塞机构的板层和钟罩组合可冻干小瓶，与离心附件和钟罩组合可冻干安瓿等。图 26-27 给出的是 4 种不同结构的台式实验用冻干机示意图。图 26-27 中（a）和（b）为单腔结构，在无菌条件下，预冻和干燥均在冷凝腔中进行；（c）和（d）为双腔结构，预冻在低温冰箱或旋冻器中进行，干燥在冷凝腔的上方干燥室内进行，下腔只用作捕水器。（a）和（c）结构适于盘装物料的干燥；（b）和（d）结构适合西林瓶装物料的干燥，并带有压盖机构；（c）和（d）结构还可以在干燥室外部接装烧瓶，对旋冻在瓶内壁的物料进行干燥，这时烧瓶作为容器接在干燥箱外的歧管上，烧瓶中的物料靠室温加热，很难控制加热温度[58]。

　　英国 Biopharma 科技有限公司推出了最新版的紧凑型冷冻干燥显微镜系统 LYOSTAT2，该显微镜系统允许用户通过一个 RS232 串口连接到 PC 机上，在观测上可以采用显微镜，或拥有 PC 用相机和影像撷取程式与制度，冻干系统采用的是液氮制冷，冷却速度较快，工作温度范围为 $-196 \sim 125 \, ℃$，并且已经达到 400 倍的放大倍数，采用 $100 \, \Omega$ 铂电阻传感器监测/控制温度（德国工业标准 A 级 $0.1 \, ℃$），能将实时图像、样品温度和箱内的压力显示在屏幕上。

　　东北大学张世伟等人研制的实验型冻干显微镜的结构如图 26-28 所示，整个显微观测仪器包括观测室、制冷系统、真空系统、计算机控制及测试记录系统等。该冻干显微镜能够实现对被观测物料的显微图像观察，载物托盘中央开设有透光小孔，可以使下部照射上来的透

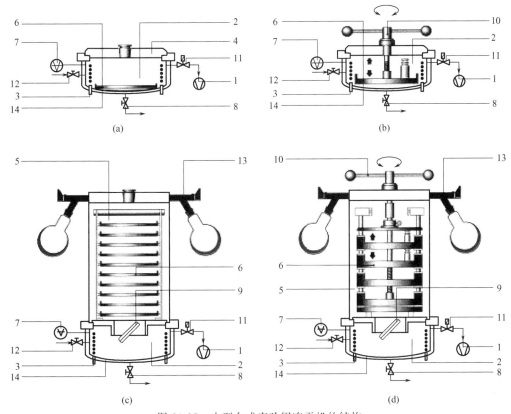

图 26-27　小型台式实验用冻干机的结构

1—真空泵；2—冷凝腔；3—冷凝器；4—有机玻璃盖；5—有机玻璃干燥室；6—电加热搁板；7—真空探测器；8—化霜放水阀；9—机动中间阀；10—密封压盖装置；11—压力控制阀；12—微通气阀；13—橡胶阀；14—绝缘层

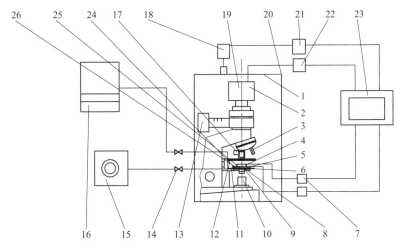

图 26-28　冻干显微镜结构图

1—真空（观测）室；2—显微镜；3—物镜镜头；4—被观测物料及容器；5—测温热电偶；6—载物托盘；7—温度数据处理器；8—显微镜载物台；9—支架；10—显微镜下光源；11—下层加热制冷板；12—上层加热制冷板；13—显微镜上光源；14—真空阀；15—真空泵；16—常规制冷机系统；17—卷绕式屏蔽机构；18—真空规管；19—CCD 图像采集器；20—观测室门；21—压力（真空度）数据处理器；22—图像数据处理器；23—计算机控制与测试系统；24—板内制冷液通道；25—被观测物料及容器；26—显微镜载物台玻璃

射光通过，用于对物料的透射显微观察。冻干显微镜能对物料进行宽量程的温度控制。在显微镜载物台上方，设置有冷冻和加热部件，包括上下两层加热制冷板状部件和一个气体喷嘴，均绝热地与载物台相连接。冷冻和加热部件的作用是对被观测物料实施降温冻结、加热升温或为物料提供相变潜热，通过改变供热、制冷速率，反馈控制物料温度变化速率。控制与测试系统全部采用计算机数据传输与控制技术。整个仪器的操作可以全部实现自动控制。测试的温度、压力和图像数据可以全部在计算机上显示和存储。

② 中型试验用冻干机 用于工艺研究的试验设备和中试型设备，应支持共晶点测试系统、冻干曲线记录软件、称重系统等工艺研究工具，是进行工程化条件探索、冻干质量控制探索的有力工具。

图 26-29 所示为中试或小批量生产用冻干机，适合于从实验室向大批量生产的过渡，做工艺研究用。这种冻干机多设计成整体式，采用积木块式结构，将所有部件安装轮轴，搬运方便。冻干机的性能与自动化的程度，可根据用户需要确定。图 26-29 所示的冻干机有手动和自动控制两套系统，可以按设定冻干曲线自动运行，并能记录和打印运行情况。搁板温度达 -60℃，冷阱温度达 -70℃，预冻和干燥都能在冻干机中完成。

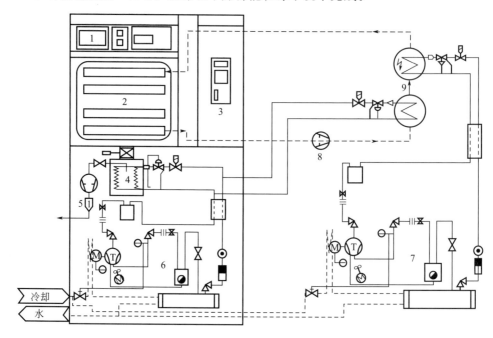

图 26-29 中试或小批量生产用冻干机的结构

1—过程材料；2—带搁板的干燥箱；3—控制部分；4—冷凝器；
5—带有废气过滤器的真空泵；6—为冷凝器制冷的制冷机；
7—为搁板制冷的制冷机；8—盐水循环泵；9—换热器

有些产品需要在冻干过程中取样分析化验，提供干燥过程中的各种信息。图 26-30 所示为一种对瓶装物料取样的机械手。为了在冻干过程中能准确地掌握产品的含水量，有些实验用冻干机设置了为样品称重装置，典型结构如图 26-31 所示。

图 26-32 为实验室工艺型冻干机，采用 LSC 操作面板，支持搁板加热，支持 30 个冻干程序，每个程序可 15 步控制。还可支持 LC-1 共晶点测试系统、LL-1 冻干曲线记录软件、称重系统等工艺研究工具，是进行工程化条件探索、冻干质量控制探索的有力工具。LSC 型冻干机支持冻干量 4~24kg，不仅可满足实验室需求，还可提供小型中试研究。

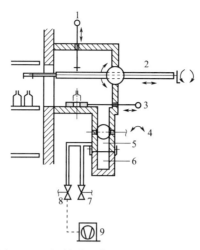

图 26-30　机械手示意（包括一个真空锁）

1—塞瓶工具；2—机械手臂；3—推瓶杆；4—球阀旋杆；5—出口通道；6—小瓶的出口容器；
7—放气阀；8—真空阀；9—真空泵

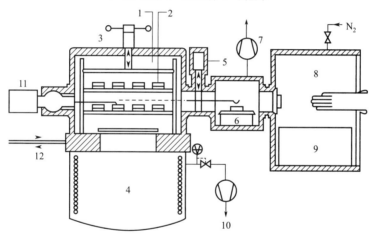

图 26-31　样品称重的冻干机典型结构

1—带有可调搁板的真空室；2—带有探针的容器；3—搁板升降架；4—冷凝器；5—闸门；
6—隔离室内的天平；7—为隔离室抽真空的真空泵；8—手套箱；9—Karl Fishcher 测量系统；
10—控制压力的真空泵；11—控制器；12—调节的介质

图 26-32　实验室工艺型冻干机

（2）按冻干机的用途分

按冻干机的用途可以分成食品用冻干机、药品用冻干机、实验用冻干机等。

① 食品用冻干机　图 26-33 是沈阳航天新阳速冻设备制造有限公司 LG 系列冷冻干燥设备，该系列冷冻干燥设备是集热力、真空、制冷、压力容器制造和自动控制技术等领域所积累的经验基础上，消化吸收了国际上同类设备领先技术而研制的。它采用了内置式交替工作的水汽捕集器、满液式循环供冷系统、按加速升华理论设计的加热和水汽捕集系统以及负压蒸汽融冰等先进技术。

图 26-33　LG 系列冷冻干燥设备

国产冻干设备中，ZDG160 型冻干机给出了能耗指标：单位面积上最大热负荷为 $1.5kW/m^2$；制冷系统单位脱水能耗为 $1.2kW/kg$；真空系统单位脱水能耗为 $0.3kW/kg$。

图 26-34 为冻干食品用大型冻干机的结构。该设备采用水蒸气喷射泵为真空抽气系统，可以直接抽出水蒸气。

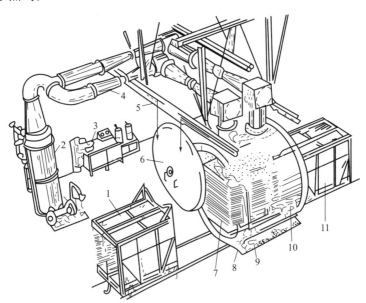

图 26-34　冻干食品用大型冻干机结构

1—物料盘；2—前级抽气机组；3—液压操作台；4—水蒸气喷射泵；5—门移动小车；
6—门；7—加热板；8—门预紧装置；9—液压系统；10—干燥室；11—物料车

② 医药用冻干机　医药用冷冻真空干燥必须符合 GMP（Good Manufacturing Practice）

的有关要求，其目的是要保证药品生产质量整批均匀一致，冻干设备还必须达到可以在线清洗（cleaning in place 简写 CIP）、在线灭菌（sterilizing in place，简写 SIP）的要求，其目的是保证药品清洁卫生，不染杂菌。对直接接触药品的设备材质和加工精度也有要求，一般要求采用 304 或 316 不锈钢；进入干燥系统的热空气须精密过滤，$1m^3$ 空气中 $\geq 0.5\mu m$ 的尘埃粒子不得超过 3500 个，活微生物数 ≤ 1；冻干箱内表面及搁板表面粗糙度 $Ra < 0.75\mu m$，冻干箱所有内角采用圆弧形，利于清洗，不准有死角积液，搁板表面平整度为 $\pm 1mm/m$[21]。

中国制药装备行业协会曾在 2004 年发布《冷冻真空干燥机》医药行业标准，并在 2012 年进行了修改。新标准中规定：

① 产品形式　冷凝器有立式或卧式，板层制冷应为间冷式，整机分手动和自动程序控制，搁板分固定式或移动式，机内可用蒸汽灭菌或无灭菌装置，采用水冷冷却。

② 基本参数　冻干箱内搁板总面积 $\leq 12m^2$，搁板间距 $\leq 0.12m$，搁板温度在 $-50 \sim 60^\circ C$ 范围内；冷凝器捕水能力 $\geq 10kg/m^2$，空载最低温度 $\leq -60^\circ C$。

③ 冻干机的工作条件　环境温度为 $5 \sim 35^\circ C$，冷却水温度不高于 $20^\circ C$，相对湿度不大于 80%，供电电源为 $380V \pm 5\%$ 或 $220 \pm 10\%$，频率为 $50Hz \pm 2\%$，周围空气无导电尘埃及爆炸性气体和腐蚀性气体存在。

④ 灭菌系统工作条件　蒸汽表压力为 $0.11MPa$，温度为 $121^\circ C$，保持 $20min$。

⑤ 操作要求　空载运行时，搁板温度从室温降至 $-40^\circ C$ 时间不大于 2h，冷凝器从室温降至 $-50^\circ C$ 时间不大于 1.5h；搁板从 $-50^\circ C$ 升温至 $60^\circ C$ 时间不应大于 3h，板层温差不超过 $\pm 1.5^\circ C$；空载极限真空度高于 5Pa；干燥箱内达到 5Pa 后，保压 0.5h，静态漏气率不大于 $0.025Pa \cdot m^3/s$。满载运行时，制品升华全过程中冷凝器温度 $\leq -40^\circ C$，此时，干燥箱内的压力应 $\leq 30Pa$。

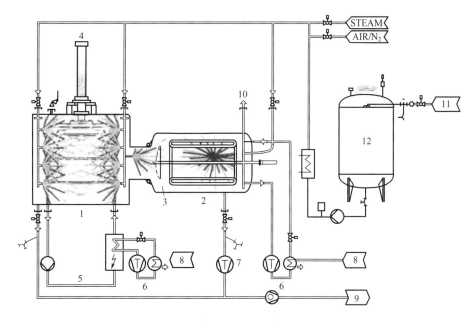

图 26-35　CIP 原理

1—干燥室；2—冷凝器；3—干燥室与冷凝器间的阀门；4—液压制动系统；5—硅油回路；6—冷却系统；
7—真空系统；8—冷却水；9—废水；10—排气真空泵；11—CIP 液体进口；12—CIP 液体容器

⑥ 冻干机的其他要求　自动控制程序正确无误，准确执行设定的冻干曲线；自动加塞

功能正常，不合格率≤0.3%；冻干机的水电、温度、真空度故障报警系统工作正常；冻干机安全可靠，绝缘电阻不小于 1.0MΩ，电气设备必须经受频率为 50Hz、正弦交流电压为 1500V、历时 1min 的耐压试验。

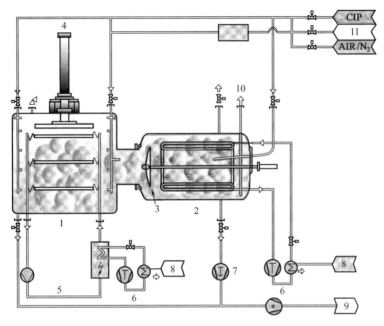

图 26-36　SIP 原理

1—干燥箱；2—冷凝器；3—干燥箱-冷凝器阀门；4—液力加塞系统；5—硅油回路；6—冷却系统；

7—真空系统；8—冷却水；9—废水；10—排气；11—蒸汽进口

图 26-37　可对药瓶加塞的冷冻干燥设备（Lyoflex 04®，BOC Edwards BV，NL-5107 NE Dongen，The Netherlands，搁板面积为 4000cm²，搁板温度 $T_{sh} = -50 \sim 70℃$，药瓶有加盖装置，T_{co} 降到 $-65℃$）

新标准还增加了保温材料的要求，无菌过滤器的要求，控制系统的权限设置，控制系统工艺参数的要求，在位清洗的要求，在位灭菌的要求和水汽捕集器的真空泄漏率。

生产型药用冻干机都有清洗系统（CIP）、消毒灭菌系统（SIP），其原理分别如图 26-35 和图 26-36 所示。

图 26-37 显示一个带有机玻璃门圆柱形干燥箱和对药瓶加塞的液压系统。

（3）按冻干机的生产方式

按生产方式可以分成间歇式冻干机、连续式冻干机。

① 间歇式冻干机　图 26-38 所示为丹麦生产的 RAY 系列间歇式冻干设备的布置情况，可作为间歇式冻干机整体设计时参考。

② 连续式冻干机　为提高冻干产品的产量，节约能源，国外发展连续式冻干设备的速度快，医药和食品冻干领域都有应用。图 26-39 为隧道式连续冻干机，其结构简单，运转过程一目了然，难点是料车通过真空闸阀时容易产生振动，致使物料从料车上跌落，影响闸阀密封。

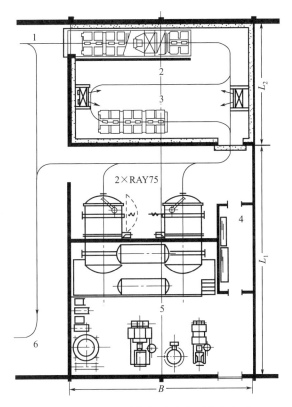

图 26-38 RAY 系统间歇式冻干设备布置

1—小车装料；2—冻结隧道；3—冻料贮存；

4—控制室；5—机房；6—小车卸料

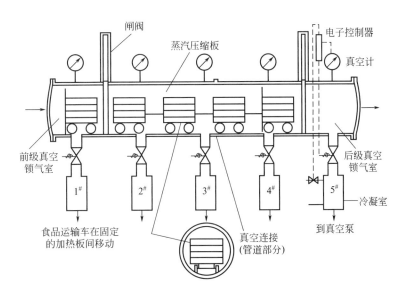

图 26-39 长圆筒形隧道式连续冻干机

图 26-40 所示为一种连续生产的医药用冻干机，其冷凝器、制冷系统、真空系统安装在楼下机房内，其上一层楼是无菌室，分装料、进料和卸料室，冻干机内能自动压盖，实现无菌化、自动化生产，保证产品质量。

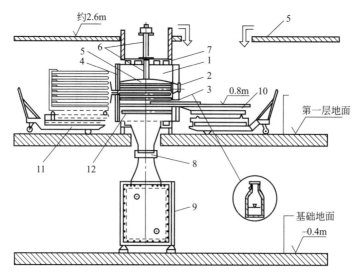

图 26-40　一种连续生产的医药用冻干机

1—干燥室；2—观察窗；3—自动小门通道；4—全开大门；5—加塞装置；6—密封装置；

7—加强筋和灭菌后的冷却水管；8—蝶阀；9—捕水器；

10—加料装置；11—卸料装置；12—搁板

（4）按捕水器的安放位置分

按捕水器安放的位置可以分为在冻干箱内和箱外两种结构。

① 捕水器放在箱外　为提高产量，有时将两个冻干箱和两个捕水器共用一套制冷和真空系统。为提高可靠性，有时冻干箱和捕水器分用两套制冷系统和两套真空系统，各有优缺点。

② 捕水器放在箱内　其干燥箱和冷凝器在同一个真空室里，用阀板隔开，为水蒸气流动提供了最短的路径。

（5）其他分类方式

① 按被冻干物料的冷冻方式可以分成静态冻干机、动态冻干机、离心冻干机、滚动冻干机、旋转冻干机、喷雾冻干机、气流冻干机等；

② 按采用的真空系统可以分成水环泵为主泵冻干机、旋片泵为主泵冻干机、水蒸气喷射泵为主泵冻干机等；

③ 按冻干箱内搁板上的加热方式可以分成传导加热冻干机、辐射加热冻干机；

④ 按加热用的工质可以分成蒸汽冻干机、油冻干机、水冻干机、氟利昂冻干机等；

⑤ 按被冻干物料冷冻地点可以分成冻干箱内冻干机和冻干箱外冻干机。

26.3.2　冻干机的主要性能指标

中国制药装备行业协会发布过《冷冻真空干燥机医药行业标准》。2001 年国家机械工业联合会发布《真空冷冻干燥机机械行业标准（征求意见稿）》，在全国范围内推行 JB/T 10285—2001 食品冷冻干燥机标准。至今尚无完善统一的国家标准，这里介绍几项主要性能指标。

① 干燥箱空载极限压力　医药用冻干机为 2～3Pa，食品用冻干机为 5～15Pa。

② 干燥箱空载抽空时间　从大气压抽到 10Pa，医药用冻干机应小于等于 0.5h，食品用冻干机应小于等于 0.75h。

③ 干燥箱空载漏气率　医药用冻干机从 3Pa 开始，食品用冻干机从 10Pa 开始观测，观测 0.5h，其静态漏气率不大于 0.025Pa·m³/s。

④ 干燥箱空载降温速率　搁板温度 20℃±2℃ 降至 −40℃ 的时间应不大于 2h。

⑤ 捕水器降温速率　从 20℃±2℃ 降至 −50℃ 的时间应不大于 1h。

⑥ 冻干箱内板层温差与板内温差　医药用冻干机板层温差应控制在 ±1.5℃，板内温差为 ±1℃，食品冻干机可适当放宽。

⑦ 捕水器捕水能力　应不小于 10kg/m²。

⑧ 冻干机噪声　声压级噪声小型冻干机 ≤83dB（A），中型冻干机 ≤85dB（A），大型冻干机 ≤90dB（A）。

⑨ 冻干机的控制系统应符合以下要求　应能显示各主要部件的工作状态；显示干燥箱内搁板和制品的温度和真空度、捕水器温度；应能进行参数设定、修改和实时显示；应能显示断水、断电、超温、超压报警。

⑩ 冻干机的安全性能　整机绝缘电阻应不小于 1MΩ。

医药用冻干机还要有自动加塞功能，加塞抽样合格率应大于 99％；蒸汽消毒灭菌的蒸汽气压为 0.11MPa，温度为 121℃，灭菌时间为 20min；冻干箱内表面保证能全部洗清，无死角积液。

26.3.3　冻干箱的设计

冻干箱的箱体是严格要求密封的外压容器，如果是带有消毒灭菌功能的冻干机，箱体还必须能承受内压。箱体有圆筒形和长方盒形两种。圆筒形省料，容易加工，承受内、外压能力强，但有效空间利用率低，大型食品冻干机多采用这种形状的箱体，特别是捕水器设置在箱体内，解决了空间利用率低的缺点。方形箱体外形美观，有效空间利用率高，在长方形盒式箱体外边采用加强筋，能解决承压能力问题，医药用冻干机多采用这种形状的箱体。无论哪种形状，在箱体设计时都要进行强度和稳定性计算，防止箱体变形。

26.3.3.1　冻干箱箱体的设计

（1）圆筒形箱体壁厚计算

圆筒形箱体只承受外压时，可按稳定条件计算，其壁厚为：

$$S_0 = 1.25 D_i \left(\frac{p}{E_t} \times \frac{L}{D_i} \right)^{0.4} \tag{26-103}$$

式中，S_0 为圆筒形箱体的计算壁厚，mm；D_i 为圆筒内径，mm；p 为外压设计压力，MPa；L 为圆筒计算长度，mm，通常是相邻两加强筋之间长度；E_t 为材料温度为 t 时的弹性模量，MPa。

圆筒形箱体的实际壁厚 S 为：

$$S = S_0 + c \tag{26-104}$$

式中，c 为壁厚附加量，mm。

$$c = c_1 + c_2 + c_3 \tag{26-105}$$

式中，c_1 为钢板的最大负公差附加量，一般情况下取 $c_1 = 0.5$mm；c_2 为腐蚀裕度，在冻干机设计中，一般取 $c_2 = 1$mm；c_3 为封头冲压时的拉伸减薄量，一般取计算值的 10％，且不大于 4mm，不经冲压的筒体取 $c_3 = 0$。

式（26-105）的使用条件是：材料泊松系数 $\mu = 0.3$；$1 \leqslant \frac{L}{D_i} \leqslant 8$；$\left(\frac{p}{E_t} \times \frac{L}{D_i} \right)^{0.4} \leqslant 0.523$。

一般 L/D_i 之值大于 5 时，建议设计加强圈。不大于 5 时，为了减少壁厚亦可设计加强圈。

（2）盒形箱体壁厚计算

盒形壳体壁厚可按矩形平板计算，板周边固定，受外压为 0.1MPa。

$$S = S_0 + c \tag{26-106}$$

$$S_0 = 0.224B[\sigma]_w^{-\frac{1}{2}} \tag{26-107}$$

式中，S 为壳体实际壁厚，cm；S_0 为壳体计算壁厚，cm；B 为矩形板的窄边长度，cm，见图 26-41；$[\sigma]_w$ 为材料弯曲时的许用应力，一般取简单拉伸压缩许用应力，MPa。

用蒸汽消毒的冻干机需进行内压试验，其试验压力不超过 0.2MPa。此时，应力应满足下式：

$$\sigma = \frac{0.5B^2 p_c}{(S-c)^2} \leqslant 0.9\sigma_s \tag{26-108}$$

式中，p_c 为试验压力，MPa；σ_s 为材料屈服限，MPa。

为减小壁厚，通常采用加强筋补强，加强筋类型如图 26-41 所示。此时，式（26-107）中 B 值应以相应的值来代替。对于图 26-41(a) 应以 L 代替 B，图 26-41(b) 应以 b 代替 B，图 26-41(c) 应以 L 或 b 两者中的较小者代替 B。

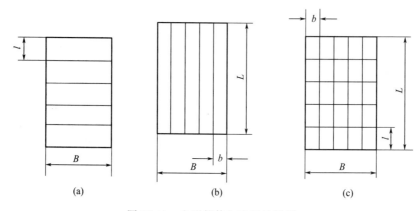

图 26-41 盒形箱体加强筋的类型

在计算加强筋时，假定被筋来分割的小平面所承受载荷的一半由一个加强筋来承受。每个筋受弯时的抗弯截面模量：

对于图 26-41(a)，
$$W_p = \frac{B^2 L p}{2K[\sigma]_w} \tag{26-109}$$

对于图 26-41(b)，
$$W_p = \frac{L^2 B p}{2K[\sigma]_w} \tag{26-110}$$

对于图 26-41(c)，
$$W_p = \frac{B^2 L p}{4K[\sigma]_w} \tag{26-111}$$

式中，W_p 为加强筋的抗弯截面模量，cm³；p 为设计压力，如做内压试验取 $p = 0.196$MPa，如不做内压试验取 $p = 0.098$MPa；K 为系数，与筋两端的固定方式有关，若为刚性固定（如与其他筋焊接）取 $K = 12$，如非刚性固定，取 $K = 8$。

求出截面模量后，即可确定加强筋的断面几何尺寸。选用型钢做加强筋，其截面模量在一般机械设计手册金属材料性能表中会给出来。所用型钢的截面模量必须等于或大于计算值[58]。

（3）箱体的加工要求

医药用冻干机的箱体应采用优质 AISI304L 或 AISI316L 不锈钢制造，箱体内表面粗糙度 $Ra < 0.75\mu m$，所有的箱内角均采用圆弧形，利于清洗。食品用冻干机的箱体可用 1Cr18Ni9Ti 不锈钢制造，也可用普通碳钢制造，但内表面需要做防锈处理，可喷涂不锈钢，也可喷涂瓷质油漆，要求喷涂时采用无毒材料，谨防有害物质造成食品污染。

26.3.3.2 冻干箱箱门的设计

医药用冻干箱的箱门与箱体应采用同种材料，表面粗糙度要求相同。箱体与箱门之间采用有转动和平动两个自由度的铰链连接，O 形或唇形硅橡胶圈密封，硅橡胶圈应能耐 $-50 \sim 150^{\circ}C$ 的温度变化。箱门锁紧机构从老式设计的滑动机械装置逐渐过渡为全自动机械插销锁。如图 26-42 所示，分布在箱门周边的一系列气动销锁从侧面插入门框内，以防蒸汽消毒灭菌时泄漏。

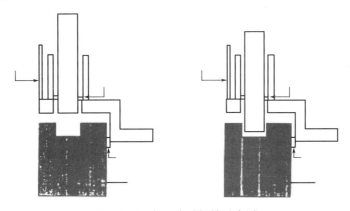

图 26-42 气压自动门锁示意图

食品用冻干机的箱门结构种类较多，圆形箱门以椭圆形封头为好，直径小的箱门也可采用平板；方形箱门也应设计成外突结构，小尺寸平板结构需设计加强筋。大型冻干机箱体与箱门分成两体，箱门可设计成落地式和吊挂式的各种结构。图 26-43 为两种落地式箱门结

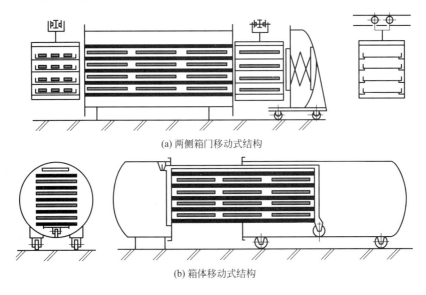

(a) 两侧箱门移动式结构

(b) 箱体移动式结构

图 26-43 落地式箱门结构示意图

构，图 26-43(a) 为两侧均可移动的箱门结构，装、卸料时将两侧箱门打开，用外部运送物料的吊车，将装有待干物料的托盘运送到干燥箱口，然后再把托盘插入干燥箱的搁板上，从干燥箱的另一侧顶出已干物料盘至吊车上运走；图 26-43(b) 为箱门与搁板组件固定不动，箱体靠电动拉开，物料从搁板两侧装卸，因搁板全部裸露在外，便于清洗，适合于少量、多品种多样化的物料干燥。

图 26-44 给出两种吊挂式箱门结构，图 26-44(a) 为平移式箱门结构，图 26-44(b) 为旋转式箱门结构。这两种结构均用料车装托盘，连车带物料一起装入箱体内的搁板间，物料与搁板不接触，靠辐射加热。这种结构装卸料快捷，节省辅助时间。

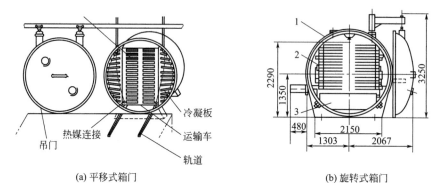

图 26-44　吊挂式箱门结构示意图

圆形箱门多采用椭圆形封头，其壁厚可用下式计算：

$$S=\frac{KPD_i}{2[\sigma]^t\varphi-0.5p}+C \tag{26-112}$$

$$K=\frac{1}{6}\left[2+\left(\frac{D_i}{2h_i}\right)^2\right]$$

式中，$[\sigma]^t$ 为设计温度下材料的许用应力，MPa；φ 为焊缝系数，$\varphi\leqslant1.0$；p 为设计内压力，MPa；C 为壁厚附加量，mm；D_i 为箱体内径，mm；h_i 为封头内壁高度，mm；K 为应力增强系数；S 为壁厚，mm。

如果没有蒸汽消毒灭菌，只是单纯的外压容器，其壁厚可用下式计算：

$$[p]=\frac{0.0833E}{(R_i/S)^2} \tag{26-113}$$

式中，$[p]$ 为许用外压力，MPa；E 为材料弹性模量，MPa；R_i 为球形封头内半径，mm；S 为球壳厚度，mm。

对于椭圆形封头，取当量曲率半径 $R_i=KD_i$ 计算，系数 K 由表 26-5 查得。

表 26-5　椭圆形封头当量曲率半径折算表

D_i/zh_i	3.0	2.8	2.6	2.4	2.2	2.0	1.8	1.6	1.4	1.2	1.0
K	1.36	1.27	1.18	1.08	0.99	0.9	0.81	0.73	0.65	0.57	0.5

如果有蒸汽消毒灭菌，对于正方形、矩形、椭圆形箱门，其壁厚可用下式计算：

$$S=D_c\sqrt{\frac{KZP}{[\sigma]^t\varphi}}+c \tag{26-114}$$

式中，D_c 为封头有效直径，mm；K 为结构特征系数，可查压力容器设计手册；Z 为形状系数，$Z=3.4-2.4\dfrac{a}{b}$，且 $Z\leqslant2.5$，a、b 分别为非圆形门短轴和长轴长度，mm；其余符号同前。

　　除公式计算法之外还可以采用查表法，有关压力容器的书籍上可以查到相应的图表。随着计算机的普及应用，采用现代设计方法，如有限元素法做箱体和箱门的计算也很方便，如 SAP5、RCPV 和 ANSYS 软件都可进行箱体和箱门的强度校核和优化设计。

26.3.3.3　冻干箱搁板的结构设计

　　在冻干箱内要设置搁板。医药用冻干机的搁板上放置被冻干物料，搁板既是冷冻器又是加热器；有些食品用冻干机的搁板上放置被冻干物料，大部分食品冻干机搁板上不放物料，而只是用作辐射加热的加热器。无论哪种冻干机，都要求搁板表面加工平整，温度分布均匀，结构设计合理，便于加工制造。

　　搁板设计的关键技术是搁板内流体流道的位置、尺寸和搁板强度等的计算；制造的关键技术是流道沟槽的加工、焊接工艺、保证平整不变形、保证密封性能的方法等，这些内容都需要认真研究。

　　医药用冻干机搁板结构要根据降温和加热方式而定，通常有四种形式：直冷直热式、间冷间热式、直冷间热式和间冷直热式。

　　直冷式就是将搁板作为制冷系统中的蒸发器，制冷工质通过节流膨胀，直接进入搁板中蒸发制冷；直热式就是将加热器（例如电加热器）直接放入搁板中加热。直冷直热式的优点是冷、热效率高，结构简单，对于小型制冷机可用。直冷直热式的缺点是降温和加热不均匀，不易调控，特别是加热不均匀危险较大，可产生局部过热使冻干产品变质，故直热式最好不采用。

　　间冷式是将制冷系统的蒸发器放在冻干箱的外面，制冷剂与冷媒（载冷剂）在蒸发器中进行热交换，再将冷媒用循环泵通入搁板中。间热式是在冻干箱外将热媒加热，再用循环泵将热媒打入搁板循环。目前采用间冷间热式的冻干机比较多。冷、热媒可用同一种介质，搁板比较简单；也可用不同的介质，需两套介质流动管路，搁板结构复杂。

　　图 26-45(a) 为几种不同的搁板结构，上图为直冷直热式，中间为直冷间热式，下图为间冷间热式。搁板的加工工艺在不断改革，现在的搁板多用 AISI316L 不锈钢材料制造，采用特殊空心夹板，强度高、密封性好。板层在长期热胀冷缩的工作条件下，不变形，不渗漏。其焊接工艺如图 26-45(b) 所示。搁板表面要求平整、光滑，符合 GMP 要求，表面平整度为 ±1mm/m，粗糙度 $Ra<0.75\mu m$，板层厚度为 20mm。搁板组件通过支架、滑轨安装在冻干箱内，由液压活塞带动做上下运动，便于清洗和进出料。最上一块搁板为温度补偿板，确保箱内制品的空间都处在相同的温度环境下。

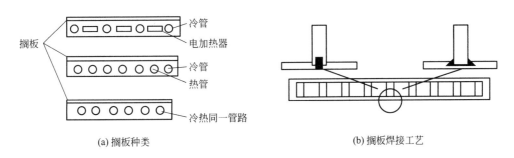

(a) 搁板种类　　　　　　　　　　(b) 搁板焊接工艺

图 26-45　搁板种类及焊接工艺

现代大型食品冻干机的搁板多为轧制的铝型材，板内为长方形通道。为保证板面温度均匀，应使各流道内加热液体的流量一致。因此，在搁板端部焊接的集管中必须设置导流板，在导流板上打孔，通过改变导流板上的孔距来调节各流道中的流量，具体数据需要由实验决定。食品用冻干机多采用辐射加热，传热效率和温度均匀性与板面辐射率大小有关，一般对板面进行阳极氧化处理，使板面辐射率达0.9以上。搁板间距在80~120mm范围内。间距太大影响加热效率和均匀性；间距太小影响抽真空。最后都反映在影响干燥速率和产品的质量上。搁板组件通过滑道装入冻干箱内。

常规冻干箱内的工件架搁物板是水平等间距平行摆放的，受搁物板间距限制，无法摆放体型较大的物料。为加工不同尺度规格的物料，往往被迫更换或调整工件架[59,60]。近年来，沈阳大学刘军等[61]研究设计了一种搁板可以翻转的可变工件架。该工件架搁物板可以针对所冻干物料的形状、大小，来调节其结构布局，可以构成五层平行等间距水平摆放、三层平行

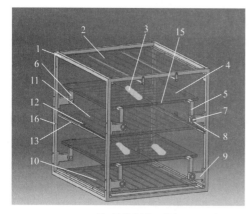

(a) 5层平行摆放的工件架

(b) 3层平行摆放的工件架

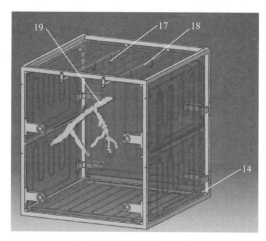

(c) 立方体展开摆放的工件架

图26-46　一种搁板可以翻转的可变工件架

1—工件架架体；2—顶层（第一层）搁物板；3—小型被冻干物料（梅花鹿茸、鹿茸切片等）；

4—小搁物板（第二、四层）；5—小搁物板前摆臂；6—小搁物板后摆臂；7—小搁物板回转轴；

8—小搁物板回转轴承；9—小搁物板支撑臂；10—底层（第五层）搁物板；11—中层搁物板

（第三层）搁物板；12—中搁物板支撑轴承；13—中搁物板滑道；14—导热介质连接软管；

15—中搁物板定位销；16—小搁物板定位销；17—吊钩；

18—挂物架杆；19—大型被冻干物料（马鹿茸等）

等间距水平摆放和五面包围正立方体形展开空间（如图 26-46 所示）三种结构形式。当以五面包围正立方体形展开空间结构形式工作时，该搁物架可以组成上下左右和后面都带有辐射制冷/加热板的整体展开空间，从而将整枝马鹿茸等大型物料悬挂于其中，完成冻干工作，为实现在同一冻干机内完成不同尺度物料的冻干提供了一种快捷方便的关键部件结构。

26.3.3.4　冻干箱其他部件的设计

（1）压盖装置

医药用冻干机冻干的药品有时需在冻干机内压盖（加塞），如图 26-47 所示，其动力来自液压系统，液压缸伸出的活塞杆要进入冻干箱内，为防止污染，在活塞杆外需装波纹管动密封或其他动密封结构。

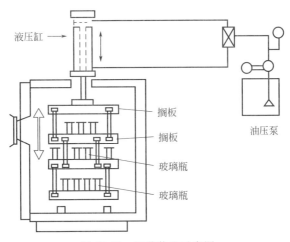

图 26-47　压盖装置示意图

（2）观察窗的结构

冻干箱上还要求有观察窗；对于大、中型冻干机，在箱门和箱体上要分别设置观察窗，其位置应便于观察，采光好。否则，在冻干箱内应设置光源，以利于观察冻干制品情况。常用的观察窗有两种结构，图 26-48 是简易观察窗。其结构简单，造价便宜，但绝热性不好，玻璃上容易结露，致使观察不清晰；图 26-49 是圆筒形观察窗，在有机玻璃圆筒一端接上有机玻璃板，另一端固定钢化玻璃，并用橡胶垫密封，在橡胶垫片处插入针头半筒内抽真空，直到 650Pa 左右为止，以提高其保温性能，并在低温时观察清晰。

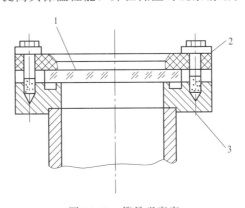

图 26-48　简易观察窗

1—玻璃；2—胶木板；3—密封圈

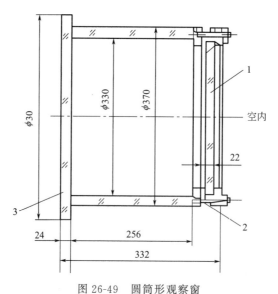

图 26-49　圆筒形观察窗
1—钢化玻璃；2—针头插入处；3—有机玻璃组件

（3）电极引入结构

冻干机工作时冻干箱内是真空状态，引入电极时应防止泄漏。为防止漏电，还应做好绝缘。冻干箱内，通常需要多点测温和照明；如果是电加热还要有电加热器。这些地方都要有电极引入结构。图 26-50 给出了两种电极引入结构，其中图 26-50（b）为低压电极，可供设计时参考。

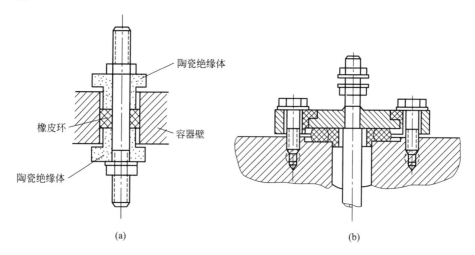

图 26-50　电极引入结构

（4）真空规管接头结构

冻干箱内要测真空度，在箱上必须设计真空规管接头。图 26-51 给出三种接头结构，供设计时参考。

（5）冻干箱绝热结构

为减少冻干箱的冷热损失，冻干箱外需要设计绝热结构。冻干箱壁外应有保温层和防潮层，最外侧是包皮。保温层厚度通过热计算确定。保温材料通常用聚氨酯泡沫塑料，现场发泡。常用保温绝热材料的性能可参见《现代干燥技术》第 1 版[1]。

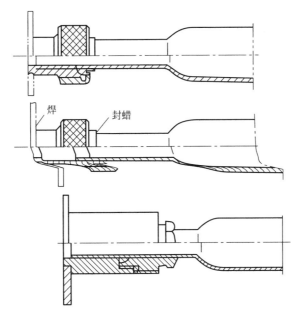

图 26-51　真空规管接头结构形式

26.3.4　捕水器的设计

捕水器又称水汽凝结器，是专抽水蒸气的低温冷凝泵。1g 水在 133Pa 真空度下，体积接近 1000L。如果 1 台工作真空度为 133Pa，每小时升华量为 60kg 的冻干机，要求真空系统的抽气量相当于 6×10^7 L/h，需要有 600L/s 抽速的泵 28 台，这实际上是不可能实现的。因此，冻干机上的抽气系统，除采用水蒸气喷射泵之外，必须设置捕水器，以便抽除水蒸气，实现物料的干燥。

捕水器的性能应该包括捕水速率（kg/h）、捕水能力（kg/m^2）、永久性气体的流导能力（L/s）、功率消耗（kW/kg）、冷凝面上结冰或霜的均匀性、制造成本和运转费用等。这些性能与制冷温度、结构和安装位置等因素有关。

26.3.4.1　对捕水器的要求

捕水器是真空容器，因此，要满足外压容器的强度要求，筒体多设计成圆筒形。筒体和各连接部位的泄漏应满足真空密封的要求。通常与冻干箱的要求一样，静态漏气率应低于 $0.025Pa \cdot m^3/s$。

捕水器是带气固相变的换热器。因此，要求换热效率高，用导热性能好的材料做冷凝表面，以减少换热损失。冰和霜都是热的不良导体，要求结冰层不能太厚，一般在 5～10mm，以免因冰导热性能差而造成能源浪费。

捕水器是专抽水蒸气的冷凝泵，因此，要有足够的捕水面积，以保证实现冻干要求的捕水量。要有足够低的温度，以形成水蒸气从升华表面到冷凝表面间的压力差，两表面的温度差最好在 10℃左右。这样，既能保证使水蒸气从冻干箱流向捕水器的动力，造成水蒸气流动，又能使冻干箱内有合理的真空度，实现良好的传热传质过程。捕水器内要有足够的空间，以使水蒸气在其中流动速度减慢，增加与冷凝面的碰撞概率，提高捕水能力。大型捕水器要设置折流板，以防气体短路，水蒸气被真空泵抽走。冷凝表面之间应有足够距离，以保证不可凝气体的流导，便于抽真空。

26.3.4.2　捕水器的结构设计

捕水器的结构形式多种多样，冻干机上常用的捕水器可分为两大类：一类是管式换热器；另一类是板式换热器。图 26-52 是一种管式换热捕水器的典型结构。图 26-53 是其内部照片。图 26-54 为圆筒形板式捕水器结构[21]。

管式又可分为盘管（或螺旋管、蛇管）式和壳管（列管）式两种，前者主要用于小型冻干机，后者主要用于大型冻干机。板式又可分为平板和圆筒形组合板两种，后者结构复杂，

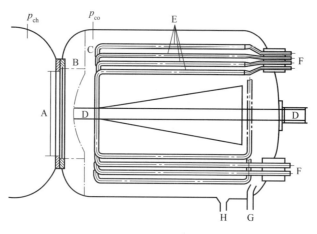

图 26-52　一种管式换热捕水器的典型结构

A—连接到冻干箱的口径；B—由 D 移动的圆柱面孔；C—阀板和冷凝器之间的通道；D—阀板；

E—冷冻蛇形馆的凝结表面；F—冷冻机的入口和出口；G—连接到真空泵的管；

H—水蒸气凝结器融霜期间的放水孔；p_{ch}，

p_{co}—分别是干燥箱和冷凝器中的压力

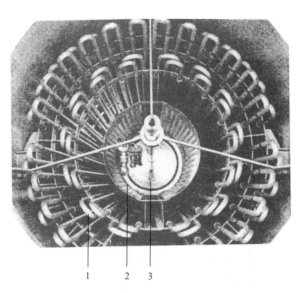

图 26-53　管式换热捕水器内部视图（表示两蒸发器）

（史特雷斯股份有限公司，D-50354）

1—由制冷剂直接冷却的冷凝器管；2—由液氨直接蒸发冷却的板式蒸发器；3—蘑菇阀的阀板

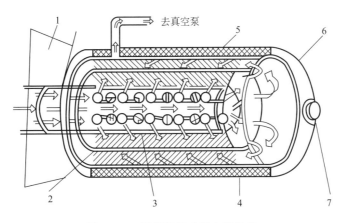

图 26-54　圆筒形板式捕水器结构

1—干燥器；2—水汽凝结器冷却板；3—水蒸气分配管；4—保温层；5—水汽凝结器管壁；6—门；7—视镜

但冷凝效率高。无论是管式还是板式，按捕水器外壳放置方式又可以有立式和卧式两类，小型冻干机多采用立式捕水器，大型冻干机多采用卧式捕水器。按捕水器是否安放在冻干箱内，又可分成内置式和外置式。

（1）盘管式捕水器的结构

图 26-55 为一种常用的小型捕水器的结构，立式安装，其特点是结构简单，制作方便，造价低。但这种结构维修不方便，属于不可拆结构。图 26-56 为可拆结构，克服了维修不便的缺点。图 26-57 为几种不可拆盘管进出口结构，盘管与壳体焊接固定。图 26-57（a）用于碳钢制作的壳体及盘管（蛇管）。在设计时必须保证图中 $B > b + \delta$。图 26-57（b）用于不锈钢盘管（或铜管），容器壳为碳钢时，盘管进、出口与

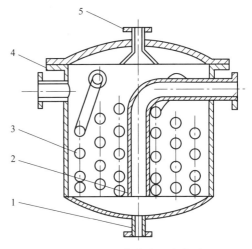

图 26-55　盘管式小型捕水器

1—放水口；2—抽气口；3—盘管；4—筒体；5—喷水口

壳壁焊接处加一不锈钢管做过渡区，使该处焊接情况得到改善，短管长取大于等于 $1.5d$。

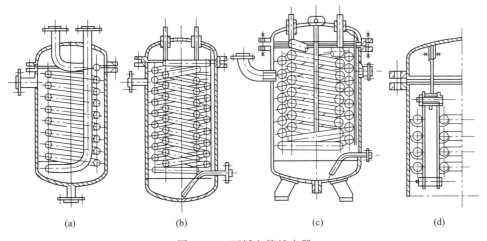

（a）　　　　　　（b）　　　　　　（c）　　　　　　（d）

图 26-56　可拆盘管捕水器

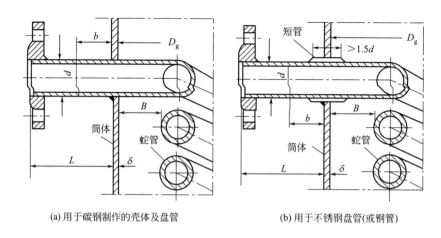

(a) 用于碳钢制作的壳体及盘管　　　　　　(b) 用于不锈钢盘管(或钢管)

图 26-57　不可拆盘管进出口结构

图 26-58 为常见的几种可拆的蛇管进出口结构及其密封形式。图 26-58(a) 蛇管进、出口采用填料密封，蛇管端法兰可拆，拆卸时先将软铅吹掉或从管节与蛇管焊缝处割掉，在蛇管再次接装时又把它焊上。图 26-58(b) 采用垫片密封。图 26-58(c) 结构用于大直径设备。图 26-58(d) 为图 26-58(a) 节点 Ⅰ 的两种结构。图 26-59 为盘管固定的几种形式。

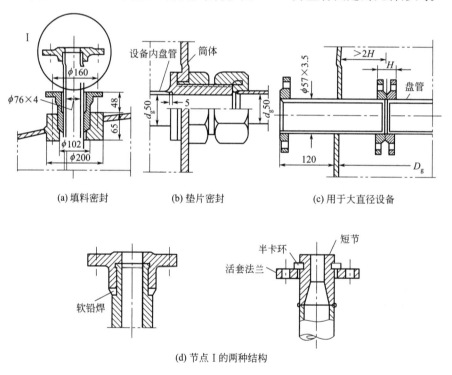

(a) 填料密封　　　　　(b) 垫片密封　　　　　(c) 用于大直径设备

(d) 节点 Ⅰ 的两种结构

图 26-58　可拆盘管进出口结构及密封

最近几年，医药用冻干机上常用一种带隔离阀（蘑菇阀）的直联式捕水器，如图 26-60 所示。这种捕水器既有内置式捕水器的高通导能力，有利于抽出水蒸气；又有外置式捕水器，可以与干燥箱分开，化霜和装、卸料两不误，提高生产效率。缺点是阀杆较长，不适于大型冻干设备。

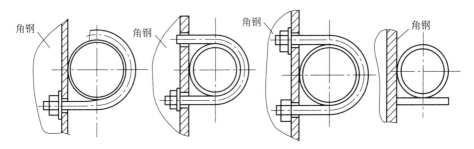

图 26-59　盘管固定的几种形式

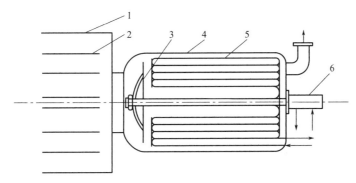

图 26-60　直联式捕水器示意图

1—冻干箱；2—搁板；3—蘑菇阀；4—捕水器外壳；5—冷凝管；6—液压缸（或气缸）

（2）列管式捕水器的设计

列管式捕水器结构如图 26-61 所示。它由端盖、外壳、管板、传热管、折流板、压力表、进气口、排气口、放水阀等组成。一般端盖与外壳采用螺栓连接和垫圈密封。传热管为正三角形排列，为保证结霜厚度在 10mm 左右，且能有良好的通导能力，两管外壁之间的距离应不小于 25mm。管板与传热管之间可采用图 26-62 所示的焊接和胀接形式。焊接法具有耐高温、耐高压、工艺简单等优点，但也存在管板与传热管之间间隙易腐蚀的缺点。其间

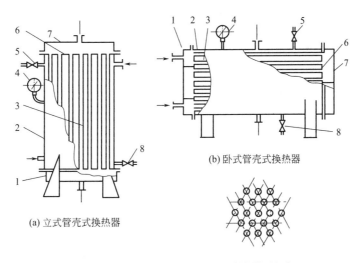

(a) 立式管壳式换热器

(b) 卧式管壳式换热器

(c) 列管的排列方式

图 26-61　列管式捕水器

1—端盖Ⅰ；2—外壳；3—传热管；4—压力表；5—安全阀；6—管板；7—端盖Ⅱ；8—放水阀

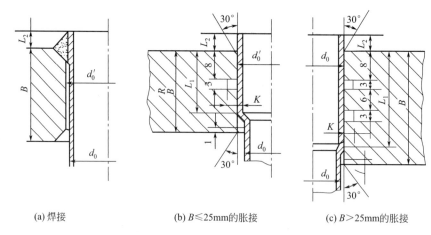

|(a) 焊接 | (b) $B \leqslant 25\mathrm{mm}$ 的胀接 | (c) $B > 25\mathrm{mm}$ 的胀接 |

图 26-62　管板与传热管的连接结构

隙可参照表 26-6 确定。传热管突出管板的长度 L_2 推荐值为：当管径 $d_0 \leqslant 25\mathrm{mm}$ 时，取 $L_2 = 0.5 \sim 1\mathrm{mm}$；当管径 $d_0 > 25\mathrm{mm}$ 时，取 $L_2 = 3 \sim 5\mathrm{mm}$。胀接法是目前最常用的一种，它是利用胀管器，使伸到管板孔中的传热管端部直径扩大，紧紧地贴在管板孔壁上，达到密封坚固连接的目的。管板上的孔有孔壁开槽或不开槽两种。孔壁开槽可以增加连接强度和紧密性，因为胀管后产生塑性变形的管壁嵌入小槽中，所以在操作压力 $p < 6 \times 10^5 \mathrm{Pa}$ 时，管板的管孔应开槽。管板开孔尺寸参见图 26-62 和表 26-6。

表 26-6　管板开孔尺寸

管子外径 d_0/mm	管板孔径 d_0/mm		胀接长度 L_1/mm		管子伸出长度 L_2/mm	槽深度 K/mm
	孔径	允许偏差	$B \leqslant 50$	$B > 50$		
19	19.4	+0.2			3^{+2}	0.5
25	25.4	+0.2	$B-3$	50	3^{+2}	0.5
38	38.5	+0.3			4^{+2}	0.6
57	57.7	+0.4			5^{+2}	0.8

注：B 为管板的实际厚度。

通常，制冷剂在管内流动（管程），水蒸气和部分空气在管外流动（壳程）。管内一般总是分成几个流程，流程的划分是借助于端盖上搁板来实现的［见图 26-61(b)］。为使水蒸气与管外壁多次接触以增加捕水率，壳内可设折流板。折流板有圆缺形和环盘形两种，如图 26-63 所示。

图 26-64 为一种内置式列管捕水器的结构，其结构紧凑，占地面积小。

（3）板式捕水器的结构

图 26-65 为平板式捕水器的结构示意图。在板内布置有制冷管道。

（4）短圆管环式捕水器

王曙光等人设计的短圆管环式捕水器结构尺寸如图 26-66 所示[62]，其制冷供液段由 4 圈供液环形管组成，总供液分 4 路分别供给供液环形管，制冷剂回气端由对应的 4 圈回汽环形管组成。相对应的每一圈供液环形管及回汽环形管由对根凝结短管相连。顺着水蒸气的流动方向，水蒸气逐渐减少，因而水汽凝结器设计成前大后小的锥形结构。该种结构的捕水器因凝结管外水蒸气流动阻力小，凝结管内制冷剂流动阻力小以及凝结管表面结霜均匀，使得制冷系统蒸发温度提高，制冷系统的制冷量提高，能效比提高。

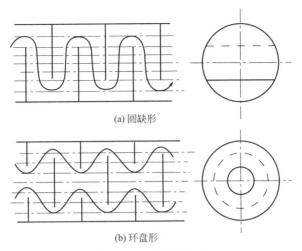

(a) 圆缺形

(b) 环盘形

图 26-63　折流板种类

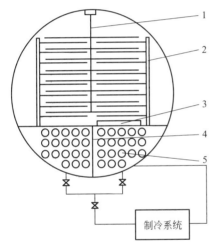

图 26-64　一种内置式列管捕水器的结构

1—物料车；2—加热板；3—仓盖；4—隔板；5—冷凝管

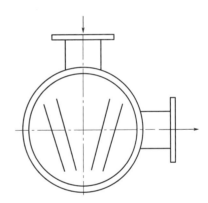

图 26-65　平板式捕水器结构示意图

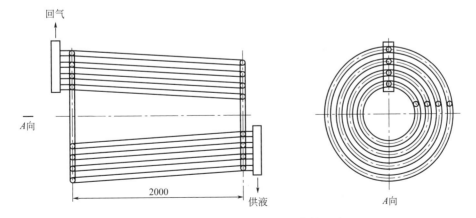

图 26-66　短圆管环式捕水器的结构尺寸

（5）变通导能力捕水器的结构

一般捕水器空载运行时，气体的通导能力是不变的，工作以后，由于捕水器入口处的冷却管壁首先接触到水蒸气而结成冰或霜,占据了被抽气体通过的空间,影响了被抽气体的通过,造成捕水器内后面的冷凝管捕集不到或很少捕集到水蒸气,致使捕集水蒸气的效率低,浪费能源,使捕水器结构庞大,浪费金属材料,而且占地面积较大;捕水器的冷凝管表面结霜,霜的密度低,导热性能不好,影响水蒸气的捕集,化霜需要专门热源,王德喜等人就这些问题,研制了变通导能力捕水器系统,捕水器典型结构如图 26-67 所示。

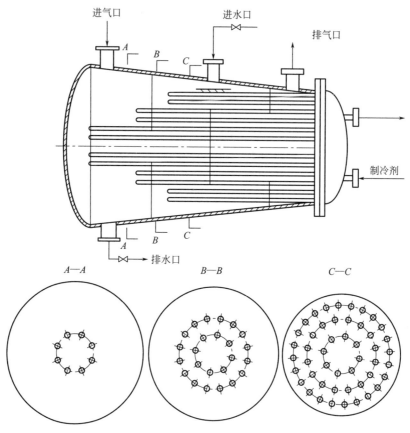

图 26-67 变通导能力捕水器的典型结构

这种结构的捕水器,在空载时,捕水器内气体通道横截面积由前向后是由大到小变化的,因此,通导能力也是变化的;工作时,随着被抽水蒸气在捕水器内前段冷凝管上的凝结,气体通过的通道横截面积不断减少,通导能力也在不断变小,逐渐使得捕水器内气体通道上前后气体的通导能力趋于一致。因此,不会影响捕水器内后面冷凝管的捕集水蒸气能力。致使在相同冷凝面积的情况下,捕水器的捕水量增加了,捕水蒸气的效率提高了,冷量消耗降低了。化霜使用制冷系统中从冷凝器内流出来的冷却水,温度较高,经过喷淋化霜后,水温降低,再用于制冷系统的冷凝器,冷却制冷工质,循环使用,充分利用了冷却水从冷凝器里带出来的热源,使化霜速冻快,节省时间、节省热量;从捕水器化霜出来的水温度降低,再应用到制冷系统冷凝器中去用作冷却水,实现了废水再利用,热能再利用。从而可达到高效、节能、减排的目标。

26.3.4.3 捕水器的设计计算

一般捕水器都采用直冷式结构,它在制冷系统中属于蒸发器;在真空系统除抽水蒸气外,还要让其他气体通过,可以算作是通过永久性气体的管道。因此,对捕水器的设计计算应该包括热计算、流动阻力计算、结构尺寸计算几部分。

（1）捕水器所需面积的计算

水蒸气在冷凝面上成霜，霜有两个重要特性：一是密度；二是热导率。这两个数值又都与霜的结构有关，霜的结构与冷面温度有关，不同冷面温度产生不同结晶形状的霜。随着温度上升，成霜结构致密；随着霜层的逐渐增厚，霜表面温度升高，结霜密度增大；由于温差的存在，为水蒸气通过表层扩散传质提供了动力，内部的霜结构会逐渐致密。

Hayashi 给出了在常压情况下，霜的密度和冷凝面温度的函数关系：

$$\rho = 650 \mathrm{e}^{0.271 T_s} \tag{26-115}$$

式中，ρ 为霜的密度，$\mathrm{kg/m^3}$；T_s 为霜层表面温度，℃。

该式仅适用在 $-25 \sim 0$℃、空气流速为 $2 \sim 6 \mathrm{m/s}$ 范围。真空状态下霜层密度应该比常压低一些，低于 -25℃时，霜层密度也应该低一些，具体数值还无人公布，设计水蒸气凝结器时一般取 $\rho = 600 \sim 900 \mathrm{kg/m^3}$。

R.A.弗黑尔给出了霜的热导率 λ 和温度 T_s 之间关系的曲线，为便于计算，对该曲线进行线性模拟，得出计算公式。该曲线呈对数二次形式，设 $\lg\lambda = a(\lg T_s)^2 + b(\lg T_s) + c$，由曲线查得：

$$\begin{cases} \lg 0.26 = a(\lg 200)^2 + b\lg 200 + c \\ \lg 0.4 = a(\lg 230)^2 + b\lg 230 + c \\ \lg 0.56 = a(\lg 273)^2 + b\lg 273 + c \end{cases}$$

解得 $a = -5.819$，$b = 30$，$c = -38.803$

$$\lg\lambda = -5.819(\lg T_s)^2 + 30\lg T_s - 38.803 \tag{26-116}$$

当温度分布为 T_k（凝结面温度）、T_s（霜层表面温度）时，生成霜的热导率取平均值，即

$$\bar{\lambda} = \frac{1}{T_s - T_k} \int_{T_k}^{T_s} f(T)\mathrm{d}T \tag{26-117}$$

表 26-7 给出了几种不同温度下霜层的晶粒形状和热导率。

表 26-7　不同冷面温度下霜层的晶粒形状和热导率

冷面温度/℃	晶粒形状	热导率 $\lambda/[\mathrm{W/(K \cdot m)}]$	冷面温度/℃	晶粒形状	热导率 $\lambda/[\mathrm{W/(K \cdot m)}]$
$-4 \sim 0$	层状	~ 0.56	$-20 \sim -10$	树枝状	$0.52 \sim 0.48$
$-10 \sim -4$	针状	$0.56 \sim 0.52$	$-40 \sim -20$	细棱状	$0.48 \sim 0.40$

水汽凝结器内是非稳态流场，目前还没有一种合理的计算冷凝面积的方法。这里推荐一种凝霜过程的静态计算法。在水蒸气的凝结过程中，随着霜层厚度的增加，相对于基底温度 T_k，霜的表面温度 T_s 增加，温度差 ΔT 应满足下式：

$$\Delta T = T_s - T_k = \frac{s}{\lambda A_k}(Q_1 + Q_2) \tag{26-118}$$

式中，Q_1 为水汽凝结时放出的热量，W；Q_2 为周围环境传入的热量，W；A_k 为冷凝面面积，$\mathrm{m^2}$；s 为霜层厚度，m。

假设霜层厚度达到设计最大值即 $s = s_{max}$ 后，将不再结霜，凝结速率将趋于零，霜层的温度差 ΔT 经过一段时间稳定后，传入热流中 Q_1 将趋于零，Q_2 占主导地位，则式（26-118）可写成：

$$\Delta T = \frac{s_{\max}}{\lambda A_k} Q_2 \tag{26-119}$$

$$s_{\max} = \frac{G}{A_k \rho} \tag{26-120}$$

式中，G 为最大结霜量，kg。将式（26-120）代入式（26-119）得：

$$A_k = \left(\frac{G}{\Delta T \rho \lambda} Q_2\right)^{\frac{1}{2}} \tag{26-121}$$

对国内、外一些中型冻干机考查结果表明，水汽凝结器冷凝面积与冻干室内搁板的面积有关，两面积比为（3∶1）～（4∶1）。

（2）盘管式捕水器的设计计算

盘管式捕水器属于间壁式换热器，其热计算用传热方程和热平衡方程如下：

$$Q = KF\theta \tag{26-122}$$

$$Q = m_h c_h (t_{hi} - t_{ho}) = m_c c_c (t_{co} - t_{ci}) \tag{26-123}$$

式中，K 为传热系数，W/（m² · K）；F 为传热面积，m²；θ 为传热温差，K；m_h、m_c 为两流体的质量流量，kg/s；c_h、c_c 为两流体的比热容，kJ/（kg · K）。

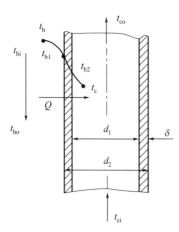

对于如图 26-68 所示的换热管，管内流体进、出口温度分别为 t_{ci}、t_{co}，管外流体进、出口温度分别为 t_{hi}、t_{ho}，管壁厚为 δ、热导率为 λ，管外流体与管壁的放热系数为 α_h，管内、外污垢层热阻分别为 γ_i 和 γ_0，则管内外流体间的传热系数若按管外表面积为计算基准时为：

$$K = \cfrac{1}{\cfrac{1}{\alpha_h} + \gamma_0 + \cfrac{\delta}{\lambda} + \left(\gamma_i + \cfrac{1}{a_i}\right)\cfrac{d_2}{d_1}} \tag{26-124}$$

流体流速对 α 和 K 值均有影响，一般对液体管程选 0.3～0.8m/s，壳程选 0.2～1.5m/s，气体管程选 3～10m/s，壳程选 2～15m/s。根据流体性质确定流速后，可按下式求得管直径：

图 26-68　通过换热管壁的换热

$$d_i = \left(\frac{V_s}{\frac{\pi}{4}w}\right)^{\frac{1}{2}} \tag{26-125}$$

式中，d_i 为蛇管的内径，m；V_s 为体积流量，m³/s；w 为流体速度，m/s。

蛇管的长度也不能太长，可做成几个并联的同心圆管组，组数为：

$$m = \frac{V_s}{\frac{\pi}{4} d_i^2 w} \tag{26-126}$$

每组长 l_i 为：

$$l_i = \frac{F}{m_1 \pi d_0} \tag{26-127}$$

式中，d_0 为蛇管外径，m。每圈蛇管长度 l 为：

$$l = \sqrt{(\pi D_n)^2 + h^2} \tag{26-128}$$

式中，D_n 为蛇管圈中心直径，m；h 为蛇管间距，m。

$$n = l_i / l \tag{26-129}$$

式中，n 为每组蛇管的圈数。

每组蛇管的高度 H（见图 26-69）为：

$$H = (n-1)h \qquad (26\text{-}130)$$

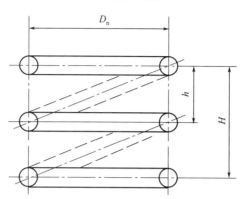

图 26-69　蛇管高度的确定

图 26-70 所示蛇管内、外圈间距 t 一般取（2～3）d，同组中间距 h 取（1.5～2）d，蛇管的最外圈离容器内壁面的距离取 100～200mm，故蛇管中心圆的直径 D_n 为：

$$D_n = D - (200\sim400\text{mm}) \qquad (26\text{-}131)$$

式中，D 为容器内径。蛇管中心圆直径不能小于 $8d$。

盘管式捕水器的设计步骤应该是：确定流体物理数据；热负荷计算；流体进入蛇管内、外的选择；初算平均温度；选取管内流速，确定管径；计算传热系数 K 值；初算传热面积 F；选取管间距 h 和内外管间距 t；确定壳体直径、蛇管圈数及高度；校核传热系数 K、平均温差 Δt_m、传热面积 F。

（3）列管式捕水器的设计计算

图 26-71 为外置式捕水器结构示意图。其设计计算采用半经验半理论法。列管上最大结霜厚度可由霜层稳态热平衡方程导出：

$$\delta_{max} = \left[\frac{2k_f(T_f - T_w)\tau}{\rho_f \gamma}\right]^{\frac{1}{2}} \qquad (26\text{-}132)$$

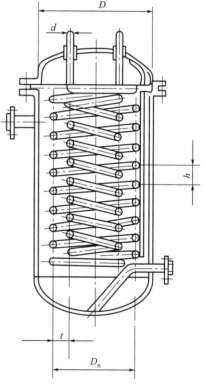

图 26-70　盘管排列

式中，δ_{max} 为最大结霜厚度，m；k_f 为霜层热导率，W/(m·K)；T_f 为霜层表面温度，K；T_w 为冷壁面温度，K；ρ_f 为霜的密度，kg/m^3；τ 为时间，s；γ 为霜的凝华热，J/kg。

捕水器冷壁面积的最小面积为：

$$A_{min} = \frac{M_{min}}{\rho_f \delta_{min}} \qquad (26\text{-}133)$$

式中，M_{min} 为最小捕水量，kg。

由于 ρ_f 难定，δ_{min} 是经验值，A_{min} 也很难准确求出，根据经验，常取 $A_{min} \leqslant (1\sim3)A$，

$A_{min} > 0.6A$，其中 A 为搁板面积。

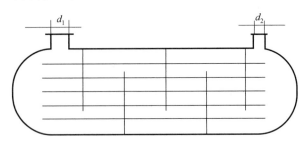

图 26-71　外置式捕水器结构示意图

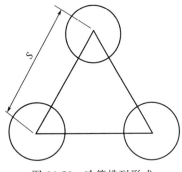

图 26-72　冷管排列形式

若取冷壁管外径为 d（m），冷壁管长度 L（m）为：

$$L = \frac{A_{min}}{\pi d} \qquad (26\text{-}134)$$

假如每根管子的长度取 L_1（m），则所需冷管的根数为：$N = L/L_1$。管子在管板上按正三角形排列，如图 26-72 所示。图中 S 为管间距，设计时先按经验取 $S = 86 \sim 95\text{mm}$，然后按变流导最小截面法校核。

变流导是指从入口附近到出口附近的各折流板缺口处气体的流导是逐渐变小的，即折流板的面积变大，而不是等面积的；最小截面是指出口附近折流板的缺口面积最小。折流板缺口处的面积为：

$$F_1 = \frac{1}{2} R^2 \theta - \frac{1}{2} b \sqrt{R^2 - \left(\frac{b}{2}\right)^2} \approx \frac{2}{3} bh \qquad (26\text{-}135)$$

式中各符号所示意义见图 26-73。图中弓形面积内所包含的管数为 n，管子及其外部最大结霜所占面积为：

$$F_2 = \frac{\pi(d + 2\delta_{max})^2}{4} n$$

折流板缺口处气体通过的最小面积为：

$$F_{min} = F_1 - F_2 \qquad (26\text{-}136)$$

$$F_{min} \geq 2 \times \frac{\pi d_2^2}{4} \geq 0.5 \pi d_2^2 \geq 1.57 d_2^2$$

$$(26\text{-}137)$$

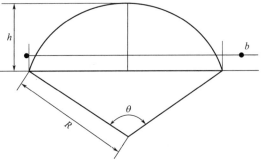

图 26-73　折流板缺口形式

式中，d_2 为捕水器出口直径，m，通常等于所选主真空泵的入口直径。

以 F_{min} 为基础，往捕水器入口方向递推，缺口面积逐渐增加，直到入口附近折流板的缺口面积 F_{min} 值符合下式为止：

$$F_{min} \leqslant \frac{\pi D^2}{8} \qquad (26\text{-}138)$$

式中，D 为捕水器外壳内径尺寸，m。

当捕水器管数、管间距确定之后，D 值即可确定。

因为捕水器内气体流动状态很难判定，又伴随着气固相变过程，其流导能力很难计算，上述算法避开了流导能力的计算，在工程设计中简单易行，基本上能满足要求。

早期捕水器的凝霜管多用铜材光管，近几年随着加工工艺的改进，多采用轧制铝材翅片管，这种管材凝霜面积大，重量轻，成本低，但化霜时易存水，应注意设计截面形状。医药用冻干机捕水器管材应该用不锈钢管。

（4）捕水器的效率

由于冷凝表面与霜层表面有温差 ΔT，这就相当于随着霜层增厚，冷凝表面温度升高，冷凝效率降低。为提高水汽凝结器的效率，必须用降低制冷剂的蒸发温度来补偿。一般取 $\Delta T = 5 \sim 10\,^{\circ}\mathrm{C}$，有些场合甚至取 $10 \sim 20\,^{\circ}\mathrm{C}$。为弥补 ΔT 的影响，设计水汽凝结器时常考虑：①选择低的冷凝表面温度，但会增加设备成本；②采用刮板式冷凝器，将在冷凝面上结成的霜及时除掉，这种设备结构复杂，但对连续式冻干机还是有用的；③双冷凝器交替工作系统，可使霜层及时除掉以防结霜太厚；④设法增大冷凝器表面积。

在真空条件下对冷凝的观察表明，冷凝霜的物理性状随冷凝温度和冻干室的真空度而变化。在 $-20\,^{\circ}\mathrm{C}$ 时，凝结成的是白色不透明的霜。如果空气的分压强较高，将在冷凝器与水蒸气最先接触的部分形成霜，冷凝表面的霜层是不均匀的。如果在室内空气的分压强低，霜将形成在冷凝器的全部低温表面。这就是说空气分压强的变化，将影响冷凝器的有效冷凝表面积。为了提高冷凝器的凝结效率，系统内空气的分压必须维持在较低的水平。

（5）捕水器管内流体的流动阻力计算

气体（马赫数 $Ma \leqslant 0.2$ 时）和液体介质流经换热器时的流动阻力（即所需要的压头）可以表示为：

$$p = p_{\mathrm{f}} + p_{\mathrm{p}} + p_{\mathrm{a}} + p_{\mathrm{fp}} \tag{26-139}$$

式中，等号右边各项分别为沿程摩擦阻力、局部阻力、流体加速阻力及流体静液柱阻力。

对于捕水器管内流体的流动阻力，可以用经验公式简化计算。螺旋管式捕水器，管内流体流动阻力可用下式计算：

$$p = \frac{1}{2} \rho^2 v \xi \frac{L}{d_{\mathrm{i}}} \beta \tag{26-140}$$

式中，ρ、v 为流体的密度和平均比体积；ξ 为沿程阻力系数，其计算公式可查流体力学有关书籍；L、d_{i} 为管道长度和内径；β 为阻力修正系数，与螺旋管半径和管径比值 r_{s}/d 有关，可查图 26-74。

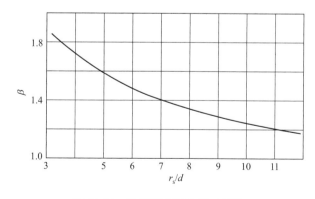

图 26-74　螺旋管内阻力修正系数

壳管式捕水器管内流动阻力有两种算法。如果在管内不发生相变（丹麦 Atlas 的捕水器），其管内流动阻力可用下式计算：

$$p = \frac{1}{2} \rho \omega^2 \left[\xi N \frac{L}{d_{\mathrm{i}}} + 1.5(N+1) \right] n \tag{26-141}$$

式中，ρ、ω 为流体的密度和流速；ξ 为摩擦阻力系数；N 为流程数；L、d_i 为单根管长度和内径；n 为单个流程的管子数。

如果在管内是气液两相流（干式蒸发器），管内流动阻力可用下式计算：

$$p=\frac{1}{2}\rho^2 v_{\mathrm{S}}\xi\frac{L}{d_i}n(2-5)\varphi_{\mathrm{R}} \tag{26-142}$$

式中，ρ 为流体密度；v_{S} 为饱和蒸汽单相流体的比体积；L、d_i、n 分别为管长、内径和管的数目；φ_{R} 为两相流动的阻力换算系数；ξ 为摩擦阻力系数。

若饱和蒸汽单相流动时的雷诺数为 Re_{s}，则 ξ 可按下式计算：

$$\xi=0.3146/\sqrt[4]{Re_{\mathrm{s}}} \tag{26-143}$$

26.3.5　冻干机制冷系统

制冷系统是冻干机上提供冷量的装置。冻干机上需冷量的地方主要是冻干箱和水汽凝结器。两者既可以用一套制冷系统，也可以用各自独立的两套制冷系统。通常，较大的冻干机都用两套各自独立的制冷系统，冻干箱上多用间冷式循环，水汽凝结器多用直冷式循环。

制冷系统所用制冷机的大小，按冻干箱耗冷量和水汽凝结器耗冷量的计算值确定。制冷系统所用的制冷剂种类和制冷循环方式，应根据冻干物料所需的温度选择。

26.3.5.1　冻干箱耗冷量的计算

冻干箱只有在降温和保温两阶段需要冷量。降温时间指搁板和被干燥的产品从室温降到冻结所需的最低温度的时间；保温时间指搁板保持在上述最低温度下使产品冻牢所需的时间。由于后者的冷负荷远小于前者，在设计中可按前者的冷负荷选择制冷机。

（1）降温时间和温度的确定

降温时间的确定直接影响制冷机大小的选配，所定的降温时间越短，需配制冷机的制冷能力越大。确定降温时间主要考虑以下几个因素：

① 应满足产品降温速率的要求。因降温速率对产品晶格的大小、活菌率、干燥速率等有直接影响。降温速度快，结晶细，干燥速率慢，细菌成活率高；反之则相反。在箱内搁板冻结时，所设计的冷冻干燥机必须首先满足产品冻干工艺的要求，才能生产优质产品。

② 冻干周期包括产品进箱、箱体降温、保温、升华、产品出箱等阶段，还有箱体清洗消毒、水汽凝结器化霜等辅助时间。因此降温时间也受整个冻干周期的限制，而冻干周期的确定应有利于组织生产。

③ 箱体降温与水汽凝结器所需的制冷机容量应综合考虑，使之可以共用或相互备用，以提高机器的安全可靠性。

一般搁板温度比产品的共晶点温度低 5～10℃。

（2）降温阶段的耗冷量

① 产品降温的冷负荷 Q_1

$$Q_1=\left[\sum m_{i1}c_{i1}(t_{c1}-t_{d1})+m_{\mathrm{x}}(c_{\mathrm{x}}t_{c1}+c_{\mathrm{d}}t_{d1})\right]/\tau \tag{26-144}$$

式中，m_{i1} 为托盘、瓶子、瓶塞等的质量，kg；c_{i1} 为托盘、瓶子、瓶塞等的比热容，kJ/(kg·K)；m_{x} 为产品质量，kg；c_{x}、c_{d} 为产品的液体比热容、固体比热容，一般可按水和冰的比热容计算；t_{c1} 为产品的初温，℃；t_{d1} 为产品的终温，℃；τ 为降温时间，s。

② 箱内零件降温的冷负荷 Q_2

$$Q_2=\sum m_{i2}c_{i2}(t_{c2}-t_{d2})/\tau \tag{26-145}$$

式中，m_{i2} 为搁板、液压板、导向杆等箱内零件的质量，kg；c_{i2} 为搁板、液压板、导向杆等箱内零件的比热容，kJ/(kg·K)；t_{c2} 为箱内零件的初温，℃；t_{d2} 为箱内零件的终温，℃。

③ 载冷介质降温的冷负荷 Q_3

$$Q_3 = m_s c_s (t_{c3} - t_{d3})/\tau \tag{26-146}$$

式中，m_s 为载冷介质的质量，kg；c_s 为载冷介质的比热容，kJ/(kg·K)；t_{c3} 为载冷介质的初温，℃；t_{d3} 为载冷介质的终温，℃。

④ 箱壁降温的冷负荷 Q_4

$$Q_4 = m_b c_b (t_{c4} - t_{d4})/\tau \tag{26-147}$$

式中，m_b、c_b 分别为箱壁（包括门）的质量（kg）和比热容 [kJ/(kg·K)]；t_{c4}、t_{d4} 分别为箱壁的初温和终温，℃，估算时可取 t_{d4} 高于搁板温度 20～30℃。

⑤ 通过箱壁传入的冷损 Q_5

$$Q_5 = k F_p (t_h - t_4) \tag{26-148}$$

式中，F_p 为箱壁内、外表面积的平均值，m²；t_h 为环境温度，℃；t_4 为箱内壁温度，由于降温过程中箱内温度是连续下降的，估算时可假定为环境温度和箱内终温 t_{d2} 的平均值，℃；k 为传热系数，kW/(m²·K)，可按下式计算：

$$k = \frac{1}{\dfrac{1}{\alpha w} + \sum \dfrac{\delta_i}{\lambda_i}} \tag{26-149}$$

式中，αw 为箱外对流换热系数，kW/(m²·K)，通常取 $\alpha w = 8.7～11.6$W/(m²·K)；λ_i 为箱壁和绝热层的热导率，kW/(m²·K)；δ_i 为箱壁和绝热层的厚度。通常箱壁厚度按真空容器计算，绝热层厚度可按经验公式计算，若所用隔热材料传热系数为（0.035～0.058）kW/(m²·K) 时，每取温差为 7～8℃，则隔热层厚定为 25mm。

⑥ 开门冷损耗 Q_6　若产品进箱前需空箱预冷时，需计算 Q_6。

$$Q_6 = m_6 c_6 (t_{d6} - t_{c6})/\tau \tag{26-150}$$

式中，m_6 为箱门的质量，kg；c_6 为箱门的比热容，kJ/(kg·K)；t_{c6}、t_{d6} 为开门前和关门时箱门的温度，℃。

t_{c6} 可假定比搁板温度高 20～30℃，t_{d6} 可按下式计算：

$$t_{d6} = t_{c6} + (t_h - t_{c6}) e^{-\frac{aF_6}{m_6 c_6 \tau_k}} \tag{26-151}$$

式中，τ_k 为开门时间，s；F_6 为箱门面积，m²；α 为箱门放热系数，kW/(m²·K)；t_h 为冻干箱环境温度，℃。

⑦ 载冷介质循环泵所消耗的冷量 Q_7

$$Q_7 = \eta N \tag{26-152}$$

式中，η 为循环泵效率；N 为循环泵的额定功率，kW。

⑧ 其他冷损耗 Q_8

如载冷介质容器、管道降温和冷损等，以全部冷负荷的 15% 计算。

当搁板直接冷却时，冷负荷中不计算 Q_3、Q_7、Q_8 这三项。

26.3.5.2　捕水器耗冷量的计算

① 捕水器材料降温耗冷量 Q_1'

$$Q_1' = \sum m_i c_i \Delta t / \tau \tag{26-153}$$

式中，m_i 为壳体、封头、换热管质量，kg；c_i 为壳体、封头、换热管的比热容，kJ/(kg·℃)；Δt 为温差，℃。

材料比热容随温度变化，计算时可取平均值。不可预见冷损系数时，可取

$$Q_1 = 1.2 \sum m_i c_i \Delta t / \tau \qquad (26\text{-}154)$$

② 保温层传热耗冷量 Q_2'　其算法同冻干箱。

③ 水蒸气凝结耗冷量 Q_3'　在干燥的不同阶段升华速率相差较大，升华水蒸气的温度也不一样，因此，单位时间的捕水量很难确定，霜层结构、密度、热导率都比较难确定，这里仅凭经验粗略计算。

一般认为水汽凝结器的表面温度应比物品的升华温度低 20～22℃，否则会影响升华干燥的速率，使升华的水汽量急剧下降。例如，冻干室内冻结产品的温度是 -30℃，相应的冰点饱和蒸气压为 37.9Pa，假定冷凝器表面温度为 -40℃，相应的饱和蒸气压为 12.9Pa，两表面压力差为 25Pa，物品表面与凝结器表面蒸气压之比 37.9/12.9≈3。若保持冷凝温度 -40℃不变，而冻结产品的温度上升到 -10℃，这时冰的蒸气压为 259Pa，压差为 246Pa，压力差越大，水蒸气流的速度就越快，干燥进行得越迅速。同理，若维持产品冻结温度不变，降低冷凝面温度，将能得到同样的效果。为保证干燥速率，防止产品在升华时融化，降低冷凝面温度更好些，但运转费用高。由于升华是非稳态过程，近似计算误差大。

$$Q_3' = m_i c_i \Delta t_i + mr \qquad (26\text{-}155)$$

式中，m_i 为不同干燥阶段水汽凝结器的捕水量，kg；c_i 为不同温度下水蒸气的比热容或霜的比热容，kJ/(kg·℃)；Δt_i 为不同阶段水蒸气和霜的温差，℃；m 为水汽凝结器总捕水量，kg；r 为凝华热，$r = 3 \times 10^3$ kJ/kg。

水汽凝结器的耗冷量不能简单地看为 Q_1'、Q_2' 和 Q_3' 之和，因为这会使制冷系统变大，经济性差。从冻干过程可以知道，水汽凝结器的降温是在它开始捕集水蒸气之前进行的，而在干燥阶段开始后耗冷主要是保温层传热和水蒸气凝华两部分，因此，可以把水汽凝结器的耗冷量分为两部分：降温耗冷量 $Q_g = Q_1' + Q_2'$；水汽凝华耗冷量 $Q_n = Q_2' + Q_3'$。选制冷系统时，取其中较大者，且适当加大。

26.3.5.3　制冷系统的选择

冻干设备上一般按制冷温度选制冷剂和制冷循环。一般单级压缩可制取 -40～-20℃ 的低温，双级压缩可制取 -70～-40℃ 的低温，复叠式制冷循环可得到 -80～-50℃ 的低温。

（1）单级压缩制冷系统

图 26-75 为一小型制冷系统。压缩机 1 由电动机拖动，制冷剂蒸气在其内进行压缩。高压气体经油分离器 2 将所携带的润滑油进行分离，然后进入水冷却冷凝器 3，在其中被冷凝为液体。液体制冷剂由冷凝器下部出液管经干燥过滤器 4（除去杂质和水分）、电磁阀 5，然后流经汽液热交换器 6。在其中被来自蒸发器的低温蒸气进一步冷却后，进入热力膨胀阀 7 节流降压。然后经分液头 8 送入蒸发器 9 并在其中吸热汽化。汽化后的低温制冷剂蒸气，经热交换器 6 提高过热度后被压缩机吸入重新加压。

为了保证制冷系统运行时高压压力不致过高和低压压力不致过低，在系统中装有高低压力继电器 10。它的高压控制部分与压缩机排气管相连接，低压控制部分与压缩机吸气管相连接。当压缩机排气压力超过调定值时或压缩机吸气压力低于调定值时，均应使压缩机停车，以免发生事故或浪费电能。

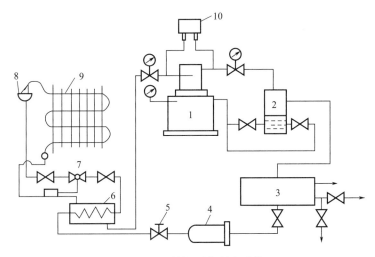

图 26-75　单级压缩制冷系统

1—压缩机；2—油分离器；3—水冷却冷凝器；4—干燥过滤器；5—电磁阀；6—汽液热交换器；
7—热力膨胀阀；8—分液头；9—蒸发器；10—高低压力继电器

（2）双级压缩制冷系统

当蒸发温度低于－25℃或压力比 $p_s/p_e \geqslant 8$ 同时考虑压力差 $p_s－p_c$，即当氨压缩机 $p_s－p_e \geqslant 12$，对氟利昂压缩机 $p_s－p_e \geqslant 8$ 时，应采用双级压缩制冷系统。

双级压缩制冷系统所采用的压缩机是由高压级压缩机和低压级压缩机组成。二级压缩之间的制冷剂蒸气，用水或液体制冷剂来实现中间冷却。因此，双级压缩制冷有两个优点：一是能获得较低的温度，在制取相同冷量的条件下，与单级相比所消耗的能量要少；二是在一个系统内可以得到两种不同的蒸发温度。

① 双级压缩制冷系统的组成类型　因制冷系统的用途、压缩气体中间冷却方法、蒸发器数目及节流次数等不同，双级压缩制冷系统有多种组成类型，如图 26-76 所示。

② 一级节流双级压缩制冷系统　双级压缩制冷系统的蒸发温度低，压力比大，其措施是制冷剂的中间冷却和节流级数。因此，按节流级数分类，有一级节流双级压缩和两级节流双级压缩制冷系统。

如果制冷剂主循环中只有一个节流阀，则为一级节流系统，如图 26-76 中（a）～（e）。现以图 26-76（e）系统做简单介绍。

从图 26-76（e）中可以看出，压力为 p_e、温度为 T_e 的制冷剂蒸气（点 A）被低压压缩机吸入，在压缩机中压力升高到中间压力 p_{am}（B 点），然后到中间冷却器冷却。在此产生的混合气体被高压压缩机吸入（C 点），并使压力升高到 p_s（D 点），接着在冷凝器中冷凝，放出的热量被冷却水带走。冷凝后的液态制冷剂分为两路，一小部分进入中间冷却器（F点）；另一部分经主循环的节流阀节流后进入蒸发器（G 点），在此蒸发吸收热量，也就是制取冷量，以便冷却被冷却物。中间冷却器的输入包括两部分：一是低压压缩机排出的压力为 p_{am} 的制冷剂蒸气；二是将来自冷凝器的液态制冷剂节流为压力为 p_{am}、温度为 T_{am} 的液态制冷剂。而其输出（即高压压缩机输入）压力为 p_{am} 和温度为 T_{am} 的制冷剂蒸气，由于采用温度为 T_{am} 的液态制冷剂作为中间冷却器的冷却介质，故而有效地降低了高压压缩机吸入蒸气的温度。这样就保证了冷凝器输出的液态制冷剂温度的降低，最终实现蒸发温度低的要求，提高了制冷能力。

③ 两级节流双级压缩制冷系统　图 26-76（f）为两级节流双级压缩制冷系统。压力为

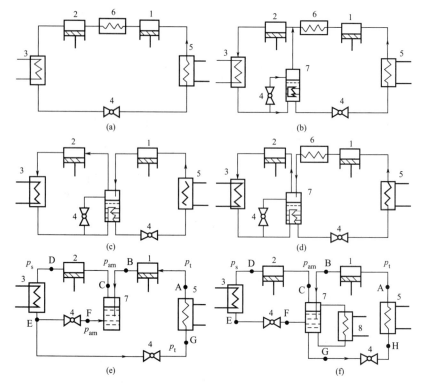

图 26-76　双级压缩氟利昂制冷系统

1—低压级压缩机；2—高压压缩机；3—冷凝器；4—节流阀；5—蒸发器；
6—水冷却器；7—中间冷却器；8—第二蒸发器

p_e、温度 为 T_e 的制冷剂蒸气（A 点）被低压压缩机吸入，升高压力到 p_{am} 后（B 点），蒸气进入中间冷却器冷却。在此产生的混合气体温度为 T_{am}（C 点），进入高压压缩机。该混合气体在高压压缩机内压力升高到 p_s（D 点），接着进入冷凝器。在冷凝器中制冷剂蒸气冷凝为液体状态（E 点）。此后，液态制冷剂在第一节流阀内节流到 p_{am} 的压力和 T_{am} 的温度后（F 点），经中间冷却器分为两股液流：一股进入中压蒸发器［即图 26-76(f) 中第二蒸发器 8］蒸发制取冷量为 Q_{02}；另一股经第二节流阀节流到 p_e 的压力和 T_e 的温度后（H 点）进入低压蒸发器［即图 26-76(f) 中蒸发器 5］蒸发制取冷量为 Q_{01}。

高压压缩机吸入的混合蒸气，包括低压级出来的蒸气、中间冷却器冷却前者所需蒸发产生的蒸气、中压蒸发器制取冷量 Q_{02} 时产生的蒸气和第一次节流阀节流来自冷凝器的制冷剂而产生的蒸气。

由于吸入高压压缩机的制冷剂温度较低，加之两次节流，故而有效地降低了低压蒸发器内制冷剂的蒸发温度 T_e，提高了制冷能力。

（3）复叠式制冷系统

在制冷技术中若获得更低的温度，双级压缩制冷系统就很难达到。因为蒸发器压力低于 $(0.10 \sim 0.15) \times 10^5$ 时，活塞压缩机由于吸气阀门机构的限制而不能正常工作。为此，应当采用复叠式制冷系统。

复叠式制冷系统通常是由两个部分（也可由三个部分）组成，分别称为高温部分和低温部分。高温部分使用中温制冷剂，低温部分使用低温制冷剂，而每部分都是一个完整的单级或双级压缩制冷系统。高温部分系统中制冷剂的蒸发是用来使低温部分系统中的制冷剂冷凝，而只有低温部分系统中的制冷剂在蒸发时才制取冷量，即吸收被冷却对象的热量。高温部分和低温部分是用一个蒸发冷凝器联系起来，它既是高温部分的蒸发器，也是低温部分的冷凝器。两个单级压缩系统组成的复叠式制冷系统，如图 26-77 所示。

复叠式制冷系统的高温部分，有单级压缩的也有双级压缩的系统，一般采用中压制冷剂，例如氨、R12、R22 等。而低温部分按需要配置，也有单级压缩或双级压缩的系统。制冷剂采用高压制冷剂，例如 R13、R23、乙烷及乙烯等。

复叠式制冷系统的缺点是所消耗的功比多级压缩制冷系统大。这是由于蒸发冷凝器中有温差存在。但在实用上，因为每

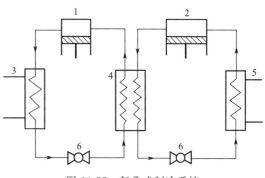

图 26-77　复叠式制冷系统

1—高温级压缩机；2—低温级压缩机；
3—冷凝器；4—蒸发冷凝器；
5—蒸发器；6—节流阀

一系统均在有利的压力范围和温度范围下工作，故而压缩机的输气系数较大，所以复叠式比多级压缩式应用广泛。

（4）氨制冷系统

在大型食品冷冻干燥机上，经常采用氨制冷系统。有些食品厂为节省资金，采用冷库的制冷系统作为冻干机捕水器的制冷能源，多为液泵循环供液方式，图 26-78 为一种单级压缩氨泵供液制冷系统，从图可见，氨制冷系统比氟利昂制冷系统结构复杂，辅助设备多。如果采用双级或复叠式制冷系统，将更加复杂。

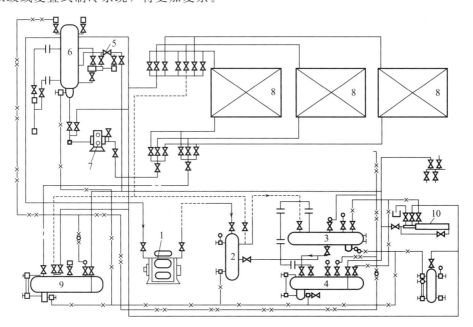

图 26-78　单级压缩氨泵供液制冷系统

1—压缩机；2—油分离器；3—冷凝器；4—高压贮液器；5—节流阀；6—气液分离器；
7—氨泵；8—蒸发器；9—集油器；10—空气分离器

图 26-79 给出的是氨吸收式制冷循环。从图可见，该制冷循环主要由 4 个热交换器组成，即精馏塔 A、冷凝器 B、蒸发器 C 和吸收器 D。还有节流阀 I 和 F，热交换器 E、溶液泵 G 等。这些元器件用管道、阀门等连接在一起，组成两个循环；制冷剂氨循环为 A→B→

I→C→D→G→E→A；吸收剂（水）循环为 A→F→D→G→E→A。制冷剂循环与压缩式制冷循环是一样的。

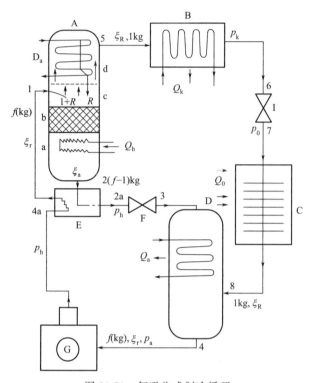

图 26-79 氨吸收式制冷循环

A—精馏塔（a—发生器，b—提馏段，c—精馏段，d—回流冷凝器）；
B—冷凝器；C—蒸发器；D—吸收器；E—热交换器；F,I—节流阀；G—溶液泵

蒸发器和吸收器处在低压侧，蒸发器内的压力由所希望的蒸发温度决定，稍低于被冷却介质的温度；吸收器内的压力稍低于蒸发压力，因为其间管道存在阻力，而且氨蒸气被溶液吸收时会产生一种类似于抽取作用的效果。冷凝器和发生器处于高压侧，冷凝器内的压力是由冷凝温度决定的，应高于冷凝介质的温度。发生器内的压力，经过管道阻力作用稍高于冷凝器内的压力。值得注意的是吸收器内压力较小的变化会引起溶液浓度较大的变化。

从图 26-79 可以看到，浓度为 ξ_1，质量为 f（kg）的浓溶液在点 1 进入精馏塔，在其中被加热，吸热 Q_h 后部分蒸发，经过精馏产生浓度为 ξ_d 的氨蒸气 $(1+R)$（kg），随后经过精馏段和回流冷凝器，使上升的氨气进一步精馏和分凝，浓度提高到 ξ_R，然后由塔顶点 5 排出。假设排出纯氨蒸气的质量为 1kg，回流冷凝器中冷凝 R（kg）回流液所放出的热量被冷却水带走，故在发生器底部（点 2）得到浓度为 ξ_a 的稀溶液 $(f-1)$（kg）。

从精馏塔 A 到冷凝器 B 的纯氨蒸气，在等压、等浓度条件下冷凝成液体（点 6），冷凝时放出的热量 Q_k 被冷却水带走。

液氨经节流阀 I，压强由 p_k 降到 p_0，形成的湿蒸气由点 7 进入蒸发器（C）。在蒸发器内，液氨蒸发吸热 Q_0 从点 8 排出，进入吸收器（D）。其状态是湿蒸气或饱和蒸气，也可能是过热蒸气，这取决于被冷物体所要求的温度。从发生器 a 底部排出的浓度为 ξ_a 的 $(f-1)$（kg）稀溶液，经过热交换器 E 后降温过冷到达点 2a，此时压强为 p_h。再经节流阀 F 降压为 p_a，经点 3 进入吸收器，吸收器同时吸收由蒸发器出来的 1kg 氨蒸气。形成质量为 f（kg）浓度为 ξ_r 的浓溶液（点 4），吸收过程中放出的热量 Q_a 被冷却水带走。点 4 处浓溶液

经溶液泵增压压力从 p_a 提高到 p_h 到达点 4a。再经热交换器 E 温度升高，最后从点 1 进入精馏塔 A，再循环。

26.3.5.4　制冷压缩机的选择

制冷系统中最主要的装置是压缩机，一般称它为主机。压缩机的形式主要有活塞式、离心式、螺杆式和刮片式。目前应用最广泛的是活塞式压缩机。活塞式压缩机按所采用的制冷剂分类，有氨压缩机和氟利昂压缩机等。按压缩级数分类，有单级压缩机和双级压缩机。单级压缩即制冷剂蒸气由低压至高压只经过一次压缩；双级压缩即制冷剂蒸气由低压至高压连续经过两次压缩。按作用方式分类，有单作用压缩机和双作用压缩机。制冷剂蒸气仅在活塞的一侧进行压缩的称为单作用压缩机；制冷剂蒸气轮流在活塞两侧进行压缩的称为双作用压缩机。按制冷剂在气缸中的运动分类，有直流（顺流）式和非直流（逆流）式压缩机。所谓直流式即制冷剂蒸气的运动从吸气到排气都沿同一个方向进行；而非直流式则制冷剂蒸气在气缸内运动时，方向是变化的。按气缸中心线的位置分类，有卧式、立式、V 形、W 形和 S 形（扇形）压缩机等。

压缩机是用来压缩和输送制冷剂蒸气的，由电动机拖动，其基本形式都用一定符号表示。这些符号包括气缸数、制冷剂种类、气缸排列的形式、气缸直径等 4 个方面。

活塞式制冷压缩机的制冷量与制冷工况、压缩机型号及输气系数有关。

任一制冷系统的蒸发温度越高、冷凝温度越低，则制冷量越大。反之则越小。工程上为减少单位制冷量所消耗的功率，在满足使用条件的前提下，压缩机并不超过极限工作条件时，应尽量提高制冷系统的蒸发温度，降低冷凝温度，以便使制冷系统在最佳经济条件下工作。

通常，制冷压缩机样本上给出的制冷量是标准工况（蒸发温度为 -15℃）的制冷量，而在冻干箱和捕水器计算中得出的制冷量是实际工况的制冷量，两者是不同的。选择压缩机时应做变工况计算，或按实际需要的制冷量查压缩机样本上的特性曲线，找出相符的压缩机型号。

26.3.5.5　制冷系统其他元件的选择

① 冷凝器　冷凝器是将制冷压缩机排出的高温高压制冷剂蒸气的热量传递给冷却介质，并使制冷剂蒸气冷凝成液体的热交换设备。通常，冷凝器需按换热器进行设计计算。

② 热力膨胀阀（调节阀）　制冷系统中制冷剂的流量应与负荷变化相适应。制冷剂的流量控制通常采用热力膨胀阀、手动调节阀及毛细管 3 种。其中热力膨胀阀是氟利昂制冷系统中被广泛采用的主要部件之一。热力膨胀阀可按使用工质的种类和制冷量来选择其型号和大小。

③ 电磁阀　电磁阀安装在贮液器（或冷凝器）与膨胀阀之间的液体管道上。在压缩机停车时，电磁阀立即关闭，切断贮液器至蒸发器的供液，不使大量制冷剂进入蒸发器，从而延长蒸发器的保温时间；同时可以避免压缩机再次启动时发生液击现象；此外，可用自动控制系统来控制制冷剂液体管道的启闭。电磁阀可按其控制的制冷剂压力和流量（制冷量）选择规格和型号。

④ 油分离器　油分离器设置在制冷压缩机和冷凝器之间，目的是将制冷剂蒸气中的润滑油分离出来，以免因冷凝器传热面上形成油膜而影响传热效果。

⑤ 集油器　集油器是收集油分离器、冷凝器、贮液器和蒸发器等底部润滑油的钢制筒状容器。集油器上设置高、低压进油管、放油管、回气管和压力表等。

⑥ 贮液器　贮液器在制冷系统中用来调节和稳定制冷剂循环量并贮存液态制冷剂。贮液器是一钢制圆筒体，其上设置进出液管、压力平衡管、压力表、安全阀、放空气阀和液面指示器等。

⑦ 过滤器和干燥器　过滤器按用途分为液体过滤器和气体过滤器。前者设置在调节阀前的制冷剂管道上，用来保护调节阀的密封性能（不致堵塞和失灵）；后者装在制冷压缩机吸入管道上，用来滤除制冷剂气体中的机械杂质及其他污物，防止其进入气缸而引起故障。将干燥器和过滤器做成一件，称为干燥过滤器。

⑧ 气液热交换器　气液热交换器装在制冷系统调节阀前的液体管道上。外壳是钢制圆筒，两端设有进、出气管，筒内有一组蛇形冷却管组。制冷剂液体由蛇形管一端进入，被冷却后从蛇形管另一端流出，送至热力膨胀阀或调节阀。来自蒸发器的制冷剂蒸气由进行管进入筒体，与被冷却的液体进行热交换后，从出气管排出，吸入压缩机。这样，压缩机吸入的制冷剂为过热蒸气，不但减少了有害过热，还可以防止压缩机走潮车。同时，由于制冷剂液体过冷，也提高了制冷剂的单位制冷量。气液热交换器的传热面积应按传热计算结果确定。

26.3.5.6　制冷剂和载冷剂的选择

在制冷装置的蒸发器内蒸发并从被冷却物体中吸收热量，然后在冷凝器内将热量传递给周围介质（一般是水或空气）而本身液化的工作介质叫作制冷剂。在间接制冷装置中，用来将制冷装置产生的冷量传递给被冷却物体的媒介物质叫作载冷剂（或称冷媒）。常用的载冷剂有空气、水、盐水和有机物。

（1）制冷剂

在物理化学性能方面，对制冷剂的要求：

① 冷剂的黏度和相对密度尽可能小，以便减小在制冷装置中流动时的阻力。

② 热导率和放热系数高　这样能提高蒸发器和冷凝器的传热效率并减小其传热面积。

③ 具有一定的吸水性　当制冷系统渗进极少水分时，不致在低温下产生"冰塞"而影响制冷系统正常运行。

④ 具有化学稳定性，不燃烧、不爆炸、高温下不分解。

⑤ 对金属不产生腐蚀作用。

此外，关于制冷剂溶解于油的性质，应从两方面来分析：如制冷剂能和润滑油溶解在一起，其优点是为机件润滑创造良好条件，在蒸发器和冷凝器的热交换面上不易形成油层阻碍传热；其缺点是蒸发温度有所提高。而微溶于油的制冷剂的优点是蒸发温度比较稳定，但在蒸发器和冷凝器的热交换面上形成很难清除的油层，影响传热。

生理学方面要求对人体健康无损害，无毒性，无刺激臭味。在经济方面要求价格便宜，容易制造。

目前冻干机用制冷剂根据冻干机的容量、用途的不同主要有 R22、R717、R404A 和 R507A 以及 R23、R508A、R508B 等。R22 在小型试验冻干机、中小型食品冻干机和医药用冻干机中均有使用，其一般用于冻干温度相对较高的物料，R22 也是低温冻干机复叠式制冷系统高温级最常用的制冷剂；R717 主要应用于大型食品冻干机中，由于其有刺激性气味和毒性，在医药冻干机和实验冻干机中均不使用；R404A 和 R507A 是目前在小型实验冻干机和医药冻干机中应用最广的制冷剂，尤其是在冻干温度要求较低的场合时多采用 R404A 和 R507A；R23、R508A 和 R508B 均是作为低温冻干机复叠式制冷系统低温级用的制冷剂[63]。

R290 具有十分优异的热力性能和迁移性质，在相同工况条件下，制冷量略低于 R22 和 R410A，但制冷效率要高 10% 以上，这样不仅 R290 自身具有很低的 GWP（≈3），而且还具有十分显著的节能效益，另外 R290 的排气温度要低于 R22 和 R410A，但它用于低温条件下时，也具有十分良好的性能，是用于在冻干机中替代 R22、R404A 和 R507A 的极具竞争的替代物，它唯一的缺点是具有高的可燃性，如果应用于替代冻干机中的 R404A 和 R507A 时，必须采取必要措施防范和避免其燃烧的发生。

在低温冻干机领域，虽然二级复叠式制冷系统低温级制冷剂（R23、R508A、R508A 等）具有很高的 GWP 值，但是可供选择的制冷剂非常有限，适合用作两级重叠制冷系统低温级（可达 −80℃）制冷剂的只有 R170（乙烷）。这是低温冻干机面临的困难。

（2）载冷剂

通常对载冷剂有如下要求：

① 在循环系统的工作温度范围内载冷剂必须保持液体状态。其凝固点应比制冷剂的蒸发温度低。其沸点应高于可能达到的最高温度，沸点越高越好。

② 比热容大　比热容大载冷量就大。在传递一定冷量时，比热容大的载冷剂流量小，可以减少输送载冷剂循环泵的功率消耗。另外，当一定的流量运载一定的冷量时，比热容大则温差小。一般情况下，在盐水溶液中盐浓度越大则比热容越小，或在一定浓度下，温度下降则比热容变小。有机物液体比热容随温度降低而减小。

③ 密度小　密度小则循环泵的功耗小。一般情况下，密度随温度降低而增大。

④ 黏度小　黏度小则循环泵的功耗小。一般黏度随温度下降而升高，随浓度升高而增大。

⑤ 化学稳定性好，在大气条件下不分解，不与空气中的氧化合，不改变其物理化学性质。

⑥ 不腐蚀设备、管道及其他附件。

⑦ 不燃烧，无爆炸危险，无毒，无刺激气味。

⑧ 来源广泛，价格低。

常用载冷剂中，空气作载冷剂虽然有较多优点，但是由于它的比热容小，所以只有利用空气直接冷却时才采用它。水是一种较理想的载冷剂。它具有比热容大、密度小、不燃烧、不爆炸、无毒、化学稳定性好、对设备和管道腐蚀小、来源广、价格低廉等优点。所以，在适应的温度范围以内，广泛采用水作载冷剂。但是，由于水的凝固点高，只能用作制取 0℃ 以上温度的载冷剂。

工作温度较低的载冷剂系统，一般都采用盐水溶液作载冷剂。常用作载冷剂的盐水溶液有氯化钙水溶液和氯化钠水溶液。

盐水的凝固点取决于盐水的浓度。浓度增高则凝固点降低，当浓度增高到冰盐合晶浓度时，凝固点下降到最低点（即冰盐合晶温度），此点相当于全部溶液冻结成一块整的冰盐结晶体。若浓度再增加，则凝固点反而升高。因此，作为载冷剂的盐水，其浓度应小于合晶浓度，适用的温度在合晶温度上。

不同的盐溶液有不同的冰盐合晶点。例如：浓度为 22.4% 的氯化钠水溶液的合晶点是 −22.2℃；浓度为 29.2% 的氯化钙水溶液的合金点是 −55℃。

作为载冷剂的盐水溶液的浓度应当适中，一般应使盐水溶液浓度相对应的凝固点较制冷剂的蒸发温度度低 6~8℃，而且此时的浓度应低于冰盐合晶点的浓度。例如，氯化钠冰盐合晶点温度为 −22.2℃，因而只有当制冷剂蒸发温度高于 −16℃ 时，才能采用氯化钠水溶液作为载冷剂。同理，氯化钙可用于制冷剂蒸发温度高于 −49℃ 的情况下。

26.3.6 冻干机加热系统

加热系统是提供第一阶段升华干燥的升华潜热和第二阶段干燥蒸发热能量的装置。冻结层内部的冰晶是不可能升华的，故升华表面是升华前沿。升华前沿所需供给的热能，相当于冰晶升华潜热。不论采用什么热源，也不论这些热量以什么样的方式传递，要达到水分升华的目的，这些热量最终必须不断地传递到升华表面上来。

26.3.6.1 热源

供给升华热的热源应能保证传热速率满足冻结层表面即达到尽可能高的蒸气压，又不致使其熔化。所以热源温度与传热率有关。

冷冻干燥中所采用的传热方式主要是传导和辐射。近年来在真空系统中也有采用循环压力法来实现强制对流传热的研究，但其效果还众说不一。在冻干机中，热量都是从搁板上传出来的，一般分直热式和间热式两种。直热式以电源为主；间热式用载热流体，热源有电、煤、天然气等。常用的辐射热源有近红外线、远红外线、微波等。

利用传导或辐射加热时，在被干燥的物料层中传热和传质的相对方向有所不同。图 26-80 是物料内部的传热和传质示意图，从图 26-80 可见，辐射加热时被干燥物料的加热是通过外部辐射源向已干层表面照射来进行的。传到表面上的热量，以传导的方式通过已干层到达升华前沿，然后被正在升华的冰晶所吸收。升华出来的水蒸气通过已干层向外传递，达到外部空间。传热和传质的方向是相反的，内部冻结层的温度决定于传热和传质的平衡。一般辐射加热的特点是：随着干燥过程中升华表面向内退缩，已干层的厚度愈来愈厚，传热和传质阻力两者都同时增加，如图 26-80(a) 所示。图 26-80(b) 是接触加热时所发生的情况。在干燥进行中，热量通过冻结层的传导到达升华前沿，而升华了的水蒸气则透过已干层逸出到外部空间。因此，传热和传质的途径不一，而传递的方向是相同的。界面的温度也决定于传热和传质的平衡。随升华表面不断向内退缩，已干层就愈来愈厚，冻结层愈来愈薄，因而相应的传质阻力愈来愈大，传热的阻力愈来愈小。图 26-80(c) 是微波加热的情形。微波加热时热量传递是在整个物料层内部发生的，冻结层要加热，已干层也要加热。但由于这两层的介电常数和介质损耗不同，发生在冻干层内的热量传递要多得多。内部发生的热量被升华中的水吸收，故所供热量不需传递，传质是在已干层内，方向是相反的。

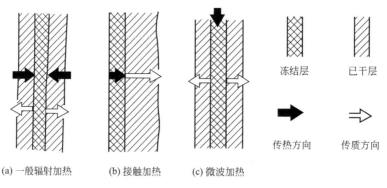

(a) 一般辐射加热   (b) 接触加热   (c) 微波加热

图 26-80 物料内部的传热和传质示意图

26.3.6.2 供热方式

把热量从热源传递到物料的升华前沿，热量必须经过已干层或冻结层，同时升华出的水蒸气也要通过已干层才能排到外部空间。在真空条件下，经过这样的物料层供送大量的升华潜热，阻力是很大的，同时，经过这样的物料层排除升华的水蒸气，阻力也是很大的。因此需采取多种方式提高传热和传质效率。

升华热的供应，原则上以在维持物品预定升华温度下，使升华表面既具有尽可能高的水蒸气饱和压力而又不致有冰晶融化现象为最好。这时干燥速度最快。

（1）常用的加热板

间热式加热板的热量是由载热体从热源传递来的，加热板传递给制品所需的加热功率大致需要 0.1W/g。载热体多用水、蒸汽、矿物油和有机溶剂等。有些间冷间热式冻干机上，常用 R11 和三氯乙烯等作为冷和热的载体。

图 26-81 给出了加热板热媒循环系统示意图。热媒在热交换器中加热，用循环泵将热媒送到冻干箱的搁板内对物料加热。为使冻干结束后物料能及时冷却，利用阀门控制冷却水，适时通入搁板内实现调控温度。

（2）加热技术的改进

通常在真空状态下传热主要靠辐射和传导，传热效率低。近来出现了调压升压法，其基本原理是降低真空度以增加对流传热的效能。据研究，在压强大于 65Pa 时，对流的效能就明显了。所以在保证产品质量的条件下，降低真空度以增加对流传热，使升华面上温度提高得快些，升华速度增加。

调节气压有多种方式，英国爱德华公司采用充入干燥无菌氮的方法；德国用真空泵间断运转法；日本用真空管道截面变化法。这些方法的共同特点是使冻干室气体压强处于不稳定状态，所以又叫改变真空度升华法和循环压力法[64]。

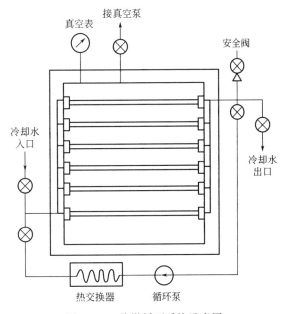

图 26-81　热媒循环系统示意图

改变料盘的形状，增加物料与料盘之间的传热面积也是改进传热方法的一种。有些冻干机中装制品容器上有伸出的薄壁，其目的就在于增加传热面积。

改变传热的另一种方法是从根本上改变加热方式，取消加热板。据资料报道，美国陆军 Natick 实验室采用微波热进行升华加工制作升华食品压缩的新工艺，可使能耗降低到常规工艺的 50%。美国某公司在升华干燥牛肉时，使用 915MHz 微波加热装置，将干燥周期由 22h 减到 2h。但介质加热（如微波加热）的方法一般不用于生物制品的冻干，以防止制品失去生命活力，降低制品质量。

26.3.6.3　加热负荷的计算

在产品升华阶段要提供升华热，使产品中的水分不断从被冻结的冰晶中升华直到干燥完毕。升华分两个阶段：第一阶段是指大量水分从冰晶升华的过程，这时升华温度低于其共晶点温度；第二阶段是结晶水的扩散过程，其温度高于共晶点温度。通常按第一阶段热负荷确定加热功率。加热量的大小取决于升华速率、箱体内部部件的质量和载热介质的质量。可按下式计算 Q_h：

$$Q_h = KL \left(\frac{\mathrm{d}G}{\mathrm{d}T}\right)_m F_s \qquad (26\text{-}156)$$

式中，L 为水汽的升华热，kJ/kg；F_s 为产品表面面积之和，单位为 m^2，对于散装产品 F_s 取搁板有效面积，对于瓶装产品，约为搁板有效面积的 70%；$\left(\frac{\mathrm{d}G}{\mathrm{d}\tau}\right)_m$ 为产品中水汽的平均升华速率，一般取 $\left(\frac{\mathrm{d}G}{\mathrm{d}\tau}\right)_m = 1\mathrm{kg/(m^2 \cdot h)}$；$K$ 为考虑下列因素的修正系数：平均升华速率与最大升华速率所需供热量不同；水汽升华至水汽凝结器，掠过搁板要吸收部分热量；加热载热介质所需热量；加热箱壁和内部部件所需的热量。其中最后一项热量最大，其平均需热量按下式计算：

$$q = \frac{\sum m_i c_i (t_{i2} - t_{i1})}{\tau_0} \qquad (26\text{-}157)$$

式中，m_i 为箱体各部件质量，kg；c_i 为箱体各部件比热容，$\mathrm{kJ/(kg \cdot K)}$；t_{i1}、t_{i2} 分别为加热的初、终温度，℃；τ_0 为升华总时间，h。

其余 3 项热量小，可用 $(0.1 \sim 0.2) L \left(\frac{\mathrm{d}G}{\mathrm{d}\tau}\right)_m F_s$ 来考虑，则

$$K = (0.1 \sim 0.2) L \left(\frac{\mathrm{d}G}{\mathrm{d}\tau}\right)_m F_s + q \qquad (26\text{-}158)$$

通过每平方米搁板电加热器加热功率为 $1.6 \sim 3.3\mathrm{kW}$，其值相差甚大，这主要因为升华速率不同。在式(26-158)中 K 值常取为 $2.9 \sim 6$，大型冻干机取小值，小型冻干机取大值。

26.3.6.4　热媒循环泵的选择

（1）流量的确定

$$W = \frac{Q}{\rho c \Delta t} \qquad (26\text{-}159)$$

式中，W 为热媒循环量，m^3/h；Q 为需要的热媒传递的热量，W/h；ρ 为热媒的密度，$\mathrm{kg/m}^3$；c 为热媒的比热容，$\mathrm{W/(kg \cdot ℃)}$；Δt 为热媒出、入口温度差，℃。

（2）扬程的确定

$$H = 1.2(H_m + H_z) \qquad (26\text{-}160)$$

式中，H_z 为热媒的静液柱压力，闭式循环时 H_z 取为零；H_m 为热媒流动的摩擦阻力，主要来自加热器及搁板、管道和阀门等处的流动阻力。有关流动阻力的计算可根据加热系统的具体结构，参照流体力学的有关公式计算。

（3）泵所需功率的计算

$$N = \frac{G(p + p_u)}{\eta \rho} \qquad (26\text{-}161)$$

式中，G 为换热介质的质量流量，kg/h；p 为换热器的阻力，N；p_u 为外部管道阻力，N；η 为泵的效率；ρ 为介质密度，$\mathrm{kg/m}^3$。

26.3.7　冻干机控制系统

26.3.7.1　冻干机控制系统的基本功能和基本结构

冻干机的控制系统相当于冻干机的"大脑"，它是指挥冻干机各部件正常工作，控制工

艺参数准确运行，保证冻干工艺过程按时完成的核心部分。常用的控制系统有手动控制系统、半自动控制系统、全自动控制系统、网络控制系统和智能控制系统等。前两种控制方式已经逐渐被淘汰，现阶段国内外生产的冻干机均已实现全自动控制，网络控制和智能控制正在兴起。国外冻干机以丹麦 Atlas 公司、美国 Hull 公司和德国 GEA Lyophil 公司的控制系统比较先进。

（1）控制系统的基本功能

① 按制定好的冻干时序，控制真空系统真空泵和阀门的开启与关闭；开关制冷系统的压缩机和阀门；开关加热系统的电加热电源或流体加热的循环泵和阀门；开关液压系统的泵和阀门；开关测量系统各种仪表的电源，医药用冻干机通常还有压盖、化霜、清洗消毒等系统的控制，使各系统完成协调运行。

② 实时采集、显示和输出冻干机的运行状态和数据，使现场参数值随制定好的冻干工艺曲线趋势变化。

③ 随时存取和打印历史数据，能存储一定数量的冻干工艺曲线。

④ 对事故给出监测、报警和打印。

⑤ 保证设备安全运行，实现对产品质量和设备运行的保护。能实现自动和手动控制的切换。

（2）控制系统的基本结构

实现上述功能可采用不同的控制方式，包括不同的硬件配置和不同的软件程序，但其基本结构是大体相同的，图 26-82 给出了一种冻干机控制系统原理结构图。上位机由几台智能控制仪表、可编程控制器（PLC）和应急手操控制台组成，上、下位机之间用工业 RS-485总线连接。PLC 本身具有独立的连锁保护和部分程控、定时功能，可配合手操台实现应急操作。

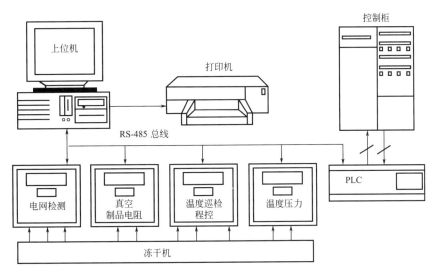

图 26-82　冻干机控制系统原理结构图

26.3.7.2　冻干机控制系统的硬件

目前，国内冷冻干燥机的控制系统采用的硬件一般有以下几种：继电器控制、单片机控制、可编程控制器控制及工业计算机控制[65]。

① 继电器控制　继电器（relay）控制虽然价格便宜、性能价格比低，但存在继电器抖

动、打弧、吸合不良等现象，使控制系统寿命短，可靠性差。因为它的自动控制功能是靠开关继电器的触点动作来实现，而触点动作一次需要几十毫秒，故控制速度慢，由于需要改变控制逻辑就要改变各开关和触点间的连线，故修改控制逻辑复杂、困难，同时体积大，耗能高。这些缺点使继电器控制越来越不适应自动化的发展，已很少使用。

② 单片机控制　单片机（single chip microcomputer）技术是 20 世纪 70 年代末 80 年代初发展起来的一门高新技术，现已在机电一体化等领域中得到迅速和广泛的应用。单片机控制系统是以单片机（CPU）为核心部件，扩展一些外部接口和设备，组成单片机工业控制机，主要用于工业过程控制。单片机控制利用通用 CPU 单片机，除外设（打印机、键盘、磁盘）外，还有很多外部通信、采集、多路分配管理、驱动控制等接口，而这些外设与接口完全由主机进行管理，必然造成主机负担过重，因而不适用于复杂控制系统。华中理工大学曾经设计的一套控制系统就是以计算机为上位机，单片机为下位机处理采集数据、驱动指示灯，并输出数据到 PLC，通过 PLC 报警驱动电动阀。

③ 可编程控制器控制　可编程控制器（programmable logic controller）控制有很多优点，例如其可靠性高，抗干扰能力强；扩充方便、组合灵活、体积小、质量轻；控制程序可变，在产品或生产设备更新的情况下，不必改变硬件设备，只需改变冻干程序或冻干曲线就可以满足工艺要求。因此，不少国内厂家在冷冻干燥设备控制系统中采用可编程控制器。兰州大学设计的冻干机控制系统主要就是采用 OMRON PLC/C40P、PLC 控制开关量、模拟量及各泵电机、制冷加热阀，温度由子系统单片机 8032/EU818P15 按升温曲线控制。

但是可编程控制器也有缺点，主要是其软、硬件体系结构是封闭的而不是开放的，如专用总线、专家通信网络及协议都不通用，I/O 模块也不通用，甚至连机柜和电源模板亦不相同；编程语言虽多是梯形图，但组态、寻址、语言结构均不一致，因此各公司的 PLC 互不兼容。

④ 工业计算机控制　计算机控制系统的出现和发展是工业生产发展的需要，是工业自动化技术发展的趋势。它是以电子计算机为核心的测量和控制系统。整个计算机控制系统通常是由传感器、过程输入/输出设备、计算机以及执行机构等部分组成的。由系统对设备的各种工作状态进行实时数据采集、处理并对其实施控制，从而完成自动测控任务。

计算机控制系统的典型结构如图 26-83 所示。计算机控制系统分为操作指导控制系统、直接数字控制系统、监督计算机控制系统、分散控制系统，最常用的是直接数字控制系统，如图 26-84。

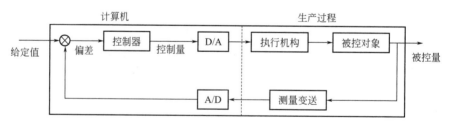

图 26-83　计算机控制系统的典型结构

直接数字控制（direct digital control，简称 DDC）系统的构成如图 26-84 所示。计算机首先通过模拟量输入通道（A/D）和开关量输入通道（DI）实时采集数据，然后按照一定的控制规律进行计算，最后发出控制信息，并通过模拟量通道（D/A）和开关量输出通道（DO）直接控制生产过程。DDC 系统属于计算机闭环控制系统，是计算机在工业生产过程

中最普遍的一种应用形式。DDC 系统中的计算机完成闭环控制，它不但能完全取代模拟调
节器，实现多回路的控制调节，而且不需改变硬件，只通过改变程序就能实现各种复杂的
控制。

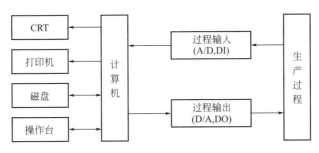

图 26-84　直接数字控制系统

计算机控制系统具有结构紧凑，功能强，维护简单，应变能力强和程序可移植等特点。
这样的系统需要设计者有很好的编程能力。

除此之外，很多控制功能都是由计算机、单片机或 PLC 共同完成的。有的控制系统是
由计算机作为上位机监视生产过程，单片机或 PLC 作为下位机采集数据、进行 PID 控制等。

无论采用哪种控制方式，冻干机控制系统的硬件均大同小异。图 26-85 是一种小型冻干
机温度控制系统的硬件结构。图 26-86 是一种大型食品冻干机控制系统的硬件结构。从图中
可以看出硬件组成都包括计算机、打印机、数据采集元件（包括真空计、温度传感器、变送
器等）等。对于不同的控制系统，可选用不同规格、型号、容量和精度的硬件。

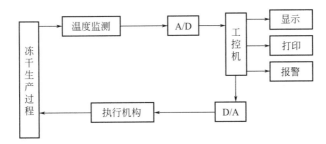

图 26-85　小型冻干机温控系统的硬件结构

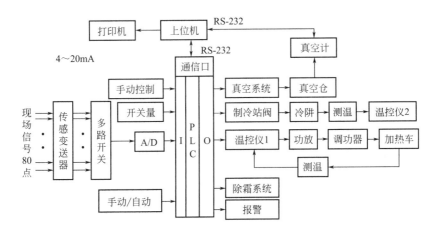

图 26-86　大型食品冻干机控制系统的硬件结构

26.3.7.3 冻干机控制系统的软件

硬件是控制系统的命令执行机构，软件是发出命令的指挥中心，两者缺一不可，必须协调一致。例如，对应于图 26-86 的硬件结构，整个控制系统的可编程控制器（PLC）可以不依靠上位机独立工作，其程序框图如图 26-87 所示。而硬件中没有选用 PLC 的控制系统就不必编此程序。目前广泛应用于冻干设备控制系统的控制算法主要有 PID 控制、模糊控制。

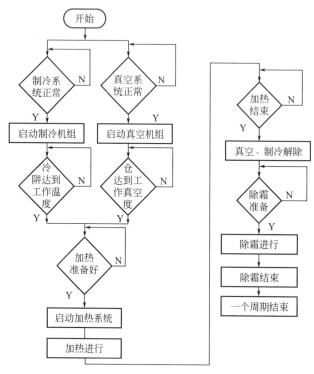

图 26-87 图 26-86 硬件结构 PLC 程序图

（1）PID 控制与"组态王"检测系统

在模拟控制系统中，控制器常用控制律是 PID（比例积分和微分）控制。这种自动控制器原理简单，易于实现，有鲁棒性强和使用面广等优点。"组态王"是近年来较受用户欢迎的通用软件，它有先进的图形、动画功能，丰富的图库，构成应用系统方便、快捷、美观。通过"组态王"开发程序可以方便地实现控制系统的数据采集、存储、事件报警、趋势曲线显示等功能。使用"组态王"建立一个新程序的一般过程是：设计图形界面，构造数据库，建立动画连接，运行和调试。其中数据库是"组态王"最核心的部分。在数据库中存放的是变量的当前值，包括系统变量和用户自定义变量。变量的集合形象称为"数据词典"，在数据词典中记录着所有用户可使用的详细信息。

"组态王"的命令语言是一段类似 C 语言的程序，通过程序可以增强应用程序的灵活性。命令语言包括应用程序命令语言、热键命令语言、事件命令语言、变量命令语言和画面命令语言。应用程序命令语言可以在程序启动、关闭时执行或者在程序运行期间定期执行。热键命令语言链接到工程人员指定的热键上，软件运行期间，工程人员随时按下热键都可以启动这段命令语言程序。事件命令语言可以规定在事件发生、存在和消失时分别执行的程序。离散变量名或表达式都可作为事件。变量命令语言只链接到变量或变量的域。在变量或变量的域值变化到超出数据字典中所定义的变化灵敏度时，它们被执行一次。画面命令语言可以在画面显示时执行，隐含时执行或者在画面存在期间定时执行。各种功能均可以在计算机的显示器上给出画面。

① 工艺曲线跟踪　"组态王"中的工艺曲线可以反映实际测量值按设定曲线变化的情况，通过将实验数据在记事本编写成 .csv 文件，可实现设置曲线、调用曲线、打印工艺曲线的功能。

② 趋势曲线　"组态王"中趋势曲线分为实时趋势曲线和历史趋势曲线两种。由"组态王"工具菜单下的实时趋势曲线可以为监测系统建立实时显示温度和真空度的曲线，实时显示温度和真空度值，便于观察生产过程。可以直观显示数据的变化情况，使观察者更加了解生产过程的情况。

通过使用"组态王"提供的函数可以扩展历史趋势曲线的作用，满足监控的要求。例如用函数 HTGetValue() 可以返回在一段时间内变量的最大值、最小值等，用函数 HT-GetValueAtScooter() 可以返回一个在指定的指示器位置、趋势所要求的类型的值。

③ 报警窗口　报警是每个控制系统不可缺少的一部分，只有通过对异常状态的报警和提示，才能保证生产的正常运行。

"组态王"自动对"变量定义"对话框中"变量报警定义"有效的数据变量进行监视。在变量定义时的"报警定义"属性卡片中可以为变量限定报警上下限，共分为低低、低、高、高高报警和变化率、大小偏差等报警类型，报警窗口分为两种类型：实时报警窗口和历史报警窗口。

优先级是报警事件重要程度的度量，数字 1 的级别最高，999 为最低级别，给每个要监视的变量规定一个报警优先级可以分层次管理报警事件。在"变量定义"对话框的"报警定义"属性中选择优先级。也可在"优先级设置"中设定各阀和泵开关状态的报警优先级。

在"组态王"报警窗口中报警值设置框中，偏差是以模拟量相对目标值（基准值）上下波动百分比来定义的，有小偏差和大偏差两种报警条件，当波动百分比小于小偏差或大于大偏差时，分别出现报警。

$$偏差 = \frac{当前值 - 目标值}{最大值 - 最小值} \times 100\%$$

由于偏差有正负，在偏差范围内相对目标值上下波动的模拟量最小分界值称为最小当前值，相对目标值上下波动的模拟量最大分界值称为最大当前值，则有：

$$最小当前值 = 目标值 - 偏差 \times (最大值 - 最小值)$$
$$最大当前值 = 目标值 + 偏差 \times (最大值 - 最小值)$$

利用大偏差报警就可以在设定值与实时值之间误差超限时报警。在报警窗口中可以现场输入高、低限和大偏差的值，这样就可以在不同的干燥阶段限定物料的最高温度，防止物料在升华干燥阶段高于共熔点温度，解吸干燥阶段高于物料崩解温度。

④ 数据报表　数据报表是既能反映生产过程中的数据、状态等，并对数据进行记录的一种重要形式，是生产过程必不可少的一部分。它既能反映系统实时的生产情况，也能对长期的生产过程进行统计、分析，使管理人员能够实时掌握和分析生产情况。单击按钮"打印实时报表"或"打印历史报表"就可以使用连接在工控机上的打印机打印出实时报表、历史报表。

"组态王"中的报表分为实时数据报表和历史数据报表两部分。在此窗口可以完成实时数据报表和历史数据报表的打印，还可以手动设置在历史数据报表显示的变量名称，有选择地显示数据。

⑤ 模拟流程画面　为了更好地反映生产现场的状况，一般控制系统都要设计模拟生产

流程的窗口，如图 26-88 所示。

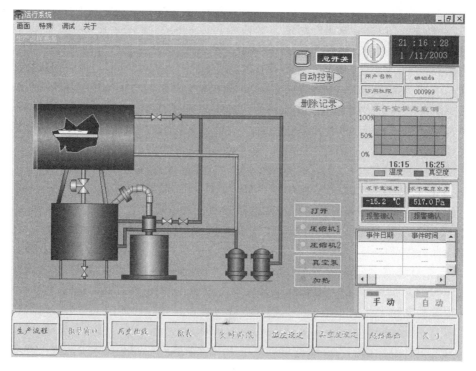

图 26-88 生产流程窗口

（2）模糊控制系统

采用传统控制理论来设计一个控制系统，需要知道被控对象精确的数学模型，然后再根据给定性能指标选择适当的控制规律，进行控制系统设计，然而，在许多情况下，被控对象精确的数学模型很难建立，有时甚至是不可能的。对于这类对象或过程难以进行自动控制。对于这些难以自动控制的生产过程，有经验的人员进行手动控制，可以达到满意的效果。总结人的控制行为，用语言描述人的控制决策，形成一系列条件语句和决策规则，进而设计一个控制器，利用计算机实现这些控制规则，并驱动冻干机对冻干过程进行控制，这就是模糊控制。

PID 控制只根据偏差大小来控制，模糊控制在考虑偏差大小的同时还考虑了偏差的变化方向，这无疑使控制的速度加快，从而达到更高的控制目标。

模糊控制属于计算机数字控制系统的一种形式，其组成类似于一般数字控制系统，可由四部分组成。

① 模糊控制器 它是以模糊逻辑推理为主要组成部分，同时又具有模糊化和去模糊功能的控制器。

② 输入/输出接口装置 模糊控制器通过输入/输出接口从被控对象获取数字信号量，并将模糊控制器决策的输出数字信号经过数模变换，将其转变为模拟信号，送给执行机构去控制被控对象，这一部分与 PID 控制部分相同。

③ 广义对象 包括被控对象和执行机构。被控对象可以是线性或非线性的、定常或时变的，也可以是单变量或多变量的、有时滞或无时滞的以及有强干扰的多种情况。

④ 传感器 传感器是将被控对象或各种过程的被控制量转换为电信号（模拟或数字）的一类装置。被控制量往往是非电量，如位移、速度、加速度、温度、压力、流量、浓度、湿度等。传感器在模糊控制系统中占有十分重要的地位，它的精度往往直接影响整个控制系

统的精度，因此，在选择传感器时，应注意选择精度高且稳定性好的传感器。

模糊控制的基本原理如图 26-89 所示。它的核心部分为模糊控制器。模糊控制过程分为以下三个步骤：

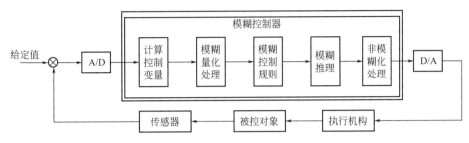

图 26-89　模糊控制的基本原理框图

① 精确量的模糊化　精确量模糊化就是将基础变量论域上的确定量变换成基础变量论域上的模糊集的过程。常规控制都是用系统的实际输出值与设定值相比较，得到一个偏差值 E，控制器根据这个偏差值及偏差值的变化率来决定如何对系统进行控制。无论是偏差还是偏差的变化率都是精确的输入值，要采用模糊控制技术就必须首先把它们转换成模糊集合的隶属函数。因此，要实现模糊控制就要先通过传感器和变送器把被控量转换成电信号，再通过模/数转换器得到精确的数字量。精确输入量输入至模糊控制器后，首先要把这精确量转换成模糊集合的隶属函数，这就是精确量的模糊化或者模糊量化。其目的是把传感器的输入转换成知识库可以理解和操作的相应格式。

② 模糊控制规则及推理　模糊控制是模仿人的思维方式和人的控制经验来实现的一种控制。根据有经验的操作者或者专家的经验制订出相应的控制规则即是模糊控制规则，它是模糊控制器的核心。为了能存入计算机，就必须对控制规则进行形式化处理，再模仿人的模糊逻辑推理过程确定推理方法，控制器根据制订的模糊控制规则和事先确定好的推理方法进行模糊推理，得到模糊输出量，即模糊输出隶属函数。这就是模糊控制规则的形成和推理。其目的是用模糊输入值去适配控制规则，为每个控制规则确定其适配的程度，并通过加权计算合并这些规则的输出。

③ 模糊量的去模糊　模糊量的去模糊就是将基础变量论域上的模糊集变换成基础变量论域上的确定值的过程。根据模糊逻辑推理得到的输出模糊隶属函数，用不同的方法找一个具有代表性的精确值作为控制量，就是模糊量的去模糊，其目的是把分布范围概括合并成单点的输出值，加到执行器上实现控制。

在冻干机上应用模糊控制系统，必须对模糊控制器及系统做开发性设计。包括模糊控制器的结构设计，参数精确量的模糊化，模糊控制算法设计，模糊量的去模糊化及对模糊控制系统软件设计等内容。

（3）神经网络 PID 控制

神经网络以其很强的适用于复杂环境和多目标控制要求的自学能力，以及能以任意精度逼近任意非线性连续的特性引起了控制界的广泛关注。神经网络控制不需要精确的数学模型，因而是解决不确定性系统控制的一种有效途径。此外，神经网络以其高度并行的结构所带来的强容错性和适应性，适于处理给定系统的实时控制和动态控制，并且易于与传统的控制技术结合。但是，单独的神经网络控制也存在精度不高、收敛速度慢以及容易陷入局部极小等问题。如果把传统线性 PID 和神经网络控制结合起来，取长补短，可使系统的控制性能得到提高，是一种很实用的控制方法。神经网络 PID 控制将具有自学习、自适应的神经网络和常规 PID 控制有机地结合起来，对非线性对象、大惯性大滞后对象、数学模型不太清楚的对象以及时变参数对象都可以取得较好的控制效果，具有良好的鲁棒性。

冷冻干燥过程中，对于物料温度控制，由于被控对象具有较大的滞后，受到各种因素变化影响，已干层和冻结层的热导率、温度都不同，因而对象的传递函数具有非线性和时变特性。另外，由于物料的数量、种类不同而导致对象特性不同。以物料为被控对象的控制系统是一个时变、滞后的非线性系统，难以找到最佳的 PID 控制参数，采用常规 PID 控制很难取得较好的控制效果。梅宇等人研究了神经网络 PID 控制算法控制冻干物料温度。基于 BP 网络的 PID 控制系统控制器由两部分构成：常规 PID 控制器，直接对被控对象进行闭环控制，并且三个参数 k_p、k_i、k_d 为在线调整方式；神经网络，根据系统的运行状态，调节 PID 控制器的参数，以期达到某种性能指标的最优化，使输出层神经元的输出状态对应于 PID 控制器的三个可调参数 k_p、k_i、k_d，通过神经网络的自学习、加权系数调整，使神经网络输出对应于某种最优控制下的 PID 控制器参数。增量式数字 PID 的控制算法：

$$u(k) = u(k-1) + \Delta u(k)$$

$$\Delta u(k) = k_p [e(k) - e(k-1)] + k_i e(k) + k_d [e(k) - 2e(k-1) + e(k-2)] \quad (26\text{-}162)$$

式中，k_p、k_i、k_d 分别为比例、积分、微分系数。

基于 BP 网络的 PID 控制器结构如图 26-90 所示，该控制器控制算法归纳如下：

① 确定 BP 网络的结构，即确定输入层节点数 M 和隐含层节点数 Q，并给出各层加权系数的初值 $w_{ij}^{(1)}(0)$ 和 $w_{li}^{(2)}(0)$，选定学习速率 η 和惯性系数 α，此时 $k=1$；

② 采样得到 $r_{in}(k)$ 和 $y_{out}(k)$，计算该时刻误差：$e(k) = r_{in}(k) - y_{out}(k)$；

③ 计算神经网络各层神经元的输入、输出，输出层的输出即为 PID 控制器的三个可调参数 k_p、k_i、k_d；

④ 根据式（26-162）计算 PID 控制器的输出 $u(k)$；

⑤ 进行神经网络学习，在线调整加权系数 $w_{ij}^{(1)}(k)$ 和 $w_{li}^{(2)}(k)$，实现 PID 控制参数的自适应调整；

⑥ 置 $k = k+1$，返回到①。

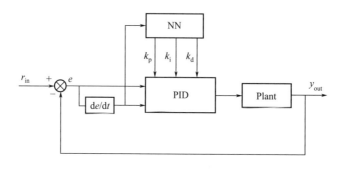

图 26-90　基于 BP 网络的 PID 控制器结构图

实验表明，神经网络 PID 控制算法能有效地控制以物料为被控对象的冻干机温度控制系统[66]。

2010 年李晓斌等[67]研究提出了基于自适应粒子群优化预测函数控制（adaptive particle swarm optimization algo-rithm-predictive functional control，APSO-PFC）冻干温度的控制方法，该智能预测真空冷冻干燥温度控制方法优于原有的改进 PID 控制方法，APSO-PFC 控制方法控制的冻干温度控制误差在±1℃之间，优于原采用的 PID 控制（±2℃误差），可很好地实现冻干温度的动态跟踪精确控制，提高冻干物品的质量。

近年来，对冻干设备自动化程度要求越来越高，测量精确度、安全联锁、监控、电子记录等要求也随之提高了。完善中的控制系统将也更加科学化、人性化。梁晓会等人[68]研制了嵌入式冷冻干燥机控制系统，可实现中型冻干机完成全自动冷冻干燥进程的全部功能需求。该控制系统的硬件组成如图 26-91 所示。

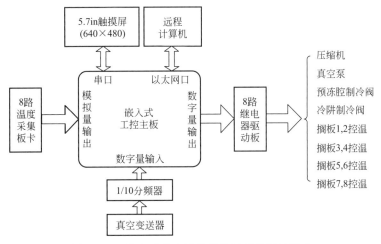

图 26-91　嵌入式冷冻干燥机控制系统硬件组成

　　该控制系统的软件是基于 ADS1.2 编程环境进行 EPCM-2940 主板的程序开发。程序编写依托于 μC/OS-II 嵌入式实时操作系统内核，以任务调度的方式进行流程控制。其任务设置如图 26-92。为实现远程监控冷冻干燥机的正常运行，本设计的上位机与嵌入式主板之间通过标准以太网进行数据传输，保证了远距离传输的可靠性。通信协议采用专为工业控制而制定的标准 Modbus/TCP 协议，Modbus/TCP 是运行在 TCP/IP 上的 Modbus 报文传输协议，在连接到 TCP/IP 以太网上的设备之间提供基于客户端/服务器模式的通信。Modbus/TCP 报文由 MBAP 报文头、功能代码和数据域组成。以 EPCM-2940 嵌入式主板作为服务器端（从机），设置相应的 IP 地址和端口号。上位机作为客户端（主机），监控程序的开发基于 MCGS 组态软件进行。MCGS 组态软件为用户提供了解决实际工程问题的完整方案和开发平台，支持标准的 Modbus/TCP 协议，能够完成对从机的实时数据采集、历史数据处理、流程控制、动画显示、趋势曲线和报表输出等功能。

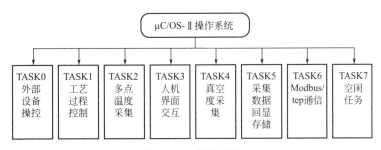

图 26-92　任务设置

　　该控制系统下位机基于 μC/OS-II 实时操作系统开发的应用程序，运行稳定、可靠，任务扩展性强；人机触控交互界面，操作直观、方便、反应迅速；上位机远程监控程序，操作简便、功能强，且界面友好、易于维护。

　　2013 年，曹智贤等人[69]开发了红外辅助冷冻干燥装置控制系统，该控制系统的整体结构如图 26-93 所示。

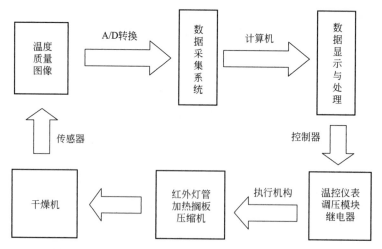

图 26-93 红外辅助冷冻干燥装置控制系统整体结构图

整个控制系统是由数据采集系统、反馈控制系统、可控硅调压系统以及仪表温控系统 4 个系统组成。它们之间既独立工作，又相互联系，共同控制整个干燥过程。各系统及主要功能如图 26-94。该控制系统的软件框架构建如图 26-95。上位机软件的开发采用 LabVIEW 为开发平台，通过与下位机的通信，主要完成接受测量数据并绘制曲线、数据保存与历史数据查询，加热器件的加热温度和时间设置、压缩机和真空泵的开关设置等操作功能。该控制系统上位机操作界面如图 26-96 所示。

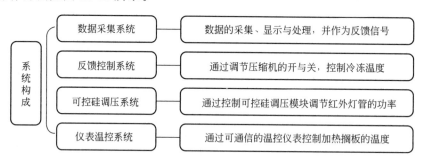

图 26-94 红外辅助冷冻干燥装置控制系统结构框图

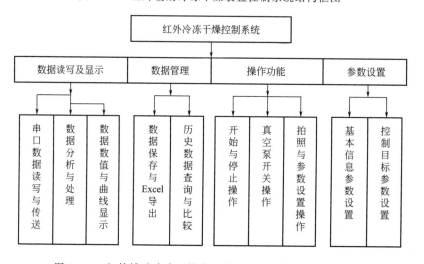

图 26-95 红外辅助冷冻干燥装置控制系统软件总体结构框图

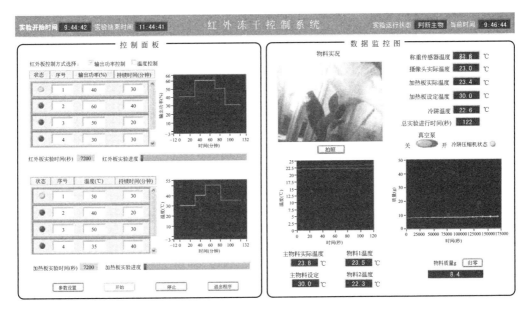

图 26-96 红外辅助冷冻干燥装置控制系统上位机操作界面

26.3.8 冻干机故障分析及处理

26.3.8.1 真空度达不到要求

造成冻干机真空度达不到要求的原因通常有：漏气量过大，真空泵性能不好，捕水器冷凝能力下降，冻干工艺不合理。

（1）漏气量过大

在所需的压强和温度下，真空泵的抽气速率、放气率（包括产品在升华中放出不凝性气体）之和相等时，就能维持所需的真空度。若真空系统的漏气量过大，就会使系统的压强升高，真空度下降。可按下述办法查找泄漏部分并加以解决。

可能出现泄漏的部位有：

① 有可拆连接、有密封围处；

② 有焊缝处；

③ 有软连接（如金属软管，橡皮管）处。

在新设备装配时，应从真空泵向冻干箱，分段安装，边安装边检漏，以免一次组装后难找泄漏部位。

如果在旧设备使用过程中出现"失真空"，可以利用阀门分段检漏。也可以用判断法查出泄漏部位，首先是动密封处（如阀门）和经常开头的静密封处（如冻干箱门）最容易因磨损、划伤、弄脏和变形而出现泄漏，其次是静密封处（如规管座、接线座、视镜），最后是各焊缝。

（2）真空泵性能不好

① 泵本身漏气 密封圈、气镇阀垫圈损坏或未压紧，造成密封不好。

② 泵油污染或油量不当 泵油中含水乳化，泵油变质或太脏；装油量太少密封不住；泵油牌号不对。

③ 进气口过滤网堵塞。

④ 泵温太高、泵油变稀、密封性差。

⑤ 由于泵内零件磨损，造成间隙过大以及转子弹簧变形、折断和旋片动作不灵等。

旋片泵常见故障及消除方法见表 26-8。滑阀泵常见故障及消除方法见表 26-9。罗茨泵的故障比较少，只要注意使用与维护，并定期维修，一般能保证正常运转。

（3）捕水器冷凝能力下降

可能是制冷系统节流装置调节不当，因此温度不够低；除霜不彻底，表面温度降不下来；冷凝面积偏小。这时会造成水蒸气分压强增高，影响真空度。

（4）冻干工艺不合理

装载量超过冻干机容量，加热功率太高，加热速度太快，都会使水蒸气分压增高。

表 26-8　旋片泵常见故障及消除方法

故障	产生原因	消除方法
真空度低	1. 油量不足 2. 泵油不清洁,乳化了 3. 泵油牌号不对 4. 进油孔堵塞,供油不足 5. 漏气 6. 排气阀片损坏 7. 由磨损造成配合间隙过大 8. 泵温升高、油黏度降低 9. 被抽气体温度过高 10. 装配时端盖螺钉松紧不一,造成转子轴心偏移 11. 旋片弹簧断裂 12. 进气管过滤网堵塞 13. 气镇阀没关好或损坏 14. 泵轮键断裂,轮空转	1. 加油 2. 开气镇阀,换新油 3. 换油 4. 清理进油孔,调节油量 5. 检查轴封、排气阀、端盖等处,更换密封圈 6. 换新阀 7. 检查间隙,修复 8. 加大冷却水量 9. 加气冷装置 10. 拆开重装 11. 换新弹簧 12. 清洗 13. 关阀或修理 14. 换键
卡泵	1. 端面间隙过小,泵油升过高 2. 泵内进入杂物 3. 泵温过高 4. 转子断裂 5. 泵腔生锈	1. 研磨旋片,调整间隙 2. 清理 3. 加强水冷 4. 拆泵更换 5. 洗锈
噪声大	1. 旋片弹簧断裂 2. 装配零件松动 3. 零件有毛刺,装配有变形 4. 电机轴无油	1. 换弹簧 2. 重装 3. 重装,修磨,换件 4. 加润滑油
漏油	1. 轴孔、端盖、油标、放油孔、油箱等部位密封件损坏或没压紧 2. 油箱有漏孔	1. 换密封件,拧紧螺钉 2. 堵好漏孔
启动困难	1. 油温过低 2. 泵内润滑不好 3. 泵腔内未放大气,大量油进泵腔	1. 加热到 15℃ 以上 2. 调节油量 3. 停泵时放气
喷油	1. 系统突然暴露在大气中 2. 油量过多 3. 转子旋转方向反了	1. 关低真空阀,断续开阀 2. 放出多余油量 3. 重接电源,换向
泵不抽气	1. 泵轮键断裂转子不转 2. 双级泵转子十字接头断了,高真空级不转 3. 没打开进气口阀 4. 排气阀片碎了	1. 换新键 2. 更换 3. 打开阀 4. 更换

表 26-9　滑阀泵常见故障及消除方法

故障类型	产生原因	消除方法
真空度下降	1. 油被污染 2. 密封装置漏气 3. 油管接头漏气 4. 排气阀片损坏 5. 排气阀弹簧断裂 6. 密封面漏气 7. 泵内有异物 8. 油路堵塞 9. 被抽气体温度过高 10. 泵油量不足 11. 泵油牌号不对或混油 12. 气镇阀损坏不能密封 13. 装配间隙过大	1. 开气镇阀 1~2h,或换油 2. 修理密封装置更换密封圈 3. 旋紧螺钉,用封蜡密封好 4. 更换排气阀片 5. 更换弹簧 6. 拧紧螺钉,涂封蜡密封 7. 清洗滑阀导轨及所有零件 8. 清洗滤油器及油路 9. 加冷却措施,降至常温 10. 加足油量 11. 更换规定牌号的新油 12. 换新气镇阀垫 13. 重新检查装配
电机过载	1. 润滑不良 2. 进入异物 3. 油黏度太大 4. 装配不当有摩擦	1. 疏通油路,清洗零件,加足油 2. 拆开清洗、修复 3. 给油加温或更换新油 4. 拆开重装
运转有异常噪声	1. 泵内进入异物 2. 泵的零件松动或损坏 3. 泵润滑不良	1. 拆开检查清洗 2. 检查调整或更换零件 3. 疏通或调节油量
运转事故	1. 轴承发热 2. 排气阀和油箱发热	1. 稍松开些皮带,或油路堵塞或冷却水不足 2. 开大冷却水

26.3.8.2　制冷机的故障

（1）电动机启动不起来

① 电源不通、电压过低、启动电压调得过低（配有降压启动装置时），热继电器跳脱后尚未复位，压力继电器触头未闭合，压差继电器触头跳脱后未复位，均会使制冷机不能启动。此时只需按说明书要求，使电源接通、电压正常，使有关触头复位即可。

② 电机绕组烧毁或匝间短路，如合上电源开关，引起保险丝烧断，而其他电器、电路均无毛病，则可能是电机线圈烧毁或匝间短路。

③ 变压器、中间继电器、接触器的线团烧毁或触头接触不良，也会引起保险丝烧断。

（2）电动机拖不动

电动机本身没有故障，由于制冷机负荷过大，远远超过电动机的额定功率，致使压缩机不运转或运转显著减慢，而且电动机发出"嗡嗡"声，此时应立即关掉电源进行检查，首先检查三相是否都有电，供电电压是否正常，如果电机电路无故障，则为制冷系统的问题。

① 压缩机"咬煞"或"搁煞"。其现象是用手盘动飞轮或联轴器（开式压机），压缩机转不动或转动稍许就停了，此时应将压缩机拆开检修。

② 电动机拖动很吃力，转速降低，停车后盘动飞轮或联轴器，感到有显著轻重之分。当盘至最重位置时，只要一放松，飞轮会很快地反向弹回半圈左右，这说明有一只气缸的阀板有严重泄漏。此时应将飞轮盘至最轻位置，重新启动电机，若可以拖动，则边运转边检查，待确认正常后，才可投入使用。若拖不动或电机一直有"嗡嗡"声，则应拆下阀板进行检修。

（3）制冷机在运转中突然停车

若电源电路正常，而制冷剂在运转中突然停车，可能是下面几种原因之一。

　　① 吸气压力过低　使低压继电器动作而切断电源停车。吸气压力过低会使制冷机不制冷而白白消耗动力，并增加压缩机的上油量，甚至烧坏电机。造成低压过低的原因一般是系统中某一部分阻塞不畅，或制冷剂不足。

　　② 排气压力过高　使高压继电器动作而停车。产生排气压力高的原因有：冷却水量不足或温度过高；水量调节阀失灵；冷凝器结垢太厚；系统内有不凝性气体；制冷剂灌注太多，占去了冷凝器的冷凝面积；排气管与冷凝器管道不畅通等。

　　③ 油压过低　使油压继电器动作切断电源而停车。

　　④ 电机过载　使安装于交流接触器下或电机绕组处的热继电器动作，或保险丝熔断而停车。

　　由于冻干过程中，特别是第一阶段干燥期间，水汽凝结器的制冷系统一般不允许停车，否则产品就要熔化报废。因此操作者应经常检查机器是否运行正常，将故障消灭在发生前。

　　（4）制冷量不足或无冷量

　　① 膨胀阀开启过大　此时搁板或水汽凝结器温度下降不到设定值，而压缩机结霜严重。

　　② 膨胀阀开启过小　此时温度也降不下去，但压缩机温度很高。吸气阀处不结霜。

　　③ 制冷剂充灌量不足　此时温度降不下去，且吸气压力低，吸气阀处不结霜。

　　④ 制冷系统堵塞不畅　如过滤器堵塞、阀门未开启、电磁阀失灵、膨胀阀堵塞等。

　　⑤ 压缩机阀板上部或汽缸套下部的纸垫被击穿或破裂，或压缩机吸排气阀片破碎。

26.3.8.3　加热系统故障

　　① 直热式电阻丝断，致使热量加不上去。

　　② 间热式电加热器断、循环输流泵流量不足、泵不能正常工作、管路堵塞、载热流体量不足等，都能使热量加不上去。

　　③ 设计时所选输液泵流量过小、扬程过高、换热器管路直径不当，都能使热量加不上去。

　　④ 温控元件故障可使物料过热。

26.3.8.4　捕水器性能变差

　　除制冷系统制冷能力下降外，可能有下述原因：

　　① 水汽凝结器化霜不彻底，使其传热性能变差。

　　② 产品装量超过规定值，或干燥箱的积水太多。

　　③ 干燥箱升华，加热量过大，升华过快。

26.3.8.5　温度、真空度测量误差

　　① 设计时所选表的种类和精度不合理。例如电阻温度计配动圈式温度表，滞后现象严重，当读数为 20℃时，实际温度已超过 25℃。

　　② 使用的环境与仪表适应的环境不一样。例如热电偶的引线和接头材料不同，是造成读数误差的主要原因。

　　③ 有些冻干设备上采用麦氏计测真空度，测得的真空度为不可凝性气体的分压强。有些冻干设备上采用电阻真空计，测得全压强。在同一设备上两者测得的真空度不同是正常的。

　　④ 电阻真空计受环境温度影响，安放在设备不同部位真空度会不一样，由温度变化引起的误差还不能得出定量的关系。

26.3.9　真空冷冻干燥设备的选择

26.3.9.1　医药用冻干机的选择

　　医药用冻干机的各项指标一定要符合 GMP 标准的要求，必须能保证长期、稳定、安全的正常运转。冻干机的容量是按搁板的冻干面积计算的，而不按容积计算。用户可根据生产量的需要，通过计算选择冻干机。例如，每批需冻干 100kg 液体量的产品，首先要确定冻干机捕水器的捕水能力不能小于 100kg。然后计算出冻干箱搁板的面积，面积的计算与产品的装载方法有关，瓶装和盘装所需面积是有区别的。盘装充分利用了搁板面积，瓶装则因瓶间有空隙不能利用，所需搁板面积较大。假如用盘装，每盘装料高为 20mm，则所需冻干面积为：$A = V/H = 0.1\text{m}^3/0.02\text{m} = 5\text{m}^2$。如果使用瓶装法，国产 20mL 青霉素瓶直径为 22mm，高为 50mm，每瓶内装物料 5mL，则需要的瓶子数为 $N = V_\text{总}/V_\text{瓶} = 100000\text{mL}/5\text{mL} = 2000$ 个，所需冻干面积 A 应等于每瓶占用面积与总瓶数之乘积。考虑瓶间占用面积，可乘系数 1.1，则所需冻干面积为：$A = \dfrac{\pi}{4}d^2Nk = \dfrac{3.14}{4} \times 0.022^2 \times 20000 \times 1.1 = 8.4\text{m}^2$。

　　根据冻干产品的共晶点温度选择搁板和捕水器的最低温度。通常单级压缩机制冷温度可达 $-40 \sim -35℃$；双级压缩机制冷温度 $-50 \sim -45℃$；复叠式制冷压缩机最低温度可达 $-80 \sim -60℃$。根据冻干产品的崩解温度，选择搁板的加热温度，一般药用冻干机搁板最高加热温度为 $70 \sim 80℃$。搁板温度的均匀性也是选择冻干机的重要指标，因为它直接涉及冻干产品的质量。医药用冻干机搁板温度均匀性应在 $\pm 1℃$ 左右。冻干箱的降温速度应在空载时 $1 \sim 2\text{h}$ 内达到最低温度，捕水器应在 1h 之内达到最低温度。为增加运行的可靠性，大型冻干机应采用两套以上的制冷系统，以保证一旦有一台出故障，不致损坏冻干产品。

　　冻干机的空载极限真空度、漏气率和抽空速度都有标准规定，选择冻干机时除按标准要求检查之外，应注意真空系统元件的质量。例如，有的真空泵漏油，有的喷油，有的寿命低；有的阀门动作不灵活、不准确，有泄漏现象，寿命低等。

　　冻干机的清洗、压盖、消毒灭菌等功能，可以根据冻干产品的需要选择。值得注意的仍然是加工制造质量。例如，压盖用的活塞杆一定要用不锈钢制造，表面不应带油，带灭菌的冻干机活塞杆上最好加上不锈钢的波纹管护套等。

　　冻干机的自动控制系统选择应该认真研究。各制造厂在控制方式的选择和控制器件的选用上有很大差别。有些冻干机带有自动控制系统，兼备手动功能；有些冻干机能自动执行跟踪冻干曲线，其余部分人工操作；有些冻干机仅能自动控制冻干过程，不能控制消毒灭菌等其他过程；有些冻干机使用微机和可编程控制器，用打印机记录；有些冻干机使用仪表控制和多点记录仪记录。用户必须根据需要和资金情况，了解清楚之后再选定。

　　目前医药用冻干机辅助功能较多，如冻干过程中间取样功能，共晶点温度测定功能，漏气率自动测量功能，冻干结束自动判定功能等。每项功能都需增加成本，每项功能都给用户带来了方便，用户根据需要酌情选购。

26.3.9.2　食品用冻干机的选择

　　食品用冻干机一般都是辐射加热的大型冻干机。用户关心的重点应该是冻干产品的质量、产量、装机容量和能耗。在选定冻干机之前要货比三家，采用同一种物料去做冻干实验。冻干产品质量应检查均匀性和合格率，一般堆放在冻干机中间和周边的物料干燥程度会有差别，但不应该相差太多，成品合格率必须在 98% 以上；冻干产品的产量涉及经济效益，相同冻干面积的冻干机，冻干同样的物料，花费的时间可能不同，冻干周期长的，冻干产品产量低，反之亦然；装机容量和能耗是两回事，各生产冻干机的厂家给出的装机容量可能不是同一标准，有些厂家给出的装机容量只包括真空设备和加热设备，制冷设备另配，有些厂家给出的装机容量不包括真空设备和加热设备，因为采用的是水蒸气喷射真空泵和水蒸气加热，锅炉另配能源，还有些厂家给出的是包括冻干生产车间的全部电源，选择冻干机时一定要分析清楚；脱 1kg 水需要的能耗是最重要的指标，俄罗斯食品设计研究院的博士论文中曾给出捕 1kg 水，需消耗 1kW 电能的报告，国内还没见到有关报道。

26.4　典型物料的真空冷冻干燥工艺

26.4.1　生物制品的冻干工艺

26.4.1.1　概述

冷冻真空干燥制品在升华干燥过程中，其物理结构不变，化学结构变化也很小，制品仍然保持原有的固体结构和形态，在升华干燥过程中，固体冰晶升华成水蒸气后在制品中留下孔隙，形成特有的海绵状多孔性结构，具有理想的速溶性和近乎完全的复水性，冷冻真空干燥过程在极低的温度和高真空的条件下进行的干燥加工，生物材料的热变性小，可以最大限度地保证材料的生物活性。制品在升华过程中温度保持在较低温度状态下（一般低于 -25℃），因而对于那些不耐热者，诸如酶、抗生素、激素、核酸、血液和免疫制品等热敏性生物制品和生物组织的干燥尤为适宜。干燥的结果能排出 97%～99% 以上的水分，有利于生物物质的长期保存。物质干燥过程是在真空条件下进行的，故不易氧化[70]。实践证明，由于部分生物制品有特殊的化学、物理、生物不稳定性，冻干技术用于对它们的加工非常适合。

生物制品（如疫苗、菌种、病毒等）和生物组织（人体、动物体的器官等）的冻干与其他物品冻干工艺不同之处在于，它们在冻干过程中除了要达到一般物品冻干的指标要求外，在冻干过程中还要求不染菌、不变性，保留其生命力，保持生物活性，所以它们是所有冻干物品中工艺要求最为严格的。

疫苗、菌种、病毒等生物制品冻干后一般要制成注射剂，因此，总是先配成液态制剂，经冻干后封存，使用时加水还原成液态，供注射用[71]。冻干生物制品注射剂是直接注射到人、畜血液循环系统中的。药剂若有污染，轻者造成感染，重者危及生命。因此，生产的各个环节都要特别注意消毒灭菌，保证产品的"无菌"要求。因此要对包括从盛装容器（安瓿、瓶塞等）到分装机、冻干箱、操作环境等所有可能与制品接触者进行灭菌消毒。

对生物组织的低温冷冻，可能引起细胞损伤，造成细胞损害的主要因素是冷冻引起的细胞内脱水，其次是机械性挤压作用。显微镜下观察红细胞在盐水和水溶液内冷冻时，可见到透明的网状冰结晶内有暗红色的红细胞聚积物。冰结晶开始呈网状，然后呈管状，最后成一大片。这样，细胞就可能被冰结晶挤压而受损伤。将细胞组织在冷冻过程中所受损害减低到最低限度，使细胞处于"生机暂停状态"主要的方法是应用冷冻保护剂、控制冷却速度和复温速度，以提高细胞在低温保存后的活力。

除人血浆等少数含干物质多的原料可以直接冻干外，大多数生物制品在冻干时都需要添加某种物质，制成混合液后才能进行冻干。这种物质在干燥后起支撑作用，在冻干过程中起保护作用，因此称为保护剂。有时也称填充剂、赋形剂、缓冲剂等。

冷冻保护剂能防止冰结晶对细胞的损害，可能是冷冻保护剂使最低共熔点降低，从而减轻或避免冷却或复温过程中冰结晶对细胞的损伤。冷冻保护剂依据其能否通过细胞膜而分为穿透性保护剂与非穿透性保护剂。穿透性保护剂，如二甲基亚砜（DMSO）的作用是：①使细胞外溶质浓度降低，冷却时细胞摄取溶质量减少，为 DMSO 所取代；②DMSO 进入细胞内，改变细胞内的过冷状态，使细胞内蒸气压接近细胞外，从而减轻细胞内脱水和细胞皱缩的速度与程度；③减少进入细胞内的阳离子量；④由于 DMSO 容易进出细胞，在复温时很少发生渗透性细胞肿胀。此外，已证实 DMSO 是经皮肤真皮层断面穿透至皮肤内部，尤以在 $4℃$ 下 $5\sim15min$ 穿透量最多。非穿透性保护剂，如羟乙基淀粉由于不能穿透细胞膜，仅使细胞外环境保持过冷状态，在特定温度下减低细胞外溶质浓度，延缓细胞破裂；或者在冷却前使细胞内脱水，减轻细胞内结晶。冻干人用生物制品活菌菌苗、冻干活毒以及冻干其他生物制品通常所用的保护剂依次见表 26-10～表 26-12。

表 26-10　冻干活菌菌苗用保护剂[72]

冻干制品	保护剂	冻干制品	保护剂
卡介苗	(1)1.5%味精,0.5%明胶 (2)1%明胶,8%蔗糖 (3)1%味精,1%明胶,8%蔗糖	布氏菌苗	10%蔗糖,1%明胶,1%硫脲
		口服痢疾活菌苗	5%蔗糖,1%明胶,1%味精,1%硫脲,0.25%尿素
		流脑菌苗	5%乳糖

表 26-11　冻干活毒用保护剂

冻干制品	保护剂	冻干制品	保护剂
流感(活)疫苗	4%～6%蔗糖	减毒活风疹疫苗	(1)5%明胶水解物,4%蔗糖,2.5%精氨酸
乙型脑炎疫苗	0.3%谷氨酸钠,0.11%牛血清蛋白		(2)3%精氨酸,5%蔗糖,0.2%明胶,0.1%谷氨酸钠
减毒麻疹活疫苗	5%乳糖,0.048%谷氨酸钾,0.2%人血清蛋白		

表 26-12　冻干某些生物制品用保护剂

冻干制品	保护剂
乙型肝炎表面抗原诊断血球	10%蔗糖,0.01%硫柳汞,0.5%健康马血清,0.5%健康兔血清
结核菌素	1%明胶,5%乳糖
人白细胞干扰素	1%～2%人血白蛋白,2%甘氨酸
三磷酸腺苷(APT)/支	精氨酸 6mg
胸腺肽	0.2%胸腺肽加 3.8%甘氨酸、0.2%明胶

26.4.1.2　醋酸菌菌种的冻干工艺

邵伟等人研究了醋酸菌菌种的冻干[73]。将 30℃ 培养 2～3 天的醋酸菌斜面，分别用 3mL 的 5%、10% 和 20% 的无菌脱脂牛奶洗下，制成菌悬液，充分混匀，用无菌吸管加入无菌安瓿管中。并将它们分 2 组分别置于 -30℃ 或 -60℃ 预冻 2h，然后取出进行冷冻干燥。

冷冻干燥机接通电源后，在温度降至 -40℃ 时，放入装有菌体的安瓿管，开启真空泵，冻干机经过 3～5min 温度降至 -55℃，待真空表读数稳定不变后，保持 4～8h，然后，将安瓿管封口保存。将经不同方式处理的醋酸菌保藏种置于 4～10℃ 保藏一年后取出，用无菌生理盐水溶解制成菌悬液，稀释成不同浓度，再分别涂布于 3 个培养皿，培养 72h 观察计数，取其平均值。预冻温度对冻干菌的影响见图 26-97。

图 26-97 表明，从细胞存活数的计数统计来看，-60℃ 预冻的效果相对要好。这是因为

菌悬液在-30℃预冻时，其温度已降到冰点以下，但结冰不够坚实，真空干燥时易使菌悬液沸腾，菌体细胞受损失较多。而在-60℃预冻时，结冰速度快且坚实，细胞损伤较少。

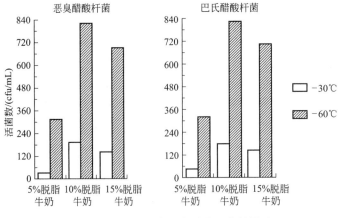

图 26-97　不同预冻温度对冻干菌的影响

图 26-98 是-60℃预冻并冻干的醋酸杆菌，经不同保藏方式，在不同保藏时间后的活菌数比较。

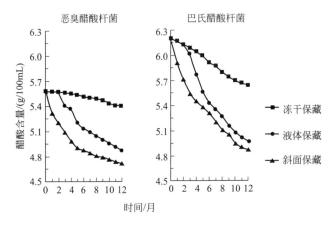

图 26-98　醋酸杆菌在不同保藏方式下保藏效果比较

图 26-98 表明，醋酸菌在一年的保藏期内，冻干保藏的菌种其产酸能力下降较少，基本能保持稳定，而斜面保藏和液体保藏的菌种其产酸能力下降梯度大。可见，用冷冻干燥法保藏的醋酸菌在保持产酸能力方面有明显的优势。

26.4.1.3　动物眼角膜的冻干工艺

角膜冷冻真空干燥的目的是保持其活性，便于较长时间的贮存，使需求者能及时得到活性角膜，以便再植。东北大学王德喜博士对角膜的冻干进行了系列研究[74]，研究中使用的是中国医科大学临床医院动物室提供的大耳白家兔，体重为 2～3kg。

（1）眼角膜冻结过程中的冷平衡

角膜在梯度降温过程中，要经受-150℃以下的低温损伤，在干燥过程中，要经受干燥应力的损伤，在没有保护剂保护情况下，经历如此损伤，角膜细胞很难保持活性。合理的选择和配制保护剂对角膜的保存至关重要。实验研究表明角膜由蔗糖、二甲基亚砜（DMSO）、20％人血清白蛋白（安普莱士）作为保护剂，冻干效果良好。

为了防止角膜在冻结过程中损伤，还要对角膜进行冷平衡处理。冷平衡保护剂的具体配比见表 26-13。具体操作过程：将无菌的角膜片先放入 1 号液，移入 4℃冰箱冷平衡 10min，然后用无菌镊子夹住巩膜边，将其移入 2 号液平衡 10min，依次在 3 号液、4 号液中各平衡 10min。冷平衡工艺如图 26-99 示。在冷平衡过程中，保护剂中的 DMSO 通过角膜的细胞膜进入细胞中，置换出其中部分水分，在达到动态平衡前，保护剂中 DMSO 浓度要高于细胞中 DMSO 浓度。角膜依次在不同浓度的保护剂中进行冷平衡，这样角膜中的水分就会不停地与保护剂中的 DMSO 进行置换，经过一段时间的传质，细胞中的水分将大量减少。由于细胞内水分溢出速度与 DMSO 的浓度有关，为防止细胞内水分溢出速度过快造成细胞的损伤，使角膜细胞有个适应过程，角膜冷平衡采取逐步递增 DMSO 浓度进行平衡。

表 26-13　角膜保护剂配方

保护剂种类	30 份，每份 2.5mL			
	1 号液	2 号液	3 号液	4 号液
20%人血清白蛋白/mL	2.45	2.40	2.35	2.3125
二甲基亚砜/mL	0.05	0.1	0.15	0.1875
蔗糖/(g/L)	0	5%	7.5%	10%

待角膜在 4 号液平衡结束后，立即取出放入磨口玻璃瓶里，在降温仪中进行梯度降温。梯度降温目的是使细胞内的溶液冻结成玻璃态，以使角膜迅速越过对细胞冻伤最严重温度区（−60～−30℃）时，细胞不受伤害。采用两步法进行梯度降温，第一步角膜距液氮面 9cm，停留 10min，使角膜内部温度稳定在 −20～−16℃ 范围内，此阶段角膜的降温速率为 2～2.4℃/min；第二步角膜距液氮面 1.5cm，停留 10min，使角膜内部温度稳定在 −150～−130℃ 范围内，此阶段角膜的降温速率为 11～14℃/min。慢速降温时，细胞外的水易冻结成冰，电解质浓度升高，细胞内的水渗出细胞外，使细胞暴露在高浓度

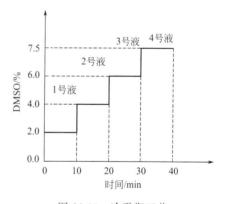

图 26-99　冷平衡工艺

的溶质中，导致细胞膜蛋白复合体的破坏和膜的分解，造成溶质损伤。快速降温时，细胞内的水来不及渗出便结成冰，细胞内外同时有冰晶形成，容易刺破细胞造成机械损伤。这样必须快速、慢速相结合，方可达到目的。由于冷平衡时，二甲基亚砜已经将细胞内的多数水分置换出去，在缓慢降温时，细胞内的溶质易形成玻璃态，可以避免溶质损伤。故可以先慢速降温，然后快速降温。两步法降温中，第一步慢速冷冻，将角膜温度慢速降至−20℃，可以避免过快冷冻时角膜内冰晶形成所造成的损伤和过慢冷冻时细胞置于高浓度溶液下时间过长所造成的溶液损伤。第二步快速冷冻，角膜以很快的降温速率降至−130℃以下，细胞内未冻溶液实现了非晶态固化，使细胞少受或不受损伤。

（2）冻结眼角膜的真空干燥

当冻干机内温度降到−20℃以下，捕集器内的温度降到−35℃时，迅速地把经过梯度降温的角膜放到冻干室。角膜悬于磨口玻璃瓶中，内皮细胞层朝上双面干燥为最佳放置方式，如图 26-100 所示。在干燥过程中根据需要调节充气阀，向冻干室内充入氮气以调节冻干室内的压力，同时根据需要调节制冷阀保证角膜冻干过程中所需要的热量供给，在干燥初期，不需开启加热器，此阶段角膜干燥所需要的热量靠外部传入即可得到满足；当冻干室内温度

达到 0℃时，开启加热器供给热量，但保证冻干室的温度不超过 9℃。冻干结束，对冻干角膜进行充氮包装。

图 26-100　角膜在磨口玻璃瓶中的放置方式

由于角膜细胞很脆弱，在冻干过程中极易受到干燥应力、机械应力的损伤，冻干过程中低压时间过长或细胞膜内外压差过大，都会大大降低冻干角膜的成活率。变幅值、变周期的循环压力法应用于角膜的冻干，有利于角膜活性的提高。压力-时间关系曲线见图 26-101。角膜的冻干工艺曲线如图 26-102。

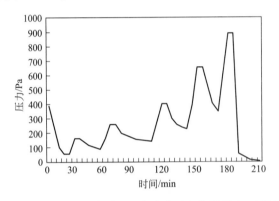

图 26-101　变幅值、变周期循环压力法冻干兔角膜压力-时间关系曲线

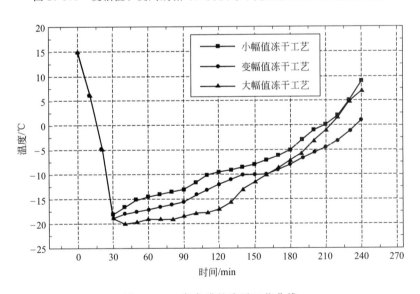

图 26-102　兔角膜的冻干工艺曲线

图 26-103、图 26-104 分别为按上述工艺冻干角膜透射电镜检测结果、扫描电镜检测结果。从图 26-103、图 26-104 可以看出，冻干角膜的内皮细胞间连接紧密，细胞轮廓接近于六边形。细胞膜完整，细胞核膜完整，内皮细胞层与后弹力层连接紧密。

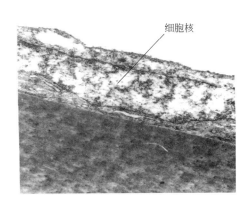

图 26-103 按变幅值循环压力法冻干兔
角膜透射电镜照片

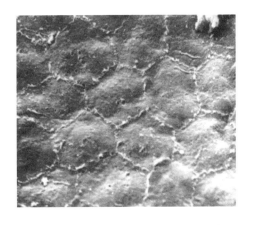

图 26-104 按变幅值循环压力法冻干兔
角膜扫描电镜照片

26.4.2 药用材料的冻干工艺

26.4.2.1 概述

为了制剂或进一步加工的需要，大部分药用材料或药用原料都要经过干燥这一重要的加工过程。药用材料及原料的干燥，除了与其他物料的干燥一样要求较彻底地除去水分，便于长期保存及运输以外，还要求干燥过程中不造成药材污染和成分损失及不发生不利于制药的变化。与传统干燥方法相比，药用材料及其原料的冷冻真空干燥具有非常突出的优点：首先，冷冻真空干燥是在低温下干燥，能使被干燥药用材料或原料中的热敏性物质被保留下来，而这些热敏性物质可能恰恰是发挥药效的关键性物质，能使药材发挥最大的作用；其次，冷冻真空干燥是在低压下干燥，被干燥药材不易氧化变质，同时能因缺氧而灭菌或抑制某些细菌的活力，保证药品的安全性并可能更大程度地延长药用材料及原料的贮存保质期；再次，冷冻真空干燥是在保证物料冻结的前提下物料被真空干燥，冻结时被干燥的药用材料及原料可形成"骨架"式结构，干燥后能保持原形，形成多孔结构，能保持药材颜色基本不变，而且复水时，由于多孔机构的存在，冻干药材可迅速吸水还原成冻干前的状态，这将可能使药材的进一步加工变得更为方便或更有利于药效的发挥。为此，经冷冻真空干燥的药用材料及原料可能完全不同于传统加工技术处理的药材的化学成分、物理性状和生物功能等，这或许将彻底颠覆传统干燥技术加工的药材的制剂方法、贮存及运输方式、药理作用以及评价标准，甚至需要改变传统药剂的配方、配比。所以药用材料及原料冻干有值得研究的问题，也有被广泛看好的应用前景。

目前对药用材料及其原料的冻干研究包括：注射用丹参、双黄连、艾迪、复方参芍、天麻、金银花、白术、连花粉针剂、林蛙油、通脉粉针剂、生脉饮颗粒剂、人参、山药、螺旋藻、冬虫夏草、鹿茸以及各种脂质体等[58]。

与其他物料的冷冻干燥一样，药用材料的冻干也存在设备昂贵、生产成本较高的现象。但是随着冷冻真空干燥技术水平的提高，设备的日益完善及国产化，药用材料冻干的生产成本也在逐渐降低，而其产品的高品质所附带的高价值也得到了市场的认可。在国际市场上，冻干中药的价格比传统干燥产品要高 4 倍左右。1998 年，我国冷冻真空干燥的东北吉林人参售价高达 6000～6500 美元/t，仅日本进口就达 5000t[58]。

26.4.2.2　人参的冻干

对于经常服用人参的人来说，人参的贮藏方法是个难题。因人参含有较多的糖类，容易受潮，久放易生霉变和虫蛀，从而影响其药用价值，给食者带来诸多的麻烦。因此，科学地贮藏人参十分重要。

传统加工方法干燥的人参，药效受到影响，外观不好。红参用水蒸气蒸煮，人参中的挥发性物质——人参萜烯类等有 70% 挥发掉。用冷冻真空干燥技术干燥人参，可使人参中的人参萜烯等挥发性成分不受损失，从而保全人参的全部有效成分。采用冷冻真空干燥方法加工人参，其成品参不仅形、色、气味优于生晒参和红参，而且可使生物性状和组织中内含物保持完整，有效成分含量高，因此，冷冻真空干燥法加工的人参有"活性参"之称。东北大学徐成海教授等开展了人参冷冻干燥研究[75]。

（1）人参冻干前处理及共晶点和热导率测定

在人参冻干前，将人参洗净、整形，选直径相当的人参，在人参上排银针。实验表明，这样处理的人参干燥彻底，外形美观，干燥时间短，节省能源。用电阻法测定人参的共晶点，其电阻随温度变化曲线如图 26-105 所示。根据图中曲线，取人参的共晶点温度为 $-15\sim-10℃$。从冻干人参横切面的结构看，人参呈蜂窝状发散性空隙结构，属于多孔微隙物质，采用平板稳态导热方法测量其热导率。经测试和计算得人参的热导率为 0.041W/（m·K）。

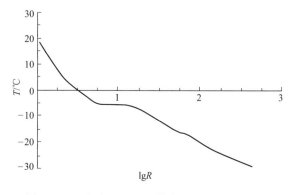

图 26-105　人参电阻（R 单位为 MΩ）-温度曲线

（2）预冻

根据测量得到人参共晶点温度为 $-15℃$，搁板温度控制在 $-25\sim0℃$。实验证明，当温度高于此值时，冻干人参的表面有鼓泡、抽沟、收缩等不可逆现象。预冻时间与人参直径大小有关，与冻干机性能有关。实验中选用的是直径 30mm 左右六年生圆参，使用自制 ZLG-1 型冻干机，经多次实验观察，将人参从室温（约为 15℃）降到 $-20℃$ 左右，人参的预冻时间为 $3\sim4h$，效果较好。

（3）升华干燥

人参在升华干燥过程中，由于需要不断补充升华潜热，在保持升华界面温度低于共晶点温度的条件下，不断供给热量。随着干燥层的增厚、热阻增加，供的热量也应有所增加。这时应注意人参已冻干部分的温度必须低于人参的崩解温度，否则，产品将会熔化报废。实验认为人参的崩解温度在 $+50℃$ 左右。

人参的升华干燥时间受许多因素的影响，是一个传热、传质同时进行的复杂过程。在此过程中，传热处于控制地位。人参大体为圆柱形，其冻干过程的状态模型参见 26.2.2.1 节

（2）圆柱坐标系下的模型。

以直径为 39mm 的六年参为例，计算可得升华干燥时间 t 约为 19.2h，经实验测得，升华干燥时间为 20~22h 比较合适。

（4）解吸干燥

在升华干燥结束后，人参内部的毛细管壁还吸附了一部分水，这些水分是没冻结的，这些吸附水的吸附能量高，如果不给予足够的热量，它们不能解吸出来，因此这个阶段的物料温度应足够高，人参的解吸干燥最高温度是 50℃。为使水蒸气有足够的推动力逸出，应在人参内外形成较大的压差。因此，这阶段箱内应该有较高真空度。解吸干燥时间控制在 8h 左右较好。

（5）后处理

干燥结束后，应立即进行充氮或真空包装，因干燥后的人参吸水性强，应防止产品吸潮而变质。

根据以上的分析、计算、实验，得出人参冷冻真空干燥的工艺曲线如图 26-106 所示。

采用冷冻真空干燥技术加工的活性人参，经鉴定，活性参无论在质量和外形上都优于用传统方法加工的红参、生晒参、糖参等制品。在低温条件下加工而成的活性参，其组织细胞内含物保留较完整，可利用度较高。将活性参用低浓度醇白酒或蒸馏水浸泡，待具活性的细胞吸收水分后，可恢复鲜参状。由于活性参是在冷冻真空低温条件下脱水干燥的，鲜参所含酶未遭破坏，服用后易于消化吸收，可发挥更大的药效。采用冷冻真空干燥加工的活性参与烘干参成分对比见表 26-14。

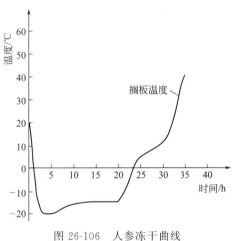

图 26-106　人参冻干曲线

表 26-14　活性参与烘干参成分对比[76]

加工参种类	人参总皂苷含量/%	氨基酸总量/%	挥发油/%	酶活性淀粉水解成麦芽糖 /（mg/5min）
烘干参	3.82	6.2353	0.046	6.78
活性参	3.96	6.7046	0.063	7.21

26.4.2.3　鹿茸的冻干

鹿茸系梅花鹿或马鹿雄鹿未骨化的幼角。鹿茸是中药材的珍贵品种，每年在国际上单项贸易量很大，其中我国鹿茸出口占据重要地位。由于野生鹿是法定保护动物，所以，食用和药用的鹿产品都来自人工养殖鹿。仅在我国东北地区，干燥鹿茸年产量就有几百吨。20世纪 80 年代末期国际鹿茸市场形成，我国已为鹿茸出口做好了有效准备，一路领先，无竞争对手出现。到了 21 世纪初，国际市场竞争激烈，新西兰、加拿大、俄罗斯的鹿茸成为赢家。我国鹿茸失利的一个重要原因是产品结构存在老化，加工水平较低，因而削弱了竞争力[58]。

鹿茸内含丰富的蛋白质、糖分及其他营养成分，贮存稍有不慎，极易发生虫蛀、霉烂和变质，轻则降低药效，重则失去药用价值。因此必须妥善处理和贮存。没有干透或是受了潮的鹿茸，会受虫蛀，使质地变轻，残缺不全。干燥后的鹿茸有利于保存、运输和利用。鹿茸加工的主要目的是脱水、干燥、防腐、消毒、保形、保色，提高质量，利于保存。长期以来，我国鹿茸加工一直采用沸水焯煮和高温烘烤技术，一般需要20～30d甚至更长的加工时间，还易造成茸内有效成分活性物质遭到不同程度的流失和破坏，使产品质量下降，常常出现破皮、空头、酸败、焦化、腐败变质等缺陷，影响药效，造成重大经济损失，影响我国鹿茸产品在国际市场上的竞争力[58]。

研究表明，冻干鹿茸中营养成分含量和活性均好于传统方法加工的鹿茸。和传统的加工方法相比，冻干加工提高了鹿茸有效药用成分的含量，冻干茸具有更高的经济和药用价值，因此鹿茸冻干技术的完善和推广就显得十分迫切了。沈阳大学刘军教授和东北大学张世伟教授选用辽宁省铁岭市西丰县养殖梅花鹿的鲜鹿茸，进行了鹿茸冷冻干燥工艺的研究[77]。

（1）鹿茸含水量和共晶点测量

为了防止鹿茸中的血水等成分流失，保证实验数据的准确性，鹿茸被锯下来后，经过简单的封口处理即放入冰箱中冷冻保存，测量时样品的制备是在鹿茸冻结的情况下进行的。

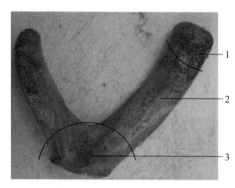

图 26-107 鹿茸的部位分区
1—顶部；2—中段；3—根部

① 鹿茸含水量测量 鹿茸的不同部位（顶部、中段、根部，见图 26-107）具有不同的组织结构、生物成分和药用价值，鹿茸的外部皮层组织与其内质组织也有很大差别，而且皮层组织是干燥过程中脱水阻力的主要来源，因此，实验中分别对皮层和内质的不同部分做了测量。

水分测量使用的是卤素水分测量仪（MB45，OHAUS Ltd. USA），设定的最终加热温度为80℃。水分测量结果见表 26-15。实验数据表明，水分在一只鹿茸内部的分布是不均匀的。比如，鹿茸皮层含水率明显低于其内质部分。内质部分除了根部的含水率与其骨化程度有关以外，中段和顶部的平均含水率与该段组织结构、含血量有直接关系。不同形状和尺度的鹿茸，其平均含水率也有明显差别。

表 26-15 鹿茸不同部位的含水量

鹿茸的部位		含水量%
内质	顶部	74.02～77.85
	中段	73.41～76.36
	根部	69.98～72.11
皮层		68.81～71.02

② 共晶（熔）点温度测量 共晶（熔）点测量采用了两种方法：电阻温度曲线法和差式扫描量热仪法（DSC -Q100，TA，USA）。鹿茸共晶点温度测量的差式扫描量热仪法，使用专业软件（Universal Analysis，TA，USA）处理测量的数据，得到热流-温度曲线，见图 26-108。由图 26-108 中曲线可知，鹿茸共晶点温度在－18～－12℃之间，确定平均值为－15℃；而共熔点温度确定为－13℃。以上两种测量方法得到的结果基本吻合。

根据实际需求分别开展了切片茸和整枝茸的冻干实验，很明显，切片茸的冻干节能省时，适用于直接用户；而整枝茸冻干更适合于商业化产品。冻干实验在 GLZ-0.4 冻干机中进行。鉴于在过高和过低的温度下，蛋白质容易变性，酶可能失活，在冻干过程中限定了较低的升温速率，并确定干燥工艺中物料的温度不低于－25℃、不高于45℃。

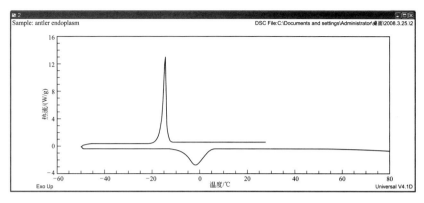

图 26-108　鹿茸共晶（熔）点 DSC 测量的热流-温度曲线

（2）切片鹿茸冻干工艺

切片鹿茸冻干的工艺流程包括：鲜茸清洗→切片装盘称重→预冻结→真空冷冻干燥→真空包装。

首先将鲜茸清洗。清洗时注意要将鲜茸锯口向上，用柔软的毛刷蘸温碱水（40℃）反复刷洗，再用清温水刷洗 2 次，最后用灭菌纱布擦干。清洗后将鹿茸切成厚度约为 4mm 的薄片，放入灭菌干燥的玻璃器皿中，对其进行称重。称重后的鹿茸片平铺在钢制方盘中，并送入冻干室置于搁板上。

由于鹿茸的共晶点温度为－15℃，而搁板与物料间的温度差为 10～15℃，所以搁板的温度被设定为－30℃。冻结阶段耗时 1.5h，冻结的鹿茸片的温度约为－25℃。鹿茸的预冻结完成后，给冻干机的捕水器制冷。当捕水器的温度降低到－40℃后，开启真空泵。当冻干室的压力降低到 40Pa 时，为搁板加热。此后，搁板的温度分段升高并保持一段时间，由冻干机按设定温度自动控制。具体温度与时间的关系见图 26-109 中的冻干曲线。当物料的温度持续升高，并接近搁板最终温度 45℃时，认为达到了冻干终点。此时关闭冻干室与冷阱之间的阀门一段时间，观察冻干室的压力。若压力不再明显变化，则可以进一步证实冻干终点的达到。达到冻干终点后，为冻干室放气，开启箱门，取出干燥的鹿茸片，并称重和计算脱水率。顶部和中段鹿茸的脱水率分别为 81.5% 和 73.5%。经测量，冻干后鹿茸片的含水率约为 2%。将冻干后的鹿茸片真空包装，防止回潮。真空包装的鹿茸片在常温下存放 3 年，没有变质。

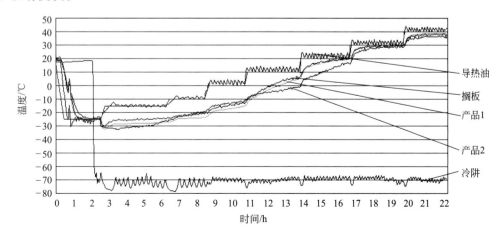

图 26-109　鹿茸片的冻干曲线

（3）整枝鹿茸的冻干

整枝鹿茸的冻干是在 LGS-2 型冻干机上进行的。其工艺路线包括：鲜茸清洗→整支称重→预冻结→真空冷冻干燥→真空包装。

选择品相好而且适度尺寸的整枝鹿茸并用软毛刷将其刷洗。考虑到整枝鹿茸冻干过程中，脱水阻力主要来自鹿茸的皮层，所以在冻结的鹿茸顶部及中间段用钢针扎孔。孔深大于 2mm，孔距约 1cm，控制孔径小于 0.5mm 以防止影响产品的外观。经预处理后的鹿茸放回冰箱中冻结备用。

在冻干室的搁板上放置一个底面有绝热层保护的电子秤，并在电子秤盘的上表面铺一层竹片。当搁板的温度低于 -30℃ 时，将冻结的鹿茸摆放在竹片上，防止鹿茸与任何金属件接触。冷阱温度低于 -40℃ 时，开启真空泵，使冻干室的压力降低至 20~40Pa。冻干过程中，鹿茸的受热主要来自其上层搁板的热辐射。为防止鹿茸过热致使营养成分变质、失活和防止鹿茸内部的熔化，严格控制了搁板的温度。搁板的温度以每 3.5h 升高 10℃ 的速率，由 -30℃ 升高到 80℃。由于在物料下面垫加了具有隔热作用的竹片，所以鹿茸的温度始终未高于 45℃。在此期间，为强化传热，当压力低于 10Pa 时，采用了循环压力法。循环周期内，压力升幅为 40~50Pa，保持 10~15min。共进行了约 10 个循环周期。冻干终点的判断是称重法。当电子秤的读数在 30min 内的变化值小于 1g 时，冻干终止。总的冻干时间为 40~60h，整枝鹿茸的脱水率为 50%~60%，因鹿茸的品种、成熟程度，贮存时间以及物理因素而各异。

（4）冻干鹿茸性质检测及对比

将同时采自同一只梅花鹿上的两枝鹿茸分别进行冷冻真空干燥和传统的煮炸、热风相结合干燥，分别得到两个干燥样品，依次标记为样品 FD（冻干）和样品 TD（传统干燥）。二者用紫外分光光度计对样品中蛋白质含量、用氨基酸自动检测仪对样品中氨基酸含量进行定量分析的结果见表 26-16。

表 26-16　两种干燥鹿茸样品化学成分检测数据

成分	含量/%		成分	含量/%	
	样品 FD	样品 TD		样品 FD	样品 TD
水溶性蛋白质	19.27	12.49	丙氨酸	3.79	1.78
醇溶性蛋白质	4.17	4.59	亮氨酸	3.36	1.46
甘氨酸	8.00	4.18	丝氨酸	2.59	1.33
精氨酸	5.56	4.03	酪氨酸	2.53	1.12
谷氨酸	4.89	3.18	苯丙氨酸	1.77	0.54
脯氨酸	4.17	3.18	苏氨酸	1.14	0.61
天门冬氨酸	4.08	3.01	异亮氨酸	0.82	0.38
赖氨酸	4.01	2.15	组氨酸	0.71	0.35
缬氨酸	3.91	1.97			

从外观上看，样品 FD 的内质部分颜色是乳白的，组织结构密实且均匀。样品 TD 的内质部分是棕黄色的，有明显的孔隙和黑色的凝血点。对样品 FD 和 TD 的切片用生物显微镜（AP300，MoticLtd.）进行了显微观察，图 26-110 是样品 FD、TD 相同放大倍数的显微图像照片，图中标尺长度为 507。图像显示，样品 FD 的内质是均匀的，没有明显的大孔隙，而样品 TD 的内质是多孔结构，孔的尺度为 100~500，且有许多凝血块（图中深色的小点，

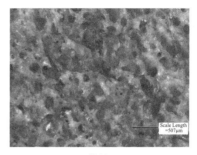

(a) 样品FD   (b) 样品TD

图 26-110　样品 FD 和样品 TD 显微照片

尺寸约为几十微米）。

　　通过显微观察和成分分析可知，冻干鹿茸与传统方法干燥的鹿茸在物理形貌和化学成分上均有明显差异，在常规观测和分析项目中前者优于后者。需要指出的是，冻干鹿茸的化学构成及生物活性可能与传统干燥鹿茸之间有较大差异，所以应该开展冻干鹿茸新成分的生物化学分析和药理实验，并重新研究冻干鹿茸的药理作用、药用方案（用法、用量）和评价标准。比如，冻干鹿茸中的生物酶仍可能保持着较高的活性，所以在贮藏方法、保质期限、使用方法上应予以重新考虑。

26.4.3　食品的冻干工艺

　　食品冻干与其他食品加工相比，具有许多独特的优点：

　　第一，食品是在真空且低温条件下干燥，食品不会发生氧化变质，并且因缺氧和冷冻会杀灭一些细菌或抑制某些细菌的活力；

　　第二，食品在低温下干燥，使食品中的热敏成分能保留下来，可以最大限度地保存食品成分、味道；

　　第三，食品在冻结时能形成稳定的形状，干燥后能保持食品原有形状；

　　第四，食品在干燥过程中，由于内部冰晶升华，留下许多微孔结构，因而冻干食品可以迅速吸水复原，即复水性好，且复水速度快，多数在几秒至几十秒钟即可完成，复水后其品质与鲜品的形状、颜色、外观质地基本相同；

　　第五，冻干食品脱水彻底，重量轻，适合长途运输和长期保存，无须防腐剂，在常温下保质期多者可达三至五年。

26.4.3.1　库尔勒香梨冻干

　　香梨分布于天山南麓，以库尔勒所产为最佳。香梨肉白质细，脆甜渣少，汁液特多，香气浓郁。果实含有果糖、葡萄糖、蔗糖等，总糖含量为 10.04%，含酸 0.033%，含灰分 0.12%，每百克含维生素 C 4.4mg，含水量为 85.5%，可食部分占 83.6%[78]。

　　香梨在贮藏期间，因贮存温度较高或二氧化碳浓度过高等原因，易发生黑心病。库尔勒香梨的冻干，可以延长其保质期，减轻重量，便于运输。东北大学张茜[79]进行了香梨冷冻干燥的研究。

　　（1）香梨冻干前处理及物理量测定

　　香梨的前处理工序是挑选质量较好、成熟度一致的香梨，先清洗，待沥干后去皮、去核，称重，测水分含量，再切成厚度一致的薄片，然后直接铺在托盘上。

库尔勒香梨的含水量用由 OHAUS 公司生产的 MB45 卤素水分测定仪测量。香梨的含水量经过仪器多次测量取平均值，香梨的含水量为 87%。

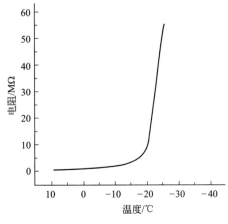

图 26-111　香梨共晶点测量的
电阻-温度关系曲线

采用电阻法测量物料的共晶点。用 DT98 系列数字万用表作电阻计，热电偶作测温元件，冷冻在冻干机的冻干室中完成。在测定过程中，为防止直流电通入使物料局部熔化，应使两电极柱间距大一些，并且测量过程尽量间断进行，缩短测量时间。−5℃时用万用表测物料电阻值，以后每降 1℃测一次阻值，直到电阻变得无穷大为止，重复操作数次然后取平均值。香梨电阻随温度变化曲线如图 26-111 所示。

由图 26-111 可知，香梨的共晶区为 −23～ −17℃，取香梨的共晶点温度为 −20℃，为验证测定的准确性，将香梨速冻至 −20℃ 并保温 2h，剖分香梨后，证明其内部已完全冻透。从热力学数据表查知共晶区下限 −23℃ 下水的饱和蒸气压为 77.31Pa，即在高于此真空度条件下可以直接升华除去水分，实际操作中干燥箱压强控制在低于 75Pa。

用电阻法测定香梨共熔点。先将物料冷冻至 −30℃，然后开始升温，并测其电阻值，见图 26-112。可知香梨的共熔点为 −15℃，所以升华时物料冰晶的温度不能超过此温度。

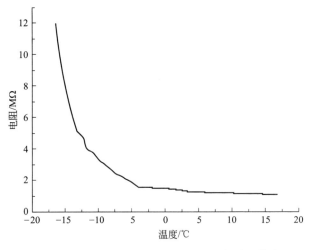

图 26-112　香梨共熔点测量的电阻-温度关系曲线

（2）冻干香梨片厚度对冻干的影响

香梨片厚度的确定是在装料量和冻干时间之间取得平衡。理论上讲，物料厚度越薄，越有利于冻干过程的进行，所需时间越短，但一次产量也越低。实验中对厚度分别为 2mm、4mm 和 6mm 的香梨片进行冻干实验研究，不同厚度物料的冻干实时曲线如图 26-113，所需时间如表 26-17。比较而言，由于升华和解吸干燥时间基本与厚度成正比，辅助时间基本相同，所以厚度 6mm 梨片的生产效率最高。但厚度增大使工艺过程控制的难度增大，制品质量不易保证；同时，香梨实际尺寸的大小决定了切割制取 6mm 厚梨片的成品产出率远低于 4mm。因此，采用 4mm 厚梨片的冻干工艺更切合生产实际。

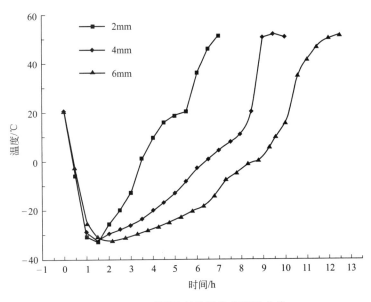

图 26-113   不同厚度香梨片的冻干曲线

表 26-17   香梨物料厚度对冻干时间的影响

厚度/mm	预冻速率/(℃/min)	升华时间/h	解吸时间/h	复水率/%
2	1.2	4.5	1.5	80.3
4	0.9	7.5	2	87.5
6	0.7	10.5	2.5	75.3

（3）香梨片冻结

香梨片冻结有速冻和缓冻两种方式。速冻方式是首先将搁板和空托盘经 0.5h 降温至－35℃，再将香梨片快速铺入托盘内，1h 后搁板温度达－37℃，梨片温度为－35℃。缓冻方式是将香梨片及托盘在常温下放入冻干箱内，控制搁板降温速率在 1～2℃/min，待 1.5h 后搁板温度达－36℃，梨片温度为－28℃。两种冻结方法后，均进行正常的升华和解吸干燥，并对冻干制品进行品质检测。

利用 Motic AE31 型号的倒置生物显微镜，对冻干后的制品进行切片显微观测，发现速冻香梨片的显微孔径大多在 5～8μm 左右，而缓冻香梨片的显微孔径大多在 9～12μm 左右，参见图 26-114。从而直接说明了速冻使梨片内产生的冰晶较小，孔道细小曲折，因此也使

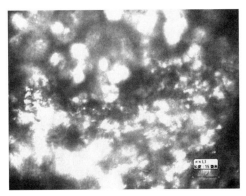

(a) 速冻   (b) 缓冻

图 26-114   冻干香梨片的显微镜观测图像

升华干燥速度慢、时间长，而且复水效果也差些。表 26-18 对比了两种冻结方式对冻干时间和制品质量的影响。

表 26-18　冻结方式对冻干时间和制品质量的影响

冻结方式	升华时间/h	复水比/%	外观	显微孔径/μm
速冻	8.5	80.2	黄色、不酥脆	5～8
缓冻	7.5	87.5	浅黄、酥脆	9～12

冻结最终温度常以物料的共晶点作依据，已测得香梨片的共晶点温度为 −20℃，冻结的最终温度应比共晶点低 5～10℃，但搁板和物料的温度相差约 10～15℃，所以冻结的最终温度为 −35～−30℃。将厚 4 mm 的香梨片放入托盘内，分别在 −30℃、−32℃和 −35℃下预冻，当冷阱温度为 −40℃时，抽真空至绝对压力为 10Pa，并在 20～60Pa 范围内进行干燥。研究发现 −35℃下预冻时间最短，−30℃下干燥时间最长，而且 −35℃下预冻冻结干燥后的香梨片复水率最大，见表 26-19。所以 −35℃为相对较好的冻结最终温度。三种冻结温度的冻干曲线如图 26-115 所示。

表 26-19　预冻结最终温度对冻结时间和复水率的影响

冻结温度/℃	−30	−32	−35
冻结时间/h	2.5	2	1.5
复水率/%	80.6	83.1	87.5

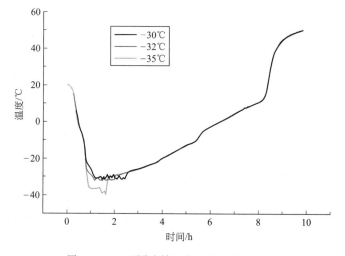

图 26-115　不同冻结温度的香梨冻干曲线

由图 26-115 可知，当其他条件相同，只是冷冻物料的冻结最终温度不同时，对干燥过程的影响很小，可以忽略。原因是物料刚开始干燥时，物料的表面即界面，此时的传质阻力小，传质速率大，物料中冰升华所需热量除一部分来自加热板外，自身的降温也提供一部分热量。不论初始温度的大小，均在很短的时间内使界面温度趋于相同。

所以香梨片冻结工艺确定为：先将装有香梨片的托盘放置到冻干箱内的搁板上，设定搁板温度为 −35℃。装入物料后，制冷约 1.5h 后测得的香梨片的温度为 −30℃，这时物料已经完全冻透，预冻阶段结束，预冻时间共为 1.5h。

（4）冻结香梨片升华干燥

香梨在冻干箱内已达到预冻温度后，制冷机停止对冻干箱制冷，开始对冷阱制冷，在

3～5min 内冷阱温度降至 -40℃，这时启动真空泵抽真空，当冻干箱内真空度达到 40Pa 时，系统对搁板加热，升华干燥阶段开始。主要采用辐射和热传导两种方式对物料供热，通过调节辐射板和导热板的温度来调节加热量。

加热板温度的控制是关键因素，如控制不当，将会使产品出现熔化、冒泡、崩解等现象。原则上应使升华温度低于其冰晶体刚出现熔化的温度，也就是低于香梨的共熔点温度。因此，在 20℃、25℃和 30℃三个搁板温度对香梨片进行升华干燥实验，30℃时升华香梨片开始出现褐变并明显萎缩；20℃和 25℃时升华香梨片都表现为正常的浅黄色，但 25℃升华时制品的复水率太低（见表 26-20），所以取升华温度为 20℃。实验过程中发现，真空度一直很低，这说明加热的速度太快，冰大量升华，超过了冷阱的捕水能力。所以分三个阶段对搁板加热，先在 30min 内升至 0℃恒温 2h，当物料温度接近搁板温度时，继续对搁板加热，在 30min 内升至 10℃恒温 1.5h，当物料温度再次接近搁板温度时，再继续对搁板升温，在 30min 内升至 20℃恒温 2.5h。

表 26-20　香梨片升华温度对冻干时间和复水率的影响

搁板温度/℃	20	25	30
冻干时间/h	7.5	8	8.5
复水率/%	87.5	79.1	56.8

为了缩短升华干燥的时间，可采用循环压力法，真空度控制在 20～60Pa，除去物料 97.5% 的水分的升华干燥时间共为 7.5h。

（5）香梨片解吸干燥

解吸温度及时间的确定，直接影响物料的最终含水量，所受限制是物料的最高耐热温度而不是熔化问题。在真空度保持 30Pa 不变的条件下，进行 50～70℃的解吸干燥试验。实验结果列于表 26-21。在样品温度达到 55℃时，香梨片表面就有少量硬结小块，局部颜色变深，造成品质下降。为保证产品质量，在解吸干燥阶段搁板温度不要超 55℃，香梨片温度不要超过 50℃，真空度保持 30Pa 不变。当物料温度接近加热搁板的温度时，冻干结束，解吸时间为 2h。

表 26-21　香梨片解吸温度对冻干时间的影响

温度/℃	50	55	60	70
解吸干燥时间/h	2	2	1.5	1
复水率/%	87.5	82.3	56.5	53.1
外观（颜色、形状）	浅黄、酥脆	黄、有硬块	褐变、变形	褐变、变形

当加热板温度较低时，由于热通量较小，物料的底部温度及界面温度都很低，与物料的共熔点温度有一定差距。当界面温度很低时，传质推动力小，使干燥时间增长。此时，提高加热板温度增加热通量，物料的界面温度上升，传质推动力提高，加快了水蒸气的逸出速度，因此，干燥时间有所减少。但是，在升华阶段后期，界面温度已接近物料的共熔点。如果再提高加热板温度强化热量的输入，实验中发现，物料底部"气垫区"略微熔化，造成产品质量下降。同时实验中还发现，进一步提高加热板温度，会造成物料收缩变形，脱离加热板，造成物料与底部接触不好，传热不均匀，对缩短冻干时间没有实质性影响。香梨片冻干曲线如图 26-116 所示。

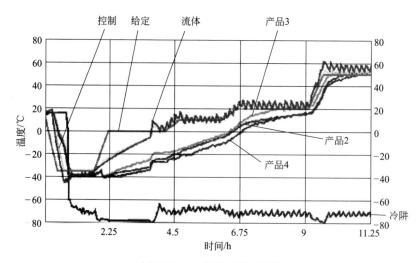

图 26-116　香梨片冻干曲线

（6）循环压力法对冻干时间的影响

实验中将厚 4mm 的香梨片放入托盘中，分别在真空度为 20～60Pa、30～70Pa 和 4～80Pa 的范围内干燥，研究发现 20～60Pa 时干燥时间最短，干燥的效果最好，复水时间最短，所以实际生产中应采用的干燥室循环压力为 20～60Pa。从实验中还可以看出，利用循环压力法进行冻干与利用恒压方法进行冻干相比，升华时间有明显的缩短，大约缩短了 1/3 左右（见表 26-22）。图 26-117 显示不同的恒定压力和循环压力下制品内部的温度变化，曲线显示温度随循环压力的波动而波动，由此可见样品内部的温度场以及升华界面处的水蒸气压力也是循环波动的，曲线还呈现在高压阶段温度下降，低压阶段温度上升的变化趋势。实

表 26-22　循环压力法与恒压方法比较

冻干方法	预冻速率/(℃/min)	升华压力/Pa	升华时间/h	解吸时间/h	复水率/%
循环压力法	0.9	20～60	7.5	2	87.5
恒压方法	0.9	45	10	2.5	85.2

注：冻干物料为库尔勒香梨，厚 4mm。

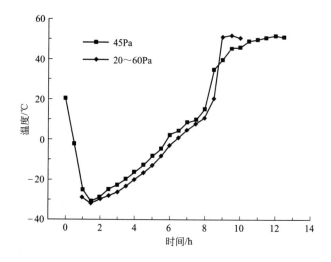

图 26-117　不同压力下香梨片的冻干曲线

验结果充分说明采用循环压力对于冻干香梨是提高冻干速率，缩短干燥时间，减少电耗，降低冻干生产成本的有效手段。

（7）冻干香梨片后处理及性质

冻干后香梨片极易吸潮，一夜之间就回潮了，冻干后的香梨片放在磨口玻璃瓶中，瓶中放入袋装干燥剂后存放，效果也不好，香梨片仍有不同程度的回潮。吸潮后的香梨片能攥成团，压成块，容易变质。因此，冻干香梨片的贮运价值与冻干后处理密切相关。当香梨片完全冻干时，真空封装后存放，效果很好，大约可以存放 30 天。

冻干水果的复水性是衡量其品质的重要指标之一。复水是将冻干香梨片浸泡在恒温的水中。表 26-23 数据表明：水温低，则复水时间长；水温高，香梨片表面褐变严重，发生糊化。在 50℃ 左右的温水中，香梨片的复水效果最好。冻干香梨片与热风干燥香梨片的复水性对比（见表 26-24）：冻干香梨片的复水时间短，仅需 10min，而热风干燥则需要 1h，冻干香梨片复水性强，能吸收冻干样品质量 6 倍多的水，而热风干燥只能吸收本身质量 2 倍多的水。

表 26-23 冻干香梨片的复水率

水温/℃	复水时间/min	复水率/%	持水能力/%
25	35	79.8	48.7
50	10	87.5	55.9
75	5	85.3	52.6

表 26-24 冻干香梨片与热风干燥香梨片的复水性对比

加工方式	香梨片质量(干基)$G_干$/g	复水时间/min	复水香梨片的质量 $G_复$/g	复水率
冻干	5	10	4.98	99.6%
热风干燥	5	20	1.78	35.6%

冻干香梨片的感观评定见表 26-25。

表 26-25 冻干香梨片的感观评定

颜色	外形	组织	口感	风味
浅黄	饱满	疏松	酥脆	香梨原有风味

成分检测：

① 重金属元素含量。铜（Cu）检不出；铁（Fe）检不出；锰（Mn）检不出；砷（Sn）<0.1mg/kg；汞（Hg）<0.01mg/kg；铅（Pb）<0.1mg/kg。

② 矿物质含量。镁（Mg）>60mg/kg；钾（K）>510mg/kg；钠（Na）>80mg/kg；钙（Ca）>80mg/kg；磷（P）>140mg/kg；硫（S）>6mg/kg；硅（Si）>30mg/kg。

③ 微生物含量。细菌总数<100 个/mg；大肠菌数<6 个/mg；致病菌检不出。

④ 水分含量。冻干香梨片的水分含量不高于 4%，平均为 2%。

26.4.3.2 海参冻干工艺

海参营养成分丰富，蛋白质含量高，富含人体所需的各种氨基酸及微量元素。然而海参遇到空气快速氧化，6h 后就会失去原貌，因此，海参的深加工变得异常重要。传统的干海参加工方法导致水溶性及热敏性等营养活性物质损失太大，水发时间长，食用不便。西安工业大学的彭润玲博士[80]对新鲜海参冻干进行了详细研究。实验中使用的是辽宁大连的鲜活刺海参。

（1）冻干样品的制备及物理量的测定

将鲜活海参取出内脏清洗干净后，进行了 5 种前处理，分别为：

① 样品 1，鲜海参。

② 样品 2，海参清水煮，小火慢煮到水温达 60℃。

③ 样品 3，海参清水煮开后，再煮 30min，然后水发。

④ 样品 4，海参在 CDEB-23 多功能食品粉碎机中以 3×10^4 r/min 打浆，再往海参浆中加入等质量的水，形成海参浆液。

⑤ 样品 5，煮海参汤液减压浓缩所得浓缩液。

首先用电阻测定法采用自制测量装置测定了海参的共晶点温度，鲜海参肉（含水量 86.27%）、海参浆液和海参浓缩液的共晶点依次为 -35℃、-25℃和-30℃。

（2）海参样品的冻结

海参的冻干实验是在 GLZ-0.4 冻干机上完成的。在冻结实验中进行了真空蒸发冻结。在不预冷的情况下，将常温的物料放入冻干箱内，直接抽真空冻结。图 26-118 为鲜海参肉（切成边长为 16mm 的小方块）、海参浆液和浓缩液（装于 ϕ60mm 培养皿，料厚 8mm）的真空蒸发冻结过程的温度曲线，真空度为 15Pa。实验发现鲜海参肉，采用真空蒸发无法实现自冻结，而海参浆液可实现真空自冻结，最低温度达-34℃；海参浓缩液也可实现真空自冻结，最低温度为-32℃，均低于其共晶点温度。

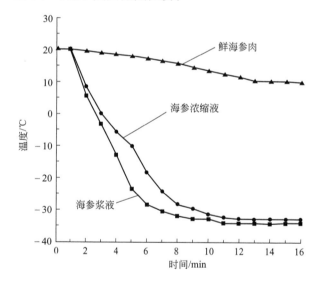

图 26-118　海参及其浆液真空蒸发冻结过程的温度曲线

海参打浆液厚度分别为 3mm、6mm、9mm、12mm、15mm 时，真空蒸发冻结过程中温度随时间的变化如图 26-119 所示，海参浆液厚度不仅影响降温速率，还影响其最终冻结温度。厚度太小，可冻结的最终温度高，厚度太大，不仅降温速率慢，可达到的最终冻结温度也高。通过对试验结果的统计分析可知，厚度约为 8mm 时，降温速率最快。

（3）样品的真空干燥

样品 1 用冰箱冻结到-40℃后放入冷冻干燥机中进行冻干，工艺如图 26-120 所示，冻干过程中海参内部温度随时间的变化曲线为 3，表面温度随时间的变化曲线为 4，二次干燥阶段搁板控制温度提高到 60℃，干燥 900min 后，结束干燥，干燥后含水率为 5.69%，达到生物材料冻干要求，但干燥总时间很长，为 3200min，若实际生产则干燥效率太低，成本太高。

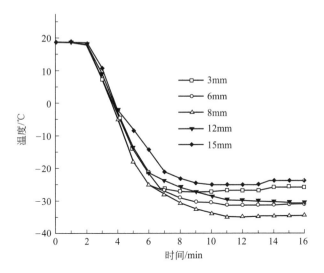

图 26-119　海参浆液厚度对真空蒸发冻结的影响

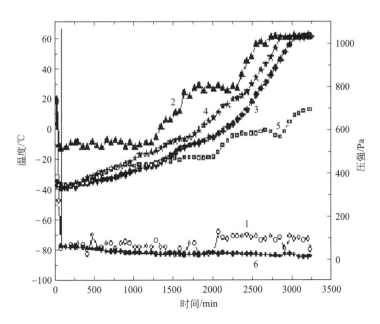

图 26-120　样品 1 冻干工艺

1—冷阱温度；2—搁板温度；3—海参内部温度；4—海参表面温度；

5—未吐肠海参表面温度；6—干燥箱压力

　　为采用辐射加热，样品 2 和样品 3 冰箱冻结到－40℃后，在 LGS-2 冷冻干燥机上进行冻干，冻干工艺如图 26-121 所示，二次干燥阶段搁板控制温度未超过 40℃。

　　样品 4 和 5 采用真空蒸发冻结，冻结速率快，形成冰晶小，有利于得到较小的粉体粒径，且比搁板和冰箱冻结耗时少，装料厚度为 8mm，采用真空蒸发冻结的冻干工艺如图 26-122 所示，二次干燥阶段搁板控制温度未超过 40℃，以最大限度保存海参各种活性物质。

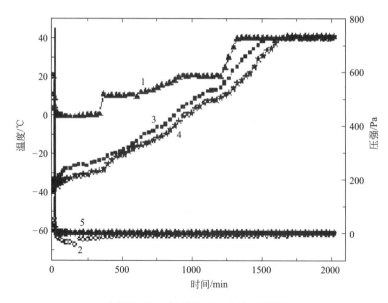

图 26-121 样品 2 和 3 的冻干工艺

1—搁板温度；2—冷阱温度；3—样品 3 内部温度；4—样品 2 内部温度；5—干燥箱压力

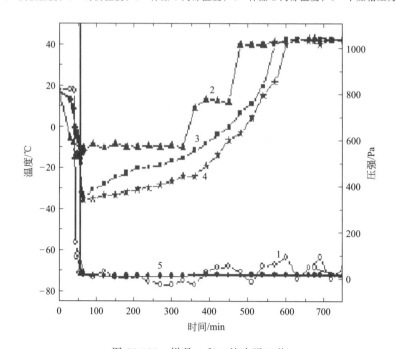

图 26-122 样品 4 和 5 的冻干工艺

1—冷阱温度；2—搁板温度；3—样品 4 内部温度；4—样品 5 内部温度；5—真空度

（4）冻干海参样品的性状分析

整个海参冻干后的感观、复水特性及口感是评价冻干质量的指标，因此对样品 1、2 和 3 整个海参冻干过程形态结构变化和冻干后复水性能进行了检测，结果如表 26-26 所示。

将冻干海参浸泡在 22℃的纯净水中，观察复水过程中海参形态的变化，检测结果列于表 26-27。

样品 3 和 2 不同之处是煮的温度高，且时间长，煮后体长缩小 56%，水发后，膨胀至活体海参的 56.7%，皮厚为 5.2mm，比样品 2 海参厚，刺明显，颜色较深，冻干后颜色为深灰色，冻干后收缩率为 8.8%，240min 复水后可恢复至冻干前状态，颜色为黑褐色，切口处无白茬，为奶黄色，口感好，无发棉、发渣感。

样品 4 和样品 5 海参冻干后为海参粉，其营养成分和粉体粒径是评价干燥质量的指标。因此对样品 4 和样品 5 海参检测了冻干后的营养成分和粉体粒径，检测结果见表 26-28。

表 26-26　海参冻干过程形态结构变化

样品	鲜海参体长/mm	煮后		水发后		冻干后		收缩率/%
		体长/mm	皮厚/mm	体长/mm	皮厚/mm	体长/mm	皮厚/mm	
1	148	—	—	—	—	140	1.2	5.4
2	155	90	4.5	—	—	87	4.0	5.52
3	150	66	4.0	85	5.2	81	4.6	8.8

表 26-27　冻干海参不同复水时间下的感观

复水时间/min	样品 1	样品 2	样品 3
60	有白茬，皮厚 1.2mm	有白茬，皮厚 4.1mm	白茬严重，皮厚 4.6mm
120	无白茬，皮厚 1.3mm	稍有白茬，皮厚 4.3mm	有白茬，皮厚 4.8mm
180	发棉，皮厚 1.3mm	无白茬，皮厚 4.5mm	无白茬，皮厚 5.0mm
220	发棉，皮厚 1.3mm	无白茬，皮厚 4.6mm	无白茬，皮厚 5.2mm

表 26-28　冻干后海参粉营养成分和粉体粒径

成分或粒径	样品 4	样品 5
水分/%	5.84	7.73
蛋白质/%	54.75	33.68
脂肪/%	2.37	1.93
灰分/%	27.01	50.28
总糖/%	6.05	4.18
平均粒径/μm	8	6

将海参打浆后冻干不仅完整保留了海参的营养活性，营养成分均衡合理，且可干燥成粒径较小的超细粉末，有利于人体的吸收。海参浆液和浓缩液冻干后粉体的扫描电镜照片如图 26-123 所示。

(a) 样品4　　　　　　　　　　　　　　(b) 样品5

图 26-123　海参粉扫描电镜照片

由海参浓缩液的检测结果可知，海参在用热水煮的过程中，会流失很多水溶性营养成分。将海参浓缩液冻干不仅保存了这些流失的营养成分，且可以做成粒径很小的海参粉。

26.4.4　制备纳米粉体的冻干工艺

真空冷冻干燥工艺制备的粉体颗粒细小且粒径均匀，是大家公认的。所以冷冻干燥技术在近 20 年常常被用于制备纳米级粉体。利用冻干技术制备纳米粉体时，根据造粒过程以及被冷冻对象形态的不同又可分为溶液法和溶胶法。

溶胶冻干法制备纳米粉体，其前驱体在溶剂中的分散是胶体颗粒级别的，所制备粉体颗粒的粒径主要受控于前驱体的化学制备，如前驱体的化学成分特点、制备前驱体时的温度、搅拌速度、pH 值、化学试剂滴加的速度和滴加的顺序、分散过程中分散保护剂的使用等多种因素及各种因素的协调作用。溶胶法制粉采用冻干工艺的主要目的是防止颗粒干燥过程中发生硬团聚。溶液冻干法制备粉体，其前驱体在溶剂中是分子级分散的，前驱体溶液是均匀连续相的，造粒过程发生在前驱体溶液冻结物的冷冻真空干燥过程。相比之下，溶液冻干法制备纳米粉体在保证产品化学组成、粉体颗粒细小均匀、工艺过程步骤少且影响因素少等方面优于溶胶冻干法，但溶液冻干法前驱体选择有限，需要进一步研究开发。

26.4.4.1　冻干法制备氧化铝纳米粉体

在纳米氧化铝材料中，由于极细的晶粒及大量的处于晶界和晶粒内缺陷中心的原子，因而纳米氧化铝在物理化学性能上表现出与常规氧化铝的巨大差异，具有奇特的性能。例如：常规氧化铝的烧结温度一般为 $2073\sim2173K$[81]，而纳米氧化铝在一定条件下烧结温度可降至 $1423\sim1773K$，致密度可达 99.7%。将纳米氧化铝粉体通过高压成型及致密化烧结可获得纳米氧化铝块体，在陶瓷基体中引入纳米氧化铝分散相并进行复合，不仅可大幅度提高其断裂强度和断裂韧性，明显改善其耐高温性能，而且也能提高材料的硬度、弹性模量和抗热震、抗高温蠕变等性能。纳米氧化铝由于具有高强度、高硬度、耐高温、抗磨损、耐腐蚀、抗氧化、绝缘性好、表面积大等优异的特性，在电子、化工、医药、精细陶瓷及航天航空等领域应用前景十分广阔[82]，且需求量呈现出日益增长的势头。

（1）冻干法制备氧化铝纳米粉体的工艺[83]

制备纳米氧化铝的原料选用的是无机盐硫酸铝、碳酸钙和醋酸，前驱体是次醋酸铝。制备次醋酸铝溶液的机理是：

$$Al_2(SO_4)_3 + 2CH_3COOH + 3CaCO_3 + H_2O \longrightarrow 3CaSO_4\downarrow + 2CH_3COO(OH)_2Al + 3CO_2\uparrow$$

具体操作是在一个较大的玻璃容器中，依次加入适量冰醋酸、十八水合硫酸铝和碳酸钙，同时充分搅拌到无气泡生成，加去离子水，静置 2h 后，吸滤除去硫酸钙沉淀，得到次醋酸铝的透明滤液。向此溶液中滴加醋酸至溶液的 pH 值约为 7，然后将此溶液稀释备用。

将上述前驱体不同浓度溶液分别盛放在容器中，并置于冷冻干燥机内的搁板上，进行直接冻结和冷冻干燥。

冻结过程采用了不同的降温速率。令溶液从室温下开始缓慢降温（控制制冷机组同时对冻干机搁板和捕水器制冷，则搁板降温速率较慢，约为 0.5℃/min）和快速降温（控制制冷机单独对搁板制冷，则搁板降温速率较快，约为 2℃/min）；或者是先将搁板预冷至低温，然后再将常温下的培养皿放置其上，令溶液过冷降温。降温至 −40℃ 以下时溶液完全冻结。为确保溶液冻实，冻结过程常持续至搁板温度达 −50℃。

在样品的冻结过程中，溶液温度逐渐降低，当物料的指示温度下降到 −0.2℃ 左右时，溶液底部开始出现透明性的冰晶，并逐渐向上增长。之后溶液表面也开始出现冰晶，并逐渐向下生长。在这个过程中，溶液的温度仍然继续降低。当容器外部周围上下两头的冰晶生长到相互接头后，开始向内部延伸。透明性冰晶生长完整后，过一段时间，从容器的底部开始出现白色、不透明的固体，并且逐渐向上生长，生长过程非常迅速，在 $1\sim2\min$ 内就上下贯通了。这样整个冻结物便成为雪白色的、不透明的冻结物体了。

　　干燥过程从冻干室抽真空开始，$3\min$ 之内冻干室压强降至 $120Pa$，继续抽真空 $15\min$，压强可降至极限压力 $30Pa$ 左右。由于抽真空的同时停止对搁板制冷，搁板温度自然回升，同时由于水分升华，$1h$ 后室内压强回升至 $40Pa$ 左右，此后便维持不变。$10h$ 左右后，搁板温度能够自然回升至 $-5\,^\circ\!C$，如果溶液装载量多而要求减缓升温速度，可对搁板间断制冷；在此期间前驱体冻结物上层已经干燥成粉；由于自然升温速率降低，可改用辐射加热使之升温，但控制未完全干燥的中下层冻结物不熔化，直至全部干燥；最后快速升温至 $50\,^\circ\!C$ 以上，对粉体进行升华干燥，持续 $4h$ 后，结束干燥，解除真空取出样品。干燥所需时间

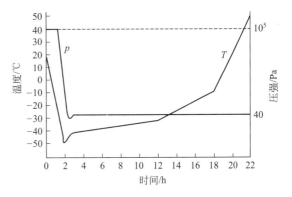

图 26-124　样品 A 的冻干曲线

主要取决于升华干燥时间的长短，这与冻干时溶液的装载量有直接关系。实验中所用总的时间为 $12\sim36h$ 不等，图 26-124 给出的是浓度为 $1.5mol/L$、装载量为溶液深度 $20mm$ 的样品 A 的冻干曲线。

　　将冻干得到的次醋酸铝白色纳米粉末放入一个类似马弗炉的真空装置中，在约 $300\,^\circ\!C$、$200Pa$ 的条件下煅烧，使其分解为氧化铝白色粉末。次醋酸铝煅烧分解的机理为：

$$2CH_3COO(OH)_2Al \xrightarrow{\triangle} 2CH_4\uparrow + 2CO_2\uparrow + H_2O + Al_2O_3$$

（2）氧化铝样品的检测及分析

　　利用扫描电子显微镜（SEM）对煅烧后的氧化铝粉体样品进行观测，图 26-125 是两种不同样品的 SEM 图像，其中图 26-125(a) 对应的是浓度为 $1.0mol/L$、装载量深度为 $20mm$ 的样品；图 26-125(b) 对应的是浓度为 $1.5mol/L$、装载量深度为 $40mm$ 的样品。从中可以看出，团聚形成的颗粒团尺寸在 $10\sim200\mu m$ 范围内。

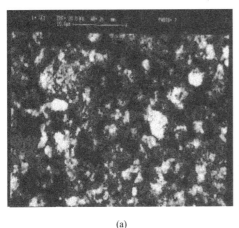 

(a)　　　　　　　　　　　　　　　(b)

图 26-125　氧化铝粉体样品的 SEM 图像

利用透射电子显微镜（TEM）对所制得的氧化铝粉体样品进行纳米尺度的观察，图 26-126、图 26-127、图 26-128 依次对应的是溶液浓度为 1.0mol/L、装载量深度为 20mm 的样品（设为样品 A），溶液浓度为 1.5mol/L、装载量深度为 40mm 的样品（设为样品 B）和浓度为 0.2mol/L、装载量深度为 20mm 的样品（设为样品 C）的 TEM 图像。从中可以看出，样品 A 分散后的粉体粒径微粒均匀，形状规则，粒径尺寸在 10～20nm 范围内。样品 B 分散后颗粒粒径尺寸在 5～50nm 范围内。样品 C 分散后的粉体微粒粒径非常均匀，形状很规则，粒径尺寸在 10nm 左右。

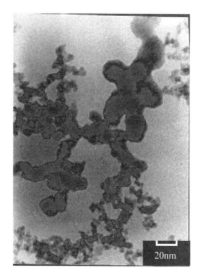

图 26-126　样品 A 的 TEM 照片

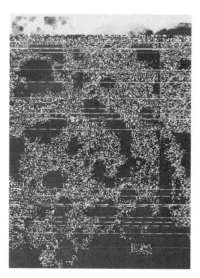

图 26-127　样品 B 的 TEM 照片

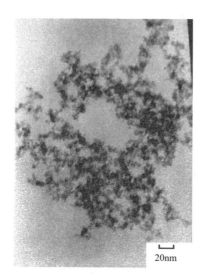

图 26-128　样品 C 的 TEM 照片

在最初制备次醋酸铝溶液时，为了尽量地使硫酸根离子和钙离子沉淀除去，根据溶度积规则，应该使此两种离子在溶液中的浓度尽量大，所以在反应阶段应少加入水；但考虑到 $Al_2(SO_4)_3 \cdot 18H_2O$ 在水中的溶解度 [约 30g/100g（水）]，还应加入足量的水，综合以上两个因素，确定加入水至 200mL，制成约 2mol/L 的次醋酸铝溶液。

另外，从理论分析可知，冷冻真空干燥时的溶液浓度对干燥后粉体颗粒的粒径有明显的影响，根据溶液的冷冻相变规律，当溶液的初始浓度高于其共晶浓度时，首先析出的是溶质次醋酸铝，则会形成大粒径的颗粒；如果溶液的浓度低于其共晶浓度，则首先凝固的是溶剂成分水，溶液的浓度增大直至达到共晶浓度后，溶剂与溶质一起冻结，即形成低共晶混合物。所以冻干时，为防止溶质首先析出，初始溶液的浓度应不大于共晶浓度，而且浓度低，所得到的粉体颗粒的粒径较小。因此在冻干实验之前将溶液稀释。当然，溶液稀释后增加了冻干阶段的负担。

图 26-126 与图 26-127 是装载溶液深度相同但浓度不同的溶液所制备出的粉体，二者对比可知，浓度稀的溶液所制备的粉体的颗粒粒度更细小，粒度更均匀一些。

冻结速率对所制粉体的粒径及颗粒间的团聚有直接的影响。对于稀溶液，如果降温的传热速率远远小于溶质在溶液中的传质速率，则首先析出的是纯净的冰；如果传热速率接近于溶质的传质速率，则析出物的空间生长速率与溶质的空间迁移速率相当，析出的固相物以冰晶的形式由低温面向高温区生长，溶液中来不及扩散迁移走的溶质次醋酸铝以共晶浓度溶液的形式就留在冰晶间隙中，冻结过程最后形成的是纯净冰晶与共晶体微观上的分区混合物。在这种情况下，降温速率越慢，冰晶生长得越粗大，共晶体也越粗大，冰晶与共晶体的界面越明显，干燥后制得的粉体团聚颗粒也就越大；反之，降温速率越快，冰晶成分来不及迁移较远的距离，只能地就近凝结析出，所形成的冰晶就越细小，剩余溶液所形成的共晶体也越细小，密集地分布在冰晶间隙间，干燥后制得的粉体颗粒也就越小。综上所述，冻结速度对冻结后固相物的组成和均匀程度有很大的影响，冻结速度越快，所得到的固相物浓度分布越均匀，微观晶粒越细小，干燥后所得到的粉体颗粒越小。

实验表明，在真空环境下低温煅烧以及有大量气体放出，均能有效保证粉体颗粒在煅烧分解时不发生再结晶和硬团聚，可以很好地保持粉体的分散性和表面活性。无论团聚的颗粒大小如何，在进行 TEM 观察前的制样过程中，均可发现团聚颗粒很容易被分散，说明所形成的不是硬团聚，这对于所制粉体的进一步利用，如烧结成型为块体氧化铝陶瓷材料，是十分有利的；同时也意味着冷冻真空干燥工艺条件可相对放宽。

由样品的 TEM 图像可以看出，粉体微粒粒径均匀，形状规则，粒径尺寸在 $10\sim20nm$ 范围内，分散性好，无硬团聚。在实验中发现，前驱体溶液的浓度、前驱体溶液的冻结速率和冻结物在干燥过程中的升温情况，以及前驱体溶液在载物容器中的装载量，都对最终所制备的粉体的性质有影响。在上述实验条件下，前驱体溶液浓度小、前驱体冷冻中溶液装载量浅、冷冻速率快的工艺，更有利于制备颗粒细小、粒度均匀并团聚程度小的纳米粉体。

26.4.4.2　冻干法制备银纳米粉体

许多金属离子具有抗菌效果，包括常见的金属离子，如锌、铜、钙、银等的离子，其中银（Ag）的抗菌效果最好而且对人体的危害最小。纳米银材料作为抗菌剂时，由于其粒径小，其表面原子的比例增多，而且表面原子的活性增强，表面积大，容易跟病原微生物发生密切接触，从而能发挥其更大的生物效应。

由平均晶粒尺寸小于 100nm 的金属银、铜超微粒子凝聚而成的三维纳米金属块体材料，表现出不同于常规多晶粗晶金属材料的独特的力学性能，例如低弹性模量、高硬度和高强度等。

因为银天然具有高导电性和导热性且抗氧化能力强，所以银粉是电子工业的主要材料，银粉和银片用于微电子工业已 40 年。用作厚膜电子浆料的银粉，如平均颗粒尺寸小于 100nm，印刷直径 100mm 的单晶硅太阳能电池，每公斤银粉可印刷 1.5 万片。如果改用平均颗粒尺寸为 $100\sim500nm$ 的银粉，每公斤只能印刷不到 1.1 万片。目前国内电子工业用银粉平均尺寸通常在 100～500nm，研究颗粒尺寸小于 100nm 的银粉已势在必行。

目前，研究银纳米材料制备的报道比研究氧化铝、氢氧化镍以及氧化铜制备的报道多。其中大多数是研究制备分散在液相中的银纳米粒子（silver nanoparticle），而研究银纳米粉体（silver nanopowder）制备的并不多。下面介绍银氨溶液冷冻干燥法制备银纳米粉体的方法[7]。

（1）冷冻真空干燥法制备银纳米粉的原理

以可溶性含银无机盐为原料，在溶液中与强碱发生反应：

$$2AgNO_3 + 2NaOH \Longrightarrow Ag_2O + 2NaNO_3 + H_2O$$

生成的氧化银用氨水溶解，发生反应：

$$Ag_2O + 4NH_3 + H_2O \Longrightarrow 2[Ag(NH_3)_2]^+ + 2OH^-$$

将得到的 $[Ag(NH_3)_2]^+$ 配合物溶液冻结，并真空干燥。干燥过程中随着氨气分子的蒸发，存在下列平衡：

$$2[Ag(NH_3)_2]^+ + 2OH^- \Longrightarrow Ag_2O(棕色) + 4NH_3\uparrow + H_2O$$

考虑氧化银的溶解平衡和络离子的解离平衡，则平衡时氨气的压力为：

$$p(NH_3) = \sqrt[4]{\frac{1}{K_f^2 K_{SP}} \times \left\{ \frac{c[Ag(NH_3)_2]^+}{c^\circ} \right\}^2 \times \left[\frac{c(OH^-)}{c^\circ} \right]^2}\ p^\circ \qquad (26\text{-}163)$$

式中，$c[Ag(NH_3)_2]^+$ 和 $c(OH^-)$ 为对应离子平衡时物质的量浓度；$p(NH_3)$ 为平衡时氨气在冷冻干燥室内的分压强；K_f 和 K_{SP} 依次为络离子 $[Ag(NH_3)_2]^+$ 的稳定常数和金属氧化物 Ag_2O 的溶度积常数。溶液中 OH^- 浓度近似取为 1×10^{-4} mol/L。实验时，溶液中 $[Ag(NH_3)_2]^+$ 的初始浓度为 0.1mol/L。对于 $[Ag(NH_3)_2]^+$，其稳定常数 $K_f = 1.1\times10^7$；对于 Ag_2O，其常温时溶度积常数 $K_{SP} = 2.0\times10^{-8}$。代入式(26-163)计算得出配合物离子开始脱氨时所要求的氨气分压强 $p_K = 81.2$Pa。

计算结果表明，当冻干室的氨气分压强低于 81.2Pa，金属配合物 $[Ag(NH_3)_2]^+$ 就开始脱氨分解了。实际工艺中冷冻干燥室内的总压强最后能达到 30Pa，远小于 p_K。所以从理论上讲，金属配合物 $[Ag(NH_3)_2]^+$ 能脱氨分解，而转化为对应的金属氧化物 Ag_2O，氧化银再脱氧分解成银：

$$2Ag_2O \Longrightarrow 2Ag(黑色) + O_2\uparrow$$

（2）冷冻真空干燥法制备银纳米粉体的过程

称取适量 $AgNO_3$ 溶解于水中制成 100mL 浓度为 1mol/L 溶液，将配制的 $AgNO_3$ 溶液注入 500mL 平底烧瓶中，并加入 1mol/L 的 NaOH 溶液 110mL，并搅拌，产生大量深棕色沉淀。沉淀沉降后，用去离子水洗涤多次。取少量洗涤用水，用硫酸酸化后，加入二苯胺的浓硫酸溶液，检测洗涤用水中的硝酸根离子的浓度变化。将沉淀彻底洗涤后，放置备用。在进行前驱体溶液冻结前，向沉淀中加入浓氨水，同时搅拌，直到沉淀全部溶解，得到无色透明溶液。将得到的无色溶液用稀氨水稀释至 1000mL（Ag 的浓度约为 0.1mol/L）。

银氨配合物前驱体的配制要在即将开始冷冻真空干燥实验前进行，因为银氨配合物不宜长久保存，否则会因分解而发生爆炸。银氨配合物前驱体溶液一旦配制后，要保持温度不能过高，而且不能过分振动。

对前驱体的冻结采用了两种方式，一是将稀释后的银氨配合物溶液盛放在直径约 150mm 玻璃培养皿中，使溶液深度约为 15mm，送入冷冻干燥机中搁板上直接冷冻；二是用喷雾器将稀释后的溶液喷雾到液氮中，冻结成直径约在 0.5mm 左右的小冰珠，将冻结后的小冰珠用钢盘盛放，置于冷冻干燥机内的搁板上，进行急速冷冻[7]。

在压强约为 30Pa 的条件下对上述冻结物进行冻干。干燥过程中由真空泵抽出的尾气用稀硫酸溶液吸收。直接冷冻方式的冷冻真空干燥过程工艺曲线如图 26-129 所示。这个过程中，银氨配合物溶液中的游离态的氨气和水分子首先升华而被真空泵抽走，随着冻结物中氨气浓度的减少，冻结物表面开始出现棕色斑点，并且斑点逐渐扩大，这是银氨配合物逐渐脱氨而转变成棕色氧化银的表现。到了干燥阶段的后期，无色透明的冻结物完全转化成深色的粉末状物质，此时对干燥机的搁板进行加热至 50℃，粉体的颜色由棕转黑，逐渐加深。图 26-130 是喷雾冷冻真空干燥制备的银纳米粉体的照片。

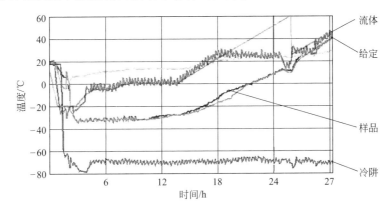

图 26-129　直接冷冻干燥过程工艺曲线

图 26-130　喷雾冷冻干燥制备的银纳米粉体照片

将由喷雾冷冻所制备的黑色粉体少量，在不超过 100℃ 的温度下，分别加热 10min 和 20min。加热 10min 得到热处理后的银灰色粉体，加热超过 10min 后粉体明显聚集并逐渐熔化，加热 20min 后得到大块银白色晶体颗粒。所制备的不同银纳米粉体样品编号见表 26-29。

表 26-29　由各种工艺条件制备的银纳米粉体的颜色及编号

粉体来源	直接冷冻真空干燥	喷雾冷冻真空干燥	喷雾冷冻真空干燥热处理 10min	喷雾冷冻真空干燥热处理 20min
粉体颜色	黑色	黑色	银灰色	银白色
样品编号	J	K	L	M

（3）银纳米粉体的检测及分析

对冷冻真空干燥后的黑色粉体样品 K 和热处理 10min 后的银灰色粉体样品 L 分别进行

了 X 射线扫描，得到粉体的 XRD 谱图如图 26-2 和图 26-131 所示。由 XRD 谱图可看出，冷冻真空干燥后直接得到的黑色的粉体没有明显的特征衍射峰，说明由冷冻真空干燥直接得到的粉体不是晶体，而是非晶体。但由黑色粉体热处理 10min 得到的样品 L，有特征衍射峰，而且由其特征衍射峰可知粉体的成分为纯净的银，并且其颗粒是立方晶体。根据样品 L 的特征峰的半高宽及 Scherrer[84]公式，计算出银纳米粉的平均粒径约为 40nm。

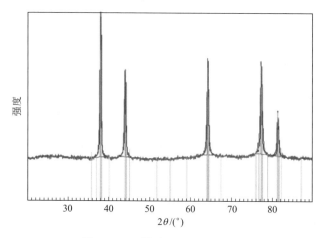

图 26-131　样品 L 的 XRD 谱图

　　为了确定样品 K 的化学组成，在进行透射电子显微镜检测时，对样品 K 进行了 X 射线能谱（EDS）分析。因为承载样品用的支持体（铜网）是铜制品，所以从谱图（见图 26-132）中除了可看到银的特征峰外，只有铜的特征峰（铜网）。由谱图也可知，样品中不含有 Na 等杂质元素。

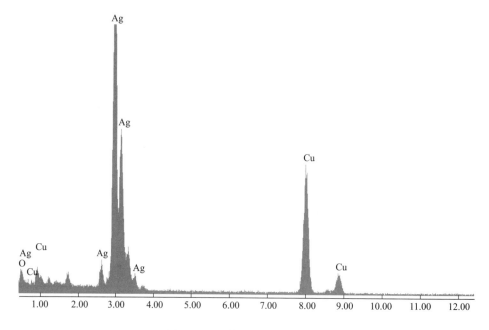

图 26-132　样品 K 的 EDS 谱图

以上化学成分分析的结果表明：
① 冷冻真空干燥过程中，银配合物能够在上述工艺条件下脱除氨气，生成固体粉末；

② 最后所制备的粉体是金属银的粉体；

③ 所采用的制备方法能够保证所制备的银粉体的纯度。

制备粉体的颗粒粒径一般可以通过透射电子显微镜直接观察，对于晶体微粒也可以通过 X 射线扫描得到的谱图进行测算。

由于冷冻真空干燥所得到的粉体是非晶体颗粒，所以只能通过透射电子显微镜直接观察。样品 J 和 K 透射电子显微镜的照片如图 26-133 与图 26-134 所示。由照片可以看出，直接冷冻方式所制备的银纳米粉体的颗粒尺寸约为 5～40nm，颗粒粒径比较均匀，颗粒间没有硬团聚；而由喷雾冷冻方式所制备的银纳米粉体的颗粒尺寸约为 5nm 左右，颗粒粒径非常小、高度均匀，并且颗粒之间没有团聚现象。

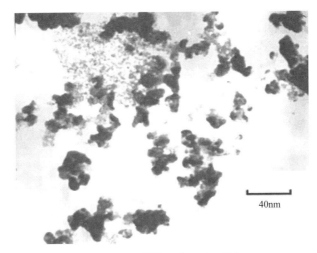

图 26-133　样品 J 的 TEM 照片

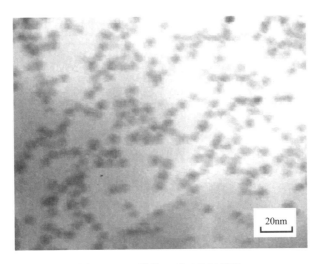

图 26-134　样品 K 的 TRM 照片

当用比较强的电子束照射样品 K 时，部分颗粒开始聚集并且向边缘移动、扩大，许多小颗粒被"侵吞"掉了，如图 26-135 所示。产生这种现象是由于喷雾冷冻真空干燥所制备的银钠米粉体颗粒非常小，粉体的物理性能发生了改变，熔点降低，当较强的电子束照射到细小的颗粒时，小颗粒熔化合并成大颗粒的结果。

喷雾冷冻真空干燥所得银纳米粉热处理后样品 L 的透射电镜照片如图 26-136 所示，由照片可知，热处理后颗粒形状不再是球形，而是倾向于立方体，颗粒也长大为 $10\sim50nm$，与通过 X 射线衍射检测中衍射峰半高宽计算的结果相符。

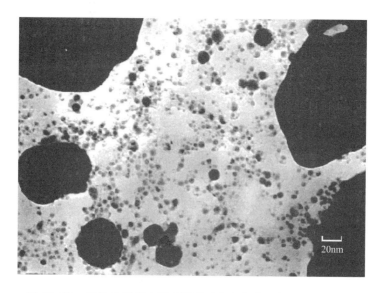

图 26-135　样品 K 受强电子束照射时产生熔化现象的 TEM 照片

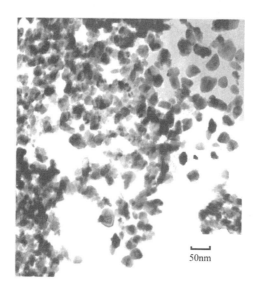

图 26-136　样品 L 的 TEM 照片

扫描电子显微镜（SEM）是观察粉体形貌的最常用的有效手段。样品 K 和 L 的 SEM 照片如图 26-137 和图 26-138 所示。照片显示粉体均为松散的、非团聚粉体。

用新制备的样品 K 配制成浓度分别为 1mol/L、0.1mol/L、0.01mol/L 的溶液，并用配制的溶液进行了细菌敏感性抑菌实验，其结果列于表 26-30。

由表中实验结果可得，由喷雾冷冻真空干燥所制备银纳米粉体有抑菌、杀菌效应。当银纳米粉体的浓度为 0.01mol/L 时，就有明显的抑菌作用。因为采用喷雾冷冻真空干燥法制备的银纳米粉体颗粒非常细小、颗粒表面积大、表面能高，处于颗粒表面的银原子有异常活性，所以杀菌能力很强。

图 26-137 样品 K 的 SEM 照片

图 26-138 样品 L 的 SEM 照片

表 26-30 样品 K 溶液的抑菌实验结果

检测项目	细菌敏感性试验抑菌圈/mm	
浓度/(mol/L)	金黄色葡萄球菌(G$^+$)	致病性大肠杆菌(G$^-$)
1	13	12
0.1	10	10
0.01	8	7

注：G$^+$革兰氏阳性菌；G$^-$革兰氏阴性菌。

参考文献

[1] 潘永康，王喜忠. 现代干燥技术 [M]. 北京：化学工业出版社，1998.

[2] 高福成，现代食品工业高新技术 [M]. 北京：中国轻工业出版社，2001：491.

[3] 李秋庭，丘华，杨洋. 我国冷冻干燥食品的发展现状及对策 [J]. 广西大学学报：(自然科学版)，2002, 27：21-24.

[4] 史伟勤. 食品真空冷冻干燥国内外最新进展 [J]. 通用机械，2004,（12)：10-11.

［5］　Schnettler F J，Monforte F R，　Rhodes W W. A Cryochemical Method for Preparing Ceramic Materials［J］. Sci. Ceram，1968，4：79.

［6］　陈祖耀，钱逸泰，万岩坚.低温冷冻干燥超微粉制备陶瓷超导材料［J］.低温物理学报，1988，（1）：8-11.

［7］　刘军.真空冷冻干燥法制备无机功能纳米粉体的研究［D］.沈阳：东北大学，2006，3.

［8］　李革胜，静态冷冻干燥技术制备 TiO_2 微粒子［D］.沈阳：中国科学院金属研究所，1994.

［9］　席晓丽，聂祚仁，翟立力，等.冷冻干燥技术制备非晶态粉体的机理研究［J］.北京工业大学学报，2007，11.

［10］　刘军，徐成海.真空冷冻干燥法制备银纳米粉体的实验研究［J］.真空科学与技术学报，2007（1）：37-41.

［11］　McGrath P J，Laine R M. Theoretical Process Development for Freeze-Drying Spray-Frozen Aerosols［J］. Journal of American Ceram Socity，1992，8：1223-1228.

［12］　刘军，张世伟，徐成海.铜氨络合物冷冻干燥法制备氧化铜纳米粉体的实验研究［J］.真空，2008（5）：6-9.

［13］　刘军，徐成海，窦新生.冷冻干燥法制备氢氧化铜纳米粉［J］.材料与冶金学报，2006，（1）：50-52.

［14］　郑贤德，林秀诚，赵鹤皋.冻干机的能量回收［J］.流体工程，1989，3：62-64.

［15］　徐言生，龙建佑，李玉春，等.二次蒸汽加热系统在真空冷冻干燥设备中的应用研究［J］.真空科学与技术学报，2007，4：359-362.

［16］　徐成海，张世伟，彭润玲，等.真空冷冻干燥的现状与展望（二）［J］.真空，2008，45（2）：1-11.

［17］　蒋方明，刘登瀛.非傅里叶导热现象的双元相滞后模型剖析［J］.上海理工大学学报，2001，23（3）：197-200.

［18］　刘伟，刘志春，过增元.对流换热层流流场的物理量协同与传热强化分析［J］.科学通报，2009，54（12）：1779-1785.

［19］　赵鹤皋，郑晓东，黄良瑾，等.冷冻干燥技术与设备［M］.武汉：华中科技大学出版社，2005，6.

［20］　L'vov B V，Ugolkov V L. The self-cooling effect in the process of dehydration of $Li_2SO_4 \cdot H_2O$，$CaSO_4 \cdot 2H_2O$ and $CuSO_4 \cdot 5H_2O$ in vacuum［J］. Journal of Thermal Analysis and Calorimetry，2003，74：697-708.

［21］　［德］G. W.厄特延 P.黑斯利著，徐成海，彭润玲，刘军等译.冷冻干燥［M］.北京：化学工业出版社，2005.

［22］　（1）同华，吴双.真空预冷技术的研究发展概况［J］.制冷与空调，2004，4：6-10.
　　　（2）Ferguson W J，Lewis R W，Toemcesy L A. A finite element analysis of freeze-drying of a coffee sample ［J］. Compute Methods. Appl Mech Eng，1993，108（3/4）：341~349.

［23］　彭润玲.几种生物材料冻干过程传热传质特性的研究［D］.沈阳：东北大学，2008，3.

［24］　张世伟，张志军，鄂东梅，等.液体真空蒸发冻结过程的动力学研究［J］.真空科学与技术学报，2009，6：619-623.

［25］　钟晓晖，翟玉玲，勾星君，等.小型冷库内部融霜与预冷过程的数值模拟［J］.工程热物理学报，2011，32（12）：2013-2015.

［26］　杨磊.微型保鲜库气体流场的数值模拟与试验研究［D］.南京：南京农业大学，2008.9：6-16.

［27］　Meryman H T. Osmotic stress as a mechanism of freezing Injury［J］. Cryobiology，1971，8：489-500.

［28］　Mazur P. The role of intracellular freezing in the death of cells cooled at supra-optimal rates［J］. Cryobiology，1977，14：251-272.

［29］　Mao L，Udaykumar H S. Simulation of micro-scale interaction between ice and biological cells［J］. International Journal of Heat and Mass Transfer，2003，46：5123-5136.

［30］　Udaykumar H S，Mittal R，Shyy W. Computation of solid liquid phase fronts in the sharp interface limit on fixed grids［J］. J. Comput，Phys，1999，153：535-574.

［31］　Wollhoöver K，Körber C，Scheiwe M W，et al. Unidirectional freezing of binary aqueous solutions: an analysis of transient diffusion of heat and mass［J］. Int. J. Heat Mass Transfer 1985，28：761-769.

［32］　Sandall C O，King C J，Wilke C R. The relationship between transport properties and rate of freeze-drying of poultry meat［J］. AIChE Journal，1967，13：428-438.

［33］　徐成海，张世伟，关奎之.真空干燥［M］.北京：化学工业出版社，2004，172-174.

［34］　Kumagai H，Nakamura K，Yano T. Rate analysis for freeze drying of a liquid foods by a modified uniformly retreating ice front model［J］. Agric Biol Chem，1991，55（3）：737-741.

［35］　George J P，Datta A K. Development and validation of heat and mass transfer models for freeze-drying of vegetable slices［J］. Journal of Food Engineering，2002，52：89-93.

［36］　Oetjen G W，Haseley P. Freeze drying［M］. Wiley-VCH GmbH & Co. KGaA，2002.

［37］　Ferguson W J，Lewis R W，Toemcesy L A. A finite element analysis of freeze-drying of a coffee sample［J］. Compute Methods. Appl Mech Eng，1993，108（3/4）：341-349.

［38］　徐成海.人参真空冷冻干燥工艺的研究［J］.真空，1994，1：6-11.

［39］　张晋陆，吴立业.蒜苔冻干试验及其传热传质模型研究［J］.粮油食品科技，1999，7（2）：27-29.

［40］　Nastai J F. A parabolic cylindrical Stefan problem in vacuum freeze drying of random solids［J］.Int. Comm. Heat Mass Transfer 2003, 30（1）: 93-104.

［41］　Nastai J F, Witkiewicz K. A parabolic spherical moving boundary problem in vacuum freeze drying of random solids［J］.Int Comm Heat Mass Transfer 2004, 31（4）: 549-560.

［42］　Liapis A I, Litchfield R J. Numerical solution of moving boundary transport problems in finite media by orthogonal collocation［J］.Computers and Chemical Engineering, 1979, 3: 615-621.

［43］　Mascarenhas W J, Akay H U, Pikal M J. A computational model for finite element analysis of the freeze-drying process［J］.Comput Methods Appl Mech Engrg 1997, 148: 105-124.

［44］　Sheehan P, Liapis A I. Modeling of the primary and secondary drying stages of the freeze drying of pharmaceutical products in vials: numerical results obtained from the solution of a dynamic and spatially multi-dimensional lyophilization model for different operational policies［J］.Biotechnology and Bioengineering, 1998, 60（6）: 712-728.

［45］　Gan K H, Bruttini R, Crosser O K, et al. Freeze-drying of pharmaceuticals in vials on trays: effects of drying chamber wall temperature and tray side on lyophilization performance［J］.International Journal of Heat and Mass Transfer, 2005, 48: 1675-1687.

［46］　Zhai S L, Su H Y, Richard Taylor, et al. Pure ice sublimation within vials in a laboratory lyophiliser; comparison of theory with experiment［J］.Chemical Engineering Science, 2005, 60: 1167-1176.

［47］　吴宏伟，陶智，陈国华，等.具有电介质核圆柱多孔介质微波冷冻干燥过程的双升华界面模型［J］.化工学报，2004，55（6）：869-875.

［48］　刘永忠，陈三强，孙皓.冻干物料孔隙特性表征的分形模型与分形维数［J］，农业工程学报，2004，20（6）：41-44.

［49］　张东晖，施明恒，金峰等.分形多孔介质的粒子扩散特点（Ⅰ）［J］.工程热物理学报，2004，25（5）：822-824.

［50］　刘代俊.分形理论在化学工程中的应用［M］.化学工业出版社：北京：2006.2.

［51］　Jacquin C G, Adler P M. Fractal Porous Media II: Geometry of Porous Geological Structures［J］.Transport in Porous Media, 1987, 2: 571-596.

［52］　何立群，张永锋，罗大为，等.生命材料低温保护剂溶液二维降温结晶过程中的分形特征［J］.自然科学进展，2002，11：1167-1171.

［53］　张东晖，施明恒，金峰，等.分形多孔介质的粒子扩散特点（Ⅱ）［J］.工程热物理学报，2004，25（5）：822-824.

［54］　王家文，曹宇.Matlab6.5图形图像处理［M］.北京：国防工业出版社，2004，5：166-183。

［55］　Forouton pour K, et al. Advances in the implementation of the box-counting method of the fratal dimension estimation［J］.Applied Mathematics Comutation, 1999, 105: 195-203.

［56］　Anderson A N, MeBratney A B, FitzPatrick. E A Soil mass, surface and spectral Dimension estimating fractal dimensions from thin section［J］.Soil Sci Am J, 1996, 60（7）: 962-969.

［57］　Orbach R. Dynamics of fractal networks［J］.Science, 1987, 231: 814-819.

［58］　刘军，彭润玲，谢元华.冷冻真空干燥［M］.北京：化学工业出版社，2015，58.

［59］　Paul Stewart, Youngstown, NY（US），Freeze dryer［P］，Uniter States Patent, 11/080, 596, 2005, 3: 15.

［60］　张为民，康平，卢允庄.食品真空冷冻干燥设备中网状托盘设计与研究［J］.真空科学与技术学报，2012，6：453-456.

［61］　刘军，张世伟，徐成海.冻干机可变工件架的新设计［C］.第十一届全国冷冻干燥学术交流会论文集，2012，10：127-131.

［62］　王曙光，徐言生.短管圆环式水汽凝结器设计与应用研究［J］.食品工业，2008，2：71-74.

［63］　何国庚，蔡德华，郑贤德，等.制冷剂替代发展动态及其对冻干机的影响［C］，第十届全国冷冻干燥学术交流会论文集，上海，2010，10：6-12.

［64］　王德喜，徐成海，张世伟，等.循环压力法冻干兔角膜的实验研究［J］，真空科学与技术，2002，22（6）：450-454.

［65］　高亚洁.真空冷冻干燥设备自动控制系统的研究［D］.沈阳：东北大学，2003，4.

［66］　梅宇.实验室用冻干机温度控制系统研究［D］.沈阳：东北大学，2007，4.

［67］　李晓斌，王海波.真空冷冻干燥温度的智能预测控［J］.计算机工程与应用，2010，46（30）：241-244.

［68］　梁晓会，李如华，黄传伟，等.嵌入式冷冻干燥机控制系统的研制［J］.医疗卫生装备，2012，4：41-42.

［69］　曹智贤，谢健，王瑾.红外辅助冷冻干燥装置控制系统的研发［J］.干燥技术与设备，2013，11（3）：60-66.

［70］　黎先发.真空冷冻干燥技术在生物材料制备中的应用与进展［J］.西南科技大学学报，2004，19（2）：117-121.

［71］　孙企达.冷冻干燥超细粉体技术及应用［M］.化学工业出版社，2006：219.

［72］　张兆祥，晏继文，徐成海.真空冷冻干燥与气调保鲜［M］.北京：中国民航出版社，1996：151.

［73］　邵伟，熊泽，唐明.醋酸菌菌种的冷冻干燥保藏研究［J］.中国酿造，2005（11）：7-8.

［74］　王德喜.提高冻干角膜活性的实验研究［D］.沈阳：东北大学，2003.

［75］　徐成海，李春青，张树林.真空冷冻干燥人参的物性测量［J］.武汉化工学院学报，1992（3/4）：47-51.

［76］　李树殿，崔淑娟，罗维莹，等.活性人参有效成分的分析［J］.特产研究，1989（3）：43-45.

［77］　刘军，张世伟.鹿茸冻干新工艺及性质［J］.真空科学与技术学报，2011（2）：229-233.

［78］　王蕴.民族地区旅游资源开发［M］.兰州：甘肃民族出版社，1992：119-120.

［79］　张茜.GLZ-0.4型实验室用冻干机的性能研究［D］.沈阳：东北大学，2006.

［80］　彭润玲.几种生物材料冻干过程传热传质特性的研究［D］.沈阳：东北大学，2007，12：68-73.

［81］　曾方允.真空冷冻干燥法制备纳米氧化铝粉体的研究［D］.沈阳：东北大学，2004.

［82］　江东亮.精细陶瓷材料［M］.北京：中国物资出版社，2000.

［83］　刘军，徐成海，窦新生.真空冷冻干燥法制备纳米氧化铝陶瓷粉的实验研究［J］.真空，2004（4）：80-83.

［84］　黄惠忠.纳米材料分析［M］.北京：化学工业出版社，2003：244.

（刘军，徐成海）

第27章

冷冻干燥过程强化

27.1　概述

随着人们对健康问题的日益关注，高级食品、新型药品和生物制品的开发有着巨大的市场需求。在制药工业，产品生产通常包括萃取、沉淀、分离和纯化等过程，中间产品多为水溶液。然后，水分由冷冻干燥去除，留下干燥的产品供包装或进一步加工。在所有干燥操作中，冷冻干燥费用是最高的，包括设备投资和运行费用[1]。冷冻干燥在工业上得到广泛应用的原因有很多，其中最重要的一点是冷冻干燥的产品通常是热敏性的，不能采用操作温度较高的其他方法干燥。液体物料冷冻干燥广泛应用于食品、药品和生物制品等工业领域，其过程的重要性正赢得世界范围的研究兴趣。目前的研究已经证明，科学手段能够采用最少的试差来提高产品质量。最佳工艺的建立和设计需要系统地理解冷冻、升华干燥、解吸干燥、材料科学中的热质传递等物理化学过程。传统口服和注射用药品的冷冻干燥过程开发是一个试差过程，无论是组分构成还是冷冻干燥过程条件[2]。由于冷冻干燥工艺的特殊性，导致其干燥时间长、能耗和生产成本高。冷冻干燥的配方和工艺改进应力求在保证产品质量的前提下尽可能缩短干燥时间。

冷冻干燥过程强化一直是一个世界性的挑战课题。过程强化的目的是提高产量，减小设备尺寸，减少能源消耗，减少处理废弃物成本。因此，过程强化的最终结果是开发出设备更小、更清洁节能的技术。过程强化涉及新技术的开发，但也需要重新认识已经建立的技术，这些技术已在实验室规模上应用并逐渐应用于工业规模生产。本章重点讨论了冷冻干燥过程强化所面临的挑战。首先介绍了冷冻干燥的基本原理，接着讨论了冷冻阶段的优化问题，然后从传热强化、传质强化和传热传质共同强化的角度介绍和讨论了迄今为止提出的一些方法和技术，最后介绍和讨论了固体干燥的物理解释和冷冻干燥的过程模拟。

27.1.1　冷冻干燥基本原理

冷冻干燥与热法干燥相对应。后者是液态湿分在常压下吸收热量，达到沸点后变成蒸汽脱除，蒸发过程发生在湿分的三相点以上。冷冻干燥是先恒压降温使物料中的湿分凝结成为冰，然后经历降压升温过程使冰晶升华成为蒸汽而去除，升华过程发生在三相点以下。冷冻干燥作为制药过程的一个单元操作发挥着越来越重要的作用，已赢得了世界范围的研究兴趣。工业规模的冷冻干燥机一般由干燥室、真空泵、冷凝器、压缩机、控制器和辅助设备组成，如图27-1所示。典型的小瓶冷冻干燥如图27-2所示。首先将盛有液体物料或水溶液的西林瓶置于冷冻干燥机的搁板上冷冻（降低搁板温度，使物料均匀地冷冻到预设温度）；然后将干燥室压力降低到冰的饱和蒸气压之下，开始冷冻干燥。冷冻干燥去除湿分的原理主要是升华。为了使升华发生，必须提供能量来抵消冰的升华潜热（ΔH）。因此干燥过程中搁板温度需要升高以保证升华，但温度过高会导致瓶底的物料熔化。冷冻干燥过程主要包括：冷冻、一次干燥和二次干燥三个阶段。在一次干燥阶段中，湿分升华成为水蒸气并逐渐从冷冻物料中移出，同时搁板控制在一个恒定的相对低的温度；二次干燥是通过将搁板温度提高到室温以上，进一步降低干燥室压力，使得半干物料内部的结合水解吸，直到残余含水量降低到所需水平。

图 27-1　制药工业冷冻干燥机

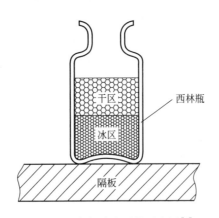

图 27-2　小瓶冷冻干燥示意图[3]

27.1.2　冷冻阶段

冷冻阶段是冷冻干燥过程的第一步，也是决定整个冷冻干燥过程效果的重要阶段。在冷冻阶段结束时，约 65%～90% 的初始水分被冻结，其余水分则呈吸附状态[4]。冷冻温度、冷冻速率和过冷程度都是影响总干燥时间和产品质量的重要因素。根据物料的物理化学性质，可以通过优化冷冻方案，兼顾产品质量高和干燥时间短，从而达到最佳的冷冻干燥效果[5]。冷冻固体基质的特性对一次干燥和二次干燥阶段的冷冻速率有着重要影响[6]。如图 27-3 所示，根据液体物料中的固体性质，冷冻中的料液分为两种类型：液相在特定温度下突然固化（共晶形成）；或者液相并不固化，而是变得越来越黏稠，直至最后变成一种非常坚硬的固体（玻璃态转变）[4]。

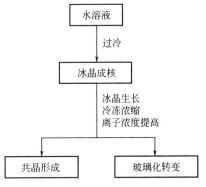

图 27-3　液体物料冷冻过程[4]

27.1.2.1　冷冻浓缩

　　溶液温度低于其凝固点但仍未冻结的现象称为过冷。对于水溶液而言，过冷温度通常在 -15～-10℃ 之间，取决于冰的成核温度。随着冷冻时间的推移，有一个突然温升的现象，如图 27-4 和图 27-5 中的 T_f，表明结晶会导致潜热释放。对于第一种类型，具有最低溶解度的组分结晶与浓缩的水溶液形成混合物，温度升高至共晶温度 T_e[7]，如图 27-4 所示。共晶是两个或两个以上晶体固体的混合物，其具有相同的物理性质，就像一种成分一样。然而，多组分混合溶液通常不存在共晶温度[8]，因为在冷冻阶段分子扩散运动大大减少，而分子扩散运动对于溶液结晶是必不可少的[9]。优化冷冻过程的最重要参数之一是黏流态和玻璃态之间的可逆转变温度，称为冷冻浓缩溶液的玻璃化转变温度 T_g'[10]，如图 27-5 所示。

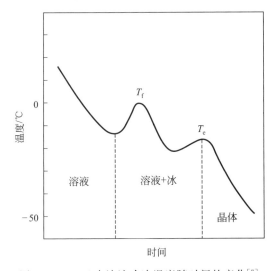

图 27-4　NaCl 水溶液冷冻温度随时间的变化[7]　　　　图 27-5　无晶型溶液冷冻温度随时间的变化[10]

　　Franks[8]以蔗糖水溶液为例，研究了溶液的冷冻过程，如图 27-6 所示。溶液中的溶质相从初始含量 5% 浓缩到约 80%，说明冷冻干燥过程中大部分的分离发生在冷冻阶段[11]，但仍有很大一部分的水未被冻结[9]。当蔗糖水溶液冷冻至共晶点时，系统中不会形成晶体，而是表现为热力学性质不稳定的溶液[12]。当物料进一步冷冻时，更多的液态水被转化为冰，所有的晶间流体不断被浓缩直到结晶或系统黏度足够高而转变为无晶型固体[11]。

27.1.2.2　冷冻速率的影响

　　众所周知，快速冷冻会形成小而多的冰晶，而慢速冷冻会形成大而少的冰晶。冷冻阶段

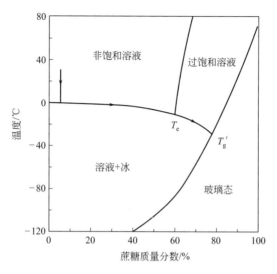

图 27-6　蔗糖水溶液的固-液相图

形成的冰晶决定了一次干燥升华后留下的孔隙形状、尺寸分布和连通性，这会显著影响过程的传质速率[13,14]。如果冰晶尺寸较小且不连续，会阻碍水蒸气在干燥层中的迁移。相反，如果冰晶尺寸较大并均匀分布，会加快水蒸气的传质速率，缩短产品的干燥时间[15,16]。冰晶尺寸与过冷程度的关系恰恰相反[6]。干燥层的孔隙较小会导致一次干燥阶段水蒸气迁移阻力增大[17,18]，延长了一次干燥时间。另一方面，小冰晶的比表面积大，有利于二次干燥阶段结合水的解吸[11]。Searles 等人[6,19]研究发现，一次干燥阶段的速率取决于冰成核温度。过冷程度越高，冰晶尺寸越小，传质阻力越大，干燥速率越慢。

27.1.2.3　共晶形成

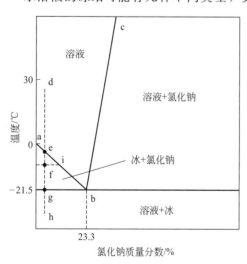

图 27-7　NaCl 水溶液相图[2,20]

水溶液的冻结可能有几种不同类型，其中最简单的一种是溶质从冷冻浓缩的溶液中结晶，形成简单的共晶混合物。典型的二元共晶系统是氯化钠（NaCl）水溶液[20]，如图 27-7 所示。对该体系的理解对概念上理解冷冻过程中的材料科学十分有益。图中 ab 线为水在氯化钠存在下的冰点降低曲线，bc 线为氯化钠的溶解度曲线。两条线的交点为共晶熔融温度（−21.5℃），共晶组成是 23.3%（质量分数）的氯化钠。直线 defgh 描述了 5%氯化钠水溶液的冷冻行为。在室温 d 点，系统为完全液态。随着温度降低，在未过冷的 e 点，水开始结晶。进一步降低温度，水继续结晶，溶液中氯化钠浓度越来越高。在 f 点，系统中出现两相，即冰和氯化钠的冷冻浓缩液。冷冻浓缩液的组成由 i 点给出，与冰处于平衡状态。在 g 点，氯化钠溶液饱和，固体氯化钠开始沉淀。在共晶温度以下的 h 点，系统才能完全固化。同理，如果溶液初始浓度在 b 点和 c 点之间，则冰晶形成前，固体氯化钠首先析出。其他二元共晶系统，如氯化铵水溶液[21]，以及甘氨酸水溶液[2]，都有着相似的冻结行为。共晶温度对冷冻干燥过程的影响在于，其代表了冷冻干燥过程的最高允许温度，高于共晶温度，样品会熔融成液态水，导致冷冻干燥过程的失败。

27.1.2.4　玻璃化转变

当物料形成无晶型相时，其在冰点以下仍是液体，但随着温度的下降其黏度迅速增加。由于物料为玻璃态，这种转变定义为玻璃化转变。玻璃是指具有晶体的化学成分，但不具有晶体有序分子结构的固体。图 27-8 表达了物料如何在快速冷冻过程中发生玻璃化转变，而在慢速冷冻下会导致结晶[22,23]。物料的玻璃化转变温度与其湿含量密切相关。通常在干燥开始时物料的湿含量最高，玻璃化转变温度 T_g 最低；在干燥结束时湿含量最低，T_g 最高。因此，对于冷冻物料来说，T_g 不是一个固定的值，而是一个与残余湿含量有关的范围。在某一特定的湿含量下，物料的玻璃化转变温度为 T_g'。

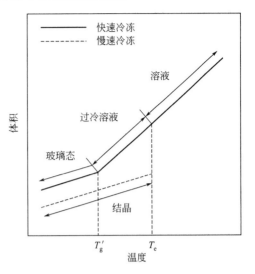

图 27-8　物料结晶和玻璃化转变对比

27.1.2.5　赋形剂的影响

使用赋形剂可以减少冷冻浓缩过程对产品的一些不良影响。赋形剂通常是一类化学性质不活跃的物质，如糖醇类。赋形剂可以改善生物制品冷冻干燥的产品特性，保持其固体基质避免崩塌。常用的赋形剂及其用途见表 27-1。

表 27-1　用于冷冻干燥的赋形剂及其用途[24]

类型	说明	常见物质
填充剂	如果固体含量较低,可以作为填充剂而成为活性成分的固体基质	甘露醇
缓冲液	用于控制 pH 值	磷酸盐
强度改性剂	用于控制渗透压力	甘露醇
结构改性剂	用于增强基体和减少崩塌,也用于克服由糖类引起的水蒸气表面流动阻力	甘露醇
稳定剂	用于保护溶液中活性成分避免过度干燥和冷冻浓缩导致的影响	葡萄糖,葡聚糖,蔗糖,甘露醇
崩塌抑制剂	用于提高崩塌温度	葡聚糖,麦芽糖

冷冻方式也会影响诸如甘露醇等作为重要辅药时的结晶和形成多晶态的程度[25]。当甘露醇作为填充剂时有利于物料的结晶[11]。甘露醇具有提高冷冻干燥温度，缩短冷冻干燥时间等优点，并且物料内部无塌陷，保证了产品质量[11,26]。当甘露醇作为稳定剂时可使物料类似于一种物理混合物，不同相之间的相互作用只发生在相边界[11]。此外，在冷冻阶段不同浓度的甘露醇会形成不同的多晶相。对于 10% 浓度的甘露醇溶液，慢速冷冻会形成 α 晶型和 β 晶型的混合晶相，快速冷冻会产生 δ 晶型相[27]。

27.1.3　一次干燥阶段

在冷冻阶段结束后，干燥室开始抽真空，压力降低使冰晶升华。这标志着一次干燥阶段的开始。干燥室压力的选取取决于物料的最终冻结温度。为了使升华发生，干燥室压力必须低于冰的蒸气压。在一次干燥阶段，压力通常控制在冰蒸气压的 1/4 到 1/2 之间[2,26]。随着冰晶的升华，升华界面从物料外表面开始逐渐向内部移动，留下了冰晶升华后的多孔干燥层。升华所需的热量通过干燥层传导到升华界面。升华的蒸气以扩散和对流的方式，经由干燥层进入冷冻干燥机的干燥室。由于升华需要吸收大量的热量，物料的温度通常会进一步降低。冷冻干燥研究的主要目标是通过缩短干燥时间来提高过程的经济性。因此，确定影响干燥速率的因素尤为重要。传热和传质是两个最有可能的速率控制因素，其取决于温度和压力等操作参数。

27.1.3.1　崩塌现象

崩塌是指当升华界面进入物料内部时出现的固体基质结构的损伤或损坏现象。崩塌现象是公认的对冷冻干燥过程的有害影响。这种现象主要取决于冷冻干燥过程中物料的局部温度。崩塌时部分物料黏结到一起，阻塞孔隙通道，不利于蒸汽迁移，从而阻碍了升华干燥的进行。崩塌发生时的温度由崩塌温度 T_c 表示。对于共晶系统，崩塌温度即为共晶温度 T_e。对于玻璃化系统，崩塌温度与玻璃化转变温度 T_g' 有关。Pikal 和 Shah 等人[12]研究发现，崩塌温度通常略高于玻璃化转变温度。Wang[28]认为，尽管 T_g' 温度下黏度的降低不足以引起结构崩塌，但 T_c 非常接近 T_g'。其他学者的研究结果证明两者是一致的[5,29]。当物料局部温度超过 T_g' 时，黏度降低导致了固体基质的刚度降低，进而导致结构崩塌。表 27-2 列出了一些常用赋形剂的崩塌和玻璃化转变温度。Hatley 和 Blair[30]给出了相似的 T_g' 数据，但由于测量和解释的差异而略有偏差。

表 27-2　一些常用赋形剂的崩塌和玻璃化转变温度[29]

物质	$T_c/℃$	$T_g'/℃$	物质	$T_c/℃$	$T_g'/℃$
葡聚糖	−9	—	麦芽糖	−32	−29.5
聚蔗糖	−19.5	—	甘露醇	−30	—
果糖	−48	−42	谷氨酸钠	−50	—
明胶	−8	—	聚烯吡酮	−23	—
葡萄糖	−40	−43	棉籽糖	−26	—
肌醇	−27	—	山梨糖醇	−45	−43.5
乳糖	−32	—	蔗糖	−32	−32

27.1.3.2　传质

在冷冻干燥过程中，水蒸气从升华界面迁移至冷凝器的总传质阻力包括升华后的干燥层传质阻力和小瓶或托盘的传质阻力，而小瓶的传质阻力包含了瓶塞引起的阻力和从干燥室到冷凝器之间的阻力[7,11]。其中最大的阻力，或者说最大的压降来自于由冷冻阶段所固定的多孔干燥产品层，水蒸气分子在其中迁移并最终到达冷凝器。水蒸气在干燥层中的扩散是影响传质速率的主要因素之一。扩散系数与孔径尺寸密切相关。如前文所述，大的冰晶有利于升华水蒸气的迁移。压差是水蒸气迁移的驱动力。最小的干燥室压力会导致最快的冰升华速率。在研究干燥室压力对传热、传质的影响时，Livesey 和 Rowe[31]注意到，随着干燥过程的进行，冷冻干燥速率的控制因素发生了转变。干燥前期干燥层很薄，传热为速率的控制因素，需要提供较多的热量使升华速率达到最大；随着干燥层逐渐变厚，由于升华速率逐渐降低，所需的热量很容易维持，这时传质成了控制因素。

27.1.3.3 传热

冷冻干燥的过程控制与干燥中物料的温度紧密相关。共晶温度 T_e 或玻璃化转变温度 T'_g 决定了冷冻干燥过程的允许最高温度。工艺的改进应在不超过这一温度的前提下，尽可能地缩短冷冻干燥时间。干燥中物料的温度是由物料的传热速率和水蒸气的传质速率之间的平衡决定的。因此，一次干燥阶段是一个典型的热质耦合传递现象[11]。干燥所需的热量通过传导、对流和/或辐射提供，这一阶段主要的速率控制因素集中在热源向升华界面的热量传递。

Wolff 等人[32]测定了小瓶冷冻干燥牛奶的速率控制因素。通过数学模型和实验数据分析，他们认为以下三个参数影响了干燥速率：干燥层的水蒸气扩散系数、外部的传质系数和搁板与冷冻物料之间的传热阻力。小瓶与搁板之间接触是最大的传热阻力，被认为是干燥速率的主要控制因素。有效扩散系数通常来自两个方面：热传导和相变[33]。在温度较低时，热传导在不饱和区占主导；在温度较高时，相变起主要作用。随着湿含量的降低，传热的控制因素由相变转变为热传导。在一次干燥的开始阶段，导热项与相变项相比很小，甚至可以忽略。此时应该特别关注崩塌温度 T_c。一方面，从节能的角度出发，干燥中物料的温度应尽可能接近 T_c。另一方面，对于过程和产品质量而言，物料温度不能超过 T_c。

27.1.4 二次干燥阶段

二次干燥阶段是以解吸的方式除去物料中的结合水。结合水约占总含水量的 10％～35％[4]。结合水对干燥速率和总干燥时间有着显著的影响。除去结合水所需的时间可能与除去自由水所需的时间相同，甚至更长。在二次干燥阶段，含湿多孔介质中湿分的控制关系是吸附-解吸平衡关系，不仅取决于温度，还取决于湿含量[34,35]。Fakes 等人[36]描述了冷冻干燥前后甘露醇、脱氢乳酸酶、蔗糖、海藻糖和葡聚糖 40 的 10％溶液的吸附行为。在二次干燥结束时，干燥产品的湿含量取决于用户要求或者保证产品长期储存时可接受的质量。

结合水通常是结合在冻结物料的晶体表面或嵌入在高黏度的无晶型固体基质中[37]。对于共晶的物料来说，提高干燥温度可以缩短二次干燥阶段时间，而不损害产品的品质[7,26]。对于玻璃化的物料则不同，干燥层内缓慢的分子扩散会影响这一阶段的干燥速率[12]，残余湿含量可占 20％[26]，甚至 40％[7]。因此，应将操作温度控制在崩塌温度以下，防止物料变形[11]。冷冻干燥无晶型物料时，隔板温度应该缓慢上升（0.1～0.15℃/min），特别是在干燥早期物料湿含量较高时[26]。然而，Pikal 和 Shah[12]研究发现，在二次干燥阶段最初的几个小时，保持搁板温度与一次干燥阶段相同的情况下，玻璃化转变温度上升速度远远快于产品温度。这说明二次干燥时搁板温度应尽可能高，一般在 25～50℃ 之间[26]。干燥室压力对干燥速率无明显影响，因此在二次干燥阶段无需改变[12]。

物料的比表面积对二次干燥速率有着重要影响[7,11]。慢速冷冻会产生较大的冰晶，但是晶间固体的比表面积较小。因此，一次干燥阶段干燥速率较快，而在二次干燥阶段干燥速率较慢。这与实验观察相一致，即冷冻干燥玻璃化物料是一个传质控制过程：固-气界面升华或者固体基质内的气体扩散[11,12]。脱附过程通常要求提高环境温度或者降低真空压力，因为物料中结合水的量取决于干燥室温度，而结合水的饱和蒸气压也与残余湿含量密切相关。

27.1.5　结束语

对冷冻干燥基本原理和不同阶段的理解表明，研究和掌握冷冻干燥过程中的材料科学对冷冻干燥液体物料十分关键。从节能角度出发，冷冻干燥应在两个允许的最高温度下进行，即结晶物料的共晶温度和无晶形固体的玻璃化转变温度。冷冻阶段影响着冷冻浓缩程度、冰晶尺寸大小和后来的一次和二次干燥阶段。使用药物赋形剂可以改善冷冻固体结构以避免过程崩塌。在一次干燥阶段，速率控制因素主要是传质，即水蒸气在多孔干燥层的传递；在二次干燥阶段，速率控制因素主要是传热。

27.2　冷冻阶段的优化

自 20 世纪初以来，冷冻干燥广泛应用于热敏性食品、药品和生物制品的生产，以及材料制备等过程[20]。但其能耗高的缺点仍然是一个挑战性的研究课题[2,38]。冷冻干燥包括冷冻和干燥两个阶段，其中干燥阶段包括了升华/解吸，维持真空和蒸汽冷凝三个同时进行的过程，占总能耗的 95% 以上[39]。因此，强化干燥阶段的速率是降低冷冻干燥过程能耗的关键。优化操作条件，如调节干燥室搁板温度和干燥室压力，是提高干燥阶段速率的首选。提高干燥室温度和降低操作压力是强化干燥过程的基本手段。但是，干燥室温度的提高受到物料本身物性的影响，过高的温度会导致干燥过程中的物料崩塌[4,40]；干燥室压力则会同时影响干燥过程的传热和传质，降低干燥室压力虽然会强化冷冻干燥过程的传质，但同时也会降低物料的有效导热系数，从而降低了传热性能[3,41]。因此，优化操作条件仅能实现有限的过程强化。冷冻阶段决定了物料内部孔隙的大小、形状和连通性，进而影响着干燥过程和产品质量。近年来，研究者们尝试改进冷冻阶段，以期提高干燥阶段速率。优化冷冻阶段的方法主要包括控制冷冻速率、调节冰晶成核和退火处理[42]，以及使用有机溶剂作为共溶剂[43]。

27.2.1　控制冷冻速率

在冷冻阶段，液体物料中的溶剂首先形成冰晶从固体基质中分离出来；进一步冷冻，所有其他成分都处于冻结状态。影响溶液冻结特性的因素有很多，其中最重要的是容器的填充量和形状[44]，时间-温度分布[19,45]，以及过冷和成核温度[6]。控制好这些重要因素，不仅可以优化冷冻干燥过程和提高产品批次的均匀性，还可以精简操作过程。学者们通常只注重一次干燥和二次干燥阶段。然而，冷冻阶段是冷冻干燥过程的一个关键步骤，影响着产品特性[46,47]。冷冻速率会影响冰晶的尺寸大小和分布情况，是影响预冻过程和升华/解吸干燥过程的一个重要因素。慢速冷冻形成的冰晶颗粒大而少，大冰晶在升华后会留下宽敞的孔道，这将提高升华干燥速率，但较大的冰晶会使得物料内部的表面积减小，降低解吸干燥速率[11,48]。快速冷冻会导致物料内部的冰晶来不及生长就结晶完成，形成的冰晶颗粒小而多。小冰晶在升华后会形成细微的孔道，这将增加水蒸气的迁移阻力，从而降低升华干燥速率。然而，小冰晶使得物料内部的表面积增大，这有利于解吸干燥阶段吸附水的解吸[15,16]。但是，过高的冷冻速率需要昂贵的制冷设备，不利于改善过程的经济性。

李恒乐等[49]以注射用抗生素药剂——头孢曲松钠为主要溶质，探究了冷冻速率对冷冻干燥过程的影响。物料分别在冷冻速率为 140℃/min 和 3℃/min 的条件下，在相同的压力（22Pa）和温度（35℃）下进行冷冻干燥。不同冷冻速率下的干燥曲线如图 27-9 所示。实验结果表明，对于快速冷冻的样品，在干燥初期速率较低，在干燥后期速率相对提高。快速冷冻样品的干燥时间约为 24000s 左右，比常规慢速冷冻样品的干燥时间 23500s 略长。这表明，对于这种物料体系，冷冻速率对于干燥过程的影响可以忽略，而且慢速冷冻更有利于过程的经济性。

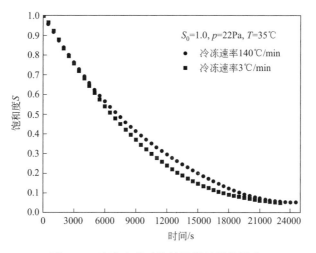

图 27-9　冷冻速率对物料干燥过程的影响

27.2.2　调节冰晶成核

在冷冻过程中，冰晶成核具有随机性。成核温度存在一定的范围，从而导致同一批次小瓶中的产品产生不同的结构，并在一次干燥和二次干燥阶段表现出不同的行为。这种随机性也使得成核温度难以控制在理想的过冷范围内。在小瓶冷冻干燥过程中，调节冰晶成核是控制一个批次的料液在相对较窄的温度和时间范围内强制成核，从而使冷冻干燥过程更加均匀。研究者们提出了多种方法来调节冰晶成核，主要包括超声波技术，冰雾技术，降压法和真空诱导表面冷冻。

超声波振荡在冷冻干燥过程中可以诱导冰晶成核。这项技术最早应用于食品领域，如冰激凌的制造[50]。Inada 等[51]指出，超声波振荡诱导的从过冷水到冰晶的相变可以控制在理想的冷冻温度范围内。超声波控制冰晶成核的机理仍然在讨论中[52-55]。超声波汽蚀是导致液体中气泡形成的一个关键因素。另外，在气泡破裂的最后阶段，局部高压使水的平衡冻结温度升高，结果是过冷度增加，这是冰晶成核的驱动力[49]。Nakagawa 等[56]介绍了用于冷冻干燥药物蛋白的超声波控制成核过程，如图 27-10 所示。铝制隔板的一端安装了超声换能

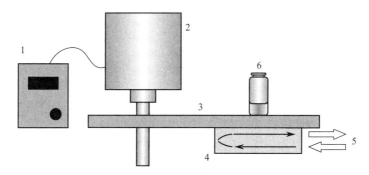

图 27-10　带有超声波系统的冷冻成核过程

1—超声波发生器；2—超声换能器；3—铝板；4—冷却器；5—冷却流体；6—小瓶

器，另一端与冷却器相连用于冷却小瓶。一旦小瓶达到所需的温度，超声波就会诱导冰晶成核。然后，将样品连续冷冻到最终温度，使其完全固化。在较高的成核温度下，样品会形成大而均匀的树突状冰晶；在较低的成核温度下，样品会形成小而不均匀的冰晶，如图 27-11 所示。经超声波诱导的冰晶开始形成于小瓶底部，并逐渐向上发展，在顶部会形成低温浓缩的溶液层。与相同成核温度下未使用超声波诱导的样品相比，冰晶形态没有明显的差异。这说明冰晶形态只与成核温度有关，而与成核方式无关。

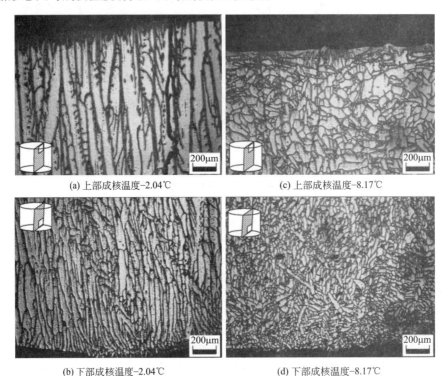

(a) 上部成核温度-2.04℃　　　　(c) 上部成核温度-8.17℃

(b) 下部成核温度-2.04℃　　　　(d) 下部成核温度-8.17℃

图 27-11　10％（质量分数）甘露醇水溶液垂直截面冰晶的形貌

在后续的研究中，Hottot 等[57]报道了超声波控制成核对甘露醇溶液冷冻干燥产品结构和形态特性的影响。他们发现，要得到稳定的甘露醇晶型和高渗透性的多孔结构，就必须在成核温度和超声波脉冲功率之间做出折中。Saclier 等[54,58]通过理论模型和实验验证发现，冰晶的尺寸和圆度取决于过冷度和超声功率。需要指出的是，以上研究中控制冰晶成核都是在外部进行的。Passot 等[59]使用了一台标准的冷冻干燥机，在其中一个搁板上装有超声波设备。他们发现，在成核温度接近平衡冰点时，超声波控制成核是可以实现的，从而改善了整个批次（100 瓶）的均匀性。采用超声波诱导冰晶成核在宏观上改善了整个批次的均匀性，但是单个小瓶内的冰晶结构也存在不均匀性[56]。因此，Nakagawa 等[56]加入退火步骤，以降低小瓶内的不均匀性。然而，超声波控制成核的一个优点是不需要与产品直接接触，因此物料的化学成分没有改变[50]。

Rambhatla 等[60]使用"冰雾技术"调节冰晶成核。当物料达到成核所需温度时，在干燥室内引入低温高压的氮气流。这种操作使产生的冰晶悬浮在干燥室内的气体中：它们进入小瓶并作为成核剂使冰晶形成。这种方法可以在可控的温度下诱导冰晶成核。然而，冰晶成核所需的时间太长，在同一批次小瓶中的冰晶结构通常是不均匀的。因此，为使冷冻更加迅速和均匀，Patel 等[61]提出在引入氮气时应降低干燥室内压力。但目前对流装置难以应用于工业大规模生产，导致干燥室内无法获得均匀分布的"冰雾"，所以这项技术仍仅限于实验室规模的冷冻干燥机。

Bursac 等[62]和 Konstantinidis 等[63]提出了一种调节冰晶成核的有效方法，命名为"降压法"。将小瓶装载于冷冻干燥机中，通过在高压下逸出惰性气体使压力高于大气压 $1.7 \times 10^5 \sim 2 \times 10^5$ Pa。然后将物料冷却到所需的温度，降压以诱导冰晶成核。Konstantinidis 等[63]的研究表明，该方法既适用于实验室又适用于大规模生产。如果冷冻干燥机能承受高于大气压的压力，该方法容易实现；否则，有必要对设备改造以支持超压，但费用昂贵。

"真空诱导表面冷冻"是诱导冰晶成核的另一种方法。这种方法可以直接使用，不需要对现有设备进行改动，可以很好地替代"降压法"。先将小瓶装载在预冻搁板上，降压至约 100Pa 使水分蒸发。由于蒸发是吸热的，这将降低物料的表面温度，促进其冻结[64]。一旦诱导冰晶成核，产品温度必须降到共熔点以下，迅速恢复至大气压力，以防止产品由于沸腾而膨胀，否则小瓶顶部形成的冰晶颗粒会再次融化[65]。图 27-12 为自发成核和强制成核所得到的冷冻干燥产品内部结构的 SEM 图。正如预期的那样，强制成核相比自发成核具有更大的孔道。因此，冰晶成核调节可以减少升华阶段的传质阻力，从而提升冷冻干燥效率。实验观察证实，所有小瓶在压力降低后短时间内成核，成核温度几乎相同，温差小于 0.1℃[45]。

实验结果也证实，"真空诱导表面冷冻"确实能够保证均匀冻结[45]。图 27-13 为 10%

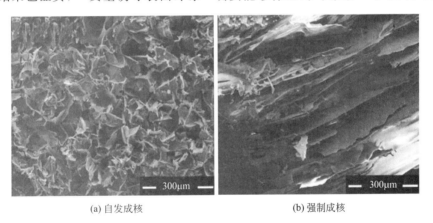

(a) 自发成核　　　　　　　　(b) 强制成核

图 27-12　5%（质量分数）甘露醇水溶液冻干样品 SEM 图[45]

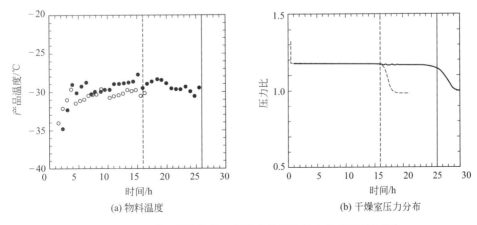

(a) 物料温度　　　　　　　　(b) 干燥室压力分布

图 27-13　10%（质量分数）甘露醇水溶液的冷冻干燥过程[69]

实心点和实线：自发成核；空心点和虚线：控制成核；垂直线：一次干燥结束时间

（质量分数）甘露醇水溶液的冷冻干燥过程。强制成核条件下的干燥时间比自发成核条件下的干燥时间短 10h，相当于干燥时间缩短 40%。采用强制成核的方法能够产生大冰晶，可以减少水蒸气流动的传质阻力，从而提升升华阶段的速率，尽管干燥是在几乎相同的产品温度下进行的，如图 27-13（a）所示。事实上，观察 Pirani-Baratron 压力比曲线，当一次干燥结束的时候，强制成核的斜率发生了急剧的变化，而自发成核变化较为平缓，如图 27-13（b）所示。应该注意的是，尽管冻结是均匀的，但是产品在每个小瓶的内部结构是不均匀的，顶部致密而底部孔隙较大。在超声振动成核的样品中也观察到类似的结构[66]。

27.2.3 退火

传统的冷冻方法会不可避免地形成小而不均匀的冰晶颗粒，干燥后就会形成细微的孔道，这将增加传质阻力，从而降低冷冻干燥速率[3,17]。退火过程是指将冷冻完成的物料进行加热至略低于共熔点的温度，并保持一段时间，然后再冷冻至预定的温度。退火可以简化冰晶结构，增大冰晶尺寸，降低冻结导致的不均匀性[19,67]。在退火处理时，由于小冰晶的化学势比较高，优先融化，并且小冰晶融化速度大于大冰晶。由于化学势的驱动力，奥氏熟化现象（Ostwald ripening）和重结晶将会发生[68,69]。因此，经退火处理的冷冻物料，小冰晶颗粒减少，而大冰晶颗粒增加[19]。退火的最终结果是使冰晶颗粒的平均尺寸增大，这样可以减少水蒸气的迁移阻力，从而缩短干燥时间，进一步提高能量利用率。

Searles 等[19]以羟乙基淀粉和蔗糖为主要溶质研究了退火对冷冻干燥过程的影响。实验结果表明，退火可以降低样品一次干燥阶段速率的不均匀性，并使一次干燥速率提高至 3.5 倍。李恒乐等[49]以头孢曲松钠为主要溶质研究了退火对冷冻干燥过程的影响。首先将样品放置在 −34℃ 的深冷冰柜中冷冻 6h，然后放入 −10℃ 的冰柜中进行退火处理，退火时间分别为 5h 和 10h。退火完成后，将样品再次放入 −34℃ 的冰柜中冷冻 6h，以确保相同的初始温度。最后，在相同的压力（22Pa）和温度（35℃）下进行冷冻干燥实验。不同退火条件下的干燥曲线如图 27-14 所示。实验结果表明，样品经过退火处理 5h 后，干燥时间约为 20000s，比无退火处理时缩短了 14.8%，退火 10h 对于干燥过程没有进一步强化。这表明经过 5h 退火处理后，冰晶的熟化过程已经基本完成，长时间退火并无必要。

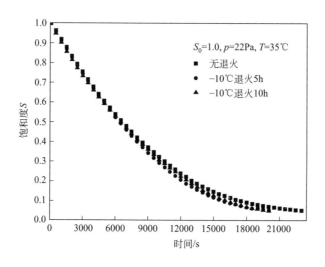

图 27-14 退火对冷冻干燥过程的影响

27.2.4　共溶剂的影响

在冷冻干燥过程中，通常使用水作为溶剂。但是，药物在萃取和结晶过程中可能会残留部分有机溶剂，它们可能会被带入最终的待干溶液中。因此，许多以水作为溶剂的溶液也会含有有机溶剂。另外，很多物料不溶或难溶于水，却溶于有机溶剂。所以，在冷冻干燥工艺中，使用有机溶剂或者有机溶剂-水共溶剂引起了人们的关注，并被深入研究。Teagarden 和 Baker 等[70]探讨了在冷冻干燥过程中使用有机溶剂的利与弊。使用有机溶剂或者有机溶剂-水共溶剂有利于优化产品质量和操作工艺，例如可以增大固体的溶解度，提高一次干燥阶段速率，减少重组时间和改善干燥产品的稳定性。然而，与水作为溶剂相比，使用有机溶剂需要特别关注以下几点：对冷冻干燥机性能有特殊要求（冷凝温度低）；有机溶剂具有高易燃性，储存与操作时需要保证安全；有机溶液的毒性和残留量需要控制；有机溶剂的成本高；有关部门对使用有机溶剂的监管严格。

适用于冷冻干燥的有机溶剂应具有高凝固点、高蒸气压、低毒性和高稳定性，最好能与水混溶[43]。众多有机溶剂中，迄今为止发现的最适合作为溶剂的是叔丁醇 $[(CH_3)_3COH]$。纯叔丁醇的凝固点为 25℃，叔丁醇-水混合物的凝固点为零下几摄氏度，在现有的冷冻干燥机中都可以完全冻结。而乙醇等其他有机溶剂的凝固点一般都在零下几十摄氏度，在普通冷冻干燥机中很难将其冻结捕获，因而在实际生产中难以使用。叔丁醇的饱和蒸气压比水高，有利于提高升华速率，从而节省干燥时间。叔丁醇与水可以任意比例混合，既可以单独作为冻干溶剂，又可以与水组成共溶剂。叔丁醇可以提高一些脂溶性药物在水中的溶解度，同时又可以抑制一些水溶液中不稳定药物的分解。叔丁醇毒性低，作为药用的辅料，在一次干燥阶段，大部分叔丁醇升华，在制剂中残留量很低，可以安全使用[71]。另外，使用叔丁醇-水共溶剂作为冻干溶剂时，在冻结过程中可以改变水的结晶状态，形成针状结晶，减小了传质阻力，更有利于湿分的挥发[43]。

使用有机溶剂会产生更大的冰晶，从而在大冰晶升华后会留下更为宽敞的孔道，因此减少有机溶剂蒸气的迁移阻力，如图 27-15 所示。Kasraian 和 Deluca[72]发现，冰晶的尺寸和形态取决于叔丁醇的含量。使用 1%（质量分数）叔丁醇时，冰晶形态与使用纯水时无明显差异。当浓度增加到 3%（质量分数）时，树突状冰晶形成。继续增加浓度且低于 20%（质量分数）共晶浓度时，针状冰晶形成。Liu 等[65]发现使用 5%（质量分数）叔丁醇时，大针状冰晶形成和生长的速度比纯水对照组的更快。

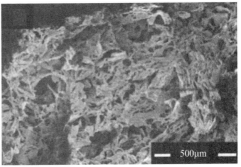

(a) 纯水为溶剂　　　　　　　　　(b) 5%(质量分数)叔丁醇为溶剂

图 27-15　5%（质量分数）蔗糖水溶液冻干样品 SEM 图[69]

图 27-16 对比了 5%（质量分数）蔗糖水溶液的两个冷冻干燥过程。一个使用纯水为溶

剂，另一个使用5%（质量分数）叔丁醇溶液作为溶剂，在相同的操作条件（温度、干燥室压力等）下进行实验。由图27-16可知，以5%（质量分数）叔丁醇溶液为溶剂的物料一次干燥阶段时间为12.5h，而以纯水为溶剂的物料一次干燥阶段时间为23.5h，干燥时间缩短了约50%。干燥速率的增加是由于含叔丁醇的溶剂冻结时形成了针状冰晶，大大降低了蒸汽的迁移阻力。还应该指出，相比于使用纯水作为溶剂，使用含叔丁醇溶剂的瓶底物料温度更低、干燥室水蒸气浓度更高，分别如图27-16（a）和图27-16（b）所示。Kasraian和Deluca[73]的研究还表明，当使用5%（体积分数）叔丁醇溶液代替纯水对乳糖和蔗糖进行冷冻干燥时，物料内的传质阻力明显下降，从而使升华速率提高。Wittaya-Areekul[74]指出，除了可以减少传质阻力外，由于有机溶剂的饱和蒸气压高于水，所以在冷冻干燥过程中使用有机溶剂可以进一步提高升华速率。有机溶剂的升华焓比水小，这也进一步降低了能耗。

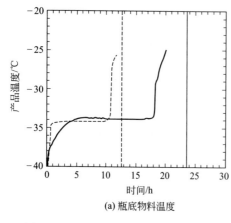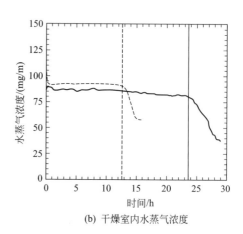

(a) 瓶底物料温度　　　　(b) 干燥室内水蒸气浓度

图 27-16　5%（质量分数）蔗糖水溶液一次干燥阶段（$T_{shelf}=-20℃$，$P_c=10Pa$）[69]
实线：纯水为溶剂；虚线：5%（质量分数）叔丁醇为溶剂；垂直线：一次干燥结束时间

最终产品中有机溶剂的残留量必须符合相应的标准。残留量与初始溶液配方和操作参数有关。Wittaya-Areekul等[75]对蔗糖溶液和甘氨酸溶液冷冻干燥后的叔丁醇残留量进行了研究。实验结果表明，对于甘氨酸，叔丁醇的残留量很低，一般只有0.01%～0.03%；对于蔗糖等无定型状态的药物，叔丁醇的残留量较高，一般约有3%～5%。

27.2.5　结束语

冷冻干燥过程强化的目的是缩短干燥时间、提高能量利用率，从而降低成本，并使产品更加均匀、质量更高。为了实现这一目标，本节讨论了冷冻阶段优化的各种解决方案。控制冷冻速率、调节冰晶成核和退火处理的共同特点是通过增大冰晶尺寸来降低一次升华干燥阶段的传质阻力。冰晶尺寸大而均匀确实能够有效缩短一次干燥阶段的时间。但是，这类强化手段的总体效应取决于多孔固体基质与水分的结合效应。如果结合力不强，一次干燥占主导，干燥速率可以得到适当提高。反之，二次干燥占主导，大尺寸冰晶升华后会导致物料内部的比表面积减小，解吸干燥的阻力反而增大。后者对冷冻干燥过程的强化效果十分有限，甚至会略微降低总的干燥速率。对于一些不溶或者难溶于水的固体，可以使用有机溶剂作为共溶剂。有机溶剂的存在也会产生大尺寸冰晶，而且其具有较高的蒸气压，可以增加传质驱动力。但是，有机溶剂的残留量仍然是一个值得关注的问题。

冷冻干燥是一个典型的热质耦合传递过程。过程的速率控制因素就是传热、传质或者两者兼而有之。强化传热或者传质其中一个因素是过程强化的首要途径。因此，Wang 等提出"介电质辅助的微波冷冻干燥"和"初始非饱和多孔介质冷冻干燥"的技术思想。相关的内容请见 27.3 和 27.4。

27.3 介电质辅助的微波冷冻干燥

冷冻干燥最为关注的是产品质量和过程成本。众所周知，在目前的干燥技术中，冷冻干燥产品的质量最高。由于低温操作和产品含水极低，冷冻干燥具有保护产品防止化学分解、活性损失小和产品易复水的优点[76]。然而冷冻干燥也是一个最耗能的单元操作。高能耗不仅来自湿分的相变，也与整个过程的低能效有关[4]。传统真空冷冻干燥的缺点是干燥时间长和过程成本高。冷冻干燥结合微波加热既保持传统冷冻干燥的技术可靠与产品优质的特点，又兼具微波加热干燥速率高与成本低的优势[33]。

在冷冻干燥中应用微波加热的研究以往都使用自然形成的固体物料，如生牛肉等[77-79]。实验结果均证实微波加热的冷冻干燥时间要比传统方法大大缩短。但是，微波加热冷冻干燥液体物料的报道却很少。Ben Souda 等[80]介绍了微波冷冻干燥泡沫牛奶的实验，研究发现过量的微波功率可能导致冻结的物料熔化。Dolan 和 Scott[81]进行了小瓶微波冷冻干燥甘露醇水溶液实验。两项研究的共同特点是微波加热对冷冻干燥过程影响不大。对微波冷冻干燥液体物料的关注较少可能是由于人们缺乏对微波加热机理的真正理解。微波加热效应是一个微波和耗散物质的相互作用过程，其结果是部分微波能量以热量的形式耗散于物质中。微波能量转换为热量的多少依赖于冷冻物质的介电性质，特别是介电损耗因子。与水不同，冰的损耗因子为 0.003，它很难吸收微波能量。冻结物料的固体基质起着内热源的作用提供升华所需要的能量。如果固体的损耗因子很小，微波能量将不能有效地施加于待干物料上。干肉有相对较大的损耗因子，而固体牛奶和甘露醇有非常小的损耗因子。这就说明了为什么用微波冷冻干燥牛肉的干燥时间会明显减少。

微波冷冻干燥正赢得国际学术界和工业界的广泛关注。如何在冷冻干燥操作中引入微波能量同时又保持干燥产品的高质量仍然是一个挑战。为了利用微波能量又保持真空冷冻干燥的优点，Wang 和 Chen 提出："介电材料辅助的微波冷冻干燥"。其要点是首先用具有较大介电损耗因子的介电材料球或棒与待干溶液一起冷冻，然后冷冻的复合体再进行微波冷冻干燥[33]。如图 27-17 所示。该技术思想适用于冷冻干燥的传热强化。理论研究的结果已证明介电材料可以有效地强化微波冷冻干燥过程，与常规冷冻干燥相比干燥时间可以大大节省[35,38]。吴宏伟[82]和 Basak[83]等的数值分析也得到相同结论。本节的目的是阐述如何在实验上验证这一新颖并且与工业生产密切相关的技术思想，即介电材料在微波冷冻干燥中的强化作用。

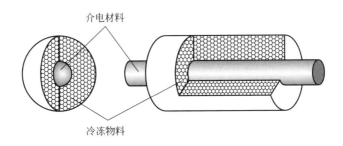

介电材料

冷冻物料

图 27-17 介电质强化的微波冷冻干燥示意图

27.3.1　实验装置

实验室规模的微波冷冻干燥装置流程如图 27-18 所示。整个系统包括 5 个主要子系统：真空系统、空气加热系统、微波系统、数据采集系统和冷冻系统。

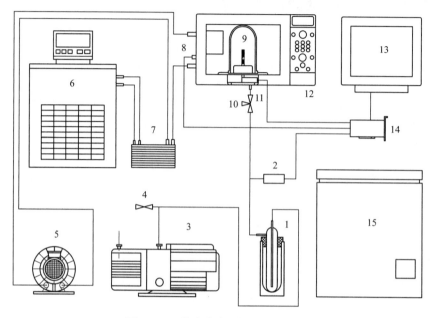

图 27-18　微波冷冻干燥装置流程图

1—冷阱；2—压力传感器；3—真空泵；4—排气阀；5—环形风机；6—水浴循环器；
7—换热器；8—温度传感器；9—干燥室；10—隔离阀；11—质量传感器；
12—微波炉；13—计算机；14—数据采集卡；15—冰柜

真空系统由干燥室、真空泵和冷阱组成。用作干燥室的石英罩体积约为 2.3L；真空泵的抽速约为 4.72L/s，极限真空压力为 0.1Pa；一个专门设计的液氮冷凝器（约 170L）被用作冷阱，以防止水蒸气进入真空泵。在良好的密封条件下，干燥室的压力可在 4min 内达到 2Pa。空气加热系统包括一个恒温循环槽、不锈钢钎焊板式换热器和环形风机。循环槽的温度范围为 −45～200℃（±0.01℃）；板式换热器的面积为 0.53m²，设计压力 1MPa，温度范围为 −196～200℃，用于水-空气热交换；风机功率为 180W，流量为 48m³/s，压头为 4500Pa，用于空气循环以保持石英罩表面温度恒定。微波是由一台改装过的商业微波炉产生。首先将原来 1000W 的磁控管由 600W 的磁控管所取代；其次是用变压器降低输入电压，从而降低输出功率。微波输入功率随电压的变化如图 27-19 所示。如此改造的微波炉最低连续输入功率约为 40W。数据采集系统包括三个传感器、计算机和数据采集卡。红外传

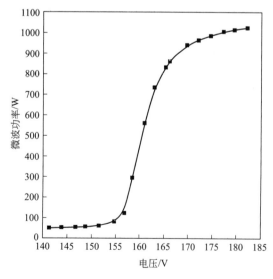

图 27-19　微波输入功率与电压关系

感器用于监测石英罩的表面温度；重量传感器用来测量样品质量随着时间的变化；真空压力传感器为一个皮拉尼计。三个模拟信号用多功能数据采集卡转换成数字信号，并用计算机通过 LabVIEW7.0 软件存储和分析。待干样品用一台超低温冰柜在干燥室外冷冻。

27.3.2 实验方法

27.3.2.1 实验材料

在实验中，以甘露醇（Sigma-Aldrich，>98%）为水溶液中的溶质，因为它是极好的药物赋形剂和结构改进剂，使物料多孔结构在干燥中和干燥后可以很好地保持，崩塌的可能性降低[26]。以烧结的碳化硅（SiC）为介电材料，因为它具有跟液态水相近的损耗因子，很容易吸收微波能量。作为比较，石英被当作介电材料的参照物，因为它很难吸收微波能量。介电材料的损耗因子和尺寸列于表 27-3。

表 27-3 介电材料的损耗因子和尺寸

名称	损耗因子	尺寸
碳化硅	11	$\phi 6mm \times 35mm$
石英	0.003	$\phi 6mm \times 35mm$

27.3.2.2 样品制备

首先将 5g 甘露醇用 25g 去离子水溶于 100mL 烧杯中得到甘露醇水溶液，含水量 X_0（干基）为 5，相当于湿基的 83.3%；然后将溶液注入模具中使之形成一个带有介电材料核心的棒状样品；最后将样品组件放入冰柜完全冷冻直至达到预定的初始温度。图 27-20 为样品组件示意图。实验样品采用棒状不仅是为了兼顾干燥室的几何尺寸，也是为了应用于以后的工业生产，因为该形状易于成型而且干燥后产品易与介电材料棒分离。物料厚度是基于两方面考虑：一是小于微波的穿透深度，使电场在物料中均匀分布；二是远小于物料长度，使后来的理论模拟可以在一维条件下进行。

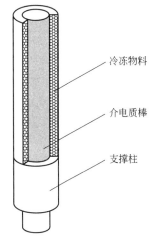

冷冻物料

介电质棒

支撑柱

27.3.2.3 实验步骤

为避免实验开始前样品的不良温升，应将冷冻样品尽可能快地放入干燥室。干燥室用耐微波的 O 形橡胶圈密封。实验分

图 27-20 样品组件示意图

为两个操作模式，即传统的冷冻干燥和微波加热冷冻干燥（有和无介电材料辅助）。在传统的无微波加热冷冻干燥中，石英棒和碳化硅棒均用作冻结样品的核心，每种核心在 25℃ 环境温度下测试两遍。由于冷冻干燥需要的热量都来自石英罩表面的辐射，两种核心的四个实验结果十分吻合。这说明固体核心棒在传统冷冻干燥中仅起到样品支撑的作用，同时进一步表明本实验具有良好的重复性。在微波加热冷冻干燥中，石英棒或碳化硅棒被用作样品核心，冷冻干燥所需的热量不仅源自表面辐射，还有微波能量。操作条件列于表 27-4。

表 27-4 样品尺寸和操作条件

符号	数值	单位
d_p	6	mm

续表

符号	数值	单位
D_p	8.6	mm
P	40	W
S_0	1	—
T_0	−32	℃
T_{amb}	25.41	℃

选用−32℃为初始温度是因为甘露醇溶液的冷冻崩塌温度为−30℃[24,29]。由于两种模式操作类似，仅将后者的实验步骤描述如下：

①开启环形风机和水浴循环器（图 27-18 中 5 和 6），预热干燥室到预设温度。检查冷阱 1，确保有液氮。

②关闭排气阀 4 和隔离阀 10。开启真空泵 3 以实现干燥室前的系统压力低于 2Pa。

③将冷冻样品迅速从冰柜 15 移入干燥室 9，盖好石英罩，开启隔离阀。

④打开微波炉 12。

⑤数据采集系统 14 每隔一定时间自动记录样品质量、环境温度和系统压力。

⑥当样品重量没有明显变化时关闭微波电源，其显示的系统压力下降到初始值（约 2Pa）。

⑦关闭真空泵，将隔离阀旋至排气通风。

⑧取出样品，测量干燥产品的重量并确定残余水分含量。

27.3.3　案例分析

实验主要测定干燥曲线，也同时记录干燥过程中环境温度和系统压力的变化。图 27-21 为 25℃时传统的冷冻干燥和介电材料辅助的微波冷冻干燥曲线。实验中曾试图用石英棒取代碳化硅棒，以检验无介电材料辅助的常规微波冷冻干燥效果。结果磁控管被烧毁，这是因为本装置没有设置虚拟负载来吸收反射的微波能量，因此常规微波冷冻干燥的实验数据无法收集。这也从另一个角度解释了微波冷冻干燥液体物料效果不明显的原因。由于固体甘露醇的损耗因子非常小，甘露醇水溶液的冷冻样品极难吸收微波，所以由微波装置发射出的微波基本上全部返回到磁控管。从图 27-21 可以看出，介电材料辅助的微波冷冻干燥时间为 126min，比传统的冷冻干燥所需的 160min 缩短了 21.3%。这表明，介电材料辅助的微波冷冻干燥是可行的，使用介电材料确实可以强化微波冷冻干燥过程。仔细观察图 27-21 发现，两条曲线在冷冻干燥的前 50min 基本重合，然后逐渐分开，微波加热的作用似乎逐渐生效。这是因为当表面辐射加热样品时，碳化硅棒必须首先吸收足够的能量以升高自身的温度。此外，热量从碳化硅棒核心传导必须通过几乎整个最初被冻结材料的厚度，而表面辐射热一开始就可以很容易地用于冰的升华。随着升华界面的消退，来自碳化硅棒传导的热量增加，而表面辐射的热量渐渐不占主导。因此，微波加热主要体现在干燥过程的后半部分。

图 27-22 为干燥室中系统压力的变化。在传统的冷冻干燥中，压力从干燥开始到结束是逐步减小的。而对于介电材料辅助的微波冷冻干燥，压力在干燥的大部分时间里大体保持相对恒定的量，在干燥结束时迅速下降。这是因为和传统的冷冻干燥相比较，微波加热具有更快的升华速率。在一定的泵能力下，升华速率和真空抽率之间建立了一个动态平衡。在微波加热干燥的最初阶段，压力的短暂增加是由于开始迅速减少的压力引起的惯性作用。值得注意的是，这两种情况的平均压力几乎相同。

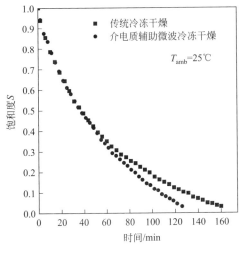

图 27-21　25℃下实验测定的干燥曲线

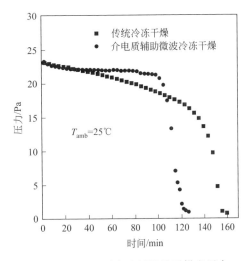

图 27-22　25℃下实验记录的干燥室压力

图 27-23 为干燥室中环境温度的变化。可以看出，温度几乎保持在 25℃ 不变。作为比较，本实验也测定了 41℃ 时传统冷冻干燥和介电材料辅助的微波冷冻干燥曲线。因为压力和温度的变化与图 27-22 和图 27-23 相似，只有干燥曲线示于图 27-24。介电材料辅助的微波冷冻干燥时间比传统的冷冻干燥缩短 19.7%。与图 27-21 相比，图 27-24 的强化增量略小，这是因为在较低的环境温度，干燥所需能量更多地来自微波加热。在所有 4 种情况里，干燥产品中冰的饱和度均低于 0.03。

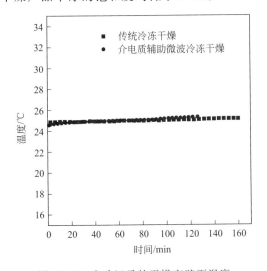

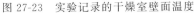

图 27-23　实验记录的干燥室壁面温度

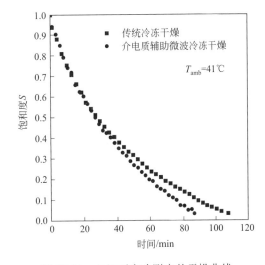

图 27-24　41℃下实验测定的干燥曲线

27.3.4　结束语

为了实验验证介电材料对微波冷冻干燥液体物料的强化作用，本节设计、制造和装配了一套实验室规模的微波冷冻干燥装置。介电材料用烧结的碳化硅（SiC）棒，待干溶液中的溶质选用一种典型的药物赋形剂——甘露醇。实验结果表明使用介电材料确实能够有效地加快微波冷冻干燥速率。与传统冷冻干燥相比，测试条件下干燥时间可以大幅缩短。在表面辐射温度为 25℃ 时，干燥时间节省 21.3%；在 41℃ 时，干燥时间节省 19.7%。

27.4　初始非饱和多孔物料的冷冻干燥

与传统的干燥方法相比，真空冷冻干燥具有保护物料易挥发成分、避免物料受热分解、干燥产品溶解性和复水性好等优点。因此，冷冻干燥在食品、药品和生物制品等高附加值产品的脱水过程中具有不可替代的作用。冷冻干燥产品的质量最高，但能耗也最高[84]。因此，提高干燥速率、缩短干燥时间一直是冷冻干燥研究的热点。冷冻干燥过程通常由物料冷冻固化、维持真空、冰晶升华/解吸和水蒸气冷凝四部分操作组成。各部分能量消耗如图 27-25 所示。其中冰晶升华/解吸干燥阶段的能耗占整个冷冻干燥过程能耗的 45%，维持真空和水蒸气冷凝阶段各占 25% 左右，物料冷冻能耗仅占总能耗的 4%。因此缩短冷冻干燥时间，同时亦能缩短维持真空和水蒸气冷凝过程的时间，是冷冻干燥技术研究的重要方向[17]。

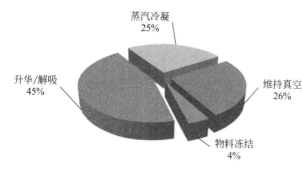

图 27-25　冷冻干燥过程能耗分配图[39]

冷冻干燥是一个热质耦合的传递过程。物料内部的升华界面将物料划分为两种性质不同的区域，即多孔干燥区和冷冻区。升华界面吸收热量使冻结的水分升华为蒸汽，并经多孔干燥区逸出物料表面。随着干燥过程的进行，干燥区不断变厚，冷冻区逐渐退缩。当物料的升华界面消失后，整个多孔干燥区开始解吸干燥。Pikal 等[3,11,17] 指出冷冻干燥的主要传递阻力来自于水蒸气在干燥区的迁移。Livesey 和 Rowe[31] 在研究干燥室压力对热质传递影响时得出：冷冻干燥的速率控制因素仅在干燥开始的很短阶段为传热，在干燥区形成后相当长的阶段为传质。Wolff 和 Gibert[32] 在研究液体物料小瓶真空冷冻干燥动力学时发现，升华的水蒸气在多孔干燥区的扩散系数大小是干燥速率的影响因素。Nail 和 Gatlin[7] 发现水蒸气传递的最大阻力发生在干燥区，取决于物料冷冻阶段形成的孔道大小。Wang 和 Chen 等[35,38,85] 的理论研究也得到了相同的结论。

传统的液体物料冷冻干燥过程是将料液直接冷冻固化，得到几乎没有初始孔隙的"饱和"冷冻物料，其内部一般不存在孔隙，冰晶升华只能由外到内进行。但是，有些自然形成的物料中，如肉类、蔬菜、木材等，其内部都具有一定的初始孔隙，升华不仅发生在升华界面，也发生在冰冻区。研究发现，冷冻干燥过程的主要传递阻力来自水蒸气在干燥区的迁移[3]，水蒸气扩散系数是影响干燥速率的主要因素[32]。整个干燥阶段的速率控制因素在干燥区形成后相当长的阶段内为传质[7]。由此可见，强化液体物料冷冻干燥过程的传质是降低过程能耗的重要途径。通过实验可以证明初始非饱和冷冻物料对于液体物料冷冻干燥过程起到强化作用。

为了缩短真空冷冻干燥时间，提高能量利用率，Wang 等[85] 提出："初始非饱和多孔介质冷冻干燥"。其要点是：首先将待干液体制成具有一定初始孔隙率冷冻物料，像"冰激凌"一样，如图 27-26 所示，然后再进行冷冻干燥。这一全新的冷冻干燥工艺可望大大降低传质阻力，缩短干燥时间。该技术思想适用于冷冻干燥的传质强化。本节的目的是在实验上验证这一技术思想。初始非饱和多孔介质冷冻干燥必将对传统的冷冻干燥过程产生极其深远的影响，其研究结果将建立一个全新的前所未有的液体物料冷冻干燥方法。该项基础研究是产品高质量和过程低消耗的完美结合，极具学术和实用价值，对今后的过程设计、操作和控制具有非常现实的指导意义。

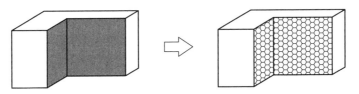

图 27-26　初始饱和与非饱和多孔冷冻物料

27.4.1　实验装置

实验所用的冷冻干燥装置流程如图 27-27 所示。

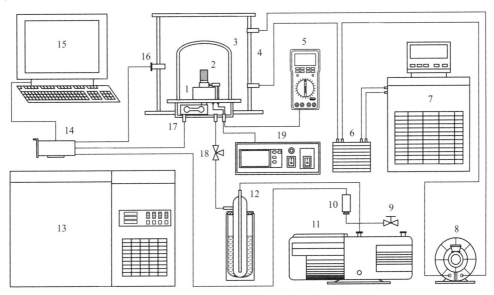

图 27-27　实验所用的冷冻干燥装置流程图[86-88]

1—底盘加热装置；2—样品组件；3—干燥室；4—保温罩；5—自动记录仪；6—换热器；7—水浴循环器；
8—环形风机；9—调节阀；10—压力传感器；11—真空泵；12—冷阱；13—深冷冰柜；14—数据采集卡；
15—电脑；16—温度传感器；17—称重传感器；18—三通阀；19—温度控制器

　　为了研究辐射与导热组合加热对冷冻干燥过程的影响，在装置上增加了一套样品支撑板加热装置。如图 27-28 所示，样品组件放置在加热柱上，热量通过加热柱以导热的方式传递到支撑板上。由于加热柱与称重传感器相连，不能采用直接接触加热，因此本设计采用了加热套辐射加热的方式。加热套由 6 个均匀分布的电热棒（25W）进行加热，其温度由热电偶 SC-TT-K-30-36（OMEGA，美国）测量，并采用 PID 温控系统（自制）进行温度控制。加热柱的温度通过红外传感器 OS36-K（OMEGA，美国）进行监测，并使用多功能万用表 HHM290/N（OMEGA，美国）进行显示和记录。

　　本实验采用了两种加热方式：一种是单一的辐射加热；另一种是辐射/导热组合加热。实验过程

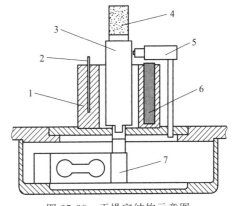

图 27-28　干燥室结构示意图

1—加热套；2—热电偶；3—加热柱；4—物料样品；
5—红外传感器；6—电热棒；7—称重传感器

中，物料的质量变化由称重传感器实时监测。

27.4.2 实验方法

27.4.2.1 实验材料与仪器

待干料液中溶质选用甘露醇（98.0%，Aladdin，中国），溶剂为蒸馏水（大连理工大学）。液氮购自大连化学物理研究所。

实验主要仪器包括：电子天平（Mettler，瑞士），磁力搅拌器（Dragon，北京），水分测定仪（Mettler，瑞士），扫描电镜（Quanta450，FEI，美国）。

27.4.2.2 样品制备

实验采用"液氮制作冰激凌法"来制备初始非饱和预冷冻物料。实验样品制备过程如下：将甘露醇（20g）和微量的乳化稳定剂溶于蒸馏水（100g）中制备成料液，料液在"冰激凌"制造机中被搅拌，并不断向料液中加入液氮，磁力搅拌器搅拌速度为400r/min。快速气化的氮气在搅拌下均匀分散在料液中并使之膨胀。当物料硬化到一定程度时，停止搅拌，制备成干基含湿量 X_0 为4.48的待干料液。制备过程示意图见图27-29。

制备后需要注意待干物料具有微流动性且易于熔化，所以在模具塑形过程中时间要尽可能短，同时也需注意避免物料被过度压缩，造成孔隙堵塞。将制备好的初始非饱和物料注入模具之后，模具和小托盘形成一个样品组件，然后放入冰柜进行深冷固化。两种样品的制备条件：物料质量为1.8g，深冷温度为−35℃，冷冻时间为4h，样品直径为 ϕ14.8mm。为了测量干燥过程中物料内部温度的变化，在待干样品中的不同位置预埋了3个热电偶。图27-30为样品组件示意图。常规的冷冻干燥操作是将待干料液直接注入柱状模具使之与一个小托板形成一个样品组件，然后将其放入冰柜完全冷冻直至达到预定温度。

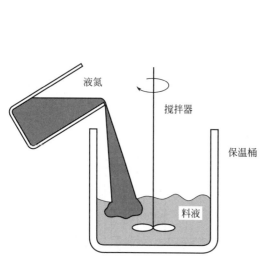

图27-29 "液氮制作冰激凌法"示意图

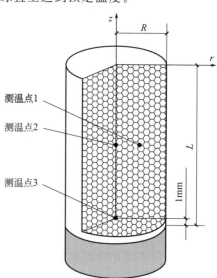

图27-30 样品组件示意图

27.4.2.3 实验条件和步骤

样品的初始饱和度 S_0 分别为0.28、0.43、0.65和1.00。典型操作条件：干燥室环境温度为30℃，干燥室压力为22Pa。加热方式为单一的辐射加热和辐射/导热组合加热。

为避免实验开始前样品的不良升温，冷冻样品需尽可能快速地放入干燥室。冷冻干燥过程需要的热量全部来自于石英罩表面的辐射，石英罩的温度即为干燥室环境温度。单一辐射加热实验步骤如下：

① 开启水浴循环器与环形风机（图 27-27 中 7 和 8）预热干燥室至设定温度；向冷阱中加入液氮。

② 关闭调节阀 9；调节三通阀 18 至干燥室与真空系统连通；开启真空泵 11 使干燥室压力达到操作压力（22Pa）。

③ 调节三通阀至干燥室与真空系统隔离，使之恢复常压；将样品组件迅速从冰柜移出称重并放入干燥室内。盖上石英罩和保温橱盖；调节三通阀，系统压力在数秒内恢复到操作压力。

④ 开启数据采集系统，每隔 2s 自动记录样品的质量、干燥室环境温度和系统压力。

⑤ 当样品质量没有明显变化时，关闭数据采集系统；关闭真空泵；调节三通阀使干燥室压力恢复至常压。

⑥ 关闭循环槽与风机，取出样品。用干燥箱和水分测定仪确定干燥产品含水率。

27.4.3　案例分析

27.4.3.1　初始饱和度对冷冻干燥过程的影响

为了验证初始非饱和多孔物料对冷冻干燥过程的强化作用，上述三种不同初始饱和度的非饱和冷冻物料（$S_0=0.28$，0.43，0.65）和常规饱和冷冻物料（$S_0=1.00$）在相同的条件下进行冷冻干燥，结果如图 27-31 所示。由实验结果可知，冷冻物料的初始饱和度越小，所需干燥时间越短，对冷冻干燥过程的强化作用越显著。这进一步证明了初始非饱和冷冻物料确实有益于液体物料的冷冻干燥过程。在相同的物料量和相同的操作条件下，初始饱和度为 0.28 的冷冻物料干燥时间为 12750s，而常规饱和物料需要 18750s。前者的干燥时间比后者缩短了 32%左右。由于样品半径相同，初始饱和度越小，样品高度越高。对于本实验的样品组件构型，干燥过程中升华的水蒸气是沿着单一轴向和径向迁移。柱状样品越高，沿半径方向传质的份额越大。

仔细观察图 27-31 发现，冷冻物料的初始饱和度越小，除干燥时间越短之外，干燥产品

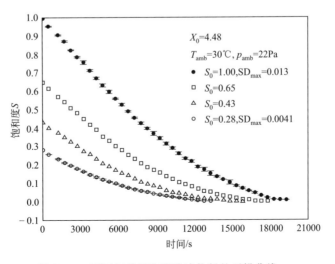

图 27-31　不同初始饱和度冷冻物料的干燥曲线

的含水率也越低。表 27-5 为不同初始饱和度冷冻物料的干燥时间和产品含水率。初始饱和度越小，干燥过程中水蒸气迁移所经过的通道孔径越大，更有利于蒸汽的迁移；另外，初始饱和度越小，使得固体基质更加纤细，表面积更大，更有利于吸附水分的脱附[11,89]，所以其干燥产品含水率也越低。

表 27-5　不同初始饱和度冷冻物料干燥时间和产品含水率

S_0	干燥时间/s	产品含水率/%
1.00	18750	4.01
0.65	17250	2.29
0.43	15250	1.83
0.28	12750	0.61

27.4.3.2　干燥产品的形貌特征

为了考察多孔固体骨架的连接性以及孔隙空间的大小和连通性，实验对初始非饱和冷冻物料（$S_0 = 0.28$）和常规饱和冷冻物料的干燥产品做了扫描电镜（SEM）表征。如图 27-32 所示，其中图 27-32(a)、（b）和（c）是常规物料干燥产品的图片；图 27-32(d)、（e）和（f）是初始非饱和物料的图片。

从图 27-32(a) 和（b）可以看出，常规物料的干燥产品内部存在微孔且孔壁呈较为致密的片状结构，这是溶液在冷冻过程中自然结晶形成的，与文献报道一致[90]。随着冷冻过程的进行，溶液温度逐渐降低，溶质的溶解度降低并开始析出，与此同时大部分液态水开始结晶。在冷冻后期，冰晶的生长迫使溶质在其周围形成较为致密的片状结构，晶间的水分结晶或者与溶质形成固溶体[11]。仔细观察图 27-32(b) 和（c）发现，片状孔壁是由紧密连接的棒状溶质晶体构成，比较致密，水蒸气很难通过。

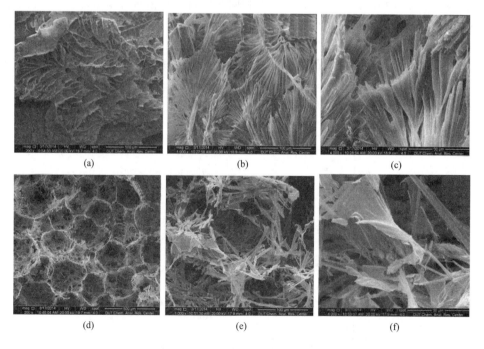

图 27-32　两种物料干燥产品不同放大倍数的电镜图片

"液氮制冰激凌法"制备的初始非饱和多孔物料干燥产品的内部结构与常规物料的内部

结构截然不同。从图 27-32 (d) 和（e）可以看出，如此制备的物料干燥产品的固体基质骨架呈均匀且疏松的网状结构。对于初始非饱和多孔物料，由于制备过程中其内部本身存在大量的初始孔隙，冰晶有足够的空间生长，对固体骨架的形成不造成影响。从图 27-32（e）和（f）发现，初始非饱和多孔物料干燥产品具有连续的固体骨架和孔隙空间，而且孔隙更大并分布均匀。仔细对比图 27-32（c）和（f）还可以发现，相比于饱和物料干燥产品，初始非饱和物料的固体基质更加纤细，且其孔壁呈网状结构。升华的水蒸气不但能在孔隙空间中迁移，也能从孔壁中穿过。因次，这种疏松的网状固体骨架可以大大减小传质阻力，有利于湿分脱附，强化冷冻干燥过程。这可能也是导致产品含湿量低的原因。

27.4.3.3　冷冻干燥过程中物料内部的温度变化分析

如图 27-30 所示，设样品高度为 L，半径为 R。测温点 1 位于 1/2 高度上的 1/2 半径处（$l=L/2$，$r=R/2$）；测温点 2 位于中心线上样品高度的 1/2 处（$l=L/2$，$r=0$）；测温点 3 位于样品中心距离支撑板上 1mm 处（$l=1mm$，$r=0$）。

图 27-33 为干燥过程中两种冷冻物料内部温度变化，其中空心点是初始非饱和物料；实心点是常规饱和物料。从图 27-33 可以看出在干燥最初阶段，两种物料的温度均存在一个短暂的迅速下降过程。这是由于冰晶迅速升华需要吸收大量热量，而由外部传入的热量较少，此阶段冰晶升华所需的热量主要来自物料自身的显热，致使物料温度骤降。

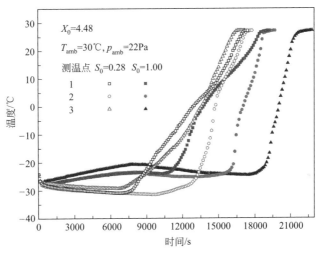

图 27-33　两种物料内部不同位置温度曲线

观察实心点 1、2 和 3 的温度变化可以发现，各点温度在经历短暂的骤降之后开始缓慢上升，在 8000s 左右转而缓慢下降。由于物料内部没有初始孔隙，升华仅发生在升华界面上。在干燥初期，物料外部传入的热量大于冰晶升华所需的热量，部分传入的热量转变为物料升温的显热；随着干燥过程的进行，物料外侧干燥区的形成致使热量的传递速率减慢，不足以满足界面处的冰晶升华所需的热量。因此，物料需要降低自身温度为冰晶升华提供热量。实心点 1 处的温度在 10500s 左右开始快速上升。由于实心点 1 更接近物料表面（见图 27-30），升华界面首先退至实心点 1 附近，此时升华干燥阶段结束，物料进入解吸干燥阶段，所以此处温度开始快速上升。实心点 2 和实心点 3 依次进入解吸干燥阶段的时间分别为 15000s 和 18000s 左右。对比实心点 1 和 2 的温度变化可以看出，在干燥前 10000s 左右的时间内，这两处物料温度相差不大。随后两点依次进入解吸干燥阶段，这表明常规饱和物料内部确实存在明显的升华界面。对比实心点 2 和 3 的温度变化发现，在升华干燥阶段，实心点

3处的温度明显高于实心点2处的温度。这是由于实心点3距物料支撑板较近造成的，物料内部存在轴向温差，表明支撑板导热的影响比较明显。尽管实心点3处的温度高于实心点2处的温度，但升华界面却更晚地退至实心点3处，说明在升华干燥阶段物料内部始终存在冰冻区，升华的水蒸气不能够及时迁移至物料表面。因此，常规物料冷冻干燥过程的速率控制因素主要是传质。干燥结束时，物料内部各点的温度趋于一致，约为27℃。

仔细观察空心点1、2和3的温度变化发现不同于常规饱和冷冻物料。在升华干燥阶段，初始非饱和冷冻物料物料内部各点的温度始终缓慢下降。由于物料内部存在预制的初始孔隙，冰晶能够整体升华。较大的升华速率导致外部传入的热量不足以提供冰晶升华所需的热量，需要消耗部分自身的显热。对比空心点1和2的温度变化依然可以看出，尽管在升华干燥阶段两点的温度相差不大，进入解吸干燥阶段的时间依次为7500s和11000s左右。这说明初始非饱和物料内部仍然存在类似于升华界面的主要升华区域。对比空心点1和3的温度变化可以发现，两点进入解吸干燥阶段的时间十分接近，其中空心点3的时间为7000s。因为初始非饱和冷冻物料具有较大的初始孔隙，冰晶能够整体升华，水蒸气的迁移阻力大大减小。而且空心点3处的温度略高于空心点1和点2处的温度，主要升华区更早地退至该处。这说明初始非饱和物料能够显著缩短升华干燥阶段时间。干燥结束时，物料内部各点的温度几乎同时达到终了温度27℃左右。这进一步证明了初始非饱和物料的冷冻干燥过程存在整体升华。纵观空心点1、2和3的整个温度变化历程还可以发现，解吸干燥阶段的时间比升华干燥长。因此，相比于常规液体物料冷冻干燥过程主要是传质控制，初始非饱和物料的冷冻干燥过程主要是传热控制。所以强化传热将是缩短初始非饱和多孔物料冷冻干燥时间的主要措施。

27.4.3.4 操作条件对冷冻干燥过程的影响

研究冷冻干燥的目的是缩短干燥时间，提高过程经济性。干燥室环境温度和压力是冷冻干燥过程的两个重要的操作条件。选择适宜的操作温度和压力是改善过程的简单而有效的手段。因此，考察操作温度和压力对冷冻干燥过程的影响很有必要。

为考察干燥室温度对冷冻干燥过程的影响，本研究仍然制备了两种待干样品（$S_0=0.28$ 和 $S_0=1.00$）。在相同系统压力（22Pa）下，分别在25℃、30℃、35℃下进行两种冷冻物料的冷冻干燥实验。干燥曲线见图27-34。由图可见，随着操作温度的升高，常规与初

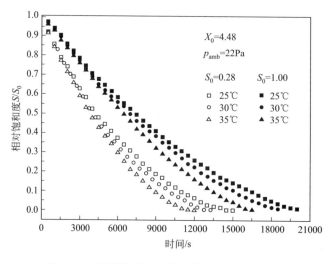

图 27-34 操作温度对两种物料冷冻干燥的影响

始非饱和两种冷冻物料的干燥时间均减小。在本实验中，冰晶升华所需的热量全部来自于玻璃罩表面的辐射传热，辐射温度的升高使得物料内部温度升高，冰晶升华的饱和蒸气压也就随之升高。干燥室压力不变时，水蒸气迁移的推动力变大，从而加速水蒸气迁移到干燥室中。这种现象与瓶装物料的冷冻干燥实验结果一致，升高加热温度使得干燥速率增大，干燥时间变短。但温度不能无限制升高，强化干燥的同时，还应保证物料冷冻过程中不因温度过高而发生崩塌。

为了研究系统压力对两种冷冻物料冻干过程的影响规律，研究选择对象与测量温度对干燥速率的影响实验的样品一致。Pikal[11]指出瓶装药物进行冷冻干燥时操作压力的范围为 $4\sim40Pa$。因此，本实验选取 11Pa、22Pa 和 33Pa 三种压力，在相同环境温度（30℃）下，进行两种冷冻物料的冷冻干燥实验。

常规冷冻物料与初始非饱和冷冻物料在三种压力下的干燥曲线见图 27-35。实验条件下，常规冷冻物料冷冻干燥过程几乎不受压力的影响。压力减小，干燥层热导率降低；同时，压力减小，物料内质量扩散系数增大。两者的作用可能相互抵消，使得压力对常规冷冻物料的冷冻干燥过程影响较弱。因此，实验条件下，常规冷冻物料的干燥时间对压力的变化并不敏感。从图中可以看出，初始非饱和冷冻物料的冷冻干燥过程对压力变化略微敏感。对于冷冻物料本身而言，压力减小，干燥层的热导率降低，不利于过程传热；同时，压力减小，物料内质量扩散系数增大，有利于过程传质。非饱和冷冻物料的特点在于具有较大的孔隙、孔道，水蒸气逸出时的阻力得到有效减小。也就是说，压力变化对初始非饱和冷冻物料内部的质量扩散系数的影响可能很小。因此，对于初始非饱和冷冻物料的冻干过程，压力升高对干燥层热导率的增加作用明显大于对物料内质量扩散系数的降低作用。所以，初始非饱和冷冻物料的冻干时间随压力的升高而缩短。

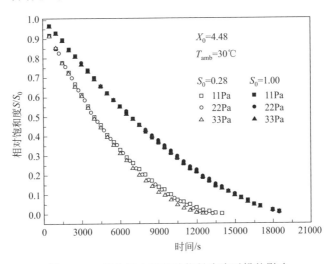

图 27-35 操作压力对两种物料冷冻干燥的影响

压力对于两种冷冻物料冷冻干燥过程具有不同的影响规律。同时，压力仅对升华干燥阶段有影响。这就从侧面证明了初始非饱和冷冻物料对冷冻干燥过程第一干燥阶段的传质具有强化作用。

27.4.3.5 加热方式对冷冻干燥过程的影响

从上一节的操作条件对冷冻干燥过程影响的研究发现，干燥室温度和压力对过程的强化作用不显著。为探究强化传热对冷冻干燥过程的影响，本实验采用了辐射与支撑板导热组合的加热方式，在典型的操作条件下进行操作。两种待干样品与上述实验相同，支撑板温度为30℃。干燥曲线见图27-36。

从图中可以看出，在组合加热条件下，初始非饱和物料的冷冻干燥时间比常规物料依然缩短了19%。相对于单一的辐射加热，两种物料的干燥时间均能够缩短，前者缩短1000s，而后者缩短3000s左右。这表明组合加热对冷冻干燥具有明显的强化作用。仔细对比图27-31和图27-36中的干燥曲线发现，在组合加热条件下，常规饱和物料的干燥速率在干燥开始后较长的时间段内比在单一辐射加热条件下要大；对于初始非饱和物料，仅在干燥开始后较短的时间内出现这种现象。初始非饱和物料在组合加热条件下对冷冻干燥过程的强化程度略低于单一辐射加热的原因在于：饱和物料内部没有孔隙、热导率大，物料底部冰冻区最后升华，有利于支撑板传导的热量传入；初始非饱和物料内部存在较大的初始孔隙，底部与样品表面同时发生升华。支撑板导热大大加速了物料底部冰晶的升华速率。当非饱和物料底部升华干燥阶段结束后，此区域的热导率大大减小、传热阻力大大增加。随着底部主要升华区向上退却，支撑板导热传入物料内部的热量越来越少。尽管如此，比较图27-31和图27-36，单一辐射加热条件下初始非饱和物料的干燥时间仍比组合加热下干燥饱和物料缩短13.3%。因此，组合加热确实能够进一步强化初始非饱和物料的冷冻干燥过程。可以预计，降低物料的高径比可以更好地利用支撑板传导的热量，有利于缩短干燥时间。

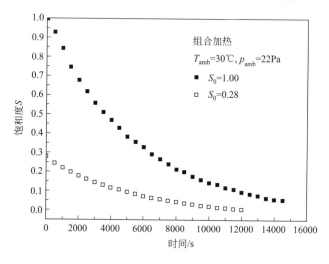

图27-36　组合加热条件下两种物料干燥曲线

27.4.4　结束语

具有一定初始孔隙的多孔物料对液体物料冷冻干燥过程具有显著的强化作用。采用制作冰激凌方法制备的初始非饱和多孔冷冻物料具有连续的孔隙空间和固体骨架，有利于升华水蒸气的迁移，降低了冷冻干燥过程的传质阻力，提高了过程经济性。实验结果表明，非饱和冷冻物料确实能够显著地强化液体物料的冷冻干燥过程。干燥产品SEM形貌分析显示，初始非饱和冷冻物料具有连续均匀的固体骨架和孔隙，固体基质更加纤细，孔隙空间更大，可以大大减小传质阻力。考察物料内部各点的温度变化发现，初始非饱和物料内部冰晶确实发生整体升华，但仍然存在主要升华区域；非饱和多孔物料的冷冻干燥过程主要是传热控制，而常规饱和物料冷冻干燥主要是传质控制。操作压力对过程的影响可以忽略。采用辐射/导热组合加热方式可改善初始非饱和多孔物料冷冻干燥过程的传热，进一步缩短干燥时间。

27.5　初始非饱和多孔物料的微波冷冻干燥

冷冻干燥是一个典型的热质耦合传递过程。上述研究结果表明，单因素强化也能够取得一定的强化效果。但是，单一强化传热或者传质其中一个因素，另一个必然会成为过程速率的控制因素。因此，只有寻求同时强化传热、传质，才能从根本上解决冷冻干燥能耗高、时间长的问题。为了缩短干燥时间和提高能量利用率，Wang 等构建了一个"介电质辅助微波加热的非饱和多孔介质冷冻干燥"过程。即用介电质辅助微波加热来强化传热，用初始非饱和和冷冻物料来强化传质，以实现冷冻干燥过程传热、传质的同时强化。它是以略微增加物料冻结子过程能耗的少许代价，来换取升华/解吸等其他三个子过程的最大强化。

本节的目的是在实验上验证这一冷冻干燥过程的终极强化方法。该创新思想是将具有百年历史的成熟的冰激凌制作工艺与介电质辅助的微波冷冻干燥相结合，是产品高质量和过程低消耗的完美结合。该应用基础研究将引领和促进冷冻干燥分离过程的强化研究，丰富和发展冷冻干燥技术领域的科学内涵，具有重要的学术价值和潜在的应用前景。研究成果将建立一个新型的液体物料冷冻干燥方法，对我国的食品和药品加工，以及新型材料制备，特别是中医药生产过程的优化具有非常现实的指导意义。

27.5.1　实验装置

实验室规模的多功能微波冷冻干燥装置流程如图 27-37 所示。该装置包括五个子系统：真空系统、控温系统、数据采集系统、冷冻系统和微波加热系统。真空系统包括：微波干燥室、真空泵和冷阱。控温系统包括：换热器、环形风机、恒温循环槽和热风循环室，用于维持干燥室表面温度于一个恒定值。数据采集系统包括：数据采集卡、计算机和三个传感器。

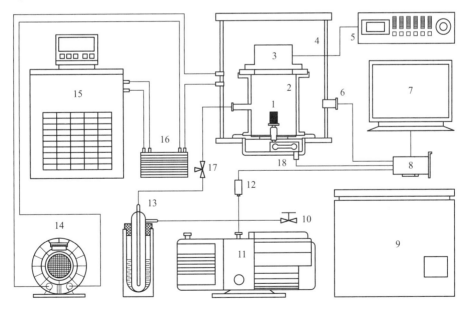

图 27-37　实验室规模的多功能微波冷冻干燥装置流程

1—样品组件；2—微波干燥室；3—同轴波导转换器；4—热风循环室；5—固态微波源；
6—红外传感器；7—计算机；8—数据采集卡；9—深冷冰柜；10—真空度调节阀；
11—真空泵；12—压力传感器；13—冷阱；14—环形风机；15—水浴循环器；
16—换热器；17—三通阀；18—称重传感器

传感器产生的模拟信号经 LabVIEW 程序数字化处理后，在计算机上实时显示和存储。冷冻系统为一台深冷冰柜。有关上述四个子系统的详细描述参见文献 [86]。微波加热系统包括：同轴波导转换器和固态微波源。微波加热系统的设计主要包括：微波源选取和微波干燥室设计。

27.5.1.1　微波源的选择

微波源分为磁控管微波源和固态微波源。固态微波源是由压控振荡器产生小信号，由放大电路产生所需的功率；在放大器末级设置隔离器，阻止了反射信号对内部电路的干扰和损害。同时采用了 PLL 锁相环技术（phase locked loop），使得输出频率稳定同步，并持续振荡[91]。由于采用数字电路设计，固态微波源相比于磁控管微波源具有工作电压低、效率高、寿命长、体积小、重量轻和稳定性高等优点，可输出恒定功率的连续微波，在小功率条件下具有优势[91,92]。

由于实验所用的物料样品质量较小，所需的微波功率较低，所以装置的微波加热系统采用固态微波源（沃特塞恩，WPS-2450-300，中国）。微波频率为 2.45GHz，输出功率可在 0～300W 之间连续调节，发射功率和反射功率可以实时显示。

27.5.1.2　微波干燥室设计

微波干燥室结构如图 27-38 所示。微波干燥室是微波加热系统的关键部件，其既要保证真空操作，又要防止微波泄漏。本设计的微波干燥室选用 304 不锈钢材质，不吸收和透射微波，只能反射微波。所有与微波接触的表面粗糙度为 $Ra1.6$，避免了腔内产生电火花而导致微波损耗和腔体发热等问题。与本课题组之前的底部抽真空结构相比，微波干燥室采用了侧面抽真空结构，避免了真空泵开启时大量快速的气流从底部通过时对重量传感器产生的冲击，以及对试验记录产生的不良影响。在法兰与微波腔、微波腔与底座的连接处，采用丁基橡胶材质的 O 形圈端面密封结构[93]，具有良好的气密性、电绝缘性和微波耐受性，保证了干燥室的真空操作和微波屏蔽。干燥室体积约为 1.4L。

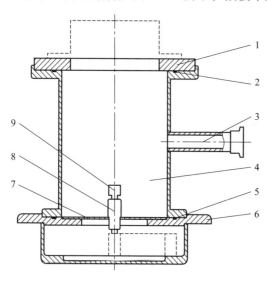

图 27-38　微波干燥室结构
1—法兰；2,5—O 形圈；3—抽真空管；
4—微波腔；6—底座；7—屏蔽板；
8—截止波导管；9—支撑柱

在干燥室的开孔处设计了电磁屏蔽结构。根据截止波导理论，当微波频率低于金属管固有截止频率时，微波不能传输，而是以一定的规律衰减[94]。将真空接管设计为内径为 16mm，长度为 67mm 的截止波导管，以防止微波泄漏。在微波腔与称重传感器之间，采用截止波导管和金属屏蔽板共同屏蔽微波。截止波导管内径为 8mm，高为 30mm。屏蔽板与底座的接触面，法兰、底座与微波腔接触面的平行度为 0.05，粗糙度为 1.6，宽度大于 20mm。接触面的良好贴合，能够把微波衰减到万分之一，防止了微波泄漏以及对称重传感器信号的干扰[95]。本设计将真空室与微波腔合二为一，同时实现了微波干燥室的真空密封与微波屏蔽。

27.5.2　实验方法

27.5.2.1　样品制备

以维生素 C（阿拉丁，中国）为溶质。将 20g 维生素 C 和 100g 去离子水混合，放置在磁力搅拌器上配制成溶液，其中制备非饱和冷冻物料的溶液需要加入微量的乳化稳定剂。饱和物料的制备采用了"软冰冷冻"技术，溶液在保温桶内边搅拌边加入液氮，待溶液变稠成粥状后装入模具，再冷冻成型。由于未添加乳化稳定剂，如此制备的冷冻物料是饱和的，不含有初始孔隙。初始非饱和物料制备方法与软冰饱和物料相同。由于添加了乳化稳定剂，所以搅拌过程中料液会膨胀，形成具有一定初始孔隙的非饱和物料，然后再塑形。样品组件如图 27-39 所示。

冷冻温度为 -35℃，冷冻时间 6h。软冰饱和物料（$S_0 = 1.0$）和初始非饱和物料（$S_0 = 0.25$）的初始干基湿含量为 5.0，初始质量均为 1.8g，样品直径为 14.8mm，底盘直径为 19mm，厚度为 5mm。

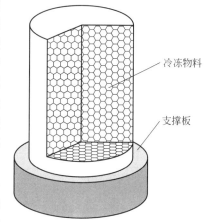

冷冻物料

支撑板

图 27-39　样品组件示意图

27.5.2.2　实验步骤

实验采用两种加热模式：一种是从干燥室表面到样品组件的辐射加热模式，另一种为辐射和微波组合加热模式。典型操作条件为：干燥室辐射温度 35℃，干燥室压力 20Pa。微波发射功率设定为 5W。实验步骤描述如下：

① 开启水浴循环器（图 27-37 中的 15，下同）和环形风机 14，将热风循环室 4 预热至设定温度；向冷阱 13 中加入液氮。

② 调节三通阀 17 将微波干燥室 2 与真空系统连通，开启真空泵 11，调节真空度调节阀 10 使干燥室压力达到操作压力。

③ 调节三通阀使干燥室与真空系统暂时隔离，将样品组件 1 从深冷冰柜 9 迅速移至干燥室内，调节三通阀使干燥室与真空系统再次连通。

④ 开启固态微波源 5，调节输出功率到预设值。如果选择辐射加热模式，忽略此步骤。

⑤ 开启数据采集系统，记录样品质量、干燥室辐射温度和干燥室压力随时间的变化。

⑥ 当样品质量没有明显变化时，关闭数据采集系统和固态微波源（如需要），关闭真空泵、水浴循环器和环形风机，调节三通阀至排气。

⑦ 从干燥室中取出样品，测定其残余湿含量。

本实验采用失重法测定冷冻干燥产品的残余湿含量。当使用电热风干燥箱时，在（90±1）℃的温度下烘干 2h。当使用水分测定仪测定时，在 50s 内失重小于 1mg 时测试结束。两种方法测定的平均值作为产品的最终残余湿含量。

由于每次实验所得产品的质量较小，因此使用了商用冷冻干燥机产品进行 SEM（scanning electronic microscope）表征，所用样品和操作条件与前述相同。干燥的样品先放在样品模具上进行氮气吹扫，再在其表面上喷涂黄金薄层，使得样品获得导电性。然后，再将喷涂后的样品放在模具固定架上，移入扫描电镜室中进行扫描和成像。工作电压为 20kV，束斑尺寸为 3.5，工作距离从 15.3mm 到 16.5mm。

27.5.3　案例分析

27.5.3.1　软冰饱和物料对冷冻干燥过程的影响

图 27-40 为典型操作条件下的两种饱和物料干燥产品的实物图。常规饱和物料在试验时发生了崩塌，导致干燥失败，如图 27-40(a) 所示。维生素 C 溶液在常规冷冻过程中，首先经历过冷，然后冰晶成核。逐渐长大的冰晶会将其周围溶质推至冰晶的间隙处，使得间隙处溶液的浓度和黏度越来越大，最终形成了无晶型的固体。在干燥过程中，升华界面逐渐从样品表面向内部移动。由于冰晶升华后留下的孔隙较小，水蒸气无法及时迁移，导致局部过热使无晶型相黏度降低、固体骨架失去支撑作用，导致了干燥中物料的结构崩塌[12]。软冰饱和物料在干燥过程中没有发生崩塌，干燥产品保持了样品的原有几何形状，如图 27-40(b) 所示。这是由于软冰技术的制备过程是边搅拌边预冷冻，形成了大而均匀的冰晶尺寸，避免了干燥过程的不均匀性。

图 27-41 为典型操作条件下的两种饱和物料干燥产品的 SEM 形貌。由图 27-41(a) 可

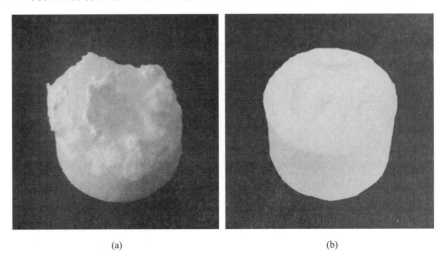

(a)　　　　　　　　　　　　　　　(b)

图 27-40　常规 (a) 和软冰 (b) 饱和物料干燥产品实物图

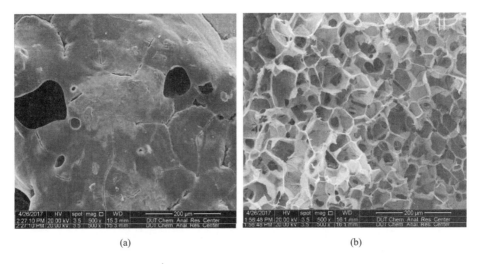

(a)　　　　　　　　　　　　　　　(b)

图 27-41　常规 (a) 和软冰 (b) 饱和物料产品 SEM 形貌

见，常规饱和物料崩塌后呈现出典型的带有少量孔隙的片状无晶型结构[96]。这可能是由于随着黏度的降低，表面张力发挥了作用使得无晶型相重新凝聚。这样，物料内部就失去了应有的多孔结构，传质通道几乎被阻塞[97]。从图 27-41（b）中可以看出，软冰饱和物料的冰晶升华后，留下了均匀的孔隙，可以使物料内部的水蒸气顺利迁移，避免了局部过热现象，防止了物料的崩塌。因此，下文使用的饱和物料均采用软冰技术制备。

27.5.3.2　初始饱和度对冷冻干燥过程的影响

在典型干燥条件下，试验测得的不同初始饱和度样品的干燥曲线如图 27-42 所示。三种物料的干燥时间分别为 23000s、19000s 和 16000s。初始饱和度分别为 0.5 和 0.25，非饱和样品的干燥时间比初始饱和物料分别缩短了 17.4％和 30.4％。这表明，初始非饱和物料对冷冻干燥过程确实具有明显的强化作用。初始饱和度越小，干燥时间越短。冷冻干燥时间的缩短则意味着干燥过程能耗的减少。正是由于非饱和物料初始孔隙的存在，使得升华/解吸的蒸汽能够快速向外迁移，减小了过程传质阻力，提高了干燥速率。从图 27-42 还可看出，无论是饱和物料还是非饱和物料在干燥过程中均未出现崩塌（collapse）现象。

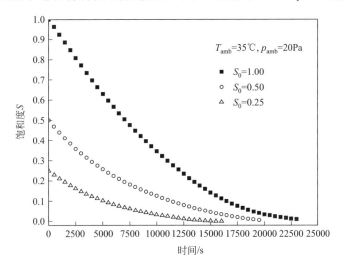

图 27-42　不同初始饱和度样品的冷冻干燥曲线

试验考察干燥产品的残余湿含量还发现，初始非饱和物料（$S_0=0.25$）残余湿含量为 0.67％，远小于饱和物料（$S_0=1.0$）的 4.66％。这表明，初始非饱和物料的干燥产品更有利于产品的长期保存。

27.5.3.3　干燥产品形貌特征分析

为了分析具有预制孔隙冷冻物料对干燥过程的强化机理，本试验对初始饱和和非饱和物料（$S_0=0.25$）的干燥产品进行了 SEM 形貌表征。初始饱和度为 0.5 的产品没有进行表征分析。这是因为从对图 27-42 的分析中已经得出，与初始饱和度为 0.25 的样品相比较，该样品没有充分反映非饱和物料的强化优势。如图 27-43 所示，其中图 27-43（a）～（c）代表饱和物料产品，图 27-43（d）～（f）代表非饱和物料产品。图 27-43 再次表明，在干燥过程中物料均未出现崩塌现象。从图 27-43（a）和（b）可以看出，采用软冰技术制备的饱和物料的产品骨架整体呈均匀的蜂窝状结构。冰晶升华后留下的孔隙孔径在 $70\mu m$ 左右，但其孔隙之间的连通性较差。由图 27-43（c）可以看出，相邻孔隙之间由厚实的固体基质隔开，而且孔壁几乎是封闭的。这意味着水蒸气在孔隙间迁移时的传质阻力大大增加。同时，较厚的固体基质不利于吸附水的脱附。

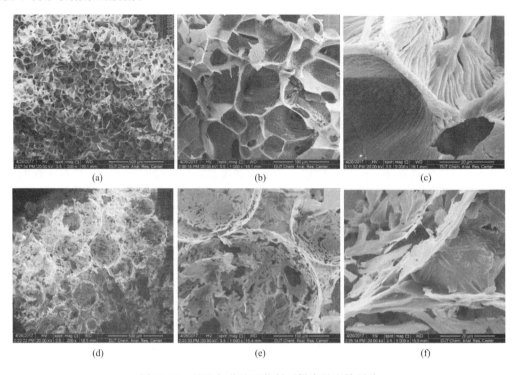

图 27-43　饱和与非饱和物料干燥产品电镜图片

具有预制孔隙冷冻物料的干燥产品形貌特征与饱和物料不同。由图 27-43(d) 看出，初始非饱和物料干燥产品骨架呈疏松的球状结构，孔径在 $150\mu m$ 左右，明显大于饱和物料的孔径。在制备这种冷冻物料时，冰晶并没有充满全部的孔隙空间。在干燥过程中，物料内部的初始孔隙为升华的水蒸气的快速迁移提供了便捷的通道，较大的孔径显著地减小了水蒸气的迁移阻力。由 27-43(e) 可以看出，非饱和物料的固体基质壁上存在许多连通的孔隙。这意味着水蒸气不但可以通过孔隙迁移，还可以从孔壁中穿过，这大大增加了升华阶段的传质速率。从图 27-43(f) 还发现，非饱和物料的固体基质比饱和物料更加纤薄，这有利于吸附水的脱附，使干燥产品达到更低的残余湿含量要求。与文献［86，98］中甘露醇和文献［49］中头孢曲松钠非饱和物料的 SEM 图相比，图 27-43(d)～(f) 具有相似的固体骨架和孔结构。这也证明了本研究所用初始非饱和冷冻物料制备方法的有效性和通用性。

27.5.3.4　操作条件对冷冻干燥过程的影响

优化操作条件是提高过程速率最简单而有效的方法。因此，考察操作条件，如干燥室表面辐射温度和干燥室压力，对冷冻干燥过程的影响十分必要。为了考察温度对两种物料冷冻干燥过程的影响，本试验制备了相同质量（1.8g）和相同初始干基湿含量（5.0）的初始饱和与非饱和（$S_0=0.25$）的两种样品。冷冻干燥试验在相同的操作压力（20Pa）、不同的操作温度（25℃、35℃和45℃）下进行。干燥曲线如图 27-44 所示。随着干燥室表面辐射温度的升高，两种样品的干燥时间均有所缩短。由于干燥过程中样品吸收的热量全部来自于环境辐射，操作温度的升高使样品接受的辐射功率增大，从而加快了干燥过程。在 45℃ 的条件下，非饱和物料比饱和物料干燥时间缩短了 34.2%。因此，适当地提高干燥室表面辐射温

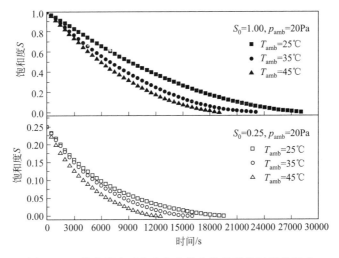

图 27-44　操作温度对饱和与非饱和物料干燥过程的影响

度可以提高干燥速率。

　　为了考察压力对冷冻干燥过程的影响，本试验制备了上述的两种样品，在相同的辐射温度（35℃），不同的操作压力（10、20 和 30Pa）下进行冷冻干燥。结果表明，压力对饱和物料的冷冻干燥几乎没有影响；而对非饱和物料影响甚微。这与笔者所在团队以前的实验研究结果相一致[49,86,88,98]。

27.5.3.5　吸波材料辅助的微波冷冻干燥

　　因为冰不易吸收微波，微波冷冻干燥过程能够实现是由于冻结物料的固体基质易吸收微波，起着内热源的作用[35,40]。由于本试验所用的固体维生素 C 也不易吸收微波，常规的微波加热不能将微波能量有效地施加于待干物料上。前文所用的样品底盘为石英材料，几乎不吸收微波；碳化硅（SiC）的介电损耗系数较大，极易吸收微波[40]。因此，微波冷冻干燥试验采用了碳化硅底盘替代石英底盘，作为吸波材料用来辅助微波冷冻干燥。由于本试验所用的物料样品质量较小，微波功率设为 5W。

　　由图 27-45 可知，吸波材料辅助的微波冷冻干燥对两种物料都有较大的强化作用。在35℃辐射温度下，对于初始饱和物料，微波冷冻干燥时间为 17000s，比单一的辐射加热干燥时间缩短了 26.1%；对于初始非饱和物料，干燥时间为 11500s，比单一的辐射加热干燥时间缩短了 28.1%。干燥时间的缩短是由于在微波加热过程中，微波能在碳化硅底盘中耗散并转化为热能，再以传导的方式传递给物料。在微波加热条件下，初始非饱和物料比饱和物料干燥时间缩短 32.4%。这表明，对于吸波材料辅助的微波冷冻干燥，初始非饱和物料同样具有强化优势。当辐射温度提高至 45℃、微波功率仍为 5W 时，两种物料的干燥时间进一步缩短了 11.7% 和 8.6%，强化的幅度不大。这表明，在吸波材料辅助的微波冷冻干燥过程中，冰晶升华/解吸所需的热量主要来自碳化硅底盘。干燥结束时，对于饱和物料测得碳化硅底盘温度约为 55℃；对于非饱和物料测得底盘温度约为 50℃。

　　本试验中使用吸波材料辅助微波加热，是由于维生素 C 微波损耗系数小。如果待干料液中的固体基质具有较大微波损耗系数，可以直接进行微波冷冻干燥，不必使用吸波材料辅助。与传统的盘式冷冻干燥机相比，微波冷冻干燥机可以吸波材料板取代导热盘管式加热板，简化了设备、节省了空间，效率高。由图 27-45 还可知，在 35℃ 条件下，初始非饱和物料的微波冷冻干燥时间比饱和物料常规冷冻干燥时间缩短了 50.0%。吸波材料辅助的初始

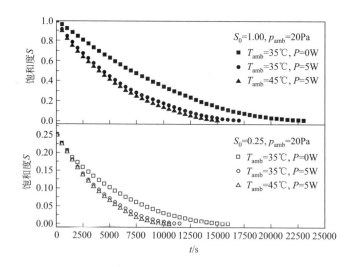

图 27-45　初始饱和与非饱和样品的微波冷冻干燥曲线

非饱和物料微波冷冻干燥的确实现了过程传质、传热的同时强化。

27.5.4　结束语

以维生素 C 作为溶质，采用软冰冷冻技术分别制备了初始饱和与非饱和的两种冷冻物料，进行冷冻干燥实验。结果表明：软冰饱和物料有效地避免了干燥过程中物料的崩塌。具有初始孔隙的物料确实能够强化冷冻干燥过程。在 35℃ 和 20Pa 条件下，饱和度为 0.25 的物料干燥时间比饱和物料缩短了 30.4%。非饱和物料的干燥产品具有较低的残余湿含量。干燥产品的 SEM 形貌表征表明，非饱和物料具有疏松的球状孔隙结构，减小了水蒸气的迁移阻力，大大强化了冷冻干燥过程。适当提高干燥室表面辐射温度可以强化冷冻干燥过程。在 45℃ 和 20Pa 条件下，非饱和物料比饱和物料干燥时间缩短了 34.2%。改变干燥室压力对过程的影响可以忽略。采用吸波材料碳化硅辅助的微波加热可以显著地强化冷冻干燥过程。在 35℃、20Pa 条件下，初始非饱和物料比饱和物料微波冷冻干燥（5W 功率）时间缩短了 32.4%，比饱和物料常规冷冻干燥（0W 功率）缩短了 50.0%。

27.6　固体干燥的物理解释

众所周知，数学模型是用数学语言来描述一个过程或系统的行为。除了对过程进行预测和再现之外，建模过程可以使人们获得更多有用的信息，从而加深对过程的理解。例如，一个冷冻干燥数学模型不仅可以预测适宜的操作条件，也可以分析传递机理，以避免在确定设备尺寸和过程条件时的某些臆测[99]。模型也可以使人们加深对过程的理解，揭示一些新的现象。一个固体干燥的数学模型可以用于确定用实验很难测定的变量的分布。例如，温度分布测定受制于物料中热偶数目的限制，而湿分分布测定几乎是不可能的。

建立一个数学模型取决于人们对过程的理解。对于固体干燥过程，任何人只要掌握传递过程理论，都可以写出热、质以及动量传递方程。建立这样一个模型的关键是基于现有理论去辨析各种传递机理。另一个重要方面是对已有模型的评价，即如何确认一个模型的优劣。研究者们已提出了一些模型评价的质和量的标准[100]。如果只考虑量化评价，这些标准可归纳为准确性、通用性和复杂性/简单性。毫无疑问，模型必须与实际情况相符，无论它是理论的还是经验的。换言之，模型必须准确呈现所测变量之间的关系。通用性是指一个模型具有不但适用于一个过程，而且适用于与之相类似过程的能力。通常具有坚实理论基础的模型都有较好的通用性，尽管由于理解的局限性，模型可能会有系统误差。例如，对于热力学状态的方程，最好用纯组分的性质去推测混合物的性质，尽可能少地依赖试验测定。在保证准确性和通用性的前提下，模型应尽量简单。因此，为简化过程需做一些假设。然而，模型亦应具有一定的复杂性，以准确描述过程的规律。应该说，增加复杂性能够提高模型的准确性；而额外的复杂性则会降低模型的通用性；良好的准确性和通用性要求一定的复杂性。三者之间的均衡是不容易的。

固体干燥模型实际上是一个热质传递耦合模型。它关联着诸如温度和压力等独立强度性质，并由此得到其他强度性质和广度性质。在过去的几十年里，研究者们建立了近百个这样的模型以描述固体干燥的行为。不管湿分是固态还是液态，绝大部分的现有模型是基于 Luikov 体系[101] 和 Whitaker 理论[102]。Luikov 和 Whitaker 两位研究者为后来的建模工作奠定了基础。然而，由于对过程认识的局限，某些模型参数并没有理论依据，依然需要实验来测定。基础理论的研究似乎是落在了建模的后面。例如，湿分在多孔介质内的吸附平衡关系还不完善。因此，曲线拟合关系仍然需要。本节通过回顾过去几十年所发表的数学模型，对固体干燥过程给出一些物理解释。文章包括诸多方面：固体物料作为多孔介质、Luikov 和 Whitaker 的贡献、传递机理、相平衡关系、容积热源、干燥引起的形变、基本假设和现状。

27.6.1　固体物料作为多孔介质

在处理多孔介质时，研究的要点是首先确定物料的构成，因为人们必须真正在物理和化学上了解组成系统的各种不同组分。绝大部分经历干燥过程的固体物料都可视为吸湿的多孔介质并伴随着热质的多相传递。对于一个含湿多孔物料，如果物料是完全饱和的，孔隙空间充满着湿分（水或冰）；如果物料是部分饱和的，孔隙空间充满的是湿分和空气。因为准确地描述多孔介质内部的孔隙或固体相几乎是不可能的，研究这样一个非均相构成可以用体积份率的概念[103]。

体积份率概念是假设多孔介质为一个控制体积，只有湿分可以从其中移出。近而假设孔隙是统计分布的，空间坐标中任意体积元及其所处实际位置是由真实的组分构成[103]。后一种叙述无论是孔结构的几何形态还是各组分的准确位置都不考虑。体积份率的结果导致了一个模糊的亚连续概念，使其可以用混合理论来处理。混合理论结合体积份率涉及微观层面，问题是应在哪一个层面上（微观或宏观）进行研究。从原理上说二者都可行。由于微观的方法十分复杂，在以下内容里，笔者仅讨论目前流行的宏观方法。

27.6.2　Luikov 和 Whitaker 的贡献

自从人们接受固体物料作为多孔介质以来，在固体干燥建模方面，Luikov 和 Whitaker 做出了两个里程碑式的工作。基于现象关系的通量表达式，Luikov[101] 通过体积加和每一相中每个组分的传递方程，得到了宏观的热质传递控制方程。选择诸如温度、湿含量或气相压力作为独立变量，普遍化的控制方程可写为：

$$\rho_0 \frac{\partial u_i}{\partial t} = -\nabla j_i + \dot{I}_i \tag{27-1}$$

$$c\rho_0 \frac{\partial T}{\partial t} = \nabla q + \sum_i h_i \dot{I}_i + \sum_i j_i c_i \nabla T \tag{27-2}$$

$$\dot{I}_i = \sigma_i \rho_0 \frac{\partial u_i}{\partial t} \tag{27-3}$$

对于多孔介质内没有总压力梯度的简单情况，Luikov 建议质量通量主要源于浓度梯度和温度梯度，即

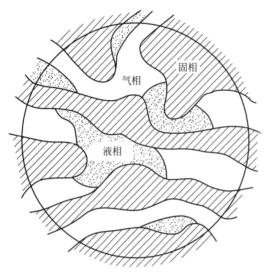

图 27-46　多孔介质内的相际关系

$$j_i = -a_i \nabla u_i + a_i \delta_i \nabla T \tag{27-4}$$

对于存在内部湿分剧烈蒸发的情况，总压的增加导致了蒸汽的过滤流。质量通量主要源自压力梯度，符合 Darcy 定律。然而，该模型有几处缺陷。某些系数如 α 和 δ 并不是物理性质，而是过程参数，它们取决于现象关系。更主要的是这些系数难以确定。对于后一种情况，气相扩散和液体的总体流动没有包含在质量通量方程里。虽然使用相转换系数可以得到一些简单的解，但假设的系数使得这些解是半经验的。

Whitaker[102] 首先列出如图 27-46 所示每一相的质、热守恒方程，然后进行体积平均从而得到宏观的方程。经过对体积平均后的方程做适当简化，质、热守恒方程为：

$$(\rho c_p)_e \frac{\partial T}{\partial t} + \nabla \sum_i (j_i h_i) = \nabla (\lambda_e \nabla T) - \Delta H \dot{I} + \dot{q} \tag{27-5}$$

$$\frac{\partial (\varepsilon_i \rho_i)}{\partial t} + \nabla j_i = \dot{I}_i \tag{27-6}$$

如果忽略对流传热，能量方程(27-5) 可简化为：

$$(\rho c_p)_e \frac{\partial T}{\partial t} = \nabla (k_e \nabla T) - \Delta H \dot{I} + \dot{q} \tag{27-7}$$

Whitaker 的假设主要是：局部热平衡，Darcy 定律适用，气相传递符合 Fick 型扩散和过滤流，液相为毛细管流，刚性固体结构和无结合水。该模型的优点是假设清晰，参数定义明确，方程易于理解。但几乎所有后来基于 Whitaker 理论建立的模型都没有经过真正意义上的体积平均，而是在宏观层面上的体积加和，也就是说是在显式地或直接地应用 Whitaker 理论。

Luikov 和 Whitaker 的工作为多孔介质干燥的建模研究奠定了基础。应当指出，无论是 Luikov 体系还是 Whitaker 理论都没有考虑结合水的存在。

27.6.3　传递机理

多孔介质内的传递机理是多种多样的。最主要的机理是 Fick 型扩散和总体对流。Fick 型扩散包括分子扩散、Knudsen 扩散以及毛细管扩散。总体对流是指过滤流或 Darcy 流。

如果孔隙足够大（$Kn \ll 1$），水蒸气在多孔介质内的扩散是分子扩散或 Fick 扩散。Fick 定律为：

$$j = -D \frac{\partial C}{\partial x} \tag{27-8}$$

实际上，Fick 定律是从传热的 Fourier 定律类比而来的。当孔隙尺寸小于分子平均自由

程时，Knudsen 扩散起主要作用，这在冷冻干燥过程中是常见的。Knudsen 扩散系数[104]为：

$$D_K = \frac{97.0 \bar{r} \varepsilon}{\tau} \sqrt{\frac{T}{M_w}} \tag{27-9}$$

当分子平均自由程和孔隙尺寸相近时，扩散为过渡型扩散。总扩散系数为分子扩散系数与 Knudsen 扩散系数的调和平均[105]：

$$D = \frac{1}{1/D_M + 1/D_K} \tag{27-10}$$

毛细管流动是由液-液分子与液-固分子间的引力差造成的。在多孔介质里，当液含量较低时，液体被紧密束缚在空隙表面；而当液含量较高时，这种束缚较弱。由于毛细管引力的差别，液体可从高浓度处向低浓度处流动，即非饱和流动。这在液体湿分干燥中是非常重要的。毛细管扩散表达式与 Fick 定律的形式一样。实际上，总扩散系数通常包括了各种可能的扩散传递机理。

Darcy 定律与 Fourier 定律和 Fick 定律一样，也是一个经验关系式。它描述流体在多孔介质内的流动。

Darcy 定律的压力梯度形式为：

$$j = -\rho \frac{K}{\mu} \times \frac{\partial p}{\partial x} \tag{27-11}$$

虽然这一数学关系发现于地下水通过颗粒介质的流动，但可广泛应用于质量通量方程中的对流项。渗透率是一个多孔介质的重要物理性质，其重要性可与另一重要的几何性质即孔隙率相当。它表达流体在多孔介质里流动的能力，与孔隙的联结性和构成介质的固体颗粒尺寸有关。目前，除了刚性球多孔介质外，渗透率主要通过实验测定获得[106]。

总之，Fourier 定律、Fick 定律和 Darcy 定律均适用于多孔固体物料的干燥。广义上说，干燥过程中大部分固体物料是非均相的各向异性物料。非均相是指物料性质随空间位置而变化。各向异性意味着这些性质还与方向有关。因此，扩散系数 D、渗透率 K 以及热传导系数 k 均为二阶对称张量，描述为：

$$\Gamma = \begin{bmatrix} \Gamma_{11} & \Gamma_{12} & \Gamma_{13} \\ \Gamma_{21} & \Gamma_{22} & \Gamma_{23} \\ \Gamma_{31} & \Gamma_{32} & \Gamma_{33} \end{bmatrix} \tag{27-12}$$

在主轴坐标系，亦即任意三种常用的正交坐标系中，通过坐标变换，这一张量可表达为一个对角张量，对角元素非零而其余为零。这一对角张量称为正交各向异性张量[107]，即

$$\Gamma = \begin{bmatrix} \Gamma_{11} & 0 & 0 \\ 0 & \Gamma_{22} & 0 \\ 0 & 0 & \Gamma_{33} \end{bmatrix} \tag{27-13}$$

一般说来，在固体干燥过程中，绝大部分各向异性物料都至少可视为横观各向同性物料[102]。目前，几乎所有固体物料被认为是各向同性的多孔物料。

27.6.4　相平衡关系

对非吸湿多孔介质，结合水一般忽略不计。其内部表面饱和蒸气压是纯组分的蒸气压，在热力学意义上说仅是温度的函数。它可以用 Clapeyron 方程表达。对于吸湿多孔介质，有

一定量的结合水存在。此时传递现象相对复杂。如此很可能存在一个临界湿含量,高于该值,物料表现与非吸湿的相同,低于该值,内部表面饱和蒸气压是温度和湿含量的函数,称其为吸附平衡关系。因此,简单的 Clapeynon 方程已经不适用于吸湿多孔介质。热力学平衡关系应被吸附平衡关系所替代。可惜由于多孔介质的复杂性,这样的平衡关系无论在理论上还是实验上都未能建立。

仅有为数不多的文章涉及结合水的去除。对于含有液体湿分物料,Stanish 等[108] 和 Ni 等[109] 使用由木材和土豆脱水实验获得的曲线拟合关系。Wang 和 Chen[110-112] 和 Chen 等[34] 用 Kelvin 方程描述毛细管流动的平衡关系。对于冷冻干燥,Wang 和 Shi 的模型[113,114] 以及 Wang 和 Chen 的模型[33] 没有包含结合水的去除。Millman 等[15] 采用了一级吸附速率方程。Liapis 和 Bruttini[99] 使用了 Langmuir 方程,其中 Langmuir 系数由实验确定。与半经验的关系式相比,曲线拟合关系可能更加准确地表达平衡关系。

在常压和微负压干燥条件下,水蒸气和惰性气体应视为理想气体。理想气体方程在干燥过程始终适用。当液体湿分中含有诸如盐、糖和蛋白等时,湿分不能被视为理想溶液。关联水的浓度与分压的热力学知识此时十分重要[115]。水的浓度应为活度所替代。对于非极性和弱极性溶液,NRTL 和 UNIQUAC 方程完全适用。

27.6.5　容积热源

容积热由介电加热产生,即微波加热或射频加热。微波能量容积耗散的加热特性是否有益取决于其应用场合。对于干燥含有液体湿分物料,微波的选择性加热是非常有用的。因为水的损耗因子远比固相大,物料中高湿含量区域会吸收较多的微波能量。对于微波冷冻干燥,冰晶几乎不吸收微波,物料中的固相起内热源作用,以提供干燥所需热量。

微波加热功率由下式给出[116]:

$$\dot{q} = 2\pi f \varepsilon_0 \varepsilon_r'' E_{\mathrm{rms}}^2 \qquad (27\text{-}14)$$

对于纯物质,在给定频率下其电导率仅为温度的函数:

$$\varepsilon_r(T) = \varepsilon_r'(T) - j\varepsilon_r''(T) \qquad (27\text{-}15)$$

然而,对于绝大部分固体,此数据尚未测得。通常,多孔介质的损耗因子可由体积平均获得:

$$[\varepsilon_r''(S,T)]^\alpha = \sum_i \beta_i(S)[\varepsilon_{ri}''(S,T)]^\alpha \qquad (27\text{-}16)$$

α 是 0 到 1 的经验参数[117]。

当物料尺寸远小于微波的穿透深度时,电场强度可以认为在物料中均匀分布。如果期望一个更精确的模拟,电场强度分布应通过解波动方程获得。波动方程由 Maxwell 方程推导而来。要得到波动方程,最重要的是需理解干燥过程中介质的性质。经历干燥的物料应该是介电的、非磁性的、线性的、非弥散的、非均相和各相异性的。对这样一种不带自由电荷和电流的物料,普遍化的偏微分形式波动方程为:

$$\mu_0 \frac{\partial^2(\varepsilon E)}{\partial t^2} = \nabla^2 E + \nabla\left(\frac{1}{\varepsilon}E \cdot \nabla\varepsilon\right) \qquad (27\text{-}17)$$

由于电场的频率极高,E 的变化率远高于 ε。进而,ε 的梯度与 E 的梯度相比非常小,或者说介质可视为局部均相,这样方程(27-17)可简化为:

$$\mu_0\varepsilon\frac{\partial^2 E}{\partial t^2} = \nabla^2 E \qquad (27\text{-}18)$$

Tunner 等[117-121] 以及 Ratanadecho 等[122] 在解方程(27-18)上付出了极大的努力。然

而，仅有平面谐波如 TEM 波可以适用，而且介质的几何形状被限制为立方形的。更主要的是边界条件被过分简化了，以致边界效应未被考虑。

在微波冷冻干燥过程中，由于固相（包括冰）几乎不吸收微波，微波加热的效果是不明显的。最近研究[33,38,85]表明借助于介电物质强化微波冷冻干燥是可能的。介电物质强化的微波冷冻干燥的要点是介电球或者棒首先与待干溶液一起冷冻，然后将冷冻物料再进行微波冷冻干燥。

27.6.6　干燥引起的形变

除了热质传递之外，干燥中的固体物料由于收缩或膨胀或多或少还经历了一个形变过程。为避免计算的复杂性，形变一般不予考虑，除非研究重点集中于应变-应力的建立和干燥产品的破裂[123]。当干燥时固体物料的物理结构发生显著变化，并对内部传递和产品质量具有很大影响时，干燥所引起物料形变或者应变应力必须考虑。

干燥中物料的收缩和膨胀主要是由两种类型的内部应变应力引起，即由于温度梯度导致的热应变和由于湿分梯度导致的湿应变。除此之外，还有蠕变应变、机械吸附应变以及应力应变等。对于形变量较大的物料，形变不能保证物料的几何稳定性，与应力相关的应变张量会产生。应变张量来自于位移，应力张量必须满足局部的机械平衡和边界条件。在普遍化分析干燥引起的应变应力时，应变张量应包括所有可能的应变成分。

物料的形变可以是可逆的，也可以是不可逆的。人们可以运用材料力学的知识来判断物料是弹性的、黏弹性的还是弹塑性的。表征材料机械行为的本构方程必须准确给出来，以确定固体结构中每一点的位移。对于一个线弹性各向同性为水所饱和的多孔物料，通用的位移和流体压力方程为[124]：

$$G \nabla^2 U + \frac{G}{1-2\nu} \nabla e_s - \frac{2(1+\nu)G}{3(1-2\nu)H} \nabla p_w = 0 \tag{27-19}$$

$$\frac{\partial e_s}{\partial t} = \frac{K}{\mu} \nabla^2 p_w \tag{27-20}$$

多孔固体物料被视为线弹性物料，是迄今为止最简单的和相对完善的。其他一些处理方法则较为复杂并且仍在发展中，因为不同的物料对干燥所引起的形变具有不同的反应。

最近 20 年，一些研究者专注于这方面的研究，发表了许多文章。这些研究在物料形变行为的假设方面各自不同[125-130]。Kowalski 等根据其以前的研究[131-135]，提供了一个以热力形变的方法来处理干燥中物料的收缩和破裂现象。

27.6.7　基本假设

对过程作一定假设的目的是为了降低计算难度，使问题易于处理。在多相多孔介质模型问题中，一个重要的假设是物料中任何点均处于局部热平衡状态。因此在该点只有一个温度。因为局部热平衡，与作为温度和湿分函数的蒸气压相关的等温线关系适用，Fonrier 定律、Darcy 定律和 Fick 定律（或 Fick 型的定律）始终有效。气相为理想气体。不管物料是否变形，固体结构是均匀的。如果忽略干燥引起的应变应力，那么固体结构是刚性的。同时，由于缺乏详细数据，固体结构一般被认为是各向同性的。除了一些自然形成的物料如木材等，各向同性为绝大多数的解析和数值计算所采用。Soret 效应（由温度梯度导致的质流）和 Dufour 效应（由浓度梯度导致的热流）一般很小，不予考虑[123]，况且这方面数据也找不到。根据笔者经验，由于内部存在相变，对流传热与传导传热相比很小，重力的影响可以忽略不计。

27.6.8　现状

自 20 世纪 70 年代以来，固体干燥的模拟一直是一个研究课题。这一交叉学科在工程、农林和数学等期刊上已有百余篇论文发表。这些文章涵盖了广泛的主题，包括物理和机械数学表达式的推导、解析和数值解的建立，介质的物理和机械性质的确定以及实验室和工业规模的过程实验。现在，由于计算技术的不断提高，数值模拟已经迅速变成了一个强大的工具，可以在基础层面上研究干燥过程。由此而获得的知识可再引导新的先进的干燥操作进入工业部门。

Turner 和 Perre[136] 对现有数学模型给出了一个较为严格的分类。模型的第一个基本差别是独立变量的个数。除了空间和时间变量之外，一般有四个变量关联着一个干燥过程，即湿含量、温度、气相浓度和气相压力。有三种选择，即单参数模型、两参数模型和三参数模型。单参数模型用湿含量作为主要参数。两参数模型是用湿含量和温度作为主要参数。最为精细的三参数模型还需要气相浓度或压力。

单参数模型是最简单的模型，它主要用在低温干燥或忽略温度效应的场合。这类模型不流行是因为它并没考虑非常重要的热质传递耦合关系。当压力不作为首要考虑时，两参数模型对于绝大多数干燥过程都适合。湿含量和温度被选作独立变量是与热质传递方程相对应的。这样的模型对真空干燥和真空冷冻干燥亦适用，因为蒸汽可视为气相中的唯一组分。以作者的观点，气相压力包括在模型中是因为当有惰性气体存在时，出现了额外的两个变量，即惰性气体的浓度和分压。在六个变量中，仅有三个是独立的。这是因为有三个方程约束着这些变量，它们是蒸汽与惰性气体的理想气体状态方程和蒸汽的相平衡关系式。在常压干燥时，模型中必须包括气相压力方程。

模型的第二个基本差别在于其维数[137]。一维模型是用板状物料的厚度或柱状与球状物料的半径作为空间坐标。为了理解一个过程，通常先建立一维模型，然后再建立更加符合实际情况的多维模型。一维模型易于求解，许多重要的传递现象可以从中获得，因为过程参数的变化趋势与维数及坐标系统无关。实际上，由于对称的缘故，一维球坐标模型可以处理三维问题；二维柱坐标模型亦然；多维模型用在物料形状不规则而难以降维处理的场合。更重要的是，当构成物料的多孔介质各向异性时，必须使用多维模型。

在过去 30 年里发表的有关固体干燥建模论著中，涉及了很多种物料，包括水果、蔬菜和木材等。研究者们建立了许多多孔介质干燥的数学模型[108,109,137-142]。Perre 和 Turner 及其合作者[143-153]付出极大努力从事木材干燥的建模，进行了诸多模型建立、实验验证和过程优化工作。Wang 和 Chen 等[34,110-112,154]提出了他们的多孔介质干燥数学模型，在对固定床、流化床和微波流化床干燥过程模拟时，一般选用苹果作为标准固体物料。

冷冻干燥在处理热敏性物料如食品、药品和生物制品过程中起着不可替代的作用。水果和蔬菜具有自然形成的多孔结构，而由溶液冷冻的物料也可以是多孔状的。早期冷冻干燥的建模工作是由 Ma 和 Peltre[155] 做的。Ang 等[156]考虑了冷冻物料的各向异性，建立了一个二维模型。一些研究者致力于冷冻干燥模型的解析。基于某些严格的假设，Lin[157-159] 获得了温度和湿分的分析分布，并确定了移动边界的位置。Fey 和 Bloes[160-164] 也做了类似工作，其冷冻物料是初始非饱和的。Liapis 及其合作者[4,15,99,165-167]把精力放在小瓶和盘式冷冻干燥建模上。他们的模型被称为吸附-升华模型，包括自由水和结合水的干燥。王朝晖等[111,112,168]分析了不同加热方式下平板状饱和与非饱和含湿多孔介质的冻干过程，建立了升华-冷凝模型。Wang 和 Chen[33,35,38,85] 建立了介电物质强化的多孔介质微波冷冻干燥模型，通过解该模型对过程传递机理做了充分的讨论。

以上学者建立的热质传递模型均是基于局部质量平衡假设。近年来的研究发现，传统的局部质量平衡假设并不总是成立的，特别是当孔隙尺寸小于 $100\mu m$ 时，非平衡现象十分显著，即孔隙中主流蒸汽的压力不等于冰晶的平衡蒸气压。Datta 等[169,170] 提出在局部孔隙空间中应用质量非平衡假设，创建了一个用于模拟多孔介质相变的一般性框架。Wang 和 Niu 等[171,172] 基于"局部质量非平衡"假设，对初始非饱和物料的冷冻干燥过程进行数值模拟，建立了多维多相多孔介质的热质耦合传递数学模型。

27.6.9 结束语

固体干燥过程的建模工作已进行了几十年。各种各样的模型已建立和正在建立，并已引导一些新的操作进入工业部门。模型的通用性和过程的复杂性是现有模型的主要特征。为使模型最终在实际中可用，二者必须均衡考虑。经典的传递过程理论结合多孔介质理论足以在基础层面上处理固体的干燥过程。随着数值计算方法和计算机技术的显著进步，数值模拟已成为一种强大的工具，能够解析具有任何物料几何形状的综合性方程。

然而应该指出的是，目前的模型仅能够用于一些特殊的干燥过程。由于对过程理解或测试的局限性，一些基础数据依然缺乏。固相的结构性质、相平衡关系、多孔介质内的传递机理以及介质与电场相互作用关系仍未确定。对于干燥引发的物料形变的机理尚未明了，甚至对干燥产品性质的认识也不充分。这些知识对构建一个更为精细的固体干燥模型极其重要。以笔者的观点，模型的通用性与其准确性同等重要。最后，任何模型须经实验检验。这就要求干燥理论研究者与实践紧密联系。固体干燥过程的建模也是一门艺术。

27.7 冷冻干燥过程模拟

冷冻干燥是一个复杂的多相热质耦合传递过程。一方面，热量由湿物料外部向其内部传递；另一方面，物料内部的湿分则通过孔隙由内向外迁移，直到残余湿分降低至满足要求为止。因此，冷冻干燥过程的速率控制因素就是传质和传热。"介电材料辅助的微波冷冻干燥""具有预制孔隙的多孔物料冷冻干燥"以及"吸波材料辅助微波加热的非饱和多孔介质冷冻干燥"学术思想的实验研究已经取得了预期的成果。因此，进行理论模拟再现和预测这一过程，对理解冷冻干燥过程机理、优化操作条件以及指导干燥器设计等非常重要[35,173]。此外，数学模型可以用于确定实验很难测定的变量的分布。相对于实验来说，数值计算的投资要小得多。在理论研究领域，仍有一些关键问题需进一步阐释，包括含湿多孔介质中普遍化的吸附-解吸平衡关系，干燥过程中物料孔隙中的局部质量非平衡现象，电场强度在含湿多孔介质内的实时分布之揭示等。

在吸湿性多孔介质中，结合水的存在使得简单的热力学相平衡关系已不适用，而应被吸附-解吸平衡关系所替代[89,172]。Halder 等[174] 指出该平衡关系应该由实验获得。但是由于吸湿多孔介质的多样性和复杂性，基于实验的吸附-解吸平衡关系非常少[175]。Liapis 和 Bruttini[99] 使用了简单的 Langmuir 方程来表达吸附-解吸平衡关系。Wang 等[176] 采用了几种基本初等函数来表达该平衡关系。因此，十分有必要建立通用的吸附-解吸平衡关系。在多孔介质冷冻干燥过程中，相变现象由吸附等温线的形状和孔隙内有效的热力学条件控制[177]。以前的研究假定，物料孔隙中任意处的冰晶与蒸汽始终处于局部平衡状态[167,176]。近期的研究发现，这个平衡并不总是成立，孔隙中主流蒸汽的压力并不等于其平衡蒸气压[177]，即"局部质量非平衡"。特别是当孔隙尺寸接近 $100\mu m$ 时，这一非平衡现象十分显著[174]。局部质量非平衡假设是指，多孔介质中只有凝聚相（这里是冰）表面的蒸汽压力（或蒸汽浓度）处于平衡状态，而主流蒸汽压力偏离平衡状态。平衡压力与主流蒸汽压力之差（或浓度差）驱动着蒸汽由冰晶表面向主流蒸汽迁移。本研究基于局部质量非平衡假设，同时认为孔隙中冰晶表面的压力满足吸附-解吸平衡。在微波冷冻干燥理论研究领域，大多假设干燥过程中物料内部的电场强度始终不变，从而避免了耦合求解复杂的波动方程和传热方程[178,179]。而实际上，物料内部电场强度分布与温度和湿含量分布密切相关，物料吸收的微波能不断变化。因此，求解非稳态波动方程，以确定干燥过程中电场强度的实时分布，对理解微波冷冻干燥过程很有助益。

　　本节的主要内容为：推导非饱和多孔介质传统冷冻干燥的热质耦合多相传递模型；构建描述吸湿多孔介质冷冻干燥过程的吸附-解吸平衡关系；预测辐射温度对传统冷冻干燥过程的影响；将波动方程和冷冻干燥热质耦合传递控制方程相结合，精确地描述电场在含湿多孔介质中的传播与耗散，解决温度场、浓度场和电磁场同时存在并相互影响的多物理场耦合问题；数值求解控制方程组，再现实验条件下液体物料的传统冷冻干燥与微波冷冻干燥过程，验证模型的可靠性和准确性，在理论上证实吸波材料辅助微波加热的非饱和物料对传统冷冻干燥过程的强化作用；考察物料在干燥过程中温度、饱和度、质量源和电场的分布，探讨多孔介质传统冷冻干燥和微波冷冻干燥过程的传递机理。

27.7.1　问题描述

　　微波干燥室的物理模型是按照实验所用的微波冷冻干燥装置建立的，包括同轴转换波导、微波真空腔体和圆柱形样品组件（样品和底盘），如图 27-47 所示。波导设置在腔体的正上方，微波由侧面馈入；波导激励为 TE10 矩形端口。波导的宽度×深度×高度为 $86mm\times43mm\times78mm$。腔体为圆柱形结构，直径和高度分别为 110mm 和 159mm。样品组件放置在腔体中心，由一个细的圆棒支撑。

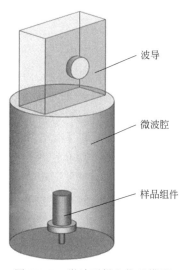

图 27-47　微波干燥室物理模型

　　物料由固体基质、冰和蒸汽构成，其中冰晶和蒸汽充满了孔隙空间。在干燥过程中，固体基质的质量和体积保持不变，只有冰晶（或蒸汽）在孔隙中的体积分率变化。在微波加热下，电磁波在波导和微波真空腔内传播但无耗散，在样品组件中传播与耗散。模型的基本假设为：固体基质均匀、刚性和各向同性；水蒸气是唯一的气相组分，且为理想气体；各相始终处于局部热平衡状态，Fourier 定律在整个区域内适用；冰晶表面的压力与主流蒸汽的压力处于局部质量非平衡状态，蒸汽总体流动的推动力为主流蒸汽的压力梯度，遵循 Darcy 定律，气体扩散为 Fick 型扩散。

波导在腔体中心标注：波导、微波腔、样品组件

27.7.2　控制方程

　　冰晶的质量守恒方程为：

$$\frac{\partial(\phi S \rho_{i})}{\partial t} = -\dot{m} \tag{27-21}$$

蒸汽的传质方程为：

$$\frac{\partial[\phi(1-S)\rho_{v}]}{\partial t} + \nabla(\rho_{v}u) = \nabla\left[\frac{\phi(1-S)}{\tau}D\nabla\rho_{v}\right] + \dot{m} \tag{27-22}$$

其中，蒸汽的总体流动速度由 Darcy 定律得到：

$$u = -\frac{K}{\mu_{v}}\nabla P \tag{27-22a}$$

基于局部质量非平衡假设，冰晶表面的压力与主流蒸汽的压力处于非平衡状态。两者之差驱动着主流蒸汽从冰晶表面向主流蒸汽区不断迁移。使用统计速率理论，质量源项为[169,170]：

$$\dot{m} = K_{r}(p_{v,eq} - p)\frac{\phi(1-S)}{R_{v}T} \tag{27-23}$$

式中，K_{r} 为质量非平衡系数，与迁移时间成反比。它的取值与多孔介质的结构、孔隙大小等有关。K_{r} 越小，说明迁移的时间越长，不平衡现象越显著[174]。

基于局部热平衡假设，物料内任意位置处的各相始终满足局部热平衡。因此，多孔介质中的热量传递仅用一个方程来表达。多孔物料的传热方程如下：

$$(\rho c)_{e}\frac{\partial T}{\partial t} + \rho_{v}c_{v}u \cdot \nabla T = \nabla \cdot (\lambda_{e}\nabla T) + \Delta H\dot{m} + \dot{q} \tag{27-24}$$

式中，对流项中的平移速度为 Darcy 速度，多孔物料的性质由各相性质的体积平均获得：

$$(\rho c)_{e} = (1-\phi)\rho_{s}c_{s} + \phi S\rho_{i}c_{i} + \phi(1-S)\rho_{v}c_{v} \tag{27-24a}$$

$$\lambda_{e} = (1-\phi)\lambda_{s} + \phi S\lambda_{i} + \phi(1-S)\lambda_{v} \tag{27-24b}$$

底盘的传热方程如下：

$$\rho_{b}c_{b}\frac{\partial T_{b}}{\partial t} = \nabla \cdot (\lambda_{b}\nabla T_{b}) + \dot{q} \tag{27-25}$$

在以上两式中，$\dot{q}$ 为微波热源项，即电磁场的损耗功率密度，由下式确定[180]：

$$\dot{q} = \omega\varepsilon_{0}\varepsilon_{r}''|E|^{2} \tag{27-26}$$

式中，E 为电场强度的有效值，ε_{r}'' 为材料的介电损耗因子。

微波干燥室内部的电场分布由 Maxwell 方程推导出的波动方程来确定[181]：

$$\nabla \times \mu_{r}^{-1}(\nabla \times E) - k_{0}^{2}\left(\varepsilon_{r} - \frac{j\sigma}{\omega\varepsilon_{0}}\right)E = 0 \tag{27-27}$$

式中，ε_{r} 为材料的相对介电特性，由下式表达：

$$\varepsilon_{r} = \varepsilon_{r}' - j\varepsilon_{r}''$$

式中，实部 ε_{r}' 为相对介电常数，用来描述材料储存电场的能力；虚部 ε_{r}'' 影响电磁能向热能的转化。相对介电特性是温度的函数[182]。

多孔物料的相对介电特性可由体积平均的方法获得：

$$\varepsilon_{r} = (1-\phi)\varepsilon_{r,s} + \phi S\varepsilon_{r,i} + \phi(1-S)\varepsilon_{r,v} \tag{27-27a}$$

需要说明的是，上述模型可以同时适用于微波冷冻干燥与传统冷冻干燥两种情况。在无微波加热时，式(27-24) 和式(27-25) 中的 $\dot{q}$ 项不存在，无需求解波动方程。

27.7.3 初始条件与边界条件

干燥开始时，多孔物料内部的冰晶分布均匀，初始压力为环境压力，待干物料的初始温度与支撑底盘的初始温度相同：

$$S\mid_{t=0}=S_0 \tag{27-28}$$

$$p\mid_{t=0}=p_{amb} \tag{27-29}$$

$$T\mid_{t=0}=T_0 \tag{27-30}$$

电磁波频率 $f(\omega/2\pi)$ 为 2.45GHz，输入功率为 1W。

在圆柱形物料和底盘的对称轴上，既没有质量通量也没有热量通量：

$$\nabla S\mid_{cenl}=0 \tag{27-31}$$

$$\nabla p\mid_{cenl}=0 \tag{27-32}$$

$$\Delta T\mid_{cenl}=0 \tag{27-33}$$

在支撑底盘的上表面，没有质量通量：

$$\nabla S\mid_{insf}=0 \tag{27-34}$$

$$\nabla p\mid_{insf}=0 \tag{27-35}$$

干燥室内的压力保持恒定：

$$\rho_{v,surf}=\frac{p_{amb}}{R_v T_{surf}} \tag{27-36}$$

样品组件外表面的热量传递方式为辐射传热：

$$-\lambda_e\nabla T\mid_{surf}=\sigma_B eF(T_{surf}^4-T_{amb}^4) \tag{27-37}$$

式中，角系数 F 等于 1[183]；多孔物料的表面发射率 e 由面积平均获得：

$$e=(1-\phi)e_s+\phi S_{surf}e_i+\phi(1-S_{surf})\left[(1-S_{surf})e_s+S_{surf}e_i\right] \tag{27-38}$$

波导和微波真空腔壁可视为完美电导体，适用于边界条件：

$$\boldsymbol{n}\times\boldsymbol{E}=0 \tag{27-39}$$

式中，$\boldsymbol{n}$ 为单位法向量。

27.7.4　数值模拟

27.7.4.1　参数设定

方程(27-22a) 中的渗透率由下式确定[184]：

$$K=\frac{0.01\phi^2(1-S)^3d^2}{1-\phi(1-S)}$$

式中，d 为待干物料的平均孔径。根据 Nakagawa 等[185]实验结果，饱和物料的平均孔径设定为 $50\mu m$。初始非饱和物料的平均孔径与初始饱和度的大小有关，通过计算得到[186]。

方程(27-22) 中的扩散系数由下式确定[187]：

$$D=\phi^{1.33}(1-S)^{3.33}\frac{2.13}{p}\left(\frac{T}{273.15}\right)^{1.8}$$

在一定温度下，吸湿物料的平衡蒸气压与物料湿含量间的关系被称为吸附-解吸平衡关系[32,188]：

$$p_{v,eq}(S,T)=f(S,T)p_0(T)$$

显然，绝干物料的平衡蒸气压为 0；最大的平衡蒸气压等于同温度下的相平衡蒸气压，因而其值在 0~1 之间。本研究采用了幂函数、分式多项式函数和指数函数形式的吸附-解吸平衡关系：

$$f(S,T)=(S/S_0)^\alpha \tag{27-40}$$

$$f(S,T)=\frac{(1+\beta)(S/S_0)^{1.5}}{(S/S_0)^{1.5}+\beta} \tag{27-41}$$

$$f(S,T)=(S/S_0)\exp\left[\frac{-\gamma m_w(S_0-S)}{S_0 SR_gT}\right] \tag{27-42}$$

式中，α、β 和 γ 是可调参数。$p_0(T)$ 是 Clausius-Clapeyron 方程表达的纯组分相平衡的饱和蒸气压[189]：

$$\ln p_0(T)=9.550426-\frac{5723.265}{T}+3.53068\ln T-0.00728332T \tag{27-43}$$

模拟中设定的其他参数见表 27-6。

表 27-6　模拟输入参数

参数	数值	文献
$c_i/(\mathrm{J/kg\cdot K})$	1930	[190]
$c_s/(\mathrm{J/kg\cdot K})$	1310	[191]
$c_{SiC}/(\mathrm{J/kg\cdot K})$	1200	*
$c_{teflon}/(\mathrm{J/kg\cdot K})$	350	[191]
$c_v/(\mathrm{J/kg\cdot K})$	1886	[190]
e_i	0.97	[169]
e_s	0.6	[184]
e_{SiC}	0.5	*
e_{teflon}	0.92	[191]
F	1	[184]
$\Delta H/(\mathrm{J/kg})$	2.839×10^6	[191]
ϕ	$0.8798(S_0=1.0)/0.9631(S_0=0.28)$	实验
$\varepsilon_{r,SiC}'$	$-12.36+0.087T$	[192]
$\varepsilon_{r,i}'$	3.2	[180]
$\varepsilon_{r,s}'$	$2.42894+0.00385T(℃)$	实验
$\varepsilon_{r,v}'$	1	[193]
$\varepsilon_{r,SiC}''$	27.99	[83]
$\varepsilon_{r,i}''$	0.003	[180]
$\varepsilon_{r,s}''$	$0.22+0.00038T(℃)$	实验
$\varepsilon_{r,v}''$	0	[193]
$\lambda_i/(\mathrm{W/m\cdot K})$	2.22	[190]
$\lambda_s/(\mathrm{W/m\cdot K})$	2.64	[176]
$\lambda_{SiC}/(\mathrm{W/m\cdot K})$	$450(300/T)^{0.75}$	*
$\lambda_{teflon}/(\mathrm{W/m\cdot K})$	0.26	[191]
$\lambda_v/(\mathrm{W/m\cdot K})$	0.022	[190]
μ_r	1	—
$\mu_v/(\mathrm{kg/m\cdot s})$	$0.011\times(T/273)^{1.5}/(T+961)$	[194]
$\rho_i/(\mathrm{kg/m^3})$	913	[190]
$\rho_s/(\mathrm{kg/m^3})$	1489	[195]
$\rho_{SiC}/(\mathrm{kg/m^3})$	3200	*
$\rho_{teflon}/(\mathrm{kg/m^3})$	2200	[191]

＊来自 COMSOL 材料库。

27.7.4.2　数值实现

本研究使用基于有限元法的多物理场仿真分析平台 COMSOL Multiphysics 对方程组进行求解。

（1）传统冷冻干燥

样品组件如图 27-30 所示。上半部分为待干的液体冷冻多孔物料，直径为 14.8mm，不同初始饱和度物料的高度不同。下半部分为支撑物料的圆柱形底盘，直径与物料相同，底盘的高度为 5mm。底盘材料为聚四氟乙烯。

在 COMSOL 中分别选用稀物质传递模块（chds）、固体传热模块（ht）和达西流动模块（dl）来进行耦合求解控制方程(27-21)、方程(27-22)、方程(27-24) 和方程(27-25) 以及初始条件与边界条件方程(27-28)～方程(27-38)。方程(27-22) 中的扩散项是通过修改弱形式的方式添加到 Darcy 方程中；通过增加一个平移运动项，将对流速度带入传热方程(27-24) 中。网格为自由剖分三角形网格，网格单元尺寸选择 9 级预置单元尺寸中的极端细化，并对网格的疏密程度进行了测试，以保证计算结果与网格数无关。时间离散采用向后差分法，初始步长为 10^{-6} s，随后为自由时间步长。相对容差和绝对容差均为 10^{-4} s。采用全耦合的 MUMPS 直接求解器。

（2）微波冷冻干燥

样品组件如图 27-39 所示。上部为含湿多孔冷冻物料样品，下部为支撑底盘。底盘为吸波材料 SiC，直径和高度分别为 30mm 和 6mm；样品的直径为 19mm，高度随饱和度而改变。分别选用稀物质传递（chds）、达西流动（dl）、固体传热（ht）和电磁波中的频域（emw）四个模块来求解控制方程（27-21）、方程(27-22)、方程(27-24)、方程(27-25) 和方程(27-27)，以及初始条件与边界条件方程(27-28)～方程(27-39)。前三个模块设定与上述传统冷冻干燥的情况一致。在频域模块中，分别对波导域、微波真空腔域、样品域和底盘域求解波动方程(27-27)。通过设置端口和设定微波源功率值来激发电场。网格为自由剖分四面体网格。进行了网格无关性检验，以保证计算结果不受网格数的影响。时间离散采用向后差分法，初始步长为 10^{-3} s，随后为自由时间步长。相对容差为 10^{-4} s，绝对容差为 10^{-3} s。仍然采用全耦合的直接求解器 MUMPS。

27.7.5 案例分析

模拟条件均与实验过程的典型操作条件保持一致。表 27-7 为实验中的典型操作条件。

表 27-7　典型操作条件

符合	数值	单位
p_{amb}	22	Pa
T_0	-26	℃
T_{amb}	30	℃

在 27.7.5.1 节中，模拟选用的物料和底盘直径为 14.8mm，底盘材料为聚四氟乙烯，高度为 5mm。物料质量为 1.8g。在 27.7.5.2 节中，微波冷冻干燥和传统冷冻干燥选用的物料直径均为 19.0mm，底盘材料为 SiC，直径为 30mm，底盘高度为 6mm。物料质量为 3.0g。

27.7.5.1　传统冷冻干燥

（1）模拟与实验干燥曲线比较

图 27-48 和图 27-49 分别是吸附-解吸平衡关系为幂函数（$\alpha=1.1$）和分式多项式函数形式（$\beta=0.5$）下，本研究所得的 S_0 为 0.28 和 1.00 的物料干燥曲线和实验结果的对比图，图中同时包含了 Wang 等基于局部质量平衡假设的模拟结果[40,176]。模型中 K_r 取 $10^5 s^{-1}$。由图 27-48 和图 27-49 可知，无论吸附-解吸平衡关系为幂函数还是分式多项式函数形式，与局部质量平衡假设的模拟结果相比较，本研究基于局部质量非平衡假设所得的干燥曲线与实

验数据非常吻合，从而验证了模型的可靠性。考察两种物料的干燥过程表明，相比于初始饱和物料，初始非饱和物料的干燥时间明显缩短，确实可以达到强化冷冻干燥的目的。传统液体物料冷冻干燥是将液体直接冷冻，孔隙空间完全被冰晶所占据或饱和，其固有孔径较小。这种物料的干燥机制是表面冰晶先升华，升华后形成的孔隙成为水蒸气向外迁移的通道，因此升华只发生在界面上，升华界面随着干燥过程的进行由外逐渐向内移动。而初始非饱和物料冷冻干燥是先将液体制备成具有预制孔隙的冷冻物料。在冷冻阶段，物料就已形成连续的微观孔道以及相对较大的孔隙空间，并且饱和度越低，孔隙越大，孔壁越纤薄[49]。孔隙越大，传质阻力越小，有利于蒸汽的迁移；孔壁越纤薄，比表面积越大，有利于吸附水的解吸，从而提高了干燥速率。此外，本研究还采用了方程（27-42）的指数函数形式的吸附-解吸平衡关系（$\gamma=1000$）。与以上两个函数形式的平衡关系一样，模拟结果与实验数据也十分吻合。这表明，本研究基于局部质量非平衡假设建立的多孔介质热、质耦合传递模型确实能够准确地再现具有预制孔隙多孔介质冷冻干燥的动力学过程。

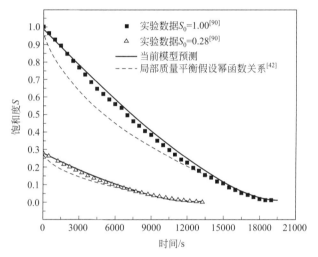

图 27-48　幂函数形式平衡关系的干燥曲线对比图

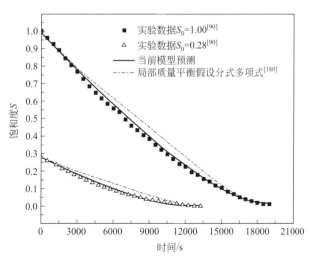

图 27-49　分式多项式形式平衡关系的干燥曲线对比图

事实上，方程（27-41）是 Readhead 表达多层吸附平衡关系的近似式[196]，方程（27-42）

是描述毛细管流动关系的 Kelvin 方程近似式[197]。这两个方程都属于初等函数。采用三种吸附-解吸平衡关系均获得了优异的模拟结果，说明这些函数具有某种程度上的相似性。数学上，基本初等函数，如幂函数、指数函数和三角函数等在一定条件下能够展开成泰勒级数[198]。就这个意义上说，泰勒级数是这些函数的推广，是一种通用的形式。在实际应用中，泰勒级数往往需要截断，只取其前面的有限项。一个函数有限项的泰勒级数叫作泰勒多项式。因此，吸湿多孔介质的吸附-解吸平衡关系可以统一用泰勒多项式来表达，而不是以往每一种物料需要采用一个特定形式的平衡关系。另外，本模拟尝试忽略传热方程（27-24）式中的对流项，模拟结果没有改变。这说明对流传热对冷冻干燥的影响可以忽略[35,169,173,189]。

（2）典型操作条件下的热质耦合传递

图 27-50 为在典型操作条件下，$S_0 = 0.28$ 物料内部温度侧形。初始温度为冷冻温度 -26℃，见图 27-50(a)。干燥初期，物料温度迅速下降到 -35℃ 左右，见图 27-50(b)。这是因为物料内部冰晶发生整体升华，较大的升华速率需要消耗大量的相变潜热，而环境辐射提供的热量不足，因此该阶段所消耗的热量主要来自物料自身的显热，致使物料温度骤降。这与我们课题组的实验结果一致[86,87]。支撑底盘由于内部没有相变，吸收辐射能后温度逐渐升高，且总是高于物料的温度。随着干燥过程的进行，物料温度一直缓慢提升，见图 27-50(c)～(e)。直到干燥后期，物料温度才快速升高，上表面升温较快，同时靠近底盘的物料底部温度升高尤其明显，见图 27-50(f)、(g)。这说明除了环境辐射传热外，底盘的导热作用不可忽视，Wang 等[176]也得到了相同的结论。干燥结束时，物料温度接近环境温度 30℃，见图 27-50(h)。

图 27-51 为 $S_0 = 0.28$ 物料内部饱和度侧形。初始饱和度均匀分布，见图 27-51(a)。干燥开始时，孔隙中冰晶表面的平衡蒸气压与主流蒸气压不平衡，且靠近边缘的传质阻力很小，其饱和度迅速降低，见图 27-51(b)。干燥前期主要去除自由水，径向和轴向的升华强度较大，说明仍然存在较为模糊的升华界面。由于初始非饱和物料孔壁纤薄，比表面积大，湿分主要以吸附水形式存在，因而此阶段较短，见图 27-51(c)、(d)。随着干燥过程的进行，相变产生的水蒸气在压力梯度和浓度梯度作用下，通过预制孔隙都可以及时向外迁移，从而促进物料发生整体相变，整体饱和度逐渐降低，见图 27-51(e)～(g)。物料顶部的干燥速率较大，这是因为初始非饱和物料的高径比较大，干燥过程中侧面的主要传质方向只有径向，而顶部的主要传质方向有径向和轴向两个方向。干燥最慢的区域（冰冻核心）不再像传统饱和物料出现在物料底部，而是往上靠近物料中心位置。这是因为初始非饱和物料存在的预制孔隙加之底盘的导热作用，使得物料底部与边缘可以同时发生相变。而传统饱和物料内部没有初始空隙，物料底部中心的冰晶最后升华，这与实验结果一致[86,87]。当物料内部饱和度达到产品要求时，干燥结束，见图 27-51(h)。

与传统饱和物料相比，初始非饱和物料的固有孔隙率增大和初始饱和度减小会降低多孔介质的表面发射率，而且干燥过程中物料底部提前发生相变，增加了传热阻力。因此，与传统饱和物料冷冻干燥过程主要由传质控制相比，初始非饱和物料的干燥过程主要由传热控制。

由于本研究是基于局部质量非平衡假设，而且质量源与饱和度和温度之间有着紧密联系，因此考察干燥过程中质量源的变化十分必要。图 27-52 为 $S_0 = 0.28$ 物料内部质量源侧形。初始时，孔隙中冰晶和蒸汽的热力学状态偏离平衡态的程度最大，因此传质驱动力最大，相变强度也最大。物料边缘的传质阻力小，因此边缘比物料内部的质量源略大，见图 27-52(a)。干燥初期，由于物料温度骤降，平衡蒸气压迅速降低，传质驱动力减小，相变强

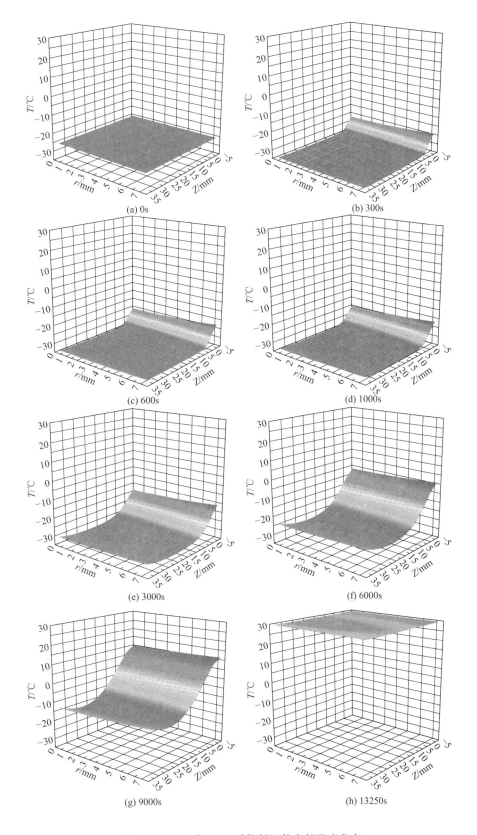

图 27-50　S_0 为 0.28 时物料组件内部温度分布

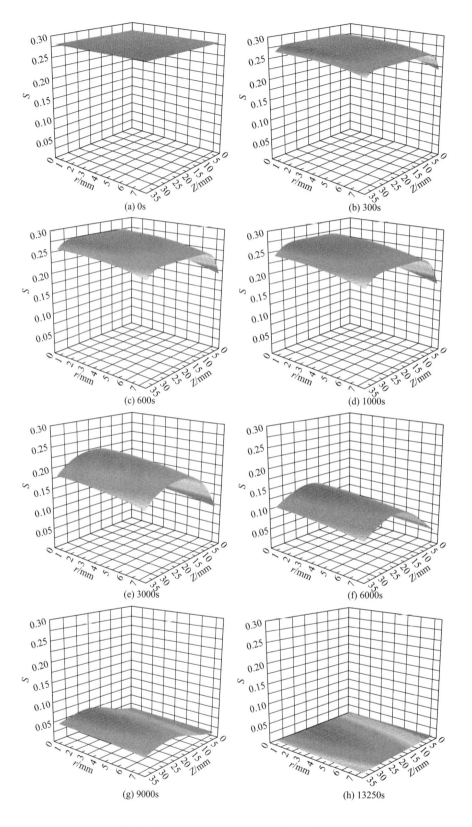

图 27-51　S_0 为 0.28 时物料内部饱和度分布

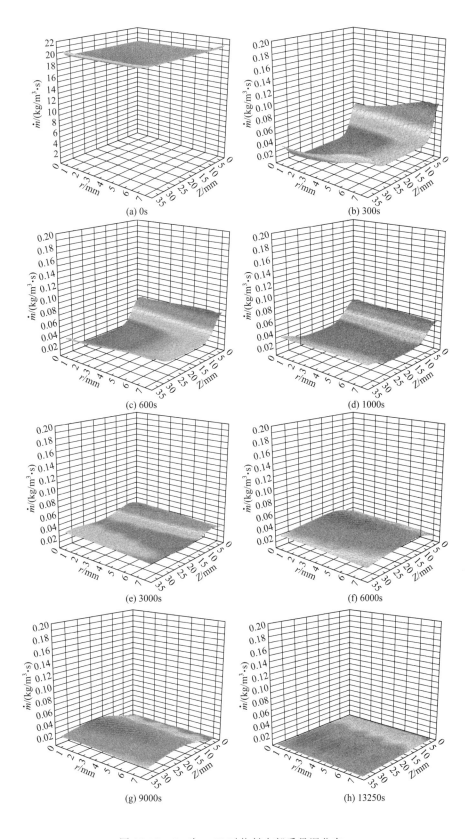

图 27-52 S_0 为 0.28 时物料内部质量源分布

度也变小。边缘和底部的质量源较大，这与此处较低的饱和度和较高的温度相互对应。物料顶部、侧面和底部的温度较高，平衡蒸气压较大，因而传质驱动力大，加上预制孔隙的存在，可以使升华/解吸的水蒸气及时逸出，所以这些区域的质量源相对较大，见图 27-52(b)～(d)。随着干燥过程的进行，物料整体相变的现象逐渐显著，干燥速率逐渐降低，质量源维持一个较低的水平，见图 27-52(e)～(g)。这说明，整个物料已经进入到冷冻干燥的次要阶段。因此，这一阶段需要输入额外的热量以促进结合水的解吸。干燥结束时，物料内的质量源趋近于 0，见图 27-52(h)。

以往研究假定，升华只发生在界面上，该界面将整个物料划分为冰冻区和干区。无论对于饱和物料还是非饱和物料，人为的升华界面随着干燥过程的进行由物料表面逐渐向内部移动，在这两个区域中分别有不同的控制方程组[35,40,168]。本研究结果表明，升华界面可以自然形成，不需要人为添加移动界面，也不存在严格的冰冻区和干区，物料内任意一点处的热力学状态只要偏离平衡状态就会发生相变，整个物料只用一组控制方程即可。

（3）辐射温度对冷冻干燥过程的影响

干燥室温度是冷冻干燥过程的重要操作条件。选择适宜的操作温度是改善过程的简单而有效的方法。实验研究已经表明，适当提高操作温度可以明显缩短干燥时间，而操作压力在 11～33Pa 范围内对过程的影响甚微[49,87]。因此，本研究仅模拟辐射温度对过程的影响，以考察所建模型的预测能力。图 27-53 是 S_0 为 1.00 和 0.28 两种物料在不同辐射温度条件下，模型预测的干燥曲线与实验数据的对比图。可见，模型预测的干燥时间与实际干燥时间一致，再次验证了模型的有效性。当环境温度较高（30℃和 35℃）时，干燥速率和实验过程的干燥速率非常吻合，当环境温度较低（25℃）时，预测的干燥速率在干燥的前半阶段略低，后半阶段略高于实际干燥速率；干燥结束时，干燥时间与实验结果吻合。这可能是由于模型中多孔物料的有效热导率只是饱和度的函数，没有考虑温度的影响。显然，初始非饱和与常规饱和两种冷冻物料的干燥时间均随辐射温度的升高而缩短。这是因为当环境温度升高时，物料吸收的辐射能增加，有利于干燥过程。由吸附方程可知，温度升高，平衡蒸气压随之增大，传质驱动力变大，因而物料的干燥速率增大。显然，适当地提高干燥室温度是强化冷冻干燥过程的有效途径，但过高的温度会造成冷冻物料在干燥过程中崩塌。需要再次说明的是，三种平衡关系在预测辐射温度影响时，均使用了与典型操作条件下相同的 α、β 和 γ 值。由此可见，本研究所建模型具有良好的预测能力。

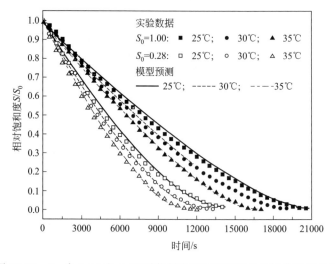

图 27-53　S_0 为 1.00 和 0.28 时物料在不同温度下的干燥曲线对比图

27.7.5.2　微波冷冻干燥

（1）模拟与实验干燥曲线比较

图 27-54 中的散点为实验测得的初始饱和样品（$S_0=1.0$）传统冷冻干燥、初始非饱和样品（$S_0=0.28$）传统冷冻干燥和微波冷冻干燥曲线[199]。饱和样品的传统冷冻干燥过程用时 28500s，而非饱和样品用时 24500s，干燥时间缩短了 14%。这表明，初始非饱和物料确实能够显著强化冷冻干燥过程。而干燥时间的缩短即意味着过程能耗的减少。常规饱和物料固有孔径较小，升华只发生在界面上。初始非饱和物料具有预制的孔隙空间，而且固有孔径相对较大。后者所具有的较大孔隙和纤薄孔壁有利于蒸汽的迁移和吸附水的解吸，使干燥速率得到极大的提高。但是在干燥后期，随着结合水含量的降低，干燥层的热导率随之降低，速率的控制因素由传质变为传热[98]。吸波材料辅助的初始非饱和样品微波冷冻干燥过程用时 20000s，干燥时间比传统冷冻干燥过程进一步缩短了 18%。以上结果表明：将待干料液制备成初始非饱和物料，再进行微波冷冻干燥，确实能够实现传质和传热的同时强化。初始非饱和物料的微波冷冻干燥相比于常规饱和物料的传统冷冻干燥明显加快，干燥时间节约了 30%，大幅提高了过程的经济性。

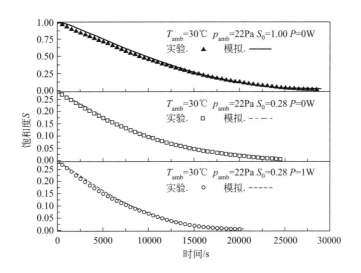

图 27-54　不同冷冻干燥过程的模拟与实验干燥曲线比较

图 27-54 中的线条为吸附-解吸平衡关系，为幂函数（$\alpha=1.5$）形式下模拟得到的上述三种情况下的干燥曲线。对于初始饱和样品与初始非饱和样品的干燥过程，考虑到物料孔隙的不同，模型中 K_r 值分别取 300 和 30。可以看出，模拟结果与实验数据都吻合良好。这说明，该模型在微波加热和无微波加热的情况下都具有良好的适用性，并且可同时适用于饱和与非饱和物料。与过去基于局部质量平衡假设的模拟结果相比较，基于局部质量非平衡假设计算得到的干燥曲线与实验数据更加吻合[176]。这也表明，本章采用的普遍化的吸附-解吸平衡关系能够很好地描述吸湿多孔介质的吸附行为，而不是以往每一种物料需要采用一个特定形式的平衡关系，不再囿于吸湿多孔介质的多样性和复杂性。另外，本章将介电特性表示成为温度和湿含量的函数。这使得浓度场、温度场和电磁场三者能够相互联系和影响。与以往将介电特性视为常数的研究相比，模拟结果更为可靠[35,40]。因此，优化和改进后的数学模型确实能够更好地再现冷冻干燥过程。

（2）典型操作条件下初始非饱和样品的热质耦合传递

在微波高频电磁场中，物料内部极性分子将会激烈运动而摩擦生热，致使物料温度快速上升，交变电场的能量从而转化为热能。由于微波加热是整体加热，所以物料内部的温度分布很可能有别于传统冷冻干燥的情况。此时，温度分布与物料的形状和介电特性，以及微波腔中的电磁场分布等都有关[200]。图 27-55 为干燥过程中初始非饱和（$S_0 = 0.28$）样品组件内部的温度分布。干燥开始时，样品和底盘初始温度均为 −26℃。干燥初期，受环境辐射的影响，样品表面温度比内部温度高 ［图 27-55（a）］。因为底盘极易吸收微波并且热导率高，所以底盘温度先于样品快速上升，故样品靠近底盘处温升较快。随着干燥的进行，样品在底盘导热、环境辐射和微波电场的共同作用下温度逐渐升高 ［图 27-55（b）］。在干燥末期，尽管样品组件的平均温度已经高于环境温度，但其受微波电场的影响，温度仍然进一步攀升。干燥结束时，样品组件的温度升至最高 ［图 27-55（c）］。由于冷冻物料的损耗因子较小，微波能转化成的热量也较少，故干燥过程中局部没有发生过热现象[201,202]，此时吸波材料底盘的辅助加热作用就非常明显，这与本课题组的实验结果一致。

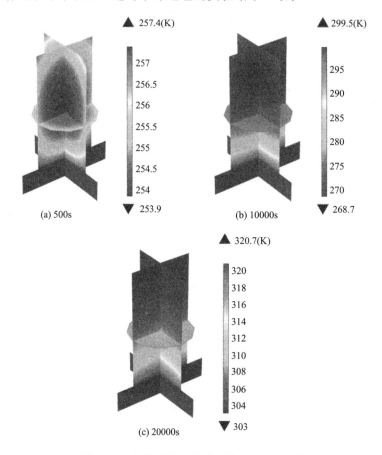

图 27-55　初始非饱和样品组件内部温度分布

图 27-56 为初始非饱和样品内部饱和度分布。干燥开始时，样品内部饱和度均匀分布。干燥初期，由于靠近样品表面的蒸汽迁移路径最短、传质阻力最小，饱和度先于样品中心下降。样品上表面的干燥速率比侧面快。在样品的底部，由于底盘的导热和初始非饱和样品中的预制孔隙的共同作用，加速了冰晶的升华，干燥速率也很快。因此，冰冻核心出现在样品中心 ［图 27-56（a）］。随着干燥过程的进行，置于微波电场中的吸波材料底盘逐渐升温，导

热作用显著，样品底部的冰晶优先发生相变，致使靠近底盘区域的饱和度迅速降低，冰冻核心逐渐向上迁移 [图 27-56(b)]。正是由于预制孔隙的存在，相变产生的蒸汽能够在浓度梯度和压力梯度共同作用下及时向外迁移，从而促使物料发生整体相变。干燥结束时，样品内部残余湿含量达到产品要求 [图 27-56(c)]。对于常规饱和物料的传统冷冻干燥过程，冰冻核心始终处于底盘上部；而对于初始非饱和物料微波冷冻干燥过程，冰冻核心明显上移[176]。

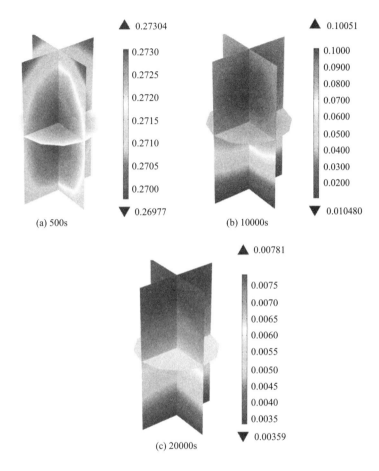

图 27-56　初始非饱和样品内部饱和度分布

（3）典型操作条件下初始非饱和样品内部电磁波的传播与耗散

图 27-57 和图 27-58 分别为 0s 时波导、微波腔体以及样品组件表面和内部的电场强度分布图。来自波导的微波不断地在金属壁面上反射，在微波真空腔内传播，在样品组件中传播并且耗散。由图 27-57 可知，不同表面的电场强度不同。微波馈入口侧的电场强度远大于其他表面。这是由于微波经过波导传输，部分反射波也要经过此处返回微波源，导致能量集聚[203]。由图 27-58 可知，在 SiC 支撑底盘周围，尤其是与馈入口同侧处，电场强度明显大于其他区域，而底盘和样品内部电场强度较小。这是因为底盘和样品均吸收微波，电场能量在该区域重新分配。根据经典电磁学理论，电场在进入介电性质相异的两相体系时，其强度将降为真空中的 $1/\varepsilon_r'$ 倍[204]。相比于样品，与底盘边缘相邻的区域电场强度更大。这是由于底盘受到电场的极化作用更强，在其表面产生了正负束缚电荷，抵消了部分外电场作用，最终导致其内部电场强度减小。

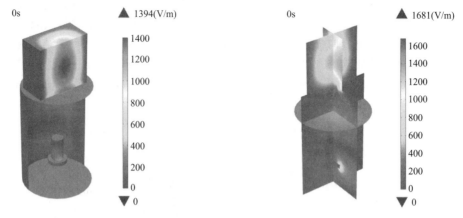

图 27-57 0s 时波导、微波腔体以及样品组件
表面的电场强度分布

图 27-58 0s 时波导、微波腔体以及样品组件
内部的电场强度分布

初始非饱和样品组件干燥过程中内部的电场强度分布如图 27-59 和图 27-60 所示。考虑到底盘内部电场强度分布较小，将物料样品和底盘内部分布分别导出。

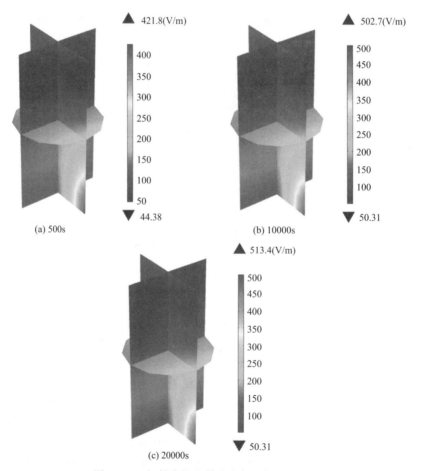

(a) 500s

(b) 10000s

(c) 20000s

图 27-59 初始非饱和样品内部电场强度分布

由图 27-59 可知，干燥初期电场在样品内部的分布并不均匀。在与馈入口同侧处，样品底部形成了一个电场强度明显高于其他位置的扇形区域 [图 27-59(a)]。事实上，与之相对

的区域，也存在一个类似的但面积较小的扇形区域。这与微波腔结构、波导形状、物料的介电特性、形状与位置等均有关。由于样品表面产生了极化电场（区别于外电场），使得微波能够连续地入射，而不损失振幅。因此，这些区域的电场强度往往更大[180]。并且，由于样品和底盘的介电特性和热物理性质存在差异，在不同物质的边界上会形成微波的反射和折射现象，这可能进一步增加了电场在样品底部的会聚效应。随着干燥过程的进行，样品的饱和度不断降低，其相对介电常数逐渐减小，样品内部平均电场强度有所增大 ［图 27-59（b）］；在解吸干燥阶段，样品内部饱和度下降缓慢，相对介电常数小幅减小，样品内部平均电场强度变化较小。在干燥结束时，样品内部平均电场强度升至最大 ［图 27-59（c）］。由图 27-60 可知，底盘内部平均电场强度明显小于样品，并且相对均匀。在干燥过程中，SiC 底盘内部平均电场强度变化较小。这是由于 SiC 作为一种典型的吸波材料，其损耗因子相对较大，微波能在其中极易耗散为热能。因此导致底盘内部平均电场强度较小。由于干燥过程中由电磁能转化的热能持续地经底盘传导给样品，这导致其内部电场强度变化较小。综上可见，本节所建立的模型能够精准地描述电场在含湿多孔介质中的实时传播与耗散，并且可以求解电场在其中的实时分布。这有助于理解微波冷冻干燥的过程。

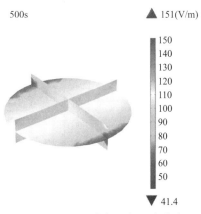

图 27-60　底盘内部电场强度分布

（4）典型操作条件下两种样品组件吸收的辐射能和微波能

理论和实验研究结果均表明，吸波材料辅助微波加热的非饱和多孔介质冷冻干燥技术思想确实能够实现过程传热、传质的同时强化，显著缩短干燥时间。因此，考察样品组件在不同冷冻干燥过程中吸收能量的变化历程十分必要。

在干燥过程中，样品组件累计吸收的辐射能为：

$$Q_{radi} = \int_0^t \sigma_B e F A (T_{surf}^4 - T_{amb}^4) \mathrm{d}t$$

式中，A 是样品组件接收辐射的表观面积。

样品组件累计吸收的微波能为：

$$Q_{mw} = \int_0^t \iiint_V \dot{q} \, \mathrm{d}t$$

对于初始饱和与非饱和物料的传统冷冻干燥，样品组件吸收的能量全部来自于环境辐射。如图 27-61 所示，初始饱和样品组件累计吸收了 7394J，而初始非饱和样品组件累计吸收了 7596J，二者十分接近。后者略高于前者是由于非饱和样品干燥产品的残余湿含量更低。这说明，尽管初始非饱和样品的表观面积大概是饱和样品的 3 倍，但其并没有吸收更多的辐射热。在干燥前期，非饱和样品组件吸收的辐射功率明显比饱和样品高，因此干燥速率更快。在干燥后期，两种样品累计吸收的辐射能趋于一致。正是由于初始非饱和物料内部具有预制的孔隙和更大的比表面积，有利于第一干燥阶段自由水的脱除和第二干燥阶段结合水的解吸，从而强化了过程传质，提高了能量效率。

对于初始非饱和物料吸波材料辅助的微波冷冻干燥，样品组件不但吸收辐射能，还吸收微波能。由图 27-61 可知，在干燥初期，样品累计吸收的辐射能逐渐增大；在干燥后期，辐射能又逐渐减少；在干燥结束时，累计吸收了 4682J。这是由于随着干燥进行，样品组件不断升温，特别是吸波材料底盘。当表面温度高于环境温度时，样品组件开始向环境辐射能量，此时累计吸收的辐射能开始减少。在整个干燥过程中，样品组件累计吸收的微波能随时间近似线性升高。这是由于冰不易吸收微波能，而冻结物料中的固体基质损耗因子也较小，亦不易吸收微波能。吸波材料底盘吸收的微波能远大于物料，而底盘内部的电场强度随时间变化不大，因此其实时吸收的微波功率变化亦不大。在干燥结束时，样品组件累计吸收了3287J的微波能。

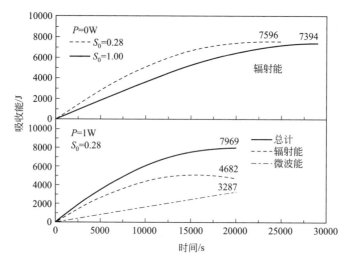

图 27-61　0W 和 1W 功率下两种样品组件吸收的能量

在 1W 微波功率下，初始非饱和样品组件累计吸收的总能量为 7969J。其中，微波能约占到吸收总能量的 41%。这表明，吸波材料辅助微波加热是可行和有效的。吸波材料辅助的初始非饱和物料微波冷冻干燥比传统冷冻干燥累计吸收的总能量略高，这是因为干燥结束时样品组件的平均温度更高。本章提出的冷冻干燥过程传质、传热同时强化的技术思想，能够大幅缩短冷冻干燥时间，最大限度地提高了能量利用率。

（5）微波功率对微波冷冻干燥过程的影响

微波馈入功率是微波冷冻干燥过程的重要操作条件。提高馈入功率可望进一步缩短冷冻干燥时间。但是，过高的功率会导致物料过热崩塌或者烧焦，甚至会损坏固态微波源。因此，确定适宜的微波功率尤为重要。为了研究微波功率对微波冷冻干燥过程的影响，在 1W 功率基础上，本模拟又分别计算了 2W 和 3W 功率下的干燥曲线，如图 27-62 所示。2W 时

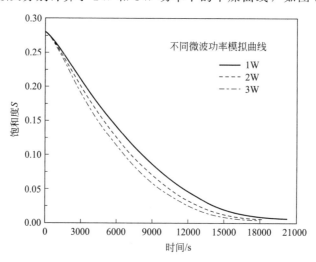

图 27-62　初始非饱和样品在不同功率下的干燥曲线

的干燥时间较 1W 时缩短了约 9%。这表明，适当提高微波功率确实能够进一步强化传热，提高干燥速率，缩短干燥时间。当功率提高到 3W 时，干燥时间较 1W 仅缩短了约 12%，但干燥结束时底盘温度已升至 79℃。这说明，进一步提高功率对缩短干燥时间的作用不大，额外馈入的微波能大部分用于样品组件的升温。采用模拟的方法考察和预测不同功率条件下的干燥曲线有助于确定适宜的微波功率范围，尽可能减少实验次数，避免无效实验，节省能耗、物耗和人力成本。

27.7.6　结束语

本节基于质量非平衡假设，建立了多孔介质冷冻干燥热质耦合多相传递数学模型。吸湿多孔介质的吸附-解吸平衡关系可以统一用泰勒多项式来表达，该关系在整个干燥过程均有效。传统冷冻干燥过程模拟结果与实验数据十分吻合，验证了模型的准确性。成功预测了多孔物料在不同辐射温度下的干燥曲线，说明模型具有良好的预测能力。在此基础上，将波动方程与传热、传质方程相结合，求解了电磁场、温度场和浓度场同时存在并相互影响的多物理场耦合问题，再现了实验条件下液体物料的传统冷冻干燥与微波冷冻干燥过程。模拟结果与实验数据吻合良好，模型在微波加热和无微波加热的情况下都具有良好的适用性，并且可同时适用于饱和与非饱和物料。在物料量和湿含量均相同的条件下，初始非饱和多孔介质微波冷冻干燥时间较传统冷冻干燥最大可节省 30%，实现了过程传热、传质的同时强化。

在传统冷冻干燥过程中，初始非饱和物料组件累计吸收的辐射能与初始饱和物料组件十分接近。而在吸波材料辅助的微波加热下，初始非饱和物料组件累计吸收的总能量只略高于传统冷冻干燥时的情况。本章提出的冷冻干燥过程传质传热同时强化的技术思想，最大限度地提高了能量利用率，从而大幅缩短了冷冻干燥时间。

符号说明

a——Luikov 系统扩散系数，m^2/s；

C——质量浓度，kg/m^3；

c——比热容，$J/(kg \cdot ℃)$；

c_p——恒压比热容，$J/(kg \cdot ℃)$；

D——扩散系数，m^2/s；

D_K——Knudsen 扩散系数，m^2/s；

D_M——分子扩散系数，m^2/s；

E——电场强度，V/m；

E_{rms}——均方根电场强度，V/m；

e——发射率；

e_s——应变应力单元，Pa；

F——角系数；

f——电场频率，Hz；

G——剪切模量，Pa；

H——方程(27-19) 常数；

ΔH——潜热，J/kg；

h——焓，J/kg；

$\dot{I}$——内部质源强度，$kg/(m^3 \cdot s)$；

j——质量通量，$kg/(m^2 \cdot s)$；

K——渗透率，m^2；

K_r——质量非平衡系数，s^{-1}；

k_0——波数；

M_w——水摩尔质量，g/mol；

$\dot{m}$——质量源项，$kg/(m \cdot s)$；

P——微波馈入功率，W；

p——压力，Pa；

p_w——水压力，Pa；

q——传导热量通量，$J/(m^2 \cdot s)$；

$\dot{q}$——内热源强度，W/m^3；

R_v——水的气体常数，$J/(kg \cdot K)$；

$\bar{r}$——平均孔半径，m；

S——湿分饱和度；

T——温度，K；

t——时间，s；

U——位移，m；

u——Luikov 系统湿含量；

x——空间坐标，m；

希腊字母

α——模型次数；

β——体积份率；

Γ——广义扩散系数（D，λ）；

δ——Luikov 系统热梯度系数；

ε_0——真空介电常数，F/m；

ε'——介电常数，F/m；

ε'_r——相对介电常数；

ε''_r——相对介电损耗因子；

κ　——电导率，S/m；

λ——热导率，J/(m·s·K)；

μ——动力黏度，kg/(m·s)；

μ_0——真空磁透率，H/m；

μ_r——相对磁导率；

ν——Poisson 比；

ϕ——孔隙率；

ρ——密度，kg/m³；

ρ_0——绝干物料密度，kg/m³；

σ——液-气相转换系数；

σ_B——斯蒂芬-玻尔兹曼常数，W/(m·K)；

τ——曲折度；

下标

amb——环境；

b——支撑底盘；

e——有效值；

ice——冰；

insf——底盘接触与样品上表面；

s——固体基质；

surf——表面；

v——蒸汽。

参考文献

［1］ Brulls M, Rasmuson A. Heat transfer in vial lyophilization. International Journal of Pharmaceutics, 2002, 246 (1-2): 1-16.

［2］ Nail S L, Akers M J. Pharmaceutical Biotechnology. New York: Kluwer Academic/Plenum Publishers, 2002.

［3］ Pikal M J, Roy M L, Shah S. Mass and heat-transfer in vial freeze-drying of pharmaceuticals: role of the vial. Journal of Pharmaceutical Sciences, 1984, 73 (9): 1224-1237.

［4］ Mujumdar A S. Handbook of Industrial Drying, 4th edition. New York: Marcel Dekker, 2015.

［5］ Franks F. Improved freeze-drying: an analysis of the basic scientific principles. Process Biochemistry, 1989, 24 (1): 3-7.

［6］ Searles J A, Carpenter J F, Randolph T W. The ice nucleation temperature determines the primary drying rate of lyophilization for samples frozen on a temperature-controlled shelf. Journal of Pharmaceutical Sciences, 2001, 90 (7): 860-871.

［7］ Avis A, Liebermann A, Lachmann L. Pharmaceutical Dosage Forms. New York: Marcel Dekker, 1993.

［8］ Franks F. Freeze-drying of bioproducts: putting principles into practice. European Journal of Pharmaceutics and Biopharmaceutics, 1998, 45 (3): 221-229.

［9］ Hatley R H M, Franks F. Brown S, et al. Stabilization of a pharmaceutical drug substance by freeze-drying: A case study. Drug Stability, 1996, 1: 73-85.

［10］ Franks F. Freeze-drying: from empiricism to predictability. Cryoletters, 1990, 11 (2): 93-110.

［11］ Pikal M J. Encyclopedia of Pharmaceutical Technology. New York: Marcel Dekker, 2002: 1299-1326.

［12］ Pikal M J, Shah S. The collapse temperature in freeze drying: dependence on measurement methodology and rate of water removal from the glassy phase. International Journal of Pharmaceutics, 1990, 62 (2): 165-186.

［13］ Hartel R W. Ice crystallization during the manufacture of ice cream. Trends in Food Science and Technology, 1996, 7 (10): 315-321.

［14］ Russell A B, Cheney P E, Wantling S D. Influence of freezing conditions on ice crystallisation in ice cream. Journal of Food Engineering, 1999, 39 (2): 179-191.

［15］ Millman M J, Liapis A I, Marchello J M. An analysis of the lyophilization process using a sorption-sublima-tion model and various operational policies. AIChE Journal, 1985, 31 (10): 1594-1604.

[16] Petropoulos J H, Petrou J K, Liapis A I. Network model investigation of gas-transport in bidisperse porous adsorbents. Industrial and Engineering Chemistry Research, 1991, 30（6）: 1281-1289.

[17] Pikal M J, Shah S, Senior D, et al. Physical chemistry of freeze-drying: measurement of sublimation rates for frozen aqueous-solutions by a microbalance technique. Journal of Pharmaceutical Sciences, 1983, 72（6）: 635-650.

[18] Willemer H. Measurements of temperatures, ice evaporation rates and residual moisture contents in freeze-drying. Developments in Biological Standardization, 1992, 74: 123-134.

[19] Searles J A, Carpenter J F, Randolph T W. Annealing to optimize the primary drying rate, reduce freezing-induced drying rate heterogeneity, and determine Tg' in pharmaceutical lyophilization. Journal of Pharmaceutical Sciences, 2001, 90（7）: 872-887.

[20] Rey L, May J C. Freeze-drying/Lyophilization of Pharmaceutical and Biological Products. London: Informa Healthcare, 2010.

[21] Loper D E. Structure and Dynamics of Partially Solidified Systems. Boston: Martinus Nijhoff Publishers, 1986.

[22] Shackelford J F. Introduction to Materials Science for Engineers, 3rd edition. London: Prentice-Hall International, 1992.

[23] Craig D Q M, Royall P G, Kett V L, et al. The relevance of the amorphous state to pharmaceutical dosage forms: glassy drugs and freeze dried systems. International Journal of Pharmaceutics, 1999, 179（2）: 179-207.

[24] Snowman J W. Formulation and cycle development for lyophilization: first steps. Pharmaceutical Engineering, 1993, 13（11-12）: 26-34.

[25] Hsu C C, Walsh A J, Nguyen H M, et al. Design and application of a low-temperature Peltier-cooling microscope stage. Journal of Pharmaceutical Sciences, 1996, 85（1）: 70-74.

[26] Tang X L, Pikal M J. Design of freeze-drying processes for pharmaceuticals: practical advice. Pharmaceutical Research, 2004, 21（2）: 191-200.

[27] Kim A I, Akers M J, Nail S L. The physical state of mannitol after freeze-drying: effects of mannitol concentration, freezing rate, and a noncrystallizing cosolute. Journal of Pharmaceutical Sciences, 1998, 87（8）: 931-935.

[28] Wang W. Lyophilization and development of solid protein pharmaceuticals. International Journal of Pharmaceutics, 2000, 203（1/2）: 1-60.

[29] Hatley R H M, Franks F. Applications of DSC in the development of improved freeze-drying processes for labile biologicals. Journal of Thermal Analysis, 1991, 37（8）: 1905-1914.

[30] Hatley R H M, Blair J A. Stabilisation and delivery of labile materials by amorphous carbohydrates and their derivatives. Journal of Molecular Catalysis—B Enzymatic, 1999, 7（1-4）: 11-19.

[31] Livesey R G, Rowe T W G. A discussion of the effect of chamber pressure on heat and mass transfer in freeze-drying. Journal of Parenteral Science and Technology, 1987, 41（5）: 169-171.

[32] Wolff E, Gibert H, Rodolphe F. Vacuum freeze-drying kinetics and modeling of a liquid in a vial. Chemical Engineering and Processing, 1989, 25（3）: 153-158.

[33] Wang W, Chen G H. Numerical investigation on dielectric material assisted microwave freeze-drying of aqueous mannitol solution. Drying Technology, 2003, 21（6）, 995-1017.

[34] Chen G H, Wang W, Mujumdar A S. Theoretical study of microwave heating patterns on batch fluidized bed drying of porous material. Chemical Engineering Science, 2001, 56（24）, 6823-6835.

[35] Wang W, Chen G H. Heat and mass transfer model of dielectric-material-assisted microwave freeze-drying of skim milk with hygroscopic effect. Chemical Engineering Science, 2005, 60（23）: 6542-6550.

[36] Fakes M G, Dali M V, Haby T A, et al. Moisture sorption behavior of selected bulking used in lyophilized products. PDA Journal of Pharmaceutical Science and Technology, 2000, 54（2）: 144-149.

[37] Oetjen G W, Haseley P. Freeze Drying, 2nd edition. Weinheim: WILEY-VCH, 2004.

[38] Wang W, Chen G H. Theoretical Study on Microwave Freeze-Drying of an Aqueous Pharmaceutical Excipient with the Aid of Dielectric Material. Drying Technology, 2005, 23（9-11）: 2147-2168.

[39] Ratti C. Hot air and freeze-drying of high-value foods: a review. Journal of Food Engineering, 2001, 49（4）: 311-319.

［40］ Wang W, Chen G H. Freeze drying with dielectric-material-assisted microwave heating. AIChE Journal, 2007, 53（12）: 3077-3088.

［41］ 涂伟萍, 程江, 杨卓如, 等. 食品冷冻干燥过程的模型及影响因素. 化工学报, 1997, 48（2）: 186-192.

［42］ Capozzi L C, Pisano R. Looking inside the 'black box': freezing engineering to ensure the quality of freeze-dried biopharmaceuticals. European Journal of Pharmaceutics and Biopharmaceutics, 2018, 129（8）: 58-65.

［43］ 左建国, 华泽钊, 郑效东. 有机溶剂的冷冻干燥研究. 食品工业科技, 2006, 27（5）: 203-205.

［44］ Hottot A, Vessot S, Andrieu J. Freeze drying of pharmaceuticals in vials: Influence of freezing protocol and sample configuration on ice morphology and freeze-dried cake texture. Chemical Engineering and Processing, 2007, 46（7）: 666-674.

［45］ Tsotsas E, Mujumdar A S. Modern Drying Technology, 1st edition. Weinheim: WILEY-VCH Verlag GmbH & Co. KGaA, 2014.

［46］ Patapoff T W, Overcashier D E. The importance of freezing on lyophilization cycle development. BioPharm International, 2002, 15（3）: 16-21.

［47］ Kasper J C, Friess W. The freezing step in lyophilization: Physico-chemical fundamentals, freezing methods and consequences on process performance and quality attributes of biopharmaceuticals. European Journal of Pharmaceutics and Biopharmaceutics, 2011, 78（2）: 248-263.

［48］ Goshima H, Do G, Nakagawa K. Impact of ice morphology on design space of pharmaceutical freeze-drying. Journal of Pharmaceutical Sciences, 2016, 105（6）: 1920-1933.

［49］ 李恒乐, 王维, 李强强, 等. 具有预制孔隙多孔物料的冷冻干燥. 化工学报, 2016, 67（7）: 2857-2863.

［50］ Petzold G, José M. Aguilera. Ice Morphology: Fundamentals and Technological Applications in Foods. Food Biophysics, 2009, 4（4）: 378-396.

［51］ Inada T, Zhang X, Yabe A, et al. Active control of phase change from supercooled water to ice by ultrasonic vibration 1. Control of freezing temperature. International Journal of Heat and Mass Transfer, 2001, 44（23）: 4523-4531.

［52］ Zhang X, Inada T, Yabe A, et al. Active control of phase change from supercooled water to ice by ultrasonic vibration 2. Generation of ice slurries and effect of bubble nuclei. International Journal of Heat and Mass Transfer, 2001, 44（23）: 4533-4539.

［53］ Zhang X, Inada T, Tezuka A. Ultrasonic-induced nucleation of ice in water containing air bubbles. Ultrasonics Sonochemistry, 2003, 10（2）: 71-76.

［54］ Saclier M, Peczalski R, Andrieu J. A theoretical model for ice primary nucleation induced by acoustic cavitation. Ultrasonics Sonochemistry, 2009, 17（1）: 98-105.

［55］ Chow R, Blindt R, Chivers R, et al. The sonocrystallisation of ice in sucrose solutions: primary and secondary nucleation. Ultrasonics, 2003, 41（8）: 595-604.

［56］ Nakagawa K, Hottot A, Vessot S, et al. Influence of controlled nucleation by ultrasounds on ice morphology of frozen formulations for pharmaceutical proteins freeze-drying. Chemical Engineering and Processing, 2006, 45（9）: 783-791.

［57］ Hottot A, Nakagawa K, Andrieu J. Effect of ultrasound-controlled nucleation on structural and morphological properties of freeze-dried mannitol solutions. Chemical Engineering Research and Design, 2008, 86（2）: 193-200.

［58］ Saclier M, Peczalski R, Andrieu J. Effect of ultrasonically induced nucleation on ice crystals' size and shape during freezing in vials. Chemical Engineering Science, 2010, 65（10）: 3064-3071.

［59］ Passot S, Trelea I C, Marin M, et al. Effect of Controlled Ice Nucleation on Primary Drying Stage and Protein Recovery in Vials Cooled in a Modified Freeze-Dryer. Journal of Biomechanical Engineering, 2009, 131（7）: 074511-074515.

［60］ Rambhatla S, Ramot R, Bhugra C, et al. Heat and mass transfer scale-up issues during freeze drying: II. Control and characterization of the degree of supercooling. AAPS PharmSciTech, 2004, 5（4）: 54-62.

［61］ Patel S M, Bhugra C, Pikal M J. Reduced pressure ice fog technique for controlled ice nucleation during freeze-drying. AAPS PharmSciTech, 2009, 10（4）: 1406-1411.

［62］ Bursac R, Sever R, Hunek B. A practical method for resolving the nucleation problem in lyophilization. Bioprocess International, 2009, 7（9）: 66-72.

[63] Konstantinidis A K, Kuu W, Otten L, et al. Controlled nucleation in freeze-drying: Effects on pore size in the dried product layer, mass transfer resistance, and primary drying rate. Journal of pharmaceutical sciences, 2011, 100（8）: 3453-3470.

[64] Kramer M, Sennhenn B, Lee G. Freeze-drying using vacuum-induced surface freezing. Journal of Pharmaceutical Sciences, 2002, 91（2）: 433-443.

[65] Liu J, Viverette T, Virgin M, et al. A study of the impact of freezing on the lyophilization of a concentrated formulation with a high fill depth. Pharmaceutical Development and Technology, 2005, 10（2）: 261-272.

[66] Hozumi T, Saito A, Okawa S, et al. Freezing phenomena of supercooled water under impacts of ultrasonic waves. International Journal of Refrigeration, 2002, 25（7）: 948-953.

[67] Bexiga N M, Bloise A C, Alencar A M, et al. Freeze-drying of ovalbumin-loaded carboxymethyl chitosan nanocapsules: impact of freezing and annealing procedures on physicochemical properties of the formulation during dried storage. Drying Technology, 2018, 36（4）: 400-417.

[68] Sutton R L, Lips A, Piccirillo G, et al. Kinetics of Ice Recrystallization in Aqueous Fructose Solutions. Journal of Food Science, 1996, 61（4）: 741-745.

[69] Hagiwara T, Hartel R W. Effect of Sweetener, Stabilizer, and Storage Temperature on Ice Recrystallization in Ice Cream. Journal of Dairy Science, 1996, 79（5）: 735-744.

[70] Teagarden D L, Baker D S. Practical aspects of lyophilization using non-aqueous co-solvent systems. European Journal of Pharmaceutical Sciences, 2002, 15（2）: 115-133.

[71] 杜松, 左建国, 邓英杰. 叔丁醇-水共溶剂冷冻干燥工艺及其在药剂学中的应用. 中国药剂学杂志, 2006, 4（3）: 116-121.

[72] Kasraian K, Deluca P P. Thermal analysis of the tertiary butyl alcohol-water system and its implications on freeze-drying. Pharmaceutical Research, 1995, 12（4）: 484-490.

[73] Kasraian K, Deluca P P. The Effect of tertiary butyl alcohol on the resistance of the dry product layer during primary drying. Pharmaceutical Research, 1995, 12（4）: 491-495.

[74] Wittaya-Areekul S. Freeze-drying from nonaqueous solution. Journal of Pharmaceutical Sciences, 1999, 26（1-4）: 33-43.

[75] Wittaya-Areekul S, Nail S L. Freeze-drying of tert-butyl alcohol/water cosolvent systems: Effects of formulation and process variables on residual solvents. Journal of Pharmaceutical Sciences, 1998, 87（4）: 491-495.

[76] Choi M J, Briancon S, Andrieu J, et al. Effect of freeze-drying process conditions on the stability of manoparticles. Drying Technology, 2004, 22（1-2）: 335-346.

[77] Ma Y H, Peltre P R. Freeze dehydration by microwave energy: part Ⅱ. experimental investigation. AIChE Journal, 1975, 21（2）: 344-350.

[78] Ang T K, Pei D C T, Ford J D. Microwave freeze drying: an experimental investigation. Chemical Engineering Science, 1977, 32（12）: 1477-1489.

[79] Wang Z H, Shi M H. Effects of heating methods on vacuum freeze drying. Drying Technology, 1997, 15（5）: 1475-1498.

[80] Ben Souda K, Akyel C, Bilfen E. Freeze dehydration of milk using microwave energy. Journal of Microwave Power and Electromagnetic Energy, 1989, 24（4）: 195-202.

[81] Dolan J P, Scott E P. Advances in Heat and Mass Transfer in Biological Systems ASME, HTD-Vol. 288. New York: United Engineering, 1994: 91-98.

[82] 吴宏伟, 陶智, 陈国华, 等. 具有电介质核心多孔介质微波冷冻干燥过程的耦合传热传质的数值研究. 高校化学工程学报, 2005, 19（2）: 181-186.

[83] Basak T, Aparna K, Meenakshl A, et al. Effect of ceramic supports on microwave processing of porous food samples. International Journal of Heat and Mass Transfer, 2006, 49（23-24）: 4325-4339.

[84] Sadikoglu H, Ozdemir M, Seker M. Freeze-drying of pharmaceutical products: research and development needs. Drying Technology, 2006, 24（7）: 849-861.

[85] Wang W, Chen G H, Gao F. Effect of dielectric material on microwave freeze-drying of skim milk. Drying Technology, 2005, 23（1-2）: 317-340.

[86] 于凯, 王维, 潘艳秋, 等. 初始非饱和多孔物料对冷冻干燥过程的影响. 化工学报, 2013, 64（9）: 3110-3116.

［87］ 赵延强，王维，潘艳秋，等.具有初始孔隙的多孔物料冷冻干燥.化工学报，2015, 66（2）：504-511.

［88］ 王维，李强强，陈国华，等.具有初始孔隙的速溶咖啡冷冻干燥实验.农业机械学报，2018, 49（6）：347-353.

［89］ Wang W, Chen M, Chen G H. Issues in freeze drying of aqueous solutions. Chinese Journal of Chemical Engineering, 2012, 20（3）：551-559.

［90］ Hawe A, Friess W. Physico-chemical lyophilization behavior of mannitol, human serum albumin formulations. European Journal of Pharmaceutical Sciences, 2006, 28（3）：224-232.

［91］ 远坂昭俊.锁相环（PLL）电路设计与应用.何希才译.北京：科学出版社，2006.

［92］ Bahl I J, Bhartia P. Microwave Solid State Circuit Design. New York: John Wiley & Sons, 2003.

［93］ 秦大同，谢里阳.现代机械设计手册.6版.北京：化学工业出版社，2011.

［94］ 黄志询.截止波导理论导论.2版.北京：中国计量出版社，1991.

［95］ Russell D H. The waveguide below-cutoff attenuation standard. IEEE Transactions on Microwave Theory and Techniques, 1997, 45（12）：2408-2413.

［96］ Milton N, Pikal M J, Roy M L, et al. Evaluation of manometric temperature measurement as a method of monitoring product temperature during lyophilization. PDA Journal of Pharmaceutical Science and Technology, 1997, 51（1）：7-16.

［97］ Jiang S, Nail S L. Effect of process conditions on recovery of protein activity after freezing and freeze-drying. European Journal of Pharmaceutics and Biopharmaceutics, 1998, 45（3）：249-257.

［98］ Wang W, Hu D P, Pan Y Q, et al. Freeze-drying of aqueous solution frozen with prebuilt pores. AIChE Journal, 2015, 61（6）：2048-2057.

［99］ Liapis A I, Bruttini R A. Theory for the primary and secondary drying stages of the freeze- drying of pharmaceutical crystalline and amorphous solutes: comparison between experimental data and theory. Separation Technology, 1994, 4（3）：144-155.

［100］ Jacobs A M, Grainger J. Models of visual word recognition-sampling the state of the art. Journal of Experimental Psychology: Human Perception and Performance, 1994, 29（6）：1311-1334.

［101］ Luikov A V. Systems of differential equations of heat and mass transfer in capillary-porous bodies. International Journal of Heat and Mass Transfer, 1975, 18（1）：1-14.

［102］ Whitaker S. Simultaneous heat, mass, momentum transfer in porous media: a theory of drying. Advances in Heat Transfer, 1977, 13（8）：119-203.

［103］ Boer R. Theory of Porous Media: Highlights in the Historical Development and Current State. Berlin: Springer, 2000.

［104］ Barbosa C G V, Vega M H. Dehydration of Foods. New York: International Thomson Publishing, 1996.

［105］ Geanloplis C J. Transport Processes and Unit Operations, 3rd ed. New Jersey: Engliwood Cliffs, 1993.

［106］ Hsu C T, Cheng P A. A singular perturbation solution for Couette flow over a semi-infinite porous bed. Journal of Fluids Engineering, 1991, 113（1）：137-142.

［107］ Bear J. Dynamics of Fluids in Porous Media. New York: Dover Publications, 1988.

［108］ Stanish M A, Schajer G S, Kayihan F A. Mathematical model of drying for hygroscopic porous media. AIChE Journal, 1986, 32（8）：1301-1311.

［109］ Ni H, Datta A K, Tottance K E. Moisture transport in intensive microwave heating of biomaterials: a multi-phase porous media model. International Journal of Heat and Mass Transfer, 1999, 42（8）：1501-1512.

［110］ Wang Z H, Chen G. Heat and mass transfer in fixed-bed drying. Chemical Engineering Science, 1999, 54（19）：4233-4243.

［111］ Wang Z H, Chen, G. Heat and mass transfer in batch fluidized drying of porous particles. Chemical Engineering Science, 2000, 55（10）：1857-1869.

［112］ Wang Z H, Chen G. Theoretical study of fluidized bed drying with microwave heating. Industrial Engineering and Chemistry Research, 2000, 39（3）：775-782.

［113］ Wang Z H, Shi M H. The effects of sublimation-condensation region on heat and mass transfer during microwave freeze drying. Journal of Heat Transfer-Transaction of the ASME, 1998, 120（3）：654-660.

［114］ Wang Z H, Shi M H. Numerical study on sublimation-condensation phenomena during microwave freeze drying. Chemical Engineering Science, 1998, 53（18）：3189-3197.

［115］ Rao M A, Rizvi S S H. Engineering Properties of Foods, 2nd edition. New York: Marcal Dekker, 1995.

［116］　Meredith R. Engineers' Handbook of Industrial Microwave Heating. London: The Institution of Electrical Engineers, 1998.

［117］　Turner I, Jolly P. The effect of dielectric properties on microwave drying kinetics. Journal of Microwave Power and Electromagnetic Energy, 1990, 25（4）: 211-223.

［118］　Jolly P, Turner I. Non-linear field solutions of one-dimensional microwave heating. Journal of Microwave Power and Electromagnetic Energy, 1990, 25（1）: 3-15.

［119］　Turner I W, Jolly P G. Combined microwave and convective drying of a porous material. Drying Technology, 1991, 9（5）: 1209-1269.

［120］　Liu F, Turner I, Bialkowki M. A finite-difference time-domain simulation of power density distribution in a dielectric loaded microwave cavity. Journal of Microwave Power and Electromagnetic Energy, 1994, 29（3）: 138-148.

［121］　Turner I W, Ferguson W J. A study of the power-density distribution generated during the combined microwave and convective drying of softwood. Drying Technology, 1995, 13（5-7）: 1411-1430.

［122］　Ratanadecho P, Aoki K, Akahori M. A numerical and experimental study of microwave drying using a rectangular wave guide. Drying Technology, 2001, 19（9）: 2209-2234.

［123］　Itaya Y, Kobayashi T, Hayakawa K. Three-dimensional heat and mass transfer with viscoelastic strain - stress formation in composite food during drying. International Journal of Heat and Mass Transfer, 1995, 38（7）: 1173-1185.

［124］　Hasatani M, Itaya Y. Drying-induced strain and stress: a review. Drying Technology, 1996, 14（5）: 1011-1040.

［125］　Itaya Y, Mori S, Hasatani M. Effect of intermittent heating on drying - induced strain - stress of molded clay. Drying Technology, 1999, 17（7-8）: 1261-1271.

［126］　Musielak G. Influence of the drying medium parameters on drying induced stresses. Drying Technology, 2000, 18（3）: 561-581.

［127］　Pang S. Modeling of stress development during drying and relief during steaming in Pinus radiata lumber. Drying Technology, 2000, 18（8）: 1677-1696.

［128］　Yang H, Sakai N, Watanabe M. Drying model with non-isotropic shrinkage deformation undergoing simultaneous heat and mass transfer. Drying Technology, 2001, 19（7）: 1441-1460.

［129］　Perre P, May B K. A numerical drying model that accounts for the coupling between transfers and solid mechanics. case of highly deformable products. Drying Technology, 2001, 19（8）: 1629-1643.

［130］　Chausi B, Couture F, Roques M A. Modelling of multicomponent mass transport in deformable media: application to dewatering impregnation soaking process. Drying Technology, 2001, 19（9）: 2081-2101.

［131］　Kowalski S J. Thermomechanical approach to shrinking and cracking phenomena in drying. Drying Technology, 2001, 19（5）: 731-765.

［132］　Kowalski S J, Rybicki A. Drying stress formation by inhomogeneous moisture and temperature distribution. Transport in Porous Media, 1996, 24（2）: 139-156.

［133］　Kowalski S J. Mathematical modelling of shrinkage during drying. Drying Technology, 1996, 14（2）: 307-331.

［134］　Banaszak J, Kowalski S J. Stresses in viscoelastic plate dried convectively. Drying Technology, 1999, 17（1-2）: 97-117.

［135］　Kowalski S J. Drying processes involving permanent deformations of dried materials. International Journal of Engineering Science, 1996, 34（13）: 1491-1506.

［136］　Turner I W, Perre P. Vacuum drying of wood with radiative heating: II. Comparison between theory and experiment. AIChE Journal, 2004, 50（1）: 108-118.

［137］　Wei C K, Davis H T, Davis E A, Gordon J. Heat and mass transfer in water-laden sandstone: convective heating. AIChE Journal, 1985, 31（8）: 1338-1348.

［138］　Nasrallah S B, Perre P. Detailed study of a model of heat and mass transfer during convective drying of porous media. International Journal of Heat and Mass Transfer, 1988, 31（5）: 957-967.

［139］　Ilic M, Turner I W. Convective drying of a consolidated slab of wet porous material. International Journal of Heat and Mass Transfer, 1989, 32（12）: 2351-2362.

［140］　Chen P, Pei D C T. A mathematical model of drying processes. International Journal of Heat and Mass Transfer, 1989, 32（2）: 297-310.

［141］　Constant T, Moyne C, Perre P. Drying with internal heat generation: theoretical aspects and application to microwave heating. AIChE Journal, 1996, 42（2）: 359-368.

［142］　Ni H, Datta A K. Heat and moisture transfer in baking of potato slabs. Drying Technology, 1999, 17（10）: 2069-2092.

［143］　Sutherland J W, Turner I W, Northway R L. A theoretical and experimental investigation of the convective drying of Australian pinus-radiata timber. Drying Technology, 1994, 12（8）: 1815-1839.

［144］　Ferguson W J, Turner I W. A comparison of the finite-element and control-volume numerical-solution techniques applied to timber drying problems below the boiling-point. International Journal for Numerical Methods in Engineering, 1995, 38（3）: 451-467.

［145］　Ferguson W J, Turner I W. A control volume finite element numerical simulation of the drying of spruce. Journal of Computational Physics, 1996, 125（1）: 59-70.

［146］　Turner I W, Perre P A. Comparison of the drying simulation codes transpore and wood2d which are used for the modeling of 2-dimensional wood drying processes. Drying Technology, 1995, 13（3）: 695-735.

［147］　Turner I W, Mujumdar A. Numerical Methods and Mathematical Modelling of the Drying Process. New York: Marcal Dekker, 1996.

［148］　Turner I W, Perre P. The use of implicit flux limiting schemes in the simulation of the drying process: a new maximum flow sensor applied to phase mobilities. Applied Mathematical Modelling, 2001, 25（6）: 513-540.

［149］　Perre P, Turner I W. Microwave drying of softwood in an oversized waveguide. AIChE Journal, 1997, 43（10）: 2579-2595.

［150］　Perre P, Turner I W. Transpore: a generic heat and mass transfer computational model for understanding and visualising the drying of porous media. Drying Technology, 1999, 17（7-8）: 1273-1289.

［151］　Perre P, Turner I W. A 3-D version of transpore: a comprehensive heat and mass transfer computational model for simulating the drying of porous media. International Journal of Heat and Mass Transfer, 1999, 42（24）: 4501-4521.

［152］　Perre P, Turner I W, Passard J. 2-D solution for drying with internal vaporization of anisotropic media. AIChE Journal, 1999, 45（1）: 13-26.

［153］　Turner I W, Puiggali J R, Jomaa W. A numerical investigation of combined microwave and convective drying of a hygroscopic porous material: a study based on pine wood. Chemical Engineering Research and Design, 1998, 76（2）: 193-209.

［154］　Wang W, Thorat B N, Chen G, Mujumdar A S. Simulation of fluidized bed drying of carrot with microwave heating. Drying Technology, 2002, 20（9）: 1855-1867.

［155］　Ma Y H, Peltre P R. Freeze dehydration by microwave energy: part I theoretical investigation. AIChE Journal, 1975, 21（2）: 335-344.

［156］　Ang T K, Ford J D, Pei D C T. Microwave freeze drying of food: a theoretical investigation. International Journal of Heat and Mass Transfer, 1977, 20（5）: 517-526.

［157］　Lin S. Exact solution of the sublimation problem in a porous medium. Journal of Heat Transfer-Transactions of the ASME, 1981, 103（1）: 165-168.

［158］　Lin S. Exact solution of the desublimation problem in a porous medium. International Journal of Heat and Mass Transfer, 1982, 25（5）: 625-629.

［159］　Lin S. Exact solution of the sublimation problem in a porous medium-2. with an unknown temperature and vapor concentration at the moving sublimation front. Journal of Heat Transfer-Transactions of the ASME, 1982, 104（4）: 808-811.

［160］　Fey Y C, Boles M A. Analytical study of the effect of convection heat transfer on the sublimation of a frozen semi-infinite porous medium. International Journal of Heat and Mass Transfer, 1987, 30（4）: 771-779.

［161］　Fey Y C, Boles M A. Analytical study of the effect of the darcy and fick laws on the sublimation of a frozen semi-infinite porous medium. Journal of Heat Transfer-Transactions of the ASME, 1987, 109（4）: 1045-1048.

[162]　Fey Y C, Boles M A. Analytical Study of Vacuum-Sublimation in an Initially Partially Filled Frozen Porous Medium with Recondensation. International Journal of Heat and Mass Transfer, 1988, 31 (8): 1645-1653.

[163]　Fey Y C, Boles M A. Effect of mass convection on vacuumsublima-tion in an initially partially filled frozen porous medium. Drying Technology, 1988, 6 (1): 69-94.

[164]　Fey Y C, Boles M A. Parametric analysis of self-freezing in an initially wet porous medium. International Journal of Heat and Fluid Flow, 1988, 9 (2): 147-155.

[165]　Litchfield R J, Liapis A I. Adsorption-sublimation model for a freeze dryer. Chemical Engineering Science, 1979, 34 (9): 1085-1090.

[166]　Sadikoglu H, Liapis A I. Mathematical modeling of the primary and secondary drying stages of bulk solution freeze- drying in trays: parameter estimation and model discrimination by comparison of theoretical results with experimental data. Drying Technology, 1997, 15 (3-4): 791-810.

[167]　Sheehan P, Liapis A I. Modeling of the primary and secondary drying stages of the freeze drying of pharma-ceutical products in vials: numerical results obtained from the solution of a dynamic and spatially multi-dimensional lyophilization model for different operational policies. Biotechnology and Bioengineering, 1998, 60 (6): 712-728.

[168]　王朝晖, 施明恒. 加热方式对真空冷冻干燥过程的影响. 工程热物理学报, 1997, 18 (3): 336-341.

[169]　Warning A D, Arquiza J M R, Datta A K. A multiphase porous medium transport model with distributed sublimation front to simulate vacuum freeze drying. Food and Bioproducts Processing, 2015, 94: 637-648.

[170]　Halder A, Dhall A, Datta A K. An improved, easily implementable, porous media based model for deep-fat frying: part i: model development and input parameters. Food and Bioproducts Processing, 2007, 85 (3): 209-219.

[171]　牛利娇, 单宇, 王维, 等. 初始非饱和多孔物料冷冻干燥的数值模拟. 干燥技术与设备, 2015, 13 (5): 7-15.

[172]　Wang W, Hu D P, Pan Y Q, et al. Multiphase transport modeling for freeze-drying of aqueous material frozen with prebuilt porosity. International Journal of Heat and Mass Transfer, 2018, 122: 1353-1365.

[173]　Nam J H, Song C S. Numerical simulation of conjugate heat and mass transfer during multi-dimensional freeze drying of slab-shaped food products. International Journal of Heat and Mass Transfer, 2007, 50 (23-24): 4891-4900.

[174]　Halder A, Dhall A, Datta A K. Modeling transport in porous media with phase change: applications to food processing. Journal of Heat Transfer-Transaction of the ASME, 2011, 133: No. 031010.

[175]　Ratti C, Crapiste G H, Rotstein E. A new water sorption equilibrium expression for solid foods based on thermodynamic considerations. Journal of Food Science, 1989, 54 (3): 738-742.

[176]　Wang W, Hu D P, Pan Y Q, et al. Numerical investigation on freeze-drying of aqueous material frozen with pre-built pores. Chinese Journal Chemical Engineering, 2016, 24 (1): 116-125.

[177]　Scarpa F, Milano G. The role of adsorption and phase change phenomena in the thermophysical characteriza-tion of moist porous materials. International Journal of Thermophysics, 2002, 23 (4): 1033-1046.

[178]　赵言冰. 微波冷冻干燥过程传热传质的数值模拟 [D]. 南京: 东南大学, 2004.

[179]　段续, 闫莎莎, 曾凡莲, 等. 基于介电特性的白蘑菇微波冻干传热传质模拟. 现代食品科技, 2016, 32 (6): 177-182.

[180]　Schubert H, Regier M. The Microwave Processing of Foods. Cambridge: Woodhead, 2005.

[181]　Pu G Y, Song G L, Song C F, et al. Analysis of thermal effect using coupled hot-air and microwave heating at different position of potato. Innovative Food Science and Emerging Technologies, 2017, 41: 244-250.

[182]　Chen F, Warning A D, Datta A K, et al. Susceptors in microwave cavity heating: Modeling and experimen-tation with a frozen pie. Journal of Food Engineering. , 2017, 195: 191-205.

[183]　Bird R B, Stewart W E, Lightfoot E N. Transport Phenomena. New York: John Willey & Sons, 2002: 488-508.

[184]　牛利娇, 王维, 潘思麒, 等. 具有预制孔隙多孔介质冷冻干燥的多相传递模型. 化工学报, 2017, 68 (5): 1833-1844.

[185]　Nakagawa K, Hottot A, Vessot S, et al. Modeling of freezing steps during freeze-drying of drugs in vials. AIChE Journal, 2007, 53 (5): 1362-1372.

[186]　Chen M, Wang W, Pan Y Q, et al. 1D and 2D numerical verification on freeze drying of initially porous

material frozen from aqueous solution. The 18th International drying symposium. Xiamen: XMU, 2012.

[187] Warning A, Dhall A, Mitrea D, et al. Porous media based model for deep-fat vacuum frying potato chips. Journal of Food Engineering, 2012, 110（3）: 428-440.

[188] Wang W, Chen G H. Physical interpretation of solid drying: an overview on mathematical modeling research. Drying Technology, 2007, 25（4）: 659-668.

[189] Murphy D M, Koop T. Review of the vapour pressures of ice and supercooled water for atmospheric applications. Quarterly Journal of Royal Meteorological Society, 2005, 131（608）: 1539-1565.

[190] Eckert E R G, Drake R M. Thermophysical properties, analysis of heat and mass transfer. New York: McGraw-Hill, 1987.

[191] Perry H R, Green D W, Maloney J O. Perry's Chemical Engineers' Handbook. New York: McGraw-Hill, 1997.

[192] Polaert I, Benamara N, Tao J, et al. Dielectric properties measurement methods for solids of high permittivities under microwave frequencies and between 20 and 250℃. Chemical Engineering and Processing, 2017, 122: 339-345.

[193] Zhu H C, Gulati T, Datta A K, et al. Microwave drying of spheres: Coupled electromagnetics-multiphase transport modeling with experimentation. Part I: Model development and experimental methodology. Food and Bioproducts Processing, 2015, 96: 314-325.

[194] Steinberg M O, Malyavskaya G R, Martynenko O G. Handbook of Hydraulic Resistance. Florida: CRC Press, 1994.

[195] Lide D R, Milne G W A. Handbook of Data on Organic Compounds, 3rd. Florida: CRC Press, 1994.

[196] Do D D. Adsorption Analysis: Equilibria and Kinetics. London: Imperial College Press, 1998.

[197] Rajniak P, Yang R T. Unified network model for diffusion of condensable vapors in porous media. AIChE Journal, 1996, 42（2）: 319-331.

[198] Gowers T, Barrow-Green J, Leader I. The Princeton Companion to Mathematics. Princeton: Princeton University Press, 2008: 745-746.

[199] 杨菁, 王维, 张朔, 等. 吸波材料辅助的初始非饱和多孔物料微波冷冻干燥理论与实验. 化工学报, 2019, 70（9）: 3307-3319.

[200] 崔政伟, 陈丽君, 宋春芳, 等. 热风微波耦合干燥技术和设备的研究进展. 食品与生物技术学报, 2014, 33（11）: 1121-1128.

[201] Hossan M R, Byun D, Dutta P. Analysis of microwave heating for cylindrical shaped objects. International Journal of Heat and Mass Transfer, 2010, 53（23-24）: 5129-5138.

[202] Knoerzer K, Regier M, Schubert H. A computational model for calculating temperature distributions in microwave food applications. Innovative Food Science and Emerging Technologies, 2008, 9（3）: 374-384.

[203] 陈又鲜. 微波炉电磁场仿真设计匹配研究 [D]. 成都: 电子科技大学, 2013.

[204] 谢晓影, 乔秀臣. 微波烧结的"热点"形成机制. 微波学报, 2016, 32（5）: 84-88.

（王维）